ESV
ERICH
SCHMIDT
VERLAG

Schweitzer/Baumeister

Allgemeine Betriebswirtschaftslehre

Theorie und Politik des Wirtschaftens in Unternehmen

Von
Prof. Dr. Alexander Baumeister, Prof. Dr. Dr. h. c. Jürgen Bloech, Prof. Dr. Dr. h. c. Jochen Drukarczyk, Prof. Dr. Jana Eberlein, Dr. Sabrina Falk, Prof. Dr. Dr. Fabian J. Froese, Prof. Dr. Jetta Frost, Prof. Dr. Jutta Geldermann, Prof. Dr. Jens Grundei, Dr. Andreas Haaker, Dr. Matthias Häußler, Dr. Fabian Hattke, Prof. Dr. Markus Ilg, Prof. Dr. Hugo Kossbiel, Prof. Dr. Helmut Krcmar, Prof. Dr. Heinz Kußmaul, Prof. Dr. Sebastian Lobe, Prof. Dr. Peter C. Lorson, Dr. Erko Martins, Prof. Dr. Alwine Mohnen, Prof. Dr. Stefan Müller, Prof. Dr. Alexander Pohl, Prof. Dr. Daniel Reimsbach, Prof. Dr. Lutz Richter, Prof. Dr. Silvia Rogler, Prof. Dr. Dr. h. c. mult. August-Wilhelm Scheer, Prof. Dr. Raimund Schirmeister, Prof. Dr. Wolfgang Schünemann, Prof. Dr. Marcell Schweitzer, Prof. Dr. Marcus Schweitzer, Prof. Dr. Thomas Spengler, Prof. Dr. Till Talaulicar, Prof. Dr. Ernst Troßmann, Prof. Dr. Patrick Velte, Prof. Dr. Rolf Weiber, Prof. Dr. Wolf Wenger, Prof. Dr. Clemens Werkmeister

11., völlig neu bearbeitete Auflage

ERICH SCHMIDT VERLAG

Bibliografische Information der Deutschen Nationalbibliothek
Die Deutsche Nationalbibliothek verzeichnet diese Publikation in der Deutschen Nationalbibliografie; detaillierte bibliografische Daten sind im Internet über http://dnb.d-nb.de abrufbar.

Weitere Informationen zu diesem Titel finden Sie im Internet unter
ESV.info/978 3 503 15801 0

Hinweis für die Leser:

Umfangreiche Materialien zur Vertiefung des Stoffs
– mit Fragen und Antworten zur Übung,
für die Prüfungsvorbereitung und zum Selbststudium –
stehen auf einer speziell eingerichteten Website
kostenlos zum Download bereit unter
http://ABWL.ESV.info

Ticketcode: **yz3kui-7ewi8m-dzdtsr-9d7hbb**

1.–10. Auflage 1983–2011
Lucius & Lucius Verlagsgesellschaft mbH, Stuttgart/
UVK Verlagsgesellschaft mbH, Konstanz und München

ISBN 978 3 503 15801 0

Dieses Papier erfüllt die Frankfurter Forderungen der Deutschen Nationalbibliothek und der Gesellschaft für das Buch bezüglich der Alterungsbeständigkeit und entspricht sowohl den strengen Bestimmungen der US Norm Ansi/Niso Z 39.48-1992 als auch der ISO Norm 9706.

Satz: multitext, Berlin
Druck und Bindung: Strauss, Mörlenbach

Vorwort

Dieses Lehrbuch der Allgemeinen Betriebswirtschaftslehre ist in der 1. Auflage dreibändig im Jahr 1983 im Verlag Lucius & Lucius erschienen. Es hat in den vergangenen 30 Jahren zehn Auflagen und mehrere Nachdrucke erreicht, sodass es mittlerweile als anerkanntes Standardwerk gelten darf. In dieser Zeit haben sich nicht nur das Wirtschaften in Unternehmen und der Erkenntnisstand des Faches dynamisch fortentwickelt, sondern auch die fachspezifische Didaktik und Methodik. Mit dieser Entwicklung hat das Lehrbuch insbesondere dank des Einsatzes stets renommierter und in ihrem Fach ausgewiesener Experten bisher bestmöglich Schritt gehalten und den Leser an den jeweils neuesten Erkenntnisstand herangeführt. Dieser Zielvorstellung bleiben wir auch mit der 11. Auflage im Erich Schmidt Verlag verpflichtet.

In dieser 11., völlig neu bearbeiteten Auflage machen wir gleichwohl fachlich einen größeren Entwicklungsschritt, mit dem wir auch auf die jüngste Kritik an der Aussage- und Gestaltungskraft der Wirtschaftswissenschaft – und damit auch der Betriebswirtschaftslehre – reagieren. Um dieser Aufgabe zu genügen, haben wir das Werk einer umfassenden Überarbeitung unterzogen und ihm mit neuen Elementen den Charakter eines aktuellen, anwendungsorientierten, aber zugleich methodisch fundierten Lehrbuchs verliehen. Dabei lassen wir uns vor allem von den Grundsätzen der Interdisziplinarität, Internationalität, IT-Unterstützung und Studierfreundlichkeit leiten. Gestützt auf diese Grundsätze führen wir den/die Leser/in von den angrenzenden Disziplinen Geschichte, Wissenschaftstheorie, Ethik, Soziologie, Mathematik und Informationsmanagement hin zu den betriebswirtschaftlichen Kernfragen des Wirtschaftens in Unternehmen.

Die neuen Elemente dieses Lehrbuchs sind:

- *Ausgabe in einem Gesamtband:* Die bisherigen drei Einzelbände des Lehrbuchs sind nun in einem inhaltlich geschlossenen Gesamtband zusammengefasst.
- *Innovative Akzente:* Das Lehrbuch bietet neue Aspekte insbesondere zu den Themen Unternehmensethik, Ordnungsstrukturen, Steuerstrukturen, Rechtsstrukturen, Globalisierung, Supply Chain Management, nationale und internationale Rechnungslegung, Marketing sowie Controlling-Systeme.

- *Internationaler Beraterkreis:* Zur Unterstützung mit neuen Ideen und Sichtweisen, zur Förderung der Allgemeinen Betriebswirtschaftslehre im In- und Ausland und zur Sicherung der Kooperation mit der internationalen Gemeinschaft der lehrenden und forschenden Betriebswirte werden renommierte Professoren/innen in einen internationalen Beraterkreis eingeladen.
- *Modulare Gliederung:* Der umfangreiche Stoff des Faches ist in fünf Kapitel mit 21 Modulen übersichtlich gegliedert. Jedes Modul umfasst auf ca. 50 Seiten den Stoff für zwei Semesterwochenstunden.
- *Gemeinsame Autorenschaft:* Jedes Modul wird von mindestens zwei kompetenten Autoren/innen verfasst, die dank ihrer Verschiedenheit von Alter, Herkunft und Wissenschaftsauffassung in ihrer Gesamtheit die Gewähr dafür bieten, dass keine bestimmte „Schule" den Charakter des neuen Lehrbuchs dominiert. Auf diese Weise wird bei allem Streben nach Einheitlichkeit in der Darstellung ein getreues Abbild des pluralistischen Charakters der Ideen und Ansätze in der Betriebswirtschaftslehre dokumentiert.
- *Didaktische Gestaltung:* Der Text der Module wird durch neue Didaktik-Elemente (z.B. Definitionen, Merksätze, Beispiele, Abbildungen, Tabellen, Statistiken) und durch typografische Hervorhebungen lernfreundlich gestaltet.
- *Online-Materialien:* Für jedes Modul werden weiterführende Unterlagen zum Download angeboten, die zahlreiche Lernhilfen umfassen (z.B.: Grundsätze der Motivation zum Studium und zum Verhalten im Studium, Hinweise auf Prüfungsvorbereitungen, Fragen und Antworten zum Stoff aller Module, Aufgaben und Lösungen, kleine praktische Fälle, Leitfaden zur Lernkontrolle, ergänzende Abbildungen, ausführliche Literaturverzeichnisse). Im Impressum ist der Zugriff auf http://ABWL.ESV.info beschrieben.

Zu unserer Freude hat unsere Allgemeine Betriebswirtschaftslehre in den letzten Jahren auch international auf sich aufmerksam gemacht. Dieses Interesse hat in mehreren Übersetzungen seinen Niederschlag gefunden. So dürfen wir auf die Übersetzung ins Chinesische, ins Russische und ins Japanische verweisen. Durch unseren Beraterkreis wollen wir diese internationale Entwicklung der Betriebswirtschaftslehre weiter fördern.

Ursprünglich war geplant, dass Herr Professor Dr. Karlheinz Küting die 11. Auflage der Schrift wesentlich mit tragen sollte. In den vorbereitenden Schritten hat er auch mit großer Begeisterung zur neuen Struktur beigetragen. Sein unerwarteter Tod hat eine große Lücke gerissen, die wir mit dem nun fertigen Werk und als Duo Schweitzer/Baumeister hoffentlich in seinem Sinne geschlossen haben.

Bis zur 10. Auflage haben uns Kollegen/innen und Studierende, die mit unserem Lehrbuch arbeiten, wertvolle Hinweise und Ratschläge für Verbesserungen gegeben. Wir würden es begrüßen, wenn wir auch zukünftig mit dieser Begleitung und Rückmeldung des Einsatzerfolgs in der Lehre rechnen könnten.

Allen Mitarbeitern/innen sowie den Damen und Herren im Erich Schmidt Verlag, die unser Lehrbuch mit Sorgfalt betreut haben, sprechen wir unseren herzlichen Dank aus.

Tübingen und Saarbrücken, Januar 2015

Marcell Schweitzer
Alexander Baumeister

Inhaltsübersicht

Inhaltsverzeichnis

Erstes Kapitel

Betriebswirtschaftslehre als Realwissenschaft

Modul 1: Grundlagen der Betriebswirtschaftslehre unter Rationalitäts- und Moralitätsaspekten

Marcell Schweitzer
Marcus Schweitzer

„Tell me and I forget,
teach me and I remember,
involve me and I learn."
(Benjamin Franklin 1706–1790)

1.1 Grundlagen der Betriebswirtschaftslehre unter Rationalitätsaspekten – Grundfragen der Betriebswirtschaftslehre –

Lernziele:

Aneignen von Wissen (Kenntnissen) über den Erfahrungsbereich und den Problembereich der Betriebswirtschaftslehre; Verstehen (Erfassen und Erkennen) komplexer Zusammenhänge des Wirtschaftens in Betrieben (Haushalten und Unternehmen); Anwenden (Nutzen) des erlangten Wissens zur Lösung realer betriebswirtschaftlicher Probleme; Analyse (Erforschen) von Ursachen, Elementen, Beziehungen betriebswirtschaftlicher Probleme; Synthese (Integrieren) von Einzelerkenntnissen aus der Analyse zu übergeordneten betriebswirtschaftlichen Aussagen bzw. Strukturen; Bewertung (Evaluation) von Alternativen zwecks Lösens realer betriebswirtschaftlicher Probleme.

Übersicht:

In Modul 1 werden „Grundlagen der Betriebswirtschaftslehre" behandelt. Das geschieht einmal unter Rationalitätsaspekten in Abschnitt 1.1, zum anderen unter Moralitätsaspekten in Abschnitt 1.2.

In Abschnitt 1.1 wird das Entscheiden über knappe Güter unter dem Rationalitätsaspekt dargestellt. Unter diesen Aspekten werden im Einzelnen grundlegende Begriffe der Betriebswirtschaftslehre erörtert und der Kulturbereich als Erfahrungsbereich sowie das rationale bzw. bedingt-rationale Wirtschaften in Betrieben als Problembereich der Betriebswirtschaftslehre abgegrenzt. Des Weiteren werden Betriebsarten klassifiziert und verschiedene Betriebs- und Unternehmensauffassungen sowie verschiedene Menschenbilder gewürdigt, die in der Betriebswirtschaftslehre diskutiert werden. Außerdem werden Probleme des Wirtschaftens bei Sicherheit, Risiko und Unsicherheit sowie der Zusammenhang zwischen Erfahrungsbereich, Problembereich und Wissenschaftszielen erläutert.

1.1.1 Allgemeine und Spezielle Betriebswirtschaftslehren

Die wissenschaftliche Disziplin, die sich mit deskriptiven, theoretischen, pragmatischen sowie normativen Fragen des Wirtschaftens befasst, trägt den Namen Wirtschaftswissenschaft. Sie umfasst die beiden wirtschaftlichen Einzeldisziplinen Volkswirtschaftslehre und Betriebswirtschaftslehre. Die Volkswirtschaftslehre setzt sich in Theorie und Politik mit wirtschaftlichen Problemen unterschiedlich aggregierter Bereiche auseinander (z. B. Fragen des nationalen Einkommens, der Beschäftigung, des Wachstums, der Inflation sowie der Konjunktur in einzelnen Ländern, Ländergemeinschaften [beispielsweise der Europäischen Union], Machtblöcken, Kontinenten oder der gesamten Erde). Dagegen wendet sich die Betriebswirtschaftslehre in Theorie und Politik den Betrieben als den Elementen dieser aggregierten Wirtschaftsbereiche zu und befasst sich mit wirtschaftlichen Fragen dieser Elemente (z. B. wirtschaftlichen Fragen der Forschung und Entwicklung, der Beschaffung und Logistik, der Fertigung, des Marketings, der Investition, der Finanzierung, des Personals, der Planung und der Verwaltung in einzelnen Betrieben, jedoch auch mit wirtschaftlichen Fragen des Wachstums und der Schrumpfung, der Kooperation sowie der Liquidation von Betrieben, der Marktstrukturen, der Globalisierung bzw. Internationalisierung, der europäischen Harmonisierung u. a.). Letztlich vollzieht sich jedes Wirtschaften in real vorhandenen und handelnden Betrieben, sodass beide Einzeldisziplinen der Wirtschaftswissenschaft die Betriebe zur wissenschaftlichen Orientierungsbasis wählen.

Merksatz: Die **Betriebswirtschaftslehre** befasst sich mit dem Wirtschaften in Betrieben unter Berücksichtigung der Wechselbeziehungen zu anderen Betrieben und Institutionen sowie zu den sie umgebenden Wirtschaftsbereichen im In- und Ausland.

Herkömmlich wird die Betriebswirtschaftslehre in die Teilgebiete „Allgemeine Betriebswirtschaftslehre" und „Spezielle Betriebswirtschaftslehren" gegliedert. Während in der Allgemeinen Betriebswirtschaftslehre Fragestellungen bzw. Problembereiche behandelt werden, die in allen Betrieben auftreten (z. B. Produktions-, Kosten-, Finanz-, Investitions- und Organisationsfragen), untersuchen die Speziellen Betriebswirtschaftslehren die gleichen Fragen, dies jedoch unter wirtschaftsbereichs- bzw. sektorenspezifischen Besonderheiten und Zusatzproblemen. Als Spezielle Betriebswirtschaftslehren sind auf diese Weise entstanden: die Industriebetriebslehre, die Handelsbetriebslehre, die Verkehrsbetriebslehre, die Bankbetriebslehre u.a. Diese Speziellen Betriebswirtschaftslehren werden auch Institutionenlehren genannt.

Zunehmend werden Spezielle Betriebswirtschaftslehren auch als Funktionenlehren konzipiert (z.B. als Organisationswirtschaft, Personalwirtschaft, Anlagenwirtschaft, Materialwirtschaft, Leistungserstellungswirtschaft [Fertigungswirtschaft bzw. Produktionswirtschaft], Absatzwirtschaft, Controlling, Wirtschaftsinformatik bzw. Informationsmanagement). Die Abgrenzung zwischen Institutionen- und Funktionenlehren zeigt Abb. 1.1. Ebenso wie die Industriebetriebslehre [Spalte (1)] zur Leistungserstellungswirtschaft (Fertigungs- bzw. Produktionswirtschaft [Zeile (5)] beispielhaft abgegrenzt wird, sind die übrigen Speziellen Betriebswirtschaftslehren institutionell bzw. funktional zu bilden bzw. zu differenzieren.

	Wirtschaftsbereiche				
Funktionsbereiche	(1) Industrie	(2) Handel	(3) Banken	(4) Versicherungen	Funktionslehren
(1) Organisation	(11) Industrielle Organisation				Organisationswirtschaft
(2) Personal	(21) Industrielle Personalwirtschaft				Personalwirtschaft
(3) Anlagen	(31) Industrielle Anlagenwirtschaft				Anlagenwirtschaft
(4) Material	(41) Industrielle Materialwirtschaft				Materialwirtschaft
(5) Leistungserstellung	(51) Industrielle Leistungserstellung (Fertigung, Produktion)	(52) Handelsleistungserstellung	(53) Bankenleistungserstellung	(54) Versicherungsleistungserstellung	Leistungserstellungswirtschaft (Fertigungs- bzw. Produktionswirtschaft)
(6) Absatz	(61) Industrieller Absatz				Absatzwirtschaft
(7) Controlling	(71) Industrielles Controlling				Controlling
(8) Datenverarbeitung	(81) Industrielle Datenverarbeitung				Datenverarbeitungswirtschaft
	Industriebetriebslehre	Handelsbetriebslehre	Bankbetriebslehre	Versicherungsbetriebslehre	
	Institutionenlehren (Wirtschaftsbereichslehren)				

Abbildung 1.1: Bildung Spezieller Betriebswirtschaftslehren

1.1.2 Erfahrungsbereich der Betriebswirtschaftslehre

1.1.2.1 Kulturbereich als Erfahrungsbereich

Die Betriebswirtschaftslehre wird zu den Realwissenschaften (empirische Wissenschaften, Erfahrungswissenschaften) gezählt (Dlugos [Regulativ] 21 ff.), d. h. zu denjenigen Wissenschaften, die sich mit in der Wirklichkeit vorhandenen, individuellen, raum-zeitlich feststellbaren Tatsachen und Problemen befassen. Erkenntnisse der Realwissenschaften werden in Aussagen formuliert, von welchen verlangt wird, „dass sie über tatsächliche oder mögliche Eigenschaften von realen Objekten bzw. Sachverhalten informieren. Zu ihrer Überprüfung ist eine Faktenanalyse erforderlich" (Schanz [Methodologie] 26). Die wirtschaftlichen Realitäten, mit welchen sich die Betriebswirtschaftslehre befasst, sind jedoch keine natürlichen, sondern von Menschen für Menschen erdachte Sachverhalte. Alle wirtschaftlichen Sachverhalte sind in der Realität mit einer Fülle weiterer Sachverhalte eng verknüpft (z. B. ethischer, religiöser, künstlerischer, rechtlicher, technischer, medizinischer, sozialer, ökologischer Art). Sie machen mit diesen Sachverhalten im Problemverbund die empirische Grundlage der Betriebswirtschaftslehre aus. Man bezeichnet diese empirische Grundlage als den Kulturbereich des Menschen. Es kann daher gesagt werden, dass der Kulturbereich der Erfahrungsbereich der Betriebswirtschaftslehre ist (Kosiol [Erkenntnisgegenstand] 130).

Merksatz: Im **Kulturbereich** stellt der Betriebswirt Beobachtungen an, hier führt er Messungen durch, über einen Ausschnitt formuliert er Behauptungen, ihn benutzt er als Schiedsinstanz für die Überprüfung seiner Theorien, und in ihn greift er gestaltend ein, dies allerdings betont unter wirtschaftlich-rationalem Aspekt.

Da wirtschaftliche Probleme und wirtschaftliches Handeln in den Kulturbereich integriert sind, ist die betriebswirtschaftliche Basis der Erfahrung so breit, wie sich im Kulturbereich Betriebe mit wirtschaftlichen Fragestellungen nachweisen lassen. Ob es sich dabei um Unternehmen der Industrie, des Handwerks, des Handels, der Banken und Versicherungen oder um Haushalte, Behörden, Theater, Hochschulen, Museen oder Kirchen handelt, ist nicht von Belang. Sie sind alle Elemente des betriebswirtschaftlichen Erfahrungsbereichs und können auf betriebswirtschaftliche Fragestellungen hin untersucht sowie nach betriebswirtschaftlichen Erkenntnissen gestaltet und geführt werden.

1.1.2.2 Kennzeichnung der Betriebsarten

1.1.2.2.1 Begriff des Betriebes

Die für den Betriebswirt im Erfahrungsbereich relevanten Sozialgebilde werden Betriebe genannt. Das Verständnis für Struktur, Funktion, Verhaltensweise und Erscheinungsform dieser Betriebsvielfalt wird erleichtert, wenn zunächst die Klasse der Betriebe betrachtet wird, die Sachgüter produziert.

Im Spannungsverhältnis zwischen Angebot und Nachfrage, die auf Märkten aufeinandertreffen, liegt ein wichtiger Antrieb für die Errichtung von Betrieben und deren nachhaltige Güterproduktion. Je besser das Angebot die Nachfrage mengenmäßig, qualitativ, räumlich und zeitlich zu befriedigen vermag, desto wirkungsvoller erfüllt die Gesamtheit der produzierenden Betriebe ihr Sachziel. Zur Erfüllung des Sachziels setzen die Betriebe kompetente Menschen, Techniken, Kapital, Wissen sowie geeignete materielle und immaterielle Güter ein.

Außerdem wählen Betriebe bestimmte Zielvorstellungen, welche die angestrebte Ergiebigkeit bzw. Vorteilhaftigkeit der betrieblichen Produktion als Formalziele zum Ausdruck bringen. Als zentrale Formalziele werden in erwerbswirtschaftlichen Unternehmen wirtschaftliche Ziele gewählt. Zusätzlich verfolgt der Betrieb auch technische, soziale, ökologische und unternehmensethische Formalziele (vgl. Abschnitt 1.1.3.2).

Unter dem Blickwinkel einer effektiven Führung ist im Betrieb das selbstständige Entscheiden die zentrale Aufgabe. Wird für einen Betrieb ein System von Zielen als Normen des betrieblichen Entscheidens angenommen, lässt sich der Begriff des Betriebes wie folgt definieren:

Definition:
Ein **Betrieb** wird als eine wirtschaftliche, technische, soziale, umweltbezogene und unternehmensethische Einheit (Sozialgebilde, Wirkungszentrum) mit der Aufgabe der Bedarfsdeckung, mit selbstständigem Entscheiden und eigenen Risiken definiert.

1.1.2.2.2 Unternehmen und Haushalte als Betriebsarten

1.1.2.2.2.1 Unternehmen als Betriebe der Fremdbedarfsdeckung

Ein wichtiges Merkmal für die Unterteilung der Klasse der Betriebe in Unterklassen (Ordnungen) ist die Art ihrer Bedarfsdeckung. Danach wird die Fremdbedarfsdeckung von der Eigenbedarfsdeckung unterschieden. Betriebe, die überwiegend den Güterbedarf fremder Betriebe decken, werden Unternehmen genannt, während Betriebe mit überwiegender Eigenbedarfsdeckung als Haushalte bezeichnet werden (Kosiol [Einführung] 24 ff.).

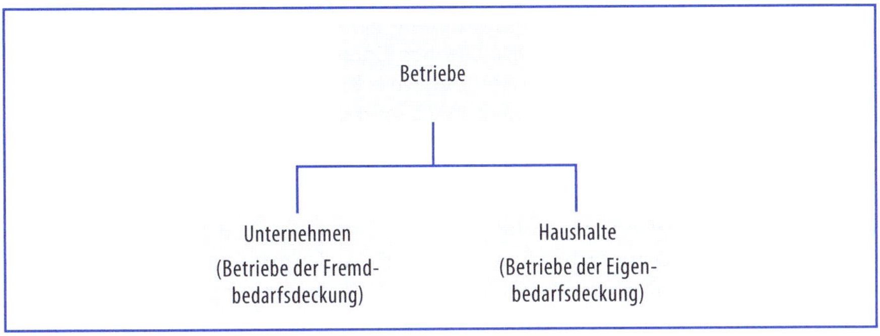

Abbildung 1.2: Gliederung der Betriebe nach ihrer Bedarfsdeckung

Definition:
Als Unternehmen wird eine wirtschaftliche, technische, soziale, umweltbezogene und unternehmensethische Einheit mit der Aufgabe der Fremdbedarfsdeckung, mit selbstständigem Entscheiden und eigenen Risiken definiert.

Verkürzt kann ein Unternehmen als Betrieb der Fremdbedarfsdeckung bezeichnet werden (vgl. Abb. 1.2). Zur Verwendung der Begriffe „Betrieb" und „Unternehmung" mit anderen Begriffsinhalten wird auf (Wöhe/Döring [Einführung] 12 ff.; Schierenbeck/Wöhle [Grundzüge] 19 ff.) verwiesen.

(1) Das erste Merkmal des Unternehmensbegriffs ist das Sachziel der Fremdbedarfsdeckung. Sobald ein Unternehmen Güter produziert, die nur von Dritten nachgefragt oder von diesen in Auftrag gegeben und von ihm selbst nicht eingesetzt werden, ist der Zustand der reinen Fremdbedarfsdeckung erreicht. In der Wirklichkeit des Wirtschaftens ist eine Fülle von Mischformen zwischen Eigen- und Fremdbedarfsdeckung bekannt. Des Weiteren ist der Begriff der Produktion nicht nur auf materielle Güter zu beziehen, sondern in gleicher Weise auf immaterielle Güter, d. h. insbes. auf Dienstleistungen (Schweitzer, Marcus [Dienstleistungskapazitäten] 43 ff.). Dies bedeutet, dass u. a. die Dienstleistungen der Banken, Versicherungen, Spediteure, Unternehmensberater und Marktforschungsinstitute in übertragenem Sinne durch „Produktion" erstellt werden.

(2) Das zweite Merkmal des Unternehmensbegriffs ist das selbstständige Entscheiden. Dieses Merkmal bringt zum Ausdruck, dass ein Unternehmen im Rahmen der geltenden Gesetze seine Formalziele (wirtschaftliche, technische, soziale, ökologische und unternehmensethische Ziele) weitgehend ohne Weisung anderer wählen kann. Das Gleiche gilt für seine Maßnahmen, Geschäftsmodelle, Strategien bzw. Alternativen, die ihm als Instrumente der Zielerreichung zur Verfügung stehen. In diesem Freiheitsraum des Entscheidens liegt die Motivation für die Entscheidungsträger des Unternehmens, im Rahmen ihrer Aufgaben initiativ zu werden und im Umfang der übertragenen Kompetenz wirtschaftliche und gesellschaftliche Verantwortung zu übernehmen; die-

ser Freiheitsraum ist Ausdruck der wirtschaftlichen Selbstständigkeit, die Entscheidungsträgern insbesondere in einer sozialen Marktwirtschaft eingeräumt wird.

(3) Das dritte Merkmal des Unternehmensbegriffs ist das eigene Risiko. Gemeint ist damit die Gefahr, dass eigenes Entscheiden, das Entscheiden Dritter sowie Einwirkungen der Umwelt negative Konsequenzen (insbes. Verluste) für das Unternehmen nach sich ziehen können. Ihren Ausdruck finden Risiken daher im Auftreten von Verlusten, im Ausbleiben von Kundenaufträgen, in einer Fluktuation der Mitarbeiter, in Auswirkungen höherer Gewalt u. a. Da alle Folgen des Entscheidens in die Zukunft reichen und über die Zukunft nur unvollkommene und unsichere Informationen vorliegen, ist jedes Wirtschaften untrennbar mit Risiken verbunden. Während das Unternehmen sich gegen die Folgen bestimmter Risiken versichern kann (z.B. Feuer- und Diebstahlrisiken), muss es das Marktrisiko sowie das Kapitalrisiko in jedem Falle selbst tragen.

1.1.2.2.2.2 Haushalt als Betrieb der Eigenbedarfsdeckung

Die Gliederung der Betriebe nach der Art ihrer Bedarfsdeckung führt zur Unterscheidung zwischen Fremdbedarfs- sowie Eigenbedarfsdeckung und entsprechend zur Trennung von Unternehmen und Haushalten.

Definition:

Der Haushalt wird als eine soziale, wirtschaftliche, technische, umweltbezogene und ethische Einheit mit der Aufgabe der Eigenbedarfsdeckung, mit selbstständigem Entscheiden und eigenen Risiken definiert.

(1) Von den Begriffsmerkmalen des Haushalts wird als erstes das Sachziel der Eigenbedarfsdeckung betrachtet: Im Gegensatz zum Unternehmen ist der Haushalt ein konsumorientierter Betrieb. Die Bedürfnisse seiner Mitglieder sind der Ursprung für das Sachziel des Haushalts, d.h., er verfolgt die Deckung seines eigenen Bedarfs. Zu den Haushalten dieser Art zählen zunächst alle Einpersonen-, Kleinfamilien- und Großfamilienhaushalte. Betriebswirtschaftlich umfasst ihr Sachziel alle Vorbereitungs-, Bereitstellungs-, Bearbeitungs-, Veredelungs- und Nachbereitungsaufgaben sowie den letztlichen Güterverzehr, welcher Bedürfnisbefriedigung im Sinne körperlicher und geistiger Nutzenstiftung bedeutet.

(2) Das selbstständige Entscheiden ist das zweite Merkmal des Haushaltsbegriffs. Dieses Merkmal bringt zum Ausdruck, dass auch ein Haushalt seine Formalziele (wirtschaftliche, technische, soziale, ökologische und ethische Ziele) weitgehend ohne Weisung Dritter wählen kann. Der Haushalt ist befugt, zu wählen, welche Ziele und welche Maßnahmen, Vorgehensweisen bzw. Alternativen er zu deren Erreichung im Einzelnen verfolgen will. Dieser Freiheitsraum des Entscheidens ist jedoch u. a. durch Marktmechanismen, verfügbare Einkommen, Lebensgewohnheiten und durch eine Reihe gesetzlicher Vorschriften eingeengt. Dennoch übernehmen die Entscheidungsträger in Haushalten durch diese Kompetenz eine hohe gesellschaftliche und wirtschaftliche Verantwortung, die Ausdruck gesellschaftlicher Selbstständigkeit und persönlicher Reife ist.

(3) Als drittes Merkmal des Haushaltsbegriffs wird das eigene Risiko ins Blickfeld gerückt. Jeder Haushalt läuft Gefahr, durch eigenes oder fremdes bzw. durch umweltbedingtes Einwirken Schäden oder Verluste zu erleiden. Derartige Risiken drücken sich darin aus, dass Krankheiten auftreten, Ausbildungsziele verfehlt werden können, die Familie sich auflösen oder das Einkommen sinken, entwertet werden oder verloren gehen kann. Diese Risiken sind zu einem Teil versicherbar (Ausbildungs-, Lebens-, Haftpflichtversicherung u. a.), oder sie werden von der Gesellschaft kollektiv durch das so genannte soziale Netz abgedeckt (z. B. Arbeitslosen-, Renten-, Krankenversicherung).

1.1.2.2.2.3 Tiefere Betriebsklassifikationen

Sowohl die Klasse der Unternehmen als auch die Klasse der Haushalte lassen sich tiefer in Unterklassen, Ordnungen, Gattungen usw. gliedern. Die jeweilige Gliederungstiefe richtet sich nach dem verfolgten wissenschaftlichen Zweck. An dieser Stelle wird auf zwei weitere Merkmale hingewiesen, die es erlauben, in der Betriebswirtschaftslehre häufig analysierte Betriebsarten zu klassifizieren, wobei die Unternehmen wegen ihrer relativ größeren Bedeutung für die Entwicklung des Faches in den Mittelpunkt dieser Überlegungen rücken. Unternehmen können nach der Art der Anteilseigner in private Unternehmen und in öffentliche Unternehmen gegliedert werden (vgl. Abb. 1.3): Sind die Anteilseigner eines Unternehmens Privatpersonen bzw. private Gesellschaften, wird von einem privaten Unternehmen gesprochen, in allen anderen Fällen, in welchen der Anteilseigner ganz oder überwiegend die öffentliche Hand ist, dagegen von öffentlichen Unternehmen.

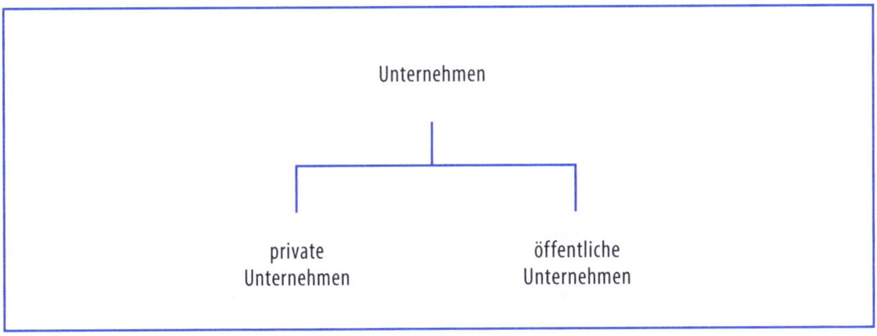

Abbildung 1.3: Gliederung der Unternehmen nach der Art der Anteilseigner

Die Unternehmen können außerdem nach der Körperlichkeit der erzeugten Güter (Leistungen) weiter in Sachleistungsunternehmen und Dienstleistungsunternehmen gegliedert werden. Als Sachleistungen (materielle Realgüter) werden körperliche, bewegliche (mobile) und unbewegliche (immobile) Güter bezeichnet, als Dienstleistungen dagegen unkörperliche Güter (immaterielle Realgüter) in der Form von Arbeitstätigkeiten, Diensten, Informationen u. a. Wird schließlich auf der nächsten Gliederungsebene nach der Güterart unterschieden, die erzeugt wird, ergeben sich die Klassifikationen der Abb. 1.4 und Abb. 1.5.

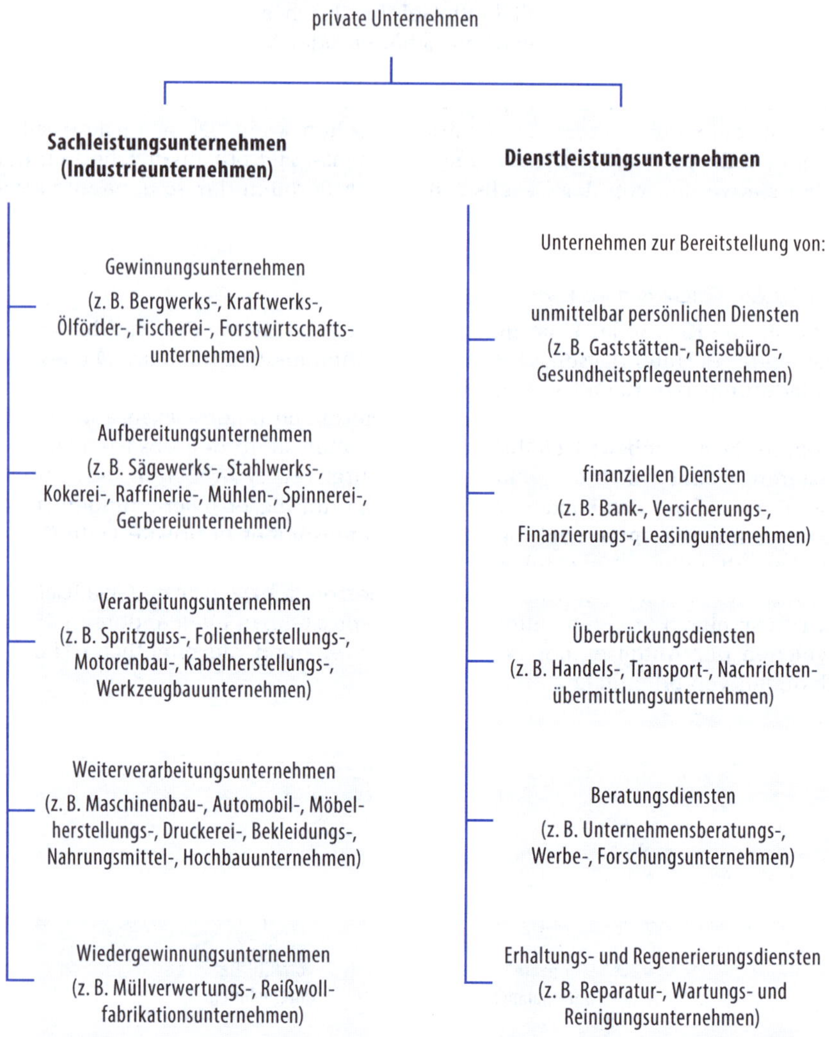

Abbildung 1.4: Gliederung privater Unternehmen

Vergleichbare Klassifikationen lassen sich auch für die Haushalte entwickeln. Die privaten Haushalte (vgl. Abb. 1.6a), die überwiegend eine individuelle Deckung des Eigenbedarfs treffen, setzen sich aus ursprünglichen (Familienhaushalten) und aus abgeleiteten Haushalten (Verbandshaushalten) zusammen (Kosiol [Einführung] 24 f.). Für die öffentlichen Haushalte (vgl. Abb. 1.6b) gilt, dass ihre Ziele und Aufgabenstellungen aus den privaten Haushalten abgeleitet sind und ihre hergestellten Güter (wie Bildung, Gesundheitsdienst, Recht, Ordnung, Altersvorsorge, Sicherheit u. a.) den Mitgliedern der Gesellschaft zur kollektiven Deckung ihres Bedarfs angeboten werden. Soweit dafür

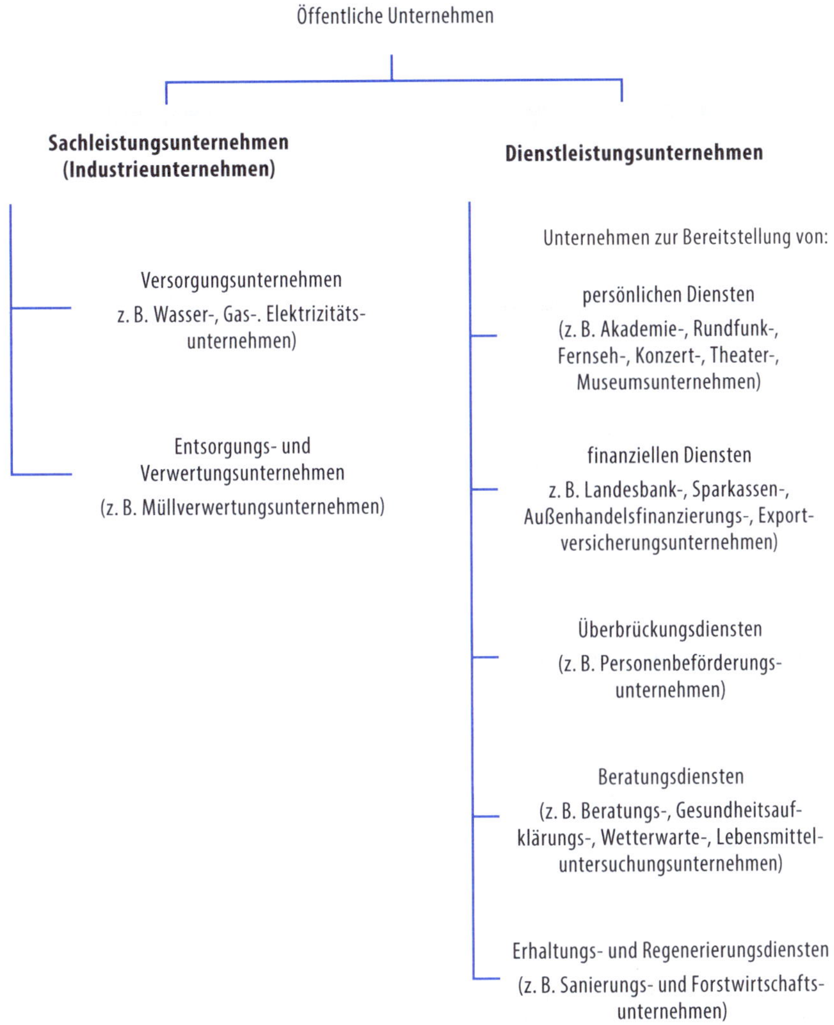

Abbildung 1.5: Gliederung öffentlicher Unternehmen

keine Gebühren erhoben werden, können diese Güter als „Staatsleistungen" unentgeltlich genutzt bzw. beansprucht werden. Die in Abb. 1.6b dargestellte Gliederung öffentlicher Haushalte in Körperschaften, Anstalten und öffentlich-rechtliche Stiftungen wird im Zusammenhang mit der Behandlung der Rechtsformen in Modul 5 ausführlicher behandelt.

Alle genannten Betriebsarten sind im Kulturbereich, dem Erfahrungsbereich der Betriebswirtschaftslehre, beobachtbare Elemente. Sie sind die realen Objekte, auf die sich betriebswirtschaftliche Beschreibungen, Erklärungen, Prognosen und Gestaltungen letztlich beziehen. Zugleich sind sie die Träger

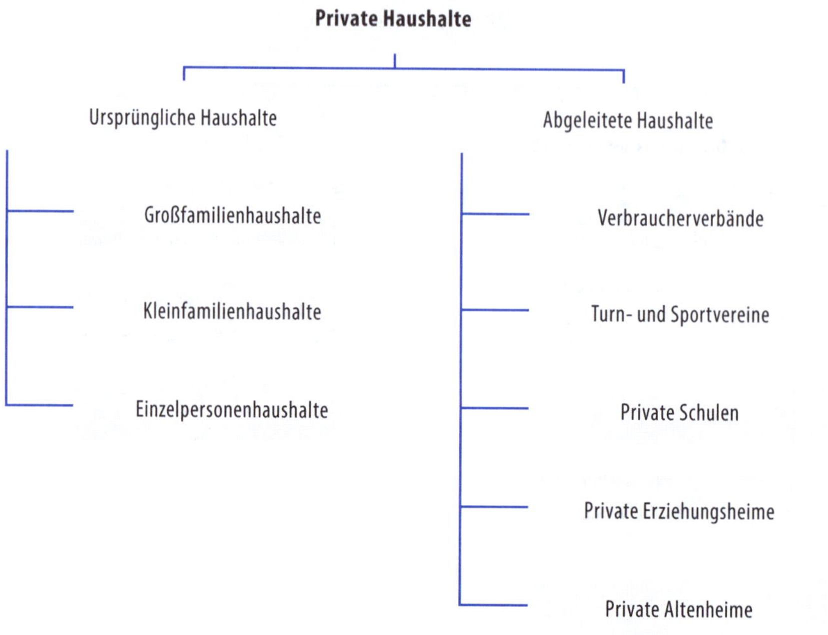

Abbildung 1.6a: Gliederung privater Haushalte

Abbildung 1.6b: Gliederung öffentlicher Haushalte

der gesamten wirtschaftlichen Leistungen eines Wirtschaftssystems und stellen die Quellen des wirtschaftlichen Wohlstands, des gesellschaftlichen Ansehens und der politischen Kraft einer Nation dar.

Abbildung 1.7 zeigt die Einbindung der Unternehmen und Haushalte sowie des Staates in das System der Marktwirtschaft. Dabei wird deutlich, dass der Staat sowohl die Rolle eines öffentlichen Haushalts als auch die Rolle eines öffentlichen Unternehmens wahrnimmt.

1.1.2.3 Betriebs- und Unternehmensauffassungen in der Betriebswirtschaftslehre

1.1.2.3.1 Betriebsauffassungen in der Betriebswirtschaftslehre

Unter den Wissenschaftlern der Betriebswirtschaftslehre herrscht nur begrenzt Einigkeit über den Umfang des Erfahrungsbereichs und über die Bezeichnung seiner Elemente. Im Wesentlichen werden folgende Betriebsauffassungen unterschieden (Grochla [Betrieb] 377 ff.):

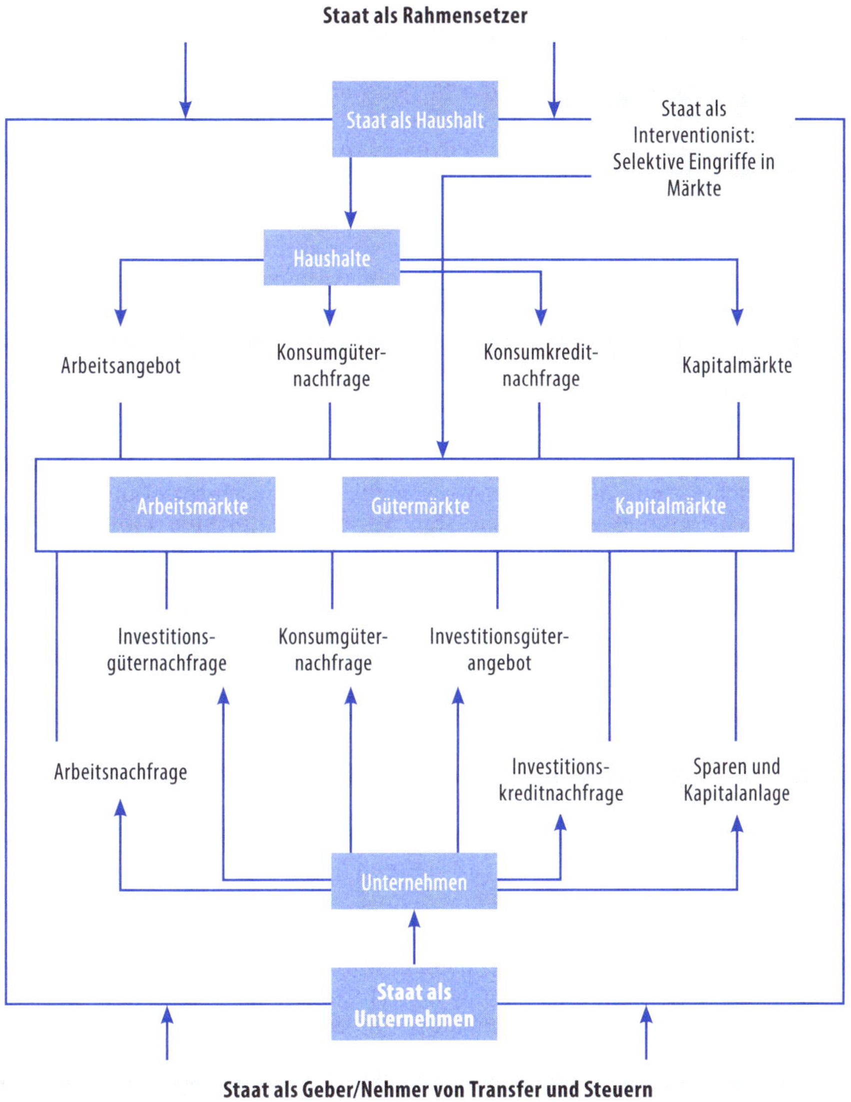

Abbildung 1.7: Unternehmen, Haushalte und Staat in einer Marktwirtschaft (in Anlehnung an [Informationsdienst] v. 25. 6. 1998)

(a) Bei der soziologischen Betriebsauffassung wird der Vorstellung gefolgt, dass im Betrieb Menschen in einer kooperativen Leistungsgemeinschaft zielgerichtete Tätigkeiten vollziehen. Werden die zwischenmenschlichen Beziehungen sowie das Verhalten von Gruppen in den Mittelpunkt der Betrachtung gerückt, liegt es nahe, den Betrieb als soziale Einheit zu begreifen, wie dies in der Betriebssoziologie geschieht. Auch Betriebswirte, die eine verhaltenswissenschaftlich orientierte Organisationsauffassung vertreten, verwenden diesen Betriebsbegriff.

(b) Die technische Betriebsauffassung wählt als Ansatz die maschinelle Ausstattung der Wirtschaftseinheit, die für jede moderne Güterproduktion unerlässlich ist. Diese Betriebsauffassung kommt den Problemstellungen der Techniker und Ingenieure entgegen und findet Anwendung in der technischen Betriebswissenschaft. Auch unter Betriebswirten findet dieser Betriebsbegriff einige Anhänger.

(c) Die rechtliche Betriebsauffassung, wie sie z. B. im Betriebsverfassungsgesetz (BetrVG) von 1972 zu finden ist, klammert Haushalte sowie Dienststellen der öffentlichen Verwaltung aus und versteht unter einem Betrieb eine organisatorische Verknüpfung von persönlichen, sachlichen und immateriellen Mitteln zur nachhaltigen Verfolgung eines arbeitstechnischen Zweckes, welcher über die Eigenbedarfsdeckung hinausreicht.

(d) Am weitesten verbreitet ist in der Betriebswirtschaftslehre die wirtschaftliche Betriebsauffassung. Zu ihr sind auch die Auffassungen des Betriebes als wirtschaftlich-technische oder als wirtschaftlich-technisch-sozial-umweltbezogene-ethische Einheit zu rechnen. Ihre Vertreter betrachten zwar den real existierenden Betrieb mit seinen wirtschaftlichen, technischen, sozialen, ökologischen, medizinischen, religiösen, ethischen u. a. Fragen, wollen jedoch mit ihrer Merkmalswahl zum Ausdruck bringen, dass ihr wissenschaftlicher Zugang zu diesem Realgebilde unter spezifisch wirtschaftlichem Aspekt erfolgt.

1.1.2.3.2 Unternehmensauffassungen in der Betriebswirtschaftslehre

Während die unterschiedlichen Betriebsauffassungen in erster Linie auf die differenziert wählbaren Betrachtungsaspekte der realen Elemente des Erfahrungsbereiches zurückgeführt werden können, liegen bei den unterschiedlichen Unternehmensauffassungen Differenzen im Begriffsumfang vor. Diese werden im Einzelnen an folgenden Unternehmensauffassungen erläutert:

(a) Die unternehmerorientierte Auffassung des Unternehmens dürfte die älteste im Fache sein. Nach ihr ist das Unternehmen eine Wirtschaftseinheit, die von einem Unternehmer selbst geleitet wird. Neben der obersten Leitungsspitze ist der Unternehmer auch (alleiniger) Anteilseigner und damit der Träger des Marktrisikos und des Kapitalrisikos; er sucht nach Neuerungen und sorgt für deren Durchsetzung. Diese Unternehmensauffassung ist zwar historisch berechtigt, sie ist jedoch mit dem Blick auf die Gegenwart zu eng, da sie nicht nur die zunehmende Zahl an Unternehmen mit „Angestellten-Unternehmern", sondern auch sämtliche öffentlichen Unternehmen als Gegenstände der Betriebswirtschaftslehre ausschließt.

(b) Eine weitere Unternehmensauffassung ist die als produzierender Betrieb für den anonymen Markt. Nach dieser Auffassung werden alle Produktionsbetriebe, die nach Kundenaufträgen arbeiten, nicht als Unternehmen betrachtet, da sie nicht für den anonymen Markt produzieren. Hinter dieser Auffassung steht die Absicht, nur „größere" Wirtschaftseinheiten als Unternehmen zu klassifizieren. Insbesondere soll das Unternehmen auf diese Weise vom Handwerksbetrieb abgegrenzt werden. Dies ist jedoch weder sachlich berechtigt, da größere Handwerksbetriebe durchaus auch für den anonymen Markt arbeiten können, noch ist es unter methodischen Gesichtspunkten zweckmäßig, da theoretische Aussagen über „große" Unternehmen teilweise auch für „mittlere" Handwerksbetriebe Geltung haben.

(c) Im Gegensatz zu den zwei ersten Unternehmensauffassungen ist die dritte, welche das Unternehmen als selbstständigen Produktionsbetrieb versteht, wissenschaftlich fruchtbar. Nach dieser Vorstellung ist das Unternehmen ein selbstständiger Betrieb der Leistungserstellung, welcher Fremdbedarfsdeckung mit eigenem Marktrisiko betreibt.

(c1) Ein erster Sonderfall des selbstständigen Produktionsbetriebs ist die an einem virtuellen Kooperationsnetz orientierte Unternehmensauffassung. Herkömmlich stellt das Unternehmen als selbstständiger Produktionsbetrieb eine lokal, rechtlich, technisch und personell auf längere Frist eingerichtete Einheit dar, deren Produktion auf eine möglichst häufige Wiederholung der Güterherstellung zugeschnitten ist. Diese Struktur wird durch den Einsatz neuer Informationstechnologien und durch die fortschreitende Flexibilisierung der unternehmerischen Aktivitäten verändert. Insbesondere wird es zunehmend möglich, die bisherige Produktionskette eines Unternehmens funktional (nach Aufgabenbereichen) oder kapazitiv (nach Teilpotenzialen) aufzuspalten und in einem zeitlich begrenzten Kooperationsnetz aus wirtschaftlich und rechtlich selbstständigen Unternehmen mit einer neuen Arbeitsteilung (möglichst wirtschaftlicher als die bisherige) zu realisieren.

(c2) Ein zweiter Sonderfall der Unternehmensauffassung, die an den selbstständigen Produktionsbetrieb anknüpft, ist die an der globalisierten Wertschöpfung orientierte Auffassung. Durch die Langfristigkeit der Aktivitäten und durch die Globalisierungsstrategie der Wertschöpfung unterscheidet sich das globalisierte vom virtuellen Unternehmen (und durch dieselben Merkmale die Auffassung von beiden). Wegen der weltweit zunehmenden Bedeutung der Globalisierung wird sie mit ihren Problemen ausführlich in Modul 6 dargestellt.

1.1.2.4 Menschenbilder in der Betriebswirtschaftslehre

Bei allen Versuchen, das Unternehmen aus unterschiedlichen Perspektiven zu betrachten, muss hervorgehoben werden, dass jedes Unternehmen eine menschliche Veranstaltung ist und daher der Mensch in ihm als Individuum bzw. als Gruppe die größte Bedeutung besitzt. Im Unternehmen tritt der Mensch in einer großen Erscheinungsvielfalt auf. Dominierend ist die Frage nach der Führung der Menschen. Um diese Frage zu beantworten, sind umfassende Beschreibungen, Theorien und Führungsmodelle entwickelt worden (vgl. Modul 7 und Modul 10). Bei der genannten Erscheinungsvielfalt zeigt sich jedoch, dass seine reale Ganzheit nur in Teilen erfassbar ist.

> **Merksatz:** Für wissenschaftliche Analysen ist es erforderlich, den realen Menschen unter bestimmten Abstraktionen und Annahmen zu betrachten. Das Ergebnis dieses Vorgehens ist ein vereinfachtes Modell (Abbild) des Menschen, das **Menschenbild** genannt wird.

In der betriebswirtschaftlichen Führungslehre sind bisher mehrere Menschenbilder erarbeitet worden (Weinert [Menschenbilder] 1495 ff.; Schweitzer [Menschenbild] 247 ff.). Ihre Merkmale sind überwiegend psychologischer und soziologischer Natur und beziehen sowohl Mitarbeiter als auch Führungskräfte ein. In Anlehnung an *Schein* [Psychology] werden vier Menschenbildtypen unterschieden. Aus der Sicht eines modernen, betriebswirtschaftlichen Führungskonzepts wird danach ein fünftes Menschenbild entwickelt.

(1) Das älteste Menschenbild ist der „homo oeconomicus". Dieses rational-wirtschaftliche Modell des Menschen taucht erstmals in der klassischen Nationalökonomie auf und ist durch mehrere wirklichkeitsfremde Merkmale gekennzeichnet. Bei ihm wird davon ausgegangen, dass (insbesondere der Arbeiter) nur durch wirtschaftliche Determinanten zur Arbeit motiviert werden kann. Sein Verhalten im Arbeitsprozess ist in dem Sinne rational, als er bei geringem Arbeitsaufwand einen möglichst hohen Lohn erwartet. Nur über einen gerechten Lohn kann der Arbeiter zum Einsatz seiner Arbeitskraft und zum Gehorsam gebracht werden. Planung, Steuerung und Motivation liegen nur bei den Vorgesetzten. Außerdem ist der Arbeiter bereit, seine eigenen Interessen und Ziele als Privatangelegenheit zu betrachten. Die auftretenden Leitungsbeziehungen beruhen auf Befehl, Anweisung und Gehorsam.

(2) Als Gegenbewegung zum rein rational-wirtschaftlichen Menschenbild, das im Taylorismus seinen Höhepunkt fand, haben amerikanische Soziologen den arbeitenden Menschen nicht nur in die formale, sondern auch in eine informale Organisation eingebettet. Mit diesem Schritt wird der arbeitende Mensch als soziales Wesen eingeführt, dessen Motivation und Leistung auch durch andere Individuen bzw. Gruppen beeinflusst wird. Rückblickend kann gesagt werden, dass bei der Kennzeichnung dieses Menschenbildes die Bedeutung der sozialen Beziehungen überbewertet wird, während die Arbeitsbedingungen und ihre technische Basis unterbewertet werden. Wesentlich ist jedoch, dass der arbeitende Mensch als soziales Wesen in seinem Arbeitsumfeld gesehen wird. Der Mensch selbst kann hier die Sinnhaftigkeit seiner Arbeit auch in den sozialen Beziehungen erkennen. Soziale Bedürfnisse können außerdem Motivatoren der Leistung sein und die Identität der Mitarbeiter fördern. Das Leistungsverhalten der Mitarbeiter orientiert sich nicht nur am Lohn und an den Kontrollen durch Vorgesetzte, sondern auch an sozialen Einflüssen von Individuen und Gruppen.

(3) Ein weiteres Menschenbild ist das des nach Selbstentfaltung strebenden Menschen. Der Ansatzpunkt für dieses Menschenbild ist die Vorstellung, dass nicht die objektive Realität, sondern die subjektive Wahrnehmung dieser Realität das menschliche Verhalten determiniert. In der Human-Resource-Schule werden nach diesem Ansatz innerpsychische Bedürfnisse als „Potenziale" charakterisiert. Zentral ist hier die These, dass eine Sinnleere der Arbeit auch dann entsteht, wenn Mitarbeiter ausgeprägte Interessen und Fähigkeiten besitzen, die im täglichen Arbeitsprozess nur zu kleinen Teilen gefordert werden. Eine Identifikation mit der Arbeit und dem Arbeitsplatz tritt dann nicht ein. Tatsächlich bringen aber Mitarbeiter die Vorstellung mit, sich auch im täglichen Arbeitsprozess persönlich entfalten zu können. Vorhandene Entscheidungskompetenzen der Mitarbeiter müssen daher systematisch gefördert und

in den Arbeitsprozess eingebracht werden. Außerdem sind Mitarbeiter zur Unabhängigkeit und zu längerfristigem Denken fähig. Sie sind auch häufig sehr flexibel und in der Lage, sich selbst zu motivieren und zu kontrollieren.

(4) Da wirtschaftliches und gesellschaftliches Geschehen immer komplexer werden, stellt sich die Frage, ob ein komplexes Menschenbild in der Lage ist, die positiven Elemente der bisher besprochenen Menschenbilder (1) bis (3) zu integrieren, um der zunehmenden Intensität der Wechselbeziehungen zwischen Gesellschaft und Unternehmen besser zu entsprechen als die bisherigen Bilder. Für das komplexe Menschenbild wird davon ausgegangen, dass der Mitarbeiter prinzipiell wandlungsfähig ist. Seine Motive und ihre Struktur können sich fortlaufend ändern. Außerdem ist der Mitarbeiter lernfähig, d. h. er ist bereit, neues Wissen aufzunehmen und sein Verhalten nach seinen bisherigen Erfahrungen und dem neuen Wissen zu modifizieren. Eine zusätzliche Dimension des Verhaltens liegt darin, auch außerhalb des Unternehmens aufgestaute Bedürfnisse zu befriedigen. Kurzfristig ist der Mitarbeiter gewöhnungs- und anpassungsfähig.

(5) Die Menschenbilder (1) bis (4) sind psychologisch bzw. soziologisch determiniert. Um zu einem Menschenbild zu gelangen, das für eine moderne Unternehmensführung fruchtbar ist, sind bei seiner Beschreibung zusätzlich wirtschaftliche und ethische Komponenten zu berücksichtigen. Insbesondere aus europäischer Sicht und Erfahrung wird in diesem Sinne das moderne, betriebswirtschaftliche Menschenbild des „Wirtschaftspartners“ entwickelt. Neben seiner Wandlungsfähigkeit, Lernfähigkeit, externen Bedürfnisbefriedigung, dem komplexen Erleben des Arbeitsplatzes und des Arbeitsumfeldes, seiner Flexibilität sowie seiner Fähigkeit zur privaten Altersvorsorge ist der Mitarbeiter zunehmend fähig, wirtschaftsdemokratisch und marktwirtschaftlich zu denken und zu handeln. Ein System von Mitbestimmungsregelungen gewährt ihm Anhörungs-, Mitwirkungs- und Mitbestimmungsrechte. Aber auch die Mitverantwortungspflichten werden ausgebaut (Küng [Weltethos] 345). Eine Entwicklung vom weisungsabhängigen Mitarbeiter zum unabhängigen, verantwortlichen und vertrauensvollen Partner wird damit vorgezeichnet (vgl. Abschnitt 1.2.2.2). Wer im Unternehmen mitbestimmt und mit verantwortet, muss jedoch auch am Erfolg partizipieren. Erfolgsbeteiligung, Investivlohn und Vermögens- bzw. Kapitalbeteiligung werden zu wesentlichen Merkmalen des Menschenbildes. Die partnerschaftliche Erfolgsbeteiligung kann jedoch nicht nur in einer Gewinnbeteiligung bestehen, sondern sie muss letztlich auch eine Verlustbeteiligung umfassen. Dieses umso mehr, als der Wirtschaftspartner zum Kapitalgeber bzw. zum Anteilseigner wird. Der künftige Wirtschaftspartner muss jedoch keineswegs nur ein das Einkommen maximierender Mitarbeiter in einem gewinnmaximierenden Unternehmen sein. Er wird auch in öffentlichen Haushalten (Verwaltungen), karitativen Einrichtungen, Parteien, Vereinen u. a. tätig sein und Wert auf sozialen Status, Loyalität und Sicherung des Gemeinwohls legen. Seine Motivation zur Leistung wird eher durch Anerkennung, Selbstständigkeit, Mitwirkungsrechte und Verantwortung erfolgen als durch monetäre Anreize.

Die Kennzeichnungen der Betriebe, der unterschiedlichen Auffassungen über Betriebe und der Menschenbilder lassen erkennen, dass der Erfahrungsbereich der Betriebswirtschaftslehre ein komplexes, sich wandelndes Gebilde ist. Der technische Fortschritt, voranschreitende Globalisierung, neue Verhaltens- und Denkweisen der Menschen, neue Interessenlagen und Zielvorstellungen, moralische Denk- und Verhaltensmuster sowie wirtschaftliche und politische Umbrüche sind Determinanten dieses Wandels. Der Erfahrungsbereich wirft daher kontinuierlich neue Probleme auf.

1.1.3 Problembereich der Betriebswirtschaftslehre

1.1.3.1 Wirtschaften als Problembereich

1.1.3.1.1 Ableitungsproblematik des Problembereichs

Der Problembereich der Betriebswirtschaftslehre wird durch Abstraktion aus dem Erfahrungsbereich gewonnen. Er stellt den disziplinspezifischen Analysegegenstand des Betriebswirts dar. Mit dem Problembereich wird aus dem Erfahrungsbereich ein Fragenkreis ausgewählt, der in seinen Erkenntnisinhalten identisch ist. Je präziser das zugehörige Auswahlprinzip (Identitätsprinzip) formuliert wird, umso klarer ist von Fall zu Fall entscheidbar, ob eine jeweils behandelte Frage bzw. theoretische Aussage zum Fragenkreis bzw. zur Theorie oder Politik der Betriebswirtschaftslehre zu rechnen ist oder nicht, und umso deutlicher werden die Grenzen zu den übrigen Fachdisziplinen sichtbar (Chmielewicz [Forschungskonzeptionen] 22). Außerdem wird die Frage beantwortet, welches Instrumentarium zu einer zügigen und effektiven Problemlösung eingesetzt werden kann. Dies bedeutet jedoch nicht, dass problemabhängige Beziehungen zu anderen Fachdisziplinen unterdrückt, durch grenzüberschreitende Forschung eine Verschmelzung von Einzelfächern zu einer neuen Interdisziplin unmöglich gemacht und dadurch der wissenschaftliche Fortschritt gehemmt wird. Das Gegenteil ist richtig: Die Grenzen einer Fachdisziplin regen dauernd dazu an, einen Blick über die Grenzen zu werfen und problemabhängige, grenzüberschreitende Probleme und Beziehungen neu zu erforschen und damit den Problembereich der Betriebswirtschaftslehre zu verändern.

1.1.3.1.2 Vorschläge zum Problembereich in der Literatur

Bei der Abgrenzung des Problembereichs herrscht in der Betriebswirtschaftslehre eine vergleichbare Meinungsvielfalt wie beim Erfahrungsbereich. So werden u.a. für den Problembereich der Betriebswirtschaftslehre die Auswahlprinzipien (Identitätsprinzipien) Gewinnmaximierung, Kombination der Produktionsfaktoren, Güterknappheit und Entscheiden über knappe Güter vorgeschlagen (Schweitzer [Gegenstand] 50f.).

(1) Die Gewinnmaximierung ist ein frühes Auswahlprinzip für den Problembereich der Betriebswirtschaftslehre. Sie ist eine individuell wählbare Zielvorstellung, die als eine extremale Ausprägung des allgemeinen Rationalprinzips interpretiert wird. Die zweite extremale Ausprägung dieses Prinzips führt mit umgekehrtem Vorzeichen zur Kostenminimierung. Beide Ausprägungen des Rationalprinzips führen zu rationalem Entscheiden. Die Gewinnmaximierung galt vor allem in der klassischen Nationalökonomie über Jahrzehnte als das verbindliche Auswahlprinzip für den Problembereich der Mikroökonomie. Da sie als zentrales Leitmotiv eines kapitalistischen Unternehmers angesehen

wurde und wird, unterzogen sie Analytiker einer scharfen Kritik (Schierenbeck/Wöhle [Grundzüge] 7; Chmielewicz [Forschungskonzeptionen] 23 f.).

Wichtig ist, dass die Gewinnmaximierung für die Betriebsarten der öffentlichen Unternehmen, der öffentlichen Haushalte sowie der privaten Haushalte nicht als repräsentativ akzeptiert werden kann. Eine kommunale Kläranlage, ein Landeskrankenhaus, eine Universität oder ein Vierpersonenhaushalt verfolgen eben nicht das Ziel der Gewinnmaximierung. Sogar zahlreiche private (insbesondere mittelständische) Unternehmen orientieren sich nicht an der Gewinnmaximierung als oberster Entscheidungsmaxime.

Merksatz: Wird der Umfang des Betriebsbegriffs weit gefasst, ist die **Gewinnmaximierung** als Auswahlprinzip für den Problembereich der Betriebswirtschaftslehre unzweckmäßig.

(2) Die Kombination der Produktionsfaktoren ist ein zweites Auswahlprinzip für den Problembereich der Betriebswirtschaftslehre. Sie wirft ebenfalls mehrere Probleme auf. Ausdruck der Kombination von Produktionsfaktoren ist eine Menge von Transformationsfunktionen bzw. eine Produktionsfunktion, die eine mengenmäßige Beziehung zwischen Gütereinsatz (input) und Güterausbringung (output) eines Betriebes abbildet. Auch unter Einschluss von Verwaltungs-, Planungs-, Organisations- und Kontrolleinsatzmengen drückt diese Funktion eine technische Input-Output-Beziehung aus. Obwohl unbestritten ist, dass sich für alle privaten und öffentlichen Betriebsarten derartige Funktionen formulieren lassen, beschreiben sie ein technisches Phänomen. Ein technisches Phänomen zum Auswahlprinzip für einen wirtschaftlichen Problemkreis zu erheben, ist jedoch aus methodischen Gründen nicht möglich.

Merksatz: Die Analyse der **Kombination der Produktionsfaktoren** führt dazu, auch diesen Vorschlag nicht als Auswahlprinzip für den Problembereich der Betriebswirtschaftslehre zu übernehmen.

(3) Die Güterknappheit ist ein drittes Auswahlprinzip für den Problembereich der Betriebswirtschaftslehre. Der Argumentationsansatz hierfür ist der Folgende: Alle Wirtschaftsgüter, die für die Produktion dritter Güter bzw. für den Konsum benötigt werden, haben in den Märkten einen Preis, d. h., sie sind knappe Güter. Sobald in Betrieben Fragen der Güterknappheit auftreten, können sie als Problembereich der Betriebswirtschaftslehre angesehen werden. Die Knappheit der Güter verlangt allerdings, ihrer Bereitstellung und Verwendung besondere Aufmerksamkeit zu widmen, wenn nicht Verschwendung geduldet und Kapital- bzw. Substanzauszehrung hingenommen werden sollen. Zudem ist der Fragenkreis über knappe Güter eine sehr ungenaue Abgrenzung eines Problembereichs der Betriebswirtschaftslehre. Obwohl das Auswahlprinzip der Güterknappheit den richtigen Ansatz darstellt, muss der Fragenkreis, den sie abgrenzt, präziser festgelegt werden.

Merksatz: Ohne eine Präzisierung führen die Überlegungen zur **Güterknappheit** dazu, auch dieses Prinzip nicht als Auswahlprinzip für den Problembereich der Betriebswirtschaftslehre zu übernehmen.

(4) Das Entscheiden über knappe Güter ist ein vierter Vorschlag für das Auswahlprinzip des Problembereichs der Betriebswirtschaftslehre. Mit dem Entscheiden über knappe Güter wird die Forderung nach einer Präzisierung des

Auswahlprinzips für den Problembereich der Betriebswirtschaftslehre erfüllt. Erst wenn das Entscheiden über knappe Güter als Prinzip präzise beschrieben wird, kann von einem Auswahlprinzip für den Problembereich der Betriebswirtschaftslehre gesprochen werden. Entscheidungen sind dann hinreichend präzise beschrieben, wenn sie mindestens eine Hauptbedingung (-ziel) und mehrere Nebenbedingungen (-ziele) umfassen. Als Hauptbedingung ist zu fordern, dass alle knappen Güter in eine optimale Allokation (Verwendungsweise) gebracht werden müssen. Danach ist bei einem gewählten Ziel(system) über die Zuordnung der knappen Güter auf zulässige alternative Verwendungsweisen so zu entscheiden, dass die gewählte Alternative als optimal akzeptiert wird (optimale Allokation). Dabei müssen die alternativen Verwendungsweisen zulässig (realisierbar) sein, was bedeutet, dass sie mehreren Nebenbedingungen genügen müssen: dazu zählen u. a. wirtschaftliche, technische, soziale, ökologische, ethische Nebenbedingungen. Die auf diese Weise abgegrenzte Alternativenmenge heißt in der Entscheidungstheorie und in der Unternehmensforschung „zulässiger Bereich".

Merksatz: **Nach diesen Überlegungen wird die Summe der betrieblichen Entscheidungen über knappe Güter zum Problemkreis der Betriebswirtschaftslehre gewählt; verkürzt wird dieser Problemkreis Wirtschaften genannt.**

Das Entscheiden über knappe Güter unter Haupt- und Nebenbedingungen grenzt einen konsistenten, raum- und zeitunabhängigen sowie ideologieindifferenten Fragenkreis ab, der den betriebswirtschaftlichen Problembereich operational bestimmt. Der Problembereich der Betriebswirtschaftslehre stellt prinzipiell sicher, dass in allen Betriebsarten (in privaten und öffentlichen Unternehmen sowie Haushalten) das Entscheiden über knappe Güter unter Haupt- und Nebenbedingungen einen Fragenkreis darstellt, dessen Erkenntnisinhalte identisch sind.

Das Wirtschaften ist in dem dargestellten Sinn ein geistiger Prozess, der von körperlichen, mechanischen, chemischen und biologischen Prozessen zu unterscheiden ist. In einem Unternehmen der Kraftfahrzeugherstellung sind beispielsweise nicht die praktische Bereitstellung und Lagerung von Einsatzgütern und die Herstellung (Montage) sowie der Absatz von Kraftfahrzeugen einzelne Phasen des Wirtschaftens, sondern das planende und steuernde Entscheiden über die zielorientierte Realisation dieser Phasen machen den Inhalt des Wirtschaftens aus.

1.1.3.2 Ziele des Wirtschaftens

Wirtschaften kann verschiedene Ziele verfolgen. Als Ziele, auf die in der Betriebswirtschaftslehre Bezug genommen werden kann, kommen nicht nur wirtschaftliche Hauptziele (Gewinnverbesserung, Steigerung der Wertschöpfung, Umsatzsteigerung, Kostendeckung, Verlustabbau u. a.) in Betracht, sondern in gleicher Weise zahlreiche Nebenziele (Nebenbedingungen), insbesondere technische Nebenziele (Erhöhung der Produktivität, Verbesserung der Produktqualität, Erhöhung des technischen Standards der Anlagen, Maschinen, Verfahren u. a.), soziale Nebenziele (Verkürzung der Arbeitszeit, bessere Vorsorge für das Alter, mehr Sicherheit am Arbeitsplatz u. a.), ökologische

Nebenziele (Vermeidung bzw. Senkung von Wasserbelastung, Abfallaufkommen, Luftverschmutzung, Lärmbelästigung u. a.) und ethische Nebenziele (Steigerung des Vertrauens, Erhöhung der Verantwortung, mehr Fairness im Wettbewerb, Einhaltung von Rechtsnormen, ordnungsmäßige Aktenführung, transparente Finanzberichterstattung, faire und respektvolle Arbeitsbedingungen u. a.) (vgl. Abb. 1.8).

Als Optimierungspostulat lässt sich der beschriebene Zusammenhang wie folgt ausdrücken:

! Entscheide in Betrieben stets so, dass mit den vorhandenen knappen Mitteln (Gütern) eine optimale Ausprägung der wirtschaftlichen, sozialen, technischen, ökologischen und unternehmensethischen Ziele (Werte) erreicht wird.

Das Optimierungspostulat gilt für alle knappen Güter und alle Ziele in Betrieben, d. h. ebenso für wirtschaftliche, technische, soziale, ökologische und ethische wie für andere Ziele (Chmielewicz [Forschungskonzeptionen] 23; Schierenbeck/Wöhle [Grundzüge] 76 ff.) (vgl. Abb. 1.8 und 1.9).

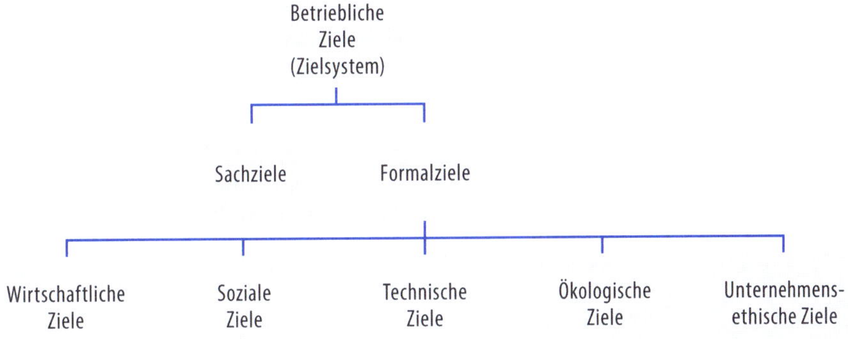

Abbildung 1.8: Betriebliche Ziele

In den Betrieben der Wirtschaftspraxis stehen einzelne Ziele in unterschiedlicher Beziehung zueinander (vgl. zur Analyse und Integration wirtschaftlicher und sozialer Rationalität (Hartfiel [Soziale Rationalität] 60 ff. und 146 ff.). Diese Beziehung kann z. B. komplementär oder konkurrierend sein. Es ist daher häufig nicht möglich, ein wirtschaftliches Ziel unabhängig von anderen Zielarten zu verfolgen. Vielmehr können durch das Entscheiden über wirtschaftliche Ziele sowohl technische als auch soziale, ökologische und unternehmensethische Ziele tangiert werden. Welches Ziel in einem derartigen Beziehungszusammenhang das dominierende ist, hängt ganz vom jeweiligen Problem ab. So werden in einem privaten Unternehmen i. d. R. die wirtschaftlichen Ziele eine größere Priorität (einen höheren Rang) besitzen als die übrigen Ziele. Dagegen kann eine staatliche Universität die wisssenschaftlichen Ziele (im Sinne einer hohen Qualität von Forschen, Lehren und Studieren) am höchsten gewichten. Ein städtisches Altenheim schließlich wird die sozialen Ziele vor den übrigen Zielen rangieren lassen. Letztlich wird der Betreiber einer Endlagerstätte für

	Ausgewählte absolute Ziele	Ausgewählte relative Ziele
Wirtschaftliche Ziele	– Umsatz – Erfolg (Gewinn bzw. Verlust) – Gebundenes Kapital – Deckungsbeitrag sowie – Kosten	– Umsatzrentabilität – Gesamt- bzw. Eigenkapitalrentabilität – Relativer Deckungsbeitrag pro Engpasseinheit – Anteil der Gemeinkosten an den Gesamtkosten
Soziale Ziele	– Mitarbeiterzufriedenheit – Umfang der Sozialleistungen – Anzahl der Krankheitstage – Fluktuation – Gesamtzahl der Mitarbeiter aus bestimmten sozialen Gruppen	– Sozialleistungen pro Mitarbeiter – Verhältnis von Krankheitstagen zu Arbeitstagen – Fluktuationsrate – Anteile bestimmter sozialer Gruppen an der Gesamtmitarbeiterzahl (Behindertenquote, Frauenquote)
Technische Ziele	– Menge der produzierten Güter – Menge der eingesetzten (verbrauchten) Güter – Qualität der Produkte – Verfahrensqualität und -flexibilität – Potenzialqualität und -flexibilität – Ausschussmenge – Durchlaufzeiten – Kapazität	– Produktivität: · Mitarbeiterproduktivität · Anlagenproduktivität · Materialproduktivität – Ausschussrate – Leistungsgrade – Verhältnis von Bearbeitung- zu Gesamtdurchlaufzeit eines Auftrags – Beschäftigungsgrade
Ökologische Ziele	– Wasserverbrauch – Energieverbrauch – Flächenverbrauch – Menge wiedereingesetzter Abfallstoffe (sekundäre Güter) – Schadstoffmenge – Lautstärke – Abgasmenge sowie – Abstrahlwärme	– Energieverbrauch pro Produkteinheit – Recyclingrate – Schadstoffmenge pro Produkteinheit – CO_2-Ausstoß pro m^3 Luft
Unternehmensethische Ziele	– Vertrauen – Verantwortung, Fairness im Wettbewerb – Einhaltung von Rechtsnormen – ordnungsmäßige Aktenführung – transparente Finanzberichterstattung – faire und respektvolle Arbeitsbedingungen u. a.	

Abbildung 1.9: Beispiele für absolute und relative betriebliche Ziele

hochgiftige Stoffe den ökologischen Zielen eine höhere Priorität beilegen (müssen) als den übrigen. Wird in einem Unternehmen das Entscheiden über knappe Güter ausschließlich an wirtschaftlichen Zielen orientiert, z. B. an einem hohen Gewinn, reduziert sich das Wirtschaften auf eine profitorientierte Güterallokation. Das in diesem Modul vorgetragene Konzept des Wirtschaftens erlaubt dagegen die Gestaltung unterschiedlicher Zielsysteme mit Prioritätenverschiebungen zwischen wirtschaftlichen, technischen, sozialen, ökologischen und unternehmensethischen Zielen und ist selbst bei einer interdisziplinären Konzeption der Betriebswirtschaftslehre anpassbar.

1.1.3.3 Interpretation des Optimierungspostulats

In der Betriebswirtschaftslehre ist eine häufig gewählte Interpretation der Optimierung die Maximierung oder Minimierung einer Zielfunktion. Sie findet ihre Bestätigung in einer großen Zahl von Entscheidungsmodellen, deren Zielfunktionen unter Nebenbedingungen entweder maximiert oder minimiert werden sollen. Das Problem ist jedoch, dass eine extremale Zielerreichung in der Wirtschaftspraxis in den meisten Fällen nicht erreicht wird, obwohl sie oft als solche geplant wird.

Eine differenzierte Interpretation des Optimierungspostulats fordert dagegen, dass der Mitteleinsatz (input) und das Ergebnis (output) so aufeinander abgestimmt werden müssen, „dass der durch sie definierte Prozess optimiert wird. Dabei ist das Optimalitätskriterium problemindividuell zu definieren" (Müller-Merbach ([Einführung] 7 ff.). Zu dieser Interpretation des Optimierungspostulats ist folgende Erklärung erforderlich: Zur präzisen Kennzeichnung eines Optimums müssen prinzipiell alle Entscheidungskriterien zugelassen werden. Diese Entscheidungskriterien sind im Einzelnen (Kosiol [Einführung] 249; Dinkelbach [Entscheidungsmodelle] 226 ff.):

- Extremierung (Maximierung bzw. Minimierung),
- Satisfizierung/Approximation und
- Fixierung.

Die genannten Entscheidungskriterien können sowohl einzelne Ziele als auch Zielfunktionen betreffen. Sobald eine gewählte Zielfunktion (z. B. eine Periodenerlösfunktion) mit einem dieser Entscheidungskriterien (z. B.: Satisfiziere!) verknüpft wird, heißt das zugehörige Optimierungspostulat „Satisfiziere die Periodenerlöse!". Man nennt dieses Postulat auch Zielvorstellung. Auf diese Weise lassen sich alle denkbaren wirtschaftlichen, technischen, sozialen, ökologischen und unternehmensethischen Zielfunktionen mit einem der drei genannten Entscheidungskriterien zu einer Zielvorstellung verbinden. Die hierarchisch geordnete Menge der in einem Betrieb gewählten Zielvorstellungen bildet das Zielsystem. In einem konkreten Zielsystem können für unterschiedliche Ziele sogar unterschiedliche Entscheidungskriterien gewählt werden.

Im Unternehmen müssen die Entscheidungsträger bei der Wahl der optimalen Alternative zahlreiche Daten und betriebliche sowie außerbetriebliche Nebenbedingungen unter verschiedenen Graden der Unsicherheit berücksichtigen. Alle Nebenbedingungen des jeweiligen Entscheidungsproblems grenzen eine Menge realisierbarer Alternativen ab, aus welchen für die gegebene(n) Zielvorstellung(en) die optimale Alternative zu wählen ist. Diese optimale Alternative bringt die knappen Güter in eine Allokation, in der diese ohne Verschwendung (effizient) und zielführend (effektiv) verwendet werden. Dabei ist vorab weder bekannt, ob die vorhandenen knappen Güter voll zum Einsatz kommen, noch ist vorab das optimale Ergebnis (der optimale Wert der Zielfunktion) bekannt. Erst durch die Wahl der optimierenden Alternative werden beide Größen determiniert.

Wird ein Optimierungsproblem durch ein (strukturgleiches bzw. strukturähnliches) mathematisches Optimierungsmodell (Entscheidungsmodell) abgebildet, muss zur Bestimmung der zieloptimalen Alternative (Lösung) ein Algorithmus (mathematisches Rechenverfahren) herangezogen werden. Bei den Algorithmen lassen sich exakte Optimierungsverfahren und heuristische Verfahren (Heuristiken = Suchtechniken) unterscheiden. Ein exaktes Optimierungsverfahren führt nach einer endlichen Zahl systematischer Rechenschritte (Iterationen) zur optimalen Lösung des Problems. Bei umfangreichen Problemen (Modellen) durchlaufen diese Rechenverfahren zahlreiche Rechenschritte und führen zu langen Rechenzeiten. Das bekannteste exakte Optimierungsverfahren ist das Simplexverfahren der linearen Programmierung (vgl. Modul 8, Abschnitt 8.5.3 und Anhang 2). Wird jedoch der hohe Rechenaufwand gescheut und eine Näherungslösung akzeptiert, kann ein heuristisches Verfahren zur Bestimmung der Problemlösung herangezogen werden. Bei heuristischen Verfahren wird meist eine satisfizierende (zufriedenstellende) bzw. fixierte Lösung berechnet. Diese Verfahren lassen sich auch als Suchverfahren interpretieren, die entweder zu einer guten Ausgangslösung für anschließende iterative Verbesserungen oder direkt zu einer satisfizierenden Problemlösung führen. In jedem Fall ist dann ein in Regeln gekleidetes Auswahlkriterium für den Aufbau eines Lösungsweges zum Optimum erforderlich. Bekannte heuristische Verfahren sind die Prioritätsregelverfahren und die Vorausschauregelverfahren, die bei Prozesssimulationen angewendet werden.

1.1.3.4 Wirtschaften bei Sicherheit, Risiko und Unsicherheit

Wirtschaftliche Entscheidungen, die in der Gegenwart getroffen werden, zeigen ihre Wirkungen meist erst zu einem oder mehreren späteren Zeitpunkten bzw. Perioden. Je weiter ihre Wirkungen in der Zukunft liegen, desto unsicherer sind im Zeitpunkt der Entscheidung die Informationen über sie. Entscheiden unter unsicherer (unvollständiger, unbestimmter) Information ist daher in der Praxis des Wirtschaftens der Regelfall, wobei die Unsicherheit sowohl den Gütereinsatz und die Güterausbringung als auch die Beziehungen zwischen ihnen betrifft. Unter dem Gesichtspunkt der Sicherheit von Informationen lässt sich das Entscheiden bei drei Informationsständen unterscheiden:

(1) Entscheiden bei Sicherheit (sichere Information),
(2) Entscheiden bei Risiko (wahrscheinliche Information),
(3) Entscheiden bei Unsicherheit (unsichere Information).

(1) Die traditionelle Interpretation des Optimierungspostulats mit dem Entscheidungskriterium der Extremierung unterstellt sichere Informationen des Entscheidungsträgers. Hier wird davon ausgegangen, dass der Entscheidungsträger über alle zukünftigen Gütereinsätze, Güterausbringungen und Beziehungen zwischen ihnen vollständig und bestimmt informiert ist.

Merksatz: **Der Entscheidungsträger kann bei Sicherheit (sicheren Informationen) diejenige Alternative als optimal wählen, welche die gewählte Zielgröße extremiert.**

(2) Von einem Entscheiden bei Risiko (wahrscheinliche Informationen) wird gesprochen, wenn für jede realisierbare Alternative die (meist subjektiven)

Wahrscheinlichkeiten für das Eintreffen der jeweils möglichen Ergebnisse der Zielgröße bekannt sind. Soweit es sich um subjektive Wahrscheinlichkeiten handelt, werden diese als Zuverlässigkeitsgrad der persönlichen Vermutung interpretiert, dass bestimmte Ergebnisse der Zielgröße eintreffen werden. Die möglichen Ergebnisse einer Alternative werden dann mit ihren Wahrscheinlichkeiten gewichtet und zum arithmetischen Mittel verdichtet. Das Resultat ist dann für jede Alternative der mathematische Erwartungswert der Zielgröße.

Merksatz: Der Entscheidungsträger kann bei **Risiko (wahrscheinlichen Informationen)** diejenige Alternative als optimal wählen, deren Erwartungswert der Zielgröße seinem gewählten Entscheidungskriterium (Extremierung, Satisfizierung/Approximation oder Fixierung) genügt.

(3) Im Falle des Entscheidens bei Unsicherheit besitzt der Entscheidungsträger keine Informationen über die Eintrittswahrscheinlichkeiten der möglichen Ergebnisse einer Alternative. In dieser Situation kann z. B. diejenige Alternative als optimal gewählt werden, die bei Eintritt der ungünstigsten Datenkonstellation zum besten Ergebnis führt (Minimax-Regel). Bei einer anderen Einstellung des Entscheidungsträgers zu Chance und Risiko kann eine optimale Alternative auch nach anderen Regeln bestimmt werden (z. B. Maximax-Regel, Hurwicz-Regel, Savage-Niehans-Regel, Laplace-Kriterium). Allen Regeln zur Auswahl optimaler Alternativen bei Unsicherheit liegt ein unterschiedliches Vorsichtsstreben zugrunde. Der Entscheidungsträger trägt der Unsicherheit bei einigen dieser Regeln dadurch Rechnung, dass er auf Alternativen mit extrem vorteilhaften Ergebnissen der Zielgröße verzichtet, dafür aber für Alternativen mit ungünstigeren Ergebnissen mehr Sicherheit erwartet.

Merksatz: Der Entscheidungsträger kann bei **Unsicherheit (unsicheren Informationen)** diejenige Alternative als optimal wählen, für die das Ergebnis und die Sicherheit subjektiv ausgewogen erscheinen.

1.1.3.5 Zusammenhang zwischen Erfahrungsbereich, Problembereich und Wissenschaftszielen

Die Betriebswirtschaftslehre ist eine angewandte Realwissenschaft, die Erkenntnisse über menschliches Handeln als nach außen orientierte Willenstätigkeit zur Verfügung stellen soll. Das Wissenschaftsziel, welches ihr damit auferlegt wird, ist in erster Linie ein pragmatisches, das sie zweckmäßig durch das Formulieren instrumentaler Aussagensysteme erfüllt. Um diesem pragmatischen Wissenschaftsziel zu genügen, bedarf es als Basis bzw. als Fundament der Bereitstellung deskriptiver und theoretischer Aussagen(systeme). Wird außerdem für die Wahrheitswertfeststellung ihrer theoretischen Aussagen das Postulat nach empirischer Geltung gewählt, gilt die Betriebswirtschaftslehre als Realwissenschaft (empirische Wissenschaft). Ihre Wissenschaftsziele (Beschreibung, Erklärung und Prognose, Entscheidung (Gestaltung), Wertung) sind durchweg gleichrangig. Wird jedoch das pragmatische Wissenschaftsziel in den Vordergrund gerückt, ist es zulässig, von einer Entscheidungsorientierten Betriebswirtschaftslehre zu sprechen, wobei analoge Hervorhebungen auch für das deskriptive, das theoretische und das normative Wissenschaftsziel denkbar sind.

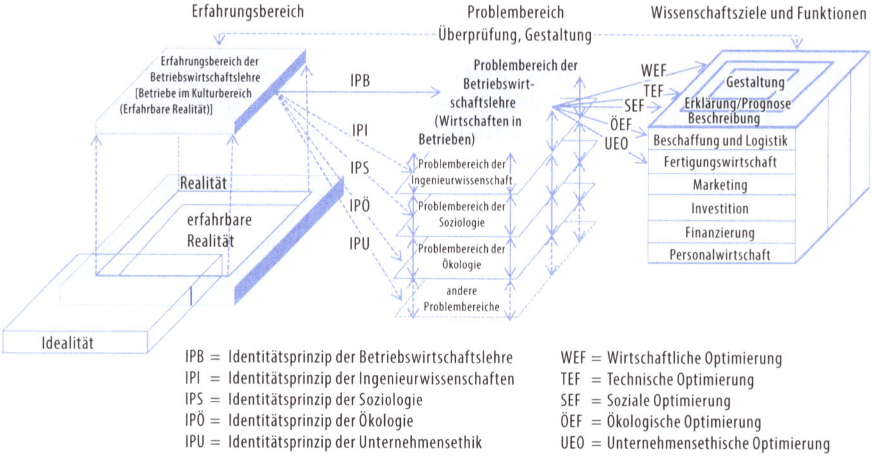

Abbildung 1.10: Zusammenhang zwischen Erfahrungsbereich, Problembereich, Wissenschaftszielen und Funktionen der Betriebswirtschaftslehre

Die Zusammenhänge zwischen Erfahrungsbereich, Problembereich und Wissenschaftszielen der Betriebswirtschaftslehre verdeutlicht Abbildung 1.10. Darin wird zum Ausdruck gebracht, dass der Erfahrungsbereich nicht die faktisch existierende Realität ist, sondern dasjenige „Bild" dieser komplexen Realität, das durch menschliche Sinne wahrnehmbar sowie erfahrbar ist und stets noch ideale Komponenten enthält. Da es kaum möglich ist, ein reales Ereignis in seiner Totalität zu erklären (Popper [Logik] 379), müssen die Problembereiche verschiedener Einzelwissenschaften aus dem Erfahrungsbereich mittels unterschiedlicher Identitätsprinzipien abstrahiert werden. Auf diese Weise wird das Wirtschaften in Betrieben als Problembereich der Betriebswirtschaftslehre aus dem Erfahrungsbereich hergeleitet. Die auf diese Weise abgegrenzte Einzelwissenschaft Betriebswirtschaftslehre kann, wie erläutert wurde, verschiedene Wissenschaftsziele verfolgen, die wiederum auf unterschiedliche Funktionen (Beschaffung, Fertigung, Marketing, Investition, Finanzierung, Personal, Führung u. a.) gerichtet sein können. Die „erfahrbare Realität" ist schließlich das Umfeld menschlicher Gestaltung und zugleich die Schiedsinstanz für die Überprüfung behaupteter wissenschaftlicher Aussagen.

Einführende Literaturhinweise zum Abschnitt 1.1.

Die vollständigen Literaturangaben finden Sie im Downloadbereich.

Chmielewicz, K.: [Forschungskonzeptionen] der Wirtschaftswissenschaft. 3. Aufl., Stuttgart 1994.

Schierenbeck, H. und Wöhle, C.: [Grundzüge] der Betriebswirtschaftslehre. 18. Auflage, München 2012.

Wöhe, G. und Döring, U.: [Einführung] in die Allgemeine Betriebswirtschaftslehre. 25. Aufl., München 2013.

! Leser, die an den Aufgaben „Forschen und Lehren" der Betriebswirtschaftslehre interessiert sind, finden im Download einen Überblick über diese Aufgaben.

1.2 Grundlagen der Betriebswirtschaftslehre unter Moralitätsaspekten – Grundfragen der Unternehmensethik –

„Vertrauen ist für alle Unternehmungen das Betriebskapital, ohne welches kein nützliches Werk auskommen kann. Es schafft auf allen Gebieten die Bedingungen gedeihlichen Geschehens."
(Albert Schweitzer 1875–1965)

Lernziele:

Aneignen von Wissen (Kenntnissen) über Grundlagen der Unternehmensethik; **Verstehen** (Erfassen und Erkennen) komplexer Zusammenhänge unternehmensethischer Konzepte; **Anwenden** (Nutzen) des erlangten Wissens zur Verknüpfung ethischer Werte und Normen mit betrieblichem Entscheiden; **Analyse** (Erforschen) von Bedingungen, Ursachen, Wirkungen und Beziehungen unternehmensethischer Aussagen; **Synthese** (Integrieren) von Einzelerkenntnissen aus der Analyse zu übergeordneten Aussagen bzw. Strukturen der betriebswirtschaftlichen Disziplin Unternehmensethik; **Bewertung** (Evaluation) von Alternativen zwecks Lösens (Entscheidens) wirtschaftlicher Probleme unter ethischen Aspekten.

Übersicht:

Nachdem das Entscheiden über knappe Güter in Abschnitt 1.1. unter Rationalitätsaspekten dargestellt wurde, wird dasselbe Entscheiden im Abschnitt 1.2. unter Moralitätsaspekten erörtert. Unter diesen Aspekten wird das moralisch richtige (gute, korrekte) Entscheiden bzw. das ethisch fundierte Entscheiden behandelt. Im Einzelnen wird auf Probleme und auf die Formulierung der Module der ethischen Fundierung des Entscheidens eingegangen.

1.2.1 Ethik in der Wirtschaftswissenschaft

Ethische Fragen treten mit unterschiedlichem Gewicht in allen Wissenschaften und praktischen Institutionen auf, in welchen der Mensch als handelndes und entscheidendes Wesen tätig wird. Das gilt auch in hohem Maße für die Wirtschaftswissenschaft, für die es gegenwärtig mindestens zwei Gründe zum Befassen mit ethischen Fragen gibt: Der erste Grund liegt darin, dass der Wirtschaftswissenschaft – und damit auch der Betriebswirtschaftslehre – gegenwärtig der Vorwurf gemacht wird, in ihren Aussagensystemen wichtige Erkenntnisse der benachbarten Geisteswissenschaften zu vernachlässigen. Unter anderem berücksichtige sie in ihren Theorien und Politiken keine Gestaltungsfaktoren des moralischen Handelns und Entscheidens sowie Strukturen der zwischenmenschlichen Beziehungen, die wirtschaftlich relevant seien (Leisinger [Relevanz] 33 ff.). Die Aussagen der Wirtschaftswissenschaft seien daher wirklichkeitsfremd und nicht in der Lage, reale wirtschaftliche Zusammenhänge zu erklären bzw. entsprechende Probleme zu lösen. Der zweite Grund für die Behandlung der Grundfragen der Unternehmensethik liegt darin, dass Entscheidungsträger weltweit in erheblichem Umfang gegen moralische

Werte, Grundsätze und Regeln verstoßen und die Wirtschaftswissenschaft nicht in der Lage ist, darauf eine Antwort zu geben.

In der Volkswirtschaftslehre ist das Befassen mit wirtschaftsethischen Fragen keineswegs ein neues Thema. Bereits *Adam Smith* (1723–1790), der „Vater" der klassischen Volkswirtschaftslehre, erarbeitete in seiner „The Theory of Moral Sentiments" die ethischen, philosophischen, psychologischen und methodologischen Grundlagen für seine späteren wirtschaftswissenschaftlichen Publikationen (u.a. in „The Wealth of Nations"). Im Laufe der Entwicklung der volkswirtschaftlichen Theorien fand jedoch eine Formalisierung (Mathematisierung) der wirtschaftlichen Aussagensysteme statt, die dazu führte, dass ethische, philosophische und psychologische Aspekte immer mehr vernachlässigt wurden. Mit dieser „empirischen Verarmung" entfernten sich die Theorien immer mehr von der Realität des Wirtschaftens.

Ähnlich wie die Volkswirtschaftslehre hat die Betriebswirtschaftslehre in ihrer Geschichte eine Welle umfangreicher Formalisierungen hinter sich. Der Umfang des Isolierens und Abstrahierens war aber nicht so groß wie in der Volkswirtschaftslehre, weil die betriebswirtschaftlichen Gegenstände und ihre Probleme enger und näher an der Realität des Wirtschaftens liegen und die formulierten Theorien und Politiken laufend an der Realität geprüft werden können bzw. müssen. Dennoch hat auch in der Betriebswirtschaftslehre die Diskussion unternehmensethischer Fragen in den letzten Jahren international zugenommen. Dabei ist zu beobachten, dass sich die beteiligten Akteure nicht einig sind, welcher wissenschaftliche Standort den ethischen Problemen des betrieblichen Wirtschaftens bzw. des wirtschaftlichen Entscheidens zugewiesen werden soll.

Im Wesentlichen sind zur Standortbestimmung der unternehmensethischen Fragen zwei Auffassungen zu erkennen (Schweitzer [Plädoyer] 418), die von je einer Gruppe getragen werden. Eine „erste Gruppe" (Schneider [Unternehmensethik] 869 ff.; Hax [Unternehmensethik] 769 ff.; Albach [Unternehmensethik] 809 ff.; Klink [Kaufmann] 57 ff.) vertritt die Auffassung, dass in der Betriebswirtschaftslehre die Beschäftigung mit Fragen der Unternehmensethik überflüssig sei, weil die Betriebswirtschaftslehre bereits auf ethischen Prinzipien beruhe (Albach [Unternehmensethik] 809 ff.). Das historisch gewachsene Leitbild des „ehrbaren Kaufmanns", so wird argumentiert, verkörpere die wichtigsten ethischen Werte wirtschaftlichen Entscheidens bereits seit Jahrhunderten, und die Entscheidungsträger hätten die Werte dieses Leitbildes gleichzeitig mit dem Fachwissen über Generationen erlernt und gelebt. Umso mehr überrascht es, dass dieses Leitbild in mehreren jüngeren Publikationen zur Wirtschafts- und Unternehmensethik überhaupt nicht erwähnt wird.

Eine „zweite Gruppe" (Koslowski [Unternehmensethik]; Kreikebaum [Unternehmensethik]; Küpper [Unternehmensethik]; Göbel [Unternehmensethik]; Schweitzer [Plädoyer]; Ruh/Leisinger [Ethik]; Wieland [Wertemanagement]) bemüht sich dagegen darum, die Grundlagen einer betriebswirtschaftlichen Disziplin Unternehmensethik zu erarbeiten und diese als ethische Fundierung des wirtschaftlichen Entscheidens zu verstehen. Zur zweiten Gruppe zählen auch zahlreiche internationale Beiträge der „Corporate Social Responsibility [CSR]" bzw. der „Business Ethics [BE]" (Carter et al. [Business Ethics]; Donaldson [Ethics); Koslowski et al. [Business Ethics]; Crane/Matten [Business Ethics]; Ulrich [Wirtschaftsethik]; Valesquez [Business Ethics]) und die deutschen sowie internationalen Ansätze der „Corporate Governance" (v. Werder [Governance] 160 ff.), welche die Formulierung national und international anerkannter Standards guter und verantwortungsvoller Unternehmensführung anstreben (vgl. dazu Modul 3). Die Beiträge der zweiten Gruppe behandeln mit unterschiedlichen Schwerpunkten deskriptive, normative und analytische Konzeptionen der Unternehmensethik. Zu vergleichenden Analysen unterschiedlicher Ansätze der Unternehmensethik im deutschsprachigen Raum sei auf die Beiträge von (Neugebauer [Unternehmensethik] 25 ff.) und (Küpper [Unternehmensethik] 107 ff.) verwiesen.

Merksatz: Ein verantwortbares Wirtschaften in nach-moderner Zeit besteht darin, die **wirtschaftlichen Strategien und das ethische Urteil** überzeugend zu verbinden" (Küng [Weltethos] 319). „Eine moralische Geschäftsführung hat mehr Chancen (...), eine unmoralische Geschäftsführung zahlt sich langfristig nicht aus! (Küng [Weltethos] 361).

1.2.2 Ethische Fundierung des wirtschaftlichen Entscheidens

1.2.2.1 Definitionen ethischer Grundbegriffe

Am Anfang der wissenschaftlichen Darstellung und Analyse eines Problems stehen zweckmäßige Begriffsdefinitionen. Die nachfolgenden begrifflichen Erörterungen dienen der Sprachregulierung, dem besseren Verständnis bzw. dem Vermeiden von Missverständnissen.

Definition:

Als **Moral** wird ein geschichtlich entstandenes System (Kanon, Kodex) von Regeln, Normen und Werten definiert, das von einer Gruppe von Menschen gemeinsam aufgestellt und für sich als verbindlich akzeptiert wird.

Als **Moralität (Sittlichkeit)** wird das „Gutseinwollen" als feste Grundhaltung des Menschen definiert, die zum Prinzip der Willensbildung und Praxis erhoben wird (Pieper [Ethik] 45).

Ethik ist als Disziplin der Philosophie die Wissenschaft des moralischen Entscheidens und Handelns. Im Unterschied zur Moral untersucht Ethik formal, unter welchen Bedingungen menschliches Entscheiden und Handeln – unabhängig von ihrem Inhalt – als moralisch richtig (gut, korrekt) verstanden werden können. „Die Ethik sagt nicht, was das Gute in concreto ist, sondern wie man dazu kommt, etwas als gut zu beurteilen" (Pieper [Ethik] 24). Im Gegensatz zur Moral fällt die Ethik keine moralischen Urteile über einzelne Entscheidungen, sondern sie analysiert Bedingungen moralischer Entscheidungen auf einer übergeordneten, abstrakteren Sprachebene (Metaebene). Soweit die Analyse ergibt, unter welchen und wie vielen Bedingungen das Entscheiden moralisch richtig ist, wird es als ethisch fundiert betrachtet. Moralische Entscheidungen sind somit Objekte der Ethik.

Definition:

Als **Ethik** wird ein System von Aussagen definiert, das über moralisch richtiges Entscheiden spricht.

Ist die Zahl der Bedingungen für moralische Entscheidungen groß, dann ist die ethische Fundierung dieser Entscheidungen ebenfalls groß und umgekehrt.

Merksatz: Ethik selbst ist nicht Moral, sondern Ethik spricht über Moral und über die Wechselbeziehungen zwischen Moral und Moralität. Ethik untersucht im Einzelnen die Bedingungen moralisch richtigen Entscheidens.

Definition:
Als **Unternehmensethik** wird ein System von Aussagen definiert, das über moralisch richtiges Entscheiden über knappe Güter in Unternehmen spricht.

Merksatz: Unternehmensethik selbst ist nicht Moral im Unternehmen, sondern sie spricht über Moral und über die Wechselbeziehungen zwischen Moral und Moralität im Unternehmen.

Daraus folgt, dass Entscheiden in Abhängigkeit von den berücksichtigten Bedingungen unterschiedlich stark ethisch fundiert sein kann. Dieser Sachverhalt führt zur Unterscheidung von ethisch stark fundierten (ethisch perfekten) und ethisch schwach fundierten (ethisch defekten) Entscheidungen. Die Intensität des jeweiligen Defekts hängt neben der Zahl der Bedingungen auch von der Bedeutung (Gewicht) ab, die den einzelnen Bedingungen beigemessen wird.

Definition:
Als ethischer **Wert** wird ein grundlegender Richtpunkt der Moralität definiert.

Als etschische **Norm** wird die Durchsetzungsanweisung eines ethischen Wertes definiert.

Kultur ist eine Lebensform, die für eine Bevölkerung typisch ist und von einer bestimmten Geistesverfassung getragen wird.

1.2.2.2 Bedingungen des moralisch richtigen wirtschaftlichen Entscheidens

Mit der formalen Analyse der Bedingungen, unter welchen das Entscheiden moralisch richtig ist, wird auf einer sprachlichen Metaebene gearbeitet, auf der Aussagen der Ethik ihren Standort haben. Auf dieser Ebene hilft die Analyse der Bedingungen, aus einer angemessenen Distanz zum Objekt mehrere Kriterien zu präzisieren, die eine kritische Beurteilung der ethischen Fundierung erlauben (Schweitzer [Plädoyer] 420). Zur sprachlichen Vereinfachung werden die allgemeinen Handlungen in das Entscheiden mit einbezogen, und nachfolgend wird nur vom wirtschaftlichen Entscheiden (bzw. Entscheidungen) gesprochen. Als Methode der Analyse wird die kritisch-rationale Vorgehensweise gewählt, die eine präzise Formulierung des Problems und eine kritische Analyse (Prüfung) der vorgeschlagenen Lösungsversuche fordert (Popper [Logik] XV f). Zu den Bedingungen (Werten), die in die Analyse einbezogen werden, zählen das Vertrauen und die Verantwortung, die ethische Begründung des moralischen Handelns, die Realisierbarkeit von Werten, die Wirkungen von Werten und die Bekräftigung von Pflichten.

Der Wert „Vertrauen" ist eine grundlegende Bedingung, unter welcher wirtschaftliches Entscheiden moralisch richtig ist (Koslowski [Unternehmensethik] 453 ff). Besonders im Wirtschaften, in dem rationale bzw. begrenzt rationale Zwecküberlegungen vorherrschen, ist Vertrauen die Grundlage gemeinschaftlicher Verbundenheit, Kontinuität und Krisenfestigkeit.

Definition:

Als **Vertrauen** im Wirtschaften wird die Geneigtheit definiert, der Wahrhaftigkeit, Fairness und Verlässlichkeit der eingebundenen Entscheidungsträger Glauben zu schenken (Koslowski [Unternehmensethik] 453 ff).

Beispiel:

Wirtschaften setzt Vertrauen voraus, erzeugt selbst aber auch Vertrauen (Koslowski [Unternehmensethik] 454). In der Rechnungslegung verkörpert Vertrauen beispielsweise die Bereitschaft, an eine wahre, faire und verlässliche Berichterstattung über Geschäftsprozesse, d.h. an eine wahre Information zur wirtschaftlichen Lage und zur Prognose über die zu erwartende Entwicklung des Unternehmens zu glauben. Wichtig ist, dass Vertrauen durch Treue und Glauben geschützt wird und Regelverletzungen sanktioniert werden.

Auch der Wert „Verantwortung" ist eine grundlegende Bedingung, unter welcher wirtschaftliches Entscheiden moralisch richtig ist (Pieper [Ethik] 41 und 46). Im angloamerikanischen Sprachbereich ist die Verantwortung im Term „Corporate Social Responsibility [CSR]" sogar namengebend für die Unternehmensethik. Verantwortung ist auf das Engste mit menschlichem Entscheiden und seinen Folgen verknüpft. Entscheidungsträger müssen daher nicht nur die Freiheit (Recht auf Selbstbestimmung), die Qualifikation (Fähigkeit) und Kompetenz (Zuständigkeit) haben, Entscheidungen zu treffen, sondern auch die Pflicht eingehen, für die Folgen ihrer Entscheidungen einzustehen. Verantwortung und Vertrauen sind zwei grundlegende Werte, die das Menschenbild des „Wirtschaftspartners" bestimmen (vgl. Abschnitt 1.1.2.4).

Definition:

Verantwortung wird als die Pflicht eines Entscheidungsträgers definiert, über die Folgen eigener und/oder fremder Entscheidungen Rechenschaft abzulegen bzw. für die Folgen einzustehen.

Beispiel:

Verantwortung kann als Eigen- oder Fremdverantwortung, Ausführungs- oder Führungsverantwortung bzw. Ergebnisverantwortung mit oder ohne Sanktionen auftreten. Im Unternehmen kann Verantwortung als Individualverantwortung jedes Entscheidungsträgers (bei größerer individueller Entscheidungsfreiheit) oder als Kollektivverantwortung des ganzen Unternehmens (bei geringer oder fehlender individueller Entscheidungsfreiheit) auftreten (Leisinger [(Unternehmensethik] 54).

Mit der Betonung der Verantwortung erfolgt eine Orientierung der ethischen Analyse an der Konzeption der Verantwortungsethik, in der Entscheidungen nach ihren Wirkungen beurteilt werden. In dieser Frage entsprechen sich die Verantwortungsethik und die betriebswirtschaftliche Entscheidungstheorie weitestgehend, da in beiden die Vorzugswürdigkeit einer Entscheidungsalternative nach ihren Wirkungen (Folgen) beurteilt (bewertet) wird. Außerdem werden durch die Orientierung an der Verantwortungsethik zwei wichtige methodologische Fragestellungen aufgedeckt, die theoretischen und pragmatischen Charakter haben. Theoretisch wird die Frage gestellt, ob Ursache-Wirkungs-Beziehungen (generelle Hypothesen) für die Relation zwischen Werten, Entscheidungen und Wirkungen formuliert werden können. Pragmatisch wird gefragt, ob die generellen Hypothesen in Mittel-Ziel-Beziehungen transformiert werden können, sodass die Ursachen als Gestaltungsvariablen (Mittel) und die Wirkungen als Ziele interpretiert werden. Diese Transformation hat für die pragmatische Fundierung wirtschaftlicher Entscheidungen großes Gewicht (Schweitzer [Plädoyer] 423).

Zur Analyse der Bedingungen des moralisch richtigen Entscheidens gehört auch die ethische Begründung aus der Sicht der Moralität. Für diese Begründung wurden in der Ethik mehrere Methoden entwickelt, zu welchen die logische, diskursive, dialektische, analogische, transzendentale, analytische und hermeneutische Methode zählen. Am Beispiel der transzendentalen Methode werde das Begründungsproblem kurz erläutert:

Definition:

Als **transzendentale Begründung** wird eine Methode (Vorgehensweise) definiert, mit der moralisches Entscheiden auf seine konstitutiven Bedingungen zurückgeführt wird.

Beispiel:

Sprachlich bedeutet die transzendentale Begründung, dass der Moralitätsbegriff in seiner Entstehung schrittweise „bis zu seinem unbedingten Ursprung rekonstruiert wird" (Pieper [Ethik] 227). Der bekannteste Vertreter der transzendentalen Begründung der Moralität ist *Immanuel Kant* (Kant [Werke] 140). Kant geht es nicht darum, empirisch zu erklären, warum man etwas soll oder nicht soll, sondern um eine allgemeine moralische Begründung, warum Menschen überhaupt moralisch handeln sollen. Reduktiv rekonstruiert er als letzten Grund der Moralität das Prinzip der Freiheit, das für ihn die Bedingung ist, der alle Entscheidungen entsprechen müssen, die einen Moralitätsanspruch erheben (Pieper [Ethik] 228). Das Freiheitsprinzip findet bei Kant seinen Ausdruck in der obersten Regel des Sittengesetzes, nämlich im kategorischen Imperativ.

Aus der Vielfalt der möglichen Begründungen lässt sich schließen, dass es **die** Moral menschlichen Entscheidens schlechthin nicht gibt, sondern nur Spielarten willensabhängiger menschlicher Absprachen und Konstrukte über das, was gut oder richtig sein soll, um ein friedvolles Zusammenleben und eine gute individuelle Lebensgestaltung unter den unterschiedlichsten kulturellen Bedingungen zu sichern (Schweitzer [Plädoyer] 422).

Zu den Bedingungen, die in die Analyse einbezogen werden, zählt auch die Realisierbarkeit von Werten.

Definition:

Als **Realisierbarkeit von Werten** wird die Eigenschaft der Werte definiert, unter bestimmten Aspekten und Restriktionen praktisch erreichbar (umsetzbar) zu sein.

Beispiel:

Der wertstrukturelle Aspekt der Realisierbarkeit umfasst die Analyse der Beziehungen zwischen einzelnen Werten in Bezug auf ihre Verträglichkeit. Unter wirtschaftlich-technischem Aspekt der Realisierbarkeit von Zielen ist herauszufinden, ob die vorgesehene Zielausprägung (der Grad der Zielerreichung, das Anspruchsniveau) bei gegebenen Bedingungen der Stakeholder, Märkte, Kapazitäten, Kapitalausstattung usw. realistisch gewählt wurde.

Merksatz: Die Lösung konfliktärer Beziehungen zwischen Zielen bzw. Werten ist für die ethische Analyse von Bedeutung. **Verfahren der Konfliktlösung** werden ausführlich in der **Entscheidungstheorie** behandelt.

Auch die unterschiedlichen Wirkungen von Werten werden zu den Bedingungen gezählt, die in die Analyse einbezogen werden. Es ist empirisch beobachtbar, dass wirtschaftliche Entscheidungen Einfluss auf Werte nehmen und dass auch umgekehrt Werte wirtschaftliche Entscheidungen und deren Folgen beeinflussen.

Merksatz: Vor allem interessieren in der Unternehmensethik **Wirkungen von Werten** auf wirtschaftliche Entscheidungen und deren Folgen einschl. der zugehörigen Verantwortung.

Zu den Bedingungen, die in die Analyse einbezogen werden, gehören auch Pflichten und Verpflichtungen. Im Wirtschaften, einem Entscheidungssystem, das auf Rationalität, Wettbewerb, Rivalität, Vorteilssuche, Existenzsicherung, Machterweiterung und Gewinnstreben beruht und in dem Habgier, ruinöses Verhalten, Machtbesessenheit und Kriminalität nicht abwesend sind, genügt es nicht, zur Analyse der Durchsetzbarkeit ethisch fundierter wirtschaftlicher Entscheidungen den guten Menschen zu loben, sondern es müssen schärfere Instrumente (Standards, Maßnahmen, Regeln) erarbeitet werden, die über die freiwillige Akzeptanz hinausgehen und im Zweifel auch Kontrollen und Sanktionen ermöglichen. Diese Kontrollaufgaben können durch die Öffentlichkeit, durch wirtschaftsnahe Institutionen, durch staatliche Institutionen oder durch kommerzielle Kontrollanbieter wahrgenommen werden (Göbel [Unternehmensethik] 311 ff.). Aus wissenschaftlicher Perspektive ist in diesem Zusammenhang an Pflichten bzw. Verpflichtungen zu denken, für die es mehrere Stufen der Bekräftigung gibt.

Beispiele:

Die niedrigste Stufe der Bekräftigung einer Pflicht ist das Ehrenwort (Verpflichtung zu einem Tun unter Einsatz der persönlichen Ehre), eine Stufe höher steht das Versprechen (z. B. das Treueversprechen), darüber stehende Stufen sind das Bekenntnis (z. B. das Glaubensbekenntnis), das Gelübde (z. B. das feierliche Versprechen aus freiem Willen zu einem besonders geprägten Lebensstil oder Dienst) und der Eid (Anrufung einer höheren Macht oder Institution als Zeuge zur Bekräftigung der Wahrheit).

Aus den genannten Stufen der Bekräftigung von Pflichten ist in der praktischen Anwendung diejenige Stufe zu wählen, die unter den gegebenen Bedingungen des Wirtschaftens die systemkonforme **Durchsetzung** des ethisch fundierten Entscheidens am ehesten gewährleistet.

1.2.2.3 Module der ethischen Fundierung wirtschaftlichen Entscheidens

Für die Analyse eines komplizierten Problems formuliert der Betriebswirt erfahrungsgemäß zunächst einen Arbeitsplan. Dies gilt in besonderem Maße für die Analyse eines unternehmensethischen Problems. In der Wissenschaft hat sich für einen derartigen Arbeitsplan die Bezeichnung „Forschungsstrategie" bzw. „Bezugsrahmen (frame of reference)" durchgesetzt. Im Folgenden wird für die Darstellung und Analyse unternehmensethischer Fragen die Bezeichnung „Bezugsrahmen" gewählt.

Definition:

Als **Bezugsrahmen der Unternehmensethik** wird ein formales Strukturierungsinstrument definiert, das Aufgaben und Prinzipien zur wissenschaftlichen Fundierung der unternehmensethischen Aussagen festlegt.

Im Einzelnen hat der Bezugsrahmen der Unternehmensethik die Aufgaben, Aussagen über moralisch richtiges wirtschaftliches Entscheiden zu erfassen, diese Aussagen nach präzisen Kriterien zu gliedern, Beziehungen zwischen den Aussagen einzelner Gliederungseinheiten aufzudecken, die Aussagen der Gliederungseinheiten zu einem offenen Aussagensystem zu integrieren sowie die Konstituierung der Unternehmensethik als wissenschaftliche Disziplin zu unterstützen.

Werden als Gliederungskriterien des Bezugsrahmens die Wissenschaftsziele der Betriebswirtschaftslehre herangezogen, gelangt man zu einem unternehmensethischen Bezugsrahmen, dessen Struktur deckungsgleich mit der Struktur der Forschungskonzeptionen der Betriebswirtschaftslehre ist. Im System der betriebswirtschaftlichen Forschungskonzeptionen werden nämlich wissenschaftliche Aussagen ebenfalls nach Wissenschaftszielen gegliedert, sodass die betriebswirtschaftlichen Forschungskonzeptionen im Grunde einen Bezugsrahmen bzw. eine Forschungsstrategie für die Analyse des betriebswirtschaftlichen Aussagensystems darstellen.

Im betriebswirtschaftlichen wie im unternehmensethischen Bezugsrahmen wird jede Gliederungseinheit als Gruppe von Aussagen begriffen, die sich an einem Wissenschaftsziel orientiert. In anderen Wissenschaften (z. B. Architektur, Elektronik, Kognitionswissenschaften, Maschinenbau, Mathematik) werden derartige Gruppen Module genannt. Da sich diese kurze Bezeichnung für die unternehmensethische Analyse als zweckmäßig erweist, wird sie in das Begriffsnetz und in die Methodik der Unternehmensethik eingeführt (Schweitzer [Plädoyer] 423 ff.).

Definition:

Im Aussagensystem der Unternehmensethik wird ein Modul als Gruppe unternehmensethischer Aussagen definiert, die sich an einem gemeinsamen Wissenschaftsziel orientieren.

Die modulare Struktur des Aussagensystems „Unternehmensethik" trägt zur Stärkung des wissenschaftlichen Charakters dieser Disziplin bei. Zur nachfolgenden Abgrenzung der Module wird das System der betriebswirtschaftlichen Forschungskonzeptionen nach *Chmielewicz* (Chmielewicz [Forschungskonzeptionen] 8 ff.) herangezogen (vgl. Abbildung 1.11).

In Abbildung 1.11 stehen in den Zeilen 1 bis 4 vier Module, die in den Zeilen 5 bis 7 spaltenweise näher gekennzeichnet werden. Die Module sind die Grundlage einer präzisen Fachterminologie, sie gliedern die Aussagen der Unternehmensethik nach Wissenschaftszielen, sie weisen den Weg zu differenzierten Aussagensystemen, sie schärfen das Verständnis für unterschiedliche Wissenschaftsziele, sie beziehen sich aufeinander und legen die „Spielregeln" fest, nach welchen die wissenschaftliche Disziplin Unternehmensethik arbeitet. Module helfen, logische Widersprüche im Aussagensystem aufzudecken, und sie unterstützen die Suche nach versteckten Ideologien in wissenschaftlichen Aussagen (Chmielewicz [Forschungskonzeptionen] 6 ff.). Es bleibt der Wissenschaft (jedem Wissenschaftler) überlassen, ihren (seinen) fachlichen Standort durch die Wahl von Modul und Wissenschaftsziel selbst zu bestimmen. Die Betriebswirtschaftslehre orientiert sich als angewandte Realwissenschaft mehrheitlich am Gestaltungsmodul mit einem pragmatischen Wissenschaftsziel und umfasst somit relevante Aussagen des deskriptiven, theoretischen und pragmatischen Moduls.

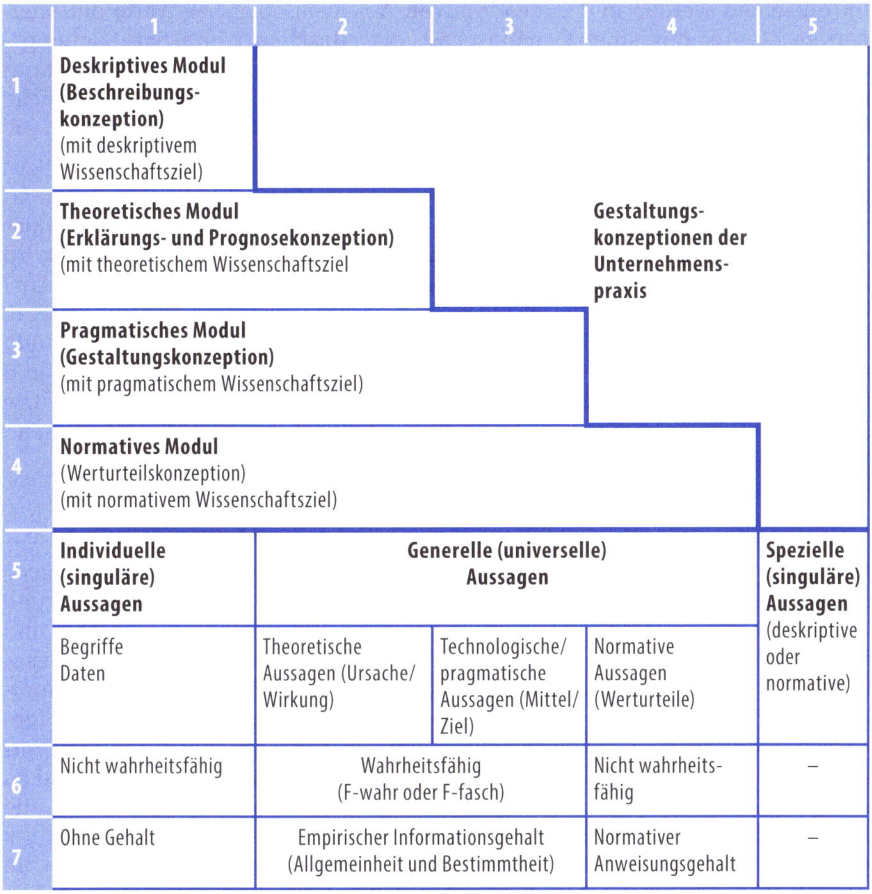

Abbildung 1.11: Bezugsrahmen für das Konzept der modular strukturierten Disziplin Unternehmensethik

1.2.3 Darstellung und Würdigung der Module zur ethischen Fundierung des wirtschaftlichen Entscheidens

1.2.3.1 Deskriptives Modul: Ethische Fundierung des wirtschaftlichen Entscheidens durch ein deskriptives Aussagensystem

1.2.3.1.1 Grundlagen der wissenschaftlichen Beschreibung ethischer Werte

Der einfachste und älteste Zugang zur Behandlung unternehmensethischer Probleme liegt in der Beschreibung ethischer Werte. In der Ethik wird zwischen deskriptiver und normativer Ethik unterschieden, wobei die deskriptive Ethik mit ihren verschiedenen Ansätzen (phänomenologischer, sprachanalytischer, evolutionärer Ansatz) ein deskriptives Wissenschaftsziel verfolgt.

Merksatz: Gegenstand der **deskriptiven Ansätze** der Ethik ist die Frage „wie die menschliche Praxis als ein empirisches, geschichtliches Geschehen so beschrieben, analysiert und interpretiert werden kann, dass die Bedeutung des Moralischen aus dem Handlungskontext erhellt wird" (Pieper [Ethik] 242).

Im Einzelnen werden in den deskriptiven Ansätzen ethischer Werte der anerkannte Moralkodex einer Gemeinschaft, die ethischen Werte, ihre Geltungsansprüche und die Urteile über den Moralkodex der Gemeinschaft beschrieben, d.h., es wird konstatiert (ermittelt), welche Werte und Geltungsansprüche die Verhaltens- und Handlungsweisen praktisch bestimmen.

Beschreibungen von Werten erfordern präzise Begriffe, eine Ordnung bzw. Systematisierung und syntaktische Regeln, um einen Beschreibungszusammenhang zu ergeben. Bei der Beschreibung von Werten ist auf einen angemessenen Begriffsumfang und eine angemessene Präzision zu achten. Wird der Begriffsumfang von Werten zu eng gewählt, ist die Allgemeinheit der Aussagen, in welchen der Begriff Wert in späteren Modulen verwendet wird, geringer als möglich. Wird dagegen der Begriffsumfang zu groß gewählt, scheitert die Aussage, die den Begriff Wert verwendet, an der Realität und wird falsifiziert. Werte müssen auch möglichst präzise definiert werden. Die präzise Definition von Werten bedeutet eine möglichst genaue Kennzeichnung von Inhalt und Anspruchsniveau eines Wertes.

1.2.3.1.2 Das Leitbild des ehrbaren Kaufmanns als deskriptives Aussagensystem

Orientiert sich ein Entscheidungsträger am Leitbild des ehrbaren Kaufmanns, übernimmt er die Aufgabe, seinen Mitarbeitern dieses Ideal zu erläutern und vorzuleben. Er vermittelt ihnen die Werte des Leitbildes als erwünschtes und bewährtes Vorbild des gemeinsamen Fühlens, Denkens und Handelns. Dieses ethische Leitbild ist über längere Zeiträume gewachsen, hat aus den kulturellen Bedingungen und Erfahrungen mehrerer Epochen relevante Werte aufgegriffen und verkörpert schließlich eine Leitmaxime für moralisch richtiges Entscheiden. Das Verständnis dieses Leitbildes beruht auf den Annahmen, dass sich der Kanon der ethischen Werte im Zeitablauf nur geringfügig ändert, die Entscheidungsträger (weltweit) bereit sind, diesen Wertekanon zu akzeptieren und im realen Vollzug ihrer Entscheidungen konsequent zu befolgen sowie ihn dauerhaft als Grundlage ihrer Berufsehre zu verstehen und zu verteidigen. Das Ergebnis dieses Denkens und Verhaltens wäre, dass Unternehmer, die mit dem Leitbild groß geworden sind, per se moralisch richtig entscheiden. Konkret heißt das, dass negative Werte wie Egoismus, Habgier, Wissensmissbrauch, Vertragsbruch, Betrug, Unwahrheit usw. dem wirtschaftlichen Entscheiden denknotwendig fremd wären.

Merksatz: **Wichtig für das Verständnis und namengebend für das Leitbild des ehrbaren Kaufmanns ist die Eigenschaft der Ehrbarkeit. Gegenwärtig wird unter Ehrbarkeit verstanden, dass der Kaufmann einen gefestigten Charakter haben muss, der durch die Tugenden (Werte) Redlichkeit, Ehrlichkeit, Mäßigkeit, Ordnung, Genügsamkeit, Gerechtigkeit, Keuschheit und Demut bestimmt wird (Klink [Kaufmann] 70 ff.).**

Das Leitbild des ehrbaren Kaufmanns beruht auf der Gesinnung (moralischen Grundhaltung), die durch den guten Willen und den Charakter des Entscheidungsträgers bestimmt wird, aus welcher sein Entscheiden hervorgeht. Daher lässt sich das Leitbild des ehrbaren Kaufmanns als personenbezogene Konzeption einer Gesinnungsethik kennzeichnen (Weber [Analysen] 167 ff). Da sich jedoch die Betriebswirtschaftslehre zentral mit arbeitsteiligem Entscheiden über knappe Güter unter Nebenbedingungen befasst, ist nicht allein die

Gesinnung, sondern das aus ihr fließende Entscheiden der natürliche Anknüpfungspunkt einer modernen Unternehmensethik. Aus dieser erweiterten Sicht sind neben der Gesinnung des Entscheidungsträgers auch seine Fähigkeit und Bereitschaft wesentlich, für die Folgen seiner Entscheidungen die Verantwortung zu übernehmen. Auf dieser Basis muss die entscheidungsbezogene Ethikkonzeption mit ihren Aufgaben und Zielen als Verantwortungsethik (Weber [Analysen] 167 ff.) formuliert werden. Ein wichtiges Argument für diese Forderung nach Neuorientierung der ethischen Basis ist darin zu sehen, dass die Anforderungen der zukünftigen komplexen globalen Entscheidungsprozesse an die Verantwortung erheblich steigen werden. Dieser neuen Welt des Wirtschaftens entspricht das traditionelle Leitbild des ehrbaren Kaufmanns nicht mehr, weil es unkritisch auf teils religiöse, teils weltliche Tugenden mittelalterlicher Denk- und Gesellschaftsstrukturen zurückgreift.

Beispiele:

An zwei Beispielen verschiedener Epochen werde beschrieben, welche Werte der ältere Wertekanon des ehrbaren Kaufmanns einschloss und wie dieser Kanon sich im Zeitablauf änderte.

Der ehrbare Kaufmann der Hanse war in seinem Denken und Verhalten geprägt durch seine Mitgliedschaft im Bündnis der Hanse. Der Hansekaufmann galt als weltoffen, tolerant, bereist, gläubig und gebildet. Seine Wirtschaftsbücher führte er gewissenhaft, und seine Geschäfte schloss er nach „Treu und Glauben" ab. Der Hansekaufmann war mit seinem Handeln zahlreichen Risiken ausgesetzt, die er analysierte und steuerte. In guten Gewinnen und in einem wachsenden Vermögen sah er eine Prämie für seinen Wagemut.

Nach dem Dreißigjährigen Krieg wurde der ehrbare Kaufmann zum „bürgerlichen Kaufmann". Die Aufklärung, das aufsteigende Bürgertum und der Niedergang der Hanse nahmen dem Kaufmann zwar den früheren gesellschaftlichen Rang, jedoch nicht seine Ehrbarkeit. Allerdings wurde die Ehrbarkeit durch die aufklärerische Überzeugung, dass alle Menschen gleich, gut und vernünftig seien, in ihrem Selbstverständnis geändert. Die Ehrbarkeit wurde vernunftgeleitet interpretiert und am Geschäftsverhalten gemessen. Beobachtbare „äußere" Werte wie Leistung, Ansehen, Lebenswandel und Kreditwürdigkeit bestimmten seine Ehrbarkeit. *Werner Sombart* hat in seiner Beschreibung des „Bürgergeistes" ein realistisches Bild des ehrbaren Kaufmanns im deutschen Bürgertum gegeben. Darin betont er die Eigenschaften der Seele und des Charakters neben dem Verhalten des Wirtschaftenden, das von Grundsätzen, Zielvorstellungen und Werturteilen bestimmt wird (Sombart [Bourgeois] 2; Klink [Kaufmann] 70 ff.).

Merksatz: Sowohl die **empirische Zielforschung** (Hauschildt [Entscheidungsziele] 42 ff.) als auch **Befragungen von Führungskräften** (Ulrich/Thielemann [Denkmuster] 663 ff.) zeigen, dass in der modernen Wirtschaft Werte wie Anerkennung, Konfliktvermeidung, Einsatzbereitschaft, Arbeitsfreude, Selbstständigkeit, Selbstverwirklichung, Fairness, Reziprozität (Gegenseitigkeit), Gleichheit und Kooperation eine große Rolle spielen.

1.2.3.1.3 Bedeutung des ehrbaren Kaufmanns für die ethische Fundierung des wirtschaftlichen Entscheidens

Merksatz: **Die Bedeutung des Leitbildes des ehrbaren Kaufmanns für die ethische Fundierung des wirtschaftlichen Entscheidens wird gewürdigt, indem kritisch beurteilt wird, in welchem Umfang die im deskriptiven Modul für dieses Leitbild erfassten Werte (Tugenden) den Bedingungen genügen, die in Abschnitt 1.2.2.2 für moralisch richtiges Entscheiden formuliert werden.**

Die kritische Beurteilung soll klären, welchen Beitrag das Leitbild des ehrbaren Kaufmanns zur ethischen Fundierung des wirtschaftlichen Entscheidens leistet. Dieses insbesondere aus dem Grunde, weil einige Vertreter der Betriebswirtschaftslehre das Leitbild des ehrbaren Kaufmanns bereits als (alleinige) angemessene ethische Fundierung des wirtschaftlichen Entscheidens betrachten:

- Die im deskriptiven Modul erfassten Werte (Tugenden) sind durchaus in der Lage, Vertrauen in der Wirtschaft zu schaffen. Voraussetzung ist jedoch, dass sie auch gelebt werden.
- Die Übernahme von Verantwortung für Folgen des wirtschaftlichen Entscheidens ist auf der Basis der Gesinnungsethik schwer oder gar nicht erfüllbar.
- Ethische Begründungen als reduktive Zurückführungen des moralischen Entscheidens aus der Perspektive der Moralität auf seine konstitutiven Bedingungen (bis zu seinem unbedingten Ursprung) werden im deskriptiven Modul nicht durchgeführt.
- Eine Prüfung der Realisierbarkeit der ethischen Werte wird nicht vorgenommen.
- Die Werte des ehrbaren Kaufmanns haben z.T. präskriptiven Charakter, eine Bekräftigung von Pflichten zu ihrer praktischen Umsetzung wird jedoch nicht analysiert.

Merksatz: **Zusammenfassend kann gesagt werden, dass die Beschreibung, Analyse und Interpretation von Werten, insbesondere die des Leitbildes des ehrbaren Kaufmanns, nicht ausreichen, um die gegenwärtige Bedeutung des Moralischen umfassend zu erhellen (aufzudecken) und damit das wirtschaftliche Entscheiden ethisch stark zu fundieren.**

1.2.3.2 Theoretisches Modul: Ethische Fundierung des wirtschaftlichen Entscheidens durch eine Theorie der Unternehmensethik

1.2.3.2.1 Grundzüge der Theorie der Unternehmensethik

Merksatz: **In der Betriebswirtschaftslehre bezwecken wissenschaftstheoretische Analysen in erster Linie die Formulierung einer Theorie, d.h., die Formulierung einer Erklärungs- und Prognosekonzeption mittels eines generellen Aussagensystems (vgl. Abb. 1.11).**

Die Antwort auf die Frage, wie die ethische Fundierung des wirtschaftlichen Entscheidens durch eine Theorie der Unternehmensethik erfolgen kann, wird in zwei Teilen gegeben: Als erste Teilantwort wird in Abschnitt 1.2.3.2.1 untersucht, wie das Aussagensystem einer Theorie – insbesondere einer Theorie der Ethik des wirtschaftlichen Entscheidens (Theorie der Unternehmensethik) –

formuliert werden kann. Mit der zweiten Teilantwort wird in Abschnitt 1.2.3.2.2 die Bedeutung der „Theorie der Unternehmensethik" für die ethische Fundierung des wirtschaftlichen Entscheidens beurteilt.

Die Theorie der Unternehmensethik kann den neuen Herausforderungen an das wirtschaftliche Entscheiden nur genügen, wenn sie auf der Basis der Verantwortungsethik formuliert wird (Kreikebaum [Unternehmensethik] 82) und als Realtheorie (Dlugos [Regulativ] 21 ff.) in der Lage ist, das theoretische Wissenschaftsziel zu erfüllen. Erst dann kann sie als theoretisches Aussagensystem klassifiziert und begriffen werden (Schweitzer [Business Ethics] 71/72). Erste Ansätze zum theoretischen Wissenschaftsziel werden in der Ethik im Diskurs zu „theoretischen Erkenntnisinteressen" (Pieper [Ethik] 240 f.) und in der Betriebswirtschaftslehre in der analytischen Unternehmensethik geleistet (Küpper [Konzept] 833 ff.; [Unternehmensethik] 169 ff.).

Definition:
Als **Theorie der Unternehmensethik** wird ein System singulärer und genereller Aussagen definiert, in dem die singulären Aussagen Anwendungsbedingungen erfassen und die generellen Aussagen ethisch-wirtschaftliche Ursache-Wirkungs-Beziehungen abbilden.

Im Einzelnen sollen die generellen Aussagen der Theorie der Unternehmensethik erklären, (1) wie ethische Werte (ein Wertekanon) die moralische Haltung der Entscheidungsträger beeinflussen, (2) wie ethische Werte die Entscheidungsqualität der Entscheidungsträger verändern, (3) wie ethische Werte die Leistungsbereitschaft der Mitarbeiter fördern, (4) welchen Einfluss ethische Werte auf das Zielsystem und sein Erreichen haben, (5) welchen Beitrag ethische Werte zum Betriebsfrieden leisten und (6) welchen Einfluss ethische Werte auf die Wirtschaftlichkeit des Unternehmens haben. Gelingt die Formulierung und Prüfung dieser generellen Aussagen, kann die Theorie der Unternehmensethik im Rahmen der ethischen Fundierung des wirtschaftlichen Entscheidens eine grundlegende Erklärungs- und Prognosefunktion wahrnehmen. Darüber hinaus liefert sie die Aussagen, die für das nachfolgende pragmatische Modul der Gestaltungskonzeption die theoretische Basis bilden.

Merksatz: Die **Hypothesen der Theorie der Unternehmensethik** sollen als Determinanten diejenigen Größen enthalten, die in den Aussagen des pragmatischen Moduls als Entscheidungsvariablen benötigt werden.

Mit dem wirtschaftlichen Entscheiden als eigenständigem Problembereich, mit den genannten Wissenschaftszielen und mit den singulären sowie generellen Aussagen sind Ansätze zur Formulierung einer Theorie der Unternehmensethik gegeben (vgl. aber die Bedenken von Aupperle/Carroll/Hatfield [Examination] pp. 446 ff.), für deren Konstituierung die Formulierung und Prüfung der beschriebenen generellen Aussagen (Hypothesen) jedoch weiter vorangetrieben werden muss (Küpper [Unternehmensethik] 173).

! Hinweis: Statler/Oppegaard [Wisdom] 171 ff. geben einen kritischen Überblick über verschiedene Modelle zur **ethischen Fundierung des wirtschaftlichen Entscheidens** und entwickeln ein Konzept (interpretative framework) zur Verknüpfung ethischer Werte mit wirtschaftlicher Effektivität.

1.2.3.2.2 Bedeutung der Theorie der Unternehmensethik für die ethische Fundierung des wirtschaftlichen Entscheidens

Merksatz: Die **Bedeutung der Theorie der Unternehmensethik** für die ethische Fundierung des wirtschaftlichen Entscheidens wird gewürdigt, indem kritisch beurteilt wird, in welchem Umfang die im theoretischen Modul erfassten Werte und Hypothesen den Bedingungen genügen, die in Abschnitt 1.2.2.2 für moralisch richtiges Entscheiden formuliert werden.

Die kritische Beurteilung soll klären, welchen Beitrag die Theorie der Unternehmensethik zur ethischen Fundierung des wirtschaftlichen Entscheidens leistet:

- Die im theoretischen Modul erfassten Werte und Hypothesen sind in der Lage, Vertrauen in der Wirtschaft zu schaffen.
- Die Übernahme von Verantwortung für die Folgen des wirtschaftlichen Entscheidens ist auf der Basis der Verantwortungsethik in den Hypothesen des theoretischen Moduls erfassbar.
- Ethische Begründungen als reduktive Zurückführungen des moralischen Entscheidens aus der Perspektive der Moralität auf seine konstitutiven Bedingungen (bis zu seinem unbedingten Ursprung) sind im theoretischen Modul durchführbar.
- Eine Prüfung der Realisierbarkeit der ethischen Werte wird vorgenommen.
- Die Bekräftigung von Pflichten spielt im theoretischen Modul keine Rolle. Sie ist dem normativen Modul vorbehalten.

Merksatz: Zusammenfassend kann gesagt werden, dass eine systematisch auf einem aktualisierten Beschreibungsmodul aufbauende **Theorie der Unternehmensethik** mit ihrer generalisierenden Erklärungs- und Prognosefunktion eine wissenschaftlich gesicherte Basis darstellt, um die Bedeutung des Moralischen im Wirtschaften zu erhellen (aufzudecken) und damit das wirtschaftliche Entscheiden ethisch stark zu fundieren.

1.2.3.3 Pragmatisches Modul: Ethische Fundierung des wirtschaftlichen Entscheidens durch eine Politik der Unternehmensethik

1.2.3.3.1 Grundzüge der Politik der Unternehmensethik

Merksatz: Da die Betriebswirtschaftslehre eine angewandte Realwissenschaft ist, bezwecken wissenschaftstheoretische Analysen neben der Formulierung einer Theorie auch die Formulierung einer **Politik**, d. h., die Formulierung einer Gestaltungskonzeption mittels eines pragmatischen (instrumentalen) Aussagensystems (vgl. Abb. 1.11).

Definition:
Als **Politik der Unternehmensethik** wird ein pragmatisches Aussagensystem definiert, das für unterschiedliche Entscheidungsziele und -situationen die Bestimmung des „optimalen" Wertekanons ermöglicht.

Die Politik der Unternehmensethik knüpft an der Prognosefunktion der Theorie der Unternehmensethik an und transformiert deren Hypothesen technologisch, d.h., die theoretischen Ursache-Wirkungs-Beziehungen werden formal in instrumentale Mittel-Ziel-Beziehungen umgeformt, wobei die Ursachen als Mittel und die Wirkungen als Ziele interpretiert werden.

Die Politik der Unternehmensethik umfasst eine explizite Zielfunktion bzw. ein Zielsystem und problemrelevante Restriktionen der Lösungsalternativen. Da die Betriebswirtschaftslehre eine angewandte Realwissenschaft ist, wird als Zielfunktion zwar meist eine in der Praxis vorkommende Norm unterstellt, die jedoch nicht als praktische Gestaltungsempfehlung verstanden wird. Vielmehr ist sie ein virtuell unterstelltes Gestaltungs-Soll, für das exemplarisch eine „optimale" Lösung hergeleitet werden soll. Diese Analyse kann aus wissenschaftlicher Sicht für beliebige Zielfunktionen durchgeführt (simuliert) werden, ohne eine konkrete zu bevorzugen und deren Implementierung zu empfehlen oder gar zu fordern.

Merksatz: Formal bedeutet die Formulierung einer Politik der Unternehmensethik das Abbilden eines **theoretisch basierten Entscheidungs- und Gestaltungsproblems über Werte bzw. über einen Wertekanon**.

Handelt es sich dagegen um die praktische Beratung eines Unternehmens, muss für das reale Gestaltungsproblem eine konkrete Zielfunktion mit konkreten Restriktionen des Unternehmens modelliert werden.

1.2.3.3.2 Bedeutung der Politik der Unternehmensethik für die ethische Fundierung des Entscheidens

Merksatz: Die **Bedeutung der Politik der Unternehmensethik** für die ethische Fundierung des wirtschaftlichen Entscheidens wird gewürdigt, indem kritisch beurteilt wird, in welchem Umfang die im pragmatischen Modul erfassten Werte und Hypothesen den Bedingungen genügen, die in Abschnitt 1.2.2.2 für moralisch richtiges Entscheiden formuliert werden.

Die kritische Beurteilung soll klären, welchen Beitrag die Politik der Unternehmensethik zur ethischen Fundierung des wirtschaftlichen Entscheidens leistet:

- Die im pragmatischen Modul erfassten Werte und Hypothesen sind in der Lage, Vertrauen in der Wirtschaft zu schaffen.
- Eine wissenschaftlich fundierte Gestaltungskonzeption des pragmatischen Moduls baut auf den ethisch relevanten Aussagen des deskriptiven und des theoretischen Moduls auf.
- Die Übernahme von Verantwortung für die Folgen des wirtschaftlichen Entscheidens ist auf der Basis der Verantwortungsethik in den Hypothesen des pragmatischen Moduls erfassbar.
- Ethische Begründungen als reduktive Zurückführungen des richtigen Entscheidens aus der Perspektive der Moralität auf seine konstitutiven Bedingungen (bis zu seinem unbedingten Ursprung) sind im pragmatischen Modul durchführbar.
- Eine Prüfung der Realisierbarkeit der ethischen Werte wird vorgenommen.
- Die Bekräftigung von Pflichten spielt im pragmatischen Modul keine Rolle. Sie ist dem normativen Modul vorbehalten.

Merksatz: Zusammenfassend kann gesagt werden, dass eine systematisch auf den Aussagen des deskriptiven und des theoretischen Moduls aufbauende **Politik der Unternehmensethik** eine deskriptiv, theoretisch und entscheidungstheoretisch gesicherte Basis darstellt, welche die Bedeutung des Moralischen im Wirtschaften erhellt (aufdeckt) und damit wirtschaftliches Entscheiden ethisch stark fundiert.

1.2.3.4 Normatives Modul: Ethische Fundierung des wirtschaftlichen Entscheidens durch eine Werturteilskonzeption

1.2.3.4.1 Grundzüge der Werturteilskonzeption

Merksatz: Da die Betriebswirtschaftslehre eine angewandte Realwissenschaft ist, bezwecken wissenschaftstheoretische Analysen neben der **Analyse ethischer Werte auch die Analyse ethischer Normen (Durchsetzungsanweisungen von Werten)** mittels eines normativen Aussagensystems (vgl. Abb. 1.11).

Hat ein Unternehmen einen „optimalen" Wertekanon erstellt, ist es daran interessiert, diesen als Führungsinstrument zu nutzen und möglichst erfolgreich durchzusetzen. Für diesen Schritt formuliert es zielführende Durchsetzungsanweisungen in der Form von Verhaltenskodizes, Verhaltensrichtlinien, Zielvorgaben und Beurteilungskonzepten. Sobald die Analyse dieser Anweisungen von Werten ins Auge gefasst wird, ist es zweckmäßig, nicht mehr von ethischen Werten, sondern von ethischen Normen zu sprechen. In diesem Sinne wird die Analyse der ethischen Normen als ein Verfahren verstanden, mit dessen Hilfe kritisierbare (überprüfbare) Kriterien zur moralischen Beurteilung der Durchsetzungsanweisungen entwickelt werden. Diese Kriterien sollen dem Entscheidungsträger Erkenntnisse liefern, die ihm helfen, sein moralisches Bewusstsein zu vervollkommnen und sein praktisches Entscheiden moralisch verantwortlich zu treffen (Schweitzer [Business Ethics] 74). Es sei noch angemerkt, dass ethische Normen weder formal beweisbar noch empirisch überprüfbar, jedoch akzeptierbar oder ablehnbar sind.

Definition:
Als **ethische Norm** wird die Durchsetzungsanweisung eines ethischen Wertes definiert.

Im Sinne der kritischen Methode werden formale und materiale Normen unterschieden. Die Aufgabe ihrer Analyse besteht darin, formale Normen zu begründen, um sie als Maßstab der Beurteilung materialer Normen heranzuziehen (Pieper [Ethik] 187). Positiv beurteilte materiale Normen lassen vermuten, dass sie praktisch zu einer höheren Akzeptanz führen und die Qualität des wirtschaftlichen Entscheidens verbessern.

In einem marktwirtschaftlichen System sind sowohl die marktwirtschaftliche Ordnung als auch die Unternehmensordnung (Unternehmensverfassung) materiale normative Regulierungen (vgl. dazu Modul 3), die dem Unternehmen und den Mitarbeitern bei ihren wirtschaftlichen Entscheidungen einen angemessenen ethischen Spielraum belassen. Beide Ordnungen sind durch eine Offenheit für ethische Werte und Normen gekennzeichnet und sind daher die systematischen Bereiche unternehmensethischer Analysen. In beiden Ordnungen sind Werte und Normen weitgehend frei wählbar und somit auch gestaltbar.

Für die Wirtschaftspraxis ist ein wichtiges Instrument der Verhaltenssteuerung ein konkreter Kanon materialer Normen. Vor allem in kritischen Wirtschaftslagen bzw. bei häufigen Verstößen gegen ethische Werte und Normen können Wirtschaftsverbände, Unternehmen und der Gesetzgeber die Verpflichtung zum Befolgen von Normen einfordern bzw. verschärfen, um die Interessen der Gesamtwirtschaft und der Gesellschaft zu wahren. Dann ist beispielsweise an das Instrument des Ethikkodexes zu denken, der im Rahmen der Unternehmensordnung anerkannte Standards des moralisch richtigen wirtschaftlichen Entscheidens präzisiert. Zur Implementierung einer Unternehmensethik sei verwiesen auf (Talaulicar [Codes of Ethics] 89 ff. und [Implementierung] 328 ff.).

Merksatz: In der Wirtschaft ist davon auszugehen, dass ein Ethikkodex **moralisch richtiges Entscheiden** bewirkt und **Vertrauen in den Geschäftsbeziehungen** schafft; er soll die Bereitschaft zur Übernahme von Verantwortung für die Folgen getroffener Entscheidungen erhöhen, langfristige Erfolgspotenziale festigen, Nachhaltigkeit sichern, gesellschaftliche Koordination unterstützen und das Gemeinwohl fördern.

Die zentrale Herausforderung der Zukunft liegt für Ethikkodexe in der ethischen Fundierung der interkulturellen bzw. „ökumenischen Firma". Mit **zunehmender Globalisierung** werden weltweit Tausende von Menschen unterschiedlicher Religionen, Kulturen, Verhaltensnormen und Werteüberzeugungen in einem Unternehmen zu einer globalen Betriebsgemeinschaft zusammenführt. In diesem globalen Unternehmen muss der Ethikkodex der Führung helfen, alle eingebundenen Menschen mit ihren unterschiedlichen Kulturen einem Minimum an gemeinsamen ethischen Werten, einem Weltwirtschaftsethos (Küng [Weltethos] 287 ff.; Küng/Leisinger/Wieland [Manifest]), zu verpflichten, wobei es nicht allein darum geht, die formalen Bedingungen eines ethischen Diskurses bzw. Dialogs zwischen den Kulturen zu klären, sondern darum, die ethische Gesamthaltung der Menschen inhaltlich und praktikabel zu konkretisieren.

Zeitgemäße ethische Normen des praktischen Wirtschaftens sind beispielsweise in Erklärungen großer Unternehmen zur Corporate Governance (national und international anerkannte Standards guter und verantwortungsvoller Unternehmensführung) und zur Corporate Compliance (gesetzmäßiges und regelkonformes Verhalten) zu finden. In der Corporate Compliance werden die Normen und Prinzipien in der Regel nicht personenbezogen, sondern unternehmensbezogen formuliert.

Beispiel:

Die Bayer AG legt für den Konzern folgende praktische Normen (Verpflichtungen) fest (Bayer AG [Compliance] 6 ff.): Fairness im Wettbewerb, Integrität im Geschäftsverkehr, Prinzip der Nachhaltigkeit, Einhaltung des Außenhandelsrechts, Wahrung der Chancengleichheit im Wertpapierhandel, ordnungsmäßige Aktenführung und transparente Finanzberichterstattung, faire und respektvolle Arbeitsbedingungen, Schutz des eigenen Wissensvorsprungs und Respekt vor rechtsbeständigen Schutzrechten Dritter, Trennung von Unternehmens- und Privatinteressen sowie kooperativer Umgang mit Behörden.

1.2.3.4.2 Bedeutung der Werturteilskonzeption für die ethische Fundierung des wirtschaftlichen Entscheidens

Merksatz: Die **Bedeutung der Werturteilskonzeption** für die ethische Fundierung des wirtschaftlichen Entscheidens wird gewürdigt, indem kritisch beurteilt wird, in welchem Umfang die im normativen Modul erfassten Normen den Bedingungen genügen, die in Abschnitt 1.2.2.2 für moralisch richtiges Entscheiden formuliert werden.

Die kritische Beurteilung soll klären, welchen Beitrag die Werturteilskonzeption zur ethischen Fundierung des wirtschaftlichen Entscheidens leistet:

- Die im normativen Modul analysierten Normen können Vertrauen in der Wirtschaft schaffen.
- Eine wissenschaftlich fundierte Werturteilskonzeption des normativen Moduls sollte auf den ethisch relevanten Aussagen des deskriptiven, des theoretischen und des pragmatischen Moduls aufbauen. Dies trifft jedoch für praktische Formen eines Normenkanons in der Regel nicht zu.
- Die Übernahme von Verantwortung für die Folgen wirtschaftlicher Entscheidungen kann im normativen Modul auf der Basis der Verantwortungsethik angemessen ausgedrückt werden.
- Ethische Begründungen als reduktive Zurückführungen des moralischen Entscheidens aus der Perspektive der Moralität auf seine konstitutiven Bedingungen (bis zu seinem unbedingten Ursprung) werden häufig nicht vorgenommen. Soweit sie jedoch getroffen werden, erfolgt die Zurückführung auf eine individuell akzeptierte Grundnorm, von der mögliche Anwender überzeugt und deren praktische Durchsetzung forciert werden sollen.
- Eine Prüfung der Realisierbarkeit ethischer Normen kann vorgenommen werden.
- Die Bekräftigung von Pflichten und Verpflichtungen spielt im normativen Modul in dem Maße eine Rolle, als bei der Durchsetzung der Normen dem wirtschaftlichen Umfeld signalisiert wird, dass wirtschaftliche Entscheidungen ethisch fundiert getroffen werden, für negative Folgen eingestanden wird und Kontrollen der Verpflichtung akzeptiert werden.

Merksatz: Zusammenfassend kann gesagt werden, dass eine systematisch auf dem deskriptiven, theoretischen und pragmatischen Modul aufbauende Werturteilskonzeption eine Basis darstellt, welche die **Bedeutung des Moralischen im Wirtschaften** unter Durchsetzungsaspekten ergänzend erhellt, aber wirtschaftliches Entscheiden ethisch nur schwach fundiert. Eine Unternehmensethik, die sich nur an einer einzigen Grundnorm orientiert, unterliegt der Gefahr, für ideologische Elemente anfällig zu sein.

! Anmerkung: Leser, die an den Beziehungen zwischen der Betriebswirtschaftslehre und der Unternehmensethik und an den Koordinationsformen für beide Disziplinen in der Lehre interessiert sind, werden auf den Abschnitt III. **im Download** verwiesen.

! Anmerkung: Für Interessierte, die beabsichtigen, ihr Wissen zu ethischen Fragen der **Globalisierung und des Weltwirtschaftsethos** zu vertiefen, werden hier einige Quellen angegeben. Ausführlich hat sich mit diesen Fragen der Ethiker *Hans Küng* in seiner Schrift „Weltethos für Weltpolitik und Weltwirtschaft, 2. Auflage, München und Zürich 1997"auseinandergesetzt. Besonders zu empfehlen ist in dieser Schrift der Abschnitt über „Weltwirtschaft zwischen Wohlfahrtsstaat und Neokapitalismus" (Seite 215–367).

Quellen:

Als Einstieg in die Thematik wird die Lektüre des Abschnitts 1.2.3 empfohlen.

The Commission on Global Governance: Our Global Neighbourhood. Oxford 1995. Deutsche Ausgabe: Kommission für Weltordnungspolitik: Nachbarn in einer Welt. Hrsg. v. Stiftung Entwicklung und Frieden, Bonn 1995.

UNESCO-Report of the World Commission on Culture and Development: Our Creative Diversity. Paris 1995. Deutsche Kurzausgabe: UNESCO-Weltbericht. In Kulturelle Vielfalt und Interkulturellen Dialog investieren. Bonn 2009.

InterAction Council: In Search of Global Ethical Standards. Vienna 1996.

Küng, H./Leisinger, K. M./Wieland, J.: Manifest für ein globales Wirtschaftsethos. Konsequenzen und Herausforderungen für die Wirtschaft. München 2010.

Einführende Literaturhinweise zum Abschnitt 1.2

Die vollständigen Literaturangaben finden Sie im Downloadbereich.

Küng, H./Leisinger, K. M./Wieland, J.: [Manifest] für ein globales Wirtschaftsethos. Konsequenzen und Herausforderungen für die Wirtschaft. München 2010.

Küpper, H.-U.: [Unternehmensethik]. Hintergründe, Konzepte, Anwendungsbereiche. 2. Aufl., Stuttgart 2011.

Pieper, A.: Einführung in die [Ethik]. 6. Aufl., Tübingen und Basel 2007.

Schweitzer, M.: [Plädoyer] für eine modulare Strukturierung der Disziplin Unternehmensethik. In: Jahrbuch für Controlling und Rechnungswesen 2011, hrsg. von G. Seicht, Wien 2011, S. 417–448.

Modul 2: Geschichte und Denker der Betriebswirtschaftslehre

Peter Lorson
Matthias Häußler
Erko Martins

„Die Wissenschaft nährt die Jugend und ergötzt das Alter"
(Marcus Tullius Cicero 105–43 v. Chr.)

2.1 Geschichte der Betriebswirtschaftslehre

Lernziele:

Aneignen von Wissen (Kenntnissen) über die Entwicklung der Betriebswirtschaftslehre sowie ihrer Denker, damit Stärkung des Geschichtsbewusstseins; **Verstehen** (Erfassen und Erkennen) der Bedeutung historischer Methoden und Zusammenhänge für das Wirtschaften in Unternehmen sowie der Bedeutung der Denker für die Entwicklung des Faches; **Anwenden** (Nutzen) des erlangten Wissens zur Lösung betriebswirtschaftlicher Probleme; **Analyse** (Erforschen) von Ursachen, Elementen, Beziehungen betriebswirtschaftlicher Probleme im Zeitablauf; **Synthese** (Integrieren) von Einzelerkenntnissen aus der Analyse zu übergeordneten betriebswirtschaftlich-historischen Aussagen; **Bewertung** (Evaluation) realer betriebswirtschaftlicher Probleme unter Berücksichtigung historischer Erkenntnisse sowie der Leistungen betriebswirtschaftlicher Denker.

Übersicht:

Modul 2 umfasst zwei Abschnitte. In Abschnitt 2.1 wird die Geschichte der Betriebswirtschaftslehre dargestellt. Im Einzelnen werden die Alte Geschichte (3000 v. Chr. bis 1600 n. Chr.), die Mittlere Geschichte (1600 bis 1900) und die Neuere Geschichte (1900 bis zur Gegenwart) des Faches erörtert. In Abschnitt 2 werden die betriebswirtschaftlichen Denker des 19./20. Jahrhunderts im deutschen Sprachraum mit den Schwerpunkten „Werdegang", „Merkmale als Denker", „heutige Bedeutung" und „wichtige Veröffentlichungen" vorgestellt.

2.1.1 Alte Geschichte (ca. 3000 v. Chr. bis ca. 1600 n. Chr.)

2.1.1.1 Von ersten Buchhaltungen zu lehrbaren Verfahrenstechniken

Die Alte Geschichte der Betriebswirtschaftslehre umfasst Schriften vor Beginn der Neuzeit (hier: zwischen 3000 v. Chr. und 1600 n. Chr.).

Entwicklungsschritte der Betriebswirtschaftslehre nach Bellinger ([Geschichte] 11):

- Buchhalterische Erfassung und Quantifizierung einzelner sozialer Beziehungen,
- Entwicklung lehrbarer Verfahrenstechniken,
- Vorstoß zu generell gültigen Prinzipien erfolgreichen Wirtschaftens,
- Entdeckung theoretischer Grundlagen gesicherter Erkenntnisse,
- Entwicklung des kaufmännischen Rechnens mit indischen Schriftzeichen,
- Aufstellung von Grundsätzen der Geschäftspolitik,
- Einführung rationaler und kausaler Betrachtungsweisen für Forschungszwecke.

Die Epoche buchhalterischer Abbildungen bis zu lehrbaren Verfahrenstechniken beginnt mit Funden zu Buchhaltungen aus Alltagsbedürfnissen im Gebiet der Sumerer zwischen Euphrat und Tigris bzw. im heutigen Irak. Sie bestehen in Abrechnungen und Listen bzw. Inventartafeln, die Punkte, Striche und Marken im Zusammenhang mit 500 bis 2.000 Bildzeichen enthalten. Den ältesten Buchhaltungsbeleg bildet eine Tontafel aus einer Tempelwirtschaft (Größe 4 mal 11 cm), die mit Schriftzeichen und Zahlen bedeckt ist. Eben aus jener Zeit 3000/2900 v. Chr. stammt auch die älteste erhaltene Fabrikbuchhaltung des Tempels Dublal-Mach in Ur. Deren Bestandteile bilden ein Inventar und eine monatliche Gewinn- und Verlustrechnung auf der Basis eines Kontenplans – unter anderem für die tempeleigenen Spinnereien und Webereien. Bemerkenswert ist auch die Lohnbuchhaltung in Keilschrift. Sie enthält Leistung und Lohn von 1.197 namentlich erwähnten Sklaven.

Die Leistungen dieser Epoche sind nicht gering zu schätzen. Durch das Schreiben können Informationen erstmals personenunabhängig gespeichert werden. Schreiben, Rechnen und Buchhaltungen ermöglichen die Messung sozialer Beziehungen durch Differenzierung, fortlaufendes Registrieren, Vergleichen und rationale Auswertung in Bezug auf die Zukunft. Zugleich werden organisatorische Verfahrenstechniken (z. B. Siegelrollen als Ersatz der handschriftlichen Unterschrift, Karteikarten, Geschäftsurkunden, Wirtschaftsbücher, Quittungen) und Rechtsordnungen entwickelt.

Die älteste bekannte Rechtsordnung ist mit dem Namen Uramus von Ur verbunden. Hierin werden Regelungen zu Preisen für Grundwaren (z.B. Getreide und Öl), Löhnen und Zinsen, Rechten von Sklaven, Ersatzpflichten, Protokollpflichten sowie eine Haftpflicht bei der Vermietung von Kindern niedergelegt). 2000 v. Chr. ist das Geschäftswesen in Ägypten bereits hochentwickelt. Wirtschaftsbücher, Geschäftsurkunden und Mindestorganisationen sind vorgeschrieben. Es gibt Handelsschulen und Schreibbüros. Erstmals wird sogar das Verfahren des Dreiecksgeschäfts geschildert. 1728 v. Chr. wird in Babylonien die Buchführungspflicht für Kaufleute eingeführt. Bei den Babyloniern, den

Assyrern und den syrischen Aramäern entsteht die erste Büroorganisation, die auch Stellen für Sekretärinnen umfasst.

Kaufleute zählen zu den gebildeten Ständen. Ihre Ausbildung benötigt 10–14 Jahre. Sie müssen reisefreudig sein, lesen, schreiben, rechnen können, weitere kaufmännische Techniken (Buchhaltung, Geschäftsabschluss, Organisation, Zahlungsverkehr, Währungsumrechnung, Reiseplanung) beherrschen und die Rechtsordnungen in den ihre Geschäfte betreffenden Ländern überblicken.

Kenntnisse – etwa zur Relevanz von Buchhaltung, Geschäftsbriefen und Dokumenten – werden damals primär mündlich weitergegeben. Gleichwohl finden sie auch Eingang in Bücher der Lebensweisheit (z.B. um 2000 v. Chr. in die ägyptische Priestergeheimlehre; zwischen 180 und 175 v. Chr. in das Buch der Lebensweisheit von Jesus Sirach).

2.1.1.2 Frühe Wirtschaftsbetriebslehren

In der nächsten Entwicklungsphase entstehen in Griechenland Aufzeichnungen einer wirtschaftlichen Lehre. Mit dem Oikos (griechisch für Hauswesen oder Gesamtbetrieb) beschäftigt sich eine – anderen Kunstlehren, wie Heilkunde oder Baukunst, gleichgestellte – Kunstlehre, in der Differenzierung nach einer allgemeinen Lehre vom Wirtschaftsbetrieb (z.B. *Aristoteles*) und einer speziellen Lehre vom landwirtschaftlichen Betrieb (z.B. *Xenophon*). *Xenophons* Oikonomikos ist zwischen 385 und 370 v. Chr. entstanden. Darin wird zwischen einer Wirtschaftslehre für Haushalt und Produktionsbetrieb unterschieden. Xenophon hält es für geboten, Überschüsse anzustreben und den Reichtum zu vermehren. Wesentliche Voraussetzungen für wirtschaftlichen Erfolg sieht er neben Fachkenntnissen in den qualitativen Anforderungen an Eigentümer und an Verwalter. Hierzu zählen die Fähigkeiten betreffend Verhandlungen, Urteilsbildung und Menschenführung.

Aristoteles benennt neben der privaten Hauswirtschaft drei weitere Formen (königliche, provinzielle, städtische). Seine private Hauswirtschaft geht von den Produktionsfaktoren Kapital und Arbeit (in der Differenzierung zwischen Aufsehern und Arbeitern) aus. Sie ist auf Erwerbswirtschaft ausgerichtet und kennt drei Einnahmequellen (Landwirtschaft, regelmäßige Verrichtungen und Geldertrag). Bemerkenswert sind die Betonung des Prinzips der ständigen Zahlungsbereitschaft (formuliert als Vermeidung eines temporären Ausgabenüberschusses) sowie des Prinzips der Risikobegrenzung (insbesondere durch Verteilung von Risiken), damit der Betrieb nicht als Ganzes untergehen kann.

In praxisorientierten Beiträgen römischer Landbauschriftsteller finden sich grundlegende Gedanken, denen heute Beachtung geschenkt wird (Schneider [Geschichte] 86 f.). *Marcus Terentius Varro* (116–27 v. Chr.) differenziert im Rahmen seiner landwirtschaftlichen Produktionsplanung – in Anlehnung an *Marcus Porcius Cato den Älteren* (234–149 v. Chr.) – zwischen fixen und variablen Produktionsfaktoren, indem er begrenzt teilbare und proportional an die zu bestellende Fläche anzupassende Produktionsfaktoren benennt. Zudem stellt er Überlegungen zum schonenden Umgang mit Sklaven und zur Steigerung ihres Leistungswillens durch Leistungsanreize und Belohnungen an.

Auch *Lucius Junius Moderatus Columella* (0–70) macht eine Vielzahl bemerkenswerter Einzelvorschläge (z.B. betreffend eine optimale Leitungs- bzw. Kontrollspanne oder eine Wirtschaftlichkeitsbeurteilung des Anbaus von Wein unter Berücksichtigung einer Verzinsung des in Anschaffungskosten von Reben gebundenen Kapitals). Er präsentiert auch Ansätze eines ersten Marketing-Denkens, indem er überlegt, wie Drosseln als Luxusgegenstände zu züchten oder Fische vor dem Verkauf zu füttern sind. Die Beispiele von Varro und Columella illustrieren, welcher Fundus an betriebswirtschaftlich relevanten Techniken im Laufe der Zeit entwickelt wurde, wenngleich diese (noch) nicht wissenschaftlich gesichert sind.

2.1.1.3 Entwicklung theoretischer Grundlagen für gesicherte Erkenntnisse

Die Suche nach Rezepten erfolgreichen Wirtschaftens beginnt in Griechenland etwa mit *Thales von Milet* (625–545 v. Chr.) und endet mit den Schriften von *Aristoteles* (384–322 v. Chr.). Im Laufe der Zeit wurden die Methoden, zu gesicherten Erkenntnissen zu gelangen, verfeinert. Maßgeblichen Anteil hatten hieran zunächst *Sokrates* (469–399 v. Chr.) als Begründer der Abstraktion und *Platon* (427–347 v. Chr.) durch deren Weiterentwicklung zu seiner Ideenlehre, wonach das Ziel der Wissenschaft in der Schaffung eines geordneten Begriffssystems besteht. *Aristoteles* entwickelt die Kunst der Logik als Werkzeug der Wissenschaft und legt dar, dass wissenschaftliches Denken nur deduktiv sein kann. *Epikur aus Samos* (342–270 v. Chr.) begnügt sich nicht mit einem Denken um der Erkenntnis willen. Seine Leitmaxime bildet die Nützlichkeit. Er fordert einen Abgleich mit der wahrnehmbaren Wirklichkeit – der Erfahrungswelt – als Kontrollkriterium. Wahr in diesem Sinne sind alle (alternativen) logischen Schlussfolgerungen, die hiermit vereinbar sind.

2.1.1.4 Zu Faktoren erfolgreichen Wirtschaftens (Zahlen und Doppik)

Einige Zeit später erscheinen im Mittelalter umfassende Darstellungen betriebswirtschaftlicher Forscher des Morgen- und Abendlandes. *Ali Ad Dimisqi* verfasst „Das Buch des Hinweises auf die Schönheiten des Handels und die Kenntnis der guten und schlechten Waren und die Fälschungen der Betrüger an ihnen" (1174 n. Chr.). Darin erörtert er Preis- und Absatzpolitik, die Entstehung des Geldes und die Anwendung des Vermögenserhaltungsprinzips. Das Buch beinhaltet eine Warenkunde und Warenkalkulation sowie die Einsicht, dass Marktpreise durch Angebot und Nachfrage gebildet werden.

Leonardo Fibonacci (ein Mathematiker) veröffentlicht 1202 „Il Liber Abaci". Darin stellte er die indischen Zahlen vor. In diesem Dezimalsystem, das mit der Null einen Erfolgsmaßstab einführt, vermuteten westliche Gelehrte und Kaufleute einen Grund für die Erfolge der arabischen Kaufleute. Fibonacci erläutert grundsätzliche Rechenregeln und führt in das kaufmännische Rechnen ein. In der Folge gelingt es Kaufleuten besser, ihre Geschäfte zu quantifizieren und Entscheidungen rechnerisch nachzuvollziehen.

Für die weitere Entwicklung der Betriebswirtschaftslehre ist das 1468 erschienene Werk „Summa de Arithmetica, Geometria, Proportioni und Proportionalità" von *Luca Pacioli* (einem Professor für Mathematik) von unschätzbarem

Wert. Es handelt sich um die älteste systematische Darstellung der zum damaligen Zeitpunkt längst etablierten doppelten Buchhaltung. *Pacioli* verselbständigt den buchhalterisch vom privaten Haushalt des Kaufmanns getrennten Wirtschaftsbetrieb als Erwerbsbetrieb bzw. als kapitalistische Unternehmung. Der quantifizierbare Bereich kaufmännischer Tätigkeiten wird lückenlos und systematisch doppisch abgebildet. So können zu jedem Zeitpunkt der wirtschaftliche Status Quo sowie dessen Entwicklung in der Zeit dargestellt werden. Bis heute gelten Doppelte Buchhaltung und Kapitalismus als untrennbar verbunden (siehe das Kapital „Double Entry and capitalism – chicken and egg?" bei Gleeson-White [Double Entry] 161 ff.), wenngleich die Verbreitung der Doppelten Buchhaltung außerhalb gewinnorientierter Unternehmungen (z.B. in Gebietskörperschaften derzeit) zunimmt.

Die Erfolgsrechnungen sind zunächst einfache Nachkalkulationen. Durch Gegenüberstellung der wichtigsten Einnahmen und Ausgaben verkaufter Waren nach Menge und Wert wird ein Überschuss berechnet, der sämtliche Ausgaben decken musste. Hieraus entwickelt sich sukzessive eine Vorkalkulation. Sie folgt der stufenweisen Abwicklung von Geschäften unter besonderer Berücksichtigung der Bedienung von Schulden und etwaigen Forderungsausfällen.

Hieran knüpfen Überlegungen zu gerechten Preisen an. *Aristoteles* (384–322 v. Chr.) differenziert noch zwischen (natürlicher) Ökonomik (Erwerbskunst) und (unehrenhafter) Chrematistik (Bereicherungskunst) und sieht Handelsgewinne grundsätzlich als Raub am Vermögen des Käufers an (Schneider [Betriebswirtschaftslehre] 4 f.). Demgegenüber setzt sich später zunehmend die Idee von Gewinnen als werterhöhende Kostenfaktoren durch. So wird dem Handel zunächst die Funktion eines Ausgleichs zwischen Orten des Überflusses und des Mangels zugebilligt (*Augustinus*, 354–430). Für *Alexander von Hales* (1186–1245) erfährt das Handelsgut eine werterhöhende Transformation in Form von Risikoübernahme, Transport- und sonstigen Leistungen. Hieraus entwickelt *Heinrich von Gent* (1217–1293) durch explizite Berücksichtigung der individuellen Leistungen des Kaufmanns das Prinzip der kostenorientierten Preisbildung. Im Preis muss nach *Duns Scotus* (1266–1308) auch die Risikoübernahme und die Lagerfunktion abgegolten werden. *Anotin von Florenz* (1389–1459) geht bei der Morphologie der abzugeltenden Aufwandsarten einerseits weiter, indem er neben Arbeitsentgelten, Warenschäden, Marktrisiken, Regiekosten und Anschaffungskosten auch die kaufmännische Tüchtigkeit (ingenium et ars) berücksichtigt, und andererseits restriktiver vor, weil er auf die Aufwendungen eines klugen und vorsichtigen Kaufmanns (leistungsbedingte Aufwendungen) abstellt und somit außerordentliche und betriebsfremde Elemente aus der Kalkulation ausschließt.

Die Diskussion über gerechte Preise belegt den Stellenwert ethischer Rechtfertigungen bzw. von gesellschaftlich akzeptierten Geschäftsgrundsätzen für eine erfolgreiche Geschäftsführung.

2.1.1.5 Zu frühen Geschäftsgrundsätzen

Thomas von Aquin (1225–1274) wird das Verdienst zugeschrieben, als erster Ansätze zu einer Theorie der Betriebswirtschaftslehre (in Ansätzen) entwickelt zu haben. Ausgehend von der Beziehungslehre des Aristoteles sieht er den Wirtschaftsbetrieb als Beziehungsträger (subjectum relationis), das Gemeinwohl (bonum commune) als Beziehungsziel (terminus relationis) und die Eignung des Beziehungsträgers, dieses Ziel zu erreichen, als Beziehungsgrund (fundamentum relationis) an. Seine Lehre vom „gerechten Preis" (justum pretium) basiert auf dem allen Gütern „immanenten, inneren Wert" (valor intrinsecus). Rechtfertigungen für den Gewinn (die Handelsspanne) sieht er einerseits in vom (ehrbaren) Kaufmann erbrachten Leistungen (insbesondere Beitrag zur Güterversorgung) und andererseits in dessen vernünftiger Verwendung. Hierzu zählen standesgemäße Lebensführung und Familienunterhalt sowie die Unterstützung von Armen und das öffentliche Wohl. Resümierend stehen diese Überlegungen auf einem festen philosophisch-theologischen Fundament.

2.1.1.6 Zu rationalen und kausalen Analysen

Bereits früh hat sich das Verständnis durchgesetzt, dass eine Wirtschaftsbetriebslehre auch auf Erfahrungen gründen muss. Mit Beginn des 15. Jahrhunderts beginnen die Scholastiker wirtschaftliche Verhältnisse zu beobachten, um wirtschaftsethische Thesen und bisherige Erkenntnisse zu überprüfen. Demgegenüber betrachtet *Ludwig Molina* (1535–1600) betriebswirtschaftliche Fragestellungen aus dem Blickwinkel der Rationalität und Kausalität. Zu seinen Einsichten gelangt er durch systematische Marktuntersuchungen und durch Befragungen von Kaufleuten. Er begründet, dass das Nehmen von Zinsen erlaubt sein müsse, wenn der Kaufmann zum Zwecke der Darlehensbegebung auf eine alternative Verwendung verzichte (Denken in Opportunitätskosten), identifiziert wesentliche Geldentwertungsursachen und formuliert eine Geldlehre. Sein Beitrag zur Betriebswirtschaftslehre besteht in der Entwicklung (rudimentärer) Marktforschungsmethoden und seiner theoretischen Begründung des Handelsgewinns. Darüber hinaus entwickelte er eine betriebswirtschaftliche Preistheorie, die er auf Angebots- und Nachfragemonopole anwandte.

Im Grunde endet die frühe Entwicklungsgeschichte der Betriebswirtschaftslehre mit dem Vorliegen der Voraussetzungen für die Etablierung der Betriebswirtschaftslehre als eigenständige Wissenschaft. Bis zur Eigenständigkeit der Betriebswirtschaftslehre vergeht noch ein Zeitraum von rund 300 Jahren, der als mittlere Entwicklungsgeschichte anzusehen ist.

2.1.2 Mittlere Geschichte (ca. 1600 bis 1900)

2.1.2.1 Zu ersten Lehrsystemen einer betriebswirtschaftlichen Handlungswissenschaft

Aus der mittleren Entwicklungsgeschichte der Betriebswirtschaftslehre bis zu ihrer Etablierung als eigenständige Wissenschaft sind insbesondere erste Lehrsysteme der Betriebswirtschaftslehre im Rahmen der Handlungswissenschaften sowie betriebswirtschaftliche Beiträge der Kameralwissenschaften hervorzuheben.

Für den Wandel der Betriebswirtschaftslehre als Kunstlehre im Sinne eines Geheimwissens von Kaufleuten bis hin zu einem Fach, das der Allgemeinheit Zugang zu ihren Erkenntnissen gewährt, stehen jene Veröffentlichungen, die statt kaufmännischer Techniken die systematische Darstellung des kaufmännischen Wissens und der geschäftspolitischen Regeln in den Vordergrund stellen.

1573 erscheint das von *Benedetto Cotrugli* bereits 1458 verfasste vierbändige Werk „Della mercatura et del mercante perfetto". Es ist als Vorläufer einer allgemeinen Handelslehre bekannt und maßgeblich geprägt durch die Arbeiten des *Antonin von Florenz*.

Giovanni Domenico Peri veröffentlicht 1658 „Il Negotiante". Ursprünglich als Handlungsanleitung für seine Söhne konzipiert, erscheint das Werk in mehreren Auflagen. Es gilt als erstes Lehrbuch der Handelswissenschaften und umfasst schließlich rund 700 Seiten. Der erste Hauptteil ist Zwecken und Nutzen des Kaufmanns, kaufmännischen Grundtätigkeiten sowie der Aufbau- und Ablauforganisation eines Wirtschaftsbetriebs gewidmet. Im zweiten Hauptteil fragt *Peri* nach dem Kaufmann an sich, seinem rechtlichen Umfeld und Gewinnerzielungsmöglichkeiten aus Geld- und Wechselgeschäften. Auf diese eher theoretischen Überlegungen folgen im dritten Teil praktische Anwendungen bis hin zur buchhalterischen (doppischen) Erfolgskontrolle. Das Buch endet mit subjektiv als bedeutsam empfundenen Erfahrungen.

„Le parfait négociant" von *Jacques Savary* erscheint 1675 in erster Auflage in französischer und bereits ein Jahr später in deutscher Sprache. *Savary* war Tuchgroßhändler, Verleger und Fabrikant sowie Mitarbeiter an dem ersten eigenständigen Handelsgesetzbuch („Ordonnance de Commerce", 1673) und wird wegen seiner über 100 veröffentlichten Gutachten als vielleicht erster Wirtschaftsprüfer bezeichnet. Der Wert des Buches liegt in seiner Systematik, mit der er alles kaufmännische Wissen – ohne Propädeutika – aufbereitet hat sowie in der Vielfalt seiner Regeln erfolgreichen Handelns.

Wichtige Beiträge zur Entwicklung einer (deutschsprachigen) Handlungswissenschaft leisten weiterhin *Paul Jacob Marperger* (1657–1730), *Johann Heinrich Jung-Stilling* (1740–1817), *Carl Günther Ludovici* (1707–1778) und *Johann Michael Leuchs* (1763–1836).

Carl Günther Ludovici ist ab 1755 ordentlicher Professor für Weltweisheit und 1761 ordentlicher Professor der Vernunftlehre (auch „aristotelischer Organon" oder „praktische Philosophie"). Sein Hauptwerk bildet das fünfbändige Lexikon „Eröffnete Akademie der Kaufleute, oder vollständiges Kaufmanns=Lexikon: woraus sämmtliche Handlungen und Gewerbe, mit allen ihren Vortheilen, und der Art, sie zu treiben, erlernet werden können; und worinnen alle Seehäfen, die vornehmsten Städte und Handelsplätze; alle Arten der rohen und verarbeiteten Waaren; die Künstler, Fabrikanten und Handwerksleute; Commerciencollegia, Handelsgerichte, Banken, Börsen, Leihhäuser, Manufacturen, Fabriken und Werkstätten; die Rechte und Privilegien der Kaufmannschaft, u.s.w. beschrieben und erkläret werden: Mit vielem Fleiße aus den besten Schriftstellern zusammengetragen". In den 5.112 Seiten enthalten ist ein „Anhang zum Fünften Theil: Grundriß eines vollständigen Kaufmanns-Systems, nebst den Anfangsgründen der Handlungswissenschaft, und angehängter kurzer Geschichte der Handlung zu Wasser und zu Lande, woraus man zugleich den gegenwärtigen Zustand der Handlung von Europa, auch bis in die andern

Welttheile, erkennen kann, zum Dienste der Handlungsbeflissenen entworfen" im Umfang von 612 Seiten. In drei Teilen befasst sich *Ludovici* dort zunächst mit der Handlung an sich, Grundtätigkeiten und deren Maßstäben. Darauf folgen „Von Handlungsfähigen, und zur Handlung erforderlichen Personen" (Teil 2) und „Hülfsmittel zur Treibung der Handlung" (Teil 3). *Ludovicis* Werk geht über die Handlungswissenschaften und die konventionellen Kaufmannskenntnisse hinaus. So benennt er nützliche Nebenwissenschaften, darunter – soweit ersichtlich als erster – „die Vernunftlehre des Wahrscheinlichen", weil dem Kaufmann „so gar viele Fälle in Ansehung des Gewinstes und Verlustes vorkommen, die er alle nach den Graden der Wahrscheinlichkeit beurteilen muß ...". *Ludovici* postuliert die Errichtung einer Kaufmannsakademie und plädiert dafür, ein „Lehramt der Kaufmannschaft" einzuführen, das heißt, die Handlungswissenschaft als Hochschulfach zu verankern.

Während *Ludovicis* Verdienste wiederum die Systematisierung betreffen, gelingt es *Johann Michael Leuchs*, ein klares handlungswissenschaftliches Begriffssystem zu schaffen. Sein „System des Handels" erlebt vier Auflagen und umfasst in der Erstauflage bereits 592 Seiten. Es nimmt seinen Ausgangspunkt in der arbeitsteiligen Wirtschaft und besteht aus zwei wissenschaftlichen Darstellungen (Privathandlungswissenschaft und Staatshandlungswissenschaft) sowie einer Handelskunde – bestehend aus Warenkunde, Handelsgeographie, Handelsgeschichte, Kontorgeschichte, handelswissenschaftlicher Literatur, kaufmännischer Erziehung – als dritten Teil. Im Rahmen der Privathandelslehre befasst er sich mit Tausch-, Wertbestimmungs-, Handelslehre, Kontorwissenschaft und der Lehre des Wahrscheinlichen im Handel. Leuchs untersucht konsequent die Zusammenhänge der Mittel zu den Zwecken und umgekehrt. Er erkennt, dass der Kaufmann eine einheitliche Leitmaxime (hier: Gewinnerzielung) für die von ihm zu treffenden Entscheidungen benötigt. Soweit ersichtlich, führt Leuchs zudem als erster das Bewertungsproblem in die Handlungswissenschaft ein.

2.1.2.2 Zur Kameralwissenschaft

Die Entwicklung der Betriebswirtschaftslehre stellt sich nicht nur als Betriebswirtschaftslehre der Kaufleute dar, sondern vollzieht sich auch im Rahmen der Kameralwissenschaft.

Die Kameralwissenschaft (auch Kameralistik im weiteren Sinne) entsteht als eine ökonomische Lehre im Interesse der Feudalherren des 17. und 18. Jahrhunderts. Ihr Gegenstand sind Regeln, wie der staatliche Verwaltungsapparat (die Kammern) geführt werden sollte. Ziel ist es, die Einkünfte der Territorialfürsten zu mehren. Hierbei wird zwischen (öffentlichen) Staatsbetrieben und dem (öffentlichen) Staatshaushalt unterschieden. Staatsbetriebe sollen möglichst hohe Überschüsse erzielen, die dem Staatshaushalt zu Gute kommen. Der Staatshaushalt soll demgegenüber seine Ausgaben (möglichst) aus ordentlichen Einnahmen finanzieren. Hieran knüpft die Kameralistik im engeren Sinne – als eine spezielle Form der (öffentlichen) Buchführung an. Sie bezweckt eine Wirtschaftlichkeitskontrolle der Staatsbetriebe (öffentlichen Unternehmen) anhand des erzielten Erfolgs bzw. eine Staatshaushaltsdisziplin, indem Ursachen von Haushaltsüber- oder -unterschreitungen kenntlich gemacht werden. Damals wurden Begriffe und Grundsätze der (kapitalistischen) Betriebswirtschaftslehre auf die Volkswirtschaft angewandt. Ein Staatsmann sollte einen geschlossenen Betrieb (Volkswirtschaft) mit dem Ziel der Reichtumsmehrung und Kapitalkraftstärkung durch Gewinne so leiten wie ein Unternehmer. Weiterhin kommt der Vervollkommnung der Steuerlehre im Rahmen der Kameralwissenschaften eine herausragende Bedeutung zu.

Die bedeutendsten Vertreter der Kameralwissenschaft sind *Johann Joachim Becher* (1635–1682), *Veit Ludwig von Seckendorf* (1626–1692), *Philipp Wilhelm von Hornigk* (1638–1712), der vor allem auf dem Gebiet der Autarkie Österreichs arbeitete, *Wilhelm von Schröder* (1640–1688), *Justus Christoph Dithmar* (1677–1737) sowie *Johann Heinrich Gottlob von Justi* (1717–1771). Die ersten Lehrstühle für Kameralwissenschaft an Universitäten entstehen 1723 in Halle und 1727 in Frankfurt (Oder).

Mit der Verselbständigung der Kameralwissenschaft zu Beginn des 18. Jahrhunderts kann eine betriebswirtschaftliche Lehre, die im Rahmen der angewandten Ethik als Ökonomik begonnen hat, als an Universitäten etabliert gelten. Dabei ging die Etablierung der Kameralwissenschaft mit einem Bedeutungsverlust der Handlungswissenschaft einher. Diese wurde erst wieder nach Gründung der Handelshochschulen wissenschaftlich bedeutsam.

2.1.3 Neuere Geschichte

2.1.3.1 Betriebswirtschaftliche Problemstellungen innerhalb der Volkswirtschaftslehre

Zur neueren Geschichte der Betriebswirtschaftslehre zählen hier drei Phasen (Schneider [Betriebswirtschaftslehre] 14 ff.): betriebswirtschaftliche Problemstellungen in der Volkswirtschaftslehre vor der Verselbständigung der Betriebswirtschaftslehre, die akademisch verselbständigte Betriebswirtschaftslehre bis zum Zweiten Weltkrieg und die Entwicklung nach dem zweiten Weltkrieg.

Betriebswirtschaftliche Problemstellungen tauchen innerhalb der Volkswirtschaftslehre erst in der spätklassischen Nationalökonomie auf. Hervorzuheben sind Optimierungsregeln mit Hilfe des – zu Methoden der klassischen Mikroökonomie zählenden – Marginalprinzips, wie mit Bezug auf die Tiefe des Pflügens bei *Georg Franz August Graf de Buquoy-de Longueval* (1781–1851), wie Ausführungen zu den Unternehmerfunktionen bei *Jean-Baptiste Say* (1767–1832) und zum Unternehmergewinn bei *Hans von Mangoldt* (1824–1868).

Betriebswirtschaftlich relevant sind auch die Lehren von den Verfügungsrechten. Nach *Friedrich Benedict Wilhelm Hermann* (1795–1868) treten „Kundschaften, Erwerbsrechte, Erleichterungsmittel und Gelegenheiten des Absatzes oder Kaufs aller Art, über deren Genuß Einzelne ausschließlich verfügen können" in die „Reihe der Kapitale" (Schneider [Betriebswirtschaftlehre] 14 f.). Die Produktivität soll zunächst durch das Schaffen (so auch *James Stuart* (1712–1799) und *Jean-Baptiste Say*) und weitergehend durch das Übertragen von Verfügungsrechten (so *Riedel* [1809–1872]) gesteigert werden können.

Einen Erfolgsfaktor für die wirtschaftliche Betätigung bildet die Rechtsform. Vor- und Nachteile der Rechtsformwahl von Handelsgesellschaften und Genossenschaften untersucht etwa der Nationalökonom *Albert Eberhard Friedrich Schäffle* (1831–1903).

Die Implikationen der marktwirtschaftsbetonten klassischen Politischen Ökonomie finden nicht bei allen Vertretern der Nationalökonomie ungeteilte Zustimmung. Eine Gegenentwicklung stellt die historisch-ethische Schule der Nationalökonomie dar, die ihren Schwerpunkt im deutschen Kaiserreich hat. Sie prägt bis heute den Denkstil amerikanischer Business Schools und deren Absatzlehre. Hauptvertreter ist *Gustav Friedrich Schmoller* (1839–1919, ab 1908: *von Schmoller*), dessen Lehre von der Unternehmung sich als deskriptive psychologische Gesellschaftslehre und von der geschichtlichen Entwicklung der Unternehmung sich als ein psychologischer Erziehungsprozess bzw. als Entwicklungsprozess von Institutionen darstellt. Er lehnt das Experiment als Erkenntnisgrundlage ab, weil das Handeln von Menschen den mannigfachsten Alternativen unterliegt. Diesen Methodenstreit führt er mit *Carl Menger von Wolfensgrün* (Begründer der Österreichischen Schule der Nationalökonomie und der Grenznutzenschule; 1840–1921).

Auch die neoklassische Mikroökonomie verdient Erwähnung. Hierauf gründen die heutige Preis-, Kosten- und Absatztheorie. Herausragender Vertreter ist der Nationalökonom *Alfred Marshall* (1842–1924). Betriebswirtschaftliche Schriften zur Investitionsrechnung beziehen sich darüber hinaus bis in die Gegenwart regelmäßig auf *Irving Fisher* (1867–1947).

2.1.3.2 Entwicklung bis zum Zweiten Weltkrieg

Die Gründung von Handelshochschulen ab 1898 hat Vorbilder in Frankreich, Belgien und den USA. Bezweckt wird eine Verbesserung der Allgemeinbildung von Kaufleuten vor dem Hintergrund der historisch-ethischen Volkswirtschaftslehre an den reichsdeutschen Universitäten, die als unternehmerfeindlich gilt. Im Fokus stehen Recht, Volkswirtschaftslehre und Fremdsprachen. Vorherrschend ist zunächst das kameralistische Wissenschaftsverständnis. Erst 1908 entsteht sukzessive eine wissenschaftliche Betriebswirtschaftslehre – zunächst als Privatwirtschaftslehre oder Handelswissenschaft (als Auslegung und Anwendung des Handelsgesetzbuches auf kaufmännische Tätigkeiten). Ab 1912 verselbständigt sich die Betriebswirtschaftslehre durch Abgrenzung von der Volkswirtschaftslehre.

Auf den Erfahrungsaustausch über kaufmännische Techniken, etwa der Kostenrechnung, folgen theoretische Erörterungen. Organe hierzu sind die 1906 von *Eugen Schmalenbach* gegründete Zeitschrift für handelswissenschaftliche Forschung (ZfhF), die heute als Zeitschrift für betriebswirtschaftliche Forschung (zfbf) fortgeführt wird, sowie die von *Heinrich Nicklisch* 1908 gegründete Zeitschrift für Handelswissenschaft und Handelspraxis, die heute Die Betriebswirtschaft (DBW) heißt.

Ab 1908/09 wirbt *Johann Wilhelm Eugen Schmalenbach* (1873–1955) für seine aus dem Opportunitätskostenprinzip der mikroökonomischen Grenzkostenschule abgeleitete Lehre von Verrechnungspreisen (auch pretiale Lenkung), wobei er zwischen zusätzlich zu beschaffenden Gütern (Bewertung zu Grenzkosten) und vorhandenen Gütern (Bewertung nach dem Grenznutzen im Sinne einer alternativen Verwendbarkeit) unterscheidet.

1912 legt *Heinrich Karl Nicklisch* (1876–1946) die erste Allgemeine Betriebswirtschaftslehre vor, die über die handlungswissenschaftlichen Lehrtexte hinausgeht.

1912 kann als Geburtsstunde der Betriebswirtschaft als Wissenschaft gelten. Es handelt sich um eine Auswirkung des Werturteilsstreits innerhalb der Volkswirtschaftslehre im Spannungsfeld von sozial- und wirtschaftspolitischen Motiven einerseits und erklärenden (wertfreien, im Sinne von primären Werturteilen freien) Theorien andererseits. Sie führt zur Abspaltung der Soziologie und Betriebswirtschaftslehre von der damals vielfach als Staatswissenschaft bezeichneten Volkswirtschaftslehre. Innerhalb der „Privatwirtschaftler" entsteht ein Richtungsstreit, ob das Wissenschaftsziel allein in der Privatwirtschaft oder in der Gesellschaft verpflichteter Erkenntnis besteht. Für die erste Gruppe steht insbesondere *Wilhelm Rieger* (1878–1971). Demnach hat die Privatwirtschaftslehre erklärende Theorien für das nach Gewinn strebende Unternehmen zu entwickeln. Eine solche „Profitlehre" muss dann nicht im Gegensatz zu einer gesellschaftlich verpflichteten Privatwirtschaftslehre stehen, wenn dies mit der (tendenziellen) Komplementarität der Ziele Eigennutzmaximierung und Gemeinwohlmaximierung begründet wird, wie dies auch Nestoren der Volkswirtschaftslehre (z.B. *Adam Smith*) vertreten. Für die zweite Gruppe steht zunächst *Johann Friedrich Schär* (1846–1924). Ab 1918 betont auch Schmalenbach das Ziel einer Gemeinwirtschaftlichkeit und greift auf wohlfahrtstheoretische Theoreme des Konkurrenzgleichgewichts bei einzelwirtschaftlichen Analysen zurück, um die innerbetriebliche Wirtschaftlichkeit zu fördern. Beispiele bilden seine „Dynamische Bilanzauffassung" und seine „Preiskalkulation nach dem proportionalen Satz". Formal gelöst wurde dieser Methodenstreit durch die sukzessive Umbenennung von Lehrstühlen und ihrer Inhaber von Privatwirtschaft und Privatwirtschaftler in Betriebswirtschaft und Betriebswirtschaftler, eine Entwicklung, der sich nur *Rieger* widersetzt.

Die wichtigsten originären Beiträge der deutschsprachigen Betriebswirtschaftslehre „im Weltmaßstab" erfolgen in der ersten Hälfte des 20. Jahrhunderts (Schneider [Betriebswirtschaftslehre] 20). Sie bestehen zunächst in den bilanztheoretischen Arbeiten zur Substanzerhaltung (*Fritz Schmidt*, 1882–1950) sowie zur realen Kapitalerhaltung (*Walter Mahlberg* 1884–1935 und *Schmalenbach*) und später in den kostentheoretischen Arbeiten zu Preisuntergrenzen (*Carl Ernst Schulz* 1899–1959; *Fritz Schmidt* 1882–1950; *Josef Hellauer* 1871–1956) in der Differenzierung einer Vielzahl von Umweltbedingungen, wie Verkauf vom Lager, Mehrproduktfertigung, Liquiditätsengpässe und Liquidationserwägungen. *Schmidt* entwickelt seine „organische Bilanz" und befürwortet die Ermittlung des Reinertrags in Zeiträumen steigender Preise (Inflation). Er tritt für die Bewertung aller Posten von Bilanz und Gewinn- und Verlustrechnung zu Wiederbeschaffungspreisen am bilanzrechtlichen Realisierungszeitpunkt (Umsatztag) ein und erfasst alle damit verbundenen Buchgewinne in einer offenen Zwangsrücklage „Wertänderungen am ruhenden Vermögen". Inflationsbedingte (Schein-)Gewinne können auch auf einem anderen Weg aus der bilanziellen Gewinnermittlung ausgeschlossen werden. Bei realer Kapitalerhaltung erfolgt dies mit Hilfe von Kaufkraftindizes.

1928 gibt *Schmalenbach* Impulse für Forschungsprogramme von Volkswirten. Aus dem beobachteten Ansteigen fixer Kosten schließt er auf das Ende einer marktwirtschaftlichen Ordnung. Er erwartet Kartelle und eine durch staatliche Planung gebundene Wirtschaft.

In den 30er-Jahren etabliert sich in der Praxis ein ausgeprägtes kalkulatorisches (wertorientiertes) Vollkostendenken. Als Folge der staatlichen Beeinflussung der Wirtschaft in Verbindung mit einem relativ großen Volumen öffentlicher Aufträge werden Vorschriften erlassen über die Vereinheitlichung des betrieblichen Rechnungswesens (hier Normen zur Organisation der Buchführung (ab 1936), zur Kostenrechnung (ab 1939) und – weil es hierfür keine Marktpreise gibt – zur Preisbildung für öffentliche Aufträge (ab 1938) (Kilger [Kostenrechnung] 298 ff.). Diese gelten bis heute als anerkannte Kostenrechnungsgrundsätze. Verankert wird das Rechnen mit kalkulatorischen Kosten durch die Vorschriften zur Selbstkostenpreisermittlung bei öffentlichen Auftraggebern, wobei der Selbstkostenpreis bis heute einen (angemessenen) kalkulatorischen Gewinn einschließt (vgl. VO PR Nr. 30/53: Leitsätze für die Preisermittlung auf Grund von Selbstkosten (LSP) als Anlage zur Verordnung über die Preisbildung bei öffentlichen Aufträgen (VPöA)). Seitdem befürworten betriebswirtschaftliche Lehrtexte im deutschsprachigen Raum mehrheitlich den wertmäßigen (kalkulatorischen) Kostenbegriff und beinhalten in Bezug auf periodische Erfolgsrechnungen mehrheitlich die Handlungsanweisung, Gewinne auch über kalkulatorische Kosten auszuweisen, wobei letztere Opportunitätskosten aus Standardalternativen einschließen (zum Beispiel Eigenkapitalanlage am Kapitalmarkt, marktgerechte Entgelte im Betrieb arbeitender Familienmitglieder usw.). Hierin besteht ein Unterschied zwischen hiesigen Kostenrechnungslehrbüchern und beispielsweise US-amerikanischen Lehrbüchern zum Management Accounting, die von einem pagatorischen Kostenbegriff ausgehen.

2.1.3.3 Entwicklung nach dem Zweiten Weltkrieg

Nach dem Zweiten Weltkrieg bekräftigen die betriebswirtschaftlichen Forscher die Bezugnahme auf die Wirtschaftsordnung. Nach *Schmidt* ist der Betrieb eine Durchgangsstelle des Wirtschaftlichen Kreislaufs und für *Schmalenbach* ein mit eigener Lenkung ausgestatteter Organismus. *Konrad Mellerowicz* (1891–1984) knüpft hieran mit seinen Überlegungen zum Verhältnis von Wirtschafts- und Betriebsordnung an.

Gleichzeitig wird die Wirtschaftlichkeitslehre der Unternehmung wieder zum Gegenstand eines „Richtungsstreits". Als erster fordert *Martin Lohmann* (1901–1993) die gleichberechtigte Berücksichtigung der Sach- und Sozialwelt innerhalb des Unternehmens. Dies ist grundsätzlich einerseits als Aufruf zu betriebssoziologischen und betriebspsychologischen Forschungsprogrammen zu verstehen, andererseits entsteht dadurch ein Zwiespalt zwischen einer Betriebswirtschaftslehre, die auf einer marktwirtschaftlichen Wirtschaftstheorie basiert, und einer ethisch-sozialen Managementlehre (unter Berücksichtigung verhaltens- und sozialwissenschaftlicher Forschungsperspektiven).

Vorübergehend gerät dieser Richtungsstreit durch die Arbeiten von *Erich Gutenberg* (1897–1984) in den Hintergrund, der ab 1950 volkswirtschaftliche Theorien (insbesondere Ertragsgesetz und Monopolistische Konkurrenz) kritisch mit einer mathematisch-deduktiven Methode aus Unternehmenssicht hinterfragt und so eigene, auf Erklärung gerichtete mikroökonomische Arbeiten vorlegt (vgl. auch unten die Ausführungen zum Denker *Gutenberg*).

Die von *Gutenberg* begründete mikroökonomisch fundierte Betriebswirtschaftslehre wird in der Folge zunehmend verfeinert – maßgeblich durch die dem Gebiet der Unternehmensforschung zuzuordnenden Optimierungstechniken. Erst um 1970 wenden sich erste Absatzforscher hiervon ab, die das amerikanische Marketing importieren. Damit findet die Spaltung der Wissenschafts-Community Betriebswirtschaftslehre in einen wirtschaftstheoretischen und einen sozialwissenschaftlichen Zweig ihre Fortsetzung und zugleich schreitet die Ausdifferenzierung in Spezielle Betriebswirtschaftslehren voran. Ab 1970 verfolgen die Forscher auf den Gebieten Absatz, Organisation, Personal und Unternehmensführung mehrheitlich einen interdisziplinären, sozialwissenschaftlichen Ansatz. Parallel hierzu wendet sich die Investitions- und Finanzierungstheorie einer wirtschaftstheoretischen Sicht zu, indem sie an Gleichgewichtsmodellen für den Kapitalmarkt forscht.

Ab Mitte der 1980er Jahre verfolgen schließlich die Finanzierungstheorie sowie die Lehre von der handels- und steuerrechtlichen Rechnungslegung, eine institutionentheoretische Sicht durch Übernahme und Weiterentwicklung der institutionellen Mikroökonomie. Im Vordergrund stehen

- die Theorie der Verfügungsrechte – etwa als ökonomische Analyse des Kapitalmarkt-, Steuer-, Bilanz-, Arbeits- und Wettbewerbsrechts –, die untersucht, wie das Verhalten von Wirtschaftssubjekten durch rechtliche und institutionelle Regelungen beeinflusst wird;
- der Transaktionskostenansatz, der auf das Spannungsfeld von Hierarchie und Markt in Bezug auf die Kosten der Koordination ökonomischer Aktivitäten fokussiert und dabei die Übertragung von Verfügungsrechten als kostenträchtige Transaktion ansieht;
- der Principal-Agent-Ansatz, der vor allem unvollständige Verträge zwischen Auftraggebern und ihren Beauftragten, wie Eigentümern und Managern oder Vorgesetzten und deren Mitarbeitern, untersucht. Dabei wird auf den Eigennutz des Beauftragten fokussiert, der im Rahmen seiner Freiheiten seine eigenen Ziele verfolgt, die regelmäßig nicht per se komplementär zu denen des Auftraggebers sind.

Die Theorie der Verfügungsrechte ist dabei der – auch die beiden anderen – umfassende Ansatz. Inzwischen findet die Institutionenökonomie in weiteren betriebswirtschaftlichen Teildisziplinen, wie im absatz-, organisations- und personalwirtschaftlichen Bereich, Anwendung.

Abschließend ist mit *Schanz* ([Wissenschaftsprogramme] 154 f.) zu betonen, dass der Weg der Interdisziplinarität in der betriebswirtschaftlichen Forschung sicherlich auch zukünftig weiter beschritten werden wird. Demnach bietet es sich an, Eigenheiten und Beweggründe des menschlichen Verhaltens grundsätzlicher als über deren Motive und Erwartungen zu erforschen. Das Organ unserer Verhaltenssteuerung bildet unser Gehirn, welches auch Gegenstand der modernen Neurowissenschaft ist. Deren Erkenntnisse belegen, dass unser Verhalten und Entscheiden im Spannungsfeld von Rationalität (traditionell von der Betriebswirtschaftslehre thematisiert) und Emotionalität (traditionell von der Betriebswirtschaftslehre ignoriert) erfolgen. Da Intuition und implizites Wissen in engem Zusammenhang einerseits mit Managementkompetenzen und andererseits mit Emotionen stehen, kann eine emotionale Kompetenz als eine Metakompetenz angesehen werden, deren Ausmaß die Nutzung anderer Managementfähigkeiten prägt. Deshalb darf mit Schanz begründet erwartet werden, dass diese Entwicklungsperspektive der Betriebswirtschaftslehre zukünftig weiter ausgeleuchtet werden wird.

2.1.3.4 Reflexionen von Entwicklungsgeschichte und Status Quo in der Betriebswirtschaftslehre

Problembereich (Erkenntnisgegenstand) der Betriebswirtschaftslehre ist das Entscheiden über knappe Güter in Betrieben (Wirtschaften) (vgl. Modul 1, Abschnitt 1.1.4.). Entscheidungen sollen eine optimale Relation von Mitteleinsatz und Ausprägungen der gesetzten Ziele gewährleisten. Da Auswahlprinzip und Ziele nach heute herrschender Auffassung empirisch bestimmt werden, handelt es sich bei der Betriebswirtschaftslehre um eine praktisch-normative Disziplin, die wertfrei ist, weil sie sich auf sekundäre Werturteile über die Zweck-Mittel-Relation (auch Finalrelation) beschränkt. In der Entwicklungsgeschichte bis in die Gegenwart (z.B. Wirtschaftsbetriebslehren, Position *Nicklischs* im Methodenstreit) wird jedoch immer wieder für eine normativ-wertende Betriebswirtschaftslehre plädiert, die Normen für betriebliches Handeln aus „ewigen Werten" (obersten, allgemeingültigen Grundnormen) ableitet und primäre (originäre) Werturteile beispielsweise in Kategorien wie Gerechtigkeit, ethische Werte oder soziales Verhalten formuliert (vgl. Wöhe/Döring [Allgemeine] 11 f.).

Indes warnt *Schanz* ([Wissenschaftsprogramme] 94) vor der naiven Annahme, dass sich im Wissenschaftsbetrieb jeweils die leistungsfähigste Disziplin durchsetzt. Nicht zuletzt vor dem Hintergrund der Interdisziplinarität sind wissenschaftsstrategisch eher Kompromisse als eine gemeinsame Basis zu erwarten.

Unter methodischen und sachlichen Gesichtspunkten lässt sich der gegenwärtige Stand der Betriebswirtschaftslehre wie folgt kennzeichnen:

1. Methodologische Fundierung als Wissenschaft:
   Behandlung von Fragen nach dem Erfahrungsgegenstand, Erkenntnisgegenstand und Disziplincharakter; Ausbau der Begriffslehre, Analyse theoretischer und instrumentaler (politischer) Aussagensysteme; Diskussion des Werturteilsproblems und der Wahrheitswertprüfung von Aussagen.
2. Betonung empirischer Forschung:
   Fundierung der Betriebswirtschaftslehre als Realwissenschaft durch Überprüfung behaupteter Hypothesen an der betrieblichen Realität. Dazu ist praktische Feldarbeit zu leisten, die mit Operationalisierungsfragen, Skalierungsfragen bis zu Erhebungs- und Auswertungsfragen verbunden ist.
3. Mathematisierung des Faches:
   Verwendung mathematischer Kalküle (u.a. Infinitesimal-, Vektoren-, Matrizen-, Skalierungs- und Graphenkalküle) zur Modellierung realer betriebswirtschaftlicher Probleme; Formulierung insbesondere problembezo-

gener Ermittlungs-, Erklärungs- und Prognose-, Simulations- sowie Entscheidungsmodelle einschließlich der erforderlichen Algorithmen.

4. Integration von Einzelaussagen:
   Ansätze zur Integration von Einzelaussagen zu umfassenderen Aussagen(systemen) bzw. zu komplexen, instrumentalen Satzsystemen. Beispielhaft sind zu nennen: Aggregation von Transformationsfunktionen zu komplexen Produktionsfunktionen; Verknüpfung von Investitions-, Finanzierungs- und Produktionsmodellen; Einbeziehung verhaltenswissenschaftlicher Erkenntnisse in die Führungs- und Organisationstheorie; [...] Verknüpfung betriebs- und volkswirtschaftlicher Theorieansätze; Ausbau der Finanzierungstheorie, Weiterentwicklung der Bilanz- und Kostenrechnung, Internationalisierung der Rechnungslegung u.a.
5. Annahme von Herausforderungen:
   Erforschung neuer Fragen, welche durch Ethik, Ökologie, Informationstechnologien, Hochtechnologie und Wirtschaftspolitik (z.B. Beschäftigungspolitik, [...] Globalisierung sowie Wachstum der Wirtschaft, politische und wirtschaftliche Umwälzung im ehemaligen Ostblock) aufgeworfen werden." (Schweitzer [Grundfragen] 5–7)
6. Der Wissenschaftsbetrieb ist heute international:
   Eine internationale Sichtbarkeit erfordert die Teilnahme an internationalen Konferenzen und Publikationen in als hochrangig angesehenen Fachzeitschriften. Deshalb haben letztere einen prägenden Einfluss auf die mehrheitlich (zu praktizierende) – in der Community als State-of-theArt geltende Methodik. Weil es hierzu erst im Laufe der Zeit gekommen ist, konnte die deutschsprachige Betriebswirtschaftslehre Sonderwege beschreiten. Beispiele im Verhältnis zur Betriebswirtschaftslehre in den USA bilden der wertmäßige Kostenbegriff und Gutenbergs mikroökonomisch fundierte Betriebswirtschaftslehre.

Resümierend ist festzuhalten, dass Erscheinungsbild und Forschungsprogramme der Betriebswirtschaftslehre als Wissenschaft im Zeitablauf Veränderungen unterworfen sind (vgl. Kasten „Entwicklungstrends in der Betriebswirtschaftslehre"), ohne dass neue Forschungsprogramme bisherige ersetzen (müssen). In welcher Weise dies im Zusammenhang mit einzelnen Forscherpersönlichkeiten steht, wird nachfolgend am Beispiel von neun ausgewählten Personen illustriert.

Die sechs konstituierenden Entwicklungstrends in der jüngeren Geschichte der Betriebswirtschaftslehre sind (vgl. Burr [Geschichte] 122ff.):

- Institutionalisierung und Legitimation der Betriebswirtschaftslehre,
- Wandel des Erkenntnisobjekts bzw. des Forschungsgegenstands,
- Wandel der inhaltlichen Schwerpunkte in der Betriebswirtschaftslehre,
- Methodische Entwicklungen, Methodenstreite als Kristallisationspunkte der Weiterentwicklung des Fachs,
- Interdisziplinäre Öffnung oder Schließung der Betriebswirtschaftslehre,
- Internationalisierung der Betriebswirtschaftslehre.

Einführende Literaturhinweise zum Abschnitt 2.1

Die vollständigen Literaturangaben finden Sie im Downloadbereich.

Bellinger, B.: [Geschichte] der Betriebswirtschaftslehre. Stuttgart 1967.

Brockhoff, K. (Hrsg.): Geschichte der Betriebswirtschaftslehre. 2. Aufl., Wiesbaden 2002.

Burr, W.: Zur [Geschichte] der deutschsprachigen Betriebswirtschaftslehre. In: Der Verband der Hochschullehrer für Betriebswirtschaftslehre. Geschichte des VHB und Geschichten zum VHB. Hrsg. vom Verband der Hochschullehrer e.V., Wiesbaden 2012, S. 121–138.

Lingenfelder, M. (Hrsg.): 100 Jahre Betriebswirtschaftslehre in Deutschland. München 1999.

2.2 Denker der Betriebswirtschaftslehre

Der zweite Teil des Moduls umfasst die Biografien von neun bedeutenden betriebswirtschaftlichen Denkern aus der jüngeren Geschichte im deutschsprachigen Raum (Deutschland, Österreich, Schweiz). Ziel ist es nicht, die Ideengeschichte der deutschsprachigen Betriebswirtschaftslehre lückenlos (in zeitlicher und geographischer Hinsicht) nachzuzeichnen. Vielmehr wird exemplarisch illustriert, wie breit oder wie fokussiert die Forschungsprofile der ausgewählten betriebswirtschaftlichen Denker von den Anfängen der Betriebswirtschaftslehre als Wissenschaft bis in die jüngere Gegenwart sind. Die Reihenfolge der individuellen Biografien richtet sich nach den jeweiligen Geburtsjahren.

2.2.1 Eugen Schmalenbach (1873–1955)

2.2.1.1 Werdegang

Der deutsche Ökonom *Johann Wilhelm Eugen Schmalenbach* wurde am 20. August 1873 in der westfälischen Stadt Halver geboren und zwar im Ortsteil Schmalenbach, welchem er seinen Namen verdankt. Er war der älteste Sohn von *Emma* und *Friedrich Schmalenbach* (zu diesen und nachfolgenden Daten aus dem Leben *Schmalenbachs* siehe Engels [Leben], Hesse [Personenlexikon] 488 ff., Schneider [Schmalenbach] und Kruk/Potthoff/Sieben [Schmalenbach]).

Schmalenbach besuchte das Gymnasium in Elbersfeld, musste die Schule aber aus Geldnot vorzeitig abbrechen. Er war kurze Zeit auf der königlichen Fachschule für Kleineisenindustrie in Remscheid, machte ein Voluntariat in einem Maschinenbauunternehmen und begann 1891 eine kaufmännische Ausbildung in Velbert. Er arbeitete von 1894 bis 1898 in der väterlichen Fabrik mit einer einjährigen Unterbrechung aufgrund eines freiwilligen Militärdienstes in 1896. Die praktische Auseinandersetzung mit Fragen der Fabrikbuchhaltung und Betriebskalkulation hat seine weitere Arbeit geprägt.

1898 schrieb sich *Schmalenbach* gegen den Willen seiner Eltern an der Handelshochschule in Leipzig ein. Er legte dort 1899 eine Arbeit über die Deckungsbeitragsrechnung vor und schloss 1900 sein Diplom-Studium mit 1,0 ab.

Ab 1901 arbeitete er als Bibliothekar und Assistent des Nationalökonomen *Karl Bücher.*

Ebenfalls in 1901 heiratete er *Marianne Sachs.* Aus der Ehe gingen zwei Kinder hervor. Wegen der jüdischen Herkunft seiner Frau kam es zwischen *Schmalenbach* und seinen Eltern zum Bruch.

Der Diplom-Betriebswirt *Schmalenbach* habilitierte im Jahr 1903 (ohne vorherige Promotion – er gilt als der erste im Fach Betriebswirtschaftslehre Habilitierte; Brockhoff [Betriebswirtschaftslehre] 146) an der Handelshochschule Köln mit dem Thema „Die buchhaltungstechnische Darstellung der Betriebsgebarung" und lehrte dort als Privatdozent.

Zwei Jahre später initiierte er die Gründung des „Verbandes deutscher Diplomkaufleute" (VDDK, heute: „Bundesverband Deutscher Volks- und Betriebswirte e.V." bdvb) und 1906 die Gründung der „Zeitschrift für handelswissenschaftlliche Forschung" (ZfhF), die bis heute als „Zeitschrift für betriebswirtschaftliche Forschung" (zfbf) als Verbandszeitschrift der Schmalenbach-Gesellschaft fortgeführt wird.

Ab 1906 war er Professor an der Handelshochschule Köln und ab 1919 – nach deren Angliederung an die Universität zu Köln – ordentlicher Professor und Ordinarius der Wirtschafts- und Sozialwissenschaftlichen Fakultät sowie Dr. rer. pol. ehrenhalber.

Neben seiner Forschungstätigkeit war *Schmalenbach* in der Praxis als Bilanzprüfer und Unternehmer tätig (in der 1912 gegründeten Schmalenbach GmbH, Halver; und von 1911–33 als Aufsichtsratsvorsitzender der Treuhand-Gesellschaft, Köln). In der Weimarer Republik war er Gutachter (unter anderem ab 1919 als Mitglied des Reichswirtschaftsrats, ab 1924 als Sachverständiger der Deutschen Reichsbahngesellschaft und leitete ab 1928 Kommissionen zu Braun- und Steinkohlegutachten).

1933 stellte er den Antrag auf Emeritierung, wohl um einer Zwangsemeritierung wegen seiner jüdischen Frau zuvorzukommen.

Er kehrte nach Kriegsende wieder an die Universität zu Köln zurück und lehnte es 1946 ab, den Posten des Wirtschaftsministers von Nordrhein-Westfalen zu übernehmen. *Schmalenbach* lehrte in Köln bis 1947 und war bis 1950 Direktor des Seminars für Betriebsorganisation. 1951 wurde er emeritiert. Sein Nachfolger an der Universität zu Köln wurde Erich Gutenberg.

Schmalenbach starb am 20. Februar 1955 im Alter von 81 Jahren an Herzversagen.

Schmalenbach hat Zeit seines Lebens zahlreiche Auszeichnungen erhalten, darunter Rufe an deutsche und europäische Universitäten, Ehrenpromotionen (Dr. rer. pol. h.c. der Universitäten Köln 1919 sowie Freiburg 1923; Dr. oec. h.c. der Handelshochschule Nürnberg 1932; Dr.-Ing. E.h. der Technischen Hochschulen Karlsruhe 1948 sowie Berlin-Charlottenburg 1948; Dr. oec. sci. h.c. der Universität Kobe, Japan, 1953), als Ehrenbürger der Stadt Leipzig (1923) und Ehrensenator (Handelshochschule Leipzig 1930, der Universität zu Köln 1953) sowie als Ehrenmitglied (Schmalenbach-Vereinigung 1932) und als Ehrenvorsitzender (VHB 1953). 1953 erhielt er das Große Verdienstkreuz der Bundesrepublik Deutschland.

2.2.1.2 Schmalenbach als Denker der Betriebswirtschaftslehre – ausgewählte Aspekte

Eugen Schmalenbach gilt als der Begründer der deutschsprachigen Betriebswirtschaftslehre. Er hat dem Fach seinen heutigen Namen gegeben. Im Folgenden soll seine Lehre der Betriebswirtschaft skizziert werden. Anschließend wird sein Verdienst für die institutionelle Entwicklung der Betriebswirtschaftslehre herausgestellt (zu beiden Aspekten siehe insbesondere Hax [Schmalenbach]; Kilger [Beitrag], Kruk/Potthoff/Sieben [Schmalenbach], Münstermann [Beitrag], Schneider [Schmalenbach], Schanz [Wisenschaftsprogramme]).

2.2.1.3 Schmalenbachs Lehre der Betriebswirtschaft

Eugen Schmalenbach hat viele Verdienste. Er hat aber weder ein geschlossenes System entwickelt noch an einer allgemeinen Theorie der Betriebswirtschaftslehre gearbeitet (Kruk/Potthoff/Sieben [Schmalenbach] 280). Sein Interesse galt zunächst den Problemen der Bilanzierung, der Finanzierung und der Kostenrechnung sowie später der Betriebsleitung, der Betriebsorganisation und der Wirtschaftsordnung. Indes ziehen sich zwei Leitideen durch seine Werke: die der Betriebswirtschaftslehre als Kunstlehre und die der Wirtschaftlichkeit.

Den Aufsatz mit dem programmatischen Titel „Die Betriebswirtschaftslehre als Kunstlehre" veröffentlichte *Schmalenbach* 1912. Es handelt sich um eine Streitschrift, die sich gegen die Studie „Grundlegung und Systematik einer wissenschaftlichen Privatwirtschaftslehre und ihre Pflege an Universitäten und Fachhochschulen" der Nationalökonomen *Weyermann* und *Schönitz* richtete. Aus heutiger Perspektive ist die Zuspitzung in der als Methodenstreit bekannten Debatte auf „Wissenschaft versus Kunstlehre" ungeschickt gewählt. Vielmehr ging es *Schmalenbach* um ein bis heute aktuelles Thema. Er wendete sich gegen eine reine, von der Praxis abgehobene (philosophische) Theorie, trat ein für einen Gedankenaustausch zwischen Theorie und Praxis – das Markenzeichen der nach ihm benannten Schmalenbach-Gesellschaft – und machte sich somit vehement einen Namen als Vertreter einer praxisorientierten Betriebswirtschaftslehre, die er als technologisch orientierte Kunstlehre beschrieb, wie die nachfolgenden Zitate belegen:

> *„Die ‚Kunstlehre' gibt Verfahrensregeln, die ‚Wissenschaft' gibt sie nicht"* (Schmalenbach [Kunstlehre] 491).

> *„Ich misstraue den sogenannten Wissenschaften; sie verlassen sich auf die Vollkommenheit des menschlichen Geistes ... Wo man eine Kunstlehre neben der Wissenschaft hat, da ist die Kunstlehre sicherer und vertrauenerweckender"* (Schmalenbach [Kunstlehre] 496).

Seine Kunstlehre soll untersuchen, „in welcher Weise ein wirtschaftlicher Erfolg mit möglichst geringer Aufwendung wirtschaftlicher Werte erreicht wird" (Schmalenbach [Kunstlehre] 494). Das *Schmalenbach* leitende ökonomische Prinzip richtet sich auf den wirtschaftlichen Betrieb (als technische Fabrik) und trennt diesen von dem Unternehmen „als Veranstaltung eines Unternehmers" (Schmalenbach [Wirtschaftslehre] 319) ab. Damit verbunden war die Umbenennung des Fachs von Privatwirtschaftslehre in Betriebswirtschaftslehre.

Methodisch liegt der Schwerpunkt dieses frühen Ansatzes auf der Deskription. Nicht zuletzt durch die heute selbstverständliche Differenzierung der Rechengrößen (Ausgaben/Einnahmen, Aufwand/Ertrag, Kosten/Leistungen) hat *Schmalenbach* die Entwicklung des betrieblichen Rechnungswesens maßgeblich prägen und fördern können.

Die „Dynamische Bilanz" *Schmalenbachs* entstand in den Jahren 1908 bis 1919. Sie ist nicht als Vermögensübersicht konzipiert, sondern für einen Zweck, den weder Handels- noch Steuerbilanz verfolgen. Ihr Zweck besteht in der Gewinnermittlung bzw. in der richtigen Betriebssteuerung. Da die Ertragskraft – im Sinne des Totalerfolgs über die Lebensdauer des Unternehmens – den Wert der Unternehmungen bestimmt, gilt es die jährliche Bilanz in den Dienst der Ermittlung und Kontrolle des Totalerfolgs zu stellen. Sie enthält nur transitorische oder antizipative Posten, die für den Periodenerfolg noch nicht abgeschlossene Erfolgsvorgänge darstellen. Demnach ist jedes Aktivum [Passivum] künftig Einnahme oder Aufwand (Vorleistungen) [Ausgabe oder Ertrag (Nachleistungen)].

Als *Schmalenbach* erkannte, dass seine dynamische Erfolgsrechnung nicht zur Wirtschaftlichkeitssteuerung ausreichte, ergänzte er die Dynamische Bilanz um die „Grundlagen der Selbstkostenrechnung und Preispolitik". Darin führte er die Differenzierung in Ausgaben, Aufwand und Kosten ein. Einerseits sollen neutraler Aufwand und neutraler Ertrag von der kurzfristigen Erfolgsrechnung ferngehalten werden und andererseits soll die kurzfristige Erfolgsrechnung durch Zusatzkosten an den Zweck der Selbstkostenrechnung angepasst werden (Schweitzer [Founder of Cost Accounting] 29 ff. und [Schmalenbach] 618 ff.). Damit legte er die Grundlagen für eine Wirtschaftlichkeitskontrolle.

Gleichermaßen wegweisend ist die Unterscheidung zwischen fixen und variablen Kosten sowie die Idee der pretialen Lenkung durch Verrechnungspreise.

Seine dynamische Bilanzlehre wird heute in den Kontext international anerkannter Bilanzrechtsregime gestellt, wie die US-amerikanischen Generally Accepted Accounting Principles (US-GAAP) oder die International Financial Reporting Standards (IFRS) (vgl. Baetge/Beermann [Bilanztheorie]).

2.2.1.4 Schmalenbachs Bedeutung für die institutionelle Entwicklung der Betriebswirtschaftslehre

Hier erwarb er sich besondere Verdienste, von denen die folgenden hervorgehoben werden sollen.

Schmalenbach gründete – wir wissen es schon – die ZfhF (heute zfbf) sowie den VDDK (heute „Bundesverband Deutscher Volks- und Betriebswirte e.V."; bdvb).

Seine Schüler (unter Federführung von *Erich Kosiol*) initiierten 1932 aus dem VDDK heraus die Gründung der „Schmalenbach-Vereinigung" (heute Schmalenbach-Gesellschaft für Betriebswirtschaft e.V. (SG)), in der ihr Lehrer selbst Ehrenmitglied wurde. Es handelt sich um die mitgliederstärkste Vereinigung von Betriebswirten im deutschsprachigen Raum, die bis heute konsequent den fruchtbaren Austausch von Praxis und Wissenschaft fördert.

2.2.1.5 Heutige Bedeutung

Der Denker *Eugen Schmalenbach* ist für die institutionelle Entwicklung und die Namensgebung der Betriebswirtschafslehre bedeutend. Nach *Hundt* ([Theoriegeschichte] 62 f.) musste er die Grenzen seines Normativismus (hier die Idee des Gemeinwohls) selbst erkennen und einräumen, dass nicht das Gemeinwohl, sondern das Gewinnstreben die Ursache des Wirtschaftens ist.

Mit seiner dynamischen Bilanz hat *Schmalenbach* einen großen Beitrag zur Lösung materieller Bewertungsprobleme in der Bilanzlehre geleistet – unbeschadet bestehender Unklarheiten und formaler Fehler (siehe die Ausführungen zu *Rieger* und *Kosiol*).

Mit der nach ihm benannten Schmalenbachschen Treppe – als graphische Veranschaulichung der Differenzierung zwischen Ausgabe, Aufwand und Kosten bzw. Einnahme, Ertrag und Leistung – müssen sich alle angehenden Betriebswirte bis heute intensiv befassen.

Schmalenbachs Ausführungen zur Kostendegression und zu den Grenzkosten als Preisuntergrenze bezeichnet *Schneider* ([Geschichte] 131) als Vorläufer der heutigen entscheidungsorientierten Kosten- und Leistungsrechnung. *Kilger* (Beitrag] 535) sieht schließlich *Schmalenbachs* Konzeption der entscheidungsorientierten Kostenbewertung durch Modelle der Operations Research als bestätigt an.

2.2.1.6 Wichtige Publikationen von Eugen Schmalenbach

- Die Privatwirtschaftslehre als [Kunstlehre]. In: ZfhF 1911 (6), S. 304–316.
- Dynamische Bilanz. 1. Aufl., Leipzig 1919 (13. Aufl., Köln und Opladen 1962).
- Selbstkostenrechnung und Preispolitik. 1. Aufl., Leipzig 1919 (6. Aufl., Leipzig 1934).

2.2.2 Heinrich Nicklisch (1876–1946)

2.2.2.1 Werdegang

Der deutsche Volks- und Betriebswirtschaftler Heinrich Karl Nicklisch wurde am 19. Juli 1876 in Tettau (Niederschlesien, heute im Landkreis Oberspreewald-Lausitz in Südbrandenburg) geboren (zu diesen und nachfolgenden Daten aus dem Leben Nicklischs siehe Hesse [Personenlexikon] 386 f., Large [Nicklisch] 59 ff., Loitlsberger/Ohashi/Thöndl [Nicklisch], Sandig [Nicklisch] 471 ff., Wassmuth [Entwicklungslinien] 23, Wicher [Nicklisch] 353 f.). Er war der Sohn einer evangelischen Bauernfamilie und wollte Lehrer werden. Er besuchte das Lehrerseminar Großräschen (Oberlausitz) und war danach zweieinhalb Jahre als Volksschullehrer tätig.

1899 begann er an der 1898 gegründeten Handelshochschule Leipzig ein Studium zum Handelslehramt und studierte die Fächer Volkswirtschaftslehre, Recht, Wirtschaftsgeographie, Handelsgeschichte, kaufmännisches Rechnen, Korrespondenz und Buchführung und schloss es 1901 ab (in Leipzig studierte er gemeinsam mit *Eugen Schmalenbach*). Er promovierte 1902 an der Universität Tübingen bei *Gustav Friedrich von Schönberg* über die Handelsbilanz und Wirtschaftsbilanz. 1902 bis 1906 war er bei der Magdeburger Privatbank tätig. 1906 nahm er eine Tätigkeit als Oberlehrer an der Öffentlichen Höheren Handelslehranstalt Leipzig an und war von 1907 bis 1910 Dozent an der Handelshochschule Leipzig; er habilitierte sich 1910, Betreuer der Habilitation war *Robert Lambert* (Brockhoff [Betriebswirtschaftslehre] 253).

1910 wurde *Nicklisch* an die Handelshochschule Mannheim berufen und am 7. Juli 1911 zum Professor ernannt. 1912 lehnte er einen Ruf an die Universität Bern ab. Von 1914 bis 1918 war er Rektor der Handelshochschule Mannheim. 1921 wechselte er an die Handelshochschule Berlin und war hier von 1922 bis 1926 Rektor. 1930 erhielt er die Ehrendoktorwürde der Handelshochschule Königsberg.

Nicklisch lehrte an der Handelshochschule Berlin bis 1945. Nach Kriegsende wurde er aus politischen Gründen aus dem Dienst an der Handelshochschule Berlin entlassen (Mantel [Nationalsozialismus] 500 ff.). Diese Entlassung akzeptierte er nicht und wehrte sich heftig dagegen. *Heinrich Nicklisch* starb am 28. April 1946, noch bevor er seine Wiederzulassung erhalten hat.

Heinrich Nicklisch war mit *Margarete Elisabeth Krüger* verheiratet und hatte vier Söhne (Schneider [Nicklisch]).

2.2.2.2 Nicklisch als Denker der Betriebswirtschaftslehre – ausgewählte Aspekte

Heinrich Nicklisch gilt als einer der Gründungsväter der Betriebswirtschaftslehre und neben *Eugen Schmalenbach* und *Fritz Schmidt* als einer der bedeutendsten Vertreter der frühen Betriebswirtschaftslehre (Hesse [Nicklisch] 386 f., Large [Nicklisch] 60 ff.).

2.2.2.3 Nicklischs Lehre der Betriebswirtschaft

Nicklischs Hauptwerk „Die Betriebswirtschaft" gilt als „die erste in sich geschlossene Abhandlung zur Allgemeinen Betriebswirtschaftslehre, welche sich deutlich von rein eklektischen Lehrbüchern (dieser Zeit) unterscheidet" (Large [Nicklisch] 60). Es erschien erstmals 1912 unter dem Titel „Allgemeine kaufmännische Betriebslehre als Privatwirtschaftslehre des Handels und der Industrie" und nach mehreren Auflagen in einer überarbeiteten Fassung als „Wirtschaftliche Betriebslehre". 1929 bis 1932 wurde diese erneut erweitert, überarbeitet und schließlich als dreibändiges Werk mit dem Titel „Die Betriebswirtschaft" (als siebte Auflage) publiziert.

Wassmuth schildert dieses Werk wie folgt: „In diesem Buch entwirft *Nicklisch* ein umfassendes Gesamtsystem der Betriebswirtschaftslehre, das sowohl Handels- als auch Industrieunternehmen einbezieht und das sich vor allem durch seine innere Geschlossenheit auszeichnet. Die mehrfach durchgeführten Überarbeitungen des Werkes führen nicht nur zu einem geschlossenen Theoriegebäude, das in der siebten und letzten Auflage 1932 schließlich seine Vollendung findet. Sie spiegeln auch die Veränderungen im wissenschaftlichen Denken des Autors wider, der die Betriebswirtschaftslehre von der ‚Handelsbetriebslehre' zu einer ethisch-normativ orientierten Wissenschaft weiterentwickeln wollte" (Wassmuth [Entwicklungslinien] 23).

Nicklisch gilt als „klassischer Vertreter des ethisch-normativen Denkens" (Seidel [Werturteile] 23) und wurde sogar als Begründer der „ethischen Schule" bezeichnet (Löffelholz [Geschichte] 76). In seiner ethisch-normativen Betriebswirtschaftslehre verfolgte er das Ziel, betriebswirtschaftliche Handlungsempfehlungen zu geben, um das Gemeinwohl zu steigern. Diese Bestrebungen basieren auf *Nicklischs* Bild vom Menschen und seiner Stellung in der Gemeinschaft: Er sah den Menschen als „geistiges und damit als wertendes Wesen" (Sandig [Nicklisch] 472), und zwar nicht in seinem tatsächlichen oder seinem typischen Verhalten, sondern im idealisierten Sinne (Sandig [Nicklisch] 473). Die Menschen stehen „mit ihren Rechten und Pflichten im Betrieb, und das Wohlergehen nicht nur des Betriebes, sondern auch das der in ihm tätigen Menschen hänge davon ab, dass die gemeinsamen Pflichten ordnungsgemäß erfüllt werden" (Loitlsberger/Ohashi/Thöndl [Nicklisch] 632).

Die Rolle des Menschen in der Gemeinschaft machte *Nicklisch* beispielsweise in seiner berühmt gewordenen Mannheimer Rektoratsrede „Rede über Egoismus und Pflichtgefühl" deutlich (sowie ausführlicher noch in seinem Werk „Der Weg aufwärts! Organisation"): „Der Einzelne empfängt sein Leben vom Ganzen und schuldet es ihm. Er ist Glied des Ganzen". Seiner Sicht folgend sind alle Menschen in Betrieben, vom Unternehmer über den Manager bis zum letzten Mitarbeiter, als freie, nur ihrem eigenen Gewissen verantwortliche Menschen anzusehen, die eine gemeinsame Verbindung eingehen, die *Nicklisch* „Organisation" nennt (Sandig [Nicklisch] 473), was ein Miteinander statt ein Gegeneinander im Betrieb notwendig macht. Hierin entwickelte er die normative Idee der Betriebsgemeinschaft (Large [Nicklisch] 62). Aufgrund dieser Überlegungen, die den Gemeinschaftsgedanken in den Mittelpunkt rücken, und weiterer Überlegungen entsteht nach seiner Sicht ein System von Normen für das Handeln in Betrieben. *Nicklisch* erkannte, dass sein Idealbild von der Wirklichkeit abwich, woraus sich „für ihn, den geborenen Lehrer, die Erziehungsaufgabe [ergab], das Seiende in die Richtung des Seinsollenden zu formen" (Sandig [Nicklisch] 475 f.).

Aus der entwickelten Gemeinschaftsidee leitete *Nicklisch* z.B. die Notwendigkeit der Mitbestimmung in Betrieben durch Betriebsangehörige ab (Nicklisch [Organisation] 56 ff.), den Interessenausgleich durch Betriebsvereinbarungen und Tarifverträge (Large [Nicklisch] 62) sowie die Notwendigkeit einer gerechten Lohnfindung, die in Form eines Leistungslohns und einer Gewinnbeteiligung für die Menschen in der Organisation erfolgen kann (Sandig [Nicklisch] 475) – Themen, die bis heute an Aktualität nichts verloren haben (Large [Nicklisch] 62).

Nicklischs ethisch-normative Sichtweise sowie seine „Lehre von der Gemeinschaft im Betriebe" (Sandig [Nicklisch] 476) wurden und werden nicht unkritisch betrachtet: Das idealisierte Menschenbild als Basis für eine betriebswirtschaftliche Lehre, die daraus Normen für das unternehmerische Handeln ableitet, wird als befremdlich bezeichnet. *Nicklischs* ethisch-normative Betrachtungsweise steht der Forderung nach Wertfreiheit der empirischen Wissensgenerierung entgegen, die von *Max Weber* als Grundnorm wissenschaftlichen Arbeitens gefordert wird (Brockhoff [Betriebswirtschaftslehre] 24 ff.). Diese Frage nach der Wertfreiheit der Betriebswirtschaftslehre als Wissenschaft ist einer der verschiedenen Aspekte des sogenannten „Methodenstreits“, mit dem die verschiedenen Auffassungen über eine Betriebswirtschaftslehre als Wissenschaft insbesondere in der Zeit zwischen 1910 und 1932 bezeichnet werden (siehe hierzu und zu weiteren Details des Methodenstreits Klein-Blenkers [Entwicklung] 35 ff.). So stehen *Nicklisch* beispielsweise in dieser Frage nach der Wertfreiheit die Vertreter der „wertfreien Richtung“, wie z.B. *Wilhelm Rieger, Friedrich Leitner* oder *Fritz Schmidt*, aber auch die Vertreter der „praktisch normativen“ Auffassung, wie z.B. *Eugen Schmalenbach*, gegenüber, die die Betriebswirtschaftslehre „auf der Basis allgemeiner Gegebenheiten und Erfahrungen der Praxis entwickeln“ wollten (Klein-Blenkers [Entwicklung] 39).

Nicklischs Lehre von der Betriebsgemeinschaft wurde bereits zu seinen Lebzeiten kritisiert. Insbesondere werden der unbeachtete „Kräfteverschleiß und die damit verbundenen Unwirtschaftlichkeiten“ in Betrieben angeführt, die durch die „als naturgemäße Ordnung für die Betriebe“ angesehenen Reibungen zwischen Arbeitnehmern bzw. deren Vertretern einerseits und den Arbeitgebern bzw. deren Vertretern andererseits einhergehen (Sandig [Nicklisch] 476). Auch die schwierige Umsetzung der Ideen *Nicklischs* in die Praxis wird als Kritik angeführt, bis hin zur Beobachtung, dass z.B. die Idee der Gemeinschaft durch Managementkonzepte dazu genutzt wird, „um den Mitarbeitern die Ziele der Kapitalgeber unterschwellig als ihre eigenen erscheinen zu lassen“ (Large [Nicklisch] 62). *Hans Seischab*, ein Schüler von *Nicklisch* (er promovierte 1931 bei *Nicklisch*), stellte 1951 fest, dass *Nicklischs* „Lehre von der Betriebsgemeinschaft ... in der Praxis für wirtschaftspolitische Zielsetzungen eher mißbraucht als von Herzen bejaht und selten im Sinne *Nicklischs* als Ausgangspunkt für eine betriebswirtschaftliche Ertragsverteilung herangezogen wird“ (Seischab [Nicklisch] 424); vgl. aber auch Mantel [Nationalsozialismus], Loitlsberger/Ohashi/Thöndl [Nicklisch], Large [Nicklisch].

2.2.2.4 Nicklischs Bedeutung für die institutionelle Entwicklung der Betriebswirtschaftslehre

Nicklisch gründete zusammen mit *Hermann Rehm, Anton Schmid* und *Georg Obst* die „Zeitschrift für Handelswissenschaft und Handelspraxis“ (ZHH), welche im April 1908 erstmals erschien. 1930 wurde sie in „Die Betriebswirtschaft“ umbenannt und bis 1943 herausgegeben. Seit 1977 erscheint sie bis heute (Brockhoff [Betriebswirtschaftslehre] 145; Large [Nicklisch] 60; Schneider [Nicklisch]). *Nicklisch* gründete diese Zeitschrift nicht nur, sondern trat darin auch engagiert als Autor auf (Schneider [Nicklisch]).

Darüber hinaus entstand unter *Nicklisch* als Herausgeber das „Handwörterbuch der Betriebswirtschaft“ (HWB), das in den Jahren 1926 bis 1928 in fünf Bänden erschien. In den Jahren 1936 bis 1938 wurde unter seiner Leitung die zweite Auflage publiziert. Das HWB spiegelt die Fachsituation der damaligen Zeit wider, wenngleich wichtige Begriffe *Nicklischs* heute nicht mehr gelten (Sandig [Nicklisch] 479).

Nicklisch setzte sich für das Promotionsrecht für die Handelshochschule Berlin (später Wirtschaftshochschule Berlin) ein (Sandig [Nicklisch], 479). Das Promotionsrecht erhielt die Handelshochschule im Jahre 1926 zur Feier des 50. Geburtstages von *Nicklisch* (Large [Nicklisch] 61). Damit „war die Durchsetzung der Promotion an allen Hochschulen dieses Typs eingeleitet" (Sandig [Nicklisch] 479).

Von *Heinrich Nicklisch, Ernst Pape* und *Fritz Schmidt* ging die Initiative zur Gründung des Verbandes der Dozenten für Betriebswirtschaftslehre an deutschen Hochschulen im Jahre 1921 aus (VHB [Geschichte]). *Nicklisch* bildete zusammen mit *Eugen Schmalenbach* und *Fritz Schmidt* bis 1933 den Vorstand des Verbandes (VHB [Geschichte]). Heute ist der Verband als „Verband der Hochschullehrer für Betriebswirtschaft e. V." (VHB) aktiv und hat heute über 2.100 Mitglieder. Seine Hauptaufgabe besteht in der „Förderung der betriebswirtschaftlichen Forschung und Lehre einschließlich der Nachwuchsförderung sowie in der Kontaktpflege zwischen den Mitgliedern, zur Praxis sowie zu ähnlichen in- und ausländischen Institutionen" (VHB [Verband]).

2.2.2.5 Heutige Bedeutung

Heinrich Nicklisch kann als einer der „Gründungsväter der Betriebswirtschaftslehre" betrachtet werden, dessen Lehre „einen wesentlichen Meilenstein in der Geschichte des Faches" (Large [Nicklisch] 64) darstellt. Insbesondere das Herausstellen der besonderen Bedeutung der menschlichen Arbeit in Unternehmen und der Würdigung des Menschen als eigentlichen Wirkungsträger im Betrieb sind hervorzuheben. Auch seine Überlegungen zur Ertragsverteilung, vor allem seine Forderungen nach Erfolgsbeteiligung von Mitarbeitern sowie seine Überlegungen zur Mitbestimmung in Unternehmen haben durchaus Bedeutung in der heutigen Zeit.

2.2.2.6 Wichtige Publikationen von Heinrich Nicklisch

- Allgemeine kaufmännische Betriebslehre als Privatwirtschaftslehre des Handels (und der Industrie). Stuttgart 1912; in 5. Aufl. 1922 unter dem Titel „Wirtschaftliche Betriebslehre"; in 7. Aufl. 1932 unter dem Titel „Die Betriebswirtschaft" (3 Bände).
- Der Weg aufwärts! Organisation. Versuch einer Grundlegung. Stuttgart 1920.
- Handwörterbuch der Betriebswirtschaft. Stuttgart 1926–1928 (als Herausgeber).
- Die Lenkung der Wirtschaft. Stuttgart 1935.

2.2.3 Wilhelm Rieger (1878–1971)

2.2.3.1 Werdegang

Wilhelm Rieger wurde am 7. Mai 1878 in Saarburg (Lothringen) geboren, das damals zum deutschen Reich gehörte. Er ist der siebte Sohn von *Karolina* und *Joseph Rieger* (zu weiteren Daten aus dem Leben Riegers siehe Bergler [Geschichte], Hesse [Personenlexikon] 457, Lingnau/Koffler [Rieger], Marcon/Strecker [Tübingen] und Menrad [Tübinger Jahre]).

Rieger besuchte zunächst die Volksschule in seiner Heimatstadt. Nach dem Abitur 1896 an der Oberrealschule in Straßburg absolvierte er eine Lehre im

Bankfach und war anschließend in Banken sowie in der Industrie tätig. 1889 bis 1905 nahm er ein Selbststudium auf. Als Gasthörer besuchte *Wilhelm Rieger* die Handelshochschule in Köln und die Universität Straßburg. An letzterer schrieb er sich 1914/15 ein. 1916 wechselte er von den Rechtswissenschaften zur Nationalökonomie. Binnen zwei Jahren schloss er sein Studium ab, wurde mit seiner Schrift „Die Gründe für den Übergang zur Goldwährung in Deutschland" (am 16. November 1918) von *Georg Friedrich Knapp* promoviert und leistete gleichzeitig seinen Militärdienst im Ersten Weltkrieg ab.

Rieger verließ Lothringen 1919 und ging an die am 15. Oktober 1919 neu eröffnete Hochschule für Wirtschaft in Nürnberg als erster Direktor des Verwaltungsrates und als erster hauptamtlicher Dozent für Privatwirtschaftslehre. Als Hochschullehrer bot er Veranstaltungen zu Allgemeiner Privatwirtschaftslehre, Banktechnik und Treuhandwesen an. Zugleich übernahm er zusätzlich das Rektorenamt (bis 1921) und war 1925–1926 erster Prorektor in Nürnberg. 1928 folgte er dem Ruf nach Tübingen auf das Extraordinariat für Privatwirtschaftslehre (mit den Rechten eines Ordinarius) und blieb dort bis zu seiner altersbedingten Emeritierung im Jahr 1947.

Wilhelm Rieger trat während der Zeit des Nationalsozialismus nicht in die NSDAP ein. Deshalb erhielt er einerseits ein Redeverbot, und andererseits wurden ihm die beiden Versuche seiner Wegberufung nach Köln 1936 und Straßburg 1941 untersagt.

Nach dem zweiten Weltkrieg fungierte *Rieger* bis zu seinem Tod als Gutachter und Sachverständiger und setzte sich nachhaltig für die Aufarbeitung der NS-Zeit sein. *Wilhelm Rieger* verstarb am 15. März 1971.

Ehrungen hat *Rieger* erst nach 1945 erhalten. Darunter befanden sich zwei Ehrenpromotionen (Dr. rer. oec. h.c. der Wirtschaftshochschule Nürnberg 1949 und Dr. oec. publ. h.c. der Universität München 1958). 1957 wurde er Ehrenmitglied des VHB und erhielt das Große Verdienstkreuz des Verdienstordens der Bundesrepublik Deutschland.

Seine wissenschaftlichen Schüler und Enkel schlossen sich 1958 in der Wilhelm-Rieger-Gesellschaft e.V. mit Sitz in Nürnberg zusammen. Seit dem Jahr 2000 vergibt das Betriebswirtschaftliche Institut der Universität Erlangen-Nürnberg jährlich einen Wilhelm-Rieger-Preis für herausragende Lehrleistungen.

2.2.3.2 Rieger als Denker der Betriebswirtschaftslehre – ausgewählte Aspekte

Wilhelm Rieger gilt als einer der bedeutendsten deutschsprachigen Betriebswirte, insbesondere „als theoretisches Gewissen des Fachs" und „als scharfsinniger Kritiker *Schmalenbachs*" (Schneider [Betriebswirtschaftslehre] 148). Bedeutung erlangte er auch wegen seiner Beteiligung am zweiten Methodenstreit. Im Folgenden soll seine Lehre der Betriebswirtschaft skizziert werden (vgl. zur folgenden Würdigung grundsätzlich Brockhoff [Betriebswirtschaftslehre], Hahn [Rieger], Hax [Rieger], Hintner [Rieger], Jehle [Fortschritt], Köhler [Systeme], Schanz [Wissenschaftsprogramme]).

Riegers Denken steht vor allem im starkem Kontrast zu den Ansichten anderer Fachvertreter und kann vereinfachend allein mit Bezug auf *Schmalenbach* gekennzeichnet werden. *Rieger* hat sich vehement für den Erhalt der Privatwirtschaftslehre und gegen die Umbenennung des Fachs in Betriebswirtschaftslehre eingesetzt. So trägt auch sein zentrales Werk den Titel „Einführung in die Privatwirtschaftslehre".

„Die Erbitterung, mit der die Kontroverse um die Fachbenennung geführt wurde, ist auch daran zu erkenen, dass *Wilhelm Rieger* die Aufnahme in den ‚Verband der Dozenten an deutschen Handelshochschulen' verweigert wurde und er die ihm 1957 angetragene Ehrenmitgliedschaft der Nachfolgeorganisation zunächst ablehnt" (Brockhoff [Betriebswirtschaftslehre] 154).

Rieger befasste sich in seiner Privatwirtschaftslehre nur mit der zur Schaffung von Geldeinkommen risikotragenden Erwerbswirtschaft. Die Unternehmung gilt ihm als „eine Veranstaltung von Geldeinkommen – hier Gewinn genannt – durch Betätigung im Wirtschaftsleben" (Rieger [Privatwirtschaft] 44). Auch er trennte wie *Schmalenbach* zwischen Unternehmung und Betrieb, betrachtete aber nur die Unternehmung, deren leitende Idee in dem Gewinnstreben (statt kostengünstiger Produktion gemäß der *Schmalenbachschen* Wirtschaftlichkeitsidee) bestehe, wobei letzteres als Rentabilitätsdenken auszugestalten ist. Er knüpfte also explizit an den Kapitalismus und die Geldwirtschaft an.

Rieger stellte beim Gewinnstreben auf den Totalgewinn ab und lehnte die Orientierung an Periodenerfolgen ab. Auch hierin widersprach er also *Schmalenbach*, dessen Dynamische Bilanz er daraufhin kritisch untersucht. Eine Periodenerfolgsrechnung war für ihn ein Verstoß gegen einen elementaren Grundsatz der Mathematik, welcher in der Konstanz der Recheneinheit besteht. Er wies *Schmalenbach* formale Fehler nach und vertrat die Auffassung, dass es ökonomisch unmöglich ist, sinnvolle Korrekturen in der Bilanz vorzunehmen, um Geldwertschwankungen zu berücksichtigen.

Anders als *Schmalenbach* sah *Rieger* die Aufgabe der Wissenschaft nicht darin, Anleitungen zum praktischen Handeln zu geben. Er trat also für eine wertfreie Wissenschaft und gegen jeglichen Normativismus – der wiederum bei *Schmalenbach* ausgeprägt ist – ein.

Das Werk *Riegers* ist definitorisch ausgereift und weist eine innere Geschlossenheit auf.

2.2.3.3 Heutige Bedeutung

Der Denker *Wilhelm Rieger* ist vor allem entwicklungsgeschichtlich für die Betriebswirtschaftslehre bedeutend. Er hat zur Schärfung des Profils beigetragen, wenngleich seine Ideen heute kaum mehr tragen. Sein theoretisch ausgefeiltes System der Privatwirtschaftslehre klammert ein Großteil der Realproblematik aus (Köhler [Systeme] 105), sodass der selbst reklamierte Erklärungsbeitrag zum wirtschaftlichen, menschlichen Handeln ausbleibt.

Jehle ([Fortschritt] 58 f.) erkennt jedoch in seinen analytischen Aussagen Ansätze für eine betriebswirtschaftliche Entscheidungslogik, und *Wöhe/Döring* ([Allgemeine] 14) sehen ihn als als Vordenker des Shareholder-Value-Gedankens, der gleichfalls gegenwärtig nicht unumstritten ist.

2.2.3.4 Wichtige Publikationen von Wilhelm Rieger

- Einführung in die Privatwirtschaftslehre. Nürnberg 1928.
- Schmalenbachs Dynamische Bilanz – Eine kritische Untersuchung. Stuttgart 1936.
- Über Geldwertschwankungen. Stuttgart 1938.

2.2.4 Erich Gutenberg (1897–1984)

2.2.4.1 Werdegang

Erich Gutenberg wurde am 13. Dezember 1897 in Herford (Westfalen) geboren (zu diesen und nachfolgenden Daten aus dem Leben Gutenbergs siehe Hesse [Personenlexikon] 205 f., Becker/Lorson [Gutenberg] 11 ff., Brockhoff [Betriebswirtschaftslehre] 246). Er war Sohn eines Unternehmers, und zwar eines Besitzers einer Fabrik zur Herstellung landwirtschaftlicher Maschinen. Gutenberg kämpfte ab 1915 als Freiwilliger im Ersten Weltkrieg und erwarb 1918 während eines Lazarettaufenthaltes seine Hochschulreife.

Nach dem Krieg begann *Gutenberg* 1919 ein Studium der Physik und Chemie an der Technischen Hochschule in Hannover, das er noch im selben Jahr abbrechen musste: Sein älterer Bruder war verstorben und *Gutenberg* sollte an dessen Stelle das väterliche Unternehmen „Niebaum & Gutenberg" weiterführen. Daher studierte er Wirtschaftswissenschaften, und zwar Nationalökonomie an der Universität Würzburg und an der Universität Halle/Saale. Er schloss sein Studium 1921 an der Universität Halle/Saale mit einer Promotion zum Thema „Thünens isolierter Staat als Fiktion" ab (Betreuer der Dissertation war *M. Wolff*). Anschließend arbeitete er zur Vorbereitung auf seine unternehmerische Tätigkeit in der Wirtschaftspraxis: Er war von 1922 bis 1924 Angestellter in einem Maschinenbauunternehmen. 1924 wurde die Firma „Niebaum & Gutenberg" liquidiert. *Gutenberg* nahm im selben Jahr eine Stelle als wissenschaftlicher Assistent am Lehrstuhl für Volkswirtschaftspolitik von *W. F. Bruck* an der Universität Münster an. 1925 bis 1926 nahm er ein Studium der Betriebswirtschaftslehre an der Universität Frankfurt/Main auf und wurde ein Schüler von *Fritz Schmidt* und *Wilhelm Kalveram*. 1926 machte *Gutenberg* sein kaufmännisches Diplomexamen (mit dem Abschluss „Diplom-Kaufmann"). Daraufhin wechselte er wieder an die Universität Münster, arbeitete dort als Assistent und habilitierte sich 1928 im Fach Betriebswirtschaftslehre (Thema der Arbeit „Die Unternehmung als Gegenstand betriebswirtschaftlicher Theorien"; Betreuer der Habilitation waren *W. Bruck*, *Fritz Schmidt* und *Wilhelm Kalveram*).

1930 wechselte *Gutenberg* wieder in die Unternehmenspraxis: Er arbeitete zunächst bei der Deutschen Genossenschafts-, Revisions- und Treuhand GmbH in Berlin, danach bei der Deutschen Wirtschaftsprüfung AG in Essen. 1938 erfolgte seine Berufung auf das planmäßige Extraordinariat für Betriebswirtschaftslehre an die Bergakademie Clausthal/Zillerfeld. 1939 wurde er zum Militärdienst eingezogen, den er in Polen, Deutschland und Frankreich ableistete. 1940 nahm er einen Ruf auf das betriebswirtschaftliche Ordinariat an der Universität Jena an. Erneut wurde er zwischen 1941 und 1942 zum Militärdienst eingezogen; 1942 wurde er durch die Wehrmacht nach einer Operation als dienstunfähig entlassen. Von 1940 bis zu seiner Entlassung 1947 lehrte *Gutenberg* – unterbrochen durch seinen Militärdienst – an der Universität Jena und zeitweise auch in Breslau. In dieser Zeit lehnte er Rufe nach Leipzig, Königsberg und Breslau ab. 1948 folgte er dem Ruf an die Universität Frankfurt am Main, und zwar an den betriebswirtschaftlichen Lehrstuhl von *Fritz Schmidt*. 1951 nahm *Gutenberg* den Ruf an die Universität Köln an und übernahm den Lehrstuhl von *Eugen Schmalenbach*. 1954 bis 1966 war *Gutenberg* Mitglied des wissenschaftlichen Beirates beim Bundeswirtschaftsministerium. 1966 wurde *Gutenberg* emeritiert. Am 22. Mai 1984 verstarb er im Alter von 86 Jahren in Köln.

Gutenberg wurde mit Ehrenpromotionen an sechs Fakultäten gewürdigt. Zudem wurde ihm die Ehrenmitgliedschaft des Verbandes der Hochschullehrer für Betriebswirtschaft verliehen. Außerdem war er Träger des Großen Bundesverdienstkreuzes (Brockhoff [Theorien] 2).

2.2.4.2 Gutenberg als Denker der Betriebswirtschaftslehre – ausgewählte Aspekte

Erich Gutenberg „gilt als einer der bedeutendsten Betriebswirtschaftler im In- und Ausland" (Becker/Lorson [Gutenberg] 9). Er wird wie *Eugen Schmalenbach* als einer der Begründer der Betriebswirtschaftslehre angesehen. Ihm verdankt „die Betriebswirtschaftslehre in Deutschland eine erste geschlossene Theorie der Unternehmung" (Albach [Vorwort] V). Insbesondere sein wissenschaftliches Werk fand große Anerkennung in der Wirtschaftswissenschaft. Hier ist vor allem sein dreibändiges Werk „Grundlagen der Betriebswirtschaftslehre" hervorzuheben, das in der Aufbauphase nach dem Zweiten Weltkrieg einen wichtigen Meilenstein in der Entwicklung des Faches Betriebswirtschaftslehre als selbstständige Wissenschaft darstellt.

Der erste Band der „Grundlagen der Betriebswirtschaftslehre" erschien 1951 und trug den Titel „Die Produktion", der zweite Band mit dem Titel „Der Absatz" erschien 1955 und der dritte Band mit dem Titel „Die Finanzen" wurde erstmals 1969 herausgebracht. *Gutenberg* verband mit diesem Werk „die Absicht, die Probleme der Betriebswirtschaftslehre und ihres Erkenntnisobjektes, der Unternehmungen, im Grundsätzlichen und im Gesamtzusammenhang zu analysieren und darzustellen" (Klein-Blenkers [Entwicklung] 51). Die „Grundlagen der Betriebswirtschaftslehre" trugen wesentlich dazu bei, dass die Betriebswirtschaftslehre seit dem Ende des Zweiten Weltkrieges die neueren angloamerikanischen mikroökonomischen Theorien, vornehmlich der Neoklassik aufnahm (Schanz [Wissenschaftsprogramme] 37) und die hypothetisch-deduktive Methode systematisch Anwendung in der Betriebswirtschaftslehre fand (Klein-Blenkers [Entwicklung] 51).

Der Band „Die Produktion" kann aufgrund seines Erkenntnisobjektes als Produktionswirtschaftslehre angesehen werden (Klein-Blenkers [Entwicklung] 51). „Im Mittelpunkt des Theoriesystems von *Erich Gutenberg* steht ... nicht, wie bei *Nicklisch*, der Mensch, sondern die Produktivitätsbeziehung zwischen Faktoreinsatz und Faktorertrag, auf die nach *Gutenberg* alle betrieblichen Prozesse zurückgeführt werden können" (Wassmuth [Entwicklungslinien] 49 f.).

Gutenberg differenzierte im System produktiver Faktoren zwischen den drei Elementarfaktoren Arbeitsleistung, Betriebsmittel und Werkstoffe sowie dem dispositiven Faktor der Betriebs- und Geschäftsleitung (hierzu und im Folgenden Klein-Blenkers [Entwicklung] 51 ff., Wassmuth [Entwicklungslinien] 49 ff.). Der dispositive Faktor soll die betriebliche Leistung durch eine geeignete Kombination der Elementarfaktoren sicherstellen. Somit nahm *Gutenberg* eine funktionale Differenzierung vor und unterschied hinsichtlich der menschlichen Arbeitsleistung zwischen Führungshandlungen (des dispositiven Faktors) und Ausführungshandlungen (des Elementarfaktors). Wie gut die Faktorkombination gelingt, ist an der Wirtschaftlichkeit zu messen, die sich aus der Beziehung zwischen dem Faktorertrag, d.h. dem Output, und dem Faktoreinsatz, d.h. dem Input, ermittelt. *Gutenberg* analysierte daraufhin detailliert den Faktorkombinationsprozess „unter ertragstheoretischen (Output-)Perspektiven und kostentheoretischen (Input-)Perspektiven" (Klein-Blenkers [Entwicklung] 52), um die „optimalen Kombinationen der produktiven Faktoren" herauszuarbeiten und darzustellen (Wassmuth [Entwicklungslinien] 51). In diesem Zusammenhang leitete er beispielsweise seine berühmt gewordene „Produktionsfunktion vom Typ B" ab („seine wohl bekannteste Entdeckung", wie *Hansmann* einschätzt, Hansmann [Gutenberg] 4), mit der „eine realitätsnahe Erklärung und Analyse des industriellen Produktionsprozesses" ermöglicht wurde (Wassmuth [Entwicklungslinien] 55). Die quantitativen, mathematischen Betrachtungen *Gutenbergs* erwiesen sich als geeignet, betriebliche Prozesse darzustellen, zu erklären und zu optimieren. *Gutenberg* hat damit nicht nur einen wesentlichen Beitrag zur Weiterentwicklung der betriebswirtschaftlichen Produktions- und Kostentheorie geleistet, sondern auch möglich gemacht, dass mit Hilfe mathematischer Verfahren (u.a. des Operations Research) optimale Lösungen für reale Probleme in der Produktionsprogrammplanung ermittelt werden konnten (Wassmuth [Entwicklungslinien] 56).

„Die Produktion" fand nach ihrem Erscheinen großen Anklang, denn *Gutenbergs* Ansatz war für viele Fragestellungen und Problemlösungen offen (Schanz [Wissenschaftsprogramme] 37). Doch es gab auch heftige Kritik, und zwar gleich nach der Veröffentlichung des Bandes im Jahre 1951.

Die Kritik wurde im sogenannten Methodenstreit deutlich, an dem sich viele führende betriebswirtschaftliche Fachkollegen mit zahlreichen Stellungnahmen – in der gesamten Bandbreite von stark ablehnend bis stark zustimmend – beteiligten (hierzu und im Folgenden Mellerowicz [Kostenkurven] 330 ff., Mellerowicz [Richtung] 145 ff., Wassmuth [Entwicklungslinien] 58; siehe ausführlicher zum Methodenstreit Müller-Merbach [Methodenstreit] 179 ff.). Besondere Kritik erfuhr *Gutenberg* durch *Konrad Mellerowicz*. Dieser warf *Gutenberg* vor, durch den Einsatz von Methoden und Theorien der Volkswirtschaftslehre zur Entwicklung seiner betriebswirtschaftlichen Theorie die Eigenständigkeit der Betriebswirtschaftslehre als Wissenschaftsdisziplin in Gefahr zu bringen, insbesondere eine Eingliederung der Betriebswirtschaftslehre in die Volkswirtschaftslehre erreichen zu wollen. Außerdem kritisierte er, *Gutenbergs* Theorie sei wirklichkeitsfremd, nicht geeignet, Probleme der Praxis zu lösen, und könne zudem die Betriebswirtschaftslehre der Praxis entfremden. In diesem Zusammenhang wurde im Methodenstreit kritisiert, dass die formal- bzw. abstrakt-mathematischen Modelle bei *Gutenberg* unzweckmäßig für die Betriebswirtschaftslehre als eine anwendungsorientierte Wissenschaft seien. *Gutenberg* reagierte auf diese Kritik, indem er u.a. auf die Vorteile mathematischer Modelle für seine Analyse hinwies oder erklärte, dass eine Wissenschaft aus seiner Sicht betriebliche Sachverhalte durchdringen und erklären und – anders als *Mellerowiczs* Sicht – nicht nur Handlungsempfehlungen für die Praxis liefern sollte. Außerdem stellte er klar, die Betriebswirtschaftslehre als eigenständige Disziplin zu sehen, obgleich er Parallelen bei spezifischen Fragestellungen, wie z.B. der Kosten- oder Produktionstheorie, zur Volkswirtschaftslehre erkannte. Die Debatte offenbarte jedoch „am Ende die Überlegenheit der Arbeiten *Gutenbergs* in methodischer und inhaltlicher Sicht bei der Erklärung von Fragen [...], die sich mit herkömmlichen Mitteln nicht ebenso schlüssig beantworten ließen" (Brockhoff [Betriebswirtschaftslehre] 194).

„Nicht jedem Menschen ist ein *Mellerowicz* vergönnt", soll *Gutenberg* gesagt haben (Albach [Gutenberg] 89) angesichts der großen Popularität seines Werkes besonders infolge der Debatte mit *Mellerowicz*.

Mit Blick auf die heutige Bedeutung des Ansatzes *Gutenbergs* stellt *Schanz* aber auch deutliche Grenzen fest: „Für eine gewisse Zeit durfte sich die Betriebswirtschaftslehre im Besitz eines intellektuell attraktiven und für zahlreiche Problemlösungen offenen Paradigmas fühlen. Der Reiz des neoklassisch geprägten Programms machte sich jedoch allerdings ziemlich selektiv bemerkbar. Im Rückblick ist beispielweise festzustellen, dass seine methodischen und inhaltlichen Orientierungsleitlinien insbesondere die Entwicklung der Kostentheorie und der sog. Operations-Research-Verfahren gefördert haben. Eher hinderlich erwiesen sie sich dort, wo es um Fragen der Personalwirtschaft und der Organisation oder des Marketing ging. Dies wurde nach und nach als zu restriktiv empfunden; die sozialwissenschaftliche Öffnung des Faches war die fast zwangsläufige Folge. Ende der sechziger Jahre erschien die Zeit dafür reif" (Schanz [Wissenschaftsprogramme] 37 f.).

Der zweite Band „Der Absatz" erschien im Jahre 1955. Im Vordergrund steht die Gestaltung der Kundenbeziehung durch Instrumente der Absatzpolitik, durch die eine starke Kundenbindung und eine bessere Befriedigung der Bedürfnisse der Kunden erreicht werden sollen, um schließlich das akquisitorische Potenzial zu erhöhen. Darunter verstand *Gutenberg* „den preispolitischen Spielraum, den die Unternehmung gegenüber ihren Kunden hat, weil sie ihnen Produkte liefert, die ihren Nutzen, ihre Wettbewerbsfähigkeit und ihre Gewinne verbessern" (Albach [Geburtstag] 10). Auch in diesem Band wendete *Gutenberg* Theorien der Mikroökonomie an, und zwar vor allem die volkswirtschaftliche Preistheorie, und entwickelte ein Modell der betrieblichen Preispolitik (Wassmuth [Entwicklungslinien] 56). Unter anderem verwendete *Gutenberg* in seinem Werk die Preis-Absatz-Funktion für seine Analyse und ging davon aus, dass die Güter nicht alle vollkommen homogen sind und Produktdifferenzierung bis zu einem bestimmten Grad möglich ist. Außerdem entwickelte er die doppelt geknickte Preis-Absatz-Funktion für das unvollkommene Oligopol und das Polypol (Gutenberg [Absatz] 181 ff., Brockhoff [Betriebswirtschaftslehre] 197 f., Wassmuth [Entwicklungslinien] 56 ff.).

Der dritte Band „Die Finanzen" erschien 1969, war jedoch weniger einflussreich als die Bände 1 und 2 aufgrund des bereits großen Einflusses der amerikanischen Kapitalmarkttheorie zu jener Zeit (Brockhoff [Betriebswirtschaftslehre] 199). *Brockhoff* fasst die Inhalte dieses Bands knapp wie folgt zusammen „Der Kapitalbedarf eines Unternehmens wird zunächst aus den Produktionsbedingungen abgeleitet. Sodann wird der Kapitalfonds dargestellt, der die Möglichkeiten der Kapitalbedarfsdeckung systematisch erfasst. Im Schlussteil wird die optimale Abstimmung von Kapitalbedarf und Kapitaldeckung behandelt. Sie muss das finanzielle Gleichgewicht jederzeit sichern" (Brockhoff [Betriebswirtschaftslehre] 199).

2.2.4.3 Heutige Bedeutung

Erich Gutenberg ist aus der Betriebswirtschaftslehre nicht mehr wegzudenken. Er hat die Betriebswirtschaftslehre stark beeinflusst (siehe z.B. Kilger [Gutenberg] 692). *Wöhe* stellt im Jahre 1990 aber fest: „Man kann *Gutenbergs* Werk, das bei seinem Erscheinen zunächst als eine ‚Umwälzung' in der betriebswirtschaftlichen Forschung aufgefasst wurde, heute bei einem Abstand von fast vierzig Jahren nicht mehr als den Beginn einer ‚neuen Richtung' der Betriebswirtschaftslehre, sondern eher als den großen Schlussstein in der Entwicklung einer betriebswirtschaftlichen Theorie interpretieren, die bis dahin eine Anzahl von Hypothesen zur Erklärung von Einzelfragen erarbeitet hatte, nun aber erstmals auf einem systemtragenden Prinzip als geschlossenes System entwickelt wurde" (Wöhe [Entwicklungstendenzen] 226).

Gutenbergs Hauptwerk erschien in zahlreichen Auflagen, wobei Teile seines Werks in mehrere Sprachen übersetzt wurden (Sabel [Gutenberg] 22), damit hat es auch die Betriebswirtschaftslehre außerhalb Deutschlands beeinflusst (z.B. in Japan, siehe Hirata [Wirkung] 195 ff.), wenn auch einzuschränken ist, dass seine Werke hier ungleich weniger Wirkung zeigten als im deutschen Sprachraum (Brockhoff [Betriebswirtschaftslehre] 201).

Gutenbergs Ansatz setzte sich in der Betriebswirtschaftslehre und in der Praxis immer weiter durch und dominierte das Fach lange, trug zudem wesentlich zur wissenschaftlichen Fundierung der Betriebswirtschaftslehre bei und sorgte dafür, dass die Betriebswirtschaftslehre infolge des Weltkriegs wieder an den Stand der internationalen Forschung Anschluss fand (Wassmuth [Entwicklungslinien] 61). Bis heute wirkt *Gutenbergs* Ansatz auf das Verständnis der Betriebswirtschaftslehre in Deutschland (Hesse [Personenlexikon] 206). In der Produktionswirtschaft ist beispielsweise das Begriffssystem, das *Gutenberg* einführte, noch heute gültig, ebenso die Idee der Faktorkombination im Input-Output-System der Unternehmensfunktion Produktion (Hansmann [Gutenberg] 5 f.). Gleiches gilt zu großen Teilen für seine Erkenntnisse zur Preistheorie (Homburg/Fürst [Marketing] 24 ff.). *Homburg* und *Fürst* stellen zudem in ihrer Analyse *Gutenbergs* „maßgeblichen Anteil an der Emanzipation des Marketing als eigenständigen Teilbereich innerhalb der BWL" heraus (Homburg/Fürst [Marketing] 41) und erkennen, dass „*Gutenbergs* Gedankengut auch (oder sogar gerade) heutzutage wertvolle Botschaften für die Marketing-Forschung enthält" (Homburg/Fürst [Marketing] 41). Der Einfluss von *Gutenbergs* „Die Finanzen" wird hingegen als gering für die Finanzierungslehre eingeschätzt (Neus [Unternehmensfinanzierung] 73). Die Ansätze, die *Gutenberg* für das Management von Unternehmen liefert, wie z.B. das Substitutionsprinzip der Organisation, werden hingegen wieder als bedeutsamer angesehen (siehe z.B. Schreyögg [Management] 81), und zwar habe er – *Schreyöggs* Analyse zufolge – „mit seinen Konzepten einen großen Schritt in die moderne Managementlehre hinein getan" (Schreyögg [Management] 94).

Die Betriebswirtschaftslehre entwickelte sich aber weiter. Anfang der 1960er Jahren entstanden neue Ansätze, z.T. auf *Gutenberg* aufbauend, die den produktivitätsorientierten Ansatz *Gutenbergs* ablösten (Wassmuth [Entwicklungslinien] 62). Auch mit Blick auf die Methode der Erkenntnisgewinnung schritt die Betriebswirtschaftslehre weiter voran: Das deduktive Vorgehen in der Modellanalyse wurde als nicht mehr ausreichend erkannt und Forderungen nach einer Ergänzung durch empirische Forschung kam auf.

2.2.4.4 Wichtige Publikationen von Erich Gutenberg

- Die Unternehmung als Gegenstand betriebswirtschaftlicher Theorie. Berlin 1929.
- Grundlagen der Betriebswirtschaftslehre. 3 Bände (Berlin 1951: Die Produktion, 24. Aufl. 1983; Berlin 1955: Der [Absatz], 17. Aufl. 1984; Berlin 1969: Die Finanzen, 8. Aufl. 1987), 1951–1969.
- Betriebswirtschaftslehre als Wissenschaft. Krefeld 1957, 3. Aufl. 1967.
- Unternehmensführung: Organisation und Entscheidung. Wiesbaden 1962.

2.2.5 Karl Käfer (1898–1999)

2.2.5.1 Werdegang

Karl Käfer wurde am 10. Januar 1898 als Sohn des österreichischen Schreiners *Vinzenz Käfer* und dessen Ehefrau *Mathilde* in St. Gallen geboren. 1916 wurde er in St. Gallen eingebürgert und erhielt die Schweizer Staatsbürgerschaft. *Karl Käfer* heiratete zweimal, 1923 *Anna Katharina Nüssle* und 1935 *Hermine Schweizer. Karl Käfer* verstarb am 30. Juli 1999 im Alter von 101 Jahren in Zürich (auch im Weiteren Boemle [Käfer]; Weilenmann [Käfer] 19f.).

Nach Abschluss seiner schulischen Ausbildung erwarb *Karl Käfer* 1918 in St. Gallen das Sekundarlehrerpatent. Infolgedessen war *Karl Käfer* zu Beginn seiner beruflichen Laufbahn zunächst als Real- und Gewerbeschullehrer in St. Gallen und später in Zürich tätig. Er unterrichtete Mathematik, Naturwissenschaften und Handelsfächer. Ab 1930 studierte *Karl Käfer* an der Universität Zürich und erwarb 1939 das Diplom für das höhere Lehramt in Handelsfächern.

Es folgte 1941 die Promotion zum Dr. oec. publ. bei den Professoren *Otto Juzi* und *Richard Büchner.* Titel von *Karl Käfers* Dissertation war „Der Kettensatz: ein Beitrag zur Geschichte und Theorie des kaufmännischen Rechnens". Seine Habilitationsschrift „Die Betriebsrechnung: Theorie, Methoden, Formen" stellte er 1943 fertig und habilitierte, ebenfalls betreut von Professor *Otto Juzi*, an der Universität Zürich (Boehle [Käfer]; Weilenmann [Käfer] 19f.; Brockhoff [Geschichte] 433f.).

1944 wurde *Karl Käfer* außerordentlicher Professor an der Universität Zürich. Im Jahr 1946 folgte – ebenfalls an der Universität Zürich – die Berufung zum ordentlichen Professor für Betriebswirtschaftslehre, insbesondere für Rechnungswesen. *Käfer* blieb dort bis zu seiner Emeritierung 1967 (Boehle [Käfer]; auch im Weiteren Weilenmann [Käfer] 19 f.).

Auch über die rein wissenschaftliche Arbeit in seinem Fachgebiet Rechnungswesen hinaus hat sich *Karl Käfer* verdient gemacht und den wissenschaftlichen Austausch im Fachgebiet der Betriebswirtschaftlehre in der Schweiz gefördert. 1946 gründete er gemeinsam mit *Alfred Walther* die Zeitschrift „Die Unternehmung". Darüber hinaus gründete er 1952 die Vereinigung Schweizerischer Betriebswirtschaftler (VSBW).

Dem ehemaligen Lehrer *Karl Käfer* war die Förderung seiner Schüler und Studenten stets ein wichtiges Anliegen. Eine ganze Reihe seiner Schüler folgte seinem Vorbild und wurde Hochschullehrer. Aber auch während seiner akademischen Lehrtätigkeit ließ ihn seine Vergangenheit als Gewerbeschullehrer nie los. So betreute er während seiner akademischen Lehrtätigkeit die Ausbildung der Handelslehrer. Zudem trug er in den 1950er und 1960er Jahren zur Schaffung von Gymnasien mit einer modernen Ausbildung mit wirtschafts- und sozialwissenschaftlicher Richtung bei.

Zur Würdigung seiner wissenschaftlichen Verdienste wurde *Karl Käfer* 1958 der Ehrendoktor der Johannes-Gutenberg-Universität Mainz verliehen. Darüber hinaus wurde er 1995 Ehrenpräsident der Schweizerischen Gesellschaft für Betriebswirtschaft (SGB).

2.2.5.2 Käfer als Denker der Betriebswirtschaftslehre – ausgewählte Aspekte

Karl Käfers Gesamtwerk umfasst rund 130 Publikationen. Seine Arbeiten beeinflussten sowohl die Theorie als auch die Praxis und entfalteten ihren Einfluss auch über die Schweiz hinaus. *Karl Käfer* war zwar primär Wissenschaftler, er hat jedoch immer versucht, der Praxis zu dienen, und viele seiner Arbeiten waren für die Praxis gedacht. Dies ist bei einer angewandten Wissenschaft, wie dem Rechnungswesen auch nicht anders zu erwarten. Trotzdem hat *Karl Käfer* einen großen Beitrag zur Theoriebildung in der Betriebswirtschaftslehre und insbesondere dem Rechnungswesen geleistet. Seine grundsätzlichen Betrachtungen zur Bilanz als Zukunftsrechnung, zu Abschreibungen und zur Kapitalflussrechnung sind auch heute noch von Relevanz (auch im Weiteren Weilenmann [Käfer] 3 ff., 19 f.).

Ein herausragendes Beispiel für einen praktischen Beitrag von *Karl Käfer* ist der von ihm 1947 im Auftrag des Schweizerischen Gewerbeverbands entwickelte „Kontenrahmen für Gewerbe-, Industrie- und Handelsbetriebe". Dieser folgte dem Abschlussgliederungsprinzip, also der Gliederung der Konten entsprechend Bilanz und Erfolgsrechnung. *Karl Käfers* Kontenplan war in Schweizer Unternehmen über viele Jahrzehnte der verwendete Standard. Er wurde erst im Jahr 1999 durch einen modernisierten Kontenrahmen abgelöst, der jedoch auf den Grundlagen von *Karl Käfers* Kontenplan aufbaut, so dass das von *Karl Käfer* entwickelte Konzept bis heute Gültigkeit hat.

Zu *Karl Käfers* wichtigsten wissenschaftlichen Werken zählen „Standardkostenrechnung“ (1955), „Die Bilanz als Zukunftsrechnung“ (1962), „Investitionsrechnung“ (1964), „Kapitalflussrechnungen“ (1967) und „Grundzüge der Buchhaltungs- und Kontentheorie“ (1974) (Weilenmann [Käfer] 19f.).

Viele zu ihrer Zeit bahnbrechende Neuheiten, die von *Karl Käfer* analysiert und diskutiert wurden, sind heute allgemeiner Standard. So plädierte *Karl Käfer* schon sehr früh dafür, in der Investitionsrechnung („Investitionsrechnungen“ 1964) und Unternehmensbewertung („Zur Bewertung der Unternehmung als Ganzes“ 1946, „Substanz und Ertragswert bei der Unternehmensbewertung“ 1969) Ansätze basierend auf diskontierten Zahlungsüberschüssen statt traditionell statischer Bewertungsansätze zu verwenden. Dies entspricht den heute üblichen Methoden der Bewertung (Weilenmann [Käfer] 4f.).

In „Die Bilanz als Zukunftsrechnung“ von 1962 vertrat *Karl Käfer* die Position, dass die Wertansätze in der Bilanz auf den Erwartungen für die Zukunft basieren sollen. Auch die Praxis hat sich mit dem in anglo-amerikanischen Bilanzierungsvorschriften enthaltenen Prinzip des „true and fair view“ in diese Richtung entwickelt. *Karl Käfers* grundlegende Überlegungen hierzu haben deshalb an Aktualität nicht verloren (Weilenmann [Käfer] 4f.).

2.2.5.3 Wichtige Publikationen von Karl Käfer

- Standardkostenrechnung: Budget, Plan- und Maßkosten im Rechnungswesen des Betriebes. Stuttgart 1955.
- Die Bilanz als Zukunftsrechnung: eine Vorlesung über den Inhalt der Unternehmensbilanz. Zürich 1962.
- Investitionsrechnungen. Zürich 1964.
- Kapitalflussrechnungen: Funds Statement, Liquiditätsnachweis, Bewegungsbilanz als 3. Jahresrechnung der Unternehmung. Stuttgart 1967.
- Grundzüge der Buchhaltungs- und Kontentheorie. Zürich 1974.
- Zur Bewertung der Unternehmung als Ganzes. In: Rechnungsführung in Unternehmung und Staatsverwaltung (Festgabe für Otto Juzi). Zürich 1946.
- Substanz und Ertragswert bei der Unternehmensbewertung. In: Betriebswirtschaftliche Information, Entscheidung und Kontrolle. Festschrift für Hans Münstermann. Hrsg. von W. Busse von Colbe und G. Sieben, Wiesbaden 1969.

2.2.6 Erich Kosiol (1899–1990)

2.2.6.1 Werdegang

Erich Eduard Kosiol wurde am 18. Februar 1899 in Köln geboren (zu diesen und nachfolgenden Daten aus dem Leben *Kosiols* siehe Grochla [Einführung], Hesse [Personenlexikon] 280f., Schweitzer [Kosiol] und Witte [Kosiol]). Nach Abschluss der Schule mit der Reifeprüfung (1917) und Militärdienst im Ersten Weltkrieg nahm er an der Universität Bonn ein Mathematik-Studium auf. Er promovierte 1922. Das Thema seiner Arbeit lautete „Grundlagen der Kinematik im hyperbolischen Raum“. Es wurde Grundlage für einige seiner Schriften.

Ebenfalls 1922 nahm er ein Zweitstudium an der Wirtschafts- und Sozialwissenschaftlichen Fakultät an der Universität Köln auf, das er zwei Jahre später als Diplom-Kaufmann abschloss. Seine 1928 mit dem Titel „Theorie der Lohnstruktur" veröffentlichte Diplomarbeit (inzwischen 2. Aufl. unter dem Titel „Leistungsgerechte Entlohnung") zählt heute zu den Standardwerken betriebswirtschaftlicher Lohntheorie. Die ihn prägenden Lehrer waren insbesondere *Eugen Schmalenbach, Rudolf Seyffert* (1893–1971) und *Ernst Walb* (1880–1946).

Anschließend ging *Kosiol* einer zweijährigen Tätigkeit in der Privatwirtschaft nach, bevor er wissenschaftlicher Mitarbeiter am Seminar für Handelsbetriebslehre an der Universität zu Köln wurde. Dort erhielt er 1931 die Lehrbefugnis. Seine Habilitationsschrift trägt den Titel „Kalkulation und Kostengestaltung im Warenhandel unter besonderer Berücksichtigung der deutschen Handels-Enquête".

Erich Kosiol übernahm Lehrstuhlvertretungen in Breslau und Nürnberg, bevor er 1929 einen Ruf an die Hochschule für Wirtschafts- und Sozialwissenschaften in Nürnberg annahm. Neben seiner Professur war er dort als Direktor des Forschungsinstitutes für Rechnungs-, Prüfungs- und Steuerwesen tätig und übernahm nebenamtlich zwischen 1942 und 1945 die Vertretung des Fachs Betriebswirtschaftslehre an der Universität Erlangen.

1948 folgte *Erich Kosiol* dem Ruf auf den Lehrstuhl für Betriebswirtschaftslehre mit dem Schwerpunkt Industrie- und Handwerkswirtschaft an die nach dem Zweiten Weltkrieg neugegründete Freie Universität Berlin, der er bis zu seiner Emeritierung im Jahr 1967 trotz mehrere Rufe (Nürnberg, Darmstadt und Frankfurt) die Treue hielt. Er übernahm dort noch zwei weitere Ämter (Direktor des Betriebswirtschaftlichen Instituts sowie Direktor des Industrieforschungsinstituts). *Erich Kosiol* engagierte sich unermüdlich für den Auf- und Ausbau der Wirtschafts- und Sozialwissenschaftlichen Fakultät einerseits sowie für den Ausbau der Auslandskontakte zu Hochschulen und Kollegen andererseits. Sein besonderes Interesse galt auch der Hochschuldidaktik. Hiervon zeugen die Schriften „Die Behandlung praktischer Fälle im betriebswirtschaftlichen Hochschulunterricht (Case Method) – ein Berliner Versuch" (1957) sowie „Das Bildungsziel der Betriebswirtschaftslehre an den wissenschaftlichen Hochschulen" (1960).

Forschungsschwerpunkte von *Erich Kosiol* bildeten das betriebliche Rechnungswesen und die betriebswirtschaftliche Organisationslehre. Sein wissenschaftliches Werk ist sehr umfangreich. 1962 fügte er seine langjährigen Studien zur Organisationslehre zu einem Gesamtkonzept zusammen (Organisation der Unternehmung). Seine wichtigsten Schriften erschienen nach seiner Emeritierung: 1976 die „Pagatorische Bilanz" sowie 1979 die „Kosten- und Leistungsrechnung". *Erich Kosiol* interessierte sich gerade auch für methodologische Probleme und philosophische Fragen. Die gesamte Breite seiner Untersuchungen verdeutlichen die 1973 in zwei Bänden veröffentlichten „Bausteine der Betriebswirtschaftslehre".

Erich Kosiol war zu Lebzeiten nicht nur ein im deutschsprachigen Raum hoch angesehener Fachvertreter (vgl. ausführlich Kloidt [Forschung] 573 ff.). Seine Schriften wurden unter anderem ins Japanische, Griechische und Englische übersetzt. Zudem folgte er Einladungen zu Gastvorlesungen und Kongressen im Ausland (z.B. nach Athen, Helsinki, Paris, Tilburg, St. Gallen und Zürich).

1962 unternahm *Erich Kosiol* eine Vortragsreise nach Japan. 1965/66 lehrte und forschte er auf Einladung zweier amerikanischer Universitäten in den USA (Universität von Kalifornien, Berkeley; Universität von Illinois, Urbana).

Seine letzten Lebensjahre verbrachte *Erich Kosiol* zurückgezogen in Berlin und Salzburg. Er starb 1990 im Alter von 91 Jahren.

Für seine wissenschaftlichen Leistungen erhielt *Erich Kosiol* akademische Ehrungen, darunter 1961 die von der Deutschen Gesellschaft für Betriebswirtschaft verliehene Johann-Friedrich-Schär-Plakette sowie 1962 zwei Ehrenpromotionen durch die damalige Hochschule für Welthandel in Wien sowie seine Heimatuniversität Köln.

2.2.6.2 Erich Kosiol als Denker der Betriebswirtschaftslehre – ausgewählte Aspekte

Erich Kosiol gilt – neben *Erich Gutenberg* und *Eugen Schmalenbach* – als einer der bedeutendsten Vertreter der deutschen Betriebswirtschaftslehre. Im Folgenden soll seine Lehre der Betriebswirtschaft skizziert werden (zu den folgenden Würdigungen siehe Brüning [Kosiol], Schweitzer [90 Jahre], Schweitzer [Kosiol] sowie die Festschriften Grochla [Organisation] und Kloidt [Forschung]).

Erich Kosiols Veröffentlichungen prägen Konsistenz, Klarheit und eine strenge Systematik. Er setzte sich nachdrücklich für interdisziplinäre Forschung (durch Rückgriff auf Nachbardisziplinen, wie Soziologie und Psychologie, aber auch Ingenieurwissenschaften und Mathematik) ein und plädierte für die Einheit von Volks- und Betriebswirtschaftslehre, die sich weder durch das Erkenntnisobjekt noch durch die Forschungsmethoden voneinander unterscheiden, sondern nur in der Perspektive der Forscher. Hierbei betonte *Erich Kosiol* für die Betriebswirtschaftslehre das Formalziel der Rentabilität bzw. der Wirtschaftlichkeit.

Er steht für eine wertfreie Wissenschaft, die sich mit der ökonomischen Auswahl in Abhängigkeit von unterschiedlichen Zielen beschäftigt und das wirtschaftliche Geschehen der realen Welt ohne Einschränkungen untersucht. Im ersten Schritt gilt es empirisch-induktiv Kenntnisse zu erlangen, um sie in einem zweiten Schritt zu einem theoretischen Gesamtwerk zusammenzufügen. Insoweit darf *Kosiol* als Systemdenker bezeichnet werden. Dies belegen unter anderem seine Systematik der Lohnstruktur sowie seine pagatorische Bilanzlehre, in der er das Problem des Formalaufbaus der Bilanz löste.

Seine Hauptarbeitsgebiete bildeten die Organisation und das Rechnungswesen. Auf beiden Gebieten hat er wegweisende Schriften vorgelegt. Die „Organisation der Unternehmung" erschien 1962. Er sah die Unternehmung als einen Aufgabenerfüllungssystem-Organismus an, dessen Bestandteile integrativ zusammenwirken und sich in wechselseitiger Abhängigkeit befinden. Aus methodologischen Gründen wird hierbei auch der Mensch auf einen bloßen „Aufgabenträger" reduziert. Auf diesen Aufgabenerfüllungs-Organismus wendete er den für ihn charakteristischen struktur-technischen Ansatz an, um Hilfestellungen (keine Anweisungen) zu einem adäquaten Formalaufbau der Organisation für einen Organisator zu gewinnen: Die Sachaufgabe ist erstens in Teilaufgaben zu zerlegen (Aufgabenanalyse). Diese sind zweitens zu Stellen zusammenzufassen (Aufgabensynthese). Drittens sind den Stellen geeignete Personen zuzuweisen (Aufgabenverteilung).

Als Emeritus veröffentlichte *Erich Kosiol* die „Pagatorische Bilanz" (1976) und schloss somit seine lebenslangen bilanztheoretischen Forschungen (z.B. „Formalaufbau und Sachinhalt der Bilanz – Ein Beitrag zur Bilanztheorie" (1940); „Bilanzreform und Einheitsbilanz – Grundlegende Studien zu den Möglichkeiten einer Rationalisierung der periodischen Erfolgsrechnung" (1944)) mit einem Gesamtsystementwurf ab. *Erich Kosiol* gelang eine widerspruchsfreie und vollständige Deutung des Bilanzinhalts inklusive der Posten Kasse und Kapital. Hierzu führte er alle Bilanzposten auf pagatorische Größen zurück (z.B. Forderungen als künftige Bareinnahmen und Verbindlichkeiten als künftige Barausgaben). Seine Erfolgsrechnung kennt nur ein Ermittlungsziel: die Ermittlung eines Periodenerfolgs, der streng pagatorisch definiert ist und nur über den Markt realisiert werden kann. Dieses Ermittlungsziel kann nur durch die Bewertung aller Bilanzposten mit ihrem Anschaffungswert, das sind die pagatorischen Anschaffungs- oder Herstellungskosten, erreicht werden. Diesen Ansatz entwickelte Marcell Schweitzer 1972 zu einer realisiert-pagatorischen Bilanz weiter, in der die zahlungsbasierte Ermittlungsrechnung von denkbaren Entscheidungsrechnungen getrennt wird (vgl. Schweitzer [Struktur]).

Anlässlich des 100. Geburtstags gaben *Kosiols* Schüler *Günther Dlugos* und *Marcell Schweitzer* die 3. Aufl. der „Bilanzreform und Einheitsbilanz" als Gedenkschrift heraus.

2.2.6.3 Heutige Bedeutung

Erich Kosiol hat die Betriebswirtschaftslehre nach dem Zweiten Weltkrieg mit am nachhaltigsten beeinflusst. Sein Beitrag besteht in strukturierten Konzepten auf Basis von präzisen Begriffssystemen und systematischen Analysen.

Seine empirisch-induktive Methode der Entwicklung theoretischer Lösungsansätze für reale Probleme hat grundsätzlich nichts an Aktualität eingebüßt. Gleiches gilt für seine rein theoretischen Arbeiten mittels abstrakt-deduktiver Methoden. Zudem hat er Interdisziplinarität und Internationalisierung vorgelebt.

Kosiols „Organisation der Unternehmung" sowie seine „Pagatorische Bilanz" bilden bis heute eine Standard- und Pflichtlektüre für Studierende mit den Schwerpunkten Organisation oder Rechnungswesen zur Verdeutlichung eines stringenten Formalaufbaus von Organisation und Bilanzrechnung. Sie bilden einen geeigneten Ausgangspunkt zur Verdeutlichung neuerer gegenwärtiger Entwicklungen, wie die Betonung der verhaltenswissenschaftlichen Komponente und der Arbeitsteilung zwischen Unternehmungen im Bereich der Organisationsforschung.

2.2.6.4 Wichtige Publikationen von Erich Kosiol

- Kalkulatorische Buchhaltung (Betriebsbuchhaltung). 5. Aufl., Wiesbaden 1953.
- Anlagenrechnung. Theorie und Praxis der Abschreibungen. 2. Aufl., Wiesbaden 1955.
- Kontenrahmen und Kontenpläne der Unternehmungen. Essen 1962.

- Organisation der Unternehmung. Wiesbaden 1962.
- Einführung in die Betriebswirtschaftslehre. Die Unternehmung als wirtschaftliches Aktionszentrum. Wiesbaden 1968.
- Grundlagen und Methoden der Organisationsforschung. 2. Aufl., Berlin 1968.
- Bausteine der Betriebswirtschaftslehre. Berlin 1973.
- Pagatorische Bilanz. Die Bewegungsbilanz als Grundlage einer integrativ verbundenen Erfolgs-, Bestands- und Finanzrechnung. Berlin 1976.
- Kosten- und Leistungsrechnung. Grundlagen, Verfahren, Anwendungen. Berlin 1979.

2.2.7 Hans Ulrich (1919–1997)

2.2.7.1 Werdegang

Hans Martin Ulrich wurde am 12. November 1919 in Brig geboren. Seine Eltern waren der PTT-(Post-Telefon-Telegraphie-)Angestellte *Gottlieb Ulrich* und dessen Frau *Marie Adrienne*. *Hans Ulrich* heiratete 1946 seine frühere Kommilitonin *Sonja Furrer*. Die gemeinsamen Zwillingssöhne *Peter* und *Werner* wurden 1948 geboren. Verstorben ist *Hans Ulrich* am 23. Dezember 1997 in St. Gallen (Baertschi [Ulrich]; Schwaninger [Ulrich] 20 f.).

Hans Ulrich besuchte das Gymnasium in Bern und schloss dieses 1938 ab. Danach begann er zunächst ein Ingenieurstudium an der ETH Zürich. Dieses brach er jedoch nach einem Jahr ab und begann ab 1939 ein Ökonomiestudium in Bern (Baertschi [Ulrich]; Schwaninger [Ulrich] 20 f.).

1944 promovierte *Hans Ulrich* bei *Alfred Amonn* an der Universität Bern. Titel der Dissertation zum Dr. rer. pol. war „Nationalökonomie und Betriebswirtschaftslehre als Wirtschaftswissenschaften und ihr gegenseitiges Verhältnis". Nach seiner Promotion war *Hans Ulrich* in der Industrie und als Assistent von *Alfred Walther* an der Universität Bern tätig. *Hans Ulrich* habilitierte, betreut von *Alfred Walther*, 1947 an der Universität Bern mit seiner Habilitationsschrift „Grundlagen der betriebswirtschaftlichen Organisationslehre" (Brockhoff [Geschichte]; Baertschi [Ulrich]; Schwaninger [Ulrich] 21).

Von 1947 bis 1953 war *Hans Ulrich* Privatdozent an der Universität Bern. Zudem war er von 1951 bis 1953 Vizedirektor des Betriebswissenschaftlichen Instituts der ETH Zürich. Im Zeitraum von 1953 bis 1954 war *Hans Ulrich* außerordentlicher Professor an der Universität Bern. *Hans Ulrich* wurde 1954 an die Hochschule St. Gallen berufen und war dort bis 1985 als ordentlicher Professor tätig. Er war an der Hochschule St. Gallen 1954 Mitgründer des Instituts für Betriebswirtschaftslehre, das er bis 1984 leitete. Seine Emeritierung erfolgte 1985 (Baertschi [Ulrich]; Rüegg-Stürm [50 Jahre] 6; Schwaninger [Ulrich] 21 f.).

Hans Ulrichs wissenschaftliche Leistung wurde durch die Verleihungen des Ehrendoktors an den Universitäten Zürich (1977), Augsburg (1980) und Mannheim (1985) gewürdigt. Weitere Auszeichnungen waren die Johann-Friedrich-Schär-Medaille 1971, der Martin-Hilti-Preis 1982 und die Ehrenmitgliedschaft des Verbandes der Hochschullehrer für Betriebswirtschaft 1985 (Baertschi [Ulrich]; Schwaninger [Ulrich] 22).

2.2.7.2 Ulrich als Denker der Betriebswirtschaftslehre – ausgewählte Aspekte

Hans Ulrich gilt als einer der führenden Vertreter der systemorientierten Managementlehre. Diese basiert auf der allgemeinen Systemtheorie und der Kybernetik. Die zentrale Publikation hierzu ist *Hans Ulrichs* Werk „Die Unternehmung als produktives soziales System – Grundlagen der allgemeinen Managementlehre" aus dem Jahr 1968 (Schwaninger [Ulrich] 19).

Hans Ulrich interpretierte die Systemtheorie dabei gewissermaßen als allgemeine Grundlagenwissenschaft für die Managementlehre, ähnlich wie die Physik als Grundlagenwissenschaft der Ingenieurwissenschaften gesehen werden kann. Mit der Systemtheorie als Basis verließ Hans Ulrich den üblichen Bezugsrahmen der Betriebswirtschaftslehre und schaffte stattdessen einen allgemeineren Interpretationsrahmen. Es steht nicht mehr die gewinnorientierte Unternehmung, ökonomisches Handeln und der effiziente Kombinationsprozess von Produktionsfaktoren im Vordergrund. Im Zentrum der Betrachtung steht stattdessen die Führung, also die Gestaltung, Lenkung und Entwicklung von Unternehmen (Malik [Ulrich] 7; Schwaninger [Ulrich] 19).

Hans Ulrich schaffte so eine eigene Managementlehre. Diese beschränkte sich in ihrer Anwendung jedoch nicht nur auf Unternehmen. Durch den von *Hans Ulrich* gewählten allgemeinen Ansatz basierend auf der Systemtheorie können alle ziel- und zweckgerichteten sozialen Systeme analysiert und betrachtet werden. *Hans Ulrich* ging dabei davon aus, dass in allen zweckgerichteten Institutionen ähnliche Führungsprobleme existieren. Für die Managementlehre erschließen sich damit vielfältige über den Betrieb hinausgehende Anwendungsfelder. *Hans Ulrich* betrachtete z.B. in „Ein Management-Modell für die öffentliche Hand" von 1977 die Führung öffentlicher Institutionen (Schanz [Wissenschaftsprogrammme] 118 f.).

Da *Hans Ulrichs* Systemorientierte Managementlehre sehr allgemein gehalten ist, war für die Anwendung auf spezifische Führungsprobleme eine Konkretisierung erforderlich. Diese wurde von *Hans Ulrich* 1972 als „Das St. Galler Management-Modell" veröffentlicht. (Malik [Ulrich] 4). *Ulrich* hat mit seinem Systemorientierten Ansatz und dem daraus entstandenen St. Galler Management-Modell dazu beigetragen, Führung begrifflich zu fassen und zu systematisieren. Damit wurde der Rahmen für vielfältige weitere Forschung und die Etablierung der Managementlehre als eigenes Lehrfach geschaffen (Malik [Ulrich] 4).

2.2.7.3 Wichtige Publikationen von Hans Ulrich

- Die Unternehmung als produktives soziales System – Grundlagen der allgemeinen Managementlehre. Bern 1968.
- Das St. Galler Management Modell. Zusammen mit W. Krieg. Bern 1972.
- Ein Management-Modell für die öffentliche Hand. Zusammen mit F. Sidler. Bern 1977.

2.2.8 Erich Loitlsberger (1921–2003)

2.2.8.1 Werdegang

Erich Loitlsberger wurde am 8. Mai 1921 in Grünau in Oberösterreich geboren. Seine Eltern waren der Holzhändler *Franz Loitlsberger* und dessen Ehefrau *Anna*. Nach dem frühen Verlust seiner Eltern lebte *Erich Loitlsberger* nach 1924 bei seiner Großmutter. *Erich Loitlsberger* heiratete 1948 *Ernestine Hollensteiner*. Der gemeinsame Sohn *Wolfgang* wurde im Jahr 1949 geboren. *Erich Loitlsberger* ist am 1. Februar 2003 in Wien verstorben (o. V. [Loitlsberger]).

Erich Loitlsberger besuchte von 1927 bis 1932 die Schule in Grünau und von 1932 bis 1939 das Gymnasium in Kremsmünster. Von 1939 bis 1945 war er Soldat der deutschen Wehrmacht und schließlich in Kriegsgefangenschaft. Im Zeitraum von 1945 bis 1946 war *Erich Loitlsberger* als Buchhalter tätig und beschäftigte sich im Selbststudium mit Betriebswirtschaftslehre. 1946 begann er an der Hochschule für Welthandel in Wien (heute Wirtschaftsuniversität Wien) zu studieren. Sein Studium schloss er 1949 als Diplom-Kaufmann ab (o. V. [Loitlsberger]; Knolmayer [Loitlsberger]).

1949 war *Erich Loitlsberger* als wissenschaftliche Hilfskraft für Professor *Willy Bouffier* an der Hochschule für Welthandel tätig. *Erich Loitlsberger* promovierte 1950 bei *Leopold Illetschko* an der Hochschule für Welthandel zum Dr. rer. comm. mit seiner Arbeit „Die Theorie des Wettbewerbs". In der Folgezeit war er als Assistent von *Leopold Illetschko* tätig. Die Habilitation von *Erich Loitlsberger* folgte 1953 mit dem Thema „Das Wirtschaftlichkeitsprinzip: Analyse und Erscheinungsformen". Die Betreuung der Habilitation erfolgte ebenfalls durch *Leopold Illetschko* (o. V. [Loitlsberger]).

Im Zeitraum von 1954 bis 1957 war *Erich Loitlsberger* in Teilzeit im Bereich Wirtschaftsprüfung tätig. Dabei erwarb er 1956 die Zulassung als Helfer in Buchführungs- und Steuersachen (und später die Zulassung als Steuerberater) (o.V. [Loitlsberger]; Hax [Loitlsberger] 512).

1957 übernahm *Erich Loitlsberger* die Vertretung des Lehrstuhls für Revisions- und Treuhandwesen an der Johann-Wolfgang-Goethe-Universität in Frankfurt am Main. 1959 erfolgte die Berufung auf den zuvor vertretenen Lehrstuhl. 1963 wurde *Erich Loitlsberger* ordentlicher Professor an der Hochschule für Welthandel in Wien. Schließlich folgte 1971 die Berufung auf den Lehrstuhl für Betriebswirtschaftslehre an der Universität Wien. Der Lehrstuhl wurde von *Erich Loitlsberger* auch nach seiner Emeritierung 1992 noch mehrere Jahre vertreten. *Erich Loitlsberger* blieb bis zu seinem Tod 2003 wissenschaftlich aktiv (o. V. [Loitlsberger]; Hax [Loitlsberger] 512).

Neben seinem wissenschaftlichen Interesse hat sich *Erich Loitlsberger* auch immer für die Praxis interessiert und den Austausch mit der Praxis gesucht. *Erich Loitlsberger* war zudem in diversen Gremien tätig. Beispielsweise war er in den 1970er und 1980er Jahren mit der Reorganisation der defizitären österreichischen Mensen und Studentenwohnheime beauftragt. Unter seiner Leitung wurden dabei rechtlich selbständige Wirtschaftsbetriebe geschaffen, und *Erich Loitlsberger* war in diesem Zusammenhang als Geschäftsführer tätig und hatte mehrere Aufsichtsratsmandate inne (o. V. [Loitlsberger]; Hax [Loitlsberger] 513).

Erich Loitlsbergers nicht nur wissenschaftliche Verdienste wurden durch eine ganze Reihe von Auszeichnungen gewürdigt: 1977 die Verleihung des Großen Silbernen Ehrenkreuzes für Verdienste um die Republik Österreich, die Verleihung des Ehrendoktortitels durch die Karl-Franzens-Universität Graz im Jahr 1981, die Verleihung der Ehrenmedaille in Gold der Stadt Wien für Verdienste bei der Mitwirkung in studentischen Hilfsorganisationen 1987, die Verleihung des österreichischen Ehrenkreuzes für Wissenschaft und Kunst I. Klasse 1992, das Goldene Ehrenkreuz der Stadt Wien 1996 und die Ehrendoktorwürde der Wirtschaftsuniversität Wien im Jahr 2002 (o.V. [Loitlsberger]).

2.2.8.2 Loitlsberger als Denker der Betriebswirtschaftslehre – ausgewählte Aspekte

Erich Loitlsbergers umfangreiches wissenschaftliches Werk behandelt ein breites Spektrum an Themen. Wenngleich der Schwerpunkt seines Wirkens in den Bereichen Rechnungslegung, Wirtschaftsprüfung und betriebswirtschaftliche Steuerlehre lag, so hat er sich auch mit vielfältigen über das Treuhandwesen hinausgehenden Fragestellungen der Betriebswirtschaftslehre beschäftigt. Hierbei sind insbesondere seine wissenschaftstheoretischen Beiträge zu erwähnen, wie auch sein letztes (erst nach seinem Tod veröffentlichtes) Buch „Die Sicherung des Massenwohlstandes – Eine betrieblich-kapitalmarktmäßige Lösung", das die große Bandbreite von *Erich Loitlsbergers* Interesse und Schaffen verdeutlicht (Buchinger [Loitlsberger]; Hax [Loitlsberger] 512 f.; Lechner [Loitlsberger] 3).

Auch hat *Erich Loitlsberger* spätere wissenschaftliche Entwicklungen in der betriebswirtschaftlichen Forschung vorgezeichnet. So hat er bereits 1968 die Wirtschaftsprüfung und 1975 die Steuerberatung aus spieltheoretischer Sicht beleuchtet und damit Aspekte wie Informationsasymmetrie und die Analyse des Verhaltens von Akteuren zum Gegenstand der Analyse gemacht (Hax [Loitlsberger] 513).

Im Kerngebiet seines Wirkens, dem Treuhandwesen, kann *Erich Loitlsberger* wissenschaftlicher Pioniercharakter bescheinigt werden. Mit seinen grundsätzlichen Abhandlungen, wie „Zur Theorie der Prüfung" aus dem Jahr 1953 oder „Treuhand- und Revisionswesen" von 1961, hat *Erich Loitlsberger* zur Entwicklung einer Theorie der Wirtschaftprüfung und Theorie der Steuerberatung beigetragen. Dies war Voraussetzung dafür, dass sich das Treuhandwesen als spezielle Betriebswirtschaftslehre und die Prüfung als funktionale Betriebswirtschaftslehre etablieren konnten (Lechner [Loitlsberger] 4; Hax [Loitlsberger] 513).

2.2.8.3 Wichtige Publikationen von Erich Loitlsberger

- Die Sicherung des Massenwohlstandes – Eine betrieblich-kapitalmarktmäßige Lösung. Frankfurt am Main, 2003.
- Die Buchprüfung als spieltheoretisches Problem. In: Der Österreichische Betriebswirt 1968 (18), S. 137–179.
- Zur Theorie der Steuerberatung: Die Steuerberatung als spieltheoretisches Problem. In: Journal für Betriebswirtschaft 1975 (25), S. 81–105 und S. 145–159.
- Treuhand- und Revisionswesen. Stuttgart, 1961.

2.2.9 Günter Wöhe (1924–2007)

2.2.9.1 Werdegang

Günter Wöhe wurde am 2. Mai 1924 in Zeitz (Sachsen-Anhalt) geboren (hierzu und zum Folgenden siehe Brockhoff [Betriebswirtschaftslehre] 261, Döring [Wöhe] 16, Herberger [Begrüßung] 7 ff., John [Wöhe] 1 ff., Kußmaul [Wegbereiter] 27 ff., Kußmaul [Wöhe]). 1942 begann *Wöhe* nach seinem Abitur ein Studium der Geschichte und Philosophie an der Universität Halle. Durch Kriegsdienst mit schwerer Verwundung in Russland und amerikanischer Kriegsgefangenschaft musste das Studium unterbrochen werden. 1946 setzte *Wöhe* sein Studium fort. Daneben studierte er auch Wirtschaftswissenschaften an der Universität Würzburg. 1951 beendete er dieses Studium als Diplom-Volkswirt. 1954 erlangte er die Promotion zum Dr. rer. pol. an der Universität Würzburg mit einer Dissertation zu einem volkswissenschaftlichen Thema (Betreuer: *Hans Ruchti*). Über „Methodologische Grundprobleme der Betriebswirtschaftslehre" habilitierte er sich 1958 im Fach Betriebswirtschaftslehre an der Universität Würzburg (Betreuer: *Karl Banse*).

1959 übernahm *Wöhe* eine Lehrstuhlvertretung an der Universität des Saarlandes und wurde 1960 zum ordentlichen Professor der Betriebswirtschaftslehre, insbesondere Betriebswirtschaftliche Steuerlehre und Revisions- und Treuhandwesen an der Universität des Saarlandes berufen. Bis zu seiner Emeritierung im Jahre 1992 blieb er auf diesem Lehrstuhl. Rufe an die Universitäten Frankfurt am Main (1964) und Erlangen-Nürnberg (1970) lehnte er ab.

1961 bis 1992 war *Wöhe* Direktor der Betriebswirtschaftlichen Seminarbibliothek der Universität des Saarlandes. 1964 übernahm *Wöhe* die Leitung des neu gegründeten Instituts für Betriebswirtschaftliche Steuerlehre und Revisions- und Treuhandwesen. 1968 wurde er durch den damaligen Finanzminister *Franz Joseph Strauß* in die Große Steuerreformkommission berufen und war darin bis 1971 im Rahmen der Reform der Körperschaftsteuer und der Gewinnermittlungsvorschriften tätig. *Wöhe* lehrte zudem an der Verwaltungs- und Wirtschaftsakademie des Saarlandes (wurde hier 1976 Studienleiter) und an der Akademie für Arbeit und Sozialwesen (wurde hier 1969 Studienleiter). 1981 wurde ihm die Ehrendoktorwürde der Universität Duisburg verliehen. 1984 war er Gastprofessor an der Universität Kobe (Japan) und hielt zudem Vorträge an der Waseda- und der Meiji-Universität in Tokio sowie an der Universität Matsuyama. 1987 wurde ihm der Dr. Kausch-Preis der Fritz Carl Wilhelm Stiftung (Zürich) an der Hochschule St. Gallen verliehen (wie Kußmaul [Wöhe] kommentiert „in Fachkreisen der ‚Nobelpreis für Rechnungswesen'"). 1989 erhielt er die Ehrendoktorwürde der Universität Lüneburg. 1990 wurde *Wöhe* der Saarländische Verdienstorden verliehen. 2005 erhielt er das Große Verdienstkreuz des Verdienstordens der Bundesrepublik Deutschland.

Wöhe war „Mitglied des Prüfungsausschusses für Wirtschaftsprüfer der Länder Hessen, Rheinland-Pfalz und des Saarlandes, geschäftsführendes Vorstandsmitglied des Deutschen Wissenschaftlichen Steuerinstituts, Vorsitzender des Verwaltungsrates des Bundes der Steuerzahler Saarland sowie Mitglied und stellvertretender Vorsitzender des Beirates beim Präsidium des Bundes der Steuerzahler" (John [Wöhe] 1). *Günter Wöhe* war verheiratet und hatte zwei

Kinder. Er starb am 29. Dezember 2007 in Saarbrücken (Universität des Saarlandes [Wöhe]).

2.2.9.2 Wöhe als Denker der Betriebswirtschaftslehre – ausgewählte Aspekte

Günter Wöhe gilt als „einer der herausragenden Köpfe der Betriebswirtschaftslehre" (Kußmaul [Wöhe]) und wird gern auch als Nestor der Betriebswirtschaftslehre bezeichnet (Döring [Wöhe] 16, Kußmaul [Wegbereiter] 34). Ganz eng verbunden mit seiner Bedeutung für die Betriebswirtschaftslehre gilt sein Werk „Einführung in die Allgemeine Betriebswirtschaftslehre", das erstmals 1960 erschien. Dieses Buch wird in Fachkreisen als „Standardeinführung" in das Fach Betriebswirtschaftslehre angesehen (Kußmaul [Wöhe]), es hat zudem *Günter Wöhe* in Fachkreisen sehr bekannt gemacht. *Wöhe* publizierte die erste Auflage zu einer Zeit, in der die Lehrbücher renommierter Betriebswirtschaftler, wie z.B. *Erich Gutenberg* den Markt beherrschten (siehe hierzu und im Folgenden Döring [Wöhe] 17 ff.). *Wöhe* war hingegen zu jener Zeit noch nicht habilitiert, also „ein fachlicher Niemand" (Döring [Wöhe] 17). Er erkannte aber die didaktischen Schwächen der bisherigen Lehrbücher, „machte es besser" (Döring [Wöhe] 18) und verdrängte u.a. die Lehrbücher *Gutenbergs* vom Markt. Für *Gutenberg* war *Wöhe* jedoch „nicht der lästige Konkurrent auf dem Lehrbuchmarkt. Der hochbetagte *Erich Gutenberg* sah vielmehr in *Günter Wöhe* seinen akademischen Erben als Lehrbuchautor und dankte dem jüngeren Kollegen *Wöhe*, dass dieser das *Gutenberg'sche* BWL-Konzept in seinem Lehrbuch weiterführte" (Döring [Wöhe] 18). *Wöhes* „Einführung in die Allgemeine Betriebswirtschaftslehre" kommt *John* zufolge die große Bedeutung zu, dass er eine Gesamtdarstellung der Allgemeinen Betriebswirtschaftslehre auf neuestem wissenschaftlichen Stand lieferte, die insbesondere durch ihre Vollständigkeit im Rahmen einer Allgemeinen Betriebswirtschaftslehre überzeugte, die zudem systematisch und didaktisch geschickt aufbereitet war, komplexe Zusammenhänge einfach und verständlich erläuterte und beim Leser Interesse für das Fach wecken konnte (John [Wöhe] 2).

Das Verdienst von *Günter Wöhe* für das Fach Betriebswirtschaftslehre besteht gemäß *Egner* ([Wöhe] 419 f.) aber auf den Gebieten der Betriebswirtschaftlichen Steuerlehre, der Methodenfragen sowie der Bilanzierung und der Bilanzpolitik.

Seine Arbeiten zur Betriebswirtschaftlichen Steuerlehre sind von „besonderer wissenschaftlicher Bedeutung für die Entwicklung der Betriebswirtschaftslehre" (John [Wöhe] 3), vor allem ist hier seine dreibändige „Betriebswirtschaftliche Steuerlehre" zu nennen, die zwischen 1962 und 1965 erschien. *Wöhes* Arbeiten erreichten, dass sich die Betriebswirtschaftliche Steuerlehre als Disziplin in der Allgemeinen Betriebswirtschaftslehre etablieren konnte (Egner [Wöhe] 419 f., John [Wöhe] 3, Kußmaul [Wegbereiter] 27 ff.). Insbesondere mit seiner „Betrieblichen Steuerlehre" „erschloss er dem Fach eine Fülle neuer ökonomischer Fragestellungen und trug so dazu bei, dass heute betriebswirtschaftliche Probleme nicht mehr ... unter Ausklammerung der steuerlichen Komponente gesehen werden" (Egner [Wöhe] 419).

Wöhe setzte sich auch intensiv mit Methodenfragen auseinander, wie u.a. in seiner Habilitationsschrift, und nahm aktiv an der Methodendiskussion des Faches teil (Egner [Wöhe] 420). Die folgenden drei Prinzipien waren für *Wöhe* von grundlegender Bedeutung für wissenschaftliches Arbeiten (siehe hierzu Döring [Wöhe] 19 f.):

(1) Disziplinarität,
(2) Ökonomisches Prinzip,
(3) Vermeidung von Werturteilen.

Wöhes Forderung nach Disziplinarität meint eine klare Abgrenzung der Betriebswirtschaftslehre von anderen Fachdisziplinen, um so eine effiziente Durchdringung des eigenen Faches zu ermöglichen. *Wöhe* forderte die Orientierung der Handlungsempfehlungen, die die Betriebswirtschaftslehre der Realwirtschaft z.B. als Entscheidungshilfen gibt bzw. geben soll, am ökonomischen Prinzip. Konsequenterweise war er auch ein Verfechter des Shareholder-Ansatzes, d.h. der Ausrichtung der Betriebswirtschaftslehre an den Zielen der Eigenkapitalgeber, im Gegensatz zu Anhängern des Stakeholder-Ansatzes. Hinsichtlich der Thematik der Werturteile fordert *Wöhe* „eine klare Trennung zwischen Gewissen und Wissen, zwischen primären und sekundären Werturteilen" (Döring [Wöhe] 20), und hier die Ausrichtung auf sekundäre Werturteile. „Nach *Wöhe* soll der Betriebswirt nicht sagen, ob die betrieblichen Ziele gut oder schlecht sind, sondern er soll nur feststellen, ob die zur Zielerreichung eingesetzten Mittel geeignet oder ungeeignet sind" (Döring [Wöhe] 20).

Wöhes Arbeiten zur Bilanzierung und Bilanzpolitik gelten zudem für die Betriebswirtschaftslehre als bedeutsam. Zu diesem Thema erschienen u.a. sein Buch „Bilanzierung und Bilanzpolitik" (1. Aufl. im Jahre 1971) sowie verschiedene Aufsätze, in denen er „den komplizierten Verschlingungen von Steuerrecht, Handelsrecht, unternehmerischem Verhalten und gesellschaftlichen Wirkungen nachgespürt und damit unser Wissen wesentlich bereichert" hat (Egner [Wöhe] 420).

2.2.9.3 Heutige Bedeutung

Günter Wöhe prägte die Betriebswirtschaftslehre sehr stark durch seinen „Klassiker", nämlich sein Lehrbuch „Einführung in die Allgemeine Betriebswirtschaftslehre", dessen Konzept der Betriebswirtschaftslehre „von Fachkollegen und Berufspraktikern weithin akzeptiert" (Döring [Wöhe] 24) scheint. Generationen von Studierenden bot und bietet es eine fundierte und strukturierte Einführung in die Betriebswirtschaftslehre, insbesondere in das ökonomische Denken – bestimmte und bestimmt damit die Sichtweisen in der Betriebswirtschaftslehre auf diese Weise deutlich, und zwar in seiner 25. Aufl. im Jahre 2013 zusammen mit *Ulrich Döring* bis heute.

Zudem hat er als Wegbereiter zur Etablierung der Betriebswirtschaftlichen Steuerlehre in die Allgemeine Betriebswirtschaftslehre bis heute einen nachhaltigen Einfluss im Fach Betriebswirtschaftslehre.

2.2.9.4 Wichtige Publikationen von Günter Wöhe

- Einführung in die Allgemeine Betriebswirtschaftslehre. Zusammen mit Ulrich Döring. 25. Aufl., München 2013.

- Einführung in die Allgemeine Betriebswirtschaftslehre – Übungsbuch. Zusammen mit Hans Kaiser und Ulrich Döring. 14. Aufl., München 2013.
- Grundzüge der Betriebswirtschaftlichen Steuerlehre. Zusammen mit Hartmut Bieg. 4. Aufl., München 1995.
- Bilanzierung und Bilanzpolitik. 9. Aufl., München 1997.
- Grundzüge der Unternehmensfinanzierung. Zusammen mit Jürgen Bilstein. 11. Aufl., München 2013.
- Die Handels- und Steuerbilanz: betriebswirtschaftliche, handelsrechtliche und steuerrechtliche Grundsätze der Bilanzierung. 6. Aufl., München 2010.

Einführende Literaturhinweise zum Abschnitt 2.2

Die vollständigen Literaturangaben finden Sie im Downloadbereich.

Brockhoff, K.: [Geschichte] der Betriebswirtschaftlehre – Kommentierte Meilensteine und Originaltexte. 2. Aufl., Wiesbaden 2002.

Hesse, H.: [Personenlexikon] der Wirtschaftsgeschichte. Denker, Unternehmer und Politiker in 900 Portraits. 2. Aufl., Stuttgart 2009.

Schanz, G.: [Wissenschaftsprogramme]. In: 100 Jahre Betriebswirtschaftslehre in Deutschland 1898–1998. Hrsg. von M. Lingenfelder, München 1999, S. 31–48.

Zweites Kapitel

Wirtschaftliche und rechtliche Strukturen des Wirtschaftens

Modul 3: Grundlagen der Corporate Governance

Jens Grundei
Till Talaulicar

„Corporate governance has been the single most significant issue on the business agenda, nationally, internationally and globally for the past thirty or more years. Although it may not have always appeared under the same title, its successes – and more particularly its failings – will have affected every working individual in every economy across the world during that time."
(Stephen Bloomfield, Director, The Corporate Governance Unit, Lord Ashcroft International Business School)

Lernziele:

Aneignen von Wissen (Kenntnissen) über die grundlegenden Mechanismen, Prinzipien und Regelungen der Leitung und Überwachung von Unternehmen; **Verstehen** (Erfassen und Erkennen) komplexer Zusammenhänge der Corporate Governance, insbesondere in der deutschen Aktiengesellschaft; **Anwenden** (Nutzen) des erlangten Wissens zur Lösung realer Gestaltungsprobleme der Corporate Governance; **Analysieren** (Erforschen) von Ursachen, Elementen, Beziehungen realer Gestaltungsprobleme der Corporate Governance; **Integrieren** (Synthese) von Einzelerkenntnissen aus der Analyse übergeordneter Systeme der Corporate Governance; **Bewerten** (Evaluation) von Gestaltungsalternativen zur Lösung realer Probleme der Corporate Governance.

Übersicht:

Gegenstand von Modul 3 sind die Grundlagen der Corporate Governance. Corporate Governance bezeichnet den rechtlichen und faktischen Ordnungsrahmen zur Leitung und Überwachung des Unternehmens. In Abhängigkeit der Zielsetzungen und Anspruchsgruppen, die bei der Ausgestaltung der Corporate Governance berücksichtigt werden, lassen sich ein enges und ein weites Verständnis der Corporate Governance unterscheiden. In dem Modul werden zunächst Begriff, Entwicklung und Bedeutung der Corporate Governance dargestellt (Abschnitt 3.1). Im Anschluss werden Grundfragen und Gestaltungsprobleme behandelt, indem eine vertragstheoretische Konzeptualisierung der Corporate Governance vorgenommen wird sowie Governance-Mechanismen und Governance-Prinzipien eingeordnet und erläutert werden (Abschnitt 3.2). Schließlich wird

das dualistische System der deutschen Corporate Governance im Einzelnen vorgestellt. Dabei werden die Kompetenzpositionen von Hauptversammlung, Vorstand und Aufsichtsrat der Aktiengesellschaft betrachtet und bewertet (Abschnitt 3.3).

3.1 Begriff, Entwicklung und Bedeutung der Corporate Governance

3.1.1 Konzeptionelle Grundlegungen und Anwendungsbereiche

Definition:
Corporate Governance bezeichnet den rechtlichen und faktischen Ordnungsrahmen für das Zusammenwirken von Verwaltungsorganen (Leitungsgremien und Überwachungsorganen) und Bezugsgruppen (Anteilseignern und weiteren Stakeholdern) des Unternehmens.

Die Ausgestaltung der Corporate Governance bezieht sich auf die Strukturen, Prozesse und Personen der Unternehmensführung und bestimmt, welche Rechte und Pflichten die Verwaltungsorgane und Anspruchsgruppen besitzen, um unternehmerische Entscheidungen zu treffen oder zu beeinflussen (Talaulicar [Normierungseffekte]). Dies schließt die Beschlussfindung darüber ein, welchen grundlegenden Zielen sich das Unternehmen verpflichtet und wie es sein übergeordnetes Interesse versteht. Regelungen der Corporate Governance legen somit fest, welche Zielsetzungen und Ansprüche für die Unternehmensführung relevant sind und wem grundsätzlich welche Kompetenzen zur (Einflussnahme auf die) Unternehmensführung zukommen (Bainbridge [Governance] 10). Mit diesen Festlegungen sollen letztlich möglichst ideale Rahmenbedingungen für effiziente unternehmerische Entscheidungen geschaffen werden (Grundmann/Mülbert [Governance]).

Merksatz: **Gute Corporate Governance soll einen Beitrag dazu leisten, dass die Verwaltungsorgane sich dem Unternehmensinteresse verpflichten, die Unternehmensziele wirksam anstreben und insofern erfolgreich sind.**

Die Notwendigkeit der Einrichtung solcher Rahmenbedingungen folgt der Einsicht, dass die Verwaltungsorgane und Bezugsgruppen nicht immer im besten Interesse des Unternehmens handeln, sondern aus kognitiven und insbesondere auch motivationalen Gründen berechtigte Unternehmensbelange vernachlässigen und eigene (Partikular-)Interessen – zulasten des Unternehmensinteresses – verfolgen können. Auf diese Möglichkeit wird in der bahnbrechenden Untersuchung von Berle/Means [Corporation] über die Trennung zwischen dem Eigentum am Unternehmen und der Verfügungsgewalt über seine Leitung hingewiesen, die für die moderne Aktiengesellschaft kennzeichnend ist. Die Eigentümer der Gesellschaft übernehmen demnach nicht selbst die Leitung ihres Unternehmens, sondern übertragen diese Aufgabe einem angestellten Management, das nicht zwingend die Interessen und die Zielfunktion der Eigentümer teilen muss und in den seltensten Fällen komplett teilen wird. Da und soweit die Eigentümer nicht die Zeit oder die Kompetenzen besitzen oder aufbringen wollen, die eigene Gesellschaft zu leiten, entstehen dem angestellten Management im Zuge seiner Unternehmensführung Ermessensspielräume und Informationsvorsprünge, die es zum Nachteil der Eigentümer oder der Gesellschaft missbrauchen könnte.

An dieser Stelle setzt auch die Prinzipal-Agenten-Theorie an (Eisenhardt [Agency]; Fama [Agency]; Jensen/Meckling [Theory]), die im Bereich der Corporate Governance aufgrund ihrer überaus einschränkenden Fokussierung zwar zunehmend kritisiert wird (Filatotchev/Boyd [Taking Stock]; Lubatkin/Lane/Collin/Very [Origins]; Pfeffer [Directions]), aber immer noch ihren vorherrschenden Bezugsrahmen bildet (Clarke [Impact]; Daily/Dalton/Cannella [Governance]; Krause/Semadeni/Cannella [CEO Duality]). Sie untersucht unter den (ökonomischen) Verhaltensprämissen der begrenzten Rationalität eigennutzorientierter Akteure, wie die Vertragsbeziehungen zwischen einem Auftraggeber oder Prinzipal (den Eigentümern) und einem Auftragnehmer oder Agenten (dem Management) auszuformen sind, damit der Agent den Auftrag möglichst vollständig im Interesse des Prinzipals erfüllt. Informationsvorteile und Zieldivergenzen können dazu führen, dass der Agent von der Zielfunktion des Auftraggebers abweicht. Agencytheoretisch fundierte Governance-Maßnahmen bezwecken daher einen Abbau dieser Informationsasymmetrien und Zieldivergenzen, was insbesondere durch Kontrollen (eines einzusetzenden Überwachungsgremiums oder des Markts) und Anreizsysteme (wie leistungsorientierte Vergütungsvereinbarungen) erfolgen kann und sollte (Dalton/Hitt/Certo/Dalton [Agency]).

Merksatz: Die **Trennung** zwischen dem **Eigentum** am Unternehmen und der **Verfügungsgewalt** über seine Leitung kann **Prinzipal-Agenten-Probleme** begründen.

Wenngleich – nicht zuletzt auch aufgrund der Vorherrschaft der Prinzipal-Agenten-Theorie – die managergeleitete Gesellschaft mit vielen und weit verteilten (Klein-)Eigentümern und somit die börsennotierte (Aktien-)Gesellschaft in Streubesitz lange Zeit den paradigmatischen Anwendungsfall der Corporate Governance markiert und ihre sowohl konzeptionelle als auch empirische Forschung dominiert hat (Grundei/Talaulicar [Aufsichtsräte]), sind Fragen der Corporate Governance in praktisch allen Unternehmensformen relevant, deren (arbeitsteilige) Führung ein hinreichendes Maß an Komplexität und Auswirkungen auf diverse Bezugsgruppen aufweist. Aufgrund der Unstrukturiertheit entsprechend komplexer Managementprobleme kann das Verfehlen der Unternehmensziele nicht nur aus abweichenden Interessen, sondern auch aus Qualifikationsmängeln und dadurch verursachten Fehleinschätzungen resultieren (Hendry [Problems]). Insoweit stellen sich selbst für eigentümergeleitete Unternehmen Governance-Herausforderungen (Schulze/Lubatkin/Dino/Buchholtz [Agency]), die in der sich rasant entwickelnden Forschung zur Corporate Governance von Familienunternehmen adressiert werden (Aguilera/Chung/Goel/Jimenez/Talaulicar [Perspectives]). Die Trennung von Eigentum und Verfügungsgewalt (Fama/Jensen [Separation]) genügt somit nicht und ist keineswegs zwingend, um die Relevanz von Governance-Fragen zu begründen. Das Themengebiet der Corporate Governance hat sich daher inzwischen weit aus dem Schatten der ursprünglich fast allein betrachteten börsennotierten Aktiengesellschaft in Streubesitz herausbewegt, um die Herausforderungen und Besonderheiten zu berücksichtigen, die sich für unterschiedliche Unternehmensformen stellen (Bainbridge [Crisis] 65). Neben Familienunternehmen, die selbst unter börsennotierten Gesellschaften in den USA sehr verbreitet sind (Anderson/Reeb [Ownership]), werden weiterhin auch die Governance von Unternehmen mit Großaktionären (Shleifer/Vishny [Shareholders]), geschlossene Unternehmen (McCahery/Vermeulen [Governance]), neu notierte Unternehmen (Zattoni/Judge [Governance]), neu gegründete Unternehmen (Talaulicar/Grundei/v. Werder [Start-ups]), kleine und mittlere Unternehmen (Wesel [Mittelstand]), nicht erwerbswirtschaftliche Unternehmen (Hopt/von Hippel [Governance]) oder öffentliche Unternehmen (Ruter/Sahr/Waldersee [Governance]) untersucht.

Merksatz: Fragen der Corporate Governance sind in unterschiedlichsten **Unternehmensformen** relevant und keineswegs an die Trennung zwischen Eigentum und Leitung des Unternehmens gebunden.

3.1.2 Enges und breites Verständnis der Corporate Governance

Engeres Begriffsverständnis

Je nach Zielsetzungen und Anspruchsgruppen, die bei der Ausgestaltung der Corporate Governance Berücksichtigung finden (sollen), lassen sich ein enges und ein weites Begriffsverständnis der Corporate Governance unterscheiden (Talaulicar [Concept]; Wentges [Governance] 3 f.; v. Werder [Führungsorganisation] 2). Im Kern korrespondieren mit diesen Begriffsfestlegungen abweichende Auffassungen darüber, was unter dem Unternehmensinteresse zu verstehen ist, das die Maxime der Unternehmensführung darstellt. Nach dem engen Begriffsverständnis ist das Interesse des Unternehmens mit den Belangen seiner Eigentümer gleichzusetzen (Heinz [Kommentierungen] § 22 Rn. 30). Eine solche Sichtweise liegt den vorherrschenden agencytheoretischen Konzeptionen zugrunde. Aufgrund des angenommenen Primats der Anteilseignerinteressen haben Arrangements der Corporate Governance sicherzustellen bzw. darauf hinzuwirken, dass das Unternehmen (nur) im Interesse seiner Eigentümer geleitet wird. Da und soweit als Interesse der Eigentümer die Maximierung des Werts ihrer Unternehmensbeteiligung angenommen wird, mündet diese Position in die Doktrin des Shareholder Value (Rappaport [Shareholder Value]), welche die Maximierung des Marktwerts des Eigenkapitals als Oberziel des Unternehmens begründet. Der Shareholder Value bzw. der Marktwert des Eigenkapitals entspricht dabei in der Regel der Summe der auf den Bewertungszeitpunkt diskontierten (zukünftigen) freien Cashflows abzüglich des Marktwerts des Fremdkapitals des Unternehmens (siehe eingehender auch Busse von Colbe [Shareholder Value]; Fernández [Methods]; Rappaport [Shareholder Value]).

Die Vertreter dieser Sichtweise rechtfertigen ihre Engführung insbesondere (eingehender z.B. Sundaram/Inkpen [Objective]) damit, dass erstens die Annahme des Shareholder Value als alleiniges Oberziel des Unternehmens erforderlich sei, um die arbeitsteiligen Leistungsbeiträge im Zuge der Wertschöpfung des Unternehmens steuern und die Performance seines Topmanagements kontrollieren zu können (Jensen [Value Maximization]), dass zweitens nur diese Ausrichtung auf die Anteilseignerinteressen den langfristigen Erfolg des Unternehmens gewährleiste (Rappaport [Shareholder Value]) und dass drittens die Eigentümer schließlich das – insoweit besonders schutzbedürftige – Residualrisiko der Unternehmensführung trügen (Fama/Jensen [Agency]).

Das erste Argument zielt auf die Messbarkeit des Unternehmenserfolgs und seine Operationalisierung zur Steuerung und Kontrolle unternehmerischen Handelns. Es verkennt nicht, dass Unternehmen multiple Ziele verfolgen können und werden, verlangt jedoch, dass sich diese multiplen Ziele als (reine) Instrumente zur Erreichung des Oberziels der Unternehmenswertmaximierung in einer Zielhierarchie eindeutig einordnen lassen. Die Leistung des Topmanagements bemisst sich dann allein danach, inwieweit es ihm gelingt, den Unternehmenswert zu steigern. Nur die ausschließliche Orientierung am Shareholder Value, den es zu maximieren gelte, sei geeignet, eine eindeutige Zielvorgabe für das Topmanagement und damit seine Kontrolle festzulegen. Im Falle von Misserfolg werden ihm so Ausfluchten abgeschnitten, Maßnahmen zugunsten alternativer Unternehmensziele ergriffen zu haben oder ergriffen haben zu müssen. Insoweit wirke diese Zielvorgabe disziplinierend, da das Topmanagement sich in der Weise kontrolliert weiß, dass die Ausübung seiner Ermessensspielräume danach bewertet wird, inwieweit es dem Shareholder Value zuträglich ist. Das Anstreben einer Unternehmenswertmaximierung kann allerdings auch in einem dysfunktional übersteigerten Maße unter Vernachlässigung gravierender Risiken oder gar rechtlicher Restriktionen erfolgen, wie es anreiztheoretisch wenig überraschend (Clarke [Crises] 27, Ghoshal [Theories]; Ghoshal/Moran [Practice]) und durch die jüngste Finanzmarktkrise, aber auch schon zuvor viele Unternehmensskandale veranschaulicht ist, die in einer zu einseitigen Ausrichtung auf das zu maximierende Ziel des Shareholder Value einen Ursprung haben (Aglietta/Rebérioux [Governance]; Clarke [Enron]; Dobbin/Zorn [Malfeasance]; Stout [Myth]).

Das Ansinnen, die Unternehmensführung auf ein einzelnes Oberziel zu verpflichten, ist in der Tat erforderlich, da und soweit sich ihre Aufgabe als ein Maximierungsproblem darstellen lassen soll. Es ist logisch ausgeschlossen, mehr als ein Ziel zu maximieren, sofern diese Zielsetzungen nicht so weit harmonieren, dass sie sich als gegenseitige monotone Transformationen fassen lassen (Jensen [Value Maximization] 238). Demgegenüber ist ziel- oder zweckorientiertes Handeln allerdings keineswegs zwingend mit der Maximierung einer monovariablen (Ober-)Zielsetzung gleichzusetzen. Die vernunftgeleitete Auswahl alternativer Handlungsweisen des Unternehmens erlaubt vielmehr oft gerade nicht die Maximierung eines einzelnen (Ober-)Ziels, sondern erfordert die Abwägung konkurrierender Ziele (Talaulicar [Unternehmenskodizes] 317 ff.), die sich nicht im Vorhinein in eine eindeutige Zielhierarchie bringen lassen, da die Zielbeziehungen komplex und ausprägungsabhängig verschieden sein können. Entsprechende Abwägungen belassen dem Topmanagement zunächst größere Ermessensspielräume. Deren angemessene Ausfüllung folgt der Urteilsfähigkeit des Topmanagements und seiner Darlegung, welche Überlegungen und Gründe für oder gegen die Selektion einer bestimmten Handlungs- oder Zielalternative sprechen. Die größeren Ermessensspielräume korrespondieren entsprechend mit mehr Verantwortlichkeit, aber auch einer stärkeren (ggf. einzufordernden) Rechenschaftspflicht, wie das Topmanagement seine Handlungskompetenzen verantwortlich wahrnimmt und wahrgenommen hat.

Die Vertreter des Shareholder Value insistieren, dass nur diese Zielgröße eine eindeutige und eindeutig messbare Zielvorgabe schaffe, an die das Topmanagement verbindlich zu binden ist (Fleischer [Shareholders] 193). Diese vermeintliche Eindeutigkeit ist indes nur dem Anschein nach gegeben und erweist sich bei genauerem Hinsehen als weit brüchiger, da sich (auch) bei der Anwendung des Shareholder Value-Konzepts in wenigstens zweifacher Hinsicht Ungenauigkeiten und Unsicherheiten auftun. Zum einen gilt es, den zu erwartenden Shareholder Value-Beitrag zur Auswahl stehender Maßnahmen abzuschätzen. Aufgrund ihrer notwendigen Unsicherheit sind solche Prognosen notwendigerweise an Prämissen gebunden, mit Ungewissheiten behaftet und subjektiven Einschätzungen und Bewertungen geöffnet. Zum anderen ist auch die Zielgröße des Shareholder Value selbst keineswegs so eindeutig und genau messbar, wie es seine Vertreter immer wieder hervorheben. Durch seine Zukunftsbezogenheit ist der Shareholder Value, der sich aus künftigen Zahlungsflüssen berechnet, im Gegenteil eine nur sehr ungenau messbare Größe, da sich künftige Cashflows eben nur entsprechend ungenau bestimmen lassen (vgl. besonders dezidiert Meyer [Failure] 201: „we cannot measure cash flows still to come because they have not yet been realized. Cash flows still to come will always remain beyond the reach of measurement."). Insoweit erhält das Topmanagement seinerseits wiederum nicht unbeträchtliche Interpretations- und Bewertungsspielräume, wenn es sich der Auswahl geeigneter Maßnahmen und der Abschätzung ihres Beitrags zum Shareholder Value annimmt.

Merksatz: Auch ein **monovariables Oberziel** wie der Shareholder Value unterliegt Ungenauigkeiten und Unsicherheiten, da der sich erst in der Zukunft realisierende Zielbeitrag zur Auswahl stehender Maßnahmen zum Entscheidungszeitpunkt abzuschätzen ist.

Die eindeutigere Ausrichtung und entsprechende Kontrolle des Topmanagements könnte im Grunde durch jede monovariable Zielvorgabe erreicht werden, die es allein zu maximieren gelte. Die Beschränkung der Corporate Governance auf die Interessen der Anteilseigner wird daher zweitens damit begründet, dass – wenigstens langfristig – kein Unternehmen erfolgreich bestehen kann, ohne die Belange seiner Eigentümer zu beachten (Kontes [CEO] xvii). Insoweit sei eine Ausrichtung am zu maximierenden Shareholder Value auch im Interesse der übrigen Bezugsgruppen des Unternehmens, deren Interessen – wenigstens langfristig – konvergierten. Dieses Argument ignoriert, dass zwischen den Belangen verschiedener Bezugsgruppen des Unternehmens sehr wohl und sehr häufig Konflikte bestehen (Gourevitch/Shinn [Drivers] 200 ff.), die sich auch bei einer Ausdehnung des Betrachtungshorizonts keineswegs gänzlich auflösen (Ellsworth [Purpose] 2 f.). Dies wird bereits daran ersichtlich, dass sich Wertschöpfungserträge nur einmal verteilen lassen. An die Aktionäre ausgeschüttete Gewinne lassen sich daher auch langfristig nicht mehr für eine Anhebung von Lohn- und Gehaltszahlungen oder ein Absenken des Preises qualitativ verbesserter Produkte verwenden (Ellsworth [Purpose] 31). So ist zwar zutreffend, dass eine erfolgreiche Unternehmensführung sicherlich (auch) den Interessen seiner Eigentümer dienstbar sein muss. Inwieweit dies jedoch dauerhaft und systematisch zulasten anderer Bezugsgruppen erfolgen kann und sollte, bleibt offen und deshalb unadressiert, weil entsprechende Konflikte nicht zugestanden, sondern durch die erkennbar realitätsferne Annahme eines langfristigen Gleichlaufs der Interessen aller unternehmerischen Bezugsgruppen in Abrede gestellt werden.

> **Merksatz:** Zwischen den Interessen der verschiedenen **Bezugsgruppen** des Unternehmens können **Konflikte** bestehen, die sich auch bei einer Ausdehnung des Betrachtungshorizonts keineswegs regelmäßig auflösen.

Zur Rechtfertigung des Primats der Anteilseignerinteressen wird schließlich drittens angeführt, dass die Eigentümer das Residualrisiko der Unternehmensführung und im Extrem den kompletten Ausfall ihrer Einlage trügen (Fama/Jensen [Agency]; Fama/Jensen [Separation]; Macey [Analysis]). Die Belange der übrigen Bezugsgruppen seien demgegenüber vertraglich oder gesetzlich abgesichert. So sei im Vorhinein entsprechend fixiert, welche Bezüge der Belegschaft zur Honoration ihrer Arbeitsleistung oder welche Preise Zulieferern für die Bereitstellung von Vorprodukten gewährt werden. (Nur) Die Eigentümer hätten hingegen keinerlei Absicherung und zugleich das größte Risiko, einen Totalverlust ihrer Beteiligung zu erleiden. Zutreffend an dieser Ansicht ist, dass die Anteilseigner mit ihrem Investment in der Tat eine Unsicherheit darüber verbinden, inwieweit sie eine Rendite ihrer Einlage erwirtschaften. Die Anteilseigner stellen daher fraglos eine Bezugsgruppe des Unternehmens dar, deren Belangen im Zuge der Unternehmensführung besondere Beachtung zuzuwenden ist. Das Argument verkennt allerdings, dass auch die übrigen Bezugsgruppen durchaus und teilweise beträchtliche Risiken eingehen, da keineswegs sämtliche ihrer Ansprüche gesetzlich geregelt oder vertraglich abgesichert sind. So sind grundlegende Rechte und Pflichten der Arbeitnehmer zwar in ihrem Arbeitsvertrag niedergelegt und durch arbeitsrechtliche (Schutz-)Vorschriften flankiert. Damit wird jedoch nur ein Rahmen ihrer Leistungsbeziehungen geschaffen, der in der Interaktion zwischen dem Unternehmen und seiner Belegschaft weiter ausgefüllt wird und sich in daraus erwachsenen, wechselseitigen Erwartungen nur implizit konkretisiert. Arbeitnehmer tätigen dabei zum Beispiel auch Investitionen in unternehmensspezifisches Know-how, ohne dass ihnen im Detail regelmäßig vertraglich zugesichert ist, inwieweit sie an dessen Erträgen partizipieren. Schließlich gilt auch für die Höhe der eingegangen Risiken, dass der Anteilseigner zwar den gesamten Wert der von ihm getätigten (im Einzelfall unter Umständen aber auch nur sehr geringen) Einlage einbüßen kann, was indes nicht zwingend den Verlust überwiegt, den ein Mitarbeiter beispielsweise mit dem Abbau seines Arbeitsplatzes erfährt (in diesem Sinne resümiert Ghoshal [Theories] 80: „Most shareholders can sell their stocks far more easily than most employees can find another job. In every substantive sense, employees of a company carry more risks than do the shareholders.").

> **Merksatz:** Wenngleich die **Anteilseigner** das **Residualrisiko** der Unternehmensführung tragen, sind sie nicht zwingend den – hinsichtlich Ausmaß und Eintrittswahrscheinlichkeit – größten Risiken der Unternehmensführung ausgesetzt.

Erste Ausdehnungen dieser engen Sichtweise finden sich in finanzwirtschaftlichen Schriften, die Corporate Governance nicht mehr ausschließlich den Anteilseignerinteressen, sondern den Belangen zumindest sämtlicher Kapitalgeber des Unternehmens verpflichtet sehen, was neben den Eigentümern und Aktionären im Grundsatz auch die Fremdkapitalgeber umfasst. Eine einflussreiche Begriffsfassung versteht Corporate Governance danach als Set der Maßnahmen, durch die Kapitalgebern die Rückzahlung und Verzinsung ihrer (Eigen- bzw. Fremd-)Kapitaleinlage gesichert wird (Shleifer/Vishny [Survey] 737 im Original z. T. hervorgehoben: „Corporate governance deals with the ways in which suppliers of finance to corporations assure themselves of getting a return to their investment."). Dabei können sich die governance-bezogenen Präferenzen von Eigen- und Fremdkapitalgebern durchaus unterscheiden (Klock/Mansi/Maxwell [Governance]). Wenngleich die weiteren aus dieser Begriffsfassung folgenden Anwendungen unverändert die Belange der Eigenkapitalgeber fokussieren, öffnet sie doch erstmals den Blick dafür, dass auch die Eigentümer keineswegs einen monolithischen Verbund bilden, sondern unterschiedliche Eigentümer(gruppen) im Einzelnen auch sehr unterschiedliche Interessen mit ihrem Investment verbinden und verfolgen können (Anabtawi [Skepticism]). So können die Eigentümer eines Unternehmens sich unter anderem nach dem Umfang ihres Investments (Shleifer/Vishny [Shareholders]), ihrem Zeithorizont (Berglöf/von Thadden [Interests]) und ihrer Risikoaffinität (Kose/Litov/Yeung [Risk-Taking]) differenzieren lassen und ihre Eigentumsrechte mehr oder weniger aktiv wahrnehmen (Agrawal/Mandelker [Shareholders]), womit abweichende Interessen und Strategien korrespondieren, die sie jeweils an die Unternehmensführung richten (Hoskisson/Hitt/Johnson/Grossman [Voices]). Einflussnahmen der Aktionäre müssen daher keineswegs ständig und ausschließlich auf die Steigerung des Unternehmenswerts zielen (Chung/Talaulicar [Activism]). Aus diesem Grund werden im Zuge dieser Governance-Strömung insbesondere auch (Prinzipal-Prinzipal-)Konflikte zwischen verschiedenen Anteilseignergruppen oder die Möglichkeit untersucht, inwieweit sich die Unternehmensleitung durch eine Eigentümergruppe zulasten einer anderen vereinnahmen lässt. Derartige Konflikte erscheinen dabei wahrscheinlicher, wenn einzelne Aktionäre oder Aktionärsgruppen über Kontrollmehrheiten verfügen oder mittels Familienbeziehungen oder Konzernverbindungen auf Unternehmensentscheidungen einwirken können und institutionelle Arrangements wie insbesondere wirksame Vorkehrungen zum Schutz der Interessen von Kleinaktionären fehlen, sodass sich die privilegierten Möglichkeiten zur Einflussnahme einer Eigentümergruppe auf Kosten der übrigen einsetzen lassen (Dharwadkar/George/Brandes [Privatization]; Li/Qian [Conflicts]; Young/Peng/Ahlstrom/Bruton/Jiang [Governance]).

Merksatz: Zwischen verschiedenen Eigentümergruppen des Unternehmens können **Prinzipal-Prinzipal-Konflikte** auftreten.

Das Anerkennen dieser Heterogenität innerhalb der Kapitalgeber des Unternehmens stellt deshalb zwar einen wesentlichen Fortschritt dar, weil unterschiedliche Interessenlagen der Kapitalgeber und sich daraus ergebende Probleme betrachtet werden können. Systematisch fällt die Begründung dieser Ausdehnung allerdings insoweit noch hinter die der engen Begriffsfassung zurück, als keine Argumente dafür gegeben werden, warum zwar die Fremdkapitalgeber berücksichtigt werden, deren Ansprüche in der Regel zu einem erheblichen Teil vertraglich abgesichert sind, wohingegen weitere Bezugsgruppen ausgeblendet bleiben, die ihnen ähnliche (Vertrags-)Risiken tragen und zwar kein Kapital, aber ebenfalls essentielle Beiträge zur Wertschöpfung des Unternehmens leisten.

Weiteres Begriffsverständnis

Im Unterschied zu diesen enge(re)n Begriffsfassungen konzedieren breitere Begriffsfestlegungen daher, dass weitere Bezugsgruppen legitime Ansprüche an die Unternehmensführung besitzen, deren Erfolg auch von den Beiträgen dieser Bezugsgruppen abhängt, die keineswegs vollständig vertraglich oder gesetzlich geregelt und abgesichert sind (Freeman/Reed [Stakeholders]; Talaulicar [Concept]; v. Werder [Stakeholder]). Neben der ausreichenden Versorgung mit (Eigen- und Fremd-)Kapital ist die Wertschöpfung des Unternehmens darüber hinaus zum Beispiel und insbesondere auf die Leistungsbeiträge von Arbeitnehmern, Lieferanten, Kunden oder der allgemeinen Öffentlichkeit angewiesen. Sie stellen ihre Arbeitsleistung in den Dienst des Unternehmens, liefern ihm Vorprodukte, erwerben seine Endprodukte und schaffen für das Wirtschaften unverzichtbare Rahmenbedingungen in Form von Infrastruktur, Rechts- und Marktsystem oder auch der generellen Akzeptanz unternehmerischen Handelns in einem Gemeinwesen (license to operate, vgl. Henisz/Dorobantu/Nartey [Gold]; Porter/Kramer [Strategy]; Sachs/Rühli [Stakeholders]).

Definition:
Die **Wertschöpfung** des Unternehmens ergibt sich aus der Differenz zwischen dem (jeweils marktlich bewerteten) Output und dem Input der unternehmerischen Leistungserstellung unter Korrektur möglicher (Lager-)Bestandsveränderungen.

Zu den Bezugsgruppen oder Stakeholdern des Unternehmens zählen nach dieser Sichtweise alle Akteure, die einen Beitrag zu seiner Wertschöpfung erbringen und die Wertschöpfung des Unternehmens beeinflussen oder durch sie beeinflusst werden können. Entsprechend wird nach einem weiten Verständnis der Corporate Governance ihre Zielsetzung und Funktion darin gesehen, die sämtlichen zur Wertschöpfung des Unternehmens erforderlichen Beiträge der Bezugsgruppen zu sichern und angemessen zu kompensieren. Die Eignung dieser Begriffsfassung lässt sich vertragstheoretisch genauer fundieren, worauf unten in Abschnitt 3.2.1 einzugehen ist.

Definition:
Die unternehmerischen **Stakeholder** umfassen sämtliche Akteure, die einen Beitrag zur Wertschöpfung des Unternehmens leisten und sie somit beeinflussen oder durch sie beeinflusst werden können.

3.1.3 Globalisierung der Kapitalmärkte

Verbreitung von Corporate Governance-Kodizes

Corporate Governance dient nicht zuletzt auch der Schaffung und Sicherung des Vertrauens von (potentiellen) Investoren und weiteren Bezugsgruppen des Unternehmens in die Strukturen, Prozesse und Personen seiner Leitung und Überwachung. Der Bedarf nach einer entsprechenden Vertrauensbildung und seiner Absicherung durch geeignete Governance-Systeme erscheint dabei größer, wenn die Bezugsgruppen zunächst wenig Kenntnis über die jeweilige Ausformung der Corporate Governance besitzen und auch aufgrund fehlender rechtlicher Vorkehrungen fürchten müssen, für ihre Leistungsbeiträge unzureichend honoriert zu werden (Chen/Chen/Wei [Protection]). Wenngleich Corporate Governance aus den zuvor ausgeführten Erwägungen nicht auf die Belange der Anteilseigner zu reduzieren ist, so haben die Kapitalgeber doch einen beträchtlichen Einfluss auf ihre Ausgestaltung, da und soweit sie Investments zurückhalten oder zurückziehen können, wenn ihnen die angewendeten Governance-Standards nicht genügen.

Die große und insbesondere auch praktische Bedeutung von Gestaltungsfragen der Corporate Governance ist daher gerade auch durch die Globalisierung von Wirtschaft und Kapitalmärkten vorangetrieben worden, die im Anschluss an die Transformation zuvor zentral gelenkter Volkswirtschaften deutlich zugenommen hat (Davis/Marquis [Globalization]; Knight [Globalization]; Lothian [Internationalization]; Stallings [Globalization]). Viele Transformationsökonomien hatten nach dem Zusammenbruch der kommunistischen Staatswesen ein Interesse, die eigene Wirtschaft durch das Attrahieren von Investoren aus dem Ausland zu fördern, da sich als Folge der Verbreiterung der Anteilseignerbasis notwendiges Kapital zu geringeren Kosten beschaffen lässt (Stulz [Globalization]). Die ausländischen Investoren hingegen waren trotz positiver Wachstumsaussichten in vielen dieser Volkswirtschaften zunächst verhalten, sich mit Kapitalbeteiligungen zu engagieren, da und soweit Rechtssysteme noch im Aufbau und verlässliche Governance-Strukturen unzureichend erkennbar waren. Vor diesem Hintergrund haben viele dieser Länder bereits vergleichsweise früh eigene Regelungen erlassen, mit denen über die Corporate Governance in ihren Unternehmen prägnant Auskunft gegeben werden sollte, die diesbezüglich an international anerkannten Mindeststandards auszurichten war. Seit den 1990er Jahren ist es im Zuge dessen zu einer raschen Ausbreitung von Corporate Governance-Kodizes gekommen (Aguilera/Cuervo-Cazurra [Codes]; Aguilera/Cuervo-Cazurra [Governance]; Haxhi/van Ees [Diversity]; Zattoni/Cuomo [Codes]), die Best Practices der Unternehmensführung normieren, denen sich die Gesellschaften (mehr oder weniger freiwillig) verpflichten. Insoweit hat die Globalisierung zumindest in Hinblick auf solche Mindeststandards zu einer gewissen internationalen Angleichung von Governance-Systemen geführt (Khanna/Kogan/Palepu [Globalization]), die aufgrund historischer Pfadabhängigkeiten allerdings auch nicht vollständig über Landesgrenzen hinweg konvergieren (Bebchuk/Roe [Path]).

Merksatz: **Corporate Governance-Kodizes** gebieten bestimmte **Standards** der Unternehmensführung, die in der Regel nicht rechtlich verbindlich sind, sondern denen sich die Gesellschaften im Zuge der **Selbstregulierung** (mehr oder weniger freiwillig) verpflichten.

OECD-Grundsätze der Corporate Governance

Merksatz: Die **Organisation für wirtschaftliche Zusammenarbeit und Entwicklung (Organisation for Economic Co-operation and Development, OECD)** ist eine supranationale Organisation, der 34 Industrieländer angehören, um die wirtschaftliche und gesellschaftliche Entwicklung weltweit zu fördern. Ihr oberstes Entscheidungsorgan ist der OECD-Rat, der sich aus je einem Vertreter der Mitgliedsländer und der Europäischen Kommission zusammensetzt. Die OECD erarbeitet auf der Basis von Datenerhebungen und Konsultationen

Abkommen, Standards und Empfehlungen, mit denen Regierungen von Mitgliedsstaaten und Nicht-OECD-Ländern unterstützt werden sollen, durch wirtschaftliches Wachstum und gesellschaftliche Entwicklung Wohlstand zu fördern und Armut zu verringern.

Eine wesentliche Grundlage für den Erlass solcher Standards der Unternehmensführung bildeten die OECD-Principles of Corporate Governance, die in ihrer Ursprungsfassung 1999 vorgelegt worden waren, 2004 in einer überarbeiteten Version neu gefasst wurden und gegenwärtig einer erneuten Überprüfung unterzogen werden. Die Grundsätze beziehen sich im Einzelnen auf die Sicherung der Grundlagen eines effektiven Corporate-Governance-Rahmens (Abschnitt I.), Aktionärsrechte und Schlüsselfunktionen der Kapitaleigner (II.), die Gleichbehandlung der Aktionäre (III.), die Rolle der verschiedenen Unternehmensbeteiligten bzw. Stakeholder bei der Corporate Governance (IV.), Offenlegung und Transparenz (V.) sowie die Pflichten des Aufsichtsorgans bzw. Board (VI.). Die OECD-Grundsätze konzedieren ausdrücklich die besondere Bedeutung der Anteilseigner und Investoren zur Durchsetzung und Entwicklung guter Governance-Standards (Lazonick/O'Sullivan [Shareholder] 14), denen nach der Einleitung der Grundsätze deshalb die zwei obersten Abschnitte gewidmet sind. Den Grundsätzen liegt jedoch ein weites Governance-Verständnis zugrunde. Governance-Praktiken dienen demnach nicht nur dem Schutz der Aktionärsinteressen, sondern sie betreffen das gesamte Geflecht der Beziehungen zwischen dem Unternehmen und seinen verschiedenen Bezugsgruppen bzw. Stakeholdern (OECD [Grundsätze] 11). Diese breitere, stakeholder-orientierte Perspektive wird bereits an der Struktur der Grundsätze ersichtlich, die im vierten Abschnitt auf die Rolle der übrigen Bezugsgruppen im Rahmen der Corporate Governance gesondert eingehen.

Die Ursprungsfassung der OECD-Grundsätze begnügte sich im Wesentlichen damit, grundlegende Mindestanforderungen an die Corporate Governance zu formulieren (Solomon/Lin/Norton/Solomon [Governance] 235), um Regelsetzern in Mitgliedsstaaten, aber auch in Nicht-OECD-Ländern eine Orientierung zu geben, die ihnen bei der Entwicklung und Evaluation ihrer rechtlichen und institutionellen Corporate-Governance-Rahmen hilfreich sein sollte (OECD [Grundsätze] 11). Für entwickelte Volkswirtschaften mit etablierten Governance-Systemen waren die 1999er Grundsätze insoweit wenig instruktiv, als diese Mindeststandards bereits (weit überwiegend) eingeführt und erprobt waren. Relevanz beanspruchten die Grundsätze vielmehr primär für sich entwickelnde Ökonomien, die sich bei der Schaffung ihrer Governance-Systeme entsprechend an der Grundsätzen der OECD ausrichten konnten (Iu/Batten [Implementation]; Jesover/Kirkpatrick [OECD]; Solomon/Lin/Norton/Solomon [Governance]). Die Corporate Governance-Grundsätze der OECD sind vom Forum für Finanzmarktstabilität in ihren Katalog der zwölf wichtigen Standards zur Förderung stabiler Finanzsysteme aufgenommen worden und dienen somit auch als Basis für den Corporate Governance-Teil in den Länderberichten von Weltbank und Internationalem Währungsfonds (IWF) über die Einhaltung von Standards und Kodizes in einzelnen Volkswirtschaften (OECD [Grundsätze] 9).

Die OECD-Grundsätze verstehen sich als ein entwicklungsfähiges Instrument. Insofern hatten die Minister der OECD-Länder dem OECD-Lenkungsausschuss im Jahre 2002 den Auftrag erteilt, die Grundsätze zu überarbeiten, um in der Zwischenzeit gemachte Erfahrungen und neue Herausforderungen aufzugreifen und einzubeziehen. Nach entsprechenden Konsultationen wurde die Neufassung der Grundsätze 2004 beschlossen. Die Schwerpunkte dieser Revision lagen auf der Stärkung der Aktionärsrechte (etwa hinsichtlich der Einflussnahme auf die Vergütungsstrukturen und die Abberufung von Organmitgliedern), der Neuordnung des Umgangs mit Interessenkonflikten (auch bei Ratingagenturen und Analysten), der stärkeren Unabhängigkeit der Wirtschaftsprüfer, der weiteren Hervorhebung der Rechte der Stakeholder und ihrer Interessen an guter Corporate Governance, dem Schutz von Hinweisgebern (sog. Whistleblowern), der Ausweitung der Pflichten der Organmitglieder bei Konzernlagen sowie den Pflichten institutioneller Anleger und ihrem Zusammenwirken bei Abstimmungen (Schneider [Revision] 431). Anders als die Ursprungsversion enthält die aktualisierte Fassung damit eine Reihe von Standards, die auch in entwickelten Industrieländern noch keine Selbstverständlichkeit darstellen und somit auch ihnen Anregungen für die Fortentwicklung der Corporate Governance geben.

3.1.4 Krisen als Treiber der Corporate Governance-Bewegung

Managerialismus-Theorie

Corporate Governance soll dem Interesse des Unternehmens dienen. Daher könnte man vermuten, dass Bestrebungen einer effizienten Regelung der Corporate Governance durch die Unternehmen selbst motiviert sind und vorangetrieben werden. Regelungs- und Govenance-Defizite werden demgegenüber daher auch unter Verweis auf eine Managerialismus-These begründet (Marris [Theory]), die demnach den Partikularinteressen eigennutzorientierter Manager geschuldet sind, die über unkontrollierte Handlungs- und Ermessensspielräume verfügen, um Governance-Reformen auszubremsen und sich selbst (auf Kosten des Unternehmens und seiner übrigen Anspruchsgruppen) zu bereichern (Kosnik [Greenmail]). Ein ausreichend verschanztes und dadurch Kontrollen entzogenes Topmanagement wird demzufolge vor allem nach Unternehmenswachstum streben, sich vor Übernahmen schützen und attraktive Vergütungspakete vereinnahmen wollen, um seine eigene Position zu festigen und zu bedienen (Combs/Skill [Explanations]; Hansmann/Kraakman [End] 66; Kose/Senbet [Board]; Rock [Fascination]).

Eine solche Abschottung ist zum einen wahrscheinlicher, wenn das Topmanagament über beträchtliche Eigentumsanteile am Unternehmen verfügt, was seine Abberufung erschwert und die Kontrollmöglichkeiten anderer Anteilseigner begrenzt (Morck/Wolfenzon/Yeung [Entrenchment]). Die Beteiligung am Unternehmen muss demnach keineswegs zwingend eine Angleichung der Interessen seiner Leitung zur Folge haben und kann vielmehr das Streben nach privaten Vorteilen zulasten des Unternehmensinteresses erst ermöglichen (Stulz [Control]). Eine Verschanzung ist allerdings nicht an eine ausreichende Unternehmensbeteiligung gebunden. Sie kann sich zum anderen vielmehr aus allen Governance-Ausprägungen ergeben, die eine wirksame Überwachung der Unternehmensführung behindern. Entsprechend ist ein Index erstellt worden (sog. Entrenchment-Index von Bebchuk/Cohen/Ferrell [Governance]), wonach die Verschanzung tendenziell stärker ausgeprägt ist, sofern Disziplinierungen durch den Kapitalmarkt mittels feindlicher Übernahmedrohungen eingeschränkt sind. Derartige Einschränkungen können namentlich durch die Flexibilisierung der Bestellperioden des (das Topmanagement überwachenden) Board, Erschwernisse von Änderungen der Unternehmensstatuten, weitergehende Mehrheitserfordernisse für Aktionärsbeschlüsse über Fusionen und Satzungsanpassungen, die Vereinbarung (in sog. Change of Control-Klauseln) von (hohen) Abfindungsleistungen für in der Folge eines Eigentümerwechsels ausscheidende Manager sowie das Vorsehen von sog. Giftpillen (poison pills) erfolgen, die Eigentumsanteile oder Ressourcen des Unternehmens vor einem Zugriff durch einen neuen Eigentümer schützen. In der Konsequenz steigen die Eigenkapitalkosten eines in dieser Hinsicht stärker verschanzten Unternehmens (Collins/Huang [Entrenchment]).

Merksatz: Maßnahmen zur **Verschanzung des Topmanagements** schotten das Unternehmen von den disziplinierenden Kräften des Kapitalmarkts ab, da und soweit sie eine (feindliche) Übernahme des Unternehmens erschweren oder verteuern und somit insgesamt weniger attraktiv erscheinen lassen.

Stewardship-Theorie

Manche Exzesse hinsichtlich Vorstandsvergütungen (Bebchuk/Fried [Pay]; Fahlenbach [Compensation]; Murphy [Compensation]), Abfindungsleistungen (Lefanowicz/Robinson/Smith [Parachutes]) oder sonstiger Vergünstigungen (wie beispielsweise der privaten Nutzung von Firmenjets, Yermack [Flights]) haben der Managerialismus-These eines abgeschotteten und wirksamen Kontrollen (zu) weitgehend entzogenen Topmanagements fraglos zugespielt. Allerdings lässt sich auch nicht in Gänze der Gegenentwurf verwerfen, dass zweckmäßige Arrangements der Unternehmensleitung und -überwachung durchaus auch im Interesse seines Topmanagements liegen und von ihm bewusst gewählt werden können (Donaldson [Theories] 109), da und soweit sie einen geeigneten Rahmen schaffen, in dem die Unternehmensleitung entsprechend professionell agieren und die Unternehmensziele wirksam anstreben kann (in diesem Sinne auch die Auffassung von Veasey [Corporation] 2180, dass sich Board-Mitglieder in der Regel anstrengen, „to do what is right, what is professional, what is honorable, and what is profitable"). Eine solche Sichtweise liegt dem Stewardship-Ansatz zugrunde.

Die Stewardship-Theorie geht im Vergleich zur Agency-Theorie von einem konträren Menschenbild aus, das den Manager nicht mehr als opportunistischen und eigennutzorientierten Agenten annimmt, sondern als intrinsisch motivierten Treuhänder und Sachwalter (bzw. Steward) des Unternehmensinteresses. Die Topmanager sind demnach nicht bestrebt, primär ihre individuellen Zielsetzungen zu maximieren. Sie sind vielmehr dem Unternehmensinteresse verpflichtet, handeln entsprechend pro-organisational im Sinne der kollektiven Entität und stellen insoweit vertrauenswürdige Akteure dar, die aus ihrem kooperativen Verhalten Nutzen ziehen, da sie in der Erreichung der Unternehmensziele Befriedigung und Bestätigung finden (Davis/Schoorman/Donaldson [Stewardship] zu Letzteren auch Bainbridge [Governance] 66: „the pride in doing a job well"). Die abweichende Verhaltensannahme begründet auch andere Governance-Strukturen, die sich aus der Stewardship-Theorie im Unterschied zur Agency-Theorie ergeben (Donaldson/Davis [Stewardship]; Muth/Donaldson [Stewardship]; Sundaramurthy/Lewis [Control]). Aufgrund der intrinsischen Motivation des Topmanagements erscheinen Anreiz- und Kontrollsysteme entbehrlich oder sogar schädlich, sofern sie die intrinsische Motivation des Topmanagements verdrängen und seine Handlungsoptionen beschneiden. Der Unternehmensleitung sind stattdessen möglichst umfassende Kompetenzen und ein weiter Ermessensspielraum zuzugestehen, wobei sie durch andere Gremien nicht zu überwachen, sondern zu unterstützen ist. Aus diesem Grunde mündet die Stewardship-Theorie in ein Primat der Unternehmensleitung (dazu auch sog. „director primacy", Bainbridge [Primacy]; Bainbridge [Director]; Bainbridge [Governance]) bei der zweckmäßigen Ausformung der Corporate Governance (Lan/Herarcleaous [Agency] 303). Der Unternehmensleitung ist demnach ausreichend Freiraum zu geben, den sie im besten Interesse des Unternehmens und auch zur Etablierung geeigneter Governance-Arrangements gebrauchen wird.

Internationale und nationale Entwicklungen

Ungeachtet der Frage, in welchen Konstellationen welche der konkurrierenden Verhaltensannahmen (mit den darauf jeweils aufbauenden Theorieentwürfen) empirisch eher Geltung beanspruchen dürfen (Shen [Dynamics]; Tosi/Brownlee/Silva/Katz [Exploration]; Wasserman [Stewards]), ist in jedem Falle auch zu konstatieren, dass größere Reformbewegungen im Bereich der Corporate Governance regelmäßig nicht primär intrinsisch motiviert angestoßen wurden, sondern in Reaktion auf große Unternehmenskrisen und -schieflagen erfolgten, denen in der Öffentlichkeit und bei politischen Regelsetzern starke Aufmerksamkeit zuteil wurde (Bainbridge [Crisis] 1; Clarke [Cycles]; MacAvoy/Millstein [Crisis]). Dies trifft auch auf die zuvor besprochenen OECD-Grundsätze zu, deren Ursprungsfassung im Anschluss an die 1997 ausgebrochene asiatische Finanz-, Währungs- und Wirtschaftskrise angestrengt wurde und deren Revision die Erfahrungen aufgreift, die (wenig später) mit den Verfehlungen bei Enron und anderen Unternehmen zu Beginn des neuen Jahrtausends gemacht worden sind. Eine solche kriseninduzierte Lösungssuche gilt ebenso bereits für die Einsetzung der Cadbury-Kommission (Spira/Slinn [Cadbury]) in Großbritannien, die als ein Meilenstein in der sich daraufhin verstärkt ausgebreiteten Corporate Governance-Debatte zu sehen ist. So wird in dem 1992 vorgelegten Abschlussbericht (Cadbury Committee [Report]) der ursprünglich als Committee on the Financial Aspects of Corporate Governance gebildeten und später oft nur nach ihrem Vorsitzenden, Sir Adrian Cadbury, benannten Kommission auf Skandale hingewiesen, die in Politik, Medien und Gesellschaft viel Beachtung erlangten und denen die Kommission ihre Beauftragung fraglos verdankt. Konkret werden in dem Bericht die Kontroversen angesprochen, die in der britischen Öffentlichkeit über die Angemessenheit der Vergütung des Topmanagements ausgetragen wurden, und Defizite in den Bereichen der Finanzberichterstattung und Rechnungslegung benannt, die anhand des Zusammenbruchs der Bank of Credit and Commerce International

(BCCI) und des Medienkonzerns Maxwell offensichtlich wurden, die kurz zuvor noch bestätigte Geschäftsberichte vorgelegt hatten (Clarke [Cycles] 156).

In den USA wurden Fragen der Corporate Governance seit den 1970er Jahren mit größerer Intensität diskutiert in Folge der Insolvenz des Eisenbahnunternehmens Pennsylvania New York Central Transportation Company (Penn Central, PC) und auch der Watergate-Affäre, an der nicht wenige Unternehmen beteiligt waren (Bainbridge [Governance] 83). Neben der dezidierten Einforderung einer gesellschaftlichen Unternehmensverantwortung, die auch von Verbraucher- und Umweltschützern vorangetrieben wurde, ist insbesondere auf eine stärkere Berücksichtigung der Anteilseignerinteressen hinzuwirken gesucht worden, die von einigen Unternehmensleitungen zu wenig Beachtung gefunden zu haben schienen. Zu Beginn der 1980er Jahre legte das American Law Institute (ALI) vor diesem Hintergrund einen ersten Entwurf seiner Principles of Corporate Governance vor, die später nach weiteren Beratungen und mehr als zehnjährigen Entwicklungsarbeiten verabschiedet wurden und unter anderem eine unabhängige Überwachungsrolle des Board hervorheben (Bainbridge [ALI]; Mitchell [ALI]; Scott [Institute]).

Die am weitesten reichenden Reformen wurden in den USA in Reaktion auf die skandalösen Rechnungslegungspraktiken bei ehedem angesehenen Unternehmen wie Enron, WorldCom und Tyco International in den Jahren 2001 und 2002 eingeleitet, bei denen sich die Finanzberichterstattungen jeweils als (grundlegend) fehlerhaft erwiesen hatten, nachdem noch kurz zuvor Jahresabschlüsse durch den Wirtschaftsprüfer testiert worden waren und Analysten und Ratingagenturen positive Einschätzungen der Unternehmenslage abgegeben hatten. Mit dem daraufhin verabschiedeten Sarbanes-Oxley Act of 2002 wurden die bis dahin tiefgreifendsten Anpassungen der seit den 1930er Jahren bestehenden und in Reaktion auf die vorherige Weltwirtschaftskrise erlassenen US-amerikanischen Aktien- und Kapitalmarktgesetze vollzogen. Das nach seinen Verfassern, dem Demokraten Paul Sarbanes und dem Republikaner Michael Oxley, benannte Artikelgesetz veranlasste zahlreiche Änderungen im Börsen- und Wertpapiergesetz, aber auch bei den Börsenzulassungs- und -aufsichtsregeln (Arbeitskreis „Externe und Interne Überwachung der Unternehmung" der Schmalenbach-Gesellschaft für Betriebswirtschaft e.V. [Auswirkung]; Coates [Goals]; Schwarz/Holland [Enron]).

In Deutschland stellt sich die Entwicklung nicht anders dar. Die als ein Vorläufer der Diskussion zur (guten) Corporate Governance anzusehenden Grundsätze ordnungsgemäßer Unternehmensführung (v. Werder [GoF]; v. Werder [Grundsätze]) wurden Mitte der 1990er Jahre mit Verweis auf massive Krisen und Missstände bei prominenten Unternehmen wie Metallgesellschaft, Balsam-Procedo und Schneider eingebracht. Schließlich war es der beinahe Zusammenbruch des Holzmann-Konzerns, der die damalige Bundesregierung unter Bundeskanzler Gerhard Schröder bewog, im Jahr 2000 eine Regierungskommission „Corporate Governance" mit dem Auftrag einzurichten, eine Bestandsaufnahme und Bewertung des Systems der deutschen Corporate Governance vorzulegen und auf dieser Basis Reformhinweise zu seiner Weiterentwicklung zu unterbreiten. Die Kommission hat unter ihrem Vorsitzenden, dem Gesellschaftsrechtler Theodor Baums, im Sommer 2001 ihren Abschlussbericht vorgestellt (Baums [Bericht]). Neben zahlreichen Vorschlägen zur Weiterentwicklung der Leitung und Überwachung, Finanzierung, Rechnungslegung und Publizität der Aktiengesellschaft hat die Kommission empfohlen, eine weitere Regierungskommission einzusetzen, um einen einheitlichen Deutschen Corporate Governance Kodex für börsennotierte Gesellschaften zu erarbeiten (Baums [Bericht]; Hopt [Unternehmensführung]; Lutter [Bericht]). Die Empfehlung wurde von der Bundesregierung aufgegriffen und eine entsprechend beauftragte Regierungskommission Deutscher Corporate Governance Kodex einberufen, die bereits in 2002 die erste Fassung des Deutschen Corporate Governance Kodex (DCGK) verabschiedet hat. Der Kodex enthält neben der Wiedergabe wesentlicher Muss-Vorschriften des Rechts (Soll-)Empfehlungen und (Sollte-)Anregungen, die über das Recht hinausgehen und von denen die Unternehmen daher abweichen dürfen. Für die Empfehlungen müssen börsennotierte Gesellschaften allerdings jährlich erklären, ob und inwieweit sie ihnen entsprachen und entsprechen (sog. Entsprechenserklärung nach § 161 AktG). Die Kommission bleibt als standing commission bestehen und prüft wenigstens einmal pro Jahr, ob unter Berücksichtigung nationaler und internationaler Entwicklungen und Erfahrungen Anpassungen des Kodex geboten erscheinen. Mit wenigen Ausnahmen (in 2004, 2011 und – wie sich abzeichnet – 2014) hat es die Kommission dabei bislang in jedem Jahr als notwendig angesehen, Kodexänderungen vorzunehmen.

Merksatz: Der Deutsche **Corporate Governance Kodex (DCGK)** ist in seiner Ursprungsversion im Jahr 2002 durch eine gleichnamige Regierungskommission vorgelegt worden. Neben der Zusammenfassung wesentlicher Rechtsvorgaben enthält er weitergehende Empfehlungen und Anregungen, die rechtlich nicht verbindlich sind. Börsennotierte Gesellschaften müssen jedoch jährlich eine **Entsprechenserklärung** abgeben, inwieweit sie mit den Empfehlungen des Kodex übereinstimmen und warum sie ggf. Empfehlungen nicht anwenden.

Die Dynamik und Intensität regelsetzender Reformen sind seitdem ungebrochen. Die jüngste Finanzmarktkrise hat gezeigt, dass sie deshalb kein Ende finden, weil bislang realisierte Reformanstrengungen sich bemerkenswerterweise als ungeeignet oder unzureichend erwiesen haben, um zumindest im Bereich der Finanzwirtschaft – trotz modifizierter und modernisierter Governance-Regelungen – grundlegende Fehlentwicklungen abzuwenden. Diese Krisen bilden wiederum den Anlass, bestehende Regelungen nachzujustieren. Zugleich sollten sie indes und insbesondere dazu bewegen, grundsätzlicher zu reflektieren, welche Governance-Probleme sich welcher Art von Governance-Lösung zuführen lassen. Die wiederholten Fälle von Unternehmenskrisen und -schieflagen belegen (mit Nachdruck), dass sich Missmanagement mittels Regelungen der Corporate Governance nicht vollständig vermeiden, sondern bestenfalls weniger wahrscheinlich machen lässt. Nicht wenige der weiterhin zu beklagenden Unternehmensmissstände sind dabei unverändert durch eine mitunter zu starke und zu einseitige Orientierung an renditemaximierenden Anteilseignerinteressen erklärbar (Bratton/Wachter [Case]).

3.2 Grundfragen und Gestaltungsprobleme der Corporate Governance

3.2.1 Vertragstheoretische Grundlegungen

Unternehmen bilden Orte der Bündelung von Beiträgen verschiedener Akteure bzw. Bezugsgruppen (wie Anteilseigner, Arbeitnehmer, Lieferanten und Gläubiger) zur arbeitsteiligen Wertschöpfung unter der Leitung eines Topmanagements (hierzu und zum Folgenden v. Werder [Führungsorganisation]; v. Werder [Grundfragen]; v. Werder [Stakeholder]). Die erfolgreiche Wertschöpfung des Unternehmens ist auf die Beiträge dieser Bezugsgruppen angewiesen, denen dafür entsprechende Kompensationsleistungen in Aussicht stehen und gebühren. Diese Austauschbeziehungen über die Transaktionen von Leistungsbeiträgen der Bezugsgruppen zum Unternehmen gegen entsprechende Entschädigungen werden in expliziten und impliziten Verträgen geregelt (Milgrom/Roberts [Economics]). Das Unternehmen lässt sich daher auch als ein Geflecht von Verträgen verstehen (Fama/Jensen [Separation]; Holmstrom/Tirole [Theory]; Jensen/Meckling [Theory]), wobei der Vertragsbegriff in einem metaphorischen und somit weiten Sinne zu begreifen ist. Während explizite Verträge Leistungen und Gegenleistungen der eingegangenen Austauschbeziehungen formal festhalten, basieren implizite Verträge auf wechselseitigen Erwartungen der Transaktionspartner, die nicht ausdrücklich formuliert und insoweit nicht (zwingend) einklagbar sind (MacLeod/Malcomson [Contracts]).

Merksatz: Die Beziehungen zwischen dem Unternehmen und seinen Bezugsgruppen werden in **expliziten** und **impliziten Verträgen** geregelt.

Die Verträge über die Austauschbeziehungen zwischen dem Unternehmen und seinen Bezugsgruppen sind notwendigerweise immer (mehr oder weniger) unvollständig, da sie sich auf Transaktionen in der Zukunft beziehen und es den kognitiv begrenzten Vertragspartnern daher verwehrt ist, zum Zeitpunkt ihres Vertragsschlusses sämtliche möglichen Entwicklungen in ihrem Austauschverhältnis vorherzusehen und in ausreichendem Detail angemessen zu regeln (Grossman/Hart [Costs]; Hart/Moore [Foundations]; Klein [Costs]). Die unvermeidlich verbleibenden Vertragslücken können zum einen einvernehmlich und kooperativ zwischen den Transaktionspartnern (nach)verhandelt werden, sobald sie erkennbar werden. Sie können zum anderen allerdings auch durch eine der Vertragsparteien zulasten der anderen (opportunistisch) zum eigenen Vorteil ausgenutzt werden. Ein solch einseitiges Übervorteilen wird immer dann zu einer Option, wenn die Informationen über das Unternehmensgeschehen und die wechselseitige Vertragserfüllung asymmetrisch verteilt sind und die beteiligten Akteure konträre Zielsetzungen verfolgen, die vom Unternehmensinteresse abweichen. Inwieweit von diesen Opportunismusoptionen tatsächlich und intendiert Gebrauch gemacht wird und sie sich in einem entsprechenden Opportunismusverhalten manifestieren, richtet sich insbesondere nach psychologischen Dispositionen und Anreizen der Vertragspartner, aber auch der Governance-Atmosphäre und rechtlichen Schutzvorkehrungen, die selbst vertraglich nur unzureichend spezifizierten Ansprüchen zur Geltung verhelfen können (v. Werder [Stakeholder]).

Merksatz: Regelmäßig bestehende Vertragslücken eröffnen einzelnen Transaktionspartnern **Opportunismusoptionen**, die sich in Abhängigkeit individueller und situativer Einflussfaktoren in einem **Opportunismusverhalten** realisieren können.

Opportunistische Verhaltensweisen liegen demnach vor, sofern Transaktionspartner – unter Ausnutzung der Unvollständigkeit von Verträgen und damit letztlich aufgrund von Unvollkommenheiten des Markts – die (marktüblichen) Erwartungen ihrer Transaktionspartner über Leistungen und Gegenleistungen bewusst enttäuschen, um so zu deren Lasten den eigenen Vorteil zu erhöhen. Je nach der Schwere ihrer Erwartungsenttäuschungen hätten die betroffenen Akteure der Transaktionen gar nicht erst oder zumindest nicht zu den vereinbarten Konditionen zugestimmt, wenn ihnen bereits ex ante das spätere unfaire Verhalten ihres Partners bekannt gewesen wäre (v. Werder [Grundfragen, 10]). Die Benachteiligung kann die übervorteilten Akteure ihrerseits veranlassen, Vertragslücken gezielt aufzuspüren und ihre Beiträge zur unternehmerischen Wertschöpfung zurückzuhalten oder in nur geringerer Qualität zu erbringen. Da und soweit die Vertragspartner die Möglichkeit von Opportunismusoptionen antizipieren, werden sie ihre Wertschöpfungsbeiträge an weiter reichende Zugeständnisse und Sicherungen binden oder aber immer dann dem Unternehmen vorzuenthalten suchen, wenn sie ein für sie ungünstiges Ungleichgewicht ihrer Leistungen und Erträge fürchten.

Opportunismusoptionen und das damit verbundene Risiko opportunistischer Verhaltensweisen können aus diesem Grund das Erreichen des Unternehmensinteresses nachhaltig gefährden, da wesentliche Wertschöpfungsbeiträge aufgrund opportunistisch ausnutzbarer Lücken in den Verträgen über diese Austauschbeziehungen unterbleiben. Dies kann aus dem Opportunismusverhalten der Vertragspartner oder ihrem Rückzug in Reaktion darauf resultieren, dass von ihnen erbrachte Beiträge nur unzureichend honoriert worden sind. Das Entstehen entsprechender Ungleichgewichte unangemessener oder unfairer Aufwands-Ertrags-Relationen, die die unternehmerische Wertschöpfung beeinträchtigen können, begründet daher Governance-Probleme. Diese liegen immer dann vor, wenn zur Wertschöpfung des Unternehmens unangemessene oder unangemessen kompensierte Beiträge geleistet werden. Derartige Probleme können auftreten, sofern bestimmte Akteure Einflussmöglichkeiten besitzen, die sie zu ihren Gunsten und zulasten anderer Bezugsgruppen ausnutzen können, und diese Möglichkeiten auch entsprechend gebrauchen wollen. Governance-Probleme resultieren daher letztlich daraus, dass Akteure aufgrund unzureichender Kontrollen über Informationsvorsprünge verfügen und Zielsetzungen verfolgen, die nicht im Interesse des Unternehmens liegen.

Merksatz: **Governance-Probleme** sind gleichbedeutend damit, dass zur Wertschöpfung des Unternehmens unangemessene oder unangemessen kompensierte Beiträge erbracht werden.

Vor diesem Hintergrund besteht die grundlegende Zwecksetzung von Regelungen zur Corporate Governance darin, das Entstehen entsprechender Governance-Probleme zu verhindern oder zumindest weniger wahrscheinlich zu machen (Talaulicar [Aspekte] 48f.). Konkret sollen Regelungen der Corporate Governance durch geeignete rechtliche und faktische Arrangements über die Rechte und Pflichten der Unternehmensführung und flankierende Anreizsysteme die Spielräume und Motivationen der Akteure für opportunistisches Verhalten einschränken (v. Werder [Grundfragen] 14) und dadurch die auf den Beiträgen verschiedener Bezugsgruppen des Unternehmens basierende Wertschöpfung sichern. Dies kann zum einen durch generellere Governance-Mechanismen erfolgen, mit denen unternehmensinterne oder -externe Kontrollen geschaffen oder gestärkt werden (Cremers/Nair [Mechanisms]; Daily/Dalton/Cannella [Governance]; Walsh/Seward [Efficiency]). Zum anderen sollen Governance-Prinzipien Orientierungsleitlinien dafür geben, wie die Leitung und Überwachung des Unternehmens zweckmäßigerweise auszugestalten ist, um (dem Auftreten von) Governance-Problemen entgegenzuwirken.

Merksatz: Regelungen der Corporate Governance sollen dem Entstehen von Governance-Problemen entgegenwirken. Sie können auf unterschiedlichen **Governance-Mechanismen** basieren und verschiedenen **Governance-Prinzipien** folgen.

3.2.2 Governance-Mechanismen

Einordnung

Governance-Mechanismen lassen sich danach unterscheiden, ob ihr Ursprung innerhalb oder außerhalb der Grenzen des Unternehmens liegt. Demgemäß lassen sich interne und externe Governance-Mechanismen differenzieren (Cremers/Nair [Mechanisms]; Daily/Dalton/Cannella [Governance]; Walsh/Seward [Efficiency]). Die Systemgrenze des Unternehmens umfasst dabei alle Akteure, die durch arbeits- oder dienstrechtliche Verträge mit dem Unternehmen verbunden sind (v. Werder [Führungsorganisation] 24). Mechanismen der internen Corporate Governance basieren in erster Linie auf der Bildung gesonderter Kontrollorgane innerhalb des Unternehmens, die durch die Unternehmensleitung missbräuchlich und unternehmensschädlich (aus)nutzbare Handlungsspielräume überwachen sollen (Organkontrolle). Mechanismen der externen Corporate Governance bestehen im Wesentlichen in den (Selektions-) Kräften der verschiedenen Märkte, auf denen Input- und Outputfaktoren der unternehmerischen Wertschöpfung gehandelt werden (Marktkontrolle).

Opportunismusoptionen und Opportunismusverhalten hängen in besonders vielen Fällen an Handlungen des Topmanagements, dem die Leitung des Unternehmens obliegt. Die zentrale Bedeutung des Topmanagements in Hinblick auf das Entstehen und Realisieren von Opportunismusoptionen ergibt sich dabei zunächst aus den Informationsvorsprüngen und Ermessensspielräumen, die sich dem Topmanagement aufgrund seiner Kompetenzen der Unternehmensführung zur Schaffung nachhaltiger Wettbewerbsvorteile eröffnen (Castanias/Helfat [Resources]). Das Topmanagement verhandelt und schließt letztlich zudem die Verträge des Unternehmens mit seinen weiteren Bezugsgruppen (Bainbridge [Governance] 33 ff.). Seine Position ermöglicht ihm daher nicht nur, eigenen Partikularinteressen zulasten des Unternehmens oder der Belange seiner übrigen Anspruchsgruppen nachzugehen. Darüber hinaus sind Verschiebungen der Aufwands-Ertrags-Relationen einer Stakeholdergruppe zum Nachteil einer anderen ebenfalls auf eine diesbezügliche Einvernahme des Topmanagements angewiesen, da diesen Bezugsgruppen eine unmittelbare Beeinflussung der Steuerung und Verteilung der unternehmerischen Wertschöpfung (weitgehend) verwehrt ist (Mintzberg [Organization] 140).

Organkontrolle

Da und soweit nicht sichergestellt ist, dass die Unternehmensleitung als kompetenter Steward ausschließlich das Unternehmensinteresse wirksam verfolgt, können die Rechte und Pflichten der Unternehmensführung aufgeteilt werden, indem ein gesondertes Organ mit Kontrollkompetenzen eingesetzt wird, dessen Aufgabe darin besteht, die Unternehmensleitung zu überwachen. Die Wirksamkeit dieses Governance-Mechanismus hängt offensichtlich davon ab, inwieweit die Mitglieder des gesondert eingerichteten Kontrollorgans ihre Überwachungsaufgaben effektiv ausüben und nicht ihrerseits Informationsvorsprünge zum eigenen Vorteil ausnutzen.

Merksatz: Zur **Organkontrolle** wird ein gesondertes Organ eingesetzt, um die Unternehmensleitung zu überwachen.

Prototypisch findet sich eine solche Kompetenzaufteilung im dualistischen Trennungsmodell (sog. two-tier system) der deutschen Aktiengesellschaft, das eine personelle und institutionelle Trennung der Unternehmensleitung (durch den Vorstand der Aktiengesellschaft) und der Unternehmensüberwachung (durch ihren verbindlich einzurichtenden Aufsichtsrat) vorsieht (v. Werder/Talaulicar [Germany]). In der alternativen Spitzenorganisation des monistischen Vereinigungsmodells (sog. one-tier system), wie es in den angelsächsischen Ländern verbreitet und zum Beispiel für die US-Corporation kennzeichnend ist (Hopt/Leyens [Models]; Maassen [Comparison]; Weimer/Pape [Taxonomy]), sind die Kompetenzen der Unternehmensführung zunächst in einem Board of Directors zusammengefasst. Der Board delegiert zwar wesentliche Kompetenzen der Unternehmensleitung auf ein Topmanagement (in der Regel aus Officern der Corporation), das seinerseits aber weiterhin auch in Personalunion dem Board angehören kann und lange Zeit in beträchtlichem Maße auch angehörte (Gordon [Rise]). Inzwischen erfolgt allerdings auch hier eine deutlichere Separierung der Kompetenzen zur Unternehmensleitung (durch geschäftsführende Board-Mitglieder, sog. Inside Directors, und weitere Officers) und ihrer Überwachung (durch die nicht-geschäftsführenden Board-Mitglieder bzw. Outside Directors oder Non-management Directors) sowie eine stärkere Gewichtung der Organkontrolle, indem die nicht-geschäftsführenden Outside Directors die Mehrheit im Board bilden und zur Wahrnehmung ihres Kontrollauftrags auch (in sog. executive sessions) ohne die übrigen Board-Mitglieder tagen, die zugleich mit Aufgaben der (zu überwachenden) Unternehmensleitung betraut sind (Dalton/Dalton [Boards]; Finegold/Benson/Hecht [Boards]; Millstein/MacAvoy [Board]). Dieser Trennungsgedanke wird noch dadurch verstärkt, dass Boards für bestimmte Kontrollaufgaben wie die Feststellung des Jahresabschlusses oder die Festlegung der Managementvergütung spezielle Ausschüsse (Committees) bilden bzw. zu bilden haben, denen keine geschäftsführenden Board-Mitglieder angehören (dürfen) (Klein [Committee]).

Unter Kontrollhandlungen sind Akte der Gewinnung und Verarbeitung von Informationen zu verstehen, mit denen die Zweckmäßigkeit und Einhaltung von

Zielvorgaben und Plänen überprüft wird (siehe eingehender auch Modul 8 in diesem Band). Mit der Einrichtung von Organkontrollen werden die Informationsvorsprünge und diskretionären Ermessensspielräume der Unternehmensleitung dadurch begrenzt, dass ihre Handlungen durch das Überwachungsorgan geprüft und danach bewertet werden, ob sie dem Unternehmensinteresse förderlich sind. Organkontrollen schaffen damit eine Rechenschafts- und Begründungspflicht für die Unternehmensleitung, die ihre Erwägungen den Mitgliedern des Überwachungsorgans transparent und nachvollziehbar machen muss, warum bestimmte Ziele und Maßnahmen angestrebt wurden oder werden. Sie wirken dabei nicht lediglich und nicht zuvorderst ex post, indem die Handlungsergebnisse mit Soll-Standards verglichen und gegebenenfalls Korrekturmaßnahmen – bis hin zur Abberufung einer sich als ungeeignet erweisenden Unternehmensleitung – eingeleitet werden. Die Unternehmensleitung antizipiert vielmehr den Rechtfertigungsdruck, dem sie mit (hinreichend wirksamen) Organkontrollen ausgesetzt ist, und wird daher bereits ex ante auf eine möglichst sorgfältige Fundierung ihrer Entscheidungen hinarbeiten, um dem Überwachungsorgan ihre Handlungsmotive und -gründe überzeugender darlegen zu können. Im Übrigen spielen im Bereich der strategischen Unternehmensführung, die den Kern der Aufgaben der Unternehmensleitung bildet (v. Werder [Führungsorganisation] 26 ff. und unten Abschnitt 3.3.3), Realisations- oder Feedbackkontrollen in der Form von Soll-Ist-Vergleichen ohnehin insoweit eine untergeordnete Rolle, als Kontrollinformationen über die Ergebnisse umgesetzter Maßnahmen (Ist-Werte) zu spät vorliegen und sich die Annahmen und Prämissen im Planungsprozess (und somit die anzusetzenden Soll-Werte) verändern können (Steinmann/Schreyögg/Koch [Management] 249). Strategische Kontrollen müssen den Prozess der Planung und Umsetzung der strategischen Unternehmensführung daher begleiten und beraten (Grundei/Talaulicar [Aufsichtsräte]). Neben der Prüfung der Planungsprämissen (strategische Prämissenkontrolle) und der Gewinnung und Bewertung von Informationen über die Strategieimplementierung (strategische Durchführungskontrolle) zählt hierzu auch die strategische Überwachung, mit der global und ungerichtet mögliche Bestandsbedrohungen des Unternehmens entdeckt und abgewendet werden sollen (Steinmann/Schreyögg/Koch [Management] 253 f.).

Merksatz: Durch **wirksame Organkontrollen** werden die Informationsvorsprünge und diskretionären Ermessensspielräume der Unternehmensleitung begrenzt. Sie wirken nicht nur ex post, sondern insbesondere auch präventiv, da und soweit sie der Unternehmensleitung auferlegen, die Eignung zur Auswahl stehender Maßnahmen vorab darzulegen und zu begründen.

Marktkontrolle

Das Topmanagement unterliegt indes nicht ausschließlich im Falle gesondert gebildeter Überwachungsorgane disziplinierenden Kontrollen. Vielmehr ist es auch den (Kontroll- und Selektions-)Kräften der verschiedenen Märkte ausgesetzt, in die das Unternehmen eingebunden ist. Mit zunehmender Markteffizienz verringern sich dabei die Informationsvorsprünge des Topmanagements (Gilson/Kraakman [Mechanisms]), sodass sein opportunistisches Verhalten zulasten der Wertschöpfung des Unternehmens nicht nur dessen Wettbewerbsfähigkeit schmälert, sondern auch in entsprechend niedrigeren Marktbewertungen erkennbar wird, die im Weiteren die Anstellung, Reputation und Karriere (und damit das Eigeninteresse) der Topmanager gefährden. Die Marktkräfte wirken somit (idealerweise) als ein Korrektiv, das Abweichungen des Managements von den Zielsetzungen des Unternehmens begrenzt (Scherer [Takeovers]). Dies setzt gleichwohl (die empirisch nicht vollständig gegebenen) Prämissen voraus (Stout [Mechanisms]), dass sich Unternehmensinformationen in den Marktpreisen akkurat und unmittelbar widerspiegeln, die Marktakteure diese Informationen rational und unverzerrt verarbeiten und das Topmanagement sich möglichen Marktsanktionen nicht einseitig entziehen kann.

Merksatz: **Marktkontrollen** basieren auf den (Kontroll- und Selektions-)Kräften der verschiedenen Märkte, in die das Unternehmen eingebunden ist.

Besondere Beachtung hat in diesem Zusammenhang der (Eigenkapital-)Markt für Unternehmenskontrolle erfahren (Jarrell/Brickley/Netter [Market]; Jensen/Ruback [Market]; Manne [Mergers]). Eigennutzorientiertes Verhalten des Topmanagements zulasten des Unternehmenswohls schlägt sich danach in einer geringeren (am Aktienkurs gemessenen) Bewertung des Unternehmens nieder. Damit erhöhen sich die Eigenkapitalkosten des Unternehmens (Collins/Huang [Entrenchment]), falls es sich durch die Ausgabe neuer Aktien am Markt für Eigenkapital finanzieren möchte. Ein weiter reichender Disziplinierungseffekt resultiert jedoch daraus, dass ein niedrig bewertetes Unternehmen zu einem attraktiven Objekt für feindliche Übernahmen werden kann. Dabei versuchen externe Investoren, die Kontrollmehrheit über das nunmehr günstig zu erwerbende Unternehmen zu erlangen und im Erfolgsfall ihres Übernahmeangebots durch eine verbesserte Unternehmensführung Kursgewinne zu realisieren, die ihnen die Akquisition rentabel machen. Eine solche Übernahme wird als feindlich bezeichnet, da sie nicht im Einvernehmen, sondern gegen den Willen des amtierenden Topmanagements angestrebt wird. Zum Heben des (vermuteten) Renditepotentials wird der feindliche Akquisiteur daher in aller Regel das Topmanagement austauschen und mit einer neuen Führungsmannschaft die intendierte Verbesserung der Unternehmensführung zu erreichen suchen. Insoweit kann der Markt für Unternehmenskontrolle auch als Wettbewerb verschiedener Managementteams interpretiert werden, die darum konkurrieren, mit der Leitung des Unternehmens betraut zu werden (Jensen/Ruback [Market]). Auch dieser Disziplinierungseffekt wirkt ex ante, da und soweit das Topmanagement die Bedrohung einer feindlichen Übernahme antizipiert und daher eine ausreichend hohe Bewertung des Unternehmens im eigenen Interesse anstrebt, um seine eigene Position und seine künftigen Karriereaussichten nicht zu beeinträchtigen. Die Wirksamkeit dieses Mechanismus setzt indes voraus, dass der Eigenkapitalmarkt hinreichend sensibel auf Managementfehler reagiert (Annahme der Markteffizienz) und sich das Topmanagement nicht – durch die oben angesprochenen Verschanzungen – gegen den Einfluss der Marktkräfte verbarrikadieren kann (Bates/Becher/Lemmon [Board]; Stulz [Control]; Walsh/Seward [Efficiency]).

Das Unternehmen operiert auf einer Reihe weiterer Märkte, die ebenso opportunistische Verhaltensweisen des Topmanagements grundsätzlich sanktionieren können. Hierzu zählen der Produktmarkt (Giroud/Mueller [Governance]), der Markt für Fremdkapital (Baird/Rasmussen [Debt]), der generelle Arbeitsmarkt (Cahuc/Postel-Vinay [Jobs]) und der spezielle Arbeitsmarkt für Topmanager und ihre Reputation (Fama [Agency]). Eine Unternehmensleitung, die den berechtigten Belangen der Kunden, Fremdkapitalgeber oder der Belegschaft unzureichend nachkommt und deren Wertschöpfungsbeiträge unfair honoriert, ist demnach Abschlägen auf den betreffenden Märkten und den korrespondierenden Nachteilen ausgesetzt, dass die angebotenen Produkte weniger rentabel vertrieben werden (Hart [Market]), Fremdkapital nur zu ungünstigeren Konditionen aufgenommen werden kann (John/Senbet [Governance]) und besonders qualifizierte Beschäftigte das Unternehmen entweder verlassen oder nur noch durch kostspielige Zuschläge gebunden werden können (Williamson [Institutions] 261). Die sich in der Konsequenz darin jeweils ausdrückenden Wettbewerbsschwächen des Unternehmens mindern das Fortkommen seines Topmanagements, das aufgrund der ihm anzulastenden Leitungsmängel Reputationsverluste erleidet und weniger Aussicht hat, alternative und attraktivere Karriereentwicklungen zu verwirklichen (Cannella/Fraser/Lee [Failure]). Auch diese Marktkräfte wirken nicht lediglich ex post in Reaktion auf abzustrafende Managementversäumnisse. Vielmehr werden die Sanktionsmöglichkeiten vom Topmanagement wiederum antizipiert (Chou/Ng/Sibilkov/Wang [Market]), sodass es – im Rahmen seiner Möglichkeiten – ein ausreichend gutes Standing des Unternehmens an den Märkten für den Absatz seiner Produkte, seine Versorgung mit Fremdkapital und seine Ausstattung mit Arbeitskraft anstreben wird, um die eigene Reputation und die persönlichen Karriereperspektiven (im durchaus eigenen Interesse) zu schützen. Die Wirksamkeit dieses Mechanismus ist allerdings erneut daran gebunden, dass die entsprechenden Märkte ausreichend effizient sind und sich ihre Selektionskräfte tatsächlich entfalten können, was aufgrund rechtlicher und politischer Restriktionen indes häufig nur eingeschränkt der Fall ist (Roe [Restraints]).

3.2.3 Governance-Prinzipien

Einordnung

Die zweckmäßige Ausgestaltung der Corporate Governance kann und sollte sich an verschiedenen Prinzipien ausrichten, die das Entstehen von Governance-Problemen begrenzen und somit dazu beitragen sollen, dass die Verwaltungsorgane das Unternehmensinteresse wirksam anstreben und Informationsvorsprünge nicht opportunistisch zum eigenen Vorteil ausnutzen. Diese Prinzipien sind dabei nicht als universale Gestaltungsimperative misszuverstehen. Inzwischen hat sich die Erkenntnis weitgehend durchgesetzt, dass viele Governance-Maßnahmen Vor- und Nachteile verbinden (de Andres/Vallelado [Governance]) und ihre spezifischen Stärken und Schwächen kontextabhängig variieren (Dietrich [Governance]; Filatotchev/Allcock [Governance]; Huse [Accountability]). Lösungsvorschlägen eines „one best way of governance“ ist aus diesem Grund mit der gebotenen Skepsis zu begegnen (Aguilera/Filatotchev/Gospel/Jackson [Approach]).

Die im Weiteren vorzustellenden Governance-Prinzipien geben in Anbetracht dessen lediglich Gestaltungsideale vor, an denen die Bildung geeigneter Governance-Systeme zu orientieren ist, die allerdings nicht ausnahmslos zu maximieren sind, da die Prinzipien auch Umsetzungskosten verursachen und teilweise untereinander konkurrieren. Die Auswahl geeigneter Governance-Systeme wird deshalb eine situationsspezifische Abwägung dieser Prinzipien erfordern (Talaulicar [Unternehmenskodizes] 317 ff.). Governance-Systeme der Unternehmenspraxis lassen sich folglich auch danach charakterisieren, welchen Prinzipien sie mehr oder weniger Gewicht beimessen. Da Corporate Governance die Strukturen, Personen und Prozesse der Leitung und Überwachung des Unternehmens zum Gegenstand hat, lassen sich demgemäß struktur-, personen- und prozessbezogene Governance-Prinzipien unterscheiden.

Merksatz: **Governance-Prinzipien** beziehen sich auf die Strukturen, Personen und Prozesse der Unternehmensführung. Es handelt sich um **Gestaltungsideale**, die untereinander auch konkurrieren können, weshalb ihre zweckmäßige Umsetzung situationsspezifisch abzuwägen ist.

Struktur-bezogene Governance-Prinzipien

Die strukturbezogenen Governance-Prinzipien beschreiben Leitlinien zur Ausformung des aufbauorganisatorischen Rahmens der Führungsorganisation und beinhalten die drei Prinzipien der Kongruenz von Kompetenz und Verantwortlichkeit, der gremienübergreifenden Gewaltenteilung und der gremieninternen Gewaltenteilung. Mit einer möglichst weitreichenden Übereinstimmung der Kompetenz und Verantwortlichkeit von Handlungsträgern wird der Tatsache Rechnung getragen, dass sich Akteure nur für solche Ergebnisse zur Rechenschaft ziehen lassen, die in ihrem Einflussbereich liegen, was der ethischen Maxime „Sollen impliziert Können" entspricht (Talaulicar [Unternehmenskodizes] 26). Umgekehrt haben die Akteure die Konsequenzen auch zu verantworten, die sich aus von ihnen veranlassten Entscheidungen und Maßnahmen ergeben. Das Prinzip beschreibt somit einen Gleichlauf der korrespondierenden Rechte und Pflichten, da mit zunehmenden Entscheidungskompetenzen auch die Rechenschaftspflichten und Verantwortlichkeiten steigen, die zugelassenen Handlungsspielräume angemessen zu gebrauchen.

Mit den Prinzipien der Gewaltenteilung werden Rechte und Pflichten der Unternehmensführung auf mehrere Akteure verteilt und somit Machtkonzentrationen begrenzt, die sich opportunistisch missbrauchen lassen könnten. Sie etablieren somit „checks and balances", die das Handeln bestimmter Akteure der Kontrolle durch andere unterwerfen (v. Werder [Führungsorganisation] 12). Dies kann zum einen gremienübergreifend erfolgen, indem zum Beispiel einem gesonderten Organ (wie dem Aufsichtsrat) die Rechte und Pflichten zur Überwachung der Handlungen eines anderen Organs (wie der Unternehmensleitung durch den Vorstand) zugewiesen werden. Zum anderen kann und sollte eine Gewaltenteilung auch gremienintern vorgenommen werden, da durch die multipersonelle Besetzung von Führungsorganen wechselseitige Kontrollmöglichkeiten geschaffen werden, die sich tendenziell positiv auf die Fundierung und Lösung gerade komplexer Problemstellungen auswirken, wie sie für die Aufgaben der Unternehmensführung typisch sind (Bainbridge [Governance] 78 ff.).

Merksatz: **Die strukturbezogenen Governance-Prinzipien gebieten eine Kongruenz von Kompetenz und Verantwortlichkeit sowie eine sowohl gremienübergreifende als auch gremieninterne Gewaltenteilung.**

Personen-bezogene Governance-Prinzipien

Auswahlkriterien zur personellen Besetzung der Verwaltungsorgane lassen sich den personenbezogenen Governance-Prinzipien entnehmen. Die mit Aufgaben der Unternehmensführung zu betrauenden Akteure sollten demnach über eine angemessene Qualifikation, ausreichende Unabhängigkeit und das erforderliche Engagement verfügen (v. Werder [Grundfragen] 18 f.). Das Prinzip der Qualifikation gebietet, dass die Mitglieder der Verwaltungsorgane die Kenntnisse, Fähigkeiten und Erfahrungen aufweisen, um die ihnen übertragenen Aufgaben angemessen wahrnehmen zu können. Sie müssen somit die fachlichen und sozialen Kompetenzen besitzen, um zu den im jeweiligen Gremium zu erörternden Sachfragen fundiert beitragen und für die zur Auswahl stehenden Maßnahmen beurteilen zu können, inwieweit sie dem – im Einzelfall zu konkretisierenden – Unternehmensinteresse dienstbar sind.

Mit dem Prinzip der Unabhängigkeit sollen Interessenkonflikte eingedämmt werden, die im Bereich der Corporate Governance besondere Prominenz erlangt haben und immer dann vorliegen, wenn unternehmerische Entscheidungen persönliche Belange beeinflussen können, die nicht im Unternehmensinteresse liegen (Demski [Conflicts]). Organmitglieder sind dabei dann als unabhängig anzusehen, wenn sie ihre Aufgaben objektiv und unvoreingenommen im Sinne des Unternehmensinteresses ausüben und nicht auf abweichende Eigen- oder Fremdinteressen Rücksicht nehmen, die sich aus persönlichen oder geschäftlichen Beziehungen ergeben und mit dem Wohl des Unternehmens konkurrieren können. Zur weiteren Konkretisierung dieses Prinzips sind eine Reihe von Kriterienkatalogen erarbeitet worden (Rodrigues [Fetishization] 452 ff.), die jedoch immer nur den (äußeren) Anschein einer mangelnden Unabhängigkeit („(in)dependence in appearance") anzeigen und nicht nachweisen können, ob die (innere) Unabhängigkeit im Verhalten des Organmitglieds („independence in mind") tatsächlich beeinträchtigt ist (Prentice/Spence [Governance]). So führt zum Beispiel der Deutsche Corporate Governance Kodex aus, dass ein Organmitglied insbesondere dann nicht als unabhängig anzusehen ist, wenn es in einer persönlichen oder einer geschäftlichen Beziehung zu der Gesellschaft, deren Organen, einem kontrollierenden Aktionär oder einem mit diesem verbundenen Unternehmen steht, die einen wesentlichen und nicht nur vorübergehenden Interessenkonflikt begründen kann (Tz. 5.4.2 Satz 2 DCGK).

Das dritte personen-bezogene Governance-Prinzip gibt schließlich vor, dass die Organmitglieder ihre Aufgaben ausreichend engagiert zu erfüllen haben, und knüpft damit an den verschiedenen Faktoren der intrinsischen und extrinsischen Motivation zu unternehmenszielkonformem Verhalten an (v. Werder [Führungsorganisation] 13). Das Prinzip verlangt insbesondere auch, dass die Organmitglieder ausreichende Zeitressourcen zur Ausübung ihrer Aufgaben aufwenden und ihre Aufmerksamkeit beispielsweise nicht durch zu viele anderweitige Verpflichtungen (im Hauptberuf oder weiteren Nebenämtern wie Mehrfachmandaten) abgelenkt ist, die zwar für Netzwerkbildung und Beratungsleistungen nützlich sein können (Field/Lowry/Mkrtchyan [Boards]), aber einer regelmäßigen Sitzungsteilnahme (Jiraporn/Davidson/DaDalt/Ning [Busy]) und den Entscheidungs- und Kontrollaufgaben tendenziell abträglich sind (Andres/van den Bongard/Lehmann [Busy]; Fich/Shivdasani [Boards]; Jiraporn/Singh/Lee Corporate [Governance]).

Merksatz: Die **personen-bezogenen Governance-Prinzipien** beziehen sich auf die Qualifikation, die Unabhängigkeit und das Engagement der Organmitglieder.

Prozess-bezogene Governance-Prinzipien

Die prozessbezogenen Governance-Prinzipien haben konkretere Vorgehensweisen im Rahmen der Aufgabenbewältigung der Unternehmensführung zum Gegenstand. Sie betreffen die Informationsversorgung der Verwaltungsorgane, ihre Informationsverarbeitung (Entscheidungsfundierung) und Transparenz (Kommunikation). Die Organmitglieder haben demnach sicherzustellen, dass sie die zur ordnungsgemäßen Bewältigung ihrer Aufgaben erforderlichen Informationen besitzen. Eine besondere Herausforderung stellt sich dabei der Organkontrolle, da und soweit das Überwachungsorgan auf Informationen angewiesen ist, die ihm die zu kontrollierende Unternehmensleitung zur Verfügung stellt (Seibt [Informationsfluss] 392, sowie unten Abschnitt 3.3.5). Im Zuge ihrer Informationsverarbeitung sollen die Organmitglieder eine möglichst sorgfältige, Vor- und Nachteile zur Auswahl stehender Maßnahmen ausgewogen abwägende Fundierung ihrer Entscheidungen vornehmen. Eine sorgfältige Vorbereitung von Entscheidungen ist auch Voraussetzung, um Handlungserwägungen authentisch und überzeugend kommunizieren zu können.

Das Prinzip der Transparenz, das in praktisch allen Kodizes guter Corporate Governance aufgegriffen wird, verlangt schließlich die Offenlegung wichtiger Informationen der Unternehmensführung, um die Informationsasymmetrien zwischen den Akteuren abzuschwächen und opportunistische Verhaltensweisen einzudämmen, die durch Transparenz eher sichtbar und aufgrund der dann drohenden Sanktionen eher unterbleiben werden (Chen/Chung/Lee/Liao [Governance]; Vander Bauwhede/Willekens [Disclosure]; v. Werder [Grundfragen]). Transparenz kann somit nur im Zusammenspiel mit anderen Governance-Prinzipien (wie Gewaltenteilung oder Unabhängigkeit) wirksam werden, da das Aufdecken unerwünschter Führungspraktiken andernfalls keine Folgen hätte (Talaulicar [Transparenz]).

Merksatz: Die **prozessbezogenen Governance-Prinzipien** umfassen die Informationsversorgung der Verwaltungsorgane, ihre Informationsverarbeitung (Entscheidungsfundierung) und Transparenz (Kommunikation).

3.3 Das dualistische System der deutschen Corporate Governance

3.3.1 Überblick

Die Unternehmensführung wird häufig arbeitsteilig organisiert. Während in Personengesellschaften die wesentlichen Kompetenzen zur Führung eines Unternehmens in einer Hand gebündelt werden können, markiert die Gewaltenteilung ein Grundprinzip der Corporate Governance in Aktiengesellschaften (siehe Abschnitt 3.2.3). Diese Aufteilung von Verfügungsrechten ist einerseits organisatorische Notwendigkeit und erlaubt die effiziente Organisation einer wirtschaftlichen Unternehmung. So wird es insbesondere möglich, von vielen Investoren Kapital zu akkumulieren und für die Verfolgung der Unternehmensziele zu verwenden. Die Investoren können allerdings schon allein aufgrund ihrer großen Zahl nicht alle an der Geschäftsleitung beteiligt werden, die deshalb losgelöst von den investierenden Personen auf Organe übertragen wird. Wie bereits gezeigt wurde, ist die Trennung von Eigentum und Unternehmensleitung andererseits jedoch auch mit den beschriebenen Problemen verbunden, die in der ökonomischen Theorie als Prinzipal-Agenten-Probleme bezeichnet werden. In den vorausgegangenen Kapiteln wurde nun zunächst in allgemeiner Form aufgezeigt, mit welchen grundlegenden Prinzipien man versucht, die Corporate Governance so zu gestalten, dass unterschiedliche Stakeholderinteressen Berücksichtigung finden und eine hohe Qualität der Entscheidungen der Unternehmensleitung sichergestellt wird. Dieser Entscheidungsbezug erscheint besonders wichtig, da mit den an der Hierarchiespitze getroffenen Entscheidungen die strategische Ausrichtung und Entwicklung des Unternehmens geprägt wird. Die Unternehmensordnung regelt folglich nicht etwa den Prozess der Erstellung und Verteilung von Gütern als Realgüterprozess, sondern vielmehr den Managementprozess mit den zugehörigen Führungsaufgaben wie Planung, Treffen unternehmerischer Entscheidungen, Organisation, personelle Besetzung von Führungspositionen und Kontrolle (Gerum/Mölls [Unternehmensordnung] 226). Die Organisation der Entscheidungsfindung ist für das Treffen der unternehmensrelevanten Beschlüsse nicht nur besonders wichtig, sondern im Detail auch mit viel mehr Fragen verbunden, als man zunächst vermuten könnte. Zentral ist vor allem, welche Gremien in welcher Zusammensetzung und mit welcher Kompetenzausstattung an der Entscheidungsfindung beteiligt werden, wie sich die Gremien intern organisieren und mit welchen Informationen sie versorgt werden.

Merksatz: Mit der Corporate Governance wird ein **Rahmen für den Managementprozess** geschaffen, um eine hohe **Qualität der Entscheidungen** der Unternehmensleitung zu gewährleisten.

Die konkrete Anwendung der erläuterten Governanceprinzipien variiert mit der Rechtsordnung und der Rechtsform. Da die Agenturproblematik insbesondere in der Aktiengesellschaft auftritt und sich die Diskussion um „gute" Corporate Governance noch immer stark auf diesen Unternehmenstyp konzentriert, soll das dualistische System der Corporate Governance, wie es für die deutsche Aktiengesellschaft (AG) charakteristisch ist, im Folgenden eingehender dargestellt werden. Im Falle der AG kann damit auch – anders als etwa bei der GmbH – ein über den Einzelfall hinausreichendes, verlässliches Bild der inneren Ordnung entworfen werden, da es sich bei den Vorschriften weitgehend um zwingendes Recht handelt (Raiser/Veil [Recht] 58 f.).

Der Begriff „dualistisch“ mag dabei auf den ersten Blick irritieren, gibt es doch mit der Hauptversammlung (3.3.2.), dem Vorstand (3.3.3.) und dem Aufsichtsrat (3.3.4.) eigentlich sogar drei Organe. Da man ohnehin von einem Unternehmenstyp ausgeht, bei dem es zu einer Trennung zwischen Eigentum und Leitung kommt, stellt der Begriff darauf ab, ob die Unternehmensführung nur einem Organ (Board, Verwaltungsrat) obliegt (monistisches System) oder ob die Unternehmensleitung und die Überwachung der Unternehmensleitung zwei getrennten Organen (Vorstand, Aufsichtsrat) übertragen wird (dualistisches System). Da im Übrigen dem Zusammenwirken von Vorstand und Aufsichtsrat in der dualistischen Verfassung besondere Bedeutung zukommt, werden die entsprechenden Aufgaben in einem gesonderten Abschnitt behandelt (3.3.5). Abschnitt 3.3.6 rundet das Bild mit einem Blick auf Änderungen ab, die sich im Falle der Arbeitnehmer-Mitbestimmung auf Unternehmensebene ergeben.

Merksatz: Bei einer **dualistischen Unternehmensverfassung** werden Leitungs- und Überwachungsaufgaben auf zwei verschiedene Organe aufgeteilt.

3.3.2 Hauptversammlung

Aufgaben und Zuständigkeiten

Die Aktionäre üben ihre Rechte und damit ihren Einfluss auf die Unternehmensführung im Kern über die Hauptversammlung aus (§ 118 Abs. 1 Satz 1 AktG). Bei der Hauptversammlung handelt es sich um die Versammlung der Aktionäre der Gesellschaft, die allein als Gelegenheit der Willensbildung der Aktionäre dient (Goslar [Kommentierungen] 90). Sie wird mindestens einmal jährlich vom Vorstand einberufen (Tz. 2.3.1 Satz 1 DCGK). Ursprünglich konnte die Generalversammlung der Aktionäre als oberstes Organ der Aktiengesellschaft bezeichnet werden, da sie auch die Vertretungsbefugnisse des Vorstands beschränken konnte. In der Praxis der Unternehmensverfassung übernahm indes der Vorstand zunehmend die Rolle des Initiativzentrums. Mit den Aktienrechtsnovellen des 20. Jahrhunderts hat man diese Faktizität durch das Prinzip der Fremdorganschaft auch als Grundprinzip der AG-Verfassung abgebildet. Die heutige AG-Verfassung strebt mehr nach einer klaren Aufteilung von Kompetenzen und damit nach einer Machtbalance zwischen den Organen.

Die Kompetenzen der Hauptversammlung umfassen im Kern rechtliche und wirtschaftliche Grundlagenentscheidungen der Gesellschaft. Dazu zählen beispielsweise die erforderliche Zustimmung zu Unternehmensverträgen (§ 293 AktG) oder einer Verschmelzung (§§ 13, 65 UmwG). Ein (nicht abschließender) Katalog von Zuständigkeiten der Hauptversammlung ergibt sich aus § 119 Abs. 1 AktG:

1. die Bestellung der Mitglieder des Aufsichtsrats (soweit sie nicht als Aufsichtsratsmitglieder der Arbeitnehmer aufgrund mitbestimmungsrechtlicher Bestimmungen zu entsenden sind)

2. die Verwendung des Bilanzgewinns
3. die Entlastung der Mitglieder des Vorstands und des Aufsichtsrats
4. die Bestellung des Abschlussprüfers
5. Satzungsänderungen
6. Maßnahmen der Kapitalbeschaffung und der Kapitalherabsetzung
7. die Bestellung von Prüfern zur Prüfung von Vorgängen bei der Gründung oder der Geschäftsführung
8. die Auflösung der Gesellschaft.

Die Punkte 1 und 3 weisen der Hauptversammlung vor allem indirekte Einflussmöglichkeiten auf die Unternehmensentwicklung über die Personalpolitik zu. Zentral ist dabei das Recht zur Wahl der Mitglieder des Aufsichtsrats (§ 101 Abs. 1 AktG). Abgesehen davon, dass die konkrete Anzahl der Aufsichtsratsmitglieder gesetzlich eingegrenzt wird, wird dieses Recht punktuell gegebenenfalls weiterhin dadurch eingeschränkt, dass die Satzung die Entsendung von Aufsichtsratsmitgliedern vorsieht oder dass die Arbeitnehmer aufgrund mitbestimmungsrechtlicher Regelungen einen Teil der Aufsichtsratsmitglieder wählen (Goslar [Kommentierungen] 110, sowie Abschnitt 3.3.6 zur Mitbestimmung). Gemeinsam mit weiteren gesetzlichen Vorgaben (siehe dazu Abschnitt 3.3.4) ergeben sich daraus nicht unwesentliche kumulative Beschränkungen des Einflusses der Aktionäre auf die Zusammensetzung des Aufsichtsrats (Habersack [Eingriffe] E 37 ff.). Somit wird deutlich, dass der Aufsichtsrat längst nicht mehr bloßes Repräsentationsorgan der Kapitaleigner ist. Vielmehr verliert das Eigentum als legitimatorische Grundlage für die Berechtigung zur Unternehmensführung in dem Maße an Bedeutung, wie hierfür ein Nachweis der beruflichen Eignung erbracht werden muss (Gerum/Mölls [Unternehmensordnung] 255). Das berechtigte Interesse verschiedener anderer Stakeholder an der Unternehmenspolitik (und ihren Konsequenzen) dürfte diese Entwicklung allerdings rechtfertigen.

Merksatz: Die **Hauptversammlung** der Aktionäre trifft Grundlagenentscheidungen und wählt die Vertreter der Anteilseigner im Aufsichtsrat.

Die Verweigerung der Entlastung der Mitglieder der Verwaltung, d.h. der Billigung ihrer Unternehmensführung, hat zwar keine unmittelbaren Rechtsfolgen; sie kann aber beispielsweise einen wichtigen Grund im Sinne von § 84 Abs. 3 AktG zur Abberufung eines Vorstandsmitglieds darstellen (Lutter [Hauptversammlung] 400; Raiser/Veil [Recht] 193).

Über Fragen der Geschäftsführung kann die Hauptversammlung nur entscheiden, wenn der Vorstand es verlangt (§ 119 Abs. 2 AktG). Allerdings ist zum einen zu beachten, dass der Vorstand nach der Rechtsprechung (BGH NZG 2004, 571, 573) bestimmte, für die Gesellschaft grundlegende Maßnahmen der Hauptversammlung gegebenenfalls zur Beschlussfassung vorzulegen hat (v. Werder [Führungsorganisation] 86). Hierzu würden etwa der Erwerb oder die Veräußerung von Beteiligungen sowie erhebliche Umstrukturierungen zählen, die mit der Verlagerung wesentlicher Unternehmensgegenstände auf Tochtergesellschaften einhergehen (Lutter [Hauptversammlung] 401). Nach § 119 Abs. 2 AktG ruft der Vorstand die Hauptversammlung jedoch gezielt an. Die Vorschrift zeigt mithin, dass die Satzung Maßnahmen der Geschäftsführung nicht an eine Zustimmung der Hauptversammlung binden darf. Im berühmten Holzmüller-Urteil hat der BGH jedoch entschieden, dass es zwar grundsätzlich im Ermessen des Vorstands liegt, eine Entscheidung der Hauptversammlung über Fragen der Geschäftsführung herbeizuführen, er in concreto jedoch seine Sorgfaltspflichten verletzt hatte, da er von dieser Möglichkeit keinen Gebrauch gemacht hatte (BGHZ 83, 122, 131 f. = DB 1982, 795 = NJW 1982, 1703 ff). Die Möglichkeit, die Hauptversammlung anzurufen, kann sich bei grundlegenden Strukturentscheidungen somit zu einer Pflicht verdichten (Hüffer [Aktiengesetz] 652; Schmidt/Lutter [Aktiengesetz] 1590). Grundlegende Eingriffe in die Struktur der Gesellschaft sollen deshalb nicht ohne die Zustimmung der Hauptversammlung vorgenommen werden dürfen.

Zum anderen haben die Aktionäre über die ihnen zugewiesene Satzungshoheit die Möglichkeit, den Gegenstand und (in Grenzen) den Zweck der Aktiengesellschaft zu bestimmen (§§ 23 Abs. 3 Nr. 2; 119 Abs. 1 Nr. 5 AktG und hierzu v. Werder [Führungsorganisation] 87 ff.). Der Unternehmensgegenstand soll namentlich die Art der produzierten bzw. gehandelten Erzeugnisse und Waren näher bezeichnen. Der Vorstand ist an die Satzungsbestimmungen gebunden (§ 82 Abs. 2 AktG) und darf folglich nicht autonom den Unternehmensgegenstand ändern. Der Unternehmensgegenstand kann nun mehr oder weniger eng formuliert und damit auch die Vorstandsautonomie entsprechend dosiert werden. Je nachdem, wie intensiv diese Möglichkeit genutzt wird, erlaubt sie den Aktionären im Extremfall einen beachtlichen Einfluss auf Entscheidungen der Geschäftsfeldstrategie, aber auch der Internationalisierungsstrategie sowie der Funktionalstrategien des Unternehmens. So ließe sich etwa durch die Festlegung auf bzw. Ausgrenzung von bestimmten (Gruppen von) Produkte(n) der mögliche Diversifikationsgrad des Unternehmens einschränken.

Die Hauptversammlung kann ferner (in Grenzen) ein bestimmtes Unternehmensziel vorgeben, das der Vorstand selbst nicht ändern darf. Man spricht insoweit vom Gesellschaftszweck. Aus betriebswirtschaftlicher Sicht können (die rechtlichen Bezeichnungen) Gegenstand bzw. Zweck cum grano salis mit dem Sachziel bzw. dem Formalziel identifiziert werden. Schweigt die Satzung, so kann die Gewinnerzielung als prinzipieller Zweck der AG angesehen werden, wobei im Sinne des Unternehmensinteresses auch anderen Zielen Rechnung getragen werden kann (v. Werder [Führungsorganisation] 87).

Definitionen:

Der **Unternehmensgegenstand** bezeichnet die produzierten bzw. gehandelten Produkte und Dienstleistungen.

Der **Gesellschaftszweck** ergibt sich aus dem (Formal-)Ziel des Unternehmens.

Praxis der Hauptversammlung

Der einzelne Aktionär übt seinen Einfluss durch die Wahrnehmung seines Stimmrechts aus. Er kann sich dabei auch vertreten lassen, was gerade bei Kleinaktionären praktisch häufig der Fall gewesen ist, indem sie der die Aktien verwahrenden Bank ihr Stimmrecht übertrugen (sog. Banken- bzw. Depotstimmrecht). Dies ist von Bedeutung, da dem Kleinaktionär zur Teilnahme an der – noch immer maßgeblichen Form der – Präsenzhauptversammlung im Verhältnis zu seinem Stimmgewicht überproportional hohe Kosten entstehen und es deshalb regelmäßig zu einer geringen Präsenz gerade der Kleinaktionäre kommt. Gleichwohl hat nicht zuletzt die Kritik an der Stimmrechtsmacht der Banken dazu geführt, dass diesbezüglich Beschränkungen vorgenommen wurden und sich die Banken aus der Stimmrechtsvertretung zurückziehen (Lutter [Hauptversammlung] 404). Insoweit gewinnt die Ausstiegsoption („exit") Bedeutung zulasten der Ausübung aktiver Einflussnahme („voice") (Gerke/Mager/Förstemann [Rolle] 504). Gleichzeitig wird versucht, den Aktionären die Verfolgung der Hauptversammlung über das Internet zu ermöglichen (Anregung in Tz. 2.3.3 des DCGK) und ihnen die Stimmrechtsausübung zu erleichtern, indem der Vorstand dafür sorgt, dass während der Hauptversammlung ein weisungsgebundener Vertreter erreichbar ist (Empfehlung in Tz. 2.3.2 DCGK). Dies wird auf elektronischem Weg heute schon in vielen DAX-Unternehmen umgesetzt, sodass den Aktionären die Ausübung ihrer Rechte zunehmend auf elektronischem Wege möglich wird (Kremer [Kommentierungen] 99f., 105).

Jeder Aktionär ist berechtigt, an der Hauptversammlung teilzunehmen, dort das Wort zu Gegenständen der Tagesordnung zu ergreifen und sachbezogene Fragen und Anträge zu stellen (zusammenfassend Tz. 2.2.3 DCGK). Das Auskunftsrecht besteht gegenüber dem Vorstand und dient der Beurteilung von Tagesordnungspunkten der Hauptversammlung (§ 131 AktG). Dieses zunächst selbstverständlich anmutende Recht birgt erhebliches Konfliktpotenzial, da der Vorstand sich tendenziell einer Kontrolle durch die Aktionäre zu entziehen und vertrauliche Informationen vor einer größeren Öffentlichkeit zurückzuhalten versuchen wird (Raiser/Veil [Recht] 205). In der Praxis der Hauptversammlung wurde von der Ausübung des Rede- und Fragerechts mitunter sehr intensiv Gebrauch gemacht mit der Folge ungewöhnlich lange dauernder Veranstaltungen (Kremer [Kommentierungen] 107f.). Der Kodex regt daher an, Hauptversammlungen möglichst innerhalb von vier bis sechs Stunden zu beenden (Tz. 2.2.4 DCGK). Der Versammlungsleiter, bei dem es sich in aller Regel um den Aufsichtsratsvorsitzenden handelt, kann zu diesem Zweck – etwa ermächtigt durch eine Satzungsregelung – das Rede- und Fragerecht der Aktionäre angemessen beschränken (Kremer [Kommentierungen] 114).

Die Beschlüsse der Hauptversammlung bedürfen der Mehrheit der abgegebenen Stimmen (einfache Stimmenmehrheit), soweit nicht Gesetz oder Satzung eine größere Mehrheit oder weitere Erfordernisse bestimmen (§ 133 Abs. 1 AktG). Hierzu zählen z. B. Satzungsänderungen oder der Abschluss eines Unternehmensvertrags. In solchen Fällen ist eine sog. qualifizierte Mehrheit erforderlich, die drei Viertel des bei der Abstimmung vertretenen Grundkapitals umfasst (Raiser/Veil [Recht] 213). Daraus folgt, dass ein Großaktionär mit einem Kapitalanteil von mehr als 25 % alle Grundlagenbeschlüsse verhindern kann (sog. Sperrminorität). Dabei gilt der Grundsatz „one share one vote", wonach es keine Mehrstimmrechte, Vorzugsstimmrechte oder Stimmrechtsbeschränkungen geben darf (§ 12 AktG, Tz. 2.1.1 DCGK und zum Ganzen Kremer [Kommentierungen] 101ff.). Zulässig sind jedoch weiterhin stimmrechtslose Vorzugsaktien, die den Ausschluss des Stimmrechts mit einer Bevorzugung bei der Verteilung des (auszuschüttenden) Gewinns kompensieren (§ 139 Abs. 1 AktG).

Struktur der Anteilseigner in Deutschland

Der tatsächliche Einfluss des Aktionärs wird naturgemäß vor allem durch die Höhe seines Anteilsbesitzes bestimmt. So ist denn auch die Streuung des Anteilsbesitzes Ausgangspunkt der sog. Managerialismus-These (Kirchner [Managerialismus]). Danach ist es für einzelne Anteilseigner ökonomisch ineffizient, Kontrolle über das Management auszuüben. Insbesondere in der Publikums-AG fehlt der Masse der (Klein-)Aktionäre sowohl die Motivation zur Durchsetzung ihrer Interessen als auch die Kompetenz zur professionellen Steuerung der Unternehmensentwicklung. Die Verfügungsmacht liegt dann ganz überwiegend beim Management. In diesem Sinne können die weitaus meisten großen Aktiengesellschaften in Deutschland als „managerkontrolliert" eingestuft werden. Die Manager können deshalb – zumindest unter der Randbedingung relativ schwachen Marktwettbewerbs – ihre eigenen, gegebenenfalls von den Präferenzen der Anteilseigner abweichenden Ziele verfolgen.

Umgekehrt kann eine starke Konzentration des Anteilsbesitzes zu deutlichen Einschränkungen des managerialen Handlungsspielraums führen (Shen/Cho [Exploring] 847). Bedeutsam ist insoweit vor allem, dass in der jüngeren Vergangenheit in vielen Aktiengesellschaften der Einfluss sog. institutioneller Anleger an Bedeutung gewonnen hat. Hierzu zählen insbesondere Kreditinstitute, Investmentfonds, Versicherungen und Pensionsfonds (Potthoff [Wandlungen] 326). Durch die Liberalisierung der Finanzmärkte kam es in den letzten ca. 30 Jahren auch zu einer zunehmenden Internationalisierung von Finanzinvestitionen, sodass namentlich professionelle Vermögensanlagegesellschaften auch über die Grenzen ihres Sitzstaates hinaus Investitionen tätigen. Die Einflussnahme institutioneller Investoren erfolgt dabei jedoch nicht notwendig über den eigentlich vorgesehenen Weg der Hauptversammlung, sondern auf eher informelle Weise. Dies verstößt jedoch gegen den Grundsatz der Gleichbehandlung aller Aktionäre im Sinne des § 53a AktG; ferner ist eine intensive Beeinflussung der Unternehmensentwicklung durch die Aktionäre im dualistischen Governancemodell der deutschen AG nicht vorgesehen (Habersack [Eingriffe] E 88 f.). Empirisch zeigen sich jedoch messbare Veränderungen der Corporate Governance-Ausformung; beispielsweise fällt die Topmanagement-Vergütung in anteilseigner-kontrollierten Unternehmen stärker leistungsorientiert aus als in manager-kontrollierten Unternehmen (Tosi/Gomez-Mejia [Decoupling]).

„Die" Anteilseigner als eine spezifische Stakeholdergruppe zu behandeln, sollte demnach nicht den Blick dafür verstellen, dass es sich keineswegs um eine Gruppe mit homogenen Interessen handeln muss (siehe auch nochmals Abschnitt 3.1.2). Vielmehr ist beispielsweise nicht auszuschließen, dass ein Minderheitsgesellschafter von der Gesellschaftermehrheit benachteiligt wird (Prigge [Überwachung] 78). Ferner gibt es Anteilseigner, die nur über ihre Eigentumsbeziehung mit dem Unternehmen verbunden sind, und solche, die gleichzeitig auch in einer weiteren Beziehung zum Unternehmen – z.B. als (leitender) Angestellter – stehen und deshalb auch über Insider-Informationen verfügen (Gerke/Mager/Förstemann [Rolle] 505).

Vor diesem Hintergrund soll kurz die verbreitete Ausformung und Entwicklung der Aktionärsstruktur in den Blick genommen werden. Insbesondere bei

Großunternehmen hat sich die Aktionärsstruktur in den vergangenen Jahren verändert. Noch bis etwa Ende der 1990er Jahre galt es als typisches Merkmal des deutschen Corporate Governance-Systems, dass Unternehmen durch Mehrheitsaktionäre oder mehrere Großaktionäre kontrolliert wurden. Bei diesen Großaktionären handelte es sich häufig um andere (deutsche) Unternehmen sowie Banken und Versicherungen, weshalb auch die Bezeichnung „Deutschland AG" für ein gegenüber ausländischen Investoren stark abgeschottetes Corporate Governance-System geläufig war. Dies war nicht zuletzt durch die steuerrechtlichen Rahmenbedingungen gefördert und lag durchaus im Staatsinteresse (Gerke/Mager/Förstemann [Rolle] 506 f.). Diese wechselseitige Beteiligung wurde jedoch – insbesondere auch durch die steuerliche Freistellung von Veräußerungsgewinnen aus Unternehmensbeteiligungen (Weber [Analysis]) – aufgebrochen und ein „market for corporate control" geschaffen, der zu einer weitreichenden Entflechtung der Deutschland AG geführt hat.

So zeigt die Aktionärsstruktur der 30 größten Aktiengesellschaften heute ein gänzlich anderes Bild (siehe zu den folgenden Angaben Ernst & Young [Dax]). Bis zum Jahr 2012 stieg der durchschnittliche Anteil am Grundkapital in Streubesitz bei DAX-Unternehmen auf rund 82 %. Auch von einer Abschottung der Unternehmen gegenüber ausländischen Investoren kann keine Rede mehr sein. Ende 2012 lag der durchschnittliche Auslandsbesitzanteil an den DAX-Unternehmen bei 58 %. Besonders hoch ist der Anteil ausländischer Investoren beispielsweise bei der Deutschen Börse, bei Adidas, der MunichRe und bei Bayer, mit Anteilen von jeweils über 70 %. Markant ist schließlich der hohe Anteil institutioneller Investoren. So liegen durchschnittlich mehr als sechs von zehn Aktien der DAX-Unternehmen (63 %) in Depots institutioneller Investoren, dagegen nur ca. 12 % bei privaten Aktionären.

Die veränderte Aktionärsstruktur bei den DAX-Unternehmen wird teilweise auch kritisch bewertet, da die in den Eigentümerkreis eingerückten institutionellen Investoren im Vergleich zu den strategischen Investoren früherer Jahre oft ein größeres Interesse an der Erzielung kurzfristiger Gewinne haben. Die hohe Streuung des Eigentums macht die DAX-Unternehmen auch potenziell anfällig(er) für (feindliche) Unternehmensübernahmen.

3.3.3 Vorstand

Aufgaben und Zuständigkeiten

Aus dem Kreis der gesellschaftsrechtlich vorgesehenen Organe der deutschen AG bildet der Vorstand das Leitungsorgan, das nach seiner rechtlich zugewiesenen Kompetenzausstattung die Funktion der Unternehmensleitung ausübt (v. Werder [Organisation] 2265).

Definitionen:

Die **Unternehmensleitung** bezeichnet in der betriebswirtschaftlichen Organisationstheorie die Spitzeneinheit in der Hierarchie, welche als Trägerin der obersten Rahmenhandlungen des Unternehmens fungiert.

Ein **Leitungsorgan** ist das (gesellschaftsrechtlich vorgesehene) Organ, das die Aufgaben der Unternehmensleitung im Kern wahrnimmt.

Aus juristischer Sicht grundlegend ist die Vorschrift des § 76 Abs. 1 AktG, wonach der Vorstand das Recht und die Pflicht hat, die Gesellschaft unter eigener Verantwortung zu leiten. Im Einzelnen hat er für die mittel- bis langfristige Unternehmensplanung, die Organisation und Kontrolle sowie die Besetzung von Führungspositionen zu sorgen (vgl. Goslar [Kommentierungen, 275]). Mit diesen Leitungsaufgaben wird nach wie vor auf den Katalog ‚echter Führungsentscheidungen' (Gutenberg [Grundlagen] 133 ff.) zurückgegriffen.

Zu den Kernaufgaben der Unternehmensleitung gehören aus betriebswirtschaftlicher Sicht entsprechend den idealtypischen Handlungszyklen Entscheidungs-, Realisations- und Kontrollhandlungen (v. Werder [Grundsätze] 44 ff.). Entscheidungen der Unternehmensleitung umfassen primär die Festlegung von Zielen und Strategien und den Aufbau von Rechts- und Organisationsstruktur sowie Planungs- und Kontrollsystemen. Besonderes Augenmerk genießt dabei die strategische Ausrichtung des Unternehmens, die der Vorstand zu entwickeln und mit dem Aufsichtsrat abzustimmen und für dessen Implementierung er Sorge zu tragen hat (Tz. 4.1.2 DCGK). Auch wenn die Tätigkeit des Topmanagements insb. durch Entscheidungen geprägt wird, so hat es auch Realisations- und Überwachungsaufgaben zu erfüllen. Die zentrale Realisationskompetenz manifestiert sich darin, dass der Vorstand die Gesellschaft vertritt (§ 78 Abs. 1 AktG). Gerade die zu den Realisationshandlungen zählenden Repräsentationspflichten haben aufgrund der gestiegenen Bedeutung der Unternehmenskommunikation sogar an Gewicht zugenommen. Mit den Kontrollhandlungen soll die zielkonforme Umsetzung sowohl der vom Topmanagement selbst gefassten Beschlüsse als auch der an nachgelagerte Ebenen delegierten Aufgaben überwacht werden.

Im Kodex werden darüber hinaus vor allem zwei Zuständigkeitsbereiche akzentuiert. So ist der Vorstand dafür verantwortlich, dass im gesamten Unternehmen gesetzliche Bestimmungen und unternehmensinterne Richtlinien eingehalten werden. Neben Effektivität und Effizienz (Performance) hat er somit auch für die Compliance zu sorgen (Tz. 4.1.3 DCGK). Ferner soll der Vorstand durch die Einrichtung eines Risikomanagementsystems sicherstellen, dass Gefahren für die weitere Unternehmensentwicklung rechtzeitig erkannt werden (§ 91 Abs. 2 AktG und Tz. 4.1.4 DCGK).

Personelle Besetzung, Organisation und Vergütung

Vorstandsmitglieder werden vom Aufsichtsrat auf höchstens fünf Jahre bestellt mit der Möglichkeit der Verlängerung (§ 84 Abs. 1 AktG). Eine vorzeitige Abberufung ist nur aus wichtigem Grund zulässig; ein solcher kann etwa – wie oben bereits angezeigt – in der Nichtentlastung durch die Hauptversammlung begründet sein (§ 84 Abs. 3 AktG). Aufgrund der mit einer Vorstandstätigkeit verbundenen Belastungen empfiehlt der DCGK, eine Altersgrenze für Vorstandsmitglieder festzulegen (Tz. 5.1.2 DCGK); in der Praxis existierende Grenzen liegen meist zwischen 60 und 63 Jahren und damit jedenfalls unterhalb der allgemeinen Pensionsgrenze (Kremer [Kommentierungen] 297).

Der Vorstand kann uni- oder multipersonell besetzt werden (§ 76 Abs. 2 AktG), wobei der Kodex unabhängig von der Unternehmensgröße einen mehrköpfigen Vorstand empfiehlt (Tz. 4.2.1 DCGK). Aus betriebswirtschaftlicher Sicht ist dies zweckmäßig, da mit der Teamgröße die Informationsaufnahme- und -verarbeitungskapazität einer Gruppe tendenziell zunimmt (Grundei [Top Management] 1446). Eine mindestens zweiköpfige Besetzung ergibt sich ferner immer dann, wenn nach den gesetzlichen Vorschriften zur Mitbestimmung der Arbeitnehmer ein Arbeitsdirektor (§ 33 MitbestG) zu bestellen ist (v. Werder [Führungsorganisation] 103). Eine multipersonelle Besetzung des Vorstands entspricht im Übrigen auch der Praxis zumindest in der großen AG. So liegt die Vorstandsgröße der DAX 30-Unternehmen zwischen 3 und 11 (im Mittel 5,5) Mitgliedern (eigene Auswertung von Unternehmensinformationen, Februar 2014). Zu große Vorstände leiden jedoch wiederum an einem hohen Koordinationsaufwand (Witt [Vorstand] 306).

Im (Regel-)Fall eines mehrköpfigen Vorstands bedarf es einer organinternen Arbeitsteilung. Dabei kann zwischen aufbauorganisatorischen Basismodellen und eher ablauforganisatorischen Fragen der Entscheidungsfindung unterschieden werden (Grundei [Top Management] 1446). Das Kompetenzverhältnis zwischen den Vorstandsmitgliedern als erste Gestaltungsdimension kann dem Kollegial- oder dem Direktorialprinzip entsprechen (hierzu und zum Folgenden eingehend v. Werder [Führungsorganisation] 171 ff.). Nach dem Kollegialprinzip werden die Aufgaben der Unternehmensleitung gleichberechtigt von allen Mitgliedern des Topmanagements wahrgenommen. Alternativ sieht das Direktorialprinzip vor, einem Topmanager Weisungsbefugnisse gegenüber den übrigen Mitgliedern einzuräumen, sodass die Ausübung der Funktion der Unternehmensleitung letztlich in den Händen dieser einen Person liegt. Die zweite Gestaltungsdimension bezieht sich auf Handlungssegmente außerhalb des Kernbereichs der Leitungsaufgaben, die den Mitgliedern des Topmanagements übertragen werden. Beschränken sich ihre diesbezüglichen Kompetenzen auf Aktivitäten der Entscheidungsvorbereitung, auf deren Grundlage übergeordnet Beschlüsse gefasst werden, so werden die Zuständigkeitsbereiche als Portefeuilles bezeichnet. Werden den Topmanagern hingegen individuelle Entscheidungskompetenzen für ihre jeweiligen Handlungssegmente eingeräumt, so werden diese als Ressorts angesprochen. Aus der paarweisen Kombination der vier Gestaltungsprinzipien ergeben sich mit dem Sprechermodell, dem Ressortmodell, dem Stabs- und dem Hierarchiemodell vier Basismodelle der Topmanagement-Organisation.

Auch wenn der Aufsichtsrat ein Mitglied eines mehrköpfigen Vorstands zum Vorstandsvorsitzenden bzw. Vorstandssprecher ernennen kann (§ 84 Abs. 2 AktG; Tz. 4.2.1 Satz 1 DCGK), so ist dennoch zu beachten, dass § 77 Abs. 1 AktG für den multipersonalen Vorstand zwingend das Kollegialprinzip vorsieht und folglich die direktorialen Organisationsmodelle als Gestaltungsalternativen ausscheiden. Ein aus dem Kreis der Vorstandsmitglieder herausgehobenes Mitglied, das letztlich allein und somit auch gegen die Stimmen der anderen Vorstandsmitglieder entscheiden kann („Generaldirektor"), ist nach § 77 Abs. 1 Satz 2 AktG explizit ausgeschlossen. Entgegen der inzwischen nicht unüblichen Bezeichnung in der Praxis gibt es folglich auch keinen „Chief Executive Officer" (CEO), der im angloamerikanischen Modell der Corporate Governance auch de jure eine deutlich einflussreichere Position einnehmen kann, zumal er häufig in Personalunion auch die Position des „Chairman of the

Board" innehat. Weder die Weisungsbefugnis gegenüber anderen „Officers" (in der deutschen AG analog: anderen Vorstandsmitgliedern) noch die gleichzeitige Ausübung einer (leitenden) Position im Board (in der deutschen AG analog: im Aufsichtsrat) haben eine Entsprechung in der deutschen Aktiengesellschaft, sodass de jure die Etablierung einer dem CEO vergleichbaren direktorialen Stellung ausscheidet – von der Etablierung eines unipersonalen Vorstands abgesehen (v. Werder [Führungsorganisation] 190). Dem Vorstandsvorsitzenden stehen vielmehr primär die für die Vorbereitung und Leitung der Sitzungen eines Kollegialorgans üblichen Befugnisse sowie die Repräsentation der Gesellschaft nach außen zu (Oetker [Vorstand] 286). Darüber hinaus ist es als zulässig anzusehen, dass er die Koordination der Vorstandsressorts moderiert und regelmäßig die strategische Initiative ergreift (v. Werder [Kommentierungen] 58 f.).

Merksatz: Der **Vorstandsvorsitzende** der Aktiengesellschaft ist nicht ohne Weiteres mit dem **Chief Executive Officer (CEO)** einer Corporation gleichzusetzen.

In der Rechtswirklichkeit nehmen allerdings nicht wenige Vorstandsvorsitzende eine so starke Stellung ein, dass faktisch doch ein Direktorialmodell vorliegt (Bernhardt/Witt [Unternehmensleitung] 827, 841; Grundei/Talaulicar [Company Law]). Dies lässt sich mit potenziellen ökonomischen Vorteilen wie insbesondere einer schnelleren Entscheidungsfindung begründen (Grundei/Talaulicar [Company Law]; Talaulicar/Grundei/v. Werder [Strategic Decision Making]). Auch aus betriebswirtschaftlicher Sicht muss jedoch demgegenüber die Chance auf eine umfassendere Fundierung von Leitungsentscheidungen bei kollegialer Zusammenarbeit gesehen werden (v. Werder [Führungsorganisation] 217 ff.).

Hinsichtlich der Zuständigkeitsbereiche ergibt sich ein Spannungsfeld zwischen Gesamtverantwortung und Ressortverteilung (v. Werder [Organisation]; Bernhardt/Witt [Unternehmensleitung]). So ist es prinzipiell zulässig und wird sogar empfohlen (Tz. 4.2.1 DCGK), den einzelnen Mitgliedern des Vorstands bestimmte, individuelle Zuständigkeitsbereiche zu übertragen. Dies ändert jedoch nichts an dem Prinzip der Gesamtverantwortung für die zu treffenden übergeordneten Leitungsentscheidungen. Vorstandsmitglieder sind deshalb berechtigt und verpflichtet, sich über die Verantwortungsbereiche ihrer Kollegen zu informieren und bei Zweifeln (z. B. an der Recht- oder Zweckmäßigkeit) auch zu intervenieren (Hoffmann-Becking [Organisation] 512).

Für die zwingend dem Gesamtvorstand überantworteten Aufgaben sind die Entscheidungen im Gremium gemeinsam zu treffen (Henssler/Strohn [Gesellschaftsrecht] zu § 111 Rn. 1). Entscheidungen des Gesamtvorstands können nach einem Mehrheitsprinzip beschlossen werden, wenn Satzung oder Geschäftsordnung dies vorsehen (Hoffmann-Becking [Organisation] 508). Dem Vorstandsvorsitzenden dürfen dabei in Grenzen besondere Rechte wie etwa eine entscheidende (Zweit-)Stimme in Pattsituationen eingeräumt werden (Hoffmann-Becking [Vorstandsvorsitzender] 748).

Der bei weitem größte Anteil der vorstandsbezogenen Bestimmungen im Deutschen Corporate Governance Kodex entfällt auf die Vergütung des Vorstands. Dies dürfte zum einen ein Reflex auf die intensive öffentliche Diskussion über vermeintlich überhöhte Bezüge, unangemessen starke Vergütungssteigerungen oder auch die Fragwürdigkeit von (manchen) Options- und Bonusprogrammen sein (Evers [Vorstands- und Aufsichtsratsvergütung] 350). Mit dem Vorstandsvergütungs-Offenlegungsgesetz (VorstOG, 2005) und dem Gesetz zur Angemessenheit der Vorstandsvergütung deutscher Aktiengesellschaften (VorstAG, 2009) wurde auch auf gesetzlicher Ebene versucht, diesen Entwicklungen entgegenzuwirken. Ausweislich empirischer Untersuchungen scheint dies jedoch kaum zu gelingen (Prinz/Schwalbach [Managervergütung]). Im Kern scheint das Hauptargument aus Unternehmenssicht dahin zu gehen, dass stärker eingeschränkte Vergütungssysteme verhinderten, qualifizierte Vorstandsmitglieder zu gewinnen, zu Leistungsanstrengungen zu motivieren und gegebenenfalls ausreichend an das Unternehmen zu binden.

Zum anderen sehen Gesetz- und Kodexgeber aber offensichtlich auch einen Zusammenhang zwischen Vorstandsvergütung und Unternehmensentwicklung. Denn die Vergütungsstruktur ist (bei börsennotierten Gesellschaften) auf eine nachhaltige Unternehmensentwicklung auszurichten (§ 87 Abs. 1 Satz 2 AktG; Tz. 4.2.3 Abs. 2 Satz 1 DCGK). Was genau unter einer „nachhaltigen Unternehmensentwicklung" zu verstehen ist, bleibt indes weitgehend offen. Insbesondere sollen allerdings variable Vergütungsbestandteile eine mehrjährige Bemessungsgrundlage haben, um die Fixierung auf eine nur kurzfristige Erfolgsmaximierung zu vermeiden. Nach § 87 Abs. 1 AktG sind die Gesamtbezüge des einzelnen Vorstandsmitglieds (vom Aufsichtsrat) weiterhin so zu bemessen, dass diese in einem angemessenen Verhältnis zu den Aufgaben und Leistungen des Vorstandsmitglieds sowie zur Lage der Gesellschaft stehen und die übliche Vergütung nicht ohne besondere Gründe übersteigen. Die Festsetzung einer unangemessenen Vergütung kann zur Schadensersatzpflicht des Aufsichtsrats führen (§116 Satz 3 AktG). De facto haben deshalb entsprechende Marktvergleiche inzwischen eine große Bedeutung erlangt. Prinzipiell geht es offenbar um den langfristigen Erhalt des Unternehmens, gesundes Wachstum, auskömmliche Erträge, die Vermeidung existenzgefährdender Risiken, Eigenkapitalvorsorge und die – für den langfristigen Erfolg unerlässliche – Beachtung der Interessen der verschiedenen Stakeholder (Ringleb [Kommentierungen] 247). Das schließt indes etwa die Vereinbarung und Gewährung auch geschäftsjahresbezogener Erfolgstantiemen nicht aus; das Vergütungssystem insgesamt ist jedoch auf Nachhaltigkeit auszurichten, wofür seine verschiedenen Komponenten entsprechend zu justieren sind. So zählen zu den wichtigsten Bestandteilen der Vorstandsvergütung sowohl laufende fixe und variable Bezüge, sonstige Geld- und Sachleistungen, die Gewährung von Aktien sowie Leistungszusagen für die Zeit nach dem Ausscheiden wie Abfindungen und Ruhegehälter (Evers [Vorstands- und Aufsichtsratsvergütung] 353).

Um das oben skizzierte Opportunismusproblem möglichst schon an der Wurzel zu beseitigen, wurden aktienbasierte Vergütungssysteme für das Topmanagement eingeführt. Orientiert sich die (variable) Entlohnung des Topmanagements letztlich am Aktienkurs des Unternehmens, so wird eine Interessenharmonisierung zwischen den Topmanagern und den Aktionären unterstellt. Vergütungsanalysen zeigen jedoch immer wieder, dass jedenfalls von einer flächendeckenden Verwirklichung eines wirksamen Pay-for-Performance-Ansatzes keine Rede sein kann (Bebchuk/Fried [Pay]). Vielmehr scheint nach wie vor die Unternehmensgröße einer der besten Prädiktoren der Höhe der Topmanagement-Vergütung zu sein (Prinz/Schwalbach [Managervergütung]); dies gilt im Übrigen nicht nur für Deutschland (Finkelstein/Hambrick/Cannella [Leadership] 291 ff.).

Definition:
Eine Vergütung, die von einer erzielten Leistung abhängig ist, wird als Pay-for-Performance bezeichnet.

Kritikwürdig an derartigen Studien ist allerdings, dass die Performance hier auf die Generierung eines Mehrwertes für die Aktionäre (Shareholder Value) eingeengt wird. Dies greift aus Sicht eines stakeholder-ausgerichteten Governance-Systems (siehe dazu bereits Abschnitt 3.1.2 und noch Abschnitt 3.3.5) zu kurz. Im Übrigen stößt die Ermittlung individueller Leistungen von Vorstandsmitgliedern (Tz. 4.2.2 Abs. 2 Satz 1 DCGK) an praktische Grenzen der Umsetzung (Evers [Vorstands- und Aufsichtsratsvergütung] 359). Ferner wird die Konstruktion entsprechender Vergütungssysteme grundsätzlich als verfehlt angesehen, da sie bei den adressierten Topmanagern zu unerwünschten Verhaltensreaktionen und einer Verdrängung ihrer intrinsischen Motivation führen können (Grundei [Managers] 145 ff.).

3.3.4 Aufsichtsrat

Aufgaben und Zuständigkeiten

Kernaufgabe des Aufsichtsrats ist es, den Vorstand zu überwachen (§ 111 Abs. 1 AktG). Er übernimmt damit in der dualistisch strukturierten Aktiengesellschaft eben jene Kontrollaufgaben, welche die Aktionäre aus den genannten Gründen nicht selbst wahrnehmen können. Insoweit erscheint es nachvollziehbar, dass der Aufsichtsrat in der AG ebenso wie in der größeren Genossenschaft (§ 9 Abs. 1 GenG) ein obligatorisches Organ darstellt, während er in der auf einen kleineren Gesellschafterkreis zugeschnittenen GmbH nur fakultativ einzurichten ist, sofern dem nicht mitbestimmungsrechtliche Regelungen entgegen stehen (vgl. Oetker [Vorstand] 281; v. Schenck [Kompetenzen] 4), die ihrerseits wiederum erst ab einer gewissen Größe der Gesellschaft greifen (siehe eingehender sogleich Abschnitt 3.3.6). Das Aufsichtsratsmandat ist grundsätzlich als ein Nebenamt konzipiert.

Der Aufsichtsrat hat die Geschäftsführung durch den Vorstand zu kontrollieren. Aus betriebswirtschaftlicher Sicht handelt es sich bei Kontrollen grundsätzlich um den Vergleich von Istgrößen mit vorher festgelegten Sollgrößen (siehe auch nochmals oben Abschnitt 3.2.2). Man erhält somit wertvolle Informationen darüber, ob angestrebte Sollwerte eingehalten (z.B. ein Budget) bzw. erreicht (z.B. ein Umsatzziel) wurden. Es gehört zweifellos zum Kontrollumfang des Aufsichtsrats, anhand geeigneter Kennzahlen zu überprüfen, ob das Unternehmen seine wesentlichen Ziele erreicht hat. In der betriebswirtschaftlichen Literatur ist jedoch längst anerkannt, dass sich Kontrollen – namentlich im Kontext der strategischen Unternehmensführung – keineswegs auf eine schlichte ex post-Überwachung der Zielerreichung beschränken müssen und auch nicht beschränken sollten (Schreyögg/Steinmann [Kontrolle]). Wenn man von einer zunehmend strategischen Rolle des Aufsichtsrats spricht, so meint dies gerade die antizipative Überwachung zukunftsgerichteter Geschäftsführungsmaßnahmen. Somit steht heute wesentlich stärker als die Kontrolle der Planerreichung die Überwachung der Qualität der Planerstellung im Fokus. Nur so kann sichergestellt werden, dass nicht ungeeignete Pläne verfolgt werden, Pläne auf realistischen Annahmen beruhen, zweckmäßige Planungsinstrumente eingesetzt wurden und die erforderlichen Informationen in die Planerstellung eingeflossen sind (Frese/Graumann [Überwachung] 158). In diesem Sinne erörtert und berät der Aufsichtsrat anstehende strategische Entscheidungen mit dem Vorstand und übt somit einen erheblichen Einfluss auf die Unternehmensentwicklung aus (siehe dazu noch Abschnitt 3.3.5).

Merksatz: Die Überwachungsaufgabe des Aufsichtsrats beschränkt sich nicht auf eine ex post-Kontrolle bereits umgesetzter Vorstandsmaßnahmen, sondern schließt eine ex ante-Überwachung in Planung befindlicher Maßnahmen ein.

Dieser Einfluss wird dadurch untermauert, dass es der Aufsichtsrat ist, der die Mitglieder des Vorstands bestellt. Diese Bestellung erfolgt im Übrigen grundsätzlich auf Zeit, nämlich für maximal fünf Jahre (§ 84 Abs. 1 Satz 1 AktG). Bei Vorliegen eines wichtigen Grundes kann der Aufsichtsrat die Bestellung sogar vor Ablauf der Amtszeit widerrufen (§ 84 Abs. 3 Satz 1 AktG).

Die gestiegenen Anforderungen an die Aufsichtsräte werfen die Frage auf, wie diesen Vorstellungen in einem Nebenamt entsprochen werden kann. Durch Gesetz und Kodex sind zahlreiche Aspekte der Aufsichtsratsarbeit – namentlich die personellen Besetzung und die Organisation des Organs – reformiert worden, um die Effektivität und Effizienz des Überwachungsorgans zu erhöhen. Insgesamt ist es zu einer Professionalisierung der Aufsichtsratstätigkeit gekommen.

Personelle Besetzung, Organisation und Vergütung

Die (Mindest- und Höchst-)Anzahl der Aufsichtsratsmitglieder ergibt sich – anders als beim Vorstand – aus dem Gesetz und liegt – abhängig von der Unternehmensgröße – zwischen drei und 21 (§ 95 AktG) bzw. bei dem MitbestG unterliegenden Unternehmen zwischen 12 und 20 (§ 7 Abs. 1 MitbestG). Für die professionelle Ausübung eines Aufsichtsratsmandats ist es erforderlich, dass die Aufsichtsratsmitglieder hinreichend qualifiziert, motiviert und unabhängig sind (siehe auch nochmals Abschnitt 3.2.3). Dementsprechend formulieren Aktiengesetz und Deutscher Corporate Governance Kodex zahlreiche Voraussetzungen bzw. Anforderungen an Mitglieder von Aufsichtsräten. In § 100 Abs. 2 AktG werden diese als Ausschlusskriterien formuliert. Mitglied des Aufsichtsrats kann demnach *nicht* sein, wer

1. bereits in zehn Handelsgesellschaften, die gesetzlich einen Aufsichtsrat zu bilden haben, Aufsichtsratsmitglied ist,
2. gesetzlicher Vertreter eines von der Gesellschaft abhängigen Unternehmens ist,
3. gesetzlicher Vertreter einer anderen Kapitalgesellschaft ist, deren Aufsichtsrat ein Vorstandsmitglied der Gesellschaft angehört, oder
4. in den letzten zwei Jahren Vorstandsmitglied derselben börsennotierten Gesellschaft war, es sei denn, seine Wahl erfolgt auf Vorschlag von Aktionären, die mehr als 25 % der Stimmrechte an der Gesellschaft halten.

Der Kodex adressiert vor allem die Qualifikation und Unabhängigkeit der Mandatsträger. Danach soll der Aufsichtsrat so zusammengesetzt sein, dass insgesamt die zur Wahrnehmung der Aufgaben erforderlichen Kenntnisse, Fähigkeiten und fachlichen Erfahrungen vorliegen (Tz. 5.4.1 DCGK). Die Mitglieder sollen sich gegebenenfalls fortbilden (Tz. 5.4.5 Abs. 2 DCGK). Für kapitalmarktorientierte Kapitalgesellschaften schreibt § 100 Abs. 5 AktG ferner vor, dass mindestens ein unabhängiges Mitglied des Aufsichtsrats über Sachverstand auf den Gebieten Rechnungslegung oder Abschlussprüfung verfügen muss.

Im Grunde ist mit diesen Bestimmungen alles Wesentliche zu den Qualifikationsanforderungen gesagt. Dennoch geht der Kodex mit der Forderung nach Vielfalt (Diversity) noch einen Schritt weiter. Nicht zuletzt durch die Ergänzung, dass damit insbesondere eine angemessene Beteiligung von Frauen einhergehen solle (Tz. 5.4.1 Abs. 1 Satz 3 DCGK), ist diese Bestimmung zu einer besonders umstrittenen Empfehlung des Kodex avanciert (Krieger [Corporate Governance] 212). Der Grad der Heterogenität der Zusammensetzung multipersonaler Teams stellt eine wichtige Einflussgröße auf deren Funktionsfähigkeit dar. Dabei sind die Effekte jedoch nicht eindeutig, sondern vielmehr mit Vor- und Nachteilen verbunden. Das betriebswirtschaftliche Hauptargument lautet, dass mit zunehmender (kognitiver) Heterogenität der Teammitglieder die Vielfalt der Problemperspektiven bzw. -einschätzungen steigt und somit das Problemlösungspotenzial erweitert wird (Grundei/Graumann [Zusammenwirken] 295). Daraus eine Empfehlung für gute Corporate Governance abzuleiten, ist jedoch problematisch. So ist zunächst zu beachten, dass sich mit Diversity auch negative Effekte verbinden, welchen den positiven Potenzialen unmittelbar entgegenstehen. Insbesondere steigen mit zunehmender Heterogenität auch Kommunikations- und Kooperationsbarrieren, die den Informationsaustausch de facto behindern (Grundei/Graumann [Zusammenwirken] 295). Ferner wurde kritisiert, dass namentlich mit der Einführung einer „Frauenquote" ein gesellschaftspolitisches Ziel verfolgt wird, dessen Zusammenhang zu guter Corporate Governance nicht ersichtlich ist (Habersack [Eingriffe] E 33 ff.). Diese Einschätzung wird insofern gestützt, als bislang offensichtlich kein belastbarer Zusammenhang zwischen Geschlechterdiversität und ökonomischen Erfolgskriterien nachgewiesen werden konnte (Boerner/Keding/Hüttermann [Gender]).

Um eine objektive Überwachung der Vorstandstätigkeit zu gewährleisten, soll dem Aufsichtsrat eine angemessene Zahl unabhängiger Mitglieder angehören (Tz. 5.4.2 Satz 1 DCGK und dazu bereits Abschnitt 3.2.3). Eine besondere Form der personellen Beziehungen betrifft den Wechsel vom Vorstand in den Aufsichtsrat (hierzu Kremer/v. Werder [Unabhängigkeit] 343 f.). Hier besteht die Gefahr, dass ehemalige Vorstände nicht ohne weiteres in die Rolle eines objektiven Kontrolleurs wechseln können, da sie den von ihnen – als Vorstandsmitglied – mitgetragenen Entscheidungen nicht neutral gegenüber stünden. Dem Aufsichtsrat sollen deshalb nicht mehr als zwei ehemalige Mitglieder des Vorstands angehören und zwischen beiden Ämtern soll normalerweise eine „Cooling-off-Periode" von (mindestens) zwei Jahren liegen (Tz. 5.4.2 Satz 3 bzw. Tz. 5.4.4 DCGK). Ein Grundproblem besteht dabei insoweit, als ein unabhängiges Mitglied auch tendenziell weniger Wissen über das Unternehmen bzw. seine Geschäftsfelder mitbringt (Tricker [Corporate Governance] 467). Dieser Konflikt wird hier zugunsten der Unabhängigkeit aufgelöst (Habersack [Eingriffe] E 82).

Die erheblichen Anforderungen, die heute an Aufsichtsratsmitglieder gestellt werden, bewirken inzwischen auch Veränderungen im Besetzungsprozess. War es früher – de facto – vor allem der Aufsichtsratsvorsitzende, der Kandidaten aus seinem persönlichen Netzwerk identifiziert hat (Barth [Nominierung]), so kommt es heute zunehmend zu systematischeren und objektiveren Auswahlprozessen, die von einem Nominierungsausschuss vorangetrieben werden (Leube [Besetzung] 215 ff.).

Damit ist implizit ein weiterer Baustein zur Erhöhung der Effizienz der Aufsichtsratstätigkeit angesprochen: Die Empfehlung, Ausschüsse im Aufsichtsrat einzurichten (Abschnitt 5.3 DCGK). Sie erfolgt vor dem Hintergrund der mit zunehmender Organgröße abnehmenden Effizienz der Zusammenarbeit (Kremer [Kommentierungen] 303 f., und zur Ausschussbildung eingehender Lutter/Krieger [Rechte] 292 ff.). Ziel ist es, in relativ kleinen Gruppen mit hoher fachlicher Expertise die anstehenden Themen zu diskutieren und für Abstimmungen im Plenum vorzubereiten oder – sofern es rechtlich zulässig ist – auch an Stelle des Plenums im Ausschuss zu entscheiden. Für Finanzinstitute schreibt der Gesetzgeber im Übrigen, wie auch bei weiteren Governanceaspekten, sehr viel detaillierter vor, welche Ausschüsse einzurichten sind. Dazu zählen unter anderem ein Risikoausschuss, ein Nominierungsausschuss und ein Vergütungskontrollausschuss (§ 25d KWG).

Merksatz: Insbesondere in großen Aufsichtsräten soll die Verlagerung von Aufgaben in spezialisierte Ausschüsse die Effizienz der Aufsichtsratstätigkeit erhöhen.

Selbst bei formal nur entscheidungsvorbereitender Kompetenz kann die fachliche Vorarbeit eines Ausschusses für etwaige Beschlussfassungen des Plenums durchaus maßgeblich sein, wenn und soweit im Aufsichtsratsplenum keine eingehende Behandlung des Gegenstands mehr erfolgt (Grundei/Graumann [Zusammenwirken] 296). Besonders deutlich tritt diese mögliche Folge der Spezialisierung im Rahmen der Abschlussprüfung zutage. So gehört auch die Prüfung des Jahres- bzw. Konzernabschlusses einschließlich der dazugehörenden Unterlagen zu den grundlegenden Überwachungsaufgaben des Aufsichtsrats (§ 171 AktG). Dabei handelt es sich – insbesondere bei großen (Konzern-)Unternehmungen – um ein komplexes Unterfangen, in dem primär die Konformität mit (nationalen und gegebenenfalls internationalen) Rechnungslegungsnormen, darüber hinaus aber auch die zutreffende Abbildung der Lage der Gesellschaft festzustellen ist. Hinzu kommen heute ferner Einschätzungen der Eignung interner Kontroll-, Risikomanagement- und Compliance-Systeme zur wirksamen Vermeidung unangemessener Risiken und zur Verhinderung von Fehlverhaltensweisen im Unternehmen. Der Aufsichtsrat ist deshalb besonders auf fachliche Expertise in diesen Gebieten angewiesen und beauftragt deshalb zum einen einen Abschlussprüfer (§ 171 Abs. 1 Satz 2 AktG). Dieser kann somit als bedeutendes „Hilfsorgan“ des Aufsichtsrats bei der Bewältigung dieser mitunter äußerst komplexen Überwachungsaufgabe angesehen werden, wodurch die Prinzipal-Agent-Beziehungen eine zusätzliche Erweiterung erfahren (Wassermann/Rohde [Aufgaben] 382, 385 f.). Zum anderen soll der Aufsichtsrat einen Prüfungsausschuss einrichten, dessen Vorsitzender über besondere Kenntnisse und Erfahrungen auf den Gebieten Rechnungslegung und interne Kontrollverfahren verfügt (Tz. 5.3.2 DCGK).

Vor dem Hintergrund der dargelegten deutlichen Zunahme an Aufgaben und der gestiegenen Anforderungen an ihre professionelle Erledigung durch den Aufsichtsrat soll abschließend kurz auf dessen Vergütung eingegangen werden. Dabei stellte sich die Situation in den vergangenen Jahren gewissermaßen spiegelbildlich zur Diskussion um (überzogene) Vorstandsvergütungen dar, da gemessenen an den gestiegenen Anforderungen die Aufsichtsratsvergütung eher als zu niedrig eingestuft wurde (Evers [Vorstands- und Aufsichtsratsvergütung] 376 f.). Die Unternehmensgröße bildet dabei wiederum die wichtigste Determinante der Vergütungshöhe; die Vorsitzenden erhalten häufig das Doppelte oder mehr der normalen Vergütung; mitunter wird auch die Mitgliedschaft in Ausschüssen zusätzlich honoriert. Interessant ist die jüngste Entwicklung, die gerade beim Aufsichtsrat wegführt von erfolgsorientierten Vergütungen. Der Kodex hat eine frühere Empfehlung in diese Richtung im Jahr 2012 aufgegeben und empfiehlt nunmehr nur, eine gegebenenfalls existierende erfolgsorientierte Vergütung auf die nachhaltige Unternehmensentwicklung auszurichten (Tz. 5.4.6 Abs. 2 Satz 2 DCGK und dazu Kremer [Kommentierungen] 340 ff.). Dies leuchtet schon deshalb ein, weil in Zeiten schlechter Unternehmens-Performance die Intensität der Überwachung eher zunehmen muss und damit eine Vergütungsreduzierung kaum vereinbar wäre. Empirisch zeigt sich in den letzten Jahren ein Trend zu steigenden fixen Vergütungen der Aufsichtsratstätigkeit mit aufwandsbezogen Elementen (z.B. für die Mitarbeit in einem Ausschuss) (Pacher/v. Preen [Aufsichtsratsvergütung] 68 ff.).

3.3.5 Zusammenwirken von Vorstand und Aufsichtsrat

Bislang wurde die Führungsorganisation der deutschen AG mit der charakteristischen Aufteilung von Kompetenzen auf die beiden Führungsorgane dargestellt. Für eine praktisch funktionierende Corporate Governance essentiell ist allerdings gerade das Zusammenspiel von Vorstand und Aufsichtsrat. Der Deutsche Corporate Governance Kodex akzentuiert die große Bedeutung der Zusammenarbeit zwischen den beiden Verwaltungsorganen, der ein eigener Abschnitt des Kodex gewidmet ist. Dabei bezieht sich die Zusammenarbeit im Kern auf organübergreifende Abstimmungen im Rahmen strategischer Entscheidungsprozesse und den damit verbundenen Informationsaustausch (v. Werder [Kommentierungen] 133). Weder soll sich der Aufsichtsrat in die laufende Geschäftsführung einschalten, noch soll er in Bezug auf die strategische Ausrichtung des Unternehmens die Initiative ergreifen oder gar eine eigene Unternehmensstrategie entwickeln; ihm kommt ein Mitwirkungs-, nicht aber ein originäres Mitentscheidungsrecht zu (Roth [Information] 349; Johannsen-Roth [Kommentierungen] 173).

Besonders prägnant erfolgt die vorbeugende Überwachung durch den Aufsichtsrat im Rahmen der sogenannten zustimmungspflichtigen Geschäfte, da hiermit das Geschäftsführungsverbot des Aufsichtsrats relativiert wird (Graumann/Grundei [Beurteilung] 21). Denn Satzung bzw. Aufsichtsrat haben Geschäftsführungsmaßnahmen von grundlegender Bedeutung von der Zustimmung des Aufsichtsrats abhängig zu machen (vgl. § 111 Abs. 4 Satz 2 AktG; Tz. 3.3 DCGK). Nach seiner Personalhoheit besteht hierin das größte Einflusspotenzial des Aufsichtsrats auf die Unternehmenspolitik. Wird die jährliche Unternehmensplanung per se unter Zustimmungsvorbehalt gestellt, so wird damit eine Auseinandersetzung auch mit den Rahmendaten der Planung (Umweltanalyse) erzwungen (Frese/Graumann [Überwachung] 159). Dies erscheint sinnvoll, da ein wesentlicher Zweck der Zustimmungsvorbehalte darin zu sehen ist, das Unternehmen vor dem Eingehen überzogener Risiken zu bewahren (Säcker/Rehm [Grenzen] 2814 ff.).

Merksatz: Satzung bzw. Aufsichtsrat haben Geschäftsführungsmaßnahmen von grundlegender Bedeutung von der Zustimmung des Aufsichtsrats abhängig zu machen **(zustimmungspflichtige Geschäfte)**.

Voraussetzung für das enge Zusammenwirken ist eine hinreichende Informationsversorgung des Aufsichtsrats (Näheres bestimmt § 90 AktG). Eine Eigentümlichkeit der insoweit vorgesehenen aktienrechtlichen Konstruktion besteht darin, dass es dem zu kontrollierenden Gremium obliegt, das kontrollierende Organ zu informieren (Grundei/Graumann [Zusammenwirken] 284). Der Vorstand hat dabei ein Interesse, seinen Wissensvorsprung beizubehalten und dafür zu nutzen, seine Leistungen günstig darzustellen (Seibt [Informationsfluss] 392; Johannsen-Roth [Kommentierungen] 183). Vor diesem Hintergrund verwundert es nicht, dass viele Aufsichtsräte sich tatsächlich unzureichend informiert fühlen (Beckmann [Informationsversorgung]). Der Aufsichtsrat soll im Übrigen seine Informationsbedürfnisse auch konkretisieren und entsprechende Anforderungen an den Vorstand formulieren (Tz. 3.4 Abs. 3 Satz 1 DCGK; Lutter [Kommentierungen, 140 f.). Eine entsprechende Informationsordnung sollte möglichst konkret festlegen, wer was wann bzw. wie oft an wen zu berichten hat (Seibt [Informationsfluss] 407 ff.). Dabei kommt in der Praxis der Interaktion zwischen den beiden Organvorsitzenden eine besondere Rolle zu (Roth [Information] 365 ff.).

Problematischer scheint indes – jedenfalls aus juristischer Sicht – die Frage zu beantworten, ob der Aufsichtsrat auch am Vorstand vorbei eigenständig Informationen im Unternehmen einholen kann, namentlich also (leitende) Angestellte befragen darf, da dies mit der Grundordnung der AG und der darin eingeschlossenen ungeteilten Leitungsverantwortung des Vorstands schwer zu vereinbaren sei. Zumindest in Ausnahmesituationen oder auch zur Diskussion einzelner Tagesordnungspunkte ist die Hinzuziehung von Mitarbeitern zu Aufsichtsratssitzungen aber auch zulässig (§ 109 Abs. Satz 2 AktG) und kann in der Praxis gegebenenfalls durch Inkenntnissetzung des Vorstands auch ohne gravierende atmosphärische Störungen erfolgen (Seibt [Informationsfluss] 399 f.). In allen Fragen der Rechnungslegung sowie der zusätzlich vom Abschlussprüfer zu prüfenden Themen ist dieser im Übrigen natürlicher Ansprechpartner des Aufsichtsrats (§§ 111 Abs. 2, 171 AktG) (Henssler/Strohn [Gesellschaftsrecht] zu § 111 Rn. 4, 13).

In der Literatur wird die Informationsversorgung des Aufsichtsrats stark auf einen Akt der Übergabe formaler Berichte reduziert. Es ist ein besonderes Verdienst des Kodex, dass er darauf hingewiesen hat, dass es im Rahmen der Unternehmensführung sowohl organintern als auch organübergreifend (auch) auf eine offene Diskussion zwischen den Beteiligten ankommt (Tz. 3.5 DCGK).

Tz. 3.5 DCGK:

Gute Unternehmensführung setzt eine offene Diskussion zwischen Vorstand und Aufsichtsrat sowie in Vorstand und Aufsichtsrat voraus. Die umfassende Wahrung der Vertraulichkeit ist dafür von entscheidender Bedeutung.

Alle **Organmitglieder** stellen sicher, dass die von ihnen zur Unterstützung einbezogenen Mitarbeiter die Verschwiegenheitspflicht in gleicher Weise einhalten.

Dieser offene Austausch kann jedoch in der Governancepraxis an verschiedenen Hindernissen scheitern (dazu eingehend Grundei/Graumann [Zusammenwirken] 292 ff.). Zu denken ist dabei nicht nur an Defizite der Qualifikation, Motivation oder Unabhängigkeit einzelner Aufsichtsratsmitglieder. Auch und gerade das Zusammenwirken der Personen in den Gremien wirft eigene Probleme auf. So können etwa zu große oder zu homogen besetzte Organe ebenso wie thematisch überfrachtete Sitzungen, zu denen die Informationsgrundlagen erst viel zu spät vor der Sitzung zur Verfügung gestellt werden, einer gründlichen Erörterung im Wege stehen. Unter derartigen Bedingungen ist häufig ein überzogenes Streben nach Konsens zu beobachten, ohne dass eine umfassende, objektiv-kritische Diskussion von Entscheidungsgegenständen erfolgt. An eben jenen Merkmalen muss folglich auch angesetzt werden, um die strukturellen Ursachen für Diskussionsdefizite zu beseitigen. Der Kodex bietet hierfür wichtige Anregungen. Über bereits angesprochene Bestimmungen wie z.B. die Unabhängigkeit der Aufsichtsratsmitglieder und die Heterogenität der Zusammensetzung des Aufsichtsrats hinaus gehört hierzu etwa auch die Empfehlung, der Aufsichtsrat solle bei Bedarf ohne den Vorstand tagen (Tz. 3.6 Abs. 2 DCGK), was aus Gründen der Praktikabilität nicht den Regelfall in der Praxis darstellt.

Die deutlich akzentuierte Einbindung des Aufsichtsrats in die (Entscheidungen über die) Unternehmensentwicklung bildet zweifellos eine der markantesten Veränderungen der Grundkoordinaten des Corporate Governance-Systems in der dualistisch verfassten deutschen AG. Damit ergibt sich in der Konsequenz allerdings eine tendenzielle Nivellierung der strukturellen Unterschiede zum monistischen Governancemodell (Oetker [Vorstand] 282; Säcker/Rehm [Grenzen] 2815). Dies kommt prägnant zum Ausdruck, wenn von einem „mitunternehmerischen" Aufsichtsrat gesprochen wird (Lutter [Kommentierungen] 135, 289). Es ist bemerkenswert, dass die Kehrseite einer solchen Entwicklung trotz aller Diskussion um die (zentrale) Bedeutung der Unabhängigkeit von Aufsichtsratsmitgliedern nicht hinreichend beachtet wird. Gerade von betriebswirtschaftlicher Seite wird aber durchaus darauf hingewiesen, dass die Mitwirkung der „Prüfinstanz" am Zustandekommen des Prüfgegenstands die Objektivität des Überwachungsorgans beeinträchtigen kann (Prigge [Überwachung] 79; Grundei/Graumann [Zusammenwirken] 284 ff.). Im Übrigen wird zwar immer wieder betont, dass der Aufsichtsrat beispielsweise ein Veto nicht mit der Aufforderung zur Neuplanung – gar in einer bestimmten inhaltlichen Richtung – verbinden könne (Johannsen-Roth [Kommentierungen] 174); es kann aber kein Zweifel bestehen, dass der Aufsichtsrat bereits durch das Vetorecht de facto auch eigenen Vorstellungen von der weiteren Unternehmensentwicklung Nachdruck verleihen kann (Säcker/Rehm [Grenzen] 2818).

Für das (Zusammen-)Wirken der beiden Verwaltungsorgane im Rahmen der strategischen Unternehmensentwicklung ist schließlich noch ein Aspekt von herausgehobener Bedeutung. So weist Tz. 3.8 DCGK darauf hin, dass Vorstand und Aufsichtsrat die Regeln ordnungsgemäßer Unternehmensführung zu beachten haben. Damit wird darauf verwiesen, dass auch über den Kodex hinausgehende Grundsätze ordnungsmäßiger Unternehmensleitung und Unternehmensüberwachung, wie sie seit einiger Zeit in der Betriebswirtschaftslehre diskutiert werden, zunehmend als Grundprinzipien der Unternehmensführung Anerkennung finden (v. Werder [Kommentierungen] 164 f.). Der Kodex referiert an dieser Stelle im Weiteren die grundlegenden aktienrechtlichen Normen für die (Innen-)Haftung von Vorstand und Aufsichtsrat (§§ 93 Abs. 1, 116 AktG). Diese Regelungen sind insoweit zentral, als sie die wichtige Frage betreffen, unter welchen Umständen unternehmerische Fehlentscheidungen zur Haftung der Organe führen. Dies ist grundsätzlich dann der Fall, wenn die Sorgfaltspflicht eines ordentlichen und gewissenhaften Geschäftsleiters bzw. Aufsichtsratsmitglieds verletzt wurde. Bei unternehmerischen Entscheidungen liegt eine solche Pflichtverletzung nicht vor, wenn das Mitglied von Vorstand oder Aufsichtsrat vernünftigerweise annehmen durfte, auf der Grundlage angemessener Information zum Wohle der Gesellschaft zu handeln. In dieser Formel sind drei Tatbestandsmerkmale enthalten (siehe zum Folgenden ausführlich Graumann/Grundei/Linderhaus [Ausübung]; Graumann/Linderhaus/Grundei [Fehlentscheidungen] m.z.N.). Erstens ist zu prüfen, ob überhaupt eine unternehmerische Entscheidung vorliegt. Als unternehmerische Entscheidungen gelten dabei nur solche Entscheidungen, denen aufgrund unsicherer Prognosen ein wirtschaftliches Risiko innewohnt; nicht erfasst werden dagegen rechtlich „gebundene Entscheidungen", bei denen gesetzliche, satzungsmäßige oder anstellungsvertragliche Pflichten zwingend einzuhalten sind. Ein Aufsichtsrat, der die Qualität strategischer Entscheidungen prüft, sollte also zunächst sicherstellen, dass der Vorstand überhaupt eine unternehmerische Entscheidung trifft und nicht etwa einfach untätig bleibt. Eine solche Untätigkeit ist allerdings abzugrenzen von der bewussten Unterlassung, die nach einer sorgfältigen Alternativenabwägung erfolgt.

Das zweite Tatbestandsmerkmal stellt darauf ab, ob mit der Entscheidung „zum Wohl der Gesellschaft" gehandelt werden sollte. Ob eine Managementmaßnahme im „Unternehmensinteresse" liegt, ist aufgrund der unscharfen Konturen dieses Konstrukts nicht einfach zu bestimmen. Wichtige Anhaltspunkte bieten jedoch die folgenden drei Merkmale. Erstens wird die Frage nach den grundlegenden Unternehmenszielen heute sowohl aus juristischer wie aus betriebswirtschaftlicher Sicht ganz überwiegend so beantwortet, dass von unterschiedlichen Stakeholderinteressen auszugehen ist, die unter Beachtung einer langfristigen Unternehmensrentabilität auszubalancieren sind. Dies schließt keineswegs aus, temporär Ungleichgewichtungen der verschiedenen Interessensphären zuzulassen, wenn dadurch Bestand und Rentabilität des Unternehmens gesichert werden. Zweitens dürfen – unweigerlich risikobehaftete – unternehmerische Entscheidungen bei einem möglichen Fehlschlag nicht zum Ruin des Unternehmens führen. In diesem Falle wäre die Risikobereitschaft des Geschäftsleiters „in unverantwortlicher Weise überspannt". Drittens darf kein Handeln im Eigeninteresse vorliegen, dass mit den Unternehmenszielen in Konflikt steht.

Die wohl größte Herausforderung wird im dritten Tatbestandsmerkmal der „angemessenen Informationsbasis" gesehen (Grundei/v. Werder [Angemessenheit]). Neben dem sprachlich darstellbaren Wissen geht in strategische Entscheidungen häufig auch schwer Greifbares wie etwa „unternehmerisches Gespür" ein. Dessen ungeachtet darf eine strategisch bedeutsame Entscheidung jedoch nicht rein intuitiv getroffen werden. Sie muss vielmehr auf „reflektierten" Urteilen beruhen bzw. einen hohen Rationalitätsgrad aufweisen. Hierfür sind vom Vorstand sprachlich formulierte Informationen hinzuzuziehen, die als Grundlage für die entsprechende Überwachungstätigkeit des Aufsichtsrats dienen. Die Verwendung des Wortes „angemessen" macht dabei deutlich, dass der Vorstand nicht sämtliche relevanten Informationen heranziehen muss. Vielmehr sollen Geschäftsleiter bei der Informationsbeschaffung und -verarbeitung ein ausgewogenes Verhältnis zwischen Erkenntnis und Ressourcen- sowie Zeitaufwand herstellen. Nach der betriebswirtschaftlichen Entscheidungslehre müssen sich die Informationen auf die verfolgten Ziele, die in Frage kommenden Handlungsalternativen, die Prognose der Zielbeiträge der Handlungsmöglichkeiten sowie die risikoorientierte Ermittlung des Nutzens der Zielbeiträge beziehen.

Merksatz: Im Rahmen der **strategischen Unternehmensführung** steht dem Vorstand ein **weiter Ermessensspielraum** zu. Für eine in einem Vermögensschaden resultierende **Fehlentscheidung** müssen die **Vorstandsmitglieder nicht haften**, wenn sie

- eine **unternehmerische Entscheidung**,
- die im **Unternehmensinteresse** lag
- **auf der Grundlage angemessener Information**

getroffen haben.

Aus gesellschaftsrechtlicher Sicht besteht in dem strengen Pflichtenstandard ein wichtiger Baustein zur Bewältigung der Agency-Problematik, da der Geschäftsleiter gegenüber dem Anteilseiger die Rolle eines Treuhänders übernimmt. Demnach hat der Geschäftsleiter nicht im Eigeninteresse, sondern stets im Interesse der Gesellschaft zu handeln – denn genau dafür wird er auch honoriert (Fleischer [Grundfragen] 8).

3.3.6 Mitbestimmung

Eine Besonderheit des deutschen Corporate Governance-Systems besteht zweifellos darin, dass mit den Mitarbeitern eine Stakeholdergruppe besondere Mitwirkungsrechte im Rahmen der Unternehmensführung erhält. Dabei ist die betriebliche von der unternehmerischen Mitbestimmung der Arbeitnehmer zu unterscheiden. Durch die im Kern auf dem Betriebsverfassungsgesetz von 1972 basierenden betrieblichen Mitbestimmung erhalten Arbeitnehmer die Möglichkeit, in erster Linie auf personelle und soziale Angelegenheiten in den Betrieben (als eigenständigen, technisch-organisatorischen Einheiten) Einfluss zu nehmen; in wirtschaftlichen Angelegenheiten ist die Mitwirkung hingegen im

Wesentlichen auf Informations- und Anhörungsrechte begrenzt (Gerum/Mölls [Unternehmensordnung] 264 f.). Organisatorisch umgesetzt wird diese Form der Mitbestimmung insbesondere durch die Wahl von Betriebsräten, also Interessenvertretungen, die eigens zu diesem Zweck gebildet werden. Im hier behandelten Kontext ist hingegen primär die sog. unternehmerische Mitbestimmung von Interesse, die an den bestehenden Leitungs- und Kontrollstrukturen ansetzt, insoweit das dargestellte System der Corporate Governance modifiziert und folglich für unternehmensbezogene Entscheidungen relevant ist. Dabei konzentrieren sich die Ausführungen auf den gegenüber dem speziellen Fall der Montanindustrie erweiterten Kreis der auf Unternehmensebene arbeitnehmermitbestimmten Unternehmen mit eigener Rechtspersönlichkeit, namentlich wiederum der Aktiengesellschaft (daneben unterliegen der Mitbestimmung mit Abweichungen im Detail auch Kapitalgesellschaften in der Form der KGaA oder GmbH sowie Genossenschaften, Macharzina/Wolf [Unternehmensführung] 156). Einzelunternehmen und Personengesellschaften unterliegen angesichts der persönlichen Haftung der Eigenkapitalgeber nicht der unternehmerischen Mitbestimmung (v. Werder [Führungsorganisation] 76 f.).

Nach § 33 MitbestG ist im Vorstand ein Arbeitsdirektor zu bestellen, der anerkanntermaßen das Ressort Personal- und Sozialwesen im Vorstand vertreten soll (v. Werder [Führungsorganisation] 80, 191 ff.). Dies schließt die Zuständigkeit für weitere Ressorts nicht aus. Beim Arbeitsdirektor handelt es sich nicht um einen aus der Belegschaft gewählten Vertreter der Arbeitnehmer.

Im Fokus der Unternehmensmitbestimmung steht indes der Aufsichtsrat. Beschäftigt das Unternehmen in der Regel mehr als 500 Arbeitnehmer (im Inland), so ist der Aufsichtsrat zu einem Drittel mit Vertretern der Arbeitnehmer zu besetzen (§§ 1 Abs. 1, 4 Abs. 1 DrittelbG). Bei Unternehmen mit in der Regel mehr als 2000 inländischen Arbeitnehmern muss sogar die Hälfte der Sitze im Aufsichtsrat mit Arbeitnehmervertetern besetzt werden (§§ 1 Abs. 1, 7 Abs. 1 MitbestG). Der Aufsichtsrat umfasst in diesem Fall mindestens 12 und höchstens 20 Mitglieder (§ 7 MitbestG). Mögliche Pattsituationen werden dadurch gelöst, dass dem Aufsichtsratsvorsitzenden ggf. ein Zweitstimmrecht zukommt (§ 29 Abs. 2 MitbestG). Da sich aus dem Wahlverfahren ergibt, dass der Aufsichtsratsvorsitzende ein Vertreter der Kapitalseite ist, können sich die Vertreter der Anteilseigner also sowohl in Sachfragen (z.B. bei zustimmungspflichtigen Geschäften) als auch in Personalfragen (Besetzung des Vorstands) im Konfliktfall durchsetzen (Gerum/Mölls [Unternehmensordnung] 268 f.). Man spricht deshalb auch von einer „quasi-paritätischen" Mitbestimmung. Rechtstatsächlich werden die meisten Entscheidungen allerdings im Konsens getroffen. Dies mag auch darin begründet sein, dass sämtliche Aufsichtsratsmitglieder gleichermaßen auf die Förderung des Unternehmensinteresses verpflichtet sind und deshalb nicht primär die Partikularinteressen ihrer jeweiligen Stakeholdergruppe verfolgen dürfen (v. Werder [Kommentierungen] 65).

Eine betriebswirtschaftliche Beurteilung der Wirkungen der Mitbestimmung fällt nicht leicht, zumal insbesondere empirische Untersuchungen hierzu einige methodische Probleme zu lösen haben. Bislang vorliegende empirische Untersuchungen kommen denn auch zu keiner einheitlichen Einschätzung der ökonomischen Implikationen, die sich aus der Einführung der (unternehmerischen) Mitbestimmung ergeben. Jüngst gelangten Bermig/Frick [Mitbestimmung] zu dem Ergebnis, dass von der Mitbestimmung weder ein durchgängig positiver, noch ein konsistent negativer Einfluss auf die Unternehmensperformance ausgeht.

Orientiert man sich daher stärker an einer qualitativen Einschätzung, so steht die Frage im Vordergrund, ob sich die (Kontroll-)Aufgaben des Aufsichtsrats unter Einfluss der Mitbestimmung besser oder schlechter wahrnehmen lassen. Prinzipiell können Arbeitnehmer die Überwachung des Vorstands einerseits durch spezifische Kompetenzen verstärken (Pistor [Mitbestimmung] 236). Andererseits ergibt eine systematischere Effizienzanalyse Hinweise auf eine geringere Überwachungseffizienz, die vor allem in Einschränkungen der Qualifikation und der Unabhängigkeit der Arbeitnehmervertreter begründet sind (v. Werder [Überwachungseffizienz] 170 f.).

Es sollte nicht aus dem Blick geraten, dass die starke und einseitige Kontrollorientierung von Corporate Governance-Regelungen generell kritisiert wird [Grundei [Managers]). Gerade mit Blick auf die Mitbestimmung ist deshalb in Rechnung zu stellen, dass sie möglicherweise ein vertrauensvolles und kooperatives Zusammenwirken von Akteuren fördert, was insbesondere für die Strategieumsetzung im Unternehmen von großer Bedeutung sein kann (Pistor [Mitbestimmung] 236; v. Werder [Modernisierung] 232).

Einführende Literaturhinweise zu Modul 3

Die vollständigen Literaturangaben finden Sie im Downloadbereich.

Daily, C. M./Dalton, D. R./Cannella, A. A., Jr.: Corporate [Governance]: Decades of Dialogue and Data. In: Academy of Management Review, 28. Jg. 2003, S. 371–382.

Finkelstein, S./Hambrick, D. C./Cannella, A. A.: Strategic [Leadership]. Theory and Research on Executives, Top Management Teams, and Boards, 2. Aufl. Oxford 2009.

Hommelhoff, P./Hopt, K. J./Werder, A. v. (Hrsg.): Handbuch Corporate Governance. Leitung und Überwachung börsennotierter Unternehmen in der Rechts- und Wirtschaftspraxis, 2. Aufl. Stuttgart – Köln 2009.

Shleifer, A./Vishny, R. W.: A [Survey] of Corporate Governance. In: Journal of Finance, 52. Jg. 1997, S. 737–783.

Werder, A. v.: [Führungsorganisation]: Grundlagen der Corporate Governance, Spitzen- und Leitungsorganisation, 2. Aufl. Wiesbaden 2008.

Modul 4: Steuerstrukturen – Besteuerung in Deutschland auch im internationalen Kontext

Heinz Kußmaul
Lutz Richter

„Die Kunst der Besteuerung liegt darin, die Gans so zu rupfen, dass sie unter möglichst wenig Geschrei so viele Federn wie möglich lässt."
(Jean Baptiste Colbert 1619–1683)

4.1 Steuerliche Grundlagen

Lernziele:

Aneignen von Wissen (Kenntnissen) über das deutsche Steuersystem und die Besteuerung der internationalen Unternehmenstätigkeit; Verstehen (Erfassen und Erkennen) der Zusammenhänge zwischen Wirtschaften und Besteuerung; Anwenden (Nutzen) des erlangten Wissens zur Lösung praktischer Besteuerungsprobleme; Analyse (Erforschen) von Beziehungen zwischen Steuerrecht und Wirtschaften; Synthese (Integrieren) von steuerlichen Einzelerkenntnissen aus der Analyse zu übergeordneten betriebswirtschaftlichen Aussagen bzw. Strukturen; Bewerten (Evaluieren) von betriebswirtschaftlichen Entscheidungsalternativen unter steuerlichen Bedingungen.

Als konzeptionelle Grundlage für die folgenden Ausführungen dienen Kußmaul, Heinz: Betriebswirtschaftliche Steuerlehre, 7. Aufl., München 2014 sowie Kußmaul, Heinz: Steuern, München 2013.

Übersicht:

In Modul 4 „Steuerstrukturen – Besteuerung in Deutschland im internationalen Kontext" wird das deutsche Steuersystem näher dargestellt und in den internationalen Kontext eingebettet. Dazu werden in Abschnitt 4.1 die Grundlagen der Besteuerung erläutert und darauf aufbauend in Abschnitt 4.2 auf die Regelungen zur Steuerpflicht, zum Steuerobjekt, zur Steuerbemessungsgrundlage, zum Steuertarif und zur Steuererhebung für die wichtigsten Steuerarten in Deutschland fokussiert. Auf dessen Basis wird in Abschnitt 4.3 der Einfluss der Besteuerung auf unternehmerische Entscheidungen, insb. die Rechtsformwahl, gewürdigt. In Abschnitt 4.4 wird die Besteuerung der internationalen Unternehmenstätigkeit thematisiert. Der Fokus liegt hierbei auf der Problematik der internationalen Doppelbesteuerung und den Möglichkeiten und Methoden zur Vermeidung dieser.

4.1.1 Einordnung und Aufgaben der Betriebswirtschaftlichen Steuerlehre

„Die zunehmende Lust des Staates, seinen Lasten mit der Belastung und wirtschaftspolitischen Steuerung durch Steuern gerecht zu werden, hat nicht nur zu einer zunehmenden Belästigung der Steuerpflichtigen geführt, sondern auch notwendigerweise deren Lust gefördert, sich dieser durch steuerliche Steuerungsmaßnahmen zu entziehen" (Kußmaul [steuerliche Betriebswirtschaftslehre] 3).

Die wissenschaftliche Auseinandersetzung mit dieser Thematik aus dem Blickwinkel der Betriebswirtschaftlichen Steuerlehre ist notwendige Folge dieses Tatbestands. Die Betriebswirtschaftliche Steuerlehre ist als Teilgebiet der Allgemeinen Betriebswirtschaftslehre anzusehen (Wöhe [Steuerlehre I/1] 35f.; Schneider [Theorie und Praxis] 208). Der Hauptgrund für ihre Ausgliederung aus dem Spektrum der Speziellen Betriebswirtschaftslehre dürfte in der äußerst komplexen und umfangreichen steuerlichen Materie begründet sein. U.E. ist die Betriebswirtschaftliche Steuerlehre eine allgemeine Betriebswirtschaftslehre unter adäquater Berücksichtigung steuerlicher Wirkungen, mithin eine steuerliche Betriebswirtschaftslehre.

Die Aufgaben der Betriebswirtschaftslehre lassen sich wie folgt charakterisieren:

(1) Steuerrechtsnormendarstellung:

Für die Betriebswirtschaftliche Steuerlehre und ihrer weiteren Aufgaben ist die Kenntnis der wichtigsten Einzelsteuerregelungen und der internationalen Steuersystematik essentiell. Zu den Steuernormen, die zu beachten sind, gehören auch jene mit Wirkungen auf das betriebliche Rechnungswesen. Eine Beschränkung auf bestimmte Steuerarten ist nicht möglich.

(2) Steuerwirkungslehre und Steuergestaltungslehre:

Die Steuerwirkungslehre zeigt anhand einer betriebswirtschaftlichen Wirkungsanalyse den Einfluss der Besteuerung auf unternehmerische Entscheidungen in den Bereichen Rechnungswesen, Unternehmensstruktur (z.B. Rechtsform, Standort, Unternehmenszusammenschlüsse) und Unternehmensfunktionen (z.B. Produktion, Absatz, Investition, Finanzierung) auf. Auf dieser Grundlage können i.R.d. Steuergestaltungslehre zweckmäßige Entscheidungsalternativen i.S.e. Steuerplanung und Steuerpolitik zur Umsetzung der unternehmerischen Ziele abgeleitet und erarbeitet werden.

(3) Steuerrechtsgestaltungslehre:

Die dritte Aufgabe der Betriebswirtschaftlichen Steuerlehre umfasst die Steuerrechtsgestaltungslehre. Auf Basis einer fundierten Kenntnis des nationalen Steuerrechts und der internationalen Steuersystematik sowie der Steuerwirkungen und Steuergestaltungen im Hinblick auf unternehmerische Entscheidungen kann die Betriebswirtschaftliche Steuerlehre zur Politikberatung und damit zur Unterstützung des Gesetzgebers bei der Änderung gegebener Steuerrechtsnormen mitwirken.

4.1.2 Steuerliche Gewinnermittlung

Aus der Pflicht zur Gleichmäßigkeit der Besteuerung ergibt sich die notwendige Bedingung einheitlicher Vorschriften zum Zweck der Ermittlung und Überprüfbarkeit des Gewinns als Bemessungsgrundlage für die Ertragsteuern. Der Gesetzgeber unterwirft daher die steuerliche Gewinnermittlung dem Prinzip der nominellen Kapitalerhaltung. Bei diesem Prinzip wird eine konstante Kaufkraft im Zeitablauf unterstellt. Die Leistungsfähigkeit eines Unternehmens ist gewahrt, wenn das nominelle Geldkapital von Periode zu Periode gleich bleibt. Ein steuerlicher Gewinn liegt dann vor, wenn das Eigenkapital am Ende der Periode jenes zu Beginn der Periode übersteigt.

Zur Ermittlung des steuerlichen Gewinns werden verschiedene Gewinnermittlungsarten unterschieden:

(1) Der Betriebsvermögensvergleich nach § 4 Abs. 1 EStG und nach § 5 EStG.

Bei der Gewinnermittlung durch Betriebsvermögensvergleich unterscheidet man zwischen unvollständigem (§ 4 Abs. 1 EStG) und vollständigem Betriebsvermögensvergleich (§ 5 EStG).

Wie der steuerliche Gewinn – durch vollständigen oder unvollständigen Betriebsvermögensvergleich – ermittelt werden muss, hängt davon ab, ob der Steuerpflichtige Gewerbetreibender und zur Führung von Büchern verpflichtet ist bzw. Bücher freiwillig führt. Für Gewerbetreibende, die buchführungspflichtig sind oder freiwillig Bücher führen, ist der steuerliche Gewinn durch vollständigen Betriebsvermögensvergleich nach § 5 EStG zu ermitteln. Für jene Steuerpflichtigen gilt der in § 5 Abs. 1 Satz 1 Halbs. 1 EStG kodifizierte Grundsatz der Maßgeblichkeit der Handels- für die Steuerbilanz. Dieser besagt, dass für den Schluss des Wirtschaftsjahres das Betriebsvermögen nach § 4 Abs. 1 Satz 1 EStG anzusetzen ist, das nach den handelsrechtlichen Grundsätzen ordnungsmäßiger Buchführung auszuweisen ist.

Der Gewinnermittlung durch unvollständigen Betriebsvermögensvergleich (§ 4 Abs. 1 EStG) unterliegen u.a. Land- und Forstwirte, die buchführungspflichtig sind oder die nicht buchführungspflichtig sind und einen Antrag nach § 13a Abs. 2 EStG stellen, Selbstständige, die freiwillig Bücher führen, sowie Gewerbetreibende, die nicht buchführungspflichtig sind und nicht freiwillig Bücher führen, aber wegen fehlender Aufzeichnungen nach § 4 Abs. 1 EStG geschätzt werden (§ 162 AO). Der steuerliche Gewinn ermittelt sich bei beiden Methoden als Differenz zwischen dem nach handelsrechtlichen Grundsätzen ordnungsmäßiger Buchführung ausgewiesenen Betriebsvermögen am Schluss des vorangegangenen und des aktuellen Wirtschaftsjahres, korrigiert um Entnahmen und Einlagen.

(2) Die Einnahmen-Überschussrechnung nach § 4 Abs. 3 EStG.

Bei der Einnahmen-Überschussrechnung wird der Überschuss der Betriebseinnahmen über die Betriebsausgaben i.S.d. § 4 Abs. 3 EStG ermittelt. Die Gewinnermittlung nach § 4 Abs. 3 EStG ist eine Vereinfachungsregel für Nicht-Buchführungspflichtige mit Gewinneinkünften (Kleingewerbetreibende), kleine Land- und Forstwirte, Selbstständige sowie für Einzelkaufleute, die gem. § 241a HGB von der Buchführungspflicht befreit sind. Hierbei steht das Zu- und Abflussprinzip im Vordergrund, wonach nur auf zahlungswirksame

Betriebseinnahmen bzw. -ausgaben abgestellt wird. Diese grds. bei der Einnahmen-Überschussrechnung geltende Zahlungsorientierung wird bspw. bei der Behandlung des Anlagevermögens, bei Zahlungen, die keine Erfolgswirkung besitzen, und bei Beiträgen, die als Korrekturposten wie Zahlungen behandelt werden, durchbrochen.

(3) Die Gewinnermittlung nach Durchschnittssätzen gem. § 13a Abs. 3–6 EStG für Land- und Forstwirte, die weder zum unvollständigen Betriebsvermögensvergleich noch zur Einnahmen-Überschussrechnung optieren (§ 13a Abs. 2 EStG) und die Voraussetzungen des § 13a Abs. 1 EStG erfüllen.

(4) Die Gewinnermittlung bei Betrieben mit Handelsschiffen im internationalen Verkehr nach der im Betrieb geführten Tonnage (sog. Tonnagebesteuerung) nach § 5a EStG.

4.1.3 Steuerbegriff

Definition:

Steuern sind nach § 3 Abs. 1 Satz 1 AO Geldleistungen, die nicht eine Gegenleistung für eine besondere Leistung darstellen und von einem öffentlich-rechtlichen Gemeinwesen zur Erzielung von Einnahmen allen auferlegt werden, bei denen der Tatbestand zutrifft, an den das Gesetz die Leistungspflicht knüpft; die Erzielung von Einnahmen kann Nebenzweck sein.

Charakteristische Merkmale des Steuerbegriffs sind:

- Zwangsabgaben (keine vertraglichen Zahlungen sowie keine Zahlungen an andere Institutionen als Bund, Länder, Gemeinden und steuerberechtigte Kirchen);
- Geldleistungen (keine Dienstleistungen oder Naturalleistungen);
- es gelten die Grundsätze der Gleichmäßigkeit (Allgemeinheit) und Tatbestandsmäßigkeit (Gesetzmäßigkeit) der Besteuerung;
- es gilt der Grundsatz der Nonaffektation (keine Gegenleistung für eine besondere Leistung);
- der Hauptzweck von Steuern ist die Erzielung von Einnahmen. Die Einnahmenerzielung kann Nebenzweck sein, wobei dann der Lenkungszweck im Vordergrund steht.

Der Steuerbegriff ist von anderen Konstrukten – wie Abgaben, Gebühren und Beiträgen – zur Deckung des öffentlichen Finanzbedarfs abzugrenzen. Abgaben sind kraft öffentlicher Finanzhoheit zur Erzielung von Einnahmen erhobene Zahlungen, die den Oberbegriff für Steuern, Gebühren und Beiträge darstellen. Gebühren sind Geldleistungen, welche zur Finanzbedarfsdeckung hoheitlich auferlegt werden. Sie stellen eine Gegenleistung für eine besondere Leistung der Verwaltung (z.B. für Amtshandlungen, wie die Erteilung von Bescheinigungen oder Genehmigungen) oder für die Inanspruchnahme von öffentlichen Einrichtungen oder Anlagen dar. Die tatsächliche Inanspruchnahme ist erforderlich. Beiträge sind zur Finanzbedarfsdeckung auferlegte Aufwendungsersatzleistungen für die Herstellung, Anschaffung oder Erweiterung öffentlicher Einrichtungen und Anlagen. Sie werden erhoben, weil eine Gegenleistung, ein wirtschaftlicher Vorteil, in Anspruch genommen werden kann (z.B. Kammerbeiträge, Straßenanliegerbeiträge). Die Möglichkeit der Nutzung ist ausreichend.

4.1.4 Steuertatbestand im weiteren Sinne

§ 38 AO postuliert, dass „die Ansprüche aus dem Steuerschuldverhältnis entstehen, sobald der Tatbestand verwirklicht ist, an den das Gesetz die Leistungspflicht knüpft." Da dieser Tatbestand vergleichsweise komplex ist und sich aus einer Vielzahl von steuerbegründenden, steuererhöhenden und steuermindernden Faktoren zusammensetzt, spricht man auch vom Steuertatbestand i.w.S. Dieser unterscheidet sich weiter in das Steuersubjekt, das Steuerobjekt, die Zurechnung des Steuerobjekts zu einem Steuersubjekt, die abstrakten Merkmale des inländischen Steuerschuldverhältnisses, die Steuerbemessungsgrundlage und den Steuersatz bzw. den Steuertarif.

Das Steuersubjekt (bzw. der Steuerpflichtige, der Steuerschuldner) ist Rechtsperson eines Steuergesetzes, der ein Steuerobjekt und die damit verbundene Steuerschuld zugerechnet wird. Der Terminus „Steuerpflichtiger" ist in § 33 Abs. 1 AO wie folgt definiert: „Steuerpflichtiger ist, wer eine Steuer schuldet, für eine Steuer haftet, eine Steuer für Rechnung eines Dritten einzubehalten und abzuführen hat, wer eine Steuererklärung abzugeben, Sicherheit zu leisten, Bücher und Aufzeichnungen zu führen oder andere ihm durch die Steuergesetze auferlegte Verpflichtungen zu erfüllen hat." Die Steuerpflicht umfasst damit nicht nur die Verpflichtung zur Begleichung der Steuerschuld (materielle Steuerpflicht), sondern auch Aufzeichnungs-, Auskunfts-, Erklärungs- und Aufbewahrungspflichten (formelle Steuerpflicht) (Wöhe [Steuerlehre I/1] 60). Werden aus der allgemeinen Bestimmung des Kreises der Steuerschuldner bestimmte Steuerschuldner eliminiert, so spricht man von subjektiver oder persönlicher Steuerbefreiung.

Das Steuerobjekt (bzw. der Steuergegenstand) ist der Inbegriff der sachlichen Voraussetzungen der Entstehung der Steuerschuld. Dabei handelt es sich um denjenigen Gegenstand (z.B. Einkommen, Vermögen) oder Vorgang (z.B. Grunderwerb, Schenkung), den der Steuergesetzgeber als besteuerungswürdig erachtet (Wöhe [Steuerlehre I/1] 61). Werden besondere Tatbestände eliminiert, sodass die angeordnete Rechtsfolge nur für einen Teil des Steuerobjekts eintritt, spricht man von objektiver oder sachlicher Steuerbefreiung.

Die Zurechnung des Steuerobjekts zu einem Steuersubjekt ergibt sich i.d.R. aus der Bestimmung des Steuerschuldners. Das Einkommensteuergesetz schreibt bspw. vor, dass natürliche Personen das von ihnen erzielte Einkommen zu versteuern haben. Derjenige, der das Einkommen erzielt, ist Steuerschuldner; ihm wird das Einkommen zugerechnet.

Die abstrakten Merkmale des inländischen Steuerschuldverhältnisses bestimmen, inwieweit das Steuerobjekt im Inland der Besteuerung unterzogen wird. Allgemein wird unterschieden zwischen unbeschränkter Steuerpflicht, die an Wohnsitz, gewöhnlichen Aufenthalt, Sitz oder Geschäftsleitung in Deutschland (bzw. u.U. Staatsangehörigkeit) knüpft und die zu einer vollen Zurechnung des Steuerobjekts führt, und anderenfalls beschränkter Steuerpflicht, die nur das inländische Steuerobjekt erfasst (Seer [Steuerrecht] 43).

Die Steuerbemessungsgrundlage verkörpert das quantifizierte Steuerobjekt. Unterscheiden lassen sich Steuerbemessungsgrundlagen, die sich an dem Wert (z.B. zu versteuerndes Einkommen, Entgelt), an der Menge oder an der technischen Spezifikation (z.B. Hubraum, Gewicht) des Steuerobjekts orientieren (Wöhe [Steuerlehre I/1] 61). Die Steuerbemessungsgrundlage wird durch Freibeträge und Freigrenzen gemindert:

Definitionen:

Als **Freibetrag** bezeichnet man denjenigen Betrag, der von der Bemessungsgrundlage abgezogen wird und stets steuerfrei bleibt.

Demgegenüber ist eine **Freigrenze** der Betrag, bis zu dem die Bemessungsgrundlage steuerfrei bleibt, bei dessen Überschreitung dann aber die volle Bemessungsgrundlage besteuert wird.

Der Steuersatz ist eine funktionale Beziehung zwischen Steuerbemessungsgrundlage und Steuerschuld. Diese erfolgt entweder in Form eines bestimmten Prozentsatzes der Bemessungsgrundlage (z.B. Körperschaftsteuer, Umsatzsteuer) oder als fester Geldbetrag pro Einheit der Bemessungsgrundlage (z.B. Kraftfahrzeugsteuer). Eine Mehrheit von Steuersätzen bezeichnet man als Steuertarif (z.B. Einkommensteuer). Der Steuertarif ist eine Liste oder eine Formel, die für jede Höhe der Bemessungsgrundlage den zugehörigen Steuersatz angibt.

In Abhängigkeit vom Verhältnis des Durchschnittsteuersatzes zur Bemessungsgrundlage unterscheidet man verschiedene Steuertarife:

- Proportionaler Tarif: Durchschnittsteuersatz ist gleichbleibend;
- progressiver Tarif: Durchschnittsteuersatz steigt mit wachsender Bemessungsgrundlage;
- regressiver Tarif: Durchschnittsteuersatz fällt mit wachsender Bemessungsgrundlage.

4.2 Wichtigste Steuerarten des deutschen Steuersystems

4.2.1 Systematisierung der Steuerarten

Die Besteuerung erfolgt nach der wirtschaftlichen Leistungsfähigkeit des Steuerpflichtigen. Dieses „Fundamentalprinzip" der Besteuerung ergibt sich aus dem Allgemeinen Gleichheitssatz des Art. 3 GG und besagt, dass die Steuerlasten auf die Steuerpflichtigen nach Maßgabe ihrer wirtschaftlichen Leistungsfähigkeit zu verteilen sind (Hey [Steuerrecht] 68 ff.). Als Indikatoren für die Leistungsfähigkeit des Steuerpflichtigen kommen in Betracht:

- Einkommen;
- Vermögen;
- Konsum.

Anhand dieser Maßgrößen der Leistungsfähigkeit lassen sich die Steuerarten unterteilen in:

(1) Steuern auf das Einkommen: Das Einkommen wird in seiner Gesamtheit durch die Einkommensteuer einerseits (Einkommen natürlicher Personen) und die Körperschaftsteuer andererseits (Einkommen juristischer Personen) erfasst. Das Einkommen bzw. der Gewinn gewerblicher Unternehmen wird darüber

hinaus mit Gewerbesteuer belastet, wobei Modifikationen der Bemessungsgrundlage erfolgen.

(2) Steuern auf den Vermögenstransfer stellen keine Steuern auf erwirtschaftetes, sondern auf zugewendetes Einkommen dar, da insgesamt kein zusätzliches Einkommen entstanden, sondern lediglich Vermögen transferiert worden ist (z.B. Erbschaft- und Schenkungssteuer).

(3) Steuern auf das Vermögen knüpfen an die Vermögenssubstanz des Steuerpflichtigen an (sog. Substanzsteuern). Sie sind mit dem Prinzip der Besteuerung nach der Leistungsfähigkeit des Steuerpflichtigen nicht vereinbar (Hey [Steuerrecht] 76 ff.). Zu den Substanzsteuern zählen die Vermögensteuer, welche seit 1997 nicht mehr erhoben wird, und die Grundsteuer.

(4) Steuern auf den Konsum setzen an der Verwendung des Vermögens bzw. des Einkommens an. Sie lassen sich unterteilen in die Umsatzsteuer, spezielle Verkehrsteuern sowie Verbrauch- und Aufwandsteuern. Die genaue Klassifikation der Umsatzsteuer ist umstritten. Nach der technischen Anknüpfung handelt es sich bei ihr um eine allgemeine Verkehrsteuer, nach ihrer wirtschaftlichen Wirkung dagegen ist sie eine allgemeine Verbrauchsteuer (vgl. Abschnitt 4.2.5.1). Für eine Verkehrsteuer ist die Anknüpfung an den wirtschaftlichen Verkehr von Gütern und Leistungen charakteristisch. Neben der Umsatzsteuer als allgemeine Verkehrsteuer beziehen sich die speziellen Ver-

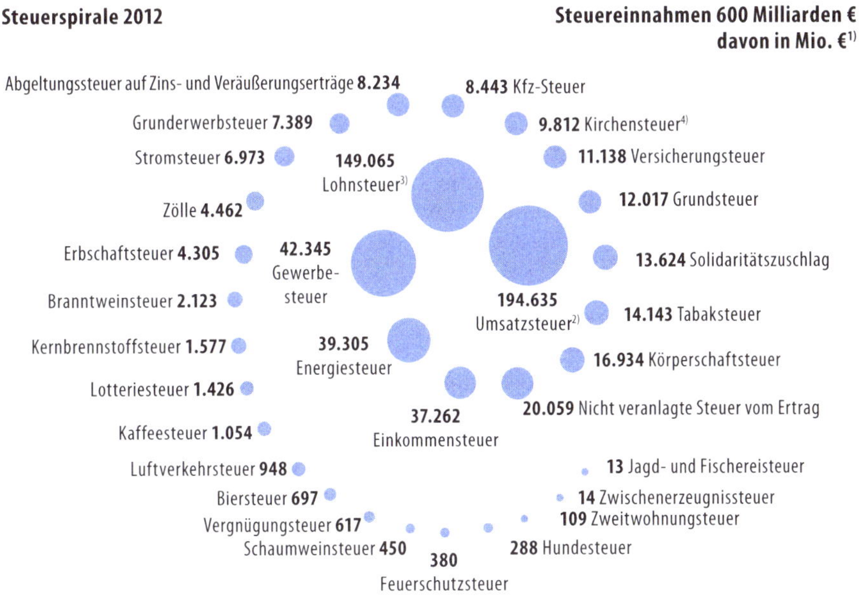

1) In der Gesamtsumme sind weitere nicht aufgeschlüsselte Steuern i. H. v. 18 Mio. € enthalten.
2) Der Betrag enthält auch die Einnahmen aus der Einfuhrumsatzsteuer i. H. v. 52.196 Mio. €.
3) Nach Abzug von Kindergeld ausschließlich Pauschsteuer Mini-Jobs und Altersvorsorge.
4) In der Gesamtsumme nicht enthalten.

Abbildung 4.1: Steueraufkommen der Bundesrepublik Deutschland nach Steuerarten im Jahr 2012 (in Anlehnung an [NWB] vom 29. 7. 2013)

kehrsteuern (auch: Rechtsverkehrsteuern) auf Vorgänge des Rechtsverkehrs (z.B. Grunderwerb- und Versicherungssteuer). Die gleichzeitige Belastung mit Umsatzsteuer wird durch objektive Steuerbefreiungen im Umsatzsteuergesetz vermieden. Die letzte Kategorie der Steuern auf den Konsum bilden die Verbrauch- und Aufwandsteuern. Verbrauchsteuern sind Warensteuern, die den Verbrauch bestimmter Waren belasten (z.B. Bier-, Schaumwein- und Tabaksteuer). Im Gegensatz zu den Verkehrsteuern ist bei Verbrauchsteuern eine gleichzeitige Belastung des Konsums mit Umsatzsteuer vorgesehen. Aufwandsteuern knüpfen an den Gebrauch von Wirtschaftsgütern und Dienstleistungen. Besteuert werden soll die in diesem Gebrauch zum Ausdruck kommende Leistungsfähigkeit. Aufwandsteuern sind v.a. kommunale Steuern wie die Hunde- oder die Zweitwohnungsteuer.

Abbildung 4.1 zeigt das Steueraufkommen nach Steuerarten im Jahr 2012.

4.2.2 Einkommensteuer

4.2.2.1 Charakteristik

Die Einkommensteuer ist eine direkte Steuer und Personensteuer. Anknüpfungspunkt ist die Leistungsfähigkeit des Steuerschuldners, auch wenn im geltenden Einkommensteuerrecht der Gerechtigkeitsgrundsatz vielfach durch unterschiedliche Bemessungsfaktoren und Sondervorschriften konterkariert wird. Das Aufkommen der Einkommensteuer wird zwischen Bund, Ländern und Gemeinden aufgeteilt (Art. 106 Abs. 3 und 5 GG). Sie ist somit den Gemeinschaftssteuern zuzuordnen.

4.2.2.2 Steuersubjekt

Steuersubjekte der Einkommensteuer sind nach § 1 EStG nur natürliche Personen. Juristische Personen unterliegen hingegen mit den von ihnen erzielten Einkünften der Körperschaftsteuer. Eine Sonderrolle nehmen Personengesellschaften ein, da sie weder Steuersubjekt der Einkommensteuer noch der Körperschaftsteuer sind.

Unbeschränkte Steuerpflicht

Der unbeschränkten Einkommensteuerpflicht unterliegen nach § 1 Abs. 1 EStG natürliche Personen, die im Inland ihren Wohnsitz (§ 8 AO) oder gewöhnlichen Aufenthalt (§ 9 AO) haben.

Definitionen:

Eine natürliche Person hat ihren **Wohnsitz** nach § 8 AO dort, wo sie eine Wohnung unter Umständen innehat, die darauf schließen lassen, dass sie die Wohnung beibehalten und benutzen wird.

Der **gewöhnliche Aufenthalt** ist nach § 9 AO der Ort, wo sich jemand unter Umständen aufhält, die erkennen lassen, dass er an diesem Ort nicht nur vorübergehend verweilt. Als gewöhnlicher Aufenthalt gilt stets ein Aufenthalt von mehr als sechs Monaten im Inland.

Der unbeschränkten Einkommensteuerpflicht unterliegen weiterhin:

- Deutsche Staatsangehörige (z.B. Diplomaten), die in einem Dienstverhältnis zu einer inländischen juristischen Person des öffentlichen Rechts stehen und dafür Arbeitslohn aus einer inländischen öffentlichen Kasse beziehen (sog. erweiterte unbeschränkte Steuerpflicht; § 1 Abs. 2 EStG). Die unbeschränkte Steuerpflicht erstreckt sich auch auf ihre Angehörige.
- Natürliche Personen, die im Inland weder über einen Wohnsitz noch einen gewöhnlichen Aufenthalt verfügen, soweit sie inländische Einkünfte i.S.d. § 49 EStG beziehen und ihre Einkünfte zu mindestens 90 % der deutschen Einkommensteuer unterliegen oder die nicht der deutschen Einkommensteuer unterliegenden Einkünfte den Grundfreibetrag nach § 32a Abs. 1 Satz 2 Nr. 1 EStG (im VAZ 2014: 8.354 €) nicht übersteigen (sog. fiktive unbeschränkte Steuerpflicht; § 1 Abs. 3 EStG).

! Anmerkung: Die **Besteuerungsfolgen der fiktiven unbeschränkten Steuerpflicht** unterscheiden sich je nach Staatsangehörigkeit des Steuerpflichtigen. Für Staatsangehörige eines EU/EWR-Staats gewährt § 1 a EStG zahlreiche Vergünstigungen. Siehe ausführlich dazu Johanna Hey in „Steuerrecht" von Klaus Tipke und Joachim Lang, 21. Aufl., Köln 2013, S. 269–270.

Bei der unbeschränkten Steuerpflicht wird grds. das „Welteinkommen" (sog. Welteinkommensprinzip) im Inland der Besteuerung unterzogen, unabhängig davon, ob die Einkünfte im Inland oder Ausland erzielt wurden. Ausgenommen sind die Einkommensbestandteile, die nach einem Abkommen zur Vermeidung der Doppelbesteuerung im Inland steuerfrei gestellt werden (vgl. Abschnitt 4.4.2.2.3), und bei der fiktiven unbeschränkten Steuerpflicht diejenigen Einkommensteile, die nicht unter den Einkommenskatalog des § 49 Abs. 1 EStG fallen.

Beschränkte Steuerpflicht

Der beschränkten Einkommensteuerpflicht im Inland unterliegen nach § 1 Abs. 4 EStG natürliche Personen, die keinen Wohnsitz und gewöhnlichen Aufenthalt im Inland haben und nicht unter eine der Personengruppen der §§ 1 Abs. 2, 3 und 1a EStG fallen, aber Einkünfte i.S.d. § 49 EStG erzielen. Der Besteuerung im Inland unterliegen bei der beschränkten Steuerpflicht nur die inländischen Einkünfte i.S.d. § 49 EStG (sog. Territorialitätsprinzip).

4.2.2.3 *Steuerobjekt und Steuerbemessungsgrundlage*

4.2.2.3.1 Überblick und Systematik

Das Steuerobjekt der Einkommensteuer bildet nach § 2 Abs. 1 EStG die „Summe der Einkünfte", bestehend aus den sieben Einkunftsarten. Die „Summe der Einkünfte" misst die objektive Leistungsfähigkeit des Steuerpflichtigen. Es gilt grds. das sog. objektive Nettoprinzip, wonach nur die Reineinkünfte des Steuerpflichtigen besteuert werden und Verluste die Steuerbemessungsgrundlage prinzipiell mindern (Hey [Steuerrecht] 276 f.). Dem folgt die Möglichkeit, Verluste einer Einkunftsart mit positiven Einkünften aus anderen Einkunftsarten zu verrechnen. Das objektive Nettoprinzip wird durch zahlreiche Abzugsbeschränkungen bei einzelnen Einkunftsarten durchbrochen (vgl. Abschnitt 4.2.2.3.4).

In § 2 Abs. 3–5 EStG wird danach über die Stufen „Gesamtbetrag der Einkünfte" und „Einkommen" das „zu versteuernde Einkommen", die Steuerbemessungsgrundlage der Einkommensteuer, bestimmt. Das „zu versteuernde Einkommen" soll die subjektive Leistungsfähigkeit des Steuerpflichtigen nach seinem frei verfügbaren Einkommen messen. Es gilt das sog. subjektive Nettoprinzip, demzufolge bestimmte unvermeidbare Privataufwendungen, welche die Leistungsfähigkeit des Steuerpflichtigen mindern, von der „Summe der Einkünfte" abgezogen werden können (Weber-Grellet [EStG I] § 2 EStG, Rz. 11). Einen Überblick über die Ableitung des zu versteuernden Einkommens gibt Abbildung 4.2.

	Gewinneinkunftsarten (§ 2 Abs. 2 Nr. 1 EStG)	
		Einkünfte aus Land- und Forstwirtschaft (§§ 13–14a EStG)
	+	Einkünfte aus Gewerbebetrieb (§§ 15–17 EStG)
	+	Einkünfte aus selbstständiger Arbeit (§ 18 EStG)
+	**Überschusseinkunftsarten (§ 2 Abs. 2 Nr. 2 EStG)**	
		Einkünfte aus nichtselbstständiger Arbeit (§ 19 EStG)
	+	Einkünfte aus Kapitalvermögen (§ 20 EStG)
	+	Einkünfte aus Vermietung und Verpachtung (§ 21 EStG)
	+	Sonstige Einkünfte (§§ 22 und 23 EStG)
=	**Summe der Einkünfte (§ 2 Abs. 1 und 2 EStG)**	
./.	Altersentlastungsbetrag (§ 24a EStG)	
./.	Entlastungsbetrag für Alleinerziehende (§ 24b EStG)	
./.	Freibetrag für Land- und Forstwirte (§ 13 Abs. 3 EStG)	
=	**Gesamtbetrag der Einkünfte (§ 2 Abs. 3 EStG) vor § 10d EStG**	
./.	Verlustabzug gem. § 10d EStG	
=	**Gesamtbetrag der Einkünfte nach § 10d EStG**	
./.	Sonderausgaben (§§ 10–10c EStG)	
./.	Sonderausgaben gleichgestellte Aufwendungen (§§ 10f und 10g EStG)	
./.	Außergewöhnliche Belastungen (§§ 33–33b EStG)	
=	**Einkommen (§ 2 Abs. 4 EStG)**	
./.	Freibeträge für Kinder, soweit günstiger als Kindergeld (§§ 31 und 32 Abs. 6 EStG)	
./.	Härteausgleich (§ 46 Abs. 3 EStG und § 70 EStDV)	
=	**Zu versteuerndes Einkommen (§ 2 Abs. 5 EStG)**	

Abbildung 4.2: Ermittlung des zu versteuernden Einkommens bei der Einkommensteuer

Bei der Ermittlung der „Summe der Einkünfte" ist zunächst zu überprüfen, ob die einzelnen Einkünfte überhaupt als steuerbare und steuerpflichtige Einkünfte klassifiziert werden können, da anderenfalls eine Besteuerung der Einkünfte entfällt.

Steuerbare Einkünfte sind durch zwei Merkmale gekennzeichnet. Einerseits erfüllen sie den Tatbestand einer Einkunftsart i.S.d. § 2 Abs. 1 EStG, andererseits werden sie durch eine Erwerbstätigkeit erwirtschaftet. Ob Einkünfte durch eine solche erzielt werden, ist anhand von objektiven und subjektiven Kriterien zu bestimmen:

(1) Objektiver Tatbestand ist die Beteiligung am allgemeinen wirtschaftlichen Verkehr. Dieses Kriterium wird u.a. von Erbschaften und Schenkungen, Einkünften aus Sport und Spiel sowie aus Lotterien und Wetten nicht erfüllt.

(2) Subjektiver Tatbestand ist die Absicht, während der Erwerbstätigkeit einen Überschuss der Bezüge über die Aufwendungen zu erzielen (sog. Einkünfteerzielungsabsicht). Die Einkünfteerzielungsabsicht ist eine innere Tatsache, die sich nur anhand äußerlicher Merkmale beurteilen lässt, wozu wiederum auf objektive Merkmale zurückzugreifen ist.

Besteht ein Zusammenhang der Tätigkeit mit der privaten Lebensführung des Steuerpflichtigen (z.B. bei der Vermietung von Segelyachten), so kann dies gegen eine Einkünfteerzielungsabsicht sprechen. Die Art der Ausübung der Tätigkeit kann ebenso einer solchen entgegenstehen, z.B. bei fehlender betriebswirtschaftlicher Unternehmensführung oder mangelnder Marktorientierung. Auch die Dauer der Verlusterzielung kann auf eine fehlende Einkünfteerzielungsabsicht hinweisen, allerdings ist auf die Totalperiode der Erwerbstätigkeit abzustellen, sodass bloße Anlaufverluste hinzunehmen sind.

Wegen fehlender Einkünfteerzielungsabsicht sind Einkünfte aus gemeinnütziger Tätigkeit und Einkünfte aus Liebhaberei (Tätigkeit aus privater Hingabe oder Neigung) generell nicht steuerbar. Damit sind einerseits zwar die Einnahmen nicht zu versteuern, andererseits können auch die Verluste nicht berücksichtigt werden. Zur Liebhaberei zählen insb. Hobbybetriebe im Bereich der Land- und Forstwirtschaft und Hobbybetriebe mit gewerblichem Charakter.

Steuerbare Einkünfte sind grds. auch steuerpflichtige Einkünfte. Der Steuergesetzgeber hat allerdings die Möglichkeit vorgesehen, bestimmte Einkünfte aus dem Steuerobjekt auszuklammern. Dies geschieht insb. in den §§ 3 und 3b EStG. Zu den steuerfreien Einkünften gehören vornehmlich Sonn- und Feiertagszuschläge, das Arbeitslosengeld sowie Trinkgelder.

4.2.2.3.2 Die sieben Einkunftsarten

4.2.2.3.2.1 Bedeutung der Zuordnung

Die Zuordnung der einzelnen Einkünfte zu den sieben Einkunftsarten ist für die Einkommensteuer von besonderer Bedeutung, da der Gesetzgeber für jede einzelne Einkunftsart spezielle Einzelregelungen vorsieht, sodass die Klassifizierung der Einkünfte einen erheblichen Einfluss auf die Steuerbemessungsgrundlage und somit auf die Höhe der geschuldeten Einkommensteuer haben kann (Wöhe [Steuerlehre I/1] 110f.). Die einzelnen Einkunftsarten unterscheiden sich u. a. hinsichtlich

- der Existenz von Freibeträgen und Freigrenzen;
- der Existenz von Werbungskosten-Pauschbeträgen;
- der Verlustverrechnung und
- der Erhebungsform der Einkommensteuer (Kußmaul [Steuerlehre] 275f.; Hey [Steuerrecht] 369f.; Scheffler [Unternehmensbesteuerung I] 49ff.).

Darüber hinaus hat die Zuordnung auch Bedeutung für andere Steuerarten, weil die Einkünfte aus Gewerbebetrieb ebenfalls der Gewerbesteuer unterliegen.

4.2.2.3.2.2 Gewinneinkunftsarten

Überblick:

Die Gewinneinkunftsarten orientieren sich an der Reinvermögenszugangstheorie.

Definition:

Nach der Reinvermögenszugangstheorie handelt es sich bei dem Einkommen um den Zugang von Reinvermögen während einer gegebenen Periode, sodass nicht nur Zugänge aus ständig fließenden Quellen, sondern auch aus unregelmäßig bzw. einmalig fließenden Quellen (z. B. Geschenke, Veräußerungsgewinne) berücksichtigt werden.

Bei den Gewinneinkunftsarten – namentlich den Einkünften aus Land- und Forstwirtschaft, den Einkünften aus Gewerbebetrieb sowie den Einkünften aus selbstständiger Arbeit – handelt es sich bei den Einkünften gem. § 2 Abs. 2 Satz 1 Nr. 1 EStG um den Gewinn, den Saldo aus Betriebseinnahmen und Betriebsausgaben.

Die Gewinneinkunftsarten zeichnen sich insb. durch gemeinsame Begriffsmerkmale aus, welche in § 15 Abs. 2 EStG dargelegt sind. Hiernach liegt eine Gewinneinkunftsart vor, wenn folgende positive Begriffsmerkmale erfüllt sind:

(1) Selbstständige Betätigung: Der Steuerpflichtige handelt auf eigene Rechnung und Gefahr, d.h. der Steuerpflichtige entfaltet selbst Unternehmerinitiative und trägt das Erfolgsrisiko der eigenen Betätigung (Unternehmerrisiko).

(2) Nachhaltigkeit: Die Tätigkeit muss auf Wiederholung angelegt sein und eine ständige Erwerbsquelle für den Steuerpflichtigen darstellen.

(3) Gewinnerzielungsabsicht: Der Steuerpflichtige muss nach einer einkommensteuerlich relevanten Betriebsvermögensmehrung in Gestalt eines Totalgewinns streben (BFH-Beschluss vom 25. 6. 1984, GrS 4/82, BStBl. II 1984, 751).

Bei der Beurteilung der Gewinnerzielungsabsicht ist mithin auf die Totalperiode der Erwerbstätigkeit abzustellen. Ein Streben nach Selbstkostendeckung während der gesamten Dauer der Erwerbstätigkeit ist nicht ausreichend.

(4) Beteiligung am allgemeinen wirtschaftlichen Verkehr: Die Tätigkeit muss am Markt, also gegenüber einer unbestimmten Vielzahl von Nachfragern, gegen Entgelt und für Dritte äußerlich erkennbar angeboten werden.

Einkünfte aus Land- und Forstwirtschaft (§§ 13–14a EStG)

Einkünfte aus Land- und Forstwirtschaft werden durch die planmäßige Nutzung der natürlichen Kräfte des Bodens und die Verwertung der hierdurch gewonnenen Erzeugnisse erzielt (R 15.5 Abs. 1 Satz 1 EStR). Beispiele hierfür sind v.a. Einkünfte aus dem Betrieb von Land- und Forstwirtschaft, Weinbau, Tierzucht und Tierhaltung, Gartenbau, Imkerei und Binnenfischerei. Auch die Veräußerung eines landwirtschaftlichen Betriebes stellt Einkünfte aus Land- und Forstwirtschaft dar (§ 14 Satz 1 EStG).

Einkünfte aus Gewerbebetrieb (§§ 15–17 EStG)

Die Qualifikation von Einkünften als Einkünfte aus Gewerbebetrieb ist an das Vorliegen eines Gewerbebetriebs i.S.d. § 15 Abs. 2 EStG geknüpft. Zur Abgrenzung von den anderen Gewinneinkunftsarten darf es sich nicht um Land- und Forstwirtschaft, selbstständige Arbeit oder bloße Vermögensverwaltung handeln. Das Einkommensteuergesetz unterscheidet folgende gewerbliche Einkünfte:

- Einkünfte aus gewerblichen (Einzel-)Unternehmen, wie z.B. Handwerker, Händler, Fabrikanten und Handelsmakler (§ 15 Abs. 1 Nr. 1 EStG);
- Einkünfte aus gewerblichen Mitunternehmerschaften. Dazu zählen gem. § 15 Abs. 1 Nr. 2 EStG die Gewinnanteile und Sondervergütungen der Gesellschafter einer OHG, einer KG oder einer anderen Gesellschaft, bei der der Gesellschafter Mitunternehmer ist;
- Einkünfte als persönlich haftender Gesellschafter einer KGaA (§ 15 Abs. 1 Nr. 3 EStG);
- Einkünfte aus der Veräußerung eines Gewerbebetriebs (§ 16 EStG);
- Einkünfte aus der Veräußerung von Anteilen an Kapitalgesellschaften (§ 17 EStG), sofern die in § 17 EStG verlangten Voraussetzungen erfüllt werden. Anderenfalls stellen die Gewinne aus der Anteilsveräußerung Einkünfte aus Kapitalvermögen gem. § 20 Abs. 2 Nr. 1 EStG dar.

Einkünfte aus selbstständiger Arbeit (§ 18 EStG)

Dem Einkommensteuergesetz mangelt es an einer expliziten Definition der „selbstständigen Arbeit". Nach Rechtsprechung und Literatur ist eine selbstständige Arbeit i.S.d. § 18 EStG gegeben, wenn die vier positiven Merkmale eines Gewerbebetriebs vorliegen, aber der Einsatz von Kapital gegenüber der geistigen und körperlichen Arbeit in den Hintergrund tritt und die Tätigkeit in starkem Maße auf der Ausbildung und dem Können des Steuerpflichtigen beruht (BFM-Urteil vom 24.2.2000, IV R 6/88, BStBl. II 2000, 297). Besondere steuerliche Bedeutung erlangt die Abgrenzung zwischen selbstständiger und gewerblicher Tätigkeit dadurch, dass die Einkünfte aus selbstständiger Arbeit nicht der Gewerbesteuer unterliegen. Zu den Einkünften aus selbstständiger Arbeit gehören insb. Einkünfte aus der freiberuflichen Tätigkeit (z.B. wissenschaftliche oder künstlerische Tätigkeit) und Einkünfte aus den in § 18 Abs. 1 Nr. 1 Satz 2 EStG genannten Katalogberufen (z.B. Ärzte, Rechtsanwälte, Wirtschaftsprüfer und Steuerberater).

4.2.2.3.2.3 Überschusseinkunftsarten

Überblick:

Die Überschusseinkunftsarten folgen grds. der Quellentheorie.

Definition:

Nach der Quellentheorie werden Vermögensmehrungen zur Ermittlung des Einkommens unterschieden in laufende, regelmäßige Einkünfte, die als Einkommen zu qualifizieren sind, und Wertveränderungen im Stammvermögen einschließlich der Wertrealisation durch Veräußerung, die wegen ihrer Einmaligkeit nicht zum Einkommen gehören.

Einkünfte aus nichtselbstständiger Arbeit, Einkünfte aus Kapitalvermögen, Einkünfte aus Vermietung und Verpachtung sowie die sonstigen Einkünfte bilden zusammen die Überschusseinkunftsarten. Bei ihnen ermitteln sich die Einkünfte nach § 2 Abs. 2 Satz 1 Nr. 2 EStG als Überschuss der Einnahmen über die Werbungskosten.

Einkünfte aus nichtselbstständiger Arbeit (§ 19 EStG)

Einkünfte aus nichtselbstständiger Arbeit werden von Arbeitnehmern erzielt.

Definition:

Arbeitnehmer sind Personen, die in öffentlichem oder privatem Dienst angestellt oder beschäftigt sind oder waren und die aus diesem Dienstverhältnis oder einem früheren Dienstverhältnis Arbeitslohn beziehen (§ 1 Abs. 1 LStDV).

Als **Arbeitslohn** werden alle Einnahmen bezeichnet, die dem Arbeitnehmer aus dem Dienstverhältnis zufließen. Es ist unerheblich, unter welcher Bezeichnung oder in welcher Form die Einnahmen gewährt werden (§ 2 Abs. 1 LStDV).

Neben den Gehältern, Löhnen, Gratifikationen, Tantiemen und anderen Bezügen und Vorteilen, die für eine Beschäftigung im öffentlichen oder privaten Dienst gewährt werden (§ 19 Abs. 1 Satz 1 Nr. 1 EStG), gehören auch Warte-, Ruhe-, Witwen- und Waisengelder sowie Bezüge und Vorteile aus früheren Dienstverhältnissen (z.B. Betriebsrenten, Beamtenpensionen) (§ 19 Abs. 1 Satz 1 Nr. 2 EStG) zu den Einkünften aus nichtselbstständiger Arbeit.

Eine Besonderheit stellt die Besteuerung von Versorgungsbezügen i.S.d. § 19 Abs. 2 Satz 2 EStG dar. In den Jahren bis 2040 bleiben diese durch die Gewährungen eines Versorgungsfreibetrags und eines Zuschlags zum Versorgungsfreibetrag (§ 19 Abs. 2 Satz 1 EStG) teilweise steuerfrei. Diese Freibeträge werden bis 2040 nach dem Kohortenprinzip abgeschmolzen, d.h. die Höhe der Freibeträge wird in Abhängigkeit vom Jahr des Beginns der Versorgungsbezüge einmal festgelegt und ändern sich, bezogen auf den einzelnen Steuerpflichtigen, in den Folgejahren nicht. Stattdessen schmelzen die Vergünstigungen von Pensionsjahrgang zu Pensionsjahrgang sukzessive ab. Von der Besteuerung ausgenommen sind nach § 3 EStG z.B. Lohnersatzleistungen, wie Arbeitslosengeld und Kurzarbeitergeld, Trinkgelder und in begrenztem Umfang die Zuschläge für Sonntags-, Feiertags- und Nachtarbeit.

Einkünfte aus Kapitalvermögen (§ 20 EStG)

Das Einkommensteuergesetz enthält in § 20 Abs. 1 EStG weder eine allgemeine Definition noch eine erschöpfende Aufzählung der Einkünfte aus Kapitalvermögen. Die Vorschrift nennt vielmehr nur die wichtigsten zu dieser Einkunftsart gehörenden Einnahmen. Aus den dort erwähnten Sachverhalten wird deutlich, dass in dieser Einkunftsart das Entgelt für die Überlassung von privatem Geldvermögen erfasst werden soll (BFH-Urteil vom 13. 12. 2006, VIII R 79/03, BStBl. II 2007, 562). Hierzu zählen – neben den laufenden Erträgen aus der Kapitalanlage (§ 20 Abs. 1 EStG) – auch Gewinne und Verluste aus der Veräußerung von Kapitalanlagen (§ 20 Abs. 2 EStG). Zu den Einkünften aus Kapitalvermögen gehören u.a.:

- Gewinnanteile (Dividenden) aus Aktien und aus Anteilen an einer GmbH (§ 20 Abs. 1 Nr. 1 EStG);
- Zinsen aus Hypotheken und Grundschulden sowie Renten aus Rentenschulden (§ 20 Abs. 1 Nr. 5 EStG);
- Erträge aus sonstigen Kapitalforderungen jeder Art, wie Zinsen aus einem Festgeldkonto, Girokonto, Sparbuch sowie aus festverzinslichen Wertpapieren (§ 20 Abs. 1 Nr. 7 EStG);
- Gewinne aus der Veräußerung von Anteilen an einer Kapitalgesellschaft (§ 20 Abs. 2 Nr. 1 EStG).

Einkünfte aus Kapitalvermögen, sofern die Kapitalanlage im Privatvermögen des Steuerpflichtigen gehalten wird, unterliegen i.d.R. der Abgeltungssteuer von 25 % zzgl. Solidaritätszuschlag und ggf. Kirchensteuer (§ 32d Abs. 1 Satz 1 EStG). Bei den meisten der Abgeltungssteuer unterliegenden Kapitaleinkünften ist die Einkommensteuer durch den Einbehalt der Kapitalertragsteuer direkt an der Quelle abgegolten (§ 43 Abs. 5 Satz 1 EStG). Ein Einbezug der Einkünfte aus Kapitalvermögen in die Einkommensteuerveranlagung ist auf Antrag des Steuerpflichtigen möglich (sog. Günstigerprüfung), falls der persönliche Einkommensteuersatz unterhalb des Abgeltungssteuersatzes von 25 % liegt (§ 32d Abs. 4 EStG). Daneben hat der Steuerpflichtige die Möglichkeit, auf Antrag – insb. bei Gewinnanteilen aus Beteiligungen an Kapitalgesellschaften – für die Besteuerung nach dem Teileinkünfteverfahren zu optieren, sofern er unmittelbar oder mittelbar zu mind. 25 % an der Kapitalgesellschaft beteiligt ist oder zu mind. 1 % beteiligt und zugleich für diese beruflich tätig ist (§ 32d Abs. 2 Nr. 3 EStG). Das Teileinkünfteverfahren kommt ebenfalls zur Anwendung, wenn Kapitaleinkünfte nicht den Einkünften aus Kapitalvermögen, sondern wegen der Subsidiaritätsklausel des § 20 Abs. 8 EStG anderen Einkunftsarten zuzurechnen sind. Bei dem Teileinkünfteverfahren sind 40 % der Einnahmen steuerfrei (§ 3 Nr. 40 EStG) mit der Konsequenz, dass 40 % der mit den Einnahmen zusammenhängenden Werbungskosten steuerlich nicht abgezogen werden können (§ 3c Abs. 2 EStG).

Einkünfte aus Vermietung und Verpachtung (§ 21 EStG)

Bei den Einkünften aus Vermietung und Verpachtung handelt es sich um Einkünfte aus der zeitlich begrenzten Überlassung von nicht geldlichen Vermögensteilen (Realvermögen), insb. von Sachen und Rechten, an andere Personen auf dem Wege der Vermietung oder Verpachtung bzw. durch ähnliche Absprachen.

In § 21 Abs. 1 Satz 1 EStG sind folgende Hauptgruppen der Einkünfte aus Vermietung und Verpachtung normiert:

- Einkünfte aus Vermietung und Verpachtung von unbeweglichem Vermögen (z.B. Grundstücke, Gebäude);
- Einkünfte aus Vermietung und Verpachtung von Sachinbegriffen (z.B. Fuhrparks, Großrechenanlagen, Wohnungseinrichtungen);
- Einkünfte aus der zeitlichen Überlassung von Rechten (z.B. die Überlassung von Urheberrechten oder Erfindungen);
- Einkünfte aus der Veräußerung von Miet- und Pachtzinsforderungen.

Sonstige Einkünfte (§§ 22 und 23 EStG)

Die sonstigen Einkünfte des § 22 EStG (i.V.m. § 23 EStG) unterscheiden sich von den anderen sechs Einkunftsarten dadurch, dass unter dieser Vorschrift völlig verschiedene Besteuerungstatbestände zusammengefasst werden. Die Bezeichnung „sonstige Einkünfte" ist missverständlich, denn unter diese Einkunftsart können nicht alle denkbaren Einkünfte, die von den ersten sechs Einkunftsarten nicht erfasst werden, subsumiert werden, sondern nur die explizit in § 22 EStG genannten. Die sonstigen Einkünfte sind in sechs Hauptgruppen unterteilt:

- Einkünfte aus wiederkehrenden Bezügen (§ 22 Nr. 1 EStG), wie z.B. die Rente aus der gesetzlichen Rentenversicherung, Erträge aus der privaten, kapitalgedeckten Lebensversicherung;
- Einkünfte aus Unterhaltsleistungen, die vom Leistenden als Sonderausgaben abziehbar sind (§ 22 Nr. 1a EStG);
- Einkünfte aus privaten Veräußerungsgeschäften (§ 22 Nr. 2 i.V.m. § 23 EStG);
- Einkünfte aus sonstigen Leistungen (§ 22 Nr. 3 EStG);
- Einkünfte aus Abgeordnetenbezügen (§ 22 Nr. 4 EStG);
- Einkünfte aus Altersvorsorgeverträgen (§ 22 Nr. 5 EStG).

4.2.2.3.3 Betriebsausgaben und Werbungskosten

Ausdruck der Besteuerung nach der subjektiven Leistungsfähigkeit sind nicht nur die erwirtschafteten Vermögenszugänge, sondern auch die mit einer Erwerbstätigkeit in Verbindung stehenden Vermögensabgänge. Der Besteuerung unterliegt nur das Gesamtergebnis einer Erwerbstätigkeit als Saldo aus Einnahmen und negativen Größen. Die mit einer Erwerbstätigkeit in Zusammenhang stehenden Vermögensabgänge bezeichnet man bei den Gewinneinkunftsarten als Betriebsausgaben bzw. bei den Überschusseinkunftsarten als Werbungskosten.

Definitionen:

Als **Betriebsausgaben** werden Aufwendungen bezeichnet, die durch den Betrieb veranlasst sind (§ 4 Abs. 4 EStG).

Werbungskosten sind Aufwendungen, die zur Erwerbung, Sicherung und Erhaltung der Einnahmen getätigt werden (§ 9 Abs. 1 Satz 1 EStG).

Trotz unterschiedlichen Formulierungen findet in Anlehnung an die Formulierung der Betriebsausgaben eine inhaltsgleiche Interpretation der Begriffe statt, womit es sich bei Erwerbsaufwendungen um Aufwendungen handelt, die durch die Erwerbstätigkeit (wesentlich) veranlasst werden. (Hey [Steuerrecht] 331, 338f.) Grundlage für die Anerkennung von Erwerbsaufwendungen ist grds. nur die Veranlassung des Vermögensabgangs durch die Erwerbstätigkeit (Loschelder [EStG I] § 9 EStG, Rz. 2). Somit sind auch vergebliche Aufwendungen anzuerkennen.

Probleme bereitet die Zuordnung sog. gemischt veranlasster Aufwendungen, da sich diese sowohl auf Erwerbs- als auch auf Privatursachen zurückführen lassen. Als nicht abzugsfähige Aufwendungen gelten die Aufwendungen der

Lebensführung des Steuerpflichtigen (§ 12 Nr. 1 Satz 1 EStG). Dazu zählen auch Aufwendungen der Lebensführung des Steuerpflichtigen, welche zur Förderung des Berufs dienen, die aber auch auf die wirtschaftliche und gesellschaftliche Stellung des Steuerpflichtigen zurückzuführen sind (§ 12 Nr. 1 Satz 2 EStG). Gemischt veranlasste Aufwendungen können steuerlich geltend gemacht werden, falls eine Aufteilung in abziehbare Werbungskosten oder Betriebsausgaben und in nicht abziehbare Aufwendungen für die private Lebensführung möglich ist und der Steuerpflichtige die betriebliche oder berufliche Veranlassung nachweisen kann (BFH-Beschluss vom 21. 9. 2009, GrS 1/06, BStBl. II 2010, 672).

Nach dem Willen des Gesetzgebers werden bestimmte Erwerbsaufwendungen, welche grds. als Betriebsausgaben bzw. Werbungskosten gelten, bei der Berechnung des Steuerobjekts nicht zum Abzug zugelassen. Als nicht abziehbare Erwerbsaufwendungen zählen u.a. Ausgaben, die mit steuerfreien Einnahmen in unmittelbarem wirtschaftlichen Zusammenhang stehen (§ 3c Abs. 1 EStG), Geschenke an Nicht-Arbeitnehmer über 35 € (§ 4 Abs. 5 Satz 1 Nr. 1 EStG) und Aufwendungen für die erstmalige Berufsausbildung oder das Erststudium außerhalb eines Ausbildungsverhältnisses (§ 4 Abs. 9 EStG, § 9 Abs. 6 EStG).

Zu den bedeutsamen abziehbaren Erwerbsaufwendungen zählen:

- Beiträge zu Berufsständen (§ 9 Abs. 1 Satz 3 Nr. 3 EStG);
- Fahrten zwischen Wohnung und Erwerbsstätte (§ 4 Abs. 5 Satz 1 Nr. 6; § 9 Abs. 1 Satz 3 Nr. 4 und Abs. 2 EStG);
- Aufwendungen für Arbeitsmittel (§ 9 Abs. 1 Satz 3 Nr. 6 EStG);
- Mehraufwendungen für eine beruflich bedingte doppelte Haushaltsführung (§ 9 Abs. 1 Satz 3 Nr. 5 EStG);
- Aufwendungen für ein häusliches Arbeitszimmer (§ 4 Abs. 5 Satz 1 Nr. 6b EStG).

Neben dem Einzelnachweis der Erwerbsaufwendungen hat der Gesetzgeber – insb. für Werbungskosten – Pauschbeträge vorgesehen, die der Steuerpflichtige ohne Nachweis faktischer Aufwendungen ansetzen kann. Hierunter fallen:

- Der Arbeitnehmer-Pauschbetrag i.H.v. 1.000 € (§ 9a Satz 1 Nr. 1 Buchst. a EStG);
- der Werbungskosten-Pauschbetrag i.H.v. 102 € für Einnahmen aus Versorgungsbezügen i.S.v. § 19 Abs. 2 EStG (§ 9a Satz 1 Nr. 1 Buchst. b EStG);
- der Werbungskosten-Pauschbetrag i.H.v. insgesamt 102 € bei sonstigen Einkünften i.S.d. § 22 Nr. 1, 1a und 5 EStG (§ 9a Satz 2 EStG);
- der Sparer-Pauschbetrag i.H.v. 801 € anstelle der tatsächlichen Werbungskosten (§ 20 Abs. 9 EStG).

Diese Werbungskostenpauschalen dürfen max. bis zur Höhe der Einnahmen angesetzt werden. Durch sie dürfen keine negativen Einkünfte entstehen oder sich erhöhen (§ 9a Satz 2 EStG).

4.2.2.3.4 Behandlung von Verlusten

Verluste können bei der Einkommensteuer zunächst i.R.d. Verlustausgleichs steuermindernd berücksichtigt werden. Dabei ist zwischen horizontalem und vertikalem Verlustausgleich zu unterscheiden. Der horizontale Verlustausgleich gestattet es, innerhalb einer Einkunftsart negative Einkünfte unbeschränkt mit positiven Einkünften zu verrechnen. Nach dem horizontalen Verlustausgleich innerhalb einer Einkunftsart verbleibende negative Einkünfte können im Anschluss ebenfalls grds. unbeschränkt mit positiven Einkünften aus anderen Einkunftsarten verrechnet werden (sog. vertikaler Verlustausgleich). Durch eine Reihe von Normen wird diese Grundkonzeption und damit das objektive Nettoprinzip allerdings durchbrochen. Bspw. können nach § 20 Abs. 6 Sätze 2–3 EStG negative Einkünfte aus Kapitalvermögen nicht durch positive Einkünfte aus anderen Einkunftsarten ausgeglichen und auch nicht nach § 10d EStG abgezogen werden. Sie mindern lediglich die Gewinne aus Kapitalvermögen in künftigen VAZ (Kußmaul [Steuerlehre] 314). Die zweite Säule der Verlustnutzung innerhalb der Einkommensteuer bildet der Verlustabzug gem. § 10d EStG, mittels dem nach erfolgtem Verlustausgleich noch verbleibende negative Einkünfte verwendet werden können. Es besteht grds. ein Wahlrecht zwischen Verlustrücktrag und Verlustvortrag. Der Verlustrücktrag (§ 10d Abs. 1 EStG) ist nur in den vorangegangenen VAZ möglich und darüber hinaus auf 1 Mio. € beschränkt. Auf Antrag kann der Steuerpflichtige ganz oder teilweise auf den Verlustrücktrag verzichten (§ 10d Abs. 1 Satz 5 EStG). Nicht ausgeglichene negative Einkünfte können i.R.d. Verlustvortrags (§ 10d Abs. 2 EStG) uneingeschränkt mit einem positiven Gesamtbetrag der Einkünfte bis zu 1 Mio. € verrechnet werden (sog. Sockelbetrag). Sollten darüber hinaus weitere, nicht ausgeglichene negative Einkünfte bestehen, so ist deren Verlustvortrag der Höhe nach beschränkt. Die den Sockelbetrag i.H.v. 1 Mio € übersteigenden Verluste dürfen nur bis 60 % des verbleibenden Gesamtbetrags der Einkünfte steuermindernd genutzt werden. Dies bedeutet, dass 40 % des über den Sockelbetrag hinausgehenden Gesamtbetrags der Einkünfte im VAZ, in den der Verlust vorgetragen wird, der Besteuerung unterliegen (sog. Mindestbesteuerung). Es ist zu beachten, dass der Verlustabzug nach der Ermittlung des Gesamtbetrags der Einkünfte noch vor den Sonderausgaben und außergewöhnlichen Belastungen vorzunehmen ist.

4.2.2.3.5 Sonderausgaben und außergewöhnliche Belastungen

Die Besteuerung richtet sich nach der subjektiven Leistungsfähigkeit des Steuerpflichtigen (vgl. Abschnitt 4.2.2.3.1). Dieser Grundsatz gebietet neben der Berücksichtigung von Erwerbsaufwendungen und Verlusten auch den Abzug von unvermeidbaren (indisponiblen) Privatausgaben (Söhn [EStG II] § 10 EStG, Rz. A17 ff.) Die Berücksichtigung von Sonderausgaben und außergewöhnlichen Belastungen kann auch mit der Erreichung bestimmter wirtschafts-, sozial- oder kulturpolitischer Zwecke gerechtfertigt werden (Söhn [EStG II] § 10 EStG, Rz. A16).

Eine gesetzliche Definition des Terminus „Sonderausgaben“ existiert im Einkommensteuergesetz nicht. Stattdessen werden in den relevanten Vorschriften (§§ 10–10i EStG) tatsächliche oder fingierte Privatausgaben abschließend aufgezählt, welche steuermindernd berücksichtigt werden können. Gemein ist den dort genannten Ausgaben, dass sie weder Betriebsausgaben noch Werbungskosten darstellen und auch nicht als solche bei der Einkünfteermittlung berücksichtigt werden dürfen (Heinicke [EStG I] § 10 EStG, Rz. 1).

Einige Sonderausgaben können unbeschränkt abgezogen werden (sog. unbeschränkt abzugsfähige Sonderausgaben). Zu diesen Sonderausgaben zählen v.a. auf besonderen Verpflichtungsgründen beruhende, lebenslange und wiederkehrende Versorgungsleistungen (§ 10 Abs. 1 Nr. 1a EStG) und die vom Steuerpflichtigen gezahlte Kirchensteuer (§ 10 Abs. 1 Nr. 4 EStG).

Der Abzug des überwiegenden Teils der Sonderausgaben ist indes der Höhe nach begrenzt (sog. beschränkt abzugsfähige Sonderausgaben). Zu jenen zählen u.a.:

- Unterhaltsleistungen eines geschiedenen oder dauernd getrennt lebenden Ehegatten bis max. 13.805 € pro Jahr, sofern der Empfänger diese als Einkünfte aus wiederkehrenden Bezügen (sonstige Einkünfte) versteuert (§ 10 Abs. 1 Nr. 1 EStG);
- Aufwendungen für die Alterssicherung, sog. Altersvorsorgeaufwendungen bis max. 20.000 € bei einzeln veranlagten Steuerpflichtigen bzw. bei Ehegatten i.H.v. 40.000 € (§ 10 Abs. 1 Nr. 2 EStG);
- Beiträge zu Kranken-, Pflege-, Unfall- und Haftpflichtversicherung bis max. 2.800 € (v.a. bei Arbeitnehmern) bzw. max. 1.900 € (z.B. bei Beamten) (§ 10 Abs. 1 Nr. 3 EStG);
- zwei Drittel der Betreuungskosten zur Betreuung eines zum Haushalt des Steuerpflichtigen gehörenden Kindes bis 14 Jahre i.H.v. max. 4.000 € (§ 10 Abs. 1 Nr. 5 EStG);
- Aufwendungen für die erstmalige Berufsausbildung oder das Erststudium i.H.v. max. 6.000 € je Kalenderjahr (§ 10 Abs. 1 Nr. 7 EStG).

Außergewöhnliche Belastungen sind zwangsläufig erwachsene Aufwendungen eines Steuerpflichtigen, die bei der überwiegenden Zahl der Steuerpflichtigen nicht anfallen (§ 33 Abs. 1 EStG). Aufwendungen erwachsen dem Steuerpflichtigen dann zwangsläufig, wenn er sich diesen aus rechtlichen, tatsächlichen oder sittlichen Gründen nicht entziehen kann (§ 33 Abs. 2 EStG). Beispiele hierfür sind Krankheitskosten oder Aufwendungen infolge von Brand- oder Umweltschäden.

Der Abzug von Aufwendungen als außergewöhnliche Belastung ist nur insoweit gestattet, falls sie keine Betriebsausgaben, Werbungskosten oder Sonderausgaben darstellen, den Umständen nach notwendig sind und die zumutbare Belastung nach § 33 Abs. 3 EStG übersteigen. Außerdem werden in den §§ 33a und 33b EStG bestimmte Fälle normiert, für die Höchstbeträge (z.B. Unterhaltsleistungen) festgelegt werden.

4.2.2.4 Steuertarif

Auf Basis der Steuerbemessungsgrundlage (zu versteuerndes Einkommen, § 2 Abs. 5 EStG) wird unter Anwendung des Einkommensteuertarifs die tarifliche Einkommensteuer berechnet. Um der Besteuerung nach der subjektiven Leistungsfähigkeit gerecht zu werden, erfolgt die Besteuerung des Einkommens nicht mit Hilfe eines proportionalen, sondern unter Anwendung eines progressiven Steuertarifs. Der Einkommensteuertarif ergibt sich aus § 32a Abs. 1

EStG. Dieser berücksichtigt neben der subjektiven Leistungsfähigkeit des Steuerpflichtigen auch das verfassungsrechtlich gebotene Existenzminimum (BVerfG-Urteil vom 25. 9. 1992, 2 BvL 5/91, 2 BvL 8/91, 2 BvL 14/91, BStBl. II 1993, 413) durch die Implementierung eines Grundfreibetrags (VAZ 2014: 8.354 €).

Zur Abschwächung der Auswirkungen des progressiven Einkommensteuertarifs auf Erwerbsbezüge, die mehreren Jahren zurechenbar, aber in einem einzigen VAZ zu versteuern sind (sog. außerordentliche Einkünfte), bewilligt der Gesetzgeber Steuertarifermäßigungen. Hierdurch werden insb. Gewinne aus der Veräußerung bzw. Aufgabe von (Teil-)Betrieben oder Gesellschaftsanteilen i.S.d. §§ 14, 14a Abs. 1, 16 und 18 Abs. 3 EStG begünstigt (§ 34 Abs. 2 Nr. 1 EStG). Die anzusetzende Einkommensteuer beträgt für diese außerordentlichen Einkünfte das Fünffache des Unterschiedsbetrags zwischen der Einkommensteuer für das verbleibende Einkommen zzgl. eines Fünftels der außerordentlichen Einkünfte und der Einkommensteuer für das verbleibende Einkommen (sog. Fünftelungsregel, § 34 Abs. 1 EStG). Auf Antrag kann die Besteuerung der außerordentlichen Einkünfte bis zu einem Betrag von 5 Mio. € auch nach dem Halbsteuersatzverfahren vorgenommen werden, sofern die in § 34 Abs. 3 EStG genannten Voraussetzungen erfüllt sind.

Für Einzelunternehmen und Personengesellschaften mit Einkünften aus Land- und Forstwirtschaft, Gewerbebetrieb oder selbstständiger Arbeit sieht der Steuergesetzgeber in § 34a EStG die sog. Thesaurierungsbegünstigung für nicht entnommene Gewinne vor. Die Anwendung dieser Steuertarifermäßigung setzt voraus, dass der Gewinn mittels Betriebsvermögensvergleich ermittelt wurde. Mitunternehmer können von dieser Regelung nur profitieren, wenn ihr Mitunternehmeranteil mehr als 10 % beträgt oder ihr Gewinnanteil 10.000 € übersteigt.

Neben Steuertarifermäßigungen existieren auch Steuerbetragsermäßigungen. Diese sehen keinen geminderten Steuersatz vor, sondern gewähren eine Kürzung der Steuerschuld. Zu diesen Ermäßigungen zählen bspw. die Anrechnung der ausländischen Steuer auf die deutsche Einkommensteuer (§ 34c EStG), die Steuerermäßigung für Mitgliedsbeiträge und Spenden an politische Parteien (§ 34g EStG) sowie die Steuerbetragsermäßigung bei Einkünften aus Gewerbebetrieb gem. § 35 EStG in Form des 3,8fachen des Gewerbesteuermessbetrags.

4.2.2.5 Erhebung der Einkommensteuer

Bei der Einkommensteuer handelt es sich um eine Jahressteuer (§ 2 Abs. 7 EStG). Sie wird nach Ablauf des Kalenderjahres (VAZ) im Wege der Veranlagung erhoben (§ 25 Abs. 1 EStG). Der Steuerpflichtige hat zu diesem Zweck eine Einkommensteuererklärung – regelmäßig bis zum 31. Mai des Folgejahres (§ 149 Abs. 2 AO) – abzugeben, auf deren Grundlage die Steuer durch schriftlichen Bescheid festgesetzt wird. In welchen Fällen eine Einkommensteuerklärung einzureichen ist, regelt § 25 Abs. 3 EStG i.V.m. § 56 EStDV.

Jeder Steuerpflichtige wird grds. einzeln veranlagt (sog. Einzelveranlagung). Eine Ausnahme besteht für Ehegatten, sofern beide unbeschränkt einkommensteuerpflichtig sind, nicht dauernd getrennt leben und bei denen diese Voraussetzungen zu Beginn des Veranlagungszeitraums vorgelegen haben oder während des Veranlagungszeitraums eingetreten sind (§ 26 Abs. 1 EStG). Für sie besteht ein Wahlrecht zwischen der getrennten Veranlagung (§ 26a EStG) und der Zusammenveranlagung (§ 26b EStG).

Bei der getrennten Veranlagung (§ 26a EStG) unterliegt das Einkommen eines jeden Ehegatten dem Grundtarif (§ 32a EStG). Jeder Ehegatte hat die von ihm erwirtschafteten Einkünfte selbst zu versteuern. Sonderausgaben, außergewöhnliche Belastungen und die Steuerermäßigung nach § 35a EStG werden demjenigen Ehegatten zugerechnet, der sie wirtschaftlich getragen hat; auf übereinstimmenden Antrag der Ehegatten werden die beiden ersten genannten Bestandteile jeweils hälftig aufgeteilt (§ 26a Abs. 2 Sätze 1–2 EStG). Optieren die Ehegatten zur Zusammenveranlagung (§ 26b EStG), kommt der Splittingtarif zur Anwendung. Die Einkünfte beider Ehegatten werden zunächst getrennt ermittelt und erst dann zusammengerechnet; sodann werden die Ehegatten als ein Steuerpflichtiger behandelt. Nach § 32a Abs. 5 EStG beträgt die tarifliche Einkommensteuer bei der Zusammenveranlagung das Doppelte des Steuerbetrags, der sich für die Hälfte ihres gemeinsam zu versteuernden Einkommens ergibt.

4.2.3 Körperschaftsteuer

4.2.3.1 Charakteristik

Die Körperschaftsteuer ist eine direkte Steuer und Personensteuer. Der Körperschaftsteuer unterliegen juristische Personen (Körperschaften) mit dem von ihnen erzielten Einkommen, weshalb sie auch als „Einkommensteuer für Körperschaften" bezeichnet wird (Scheffler [Unternehmensbesteuerung I] 193). Das Körperschaftsteueraufkommen steht gem. Art. 106 Abs. 3 GG je zur Hälfte dem Bund und den Ländern zu.

Der Besteuerung von Körperschaften liegt das Trennungsprinzip zu Grunde, wonach die Gesellschaft und ihre Anteilseigner getrennt voneinander besteuert werden. Der Gewinn der Körperschaft unterliegt auf ihrer Ebene der Körperschaftsteuer. Wird der Gewinn an die Anteilseigner ausgeschüttet, wird er bei ihnen nochmals der Besteuerung mit Einkommen- oder Körperschaftsteuer unterzogen. Eine potenzielle steuerliche Doppelbelastung ist die Folge. Personengesellschaften werden hingegen nach dem Transparenzprinzip besteuert. Die erzielten Gewinne werden auf Ebene der Personengesellschaft nach den steuerlichen Gewinnermittlungsvorschriften ermittelt und sodann den Gesellschaftern zugerechnet, die diese auch zu versteuern haben. Die steuerliche Belastung der einzelnen Unternehmen ist durch das Nebeneinander von Einkommen- und Körperschaftsteuer (sog. Dualismus der Unternehmensbesteuerung) in großem Maße von der gewählten Rechtsform abhängig (Hey [Steuerrecht] 613f.; Jacobs [Rechtsform] 93).

4.2.3.2 Steuersubjekt

Steuersubjekte der Körperschaftsteuer sind Körperschaften, Personenvereinigungen und Vermögensmassen (vgl. §§ 1–6 KStG). Bei der Bestimmung der

Körperschaftsteuerpflicht ist ausschließlich die Rechtsform der Gesellschaft entscheidend (Wilke [KStG] § 1 KStG, Rz. 26). Wie auch bei der Einkommensteuer ist bei der Körperschaftsteuer zwischen unbeschränkter und beschränkter Steuerpflicht zu differenzieren.

Unbeschränkte Steuerpflicht

Der unbeschränkten Körperschaftsteuerpflicht in Deutschland unterliegen nach § 1 Abs. 1 KStG Körperschaften, Personenvereinigungen und Vermögensmassen mit Geschäftsleitung oder Sitz im Inland.

Definitionen:

Die **Geschäftsleitung** ist der Mittelpunkt der geschäftlichen Oberleitung (§ 10 AO).

Der **Sitz** ist an dem Ort, der durch Gesetz, Gesellschaftsvertrag, Satzung oder vergleichbarer Regelungen bestimmt ist (§ 11 AO).

Unbeschränkt körperschaftsteuerpflichtig im Inland sind nach § 1 Abs. 1 Nr. 1–6 KStG insb.

- Kapitalgesellschaften (insb. SE, AG, KGaA, GmbH, UG);
- Genossenschaften einschließlich der Europäischen Genossenschaften;
- Versicherungs- und Pensionsfondsvereine auf Gegenseitigkeit;
- sonstige juristische Personen des privaten Rechts (z.B. eingetragene Vereine);
- nichtrechtsfähige Vereine, Anstalten, Stiftungen und andere Zweckvermögen des privaten Rechts;
- Betriebe gewerblicher Art von juristischen Personen des öffentlichen Rechts.

Unter § 1 Abs. 1 Nr. 1 KStG sind auch Gesellschaften ausländischer Rechtsform mit Geschäftsleitung im Inland und Sitz im Ausland zu subsumieren, sofern ihr rechtlicher Aufbau und die wirtschaftliche Position einer der deutschen Körperschaftsteuer unterliegenden Gesellschaft entsprechen (sog. Typenvergleich) (Wilke [KStG] § 1 KStG, Rz. 41 ff.).

Der Gesetzgeber sieht in § 5 KStG subjektive (persönliche) Steuerbefreiungen für bestimmte Körperschaften vor. Steuerbefreit sind insb. die Deutsche Bundesbank, die Kreditanstalt für Wiederaufbau, politische Parteien sowie Steuersubjekte, die gemeinnützigen, mildtätigen oder kirchlichen Zwecken dienen.

Die unbeschränkte Körperschaftsteuerpflicht erstreckt sich nach § 1 Abs. 2 KStG auf sämtliche Einkünfte, sofern diese nach den Regelungen des Einkommen- oder Körperschaftsteuergesetzes steuerpflichtig sind. Der Besteuerung unterliegt das Welteinkommen, sofern nicht Doppelbesteuerungsabkommen (DBA) die Besteuerung ausländischer Einkünfte im Inland einschränken (vgl. Abschnitt 4.4.2.2).

Beschränkte Steuerpflicht

Körperschaften, Personenvereinigungen und Vermögensmassen, die weder ihre Geschäftsleitung noch ihren Sitz im Inland haben, sind – sofern sie inländische Einkünfte i.S.d. § 49 EStG erzielen – beschränkt körperschaftsteuerpflichtig (§ 2 Nr. 1 KStG). Steuerpflichtig sind in diesen Fällen nur die inländischen Einkünfte.

4.2.3.3 Steuerobjekt und Steuerbemessungsgrundlage

Steuerobjekt der Körperschaftsteuer ist bei unbeschränkt Steuerpflichtigen das im In- und Ausland erwirtschaftete Einkommen (Welteinkommen). Da das Körperschaftsteuergesetz keine eigenständige Definition des Einkommensbegriffs enthält, wird in § 8 Abs. 1 Satz 1 KStG hinsichtlich der Ermittlung des Einkommens auf die Vorschriften des Einkommensteuergesetzes und besonderer Vorschriften des Körperschaftsteuergesetzes verwiesen, wobei § 8 Abs. 2 KStG bei unbeschränkt Steuerpflichtigen i.S.d. § 1 Abs. 1 Nr. 1–3 KStG alle Einkünfte als Einkünfte aus Gewerbebetrieb qualifiziert. Die Generalverweisung des § 8 Abs. 1 Satz 1 KStG dient der Sicherung einer weitgehenden rechtsform unabhängigen Ermittlung der steuerlichen Bemessungsgrundlage (Haug/Huber [KStG] § 8 KStG, Rz. 22). Dieser Grundsatz stößt insoweit an seine Grenzen, als bestimmte einkommensteuerliche Regelungen auf natürliche Personen zu-

	Handelsbilanzielles Ergebnis
+/–	Steuerbilanzielle Korrekturen gem. § 5b Abs. 1 Satz 2 EStG, § 60 Abs. 2 Satz 1 EStDV bzw. § 5 Abs. 1 Satz 1 Halbsatz 2 EStG
=	**Steuerbilanzielles Ergebnis**
+	Nichtabziehbare Aufwendungen, insb. · nichtabziehbare Betriebsausgaben aus anwendbaren einkommensteuerlichen Vorschriften (§ 4 Abs. 5 EStG i. V. m. § 8 Abs. 1 Satz 1 KStG) · verdeckte Gewinnausschüttungen (§ 8 Abs. 3 Satz 2 KStG) · nichtabziehbare Zinsaufwendungen bei Körperschaften (sog. Zinsschranke) (§ 8a KStG) · 5 %ige fiktive Beteiligungsaufwendungen, sofern die Beteiligungsquote mind. 10 % beträgt (§ 8b Abs. 3 und 5 KStG) · Steuern vom Einkommen und sonstige Personensteuern (§ 10 Nr. 2 KStG) · Geldstrafen (§ 10 Nr. 3 KStG) · Hälfte der Aufsichts- bzw. Verwaltungsratsvergütungen (§ 10 Nr. 4 KStG)
./.	Steuerfreie Erträge, insb. · Veräußerungsgewinne aus Beteiligungen (§ 8b Abs. 2 KStG) · Investitionszulagen (§ 13 InvZulG 2010) · Erträge aus nichtabziehbaren Aufwendungen · Beteiligungserträge von einer in- oder ausländischen Kapitalgesellschaft, sofern die Beteiligungsquote mind. 10 % beträgt (§ 8b Abs. 1 und 4 KStG) · ausländische Einkünfte, die nach einem DBA im Inland von der Besteuerung freigestellt sind
+	Gesamtbetrag der Zuwendungen nach § 9 Abs. 1 Nr. 2 KStG
./.	Gewinnanteile der Komplementäre einer KGaA (§ 9 Abs. 1 Nr. 1 KStG)
=	**Summe der Einkünfte**
./.	Abzugsfähige Zuwendungen nach § 9 Abs. 1 Nr. 2 KStG
=	**Gesamtbetrag der Einkünfte i. S. d. § 10d EStG**
./.	Verlustabzug (§ 10d EStG i. V. m. § 8 Abs. 1 Satz 1 KStG)
=	**Einkommen (§ 8 Abs. 1 KStG)**
./.	Freibeträge (§§ 24 und 25 KStG)
=	**Zu versteuerndes Einkommen (§ 7 Abs. 2 KStG)**

Abbildung 4.3: Ermittlung des zu versteuernden Einkommens bei der Körperschaftsteuer

geschnitten und nicht auf juristische Personen übertragbar sind. So können bspw. Sonderausgaben und außergewöhnliche Belastungen bei der Einkommensermittlung nicht abgezogen werden. Eine Auflistung der relevanten einkommensteuerlichen Vorschriften findet sich in R 32 KStR.

Die Steuerbemessungsgrundlage der Körperschaftsteuer bildet gem. § 7 Abs. 1 KStG das zu versteuernde Einkommen. Die Besonderheiten der Ableitung dieser Größe sind in vereinfachter Form Abbildung 4.3 zu entnehmen.

4.2.3.4 Steuertarif und Besteuerungsverfahren

Bei dem Körperschaftsteuertarif handelt es sich – im Gegensatz zum Steuertarif der Einkommensteuer – um einen proportionalen Tarif. Die Körperschaftsteuer beträgt nach § 23 Abs. 1 KStG einheitlich 15 % des zu versteuernden Einkommens. Der sich ergebende Steuerbetrag ist auf volle Euro abzurunden (§ 31 Abs. 1 Satz 3 KStG).

Sollen die versteuerten Gewinne an die Anteilseigner der Kapitalgesellschaft ausgeschüttet werden, so muss diese Kapitalertragssteuer i.H.v. 25 % einbehalten (§§ 43 Abs. 1 Satz 1 Nr. 1, § 43 Abs. 1 Satz 1 Nr. 1a, § 43a Abs. 1 Satz 1 Nr. 1 EStG). Bei der Besteuerung der Gewinnausschüttung auf Ebene der Anteilseigner ist danach zu differenzieren, ob der Anteilseigner eine natürliche Person oder eine juristische Person ist, da sich die steuerliche Behandlung der ausgeschütteten Gewinne bei der Einkommensteuer und Körperschaftsteuer unterscheiden:

(1) Die steuerliche Behandlung einer Gewinnausschüttung an eine natürliche Person ist davon abhängig, ob die Gesellschaftsanteile im Privat- oder Betriebsvermögen gehalten werden.

Bei einer Beteiligung im Privatvermögen handelt es sich bei den Dividenden prinzipiell um Einkünfte aus Kapitalvermögen (§ 20 Abs. 1 Nr. 1 EStG). Diese unterliegen nach § 32d EStG dem gesonderten Steuertarif für Einkünfte aus Kapitalvermögen i.H.v. 25 % (sog. Abgeltungssteuer; vgl. Abschnitt 4.2.2.3.2.3). Auf Ebene des Anteilseigners erfolgt keine weitere Besteuerung der Gewinnausschüttung, da der Sondertarif für Einkünfte aus Kapitalvermögen mit der Kapitalertragsteuer übereinstimmt. Mit dem Einbehalt der Kapitalertragsteuer durch die ausschüttende Körperschaft ist die Einkommensteuer abgegolten (§ 43 Abs. 5 Satz 1 EStG).

Hält eine natürliche Person die Beteiligung hingegen in ihrem Betriebsvermögen, so werden die Dividenden als Einkünfte aus Gewerbebetrieb (§ 15 i.V.m. § 20 Abs. 8 EStG) behandelt, welche dem Teileinkünfteverfahren unterliegen (vgl. Abschnitt 4.2.2.3.2.2). Eine Doppelbelastung der Gewinne, welche bereits auf Ebene der ausschüttenden Körperschaft mit Körperschaftsteuer belastet wurden, wird auf Ebene des Gesellschafters nur teilweise durch die 40 %ige Steuerfreistellung vermieden. Die Dividenden werden i.R.d. Veranlagung mit dem individuellen Steuersatz des Anteilseigners besteuert, wobei eine Anrechnung der zuvor einbehaltenen Kapitalertragsteuer erfolgt (§ 36 Abs. 2 Nr. 2 EStG).

(2) Werden die Gewinne an eine juristische Person (insb. eine andere Kapitalgesellschaft) ausgeschüttet, bleiben die Dividendenbezüge gem. § 8b Abs. 1 KStG bei der Ermittlung des Einkommens auf Ebene des Anteilseigners (Muttergesellschaft) außer Acht (sog. modifiziertes Nulleinkünfteverfahren), sofern die Beteiligung an der ausschüttenden Gesellschaft mind. 10 % beträgt (Richter/Reeb [Schachtelprivilegien] 704 f.). Zu beachten ist jedoch, dass unabhängig von der Höhe der tatsächlichen Ausgaben 5 % der Dividendenbezüge als nichtabziehbare Betriebsausgaben qualifiziert werden und somit außerbilanziell hinzuzurechnen sind (§ 8b Abs. 5 Satz 1 KStG). Im Ergebnis werden somit nur 95 % der Dividenden steuerbefreit. Beträgt die Beteiligung an der ausschüttenden Gesellschaft weniger als 10 % des Grund- oder Stammkapitals, wird die Dividendenfreistellung des § 8b Abs. 1 Satz 1 KStG durch § 8b Abs. 4 Satz 1 KStG aufgehoben. Die Gewinnausschüttung ist bei der Ermittlung des Einkommens der Muttergesellschaft in voller Höhe zu berücksichtigen. Nach § 8b Abs. 4 Satz 7 KStG findet § 8b Abs. 5 KStG in diesen Fällen keine Anwendung. Auf die festzusetzende Körperschaftsteuerschuld der Muttergesellschaft erfolgt unabhängig von der Beteiligungshöhe eine Anrechnung der zuvor einbehaltenen Kapitalertragsteuer (§ 31 Abs. 1 KStG i.V.m. § 36 Abs. 2 Nr. 2 EStG).

4.2.3.5 *Körperschaftsteuerliche Sonderfragen*

4.2.3.5.1 Verdeckte Gewinnausschüttungen

Die Besteuerung nach dem Trennungsprinzip (vgl. Abschnitt 4.2.3.1) gebietet, dass Vermögensveränderungen, die auf schuldrechtlichen Beziehungen zwischen Gesellschaft und Gesellschafter basieren, steuerlich anzuerkennen sind. Die Körperschaft kann dies durch Vertragsgestaltungen ausnutzen und ihr Einkommen mindern, indem sie überhöhte Betriebsausgaben (z.B. überhöhtes Gehalt an ihren Gesellschafter-Geschäftsführer) steuerlich geltend macht oder zu Gunsten ihrer Gesellschafter auf Betriebseinnahmen (z.B. zinsloses Darlehen an einen Gesellschafter) verzichtet (Wöhe [Steuerlehre I/1] 207). Derartige (verdeckte) Vermögensminderungen bzw. verhinderte Vermögensmehrungen gehen nur zum Teil auf schuldrechtliche Beziehungen zurück. In erster Linie sind jene durch das Gesellschaftsverhältnis veranlasst. Vermögensänderungen, die ihre Grundlage in gesellschaftsrechtlichen Beziehungen haben, dürfen daher das zu versteuernde Einkommen nicht mindern, da sie der Einkommensverteilung zuzuordnen sind (Hey [Steuerrecht] 643 f.). Nach § 8 Abs. 3 Satz 1 KStG ist es für die Ermittlung des Einkommens unerheblich, ob das Einkommen verteilt wird. Offene Gewinnausschüttungen dürfen danach die steuerliche Bemessungsgrundlage nicht mindern. Dieser Grundsatz wird in § 8 Abs. 3 Satz 2 KStG für verdeckte Gewinnausschüttungen bestätigt.

Eine Definition der verdeckten Gewinnausschüttungen ist dem Körperschaftsteuergesetz nicht zu entnehmen. Um sich dem Begriffsinhalt zu nähern, kann auf eine umfangreiche Rechtsprechung zurückgegriffen werden, die auch in die Körperschaftsteuerrichtlinien übernommen wurde.

Definition:

Eine verdeckte Gewinnausschüttung ist eine Vermögensminderung oder verhinderte Vermögensmehrung, die durch das Gesellschaftsverhältnis veranlasst ist, sich auf die Höhe des Unterschiedsbetrags i.S.d. § 4 Abs. 1 Satz 1 EStG auswirkt und nicht auf einem den gesellschaftsrechtlichen Vorschriften entsprechenden Gewinnverteilungsbeschluss beruht (R 36 Abs. 1 Satz 1 KStR).

Die Regelung des § 8 Abs. 3 Satz 2 KStG bewirkt auf Gesellschaftsebene eine Gewinnkorrektur: Die verdeckte Gewinnausschüttung ist dem Steuerbilanzgewinn außerhalb der Steuerbilanz hinzuzurechnen (BMF-Schreiben vom 28. 5. 2002, IV A 2-S 2742-32/02, BStBl. I 2002, 603). Auf Ebene der Gesellschaft werden verdeckte Gewinnausschüttungen mit Körperschaftsteuer und Solidaritätszuschlag sowie gem. § 7 GewStG zusätzlich mit Gewerbesteuer belastet. Ein Einbehalt der Kapitalertragsteuer und des Solidaritätszuschlags durch die ausschüttende Gesellschaft findet regelmäßig nicht statt, da sich die Beteiligten in den meisten Fällen nicht bewusst waren, dass eine verdeckte Gewinnausschüttung vorlag. Deren steuerliche Behandlung auf Ebene der Gesellschafter erfolgt analog zu offenen Gewinnausschüttungen (vgl. Abschnitt 4.2.3.4).

4.2.3.5.2 Betriebsausgabenabzug für Zinsaufwendungen

Der Gesetzgeber sieht in § 4h EStG eine Beschränkung des Betriebsausgabenabzugs für Zinsaufwendungen (sog. Zinsschranke) vor. § 8a KStG enthält korrespondierend zu § 4h EStG, neben einem ausdrücklichen Verweis auf § 4h EStG, weitergehende Modifikationen der Zinsschrankenregelung für Körperschaften. Nach der Grundregel des § 4h Abs. 1 Satz 1 EStG sind sämtliche Zinsaufwendungen eines Betriebs nur bis zur Höhe der Zinserträge desselben Wirtschaftsjahres uneingeschränkt als Betriebsausgaben abzugsfähig. Ein Abzug weiterer Zinsaufwendungen ist dagegen auf das sog. verrechenbare EBITDA begrenzt. EBITDA bedeutet „Earnings before Interest, Taxes, Depreciation and Amortization" und bezeichnet damit das Ergebnis vor Zinsen, Steuern und Abschreibungen auf materielle sowie immaterielle Vermögenswerte.

Merksatz: **Das verrechenbare EBITDA beträgt 30 % des um den gesamten Zinsaufwand sowie bestimmte Abschreibungen erhöhten und um den Zinsertrag geminderten steuerpflichtigen Gewinns (§ 4h Abs. 1 Satz 2 EStG).**

Soweit das verrechenbare EBITDA die (Netto-)Zinsaufwendungen überschreitet, kann der Unterschiedsbetrag als sog. EBITDA-Vortrag in die nächsten VAZ (max. 5 Jahre) vorgetragen werden (§ 4h Abs. 1 Satz 3 EStG); für ein Berechnungsschema des verrechenbaren EBITDA siehe (Kußmaul [Steuerlehre] 371). In darauffolgenden VAZ erhöht der EBITDA-Vortrag die max. abziehbaren Zinsaufwendungen (§ 4h Abs. 1 Satz 4 EStG). Bei der Nutzung unterschiedlicher in Vorjahren entstandener EBITDA-Vorträge gilt, dass stets der zuerst angefallene EBITDA-Vortrag zu verwenden ist (§ 4h Abs. 1 Satz 4 EStG).

Merksatz: Zinsaufwendungen eines Jahres sind max. abzugsfähig in Höhe der Zinserträge desselben Jahres zzgl. 30 % des EBITDA desselben Jahres zzgl. eines EBITDA-Vortrags.

Auf eine Anwendung der Zinsschranke wird verzichtet, falls einer der drei folgenden Ausnahmetatbestände zutrifft (§ 4h Abs. 2 EStG) (Ein Prüfungsschema der Voraussetzungen und Ausnahmetatbestände der Zinsschranke kann Kußmaul [Steuerlehre] 377 entnommen werden):

(1) Die Zinsschranke wird nicht angewendet, wenn der Zinssaldo, d.h. derjenige Teil der Zinsaufwendungen, der die Zinserträge übersteigt, den Betrag von 3 Mio. € unterschreitet. Bei einem Zinssaldo von weniger als 3 Mio. € können die Zinsaufwendungen in vollem Umfang als Betriebsausgaben abgezogen werden.

(2) Gehört der Betrieb nicht oder nur anteilsmäßig zu einem Konzern, findet die Zinsschranke auch bei Überschreiten der obigen Freigrenze keine Anwendung. Konzernzugehörigkeit i.S.d. Zinsschranke liegt vor, wenn der Betrieb in einen Konzernabschluss einzubeziehen ist oder einbezogen werde könnte (§ 4h Abs. 3 Satz 5 EStG) oder seine Finanz- und Geschäftspolitik einheitlich bestimmt werden kann (§ 4h Abs. 3 Satz 6 EStG).

(3) Einen letzten Ausweg bietet § 4h Abs. 2 Buchst. c EStG für Konzernunternehmen, falls sie im Vergleich zum gesamten Konzern nicht übermäßig mit Fremdkapital ausgestattet wurden. Hierzu ist der Nachweis notwendig, dass die auf den Abschlussstichtag des vorangegangenen Wirtschaftsjahres festgestellte Eigenkapitalquote des betreffenden Betriebs mindestens so hoch ist wie diejenige des Konzerns, dem er angehört, wobei ein Unterschreiten der Konzerneigenkapitalquote um bis zu 2 %-Punkte unschädlich ist.

Zinsaufwendungen, die aufgrund der Zinsschranke nicht abzugsfähig sind, werden dem steuerlichen Gewinn außerbilanziell hinzugerechnet und gem. § 4h Abs. 1 Satz 5 EStG in einen sog. Zinsvortrag eingestellt. Der Zinsvortrag kann ähnlich zum Verlustvortrag über einen unbegrenzten Zeitraum steuermindernd geltend gemacht werden.

4.2.3.5.3 Besonderheiten beim Verlustabzug

Für Körperschaften erlangt lediglich der Verlustabzug nach § 10d EStG eine praktische Bedeutung und mithin das dortige Wahlrecht zwischen Verlustrücktrag und Verlustvortrag. Die Verlustverrechnung zwischen den Einkunftsarten ist bei Körperschaften nicht möglich, da alle ihre Einkünfte als Einkünfte aus Gewerbebetrieb qualifiziert werden (§ 8 Abs. 2 KStG). Die Ausführungen zur Behandlung von Verlusten i.R.d. Einkommensteuer gelten sinngemäß auch für die Körperschaftsteuer (vgl. Abschnitt 4.2.2.3.4).

Im Zuge des *Spezialfalls eines Anteilseignerwechsels* wird der Verlustabzug bei Körperschaften gem. § 8c KStG wie folgt eingeschränkt (Kußmaul/Richter/Tcherveniachki [Problemfelder] 1009 ff.):

(1) Werden innerhalb von fünf Jahren mittelbar oder unmittelbar mehr als 25 % bis einschließlich 50 % der Kapitalanteile oder der Stimmrechte an einen Erwerber, eine diesem nahestehende Person oder einen Erwerberkreis mit gleichgerichteten Interessen übertragen, sieht § 8c Abs. 1 Satz 1 KStG den

quotalen Untergang bisher nicht genutzter Verluste entsprechend der Höhe der Anteilsübertragung vor.

(2) Werden mehr als 50 % der Kapitalanteile oder Stimmrechte innerhalb von fünf Jahren übertragen, so kommt es zu einem vollständigen Untergang nicht genutzter Verluste (§ 8c Abs. 1 Satz 2 KStG).

Innerhalb des Fünf-Jahres-Zeitraums sind alle Übertragungen an einen Erwerber bzw. Erwerberkreis zusammenzurechnen. Wird die 25 %-Grenze innerhalb der Fünf-Jahresfrist überschritten, beginnt mit dem Datum des nächsten Beteiligungserwerbs eine neue Fünf-Jahresfrist für die Regelung des § 8c Abs. 1 Satz 1 KStG (25 %-Grenze), nicht aber für Zwecke des § 8c Abs. 1 Satz 2 KStG (50 %-Grenze) (BMF-Schreiben vom 4. 7. 2008, IV C 7-S 2745-a/08/10001, BStBl. I 2008, 736). Die Rechtsfolgen des § 8c Abs. 1 KStG erstrecken sich auch auf einen eventuell vorhandenen Zinsvortrag (§ 4h Abs. 5 Satz 3 EStG, § 8a Abs. 1 Satz 3 KStG) und gewerbesteuerlichen Verlustvortrag (§ 10a Satz 10 GewStG).

Um den Rechtsfolgen der § 8c Abs. 1 Sätze 1 und 2 KStG entgegenzuwirken, sieht der Steuergesetzgeber analog zur Zinsschranke sog. Escape-Klauseln vor:

(1) Bei konzerninternen Umstrukturierungen greift die sog. Konzernklausel, welche die Anwendung der Grundregeln des § 8c KStG suspendiert, sofern an dem übernehmenden Rechtsträger dieselbe Person zu jeweils 100 % mittelbar oder unmittelbar beteiligt ist (§ 8c Abs. 1 Satz 5 KStG).

(2) Ein Verlustabzug ist auch weiterhin möglich, falls die Höhe des potentiell nichtabziehbaren Verlusts die anteiligen (Beteiligungserwerb zwischen 25 % und 50 %) oder die gesamten (Beteiligungserwerb größer als 50 %) zum Zeitpunkt der Anteilsübertragung im Inland steuerpflichtigen stillen Reserven nicht übersteigt (sog. Verschonungsklausel bzw. Stille-Reserven-Klausel; § 8c Abs. 1 Sätze 6–9 KStG). Es geht somit lediglich der Teil der bisher nicht genutzten Verluste unter, der die stillen Reserven übersteigt. Die stillen Reserven ergeben sich nach § 8c Abs. 1 Satz 7 KStG durch die Gegenüberstellung des gemeinen Werts (i.d.R. der Verkaufspreis) der Anteile an der Verlust-Kapitalgesellschaft und des niedrigeren (anteiligen) Eigenkapitals laut Steuerbilanz der Verlust-Kapitalgesellschaft.

Definition:
Der **gemeine Wert** ist der im gewöhnlichen Geschäftsverkehr nach der Beschaffenheit des Wirtschaftsguts bei einer Veräußerung erzielbare Preis unter Berücksichtigung aller den Preis beeinflussender Umstände (§ 9 Abs. 2 BewG).

4.2.4 Gewerbesteuer

4.2.4.1 Charakteristik

Die Gewerbesteuer ist eine Objektsteuer. Im Gegensatz zur Einkommen- und Körperschaftsteuer belastet sie nicht eine natürliche oder juristische Person, sondern ein Objekt (hier: den Gewerbebetrieb im Inland) und zwar ohne Rücksicht darauf, wer Eigentümer des Objekts ist bzw. wem die Erträge aus diesem Objekt zufließen. Der Objektcharakter der Gewerbesteuer bedingt, dass bei der Besteuerung die persönlichen Verhältnisse unberücksichtigt bleiben, weshalb grds. keine Möglichkeit zum Abzug von Privataufwendungen besteht. Auch die Finanzierungsform soll im Grundsatz keinen Einfluss auf die Steuerbelastung haben.

Die Gewerbesteuer ist eine Gemeindesteuer (§ 1 GewStG). Ihr Aufkommen fließt in erster Linie den Gemeinden zu (Art. 106 Abs. 6 Satz 1 GG). Über eine Umlage werden Bund und Länder dennoch an den Gewerbesteuereinnahmen der Gemeinden beteiligt (Art. 106 Abs. 6 Sätze 4–5 GG).

4.2.4.2 Steuersubjekt

Das Steuersubjekt bzw. der Steuerschuldner der Gewerbesteuer ist gem. § 5 Abs. 1 Satz 1 und § 2 GewStG der Unternehmer, für dessen Rechnung ein Gewerbe tatsächlich betrieben wird. Bei Einzelgewerbetreibenden ist dies der Inhaber bzw. der Kaufmann und bei Kapitalgesellschaften die Gesellschaft. Trotz fehlender Rechtsfähigkeit ist die gewerblich tätige Personengesellschaft – im Gegensatz zur Einkommensteuer – selbst Steuerschuldner (§ 5 Abs. 1 Satz 3 GewStG).

4.2.4.3 Steuerobjekt

Die Gewerbesteuer belastet die Erträge von gewerblichen Unternehmen, wobei der „Gewerbeertrag" eines Gewerbebetriebs als Maßstab für seine Ertragskraft steht. Steuerobjekt der Gewerbesteuer ist jedoch nicht der Gewerbeertrag, sondern wegen des Objektsteuercharakters der Gewerbebetrieb selbst. § 2 Abs. 1 Satz 1 GewStG konkretisiert das Steuerobjekt insofern, als jeder stehende Gewerbebetrieb, soweit er im Inland betrieben wird, der Gewerbesteuer unterliegt. Dazu ist es notwendig, dass für den Gewerbebetrieb eine Betriebsstätte im Inland unterhalten wird (§ 2 Abs. 1 Satz 3 GewStG).

Definition:
Als **Betriebsstätte** wird jede feste Geschäftseinrichtung oder Anlage, die der Tätigkeit eines Unternehmens dient, bezeichnet (§ 12 AO).

In § 2 GewStG werden drei Kategorien von Gewerbebetrieben unterschieden:

(1) Gewerbebetrieb i.S.d. Einkommensteuergesetzes (§ 2 Abs. 1 Satz 2 GewStG): Dies sind einerseits Gewerbebetriebe kraft Betätigung (§ 15 Abs. 2, Abs. 3 Nr. 1 EStG), d.h. gewerbliche Einzelunternehmen und in vollem Umfang gewerbliche Personengesellschaften (insb. OHG, KG) – auch dann, wenn es sich um eine gemischt tätige Personengesellschaft handelt. Andererseits gilt nach § 15 Abs. 3 Nr. 2 EStG in vollem Umfang als Gewerbebetrieb die mit Einkünfteerzielungsabsicht unternommene Tätigkeit einer Personengesellschaft, bei denen ausschließlich eine oder mehrere Kapitalgesellschaften haften und nur diese oder ausschließlich Personen, die nicht Gesellschafter sind, die Geschäftsführung übernehmen, auch dann, wenn keine gewerbliche Tätigkeit ausgeübt wird (sog. Gewerbebetrieb kraft Prägung).

(2) Gewerbebetrieb kraft Rechtsform (§ 2 Abs. 2 Satz 1 GewStG): Als Gewerbebetrieb gilt stets und in vollem Umfang die Tätigkeit von Kapitalgesellschaften (z.B. SE, AG, KGaA, GmbH), Erwerbs- und Wirtschaftsgenossenschaften

einschließlich Europäischer Genossenschaften und Versicherungs- und Pensionsfondsvereinen auf Gegenseitigkeit. Anknüpfungspunkt der Gewerbesteuerpflicht ist in diesen Fällen die Rechtsform der Gesellschaft. Die in der Gesellschaft ausgeübte Tätigkeit ist unerheblich.

(3) Gewerbebetrieb kraft wirtschaftlichen Geschäftsbetriebs (§ 2 Abs. 3 GewStG): Als Gewerbebetrieb gilt ebenfalls die Tätigkeit der sonstigen juristischen Personen des privaten Rechts und nicht rechtsfähigen Vereinen, soweit sie einen wirtschaftlichen Geschäftsbetrieb i.S.d. § 14 AO unterhalten.

Darüber hinaus zählen auch Reisegewerbebetriebe (§ 35a GewStG) sowie Unternehmen von juristischen Personen des öffentlichen Rechts, wenn sie als stehende Gewerbebetriebe anzusehen sind und nicht überwiegend der Aus-

	Gewinn aus Gewerbebetrieb (§ 7 GewStG)

+	Hinzurechnungen (§ 8 GewStG), insb.
	· 25 % der Summe aus folgenden Finanzierungsaufwendungen
	    · Entgelte für Schulden
	    · Renten und dauernde Lasten
	    · Gewinnanteile eines stillen Gesellschafters
	    · 20 % der Miet- und Pachtzinsen (inkl. Leasingraten) für bewegliche Wirtschaftsgüter des Anlagevermögens
	    · 50 % der Miet- und Pachtzinsen (inkl. Leasingraten) für unbewegliche Wirtschaftsgüter des Anlagevermögens
	    · 25 % der Aufwendungen für die zeitlich befristete Überlassung von Rechten
	  nach Abzug eines Freibetrags von 100.000 €
	· Gewinnanteile und Geschäftsführungsvergütung eines Komplementärs einer KGaA
	· Gewinnanteile aus der Beteiligung an in- und ausländischen Kapitalgesellschaften, falls die Voraussetzungen von § 9 Nr. 2a, Nr. 7 GewStG nicht erfüllt sind
	· Verlustanteile aus in- und ausländischen Personengesellschaften
	· Zuwendungen (Spenden und Mitgliedsbeiträge) i. S. d. § 9 Abs. 1 Nr. 2 KStG
	· ausschüttungsbedingte Teilwertabschreibungen

./.	Kürzungen (§ 9 GewStG), insb. · 1,2 % des um 40 % erhöhten Einheitswerts des zum Betriebsvermögen gehörenden Grundbesitzes · Gewinnanteile aus in- und ausländischen Personengesellschaften · Gewinnanteile aus der Beteiligung an in- und ausländischen Kapitalgesellschaften, falls die Voraussetzungen von § 9 Nr. 2a, Nr. 7 GewStG erfüllt sind · Gewerbeertrag einer ausländischen Betriebsstätte · Zuwendungen (Spenden und Mitgliedsbeiträge) i. S. d. § 9 Nr. 5 GewStG
=	**Gewerbeertrag vor Verlustabzug**
./.	Verlustvortrag nach § 10a GewStG
=	**Gewerbeertrag vor Rundung und Freibetrag**
./.	Rundung auf volle 100 € (§ 11 Abs. 1 Satz 3 GewStG)
./.	Freibetrag i. H. v. 24.500 € bei Personengesellschaften und Einzelunternehmen (§ 11 Abs. 1 Satz 3 Nr. 1 GewStG)
=	**Gewerbeertrag nach Rundung und Freibetrag**
x	Steuermesszahl i. H. v. 3,5 % (§ 11 Abs. 2 GewStG)
=	**Gewerbesteuermessbetrag**

Abbildung 4.4: Ermittlung des Gewerbesteuermessbetrags

übung öffentlicher Gewalt dienen (§ 2 GewStDV), zu den Steuerobjekten der Gewerbesteuer. Von der Gewerbesteuer werden bestimmte Gewerbebetriebe befreit (persönliche Steuerbefreiungen; § 3 GewStG), so z.B. die Deutsche Bundesbank, die Kreditanstalt für Wiederaufbau und bestimmte Kranken- und Pflegehäuser.

4.2.4.4 Steuerbemessungsgrundlage

Die Ausgangsgröße für die Ermittlung der gewerbesteuerlichen Bemessungsgrundlage bildet der Gewerbeertrag (§ 6 GewStG). Dieser ist nach § 7 Satz 1 GewStG der um gewerbesteuerliche Hinzurechnungen (§ 8 GewStG) und Kürzungen (§ 9 GewStG) korrigierte Gewinn aus Gewerbebetrieb, wie er sich nach den Vorschriften des Einkommen- bzw. Körperschaftsteuergesetzes ergibt. Der Gewerbeertrag kann bis zu einem Betrag i.H.v. 1 Mio. € unbeschränkt um Fehlbeträge gekürzt werden, die sich bei der Ermittlung des Gewerbeertrags für vorangegangene Erhebungszeiträume ergeben haben (§ 10a Satz 1 GewStG). Darüber hinaus ist ein Gewerbeverlustabzug auf 60 % des verbleibenden positiven Gewerbeertrags begrenzt (§ 10a Satz 2 GewStG). Der Gesetzgeber gewährt Personengesellschaften und Einzelunternehmen zudem einen Freibetrag i.H.v. 24.500 € (§ 11 Abs. 1 Satz 3 Nr. 1 GewStG).

Die steuerliche Bemessungsgrundlage der Gewerbesteuer bildet der Gewerbesteuermessbetrag (§ 14 GewStG). Er ergibt sich auf Basis des modifizierten Gewerbeertrags, welcher mit der Steuermesszahl zu multiplizieren ist (§ 11 GewStG). Diese beträgt einheitlich und rechtsformunabhängig 3,5 %. Die Ermittlung des Gewerbesteuermessbetrags ist in Abbildung 4.4 schematisch dargestellt.

4.2.4.5 Steuertarif

Die Gewerbesteuerschuld ergibt sich durch die Multiplikation des Steuermessbetrags mit dem Hebesatz (§ 16 Abs. 1 GewStG), welcher von jeder Gemeinde grds. frei bestimmt werden kann (Art. 106 Abs. 6 Satz 2 GG). Die Gemeinden sind allerdings verpflichtet, einen Mindesthebesatz von 200 % festzusetzen, wobei es ihnen überlassen ist, einen höheren Hebesatz zu bestimmen (§ 16 Abs. 4 GewStG). Die Hebesätze der Gewerbesteuer schwanken in der Praxis daher stark: Für Gemeinden über 50.000 Einwohner lag der Hebesatz im Jahr 2013 zwischen 350 % (Friedrichshafen) und 520 % (Oberhausen). Im Bundesdurchschnitt lag der Hebesatz der Gewerbesteuer im Jahr 2013 in dieser Größenklasse bei 444 % (Andrae [Gewerbesteuer] 22 ff.).

Probleme können sich ergeben, wenn mehreren Gemeinden das Recht zusteht, Gewerbesteuer zu erheben, weil bspw. ein Betrieb mehrere Betriebstätten in verschiedenen Gemeinden unterhält oder eine Betriebstätte innerhalb eines Kalenderjahres in eine andere Gemeinde verlegt wird (§ 28 Abs. 1 GewStG). Um die Gemeinden adäquat am Gewerbesteueraufkommen partizipieren zu lassen, wird der Gewerbesteuermessbetrag anhand der Arbeitslohnsumme auf die einzelnen Gemeinden verteilt (§§ 28–34 GewStG). Die jeder Gemeinde zustehende Gewerbesteuer ergibt sich sodann aus der Multiplikation des auf sie entfallenden Anteils am Steuermessbetrag mit dem von ihr festgesetzten Hebesatz.

4.2.5 Umsatzsteuer

4.2.5.1 Charakteristik

Die genaue Klassifikation der Umsatzsteuer ist umstritten. Steuerrechtlich knüpft diese an entgeltliche Leistungen eines Unternehmers an. Dies bedeutet, dass es sich bei der Umsatzsteuer nach der technischen Anknüpfung um eine allgemeine Verkehrsteuer handelt. Nach dem Zweck und der Belastungswirkung ist sie jedoch eine allgemeine Verbrauchsteuer, da die Unternehmen die Steuerbelastung der Umsatzsteuer auf die (privaten) Endverbraucher überwälzen (Englisch [Steuerrecht] 825). Man bezeichnet die Umsatzsteuer daher auch als „Verbrauchsteuer im Gewande einer Verkehrsteuer" (Kußmaul [Steuerlehre] 422). Steuerdestinatar ist der Endverbraucher, Steuerschuldner ist der Unternehmer.

Bei der Umsatzsteuer handelt es sich um eine Gemeinschaftssteuer. Ihr Aufkommen steht grds. dem Bund und den Ländern gemeinsam zu (Art. 106 Abs. 3 GG). Die Aufteilung wird durch Bundesgesetze näher bestimmt.

In Deutschland kommt als Umsatzsteuersystem eine Allphasen-Nettoumsatzsteuer mit Sofortabzug der Vorsteuer zur Anwendung. Dieses System gilt auch im gesamten Geltungsbereich der Europäischen Union. Kennzeichnendes Charakteristikum dieses Systems ist, dass auf jeder Wirtschaftsstufe des Leistungserstellungsprozesses lediglich die von ihr erwirtschaftete Wertschöpfung (Mehrwert), d.h. das Bruttoentgelt abzgl. der von vorgelagerten Produktions- und Handelsstufen empfangenen Vorleistungen, der Besteuerung unterliegt. Um Kumulationswirkungen zu vermeiden, können Unternehmer die ihnen für den Bezug von Vorleistungen in Rechnung gestellte Umsatzsteuer mit ihrer eigenen Umsatzsteuerschuld verrechnen. Dies stellt sicher, dass die gesamte Wertschöpfung erst auf der letzten Stufe des Leistungserstellungsprozesses und somit einmalig der Umsatzsteuer unterliegt.

Besonderheiten ergeben sich bei der Besteuerung der grenzüberschreitenden Geschäftstätigkeit von Unternehmen. Bei ihnen stellt sich grds. die Frage, wo der Anknüpfungspunkt für die Umsatzsteuer sein soll. Entsprechend dem Anknüpfungspunkt unterscheidet man zwischen dem Ursprungsland- und dem Bestimmungslandprinzip. Dem Ursprungslandprinzip liegt die Annahme zu Grunde, dass die Steuer dem Staat gebührt, in dem der entsprechende Mehrwert geschaffen wurde. Die Umsatzsteuer richtet sich nach den Verhältnissen des Staates, von dem die grenzüberschreitenden Geschäfte ausgehen. Im Staat des Empfängers erfolgt die Freistellung von der Umsatzsteuer. Das Bestimmungslandprinzip, welches in der Praxis überwiegt, betont hingegen den Verbrauchsteuercharakter der Umsatzsteuer. Gegenstände und Leistungen, welche die Grenze passieren, werden von der inländischen Umsatzsteuer befreit und unterliegen nur der Umsatzsteuer des Bestimmungslandes.

4.2.5.2 Steuersubjekt

Steuersubjekt und Steuerschuldner der Umsatzsteuer ist grds. der Unternehmer, der die Lieferung oder die sonstige Leistung ausführt (§ 13a Abs. 1 Nr. 1 UStG). Nur in Ausnahmefällen treten Nicht-Unternehmer als Steuerschuldner der Umsatzsteuer auf (z.B. als Schuldner der Einfuhrumsatzsteuer nach § 13a Abs. 2 UStG).

Definition:
Nach § 2 Abs. 1 Satz 1 UStG ist **Unternehmer**, wer eine gewerbliche oder berufliche Tätigkeit selbstständig ausübt.

Als Unternehmer kommt jedes selbstständig tätige Wirtschaftsgebilde, das nachhaltig Leistungen gegen Entgelt anbietet, in Betracht (BFH-Urteil vom 4.7.1956, V 56/55 U, BStBl. III 1956, 275). Die Rechtsform des Unternehmens ist unerheblich (BFH-Urteil vom 21.4.1994, V R 105/91, BStBl. II 1994, 671). Als Unternehmer können somit natürliche Personen (z.B. Einzelunternehmen, Selbstständige), Personengesellschaften (z.B. OHG, KG), juristische Personen des Privatrechts (z.B. AG, GmbH) und juristische Personen des öffentlichen Rechts fungieren. Für Letztere bestimmt § 2 Abs. 3 UStG, dass sie nur im Rahmen ihrer Betriebe gewerblicher Art und ihrer land- und forstwirtschaftlicher Betriebe gewerblich oder beruflich tätig sind.

Als gewerbliche und berufliche Tätigkeit lässt sich jede nachhaltige Tätigkeit zur Erzielung von Einnahmen charakterisieren. Eine Gewinnerzielungsabsicht des Unternehmers ist nicht notwendig (§ 2 Abs. 1 Satz 3 UStG). Daneben ist weitere Voraussetzung, dass der Unternehmer seine Tätigkeit selbstständig ausübt. Selbstständigkeit liegt vor, wenn der Unternehmer auf eigene Rechnung und Verantwortung handelt. Sie ist jeweils nach dem Innenverhältnis zum Auftraggeber zu beurteilen. Natürliche Personen handeln im Gegensatz dazu unselbstständig, wenn sie in einem Unternehmen so eingegliedert sind, dass sie den Weisungen des Unternehmers folgen müssen (§ 2 Abs. 2 Nr. 1 UStG).

Mit dem Unternehmerbegriff in direktem Zusammenhang steht der Begriff des „Unternehmens".

Definition:
Das **Unternehmen** umfasst nach § 2 Abs. 1 Satz 2 UStG die gesamte gewerbliche oder berufliche Tätigkeit des Unternehmers (sog. Unternehmenseinheit).

Ein Unternehmer kann folglich umsatzsteuerlich immer nur ein Unternehmen haben. Die Abgrenzung des umsatzsteuerlichen Unternehmens ist für die Bestimmung des Steuerobjekts von besonderer Bedeutung, da Lieferungen und sonstige Leistungen nur steuerbar sind, wenn ein Unternehmer sie im Rahmen seines Unternehmens ausführt (§ 1 Abs. 1 Nr. 1 Satz 1 UStG). Der Vorsteuerabzug kann nach § 15 Abs. 1 UStG ebenfalls nur dann geltend gemacht werden, wenn die Lieferung oder Leistung für das Unternehmen des Unternehmers ausgeführt wird.

4.2.5.3 Steuerobjekt und Steuerbemessungsgrundlage

Steuerobjekt der Umsatzsteuer bzw. steuerbare Umsätze sind nach § 1 UStG grds.:

(1) Die Lieferungen und sonstigen Leistungen, die ein Unternehmer im Inland gegen Entgelt im Rahmen seines Unternehmens ausführt (§ 1 Abs. 1 Nr. 1 UStG).

Definition:
Als **Lieferung** bezeichnet § 3 Abs. 1 UStG eine Leistung, durch die ein Unternehmer oder ein von ihm beauftragter Dritter den Abnehmer oder einen vom Abnehmer Beauftragten befähigt, im eigenen Namen über einen Gegenstand zu verfügen.

Voraussetzung für das Vorliegen einer Lieferung ist somit die Verschaffung der Verfügungsmacht an dem Gegenstand. Die Übertragung der Verfügungsmacht vom Leistenden auf den Leistungsempfänger ist durch die Übertragung der wirtschaftlichen Substanz und der damit verbundenen Nutzungsmöglichkeiten gekennzeichnet. Die Erlangung des wirtschaftlichen Eigentums i.S.d. § 39 AO ist ausreichend.

Definition:
Als **sonstige Leistungen** gelten gem. § 3 Abs. 9 Satz 1 UStG Leistungen, die keine Lieferungen sind (z.B. Dienstleistungen, Gebrauchs- und Nutzungsüberlassungen).

Die Steuerbarkeit der Lieferung und der sonstigen Leistung verlangt des Weiteren, dass ihr Ort im Inland belegen ist. Wird der Gegenstand der Lieferung befördert oder versendet, gilt die Lieferung dort als ausgeführt, wo die Beförderung bzw. Versendung an den Abnehmer beginnt (§ 3 Abs. 6 Satz 1 UStG). Anderenfalls gilt die Lieferung dort als ausgeführt, wo sich der Gegenstand zum Zeitpunkt der Verschaffung der Verfügungsmacht befindet (§ 3 Abs. 7 UStG). Eine sonstige Leistung gilt grds. – mit zahlreichen Ausnahmen – an dem Ort ausgeführt, von dem aus der Unternehmer sein Unternehmen betreibt (§ 3a Abs. 1 UStG).

(2) Die Einfuhr von Gegenständen aus dem Drittland (§ 1 Abs. 1 Nr. 4 UStG).

Eine Einfuhr liegt vor, wenn ein Gegenstand aus einem Drittstaat ins Inland oder in die österreichischen Gebiete Jungholz und Mittelberg befördert bzw. versendet wird (Watrin [Betrieb und Steuern 2] 176). Diese ist im Inland umsatzsteuerbar (sog. Einfuhrumsatzsteuer), unabhängig davon, ob ein Unternehmer oder ein Nicht-Unternehmer (Privatperson) den Tatbestand verwirklicht hat.

(3) Der innergemeinschaftliche Erwerb im Inland gegen Entgelt (§ 1 Abs. 1 Nr. 5 UStG).

Die Steuerbarkeit des innergemeinschaftlichen Erwerbs im Inland gegen Entgelt ist gem. § 1a Abs. 1 UStG an eine Reihe von Tatbestandsmerkmalen geknüpft: Der Liefergegenstand muss aus dem Gebiet eines Mitgliedsstaats in das Gebiet eines anderen Mitgliedstaates (Deutschland) gelangen. Bei dem Erwerber muss es sich um einen Unternehmer i.S.d. § 2 UStG handeln, der den Gegenstand im Rahmen seines Unternehmens erwirbt. Außerdem muss der Lieferant ebenfalls Unternehmer sein, der die Lieferung gegen Entgelt ausführt. Vom innergemeinschaftlichen Erwerb wird nach § 1a Abs. 3 UStG eine Reihe von Personengruppen ausgenommen (Kußmaul [Steuerlehre] 438 f.).

Der Ort des innergemeinschaftlichen Erwerbs liegt – abweichend von der Grundregel des § 3 Abs. 6 UStG – in demjenigen Mitgliedsstaat der EU, in dem sich der Gegenstand am Ende der Beförderung bzw. Versendung befindet (sog. Bestimmungslandprinzip; § 3d Satz 1 UStG).

Die steuerbaren Umsätze werden nur dann der Besteuerung unterzogen, wenn dem keine (objektive) Steuerbefreiung entgegensteht. § 4 UStG beinhaltet einen Katalog von Steuerbefreiungen. Diese lassen sich hauptsächlich auf sozial-, kultur- oder wirtschaftspolitische Gründe zurückführen. Hierzu zählen insb. Ausfuhrlieferungen (§ 4 Nr. 1 Buchst. a UStG), innergemeinschaftliche Lieferungen (§ 4 Nr. 1 Buchst. b UStG), bestimmte Umsätze im Geld- und Kreditverkehr (§ 4 Nr. 8 UStG) sowie Befreiungen wegen der Konkurrenz der Umsatzsteuer zu besonderen Verkehrsteuern (§ 4 Nr. 9 und Nr. 10 UStG).

Die Steuerbemessungsgrundlage bei Lieferungen, sonstigen Leistungen und innergemeinschaftlichen Erwerben ist das Entgelt (§ 10 Abs. 1 Satz 1 UStG).

Definition:

Als Entgelt gilt nach § 10 Abs. 1 Satz 2 UStG alles, was der Leistungsempfänger aufwenden muss, um die Leistung zu erhalten, jedoch ohne die darin enthaltene Umsatzsteuer.

Ändert sich das Entgelt und damit die steuerliche Bemessungsgrundlage nachträglich (z.B. wegen nachträglicher Gewährung eines Bonus), so ist die Bemessungsgrundlage durch den Unternehmer und den Abnehmer, falls dieser die in Rechnung gestellte Umsatzsteuer als Vorsteuer abgezogen hat, zu korrigieren. Abweichend von diesem Grundsatz können auch die bei einem Umsatz entstandenen Kosten als Bemessungsgrundlage herangezogen werden, falls kein Entgelt gezahlt wurde (§ 10 Abs. 4 UStG). Die beim Umsatz entstandenen Kosten sind auch als Mindestbemessungsgrundlage anzusetzen, wenn Unternehmen an Arbeitnehmer oder nahestehende Personen Leistungen entgeltlich erbracht haben (§ 10 Abs. 5 UStG). Bei Einfuhren aus Drittstaaten dient als steuerliche Bemessungsgrundlage der Wert des eingeführten Gegenstands, wie er sich nach den jeweiligen Vorschriften über den Zollwert ergibt (§ 11 Abs. 1 UStG).

4.2.5.4 Steuersätze

Lieferungen und sonstige Leistungen werden nicht einheitlich mit Umsatzsteuer belastet. Das Umsatzsteuergesetz sieht zwei Steuersätze, den Regelsteuersatz i.H.v. 19 % (§ 12 Abs. 1 UStG) und den ermäßigten Steuersatz i.H.v. 7 % (§ 12 Abs. 2 UStG), vor. Der ermäßigte Steuersatz von 7 % gilt für Umsätze, welche in § 12 Abs. 2 UStG oder in Anlage 2 zum Umsatzsteuergesetz aufgeführt werden. Dazu gehören u.a. land- und forstwirtschaftliche Erzeugnisse, Nahrungsmittel einschließlich bestimmter Getränke (außer bei Verzehr an Ort und Stelle) sowie Waren des Buchhandels und Kunstgegenstände. Der Regelsteuersatz ist hingegen anzuwenden, wenn sowohl der ermäßigte Steuersatz als auch die Sonderregelung für Land- und Forstwirtschaft (§ 24 Abs. 1 UStG) nicht gelten.

4.2.5.5 Vorsteuerabzug

Der Vorsteuerabzug bildet das Herzstück des geltenden Allphasen-Nettoumsatzsteuersystems (Englisch [Steuerrecht] 928). Durch ihn wird gewährleistet, dass der unternehmerische Verbrauch von Gütern und Dienstleistungen während der gesamten Leistungserstellung nicht der Umsatzsteuer unterliegt. Um dies zu erreichen, ist der Unternehmer nach § 15 UStG berechtigt, von der eigenen Umsatzsteuerschuld diejenigen Steuerbeträge (Vorsteuer) abzuziehen, die für den Bezug von Leistungen von anderen Unternehmen entrichtet wurden (Rose/Watrin [Betrieb und Steuern 2] 176).

Den Vorsteuerabzug kann nur ein Unternehmer i.S.d. § 2 UStG geltend machen (§ 15 Abs. 1 Satz 1 UStG). Des Weiteren muss die Leistung für das Unternehmen des Leistungsempfängers (Unternehmer) ausgeführt worden sein. Der Unternehmer muss die Leistung also für sein Unternehmen und nicht für unternehmensfremde Zwecke bezogen haben. Ein Vorsteuerabzug ist ebenfalls nur möglich, wenn ein anderer Unternehmer eine Leistung i.S.d. § 1 Abs. 1 Nr. 1 UStG erbracht hat (§ 15 Abs. 1 Satz 1 Nr. 1 UStG), wenn Einfuhrumsatzsteuer entstanden ist (§ 15 Abs. 1 Satz 1 Nr. 2 UStG), eine Steuer für den innergemeinschaftlichen Erwerb gezahlt wurde (§ 15 Abs. 1 Satz 1 Nr. 3 UStG) oder wenn eine Steuer für Leistungen i.S.d. § 13b Abs. 1 und 2 UStG abgeführt wurde (§ 15 Abs. 1 Satz 1 Nr. 4 UStG). Abziehbar ist nur die geschuldete Umsatzsteuer, die durch eine nach den §§ 14 und 14a UStG ausgestellte Rechnung nachgewiesen wird (§ 15 Abs. 1 Nr. 1 Satz 2 UStG).

Für bestimmte Vorsteuern, die eigentlich nach § 15 Abs. 1 UStG grds. abziehbar wären, sieht der Gesetzgeber in § 15 Abs. 1ff. UStG einen Ausschluss des Abzugs vor. Dieses Abzugsverbot gilt u.a. für die auf Repräsentationsaufwendungen entfallende Umsatzsteuer (§ 15 Abs. 1a UStG). Bei jenen handelt es sich um Aufwendungen, die nach § 4 Abs. 5 Satz 1 Nr. 1–4, Nr. 7 oder § 12 Nr. 1 EStG den steuerlichen Gewinn nicht mindern dürfen. Dies sind z.B. Aufwendungen für Geschenke an Arbeitnehmer über 35 €, der unangemessene Teil von Bewirtungsaufwendungen und Aufwendungen für den Haushalt des Steuerpflichtigen oder den Unterhalt seiner Angehörigen. Vom Vorsteuerabzug ebenfalls ausgeschlossen ist nach § 15 Abs. 2 UStG die Vorsteuer auf die Lieferung, die Einfuhr und den innergemeinschaftlichen Erwerb von Gegenständen sowie für sonstige Leistungen, die der Unternehmer zur Ausführung steuerfreier Umsätze verwendet. Nicht unter diese Ausschlussregelung fallen nach § 15 Abs. 3 UStG insb. steuerfreie Ausfuhrumsätze (§ 4 Nr. 1 Buchst. a UStG i.V.m. § 6 UStG) und steuerfreie innergemeinschaftliche Lieferungen (§ 4 Nr. 1 Buchst. b UStG i.V.m. § 6a UStG).

4.2.5.6 Besteuerungsverfahren und Besteuerungsformen

Die Umsatzsteuer ist eine Jahressteuer. Der Besteuerungszeitraum ist grds. das Kalenderjahr (§ 16 Abs. 1 Satz 2 UStG). Der Unternehmer hat die Steuer selbst zu berechnen (sog. Steueranmeldung) und bis zum 31. Mai des Folgejahres eine Umsatzsteuererklärung abzugeben (§ 149 Abs. 2 AO). Diese ist grds. nach amtlich vorgeschriebenem Datensatz auf elektronischem Weg zu übermitteln (§ 18 Abs. 3 UStG). Bereits vor Ablauf des Kalenderjahres hat der Unternehmer – ebenfalls grds. auf elektronischem Weg – Umsatzsteuer-Voranmeldungen abzugeben und dementsprechende Vorauszahlungen an das Finanzamt zu entrichten (§ 18 Abs. 1 UStG). Die Umsatzsteuer-Voranmeldungen erstrecken sich in der Regel auf das Kalendervierteljahr (§ 18 Abs. 2 Satz 1 UStG). Übersteigt die Umsatzsteuer für das vorausgegangene Kalenderjahr 7.500 €, ist der Kalendermonat Voranmeldungszeitraum. Bei einer Steuer für das vorausgegangene Kalenderjahr von nicht mehr als 1.000 € kann das Finanzamt den Unternehmer von der Verpflichtung zur Abgabe der Voranmeldungen und Entrichtung der Vorauszahlungen befreien. Die Vorauszahlungen werden am 10. Tag nach Ablauf des Voranmeldungszeitraums fällig (§ 18 Abs. 1 und 2 UStG).

Die Umsatzsteuer ist gem. § 16 Abs. 1 UStG grds. nach vereinbarten Entgelten zu berechnen (sog. Sollbesteuerung). Bei der Sollbesteuerung entsteht die Umsatzsteuer unabhängig vom Zeitpunkt der Bezahlung mit Ablauf des Voranmeldungszeitraums, in dem der Umsatz bewirkt wurde (§ 13 Abs. 1 Nr. 1 Buchst. a Sätze 1–3 UStG). Abweichend vom Grundsatz der Sollbesteuerung können nach § 20 UStG bestimmte Unternehmer die Besteuerung nach vereinnahmten Entgelten (sog. Ist-Besteuerung) beantragen, was dazu führt, dass die Steuer mit Ablauf des Voranmeldungszeitraums entsteht, in dem die Entgelte für die Leistung vereinnahmt wurden. Dazu ist es allerdings notwendig, dass der Unternehmer eine der in § 20 Satz 1 UStG genannten Voraussetzungen erfüllt. Bei Anzahlungen entsteht die Umsatzsteuer unabhängig von der Höhe der Anzahlung bereits bei der Vereinnahmung (sog. Mindest-Istbesteuerung; § 13 Abs. 1 Nr. 1 Buchst. a Satz 4 UStG).

Der Kleinunternehmer i.S.d. § 19 Abs. 1 UStG hat keine Umsatzsteuer zu entrichten. Korrespondierend dazu steht ihm auch kein Vorsteuerabzugsrecht zu. Kleinunternehmen sind inländische Unternehmer, deren vereinnahmter Gesamtumsatz zzgl. darauf lastender Umsatzsteuer im vorangegangenen Kalenderjahr 17.500 € nicht überstiegen hat und im laufenden Kalenderjahr 50.000 € voraussichtlich nicht übersteigen wird. Ihnen steht gem. § 19 Abs. 2 Satz 1 UStG die Möglichkeit offen, für mind. fünf Kalenderjahre zur Normalbesteuerung zu optieren.

4.2.6 Annexsteuern zur Einkommen- und Körperschaftsteuer

Im deutschen Steuersystem existieren als Zuschlag- bzw. Annexsteuern die Kirchensteuer und der Solidaritätszuschlag.

Definition:
Als **Annexsteuer bzw. Zuschlagsteuer** bezeichnet man eine Steuer, bei der sich die Bemessungsgrundlage nach der Steuerschuld einer anderen Steuer richtet.

Die Kirchensteuer wird nur auf die Einkommensteuer erhoben. Steuersubjekte der Kirchensteuer sind alle Mitglieder einer als Körperschaft des öffentlichen Rechts anerkannten Kirche (z.B. römisch-katholische Kirche, evangelisch-lutherische Kirche), in deren Kirchengebiet sie ihren Wohnsitz oder gewöhnlichen Aufenthalt haben. Für die Berechnung der Kirchensteuer ist die Bemessungsgrundlage (Einkommensteuer- bzw. Lohnsteuerschuld) gem. § 51a Abs. 2 EStG zu modifizieren (Kußmaul [Steuerlehre] 353; Scheffler [Unternehmensbesteuerung I] 308f.). Der Steuersatz der Kirchensteuer beträgt je nach Bundesland 8 %

bzw. 9 %. Problematisch gestaltet sich die Erhebung der Kirchensteuer im Zusammenhang mit der auf Kapitaleinkünften lastenden Abgeltungssteuer mit im Regelfall abgeltendem Kapitalertragssteuerabzug. Die Abzugsfähigkeit der Kirchensteuer als Sonderausgabe im Zuge der Veranlagung (§ 10 Abs. 1 Nr. 4 EStG) wird in diesen Fällen durch eine verringerte Bemessungsgrundlage kompensiert (§ 51 Abs. 2b i.V.m. § 43, § 43a EStG). Auf die nach § 32d Abs. 1 EStG und § 43a Abs. 1 Satz 2 EStG reduzierte Abgeltungssteuer wird dann die Kirchensteuer mit dem jeweiligen Prozentsatz berechnet.

Der Solidaritätszuschlag wird als Ergänzungsabgabe i.S.d. Art. 106 Abs. 1 Nr. 6 GG zur Einkommensteuer und zur Körperschaftsteuer erhoben. Steuersubjekte des Solidaritätszuschlags sind sowohl natürliche Personen als auch juristische Personen (§ 2 SolZG). Die Bemessungsgrundlage bildet bei natürlichen Personen die festzusetzende Einkommensteuer, deren Bemessungsgrundlage zu modifizieren ist (§ 3 Abs. 1 Nr. 1 SolZG i.V.m. § 3 Abs. 2 SolZG). Bei juristischen Personen bezieht sich der Solidaritätszuschlag auf die festzusetzende Körperschaftsteuer – die tarifliche Körperschaftsteuer vermindert um die anzurechnende oder vergütete Körperschaftsteuer (§ 3 Abs. 1 Nr. 1 SolZG i.V.m. § 4 SolZG). Der Solidaritätszuschlag wird des Weiteren auf die Vorauszahlungen zur Einkommen- und Körperschaftsteuer, auf die Lohnsteuer und auf die Kapitalertragsteuer erhoben (§ 3 Abs. 1 Nr. 2–5 SolZG). Der Steuersatz beträgt einheitlich 5,5 % (§ 4 SolZG).

4.3 Einfluss der Besteuerung auf unternehmerische Entscheidungen

Die steuerrechtlichen Normen haben vielfältige Auswirkungen auf unternehmerische Entscheidungen. Sie beeinflussen insb. die Rechtsform- und Standortwahl des Unternehmens, Unternehmenszusammenschlüsse, die Gestaltung von Produktion, Absatz, Investition und Finanzierung sowie die Rechnungslegung.

Eine Variation der Rechtsform bietet sich z.B. wegen der unterschiedlichen Anerkennung von Gesellschaft-Gesellschafter-Verträgen an. Auch die Möglichkeit eines Unternehmenszusammenschlusses kann der Erzielung einer Steuerreduzierung (z.B. durch die Schaffung von Organschaftsstrukturen) dienen. Die nationale Standortwahl des Unternehmens wird durch die Hebesatzautonomie der Gemeinden und die daraus resultierenden unterschiedlichen Gewerbesteuerhebesätze erheblich beeinflusst. Auch Investitionsfördermaßnahmen durch die jeweiligen Gemeinden können die Standortwahl beeinflussen. Durch die Änderung der Produktions- und Absatzvorgänge (z.B. Ausgliederung der Beschaffungs- oder Absatzabteilung), durch Steuerwirkungen bei Investitionsvorgängen sowie durch verschiedene Finanzierungsvarianten (insb. aufgrund der steuerlichen Ungleichbehandlung von Eigen- und Fremdkapital) können unterschiedliche Ansätze für die Besteuerung entstehen. Verschiedene Ansatz- und Bewertungsmöglichkeiten in Handels- und Steuerbilanz, die durch die Unternehmen mehr oder weniger frei gewählt werden können, führen im Bereich der Bilanzpolitik zu unterschiedlichen Ansätzen für die Besteuerung.

Auf der Grundlage einer steuerlichen Wirkungsanalyse können sodann adäquate Gestaltungsalternativen zur Realisierung der betrieblichen Ziele (insb. des Gewinnziels) unter Beachtung steuerlicher Nebenbedingungen hergeleitet werden. Am Beispiel der Rechtsformwahl sollen im Folgenden die Steuerwirkungen exemplarisch aufgezeigt werden.

Unter der Rechtsform versteht man die rechtliche Organisation oder das „Rechtskleid" eines Unternehmens. Die Wahl einer bestimmten Rechtsform ist für die steuerliche Behandlung des Unternehmens von erheblicher Bedeutung. Der markanteste Unterschied in der laufenden Besteuerung von Personen- und Kapitalgesellschaften ist darin zu sehen, dass die Personengesellschaft weder bei der Einkommen- noch bei der Körperschaftsteuer als eigenständiges Steuersubjekt behandelt wird. Eine Einkommensteuer- bzw. Körperschaftsteuerpflicht besteht nur bei den Gesellschaftern der Personengesellschaft. Die Gewinne der Personengesellschaft werden nach Maßgabe des vereinbarten Gewinnverteilungsschlüssels auf die einzelnen Gesellschafter verteilt (sog. Transparenzprinzip). Auf Gesellschafterebene werden die Gewinnanteile als Einkünfte aus Gewerbebetrieb (§ 15 Abs. 1 Satz 1 Nr. 2 EStG, § 8 Abs. 2 KStG) qualifiziert. Die Kapitalgesellschaft verfügt im Gegensatz dazu über eine eigene Rechtspersönlichkeit und ist selbstständiges Steuersubjekt der Körperschaftsteuer. Bei der Besteuerung gilt das sog. Trennungsprinzip, wonach strikt zwischen der Ebene der Gesellschaft und derjenigen der Anteilseigner zu trennen ist. Das Trennungsprinzip bewirkt ebenfalls, dass schuldrechtliche Beziehungen zwischen Gesellschaft und Gesellschafter bei der Gewinnermittlung grds. anerkannt werden, sodass gezahlte Vergütungen an den Gesellschafter (z.B. Gehalt eines Gesellschafter-Geschäftsführers) als Betriebsausgaben abzugsfähig sind. In diesem Zusammenhang als nachteilig erweist sich die Gefahr einer Umqualifizierung von solchen Vergütungen in verdeckte Gewinnausschüttungen (vgl. Abschnitt 4.2.3.5.1). Bei der Besteuerung von Personengesellschaften werden hingegen Vergütungen aus schuldrechtlichen Beziehungen nicht anerkannt. Dies hat zur Folge, dass die gezahlte Vergütung dem Gewinnanteil des begünstigten Gesellschafters hinzugerechnet wird (Sondervergütungen gem. § 15 Abs. 1 Satz 1 Nr. 2 EStG).

Auch i.R.d. Ermittlung der Bemessungsgrundlage der Gewerbesteuer ergeben sich Unterschiede. In den Gewerbeertrag der Personengesellschaft gehen sämtliche im einkommensteuerpflichtigen Gewinn enthaltene Vergütungen für besondere Leistungen der Gesellschafter ein. Derartige Vergütungen sind bei Kapitalgesellschaften nicht Bestandteil des Gewerbeertrags, da sie als Betriebsausgaben bei der Ermittlung des körperschaftsteuerpflichtigen Gewinns abgezogen werden können. Eine Zurechnung zum Gewerbeertrag besteht bis auf die Hinzurechnungen des § 8 GewStG nicht. Hinsichtlich der Tarifgestaltung i.R.d. Gewerbesteuer ist zu berücksichtigen, dass Personenunternehmen ein Freibetrag i.H.v. 24.500 € (§ 11 Abs. 1 Satz 3 Nr. 1 GewStG) gewährt wird.

Abschließend soll noch auf die unterschiedliche Ertragsteuerbelastung zwischen Kapital- und Personengesellschaften hingewiesen werden. Die erwirtschafteten Gewinne der Kapitalgesellschaft unterliegen einem einheitlichen Definitivkörperschaftsteuersatz i.H.v. 15 %. Bei Ausschüttung der Gewinne erfolgt eine nochmalige Besteuerung auf Ebene der Anteilseigner. Bei Personengesellschaften wird der entnommene Gewinn hingegen dem individuellen Steuersatz des Gesellschafters unterworfen. Der auf Gesellschaftsebene thesaurierte Gewinn kann allerdings auch mit einem ermäßigten Einkommensteuersatz von 28,25 % besteuert werden, falls die Voraussetzungen des § 34a Abs. 1 EStG erfüllt werden. Wird dieser begünstigte Gewinn in den Folgejahren entnommen, ist eine Nachversteuerung mit einem Einkommensteuersatz von 25 % vorzunehmen (§ 34a Abs. 4 EStG).

! Anmerkung: Für einen ausführlichen **Steuerbelastungsvergleich** zwischen Personen- und Kapitalgesellschaften kann auf die Ausführungen von Scheffler in „Besteuerung von Unternehmen III – Steuerplanung", 2. Aufl., Heidelberg u.a. 2013 (S. 24–32) verwiesen werden.

Einführende Literaturhinweise zum Abschnitt 4.3

Die vollständigen Literaturangaben finden Sie im Downloadbereich.

Kaminski, B./Strunk, G.: [Einfluss] von Steuern auf unternehmerische Entscheidungen. 2. Aufl., Wiesbaden 2012.

Scheffler, W.: [Unternehmensbesteuerung III]. Besteuerung von Unternehmen III – Steuerplanung. 2. Aufl., Heidelberg u.a. 2013.

4.4 Besteuerung der internationalen Unternehmenstätigkeit

4.4.1 Prinzipien des internationalen Steuerrechts und der Doppelbesteuerung

4.4.1.1 Grundprinzipien des internationalen Steuerrechts

Im internationalen Steuerrecht gilt grds. das Souveränitätsprinzip. Es besagt, dass jeder Staat in seinem Hoheitsgebiet in der Festsetzung der Steueransprüche nach Person und Tatbestand sowie in der Ausübung der Steuergewalt autonom ist (Rose [Betrieb und Steuern 5] 27). In der Konsequenz können auch ausländische Steuertatbestände bei der inländischen Besteuerung berücksichtigt werden.

Um die Steueransprüche gegenüber denen anderer Staaten abzugrenzen, kann jeder Staat autonom die Anknüpfungsmerkmale für das Entstehen seines Besteuerungsanspruches festlegen. Umfasst der Steueranspruch das weltweite Steuergut (Welteinkommen), gilt das Universalitätsprinzip (auch Welteinkommensprinzip). Der Steuerpflichtige unterliegt folglich der unbeschränkten Steuerpflicht. Wird hingegen nur das inländische Steuergut zur Besteuerung herangezogen (Inlandseinkommen), so wird das Territorialitätsprinzip umgesetzt. Für den Steuerpflichtigen resultiert daraus lediglich die beschränkte Steuerpflicht. Daneben kann zur Abgrenzung der Besteuerungsansprüche auch die Person des Steuerpflichtigen herangezogen werden. Wird als Anknüpfungspunkt der unbeschränkten Steuerpflicht der Wohnsitz oder gewöhnliche Aufenthalt bei natürlichen Personen und der Sitz bzw. die Geschäftsleitung bei juristischen Personen bestimmt, so wird das Wohnsitzstaatprinzip angewendet. Wenn stattdessen die unbeschränkte Steuerpflicht an die Staatsangehörigkeit geknüpft wird, folgt die Besteuerung dem Nationalitätsprinzip.

Im grenzüberschreitenden Güter- und Dienstleistungsverkehr werden als Besteuerungsgrundlage bei indirekten Steuern (z.B. die Umsatzsteuer) Transaktionen herangezogen. Als Prinzipien zur Abgrenzung der Steuerhoheit sind hier das Bestimmungsland- und das Ursprungslandprinzip denkbar (vgl. Abschnitt 4.2.5.1).

4.4.1.2 Formen und Ursachen der internationalen Doppelbesteuerung

Dem Begriff der „Doppelbesteuerung" werden unterschiedliche Bedeutungen zugeschrieben (Schaumburg [Internationales Steuerrecht I] 484), wobei man zwischen rechtlicher und wirtschaftlicher Doppelbesteuerung differenziert.

(1) Rechtliche (juristische) Doppelbesteuerung: Bei der rechtlichen Doppelbesteuerung wird dasselbe Steuerobjekt bei demselben Steuerpflichtigen von zwei oder mehr Staaten einer gleichen oder vergleichbaren Besteuerung im selben Besteuerungszeitraum unterworfen.

(2) Wirtschaftliche Doppelbesteuerung: Bei der Doppelbesteuerung wird die Identität des Steuersubjekts (Gleichheit der Rechtspersonen) auf die wirtschaftliche Steuersubjektidentität ausgeweitet. Dasselbe Steuerobjekt wird im gleichen Besteuerungszeitraum bei verschiedenen Steuersubjekten zu einer gleichen oder vergleichbaren Besteuerung herangezogen. Zur wirtschaftlichen Doppelbesteuerung kommt es z.B. bei der Besteuerung der Gewinne (ausländischer) Tochtergesellschaften und der erneuten Besteuerung der empfangenen Gewinnanteile auf Ebene der (inländischen) Muttergesellschaft.

Eine Doppelbesteuerung ergibt sich in erster Linie daraus, dass der Steuerpflichtige in mehreren Staaten gleichzeitig die Voraussetzungen der unbeschränkten und beschränkten Steuerpflicht erfüllt. Der klassische Fall in diesem Zusammenhang ist die Kollision der Besteuerungsansprüche zwischen Wohnsitz- und Quellenstaat. Diese Konstellation entsteht insb. dann, wenn ein Steuerpflichtiger in einem Staat die unbeschränkte Steuerpflicht begründet (z.B. aufgrund des dortigen Wohnsitzes) und darüber hinaus Einkünfte aus einem anderen Staat erzielt. Der eine Staat besteuert die Einkünfte entsprechend dem Wohnsitzstaatprinzip, während der andere Staat auf Grundlage des Quellenprinzips besteuert. Daneben kann eine Doppelbesteuerung auch aus dem Nebeneinander zweier unbeschränkter bzw. beschränkter Steuerpflichten in zwei Staaten resultieren. Der erstgenannte Sachverhalt entsteht z.B. dann, wenn der eine Staat die unbeschränkte Steuerpflicht an einen inländischen Wohnsitz knüpft, während der andere Staat dagegen die Staatsangehörigkeit des Steuerpflichtigen als Abgrenzungskriterium bestimmt. Der eine Staat besteuert das Welteinkommen nach dem Wohnsitzstaatprinzip und der andere Staat auf Grundlage des Nationalitätsprinzips. Aus zwei beschränkten Steuerpflichten kann eine Doppelbesteuerung bspw. dann entstehen, wenn zur Abgrenzung des inländischen Steuergegenstands unterschiedliche Anknüpfungspunkte bestimmt werden.

4.4.2 Methoden zur Vermeidung der internationalen Doppelbesteuerung

4.4.2.1 Generelle Methoden zur Reduktion der Doppelbesteuerung sowie unilaterale Maßnahmen seitens Deutschland

Überblick

Die internationale Doppelbesteuerung kann entweder durch unilaterale Maßnahmen oder durch bilaterale bzw. multilaterale Verträge vermieden bzw. vermindert werden. Unilaterale Maßnahmen kommen in erster Linie gegenüber denjenigen Staaten zur Anwendung, mit denen kein Doppelbesteuerungsabkommen (DBA) besteht. Sie führen zu einem (partiellen oder vollständigen) einseitigen Steuerverzicht eines Staates und werden im Regelfall unabhängig von der steuerlichen Behandlung im anderen Staat gewährt (Rose [Betrieb und Steuern 5] 71). Dabei werden hauptsächlich folgende Methoden angewandt:

- Freistellungsmethode (unbeschränkt/beschränkt);
- Anrechnungsmethode (unbeschränkt/beschränkt);
- Abzugsmethode;
- Pauschalierung und Erlass.

Freistellungsmethode

Nach der Freistellungsmethode werden die Steuergüter in in- und ausländische Bestandteile aufgeteilt, die dann dem Wohnsitzstaat bzw. Quellenstaat zur Besteuerung zugewiesen werden. Kennzeichnendes Charakteristikum der Freistellungsmethode ist, dass der Wohnsitzstaat die im Quellenstaat versteuerten Steuergüter nicht in die Bemessungsgrundlage für die inländische Besteuerung miteinbezieht. Die Freistellungsmethode kommt in zwei Varianten vor. Bei der unbeschränkten Freistellung (Freistellung ohne Progressionsvorbehalt) bezieht der Wohnsitzstaat die dem Quellenstaat zugeteilten Steuergüter weder in die Bemessungsgrundlage noch in die Steuersatzberechnung mit ein. I.R.d. beschränkten Freistellung (Freistellung mit Progressionsvorbehalt) werden die ausländischen Steuergüter lediglich indirekt bei der Berechnung des anzuwendenden Steuersatzes miteinbezogen. Eine direkte Berücksichtigung bei der Ermittlung der steuerlichen Bemessungsgrundlage erfolgt hingegen nicht. Die Freistellungsmethode kommt in erster Linie bei der Gewerbesteuer zur Anwendung. Es werden allerdings nur bestimmte, genau definierte Teile freigestellt (Kußmaul [Steuerlehre] 730 f.). So sind bspw. der Teil des Gewerbeertrags, der auf eine ausländische Betriebstätte entfällt (§ 9 Nr. 3 GewStG), sowie Gewinnanteile aus einer ausländischen Mitunternehmerschaft (§ 9 Nr. 2 GewStG) aus der gewerbesteuerlichen Bemessungsgrundlage zu eliminieren.

Anrechnungsmethode

Der deutsche Gesetzgeber sieht zur Vermeidung der Doppelbesteuerung in § 34c Abs. 1 EStG die Anrechnungsmethode in Form einer beschränkten Steueranrechnung vor. Das Wesen der Anrechnungsmethode besteht darin, dass Deutschland als Wohnsitzstaat des Steuerpflichtigen das weltweite Steuergut in die steuerliche Bemessungsgrundlage für seine Besteuerung miteinbezieht, unabhängig davon, ob der ausländische Staat das Steuergut bereits besteuert hat. Ihre Anwendung steht nur unbeschränkt Steuerpflichtigen offen. Daneben sind die weiteren Anforderungen des § 34c Abs. 1 Satz 1 EStG zu erfüllen. Bei der beschränkten Anrechnungsmethode ist die Anrechnung ausländischer Steuern allerdings der Höhe nach auf den Betrag der deutschen Einkommensteuer begrenzt, der anteilig auf die ausländischen Einkünfte entfällt (sog. Anrechnungshöchstbetrag). Die sachlichen Voraussetzungen und der Höchstbetrag für die beschränkte Anrechnung der Einkommensteuer gelten für die Körperschaftsteuer sinngemäß (§ 26 Abs. 1, Abs. 6 Satz 1 KStG). Ein Abzug ausländischer Steuern über den Höchstbetrag (sog. Anrechnungsüberhang) ist nicht möglich. Auch ein Vor- oder Rücktrag der nichtberücksichtigungsfähigen ausländischen Steuern ist nicht vorgesehen (Brähler [Internationales Steuerrecht III] 32). Stammen die Einkünfte des Steuerpflichtigen aus mehreren ausländischen Staaten, so sind die Anrechnungshöchstbeträge für jeden einzelnen Staat getrennt zu ermitteln (sog. per-country-limitation; § 68a Abs. 2 EStDV). Wird der Höchstbetrag der anrechenbaren ausländischen Steuern für einen Staat nicht voll ausgeschöpft, darf keine Verrechnung mit einem Anrechnungsüberhang eines anderen Staates erfolgen. Neben der beschränkten Anrechnung ist auch die unbeschränkte Anrechnung ausländischer Steuern denkbar. Bei ihr werden die im Quellenstaat gezahlten ausländischen Steuern vollständig auf die im Wohnsitzstaat gezahlten Steuern angerechnet. Diese Variante findet in Deutschland keine Anwendung.

Abzugsmethode

Anstatt der Anrechnungsmethode nach § 34c Abs. 1 EStG kann der Steuerpflichtige auf Antrag zur Abzugsmethode (sog. Abzug auf Antrag) optieren, soweit die ausländische Steuer auf im Inland steuerpflichtige ausländische Einkünfte entfällt. Des Weiteren müssen die für die Anrechnung nach § 34c Abs. 1 EStG notwendigen Voraussetzungen vorliegen. Das Wahlrecht kann bei Einkünften aus mehreren Staaten unterschiedlich, allerdings nur einheitlich für alle Einkünfte aus dem betreffenden Staat ausgeübt werden (Brähler [Internationales Steuerrecht III] 44 f.).

Eine Anwendung der Abzugsmethode ist nach § 34c Abs. 3 EStG vorgeschrieben, falls die Voraussetzungen zur Anwendung der Anrechnungsmethode nicht vorliegen (sog. Abzug von Amts wegen). Dies ist z.B. dann der Fall, wenn die ausländische Steuer nicht der deutschen Einkommensteuer entspricht oder die ausländische Steuer nicht in dem Staat erhoben wird, aus dem die Einkünfte stammen.

Als Rechtsfolge der Abzugsmethode bestimmt § 34c Abs. 2 und 3 EStG, dass die ausländischen Steuern von der inländischen Bemessungsgrundlage als Werbungskosten bzw. Betriebsausgaben abgezogen werden. Eine Doppelbesteuerung wird durch die Anwendung der Abzugsmethode nicht vermieden, sondern lediglich gemildert. Für den Steuerpflichtigen kann die Anwendung der Abzugsmethode – im Vergleich zur Anrechnungsmethode – allerdings von Vorteil sein. Dies ist insb. dann der Fall, wenn hohe Anrechnungsüberhänge existieren und/oder der Steuerpflichtige ein negatives Welteinkommen aufweist (Jacobs/Endres/Spengel [Internationales Steuerrecht II] 57 ff.). Durch den

Verweis des § 26 Abs. 6 Satz 1 KStG auf § 34c Abs. 2 und 3 EStG gilt die Abzugsmethode auch im Bereich der Körperschaftsteuer.

Pauschalierung und Erlass

Nach § 34c Abs. 5 EStG ist es den obersten Finanzbehörden der Länder oder den von ihnen beauftragten Finanzbehörden mit Zustimmung des Bundesministeriums der Finanzen gestattet, die auf ausländische Einkünfte entfallende deutsche Einkommensteuer ganz oder zum Teil zu erlassen oder in einem Pauschbetrag festzusetzen. Die Pauschalierungs- und Erlassmethode sollen dann angewandt werden, wenn sie aus volkswirtschaftlichen Gründen zweckmäßig sind oder die Anwendung der Anrechnungsmethode besonders schwierig ist. Die Pauschalierungsmethode wird im Pauschalierungserlass (BMF-Schreiben vom 10.4.1984, IV C 6-S 2293-11/84, BStBl. I 1984, 252) näher konkretisiert. Danach beträgt die deutsche Einkommensteuer auf bestimmte ausländische Einkünfte nach Erfüllung bestimmter Voraussetzungen 25 % dieser Einkünfte. Die pauschal ermittelte Steuer darf 25 % des zu versteuernden Einkommens nicht übersteigen. Zur Vermeidung der Doppelbesteuerung im Bereich der Körperschaftsteuer ist die Pauschalierungsmethode aufgrund des geringeren Körperschaftsteuersatzes von 15 % ohne Bedeutung. Die gesetzliche Grundlage zur Pauschalierung der Steuer auf ausländische Einkünfte besteht zwar weiterhin (§ 26 Abs. 6 Satz 1 KStG i.V.m. § 34c Abs. 5 EStG), allerdings mangelt es an einem gültigen Verwaltungserlass (Jacobs/Endres/Spengel [Internationales Steuerrecht II] 64). Ein Erlass der deutschen Einkommensteuer auf bestimmte Arbeitnehmereinkünfte, die im Rahmen einer begünstigten Tätigkeit im Ausland durch einen im Inland beschränkt oder unbeschränkt Steuerpflichtigen erzielt werden, ist im Auslandstätigkeitserlass vorgesehen (BMF-Schreiben vom 31.10.1983, IV B 6-S 2293-50/83, BStBl. I 1983, 470).

4.4.2.2 *Bilaterale Maßnahmen zur Reduktion der Doppelbesteuerung am Beispiel des OECD-Musterabkommens*

4.4.2.2.1 Grundlegende Bedeutung des OECD-Musterabkommens und der Doppelbesteuerungsabkommen

Zur Vermeidung bzw. Milderung der Doppelbesteuerung können zwischen Staaten auch Abkommen auf bilateraler Ebene ausgehandelt werden. Bei diesen handelt es sich um völkerrechtliche Verträge, die durch ein Zustimmungsgesetz gem. Art. 59 Abs. 2 GG innerstaatlich wirksam werden und dann als „lex specialis" den nationalen Steuergesetzen vorgehen (Brähler [Internationales Steuerrecht III] 106). Ihre Funktion besteht darin, durch Verteilungs- und Verzichtsnormen sich überschneidende Besteuerungsansprüche der Vertragsstaaten einzuschränken (Schönfeld/Häck [DBA I] Systematik, Rz. 22). Eine Zuteilung der Besteuerungsansprüche zu den Vertragsstaaten oder die originäre Begründung jener zählt nicht zu ihren Aufgaben (Frotscher [Internationales Steuerrecht IV] 19). Die Besteuerungsansprüche und -rechte der Vertragsstaaten ergeben sich alleine aus der Anwendung des jeweiligen innerstaatlichen Steuerrechts.

Die OECD (Organization for Economic Cooperation and Development) hat ein Musterabkommen für Abkommen auf dem Gebiet der Steuern vom Einkommen und vom Vermögen entwickelt, an denen sich die Staaten bei Neuabschluss und Revision von DBA orientieren können. Das Musterabkommen dient der Harmonisierung des Abkommensrechts. Indem einheitliche Grundsätze, Begriffsbestimmungen und Verfahren in die konkreten Abkommen aufgenommen werden, kann eine gemeinsame Auslegung und Anwendung gewährleistet werden (Schaumburg [Internationales Steuerrecht I] 616). Zum 1. 1. 2014 hatte Deutschland mehr als 95 Abkommen auf dem Gebiet der Steuern vom Einkommen und vom Vermögen abgeschlossen (BMF-Schreiben vom 22. 1. 2014, IV B 2-S 1301/07/10017-05, BStBl. I 2014, 171), welche nahezu alle am OECD-Musterabkommen (OECD-MA) angelehnt sind. Zu diesen Staaten zählen neben allen wichtigen Industriestaaten und nahezu allen Staaten Europas auch viele Entwicklungsländer. Das dichte deutsche Abkommensnetzwerk weist allerdings auch Lücken auf. So existieren zurzeit u.a. mit Brasilien, Hongkong und Monaco keine DBA.

4.4.2.2.2 Geltungsbereich des Abkommens

Der persönliche Geltungsbereich des Abkommens ist in Art. 1 OECD-MA kodifiziert. Danach gilt das Abkommen für Personen, die in einem Vertragsstaat oder in beiden Vertragsstaaten ansässig sind. Die Abkommensberechtigung ist somit an das Vorliegen einer Person i.S.d. Abkommens und an deren Ansässigkeit in mind. einem Vertragsstaat geknüpft. Werden die beiden vorgenannten Voraussetzungen nicht erfüllt, scheitert eine Anwendung des Abkommens mit der Konsequenz, dass eine Doppelbesteuerung auf bilateraler Ebene nicht vermieden werden kann.

Als Personen i.S.d. Abkommens gelten nach Art. 3 Abs. 1 Buchst. a OECD-MA natürliche Personen, Gesellschaften und alle anderen Personenvereinigungen. Der Begriff der „Gesellschaft" wird in Art. 3 Abs. 1 Buchst. b OECD-MA konkretisiert: Als Gesellschaft gilt jede juristische Person (z. B. AG, GmbH, KGaA) oder alle Rechtsträger, die für die Besteuerung wie juristische Personen behandelt werden. Unter den „anderen Personenvereinigungen" sind nach deutschem Verständnis grds. alle Personengesellschaften (z. B. GbR, OHG, KG) und nichtrechtsfähigen Personenvereinigungen (z. B. nichtrechtsfähiger Verein) zu subsumieren (Pohl [DBA I] Art. 3 OECD-MA, Rz. 23).

Die Ansässigkeit einer Person i.S.d. Art. 3 Abs. 1 Buchst. a OECD-MA – als weitere Tatbestandsvoraussetzung der Abkommensberechtigung – ergibt sich aus Art. 4 Abs. 1 OECD-MA. Eine Person ist danach in einem Vertragsstaat ansässig, wenn sie nach den innerstaatlichen Bestimmungen dort aufgrund ihres Wohnsitzes, ihres ständigen Aufenthalts, des Ortes ihrer Geschäftsleitung oder eines anderen ähnlichen Merkmals (unbeschränkt) steuerpflichtig ist. Gilt eine Person hingegen in beiden Vertragsstaaten als ansässig i.S.d. Art. 4 Abs. 1 OECD-MA (sog. doppelte Ansässigkeit), können daraus Probleme erwachsen. Für die Anwendung der Schrankennormen (Art. 6–22 OECD-MA) ist es essentiell, dass sich zwischen Ansässigkeits- und Quellenstaat differenzieren lässt (Schaumburg [Internationales Steuerrecht I] 694). In Fällen der doppelten Ansässigkeit von natürlichen Personen greift daher Art. 4 Abs. 2 OECD-MA, der zum Zweck der Abkommensanwendung die Ansässigkeit anhand einer Rangfolge von Merkmalen bestimmt (sog. tie-breaker-rule). Als Ansässigkeitsstaat gilt danach derjenige Vertragsstaat, zu dem die Person eine engere persönliche Bindung aufweist (Pohl [DBA I] Art. 4 OECD-MA, Rz. 59). Für natürliche Personen ergibt sich aus Art. 4 Abs. 2 OECD-MA folgende Prüfungsreihenfolge: Die Person gilt in dem Staat als ansässig, in dem sie über eine ständige Wohnstätte verfügt. Hat die Person in beiden Vertragsstaaten eine ständige Wohnstätte, wird subsidiär an den Mittelpunkt der Lebensinteressen angeknüpft. Konnte nach diesem Kriterium die Ansässigkeit nicht eindeutig bestimmt werden, so ist der gewöhnliche Aufenthalt der Person maßgebend. Im nächsten Schritt ist die Staatsangehörigkeit ausschlaggebend. Bei doppelter Staatsangehörigkeit oder bei Staatsangehörigkeit eines anderen Staats regeln die beiden Vertragsstaaten die Zuordnung im gegenseitigen Einvernehmen. Für Gesellschaften und andere Personenvereinigungen gilt bei doppelter Ansässigkeit, dass sie nach Art. 4 Abs. 3 OECD-MA nur in dem Vertragsstaat ansässig sind, in dem sich der Ort der tatsächlichen Geschäftsleitung befindet.

In Art. 2 OECD-MA werden die Steuern festgelegt, auf die das Abkommen anzuwenden ist (sog. sachlicher Geltungsbereich). Nach Art. 2 Abs. 1 OECD-MA gilt das Abkommen für Steuern vom Einkommen und vom Vermögen, die für Rechnung eines Vertragsstaats oder seiner Gebietskörperschaften erhoben werden. Die Art der Steuererhebung ist für die Anwendung des Abkommens irrelevant. Art. 2 Abs. 3 OECD-MA ermöglicht den Vertragsstaaten die Aufstellung eines Verzeichnisses der zum Zeitpunkt des Abschlusses des Abkommens geltenden Steuern, welche den „Steuern vom Einkommen und Vermögen" zuzuordnen sind. Zu den relevanten deutschen Steuern zählen regelmäßig die Einkommen-, die Körperschaft-, die Gewerbe-, die Grund- und die Vermögensteuer. Auch die Annexsteuern – Kirchensteuer und Solidaritätszuschlag – fallen unter den sachlichen Geltungsbereich des Abkommens (Dremel [DBA I] Art. 2 OECD-MA, Rz. 39). Art. 2 Abs. 4 OECD-MA sieht vor, dass das Abkommen auch auf zukünftige Steuern gleicher oder im Wesentlichen ähnlicher Art, die nach der Unterzeichnung des Abkommens neben den bestehenden Steuern oder an deren Stelle erhoben werden, anzuwenden ist.

4.4.2.2.3 Anwendung der Schrankennormen

Die Schrankennormen der Art. 6–22 OECD-MA bestimmen für den Quellenstaat die Besteuerungsbefugnisse an den dort einzeln aufgeführten Einkunfts- und Vermögensarten (Schaumburg [Internationales Steuerrecht I] 711). Das Besteuerungsrecht des Quellenstaats kann entweder aufrechterhalten, beschränkt oder gänzlich aufgehoben werden. Wird die Steuerberechtigung des Quellenstaats aufgehoben, so handelt es um eine Schrankennorm mit abschließender Rechtsfolge. Die Einkünfte werden in diesen Fällen ausschließlich im Ansässigkeitsstaat besteuert. Bei einer Schrankennorm mit offener Rechtsfolge wird die Steuerberechtigung des Quellenstaats aufrechterhalten bzw. lediglich in der Höhe eingeschränkt. Die Steuerberechtigung des Ansässigkeitsstaats bleibt davon unberührt, sodass dieser weiterhin das weltweite Steuergut in die Bemessungsgrundlage mit einbezieht. Eine Doppelbesteuerung wird erst durch die Anwendung des Methodenartikels (Art. 23A und 23B OECD-MA) vermieden, indem der Ansässigkeitsstaat entweder die bereits besteuerten Einkünfte freistellt oder die Steuern des anderen Vertragsstaats auf die eigene Steuerschuld anrechnet (vgl. Abschnitt 4.4.2.2.4). Die einzelnen Verteilungsnormen sehen hinsichtlich der Besteuerung der wichtigsten Einkunftsarten folgende Regelungen vor:

Einkünfte aus unbeweglichem Vermögen (Art. 6 OECD-MA) werden nach dem Belegenheitsprinzip vorrangig im Quellenstaat, d.h. in dem Vertragsstaat, in dem das unbewegliche Vermögen belegen ist, besteuert (Schrankennorm mit offener Rechtsfolge). Die Besteuerung im Ansässigkeitsstaat richtet sich nach Maßgabe der Art. 23A bzw. 23B OECD-MA. In Deutschland werden die Einkünfte aus ausländischem unbeweglichen Vermögen i.d.R. von der Besteuerung (ggf. unter Progressionsvorbehalt) freigestellt (Wilke/Weber [Internationales Steuerrecht V] 156).

Für Unternehmensgewinne steht nach der Grundregel des Art. 7 OECD-MA das Besteuerungsrecht ausschließlich dem Ansässigkeitsstaat des Unternehmens zu (Schrankennorm mit abschließender Rechtsfolge). Übt das Unternehmen seine Geschäftstätigkeit in dem anderen Vertragsstaat hingegen über eine dort belegene Betriebsstätte aus, so kann der Quellenstaat die Gewinne ebenfalls besteuern, sofern sie dieser nach Art. 7 Abs. 2 OECD-MA zugeordnet werden können (sog. Betriebsstättenprinzip; Schrankennorm mit offener Rechtsfolge). Zur Begrenzung des Besteuerungsrechts des Ansässigkeitsstaats greifen in diesem Fall wiederum Art. 23A bzw. 23B OECD-MA. Für Betriebstättengewinne sehen die von Deutschland abgeschlossenen DBA grds. die Freistellungsmethode mit Progressionsvorbehalt vor.

Bei Dividenden gewährt Art. 10 OECD-MA eine Steueraufteilung zwischen Ansässigkeits- und Quellenstaat. Das Besteuerungsrecht steht damit dem Wohnsitzstaat der Anteilseigner und dem Quellenstaat zu (Schrankennorm mit offener Rechtsfolge). Art. 10 Abs. 2 OECD-MA sieht eine Begrenzung der Quellenbesteuerung vor. Falls es sich bei dem Anteilseigner um eine Kapitalgesellschaft handelt und diese über mind. 25 % der Kapitalanteile an der ausschüttenden Gesellschaft verfügt, beträgt der Quellensteuersatz für Dividenden (sog. Schachteldividenden) max. 5 %. In allen anderen Fällen (sog. Streubesitzdividenden) darf der Quellensteuersatz 15 % nicht überschreiten. Eine Doppelbesteuerung wird letztlich durch die Anwendung der Art. 23A bzw. 23B OECD-MA vermieden. Die deutsche Abkommenspraxis sieht für Schachteldividenden die Freistellungsmethode und für Portfoliodividenden die Anrechnungsmethode vor (Brähler [Internationales Steuerrecht III] 166).

Zinsen (Art. 11 OECD-MA) werden grds. gleich behandelt wie Einkünfte aus Dividenden. Das Besteuerungsrecht des Ansässigkeitsstaats an den Zinseinkünften wird in Art. 11 Abs. 1 OECD-MA bestätigt. Daneben kann der Quellenstaat ebenfalls diese gem. Art. 11 Abs. 2 OECD-MA besteuern. Allerdings darf die Besteuerung im Quellenstaat 10 % des Bruttobetrags der Zinsen nicht überschreiten. Eine Doppelbesteuerung wird durch Anrechnung der Quellensteuer im Ansässigkeitsstaat gemildert. Die meisten Industriestaaten – so auch Deutschland – verzichten in ihrem Verhältnis untereinander hingegen regelmäßig auf eine Quellenbesteuerung (Pöllath/Lohbeck [DBA II] Art. 11 OECD-MA, Rz. 2).

Lizenzgebühren dürfen gem. Art. 12 Abs. 1 OECD-MA ausschließlich im Ansässigkeitsstaat des Nutzungsberechtigten besteuert werden (Schrankennorm mit abschließender Rechtsfolge). Eine Vielzahl der von Deutschland abgeschlossenen DBA sieht dagegen eine in der Höhe beschränkte Quellenbesteuerung vor (Pöllath/Lohbeck [DBA II] Art. 12 OECD-MA, Rz. 29). Zur Milderung der Doppelbesteuerung ist die Quellensteuer nach Art. 23A bzw. 23B im Ansässigkeitsstaat anzurechnen.

Bei der Besteuerung von Einkünften aus der Veräußerung von Vermögen (Art. 13 OECD-MA) ist hinsichtlich der Art des veräußerten Vermögens zu differenzieren.

Art. 13 Abs. 1-2 OECD-MA ist als Schrankennorm mit offener Rechtsfolge ausgestaltet. Die Gewinne aus der Veräußerung von unbeweglichem Vermögen können nach Art. 13 Abs. 1 OECD-MA grds. in dem Staat besteuert werden, in dem das unbewegliche Vermögen belegen ist (sog. Belegenheitsprinzip). Gewinne aus der Veräußerung von beweglichem Vermögen einer Betriebsstätte werden nach Art. 13 Abs. 2 OECD-MA grds. im Betriebsstättenstaat besteuert (sog. Betriebsstättenprinzip). Eine Doppelbesteuerung wird in beiden Fällen erst durch die Anwendung der Art. 23A bzw. 23B OECD-MA vermieden. Deutschland wendet im Regelfall die Freistellungsmethode mit Progressionsvorbehalt an (Schaumburg [Internationales Steuerrecht I] 798). Für sonstiges Vermögen – mit Ausnahme von Seeschiffen und Luftfahrzeugen – erfolgt ausschließlich im Ansässigkeitsstaat des Veräußerers eine Besteuerung des Veräußerungsgewinnes, es sei denn, es handelt sich um Gewinne aus der Veräußerung von Anteilen, deren Wert zu mehr als 50 % unmittelbar oder mittelbar auf unbeweglichem Vermögen beruht, das im anderen Staat belegen ist. In diesem Fall können die Veräußerungsgewinne im Belegenheitsstaat erfasst werden (Art. 13 Abs. 4 OECD-MA).

Das Besteuerungsrecht für Einkünfte aus unselbstständiger Arbeit (z.B. Löhne, Gehälter, Gratifikationen) steht nach Art. 15 Abs. 1 OECD-MA grds. nur dem Ansässigkeitsstaat zu, es sei denn, die unselbstständige Arbeit wird im anderen Staat ausgeübt (sog. Arbeitsortprinzip). Das Besteuerungsrecht steht damit sowohl dem Ansässigkeits- als auch dem Quellenstaat zu (Schrankennorm mit offener Rechtsfolge). Durch die Anwendung des Art. 23A bzw. 23B OECD-MA wird eine Doppelbesteuerung im Wohnsitzstaat vermieden. Die entsprechenden Einkünfte werden in Deutschland im Regelfall unter Progressionsvorbehalt freigestellt (Prokisch [DBA II] Art. 15 OECD-MA, Rz. 70). Eine Ausnahme des Arbeitsortprinzips ist in Art. 15 Abs. 2 OECD-MA für vorübergehende Tätigkeiten im Quellenstaat vorgesehen. Das Besteuerungsrecht an den Einkünften aus unselbstständiger Arbeit steht danach ausschließlich dem Ansässigkeitsstaat zu, falls die in Art. 15 Abs. 2 OECD-MA genannten Voraussetzungen kumulativ erfüllt sind (insb. kein Aufhalten des Arbeitnehmers für länger als 183 Tage innerhalb eines Zeitraums von zwölf Monaten im anderen Staat). Die von Deutschland abgeschlossenen DBA mit Frankreich, Österreich und der Schweiz sehen spezielle Regelungen für Grenzgänger vor.

Definition:

Als **Grenzgänger** werden Arbeitnehmer bezeichnet, die im Grenzgebiet des einen Staats wohnen, im Grenzgebiet des anderen Staats arbeiten und täglich zwischen Wohn- und Arbeitsstätte pendeln.

Das Besteuerungsrecht an den Einkünften aus unselbstständiger Arbeit verbleibt in diesen Fällen beim Wohnsitzstaat.

Weiterhin sind in den Art. 16–20 OECD-MA die Besteuerung von Aufsichtsrats- und Verwaltungsratsvergütungen, Künstlern und Sportlern, Ruhegehältern, Einkünften aus der Tätigkeit im öffentlichen Dienst und von Studenten geregelt. Diese gehen der allgemeineren Regelung für Einkünfte aus unselbstständiger Arbeit des Art. 15 OECD-MA als leges-speciales-Regelungen vor. Art. 21 OECD-MA dient schließlich als Auffangklausel für Einkünfte, deren steuerliche Behandlung von den vorherigen Schrankennormen nicht erfasst wird. Das Besteuerungsrecht für jene steht ausschließlich dem Ansässigkeitsstaat zu (Schrankennorm mit abschließender Rechtsfolge).

4.4.2.2.4 Anwendung der Methodenartikel

Bei Schrankennormen mit offener Rechtsfolge können die Einkünfte bzw. das Vermögen sowohl im Ansässigkeits- als auch im Quellenstaat besteuert werden. Eine Doppelbesteuerung wird in diesen Fällen erst durch die Anwendung der Methodenartikel vermieden.

Als erste Methode zur Vermeidung der Doppelbesteuerung im Ansässigkeitsstaat sieht Art. 23A OECD-MA die Freistellungsmethode vor. Danach werden die Einkünfte, die aus dem Quellenstaat stammen und von diesem bereits besteuert wurden, im Ansässigkeitsstaat von der Besteuerung ausgenommen (vgl. Abschnitt 4.4.2.1). Nach Art. 23A Abs. 3 OECD-MA kann der Ansässigkeitsstaat die freigestellten Einkünfte allerdings in die Berechnung des Steuersatzes für die restlichen Einkünfte einbeziehen (sog. Freistellung mit Progressionsvorbehalt). In deutschen DBA ist die Freistellung u.U. an eine Aktivitätsklausel geknüpft. Danach wird eine Freistellung nur dann gewährt, wenn z.B. die Einkünfte der Betriebstätte ausschließlich oder zu einem bestimmten Anteil aus einer „aktiven Tätigkeit" (z.B. Herstellung oder Verkauf von Gütern und Waren, technische und kaufmännische Dienstleistungen) stammen (Vogel [DBA II] Art. 23 OECD-MA, Rz. 74ff.). Wird die Aktivitätsbedingung nicht erfüllt, greift stattdessen die Steueranrechnung.

Zur Vermeidung der Doppelbesteuerung ist neben der Freistellung die Anrechnungsmethode (Art. 23B OECD-MA) vorgesehen. Die Anrechnung der Quellensteuer ist nach Art. 23B Abs. 1 OECD-MA – wie auch nach § 34c Abs. 1 Satz 1 EStG – der Höhe nach auf die anteiligen inländischen Steuern begrenzt (vgl. Abschnitt 4.4.2.1). In einigen DBA – insb. im Verhältnis zu Entwicklungsländern – kann ebenfalls eine fiktive Steueranrechnung vorgesehen werden. Sie kompensiert den wesentlichen Nachteil der Anrechnungsmethode, dass Einkünfte, für die der Quellenstaat eine Steuerbefreiung oder -ermäßigung gewährt, ungemildert der Besteuerung im Ansässigkeitsstaat unterliegen, weil eine anrechenbare Quellensteuer fehlt. Der im Quellenstaat gewährte Steueranreiz geht so verloren. Um dies zu verhindern, rechnet der Ansässigkeitsstaat eine fiktive Quellensteuer auf die Steuerschuld an, welche höher ist als die eigentlich gezahlte (Wilke/Weber [Internationales Steuerrecht V] 141).

Einführende Literaturhinweise zum Abschnitt 4.4

Die vollständigen Literaturangaben finden Sie im Downloadbereich.

Brähler, G.: [Internationales Steuerrecht III]. Internationales Steuerrecht. 7. Aufl., Wiesbaden 2012.

Schaumburg, H.: [Internationales Steuerrecht I] Internationales Steuerrecht. 3. Aufl., Köln 2011.

Modul 5: Deutsche und Europäische Rechtsstrukturen der Privatgesellschaften

Wolfgang B. Schünemann
Stefan Müller

„Quidquid agis
prudenter agas et respice finem"
(nach *Äsop, Fabeln:*
Was immer Du tust,
fange es klug an und denke
schon dabei an die Konsequenzen)

Lernziele:

Aneignen von Wissen (Kenntnissen) über mögliche Rechtsformen von Unternehmen nach deutschem und europäischem Privatrecht; Verstehen (Erfassen und Erkennen) der charakteristischen Rechtsstrukturen der verschiedenen Privatgesellschaften; Anwendung (Nutzen) des erlangten Wissens zur Entscheidung über die in einem bestimmten betriebswirtschaftlichen Kontext geeignete Rechtsform eines Unternehmens; Analyse (Erforschen) der Zusammenhänge zwischen Rechtsform eines Unternehmens und deren wirtschaftlichen Auswirkungen; Synthese (Integrieren) von rechtlichen und betriebswirtschaftlichen Kenntnissen; Evaluation (Bewertung) verschiedener Privatgesellschaften im Blick auf unternehmerische Ziele (Präferenzen).

Übersicht:

In Modul 5 werden die Privatgesellschaften als Unternehmensträger in ihren Grundzügen vorgestellt und deren wirtschaftliche Vor- und Nachteile diskutiert, z.B. im Blick auf Finanzierung und Haftungsrisiko. Dabei geht es sowohl um sachgerechte Entscheidungen schon bei der Unternehmensgründung als auch um die gedankliche Vorwegnahme möglicher Entwicklungen des Unternehmens. In dieser Perspektive werden in Abschnitt 5.1, ausgehend von der fundamentalen Unterscheidung der Privatgesellschaften in juristische Personen und Gesamthandsgesellschaften („Kapitalgesellschaften" und „Personengesellschaften"), Kriterien einer Rechtsformwahl und vorhandene rechtliche Spielräume für individuelle Rechtsformgestaltung benannt. In Abschnitt 5.2 werden sodann die Rechtsformen von Privatgesellschaften im Einzelnen skizziert, bevor Abschnitt 5.3 eine rückblickende Einordnung in das große rechtliche Umfeld vornimmt.

5.1 Begriff und wirtschaftspraktische Bedeutung der Privatgesellschaften

5.1.1 Privatgesellschaften als „Rechtsform" eines Unternehmens

Ganz selbstverständlich wird davon gesprochen, dass ein Unternehmen in einer bestimmten Rechtsform betrieben werde, z.B. in Form einer Aktiengesellschaft (AG). Dieser gängige Sprachgebrauch führt juristisch aber schnell in die Irre: Es geht bei der Rechtsform-Thematik genau genommen nicht um die Rechtsform des Unternehmens, sondern um die Rechtsform des Unternehmensträgers.

Denn juristisch gesehen (und allein darauf kommt es bei Rechtsfragen aller Art an!) ist das Unternehmen nicht sein eigener Träger und Betreiber, sondern nur ein Sammelbegriff für eine zweckbestimmt organisierte Gesamtheit von Rechtsobjekten (Klein-Blenkers [Rechtsformen] 4, 6 f.). Dazu zählen Rechte (z.B. Eigentum an Betriebsmitteln, Patente, Lizenzen, Ansprüche auf Lieferung oder Zahlung) Pflichten (z.B. Liefer-, Zahlungs- oder Schadensersatzpflichten) sowie Know how, Kundenstamm etc. Namentlich Rechte und Pflichten brauchen aber einen gedanklichen Bezugspunkt, wem nun diese Rechte zustehen und wer Schuldner jener Pflichten ist; Rechte und Pflichten brauchen also ein sog. Rechtssubjekt als ihren „Träger". Jede Rechtsordnung legt dabei durch Zuerkennung der sog. Rechtsfähigkeit für ihren Geltungsbereich fest, wer als Rechtssubjekt, als Träger von Rechten und Pflichten (sprachlich verkürzt: als Rechtsträger), in Betracht kommt.

Davon streng zu unterscheiden ist die hier nicht weiter interessierende Geschäftsfähigkeit, also die z.B. altersabhängige Fähigkeit von Menschen (vgl. §§ 2, 104 BGB), durch eigene Willenserklärungen das rechtliche Umfeld zu verändern, etwa Verträge abzuschließen. Ferner gibt es die Zurechnungsfähigkeit (§§ 827 ff. BGB) als die Fähigkeit, für angerichtete Schäden haftbar gemacht werden zu können.

Definition:
Rechtsfähigkeit ist die Eigenschaft, **Rechte** und **Pflichten** zu **haben**, also „Rechtsträger" sein zu können.

Derart rechtsfähig ist in Deutschland ab Geburt jeder (lebende) Mensch als „natürliche Person" (vgl. § 1 BGB mit seiner Abschnittsüberschrift), aber eben z.B. auch eine AG als „juristische Person" (vgl. § 1 Abs. 1 AktG). Neben der AG gibt es zahlreiche weitere juristische Konstrukte als Rechtssubjekte wie z.B. die „Gesellschaft mit beschränkter Haftung" (GmbH), die „Offene Handelsgesellschaft" (OHG) und viele andere mehr, die sich allesamt in ihren rechtlichen Konstruktionsmerkmalen sehr deutlich voneinander unterscheiden, eben in ihrer „Rechtsform".

5.1.2 Arten von Privatgesellschaften

Der Fokus der folgenden Ausführungen liegt ausschließlich auf den Vertragskonstrukten des Privatrechts, also auf den Privatgesellschaften. Ausgeklammert werden somit öffentlich-rechtliche Rechtssubjekte wie z.B. Gebietskörperschaften (z.B. die Bundesrepublik Deutschland, deren Bundesländer und

Kommunen), obwohl auch sie sehr wohl Unternehmen betreiben, namentlich im Bereich der sog. Daseinsvorsorge (Energieversorgung, Abfallwirtschaft, Verkehr).

Auf der anderen Seite sind auch Rechtsformen mit Unternehmensbezug zu beleuchten, die zwar nicht „Gesellschaften" heißen, aber ihrem rechtlichen Wesen nach solche sind, wie z.B. der wirtschaftliche Verein, die Genossenschaft (nach Eintragung im Genossenschaftsregister „e.G." abgekürzt, also „eingetragene Genossenschaft"), die wenig bekannte Europäische Wirtschaftliche Interessenvereinigung (EWIV) sowie die nur noch übergangsweise ganz vereinzelt vorkommende, seit 2013 abgeschaffte Partenreederei des Seehandelsrechts nach §§ 489 ff. HGB a.F. (sie wird im Folgenden nicht weiter behandelt). Sie alle sind also Gesellschaften „im weiteren Sinn". Aus Gründen des Sachzusammenhangs ist auch die Stiftung mit einzubeziehen, obwohl sie als rechtlich verselbständigtes Vermögen gar keine Mitglieder (Gesellschafter) hat.

Alle diese Privatgesellschaften (im weiteren Sinn) lassen sich zwei Gruppen zuordnen, je nachdem, ob sie juristische Personen darstellen oder ob sie einem ganz anderen rechtlichen Strukturprinzip folgen, dem sog. Gesamthandsprinzip. Solche Privatgesellschaften heißen dann juristisch korrekt Gesamthandsgesellschaften. Danach ergibt sich folgende Zweiteilung:

Juristische Personen	Gesamthandsgesellschaften
e. V.	GbR
Wirtschaftlicher Verein	OHG
GmbH	KG
UG	Partnerschaftsgesellschaft
e. G.	EWIV
VVaG	(Partenreederei)
KGaA	
Stiftung	
SE	
SPE	
SCE	

Abbildung 5.1: Zweiteilung der Privatgesellschaften

Diese beiden Arten von Privatgesellschaften (juristische Personen und Gesamthandsgesellschaften) werden vielfach einerseits als Körperschaften (teilweise auch als Kapitalgesellschaften), andererseits als Personengesellschaften (so auch z.B. in § 14 BGB) bezeichnet. Diese Terminologie führt aber leicht in die Irre:

Dass grundsätzlich ein GmbH-Gesellschafter seinen Geschäftsanteil frei veräußern kann und sich bei Beschlüssen das Stimmgewicht nach dem finanziellen Engagement eines Gesellschafters richtet (Abschnitt 5.2.2.3), rechtfertigt schwerlich die Bezeichnung „Kapitalgesellschaft". Der Ausdruck passt eigentlich überhaupt nur für die typische AG (mit ihrer Variante KGaA) und ihre europarechtliche Schwester, die „Societas Europaea" (SE). Und „Personengesellschaft" legt nahe, dass es sich bei den Gesellschaftern um (natürliche) Personen, also um Menschen handelt (vgl. Überschrift vor § 1 BGB). Das ist aber keineswegs zwingend der Fall. Nicht einmal muss es sich bei den Gesellschaftern einer sog. Personengesellschaft wenigstens um juristische Personen handeln; vielmehr kann auch eine Gesamthandsgesellschaft ihrerseits Gesellschafter einer übergeordneten Gesamthandsgesellschaft sein (Eisenhardt/Wackerbarth [Gesellschaftsrecht I] Rn. 280).

Beispiel:

Die „X-OHG" (als OHG keine juristische Person!) hat als Gesellschafter die „Y-GbR" und die „Z-KG".

Bei der gewählten Beschränkung auf Privatgesellschaften sollte aber nicht übersehen werden, dass Unternehmensträger (oder kurz: Unternehmer, vgl. § 14 BGB) selbstverständlich auch ein einzelner Mensch sein kann. Es handelt sich dann eben um einen sog. Einzelunternehmer. Man sagt dann, das Unternehmen werde in der Rechtsform eines Einzelunternehmens geführt.

Landläufig wird dann auch von einer „Einzelfirma" gesprochen. Das freilich ist juristischer Unfug: Die Firma ist nach § 17 Abs. 1 HGB lediglich der „Name des Kaufmanns" bei seiner Geschäftstätigkeit. Die Firma ist also der Name des Rechtssubjektes (Mensch oder Privatgesellschaft, vgl. § 6 Abs. 1 HGB), dessen Unternehmen ein Handelsgewerbe i.S. der §§ 1 ff. HGB darstellt (näher Abschnitt 5.1.5). Wer „Firma" sagt, meint deshalb in aller Regel etwas ganz anderes, nämlich „Unternehmen" oder „Betrieb".

Beispiele:

Eine mittelständische „Firma"; jemand geht nur halbtags in die „Firma"; ein „Firmenfahrzeug"; eine „Firma" mit vollem Auftragsbuch; der „Firmenname" (völlig unsinnig!).

Wer sich dies nicht ständig vor Augen hält, versteht bereits Gesetzestexte ganz falsch, z.B. die §§ 25 ff. HGB, die Haftungsfolgen bei Firmenfortführung regeln. Auch bei der Vertragsgestaltung provoziert ein falscher Sprachgebrauch sachliche Ungenauigkeiten. In juristischem Kontext ist deshalb mit Worten genau so präzis und überlegt umzugehen, wie man dies ansonsten mit Zahlen tut.

Merksatz: **Die „Firma" ist nur der Name des kaufmännischen Unternehmers, also keinesfalls gleichbedeutend mit „Unternehmen" oder „Betrieb".**

Wenn man sich darüber im Klaren ist, dass sich die Thematik der Rechtsform eigentlich auf den Rechtsträger eines Unternehmens bezieht, mag man mit der gängigen Praxis auch weiterhin von der Rechtsform eines Unternehmens sprechen, insbesondere im Blick auf Privatgesellschaften. Ihre wirtschaftspraktische Bedeutung als Unternehmensträger ist enorm: Einzelunternehmer beschränken sich, von seltenen Ausnahmen wie der früheren Drogeriemarktkette Schlecker abgesehen, auf sehr kleine Wirtschaftseinheiten vor allem im Einzelhandel, bei handwerklichen Dienstleistungen, bei sog. Freiberuflern wie Anwälten, Steuerberatern, Architekten etc. (vgl. den Katalog in § 1 Abs. 2 S. 2 PartGG). Einzelunternehmer finden sich auch oft bei Existenzgründungen („start-ups"), also wenn sich bisherige Arbeitnehmer als Unternehmer selbständig machen.

Als Unternehmensträger dominieren aber überall Privatgesellschaften (statistische Nachweise bei Windbichler [Gesellschaftsrecht] § 4 Rn. 11), allein schon als Instrument der Eigenfinanzierung durch Aufbringung von Einlagen der Gesellschafter. Ein wesentlicher Faktor für die Dominanz von Privatgesellschaften ist auch das verständliche Bestreben, Betriebsvermögen als Risikokapital vom Privatvermögen rechtlich getrennt halten zu können; Geschäftsgläubigern gegenüber haftet dann, wenn der Unternehmensträger eine Privatgesellschaft als juristische Person (z.B. eine GmbH oder AG) ist, nur das Gesellschaftsvermögen. Auf das Vermögen der Gesellschafter können also die Gläubiger z.B. einer AG oder GmbH hingegen grundsätzlich nicht zugreifen. Der Einzelunternehmer haftet hingegen sowohl für Geschäftsschulden als auch für Privatschulden unterschiedslos mit seinem gesamten Vermögen ohne Rücksicht darauf, welche Teile davon er als Geschäfts- oder als Privatvermögen klassifiziert.

Beispiel:

Frau Fricke (mit Kaufmannsstatus nach §§ 1 ff. HGB) betreibt im Großraum München unter der Firma „IT-Notarzt Freising" ein Einzelunternehmen für IT-Dienstleistungen. Mieter der Geschäftsräume ist die „Fa. IT-Notarzt Freising", also Frau Fricke als Unternehmensträger. Für die Mietzinsschulden haftet Frau Fricke auch mit ihrem privaten Wohngrundstück, für den Preis ihres privaten Theaterabonnements haftet Frau Fricke auch mit der Büroeinrichtung.

Wie bereits gesagt, sind aber keineswegs alle Privatgesellschaften juristische Personen. Viele folgen eben dem bereits erwähnten Gesamthandsprinzip. Die Kenntnis der fundamentalen Strukturmerkmale beider Prinzipien ist der Schlüssel zum Verständnis der Privatgesellschaften und der wirtschaftlichen Funktion ihrer rechtlichen Ausgestaltung im Einzelnen.

5.1.3 Strukturmerkmale der juristischen Personen („Körperschaften", „Kapitalgesellschaften")

Wie der Mensch als natürliche Person hat auch die juristische Person Rechtsfähigkeit. Sie selbst kann also Träger von Rechten und Pflichten sein. So ist etwa Eigentümer der LKWs eines Transportunternehmens in der Rechtsform einer GmbH „die" GmbH als juristische Person, und „die" GmbH ist als Käufer jener LKW nach § 433 Abs. 2 BGB zur Zahlung des Kaufpreises verpflichtet. Nicht etwa verfügen die GmbH-Gesellschafter oder gar die Geschäftsführer deshalb über irgendwelche Miteigentumsanteile i.S. von §§ 1008 ff. BGB an jenem Grundstück. Auch sind weder die Gesellschafter noch die Geschäftsführer zur Zahlung verpflichtet.

Nach diesem sog. Trennungsprinzip als Konstruktionsprinzip der juristischen Person haftet das jeweilige Vermögen der Gesellschafter (oder gar dasjenige der Geschäftsführer!) selbst dann nicht, wenn das Aktivvermögen der Gesellschaft zur Erfüllung der Verbindlichkeiten der Gesellschaft nicht ausreicht. Und „die" GmbH ist das maßgebliche Steuersubjekt namentlich für die Körperschaftssteuer.

Das Gesetz bringt diese charakteristische rechtliche Situation meist sprachlich unvollkommen, aber doch erkennbar zum Ausdruck.

Beispiel:

§ 13 Abs. 2 GmbHG formuliert das Trennungsprinzip nur bezüglich der Haftung, nicht auch bezüglich der Aktivposten des Gesellschaftsvermögens. Ferner verstellt der Hinweis in § 13 Abs. 1 GmbH darauf, dass die GmbH Eigentümer eines Grundstückes sein könne, nur die Einsicht dafür, dass die GmbH Inhaber von Rechten aller Art sein kann, also selbstverständlich auch Eigentümer beweglicher Sachen wie der vorstehend genannten LKWs.

Soeben war von Geschäftsführern einer GmbH die Rede. Bei ihnen handelt es sich um sog. Organe der GmbH. Denn ein lediglich gedankliches juristisches Konstrukt, wie es die GmbH als juristische Person darstellt, muss ja in die Lage versetzt werden, am Rechtsverkehr überhaupt teilnehmen zu können. Der Gesetzgeber muss also solche Organe jeweils erst definieren. Bei der GmbH beispielsweise nennt das Gesetz dieses Organ, durch das sich die GmbH am Rechtsverkehr beteiligt, „Geschäftsführer" (vgl. § 35 Abs. 1 GmbHG), bei der AG „Vorstand" (vgl. §§ 76 ff. AktG).

Die Funktion ist jeweils dieselbe: die rechtliche Repräsentation der Gesellschaft. Verträge etwa, die die Organperson als solche, also im Namen der Gesellschaft und im Rahmen ihrer diesbezüglichen Befugnis (sog. Vertretungsmacht), schließt, sind rechtlich gesehen Verträge der Gesellschaft (vgl. § 164 Abs. 1 BGB). Beim Menschen als „natürlicher Person" werden solche Organe zur Teilnahme am Rechtsverkehr bzw. zur Zurechnung der Handlungsfolgen an das Rechtssubjekt hingegen einfach vorausgesetzt.

Beispiel:

Der Mensch sieht mit seinen Augen Vertragstexte; er benutzt Mund und Zunge zur Formulierung von Erklärungen, die ein anderer mit seinen Ohren hört; mit den Händen betätigt er die Tastatur eines Laptops zum Aufsetzen eines schriftlichen Angebots etc. Wer aufgrund einer körperlichen Behinderung über keine derartigen funktionierenden Organe verfügt, hat enorme Schwierigkeiten bei der Teilnahme am Rechtsverkehr.

Neben dem Trennungsprinzip prägt die juristischen Personen der Grundsatz der sog. Drittorganschaft: Die Organpersonen müssen nicht zugleich Gesellschafter sein, können vielmehr Dritte sein. Eine personelle Identität zwischen Gesellschafter und Organperson ist aber rechtlich zulässig und in der Praxis häufig.

Beispiel:

Die beiden Gesellschafter einer GmbH sind zugleich deren Geschäftsführer; das Vorstandsmitglied einer im wirtschaftlichen Niedergang befindlichen AG hat privat keine Aktien dieser Gesellschaft, ist also aus gutem Grund nicht zugleich deren Gesellschafter.

Wie die allermeisten juristischen Prinzipien oder Grundsätze haben auch Trennungsprinzip und Drittorganschaft keine ausnahmslose Geltung. So kennt z.B., was noch auszuführen sein wird (Abschnitt 5.2.2.3), das GmbH-Recht durchaus Durchbrechungen des Trennungsprinzips in bestimmten Konstellationen, und für die e.G. schließt § 9 Abs. 2 GenG definitiv eine Drittorganschaft aus.

Merksatz: Für juristische Personen gelten Trennungsprinzip und Drittorganschaft.

5.1.4 Strukturmerkmale der Gesamthandsgesellschaften („Personengesellschaften")

Nach früher verbreitetem Verständnis in Rechtswissenschaft und Rechtsprechung (sog. herrschende Meinung, „h.M.") fehlte den Gesamthandsgesellschaften (Personengesellschaften) die Rechtsfähigkeit. Seit Jahrzehnten ist aber nunmehr rechtswissenschaftlich geklärt und feste gerichtliche Entscheidungspraxis, dass jene Gesellschaften sich hinsichtlich der vorhandenen Rechtsfähigkeit nicht von juristischen Personen unterscheiden. Auch Gesamthandsgesellschaften sind rechtsfähig. Von rechtsfähigen „Personengesellschaften" gehen ausdrücklich z.B. auch § 14 BGB, die InsO in § 11 Abs. 2 Nr. 1 sowie § 191 Abs. 1 Nr. 1, Abs. 2 Nr. 1 und 2 UmwG aus.

Wenn diese Vorschriften freilich zugleich andeuten, es könne auch „Personengesellschaften" ohne Rechtsfähigkeit geben, legen sie eine falsche Spur zu einer leeren Menge, da wohl alle „Personengesellschaften" rechtsfähig sind. Dennoch ist die Praxis wegen § 15 Abs. 1 Nr. 2 EStG gezwungen, in wertungslogischer Inkonsequenz nicht die „Personengesellschaft" mit Körperschaftssteuer, sondern deren Gesellschafter als „Mitunternehmer" mit Einkommenssteuer zu besteuern.

Der strukturelle Unterschied der Gesamthandsgesellschaften (Personengesellschaften) gegenüber juristischen Personen liegt demgegenüber zunächst im Fehlen des Trennungsprinzips. Daraus folgt, dass hier die Gesellschafter mit ihrem eigenen Vermögen für die Schulden der sog. Personengesellschaft einzustehen haben. Diese sog. persönliche Haftung der Gesellschafter ordnet § 128 HGB für die OHG ausdrücklich an. Eine derart persönliche Haftung trifft aber aus logischen Gründen (Gesamthandsgesellschaften sind nun einmal trotz gleicher Rechtsfähigkeit keine juristischen Personen!) auch die Gesellschafter anderer Personengesellschaften wie z.B. der GbR, obwohl die §§ 705 ff. BGB darüber kein Wort verlieren.

Auch darüber hinaus liefert § 128 HGB die Blaupause für die Art der persönlichen Haftung von sog. Personengesellschaftern: Untereinander (also nicht im Verhältnis zum Gläubiger!) haften sie grundsätzlich als „Gesamtschuldner". Damit verweist § 128 HGB auf den Regelungskomplex der §§ 421 ff. BGB: Gesamtschuldner haften „nach Belieben" des Gläubigers jeweils bis zum vollen Umfang des Anspruchs, also keinesfalls immer nur anteilig (nicht nur „pro rata"). Mit dem durch § 421 BGB eingeräumten „Belieben" des Gläubigers ist es freilich in Wahrheit wegen der Diskriminierungsverbote nach §§ 1 ff. AGG nicht mehr weit her, wobei der Umfang der Einflussnahme des AGG hier nicht näher erörtert werden kann. Der Gläubiger kann bei einer Gesamtschuld den Anspruch natürlich insgesamt nur einmal realisieren.

Merksatz: Gesamthandsgesellschafter („Personengesellschafter") haften den Gesellschaftsgläubigern gegenüber persönlich als Gesamtschuldner.

Diese Möglichkeit der ggf. vollen persönlichen Inanspruchnahme jedes Gesellschafters besteht übrigens von vornherein und nicht nur dann, wenn die Forderungsrealisierung gegenüber der OHG oder auch der GbR vielleicht wegen Liquiditätsschwäche auf Schwierigkeiten stößt (anders bei der EWIV nach Art. 24 EWIV-VO). Die persönliche Haftung ist grundsätzlich keine subsidiäre Haftung. In der Praxis werden jedoch Gesellschaftsgläubiger an die persönliche Haftung der Gesellschafter erst denken, wenn die Geltendmachung ihrer Forderungen gegenüber der Gesellschaft auf Schwierigkeiten stößt.

Beispiel:

Eine OHG (oder GbR) mit X, Y und Z schuldet ihrem Geschäftspartner P € 9.000. P hat hier 4 Schuldner: neben der Gesellschaft auch X, Y und Z „persönlich". Wenn P sich dafür entscheidet, muss etwa Y den vollen Betrag zahlen. Als Gesamtschuldner kann er den P weder ganz noch teilweise an X oder Z verweisen, die ja schließlich auch haften. P hätte freilich aus eigenem Antrieb die Forderung auch beliebig zwischen X, Y und Z aufteilen können.

Da diese persönliche und gesamtschuldnerische Haftung der sog. Personengesellschafter ja nur die Chancen der Forderungsrealisierung durch den Gesellschaftsgläubiger erhöhen soll, besteht weder wirtschaftlich noch rechtlich Veranlassung, denjenigen Gesellschafter, der an Stelle der Gesellschaft und der Mitgesellschafter den Gläubiger wegen dessen Forderung befriedigt hat, als endgültigen Kostenträger zu belasten. Da Auslöser der ganzen Angelegenheit ja eine Schuld der Gesellschaft war, ist es vielmehr recht und billig, einen Rückgriff auf das Gesellschaftsvermögen in voller Höhe zu eröffnen (sog. Tilgungsregress gegen die Gesellschaft). Dies tut das Gesetz im Fall des persönlich haftenden Gesellschafters z.B. einer OHG durch § 110 HGB, was der Gesetzestext leider nicht sehr deutlich erkennen lässt. Im Ergebnis derselbe Ausgleichsmechanismus gilt auch bei anderen Gesamthandsgesellschaften, ist dort aber rechtlich noch komplizierter ausgedrückt (vgl. z.B. für die GbR §§ 713, 670 BGB).

Außerdem ist es ja reiner Zufall, welche Gesellschafter als Gesamtschuldner der Gläubiger belangt und in welcher Höhe. Gesamtschuldner müssen sich deshalb nach § 426 BGB ausgleichen, wenn der Gläubiger von einem oder mehreren der Gesamtschuldner befriedigt wurde. Der Umfang dieses „persönlichen" Tilgungsregresses bestimmt sich dabei grundsätzlich nach gleichen Teilen, „soweit nicht ein anderes bestimmt ist" (§ 426 Abs. 1 S. 1 BGB). Diese anderweitige Bestimmung kann namentlich gesellschaftsvertraglich durch unterschiedliche Verlusttragungsquoten angeordnet sein. In seltenen Fällen ist ein Gesellschafter gesellschaftsvertraglich von einer Verlusttragung ganz befreit.

Definition:

„Tilgungsregress" bezeichnet den Rückgriff eines Gesellschafters nach dessen Inanspruchnahme durch einen Gesellschaftsgläubiger.

Da nach h.M. jeden Gesellschafter einer sog. Personengesellschaft eine gegenüber dem allgemeinen Vertragsrecht (vgl. § 242 BGB) gesteigerte „Treuepflicht" gegenüber seinen Mitgesellschaftern trifft, muss er deren Privatvermögen im Tilgungsregress nach Kräften schonen. Es muss also vorrangig versucht werden, den Rückgriff z.B. bei der OHG nach § 110 HGB gegenüber der Gesellschaft durchzuführen. Erst wenn dies scheitert oder auf wesentliche Schwierigkeiten stößt, darf nach § 426 BGB gegen die Mitgesellschafter persönlich vorgegangen werden.

Beispiel:

Nachdem im vorgenannten Beispiel Y vergeblich versucht hat, die an P gezahlten € 9.000 von der Gesellschaft erstattet zu erhalten, kann er (bei gleichen Verlustanteilen der Gesellschafter) von X und Z je € 3.000 verlangen.

In der Praxis ist der persönliche Tilgungsregress unter den Gesellschaftern die Regel, auch wenn er nur zu einer anteiligen Rückerstattung führt. Denn Gesellschaftsgläubiger rekurrieren auf die persönliche Haftung der Gesellschafter meist erst, wenn die Gesellschaft über kein hinreichendes Gesellschaftsvermögen verfügt. Dann aber muss auch der Versuch eines Tilgungsregresses seitens eines Gesellschafters gegen die Gesellschaft scheitern.

Merksatz: Nach Realisierung der persönlichen Haftung hat der betreffende Gesellschafter grundsätzlich eine **doppelte Option** für einen **Tilgungsregress** primär gegen die Gesellschaft und sekundär gegen seine Mitgesellschafter.

Da Personengesellschaften gerade keine juristischen Personen darstellen, gilt für sie ferner nicht das Prinzip der Drittorganschaft, sondern dessen Gegenteil, das Prinzip der Selbstorganschaft: Die Personengesellschaft wird durch ihre Gesellschafter als Organe repräsentiert und so im Rechtsverkehr handlungsfähig gemacht. § 714 BGB für die GbR und § 125 HGB für die OHG bringen dieses Prinzip deutlich zum Ausdruck. Eine gesellschaftsvertragliche Regelung, die alle Gesellschafter von der Vertretung einer Personengesellschaft ausschließt, ist deshalb unwirksam (Eisenhardt/Wackerbarth [Gesellschaftsrecht I] Rn. 32, 114). Dasselbe würde gelten, wenn die Personengesellschaft aus sich heraus keinen eigenen Willen mehr bilden könnte, weil sich die Gesellschafter selber sämtlich von der Geschäftsführung ausgeschlossen haben.

Merksatz: **Gesamthandsgesellschaften** („Personengesellschaften") sind charakterisiert durch **persönliche gesamtschuldnerische Haftung** der Gesellschafter und durch **Selbstorganschaft**.

5.1.5 Begriff der Handelsgesellschaften

Im Kontext der Privatgesellschaften ist besonderes Augenmerk auf die Handelsgesellschaften zu richten, also auf solche Gesellschaften, die (auch) dem Handelsrecht des HGB unterliegen. Denn daran knüpfen sich besondere Rechte und Pflichten: So hat z.B. nur eine Handelsgesellschaft einen Namen, der als „Firma" im Handelsregister eingetragen werden kann und der einerseits den besonderen firmenrechtlichen Schutz genießt (§§ 17 ff. HGB), andererseits aber auch notwendig die Gesellschaftsform verlautbaren muss (vgl.

z.B. für OHG und KG § 19 Abs. 1 Nr. 2 und 3 HGB, für die GmbH § 4 GmbHG, für die AG § 4 AktG). Nur in einer Handelsgesellschaft gibt es Prokuristen (§§ 48 ff. HGB) und Handlungsbevollmächtigte (§§ 54 ff. HGB), nur sie muss Handelsbücher führen und eine Handelsbilanz aufstellen (§§ 238 ff. BGB).

Ferner führt ihre Beteiligung im Rechtsverkehr zur Anwendung besonderer Vorschriften über „Handelsgeschäfte" (§§ 343 ff. HGB) in Ergänzung oder auch Abänderung des BGB. Für all dies verstellen die Formulierungen des HGB leicht den Blick, weil die dortigen Regelungen (so schon §§ 1 ff. HGB) sprachlich am Leitbild des „Kaufmanns" als Einzelunternehmers orientiert sind, nach § 6 Abs. 1 HGB aber ebenso für Handelsgesellschaften gelten.

Demnach sind solche Gesellschaften, die ein Handelsgewerbe betreiben, Handelsgesellschaften (§ 1 Abs. 1 mit § 6 Abs. 1 HGB). Für viele Privatgesellschaften mit juristischer Persönlichkeit, namentlich für AG (§ 1 Abs. 1 AktG) und GmbH (§ 13 Abs. 3 GmbHG), aber im Ergebnis z.B. auch für die e.G. (§ 17 Abs. 2 GenG) oder für den VVaG (§ 16 VAG), wird dies vom Gesetz einfach unterstellt. Sie sind schlicht aufgrund ihrer Rechtsform Betreiber eines Handelsgewerbes und Handelsgesellschaft. Deshalb spricht man in Bezug auf sie von „Form-Kaufleuten".

Beispiel:

Ein karitatives Hilfswerk für Erdbebenopfer als GmbH ist kraft Rechtsform Betreiber eines Handelsgewerbes.

Bei den sog. Personengesellschaften ist jedoch die Rechtslage komplizierter. Sie sind nur dann (aber auch immer dann!) Handelsgesellschaften, also sog. Personenhandelsgesellschaften, wenn ihre Tätigkeit tatsächlich die begrifflichen Merkmale eines Handelsgewerbes erfüllt. Die Einzelheiten können hier nicht dargestellt werden. Mit „Handel" i.S. von Warendistribution hat der Rechtsbegriff des Handelsgewerbes jedenfalls nichts zu tun. Im Kern geht es vielmehr um Folgendes:

Zunächst muss überhaupt einmal ein gemeinschaftliches Gewerbe betrieben werden, also gemeinschaftlich eine selbständige Tätigkeit regelmäßig mit planmäßig-fortgesetzt betätigter Gewinnerzielungsabsicht. Für ausreichend wird aber schon wirtschaftliche, also entgeltliche Tätigkeit am Markt gehalten (Klein-Blenkers [Rechtsformen] 7 m.w.N.). Gemeinnützige Organisationen, die nur kostendeckend arbeiten, unterfallen somit auch diesem handelsrechtlichen Gewerbebegriff. Ausgenommen davon werden jedoch traditionell ohne überzeugende Gründe die sog. freien Berufe (umfangreicher Beispielskatalog in § 1 Abs. 2 PartGG). Mangels Gewerbes scheiden für diese Freiberufler OHG und KG von vornherein aus, da diese Gesellschaften ja ein gemeinschaftliches Handelsgewerbe voraussetzen und dieses seinerseits ein Gewerbe verlangt. Denn Handelsgewerbe ist aus logischer Sicht eine begriffliche Teilmenge des Gewerbes. Die Freiberufler können sich aber als GbR oder in einer Partnerschaftsgesellschaft zusammenschließen (Abschnitte 5.2.1.1 und 5.2.1.5).

Ist im konkreten Fall ein Gewerbe zu bejahen, so ist es nach § 1 Abs. 2 HGB jedenfalls dann ein Handelsgewerbe, wenn es eine kaufmännische Betriebsorganisation erfordert. Ein recht robuster Indikator für die Notwendigkeit einer solchen strukturierten Auftrags-, Personal- und Lagerverwaltung, Finanzierungs- und Investitionsplanung sowie eines spezifischen Controlling etc. ist der Umsatz, ohne dass sich eine feste Zahl nennen ließe. Unter dieser kritischen Grenze des § 1 Abs. 2 HGB agieren z.B. vielfach Existenzgründer noch ohne Mitarbeiter und kleine Familienbetriebe.

Beispiel:

A und B, früher Angestellte, haben sich kürzlich mit Web-Design gemeinschaftlich selbständig gemacht; 2 Geschwister, gelegentlich unterstützt von ihrer Tante, betreiben zusammen eine kleine Pension.

Sind diese Kriterien aber erfüllt, liegt zwingend eine Personenhandelsgesellschaft vor, namentlich eine OHG oder KG. Die Gesellschafter können dann nur zwischen diesen wählen, die GbR ist als Rechtsform dann nicht wählbar. Zwar muss nach § 106 (ggf. mit § 161 Abs. 2) HGB eine Firma zur Eintragung ins Handelsregister angemeldet werden, doch ist diese Eintragung nur „deklaratorisch", d.h. die Gesellschaft ist schon vor Eintragung als Handelsgesellschaft rechtlich existent. Man spricht dann von einer „muss-kaufmännischen" (oder auch: „ist-kaufmännischen") Gesellschaft.

Wird wie im vorgenannten Beispiel durch eine Personengesellschaft ein gemeinschaftliches Gewerbe unterhalb der kritischen Grenze des § 1 Abs. 2 HGB betrieben, so steht es der dann vorliegenden GbR frei, durch Eintragung einer Firma im Handelsregister gemäß § 105 Abs. 2 HGB (vgl. auch § 2 HGB) aus ihrem Gewerbe ein Handelsgewerbe zu machen und damit – je nach Haftungsabreden – zur OHG oder zur KG zu werden, also zu einer Personenhandelsgesellschaft. Man spricht hier von einer „kann-kaufmännischen" Gesellschaft. Dieser Effekt tritt erst mit Eintragung ein, die Eintragung wirkt also „konstitutiv". Die unternehmerische Entscheidung über diese Optionen ist nicht leicht zu treffen, eben weil, wie eingangs skizziert, mit der Unterstellung der Gesellschaft unter das Handelsrecht nicht nur besondere Rechte, sondern auch besondere Pflichten verbunden sind.

Merksatz: **Handelsgesellschaften sind „form"-, „muss"- oder „kann-kaufmännische" Gesellschaften.**

5.1.6 Rechtsformwahl und Gestaltungsoptionen

5.1.6.1 Kriterien bei der Rechtsformwahl

Auch wenn sich die Privatgesellschaften sämtlich auf zwei fundamentale Rechtsstrukturen (Trennungsprinzip und Drittorganschaft einerseits, persönliche Gesellschafterhaftung und Selbstorganschaft andererseits) zurückführen lassen, so ist doch das Rechtsregime jeder Rechtsform im Einzelnen sehr unterschiedlich (Abschnitt 5.2). Deshalb spielt die Wahl der „richtigen" Rechtsform für ein Unternehmen, passend für die unternehmerischen Pläne unter Berücksichtigung des jeweiligen realen ökonomischen Datenkranzes, eine wesentliche Rolle.

Besonders bei Existenzgründungen („start-ups"), also beim Übergang vom Arbeitnehmer zum Unternehmer (vgl. § 14 BGB), ist hier Sorgfalt vonnöten, denn diesbezügliche Fehlentscheidungen können sich gravierend auswirken (Schünemann [Existenzgründung] 125 ff.). Und ein späterer Wechsel in eine andere

Rechtsform, eine sog. Umwandlung, ist zwar grundsätzlich möglich, jedoch im Rahmen des Umwandlungsgesetzes (UmwG) meist sehr aufwändig und kostenträchtig (dazu näher Windbichler [Gesellschaftsrecht] § 38). Auch führt eine solche Umwandlung wegen des grundlegenden Wechsels des Rechtsregimes nicht nur zu erheblichem innerorganisatorischen Anpassungsdruck, sondern hat oft auch eine Veränderung der Außenbeziehungen des Unternehmens zur Folge, namentlich zu Lieferanten, Kunden und Kreditgebern. Denn dabei verändern sich vielfach auch die Haftungs- und Vermögensverhältnisse der Gesellschaft sowie deren Vertretung.

Weniger problematisch ist hingegen eine lediglich formwechselnde Umwandlung innerhalb der Personengesellschaften namentlich zwischen GbR, OHG und KG, weil keine Vermögensverschiebung stattfindet. In Betracht kommt z.B. ein Wechsel von einer GbR zu einer kann-kaufmännischen OHG in Ausübung der Option des § 105 Abs. 2 BGB durch (konstitutive) Eintragung einer Firma im Handelsregister (vgl. Abschnitt 5.1.5) oder durch Umwandlung einer OHG zu einer KG mittels bloßer Änderung des Gesellschaftsvertrages.

Welche nun die „richtige", unternehmensadäquate Rechtsform der Privatgesellschaft ist, bestimmt sich nach vielen Kriterien (vgl. Abb. 5.2 sowie eingehend Klein-Blenkers [Rechtsformen] 25 ff., 204 ff.). So hat z.B. eine sog. Personengesellschaft zwar einen sehr geringen Gründungs- und Verwaltungsaufwand, doch bedeutet eine persönliche Haftung der Gesellschafter ein Risiko. Gerade deshalb hat eine Personengesellschaft aber auch eine strukturell bessere Bonität im Geschäftsverkehr, insbesondere auch bei der Kreditaufnahme.

Gründung (Errichtung) und Verwaltung einer AG hingegen sind gerade im Vergleich mit Personengesellschaften sehr schwierig und aufwändig, aber die AG bietet bezüglich der Haftung große Vorteile durch das Trennungsprinzip und durch die großen Möglichkeiten der Eigenkapitalbeschaffung am Kapitalmarkt. Als problematisch hinwiederum mag die ausnahmslose Mitbestimmung der Arbeitnehmerseite – deren Teilhabe an der unternehmerischen Willensbildung der AG – empfunden werden. Auch die Publizitätsanforderungen, also die rechtlich gebotene Transparenz der geschäftlichen Verhältnisse gegenüber der Öffentlichkeit insbesondere durch Bilanzierung, sind bei der AG im Interesse der Investoren wie auch der Gesellschaftsgläubiger besonders hoch.

Für die Frage nach der „richtigen" Rechtsform nicht unterschätzt werden darf die Firmenfähigkeit, die nur Handelsgesellschaften aufweisen. So kann eine GbR mangels Firma (§ 17 HGB, s. Abschnitt 5.1.5) nicht im Handelsregister eingetragen werden, denn dort werden eben nur Firmen eingetragen. In vielen Staaten außerhalb der EU (z.B. in Russland oder China), in denen die staatliche Registrierung eines Unternehmens Voraussetzung für einen legalen Marktzutritt ist, macht dies eine Geschäftstätigkeit faktisch unmöglich, weil diese Unternehmen dort von vornherein unter dem Generalverdacht der Illegalität in ihrem Sitzland Deutschland stehen. Allgemein bekannt ist hingegen die Wichtigkeit der Rechtsform für die Besteuerung, die eine gesonderte Darstellung erfordern würde (zusammenfassende Einführung bei Windbichler [Gesellschaftsrecht] § 4 Rn. 9 f.).

Auch bezüglich Geschäftsführung und Vertretung unterscheiden sich die rechtlichen Vorgaben für die organisatorische Ausgestaltung der Gesellschaf-

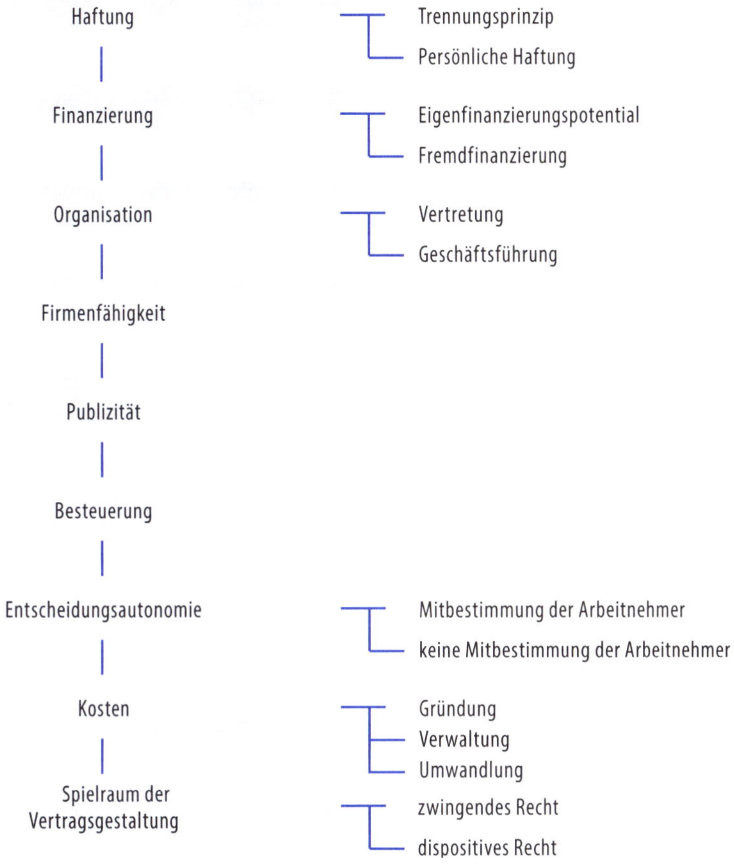

Abbildung 5.2: Hauptkriterien für die Rechtsformwahl

ten bei den einzelnen Gesellschaftsformen sehr deutlich. Dabei ist weithin nicht klar, worin sich Geschäftsführungsbefugnis und Vertretungsbefugnis („Vertretungsmacht", vgl. § 164 Abs. 1 BGB) überhaupt unterscheiden: Die Geschäftsführungsbefugnis entscheidet über das rechtliche Dürfen, die Vertretungsmacht über das rechtliche Können.

Das Verständnis erschließt sich am besten anhand der Rechtsfolgen bei Überschreiten (oder gar völligem Fehlen) dieser Befugnisse: Wird die Geschäftsführungsbefugnis überschritten, macht man sich regelmäßig der Gesellschaft gegenüber nach § 280 Abs. 1 BGB schadensersatzpflichtig. Überschreitet man die Vertretungsbefugnis, ist eine im Namen der Gesellschaft abgegebene Willenserklärung (Vertragsangebot- und -annahme, Kündigung etc.) unwirksam, da die Voraussetzungen des § 164 Abs. 1 BGB dann nicht sämtlich vorliegen, und der Vertreter ohne entsprechende Vertretungsmacht (der sog. falsus procurator) haftet dem Geschäftspartner gegenüber nach Maßgabe des § 179 BGB auf Schadensersatz.

Merksatz: **Geschäftsführungsbefugnis** betrifft das rechtliche Dürfen im Innenverhältnis der Gesellschaft, **Vertretungsbefugnis** das rechtliche Können im Außenverhältnis.

Die Grenzen beider Befugnisse sind dabei jeweils doppelt bestimmt: Erstens ist zu beachten, ob die Befugnis dem Betreffenden einzeln zusteht oder nur zusammen mit anderen Befugten (personelle Kompetenzorganisation). Demzufolge spricht man von Einzel- oder Gesamtgeschäftsführungsbefugnis bzw. von Einzel- oder Gesamtvertretungsbefugnis. Eine Einzelkompetenz unter Ausschluss aller anderen Gesellschafter ist dann eine Alleinkompetenz, z.B. eine Alleingeschäftsführungsbefugnis. Zweitens ist der sachliche Kompetenzinhalt zu respektieren. In beiden Punkten kann es dabei zu gravierenden Unterschieden kommen.

Beispiel:

A und B haben Gesamtvertretungsmacht für jedwede Geschäfte sowie jeweils Einzelgeschäftsführungsbefugnis, aber nur für Handlungen im gewöhnlichen Geschäftsbetrieb.

Von großer Wichtigkeit ist schließlich, ob bzw. inwieweit das Rechtsregime der jeweiligen Privatgesellschaft aus zwingenden oder dispositiven Rechtsnormen besteht, für die Beteiligten also bindend oder abänderbar („abdingbar") ist (Abschnitt 5.1.6.2).

5.1.6.2 Regelungsbereiche und Gestaltungsspielräume von Gesellschaftsverträgen

Im Zentrum gesellschaftsrechtlicher Überlegungen steht naturgemäß der Gesellschaftsvertrag, bei juristischen Personen auch Satzung genannt. An der Spitze der zu treffenden Regelungen steht sicher die Wahl der Rechtsform. Dabei besteht weitgehende, aber keineswegs uneingeschränkte Wahlfreiheit, deren Begrenzung sich aus dem gesetzlichen Zweck der Gesellschaft ableitet.

Für das Verhältnis von GbR einerseits, OHG und KG andererseits, wurden die sich aus der gesetzlichen Systematik heraus bestehenden, impliziten Einschränkungen der Wahlfreiheit bereits dargestellt (Abschnitt 5.1.5). Explizite gesetzliche Restriktionen bei der Rechtsformwahl bestehen etwa für das Investmentgeschäft, das nur durch eine AG oder GmbH betrieben werden kann, die Versicherung nur durch AG oder VVaG. Das Bauspargeschäft ist überhaupt nur im Rahmen einer AG zulässig. Im Übrigen wird das Bestehen bzw. Nichtbestehen der Wahlfreiheit einer Rechtsform im Blick auf den Unternehmenszweck bei der Betrachtung der Gesellschaftsformen in Abschnitt 5.2 noch differenziert zur Sprache kommen.

Rechtliche Basis aller Privatgesellschaften ist der Gesellschaftsvertrag. Für ihn gibt es typische Regelungsbereiche, über die Abb. 5.3 Auskunft gibt. Dabei gibt es häufig wechselseitige rechtliche Abhängigkeiten: So gibt es z.B. hinsichtlich der persönlichen Haftung für Gesellschaftsverbindlichkeiten bei GbR, OHG, GmbH und AG weder Bedarf noch Raum für Vereinbarungen: Die persönliche gesamtschuldnerische Haftung aller Gesellschafter ist als Strukturmerkmal für GbR und OHG zwingend, ebenso zwingend entfällt sie für Gesellschafter von GmbH und AG wegen des Trennungsprinzips bei juristischen Personen. Sie wird aber bedeutsam z.B. bei einer Kommanditgesellschaft (KG) wegen § 161 Abs. 1 HGB oder bei der Partnerschaftsgesellschaft (vgl. § 8 Abs. 3 PartGG).

Oder: Der sachliche Inhalt der Vertretungsmacht eines OHG-Gesellschafters ist vom Gesetz definitiv unbeschränkt und unbeschränkbar (vgl. § 126 Abs. 2 und 3 HGB). Wünschen die Personengesellschafter eine restriktivere Gestaltung, so kommt eine GbR in Betracht, bei der § 714 BGB dafür Raum lässt. Diese Option besteht freilich nur, wenn kein muss-kaufmännisches Handelsgewerbe betrieben werden soll. Denn dann handelt es sich bei der Gesellschaft nach §§ 1, 6 Abs. 1, 105 Abs. 1 HGB definitionsgemäß eben um eine OHG oder KG (Abschnitt 5.1.5).

Abbildung. 5.3: Zentrale gesellschaftsvertragliche Regelungsbereiche

Haben die Beteiligten Interessen, die mit den gesetzlichen Regelungen der jeweils angedachten Gesellschaftsform im Widerspruch stehen, müssen diese Interessen dann grundsätzlich eben im Rahmen einer anderen Gesellschaftsform verfolgt werden, wenn deren Rechtsregime dafür Raum gibt. Insgesamt handelt es sich bei den Entscheidungen für die einzelnen Regelungsfelder um ein mehrdimensionales Optimierungsproblem.

Dieses Optimierungsproblem wird dadurch entschärft, dass das Gesetz teilweise „abdingbar" ist, also durch Vertrag von den Beteiligten in ihrem Rechtskreis außer Kraft gesetzt werden kann. Welche Rechtsnormen derart dispositives Recht (im Gegensatz zum zwingenden Recht) darstellen, ist im Einzelfall umstritten. Als Faustregel kann aber Folgendes gelten (Abb. 5.4).

	GbR	OHG, KG EWIV Partnersch.	GmbH, UG, SPE	AG, SE KGaA, eG, SCE
Außenverhältnis	z. T. X			
Innenverhältnis	X	X	z. T. X	

Abbildung 5.4: Dispositives (X) und zwingendes Gesellschaftsrecht (stark vereinfacht, nach *Schünemann* [Wirtschaftsprivatrecht] 473)

Das Recht der GbR (§§ 705 ff. BGB) ist weitestgehend dispositiv, zwingend sind hier wohl nur die bereits mehrfach angesprochenen rechtsstrukturellen Vorgaben der Gesamthandsgesellschaften überhaupt, also die persönliche gesamtschuldnerische Haftung der Gesellschafter und die Selbstorganschaft. Am anderen Ende des Spektrums der Privatgesellschaften steht das Aktienrecht, das gänzlich zwingendes Recht ist. Dazwischen vermindert sich der Grad dispositiver Rechtsnormen über die Personenhandelsgesellschaften OHG und KG über das Vereins- und Stiftungsrecht weiter zum Recht der GmbH.

Innerhalb dieses Kontinuums ist wiederum das Außenverhältnis der Gesellschaft überwiegend von zwingendem Recht beherrscht. Das Innenverhältnis zwischen den Gesellschaftern untereinander und in ihrem Verhältnis zur Gesellschaft ist hingegen eher durch dispositives Recht geprägt. Dies muss bei der folgenden Darstellung der jeweiligen gesetzlichen Regelung des Innenverhältnisses einer Gesellschaftsform unbedingt in Erinnerung behalten werden. Zu einer Rechtsgestaltung bei dispositiver gesetzlicher Regelung noch folgendes

Beispiel:

Im Rahmen einer OHG vereinbaren A, B und C gesellschaftsvertraglich in Abweichung von §§ 707 BGB, 105 Abs. 3 HGB eine Nachschusspflicht der Gesellschafter, wenn der Jahresgewinn eine bestimmte Grenze unterschreitet: wirksam! Ferner werden durch Gesellschaftsvertrag, anders als in §§ 115 f. HGB vorgesehen, B und C von der Geschäftsführung ausgeschlossen: Werden B und C auch von der Vertretung der Gesellschaft ausgeschlossen, so ist auch dies wirksam, obwohl § 125 HGB zwingendes Recht darstellt. Denn § 125 HGB lässt dies selber zu (diese Norm braucht also gar nicht abbedungen zu werden) und das Prinzip der Selbstorganschaft ist ja gewahrt.

5.1.6.3 Kombination von Gesellschaften

Mit der weitgehenden Wahlfreiheit von Gesellschaftsformen und den Gestaltungsspielräumen durch dispositives Recht ist das gesellschaftsrechtliche Optimierungspotential für den „richtigen" Unternehmensträger aber bei weitem noch nicht ausgeschöpft. Denn die diversen Gesellschaftsformen können auch kombiniert werden. Bekannt ist z.B. die GmbH & Co. KG (Abschnitt 5.2.1.3), denkbar sind aber auch andere Kombinationen wie z.B. eine Stiftung & Co. KG (Abschnitt 5.2.2.2) oder eine KG, deren Gesellschafter eine Stiftung, eine GmbH und eine OHG sind.

Von „Mischformen" sollte man dabei aber nicht sprechen, denn es werden nicht Merkmale verschiedener Gesellschaftsformen in einer Gesellschaft zusammengeführt, sondern vielleicht sogar ganz „reine", dem gesetzlichen Modell voll entsprechende Gesellschaften kombiniert. Die Gründe für solche Kombinationen sind vielfältig: Manchmal sind sie in der Unternehmensentwicklung begründet, manchmal spielen Haftungsüberlegungen und Flexibilisierungswünsche eine Rolle, und oft liegen steuerliche Erwägungen zu Grunde.

5.2 Rechtsformen der Privatgesellschaften

5.2.1 Gesamthandsgesellschaften (Personengesellschaften)

5.2.1.1 Gesellschaft bürgerlichen Rechts (GbR)

Der Zweck der GbR ist grundsätzlich frei bestimmbar. Aus rechtssystematischen Gründen ausgeschlossen ist allerdings der Betrieb eines Handelsgewerbes, weil dies nach §§ 105 Abs. 1, 161 Abs. 1 HGB begrifflich dann eine OHG oder KG darstellt (Abschnitt 5.1.5). Der gemeinsame Zweck kann demnach nicht-gewerblicher und dabei vielleicht ideeller Natur sein. Der Gesellschaftszweck kann aber auch auf den Betrieb eines Gewerbes (jedoch nicht: eines Handelsgewerbes!) oder auf gemeinschaftliche Ausübung eines sog. freien Berufes (vgl. Abschnitt 5.1.5) gerichtet sein. Die GbR ist also sehr vielgestaltig (vgl. Klunzinger [Grundzüge] 22 ff.).

Beispiele:

Nicht-gewerblich: Wohngemeinschaft; „Lotto"-Tippgemeinschaft; Car-Sharing-Ring von Nachbarn; Kartell, Holding-Gesellschaft einer Unternehmensgruppe als horizontaler Konzern; Arbeitsgemeinschaft (ARGE) mehrerer Unternehmen, um eine Großbaustelle effizient einzurichten und zu führen; Emissionskonsortium von Banken zur Platzierung von Aktien am Markt; Praxisgemeinschaft von Ärzten, Rechtsanwälten, Steuerberatern oder anderen Freiberuflern.

Gewerblich: Änderungsschneiderei zweier Damen, ein von einem Paar betriebenes kleines Restaurant oder eine kleine gemeinschaftlich betriebene Unternehmensberatung (jeweils nicht im Handelsregister eingetragen, sonst Handelsgewerbe nach § 105 Abs. 2 HGB).

Wie alle Gesamthandsgesellschaften (Personengesellschaften) verlangt deren Urform, die GbR, mindestens zwei Gesellschafter (§ 705 BGB: „mehrere"). Als Gesellschafter kommen dabei natürliche Personen (Menschen) ebenso in Betracht wie Personengesellschaften und juristische Personen (Abschnitt 5.1.2). Der Gesellschaftsvertrag der GbR ist, wie fast alle Willenserklärungen (hierzu und insgesamt zu Abschnitt 5.2 vgl. Schünemann [Wirtschaftsprivatrecht] 115 f., 474 ff.) grundsätzlich formfrei wirksam, kann also durchaus mündlich oder sogar durch schlüssiges Handeln wirksam abgeschlossen werden. Aus

Gründen der Klarheit und Beweisbarkeit empfiehlt sich jedoch zumindest eine textförmige Abfassung (zur Textform s. § 126b BGB). Haben die Gesellschafter Schriftform vereinbart (vgl. § 127 BGB), so ist darüber hinaus die eigenhändige Unterschrift aller Gesellschafter (§ 126 BGB) erforderlich, sodass Fax oder email dann nicht ausreichen.

Soweit ein Gesellschafter sich aber zur Einbringung eines Grundstücks verpflichtet, bedarf nach h.M. der Gesellschaftsvertrag als Ganzes sogar der notariellen Beurkundung, die § 311b Abs. 1 BGB eigentlich nur für die Einbringungspflicht vorsieht (Windbichler [Gesellschaftsrecht] § 6 Rn. 6).

Überhaupt ist der Gesellschaftsvertrag über die GbR hinaus in das allgemeine Vertragsrecht eingebettet: Er könnte z.B. deswegen nichtig sein, weil bei seinem Abschluss ein Gesellschafter psychisch nicht voll präsent war (§ 105 Abs. 2 BGB). Wenn dies erst später, vielleicht erst nach Jahren, entdeckt wird, würde es bei der Rückabwicklung aller erbrachten Leistungen ungeheure Probleme geben. Deshalb wird die Nichtigkeitswirkung solcher Vertragsmängel von der h.M. zurückgedrängt.

Bei der näheren Ausgestaltung dieser Lehre von der sog. fehlerhaften (oder auch schief: faktischen) Gesellschaft spielt wiederum die Trennung von Innen- und Außenverhältnis eine Rolle, ferner die besondere Schutzwürdigkeit gerade nur des Gesellschafters, in dessen Person der Wirksamkeitsmangel vorlag, und schließlich, ob die Gesellschaft ihre Tätigkeit schon aufgenommen hat, also schon „in Vollzug" gesetzt worden ist (näher Windbichler [Gesellschaftsrecht] § 6 Rn. 7 f.).

Jeder Gesellschafter hat seinen Beitrag zur Erreichung des Gesellschaftszwecks zu leisten. Dabei kann es sich um Geld, aber auch (als sog. Sachgründung) um Sachwerte, Know how, Kundenstamm, Dienstleistungen (vgl. § 706 Abs. 3 BGB) wie z.B. Buchführung etc. handeln. Einlagen sind jedoch nur solche Beiträge, die in das Gesellschaftseigentum übergehen („quoad dominium"). Wird nur der Gebrauchsnutzen einer Sache in die Gesellschaft eingebracht („quoad usum"), handelt es sich also zwar um einen Beitrag, nicht jedoch um eine Einlage. Fehlen klare Absprachen, vermutet § 706 Abs. 2 BGB bei der Sachgründung eine Verpflichtung zur Einbringung von Sachen quoad dominium.

Die Beitragspflicht besteht gegenüber der Gesellschaft, nicht etwa gegenüber dem oder den Mitgesellschaftern. Auch bei der „Zwei-Mann-GbR" (sog. zweigliedrige GbR) ist der Gesellschaftsvertrag kein gegenseitiger Vertrag i.S. der §§ 320 ff. BGB, da er nicht auf Leistungsaustausch zielt. Keiner der Gesellschafter kann deshalb seinen Beitrag bis zur Beitragsleistung des oder der anderen zurückhalten (Schünemann [Wirtschaftsprivatrecht] 475; a.A. Windbichler [Gesellschaftsrecht] § 6 Rn. 4). Die Beiträge bilden den Grundstock des Gesellschaftsvermögens (vgl. § 718 Abs. 1 BGB). Eine gesetzliche Mindestkapitalausstattung ist nicht vorgeschrieben, da die Interessen der Gläubiger ja durch die persönliche Haftung der Gesellschafter für alle Gesellschaftsschulden gewahrt scheinen. Dies und die grundsätzliche Formlosigkeit des Gesellschaftsvertrages einschließlich seiner Änderungen bewirken den allerdings für alle Personengesellschaften charakteristisch geringen Gründungsaufwand.

Seine Mitgliedschaft in der GbR – bezogen auf das Gesellschaftsvermögen: seine Beteiligung, seinen Geschäftsanteil – kann ein Gesellschafter nicht übertragen (vgl. §§ 717 Abs. 1 S. 1, 719 Abs. 1 BGB). Soll ein Gesellschafter ausscheiden oder neu hinzukommen, so bedeutet dies eine Änderung des Gesellschaftsvertrages, der alle zustimmen müssen. Das Gesellschaftsvermögen steht dann einer personell anders zusammengesetzten Gruppe zu; dem neu Hinzugekommenen ist damit eine vermögensmäßige Beteiligung zugewachsen (vgl. die Formulierung in § 738 Abs. 1 BGB). Einen Einzelaustritt sieht das Gesetz übrigens überhaupt nicht vor. Es kennt nur die Kündigung des gesamten Gesellschaftsvertrages (vgl. §§ 723 ff. BGB).

Neben der Beitragspflicht trifft den Gesellschafter nach § 705 BGB eine sog. allgemeine Zweckförderungspflicht: Er muss sich insgesamt so verhalten, dass die Erreichung des Gesellschaftszwecks nicht nur nicht gefährdet, sondern vielmehr erleichtert wird.

Bei allem trifft jeden Gesellschafter die Pflicht zu erhöhter Rücksichtnahme auf die Mitgesellschafter, die sog. gesellschaftliche Treuepflicht als Steigerung des allgemeinen Gebots nach § 242 BGB, Treu und Glauben zu wahren. Ihr Wirkungsfeld ist sehr weit gespannt.

Beispiele:

Bevorzugung des Tilgungsregresses zu Lasten der Gesellschaft gegenüber der Inanspruchnahme der Mitgesellschafter nach § 426 BGB (vgl. Abschnitt 5.1.4); Informationspflicht gegenüber den Mitgesellschaftern, um diesen die effektive Ausübung ihrer Mitwirkungsrechte zu ermöglichen; Wettbewerbsverbot der Gesellschafter gegenüber der Gesellschaft (vgl. auch § 112 HGB).

Aktivitäten in der Gesellschaftssphäre zu entfalten, also die Geschäftsführung, ist Recht und Pflicht jedes Gesellschafters (vgl. §§ 709, 713 BGB; deutlicher formuliert § 114 Abs. 1 HGB für die OHG). Soweit dazu Rechtsgeschäfte mit Wirkung für die Gesellschaft getätigt werden sollen, bedarf es freilich einer anderen Kompetenz, der Vertretungsbefugnis (vgl. Abschnitt 5.1.6.2).

§ 714 BGB bestimmt dazu, dass die Vertretungsmacht sich grundsätzlich nach der Geschäftsführungsbefugnis richtet, also wie diese (vgl. § 709 BGB) eigentlich nur allen zusammen zusteht (Gesamtgeschäftsführung und -vertretung). Es bedarf somit nach diesem Modell des Konsenses aller Gesellschafter. Der Gesellschaftsvertrag kann von der gesetzlichen Regelung abweichen, da § 709 BGB das Innenverhältnis betrifft und somit dispositiv ist und § 714 BGB selber eine andere Rechtsgestaltung offenhält. Die Kompetenzorganisation nach dem Gesamthandsprinzip macht die Gesellschaft schwerfällig. Häufig werden deshalb Einzelgeschäftsführungsbefugnis und -vertretung vereinbart. Selbst dann muss aber das beabsichtigte Geschäft nach § 711 BGB unterbleiben, wenn ein anderer – geschäftsführungsbefugter – Gesellschafter widerspricht (Vetorecht).

Auch die Gewinn- und Verlustverteilung richten sich nach den gesellschaftsvertraglichen Absprachen. Ist nichts anderes vereinbart, gilt Gleichverteilung, und zwar ohne Rücksicht auf die Beitragshöhe. Dies wird leicht übersehen.

Beispiel:

A und B betreiben als GbR einen Wach- und Schließdienst. A hat vertragsgemäß € 5.000, B € 10.000 in das Gesellschaftsvermögen eingelegt. B hat ferner Alleingeschäftsführungs- und -vertretungsbefugnis und engagiert sich ganz außerordentlich. Trotzdem werden, wenn nichts anders vereinbart wurde, Gewinn- und Verlust hälftig geteilt.

Bei längerfristig eingegangenen Gesellschaften werden Gewinn und Verlust nach Geschäftsjahresschluss zugewiesen, im Übrigen, also bei sog. Gelegenheitsgesellschaften, erst nach Auflösung der Gesellschaft (§ 721 BGB). Es handelt sich hierbei wie bei allen nachstehenden Regelungen des Innenverhältnisses selbstverständlich um dispositives Recht. „Auflösung" bedeutet entgegen dem Wortsinn nicht den Existenzverlust der Gesellschaft. Auflösung – durch Kündigung, aber etwa auch durch Zweckerreichung (§ 726 BGB), Tod oder Insolvenz eines Gesellschafters (§§ 727 f. BGB) – bewirkt vielmehr nur eine gesetzliche Umbildung der Gesellschaft mit dem Ziel der Liquidation, der Auseinandersetzung (vgl. die Formulierung in § 730 Abs. 2 S. 1 BGB), bis z.B. die schwebenden Geschäfte abgewickelt, die Gesellschaftsschulden berichtigt und die Einlagen zurückerstattet sowie eventuelle Überschüsse verteilt sind (§ 733 ff. BGB). Reicht das Gesellschaftsvermögen dazu nicht aus, so sind die Gesellschafter der Gesellschaft gegenüber (nicht gegenüber den Gesellschaftsgläubigern!) zu Nachschüsse verpflichtet (§ 735 BGB). Vorher besteht hingegen keine Nachschusspflicht (§ 707 BGB).

Während der Liquidation folgt die Organisation der Geschäftsführungsbefugnis (und damit wegen § 714 BGB auch diejenige der Vertretungsmacht) grundsätzlich wieder dem Gesamthandsprinzip, selbst wenn zuvor Einzelkompetenz bestand (§ 730 Abs. 2 S. 2 BGB). Erst nach Abschluss der Liquidation ist dann die Gesellschaft wirklich erloschen, kommt es also zur Beendigung der Gesellschaft (man spricht zur Verdeutlichung auch von Vollbeendigung). Leider kommt das Gesetz mit seiner eigenen Terminologie nicht zurecht: In § 726 BGB wird davon gesprochen, dass die Gesellschaft „endigt", obwohl ersichtlich (nur) die Auflösung angesprochen wird.

Definition:

Die „Auflösung" führt zur „Auseinandersetzung" (Liquidation) und diese zur „Beendigung" (zum Erlöschen) der Gesellschaft.

Eine fiktive Auflösung und Liquidation ist gedanklich durchzuspielen, wenn ein Gesellschafter durch Änderung des Gesellschaftsvertrages ausscheidet, nämlich um dann die Höhe seiner Auszahlung bestimmen zu können (sog. Abfindungsanspruch, § 738 Abs. 1 S. 2 BGB).

Teilweise wird die Konstruktion einer Gesellschaft bürgerlichen Rechts „mit beschränkter Haftung" für möglich gehalten, also eine Art „GbR mbH". Es soll sich dabei um eine GbR handeln, bei der den Gesellschaftsgläubigern nur das Gesellschaftsvermögen haftet, eine persönliche (und gesamtschuldnerische) Haftung also nicht bestehen soll. Das soll jedenfalls durch Vereinbarung mit dem Gläubiger, vielleicht aber auch schon durch eine entsprechende Beschränkung der Vertretungsmacht möglich sein. Ein Hinweis im Gesellschaftsnamen lediglich durch das Kürzel „mbH" wird zur Haftungsbeschränkung aber keinesfalls als ausreichend betrachtet (zu den Einzelheiten s. Windbichler [Gesellschaftsrecht] § 9 Rn. 13 f.). Wie auch immer konstruiert ist die Idee einer „GbR mbH" aber nicht akzeptabel, da sie mit der Grundstruktur der Gesamthandsgesellschaft in Widerspruch steht.

5.2.1.2 Offene Handelsgesellschaft (OHG)

Die OHG ist die Personenhandelsgesellschaft par excellence und eine weitverbreitete Rechtsform mittelständischer Unternehmen. Wegen der vollen persönlichen, gesamtschuldnerischen Haftung der Gesellschafter für Gesellschaftsschulden (§§ 105 Abs. 1, 128 HGB) besitzt sie erhebliche rechtsformspezifische Bonität. Ihr Zweck muss nach § 105 Abs. 1 HGB auf den Betrieb eines Handelsgewerbes gerichtet sein, also auf ein Gewerbe jenseits der Schwelle des § 1 Abs. 2 HGB als Muss-Kaufmann oder aber als kann-kaufmännische Gesellschaft nach Ausübung der Option des § 105 Abs. 2, 1. Alternative HGB durch Eintragung im Handelsregister (Abschnitt 5.1.5).

Da der Zweck der OHG nach § 105 Abs. 2, 2. Alternative HGB sogar auf die Verwaltung eigenen Vermögens beschränkt sein darf (was ja nicht einmal ein Gewerbe, geschweige denn ein Handelsgewerbe darstellt), kann sie zur Betriebsaufspaltung genutzt werden: Nach Registereintragung fungiert die OHG z.B. als bloße sog. Besitzgesellschaft, der die Betriebsmittel gehören, während eine andere Gesellschaft (oft eine GmbH als sog. Betriebsgesellschaft mit der OHG als Alleingesellschafter) den eigentlichen Unternehmenszweck operativ verfolgt. Sie arbeitet aber mit vergleichsweise geringem Vermögen, da sie ihre Betriebsmittel von der Besitzgesellschaft nur gepachtet und ihre Gewinne primär an die Besitzgesellschaft abzuführen hat. In Verbindung mit dem Trennungsprinzip (Abschnitt 5.1.3) bedeutet deshalb die Tätigkeit der Betriebsgesellschaft für das Unternehmen als Ganzes (als sog. Doppelgesellschaft, näher Klunzinger [Grundzüge] 338 ff.) ein sehr überschaubares Haftungsrisiko. Einen vergleichbaren Effekt hat die Betriebsaufspaltung in eine OHG als Produktionsgesellschaft und eine GmbH lediglich als Vertriebsgesellschaft.

Definition:

„Doppelgesellschaft" bezeichnet die **Aufspaltung** eines Betriebes in eine **OHG** als **Besitz-** oder auch als **Produktionsgesellschaft** und (meist) eine **GmbH** als **Betriebs-** oder auch nur als **Vertriebsgesellschaft.**

Die OHG weist prinzipiell dieselbe Struktur wie die GbR auf. Daraus erklärt sich § 105 Abs. 3 HGB mit seiner Generalverweisung auf die §§ 705 ff. BGB. Mit Rücksicht darauf ist manche Bestimmung in den §§ 105 ff. HGB überflüssig, so etwa § 118 HGB im Vergleich mit § 716 BGB, aber auch § 109 HGB. Regelmäßig wird von der dispositiv-gesetzlichen Regelung des Innenverhältnisses der OHG gesellschaftsvertraglich abgewichen. Dies gilt z.B. von der Regelung der Geschäftsführungsbefugnis. Diesbezügliche Gestaltungen müssen dann aber auch in ihrem Zusammenspiel mit den (zwingenden) §§ 125 f. HGB bezüglich der Vertretungsmacht gesehen werden.

Kommt es im konkreten Fall auf diese Kompetenzen an, so ist zweierlei zu prüfen: erstens, wie die Kompetenz personell organisiert ist, und zweitens, welchen sachlichen Inhalt diese Kompetenz hat, welche Handlungen von ihr also abgedeckt sind (Abschnitt 5.1.6.1). Hinsichtlich der personellen Organisation gehen die §§ 114f., 125 HGB von der Einzelkompetenz jedes Gesellschafters aus (Vetorecht nach § 115 Abs. 1 HGB bei Einzelgeschäftsführung).

Das Gesetz lässt aber Raum für die wenig praktikable und deshalb faktisch seltene Rückkehr zur Gemeinschaftskompetenz (vgl. §§ 115 Abs. 2, 125 Abs. 2 HGB: Gesamtgeschäftsführung und Gesamtvertretung; vgl. aber auch für das Liquidationsstadium §§ 149f. HGB!). Auch bei Vereinbarung von Gesamtvertretung gilt dies allerdings nur für die Aktivvertretung; für die Entgegennahme von Willenserklärungen (Passivvertretung) hingegen bleibt jeder Gesellschafter einzeln berechtigt (vgl. § 125 Abs. 2 S. 3 HGB).

Umgekehrt ist auch der Ausschluss von Gesellschaftern hinsichtlich Geschäftsführung und Vertretung bis hin zur Alleinkompetenz nur eines der Gesellschafter möglich. Ein Ausschluss sämtlicher Gesellschafter würde aber gegen das Prinzip der Selbstorganschaft verstoßen und wäre unwirksam.

Sachlich-inhaltlich ist die Geschäftsführungsbefugnis, wie immer sie personell organisiert sein mag, nach § 116 Abs. 1 HGB auf gewöhnliche Geschäfte gerade dieser Branche beschränkt. Was darüber hinausgeht, bedarf nach § 116 Abs. 2 HGB der Zustimmung aller Gesellschafter. Viel weiter reicht die – zwingend so festgelegte – Vertretungsmacht, die alle, auch ungewöhnliche und selbst branchenfremde Akte abdeckt (§ 126 Abs. 1 und 2 HGB).

Beispiel:

A und B betreiben eine Werbeagentur in der Rechtsform der OHG. B kauft namens der OHG ein Grundstück, um darauf ein repräsentatives Bürogebäude zu errichten: Das Geschäft ist von der dem B auch einzeln zustehenden Vertretungsmacht gedeckt, sodass die OHG rechtswirksam Käuferin geworden und als solche zur Zahlung des Kaufpreises (§ 433 Abs. 2 BGB) verpflichtet ist. B hat dabei aber seine Geschäftsführungsbefugnis überschritten: Zwar durfte er durchaus einzeln agieren, nicht aber einen Grundstückskauf als ungewöhnliches Geschäft tätigen.

In vorstehendem Beispiel hat B mit der Überschreitung seiner Geschäftsführungsbefugnis seine Pflicht gegenüber der Gesellschaft verletzt und ist ihr damit aus § 280 Abs. 1 S. 1 BGB grundsätzlich zum Schadensersatz verpflichtet. Soll dieser der Gesellschaft zustehende Anspruch gegen den Gesellschafter verfolgt werden, so gibt es große rechtliche Schwierigkeiten, wenn Geschäftsführungsbefugnis und/oder Vertretungsmacht so geartet sind, dass sie die Durchsetzung dieses Anspruchs der Gesellschaft gegen den Gesellschafter (sog. Sozialanspruch) nicht abdecken. So steht diese Befugnis ja vielleicht durchaus jedem der übrigen Gesellschafter einzeln (im Beispiel also auch dem A) zu (Einzelgeschäftsführung). Die Geltendmachung eines solchen Anspruchs fällt aber jedenfalls aus dem gewöhnlichen Geschäftsgang heraus. Es bedürfte also zur im Innenverhältnis zulässigen Anspruchserhebung einer Mitwirkung auch des schuldenden Gesellschafters (§ 116 Abs. 2 HGB), die naturgemäß nicht erfolgen wird.

In solchen und ähnlichen Fällen (z.B. auch für den Anspruch einer Personengesellschaft gegen den Gesellschafter auf Leistung seines Beitrags) kann nach h.M. (vgl. Windbichler [Gesellschaftsrecht] § 7 Rn. 6) jeder Gesellschafter einzeln einen solchen Anspruch im Wege der sog. actio pro socio geltend machen, sofern dies die einzig rechtlich in Betracht kommende Verfolgungsmöglichkeit (eine ultima ratio) darstellt. Diese Option gilt grundsätzlich auch im übrigen Gesellschaftsrecht für Ansprüche der Gesellschaft namentlich gegen Organpersonen (z.B. GmbH-Geschäftsführer, AG-Vorstandsmitglieder), kommt dort aber selten zum Zuge, weil oft andere rechtliche Möglichkeiten der Anspruchsverfolgung bestehen.

Beispiel:

Zur Verfolgung des Schadensersatzanspruches einer AG gegen ihre Vorstandsmitglieder ist gemäß § 112 AktG der Aufsichtsrat rechtlich in der Lage.

Definition:

„Actio pro socio" meint das Recht jedes Gesellschafters, Ansprüche der Gesellschaft gegen Gesellschafter oder Gesellschaftsorgane unabhängig von der Regelung der Geschäftsführungs- und Vertretungsbefugnis als ultima ratio geltend zu machen.

Von fundamentalem Interesse ist bei der OHG ferner die Regelung von Gewinn- und Verlustverteilung. Angelpunkt ist dabei der Begriff des Kapitalanteils (vgl. z.B. §§ 120 Abs. 2, 121, 122 HGB). Kapitalanteil ist das, was auf dem Gesellschafterkonto gebucht ist, ein reiner Zahlenwert also, der nichts über die tatsächlichen Verhältnisse aussagen muss und deshalb für Handels- und Steuerbilanz nicht maßgeblich ist. Der Kapitalanteil ist vielmehr lediglich Bemessungsgrundlage für Entnahmen (4 % p.a. gemäß § 122 HGB) und eben für die Gewinn- und Verlustzuweisung. Hinsichtlich der beiden letzteren kommt es entscheidend auf das Verhältnis der Kapitalanteile der Gesellschafter zueinander an, nicht auf den absoluten Stand der Kapitalkonten.

Deshalb werden in aller Regel für jeden Gesellschafter zwei Kapitalkonten geführt: Kapitalkonto I bleibt gemäß der Einlagebuchung konstant, um durch Entnahmen bzw. thesaurierte Gewinnzuschreibungen nicht die gesellschaftsvertraglich gewollten Zuweisungsquoten selber zu verändern. Bewegungen spielen sich vielmehr nur auf dem Kapitalkonto II ab (sog. Sonderkonto, persönliches Konto etc.). Die Buchung ins Kapitalkonto I muss (wie schon gesagt) nicht dem Geldwert der Einlage entsprechen, wenn die Gesellschafter aus irgendwelchen Gründen wollen, dass etwa die Gewinn- und Verlustquote anders sein soll, als es das reale Verhältnis der geleisteten Einlagen eigentlich zur Folge haben würde.

Beispiel:

A, B und C legen jeweils € 2.000 ein. Vereinbarungsgemäß werden aber in das Kapitalkonto I des A € 3.000 gebucht, für B und C jedoch jeweils nur € 1.000. Es verbleibt der Gesellschaft im darauffolgenden Geschäftsjahr ein Gewinn in Höhe von € 150.000. Von diesem Gewinn erhält A € 90.000, B und C jedoch nur je € 30.000 (Verhältnis 3:1:1), die in die Kapitalkonten II gebucht werden.

Auflösung und Beendigung funktionieren bei der OHG grundsätzlich wie bei der GbR (vgl. §§ 131 ff. HGB). Die Auflösung ausschließlich durch Kündigungsklage (nicht durch bloße rechtsgeschäftliche Erklärung) „aus wichtigem Grund" (§ 133 HGB) findet allerdings bei der GbR keine Parallele. Tendenziell ist bei der OHG eben mehr Geld im Spiel als bei der GbR. Eine Auflösung der

Gesellschaft ist deshalb im Prinzip ein unerwünschter Vorgang, weil er den getätigten Investitionen den Boden entzieht. Schon das Gesetz versucht deshalb, die Auflösung der Gesellschaft zugunsten eines bloßen Ausscheidens des kündigenden oder auszuschließenden Gesellschafters (vgl. §§ 131 Abs. 3 Nr. 6, 140 HGB) zurückzudrängen.

Gesellschaftsvertraglich wird dieser Effekt dadurch verstärkt, dass im Rahmen der §§ 738 Abs. 1 S. 2 BGB, 105 Abs. 3 HGB oft restriktive Abfindungsklauseln vereinbart werden, eine Abfindung also als ökonomisch unattraktiv erscheint.

Beispiel:

„Abfindung zum Buchwert" (Goodwill und sonstige stille Reserven gehen nicht in die Abfindung mit ein); Stundung der Abfindung bzw. ratenweise Abfindung ohne angemessene Verzinsung.

5.2.1.3 Kommanditgesellschaft (KG)

Zweck der KG ist nach § 161 Abs. 1 HGB wie bei der OHG der Betrieb eines (muss- oder kann-kaufmännischen) Handelsgewerbes. Die Kommanditgesellschaft unterscheidet sich von der OHG jedoch hinsichtlich der Haftung der Gesellschafter für Gesellschaftsschulden: In der KG haftet mindestens ein Gesellschafter wie bei der OHG, also mit seinem gesamten Vermögen (sog. Komplementär), während mindestens ein anderer, der auch vom Gesetz in § 161 Abs. 1 HGB selber so genannte Kommanditist, eine nach §§ 171 f. HGB haftungsmäßig bevorzugte Stellung einnimmt. Seit Langem bestehen Pläne für eine Handelsgesellschaft auf Einlagen (HGaE), in der alle Gesellschafter nur wie Kommanditisten haften sollen. Doch sind solche Pläne bislang noch nicht Gesetz geworden.

Merksatz: **Jede KG braucht mindestens einen Komplementär („Vollhafter") und einen Kommanditisten („Teilhafter").**

Für den Komplementär bedarf es in den §§ 161 ff. HGB naturgemäß keiner Regelung, sodass insoweit über § 161 Abs. 2 HGB die §§ 105 ff. HGB, 705 ff. BGB gelten (volle persönliche und gesamtschuldnerische Haftung). Die für die KG charakteristische Haftung des Kommanditisten ist freilich im Gesetz undurchsichtig geschildert: Nach § 161 Abs. 1 HGB soll die Haftung des Kommanditisten für Gesellschaftsschulden „auf den Betrag einer bestimmten Vermögenseinlage beschränkt" sein (weshalb er in der Praxis als „Teilhafter" gerne dem „vollhaftenden" Komplementär gegenübergestellt wird). So ähnlich formuliert auch § 171 Abs. 1, Halbs. 1 HGB. Nach § 171 Abs. 1, Halbs. 2 HGB ist die Haftung des Kommanditisten jedoch ausgeschlossen, soweit die Kommanditeinlage geleistet ist. Dies ist sehr erläuterungsbedürftig:

Zunächst sind zwei Einlagebegriffe auseinanderzuhalten, die das Gesetz leider terminologisch vermengt: Pflichteinlage ist das, was der Gesellschafter zur Erfüllung seiner Beitragsverpflichtung gegenüber der Gesellschaft einzubringen hat. Hafteinlage (oder: Haftsumme) hingegen ist jener im Handelsregister einzutragende (§ 162 HGB) Betrag, bis zu dessen Höhe eine Inanspruchnahme des Kommanditisten gemäß §§ 161 Abs. 1, 171 Abs. 1, 172 Abs. 1 HGB in Betracht kommt. Beides kann, muss sich aber nicht decken.

Beispiel:

Kommanditist K hat als Beitrag € 10.000 einzubringen versprochen. Als (Haft-) Einlage wird hingegen ein Betrag von € 8.000 vereinbart und eingetragen. K leistet zunächst nur € 6.000. Die KG hat noch einen Restanspruch gegen K in Höhe von € 4.000. Der Gesellschaftsgläubiger G kann den K aber nur noch hinsichtlich € 2.000 „persönlich" belangen.

Merksatz: **Pflichteinlage des Kommanditisten ist das, was er der Gesellschaft als Beitrag schuldet, Hafteinlage ist der Betrag, auf den seine persönliche Haftung den Gesellschaftsgläubigern gegenüber grundsätzlich beschränkt ist.**

Die beschränkte persönliche Haftung des Kommanditisten lebt wieder auf, insbesondere soweit (Pflicht-) Einlagen zurückgewährt werden (vgl. § 172 Abs. 4 HGB). Eine grundsätzlich sogar unbeschränkte persönliche Haftung trifft den Kommanditisten nach § 176 Abs. 1 S. 1 HGB, solange die KG und damit die Hafteinlage noch nicht im Handelsregister eingetragen war. Der Kommanditist haftet dabei also wie ein Komplementär. Nur wenn der Gesellschaftsgläubiger den Charakter eines Gesellschafters als Kommanditist kennt, haftet dieser wie im Fall der eingetragenen KG, also je nachdem, wie weit der Hafteinlagebetrag effektiv aufgefüllt ist.

Beispiel:

K ist Kommanditist einer noch nicht im Handelsregister eingetragenen KG. Die (Haft-) Einlage des K wurde mit € 8.000 vereinbart. K hat bislang aber nur € 6.000 eingelegt. Gesellschaftsgläubiger G, der eine Forderung in Höhe von € 15.000 gegen die Gesellschaft besitzt und die Stellung des K als Kommanditist aus der Skatrunde kennt, kann K nur in Höhe von € 2.000 persönlich belangen.

Dieser Mechanismus kann natürlich nur funktionieren, soweit trotz fehlender Eintragung eine KG vorliegt, also nur im Bereich des „muss-kaufmännischen" Handelsgewerbes i.S. des § 1 Abs. 2 HGB, weil im Einzugsbereich der §§ 105 Abs. 2, 161 Abs. 2 HGB mangels Eintragung es ja an einem für die KG begriffsnotwendigen Handelsgewerbe fehlt. Wo keine KG vorliegt, kann es aber auch keinen Kommanditisten geben. Ein solcher „Möchte-Gern-Kommanditist" haftet immer wie ein Komplementär, selbst wenn der Gesellschaftsgläubiger die Verhältnisse kennt (§ 176 Abs. 1 S. 2 HGB).

Rückblickend ist die in der Praxis gängige Umschreibung des Kommanditisten als „beschränkt haftender Gesellschafter" oder „Teilhafter" nur als unglücklich zu bezeichnen: Zumeist, bei der eingetragenen KG und bei Auffüllung des eingetragenen Limits der Hafteinlage, haftet der Kommanditist gar nicht, im Fall des § 176 Abs. 1 S. 2 HGB aber sogar unbeschränkt. Und dass das Gesetz in § 161 Abs. 1 HGB nur den Komplementär als „persönlich haftenden Gesellschafter" definiert, ist angesichts der grundsätzlich bestehenden persönlichen Haftung auch des Kommanditisten dem Verständnis ebenfalls nicht förderlich. Dass der Kommanditist bei seinem Ausscheiden oder bei Liquidation der KG seine möglicherweise durch Verluste aufgezehrte (Pflicht-) Einlage nicht mehr zurückerhält, hat aber wiederum mit „Haftung" nichts zu tun.

Um die (aus Sicht der Gesellschafter) lästige Komplementärhaftung wenigstens wirtschaftlich zu umgehen, trotzdem aber die Vorteile von Personengesellschaften nutzen zu können (grundsätzliche Formfreiheit des Gesellschaftsvertrages auch bei dessen späterer Änderung, immer noch bestehende steuerliche Unterschiede zu den juristischen Personen, vereinfachte Bilanzierung etc.), bestehen Kommanditgesellschaften häufig auf der Komplementärseite aus einer einzigen juristischen Person, zumeist einer GmbH. Diese verbreitete Kombination (Abschnitt 5.1.6.3) ist dann die GmbH & Co. KG (eingehend Klunzinger [Grundzüge] 313 ff.). Wegen des dort wirkenden Trennungsprinzips brauchen die Gesellschafter der GmbH nicht zu befürchten, für die KG-Schulden einstehen zu müssen. Vielmehr haftet ja die GmbH „persönlich" mit ihrem gesamten Vermögen dafür. Wirtschaftlich erfüllt die GmbH & Co KG somit die Funktion einer angedachten HGaE, einer Personenhandelsgesellschaft nur mit „Kommanditisten" (vgl. eingangs dieses Abschnitts).

Die GmbH & Co. KG wird überdies oft so konstruiert, dass die Komplementär-GmbH nur einen einzigen Gesellschafter (eine natürliche Person) aufweist, der nicht nur auch der Alleingeschäftsführer der GmbH, sondern zugleich der Kommanditist der KG ist (Abb. 5.5). Der besondere Witz dieser sog. Einheitsgesellschaft bestand nun lange darin, dass als Kommanditeinlage lediglich die Geschäftsanteile an der GmbH eingebracht wurden, womit zugleich die (beschränkte) persönliche Haftung des GmbH-Gesellschafters in seiner Rolle als Kommanditist entfiel.

Diese Verlagerung des Haftungsrisikos auf die KG funktioniert nach Einfügung des § 172 Abs. 6 HGB aber nicht mehr. In Bezug auf die Pflichteinlage könnte zwar nach wie vor so verfahren werden, doch fehlt es dafür eben am ökonomischen Anreiz. Auch sonst hat der Gesetzgeber einer derartigen KG als Einheitsgesellschaft besonderes Augenmerk geschenkt, etwa hinsichtlich eigenkapitalersetzender Gesellschafterdarlehen (vgl. §§ 15a Abs. 1 S. 2, 39 InsO) oder hinsichtlich der Gestaltung von Geschäftsbriefen (§§ 177a i.V.m. 125a HGB).

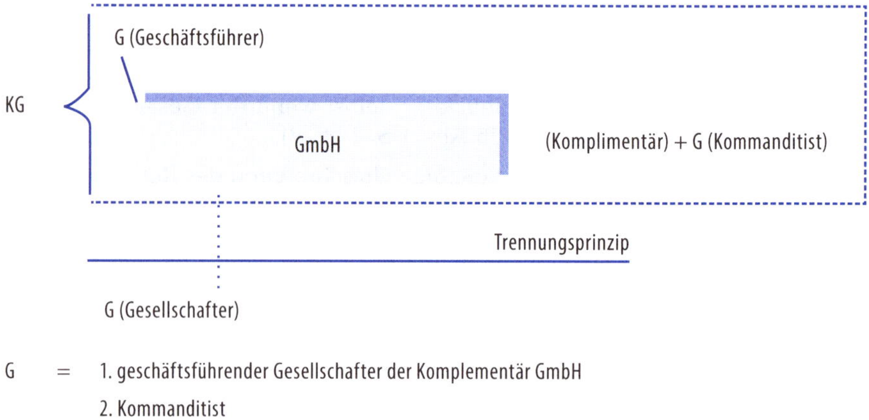

Abbildung 5.5: Die GmbH & Co KG als „Einheitsgesellschaft"

Die KG als Einheitsgesellschaft ist ihrerseits freilich nur eine Variante des facettenreichen Themas „GmbH & Co. KG", zu dem etwa auch die „doppelstöckige GmbH & Co. KG" zählt: Hier ist Komplementär einer KG wiederum eine GmbH & Co. KG. Ihre Attraktivität beruhte vor allem auf einer nicht mehr aktuellen Besonderheit der Kapitalverkehrssteuer.

Geschäftsführungsbefugnis und Vertretungsmacht legen §§ 164, 170 HGB allein in die Hände der Komplementärseite. Der dispositive Charakter des § 164 HGB lässt aber Gestaltungsspielraum für atypische Kommanditgesellschaften, in denen der Kommanditist aus seiner üblichen bloßen Investorenrolle heraustritt und vielleicht sogar allein das Sagen hat. Dabei wird seine (Allein-) Geschäftsführungsbefugnis durch Erteilung einer Prokura vertretungsrechtlich operationalisiert.

Atypisch ist auch die sog. Publikums-KG (Windbichler [Gesellschaftsrecht] § 19 Rn. 1 ff.), bei der entgegen dem unausgesprochenen gesetzlichen Leitbild eine große Zahl Kommanditisten vorhanden ist, die durchweg von einander gar nichts wissen. Die dadurch aufgeworfenen Fragen sind sehr vielgestaltig, nicht nur schon deshalb, weil auf Seiten des Komplementärs sich zumeist nur eine GmbH findet. Denn eine solche Publikums-KG übernimmt letztlich ja die Kapitalmarktfunktion der AG, nämlich fluktuierendes anlagegeeignetes Geld „einzufangen", ohne originär den aktienrechtlichen Anlegerschutzvorschriften zu unterliegen.

Früher lag der Anlageköder gerade in der Aussicht auf Betriebsverluste, die den Kommanditisten zugewiesen werden und dadurch wiederum die Bemessungsgrundlage für deren Einkommenssteuer soweit senken sollen, dass sich dadurch schon wieder der effektive finanzielle Aufwand für die Kommanditbeteiligung entscheidend verringert (Abschreibungsgesellschaften). Allerdings verbietet nunmehr § 15a EStG die steuerliche Berücksichtigung eines dadurch entstehenden oder sich erhöhenden negativen Kapitalkontos. Trotzdem bestehen aber noch Anreize, sich auf diese Weise den Kapitalmarkt zu erschließen.

Mit Rücksicht auf diese strukturellen Besonderheiten einer Publikums-KG entwickelte die h.M. (Windbichler [Gesellschaftsrecht] § 19 Rn. 3 ff. m.w.N.) für sie auch besondere Rechtsgrundsätze, z.B. den Schriftformzwang für den Gesellschaftsvertrag (und für „Beitritte" der Anleger). Der Inhalt des durchweg vorformulierten Gesellschaftsvertrages wird trotz § 310 Abs. 4 S. 1 BGB auf seine mögliche Unangemessenheit für die Kommanditisten hin von der Rechtsprechung überprüft. Anerkannt ist schließlich die Haftung für die Richtigkeit von Angaben in den attraktiv aufgemachten Prospekten, mit denen für Kommanditbeteiligungen geworben wird (Prospekthaftung nach börsenrechtlichem Vorbild, hier aber begründet aus sog. culpa in contrahendo: §§ 311 Abs. 2, 241 Abs. 2, 280 Abs. 1 BGB, dazu Schünemann [Wirtschaftsprivatrecht] 188 f.).

Die Gewinn- und Verlustverteilung erfolgt an sich nach den §§ 167 f. HGB. Diese (schwer verständlichen) Normen werden den Interessen der Beteiligten und dabei insbesondere denjenigen der Kommanditisten freilich nicht gerecht (näher Windbichler [Gesellschaftsrecht] § 17 Rn. 13). Deshalb werden sie in der Praxis durchweg durch andere gesellschaftsvertragliche Regelungen ersetzt und bedürfen somit hier keiner weiteren Darstellung.

Vom Beitritt zu einer schon bestehenden OHG oder KG durch entsprechende Änderung des Gesellschaftsvertrags ist gedanklich der Fall zu unterscheiden, dass sich jemand an dem Handelsgewerbe eines anderen als Personengesellschafter beteiligen will. Soweit diese Vergesellschaftung des Unternehmens nach außen hin erkennbar werden soll, entsteht damit erst je nach Haftungsabrede eine OHG bzw. KG. So oder so trifft den neuen Teilhaber freilich grundsätzlich die für die Gesamthandsgesellschaft charakteristische Haftung auch für schon vorher bestehende Gesellschaftsschulden (sog. Altschulden); umgekehrt wird Gläubiger der Außenstände die neu entstandene Gesellschaft (§ 28 Abs. 1 HGB; die persönliche Haftung des Eintretenden ergibt sich dann aus § 128 HGB; zum Eintritt in eine bereits bestehende Gesellschaft s. § 130 HGB). Ausnahmen können sich aus dem Wesen der neuen Gesellschaft (§ 171 Abs. 1 HGB bei der KG) oder aus einem dafür vorgesehenen Haftungsausschluss (§ 28 Abs. 2 HGB) ergeben. Letzteres setzt das Beteiligungsrisiko deutlich herab.

5.2.1.4 Exkurs: Stille Gesellschaft und Unterbeteiligung

Möglicherweise soll eine Beteiligung an einem bestehenden Handelsgewerbe gerade nicht hervortreten. Bei einer solchen sog. stillen Gesellschaft kann kein Rechtssubjekt entstehen, das ein eigenes Vermögen aufweist und selber aus den in seinem Namen geschlossenen Verträgen berechtigt und verpflichtet werden könnte. Demzufolge geht die von dem oder den stillen Teilhaber(n) geleistete Einlage voll in das Vermögen des Inhabers des Handelsgeschäftes über. Nur dieser kommt Dritten gegenüber, nach außen, als Träger von Rechten und Pflichten in Betracht (§ 230 HGB).

Die h.M. sieht in der sog. stillen Gesellschaft dennoch eine Gesellschaft, freilich eine solche, die nur ein Innenverhältnis aufweist und deshalb als „Innengesellschaft" bezeichnet wird. Entgegen dieser h.M. (Eisenhardt/Wackerbarth [Gesellschaftsrecht I] Rn. 176ff. m.w.N.) handelt es sich bei einer solchen „Innengesellschaft" aber wohl nur um eine rein schuldrechtliche Abrede der Beteiligten, sich so zu behandeln, als ob eine Gesellschaft bestünde (Schünemann [Wirtschaftsprivatrecht] 484). Dieser Sichtweise stehen auch die §§ 231ff. HGB letztlich nicht entgegen.

Jener „Inhaber des Handelsgeschäfts" muss keinesfalls ein Einzelunternehmer sein, sondern kann jedwede Handelsgesellschaft darstellen, z.B. eine GmbH. Dann kommt es zu einer sog. „GmbH & Still", möglicherweise mit dem GmbH-Gesellschafter selber als sog. stillem Teilhaber. Der „stille Gesellschafter" hat auf jeden Fall eine Beteiligungsquote hinsichtlich des Gewinnes, nicht notwendig jedoch hinsichtlich etwaiger Verluste (§ 231 Abs. 2 HGB). Dies macht die Abgrenzung zum sog. partiarischen Darlehen schwierig, bei dem der Kreditgeber statt eines Zinses eine Beteiligung an den mit dem Darlehen erzielten Gewinnen als Gegenleistung für die Darlehenshingabe erhält (näher Eisenhardt/Wackerbarth [Gesellschaftsrecht I] Rn. 541f.). Bei Verlustbeteiligung ist die Verlustzuweisung bis zur Aufzehrung der Einlage beschränkt. Bei negativem Saldo zwischen Einlage und zugewiesenem Verlust werden künftige Gewinnanteile zunächst zum Verlustausgleich verwendet (§ 232 Abs. 2 HGB). All dies ist aber natürlich dispositives Recht.

Nach dem gesetzlichen Leitbild besitzt der stille Teilhaber keinen Einfluss auf die Geschäftsführung, sondern lediglich ein Kontrollrecht (§ 233 HGB). Doch kommen auch atypische Gestaltungen (Klunzinger [Grundzüge] 136) bis hin zur Alleingeschäftsführungsbefugnis des „Stillen" vor. Vertretungsrechtlich lässt sich ebenfalls ein Weg finden: Jedenfalls ist Erteilung von Handlungsvollmacht an den stillen Teilhaber möglich, bei kaufmännischem Handelsgewerbe sogar Prokura. Vertreten wird dabei natürlich der Inhaber des Handelsgeschäftes, nicht hingegen die notwendig ja gerade „stille Gesellschaft", die es, jedenfalls als Rechtssubjekt, gar nicht gibt.

Soweit kein Handelsgewerbe betrieben wird, scheidet zwar eine sog. stille Gesellschaft i.S. der §§ 230 ff. HGB aus. Eine ähnliche Unternehmensbeteiligung ist aber durch entsprechende vertragliche Vereinbarung gleichwohl möglich. Denn hier sind ja intentionsgemäß nur schuldrechtliche Fragen des quasigesellschaftlichen Innenverhältnisses zu klären, dessen Gestaltung grundsätzlich in die Disposition der Beteiligten gestellt ist.

Von der sog. stillen Gesellschaft (und vergleichbaren Konstruktionen) ist die gesetzlich nicht näher geregelte Unterbeteiligung zu trennen. Die Unterbeteiligung bezieht sich auf einen Gesellschaftsanteil, nicht auf das Handelsgewerbe bzw. sonstige Gewerbe selber. Mangels gesetzlicher Regelung ist die (schuldrechtliche) Ausgestaltung des Unterbeteiligungsverhältnisses gänzlich den Parteien in Ausübung der ihnen zustehenden Privatautonomie überlassen (näher zu diesem fundamentalen Rechtsprinzip Schünemann [Wirtschaftsprivatrecht] 121 ff.). Beteiligen sich mehrere in dieser Weise an einem Geschäftsanteil, soll es sich wiederum um eine bürgerlich-rechtliche Innengesellschaft, also ohne Gesellschaftsvermögen, handeln (Eisenhardt/Wackerbarth [Gesellschaftsrecht I] Rn. 544).

Erkennt man eine solche Unterbeteiligungsgesellschaft als GbR-Innengesellschaft überhaupt an, darf sie jedenfalls nicht mit einer Unterbeteiligungsgesellschaft i.S. des UBGG verwechselt werden, mit der in der Rechtsform einer AG, KGaA, GmbH oder KG die Außenfinanzierung mittelständischer Unternehmen ohne Börsennotierung erleichtert werden soll (näher Eisenhardt/Wackerbarth [Gesellschaftsrecht I] Rn. 548).

5.2.1.5 Partnerschaftsgesellschaft (Partnerschaft)

Zweck der Partnerschaftsgesellschaft (kurz: Partnerschaft) ist nach § 1 Abs. 1 S. 1 PartGG die gemeinschaftliche Ausübung eines sog. freien Berufes nach § 1 Abs. 2 PartGG. Daneben steht Freiberuflern aber auch die GbR als weitere Rechtsform im Rahmen einer Personengesellschaft zur Verfügung, nicht aber eine OHG oder KG, da diese auf den Betrieb eines Handelsgewerbes gerichtet sein müssen. Freiberufler erfüllen jedoch schon den handelsrechtlichen Begriff des Gewerbes nicht (Abschnitt 5.1.5), sodass erst recht kein Handelsgewerbe in Betracht kommt. Dies stellt § 1 Abs. 1 S. 2 PartGG nur noch einmal klar. Übrigens vermeiden Freiberufler gerne das Wort „Gesellschaft".

Beispiel:
„Kanzlei" oder „Sozietät" von Rechtsanwälten oder Steuerberatern, „Gemeinschaftspraxis" von Ärzten.

Der Charakter der Partnerschaft als Gesamthandsgesellschaft erhellt aus der Generalverweisung auf die §§ 705 ff. BGB in § 1 Abs. 4 PartGG. Zahlreiche

Einzelverweisungen auf das Recht der OHG (vgl. insbesondere §§ 2 Abs. 2, 4 Abs. 1, 5 Abs. 2, 6 Abs. 3, 7 Abs. 3, 9 Abs. 4 S. 3, 10 Abs. 2 PartGG) nähern die Partnerschaft freilich mehr dieser Personenhandelsgesellschaft an.

Merksatz: **Die Partnerschaft ist die „OHG" der Freiberufler.**

Dies kommt auch in dem firmenähnlichen Namensrecht der Partnerschaft zum Ausdruck (vgl. § 2 Abs. 1 PartGG in Anlehnung an § 19 Abs. 1 HGB sowie die Verweisung in § 2 Abs. 2 PartGG). Der gemäß §§ 2 Abs. 1, 11 Abs. 1 S. 1 PartGG ebenso exklusive wie obligatorische Namenszusatz „und Partner" oder „Partnerschaft" wurde bislang freilich vielfach schon von Gesellschaften bürgerlichen Rechts benutzt, in denen sich Rechtsanwälte, Steuerberater, Architekten etc. zusammengeschlossen hatten, ja sich mangels anderer geeigneter bzw. zulässiger Rechtsformen zusammenschließen mussten.

Nachdem die Übergangsfrist des § 11 Abs. 1 S. 2 PartGG nun aber schon lange abgelaufen ist, müssen derartige bürgerlich-rechtliche Gesellschaften schon seit Jahren auf ihren bisherigen Namenszusatz verzichten oder aber auf ihren Charakter als GbR explizit in dem Namen der Gesellschaft hinweisen. Freilich bleibt auch noch die Möglichkeit einer lediglich formwechselnden Umwandlung der GbR in eine Partnerschaft, wobei keine Vermögensübertragung nötig ist.

Anders als bei GbR, OHG und KG ist der Gesellschaftsvertrag (vom Gesetz „Partnerschaftsvertrag" genannt) gemäß § 3 PartGG schriftformbedürftig und muss einen bestimmten Mindestinhalt haben. Außerdem bedarf es zumindest im Außenverhältnis der konstitutiven Eintragung im Partnerschaftsregister (da die Partnerschaft keine Handelsgesellschaft darstellt, scheidet das Handelsregister aus!). Das folgt aus § 7 Abs. 1 PartGG, der zwar dem § 123 Abs. 1 HGB nachgebildet ist, aber keine dem § 123 Abs. 2 HGB entsprechende Parallelnorm kennt. Auch die Regelung der Geschäftsführung in § 6 Abs. 2 und 3 PartGG weicht vom Recht der OHG charakteristisch ab, weil sie nicht im selben Maße wie dort zur Disposition der Beteiligten steht. Die Vertretung folgt hingegen dem Organisationsmodell der OHG (§ 7 Abs. 3 PartGG).

Das Haftungsmodell der Partnerschaft entspricht grundsätzlich demjenigen der OHG: Neben der Partnerschaft haften deren Mitglieder persönlich, unbeschränkt und als Gesamtschuldner (§ 8 Abs. 1 PartGG). Anders als bei der OHG (§ 128 S. 2 HGB!) sind jedoch Abweichungen vorgesehen, die große praktische Bedeutung haben:

Zunächst normiert § 8 Abs. 2 PartGG eine Ausnahme von der Gesamtschuldnerschaft aller Gesellschafter: Waren nur einzelne Partner wesentlich mit der Bearbeitung eines Auftrags (bei Anwälten: eines „Mandates") befasst, so haften nur diese (nicht alle) Partner persönlich (und unbeschränkt) für berufliche Fehler, immer natürlich neben der Partnerschaft. Man spricht dann auch von einer Partnerschaft mbB (mit beschränkter Berufshaftung).

Beispiel:

Die Anwaltssozietät „A, B und Partner" übernimmt das Mandat des X. Intern bearbeitet B den Fall, leider schlecht: er lässt schuldhaft eine Frist verstreichen. Neben der Partnerschaft haftet nur B, nicht auch A und die weiteren Sozien C, D und E persönlich.

Selbst in diesem Rahmen (und überhaupt) kann die Haftung nach Maßgabe des § 8 Abs. 3 PartGG in bestimmten Berufszweigen dann noch der Höhe nach begrenzt sein, wenn nämlich dies gesetzlich zugleich mit einer obligatorischen Berufs-Haftpflichtversicherung für fehlerhafte Berufsausübung vorgesehen (und existent) ist. So besteht wegen § 51a BRAO für Anwaltspartnerschaften regelmäßig eine Haftungsobergrenze (mindestens € 2,5 Mio. je Versicherungsfall).

5.2.1.6 Europäische Wirtschaftliche Interessenvereinigung (EWIV)

Mit der EWIV steht in Deutschland (erstmals!) eine Gesellschaftsform zur Wahl, die auf einer in Deutschland unmittelbar geltenden europäischen Verordnung (EWIV-VO) aufbaut. Das dazu ergangene deutsche Ausführungsgesetz erklärt das Recht der OHG für entsprechend anwendbar, soweit es um das Füllen von Lücken geht, die dieses Gesetz nicht ausdrücklich geschlossen hat (§ 1 EWIV-AG). Wie die OHG ist also auch die EWIV eine Gesamthandsgesellschaft.

Die EWIV ist kein Unternehmensträger im üblichen Sinne. Sie darf nämlich nicht Gewinn für sich selbst erzielen wollen. Ihr Zweck im Hinblick auf den Europäischen Binnenmarkt besteht vielmehr darin, einer grenzüberschreitenden Kooperation von Unternehmen einen rechtlich definierten organisatorischen Rahmen zu bieten. Damit unvereinbar und ausdrücklich untersagt ist es deshalb z.B., der EWIV Leitungs- oder Kontrollmacht über andere Unternehmen einzuräumen oder sie als Holding-Gesellschaft zu verwenden. Trotzdem ist die Anwendungsbreite der EWIV beeindruckend:

Beispiele:

Grenzüberschreitende gemeinschaftliche Marktforschung und Werbung, Forschung und Produktentwicklung, Poolen von Transportmitteln, Ein- und Verkaufsgemeinschaften sowie gemeinschaftliche Inkasso-Stellen und Rechenzentren, durchaus auch gemeinschaftliche Teilefertigung und Montage, Kooperation von Rechtsanwälten, Steuerberatern und Wirtschaftsprüfern.

Mit der Handelsregistereintragung der EWIV in Deutschland wird der Vereinigung die Fähigkeit zuerkannt, im eigenen Namen zu handeln, insbesondere Verträge zu schließen, vor allem Trägerin von Rechten und Pflichten zu sein (Art. 1 Abs. 2 EWIV-VO). Ihre Rechtsfähigkeit ist kein Indikator für eine juristische Person (vgl. auch § 124 Abs. 1 HGB für die OHG, zweifellos eine Personengesellschaft, also gesamthänderisch verfasst). Gegen die Annahme einer juristischen Person spricht ganz im Gegenteil, dass gesetzlich eine persönliche, gesamtschuldnerische Haftung der Mitglieder für Schulden der EWIV vorgesehen ist, freilich nur subsidiär gegenüber der Gesellschaftsschuld (Art. 24 EWIV-VO), nicht, wie dies für GbR und OHG gilt, gleichrangig mit ihr. Anders als sonst bei den Personengesellschaften gilt hier auch nicht das Prinzip der Selbstorganschaft. Vielmehr sieht Art. 19 EWIV-VO die Möglichkeit eines Geschäftsführers vor, sinngemäß also Drittorganschaft.

5.2.2 Juristische Personen („Körperschaften", „Kapitalgesellschaften")

5.2.2.1 Eingetragener Verein (e.V.) und wirtschaftlicher Verein

Der im Vereinsregister eingetragene Verein (e.V.) ist in seiner Rechtsfähigkeit (vgl. § 21 BGB) das Urbild einer juristischen Person. Deshalb spricht, nur auf den ersten Blick überraschend, auch § 6 Abs. 2 HGB mit Blick auf eine Handelsgesellschaften wie AG oder GmbH als sog. Form-Kaufleute (s. Abschnitt 5.1.5) von „Verein". Und deshalb findet die vereinsrechtliche Vorschrift des § 31 BGB bezüglich der Haftung des e.V. als juristischer Person jedenfalls auch auf andere juristische Personen wie eben AG und GmbH (und darüber hinaus) entsprechende Anwendung. Als Unternehmensträger scheidet der e.V. allerdings aus, da sein Zweck (vgl. noch einmal § 21 BGB) nicht auf einen wirtschaftlichen Geschäftsbetrieb, sondern nur auf einen ideellen Zweck gerichtet sein darf. Der e.V. wird deshalb auch als Idealverein bezeichnet.

Soll als Vereinszweck ein wirtschaftlicher Geschäftsbetrieb verfolgt werden, kommt an sich ein sog. wirtschaftlicher Verein in Betracht. Er erlangt nach § 22 BGB mangels bundesgesetzlicher Vorschriften Rechtsfähigkeit erst durch besondere behördliche Verleihung. Diese freilich wird kaum jemals erteilt, weil viele andere für wirtschaftliche Zwecke geeignete und im Interesse z.B. des Anleger- und Gläubigerschutzes ausführlich geregelte Rechtsformen mit juristischer Persönlichkeit zur Verfügung stehen. So besetzt der wirtschaftliche Verein nach § 22 BGB in der Praxis nur ganz vereinzelte Nischen.

Beispiele:

Privatärztliche Verrechnungsstellen, „Verwertungsgesellschaft Wort" (zur Wahrung der Urheberrechte von Autoren), landwirtschaftliche Erzeugervereinigungen.

5.2.2.2 Die Stiftung

In den letzten Jahren hat die Stiftung als Unternehmensträger zunehmend Aufmerksamkeit gefunden, z.B. wenn der Fortbestand eines Unternehmens von den (späteren) Erben unabhängig gemacht, aber als sog. Familienstiftung allen oder nur bestimmten Familienangehörigen als Destinatären (Nutznießern) erhalten werden soll (Saenger [Gesellschaftsrecht] Rn. 489 f.). Denn der Zweck einer Stiftung muss keineswegs gemeinnützig sein; er darf nur nicht das Gemeinwohl gefährden (§ 80 Abs. 2 BGB), z.B. durch Verfolgung eines strafbaren Zwecks.

Die von § 80 Abs. 2 BGB geforderte „dauernde und nachhaltige" Erfüllbarkeit des Stiftungszwecks kann nur durch Erträge eines erheblichen Vermögens (wohl mindestens im 6-stelligen Euro-Bereich) sichergestellt werden. Dessen Verwaltung obliegt dem Stiftungsvorstand (in der Praxis oft anders genannt) als Organ nach Maßgabe einer schriftlichen Satzung im sog. Stiftungsgeschäft, das funktional dem Gesellschaftsvertrag entspricht (§§ 81, 85 f. BGB; eingehend Saenger [Gesellschaftsrecht] Rn. 494 ff.). Diese Satzung regelt die gesamte Stiftungsorganisation ggf. bis ins Detail.

Beispiele:
Weitere Stiftungsorgane (z. B. ein Kuratorium zur Aufsicht über den Vorstand) samt deren Rechten, Pflichten und Vergütung; Verfahrensabläufe; Anpassungsmechanismen an veränderte Verhältnisse etc.

Der gesetzliche Vorbehalt einer Regelung (auch) durch Landesrecht (§ 85 BGB) bedeutet praktisch keine größere Restriktion, da die Stiftungsgesetze der Länder insoweit kaum Vorgaben machen. Sie regeln allerdings (neben einer Rechtsaufsicht) genau das Verfahren der Anerkennung der Stiftung. Erst mit diesem konstitutiven Verwaltungsakt erlangt die Stiftung dann Rechtsfähigkeit (§ 80 BGB).

Die enge Bindung der Stiftung an den Stiftungszweck und die vom Stifter oft akribisch definierte Satzung machen eine Stiftung tendenziell schwerfällig und damit als Plattform der Unternehmensführung wenig geeignet. Daraus erklärt sich die praxisbewährte Kombination der Stiftung mit der KG: Komplementär dieser KG ist die Stiftung, Kommanditisten sind vornehmlich Familienangehörige des Stifters, häufig zugleich als Destinatäre der Stiftung.

Beispiel:
Die LIDL-Stiftung & Co. KG als Unternehmensträger zahlloser Filialen des Lebensmitteleinzelhandels.

5.2.2.3 Gesellschaft mit beschränkter Haftung (GmbH) und Unternehmergesellschaft (UG haftungsbeschränkt)

Die GmbH spielt vor allem, aber keineswegs nur für mittelständische Unternehmen eine sehr wichtige Rolle, zumal nach der Novellierung des GmbH-Rechts im Jahre 2008 (Klunzinger [Grundzüge] 228 ff., 233 ff.). Sie kann jeden Zweck verfolgen und gilt auch dann als Handelsgesellschaft, wenn dieser Zweck nach § 1 Abs. 2 HGB eigentlich kein Handelsgewerbe darstellt (sog. Form-Kaufmann, Abschnitt 5.1.5). Als juristische Person ist sie vor allem wegen des haftungsrechtlichen Trennungsprinzips als Bestandteil eines strategischen „risk management" ökonomisch interessant. Allerdings droht in Ausnahmefällen durchaus eine Durchgriffshaftung, also eine persönliche Haftung (dazu sogleich).

Da die GmbH auch von einem einzigen Gesellschafter gegründet werden kann (sog. originäre Ein-Mann-GmbH), ermöglicht sie faktisch die Haftungstrennung von Geschäfts- und Privatvermögen eines Einzelunternehmers, wobei dann der Alleingesellschafter zugleich der Alleingeschäftsführer der GmbH ist. Die Bezeichnung „Ein-Mann-GmbH" darf allerdings nicht wörtlich genommen werden: Selbstverständlich muss der Alleingesellschafter nicht unbedingt eine natürliche Person sein, und erst recht kein Mann.

Beispiel:
GmbH als 100 %ige Tochtergesellschaft einer AG.

Die gesetzliche Begriffsbildung „Gesellschaft mit beschränkter Haftung" ist streng genommen unsinnig, weil der Gesellschafter einer GmbH von deren Schulden haftungsrechtlich grundsätzlich überhaupt nicht berührt wird, also keineswegs „beschränkt" haftet. Die Gesellschaft selber jedoch haftet – wie jedes andere Rechtssubjekt auch – grundsätzlich mit ihrem gesamten Vermögen für ihre Schulden, sodass also auch insoweit keine Beschränkung stattfindet. Natürlich hört jede reale Haftung dort auf, wo keine Vermögenswerte dem Vollstreckungszugriff offenstehen. Doch hat dies mit „beschränkter Haftung" nichts zu tun.

Nicht zuletzt ist die GmbH auch deshalb eine beliebte Rechtsform, weil das gesetzlich vorgeschriebene Mindestkapital, das Stammkapital, nach § 5 GmbHG lediglich € 25.000 beträgt. Selbstverständlich haftet die Gesellschaft über das Stammkapital hinaus, wenn das Gesellschaftsvermögen – wie regelmäßig – durch thesaurierte Gewinne das Stammkapital übersteigt.

Bei der gesellschaftsvertraglichen Festsetzung des Stammkapitals ist allerdings etwas sehr Wichtiges zu beachten, um in den Genuss des Trennungsprinzips zu gelangen. Denn nach umstrittener, aber doch wohl h.M. (Saenger [Gesellschaftsrecht] Rn. 805 ff. m.w.N.) kann es bei sog. materieller (oder: struktureller) Unterkapitalisierung ausnahmsweise zu einer sog. Durchgriffshaftung auf das Vermögen des oder der Gesellschafter kommen (also zu deren persönlicher Haftung), wenn das Stammkapital in keinem ökonomisch sinnvollen Verhältnis zum Gesellschaftszweck steht.

Dieselbe h.M. (Windbichler [Gesellschaftsrecht] 281 f. m.w.N.) bejaht eine Durchgriffshaftung bei Vermögensvermischung, also bei weithin unklarer Zuordnung, was dem oder den Gesellschaftern und was der GmbH gehört. Schon deshalb, aber auch aus Bonitätsgründen, sollte das Stammkapital realistisch, also den betriebswirtschaftlichen Erfordernissen des Unternehmens entsprechend, festgesetzt werden.

Beispiele:

Eine GmbH mit € 25.000 als Betreiber einer Airline mit mehreren Jets (Unterkapitalisierung); mangels grob nachlässiger Inventarisierung Ungewissheit, ob ein Auto der Ein-Mann-GmbH oder dem Alleingesellschafter gehört (Vermögensvermischung).

Dieser aus Sicht des oder der Gesellschafter grundsätzlich günstigen Haftungssituation steht ein im Vergleich zu den Personengesellschaften (unabhängig von dem aufzubringenden Stammkapital) doch recht erheblicher Gründungsaufwand gegenüber, den das Gesetz vor allem im Interesse der Gesellschaftsgläubiger abverlangt. Der Gesellschaftsvertrag (einschließlich einer etwaigen Änderung) bedarf grundsätzlich der notariellen Beurkundung (§ 2 Abs. 1 GmbHG). Bei höchstens 3 Gesellschaftern und nur einem Geschäftsführer erlaubt § 2 Abs. 1a GmbHG ein vereinfachtes Gründungsverfahren, bei dem ein gesetzlich vorgegebenes Musterprotokoll (Abdruck bei Klein-Blenkers [Rechtsformen] 43) verwendet werden kann.

So sehr das haftungsrechtliche Trennungsprinzip i.V.m. dem vereinfachten Gründungsverfahren für Existenzgründer („start-ups") auch lockt: In der Gründungspraxis hat sich vielfach gerade die Aufbringung des gesetzlich für die GmbH geforderten Mindest-Stammkapitals von € 25.000 oder Sach-Äquivalenten als die eigentliche Barriere für die GmbH-Option erwiesen und unerwünschte Anreize geliefert, in ausländische Gesellschaftsformen auszuweichen (insbesondere in die englische „Private Company Limited").

Hier nun hat der deutsche Gesetzgeber eingegriffen und im Jahre 2009 die „Unternehmergesellschaft" (UG) mit beschränkter Haftung geschaffen, die die genannte englische „Ltd" unattraktiv gemacht hat. Schon ihre abschließende Regelung in § 5a GmbHG macht deutlich, dass die UG sehr eng mit der GmbH verwandt ist, ja eigentlich nur eine Variante der GmbH ist. Der charakteristische Unterschied der UG gegenüber der GmbH ist jedoch, dass das Mindest-Stammkapital der UG die € 25.000-Marke der GmbH beliebig unterschreiten darf (§ 5a Abs. 1 GmbHG): € 1 genügt also formal als Stammkapital. Ob auch bei der UG eine Durchgriffshaftung wegen „materieller Unterkapitalisierung" denkbar ist, wird offenbar nicht diskutiert, dürfte aber aus Sinn und Zweck des stark gründungsorientierten Rechtsinstituts der UG zu verneinen sein.

Die Rechtsform der Gesellschaft als UG muss nach § 5a Abs. 1 GmbHG in der Firma der UG mit einer vorgeschriebenen Formulierung (bezüglich der Haftungsverhältnisse unabgekürzt!) zum Ausdruck kommen, während das Gesetz ansonsten Abkürzungen in der obligatorischen Rechtsformangabe der Firma ja durchaus zulässt (vgl. z.B. § 19 HGB, §§ 4 GmbHG und AG).

Beispiele:

„Volkswagen AG"; „Meister-Schokoladen GmbH"; „Mustermann UG (haftungsbeschränkt)"; unzulässig: „Mustermann UG mbH".

Merksatz: **Die Unternehmergesellschaft (UG) ist die „kleine Schwester" der GmbH.**

Vor Abschluss des Gesellschaftsvertrages der GmbH bzw. UG, also vor ihrer Gründung (Errichtung), trägt der Zusammenschluss mehrerer späterer GmbH/ UG-Gesellschafter regelmäßig den Charakter einer GbR: Zweck dieser sog. Vorgründungsgesellschaft ist lediglich die Gründung der GmbH bzw. UG. Ist diese Gründung dann erfolgt, so ist der Zweck der GbR erreicht und die Vorgründungsgesellschaft damit aufgelöst (§ 726 BGB, Abschnitt 5.2.1.1). Die Gesellschaft ist zur konstitutiven Eintragung ins Handelsregister anzumelden; erst mit erfolgter Eintragung ist die GmbH/UG „als solche" rechtlich wirklich existent (§§ 7, 11 Abs. 1 GmbHG). Man spricht hier von der Entstehung der Gesellschaft.

In der Zeit zwischen bereits gegründeter (errichteter), aber eben mangels Eintragung als GmbH oder UG noch nicht entstandener Gesellschaft spricht man vom Stadium einer Vorgesellschaft (hier speziell: einer Vor-GmbH oder Vor-UG). Damit verbinden sich erhebliche Probleme der Vermögenszuordnung und der Haftung, zu denen das Gesetz weitgehend schweigt. Nach h.M. (Kindler [Grundkurs] Rn. 48ff., 66; Klein-Blenkers [Rechtsformen] 81, beide m.w.N.) haftet jedenfalls die Vorgesellschaft, wobei deren Schulden zugleich Schulden der späteren GmbH selber sind. Dabei wird allerdings die im Stammkapital verkörperte, garantierte Mindestkapitalausstattung ausgehöhlt. Als Kompensation dieser Vorbelastung statuiert die h.M. (Kindler [Grundkurs] § 14 Rn. 53ff.; Klein-Blenkers [Rechtsformen] 81f., beide m.w.N.) eine anteilige Differenzhaftung (oder: Unterbilanzhaftung) der Gründer gegenüber der Gesellschaft (also nicht im Außenverhältnis gegenüber Gesellschaftsgläubigern).

Um im Interesse der Gläubiger die Probleme zu entschärfen, sieht § 11 Abs. 2 GmbHG außerdem eine persönliche, gesamtschuldnerische Haftung aller Personen im Außenverhältnis vor, die für diese Vor-GmbH (oder Vor-UG) handeln (sog. Handelndenhaftung). Diese Handelnden werden regelmäßig die (späteren) Geschäftsführer sein. Diesen Mechanismus sieht das Gesetz übrigens für alle im Entstehen befindlichen juristischen Personen vor (so z.B. § 54 S. 2 BGB oder § 41 Abs. 2 AktG) und mit demselben Ziel: Die Aktivitäten sollen sich erst einmal darauf konzentrieren, die Eintragung herbeizuführen, um dem Risiko persönlicher Haftung zu entgehen.

Diese Anmeldung zur Eintragung der GmbH setzt nach § 7 Abs. 2 GmbHG ihrerseits grundsätzlich voraus, dass auf jeden Geschäftsanteil (sog. Stammeinlage), deren Summe dann das Stammkapital ergibt (§ 5 Abs. 3 S. 2 GmbHG), mindestens 25 % eingezahlt sind. Insgesamt muss ein Betrag von € 12.500 erreicht werden (§ 7 Abs. 2 S. 2 GmbHG). Bei dieser Berechnung werden auch korrekt bewertete (§ 8 Abs. 1 Nr. 5, § 9c Abs. 1 S. 2 GmbHG) Sacheinlagen mit berücksichtigt.

Wie die GmbH ist auch die UG zur (konstitutiven, § 11 Abs. 1 GmbHG) Eintragung ins Handelsregister anzumelden. Im Gegensatz zur GmbH ist die Anmeldung jedoch erst zulässig, wenn das Stammkapital in voller Höhe eingezahlt ist. Auch ist keine Sachgründung möglich (§ 5a Abs. 2 S. 2 GmbHG). Vor allem aber ist keine beliebige Gewinnentnahme erlaubt. Gewinne müssen vielmehr in erheblichem Umfang (mindestens zu 25 %) in eine gesetzliche Rücklage fließen, die ihrerseits vornehmlich zur Erhöhung des Stammkapitals zu verwenden ist (§ 5a Abs. 3 Nr. 1 GmbHG).

Auf diese Weise ist der Weg einer wirtschaftlich erfolgreichen UG zu einer GmbH vorgezeichnet, weil es sich ab einem Stammkapital von € 25.000 bei der UG in Wahrheit nur noch um eine GmbH handeln kann. Die (wenig attraktive) Möglichkeit einer Firmenfortführung (§ 5a Abs. 5 Halbs. 2 GmbHG) ändert daran nichts. Aus der wahren Natur jedenfalls dieser UG als GmbH erklärt sich auch § 5a Abs. 5 Halbs. 1 GmbHG mit der Anordnung, dass nun die für die UG geltenden Sondernormen keine Anwendung mehr finden. Insbesondere ist dann also eine beliebige Gewinnentnahme zulässig, was einen großen Anreiz zu einer solchen Kapitalerhöhung darstellt.

Beispiel:

Eine mit € 5.000 Stammkapital gegründete UG (haftungsbeschränkt) erhöht ihr Gesellschaftsvermögen durch obligatorische Rücklagen auf € 35.000. Wird ihr Stammkapital durch Änderung des Gesellschaftsvertrags nunmehr auf € 25.000 erhöht, dürfen € 10.000 als Gewinn entnommen werden, auch wenn die Gesellschaft zulässig weiter als „UG (haftungsbeschränkt)“ firmiert. Die Gesellschafter werden es allerdings vorziehen, die Gesellschaft in der Firma nunmehr als GmbH auszuweisen, weil dies in der Wahrnehmung des Geschäftsverkehrs signalisiert, dass das Unternehmen sich am Markt erfolgreich etablieren konnte.

Der im Interesse potenzieller Gläubiger erforderlichen Mindestkapitalaufbringung dienen auch die §§ 21 ff. GmbHG: Bei Verzug der Einzahlung auf die von den Gesellschaftsgründern übernommenen Geschäftsanteile (Stammeinlagen) kann die GmbH/UG den Geschäftsanteil des betreffenden Gesellschafters einziehen (sog. Kaduzierung). Ein weiteres Sicherungsinstrument stellt die Ausfallhaftung nach den §§ 24 f. GmbHG dar. Demzufolge ist der Fehlbetrag von den übrigen Gesellschaftern anteilig – nicht gesamtschuldnerisch – zu erbringen. Die obligatorische Mindestkapitalaufbringung zielt zugleich auf das Gebot der Kapitalerhaltung (Saenger [Gesellschaftsrecht] Rn. 796 ff.). In seinem Mittelpunkt steht das Verbot der Einlagenrückgewähr nach § 30 Abs. 1 GmbHG.

Merksatz: **Das Gebot der Mindestkapitalaufbringung zielt zugleich auf das Gebot der Kapitalerhaltung.**

Eine Nachschusspflicht besteht grundsätzlich nicht, kann aber gesellschaftsvertraglich vorgesehen sein. Der zu leistende Nachschuss kann betragsmäßig beschränkt (vgl. § 28 GmbHG), aber auch unbeschränkt sein. Der Risikounterschied ist dabei nicht sehr hoch, weil bei unbeschränkter Nachschusspflicht der Gesellschafter – vollständige Einzahlung auf den Geschäftsanteil vorausgesetzt – seinen Gesellschaftsanteil der Gesellschaft zur Verfügung stellen kann (Recht zum sog. Abandon), die ihn dann durch Veräußerung verwertet (§ 27 GmbHG).

Ihren Geschäftsanteil (also ihre Gesellschafterstellung, ihre Mitgliedschaft) können die GmbH-Gesellschafter grundsätzlich frei an andere übertragen, allerdings nur in Form der notariellen Beurkundung (§ 15 Abs. 1, 3 und 4 GmbHG). In dieser grundsätzlich freien Übertragbarkeit sieht die h.M. (z.B. Windbichler [Gesellschaftsrecht] § 2 Rn. 18) ein wesentliches Element einer „Kapitalgesellschaft". Soll die GmbH/UG aber einen eher „personalistischen" Charakter tragen (wie namentlich bei Familiengesellschaften), so können sog. vinkulierte Geschäftsanteile vorgesehen werden, deren Übertragung dann an bestimmte Voraussetzungen geknüpft ist (§ 15 Abs. 5 GmbHG).

Beispiele:

Zugehörigkeit des neuen Gesellschafters zu einer bestimmten Familie; besondere Qualifikationen (Masterabschluss in BWL, Promotion zum Dr. rer. pol.); sogar Zustimmung der Gesellschaft zur Veräußerung des Geschäftsanteils.

Strukturell notwendige Organe der GmbH/UG sind Geschäftsführer und Gesellschaftergesamtheit. Der oder die Geschäftsführer vertreten die Gesellschaft in Drittorganschaft grundsätzlich nur gemeinschaftlich (Gesamtvertretungsbefugnis, § 6 Abs. 1 und 3 mit § 35 Abs. 1 und 2 GmbHG sowie Abschnitt 5.1.6.1). In der Praxis wird allerdings von der gesetzlichen Option der gesellschaftsvertraglichen Einzelvertretungsbefugnis im Interesse größerer Beweglichkeit des Geschäftsverkehrs sehr häufig Gebrauch gemacht. Sachlich-inhaltlich ist die Vertretungsmacht umfassend und unbeschränkbar (§§ 35 Abs. 1, 37 Abs. 2 GmbHG).

Handelt es sich um eine sog. Ein-Mann-GmbH/UG, deren Alleingesellschafter als natürliche Person auch noch deren Alleingeschäftsführer ist, so greift gemäß § 35 Abs. 3 GmbHG das Verbot des Selbstkontrahierens also des In-Sich-Geschäfts gemäß § 181 BGB ein. Eine Befreiung von diesem Verbot muss nach h.M. (Kindler [Grundkurs] § 16 Rn. 40) zu ihrer Wirksamkeit im Gesellschaftsvertrag erfolgen und im Handelsregister eingetragen werden. Dadurch sollen die Gesellschaftsgläubiger auf die Gefahr hingewiesen werden, dass der alleinige geschäftsführende Gesellschafter der GmbH/UG kraft seiner Vertretungsbefugnis für die GmbH das Gesellschaftsvermögen zugunsten seines Privatvermögens substanziell ausdünnt.

Die Regelung der Geschäftsführungsbefugnis ist dem bloßen Gesetzestext des § 37 Abs. 1 GmbHG kaum zu entnehmen, da dort Vertretungs- und Geschäftsführungsbefugnis leider nicht deutlich genug getrennt werden (vgl. demgegenüber die vorbildlichen §§ 114 ff., 125 f. HGB für die OHG). Gemeint ist Folgendes: Anders als die Vertretungsbefugnis kann die Geschäftsführungsbefugnis gesellschaftsvertraglich oder durch Gesellschafterbeschluss beliebig eingeschränkt werden (§ 37 Abs. 1 GmbHG).

Überhaupt können die Gesellschafter durch Beschluss jeden beliebigen Einfluss auf die Unternehmenspolitik ausüben, weil der Geschäftsführer selbst Einzelweisungen der Gesellschaftergesamtheit zu befolgen hat (vgl. § 43 Abs. 3 S. 3 GmbHG). Die Gesellschaftergesamtheit, nicht der Geschäftsführer, stellt deshalb durch Beschluss auch den Jahresabschluss fest, entscheidet über die Gewinnverteilung, bestellt Geschäftsführer, Prokuristen, Handlungsbevollmächtigte und vertritt schließlich die Gesellschaft bei der Verfolgung von Ersatzansprüchen der Gesellschaft gegen den (oder die) Geschäftsführer oder gegen Gesellschafter (§ 46 GmbHG). Die Beschlussfassung ist nach § 47 Abs. 1 und 2 GmbHG an einem kapitalorientierten Mehrheitsprinzip orientiert: Jeder Euro eines Geschäftsanteils gewährt eine Stimme. Selbst in Familiengesellschaften wird davon selten abgewichen, obwohl es sich insoweit nach § 45 GmbHG um dispositives Recht handelt (Abschnitt 5.1.6.2).

Überschreitet der Geschäftsführer seine Geschäftsführungsbefugnis, haftet er nach § 43 Abs. 2 GmbHG der GmbH(!) auf Schadensersatz (Geschäftsführer-Innenhaftung). Eine Geschäftsführer-Außenhaftung, also gegenüber den Gesellschaftsgläubigern, kann sich aber z.B. aus § 823 Abs. 2 BGB/§ 15a InsO wegen einer Schutzgesetzverletzung ergeben, wenn der Geschäftsführer den Insolvenzantrag verschleppt. Soweit Ansprüche der Gesellschaft gegen Mitgesellschafter, also sog. Sozialansprüche in Rede stehen (z.B. auf Erstattung von Rückzahlungen, die gegen das Gebot der Kapitalerhaltung verstoßen, §§ 30, 31 GmbHG), wird von der h.M. (Windbichler [Gesellschaftsrecht] § 22 Rn. 37) außerdem jedem einzelnen Gesellschafter die actio pro socio (Abschnitt 5.2.1.2) zuerkannt, unabhängig vom Geschäftsführerverhalten oder von vielleicht an den Mehrheitsverhältnissen scheiternden Beschlüssen.

Die actio pro socio gehört zu den in der GmbH/UG-Verfassung vergleichsweise nur rudimentär gewährten Minderheitsrechten, weil das Gesetz für die GmbH/UG primär nun einmal nicht den Anlegerschutz, sondern den Schutz der Gesellschaftsgläubiger im Auge hat. Zu den Minderheitsrechten zählt im Übrigen ein Auskunfts- und Einsichtsrecht (§§ 51a und b GmbHG) sowie das Recht, eine Gesellschafterversammlung einberufen zu lassen, wenn dies Gesellschafter verlangen, deren Geschäftsanteile zusammen mindestens 1/10 des Stammkapitals repräsentieren (§ 50 GmbHG).

Wegen § 45 GmbHG könnte allerdings ein Minderheitenschutz durch satzungsmäßig verankerte Einstimmigkeit der Beschlussfassung geschaffen werden. Umgekehrt kann freilich auch ein Ausschluss des Stimmrechtes für bestimmte Gesellschafter durch die Satzung erfolgen. Soweit das GmbHG keine Regelung trifft, kann hier – wie auch sonst – wegen der strukturellen Ähnlichkeit der GmbH mit der AG Aktienrecht entsprechend herangezogen werden, wegen der Behandlung unkorrekt zustande gekommener Beschlüsse z.B. also §§ 241 ff. AktG analog.

Die Satzung kann schließlich auch weitere Organe vorsehen, etwa einen Verwaltungsrat oder einen Aufsichtsrat (vgl. § 52 GmbHG). Bei einer GmbH, die der Mitbestimmung unterliegt (für eine UG ist dies wegen ihrer geringen Größe nicht denkbar), muss sogar ein Aufsichtsrat gebildet werden, der z.B. dann anstelle der Gesellschafter die Geschäftsführer bestellt.

Als Auflösungsgrund einer GmbH/UG spielt zunächst § 60 Abs. 1 Nr. 2 GmbHG eine praktisch wichtige Rolle, der – dispositiv – auf einen mit 3/4-Mehrheit gefassten Gesellschafterbeschluss rekurriert. Gerade auch Insolvenz ist ferner ein häufiger Auflösungsgrund (§ 60 Abs. 1 Nr. 4 GmbHG). Die Eröffnung des Insolvenzverfahrens ist von den Geschäftsführern als „geborene" Liquidatoren (vgl. § 66 Abs. 1 GmbHG) nicht nur bei Überschuldung, sondern auch bei Zahlungsunfähigkeit, also schon bei fehlender Liquidität, zu beantragen (§ 15a InsO). Im Insolvenzstadium bestehende Ansprüche der Gesellschafter auf Rückzahlung kapitalersetzender Darlehen, die der Gesellschaft gewährt wurden, haben ihre Regelung in der InsO gefunden und sind hier nicht weiter zu verfolgen.

Merksatz: Auflösungsgründe für die GmbH sind Gesellschafterbeschluss mit 3/4-Mehrheit, Zahlungsunfähigkeit und Überschuldung.

5.2.2.4 Europäische Privatgesellschaft (EPG, SPE, „Europa-GmbH")

Schon seit 2010 sollte es auf supranationaler Ebene eine Gesellschaft geben, die vielfach als „Europa-GmbH" tituliert wird, deren korrekte Bezeichnung aber (lat.) „Societas Privata Europaea", also „Europäische Privatgesellschaft", lautet. Als Abkürzungen kursieren deshalb sowohl SPE als auch (im deutschen Sprachraum) EPG. In absehbarer Zukunft dürfte sie aber, interessant vor allem für kleine und mittlere Unternehmen (sog. KMU), als Rechtsform zur Verfügung stehen.

Soweit bis jetzt bekannt (Klunzinger [Grundzüge] 357 f.), wird die SPE für jeden Zweck zur Verfügung stehen und mit € 1 Mindestkapital auskommen, sofern eine Solvenzbescheinigung vorgelegt wird. Ansonsten sind als „Stammkapital" mindestens € 8.000 aufzubringen. Das Trennungsprinzip weist sie als juristische Person aus: Es haftet nach konstitutiver Eintragung nur das Gesellschaftsvermögen. Wird für die Vor-SPE gehandelt, so ist eine an § 11 Abs. 2 GmbHG erinnernde, aber subsidiäre Handelndenhaftung vorgesehen für den Fall, dass die registrierte Gesellschaft nicht die zuvor in ihrem Namen begründeten Verbindlichkeiten übernimmt.

Der Satzungssitz, an dem die Gesellschaft auch registriert ist, darf von dem faktischen Verwaltungssitz unterschieden sein. Alles in allem ähnelt die SPE rechtsstrukturell damit sowohl der englischen Private Company Limited als auch der UG bzw. GmbH. Ob die SPE, wie bisher angedacht, auch ohne transnationalen Bezug gegründet werden kann, die Gründer also sämtlich aus ein und demselben EG-Mitgliedsstaat kommen dürfen, ist noch umstritten. In jedem Fall wird ergänzend nationales Recht zur Anwendung kommen.

5.2.2.5 *Aktiengesellschaft (AG) mit Kommanditgesellschaft auf Aktien (KGaA)*

5.2.2.5.1 Wesen und Kapitalstruktur

Wie die GmbH ist die AG auf keinen bestimmten Zweck festgelegt. Auch sie ist form-kaufmännische Handelsgesellschaft mit juristischer Persönlichkeit (§§ 1, 3 AktG, 6 Abs. 2 HGB). Ihre Entwicklungsstadien (Vorgründungsgesellschaft, Vorgesellschaft) und die darin beschlossenen Probleme, namentlich bezüglich der Haftung, sind ebenfalls die gleichen wie bei der GmbH (vgl. §§ 36, 41 Abs. 1 AktG, Abschnitt 5.2.2.3).

Dieselbe Funktion wie das Stammkapital bei der GmbH hat das Grundkapital bei der AG, das aber mindestens € 50.000 betragen muss (§ 7 AktG). Das Grundkapital ist in Aktien zerlegt, die entweder als „Nennbetragsaktien" oder als „Stückaktien" begründet werden können (§ 8 Abs. 1 AktG). Während Nennbetragsaktien auf einen Währungsbetrag, und zwar mindestens auf € 1 lauten, haben Stückaktien keinen Nennwert. Vielmehr sind Stückaktien einer Gesellschaft an deren Grundkapital in gleichem Umfang berechtigt (§ 8 Abs. 2 und 3 AktG). Deshalb rechnet sich der jeweilige Anteil am Grundkapital bei Nennbetragsaktien nach dem Verhältnis ihres Nennwertes zum Grundkapital, bei Stückaktien jedoch nach der Anzahl der Aktien (§ 8 Abs. 4 AktG).

> **Merksatz:** Das Mindestkapital bei der GmbH ist das **Stammkapital**, bei der AG das **Grundkapital**, jeweils bestehend aus der Summe der **Stammeinlagen** bzw. **Aktien**.

Erst die Aktienemission und die grundsätzlich freie, formlose Übertragbarkeit der Aktie (Abschnitt 5.2.2.5.2) erlauben es, über die Wertpapiermärkte (Börse) im großen Rahmen vagabundierendes Kapital zu sammeln und dauerhaft dem Unternehmen zuzuführen, ohne die individuellen, vielleicht auf kurzfristig realisierte Profite ausgerichteten Strategien der Anleger zu beschneiden.

Auch bei der AG sind wie bei der GmbH satzungsmäßig fixiertes Grundkapital und Gesellschaftsvermögen nicht dasselbe, und zwar oft schon nicht zu Beginn der gesellschaftlichen Existenz: Das Gesellschaftsvermögen übersteigt das Grundkapital von Anfang an, wenn die Aktien zu Preisen ausgegeben werden, die über ihrem Nennbetrag liegen (Überpari-Emission). Im Interesse des Gläubigerschutzes ist hingegen eine Ausgabe unter dem Nennwert (Unterpari-Emission) unzulässig (vgl. § 9 AktG). Später kann der Marktwert der Aktie bei ungünstiger Geschäftsentwicklung freilich unter ihren Nennwert sinken.

Werden von einer schon bestehenden AG zum Zwecke der Eigenkapitalbeschaffung neue („junge") Aktien gegen Einlagen ausgegeben, findet also eine effektive Kapitalerhöhung statt, so liegt darin eine Heraufsetzung des Grundkapitals, die der Satzungsänderung bedarf (vgl. §§ 179 ff., 182 ff. AktG). Die bisherigen Aktionäre haben dabei ein Bezugsrecht. Dieses Recht kann auch mittelbar zum Tragen kommen, wenn die jungen Aktien von einer Bank (oder einem Bankenkonsortium als GbR, Abschnitt 5.2.1.1) zunächst als Ganzes übernommen wurden (§ 186 Abs. 5 AktG). Bei der nominellen Kapitalerhöhung hingegen (vgl. §§ 207 ff. AktG) wird das Eigenkapital nicht wirklich erhöht. Es werden vielmehr lediglich Reserven in Grundkapital umgewandelt. Ein Spielraum dafür besteht freilich nur, soweit nicht die obligatorische „gesetzliche Rücklage" nach § 150 AktG berührt wird.

Umgekehrt kommen auch Herabsetzungen des Grundkapitals vor. Mit der – in der Praxis seltenen – effektiven Kapitalherabsetzung wird die Voraussetzung geschaffen, nicht mehr benötigtes Betriebskapital als Überschuss zur Verteilung bringen zu können, etwa nach Veräußerung von Betriebsteilen. Die nominelle Kapitalherabsetzung hingegen hat typischerweise eine Sanierungsfunktion: Durch Ermäßigung des Grundkapitals soll eine Anpassung an das durch Verluste geschmälerte Gesellschaftsvermögen erfolgen, um in Zukunft anfallende Gewinne ausschütten zu können. Da bei beiden Varianten nicht nur die Aktionärsinteressen, sondern auch die Realisierungschancen der Gesellschaftsgläubiger berührt werden, hat das Gesetz hier zahlreiche Regulative vorgesehen (vgl. §§ 222 ff. AktG), wobei der Sanierungszweck in einem vereinfachten Verfahren (§§ 229 ff. AktG) verfolgt werden kann.

Selbstverständlich kann die AG durch Kreditaufnahme auch zur Fremdfinanzierung schreiten, wobei wiederum viele Varianten vorkommen. Die Fremdfinanzierungsformen reichen so vom regulären Bankkredit bis zur Ausgabe sog. Obligationen oder Anleihen. Zu nennen sind als deren Sonderformen Wandelschuldverschreibungen (sog. Convertible Bonds) und Gewinnschuldverschreibungen (Legaldefinitionen in § 221 Abs. 1 S. 1 AktG). Das Gesetz (§ 221 Abs. 3 und 4 AktG) kennt ferner Genussrechte, ohne sie eigens zu definieren. In der Praxis werden Genussrechte jedoch hinreichend von anderen Maßnahmen der Kapitalbeschaffung unterschieden (Saenger [Gesellschaftsrecht] Rn. 674 ff.):

Definition:
Wandelschuldverschreibungen gewähren Umtausch- oder Bezugsrechte auf Aktien, **Gewinnschuldverschreibungen** verbriefen Ansprüche auf Gewinne, Genussrechte sind auf Gewinn- wie auch auf Verlustbeteiligung gerichtet.

Weil den Geldgebern bei diesen Sonderformen nicht wie bei regulären Anleihen feste Zinssätze, sondern Gewinnbeteiligungen versprochen werden, kollidiert deren Emission freilich tendenziell mit den Anlageinteressen der Aktionäre selber. Die Ausgabe bedarf deshalb mindestens eines Beschlusses der Aktionäre mit qualifizierter Mehrheit (§ 221 Abs. 1 S. 2 und Abs. 3 AktG); außerdem haben die Aktionäre das primäre Bezugsrecht, das Recht des ersten Zugriffs (§ 221 Abs. 4 AktG).

Ein besonderes Finanzierungsinstrument stellt auch die Umwandlung von Forderungen gegen die AG in Grundkapital dar (sog. Debt-Equity-Swap). Dies dient vornehmlich dazu, eine Überschuldung der AG als Insolvenzgrund nach § 19 InsO abzuwenden und setzt als Zwischenschritt eine vereinfachte Kapitalherabsetzung nach §§ 229 ff. AktG voraus. Ein wesentliches Problem ist dabei die korrekte Bewertung der Forderung, für die der Nennbetrag der Forderung keinesfalls immer maßgeblich ist (Saenger [Gesellschaftsrecht] Rn. 673).

5.2.2.5.2 Rechtsstatus der Aktionäre, Hauptversammlung

Die allgemeine Rechtsstellung der Aktionäre ist ihrem Wesen nach die Teilhabe an dem Rechtssubjekt AG. Sie sind deren Mitglieder. Stattdessen von „Eigentümern" der AG zu sprechen, ist juristisch falsch, weil Eigentum (§ 903 BGB) nur an einzelnen Sachen, nicht jedoch am Vermögen als ganzem oder gar an einem Rechtssubjekt bestehen kann. Im Übrigen wird durch die Aktie auch kaum etwas von der umfassenden Herrschaftsmacht vermittelt, die dem Eigentum innewohnt.

Definition:
Die **Aktie** ist Ausdruck der Mitgliedschaft in der AG und gewährt diverse Teilhaberechte.

Im Kern gewährt die Aktie ein Recht auf Gewinnteilhabe (Dividende), auf ein Stimmrecht in der Hauptversammlung (§§ 118ff. AktG) sowie auf einen dem Aktionär individuell zustehenden Auskunftsanspruch (§ 131 AktG), auf ein Recht zur klageweisen Anfechtung von Beschlüssen der Hauptversammlung und zur klageweisen Geltendmachung einer eventuellen Beschlussnichtigkeit (§§ 241 ff., 243 I, 251, 254, 255 AktG). Nicht einmal ein Stimmrecht ist aber zwingend gegeben, wenn die Aktie Sonderrechte, etwa auf eine Vorzugsdividende, gewährt. Solche Aktien können als Ausgleich dafür ohne Stimmrecht ausgestattet sein (stimmrechtslose Vorzugsaktien, vgl. §§ 12 Abs. 1 S. 2, 139ff. AktG, im Gegensatz zu den Stammaktien). Selbst wenn eine Aktie die Einflussmöglichkeiten auf das Unternehmen satzungsgemäß (§ 26 AktG) durch Sonderrechte erhöht, hat dies mit dem Eigentum im Rechtssinne nichts zu tun.

Beispiel:
Recht, einen Vertreter eigener Wahl in den Aufsichtsrat entsenden zu können.

Grundsätzlich erstreckt sich das Stimmrecht im Wesentlichen nur auf die in § 119 AktG aufgeführten Materien. Durch Mehrheitsbeschluss in der Hauptversammlung wird z.B. über die personelle Zusammensetzung des Aufsichtsrates entschieden, Entlastung versagt oder erteilt (was gemäß § 120 Abs. 2 S. 2 AktG keinen Verzicht auf etwaige Ersatzansprüche der AG gegenüber dem Vorstand und dem Aufsichtsrat bedeutet), die Verwendung des Bilanzgewinnes festgelegt, das Grundkapital erhöht oder herabgesetzt oder über das Schicksal der AG selber – z.B. Fusion, Auflösung – befunden. Weder an der Feststellung des Bilanzgewinns selber noch an der personellen Zusammensetzung des Managements (Vorstand) oder gar an konkreten Unternehmensentscheidungen hat der Aktionär – im Gegensatz zum GmbH-Gesellschafter – Anteil.

Diese ohnehin schon beschränkte Kompetenz des Aktionärs wird vielfach faktisch noch durch das sog. Depotstimmrecht der Banken weiter entwertet: Da es jedenfalls den Kleinaktionären durchweg an Informiertheit ebenso wie an Geld, Zeit und Lust mangelt, um Hauptversammlungen zu besuchen, sachgerechte Entscheidungen zu treffen oder gar eigene Anträge zu formulieren, erteilen diese Aktionäre regelmäßig einer Bank die Befugnis zur Ausübung ihres Stimmrechts. Diese Aktionäre verzichten regelmäßig auch darauf, inhaltliche Weisungen zur Stimmrechtsausübung zu erteilen (vgl. §§ 129 Abs. 3, 134 Abs. 3 AktG), zumal dann, wenn diese Bank ohnehin das Anlagevermögen des

Kunden verwaltet. In relativ wenigen Banken kumuliert allein schon dadurch eine erhebliche, durch einheitliche Ausübung aller Depotstimmrechte noch gesteigerte Machtfülle.

Dabei sind Interessenkonflikte vorprogrammiert, weil ja die Banken vielfach an den Gesellschaften, auf die sich ihr Depotstimmrecht bezieht, selber Aktien halten. Das Gesetz ist gerade hier um den Anlegerschutz bemüht (§ 135 AktG). Anders ist die Situation naturgemäß beim Großaktionär bzw. beim Alleinaktionär (dann häufig eine Holding-Gesellschaft). Insgesamt führt die faktische Einflusslosigkeit vieler Aktionäre dazu, dass sie als Hauptreaktion auf Frustrationen die Veräußerung der Aktie ins Auge fassen.

Die Übertragung der Aktie und damit die Mitgliedschaft in der AG, also der Gesellschafterwechsel, erfolgt nach dem gesetzlichen Leitbild bei der Inhaberaktie (vgl. §§ 10 Abs. 1, 24 AktG) durch Übertragung des Eigentums an der Aktienurkunde. Man sagt: „Das Recht aus dem Papier folgt dem Recht am Papier". In der Effektenpraxis wird aber der Übertragungsvorgang noch weiter dadurch vereinfacht, dass die Aktienurkunden in speziellen Wertpapiersammelbanken als Depotbanken hinterlegt sind und die Aktienausgabe nur noch im Wege des Besitzkonstituts (§ 930 BGB) erfolgt (hierzu und zum Folgenden: Schünemann [Wirtschaftsprivatrecht] 195 f.). Dies spiegelt sich wiederum in einer Buchung auf dem Konto des Aktionärs bei seiner Depotbank. Eine Weiterübertragung der Aktie erfolgt dann durch Einigung über den Eigentumswechsel unter Abtretung des Herausgabeanspruchs (§ 931 BGB).

Ein solches stückeloses Effektengiro ist freilich nicht möglich bei der früher eher seltenen Namensaktie (vgl. § 67 AktG), die trotz ihres Namens kein Namenspapier (Rektapapier) im wertpapierrechtlichen Sinne darstellt. Sie ist vielmehr Orderpapier, muss also durch Indossament übertragen werden (vgl. § 68 Abs. 1 AktG). Nur diese Namensaktien, die in ein von der AG geführtes Verzeichnis (Aktienregister, § 67 AktG) eingetragen werden, können entgegen dem Grundsatz freier Transferierbarkeit der Aktien in ihrer Übertragbarkeit satzungsmäßig beschränkt, also „vinkuliert" werden (§ 68 Abs. 2 AktG; vgl. demgegenüber die großzügigere Regelung in § 15 Abs. 5 GmbHG). In jüngerer Zeit werden bevorzugt vinkulierte Namensaktien ausgegeben, nicht nur um die Gefahr einer „feindlichen Übernahme" (engl. „Hostile Takeover") besser einschätzen, sondern auch ihr begegnen zu können.

Beispiele:

Der Vorstand der X-AG bemerkt anhand des Aktienregisters, dass die Y-Investmentgesellschaft immer mehr Stammaktien der X-AG aufkauft, um die Anteils- und Stimmenmehrheit über diese Gesellschaft zu erlangen.

Die Z-AG hat ihre Stammaktien als vinkulierte Namensaktien konzipiert, die nur mit Zustimmung des Vorstandes übertragen werden können.

Eine Übertragung an die AG selber ist gemäß § 71 AktG grundsätzlich ausgeschlossen. Dieses Verbot eigener Aktien schützt die Gesellschaftsgläubiger vor Liquiditätsverlusten, letztendlich vor der Insolvenz der AG. Auch die Minderheitsaktionäre werden davor geschützt: § 71 AktG verhindert, dass die Aktionärsmehrheit ihre Aktien an die von ihr dominierte AG veräußert und sich insoweit das Gesellschaftsvermögen zueignet, während die Aktien am Markt vielleicht nur mit hohen Verlusten oder gar nicht hätten veräußert werden können.

5.2.2.5.3 Vorstand und Aufsichtsrat

Der von der Hauptversammlung gewählte Aufsichtsrat, dessen Zusammensetzung vom Einfluss der Mitbestimmung abhängt (§ 96 AktG), hat vor allem die Aufgabe, seinerseits den Vorstand einzusetzen und diesen zu überwachen, nicht jedoch selbst die Geschäfte der Gesellschaft zu führen (§§ 84, 111 AktG). Eine Ausnahme statuiert § 111 Abs. 4 S. 2 AktG: Satzung oder Aufsichtsrat können ein Zustimmungserfordernis für bestimmte Arten von Geschäften vorsehen. Mittelbar können so die Kapitaleigner nicht nur personalpolitisch, sondern auch sachentscheidungsbezogen auf den Vorstand Einfluss nehmen.

Beispiel:

Dem Vorstand wird aufgegeben, für eine Kreditaufnahme und die Kreditvergabe über ein Limit von € 100.000 p.a. hinaus die Zustimmung des Aufsichtsrates einzuholen.

Schließlich vertritt der Aufsichtsrat die Gesellschaft gegenüber den Vorstandsmitgliedern, die regulär die Gesellschaft rechtsgeschäftlich repräsentieren (§ 78 AktG); der Aufsichtsrat hat also diesbezügliche Vertretungsbefugnis für die AG (§ 112 AktG). In Betracht kommen etwa (vgl. § 93 Abs. 3 AktG) Schadensersatzansprüche der Gesellschaft aus dem rechtswidrigen Erwerb eigener Aktien der Gesellschaft, aus der Rückgewähr von Einlagen an die Aktionäre oder wegen Verletzung von Pflichten (§ 280 Abs. 1 BGB) ihres mit der Gesellschaft geschlossenen Dienstvertrages. § 112 AktG macht also insoweit eine actio pro socio, wie sie vor allem bei Personengesellschaften häufiger notwendig werden kann (Abschnitt 5.2.1.2), entbehrlich.

Um die Kontrollfunktion des Aufsichtsrates zu gewährleisten, verbietet das Gesetz seinen Mitgliedern beispielsweise, zugleich dem Vorstand anzugehören (§ 105 Abs. 1 AktG; vgl. auch § 100 Abs. 2 Nr. 3 AktG mit dem Verbot der Überkreuzverflechtung). Bei der Erfüllung ihrer Pflichten sind die Aufsichtsratsmitglieder einem besonders strengen Sorgfaltsmaßstab unterworfen: Sie haben die Sorgfalt eines ordentlichen und gewissenhaften Kontrolleurs zu beachten, und dafür tragen sie auch noch die Beweislast (§§ 116 i.V.m. 93 AktG). Widrigenfalls haften sie der AG gegenüber.

Das Zentrum unternehmerischer Leitung der AG bildet der Vorstand, dem dafür Geschäftsführungs- und Vertretungsbefugnis zur Verfügung stehen (§§ 76 Abs. 1, 77, 78 Abs. 1 AktG). Auch deliktsrechtlich repräsentiert der Vorstand die Gesellschaft (§ 31 BGB analog). Besteht der Vorstand – wie regelmäßig – aus mehreren Mitgliedern, so gilt grundsätzlich Gesamtgeschäftsführung und (aktive) Gesamtvertretung (§§ 77 Abs. 1 S. 1, 78 Abs. 2 S. 1 AktG). Doch kann namentlich die Satzung Einzelkompetenz normieren (§§ 77 Abs. 1 S. 2, 78 Abs. 3 S. 1 AktG). Sachlich-inhaltlich sind Geschäftsführungsbefugnis und Vertretungsmacht prinzipiell unbeschränkt. Entgegen der im anglo-amerikanischen Rechtskreis herrschenden ultra-vires-Doktrin ist sie nicht einmal beschränkt auf den Gesellschaftszweck. Doch kann die Geschäftsführungsbefugnis (nur sie!) eingeengt werden (§ 82 AktG). Ist dies der Fall, so liegt darin durchweg zugleich die Einräumung einer Einzelkompetenz jedenfalls hinsichtlich der Geschäftsführung und grundsätzlich wohl auch hinsichtlich der Vertretung.

Beispiel:

Aufteilung der Leitungsverantwortung des Vorstandes in einzelne Ressorts, z.B. für Investition und Finanzierung, Organisation/Personal/Recht, Marketing, Materialwirtschaft und Logistik etc.

Bei der Erfüllung ihrer Aufgaben haben die auf höchstens 5 Jahre gewählten (§ 84 Abs. 1 S. 1 AktG) Vorstandsmitglieder die Sorgfalt eines ordentlichen und gewissenhaften Geschäftsleiters anzuwenden (§ 93 Abs. 2 AktG). Im Falle der Pflichtverletzung haften die Vorstandsmitglieder der AG gegenüber. Angesichts des scharfen Sorgfaltsmaßstabs und wegen der dabei auch noch angeordneten Beweislastumkehr läuft dies im Ergebnis an sich auf eine Art Gefährdungshaftung hinaus.

Eine entscheidende Milderung der Verantwortung bringt jedoch der eingefügte § 93 Abs. 1 S. 2 AktG. Demzufolge fehlt es an einer Pflichtverletzung, wenn das Vorstandsmitglied bei einer unternehmerischen Entscheidung vernünftigerweise annehmen durfte, auf der Grundlage angemessener Informationen zum Wohl der Gesellschaft zu handeln (sog. Business Judgement Rule). Eine spezielle Berufs-Haftpflichtversicherung, die das verbleibende Haftpflichtrisiko von Vorstandsmitgliedern versichert, ist dennoch wichtig (sog. D&O-Haftpflichtversicherung, „Directors and Officers Liability Insurance") und wird wohl ausnahmslos (und zwar zumeist auf Kosten der Gesellschaft) abgeschlossen.

Bei ihrer Geschäftsführungstätigkeit sind die Vorstandsmitglieder grundsätzlich eigenverantwortlich und können sich nicht dadurch entlasten, dass sie Aktionärswünschen entsprochen haben. Denn selbst von den Wünschen der Aktionärsmehrheit ist der Vorstand unabhängig. Lediglich auf eigenes Verlangen des Vorstandes hin kann die Versammlung über Geschäftsführungsmaßnahmen mit Bindungswirkung für den Vorstand beschließen (§§ 119 Abs. 2, 83 Abs. 2 AktG). Über die Leitungstätigkeit im spezifischen Sinne hinaus hat der Vorstand eine Art Allzuständigkeit: Er hat z.B. dem Aufsichtsrat die Kontrolle durch Berichte zu ermöglichen (§ 90 AktG), die Hauptversammlung einzuberufen (§ 121 Abs. 2 S. 1 AktG) und den Jahresabschluss durchzuführen.

Zur Verantwortlichkeit des Vorstandes gehört nicht zuletzt, die Rechtskonformität des Handelns aller im Unternehmen tätigen Personen sicherzustellen (Personnel Compliance) und natürlich auch selber, persönlich wie als Organ der Gesellschaft, rechtmäßig zu handeln (Corporate Compliance). Für eine börsennotierte AG verpflichtet § 161 Abs. 1 S. 1 mit Abs. 2 AktG Vorstand (und Aufsichtsrat) speziell zu einer jährlichen, im Internet zu veröffentlichenden Erklärung, inwieweit den Empfehlungen der „Regierungskommission Deutscher Corporate Governance Kodex" entsprochen wurde bzw. warum dies nicht geschah. Der DCGK ist für sich gesehen zwar entgegen der öffentlichen Wahrnehmung keine Rechtsquelle, erhält aber wegen jener Verweisung in § 161 AktG durchaus rechtliche Relevanz und übt jedenfalls faktisch einen nicht unzweifelhaften hohen Befolgungsdruck aus (Schünemann [Wirtschaftsprivatrecht] 498 f.).

5.2.2.5.4 Verfassung der Kommanditgesellschaft auf Aktien (KGaA)

Die KGaA ist, wie ihre Regelung in §§ 278 ff. AktG deutlich macht, letztlich trotz ihres Namens nur eine Variante der AG. Sie kann jeden Zweck verfolgen und ist juristische Person, bei der aber mindestens ein Gesellschafter (auch hier Komplementär genannt) den Gesellschaftsgläubigern unbeschränkt „persönlich" haftet, während die Kommanditaktionäre denselben Status wie die Gesellschafter der AG aufweisen (§ 278 Abs. 3 AktG). Deswegen können Kommanditaktionäre durchaus zugleich zum Kreis der Komplementäre gehören. Nach § 279 Abs. 2 AktG kann auch eine juristische Person oder eine Personengesellschaft als Komplementär fungieren. Dies ist alles andere als selbstverständlich, weil der KGaA-Komplementär eine Stellung einnimmt, die derjenigen des Vorstandes bei der AG entspricht (§ 283 AktG), dort aber als Vorstandsmitglieder nur natürliche Personen zugelassen sind (§ 76 Abs. 3 S. 1 AktG). Insgesamt hat die KGaA erhebliche Marktpräsenz gewonnen (Klein-Blenkers [Rechtsformen] 115 f.).

Beispiele:

Henkel KGaA; REWE Handelsgesellschaft KGaA; Fresenius Medical Care AG & Co KGaA; Lizenzspielerabteilungen von Borussia Dortmund, Hertha BSC Berlin und 1. FC Köln als GmbH & Co. KGaA.

Da eine gesonderte Bestellung des Vorstandes gegenstandslos ist, fällt dem Aufsichtsrat im Wesentlichen nur die Kontrollfunktion zu (vgl. im Übrigen § 287 AktG). Dies reduziert die konstruktiv am Aufsichtsrat ansetzende Mitbestimmung fühlbar. Wie bei der AG ist auch bei der KGaA die Hauptversammlung das Organ der Kommanditaktionäre. Die Komplementärseite hat aber in wichtigen Fragen, insbesondere bei der Feststellung des Jahresabschlusses, ein Vetorecht (§§ 285 Abs. 2, 286 Abs. 1 AktG). Hierin zeigen sich die Unterschiede zur AG besonders deutlich.

5.2.2.6 Europäische Aktiengesellschaft (Societas Europaea, SE)

Mit dem Inkrafttreten der EG-Verordnung Nr. 2157/2001 (SE-VO) wurde 2004 der rechtliche Rahmen einer weiteren (nach der EWIV) europarechtlichen Gesellschaftsform geschaffen: die (lat.) Societas Europaea (SE), die Europäische Gesellschaft. Die europarechtlichen Lücken dieses sog. SE-Statuts wurden für Deutschland mit dem SEAG ausgefüllt, sodass die SE neben der genannten SE-VO subsidiär dem nationalen Aktienrecht Deutschlands als des sog. Sitzstaates unterliegt (Windbichler [Gesellschaftsrecht] 485 ff.). Dies betrifft beispielsweise Kapitalmaßnahmen und Satzungsänderungen, für die keine europarechtlichen Regelungen vorgesehen sind.

Wie die AG kann die SE jeden Zweck verfolgen, ist jedoch auf transnationale Großunternehmen zugeschnitten. Ihr Grundkapital muss mindestens € 120.000 betragen (Art. 4 Abs. 2 SE-VO). Die Gründung der SE kann durch Verschmelzung, durch Errichtung einer Holding- oder einer Tochtergesellschaft sowie durch formwechselnde Umwandlung bereits bestehender Gesellschaften erfolgen. Die Einzelheiten regeln die §§ 5ff. SEAG für die SE mit Sitz in Deutschland. Voraussetzung ist dabei, dass die an Gründung oder Umwandlung beteiligten Gesellschaften entweder dem Recht verschiedener Mitgliedsstaaten der EG unterliegen oder durch eine Tochtergesellschaft oder wenigstens eine Niederlassung in einem anderen Mitgliedsstaat vertreten sind.

Die SE kann nach Maßgabe des jeweils beteiligten nationalen Gesellschaftsrechts entweder – nach deutschem Muster – über eine dualistische Verwaltungsstruktur mit getrenntem Leistungs- und Aufsichtsorgan verfügen oder aber über eine monistische Verwaltungsstruktur etwa nach angelsächsischem Vorbild. Die Aufstellung des Jahresabschlusses, Liquidation und Insolvenz unterliegen dem gesellschaftsrechtlichen Regime des Sitzstaates, der mit dem Staat identisch sein muss, in dem sich auch faktisch die Hauptverwaltung befindet. Auch gilt grundsätzlich das eventuell – wie namentlich in Deutschland – vorhandene nationale Mitbestimmungs- und Betriebsverfassungsrecht. Seine konkrete Umsetzung ist allerdings in ein kompliziertes Verfahren eingebunden (Saenger [Gesellschaftsrecht] Rn. 835 a.E.).

Die wesentlichen Bezugnahmen auf das nationale Recht entwerten die Idee einer allgemeinen europäischen Aktiengesellschaft stark. Das ursprüngliche Ziel, innerhalb der EG grenzüberschreitende Fusionen, Konzernbildungen und Kooperationen entscheidend dadurch zu erleichtern, dass die nationalrechtlichen Divergenzen auf europarechtlicher Ebene keine Rolle mehr spielen, kann derart ersichtlich nur schwer erreicht werden. Dennoch haben mittlerweile zahlreiche bedeutende deutsche Unternehmen sich diese Rechtsform zu Eigen gemacht.

Beispiele:

BASF, MAN, ALLIANZ, Porsche.

5.2.2.7 Die eingetragene Genossenschaft (e.G.)

Zweck der Genossenschaft ist Förderung der Wirtschaftstätigkeit ihrer Mitglieder, aber auch deren sozialer oder kultureller Belange (§ 1 GenG). Die e.G. ist also eine Art Selbsthilfeeinrichtung. Das sog. Nichtmitgliedergeschäft ist durch § 8 Abs. 1 Nr. 5 GenG nach Maßgabe der Satzung aber gleichwohl zugelassen. Zur Anwendungsbreite vgl. § 1 Abs. 1 GenG und folgende

Beispiele:

„Volksbanken" und „Raiffeisenkassen", Einkaufsgenossenschaften, z.B. des Einzelhandels, Absatzgenossenschaften (Molkereien, Winzer), Wohnungsbaugenossenschaften, karitative Selbsthilfeorganisationen, Künstlergilden.

Selbsthilfecharakter können freilich auch andere Vereinigungsformen tragen, was eine Beschreibung des Wesens der Genossenschaft erschwert.

Beispiel:

„Beamtenheimstättenwerk" (eine Bausparkasse) als AG.

Mit Eintragung in ein eigenes Register, das Genossenschaftsregister, erlangt die Genossenschaft den Status einer juristischen Person, und zwar als Form-Kaufmann (§§ 17 GenG, 6 Abs. 2 HGB). Das für die juristische Person eigentümliche haftungsrechtliche Trennungsprinzip schließt freilich nicht aus, dass die Satzung der Genossenschaft (vielleicht erst nach einer mit qualifizierter Mehrheit beschlossenen Änderung: § 16 Abs. 2 GenG) eine beschränkte oder gar unbeschränkte Nachschusspflicht für den Insolvenzfall vorsehen kann.

Diese Nachschusspflicht besteht gegenüber der Genossenschaft, nicht gegenüber ihren Gläubigern, hat also mit Haftung im spezifischen Sinne nichts zu tun (vgl. § 6 Nr. 3 GenG). Eine Nachschusspflicht wird die Bonität einer e.G. allemal vorteilhaft beeinflussen, weil für die e.G. aus rechtlicher Sicht – anders als für GmbH und AG – kein Mindestkapital erforderlich ist. Ob und wie eine Nachschusspflicht in der Firma zum Ausdruck kommt, liegt in der Entscheidung der Generalversammlung. Die früher einmal gängige Bezeichnung „eGmbH" dürfte aber nicht mehr ausreichen.

Beispiel:

„Brandenburger Landmaschinen e.G. mit unbeschränkter Nachschusspflicht" als zulässige Firma.

Die e.G. verfügt über 3 Organe: Generalversammlung, Vorstand und Aufsichtsrat. Die Genossen üben ihr grundsätzlich nach Köpfen, nicht nach finanzieller Beteiligung gewährtes Stimmrecht (§ 43 Abs. 3 S. 1 GenG) in der Generalversammlung aus. Bei Großgenossenschaften tritt an die Stelle der Generalversammlung eine (kleinere) Versammlung gewählter Genossenvertreter (§ 43a GenG). Generalversammlung bzw. Vertreterversammlung haben deutlich mehr Kompetenzen als die Hauptversammlung bei der AG. Denn in der Vertreterversammlung wird z.B. der Vorstand gewählt (§ 24 Abs. 2 GenG), von dort aus können an den Vorstand Weisungen ergehen (§ 34 Abs. 4 GenG) und dort wird über den Jahresabschluss entschieden (§ 48 Abs. 1 GenG).

Auch der genossenschaftliche Vorstand – ebenso der Aufsichtsrat – unterscheidet sich von dem aktienrechtlichen Seitenstück: Für eine juristische Person ausnahmsweise herrscht in beiden Organen das Prinzip der Selbstorganschaft (§ 9 Abs. 2 GenG): Die Organmitglieder müssen Genossen sein. Dies kann Probleme in der Unternehmensführung bringen, wenn die Genossen – wie durchaus häufig – nicht über die erforderliche Geschäftsgewandtheit für ein Leitungsorgan (vgl. §§ 24, 27 GenG) verfügen. Als Kompensation für diese strukturelle Schwäche muss jede e.G. nach §§ 53 ff. GenG einem Prüfungsverband angehören, der mindestens in zweijährigem Turnus und wenigstens im Nachhinein die ordnungsgemäße Geschäftsführung zu überprüfen hat. Dies bedeutet zugleich eine Funktionsverlagerung weg vom Aufsichtsrat (vgl. §§ 38 ff. GenG).

5.2.2.8 *Europäische Genossenschaft (Societas Cooperativa Europaea, SCE)*

Die Europäische Genossenschaft, die wenig praktische Bedeutung erlangt hat, besitzt mit der deutschen e.G. große rechtsstrukturelle Ähnlichkeit, sodass hier auf die Ausführungen in Abschnitt 5.2.2.7 verwiesen werden kann. Auch sie ist nach ihrem Zweck eine Selbsthilfeorganisation. Soweit die SCE ihren Sitz in Deutschland hat, gilt neben der einschlägigen EG-Verordnung Nr. 1435/ 2003 über das Statut der SCE (SCE-VO) das dazu erlassene deutsche Ausführungsgesetz (SCEAG; näher Saenger [Gesellschaftsrecht] Rn. 836). Auffällig ist allerdings, dass die SCE gemäß Art. 1 Abs. 3 SCE-VO (anders als die e.G. nach § 1 Abs. 1 GenG) nicht der Förderung künstlerischer Belange ihrer Mitglieder dienen kann.

5.2.2.9 Versicherungsverein auf Gegenseitigkeit (VVaG)

Der VVaG (geregelt in §§ 7, 15 ff. VAG) ist eine immer noch verbreitete, speziell versicherungswirtschaftliche Organisationsform in Gestalt einer juristischen Person, deren Mitglieder grundsätzlich die Versicherten selber sind. Der Zweck auch des VVaG ist somit, ähnlich wie die e.G., auf kollektive Selbsthilfe im Versicherungsbereich gerichtet. Doch ist auch hier das Nichtmitgliedergeschäft nicht völlig ausgeschlossen. Der VVaG erlangt Rechtsfähigkeit schon mit Erlaubniserteilung durch die Versicherungsaufsicht (§ 15 VAG). Wegen § 16 VAG, der weitgehend das HGB für entsprechend anwendbar erklärt, unterliegt der VVaG grundsätzlich der Pflicht, sich im Handelsregister eintragen zu lassen. Ein sog. „kleinerer" VVaG, der satzungsgemäß einen sachlich, örtlich oder hinsichtlich der Mitglieder beschränkten Wirkungskreis hat (§ 53 VAG), ist davon freilich freigestellt und genießt auch sonst Erleichterungen (z.B. ist kein Aufsichtsrat erforderlich).

Bei Gründung des VVaG muss nach § 22 VAG ein sog. Gründungsstock gebildet werden, dessen Höhe die Versicherungsaufsicht im Erlaubnisverfahren festsetzt. Der Gründungsstock dient – anders als Grund- und Stammkapital bei AG und GmbH – nicht den Außengläubigern des VVaG, sondern den Versicherten, deren Versicherungsansprüche ja von Anfang an erfüllt werden müssen (Funktion als „Gewährstock"). Außerdem hat der Gründungsstock die Errichtungskosten sowie die Betriebskosten in den Anfangsjahren abzudecken (Errichtungsstock, Betriebsstock).

Werden Gewinne erzielt, so haben die Mitglieder wegen der „Gegenseitigkeit" Anspruch auf anteilige Ausschüttung des Jahresüberschusses (§ 38 VAG). Dabei ist allerdings § 37 VAG zu beachten, der zunächst die Tilgung des Gründungsstocks und die Bildung einer Verlustrücklage analog § 150 AktG vorsieht (vgl. ferner § 48 VAG). Andererseits müssen die Mitglieder je nach Satzung beschränkt oder sogar unbeschränkt Nachschüsse leisten (vgl. § 24 Abs. 3 VAG).

Organe des VVaG sind nach aktienrechtlichem Vorbild und mit ähnlichen Kompetenzen (vgl. §§ 34 ff. VAG) Vorstand und Aufsichtsrat sowie die „oberste Vertretung" nach § 29 VAG. Sie wird – insoweit parallel zur genossenschaftsrechtlichen Realität – regelmäßig nicht durch die Mitglieder selber, sondern durch deren gewählte Vertreter gebildet.

5.3 Rechtliches Umfeld der Privatgesellschaften

Das Recht der Privatgesellschaften ist, wie schon ein Rückblick zeigt, überaus vielschichtig und dynamisch. Allein schon sein kombinatorisches Potenzial und dispositives Gesellschaftsrecht sowie die zahlreichen Umwandlungsmöglichkeiten zwischen den Gesellschaftsformen tragen dazu bei. Hinzukommt die grundsätzliche Möglichkeit, auch ausländische Gesellschaftsformen zu wählen, z.B. die englische Private Company Limited. Und immer neue europarechtliche Initiativen werden gestartet (Saenger [Gesellschaftsrecht] Rn. 838 ff.).

Schließlich hat das Gesellschaftsrecht (neben dem Recht der Mitbestimmung) einen engen Bezug zum Konzernrecht, dem Recht der sog. verbundenen Unternehmen (§ 15 AktG). Beide Rechtsgebiete stehen zu einander in einer komplizierten Wechselwirkung, weil das Konzernrecht nicht nur auf das Gesellschaftsrecht einwirkt, sondern auch umgekehrt Lücken des Konzernrechts aus dem Gesellschaftsrecht heraus zu füllen sind. Da wohl 75 % der AGs und 50 % der GmbHs in Unternehmensgruppen eingebunden sind (Saenger [Gesellschaftsrecht] Rn. 923), handelt es sich auch hierbei um ein rechts- und wirtschaftspraktisch eminent wichtiges Rechtsgebiet. Auch seine Einbeziehung würde freilich den hier vorgegebenen Rahmen bei weitem sprengen.

Einführende Literaturhinweise zu Modul 5

Die vollständigen Literaturangaben finden Sie im Downloadbereich.

Eisenhardt, U./Wackerbarth, U. [Gesellschaftsrecht I]. Recht der Personengesellschaften. Mit Grundzügen des GmbH- und Aktienrechts. 15. Aufl., Heidelberg (u.a.) 2011.

Kindler, P.: [Grundkurs] Handels- und Gesellschaftsrecht. 6. Aufl., München 2012.

Klein-Blenkers, F.: [Rechtsformen] der Unternehmen. Heidelberg (u.a.) 2009.

Klunzinger, E.: [Grundzüge] des Gesellschaftsrechts. 16. Aufl., München 2012.

Saenger, I.: [Gesellschaftsrecht]. 2. Aufl., München 2013.

Schünemann, W. B.: [Wirtschaftsprivatrecht]. 6. Aufl., Konstanz/München 2011.

Schünemann, W. B.: [Existenzgründung] und Recht. In: Konrad, E. D.: Aspekte erfolgreicher Unternehmensgründungen, Münster (u.a.) 2005, S. 121 ff.

Windbichler, C.: [Gesellschaftsrecht]. 23. Aufl., München 2013.

Modul 6: Globale Strukturen des Wirtschaftens

Jutta Geldermann
Fabian Froese

„Think global, act global."

Lernziele:

Aneignen von Wissen (Kenntnissen) über die Gründe und Gestaltung der Internationalisierung von Unternehmen; Verstehen (Erfassen und Erkennen) von Herausforderungen, die sich durch Globalisierung ergeben; Anwenden (Nutzen) des erlangten Wissens zur Lösung betriebswirtschaftlicher Probleme im internationalen Kontext; Analyse (Erforschen) von Ursachen, Elementen, Beziehungen betriebswirtschaftlicher Probleme im globalen Kontext; Synthese (Integrieren) von Einzelerkenntnissen aus den verschiedenen Unternehmensfunktionen und dem Internationalisierungsgrad des Unternehmens; Bewertung (Evaluation) von Alternativen zur Lösung betriebswirtschaftlicher Probleme im internationalen Kontext.

Übersicht:

In Modul 6 werden „Globale Strukturen des Wirtschaftens" behandelt. Zunächst werden die Hintergründe, Rahmenbedingungen und Bedeutung der Globalisierung auf das Wirtschaftsleben betrachtet. Im weiteren Verlauf werden die verschiedenen Internationalisierungsstrategien, die globale Wertschöpfungskette und das internationale Personalmanagement erläutert. In Abschnitt 6.1. werden wichtige Begriffe, wie z. B. Globalisierung, definiert und deren Relevanz verdeutlicht. Abschnitt 6.2. verdeutlicht, inwiefern die kulturellen, rechtlichen, politischen und volkswirtschaftlichen Rahmenbedingungen das Geschäftsleben von Unternehmen beeinflussen und wie Unternehmen darauf reagieren können. Internationalisierungsstrategien und verschiedene Markteintrittsstrategien werden in Abschnitt 6.3. erklärt. In Abschnitt 6.4. wird auf die globale Wertschöpfungskette eingegangen und inwiefern Unternehmen davon profitieren können bzw. Probleme damit vermeiden können. Die spezifischen Herausforderungen im Personalbereich bei global agierenden Unternehmen werden in Abschnitt 6.5. thematisiert.

6.1 Einleitung

„Globalisierung ist ein Wort, das viele Menschen verschreckt. Ich bin jedoch überzeugt: Das, was Globalisierung ausmacht, bietet der Welt heute viel mehr Chancen als Risiken. Sie bietet die große Chance zu mehr Frieden, Freiheit und Wohlstand." (Angela Merkel in ihrer Eröffnungsrede zum 38. Weltwirtschaftstreffen in Davos im Jahr 2007, http://www.handelsblatt.com/archiv/davos-eroeffnung-die-rede-von-kanzlerin-merkel-im-wortlaut-seite-8/2760382-8.html)

Globalisierung hat eine zentrale Bedeutung für die Gesellschaft und Wirtschaft. Deutschland ist bekannt als „Exportchampion" und Profiteur der Globalisierung. Deutsche Autos, Maschinen und viele andere Produkte sind beliebt im Ausland. Nicht nur Deutschland, sondern auch viele andere Länder sind stark mit der globalen Wirtschaft durch grenzüberschreitende Wertschöpfungsketten und Kundenbeziehungen verflochten. Daher ist es nicht überraschend, dass die deutsche Kanzlerin die Bedeutung und Vorteile der Globalisierung in ihrer Rede beim Weltwirtschaftstreffen in Davos in den Vordergrund gestellt hat. Andererseits gibt es auch zahlreiche kritische Stimmen, die mögliche negative Konsequenzen, z.B. ein Auseinanderdriften der Schere zwischen Reich und Arm sowie schlechte Arbeitsbedingungen in Entwicklungsländern, kritisieren. Dieses Kapitel beschäftigt sich mit den wirtschaftlichen Konsequenzen der Globalisierung und zeigt Wege auf, wie Unternehmen sich den Herausforderungen stellen können.

Zunächst wird der Begriff „Globalisierung" definiert.

Definition:

„Unter **Globalisierung** wird ein Prozess des Bedeutungsschwunds nationaler Grenzen für menschliche Aktivitäten bezeichnet, der mit einem Bedeutungsschwund für globale Bezugspunkte einhergeht." (Scherrer/Kunze [Globalisierung], S. 11).

Früher wurde von Internationalisierung gesprochen, heute von Globalisierung, weil Unternehmen weltweit miteinander über Wertschöpfungsketten miteinander vernetzt sind. Während der Begriff Internationalisierung durch „inter" die Assoziation einer Beziehung zwischen zwei Ländern hervorruft, wird der Begriff Globalisierung vermehrt eingesetzt, um darauf hinzuweisen, dass die Wirtschaft weltweit mannigfaltig vernetzt ist. Die beiden wichtigsten Motive für die Globalisierung der Unternehmen sind die Senkung der Lohnkosten und der Zugang zu neuen Absatzmärkten. Unternehmen streben eine globale Optimierung ihrer Wertschöpfungsketten an, indem sie komparative Vorteile nutzen und Produktionsschritte an den Standort verlagern, der für diese die günstigsten Bedingungen bietet (Scherrer/Kunze [Globalisierung]; Zimmer/Flohr [Transnationale Unternehmen], Neumair et al. [Internationale Wirtschaft]). Die zunehmende Internationalität der unternehmerischen Tätigkeit zeigt sich an einigen Indikatoren: Unternehmen setzen ihre Produkte international ab und tragen damit zu steigendem Außenhandel bei. Sie suchen darüber hinaus ständig nach den günstigsten Bezugsquellen für die Vor- und Zwischenprodukte (global sourcing). Direktinvestitionen dienen häufig dazu, Zugang zu Primärgütern zu erlangen oder Lohnkosten zu verringern („neue globale Arbeitsteilung").

Merksatz: Wenn man die **Globalisierung** in der Wirtschaft etwas genauer betrachtet, dann wird vor allem der rasante Anstieg von Import und Export deutlich.

Unternehmen aus Industriestaaten wie z.B. Deutschland, Japan oder der Schweiz entdecken ständig neue Märkte, um ihren Absatz zu erhöhen, denn die heimischen Märkte sind bald gesättigt. Manche Unternehmen wie z.B. Nestlé oder Samsung erwirtschaften mehr als 80 % ihres Umsatzes im Ausland. Während der Warenexport in der Vergangenheit primär eine Einbahnstraße von Industriestaaten zu Entwicklungsländern – abgesehen von Rohstoffen und einfachen Erzeugnissen – war, ist der Warenexport von Entwicklungsländern zu Industriestaaten und anderen Entwicklungsländern über die letzten Jahre stark angewachsen. Abbildung 6.1 zeigt den rasanten Anstieg an Warenexporten in den letzten Jahren und auch die zunehmende Bedeutung von Warenexporten aus Entwicklungsländern.

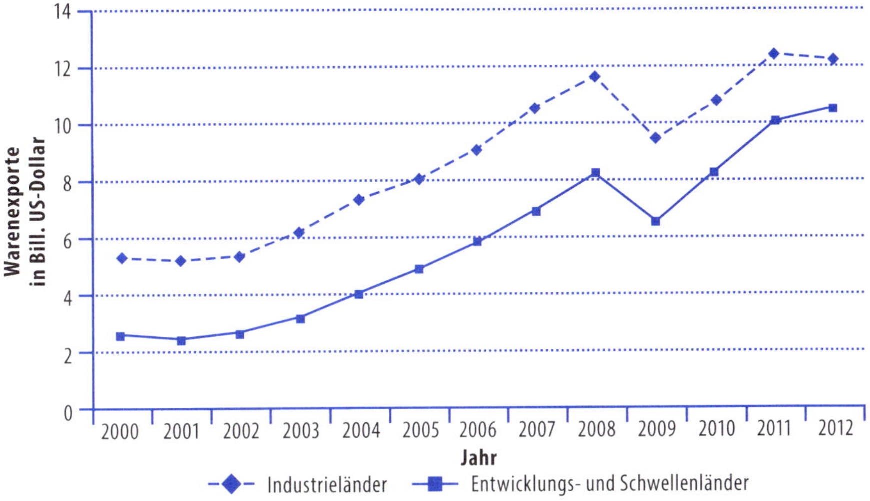

Abbildung 6.1: Zeitliche Entwicklung der Warenexporte (eigene Darstellung in Anlehnung an UNCTAD und http://www.bpb.de/nachschlagen/zahlen-und-fakten/globalisierung/52630/anzahl)

Definition:

Unternehmen, die ins Ausland exportieren und auch im Ausland produzieren, werden **transnationale Unternehmen** genannt.

Die Handels- und Entwicklungskonferenz der Vereinten Nationen (UNCTAD, http://unctad.org) definiert in ihrem „World Investment Report" **transnationale Unternehmen** als solche, die neben dem Hauptsitz in einem Land Kontrolle über im Ausland ansässige Tochterunternehmen ausüben.

Waren im Jahr 1990 noch 35.000 Unternehmen solch transnationaler Natur, stieg die Zahl im Jahr 2000 bereits auf 63.000 und erreichte 2008 ihren bisherigen Höchststand mit 82.000 transnationalen Firmen mit mehr als 800.000 Tochterunternehmen (vgl. Abb. 6.2). Während der weitaus größere Teil dieser Unternehmen aus Staaten der Organisation für wirtschaftliche Zusammenarbeit und Entwicklung (OECD) stammt, nimmt auch die Zahl von transnationalen Unternehmen aus Entwicklungs- und Schwellenländern in letzter Zeit stark zu. Beispielsweise sind Lenovo aus China und Gazprom aus Russland außerhalb ihrer Heimatmärkte bekannte Firmen. Doch wirklich „multi"-national oder transnational, d.h. in mehreren Ländern gleichermaßen heimisch, sind nur die wenigsten Unternehmen. Auch heute noch werden die meisten global agierenden Unternehmen von ihrem ursprünglichen Stammsitz aus von Personen aus dem Land diese Stammsitzes geführt, und der Umsatz konzentriert sich auf bestimmte Länder bzw. Regionen (Scherrer/Kunze [Globalisierung]).

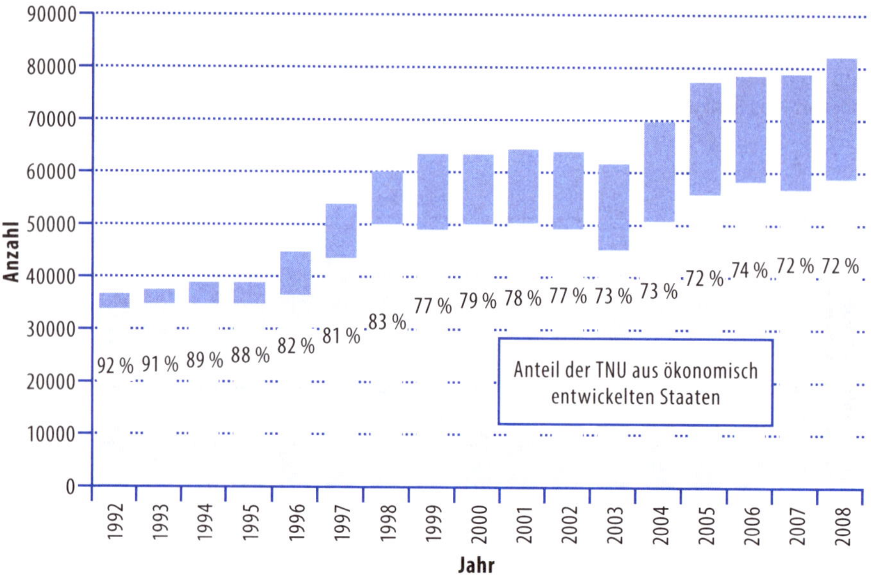

Abbildung 6.2: Anzahl an transnationalen Unternehmen (TNU) (eigene Darstellung in Anlehnung an UNCTAD und http://www.bpb.de/nachschlagen/zahlen-und-fakten/globalisierung/52842/aussenhandel)

! Hinweis: Leser, die an der historischen Entwicklung der Internationalisierung interessiert sind, werden auf den Download, Abschnitt 1. verwiesen (vgl. Wolf [Weltwirtschaft]).

6.2 Internationale Rahmenbedingungen

Die Rahmenbedingungen in den verschiedenen Ländern haben entscheidenden Einfluss auf die Standortwahl international agierender Unternehmen, deren Internationalisierungsstrategie sowie der Gestaltung der verschiedenen Unternehmensfunktionen, wie z.B. Marketing und Personalmanagement. Neben politischen, rechtlichen und volkswirtschaftlichen Rahmenbedingungen spielen dabei kulturelle Aspekte eine wichtige Rolle.

6.2.1 Kulturelle Rahmenbedingungen

Menschen haben einen essentiellen Einfluss auf die Unternehmensaktivitäten, z.B. im Verkauf, in der Produktion und im Controlling, und letztlich auch auf den gesamten Unternehmenserfolg. Wenn Menschen aus verschiedenen Ländern im Wirtschaftsleben interagieren, kann dies jedoch zu Komplikationen aufgrund kultureller Unterschiede führen. In diesem Unterkapitel werden folgende Fragestellungen thematisiert:

1. Was ist Kultur und welche Bedeutung hat sie für Unternehmen?
2. Welche Faktoren beeinflussen Kultur und können zu einem Kulturwandel führen?
3. Welche theoretischen Modelle werden häufig angewendet?
4. Wie können Unternehmen mit kulturellen Unterschieden umgehen?

6.2.1.1 Definition und Bedeutung von Kultur

Es gibt mehr als hundert Definitionen von Kultur.

Definition:

Nach *Hofstede* (2001) wird **Kultur** definiert als „the collective programming of the mind distinguishing the members of one group or category of people from others".

Die Definition beinhaltet verschiedene Charakteristika, die Kultur ausmachen und zielt auf Werte, Normen, und Präferenzen ab, die Menschen erlernen. Diese Merkmale sind nicht unbedingt sichtbar und sofort für Außenstehende zu verstehen. Ein weiterer wichtiger Bestandteil der Definition ist die Abgrenzung von verschiedenen Gruppen. Die Definition der Gruppe ist bewusst eher allgemein gehalten. Viele Leute, die den Begriff Kultur hören, denken häufig zunächst an Nationalkulturen, z.B. deutsche oder japanische Kultur.

Merksatz: **Kultur** manifestiert sich in verschiedenen Ebenen, z.B. Organisationen, Berufsgruppen, die sich teilweise gegenseitig beeinflussen.

Diese verschiedenen Ebenen von Kultur haben eine erhebliche Wirkung auf Unternehmen. Zahlreiche Studiengänge und Kurse an Universitäten beschäftigen sich mit diesem vielschichtigen Thema ausführlich, so dass im Folgenden nur wenige Beispiele auf der Makro-, Meso- und Mikro-Ebene genannt werden. Auf der Makro-Ebene ist u.a. die Studie von *Inglehart* [Crosscultural Sourcebook] bedeutsam. In dieser groß angelegten empirischen Studie mit mehr als 100.000 Teilnehmern aus mehr als 50 Ländern zeigt er, dass Kulturwerte, dargestellt durch einen sogenannten Leistungsmotivations-Index, der sich aus verschiedenen Fragen bezüglich Motivation zusammensetzt, eine starke Auswirkung auf das Wirtschaftswachstum in den jeweiligen Ländern hat (vgl. Abb. 6.3).

Zahlreiche Studien auf der Meso-Ebene zeigen, dass die Organisationskultur einen entscheidenden Einfluss auf den Unternehmenserfolg haben (vgl. Hartnell et al. [Organizational Culture]). Beispielsweise kann sich eine kundenorientierte und leistungsorientierte Organisationskultur positiv auf Kundenzufriedenheit und Umsatz auswirken. Organisationskulturen wiederum sind in ihre Nationalkulturen eingebettet (Jöns et al. [Integration Process]). Die Mikro-Ebene dagegen beschäftigt sich häufig mit der Thematik, wie einzelne Mitarbeiter auf bestimmte Führungsstile und Personalmanagementsysteme reagieren.

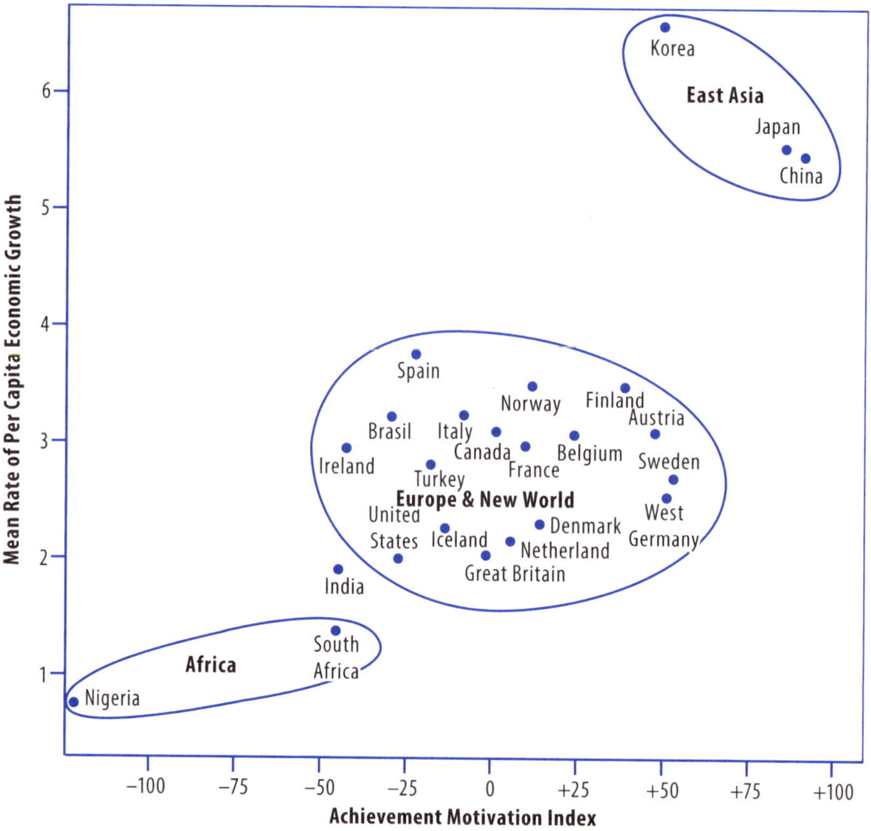

Abbildung 6.3: Beziehung zwischen Kulturwerten und Wirtschaftswachstum (Inglehart [Crosscultural Sourcebook])

6.2.1.2 *Kulturelle Einflussfaktoren*

Nachdem der Kulturbegriff und die Bedeutung von Kultur geklärt sind, werden nun die Faktoren, die Kultur beeinflussen, beschrieben. Auch wenn es in der Vergangenheit kontrovers diskutiert wurde, hat sich mittlerweile die Meinung durchgesetzt, dass verschiedene Faktoren Kulturen beeinflussen und verändern können.

Merksatz: Volkswirtschaftlicher Entwicklungsstand eines Landes, Religion, Sprachen, und internationale Beziehungen gehören zu den Faktoren, die sich besonders stark auf die **Kultur** auswirken.

Diese Faktoren haben einen wechselseitigen Einfluss auf Kultur, d.h. sie beeinflussen Kultur und werden wiederum von Kultur beeinflusst. Der Einfluss des volkswirtschaftlichen Entwicklungsstandes beruht auf dem Erklärungsansatz der *Maslow'schen* Bedürfnispyramide. Sie (vgl. Abb. 6.4) basiert auf der Annahme, dass Menschen zunächst ihre Grundbedürfnisse decken müssen, z.B. ausreichend Ernährung, Unterkunft. Sobald diese Bedürfnisse befriedigt sind, tritt die Bedeutung anderer, höherrangigere Bedürfnisse in den Vordergrund, z.B. Zugehörigkeit zu einer bestimmten Personengruppe. Dieser psychologische Ansatz, angewendet auf Entwicklungsstand und Kultur eines Landes, impliziert, dass Menschen in Entwicklungsländern andere Präferenzen und Werte als Menschen in Industrieländern entwickeln. Beispielsweise präferieren Mitarbeiter in Industrieländern Arbeit, bei der sie Spaß haben und sich selbst verwirklichen können, während Mitarbeiter in weniger entwickelten Ländern häufig Arbeitsplatzsicherheit und monetäre Anreize präferieren (Froese et al. [Career choices]).

Abbildung 6.4: Maslow'sche Bedürfnispyramide (eigene Darstellung)

Religion übt eine starke Wirkung auf Kultur und Wirtschaftsleben aus. Manche Wissenschaftler interpretieren Religion als Teil der Kultur. Beispielsweise ist Religionswissenschaft Teil des Schulunterrichts in Deutschland, wo Kinder christliche Nächstenliebe lernen sollen. Verknüpfungen von Religion, Kultur und Staat sind auch in anderen Religionen, z.B. Islam, und Ländern üblich und stark verbreitet. Sprache ist ein weiterer wichtiger Bestandteil, der Kultur prägt. Beispielsweise sind viele asiatische Sprachen durch verschiedene Sprachebenen charakterisiert und deuten damit implizit auf die hierarchischen Strukturen hin. Im Koreanischen gibt es vier verschiedene Anredeformen, die je nach hierarchischer Beziehung zwischen Sender und Empfänger angewendet werden. Im Gegensatz dazu gibt es lediglich eine Anredeform im Englischen („you"). Dies spiegelt sich unter anderem in den hierarchischen Unternehmenskulturen in Korea wider – im Gegensatz zu den flachen Strukturen in Amerika. Einen entscheidenden Einfluss können auch internationale Beziehungen und internationaler Kontakt haben. Unternehmen und Länder adaptieren bestimmte Geschäftssysteme, z.B. Rechts- oder Personalsysteme, von anderen Ländern. In der Kolonialzeit war dies zumeist aufgezwungen; in der Gegenwart sind diese Adaptionsprozesse teilweise gezielt gewollt, wenn z.B. Bosch und Ford die Produktionsprozesse und Gruppenarbeit von Toyota imitieren.

6.2.1.3 Kulturmodelle

Es gibt verschiedene theoretische Modelle, um Kulturunterschiede besser zu verstehen. Zu den bekanntesten gehören die von Hofstede [International differences], Trompenaars [Diversity], Schwartz [Cultural Dimensions], und House et al. [GLOBE study]. Diese Modelle versuchen Kultur anhand von verschiedenen Dimensionen zu klassifizieren. Im Folgenden wird lediglich das bekannte Modell von Hofstede [International differences] vorgestellt. Während die Modelle von Schwartz und Trompenaars konzeptionell verschieden sind, kann das Modell von House als eine Erweiterung des Modells von Hofstede interpretiert werden.

Geert Hofstede hatte in den 1970er eine weltweite Mitarbeiterumfrage mit ca. 100.000 Teilnehmern in mehr als 40 Ländern beim amerikanischen Informationstechnologie- und Beratungsunternehmen IBM durchgeführt (Hofstede, [International differences]). Dabei fiel ihm auf, dass die Antworten grundsätzlich verschieden waren. Mithilfe von statistischen Auswertungen konnte er die Kulturwerte der verschiedenen Ländern in vier Dimensionen unterteilen: Machtdistanz, Individualismus, Maskulinität, Unsicherheitsvermeidung (vgl. Abb. 6.5).

Machtdistanz charakterisiert den Umgang mit hierarchischen Unterschieden. In Ländern mit einer hohen Machtdistanz gibt es klare Unterschiede zwischen Mitarbeitern eines Unternehmens abhängig von deren Hierarchie. Titel und Macht sind von besonderer Bedeutung. Beispielsweise würde ein Mitarbeiter seinem Chef nicht widersprechen. Südkorea und Brasilien sind typische Beispiele für Länder mit hoher Machtdistanz. Im Gegensatz dazu sind Hierarchien von untergeordneter Bedeutung in Amerika oder Schweden. Auch wenn hierarchische Unterschiede in allen Ländern bestehen, wird in Ländern mit niedriger Machtdistanz weniger Wert auf hierarchische Unterschiede gelegt, und die Menschen werden relativ gleich behandelt.

Individualismus beschreibt die Bedeutung und Freiheit des Einzelnen gegenüber der Gruppe. In Ländern mit hohem Individualismus denken Menschen primär an sich und ihre eigenen Interessen. Im Gegensatz dazu sehen sich Menschen mit niedrigem Individualismus primär als Bestandteil einer Gruppe und in den Beziehungen zu den anderen Gruppenmitgliedern. Amerika ist ein typisches Beispiel für ein Land mit hohem Individualismus, während China und Japan Länder mit niedrigem Individualismus sind. Diese Unterschiede zeigen sich beispielsweise im Personalmanagement. Anreizsysteme in den USA basieren in der Regel auf individueller Leistung im Gegensatz zu Gruppenanreizen in Japan.

Maskulinät ist eine komplizierte Dimension, in der sich zwei Aspekte widerspiegeln. Einerseits bezieht sich Maskulinität auf die Rollenverteilung der Geschlechter. In einer maskulinen Gesellschaft übernimmt der Mann die Aufgabe des Arbeitens und die Frau die Aufgabe der Haushaltsführung und Kindererziehung. In einer femininen Gesellschaft gibt es keine Unterschiede zwischen den Geschlechtern. Andererseits bezieht sich Maskulinität auf die Leistungsorientierung. In maskulinen Ländern wird Leistungsorientierung geschätzt, während Lebensqualität im Vordergrund in femininen Ländern steht. Japan und Südkorea sind Beispiele für Länder mit hoher Maskulinität und skandinavische Länder Beispiele für Länder mit niedriger Maskulinität. Diese Unterschiede manifestieren sich beispielsweise in der Beteiligung von Frauen am Arbeitsleben, Gehaltsunterschieden zwischen Frauen und Männern und den Arbeitszeiten. In OECD Studien belegen skandinavische Länder i.d.R. Topplatzierungen, während Japan und Korea in solchen Rankings am unteren Ende auftauchen.

Unsicherheitsvermeidung bezieht sich auf den Umgang mit Ereignissen, die nicht und nur unzureichend vorhersehbar sind. In Ländern mit hoher Unsicherheitsvermeidung versuchen sich Leute gegen unvorhersehbare Ereignisse zu schützen. Deutschland ist ein Land mit hoher Unsicherheitsvermeidung. Die weltweite Präsenz deutscher Versicherungskonzerne wie Allianz und Münchner Rückversicherung oder die hohe Verbreitung von verschiedenen Versicherungen in der deutschen Bevölkerung sind eine Konsequenz der hohen Unsicherheitsvermeidung. China ist ein Beispiel für ein Land mit niedriger Unsicherheitsvermeidung. Menschen in Ländern mit niedriger Unsicherheitsvermeidung stehen unvorhersehbaren Ereignissen gelassener gegenüber (vgl. Abb. 6.5).

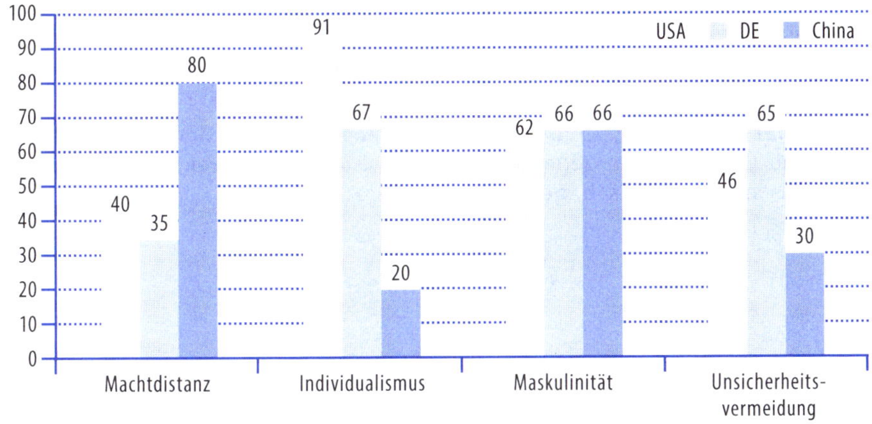

Abbildung 6.5: Ausprägung Hofstedes Dimensionen in verschiedenen Ländern (eigene Darstellung)

Das Kulturmodell von Hofstede ist eines der bekanntesten Modelle der Betriebswirtschaftslehre, weil es Kultur und kulturelle Unterschiede verständlich macht. Die Kenntnis von möglichen kulturellen Unterschieden kann das gegenseitige Verständnis im Geschäftsleben erheblich erleichtern. Allerdings sollte man die Ergebnisse vorsichtig interpretieren. Keinesfalls sollte man die Ergebnisse auswendig lernen und anhand dessen einen Leitfaden für den Umgang mit Menschen aus anderen Ländern entwickeln. Wie bereits oben erwähnt, manifestiert sich Kultur in verschiedenen Ebenen. Individuen eines Landes können sich sehr stark unterscheiden, weil sie zu bestimmten Organisationen und Gruppen gehören oder einfach eine starke Persönlichkeit besitzen. Des Weiteren wird *Hofstedes* Model wegen der zu starken Vereinfachung der Abhängigkeit von einem Unternehmen (IBM) und der Veralterung kritisiert (McSweeney [Cultural Differences]).

6.2.1.4 Umgang mit kulturellen Unterschieden

Bis in die 1960er Jahre herrschte die Meinung vor, dass es keine gravierenden kulturellen Unterschiede zwischen Ländern gäbe. Diese Einstellung hat sich grundsätzlich verändert in den letzten Jahren. Die Studie von Hofstede erlangte eine solche Berühmtheit u.a. deshalb, weil es die erste Studie war, die auf eindrucksvolle Weise empirisch gezeigt hat, dass die Kulturen verschiedener Länder sich signifikant voneinander unterscheiden. Trotzdem fällt es vielen Managern und Unternehmen auch noch heute schwer, kulturelle Unterschiede bewusst wahrzunehmen. Stattdessen wird häufig die Meinung vertreten, dass die Kulturen gar nicht so verschieden seien und die fremde Kultur der eigenen sehr ähnlich sei. Dies kann jedoch gravierende negative Auswirkungen auf den Unternehmenserfolg haben. Beispielsweise werden in Deutschland häufig humorvolle und sexuell provokative Fernsehwerbungen geschaltet. In konservativen Ländern wie z.B. im Mittleren Osten oder Asien würden solche Werbungen geschmäht und evtl. sogar vom Gesetzgeber verbannt. Daher sind das Verständnis kultureller Verschiedenheit und eine gewisse Anpassung der Geschäftstätigkeiten beim Umgang mit Geschäftspartnern und Kunden fremder Kulturen wichtige Schritte im Umgang miteinander. Der Grad der Anpassung hängt von verschiedenen externen und firmeninternen Faktoren ab.

Perlmutter [International enterprise] klassifiziert die Orientierung von Managern und Unternehmen gegenüber fremden Kulturen in drei Kategorien: ethnozentrisch, polyzentrisch, geozentrisch (vgl. Abb. 6.6).

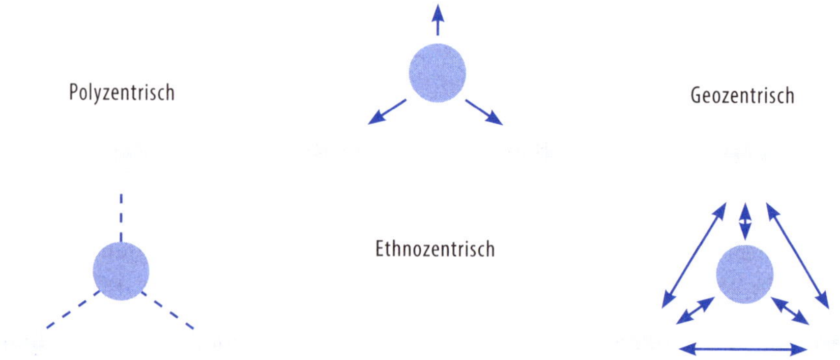

Abbildung 6.6: Unterschiedliche Orientierung von Managern (eigene Darstellung in Anlehnung an Perlmutter [International enterprise])

Mit ethnozentrisch wird eine Orientierung bezeichnet, in der die eigene Kultur als besser als andere Kulturen verstanden wird. Dementsprechend versuchen Firmen mit dieser Orientierung ihre eigene Kultur auch in fremden Ländern durchzusetzen. Lediglich in Einzelfällen, wie z.B. einer weltweiten Vormachtstellung des Unternehmens oder einer besonderen weltweiten Standardisierung des Produkts, kann eine solche Orientierung erfolgreich sein.

Anders ist die Situation bei der polyzentrischen Orientierung. Die Grundannahme besteht hier darin, dass Unternehmen sich den lokalen Kulturen nach dem Motto „when in Rome do as the Romans" komplett anpassen sollen.

Der geozentrische Ansatz geht davon aus, dass verschiedene Kulturen verschiedene Stärken haben und Unternehmen von den verschiedenen Kulturen lernen können. Beispielsweise wenn ein weltweit agierendes Unternehmen eine neue Werbemaßnahme plant, würden Mitarbeiter aus verschiedenen Ländern eine Projektgruppe gründen und gemeinsam das Projekt bearbeiten.

Wie bereits vorher erwähnt, ist keine der Orientierungen grundsätzlich besser als die anderen, sondern hängt von den externen und internen Faktoren ab. Der Trend während der letzten Jahrzehnte bewegte sich jedoch von der ethnozentrischen zur geozentrischen Orientierung.

6.2.2 Politische und rechtliche Rahmenbedingungen

Auch politische und rechtliche Rahmenbedingungen, die teilweise stark von der geschichtlichen Entwicklung geprägt sind, haben einen entscheidenden Einfluss auf Unternehmenstätigkeiten in fremden Ländern. Dabei stellen sich folgende Fragen:

1. Wie unterscheiden sich politische Systeme und welchen Einfluss haben sie auf Geschäftstätigkeiten?
2. Wie können Unternehmen mit politischem Risiko umgehen?
3. Welchen Einfluss haben verschiedene Rechtssysteme auf Unternehmenstätigkeiten?

6.2.2.1 Politische Systeme

Ein Merkmal der EU ist, dass in allen Mitgliedsländern Demokratie vorherrscht. Mit der Demokratie sind Meinungsfreiheit der Bürger, eine Trennung der Gewalten und freie Wahlen verbunden. In Ländern mit totalitären Systemen sind diese Rechte nicht oder nur begrenzt gegeben. Nordkorea ist ein extremes Beispiel eines totalitären Systems. Viele Länder in Asien, Afrika und Südamerika liegen zwischen diesen beiden Polen. Politische Systeme unterliegen dem Wandel, wie jüngste Beispiele im Mittleren Osten und Osteuropa zeigen.

Für Unternehmen, die ein demokratisches Umfeld aus ihrem Heimatmarkt gewohnt sind, stellen sich in Ländern mit totalitären Systemen verschiedene Herausforderungen. Länder mit totalitären Systemen sind häufig dadurch charakterisiert, dass der Staat einen starken Einfluss im Geschäftsleben ausübt. So sind meist die größten einheimischen Unternehmen im staatlichen Besitz. Um die einheimischen Staatsunternehmen zu schützen, werden häufig protektionistische Maßnahmen gegenüber ausländischen Unternehmen eingesetzt, um den Marktzugang zu beschränken. Volkswirtschaftliche Studien belegen, dass das Wirtschaftswachstum in Ländern mit totalitären Systemen niedriger als in demokratischen Ländern ausfällt. Totalitäre Systeme haben demnach einen wachstumshemmenden Einfluss auf die Wirtschaft. Des Weiteren sind viele totalitäre Länder durch große Einkommens- und Wohlstandsunterschiede gekennzeichnet. Dies kann in Extremfällen zu sozialer Unruhe führen. In vielen totalitären Systemen gibt es häufig einen Zirkel an reichen und einflussreichen Personen. Da Politik und Wirtschaft häufig sehr stark miteinander verflochten sind, besteht die erhöhte Gefahr an Korruption. Ausländische Unternehmen, die in solchen Ländern interagieren, müssen Wege finden, sich diesem Umfeld zu stellen, ohne die eigenen ethischen Grundsätze, z.B. keine Korruption, zu verletzen. Eine weitere Gefahr in solchen Ländern besteht darin, dass sich die politischen Rahmenbedingungen durch einen Regimewechsel verändern können.

6.2.2.2 Politisches Risiko

Neben Ländern mit totalitären Systemen besteht jedoch auch in demokratischen Ländern politisches Risiko. Beispielsweise hat das Fukushima Erdbeben in Japan im Jahr 2011 eine Energiewende in Deutschland eingeleitet, die zu einem massiven Geschäftseinbruch bei zahlreichen Energieversorgern geführt hat.

Definition:
Politisches Risiko wird definiert als „the likelihood that the political climate in a country will change in such a way that a firm's operating position or investment value will deteriorate" (Villar [World Investment]).

Merksatz: Durch aktives und passives Management können multinationale Unternehmen **politischem Risiko** entgegenwirken.

Zunächst sind die Hauptgründe für politisches Risiko zu ermitteln. Die staatliche Zwangsenteignung ist eine der fatalsten Maßnahmen für einzelne, betroffene Unternehmen, z.B. Enteignungen in Bolivien nach einem Machtwechsel. Einseitige Vertragsbrüche von lang andauernden Verträgen, z.B. von Ölförderungsrechten, sind auch mögliche Konsequenzen nach einem Regimewechsel. Da die ursprünglichen Verträge manchmal auch zu sehr ungünstigen Konditionen für lokale Regierungen und unter fraglichen Umständen verhandelt wurden, kann man die Reaktionen der neuen Regierungen teilweise verstehen. Politische Wechsel können auch einen Einfluss auf die finanziellen Aspekte der Unternehmen haben. So können plötzliche Einschränkung der Finanztransaktionen und Rückführung von Gewinnen ins Ausland substantiell einwirken auf das Geschäftsmodell. Beispielsweise hat die malaysische Regierung im Anschluss an die Asienkrise 1997 zum Schutz der eigenen Währung ausländische Finanztransaktionen von Unternehmen gesperrt. Erwirtschaftete Gewinne konnten demnach nicht mehr ins Stammland überwiesen werden. Als Konsequenz sinkt die Bereitschaft, in einem solchen Land Investitionen zu tätigen. Strategische Überlegungen der Standortwahl von Unternehmen, die auf steuerlichen Aspekten beruhen, werden besonders beeinträchtigt, wenn die Steuern erhöht werden und/oder Steuerprivilegien wegfallen.

Politisches Risiko kann generell in vier Kategorien untergliedert werden: systemisch, verfahrenstechnisch, distributiv, katastrophal. Unter systemisch wird ein Wechsel der Politik verstanden, z.B. ein Regimewechsel. Verfahrenstechnisch bezieht sich auf bürokratische Verzögerungen und Arbeitsstreitigkeiten. Distributive Risiken bezeichnen Veränderungen der Steuern und in den Regularien. Als katastrophal werden unvorhersehbare politische Ereignisse wie Putsch und Revolution bezeichnet.

Ziel des politischen Risikomanagements besteht darin, sich der verschiedenen Kategorien und Ursachen politischen Risikos bewusst zu sein und mögliche negative Konsequenzen für den Unternehmenserfolg reduzieren können. Zum aktiven Risikomanagement gehört die Erfassung und Evaluierung des politischen Risikos. Hierzu werden Interviews mit Länderexperten geführt sowie auf Berichte von Vereinigungen und spezialisierten Firmen zurückgegriffen. Darauf basierend werden verschiedene statistische Modelle angewendet, um das Risiko zu quantifizieren und die Kosten zu ermitteln. Verschiedene spezialisierte Firmen bieten Komplettpakete an, um für andere Firmen das politische Risiko zu erfassen und zu quantifizieren. Ein anderer und/oder zusätzlicher Weg besteht darin, Versicherungen abzuschließen, die im Falle von auftretendem politischem Risiko die Kosten übernehmen. So wird die *HERMES-Kreditversicherungs AG* im Auftrag des Bundes als Mandatar im Zusammenhang mit der Verwaltung und Vergabe von HERMES-Deckungen tätig. Diese werden vom Bund auf der Grundlage des Bundeshaushaltsgesetzes zur Absicherung der mit dem Export sowie der Finanzierung von Exporten verbundenen Risiken gewährt.

Eine direktere Form des politischen Risikomanagements besteht darin, engen Kontakt zur Regierung und möglichen Nachfolgeregierungen zu halten. Durch gezieltes Lobbying lässt sich politisches Risiko vermeiden oder zumindest frühzeitig antizipieren. Als Konsequenz der systematischen Erfassung des politischen Risikos können Unternehmen die Höhe ihrer Investments anpassen und/oder Vorsorgepläne erstellen. Im extremsten Fall, d.h. bei sehr hohem politischen Risiko, empfiehlt sich für Unternehmen auf ein Investment in dem Land zu verzichten und abzuwarten, bis sich das politische Risiko reduziert hat.

6.2.2.3 Rechtssysteme

Multinationale Unternehmen müssen sich mit verschiedenen Rechtssystemen auseinandersetzen (vgl. dazu auch Modul 5). Basierend auf einem römischen Ursprung hat sich in Kontinentaleuropa das kodifizierte Wirtschafts- und Handelsrecht etabliert, welches später auch in Lateinamerika, Japan, Korea und China teilweise verankert wurde. Im angelsächsischen Raum hingegen hat sich das „Common Law" (ungeschriebenes englisches Gewohnheitsrecht) gebildet, das auf Präzedenzfällen und Richterentscheidungen beruht. Ein wichtiger Unterschied zwischen diesen Systemen besteht darin, dass die Haftsummen im Common Law System viel höher ausfallen kann. Der sogenannte Strafschadenersatz (punitive damage) kann sich in manchen Fällen in der Pharmaindustrie auf mehrere Milliarden Euro belaufen und somit die Existenz von Unternehmen bedrohen. Daher ist es verständlich, dass unterschiedliche rechtliche Rahmenbedingungen verschiedene Konsequenzen für Unternehmen nach sich ziehen können.

Hierbei kann man zwischen operativen und strategischen Konsequenzen differenzieren. Zu den operativen Konsequenzen zählen der Markteintritt und -austritt. Dieser wird in manchen Ländern gezielt erschwert oder vereinfacht. Um Auslandsinvestitionen anzuziehen, bieten manche Länder, z.B. China, daher spezielle Sonderwirtschaftszonen an, in denen sich ausländische Firmen vereinfacht niederlassen können, um die sonst geltenden rechtlichen Hürden zu vermeiden.

Das Einstellen und Entlassen von Mitarbeitern unterliegt in vielen Ländern sehr starren gesetzlichen Regeln. Beispielsweise genießen Mitarbeiter in Deutschland und Frankreich besonders starken Kündigungsschutz. In den meisten Common Law Ländern hingegen ist der Kündigungsschutz geringer, und Unternehmen können flexibler auf Umsatzschwankungen mit Einstellen und Entlassen von Mitarbeitern reagieren. Auch wenn im Ausland kein so stark ausgeprägter Kündigungsschutz besteht, sind deutsche Unternehmen dafür bekannt, dass sie ihr Kündigungsrecht im Ausland nur ungern ausüben. Auch wenn Unternehmen im Recht sind, kann die Durchsetzung von Verträgen in manchen Fällen kompliziert sein. In manchen Rechtsystemen, z.B. USA, kann dies sehr kostspielig sein und lang dauern. In anderen Ländern, meistens in Entwicklungsländern, in denen das Rechtssystem noch nicht so stark ausgebaut ist, kann die Umsetzung des Rechts schwierig oder sogar unmöglich sein, wenn sich die Gerichte nicht für verantwortlich halten oder einseitig gegen das ausländische Unternehmen entscheiden.

Zu den strategischen Konsequenzen gehören Aspekte, die bei der Entwicklung und Planung von Unternehmensentscheidungen berücksichtigt werden sollten. Produktsicherheit und Haftungsansprüche sind zumeist besonders hoch in den USA und der EU. Wenn Unternehmen aus diesen Ländern ihre Produkte in Entwicklungsländern verkaufen, stellt sich die Frage, inwiefern die gleichen Standards eingehalten werden sollen oder ein vereinfachtes Produkt zu einem niedrigeren Preis angeboten werden soll. Produktursprung wird in verschiedenen Ländern unterschiedlich interpretiert. Beispielsweise gilt in Korea eine strengere und andere Auffassung als in der EU. Einige „Made in Germany"-Produkte dürfen in Korea dieses Label nicht führen. Unternehmen müssen sich dem lokalen Recht anpassen und gegebenenfalls auf das Produktursprungslabel verzichten, die Produktionsprozesse verändern oder auf den Export nach Korea verzichten. Eine weitere Problematik besteht darin, dass sich der Einflussbereich der verschiedenen Gesetze auch über das eigene Land erstrecken kann. So gibt es zahlreiche amerikanische Gesetze, die Wirkung über die amerikanischen Grenzen hinaus haben, falls Unternehmen auch in Amerika Geschäfte betreiben. Beispielsweise wurde *Siemens*, ein deutsches Unternehmen, für Geschäftsaktivitäten in Asien mit Strafzahlungen in den USA belangt. Daher gewinnt die Rechtsabteilung in multinationalen Unternehmen an zusätzlicher Bedeutung.

6.2.3 Volkswirtschaftliche Rahmenbedingungen

Neben den kulturellen, politischen und rechtlichen Rahmenbedingungen sind die volkswirtschaftlichen Rahmenbedingungen bei der Standortwahl von multinationalen Unternehmen wichtig.

Eine groß angelegte Umfrage der *UNCTAD* (United Nations Conference on Trade and Development, http://unctad.org) hat ergeben, dass die wesentlichen Kriterien für eine Standortwahl von multinationalen Unternehmen die volkswirtschaftliche Marktgröße, das Wirtschaftswachstum, niedrige Lohnkosten und der Vorrat an Rohstoffen sind. Die EU und die USA sind die größten Binnenmärkte und dementsprechend attraktiv für multinationale Unternehmen. Allerdings war das Wirtschaftswachstum in diesen Märkten zuletzt eher niedrig, während die meisten Entwicklungsländer höhere Wirtschaftswachstumsraten aufweisen. Insgesamt wurde China als das attraktivste Land in der Umfrage gewählt, gefolgt von den USA und Indien.

Zusätzlich gibt es noch eine Vielzahl von weiteren Faktoren, die für multinationale Unternehmen bei der Standortwahl von Bedeutung sind, insbesondere Inflation, Arbeitslosigkeit, Einkommensverteilung und Schuldenstand. Auch wenn Inflation in der EU von untergeordneter Bedeutung ist, da sie sich zuletzt in gemäßigten Bandbreiten bewegt hat, sollten multinationale Unternehmen Inflation in den verschiedenen Ländern berücksichtigen. Insbesondere in Entwicklungsländern können zweistellige Inflationsraten Investitionen und Handel erschweren. Beispielsweise lag die Inflationsrate in Zimbabwe in 2008 und 2009 bei mehreren Millionen Prozent pro Monat. In einem solchen Umfeld sind internationaler Handel und Investitionen unattraktiv für ausländische Unternehmen.

Arbeitslosigkeit kann für ausländische Unternehmen zugleich von Vor- und Nachteil sein. Einerseits erleichtert eine hohe Arbeitslosigkeit die Suche nach Mitarbeitern. Anderseits kann eine hohe Arbeitslosigkeit zu politischem Risiko führen. Ausländische Firmen werden in solchen prekären Situationen auch häufig zum Sündenbock gemacht.

Die Einkommensverteilung hat ebenfalls eine positive und negative Seite für Unternehmen. In zahlreichen Entwicklungsländern ist das Einkommen sehr ungleich verteilt. Da es z.B. in China, einem Entwicklungsland, sehr viele wohlhabende Menschen gibt, führt das z.B. dazu, dass BMW und Mercedes die meisten Autos der Luxusklasse auf diesem Markt verkaufen. Andererseits kann eine zu stark auseinander klaffende Einkommensschere zu Unruhen und politischen Risiken führen.

Ein hoher Schuldenstand kann ebenfalls zu sozialen Unruhen und politischem Risiko führen. Daher sollten Unternehmen den Schuldenstand der Länder beachten. Hierbei sollte jedoch zwischen inländischen und ausländischen Schulden unterschieden werden. Ausländische Schulden bedeuten zusätzliche Gefahr, da die Geldgeber in der Regel weniger geduldig sind und die Schulden auch noch durch Währungsfluktuationen betroffen sein können. Dies hat sich beispielsweise in der Asienkrise gezeigt. Asiatische Firmen, die US Dollar nominierte Schulden hatten, waren nicht mehr in der Lage, die eingeforderten Schulden zu tilgen, da die eigenen Währungen teilweise mehr als 50 % an

Wert verloren hatten. Die Folge war, dass solche Unternehmen Bankrott gingen und die ausländischen Investoren ihr Geld verloren.

6.3 Internationalisierungsstrategien

Internationalisierung bezeichnet die Errichtung und Verlagerung des operativen Geschäfts und Marktinteressen in andere Länder als dem Heimatland eines Unternehmens. In der betriebswirtschaftlichen Literatur werden verschiedene Modelle entwickelt und angewendet, um zu untersuchen, warum, wo und wie ausländische Märkte zu bearbeiten sind. Daher werden im Folgenden die Motive für Internationalisierung charakterisiert sowie zwischen multinationalen und globalen Strategien unterschieden. Anschließend werden typische Markteintrittsstrategien vorgestellt (Kutschker/Schmid [Internationales Management]).

6.3.1 Motive für Internationalisierung

Ziel ist die Schaffung von Wertschöpfung, die im Binnenland nicht realisierbar ist. Im Folgenden werden die wichtigsten Motive aufgeführt, aus denen sich dann die Internationalisierungsstrategien ableiten lassen (Hill/Jones [Strategic Management]). Dies sind die Sicherung des Absatzes durch größere Marktnähe, die Senkung der Lohn- und Lohnnebenkosten, das Umgehen von Importrestriktionen, die Realisierung von Transportkostenvorteilen, Investitionsfördermaßnahmen durch die ausländischen Staaten sowie Unabhängigkeit von der Entwicklung der Devisenkurse.

Verlagerung von Kernkompetenzen

Viele multinationale Unternehmen können Wettbewerbsvorteile gegenüber lokalen Wettbewerbern realisieren, weil sie Technik-, Marketing- oder Management-Kompetenzen in anderen Ländern nutzen, zu denen lokale Wettbewerber keinen Zugang haben. Durch das Ausnutzen dieser Fähigkeiten und ihres Know-Hows auf einem größeren Zielmarkt können multinationale Unternehmen höhere Erlöse erzielen. Technologieunternehmen (z.B. IBM, Xerox) profitieren vor allem von ihrer weltweiten Forschungs- und Entwicklungsarbeit. Der weltweite Erfolg von Konsumgutherstellern (z.B. Coca-Cola, Kellogs, Procter & Gamble) beruht eher auf den Vermarktungskompetenzen. Managementfähigkeiten, gut ausgebildetes Personal und bessere organisatorische Strukturen verschaffen international agierenden Kreditinstituten oder Dienstleistungsunternehmen (etwa im Hotelbereich, z.B. Hilton, Sheraton) Wettbewerbsvorteile.

Deckung der Produktentwicklungskosten über die Absatzmenge

Enorme Produktentwicklungskosten, wie für die Einführung von neuen Arzneimitteln oder die Entwicklung von neuen Flugzeugmodellen (z.B. Airbus A380), können nur durch entsprechende globale Marktanteile gedeckt werden. Der Verkauf neuer Produkte auf globalen Märkten erlaubt es international agierenden Unternehmen, die Fixkosten der Produktentwicklung über größere Verkaufsmengen zu verteilen und damit den spezifischen Anteil der F&E Kosten zu reduzieren.

Nutzung von Größendegressionseffekten

Wenn standardisierte Produkte auf dem Weltmarkt angeboten werden und diese Produkte an einem einzigen oder wenigen Standorten hergestellt werden, können Skaleneffekte (ökonomische Größenvorteile) realisiert werden. Durch die geringeren spezifischen Kosten der Wertschöpfung können multinationale Unternehmen im Niedrigpreissegment der globalen Märkte bestehen. Demnach kann die Internationalisierungsstrategie mit der allgemeinen Geschäftsstrategie der Kostenführerschaft konsistent sein. Beispielsweise konnten sich Elektronikhersteller (z. B. Sony, NEC Corporation) weltweit mit ihren zentral hergestellten Produkten, mit riesigen Handelsvolumina und einer globalen Marketingstrategie gegenüber ihrer lokal produzierenden Konkurrenz durchsetzen.

Gestaltung der weltweiten Wertschöpfungskette

Die Produktionskosten wie Arbeitskosten, Energie und Rohmaterialien können von Land zu Land variieren. Die Verfügbarkeit von bestimmten Qualifikationen und vor allem von Fachkräften ist in den verschiedenen Ländern unterschiedlich. Eine Möglichkeit zur Generierung von Mehrwert ist die Verlagerung von wertschöpfenden Funktionen an Standorte, an denen der Mix von Kosten und Qualifikationen der Fachkräfte am vorteilhaftesten ist. Auf diese Weise können international agierende Unternehmen die Kosten der Wertschöpfung reduzieren und Schlüsselfunktionen der Wertschöpfung in den global verteilten Produktionsbetrieben realisieren, so dass eine größere Produktdifferenzierung und die Einführung von Premiumpreissegmenten möglich werden. Aus produktionswirtschaftlicher Sicht (vgl. auch Modul 13) sind die wichtigsten Standortfaktoren (1) Arbeitskosten, (2) Energiekosten, (3) Zugang zu Arbeitskräften mit entsprechenden Qualifikationen, (4) Zugang zur benötigten Infrastruktur (wie Straßen, Eisenbahnverkehrsnetz, Häfen, gute politische Rahmenbedingungen), und (5) Nähe zu wichtigen globalen Märkten (vor allem bei hohen Transportkosten).

Beispielsweise verlagerten in den späten 1980er Jahren *Ford* und *General Motors* ihre Produktion von Deutschland nach Großbritannien, weil dort die Arbeitskosten etwa 45 % niedriger lagen, bei ungefähr gleicher Produktivitätszunahme. Seit 2011 fertigt Volkswagen die Modellklassen unterhalb des Golfs nur noch außerhalb von Deutschland. Zuerst wurde die Fertigung des VW Polo nach Spanien verlagert, um sich in Deutschland am Standort Wolfsburg auf die Produktion des VW-Golf zu konzentrieren. Durch die Nutzung der besser qualifizierten Arbeitskräfte für die Produktion des VW Golf konnte das hohe Qualitätsniveau gehalten werden, was wiederum eine größere Produktdifferenzierung und das Erzielen höherer Preise ermöglichte.

Derzeit wird etwa ein Fünftel der europäischen Autoproduktion in Osteuropa in zwölf Werken mit einer Gesamtkapazität von jährlich 3 Millionen Fahrzeugen hergestellt. Hauptgrund sind die niedrigen Arbeitskosten, die etwa

10–25 % der deutschen Stundenlöhne entsprechen. In China sind ebenfalls niedrige Löhne, aber vor allem auch ein riesiger Absatzmarkt attraktiv, auf dem im Jahr 2014 erstmals mehr Pkw als in den USA verkauft werden. Bei den Nutzfahrzeugen ist China bereits seit 2009 der größte Fahrzeug-Produzent und Absatzmarkt.

6.3.2 Vergleich von multinationalen und globalen Strategien

Zur Beurteilung des Potenzials der unterschiedlichen Internationalisierungsstrategien ist jeweils zu untersuchen, welche Aspekte der Globalisierung sich zum Vorteil für einzelne Unternehmen oder Branchen nutzen lassen. Tabelle 6.1 zeigt einen groben Vergleich von multinationalen und globalen Strategien. Die Wahl der Internationalisierungsstrategie eines Unternehmens wird sich aus dem Vergleich der verschiedenen Aspekte für eine nationale Differenzierung und für eine Globalisierung ergeben (vgl. auch Abb. 6.6).

Definition:

Die **multinationale Strategie** zielt auf eine höchstmögliche Anpassung an lokale Gegebenheiten der einzelnen Zielländer und ist durch eine polyzentrische Orientierung geprägt.

Die traditionellere multinationale Strategie basiert auf der Annahme, dass nationale Märkte sich hinsichtlich des Geschmack und Anforderungen der Verbraucher, der Wettbewerbsbedingungen, der Arbeitsbedingungen sowie der politischen, rechtlichen und sozialen Strukturen deutlich unterscheiden (vgl. auch Abschnitt 6.2). So kann die Notwendigkeit bestehen, auf lokale Bedürfnisse einzugehen, wenn sich Kundengeschmack und Präferenzen in verschiedenen Ländern stark unterscheiden. Daher müssen Produkte und Werbebotschaften entsprechend angepasst werden. Dies wird oft durch eine dezentrale Produktion und Marketingabteilungen umgesetzt.

Unterschiede in der Infrastruktur und in etablierten Methoden können ebenfalls Gründe für eine dezentrale Produktion sein. Typische Beispiele sind die notwendigen Anpassungen elektrischer Geräte an die Netzspannung von 230 V ±10 % in Europa oder 110 Volt in den USA oder von PKW an den Links- oder Rechtsverkehr.

Vertriebskanäle können ebenfalls in den Zielländern unterschiedlich sein, wie die Distribution über den Einzel- oder Großhandel. Ein anderes Beispiel sind Medikamente, die in manchen Ländern rezeptpflichtig nur in Apotheken abgegeben werden oder aber in Drogerien frei verkäuflich sind.

Vor allem die Industriepolitik und Anforderungen des Gastlandes sind Gründe für wirtschaftliche Aktivitäten vor Ort im Ausland. So muss die pharmazeutische Industrie klinische Versuche und Medikamentenregistrierung im Zielland durchlaufen sowie Restriktionen für die Preisfestsetzung einhalten. Die Industriepolitik in manchen Ländern ist durch Protektionismus und Wirtschaftsnationalismus geprägt (vgl. Abschnitt 6.2.2). Typisch sind Anforderungen eines regionalen Wertschöpfungsanteils der Produkterstellung an Unternehmen aus Drittstaaten (engl. local content rules), der sich durch Erbringung lokaler bzw. nationaler Zulieferteile bzw. am Montagestandort erbrachter Arbeitsleistung aufaddiert.

Daher hat jede einzelne Auslandsniederlassung eine eigene Marketingabteilung und Produktionsanlagen für die länderspezifischen Produkte, so dass die bürokratischen Folgekosten geringer sind. Die Kosten von Produkteinführungen können zwar durch den weltweiten Absatz verteilt werden, jedoch fallen zusätzlich Kosten für kunden- bzw. länderspezifische Anpassungen an.

Definition:

Die **globale oder transnationale Strategie** geht von einem weltweit gleichartigen Geschmack und Präferenzen für die angebotenen Produkte aus, sodass standardisierte Produkte für den Weltmarkt produziert werden. Die Managementorientierung ist geozentrisch.

Im Gegensatz zur multinationalen steht die globale oder transnationale Strategie, die weltweit gleichartigen Geschmack und Präferenzen unterstellt. Daher werden standardisierte Produkte für den Weltmarkt produziert, wobei Skaleneffekte genutzt werden können. Der Wettbewerbsdruck zur globalen Integration stammt zum einen aus der Notwendigkeit der Kostenreduktion. Dies ist vor allem bei Verbrauchsstoffen und Massengütern (engl. commodities) zu beobachten, bei denen eine Produktdifferenzierung schwierig ist und daher der Wettbewerb über den Preis geführt wird. Um im weltweiten Preiswettkampf Marktanteile zu gewinnen, können international agierende Unternehmen zudem Gewinne in einem Land nutzen, um Preise in einem anderen Land zu bezuschussen.

Ein zweites Motiv für eine globale Strategie ist die Existenz universeller Bedürfnisse, so dass die Produkte keinerlei Anpassung an nationale Märkte erfordern, wie etwa bei vielen Industriegütern. Darüber hinaus nähern sich Präferenzen und Kundengeschmack an, so dass viele Konsumgüter und elektronische Geräte weltweit standardisiert vertrieben werden können.

Kernkompetenzen und Ressourcen eines globalen Unternehmens können zwischen den weltweiten Standorten verschoben werden, um die jeweils größtmögliche Wertschöpfung zu realisieren. Allerdings ist ein erhöhter Koordinationsaufwand notwendig, und die Verrechnungspreisgestaltung bei einer globalen Produktion ist eine Herausforderung für das Controlling.

Unternehmen, die dem Druck zur weltweiten Integration nachgeben und zugleich die Anpassungsfähigkeit an nationale Märkte einhalten und dabei eine erfolgreiche Auseinandersetzung mit allen denkbaren Umweltcharakteristika anstreben, werden als transnationale Unternehmen bezeichnet. Die jeweiligen Vorteile einer globalen, multinationalen und internationalen Strategie sollen hierbei vereinigt werden. Dabei sind flexible Koordinationsprozesse zu entwickeln, um auch internationale Innovationskraft entwickeln und nutzen zu können.

6.3.3 Markteintrittsstrategien

Je nach verfolgter Internationalisierungsstrategie und Wettbewerbsumfeld des Unternehmens und seiner Branche wird die Markteintrittsstrategie ausgewählt (vgl. Abb. 6.7) (Kuschker/Schmidt [Internationales Management]).

Tabelle 6.1: Dimensionen von globalen und multinationalen Strategien

Dimension	rein multinationale Strategie	rein globale Strategie
Produkt angebot	vollständig kundenspezifisch für jedes Zielland	weltweite Standardisierung
Produktion	Produktionsstätten in jedem Land (zu höheren Kosten)	Produktion an den Standorten mit den günstigsten Kosten bzw. geeignetsten Arbeitskräften
Marketing	lokal bestimmt (nationale Verbraucherbedürfnisse)	zentral festgelegt
Wettbewerbs strategie	im Verantwortungsbereich der Länderniederlassungen (mit niedrigerem Koordinationsaufwand)	integriert über alle Länder und zentral gesteuert. (mit hohem Koordinationsaufwand)

In Abhängigkeit von der Ressourcenbindung im Ausland werden als Markteintrittsstrategien Export, Lizenzvergabe, Franchising, Vertragsfertigung, strategische Allianzen, Joint Venture, Auslandsniederlassung und Tochtergesellschaften unterschieden.

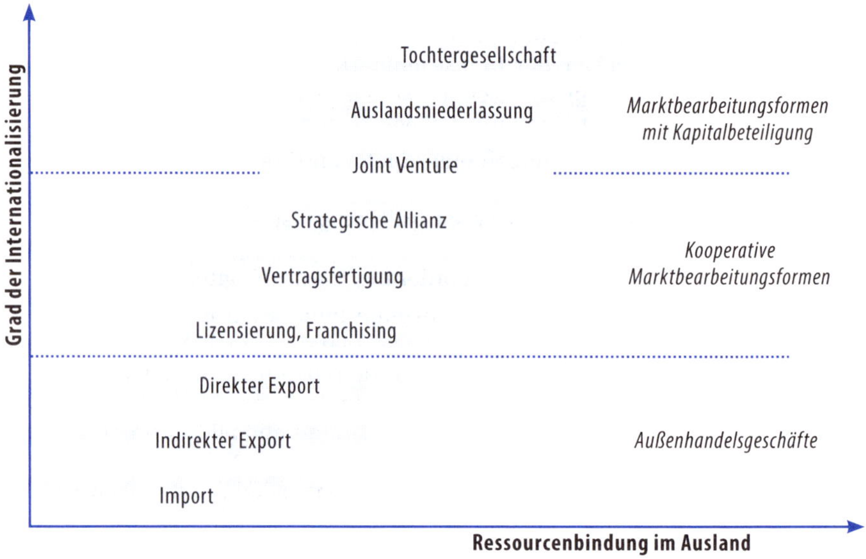

Abbildung 6.7: Stufen der Internationalisierung

Export bezeichnet den Absatz eigener Güter und Dienstleistungen im Ausland und betrifft demnach vor allem die Wertschöpfungsbereiche Absatz bzw. Vertrieb. Beim indirekten Export werden Handelsmittler im Inland eingeschaltet, z.B. inländische Außenhandelsunternehmungen, inländische Exporthäuser oder Einkaufsniederlassungen von ausländischen Unternehmungen. Vorteilhaft sind die geringe Ressourcenbindung und das geringe Risiko, weil die Exporthäuser die übernommenen Produkte bzw. Dienstleistungen auf eigenes Risiko vermarkten und über die notwendige Markt- und Kundennähe in den Zielmärkten verfügen. Die organisatorische Komplexität ist vergleichsweise gering. Allerdings wird die Chance vergeben, eigene Erfahrungen auf den Auslandsmärkten zu sammeln und damit neuere Entwicklungen rechtzeitig zu erkennen. Mit den Abnehmern können keine direkten Kundenbeziehungen aufgebaut werden.

Beim direkten Export reichen die Geschäftspartner im Ausland von Generalimporteuren über Handelsvertreter und Handelsunternehmungen (Großhandel, Einzelhandel) bis zu Endabnehmern (Unternehmen, Institutionen, Privatkunden). Durch die Unmittelbarkeit der Geschäftsbeziehung beim direkten Export lassen sich auch komplexe Produkte oder Dienstleistungen mit geringem Standardisierungsgrad exportieren, für die ein Absatz über Exporthäuser nicht praktikabel wäre. Allerdings können sich ungünstige Wechselkursrelationen nachteilig auf den direkten Export auswirken. Im Vergleich zu anderen Internationalisierungsstrategien können Akzeptanzprobleme vor Ort auftreten und Anforderungen des Marktes oftmals erst mit Verzögerung aufgegriffen werden.

Lizensierung bezeichnet vertragliche Abkommen, mit denen inländische Lizenzgeber immaterielle Vermögenswerte, z.B. Patente, Gebrauchsmuster, Urheberrechte oder technisches Know-How, ausländischen Lizenznehmern unter bestimmten Bedingungen zur Verfügung stellen. Damit können im Inland bereits erfolgreiche Marken oder Patente, die hier oft auch am Ende ihres Lebenszyklus stehen, ohne großen Aufwand parallel im Ausland vermarktet werden. Allerdings sind die Kontrollmöglichkeiten über die Lizenznehmer beschränkt.

Beim Franchising überlässt der (inländische) Franchisegeber einem rechtlich selbständigen Franchisenehmer ein umfassendes Beschaffungs-, Absatz-, Organisations- und Managementkonzept, behält jedoch umfangreiche Weisungs- und Kontrollrechte (z.B. McDonalds). Durch ein standardisiertes Franchisesystem lassen sich Größendegressionseffekte (engl. economies of scale) erzielen. Allerdings kann die Steuerung und Kontrolle des Franchisenetzwerks aufwändig werden.

Die Vertragsfertigung (engl. contract manufacturing) kann die (1) Vorproduktion von Komponenten, (2) die Endproduktion durch Montage, Konfektionierung oder Formulierung chemischer Produkte, (3) die Veredelung oder (4) die Komplettproduktion im Ausland bezeichnen. Durch meist zeitlich befristete Verträge können inländische Kapazitäten entlastet oder erweitert werden. Ferner können Kosten- oder Qualitätsunterschiede sowie Imagevorteile genutzt werden. Zudem können Importrestriktionen vermieden werden. Allerdings können Qualitätsprobleme auftreten, wenn der ausländische Geschäftspartner die vereinbarten Standards nicht erfüllt oder unlösbare Koordinationsprobleme auftreten. Die Weitergabe von Wissen kann zum Know-How-Verlust führen.

Eine Strategische Allianz bezeichnet eine strategische Zusammenarbeit von zwei oder mehreren Unternehmen in einem genau definierten Bereich ohne

Kapitalbeteiligung (z. B. *StarAlliance, OneWorld* in der Luftfahrtindustrie). Anstelle einer Rivalität in anderen Ländern werden gemeinsame Standards durchgesetzt, um neues Wissen zu generieren und um von den Allianzpartnern zu lernen. Die Anforderungen des Wettbewerbs- und Kartellrechts sind einzuhalten. Die Mitglieder einer Allianz sind bestrebt, die Balance zwischen Kooperation und Konkurrenz zu halten und Wissensabflüsse zu vermeiden.

Ein Joint Venture ist eine gemeinsame Unternehmung von zwei oder mehreren Partnern mit eigener Rechtspersönlichkeit (z.B. *BASF-SINOPEC*, Nanjing, China). Als Alternative zum Export lassen sich so Einfuhrbeschränkungen und Local-Content-Vorschriften (d.h. Anforderung der Fertigung eines bestimmten Anteils der Zulieferteile im eigenen Land) erfüllen. Gesetzliche Vorschriften über die Höhe der Kapitalbeteiligung oder staatlicher Einfluss auf die Wahl des Joint-Venture-Partners können zu Schwierigkeiten führen. Eine über alle Länder konsistente Strategie auf verschiedenen ausländischen Märkten ist kaum möglich, und der Koordinationsaufwand ist sehr hoch.

Auslandsniederlassungen sind keine eigenständigen juristischen Personen, sondern werden als Betriebsstätten, Filialen oder Repräsentanzen der Muttergesellschaft geführt (z.B. *Deutsche Bank Canada*). Dem Vorteil der geringeren juristischen und steuerrechtlichen Auflagen stehen Nachteile durch den eingeschränkten Zugang zu den Kapitalmärkten und das geringere „Commitment" im Land (gegenüber Kunden, Lieferanten etc.) gegenüber. „Commitment" beschreibt eine langfristige, durch Einstellung und Verhalten geprägte Bindung von Anspruchsgruppen an ein Unternehmen bzw. an eine Marke.

Auslandsniederlassungen können sich auf einzelne betriebliche Funktionen (z.B. Vertrieb) beschränken oder auch die gesamte Wertschöpfungskette (einschließlich Produktion) abdecken. Bei Repräsentanzen handelt es sich meist um kleine Büros.

Tochtergesellschaften sind rechtlich selbständige, aber wirtschaftlich unselbstständige Unternehmen, die vom Mutterunternehmen durch Kapitalbeteiligungen und durch Beherrschungs- und Gewinnabführungsverträge kontrolliert werden. Man unterscheidet Neugründungen (Greenfield-Investments) und Übernahmen (Akquisition oder Brownfield-Investment). Die unmittelbare und eigenständige Präsenz vor Ort trägt zum positiven Image bei Kunden und Lieferanten bei. Insgesamt kann das Unternehmen weltweit seine Marktmacht steigern. Allerdings sind die jeweiligen Investitionsbedingungen der Länder zu beachten. Anders als bei Joint Ventures können die Risiken und benötigten Ressourcen nicht mit Partnerunternehmen geteilt werden. Vorteil einer Tochtergesellschaft kann die höhere Stabilität sein, da bei kooperativen Formen der Zusammenarbeit oft Verschiebungen der Interessen und Erfahrungen der Partner im Zeitablauf zu Problemen führen können. Ferner ist die Integration in die internationale Unternehmensstrategie durch eine einheitliche Steuerung der Tochtergesellschaften einfacher. Auf diese Art lassen sich Synergieeffekte im Gesamtunternehmen erreichen und der Know-how-Abfluss begrenzen.

6.4 Globales Supply Chain Management

Die steigende Dynamik der internationalen Märkte, der verstärkte Wettbewerb zwischen Unternehmen und die neuen Möglichkeiten durch die Informationstechnologien (z.B. E-Business) zwingen Unternehmen, ihre Geschäftsprozesse entlang der logistischen Wertschöpfungskette besser aufeinander abzustimmen.

Definition:
Das **Supply Chain Management (SCM)** (vgl. Modul 17) zielt auf die Gestaltung von Unternehmensnetzwerken vom Rohstofflieferanten über die Produzenten bis hin zum Händler und auf die Abstimmung und Optimierung der Beschaffung, Produktion, Transport, Vertrieb und Handel (Chopra/Meindl [Supply Chain Management], Lambert et al. [Supply Chain Management]).

Supply Chain Management (SCM) bedeutet konsequente Prozessorientierung zur effizienten Gestaltung der Material- und Informationsflüsse im und zwischen Unternehmen. Im Folgenden wird auf ausgewählte Aspekte der Globalisierung bei Rohstoffen, Produktion, Logistik sowie Vertrieb und Handel eingegangen.

6.4.1 Rohstoffe

Rohstoffe zählen neben den Hilfs- und Betriebsstoffen zu den Werkstoffen und gehen durch die industrielle Be- und Verarbeitung als wesentliche Bestandteile in die Endprodukte ein. Darunter werden insbesondere die (Grund-)Stoffe verstanden, die durch Urproduktion gewonnen werden, z.B. Kohle, Erdöl, Erze (vgl. Abbildung 6.10), Holz, Schwefel, Salz, Kautschuk, Steine und Erden. Diese Rohstoffe kommen nur in begrenzten Mengen vor, können sich in den meisten Fällen nicht selbst erneuern (regenerieren) und werden daher immer knapper.

Die Rohstoffvorkommen sind unterschiedlich über die Welt verteilt (vgl. Abb. 6.9), und weitere interaktive Karten finden sich im Internet, z.B. http://www.godmode-trader.de/rohstoffe/weltkarte oder http://www.mint.com/blog/finance-core/mint-map-the-worlds-resources-by-country. Die Bundesanstalt für Geowissenschaften und Rohstoffe (www.bgr.de) stellt umfangreiche Informationen zur Verfügung.

Merksatz: Rohstoffe stellen mehr als ein Drittel aller Güter im Welthandel dar.

Deutschland ist einer der größten Rohstoffverbraucher weltweit, insbesondere auch im Hinblick auf mineralische Rohstoffe. Dabei stammen ein Teil der nichtmetallischen Rohstoffe, vor allem Kali- und Steinsalz sowie der größte Teil der Steine und Erden, aus heimischer Produktion. Bei den primären Metallrohstoffen ist Deutschland jedoch fast vollkommen importabhängig. Energierohstoffe – derzeit im Wesentlichen die fossilen Energieträger Erdöl (vgl. Abb. 6.8), Erdgas, Kohle und die Kernbrennstoffe – liefern Strom und Wärme, dienen als Treibstoff und werden zu einer Vielzahl an Produkten weiterverarbeitet (Geldermann [Anlagen- und Energiewirtschaft]).

Mit dem zunehmenden Rohstoffverbrauch der aufstrebenden Industrienationen wie der BRIC-Staaten Brasilien, Russland, Indien und China besteht seit

Beginn des 21. Jahrhunderts erneut die Herausforderung, den auf längere Sicht steigenden Rohstoffbedarf der Welt zu decken. Aus rein geologischer Sicht scheint die Versorgung mit mineralischen und fossilen Rohstoffen auch zukünftig weitgehend gesichert, jedoch können kurz- bis mittelfristig bei der technischen Bereitstellung Lieferengpässe auftreten.

Durch die bestehenden hohen Preisvolatilitäten für Rohstoffe und zahlreiche Lieferrisiken ist daher die Planungssicherheit für Unternehmen eingeschränkt. Preis- und Liefersicherungsmechanismen im Einkauf, die Einhaltung von Umwelt- und Sozialstandards in der Lieferkette sowie der Erhalt funktionierender Marktmechanismen im Rohstoffhandel werden daher zunehmend an Bedeutung gewinnen. Das Konzept der Kreislaufwirtschaft (engl. closed-loop supply chain management) zielt auf eine möglichst effiziente Schließung der Materialkreisläufe, um zum Beispiel wertvolle Rohstoffe oder hochwertige Gerätekomponenten wieder in den Produktionsprozess einfließen zu lassen.

Diese Aspekte sind von global agierenden Unternehmen in den betroffenen Branchen sowohl bei der Rohstoffbeschaffung (global sourcing) als auch bei der betrieblichen Standortwahl ins Kalkül zu ziehen.

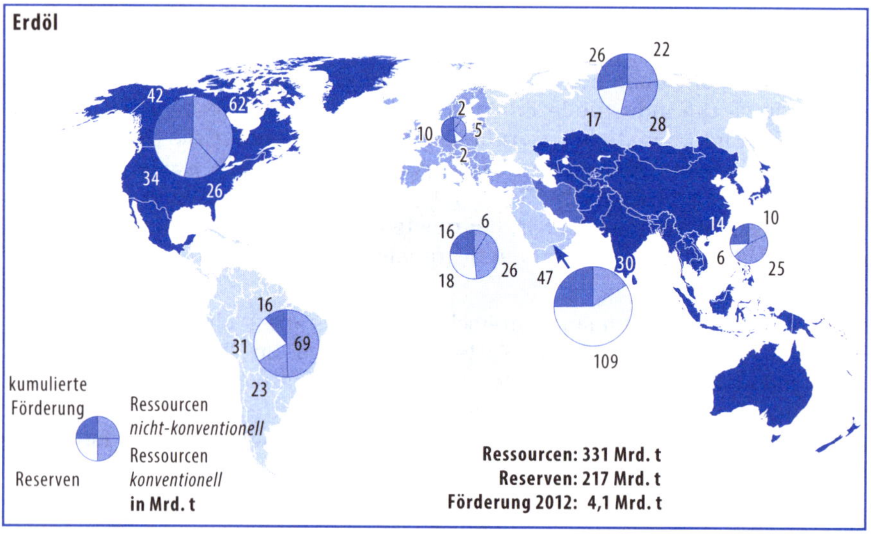

Abbildung 6.8: Gesamtpotenzial an Erdöl: Regionale Verteilung (http://www.bgr.bund.de/)

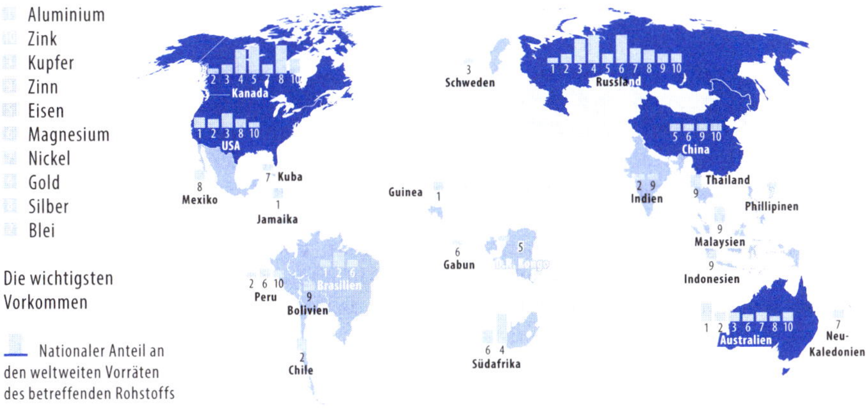

Abbildung 6.9: Die wichtigsten Rohstoffvorkommen (http://www.datenbank-europa.de/erdkunde/welt/rohstoffe.htm)

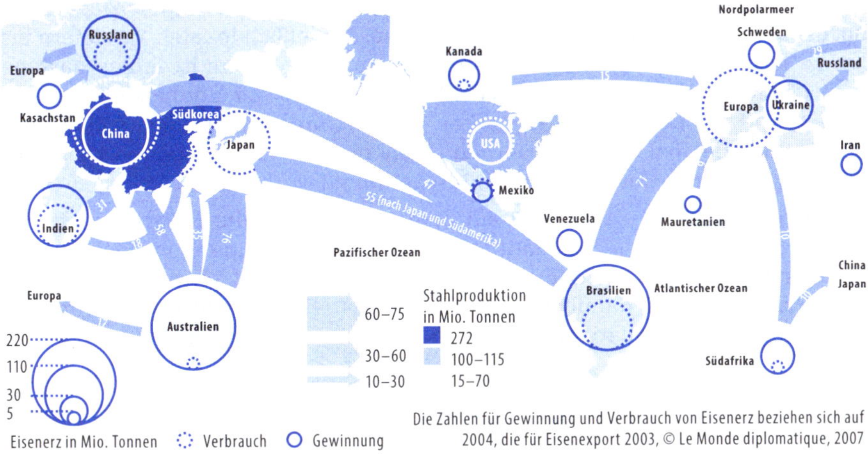

Abbildung 6.10: Weltweite Eisenerz- und Stahlproduktion (Le Monde diplomatique, 2007)

6.4.2 Produktion

Definition:
Eines der wichtigsten Verlagerungsmotive von Produktionsprozessen ins Ausland ist die **Senkung der Lohnkosten**. Zur Bestimmung der Lohnstückkosten werden die Lohnkosten je Arbeitnehmer beziehungsweise je Arbeitnehmerstunde ins Verhältnis zur Arbeitsproduktivität je Erwerbstätigen (Personenkonzept) beziehungsweise je Erwerbstätigenstunde (Stundenkonzept) gesetzt.

Die Lohnkosten setzen sich aus den Bruttolöhnen und -gehältern der Arbeitnehmer sowie den Sozialbeiträgen der Arbeitgeber zusammen. Beim Vergleich der Lohnstückkosten müssen auch mögliche Wechselkursänderungen berücksichtigt werden. Ferner sind die Entwicklung der Lohnkosten und der Produktivität zu beachten (Höh [StatMagazin], Kinkel/Maloca [Produktionsverlagerungen]).

Die Auslagerung von Niedriglohnoperationen setzt unternehmensweit standardisierte Vorgaben und eine direkte Kontrolle in vertikal integrierten Managementstrukturen voraus. Transnationale Konzerne streben danach, in der internationalen Konkurrenz Flexibilisierungsvorteile zu erzielen, indem insbesondere das Arbeitskräftepotenzial der aufstrebenden Schwellenländer in die grenzüberschreitenden Produktionsnetzwerke und Wertschöpfungsketten integriert wird. Dabei entstehen neue Hierarchien von Produktionsweisen und Arbeitsverhältnissen, wie (Schmalz et al. [Automobilsektor], Dörre [Transnationale Wertschöpfungsketten]) am Beispiel des regionalen Wertschöpfungssystems Automobil beschreiben:

Regulär Beschäftigte der Fahrzeughersteller: Dazu zählen neben den 70 bis 90 Prozent Festangestellten auch befristet Beschäftigte, Leiharbeiter und Arbeitskräfte, die „auf Abruf" geordert werden. Oft gelingt es den Fahrzeugherstellern über Befristungen, Kurzarbeit und Überstunden auch die regulär Beschäftigten äußerst flexibel zu halten.

Beschäftigte des ersten Zulieferer-Segments: Zu diesem Segment gehören höchst unterschiedliche Unternehmen von ausschließlich lokalen Anbietern bis hin zu Ablegern transnationaler Unternehmen. Gemeinsam ist ihnen, dass sie dem Flexibilitätsdruck und den Qualitätsansprüchen der Endhersteller unterworfen sind. Da die Nachfrage starken Schwankungen unterliegt, soll die Beschäftigung flexibel erhalten werden. Dementsprechend heterogen sind Entlohnung, Arbeitsbedingungen und Beschäftigungsverhältnisse.

Zulieferer der Zulieferer: In diesem Segment nehmen die Heterogenität von Betrieben, Entlohnung, Beschäftigung und Arbeitsbedingungen noch zu und die Regulierungsdichte weiter ab. Hier finden sich etwa kleine Handwerksbetriebe, überwiegend Familienunternehmen, als Nischenproduzenten für Aufgaben, die von transnationalen Unternehmen nicht rentabel zu übernehmen sind.

Die Tendenz ist zu beobachten, dass die Arbeits- und Beschäftigungsverhältnisse umso unsicherer und instabiler ausfallen, je weiter die betreffenden Betriebe von den Endherstellern und ihren Stammbelegschaften entfernt sind.

Allerdings bringt nicht jede Verlagerung von Produktionskapazitäten ins Ausland die erhoffte Kostensenkung, weil viele Unternehmen die Kosten für Anlaufzeiten, Betreuung, Koordination, Qualitätssicherung und betriebliche Kontrolle unterschätzen oder gar nicht erst berücksichtigen (Kinkel/Maloca [Produktionsverlagerungen]). Auch kulturelle Unterschiede können zum Beispiel durch verschiedene Kommunikationsstile oder Arbeitsweisen die Kosten erhöhen (vgl. Abschnitt 6.2). Teilweise werden auch die Einsparpotenziale überschätzt, weil die Lohnkosten – das Hauptmotiv für die Verlagerung – in vielen Betrieben nur noch 10 Prozent der Gesamtkosten bestimmen. Gerade bei Unternehmen, bei denen die Markterschließung keine zentrale Rolle spielt, kann es deshalb auch zu einer Rückverlagerung der Produktion kommen.

6.4.3 Transport

Die Unternehmensstrategie des „global sourcing“ ist unter anderem von den Transportkosten abhängig, und diese wiederum vom Preis des Rohöls. Die real sinkenden Rohölpreise von 1980 bis 1998 haben den Prozess der Globalisierung durch den Warenhandel stark beschleunigt. Allerdings schwankte der Rohölpreis in den vergangenen 150 Jahren erheblich. Das Hamburgische Welt-WirtschaftsInstitut veröffentlicht den Rohstoffpreisindex regelmäßig (http://hwwi-rohindex.de).

6.4.3.1 Seefracht

Der Transport über den Seeweg ist mit rund 80 Prozent des grenzüberschreitenden Warenhandels zentral für die Globalisierung der Wirtschaft. Rohöl und ölbasierte Produkte haben den größten Anteil an der Seefracht, gefolgt von Eisenerz, Kohle und Getreide. Das Seefrachtaufkommen erhöhte sich zwischen 1970 und 2007 von 10.650 auf 32.930 Milliarden Tonnen-Meilen. Eine Tonnen-Meile entspricht dem Transport von einer Tonne Ladung über eine Seemeile bzw. 1,852 km. Daten zur Seefracht in allen Weltregionen veröffentlicht die *United Nations Conference on Trade and Development* (UNCTAD, http://unctad.org) in ihrem jährlichen „Review of Maritime Transport“ (vgl. Abb. 6.11).

Die Bedeutung des Seehandels ist vor allem aufgrund der relativ geringen Frachtkosten gestiegen. Weltweit haben sich genormte ISO-Container durchgesetzt, so dass Verladen, Befördern, Lagern und Entladen von Gütern vereinfacht

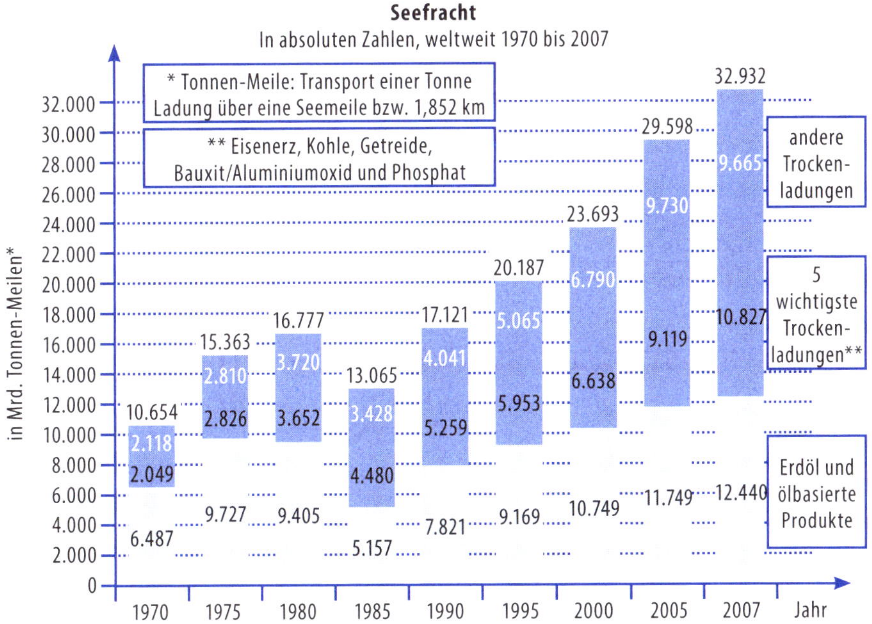

Quelle: Feamleys Review, verschiedene Jahrgänge; United Conference on Trade and Development (UNCTAD): Review of Maritime Transport 2008; Lizenz: Creative Commens by-nc-nd/3.0/de; Bundeszentrale für Politische Bildung, 2009, www.bpb.de

Abbildung 6.11: Entwicklung der Seefracht von 1970–2007

und beschleunigt werden. Die Abkürzungen TEU (Twenty-foot Equivalent Unit) und FEU (Fourty-foot Equivalent Unit) bezeichnen eine Containerlänge von 20 Fuß (6,10 m) bzw. 40 Fuß (12,19 m), bei einer Breite von 8 Fuß (2,44 m) und Höhe von 8 Fuß und 6 Zoll (2,59 m).

Zudem ist die Tragfähigkeit der Schiffe weiterentwickelt worden. Während 1968 das größte Containerschiff 752 TEU-Container laden konnte, waren es um 1990 erstmals mehr als 4.000. Inzwischen erreichen die größten Containerschiffe eine Ladefähigkeit von mehr als 11.000 TEU-Containern.

Setzt man für den Transport eines TEU-Containers mit mehr als 20 Tonnen Fracht von Asien nach Europa (inklusive Verladen) in Höhe von 1.000 Euro an, ergeben sich spezifische Frachtkosten von 5 ct/kg. Der Transport einer Tonne Eisenerz von Australien nach Europa kostet durchschnittlich etwa 12 US-Dollar, von einer Flasche Wein von Australien nach Europa ca. 12 Cent und ein Pfund Kaffee aus Mittelamerika ca. 3 Cent. Dementsprechend ist auch der Anteil der Seefrachtkosten mit oft nur 1 Prozent an den Gesamtkosten der Produkte gering.

6.4.3.2 Luftfracht

Auch die grenzüberschreitend beförderte Luftfrachtmenge hat in den letzten Jahren stark zugenommen (vgl. Abb. 6.12). Bezogen auf das transportierte Warengewicht hat die Luftfracht einen Anteil von weniger als einem Prozent, jedoch bezogen auf den Warenwert etwa 40 Prozent, weil es sich vorwiegend um kapitalintensive, kurzlebige und verderbliche Güter handelt. Vor allem bei

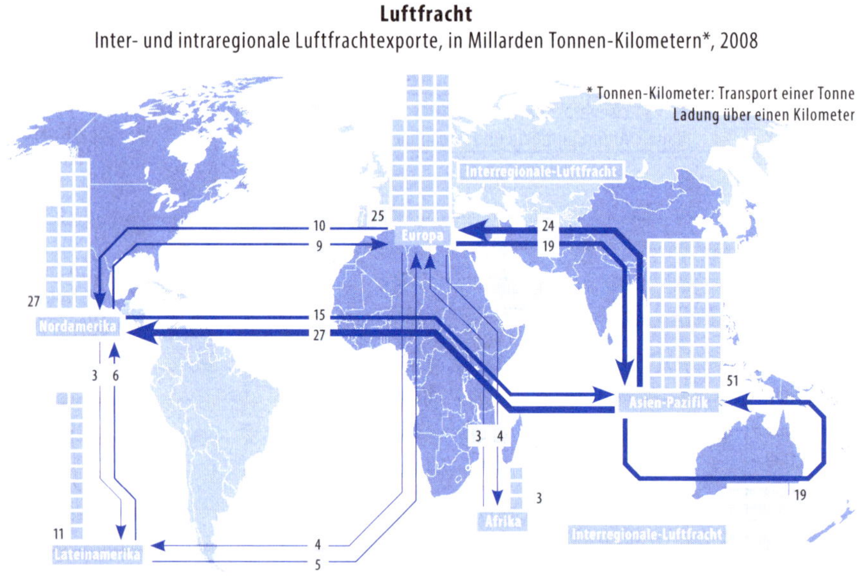

Quelle: MergeGlobal Inc.: Global Air Freight: Demand Outlook and its Implications

Abbildung 6.12: Weltweite Luftfrachttransporte

Produkten aus dem Kommunikations- und EDV-Bereich ist der Produktlebenszyklus sehr kurz, und die Hauptumsätze werden während der ersten Monate nach ihrer Markteinführung erzielt. Auch in der Modebranche entstehen Trends schnell und sind durch das Saisongeschäft geprägt.

Daten zur Luftfrachtmenge veröffentlicht die International Civil Aviation Organization (ICAO), eine Sonderorganisation der Vereinten Nationen (UN), in der World Air Transport Statistics (WATS).

Definition:
Gemessen wird die **Transportleistung** in Tonnen-Kilometer (tkm), wobei 1 tkm dem Transport von einer Tonne Ladung über einen Kilometer entspricht. Analog bezeichnet 1 Passagier-Kilometer (Pkm) die Beförderung von einer Person über einen Kilometer.

Nach Angaben der Airports Council International (ACI, www.airports.org) werden 56 Prozent der weltweit transportierten Luftfrachtmenge auf lediglich 30 Flughäfen umgeschlagen. Hier starten und landen rund 20 Prozent aller Flugzeuge.

6.4.4 Vertrieb und Handel

Der Export von Gütern und Dienstleistungen macht etwa die Hälfte des deutschen Bruttoinlandsprodukts aus, und ein Viertel der Arbeitsplätze in Deutschland hängen vom Außenhandel ab. Nach 1989 profitierte Westeuropa von der

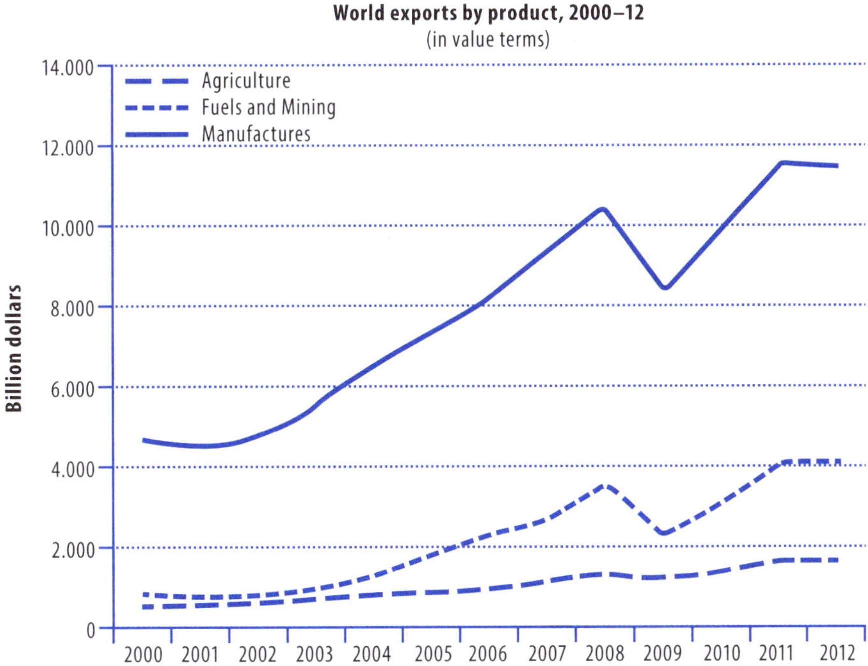

Abbildung 6.13: Weltweite Exporte nach Produktgruppen in den Jahren 2000 – 2012 (http://www.wto.org/english/res_e/statis_e/world_commodity_profiles12_e.pdf, S. 1)

Öffnung der Märkte Osteuropas. Auch der Import von Gütern in die BRIC-Staaten hat sich in den Jahren von 2001 bis 2011 um den Faktor sieben erhöht. Die *Welthandelsorganisation* (WTO) veröffentlicht jährlich die „International Trade Statistics" (www.wto.org/statistics). Abbildung 6.13 zeigt die Entwicklung der weltweiten Exporte nach Produktgruppen. Insbesondere der Anstieg der Industrieerzeugnisse ist auffällig. Noch stärker ist der Anstieg der kommerziellen Dienstleistungen (vgl. Abb. 6.14).

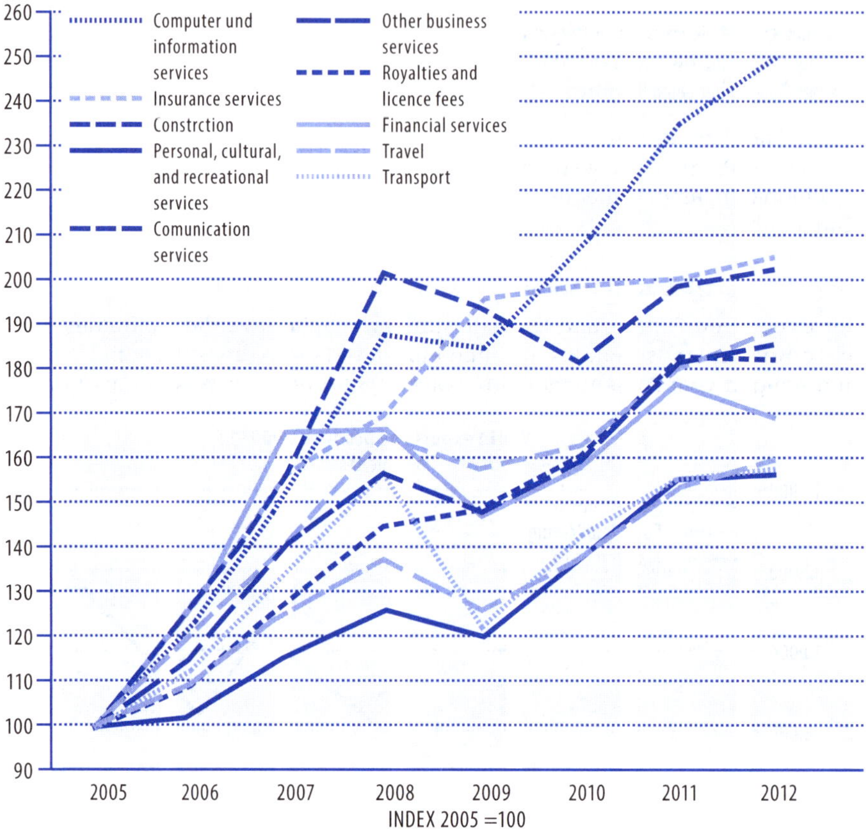

Abbildung 6.14: Growth in exports of commercial services, 2005–2012 (http://www.wto.org/english/res_e/statis_e/its2013_e/its2013_e.pdf, S. 140)

Beispiel:

Am Beispiel der Textilindustrie werden einige Trends und Herausforderungen kurz thematisiert: Global agierende Modekonzerne gestalten ihre Werbekampagnen weltweit nach ähnlichen Mustern. Ästhetische Vorlieben unterliegen einem Trend zur Vereinheitlichung, während traditionelle, lokale und regionale Moden an Bedeutung verlieren. Beispielsweise vereinheitlicht die Modekette H&M das Corporate Design vom Logo über die Schaufenstergestaltung bis zur Ladeneinrichtung. Die weltweit angebotene Produktpalette ist größten

teils identisch. Werbekampagnen weisen für alle Märkte und Regionen große Ähnlichkeiten auf, jedoch werden auch kulturelle Unterschiede berücksichtigt. So gibt es in südlichen Ländern witterungsbedingt weniger Wintermode oder etwa in Saudi-Arabien eine Abteilung, zu der nur Frauen Zutritt haben und in der ausschließlich weibliches Personal beschäftigt wird (einschließlich des Sicherheitsdienstes).

Während Design, Marketing und Logistik nach wie vor in ökonomisch entwickelten Staaten angesiedelt sind, ist die Massenfabrikation im Bekleidungssektor nahezu komplett ausgelagert, um das Preisniveau niedrig zu halten. Vor allem Medienberichte über Kinderarbeit und schlechte Arbeitsbedingungen in Entwicklungsländern und industriellen Schwellenländern haben das Bild von der Globalisierung geprägt. Nach eigenen Angaben setzen viele Unternehmen inzwischen an mehreren Stellen an (etwa durch einen Verhaltenskodex für die Hersteller oder Fabrikrevisionen; siehe auch Abschnitt 1.2.3.4.1 und 6.4.6 zu Corporate Social Responsibility), um die Arbeitsbedingungen zu kontrollieren und gegebenenfalls zu verbessern.

6.4.5 Internationale Standortwahl

Die Wahl des Standortes eines Unternehmens ist aufgrund der langfristigen Wirkung und der schweren Revidierbarkeit eine strategische Entscheidung. Bei der internationalen Standortwahl vor dem Hintergrund der globalen Strukturen des Wirtschaftens sind zunächst eine Eingrenzung, Bewertung und Auswahl von Zielländern anhand von Länder- und Regionalanalysen und logistischer Entscheidungskriterien (z.B. Transportkosten und -zeiten der Marktversorgung) vorzunehmen. *Porter* [Competitive Advantage] nennt als wichtige Faktoren, die miteinander in Wechselwirkung stehen

(1) örtliche Standortbedingungen, wie etwa eine gute Infrastruktur,
(2) die Intensität der heimischen Konsumentennachfrage,
(3) die Wettbewerbsbedingungen zur nationalen Konkurrenz
(4) und die Frage, ob im Land eine zuverlässige und erfahrene Zulieferindustrie vorhanden ist.

Neben diesen ökonomischen Erfolgsfaktoren sind insbesondere auch erfolgsrelevante soziokulturelle und länderspezifisch-ethische Nebenbedingungen zu beachten, wie auch im Abschnitt 6.2.1 beschrieben wurde.

Ob und warum sich Unternehmen an einem Standort niederlassen, ist auch von großem Interesse für politische Entscheidungen, da die Standortwahl unmittelbare Auswirkungen auf Investitionen, Steuereinnahmen und Arbeitsplätze hat. Eine vom Statistischen Bundesamt 2009 veröffentlichte Erhebung hat die Verlagerungsaktivitäten im Bereich der nichtfinanziellen gewerblichen Wirtschaft in Deutschland untersucht (vgl. Abb. 6.15).

Über die Wettbewerbsfähigkeit eines Standortes bestimmen unter anderem die infrastrukturellen Voraussetzungen (Kommunikationsnetze, Verkehrswege, Umschlagplätze, Logistiknetzwerke, Transport- und Energiekosten etc.), die Forschungsbedingungen, das allgemeine Ausbildungsniveau, der Aufbau und die Flexibilität der staatlichen Bürokratie, staatliche Förderungen, gesetzliche Auflagen, die Steuer- und Abgabenbelastung sowie das Lohnniveau und andere Kostenfaktoren.

Traditionelle Unternehmens- und Marktverflechtungen, der Zugang und die Nähe zu großen oder neuen Märkten, natürliche Ressourcen bzw. die Verfügbarkeit von Rohstoffen, räumliche Voraussetzungen, die Einkommens- und

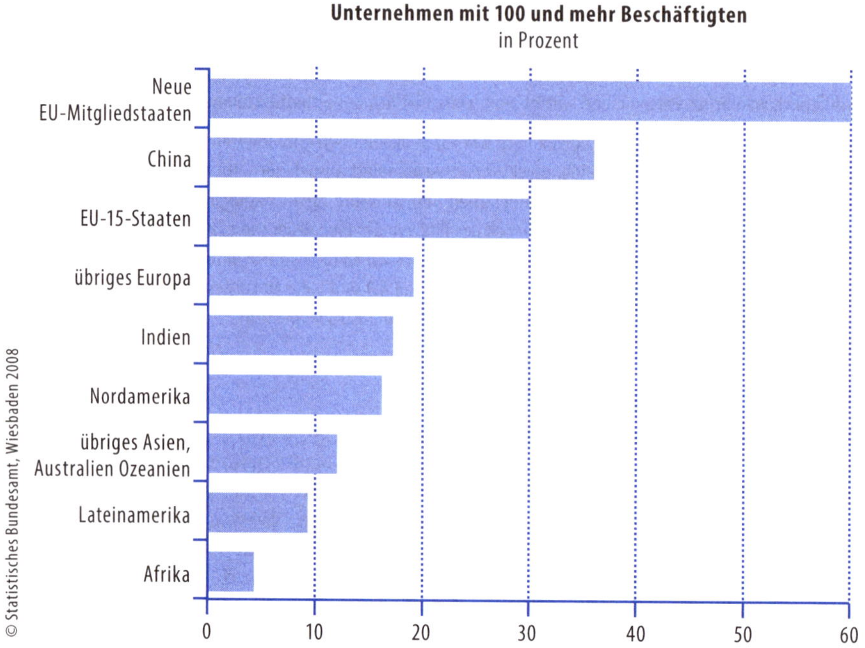

Abbildung 6.15: Verlagerung von Unternehmensaktivitäten (https://www.destatis.de/DE/Publikationen/Thematisch/UnternehmenHandwerk/VerlagerungAktivitaeten5529301069004.pdf?__blob=publicationFile, S. 15)

Vermögensstruktur, politische und rechtsstaatliche Stabilität, das Image eines Standortes sowie das Vorhandensein von spezialisierten Unternehmen und Fachkräften beeinflussen ebenfalls die Investitionsentscheidungen. Ob Fachkräfte an einen Standort gebunden werden können, hängt neben den rein ökonomischen Voraussetzungen auch vom Wohnumfeld, der Umweltqualität, der medizinischen Versorgung, den Fürsorgeeinrichtungen sowie den Bildungs-, Erholungs-, Kultur- und Freizeitangeboten ab (vgl. auch Abschnitt 6.5).

Abseits der zahlreichen Faktoren, die die Kosten eines Produkts beeinflussen, ist zu bedenken, dass bei vielen Produkten die Löhne der Arbeitnehmer einen immer geringer werdenden Anteil haben und sich unternehmerischer Erfolg auch auf Produktimage, Produktqualität, Kundenservice, Lieferpünktlichkeit und Innovationsfähigkeit gründet.

6.4.6 Gesellschaftliche Verantwortung von Unternehmen in der globalen Wirtschaft

Die Globalisierung bietet global tätigen Unternehmen nicht nur Potenziale zur Kostenoptimierung, sondern führt auch zur Auseinandersetzung mit neuen Problemlagen, wie etwa die Nichteinhaltung von Arbeits- und Sozialstandards, Menschenrechts-, Umwelt- und Anti-Korruptionsnormen, oder auch die Vermeidung von Steueraufkommen, die je nach Branche oder Position des Unternehmens in der Wertschöpfungskette und je nach Unternehmensstruktur sehr unterschiedlich sein können (Conni-Zimmer/Floor [Transnationale Unternehmen]).

So sind etwa Unternehmen der Textil- und Bekleidungsindustrie insbesondere mit der Nichteinhaltung von grundlegenden Arbeits- und Sozialstandards, die in Konventionen der Internationalen Arbeitsorganisation (ILO, www.ilo.org) verankert sind, in ihren Zulieferunternehmen konfrontiert. Hingegen sind für Global Player der extraktiven Industrie (Öl, Gas, Bergbau) negative Folgen für die Umwelt ein wichtiger Problembereich, weil oft große Flächen in den betroffenen Regionen nicht mehr anderweitig, etwa für die Landwirtschaft, nutzbar sind. Menschenrechtliche Probleme entstehen beispielsweise im Umgang mit lokalen Bevölkerungsgruppen oder durch die Zusammenarbeit mit öffentlichen und privaten Sicherheitskräften.

Global agierende Unternehmen können durch ihre Marktmacht auch auf politische und soziale Entwicklungen Einfluss nehmen, etwa durch ein verstärktes Corporate-Social-Responsibility-Engagement (vgl. Modul 1, Abschnitt 1.2). Seit den 1990er Jahren ist zu beobachten, dass Unternehmen zunehmend Verhaltenskodizes entwickeln, in denen sie Standards für ihre Geschäftstätigkeit auf nationaler und transnationaler Ebene festlegen, um auch ohne staatliche Regulierung freiwillig höhere Umwelt- und Arbeitsstandards einzuhalten. Die zunehmend an Unternehmen gerichteten Erwartungen resultieren auch daher, dass die staatlichen Strukturen zum Schutz von Arbeitnehmern oder der Umwelt in vielen Ländern, in die Unternehmen investieren oder aus denen sie Rohstoffe oder Produkte beziehen, schwach sind.

Inzwischen gibt es eine ganze Reihe an Selbstregulierungsinitiativen mit unterschiedlichen Governance-Mechanismen, die sowohl branchenübergreifend als auch industriespezifisch sein können. Die wohl wichtigsten branchenübergreifenden Initiativen zur Förderung verantwortlichen Unternehmenshandelns sind (Conni-Zimmer/Floor [Transnationale Unternehmen]):

- Der Global Compact der Vereinten Nationen (UNGC, http://www.unglobalcompact.org) wurde 1999 ins Leben gerufen und fordert von Unternehmen eine Orientierung an zehn Prinzipien aus den Bereichen Menschenrechte, Sozial- und Umweltstandards sowie Anti-Korruption. Die mehr als 10.000 angeschlossenen Organisationen müssen einmal im Jahr eine sogenannte Fortschrittsmitteilung einreichen, in der sie über die Umsetzung der Prinzipien berichten.
- Ziel der Global Reporting Initiative (GRI, https://www.globalreporting.org) ist die Verbreitung und Standardisierung der Nachhaltigkeitsberichterstattung von Unternehmen. In den GRI-Leitlinien werden ökonomische, ökologische und soziale Indikatoren festgelegt, anhand derer Unternehmen über ihr Verhalten Rechenschaft ablegen sollen.
- Die OECD-Leitsätze für multinationale Unternehmen (http://www.oecd.org/daf/inv/mne), die thematisch eher breit angelegt sind, wurden bereits 1976 verabschiedet und wenden sich direkt an Unternehmen als nicht bindende Empfehlungen. Verbindliche Elemente betreffen die OECD-Mitgliedstaaten, die nationale Kontaktstellen zur Umsetzung der Leitsätze einrichten müssen. Die Leitsätze umfassen Empfehlungen für das Verhalten von Unternehmen

in den verschiedensten Bereichen, wie Beschäftigung und Beziehungen zu den Sozialpartnern, Menschenrechte, Umwelt, Bekämpfung von Korruption, Verbraucherinteressen, Wettbewerb und Besteuerung.

- Die Leitprinzipien der Vereinten Nationen zu Unternehmen und Menschenrechten aus dem Jahr 2011 sind der jüngste, alle Branchen übergreifende Regulierungsansatz. Sie betonen einerseits verbindliche Staatenpflichten, alle Menschen vor Verletzungen ihrer Menschenrechte, auch durch Unternehmen, zu beschützen, aber betonen andererseits auch eine freiwillige Unternehmensverantwortung, Menschenrechte zu achten und insbesondere das Prinzip der „unternehmerischen Sorgfaltspflicht" (due diligence) zu beachten. Dessen Umfang und Umsetzung werden derzeit intensiv diskutiert.

Neben diesen branchenübergreifenden Initiativen werden verschiedene branchenspezifische Mechanismen entwickelt. Beispielsweise zielen in der Bekleidungsindustrie mehrere Regulierungsinitiativen (wie etwa die 1999 gegründete *Fair Labour Association, FLA,* www.fairlabor.org) auf arbeitsrechtliche Mindeststandards, wie angemessene Löhne und Arbeitszeiten oder auch gewerkschaftliche Rechte, durch freiwilliges unternehmerisches Engagement. Die Einhaltung der vereinbarten Verhaltenskodizes soll u.a. durch regelmäßige, angekündigte und unangekündigte Audits in den Produktionsstätten gewährleistet werden. Kritisch gesehen wird die zunehmende Fragmentierung durch immer neue Initiativen, die zu Intransparenz und mangelnder Nachvollziehbarkeit führt.

6.4.7 Risikomanagement im globalen Supply Chain Management

Die Globalisierung bietet für das Supply Chain Management sowohl Chancen, die Erträge zu steigern und die Kosten zu senken, als auch eine Reihe an Risiken. Mit zunehmender Vernetzung von Unternehmen und Produktionsprozessen können mehr Risikofaktoren auftreten und sich sogar gegenseitig verstärken.

Merksatz: Zu den **Risiken** zählen Störungen und Verzögerungen von Lieferungen sowie Nachfrage-, Preis- und Wechselkursschwankungen.

Tabelle 6.2 zeigt eine Übersicht über verschiedenen Einflussfaktoren, die bei der Ausgestaltung von globalen Produktionsnetzwerken zu berücksichtigen sind. Zahlreiche betriebswirtschaftliche Planungs- und Entscheidungsmodelle werden entwickelt und angewendet, um die verschiedenen Risikoarten für einzelne Unternehmen zu identifizieren und um Vorsorge- und Gegenmaßnahmen zu konzipieren.

Tabelle 6.2: Klassifizierung von Supply Chain Risiken (in Anlehnung an Chopra/ Meindl [Supply Chain Management], S. 189)

Kategorie	Einflussfaktoren
Störungen	Naturkatastrophen, Krieg, Terrorismus, Streiks, Insolvenz
Verzögerungen	Hohe Auslastung der Lieferanten Zu geringe Flexibilität der Lieferanten Geringe Qualität der gelieferten Produkte
Systemrisiken	Ausfall der Systeminfrastruktur Systemintegration oder Umfang des Systems
Prognoserisiken	Ungenaue Prognosen aufgrund langer Lieferzeiten, Saisonalität, Produktvielfalt, kurze Lebenszyklen, kleiner Kundenstamm, Verzerrung von Informationen
Risiken in Verbindung mit geistigen Eigentumsrechten	Vertikale Integration der Supply Chain Globale Auslagerung und Märkte
Beschaffungsrisiko	Wechselkursrisiko Preise Anteil, der von einer einzigen Bezugsquelle beschafft wird
Forderungsrisiko	Anzahl der Kunden Finanzstärke der Kunden
Bestandsrisiko	Anteil der veralteten Produkte Lagerhaltungskosten Produktwert Nachfrage- und Lieferunsicherheit
Kapazitätsrisiko	Kosten der vorgehaltenen Kapazität Flexibilität der Kapazität

6.5 Internationales Personalmanagement

Die zunehmende Globalisierung der Unternehmen hat erheblichen Einfluss auf die Internationalisierung des Personalmanagements (vgl. dazu auch Modul 10). Global agierende Unternehmen wie Procter & Gamble oder Nestle beschäftigen weit mehr als die Hälfte der Mitarbeiter in ihren ausländischen Tochtergesellschaften. Personalstellen in den ausländischen Tochtergesellschaften werden teilweise mit Mitarbeitern aus den Zielländern und teilweise mit Auslandsentsandten (Expatriates) besetzt.

Merksatz: Die Bedeutung von **Expatriates**, vor allem mit Blick auf die Kontrolle von Tochtergesellschaften, den Wissenstransfer sowie die Umsetzung von globalen Strategien, hat in den letzten Jahrzehnten stetig zugenommen.

Auch wenn der Anteil von Expatriates in den Zielländern prozentual geringer geworden ist, hat sich die absolute Anzahl von Expatriates im Einklang mit der zunehmenden Globalisierung stetig erhöht. In der Expatriate-Forschung wird zwischen verschiedenen Kategorien von Expatriates unterschieden. Ein organisationaler Expatriate wird von seinem Unternehmen für eine befristete Zeit, i.d.R. zwischen einem und vier Jahren, in eine ausländische Tochtergesellschaft entsendet und kehrt nach Ablauf der Zeit wieder zurück in das Stammhaus. Während in der Vergangenheit fast ausschließlich Mitarbeiter vom Stammhaus in die ausländischen Tochtergesellschaften geschickt wurden, werden nun vermehrt Expatriates von einer ausländischen Tochtergesellschaft in eine andere ausländische Tochtergesellschaft entsendet (Drittland-Expatriate), sowie Mitarbeiter aus den ausländischen Tochtergesellschaften in das Stammhaus geschickt (Impatriate). Des Weiteren initiieren viele hochqualifizierte Manager ihren eigenen Auslandsaufenthalt und werden deshalb als Selbstinitiierte Expatriates bezeichnet (Peltokorpi/Froese [Expatriates]). Prinzipiell übernehmen Expatriates häufig wichtige strategische Funktionen im Ausland. Allerdings stellt der Auslandseinsatz auch eine große Herausforderung für die Expatriates und die Unternehmen dar. Eine groß angelegte internationale Studie fand ernüchternde Zahlen bezüglich des Erfolgs von organisationalen Expatriates (Black/Gregersen [Expats]; Black [Globalizing People]): 10–20 % aller Expatriates müssen ihren Aufenthalt aus verschiedenen beruflichen und persönlichen Gründen vorzeitig abbrechen und zurückkehren, 33 % der verbliebenen Expatriates erbringen nicht zufriedenstellende Leistung, und lediglich 80 % kehren zum Stammhaus zurück, wovon wiederum 25 % das Unternehmen innerhalb eines Jahres verlassen. Dem Management von Expatriates kommt somit eine zentrale Rolle im internationalen Personalmanagement zu und soll in diesem Unterkapitel genauer beleuchtet werden.

6.5.1 Strategisches internationales Personalmanagement

Merksatz: Die **Personalplanung** in ausländischen Tochtergesellschaften steht in enger Beziehung zur **globalen Strategie** und zur **ethnozentrischen, polyzentrischen** oder **geozentrischen Managementorientierung** des Unternehmens.

Im internationalen Kontext beschäftigt sich das Personalmanagement mit der Frage, durch wen – lokaler Mitarbeiter versus Expatriate – entscheidende Positionen besetzt werden sollen. Stellen mit einfachen Tätigkeiten z.B. in der Produktion oder der Administration werden i.d.R. mit lokalen Mitarbeitern besetzt.

Bei einer ethnozentrischen Orientierung übernehmen organisationale Expatriates aus dem Stammhaus alle wichtigen Funktionen, z.B. Geschäftsführung, in der ausländischen Tochtergesellschaft. Diese Orientierung steht im Einklang mit einer globalen Strategie, in der der Transfer von Wissen und Technologien vom Stammhaus und die weltweite Standardisierung im Vordergrund stehen (vgl. auch Tabelle 6.1). Der globale Talentpool besteht primär aus Mitarbeitern vom Stammhaus, die diese Ziele besser realisieren können. Lokale Mitarbeiter werden im (globalen) Talentpool weniger berücksichtigt. Dies kann zu Spannungen in der Belegschaft im Ausland führen. Insbesondere talentierte und ambitionierte lokale Mitarbeiter können mit Frustration und Resignation auf Karrierebarrieren reagieren. Ethnozentrische Personaleinsatzplanungen sind beispielsweise in koreanischen Unternehmen weit verbreitet.

In einem Unternehmen mit einer polyzentrischen Managementorientierung werden die entscheidenden Funktionen vielfach durch lokale Manager besetzt. Expatriates werden nur in sehr begrenztem Maß eingesetzt, wenn es z.B. nicht möglich ist, einen lokalen Mitarbeiter für diese Stelle zu gewinnen. Dies entspricht dem Gedanken, dass lokale Manager am besten mit lokalen Mitarbeitern, Kunden und Zuliefern umgehen können. Dies steht zudem im Einklang mit der multinationalen Strategie und dem Streben nach höchstmöglicher Lokalisierung. Ein weiterer Vorteil besteht darin, dass die Personalkosten erheblich reduziert werden können. Die Personalkosten eines Expatriates können schnell drei bis fünfmal so hoch sein, wie das Gehalt eines vergleichbaren lokalen Managers. Personalentwicklung und -beförderung finden primär innerhalb der jeweiligen Landesgesellschaften statt. Ein Nachteil dieser Strategie besteht darin, dass die jeweiligen Landesgesellschaften nur unzureichend kooperieren und unzureichend globale Talentpools entwickelt werden.

Bei einer geozentrischen Managementorientierung werden entscheidende Positionen unabhängig von der Nationalität und Herkunft der Mitarbeiter besetzt. Hauptkriterium bei der Selektion sind die fachlichen und außerfachlichen Fähigkeiten. Unternehmen mit einer solchen Strategie verfügen i.d.R. über einen globalen Talentpool. Führungskräfteentwicklung findet global statt, und Auslandseinsätze gehören zu den Personalentwicklungsmaßnahmen für angehende Führungskräfte. Solche Unternehmen entsenden vermehrt Drittland-Expatriates und Impatriates. Dadurch wird erreicht, dass sich die Führungskräfte international vernetzen und die verschiedenen Auslandsgesellschaften besser untereinander und mit dem Stammhaus kooperieren können. Diese internationale Personalstrategie wird mit einer transnationalen Strategie in Verbindung gebracht, wo sowohl Lokalisierung als auch globale Standardisierung wichtig sind.

Jede dieser drei internationalen Personalstrategien hat verschiedene Vor- und Nachteile. Daher lässt sich keine pauschale Empfehlung aussprechen, welche internationale Personalstrategie besser ist. Vielmehr ist der Fit zwischen Personalstrategie und globaler Unternehmensstrategie für den langfristigen Unternehmenserfolg entscheidend. So ist beispielsweise bei einer globalen Unternehmensstrategie die ethnozentrische Personalstrategie zielführend, während die geozentrische Personalstrategie bei einer transnationalen Unternehmensstrategie am erfolgversprechendsten ist. Dabei ist aber auch zu bedenken, dass die Unternehmensstrategie relativ leicht und schnell verändert werden kann, z.B. bei einem Vorstandswechsel und nachfolgenden Restrukturierungsmaßnahmen. Hingegen muss die Personalstrategie viel langfristiger geplant werden, da Führungskräfteentwicklung viele Jahre dauert. Beispielsweise verfügen ethnozentrisch geführte Unternehmen i.d.R. über keine ausländischen Führungskräfte. Abgesehen von einzelnen Managern, die von Konkurrenzunternehmen abgeworben werden, müssen die ausländischen Mitarbeiter erst über Jahre hinweg in dem Unternehmen sozialisiert und entwickelt werden, um dann in der Lage zu sein, entscheidende Führungspositionen in dem Unternehmen zu übernehmen. Daher kann es zu temporären Diskrepanzen zwischen Personal- und Unternehmensstrategien kommen, die jedoch möglichst bald überwunden werden sollten.

Die strategische Personaleinsatzplanung variiert stark zwischen Unternehmen aus verschiedenen Ländern (siehe Abbildung 6.16). Während japanische Unternehmen meist eine ethnozentrische Strategie verfolgen und dementsprechend primär organisationale Expatriates (99 %) vom Stammhaus in die Auslandsgesellschaften entsenden, befinden sich britische Unternehmen am anderen Ende des Spektrums. Nur etwas mehr als 50 % aller Auslandsentsandte sind organisationale Expatriates vom Stammhaus, mehr als 30 % sind Drittland-Expatriates, und fast 10 % sind Impatriates. Deutsche Unternehmen bewegen sich häufig zwischen den beiden Extremen. Hierbei ist jedoch anzuführen, dass deutsche Unternehmen in den letzten Jahren vermehrt Impatriates und auch Drittland-Expatriates einsetzen. Beispielweise sind mehrere hundert Impatriates im Stammhaus von *Audi* in Ingolstadt, was sogar zu einem Wohnungsmangel in der Stadt geführt hat.

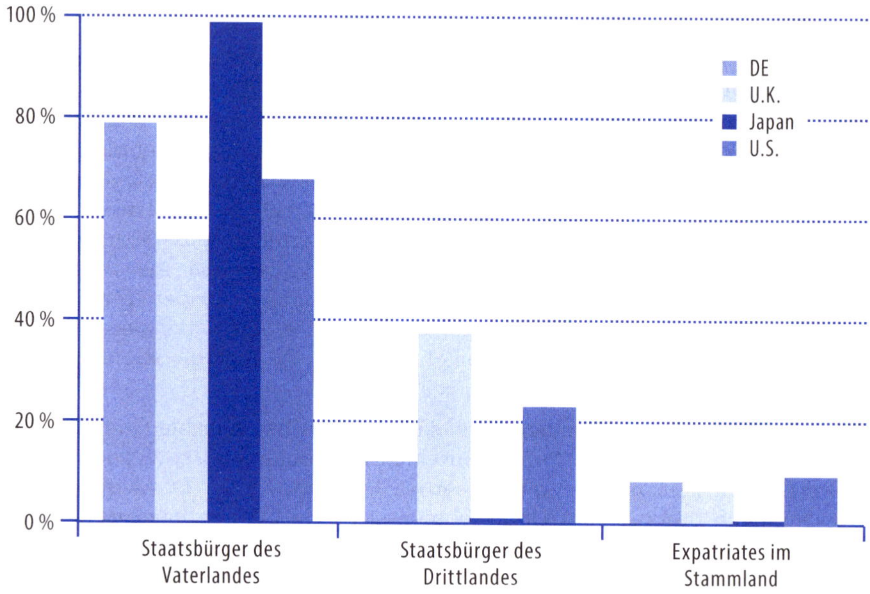

Abbildung 6.16: Einsatz von verschiedenen Expatriates nach Ursprungsland der Unternehmen (eigene Darstellung basierend auf Ergebnissen von Tungi/Peiperl [Expatriates Practices])

6.5.2 Rekrutierung von Expatriates

Expatriates spielen eine wichtige Rolle in global agierenden Unternehmen. Aktuelle Statistiken belegen, dass Unternehmen mehr Expatriates ins Ausland entsenden möchten. Andererseits ist die Bereitschaft von Mitarbeitern ins Ausland zu gehen eher gering (Kim/Froese [Asia]). Die Hauptgründe für die geringe Bereitschaft ins Ausland zu gehen beziehen sich auf Familie und Karriere. Mitarbeiter mit Familie sind häufig besorgt, dass ihre Ehepartner, insofern berufstätig, ihre Karriere im Ausland nicht weiterverfolgen können, und dass ihre Kinder Anpassungsschwierigkeiten im Ausland haben werden. Daher sind jüngere Mitarbeiter ohne Familie und ältere Mitarbeiter, deren Kinder bereits das Haus verlassen haben, eher gewillt, eine Auslandsentsendung anzunehmen. Auch wenn viele Firmen propagieren, dass ein Auslandseinsatz ein wichtiger Baustein auf dem Karriereweg ist, fürchten viele Mitarbeiter, dass genau das Gegenteil eintritt. Empirische Studien belegen tatsächlich, dass ein Auslandseinsatz die Karriere verzögern kann (Hamori/Koyuncu [International Assignments]). Des Weiteren spielt der mögliche Ort eine wichtige Rolle bei der Bereitschaft von zukünftigen Expatriates ins Ausland zu gehen. Verschiedene Unternehmen wie z.B. auch die Allianz haben hierzu Umfragen durchgeführt, die gravierende Unterschiede widerspiegeln. Beispielsweise sind New York, London und Paris beliebte Ziele, während afrikanische und arabische Länder eher unbeliebt sind. Mitarbeiter, die bereits vorher Auslandserfahrung gesammelt haben, z.B. durch ein Auslandssemester im Studium, und Fremdsprachen sprechen, haben ein größeres Interesse an einem Auslandseinsatz (Froese et al. [Career Choices]).

Neben der Perspektive der Mitarbeiter ist die Unternehmensseite zu betrachten. Multinationale Unternehmen müssen wichtige Positionen im Ausland häufig mit Expatriates besetzen. Daher ist die Rekrutierung von geeigneten Expatriates von großer Bedeutung. In vielen Unternehmen wird dieser Personalentscheidung leider nicht die erforderliche Sorgfalt entgegenbracht. Eine empirische Studie hat gezeigt, dass die Selektion häufig ad hoc und unstrukturiert erfolgt (Selmer [Expatriate selection]). Die Autoren der Studie beschreiben die Selektion als „Kaffeemaschinen" Prinzip. Damit ist gemeint, dass die Wahl manchmal dann entsteht, wenn sich zwei Führungskräfte zufällig vor der Kaffeemaschine treffen, ein wenig Smalltalk betreiben und sich ad hoc auf eine Person einigen, an die sie zufällig denken. Auch wenn im Anschluss noch ein paar Auswahlgespräche pro forma mit der Personalabteilung stattfinden, wird die vorherige Entscheidung lediglich bestätigt. Viele Unternehmen, insbesondere Großunternehmen, sind sich der Problematik bewusst, und haben entsprechende Abteilungen, Teams und/oder Datenbanken etabliert, um sich der Rekrutierung und Betreuung von Expatriates gezielt zu widmen. Zu den entscheidenden Auswahlmethoden gehören häufig Empfehlungsschreiben, Selbstbewerbungen, strukturierte Interviews und verschiedene Tests.

Abbildung 6.17 zeigt einen Überblick über die wichtigsten Selektionskriterien von Expatriates. Hier wird deutlich, dass sich die Kriterien teilweise erheblich unterscheiden je nach Herkunft der Unternehmen. Beispielsweise legen deutsche Unternehmen viel Wert auf die Bereitschaft von zukünftigen Expatriates ins Ausland zu gehen, während englische Unternehmen primär nach Fachwissen selektieren. Japanische Unternehmen hingegen legen viel Wert auf Unternehmenszugehörigkeit. Vielen Unternehmen ist bewusst geworden, dass Fachwissen wichtig ist, jedoch nicht das alleinige Entscheidungskriterium sein sollte, wie es teilweise früher der Fall war.

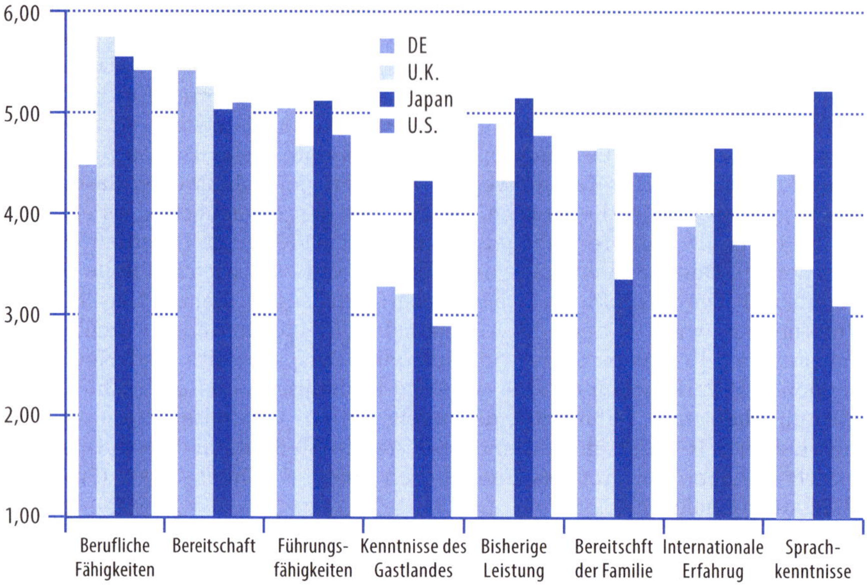

Abbildung 6.17: Überblick über die wichtigsten Selektionskriterien von Expatriates (eigene Darstellung basierend auf Ergebnissen von Tungli & Peiperl [Expatriate practices])

6.5.3 Vorbereitung und Training von Expatriates

Zur Vorbereitung der Expatriates auf den Auslandsaufenthalt gibt es verschiedene Maßnahmen. Fast alle Unternehmen bieten administrative und finanzielle Unterstützung an. Je nach Unternehmen kann sich dies auf alle Lebensbereiche erstrecken, wie z.B. Beschaffung des Visums, das Buchen der Tickets, die Bereitstellung und Auswahl einer Wohnung sowie das Finden einer Haushaltshilfe. Dies ist auch erforderlich, da es für Mitarbeiter im Ausland schwierig sein könnte, diese Angelegenheiten selbst zu erledigen und von der eigentlichen Aufgabe ablenken würde.

Merksatz: Zahlreiche Studien belegen, dass ein gezieltes Trainingsvorbereitungsprogramm den **Erfolg der Expatriates** während des Auslandsaufenthalts erheblich erhöhen kann (Puck et al. [Cross-cultural training]; Caligiuri et al. [Crosscultural Training]).

Hier kann zwischen verschiedenen Maßnahmen unterschieden werden. Beim länderspezifischen interkulturellen Training liegt der Schwerpunkt auf dem Erlernen des Umgangs mit typischen Situationen im Beruf und Alltag des Gastlandes. Beispielsweise wird unterrichtet, wie man sich kulturkonform begrüßt und Visitenkarten austauscht. Des Weiteren werden auch allgemeine Landeshintergründe, z.B. geschichtliche und kulturelle Besonderheiten, unterrichtet. Das allgemeine interkulturelle Training zielt auf die allgemeine Kultursensibilisierung. Die Teilnehmer sollen sich bewusst werden, dass sich Kulturen unterscheiden, und sollen lernen, sich besser auf andere Kulturen einzustellen. Beim Sprachtraining liegt der Fokus auf dem Erlernen der jeweiligen Landessprache des Gastlandes. Bei Weltsprachen wie z.B. Englisch oder Spanisch können Expatriates ausgewählt werden, die diese Sprachen bereits gut bis sehr gut beherrschen und diese im Berufsalltag anwenden können. Bei weniger verbreiteten Sprachen wie z.B. Koreanisch kann ein solches Sprachniveau nicht erwartet werden. Daher vermittelt der Sprachkurs das Erlernen von Grundkenntnissen, da Expatriates i.d.R. in Vollzeit beschäftigt sind und selten mehr Zeit zum Erlernen der Sprache aufbringen können.

Das interkulturelle Training beschränkt sich in der Regel auf wenige Tage vor der Ausreise ins Ausland. Sprachkurse finden häufig vor und während des Auslandsaufenthalts statt. Manche Unternehmen, z.B. Bosch, erlauben den Mitarbeitern sogar, sich mehrere Monate in Vollzeit auf das Erlernen der Sprachen zu konzentrieren. Seit einiger Zeit bieten viele Unternehmen diese Trainings nicht nur für die Expatriates, sondern auch für deren Familienangehörige an. Empirische Studien belegen, dass all diese Maßnahmen, insbesondere das länderspezifische interkulturelle Training und erhöhte Sprachkenntnisse, den Erfolg des Expatriates erhöhen können und deshalb empfohlen werden können. Allerdings werden angebotene Trainingsmaßnahmen nicht immer angenommen, wenn die Entsendungsentscheidung sehr kurzfristig fällt oder aber der betroffene Mitarbeiter hierfür nicht freigestellt werden kann, da noch „dringende" Arbeit erledigt werden muss. Unternehmen sollten explizit darauf hingewiesen werden, dass sich dies negativ auf den Erfolg des Expatriates und der Tochtergesellschaft auswirken kann. Abbildung 6.18 zeigt einen Überblick, wie wichtig das Training in den verschiedenen Ländern wahrgenommen wird.

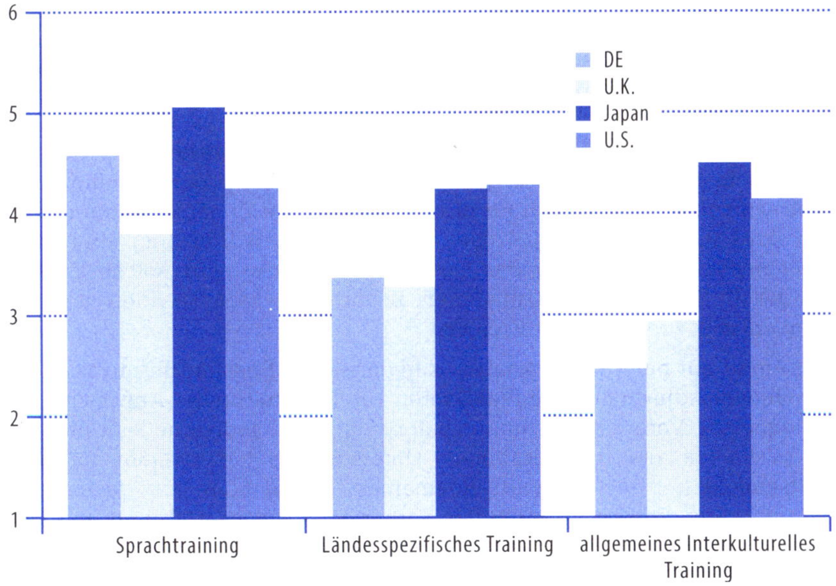

Abbildung 6.18: Bedeutung von interkulturellem Training (eigene Darstellung basierend auf Ergebnissen von Tungli/Peiperl [Expatriate practices])

Neben diesen klassischen Trainingsmethoden wird die Bedeutung von guten Beziehungen zum Stammhaus und den Auslandsgesellschaften verstärkt betont. Einerseits kann das Unternehmen strukturierte Maßnahmen anbieten, wie z.B. Mentoren und Kontaktpersonen im Stammhaus sowie Tochtergesellschaften oder auch kurzfristige Aufenthalte im Stammhaus bzw. Ausland. Beispielsweise können Mentoren im Gastland den Expatriate unterstützen und bei Problemen intervenieren. Andererseits sollte der Expatriate auch gezielt Möglichkeiten zum Erfahrungsaustausch suchen, um sich informelle Netzwerke aufzubauen und die Kontakte mit dem Stammhaus und anderen Auslandsgesellschaften aufrecht zu erhalten. Diese informellen Netzwerke können häufig viel effektiver als die offiziellen sein.

6.5.4 Eingewöhnung der Expatriates im Gastland

Eine Auslandsentsendung stellt eine große Herausforderung für das Unternehmen sowie für die Expatriates dar, wenn wie erwähnt ein Drittel der entsandten Expatriates keine zufriedenstellende Leistung erbringen kann und fast ein Fünftel den Auslandsaufenthalt sogar vorzeitig abbricht. In der Expatriateforschung wird die interkulturelle Anpassung als die zentrale Ursache für Erfolg und Misserfolg herausgestellt (Bhaskar-Shrinivas et al. [International Adjustment], siehe Abbildung 6.19). Interkulturelle Anpassung unterteilt sich in die Domänen Arbeit, allgemeines Umfeld und soziale Interaktion. Die Domäne Arbeit beschreibt, inwiefern sich Expatriates an die anderen Arbeitsbedingungen und Prozesse in der Auslandsgesellschaft anpassen können. Das allgemeine Umfeld beinhaltet die Gewöhnung an den Alltag im Gastland, wie z.B. das Essen. Soziale Interaktion bezieht sich auf den Umgang mit lokalen Mitarbeitern und den Menschen im Gastland.

Merksatz: Je besser sich **Expatriates** interkulturell anpassen können, desto zufriedener sind sie und desto besser können sie sich auf die Arbeit konzentrieren und folglich bessere Leistung im Beruf erbringen.

Im Gegenzug dazu sind kulturell nicht angepasste Expatriates frustriert mit ihrer Arbeit und ihrem Leben im Gastland. Sie können daher keine oder nur eine reduzierte Leistung im Beruf erbringen. Diese Frustration kann dann sogar dazu führen, dass Expatriates ihren Aufenthalt frühzeitig abbrechen. In solchen Fällen mag es für das Unternehmen besser sein, solche Expatriates wieder im Stammhaus aufzunehmen, bevor diese noch Schaden verursachen können, z.B. Probleme mit Kunden.

Basierend auf einer Meta-Analyse kategorisieren Bhaskar-Shrinivas et al. [International Adjustment] die Prädiktoren von interkultureller Anpassung in fünf Kategorien: Vorerfahrung (anticipatory factors), individuelle Unterschiede (individual factors), organisationale Unterstützung (organization factors), Arbeitsumfeld (job factors) und allgemeines Umfeld (non-work factors). Unter Vorerfahrung werden insbesondere vorherige Auslandserfahrung und Sprachkenntnisse genannt. Expatriates, die bereits Auslandserfahrung gesammelt haben, sind häufig besser in der Lage mit den Herausforderungen, die eine Auslandsentsendung mit sich bringt, umzugehen. Dies gilt umso mehr, sollte es sich wieder um das gleiche Land wie beim ersten Auslandsaufenthalt handeln.

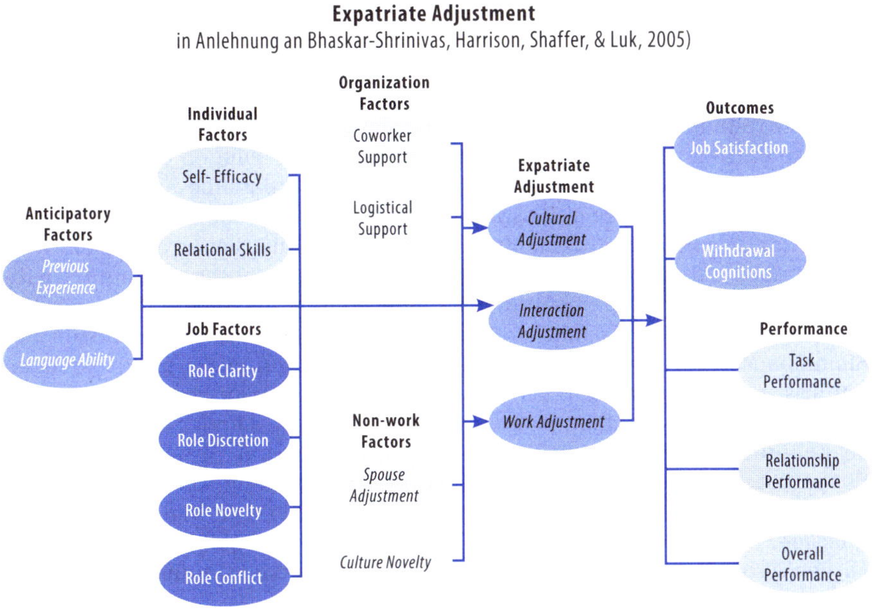

Abbildung 6.19: Ursachen und Konsequenzen von interkultureller Anpassung (eigene Darstellung in Anlehnung an Bhaskar-Shrinivas et al. [International Adjustment], S. 259)

Zwar ist Englisch in vielen Unternehmen die offizielle Sprache, jedoch sind Sprachkenntnisse des Gastlandes wichtig, um die Kommunikation mit lokalen Mitarbeitern und den Umgang im Alltagsleben zu erleichtern (Froese et al. [Intercultural communication]). Selbst Grundkenntnisse sind hilfreich und werden von lokalen Mitarbeitern häufig anerkennend wahrgenommen. Bei den individuellen Unterschieden haben vorherige Studien insbesondere auf die Bedeutung der Selbstwirksamkeit und soziale Fähigkeiten hingewiesen. Selbstwirksamkeit bezeichnet in der Psychologie die persönliche Einschätzung der eigenen Kompetenzen, allgemein mit Schwierigkeiten und Barrieren im täglichen Leben zurechtzukommen.

Wenn Expatriates in ein fremdes Land geschickt werden, verfügen sie i.d.R. über keine oder nur wenige vertraute Kollegen und soziale Kontakte. In einer solchen Situation sind der starke Wille und soziale Fähigkeiten hilfreich, um sich besser durchzusetzen und neue Kontakte aufzubauen. Organisationale Unterstützung von Vorgesetzten und Kollegen sind für Expatriates wichtig, um mit den verschiedenen Arbeitssituationen besser umgehen zu können. Logistische Unterstützung ist bei den meisten Großunternehmen selbstverständlich und ermöglicht es den Expatriates, sich besser auf ihre Arbeit zu konzentrieren. Das Arbeitsumfeld im Ausland unterscheidet sich häufig ganz erheblich von dem im Stammhaus. In den im Vergleich zum Stammhaus zumeist viel kleineren Tochtergesellschaften im Ausland übernehmen Expatriates häufig zentrale Führungsfunktionen. Dies führt dazu, dass Expatriates mehr Aufgaben und Verantwortung übernehmen müssen. Beispielsweise kann es durchaus vorkommen, dass ein CFO (Chief Financial Officer, kaufmännischer Geschäftsführer) in einer ausländischen Tochtergesellschaft auch Aufgaben übernimmt, die wenig mit Finanzfragen zu tun haben. Dies kann zu Stress und Überforderung führen. Eine weitere Brisanz besteht darin, dass Expatriates in manchen Situationen zwischen dem Stammhaus einerseits und andererseits der lokalen Belegschaft vermitteln müssen. Die Vorstellungen der beiden Parteien können jedoch manchmal stark divergieren, so dass die Expatriates zwischen zwei Fronten stehen. Beispielsweise möchte das Stammhaus die Kosten im Ausland senken und dementsprechend lokale Mitarbeiter entlassen. Dies kann jedoch auf großen Widerstand bei der lokalen Belegschaft führen. Unabhängig für welche Seite Expatriates Partei ergreifen, die andere Partei wird es ihnen verübeln. Grundsätzlich sollten sich Expatriates für die Interessen des Stammhauses einsetzen. Das allgemeine Umfeld kann einen entscheidenden Einfluss auf die interkulturelle Anpassung des Expatriates haben. Prinzipiell fällt es Expatriates leichter, sich an kulturell ähnliche Länder anzupassen als an kulturell fremde Länder (Froese/Peltokorpi [Cultural Distance]). Falls die Ehepartner und Familie unzufrieden mit ihrer Situation im Ausland sind, kann diese Unzufriedenheit auf die Expatriates ausstrahlen. Die Meta-Analyse von *Bhaskar-Shrinivas et al.* [International Adjustment] hat sogar ergeben, dass von all den verschiedenen Prädiktoren Familie den stärksten Einfluss auf den Erfolg von Expatriates hat.

Basierend auf den empirischen Ergebnissen vorheriger Studien lassen sich verschiedene Empfehlungen für das internationale Personalmanagement herleiten:

Vorerfahrung und individuelle Unterschiede sollen wichtige Selektionskriterien bei der Rekrutierung von Expatriates sein (Froese et al. [Career Choices]). Personalentwicklungsmaßnahmen sollen gezielt eingesetzt werden, um individuelle Eigenschaften zu trainieren. Trainingsmaßnahmen sollen sich nicht auf Expatriates beschränken, sondern auch andere Familienmitglieder mit einbeziehen, da die Zufriedenheit und Anpassung der Familie den größten Einfluss auf die interkulturelle Anpassung der Expatriates hat. Personaleinsatzplanung soll, insofern möglich, so gestaltet werden, dass die Erweiterung der Aufgaben und Verantwortung für Expatriates realisierbar bleiben und Konflikte durch klar vorgegebene Verantwortungsstrukturen reduziert werden können.

6.5.5 Rückkehr der Expatriates

Die erfolgreiche Wiedereingliederung der Expatriates nach einem Auslandsaufenthalt zurück in das Stammhaus stellt eine große Herausforderung dar. Eine Umfrage ergab, dass 80 % der zurückgekehrten Expatriates ihre Position im Stammhaus als einen Karriererückschritt empfanden, 60 % der Betroffen hatten das Gefühl, dass sie ihre im Ausland erworbenen Fähigkeiten nicht einsetzen konnten. Als Konsequenz dieser enttäuschenden Erfahrung verlassen ca. 25 % der Rückkehrer ihr Unternehmen innerhalb von drei Monaten nach ihrer Rückkehr.

Die Herausforderungen der Rückkehrer lassen sich in drei Kategorien zusammenfassen: Einkommensveränderung, Wiederanpassung an die Arbeit im

Stammhaus, Wiederanpassung an das alltägliche Leben. Im Ausland erhalten Expatriates i.d.R. großzügige finanzielle Zusatzleistungen, wie z.B. Auslandsprämien, Wohngeld und/oder Schulgeld. Das Gehalt und die finanziellen Zusatzleistungen können schnell das drei bis fünffache des Gehalts im Heimatland betragen. Wenn Expatriates in Entwicklungsländer entsendet werden, fällt ihr Einkommen relativ zu den Gehältern der lokalen Bevölkerung noch viel höher aus, denn sie gehören dort zur Oberschicht der Bevölkerung. Wenn Expatriates in teure Städte wie z.B. Tokio entsendet werden, kann das monatliche Wohngeld je nach Position des Expatriates schnell zwischen 5.000 und 10.000 Euro liegen, so dass die Expatriates ein großzügiges Haus bzw. Wohnung beziehen können. Zurück im Heimatland erhalten Expatriates jedoch keine Zusatzprämien mehr und gehören dann wieder zur „normalen" Bevölkerung. Falls Expatriates in teuren Städten wie z.B. München wohnen, kann die Rückkehr zu erheblichen finanziellen Einschnitten im Lebensstil, z.B. kleinere Wohnung, führen. Die Wiedereingliederung in den normalen Lebensalltag wird durch diesen relativen Statusverlust erschwert. Des Weiteren haben sich Expatriates und deren Familien, die mehrere Jahre im Ausland gewohnt haben, an die Gepflogenheiten des Gastlandes gewöhnt. Wenn die Expatriates in ihre Heimatländer zurückkehren, durchlaufen sie wieder eine interkulturellen Anpassungsphase. Die Wiedereingliederung in das Berufsleben kann sich ebenfalls als schwierig gestalten. Das Problem fängt damit an, dass Rückkehrern häufig keine adäquaten Positionen angeboten werden können. Der gleiche Arbeitsplatz vor der Auslandsentsendung wird i.d.R. von einer anderen Person ausgefüllt. Selbst wenn der gleiche Arbeitsplatz wieder zur Verfügung steht, stellt das zumeist eine unzufriedene Lösung dar, da sich der Expatriate innerhalb des Auslandsaufenthalts weiterentwickelt hat. Viele Kollegen, die nicht im Ausland waren, bekleiden seitdem höhere Positionen. Daher ist es verständlich, dass sich manche Rückkehrer benachteiligt fühlen. Eine weitere Problematik besteht darin, dass die Aufgaben und Verantwortlichkeiten im Stammhaus i.d.R. enger ausfallen und die Arbeitsbedingungen verschieden sind. Diese Herausforderungen können zu geringerer Arbeitszufriedenheit, Arbeitsleistung und letztendlich zu freiwilligen Kündigungen führen.

Um diese negativen Konsequenzen zu vermindern, können verschiedene Maßnahmen durchgeführt werden. Ein erster Schritt dazu ist eine Arbeitsplatzgarantie, welche die meisten Großunternehmen anbieten. Darüber hinaus ist es wichtig, dass sich das Unternehmen darum bemüht, einen geeigneten Arbeitsplatz im Stammhaus anzubieten. Um dies zu erreichen, ist es wichtig, dass gute Verbindungen zwischen den Expatriates und dem Stammhaus bereits frühzeitig, d.h. vor der Auslandsentsendung, spätestens ein Jahr vor der geplanten Rückkehr, etabliert werden. Hochrangige Mentoren im Stammhaus sowie die Personalabteilung sollten den Expatriates helfen, um die Rückkehr in einen adäquaten Arbeitsplatz frühzeitig und in Absprache mit den Expatriates zu identifizieren. Um die Wiedereingliederung in das Ursprungsland zu erleichtern, wird interkulturelles Training für die Expatriates und deren Familien empfohlen.

6.6 Fazit

In diesem Modul wurden ausgewählte Aspekte der Globalisierung aus betriebswirtschaftlicher Sicht beleuchtet. Welche Internationalisierungsstrategie ein Unternehmen wählt, hängt von den verschiedensten Faktoren ab. Deutsche und europäische Konzerne verfolgten in den 1990er Jahren (nach der deutschen Wiedervereinigung) primär eine Europäisierung. Dies bedeutete eine Strategie der Internationalisierung mit einer konsequenten Dezentralisierung der Unternehmensorganisation und einer hohen Anpassungsfähigkeit an lokale Sonderbedingungen, vor allem in den ehemaligen Ostblockstaaten. Durch die geopolitischen Veränderungen, insbesondere den Aufstieg der BRIC-Staaten (Brasilien, Russland, Indien und vor allem China), entstanden globale Wertschöpfungsketten. Bevorzugte Internationalisierungspfade sind nach wie vor *Multi-domestic-Strategien* oder Varianten regionaler Arbeitsteilung. Die globalen Strukturen des Wirtschaftens sind eine besondere Herausforderung für das Personalmanagement.

Zusammenfassend ist festzuhalten, dass die Frage nach Motiven und Erfolgsfaktoren bei der Internationalisierung und der Gestaltung globaler Wertschöpfungsketten inhaltlich schwer zu trennen sind, weil die Motive der Internationalisierung auf den Faktoren beruhen, mit denen auch international unternehmerischer Erfolg erzielt werden kann. Eine wichtige Unterscheidung betrifft die sogenannten Pull- und Push-Faktoren. Pull-Faktoren sind aktive (freiwillige) Internationalisierungsbemühungen des Unternehmens, die durch das Wahrnehmen von Marktpotenzialen, das Vorhandensein spezieller Kompetenzen, die Nachfrage nach dem eigenen Produkt im Ausland, Kostenvorteile im Ausland oder eine positive Einstellung des Geschäftsführers gegenüber Auslandsaktivitäten bzw. einem bestimmten Markt resultieren. Push-Faktoren beschreiben hingegen den Zwang zur Internationalisierung, der aus sinkender Nachfrage im Inland, hohem Wettbewerbsdruck inländischer Konkurrenten, Abhängigkeiten von international tätigen Abnehmern (Zulieferern), Zwang des Nachfolgens wichtiger Kunden oder steigendem Kostendruck entsteht.

Während Großunternehmen Skaleneffekte sowohl in der Produktion als auch im Absatz nutzen können, besitzen kleine und mittlere Unternehmen (KMUs) häufig sehr spezifisches Know-How, das zu Wettbewerbsvorteilen führen kann. So können auch Mittelständler in Nischenmärkten internationale Spitzenpositionen belegen, nicht zuletzt aufgrund ihrer größeren Flexibilität.

Einführende Literaturhinweise zu Modul 6

Die vollständigen Literaturangaben finden Sie im Downloadbereich.

Dunning, J.H./Lundan, S.M.: Multinational Enterprises and the Global Economy. 2nd ed., Cheltenham 2008.

Engel, Alexander, Farben der Globalisierung. Die Entstehung moderner Märkte für Farbstoffe 1500–1900, Frankfurt/Main u. New York 2009.

Jones, Geoffrey, Globalization, in: ders. u. Jonathan Zeitlin (Hg.), The Oxford Handbook of Business History. Oxford 2008, S. 141–170.

Kutschker, M./Schmid, S.: Internationales Management. 7. Aufl., München 2011.

Lubinski, Christina, Jeffrey R. Fear und Paloma Fernández Pérez (Hg). Family Multinationals: Entrepreneurship, Governance, and Pathways to Internationalization, New York 2013.

Peng, M./Meyer, K.: International Business. London 2011.

Zweites Kapitel

Grundlagen und Instrumente der Führung

Modul 7: Grundlagen der Unternehmensführung

Alwine Mohnen
Sabrina Falk

„Management is doing things right; leadership is doing the right things."
(Peter F. Drucker 1909–2005)

7.1 Unternehmensführung – Definition, Instrumente und Funktionen

Lernziele:

Aneignen von Wissen (Kenntnissen) über die grundlegenden Aspekte der Unternehmensführung sowie die Gestaltung von Anreizsystemen; Verstehen (Erfassen und Erkennen) der Instrumente der Unternehmensführung; Erkennen der Unterschiede zwischen eigenschafts-, verhaltens- und situationsorientierten Führungsansätzen; Anwenden (Nutzen) des erlangten Wissens zur Bewertung führungstheoretischer Ansätze in Abhängigkeit von Situationen, Aufgaben und organisationalen Aspekten; Analyse (Erforschen) der Zusammenhänge zwischen Risikoteilung und Anreizsetzung; Synthese (Integrieren) von gewonnenen Erkenntnissen über die grundlegenden Instrumente der Unternehmensführung und der Gestaltung von Anreizsystemen; Bewertung (Evaluation) von monetären und nicht-monetären Instrumenten der Anreizsetzung.

Übersicht:

Im Modul 7 werden grundlegende Aspekte der Unternehmensführung dargestellt. Ein besonderer Fokus liegt dabei auf theoretischen Ansätzen der Unternehmens- und Personalführung und deren Bestandteilen Personalplanung und Personalführung (Abschnitt 7.2) sowie auf der Gestaltung von Anreizsystemen als Bestandteil der Unternehmensführung (Abschnitt 7.3). Abschnitt 7.1 soll zunächst einen Überblick über die Instrumente der Unternehmensführung geben, die in weiteren Modulen dieses Kapitels noch näher betrachtet werden. Weiterhin sollen zentrale Theorien zu den Funktionen der Unternehmensführung dargestellt werden.

7.1.1 Führungsbegriffe und Instrumente der Unternehmensführung

Sowohl in der Literatur, als auch in der Praxis ist das Verständnis des Begriffes „Führung" uneinheitlich und wird oft synonym mit weiteren Begriffen wie Management und Leadership verwendet. In der amerikanischen Fachliteratur wird dagegen eine differenziertere Betrachtungsweise zwischen den Begriffen „Management" (Unternehmensführung) und „Leadership" (Personalführung) vorgenommen (vgl. DuBrin [Leadership] 5). Während die Aufgaben der Unternehmensführung dabei die Planung, Steuerung und Kontrolle des gesamten Unternehmens umfassen (funktionales Führungsverständnis; z.B. Vertretung der Unternehmensperspektive, Weitergabe der Organisationsziele, effektive Zuordnung und Nutzung von Ressourcen), bezieht sich die Personalführung auf die Steuerung und Leitung einzelner Personen bzw. Personengruppen (institutionales Führungsverständnis) (vgl. Dillerup/Stoi [Unternehmensführung] 8). Der Fokus liegt dabei auf der Beeinflussung des Verhaltens einzelner Personen oder Teams und beinhaltet auch die Motivation und Mobilisierung der Mitarbeiter. Anzumerken ist jedoch, dass in der Praxis beide Begriffe nicht vollkommen voneinander zu trennen sind, da der Aufgabenbereich von Führungskräften oftmals beide Aspekte umfasst und Führungskräfte somit in der Lage sein müssen „zu Führen als auch zu Managen" (vgl. DuBrin [Leadership] 6).

Definition:

Unternehmensführung umfasst die Planung und Steuerung eines Unternehmens. Die **Personalplanung und Personalführung** beschreiben als Bestandteile der Unternehmensführung die Steuerung und Leitung von Personen oder Personengruppen.

Die Steuerung und Entwicklung eines Unternehmens erfolgt im Allgemeinen durch verschiedene Instrumente der Unternehmensführung. Darunter ist neben der Planung und Steuerung, dem Aufbau der Organisation sowie dem Personalmanagement auch die Gestaltung von Informationstechnologien in Unternehmen zu nennen.

Merksatz: Die **Instrumente der Unternehmensführung** umfassen die Bereiche Planung und Steuerung, Organisation, Personalplanung und Personalführung sowie Informationsmanagement des Unternehmens.

Die *Planung und Steuerung* von Unternehmen umfasst die Festlegung von Zielen, Maßnahmen der Zielerreichung, Vergleich der Ergebnisse mit Zielwerten und Identifikation von Abweichungen. Der Planungsprozess umfasst dabei auch die Identifikation von Chancen und Risiken, die bei der Konzeption von Maßnahmen zur Zielerreichung berücksichtigt werden müssen. Eine nähere Erläuterung der verschiedenen Aspekte der Planung und Steuerung von Unternehmen erfolgt in Modul 8. Die *Organisation* hat dagegen die Aufgabe, betriebliche Strukturen und Prozesse zu gestalten, die die Zielerreichung unterstützen, wie z.B. die Gestaltung von Arbeitsprozessen oder die Strukturierung des Unternehmens in Organisationseinheiten. Eine genaue Darstellung der Aufbau- und Ablauforganisation wird in Modul 9 vorgenommen. Die Unternehmensführung umfasst zudem neben der Umsetzung der Unternehmensziele durch eine strategische Unternehmensplanung als zentralen Aspekt auch den Bereich *Personal*. Als Bestandteile der Unternehmensführung werden die *Personalplanung* und *Personalführung* sowie die Gestaltung von Richtlinien und Prozessen des Personalmanagements zur Erreichung der Unternehmensziele dargestellt. Eine besondere Aufgabe der Personalplanung und Personalführung ist es, eine Zielkongruenz zwischen Mitarbeiterzielen und den Unternehmenszielen herzustellen. Dafür sind eine Reihe von Faktoren zu beachten, wie z.B. die Auswahl der richtigen Mitarbeiter, die Motivation der Mitarbeiter, eine adäquate Leistungsmessung sowie eine effiziente Anreizsetzung durch geeignete Belohnungssysteme. Grundlagen der Personalplanung und Personalführung werden in Modul 10 beschrieben. Um gute Führungsentscheidungen zu treffen, ist jedoch auch der Zugang zu Informationen ein zentrales Kriterium. Die Gestaltung des *Informationsmanagements* stellt daher einen wichtigen strategischen Faktor bei der Steuerung von Unternehmen dar, dem das Modul 11 gewidmet ist.

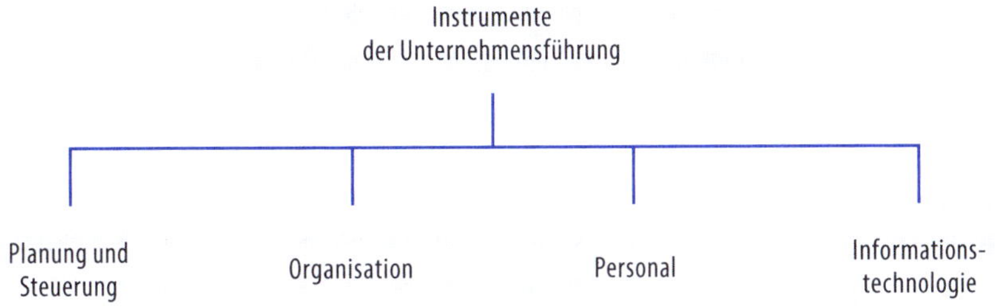

Abbildung 7.1: Instrumente der Unternehmensführung

7.1.2 Theoretische Ansätze der Unternehmensführung

Eine Vielzahl von theoretischen Ansätzen der Unternehmensführung hat sich näher mit der Frage beschäftigt, welche Funktionen die Führung eines Unternehmens umfasst. Zu den bekanntesten Ansätzen der Managementforschung zählen dabei die Arbeiten von *Frederick Winslow Taylor* (1856–1915) und *Henri Fayol* (1841–1925).

Fayol betrachtet dabei die Aufgaben, die das Management in Organisationen erfüllen muss. Er befasst sich insbesondere mit der Identifizierung notwendiger Funktionen in Organisationen sowie mit Möglichkeiten, das Unternehmen zu steuern. Der Fokus bei Fayol liegt auf der Bedeutung des einzelnen Managers und der Identifizierung verschiedener Funktionen des Managements (vgl. Martin [Management] 298): Vorschau, Planung, Organisation, Koordination, Leitung und Kontrolle. Insgesamt identifizierte Fayol 14 Managementprinzipien zur Unternehmensführung, die ein erfolgreiches Management bewirken sollen (siehe Abbildung 7.2).

Ein Kritikpunkt an Fayols Ansatz ist allerdings, dass arbeitsplatzbezogene und soziale Aspekte weitgehend vernachlässigt werden, diese jedoch einen entscheidenden Einfluss auf den Unternehmenserfolg haben können.

Während Fayol die Funktionen der Unternehmensführung im Allgemeinen betrachtet, befasst sich Taylor dagegen mit Anforderungen spezifischer Führungsaufgaben. Ausgangspunkt für Taylors Überlegungen war dabei die Annahme, dass der Mensch von sich aus nicht leistungswillig und nur durch monetäre Anreize zu motivieren ist. Grundlegende Charakteristika von Taylors Ansatz des Scientific Managements sind dabei die systematische Bewertung der Arbeit, Arbeitsteilung und die Standardisierung der Arbeitsvorgänge, um eine höhere Produktivität zu erzielen.

Fayol's 14 Managementprinzipien	
Autorität und Verantwortung	Entscheidungsbefugnisse und Verantwortung der Führungsperson.
Einheit der Auftragserteilung	Ein Mitarbeiter sollte Arbeitsaufträge nur von einem Vorgesetzten erhalten.
Arbeitsteilung	Höhere Spezialisierung und Effizienz durch Arbeitsteilung.
Disziplin	Die Mitarbeiter müssen bestehende Regeln befolgen. Bei Nichteinhaltung hat die Führungskraft entsprechende Maßnahmen und Sanktionen zu ergreifen.
Unterordnung der individuellen Interessen für die des Unternehmens	Die Interessen des Unternehmens sollten wichtiger sein als individuelle Interessen.
Gleichheit	Jeder Mitarbeiter des Unternehmens sollte, sofern möglich, gleich behandelt werden.
Skalarkette	Es sollte eine klare Regelung von Rangstufen und Wertung im Unternehmen geben.
Vergütung	Die Vergütung der Mitarbeiter sollte fair gestaltet sein.
Zentralisierung	Der Grad der Zentralisierung ist abhängig von den Gegebenheiten des Unternehmens.
Ordnung	Sowohl die materielle als auch die soziale Ordnung sind für die Effizienz des Unternehmens notwendig.
Esprit de Corps	Das Gemeinschaftsgefühl der Mitarbeiter sollte gestärkt werden, um sicher zu stellen, dass sich alle im Sinne der Unternehmensziele verhalten.
Initiative	Eine Führungskraft sollte die Mitarbeiter zu Initiative ermutigen.
Stabilität der Beschäftigung	Vermeidung von „hire and fire" und stattdessen versuchen langfristige Beschäftigsverhältnisse zu erreichen.
Einheit der Ausrichtung	Es sollte nur eine Unternehmensleitung und einen Plan für das Unternehmen geben, um eine klare Ausrichtung der Organisation sicher zu stellen.

Abbildung 7.2: Fayol's 14 Managementprinzipien (in Anlehnung an Martin [Management] 299)

Beispiel:

Angewandt wurden die Erkenntnisse von Taylor beispielsweise bei der Entwicklung der Fließbandproduktion von *Henry Ford*, die durch die Arbeitsteilung und Standardisierung der Arbeitsvorgänge charakterisiert ist (vgl. Dillerup/Stoi [Unternehmensführung] 12).

Als weitere, neuere theoretische Ansätze der Unternehmensführung sind die Überlegungen der Industrieökonomik, der ressourcenbasierte Ansatz und die neue Institutionenökonomie zu nennen, die im Folgenden näher betrachtet werden.

Ausgangspunkt der Industrieökonomik ist die Annahme, dass der Erfolg von Unternehmen durch die Interaktion mit anderen Marktteilnehmern sowie

Branchenmerkmalen wie z.B. der Größenstruktur, Anbieterkonzentration, Eintrittsbarrieren am Markt sowie der Wettbewerbsintensität beeinflusst wird (vgl. Dillerup/Stoi [Unternehmensführung] 14; Stigler [Organization]). Der Fokus der klassischen Industrieökonomik liegt dabei auf der Relevanz von Branchenmerkmalen während sich die neue Institutionenökonomie mit der Interaktion der Marktteilnehmer befasst. Im Gegensatz zum industrieökonomischen Ansatz, sieht der ressourcenbasierte Ansatz Effizienz- und Wettbewerbsvorteile von Unternehmen durch unterschiedliche, unternehmensspezifische Ressourcen bestimmt. Wettbewerbsvorteile ergeben sich dabei insbesondere, wenn diese Ressourcen einzigartig und wertstiftend sind (vgl. Dillerup/Stoi [Unternehmensführung]).

Einen weiteren Erklärungsansatz zur Existenz von Organisationen liefert zudem die neue Institutionenökonomie, die die vertraglichen Beziehungen zwischen Unternehmen und Akteuren auf einem Markt betrachtet. Eine grundlegende Verhaltensannahme ist dabei, dass sich Individuen begrenzt rational und opportunistisch verhalten und vor allem an der Realisierung ihrer eigenen Interessen und Ziele interessiert sind. Dabei ist es den Akteuren in erster Linie wichtig, ihren eigenen Nutzen zu maximieren. Die neue Institutionenökonomie ist jedoch nicht als eigene Theorie zu verstehen, sondern umfasst drei theoretische Ansätze, die sich mit den Beziehungen zwischen Unternehmen und Akteuren befassen (vgl. Dillerup/Stoi [Unternehmensführung] 20).

Der *Property-Rights-Ansatz* befasst sich mit der Gestaltung von Mitbestimmungs- und Verfügungsrechten an Ressourcen. Ein Aspekt des Property-Rights-Ansatzes ist dabei die Frage, unter welchen Bedingungen eine Übertragung der Verfügungsrechte auf die Unternehmensleitung sinnvoll ist. Die Zuweisung von Entscheidungskompetenzen ist dabei mit der Verteilung von Verfügungsrechten gleich zu setzen.

Der *Transaktionskostenansatz* betrachtet dagegen die mit der „Übertragung und Ausübung von Verfügungsrechten verbundenen Kosten" (vgl. Wunderer [Führung] 304). Unter Transaktion versteht man dabei die Weiterleitung von Gütern oder Rechten (vgl. Williamson [Capitalism] 1). Dabei entstehende Kosten der Transaktion können in Informationskosten, Kosten der Durchsetzung sowie Verhandlungs- und Entscheidungskosten eingeteilt werden. Informationskosten sind Kosten, die durch die Beschaffung und Verarbeitung von Informationen vor und nach Abschluss der Transaktion entstehen, wie z.B. die Suche nach einem geeigneten Vertragspartner oder die Überprüfung der Qualität von Produkten. Kosten der Durchsetzung fallen beispielsweise bei der Vereinbarung von Sanktionen oder durch Sanktionen bei der Nichterfüllung von Verträgen an, wie z.B. Gerichtskosten oder Anwaltskosten. Verhandlungs- und Entscheidungskosten entstehen vor allem bei der Beteiligung mehrerer Partner, z.B. durch bestehende Informationsasymmetrien zwischen den Vertragsparteien. Ziel ist es daher, durch institutionelle Regelungen die Kosten von Verträgen und Austauschbeziehungen zu reduzieren.

Mit asymmetrisch verteilten Informationen zwischen Vertragsparteien und einer unvollständigen vertraglichen Bindung befasst sich auch der *Prinzipal-Agenten-Ansatz*. Ein Ziel der Unternehmensführung ist es, dass sich die Mitarbeiter (Agenten) im Sinne des Unternehmens (Prinzipal) verhalten und die vertraglich vereinbarte Leistung erbringen. Aufgrund bestehender Informationsasymmetrien haben die Mitarbeiter jedoch bei der Erfüllung ihrer Arbeitsverträge Handlungsspielräume. Unter der Annahme, dass sich die Akteure eigennutzmaximierend verhalten, ist deshalb anzunehmen, dass die Mitarbeiter grundsätzlich dazu geneigt sind, Leistung vorzuenthalten. Durch institutionelle Rahmenbedingungen kann jedoch Anreizkompatibilität erreicht werden, d.h. dass für den Mitarbeiter Anreize gesetzt werden, die vertraglich vereinbarte Leistung auch tatsächlich zu erbringen (siehe auch Abschnitt 7.3.1).

7.2 Führungstheorien und -prinzipien

Übersicht:

Nachdem sich Abschnitt 7.1 mit allgemeinen Funktionen und Theorien der Unternehmensführung befasst hat, liegt der Schwerpunkt des Abschnitts 7.2 auf der Frage, welche Aspekte den Führungserfolg einer Führungsperson beeinflussen. Im Einzelnen wird dabei auf eigenschafts-, verhaltens- und –situationsorientierte Ansätze eingegangen sowie die Charakteristika transaktionalen und transformationalen Führungsverhaltens betrachtet. Weiterhin soll ein Überblick über die sogenannten „Management-by"-Ansätze gegeben werden.

7.2.1 Führungstheoretische Konzepte

Führungstheoretische Ansätze befassen sich mit der Frage, welche Faktoren den Führungserfolg beeinflussen und wie der Erfolg einer Führungskraft erhöht werden kann. Sowohl für die Praxis als auch für die Wissenschaft ist die Frage von großer Relevanz, durch welches Führungsverhalten oder durch welche Eigenschaften Führungskräfte ein bestimmtes Verhalten oder eine bestimmte Leistung ihrer Mitarbeiter erzielen können. Jedoch konnte bis heute noch kein allgemein akzeptiertes Konzept identifiziert werden, welche Faktoren für den Führungserfolg verantwortlich sind (vgl. Hungenberg/Wulf [Unternehmensführung] 358). Allerdings haben verschiedene Ansätze die Entwicklung von Führungstheorien besonders geprägt (siehe auch Bea/Friedl/Schweitzer [Betriebswirtschaftslehre] 24 ff.).

Definition:

Unter dem Begriff **Führungstheorie** ist ein theoretischer Ansatz zur Erklärung des Führungserfolgs zu verstehen.

Ausgangspunkt für die Entwicklung der Führungstheorien war Anfang des 20. Jahrhunderts die Überlegung, dass der Führungserfolg durch bestimmte Eigenschaften der Führungsperson beeinflusst wird (eigenschaftsorientierter Ansatz). Ein Großteil der Studien, die zwischen 1930 und 1950 entstanden sind, hatte dabei das Ziel, Charakteristika zu identifizieren, die einen relevanten Einfluss auf den Führungserfolg haben (vgl. House/Aditya [Leadership] 410). Dem eigenschaftsorientierten Ansatz folgte die verhaltensorientierte Führungsforschung (verhaltensorientierter Ansatz), die sich mit der Frage befasste, welche Verhaltensweisen der Führungsperson den Führungserfolg beeinflussen. Wie sollte sich also eine Führungskraft verhalten, um seine Mitarbeiter erfolgreich zu führen und ein gutes Ergebnis zu erzielen? Ein häufiger Kritikpunkt der eigenschafts- und verhaltensorientierten Ansätze bestand jedoch darin, dass die theoretischen Überlegungen die konkrete Situation, in der die Führungsperson agiert, unberücksichtigt lassen. Aus der Annahme, dass je nach Situation ein unterschiedlicher Führungsstil gewählt werden sollte, entstanden die situationsorientierten Ansätze, die situative Einflüsse stärker in den Vordergrund stellen.

Definition:
Unter dem **Führungsstil** ist das typische Verhalten einer Führungsperson gegenüber Mitarbeitern oder unterstellten Mitarbeiter-/Personengruppen zu verstehen.

In den letzten Jahren hat zudem die Unterscheidung zwischen transformationaler und transaktionaler Führung immer mehr an Bedeutung gewonnen. Während transformationale Führung dabei durch eine starke Einbeziehung der Mitarbeiter und Berücksichtigung von Mitarbeiterbedürfnissen gekennzeichnet ist, ist ein transaktionales Führungsverhalten eher aufgabenorientiert ausgerichtet. Im Folgenden sollen nun die einzelnen führungstheoretischen Ansätze näher betrachtet werden.

7.2.1.1 Eigenschaftsorientierter Ansatz

Im Mittelpunkt des eigenschaftsorientierten Ansatzes stehen die individuellen Eigenschaften und die Persönlichkeit der Führungsperson. Es wird dabei angenommen, dass der Führungserfolg von verschiedenen Eigenschaften wie zum Beispiel Intelligenz, Entscheidungsfreude oder Risikobereitschaft abhängig ist. Empirische Studien, die die Korrelation dieser Eigenschaften mit dem Führungserfolg untersucht haben, konnten allerdings nur wenige signifikante Zusammenhänge aufzeigen, sodass bisher keine kausalen Schlussfolgerungen zum Einfluss von Eigenschaften auf den Führungserfolg möglich sind.

Einer der häufigsten Kritikpunkte eigenschaftsorientierter Ansätze ist zudem die Annahme, dass die Eigenschaften einer Führungsperson über die Zeit und in unterschiedlichen Situationen immer gleichbleibend sind. Empirische Studien konnten allerdings zeigen, dass Eigenschaften einer Führungsperson je nach Situation einen unterschiedlich starken Einfluss aufweisen (vgl. House/Aditya [Leadership] 412). Es gibt zwar eine Reihe von Eigenschaften, die Führungspersonen häufiger besitzen als Nicht-Führungspersonen, wie z.B. eine hohe Intelligenz, Anpassungsfähigkeit und Leistungsmotivation. Jedoch kann der Einfluss dieser Eigenschaften auf den Führungserfolg je nach Situation variieren. Der Einfluss der Eigenschaften einer Führungsperson ist dabei umso größer, je eher es die Situation erlaubt, persönliche Eigenschaften zum Ausdruck zu bringen (vgl. House/Aditya [Leadership] 418).

Trotzdem findet sich der Grundgedanke des eigenschaftsorientierten Ansatzes in der Personalpraxis sehr häufig wieder. Insbesondere in der Personalauswahl wird oftmals ein großes Gewicht auf die Eigenschaften eines Bewerbers gelegt, beispielsweise bei der Auswahl von Nachwuchsführungskräften (z.B. Intelligenztests, Übungen in Assessment Centern, etc.). In der Personalauswahl wird zudem häufig auch versucht, Persönlichkeitseigenschaften der Bewerber zu ermitteln. Eines der bekanntesten Modelle ist dabei das „Big Five"-Modell von *McCrae und Costa* (vgl. McCrae/Costa [Personality]), wo zwischen fünf verschiedenen Persönlichkeitsdimensionen unterschieden wird: Extraversion,

Emotionale Stabilität, Verträglichkeit, Gewissenhaftigkeit und Offenheit für Erfahrungen. Obwohl empirische Studien Zusammenhänge zwischen einzelnen Persönlichkeitsdimensionen (Extraversion, Gewissenhaftigkeit und Offenheit für Erfahrungen) und Führungspersonen zeigen konnten (z.B. Judge/Bono/Ilies/Gerhardt [Personality] 773), wird das Modell im Allgemeinen jedoch nur als bedingt geeignet angesehen, um die Komplexität der Persönlichkeit abzubilden (vgl. Henze/Grad/Kammel/Lindert [Personalführungslehre] 175).

Merksatz: **Eigenschaftsorientierte Führungsansätze** befassen sich mit dem Zusammenhang zwischen Führungserfolg und den Eigenschaften der Führungsperson.

7.2.1.2 Verhaltensorientierter Ansatz

Der verhaltensorientierte Ansatz geht im Vergleich zum eigenschaftsorientierten Ansatz nicht nur davon aus, dass der Erfolg einer Führungsperson von individuellen Eigenschaften abhängt, sondern stellt die soziale Interaktion mit den Mitarbeitern in den Fokus der Betrachtungen. Ein wichtiges Kriterium für den Führungserfolg ist dabei der individuelle Führungsstil einer Person und die positive Reaktion der Mitarbeiter auf diesen Stil. In der Literatur gibt es eine Vielzahl von Ansätzen, in denen unterschiedliche Führungsstile beschrieben werden und in der Praxis lässt sich oft auch eine Kombination verschiedener Führungsstile beobachten.

Merksatz: **Verhaltensorientierte Führungsansätze** befassen sich mit dem Zusammenhang zwischen Führungserfolg und dem Verhalten einer Führungsperson.

7.2.1.2.1 Iowa-, Ohio- und Michigan-Studien

Ende der dreißiger Jahre führten Kurt Lewin, Ronald Lipitt und Ralph White an der Iowa University Elementary School Experimente mit Schülergruppen zur Wirkung unterschiedlicher Führungsstile durch (Iowa-Studien). Ziel war dabei, Unterschiede in der Produktivität der Schüler in Abhängigkeit unterschiedlicher Führungsstile zu untersuchen (vgl. Becker [Personalentwicklung] 350). Dabei wurde zwischen *„autoritärer"*, *„demokratischer"* und *„laissez-faire"* Führung unterschieden (siehe Abbildung 7.3)

Die Untersuchungen ergaben, dass der Führungserfolg sowohl bei einem autoritären als auch bei einem demokratischen Führungsstil deutlich größer war, als bei der Laissez-Faire-Führung. Zwischen dem demokratischen und autoritären Führungsstil zeigte sich beim Führungserfolg kein bedeutender Unterschied. Jedoch hatte ein demokratischer Führungsstil einen erheblich positiveren Einfluss auf die Arbeitsmotivation als ein autoritärer Führungsstil oder Laissez-Faire Führung (vgl. Becker [Personalentwicklung] 351).

Merksatz: Die **Iowa-Studien** unterscheiden beim Führungsverhalten zwischen einer autoritären, demokratischen und Laissez-Faire Führung, wobei die Laissez-Faire Führung zu einem geringeren Führungserfolg und einer geringeren Arbeitsmotivation als die anderen Führungsstile führt.

In den vierziger Jahren wurden an der Ohio State University ebenfalls Studien zur Beschreibung des Führungsverhaltens durchgeführt (Ohio-Studien). Im

Autoritärer Führungsstil Die Führungskraft gibt konkrete Ziele vor sowie Vorgaben zur Erreichung der Ziele. Der autoritäre Führungsstil ist durch konkrete Anweisungen und Kontrolle gekennzeichnet.
Demokratischer Führungsstil Die Führungskraft wird hier als ein Teil der Gruppe angesehen. Entscheidungen werden innerhalb der Gruppe zur Diskussion gestellt und Vorgehensweisen zur Erreichung der Ziele gemeinsam festgelegt. Der demokratische Führungsstil wird durch gemeinsame Zielvereinbarungen und Entscheidungen sowie eigenverantwortliches Arbeiten gekennzeichnet.
Laissez-Faire-Führung Die Führungskraft nimmt hier nur eine passive Rolle ein und überlässt der Gruppe vollständige Entscheidungsfreiheit.

Abbildung 7.3: Führungsstile der Iowa-Studien (vgl. Becker [Personalentwicklung] 351)

Gegensatz zu den Iowa Studien, wurde hier das Führungsverhalten jedoch nicht experimentell untersucht, sondern Mitarbeiter zum Führungsverhalten ihrer Vorgesetzten mit Hilfe des sogenannten Leaders Behavior Description Questionnaire (LBDQ) befragt. Die Unterschiede im Führungsverhalten konnten dabei in zwei Kategorien eingeteilt werden, Initiating Structure und Consideration (vgl. Becker [Personalentwicklung] 352). *Consideration* ist dabei durch gegenseitiges Vertrauen und Respekt charakterisiert. Dem Vorgesetzten ist das Wohlergehen seiner Mitarbeiter wichtig und er lässt die Mitarbeiter an Entscheidungen partizipieren (personenbezogenes Führungsverhalten). *Initiating Structure* beschreibt dagegen ein Führungsverhalten, bei dem der Vorgesetzte die Aktivitäten der Gruppe maßgeblich bestimmt und die Leistung seiner Mitarbeiter kontrolliert. Er teilt Aufgaben zu und legt Ziele und Vorgehensweisen zur Zielerreichung fest. Schwache Mitarbeiter versucht er zu mehr Leistung zu motivieren (aufgabenbezogenes Führungsverhalten). Da die Ohio-Studien dabei von zwei Verhaltenskategorien zur Beschreibung des Führungsverhaltens ausgehen, unterscheiden sie sich damit vom eindimensionalen Konzept der Iowa-Studien. Sie nehmen zudem nicht an, dass sich beide Verhaltenskategorien gegenseitig ausschließen, sondern gehen davon aus, dass ein Führungsstil auch Elemente beider Verhaltenskategorien beinhalten kann.

Merksatz: Die **Ohio-Studien** unterscheiden beim Führungsverhalten zwischen Consideration Structure (einem personenbezogenen Führungsverhalten) und Initiating Structure (einem aufgabenbezogenen Führungsverhalten), wobei das Führungsverhalten einer Führungsperson Aspekte beider Verhaltenskategorien aufweisen kann.

Damit unterscheiden sich die Ohio-Studien auch wesentlich von den Michigan-Studien, die fast zeitgleich an der University of Michigan durchgeführt wurden, um Zusammenhänge zwischen Führungsverhalten und der Leistung einer Gruppe zu untersuchen. Das Führungsverhalten konnte dabei in zwei Dimensionen klassifiziert werden: *Production centered* (produktionszentriertes Führungsverhalten) und *employee centered* (mitarbeiterzentriertes Führungsverhalten) (vgl. Kahn [Productivity] 278). Für den mitarbeiterzentrierten Führungsstil sind dabei die zwischenmenschlichen Beziehungen von großer Bedeutung. Die Führungskraft hat ein Interesse an den Bedürfnissen, Zielen und der Entwicklung der Mitarbeiter und unterstützt die Mitarbeiter dabei (vgl. Hentze/Graf/Kammel/Lindert [Personalführungslehre] 216 f.). Produktionszentriertes Führungsverhalten weist dagegen eine starke Aufgaben- und Leistungsorientierung auf. Welches Führungsverhalten effektiver ist, hängt dabei von der jeweiligen Zielsetzung ab. Bei kurzfristigen Zielen ist zu erwarten, dass ein produktionszentriertes Führungsverhalten erfolgreicher ist, während für die Erreichung langfristiger Ziele ein mitarbeiterzentriertes Führungsverhalten eingesetzt werden sollte (vgl. Hentze/Graf/Kammel/Lindert [Personalführungslehre] 217).

Merksatz: Die **Michigan-Studien** nehmen eine Klassifizierung des Führungsverhaltens in Employee Centered (mitarbeiterzentriertes Führungsverhalten) und Production Centered (produktionszentriertes Führungsverhalten) vor, wobei letzteres insbesondere bei einer kurzfristigen Zielsetzung zu empfehlen ist, bei einer langfristigen Zielsetzung jedoch ein stärker mitarbeiterzentriertes Führungsverhalten angewandt werden sollte.

Iowa-Studien – Autoritärer Führungsstil – Demokratischer Führungsstil – Laissez-faire Führung
Ohio-Studien – Initiating Structure (Aufgabenbezogenes Führungsverhalten) – Consideration (Personenbezogenes Führungsverhalten)
Michigan-Studien – Production Centered (produktionszentriertes Führungsverhalten) – Employee Centered (mitarbeiterbezogenes Führungsverhalten

Abbildung 7.4: Übersicht über die in den Iowa-, Ohio- und Michigan-Studien identifizierten Führungsstile

7.2.1.2.2 Kontinuum von Tannenbaum und Schmidt

Eine der bekanntesten Theorien der verhaltensorientierten Ansätze ist das Kontinuum von Tannenbaum und Schmidt, welches das Verhältnis zwischen der Autorität des Vorgesetzten und der Entscheidungsfreiheit der Mitarbeiter beschreibt. Tannenbaum und Schmidt teilen das Führungsverhalten dabei in sieben Führungsstile ein (siehe Abbildung 7.5). Im linken Extrem ist der Führungsstil durch einen großen Entscheidungsspielraum des Vorgesetzten und wenig bis gar keiner Entscheidungsfreiheit der Mitarbeiter gekennzeichnet. Im Mittelpunkt steht die Sichtweise des Vorgesetzten und welche Aspekte er als wichtig erachtet ((vgl. Tannenbaum/Schmidt [Leadership] 6)). Je weiter rechts man sich auf dem Kontinuum befindet, umso mehr treten auch die Ansichten und Meinungen der Mitarbeiter in den Vordergrund, der Entscheidungsspielraum der Mitarbeiter nimmt zu. Die Frage, welcher Führungsstil angewandt werden sollte, hängt dabei wesentlich von der Situation, der Organisation, den Charakteristika der Mitarbeiter (z.B. Bedürfnis für Unabhängigkeit, Interesse am Problem, fachliche Kompetenz, Verständnis für Unternehmensziele) sowie den Charakteristika der Führungskraft (z. B. Wertesystem, Vertrauen in die Mitarbeiter, Führungsqualitäten, Bedürfnis an Sicherheit) ab (vgl. Tannenbaum/Schmidt [Leadership] 6 ff.).

Zusammenfassend lassen sich die verschiedenen Führungsstile in vier Kategorien zusammenfassen:

- *Tells:* Vorgesetzter entscheidet und teilt Mitarbeitern seine Entscheidung mit.
- *Sells:* Vorgesetzter entscheidet, aber „verkauft" seine Entscheidung an den Mitarbeiter, indem er seine Entscheidung erklärt und begründet.
- *Consults:* Mitarbeiter machen Vorschläge zur Lösung des Problems, der Vorgesetzte entscheidet.
- *Joins:* Der Vorgesetzte gibt Rahmenbedingungen vor, die Mitarbeiter entscheiden.

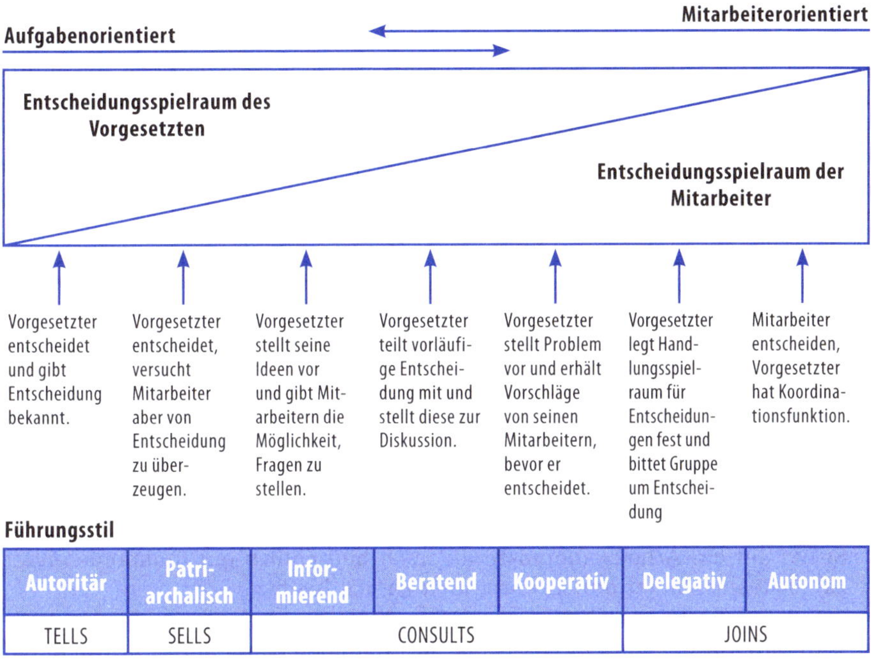

Abbildung 7.5: Kontinuum von Tannenbaum und Schmidt (in Anlehnung an Tannenbaum/Schmidt [Leadership] und Becker [Personalentwicklung])

Ein Kritikpunkt an dem Ansatz von Tannenbaum und Schmidt besteht allerdings darin, dass das Modell nur den Entscheidungsspielraum berücksichtigt, weitere Aspekte des Führungsverhaltens sowie situative Aspekte jedoch außer Acht lässt (vgl. Hentze/Graf/Kammel/Lindert [Personalführungslehre] 244). Insbesondere der Einfluss der Situation auf das Führungsverhalten konnte in mehreren empirischen Studien bereits gezeigt werden, sodass das Modell von Tannenbaum und Schmidt, trotz seiner guten Verständlichkeit, für die Ausrichtung des Führungsverhaltens nur bedingt geeignet ist.

Merksatz: Das **Kontinuum von Tannenbaum und Schmidt** beschreibt das Verhältnis der Entscheidungsspielräume von Mitarbeitern und Führungskraft, woraus vier Kategorien von Führungsstilen abgeleitet werden können: Tells, Sells, Consults, Joins.

7.2.1.2.3 Managerial Grid von Blake und Mouton

Das Verhaltensgitter der Führung von Blake und Mouton basiert auf der Annahme, dass Unterschiede im Führungsverhalten durch eine unterschiedliche Aufgaben- und Mitarbeiterorientierung der Führungskraft bedingt sind. Beide Dimensionen werden dabei als unabhängig voneinander betrachtet, sodass ein erfolgreiches Führungsverhalten Aspekte beider Dimensionen beinhalten kann. Aufgaben- und Mitarbeiterorientierung werden dabei jeweils in neun Stufen unterteilt, sodass sich insgesamt Kombinationsmöglichkeiten für 81 Verhaltensweisen ergeben (vgl. Dillerup/Stoi [Unternehmensführung] 646). Aufgabenorientierung bezeichnet dabei die Intensität, mit der ein Vorgesetzter die Erfüllung der Aufgaben und Ziele verfolgt, während Mitarbeiterorientierung die Erfüllung von persönlichen Ansprüchen und Bedürfnissen der Mitarbeiter beschreibt. Auf fünf Führungsstile/Kombinationsmöglichkeiten gehen Blake und Mouton dabei detailliert ein (vgl. Blake/Mouton [Grid] 31; Martin [Management] 354; Becker [Personalentwicklung] 355f.):

- *1-1 Führungsstil (Impoverished Management):* Vorgesetzter hat nur geringes Interesse für Mitarbeiter und Aufgaben. Er bringt nur die minimal erforderliche Leistung. Führungsstil ähnelt Laissez-Faire Führung.
- *1-9 Führungsstil (Country Club Management):* Der Fokus dieses Führungsstils liegt auf den Mitarbeiterbedürfnissen, aufgabenbezogene Aspekte und Ergebnisse werden dagegen vernachlässigt. Der Führungskraft ist eine gute Arbeitsatmosphäre wichtig, Konflikte sollen vermieden werden.
- *5-5 Führungsstil (Middle of the Road Management):* Bei diesem Führungsstil werden beide Dimensionen berücksichtigt und die Führungskraft versucht, jeden Mitarbeiter zufrieden zu stellen. Da jedoch auf beiden Dimensionen ein Kompromiss angestrebt wird, ist zu erwarten, dass dieser Stil sowohl in Bezug auf die Arbeitsergebnisse als auch hinsichtlich gut funktionierender Arbeitsteams, hinter den Erwartungen zurück bleibt.
- *9-1 Führungsstil (Authority-Compliance Management):* Dieser Führungsstil wird durch einen starken Fokus auf die Aufgaben charakterisiert, wobei die Mitarbeiterbedürfnisse jedoch vernachlässigt werden. Das Erreichen der Ziele steht im Vordergrund. Der Vorgesetzte konzentriert sich auf die Planung, Leitung und Kontrolle sowie Aufgabenausführung der Mitarbeiter.
- *9-9 Führungsstil (Teammanagement):* Bei diesem Führungsstil sind sowohl die Arbeitsatmosphäre im Team, als auch das Erfüllen der Ziele wichtig. Dies ist jedoch nur dann möglich, wenn eine Zielkongruenz zwischen den Zielen des Unternehmens und der Mitarbeiter besteht. Die Mitarbeiter sind engagiert und tragen so zur gemeinsamen Erreichung der betrieblichen Ziele bei.

Als optimal wird der 9-9 Führungsstil angesehen, da hier durch die hohe Leistungs- und Mitarbeiterorientierung gute Ergebnisse unter Berücksichtigung der Mitarbeiterbedürfnisse erzielt werden. Allerdings wird auch beim Managerial Grid von Blake und Mouton wieder die konkrete Führungssitua-

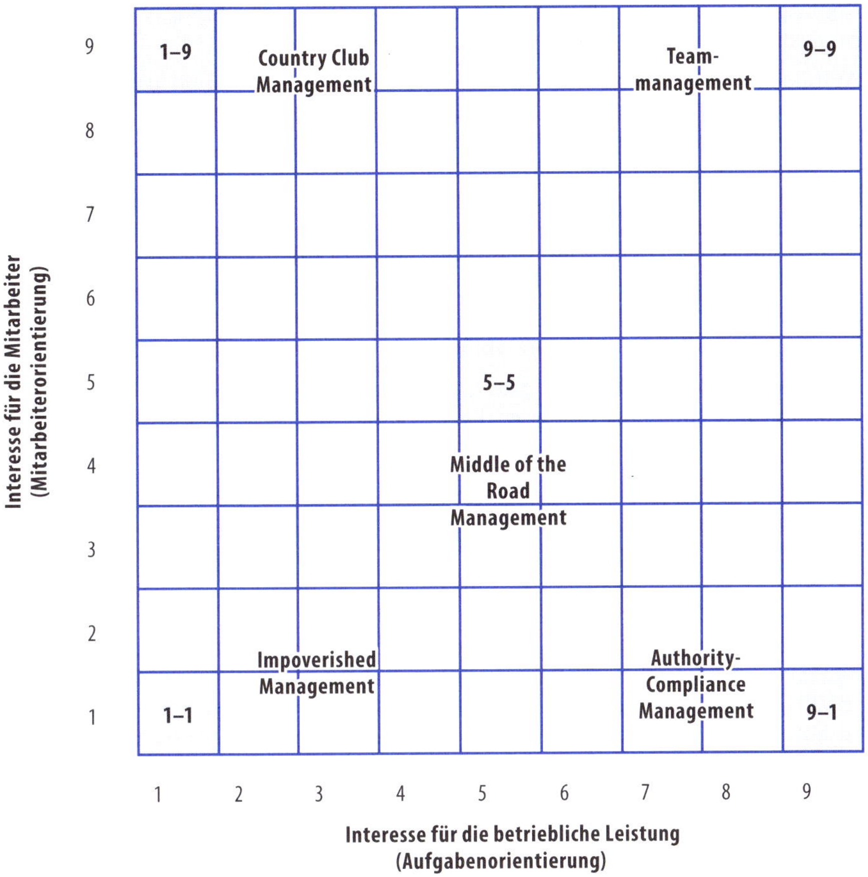

Abbildung 7.6: Managerial Grid von Blake und Mouton (in Anlehnung an Blake/Mouton [Grid])

tion unberücksichtigt gelassen und darüber hinaus auch der starke Fokus auf die Position der Führungskraft als kritisch erachtet (vgl. Becker [Personalentwicklung] 356).

Merksatz: Das Managerial Grid beschreibt die Kombinationsmöglichkeiten von Aufgaben- und Mitarbeiterorientierung für das Verhalten von Führungskräften.

7.2.1.3 Situationsorientierter Ansatz

Ein zentraler Aspekt des situativen Ansatzes ist der Gedanke, dass der Führungserfolg nicht nur von den Eigenschaften einer Führungsperson und deren Interaktion mit Mitarbeitern und anderen Personen des Unternehmens abhängt, sondern auch von bestimmten Führungssituationen. Führungspersonen zeigen somit je nach Führungssituation unterschiedliche Verhaltensweisen, die den Führungserfolg beeinflussen. Zu den bekanntesten theoretischen Ansätzen zählen dabei das Reifegradmodell von Hersey und Blanchard sowie die

Kontingenztheorie von Fiedler, die die unterschiedliche Effektivität von Führungsstilen in verschiedenen Situationen beschreiben.

Aufbauend auf dem Managerial Grid von Blake und Mouton und den Ohio-Studien, haben Hersey und Blanchard eine situative Führungstheorie formuliert, die zusätzlich zu Aufgaben- und Mitarbeiterorientierung auch noch den Reifegrad der Mitarbeiter berücksichtigt. Der Reifegrad beschreibt dabei die Fähigkeiten und die Leistungsbereitschaft eines Mitarbeiters (Wissen, Fähigkeiten des Mitarbeiters zur Aufgabenerfüllung, Erfahrungen, psychologische Reife) (vgl. Dillerup/Stoi [Unternehmensführung] 646; Becker [Personalentwicklung] 362). Dagegen nimmt Fiedler in seinem Kontingenzmodell der Führung an, dass gute Führung von einer Reihe von Faktoren abhängt, insbesondere von dem Verhalten der Führungskraft und der jeweiligen Führungssituation.

In Modul 10 werden beide Führungstheorien im Rahmen der Modelle der Personalführung nochmals umfassend dargestellt, sodass an dieser Stelle auf das Modul zum Thema Personalplanung und Personalführung verwiesen wird.

Merksatz: **Situationsorientierte Führungsansätze** gehen davon aus, dass je nach Führungssituation ein unterschiedliches Führungsverhalten gezeigt werden sollte.

7.2.1.4 Transformationale versus transaktionale Führung

Ein neuerer Ansatz zum Führungsverhalten ist die Unterscheidung zwischen transaktionaler und transformationaler Führung. Ursprünglich von Burns (1978) entwickelt, wurde die Unterteilung zwischen diesen beiden Führungsverhalten von einer Vielzahl von Forschern aufgegriffen. Hervorzuheben ist dabei, dass sich beide Führungsarten nicht gegenseitig ausschließen, sondern aufeinander aufbauen. Je nach Situation ist dabei ein anderes Führungsverhalten sinnvoll (vgl. Martin [Management] 362; Hungenberg/Wulf [Unternehmensführung] 382). Grundlage der transaktionalen Führung sind dabei Austauschprozesse zwischen der Führungskraft und den Mitarbeitern. Die Führungskraft versucht den Mitarbeitern durch Belohnungen Anreize zu setzen, damit diese eine hohe Leistung erbringen. Eine Belohnung erfolgt jedoch nur, wenn der Mitarbeiter die zuvor vereinbarten Ziele erfüllt hat. Das Belohnungsverhalten der Führungskraft ist daher stark leistungsabhängig. Transaktionale Führung ist somit aufgabenorientiert und auf die Leistungserfüllung, Leistungskontrolle sowie Prozesssteuerung ausgerichtet. Damit ist transaktionales Führungsverhalten insbesondere für Routineaufgaben geeignet (vgl. Becker [Personalentwicklung] 375; Hungenberg/Wulf [Unternehmensführung] 383).

Bass (1990) hat weiterhin verschiedene Charakteristika transaktionaler Führung näher untersucht. Bei transaktionaler Führung unterscheidet er dabei zwischen vier Faktoren, die dieses Führungsverhalten charakterisieren: Contingent Reward, Management by Exception (aktiv), Management by Exception (passiv) und Laissez Faire (siehe Abbildung 7.7).

Im Gegensatz zur transaktionalen Führung, zielt die Führungskraft bei der transformationalen Führung auf die Vermittlung von Visionen ab und legt Wert darauf, die Mitarbeiter einzubeziehen sowie mit gutem Beispiel voran zu gehen. Die Einstellungen und Vorstellungen der Mitarbeiter sollen positiv beeinflusst werden und die Mitarbeiter zu eigenständigem Denken und Problemlösungen angeregt werden (vgl. Hungenberg/Wulf [Unternehmensführung] 383). Durch die stärkere emotionale Ausrichtung soll das Verhalten der Mitarbeiter dahingehend beeinflusst werden, dass neben einer hohen Leistungsbereitschaft und Arbeitszufriedenheit auch neuartige Ideen entwickelt werden. Transformationales Führungsverhalten wird nach Bass (1990) dabei insbesondere durch Charisma, Inspiration, Intellectual Stimulation und Individual Consideration charakterisiert (siehe Abbildung 7.7). Besonders geeignet ist ein transformationales Führungsverhalten daher insbesondere während Innovations- und Veränderungsprozessen, da neuartige Lösungsansätze und Herangehensweisen an Probleme identifiziert werden können (vgl. Becker [Personalentwicklung] 375).

Transaktionales Führungsverhalten
Contingent Reward Anreizsetzung durch Belohnung bei Leistungserbringung, Anerkennung der Leistung der Mitarbeiter durch Belohnung. **Management by Exception (aktiv)** Beobachtung und Kontrolle der Arbeitsabläufe der Mitarbeiter und Eingreifen der Führungskraft bei Problemen und Fehlern. **Management by Exception (passiv)** Führungskraft greift nur bei Problemen und Fehlern ein. **Laissez Faire** Führungskraft lehnt die Übernahme von Verantwortung sowie das Treffen von Entscheidungen weitgehend ab. Mitarbeiter treffen Entscheidungen eigenständig.
Transformationales Führungsverhalten
Charisma Vorbildfunktion, Vermittlung von Visionen sowie Vertrauen, Respekt und Anerkennung der Mitarbeiter für die Führungskraft. **Inspiration** Motivation der Mitarbeiter, indem Führungskraft die Bedeutung der Zielerreichung betont. **Intellectual Stimulation** Führungskraft regt Mitarbeiter zu eigenständigem Denken und neuen, kreativen Problemlösungen an. **Individual Consideration** Berücksichtigung der Mitarbeiterbedürfnisse, individuelle Betreuung und Weiterentwicklung der Mitarbeiter.

Abbildung 7.7: Charakteristika von transaktionalem und transformationalem Führungsverhalten (vgl. Bass/Avolio/Atwater [Leadership] 10; Martin [Management] 363; Becker [Personalentwicklung] 362)

Der positive Einfluss transformationaler Führung auf die Anstrengung, Leistung und Arbeitszufriedenheit der Mitarbeiter wurde bereits in einer Vielzahl von empirischen Studien nachgewiesen (vgl. Bass/Avolio/Atwater [Leadership] 10).

Da transformationale Führung jedoch auf transaktionaler aufbaut, müssen zunächst allerdings die Aufgaben und Ziele klar an die Mitarbeiter kommuniziert werden. Erst wenn diesbezüglich Klarheit besteht, kann die Führungskraft durch die Vermittlung von Visionen und Begeisterung für die Aufgaben das Verhalten der Mitarbeiter weiter positiv beeinflussen.

Merksatz: **Transformationale Führung** beschreibt ein Führungsverhalten, welches durch die Berücksichtigung von Mitarbeiterinteressen, die Vermittlung von Visionen und Vertrauen gekennzeichnet ist, während **transaktionale Führung** aufgabenorientiert und auf Leistungserfüllung ausgerichtet ist.

Beispiel aus der Unternehmenspraxis: Deutsche Bahn AG

Auch in der Unternehmenspraxis findet das transformationale Führungsverständnis Beachtung, wie folgender Auszug aus dem Geschäftsbericht 2013 des DB-Konzerns zeigt. *„Der DB-Konzern arbeitet seit dem Jahr 2012 an der Entwicklung eines gemeinsamen Führungsverständnisses, das transformationale Führungselemente stärker betont. Deren werte- und sinnbasierende Ausrichtung spielt im Rahmen von Auswahlprozessen und Bewertungsentscheidungen von Führungskräften eine wichtige Rolle."* (Deutsche Bahn AG [Geschäftsbericht] 131)

7.2.2 Führungsprinzipien

Unter Führungsprinzipien sind insbesondere die sogenannten „Management-by"-Ansätze zu verstehen, die als „Gestaltungsregeln für die Personalführung" (Dillerup/Stoi [Unternehmensführung] 652) dienen und eine Orientierung und Verhaltensrichtlinie für Führungskräfte in der Unternehmenspraxis bieten sollen. Da es mittlerweile eine Vielzahl von Management-by-Ansätzen gibt, wird im Folgenden nur auf die bekanntesten Konzepte eingegangen.

Management by Objectives (Führung durch Zielvereinbarungen) gehört zu den bekanntesten Ansätzen, da diese Führungstechnik auch in der Unternehmenspraxis vielfach Anwendung findet. Führung erfolgt hier anhand von Zielvereinbarungen, die von der Führungskraft gemeinsam mit dem Mitarbeiter erarbeitet werden. Die gemeinschaftliche Erarbeitung der Ziele ist dabei eine wesentliche Voraussetzung dafür, dass der Mitarbeiter die Ziele akzeptiert und sich dahingehend anstrengt (Bea/Schweitzer [Betriebswirtschaftslehre] 32). Weiterhin ist es für die Motivation der Mitarbeiter von Bedeutung, dass die Ziele erreichbar (d.h. nicht zu schwer, jedoch auch nicht zu leicht) und objektiv messbar sind. Da oftmals auch eine leistungsabhängige Vergütung mit der Zielerreichung verknüpft ist, sollte zudem sicher gestellt sein, dass der Mitarbeiter die Zielerreichung beeinflussen kann und Leistungen dem Mitarbeiter auch direkt zugeordnet werden können (vgl. Dillerup/Stoi [Unternehmensführung] 652). Dafür ist es auch erforderlich, dass die Führungskraft dem Mitarbeiter die Kriterien der Leistungsbeurteilung klar kommuniziert.

Nach Festlegung der Ziele verfügt der Mitarbeiter über einen umfassenden Handlungsspielraum hinsichtlich der Erreichung der Ziele. Nach Abschluss der Evaluationsperiode, in der Unternehmenspraxis meistens ein Jahr, erfolgt die Kontrolle der Zielerreichung durch die Führungskraft ebenfalls wieder gemeinsam mit dem Mitarbeiter. Im Rahmen eines Beurteilungsgespräches sollen dabei die Leistungen des Mitarbeiters und aufgetretene Schwierigkeiten identifiziert und Weiterentwicklungsmöglichkeiten für den Mitarbeiter vereinbart werden (vgl. Hungenberg/Wulf [Unternehmensführung] 388).

Ein wesentlicher Vorteil des Management-by-Objectives-Ansatzes liegt in der erhöhten Leistungsmotivation, Eigeninitiative und Verantwortungsbereitschaft der Mitarbeiter (vgl. Thommen/Achleitner [Betriebswirtschaftslehre] 917). Eine objektive Leistungsmessung kann zudem durch variable Vergütungsbestandteile eine leistungsabhängige Entlohnung ermöglichen (vgl. Dillerup/Stoi [Unternehmensführung] 652). Schwierigkeiten können allerdings entstehen, wenn eine objektive und individuell zurechenbare Leistungsmessung nicht möglich ist. Wenn bei der Tätigkeit zudem eher qualitative Aspekte wichtig sind, kann durch die Fokussierung auf quantitative Messgrößen im Rahmen der Zielvereinbarungen (durch die Konzentration auf messbare Größen), die Arbeitsqualität negativ beeinflusst werden. Somit ist die Führung durch Zielvereinbarungen nicht für alle Aufgaben und Mitarbeiter gleichermaßen geeignet.

Beispiel aus der Unternehmenspraxis: ProSiebenSat.1 Group

Die ProSiebenSat.1 Group setzt Management by Objectives als ein Instrument zur Mitarbeiterführung ein. Die genaue Umsetzung des Führungsprinzips im Unternehmen ist dabei wie folgt: *„Basis ist ein Zielesystem, das die übergeordneten Unternehmensziele für Mitarbeiter und Führungskräfte konkretisiert, indem es diese systematisch auf Bereichs-, Abteilungs- sowie Individualziele herunterbricht. In Jahresgesprächen definieren die Mitarbeiter mit ihren Vorgesetzten ihre persönlichen Ziele für das Geschäftsjahr, die nicht nur eine klare Zielsetzung vorgeben, sondern gleichzeitig zur Motivation beitragen sollen. Das Zielesystem ist an ein leistungsabhängiges Bonusmodell gekoppelt, das den individuellen Zielerreichungsgrad honoriert."* (ProSiebenSat.1 Group [Geschäftsbericht] 101)

Bei einer Führung durch Management by Exception (Führung durch Abweichungskontrolle) räumt die Führungskraft dem Mitarbeiter Handlungs- und Entscheidungsspielräume ein, in deren Grenzen der Mitarbeiter für die Aufgabenerfüllung relevante Entscheidungen trifft. Der Mitarbeiter arbeitet somit weitgehend selbstständig und entlastet dadurch die Führungskraft vor allem bei Routineaufgaben (vgl. Hungenberg/Wulf [Unternehmensführung] 386). Erst wenn Ausnahmefälle, Probleme oder unerwartete Ereignisse auftauchen, greift die Führungskraft in den Entscheidungsprozess ein. Die Führungskraft wird somit nur bei Problemen oder unerwarteten Ereignissen tätig, worin auch ein Nachteil des Konzeptes besteht, da sich die Führungsaufgabe dadurch nur auf solche Situationen beschränkt. Da die Bewertung als „Ausnahmefall" zudem meistens durch den Mitarbeiter erfolgt, können Schwierigkeiten weiterhin auch durch eine Fehleinschätzung (Unter-, insbesondere jedoch Überschätzung von Gefahren) der Situation bzw. des Ausnahmefalls entstehen.

Ein mit dem Management by Exception verwandtes Konzept ist Management by Delegation (Führung durch Aufgabenübertragung). Bei der Führung durch Aufgabenübertragung delegiert die Führungskraft Aufgabenbereiche an seine Mitarbeiter bzw. untergeordnete Hierarchieebenen, die dadurch Handlungsverantwortung für diese Aufgaben erlangen und innerhalb ihres Aufgabenbereiches selbstständig handeln und entscheiden können (vgl. Dillerup/Stoi [Unternehmensführung] 652). Durch diese Aufgabenübertragung kann die Eigeninitiative, die Verantwortungsbereitschaft und die Leistungsmotivation der Mitarbeiter erhöht werden. Allerdings werden Entscheidungen auch weitestgehend allein, ohne Einbezug der Führungskraft, getroffen. Eine Delegation von uninteressanten Aufgaben kann zudem zu einer Demotivation der Mitarbeiter führen.

Der Fokus des Management-by-Results-Ansatzes (Führung durch Ergebnisüberwachung) liegt in erster Linie auf den erzielten Ergebnissen, wie z.B. Produktions- und Umsatzzahlen. Dem Mitarbeiter werden von der Führungskraft oder der Führungsebene des Unternehmens Ergebnisziele vorgegeben, die zu erfüllen sind. Es gibt klare Zielvorgaben und Überprüfungen der erreichten Ergebnisse (vgl. Hungenberg/Wulf [Unternehmensführung] 385). Durch die starke Ergebnisorientierung sollen die Mitarbeiter zu einer höheren Leistung motiviert werden. Allerdings besteht hier auch die Gefahr einer Demotivation der Mitarbeiter, wenn die Zielvorgaben nicht erreichbar oder unrealistisch sind.

7.3 Gestaltung von Anreizsystemen als Bestandteil der Unternehmensführung

Übersicht:

Nachdem sich die bisherigen Abschnitte mit der Definition des Begriffes Unternehmensführung sowie theoretischen Ansätzen der Personal- und Unternehmensführung befasst haben, liegt der Fokus des Abschnitts 7.3 auf der Frage, wie Anreizverträge in Unternehmen gestaltet werden können, damit sich die Mitarbeiter im Sinne des Unternehmens verhalten.

7.3.1 Monetäre Anreize

Als allgemeine Zielsetzung von Unternehmen ist die Maximierung des Unternehmenswertes anzusehen. Aber wie kann diese Zielsetzung in die Handlungen und Entscheidungen der Mitarbeiter des Unternehmens implementiert werden? Die Standardökonomie stellt die Beantwortung dieser Frage auf eine abstrakte Ebene und spricht von Individuen mit individuellen Präferenzen, welche in Nutzenfunktionen abgebildet werden.

Gemäß den Annahmen der neuen Institutionenökonomie, die im Abschnitt 7.1.2. beschrieben wurden, wird angenommen, dass Individuen eigennutzorientiert agieren und daher grundsätzlich geneigt sind, sich nicht im Sinne des Unternehmens anzustrengen und Leistung vorzuenthalten. Hierbei wird im Standardansatz von sozialen Präferenzen abstrahiert, sodass lediglich die Faktoren, die dem eigenen Nutzen direkt zugeordnet werden können als nutzenstiftend eingestuft werden (siehe auch Abschnitt 7.3.3).

Bei der Trennung von Eigentum und Management decken sich die Ziele der Mitarbeiter (Agent) dabei nicht unbedingt mit den Zielen des Unternehmens (Prinzipal), sodass die Steuerung der Entscheidungen eine Kernaufgabe der Unternehmensführung darstellt.

Das Problem besteht darin, dass die Anstrengung des Agenten vom Prinzipal im Allgemeinen nicht beobachtet werden kann. Es besteht somit eine Informationsasymmetrie zwischen beiden Parteien, bei der der Agent mehr Informationen über seine tatsächliche Arbeitsanstrengung besitzt als der Prinzipal. Weiterhin ist die Leistung des Agenten in der Regel nicht nur von dessen Anstrengungsniveau, sondern auch von externen Zufallseinflüssen wie z.B. der Konjunkturlage, Wechselkursentwicklungen oder der Wetterlage abhängig, sodass aus der Leistung des Agenten, welche der Prinzipal beobachten kann, nicht direkt auf dessen Arbeitseinsatz geschlossen werden kann. Diese Kombination aus nicht beobachtbarer Handlung (hidden action) und einem Ergebnis, das von einer Zufallsvariablen abhängig ist, führt dazu, dass der Agent diese Situation ausnutzen kann, indem er sich opportunistisch verhält. Solch eine Situation wird als Moral Hazard Problem bezeichnet. Das heißt, die Handlungen des Agenten dienen in erster Linie der Maximierung seines eigenen Nutzens. Allerdings beeinflussen seine Handlungen auch den Nutzen des Prinzipals und sind für diesen in der Regel nicht die beste Handlungsalternative.

Definition:

Ein **Moral Hazard** Problem besteht, wenn der Agent nach Vertragsabschluss Handlungen wählen kann, die den Nutzen des Prinzipals beeinflussen, vom Prinzipal jedoch nicht direkt beobachtbar sind.

In einer solchen Situation, die menschliches Verhalten sicherlich nur vereinfacht abbildet, sollte der (schlechter informierte) Prinzipal daher mit der Möglichkeit rechnen, dass sich der (besser informierte) Agent opportunistisch verhält. Durch vertragliche Vereinbarungen, in denen der Prinzipal eine leistungsabhängige Vergütung des Agenten festlegt und diesen damit am Erfolg beteiligt, kann dieses Problem jedoch reduziert werden.

Der Gestaltung von Vergütungssystemen kommt daher im Rahmen der Unternehmensführung eine zentrale Bedeutung zu, da diese die Leistung der Mitarbeiter und damit den Erfolg einer Unternehmung stark beeinflussen kann (einige Beispiele, wie die Vergütung in Unternehmen gestaltet wird, sind in Abbildung 7.8 dargestellt). Für Unternehmen ist es folglich von zentraler Bedeutung, den Mitarbeitern Leistungsanreize zu setzen, um Anreizkompatibilität herzustellen und damit den individuellen Erfolg sowie den Erfolg des Unternehmens zu steigern (basierend auf diesem Modul, erfolgt in Modul 10 eine umfassendere Betrachtung von Anreizsystemen sowie konkreter Fragen, die unter Anreizkompatibilität addressiert werden).

Definition:

Anreizkompatibilität bedeutet, dass für den Vertragspartner Anreize bestehen müssen, die vereinbarte Leistung tatsächlich zu erbringen.

Ein wesentlicher Aspekt ist dabei die vom Vergütungssystem ausgehende Anreizwirkung für die Mitarbeiter, denn eine höhere Motivation wirkt sich positiv auf den persönlichen Arbeitseinsatz aus und reduziert damit das Moral Hazard Problem.

adidas Group *„Das Vergütungssystem ist darauf ausgerichtet, einen Anreiz für eine erfolgreiche, nachhaltig wertorientierte Unternehmensentwicklung und -führung zu schaffen. (...) Besondere Leistungen sollen angemessen honoriert werden, Zielverfehlungen zur Verringerung der Gesamtvergütung führen. Hierdurch soll die Angemessenheit der Vergütung gewährleistet werden."* (adidas Group [Geschäftsbericht] 53)
Axel Springer SE *„Die Vergütung unserer Mitarbeiter bis hin zur obersten Führungsebene besteht aus einem fixen und – für berechtigte Mitarbeiter zusätzlich – aus einem variablen Anteil. Axel Springer setzt eine variable Vergütung auf der Basis von leistungs- und erfolgsorientierten Zielvereinbarungen ein, die jährlich neu geschlossen werden und neben den Unternehmenszielen auch individuelle Bereichsziele umfassen."* (Axel Springer SE [Geschäftsbericht] 19)
Deutsche Bank AG *„Die variable Vergütung wird von der Bank seit vielen Jahren als Instrument eingesetzt, um für sehr gut leistende Mitarbeiter Anreize zu schaffen, diese zu vergüten und zu binden und darüber hinaus in der Gesamtvergütung zu differenzieren. Unser Bestreben ist es, einen großen Teil der variablen Vergütung für Führungskräfte an die langfristige Entwicklung und den langfristigen Erfolg der Bank zu koppeln, indem wir Vergütung über einen Zeitraum von mindestens drei Jahren strukturiert aufschieben und an Leistungs- und Verfallsbedingungen knüpfen."* (Deutsche Bank AG [Jahresbericht] 265)
HeidelbergCement AG *„Neben Festgehältern, die durch Tarif- oder individuellen Arbeitsvertrag geregelt werden, erhalten die Mitarbeiter der HeidelbergCement AG zusätzlich variable Vergütungsbestandteile, die von der individuellen Leistung und dem Unternehmenserfolg abhängen. Bei den Führungskräften wird ein hoher variabler Anteil an der Gesamtvergütung bewusst angestrebt, um die gemeinsame und persönliche Leistung sowie den Unternehmenserfolg deutlich und unmittelbar zu berücksichtigen."* (HeidelbergCement AG [Geschäftsbericht] 99)
Lanxess AG *„Wir streben ein leistungsgerechtes Vergütungssystem an, das sowohl den Unternehmenserfolg als auch die jeweilige persönliche Leistung unserer Mitarbeiter widerspiegelt. Für 88 % unserer Mitarbeiter sind Vergütungssysteme etabliert, die neben festen Bezügen auch variable Vergütungskomponenten enthalten."* (Lanxess AG [Geschäftsbericht] 91)
METRO Group *„Die Hauptelemente unseres Vergütungsmodells sind die Grundvergütung, die einjährige variable Vergütung [Short-Term Incentive] sowie die mehrjährige variable Vergütung [Long-Term Incentive]."* (Metro AG [Geschäftsbericht] 124)

Abbildung 7.8: Gestaltung von Vergütungssystemen in der Unternehmenspraxis

Beispiele aus der Praxis

- Kopplung des Lohnes von Arbeitnehmern an Stückzahlen: Arbeitnehmer werden so dem *Ziel hoher Produktionsmengen* des Arbeitgebers gerecht
- Vertriebsmitarbeiter erhalten je nach Umsatz unterschiedliche Boni: Vertriebsmitarbeiter orientieren sich damit an der Zielsetzung *Maximierung des Umsatzes*
- Kopplung von Managergehältern an Aktienkurse: Manager werden gemäß der Zielsetzung *Maximierung des Shareholder Values* handeln

Wie hoch sollte jedoch in einem Vergütungssystem der leistungsabhängige Anteil gewählt werden, also wie sollte das Verhältnis von fixen und variablen

Lohnkomponenten bestimmt werden? Ein modelltheoretischer Ansatz, der sich mit dieser Frage beschäftigt ist das sogenannte LEN-Modell. Das LEN-Modell ist ein Modell, das diesen Zusammenhang in einfacher Weise analytisch darstellt, sodass durch die gewählten Annahmen eine explizite Lösung des Problems möglich ist (Holmström/Milgrom [Incentives]; Spremann [Agency]). Wie bereits in der Modellbezeichnung (Linear-Exponential-Normal) zum Ausdruck kommt, basiert das Modell auf drei zentralen Annahmen (Mohnen/Schmidtlein [Vergütungssysteme] 78):[1]

L: Die Vergütung des Agenten ist eine lineare Funktion

$$w(y) = \alpha + \beta y$$

mit dem Lohn w, einer fixen Lohnkomponente α, einem Prämiensatz β sowie einem Outputmaß y.

E: Die Nutzenfunktion des Mitarbeiters verläuft exponentiell.

N: Der Bruttoerfolg ist normalverteilt.

Abbildung 7.9: Entscheidungsfolge im LEN-Modell

Abbildung 7.9 zeigt die Entscheidungsabfolge im LEN-Modell. Der Agent wählt ein Anstrengungsniveau e, welches nicht beobachtet werden kann (hidden action). Ihm entstehen dabei Kosten (Arbeitsleid) in Höhe von C(e) mit $C'(e) > 0$ und $C''(e) > 0$. Die Kosten werden dabei in Geldeinheiten ausgedrückt, d.h. eine Reduktion des Nutzens durch den Arbeitseinsatz e ist wie eine Reduktion des Nutzens durch eine geringere Vergütung zu behandeln.

Der Prinzipal erhält einen Ertrag R(e), wobei $R'(e) > 0$ und $R''(e) < 0$. Der Gewinn des Prinzipals hängt somit positiv von der Anstrengung des Agenten ab, wobei jedoch von abnehmenden Grenzerträgen auszugehen ist. Der tatsächliche Arbeitseinsatz e, den der Agent gewählt hat, kann vom Prinzipal allerdings nicht direkt beobachtet werden. Jedoch steht dem Prinzipal ein verifizierbares (d.h. im Vertrag nutzbares, da gerichtlich durchsetzbares) Outputmaß $y = e + \epsilon$ zur Verfügung. Dieses Outputmaß ergibt sich aus dem Arbeitseinsatz e des Agenten und einem Störterm ϵ, der normalverteilt ist mit $\epsilon \sim N(0; \sigma^2)$ und den Einfluss weiterer externer, nicht beinflussbarer Störfaktoren auf den Output y abbildet.

1 Für eine didaktische Herleitung des LEN-Modells vgl. beispielsweise Kräkel [Management]. Einen Überblick zu theoretischen und empirischen Ergebnissen liefert Prendergast [Incentives].

Es wird angenommen, dass der Agent risikoavers ist, d.h. der Agent bevorzugt ein sicheres Einkommen, da Risiko für ihn mit einem Nutzenverlust verbunden ist. Der Grad der Risikoaversion wird mit dem Risikoaversionsparameter r gemessen (mit $r=0$ bei Risikoneutralität, $r>0$ bei Risikoaversion und $r<0$ bei Risikofreude). Wenn das Einkommen des Agenten mit einem Risiko verbunden ist, fordert der Agent in diesem Fall für die Übernahme von Risiko einen Ausgleich in Form einer Risikoprämie. Die Risikoprämie ist der Betrag zwischen dem erwarteten Einkommen und dem sogenannten Sicherheitsäquivalent und wird von dem Agenten als Kompensierung für das Risiko gefordert, mit der eine leistungsabhängige Vergütung nun verbunden ist (da die Vergütung auch durch externe Störfaktoren beeinträchtigt werden kann, die vom Agenten nicht beeinflussbar sind). Das Sicherheitsäquivalent (SÄ) beschreibt den Betrag, bei dem der Agent indifferent ist zwischen einer sicheren Entlohnung und dem erwarteten Einkommen bei einer leistungsabhängigen Entlohnung. Aus der exponentiellen Nutzenfunktion und der Annahme von normalverteilten Zufallsvariablen folgt, dass sich das Sicherheitsäquivalent des Agenten aus seinem erwarteten Einkommen abzüglich des Arbeitsleids und der Risikoprämie ergibt. Dieses spiegelt die Präferenzen des Agenten analog zur exponentiellen Nutzenfunktion wieder.

$$\text{SÄ}(w) = \underbrace{E[\alpha+\beta(e+\varepsilon)]}_{\text{Erwartetes Einkommen}} - C(e) - \underbrace{\frac{1}{2} r \operatorname{Var}[\alpha+\beta(e+\varepsilon)]}_{\text{Risikoprämie}}$$

Im LEN-Modell wird weiterhin angenommen, dass der Prinzipal im Gegensatz zu dem Agenten risikoneutral ist. Der Ertrag des Prinzipals besteht aus der Differenz aus seinem erwarteten Ertrag abzüglich der zu zahlenden Vergütung an den Agenten. Mit einer leistungsabhängigen Vergütung möchte der Prinzipal zum einen eine hohe Anstrengung des Agenten bewirken, unter der Annahme, dass ein hoher Arbeitseinsatz des Mitarbeiters zu einem höheren Ertrag des Prinzipals führt. Andererseits möchte der Prinzipal die an den Agenten zu zahlende Vergütung jedoch auch möglichst gering halten. Der Agent wird gemäß seinen Präferenzen auf den Vertrag reagieren und einen für ihn optimalen Arbeitseinsatz wählen. Seine Anstrengungswahl wird er dabei so treffen, das sein Grenzertrag seinem Grenzarbeitsleid entspricht. Dabei muss jedoch berücksichtigt werden, dass seine Entlohnung eine stochastische Größe darstellt, die von weiteren externen Störgrößen beeinflusst werden kann, sodass der Agent eine Risikoprämie verlangen wird.

Im Allgemeinen muss der Prinzipal bei der Vertragsgestaltung somit zwei Bedingungen beachten. Zum einen muss er sicher stellen, dass der Entlohnungsvertrag so gewählt ist, dass der Agent einen Anreiz hat, das Vertragsangebot des Prinzipals anzunehmen (Teilnahmebedingung) und nicht die Outside-Option, beispielsweise das Vertragsangebot eines anderen Unternehmens, aus Sicht des Agenten vorzuziehen ist. Zum anderen muss der Prinzipal eine Vergütung wählen, bei der der Agent einen Anreiz hat, sich im Sinne des Prinzipals anzustrengen (Anreizkompatibilitätsbedingung). Die nutzenmaximierende Anstrengung des Agenten, also seine Reaktion in Form der gewählten Anstrengung auf das Vertragsangebot, kann anschließend durch Rückwärtsinduktion berechnet werden (für eine ausführliche Herleitung siehe Kräkel [Management] 34 ff.):

$$e = \frac{\beta}{k}$$

mit dem Arbeitsleidkoeffizienten k.

Für die optimale Anreizintensität ergibt sich schließlich

$$\beta = \frac{R'(e)}{1 + r\sigma^2 c''(e)}$$

Unter der Annahme einer quadratischen Kostenfunktion sowie einer linearen Erlösstruktur beträgt die optimale Anreizintensität dann

$$\beta = \frac{1}{1 + r\sigma^2 k}$$

Der Trade-Off zwischen Anreizsetzung und effizienter Risikoverteilung spiegelt sich so im optimalen Prämiensatz wider:

(1) Je höher der Grenzertrag R'(e), desto höher der Ertrag des Prinzipals aus zusätzlicher Anstrengung und desto eher lohnt es sich einen höheren Arbeitseinsatz zu leisten. Ein Beispiel dafür ist, dass Top-Manager mehr Einfluß auf den Gewinn haben als Arbeitnehmer, weshalb ihre Leistungskomponente unter sonst gleichen Umständen höher ausfallen sollte.

(2) Je höher der Grad der absoluten Risikoaversion r, desto risikoaverser ist der Agent und desto höher die geforderte Risikoprämie, wodurch auch die Kosten für die Anreizsetzung steigen.

Zusammenfassend kann festgehalten werden, dass das LEN-Modell zwar sehr vereinfachende Annahmen trifft, diese aber eine explizite Lösung zulassen und daher auch einen guten Einblick in die Mechanismen von Anreizverträgen ermöglichen.

Ein Kernresultat ist dabei, dass stärkere Anreize durch höhere Prämiensätze zwar die Leistung erhöhen, gleichzeitig aber mit höheren Risikoprämien einhergehen, die ein risikoaverser Agent für die Übernahme von Risiko einfordert. Insgesamt lassen die theoretischen Vorhersagen des LEN-Modells die Schlussfolgerung zu, dass eine erfolgsabhängige Entlohnung zu besseren Ergebnissen führt, wobei die Anreizwirkung allein vom der variablen Entlohnungskomponente ausgeht. Die fixe Lohnkomponente spielt im Modell der Standardökonomie keine Rolle für die Wahl des Arbeitseinsatzes.

Merksatz: Gemäß der Standardökonomie kann durch eine **erfolgsabhängige Vergütung** eine höhere Anstrengung der Mitarbeiter bewirkt werden, wobei die **Anreizwirkung** jedoch allein von der variablen Entlohnungskomponente ausgeht.

Die Wirkung variabler Entlohnungskomponenten wurde bereits in einer Vielzahl empirischer Studien untersucht. So hat beispielsweise Edward Lazear [Performance] untersucht, welchen Einfluss eine Umstellung auf eine leistungsabhängige Entlohnung auf die Leistung der Mitarbeiter eines Scheibenreparaturunternehmens hat. Nachdem den Mitarbeitern anstatt eines festen Stundenlohnes eine leistungsabhängige Vergütung in Abhängigkeit der ausgetauschten Windschutzscheiben gezahlt wurde, stieg die Leistung der Mitarbeiter signifikant an. Ähnliche Ergebnisse konnten auch in weiteren empirischen Studien gezeigt werden (z.B. Paarsch/Shearer [Piece Rates] oder Bandiera/Barankay/Rasul [Incentives]).

Allerdings sollte beachtet werden, dass in allen Studien Tätigkeiten untersucht wurden, die leicht messbar/zählbar sind und sich daher für eine leistungsabhängige Entlohnung besonders eignen. Für viele Tätigkeiten in der Praxis ist dies jedoch nicht der Fall. Beispielsweise lässt sich der Output eines Mitarbeiters im Bereich ‚Forschung und Entwicklung' oftmals nur schwierig erfassen, sodass hier anstatt leistungsabhängiger Entlohnungskomponenten möglicherweise nicht-monetäre Anreize eine höhere Anreizwirkung besitzen (siehe Abschnitt 7.3.2). Problematisch kann eine leistungsabhängige Vergütung weiterhin auch sein, wenn der Mitarbeiter mehrere Aufgaben auszuführen hat (Multitasking). Wenn die Leistung des Mitarbeiters für die einzelnen Aufgaben unterschiedlich präzise messbar ist oder eine Aufgabe für den Mitarbeiter mit höheren Kosten der Anstrengung verbunden ist, kann der Anreizeffekt einer leistungsabhängigen Vergütung ebenfalls abgeschwächt werden. In solch einem Fall kann es ebenfalls optimal sein, dem Mitarbeiter keine Anreize in Form leistungsabhängiger Entlohnungskomponenten zu setzen, sondern eher nicht-monetäre Anreizinstrumente zu nutzen.

Schließlich sollten Unternehmen aber auch den zusätzlichen Aufwand einer leistungsabhängigen Entlohnung gegen den erwarteten Nutzen abwägen. Wenn Unternehmen ihren Mitarbeitern eine leistungsabhängige Vergütung zahlen, verursacht dies Kosten der Leistungsmessung für das Unternehmen. Unter Umständen können diese Kosten so hoch sein, dass es für das Unternehmen besser wäre, weiterhin nur eine fixe Vergütung zu zahlen. Freeman und Kleiner [Piece Rates] konnten in diesem Zusammenhang beispielsweise zeigen, dass die Leistung der Mitarbeiter in einer Schuhmanufaktur durch eine leistungsabhängige Stückentlohnung zwar anstieg, dieser Produktivitätsanstieg jedoch nicht die zusätzlichen Kosten für die Leistungsmessung aufwog. Daher sollten bei der Gestaltung von Vergütungssystemen auch stets die Kosten in Betracht gezogen werden, die bei der Zahlung einer leistungsabhängigen Vergütung für die Leistungsmessung entstehen können.

7.3.2 Nicht-monetäre Anreize

Neben monetären Entlohnungskomponenten können auch nicht-monetäre Aspekte eine Anreizwirkung auf Mitarbeiter haben. Wie in Abbildung 7.10 zu sehen ist, beobachten wir in der Unternehmenspraxis neben monetären Anreizen auch den Einsatz einer Vielzahl von nicht-monetären Anreizinstrumenten (Lazear [Personnel]), die nochmals in nicht-monetäre materielle und nicht-monetäre nicht-matrielle Anreize unterschieden werden können.

Aus einer rein ökonomischen Betrachtung und aus den Schlussfolgerungen, die man aus einfachen Modellen zur Anreizsetzung ziehen kann, ist zunächst

Monetäre Anreize
- Grundgehalt
- Variable Entlohnung in Abhängigkeit von
  - der eigenen Leistung
  - der Teamleistung
  - dem Unternehmenserfolg

Nicht-monetäre, materielle Anreize
- Dienstwagen
- Kostenlose Teilnahme an Konferenzen
- Betriebliche Altersvorsorge
- Kredite zu Sonderkonditionen
- Krankenversicherung zu Sonderkonditionen

Nicht-monetäre, nicht-materielle Anreize
- Führungsstil
- Aufstiegsmöglichkeiten
- Arbeitszeitregelungen
- Arbeitsinhaltstrukturierung
- Auszeichnungen

Abbildung 7.10: Systematisierung von Anreizsystemen und Beispiele aus der Praxis

nicht klar, warum in der Unternehmenspraxis auch nicht-monetäre Anreizinstrumente gewählt werden sollten. Denn grundsätzlich gilt, dass Geld bei gleichem Marktwert als gleichwertig oder besser anzusehen ist als nicht-monetäre Anreizinstrumente, da der Mitarbeiter frei entscheiden kann, wie er dieses Geld einsetzt (Optionswert des Geldes).

Die Gründe für die Nutzung nicht-monetärer Anreize sind hingegen mannigfaltig. So kann es sein, dass einzelne Mitarbeiter kaum Einfluss auf Leistungskennzahlen haben, sodass diese Mitarbeiter nicht in Abhängigkeit dieser Kennzahlen entlohnt werden sollten. Des Weiteren sind die Kosten nicht-monetärer Anreize für Unternehmen zum Teil geringer als für Einzelpersonen, sodass Angebote wie z.B. Kinderbetreuung von Mitarbeitern gerne in Anspruch genommen werden und für Unternehmen mit verhältnismäßig geringeren Kosten verbunden sind (Oyer [Benefits], Grubb/Oyer [Benefits]).

Wichtige Erklärungsansätze für die Wirkung nicht-monetärer Anreizinstrumente gehen jedoch insbesondere auf die psychologische Literatur zurück. Beispielsweise sind Menschen bei bestimmten Tätigkeiten intrinsisch, d.h. von innen heraus, motiviert. Wenn nun für solche Tätigkeiten eine Entlohnung gezahlt wird, kann es sein, dass durch diesen monetären Anreiz die intrinsische Motivation verdrängt wird (Crowding-Out Effekt) (siehe auch Frey/Jegen [Motivation], Mellström/Johannesson [Crowding Out]). Wenn die Gefahr besteht, dass durch die Zahlung einer monetären Entlohnungskomponente solch ein Crowding-Out Effekt auftritt, besteht für Unternehmen die Möglichkeit nicht-monetäre Anreize zu wählen, da hier zumindest von einem schwächeren

Crowding-Out der intrinsischen Motivation auszugehen ist (vgl. Jeffrey [Incentives]).

Auch können nicht-monetäre Anreizinstrumente, wie z.B. ein Titel oder Dienstwagen, dem Status-Denken bestimmter Mitarbeitertypen entsprechen und diese Mitarbeiter zu mehr Leistung motivieren. So konnte eine experimentelle Studie von Huberman/Loch/Önçüler [Status] beispielsweise zeigen, dass Probanden „Statussymbole" unabhängig von deren monetären Konsequenzen hoch bewerten und sich anstrengen diese zu erreichen. Da es in Deutschland, und generell in Europa, nicht üblich ist, offen über Gehälter und die Höhe von Bonuszahlungen zu sprechen, kann materiellen, nicht-monetären Entlohnungskomponenten die Rolle als Statussymbol sicherlich noch stärker zugeordnet werden als im amerikanischen Kontext. Insbesondere der Dienstwagen erfüllt diese Eigenschaften, da das vom Mitarbeiter gefahrene Auto sowohl seinen Kollegen bekannt ist als auch vom sozialen Umfeld außerhalb des Unternehmens gesehen und anerkannt wird.

Jedoch werden nicht-monetäre Entlohnungselemente in Diskussionen um Entlohnungsunterschiede in vielen Fällen nicht berücksichtigt. Oftmals fokussieren sich Mitarbeiter auf ihre monetäre Entlohnung und vernachlässigen die nicht-monetären Aspekte. Ferner können jedoch auch bestimmte nicht-monetäre Anreize, ähnlich wie monetäre Aspekte, reziprokes Verhalten der Mitarbeiter induzieren und zu einer Leistungssteigerung führen (mehr dazu in Abschnitt 7.3.3).

Immer mehr Studien kommen zudem zu dem Ergebnis, dass nicht-monetäre Elemente durchaus starke Treiber für Leistungssteigerungen sein können (vgl. z.B. Ellingsen/Johannesson [Respect]). Neben der Steigerung der Produktivität durch nicht-monetäre Anreize sehen Marino/Zábojník [Perks] allerdings auch die Gefahr, dass durch den häufigen Einsatz von Konsumgütern wie einem Dienstwagen oder Mobiltelefonen auch nicht gewünschte oder nicht erlaubte Nutzungsmöglichkeiten gegeben sind, die den Raum der Agency Probleme sogar erweitern. Hingegen konnten Rajan/Wulf [Perks] keine Hinweise auf den Missbrauch materieller, aber nicht-monetärer Anreizinstrumente in ihrer Studie über 300 börsennotierte US-Firmen finden.

Neben diesen Anreizeffekten, die auf die Produktivität der Mitarbeiter einen Einfluss haben, können nicht-monetäre Anreizinstrumente zudem dazu dienen, bestimmte Mitarbeitertypen anzuziehen. Denn über beobachtbare nicht-monetäre Benefits, wie die Existenz eines Betriebskindergartens oder einer großen Vielfalt an Weiterbildungsmöglichkeiten, können Signale über unbeobachtbare Charakteristika des Unternehmens nach außen transportiert werden, die den Rekrutierungserfolg des Unternehmens beeinflussen können (Backes-Gellner/Tuor [Signaling], Falk/Hammermann/Mohnen/Werner [Recruiting]).

Einen Überblick über den Einsatz nicht-monetärer Anreize in Deutschland vermittelt die Studie von Hammermann/Mohnen [Benefits]. Hammermann und Mohnen haben dabei Daten des sozio-ökonomischen Panels ausgewertet, welches in den Jahren 2006 und 2008 Informationen darüber erhoben hat, welche nicht-monetären Anreize die befragten Personen von ihren Arbeitgebern erhalten haben. Insgesamt wurden fünf verschiedene Arten von nicht-monetären Komponenten erfasst: (1) Computer für zu Hause/Laptop, (2) Spesen, die über die reine Kostenerstattung hinausgehen, (3) Handy für den privaten Gebrauch oder Zahlung von Telefonkosten, (4) Firmenwagen für die private Nutzung sowie (5) verbilligtes Essen in der Betriebskantine oder Essenszuschuss. Abbildung 7.11 zeigt eine Übersicht über die Zusatzleistungen von Unternehmen an Arbeitnehmer in Deutschland, die auf einer Befragung von 11.100 Personen basiert. Insbesondere Essenszuschüsse werden dabei mit steigender Unternehmensgröße häufiger eingesetzt. Die ökonometrischen Auswertungen von Hammermann/Mohnen [Benefits] zeigen, dass einerseits Kostenvorteile seitens der Unternehmen und andererseits auch psychologische Erklärungsansätze, die die Motivation der Mitarbeiter betreffen, den Einsatz von nicht-monetären Komponenten beeinflussen.

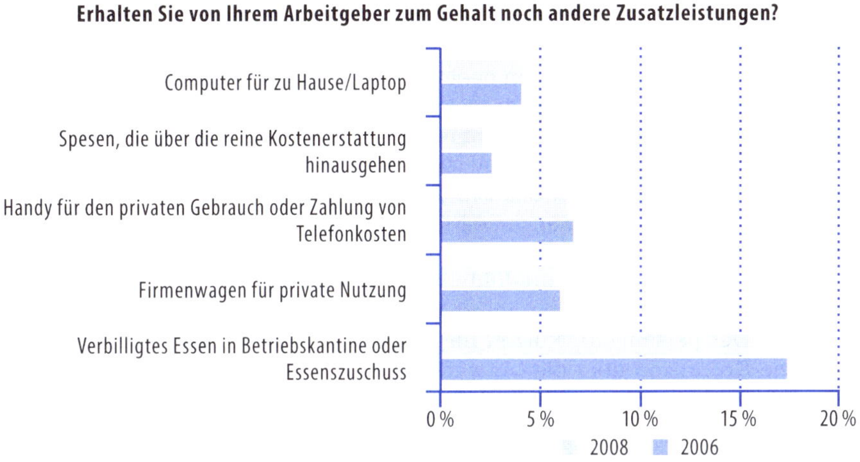

Abbildung 7.11: Zusatzleistungen an Arbeitnehmer von Unternehmen in Deutschland (basierend auf den Auswertungen von Hammermann/Mohnen [Benefits])

Da die Wirkung auf die Produktivität und den Arbeitseinsatz von Mitarbeitern bei der Nutzung von Unternehmensdatensätzen nur schwer zu identifizieren ist, soll im Folgenden auch ein kurzer Überblick über die Ergebnisse ökonomischer Experimente zu der Wirkung von nicht-monetären Anreizen gegeben werden. So wurden beispielsweise in der experimentellen Feldstudie von Jeffrey [incentives] gleichwertige monetäre und nicht-monetäre (aber materielle) Entlohnungskomponenten hinsichtlich ihrer Anreizwirkung untersucht. Jeffrey kommt dabei zu dem Ergebnis, dass der Arbeitseinsatz bei nicht-monetären Anreizen (die zusätzlich zum Fixlohn ausgegeben wurden) höher war, auch wenn die Teilnehmer im Vorfeld eine Präferenz für die monetäre Lohnkomponente geäußert hatten. Im Gegensatz zu den Ergebnissen von Jeffery hat sich in der experimentellen Studie von Hammermann/Mohnen [Incentive] jedoch eine höhere Leistung der Teilnehmer unter monetärer Entlohnung gezeigt, wenn Stifte mit gleicher Preisstaffelung wie die entsprechenden Bonuszahlungen an die Teilnehmer ausgezahlt wurden. Allerdings ist anzumerken, dass dabei die Qualität der Arbeitsergebnisse gesunken ist.

In einem weiteren Experiment von Kube/Maréchal/Puppe [Reciprocity] wird weiterhin untersucht, ob die Teilnehmer unter monetärer Entlohnung mehr oder weniger arbeiten als wenn ihnen ein nicht-monetärer Anreiz (eine Thermoskanne) mit gleichem Geldwert übergeben wird. Kube/Maréchal/Puppe finden wiederum eine höhere Leistung der Teilnehmer, wenn diese die Thermoskanne erhalten haben und argumentieren, dass die Übergabe der Thermoskanne, auch wenn eine Präferenz für die geldwerte Entlohnung geäußert wurde, als Geschenk bzw. als freundliche Anerkennung gewertet wird und als Reaktion darauf mehr gearbeitet wird (positive Reziprozität, siehe Abschnitt 7.3.3). Die Wirkungsweise von nicht-monetären Elementen eines Vergütungssystems scheint also ebenso wie bei monetären Vergütungsbestandteilen von der genauen Ausgestaltung und der zugehörigen Wahrnehmung durch die Mitarbeiter beeinflusst zu sein.

Die psychologischen Argumente, warum nicht-monetäre Vergütungsbestandteile das Verhalten von Personen beeinflussen, werden in der Studie von Jeffrey und Shaffer [incentives] näher dargelegt. Zum einen besteht ein Argument für den Einsatz nicht-monetärer Entlohnungskomponenten im sogenannten Rechtfertigungsargument. Bei nicht-monetären Entlohnungskomponenten handelt es sich in der Praxis häufig um Luxusgüter, die sich ein Mitarbeiter im Normalfall (auch wenn ausreichend finanzielle Mittel verfügbar wären) nicht selber kaufen würde, weil die Rechtfertigung für den Kauf eines solchen Produktes fehlt (schlechtes Gewissen, Schuldgefühl). Wenn man ein solches „Luxusgut" jedoch als Bestandteil seiner Entlohnung erhält, reduziert dies die Rechtfertigungsproblematik. Der persönliche Nutzen für den Mitarbeiter ist dadurch höher (auch weil eine Diskussion über die Verwendung eines monetären Bonus in gleicher Höhe vermieden wird), weshalb der Anreizeffekt eines solchen nicht-monetären Anreizes höher sein kann als bei einem gleichwertigen monetären Anreiz. Ein weiteres Argument für nicht-monetäre Anreize nennen Jeffrey/Shaffer soziale Anerkennung. Im Allgemeinen wird über die Höhe des Gehalts nicht öffentlich gesprochen, über nicht-monetäre Entlohnungskomponenten wie z.B. einen teuren Firmenwagen jedoch schon. Zudem wird dadurch auch ein gewisser Status ausgedrückt, sodass der Firmenwagen auch eine Art „Trophäenwert" für den Mitarbeiter besitzt. Eine Schwierigkeit bei nicht-monetären Anreizen stellt zudem die Bewertung dieser Anreize dar. Der genaue Wert kann von den Mitarbeitern oftmals nicht sicher bestimmt werden, sodass aus psychologischer Sicht die Tendenz besteht, dass solche Anreizinstrumente in ihrem Wert überschätzt werden. Schließlich ist gemäß Jeffrey/Shaffer jedoch auch die bessere Separierbarkeit nicht-monetärer Anreize ein Grund für die Nutzung nicht-monetärer Anreize. Wenn dem Mitarbeiter ein monetärer Bonus zusätzlich zum Fixgehalt gezahlt wird oder das Fixgehalt des Mitarbeiters erhöht wird, werden die Beträge oftmals nur als Summe betrachtet, wodurch der Anreizeffekt des monetären Bonus bzw. der Gehaltserhöhung abgeschwächt werden kann. Wenn der Mitarbeiter jedoch einen gleichwertigen nicht-monetären Anreiz erhält, wird dieser getrennt von seiner Entlohnung betrachtet, wodurch die Anreizwirkung erhöht werden kann.

Insgesamt ist jedoch anzumerken, dass die Wirkungsweise von nicht-monetären Anreizkomponenten bisher noch nicht umfassend untersucht wurde. Das Zusammenspiel verschiedener nicht-monetärer Aspekte für verschiedene Mitarbeitertypen und verschiedene Aufgabentypen sollte in Zukunft daher weiter ein Gegenstand der Forschung sein. Die bisherigen Forschungsergebnisse lassen jedoch die Schlussfolgerung zu, dass von nicht-monetären Elementen der Vergütung ebenfalls ein Anreizeffekt für die Mitarbeiter ausgehen kann.

7.3.3 Behavioral Economics und empirische Evidenz zur Wirkung von Anreizverträgen

Wie in Abschnitt 7.3.1 beschrieben wurde, geht die Standardökonomie davon aus, dass bei einer leistungsabhängigen Vergütung nur die variable Entlohnungskomponente eine Anreizwirkung auf den Agenten hat, die fixe Entlohnungskomponente jedoch nicht. In der Unternehmenspraxis lässt sich allerdings beobachten, dass oftmals nur ein kleiner Teil der Gesamtvergütung von der Leistung des Mitarbeiters abhängig ist oder der Mitarbeiter überhaupt nicht leistungsabhängig entlohnt wird. Es stellt sich daher die Frage, ob nicht auch ein Fixlohn eine Anreizwirkung für den Mitarbeiter haben kann.

In den vergangenen Jahren hat eine Vielzahl empirischer Studien diese Frage näher untersucht. Dabei konnte nachgewiesen werden, dass in der Realität das beobachtete Verhalten nicht immer mit dem theoretisch zu erwarteten Verhalten überein stimmt und der Fixlohn in der Tat einen Anreizwirkung haben kann. In der Realität verhalten sich Personen nicht immer eigennutzmaximierend, sondern zeigen reziprokes Verhalten, indem sie beispielsweise auf einen höheren bzw. großzügigeren Fixlohn mit einer höheren Anstrengung reagieren. Sie folgen also dem Gedanken „Wie Du mir, so ich Dir" (Rabin [Fairness]) und sind nicht nur an der alleinigen Maximierung ihres eigenen Nutzens interessiert.

Definition:

Unter **Reziprozität (Prinzip der Gegenseitigkeit)** versteht man eine Form sozialer Präferenzen, bei der Personen ein positives Verhalten gegenüber anderen Personen zeigen, die großzügig oder fair zu ihnen waren **(positive Reziprozität)**, während sie Personen, die unfair zu ihnen waren, bestrafen wollen **(negative Reziprozität)**.

In der experimentellen Wirtschaftsforschung wurde reziprokes Verhalten von Personen insbesondere durch sogenannte Gift-Exchange-Experimente nachgewiesen. Unter einem Gift-Exchange-Spiel versteht man ein experimentelles Design, welches die Arbeitgeber-Arbeitnehmer-Beziehung darstellt. Der Prinzipal bietet dem Agenten im Gift-Exchange-Spiel einen Fixlohn, für den er von dem Agenten eine bestimmte Arbeitsleistung fordert, die für den Agenten jedoch nicht bindend ist. Anschließend akzeptiert der Agent den vom Prinzipal angebotenen Lohn oder lehnt diesen ab. Falls er den Lohn akzeptiert, wählt er

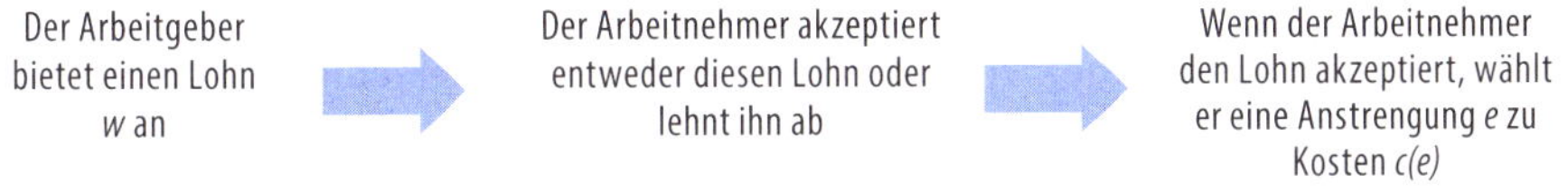

Abbildung 7.12: Abfolge eines Gift-Exchange-Spiels (in Anlehnung an Fehr, Kirchsteiger und Riedl [Reciprocity] 439 f.)

im Anschluss daran einen Arbeitseinsatz der, wie im LEN-Modell, mit gewissen Kosten für die Anstrengung verbunden ist (siehe auch Abbildung 7.12).

Wenn sich der Agent nun eigennutzmaximerend verhält, wie es die Standardökonomie annimmt, würde er nur einen minimalen Arbeitseinsatz wählen. Da dies der Prinzipal antizipiert, würde er dem Agenten jedoch auch nur einen minimalen Lohn anbieten.

Ein solches Verhalten von Agent und Prinzipal lässt sich in experimentellen Studien allerdings nicht beobachten. Sowohl der Lohn, den der Prinzipal dem Agenten anbietet, als auch die Arbeitsleistung des Agenten waren in den Experimenten höher als aus Sicht der Standardökonomie zu erwarten gewesen wäre. Je höher der gezahlte Lohn, umso höher war auch die gewählte Anstrengung des Agenten. Agenten zeigen sich somit reziprok, d.h. sie „belohnen" einen höheren Lohn des Prinzipals mit einer höheren Anstrengung ihrerseits (siehe z.B. Berg/Dickhaut/McCabe [Reciprocity] oder Kube/Maréchal/Puppe [Reciprocity]). Auch wenn die Gift-Exchange-Experimente in vielen Fällen abstrakt gehalten sind, zeigen die Ergebnisse dennoch, dass Reziprozität auch in vollständig anonymen Situationen bzw. unter Ungewissheit ein zentraler Bestandteil menschlichen Verhaltens zu sein scheint.

Neben Reziprozität können weiterhin auch Fairness und Ungleichheitsaversion einen wichtigen Einfluss auf das Verhalten der Mitarbeiter haben (Akerlof [Labor Contracts]) und sollten daher bei der Gestaltung von Anreizverträgen in Betracht gezogen werden. Denn ob ein Lohn als großzügig oder fair betrachtet wird, hängt oftmals auch davon ab, wie hoch der Lohn des Vertragspartners oder von Kollegen ist (Akerlof/Yellen [Fair]). Wenn Mitarbeiter beispielsweise das Gefühl haben, dass sie im Verhältnis zu Kollegen unterbezahlt sind oder im Vergleich einen zu geringen Bonus erhalten haben, kann dies zu einer geringeren Leistung dieser Mitarbeiter führen. Dieser Aspekt ist insbesondere dann relevant, wenn Mitarbeiter die Leistung von Kollegen beobachten oder Informationen darüber einsehen können, wie es z.B. oftmals bei Vertriebstätigkeiten der Fall ist, und daher das Lohn-Leistung-Verhältnis besser bewerten können. Die Unternehmensführung sollte diesen Aspekt bei der Ausgestaltung von Anreizsystemen daher ebenfalls beachten. Denn eine wahrgenommene Fairness bzw. Unfairness in der Entlohnung kann einen signifikanten Einfluss auf das Verhalten und die Leistung der Mitarbeiter haben, da Fairness zudem auch eng mit reziprokem Verhalten der Mitarbeiter verbunden ist (Abeler/Altmann/Kube/Wibral [Fairness]; Akerlof/Yellen [Fair]; Fehr/Schmidt [Fairness]). Ein weiterer Aspekt ist zudem die Aversion vieler Menschen gegen eine ungleiche Verteilung von Einkommen, sodass von Mitarbeitern Entscheidungen getroffen werden, die die Ungleichheit zwischen Vertragsparteien minimieren.

Neben der Anreizwirkung von fixen Entlohnungskomponenten, wurde in verschiedenen Labor- und Feldexperimenten jedoch auch die Anreizwirkung von variablen Entlohnungskomponenten experimentell untersucht. Ein Fokus lag dabei auch auf der Frage, welche Anreizwirkungen unterschiedlich hohe Prämiensätze haben. Während die in Abschnitt 7.3.1 beschriebenen Studien von Lazear [Performance] und Paarsch/Shearer [Piece Rates] einen Leistungsanstieg der Mitarbeiter nach Einführung einer Stückentlohnung nachweisen konnten, zeigen experimentelle Studien jedoch auch, dass der Anreizeffekt mit der Höhe des Prämiensatzes variieren kann. So haben Gneezy und Rustichini in einer experimentellen Studie beispielsweise heraus gefunden, dass im Vergleich zu einer Situation ohne eine variable Entlohnungskomponente (wo also nur ein Fixlohn gezahlt wird) die Leistung sogar sinkt, wenn nur eine geringe variable Entlohnung gezahlt wird (Gneezy/Rustichini [Pay Enough]). Erst bei hohen Prämiensätzen zeigt sich eine höhere Leistung der Probanden, sodass der Wahl einer geeigneten Bonushöhe eine zentrale Bedeutung zukommen kann („Pay enough or don't pay at all" (Gneezy/Rustichini [Pay Enough])).

In anderen Studien zeigt sich allerdings, dass unter Umständen auch bei hohen Prämien der Arbeitseinsatz sinken kann (z.B. beobachteten dies Fehr/Götte [Wages] und Camerer [Labor Supply] bei der Untersuchung variabler Entlohnungskomponenten in Feldexperimenten mit Fahrradkurieren in Zürich bzw. Taxifahrern in New York). Ein möglicher Erklärungsansatz für diese Beobachtung können dabei beispielsweise referenzpunktbezogene Präferenzen sein, wo das erzielte Einkommen nicht nur absolut, sondern relativ zu einem bestimmten Referenzeinkommen bewertet wird. Der Grundgedanke von referenzpunktbezogenen Präferenzen und Verlustaversion geht dabei zurück auf Kahnemann und Tversky, die darlegen, dass das menschliche Verhalten, beispielsweise bei der Bewertung von Entlohnungen, mit einer S-förmigen Nutzenfunktion erklärt werden kann (Kahnemann/Tversky [Prospect Theory]). Der Wendepunkt stellt dabei den Referenzpunkt dar, mit dem das Einkommen von Personen bewertet wird. Wenn das Einkommen unterhalb des Referenzpunktes liegt, bewerten Personen eine solche Situation als Verlust, während Einkommen oberhalb des Referenzpunktes als Gewinn wahrgenommen werden. Dabei sind die Grenzerträge unterhalb des Referenzpunktes höher als oberhalb des Referenzpunktes, sodass wahrgenommene Verluste auch einen stärkeren Einfluss auf die Nutzenfunktion von Agenten haben. Es ist daher möglich, dass Mitarbeiter in vielen Fällen ein bestimmtes Zieleinkommen im Kopf haben, welches sie erreichen wollen. Dieses Zieleinkommen dient als Referenzpunkt, mit dem sie ihre aktuelle Entlohnung vergleichen. Solange ihre Entlohnung unter diesem Zieleinkommen liegt, werden sie durch eine höhere Anstrengung versuchen, dieses Zieleinkommen zu erreichen. Sobald sie das Zieleinkommen erreicht haben, kann es jedoch zu einer geringeren Leistung kommen. Wenn Unternehmen ihren Mitarbeitern beispielsweise eine Stückentlohnung zahlen, sollte die Höhe der Entlohnung daher nicht zu hoch gewählt werden. Ansonsten könnten Mitarbeiter möglicherweise ihr Zieleinkommen für den Tag oder die Woche zu schnell erreichen und ihre Anstrengung in der verbleibenden Arbeitszeit reduzieren.

7.3.4 Fazit

Insgesamt lässt sich festhalten, dass die Wirkung von monetären und nicht-monetären Anreizen in der Theorie und Empirie vielfach untersucht und belegt wurde (ein guter Überblicksartikel dazu ist Prendergast [Incentives]). Sowohl monetäre, als auch nicht-monetäre Anreizinstrumente können zu einer höheren Motivation und Leistung der Mitarbeiter führen. Jedoch hängt die spezifische Wirkung der Anreize in vielen Fällen auch von den Rahmenbedingungen und der genauen Ausgestaltung der Anreizinstrumente ab. Beispielsweise ist es möglich, dass bei Mitarbeitern mit einem sehr niedrigen Gehalt, nicht-monetäre Anreize eine geringere Anreizwirkung haben als bei Mitarbeitern mit einem höheren Einkommen, die nicht so sehr auf das zusätzliche Geld angewiesen sind. Dies ist jedoch nur ein Beispiel, um die situationsspezifischen Aspekte zu beschreiben, die von Unternehmen bei der Gestaltung von Anreizsystemen berücksichtigt werden sollten.

Einführende Literaturhinweise zu Modul 7

Abschnitt 7.1 Führungsbegriffe und Definitionen

Dillerup, R./Stoi, R.: [Unternehmensführung]. 4. Aufl., München 2010.

DuBrin, A.: Principles of [Leadership]. 6. Aufl., South Western 2010.

Martin, J.: Organizational Behaviour and [Management]. 3. Aufl., London 2005.

Williamson, O. E.: The Economic Institutions of [Capitalism] – Firms, Markets, Relational Contracting. 1. Aufl., New York 1985.

Abschnitt 7.2 Führungstheorien und -prinzipien

Bass, B. M./Avolio, B. J./Atwater, L.: The Transformational and Transactional [Leadership] of Men and Women. In: Applied Psychology: An International Review 1996 (45), S. 5–34.

Blake, R. R./Mouton, J. S.: An Overview of the [Grid]. In: Training and Development Journal 1975 (29), S. 29–37..

McCrae, R./Costa P.: A five-factor theory of [personality]. In: Handbook of personality: Theory and research 1999 (2), S. 139–153.

Tannenbaum, R./Schmidt, W. H.: How to Choose a [Leadership] Pattern. In: Harvard Business Review 1973, S. 3–12.

Abschnitt 7.3 Gestaltung von Anreizsystemen als Bestandteil der Unternehmensführung

Frey, B. S./Jegen, R.:[Motivation] Crowding Theory. In: Journal of Economic Surveys 2001 (15), S. 589–611.

Holstrom, B./Milgrom, P.: Aggregation and Linearity in the Provision of Intertemporal [Incentives]. In: Econometrica 1987 (55), S. 303–328.

Kräkel, M.: Organisation und [Management]. 3. Aufl., Tübingen 2007.

Lazear, E. P.: [Personnel] economics for managers. New York 1998.

Mohnen, A./Schmidtlein, A.: [Vergütungssysteme] im Vertrieb: Eine empirische Untersuchung. In: Zeitschrift für Management (3), S. 71–93.

Prendergast, C. The provision of [incentives] in firms. In: Journal of Economic Literature 1999 (37), S. 7–63.

Modul 8: Grundlagen der Planung und Steuerung

Marcell Schweitzer
Marcus Schweitzer

„Pläne machen und Vorsätze fassen bringt viel gute Empfindungen mit sich, und wer die Kraft hätte, sein ganzes Leben lang nichts als ein Pläne-Schmiedender zu sein, wäre ein sehr glücklicher Mensch: aber er wird sich gelegentlich von dieser Tätigkeit ausruhen müssen, dadurch, dass er einen Plan ausführt – und da kommt der Ärger und die Ernüchterung".
(Friedrich Nietzsche 1844–1900)

8.1 Planung und Steuerung als Führungsinstrumente

Lernziele:

Aneignen von Wissen (Kenntnissen) über Zwecke, Arten, Phasen und Aufgaben der Planung und Steuerung; Organisation betrieblicher Planungs- und Steuerungssysteme; Anwendungen von Planungen; Beziehungen zwischen Planung und Rechnung; **Verstehen** (Erfassen und Erkennen) komplexer Zusammenhänge zwischen Planung, Steuerung und Führung; **Anwenden** (Nutzen) des erlangten Wissens zur Lösung betriebswirtschaftlicher Planungs- und Steuerungsprobleme; **Analyse** (Erforschen) von Ursachen, Elementen, Beziehungen und Wirkungen betriebswirtschaftlicher Planungs- und Steuerungsprobleme; **Synthese** (Zusammenfügen) einzelner Teilerkenntnisse aus der Analyse zu übergeordneten Aussagen bzw. Strukturen der Planung und Steuerung; **Bewertung** (Evaluation) von Planungs- und Steuerungsalternativen zwecks Lösens (Entscheidens) eines betriebswirtschaftlichen Gestaltungsproblems.

Übersicht:

In Modul 8 werden theoretische und praktische Fragen der Planung und Steuerung behandelt. Einführend werden Planung und Steuerung als Führungsinstrumente dargestellt. Es folgen Analysen der Arten und Phasen des Planungs- und Steuerungsprozesses. Danach werden exemplarisch betriebliche Planungs- und Steuerungssysteme vorgestellt. Ausführlich werden im Anschluss strategische, taktische und operative Planungs- und Steuerungsmodelle erörtert. Ergänzend werden im Download Fragen und Antworten zum behandelten Stoff formuliert, Literaturhinweise gegeben, empirische Forschungsergebnisse zur Gestaltung von Planungs-

und Steuerungssystemen vorgestellt, praktische Beispiele zur Organisation der Planung, der Datenprognose mittels exponentieller Glättung und der simultanen Optimierung des Produktions- und Absatzprogramms mittels linearer Planungsrechnung behandelt. Die Analyse der strukturellen Beziehungen zwischen Planung und Steuerung sowie verschiedenen Kostenrechnungssystemen bildet den Schlusspunkt des Downloads.

8.1.1 Begriffe und Zwecke der Planung und Steuerung

8.1.1.1 Begriffe der Planung und des Planes

Die Aufgabe eines Unternehmens besteht darin, Güter zu erzeugen und diese für die Deckung der Nachfrage in den Märkten bereitzustellen. Alle Prozesse, die der Erfüllung dieser Aufgabe dienen, sind so zu planen und zu steuern, dass die gewählten ökonomischen, technischen, ökologischen, sozialen und unternehmensethischen Ziele auf dem jeweils angestrebten Niveau erreicht werden.

Planungen können in ihrer zeitlichen Reichweite, Präzision, Revidierbarkeit und Koordination sehr verschieden ausgeprägt sein. Die Verschiedenheit der Planungen legt es nahe, zunächst festzulegen, was überhaupt unter Planung zu verstehen ist. In der Betriebswirtschaftslehre wird eine Reihe von Planungsdefinitionen vorgeschlagen, die im Kern sehr ähnlich sind. Einige Beispiele dafür sind:

- Planung ist „gestaltendes Denken für die Zukunft" (Adam [Planung] 3).
- Planung (im weiteren Sinne) „beinhaltet das Fällen von Führungsentscheidungen auf der Basis systematischer Entscheidungsvorbereitung zur Bestimmung künftigen Geschehens" (Hahn [PuK] 45).
- Planung „ist im Kern als prospektives Denkhandeln aufzufassen, in dem eine geistige Vorwegnahme und Festlegung zukünftigen Tathandelns erfolgt" (Kosiol [Planung] 79).
- „Planung ist ein systematisch-methodischer Prozess der Erkenntnis und Lösung von Zukunftsproblemen" (Wild [Unternehmungsplanung] 13).
- „Planung ist ein willensbildender, informationsverarbeitender, prinzipiell systematischer und rationaler Problemlösungsprozess mit dem Ziel, zukünftige Handlungsspielräume einzugrenzen und zu strukturieren" Berens/Delfmann [Planung] 12.

Für die Darstellung und Analyse der theoretischen und praktischen Probleme der Planung und Steuerung werden folgende Begriffe definiert:

Definition:
Planung ist ein von Personen getragener, rationaler, informationsverarbeitender Prozess zum Erstellen eines Entwurfs, welcher Maßnahmen für das Erreichen von Zielen vorausschauend festlegt (Schweitzer [Planung] 40).

Das Ergebnis der Planung ist ein Plan oder ein System von Plänen (Planungssystem). In Entsprechung zur Definition der Planung wird der Begriff des Planes definiert:

Definition:
Ein **Plan** ist als Ergebnis eines rationalen, informationsverarbeitenden Prozesses ein Entwurf, welcher Maßnahmen für das Erreichen von Zielen vorausschauend festlegt.

Entsprechend wird der Begriff des Planungssystems definiert:

Definition:
Ein **Planungssystem** ist ein strukturiertes Gefüge abgestimmter (koordinierter und integrierter) Periodenpläne.

8.1.1.2 Bestandteile eines Planes

Ein Plan sollte folgende Bestandteile enthalten (Wild [Unternehmungsplanung] 49):

- Problemstellung,
- Zielvorstellungen (Planziele),
- prognostizierte Wirkungen,
- verfügbare Ressourcen (Kapazitäten, Personal, Liquidität u.a.),
- Einzelmaßnahmen und deren Kombination,
- Planungsträger und Planverantwortliche,
- zeitliche Bedingungen und Termine,
- Prämissen und Daten,
- Angaben über Schnittstellen zu anderen Plänen.

Die Pläne der Wirtschaftspraxis enthalten in ihrer endgültigen Form meist nicht alle der hier aufgezählten Planbestandteile. Jedoch lassen sich in zahlreichen **Periodenplänen** die skizzierten Planbestandteile weitestgehend wiederfinden.

8.1.1.3 Begriff der Steuerung

Sobald ein Plan festgelegt und damit der Prozess der Planung abgeschlossen ist, folgt die Planrealisation. Jeder Prozess der **Planrealisation** bedarf der Steuerung. Ebenso wie die Planung ist auch die **Steuerung** ein **Führungsinstrument**. Der Bedarf an Steuerung ergibt sich auf allen hierarchischen Ebenen, für die Pläne erstellt werden.

Definition:
Steuerung wird definiert als geordneter, informationsverarbeitender Prozess zielführender Eingriffe (Anpassungs- und Korrekturmaßnahmen) in die Planrealisation (Schweitzer [Planung] 42).

Steuernde Anpassungs- und Korrekturmaßnahmen können sich auf alle Planbestandteile beziehen (z.B. Zielvorstellung, Ressourcen, Planungsträger, Termine).

8.1.1.4 Zwecke der Planung und Steuerung

Ein einfaches Beispiel aus der Seefahrt möge helfen, die Aufgabenstellungen der Planung und Steuerung besser zu verstehen. Dieses Beispiel soll verdeutlichen, wie die Planung und Steuerung auf Sachverhalten und Problemlösungen der Vergangenheit und Gegenwart aufbauen und Problemlösungen für die Zukunft entwerfen. Es soll auch klar werden, welche Bedeutung Planung und Steuerung für das tägliche Denken, Handeln und Verhalten der Menschen haben.

Beispiel:

Ein Kapitän habe den Auftrag, mit seinem Schiff eine bestimmte Ladung vom Heimathafen A sicher und pünktlich in einem genau bekannten Zielhafen B anzulanden. Dabei will er möglichst die kürzeste Route wählen sowie Schäden an Besatzung, Schiff, Fracht und Umwelt vermeiden. Außerdem will an Bord ein Klima des Vertrauens, der Verantwortung und Zufriedenheit schaffen. Um seine Ziele zu erreichen, muss sich der Kapitän Gedanken darüber machen, welche Risiken auf seiner Fahrt auftreten können. So muss er abschätzen bzw. prognostizieren, wie Wetter und Meer sich während seiner Fahrt verhalten werden. Er muss wissen, welche Sperrgebiete, Untiefen und Klippen auf seiner Route liegen, ob andere Schiffe seine Route kreuzen können und ob mit Strömungen, Treibholz, Nebel, Eis oder anderen Behinderungen zu rechnen ist. Weiterhin muss er wissen, was Schiff und Mannschaft zu leisten im Stande sind. Mit diesem Wissen muss er sodann über eine Reihe von Größen Entscheidungen treffen, von welchen das Gelingen des Unternehmens (der Schiffsfahrt) abhängt. Hierzu sind u.a. zu rechnen: Die Stärke und Qualifikation der Mannschaft, der Umfang der Ladung, die Art der Verstauung, die Navigationshilfen, der Zeitpunkt der Abreise, die zweckmäßigste Route, die anzulaufenden Häfen. Der Kapitän muss aber auch Vorkehrungen dafür treffen, dass während der Fahrt neu auftretende Probleme im Zusammenhang mit Schiff, Ladung, Mannschaft oder Route adäquat gelöst werden können. Dies kann bedeuten, dass vorab getroffene Entscheidungen revidiert bzw. modifiziert oder vorab nur grob festgelegte Größen in der fraglichen Situation präzisiert oder angepasst werden (müssen). Er trifft seine Entscheidungen also stets unter Risiken. Daher muss er lernen, Risiken frühzeitig zu erkennen, zu analysieren, zu bewerten und bei seinen Entscheidungen zu berücksichtigen. Zu einer adäquaten Lösung aller angesprochenen Aufgaben und Probleme, die im Zusammenhang mit der Schiffsfahrt auftreten, bedarf es einer hinreichend präzisen Planung und Steuerung und einer hohen Qualifikation und Erfahrung des Kapitäns.

Nach einer Übertragung der Sachverhalte, die im erwähnten Beispiel der Schiffsfahrt Bezug zur Planung und Steuerung haben, kann für die Planung und Steuerung eines beliebigen Unternehmens verallgemeinernd folgender Hauptzweck formuliert werden:

Merksatz: Der **Hauptzweck** der **Planung** und **Steuerung** besteht darin, wirkungsvolle Instrumente zum Erreichen von Zielen der Unternehmenspolitik zu sein.

Aus diesem Hauptzweck ergibt sich eine Reihe von einzelnen Zwecken der Planung und Steuerung. In Anlehnung an *Wild* ([Unternehmungsplanung] 19), der in diesem Zusammenhang von „speziellen Funktionen der Planung" spricht, lassen sich folgende Zwecke der Planung ableiten (Schweitzer [Planung] 43):

- Zielausrichtung: Durch Planung werden Unterziele und Vorgehensweisen von Personen sowie Institutionen auf Oberziele abgestimmt.
- Frühwarnung: Planung ermöglicht es, durch das Erkennen prognostizierter Problemlagen rechtzeitig Lösungsalternativen bzw. Gegenmaßnahmen zu analysieren.
- Koordination und Integration von Periodenplänen: Durch Planung werden Lösungen voneinander abhängiger Teilprobleme sowohl horizontal (Koordination) als auch vertikal (Integration) aufeinander abgestimmt, eine unvorhergesehene wechselseitige Beeinträchtigung ihrer Realisierung wird vermieden.

- Entscheidungsvorbereitung: Im Planungsprozess werden die erkannten Probleme analysiert und diejenigen Alternativen untersucht, welche zu einer Problemlösung (Zielerreichung) führen können. Auf diese Weise wird die Entscheidung über eine optimale Alternative zweckmäßig und systematisch vorbereitet. Für alle Folgeentscheidungen wird gleichzeitig ein Entscheidungsrahmen fixiert.
- Grundlegung der Steuerung: Durch Planung wird es insbesondere möglich, Abweichungen zwischen vorgegebenen Plangrößen (Soll- oder Wird-Größen) und Vergleichs-Größen (häufig Ist-Größen) zu ermitteln und zugleich Prämissen der Planung zu überwachen. Planung wird so zur Grundlage einer aussagefähigen Kontrolle und damit zu einer wirkungsvollen Steuerung von Potenzialen, Programmen und Prozessen.
- Mitarbeiterinformation: Die Mitarbeiter können durch Pläne über Ziele, Probleme, Alternativen sowie Mittelverwendungen, Restriktionen, Termine usw. angemessen unterrichtet werden.
- Mitarbeitermotivation: Durch Mitwirkung am Prozess der Planerstellung sowie durch Akzeptanz von Planvorgaben können Mitarbeiter zu plankonformer Verhaltensweise, d.h. zur Erreichung der Unternehmensziele, angeregt werden.

Übertriebene Planung birgt aber auch Gefahren in sich, auf die *Koch* ([Beiträge] 22 ff.) besonders hinweist.

8.1.2 Phasen und Aufgaben des Planungs- und Steuerungsprozesses

Der Ablauf eines Planungs- und Steuerungsprozesses vollzieht sich in mehreren Phasen. Jede dieser Phasen ist durch besondere Aufgabenstellungen gekennzeichnet und mit anderen Phasen durch Folge- und Informationsbeziehungen systematisch verknüpft. Die Phasen und ihre Aufgaben können unterschiedlich abgegrenzt und detailliert gekennzeichnet werden (Fandel [Unternehmensplanung] 481 f.). Als zweckmäßig erweist sich folgende Phasenabgrenzung der Planung und Steuerung (Wild [Unternehmungsplanung] 33 ff.; Schweitzer [Planung] 47 ff.); Stölzle [Planung] 1384 f.; Hahn [PuK] 32 ff. und 45 ff.; Jung/Bruck/Quarg [Managementlehre] 128 ff.) (vgl. Abb. 8.1):

- Zielbildung,
- Problemfeststellung,
- Alternativensuche,
- Prognose,
- Bewertung und Entscheidung,
- Durchsetzung (Veranlassung),
- Vorgabe von Sollwerten,
- Ermittlung von Istwerten,
- Soll-Ist-Vergleich (Ermittlung der Soll-Ist-Abweichung),
- Abweichungsanalyse,
- Sicherung (Auslösung von Anpassungs- und Korrekturmaßnahmen).

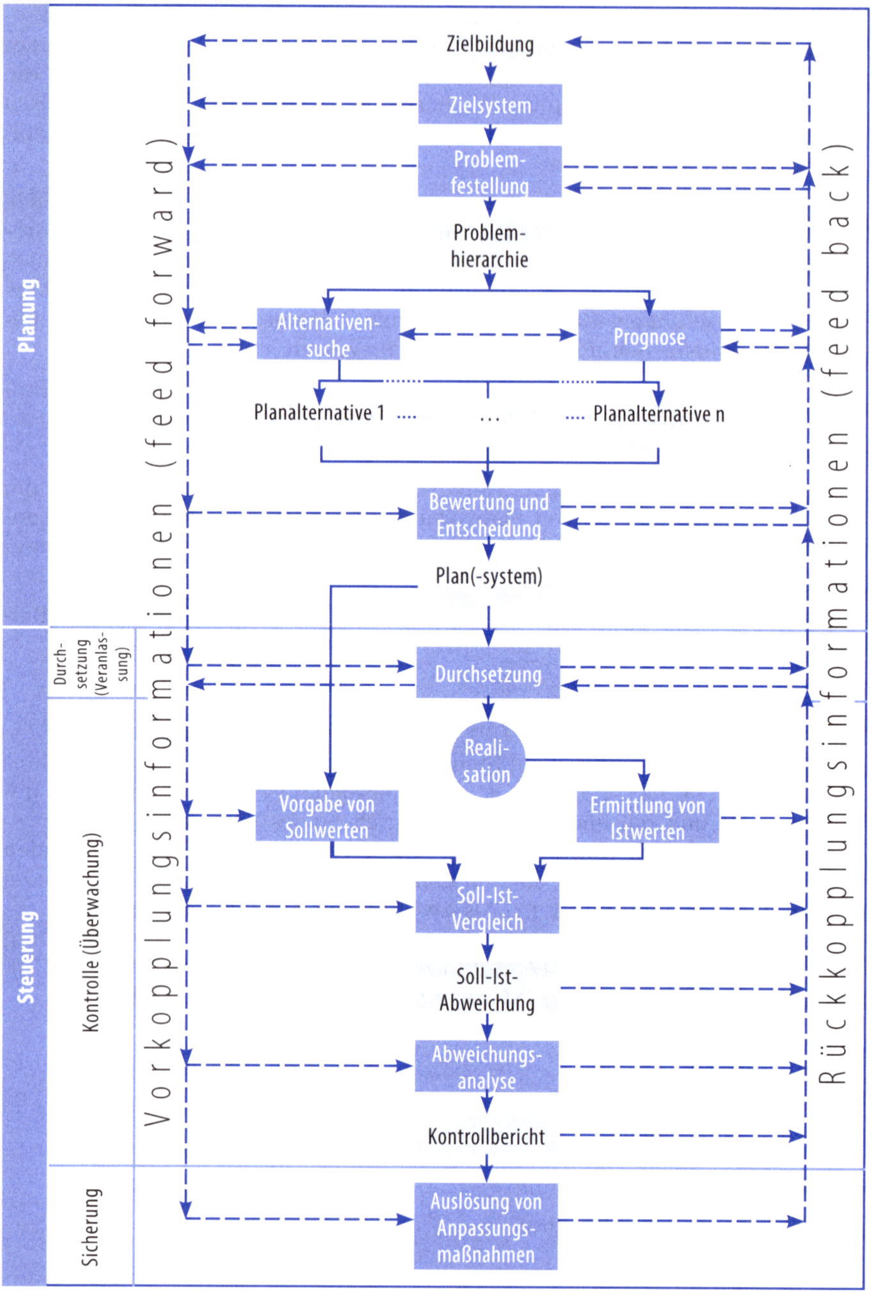

Abbildung 8.1: Stellung der Planung und Steuerung im Führungsprozess des Unternehmens (in Anlehnung an Wild [Unternehmungsplanung] 37)

In Abb. 8.1 wird davon ausgegangen, dass die Phasen Zielbildung, Problemfeststellung, Alternativensuche, Prognose, Bewertung und Entscheidung den Planungsprozess des Unternehmens bilden. Phasen, die nach der Planauswahl ablaufen, d.h. die Durchsetzung, Kontrolle und Sicherung, werden zum Steuerungsprozess zusammengefasst. Mehrere Phasen können innerhalb eines Planungs- und Steuerungsprozesses wiederholt auftreten und damit u.a. Vorentscheidungen (niederer Ordnung) in allen Phasen zulassen. Außerdem können einzelne Phasen in Form von Unterzyklen mehrfach durchlaufen werden und dazu führen, dass die bis dahin gefundenen Phasenergebnisse revidiert werden. Diese Sachverhalte der Periodizität und des Mehrfachdurchlaufs wiederholen sich zwischen allen Planungs- und Steuerungsphasen und führen zur Koordination bzw. Integration von Periodenplänen (Witte [Phasen-Theorem] 625 ff. und [Organisation] 581 ff.). Da Planungs- und Steuerungsprozesse von Menschen getragen werden, nimmt menschliches Verhalten Einfluss auf die Struktur und Wirtschaftlichkeit bzw. auf die Leistungsfähigkeit dieser Prozesse.

Merksatz: Zu den Faktoren, die den Planungsprozess beeinflussen, zählen: die **Zahl der Planungsträger**, die **subjektive Wahrnehmung** der zu lösenden Probleme, **individuelle Wertvorstellungen** der Planungsträger, **begrenzte Lernfähigkeit**, begrenzte **Freiräume für Aktionen und Reaktionen** im System, die **Zahl der Entscheidungsvariablen** und schließlich das **unvollkommene Wissen** über (interne und externe) Entwicklungen in der Zukunft.

Zusätzlich steigt mit zunehmender Dezentralisierung der Planungskompetenzen die Gesamtzahl der Faktoren, die im Planungsprozess berücksichtigt werden müssen. Planung lässt sich außerdem nur zielführend durchführen, wenn die in der Zukunft liegenden, isolierten und verbundenen Wirkungen aller beteiligten Faktoren mit hinreichender Genauigkeit vorausberechnet (prognostiziert) bzw. abgeschätzt werden können. Zur angeschnittenen Problematik können verhaltenswissenschaftliche Analysen einen positiven Beitrag leisten, wobei die Phasen der Planungs- und Steuerungsprozesse sowohl einzeln als auch kombiniert mit ihren Wechselbeziehungen untersucht werden können (Pfohl/Stölzle [Planung] 219 ff.; Stölzle [Planung] 1388 ff.). Im Vordergrund stehen die Aufdeckung, Analyse und Gestaltung von Konflikt- und Motivationspotenzialen sowie der Versuch, generelle Aussagen (Theorien) über Ursache- und Wirkungsbeziehungen des menschlichen Verhaltens zu formulieren.

8.1.3 Bedeutung der Information für die Planung und Steuerung

8.1.3.1 Informationsverarbeitung im Planungs- und Steuerungsprozess

Alle Phasen des Planungs- und Steuerungsprozesses in Abbildung 8.1 lassen erkennen, dass sie im Kern informationsverarbeitende Prozesse sind. Diese Phasen können daher als informationsverarbeitende Input-Output-Prozesse interpretiert werden. Eingangsinformationen (Input) werden in mehreren Bearbeitungsstufen (Throughput) arbeitsteilig mittels bestimmter Techniken in Ausgangsinformationen (Output) transformiert. In diesem Sinne stellen Planung und Steuerung einen Umwandlungsprozess von Eingangs-, in Zwischen- und Ausgangsinformationen (input-output-Informationen) dar.

Merksatz: Die strikte Zielorientierung bzw. Rationalität des Umwandlungsprozesses von Eingangs-, Zwischen- und Ausgangsinformationen wird durch eine systematische Koordination bzw. Integration auf der Basis einer umfassenden Vorkopplung (feed forward) und Rückkopplung (feed back) aller Prozessphasen sichergestellt (vgl. Abbildung 8.1).

Der Planungs- und Steuerungsprozess, wie er in der Realität abläuft, hat neben der rationalen Seite, die bisher beschrieben wurde, auch eine soziale und eine moralische Seite. Die soziale Seite umfasst Fragen, die bei der arbeitsteiligen Planerstellung und Planrealisation durch Menschen aufgeworfen werden. Menschen als Individuen oder als Mitglieder von Gruppen zeigen bei Prozessen der Informationsverarbeitung und Kommunikation bzw. bei ihrem Lernen bestimmte Verhaltensweisen, durch welche der Planungs- und Steuerungsprozess beeinflusst wird. Die moralische Seite rückt ergänzend das moralisch richtige (gute, korrekte) Entscheiden bzw. das ethisch fundierte Entscheiden ins Blickfeld und betrachtet den Planungs- und Steuerungsprozess vom Standpunkt der Sittlichkeit des menschlichen Handelns (vgl. Modul 1, Abschnitt 1.2.). Die soziale und die moralische Sicht können zu Wirkungen führen, die den Planungs- und Steuerungsprozess in seiner Rationalität relativieren.

8.1.3.2 Planung und Steuerung bei verschiedenen Informationsständen

Der Sicherheitsgrad der verarbeiteten Informationen wirkt sich stets auf den Sicherheitsgrad der Planung und Steuerung aus. Planung und Steuerung können in diesem Sinne bei vollkommener oder bei unvollkommener Information betrieben werden. Zur Differenzierung der unvollkommenen Information in unvollständige, unbestimmte, unsichere und ungewisse Information sei auf Kosiol [Betriebswirtschaftslehre] 244 ff.) verwiesen.

- Ein Planer erstellt seine Pläne bei vollkommener Information, wenn er davon ausgehen kann, dass sein Wissen über die Planinhalte (Ziele, Problemstellungen, Entscheidungsvariablen, Wirkungen, Daten, Planungsträger, Termine) vollständig, bestimmt, sicher und gewiss ist. Dieser Informationsstand ist jedoch realitätsfremd.
- Der erste Fall eines unvollkommenen Informationsstandes ist der bei Risiko. Von Planung und Steuerung bei Risiko wird gesprochen, wenn der Planer damit rechnen muss, dass z.B. für jede realisierbare Alternative sowohl positive als auch negative Wirkungen mit jeweils zugehörigen (objektiven oder subjektiven) Wahrscheinlichkeiten eintreten können. Dasselbe gilt für Entscheidungsvariablen, Daten, Termine usw. Dieser Informationsstand ist realitätsnahe.
- Der zweite Fall eines unvollkommenen Informationsstandes ist der bei Unsicherheit. Hier muss der Planer davon ausgehen, dass z.B. jede realisierbare Alternative zu mehreren Wirkungen führen kann, deren Eintrittswahrscheinlichkeiten unbekannt sind. Über die Umweltzustände, welche eine Alternativenwahl beeinflussen, können ebenfalls keine Wahrscheinlichkeitsaussagen gemacht werden. Auch dieser Informationsstand ist realitätsnahe.

Unabhängig von diesem Verhalten der Planungs- und Steuerungspraxis ist das Bemühen der neueren Entscheidungstheorie sowie der Planungslehre auf eine zunehmende explizite Erfassung unvollkommener Informationen und unscharfer Planungsgrößen gerichtet.

8.1.4 Grundannahmen der Planung

Der ältere Ansatz der Planungslehre ging von einem Problembereich aus, der den heutigen Anforderungen an die Betriebswirtschaftslehre als Realwissenschaft nicht mehr standhält. Dieser ältere Ansatz lässt sich rückblickend durch folgende Grundannahmen kennzeichnen:

(1) Träger der Planung (Planer) ist eine einzige Person (der Unternehmer).

(2) Der Planungsprozess berücksichtigt nur wenige zeitliche Komponenten.

(3) Die Planung dient dem Erreichen einer einzigen Zielvorstellung, die eindeutig formuliert ist (meist Gewinnmaximierung).

(4) Dem Planer ist die Menge der realisierbaren Alternativen vollständig bekannt.

(5) Die Prognose der für die Planung erforderlichen Parameter (Daten) kann einwertig (sicher) getroffen werden.

(6) Die Prognose der Zielwirkungen jeder Alternative ist einwertig (sicher) möglich.

(7) Eine Alternative gilt als optimal, wenn sie zu einer extremalen Zielwirkung führt.

(8) Zum Bestimmen der Problemlösung existiert ein effizientes (Rechen-) Verfahren (Algorithmus), das zum Optimum führt.

Die gegenwärtigen Beiträge zur Weiterentwicklung der Planungslehre gehen im Gegensatz zum älteren Ansatz davon aus, dass die Grundannahmen der Planung für die überwiegende Zahl der Anwendungsfälle (insbesondere für Unternehmen) lauten müssen (Schweitzer [Planung] 54):

(1*) Träger der Planung ist eine Personenmehrheit, die den Planungsprozess arbeitsteilig und hierarchisch differenziert vollzieht. Dabei kann die Informationsverteilung zwischen den Planungsträgern symmetrisch oder in beiden Richtungen asymmetrisch sein.

(2*) Der Planungsprozess besteht aus einer Abfolge verschieden strukturierter Teilprozesse (Planungsphasen) mit Beanspruchung von Zeit und mit unterschiedlicher zeitlicher Reichweite.

(3*) Planung dient dem Erreichen eines Zielsystems, das eine geordnete Menge von Einzelzielen mit unterschiedlichem Zeitbezug und Konfliktgehalt sowie mit unterschiedlicher Priorität, Zielausprägung, Präzision, Akzeptanz usw. umfasst.

(4*) Jede realisierbare Alternative zur Problemlösung ist i.d.R. eine Kombination von Entscheidungsvariablen, deren Anzahl und Beziehungszusammenhänge den Planern nicht immer bekannt sind. Das bedeutet für die Menge der realisierbaren Alternativen (den zulässigen Bereich), dass sie unvollständig oder offen sein kann.

(5*) Die Prognose der für die Planung erforderlichen **Parameter** (Daten) kann in vielen Fällen nur mehrwertig (ungewiss) getroffen werden.

(6*) Die Prognose der Zielwirkungen jeder Alternative ist in vielen Fällen nur mehrwertig (ungewiss) möglich.

(7*) Eine Alternative wird als optimal (extremierend, satisfizierend oder fixierend) bezeichnet, wenn sie nach einer akzeptierten Entscheidungsregel (bei Sicherheit, Risiko oder Unsicherheit) gewählt wird, wobei die extremierende Alternative nur ein Sonderfall ist.

(8*) Für bestimmte Problemstellungen existieren effiziente, systematische (Rechen) Verfahren (Algorithmen), die zur optimalen Lösung führen; für andere gibt es keine entsprechenden Algorithmen oder, soweit vorhanden, führen sie nicht zu einer optimalen Lösung. Planung muss sich daher auch vorhandener bzw. neu zu entwickelnder Heuristiken bedienen und komplexe Planungsprobleme mit Hilfe von Simulationen näherungsweise bzw. zufriedenstellend lösen.

In der Planungsliteratur werden in Bezug auf einige der formulierten Grundannahmen der Planung wohlstrukturierte und defekte Planungsprobleme (Entscheidungsprobleme) unterschieden (Adam [Planung] 10 ff.). Zu deren Kennzeichnung werden insbesondere die älteren Grundannahmen (3), (4), (6) und (8) herangezogen.

Merksatz: Planungsprobleme gelten als **wohlstrukturiert (perfekt)**, wenn sie mit eindeutiger Zielvorstellung, mit bekanntem und geschlossenem Lösungsraum, mit bekannten Wirkungen der Alternativen sowie mit einem verfügbaren, effizienten Lösungsalgorithmus arbeiten. Alle anderen Planungsprobleme, die in einer oder in mehreren dieser vier Annahmen Strukturmängel aufweisen, gelten als **defekt**, was im Allgemeinen für praktische Planungsprobleme zutrifft. Im Einzelnen werden dann zielsetzungsdefekte, wirkungsdefekte, bewertungsdefekte und lösungsdefekte Planungsprobleme unterschieden.

Bei einer Orientierung an einer größeren Menge von Grundannahmen der Planung, z.B. an den hier formulierten Grundannahmen (1*) bis (8*), lässt sich zeigen, dass praktische Planungsprobleme unter einer noch größeren Zahl von **„Defektarten"** leiden können (Berens/Delfmann [Planung] 19 ff.; Klein/Scholl [Planung] 50 ff.).

Merksatz: **Planungsmodelle** sind formale Abbildungen eines realen Sachproblems; sie sollen die **gleiche Struktur** wie das Sachproblem besitzen, d. h., sie sollen **isomorphe Abbildungen** des zugrunde liegenden Sachproblems sein.

In allen Fällen, in welchen Planungsmodelle nur ähnliche Strukturen wie die des Sachproblems erreichen, handelt es sich um homomorphe Abbildungen. Faktisch sind die meisten Planungsmodelle nur ähnliche Abbildungen des realen Sachproblems, was ihre Aussagekraft und Brauchbarkeit zur Unterstützung der Planung relativiert.

Merksatz: Da es häufig unmöglich ist, reale Sachprobleme in ihrer Totalität zu erkennen und zu erklären (Popper [Logik] 379), wird die Struktur der Sachprobleme durch **Abstraktionen** und **Vereinfachungen** in einer vorweggenommenen Adjustierung an bekannte Sprach- und Modellstrukturen erst abbildbar gemacht.

Durch diese Adjustierung bringt der Mensch als Planungsträger und Modellkonstrukteur in die Modellierung, häufig sogar unbewusst, subjektive Vorstellungen und Interpretationen von dem ein, was er selbst als Sachproblem wahrnimmt (Bunge [Treatise] 83; Bretzke [Problembezug] 35; Berens/Delfmann [Planung] 26 f.).

8.2 Arten und Phasen der Planung

8.2.1 Arten der Planung

8.2.1.1 Arten der Planung nach Bezugsobjekten

In Unternehmen kommen verschiedene Arten von Planungen bzw. Plänen vor. Arten der Planung (Pläne) lassen sich nach einer Reihe von Merkmalen unterscheiden. Bezugsobjekte bilden eine erste Möglichkeit zur Klassifikation der Planungen. Als Bezugsobjekte der Planung können auftreten (vgl. dazu auch die Differenzierung bei Kolisch [Planungsverfahren] 1395 ff.):

- der Bezugszeitraum,
- der Funktionsbereich,
- die Leitungshierarchie,
- die Planungshierarchie,
- die Beeinflussbarkeit der Umwelt,
- die Planungsgegenstände.

Die Zeitdauer, auf die sich Planung (ein Plan) bezieht, heißt Bezugszeitraum. Nach dem Bezugszeitraum (B) werden getrennt:

- kurzfristige Planung (Pläne) ($B \leq 1$ Jahr),
- mittelfristige Planung (Pläne) ($1 < B \leq 5$ Jahre),
- langfristige Planung (Pläne) ($B > 5$ Jahre).

Die Fristigkeit der Pläne ist von der Qualität der Prognosen, vom Planungsgegenstand, vom planenden Unternehmen und von der Branche abhängig. Aber auch die Produktlebenszyklen, der Stand von Forschung und Entwicklung sowie mögliche Produktsubstitutionen haben Einfluss auf die Fristigkeit der Pläne (Kreikebaum/Grimm [Unternehmensplanung] 36).

Nach dem Merkmal des erfassten Funktionsbereichs werden beispielsweise Absatzplanung, Fertigungsplanung, Lagerhaltungsplanung, Beschaffungsplanung, Finanzplanung, Investitionsplanung unterschieden.

Das Merkmal der Leitungshierarchie führt zur Unterscheidung von Unternehmensplanung, Bereichsplanung, Stellenplanung bzw. -plänen sowie zu weiteren Unterteilungen nach aufbauorganisatorischen Gesichtspunkten.

Die Planungshierarchie drückt aus, dass einzelne Pläne des Unternehmens in einem Über-/Unterordnungsverhältnis zueinander stehen. In der Planungslehre hat es sich durchgesetzt, nach dem Merkmal der Planungshierarchie drei Planungsarten (Pläne) zu unterscheiden (vgl. dazu die Anwendungsfälle in Abschnitt 8.5):

– strategische (oberste) Planung (Pläne),
– taktische (mittlere) Planung (Pläne),
– operative (unterste) Planung (Pläne).

Zur Kennzeichnung dieser drei Planungsarten werden die Merkmale Differenziertheitsgrad, Detailliertheitsgrad, Präzision der verwendeten Informationen, Bezugszeitraum sowie Strukturmängel der Planungsprobleme herangezogen (vgl. Abbildung 8.2).

Merkmale der Planungsprobleme / Ebene der Planung (Pläne)	**Differenziertheitsgrad** (Gliederung in Teilpläne)	**Detailliertheitsgrad** Erfassung von Einzelheiten)	**Präzision** (Feinheit der Information über zu erfassende Größen)	**Bezugszeitraum** (Planungshorizont/Prognosereichweite)	**Strukturmängel** (Abgrenzung des Suchraums für zulässige Lösungen)
Strategische Ebene	wenig differenziert (Gesamtplan)	globale Größen (Problemfelder)	grobe Informationen über Größen	langfristig	schlecht definierte Probleme
Taktische Ebene	↓	↓	↓	↓	↓
Operative Ebene	stark differenziert (viele Teilpläne)	detaillierte Größen (Detailprobleme)	feine (exakte) Informationen über Größen	kurzfristig	wohldefinierte Probleme

Abbildung 8.2: Kennzeichnung strategischer, taktischer und operativer Planung (Pläne) (nach Pfohl [Planung] 123)

Merksatz: In einer Planhierarchie stehen die Pläne tieferer Ebenen in einem **„Ableitungsverhältnis"** zu den Plänen höherer Ebenen; formal wird ein taktischer Plan aus einem strategischen „abgeleitet" und entsprechend ein operativer aus einem taktischen Plan.

Es ist zu beachten, dass über diese drei Hierarchieebenen gleichzeitig eine zunehmende Präzision, Detailliertheit und Differenziertheit der Pläne auftritt, so ist der Inhalt dieser „Ableitung" als allgemeine Plankonkretisierung bzw. als Planintegration zu interpretieren. Eine ähnliche Untergliederung der Planung nach der Planungshierarchie schlägt *Frese* ([Unternehmungsführung] 174 ff.) in Anlehnung an *Anthony* ([Planning]) vor:

– strategische Unternehmensplanung,
– operative Unternehmensplanung,
– realisationsbezogene Prozessplanung.

Die Planung wird nach der Beeinflussbarkeit der Unternehmensumwelt (bzw. nach ihrer Planungsrichtung) in zwei Unterfälle unterteilt. Passt sich die Planung (ein Plan) an die Umwelt an, weil die Umwelt der bestimmende Faktor ist, muss Planung von außen nach innen (Outside-In-Approach) erfolgen. Im zweiten Fall, in welchem die Umwelt durch das Unternehmen beeinflusst werden kann, d.h., dass sich die Umwelt an die Planung des Unternehmens anpasst, wird von einer Planung von innen nach außen (Inside-Out-Approach) gesprochen. Diese Unterscheidung der Planungsrichtung ist erforderlich, weil die Planung in beiden Fällen auf unterschiedlichen Strategien aufgebaut wird. Bei einer Planung von außen nach innen sind Anpassungsstrategien und im Falle der Planung von innen nach außen Beeinflussungsstrategien (Autonomie-Strategien) zu wählen. Welche dieser Strategien mit der zugehörigen Planungsrichtung gewählt wird, hängt von der Selbsteinschätzung des Unternehmens in Bezug auf seine Marktposition und seine Marktmacht ab.

Nach den Planungsgegenständen lassen sich Potenzial Programm und Prozessplanung (-pläne) unterscheiden. Potenziale sind Größen, die ein Leistungsvermögen ausdrücken. Als Programme werden produktbezogene Fertigungs- und Absatzprogramme bezeichnet, d.h. diejenigen Arten, Qualitäten und Mengen von materiellen und immateriellen Gütern, die in einer Planperiode hergestellt bzw. in Märkten abgesetzt werden. Schließlich werden unter Prozessen alle Aktivitäten bzw. deren Verknüpfungen subsumiert, welche Erfüllungshandlungen vorgegebener Aufgaben darstellen. Zu beachten ist, dass zwischen Potenzial-, Programm- und Prozessplänen wechselbezügliche Abhängigkeiten bestehen, die bei der Planung zu berücksichtigen sind.

8.2.1.2 Arten der Planung nach Abstimmungsformen

Ein realisierbarer Gesamtplan muss das Netz einseitiger und wechselseitiger Beziehungen zwischen allen Periodenplänen möglichst wirklichkeitsgetreu berücksichtigen und alle Periodenpläne sachlich untereinander sowie formal mit dem Zielsystem des Unternehmens abstimmen, d.h. koordinieren und integrieren (Frese [Unternehmungsführung] 170 ff.).

Merksatz: Unter **Plankoordination** wird die horizontale Abstimmung von Periodenplänen verstanden, während **Planintegration** deren vertikale Abstimmung bedeutet.

Die Koordinations- und Integrationsproblematik der Planung kann auf zwei Wegen gelöst werden: Entweder werden die einzelnen Teilperioden, Teilbereiche usw. schrittweise geplant und die entstehenden Periodenpläne unter Berücksichtigung erforderlicher Abstimmungen zum Gesamtplan des Unternehmens verdichtet, oder die einzelnen Teilperioden, Teilbereiche usw. werden gleichzeitig in einem einzigen Planungsansatz unter Berücksichtigung aller bestehenden Interdependenzen geplant. Während die erste Art der Planung sukzessive Planung genannt wird, heißt die zweite Art simultane Planung. Die Sukzessivität und die Simultaneität können als die beiden grundsätzlichen Abstimmungsformen der Planung bezeichnet werden. Dem besseren Verständnis ist es dienlich, nur ein einziges dieser Merkmale zur Differenzierung des Planungsbezugs zu betrachten. Dann können drei Ausprägungen der beiden Abstimmungsformen unterschieden werden (vgl. Abbildung 8.3):

- nach dem Merkmal der zeitlichen Koordination die zeitlich sukzessive und zeitlich simultane Planung,
- nach dem Merkmal der sachlichen Koordination die sachlich sukzessive und die sachlich simultane Planung,
- nach dem Merkmal der hierarchischen Integration die hierarchisch sukzessive und hierarchisch simultane Planung.

zeitlich Koordination sachlich	sukzessiv	simultan
sukzessiv	einperiodige Beschaffungsplanung für das erste Jahr im Rahmen einer gesamtbetrieblichen Fünfjahresplanung	simultane mehrperiodige Beschaffungsplanung für alle fünf Jahre im Rahmen einer gesamtbetrieblichen Fünfjahresplanung
simultan	einperiodige Gesamtplanung des Betriebs für das erste Jahr im Rahmen einer gesamtbetrieblichen Fünfjahresplanung	simultane mehrperiodige Gesamtplanung des Betriebs für alle fünf Jahre im Rahmen einer gesamtbetrieblichen Fünfjahresplanung

Abbildung 8.3: Beispiele für zeitlich-sachliche Koordinationsformen

Bei sachlich sukzessiver Planung sind nach abstimmenden Mehrfachdurchgängen der Pläne die sachliche Koordination und die Realisierbarkeit des Gesamtplanes meist gewährleistet. Ob jedoch der auf diese Weise entstehende Gesamtplan zu einer besten Lösung des Gesamtproblems führt, bleibt offen.

Aufgabe der sachlich simultanen Planung ist das Aufstellen eines Gesamtplans bei gleichzeitiger Erfassung aller Funktionsbereiche mit ihren Interdependenzen über eine oder mehrere Perioden. Die simultane Planung wird meist zentral in einer Planungsabteilung oder in einem Planungsstab durchgeführt und erfordert ein simultanes Planungsmodell, das alle ökonomischen sowie technischen Daten, Variablen, Restriktionen und Ziele erfasst. Dieses Planungsmodell kann ein exaktes Optimierungsmodell oder ein Näherungsmodell sein.

Merksatz: Tatsächlich wenden auch größere Unternehmen nur in wenigen Fällen simultane Planungsmodelle an, die übrigen Unternehmen bedienen sich aus Tradition bzw. notgedrungen sukzessiver Planungsansätze.

Gegenwärtig sind insbesondere zahlreiche lineare Planungsrechnung verfügbar, welche den Investitions-, Finanzierungs-, Produktions-, Beschaffungs-, Absatz- und den Personalbereich in Ausschnitten simultan über eine oder mehrere Perioden erfassen können. Auch bei simultaner Planung sind Mehrfachdurchrechnungen dann erforderlich, wenn einzelne Parameter geändert werden und festgestellt werden soll, wie diese Änderungen auf die optimale

Planalternative wirken. Zweckmäßig bedient man sich in diesem Falle der parametrischen Planungsrechnung, die dieser Aufgabenstellung besonders entspricht.

Bei der hierarchischen Integration von Plänen stehen insbesondere in der praktischen Anwendung die sukzessiven Verfahren im Vordergrund. Für diese Abstimmungsform haben sich drei Verfahren herauskristallisiert (vgl. Abbildung 8.4):

- das retrograde Verfahren (auch retrograde Planung oder Top-Down-Planung genannt),
- das progressive Verfahren (auch progressive Planung oder Bottom-Up-Planung genannt),
- das zirkuläre Verfahren (auch zirkuläre Planung, Gegenstromplanung oder kombinierte Top-Down-Vorlauf- und Bottom-Up-Rücklauf-Planung genannt).

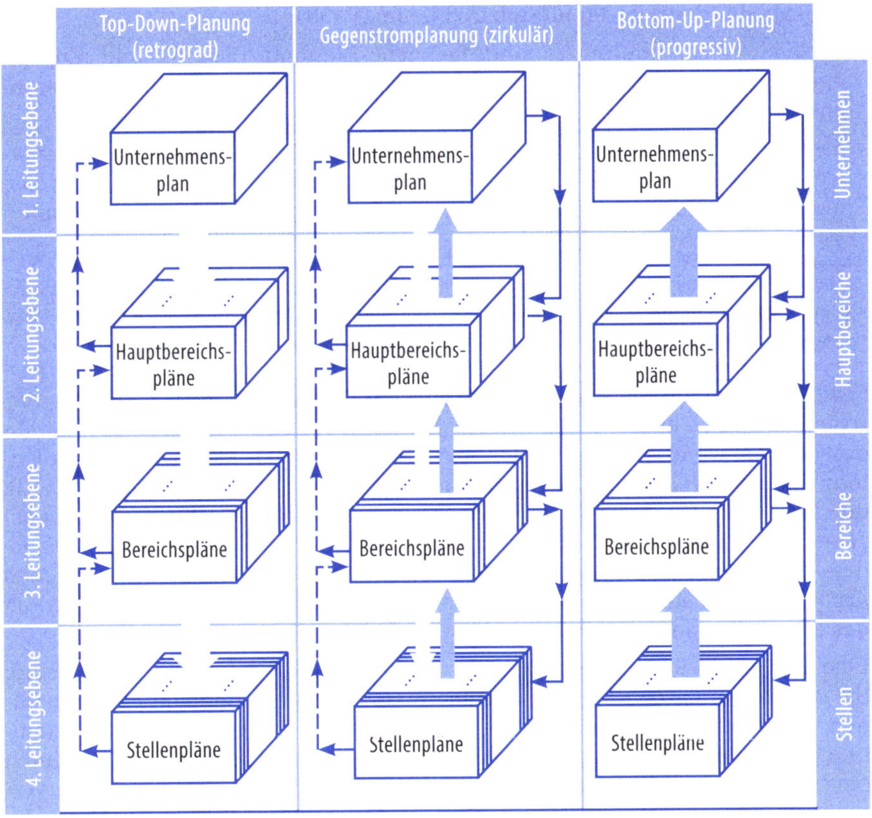

Abbildung 8.4: Planungsarten nach der hierarchisch sukzessiven Koordination für vier Leitungsebenen

Im Kern stellen die drei Integrationsverfahren eine sukzessive Abstimmung hierarchisch differenzierter Pläne dar. Während das retrograde Verfahren von einem Gesamtplan des Unternehmens ausgeht und daraus die Bereichs- und Stellenpläne herleitet, geht das progressive Verfahren umgekehrt von den Stellenplänen aus und integriert diese schrittweise zu den übergeordneten Bereichsplänen sowie zum Gesamtplan des Unternehmens. Das zirkuläre Verfahren verbindet das retrograde und das progressive Verfahren mit dem Zweck, die Vorteile beider Verfahren dem gesamten Planungsprozess dienstbar zu machen. Begonnen wird hier der Planungsprozess in einem ersten Durchgang retrograd mit einem globalen Rahmenplan (Planungsvorlauf), der bis zu Stellenplänen aufgespalten wird. Dann werden in einem zweiten Durchgang die revidierten und konkretisierten Stellenpläne progressiv zu Bereichsplänen und diese wiederum zum Gesamtplan integriert (Planungsrücklauf).

Die drei genannten Integrationsverfahren führen bei ihrer praktischen Anwendung zu Vor- und Nachteilen, die daran gemessen werden, welche Anforderungen sie an die beteiligten Planungsträger (persönliche Anforderungen) oder an das Planungssystem (sachliche Anforderungen) stellen (Wild [Unternehmungsplanung] 191 ff.; Pfohl/Stölzle [Planung] 139 ff.):

- Persönliche Anforderungen sind: fachliche Eignung, Wissensstand, Zuständigkeit, angemessener Informationsstand, Leistungsbereitschaft, Kooperationsbereitschaft u.a.
- Sachliche Anforderungen sind: Abstimmbarkeit der Pläne, Abstimmungsnotwendigkeiten, latente Konfliktpotenziale, erforderliche Dokumentations- und Organisationsgrade, Kommunikationsbedarfe, Steuerungsverluste u.a.

Merksatz: **In vielen Fällen erweist sich, dass nach dem Rücklauf die präzisierten Oberziele nicht den Vorstellungen der Unternehmensspitze entsprechen oder der detaillierte Gesamtplan nicht verabschiedungsreif ist. Dann setzt ein zweiter Planungszyklus ein, für welchen die Unternehmensspitze einen detaillierteren (Rahmen-) Gesamtplan und präzisere Oberziele als Ausgangsziele vorgibt.**

Sowohl im Vorlauf als auch im Rücklauf des Planungsprozesses können verschieden lange Unterzyklen auftreten. Dieser zirkuläre Planungsprozess ist abgeschlossen, wenn der Gesamtplan und die Oberziele als Planziele von der Unternehmensspitze als zufriedenstellend akzeptiert und verabschiedet, d.h. durch eine Entscheidung als verbindliche Handlungsvorgabe für den Planungszeitraum festgelegt werden. Erfahrungen mit der zirkulären Planung zeigen, dass durch dieses Koordinations- und Integrationsverfahren den persönlichen Anforderungen an die Planungsträger und den sachlichen Anforderungen an das Planungssystem in hohem Umfang Rechnung getragen wird.

Eine Weiterentwicklung der zirkulären Planung ist die hierarchische Planung. Sie wird hierarchisch genannt, weil sie Integrationsprobleme von Periodenplänen verschiedener Planungsebenen behandelt. Ihre Fragestellung ist das Integrationsdilemma zwischen zentraler und dezentraler Planung, das sie durch eine Kombination zentraler und dezentraler Planungselemente zu lösen versucht. Dazu wählt sie einen entscheidungstheoretisch fundierten Ansatz. Im Einzelnen bildet sie Teilpläne nach der Methode der hierarchischen Dekomposition, d.h., sie spaltet ein komplexes Gesamtplanungsproblem in Teilprobleme bzw. Teilpläne verschiedener Planungsebenen (Hierarchieebenen). Dabei nimmt der Abstraktionsgrad der Teilpläne von der obersten bis zur untersten Planungsebene schrittweise ab bzw. der Konkretisierungsgrad zu. Auf die Dekomposition des Gesamtplanungsproblems folgt die Integration der Teilpläne mittels Vor- und Rückkopplungsverfahren (Adam [Planung] 378 ff.). Das Integrationsverfahren der hierarchischen Planung kann sowohl auf das gesamte Planungssystem des Unternehmens als auch auf eine Teilplanung angewendet werden. Nachfolgend wird die Dekomposition der Produktionsprogrammplanung (Teilplanung) erläutert.

Beispiel:

Die Arbeitsweise der hierarchischen Planung werde am Beispiel der Produktionsprogrammplanung erläutert. Bei drei Ebenen dieser Planung erfolgt die Dekomposition des Gesamtplanungsproblems wie folgt (Adam [Planung] 380 ff.):

- **Planungsebene 1: Produkttypen (Entscheidungsvariablen) werden simultan geplant. Das Abstraktionsniveau der Problemstruktur ist sehr hoch, die Modelldaten sind sehr grob, auftretende Interdependenzen werden hoch aggregiert erfasst.**
- **Planungsebene 2: Jeder Produkttyp der Planungsebene 1 wird in Produktfamilien (Entscheidungsvariablen) gespalten. Der Abstraktionsgrad der Teilpläne nimmt ab, die Modelldaten werden konkreter, auftretende Interdependenzen werden präziser erfasst.**
- **Planungsebene 3: Jede Produktfamilie der Planungsebene 2 wird in Varianten (Entscheidungsvariablen) gespalten. Der Abstraktionsgrad der Teilpläne nimmt weiter ab, die Modelldaten werden noch konkreter, auftretende Interdependenzen werden präzise erfasst. Die Integration der hierarchisch differenzierten Teilpläne erfolgt entweder durch Verfahren der Vorkopplung oder durch Verfahren der Rückkopplung.**

8.2.1.3 Arten der Planung nach Anpassungsformen

Da die Umwelt und das eigene Aktionsfeld des Unternehmens veränderlich sind, müssen die Pläne des Unternehmens an eingetretene bzw. zu erwartende Änderungen anpassungsfähig, d.h. flexibel formuliert werden. Von den möglichen Wegen zu einer flexiblen Planung werden nachfolgend diejenigen erläutert, die in Wissenschaft und Wirtschaftspraxis Bedeutung bzw. eine angemessene Bewährung erfahren haben. Anknüpfungspunkte für diese Erörterung der Planungsflexibilität sind die Verbindlichkeit und der Anpassungsrhythmus der Periodenpläne.

Das Merkmal der Verbindlichkeit von Periodenplänen führt zur Abgrenzung zwischen verbindlichen (definitiven) und unverbindlichen (bedingten) Periodenplänen. Das Merkmal des Anpassungsrhythmus bezieht sich dagegen auf die Art und Weise, wie zeitlich aufeinanderfolgende Periodenpläne fortgeschrieben werden (Troßmann [Finanzplanung] 391 ff.).

Die typischen Anpassungsformen der Planung nach der Verbindlichkeit der Teilpläne sind die flexible und die starre Planung.

Definition:

Flexible Planung wird als ein Verfahren der Planabgrenzung definiert, nach dem zu Beginn der ersten Teilperiode nur über den Periodenplan dieser Teilperiode verbindlich und über die Periodenpläne der Folgeperioden unverbindlich entschieden wird.

Die flexible Planung ist auf Risiko- und Ungewissheitssituationen zugeschnitten (Hax/Laux [Flexible Planung] 318 ff.), welchen sie dadurch genügt, dass der erste Periodenplan in der Planungskette als verbindlicher Plan vorgegeben wird, während die nachfolgenden Periodenpläne bis zum Planungshorizont zwar formuliert, aber unverbindlich sind. Die Anpassungsfähigkeit der flexiblen Planung besteht darin, dass vor Beginn einer Teilperiode über denjenigen Periodenplan verbindlich entschieden wird, der in dieser Teilperiode realisiert werden soll. Dies geschieht bei Kenntnis aller Folgepläne der späteren Teilperioden.

Merksatz: **Voraussetzungen** für den Aufbau eines flexiblen Planungssystems sind ein hoher Informationsstand über realisierbare Periodenpläne, über mögliche Situationen mit ihren Eintrittswahrscheinlichkeiten, über Wirkungen der Periodenpläne, über Restriktionen u.a. Zudem muss ein **effizienter Algorithmus** vorliegen, um die optimale Folge der Periodenpläne bestimmen zu können.

Besonders geeignet zum Erfassen der Struktur einer flexiblen Planung sind Verfahren der dynamischen Planungsrechnung. Diese Verfahren ermöglichen die Aufspaltung eines mehrperiodigen Gesamtplans in Periodenpläne, die zur optimalen Lösung des mehrperiodigen Gesamtproblems führen. In der Wirtschaftspraxis finden die Verfahren der dynamischen Planungsrechnung bisher nur begrenzt Anwendung. In ihrer Struktur sind diese Verfahren aber an unterschiedliche Planungsprobleme anpassbar und stellen die sachliche Koordination und die Realisierbarkeit der Periodenpläne bzw. des Planungssystems sicher (Schneeweiß [Planung] 100 ff.).

Das Gegenstück zur flexiblen Planung ist die starre Planung. Bei dieser Planung werden keine unverbindlichen, sondern stets nur verbindliche Entscheidungen über Periodenpläne getroffen.

Definition:
Starre Planung wird als ein Verfahren der Planabgrenzung definiert, nach dem zu Beginn der ersten Teilperiode bereits über die Periodenpläne aller Folgeperioden verbindlich entschieden wird.

Streng genommen ist eine starre Planung nur vertretbar, wenn die Gesamtplanung des Unternehmens bei vollkommener Information über die zukünftige Entwicklung aller Planungsdaten erfolgt. Da diese Informationsannahme wirklichkeitsfremd ist, besitzt die starre Planung für die Planungspraxis die strukturelle Schwäche, dass beim Eintreten einer unerwarteten Situation alle Periodenpläne bereits festgelegt sind und keine zielführenden Anpassungsentscheidungen mehr getroffen werden können.

Die typischen Anpassungsformen der Planung nach dem Anpassungsrhythmus der Teilpläne sind die rollende (rollierende) und die nichtrollende Planung. Am Beispiel einer Fünfjahresplanung werde dieser Sachverhalt erläutert (vgl. Abbildung 8.5). Unterteilt ein Unternehmen seinen Fünfjahresplan in fünf einzelne Jahrespläne (Periodenpläne), die als Grobpläne erstellt werden, und schreibt es diese Jahrespläne nicht oder nur unregelmäßig fort, dann wird diese Fortschreibungsart als nichtrollende (nichtrollierende, sprunghafte) Planung bezeichnet. Wird dagegen der erste Jahresplan als Feinplan formuliert und sind die nachfolgenden vier Jahrespläne Grobpläne, wobei der erste Jahresplan nochmals in Monats-, Dreimonats-, Viermonats- oder Sechsmonatspläne (als Feinpläne) unterteilt werden kann, dann wird diese Planfortschreibung als rollende (rollierende, gleitende) Planung bezeichnet. Hier schreibt der Anpassungsrhythmus vor, dass die Feinpläne regelmäßig nach Ablauf eines Einzelplans und die Grobpläne regelmäßig in Jahresabständen fortgeschrieben (Troßmann [Prinzipien] 123 ff.).

Definition:
Die **rollende Planung** wird als Planfortschreibung definiert, bei der die Feinpläne unterjährig und die Grobpläne in Jahresabständen fortgeschrieben werden.

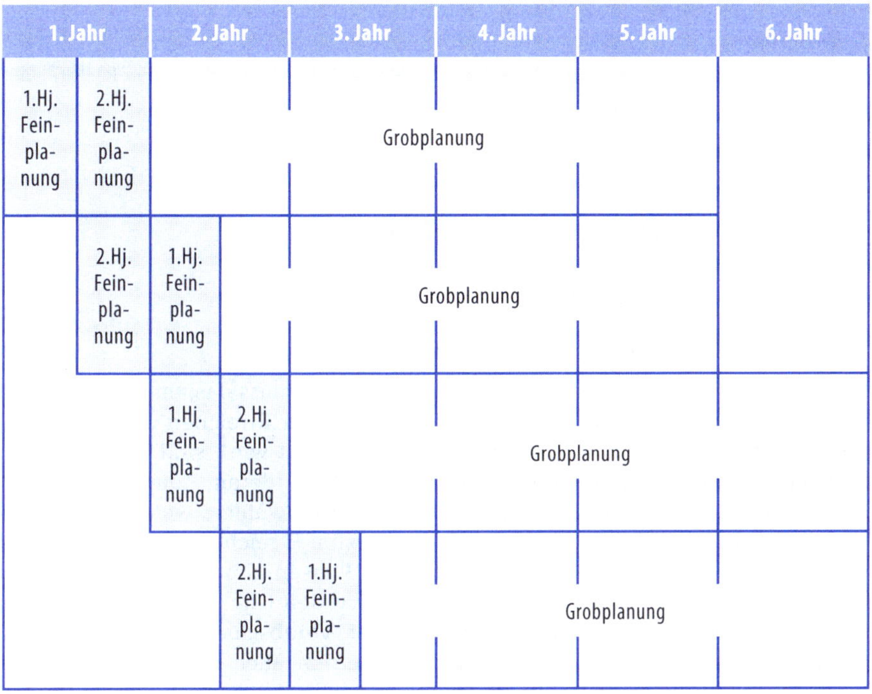

Abbildung 8.5: Anpassungsrhythmen bei rollender Fünfjahresplanung

In Abbildung 8.5 wird die rollende Planung für eine halbjährige Feinplanung und für eine vierjährige Grobplanung dargestellt. Durch die rollende Planfortschreibung können neu gewonnene Informationen, insbesondere unvorhergesehene Ereignisse, in die Mehrperiodenplanung fortschreitend einbezogen werden. Die sachliche Koordination und die Realisierbarkeit aller Pläne werden durch die rollende Planung i.d.R. gewährleistet.

Merksatz: Praktisch ist die rollende Planung eine **Fortschreibungstechnik** für flexible Pläne mit einer unterjährigen Erfassung auftretender Risiken.

Wird in der rollenden Planung das Augenmerk auf die jeweilige Neuberechnung der Daten mit einem konstanten Bezugszeitraum von mindestens vier Quartalen gerichtet und erfasst diese Rechnung zentrale Eckpunkte in aggregierter Form, wird diese Fortschreibungstechnik auch „Rolling Forecast" genannt (Colsman [Erfolgsfaktoren] 195).

8.2.2 Aufgaben der Planungsphasen

8.2.2.1 Aufgaben der Zielbildung

Zum besseren Verständnis und zur leichteren Analyse seiner Struktur- und Gestaltungsprobleme wird der Planungsprozess in mehrere Phasen gegliedert (Wild [Unternehmungsplanung] 36 ff.; Schweitzer [Planung] 71 ff.); Delfmann/Reihlen [Planung] 1442 ff.; Horvath [Controlling] 176 ff.) (vgl. Abbildung 8.1):

Die erste Phase des Planungsprozesses ist die Zielbildung.

Definition:
Als **Zielbildung** wird das Festlegen eines präzisen, strukturierten und realisierbaren Systems von Handlungsnormen definiert.

Aufgaben der Zielbildung sind:

- Zielfindung,
- Zielpräzisierung (Zieloperationalisierung),
- Zielstrukturierung,
- Realisierbarkeitsprüfung der Ziele,
- Zielauswahl, Zielkompromiss (Entscheidung über Ziele).

Wurden mehrere alternative Zielsysteme erarbeitet, muss dasjenige Zielsystem ausgewählt werden, das die optimale Eignung zum Erreichen der Oberziele besitzt. Für den Fall, dass nur ein Zielsystem erstellt wird, sind bei alternativ möglichen Unterzielen diejenigen Unterziele bzw. deren Kombination und Zielkompromisse (Reiter [Zielkonflikte] 265 ff.) auszuwählen, welche mit hoher Wahrscheinlichkeit die gewünschten Beiträge zum Erreichen der Oberziele erbringen. Solange ein Zielsystem nicht alle Phasen des Planungsprozesses durchlaufen hat, besitzen seine Einzelziele noch den Charakter von (vorläufig verbindlichen) Ausgangszielen. Erst nach der Verabschiedung des Gesamtplans durch die oberste Geschäftsführung werden auch die Einzelziele verbindlich und zu Planzielen. Für Planziele ist damit abgesichert, dass sie unter Berücksichtigung vorhandener Ressourcen, wählbarer Maßnahmen und sonstiger Restriktionen realisierbare Handlungsvorgaben darstellen. Darüber hinaus wird erkennbar, dass in der Planungsphase der Zielbildung bereits Aufgaben der Alternativensuche, der Prognose sowie der Bewertung und Entscheidung auftreten (vgl. dazu Abbildung 8.1).

Merksatz: In der Phase der Zielbildung können u.a. folgende **Techniken** zum Einsatz gelangen: Relevanzbäume, Kennzahlensysteme, Zielbeziehungsmatrizen.

8.2.2.2 Aufgaben der Problemfeststellung

Die zweite Phase des Planungsprozesses ist die Problemfeststellung (vgl. Abbildung 8.1).

Definition:
Als **Problemfeststellung** wird die Ermittlung der Lücke zwischen der Zielvorstellung und der erwarteten Lage bzw. Entwicklung (ohne das Ergreifen zielführender Maßnahmen) definiert.

Die Phase der Problemfeststellung hängt eng mit der Phase der Zielbildung zusammen. Ohne eine Zielvorgabe kann kein Planungsproblem festgestellt werden. Erst wenn ein Ziel präzise formuliert und als Handlungssoll vorgegeben wird, kann festgestellt werden, welches Problem vorliegt und welche Maßnahmen ergriffen werden müssen, um die spätere Zielerreichung abzusichern bzw. Zielabweichungen festzustellen und möglichst niedrig zu halten. Gelingt z.B. für eine beliebige Planungsperiode die Prognose der erwarteten Lage (erwartete Zielerreichung) und weicht diese von der gesetzten Zielvorstellung ab, so verkörpert die festgestellte Zielabweichung das aufgeworfene Planungsproblem. Die Höhe dieser Zielabweichung kennzeichnet die Problemlücke.

Aufgaben der Problemfeststellung sind:

- Beschreibung und Analyse der gegenwärtigen Situation (Lageanalyse),
- Prognose der Lage bzw. Entwicklung (erwartete Zielerreichung), die im betrachteten Planungszeitraum bei erwarteten Umweltveränderungen eintreten wird, wenn keine zielführenden Maßnahmen zur Gestaltung des Geschehens vorgesehen werden (Lageprognose),
- Vergleich der gesetzten Zielvorstellung (Soll-Zustand) mit der Lageprognose der Planungsperiode (erwartete Zielerreichung) und Feststellung der Problemlücke („Gap").

Definition:
Als **Problemlücke** wird die Abweichung der erwarteten Lage (Lageprognose) vom Soll-Zustand definiert, die durch zielführende Maßnahmen der Planungsträger geschlossen werden soll.

Die grafische Darstellung des Soll-Zustandes (der gesetzten Zielvorstellung) im Zeitablauf führt zu einer Zielkurve, die Lageprognose entsprechend zu einer Entwicklungskurve. Die Differenz zwischen beiden Kurven zeigt die Veränderung der Problemlücke im Zeitablauf (vgl. Abbildung 8.6 auf Seite 346).

Eine festgestellte Problemlücke kann nicht nur dadurch geschlossen werden, dass nach Maßnahmen gesucht wird, welche die Lageprognose an den Soll-Zustand (Zielvorgabe) annähern. Vielmehr kann auch der Soll-Zustand an die Lageprognose angeglichen werden. Dies gilt besonders dann, wenn die Zielvorgabe überzogen formuliert wurde und keine Maßnahmen gefunden werden können, welche die Lageprognose verbessern. Für die Planung bedeutet dieses Vorgehen eine Zielrevision oder im äußersten Fall den Übergang auf eine neue Zielvorstellung. Für das bisher formulierte Zielsystem ist dann eine entsprechende Anpassung bzw. Korrektur vorzunehmen.

Die Problemlücke in Abbildung 8.6 kann geschlossen werden, soweit zielführende Maßnahmen zur Verfügung stehen. Durch eine Wirkungsprognose (vgl. Abschnitt 8.2.2.4.) lassen sich die Konsequenzen nach dem Ergreifen einzelner Maßnahmen (Wird) vorausberechnen. In Abbildung 8.6 werden diese Konsequenzen durch die Wirkungskurve dargestellt, die zeigt, dass nach dem Ergreifen bestimmter, zielführender Maßnahmen die Problemlücke nach dem ersten Jahr fast geschlossen, nach dem zweiten Jahr wieder größer und nach dem dritten Jahr geschlossen (hier sogar überdeckt) wird. Je früher und präziser Problemlücken festgestellt werden, desto höher ist die Wahrscheinlich-

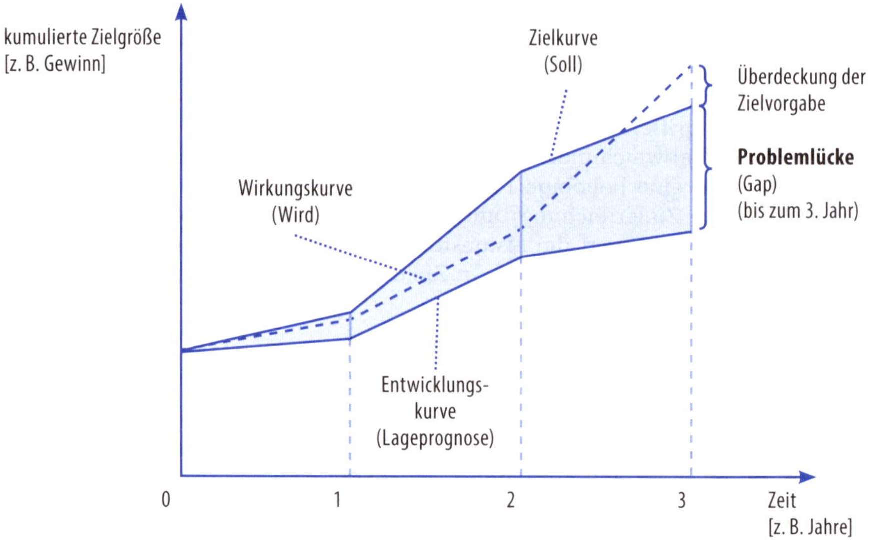

Abbildung 8.6: Problemlücken und ihre Deckung im Zeitablauf (Planungszeitraum drei Jahre)

keit des Findens wirkungsvoller Alternativen (Maßnahmen bzw. Maßnahmenbündel) zu ihrem Schließen, d.h. zur Lösung der anstehenden Probleme.

Merksatz: Problemlücken können mit **Methoden der Ursachenanalyse** untersucht werden. Hierzu zählen: Kepner-Tregoe-Techniken, Systemanalysen, SOFT-Analysen u. a.

8.2.2.3 Aufgaben der Alternativensuche

Die dritte Phase des Planungsprozesses ist die Alternativensuche (vgl. Abbildung 8.1).

Definition:
Als **Alternativensuche** wird das systematische Aufspüren, Formulieren und Analysieren von unabhängigen Vorgehensweisen (Ideen, Problemlösungen) zur Zielerreichung definiert.

In Fällen, in welchen für die Lösung eines Problems mehrere Alternativen zulässig sind, kann für jede Alternative ein Alternativplan aufgestellt werden. Will man eine Problemlösung systematisch und umfassend angehen, ist es von Bedeutung zu wissen, welche Alternativen unter wirtschaftlichen, technischen, sozialen, rechtlichen sowie ökologischen Bedingungen überhaupt realisierbar sind. Die Menge der realisierbaren, unabhängigen Alternativen macht den zulässigen Bereich aus. Mit der Feststellung des zulässigen Bereichs ist die Alternativensuche abgeschlossen. Der zulässige Bereich bildet die Grundlage für die nachfolgenden Planungsphasen.

Merksatz: Als **Methoden der Alternativensuche** gelangen u. a. zur Anwendung: Brainstorming-Techniken, morphologische und synektische Techniken.

8.2.2.4 Aufgaben der Prognose

Die vierte Phase des Planungsprozesses ist die Prognose (vgl. Abbildung 8.1).

Für die Planung haben diejenigen Informationen besondere Bedeutung, die über Sachverhalte in der Zukunft sprechen; sie sind ihrer Art nach prognostische Informationen. Sowohl die prognostische Information selbst als auch der Vorgang ihrer Gewinnung bzw. Herleitung werden Prognose genannt.

Definition:

Eine Prognose ist eine Wahrscheinlichkeitsaussage über das Auftreten von Ereignissen (Wirkungen, Daten) in der Zukunft, die auf Beobachtungen und theoretischen Aussagen beruht.

Zur Durchführung einer Prognose werden theoretische Aussagen (Gesetze, Funktionen) sowie Randbedingungen benötigt, mit deren Hilfe bestimmte Konsequenzen vorhergesagt werden können (Schweitzer/Küpper [Produktions- und Kostentheorie] 6 f.). Diese Konsequenzen sind die oben genannten Ausprägungen einzelwirtschaftlicher Sachverhalte, die durch singuläre Aussagen beschrieben werden. Entscheidungslogisch handelt es sich bei den prognostizierten Konsequenzen um die Wirkungen der unabhängigen Entscheidungsvariablen.

Nach der Beeinflussbarkeit durch einzelne Entscheidungsträger werden beeinflussbare und nicht beeinflussbare Konsequenzen unterschieden:

- Die beeinflussbaren Konsequenzen sind stets Ausprägungen abhängiger Variablen, auf die ein Entscheidungsträger durch seine Entscheidung, d.h. durch eine bestimmte Kombination unabhängiger Variablen, einwirken kann. Diese abhängigen Variablen heißen auch „endogene Erwartungsvariablen". Eine Vorhersage ihrer Ausprägung(en) wird Wirkungsprognose genannt. In Kurzform bezeichnet man die Wirkungsprognose als „Wird", da sie mit einer bestimmten Wahrscheinlichkeit auftreten wird.
- Bei den nicht beeinflussbaren Konsequenzen handelt es sich um Ausprägungen abhängiger Variablen, auf die ein Entscheidungsträger durch seine Entscheidung (zumindest für den jeweiligen Prognosezeitraum) nicht einwirken kann. Die in diesem Zusammenhang auftretenden abhängigen Variablen tragen auch die Bezeichnung „exogene Erwartungsvariablen". Die Vorhersage ihrer Ausprägungen ist die Lage- oder Entwicklungsprognose.

Während die durch eine Wirkungsprognose vorhergesagten Konsequenzen (Wird-Größen) darüber informieren, zu welchen Auswirkungen, Ergebnissen oder Zielerreichungen ergriffene bzw. ergreifbare Alternativen, Variablen oder Maßnahmen führen werden, liefert eine Lageprognose Informationen über Konstanten, Parameter oder allgemein Daten, die im Prognosezeitraum ohne das Eingreifen zielführender Maßnahmen zu erwarten sind und die den zulässigen Bereich der Alternativenwahl begrenzen.

Eine Vorhersage wird Prognose genannt, wenn sie wissenschaftlich begründet ist. Als wissenschaftlich begründet gelten im Allgemeinen realwissenschaftliche Theorien, die ihre Fundierung im Erfahrungsmaterial der Wirtschaftspraxis finden. Dazu zählen objektive Sachverhalte, wie Vergangenheitserfahrungen, Beobachtungen und Messungen, sodass Prognosen, die mittels realwissenschaftlicher Theorien getroffen werden, auf objektiven Grundlagen beruhen und daher als objektiv begründete Vorhersagen anzusehen sind. Durch diese empirische Fundierung unterscheiden sich Prognosen von allen anderen Vorhersagearten, insbesondere von solchen, die nur subjektiv begründet oder sogar unbegründet sind. Subjektiv begründete Vorhersagen stützen sich nur auf persönliche Erfahrungen, Einstellungen, Überzeugungen, Hoffnungen oder Befürchtungen und haben den Charakter von Erwartungen ohne empirische Fundierung. Bei den unbegründeten Vorhersagen handelt es sich schließlich um zukunftsbezogene Aussagen, die ihre Fundierung in spekulativen, wirklichkeitsneutralen Annahmen finden.

Merksatz: **Die Spannweite möglicher Vorhersagen reicht von Prognosen über Erwartungen bis zu Annahmen, wobei nur die objektive Begründung für Prognosen als wissenschaftlich fundiert gilt. Jedoch ist anzumerken, dass der gegenwärtige Bestand an realwissenschaftlichen Theorien (und damit der Bestand an objektiv begründeten Prognosen) in der Betriebswirtschaftslehre noch relativ klein ist, sodass Erwartungen und Annahmen häufig an die Stelle von Prognosen treten (müssen).**

Neben der Begründung hängt die Qualität betriebswirtschaftlicher Prognosen auch vom Bestätigungsgrad der verwendeten theoretischen Aussagen ab. Die zutreffendsten Prognosen können nach aller Erfahrung mit Hypothesen bzw. Theorien gewonnen werden, die wissenschaftlich begründet und empirisch gut bestätigt sind. Diese Hypothesen haben den Charakter betriebswirtschaftlicher Gesetzmäßigkeiten oder bei raum-zeitlicher Begrenzung den Charakter von Quasi-Gesetzen. Sie können deterministische oder nicht-deterministische Aussagen machen.

Die Phase der Prognose umfasst folgende Aufgaben (Wild [Unternehmungsplanung] 99 f.):

- Kennzeichnung der Prognose nach Gegenstand, Genauigkeit, Qualität und zeitlicher Reichweite.
- Analyse der Vergangenheitserfahrungen und deren Ursache-Wirkungs-Zusammenhänge sowie Prognose der Ursachenkonstellation für den Prognosezeitpunkt bzw. -zeitraum.
- Herleitung der Prognose nach Auswahl einer geeigneten Hypothese bzw. Theorie und Vorgabe der unabhängigen Entscheidungsvariablen sowie Formulierung der sonstigen Bedingungen für die Geltung der Prognose einschließlich einer Angabe über die Prognosewahrscheinlichkeit (zu Fragen des optimalen Prognoseverfahrens vgl. Brockhoff [Prognoseverfahren] 22 ff.).
- Überprüfung aller durchgeführten Einzelprognosen auf ihre Widerspruchsfreiheit.
- Durchführung von Alternativprognosen; diese können sich auf einen einzelnen Plan oder auf mehrere Alternativpläne beziehen. Bei einem einzelnen Plan können für denselben Sachverhalt auch alternative Teilprognosen erstellt werden. Über diese ist eine Auswahl und Kombination so zu treffen, dass sie verträglich sind und einem aufgestellten Gütekriterium entsprechen. Analoge Überlegungen sind für den Fall der Erstellung mehrerer Alternativpläne durchzuführen.

Die resultierende Gesamtprognose ist in einen Entwurf (Plan) einzubringen, der alle für die Zielerreichung erforderlichen Größen festlegt.

Merksatz: Zur Durchführung von Prognosen können qualitative Methoden (z. B. Befragungen von Experten in Form der Delphi-Technik, Repräsentativbefragungen) oder quantitative Methoden (z. B. Indikatorenmodelle, Zeitreihenanalysen, Box-Jenkins-Techniken) herangezogen werden.

8.2.2.5 Aufgaben der Alternativenbewertung und Entscheidung

Die fünfte Phase des Planungsprozesses umfasst die Bewertung und Entscheidung (vgl. Abbildung 8.1).

Nach der systematischen Abwicklung der Zielbildung, Problemfeststellung, Alternativensuche und Prognose ist der Planer (oder eine Planungsgruppe) in der Lage, eine begrenzte Anzahl unabhängiger Planalternativen (Alternativpläne) zu formulieren und auf ihre Zielwirksamkeit (Wirtschaftlichkeit, Leistungsfähigkeit) zu überprüfen. Da jeweils nur ein Plan für die Realisation vorgegeben werden kann, ist über die erarbeiteten Alternativpläne eine Bewertung und Entscheidung herbeizuführen.

Die Entscheidung für einen bestimmten Alternativplan ist ein rationaler Wahlakt, bei dem Wertfeststellungen und -zuordnungen, also Bewertungen, unumgänglich sind. Im entscheidungstheoretischen Sinne ist Wert die Maßgröße für den Grad der Zielerreichung durch eine Alternative.

Definition:
Als **Bewertung** wird die Zuordnung einer Zielwirkung zu einer Alternative definiert.

Die grundlegende Maßgröße für die Bewertung einer Planalternative liefert die Wirkungsprognose. Als Ergebnis dieser Prognose werden die Haupt- und alle Nebenwirkungen einer Alternative aufgedeckt. Für alle Wirkungsprognosen gilt in der Wirtschaftspraxis, dass sie bei unvollkommener Information erfolgen und daher nicht sicher sind. Die Bewertung einer Alternative ist deshalb schwierig, weil bei ihrer Lösung mehrere unsichere Wirkungsprognosen berücksichtigt werden müssen. Auf jeden Fall ist die zu prognostizierende Gesamtwirkung, die man einer Planalternative letztlich als Wert zuordnet, stets nur ein wahrscheinlicher Wert.

Definition:
Als **Entscheidung** wird die Wahl einer Alternative bei gegebener Zielvorstellung unter Nebenbedingungen definiert.

Soweit Alternativpläne erarbeitet werden, ist bei rationaler Entscheidung nach dem Abwägen aller positiven und negativen Wirkungen der im jeweiligen Plan unterstellten Handlungsalternative derjenige Alternativplan auszuwählen, welcher eine optimale (extremale, satisfizierende oder fixierende) Gesamtwirkung verspricht und somit ein optimales Erreichen des gewählten Zieles (Planzieles) bzw. Zielsystems vorhersagt.

Bewertung und Entscheidung lassen sich in die nachfolgenden Aufgaben gliedern (Wild [Unternehmungsplanung] 111 ff.; Schweitzer [Planung] 82 ff.; Jung/Bruck/Quarg [Managementlehre] 161 ff.):

– Festlegung der Bewertungskriterien und der Kriteriengewichte

Bei der Festlegung eines Bewertungskriteriums handelt es sich um die Bestimmung der Maßgröße, durch welche ein Zielerreichungsgrad ausgedrückt wird. Durch diese Maßgröße sollen alle Alternativenwirkungen möglichst präzise und einfach entweder direkt oder indirekt gemessen werden. Sobald mehrere Bewertungskriterien verwendet werden, können sie untereinander verschiedenes Gewicht haben, was damit zusammenhängt, dass auch die Teilziele, auf welche sich die einzelnen Bewertungskriterien beziehen, verschieden gewichtet sein können.

– Ermittlung der Kriterienwerte

Steht fest, welche Alternativenwirkung durch welches Bewertungskriterium gemessen werden soll, sind für jede Alternative die Kriterienwerte (Wird-Größen), zu ermitteln (zu prognostizieren).

– Ermittlung des Gesamtwertes der Alternative

Aus den einzelnen Kriterienwerten, die verschiedene Wirkungen einer Alternative angeben, ist im nächsten Schritt ein Gesamtwert der betrachteten Alternative zu ermitteln (zu prognostizieren). Der Gesamtwert (Wird) drückt aus, zu welchem Erreichungsgrad der übergeordneten Zielvorstellung die bewertete Alternative zu führen verspricht. Diese Erwägungen gelten sowohl für das Verfolgen einer einzigen als auch mehrerer Zielvorstellungen. Da es in der Wirtschaftspraxis häufig darum geht, ordinale und kardinale Kriterienwerte zu einem Gesamtwert einer Alternative zu verdichten, begnügt man sich häufig bereits mit ordinalen Gesamtwerten und folglich mit ordinal skalierten Rangordnungen der betrachteten Alternativen.

– Wahl des optimalen Alternativplans

Mit Hilfe der prognostizierten Gesamtwerte der Alternativpläne gelingt es, eine Reihung der Alternativpläne, d.h. eine Rang- oder Präferenzordnung, nach steigenden bzw. fallenden Gesamtwerten herzustellen. Auf der Grundlage dieser Rangordnung kann derjenige Alternativplan gewählt werden, welcher nach der Vorstellung des Entscheidungsträgers zur optimalen Zielerreichung führt. Der gewählte Plan muss keineswegs immer diejenige Alternative mit dem besten Gesamtwert sein, sondern diejenige, welche dem Anspruchsniveau sowie der Grundeinstellung des Entscheidungsträgers zu Chance und Risiko am besten entspricht. Ihren Niederschlag finden diese Merkmale in einer Auswahlvorschrift für Alternativen, die Entscheidungsregel genannt wird.

Merksatz: Zur **Bewertung von Alternativen** werden folgende Methoden herangezogen: Nutzenzuordnungstechniken (z.B. Investitionsrechnungen, Kosten-Nutzen-Analysen, Nutzwertanalysen) und Techniken der Bewertungsstabilisierung (z.B. Sensitivitätsanalysen, Risikoanalysen). Beispiele für **Entscheidungstechniken** sind lineare, nichtlineare, dynamische, parametrische, stochastische Planungsrechnungen, Simulationen sowie Entscheidungsregeln bei verschiedenen Informationsständen.

Erfüllt ein Planer die Aufgaben der Zielbildung, Problemfeststellung, Alternativensuche, Prognose sowie Alternativenbewertung und Entscheidung, gelangt er zu einem Plan als einem wirkungsvollen Instrument der Unternehmensführung. In der Wirtschaftspraxis ist das Planungssystem mit dem Steuerungssystem, dem Organisationssystem und dem Informationssystem derart wechselseitig abzustimmen, dass der Einsatz dieser Instrumente zum optimalen Erreichen des gesamten Zielsystems des Unternehmens führt. Diese Aufgabe übernimmt das Controlling (Horvath [Controlling] 168 ff.). Das Controlling zielt auf eine umfassende Versorgung der Führungskräfte mit aufgaben- und zielrelevanten Informationen sowie auf eine systematische Entscheidungskoordination. Damit stellt das Controlling eine führungsunterstützende Aufgabe dar, die sich auch auf die Führungsinstrumente der Planung und Steuerung bezieht.

Der praktische Vollzug des Planungsprozesses verlangt die Klärung folgender Gestaltungsfragen: Einsatz von Methoden, Modellen, Verfahren und Techniken in den einzelnen Planungsphasen; Einsatz von Planungsinstrumenten; Berücksichtigung prozessualer Einflussgrößen im Planungsprozess; Dokumentierung von Planungsinformationen u.a. Tatsächlich existiert bei jedem Planungsprozess ein komplexes Beziehungsgefüge von Einflussgrößen, Gestaltungsmerkmalen der Planung und Konsequenzen der Planungsgestaltung (vgl. die empirische Untersuchung von Rau [Unternehmungsplanung] 155 ff.).

8.3 Arten und Phasen der Steuerung

8.3.1 Arten der Steuerung

In Abschnitt 8.1.1.3. wird definitorisch festgelegt, dass Steuerung einen geordneten, informationsverarbeitenden Prozess zielführender Eingriffe (Anpassungs- und Korrekturmaßnahmen) in den Prozess der Planrealisation darstellt. Bei dieser Definition wird davon ausgegangen, dass ein vorgegebener Plan durch konkrete Prozesse (Beschaffen, Lagern, Transportieren, Fertigen, Absetzen, Beraten, Versichern u.a.) möglichst genau erfüllt wird. Soweit beim Vollzug dieser Prozesse keine Störungen oder Fehler auftreten, kann die Planvorgabe voll erreicht werden, und es bedarf keiner korrigierenden Eingriffe, d.h. die Planrealisation bedarf nur einer eingriffslosen, beobachtenden Begleitung. Allerdings muss auch in dieser Situation eine jederzeit abrufbare Eingriffsbereitschaft gegeben sein. In der Wirtschaftspraxis kommt eine reibungslose und risikofreie Planrealisation jedoch so gut wie nie vor. Dies liegt daran, dass beispielsweise eingeplante Kundenaufträge gestrichen bzw. geändert werden, Maschinen ausfallen, Mitarbeiter erkranken oder Materiallieferungen verspätet eintreffen. Da fast immer unvorhergesehene Störungen auftreten, bedarf fast jeder Prozess der Steuerung. Wenn Planung als Instrument zur Schließung der Problemlücke angesehen wird, kann die nachfolgende Steuerung als Sicherungsprozess dafür angesehen werden, dass die Planvorgaben durch Realisationsprozesse möglichst gut erreicht werden. Dabei ist wiederum eine präzise Erreichung der Planvorgaben (der Planziele) in der Wirtschaftspraxis eher die Ausnahme. Steuernde Maßnahmen müssen daher als Instrumente angesehen werden, mit deren Hilfe alle Prozesse zielführend angepasst und in ihren Ergebnissen möglichst nahe an die Planvorgaben herangeführt werden.

Die Steuerung ist in ihren unterschiedlichsten Ausprägungen sowohl ein adaptiver als auch ein kreativer Lernvorgang. Bei den Steuerungsträgern führt er zu neuem Wissen und wachsender Erfahrung über Störungen und Fehler in

Kriterium	Steuerungsarten			
Bezugszeitraum	langfristige Steuerung	mittelfristige Steuerung	kurzfristige Steuerung	
Funktionsbereich	Beschaffungs-steuerung	Fertigungs-steuerung	Absatzsteuerung	usw.
Leitungshierarchie	Unternehmens-steuerung	Bereichssteuerung	Stellensteuerung	
Steuerungshierarchie	strategische Steuerung	taktische Steuerung	operative Steuerung	
Steuerungsrichtung	Steuerung von außen nach innen	Steuerung von innen nach außen		
Steuerungsgegenstände	Potenzialsteuerung	Programmsteuerung	Prozesssteuerung	
zeitliche Koordination	zeitlich sukzessive Steuerung	zeitlich simultane Steuerung		
sachliche Koordination	sachlich sukzessive Steuerung	sachlich simultane Steuerung		
hierarchisch sukzessive Koordination	retrograde Steuerung	progressive Steuerung	zirkuläre Steuerung	
Anpassungsform	starre Steuerung	flexible Steuerung	rollende Steuerung	nichtrollende Steuerung
Steuerungskompetenz	Eigensteuerung	Fremdsteuerung		
Träger der Steuerungsaufgabe	maschinelle Steuerung	manuelle (persönliche) Steuerung		
Detailliertheitsgrad der Planinhalte	globale Steuerung	detaillierte Steuerung		
Präzision der Planinhalte	Grobsteuerung	Feinsteuerung		
Zentralisationsgrad	zentrale Steuerung	dezentrale Steuerung		
Sicherungsart	vorsorgende Steuerung	nachsorgende Steuerung		

Abbildung 8.7: Systematisierung der Steuerungsarten

der Planrealisation, zu ihrer Analyse und Handhabung sowie zu Verhaltensänderungen der Steuerungsträger im Sinne eines möglichst guten Erreichens vorgegebener Pläne (Ziele).

Steuerung kann sich auf alle möglichen Prozesse beziehen. Hier wird sie nur auf den Prozess der Planrealisation bezogen, was nicht bedeutet, dass der gesamte Prozess der Planerstellung selbst keiner Steuerung bedarf. Auch im Prozess der Planerstellung können erhebliche Störungen (z.B. fehlende oder falsche Informationen, unlösbare Teilprobleme, Überschreiten von Terminen, Ausfall von Planungsträgern) auftreten, sodass auch hier mit geeigneten Maßnahmen zielführend eingegriffen werden muss. Nachfolgend wird Steuerung stets auf den Prozess der Planrealisation bezogen.

Steuerungsgegenstände / Steuerungsziele	**Potenziale** (z. B. Personal, Anlagen, Materialversorgung, Informationen, Energie)	**Programme** (z. B. Beschaffungs-, Fertigungs- bzw. Absatz-, Finanzierungsprogramm)	**Prozesse** (z. B. Beschaffungs-, Fertigungs-, Absatzprozess)
Wertmäßige Ziele	Potenzialkostensteuerung	Produktkostensteuerung, Produktgruppenkostensteuerung, Variantenkostensteuerung, Programmerlössteuerung	Prozesskostensteuerung (Reihenfolgekostensteuerung, Gruppierungskostensteuerung usw.)
Mengenziele	Potenzialmengensteuerung	Produktmengensteuerung	Prozessmengensteuerung
Qualitätsziele	Potenzialqualitätssteuerung	Produktqualitätssteuerung	Prozessqualitätssteuerung
Zeitziele	Zeitsteuerung für Potenziale Terminsteuerung für Potenziale	Produktzeitsteuerung Produkt- (Auftrags-) terminsteuerung	Prozesszeitsteuerung Prozessterminsteuerung

Abbildung 8.8: Systematisierung von Steuerungsarten nach Steuerungszielen und Steuerungsgegenständen

In Wissenschaft und Wirtschaftspraxis sind für unterschiedliche Planungsarten auch zugehörige Steuerungsarten entwickelt worden. Um die Überschneidungen zum Abschnitt 8.3.2.2. (Aufgaben der Kontrolle) niedrig zu halten, wird hier lediglich ein Überblick über mögliche Steuerungsarten gegeben, während im genannten Gliederungspunkt bei der Behandlung der wichtigsten Kontrollarten die zugehörigen Steuerungsarten mit erfasst werden. Dieses Vorgehen soll u.a. dazu beitragen, das Bewusstsein dafür zu schärfen, dass es nicht genügt, jeder Planungsart eine zugehörige Kontrollart zuzuordnen, sondern diese Kontrollart in eine Steuerungsart einzubinden. Viele Autoren begnügen sich damit, im Zusammenhang mit der Planung lediglich die Kontrolle zu behandeln. Fragen der Veranlassung und der Sicherung werden damit aus den Konzepten ausgeklammert. Für eine Umsetzung der Planung in der Wirtschaftspraxis genügt es jedoch nicht, für die Planrealisation lediglich Kontrollfragen zu beantworten. Diese müssen vielmehr in einem geschlossenen Steuerungszusammenhang gesehen werden, damit Planvorgaben zielführend umgesetzt und Pläne zielführend den geänderten Wirtschaftsbedingungen angepasst werden können. Dieser Prozess wird durch die Veranlassung ausgelöst und durch die Sicherung systematisch in ein Planfortschreibungskonzept eingebunden.

Steuerungsziele	Beispiele für Steuerungsinstrumente
Wertmäßige Ziele (z. B. Stück- oder Periodenerfolge, Deckungsbeiträge, Stück- und Periodenerlöse, Stück- und Periodenkosten, Return on Investment, Umsatzrentabilitäten)	– Pagatorische Erfolgsrechnungen – Kosten- und Erlösrechnungen · Plankosten- und -erlösrechnungen (z. B. Prognosekostenrechnung, Konstruktionsbegleitende Kostenrechnung, Grenzplankosten- und Deckungsbeitragsrechnung, prozessorientierte Kostenrechnung) · Verhaltenssteuerungsorientierte Kosten- und Erlösrechnungen (z. B. Standardkostenrechnung, Target Costing) – Kalkulationsarten · Mitlaufkalkulationen · Kurz- und Suchkalkulationen – Budgets – Kennzahlensysteme (z. B. DuPont-Kennzahlensystem) – Benchmarking-Konzepte – Wertzuwachskurven
Mengenziele (z. B. Herstellmengen, Kapazitäten, Anzahl der Mitarbeiter)	– Fortschrittszahlen – Kanbansystem – Modelle der Auftragsfreigabe
Qualitätsziele (z. B. Kundenanforderungen wie Fehlerfreiheit, Ästhetik, Zuverlässigkeit; technische Qualitätsgrößen wie Maßhaltigkeit, Festigkeit)	– SPC (Statistische Prozessregelungen) – Prozessfähigkeitsuntersuchungen – Kontrollkarten – Design Review – FMEA (Fehler-Möglichkeits- und Einfluss-Analyse zur Steuerung des Konstruktionsprozesses) – Qualitätssicherungssysteme (z. B. nach DIN ISO 9001) – Qualitätsbewertungen (durch Audits, Erstmusterprüfungen usw.)
Zeitziele (z. B. Durchlaufzeit, Bearbeitungszeit, Liefertermine, Bearbeitungstermine)	– Netzplantechnik – Balkendiagramme – Terminkarten
Verhaltensziele (z. B. Motivation, Zielbewusstsein, Identifikation)	– Prioritätsregeln (Ein- und Durchschleusungsregeln) – Finanzielle Anreizmechanismen (z. B. Prämien, Beteiligungen) – Nichtfinanzielle Anreizmechanismen (z. B. Arbeitsfeld- und -umfeldstrukturierung) – Kontrollen – Verhaltenssteuernde Kostenrechnung – Führungsstile – Mitwirkungsregelungen

Abbildung 8.9: Zuordnung ausgewählter Steuerungsinstrumente zu Steuerungszielen

Prinzipiell können Steuerungsarten in Entsprechung zu den Planungsarten entwickelt werden.

Abbildung 8.7 zeigt eine Systematisierung der Steuerungsarten nach ausgewählten Kriterien. Abbildung 8.8 zeigt eine ergänzende Systematisierung der Steuerungsarten nach Steuerungsgegenständen und nach Steuerungszielen. In

Abbildung 8.9 wird ein Überblick über die Zuordnung von Steuerungsinstrumenten zu Steuerungszielen gegeben.

8.3.2 Aufgaben der Steuerungsphasen

8.3.2.1 Aufgaben der Durchsetzung

Die erste Phase der Steuerung ist die Durchsetzung (vgl. Abbildung 8.1). Nach der Entscheidung für einen aufgestellten Plan und seine Freigabe durch die Unternehmensleitung muss der Plan über alle organisatorischen Ebenen und Gliederungen durchgesetzt werden.

Definition:

Die Plandurchsetzung (Veranlassung) wird als die Summe aller Maßnahmen der Information, Beratung und Motivation betroffener Mitarbeiter zur Planrealisation definiert.

Für die Unternehmensführung gibt es ein ausgeprägtes Durchsetzungsinteresse an den aufgestellten Plänen, weil durch diese sichergestellt werden soll, dass die vorgegebenen ökonomischen, technischen, sozialen, ethischen und ökologischen Ziele möglichst gut erreicht werden. Von der Unternehmensführung verabschiedete Pläne implizieren stets das Grundpostulat nach effektiver Planrealisation. Diese kann durch die Vorgabe eines Budgets, das die finanziellen Ergebnisse des Planes umfasst, zielführend unterstützt werden.

Durchsetzungsprobleme eines Planes treten nicht nur nach seiner Erstellung und vor Beginn der tatsächlichen Planrealisation auf, sondern bereits in allen vorangehenden Phasen der Planerstellung selbst. Dennoch gibt es einen Problemschwerpunkt der Plandurchsetzung, der nach der Verabschiedung und Freigabe des Gesamtplanes liegt. Für diese Plandurchsetzung, mit welcher der Steuerungsprozess der Planrealisation einsetzt, müssen organisatorische Regelungen getroffen werden. Unter dem Aspekt der Verhaltenssteuerung muss vor allem dafür gesorgt werden, dass die verabschiedeten Pläne von den Planungsträgern akzeptiert werden. Diese Akzeptanz kann u.a. durch eine angemessene Mitwirkung bei der Planerstellung erreicht werden (vgl. Bottom-Up-Planung oder Zirkuläre Planung). Unter dem Aspekt der Planrealisation muss dafür Sorge getragen werden, dass bei den Planungsträgern alle erforderlichen Informationen, Mittel und Instrumente pünktlich und vollständig bereitgestellt werden. Außerdem muss sichergestellt werden, dass die Qualifikationen der Mitarbeiter dem jeweiligen Anforderungsprofil von der Planungsaufgabe her genügen. Sonstige Störungen müssen rechtzeitig erkannt und beseitigt bzw. reduziert werden. Wichtigstes Ziel der Plandurchsetzung ist es damit, die Planrealisation vorzubereiten und sie anzustoßen bzw. auszulösen. Um dieses Ziel zu erreichen, können verschiedene Durchsetzungsmaßnahmen ergriffen werden (Wollnik [Plandurchsetzung] 1392):

- Kontinuitätsmaßnahmen,
- Ausstattungsmaßnahmen,
- Führungsmaßnahmen.

8.3.2.2 Aufgaben der Kontrolle

Die zweite Phase der Steuerung ist die Kontrolle (Überwachung) (vgl. Abbildung 8.1).

Definition:

Als Kontrolle wird ein geordneter, laufender, informationsverarbeitender Prozess zur Ermittlung und Analyse von Abweichungen zwischen Plangrößen (Prognose- oder Vorgabegrößen) und Vergleichsgrößen definiert (Schweitzer [Planung] 96).

Die Kontrolle ist auf das Engste mit der Planung verbunden, was durch eine umfassende Abstimmung ihrer Schwerpunkte und Inhalte zum Ausdruck kommt. „Nach Abschluss des Realisationsvorganges oder sogar überlappend mit der Realisation setzt die Kontrolle ein. Erst durch eine solche Kontrolle erhält die Planung volle Wirksamkeit und Sinn, indem Mängel im Vollzug oder Unstimmigkeiten in Planung und Planübermittlung erkannt werden können" (Kosiol [Betriebswirtschaftslehre] 230). Die Kontrolle spielt für das Erreichen der Planziele und für die Beurteilung von Prognosen eine wichtige Rolle. Das wird deutlich, wenn berücksichtigt wird, dass die meisten Prognosen und Vorgaben bzw. Handlungsvorschriften der Pläne mit Unsicherheiten verknüpft sind und außerdem subjektive Zielvorstellungen der Planungsträger zu Abweichungen von diesen Vorgaben führen können. Für die Unternehmensführung ist es in dieser Situation wichtig zu erfahren, welche Planabweichungen auftreten und wo deren Ursachen liegen. Mit diesen Informationen kann eine plankonforme Steuerung des gesamten Unternehmensgeschehens durchgeführt werden.

Zur Feststellung einer Planabweichung bedarf es eines Vergleichs zwischen einer Plangröße und einer Vergleichsgröße. Neben der Ermittlung der Abweichung zwischen Plangröße und Vergleichsgröße umfasst die Kontrolle auch die Analyse dieser Abweichung, denn ohne eine Ursachenanalyse der Planabweichung bleibt jede Kontrolle als Führungsinstrument unfruchtbar. Die im Rahmen der Kontrolle durchzuführenden Vergleiche und Abweichungsanalysen müssen geordnet und laufend erledigt werden.

Dabei kann die Plangröße Prognosecharakter oder Vorgabecharakter (Normcharakter) haben. Meist ist die Plangröße ein Ziel (Soll) und die Vergleichsgröße ein realisiertes Ergebnis (Ist), sodass die Kontrolle auf einem Soll-Ist-Vergleich beruht. Dies muss jedoch nicht in allen Fällen zutreffen. Insbesondere können in den Größenvergleich neben Zielen (Soll) und Ergebnissen (Ist) auch Prognosen (Wird) einbezogen werden. Unterstellt man, dass als Plangrößen sowohl Soll- als auch Wird-Größen auftreten können, ergeben sich die möglichen Kontrollarten (Vergleichsarten) nach Abbildung 8.10 auf Seite 357.

Bei der Zielkontrolle (Soll-Soll-Vergleich) werden verschiedene Planziele (Soll-Größen) auf ihre Verträglichkeit überprüft. Dies geschieht vor der Zielrealisation im Rahmen der Realisierbarkeitsprüfung (vgl. Abschnitt 8.2.2.1).

Eine Planfortschrittskontrolle (Soll-Wird-Vergleich) vergleicht bereits mitlaufend zur Planrealisation auf Grund gemachter Erfahrungen das vorgegebene Ziel (Soll) mit Wirkungsprognosen (Wird-Größen) der späteren Zielerreichung. Zweck dieses Vergleichs ist die frühzeitige Aufdeckung möglicher Störgrößen bzw. Fehler und damit potenzieller Soll-Ist-Abweichungen. Planungs- und

Plangröße \ Vergleichsgröße	Soll	Wird	Ist
Soll	Zielkontrolle (Soll-Soll-Vergleich)	(Soll-Soll-Vergleich) Planfortschrittskontrolle (Soll-Wird-Vergleich)	Ergebniskontrolle (Soll-Ist-Vergleich)
Wird	–	Prognosekontrolle (Wird-Wird-Vergleich)	Prämissenkontrolle (Wird-Ist-Vergleich)

Abbildung 8.10: Kontrollarten (Vergleichsarten) nach verschiedenen Plan- und Vergleichsgrößen (nach Wild [Unternehmungsplanung] 44)

kontrolltechnisch geht man dabei so vor, dass ein bestimmter Plan in einzelne Planabschnitte (milestones) aufgelöst wird, die Wird-Aussagen (Wirkungsprognosen) über die zu erwartende Planrealisierung zulassen. Soll-Wird-Informationen sind außerdem eine wesentliche Komponente der Vorkopplung und ermöglichen eine Alternativenbewertung.

Der Begriff Kontrolle wird sehr oft im Sinne der Ergebniskontrolle (Soll-Ist-Vergleich) verwendet. Bei dieser Gegenüberstellung wird eine Soll-Größe (z.B. ein geplanter Gewinn) mit der realisierten Ist-Größe derselben Planperiode (dem Ist-Gewinn) verglichen, um den erreichten Grad der Planerfüllung zu ermitteln. Die durch eine Ursachenanalyse aufbereiteten Resultate der Ergebniskontrolle stellen wichtige Informationen für die Rückkopplung des Führungsprozesses dar.

Die Prognosekontrolle (Wird-Wird-Vergleich) dient der Konsistenzüberprüfung prognostizierter Größen bei Wirkungsprognosen. Werden z.B. die Konsequenzen (Wirkungen) mehrerer Alternativen prognostiziert und diese Wirkungen auf ihre Verträglichkeit (Konsistenz) überprüft, handelt es sich um eine Prognosekontrolle. Hier wird der Wird-Wird-Vergleich auf die Kontrolle von Wirkungsprognosen möglicher Alternativen (Maßnahmen) bezogen. Formal ist auch bei Lageprognosen ein Wird-Wird-Vergleich möglich.

Jede Planung baut auf bestimmten Prämissen (Annahmen, Bedingungen) über einzelne Plangrößen auf, die in der Prämissenkontrolle (Wird-Ist-Vergleich) überwacht werden. Die Planung eines optimalen Fertigungsprogramms fußt u.a. auf einer Prämisse über die in der Planperiode zur Verfügung stehende Fertigungskapazität. In der Prämissenkontrolle wird danach gefragt, ob die formulierte Kapazitätsprämisse noch zutrifft. Dies stellt man durch einen zugehörigen Vergleich der Lageprognose (die hier als Wird-Größe interpretiert wird) relativ einfach fest. Erweisen sich Planprämissen zwischenzeitlich als von der Wirklichkeit überholt, muss der betroffene Plan korrigiert werden. Informationen, die aus der Prämissenkontrolle fließen, haben in erster Linie für die strategische Steuerung und für die Vorkopplung Bedeutung.

Die Unterteilung der Kontrollarten nach Bezugsobjekten entspricht derjenigen der Planung und Steuerung nach demselben Merkmal (vgl. Abschnitt 8.2.1.1).

Der Vergleich der Kontrollarten mit den Planungsarten nach den verschiedenen Bezugsobjekten zeigt, dass hier eine Zuordnung von Planungsart und Kontrollart nach demselben Gliederungsmerkmal erfolgt. Dieser Grundsatz der Zuordnungsfähigkeit von Planungsart und Kontrollart gilt ebenfalls für die Gliederungen nach der Abstimmungsform (vgl. Abschnitt 8.2.1.2.) und nach der Anpassung (vgl. Abschnitt 8.2.1.3.).

Auch die Kontrolle läuft in abgrenzbaren Prozessphasen ab. Jede dieser Phasen ist durch besondere Aufgabenstellungen gekennzeichnet. Außerdem sind die Phasen der Kontrolle durch Folge- und Informationsbeziehungen miteinander und mit den Phasen der Planung systematisch verknüpft. Nach Abbildung 8.1 umfasst die Kontrolle vier Prozessphasen mit ihren Teilaufgaben, dargestellt am Beispiel des Soll-Ist-Vergleichs (Ergebniskontrolle) (Brink [Kontrolle] 1147; Frese [Kontrolle] 57 ff.):

- Vorgabe von Sollwerten,
- Ermittlung von Istwerten,
- Soll-Ist-Vergleich (Ermittlung der Soll-Ist-Abweichung),
- Abweichungsanalyse.

8.3.2.3 Aufgaben der Sicherung

Die dritte Phase der Steuerung ist die Sicherung (vgl. Abbildung 8.1).

In der Regel ergibt die Kontrolle, dass Pläne in den verschiedensten Planinhalten verändert und die Planrealisation verbessert, d.h. angepasst werden müssen. Der Kontrollbericht gibt Hinweise bzw. empfiehlt Maßnahmen, die zum Zwecke der Anpassung bzw. Korrektur ergriffen werden sollen. Es ist also rechtzeitig dafür zu sorgen, dass Maßnahmen zur Verhinderung, Minderung oder zur Beseitigung der festgestellten Störungen und Fehler bzw. der daraus resultierenden Abweichungen ergriffen werden. Diese sind die Aufgaben der Sicherung (Schweitzer [Planung] 103ff).

Definition:

Als Sicherung werden alle Maßnahmen zur vorherigen Abwehr bzw. zur nachträglichen Beseitigung von Störungen bzw. Fehlern im Prozess der Planungsrealisation definiert. Dabei lassen sich vorsorgende und nachsorgende Sicherungsmaßnahmen unterscheiden.

Die Sicherung hat dafür zu sorgen, dass die erforderlichen Anpassungs- und Korrekturmaßnahmen auch tatsächlich durchgeführt werden. Voraussetzung für die zügige Durchführung dieser Maßnahmen ist eine sicherungsbezogene Denkhaltung aller Planungsträger. Deren Planverantwortung darf nicht nur darin bestehen, Anpassungs- und Korrekturempfehlungen umzusetzen, sondern auch darin, frühzeitig Anpassungsnotwendigkeiten initiativ und kreativ zu erkennen. Diese Denkhaltung macht jedoch nur dann Sinn, wenn alle Planungsträger davon überzeugt sind, dass die Anpassungs- und Korrekturmaßnahmen der unterschiedlichen Unternehmensbereiche voll mit dem Zielsystem koordiniert sind. Mit einer zügigen Durchführung der Anpassungs- und Koordinationsmaßnahmen werden Planungsrisiken vermieden oder gesenkt und damit neue Chancen der Zielerreichung wahrgenommen.

Merksatz: Planung wird erst in der Ergänzung durch die Steuerungsphasen „Durchsetzung", „Kontrolle" und „Sicherung" zum wirkungsvollen **Instrument der Unternehmensführung**.

8.4 Betriebliche Planungs- und Steuerungssysteme

8.4.1 Begriff und Bestandteile eines Planungs- und Steuerungssystems

Ein Planungs- und Steuerungssystem ist ein Teilsystem der Unternehmensführung. Neben dem Organisationssystem, Zielsystem u.a. ist es ein wichtiges Instrument zur Erfüllung von Führungsaufgaben.

Definition:
Ein **Planungs- und Steuerungssystem** wird als koordiniertes und integriertes Gefüge von Plänen und Steuerungsinstrumenten definiert, das die Erfüllung vorausschauender und anpassender Aufgaben in wirtschaftlicher Weise ermöglicht (Schweitzer [Planung] 105).

Die Gestaltung eines Planungs- und Steuerungssystems obliegt in der Wirtschaftspraxis dem Controlling, das alle konkreten Systembestandteile konzeptionell festlegen und in der Form eines Planungshandbuchs dokumentieren sollte. Elemente (Bestandteile) eines angewandten Planungssystems werden in Abbildung 8.11 zusammengestellt. Die jeweiligen Bestandteile sind durch Beziehungsarten (z.B. Informations-, Kommunikations-, Koordinationsbeziehungen) so zu koordinieren und zu integrieren, dass das resultierende Planungssystem, auch bei unsicherer Informationslage, effizient und effektiv als Führungsinstrument eingesetzt werden kann (Wild [Unternehmungsplanung] 153 ff.; Töpfer [Planungssystemkonzeptionen] 1516; Troßmann/Baumeister [Risikocontrolling] 76).

Bestandteile eines Planungssystems:

- Planungsträger,
- Planungsaufgaben (einschließlich Kompetenz- und Verantwortungsabgrenzung),
- Pläne (einschließlich Ziele und Planungsgegenstände),
- Planungs- und Organisationsprinzipien,
- Planungsrelevante Informationen (Informationssystem),
- Planungsinstrumente (Modelle, Architekturen, Software u. a.)

Abbildung 8.11: Bestandteile eines Planungssystems

Ein Handbuch zum Planungs- und Steuerungssystem enthält Informationen darüber, wie ein derartiges System aufgebaut ist, wie Planungs- und Steuerungsprozesse abzuwickeln sind, welche Prinzipien bzw. Regelungen dabei einzuhalten sind und wie die Instrumente eingesetzt werden sollen. Im Zusammenhang mit der wissenschaftlichen Analyse und der praktischen Gestaltung eines Planungs- und Steuerungssystems ist es unverzichtbar, das Planungssystem und das Steuerungssystem stets in einem geschlossenen Zusammenhang zu betrachten, da nur die Koppelung beider Systeme im Zeitablauf eine zielführende Planung und Steuerung ermöglicht. Diese Koppelung entspricht der Dynamik und Komplexität, die Planungs- und Steuerungssystemen immanent sind. Einen Überblick zu verschiedenen Ansätzen (Denkmodellen) von Planungssystemen gibt Töpfer ([Planungssystemkonzeptionen] 1519 ff.). Aufbau- und ablauforganisatorische Fragen der Planung erörtern Hahn/Hungenberg [Planungsorganisation] 1460 ff. und 1464 ff.).

Anmerkung: Zwei Beispiele zur praktischen Organisation von Planungs- und Steuerungssystemen werden im Anhang 1 des Downloads behandelt. Dargestellt werden die Aufbau- und Ablauforganisation der Volkswagen AG und des Advanced Planning Systems (APS).

8.4.2 Beurteilung betrieblicher Planungs- und Steuerungssysteme

8.4.2.1 Eigenschaften betrieblicher Planungs- und Steuerungssysteme

Die zentrale betriebswirtschaftliche Frage, die im Zusammenhang mit dem Einrichten und Anwenden eines komplexen Planungs- und Steuerungssystems beantwortet werden muss, ist die Frage nach der Wirtschaftlichkeit des Planungssystems. Sie lautet: Welchen Beitrag leistet ein Planungssystem zum Erreichen eines vorgegebenen Zielsystems? Diese Frage nach der Wirtschaftlichkeit muss gestellt werden, obwohl partielle Zielbeiträge einzelner Führungsinstrumente nur bedingt kardinal gemessen werden können. Ersatzweise ist in dieser Situation nach Eigenschaften (Merkmalen) zu suchen, mit denen sich zielabhängige Vorteile oder Nachteile der Planungssysteme und der Periodenpläne beschreiben und beurteilen lassen. Im Einzelnen werden zu diesem Zweck folgende Eigenschaften von Planungssystemen vorgeschlagen (Wild [Unternehmungsplanung] 157 ff.; ähnlich Hahn [PuK] 79 ff. und Hamann/Günther [Planungssystem] 158 f.):

- Dokumentationsgrad,
- Organisationsgrad,
- Standardisierungsgrad,
- Vollständigkeitsgrad,
- Präzisionsgrad,
- Planabstimmungsgrad,
- Sonstige Eigenschaften von Planungssystemen.

8.4.2.2 Beschreibung betrieblicher Planungs- und Steuerungssysteme

Von Betriebswirten wird relativ oft der erreichte Erkenntnisstand auf dem Gebiete der Planung und Steuerung bemängelt. Insbesondere werden der unbefriedigende Stand der empirischen Forschung zu Planungssystemen, die geringe Vergleichbarkeit und Generalisierbarkeit von Forschungsergebnissen hervorgehoben (Chenhall [Management Control Systems Design] 130; Hamann/Günther [Planungssystem] 145 f.). *Hamann/Günther* ([Planungssystem] 150 ff.) nehmen diesen Zustand zum Anlass, einen allgemeinen Bezugsrahmen für die Beschreibung von Planungssystemen zu entwerfen. Von den bisher vorgeschlagenen Bezugsrahmen, die als unzweckmäßig beurteilt werden, soll sich der neue Bezugsrahmen durch Ganzheitlichkeit und Operationalisierbarkeit unterscheiden. Diese Beurteilung ist berechtigt, weil empirische Forschung mindestens eine einheitliche, vollständige und präzise Beschreibung der Forschungsobjekte (Planungssysteme) leisten muss.

Nach *Hamann/Günther* sind alle unterstützenden Modelle, die der Beschreibung der Planungssysteme dienen, Metamodelle. Leistungsfähige Metamodelle können auf der Grundlage unterschiedlicher Forschungsprogramme entwickelt werden. Stehen für ein Unternehmen beispielsweise die Wirkungen interner und externer Faktoren auf die Struktur des Planungssystems und dessen Wirkungen auf das Mitarbeiterverhalten und auf den Unternehmenserfolg im Focus der Analyse, bietet sich als Grundlage des Metamodells das kontingenztheoretische Programm an. Stehen dagegen Prozesse mit dynamisch interaktiven Elementen, komplexen Beziehungsarten und Subsystemen im Focus der Analyse, kann als Grundlage des Metamodells das systemtheoretische Programm gewählt werden (Hamann/Günther [Planungssystem] 148 ff.).

Das ganzheitliche Metamodell von *Hamann/Günther* wird auf der Grundlage der Systemtheorie formuliert und wird durch Integration relevanter Komponenten aus sechs verschiedenen (bereits bekannten) Metamodellen entwickelt. Es soll sicherstellen, dass bereits zu Beginn eines empirischen Forschungsprojekts auf ein einheitliches, allgemeines Beschreibungsmodell zurückgegriffen werden kann, das fachsprachliche Klarheit schafft. Das Metamodell umfasst letztlich fünf formale Subsysteme: (1) Plan- und Berichtssystem, (2) Planungs- und Kontrollträger, (3) Planungs- und Kontrollinstrumente, (4) Planungs- und Kontrollaktivitäten sowie (5) ein Formalisierungssystem (Hamann/Günther [Planungssystem] 157/158). Mittels dieser Subsysteme lassen sich sowohl die Strukturen des Planungssystems als auch die Strukturen der Planungsprozesse deskriptiv erfassen. Zur Beschreibung zählen dabei nicht nur Begriffsdefinitionen, sondern auch die Kennzeichnung von Eigenschaften, Elementen, Beziehungen und Indikatoren. Dabei dienen Indikatoren der Operationalisierung aller Subsysteme des Metamodells. Ein Teil der Indikatoren erweist sich bei der Hypothesenformulierung und bei Optimierungsmaßnahmen als Einflussgrößen (Determinanten) des Planungssystems.

8.4.2.3 Wirtschaftlichkeit betrieblicher Planungs- und Steuerungssysteme

In einer frühen empirischen Untersuchung (1980) gelangen *Poensgen/Hort* ([Determinanten] 70) zur Formulierung der folgenden Optimumhypothese über den Zusammenhang zwischen Planung und Erfolg:

Merksatz: **„Im Durchschnitt planen die Firmen in dem Ausmaß, das für ihren Erfolg optimal ist (diesen Durchschnitt nennen wir die ‹Standardpraxis›). Ein Weggehen von der Standardpraxis beeinträchtigt den Erfolg progressiv."**

Diese Hypothese sehen *Poensgen/Hort* von *Muth* ([Expectations]) und *Bowman* ([Consistency]) bestätigt, wenn sie ihre Behauptung mit folgendem Graph ausdrücken (vgl. Abbildung 8.12 auf Seite 362)

Die Erfolgskurven E1 und E2 in Abbildung 8.12 informieren darüber, dass die Unternehmen 1 und 2 mit Erfolgseinbußen rechnen müssen, wenn sie das Pla-

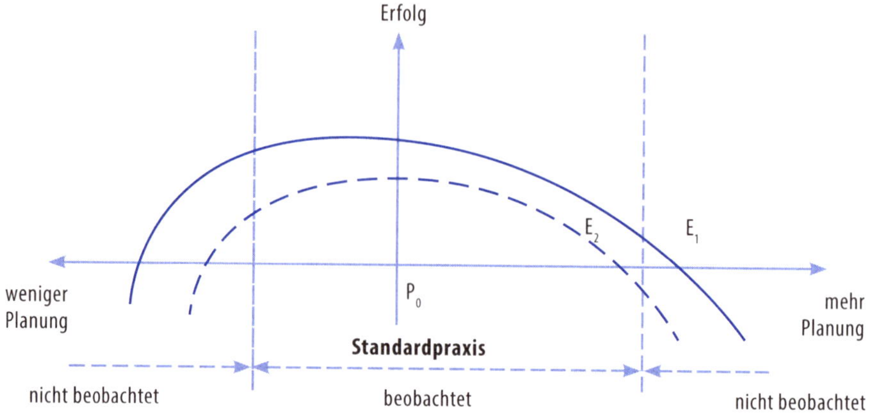

Abbildung 8.12: Verlauf des Erfolgs in Abhängigkeit vom Ausmaß der Planung

nungsausmaß P_0 (Standardpraxis) verlassen. Da die Erfolgskurven im näheren Bereich um P_0 relativ flach verlaufen, führt eine geringe Abweichung von P_0 nur zu kleineren Erfolgsminderungen. Größere Abweichungen von P_0 führen dagegen zu größeren Erfolgsminderungen.

Poensgen/Hort sind sich der Beschränkung ihrer Aussage auf folgende Anwendungsbedingungen bewusst:

- Das Planungsausmaß wird durch eine einzige unabhängige Variable gemessen.
- Beide Unternehmen verfolgen nur ein einziges Ziel (hier: Erfolg).
- Die Unternehmensgröße ist konstant.
- Die Umweltstruktur ist konstant.

Diese Anwendungsbedingungen bedeuten, dass sich z.B. bei einem Zielaustausch oder bei Vermehrung der Ziele und deren Integration zu einem Zielsystem die Standardpraxis der Planung (P_0), die Dimension, die Form sowie die Lage der Kurven verändern können. Entsprechendes gilt auch für die übrigen Anwendungsbedingungen.

Die Optimumhypothese von *Poensgen/Hort* ist eine grobe und abstrakte generelle Aussage über die Beziehung zwischen Planung und Erfolg. Ihr Schwachpunkt liegt in der präzisen Festlegung des Planungsausmaßes P_0. Diese Standardpraxis der Planung ist kaum operationalisierbar und erschwert daher jede Überprüfung der empirischen Geltung der Hypothese. Soweit Forscher die Zurechnungsschwierigkeiten von Erfolgen auf das Planungs- und Steuerungssystem erkennen, weichen sie auf Ersatzfragestellungen aus. So wird nach der Effizienz einzelner Planungs- und Steuerungsprozesse (Gzuk [Effizienz]), nach der Effizienz von Planungs- und Kontrolltechniken (Pfohl [Entscheidungsfindung]), nach Beziehungen zwischen Problemkomplexität und Systemkomplexität (Kirsch/ Mayer [Handhabung]), nach dem Zusammenhang von Planungsdauer und Erfolg (Poensgen/Hort [Determinanten]) sowie nach der Abhängigkeit der Zielerreichung und der Planungskosten von den verschiedenen Gestaltungsmerkmalen der Planung (Rau [Unternehmungsplanung]) geforscht.

Trotz aller Mess- und Zurechnungsprobleme erscheint es plausibel, dass ein umfassendes und schlankes Planungssystem die Wirtschaftlichkeit eines Unternehmens sichert und verbessert. In diese Richtung geht auch die praktische Vorstellung, dass eine Verbesserung der Integration von Periodenplänen, ihrer Flexibilität und Harmonisierung zu einem Optimum des Planungssystems führt (Colsman [Erfolgsfaktoren] 197). Durch eine gut bestätigte realwissenschaftliche Hypothese (Realtheorie) kann diese Aussage aber nicht belegt werden. Dennoch gehen die neueren Untersuchungen auf dem Wege zu einer Planungstheorie in die richtige Richtung. Letztlich muss eine Theorie der Planung zu empirisch gut bestätigten Hypothesen über den Beitrag der Planung zum Erreichen eines Zielsystems (mit ökonomischen, sozialen, technischen und ökologischen Zielen) gelangen. Auf diesen Hypothesen kann die optimale Gestaltung des Planungssystems eines betrachteten Unternehmens aufbauen. Voraussetzung für die Formulierbarkeit derartiger Hypothesen ist jedoch, dass ein separierbarer Beitrag der Planung und ihrer Determinanten auf das Erreichen von Unternehmenszielen beobachtbar ist und gemessen werden kann.

Weitere empirische Untersuchungen, die über die Beziehung zwischen dem Planungssystem und seiner Wirtschaftlichkeit bzw. Leistungsfähigkeit durchgeführt wurden, vermitteln kein klares und eindeutiges Ergebnis, was nicht überrascht, wenn man es unter dem Aspekt der Bewertung, d.h. unter dem Aspekt der Zurechnung von Werten auf das Planungssystem betrachtet. Allgemein tritt das beschriebene Zurechnungs- und Bewertungsproblem bei allen Instrumenten auf, die zur Beschreibung, Erfassung, Transformation, Speicherung, Distribution usw. von Daten bzw. von Wissen herangezogen werden. Der Grund dieses Problems liegt im Fehlen einer empirisch gut bewährten Theorie zum Beziehungszusammenhang zwischen dem Planungssystem und seiner Wirtschaftlichkeit. Vielfach wird daher auf dem Gebiet der Planung und Steuerung, ohne über eine Theorie der Planung und ohne über ein Gestaltungsmodell für Planungssysteme zu verfügen, vermutet, dass beispielsweise Langfristplanung eine positive Wirkung auf die Wirtschaftlichkeit des Unternehmens hat. Dem gegenüber formulieren *Grinyer/Norburn* ([Strategic Planning] 84 ff.) nach ihren empirischen Untersuchungen die Behauptung, dass kein Zusammenhang zwischen (formaler) Planung und Wirtschaftlichkeit (in der Form von Eigenkapitalrendite) nachgewiesen werden kann. *Karger/Malik* ([Long Range Planning] 60 ff.) wiederum behaupten, dass zumindest für die von ihnen untersuchten Branchen (Elektronik, Maschinenbau, Chemie, Pharmazie), eine positive Beziehung zwischen der strukturierten Langfristplanung und dem Umsatzwachstum, den Renditen und dem Wachstum der Gewinne besteht.

Einen Überblick über empirische Forschungsprojekte zum Thema „Planung und Unternehmenserfolg" im deutschsprachigen Raum zwischen 1990 und 2007 geben *Weißenberger/Löhr* ([Planung] 343 ff.). Sie diskutieren verschiedene Methoden der empirischen Forschung, beschreiben mehrere Forschungsprojekte und leiten prüfbare Aussagen (stylized facts) über den Zusammenhang zwischen Planung und Unternehmenserfolg durch eine „Literatursynthese" her.

! **Anmerkung: Weiterführende empirische Forschungsergebnisse und theoretische Probleme zur optimalen Gestaltung von Planungs- und Steuerungssystemen finden Sie im Anhang 2 des Downloads.**

8.5 Grundlagen der hierarchisch differenzierten Planungen

8.5.1 Fragestellungen der strategischen Planung

Die strategische Planung wird in Abbildung 8.2 durch einen geringen Differenziertheitsgrad, einen globalen Detailliertheitsgrad, eine geringe Präzision der verarbeiteten Informationen, einen langfristigen Bezugszeitraum und durch schlecht definierte Probleme gekennzeichnet. Unter Verwendung des allgemeinen Planungsbegriffs, der in Abschnitt 8.1.1.1. formuliert wird, lässt sich strategische Planung wie folgt definieren:

Definition:

Strategische Planung ist ein geordneter, informationsverarbeitender Prozess zum Erstellen eines Entwurfs, welcher Maßnahmen für das Erreichen strategischer Ziele vorausschauend festlegt.

Der strategische Planungsprozess läuft im Wesentlichen in den Phasen ab, wie sie im Abschnitt 8.1.2. dargestellt werden, nämlich: Zielbildung, Problemfeststellung, Alternativensuche, Prognose sowie Bewertung und Entscheidung. In der Literatur zur strategischen Planung und in empirischen Untersuchungen wird jedoch häufig ein Phasenschema verwendet, das vom genannten in einigen Punkten abweicht. Es umfasst die Phasen: Strategische Zielplanung, Strategische Analyse und Prognose (Umweltanalyse, Unternehmungsanalyse, Prognose und strategische Frühaufklärung), Strategieformulierung und -bewertung, Strategieimplementierung (und Strategie-Kontrolle) (Welge/Al-Laham [Strategisches Management] 189 ff.; Al-Laham/Welge [State-of-the-Art] 227 f.; Grünig/Kühn [Strategic Planning] 45 ff.). Bei empirischen Untersuchungen in deutschen Unternehmen hat sich dieses Schema als Beschreibungs- und Gliederungsschema strategischer Planungsprozesse bewährt. Daraus wird geschlossen, dass das deutsche Management eher von einem rationalen und strukturorientierten Verständnis getragen wird (Al-Laham/Welge [State-of-the-Art] 241/242). Im Gegensatz zu diesem Befund stehen Befunde angloamerikanischer empirischer Untersuchungen, die besagen, dass Strategieprozesse eher unstrukturiert und evolutionär verlaufende Prozesse sind, die sich einer aktiven Prozessgestaltung weitgehend entziehen (Al-Laham/Welge [State-of-the-Art] 241).

Die Phasen des strategische Planungsprozesses lassen sich wie folgt kennzeichnen:

(1) Im strategischen Planungsprozess ist die erste Phase die Zielbildung (Zielplanung). Welches Leitziel für die strategische Planung im Einzelfall gewählt wird, hängt davon ab, ob es sich um ein gewinnorientiertes Unternehmen oder ein sachzielorientiertes Unternehmen (Nonprofit-Unternehmen) handelt. In gewinnorientierten Unternehmen geht es im Rahmen der strategischen Planung darum, vorausschauend herauszufinden, welche realistischen Möglichkeiten (Potenziale) ein Unternehmen besitzt bzw. aufbauen kann, um sein Erfolgsziel (Gewinnziel) mit Hilfe bestimmter Maßnahmenbündel (Strategien) möglichst gut zu erreichen. Das strategische Ziel ist für jedes Unternehmen im Rahmen der Vorgaben durch seine Satzung frei wählbar. Zur Verfügung stehen als strategische Ziele verschiedene Cashflow-Größen, der Return on Investment (ROI), der Economic

Value Added (EVA), der Shareholder oder Stakeholder Value, die Umsatzrentabilität, das kalkulatorische Ergebnis u.a. Eng verbunden mit der Zielplanung ist die Problemfeststellung. In der Problemfeststellung wird versucht, die Lücke (Problemlücke) zu ermitteln, die sich zwischen der gewählten Zielvorstellung und der erwarteten Lage ergeben kann (vgl. Abbildung 8.7). Beim Auftreten komplexer Probleme kann häufig durch eine Problemaufspaltung und durch eine Analyse der abgeleiteten Teilprobleme eher eine Lösung gefunden werden als ohne Aufspaltung des Gesamtproblems. Außerdem können zur Lösung der abgeleiteten Teilprobleme situationsabhängige Prioritäten festgelegt und unterschiedliche Instrumente eingesetzt werden.

(2) Die zweite Phase des strategischen Planungsprozesses ist die strategische Analyse und Prognose. Bevor eine Entscheidung für eine Strategie bzw. Strategienkombination getroffen werden kann, ist eine umfassende Analyse der Umwelt des Unternehmens durchzuführen. Die für die strategische Planung relevante Umwelt des Unternehmens sind seine Märkte. Dabei steht im Mittelpunkt der Analyse der Absatzmarkt. Durch die Umweltanalyse soll herausgefunden werden, welche Größen aus dem Absatzmarkt bei der Entscheidung über eine Wettbewerbsstrategie und bei der Strategieumsetzung zu beachten sind. Die Analyse bezieht sich im Einzelnen auf potenzielle Nachfrager sowie konkurrierende Anbieter. Sie soll zeigen, welche Absatz- und Erfolgschancen (Renditen) der untersuchte Markt zukünftig bieten kann. Diese Erfolgschancen werden Marktattraktivität genannt. Die Marktattraktivität wird durch Marktanalysen und Branchenstrukturanalysen ermittelt. In Bezug auf das Erreichen des gewählten strategischen Ziels drückt die Marktattraktivität aber nicht nur die Chancen, sondern auch die Risiken aus. Diese Chancen und Risiken rechtzeitig zu identifizieren, ist ein wichtiges Anliegen der Umweltanalyse.

Bevor eine Strategie zum Erreichen des strategischen Ziels gewählt werden kann, muss Klarheit darüber gewonnen werden, welche eigenen Möglichkeiten (Potenziale) das Unternehmen besitzt, um das gesetzte Ziel tatsächlich zu erreichen bzw. die Umwelt zu beeinflussen oder auf Umweltänderungen zügig und wirtschaftlich zu reagieren. Zur Beantwortung dieser Fragen wird eine Unternehmensanalyse durchgeführt. Diese zielt auf die Ermittlung der eigenen Stärken und Schwächen des Unternehmens in Bezug auf die geplante Zielerreichung. Die Stärken und Schwächen selbst werden von den sog. strategischen Erfolgsfaktoren bestimmt.

Definition:

Als **strategischer Erfolgsfaktor** wird eine Einflussgröße definiert, die eine Stärke (oder Schwäche) des Unternehmens bewirkt, je nachdem, in welcher Wettbewerbssituation sich das Unternehmen befindet.

Um eine Unternehmensanalyse erfolgreich durchführen zu können, ist es besonders wichtig zu erforschen, welche Beziehungen zwischen den strategischen Erfolgsfaktoren und dem strategischen Erfolg bestehen. Diese Beziehungen sollten durch allgemein gültige, gut bestätigte und raumzeitlich unbegrenzte Hypothesen erfasst werden, um brauchbare Prognosen zu erstellen. Soweit sich diese Prognosen auf quantitative Ziele beziehen, werfen sie geringe Messprobleme auf. Bei qualitativen Zielen führen sie dagegen zu größeren Messproblemen. Für die strategische Planung ist kennzeichnend, dass sie häufig qualitative Ziele behandelt und damit Mess- und Prognoseprobleme des strategischen Erfolgs aufwirft. Werden außerdem zur Zielerreichung nicht nur einzelne Maßnahmen, sondern ganze Maßnahmenbündel eingesetzt, ist es sehr schwierig, den Erfolgsbeitrag einer einzelnen Maßnahme zu prognostizieren bzw. abzuschätzen. Instrumente, die in der Unternehmensanalyse zu Prognosen eingesetzt werden, sind Regressionen, Input-Output-Analysen, Produktlebenszyklen, Erfahrungskurven und Portfolioanalysen.

Strategische Analysen müssen umfassend durch zahlreiche Informationen begleitet werden, die frühzeitig kritische interne und externe Entwicklungen aufzeigen. Diese Aufgabe wird Frühwarnung oder Frühaufklärung genannt.

Definition:

Ein Frühwarnsystem ist ein Instrument, das die Aufgaben der systematischen und rechtzeitigen Suche, Aufbereitung und Bereitstellung entscheidungsrelevanter Informationen für das strategische Management erfüllt.

Die Frühwarninformationen beziehen sich in erster Linie auf Chancen und Risiken, die aus langfristigen Veränderungen in der Umwelt und aus dem Unternehmen selbst resultieren. Sie sind für die Planung und die Sicherung strategischer Erfolgspotenziale von Bedeutung. Basis einer umfassenden Früherkennung von Risiken sind die Zielsetzungen des Unternehmens und die kritischen Erfolgsfaktoren.

(3) Im strategischen Planungsprozess ist die dritte Phase die Strategieformulierung und -bewertung. Die Umweltanalyse und die Unternehmensanalyse lassen erkennen, welche Chancen und Risiken bzw. welche Stärken und Schwächen für das Unternehmen zur Zielerreichung gegeben sind. Genau genommen muss bei der Wahl der strategischen Ziele bereits eine Grobvorstellung darüber entwickelt worden sein, wie die Ergebnisse der Umweltanalyse und der Unternehmensanalyse lauten können. Außerdem kennt das Unternehmen bereits aus der Lückenanalyse die Ziellücke, die geschlossen werden soll. Hier wird nochmals deutlich, welche Bedeutung die oben angesprochenen Hypothesen über die Beziehung zwischen strategischen Erfolgsfaktoren und dem strategischen Erfolg besitzen. Je nachdem, auf welcher hierarchischen Leitungsebene die strategische Planung behandelt wird, lassen sich Unternehmens-, Geschäftsbereichs- und Funktionsbereichsstrategien unterscheiden. Als Unternehmensstrategien sind die Wachstums-, Stabilisierungs- und Desinvestitionsstrategie zu betrachten. Zu den Geschäftsbereichsstrategien werden die Kostenführerschafts-, Produktdifferenzierungs- und Nischenstrategie gerechnet. Letztlich umfassen die Funktionsbereichsstrategien die Beschaffungs-, Produktions-, Absatz-, Finanzierungs-, Personal- und Technologiestrategie.

In der strategischen Planung wird i.d.R. sowohl das Ziel als auch die Entscheidungssituation unscharf beschrieben. Daraus ergibt sich für die einzelne Strategie eine unscharfe Bewertung. Ein Merkmal dieser Entscheidungssituation ist, dass bei der Strategiebewertung häufig (ersatzweise) auf Erfahrungswerte zurückgegriffen werden muss, mit welchen sich eine Strategie in vergleichbaren Situationen bisher als erfolgswirksam erwiesen hat. Auf diese Weise entstehen Normstrategien, die unter instrumentalen Gesichtspunkten nur eine schwache Aussagekraft besitzen. Sie geben für den konkreten Entscheidungsfall lediglich Hinweise, auf welche wirtschaftlichen Größen bei der Strategieformulierung zu achten ist. Effektiver als Normstrategien sind für die zielabhängige Bewertung einer Strategie in die Zukunft schauende Planungsmodelle (optimierende und heuristische Verfahren). In der Regel sind heuristische Modelle mit ihren Näherungslösungen sogar bessere Bewertungsmodelle als Normstrategien.

(4) Die vierte Phase des strategischen Planungsprozesses ist die Implementierung der gewählten Strategie/Strategiekombination. Implementierung bedeutet die Umsetzung und Durchsetzung einer Strategie in taktische und operative Maßnahmenprogramme. Zum Aufgabenbereich der Umsetzung einer Strategie in die taktische und operative Planung gehören die präzise Formulierung von Teilstrategien und die Herleitung von Maßnahmen. Durch die Umsetzung soll sichergestellt werden, dass die strategische, taktische und operative Planung sachlich verzahnt werden und die Strategie die Entscheidungen auf allen drei Hierarchieebenen bestimmt. Parallel zu den Umsetzungsaufgaben sind mehrere Implementierungserfordernisse zu erfüllen. Vor allem sind alle betroffenen Erfolgsfaktoren (Organisationsstruktur, Unternehmenskultur, Managementsystem, Personal und Führungskräfte) untereinander und auf die Implementierungserfordernisse abzustimmen. Auf die Umsetzung folgt die Durchsetzung einer Strategie. Die Durchsetzung bedeutet im Einzelnen, dass Mitarbeiter über Ziele und Inhalte der Strategie informiert, sachgerecht in die neuen Aufgaben eingeführt und bei Bedarf geschult bzw. trainiert werden müssen. Sofern bei der Durchsetzung der Strategie Konflikte (Zielkonflikte, Ressourcenkonflikte, emotionale Spannungen) auftreten, sind diese zu analysieren und im Konsens mit den Betroffenen zu bereinigen.

(5) Als fünfte Phase des strategischen Planungsprozesses wird häufig die Strategische Kontrolle genannt. Diese Zuordnung ist nicht zutreffend, weil die strategische Kontrolle alle Phasen des strategischen Planungsprozesses begleitet. Die strategische Kontrolle hat nicht den Charakter einer abschließenden Kontrolle eines Prozesses, sondern den Charakter einer mitlaufenden Kontrolle, die auftretende Schwächen und Fehler in jeder Planungsphase möglichst frühzeitig entdeckt und bereinigt. Wie für Produktionsprozesse gilt auch für den Planungsprozess, dass früh entdeckte und beseitigte Fehler geringere Kosten verursachen als Fehler, die erst am Prozessende entdeckt werden.

Definition:

Als **strategische Kontrolle** wird der geordnete, informationsverarbeitende Prozess zur Ermittlung und Analyse von Abweichungen zwischen Plangrößen (Prognose- oder Vorgabegrößen) und Vergleichsgrößen definiert, der parallel zum Prozess der strategischen Planung abläuft und deren Vollzug und Richtigkeit in allen Phasen überwacht.

Im strategischen Management werden vier strategische Kontrollarten unterschieden (Schreyögg/Steinmann [Strategische Kontrolle] 391 ff.; Kreikebaum [Strategische Unternehmensplanung] 91 ff.].

- Strategische Prämissenkontrolle,
- Strategische Planfortschrittskontrolle,
- Strategische Überwachung,
- Strategische Potenzialkontrolle.

Anmerkung: Die ausführliche Formulierung eines strategischen Planungsmodells für das Absatzprogramm finden Sie als Anhang 3 im Download.

8.5.2 Fragestellungen der taktischen Planung

Mit der Positionierung strategischer Geschäftseinheiten hat das Unternehmen noch keine präzisen Vorstellungen über die tatsächlich anzubietenden Produkte bzw. die einzusetzenden technischen Verfahren. In der taktischen Programmplanung muss daher systematisch nach Ideen gesucht werden, die zu konkreten Produktkomponenten, ganzen Produkten bzw. Produktgruppen führen. Im Zusammenhang mit der Präzisierung der gefundenen Produktideen müssen Forschungs-, Entwicklungs-, Konstruktions- und Berechnungsaufgaben durchgeführt werden. Darüber hinaus muss das Unternehmen bemüht sein, präzisere Vorstellungen über Produkt-Lebenskurven (Lebenszyklen von Produkten) zu formulieren. Außerdem ist taktisch festzulegen, welche Produkte in welcher Menge und in welchem Zeitabschnitt (mittelfristig) hergestellt und abgesetzt werden sollen. Das Unternehmen muss also bereits taktisch in Bezug auf eine Zielfunktion und unter Beachtung von Restriktionen eine Optimierung des Fertigungs- und Absatzprogramms planen.

Entscheidungen, die im Rahmen der taktischen Planung des Absatzprogramms anfallen, können sich in verschiedener Form stellen:

- Entscheidung über die Hereinnahme eines Produkts in das Fertigungs- und Absatzprogramm bzw. seine Aussonderung,
- Entscheidung über die Art und Menge der Produkte innerhalb eines Produktfelds (Programm-Dichte),
- Entscheidung über die Art und Menge von Produkten über alle Produktfelder eines Unternehmens (Programm-Breite).

Die Optimierung des taktischen Fertigungs- und Absatzprogramms ist ein dynamisches Planungsproblem, d.h. eine planerische Fragestellung, die in ihrer Grundstruktur zeitliche mehrstufig ist. Die zugehörigen Planungsmodelle sind daher dynamische Optimierungsmodelle. Mit Blick auf die Produkte bedeutet dies, dass von der Absatzseite her ihre Produkt-Lebenskurven berücksichtigt werden müssen. Für die Fertigungskapazitäten ist zu fordern, dass ihre Veränderungen (Kapazitätsaufbau, Kapazitätsersatz, Kapazitätsabbau) in den einzelnen Teilperioden des gesamten taktischen Planungsintervalls entsprechend berücksichtigt werden müssen. Soweit bei der Produktbearbeitung im Zeitablauf Lerneffekte auftreten, sind diese angemessen zu beachten. Von Bedeutung ist ebenfalls, dass alle zwischen den Modellgrößen auftretenden Interdependenzen über alle Teilperioden möglichst präzise erfasst werden müssen.

Da die Frage nach der Einführung neuer Produkte (Aussonderung alter Produkte) und die Frage nach der optimalen Gestaltung einer Produktgruppe als Sonderfälle des allgemeinen Planungsansatzes zur Optimierung des taktischen Fertigungsprogramms angesehen werden können, soll hier lediglich auf die allgemeine Fragestellung der Planung näher eingegangen werden (Schweitzer [Fertigungswirtschaft] 621 ff.).

Eines der umfassendsten Modelle zur Optimierung des taktischen Fertigungsprogramms ist von *Zäpfel* ([Programmplanung] 1709 ff.) vorgelegt worden. Trotz einiger Vereinfachungen, die für dieses Modell getroffen werden (z.B. wird von Desinvestitionen und Rationalisierungsinvestitionen abgesehen; zudem werden alle Absatzwerte als deterministisch angenommen), handelt es sich um ein komplexes gemischt-ganzzahliges Planungsmodell, welches folgende Einzelentscheidungen unterstützt:

- Weiterführung oder Aussonderung von Produkten, wobei jedes Produkt in Varianten produziert werden kann,
- Aufnahme oder Nichtaufnahme von Produkten,
- Eigenfertigung oder Fremdbezug,
- Fortführung bzw. Veränderung von Kapazitäten,
- Berücksichtigung eines Finanzierungsbudgets.

Anmerkung: Die ausführliche Formulierung eines taktischen Planungsmodells zum Fertigungs- und Absatzprogramm finden Sie im Download als Anhang 4.

8.5.3 Fragestellungen der operativen Planung

Die zentrale Fragestellung der operativen Programmplanung liegt darin, für eine einzige Planperiode (Jahr) bzw. deren Unterteilungen (Monate) die Art und Menge der Produkte zu planen, die in dieser Periode gefertigt und abgesetzt werden sollen. Gesucht ist unter Beachtung von Nebenbedingungen und in Ausrichtung auf ein Ziel das optimale Fertigungs- und Absatzprogramm. Für die operative Programmplanung werden im Allgemeinen folgende Größen als gegeben und konstant betrachtet:

- die Fertigungskapazitäten,
- die Fertigungsverfahren,
- alle Produktionskoeffizienten,
- die Produktstrukturen,
- die Koeffizienten der Zielfunktion (hier Deckungsbeiträge),
- die Lagerkapazitäten,
- die Absatzhöchstmengen,
- die Beschaffungshöchstmengen sowie
- das Kapitalbudget.

Die Fragestellung der operativen Programmplanung kann durch ein lineares Planungsmodell abgebildet werden. In der Regel wird dieses Modell als statisches, deterministisches Entscheidungsmodell formuliert. Die Alternativenwahl orientiert sich meist an einer einzigen Zielfunktion. Dieses Modell lässt sich für die Zielfunktion der kurzfristigen Deckungsbeitragsmaximierung wie folgt formulieren:

Zielfunktion:

$$D = \sum_{j=1}^{n} d_j \times x_j \rightarrow \text{Max!}$$

Kapazitätsbedingungen:

$$\sum_{j=1}^{n} a_{ij} \times x_j \leq b_i \ (i = 1, \ldots, m; j = 1, \ldots, n)$$

Nichtnegativitätsbedingungen:

$$x_j \geq 0$$

Symbole:

i: Einsatzgüterart bzw. Fertigungsstufe

j: Produktart

a_{ij}: Produktionskoeffizient des i-ten Einsatzgutes für das j-te Produkt

x_j: Produktionsmenge des Produkts j in der Planperiode

b_i: Kapazität der Fertigungsstufe i in der Planperiode

d_j: Stückdeckungsbeitrag des Produkts j in der Planperiode

D: Gesamtdeckungsbeitrag der Planperiode

Das einfache lineare Planungsmodell ist in der Lage, die Fragestellung der operativen mehrstufigen Mehrproduktplanung abzubilden und zu beantworten. Dieses Grundmodell der Programmplanung kann in einer Reihe von Modellkomponenten der Realität weiter angenähert werden (Schweitzer [Fertigungswirtschaft] 631 ff.; Zäpfel [Produktionswirtschaft] 98 ff.). So ist z.B. eine Annäherung in dem Sinne möglich, dass mehrere Teilperioden eingeführt werden. Sollten außerdem für die Herstellung einer bestimmten Produktart mehrere Verfahren zur Verfügung stehen, so kann das Modell um die Verfahrenswahl erweitert werden. Auch eine Kontinuitätsbedingung für den Produktdurchlauf durch mehrere Fertigungsstufen kann berücksichtigt werden. In vergleichbarer Weise lässt sich die Frage nach optimalen Anpassungsformen (Variationsformen) in das Modell integrieren. Bei Unternehmen mit mehreren Zweigwerken kann die Zuordnung der zu produzierenden Produkte auf diese Zweigwerke berücksichtigt werden. Desgleichen ist es möglich, spezifische Prozessbedingungen (z.B. bei Kuppelproduktion) im Modell abzubilden. Eine zusätzliche Modellerweiterung besteht in der Berücksichtigung der zeitlichen Abstimmung zwischen Fertigungs- und Absatzprogramm. Das Modell kann außerdem um Reihenfolge- und Terminprobleme erweitert werden. Schließlich lassen sich auch Fragen des Recyclings in das Modell integrieren. In der Praxis stoßen derartige Modellversionen jedoch sehr schnell an die Grenzen ihrer Lösbarkeit.

Die operative Programmplanung ist, wie bereits gesagt, ein bevorzugter Anwendungsbereich linearer Planungsmodelle. Befragungen in industriellen Unternehmen haben gezeigt, dass ca. 25–30 % dieser Unternehmen auf dem Gebiet der operativen Programmplanung mit linearen Planungsmodellen arbeiten. Die Schwerpunkte der Anwendungen liegen in den Bereichen chemische Industrie, Fertigungsindustrie, Erdölindustrie sowie Montanindustrie.

Anmerkungen: Einen praktischen Fall zur Prognose der Absatzhöchstmenge mittels exponentieller Glättung finden Sie im Download als Anhang 5.

Einen praktischen Fall zur operativen Planung des optimalen Fertigungs- und Absatzprogramms finden Sie im Download als Anhang 6.

Im Download werden als Anhang 7 zwei praktische Fälle zu den Beziehungen zwischen einem Produktionsplanungssystem und dem Führungsinstrument „periodenbezogene Kostenrechnung" sowie die Beziehungen zwischen einem Produktionssteuerungssystem und dem Führungsinstrument „prozessorientierte Kostenrechnung" analysiert.

8.6 Ein Blick auf die volkswirtschaftliche Planung und Rechnung

In Modul 8 werden theoretische und praktische Fragen der „Planung und Steuerung" aus betriebswirtschaftlicher Sicht (mikroskopisch) behandelt. Da die Wirtschaftswissenschaft neben der Betriebswirtschaftslehre auch die Volkswirtschaftslehre umfasst, liegt es nahe zu fragen, ob Probleme der Planung und Steuerung auch aus volkswirtschaftlicher Sicht (makroskopisch) analysiert werden. Diese Frage kann mit einem „Ja" beantwortet werden. Seit mehreren Jahren diskutieren Volkswirte die Fragen, was unter einheitlicher Planung zu verstehen ist, wie Inhalt und Umfang einer Planungstheorie abzugrenzen sind und wie eine Planungswissenschaft strukturiert werden kann. Interessanterweise wird auch die Frage behandelt, in welcher Beziehung eine nationale Planung und ein nationales Rechnungswesen zueinander stehen. Obwohl diese Frage parallel auch in der Betriebswirtschaftslehre diskutiert wird (hier im Anhang 7 des Downloads), haben die Forscher beider Disziplinen so gut wie keine Vorstellung über die Projekte und Forschungsergebnisse der jeweils anderen Seite. Zu dieser Frage haben beide Seiten einen deutlichen Nachholbedarf.

Einen guten Überblick über die Entwicklung und den Stand der Planungsdiskussion in der Volkswirtschaftslehre gibt *Franco Archibugi*. Als Einblick in diese Diskussion werden nachfolgend die Integrationspostulate skizziert, die Archibugi ([Planning Theory] 47 ff.) für eine volkswirtschaftliche Planungsdisziplin erfüllt sehen will. Sie lassen in groben Zügen Ähnlichkeiten zwischen betriebs- und volkswirtschaftlichen Integrationsproblemen der Planung erkennen:

- Integration between systems of economic accounting and systems of social accounting,

- Integration between planning systems and technological forecasting,
- Integration between socio-economic planning and physical (environmental) planning,
- Integration between socio-economic-physical planning and institutional public planning,
- Integration between institutional public planning and collective bargaining with private and indipendent planning and projecting.

Einführende Literaturhinweise zu Modul 8

Die vollständigen Literaturangaben finden Sie im Downloadbereich.

Hahn, D., H. Hungenberg und E. Cordes: [PuK] Planung und Kontrolle. Planungs- und Kontrollsysteme. Planungs- und Kontrollrechnung. Wertorientierte Controllingkonzepte. (3. Aufl. 1985), 6. Aufl., Wiesbaden 2001.

Klein, R. und A. Scholl: [Planung] und Entscheidung. Konzepte, Modelle und Methoden einer modernen betriebswirtschaftlichen Entscheidungsanalyse. 2. Aufl., München 2011.

Schweitzer, M.: [Planung] und Steuerung. In: Allgemeine Betriebswirtschaftslehre. Band 2: Führung. Hrsg. v. F X. Bea und M. Schweitzer, 10. Aufl., Stuttgart 2011, S. 38–177.

Welge, M. K. und A. Al-Laham: [Strategisches Management]. Grundlagen, Prozess, Implementierung. 6. Aufl., Wiesbaden 2012.

Wild, J.: Grundlagen der [Unternehmungsplanung]. 4. Aufl., Opladen 1982.

Modul 9: Theoretische Grundlagen und praktische Gestaltung der Organisation

Jetta Frost
Fabian Hattke

„Zweck und Ziel der Organisation ist es, die Stärken der Menschen produktiv zu machen und ihre Schwächen unwesentlich."
(Peter F. Drucker 1909–2005)

9.1 Theoretische Grundlagen und praktische Gestaltung der Organisation

Lernziele:

Aneignen von Wissen (Kenntnissen) über die organisatorischen Aufgaben des Managements von Strukturen und Prozessen; **Verstehen** (Erfassen und Erkennen) der Koordinations-, Orientierungs- und Motivationsaufgaben des Managements; **Anwenden** (Nutzen) des erlangten Wissens auf illustrative Fallbeispiele; **Analyse** (Erforschen) der Koordinations-, Orientierungs- und Motivationswirkungen verschiedener Organisationsformen und -architekturen; **Synthese** (Integrieren) von Einzelerkenntnissen der organisationstheoretischen Fundierung der Koordinations-, Orientierungs- und Motivationsaufgaben des Managements; **Bewertung** (Evaluation) der Vor- und Nachteile verschiedener Organisationsformen und -architekturen.

Übersicht:

Modul 9 führt in theoretische Grundlagen der Organisation ein und zeigt deren praktische Gestaltung als Management von Strukturen und Prozessen. Dazu gehören die Koordinations-, Orientierungs- und Motivationsaufgabe der Organisation. Das Modul gliedert sich wie folgt: Abschnitt 1 spezifiziert das Erkenntnisobjekt „Organisation" und beleuchtet das Verhältnis zwischen Organisationstheorien und Organisationspraxis. Abschnitt 2 stellt ausgewählte Organisationstheorien vor, die einen Beitrag zur Erklärung der Koordinations-, Orientierungs- und Motivationsaufgabe der Organisation leisten können. Abschnitt 3 analysiert Koordinations-, Orientierungs- und Motivationswirkungen verschiedener Organisationsarchitekturen und illustriert sie anhand von Fallbeispielen aus der Praxis.

9.1.1 Zur Begriffsbestimmung von Organisation

Würde ein Marsmännchen auf die Erde schauen, so würde es feststellen: Wir Menschen leben in einer Organisationsgesellschaft. Es sähe viele Module, die durch zahlreiche Linien, sogenannte Interdependenzen, miteinander verbunden sind. Obwohl die westlichen Wirtschaftssysteme auch als Marktwirtschaften bezeichnet werden, sind sie ohne Organisationen nicht vorstellbar. Durch diesen berühmten Perspektivenwechsel zeigt der Nobelpreisträger Herbert Simon ([Organizations]): Es sind Organisationen, seien es Krankenhäuser, Schulen, Unternehmen, Behörden, Kirchen oder auch Vereine, die in unserer komplexen, arbeitsteiligen Welt vielfältige Aufgaben koordinieren und damit zu deren Erfüllung ganz wesentlich beitragen.

Die Art und Weise, wie Aufgaben erfüllt werden, prägt Organisation. Insbesondere dort, wo viele Menschen zusammenarbeiten, müssen Strukturen und Prozesse so aufeinander abgestimmt werden, dass die Gesamtorganisation manövrierfähig bleibt. Gerade im Unternehmenskontext wird dies betont: So heißt es bei der Siemens AG: „Durch die neue fokussierte Unternehmensstruktur werden wir unsere Ertragskraft und Transparenz weiter steigern. Klare Verantwortlichkeiten stellen sicher, dass wir schneller und kundennäher im Markt auftreten." Auch die Lufthansa Technik AG will „ihre Strukturen und Abläufe in der Administration in erheblichem Umfang neu organisieren" und sieht dies als „eine wichtige Voraussetzung für das künftige internationale Wachstum." Die BASF SE „optimiert ihre Organisationsstruktur, um Kundenbranchen besser zu bedienen und die operative und technologische Exzellenz zu steigern." Bei der UFA GmbH soll „angesichts der rasanten Veränderungen im Medienmarkt eine neue, vereinfachte Organisationsstruktur die Zukunfts- und Innovationsfähigkeit des Hauses stärken." Und die Bayer AG will eine „schlankere Struktur" bekommen, damit sie durch „mehr Innovation und weniger Administration ein noch besseres und schnelleres Unternehmen werden kann."

Wie die Zitate deutlich machen, sind die Erwartungen an die Organisationsgestaltung hoch: Ziel ist es, Aufgaben so zu regeln und miteinander abzustimmen, dass im Ergebnis das Ganze mehr wert ist als die Summe der Einzelteile (Frost/Morner [Konzernmanagement]). Dabei scheinen einige Organisationsstrukturen für bestimmte Ziele besser geeignet als andere. Für welche Art der Organisation man sich entscheidet, hängt von den Zielvorstellungen und den damit verbundenen Aufgaben ab. In diesem Sinne sind Organisationen soziale Gebilde, die dauerhaft Ziele verfolgen (Kieser/Walgenbach [Organisation]). Organisationen sind Systeme, die „auf einen Zweck ausgerichtet sind und Erwartungen sowohl an Organisationsmitglieder als auch an Nichtmitglieder kommunizieren, sich in einer bestimmten Art und Weise zu verhalten" (Scheerer [Kritik] 20). Die Strukturelemente einer Organisation definieren dabei die „Verhaltens-, Handlungs- und Kommunikationsräume, in denen Organisationsmitglieder arbeiten, miteinander agieren, kommunizieren und voneinander lernen" (Frost [Märkte] 350).

Definition:

Organisationen sind zweckgerichtete Systeme, deren Strukturen Verhaltens-, Handlungs- und Kommunikationsräume festlegen, in denen Organisationsmitglieder miteinander und mit ihrer Umwelt interagieren.

Organisation hat immer mit der Existenz einer Ordnung zu tun. Es gibt jedoch mindestens zwei unterschiedliche Bedeutungen (z.B. Osterloh/Frost [Organisation]; Schreyögg/von Werder [Handwörterbuch]). Der instrumentelle Organisationsbegriff bedeutet: „Das System hat eine Organisation". Der institutionelle Organisationsbegriff hingegen ist weitreichender und bedeutet: „Das System ist eine Organisation".

9.1.1.1 Der instrumentelle Organisationsbegriff

Der instrumentelle Organisationsbegriff kennzeichnet Organisation als das Resultat einer zielbewussten Tätigkeit (Schreyögg [Organisation]). Er bezeichnet einerseits den Prozess des Organisierens, die koordinierende Tätigkeit, die die Handlungen der Organisationsmitglieder aufeinander abstimmt und auf den Organisationszweck ausrichtet (Gutenberg [Grundlagen]). Aus dieser funktionalen Perspektive ist Organisieren das Mittel einer effizienten Führung und Kontrolle (Schreyögg [Organisation]). Der Organisationsbedarf resultiert aus der Arbeitsteilung und den daraus resultierenden Teilaktivitäten. Die Teilaktivitäten müssen anschließend so koordiniert werden, dass die Erfüllung des Gesamtziels sichergestellt ist. Andererseits beschreibt der instrumentelle Organisationsbegriff auch das Ergebnis dieses Abstimmungsprozesses, die Systemarchitektur als Resultat des Organisierens. Diese konfigurative Perspektive legt den Schwerpunkt auf Organisationsstrukturen als Ergebnis organisatorischen Gestaltungshandelns. Aus der dauerhaften Strukturierung der Arbeitsprozesse entstehen Gefüge, die die organisatorische Konfiguration darstellen (Kosiol [Organisation]; Miller [Genesis]; Mintzberg [synthesis]). Der planungsrationale Fokus des instrumentellen Organisationsbegriffs geht unter anderem auf Frederic Taylor ([Principles]) und Henri Fayol ([Administration]) zurück.

9.1.1.2 Der institutionelle Organisationsbegriff

Der institutionelle Organisationsbegriff ist umfassender als der instrumentelle Organisationsbegriff, weil er das gesamte empirisch beobachtbare Verhalten der Organisationsmitglieder mit einbezieht (Osterloh/Frost [Organisation]): Es geht um das gesamte organisierte Gebilde – die Institution Organisation, die vielen Erfordernissen gerecht werden muss. Damit inkludiert das institutionelle Organisationsverständnis auch Phänomene der informellen – oder präziser – der nicht-intendierten Organisation, wie zum Beispiel Paradoxien (Smith/Lewis [paradox]), Widerstände gegen Veränderungen (Ford et al. [Resistance]), Emergenz (March/Simon [Organizations]) oder dysfunktionales Verhalten (Dalal [meta]). Der instrumentelle und der institutionelle Organisationsbegriff richten ihr Augenmerk auf verschiedene Facetten des Organisationsverständnisses. Dahinter stehen auch unterschiedliche Organisationstheorien.

9.2 Zum Verhältnis von Organisationstheorie und Organisationspraxis

Organisationen sind komplexe soziale Gebilde, die aus verschiedenen Blickwinkeln analysiert werden können. Dahinter stehen vor allem unterschiedliche Theorien, Paradigmen und wissenschaftliche Praktiken (Cetina [cultures]; Lamont [professors]; Pickering [culture]; Rouse [practices]). So kann die Organisationsforschung als rein empirische Wissenschaft aufgefasst werden, die sich auf die Beschreibung von Organisationsstrukturen beschränkt (Kubicek/Welter [Messung]; Staehle [situative]), oder als normative Wissenschaft, die Zielsysteme legitimiert und konkrete Gestaltungsvorgaben entwickelt (Staehle [Plädoyer]; Niklisch [Betriebswirtschaft]; Schreyögg [Zielsetzung]).

In der Organisationsforschung gibt es zahlreiche unterschiedliche organisationstheoretische Paradigmen. Organisationstheorien sind „übergeordnete, grundsätzliche, in sich konsistente Aussagensysteme [...], die (1) sowohl auf den Ordnungsrahmen von Sozialsystemen und die in ihnen herrschenden Regeln als auch (2) auf die Sozialsysteme als solche und die Gesamtheit der in ihnen herrschenden Wirkungsprozesse bezogen sind" (Wolf [Organisation] 46). Es gibt viele Klassifikationen von Organisationstheorien (Scheerer [Kritik]). Systematisierungen, die einen sehr geringen Strukturiertheitsgrad aufweisen, und solche, die bei der Klassifikation kriteriengeleitet vorgehen (Wolf [Organisation]). Zu solchen Kriterien gehören beispielsweise die zeitliche Entstehung der Theorien, ihr disziplinärer Hintergrund, die erkenntnistheoretischen Annahmen, der methodische Zugang, der Universalitätsanspruch, der Grad der Außenorientierung, das zugrunde liegende Menschenbild, die Größe der Analyseeinheit, der normative Anspruch etc.

Neben den Literaturangaben in diesem Text können vor allem folgende Standardwerke und Lehrbücher als weiterführende Literatur genutzt werden: Frese et al. ([Organisation]), 2012); Hatch ([Organization]); Jones/Bouncken ([Organisation]); Kieser/Ebers ([Organisationstheorien]); Ortmann et al. ([Theorien]); Picot et al. [Organisation]); Schreyögg ([Organisation]); Weick/Lang ([Moderne]); Wolf, ([Organisation]). Zudem empfehlen wir die Handwörterbücher „Unternehmensführung und Organisation" (Schreyögg/von Werder [Handwörterbuch]) und „Organisation" (Grochla [Handwörterbuch]) als umfassende Nachschlagewerke.

Der Weg von den zahlreichen Organisationstheorien zum konkreten Organisationsdesign in der Praxis erweist sich jedoch als ein schwieriger. Osterloh und Frost ([schwere Weg] 485) konstatieren: „Die Ausdifferenzierung von organisationstheoretischen Paradigmen hat zu einem Auseinanderdriften von theoretischer und gestaltungsbezogener Literatur geführt." Es besteht zwar ein breiter Konsens darüber, dass Organisationstheorien dem Zweck dienen, „das Entstehen, das Bestehen und die Funktionsweise von Organisationen zu erklären [und] damit (implizit oder explizit) der Verbesserung der Organisationspraxis" (Scheerer [Kritik] 20). Als Mitbegründer der deutschsprachigen Betriebswirtschaftslehre plädierte Schmalenbach sogar dafür, die „Privatwirtschaftslehre als Kunstlehre" aufzufassen, die im Gegensatz zu einer „reinen Wissenschaft" primär Wissen zum „Zweck des Gebrauchs" generieren solle (Schmalenbach [Kunstlehre]).

Organisationsforschung kann dann das Ziel der Praxisrelevanz erfüllen, wenn Organisationstheorien wie „theoretische Scheinwerfer" funktionieren, um auf bestimmte Phänomene und Ereignisse aufmerksam zu machen. Organisationstheorien konzentrieren sich jeweils auf wenige Schlüsselvariablen, z.B. die Motivation der Organisationsmitglieder oder die Verarbeitung von Informationen über verschiedene Hierarchieebenen hinweg. Sie können deshalb nicht alle Phänomene, die das komplexe soziale Gebilde Organisation ausmachen, erklären. Wir können sie uns jeweils als unterschiedliche Landkarten vorstellen, die unterschiedliche Aspekte hervorheben (Osterloh/Frost [Landkarte]). Die Schlussfolgerungen reichen dann immer so weit, wie es der Erkenntnisbereich einer Theorie zulässt: „The function of theory shifts from that of truth proving to insight seeking" (Pondy/Boje [Paradigm] 84). Deshalb werden für die Beurteilung der unterschiedlichen Aufgaben der Organisation verschiedene Organisationstheorien herangezogen und ihr spezifischer Erklärungsbeitrag analysiert.

9.3 Aufgaben der Organisation

Aufgaben der Organisation differenziert die Organisationsforschung üblicherweise nach einem kognitiven und einem motivationalen Aspekt (z.B. Frese et al. ([Organisation]); Grandori [Organizations]; Milgrom/Roberts [Economics]; Picot et al. [Organisation]). Damit sind drei generische Aufgaben verbunden (vgl. Osterloh et al. [Unternehmen]; Osterloh/Frost [Organisation]; Frost [Koordinations]; Frost/Blaschke [Organisieren]): die Koordinationsaufgabe, die Orientierungsaufgabe und die Motivationsaufgabe der Organisation (siehe Abbildung 9.1). Der kognitive Aspekt berücksichtigt die beschränkte Informationsverarbeitungs- und Entscheidungskapazität von Organisationsmitgliedern, d.h. ihr Können. Genau deshalb gibt es Organisationsgestaltung: Durch interpersonelle Arbeitsteilung und die Abstimmung der arbeitsteiligen Handlungen soll dafür gesorgt werden, dass die Kapazität einer Organisation die eines Einzelkopfes übersteigt. Es kann und muss nicht jedes Organisationsmitglied alles wissen. Daraus ergeben sich zwei generische Aufgaben:

Die Koordinationsaufgabe sorgt dafür, die Organisationsmitglieder mit den notwendigen Informationen und Entscheidungsrechten auszustatten, damit sie ihre fragmentierten, lokalen Wissensbestände miteinander abstimmen und zur Erreichung der Organisationsziele beitragen können. Im Mittelpunkt steht das Management von Strukturen und Prozessen als Gestaltung der Organisationsstruktur. Dabei geht es um die Ausgestaltung der organisatorischen Teilbereiche und Stellen (Boxen) und die Steuerungsmechanismen (Linien) im Organigramm. Bei der Orientierungsaufgabe geht es darum, wie durch Organisationsstrukturen und deren Steuerungsmechanismen gewährleistet werden kann, dass für die Organisation relevante Probleme und Informationen rechtzeitig wahrgenommen, interpretiert, in die Entscheidungsfindung einbezogen werden können. Es geht um organisationales Lernen und die Fähigkeit zum Wissensmanagement. Dazu gehört vor allem die Fähigkeit, das für das Unternehmen relevante implizite und explizite Wissen zu generieren, teilen, nutzen und abzuspeichern. Der motivationale Aspekt beschäftigt sich mit dem Wollen der Organisationsmitglieder, d.h., welche Kräfte sie motivieren, um Energie (Intensität) für eine Aufgabe oder Handlungen (Richtung) aufzubringen, diese ausdauernd zu verfolgen, mit Initiative und Interesse zu bearbeiten und Leistungen zu erbringen. Bei der Motivationsaufgabe geht es darum, wie das individuelle Verhalten der Organisationsmitglieder mit den Verhaltenserwartungen der Organisation in Einklang gebracht werden kann. Dazu gehört die Ausgestaltung von Anreizsystemen und Aufgabenzuschnitten zur Förderung der intrinsischen und extrinsischen Motivation der Organisationsmitglieder. Im

Kern geht es darum, die Verstärkung intrinsischer Motivation zu fördern und deren Verdrängung durch externe Anreize zu minimieren.

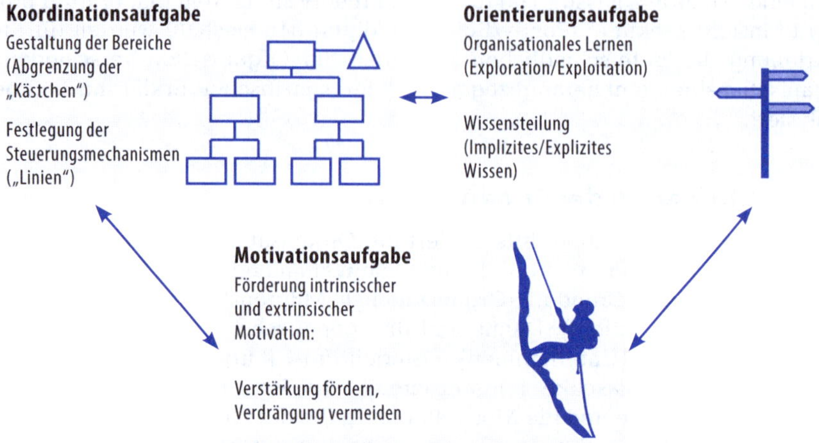

Abbildung 9.1: Organisieren als Aufgabe der Koordination, Motivation und Orientierung (in Anlehnung an: Frost/Blaschke [Organisieren] 38; Osterloh/Frost [Organisation]).

Organisationstheorien, die vor allem die Koordinationsaufgabe (9.3.1) thematisieren, folgen traditionellerweise dem instrumentellen Organisationsverständnis. Sie bilden den Kern der Organisationsforschung, indem sie formale Organisationsstrukturen klassifizieren und unter Effizienzgesichtspunkten analysieren. Theorien zur Fundierung der Orientierungsaufgabe (9.3.2) und der Motivationsaufgabe (9.3.3) basieren eher auf einem institutionellen Organisationsverständnis. Koordinations-, Motivations- und Orientierungswirkungen von Organisationen sind eng miteinander verwoben. Eine einzelne Theorie kann aber nicht die gesamte Komplexität von Organisationen abbilden. Wie ein Scheinwerfer beleuchtet sie bestimmte Ausschnitte von Organisation und konzentriert sich und einige Aspekte. Erst die Akzentuierung der Schnittstellen zwischen den verschiedenen Theorien ermöglicht es, die verschiedenen Aufgaben der Organisation zu entwickeln und anzuwenden. Entscheidend ist dabei, dass die Theorien nicht zu einer großen Metatheorie zusammengefasst werden sollen. Die Komplexität wäre so groß, dass keine konkreten Gestaltungsaussagen mehr möglich wären. Die Theorien sollen aber auch nicht in eklektizistischer Weise, d.h. in einem beliebigen, nicht zusammenhängenden Nebeneinander, miteinander verknüpft werden. Die verschiedenen Theorien werden hinsichtlich ihrer Beiträge zur Lösung organisatorischer Gestaltungsprobleme analysiert, um problembezogene Fragen beantworten zu können. Ein solches Vorgehen entspricht der Idee der Betriebswirtschaft als problemorientierte Wissenschaft (Steinmann/Kustermann [Unternehmensführung]).

9.3.1 Organisationstheoretische Fundierung der Koordinationsaufgabe

Die Koordinationsaufgabe der Organisation steht im Mittelpunkt der klassischen Organisationstheorien. Dazu zählen der strukturtechnische, situative und konfigurative Ansatz. Gegenstand der Koordinationsaufgabe der Organisation ist die Ausgestaltung einzelner Teileinheiten (Boxen) und Steuerungsmechanismen (Linien) im Organigramm unter verschiedenen Effizienzgesichtspunkten. Die aus der Koordination resultierenden Strukturformen realisieren das Ordnungsprinzip einer Organisation. Theorien mit Koordinationsfokus bilden somit die Grundlagen der Organisationsforschung.

Definition:
Die **Koordinationsaufgabe** zielt darauf ab, dass die Gesamtaufgaben der Organisation durch die Gestaltung der Organisationsstruktur und -prozesse so effizient wie möglich erfüllt werden.

9.3.1.1 Der strukturtechnische Ansatz

Der strukturtechnische Ansatz hat die Organisationlehre als eigenständige Teildisziplin der Betriebswirtschaftslehre in Deutschland begründet. Er ist ein in sich geschlossener Organisationsansatz, dessen Grundlagen bis heute die Kernmerkmale der Koordinationsaufgabe bilden. Bekannteste Vertreter des strukturtechnischen Ansatzes sind Nordsieck ([Grundlagen]), Ulrich ([Organisationslehre]) und Kosiol ([Organisation]). Sie konzeptualisieren Organisationslehre als Organisation der Anpassung an sich wandelnde Rahmenbedingungen. Organisation hat die Funktion, einen Rahmen zu schaffen, innerhalb dessen Anordnungen getroffen und Aufgaben arbeitsteilig erfüllt werden können. Ausgangspunkt der Analyse sind die zu erbringenden Aufgaben als „Zielsetzung für zweckbezogene menschliche Handlungen" (Kosiol [Organisation] 43). Die Gesamtaufgaben werden in Teilaufgaben und Arbeitsschritte (Differenzierung) zerlegt und zweckgerichtet neu zusammengefasst (Integration). Die daraus resultierenden Organisationsstrukturen werden gedanklich in Aufbau- und Ablauforganisation getrennt (Frost [Aufbau]; siehe auch Abbildung 9.2).

Merksatz: **Zentrale Merkmale** des strukturtechnischen Ansatzes sind die Definition von Organisation als ein Set von Regeln, die Orientierung am Aufgabenzusammenhang sowie die Trennung von Aufbau- und Ablauforganisation.

Die Aufbauorganisation beschäftigt sich mit der zweckgerichteten Bildung organisatorischer Einheiten, den Boxen und Linien im Organigramm. Stellenbildung und die Festlegung formaler Kommunikationsbeziehungen stehen im Vordergrund. Die daraus entstehenden Koordinationsformen realisieren das strukturelle Ordnungsprinzip der Organisation (Osterloh/Frost [Organisation]). In einem ersten Schritt werden die Aufgaben einer Organisation in Teilaufgaben zerlegt. Diese werden anschließend zu Aufgabenbereichen zusammengelegt und Aufgabenträgern verschiedener Stellen und Abteilungen zugeordnet. Diese Gestaltungssystematik bezeichnet Kosiol ([Organisation]) als Aufgabenanalyse und Aufgabensynthese. Zur Aufgabenanalyse gehört die sachgerechte Aufgliederung der Gesamtaufgabe nach den fünf Gliederungsmerkmalen: (1) Verrichtungsanalyse (z.B. vorfertigen, sägen, montieren etc.), (2) Objektanalyse (zu bearbeitende Produktmodule), (3) Ranganalyse (Entscheidungs- oder Durchführungsaufgabe), (4) Phasenanalyse (zeitliche Abfolge von Planung, Realisation und Kontrolle) sowie (5) Zweckbeziehungsanalyse (Zweck- oder Verwaltungsaufgaben). Die Aufgabensynthese beinhaltet die Zusammenfassung der verschiedenen Teilaufgaben nach fünf idealtypischen Zusammenhängen: (1) Verteilungszusammenhang (Stelle als Aufgabenträger), (2) Leitungszusammenhang (Instanzengefüge als Verknüpfung von Stellen nach rangmäßigen Verteilungseinheiten), (3) Stabszusammenhang (Hilfssystem für Instanzen), (4) Arbeitszusammenhang (Informations- und Kommunikationsprozesse, die das Instanzengefüge überlagern) sowie (5) Kollegienzusammenhang (Sonderfall des Informationssystems, z.B. in Form von ergänzenden Projekten). Die Zusammenfassung der Teilaufgaben nach diesen Beziehungszusammenhängen ergibt die Aufbauorganisation.

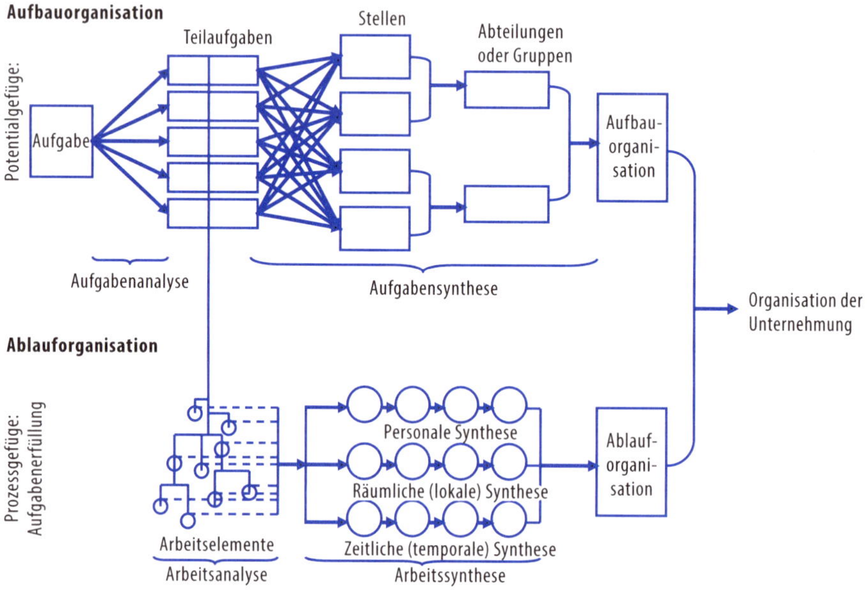

Abbildung 9.2: Aufbau- und Ablauforganisation (in Anlehnung an Bleicher [Organisation] 49)

Die Ablauforganisation beschreibt „den Ablauf des betrieblichen Geschehens, den Vollzug, die Ausübung oder Erfüllung von Funktionen, derentwegen Bestände geschaffen wurden. Im Vordergrund steht der Prozess der Nutzung von in der Aufbauorganisation geschaffenen Potentialen" (Gaitanides [Ablauforganisation] 1). Sie beinhaltet die Regelung von Aktivitäten zur Aufgabenerfüllung. Analog zu der Gestaltungssystematik der Aufbauorganisation folgt auch in der Ablauforganisation die Zerlegung und Zusammenführung von Arbeit der Gestaltungssystematik von Arbeitsanalyse und Arbeitssynthese. Die Arbeitsanalyse setzt nach der Aufgabenanalyse an und gibt einen Überblick über alle anfallenden einzeln Arbeitsschritte oder -elemente. Anschließend führt die Arbeitsanalyse die elementaren Arbeitsschritte nach dem Verrichtungs-, Objekt-, Rang- oder Phasenmerkmal wieder zusammen. Diese Verkettung erfolgt als personale, als räumliche (lokale) sowie als zeitliche (temporale) Synthese. Der Prozessalgorithmus aus diesen drei Syntheseschritten bildet die Ablauforganisation.

Die Ablauforganisation kann zudem anhand von Kennzahlen analysiert und optimiert werden. Zu den wichtigsten Indikatoren zählen die Kosten der Kapazitätsvorhaltung sowie die Auslastung, ausgedrückt in Belegungs- oder Durchlaufzeiten (Küpper/Helber [Ablauforganisation]). Zur Ableitung von Effizienzaussagen unterscheidet die Produktionslogistik nach Entscheidungsmodellen und Optimierungsverfahren der Ablauforganisation (Kern [Ablauforganisation]; Schweitzer [Prozeßstrukturierung]). Die Modellierung von Entscheidungsalternativen unter Berücksichtigung spezifischer Zielvorstellungen (bspw. Kostenminimierung oder maximale Kapazitätsauslastung) ermöglicht die Durchführung verschiedener Optimierungsverfahren. Weit verbreitete Optimierungsverfahren sind die Netzplantechnik (z.B. in der Projektplanung), das Gantt-Diagramm (z.B. in der Maschinenbelegungsplanung) oder die Bestimmung der optimalen Losgrößen und Bestellmengen (z.B. zur Lagerbestandsplanung), die in unterschiedlichen Varianten Verwendung finden (Küpper/Helber [Ablauforganisation]).

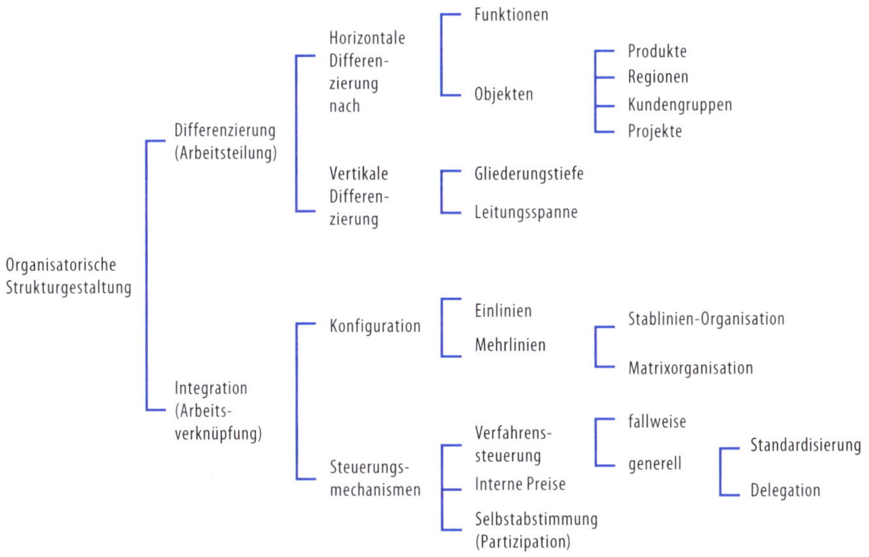

Abbildung 9.3: Differenzierung und Integration als Grundlagen der Koordination

In der klassischen Organisationforschung dominiert die Aufbauorganisation die Ablauforganisation. Die Aufbauorganisation prägt organisatorische Strukturgestaltung als verschiedene Kombinationen von Differenzierung und Integration (Lawrence/Lorsch [Differentiation]). Differenzierung bedeutet, den Gesamtaufgabenkomplex in einer Organisation in Teilaufgaben zu zerlegen. Integration bedeutet, die interdependenten Teilaufgaben wieder zielgerichtet zusammenzufassen, so dass eine geschlossene Leistungseinheit entsteht (siehe

Abbildung 9.3). Die Differenzierung erfolgt als horizontale und vertikale Arbeitsteilung. Horizontale Differenzierung heißt Segmentierung der Aufgaben nach Aufgabeninhalten auf der zweiten Gliederungsebene unter der Gesamtleitung, entweder nach Funktionen, Objekten (Produkte, Regionen, Kundengruppen, Projekte) oder Prozessen. Sie sind konstitutiv für die Ausprägung der Organisationsform.

Merksatz: Die Gestaltungssystematik der Aufbau- und Ablauforganisation im strukturtechnischen Ansatz folgt dem **instrumentalen Organisationsverständnis.** Die Koordinationsaufgabe behandelt Organisation als Strukturentwurf für den effizienten, arbeitsteiligen Aufgabenvollzug.

Die Funktionalorganisation bildet Teilbereiche, die alle für eine homogene Gruppe von Handlungen notwendigen Kompetenzen in sich vereinigen (Abbildung 9.4). Sie folgen dem Verrichtungsprinzip analog traditioneller Wertschöpfungsketten (Porter [advantage]), beispielsweise nach Einkauf, Produktion, Distribution, Marketing, Personal und Finanzen. Die Funktionalorganisation kommt typischerweise bei Ein-Produkt-Unternehmen zur Anwendung. Zu den Vorteilen der Funktionalstruktur zählen Lerneffekte und Spezialisierungsvorteile sowie Größendegressions- und Skaleneffekte. Es kann eine hohe Ressourceneffizienz erzielt werden. Jedoch hat die Funktionalorganisation auch Nachteile. Die vielen Schnittstellen im Wertschöpfungsprozess sind potenzielle Fehlerquellen, die einen erhöhten Abstimmungsaufwand erforderlich machen (z.B. Frese et al. [Organisation]).

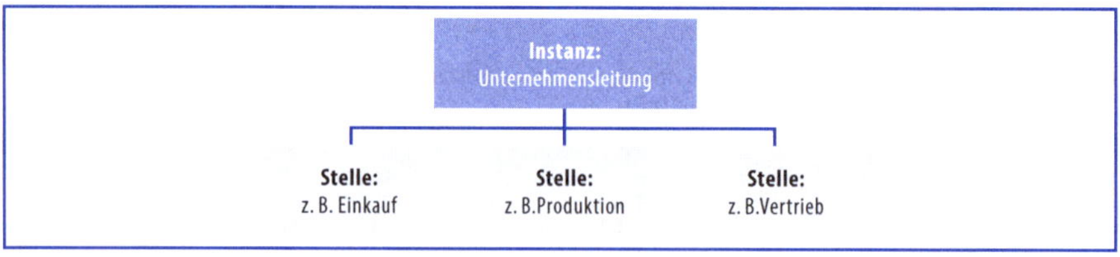

Abbildung 9.4: Funktionalorganisation

Die objektorientierte Organisation bildet Teilbereiche nach produkt-, regional-, kunden- oder projektbezogenen Gliederungskriterien. Sie werden als eigenständige Sparte, Division oder Geschäftsbereich geführt. Geeignet sind sie für Mehrproduktunternehmen, die regionale Besonderheiten oder spezielle Kundenwünsche in ihren Entscheidungen berücksichtigen müssen. Abbildung 9.5 stellt beispielhaft verschiedene objektorientierte Organisationsformen dar. Im Gegensatz zur funktionalen Organisation kann durch objektorientierte Strukturen flexibler auf Marktänderungen reagiert werden. Die objektorientierte Struktur erzielt durch die Bündelung aller für das Gliederungskriterium relevanten Entscheidungen in einer Einheit Verbundeffekte oder Prozesseffizienz. Zudem verbessert die Struktur die Entscheidungsgeschwindigkeit und die Außenorientierung der Organisation. Nachteilig kann sich jedoch der Verzicht auf Skaleneffekte auswirken. Der mehrfache Aufbau gleichartiger Kompetenzbündel führt ferner zu Redundanzen, die sich ebenfalls effizienzmindernd auswirken (z.B. Frese et al. [Organisation]).

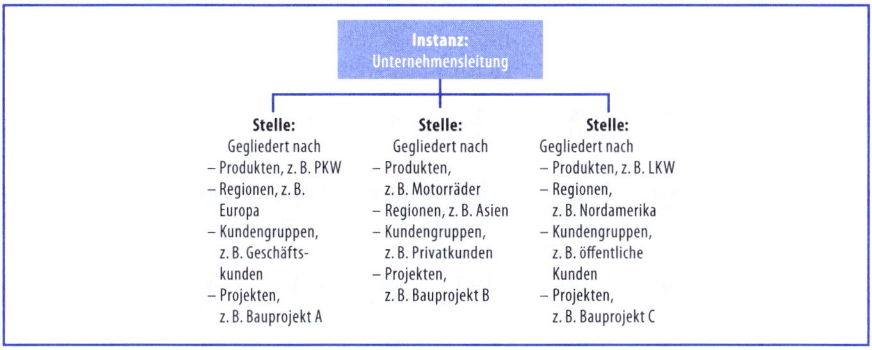

Abbildung 9.5: Objektorientierte Organisationsformen

Vertikale Differenzierung bedeutet die Strukturierung der Organisation über die verschiedenen Hierarchieebenen hinweg (Abbildung 9.6). Dazu gehören die Festlegung der Gliederungstiefe, der Leitungsspanne und die daraus resultierende Stellenrelation. Die Gliederungstiefe kennzeichnet die Anzahl hierarchischer Ebenen und wird darum auch als vertikale Spanne bezeichnet. Die Leitungs- oder Kontrollspanne ergibt sich aus der Anzahl der einer vorgesetzten Instanz direkt untergeordneten Stellen. Leitungsspanne und Gliederungstiefe stehen in einem umgekehrt proportionalen Verhältnis zueinander. Bleiben alle anderen Parameter gleich, so gilt: je größer die Leitungsspanne, desto geringer die Gliederungstiefe. Stellenrelation bezeichnet das Verhältnis bestimmter Stellenarten, wie bspw. das Verhältnis von Instanzen zu Ausführungsstellen oder von Primär- zu Unterstützungsfunktionen.

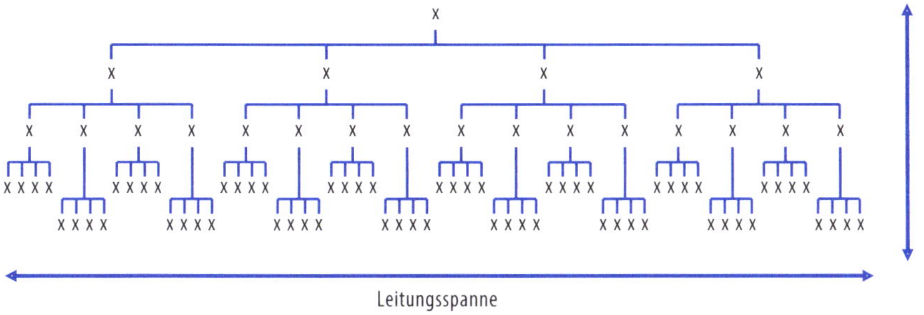

Abbildung 9.6: Vertikale Differenzierung

Organisatorische Integration bedeutet Arbeitsverknüpfung, d.h. die Zusammenführung interdependenter Teilaufgaben. Dazu gehören verschiedene Formen von Konfiguration sowie die Festlegung von Steuerungsmechanismen bzw. Entscheidungsverfahren. Bei der Konfiguration erfolgt die Arbeitsverknüpfung durch Einlinien- oder Mehrliniensysteme. In einem Einliniensystem ist jeder Stelle genau eine Instanz übergeordnet (siehe Abbildungen 9.4 und 9.5). Der Vorteil des Einliniensystems liegt in den eindeutigen Weisungsbeziehungen und den daraus resultierenden klaren Verantwortlichkeiten. Nachteile können sich aus der langsamen Reaktions- und Entscheidungsgeschwindigkeit ergeben. Zudem kann die Kumulation von Entscheidungen in der Spitze der Organisation zu Überlastungen der Instanz führen (sog. „Kamineffekt"; siehe Osterloh/Frost [Organisation]). Mehrliniensysteme weichen das Prinzip des eindeutigen Dienstwegs auf, indem eine Stelle an mehrere weisungsbefugte Instanzen gleichzeitig berichtet. Zu den Mehrliniensystemen zählen Stablinien- und Matrixstrukturen (siehe Abbildung 9.7). In der Stablinienorganisation, der schwächeren Form eines Mehrliniensystems, unterstützen Stäbe die Linieninstanzen bei ihren Entscheidungen. Die Integration von Expertenwissen kann die Entscheidungsqualität erhöhen. Die Trennung von Entscheidungsvorbereitung und -findung birgt jedoch auch Konfliktpotenzial. Zudem sind Stäbe nur unterstützend tätig, weshalb ihnen auch oft die Nähe zur Praxis fehlt (Osterloh/Frost [Organisation]). Die Matrixorganisation kombiniert zwei gleichberechtigte Gliederungsprinzipien innerhalb einer Struktur mit dualer Leitungsbeziehung. Dies führt zu einer Doppelunterstellung an den jeweiligen Schnittstellen. Die Stellen sind jeweils zwei weisungsbefugten Instanzen gleichzeitig untergeordnet, z.B. einem funktionsbezogenen und einem produktbezogenen Entscheidungssystem oder einem regionalen und einem projektorientierten Entscheidungssystem. Die Doppelunterstellung ist einerseits die Stärke, andererseits auch die Schwäche der Matrixstruktur. Sie kann die Entscheidungsqualität erhöhen, da Instanzen mit verschiedenen Perspektiven in die Entscheidungsprozesse einbezogen werden. Andererseits kann die doppelte Leitungsstruktur im Falle konfligierender Weisungen auch zu nichtauflösbaren Konflikten in der Stelle führen (Osterloh/Frost [Organisation]).

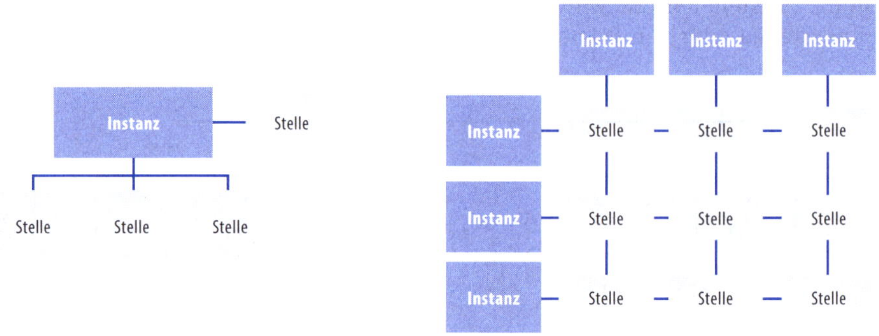

Abbildung 9.7: Stablinienorganisation (links) und Matrixorganisation (rechts)

Zur Integration gehören auch zahlreiche Steuerungsmechanismen. Sie beinhalten, durch welche Entscheidungsverfahren die verschiedenen Boxen im Organigramm aufeinander abgestimmt werden sollen. Im Organigramm sind sie als Linien zwischen den Boxen abgebildet und als Kommunikationsbeziehungen innerhalb dieser Boxen (Frost [Markt]; Osterloh/Frost [Organisation]). Bei der Verfahrenssteuerung können Entscheidungen fallweise in Form von Weisungen getroffen werden oder generellen Regeln folgen (Entscheidungsstandardisierung oder Delegation). Zudem ist es auch möglich, dass nachgelagerte Stellen an den Entscheidungsprozessen partizipieren oder Entscheidungen vollständig an sie delegiert werden. Die horizontale Integration zwischen

Einheiten der gleichen Hierarchieebene findet durch generelle Regeln, Selbstabstimmung oder interne Märkte mit Verrechnungspreisen statt.

Diese verschiedenen Grundmerkmale organisatorischer Strukturgestaltung folgen einem instrumentellen Organisationsverständnis, das formale Organisationsstrukturen als das Ergebnis rationaler Planungsprozesse untersucht. Der Ansatz steht in der Tradition von Taylor ([Grundsätze]), der Organisation als eine von fünf Managementfunktionen konzeptualisiert: Planung, Organisation, Personal, Führung und Kontrolle. Organisation ist eine der Planung nachgelagerte Funktion und dient demnach primär als Instrument für die Realisierung der vorgegebenen Ziele nach Rationalitätsaspekten. Genau hier setzt auch die Kritik am strukturtechnischen Ansatz an. Er basiert auf der Annahme, dass Entscheidungsprobleme in Organisationen nach logisch-rationalen Aspekten optimal gelöst werden können. Dadurch klammert der Ansatz kognitive Aspekte, wie organisationales Wissen und Lernen, weitestgehend aus. Auch die Zielsysteme werden exogen eingeführt und sind nicht Bestandteil des Aussagenbereichs des Ansatzes. Das dabei implizierte synoptische Planungsverständnis ist jedoch in komplexen und dynamischen Entscheidungssituationen wenig praktikabel (Schreyögg ([Organisation]). Zudem werden organisatorische Strukturen nicht auf ihre Verhaltenswirkungen hin untersucht. Weder spielen die motivationalen Dispositionen der Organisationsmitglieder eine Rolle, noch werden die Anreizstrukturen verschiedener Strukturtypen problematisiert.

Merksatz: Für die **Organisationspraxis** bedeutet der strukturtechnische Ansatz, dass jede Form der Arbeitsteilung und -integration mit spezifischen Vor- und Nachteilen einhergeht, die je nach Aufgabenstellung abgewogen werden müssen. Es gibt keinen „one best way" der **Organisationsgestaltung.**

9.3.1.2 Der situative Ansatz

Der situative Ansatz erweitert den Erkenntnisbereich des strukturtechnischen Ansatzes um Umwelt- und Verhaltenskomponenten. Danach hängt die Ausgestaltung von Organisationsstrukturen von der Situation ab, in der sich die Organisation befindet. Die zentrale These des Ansatzes lautet: „Es gibt nicht eine generell gültige optimale Handlungsalternative, sondern mehrere situationsbezogen angemessene" (Staehle [situative] 36). Ziel des situativen Ansatzes ist es, Situations-Struktur-Verhaltens-Kombinationen zu identifizieren, die einen „Doppelten Fit" gewährleisten: Sowohl die Umweltanforderungen als auch die Anforderungen der Organisationsmitglieder müssen in der Formalstruktur berücksichtigt werden (Kieser/Kubicek [Organisation]). Die situative Forschung analysiert anhand großzahliger empirischer Studien die Effizienz verschiedener Situations-Struktur-Verhaltens-Kombinationen. Dabei setzen die Studien interne und externe Situationsvariablen (unabhängige Variablen) in Beziehung zu Strukturdimensionen und organisatorischem Entscheidungsverhalten (abhängige Variablen). Abbildung 9.8 illustriert das Grundmodell des situativen Ansatzes.

Die frühen Arbeiten des situativen Ansatzes basieren auf monokausalen Modellen. Nach Child ([structure]) lassen sich die monovariaten Ansätze zu drei Strömungen gruppieren, die jeweils einen Umweltfaktor als ausschlaggebend für die Organisationsstruktur ansehen: die Größe der Organisation, die Technologie der Organisation und die Umwelt der Organisation. Daneben zählt noch die Bedürfnisstruktur der Organisationsmitglieder zu den Einflussgrößen (Kieser/Kubicek [Organisation]). Zu den bekannten monovariaten Ansätzen zählen die Arbeiten von Blau und Schoenherr ([structure]): „Große Organisationen sind meist stärker bürokratisiert als kleine Organisationen", Woodward ([Industrial]): „Der Standardisierungsgrad bei Massenfertigung ist höher als bei Einzelfertigung" sowie Burns und Stalker ([management]): „Organische Strukturen sind in dynamischen Umwelten effizient, während mechanistische Strukturen in statischen Umwelten Effizienzvorteile haben". Die Ergebnisse der frühen Studien des situativen Ansatzes weisen jedoch darauf hin, dass alle situativen Faktoren die Organisationsstruktur gleichzeitig beeinflussen. Aus dieser Erkenntnis entwickelten sich später die multikausalen Studien. Prominente Vertreter des multivariaten Ansatzes sind die Mitglieder der sogenannten Aston School um Derek Pugh (Pugh et al., [Dimensions]; Pugh et al. [context]; Pugh/Hickson [Organizational]). Neben den klassischen Kontingenzvariablen werden bspw. auch das Alter der Organisation, die Eigentumsverhältnisse oder die geographische Ausbreitung berücksichtigt. Abhängig von ihrer Beeinflussbarkeit lassen sie sich nach internen und externen Situationsvariablen unterscheiden: Interne Situationsvariablen sind leichter beeinflussbar als externe (Kieser/Kubicek [Organisation]). Die Operationalisierung der Organisationsstruktur erfolgt entlang der fünf Dimensionen Spezialisierung, Standardisierung, Formalisierung, Zentralisierung, Konfiguration (Kieser [Situative]). Die Erfassung der Ausprägungen der einzelnen Variablen erfolgt anhand von Dokumentenanalysen, wie bspw. Organigrammen und Prozesscharts oder in Fragebögen (Kubicek/Welter [Messung]). Zudem können Mitarbeiterverhalten und Einstellungen in Umfragen und psychometrischen Tests gemessen werden.

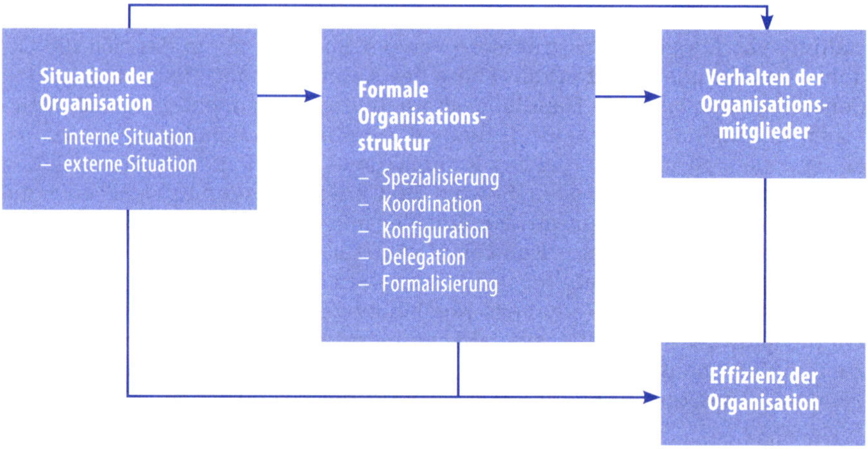

Abbildung 9.8: Direkte und indirekte Einflüsse auf die Organisationsstruktur (in Anlehnung an Kieser/Walgenbach [Organisation])

Merksatz: Das **Ziel des situativen Ansatzes** ist die Ableitung situationsspezifischer Effizienzaussagen, die sowohl die Umweltanforderungen als auch die Anforderungen der Organisationsmitglieder in der Formalstruktur der Organisation berücksichtigen.

Auch der situative Ansatz steht in der Tradition des instrumentellen Organisationsbegriffs. Der situative Ansatz berücksichtigt jedoch viele Faktoren, die im strukturtechnischen Ansatz vernachlässigt werden. Die Messung situativer und organisationaler Einflussgrößen und ihrer Wirkung auf individuelles Verhalten und organisationale Performanz ist in der Organisationsforschung weit verbreitet. Der situative Ansatz als solcher hat sich vor allem in den 1960er- und 1970er-Jahren entwickelt. Dieser Aufschwung kann durch zweierlei Entwicklungen begründet werden: (1) durch den generellen Trend hin zu quantitativen Analysen in der Sozialwissenschaft und (2) durch den technologischen Fortschritt, der es ermöglichte, immer größere Datenmengen zu verarbeiten (Kieser [Situative]). Die Aussagekraft der empirisch gewonnenen Erkenntnisse erweist sich jedoch häufig als sehr begrenzt, da sich die Ergebnisse in Folgestudien vielfach nicht bestätigen lassen. Hier zeigt sich das methodische Problem des situativen Ansatzes. Um den Einfluss einer einzelnen Situationsvariable zu isolieren, muss in multiplen Regressionsanalysen auf die Wirkung anderer Situationsvariablen kontrolliert werden. Dies führt dazu, dass immer spezifischere Messgrößen für eine immer größere Anzahl Variablen in die Modelle integriert werden müssen. Die Auswahl, Operationalisierung und Erhebung der Umwelt-, Struktur- und Verhaltensvariablen sowie die verwendeten Analysemethoden bestimmen jedoch in hohem Maße das Analyseergebnis (Kubicek/Welter [Messung]). Ein weiterer Kritikpunkt am situativen Ansatz ist die Abhängigkeit der Organisationsstrukturen von der Umweltsituation. Dadurch werden Managemententscheidungen zu reinen Optimierungs- bzw. Anpassungsproblemen degradiert. Dieser „situative Determinismus" (Kieser/Kubicek [Organisation] 214) ist jedoch aus verschiedenen Gründen weder theoretisch noch empirisch haltbar (Kieser [Situative]). Zunächst ist die Situation, insbesondere die interne Situation, durch Managemententscheidungen beeinflussbar. Zudem lässt die empirische Identifikation von Regelmäßigkeiten keine Aussage darüber zu, ob nicht auch andere Regelmäßigkeiten zulässig sind. Dies ist in erster Linie ein erkenntnistheoretisches Problem, das seit Hume ([Untersuchung]) auch als Induktionsproblem bekannt ist. Zudem weisen auch die empirischen Studien darauf hin, dass in vergleichbaren Situationen verschiedenartige Organisationsstrukturen existieren.

Merksatz: Für die **Organisationspraxis** bedeutet der situative Ansatz, dass Effektivität und Effizienz eines organisatorischen Designs von externen sowie internen Situationsvariablen abhängt. Es kommt also auf den Kontext an, welche Designparameter einen positiven Einfluss auf die Performance einer Organisation haben.

9.3.2 Organisationstheoretische Fundierung der Orientierungsaufgabe

Unternehmen haben heutzutage ein Orientierungsproblem. Es besteht darin, in der unendlichen Informationsflut die wichtigen von den unwichtigen Informationen zu trennen (Daft/Lengel [Organizational]). Das Problem wird nicht dadurch gelöst, beliebig viele Informationen so effizient wie möglich über verschiedene Stufen der Hierarchieebenen hinweg zu verarbeiten – wie es im

Mittelpunkt der Koordinationsaufgabe steht. Stattdessen geht es darum, ob und wie Probleme in der Umwelt überhaupt erkannt oder der Wert von Informationen kontextspezifisch für die eigene Unternehmenssituation beurteilt werden kann. Informationen müssen bewertet, gedeutet und interpretiert werden. Dies ist viel mehr als die Anhäufung zahlreicher Fakten oder Informationen. Es ist vielmehr die Fähigkeit von Organisationen, Wissen zu generieren, teilen, nutzen und speichern. Diese begründet die Orientierungsaufgabe der Organisation (Frost [Koordinations]; Frost [Märkte]; Osterloh/Frost [Organisation]).

Unbestritten gilt Wissen heutzutage als einer der wichtigsten Produktionsfaktoren. Damit steigt auch die Bedeutung der Orientierungsaufgabe der Organisation. Wissen entsteht aber erst durch die Verknüpfung von Informationen mit vorhandenem Vorwissen (Machlup [information]; Polanyi [tacit]). Die Generierung von Wissen hat mit der Wahrnehmungsfähigkeit und der Problemlösungskapazität von Individuen zu tun. Damit erhält die organisatorische Gestaltungsaufgabe auch eine kognitive Dimension, die über die Informationsverarbeitungskapazität von Individuen und Organisationen hinausreicht (Eden [maps]). Was nämlich überhaupt als Problem wahrgenommen wird, resultiert aus den Kognitionen der Organisationsmitglieder sowie dem Vorwissen, was eine Organisation sich bereits angeeignet hat. Beide dienen als eine Art Erfahrungsspeicher und unterstützen die Organisationsmitglieder beim Erkennen, Deuten, Interpretieren von Problemen sowie beim Entwickeln von alternativen Handlungsmöglichkeiten. Die Art und Weise, wie ein Unternehmen organisiert ist, unterstützt oder erschwert solche Interpretations- und die daraus folgenden Prozesse der Generierung und des Transfers von explizitem und implizitem Wissen. Deshalb liegen der Orientierungsaufgabe im Wesentlichen Theorien kollektiver Lernprozesse sowie Ansätze zum Wissensmanagement in Organisationen zugrunde.

Definition:

Bei der Orientierungsaufgabe geht es darum, wie durch Organisationsstrukturen gewährleistet wird, dass relevante Probleme wahrgenommen, alternative Handlungsstrategien entwickelt und implementiert werden. Damit ist gemeint, organisationale Voraussetzungen zu schaffen, explizites und implizites Wissen kontinuierlich aufzubauen und im Unternehmen zu verankern.

9.3.2.1 Kollektive Interaktions- und Lernprozesse

Grundlage für den Aufbau einer organisatorischen Wissensbasis sind kollektive Interaktions- und Lernprozesse (z.B. Argyris/Schön [Organizational]; [learning]; Crossan et al. [learning]; Gibson [knowledge]; Kim [link]). Dabei handelt es sich um multipersonale Prozesse zur Entwicklung von Problemlösungsstrategien und der Abstimmung arbeitsteiliger Handlungen. Damit ist gemeint, dass sich die Organisationsmitglieder wechselseitig verständigen und gemeinsam eine Vorstellung von den zu verfolgenden Unternehmenszielen entwickeln. Solche kollektiven Lernprozesse sind immer dann notwendig, wenn kein Organisationsmitglied vollständig über das zur Problemlösung relevante Wissen verfügt. Dann soll in gemeinsamen Lernprozessen das Wissen der verschiedenen Organisationsmitglieder ausgetauscht und um neues problemlösungsorientiertes Wissen angereichert werden. Auslöser solcher Prozesse sind externe Stimuli und Informationen, beispielsweise in Form von Problemen, die eine Organisation beschäftigen. Ziel ist es, einen organisatorischen Wissensspeicher als eine Art kollektive Kognition aufzubauen und kontinuierlich weiterzuentwickeln. In der Lernforschung werden solche kollektiven Interaktions- und Lernprozesse typischerweise als kreisförmiger Evolutionszyklus dargestellt, wie es Abbildung 9.9 zeigt (z.B. Boisot [Knowledge]; Crossan et al. [learning]; Gibson [knowledge]; Nooteboom [Learning]). Der Kreis symbolisiert, dass Lernprozesse kontinuierlich als in sich wiederholende, rekursive Phasen verlaufen und in der Regel keinen fest definierten Anfangs- und Endpunkt haben. In Organisationen finden solche Lernprozesse auf der ontologischen Dimension statt: von individuellen Lernprozessen über Arbeitsteams, Gruppen, Abteilungen bis hin zu Lernprozessen zwischen diesen Teileinheiten auf der Gesamtorganisationsebene.

Idealtypisch lassen sich vier verschiedene Phasen des Lernprozesses differenzieren: (1) Akkumulation, (2) Interaktion, (3) Bewertung und Erwiderung sowie (4) Akkomodation. Zusammengenommen leisten sie eine Ausbalancierung von „exploration"- und „exploitation"-Prozessen (March [Exploration]; Levinthal/ March [myopia]; Nooteboom [Learning]). „Exploration" heißt Erforschen und meint, die Fähigkeit, Prozesse der Wissensgenerierung zu initiieren. „Exploitation" heißt Ausnutzung und umfasst die Fähigkeit, Prozesse zur Nutzung dieses erworbenen Wissens zu etablieren. Obwohl „exploration"- und „exploitation"-Prozesse konzeptionell immer wieder separat behandelt worden sind, handelt es sich dabei um komplementäre Prozesse, die gemeinsam die kollektiven Lernprozesse in Unternehmen ausmachen (Almeida et al. [firms]). Diese vier Phasen müssen nicht immer linear und sequentiell verlaufen, weil es Rückkopplungsschlaufen geben kann (Argyris [Double]).

In der ersten Phase der Akkumulation beginnen Lernprozesse. Organisationsmitglieder beschäftigen sich mit Anforderungen, die auf sie zukommen könnten, indem sie Informationen und Stimuli wahrnehmen, erkennen und filtern. Diese können beispielsweise ausgelöst werden durch Krisen, die durch eine markante Gewinneinbuße oder durch Ereignisse im Branchenumfeld verschärft werden. Lernprozesse werden durch die Fähigkeit, Basisannahmen zu überdenken und neue Muster erkennen zu können, ausgelöst.

Die zweite Phase der Interaktion ist geprägt durch eine detailliertere Spezifizierung und Strukturierung des wahrgenommenen Wissens in wechselseitigen Interaktionsprozessen. Akkumulierte Erkenntnisse werden mit den bereits in der Organisation getätigten Erfahrungen verglichen. Die Organisationsmitglieder tauschen sich darüber aus, welche Relevanz dieses Wissen für die Organisation haben könnte. Dies wird in der Organisationsforschung als „Sensemaking" bezeichnet (Weick [Sensemaking]). Dazu entwickeln die Organisationsmitglieder Suchheuristiken, um Widersprüche, Inkonsistenzen und Unklarheiten zu erkennen und „harmonisieren" sowie die daraus gewonnenen Erkenntnisse mit einem Sinn zu belegen.

In der dritten Phase der Bewertung und Erwiderung werden die verschiedenen Erfahrungen, neuen Ideen und Initiativen in der Organisation diffundiert. Diese Phase charakterisiert den eigentlichen Wissensteilungs- bzw. Transfer-

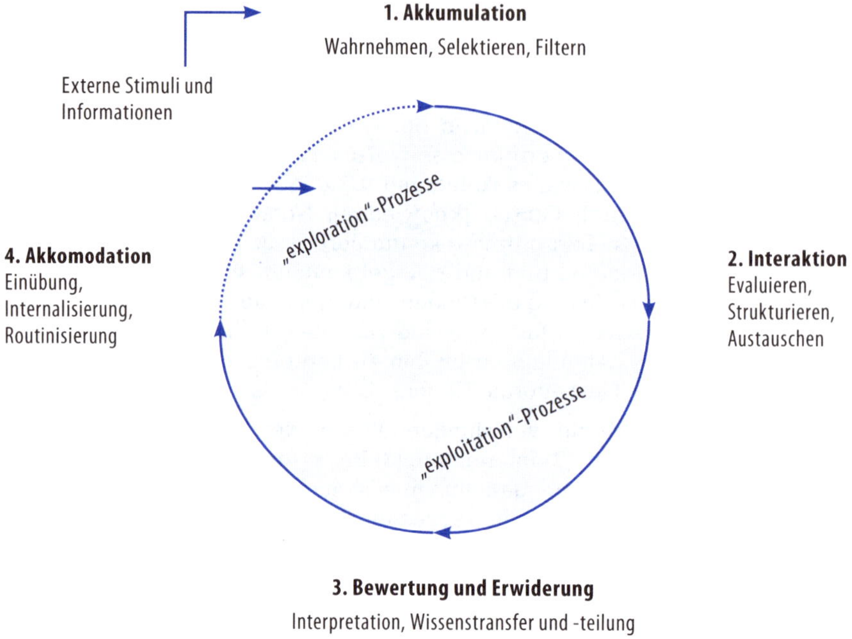

Abbildung 9.9: Kollektive Interaktions- und Lernprozesse (Frost [Märkte] 163, in Anlehnung an Gibson [knowledge] und Nooteboom [Learning])

prozess. In der Organisation wird diskutiert und verhandelt, welches Wissen wozu benötigt wird und wie dieses Wissen für die Entwicklung einer Problemlösung zu bewerten ist. Die Teilung und der Transfer von Wissen in Organisationen bedeutet zugleich immer auch, dass einige in der Organisation damit neues Wissen erwerben und mit ihren Wissensbeständen kombinieren können. Die Kombination komplementärer Wissensbestände ermöglicht es der Organisation, dass der Wert des gesamten organisatorischen Wissens den der Einzelköpfe übersteigt.

In der vierten Phase der Akkomodation gilt es, das erworbene und weiterentwickelte Problemlösungswissen zum einen in organisationale Routinen und Prozesse zu integrieren und zum anderen in den Köpfen der Organisationsmitglieder zu verankern. Zusammengenommen bildet das gesamte Wissen den Wissensspeicher der Organisation.

Diese vier Phasen gestalten das Zusammenspiel zwischen den komplementären Wissensbeständen der Organisationsmitglieder und erhöhen die absorptive Kapazität zur Entwicklung innovativer Leistungen (Cohen/Levinthal [Absorptive]). Damit ist das Vorwissen einer Organisation, den Wert externer Informationen überhaupt erkennen und bewerten zu können, gemeint. Den Wert von Vorwissen kann jeder auch bei sich selbst beobachten. So profitiert man von einer Fachlektüre bedeutend mehr, wenn man bereits über gewisse Kenntnisse verfügt. Solche Kenntnisse können aber nicht einfach eingekauft oder im Hauruck-Verfahren erworben werden, sondern sind das Ergebnis von Lernprozessen (Osterloh/Frost [Motivation]). Absorptive Kapazität ist bedeutend mehr als der Bestand an Ressourcen und Informationen in einer Organisation. Absorptive Kapazität gestaltet die verschiedenen Phasen der Lernprozesse. Im Unterschied zum Informationsverarbeitungsparadigma der Koordinationsaufgabe weist absorptive Kapazität eine pro-aktive Komponente auf, d.h., sie unterstützt organisationale Handlungsfähigkeit auch in unsicheren und mehrdeutigen Umweltsituationen (Frost [Märkte]). Dazu ist ein interaktionsintensiver Meinungsaustausch notwendig, in dem Wissen in Externalisierungsprozessen auch ausgedrückt und artikuliert wird. Die damit verbundenen Wissensmanagementprozesse sind Gegenstand der durch Nonaka und Takeuchi berühmt gewordenen Formen der Wissensübertragung.

Merksatz: Die Orientierungsaufgabe bedeutet die **Fähigkeit einer Organisation**, sich eine fundierte Basis absorptiver Kapazität aufbauen und nutzen zu können. **Absorptive Kapazität** ist Auslöser und Ergebnis iterativer kollektiver Lernprozesse mit den Phasen der Akkumulation, Interaktion, Bewertung und Erwiderung sowie der Akkomodation von Wissen.

9.3.2.2 Formen der Wissensübertragung nach Nonaka und Takeuchi

Wissensmanagement beschäftigt sich mit dem Erwerb, der Entwicklung, dem Transfer, der Speicherung sowie der Nutzung von Wissen und ist deshalb weit mehr als Informationsmanagement (Frost [Wissensmanagement]). Wissen umfasst auch jene Fähigkeiten, die Kommunikation und Interaktion erst ermöglichen, ohne dass sie jedoch explizit formuliert werden können. Es ist das Verdienst der japanischen Wissensmanagementforscher Nonaka und Takeuchi ([Knowledge]); Nonaka [Dynamic]; Nonaka/Konno [Ba]), die von Polanyi ([Implizites]) maßgeblich geprägte Unterscheidung zwischen explizitem und implizitem Wissen in den Organisations- und Managementkontext übertragen zu haben.

Explizites Wissen ist formulierbares und reproduzierbares Wissen. Es kann ohne Schwierigkeiten durch eine formale, systematische Sprache vermittelt werden, etwa durch Wörter und Zahlen. Es kann in seiner Anwendung logisch nachvollzogen und beschrieben werden und stellt deshalb spezifisches oder methodisches Wissen dar. Implizites Wissen hingegen hat eine persönliche Qualität, durch die es nur schwer formalisierbar und vermittelbar ist. Es ist verborgenes, nicht artikulierbares Wissen. Zudem ist es stark in den damit verknüpften Handlungen, Verpflichtungen und Mitwirkungen innerhalb eines spezifischen Kontextes begründet. Polanyi erklärt in seiner Theorie des impliziten Wissens menschliches Erkennen mit dem Satz, „dass wir mehr wissen, als wir zu sagen wissen" (Polanyi [Implizites] 14).

Nonaka und Takeuchi entwickeln vier Formen der Wissensübertragung in ihrem Ansatz, der auch unter dem Begriff der Wissensspirale oder SECI-Modell bekannt geworden ist. Sie können damit zeigen, dass die Herausforderung der organisatorischen Gestaltung darin besteht, das mehrheitlich implizite Wissen der Organisationsmitglieder zu einem gemeinsamen organisatorischen Wissen zu integrieren und weiterzuentwickeln. Im Kern geht es darum, dass erst der kontinuierliche Austausch zwischen explizitem und implizitem Wissen die Voraussetzung für die Generierung und Übertragung von organisatorischem Wissen bildet. Auf diese Weise kann implizites Wissen organisationsweit ausgebreitet und zugleich ständig angereichert werden. Damit organisatorisches Wissen kreiert werden kann, muss das individuelle implizite Wissen der Organisationsmitglieder einen dynamischen Übertragungsprozess durchlaufen. Dazu werden explizites und implizites Wissen zu vier verschiedenen Formen der Wissensübertragung kombiniert, wie in Abbildung 9.10 dargestellt: Sozialisation, Externalisierung, Kombination und Internalisierung.

Sozialisation überträgt Wissen „von implizit zu implizit", d.h. weitgehend ohne Sprache. Stattdessen ist „learning by doing" durch Beobachtung, Nachahmung und Übung zentral. Typisches Beispiel für die Sozialisation im betrieblichen Alltag ist die Integration eines neuen Team-Mitglieds in die Denk- und Handlungsroutinen der Gruppe. Gemeinsam geteilte Erfahrungen bilden die Grundlage der Sozialisation. Auf individueller Ebene wird subjektives Wissen von Person zu Person übertragen. Durch Training „on the job" können auch schwer verbalisierbare Fähigkeiten und handwerkliche Fertigkeiten übertragen werden, wie es beim klassischen Meister-Lehrling-Verhältnis der Fall ist. Durch Beobachtung und Imitation verinnerlichen die Lehrlinge die Fähigkeiten der Meister. Dies ist jedoch nur mit dazugehörigen entsprechenden Kontexten möglich, weil das übertragene Wissen nicht explizierbar ist. Da das durch Sozialisation übertragene Wissen intransparent und nur wenigen Organisationsmitgliedern zugänglich ist, können nur schwer systematische Erkenntnisse über die Tätigkeit gewonnen werden. Zudem bleibt die Übertragung impliziten Wissens zwangsläufig auf kleine Personenkreise beschränkt. Implizites Wissen durch Sozialisation diffundiert folglich nur langsam durch die gesamte Organisation. Deshalb wird in einem weiteren Schritt versucht, dieses Wissen zu explizieren.

Externalisierung verwandelt implizites Wissen in explizites. Allerdings ist diese Umwandlung immer nur teilweise möglich. Voraussetzung für die Externalisierung von implizitem Wissen ist intensive persönliche Kommunikation, z.B. in Qualitätszirkeln oder interdisziplinären Gruppen. Mithilfe von Analogien und Metaphern versuchen die Teilnehmenden, sich ihr implizites Erfahrungswissen wechselseitig zugänglich zu machen. Das entscheidende Merkmal einer Metapher, etwas in der Terminologie von etwas anderem zu erklären, wird dazu genutzt, ein neues Verhalten auszuprobieren, indem Schlussfolgerungen aus dem Modell einer anderen Verhaltensweise gezogen werden. Der Gebrauch einer Metapher wird zu einer Methode der Wahrnehmung, die auf Vorstellungskraft und intuitivem Lernen beruht. Werden in einer Metapher zwei Konzepte gebraucht, ergibt sich daraus nicht nur die Möglichkeit, über Ähnlichkeiten, sondern auch über Unausgeglichenheiten, Widersprüche oder Inkonsistenzen nachzudenken. Aus diesen Vergleichen kann persönliches Wissen expliziert und neues Wissen generiert werden. Bei der Verwendung von Analogien geht es um die Harmonisierung von Widersprüchen und Inkonsistenzen in den Metaphern, beispielsweise in Form eines Prototyps. Sie „operationalisieren" Metaphern, indem sie ihr Augenmerk auf die Beziehungen zwischen Dingen legen. Externalisierung ist auch die Phase, in der aus der Zusammenarbeit und Interaktion verschiedener Organisationsmitglieder die Formulierung von Konzepten und gemeinsamen Zielvorstellungen resultiert.

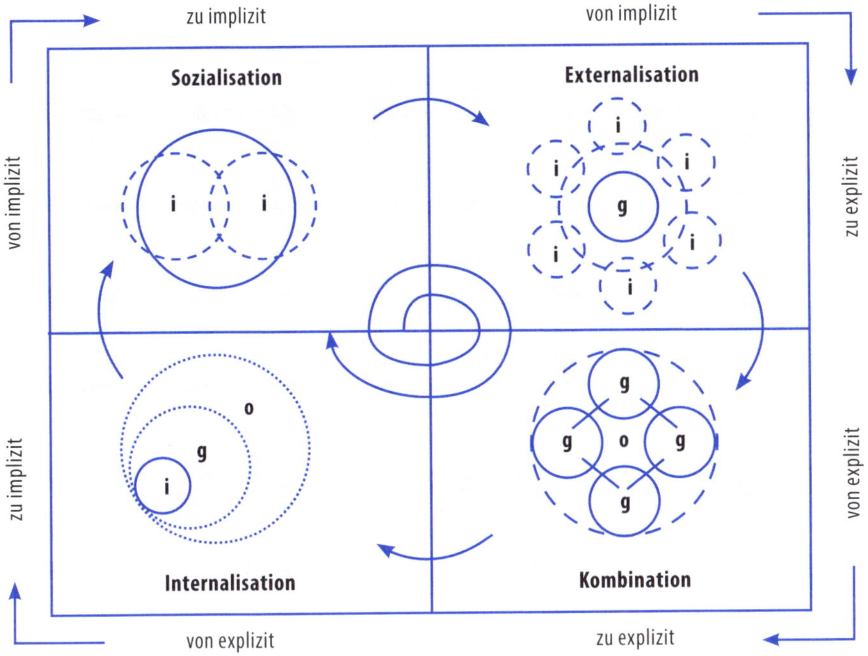

Abbildung 9.10: Wissensspirale/SECI-Modell (i: Individuum; g: Gruppe; o: Organisation; in Anlehnung an Nonaka/Konno ([ba])).

Kombination führt unterschiedliches explizites Wissen in einer Organisation zusammen. Das in der Externalisierung artikulierte Wissen soll standardisiert und organisationsweit zugänglich gemacht werden. Da die Kombination von Wissen nicht an „face to face"-Kontakte gebunden ist, kann es aber auch informationstechnisch unterstützt werden, beispielsweise durch Datenbanken, E-Mail-Verteiler etc. Die herkömmlichen Informationstechnologien beschäftigen sich ausschließlich mit dieser Form der Wissensübertragung. Sie berücksichtigen damit nur einen kleinen Teil des relevanten Wissens. Klassische Vorlesungen in der Universität entsprechen der Wissensübertragung durch Kombination. Im unternehmerischen Umfeld findet Kombination statt, wenn beispielsweise das mittlere Management strategische Visionen in konkrete operative Handlungspläne umsetzt. Hier wird expliziertes Wissen mit konkreten Aufgabenanforderungen verknüpft.

Mit der Internalisierung schließt sich der Kreislauf der vier Formen der Wissensübertragung. Explizites Wissen wird (teilweise) wieder in implizites Wissen verwandelt, allerdings in einer angereicherten, komplexeren Form. Dies geschieht, indem Individuen oder Gruppen Handlungsroutinen erlernen, die vorher explizit ausformuliert waren. Die sichere Beherrschung von Routinen ermöglicht, dass komplexe Tätigkeiten „wie im Schlaf" ausgeführt werden. Sie erfordern nur noch eine reduzierte Aufmerksamkeit. Durch iterative „trial and error"-Prozesse und „learning by doing" entsteht ein habitualisiertes Verhalten. Erfahrungen und Eindrücke werden verbalisiert und internalisiert. Dies trägt wiederum zur Vergrößerung der individuellen Wissensbasis der Organisationsmitglieder bei.

Die Entwicklung von Wissen findet durch die dynamische und sich wiederholende Interaktion zwischen den vier Phasen statt. Durch sie kann implizites Wissen organisationsweit verteilt und explizites Wissen in den täglichen Abläufen nutzbar gemacht werden. Durch die stetige Wiederholung des Prozesses der Wissenstransformation entsteht eine Spirale organisationaler Wissenserzeugung. Sie stellt die umfassende Kollektivierung individuellen Wissens und Könnens sicher. Die Kollektivierung von Wissen im Rahmen der Wissensspirale soll durch fünf Bedingungen unterstützt werden. Sie werden von Nonaka und Takeuchi ([Knowledge] 73 ff.) als „enabling conditions" bezeichnet: (1) Organisationale Intention kommt beispielsweise durch organisationale Standards und konsistente Regeln sowie Visionen zum Ausdruck, die bestimmte Werthaltungen beinhalten. Mit dem Kriterium der organisationalen Intention soll die Wahrhaftigkeit von vorhandenem Wissen beurteilt und das Commitment der Organisationsmitglieder geweckt werden. (2) Durch Autonomie können Organisationsmitglieder die ihnen übertragenen Aufgaben in eigener Verantwortung erledigen. Autonomie soll erstens eine gegenseitige Vertrauensbasis schaffen, welche die Zusammenarbeit erleichtert. Zweitens sollen neue Informationen leichter aufgenommen und interpretiert werden, weil die Gruppenmitglieder durch die Möglichkeit der Interaktion ihre eigenen Ideen und Perspektiven leichter artikulieren können. (3) Hinter Fluktuation und kreativem Chaos verbirgt sich die Idee der unvorhersehbaren Veränderungen, welche die Offenheit der Organisationsmitglieder für neue Entwicklungen (bzw. externe Signale) fördern soll. Unternehmen sollen bewusst Situationen fundamentaler Unsicherheiten schaffen, um neue Orientierungen in kollektiven Prozessen zu entwickeln. Deshalb sollen kreative Chaos-Situationen bewusst von der Unternehmensleitung erzeugt werden, um den Organisationsmitgliedern eine herausfordernde Aufgabe zu bieten. (4) Redundanz bedeutet, dass den Organisationsmitgliedern mehr Informationen zur Verfügung stehen, als sie zurzeit für die Bearbeitung ihrer konkreten Aufgabe benötigen. Verantwortung für Aufgabenbereiche und die notwendigen Informationen für die Erfüllung von Geschäftsaktivitäten überlappen sich. Auf diese Weise soll die Kommunikation und Verständigung zwischen den verschiedenen Organisationsbereichen erleichtert werden. Erst die Erzeugung von Redundanz ermöglicht den Transfer von implizitem Wissen und schafft damit die Voraussetzung zur organisatorischen Verankerung der Wissensspirale. Redundanz fungiert als eine Art selbstkontrollierender Mechanismus, der sicherstellen soll, dass auch tatsächlich ein gemeinsames Ziel verfolgt wird. (5) „Requisite variety" meint, dass die mittels Redundanz geschaffene Informationsvielfalt (organisationsinterne Diversität) mit der Vielfalt und Komplexität der Umwelt übereinstimmen muss, um den anfallenden Anforderungen gerecht zu werden. Dies kann beispielsweise dadurch erreicht werden, dass Teilbereiche im Unternehmen so organisiert werden, dass verschiedene Fähigkeiten und Qualifikationen vertreten sind. Auf diese Weise wird sichergestellt, dass neue Informationen auch als solche erkannt werden, weil sich die absorptive Kapazität des Unternehmens auf eine breitere Basis stützt.

Die Wissensspirale macht deutlich, dass Prozesse der Kollektivierung individuellen Wissens für die Entwicklung organisationalen Wissens entscheidend sind. Die „enabling conditions" haben dabei eine Schlüsselrolle. Sie machen deutlich, dass auch die Orientierungsaufgabe der Organisation zur Organisationsgestaltung gehört. Sie verstärkt die Wirkung des Erwerbs von Wissen, kristallisiert und verankert es in der Tiefenstruktur der Organisation. Je häufiger die Wissensspirale durchlaufen wird, desto komplexer wird das organisatorische Wissen, verkörpert in organisatorischen Routinen und Regeln. Diese stehen dem Unternehmen selbst dann noch zur Verfügung, wenn einzelne Wissensträger das Unternehmen verlassen. Personen können immer nur ihr individuelles implizites Wissen mitnehmen, nicht aber das kollektive, aufeinander abgestimmte Regel- und Routinewissen.

Merksatz: Für die **Organisationspraxis** bedeutet die Wissensspirale, Wissen nicht nur miteinander zu kombinieren, sondern auch in auch in Sozialisations-, Externalisierungs- und Internalisierungsprozessen zu übertragen. Wissensmanagement als Orientierungsaufgabe ist erfolgreich, wenn das in der Organisation verfügbare Wissen die Kapazität von Einzelköpfen übersteigt, d.h. individuelles Wissen zu (implizitem und explizitem) kollektivem Wissen erweitert wird. Dies stellt sicher, dass der Nutzen der Arbeitsteilung fruchtbar gemacht werden kann, d.h. nicht jedes Organisationsmitglied alles wissen muss.

9.3.3 Organisationstheoretische Fundierung der Motivationsaufgabe

Zur organisatorischen Gestaltung gehören die Aufgaben, die Organisationsmitglieder zu einer koordinierten Leistung zu veranlassen und zu Verhaltensweisen zu motivieren, die im Einklang mit der Erreichung der Organisationsziele stehen. Damit ist auch die Motivationsaufgabe Voraussetzung für zielorientiertes Handeln und eine hohe Arbeitsleistung. Im Organisationskontext geht es nicht um irgendwelche Motivation, sondern darum, eine für die Zielsetzungen „inhaltliche geeignete Motivation zu erzeugen und zwischen den Beschäftigten zu koordinieren" (Frey/Osterloh [Sanktionen] 308). Motivation ist der Antrieb zum Handeln und erklärt, warum der Mensch seine Kräfte und Energie in eine bestimmte Richtung lenkt sowie bestimmte Verhaltensmuster in Organisationen zeigt (Weiner [Motivationspsychologie]). Organisation muss folglich die zweckgerichtete Beeinflussung der Präferenzstrukturen aller Organisationsmitglieder, d.h. ihrer Werte, Bedürfnisse, Interessen und Ziele, ermöglichen (Grandori [Organization]).

Definition:
Die **Motivationsaufgabe** der Organisation zielt darauf ab, das individuelle Verhalten der Organisationsmitglieder mit den Verhaltenserwartungen der Organisation in Einklang zu bringen. Damit ist die Frage verbunden, wie Organisationsgestaltung zur Förderung intrinsischer und extrinsischer Motivation sein soll.

9.3.3.1 Selbstbestimmungstheorie

Die Selbstbestimmungstheorie („self determination theory") ist vor allem durch Arbeiten der Forschergruppe um Deci und Ryan ([Intrinsic] [Handbook]) bekannt geworden. Ausgangsüberlegung bildet ein Kontinuum mit zwei Arten der Motivation (Deci/Ryan [needs]): Extrinsische Motivation beruht auf einem Antrieb durch externe Belohnung, z.B. Geld und Anerkennung, oder externe

Sanktion durch Bestrafung. Die Folgen einer Handlung oder Zielerreichung sind belohnend. Damit dienen externe Anreize als Mittel zum Zweck der Bedürfnisbefriedigung (Osterloh/Frey [Motivation]). Extrinsische Motivation lässt sich als ein Anreiz-Beitrags-Mechanismus charakterisieren. Im Unterschied dazu werden bei intrinsischer Motivation Handlungen aus Interesse an der Tätigkeit oder der Sache selbst ausgeführt. Die eigentliche Handlung stellt eine unmittelbare Bedürfnisbefriedigung dar. Sie wird erlangt durch (1) Freude an der Handlung selbst, dem sogenannten Flow-Erleben, (2) das Einhalten von Normen und Werten um ihrer selbst willen, sei es aus Pflichtbewusstsein, Solidaritätsempfinden oder weil sie einem wichtig erscheinen, oder (3) die Erreichung eines herausfordenden, selbstgesetzten Ziels.

Unbestritten sind in Organisationen beide Formen der Motivation wichtig und begründet. Extrinsische und intrinsische Motivation haben jeweils Vor- und Nachteile, wobei die Nachteile der intrinsischen Motivation zugleich die Vorteile der extrinsischen Motivation sind und umgekehrt (Frey/Osterloh [Managing]). So ist extrinsische Motivation in Organisationen wichtig, weil sie (1) disziplinierend wirkt und im Unterschied zur intrinsischen Motivation zielgenauer gesteuert werden kann. Schließlich ist ein Verhalten, das durch Rache, Neid und Geltungssucht geprägt ist, ebenso intrinsisch motiviert wie Pflichtbewusstsein oder kooperatives Teamverhalten. (2) führt extrinsische Motivation zu einer inhaltlichen Flexibilisierung der Handlungsziele. Jedoch ist sie für innovative und kreative Aufgaben, bei denen die Problemstellung unstrukturiert und Lösungen nicht klar von vornherein spezifiziert und damit kontingente Anreize gesetzt werden können, unzureichend. Zudem sind extrinsische Anreize bei komplexen Aufgaben mit vielen Beteiligten und schwer messbaren Aufgabenbestandteilen problematisch. Bei solch intensiver Teamproduktion besteht immer die Gefahr des „Trittbrettfahrens" (Kollok [Dilemmas]), da extrinsisch motivierte Organisationsmitglieder versuchen können, Belohnungen einzustreichen, ohne etwas zur Leistungserstellung beizutragen.

Definition:

Extrinsische Motivation ist Motivation durch Transaktion. Sie beruht auf dem Antrieb durch externe Belohnung (z.B. Geld, Status und Anerkennung) oder Bestrafung. **Intrinsische Motivation** ist Motivation durch Transformation. Sie beruht auf der Freude an der Arbeit (sog. „flow"-Erlebnis), der Einhaltung von Normen um ihrer selbst Willen (bspw. ethische Werte, Fairness, Teamgeist) oder dient der Erreichung selbstgesetzter Ziele.

Die Selbstbestimmungstheorie geht davon aus, dass in der Natur des Menschen das Forschen, Entwickeln und die Annahme von Herausforderungen liegen. Diese Aktivitäten werden von einem aktiven Zentrum, dem „Selbst" gesteuert. Handlungen werden ausgeführt, wenn sie drei psychologische Grundbedürfnisse befriedigen können, die für intrinsisch motivierte Handlungen zentral sind. Die Bedürfnisse nach Autonomie, Kompetenz und sozialer Zugehörigkeit liefern eine Antwort auf die Frage, warum bestimmte Handlungsziele motivierend sind (Ryan/Deci [Overview]). Individuen verfolgen deshalb bestimmte Handlungen, weil sie auf diese Weise ihre psychologischen Grundbedürfnisse befriedigen können. Entscheidend ist, dass die Erfüllung von Zielen als selbstbestimmt erlebt wird, den eigenen Fähigkeiten und Anstrengungen zugeschrieben wird und das Bedürfnis des Aufeinandereingehens befriedigen.

Die Erfüllung der Grundbedürfnisse im Arbeitsumfeld fördert die Persönlichkeitsentwicklung, die Integrität sowie das Wohlbefinden der Organisationsmitglieder und wirkt sich dadurch positiv auf die Arbeitsleistung aus. Zusätzlich definieren Deci und Ryan regulative Prozesse, die maßgeblichen Einfluss auf die wahrgenommene Wichtigkeit der Ziele haben und damit die Intensität der Zielverfolgung bestimmen (Deci/Ryan [needs]). Je nachdem, ob die Anreizsysteme der Organisation als eher informierend oder als kontrollierend wahrgenommen werden, können die in den Anreizsystemen definierten Ziele von den Organisationsmitgliedern besser internalisiert werden. Informierend wirken Anreize, wenn sie die Autonomie der Organisationsmitglieder unterstützen und das Kompetenzerleben fördern. Als kontrollierend werden solche Anreizsysteme wahrgenommen, wenn sie das Organisationsmitglied dazu zwingen, sich bestimmte Denkweisen und Verhaltensmuster anzueignen (Deci et al. [Self]). Daraus ergeben sich vier Abstufungen der extrinsischen Motivation, die von extern reguliert (rein kontrollierende Wirkung von Anreizsystemen) bis zu integriert reguliert (rein informierende Wirkung von Anreizsystemen) reichen. Externale Regulation bedeutet, dass eine Handlung nur ausgeführt wird, um eine Belohnung zu erhalten oder um eine Bestrafung zu vermeiden. In der introjizierten Regulation verinnerlichen die Organisationsmitglieder die externalen Faktoren, ohne sich jedoch mit ihnen zu identifizieren. Bei der identifizierten Regulation können externe Einflüsse als eigene Ziele akzeptiert werden. Im Falle der integrierten Regulation nehmen Organisationsmitglieder die Ziele und Handlungen vollständig in ihr Selbstkonzept auf.

Neben intrinsischer und extrinsischer Motivation gilt Amotivation als weiterer Motivationszustand. Hier haben die Organisationsmitglieder keine Handlungsintention, da sie nicht daran glauben, die Ziele erreichen zu können. Das Grundmodell der Selbstbestimmungstheorie ist in Abbildung 9.11 zusammenfassend dargestellt.

Die Selbstbestimmungstheorie verbindet den Inhalts- und Prozessansatz der Motivationsforschung (Nerdinger [Motivation]). So konstatieren Ryan und Deci ([Overview]), dass die Untersuchung von zielorientiertem Verhalten immer auch gleichzeitig die psychosozialen Grundbedürfnisse von Organisationsmitgliedern beachten muss. Die Befriedigung der Bedürfnisse nach Kompetenzerleben, Autonomie und sozialer Zugehörigkeit kann einerseits durch die Tätigkeit selbst erzeugt und andererseits durch die Ausgestaltung der Anreizsysteme gefördert werden, was wiederum die Intensität der Zielverfolgung bestimmt. Dabei integriert die Selbstbestimmungstheorie die Ergebnisse vieler verschiedener Forschungsarbeiten zu einem gemeinsamen Bezugsrahmen. Das Fundament bilden vor allem experimentelle Studien, die im Bildungsumfeld durchgeführt wurden (Frey/Jegen [crowding]).

Merksatz: Für die **Organisationspraxis** lässt sich aus der Selbstbestimmungstheorie ableiten: Das Management von Strukturen und Prozessen muss so ausgestaltet sein, dass (1) die psychologischen Bedürfnisse nach Autonomie, Kompetenzerleben und sozialer Zugehörigkeit erfüllt werden. (2) sind beide Formen der Motivation – extrinsisch und intrinsisch – in Organisationen wichtig. (3) sind Anreize so auszugestalten, dass die informierende Wirkung die kontrollierende überwiegt.

Verhalten	Nicht selbstbestimmt					Selbstbestimmt
Art der Motivation	Amotivation	Extrinsische Motivation				Intrinsische Motivation
Art der Regulation	Non-Regulation	Externale Regulation	Introjizierte Regulation	Identifizierte Regulation	Integrierte Regulation	Intrinsische Regulation
Attribution der Ursache	Unpersönlich	Extern	Eher extern	Eher intern	Intern	Intern

Abbildung 9.11: Kontinuum der Selbstbestimmung (Darstellung in Anlehnung an Deci/Ryan [needs] 237).

9.3.3.2 Motivation-Crowding-Theorie

Die Motivation-Crowding-Theorie (Frey/Jegen [crowding]) untersucht das Wechselspiel zwischen intrinsischer und extrinsischer Motivation. Basierend auf organisationspsychologischen Erkenntnissen hat der verhaltensökonomische Ansatz der Motivation-Crowding-Theorie zur Klärung der Wirkungsweisen extrinsischer Anreize, insbesondere monetärer Anreize und „pay for performance"-Mechanismen, beigetragen. Gesamtzielkonforme Verhaltenssteuerung ist nicht erreichbar, indem Bedingungen zur Förderung der intrinsischen Motivation einfach um zusätzliche extrinsische Anreize ergänzt werden, um ein „Maximum" an motivierten Verhalten zu erreichen. Im Gegenteil ist die zentrale Aussage der Motivation-Crowding-Theorie: Intrinsische und extrinsische Motivation wirken nicht additiv. Das heißt, unter bestimmten Bedingungen kann intrinsische Motivation durch extrinsische Anreize unterhöhlt bzw. unterminiert werden. Es tritt dann ein sogenannter Verdrängungseffekt („crowding-out"-Effekt) auf (Frey [Markt]). Er besagt, dass unter bestimmten Bedingungen extrinsische und intrinsische Motivation einen negativen Zusammenhang aufweisen (Frey/Osterloh [motivation]). Die bereits vorhandene intrinsische Motivation wird durch einen zusätzlichen, von außen kommenden Anreiz verdrängt. Dieser Effekt wird in der psychologischen Forschung auch als „Korrumpierungs-Effekt" (Deci [motivation]) oder „verborgene Kosten der Belohnung" (Lepper/Greene [hidden]) bezeichnet.

Der Verdrängungseffekt ist empirisch gut belegt (Frey/Jegen [crowding]) und widerlegt damit die Verhaltensannahme traditioneller ökonomischer Theorien, die davon ausgehen, dass stärkere extrinsische Anreize, z.B. höhere Bonuszahlungen, grundsätzlich auch zu mehr Leistung führen. Diese Grundannahme des mikro-ökonomischen Standardmodells ist auch als „relativer Preiseffekt" bekannt (Frey/Oberholtzer-Gee [price]). Empirische Evidenz zum Verdrängungseffekt hingegen zeigt, dass beispielsweise in der Innenschweiz die Zustimmung für die Ansiedelung eines Lagers für Nuklearabfälle von über 50 % auf unter 25 % sank, nachdem den Anwohnern eine monetäre Kompensation angeboten wurde. Ebenfalls verringerte sich die Menge der Blutspenden nach der Einführung einer Aufwandsentschädigung. Doch nicht nur Belohnungen, auch monetäre Strafen können eine Verhaltensänderung bewirken, die dem relativen Preiseffekt entgegenwirkt. So wurde für eine verspätete Abholung von Kindern aus dem Kinderhort eine Geldstrafe eingeführt, die jedoch nur dazu führte, dass noch mehr Eltern als vorher zu spät kamen. In all diesen Beispielen wurde das Verhalten durch die angebotenen Belohnungen oder angedrohten Strafen nicht in der beabsichtigten Weise beeinflusst (zitiert aus Frey/ Osterloh [motivation]; für einen systematischen Review, siehe Frey et al. [control]).

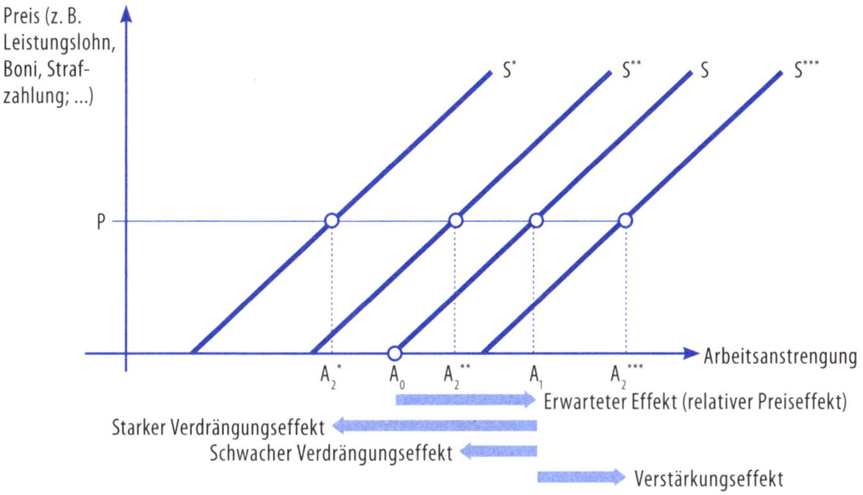

Abbildung 9.12: Zusammenhang zwischen extrinsischen Anreizen und Arbeitsanstrengung (in enger Anlehnung an Frey [Markt]; Frey/Osterloh [Motivation])

In einer modellierten Entscheidungssituation sind vier mögliche Effekte zu unterscheiden, die durch die Einführung extrinsischer Anreize entstehen können: der relative Preiseffekt, der starke Verdrängungseffekt, der schwache Verdrängungseffekt und der Verstärkungseffekt (siehe Abbildung 9.12). Das Modell unterstellt einen konstanten Grenznutzen einer zusätzlichen Geldeinheit (gekennzeichnet durch das Arbeitsangebot auf der Gerade S). Ausgangspunkt der Analyse ist A_0. Die Person ist folglich auch ohne extrinsische Anreize motiviert, ein gewisses Niveau an Arbeitsanstrengung zu erfüllen. Durch die Einführung eines Preises P für ein bestimmtes Verhalten (z.B. wenn ein Vertriebsmitarbeiter prozentual an dem Erlös der verkauften Produkte beteiligt ist) wird erwartet, dass die Arbeitsanstrengung entlang der Gerade S auf A_1 zunimmt. Dies ist der relative Preiseffekt. Allerdings sind intrinsische und extrinsische Motivation nicht voneinander unabhängig. Beim starken Verdrängungseffekt nimmt die zuvor bestehende intrinsische Motivation so stark ab, dass sich die Gerade S auf S^* verschiebt. Diese Abnahme kann vor allem dann entstehen, wenn die extrinsischen Anreize als kontrollierende Beschränkung der Selbstbestimmung wahrgenommen werden (Frey/Jegen [crowding]). Die Einführung eines Preises führt letztlich dazu, dass die Arbeitsanstrengung im neuen Gleichgewicht A_2^* sogar kleiner ist als die Arbeitsanstrengung A_0 ohne externe Anreize. Hingegen wird beim schwachen Verdrängungseffekt die Anreizwirkung lediglich teilweise kompensiert. Es findet zwar ein Rückgang der intrinsischen Motivation statt (Gerade S auf S**), jedoch ist die Arbeitsanstrengung A_2** nach Einführung des Preises höher als in der Ausgangssituation A_0.

Ein Verstärkungseffekt („crowding-in"-Effekt) tritt dann auf, wenn externe Eingriffe oder Anreize als Bestätigung der intrinsisch motivierten Handlung aufgefasst werden und sie dadurch verstärken. Überwiegt aus Sicht des Organisationsmitglieds diese informierende Wirkung der Anreize, steigt dadurch sein Empfinden von Kompetenz und Selbstbestimmung (Frey/Jegen [crowding]). Die intrinsische Motivation steigt, wodurch sich die Gerade von S auf S*** verschiebt. Das neue Gleichgewicht liegt in diesem Fall bei A2***.

Merksatz: Die Motivation-Crowding-Theorie besagt, dass **extrinsische Anreize und intrinsische Motivation nicht voneinander unabhängig** sind. Extrinsische Anreize verdrängen intrinsische Motivation, wenn sie die Selbstbestimmung und Selbsteinschätzung der Akteure einschränken. Sie werden als kontrollierend empfunden. Extrinsische Anreize können aber auch genau den gegenteiligen Effekt haben und intrinsische Motivation verstärken, wenn sie von den Akteuren als unterstützend und informierend wahrgenommen werden.

Hinter dem Verdrängungs- und Verstärkungseffekt steht folgende Begründung der Selbstbestimmungstheorie: Extrinsische Anreize (zumeist in Form monetärer Belohnungen) können das Interesse an einer intrinsisch motivierenden Aufgabe verringern, weil die Aufmerksamkeit der Organisationsmitglieder von den intrinsisch motivierenden Handlungen auf die extrinsische Belohnung gelenkt wird. Dadurch ist die Wahrscheinlichkeit freiwilliger Weiterarbeit ohne zukünftige Belohnung geringer. Externe Eingriffe unterminieren folglich die intrinsische Motivation. Dies gilt immer dann, wenn Organisationsmitglieder das Gefühl haben, eine Tätigkeit nicht mehr selbstbestimmt, sondern von außen veranlasst auszuführen. Es tritt ein sogenannter „overjustification"-Effekt auf (Hennessy [Rewards]).

Merksatz: Der **„overjustification"-Effekt** besagt: Externe Anreize können signalisieren, dass es eine Aufgabe nicht wert sei, um ihrer selbst willen gelöst oder durchgeführt zu werden. Dadurch sinkt die Bereitschaft, diese Aufgabe freiwillig von sich aus zu wiederholen.

Haben Akteure zunehmend das Gefühl, fremdbestimmt und kontrolliert zu agieren, so sprechen sie die Ursache für ihre Handlungen zunehmend äußeren Faktoren zu. In diesem Fall widersprechen extrinsische Anreize den Bedürfnissen nach Autonomie und sozialer Zugehörigkeit. Es findet eine Verschiebung der internalen Kontrollüberzeugung zu einer externalen Kontrollüberzeugung statt (Deci [motivation]). Nicht in jedem Fall führen extrinsische Anreize zu einem Verdrängungseffekt. Die Bedingungen, unter denen ein Verdrängungseffekt intrinsischer Motivation auftritt oder vermieden werden kann, folgen diesem Grundprinzip: Anreize sollten so gestaltet sein, dass sie ein Maximum an Kompetenzinformationen und ein Minimum an Kontrollinformationen liefern (Deci/Ryan [needs]). Entscheidend ist aus der Sicht der Selbstbestimmungstheorie, dass für die Einschätzung der eigenen Kompetenz und Leistungsfähigkeit Rückmeldungen über den Handlungsverlauf und das Ergebnis herangezogen werden können. Dies kann einen Verstärkungseffekt intrinsischer Motivation auslösen. Er wird durch extrinsische Anreize unterstützt, wenn (1) Freiräume und Wahlmöglichkeiten eine erhöhte Selbstbestimmung fördern, (2) ein optimales Anspruchsniveau und positive Rückmeldungen das Bedürfnis nach Kompetenzstreben befriedigen und (3) Anerkennung und Akzeptanz das Bedürfnis nach sozialer Zugehörigkeit unterstützen. Voraussetzung ist, dass die Organisationsmitglieder die mit den extrinsischen Anreizen verbundenen Ziel- und Wertvorstellungen in ihr eigenes Wertsystem integrieren. Dadurch schaffen sie die Möglichkeit, das eigene Handeln als selbstbestimmt zu erfahren. In der Selbstbestimmungstheorie wird solche Integration als ein aktiver Prozess gesehen, bei dem die Akteure externe Ansprüche, Werte und Ziele des Unternehmens selbst in ihr eigenes Wertesystem integrieren. Dieser Prozess wird als extrinsische Verhaltensregulation bezeichnet (Deci/Ryan [needs]).

Das Verdienst der Motivation-Crowding-Theorie für die Organisationsgestaltung besteht darin, Motivation und Präferenzen der Organisationsmitglieder zum erklärenden Verhalten zu machen (Frost [Märkte]; Frost et al. [Governing]). Die Art und Weise, wie die Organisation in Unternehmen ausgestaltet ist, hat einen großen Einfluss auf die Motivation ihrer Mitglieder. Organisationsgestaltung kann eine aktive Rolle bei der Ausdifferenzierung motivationaler Dispositionen der Organisationsmitglieder übernehmen. Selbstredend kann intrinsische Motivation nicht direkt gelenkt werden. Es können aber organisatorische Bedingungen im Unternehmen geschaffen werden, die den Organisationsmitgliedern eine intrinsische Motivierung ermöglichen. Verhaltenssteuerung in Unternehmen bedingt deshalb die Erzeugung und Aufrechterhaltung der „richtigen" Motivation (Frey/Osterloh [motivation]). Für das Management der Dynamik der Motivation kommt es darauf an, die Schwierigkeiten und Unwägbarkeiten bei der Erzeugung und Verdrängung intrinsischer Motivierung mit den einigermaßen zuverlässigen Wirkungen externer Anreize und Sanktionen ins Verhältnis zu setzen und daraus Erkenntnisse für die Gestaltung des Steuerungsrepertoires abzuleiten (Osterloh et al. [motivation]). Dieses Verhältnis bestimmt sich aus dem Netto-Effekt zwischen dem Verdrängungseffekt und dem Disziplinierungseffekt (Frey [Markt]; Frey/Osterloh [Sanktionen]).

Merksatz: **Für die Organisationspraxis ist entscheidend, wie die Dynamik der Motivation, die Wechselwirkung zwischen intrinsischer und extrinsischer Motivation, durch organisatorische Steuerung gestaltet werden kann. Es gilt, extrinsische Anreize so auszugestalten, dass die intrinsische Motivation verstärkt und nicht verdrängt wird.**

9.4 Praktische Gestaltung: „... zur Beurteilung von Organisationsarchitekturen"

Die Frage nach dem richtigen Organisationsdesign wird in der Organisationsforschung seit Langem gestellt und hat immer noch Gültigkeit (z.B. Anand/Daft [right]). Die Gestaltung unterschiedlicher Organisationsformen ist das Ergebnis unternehmensspezifischer Kombinationen verschiedener Differenzierungs- und Integrationscharakteristiken, wie sie als Überblick in Abbildung 9.4 vorgestellt worden sind. Dazu gehören zum Einen die inhaltlichen Aufgabenzusammenhänge in horizontaler und vertikaler Weise, die im Organigramm durch die Gestaltung der Boxen oder Kästchen sowie der Hierarchieebenen festgelegt werden. Zum Zweiten sind Ein- und Mehrlinienkonfigurationen sowie die Entscheidungsverfahren oder Steuerungsmechanismen als verbindende Linien zwischen den Boxen zu berücksichtigen. Heutzutage existieren sehr viele unterschiedliche organisatorische Strukturausprägungen. Zu den bekanntesten gehören sicherlich die in Abschnitt 9.3.1.1 bereits kurz vorgestellten Grundformen, wie die Funktionalorganisation, objektorientierte Organisation, Regional-, Projekt und Matrixorganisation mit ihren diversen Modifizierungen, wie sie in den zahlreichen Lehrbüchern zu finden sind (siehe Abschnitt 9.2).

Diese Organisationsformen sind jedoch Idealtypen und kommen in einer reinen Ausprägung in der Organisationspraxis praktisch nicht vor. So wird das Grundgerüst der Funktionalorganisation beispielsweise durch regionalorientierte Stäbe oder Projektteams ergänzt. Solche Kombinationen werden dann in der Unternehmenspraxis regelmäßig als innovative neue Organisationsformen vorgestellt. Sie tragen dann so klangvolle Namen wie Spaghetti-Organisation (Foss [spaghetti]), Kleeblatt-Organisation (Handy [unreason]), Flottillen-Organisation (Drucker [society]) oder Hypertext-Organisation (Nonaka/Takeuchi [knowledge]). Eine genauere Analyse macht aber deutlich, dass sie ebenfalls spezifische Kombinationsmuster aufweisen, die auf dieselben Grundvariablen und Charakteristiken zurückzuführen sind wie die klassischen Grundformen.

Den Organisationsformen gemeinsam ist die Dominanz der Kästchen oder Boxen über die Linien. Das bedeutet: Zunächst werden in der Aufbauorganisation die arbeitsteiligen Aufgaben delegiert. Der Fokus liegt dabei auf dem Zuschnitt der Boxen des Organigramms. Sie stellen den Ausgangspunkt des Gestaltungshandelns dar. Was daraus resultiert, ist vor allem die Festlegung von Über- und Unterordnungsverhältnissen in der Organisation als eine Art Instanzengliederung. Die organisatorische Gestaltungsaufgabe wird dabei jedoch nicht vollständig erfasst, denn auch nach der Zerlegung der Organisation in Teilsysteme besteht erheblicher organisatorischer Gestaltungsbedarf: Zwischen den Boxen bleibt ein Interaktions- und damit Abstimmungsbedarf. Er wird im Organigramm durch Linien abgebildet. Wie die Abstimmung und Koordination inhaltlich erfolgt, d.h. durch welche Steuerungsmechanismen sie geprägt sind, ist von nachrangiger Bedeutung.

Die in der Praxis identifizierbaren Kombinationsmuster sind abhängig von der zu organisierenden Gesamtaufgabe oder den Zielvorstellungen der Unternehmen. Jedes Unternehmen gestaltet sich seine maßgeschneiderte Organisationsarchitektur (Nadler/Gerstein/Shaw [architecture]; Frost [Koordinations]), die zwar bekannte Grundmuster bzw. Variationen von Strukturausprägungen beinhaltet, aber in ihrer Kombination unternehmensspezifisch ist. Sie bildet den „Modus Operandi" des Unternehmens ab (Nadler et al. [architecture] 3). Organisationsarchitekturen legen ihr Augenmerk zunächst auf die verbindenden Linien zwischen den Boxen. Sie kehren damit das vorherrschende Gestaltungsprinzip traditioneller Unternehmensorganisation um: Dominieren bei den idealtypischen Organisationsformen noch Varianten der aufbauorganisatorischen Arbeitsteilung (Boxen), so stellen Organisationsarchitekturen die Steuerungsmechanismen (Linien) zwischen den Teileinheiten in den Mittelpunkt der Organisationsgestaltung. Zwar sind Boxen und Linien zwei Seiten der gleichen Medaille, aber in der traditionellen Unternehmensorganisation spielen die Verbindungslinien zwischen den Einheiten nur eine nachgelagerte Rolle (Frost et al. [Governing]). Diese Seite der Medaille nach oben zu legen, ist das zentrale Gestaltungsprinzip organisatorischer Architekturen. Der simultane Einsatz verschiedener Steuerungsmechanismen, beispielsweise in Form von verschiedenen Regeln, Zielvorgaben, Partizipation, Formen der Selbstabstimmung sowie (internen) Preismechanismen, prägt die Organisationsarchitekturen.

Definition:

Organisationsarchitekturen sind Verhaltens-, Handlungs- und Kommunikationsräume. Sie umfassen die Gestaltung des gesamten organisationalen Raums, reichen also über die grundlegende formale Struktur, wie sie durch Organigramme abgebildet wird, hinaus. Organisationsarchitekturen berücksichtigen neben der Koordinationsaufgabe auch die Orientierungs- und Motivationsaufgabe.

9.4.1 Profit-Center-Organisation und Centerorganisationen

Centerorganisationen sind objektorientierte Spartenorganisationen mit rechentechnischer Verantwortung für die einzelnen Center. Die bekannteste Centerausprägung ist das Profit-Center. Das Denken erfolgt nicht in Verrichtungen, sondern in Produkten oder Dienstleistungen und den dafür erzielbaren Preisen (Frese et al. [Organisation]; Frost/Osterloh [Organisationsstruktur]). Grundprinzip ist es, Profit-Center als Unternehmen im Unternehmen zu führen. Dazu werden die Center anhand monetärer Ergebnisindikatoren, vorzugsweise interner Preise bzw. Verrechnungspreise, als dominantes Entscheidungsverfahren gesteuert.

In der Unternehmenspraxis wird der Terminus Profit-Center auch für organisatorische Teileinheiten verwendet, die den Profit-Center-Anforderungen nicht vollumfassend entsprechen. Je nach Grad der Verantwortlichkeit der organisatorischen Center lassen sich fünf verschiedene idealtypische Abgrenzungen vornehmen, die unter dem Begriff „Responsibility-Center" (Solomons [Divisional]) diskutiert werden. Sie sind in Abbildung 9.13 zusammengefasst.

Cost-Center sind Unternehmensbereiche ohne direkten Marktzugang, wie z.B. eine Produktionsabteilung. Sie haben Verantwortung für die Effizienz der Leistungserstellung, d.h. für die verursachten Kosten. Die Höhe des zu erzielenden Outputs ist vorgegeben, so dass die zentrale Aufgabe in der Minimierung des Inputs besteht. Die erzielten Leistungen werden mit einer Kostenabweichungsanalyse oder mit einer Standardkostenrechnung ermittelt. Expense-Center sind Unternehmensbereiche, die lediglich für anfallende Ausgaben verantwortlich sind, weil ihre erbrachte Leistung nur schwer quantifizierbar ist, wie z.B. in der Forschung und Entwicklung. Deshalb erfolgt die Steuerung über Vorgabe eines Kostenbudgets, welches die Höhe der geplanten Ausgaben enthält. Eine Leistungsbeurteilung ist damit nur mittel- bis langfristig möglich. Man stellt den Kosten die erbrachten Leistungen in nicht materieller Form, wie z.B. Innovationen oder Patente, gegenüber.

Revenue-Center sind Unternehmensbereiche mit Umsatzverantwortung auf der Erlösseite, jedoch ohne direkten Einfluss auf die Kostenseite, wie beispielsweise bei Verkaufsabteilungen. Es können Entscheidungen über die Höhe der Erlöse innerhalb feststehender Kosten-Erlös-Relationen (i.d.R. Standardkosten) getroffen werden. Es sollen Anreize zur Umsatzoptimierung geschaffen wer-

Modul	Organisatorische Ausprägung	Verantwortungsbereich und Steuerungssignale
Cost-Center	kostenorientiert, i. d. R. kein direkter Zugang zum Absatzmarkt	Ausgabenkontrolle durch Plankostenrechnung bei vorgegebenem Output zwecks Kosteneffizienz
Expense-Center	ausgabenorientiert, Bereiche mit vordisponierbaren Kosten, wie bei F&E und Verwaltung	Ausgabenbegrenzung durch Budgetkontrolle, kaum quantifizierbare Beziehungen zwischen Kosten und Leistung
Revenue-Center	ertragsorientiert, i. d. R. Verkaufsabteilungen ohne Einfluss auf die Produktionskosten der von ihnen vertriebenen Produkte	Verantwortung für erzielten Umsatz durch Analyse der Erlösabweichungen, Ziel ist die Optimierung der Umsätze
Profit-Center	Ergebnisverantwortung durch Eigenständigkeit im Wertschöpfungs- und Absatzbereich, objekt- oder spartenstrukturierte Bereiche bzw. Module	Gewinn als Differenz von Aufwand und Ertrag bei gegebenem Kapitaleinsatz, Ziel ist Gewinnmaximierung
Investment-Center	Renditeverantwortung, d. h. Autonomie über Gesamtvermögen, objekt- oder spartenstrukturierte Ausprägung	Gewinn bei bestimmbarem Kapitaleinsatz: ROI, Shareholder Value, Ziel ist unternehmerische Selbständigkeit

Abbildung 9.13: Die Abgrenzung idealtypischer Centerorganisationskonzepte (Quelle: Frost [Märkte] 356).

den, d.h. zur Erhöhung der Verkaufserlöse. Profit-Center sind organisatorische Teilbereiche, für die ein eigener Periodenerfolg ermittelt werden kann. Im Unterschied zum Cost-, Expense- und Revenue-Centern sind beim Profit-Center Kosten- und Erlösgrößen relevant. Der Erfolg eines Profit-Centers bemisst sich demzufolge nach einem – wie auch immer gearteten – Gewinn bei gegebenem Kapitaleinsatz, der in Form von Profit-Center-Erfolgsrechnungen ausgewiesen wird (Kreuter [Verrechnungspreise]). Die Leistung der Profit-Center soll anhand dieses einen Indikators, der von ihnen erwirtschafteten Gewinne, beurteilt werden. Idealerweise sollten Profit-Center deshalb einen eigenen Marktzugang haben, weil sich dann realistischerweise monetäre marktliche Erfolgsgrößen abbilden lassen, die auch zur internen Steuerung verwendet werden können (Frese et al. [Organisation]). Investment-Center sind organisatorische Bereiche mit der weitestgehenden Autonomie. Zusätzlich zu den Entscheidungskompetenzen, über die Profit-Center verfügen, treffen Investment-Center auch Investitions- und De-Investitionsentscheidungen, die das Eigen- und Fremdkapital betreffen. Sie sind damit auch für Investitionsprojekte verantwortlich, die anhand von Rentabilitätskennzahlen oder Residualgewinngrößen beurteilt werden. Investment-Center haben Renditeverantwortung und werden durch den am investierten Kapital relativierten Gewinn des Teilbereichs gemessen.

Die bekannteste Centerorganisation ist das Profit-Center, dessen Koordinations-, Orientierungs- und Motivationswirkungen im Folgenden analysiert werden. Die Koordinationswirkungen resultieren im Wesentlichen aus dem

Einsatz verschiedener Formen von Verrechnungspreisen zwischen den verschiedenen organisatorischen Teilbereichen als Informations- und Allokationsfunktion. Sie sollen in funktionaler Sicht das unternehmensinterne Äquivalent externer Marktpreise darstellen (Frese [Grundlagen] 219) und sind deshalb eng mit dem Phänomen interner Märkte verbunden. Verrechnungspreise haben die Funktion, den Ausweis eines Bereichserfolgs auch dann zu ermöglichen, wenn die Eigenverantwortung der organisatorischen Teilbereiche reduziert wird wegen Leistungsverflechtungen und Interdependenzen sowie zugunsten einer bereichsübergreifenden Zusammenarbeit oder einer gemeinsamen Ressourcennutzung. Der Einsatzschwerpunkt besteht folglich darin, gegebene Kapazitäten auszuschöpfen. Verrechnungspreise übernehmen in dieser Situation eine elementare Funktion als Informationslieferant und sollen durch eine verbesserte Informationsbasis die Entscheidungsqualität in den einzelnen organisatorischen Teilbereichen erhöhen (Wagenhofer [Verrechnungspreise]). Dahinter steht die Idee, dass der Preismechanismus in einer sehr komprimierten Form die entscheidungsrelevanten Informationen abbildet. Vonseiten der Unternehmensführung müssten dann nicht viele Abstimmungsgrößen übermittelt und kontrolliert werden, d.h., es wären weniger Instanzensysteme in den Entscheidungsprozessen involviert und die Kommunikationskosten (in Form von Informationsverarbeitungskosten) könnten gesenkt werden. Eine größere Leitungsspanne wäre möglich. Profit-Center folgen i.d.R. einer objekt- oder produktorientierten Gliederung. Sie ermöglicht hohe Prozesseffizienz, weil alle Informationen und Aktivitäten rund um ein Produkt oder Objekt in einer organisatorischen Teileinheit, dem Profit-Center, zusammengefasst sind. Es können Verbundeffekte realisiert werden. Dies ermöglicht hohe Autonomie und die Vergleichbarkeit der dort erbrachten Leistungen mit denen externer Anbieter. Sie geht jedoch zulasten der Realisierung von Synergiepotenzialen. Je autonomer die Teileinheiten sind, desto geringer ist die Ressourceneffizienz ausgeprägt. Sie steigt, wenn auch Profit-Center-Organisationen bestimme Aktivitäten in Zentralbereichen jenseits der Centerstrukturen zusammenfassen, beispielsweise in „shared Services" im IT-Bereich.

Bei der Orientierungswirkung geht es um die Frage, wie geeignet die Profit-Center-Organisation vor allem zur Teilung von insbesondere implizitem Wissen ist. Bisher stand die Orientierungsaufgabe nicht im Fokus der Centerorganisationen. Der Grund für deren mangelnde Berücksichtigung ist, dass Verrechnungspreise erst dann zum Einsatz kommen, wenn bereits bestehende Leistungen bewertet werden (Frost [Märkte]). Müssen die auszutauschenden Leistungen zunächst entwickelt werden, wenn also – wie für kollektive Lernprozesse konstituierend – „exploration"-Prozesse notwendig sind, kann der Steuerungsmechanismus „Verrechnungspreise" erst dann zum Einsatz kommen, wenn aus diesen Prozessen entweder bewertbare Resultate hervorgegangen sind oder sich die Suchaufwendungen als transferierbarer Bereichserfolg bemessen lassen und von anderen Teileinheiten als Leistung bezogen werden. Preise bilden Informationen nur in einer höchst komprimierten Form ab. Signalisiert wird, ob der Erfolgsindikator, der mit der Erbringung eines spezifischen Leistungsziels verbunden ist, erreicht wurde oder nicht. Ob durch den Indikator tatsächlich die erbrachte Leistung beurteilt werden kann und welche Gründe es dafür gibt, warum das Ziel möglicherweise verfehlt wurde, wird nicht abgebildet. Deshalb wird zwischen Centern vor allem explizites Wissen ausgetauscht, aber kein implizites. Ganz im Gegenteil: Interner Wettbewerb zwischen verschiedenen Centern verhindert geradezu, sich kooperationsbereit zu zeigen und Wissen miteinander zu teilen. Profit-Center-Organisationen sind also nur dann effizient, wenn es um die Übertragung von explizitem Wissen geht, das in Verträgen kodifiziert werden kann. Innerhalb der Center jedoch arbeiten die Mitglieder eng zusammen und tauschen sich aus. Sie haben die Möglichkeit, auch implizites Wissen miteinander auszutauschen, müssen dazu aber intrinsisch motiviert sein.

Hinter der Motivationswirkung steht das Leitbild des internen Unternehmertums: Grundlage zur Gewährung monetärer, kontingenter Anreize ist der Ausweis eines messbaren Bereichserfolgs – auch für die Teilbereiche, die nicht unmittelbaren Zugang zum externen Markt haben. Voraussetzung ist allerdings die Entkopplung von Interdependenzen zu transaktionalen Transferbeziehungen, um eine verursachergerechte Zurechnung der internen Preise auf erbrachte Leistungen gewährleisten zu können. Profit-Center fördern mit ihrer effizienzfördernden Anreizwirkung die extrinsische Motivation. Profit-Center-Leiterinnen und -Leiter agieren wie selbständige Unternehmer. Profit-Center können auch die intrinsische Motivation der Beteiligten fördern, weil sie ihnen eine hohe Autonomie und Eigenverantwortung gewähren. Dies bedingt jedoch, dass echte Marktpreise die Grundlage der Verrechnungspreise bilden, weil nur diese als fair empfunden werden. Meistens werden Profit-Center aber als interne fiktive Märkte realisiert mit internen Kunden und kostenorientierten Verrechnungspreisen. Transferzwang und Einmischung durch die Unternehmensleitung bei der Preisfestsetzung führen zu einer Autonomieillusion. Die intrinsische Motivation sinkt, wenn die Profit-Center-Leiterinnen und -Leiter diese internen Verhandlungen als zäh und ungerecht empfinden. Abbildung 9.14 fasst die Koordinations-, Orientierungs- und Motivationswirkungen der Profit-Center-Organisation zusammen.

Koordination	
Strukturen	Aufteilung in eigenständige Center (Cost-, Profit-, ...), Verrechnungspreise, geringe Ressourceneffizienz, hohe Verbundvorteile
Prozesse	Transaktionale Beziehungen durch Verrechnungspreise zwischen den Centern
Orientierung	
Tiefe/Breite des Wissens	Austausch expliziten Wissens aufgrund vertraglicher Regelungen und Verrechnungspreise, implizites Wissen ausschließlich in den zu kontrahierenden Produkten inkorporiert
Lernfokus	Exploitation, Lern-Anwendungs-Lern-Kreisläufe innerhalb der Profit-Center
Motivation	
Extrinsisch	Marktliche Anreizstrukturen, Leistungsentlohnung
Intrinsisch	Autonomie der Center, potenzielle Verdrängungseffekte

Abbildung 9.14: Koordinations-, Orientierungs- und Motivationswirkungen der Profit-Center-Organisation

Anmerkung: Wir verweisen auf das Praxisbeispiel „Deutsche Telekom Gruppe" im Download, Abschnitt 1.

9.4.2 Prozessorganisation

Prozesse wurden durch das Managementkonzept des „business process reengineering" sehr populär (Hammer/Champy [Reengineering]) und zur Prozessorganisation weiterentwickelt (Gaitanides [Prozessorganisation]; Frost/Osterloh [Prozessorganisation]; Osterloh/Frost [Prozessmanagement]). In vielen Unternehmen, aber insbesondere auch in Verwaltungen und Krankenhäusern, wurden Prozesse – wenngleich nicht immer als vollständige Prozessorganisation – implementiert (Boos [Dilemma]). Die Organisationsarchitektur der Prozessorganisation ist ein Input-Transformations-Output-Modell. Den Input liefern Kundenbedürfnisse und Lieferantenleistungen. Er wird in den verschiedenen Prozessvarianten transformiert, bis der Output, die Kundenleistungen, entstanden ist. Ziel ist es, durchgängige Prozesse vom Lieferanten bis zum Kunden mit möglichst wenigen Schnittstellen zu gestalten. Dadurch sollen vor allem Schnittstellenprobleme gelöst werden, wie sie zwischen herkömmlichen Abteilungsgrenzen bestehen.

Die Prozessorganisation hat drei zentrale organisatorische Elemente: Kernprozesse, Supportprozesse und Kompetenzzentren. Kernprozesse bestehen aus der Verknüpfung von zusammenhängenden Aktivitäten, Entscheidungen, Informationen und Materialflüssen, die zusammen den Wettbewerbsvorteil eines Unternehmens ausmachen. Sie werden aus den strategischen Kernkompetenzen abgeleitet. Dabei handelt es sich um schwer imitierbare, unternehmensspezifische Fähigkeiten, die einen wahrnehmbaren Kundennutzen stiften (Barney [resources]; Prahald/Hamel [core]). Die Gestaltung von Kernprozessen setzt an den Kundenbedürfnissen an, indem die Prozesse als spezifische Kunden-Lieferanten-Beziehung definiert werden. Sie müssen so beschaffen sein, dass alle für die Erfüllung eines Kundenwunsches notwendigen Aktivitäten und das dazu notwendige implizite Wissen in einem Verantwortungsbereich ohne interne Schnittstellen zusammengefasst sind. Sind Kernprozesse besonders groß, so kommt eine Triage zur Anwendung. Damit ist eine weitere Segmentierung bzw. Arbeitsteilung innerhalb der Prozesse i.d.R. nach Problemhaltigkeit bzw. Komplexität oder nach Kundengruppen bzw. Regionen gemeint. Dadurch kann das Prinzip der horizontalen Organisation konsequent auch bei solch großen Prozessen beibehalten werden, bei denen die Kapazität eines Prozessteams nicht mehr zur Aufgabenabwicklung ausreicht.

Supportprozesse erfüllen unterstützende Aufgaben, damit die Kernprozesse entlastet werden und reibungslos ablaufen. Sie sind interne Dienstleistungsprozesse mit Aufgaben, die auch erledigt werden müssen. Aus Kundenperspektive ist es dabei aber nicht ausschlaggebend, ob diese Prozesse unternehmensintern erbracht oder im Wege des Outsourcing ausgelagert werden. Im Unterschied zu Kernprozessen haben sie keine strategische Bedeutung für das Unternehmen. Zwar entstehen durch die Ausgliederung von Supportprozessen wieder interne Schnittstellen, allerdings sind diese Schnittstellen weniger schwerwiegend als bei den herkömmlichen Organisationskonzepten. Schließlich handelt es sich bei Supportprozessen um weitgehend standardisierbare Leistungen, die ohne hohe Transaktionskosten intern ausgehandelt oder sogar extern eingekauft werden können.

Kompetenzzentren bieten spezifische Kenntnisse an, die in den Prozessen nicht ausreichend vorhanden sind, aber im Unterschied zu Supportprozessen strategisch relevant sind und ebenfalls zu den Kernkompetenzen beitragen. Im Unterschied zu den Kernprozessen und ähnlich wie die Supportprozesse haben sie jedoch keinen direkten Kundenkontakt. Kompetenzzentren haben primär eine Dienstleistungsaufgabe, namentlich die Vermittlung von Expertise und Wissen an die Prozesse. Darüber hinaus müssen sie ständig neues Fachwissen in Form von Komponentenwissen erwerben.

Für die Koordinationswirkungen der Prozessorganisation gilt: Sie ist besonders geeignet, hohe horizontale Synergien zu realisieren, weil organisatorische Schnittstellen zugunsten von funktionsübergreifenden Leistungsprozessen minimiert werden. Dadurch wird der Koordinationsaufwand reduziert. Die Prozesse werden von selbststeuernden Prozessteams bearbeitet, die unmittelbaren Kundenkontakt haben. Sie haben gegenüber dem (internen und externen) Kunden Verantwortung für die Auftragserfüllung. Dadurch werden Vorgesetzte von Koordinationsaufgaben entlastet. Ein ausschließlich nach Prozessen organisiertes Unternehmen würde kaum Ressourceneffizienz realisieren können. Wird eine Prozessorganisation hingegen wie in Abbildung 9.15 als Servicemodell gestaltet, können die Prozessmanagerinnen und -manager auf die funktionalen Spezialabteilungen bzw. Kompetenzzentren als interne Dienstleister zurückgreifen und damit als Gesamtorganisation dennoch Spezialisierungsvorteile realisieren. Die internen Dienstleister entscheiden selbständig über das „Wie" der Serviceleistung, aber die Gesamtprozessverantwortlichkeit verbleibt bei den Prozess-Teams.

Die Orientierungswirkungen der Prozessorganisation sind insgesamt sehr ausgeprägt. Innerhalb der Prozesse kann implizites Wissen zwischen den Teammitgliedern leichter übertragen werden, da Schnittstellen minimiert und „face to face"-Kontakte möglich sind. Dies fördert kollektive Interaktions- und Lernprozesse und erhöht damit die absorptive Kapazität. Es muss aber auch Wissen zwischen den Prozessen und den Kompetenzzentren-Schulen fließen. Dies gelingt durch „Lern-Anwendungs-Lern-Kreisläufe", beispielsweise durch Jobrotation oder die Realisierung eines Patenschaften-Systems. Hier wird jeder Prozess von einem Paten oder einer Patin betreut, die einem Kompetenzzentrum bzw. einer funktionalen Schule angehören. Diese werden von den Prozess-Teams bei speziellen, fachlichen Problemen um Rat gefragt. Die Paten haben Beratungskompetenz, aber die Verantwortung für Entscheidungen verbleibt beim „process owner" oder beim Prozess-Team. Aus den Supportprozessen wird im Wesentlichen explizites Wissen übertragen, wenn klar definierte Schnittstellen mit „service level agreements" existieren. Entscheidend ist, dass Wissen, welches zur Entwicklung von strategisch relevanten Kernkompetenzen benötigt wird, in Kernprozessen und Kompetenzzentren generiert wird, damit es nicht unter Umständen – wie bei Supportprozessen möglich – im Wege des Outsourcing aus dem Unternehmen ausgelagert wird.

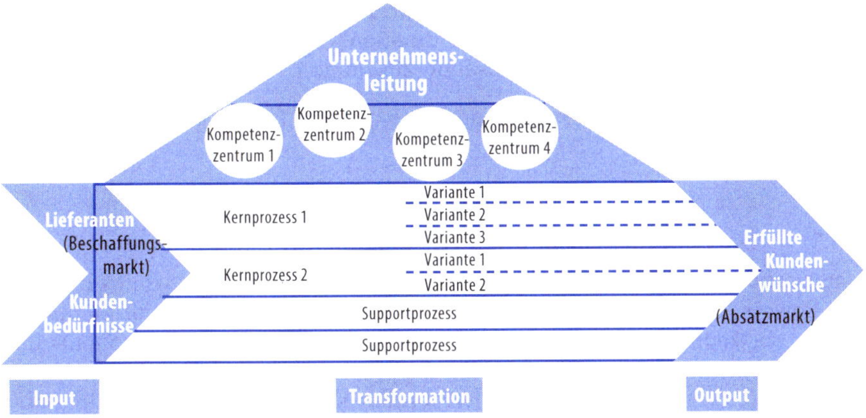

Abbildung 9.15: Prozessorganisation als Servicemodell (Quelle: in enger Anlehnung an Osterloh/Frost [Prozessmanagement] 99)

Die Prozessorganisation erzielt starke Motivationswirkungen. Sie kann besser als viele andere Organisationskonzepte extrinsisch motivieren, ohne die intrinsische Motivation (z.B. zum Wissenstransfer) zu zerstören. Sie steigert die extrinsisch vermittelte Motivation durch unmittelbaren Kunden- und Marktkontakt eines großen Anteils der Beschäftigten. Im Unterschied zu funktionalen oder objektorientierten Organisationskonzepten ist die Mehrzahl aller Abteilungen einer direkten Marktbewertung ausgesetzt. Marktpreise zerstören die intrinsische Motivation der Mitglieder eines Prozess-Teams dann nicht, wenn ihre informierende Wirkung die der Fremdsteuerung übersteigt. Gleichzeitig stärkt die Gliederung des gesamten Unternehmens in Prozesse und Prozess-Teams die intrinsische Motivation, weil eine informierende Rückkopplung durch das offene „Fenster zum Kunden" möglich ist. Zudem haben die Prozessteams eine vergleichsweise hohe Autonomie mit vielen Entscheidungskompe-

Koordination	
Strukturen	90-Grad-Shift, Trennung in Kern- und Supportprozesse für hohe Prozesseffizienz, Ressourceneffizienz durch Kompetenzzentren
Prozesse	Geringe Interdependenzen zwischen den Prozessen, hohe innerhalb der Prozesse, Kundenorientierte Rundumbearbeitung, Teamarbeit/„process ownership"
Orientierung	
Tiefe/Breite des Wissens	Kodifizierung durch IT-Vernetzung, implizites Wissen in Prozessen und Zentren
Lernfokus	Exploitation vor allem zwischen Kernprozessen und Kompetenzzentren, Exploration und Übertragung implizitem Wissen innerhalb der Prozesse
Motivation	
Extrinsisch	Anreize durch Prozesskennzahlen
Intrinsisch	Prozessautonomie, Teamarbeit, „job rotation"

Abbildung 9.16: Koordinations-, Orientierungs- und Motivationswirkungen der Prozessorganisation

tenzen. Die Bedürfnisse nach Autonomie und Kompetenzerleben werden gestärkt. Abbildung 9.16 fasst die Koordinations-, Orientierungs- und Motivationswirkungen der Prozessorganisation zusammen.

! **Anmerkung: Wir verweisen auf das Praxisbeispiel „Sozialversicherungsanstalt des Kantons Zürich" im Download, Abschnitt 1.**

9.4.3 Netzwerkorganisationen zwischen Markt und Hierarchie

Netzwerkorganisationen sind typische hybride Architekturen, wie es der Titel von Powells ([Network]) einflussreichem Werk „Neither market nor hierarchy" bereits vorwegnimmt. Sie reichen über die Unternehmensgrenzen hinaus und kombinieren die „unsichtbare Hand" des Markes mit der „sichtbaren Hand" der Hierarchie zu neuen externen Hybriden (Nooteboom [Interfirm]). Dabei handelt es sich um unterschiedliche Formen vernetzter Kooperation mit dem Ziel, die strategische Flexibilität der beteiligten Partner zu erhöhen und zu entscheiden, welche Teile der Wertschöpfungskette innerhalb des Unternehmens und welche außerhalb erbracht werden sollen. (Sydow [Netzwerke]).

Ausgangsbasis stellen i.d.R. marktliche Austauschbeziehungen zwischen Transaktionspartnern dar, die um organisatorische Steuerungselemente ergänzt werden, insbesondere langfristige, ex ante nicht vollständig spezifizierbare Vertragsbeziehungen. Die Verteilung organisatorischer Entscheidungsrechte und die Verteilung finanzieller Eigentumsrechte bilden die beiden Dimensionen zur Abgrenzung unterschiedlicher Netzwerkorganisationen, wie in Abbildung 9.17 zusammengefasst.

Netzwerkorganisationen als externe Hybride reichen von Service- und Rahmenverträgen, bei denen lediglich eine geringe Konzentration von Entscheidungs- und Eigentumsrechten besteht, über Franchisebeziehungen, bei denen der Franchisegeber das Geschäftskonzept oder -system und die damit verbundene Lizenz vertraglich an Franchisenehmer übergibt, die sich dafür verpflichten, ein differenziertes Regelwerk einzuhalten. In strategischen Wissensnetzwerken organisieren sich rechtliche, selbständige Partner in mehreren Entscheidungszentren. Ein Joint Venture ist ein kooperierendes Unternehmen, bei dem kein beteiligter Partner über die Finanzhoheit verfügt und alle ungefähr gleichberechtigt entscheiden. Deshalb funktionieren bei diesen beiden letztgenannten Netzwerkorganisationen klassische hierarchische Steuerungsmechanismen, wie Weisungen und Befehle, nicht effizient. Stattdessen müssen sich die beteiligten Partner in Selbstabstimmungsprozessen konsensbasiert einigen.

Die Koordinationswirkungen der Netzwerkorganisation können nicht abschließend beurteilt werden, weil es Vor- und Nachteile gibt. Je nach strategischem Ziel interagieren die einzelnen Partner im Netzwerk direkt, häufig, mittelbar oder selten miteinander. Konzentriert sich jeder Partner auf seine eigenen spezifischen Kompetenzen, die zueinander komplementär sind, so wird die interne Abstimmung erleichtert, weil sie darüber hinaus in einem reziproken Verhältnis stehen. Häufig konkurrieren sie aber auch bei bestimmten Leistungen und stehen dann im wettbewerblichen Verhältnis zueinander. In diesen

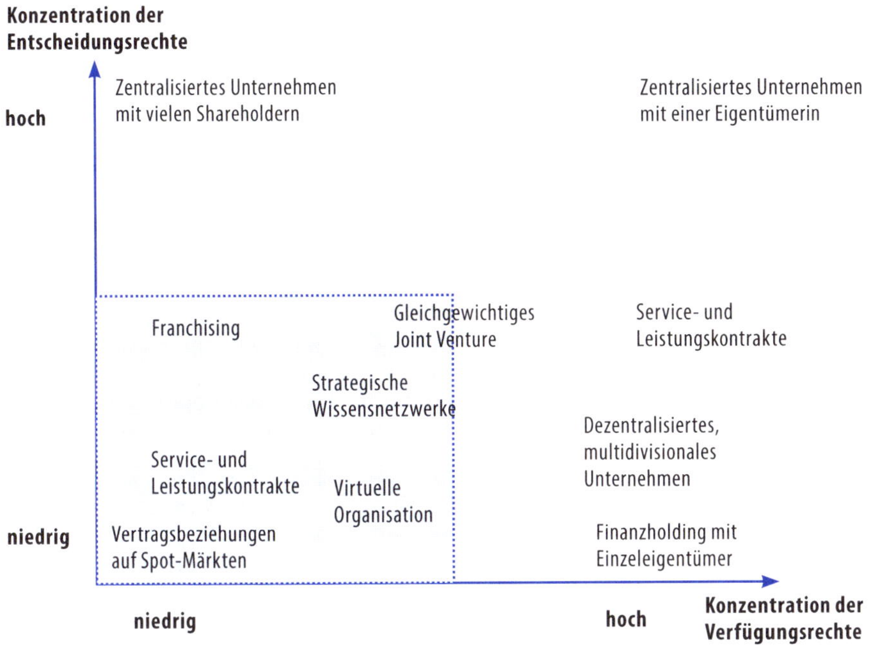

Abbildung 9.17: Klassifikation von Netzwerkorganisationen als interne und externe Hybride (in enger Anlehnung an Nooteboom [Inter-Firm])

Fällen ist es schwieriger, einen Konsens zu finden und Selbstabstimmungsmechanismen effizient zu implementieren. Ein weiterer Nachteil ist das Risiko der partiellen Systembeherrschung. Die Leitung einer Netzwerkorganisation ist eine hochkomplexe Aufgabe, die in der Regel von keinem der beteiligten Unternehmen vollständig beherrscht wird (Osterloh/Frost [Organisation]).

Die Orientierungswirkungen werden zumeist positiv beurteilt, weil Netzwerke dann gegründet werden, wenn komplementäre Wissensbestände miteinander ausgetauscht oder dominante Standards gemeinsam in Entwicklungsnetzwerken etabliert werden sollen. Dominieren konsensbasierte Selbstabstimmungsmechanismen zwischen den Partnern, gelingt auch der Austausch impliziten Wissens. Langfristige Lernstrategien werden realisiert und der Aufbau einer gemeinsamen kollektiven Kognition ist möglich. Sie erhöht zugleich die absorptive Kapazität des Netzwerks, die auch eine Anpassungsfähigkeit der Gesamtarchitektur an veränderte Umweltbedingungen sicherstellen kann. Zugleich muss ein Unternehmen aber auch darauf achten, dass es im Netzwerk die Gefahr des Kompetenzverlustes vermeidet. Sie ist gegeben, wenn das Unternehmen strategisch relevante Wertschöpfungsaktivitäten an die Partner auslagert. Implizites Wissen würde dann nicht kontinuierlich weiterentwickelt.

Bezüglich der Motivationswirkungen muss es der Netzwerkorganisation gelingen, opportunistische Trittbrettfahrerprobleme zu verhindern. So kann es für einen einzelnen Netzwerkpartner interessant sein, von der gemeinsamen Wissensproduktion zu profitieren, ohne selbst dazu beizutragen. Da es schwierig ist, Einzelne vom gemeinsamen Wissenspool auszuschließen, besteht die Gefahr eines sozialen Dilemmas. Es entsteht, wenn individuelle und kollektive Interessen im Widerspruch stehen, d.h. individuelle Rationalität nicht zu kollektiver Rationalität führt (Miller [dilemma]). Kooperatives Verhalten wäre zwar im Interesse aller beteiligten Netzwerkpartner, aber die Möglichkeit zum Trittbrettfahren gefährdet die Kooperation. Es kann nur gelöst werden, wenn die beteiligten Partner intrinsisch dazu motiviert sind, sich zu engagieren. Es bedarf folglich einer Motivationsstrategie, damit die beteiligten Partnerunternehmen überhaupt zur Kooperation bereit sind. Dazu gilt es, ein Gleichgewicht von extrinsischer und intrinsischer Motivation aufrecht zu erhalten. Dazu bauen sie zum einen Vertrauen auf, das schrittweise durch kleine riskante Vorleistungen erfolgt (Weibel [Netzwerken]). Zum anderen implementieren sie Kontrollstrategien, die von den beteiligten Partnern als informierend und nicht als kontrollierend erlebt werden. Abbildung 9.18 fasst die Koordinations-, Orientierungs- und Motivationswirkungen der Netzwerkorganisation zusammen.

Koordination	
Strukturen	Rekombination lose gekoppelter Organisationen mit unterschiedlich häufigen direkten Interaktionen zwischen Netzwerkpartnern, Leitungsaufgabe komplex, da Problem der Systembeherrschung
Prozesse	Selbstabstimmung zwischen Kooperation und Wettbewerb
Orientierung	
Tiefe/Breite des Wissens	Austausch und Teilung komplementärer Wissensbestände zwischen Partnern
Lernfokus	Bei hoher Selbstabstimmung langfristige Lernstrategien mit „exploration" und „exploitation", Gefahr des Kompetenzverlustes bei Auslagerung strategischer Wertschöpfung an die Partner
Motivation	
Extrinsisch	Ergebnisverantwortung; Gefahr Trittbrettfahrerverhalten/soziales Dilemma
Intrinsisch	Aufbau von Vertrauen zur Kooperation (Freiwilligkeit)

Abbildung 9.18: Koordinations-, Orientierungs- und Motivationswirkungen der Netzwerkorganisation

! Anmerkung: Wir verweisen auf das Praxisbeispiel „Open Handset Alliance" im Download, Abschnitt 1.

9.4.4 Zirkuläre Organisation zwischen Hierarchie und Selbstabstimmung

Grundprinzip der zirkulären Architektur ist die synthetische Verknüpfung hierarchischer Verfahrenssteuerung und konsensbasierter Selbstabstimmung innerhalb einer Organisationsstruktur (Romme [Domination]; Romme/Endenburg [Construction]). „Synthetisch" bedeutet in diesem Zusammenhang, dass die beiden unterschiedlichen Steuerungsmechanismen in einer Architektur miteinander vermascht werden. Dahinter steht die Idee, dass einerseits alle Organisationsmitglieder an den Entscheidungen, die ihre unmittelbare Arbeitsumgebung und Aufgabenbereiche betreffen, konsensbasiert partizipieren können. Darüber hinaus können sie über die Vermaschung der Zirkel Einfluss auf die unternehmenspolitischen Entscheide nehmen. Andererseits soll durch hierarchische Steuerungsmechanismen die operative Geschäftstätigkeit effizient organisiert werden. Damit kann die zirkuläre Organisation als eine moderne Interpretation und Weiterentwicklung der Likert'schen überlappenden Gruppenorganisation gelten (Likert [human]).

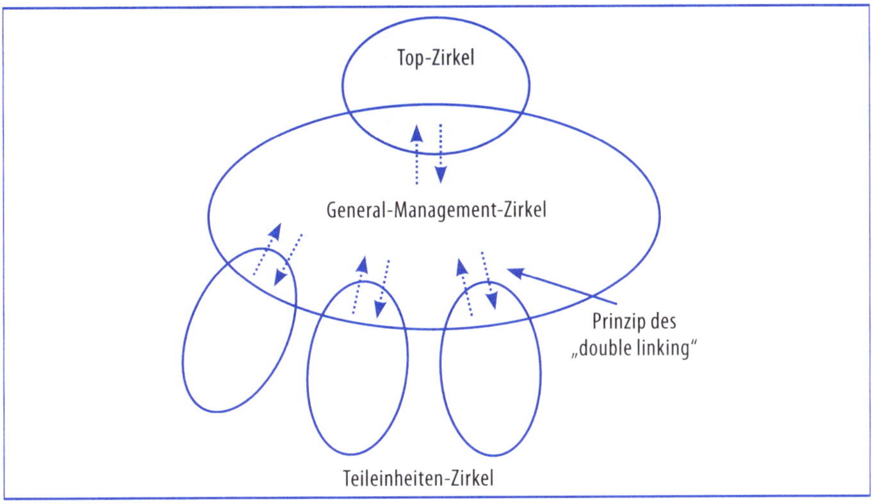

Abbildung 9.19: Architektur der zirkulären Organisation

Die idealtypische zirkuläre Organisation mit ihren Zirkeln auf den verschiedenen Hierarchieebenen zeigt Abbildung 9.19. Zirkel sind organisatorische Teilbereiche mit einem gemeinsamen Arbeitsziel, ähnlich einer Abteilung oder einem Arbeitsteam, die von einem Linienmanager oder einer -managerin geleitet werden. Jeder Zirkel ist befugt, alle Entscheidungen, die seine Arbeit betreffen und die Auswirkungen auf andere Zirkel haben, eigenständig zu treffen und zu implementieren. Zwischen den verschiedenen Zirkeln besteht das Prinzip des „doppelten Link" („double linking"). Jeder Zirkel ist im nächsthöheren Zirkel durch die Linienmanagerin oder den -manager vertreten. Sie werden von der Unternehmensleitung mit dieser Aufgabe betraut. Darüber hinaus wählen die Zirkelmitglieder eigenständig einen weiteren Repräsentanten, der ihre Belange in der nächsthöheren Ebene vertritt. Dies macht den doppelten Link aus. Bei unterschiedlichen Interessen ist vorgesehen, dass die an den Entscheidungsprozessen Beteiligten ihre Argumente deutlich formulieren und sich wechselseitig austauschen, bis vermutlich eine Pattsituation entsteht. Kann nicht innerhalb von 48 Stunden ein neues Argument zur Einigung hervorgebracht werden, wird der abzustimmende Sachverhalt an den nächsthöheren Zirkel weitergeleitet und die Entscheidungsfindung durch einen Vertreter dieses Zirkels moderiert. Damit soll verhindert werden, dass Widerstände das Weiterführen der Geschäftstätigkeit behindern. Erfahrungen in zirkulären Organisationen zeigen, dass zumeist vor Ablauf dieser Frist eine für alle Seiten akzeptable Lösung gefunden wird, weil die Verhandlungsparteien daran interessiert sind, die Intervention der nächsthöheren Instanz zu verhindern (Romme [Domination]).

Welche Koordinationswirkungen sind mit der zirkulären Organisation verbunden? Die vorab festgelegten Regeln zum Umgang mit konfliktären Entscheidungssituationen führen dazu, dass Selbstabstimmung zwischen den Zirkeln effizient funktionieren kann und keinen unendlichen Zeitaufwand bedeutet. Das Prinzip des doppelten Links sorgt zum einen dafür, dass Verbundvorteile zwischen den Zirkeln realisiert werden können. Zum anderen bedeutet es aber auch eine Form der Doppelunterstellung. Sie kann zu Koordinationsschwierigkeiten und Rollenambiguitäten führen, weil jede organisatorische Schnittstelle eine Quelle der organisatorischen Unverantwortlichkeit ist. Darüber hinaus stellt die Doppelunterstellung hohe Anforderungen an die Konfliktfähigkeit und -toleranz der Mitarbeiterinnen und Mitarbeiter, insbesondere dann, wenn über die beiden Dienstwege widersprüchliche Führungsimpulse kommen.

Die zirkuläre Organisation hat positive Orientierungswirkungen, weil strategische und konzeptionelle Aufgaben, die vor allem mit der Generierung von neuen Handlungsalternativen im Sinne von „exploration"-Prozessen verbunden sind, konsensbasiert über die vermaschte Zirkelarchitektur integriert werden. Die Zirkelmitglieder bringen ihre unterschiedlichen Kenntnisse und verschiedenen Erfahrungen ein, so dass viele Perspektiven berücksichtigt werden, was für die Entwicklung einer kollektiven Kognition Voraussetzung ist. Das institutionalisierte und sehr regelmäßige Sitzungssystem erleichtert die Sozialisation der Organisationsmitglieder und fördert damit auch das Teilen von implizitem Wissen. Darüber hinaus gewährleistet es, dass sie Einfluss auf den Verlauf und Ausgang von Entscheidungsprozessen nehmen können. Die „double linking"-Organisationsmitglieder tragen ihre Erfahrungen aus diesen gemeinsamen Abstimmungsprozessen zurück in ihre jeweiligen Zirkel und sorgen damit für die notwendige „Anschlussfähigkeit" an die in den Zirkel stattfindenden „exploitation"-Prozesse.

So ausgestaltet, fördern zirkuläre Architekturen die intrinsische Motivation der Organisationsmitglieder. Der Grund ist, dass die Verknüpfung von Verfahrensregeln mit Formen der Selbstabstimmung durch eine hohe Verfahrensfairness geprägt ist (Lind/Tyler [social]). Die Regeln der Entscheidungsfindung sind transparent und jedes Organisationsmitglied hat die Möglichkeit, sich bei Interesse in diesen Findungsprozessen zu engagieren. In solchen Situationen identifizieren sich die Organisationsmitgliedern eher mit den Zielen des Unternehmens und sind bereit, diese mit den eigenen, inneren Wertvorstellungen in Einklang zu bringen. Sie haben die Möglichkeit, auf Entscheidungen Einfluss zu nehmen. Darüber hinaus besteht in der zirkulären Organisation eine Eindeutigkeit der Handlungserwartungen, weil die Implementation der Entscheidungsergebnisse vollständig an die Verantwortung des jeweiligen Zirkels delegiert wird. Die damit verbundene hohe Autonomie kann auch die extrinsische Motivation fördern. Ein Verdrängungseffekt wird vermieden, weil die Kontrollaufgaben im Wesentlichen als „peer"-Kontrolle ausgestaltet sind, die ein Maximum an Kompetenzinformation liefert. Abbildung 9.20 fasst die

Koordinations-, Orientierungs- und Motivationswirkungen der zirkulären Organisation zusammen.

Koordination	
Strukturen	Teamstrukturen (Zirkel) als „top-down-bottom-up"-Vermaschung der Zirkel: Verbundvorteile
Prozesse	Synthetische Verknüpfung von Selbstabstimmung, Konsensprinzip und generellen Regeln (z. B. 48-Stunden-Regel), dadurch Entscheidungseffizienz
Orientierung	
Tiefe/Breite des Wissens	Teamvermaschung fördert Sozialisation: Integration und Austausch impliziten Wissens
Lernfokus	Exploration in und zwischen Zirkeln, Exploitation in Zirkeln
Motivation	
Extrinsisch	Performancemessung der Zirkel, vor allem durch Peer-Kontrolle, dadurch Vermeidung von Verdrängungseffekt
Intrinsisch	Hohe Verfahrensfairness: Transparenz, Partizipation, Teamautonomie

Abbildung 9.20: Koordinations-, Orientierungs- und Motivationswirkungen der zirkulären Organisation

Einführende Literaturhinweise zu Modul 9

Die vollständigen Literaturangaben finden Sie im Downloadbereich.

Frey, B.S./Osterloh, M.: Managing [motivation]. Wie Sie die neue Motivationsforschung für Ihr Unternehmen nutzen können. 2. Aufl., Wiesbaden 2002.

Kieser, A./Ebers, M.: [Organisationstheorien]. Stuttgart 2006.

Osterloh, M./Frost, J.: [Prozessmanagement] als Kernkompetenz. Wie Sie Business Reengineering strategisch nutzen können. 5. Aufl., Wiesbaden 2006.

Modul 10: Grundlagen der Personalplanung und Personalführung

Hugo Kossbiel
Thomas Spengler

„Handle so, dass du die Menschheit sowohl in deiner Person, als in der Person eines jeden andern jederzeit zugleich als Zweck, niemals bloß als Mittel brauchst."
(Immanuel Kant, 1724–1804)

Lernziele:

Aneignen von Wissen (Kenntnissen) über die Probleme der Personalwirtschaft (Verfügbarkeit über und Wirksamkeit von Personal) und über die zentralen Instrumente für ihre Lösung (Personalpotenzialbereitstellung und Personalverhaltensbeeinflussung). Verfolgt wird der entscheidungsorientierte Ansatz, der sich im Bereich Personalpotenzialbereitstellung in den Entscheidungsmodellen zur Personalplanung und im Bereich der Personalverhaltensbeeinflussung in den kontingenztheoretischen Modellen der Personalführung verdeutlicht; Verstehen (Erfassen und Erkennen) der Komplexität der Problembereiche der Personalwirtschaft und ihrer Interdependenzen sowie der methodischen Zugänge zur Lösung; Anwenden (Nutzen) des erlangten Wissens bei der Formulierung von Ansätzen zur Personalplanung für konkrete Zahlenbeispiele und von Antworten auf spezifische Fragen zur Personalbereitstellung und Personalführung; Analyse (Erforschen) der Zusammenhänge von Zielen, Maßnahmen, Wirkungen und Bedingungen der Personalwirtschaft; Synthese (Integrieren) von Erkenntnissen zu den Einzelmaßnahmen der Personalbereitstellung und Personalführung zu Maßnahmenkombinationen; Bewertung (Evaluation) von Alternativen zur Lösung personalwirtschaftlicher Verfügbarkeits- und Wirksamkeitsprobleme.

Übersicht:

In dem Modul 10 werden „Grundlagen der Personalplanung und Personalführung" behandelt. Dabei wird zum einen ein problemorientierter, zum anderen ein entscheidungsorientierter Ansatz verfolgt. Das bedeutet konkret, dass personalwirtschaftliche Probleme den Ausgangspunkt der Erörterungen bilden und nicht etwa die personalwirtschaftlichen Instrumente; sie werden erst im Anschluss mit Blick auf die Probleme besprochen. Es bedeutet außerdem, dass die Probleme als Entscheidungsprobleme gesehen werden: Es geht immer um die Auswahl von Maßnahmen zur Lösung der personalwirtschaftlichen Probleme. Da die Personalwirtschaft ein

Teilgebiet der Betriebswirtschaftslehre ist, stehen ökonomisch legitimierbare Entscheidungen im Fokus. Dies bedeutet nicht, dass ausschließlich ökonomische Ziele ohne Rücksicht auf humane Ziele verfolgt werden, sondern dass bei der Lösung personalwirtschaftlicher Probleme ökonomische Ziele vorrangig Beachtung finden.

Das Modul 10 behandelt in den ersten beiden Kapiteln die Personalwirtschaft in Grundzügen und ihr Verhältnis zur Organisation als Institution, zur Personalpolitik, zum Personalmarketing und zum Personalcontrolling. Die letzten beiden Kapitel sind den Instrumentalbereichen Personalplanung und Personalführung gewidmet.

10.1 Grundlagen der Personalwirtschaft

In der weithin üblichen funktionalen Einteilung des betriebswirtschaftlichen Gegenstandsbereichs in Beschaffung, Fertigung, Absatz, Investition und Finanzierung sucht man vergebens nach Hinweisen auf das Teilgebiet Personalwirtschaft. Dieses Schicksal teilt es mit der Informations-, Material-, Energie-, Anlagen- und Kapitalwirtschaft. Der Grund für die fehlende Berücksichtigung liegt in dem verwendeten Gliederungsprinzip, das auf die Art der betrieblichen Verrichtung Bezug nimmt. Demgegenüber beruht die Unterscheidung von Informations-, Material-, Energie-, Anlagen-, Kapital- und Personalwirtschaft auf dem sog. Objektgliederungsprinzip. Mit dem Begriff „Personalwirtschaft" werden dabei Problemstellungen und Problemlösungsbemühungen assoziiert, die das Personal eines Betriebes betreffen, gleichgültig, in welchem betrieblichen Funktionsbereich sie entstanden sind bzw. unternommen werden. Solche Problemstellungen und Lösungsversuche wollen wir im Folgenden mit einem allgemeinen handlungstheoretischen Konzept angehen.

Definition:
Allgemein spricht man von **Handeln** dann, wenn menschliches Tun als ein gewolltes und kontrolliertes Mittel (Instrument) zur Erreichung eines bestimmten Zweckes (zur Lösung eines bestimmten Problems) interpretiert werden kann.

Handeln ist absichtsgeleitetes Tun, das sich stets in einer bestimmten Situation (unter bestimmten Bedingungen) vollzieht. Unter Bezugnahme auf personalwirtschaftliche Zwecke lässt sich personalwirtschaftliches Handeln in entsprechender Weise begrifflich fassen. Geht man weiter davon aus, dass ein bestimmter personalwirtschaftlicher Zweck prinzipiell durch verschiedene Handlungen erreicht werden kann, dass außerdem eine bestimmte Handlung prinzipiell verschiedenen personalwirtschaftlichen Zwecken dienen kann und dass schließlich Handlungen auch „nicht-bezweckte" Wirkungen hervorrufen können, so werden Wahlprobleme sichtbar, die sich mit Hilfe der folgenden elementaren Kategorien charakterisieren lassen:

- personalwirtschaftliche Probleme (Ziele, Zwecke),
- personalwirtschaftliche Instrumente (Maßnahmen),
- personalwirtschaftliche Wirkungen,
- personalwirtschaftliche Bedingungen.

Mit diesen vier Elementarkategorien (s. Abb. 10.2) wollen wir uns zunächst in einer sehr grundsätzlichen Art und Weise beschäftigen.

10.1.1 Personalwirtschaftliche Probleme

Wir unterscheiden zwei personalwirtschaftliche Problembereiche:

- Verfügbarkeit über Personal und
- Wirksamkeit des Personals.

10.1.1.1 Verfügbarkeit über Personal

Die Erstellung von Sachgütern und Dienstleistungen sowie deren Verwertung am Markt, die Mitwirkung an der Befriedigung menschlicher Bedürfnisse also, sind zumindest gegenwärtig ohne die produktive Beteiligung menschlicher Arbeitskraft (personeller Ressourcen) nicht vorstellbar. Aus dieser Tatsache allein lassen sich allerdings noch keine personalwirtschaftlichen Probleme herleiten; denn es ist immerhin denkbar, dass dem Bedarf an menschlicher Arbeitskraft ausschließlich durch den persönlichen Einsatz des Unternehmers entsprochen wird. Personalwirtschaftliche Probleme können überhaupt erst entstehen, wenn Unternehmer andere Personen zur Deckung des Arbeitskräftebedarfs in einer Weise in Dienst stellen (s. Direktionsrecht!), dass diese bestimmte Dispositionsbefugnisse über ihre Arbeitskraft gegen eine festgelegte Vergütung direkt (im Rahmen eines Arbeitsvertrages) oder indirekt (z.B. über ein Gruppenarbeitsverhältnis) auf den Unternehmer übertragen und damit zu „Personal" werden. Mit dieser Feststellung ist der Zugang zu einem ersten Problembereich geschaffen, mit dem sich betriebliche Personalwirtschaft zu befassen hat: der Deckung des Bedarfs an Personal, den wir als Herstellung und Sicherung der Verfügbarkeit (Disponibilität) über Personal bezeichnen wollen (s. Abb. 10.3). Es bleibt allerdings die Frage, warum damit Probleme verbunden sein sollen. Zur Begründung führen wir vier Argumente an:

1. Menschliche Arbeitskraft ist ein knappes „Gut", was man bereits daran erkennt, dass sie einen Preis hat, den Lohn.
2. Menschliche Arbeitskraft wird in verschiedener Qualität nachgefragt und angeboten; nachgefragte und angebotene Qualität sind nicht (notwendig) deckungsgleich.
3. Der Bedarf eines Betriebes an Personal verändert sich i.d.R. im Zeitablauf quantitativ und/oder strukturell.
4. Eine zu einem bestimmten Zeitpunkt gegebene Ausstattung eines Betriebes mit Personal unterliegt im Zeitablauf quantitativen und/oder strukturellen Veränderungen, die nicht durch betriebliche Dispositionen induziert werden (z.B. Fortbildung in der Freizeit, Fluktuation).

Es ist daher zu vermuten, dass sich das sog. Verfügbarkeitsproblem nicht von selbst löst, sondern den Einsatz spezieller Instrumente erfordert.

10.1.1.2 Wirksamkeit des Personals

Die Deckung des Bedarfs an Personal bedeutet zunächst nur, dass gemessen am Kriterium „Bedarf" Personal in ausreichendem Umfang, mit ausreichender Befähigung, am richtigen Ort und zur richtigen Zeit bereitgestellt wird. Es impliziert noch nicht, dass sich die in diesem personellen Potenzial gebundenen Kräfte in Handlungen entfalten, die den normativen Erwartungen des Betriebes entsprechen. Mit der Durchsetzung der Ansprüche einer Organisation an das Personalverhalten ist der zweite Problembereich angesprochen, mit dem sich die betriebliche Personalwirtschaft auseinanderzusetzen hat. Wir bezeichnen ihn als Herstellung und Sicherung der Wirksamkeit (Funktionalität) des Personals (s. Abb. 10.3). Konkret geht es darum, dass das Personal so handelt, wie es handeln soll (bzw. muss) und darf, d.h. spezifische Erwartungen erfüllt, Beschränkungen einhält und Handlungsspielräume nutzt, bzw. wie dies sichergestellt werden kann. Inhaltlich bezieht sich die Problemstellung nicht allein auf das unmittelbar aufgabenbezogene Verhalten von Mitarbeitern, sondern auch auf deren Verhalten gegenüber anderen Personen, Gegenständen und Institutionen innerhalb der Organisation, mit denen sie über ihre Arbeitsaufgaben hinaus in Berührung kommen.

Auch hier stellt sich wieder die Frage, ob die Durchsetzung der Ansprüche an das Personal überhaupt ein Problem ist oder zu einem solchen werden kann. Vor allem die vier folgenden Argumente sind bei der Beantwortung dieser Frage einschlägig:

1. Die Ansprüche an das Verhalten des Personals sind je nach Situation bezüglich ihres konkreten Inhalts und ihres relativen Gewichts unterschiedlich und diese Situationen sind kaum umfassend sowie genau vorhersehbar.
2. Personal wird i.d.R. auf Grund von Selbstdarstellung, Fremdeinschätzung und Verhaltensstichproben ausgewählt, deren Aussagebereich beschränkt und deren Aussagekraft zudem häufig gering sind. Die korrespondierenden Probleme werden in der Neueren Institutionenökonomie unter dem Stichwort „Qualitätsunsicherheit" auf Grund von „hidden characteristics" behandelt.
3. Die Annahme, dass sich die Arbeitskräfte mit den Verhaltensansprüchen der Organisation in einer Weise identifizieren, dass ihnen deren Erfüllung zum „ureigensten" Bedürfnis oder zur selbstverständlichen Forderung an sich selbst wird, trifft im Regelfall weder für sämtliche Verhaltensansprüche noch für alle Angehörigen eines Betriebes in gleicher Weise zu. In der Diktion der Neueren Institutionenökonomie droht die Gefahr des „Shirking", einer weiteren Form opportunistischen Verhaltens von Arbeitskräften. Diese wiederum basiert auf sog. „hidden actions".
4. Die Erfüllung von Verhaltensansprüchen setzt nicht nur voraus, dass Mitarbeiter hinreichend instruiert, qualifiziert und motiviert sind, sondern sie muss ihnen auch möglich sein. Ungenügende Versorgung mit Ressourcen und Informationen oder Unverträglichkeit raum-zeitlicher Präsenzerfordernisse können verhindern, dass Mitarbeiter für die Erfüllung von Verhaltensansprüchen hinreichend präpariert sind.

Es ist deshalb auch hinsichtlich des Wirksamkeitsproblems anzunehmen, dass es sich nicht von selbst löst, sondern den Einsatz bestimmter Instrumente erfordert.

10.1.1.3 *Interdependenzen zwischen dem Verfügbarkeits- und dem Wirksamkeitsproblem*

Die Vorstellung und Begründung der beiden personalwirtschaftlichen Grundprobleme könnten den Eindruck erwecken, es handle sich um zwei streng voneinander abgegrenzte Fragenkomplexe. Tatsächlich liegt jedoch ein hohes

Maß an Verbundenheit vor. Dies wird deutlich, wenn man bedenkt, dass die Feststellung des Personalbedarfs ohne eine vorweggenommene Einschätzung der Lösungsqualität des Wirksamkeitsproblems (Erfüllung von Leistungsstandards) schlechterdings nicht möglich ist. Ebenso leuchtet ein, dass die Lösung des Verfügbarkeitsproblems im Wirksamkeitsproblem nachwirkt. Die im Zuge der Deckung des Personalbedarfs vollzogenen Auswahl- und Einsatzentscheidungen fördern oder behindern die Durchsetzung von Verhaltensnormen.

10.1.2 Personalwirtschaftliche Instrumente

Definition:

Personalwirtschaftliche Instrumente (Mittel) sind menschliche Tätigkeiten sowie Ergebnisse solcher Tätigkeiten, die als geeignet angesehen werden, personalwirtschaftliche Zwecke zu erfüllen bzw. personalwirtschaftliche Probleme zu lösen.

In diesem Sinne sind z.B. das Auswählen von Mitarbeitern im Rahmen der Personalbeschaffung oder deren Schulung, aber auch die Entwicklung von Mechanismen zur Personalkontrolle oder von Anreizsystemen bzw. deren Ergebnis, ein bestimmter Kontrollmechanismus (z.B. Stechuhr) oder ein bestimmtes Entlohnungssystem (z.B. Prämienlohnsystem) personalwirtschaftliche Instrumente. Angesichts der großen Fülle möglicher und auch eingesetzter personalwirtschaftlicher Instrumente (einschließlich der Instrumente für Instrumente, z.B. die Personalauslese als Instrument der Personalbeschaffung, Personalbeschaffung als Instrument der Personalbereitstellung etc.) erscheint es hoffnungslos, einen vollständigen Katalog entwickeln zu wollen. Statt dessen versuchen wir, Gruppen von Instrumenten zu bilden, wobei der unterschiedliche Grad ihrer Affinität zu den beiden personalwirtschaftlichen Grundproblemen als Kriterium für die Zuordnung dienen soll. Das System personalwirtschaftlicher Instrumente ist in Abb. 10.1 dargestellt.

Auf die einzelnen Instrumente werden wir später eingehen. Im Augenblick genügt es, auf folgendes hinzuweisen:

- Die im rechten Teil der Abb. 10.1 aufgeführten Instrumente werden – bei aller praktischen Bedeutsamkeit – deshalb peripher genannt, weil sie zu den personalwirtschaftlichen Grundproblemen in einer mehr mittelbaren Beziehung stehen, indem sie die informatorischen, prozessualen und rechtlichen Voraussetzungen für den Einsatz der als zentral bezeichneten Instrumente schaffen.
- Im Zusammenhang mit den personalwirtschaftlichen Instrumenten wird häufig auch von Personalentwicklung gesprochen. Es handelt sich dabei nicht um eine Einzelmaßnahme, sondern um ein Bündel von Maßnahmen vornehmlich der Personalpotenzialdisposition, wie z.B. Personalschulung (Aus-, Weiter- und Fortbildung, Umschulung), Personalversetzung und Personalbeförderung, aber auch von solchen der Personalverhaltensbeeinflussung, wie die Schaffung förderlicher Arbeitsstrukturen, die unter der Zielperspektive „Harmonisierung von Betriebs- und Mitarbeiterinteressen" miteinander kombiniert werden.
- Ähnlich verhält es sich mit dem Begriff Personalerhaltung, der ebenfalls nicht eine Einzelmaßnahme, sondern ein Bündel von Maßnahmen

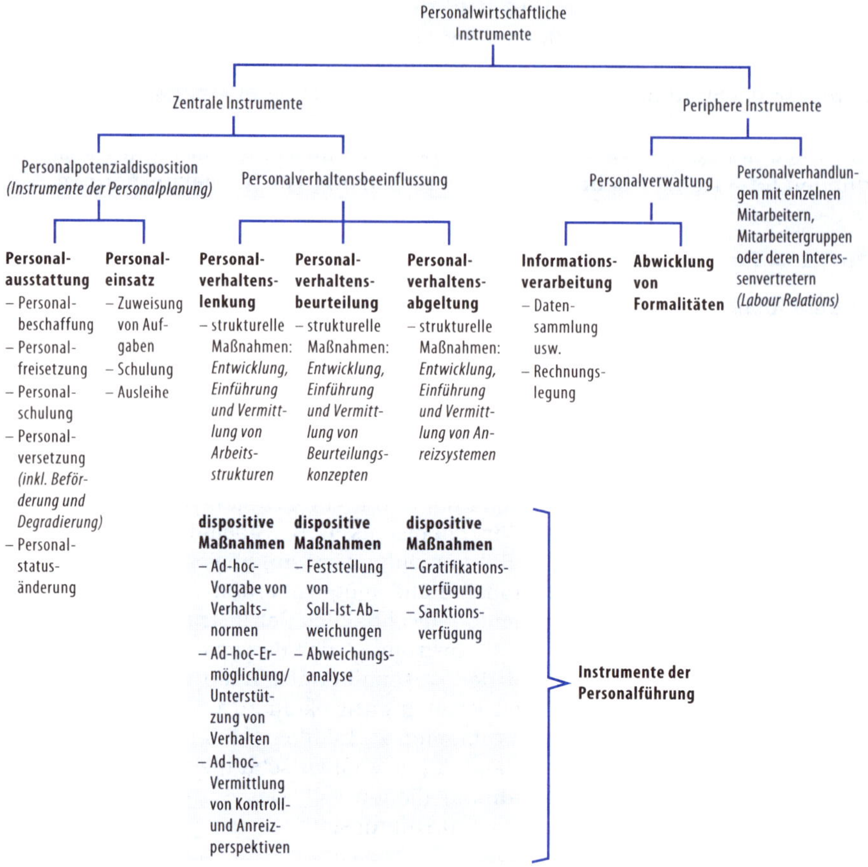

Abbildung 10.1: System der personalwirtschaftlichen Instrumente

beschreibt, mit denen das Ziel verfolgt wird, Mitarbeiter an das Unternehmen zu binden (sog. Retentionsmanagement). Dazu gehören neben Maßnahmen der Personalentwicklung, wie sie soeben kurz skizziert worden sind, z.B. auch Maßnahmen der Anreizgestaltung.

10.1.3 Personalwirtschaftliche Wirkungen

Personalwirtschaftliche Instrumente rufen in aller Regel eine Vielzahl von Wirkungen hervor. Betrachten wir z.B. die Personalfreisetzung in der Form einer Entlassung von Arbeitskräften. Offenbar vermag diese, abgesehen von damit verbundenen Lohnkostenminderungen, einen Beitrag zur Lösung des Verfügbarkeitsproblems zu leisten. Darüber hinaus ergeben sich aber auch positive (z.B. bei Entlassung eines Störenfrieds) oder negative Effekte (z.B. Zerstörung einer sozialen Gruppe oder eines eingespielten Arbeitsteams) im Hinblick auf das Wirksamkeitsproblem.

Grundsätzlich kann ein personalwirtschaftliches Instrument im Hinblick auf die beiden genannten Problembereiche bifunktional (positive Beiträge in beiden Problembereichen) oder in der einen Hinsicht funktional, in der anderen afunktional (weder positive noch negative Beiträge) bzw. sogar dysfunktional (negative Beiträge) wirken. Die Reihe der Wirkungen eines personalwirtschaftlichen Instruments lässt sich über den durch die personalwirtschaftlichen Problembereiche gesteckten Rahmen hinaus fortsetzen: So kann die Entlassung eines Mitarbeiters für den Betrieb mit zusätzlichen Aufwendungen verbunden sein (Abfindungszahlung), beim Entlassenen selbst zu Enttäuschung und Verärgerung, bei dessen Familie zu einer Notlage, bei den Sozialversicherungsträgern zu Unterstützungszahlungen, bei der Arbeitsvermittlung zu zusätzlichen Aktivitäten führen usw.

Festzuhalten bleibt, dass ein einziges personalwirtschaftliches Instrument eine Vielzahl von Wirkungen, die teils beabsichtigt, teils unbeabsichtigt sind, auslösen kann. Über die Setzung von Zwecken werden diese Wirkungen gleichsam in zwei Klassen aufgeteilt: in die thematisierten Funktionen (positive Wirkungen) und Dysfunktionen (negative Wirkungen), die auch als Hauptwirkungen bezeichnet werden, sowie die ausgeblendeten Wirkungen (sog. Nebenwirkungen). Dass die Ausfüllung dieser Klassen je nach Zwecksetzung unterschiedlich sein wird, bedarf keiner besonderen Betonung. Es bleibt die Frage, welche Bedeutung den sog. Nebenwirkungen bei der Wahl zwischen verschiedenen Instrumenten eingeräumt wird. Ihre Neutralisierung könnte als vollständige Vernachlässigung oder als maßvolle Begrenzung verstanden werden.

Erfüllen mehrere Instrumente den gleichen Zweck, so spricht man von funktionaler Äquivalenz (Luhmann [Funktionen] 19). Zur Verdeutlichung greifen wir folgenden Fall heraus: Auf Grund technischen Wandels mögen sich die Anforderungen an einem bestimmten Arbeitsplatz so verändert haben, dass die Fähigkeiten des bisherigen Stelleninhabers diesen nicht mehr entsprechen. Es bieten sich zur Lösung dieses Verfügbarkeitsproblems u.a. die beiden folgenden Vorgehensweisen an:

1. Der bisherige Stelleninhaber wird entlassen und ein neuer Mitarbeiter eingestellt, der den veränderten Anforderungen genügt, oder
2. der bisherige Stelleninhaber wird im Wege einer Anpassungsfortbildung in die Lage versetzt, den veränderten Anforderungen zu entsprechen.

Beide Wege sind offenbar funktional äquivalent in dem Sinne, dass sie das akute Verfügbarkeitsproblem gleichwertig zu lösen vermögen. In entsprechender Weise existieren auch für andere personalwirtschaftliche Probleme funktional äquivalente Lösungsmöglichkeiten. Sie bilden eine notwendige Voraussetzung für Wahlhandlungen im Personalbereich; denn ohne Handlungsalternativen gibt es auch keine Entscheidungen. Ein erhebliches Problem bei der differenzierten Bewertung von Handlungen über ihre Wirkungen ergibt sich daraus, dass diese in der Regel nicht auf einem einheitlichen Skalenniveau gemessen werden können. Dies lässt sich am Beispiel der auf eine Stellenanzeige eingegangenen Bewerbungen verdeutlichen:

Die Berufszugehörigkeit der Bewerber kann man nur über eine Nominalskala (keine Rangordnung) erfassen, ihre Branchenerfahrung über eine Ordinalskala (Rangordnung, aber ohne quantifizierbare Abstände zwischen den Merkmalsausprägungen), ihre Intelligenz über eine Intervallskala (Rangordnung mit quantifizierbaren Abständen zwischen den Merkmalsausprägungen, aber ohne absoluten Nullpunkt) und ihr Lebensalter über eine Verhältnisskala (Rangordnung mit quantifizierbaren Abständen zwischen den Merkmalsausprägungen und mit absolutem Nullpunkt). Je nach Skalenniveau sind bestimmte mathematische Operationen mit den gemessenen Merkmalsausprägungen (Daten) zulässig (z.B. Quotientenbildung bei Verhältnisskalen) oder unzulässig (z.B. Quotientenbildung bei allen übrigen Skalen). Dies wiederum hat Konsequenzen für die vergleichende und zusammenfassende Beurteilung von Handlungsergebnissen und damit von Handlungen selbst (vgl. dazu ausführlicher: Spengler [Strategische Personalplanung] 53 ff.).

10.1.4 Personalwirtschaftliche Bedingungen

Auswahl und Einsatz personalwirtschaftlicher Instrumente zur Lösung personalwirtschaftlicher Probleme vollziehen sich – wie jede Wahl und jeder Einsatz von Mitteln zur Erreichung von Zwecken – unter bestimmten Bedingungen. Diese sind Bestandteil der Handlungssituation, nicht der Handlung selbst. In Beziehung zur Handlung bilden sie die relevante Umwelt. Möglichkeiten, Bedingungen zu klassifizieren, gibt es viele. So lassen sich etwa folgende Arten von Bedingungen unterscheiden: Externe und interne, kontextuelle und situative, faktische und normative, generelle und spezielle, beeinflussbare und nicht beeinflussbare sowie deterministische und nicht deterministische.

Solche Bedingungen nehmen Einfluss sowohl auf die Wahlmöglichkeiten als auch auf die Wirkungen personalwirtschaftlicher Instrumente. Beispielsweise schränken als verbindlich angesehene Postulate (mit Gebots- oder Verbotscharakter) wie etwa Einstellungsstopps und Entlassungsverbote bzw. entsprechende Obergrenzen den Handlungsraum für Anpassungen an Änderungen des Personalbedarfs ein. Andere – ebenso wie die vorangehenden, als konstitutiv zu bezeichnenden – Bedingungen (wie etwa die Genehmigung von Überstunden über das gesetzlich normalerweise zulässige Maß hinaus durch das Gewerbeaufsichtsamt) dehnen das Alternativenspektrum aus. Große Bedeutung kommt schließlich solchen Bedingungen zu, die mit modulierender Wirkung i.S. einer Verstärkung oder Abschwächung den (kausalen) Zusammenhang zwischen Handlung und Handlungswirkung beeinflussen. So hängt z.B. der „Erfolg" bestimmter Personalführungsaktivitäten durch Vorgesetzte (etwa eine Anweisung durch den Vorgesetzten) in erheblichem Maße von der Persönlichkeitsstruktur der betroffenen Mitarbeiter ab.

Abschließend wollen wir die in diesem Abschnitt behandelten Elementarkategorien personalwirtschaftlichen Handelns, die sich auch im Grundmodell der Entscheidungstheorie identifizieren lassen, in einer Abbildung zusammenfassen. Abb. 10.2 soll folgendes verdeutlichen: Ausgangspunkt der Betrachtung sind Ziele (Problemstellungen, Zwecke), für deren Erreichung (Lösung) mehrere Maßnahmen zur Verfügung stehen. Ein konkreter Ziel-Mittel-Zusammenhang wird durch einen Auswahlvorgang begründet (Selektivität). Ein so ausgewähltes und eingesetztes Instrument ist Ursache (Kausalität) für mehrere beabsichtigte oder unbeabsichtigte Wirkungen. Der Vergleich der eingetretenen beabsichtigten Wirkungen mit dem zu erreichenden Ziel (zu lösenden Problem) gibt Auskunft über den Grad der Zielerreichung (Niveau der Problemlösung). Sowohl der Ziel-Mittel- als auch der Ursache-Wirkungs-Zusammenhang, aber auch die

Ziele und Maßnahmen selbst werden durch Handlungsbedingungen beeinflusst (zu einer Sequenzialisierung des Handlungsstrukturmodells vgl. Spengler [Strategische Personalplanung] 36 ff.).

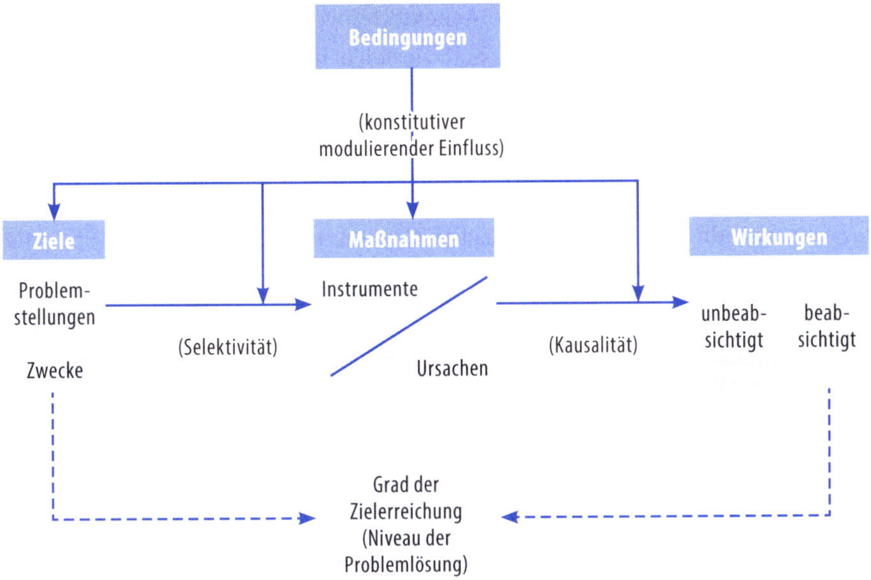

Abbildung 10.2: Elementarkategorien personalwirtschaftlichen Handelns

10.2 Personalwirtschaftliches Handeln als organisationales Handeln

Personalwirtschaftliches Handeln ist organisationales Handeln in dem Sinne, dass es in den Handlungszusammenhang einer Organisation (eines Betriebes) eingebunden ist, aus diesem seinen Sinn bezieht und – zumindest der Intention nach – der Erreichung von Organisationszwecken dient. Dabei agiert die Organisation aus der Perspektive des sog. methodologischen Individualismus nicht selbst, sondern durch Personen, die dann nicht mehr nur als Individuen handeln, sondern auch als Agenten oder Funktionäre der Organisation.

Personalwirtschaftliches Handeln ist auf Personen ausgerichtet, die Mitglieder der Organisation sind, waren oder in Zukunft sein könnten und die eigene Interessen und Ziele verfolgen. Die Zusammenhänge zwischen organisationalem und individuellem Handeln gilt es deutlicher herauszuarbeiten.

10.2.1 Individuelles und organisationales Handeln

In der organisationalen Wirklichkeit bestehen vielfältige Beziehungen (Übereinstimmungen und wechselseitige Abhängigkeiten) zwischen beiden Handlungskategorien. Diese sich bewusst zu machen scheint für die theoretische Analyse von Handlungen ebenso bedeutsam zu sein wie für die praktische Handlungsplanung. Sie zu vernachlässigen, indem etwa personalwirtschaftliche Maßnahmen durch Ausblendung der sie durchführenden und der von ihnen betroffenen Personen entproblematisiert werden, könnte dazu führen, dass „die Rechnung ohne den Wirt gemacht wird“. Wir wollen in diesem Zusammenhang auf zwei das Verhältnis organisationalen und individuellen Handelns zueinander kennzeichnende Aspekte hinweisen:

1. Organisationale Handlungen sind zugleich individuelle Handlungen der sie ausführenden Agenten (Schnittfeld zweier Handlungssysteme (Luhman [Funktionen] 24 ff.)). Im Falle personalwirtschaftlicher Handlungen schaffen sie zudem Bedingungen, die die Entscheidungen der Adressaten oder deren Wirkungen beeinflussen. Insofern führen Maßnahmen der Personalbereitstellung und Personalverhaltensbeeinflussung nicht etwa unmittelbar (wie die Steuerung technischer Geräte), sondern mittelbar – über die autonomen (wenngleich beeinflussbaren) Entscheidungen der Adressaten – zu den intendierten organisationalen Wirkungen.
2. Organisationale Ziele stimmen häufig mit den individuellen Zielen der die organisationalen Handlungen ausführenden Agenten nicht überein. Das gleiche gilt für die Bewertung der Handlungswirkungen aus der Sicht der Organisation und der für diese handelnden Individuen. Organisationale Ziele und Wirkungen haben vielmehr den Charakter von Bedingungen für die Entscheidungen der Individuen bzw. für das Eintreten der individuellen Handlungswirkungen wie z.B. monetäre Belohnungen, die im Wege einer „künstlichen Folgenverkoppelung“ (Luhmann [Zweckbegriff] 131) an die organisationalen Handlungen bzw. ihre unmittelbaren Ergebnisse gebunden sind. Umgekehrt gilt aber auch, dass individuelle Ziele Bedingungen für organisationale Handlungsentscheidungen darstellen (können).

Diese Thematik wird in der Literatur unter dem Stichwort „(objektiver) Handlungszweck und (individuelles) Handlungsmotiv“ diskutiert (Gehlen [Mensch] 33 ff.; Luhmann [Funktionen] 100 ff.; Luhmann [Zweckbegriff] 68 ff., 128 ff.). Ebenso leuchtet unmittelbar ein, dass gegen die Erreichung organisationaler Ziele gerichtete individuelle Handlungsziele, -vollzüge und -wirkungen organisationales Handeln auslösen können.

10.2.2 Entscheidungskriterien personalwirtschaftlichen Handelns

Personalwirtschaftliche Handlungen sind Mittel zur Lösung personalwirtschaftlicher Verfügbarkeits- und Wirksamkeitsprobleme. Hinter diesen relativ abstrakt formulierten Problemen lassen sich unschwer konkretere personalwirtschaftliche Probleme vermuten. Beispiele: Unter- und Überdeckung des Personalbedarfs, Unter- und Überforderung des Personals an den zugewiesenen Arbeitsplätzen, überhöhte Fehlzeiten und Fehlleistungen von Mitarbeitern, mangelnde Kooperationsbereitschaft und soziale Konflikte zwischen den Angehörigen einer Abteilung. Die Lösung solcher personalwirtschaftlicher Alltagsprobleme kann zum Ziel personalwirtschaftlichen Handelns werden. Diese Ziele nennen wir wegen ihrer Bezogenheit auf Sachprobleme Substanzziele (Sachziele, materiale Ziele). Ihre „Sachlichkeit“ lässt sich unmittelbar aus den personalwirtschaftlichen Grundproblemen herleiten.

Die im Gegensatz zu den Substanzzielen – etwas blass – als Formalziele (Kosiol [Unternehmung] 45 ff.) bezeichneten Ziele stellen eine weitere Zielkategorie dar. Zu ihnen zählen u.a. – sofern man sie in den Entscheidungsprozess einbezieht – die Kriterien der sozialen Vertretbarkeit und der ökonomischen Vernünftigkeit. Mit ihrer Hilfe kann eine Entscheidung getroffen werden. Auf diese Weise gelangt man z.B. zur kostengünstigsten Art der Anwerbung von Mitarbeitern oder zur mitarbeiterfreundlichsten Art der Arbeitsverteilung.

Versucht man nun, die inhaltliche Ausfüllung des Begriffs Formalziel auf eine allgemeine Grundlage zu stellen, so treten zwei Gruppen von Zielen in den Vordergrund:

- ökonomische und
- humane (gelegentlich auch als humanitäre oder allgemeiner als metaökonomische bezeichnet).

Definition:
Ökonomische Ziele stellen sich inhaltlich als Streben nach Vermögens- bzw. Einkommenssicherung und -steigerung (und damit gleichzeitig nach Wirtschaftlichkeit, Kostendeckung, Gewinn, Rentabilität) dar; **humane Ziele** sind auf die Befriedigung personaler und sozialer Erhaltungs- und Entfaltungsbedürfnisse gerichtet (Remer [Personalmanagement] 25 ff.).

Die Unterscheidung dieser beiden Zielkategorien ist für die Ableitung und Legitimierung personalwirtschaftlicher Entscheidungen jedoch aus verschiedenen Gründen nicht ausreichend und ist durch die Differenzierung von Betriebs- bzw. Betriebseigner- und Mitarbeiterzielen zu ergänzen.

10.2.3 Personalwirtschaftliches Handeln im Kontext von Personalpolitik, Personalcontrolling und Personalmarketing

10.2.3.1 Personalpolitik

Der Ausdruck „Personalpolitik" wird in Wissenschaft und Praxis häufig in recht unspezifischer Weise verwendet, sei es, dass er als Synonym für personalwirtschaftliches Handeln, sei es, dass er als Begründungs- bzw. Rechtfertigungsformel für Personalmaßnahmen herangezogen wird. Insbesondere bei Fällen der zuletzt genannten Art fällt auf, dass der Hinweis auf „personalpolitische Erfordernisse" nahezu beliebig in derartige Legitimationszusammenhänge „eingebaut", d.h. bezogen auf dasselbe Problem zur argumentativen Stützung geradezu gegensätzlicher Verhaltensweisen herangezogen werden kann: Ob nun ein im Betrieb in angeheitertem Zustand angetroffener Mitarbeiter entlassen, gerügt oder ohne Aufhebens weiterbeschäftigt wird, lässt sich „personalpolitisch" anscheinend mühelos rechtfertigen. Der Grund dürfte darin liegen, dass mit der Verwendung des Begriffs „Personalpolitik" der Eindruck von Augenmaß und Weitsicht vermittelt wird, ohne dass dies inhaltlich belegt werden müsste bzw. könnte.

Definition:
Für unsere Erörterungen wollen wir unter **Personalpolitik** eine Menge von Grundsatzentscheidungen verstehen, durch die

- das Zielsystem (insbesondere Katalog und Rangordnung der sog. Formalziele) und
- der Handlungsraum (durch Zulässigkeits- und Anwendungsbedingungen, Richtlinien, Gebote, Verbote für Maßnahmen bzw. Verhaltensweisen)

- für die verschiedenen personalwirtschaftlichen Problembereiche
- unter Beachtung der geltenden Rahmenbedingungen (technologischer, gesamtwirtschaftlicher, gesellschaftlich-kultureller und politisch-rechtlicher Art)

festgelegt werden. Dies geschieht in der Absicht,

- den Kreis personalwirtschaftlicher Probleme abzustecken und
- Entscheidungsprämissen für die Behandlung konkreter Probleme vorzugeben.

Von grundlegender Bedeutung für die Charakterisierung der betrieblichen Personalpolitik ist die Antwort auf die Frage, ob sich die personalwirtschaftlichen Maßnahmen ausschließlich an den Erfordernissen des Betriebes bzw. inwieweit sie sich auch an den Möglichkeiten der Mitarbeiter zu orientieren haben. Abb. 10.3 soll die Konsequenzen der unterschiedlichen Orientierungen – differenziert nach den beiden personalwirtschaftlichen Hauptproblembereichen – skizzieren (s. dazu auch die Erweiterung des Schemas bei Spengler [Strategische Personalplanung] 70).

Problem / Orientierung	Verfügbarkeit	Wirksamkeit
Erfordernisse des Betriebs	Deckung konkreter Personalbedarfe (Potenzial*bereitstellung)*	Durchsetzung expliziter Verhaltensansprüche (Verhaltens*reglementierung)*
Möglichkeiten der Mitarbeiter	Ausschöpfung der Personalpotenzialitäten (defensiv: Potenzial*verwendung)* (offensiv: Potenzial*entfaltung)*	Nutzung der Verhaltensrepertoires (defensiv: *Verhaltenstolerierung)* (offensiv: *Verhaltensanimierung)*
	Disposition über das Personalpotenzial	Beeinflussung des Personalverhaltens

Abbildung 10.3: Orientierung im Rahmen der Personalpolitik

Man könnte geneigt sein, die Orientierung personalwirtschaftlicher Maßnahmen an den Erfordernissen des Betriebes als Ausdruck einer traditionellen, die Orientierung an den Möglichkeiten der Mitarbeiter dagegen als Ausdruck einer modernen Konzeption von Personalpolitik zu deuten. Eine solche Auffassung wäre jedoch nicht haltbar, weil zu einfach: Keine Personalpolitik kann auf die Deckung von Personalbedarfen oder auf die Durchsetzung von Verhaltensansprüchen verzichten. Mit mehr Berechtigung könnte man behaupten, moderne Personalpolitik orientiere sich stärker an den Möglichkeiten der Mitarbeiter als eine traditionelle. Falsch wäre es auch zu meinen, eine an den Möglichkeiten der Mitarbeiter orientierte Personalpolitik räume humanen Zielen a priori den Vorrang vor ökonomischen ein: In der Personalwirtschaft geht es immer um ökonomisch legitimierbare Entscheidungen, gleichgültig, ob deren Grundlagen sicher oder unsicher, genau oder ungenau, konkret oder abstrakt sind.

Betriebliche Personalpolitik mitsamt ihren Teilpolitiken (wie z.B. der Personalfreisetzungs- oder -bindungspolitik) dient der konzeptionellen Verankerung personalwirtschaftlichen Handelns i.S. einer inhaltlichen Ausrichtung, Vereinheitlichung und Verstetigung. Für die Handelnden kann dies sowohl eine Fessel (Beschränkung der Handlungsfreiheit) als auch einen Halt (Orientierung des Handelns, Befreiung von Begründungs- und Rechtfertigungszwängen) bedeuten. Für die Betroffenen wird personalwirtschaftliches Handeln dadurch kalkulierbar (Befreiung von Willkür) und i.S. des Postulats der Gleichbehandlung auch gerechter.

10.2.3.2 Personalcontrolling

Nach *Horváth* ist „Controlling ... – funktional gesehen – ein Subsystem der Führung, das Planung und Kontrolle sowie Informationsversorgung systembildend und systemkoppelnd koordiniert und auf diese Weise die Adaption und Koordination des Gesamtsystems unterstützt. ... Die wesentlichen Probleme der Controllingarbeit liegen an den Systemschnittstellen" (Horvàth [Controlling] 146). Konstitutiv für das Controlling ist somit die Differenzierung des Führungssystems in interdependente Führungssubsysteme (dezentrale Führung; Weber [Bereichscontrolling] 300), die der Koordination bedürfen (Weber [Bereichscontrolling] 300).

Diese sog. „planungs- und kontrollorientierte Konzeption" des Controlling von *Horváth* (Küpper [Controlling] 650) legen wir auch dem Personalcontrolling, einem typischen Bereichscontrolling (Weber [Bereichscontrolling] 300), zugrunde. Sie hat im Vergleich zur weiter reichenden „koordinationsorientierten Konzeption" von *Küpper* ([Controlling] 650), die als Teilsysteme der Führung neben Planung, Kontrolle und Informationsversorgung auch die Organisation und die Personalführung umfasst, den Vorteil, dass sich Personalcontrolling prinzipiell auf alle Entscheidungsfelder der Personalwirtschaft beziehen lässt, d.h. die Personalführung systematisch einschließt und nicht ausgrenzt. Nach unserer Auffassung ist das Personalcontrolling immer dann gefordert, wenn Entscheidungsträger nicht Willens oder nicht in der Lage sind, den normativen Erwartungen an das personalwirtschaftliche Handeln zu entsprechen. In solchen Fällen unterstützt es das Führungssystem des Personalbereichs mit controllingspezifischen Instrumenten wie Budget-, Kennzahlen- und Zielsystemen sowie Lenkungspreissystemen (Küpper [Controlling] 658) oder mit problemadäquatem Methodenwissen. Dem Personalcontrolling kommt dabei allerdings eher eine „Reparaturfunktion", denn eine Koordinationsfunktion zu. Anders und etwas überspitzt ausgedrückt: Personalcontrolling wird in dem Maße überflüssig, in dem es gelingt, durch sorgfältige Personalpotenzialdisposition (einschließlich Personalentwicklung) Fehlbesetzungen von Führungspositionen und durch erfolgreiche Personalverhaltensbeeinflussung (einschließlich geeigneter Anreizsysteme) Fehlverhalten von Führungskräften im Personalbereich zu vermeiden (ähnlich Drumm [Personalwirtschaft] 688).

10.2.3.3 Personalmarketing

Die wissenschaftliche Auseinandersetzung mit dem Forschungsfeld „Personalmarketing" begann in den späten 1960er bzw. frühen 1970er Jahren. Es stellt somit ein relativ junges personalwirtschaftliches Teilgebiet dar, das hinsichtlich theoretischer und methodischer Zugänge sowie konzeptioneller Reife als (immer noch) in den Kinderschuhen steckend bezeichnet werden kann. Zu den wesentlichen Funktionen des Personalmarketing zählen die Akquisitions- und die Motivationsfunktion als Ausdruck aller einschlägigen Bestrebungen, die Verfügbarkeit des Betriebes über hinreichend wirksames Personal herzustellen und zu sichern. Die Ansätze des Personalmarketing lassen sich in Ansätze des internen und des externen Personalmarketing einerseits sowie in Ansätze des strategischen und des taktischen Personalmarketing andererseits differenzieren. Externes Personalmarketing fokussiert die Beschaffung von Arbeitskräften vom betriebsexternen Arbeitsmarkt (Stichwort: Consumer Behaviour, wobei das Unternehmen als Anbieter und die Arbeitskraft als Nachfrager nach Arbeitsplätzen betrachtet werden), während sich das interne Personalmarketing vor allem mit der Bindung, Entwicklung etc. bereits im Betrieb vorhandener Arbeitskräfte beschäftigt (Stichwort: Retention Marketing). Ansätze des strategischen Personalmarketing betonen die mit Humanressourcen verbundenen betrieblichen Erfolgspotenziale und die Interdependenzen zwischen Personal- und Unternehmensstrategien. Demgegenüber fokussieren Ansätze des taktischen Personalmarketing die konkrete Ausgestaltung und die Umsetzung von Personalmarketingstrategien.

Nicht zuletzt für das Consumer Behaviour und damit für die erfolgreiche Personalsuche seitens des Betriebes spielt das vom jeweiligen Branchen-, Unternehmens- und Standortimage mit geprägte Arbeitgeberimage eine herausragende Rolle. Es bündelt und „kondensiert" die von Außenstehenden wahrgenommenen Entgelt-, Arbeits- und Beschäftigungsbedingungen (vgl. Abb. 10.4) zu dem – meist auf wenige markante Merkmale reduzierten – Bild, das die Organisation als Arbeitgeber nach außen abgibt (Rastetter [Personalmarketing] 113). Größe und Güte des bei Rekrutierungsmaßnahmen zu erwartenden Bewerberpools werden maßgeblich von ihm, dem Attraktivitätsindikator, bestimmt.

Entgeltbedingungen, z. B.

– Entlohnungssystem
– Kapital- bzw. Vermögens- und Erfolgsbeteiligungssystem
– Sozialleistungssystem

Arbeitsbedingungen

– Arbeitsfeldbedingungen (Kontentfaktoren der Arbeit), z. B. Arbeitsinhalte, Arbeitsverfahren
– Arbeitsumfeldbedingungen (Kontextfaktoren der Arbeit), z. B. Arbeitszeitregelungen, Gruppenarbeit einschließlich darauf bezogener Eigenverantwortlichkeit und Mitwirkungsmöglichkeit

Beschäftigungsbedingungen, z.B.

– Beschäftigungsstatus (typisches oder atypisches Beschäftigungsverhältnis, Statusänderungschancen)
– Arbeitsplatzsicherheit
– Weiterbildungschancen
– Aufstiegschancen

Abbildung 10.4: Spezifische Determinanten des Arbeitgeberimages

Das Arbeitgeberimage eines Unternehmens, seine Reputation als Arbeitsnachfrager, kontrastiert in der Regel sowohl mit dem Arbeitgeberimage seiner Konkurrenten am Arbeitsmarkt als auch mit dem Bild, das sich die Mitglieder der umworbenen Zielgruppe von einem idealen Arbeitgeber machen (Idealbild). Das Sinnen und Trachten geht nun dahin, eine positive Abweichung zwischen dem eigenen und dem Arbeitgeberimage der Konkurrenten zu schaffen, zu vergrößern oder zu sichern und die negative Abweichung zwischen dem eigenen Arbeitgeberimage und dem Idealimage nachhaltig zu verringern. Dies kann zum einen durch eine tatsächliche Verbesserung der Entgelt-, Arbeits- und Beschäftigungsbedingungen, zum anderen durch eine geschickte „Vermarktung" der unverändert fortgeltenden Bedingungen geschehen. Eine weitere Möglichkeit der Imageverbesserung wird in dem Versuch gesehen, bisher unbeachtete Merkmale, die als besondere Stärken des Unternehmens gelten, als imagerelevant herauszustellen; sie wird allerdings als eine Strategie mit ungewissem Ausgang beurteilt (zu Positionierungsstrategien vgl. Malmendier [Arbeitsplatzwahl], Naundorf/Spengler [Notwendige Bedingungen] sowie Süß [Externes Personalmarketing] 179–183).

10.3 Personalplanung

In dieser Einführung in die Betriebswirtschaftslehre, bei der es vornehmlich darum geht, eine spezifische Sicht- und Interpretationsweise für die „Personalwirtschaft" herauszuarbeiten, um damit eine Basis für die Erörterung personalwirtschaftlicher Probleme, ihrer Entstehung und Bewältigung zu schaffen, muss die Befassung mit einzelnen personalwirtschaftlichen Handlungsfeldern notgedrungen etwas in den Hintergrund treten. Insofern sollen die folgenden Ausführungen zum personalwirtschaftlichen Instrumentarium auch nicht mehr leisten, als in den Komplex der Bewältigung personeller Probleme im Betrieb einzuführen (vgl. Abb. 10.1). Erörtert werden die zentralen personalwirtschaftlichen Instrumente der:

- Personalplanung (Personal(potenzial)disposition) und
- Personalführung (Personal(verhaltens)beeinflussung).

Das Schwergewicht wird dabei auf die Orientierung an den Erfordernissen des Betriebes gelegt.

Maßnahmen der Personalplanung (im Folgenden auch Personalpotenzialdisposition oder vereinfacht Personaldisposition genannt) dienen im weiteren Sinne der Deckung des Personalbedarfs einer Organisation. Dieser rückt damit in den Rang eines Kriteriums, an dem die Maßnahmen der Personalplanung ausgerichtet und ihre Ergebnisse geprüft werden.

10.3.1 Terminologische Grundlagen der Personalplanung

Unter Rückgriff auf die Schweitzersche Definition des allgemeinen sowie auf die Kochsche Definition des dispositiven Planungsbegriffs (Koch [Unternehmensplanung]; Schweitzer [Planung] 18) definieren wir Personalplanung wie folgt:

Definition:

Personalplanung ist ein geordneter und informationsverarbeitender Prozess, in dessen Verlauf, die Ausprägungen von Personalvariablen vorausschauend so festgelegt werden, dass angestrebte betriebliche Ziele erreicht werden (Kossbiel [Personalplanung] 3127).

Als solche Personalvariablen kommen grundsätzlich alle potenziellen Gestaltungsalternativen im Bereich personeller Verfügbarkeits- und Wirksamkeitsprobleme in Betracht, und zwar sowohl auf der sog. Kategorial- als auch auf der sog. Individualebene. Je nachdem, welche dieser bzw. in welchem Umfang diese Gestaltungsvariablen in den Fokus gerückt werden, gelangt man zu engeren oder weiteren Personalplanungsbegriffen (Spengler [Modellansätze]). In der vorliegenden Arbeit wollen wir Personalplanungen in einem engeren Sinne fokussieren und uns dabei auf Gestaltungsalternativen der Personalbereitstellung oder -verwendung konzentrieren. Die planerische Bewältigung von Maßnahmen der Beeinflussung des Personalverhaltens beziehen wir hier somit nicht mit ein. Darüber hinaus bewegt man sich mit dieser Art der Personalplanung auf der sog. Kategorial- und nicht etwa auf der Individualebene, so dass diese folgerichtig auch als kollektive Personalplanung bezeichnet wird (Fürst [Personalplanung] 6). Dies bedeutet, dass sich die Personalplanung im engeren Sinne mit Kategorien von Arbeitskräften einerseits sowie mit Kategorien von Aktivitäten andererseits auseinander zu setzen hat, wobei Arbeitskräftekategorien z.B. nach Qualifikationsarten oder (Dienst-) Altersgruppen und Aktivitätskategorien z.B. nach Tätigkeitsarten oder Stellentypen differenziert werden können. Diese Auffassung von Personalplanung ist im (wissenschaftlichen) Schrifttum weit verbreitet (Kossbiel [Personalplanung] 3127; Spengler [Entscheidungsmodelle] 159 ff.; Strutz [Langfristige Personalplanung] 28; Vieth [Personalplanung] 18 ff.).

10.3.2 Der Personalbedarf als Kriterium der Personaldisposition

Definition:

Der **Personalbedarf** einer Organisation umfasst – nach geforderten Qualifikationsstrukturen (Bedarfskategorien) gruppiert – die Gesamtheit der Arbeitskräfte, die zur Wahrnehmung aller dispositiven und exekutiven Aufgaben in allen Bereichen und auf allen Ebenen einer Organisation benötigt werden (sog. Personalbruttobedarf).

Genau genommen lässt sich der Personalbedarf immer nur für einen konkreten Zeitpunkt bzw. für eine Abfolge von Zeitpunkten bestimmen, vorausgesetzt, es liegen hinreichend genaue Informationen über Art und Umfang der jeweils durchzuführenden Aufgaben vor. Auf Zeiträume bezogene Personalbedarfszahlen sind Durchschnittsgrößen, die nur dann als Anhaltspunkte für die Personalbereitstellung verwendet werden können, wenn der Personalbedarf bei kontinuierlicher Zeitbetrachtung (annähernd) konstant ist.

Als Primärdeterminanten des Umfangs und der Zusammensetzung des Personalbedarfs können die folgenden Faktoren gelten, die ihrerseits dem Einfluss von Sekundärdeterminanten, wie z.B. den Angebots- und Nachfrageverhältnissen auf den Produkt- und Faktormärkten, der Technologie, der Organisation oder der Rechtsordnung unterliegen:

1. Leistungsprogramm des Betriebes, ausgedrückt durch Umfang und Struktur der pro Periode zu erbringenden Leistungseinheiten bzw. der in einer Periode zu bedienenden Bestandseinheiten (z.B. technische Anlagen),
2. Arbeitszeitbedarf (z.B. Mann-Stunden) pro Leistungseinheit (Arbeitskoeffizient) bzw. pro zu bedienender Bestandseinheit und Periode (Besetzungskoeffizient). Arbeitskoeffizienten hängen von der technisch-organisatorischen Gestaltung (Verfahren) der Leistungserstellung, der Nutzungsintensität der technischen Apparate sowie dem Leistungsgrad der Arbeitskräfte ab; Besetzungskoeffizienten beruhen häufig auf globalen Festlegungen.
3. Arbeitszeit, die eine Arbeitskraft pro Periode zur Verfügung stellt.

Dabei gilt allgemein, je umfangreicher das Leistungsprogramm, je höher der Arbeits- bzw. Besetzungskoeffizient (je niedriger also die Arbeitsproduktivität) und je kürzer die Arbeitszeit sind, desto höher ist der Personalbedarf (und umgekehrt). Dieser Zusammenhang lässt sich anhand der beiden folgenden allgemeinen Personalbedarfsformeln verdeutlichen:

1.

$$\text{Personalbedarf} = \frac{\text{Anzahl der zu erbringenden Leistungseinheiten pro Periode} \times \text{Arbeitszeitbedarf pro Leistungseinheit}}{\text{Arbeitszeit pro Arbeitskraft und Periode}}$$

2.

$$\text{Personalbedarf} = \frac{\text{Anzahl der zu bedienenden Einheiten} \times \text{Arbeitszeitbedarf pro Bedienungseinheit und Periode}}{\text{Arbeitszeit pro Arbeitskraft und Periode}}$$

Den Personalbedarf, über den der Personalbereich mit den übrigen betrieblichen Funktionsbereichen verknüpft wird, hatten wir als Kriterium für Maßnahmen der Personaldisposition eingeführt. Speziell durch solche der Personalbereitstellung soll erreicht werden, dass der Personalbedarf möglichst exakt gedeckt wird. Dieser ist damit sowohl als Obergrenze als auch als Untergrenze der Personalbereitstellung – als eine Art Idealnorm – zu interpretieren, und zwar in quantitativer, lokaler, temporaler und qualitativer (häufig qualifikatorischer) Hinsicht. Allerdings lässt sich die qualifikatorische Entsprechung nur schwer realisieren, da die im Personalbedarf geforderten Qualifikationen nur in Ausnahmefällen mit den auf dem Arbeitsmarkt angebotenen übereinstimmen.

Ohne hier näher darauf eingehen zu können, sei auch noch die Unterscheidung zwischen konkretem und abstraktem Personalbedarf angesprochen, die vor allem im Zusammenhang mit der Maßnahmenorientierung im Problembereich „Verfügbarkeit über Personal" eine wichtige Rolle spielt (vgl. dazu die Erläuterungen zu Abb. 10.3).

10.3.3 Maßnahmen der Personaldisposition

Bei der Personaldisposition geht es zum Einen um die zeit- und sachgerechte Ausstattung des Betriebes mit Arbeitskräften einschließlich der Durchführung aller dazu erforderlichen Maßnahmen, zum Anderen um die Zuordnung (Einsatz) dieser Arbeitskräfte zu einzelnen Organisationseinheiten (z.B. Stellen) oder Aufgaben.

10.3.3.1 Maßnahmen der Personalausstattung

Die Lösung des personellen Ausstattungsproblems lässt sich grob in der folgenden Weise charakterisieren:

In einem ersten Schritt ist zu klären, welche Kategorien von Arbeitskräften angesichts fehlender Übereinstimmung zwischen den Anforderungen betrieblicher Tätigkeiten und den Fähigkeiten von Arbeitskräften zur Deckung des Personalbedarfs überhaupt in Betracht zu ziehen sind.

In einem zweiten Schritt ist, ausgehend von der bisherigen Personalausstattung und der festgestellten Personalbedarfsentwicklung, unter Beachtung der geltenden personalpolitischen, arbeitsrechtlichen, arbeitsmarktbezogenen und finanziellen Restriktionen über die anzustrebende Personalausstattung zu entscheiden.

In einem dritten Schritt werden die zur Realisierung dieser Personalausstattung erforderlichen Maßnahmen ergriffen.

Dazu zählen als den betriebsexternen Arbeitsmarkt betreffende Maßnahmen:

- Personalbeschaffung (z.B. Einstellung von Arbeitskräften oder Umwandlung von Werk- in Arbeitsverträge),
- Personalfreisetzung (z.B. Entlassung und vorzeitige Pensionierung von Arbeitskräften, Vertragsaufhebung in gegenseitigem Einvernehmen oder Umwandlung von Arbeits- in Werkverträge).

Den betriebsinternen Arbeitsmarkt betreffende Maßnahmen sind:

- Personalschulung (Ausbildung, Fortbildung, Umschulung),
- Personalversetzung (einschließlich Beförderung und Degradierung) sowie
- Personalstatusänderung (z.B. Umwandlung eines befristeten Arbeitsverhältnisses in ein unbefristetes oder einer Teilzeitbeschäftigung in eine Vollzeitbeschäftigung).

Im Folgenden wollen wir beispielhaft die Beschaffung von Arbeitskräften über den externen Arbeitsmarkt einer detaillierteren Betrachtung unterziehen.

> **Merksatz:** Den Gesamtprozess der (externen) **Personalbeschaffung** untergliedern wir in die vier Phasen Anwerbung, Auswahl, Einstellung und Eingliederung.

Da wir hier nicht auf jede dieser Phasen intensiver zu sprechen kommen können, sei lediglich der Auswahlprozess etwas detaillierter thematisiert, bei dem Eignungstests eine besondere Rolle spielen. Diese werden bevorzugt bei der Einstellung von neu ins Berufsleben eintretenden Personen (Auszubildende, Hochschulabsolventen) sowie bei der Rekrutierung für Routineaufgaben im gewerblichen und kaufmännischen Bereich angewendet. Dabei versteht man unter einem Test „ein wissenschaftliches Routineverfahren zur Untersuchung eines oder mehrerer empirisch abgrenzbarer Persönlichkeitsmerkmale mit dem Ziel einer möglichst quantitativen Aussage über den relativen Grad der Merkmalsausprägung" (Lienert [Testaufbau] 7). Die Güte eines Tests bestimmt sich hauptsächlich nach dem Grad seiner Objektivität (d.h. seiner Unabhängigkeit vom Untersucher), seiner Reliabilität (d.h. seiner Zuverlässigkeit bei der Merkmalsmessung) und seiner Validität (d.h. seiner Gültigkeit bezüglich der zu untersuchenden Merkmale). Abb. 10.5 vermittelt einen Überblick über gebräuchliche Testarten:

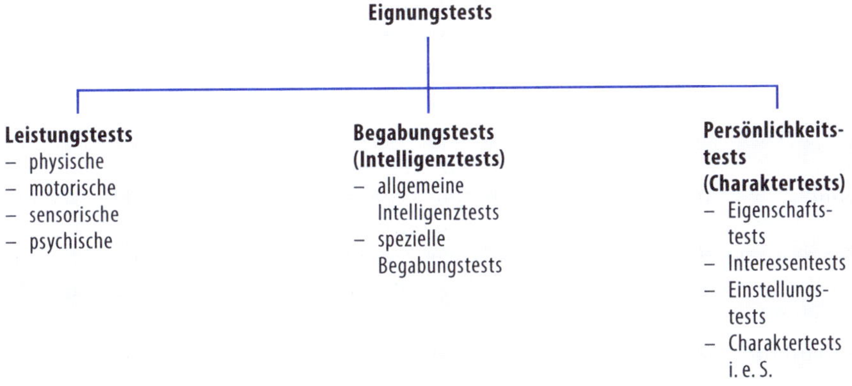

Abbildung 10.5: Arten von Eignungstests

In der Personalauswahl spielen sog. Assessment-Centers eine immer größere Rolle. Es handelt sich dabei um i.d.R. mehrtägige Beurteilungsseminare, auf denen mehrere Beobachter (sog. Assessoren) durch Kombination von Einzelinterviews, Gruppendiskussionen, aufgabenspezifischen Eignungstests und praktischen Übungen (z.B. Plan- und Rollenspiele, Postkorbübungen) versuchen, ein möglichst umfassendes Bild vom positionsrelevanten Fähigkeitspotenzial jedes Einzelnen von mehreren Bewerbern zu gewinnen. Die Validität von aus Assessment-Centers gewonnenen Ergebnissen gilt im Vergleich zu anderen Auswahlinstrumenten als sehr hoch.

Noch immer haben in Deutschland bei der Besetzung höherer Positionen graphologische Gutachten einen beachtlichen Stellenwert, obwohl sie wissenschaftlich außerordentlich umstritten sind. Ihre Befürworter sind der Auffassung, mit Hilfe der Graphologie ließen sich Persönlichkeitsmerkmale wie „Lebenskraft", „Willensbegabung", „Erlebnisvermögen", „Intelligenz", „Selbstwertgefühl", „Vertrauenswürdigkeit", „Arbeitshaltung", „Betriebsgesinnung" und „Organisationstalent" feststellen.

Die bisher besprochenen Auswahlverfahren, zu denen auch Internetrecherchen in Karrierenetzwerken zählen, werden in der Informationsökonomie unter dem Begriff „Screening-Strategien" (screening = Durchleuchtung) zusammengefasst. Den aktiven Part übernimmt in allen Fällen das personalsuchende Unternehmen, das darum bemüht ist, die zu seinen Ungunsten bestehende Informationsasymmetrie bezüglich des Qualitätsniveaus der Bewerber (sog. hidden characteristics) zu beheben oder zumindest zu verkleinern.

Ein gänzlich anderes Vorgehen liegt sog. „Self selection-Strategien" zugrunde. Hier will das Unternehmen durch das Anbieten unterschiedlicher Arbeitskontrakte erreichen, dass die Bewerber durch Wahl eines der Arbeitsverträge (wissentlich oder unwissentlich) ihr Qualitätsniveau offenlegen und damit die zu Lasten des Unternehmens bestehende Informationsasymmetrie abbauen. So könnte ein Unternehmen seinen Reisenden z.B. Verträge mit hohem Fixum und niedrigem Provisionssatz oder solche mit niedrigem Fixum und hohem Provisionssatz anbieten, um deren individuelle Erfolgserwartung zu ergründen. Gleichzeitig würde eine positive Korrelation zwischen individueller Erfolgserwartung und Qualitätsniveau unterstellt, die sich im Fall der Selbstüberschätzung (Overconfidence) der Bewerber als unzutreffend erweisen könnte.

Von entscheidender Bedeutung für das Funktionieren dieser Selbstselektion ist die Konstruktion eines Satzes von Arbeitsverträgen, sodass die Bewerber mit hoher Qualität einen anderen Vertrag wählen als die Bewerber mit niedriger Qualität. Nur dann kommt es zu einem separierenden Gleichgewicht. Wählen die Bewerber mit hoher und die mit niedriger Qualität denselben Vertrag, so liegt ein Pooling-Gleichgewicht vor; die Trennung der guten von den schlechten Bewerbern misslingt in diesem Fall (zu Einzelheiten vgl. Bürkle [Qualitätsunsicherheit] sowie Miyazaki [Internal Labor Markets] 394–418).

Gelingt die Trennung zwischen guten und schlechten Bewerbern, d.h. liegt ein separierendes Gleichgewicht vor, dann lassen sich die gewählten Arbeitsverträge als glaubwürdige Signale für die Qualität der Bewerber deuten. Mit glaubwürdigen Signalen, die sich im Gegensatz zu Indices wie Geschlecht, Alter und Rasse auf erworbene Merkmale bzw. auf vergangenes und gegenwärtiges Handeln beziehen können, beschäftigt sich allgemein die Signaling-Theorie. Dabei wird davon ausgegangen, dass sich der Erwerb glaubwürdiger positiver Signale nur für die guten Bewerber lohnt, für die schlechten dagegen nicht. So ist z.B. das Diplom einer Universität nicht per se, sondern nur dann ein glaubwürdiges positives Signal, wenn bekannt ist, dass an der betreffenden Hochschule nur begabte und fleißige Studierende eine reelle Chance haben, das Studium erfolgreich abzuschließen (zu Einzelheiten vgl. Spence [Market Signaling]).

10.3.3.2 Maßnahmen des Personaleinsatzes

Das Einsatzproblem schließt sachlogisch an die Lösung des Ausstattungsproblems an. Im Mittelpunkt steht die Übertragung von Aufgaben oder Stellen an die vorhandenen Arbeitskräfte bzw. Arbeitskräftegruppen. Dabei können bisher geltende Zuordnungen als Folge struktureller Veränderungen des Personalbedarfs oder der Personalausstattung aufgehoben und durch neue ersetzt werden, ein Vorgang, der sich im Zeitablauf häufig wiederholen kann. Die Möglichkeiten eines Betriebes zur Veränderung des Personaleinsatzes in funktionaler, lokaler und temporaler Hinsicht und die damit verbundene Verlagerung von Personalkapazität, die sich z.B. in Umsetzungen von Mitarbeitern vom Innen- in den Außendienst, von einer Filiale in eine andere bzw. von der

Früh- in die Spätschicht manifestiert, sind wesentliche Komponenten der personellen Flexibilität.

Für den Fall, dass für die Aufgaben (bzw. Stellen) Anforderungsprofile und für die verfügbaren Arbeitskräfte Fähigkeitsprofile ermittelt worden sind, können zur Lösung des funktionalen Zuordnungsproblems verschiedene Verfahren der Eignungsbeurteilung herangezogen werden:

1. Cut-off-Methode: Sie benutzt Trennwerte (z.B. zu erfüllende Mindestanforderungen) für die Eignung bzw. Nicht-Eignung von Personen
2. Profilvergleichsmethode: Sie arbeitet mit dem Maß an Ähnlichkeit zwischen Anforderungs- und Fähigkeitsprofil (Abweichungssumme oder euklidische Distanz).

Die Profilvergleichsmethode kann unter Einbeziehung von Gewichtungsfaktoren, die aus Validitätsuntersuchungen zum Zusammenhang zwischen Fähigkeitsmerkmal und Berufserfolg gewonnen werden, komfortabler ausgestaltet werden. Außerdem können Cut-off- und Profilvergleichsmethode miteinander kombiniert werden.

Sonderformen des Personaleinsatzes sind die Entsendung von Arbeitskräften zu Schulungsveranstaltungen und das Ausleihen von Arbeitskräften an andere Betriebe. Sie bilden Alternativen zum produktiven Einsatz von Personal im (eigenen) Betrieb.

10.3.4 Die Planung der Personaldisposition

10.3.4.1 Grundmodelle

Der knapp bemessene Rahmen dieser Einführung verlangt es, nur kurz auf die vielfältigen Bemühungen einzugehen, das lange Zeit vernachlässigte Gebiet der Personalplanung aufzubereiten. Dabei gehen wir (in Konkretisierung der obigen Ausführungen) davon aus, dass im Rahmen der (kollektiven) Personalplanung die beiden bisher vorgestellten Problemfelder „Personalbedarf" und „Personaldisposition" miteinander abgestimmt werden.

Merksatz: Spaltet man das Problemfeld „Personaldisposition" auf in „Personalausstattung" und „Personaleinsatz", so kann man die **Aufgabe der (kollektiven) Personalplanung** darin sehen, den Personalbedarf, den Personaleinsatz und die Personalausstattung unter Beachtung der für den Personalsektor geltenden Restriktionen und der zwischen dem Personalsektor und den übrigen Funktionsbereichen einer Organisation bestehenden Interdependenzen optimal i.S. der betrieblichen Ziele aufeinander abzustimmen.

Abbildung 10.6 enthält eine Zusammenstellung der Modelle zur Personalplanung. Da in der Wirtschaftspraxis - abweichend von unserer Terminologie - auch die Verwendung reiner Ermittlungsmodelle zur Personalplanung gerechnet wird, sind diese miterfasst. Im Einzelnen ist Abbildung 10.6 wie folgt zu interpretieren: In der (linken) Randspalte sind die verschiedenen Modelltypen, gruppiert nach Ermittlungsmodellen einerseits und nach Entscheidungsmodellen andererseits, aufgeführt, während in der Kopfzeile die bereits angesprochenen Problembereiche der Personalplanung angeordnet sind. Ein Strich über einem der drei in der rechten Randspalte aufgeführten Problembereiche bedeutet, dass der jeweilige Bereich als Datum in das entsprechende Planungsmodell eingeht.

Modelltypus \ Problembereich der Personalplanung		P-Bedarf [PB]	P-Bereitstellung: P-Einsatz [PE]	P-Bereitstellung: P-Ausstattung [PA]
Ermittlungsmodelle	Berechnungsmodelle	1. Grundformen 2. Varianten	[keine besonderen Verfahren]	Personalskontration
	Schätzmodelle	1. Trendextrapolation 2. Analogieschluss 3. Indikatormethode 4. Expertenurteil	[keine besonderen Verfahren]	Markoff-Ketten-Modelle Erneuerungstheoretische Modelle
		Simulationsverfahren		
Entscheidungsmodelle	Reine Personaleinsatzplanung $\{\overline{PB}, \overline{PA}, PE\}$		1. Heuristische Verfahren 2. Optimierungsverfahren	
	Reine Personalbereitstellungsplanung $\{\overline{PB}, PA, PE\}$		1. Grundmodelle 2. Varianten: Poolingmodelle Hiring-Firing-Modelle	
	Reine Personalverwendungsplanung $\{PB, \overline{PA}, PE\}$	[Bisher ziemlich vernachlässigtes Gebiet der Personalplanung]		
	Simultane Personalplanung {PB, PA, PE}	1. Simultane Personal- und Produktionsplanung 2. Simultane Personal- und Investitionsplanung 3. Simultane Personal- und Organisationsplanung		

Abbildung 10.6: Modelle zur Personalplanung

Bei den Ermittlungsmodellen unterscheiden wir zwischen Berechnungsmodellen, die explizit auf quantifizierbare Determinanten der zu ermittelnden Größen Bezug nehmen, und Schätzmodellen, die i.d.R. auf Projektionen von Entwicklungen und korrelativen Zusammenhängen beruhen, die in der Vergangenheit für die zu ermittelnden Größen (statistisch) festgestellt worden sind. Hinzu kommen die hier nicht weiter differenzierten Simulationsverfahren.

Zur weiteren Verdeutlichung stellen wir im Folgenden vier Grundmodelle der (kollektiven) Personalplanung vor, die den Übergang von der reinen Personaleinsatzplanung zur simultanen Optimierung aller drei Teilbereiche der Personalplanung zeigen sollen. (Die Legende zu den Symbolen formulieren wir nach Modell (4) der simultanen Personalplanung {PB, PA, PE}.)

(1) Modelle der reinen Personaleinsatzplanung $\{\overline{PB}, \overline{PA}, PE\}$

Gegeben seien

a) eine Anzahl zu besetzender Stellen, die nach ihren Anforderungsprofilen q (q = 1, 2, ..., Q) gruppiert sind. Der gegebene Personalbedarf für Stellen der Art q wird mit $\overline{PB}_q$ bezeichnet.

b) eine Anzahl verfügbarer Arbeitskräfte, die nach ihren Fähigkeitsprofilen r (r = 1, 2, ..., R) gruppiert sind. Die gegebene Ausstattung mit Arbeitskräften der Art r wird mit $\overline{PA}_r$ bezeichnet.

Bekannt sei außerdem der Grad an Eignung (oder Neigung) e_{rq} von Arbeitskräften der Art r für (zu) Stellen der Art q. Gesucht ist eine Zuordnung der Arbeitskräfte zu den Stellen derart, dass die Summe der durch die Zuordnung „realisierbaren" Eignungsgrade (Neigungsgrade) maximiert (bzw. – je nach Art der Definition von e_{rq} – minimiert) wird. Der Ansatz lässt sich, unter Verwendung der Variablen PE_{rq} als Anzahl an Arbeitskräften der Art r, die bei Tätigkeiten der Art q eingesetzt werden, wie folgt formulieren:

Zielfunktion:

$$\sum_r \sum_q e_{rq} PE_{rq} \rightarrow \max(\text{bzw.} \min)$$

Nebenbedingungen:

(1) $$\sum_r PE_{rq} = \overline{PB}_q \qquad \forall\, q$$

(2) $$\sum_q PE_{rq} \leq \overline{PA}_r \qquad \forall\, r$$

(3) $$PE_{rq} \geq 0 \text{ und ganzzahlig } \forall\, r, q.$$

Notwendige Bedingung für eine zulässige Lösung des Problems ist, dass insgesamt nicht weniger Arbeitskräfte verfügbar als Stellen zu besetzen sind:

$$\sum_r \overline{PA}_r \geq \sum_q \overline{PB}_q$$

Dies folgt aus (1) und (2); denn:

$$\sum_r \overline{PA}_r \underset{(2)}{\geq} \sum_r \sum_q PE_{rq} = \sum_q \sum_r PE_{rq} \underset{(1)}{=} \sum_q \overline{PB}_q$$

Die Bestimmung der (voneinander unabhängigen!) Eignungskoeffizienten e_{rq} (vgl. dazu Abschnitt 3.2.1.2) kann als das eigentliche Problem der vorgestellten Personaleinsatzplanungsmodelle bezeichnet werden. Es vereinfacht sich erheblich, wenn nicht differenzierte Eignungsgrade, sondern lediglich Eignung und Nichteignung unterschieden werden, d.h. wenn e_{rq} nur folgende Ausprägungen annehmen kann:

$$e_{rq} = \begin{cases} 1, \text{ wenn Arbeitskräfte der Art r geeignet sind,} \\ \text{Stellen der Art q zu übernehmen,} \\ 0 \text{ sonst.} \end{cases}$$

Soll ausgeschlossen sein, dass Arbeitskräfte Stellen übernehmen, für die sie ungeeignet sind ($e_{rq} = 0$), so hat das Personaleinsatzplanungsproblem nur dann eine – in diesem Sinne – zulässige Lösung, wenn für jede beliebige Zusammenfassung des Personalbedarfs $\overline{PB}_q$ ausreichend viele geeignete Arbeitskräfte zur Verfügung stehen. Bei Erfüllung dieser Bedingungen nimmt die Zielfunktion ihren maximal möglichen Wert, nämlich $\sum_q \overline{PB}_q$, an, da dann jeder vorhandene Arbeitsplatz durch eine Arbeitskraft besetzt ist. In einem solchen Fall bedürfte es zur Lösung des Einsatzplanungsproblems keines LP-Ansatzes; es würde genügen, das folgende inhomogene lineare Gleichungssystem zu lösen:

(*) (1') $$\sum_r e_{rq} PE_{rq} = \overline{PB}_q \quad \forall\, q$$

(2') $$\sum_q e_{rq} PE_{rq} + y_r = \overline{PA}_q \quad \forall\, r.$$

Dabei fungiert y_r als eine Art Schlupfvariable.

Zur Vorbereitung der nachfolgenden Modelle, die sämtlich hinsichtlich der Arbeitseignung auf der Dichotomie „geeignet"/„nicht geeignet" basieren, formulieren wir (*) wie folgt um. Es seien:

$Q_r = \{q \in \underline{Q} | e_{rq} = 1\} :=$ Verwendungsspektrum von Arbeitskräften der Art r
$R_q = \{r \in \underline{R} | e_{rq} = 1\} :=$ Bereitstellungsspektrum für Stellen der Art q

Dann kann geschrieben werden:

(**) (1'') $$\sum_{r \in R_q} PE_{rq} = \overline{PB}_q \quad \forall\, q$$

(2'') $$\sum_{q \in Q_r} PE_{rq} + y_r = \overline{PA}_r \quad \forall\, r.$$

In den später zu behandelnden Ansätzen schreiben wir statt (2''):

$$\sum_{q \in Q_r} PE_{rq} \le \overline{PA}_r \qquad \forall\, r.$$

(2) Modelle der reinen Personalbereitstellungsplanung {$\overline{PB}$, PA, PE}

Im Gegensatz zur reinen Personaleinsatzplanung ist die Ausstattung des Betriebes mit Arbeitskräften der Art r bei Modellen der reinen Personalbereitstellungsplanung kein Datum, sondern eine für jede Teilperiode t zu bestimmende Variable (PA_{rt}). Sie verändert sich – so sei vereinfachend angenommen – nur durch Einstellung (PH_{rt}) und Entlassung (PF_{rt}); die Berücksichtigung von Schulung, Versetzung, Beförderung, Eigen-Kündigung von Arbeitnehmern u.ä. ist damit ausgeschlossen. Es soll also gelten:

$$PA_{rt} = \overline{PA_r^o} + \sum_{\tau=1}^{t}(PH_{r\tau} - PF_{r\tau}) \qquad \forall\ r,t.$$

Dabei bezeichnet $\overline{PA_r^o}$ die Personalanfangsausstattung.

Gegeben ist nach wie vor der Personalbedarf – hier auch differenziert nach Zeitabschnitten t. Gesucht sind die Personalausstattung und der Personaleinsatz (Personalbereitstellung), die den im Zeitablauf veränderlichen Personalbedarf personalkostenminimal decken. Der Ansatz lautet wie folgt, wobei die Berücksichtigung von Personalkosten für die Anfangsausstattung in der Zielfunktion nicht erforderlich ist, da $\sum_t g_{rt}\overline{PA_r^o}$ eine konstante Größe ist:

Zielfunktion:

$$\sum_{t=1}^{T}\left\{\sum_{r=1}^{R}\left[\left(h_{rt} + \sum_{\tau=1}^{T} g_{r\tau}\right)PH_{rt} + \left(f_{rt} - \sum_{\tau=1}^{T} g_{r\tau}\right)PF_{rt}\right] +\right.$$

Personalkostenveränderung durch Einstellungen und Entlassungen

$$\left. + \sum_q \overline{g}_{qt} PBU_{qt} - \sum_r \hat{g}_{rt} PAO_{rt}\right\} \rightarrow \min$$

Unterdeckungs- kosten | Überausstattungs- erträge

Nebenbedingungen:

(1) $\sum_{r \in R_q} PE_{rqt} + PBU_{qt} = \overline{PB}_{qt} \qquad \forall\ q,t$

(2) $\sum_{q \in Q_r} PE_{rqt} + PAO_{rt} - \sum_{\tau=1}^{t}(PH_{r\tau} - PF_{r\tau}) \leq \overline{PA_r^o} \qquad \forall\ r,t$

Wenn PAO_{rt} nicht nach oben beschränkt und $\hat{g}_{rt} \geq 0\ \forall\ r,t$ sind, kann in (2) statt des Zeichens $\leq$ das Zeichen = gesetzt werden.

(3) $PE_{rqt}, PH_{rt}, PF_{rt}, PBU_{qt}, PAO_{rt} \geq$ und ganzzahlig $\forall$ r, t

(4) eventueller Ober- und Untergrenzen für die Variablen PH_{rt}, PF_{rt}, PBU_{qt}, PAO_{rt}.

Bemerkungen:

(a) Für T = 1 geht das Modell in ein statisches Einperiodenmodell über.

(b) Eine Unterklasse der Modelle der reinen Personalbereitstellungsplanung sind die sog. Pooling-Modelle. Sie sind dadurch gekennzeichnet, dass nur zu Beginn der Planungsperiode eine Justierung der Personalausstattung vorgenommen werden kann; es gelten also PH_{rt}, $PF_{rt} = 0 \; \forall$ r und t = 2, 3, ..., T. Zu dieser Unterklasse werden in der Literatur zahlreiche Varianten behandelt mit speziellen Annahmen bezüglich einzelner Zielfunktionskoeffizienten (z.B. Null oder konstant über die Zeit), bezüglich der Daten (z.B. stochastischer Personalbedarf) und bezüglich einzelner Variablen (z.B. Ausschluss von Entlassungen). Vielfach erfahren einzelne Variablen auch eine spezielle Interpretation (z.B. PBU_{qt} als in Arbeitskräfte umgerechneter Überstundenbedarf). Durch Einführung von Koeffizienten für geplante Anwesenheit und Abwesenheit in die Nebenbedingungen kann auch das Problem der Schichtplanung als Pooling-Modell formuliert werden.

(c) Eine weitere Unterklasse bilden die sog. Hiring-Firing-Modelle, bei denen eine Unterdeckung des Personalbedarfs ausgeschlossen ist ($PBU_{qt} = 0 \; \forall$ q,t) und überschüssige Arbeitskräfte nicht anderweitig eingesetzt werden können ($\hat{g}_{rt} = 0 \; \forall$ r,t). Aus der Zielfunktion und den Nebenbedingungen können somit alle PBU_{qt}- und PAO_{rt}-Terme eliminiert werden.

(3) Modelle der reinen Personalverwendungsplanung {PB, $\overline{\text{PA}}$, PE}

Im Vergleich zur reinen Personaleinsatzplanung ist der Bedarf des Betriebes an Arbeitskräften für Tätigkeiten der Art q (q = 1, 2, ..., Q) bei Modellen der reinen Personalverwendungsplanung keine gegebene, sondern eine gesuchte Größe (PB_{qt}). Der Einfachheit halber wird im Folgenden angenommen, dass sich der Personalbedarf PB_{qt} ausschließlich über die (bekannten) Arbeitsbedarfskoeffizienten

$$a_{qj}\left[\frac{\text{Arbeitskräfte} \times \text{Perioden}}{\text{Prozessdurchführungen}}\right]$$

und die (gesuchten) Niveaus der Produktionsprozesse

$$x_{jt}\left[\frac{\text{Prozessdurchführungen}}{\text{Perioden}}\right]$$

ermitteln lässt. Es soll also gelten:

$$PB_{qt} = \sum_j a_{qj} x_{jt}.$$

Der Personalbedarf anderer Unternehmensbereiche wird somit vernachlässigt. Gegeben ist die Entwicklung der Personalausstattung PA_{rt}, gesucht eine Verwendung des verfügbaren Personals (Einsatzmöglichkeiten und entsprechende Personalzuordnung), die den Gewinn des Unternehmens maximiert. Das Grundmodell kann folgendermaßen formuliert werden:

Zielfunktion:

In die Zielfunktion ist eine Gruppe von Aktivitäten j = J'+1, ..., J aufgenommen, die nicht der Herstellung von marktfähigen Gütern dienen, sondern Einsatzmöglichkeiten des Personals bezeichnen (z.B. üblicherweise fremd vergebene Arbeiten), die wegen der Nichtberücksichtigung der Personalkosten einen positiven Deckungsbeitrag (Kosteneinsparungen) erzielen. Diese Aktivitäten haben eine gewisse Ähnlichkeit mit den anderweitigen Einsätzen überschüssiger Arbeitskräfte bei den Modellen der reinen Personalbereitstellung.

$$\sum_{t=1}^{T}\Bigg[\underbrace{\sum_{i=1}^{I} p_{it} v_{it}}_{\text{Verkaufserlöse}} - \underbrace{\sum_{j=1}^{J'} k_{jt} x_{jt}}_{\substack{\text{Produktionskosten}\\ \text{(ausgenommen}\\ \text{Personalkosten)}}} - \underbrace{\sum_{i=1}^{I} l_{it} m_{it}}_{\text{Lagerkosten}} + \underbrace{\sum_{j=J'+1}^{J} d_{jt} x_{jt}}_{\substack{\text{Deckungsbeiträge}\\ \text{von „Füllarbeiten"}}}\Bigg] \rightarrow \max.$$

Nebenbedingungen:

(1) $$\sum_{j} a_{qj} x_{jt} - \sum_{r \in R_q} PE_{rqt} = 0 \qquad \forall\, q,t$$

(2) $$\sum_{q \in Q_r} PE_{rqt} \leq \overline{PA}_{rt} \qquad \forall\, r,t$$

(3) $$m_{it} - \underbrace{\left[\sum_{\tau=1}^{t-1}\left(\sum_{j=1}^{J'} c_{ij} x_{j\tau}\right) - v_{i\tau}\right]}_{\substack{\text{kumulierte Lager-}\\ \text{änderung bis t–1}}} - \underbrace{\frac{1}{2}\left[\left(\sum_{j=1}^{J'} c_{ij} x_{jt}\right) - v_{it}\right]}_{\substack{\text{durchschnittliche Lager-}\\ \text{änderung in Periode t}}} = \bar{m}_i^o \qquad \forall\, i,t$$

(4) $$v_{it}, x_{jt}, m_{it}, PE_{rqt} \geq 0 \qquad \forall\, i,j,r,q,t$$

(5) Unter- bzw. Obergrenzen für v_{it}, x_{jt}, m_{it}; insbesondere für x_{it} $(j = J'+1,\ J'+2,\ \ldots,\ J)$, z.B.

$$\sum_{\tau=1}^{t} x_{j\tau} \leq \bar{X}_{jt} \quad \forall\, t.$$

Bemerkungen:

(a) Für T = 1 geht das Modell in ein statisches Einperiodenmodell über.

(b) Typisch für dieses Modell sind:

1. Nichtberücksichtigung von Personalkosten, da

$$\sum_{t=1}^{T} g_{rt} \overline{PA}_{rt}$$

konstant ist (Voraussetzung: Zeitlohn) sowie Einstellungs- und Entlassungskosten entweder nicht anfallen oder entscheidungsunabhängig sind [$\overline{PA}_{rt}$(!)];

2. Berücksichtigung von Aktivitäten zur Erstellung von Marktleistungen und innerbetrieblichen Leistungen, die nur deshalb einen positiven Deckungsbeitrag erzielen und damit durchgeführt werden, weil die Personalausstattung vorgegeben und damit die Personalkosten fixiert sind.

(4) Modelle der simultanen Personalplanung {PB, PA, PE}

Modelle dieses Typs unterscheiden sich von den bisher behandelten dadurch, dass nicht nur der Personaleinsatz, sondern auch die Personalausstattung und der Personalbedarf gesuchte Größen sind. Das Grundmodell, ein Modell zur simultanen Personal- und Produktionsprogrammplanung, kann wie folgt formuliert werden:

Zielfunktion:

$$\sum_{t=1}^{T}\left\{\sum_{i=1}^{I}p_{it}v_{it}-\sum_{j=1}^{J}k_{jt}x_{jt}-\sum_{i=1}^{I}l_{it}m_{it}\;-\sum_{r}\left[\left(h_{rt}+\sum_{\tau=1}^{T}g_{rt}\right)PH_{rt}+\left(f_{rt}-\sum_{\tau=1}^{T}g_{r\tau}\right)PF_{rt}\right]\right\}\to \max.$$

Nebenbedingungen:

(1) $$\sum_{j}a_{qj}x_{jt}-\sum_{r\in R_q}PE_{rqt}=0\;\forall\;q,t$$

(2) $$\sum_{q\in Q_r}PE_{rqt}-\sum_{\tau=1}^{t}(PH_{r\tau}-PF_{r\tau})\le\overline{PA_r^o}\;\forall\;r,t$$

(3) $$m_{it}-\left[\sum_{\tau=1}^{t-1}\left(\sum_{j=1}^{J}c_{ij}x_{j\tau}\right)-v_{i\tau}\right]-\frac{1}{2}\left[\left(\sum_{j=1}^{J}c_{ij}x_{jt}\right)-v_{it}\right]=\bar{m}_i^o\;\forall\;i,t$$

(4) v_{it}, x_{jt}, m_{it}, PH_{rt}, PF_{rt}, $PE_{rqt} \geq 0\ \forall$ i, j, r, q, t

(5) Unter- bzw. Obergrenzen für v_{it}, x_{jt}, m_{it}, PH_{rt}, PF_{rt}.

Bemerkungen:

(a) Für T = 1 geht das Modell in ein statisches Einperiodenmodell über.

(b) Gilt $v_{it} = \bar{v}_{it}\ \forall$ i, t, d.h., besteht ein fest vorgegebenes Auslieferungsprogramm, so ist

$$\sum_{t=1}^{T}\sum_{i=1}^{I}p_{it}\bar{v}_{it}$$

eine konstante Größe, die aus der Zielfunktion eliminiert werden kann. Der Ansatz fällt in den Bereich der Produktionsglättungsmodelle mit Kostenminimierung als Zielsetzung.

(c) Das Grundmodell der simultanen Produktions- und Personalplanung ist leicht so abzuwandeln, dass es auch für die simultane Investitions- und Personalplanung herangezogen werden kann. Ebenso lassen sich Ergänzungen vornehmen, um Schulung, Versetzung, Fluktuation, Absentismus und spontane Lernprozesse der Arbeitskräfte zu berücksichtigen.

Symbolverzeichnis für alle Modelle

(1) Indices und Indexmengen:

j	=	1, 2, ..., J (Produktionsprozessindex)
i	=	1, 2, ..., I (Produktindex)
t	=	1, 2, ..., T (Periodenindex)
τ	=	1, 2, ..., T (Ersatzindex für t)
r	=	1, 2, ..., R (Fähigkeitsprofilindex)
q	=	1, 2, ..., Q (Anforderungsprofilindex)
$\underline{R}$	:=	{1, 2, ..., R}
$\underline{Q}$	:=	{1, 2, ..., Q}
Q_r	:=	$\{q \in \underline{Q} \mid e_{rq} = 1\}$ (Verwendungsspektrum von Arbeitskräften der Art r)
R_q	:=	$\{r \in \underline{R} \mid e_{rq} = 1\}$ (Bereitstellungsspektrum für Stellen der Art q)

(2) Variablen:

PA_r $[PA_{rt}]$	:=	Zahl der verfügbaren Arbeitskräfte der Art r (in Periode t) $\in IN_0$ (Personalausstattung)
PB_q $[PB_{qt}]$	:=	Zahl der benötigten Arbeitskräfte für Tätigkeiten der Art q (in Periode t) $\in IN_0$ (Personalbedarf)
PE_{rq} $[PE_{rqt}]$	:=	Zahl der Arbeitskräfte der Art r, die bei Tätigkeiten der Art q eingesetzt werden (in Periode t) $\in IN_0$
PH_r $[PH_{rt}]$	:=	Zahl der einzustellenden Arbeitskräfte der Art r (in Periode t) $\in IN_0$
PF_r $[PF_{rt}]$	:=	Zahl der zu entlassenden Arbeitskräfte der Art r (in Periode t) $\in IN_0$
PBU_q $[PBU_{qt}]$	:=	Personalbedarfsunterdeckung der Art q (in Periode t) $\in IN_0$
PAO_r $[PAO_{rt}]$	:=	Personalüberausstattung der Art r (in Periode t) $\in IN_0$
x_j $[x_{jt}]$	:=	Niveau des Prozesses j (in Periode t) $\in IR^+$
v_i $[v_{it}]$	:=	Absatzmenge des Produktes i (in Periode t) $\in IR^+$
m_i $[m_{it}]$	:=	durchschnittliche Lagermenge des Produktes i (in Periode t) $\in IR^+$
y_r	:=	Schlupfvariable (Scheintätigkeit von Arbeitskräften der Art r) $\in IR^+$

(3) Daten:

a) Koeffizienten:

e_{rq}	:=	Eignungskoeffizient von Arbeitskräften der Art r für Tätigkeiten der Art q
h_r (h_{rt})	:=	Einstellungskosten für eine Arbeitskraft der Art r (in Periode t)
f_r (f_{rt})	:=	Entlassungskosten für eine Arbeitskraft der Art r (in Periode t)

g_r (g_{rt}) := Personalkosten pro Arbeitskraft und Periode (in Periode t)

$\bar{g}_q$ ($\bar{g}_{qt}$) := Unterdeckungskosten pro fehlender Arbeitskraft für Tätigkeiten der Art q (in Periode t)

$\hat{g}_r$ ($\hat{g}_{rt}$) := Überausstattungserträge pro überschüssiger Arbeitskraft der Art r bei anderweitiger Verwendung (in Periode t)

d_j (d_{jt}) := Deckungsbeitrag des Prozesses j (in Periode t)

p_i (p_{it}) := Preis des Produktes i (in Periode t)

l_i (l_{it}) := Lagerkosten pro Produkteinheit i und Periode (in Periode t)

k_j (k_{jt}) := Kosten pro Durchführung des Prozesses j (in Periode t)

a_{qj} := Personalbedarfskoeffizient [Arbeitskräfteperioden] für Tätigkeiten der Art q bei einmaliger Durchführung des Prozesses j

c_{ij} := ausgebrachte Menge des Produktes i bei einmaliger Durchführung des Prozesses j

b) Sonstige Daten:

[Generell sind überstrichene Symbole gegebene Größen (Daten)].

$\overline{PB}_q$ ($\overline{PB}_{qt}$) := Personalbedarf für Tätigkeiten der Art q (in Periode t)

$\overline{PA}_r$ ($\overline{PA}_{rt}$) := Personalausstattung der Art r (in Periode t)

$\overline{PA}_r^o$:= Personalanfangsausstattung der Art r

$\overline{X}_{jt}$:= Maximale Zahl an Durchführungen des Prozesses j bis zur Periode t

$\bar{v}_{it}$:= festgelegte Auslieferungsmenge des Produktes i in Periode t

$\overline{m}_i^o$:= Lageranfangsbestand des Produktes i

10.3.4.2 Modelltypen

Eine wissenschaftlich ernstzunehmende Befassung mit der Entwicklung von Personalplanungsmodellen hat noch keine allzu lange Tradition. Sie begann in den 1950er Jahren mit der Konzipierung relativ einfacher Personaleinsatzplanungsmodelle. Die frühen Modelle waren eher schmal dimensioniert: Sie bestanden aus relativ wenigen Variablen und Restriktionen, waren qualitativ kaum oder gar nicht differenziert und überwiegend einperiodig sowie unilokal formuliert. Zudem waren es überwiegend Modelle aus der Klasse der linearen (manchmal auch der (gemischt-) ganzzahligen) Optimierungsmodelle. Die Schlichtheit dieser Modelle war nicht zuletzt den stark restringierten Lösungsmöglichkeiten geschuldet, welche wiederum durch den relativ niedrigen Entwicklungsstand von Hard- und Software bedingt war. Ab Anfang der 1970er Jahren wandelte sich dieses Bild zunehmend, so dass bis dato eine kaum überschaubare Fülle von Personalplanungsmodellen entwickelt wurde.

Sie lassen sich u.a. wie folgt differenzieren (Spengler [Modellansätze] 757):

Differenzierungskriterium:	Differenzierung:
Zeitbezug	Kurz-, mittel-, langfristige Personalplanung
Zweckbezug	Diagnose-, Prognose-, Dezisions-, Simulationsmodelle
Zielraum	Ein-, Mehrzielmodelle
Lösungsgüte	(Meta-) Heuristische, optimierende Ansätze
Optimierungsmethodik	Lineare Optimierung, (Mixed) Integer Programming, (Fuzzy) Expert Systems
Flexibilität	Starre, flexible Planungsansätze
Kontingenz	Deterministische, stochastische, unscharfe Ansätze
Planungsbereiche	Isolierte, integrierte, sukzessive, simultane Personalplanungen

Abbildung 10.7: Differenzierung von Personalplanungsmodellen

10.4 Beeinflussung des Personalverhaltens

Maßnahmen der Personalführung (allgemeiner: Personal(verhaltens)beeinflussung) dienen der Durchsetzung von Ansprüchen der Organisation an das Personalverhalten. Verhaltenserwartungen an das Personal sind somit Orientierungspunkte für die Personalbeeinflussungsmaßnahmen und Prüfkriterien für ihre Tauglichkeit.

10.4.1 Personalverhaltensansprüche als Kriterien der Personalverhaltensbeeinflussung

Den im vorangehenden Abschnitt behandelten Personalbedarf kann man sich recht konkret als ein sich im Zeitablauf wandelndes „Aggregat“ artmäßig differenzierter Teilpersonalbedarfe vorstellen, das Vermutungen hinsichtlich Abgeschlossenheit, Differenzierbarkeit und Erfassbarkeit zulässt. Analoge Bemühungen, die Gesamtheit der organisationalen Verhaltensansprüche in einem Kodex vollständig und überschneidungsfrei zusammenzustellen, scheinen dagegen bereits im Ansatz steckenzubleiben. Die organisationalen Verhaltensansprüche sind so vielgestaltig hinsichtlich Inhalt, Ausprägung, Verbindlichkeit sowie sektoraler, temporaler und sozialer Geltung, dass eine umfassende Darstellung kaum gelingen dürfte. Dennoch werden in der Praxis umfangreiche Anstrengungen unternommen, die Verhaltenserwartungen, z.B. in Betriebs- und Arbeitsordnungen, Organisationshandbüchern, Führungsgrundsätzen, Stellenbeschreibungen und Verfahrensrichtlinien zusammenzustellen. Für die theoretische Erörterung bleibt der Versuch, Inhaltsklassen organisationaler Ansprüche zu identifizieren und diese exemplarisch auszufüllen.

Hinsichtlich des Inhalts bietet sich zunächst eine analytische Aufteilung organisationaler Verhaltensansprüche an, und zwar in eine Klasse der sich spezifisch auf die konkreten Arbeitsaufgaben beziehenden funktionalen und in eine solche der sich nicht spezifisch auf diese beziehenden extrafunktionalen Verhaltensansprüche (Dahrendorf [Fertigkeiten] 570 ff.).

Während die Unterscheidung zwischen funktionalen und extrafunktionalen Verhaltensansprüchen am Aufgabenbezug von Normen festgemacht ist, steht bei der Unterscheidung zwischen expliziten und impliziten Verhaltensansprüchen der mit den Normen belassene Entscheidungsspielraum im Vordergrund, wobei bei den erst- im Gegensatz zu den letztgenannten kein Entscheidungsspielraum gewährt wird.

Unabhängig davon, wie die organisationalen Verhaltensansprüche entstanden, von welchen Faktoren sie beeinflusst und an welche Personen sie adressiert sind, enthalten sie eine Aufforderung an die Adressaten, sich in bestimmter Weise zu verhalten. Personalbeeinflussungsmaßnahmen werden nur dann erforderlich, wenn die Anspruchskonformität des Personalverhaltens problematisch wird, d.h. entweder nicht besteht oder bedroht ist. Die Tatsache allein, dass organisationale Verhaltensansprüche gestellt werden, macht (außer ihrer Bekanntgabe) noch keine Maßnahme der Verhaltensbeeinflussung notwendig.

10.4.2 Maßnahmen der Beeinflussung des Personalverhaltens

Die Maßnahmen der Verhaltensbeeinflussung lassen sich zunächst in drei große Bereiche gliedern:

- Verhaltenslenkung,
- Verhaltensbeurteilung und
- Verhaltensabgeltung.

Maßnahmen der Verhaltenslenkung sind auf die Vermittlung (Formulierung, Artikulierung) des normativ erwarteten Verhaltens und auf die Gestaltung der verhaltensrelevanten Bedingungen gerichtet; sie dienen der Anleitung bzw. Ausrichtung des Handelns der Mitarbeiter. Festzustellen, ob und in welchem Umfang die mit der Verhaltenslenkung verfolgten Absichten erreicht worden sind, ist demgegenüber die zentrale Aufgabe der Verhaltensbeurteilung. Es geht hier darum, Übereinstimmungen und Abweichungen zwischen normativ erwartetem und tatsächlichem Verhalten (Soll-Ist-Vergleich) zu ermitteln sowie die Ermittlungsergebnisse hinsichtlich Bedeutung, Verursachung und Verantwortlichkeit zu analysieren. Verhaltenslenkung und -beurteilung werden gelegentlich auch unter dem Begriff der Verhaltenssteuerung zusammengefasst. Maßnahmen der Verhaltensabgeltung knüpfen an den Ergebnissen der Verhaltensbeurteilung an und betreffen die Belohnung und Sanktionierung tatsächlichen Verhaltens.

Die folgende Darstellung (Abb. 10.8; in Anlehnung an Kossbiel [Anreizsysteme] 76) bringt die Zusammenhänge zwischen den Maßnahmen der Personalverhaltensbeeinflussung sowie zwischen diesen und den Determinanten menschlichen Verhaltens zum Ausdruck.

Bei näherer Befassung mit den Maßnahmen zur Personalverhaltensbeeinflussung fällt auf, dass es zwei durch unterschiedliche Nähe zum konkreten Einzelfall gekennzeichnete Konzepte zur Sicherung anspruchskonformen Personalverhaltens gibt, die nicht alternativ, sondern kombinativ verwendet werden (vgl. Abb. 10.1), und zwar

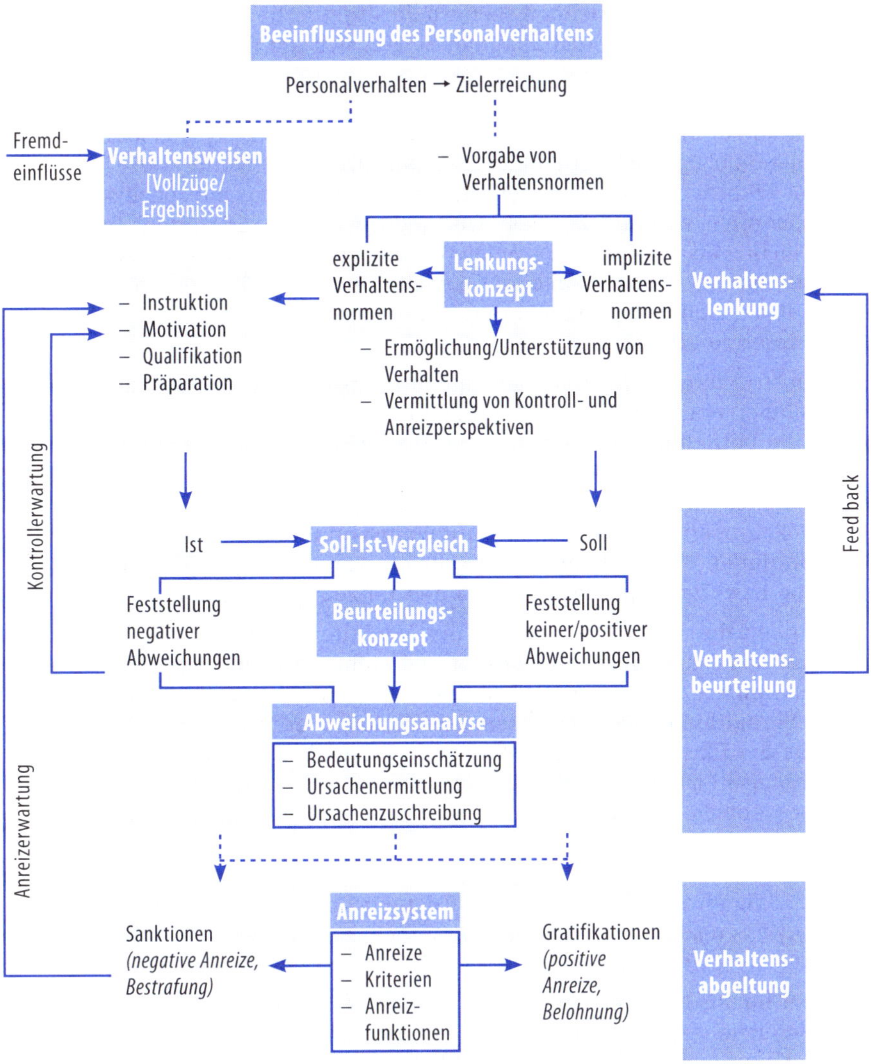

Abbildung 10.8: Maßnahmen der Personalverhaltensbeeinflussung

- strukturelle Maßnahmen der Verhaltensbeeinflussung,
- dispositive Maßnahmen der Verhaltensbeeinflussung.

Im Folgenden werden wir uns mit beiden genauer beschäftigen.

10.4.2.1 Strukturelle Maßnahmen der Verhaltensbeeinflussung

10.4.2.1.1 Überblick

Unter den Maßnahmen zur Verhaltensbeeinflussung gibt es solche, die nicht auf aktuelle und einmalige Problemfälle ausgerichtet, sondern gerade von solchen singulären Situationen abgehoben sind und damit eine strukturierende

Wirkung entfalten. Wir nennen sie deshalb strukturelle oder präsituative Maßnahmen der Verhaltensbeeinflussung. Soweit sich mit derartigen Maßnahmen Ansprüche bestimmten Inhalts an das Personalverhalten verbinden, sind diese Ansprüche aus systematischen Gründen hier nicht von Belang; es interessiert ihr Beitrag zur Sicherung der Anspruchserfüllung durch das Personal. Dies soll an folgendem Beispiel verdeutlicht werden: Die Umsetzung eines Job-Enlargement-Programms in einem Unternehmen ist zweifellos mit spezifischen Verhaltensnormen verbunden. Diese sind jedoch im hier erörterten Zusammenhang nicht von Interesse. Es geht vielmehr um die Frage, ob die Art der Vermittlung der Normen und die Erweiterung des Tätigkeitsspielraums im Rahmen des Job-Enlargements die Mitarbeiter dazu bringen, Verhaltensnormen besser zu erfüllen.

Zu den strukturellen Maßnahmen zählen in erster Linie die organisatorischen Maßnahmen der Verhaltensbeeinflussung. Von grundlegender Bedeutung sind dabei die betrieblichen Aktivitäten zur Entwicklung (Konzeption) und Einführung (Implementation) von Arbeitsstrukturen, die sich auf die Gestaltung des Arbeitsfeldes und des Arbeitsumfeldes beziehen, von Beurteilungskonzepten (Kontrolleinrichtungen, Personalbeurteilungsverfahren) und von Anreizsystemen, in denen die positiven und negativen Anreize und Regelungen für ihre Vergabe bzw. Verhängung resp. für ihren Entzug erfasst sind.

Die organisatorischen Maßnahmen der Verhaltensbeeinflussung werden um sozialisatorische ergänzt. Im Vordergrund stehen hier nicht die Entwicklung und Einführung von (neuen) Strukturen, Konzepten und Systemen, sondern deren Vermittlung. Die Wichtigkeit sozialisatorischer Maßnahmen wird besonders bei der Einstellung neuer Mitarbeiter erkennbar, die zunächst einmal mit den organisationalen Verhaltensansprüchen, den Handlungsbedingungen und den betrieblichen Einflussmöglichkeiten auf das Verhalten im Sinne eines Kennenlernens und Einübens vertraut gemacht werden müssen. Fortgesetzt, und zwar über die Einstellungsphase hinaus, werden diese Bemühungen durch Maßnahmen, die eine Internalisierung organisationaler Verhaltensnormen bewirken sollen mit dem Ziel, Anspruchskonformität des Verhaltens über eine Selbstverpflichtung und Selbstkontrolle des Einzelnen zu sichern.

Darüber hinaus ist zu beachten, dass sich bei jeder gravierenden Neuerung in den Bereichen Arbeitsstrukturen, Beurteilungskonzepte und Anreizsysteme die Stützung durch sozialisatorische Maßnahmen empfiehlt.

Im vorliegenden Beitrag konzentrieren wir uns – unter Vernachlässigung einer differenzierten Betrachtung zur Arbeitsstrukturierung und Personalbeurteilung – auf die Gestaltung betrieblicher Anreizsysteme.

10.4.2.1.2 Entwicklung und Einführung von Anreizsystemen

Definition:

Ein Anreizsystem besteht aus zwei Teilmengen von Elementen, nämlich aus einer Menge von Anreizen (positiver oder negativer Art) und einer Menge von Kriterien (Bemessungsgrundlagen). Auf der (Gesamt)Menge von Anreizen und Kriterien wird durch Relationsvorschriften unter Einblendung der Zeit (sog. Kriteriums-Anreiz-Relationen) eine Struktur definiert.

Kriteriums-Anreiz-Relationen

- sind ein- oder mehrdeutige Zuordnungen zwischen der Menge der Kriterien und der Menge der Anreize; sie
- beschreiben in zeitlich differenzierter Form die Abhängigkeitsbeziehungen zwischen Kriteriumsausprägungen (Ausprägungen der Bemessungsgrundlagen, unabhängige Variable) und Anreizausprägungen (Konsequenzen, abhängige Variable) und
- bringen damit die (künstliche) Verkoppelung von bestimmten Kriterien und bestimmten Anreizen unter Berücksichtigung der Zeit zum Ausdruck.

Die folgende Darstellung (Abb. 10.9; in Anlehnung an Kossbiel [Anreizsysteme] 84, 87) verdeutlicht dieses Verständnis von Anreizsystemen und bringt es mit wichtigen Fragen, die im Zusammenhang mit der Effizienz von Anreizsystemen zu stellen sind (s. die vermerkten Ziffern), in Verbindung (vgl. dazu auch Wischer [Beurteilung der Effizienz] sowie Krieg [Modellbasierte Untersuchung]):

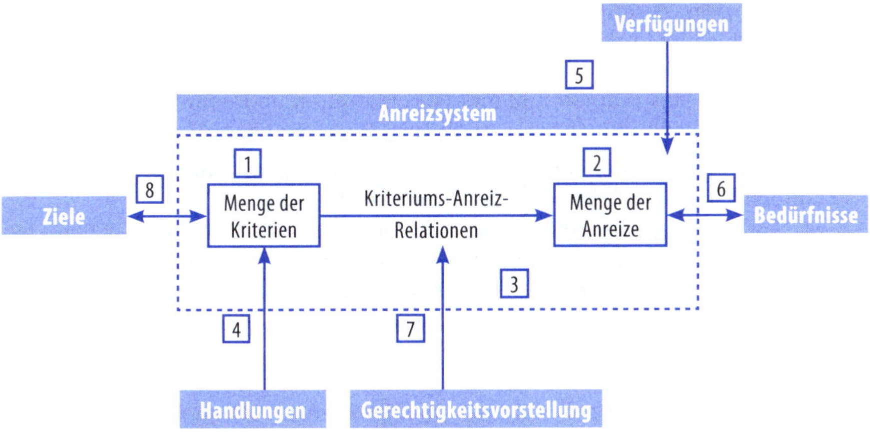

Abbildung 10.9: Anreizsystem und Effizienz

1. Fragen zur Menge der Kriterien (Bemessungsgrundlagen)
   a) Sind die Kriterien durch einen Anreizempfänger maßgeblich beeinflussbar (Beeinflussbarkeitsprämisse)?
   b) Sind die Ausprägungen der Kriterien zuverlässig, d.h. auch frei von Manipulationen, feststellbar (Feststellbarkeitsprämisse)?
2. Fragen zur Menge der Anreize
   a) Kann sich ein Empfänger die in Aussicht gestellten monetären oder nicht-monetären Anreize vorstellen, sie antizipieren (Vorstellbarkeitsprämisse)?
   b) Kann ein Empfänger damit rechnen, dass die angebotenen Anreize dem Anreizgeber rechtzeitig und in ausreichendem Maße tatsächlich zur Verfügung stehen (Verfügbarkeitsprämisse)?
3. Fragen zu den Kriteriums-Anreiz-Relationen
   a) Wie (z.B. stetig oder unstetig) und wie stark reagieren die Anreize auf Veränderungen der Kriterienausprägungen (Größenperspektive)?

   b) Wie groß ist der zeitliche Abstand zwischen der Kriterienerfüllung und der Anreizgewährung (Zeitperspektive)?
   c) Wie sicher kann der Anreizempfänger bei Erfüllung der Kriterien mit der Gewährung der in Aussicht gestellten Anreize rechnen (Wahrscheinlichkeitsperspektive)?

4. Fragen zur Instrumentalität der Handlungen für die Erfüllung der Kriterien in der Wahrnehmung des Anreizempfängers
   Hat der Anreizempfänger die Erwartung, mit seinen Handlungen die Erfüllung der Kriterien herbeiführen zu können (Handlungs-Kriteriums-Erwartung)?

5. Fragen zur Instrumentalität der Kriterien zur Erlangung der Anreize in der Wahrnehmung des Anreizempfängers
   Hat der Anreizempfänger hinreichende Kenntnis von der Wirkungsweise und hat er Vertrauen in die Verbindlichkeit und Weitergeltung des Anreizsystems (Kriteriums-Anreiz-Erwartung)?

6. Fragen zum Zusammenhang zwischen den angebotenen Anreizen und den Bedürfnissen des Anreizempfängers
   Sind die angebotenen Anreize prinzipiell in der Lage, zur Befriedigung der Bedürfnisse des Entgeltempfängers beizutragen und damit Handlungsmotivation zu bewirken (Anreiz-Bedürfnis-Zusammenhang)?

7. Fragen zum Zusammenhang zwischen Kriteriums-Anreiz-Relation und Gerechtigkeitsvorstellungen des Anreizempfängers
   a) Werden die angebotenen Anreize im Verhältnis zu den zu erfüllenden Kriterien vom Anreizempfänger als angemessen empfunden (individueller Anreiz-Kriteriums-Vergleich; s. dazu die Anreiz-Beitrags-Theorie von March/Simon [Organizations])?
   b) Wird die Kriteriums-Anreiz-Relation (Input-Outcome-Relation) im Vergleich zu wahrgenommenen Kriteriums-Anreiz-Relationen anderer Anreizempfänger (Bezugspersonen) vom Anreizempfänger als gerecht empfunden (sozialer Anreiz-Kriteriums-Relationen-Vergleich; s. dazu die Theorie des sozialen Vergleichs von Adams [Inequity]; Kossbiel [Gerechtigkeit])?

8. Fragen zum Zusammenhang zwischen Kriterien und Zielen des Betriebes
   Sind die verwendeten Kriterien prinzipiell in der Lage, zur Erreichung der Ziele des Betriebes beizutragen (Ziel-Kriterien-Zusammenhang)?

Die Fragen 1–7 werden in der Prinzipal-Agenten-Theorie unter dem Stichwort „Anreizkompatibilität" angesprochen, während in Frage 8 eher Konstrukte der „Zielkompatibilität" thematisiert werden.

In den Unternehmen konkretisiert sich das Anreizsystem i.d.R. in einer Mehrzahl von Anreizsubsystemen, z.B. in

- Entgelt-, Entlohnungs- bzw. Vergütungssystemen
- Kapital- bzw. Vermögens- und Erfolgsbeteiligungssystemen
- Sozialleistungssystemen (einschließlich betriebliche Altersversorgungssysteme)
- Systemen von Betriebsbußen (Vertragsstrafen) u.ä.

10.4.2.2 Dispositive Maßnahmen der Verhaltensbeeinflussung

10.4.2.2.1 Personalführung als Komplex dispositiver Maßnahmen der Verhaltensbeeinflussung

Die dem zweiten Konzept der Verhaltensbeeinflussung (vgl. Abschnitt 10.4.2) zuzurechnenden Aktivitäten einer mehr auf den Einzelfall bezogenen Personalverhaltensbeeinflussung bezeichnen wir als dispositive oder situative Maßnahmen. Hierunter fallen zunächst einmal jene Prozesse, die üblicherweise unter dem Begriff Personalführung zusammengefasst werden.

Definition:

Personalführung ist eine beabsichtigte Beeinflussung des Verhaltens von Personen (Unterstellten) durch dazu legitimierte andere Personen (Vorgesetzte), und zwar mittels instruierender, qualifizierender und motivierender Informationen (Irle [Führungsverhalten] 539; Baumgarten [Führungsstile] 14).

Die instruierenden Informationen beziehen sich im Wesentlichen auf die Vorgabe von situationsspezifischen Verhaltensnormen und auf die Erläuterung der Handlungsbedingungen, die qualifizierenden Informationen auf die Anleitung von Handeln und auf die Rückmeldung von Beurteilungsergebnissen, die motivierenden Informationen auf die Vermittlung von Kontroll- und Anreizperspektiven.

Außer der so verstandenen Personalführung gehören auch Ad-hoc-Maßnahmen zur Gestaltung von Handlungsbedingungen (z.B. Gewährung personeller und sachlicher Unterstützung im Einzelfall; sog. Präparation), die Feststellung und Analyse von Abweichungen zwischen normativ erwartetem und tatsächlichem Verhalten sowie situationsbestimmte Gratifikations- und Sanktionsverfügungen zu den dispositiven Maßnahmen der Verhaltensbeeinflussung. Diese stellen sich damit als ein Komplex lenkender, beurteilender sowie abgeltender Aktivitäten dar, die von Vorgesetzten in bestimmten Situationen ergriffen werden. Sie sind teils konkretisierende, teils komplettierende, teils adaptierende Umsetzungen der mit der Entwicklung und Einführung von Arbeitsstrukturen, Beurteilungskonzepten und Anreizsystemen verfolgten Beeinflussungsabsichten und zielen darauf, Bedingungen zu schaffen, die die Adressaten dieser Maßnahmen dazu veranlassen, so zu handeln, wie es den organisationalen Verhaltensansprüchen entspricht.

Aus Vereinfachungsgründen wollen wir alle hier angesprochenen dispositiven Maßnahmen der Verhaltensbeeinflussung durch dazu legitimierte Personen dem Begriff "Personalführung" (weite Fassung) subsumieren.

10.4.2.2.2 Modelle der Personalführung

In den kontingenztheoretisch fundierten Modellen der Personalführung wird von vornherein davon ausgegangen, dass es das optimale Führungskonzept, d.h. einen Führungsstil oder eine Führungstechnik, der bzw. die sich in allen Führungssituationen als den anderen Führungskonzepten überlegen erweist, nicht gibt. Die Effizienz eines Führungskonzepts wird als von der Situation abhängig betrachtet, in der es eingesetzt wird.

In der Literatur sind einige Modelle der Personalführung vorgestellt worden, die sich vor allem darin voneinander unterscheiden, dass unterschiedliche

Konzepte für die Differenzierung der Führungsstile und unterschiedliche Merkmalskataloge für die Differenzierung der Führungssituationen verwendet werden. Während die Erfassung der Führungsstile nach unterschiedlichen Konzepten kaum inhaltliche Probleme aufwirft, erweisen sich die bisherigen Versuche, Führungssituationen angemessen zu klassifizieren, als ausgesprochen diskussionsbedürftig. Es geht dabei immer um die Frage, ob die Art und die Anzahl der gewählten Merkmale zur Beschreibung und Differenzierung es ermöglichen, die Komplexität der Führungswirklichkeit auf ein handhabbares Maß zu reduzieren, ohne dabei relevante Führungssituationen gänzlich auszublenden oder übermäßig zu vereinfachen.

(1) „Kontingenzmodell der Führung" von Fiedler

Das Kontingenzmodell der Führung von Fiedler [Kontingenzmodell] ist der erste Ansatz zum Themenbereich Personalverhaltensbeeinflussung, in dem das Zusammenspiel von Führungsverhalten und Führungssituation als ursächlich für die Leistung einer Gruppe angesehen wird. Mit diesem Modell wurde gleichsam "eine kopernikanische Wende" in der Führungsforschung eingeleitet: Nicht das Führungsverhalten allein und auch nicht die Führungssituation allein bestimmen den Führungserfolg, sondern beide gemeinsam. Die wissenschaftsgeschichtliche Bedeutung des Kontingenzmodells der Führung von Fiedler ist bei aller Kritik, die an ihm geübt worden ist, kaum zu überschätzen.

Fiedler verwendet in seinem Modell ein eindimensionales Führungsstilkonzept, bei dem er zwar auf das Vokabular, nicht aber auf die „zentrale Botschaft" des von Fleishman und Harris stammenden zweidimensionalen Ansatzes zurückgreift: Personenorientierung und (Sach-) Aufgabenorientierung gehören bei Fiedler als in ihren Ausprägungen voneinander abhängige Orientierungsalternativen für Führungsverhalten ein und derselben Dimension an; sie werden also nicht als zwei voneinander unabhängige Dimensionen gesehen. Diese Sichtweise wird ganz deutlich, wenn man die Operationalisierung des Führungsverhaltens über den sog. LPC-Score betrachtet (Fiedler [Kontingenzmodell] 180 ff.): Für die Ermittlung des LPC-Scores wird ein Vorgesetzter aufgefordert, den von ihm am wenigsten geschätzten Mitarbeiter, den Least Preferred Coworker, mit Hilfe eines Erhebungsbogens, der 18 Gegensatzpaare von Adjektiven (z. B. streitsüchtig – ausgleichend) umfasst, zu beurteilen. Die für jedes Adjektivpaar vorgesehene Ordinalskala enthält acht Bewertungsstufen, wobei dem negativen Pol der Punktwert 1 und dem positiven der Punktwert 8 zugeordnet ist. Der LPC-Score liegt damit zwischen 18 und 144 Punkten. Beurteilt ein Vorgesetzter seinen Least Preferred Coworker sehr positiv, d. h. ist der LPC-Score hoch (über 63 Punkte), dann wird dem Vorgesetzten (eine hohe) Personenorientierung attestiert, beurteilt er ihn dagegen negativ, d. h. ist der LPC-Score niedrig (unter 58 Punkte), dann wird dem Vorgesetzten nicht – wie zu erwarten – eine niedrige Personenorientierung, sondern (eine hohe) Aufgabenorientierung zugeschrieben. Das Führungsverhalten wird demnach eindimensional gemessen, obwohl die gewählten Bezeichnungen Zweidimensionalität im Sinne von Fleishman und Harris suggerieren.

Für die Differenzierung der Führungssituationen verwendet Fiedler ([Kontingenzmodell] 183 ff.) drei Merkmale: Die Führer-Mitglieder-Beziehungen, die

Strukturiertheit der (Gruppen-)Aufgabe und die Positionsmacht des Führers (Vorgesetzten), die jeweils dichotom (mit den Ausprägungen gut – schlecht oder hoch – niedrig) gemessen werden. Die Führer-Mitglieder-Beziehungen, d.h. das Verhältnis zwischen einem Vorgesetzten und seinen Mitarbeitern, lässt sich z.B. über eine soziometrische Untersuchung feststellen. Die Stukturiertheit der (Gruppen-)Aufgabe, d.h. das Maß an Eindeutigkeit der Aufgabenstellung (Inhalt und Zielvorgaben), der Lösungsprozedur und der Ergebniseinschätzung, wird z.B. über eine Checkliste erhoben, während Aussagen über die Positionsmacht eines Vorgesetzten, d.h. über den Einfluss, den ein Vorgesetzter aufgrund der an seine Position gebundenen Befugnisse zur Verhaltenslenkung, -beurteilung und -abgeltung auf seine Mitarbeiter ausüben kann, z.B. durch Analyse von Stellenbeschreibungen gewonnen werden können. Wegen der dichotomen, d.h. zweiwertigen Messung der drei betrachteten Situationsmerkmale lassen sich insgesamt $2^3 = 8$ verschiedene Führungssituationen unterscheiden.

Für jede dieser acht Führungssituationen werden unter Verwendung empirischer Daten Korrelationen zwischen dem angewandten Führungsstil (LPC-Wert) und der Höhe der Gruppenleistung ermittelt und bei Vorliegen mehrerer Datensätze für dieselbe Führungssituation die Mediankorrelation als repräsentative Größe ausgewiesen.

Die zentralen Aussagen des Kontingenzmodells der Führung von Fiedler lassen sich wie folgt zusammenfassen:

- In für den Vorgesetzten günstigen oder sehr ungünstigen Führungssituationen ist ein aufgabenorientierter Führungsstil (niedriger LPC-Wert) einem personenorientierten Führungsstil überlegen; die Mediankorrelation liegt im negativen Bereich.
- In Führungssituationen mittlerer Günstigkeit für den Vorgesetzten ist ein personenorientierter Führungsstil (hoher LPC-Wert) einem aufgabenorientierten Führungsstil überlegen; die Mediankorrelation liegt im positiven Bereich.

Die Günstigkeit der Führungssituation für einen Vorgesetzten bestimmt sich über die Rangordnung und die Ausprägungen der Führungssituationsdeterminanten. Sind die Führer-Mitgliederbeziehungen gut und ist mindestens eines der beiden anderen Führungssituationsmerkmale hoch ausgeprägt, dann gilt die Führungssituation als günstig. Erhalten alle Führungssituationsdeterminanten schlechte bzw. niedrige Bewertungen, dann ist die Führungssituation (extrem) ungünstig. Die übrigen vier Führungssituationen gelten als solche mit mittlerer Günstigkeit.

Im Unterschied zu den noch zu besprechenden Führungsmodellen von Hersey/Blanchard und Vroom/Yetton geht Fiedler davon aus, dass Vorgesetzte ihren Führungsstil nicht einfach je nach Führungssituation wechseln können. Vor diesem Hintergrund ist das Kontingenzmodell der Führung als ein Ansatz zu verstehen, der Hinweise auf die Auswahl, die Platzierung oder den Austausch von Führungskräften bzw. auf notwendige Veränderungen der Führungssituationen gibt.

Die Kritik am Kontingenzmodell der Führung konzentriert sich im Wesentlichen auf folgende Punkte:

1. auf die Prädiktorvariable „Führungsstil“ mit dem Hinweis, dass Fiedler einem überholten Führungsstilkonzept folge und den inhaltlichen Zusammenhang zwischen LPC-Score und Führungsstil nicht hinreichend begründe,
2. auf die Moderatorvariablen „Führer-Mitglieder-Beziehungen“, „Aufgabenstruktur“ und „Positionsmacht“, deren Auswahl willkürlich, deren Unabhängigkeit fragwürdig und deren Messung nicht valid sei,
3. auf die Kriteriumsvariable „Gruppenleistung“, die ausschließlich und damit einseitig Aspekte der ökonomischen Effizienz betone und
4. auf die ungenügende Absicherung der behaupteten Variablenbeziehungen: Da die Einzelkorrelationen stark streuten, führe die Verwendung von Mediankorrelationen zu überprägnanten Modellaussagen.

(2) „Situative Führungstheorie“ von Hersey und Blanchard

Das Führungsmodell von Hersey und Blanchard [Management], das hier in seiner ursprünglichen Version dargestellt wird, erfreut sich auch in der Wirtschaftspraxis eines hohen Bekanntheitsgrades. Dies ist möglicherweise darauf zurückzuführen, dass es mit anschaulichen Bezeichnungen für die Führungsstile und Führungssituationen arbeitet, sich eindrucksvoll visualisieren lässt und dem „gesunden Menschenverstand“ schon wegen seiner geringen Komplexität sehr entgegenkommt.

Verwendet wird das zweidimensionale Führungsstilkonzept von Fleishman und Harris. Werden die Variablenausprägungen in den beiden Führungsverhaltensdimensionen Beziehungsorientierung und Aufgabenorientierung dichotom gemessen, dann ergeben sich die folgenden vier Führungsstile:

- Führungsstil 1 bei niedriger Beziehungs- und hoher Aufgabenorientierung
- Führungsstil 2 bei hoher Beziehungs- und hoher Aufgabenorientierung
- Führungsstil 3 bei hoher Beziehungs- und niedriger Aufgabenorientierung und
- Führungsstil 4 bei niedriger Beziehungs- und niedriger Aufgabenorientierung.

Die so beschriebenen Führungsstile werden in der Folge mit besser eingeführten Namen versehen: In der deutschen Version (in Klammern die Kurzcharakteristik im Amerikanischen) wird

- Führungsstil 1 (S1) als autoritärer Führungsstil („Telling“)
- Führungsstil 2 (S2) als integrierender Führungsstil („Selling“)
- Führungsstil 3 (S3) als partizipativer Führungsstil („Participating“)
- Führungsstil 4 (S4) als Delegationsstil („Delegating“)

bezeichnet. Dabei ist es interessant festzustellen, dass die Bezeichnungen teilweise einer ganz anderen Richtung der Führungsforschung entstammen und für sich betrachtet zwar eingängig, aber mit Blick auf die dahinter stehenden Verhaltensdimensionen unzutreffend bzw. nichts sagend sind.

Zur Beschreibung und Differenzierung der Führungssituationen verwenden Hersey und Blanchard zwei Merkmale, die Qualifikation und die Motivation der Mitarbeiter, die entweder niedrig oder hoch ausgeprägt sein können. Dementsprechend werden $2^2=4$ Führungssituationen unterschieden, die in der Diktion der beiden Autoren verschieden hohe Reifegrade der Mitarbeiter zum Ausdruck bringen. So verfügen Mitarbeiter

- über einen niedrigen Reifegrad (M_1), wenn ihre Qualifikation und ihre Motivation gering sind,
- über einen niedrigen bis mäßigen Reifegrad (M_2), wenn ihre Qualifikation gering und ihre Motivation hoch ist,
- über einen mäßigen bis hohen Reifegrad (M_3), wenn ihre Qualifikation hoch und ihre Motivation gering ist und
- über einen hohen Reifegrad (M_4), wenn ihre Qualifikation und ihre Motivation hoch sind.

Dabei ist der Reifegrad eines Mitarbeiters auf die von ihm zu erledigenden Aufgaben bezogen (aufgabenrelevanter Reifegrad, job maturity!) und nicht als Kennzeichnung seines allgemeinen Bildungsstandes oder seiner Persönlichkeitsentwicklung zu interpretieren: Ein Mitarbeiter kann demnach bezüglich einer bestimmten (für ihn ungewohnten) Aufgabe einen niedrigen, bezüglich einer anderen (ihm vertrauten) Aufgabe einen hohen Reifegrad besitzen. Vor allem kann sich der Reifegrad eines Mitarbeiters bezüglich einer Aufgabe im Zeitablauf ändern, z.B. erhöhen, wenn sich die auf die Aufgabe bezogene Qualifikation oder Motivation im Zuge der Befassung mit der Aufgabe positiv entwickelt. Auf diese Entwicklung kann und soll der Vorgesetzte nach Hersey und Blanchard Einfluss nehmen.

Den Kern des Führungsmodells von Hersey und Blanchard bilden die eindeutigen Führungsstilempfehlungen für jede der unterschiedenen Führungssituationen. So wird

- bei einem niedrigen Reifegrad der Mitarbeiter der autoritäre Führungsstil,
- bei einem niedrigen bis mäßigen Reifegrad der Mitarbeiter der integrierende Führungsstil,
- bei einem mäßigen bis hohen Reifegrad der partizipative Führungsstil und
- bei einem hohen Reifegrad der Mitarbeiter der Delegationsstil

als den jeweils anderen Führungsstilen überlegen eingestuft. Sehr "kunstvoll" visualisiert werden die Führungsstilempfehlungen in der folgenden Graphik von Hersey und Blanchard ([Management] 194).

Ein Vorgesetzter, dessen Mitarbeiter über unterschiedliche Reifegrade verfügen, ist mit dem Problem konfrontiert, diese Mitarbeiter nicht einheitlich, sondern ihrem Reifegrad entsprechend unterschiedlich zu führen: Nicht Gleich-, sondern Ungleichbehandlung der Mitarbeiter ist hier gefordert.

Natürlich ist auch die situative Führungstheorie von Hersey und Blanchard nicht ohne Widerspruch geblieben. Die Kritik bezieht sich vor allem

1. auf die Moderatorvariablen Qualifikation und Motivation (bzw. aufgabenbezogener Reifegrad) der Mitarbeiter, die zu einer unzureichenden Differenzierung der Führungssituationen führten und

2. auf die ungenügende Stützung der Modellaussagen durch empirische Untersuchungen.

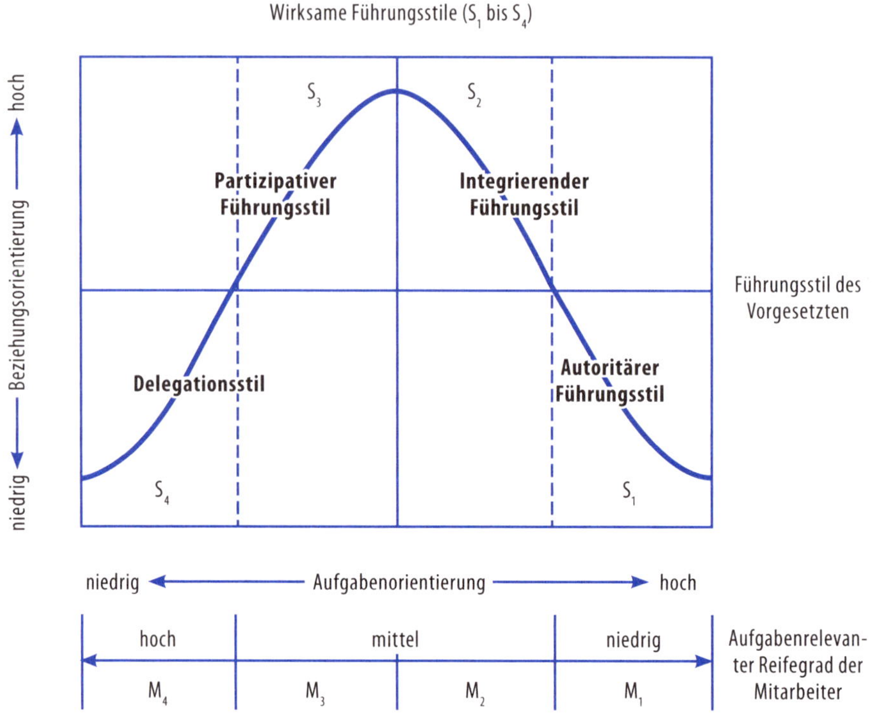

Abbildung 10.10: Situative Führungstheorie von Hersey/Blanchard

Eine sehr spezielle Diskussion wurde zwischen Blake und Mouton ([Leadership Style] 45) auf der einen sowie Hersey und Blanchard auf der anderen Seite geführt: Es ging dabei um die Frage, ob die Kombination von hoher Beziehungsorientierung und hoher Aufgabenorientierung - von Blake und Mouton als idealer Führungsstil für jede Führungssituation gesehen - spezifische Synergieeffekte erwarten lässt (Blake und Mouton) oder nicht (Hersey und Blanchard).

(3) „Normatives Entscheidungsmodell" von Vroom und Yetton

Das normative Entscheidungsmodell von Vroom und Yetton ([Decision Making]) ist das komplexeste Führungsmodell, mit dem wir uns hier beschäftigen. Das Attribut „normativ" spiegelt die Tatsache wieder, dass die Aussagen des Modells nicht empirisch-induktiv gewonnen worden sind, sondern aus einem Satz von Entscheidungsregeln (normative Basis) logisch-deduktiv abgeleitet werden. In dieser Hinsicht unterscheidet sich das Modell von Vroom und Yetton grundlegend von dem Modell von Fiedler und ähnelt dem Modell von Hersey und Blanchard, wobei die letztgenannten Autoren ihre normative Basis – sofern überhaupt vorhanden – nicht offen legen.

Vroom und Yetton ([Decision Making] 13) verwenden ein eindimensionales Führungsstilkonzept mit der Partizipationsrate als Differenzierungskriterium. Es werden für den hier behandelten Fall, dass Entscheidungen eine Gruppe von Mitarbeitern betreffen, die folgenden fünf Führungsstilvarianten unterschieden:

- Führungsstil I: Alleinentscheidung des Vorgesetzten auf der Basis seines gegenwärtigen Informationsstandes (autoritär)
- Führungsstil II: Alleinenscheidung des Vorgesetzten nach Einholung von Informationen von seinen Mitarbeitern (autoritär)
- Führungsstil III: Alleinentscheidung des Vorgesetzten nach Diskussion des Problems mit einzelnen Mitarbeitern (konsultativ)
- Führungsstil IV: Alleinentscheidung des Vorgesetzten nach Diskussion des Problems in der Gruppe (konsultativ)
- Führungsstil V: Gruppenentscheidung nach Präsentation des Problems durch den Vorgesetzten und nach gemeinsamer Entwicklung sowie Bewertung von Alternativen in der Gruppe (partizipativ).

Die Führungssituationen werden über sieben Determinanten beschrieben. Ihre Ausprägungen werden über Ja- oder Nein-Antworten auf folgende in der angegebenen Reihenfolge zu stellenden Fragen ermittelt (Vroom/Yetton [Decision Making] 27 ff.):

→ A: Ist die Entscheidungsqualität wichtig?
→ B: Ist der Vorgesetzte genügend informiert, um eine qualitativ hochwertige Entscheidung treffen zu können?
→ C: Ist das Problem strukturiert?
→ D: Ist die Akzeptanz der Entscheidung durch die Mitarbeiter für die Umsetzung wichtig?
→ E: Ist anzunehmen, dass eine autoritäre Entscheidung von den Mitarbeitern akzeptiert wird?
→ F: Ist davon auszugehen, dass sich die Mitarbeiter bei ihren Lösungsbeiträgen am Organisationsziel orientieren?
→ G: Ist zu erwarten, dass Konflikte unter den Mitarbeitern über die vorzuziehende Lösung entstehen?

Wie leicht zu erkennen ist, beziehen sich die ersten drei Fragen auf die Qualität, die letzten vier auf die Akzeptanz der zu treffenden Entscheidung: Immer dann, wenn es auf die Qualität einer Entscheidung ankommt, sind Anschlussfragen zu stellen, die auf die Sicherung der Qualität gerichtet sind. Immer dann, wenn die Akzeptanz der Entscheidung durch die Mitarbeiter für die Umsetzung wichtig ist, sind Anschlussfragen zu stellen, die die Sicherung der Akzeptanz in den Blick nehmen.

Bei sieben Determinanten und zwei Möglichkeiten der Beantwortung sie betreffender Fragen können insgesamt $2^7 = 128$ Führungssituationen unterschieden werden. Vroom und Yetton reduzieren diese erhebliche Zahl auf 14 weiter zu untersuchende Führungssituationen. Diese Verdichtung gelingt vor allem dadurch, dass einige Situationsdeterminanten an Bedeutung verlieren, wenn gewisse andere vorher abzuklärende Situationsdeterminanten eine bestimmte Ausprägung haben. Beispiel: Wenn die Qualität einer Entscheidung unwichtig ist (Frage A), dann ist es nicht von Interesse, ob der Vorgesetzte genügend informiert ist, um eine qualitativ hochwertige Entscheidung zu treffen oder nicht (Frage B) und ob das Problem strukturiert ist oder nicht (Frage C). Relevant ist erst wieder die Frage D, ob die Akzeptanz der Entscheidung durch die Mitarbeiter für deren Umsetzung wichtig ist.

Für die Zuordnung der fünf Führungsstile zu den 14 Führungssituationen sind sieben Entscheidungsregeln von großer Bedeutung. Diese Entscheidungsregeln schließen bestimmte Führungsstile für einzelne Konstellationen der Führungssituationsdeterminanten aus. So besagt z.B. die sog. Informationsregel: Wenn die Entscheidungsqualität wichtig ist (Antwort auf Frage A: Ja; Notation A) und (Notation: ^) der Vorgesetzte nicht genügend informiert ist, um eine qualitativ hochwertige Entscheidung zu treffen (Antwort auf Frage B: Nein; Notation $\overline{B}$), dann (Notation: $\Rightarrow$) ist eine Alleinentscheidung des Vorgesetzten auf der Basis seines gegenwärtigen Informationsstandes nicht zu empfehlen (Notation: $\neg$ I). Mit diesen Notationskonventionen können die sieben Entscheidungsregeln wie folgt formuliert werden:

1. Informationsregel: $A \wedge \overline{B} \Rightarrow \neg\, I$
2. Vertrauensregel: $A \wedge \overline{F} \Rightarrow \neg\, V$
3. Strukturregel: $A \wedge \overline{B} \wedge \overline{C} \Rightarrow \neg\, (I, II, III)$
4. Akzeptanzregel: $D \wedge \overline{E} \Rightarrow \neg\, (I, II)$
5. Konfliktregel: $D \wedge \overline{E} \wedge G \Rightarrow \neg\, (I, II, III)$
6. Fairnessregel: $D \wedge \overline{E} \wedge \overline{A} \Rightarrow \neg\, (I, II, III, IV)$
7. Priorität der Akzeptanz-Regel: $D \wedge \overline{E} \wedge F \Rightarrow \neg\, (I, II, III, IV)$.

Auch wenn die Bezeichnungen der Regeln zumindest teilweise irreführend sind, so sind ihre Inhalte doch plausibel bzw. akzeptabel.

Wendet man die sieben Entscheidungsregeln auf die 14 Führungssituationen an, indem man jeden Pfad durch den Entscheidungsbaum (vgl. Abbildung 10.11 in Anlehnung an Vroom/Yetton [Decision Making] 36, entnommen aus Kossbiel [Personalbereitstellung] 1242) auf Konstellationen von Situationsdeterminanten untersucht, die bestimmte Führungsstile ausschließen, dann gelangt man zu den Führungsstilen, die in der jeweiligen Führungssituation als zulässig bzw. empfehlenswert gelten.

Wie man unmittelbar erkennt, wird nur in fünf der 14 Führungssituationen eindeutig ein bestimmter Führungsstil empfohlen. In den übrigen neun Situationen stehen mehrere Führungsstile zur Auswahl. Soll diese Auswahl nicht zufällig erfolgen, dann bedarf es weiterer Regeln, um zu eindeutigen Führungsstilempfehlungen zu kommen. Vroom und Yetton schlagen die beiden folgenden Regeln vor:

1. Soll die Entscheidungsfindung beschleunigt werden, dann sollte unter den zulässigen Führungsstilen jener ausgewählt werden, der eine möglichst geringe Mitwirkung der Mitarbeiter an der Entscheidung vorsieht.
2. Soll die Teamentwicklung gefördert werden, dann sollte unter den zulässigen Führungsstilen jener gewählt werden, der eine möglichst hohe Mitwirkung der Mitarbeiter an der Entscheidung vorsieht.

Nach dem Führungsmodell von Vroom und Yetton wird von einem Vorgesetzten erwartet, dass er in der Lage ist, je nach Entscheidungssituation unterschiedliche Führungsstile zu wählen. Das setzt nicht nur voraus, dass der Vor-

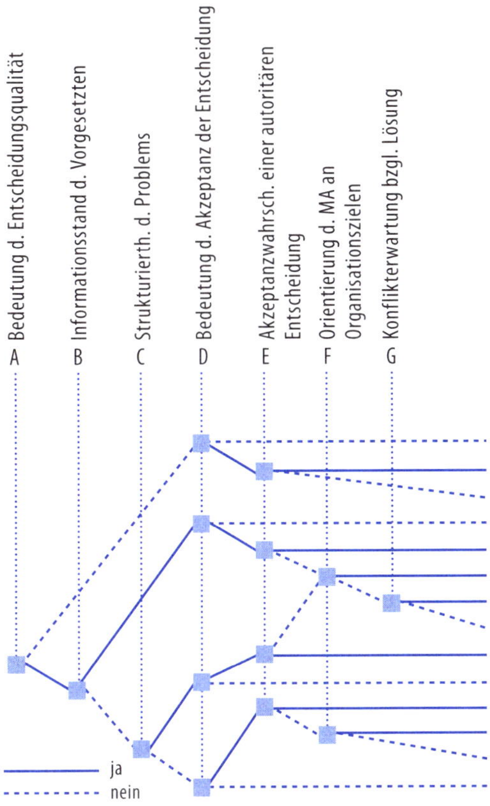

	Alleinentscheidung: autoritär I	Alleinentscheidung: autoritär II	Alleinentscheidung: beratend III	Alleinentscheidung: beratend IV	Gruppenentscheidung V
1	x	x	x	x	x
2	x	x	x	x	x
3					x
4	x	x	x	x	x
5	x	x	x	x	x
6					x
7				x	
8			x	x	
9		x	x	x	x
10		x	x	x	x
11				x	x
12					x
13				x	
14				x	x

Abbildung 10.11: Normatives Entscheidungsmodell von Vroom/Yetton

gesetzte die verschiedenen Führungsstile beherrscht, sondern auch die Entscheidungssituationen richtig einzuschätzen vermag.

Auch das normative Entscheidungsmodell von Vroom und Yetton ist von Kritik nicht verschont geblieben; diese zielt:

1. auf die Prädiktorvariable „Führungsstil", deren Konzeptualisierung (Eindimensionalität!) nicht dem Stand der Forschung entspreche,
2. auf die Moderatorvariablen, die sich ausschließlich auf die Besonderheiten einzelner Entscheidungssituationen konzentrierten und damit so wichtige Aspekte wie die Organisationsstruktur und die Personalstruktur ausblendeten,
3. auf die Kriteriumsvariable „Steigerung der Organisationsleistung", die allein die ökonomische Effizienz betone und
4. auf die ungenügende empirische Absicherung der Zusammenhänge zwischen den unabhängigen Variablen Führungsstil und Führungssituation auf der einen und der abhängigen Variablen Führungseffizienz auf der anderen Seite. (Vroom und Yetton verwenden u.a. verzerrungs- und verfälschungsanfällige self reports von Managern zu zurückliegenden Entscheidungsfällen.)

Das Modell von Vroom und Yetton wurde von Vroom und Jago ([New Leadership] 110 ff. mit Erweiterungen zu den Situationsdeterminanten) weiterentwickelt; am grundsätzlichen Aufbau hat sich dabei nichts geändert.

10.4.2.2.3 Beurteilung von Modellen der Personalführung

Bei der Behandlung der verschiedenen Führungskonzepte und Führungsmodelle kam immer wieder auch deren Beurteilung zur Sprache. Es war die Rede von Kriteriumsvariablen, die den Empfehlungen bestimmter Führungsstile, Führungstechniken und Führungsmodelle zugrunde liegen, bzw. von Effizienzgewinnen, die mit der Wahl der einen oder anderen Führungskonzeption verbunden sind. Der kontingenztheoretischen Sichtweise der neueren Führungsforschung entsprechend wurde dabei stets auf die Bedeutung der Führungssituation hingewiesen, die als Moderatorvariable neben der Prädiktorvariablen Führungsverhalten auf die Kriteriumsvariable Führungserfolg einwirkt. Ziemlich offen blieb die Frage, was unter Führungseffizienz bzw. Führungserfolg konkret zu verstehen ist.

In der Führungsforschung spielen zwei Beurteilungskriterien eine herausragende Rolle, nämlich:

1. die Wirkung der Führungskonzepte bzw. Führungsmodelle auf die (traditionellen) Organisationsziele, die im Englischen als effectiveness, productive efficiency, economic performance, im Deutschen als wirtschaftliche Effizienz, Produktivität, Leistung oder ökonomischer Erfolg bezeichnet wird, und
2. die Wirkung der Führungskonzepte bzw. Führungsmodelle auf die (individuellen und sozialen) Mitgliederziele, die im Englischen mit den Begriffen efficiency, social effectiveness, social performance, im Deutschen mit den Begriffen sozialpsychologische Effizienz oder Zufriedenheit belegt ist.

Aus (personal-)ökonomischer Sicht kommt der Wirkung auf die Organisationsziele die größere Bedeutung zu. Dabei kann nicht davon ausgegangen werden, dass zwischen der wirtschaftlichen und der sozialpsychologischen Effizienz ein direkter, positiver Zusammenhang besteht. Es ist eben nicht zwingend so, dass „glückliche Kühe mehr Milch geben“. Die Bezüge zwischen der Leistung und der Zufriedenheit von Mitarbeitern sind sehr viel diffiziler, als gemeinhin angenommen wird (zu Einzelheiten vgl. Kossbiel [Personalbereitstellung] 1222 ff.).

Einführende Literaturhinweise zu Modul 10

Die vollständigen Literaturangaben finden Sie im Downloadbereich.

Kossbiel, H.: Überlegungen zur Effizienz betrieblicher Anreizsysteme. In: Die Betriebswirtschaft. 54. Jg. 1994, S. 75–93.

Kossbiel, H.: Personalwirtschaft. In: Allgemeine Betriebswirtschaftslehre, Bd. 3: Leistungsprozesse. Hrsg. von F.X. Bea, B. Friedl, M. Schweitzer, 9. Aufl., Stuttgart 2006, S. 517–622.

Spengler, T.: Stichworte zur Personalplanung. In: Vahlens großes Personallexikon. Hrsg. von C. Scholz, München 2009, S. 118–120, 241–243, 243–246, 277–278, 355–356, 367–368, 619–621, 706, 756–757, 936, 948–951, 980–981, 1033–1034, 1130–1132, 1232, 1244–1245, 1246–1247, 1249–1250.

Weibler, J.: Personalführung. 2. überarb. u. erw. Aufl., München 2012.

Modul 11: Grundlagen des Informationsmanagements

Helmut Krcmar
August-Wilhelm Scheer

„It is not information technology itself that matters, but how you use it."
(Hal R. Varian 2004)

11.1 Konzepte und Modelle des Informationsmanagements

Lernziele:

Erlernen der Grundbegriffe und zentralen Konzepte des Informationsmanagement (IM). **Verständnis** der Zusammenhänge zwischen den Ebenen des Informationsmanagements. **Übertragung** der erläuterten Ansätze auf Aufgaben des Informationsmanagements. **Sicherstellung** der effizienten Versorgung aller Mitarbeiter und anderer Stakeholder mit relevanten Informationen. **Ausschöpfung** des Leistungspotentials der Informationsfunktion für die Erreichung der strategischen Unternehmensziele.

Übersicht:

Ausschlaggebend für das Verständnis des Informationsmanagement-Modells ist eine Auseinandersetzung mit den Grundbegriffen des Informationsmanagements. Die Definition und Abgrenzung des Begriffs Information ist nicht einfach. Abhängig vom Definitionsverständnis ergeben sich unterschiedliche Anforderungen für das Management von Informationen. Es ist insb. zwischen Zeichen, Daten, Informationen und Wissen zu unterscheiden, da diese Konstrukte hierarchisch aufeinander aufbauen.

Informationssysteme (IS) sind keine rein technischen Lösungen, die nur das losgelöste Ziel der Informationsbereitstellung verfolgen. Vielmehr sind IS als komplexe, soziotechnische Systeme zu verstehen, die kontextuelle Faktoren, insb. menschliche und maschinelle Komponenten, berücksichtigen. Die IKT ermöglicht und unterstützt in ihrer Funktion die IS, indem die Gesamtheit der zur Speicherung, Verarbeitung und Kommunikation zur Verfügung stehenden Ressourcen in einem Unternehmen bereitgestellt wird.

Ziel des Informationsmanagements ist es, den bestmöglichen Einsatz der Ressource Information zu gewährleisten. Das Modell des Informationsmanagements beschreibt einen integrierten Ansatz zum Management der Ressource Information im Unternehmen. Die Ebenendarstellung des Informationsmanagement-Modells erlaubt gleichzeitig eine differenzierte als auch eine ganzheitliche Betrachtung des Informationsmanagements, da es das Management der Informationswirtschaft, der Informationssysteme, der Informations- und Kommunikationstechniken (IKT) sowie der übergreifenden Führungsaufgaben berücksichtigt.

11.1.1 Informationsmanagement als Managementaufgabe

Die weitreichende Digitalisierung von Kommunikation und die Wirkungen von Informations- und Kommunikationstechniken (IKT) auf Strukturen, Strategien, Wertschöpfungsketten und Prozesse haben sowohl in Unternehmen als auch in der Wissenschaft neue und erweiterte Anforderungen und Problemstellungen mit sich gebracht (Krcmar [Informationsmanagement]). IKT stellen Anfang des 21. Jahrhunderts die grundlegende Basis für Innovationen in Deutschland dar. Gleichzeitig findet ein rasanter Wandel in großen Teilen der beruflichen sowie in der privaten Lebenswelt statt. Neue Berufe entstehen, traditionelle sterben aus und viele Berufsbilder haben sich grundlegend verändert.

11.1.2 Grundbegriffe des Informationsmanagements

Information

Da die Nutzung von Informations- und Kommunikationstechniken (IKT) als Datenverarbeitung (DV), Informationsverarbeitung(IV) und oft auch als Wissensverarbeitung(WV) bezeichnet wird, legt dies nahe, Daten, Information und Wissen seien das gleiche. Dem ist jedoch nicht so. Gleichwohl wird der Inhalt des Begriffes Information nach wie vor kontrovers diskutiert. Bevor ausführlich auf die Auffassungen von Information eingegangen wird, soll an einem Beispiel der Zusammenhang zwischen Zeichen, Daten und Information dargestellt werden (Abbildung 11.1).

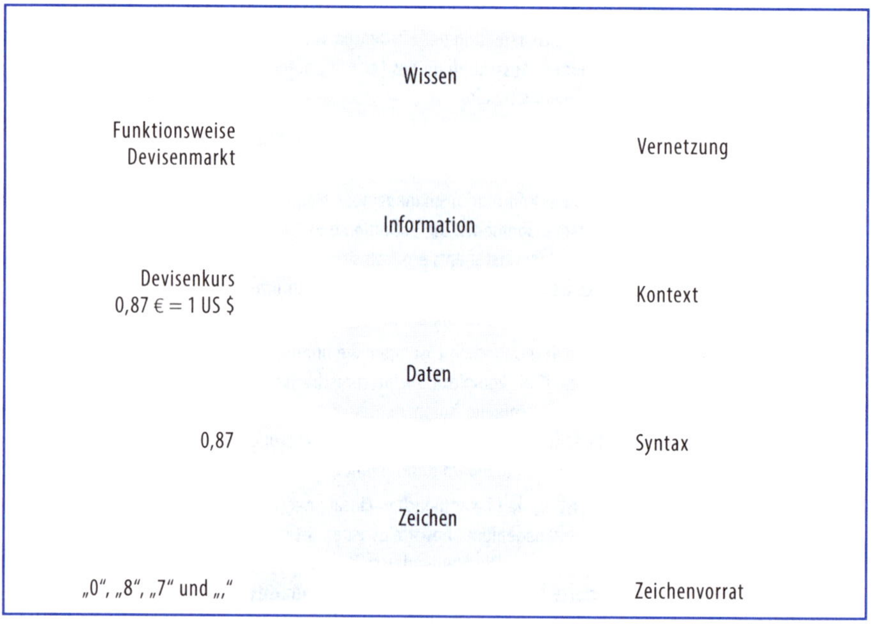

Abbildung 11.1: Die Beziehungen zwischen den Ebenen der Begriffshierarchie (vgl. Krcmar [Informationsmanagement])

Auf der untersten Ebene befindet sich ein großer Vorrat verschiedener Zeichen als Basis aller weiter oben angesiedelten Begriffe. Werden die Zeichen in einen regelbasierten Zusammenhang gebracht, kann man von Daten sprechen. Die Anreicherung mit zusätzlichem Kontext verschafft den Daten Bedeutung, so dass Information entsteht, bspw. darüber, dass mit 0,87 der Wert des Dollars in € gemeint ist. Wird Information mit anderen Informationen vernetzt, entsteht Wissen auf einer noch höheren Ebene der Begriffshierarchie (Krcmar [Informationsmanagement]).

Die allgemeinsprachliche Verwendung von Information berücksichtigt, dass jeder täglich mit Informationen aller Art konfrontiert wird. Dies gilt für das Aufschlagen einer Zeitung ebenso wie für den Prozess des „sich Informierens“, wenn man in einer fremden Stadt ankommt und sich bei der „Information“ erkundigt. In Bezug auf die große Menge an Informationen, mit denen viele Menschen im Alltag konfrontiert werden, ist häufig die Rede vom „Informationsüberfluss“ (vgl. Hennings and Wersig [Informationsgesellschaft] 176). Den umgangssprachlichen Gebrauch von Information definiert Seiffert ([Information]) so: „Information ist eine [...] gegenwarts- und praxisbezogene Mitteilung über Dinge, die uns im Augenblick zu wissen wichtig sind.“

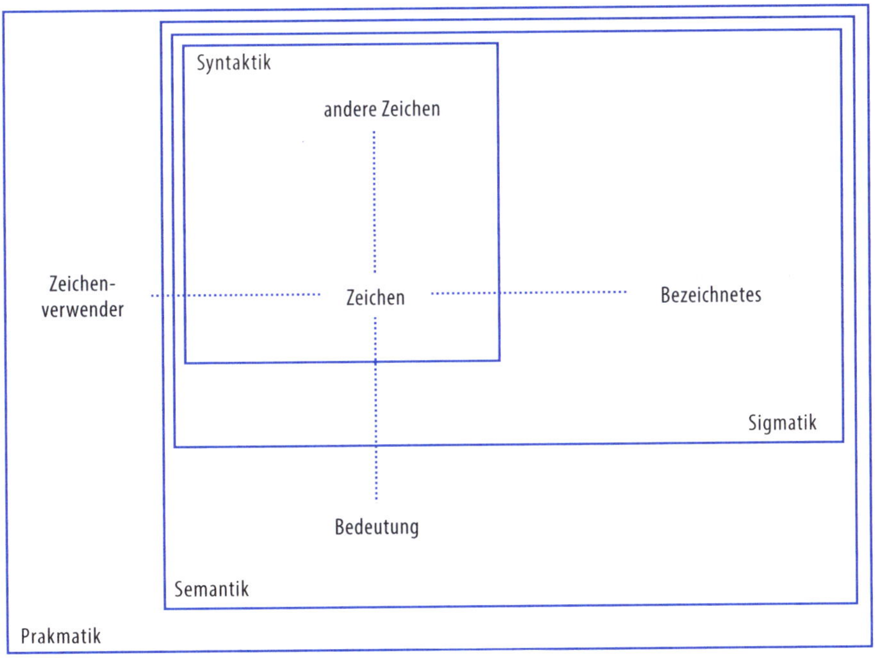

Abbildung 11.2: Syntaktik, Sigmatik, Semantik und Pragmatik (vgl. Berthel [Information])

Die Semiotik untersucht als eine allgemeine Lehre von Zeichen und Zeichenreihen die Aspekte Syntaktik, Semantik, Sigmatik und Pragmatik (vgl. Abbildung 11.2):

- Die Syntaktik oder Syntax befasst sich mit der Beziehung zwischen den Zeichen eines Sprachsystems, also den durch Konvention festgelegten Regeln einer Sprache, nach denen einzelne Zeichen zu gültigen Ausdrücken und Sätzen kombiniert werden können.
- Die Semantik befasst sich mit der möglichen inhaltlichen Bedeutung von Zeichen. Sie untersucht sowohl die Beziehung zwischen dem Zeichen und seiner Bedeutung als auch die Beziehung zwischen dem Zeichen und dem bezeichneten Objekt (Sigmatik).
- Die Pragmatik schließlich bezieht sich auf die Relation zwischen dem Zeichen und seinem Verwender, d.h. auf die Absicht, die der Sender mit der Information verfolgt.

Die semiotische Analyse der Information vermag die Beziehungen zwischen dem Objekt und dem Begriff der Information genauer zu definieren. Im Sinne der Sigmatik handelt es sich hierbei um eine Abbildung eines bezeichneten Objekts. Regeln, nach denen diese Abbildung erfolgen kann, werden durch die Syntaktik gebildet. Semantik nimmt an, dass Inhalt (also Daten) und seine Bedeutung separat und voneinander trennbar sind. Der Verwendungszusammenhang wird als Pragmatik bezeichnet.

Die Betriebswirtschaftslehre hat dem Begriff Information im Lauf der Zeit zunehmende Beachtung geschenkt. Die vielzitierte Definition „Information ist zweckbezogenes Wissen" (vgl. Wittmann [Unternehmung]) setzt den Begriff der Information in den Verwendungszusammenhang, wirft jedoch zwei weitere Probleme auf: Zum einen „Was ist Wissen?" und zum anderen „Was bedeutet zweckbezogen?". Es ist zwar sprachlich möglich, erscheint aber nicht besonders zweckmäßig, den Begriff „Information" durch den erst zu definierenden Begriff „Wissen" zu umschreiben. Zweckorientierung bedeutet in diesem Zusammenhang, dass nur solches Wissen als Information bezeichnet wird, das dazu dient, Entscheidungen oder Handeln vorzubereiten. Die Meinung deckt sich mit der Sichtweise von Hübner [Unternehmensführung], dass Information sowohl als auslösendes, als auch als unterstützendes Element von Tätigkeiten in verschiedenen Lebensbereichen betrachtet werden kann.

Dies hat zur Aufwertung von Information zum Produktionsfaktor im betrieblichen Leistungserstellungsprozess geführt. In volkswirtschaftlichen Produktionsfaktorsystemen werden die Produktionsfaktoren Arbeit, Boden bzw. Natur- und Sachkapital unterschieden. Innerhalb der Betriebswirtschaftslehre greift man zunächst auf die Faktorsystematik nach *Gutenberg* [Produktion] zurück, der die Elementarfaktoren objektbezogene Arbeitsleistung, Betriebsmittel und Werkstoffe sowie dispositive Faktoren (Betriebs- und Geschäftsleitung, Organisation und Planung) unterscheidet. Diese Klassifikation verwendet er als Grundlage seiner produktions- und kostentheoretischen Überlegungen. Die Kombination der Ressourcen bestimmt dabei das Ergebnis unternehmerischen Handelns. *Witte* [Entscheidungsprozesse] beschreibt Information als eine „immaterielle, aber keineswegs kostenlose Ressource". Seitdem hat sich die Behandlung von Information als Ressource im deutschen wie im amerikanischen Sprachraum durchgesetzt (vgl. Krcmar [Informationsmanagement]).

Information zählt unter bestimmten Voraussetzungen zu den Wirtschaftsgütern (vgl. Bode [Information]). Vom technischen Mittelcharakter sind die Zweckneigung als Erfüllung oder bei deren Mitwirkung für Zwecke eines Subjektes, das Vorhandensein und die Verfügbarkeit im Wirkungsbereich eines Wirtschaftssubjekts und die Übertragbarkeit von einem Wirkungsbereich in einen anderen maßgebend. Wirtschaftlich muss eine relative Knappheit bestehen und die Information ökonomisch geeignet sein, d.h. auf eine wirksame Nachfrage stoßen. Diese Voraussetzungen werden bspw. vom Informationsprodukt „Konjunkturprognose" eines Wirtschaftsforschungsinstituts erfüllt. Obwohl Information zu den Produktionsfaktoren gezählt wird und ein Wirtschaftsgut darstellen kann, weist sie dennoch wesentliche Unterschiede zu materiellen Wirtschaftsgütern auf (siehe Tabelle 11.1).

Materielles Wirtschaftsgut	Information
Hohe Vervielfältigungskosten	Niedrige Vervielfältigungskosten
Angleichung der Grenzkosten an die Durchschnittskosten	Grenzkosten der (Re-)Produktion nahe Null
Wertverlust durch Gebrauch	Kein Wertverlust durch Gebrauch
Individueller Besitz	Vielfacher Besitz möglich
Wertverlust durch Teilung, begrenzte Teilbarkeit	Kein Wertverlust durch Teilung, fast beliebige Teilbarkeit
Identifikations- und Schutzmöglichkeit	Probleme des Datenschutzes und der Datensicherheit
Logistik oft aufwändig	Logistik einfach
Preis/Wert im Markt ermittelbar	Preis/Wert nur schwer bestimmbar
Begrenzte Kombinationsmöglichkeiten	Ansammlung schafft bereits neue Qualitäten, weitgehende Möglichkeiten der Erweiterung und Verdichtung

Tabelle 11.1: Vergleich von materiellen Wirtschaftsgütern und Information (Darstellung in Anlehnung an Pietsch [Informationsmanagement])

Darüber hinaus werden folgende Eigenschaften von Information erwähnt (Krcmar [Informationsmanagement]):

- Informationen sind immaterielle Güter, die auch bei mehrfacher Nutzung nicht verbraucht werden.
- Informationen stiften dem Informationsverwender Nutzen, bspw. wenn sie in Handeln umgesetzt werden.
- Informationen sind keine freien Güter, sie können daher einen kostenadäquaten Wert haben.
- Der Wert der Information hängt von der kontextspezifischen und von der zeitlichen Verwendung ab.

- Der Wert der Information kann durch das Hinzufügen, Selektieren, Konkretisieren und Weglassen verändert werden. Information ist erweiterbar und verdichtbar.
- Es gibt unterschiedliche Qualitäten von Informationen, wie z.B. Genauigkeit, Vollständigkeit, Zeitgenauigkeit und Zuverlässigkeit.
- Informationen können mit Lichtgeschwindigkeit transportiert werden, auch wenn die der Information zu Grunde liegenden Gegenstände (Bezeichnetes) nicht mit der gleichen Geschwindigkeit transportiert werden können.
- Informationen sind leicht kopierbar, so dass sich die Durchsetzung exklusiver Rechte insbesondere Eigentumsrechte als schwierig erweist.
- Informationen werden kodiert übertragen, daher sind für ihren Austausch gemeinsame Standards notwendig.

Aus diesen Unterschieden lässt sich ein von den Managementaufgaben der materiellen Produktionsfaktoren abweichendes Informationsmanagement begründen. Wesentlich ist dabei der bereits in der Semiotik angesprochene Modellcharakter von Information. *Steinmüller* ([Informationswissenschaft] 73) schlägt vor, den Begriff „Information" durch „ein immaterielles Modell eines Originals für Zwecke eines Subjekts" zu ersetzen.

Der Modellbegriff beinhaltet im Wesentlichen vier Elemente: die Abbildungsregeln, das Modellsubjekt, die abzubildende Realität und den Adressaten der Modellbetrachtung. Abbildungsregeln schreiben vor, wie die Realität abzubilden ist, um Objektivität und Intersubjektivität zu gewährleisten. Das Modellsubjekt ist der Erzeuger eines Modells der Realität auf der Basis der Abbildungsregeln. Die Realität stellt das Original oder die Vorlage für das zu erstellende Modell dar, und der Adressat sollte mit Kenntnis der Abbildungsregeln in der Lage sein, das Modell zu verstehen und richtig zu interpretieren (vgl. Schwarzer/ Krcmar [Wirtschaftsinformatik]).

Merksatz: **Modelle** sind

- **subjektrelativ**, da Auswahl des Originals und der Abbildungsregeln auf den Erzeuger zugeschnitten,
- **zweckrelativ**, da auf Belange des Erzeugers ausgerichtet, und
- **perspektivisch**, da der Blickwinkel des Erzeugers eingeht (Steinmüller [Informationstechnologie]).

Ein Modell ist stets 'Modell-wovon-wozu-für wen'" (Steinmüller [Informationstechnologie]). Demnach sind Information, Informationssysteme und Informationsprozess als Modell eines Objekts zu verstehen, das über die semiotischen Relationen abgebildet wird. Dies dient den Verwendungszwecken eines Subjekts, das wiederum eine Verhaltensbeziehung zum Original hat (vgl. Abbildung 11.3). Dann trifft der Satz „Wissen ist Macht" genaugenommen nicht zu, sondern „Information ist nicht Macht, sondern ermöglicht Machtausübung" (Steinmüller [Informationswissenschaft] 73f.). Noch präziser könnte man formulieren: Information ermöglicht nicht direkt Machtausübung. Die Fähigkeit jedoch, Informationen zu nutzen und sie in Entscheidungen umzusetzen, dient dazu, um Macht umzusetzen (*Hübner* [Unternehmensführung]). In vielen Branchen, wie beispielsweise dem Bankensektor, kann der Zugang zu möglichst aktuellen Informationen einen Wettbewerbsvorteil ausmachen, beispielsweise bei Veränderungen in der Zahlungsfähigkeit von Unternehmen.

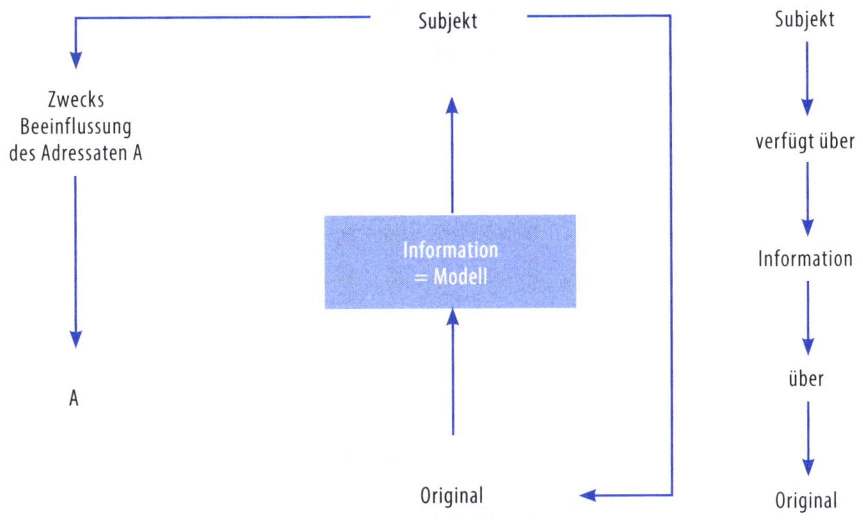

Abbildung 11.3: Information ist „Modell-wovon-wozu-für wen" (vgl. Steinmüller [Informationstechnologie] 178)

Die Modellierung der Objektrealität lässt sich auch als Interpretation durch das Subjekt verstehen; Information ist dann Ergebnis und Anlass einer solchen Interpretation, sie kann aber auch selbst wiederum Objekt und damit Interpretations- und Modellierungsgegenstand sein. Der Modellbegriff wird je nach wissenschaftstheoretischer Position unterschiedlich verwendet (vgl. Strobel [Unternehmensentwicklung]). Der positivistisch verwendete Modellbegriff unterstellt einen vom Modellierungsgegenstand unabhängigen Beobachter, welcher den Betrachtungsgegenstand in ein Modell abbildet. Diese Verwendung des Modellbegriffs impliziert, dass der Modellersteller subjektive Interessen und Zielsetzungen vernachlässigt bzw. vernachlässigen kann. Somit führt die Abbildung eines Realitätsausschnitts durch unterschiedliche Modellierer zu annähernd gleichen Modellen.

Dem gegenüber steht der systemische Modellbegriff. Er betrachtet ein erstelltes Modell als etwas Neues (Abbildung 11.4). Durch die Aktivitäten *Beobachtung* und *Gestaltung* wird das Modell durch den Modellierer, durch dessen subjektive Einstellungen und Interessen beeinflusst. Allein durch die Wahl der Modellierungsmethode und des Abstraktionsgrads trifft der Modellierer eine subjektive Entscheidung bezüglich der Darstellung und der dem Modell innewohnenden Komplexität. Er muss für die Erstellung eines Modells einen geeigneten Grad der Abbildungstreue der Realität finden. Hieraus resultiert eine Divergenz zwischen Realität und Modell. Für den Verwender eines Modells bedeutet dies, dass die Ergebnisse, die aus der Analyse eines Modells gezogen werden, nicht unmittelbar auf das Modellierte übertragbar sind.

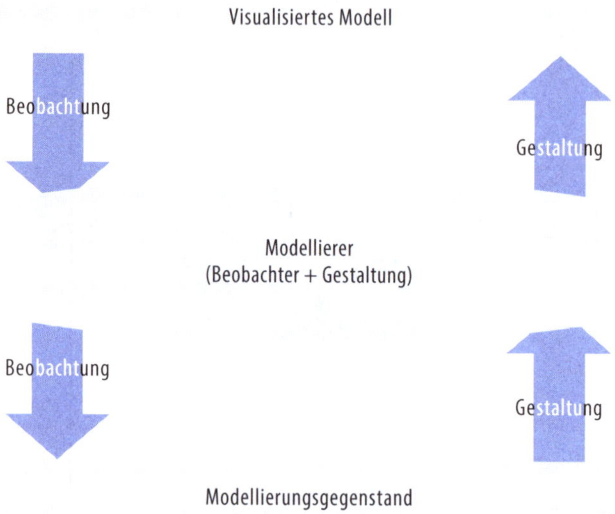

Abbildung 11.4: Systemischer Modellbegriff
Quelle: In Anlehnung an *Strobel* ([Unternehmensentwicklung])

Weiterhin geht der systemische Modellbegriff davon aus, dass der Modellierungsgegenstand und das erstellte Modell in wechselseitigem Verhältnis zueinander stehen. Dies bedeutet, dass im sozialen Kontext durch das erstellte Modell Kommunikations- und Reflexionsprozesse ausgelöst werden, die Rückwirkungen auf den Modellierungsgegenstand haben. Daraus ergibt sich die wechselseitige Beeinflussung von Realität und Modell.

Die Hauptfunktion der Modellierung ist aber auch bei systemischer Betrachtung die Darstellung eines relevanten Realitätsausschnitts. Ein solches Modell kann sowohl als Kommunikationsgrundlage für die Entscheider, insbesondere zur Identifikation von Systemschwächen, dienen, als auch eine Hilfe bei der Auswahl geeigneter Systemkomponenten sein. Des Weiteren dienen Modelle als Vorlage für die Entwicklung softwareintensiver Systeme. Die Identifikation von Systemschwächen ist z.B. im Bereich des Business Process Reengineering von wesentlicher Bedeutung. Unabhängig von der Interpretation des Modellbegriffs führt die Modelleigenschaft der Ressource Information jedoch nicht zur vollständigen Abstraktion, denn jede Informationsübertragung hat sowohl einen physischen als auch einen informatorischen Aspekt.

Die in der Betriebswirtschaftslehre „übliche" Definition von Information als zweckbezogenes Wissen geht – trotz ihres wesentlichen Beitrages der Zweckorientierung – an zwei wesentlichen Aspekten von Information vorbei, die gleichzeitig gelten: Information ist einerseits abstraktes Modell und andererseits bei Übertragung und Speicherung immer an physikalische Signale gebunden. Diese Dualität bedeutet, dass Informationen, obwohl sie Modelle einer physischen Realität darstellen, doch selbst physische Realität sind.

Jede klare sprachliche Regelung muss also zunächst festhalten, welches das Objekt ist, über das Informationen bearbeitet werden. Dabei wird sich das Informationsmanagement immer auf einer höheren Abstraktionsstufe bewegen als z.B. die Produktion. Dieser Grundgedanke wird sich durch dieses Buch ziehen und dazu führen, dass die Darstellung in separaten Gliederungspunkten auf einer höher gelegenen Modellebene vollzogen wird. Auch die Modellbildung als Interpretationsprozess spielt eine wichtige Rolle im Management der Ressource Information. Neben der Modelleigenschaft ist eine enge Bindung physischer und informatorischer Aspekte eine zentrale Herausforderung des Informationsmanagements.

Informationssystem

Die Wirtschaftsinformatik befasst sich mit *„Informations- und Kommunikationssystemen in Wirtschaft und Verwaltung"* (WKWI [Wirtschaftsinformatik] 80). Sie gilt als wissenschaftliche Disziplin an der Schnittstelle zwischen der Betriebswirtschaftslehre und einer ingenieurwissenschaftlich orientierten Informatik. Damit kombiniert die Wirtschaftsinformatik interdisziplinär das Erfahrungsobjekt der Wirtschaftswissenschaften, den Betrieb im Wirtschaftssystem und die Institutionen der öffentlichen Verwaltung mit der Ausrichtung auf Informationsprozesse und die informationsverarbeitenden Systeme. Der erweiterte Begriff der Informations- und Kommunikationssysteme, der mit der kürzeren Form Informationssysteme gleichzusetzen ist, verdeutlicht den „siamesischen Zwillingscharakter" von Information und Kommunikation, die sich gegenseitig bedingen (Heinrich and Stelzer [Informationsmanagement]).

Definition:
„Tilgungsregress" bezeichnet den Rückgriff eines Gesellschafters nach dessen Inanspruchnahme durch einen Gesellschaftsgläubiger.

Bei Informationssystemen (IS) handelt es sich um soziotechnische („Mensch-Maschine-") Systeme, die menschliche und maschinelle Komponenten (Teilsysteme) umfassen und zum Ziel der optimalen Bereitstellung von Information und Kommunikation nach wirtschaftlichen Kriterien eingesetzt werden. (WKWI [Wirtschaftsinformatik] 80).

Da man Systeme allgemein als eine Menge von Elementen versteht, die in bestimmter Weise miteinander in Beziehung stehen, ist die Kommunikation in IS nichts anderes als der notwendige Austausch von Informationen zwischen den Elementen eines Systems und zwischen dem System und seiner Umwelt. Maschinen werden hierbei als Anwendungen begriffen, die auf einer wie auch immer gearteten Hardware arbeiten. Anwendungen wiederum nutzen Daten für interne Prozesse, die schließlich in Funktionen und Verbindungen zwischen den Funktionen aufgeteilt werden können (vgl. Abbildung 11.5).

Dabei gelten IS als soziotechnische, offene, dynamische und komplexe Systeme: Offen, weil ihre Elemente mit ihrer Umwelt interagieren, dynamisch, da durch diese Interaktion die Elemente ihre Eigenschaften über die Zeit verändern können, und komplex wegen der großen Anzahl von Elementen und den vielen Beziehungen zwischen diesen.

In der Organisationstheorie wird traditionell von „dem einen Informationssystem" des Unternehmens ausgegangen, welches die Gesamtheit aller betrieb-

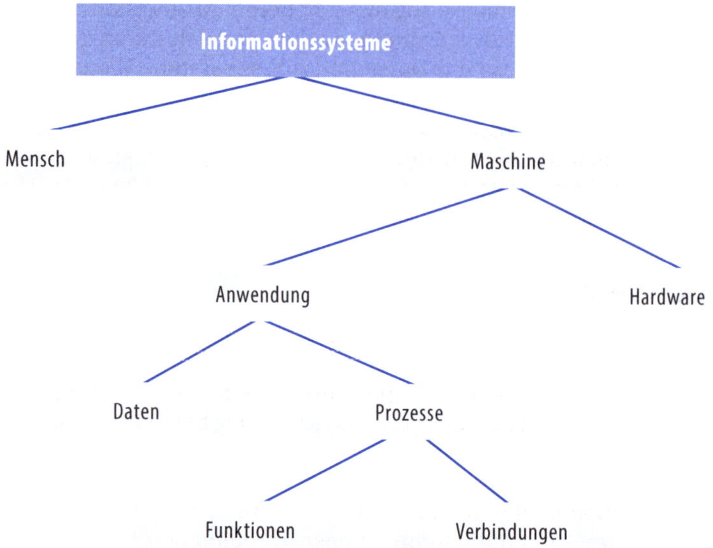

Abbildung 11.5: Informationssysteme als Mensch-Maschine-Systeme
Quelle: Eigene Darstellung

lichen Abläufe und Tätigkeiten bezeichnet, die sich mit Information befassen. Dieses eine IS mit seinen Planungs-, Steuerungs- und Kontrollaufgaben sei dem Basissystem der Unternehmung mit der Aufgabe der betrieblichen Leistungserstellung gegenüberzustellen (Grochla [Informationssysteme]).

In der Wirtschaftsinformatik dagegen wird der Begriff „Informationssysteme" üblicherweise im Plural gebraucht und eine Zerlegung des Gesamtsystems in Subsysteme vorgenommen. Bspw. lassen sich nach dem Verwendungszweck verschiedene Anwendungssysteme („application systems") für die Administration, die Disposition und die Entscheidungsunterstützung unterscheiden. Administrationssysteme werden für die Speicherung und Verarbeitung von Massendaten zum Beispiel in der Finanzbuchhaltung eines Unternehmens eingesetzt, während Dispositionssysteme Entscheidungen bspw. im Rahmen der Bestellabwicklung oder der Materialbeschaffung unterstützen. Der Begriff Entscheidungsunterstützungssysteme wird hingegen für interaktive Systeme verwendet, die Verantwortliche im Umgang mit semi- und unstrukturierten Entscheidungssituationen durch Methoden, Modelle oder Daten unterstützen (Gluchowski u.a. [Führungsinformationssysteme]).

Nach ihrem Anwendungsfokus lassen sich IS einerseits in betriebliche und überbetriebliche IS einteilen, während andererseits branchenspezifische und branchenübergreifende IS unterschieden werden können. Warenwirtschaftssysteme für den Handel oder Produktions-, Planungs- und Steuerungssysteme in der Industrie sind Beispiele für branchenspezifische Systeme, während Anwendungssysteme für die Buchführung in allen Branchen angewendet werden können.

Aus einer wertschöpfungskettenübergreifenden Perspektive beschreiben die eBusiness-Konzepte Supply Chain Management (SCM) und Customer Relationship Management (CRM) die Integration und Vernetzung einzelner Wertschöpfungsstufen unabhängig von ihrer institutionellen Zugehörigkeit. Über das einzelbetriebliche Optimum hinaus stehen IS im Mittelpunkt, die auf Grundlage standardisierter Internettechniken eine möglichst effektive Gestaltung und Steuerung eines gesamten Wertschöpfungsprozesses bzw. Wertschöpfungsnetzwerkes zum Ziel haben.

Nach *Scheer* ([Wirtschaftsinformatik]) können IS eines Industriebetriebs in funktionsbezogene und unternehmensbezogene Systeme eingeteilt werden. Die funktionsbezogenen IS werden dabei in die Bereiche Produktion, Technik, Beschaffung, Absatz, Personal, Rechnungswesen und Verwaltung eingeteilt und schließlich durch Schaffung geeigneter Schnittstellen zu einem unternehmensbezogenen integrierten Gesamtsystem der betriebswirtschaftlichen Informationsverarbeitung (IV) weiterentwickelt.

Dieses Gesamtsystem fällt in den Aufgabenbereich des Informationsmanagements, weil diese IS die Werkzeuge darstellen, um die Informationsversorgung im Unternehmen sicherzustellen. Planung und Bereitstellung der IS des Unternehmens zur Erfüllung betrieblicher Aufgaben stellen damit einen Teilbereich der Aufgaben des Informationsmanagements dar.

Informations- und Kommunikationstechnik

IKT stellen die Basis für ein erfolgreiches Informationsmanagement dar. Mit dem Fortschritt der Entwicklung der IKT selbst bestimmt das Informationsmanagement in zunehmendem Maße die Effizienz und Effektivität der Unternehmung.

Definition:
Informations- und Kommunikationstechnik (IKT) ist die Gesamtheit der zur Speicherung, Verarbeitung und Kommunikation zur Verfügung stehenden Ressourcen sowie die Art und Weise, wie diese Ressourcen organisiert sind.

Neben dem Begriff der Information ist auch der Technologiebegriff und sein Verhältnis sowie seine Abgrenzung zum Technikbegriff Gegenstand unterschiedlicher Definitionsversuche. In der Fachpresse und Literatur wird IKT oft auch mit Informations- und Kommunikationstechnologie oder in der Kurzform mit Informationstechnik bzw. Informationstechnologie gleich gesetzt.

Das Wort Technik leitet sich etymologisch vom griechischen Begriff techne ab, der in der Antike so viel wie Kunst bzw. Handwerk bedeutete (Hubig [Technikbewertung]). Einer der ersten Definitionsversuche stammt von *Aristoteles*, der zwischen natürlichen und durch techne hervorgebrachten Dingen unterschied. Seither wurden zahlreiche weitere und engere Fassungen dieses Begriffs propagiert. Für die Verwendung des Begriffes in der Wirtschaftsinformatik eignet sich eine Fassung mittlerer Reichweite:

Das bedeutet, unter Technik wird sowohl das Ergebnis und Produkt der Anwendung bestimmter „technischer" Verfahren als auch der Anwendungsprozess als solcher verstanden. Streng genommen ist unter dem Begriff Technolo-

Definition:

„**Technik** umfasst

- die Menge der nutzenorientierten, künstlichen, gegenständlichen Gebilde (Artefakte oder Sachsysteme);
- die Menge der menschlichen Handlungen und Einrichtungen, in denen Sachsysteme entstehen;
- die Menge menschlicher Handlungen, in denen Sachsysteme verwendet werden" (Hubig [Technikbewertung] 3 ff.).

gie im Unterschied zu Technik die Wissenschaft von der Technik zu verstehen. Praktikabler erweist sich allerdings eine Abgrenzung dahingehend, dass von Technologie im Zusammenhang mit Grundlagenforschung, wie bspw. Gentechnologie, gesprochen wird, während unter Technik, Bereiche zu verstehen sind, in denen wissenschaftliche Ergebnisse anwendungsnah umgesetzt werden (bspw. in der Gentechnik) (Hubig [Technik und Technologie]).

Im Unterschied zur deutschen Sprache kennt das Englische keinen analogen Begriff zu Technik. Hier wird für alle genannten Bedeutungszusammenhänge der Term technology verwendet, was beim Vergleich deutsch- und englischsprachiger Literatur (auch aus dem Englischen übersetzter Literatur) häufig für Begriffsverwirrung sorgt (Hubig [Technikbewertung]).

11.1.3 Das Modell des Informationsmanagements

Die Managementaufgaben des Informationsmanagements beziehen sich auf drei Handlungsobjekte, die in Abbildung 11.6 nach der Nähe zur Technik abgebildet sind:

- die Informationen im Rahmen des Managements der Informationswirtschaft,
- die Anwendungen im Rahmen des Managements der Informationssysteme und
- die Technik im Rahmen des Managements der Informationstechnik.

Definition:

Informationsmanagement ist das Management der Informationswirtschaft, der Informationssysteme, der Informations- und Kommunikationstechniken sowie der übergreifenden Führungsaufgaben.

Das Ziel des Informationsmanagements ist es, den im Hinblick auf die Unternehmensziele bestmöglichen Einsatz der Ressource Information zu gewährleisten. IM ist sowohl Management- wie Technikdisziplin und gehört zu den elementaren Bestandteilen der Unternehmensführung.

Management der Informationswirtschaft

Handlungsobjekt der Ebene Management der Informationswirtschaft ist die Ressource Information. Im Mittelpunkt stehen Entscheidungen über den Informationsbedarf und das Informationsangebot sowie den Informationseinsatz. Der Informationsbedarf und seine Deckung durch das Informationsangebot werden in einem informationswirtschaftlichen Planungszyklus geplant, organisiert und kontrolliert. Das Management erstreckt sich dabei auf alle in einem Unternehmen wesentlichen Verwendungszwecke von Informationen. Es spezifiziert Anforderungen an die Ebene der Informations- und Kommunikations-

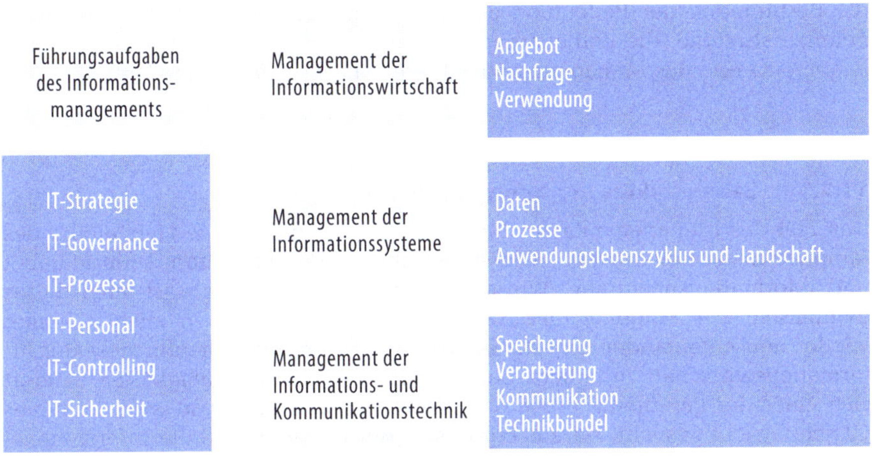

Abbildung 11.6: Modell des Informationsmanagements
Quelle: Eigene Darstellung

systeme, die gegeben sein müssen, damit die Informationsverarbeitungsaufgaben im Unternehmen erfüllt werden können.

Management der Informationssysteme

Handlungsobjekt der Ebene Management der Informationssysteme sind sämtliche Anwendungen, die zur Deckung des Informationsbedarfes dienen. Damit bilden das Management der Daten und der Prozesse die Kernaufgabe auf dieser Ebene. Das Management der Anwendungsentwicklung erfolgt ebenfalls auf dieser Ebene. Diese mittlere Ebene spezifiziert einerseits Anforderungen an und erhält andererseits Unterstützungsleistungen von der Ebene der Informations- und Kommunikationstechnik.

Management der Informationstechnik

Auf der Ebene des Managements der Informationstechnik stehen die Speicherungs-, die Verarbeitungs- und die Kommunikationstechnik im Mittelpunkt des Interesses. Das Technikmanagement im Allgemeinen betrifft die Bereitstellung und Verwaltung der Technikinfrastruktur sowie die Planung der technischen Anpassungen eingesetzter Systeme. Auf dieser untersten Ebene wird die physische Basis, d.h. die technische Infrastruktur, für die Anwendungslandschaft auf der mittleren Ebene und die Bereitstellung der Informationsressourcen auf der obersten Ebene gelegt.

Management des Informationsmanagements

Neben diesen Aufgaben, die sich auf ein konkretes Handlungsobjekt beziehen, existieren aber auch Aufgaben, die auf jeder Ebene anfallen oder nicht auf einer Ebene einzuordnen sind. Als generelle Aufgaben des Informationsmanagements gehören sie zur Gruppe „Management des Informationsmanagements". Handlungsobjekte dieser, alle drei Ebenen betreffenden Managementaufgaben sind die Bestimmung der Bedeutung des Informationsmanagements für die Unternehmensstrategie, die aufbauorganisatorische Gestaltung des Informationsmanagements und das Management des IT-Personals sowie das IT-Controlling.

11.2 Management der Informationswirtschaft

11.2.1 Lebenszyklus der Informationswirtschaft

Das Ziel des Managements der Informationswirtschaft ist die Herstellung des informationswirtschaftlichen Gleichgewichts zwischen Informationsangebot und Informationsnachfrage. Wie die meisten Gleichgewichte ist auch dieses dynamisch, d.h. Angebot und Nachfrage von Informationen müssen immer wieder neu aufeinander abgestimmt werden. Der Managementprozess der Informationswirtschaft unterliegt daher zyklischen Gesetzmäßigkeiten. Ändert sich einer der Parameter, bspw. die Informationsnachfrage, so wird ein neues Gleichgewicht gesucht. Daraus ergibt sich der Lebenszyklus der Informationswirtschaft (vgl. Abbildung 11.7). Grundlegende Elemente sind folgende Aktivitäten (Krcmar [Informationsmanagement]):

- Management der Informationsnachfrage und des -bedarfs,
- Management der Informationsquellen,
- Management der Informationsressourcen,
- Management des Informationsangebots und
- Management der Informationsverwendung.

Stehen die im Rahmen eines informationswirtschaftlichen Zyklus erschlossenen Informationen einem Informationsbenutzer zur Verfügung, kann der Informationsbedarf gedeckt werden. Der Informationsbenutzer interpretiert die von ihm gewünschten Informationen und die ihm zugegangenen Informationsprodukte und -dienste entsprechend dem von ihm verfolgten Zweck und bringt sie zur Anwendung. Dabei entstehen neue Informationen, da der Informationsbenutzer die ihm vom Informationsangebot bereitgestellten Informationen interpretiert, bewertet und mit seinen bereits vorhandenen Informationsstrukturen kombinieren kann. Ergebnis dieser Bewertung ist, dass der Informationsbedarf durch das Informationsangebot befriedigt wurde oder nicht. Dementsprechend muss das Informationsangebot ausgeweitet oder verändert werden.

11.2.2 Management der Informationsnachfrage

Informationsnachfrage bzw. -bedarf ist der Auslöser für den Lebenszyklus der Informationswirtschaft. Ziel der Entwicklung eines informationswirtschaftlichen Konzeptes ist die bedarfsgerechte Unterstützung der Informationsnachfrager mit einem entsprechenden Informationsangebot.

Im Rahmen des Managements von Informationsbedarf und -nachfrage sind die Facetten des Informationsbedarfs differenzierter zu betrachten. Eine Voraussetzung für das Management der Informationsnachfrage ist eine möglichst genaue Kenntnis und Beschreibung des zu deckenden Informationsbedarfs. Aus der Vielzahl der Methoden zur Informationsbedarfsermittlung sind eine oder mehrere geeignete Methoden auszuwählen. Aus den Ergebnissen der Informationsbedarfsermittlung kann dann der zu deckende Informationsbedarf abstra-

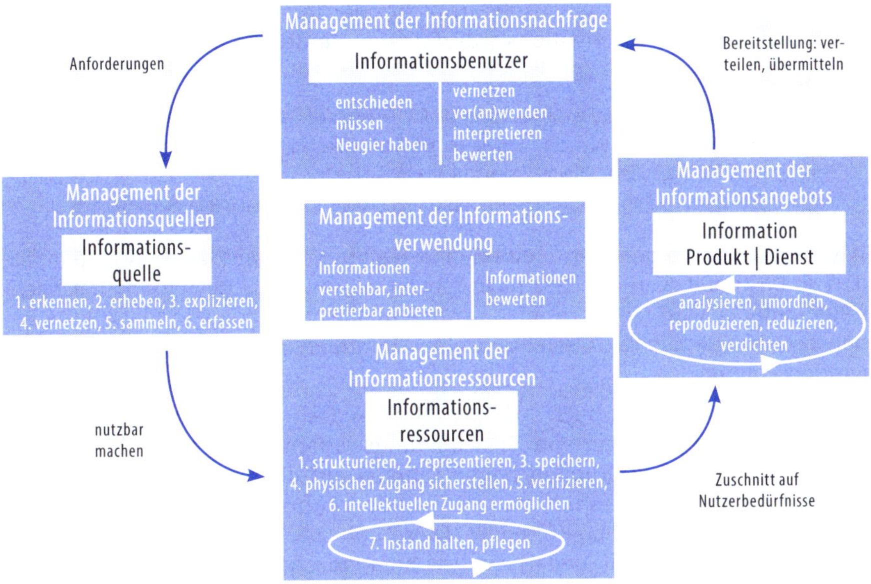

Abbildung 11.7: Lebenszyklusmodell der Informationswirtschaft
Quelle: In Anlehnung an (Krcmar [Informationsmanagement])

hiert und wenn erforderlich auch zu Informationsbedarfsprofilen für unterschiedliche Nutzergruppen aggregiert werden.

Informationsbedarf und Informationsnachfrage

Das Gleichgewicht zwischen Informationsbedarf und Informationsangebot ist das Ziel informationswirtschaftlicher Überlegungen. Der objektive Informationsbedarf ist der für die Aufgabenerfüllung erforderliche Informationsbedarf. Der subjektive Informationsbedarf hingegen definiert sich aus der Perspektive des handelnden Individuums, d.h. des Aufgabenträgers, und wird auch „Bedürfnis" genannt. Subjektiver und objektiver Informationsbedarf sind nicht identisch oder müssen es zumindest nicht sein. Die Informationsnachfrage ist eine Teilmenge des subjektiven Informationsbedarfes und stellt die vom Individuum geäußerte Nachfrage nach Informationen dar. Selten wird der Fall auftreten, dass das Informationsangebot den subjektiven oder objektiven Informationsbedarf komplett deckt, weshalb nur die Schnittmenge aus Angebot, Nachfrage und objektivem Informationsbedarf den Informationsstand bestimmt. Ziel der Informationswirtschaft ist es, Bedarfe und Angebot zur Deckungsgleichheit zu bringen. Die Basis der Informationsnachfrage ist der Informationsbedarf.

Erkennen und Erheben des Informationsbedarfs

Obwohl subjektiver und objektiver Informationsbedarf identisch sein können, gibt es zahlreiche Fälle, in denen der objektive, aus der Aufgabenbeschreibung abgeleiteter Informationsbedarf nicht oder nur teilweise dem entspricht, was als subjektives Informationsbedürfnis empfunden wird.

Definition:
„Unter **Informationsbedarf** wird im allgemeinen die Art, Menge und Beschaffenheit von Informationen verstanden, die ein Individuum oder eine Gruppe zur Erfüllung einer Aufgabe benötigt" (Picot [Information], 236). Die tatsächlich geäußerte **Informationsnachfrage** stellt eine Teilmenge des subjektiven Informationsbedarfs dar. Sie ist neben dem objektiven Bedarf Ausgangspunkt der Planung des Informationsangebots.

Wie kann über die geäußerte Informationsnachfrage hinaus der Informationsbedarf so bestimmt werden, dass nicht nur die aktiv geäußerte Informationsnachfrage gedeckt wird, sondern auch gewissermaßen passiv vorhandene Informationsbedürfnisse für die Gestaltung eines Informationsangebots herangezogen werden können?

Generell werden im Hinblick auf die Erhebung des Informationsbedarfs Benutzerklassen oder Gruppen von Entscheidungsträgern anhand von Merkmalen unterschieden. Diese Gruppen haben Einfluss auf die zu verwendenden Verfahren zur Ermittlung des Informationsbedarfs. Hierfür ist zu erheben, wer welche Informationen benötigen könnte. Diese Personen sollten dann in Gruppen zusammengefasst für die Bedarfsanalyse herangezogen werden. Eine mögliche Unterteilung wäre zum Beispiel die Einteilung in Experten, Berufseinsteiger oder Shareholder/Investoren, die eine ganz andere Sichtweise und damit Informationsbedarfe haben könnten als unternehmensinterne Personen. Diese Unterteilung dient als Grundlage für die Gestaltung eines benutzerzentrierten Berichtswesens. Es gibt verschiedene Methoden, wie bspw. die Balanced Scorecard, die sich zum Erkennen und Erheben der strategischen Informationsbedarfe von Führungskräften eignen (Krcmar [Informationsmanagement]).

11.2.3 Management der Informationsquellen

Auf dem Weg zur Informationsgesellschaft ist eine bedarfs- und nutzerorientierte, also eine nachfrageorientierte Gestaltung des Informationsangebots unverzichtbar. Ein leichter und flexibler Zugang zu Informationen für die Mitarbeiter ist wesentlich für eine effiziente Informationswirtschaft im Unternehmen. Im Mittelpunkt dieser nachfrageorientierten Gestaltung des Informationsangebots steht die Fragestellung, wie der Informationsnutzer die benötigte Information in qualitativer und quantitativer sowie in zeitlicher und räumlicher Hinsicht erhält (Picot [Information]). Diese Fragestellung wird mit dem Management der Informationsquellen, der Informationsressourcen und der Informationsverwendung begegnet.

Am Anfang der Entwicklung eines Informationsangebots steht das Management der Informationsquellen. Die Managementaufgaben sind das Erkennen und Erheben, sowie das Sammeln und Erfassen von Informationen. Das Erkennen und Erheben kann über die Neubewertung vorhandener Informationen oder die Schaffung neuer Informationen erfolgen, die dadurch Eingang in die Informationsressourcen eines Unternehmens finden. Das Sammeln und Erfassen der Informationen geschieht im Idealfall dezentral am Ort der Entstehung der Information, um die Aktualität zu gewährleisten. Nach dem Erkennen und

Erheben, sowie anschließendem Sammeln und Erfassen von Informationen spricht man von einer Informationsquelle.

Der Ort und die Herkunft von Informationsquellen spielt eine entscheidende Rolle in der unternehmerischen Informationswirtschaft. Es kann sowohl für die Informationsnachfrager als auch für das Informationsangebot zwischen internen und externen Informationsquellen differenziert werden. Daraus ergeben sich unterschiedliche Konstellationen, in denen das Informationsangebot die Nachfrage decken muss.

Das Hauptaugenmerk der Informationswirtschaft liegt jedoch auf der Zusammenführung interner Nachfrager mit dem internen Informationsangebot über die betrieblichen Informationssysteme. Zusätzlich wird das Angebot unternehmensinterner Informationsquellen von externen Institutionen wie der Fachpresse, Informationsdiensten, Kapitalanlegern und anderen Unternehmen aus der Branche nachgefragt. Ergebnisse dieser Nachfrage sind zum Beispiel Publikationen oder im Allgemein die Gestaltung der Public Relations des Unternehmens. Externe Informationsquellen treffen als Angebot in Form von Fachinformationen auf die unternehmensinterne Nachfrage. Für die unternehmerische Informationswirtschaft ist das Angebot externer Informationsquellen für externe Nachfrager nicht relevant.

11.2.4 Management der Informationsressourcen

Um eine Informationsquelle in eine Informationsressource zu verwandeln, muss die Informationsquelle zunächst verifiziert werden und anschließend die Informationen auf (vorwiegend elektronischen) Informationsträgern gespeichert werden. Dabei sind organisatorische, ökonomische, Datensicherheits- und Datenschutz-Gesichtspunkte zu berücksichtigen. Zusätzlich muss ein physischer und intellektueller Zugang zu den gespeicherten Informationen geschaffen werden. Der physische Zugang wird durch eine Vernetzung der Informationsträger untereinander und eine Einbindung der Nutzer in das Netzwerk der Informationsträger realisiert. Eine Unterstützung für den intellektuellen Zugang wird durch Informationsorganisation und -modellierung über Deskriptorensysteme, Erfassung und Verwaltung von Metainformationen sowie Auswahl- und Navigationshilfen geschaffen. Außerdem sind die Informationen einer Informationsressource im Rahmen eines Managements der Informationsqualität zu pflegen (verändern, löschen) und die Informationsträger sind instand zu halten. Das Management der Informationsressourcen sorgt damit für die Darstellung und Speicherung der Informationen, die Bereitstellung geeigneter Informationsträger und Zugriffsmöglichkeiten sowie deren Pflege und Instandhaltung.

Informationsorganisation und -modellierung

Informationen zu den unterschiedlichsten Themen und Sachverhalten sind in hohem Detaillierungsgrad vorhanden. Weniger Informationsnot als vielmehr Informationsflut, „Information Overload", ist das Problem. Die Strukturierung und Organisation von Informationen ist eine wesentliche Aufgabe für die Entwicklung von Informationsressourcen, die durch Metadaten erfüllt werden kann. Metadaten ermöglichen die Beschreibung und Entdeckung von Informationsobjekten (z.B. durch Angaben zu Inhalten und Erstellern), ihre Nutzung (z.B. durch Angaben zum verwendeten Datenformat) sowie ihr Management (z.B. durch Angaben zu Zugriffs- und Nutzungsrechten). Generell wird zwischen formalen Metadaten und inhaltlichen Metadaten unterschieden (Gaus [Information Retrieval]).

Neben der Strukturierung und Organisation von Information ist ein zweiter, wesentlicher Aspekt des Managements von Informationsressourcen die Gewährleistung einer hohen Informationsqualität. Für die Qualität von Informationen gibt es keine allgemein verbindlichen Standards oder Vorgaben. Im Bereich des Informationsmanagements kann man bzgl. der Qualität von Informationen am treffendsten von Fitness for use sprechen. Ausschlaggebend für die Beurteilung der Informationsqualität ist die Eignung der Informationen für den jeweiligen Einsatzzweck.

Um den Qualitätsbegriff in Hinsicht auf Information zu konkretisieren und zu operationalisieren und somit ein Management der Informationsqualität zu ermöglichen wurden zahlreiche Ansätze und Modelle entwickelt. Die grundlegenden Elemente der meisten dieser Modelle sind Dimensionen oder Kategorien, unter denen Informationsqualität betrachtet wird und Kriterien, die zur Operationalisierung herangezogen werden (Krcmar [Informationsmanagement]).

11.2.5 Management der Verwendung

Im idealtypischen Verlauf des Informationskreislaufs entsteht aus der Nachfrage nach Informationen ein Angebot, welches dann verwendet wird. Ausschlaggebend für die Verwendbarkeit und die Verwendung von Informationen sind die Darbietung und die Bewertung der Informationen. Die Darbietung muss in einer Form geschehen, die der menschlichen Informationsverarbeitung entgegenkommt, d.h. von dem Informationsnutzer auch aufgenommen, verstanden, interpretiert und weiterverarbeitet werden kann. Die Bewertung der angebotenen Informationen durch den potenziellen Informationsnutzer ist entscheidend für die tatsächliche Nutzung. Die Frage ist, ob sich die entsprechende Information aus der Sicht des Informationsbenutzers tatsächlich für den jeweiligen Einsatzzweck eignet, also die bereits angesprochene Charakteristik „Fitness for use".

Die beste Verwendung von Information zur Entscheidung wird nicht unbedingt durch die totale Deckung der Informationsnachfrage erreicht. Ein geringerer Informationsstand kann im Gegenteil sogar von Vorteil sein, wie das folgende Beispiel unterstreicht:

Beispiel:

„Es gibt wohl in bestimmten Fällen eine ‚positive Rückkopplung' zwischen dem Ausmaß an Information über eine Sache und der Unsicherheit. Wenn man über eine Sache überhaupt nichts weiß, kann man sich ein einfaches Bild [...] machen und damit operieren. Sobald man aber ein wenig Information gesammelt hat, gerät man in Gefahr. Man merkt, was man alles noch nicht weiß, bekommt das starke Bedürfnis nach noch mehr Wissen, sammelt weitere Informationen, merkt noch mehr, dass man eigentlich fast überhaupt nichts weiß.

> **[...] je mehr man weiß, desto mehr weiß man auch, was man nicht weiß. Es ist wohl nicht von ungefähr, dass sich unter den Politikern so wenig Wissenschaftler befinden. Und es ist wohl auch nicht von ungefähr, dass in Organisationen [...] eine Tendenz besteht, die ‚Informationssammlung' von der ‚Entscheidung' institutionell zu trennen. Eine solche Trennung mag den Sinn haben, den eigentlichen ‚Entscheider' mit einem nur groben Bild der Informationslage zu versehen." (Dörner [Logik des Mißlingens] 145)**

Die Fähigkeit Entscheidungen zu treffen, hängt demnach nicht ausschließlich von der Menge und Qualität des Informationsangebots ab. Führt der bereits angesprochene *„Information Overload"* zu Unsicherheit und weiter wachsender Informationsnachfrage, kann ein Teufelskreis der Entscheidungshemmung durch ein zu großes Informationsangebot entstehen.

Bei administrativen Aufgaben führt die Deckung der Informationsnachfrage zu einer Qualitätssteigerung, da sich die Einbeziehung von mehr Information positiv auswirkt. Führungsentscheidungen werden jedoch zumeist auf der Basis unsicherer und unscharfer Informationen getroffen, deren größeres Angebot die Entscheidungsfähigkeit von Managern nur bedingt erhöht. Die Planung der Ressource Information im Betrieb sollte dies beachten.

11.3 Management der Informationssysteme

11.3.1 Datenmanagement

Das Management der Daten umfasst verschiedene Ansätze des Datenmanagements, den Umgang mit Referenzmodellen und unternehmensspezifischen Datenmodellen sowie die Auswahl einer geeigneten Datenbankarchitektur und eines geeigneten Datenbanksystems (Scheer [Informationssysteme]).

Daten sind damit per se nicht wertschöpfend. Erst durch die Interpretation und Nutzung der Daten durch Informations- und Wissensträger, die diese Informationen in Entscheidungen und Handlungen umsetzen, kommt es zur Wertschöpfung. Wie für jede andere betriebliche Ressource (z.B. Personal, Finanzen oder Anlagen) ist auch für Daten ein Managementprozess nötig.

Definition:
Das **Datenmanagement** (DM) betrifft alle betrieblichen und technischen Aspekte der Datenmodellierung, -administration, -technik, -sicherheit, -konsistenz, die Sicherung von Daten (z. B. Backup) und der datenbezogenen Benutzerdienste. Ziel des DM ist die Bereitstellung und Nutzung der Daten im Unternehmen. Dazu gehört die Beachtung von Richtigkeit, Konsistenz, Aktualität, Aufgabenbezogenheit und Zusammenhang der Daten, also die Verbesserung der Informationsqualität, aber auch eine produktivere Anwendungssystementwicklung durch den Einsatz von Datenbanken und geeigneten Modellierungstechniken (Loshin [MDM]).

Dazu ist eine DM-Strategie zu definieren, die festlegt, welche Daten für welche Systeme und Aufgaben auf welche Art und Weise zur Verfügung zu stellen sind. Zudem sind organisatorische Verantwortlichkeiten für Pflege und Erfassung der Daten und die Bereitstellung der Daten in exakt definierter und untereinander abgestimmter Form zu regeln.

Im Unternehmenskontext liegen Daten in unterschiedlichen Ausprägungen vor. So gibt es unstrukturierte Daten, wie bspw. E-Mails, PDF-Dokumente, Office-Dateien oder immer häufiger auch Audio- oder Videodateien. Daneben sind strukturierte Transaktionsdaten vorzufinden, die im Rahmen von Geschäftsprozessen anfallen (z.B. Rechnungen, Lieferscheine oder Angebote).

Stammdatenmanagement (engl. Master Data Management) befasst sich mit dem Management der Master- oder Stammdaten im Unternehmen. Hierzu zählen bspw. Kunden- oder Materialstammdaten, die in der IT-Landschaft eines Unternehmens oft in verteilten, heterogenen Systemen gehalten werden – häufig auch in redundanter Form. So finden sich Kundendaten oftmals in der Finanzabteilung wie auch redundant im Bereich Logistik oder Marketing.

Diese Redundanz beeinträchtigt sowohl die Konsistenz als auch die Qualität der Stammdaten. Der Abgleich von redundanten Daten, die auf unterschiedlichen Systemen abgelegt sind, sowie Betrieb und Wartung der heterogenen Systeme, in denen die Stammdaten gehalten werden, erfordern einen hohen organisatorischen und technischen Aufwand. Diesen Problemen lässt sich über ein zentrales, unternehmensweites Stammdatenmanagement begegnen.

Ziel des Stammdatenmanagements ist es, in der IT-Landschaft eines Unternehmens vorhandene Stammdaten in einen redundanzfreien, harmonisierten und an zentraler Stelle bereitgestellten und verwalteten Datenbestand zu überführen. Stammdatenmanagement umfasst in der Regel Identifikation, Konsolidierung, Harmonisierung und Integration der Stammdaten sowie die anschließende Synchronisation der Daten (Krcmar [Informationsmanagement]).

Unter dem Begriff Enterprise Content Management (ECM) ist ein Ansatz zu verstehen, der das Management von Daten innerhalb eines Unternehmens ganzheitlich abdeckt. Der Begriff ECM wird als Sammlung von Strategien, Methoden und Werkzeugen zur Umsetzung der Ziele Erfassung (Capture), Verwaltung (Manage), Speicherung (Store), Bewahrung (Preserve) und Ausgabe (Deliver) von Content und Dokumenten zur Unterstützung von organisatorischen Prozessen definiert. Der Begriff Content umfasst beliebige Inhalte, die in elektronischer Form vorliegen. Content wird außerdem in dynamischen, veränderbaren Content (z.B. Dokumente, die sich in Bearbeitung befinden) sowie unveränderbaren Content (z.B. archivierte Dokumente) unterschieden.

11.3.2 Referenzmodelle

Eine Voraussetzung, um die zuvor genannten Ansätze des Datenmanagements realisieren zu können, sind Datenmodelle. Referenzmodelle können hierbei als Vorlage für unternehmensspezifische Datenmodelle dienen. Referenzmodelle sind Modelle, die nicht nur in dem spezifischen Kontext, der ihrer Konstruktion zugrunde liegt, sondern auch in weiteren Anwendungskontexten verwendet werden können (Becker and Schütte [Handelsinformationssysteme]).

Definition:
Ein **Referenzmodell** ist ein für einen Wirtschaftszweig erstelltes Modell, das allgemeingültigen Charakter haben soll. Es dient als Ausgangslösung zur Entwicklung unternehmensspezifischer Modelle (Becker and Schütte [Handelsinformationssysteme]).

Die Eigenschaft der Allgemeingültigkeit fordert, dass Referenzmodelle für eine Klasse unternehmensspezifischer Modelle zum Einsatz kommen können. Ihre Entwicklung basiert demnach nicht auf den Anforderungen eines speziellen

Falls, sondern es werden in mehreren Fällen wiederkehrende Anforderungen bzw. ähnliche Fälle zusammengefasst und verallgemeinert. Neben der Allgemeingültigkeit wird gefordert, dass Referenzmodelle Empfehlungscharakter besitzen, d.h., dass Referenzmodelle gegenüber unternehmensspezifischen Modellen vorbildliche Darstellungen bieten und damit die Rolle von Sollmodellen einnehmen (Becker and Schütte [Handelsinformationssysteme]). Sowohl die Allgemeingültigkeit als auch der Empfehlungscharakter von Referenzmodellen können jedoch nur schwer nachgewiesen werden. Hieraus erwachsen besondere Anforderungen an den Konstruktionsprozess von Referenzmodellen (Becker and Schütte [Handelsinformationssysteme]).

Die erstmalige Erstellung von Datenmodellen für ein Unternehmen oder Teilbereiche eines Unternehmens ist schwierig und kostenintensiv. Die Verwendung von Referenzmodellen erlaubt es auf bekannten Best Practices aufzusetzen und erhöht somit die Effizienz und Effektivität des Modellierungsprozesses. So lassen sich bspw. Schnittstellen zwischen Anwendungssystemen schneller identifizieren. Zusätzlich haben Referenzmodelle den Vorteil, dass sie zu einem einheitlichen Begriffsverständnis zwischen den verschiedenen Stakeholdern führen und eine Verbesserung der Dokumentation bestehender Daten mit sich bringen.

Jedoch weisen Referenzmodelle auch Nachteile auf. Als Hauptnachteil ist der Verlust strategischer Wettbewerbskompetenzen durch Standardisierung beim Einsatz von Referenzmodellen zu nennen. Ebenso können Anpassungskosten und unzureichende Möglichkeiten der Modellanpassung zu hohen Kosten führen. Entscheidungsträger haben vielfach Schwierigkeiten zwischen Detaillierungsgrad und Wiederverwendbarkeit abzuwägen. Zudem wird häufig vergessen, dass Referenzmodelle kontinuierlich angepasst werden müssen.

11.3.3 Prozessmanagement

Unter Prozessmanagement wird die Gestaltung, Ausführung und Beurteilung von Prozessen verstanden. Das Management von Informationssystemen kann aus einer ablauforientierten Perspektive betrachtet werden.

Die Gestaltung betrieblicher IS beschäftigt sich mit den Daten, die von der Software einer Anwendung benötigt oder erstellt werden, sowie mit den Funktionen, welche die Software einer Anwendung zur Unterstützung des Anwenders bereitstellt. Eine Konzentration auf Einzelfunktionen birgt die Gefahr, dass sie nicht mehr in ihrem Kontext gesehen werden. Erst durch die geeignete Verknüpfung der Funktionen einer Anwendungssoftware werden komplexe betriebswirtschaftliche Aufgaben unterstützt.

Definition:
Eine Folge von logischen Einzelfunktionen, zwischen denen Verbindungen bestehen, wird als **Prozess** bezeichnet.

Prozesse transformieren einen oder mehrere Inputfaktoren durch die Ausführung verschiedener Funktionen zu einem oder mehreren Outputfaktoren. Deshalb kann von einem Transformationsprozess gesprochen werden, der entweder Materie (materielle Prozesse) und/oder Informationen verarbeitet (informatorische Prozesse). Das Management der Prozesse in Anwendungssystemen beschäftigt sich mit informatorischen Prozessen, weshalb auf die weitere Betrachtung materieller Prozesse verzichtet wird. Abbildung 11.8 zeigt den schematischen Aufbau eines Prozesses. Zum Zeitpunkt t0 wird der Prozess durch einen Trigger angestoßen und beginnt mit der Ausführung der Funktion F1. Trigger sind Startereignisse, die durch Anwender des IS, durch Funktionen der Software oder durch externe Ereignisse angestoßen werden. Nach Ende der Ausführung einer Funktion wird die darauf folgende Funktion angestoßen, bis das Prozessende in t_1 erreicht ist.

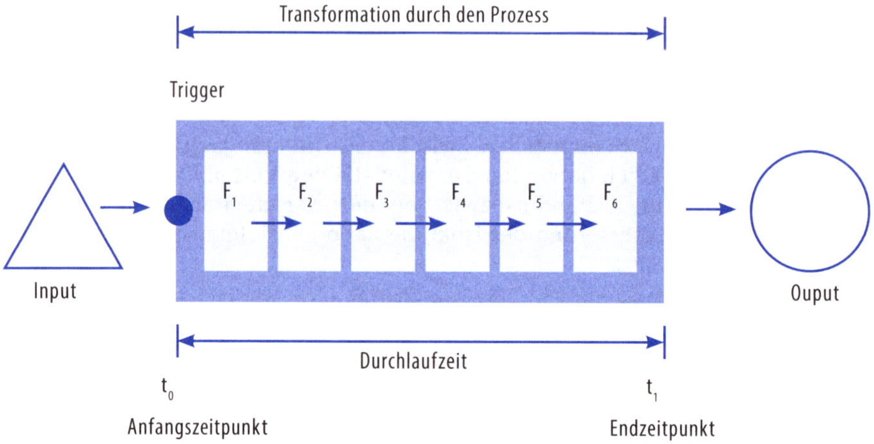

Abbildung 11.8: Darstellung eines Prozesses
Quelle: In Anlehnung an (Schwarzer and Krcmar [Wirtschaftsinformatik])

Das Ergebnis des Prozesses ist ein Output, der in informatorischen Prozessen als Informationsprodukt bezeichnet werden kann. Der in Abbildung 11.8 dargestellte Prozessablauf zeigt eine sequenzielle Folge von Funktionen, die um Verzweigungen erweitert werden kann, um komplexere und parallele Prozessabläufe darzustellen. Die Durchlaufzeit eines Prozesses ist als Differenz zwischen dem Anfangszeitpunkt t0 und dem Endzeitpunkt t1 definiert. Durch die Ausführung der Funktionen werden Kosten verursacht, die zur Bewertung eines Prozesses herangezogen werden könnten. Neben den Kosten eines Prozesses eignen sich die Durchlaufzeit und Qualität des Transformationsprozesses zur Bewertung.

Die Prozessauflösung – Prozesszerlegung oder Prozessdekomposition – erlaubt die Gliederung eines Prozesses nach verschiedenen Kriterien. Die vertikale Prozessauflösung führt zur Identifikation übergeordneter und untergeordneter Prozesselemente (Prozesshierarchisierung). Jeder Hauptprozess wird in Untermengen gegliedert. Diese werden als Subprozesse bezeichnet. Auch Subprozesse können ihrerseits in weitere Subprozesse unterteilt werden, der Detaillierungsgrad lässt sich somit an die Anforderungen der Darstellung anpassen. Die unterste Ebene kann einzelne Tätigkeiten darstellen. Auf einem hohen Aggregationsgrad wird der Untersuchungsgegenstand häufig als Geschäftsprozess bezeichnet, wenn dieser der Erfüllung der obersten Ziele der Unternehmung (Geschäftsziele) dient und das zentrale Geschäftsfeld beschreibt. Die horizontale Prozessauflösung zielt auf die inhaltliche Trennung von Prozessen auf der gleichen Abstraktionsebene hin. Durch die Prozessabgrenzung werden Funktionen zu Funktionsfolgen bzw. Prozessen zusammengefasst. Als Ergebnis der Prozessauflösung entsteht die Menge aller Prozesselemente, der Über- und Unterordnungsbeziehungen sowie der Vorgänger- und Nachfolgerbeziehungen zwischen den Elementen.

11.3.4 ARIS-Architekturmodel

Prozesse können im Unternehmen nicht isoliert betrachtet werden. Die Architektur integrierter Informationssysteme (ARIS) ist ein Integrationskonzept zur ganzheitlichen Betrachtung von Geschäftsprozessen (Abbildung 11.9). ARIS erlaubt eine zweidimensionale Betrachtung nach Sichten und Entwicklungsstufen. Vier Sichten (Daten, Funktionen, Steuerung und Organisation) werden in Fachkonzept, DV-Konzept und Implementierung unterteilt, wobei diese Stufen einem Vorgehensmodell entsprechen (Scheer [ARIS], Scheer [Betriebsinformatik]):

- Die Datensicht umfasst die Umfelddaten der Vorgangsbearbeitung sowie die Nachrichten, die Funktionen auslösen bzw. von Funktionen erzeugt werden.
- In der Funktionssicht werden die zu erfüllende Vorgänge, wie die Transformation der Input-Leistungen zu Output-Leistungen zusammengefasst.
- In der Steuerungssicht werden die Beziehungen zwischen den Sichten und der gesamte Geschäftsprozess behandelt. Sie bildet den Rahmen für die systematische Betrachtung aller bilateralen Beziehungen der Sichten sowie der vollständigen Prozessbeschreibung.
- In der Organisationssicht sind die Elemente der Aufbauorganisation eines Betriebs ein zentraler Betrachtungspunkt dieser Schicht. Organisationseinheiten werden gebildet, um Aufgabenträger, welche die gleiche Funktion ausführen oder das gleiche Arbeitsobjekt bearbeiten, zusammenzufassen.

Um die Komplexität innerhalb der Sichten zu reduzieren, wird jede Sicht in drei Stufen unterteilt, wobei diese Stufen einem Vorgehensmodell entsprechen:

- Im Fachkonzept werden die einzelnen Sichten des Anwendungssystems detailliert modelliert.
- Auf der Ebene des DV-Konzepts werden die Fachmodelle an die Anforderungen der Schnittstellen von Implementierungswerkzeugen angepasst.
- Im Rahmen der Implementierung werden Anforderungen in physische Datenstrukturen, Hardware-Komponenten und Programme konkreter Produkte der Informationstechnik umgesetzt.

Die Unterscheidung von Fachkonzept, DV-Konzept und Implementierung betont die Notwendigkeit einer Abstimmung zwischen der IT und den fachlichen Aufgabenerfüllungsprozessen. Die Interpretation als Stufen eines Vorgehensmodells stellt somit eine Beziehung zwischen den Ebenen her.

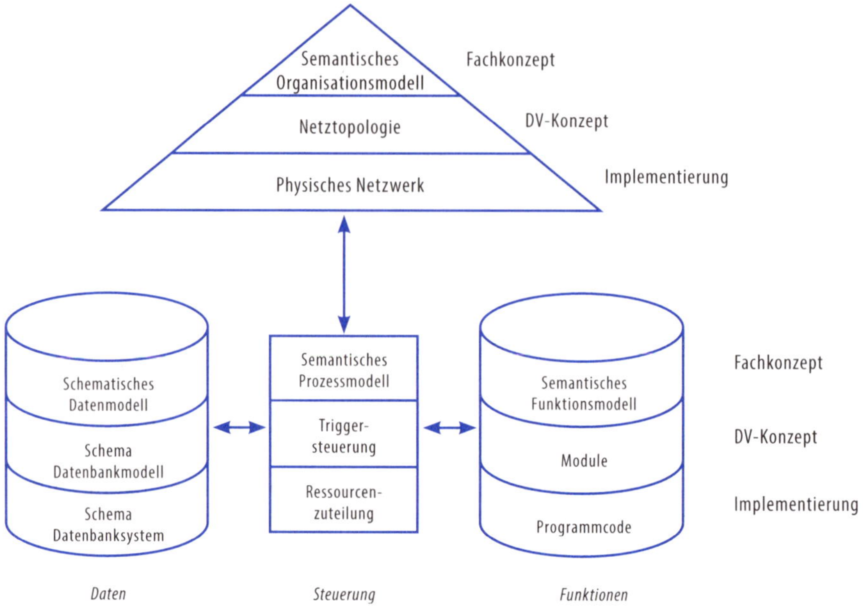

Abbildung11.9: Architektur integrierter Informationssysteme (ARIS) Quelle: (Scheer [Betriebsinformatik] 402)

11.3.5 Business Process Management

Die Summe der Maßnahmen der Prozessdokumentation und -optimierung werden zum Prozessmanagement zusammengefasst. Dabei muss zwischen der Bewertung des Geschäftsprozessmanagements und dem Controlling von Geschäftsprozessen unterschieden werden (Gaitanides [Prozessorganisation]).

Business Process Management (BPM) behandelt die Betrachtungsebenen Prozessdesign, Methoden und Werkzeuge, Wahrnehmung und Verständnis und Prozessorientiertes Informationsmanagement und hat viele Anknüpfungspunkte zum Business Process Reengineering (BPR).

Prozessmanagement umfasst planerische, organisatorische und kontrollierende Maßnahmen zur zielorientierten Steuerung der Wertschöpfungskette eines Unternehmens hinsichtlich Qualität, Zeit, Kosten und Kundenzufriedenheit (Abbildung 11.10). Eine Ausrichtung auf die strategischen Ziele sowie auf die Bedürfnisse der relevanten Interessensgruppen ist unerlässlich.

11.3.6 Management der Anwendungen

Der Lebenszyklus von IS-Anwendungen beschreibt die zeitliche Entwicklung ausgehend von der ursprünglichen Idee über den Kauf oder die Entwicklung und Einführung des neuen Systems, sowie dessen Wartung und etwaige Weiterentwicklung bis hin zur Abschaffung.

Die durchschnittliche Lebensdauer von Anwendungen, die in etwa bei 8,8 Jahren liegt, in Einzelfällen aber auch bis zu 20 Jahre betragen kann, verdeutlicht

Business
Process Management
Maturity Model

Factors					
Strategic Alignment	Governance	Methods	Information Technology	People	Culture
Capability Areas					
– Process Improvement Plan – Strategy and Process Capability Linkage – Process Architecture – Process Output Measurement – Process Costumers and Stakeholders	– Process Management Decision Making – Process Roles and Responsibilities – Process Metrics and Performance Linkage – Process Management Standards – Process Management Controls	– Process Design and Modeling – Process Implementation an Execution – Process Control and Measurement – Process Improvement and Innovation – Process Project and Program Management	– Process Design and Modeling – Process Implementation an Execution – Process Control and Measurement – Process Improvement and Innovation – Process Project and Program Management	– Process Skills and Expertise – Process Management Knowledge – Process Education and Learning – Process Collaboration and Communication – Process Management Leaders	– Responsiveness to Process Change – Process Values and Beliefs – Process Attitudes and Behaviors – Leadership Attention to Process – Process Management Social Networks

Abbildung 11.10: Kernelemente des Business Process Managements
Quelle: Vom Brocke/Rosemann ([BPM])

die Bedeutung einer systematischen und integrierten Steuerung des Anwendungslebenszyklus (Lehner [Anwendungssysteme]). Neben dem Management der einzelnen Phasen besteht die Herausforderung darin, betriebswirtschaftlich sinnvolle und technisch adäquate phasenübergreifende Entscheidungen zu treffen. So ist eine grundlegende Frage im Anwendungslebenszyklus, ob ein System selbst entwickelt oder fremdbezogen werden soll. Für den letzteren Fall sind zudem Standardsoftware und Individualsoftware zu unterscheiden. Standardsoftware beschreibt vorgefertigte Anwendungssoftware, die für einen bestimmten Anwendungsbereich und eine entsprechende Kundengruppe entwickelt wurde. Im Gegensatz dazu wird Individualsoftware speziell für den Einsatz bei einem einzelnen Kunden oder Unternehmen entwickelt. Der Anwendungslebenszyklus wird im Allgemeinen in sechs Phasen (Abbildung 11.11) unterteilt (Heinrich [Informationsinfrastruktur]): Entwicklung, Einführung, Wachstum, Sättigung/Reife, Rückgang und Abschaffung.

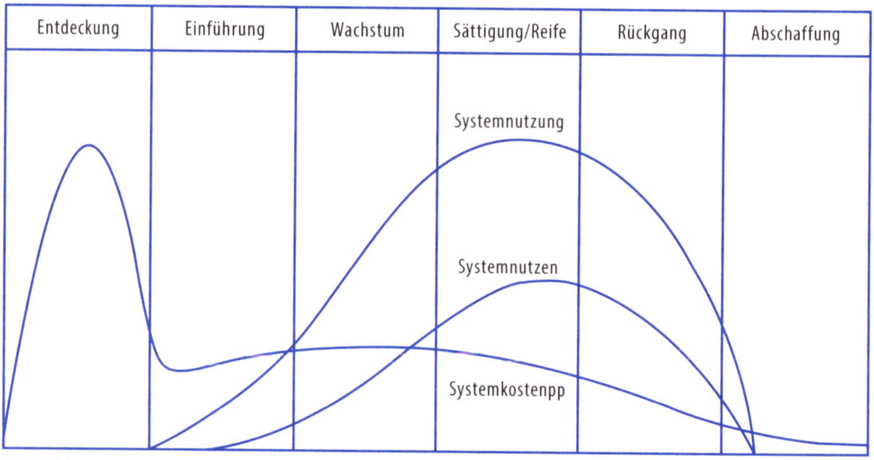

Abbildung 11.11: Modell des Anwendungslebenszyklus
Quelle: In Anlehnung an Heinrich ([Informationsinfrastruktur])

11.4 Management der Informations- und Kommunikationstechniken

Bevor Softwareanwendungen in einem Unternehmen installiert und genutzt werden können, müssen technische und organisatorische Voraussetzungen erfüllt, d.h. die benötigte Infrastruktur zur Verfügung gestellt werden.

Definition:

Infrastruktur besteht aus Hard- und Software zur Verarbeitung, Speicherung und Kommunikation, die eine Softwareanwendung voraussetzt (technische Infrastruktur), als auch Humanressourcen und Dienstleistungen, die zur Installation und Nutzung benötigt werden (organisatorische Infrastruktur).

Betrachtet man die technische Infrastruktur genauer, wird deutlich, dass sie modular und vernetzt aufgebaut ist. Aus Sicht des Anwenders gibt es Basiseinheiten (z.B. Betriebssystem, CPU, Festplatten oder Netzwerkkabel), deren interner Aufbau für den Anwender von untergeordneter Bedeutung ist und die für die Bereitstellung der Basisfunktionalitäten – Verarbeitung, Speicherung und Kommunikation – benötigt werden.

Definition:

Basistechnik bezeichnet die Basiseinheiten der IKT zur Bereitstellung der Basisfunktionalitäten Verarbeitung, Speicherung und Kommunikation.

Nur bestimmte Kombinationen von Basistechnik (Hard- und Software) sind jedoch als Infrastruktur für eine bestimmte Anwendung sinnvoll, nämlich diejenigen, die dem Konzept, das sich hinter einer solchen Anwendung verbirgt, entsprechen.

Definition:

Technikbündel sind Kombinationen von Basistechniken zur Realisierung spezieller Konzepte.

Neben der technischen Infrastruktur muss das Wissen über die für eine spezielle Anwendung sinnvollen Kombinationen von Basistechniken sowie über den Betrieb und die Wartung der Technik vorhanden sein, bevor eine Anwendung installiert und in Betrieb genommen werden kann. Die Nutzung der Technik setzt die Schulung der Benutzer und unter Umständen die Anpassung der Anwendung auf unternehmensspezifische Bedürfnisse voraus.

Definition:

Das **Management der Informations- und Kommunikationstechnik** umfasst:

1. Das Management der bereits im Unternehmen im Einsatz befindlichen IKT.
2. Das Management neuer IKT für den potenziellen Einsatz im Unternehmen.

Die Bedeutung, die dem Management der Informations- und Kommunikationstechnik zukommt, lässt sich nicht nur aus der Tatsache ableiten, dass für viele Unternehmen die Investitionen in IKT die größte Einzelausgabe (in der Dienstleistungsbranche häufig 50 % der Investitionen) darstellen. Die effiziente und effektive Nutzung von IKT spielt darüber hinaus für viele Unternehmen eine zentrale Rolle bei der Erreichung ihrer Geschäftsziele (Weill and Broadbent [Infrastruktur]).

Der Stellenwert des Managements der IKT ergibt sich daher aus dem Einfluss der verwendeten und verwendbaren, d.h. verfügbaren, jedoch bislang nicht im Unternehmen verwendeten, IKT auf die Kostenstruktur der Informationsverarbeitung, auf die Nutzbarkeit von Applikationen und auf Entwicklungsmöglichkeiten.

11.4.1 Aufgaben Informations- und Kommunikationstechnik-Management

Die Aufgaben des IKT-Managements lassen sich entlang eines Lebenszyklus-Modells darstellen, das die Beobachtung und Bewertung, die Aneignung, die Wartung und den Betrieb sowie die Ablösung von IKT umfasst (Abbildung 11.12). Die Struktur des Kapitels unterteilt dabei in Aufgaben des operativen (Wartung und Betrieb) und strategischen IKT-Managements (Beobachtung und Bewertung, Aneignung, Ablösung). Im Kontext des strategischen IKT-Managements werden Methoden beschrieben, die zur Bewältigung dieser Aufgaben herangezogen werden können.

Wartung und Betrieb der Informations- und Kommunikationstechnik

Im operativen IKT-Management geht es darum, dem Unternehmen eine IKT-Infrastruktur (technisch und organisatorisch) zur Verfügung zu stellen und somit eine effiziente Nutzung vorhandener bzw. bereits im Unternehmen befindlicher Technik zu ermöglichen. Zu den Teilaufgaben des operativen IKT-Managements gehören die Wartung und auch die Reparatur von Hard- und Software, aber vor allem Helpdesk-Aktivitäten, Netzwerkdienste und die Durchführung von Schulungen. Die physische Anschaffung bzw. Ablösung von Hard- und Software sind ebenso Aufgaben des operativen IKT-Managements wie das Lizenzmanagement und die Bestandsführung für zugekaufte Software. Darüber hinaus sind die operative Gewährleistung von Datenschutz und Datensicherheit inklusive Katastrophenmanagement zentrale Aufgaben des operativen IKT-Managements.

Konkrete, praxisorientierte Vorgehensmodelle zur Bewältigung dieser Aufgaben des operativen IKT-Managements beschreibt bspw. das *Office of Government Commerce* in der dritten Version der IT Infrastructure Library (Krcmar [Informationsmanagement]). Im Folgenden wird jedoch der Fokus auf die strategischen Aufgaben des IKT-Managements gelegt.

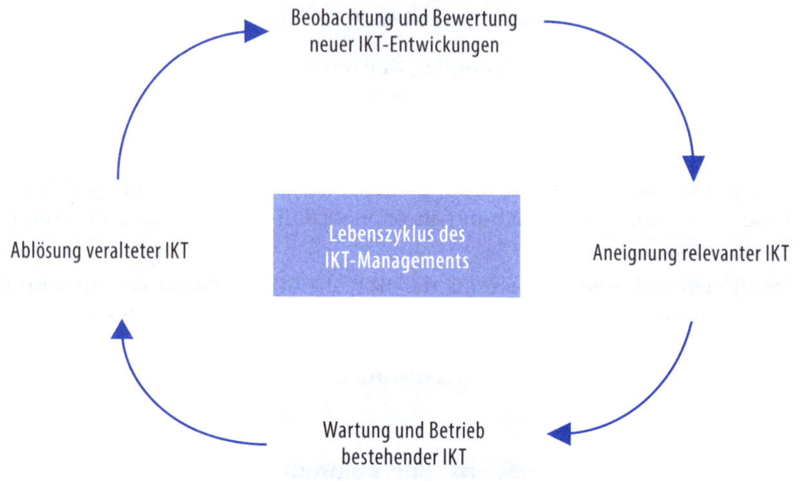

Abbildung 11.12: Der Lebenszyklus des IKT-Managements
Quelle: Eigene Darstellung

Strategisches Management der Informations- und Kommunikationstechnik

Beim strategischen IKT-Management ist zu fragen, welche Trends in der Technikentwicklung für die nächsten Jahre bestimmend sein werden und zu bestimmen, wann welche Technik im Unternehmen eingesetzt werden soll. Teilaufgaben des strategischen IKT-Managements sind (Krcmar [Informationsmanagement]):

- Das Beobachten und Bewerten der IKT-Entwicklung außerhalb des Unternehmens
- Die Bestimmung des IKT-Bedarfs des Unternehmens
- Das Treffen von IKT-Einsatzentscheidungen nach Technik- und Systemart, Umfang und Zeitpunkt

Setzt ein Unternehmen konsequent innovative Technik ein und trägt aktiv zur Entwicklung dieser neuen Technik bei, verfolgt das Unternehmen eine Leader-Strategie im Bereich dieser Technik. Wird eine Follower-Strategie verfolgt, so verlässt sich das Unternehmen auf bewährte Technik, ohne eine aktive Rolle in deren Weiterentwicklung zu spielen. So kann ein Unternehmen bspw. bei der branchenspezifischen Weiterentwicklung von Software eine Leader-Strategie verfolgen, indem es auf die Softwareentwicklung aktiv Einfluss nimmt bzw. die

Software hausintern weiterentwickelt, während es im Bereich Hardware eine Follower-Strategie verfolgt und ausschließlich etablierte, bewährte Technik nutzt.

Bei der Entwicklung neuer Technik verfolgen die Hersteller zwei unterschiedliche Strategien. Man spricht vom Technology Push, wenn die Entwicklung neuer Technik vom Hersteller initiiert und ein Produkt aktiv in den Markt gedrückt wird. Werden jedoch Technik- und Produktentwicklung aufgrund von Marktwünschen vorangetrieben, spricht man vom Market Pull. Häufig werden Produkte zunächst vom Hersteller aktiv in den Markt gedrückt, erreichen einen hinreichenden Reifegrad, falls sie sich bewähren, und werden dann von einer zunehmenden Zahl von Kunden nachgefragt.

Als besondere Form des Market Pulls kann die Entscheidung eines sog. Lead Users, aktiv an der Entwicklung eines Produktes mitzuwirken, gesehen werden (von Hippel [Lead User]). *Burgelman* und *Sayles* ([Innovation]) schlagen schließlich einen dritten, integrativen Strategieansatz vor, bei dem Marketing und Forschungs- und Entwicklungsexperten eng zusammen arbeiten, um neue Techniken und Produkte mit vielversprechenden Marktaussichten zu entwickeln.

11.4.2 Management der Verarbeitung, Speicherung, Kommunikation

Aufgabe des Managements der Verarbeitung ist es, Veränderungen von Daten zu ermöglichen und diese Veränderungen im Aufgabenzusammenhang betriebswirtschaftlich sinnvoll zu steuern. Veränderungen von Daten sind die Spezifizierung, Transformation und Aggregation. Nutzungsbedingte Verarbeitungsanforderungen ergeben sich aus der zeitlichen Abwicklung der Verarbeitung, der Anzahl der gleichzeitig am System arbeitenden Benutzer, der Art der Programmnutzung durch viele Benutzer, dem Ort des Starts und der Beendigung der Anwendungsprogrammausführung und der Herkunft der Daten. Bei der Durchführung des Verarbeitungsbetriebs existieren beispielhaft folgende Möglichkeiten (Stahlknecht and Hasenkamp [Wirtschaftsinformatik]) bzgl. der Betriebsart:

- Online- oder Offline-Betrieb,
- zentrale oder dezentrale Verarbeitung,
- Dialog- vs. Stapelverarbeitung.

Aus der Perspektive des Informationsmanagements ergeben sich durch die Anforderungen und den Möglichkeiten des Verarbeitungsbetriebs keine originär technischen Fragestellungen, wie etwa die Entwicklung neuer Verarbeitungskonzepte, sondern die Herausforderung der betriebswirtschaftlich sinnvollen Kombination von Möglichkeiten der Verarbeitung.

Interessante Fragestellungen entstehen an solchen Punkten, an denen eine Entscheidung über die einzusetzende Betriebsart getroffen werden muss, ohne dass die Handhabungsaspekte der Betriebsart das ausschlaggebende Entscheidungskriterium darstellen. Beispielsweise sind Entscheidungen zu treffen, ob höhere Kosten für den Online-Betrieb zu rechtfertigen sind oder ob ein Offline-Betrieb eine preisgünstigere Verarbeitung ermöglicht, solange die Nutzer auch dadurch zufrieden zu stellen sind. Allerdings hat die gewählte und unterstützte Betriebsart Auswirkungen auf die Systemarchitektur und die Systembereitstellung.

Im Falle der Nutzung vernetzter Rechner kann eine zentrale oder eine dezentrale Verarbeitung als eine weitere Betriebsart gesehen werden. Die Verarbeitungsbedingungen gestalten sich dann je nach der Herkunft der Daten sowie je nach Ort des Anstoßes und des Abschlusses der Ausführung unterschiedlich. Für eine dezentrale Verarbeitung sprechen z.B. geringere Anfangskosten, bessere Größenvariationen und autonome Nutzer. Für eine zentrale Verarbeitung sprechen die größeren Potenziale der Hardware, bessere Lastverteilung und weniger Datenredundanzen (Krcmar [Informationsmanagement]).

Die Verarbeitung von Daten kann nicht nur räumlich sondern auch zeitlich verteilt werden. Die zeitliche Verteilung der Verarbeitung orientiert sich an den Anforderungen der mit der IT zu bewältigenden Aufgabe und an der notwendigen Interaktion mit dem System. Bestehen hohe Anforderungen an die Aktualität der Daten, ist die tatsächliche Durchführung der Verarbeitung an Bedingungen geknüpft, die vom Nutzer oder von der Systemumgebung definiert werden. Sind bspw. Plausibilitätskontrollen der Eingaben und Zwischenergebnisse erforderlich oder sollen iterativ Abwandlungen der Verarbeitungsergebnisse erzeugt werden, dann ist eine Verarbeitung im Dialog sinnvoll. Eine Extremform ist die Realzeitverarbeitung, bei der innerhalb vorgegebener Zeitspannen Ergebnisse vorliegen müssen. Liegen solche Interaktionsanforderungen nicht vor, kann es zur Realisierung von economies of scale-Vorteilen sinnvoll sein, die Verarbeitung zu bestimmten Zeitpunkten zusammengefasst abzuwickeln, dem sogenannten Stapelbetrieb. Diese Form der Ausführung kann daher Vorteile beinhalten, selbst wenn dies aus der Aufgabe heraus nicht zwingend erforderlich ist.

Das Management der Speicherung dient dem betriebswirtschaftlich sinnvollen Ablegen und Wiederauffinden von Eingabedaten, Zwischenergebnissen und Endresultaten sowie der entsprechenden Programme zur Datenmanipulation und beschäftigt sich mit dem Problem des adäquaten Einsatzes der Speichertechnik, dem logistischen Problem der örtlichen (und zeitlichen) Steuerung der Datenbereitstellung sowie der Datensicherheit.

Die Speicherkapazität der elektronischen Datenträger wird in Mega-, Giga-, Tera- bzw. Petabytes ausgewiesen. Betrachtet man die fortschreitende Zunahme des Speichervermögens von Speichermedien, lässt sich ein ähnlich dynamisches Wachstum der zu speichernden Datenmengen erkennen. Hinsichtlich der Beschaffenheit der gespeicherten Daten werden sich in Zukunft kaum entscheidende Veränderungen vollziehen. Sinkenden Kosten für die Beschaffung von Speicherkapazität stehen steigende Kosten bei der Datenhaltung und -bereitstellung gegenüber. Hier muss das Informationsmanagement daher gestaltend eingreifen.

Ähnlich zur Gestaltung des Verarbeitungsbetriebs lässt sich auch bei der Speicherung zwischen zentraler und verteilter Datenhaltung unterscheiden. Den Vorteilen einer zentralen Datenhaltung stehen oftmals der betriebliche Alltag sowie geschäftsprozessbedingte dezentrale Datenbestände gegenüber. In diesen Fällen muss die örtlich verteilte Speicherung durch verteilte Datenbanksysteme für den Benutzer handhabbar gemacht werden.

Die Hauptaufgabe von Speichertechnik ist die Bereitstellung und Archivierung von Daten. Speichertechniken unterscheiden sich in der Verwendungsform, der Aufzeichnungsform, im Basismaterial des Speichermediums, in der Gestalt des Datenträgers, der Repräsentationsform der Daten, der visuellen Lesbarkeit durch den Menschen, in der Transportierbarkeit, Lagerfähigkeit, Aufzeichnungshäufigkeit, Speicherkapazität, Zugriffszeit, im Preis für den Datenträger sowie im Preis für das Aufzeichnungs- und Lesegerät (Faria and Wellington [PIMS]).

Mangelnde Verfügbarkeit oder gar der Verlust unternehmenskritischer Daten haben Auswirkungen auf die Produktivität oder führen zur Verletzung von zugesicherten Prozessdurchlaufzeiten. Regulatorische Konsequenzen können auch bei Verlust oder unrechtmäßiger Veränderung von z.B. steuerrelevanten Daten vor Ablauf der gesetzlichen Aufbewahrungsfrist entstehen.

Kommunikation bezeichnet den Austausch von Informationen zwischen Menschen, zwischen Menschen und Maschinen oder zwischen Maschinen zum Zwecke der Verständigung. Die Kommunikation findet über einen Kommunikationskanal zwischen mindestens einem Sender und mindestens einem Empfänger statt. Bezüglich der Form der auszutauschenden Informationen wird zwischen Audio-, Daten-, Text- und Bildkommunikation unterschieden.

Kommunikation zwischen Menschen kann im Allgemeinen ohne Hilfsmittel stattfinden, wenn die Beteiligten sich zur gleichen Zeit am gleichen Ort befinden. Der Einsatz von *Kommunikationstechnik* wird notwendig, wenn die Beteiligten an unterschiedlichen Orten oder zu unterschiedlichen Zeitpunkten miteinander kommunizieren wollen.

Für eine effektive Kommunikation sind Regeln notwendig, bspw. über den Ablauf der Kommunikation oder die Kommunikationsinfrastruktur. Diese Regeln werden von verschiedenen Instituten normiert, wie z.B. dem Deutschen Institut für Normung (DIN) und der International Standardization Organisation (ISO). Der Grundstein der Standardisierungsbemühungen wurde mit dem ISO/OSI-Referenzmodell der ISO Ende der 70er Jahre gelegt. Ziel des ISO/OSI-Modells war die Reduktion komplexer Kommunikationsvorgänge zwischen heterogenen Endgeräten durch die Zerlegung in weniger komplexe Teilaufgaben, die unterschiedlichen Schichten des Modells zugeordnet sind. Der Vorteil des ISO/OSI-Standards liegt in der Möglichkeit, Netze aus Komponenten unterschiedlicher Hersteller zusammensetzen zu können, solange die Komponenten den Normierungsspezifikationen genügen (Krcmar [Einführung Informationsmanagement]).

Das Internet hat sich zur allumfassenden Kommunikationsplattform entwickelt. Kommunikation und Interaktion innerhalb und zwischen Organisationen und Privatnutzern werden immer häufiger mit Unterstützung des Internets abgewickelt. Die Protokolle und Standards des Internet ermöglichen auf der logischen Ebene eine standardisierte Kommunikation zwischen beliebigen Rechnern auf der Welt. Voraussetzung ist, dass sie über einen Zugang zum Internet und eine Internet-Adresse verfügen.

Das *Kommunikationsmanagement* in Netzen wird schwerpunktmäßig zum Netzmanagement mit den Aufgabenkomplexen Netzgestaltung, Netzverwaltung und Netzbetrieb und ist damit eine Teilaufgabe des operativen IKT-Managements.

- Netzgestaltung: Hierunter fällt die Auswahl von Hardware- und Software-Komponenten sowie die Verkabelungs- und Installationsplanung. Die Netzgestaltung kann bereits in der Planungsphase für Gebäude ansetzen, wenn es z.B. um die Festlegung von Kabelschächten geht.
- Netzverwaltung: Die Netzverwaltung dient der Aufrechterhaltung des Netzbetriebes. Aufgaben sind Beschaffung, Bestandsregistratur und Koordinierung der Instandhaltung.
- Netzbetrieb: Der Netzbetrieb subsumiert Netzbedienung, laufende Instandhaltung und Benutzerservice.

Die Standards für die Benutzung von Kommunikationsprotokollen und Netzwerktopologien sind zum heutigen Stand bereits weitestgehend vorgegeben. Managemententscheidungen reduzieren sich in diesem Bereich im Wesentlichen darauf zu entscheiden welche Bandbreiten innerhalb und außerhalb des Unternehmens zur Verfügung stehen sollen.

Das strategische IKT-Management befasst sich u.a. mit der Frage, welche Trends in der Technikentwicklung zu erwarten sind. Bezüglich der Kommunikationstechnik werden im Folgenden die Bereiche Kapazitäts- und Leistungssteigerung sowie die Konvergenz von Netzen und Endgeräten beleuchtet.

11.5 Ausgewählte Führungsaufgaben des Informationsmanagements

Durch eine zunehmende Verbreitung von Informationstechnologien in Unternehmen steigen auch die Anforderungen an das Management der IT-Leistungserbringung. Seit einigen Jahren wird eine Standardisierung und Automatisierung oder zumindest eine weitgehende Professionalisierung der IT-Leistungserbringung gefordert. Referenzmodelle bieten Hilfestellung für die Analyse, Gestaltung und Optimierung von Prozessen in der IT-Leistungserbringung und erfreuen sich einer wachsenden Popularität in der Praxis.

Für eine effiziente und effektive Erbringung von IT-Leistungen sind aber nicht nur die zu Grunde liegenden Prozesse ausschlaggebend. Betrachtet werden muss auch, in welche Aufbauorganisation diese Prozesse eingebettet sind und ob diese unternehmensintern durchgeführt oder an externe Partner ausgelagert werden. Nicht zuletzt getrieben von der Diskussion über die Beschränkung der betrieblichen Aktivitäten auf die Kernkompetenzen eines Unternehmens lässt eine sehr große Zahl von Unternehmen zumindest Teile der IT-Leistungen durch externe Partner erbringen. Die Wahl der Koordinations- und Kontrollstrukturen der IT-Leistungserbringung hat einen hohen Stellenwert.

11.5.1 IT-Governance

Stellt man sich gedanklich außerhalb des Informationsmanagements, kommt man zu der Gestaltungsfrage, wie die Entscheidungsprozesse im Informationsmanagement aussehen sollten und wer die Verantwortung für die Entscheidungen und Ergebnisse im Informationsmanagement zu tragen hat. Diese Meta-Gestaltungsaufgabe wird in der Literatur und Praxis unter dem Begriff der IT-Governance diskutiert und kann dem Informationsmanagement als Aufgabe zugeordnet werden (Meyer u.a. [IT-Governance]). Dabei ist es möglich, mit IT-Governance den Nutzen und die Leistungsfähigkeit von IT-Investition zu beeinflussen (Weill [IT-Governance]). *Weill* und *Woodham* ([Governance]) definieren IT-Governance anhand ihres Hauptgegenstandes:

Definition:
IT-Governance bedeutet „specifying the decision rights and accountability framework to encourage desirable behaviour in the use of IT"(Weill and Woodham [Governance]).

Die Frage der Verantwortung kann dabei nicht allgemein gültig geklärt werden. Die Gestaltung hängt dabei unter anderem vom Unternehmenstyp, der ökonomischen Situation, der Unternehmenskultur, den Führungs- und Steuerungsprinzipien und dem Reifegrad des Einsatzes von Informationstechnik ab (Grohmann [IT-Governance]).

Ein Ansatz, welcher die wesentliche Rolle der IT-Governance für die Unternehmensführung darstellt, wurde von Deloitte entwickelt (Abbildung 11.13). Innerhalb der IT-Governance stehen sowohl Geschäfts- als auch IT-Aspekte in direkter Wechselwirkung und können nicht isoliert betrachtet werden. So wird die Rolle der IT (5) durch das Branchenumfeld (1) bestimmt, und die IT-Beschaffungsstrategie (8) durch das unternehmensweite Organisationsmodell (4). Zusätzlich müssen Wechselwirkungen auch zwischen den einzelnen Geschäftstreibern und zwischen den einzelnen IT-Treibern berücksichtigt werden. So fließen in die Geschäftsstrategie (2) sowohl das Branchenumfeld (1) als auch Trends und Entwicklungen (3) ein. Die Rolle der IT (5) steht in direkter Wechselwirkung mit der IT-Beschaffungsstrategie (8) aber auch mit dem Grad der IT-Konvergenz (6).

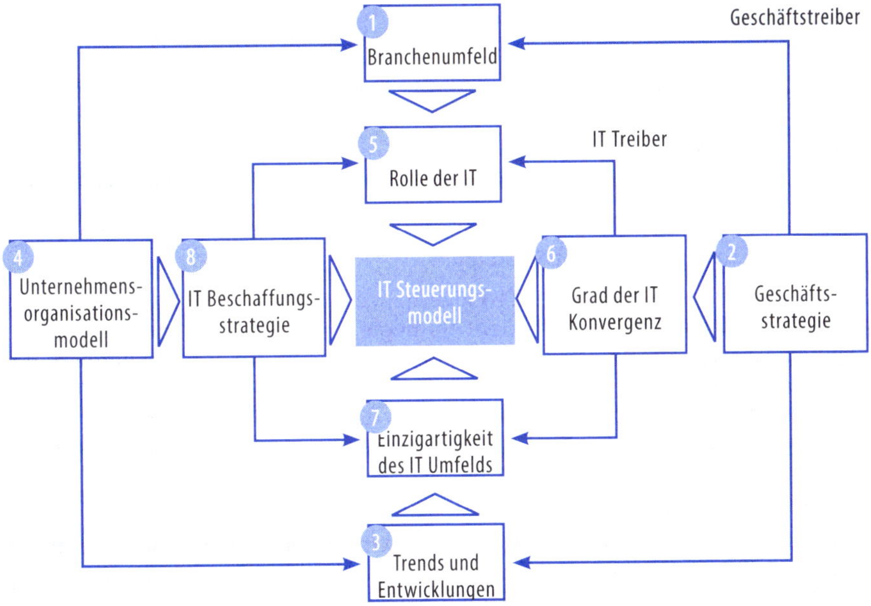

Abbildung 11.13: IT Governance Modell von Deloitte
Quelle: In Anlehnung an Deloitte ([IT-Governance])

Das IT Governance Design Framework von Weill und Ross ([IT Governance Entscheidungen]) zeigt die Abstimmung zwischen der Unternehmensstrategie bzw. Unternehmensorganisation, den Maßnahmen der IT-Governance sowie den betriebswirtschaftlichen Leistungszielen. Diese sind durch die IT Organisation, Governance Mechanismen und Metriken festgelegt. Daneben zeigt das Framework, dass IT-Governance auch mit der Steuerung anderer Unternehmensfunktionen, wie z.B. Personal oder Finanzen, abgestimmt werden muss. Das Framework ist dabei bewusst generisch gehalten, so dass es für jedes Unternehmen individuell ausgestaltet werden kann. Abbildung 11.14 zeigt die Struktur des IT-Governance Frameworks.

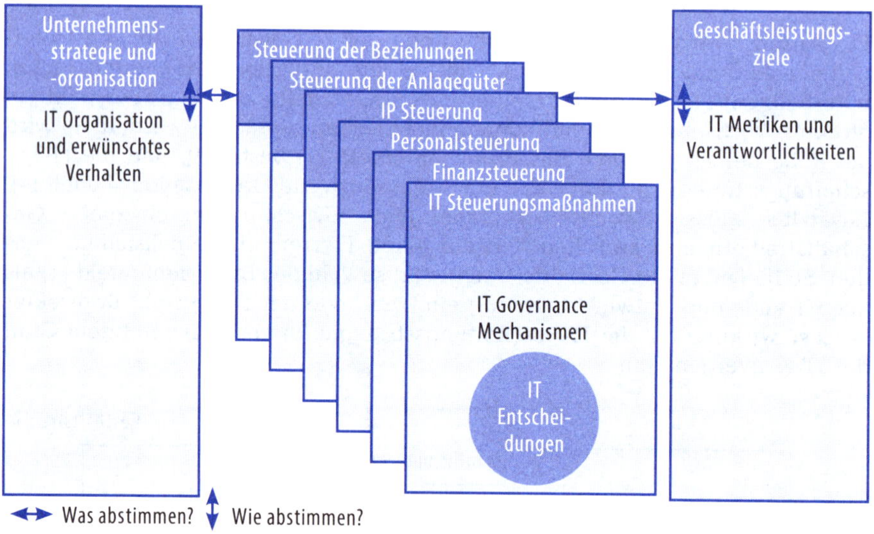

Abbildung 11.14: IT Governance Design Framework
Quelle: In Anlehnung an Weill/Ross ([IT Governance Entscheidungen])

Die Informationsmanagement-Strategie

Bevor mit der Umsetzung einer IT-Governance begonnen werden kann, ist zunächst die Informationsmanagement-Strategie aus der Unternehmensstrategie abzuleiten. Die verschiedenen Rahmenbedingungen für die Festlegung der Informationsmanagement-Strategie können in diesem Fall aus dem Unternehmen selbst (unternehmensintern) oder aus der Unternehmensumwelt (unternehmensextern) stammen. Eine derartige Ausrichtung der IT an die Unternehmensstrategie wird als Alignment bezeichnet.

Jedoch ist auch zu beachten, dass in einigen Bereichen eine Rückkopplung möglich ist, d.h. strategische Entscheidungen des Informationsmanagements beeinflussen Rahmenbedingungen. Beispielsweise können durch IKT ermöglichte Geschäftsmodelle die Ziele eines Unternehmens oder sogar die Geschäftsstrategie einer ganzen Branche beeinflussen und verändern. Das Informationsmanagement dient hierbei als sogenannter *Enabler*. Inwieweit eine solche Rückkoppelung jedoch möglich ist, hängt davon ab, welcher strategische Wert dem

Informationsmanagement im Unternehmen zugemessen wird (Krcmar [Informationsmanagement]).

Basierend auf der abstrakteren Informationsmanagement-Strategie ist in einem nächsten Schritt die IKT-Strategie zu bestimmen. Sie dient als Leitlinie für die Konzepte, Investitionen, Projekte und operativen Pläne. *Szyperski* ([IKT Wandel]) unterscheidet vier solcher Grundhaltungen für IKT-Strategien:

- Defensivstrategie: Die Idee dieser Strategie ist der Versuch, sich ganz oder teilweise den IKT-Entwicklungen zu entziehen oder den IKT-Einfluss zurückzudrängen.
- Momentumstrategie: Die gegenwärtige Verhaltensweise wird beibehalten, da sich aus Informationsmanagement-Sicht kein akuter Handlungsbedarf ergibt. Die IKT-Entwicklung wird intensiv beobachtet.
- Moderate Entwicklungsstrategie: Die IKT-Entwicklung ist für das betroffene Unternehmen zwar wichtig, betrifft aber nur Teilaspekte ihrer strategischen Position. Die IKT-Entwicklung wird aufmerksam analysiert, es werden Studien und Pilotprojekte durchgeführt.
- Aggressive Entwicklungsstrategie: Die IKT-Entwicklung ist für die Sicherung der geschäftlichen Erfolgspotenziale von strategischer Wichtigkeit. Merkmal dieser Strategie ist an der vordersten technologischen Front zu operieren und Entwicklungen voranzutreiben.

Bei der Bestimmung der Strategie auf dem Gebiet der IKT sind Technikattraktivität und Ressourcenstärke ebenso zu berücksichtigen wie die Möglichkeiten der Kooperation mit anderen Unternehmen. Technikattraktivität bezeichnet das Potenzial der Kosten- und Leistungswirkungen des Einsatzes von IKT, die Höhe der Bedarfsrelevanz für das Unternehmen sowie die Akzeptanz bzw. das Widerstandsverhalten gegenüber der IKT. Unter Ressourcenstärke versteht man die Summe des Anwenderwissens über Anlagen und Systeme sowie über die Nutzung der IKT einerseits und die Finanzstärke in Bezug auf Höhe und Kontinuität des IKT-Budgets andererseits.

Strategieentscheidungen können nicht isoliert getroffen werden. Es muss der Kontext berücksichtigt werden, in den das Gesamtunternehmen und das Informationsmanagement eingebettet sind. Diesen Kontext stellt einerseits das Unternehmen selbst (unternehmensintern), andererseits die Unternehmensumwelt (unternehmensextern). Aus diesem Kontext entstehen die Rahmenbedingungen, innerhalb derer strategische Entscheidungen getroffen werden können (Krcmar [Informationsmanagement]).

Die Rolle des CIOs

Definition:
Chief Information Officer (CIO) ist die Berufsbezeichnung für eine Person/Führungskraft, die verantwortlich für das Informationsmanagement im Unternehmen ist.

Der Begriff des Chief Information Officer (CIO) kommt aus dem anglo-amerikanischen Sprachraum und steht für die Top-Position des Informationsmanagements im Vorstand (Sackarendt [CIO]). Der Begriff ist jedoch sehr unscharf definiert und wird in unterschiedlichen Ländern mit unterschiedlichen Aufgabenschwerpunkten in Zusammenhang gebracht. In den USA ist der CIO meist nur für das Informationsmanagement zuständig. In Deutschland hingegen erfolgt oft eine Vermischung mit anderen Bereichen wie Unternehmensentwicklung, Controlling und Finanzen und wird teilweise auch als Leiter der IT-Abteilung, IS- oder IV-Leiter oder als Informationsmanager bezeichnet.

In den letzten Jahren hat sich die Rolle des CIO von einem Abteilungsleiter hin zu einem Innovationsmanager auf Vorstandsebene gewandelt. Das Informationsmanagement wurde noch vor wenigen Jahren als rein unterstützende Funktion für die Geschäftstätigkeit gesehen. Aufgrund der zunehmenden Bedeutung der IT für die Geschäftstätigkeit und der starken Durchdringung von IT in den Geschäftsprozessen gilt der CIO mittlerweile in vielen Fällen als wichtiges Mitglied des Unternehmensmanagements. Gleichzeitig wird von Seiten Geschäftsführung jedoch zunehmend eine Darlegung des Wertbeitrags der IT eingefordert.

Die Verantwortung des CIOs umfasst u.a. die Entwicklung einer Informationsmanagement-Strategie und deren Ausrichtung an der Unternehmensstrategie. Weiter lassen sich auf operativer Ebene drei Kernaufgaben festlegen:

1. Das Planen, Implementieren und Aktualisieren von Software- und Hardware-Architekturen und -standards, um die hohe Vernetzung der IKT im Unternehmen zu akzeptablen Kosten sicherzustellen.
2. Die regelmäßige Priorisierung neuer Anwendungen, Steuerungs- und Controllingprozesse sowie den Aufbau von übergreifendem Wissen und Erfahrung.
3. Die bereichsübergreifende Koordination, wenn einzelne Abteilungen auf Probleme stoßen, die sie nicht selbstständig lösen können.

Earl (1996) nennt mehrere kritischen Erfolgsfaktoren für die Position eines CIOs, u.a. das Vorhandensein einer Vision, der Aufbau einer direkten Beziehung zum CEO, die Kombination von Managementfähigkeiten und technischem Wissen sowie ein glaubwürdiges Auftreten. Aufgrund der oben genannten Eigenschaften und den Aufgaben des Berufsbildes eines CIOs, kann der CIO am besten mit einem Dirigenten verglichen werden: Der CIO gibt die generelle Ausrichtung der IT vor und passt diese an die Schnittstellen zu den Kunden und Lieferanten an. Ähnlich dazu wählt der Dirigent dagegen ein Stück für den entsprechenden Anlass und die Zuhörerschaft aus. Durch seine Vorgaben und Standards hält der CIO die dezentralen Einheiten zusammen und weist sie auf Schwachstellen und Probleme hin. Die einzelnen Unternehmenseinheiten sind wie die Instrumentengruppen für die operative Umsetzung der Vorgaben eigenverantwortlich und führen diese entsprechend dem eigenen Können aus. Einzelne dezentrale Einheiten können Sonderrollen von dem CIO zugewiesen bekommen. Nur so können alle gemeinsam mit der Unternehmensleitung ein zukunftsorientiertes Informationsmanagement erarbeiten, umsetzen und die sich daraus ergebenden Vorteile nutzen (Krcmar [Informationsmanagement]).

11.5.2 Management der Leistungserbringung

Durch eine zunehmende Verbreitung von Informationstechnologien in Unternehmen steigen auch die Anforderungen an das Management der IT-Leistungserbringung. Seit einigen Jahren wird eine Standardisierung und Automatisierung oder zumindest eine weitgehende Professionalisierung der IT-Leistungserbringung gefordert. Referenzmodelle bieten Hilfestellung für die Analyse, Gestaltung und Optimierung von Prozessen in der IT-Leistungserbringung und erfreuen sich einer wachsenden Popularität in der Praxis.

Für eine effiziente und effektive Erbringung von IT-Leistungen sind aber nicht nur die zu Grunde liegenden Prozesse ausschlaggebend. Betrachtet werden muss auch, in welche Aufbauorganisation diese Prozesse eingebettet sind und ob diese unternehmensintern durchgeführt oder an externe Partner ausgelagert werden. Nicht zuletzt getrieben von der Diskussion über die Beschränkung der betrieblichen Aktivitäten auf die Kernkompetenzen eines Unternehmens lässt eine sehr große Zahl von Unternehmen zumindest Teile der IT-Leistungen durch externe Partner erbringen. Die Wahl der Koordinations- und Kontrollstrukturen der IT-Leistungserbringung hat einen hohen Stellenwert.

Leistungstiefengestaltung durch Outsourcing

Spätestens seit Ende der 1980er Jahre hat das Thema Outsourcing mit der Ankündigung des Unternehmens Eastman Kodak, seine gesamten IT-Funktionen an IBM, DEC und Businessland auszulagern, einen deutlichen Aufschwung erlebt. Nie zuvor hatte ein derart großes und bekanntes Unternehmen, bei dem IT zudem als strategische Ressource galt, seine Informationssysteme an einen externen Anbieter vergeben. Kodaks Outsourcing-Vertrag im Umfang von einer Milliarde US Dollar gilt als Wendepunkt in der Entwicklung des IT-Outsourcing („Kodak-Effekt").

Outsourcing ist eine Zusammensetzung der Wörter „Outside", „Resource" und „Using". Es bedeutet, dass einzelne Aufgaben der IT, wie bspw. Infrastruktur, Applikationen, Prozesse, Personal, oder die gesamten IT-Aufgaben, auf Basis einer vertraglichen Vereinbarung, für einen definierten Zeitraum an ein anderes Unternehmen abgegeben werden. Es umfasst sowohl die Auslagerung (externes Outsourcing), d.h. die Übertragung von Aufgaben an ein (rechtlich) externes Unternehmen sowie die Ausgliederung (internes Outsourcing) an ein rechtlich verbundenes anderes Unternehmen (Shared Services).

Auch wenn Outsourcing bereits seit Jahrzehnten ein etabliertes Thema ist und sich um die gleichbleibende Frage nach der Bereitstellung der IT dreht, hat sich der Fokus der Fragestellungen über die Zeit verschoben. Zu Beginn des Outsourcingphänomens lag der Fokus auf der Entscheidung zwischen Eigen- oder Fremderstellung der IT-Leistungen und dem Gegenstand der Auslagerung (Infrastruktur, Applikationen, Prozesse). Nach der Outsourcing-Entscheidung von Kodak näherte man sich dem Thema Leistungstiefe in der IT differenzierter Weise. Untersucht wurde zunächst die Motivation für oder gegen Outsourcing. Als zentrale Motive für die Outsourcing-Entscheidung gelten nach wie vor ökonomische Vorteile, insb. Kosteneinsparungen und -variabilisierung, geschäftsorientierte Vorteile, wie Erhöhung von Servicequalität und Flexibilität des Geschäfts, strategische Ziele wie Innovationen durch Auslagerung sowie technologische Vorteile.

Referenzmodelle für die IT-Leistungserbringung

Eine Herausforderung für das Informationsmanagement ist die geeignete Organisation der eigentlichen IT-Leistungserbringung. Neben der Frage, wer die Leistung erbringen soll, ist zu untersuchen, welche Leistungsprozesse notwendig sind und wie diese gestaltet werden müssen, um die Ziele des Informationsmanagements zu unterstützen. Zur Analyse und Verbesserung der bestehenden Situation können Referenzmodelle verwendet werden. IT-Referenzmodelle bieten eine systematische und transparente Zusammenstellung von IT-Managementprozessen und können damit als Basis für eine Reorganisation dienen. Die Information Technology Infrastructure Library (ITIL) stellt aktuell den De-facto-Standard für serviceorientiertes IT-Management dar.

ITIL ist ein best practice-Framework für die Definition und den Betrieb von IT-Prozessen. Träger dieser öffentlich zugänglichen Bibliothek ist das OGC (Office of Government Commerce), eine britische Regierungsbehörde. Eine erste Fassung dieses Rahmenwerks wurde bereits Ende der 1980er Jahre entwickelt und bestand damals aus ca. 40 Büchern, die jeweils einen IT-Prozess beschreiben. Die darin beschriebenen Vorgehensweisen sind auf einem solch abstrakten Level gehalten, dass sie branchen- und technologieübergreifend angewandt werden können. Die ursprüngliche Version wurde nach einer Überarbeitung als ITIL V2 auf acht Bücher konsolidiert. ITIL V2 hat sich international durchgesetzt und wird noch in zahlreichen Unternehmen eingesetzt. Seit 2007 liegt ITIL in der aktuellen Version ITIL V3 vor, das im Kern fünf Bücher umfasst, die den gesamten Servicelebenszyklus abdecken (Krcmar [Informationsmanagement]).

Gestaltung des IT-Projekt-Portfolios

In großen Unternehmen werden IT-Projekte häufig parallel und über mehrere Funktionen und Geschäftseinheiten hinweg durchgeführt. IT-Entscheidern fällt es daher schwer, für Investitionsentscheidungen diejenigen Projekte zu identifizieren, die den maximalen Wert für das Geschäft bringen und der Unternehmensstrategie entsprechen. Das IT-Projektportfolio-Management unterstützt diesen Prozess der Entscheidungsfindung.

Diese Betrachtung des IT-Projekt-Portfolios ist ein verbreiteter Ansatz zur Gesamtbetrachtung der IT-Projekte im Unternehmen. Die Portfolio-Methode stammt ursprünglich aus dem Wertpapiergeschäft und leitet sich aus der Idee ab, bei gegebenem Risiko Wertpapieranlagen gewinnmaximierend zu kombinieren. In einer zweidimensionalen Darstellung mit Risiko und Ertrag kann so die optimale Wertpapiermischung ermittelt werden. Aus dem Wertpapiergeschäft wuchs der Ansatz in die Unternehmensplanung hinein, wo mit der Marktanteils-Marktwachstums-Matrix die Einteilung der Geschäftsfelder eines Unternehmens in Cash Cows, Question Marks, Stars und Poor Dogs weite Verbreitung fand. Grundlegender Gedanke der Portfolio-Methode ist die Herleitung eines ausgewogenen Gesamtbildes durch die richtige Auswahl und Platzierung der Komponenten des Portfolios.

Dieser Ansatz wurde auf das Informationsmanagement mit der Absicht übertragen, ein leicht verständliches Verfahren für die Auswahl von Anwendungen zur Verfügung zu stellen. Dem Risiko eines Projektes wird sein Nutzen gegenübergestellt, indem verschiedene Risiko- und Nutzenkriterien gewichtet und anschließend bewertet werden (Krcmar [Informationsmanagement]).

Prinzipiell gilt, dass ein höheres Risiko durch einen höheren erwarteten Nutzen ausgeglichen werden sollte. Durch die Darstellung der Projekte in einem Risiko-Nutzen-Portfolio werden die besten Projekte ausgewählt, um damit die Anzahl von Projektfehlschlägen zu verringern. Insgesamt lässt sich durch Portfolio-Methoden die Anwendungsplanung zielgerichteter gestalten und mit der Gesamt-Unternehmensplanung effizienter abstimmen. Der Erfolg des Projekt-Portfolios hängt jedoch nicht allein von dem Einsatz einer geeigneten Auswahlmethode und deren systematischer Abarbeitung ab. Vielmehr ist zu berücksichtigen, dass Planung auch ein kreativer Vorgang ist, der durch ein konkretes Verfahren nur auf ein objektiveres Fundament gestellt wird und die Entscheidungsfindung nachvollziehbar macht. Insofern dienen derartige Planungsmethoden auch der Dokumentation, um zukünftig Fehlentscheidungen zu vermeiden. Die Erstellung und Umsetzung eines IT-Projekt-Portfolios erfolgt meist in vier Schritten. Es lassen sich die Schritte Definition der *Analysebasis*, Analyse und Bewertung, Zielbestimmung und Handlungsbestimmung unterscheiden.

11.5.3 IT-Controlling

Mit der IT-Governance eng verbunden ist das IT-Controlling. IT-Controlling wird wie folgt definiert:

Definition:
IT-Controlling umfasst das Controlling der IT im Unternehmen. Das Ziel des IT-Controllings bei Informationsverarbeitung ist die Sicherstellung der Formalziele Effizienz und Effektivität und der Sachziele Qualität, Funktionalität und Termineinhaltung. IT-Controlling wird nicht nur als reine Überwachungsfunktion verstanden, sondern hat eine Koordinationsfunktion für das gesamte Informationsmanagement.

Die Aufgaben des IT-Controllings ergeben sich aus der Zusammenführung von Aufgaben des Informationsmanagements und den Zielen allgemeiner Controlling-Konzeptionen. Das Controlling der Anwendungssysteme kann – angelehnt an den Lebenszyklus von IS – in die Aufgabengebiete Portfolio-Controlling, Projekt-Controlling und Produkt-Controlling unterteilt werden. Hinzu kommt das Controlling der IT-Infrastruktur.

Das Portfolio-Controlling stellt durch die Betrachtung aller im Unternehmen geplanten und vorhandenen Anwendungen deren strategische Relevanz und Wirtschaftlichkeit sicher. Das Projekt-Controlling bezieht sich auf jede einzelne Maßnahme und überwacht Wirtschaftlichkeit, Qualität, Funktionalität und Termine. Das Produkt-Controlling begleitet die fertig gestellten Anwendungssysteme über den Rest ihres Lebenszyklus und gewährleistet für diese Zeit Qualität und Funktionalität. Im Infrastruktur-Controlling werden die Verfügbarkeit und die Weiterentwicklung geeigneter Plattformen für die Produkte gesteuert.

Eine Servicefunktion des IT-Controllings im Hinblick auf die Entscheidungsunterstützung des Managements bildet das Berichtswesen. Es stellt den gesamten Controlling-Prozess anhand geeigneter Kenngrößen in komprimierter

Form dar und ermöglicht damit die laufende Steuerung und Kontrolle der Informationsmanagement-Funktionen.

Außerdem wird die Koordination der Informationswirtschaft als eine weitere Aufgabe des IT-Controllings gesehen. Diese bezieht sich auf den Lebenszyklus der IS, die IT-Infrastruktur und den Einsatz der Ressource Information. Als Querschnittsfunktion innerhalb des IT-Controllings umfasst sie somit im Sinne einer Prozessorientierung die Bereitstellung einheitlicher Methoden der Informationsbeschaffung sowie der Bereitstellung rechnergestützter Werkzeuge zur Gestaltung und Abstimmung von Geschäftsprozessen in den Geschäftsbereichen.

Aufbauend auf Grundlagen zur Bewertung von IT und dem Zusammenhang zwischen IT und Unternehmenserfolg werden im weiteren Verlauf der Lehreinheit die Bewertungstechniken Total Cost of Ownership und die Kapitalwertmethode dargestellt.

Bewertung der IT

Die Bestimmung des Wertes des IT-Einsatzes gestaltet sich schwierig. Aus diesem Grund muss zuerst der Wertbegriff der IT untersucht werden. Dabei erfolgt die Darstellung und Vermittlung des Wertbegriffs vor dem Hintergrund, eine Entscheidungsgrundlage für IT-Investitionen zu schaffen.

Merksatz: **Der Wert oder Nutzen einer IT-Investition lässt sich unter den gegebenen Aspekten aus Sicht eines Wirtschaftssubjektes als die subjektive Zusammenfassung der positiven und negativen Zielbeiträge, die eine IT-Investition oder deren Effekte stiftet, definieren.**

Beispiel:

Betrachtet man das Beispiel eines Computer Aided Design (CAD) Systems, wird deutlich, dass der Wertbegriff eng an die kontextabhängige Zielvorstellung eines Entscheidungsträgers gebunden ist. Während das CAD-System für ein Produktionsunternehmen unter Umständen einen hohen Wert aufweisen kann, hat dieses für ein Handelsunternehmen höchstwahrscheinlich keinen direkten Wert. Diese Wertempfindungen wirken sich bspw. auch auf die Entscheidung über IT-Investitionen und deren Nutzenbewertung aus. Der Wertbegriff wird meistens mit dem Terminus Nutzen gleichgesetzt.

Der Nutzen ist ein komplexes Konstrukt, das in seinem eigentlichen Sinne nur dimensionslos messbar ist. Unter einem quantitativ messbaren Nutzen werden Attribute einer IT-Investition verstanden, die oder deren Wirkungen zumindest kardinal messbar sind, wie z.B. die Antwortzeit eines Systems oder die Reduzierung der Prozessdurchlaufzeit durch ein System. Ein monetär messbares Attribut ist selbst oder durch seine Wirkungen in Geldeinheiten messbar, z.B. die Lizenzkosten von Software, die Kosten für Hardware oder die Umsatzsteigerungen durch gesteigerte Kundenzufriedenheit. Negative monetäre Wirkungen treten als Kosten (im kostenrechnerischen Sinne), Auszahlungen oder Aufwendungen und positive Wirkungen als Erlöse, Einzahlungen oder Einnahmen auf. Unter einem qualitativen Nutzen einer IT-Investition werden Attribute verstanden, deren Ausprägungen oder Wirkungen nicht direkt messbar sind, wie z.B. die durch die IT-Investition bewirkte Kundenzufriedenheit oder die bessere Handhabbarkeit eines Systems durch die zu Grunde liegende Farbwahl der Dialogelemente. Es sollte nicht übersehen werden, dass auch nicht direkt messbare Attribute oder deren Wirkungen eventuell durch andere Attribute operationalisiert werden können. Beispielsweise könnte die Kundenzufriedenheit über die Anzahl an Wiederholungskäufen operationalisiert werden.

Ein weiterer Aspekt bei der Betrachtung des Wertes bzw. des Nutzens von IT-Investitionen ist die zeitliche Dimension. Der Nutzen kann dabei immer nur auf Basis der zum Zeitpunkt der Bewertung vorhandenen Informationen erfasst werden. Bei der Bewertung ex ante spielt z.B. die Risikobetrachtung eine zentrale Rolle, während dies bei der Bewertung ex post prinzipiell unerheblich ist.

11.5.4 IT und Unternehmenserfolg

Der Nachweis eines direkten Zusammenhangs zwischen IT-Einsatz und Produktivität ist in den meisten Fällen nicht möglich. Zum einen besteht eine Messproblematik, weil für den Nachweis von Produktivitätssteigerungen sowohl Input als auch Output, wie z.B. Produktqualität oder Variantenvielfalt, auf einer Mengenebene gemessen werden müssen. Werden hierfür hilfsweise monetäre Größen, wie z.B. Gewinn oder Umsatz, verwendet, ergeben sich Markt- und Umverteilungseffekte über den Preismechanismus, so dass letztendlich oftmals nicht die Produktivität gemessen wird. Hinzu kommt eine dynamische Messproblematik. Durch Anlaufschwierigkeiten bei der Einführung von IS kann es Verzögerungen bei der Realisierung von Produktivitätssteigerungen geben. So können sich Produktivitätseffekte, bedingt durch Lerneffekte bei allen Marktakteuren, erst nach einer bestimmten Anlaufzeit, die durch einen erhöhten Koordinationsaufwand gekennzeichnet ist, bemerkbar machen.

Neben der Messproblematik der Produktivität muss berücksichtigt werden, dass der Zusammenhang zwischen IT und Produktivität komplex ist. Ein einfacher Black-Box-Ansatz vernachlässigt eine Reihe relevanter Variablen. So ist der Einsatz von IT neben der Strategiebildung, Innovationen und der Reorganisation von Prozessen meist nur ein Teil des notwendigen Maßnahmenbündels zur Steigerung der Produktivität eines Unternehmens. In einer Studie der Unternehmensberatung McKinsey aus dem Jahr 2001 wurde der Zusammenhang zwischen dem Produktivitätswachstum und dem Zuwachs der IKT-Kapitalintensität in unterschiedlichen Wirtschaftssektoren der USA von 1995 bis 2000 untersucht. Bei der Betrachtung der sechs wachstumsstärksten Sektoren (Einzelhandel, Großhandel, Wertpapierhandel, Telekommunikation, Halbleiterindustrie und Computerproduktion) zeigt sich, dass der IT-Einsatz zu erheblichen Produktivitätszuwächsen führt. Beispielhaft wird der Online-Handel von Wertpapieren angeführt, bei dem der kundenbezogene Arbeitsaufwand im Vergleich zur bisherigen Abwicklung nur noch ein Zehntel beträgt. Dennoch hängt der erfolgreiche Einsatz von IT in ebenso hohem Maße von flankierenden Faktoren ab, die außerhalb des IT-Bereichs angesiedelt sind. Im Falle des Online-Wertpapierhandels gehört dazu beispielsweise die Schaffung geeigneter rechtlicher Rahmenbedingungen (McKinsey [Produktivität]).

Folglich muss der Zusammenhang zwischen IT-Einsatz, IT-Investition und daraus resultierender Produktivität differenziert betrachtet werden. Abbildung 11.15 verdeutlich dies. Der Nachweis eines direkten Zusammenhangs zwischen IT-Einsatz und Produktivität ist in den meisten Fällen problematisch. Erst die Abstimmung des IT-Einsatzes mit Unternehmensstrategie und Geschäftsprozessen ist ausschlaggebend, um tatsächlich einen IT-Wertbeitrag zum Unternehmenserfolg zu erzielen (Wigand, u.a. [Corporate Boundaries]). Eine Wirkung des IT-Einsatzes kann daher nur über ihren strategischen Beitrag und die Nutzung ihrer Potenziale bei der Gestaltung von Geschäftsprozessen auf die Produktivität erreicht werden. Dies wird zusätzlich komplizierten in Situationen, in denen IT eine Enabler Rolle für Geschäftsmodelle einnimmt, da z.B. im e-Commerce, Service-Marktplätzen oder Software-as-a-Service (SaaS) Angeboten die Wertschöpfung ohne IT gar nicht möglich wäre. Die Fragestellung bei der Untersuchung des IT-Wertbeitrags ist daher neu zu formulieren: Welchen Beitrag leistet ein Geschäftsprozess zum Unternehmenserfolg und welchen Wert- bzw. Nutzenbeitrag kann der IT-Einsatz für diesen Geschäftsprozess liefern?

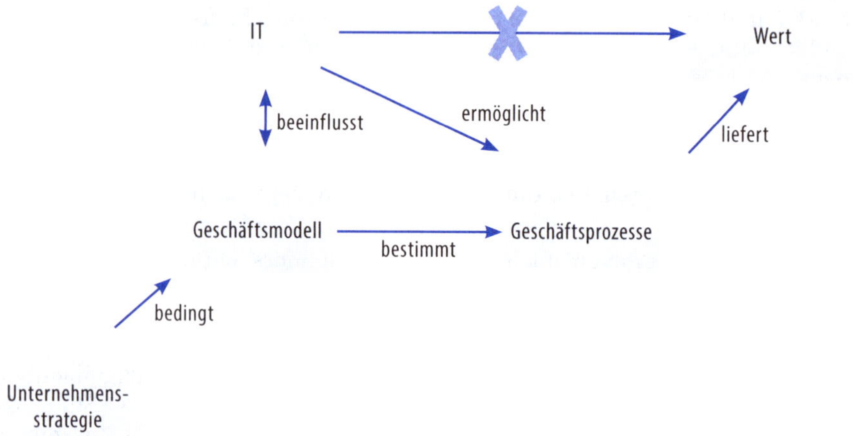

Abbildung 11.15: Zusammenhang des Einsatzes von IT und Unternehmenserfolg
Quelle: In Anlehnung an (Wigand u.a. [Corporate Boundaries])

Die Diskussion über den Zusammenhang von IT-Einsatz, IT-Investition und Produktivität wird in der wissenschaftlichen und praktischen Literatur häufig unter dem Begriff Produktivitätsparadoxon der IT zusammengefasst. So formulierte Solow ([Watch Out] 36) die Aussage: „Computer tauchen überall auf, nur nicht in Produktivitäts-Statistiken".

Merksatz: Die Hypothese des **Produktivitätsparadoxons** besagt, dass kein positiver Zusammenhang zwischen IT-Investitionen und der Produktivität auf volkswirtschaftlicher oder betrieblicher Ebene besteht.

Ein Vergleich existierender Studien über die Produktivität der IT, vorwiegend aus dem Bereich der angloamerikanischen Management Information Systems-

(MIS)- Forschung, ergibt insgesamt noch keine eindeutige Aussage bezüglich der Überwindung des Produktivitätsparadoxons. Es ist jedoch grundsätzlich festzustellen, dass jüngere Studien einen positiven Zusammenhang bestätigen (Krcmar [Informationsmanagement]).

Entscheidungen über IT-Investitionen generieren ebenso wie andere betriebswirtschaftliche Entscheidungen positive und negative Zielbeiträge. Während sich einige monetäre Wirkungen noch relativ einfach über die einzelnen Kostenarten oder Auszahlungen bestimmen lassen, ist ein Großteil der Effekte nur mit großer Unsicherheit zu ermitteln und kann, abhängig von den Zielvorstellungen, auch nicht monetärer Art sein.

Negative monetäre Wirkungen in Form von Kosten lassen sich einfacher erfassen. Allerdings können sich bei der Kostenermittlung im Rahmen von IT-Investitionen Zurechnungsprobleme ergeben. Laufen z.B. mehrere Anwendungen auf derselben Hardware, müssen Annahmen über die Zurechnung der Hardwarekosten getroffen werden. Neben den Zurechnungsproblemen können sich Probleme im Rahmen einer Ist-Kosten-Rechnung ergeben, wenn es für selbst erstellte immaterielle Vermögensgegenstände, wie z.B. Software, keine Nebenbuchhaltung gibt, da nach deutschem Handelsrecht selbst erstellte Software in der Finanzbuchhaltung sofort als Aufwand zu verbuchen ist (§ 248 Abs. II HGB).

Zur Bewertung von IT-Investitionen existieren unterschiedliche Methoden, wie die Total Cost of Ownership Methode und die Kapitalwertmethode. Während die TCO-Methode die Kosten einer Anschaffung über den Lebenszyklus betrachtet, berücksichtigt die Kapitalwertmethode nicht nur die Auszahlungen der Investition, sondern auch die Einzahlungen (Krcmar [Informationsmanagement]).

Einführende Literaturhinweise zu Modul 11

Die vollständigen Literaturangaben finden Sie im Downloadbereich.

Krcmar, H.:[Informationsmanagement]. 6. Aufl., Berlin 2014.

Krcmar, H.: [Einführung] in das Informationsmanagement. Berlin 2011.

Scheer, A.-W.: [Wirtschaftsinformatik]: Informationssysteme im Industriebetrieb. (2. Aufl., Berlin 1988.

Scheer, A.-W.: [Architektur] integrierter Informationssysteme: Grundlagen der Unternehmensmodellierung. Berlin 1991.

Scheer, A.-W.: Betriebs- und [Wirtschaftsinformatik]. In: Handwörterbuch der Betriebswirtschaft. Hrsg. v. W. Wittmann u.a., Stuttgart 1993, Sp. 390–408.

Scheer, A.-W.: Informationstechnische [Grundlagen] der betriebswirtschaftlichen Beratung. In: Saarbrücker Handbuch der betriebswirtschaftlichen Beratung. Hrsg. v. K. Küting, Herne 2008, S. 1083–1130.

Schwarzer, B. und Krcmar, H.: [Wirtschaftsinformatik]: Grundlagen vertrieblicher Informationssysteme. Stuttgart 2010.

Viertes Kapitel

Grundlagen des Wirtschaftens in Phasen des Unternehmensprozesses

Modul 12: Grundlagen der Innovationswirtschaft

Marcell Schweitzer
Marcus Schweitzer

„Eine wirklich gute Idee
erkennt man daran,
dass ihre Verwirklichung
von vorne herein
ausgeschlossen erscheint."
(Albert Einstein 1879–1955)

Lernziele:

Aneignen von Wissen (Kenntnissen) über Gegenstand, Ziele, Aufgaben, Chancen, Risiken und Instrumente des Innovationsmanagements; **Verstehen** (Erfassen und Erkennen) komplexer Zusammenhänge zwischen Phasen des Innovationsmanagements, Überblick über Forschung, Entwicklung und Konstruktion als Kernaufgaben des Innovationsmanagements, Aufgaben der strategischen, taktischen und operativen Planung von Forschung und Entwicklung; **Anwenden** (Nutzen) des erlangten Wissens zur Gestaltung des Innovationsmanagements; **Analyse** (Erforschen) von Ursachen, Elementen, Beziehungen und Wirkungen von Innovationen; **Synthese** (Zusammenfügen) einzelner Erkenntnisse aus der Analyse zu übergeordneten Aussagen bzw. Strukturen des Innovationsmanagements; **Bewertung** (Evaluation) von Innovationsalternativen zwecks Lösens (Entscheidens) betriebswirtschaftlicher Innovationsprobleme.

Übersicht:

Unter dem Thema „Grundlagen der Innovationswirtschaft" werden zunächst einige begriffliche Abgrenzungen getroffen. Es schließt eine Darstellung der Führungsaufgaben des Innovationsmanagements an. Danach folgt die Kennzeichnung von Forschung und Entwicklung als Kernaufgaben des Innovationsmanagements. Im Einzelnen wird ein Überblick über die Planungs- und Steuerungsaufgaben von Forschung und Entwicklung gegeben, und es werden die strategischen, taktischen und operativen Aufgaben der Forschungs- und Entwicklungsplanung erörtert.

12.1 Kennzeichnung der betrieblichen Innovationen

Etymologisch stammt das Wort „Innovation" aus dem Lateinischen (invenire: = erfinden, entdecken bzw. innovare: = erneuern). Als Begriff kommt die Innovation in der Technik (z.B. als Produktinnovation), in der Botanik (z.B. als pflanzlicher Erneuerungsspross) oder im Sozialbereich (z.B. als Organisationsinnovation) vor.

Definition:

Innovationen werden als Veränderungen an Potenzialen, Produkten und Prozessen definiert, die einen Neuheitswert (eine Neuartigkeit) besitzen (zur Vielfalt der Definitionen Hauschildt [Innovationsmanagement] 3 ff.).

Grundsätzlich kann das gesamte Unternehmen von Innovationen durchdrungen werden. Nach diesem weiten Innovationsverständnis kann ein neues Produkt, eine neue Leitungsorganisation, ein neues Controllinginstrument oder ein neuer Vertriebsweg ebenso eine Innovation sein wie ein neuer Raketenantrieb oder eine neue Technik der Kieferorthopädie. Für die nachfolgenden Analysen wird der prozessuale Aspekt der Innovationen in den Vordergrund gerückt (Brockhoff [Forschung] 38 ff.; Weiber/Swoboda [Grundzüge] 100 ff.), um auch zeitliche, sequenzielle und kapazitive Abhängigkeiten, die Dynamik der Innovationspotenziale sowie die damit verbundenen und sich ändernden Chancen und Risiken detailliert erfassen zu können. Auch Fragen der aktiven Faktorkombination und der Ergebnisdurchsetzung sind in den prozessualen Aspekt eingeschlossen.

Merksatz: Der **Innovationsbegriff** ist ein Typus, d.h. ein Begriff, der in mindestens einem seiner Begriffsmerkmale abstufbar ist; die Eigenschaft der Abstufbarkeit tritt insbesondere beim Merkmal der Neuheit auf und ist zweidimensional.

(1) Die erste abstufbare Dimension des Merkmals „Neuheit" ist der Neuheitsgrad (zu messtheoretischen Überlegungen des Neuheitsgrades Salomo [Konzept] 399 f.; Hauschildt/Salomo [Relationship] 26 ff.). In dieser Dimension wird die Ausprägung (bzw. Wahrnehmung) der Neuheit zu einem bestimmten Zeitpunkt gemessen. Diese abstufbare Ausprägung reicht von der hochgradig neuen (patentierbaren) Erfindung (Invention) über die mittelgradig neue kostengünstige Nachahmung (Imitation) bis zur niedriggradigen, kleinen Verbesserung an einzelnen Komponenten eines sonst „alten" Produkts bzw. Verfahrens (Modifikation, Variation). Die Übergänge zwischen diesen drei abgestuften Ausprägungen des Neuheitsgrades sind fließend.

(2) Die zweite abstufbare Dimension des Merkmals „Neuheit" ist der Neuheitsumfang (Helm [Innovationen] 50 f.). In dieser Dimension wird der Nutzenverlust (Schwund, Alterung, Verschleiß, Verfall) der Neuheit im Zeitablauf gemessen. Von der erstmaligen Einführung eines Produkts in den Markt bis zum Ende seines Marktzyklus empfindet ein potenzieller Kunde, sobald er dieses Produkt mit konkurrierenden Produkten vergleicht, in der Regel einen Nutzenschwund. Der Umfang dieses subjektiv empfundenen Nutzenschwunds hängt vom erreichten Punkt auf der Zeitachse, von den (sich ändernden) Bedürfnissen der Kunden, von der erwarteten Nutzenstiftung der Konkurrenzprodukte usw. ab. Der Neuheitsumfang eines Produkts ist eine vom Neuheitsgrad unabhängige Dimension und kann daher alle Ausprägungen des Neuheitsgrades (Invention, Imitation, Variation) betreffen. Formal können der Neuheitsgrad und der Neuheitsumfang als zwei unabhängige Determinanten der Neuheit betrachtet werden. Besondere Dimensionen (Objekt-, Subjekt-, Intensitäts- und Prozessdimensionen) der Dienstleistungsinnovationen behandelt *Benkenstein* (Benkenstein [Besonderheiten] 690 ff., 693 ff., 695 f., 696 ff.). Zur Bildung weiterer Innovationstypen bzw. -klassen nach den Eigenschaften technologi-

scher Ressourcen sei auf *Henderson/Clark* und *Gerum/Sjurts/Stieglitz* verwiesen (Henderson/Clark [Innovation] 9f.; Gerum/Sjurts/Stieglitz [Mobilfunkmarkt] 28f.).

Das Merkmal der Neuheit liegt stets außerhalb der betrieblichen Routine und ist oft inhaltlich vorab nicht überschneidungsfrei bestimmbar. Inventionen, Imitationen und Variationen sind daher drei Innovationstypen, die sich an ihren Rändern in der Regel überschneiden. Sie lassen jedoch als Typus eine zweckmäßige Beschreibung der realen Erscheinungsformen der Innovation zu. Wie es bei der Aufzählung von Anwendungsfällen bereits anklingt, können Innovationen sowohl Potenziale, Verfahren, Instrumente, Produkte, Anwendungen als auch Prozesse im ganzen Unternehmen betreffen. Eine Entscheidung über Innovationsprozesse zielt auch auf die optimale Kombination von Neuheitsgrad und Neuheitsumfang.

12.2 Führungsaufgaben des Innovationsmanagements

Die Summe der Führungsaufgaben, die sich auf Innovationen bezieht, wird als Innovationsmanagement bezeichnet. Jedes Innovationsmanagement wird erfolgsorientiert betrieben, wobei der Erfolg und das Erfolgsmaß, nicht nur wirtschaftlich, sondern ebenso technisch, sozial, ökologisch oder ethisch bestimmt sein können. Diese Bestimmung hängt davon ab, auf welches Ziel/Zielsystem das Innovationsmanagement ausgerichtet ist. Um das Innovationsmanagement erfolgsorientiert betreiben zu können, ist eine Analyse möglicher Erfolgs- und Verlustfaktoren der Innovationen (Gerybadze [Innovationsmanagement] 6ff. und 52ff.) unverzichtbar.

Die Führungsaufgaben des Innovationsmanagements sind komplex und risikobehaftet. Sie beziehen sich außerdem auf schwach strukturierte Prozesse, die in mehreren Komponenten unsicher sind. Sie sind zum großen Teil Planungs- und Steuerungsaufgaben. Zu diesen Aufgaben kommen organisatorische Aufgaben des Innovationsbereichs hinzu, z.B. die Eingliederung des Innovationsbereichs in die Aufbau- und Ablauforganisation des Unternehmens, die Einordnung des Innovationsmanagements in die strategische Führung (Hübner [Innovationsmanagement] 139ff.), die Organisation von Innovationsprojekten sowie personalpolitische Fragen.

Die Komplexität der Managementaufgaben wird zusätzlich durch den Umstand erhöht, dass sowohl einige der Planungsaufgaben (z.B. Zielbildung und Problemlösung) als auch einige der Steuerungsaufgaben (z.B. Entscheidung und Durchsetzung) nicht präzise abgegrenzt werden können (Hauschildt [Innovationsmanagement] 38ff. und 360ff.). Trotz dieser Schwierigkeiten sind die Innovationsaufgaben strategisch, taktisch und operativ in das Planungs- und Steuerungssystem des Unternehmens zu integrieren. Das Innovationsmanagement hat im Zusammenhang mit der Untersuchung der Größen, welche Innovationen beeinflussen, neben der Analyse des wirtschaftlichen, technologischen, soziologischen und politischen Umfelds (Weissenberger-Eibl [Innovationsmanagement] 493ff.) auch der Frage nachzugehen, ob „Corporate Governance" (vorbildliche Unternehmensführung) ein Innovationen förderndes Instrument darstellt und ob dieses Instrument unter dem Gesichtspunkt der Innovationsförderung sogar optimal gestaltet werden kann (Brockhoff. [Technologischer Wandel] 11 ff.).

Die schwache Strukturiertheit der Innovationsprozesse spiegelt sich besonders anschaulich in den Innovationszielen wider. Innovationsziele sind Handlungsnormen, die vorgeben, welche Innovationsergebnisse erreicht werden sollen. Sie übernehmen auch die Aufgabe der Bewertung aller realisierbaren Innovationsalternativen und ermöglichen damit u.a. Entscheidungen über das Innovationsprogramm und das Innovationsbudget. Außerdem stellen sie als Soll-Größen die Grundlagen für Ergebniskontrollen (Soll-Ist-Vergleiche), Planfortschrittskontrollen (Soll-Wird-Vergleiche) und Zielkontrollen (Soll-Soll-Vergleiche) dar, die bei Innovationsprozessen wegen ihres hohen Steuerungsbedarfs eine große Rolle spielen. Schwach strukturierte Innovationsprozesse müssen wegen der Unbestimmtheit ihres Prozessfortschritts flexibel gestaltet werden, damit auftretende Prozessrisiken möglichst niedrig gehalten werden können. Soweit die Prozessstrukturen es zulassen, können zur Flexibilisierung der Innovationsprozesse mehrere Maßnahmen ergriffen werden, die u.a. in der Theorie der Realoptionen behandelt werden (Huchzermeier/Loch [Project Management] 86).

Definition:

Als Flexibilisierungsmaßnahmen werden Anpassungsalternativen (Optionen) definiert, die vor Beginn eines Innovationsprojekts in diesem installiert werden müssen, um spätere Reaktionen (Anpassungen) im laufenden Projekt zu ermöglichen.

Auf der Grundlage dieser Optionen kann das Innovationsmanagement bei einer kritischen Prozess- bzw. Informationslage schnell und zielgerichtet steuernd reagieren. Allgemein können folgende Flexibilisierungsmaßnahmen (real options) für Innovationsprozesse unterschieden werden:

- Integration einer defer option (Möglichkeit zur Unterbrechung des Prozesses),
- Integration einer abandonment option (Möglichkeit zum vorzeitigen Abbruch des Prozesses),
- Integration einer contraction oder expand option (Möglichkeit zu einer quantitativen Anpassung des Prozesses),
- Integration einer switching option (Möglichkeit zum Technologie- oder Geschäftspartnerwechsel).

Ergänzende Flexibilisierungsmaßnahmen behandelt *Smith* (Risk Optimization] 55 ff.):

- Integration einer Option auf eine (teilweise) Unterlassung von Prozessen,
- Integration einer Option auf einen Abbruch mit Wiederaufnahme eines Prozesses,
- Integration einer Option auf eine technologische Mehrfachverwendung der Prozessergebnisse,
- Integration einer Option auf eine prozessimmanente Fähigkeit zur Effizienzsteigerung (Option mit Rationalisierungspotenzial).

Die angeführten Optionen beziehen sich auf laufende Projekte, über die im Zeitablauf neue Informationen über Risiken bekannt werden und die es erlauben, in ein laufendes Projekt steuernd einzugreifen. Wird ein Innovationsprozess als Projekt betrachtet, lassen sich die angeführten Optionen als Steuerungsmaßnahmen für Innovationsprojekte interpretieren. Sie sind außerdem Voraussetzungen eines effektiven Risikomanagements. Die Flexibilisierungsmaßnahmen lassen erkennen, dass Innovationsprozesse nicht nur mit erheblichen Risiken verbunden sind, sondern bei erfolgreicher Prozessrealisation auch mit großen Chancen. Diese Chancen finden ihren Ausdruck in Wettbewerbsvorteilen, d.h. in Forschungsergebnissen mit hohem Neuheitswert und profitablen Verwertungsmöglichkeiten in den Märkten.

Ein hoher Steuerungsbedarf ergibt sich auch aus dem Sachverhalt, dass Innovationsprozesse „reifende Prozesse" sind (Schweitzer [Globalisierung] 88). Das bedeutet, dass die Inhalte und Strukturen dieser Prozesse zu ihrem Startzeitpunkt häufig nur vage und unpräzise bestimmt sind. Mit zunehmendem Prozessfortschritt verbessert sich (jedoch nicht zwangsläufig) der Wissens- und Erkenntnisstand über das Innovationsobjekt. Dieser Reifungscharakter eines Innovationsprozesses dauert an, bis das neue Produkt, das neue Verfahren oder die neue Anwendung vollständig erforscht, systematisch entwickelt und präzise konstruiert ist. Vielfach fließen auch aus der späteren Produktion und aus den Anwendungen der Kunden Erkenntnisse zurück in die Forschung und Entwicklung und führen zu laufenden Verbesserungen oder zu neuen Ideen.

Die einen Innovationsprozess begleitenden Risiken können u.U. dazu führen, dass der Prozess abgebrochen werden muss, weil sich das zentrale Problem als unlösbar erweist. Organisatorisch bedeuten Risiken, dass Innovationsprojekte nach ihren Aufgaben, ihrem Personalbedarf, ihrem Mitteleinsatz und ihrem Zeitbedarf nur grob strukturiert werden können. Ein Risiko laufender Innovationsprojekte liegt auch darin, dass sie, wenn sie einen bestimmten Durchführungsgrad erreicht haben, nicht mehr abgebrochen werden können (Point of no Return) und trotz niedriger Ergebniserwartung fortgeführt werden müssen. Meist entsteht dieser Druck bzw. Zwang zur Fortführung durch die hohen Ausgaben und Personaleinsätze, die bis zu diesem Zeitpunkt bereits getätigt wurden, oder durch die Möglichkeit eines drohenden Prestigeverlustes bei Abbruch des Projektes. Innovationen haben daher gelegentlich den Charakter erzwungener Prozesse mit großen Risiken.

Technische Innovationsprozesse können nicht nur Naturwissenschaftlern und Ingenieuren überlassen werden, sondern sie müssen von Betriebswirten systematisch „bewirtschaftet" werden. Zweckmäßigerweise wird diese Bewirtschaftung durch eine umfassende Planung und Steuerung aller Innovationsprozesse betrieben. Innovationen werfen damit auch weitreichende wirtschaftliche Fragen auf.

Merksatz: Es ist von Bedeutung, dass neue Produkte, neue Verfahren und neue Anwendungen, soweit sie erfolgreich sind, die Finanz- und Kapitalsituation des Unternehmens verbessern und auf diese Weise den **Grundstein für weitere Innovationsprojekte** und für ein mögliches Wachstum des Unternehmens legen.

Ob Innovationen zu den genannten Wirkungen führen, hängt in erster Linie von ihrem Neuheitswert ab. Es kommt hinzu, dass in einer Marktwirtschaft zahlreiche Wettbewerber mit vergleichbarer Intensität um Innovationen bemüht sind. Dies bedeutet wiederum, dass sich z.B. neue Produkte in den Märkten durchsetzen müssen. Dabei können erhebliche Widerstände auftreten, die zu überwinden sind. Bei der Durchsetzung der Innovationen können sogar unternehmensinterne Widerstände so groß werden, dass Erfolg versprechende Innovationsprozesse aus persönlichen oder finanziellen Gründen abgeblockt, in ihrem Umfang stark reduziert, zeitlich verschoben oder vollständig unterbunden werden. Es gehört daher zu den Aufgaben des Innovationsmanagements, innerbetriebliche, zwischenbetriebliche, behördliche oder protestbedingte Widerstände wirkungsvoll abzubauen und die Realisation Erfolg versprechender Innovationsprozesse zu sichern (Hauschildt [Innovationsmanagement] 160 ff.). Ob ein Innovationsprojekt überhaupt begonnen wird, hängt ebenfalls vom Neuheitswert der erwarteten Ergebnisse ab. Unter betrieblichen Gesichtspunkten bestimmen auch das zur Verfügung stehende Budget, die gewählte Zielart und die Möglichkeit, einzelnen Innovationen Teilerfolge zuzurechnen, das Schicksal dieser Prozesse.

Soweit einzelnen Innovationen keine Ertragskomponente zugerechnet werden kann, orientiert sich die Messung ihrer Vorteilhaftigkeit (Bewertung) ersatzweise an Qualitäts-, Kosten- oder Zeitzielen. Es gibt auch Innovationsprojekte, die sich einer monetären Bewertung völlig entziehen. In diesen Fällen muss nach Ersatzmaßstäben gesucht werden, um zu rational begründeten Entscheidungen über diese Prozesse zu gelangen. Wie die Erfahrung zeigt, sind durchaus Beispiele für Innovationen mit Weltgeltung bekannt, über deren Durchführung rein irrational befunden wurde. Andere Innovationen sind von ausgewiesenen Experten absichtlich oder aus Unkenntnis längere Zeit verhindert, später dennoch realisiert und ausgezeichnet worden (z.B. erfand und erprobte der Arzt *W. Forßmann* 1929 im Selbstversuch die Herzkatheterisierung, für die er 1956, zusammen mit *A. Cournand* und *D. W. Richards*, den Nobelpreis für Medizin erhielt, obwohl der Chirurg *F.E. Sauerbruch* diese Innovation über Jahre zu verhindern suchte).

In einer globalisierten Wirtschaft stehen Innovationen in einem scharfen internationalen Wettbewerb. Die Führungsaufgabe des Innovationsmanagements umfasst daher neben der Planung und Steuerung der betriebsinternen Innovationsprozesse stets auch vergleichende überbetriebliche und internationale Standortbestimmungen des Unternehmens sowie des Heimatlandes. Der Innovationsstandort Deutschland zeigt seit Jahren neben Stärken auch Schwächen, die durch eine Benchmarking-Studie des *Instituts der deutschen Wirtschaft (IW)* belegt werden ([Informationsdienst] 4 f.). Danach nimmt Deutschland im Gesamtvergleich unter 16 Industrieländern nur den 11. Rang ein. An der Spitze stehen mit deutlichem Abstand die USA, gefolgt von Großbritannien, Schweden, Finnland, Dänemark, Japan, Frankreich, Norwegen und Irland. Hinter Deutschland stehen nur noch Belgien, Spanien, Italien, Portugal und Griechenland.

12.3 Forschung, Entwicklung und Konstruktion als Kernaufgaben des Innovationsmanagements

12.3.1 Aufgaben der Forschung und Entwicklung

Große Entdeckungen und Erfindungen gehen auf sehr verschiedene Ursachen zurück. Diese Ursachen reichen von metaphysischen Eingebungen über menschliche Neugier und vergleichende Beobachtungen bis zu rational strukturierten Innovationsprozessen. Für die nachfolgenden Ausführungen wird von einer rationalen Orientierung und Strukturierung der Innovationsprozesse, d.h. von systematischen Forschungsprozessen ausgegangen. In der Forschung sind jedoch gelegentliche Eingebungen und rational nur bedingt nachvollziehbare Einfälle nicht ausgeschlossen.

Definition:
Als **Forschung** wird das nachprüfbare Suchen, Formulieren und Lösen von Grundproblemen nach wissenschaftlichen Methoden definiert.

An Universitäten und Hochschulen wird überwiegend Grundlagenforschung betrieben, um den menschlichen Wissens- und Erkenntnisbestand zu mehren. Grundlagenforschung orientiert sich nicht an bestimmten Zielen oder Zwecken der Anwendung oder Verwertung. Regierungen, Organisationen, Unternehmen und Stiftungen stellen beachtliche finanzielle Mittel zur Verfügung, um den Erkenntnisfortschritt, der aus dieser Forschung fließt, zu sichern bzw. zu beschleunigen. Das ursprüngliche Anliegen der Unternehmen ist dagegen nicht die Grundlagenforschung, sondern die angewandte Forschung für ihre Produkte, Verfahren und Anwendungen. Zunehmend übernehmen große Unternehmen jedoch auch Aufgaben der Grundlagenforschung, um ihre Verwertungsinteressen an speziellem Grundlagenwissen zu sichern. In besonderem Maße haben sich industrielle Unternehmen der angewandten Forschung zugewandt, weil sie sehr früh erkannt haben, dass angewandte Forschung eine Investition in zukünftiges Wissen darstellt, das nicht nur ihre Existenz sichert, sondern auch das Erkennen, Gestalten und Ausschöpfen strategischer Erfolgspotenziale ermöglicht.

Um in Unternehmen von einem Forschungsergebnis zu marktreifen Produkten und Dienstleistungen zu gelangen, werden an den Forschungsbereich die Bereiche der Entwicklung und Konstruktion angehängt.

Definition:
Als **Entwicklung** wird das Überführen von Forschungsergebnissen zur Fabrikationsreife unter Beachtung wissenschaftlicher Erkenntnisse und vorhandener Techniken definiert.

Die Forschung kann mittel- und langfristig zum Aufbau von Wettbewerbsvorteilen beitragen. Strategien zur Bildung von Wettbewerbsvorteilen sind die Kostenführerschaft und die Differenzierung. Durch das Erforschen neuer Produktionsverfahren und Produkte lassen sich Wettbewerbsvorteile in der Gestalt von Kostensenkungspotenzialen aufdecken, die im späteren Entwicklungsprozess konsequent umgesetzt werden und die Kostenführerschaft begründen. Zur Differenzierung kann die Forschung durch die Gestaltung von Produkten beitragen, die im Vergleich zu den Produkten der Wettbewerber einzigartig sind und dem Kunden einen wesentlichen Zusatznutzen stiften. Die Differenzierung kann sich prinzipiell auf alle Merkmale eines Produkts beziehen (Lebensdauer, Qualität u.a.).

Im Einzelnen heißt Entwicklung, dass Forschungsergebnisse so ausgewertet und umgeformt werden müssen, bis unter Berücksichtigung des bisherigen Wissens und der vorhandenen Techniken neue, nutzbare Systeme und Produkte entstehen. Diese Tätigkeit kann sich auch auf Verfahren, Stoffe oder Geräte beziehen. Sie wird dann Neuentwicklung genannt. Führt die Entwicklungsarbeit dagegen nur zu verbesserten Produkten, Stoffen usw., spricht man von einer Weiterentwicklung. Schließlich wird die Überprüfung von Eigenschaften der entwickelten Güter und der Vergleich mit dem gesetzten Entwicklungsziel Erprobung genannt.

Abbildung 12.1 zeigt die besprochene Untergliederung der Aufgabenbereiche Forschung und Entwicklung. Zu Fragen einer konsequenten Verbindung von Forschung und Entwicklung und Marketing sei auf Weiber/Swoboda [Grundzüge] 93 ff. und 131 ff.) verwiesen.

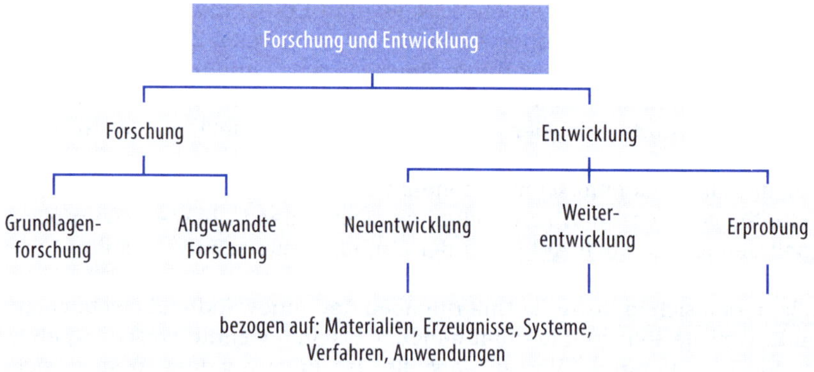

Abbildung 12.1: Gliederung von Forschung und Entwicklung (Kern [Produktionswirtschaft] 104)

12.3.2 Aufgaben der Konstruktion

Produktkonzeptionen, die Ergebnisse der Entwicklung sind, sind noch nicht fertigungsreif, sie müssen im nächsten Schritt noch der Konstruktion unterzogen werden.

Definition:
Als **Konstruktion** wird das Vorbereiten der entwickelten Produkte auf die Fertigung definiert.

Die Konstruktion ist mittel- bzw. kurzfristiger Natur. Angestrebtes Ergebnis ist stets die präzise Beschreibung eines fertigungs- und anwendungsreifen Produkts. Fruchtbare Konstruktionsarbeit findet u.a. ihren Niederschlag in Konstruktionszeichnungen, Erzeugnisgliederungen und Konstruktionsstücklisten. Während sich die Entwicklung mit der Klärung der Aufgabenstellung und dem

Konzipieren (Festlegen der Funktionsstruktur, Erarbeitung geeigneter Lösungsprinzipien) befasst, umschließt die Konstruktion schwerpunktmäßig die Aufgaben:

- Entwerfen und
- Ausarbeiten.

Definition:
Als **Entwerfen** werden alle Tätigkeiten definiert, die vom entwickelten Produktkonzept ausgehen und dieses nach technischen und wirtschaftlichen Merkmalen so weit ausformen, dass das anschließende „Ausarbeiten" ohne Schwierigkeiten durchgeführt werden kann.

Der Aufgabenbereich des Entwerfens umfasst zunächst das Festlegen der gestaltungsbestimmenden Anforderungen. Diese können u.a. die Funktion, die Sicherheit, die Ergonomie, die Kosten, die Umweltverträglichkeit (z.B. Lang- und Kurzlebigkeit, stoffliche Wiederverwertbarkeit, Reparaturfreundlichkeit, Zerlegbarkeit), den Transport und den Gebrauch des zu konstruierenden Produkts betreffen (zur ökologischen Orientierung Hübner [Innovationsmanagement] 267 ff.). Weitere Bearbeitungsschritte des Entwerfens sind: das Erarbeiten von Grobentwürfen, die Fortentwicklung zu Feinentwürfen sowie das Bewerten der Feinentwürfe.

Definition:
Als **Ausarbeiten** wird die Tätigkeit definiert, die den Produktentwurf unter verschiedenen Gesichtspunkten präzisiert und alle erforderlichen Unterlagen für die Fertigung überprüft.

Zu den Unterlagen für die Fertigung zählen insbesondere Zeichnungen, Vorschriften für die Prüfung, Montage sowie Transport, Anweisungen für Betrieb und Instandhaltung sowie sonstige Unterlagen für die Fertigungsvorbereitung. Aufgaben des Ausarbeitens sind:

- Detaillierung des Produktentwurfs,
- Berücksichtigung von Standardisierungsvorschriften,
- Kennzeichnung von Zukaufteilen,
- Bildung von Baugruppen,
- Überprüfung sämtlicher Fertigungsunterlagen.

Durch das Ausarbeiten wird der spätere Fertigungsprozess möglichst präzise festgelegt, wodurch das Auftreten späterer Fertigungsfehler weitgehend vermieden wird.

Die Konstruktion hat in der Praxis mehrere Erscheinungsformen. Nach dem Kreativitätsanspruch werden folgende Konstruktionsarten unterschieden:

- Neukonstruktion,
- Anpassungskonstruktion,
- Variantenkonstruktion,
- Konstruktion mit festem Prinzip.

Nach den unterschiedlichen Gegenständen werden die Konstruktionsarten unterschieden:

- Angebotskonstruktion (technische Angebotsbearbeitung),
- Auftragskonstruktion (kundenauftragsbezogene Konstruktion),
- Betriebsmittelkonstruktion (Konstruktion eigener Sondermaschinen, Vorrichtungen und Werkzeuge).

Häufig werden als Ergebnis der Konstruktionsarbeit Prototypen (erste Muster eines Produkts) gebaut. Diese erfüllen mehrere Aufgaben: sie ermöglichen eine Prüfung der ästhetischen Gestalt, sie sind Gegenstand der technischen Erprobung, und sie liefern Anregungen für die Weiterentwicklung des Produkts. Zweckmäßig ist auch die Einbindung des Kunden (Collaborative Prototyping) in diesen Prozess. Nach der Präsentation mehrerer Prototypen kann der Kunde seine Anforderungen an das Produkt in der Regel präziser artikulieren als nur nach Zeichnungen und Fotografien. Er kann das neue Produkt besser bewerten, und er hilft dem Konstrukteur, seine ideale Spezifikation des Produkts zu finden. In der Praxis stellen sich die Fragen, wie viele Prototypen gebaut werden sollen, wer die Kosten des Baus tragen soll und wie die Prototypen zur Preisfindung beitragen (Terwiesch/Loch [Collaborative Prototyping] 147 ff.).

Die gebauten Prototypen dienen auch der bereits angesprochene Erprobung. In ihr werden die Prototypen getestet (erprobt), um herauszufinden, in welchem Umfang erzielte technische Daten im praktischen Einsatz von den vorausberechneten Daten abweichen. Bei Großanlagen ist diese Feststellung allein durch einen Probelauf der fertigen Anlage möglich. Gewicht hat in diesem Zusammenhang die Überprüfung von Materialfestigkeit und Produktlebensdauer. Unsystematisch oder zu spät durchgeführte Erprobungen können sich nachteilig auf die Änderungskosten auswirken. Außerdem stellt sich die Frage, ob Tests parallel oder sequenziell durchgeführt werden sollen. Gesucht wird dafür eine optimale Test-Strategie. Während parallele Tests schneller durchgeführt werden können, haben sequenzielle Tests den Vorteil, dass von Test zu Test mehr Anregungen und Erfahrungen gesammelt werden können. Optimal ist diejenige Test-Strategie (Kombination paralleler und sequenzieller Tests), welche die Testzeit und die Testkosten optimiert (Loch/Terwiesch/Thomke [Testing] 665 ff.).

Schließlich ist noch darauf hinzuweisen, dass technische Zeichnungen unter betriebswirtschaftlichen Gesichtspunkten etwas weniger bedeutsam sind, dagegen haben die oben erwähnten Erzeugnisgliederungen und Stücklisten höheres Gewicht (z.B. für die Materialbedarfsprognose mittels Stücklistenauflösung sowie für die Vor- und Nachkalkulation von Produkten).

Definition:

Als **Erzeugnisgliederung** wird die Zerlegung eines Produkts bzw. Erzeugnisses über mehrere Ebenen bis zu seinen Einzelteilen definiert.

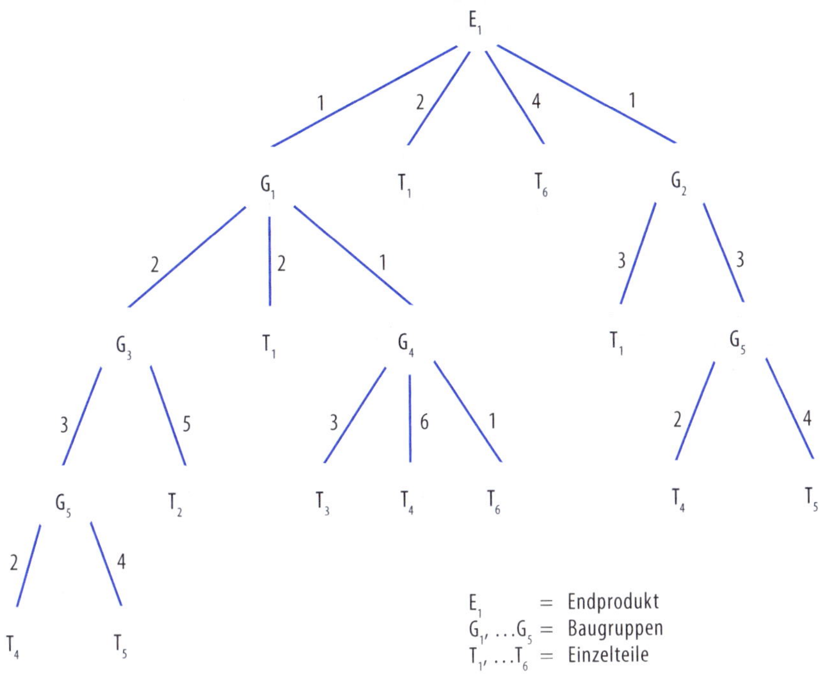

Abbildung 12.2: Beispiel für eine Erzeugnisgliederung

Erzeugnisgliederungen (vgl. Abb. 12.2) führen u. a. zu einer Vereinfachung der Auftragsabwicklung, sie erleichtern die Angebotskalkulation, sie geben Anstöße zur Wiederverwendung von Baugruppen bei konstruktiven Arbeiten, sie erleichtern Materialbedarfsplanungen und sind eine geeignete Grundlage für die Formulierung von Stücklisten.

Definition:
Als **Stückliste** wird eine tabellarische Zusammenstellung von Fertigungsteilen, Bezugsteilen und Normteilen mit Mengenangaben, Abmessungen und Güteangaben zur Fertigung der Einheit eines Produkts definiert.

In der Industriepraxis zeigt sich, dass in den Funktionsbereichen Entwicklung und Konstruktion alle wesentlichen Komponenten der Produkte (und Verfahren) festgelegt werden. Besonders trifft das für die Konstruktion zu. Bis zu 70 % der Selbstkosten der Produkte werden schätzungsweise in der Konstruktion vorweg festgelegt. Daher müssen die Produktkosten intensiv geplant und parallel zum Konstruktionsprozess kontrolliert und gesichert werden.

Hinweis: Mehrere Konzepte der Planung und Steuerung der Produktkosten in der Konstruktion werden im Download erörtert.

12.4 Planung der Forschung und Entwicklung

12.4.1 Zielbildung für Forschung und Entwicklung

Für den Aufgabenbereich der Forschung und Entwicklung ist im Planungsprozess einzelner Projekte die erste Phase die Zielbildung (vgl. Modul 8, Abb. 8.1).

Definition:
Als **Zielbildung** wird das Festlegen eines präzisen, strukturierten und realisierbaren Systems von Verhaltensnormen (Vorgaben, Soll-Größen) definiert.

Ohne eine Vorstellung davon, welche Ziele in einem Unternehmen zu verfolgen sind, kann das Unternehmen nicht ergebnisorientiert geführt werden. Dasselbe gilt für die Planung, insbesondere für die Planung von Forschung und Entwicklung. Im Rahmen der Planung hat die Phase der Zielbildung besonderes Gewicht, wenn in Unternehmen kein formuliertes Zielsystem existiert. Umfassende Planung zwingt daher dazu, über die eigenen Ziele nachzudenken und diese so präzise wie möglich zu formulieren. Soweit ein Zielsystem im Unternehmen bereits besteht, kann die erste Phase des Planungsprozesses verkürzt bzw. übersprungen werden. In der Planungslehre wird davon ausgegangen, dass die Zielbildung folgende Aufgaben umfasst (vgl. Modul 8, Abschnitt 8.2.2.1.):

- Zielfindung,
- Zielpräzisierung,
- Zielstrukturierung,
- Realisierbarkeitsprüfung der Ziele,
- Zielauswahl.

Soweit einzelne Ziele nicht präzise formuliert und vorgegeben sind, muss zunächst geprüft werden, welche Ziele sich das Unternehmen setzen und verfolgen will. Wenn die einzelnen Teilprozesse des Unternehmensprozesses gut zu überblicken und zu strukturieren sind, können die einzelnen Teilaufgaben der Zielbildung, wie sie oben aufgezählt werden, schrittweise abgearbeitet werden. Das Ergebnis ist dann i.d.R. ein formuliertes Ziel bzw. Zielsystem

Sind die Teilprozesse eines speziellen Funktionsbereichs jedoch schlecht zu überblicken oder zu strukturieren, ergeben sich für die Zielbildung dieses Bereichs Probleme. Ein typischer Problembereich dieser Art ist die Forschung und Entwicklung. Für einen erteilten Forschungsauftrag können häufig weder der Anfangszustand noch die Transformationsprogramme oder der angestrebte Endzustand präzise formuliert werden. Dasselbe gilt für eine Reihe von Teilfunktionen und Komponenten eines Forschungsprojekts. Ist jedoch ein Problem in seiner Struktur unklar, sind die Problemkomponenten nicht überschaubar und treten außerdem Interessengegensätze auf, hat diese unsichere Situation Rückwirkungen auf die angestrebte Zielbildung (Hauschildt [Innovationsmanagement] 354 ff.).

Merksatz: Insbesondere bei **konfliktären Zielen** technischer, ökologischer, ethischer und wirtschaftlicher Art wird häufig zur (groben) Lösung des Zielkonflikts die Überführung der Ziele (Zielfunktionen) in eine übergeordnete Nutzenfunktion vorgenommen.

Durch das Verwenden einer Nutzenfunktion wird den Entscheidungsträgern in Forschung und Entwicklung eine gewisse Zielorientierung und Rationalität ihres Handelns suggeriert. Mittels eines Nutzenmaßes kann relativ einfach und plausibel festgestellt werden, ob die (geschätzte) Zielwirkung einer Alternative eher positiv oder negativ ist. Für einen Entscheidungsträger im Forschungs- und Entwicklungsbereich ist eine derartige Bewertung oft hinreichend, um den Wert (die Vorteilhaftigkeit) der gewählten Forschungs- und Entwicklungsalternative abschätzen zu können. Empirische Untersuchungen zeigen, dass in Forschung und Entwicklung das Entscheidungskriterium einer Zielfunktion eine besondere Rolle spielt. Den formalen Entscheidungstheoretiker dürfte überraschen, dass das Kriterium „Maximierung einer Zielfunktion" in Forschung und Entwicklung (mit 2 % der Fälle) praktisch keine Bedeutung hat. Ein Denken in Extremwerten scheint dem Entscheidungsträger in Forschung und Entwicklung fremd zu sein. Den Entscheidungstheoretiker dürfte auch überraschen, dass die Satisfizierung der Zielfunktion einen deutlichen Vorrang hat. So hat ein „gewähltes Anspruchsniveau der Zielfunktion" (in 24 % der Fälle) eine große Bedeutung. Noch größer ist die Bedeutung des Kriteriums „Streben nach gradueller Verbesserung des Status quo" (in 28 % der Fälle) (Hauschildt [Innovationsmanagement] 358). Diese beiden Satisfizierungskriterien decken sich voll mit der bereits beschriebenen Einstellung der Entscheidungsträger, mit einer bestimmten Alternative strategisch auf dem richtigen Weg zur Problemlösung zu sein. Diese Denkform steht auch in Einklang mit den schrittweise reifenden Hypothesen, mit den an Präzision zunehmenden Zielfunktionen und mit der zunehmenden Qualität der Einzelentscheidung im Forschungs- und Entwicklungsprozess.

12.4.2 Problemfeststellung für Forschung und Entwicklung

Für den Aufgabenbereich der Forschung und Entwicklung ist im Planungsprozess einzelner Projekte die zweite Phase die Problemfeststellung.

Definition:
Als Problemfeststellung wird die Ermittlung der Lücke zwischen der Zielvorstellung und der erwarteten Lage bzw. Entwicklung definiert.

Die Phasen der Zielbildung und Problemfeststellung sind bei Innovationen besonders eng verknüpft. Daraus folgt u.a., dass ein Problem, das sich in Forschung und Entwicklung ergibt, keineswegs immer klar erkannt, präzise definiert und Schritt für Schritt gelöst werden kann. In Kurzform lassen sich *Hauschildts* Aussagen zur Interdependenz von Zielbildungs- und Problemlösungsprozess wie folgt darstellen:

- Für Innovationen müssen spezifische Ziele formuliert werden, die nicht ohne weiteres aus anderen Zusammenhängen übernommen werden können.
- Eine Zielbildung ist kein zeitlich abgeschlossener Normsetzungsakt, sondern ein Reifungsprozess, der Anpassung und Zeit beansprucht.
- Zielbildungsprozess und Problemlösungsprozess verlaufen in unterschiedlichen Formen weitgehend parallel.
- Zielbildungsprozess und Problemlösungsprozess sind wechselbezüglich verknüpft.

Diese Aussagen werden von *Hauschildt* weiter präzisiert: Zahlreiche Schritte der Zielbildung laufen nicht nur parallel zum Problemlösungsprozess ab, sondern die Zielartikulation (Zielpräzisierung) kann unterschiedliche Verlaufsformen annehmen. Wechselbeziehungen lassen vermuten, dass mit fortschreitender Problemlösung auch die Zielartikulation zunimmt. Diese Aussage steht jedoch in krassem Gegensatz zur Grundannahme der Entscheidungstheorie, die besagt, dass die Zielbildung weitestgehend abgeschlossen sein muss, bevor der Problemfeststellungsprozess einsetzen kann (Hauschildt [Innovationsmanagement] 355). Den zunächst vagen, jedoch immer präziser werdenden Zielvorstellungen entspricht es außerdem, dass i.d.R. als Maß der Zielerreichung ordinale Nutzengrößen verwendet werden müssen.

In der pharmazeutischen Industrie kann beispielsweise ein Problem so gekennzeichnet werden, dass für die Bekämpfung einer schweren Krankheit ein neuer Wirkstoff bzw. eine Wirkstoffkombination erforscht und entwickelt werden soll. Über die Höhe des Forschungsbudgets, den Ressourceneinsatz und die Projektdauer können aber nur grobe Vorgaben getroffen werden, da über sie große Unsicherheiten herrschen. Handelt es sich dagegen eher um ein Routineprojekt, fallen diese Vorgaben wesentlich präziser aus. Zudem kann ein Problem technisch, wirtschaftlich oder aus beiden Kategorien kombiniert festgelegt werden. Zumindest aus einer der beiden Kategorien muss das verfolgte Forschungs- und Entwicklungsziel, auch wenn es nur sehr vage formuliert wird, ausgewählt werden.

Die Abgrenzung eines Problems kann selbst zum Problem werden, wenn sich erst nach mehreren Forschungsschritten herausstellt, dass die zentrale Fragestellung weder theoretisch noch technisch beantwortet werden kann. Außerdem können falsche personelle und sachliche Ressourcen bereitgestellt werden. Zur Überraschung aller kann sich gegen Ende des Projekts herausstellen, dass ein „Stellvertreterproblem" gelöst wurde, dass die Problemlösung nur erheblich später auf den Markt gebracht werden kann als geplant oder dass die gefundene Problemlösung im Vergleich zur Problemlösung eines Konkurrenten viel zu teuer wird.

Merksatz: Jedes Problem, das zu lösen ist, muss sowohl in die **bisherigen Probleme** und Problemlösungen als auch in die **zukünftig erwarteten Probleme** und deren Lösungen eingebettet werden.

Diese Einbettung ist bei individuellen Großforschungsaufträgen besonders schwierig. Dennoch ist diese Kontinuität über die Forschungsprojekte aus Gründen einer angestrebten Effizienz und Effektivität unverzichtbar. Die aus dieser Einbettung resultierenden Lern- und Erfahrungsprozesse sind im Forschungs- und Entwicklungsbereich Kernaktivitäten, die nach Beachtung und Pflege verlangen.

Bei relativ präziser Zielvorgabe kann auch leichter herausgefunden werden, welche Maßnahmen ergriffen werden müssen, um das gesetzte Ziel möglichst genau und zügig zu erreichen bzw. die Zielabweichungen möglichst niedrig zu halten. Die Aufgaben der Problemfeststellung sind (vgl. Modul 8, Abschnitt 8.2.2.2.):

- Festlegung des Ist-Zustandes (Lageanalyse),
- Prognose der wichtigsten Größen (Lageprognose),
- Gegenüberstellung der Ziele mit den Ergebnissen von Lageanalyse oder/ und Lageprognose (Feststellung der Problemlücke),
- Feststellung abgeleiteter Probleme,
- Problemfeldanalyse (Zusammenhang der implizierten Teilprobleme),
- Problemstrukturierung (Aufbau einer Problemhierarchie).

Die Lösung eines gestellten Problems ist einfacher, wenn vorweg die Problemlücke bestimmt werden kann:

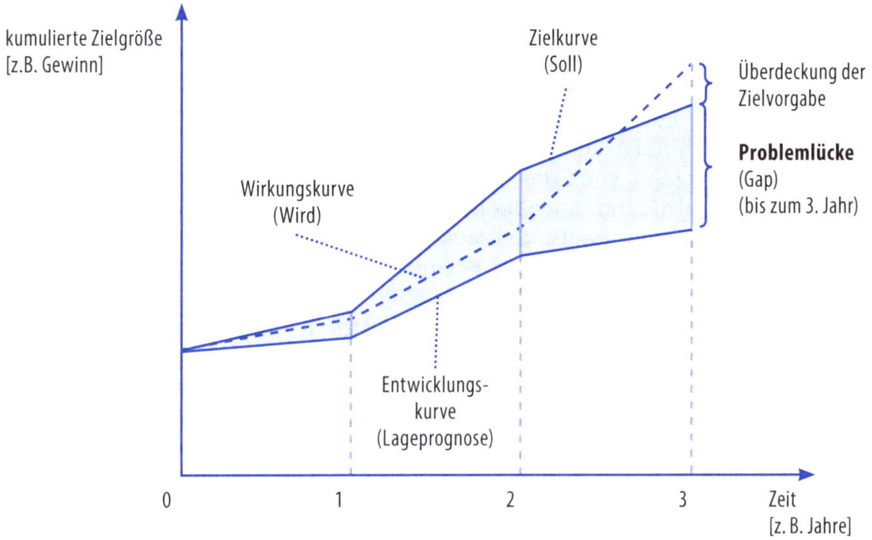

Abbildung 12.3: Problemlücke und ihre Deckung im Zeitablauf (Planungszeitraum drei Jahre)

In Abbildung 12.3 wird angenommen, dass es gelingt, die Gewinnwirkung von Forschungsergebnissen in die mittelfristige (dreijährige) Gewinnplanung einzubeziehen. Für die einfachste Form einer Problemlückenbestimmung sind in Bezug auf den Gewinn eine Wirkungskurve (Wird), eine Zielkurve (Soll) und eine Entwicklungskurve (Lageprognose) erforderlich. Während die Zielkurve den gesamten kumulierten Gewinn als geplante Sollgröße ausdrückt, informiert die Entwicklungskurve über eine erwartete Gewinnentwicklung ohne nennenswerte Forschungs- und Entwicklungserkenntnisse. Die Wirkungskurve zeigt, wie der kumulierte Gewinn sich entwickeln würde, wenn bestimmte Forschungs- und Entwicklungsergebnisse ihren Niederschlag im Markt fänden. Die Differenz zwischen Soll und Lageprognose drückt die zu schließende Problemlücke aus.

Im Beispiel der Abbildung 12.3 wird die aufgedeckte Problemlücke erst zwischen dem zweiten und dritten Jahr geschlossen und bis zum Ende des dritten

Jahres deutlich überdeckt. Die zielführenden Maßnahmen sind in dem hier dargestellten Zusammenhang Forschungs- und Entwicklungsergebnisse, die durch weitere Konstruktionsarbeiten zu konkretisieren und produktionsreif zu machen sind. Aus strategischer Sicht handelt es sich um die Innovationslücke des Unternehmens. Diese kann nicht nur dadurch geschlossen werden, dass nach Forschungsergebnissen gesucht wird, welche die Lageprognose an den Soll-Zustand (Zielvorgabe) annähert. Vielmehr kann auch die Zielvorgabe selbst bei erwarteten Forschungshemmnissen bzw. -fehlschlägen, Durchsetzungsschwierigkeiten oder Marktwiderständen an die Lageprognose angeglichen werden. Dieses Vorgehen ist insbesondere dann erforderlich, wenn die Zielvorgabe überzogen formuliert wurde und keine Forschungsergebnisse gefunden werden konnten, welche die Lageprognose zu verbessern versprechen. Eine derartige Zielrevision kann im äußersten Fall auch dazu führen, dass ein bisher verfolgtes Ziel aufgegeben und ein neues (realisierbares) Ziel an seine Stelle gesetzt wird.

Komplexität der Forschungs- und Entwicklungsprobleme bedeutet, dass ihre Teilprobleme zahlreich und die Beziehungen zwischen ihnen dicht sind. Zum Beginn eines Projekts kann das Wissen über Teilprobleme, Methoden und Beziehungen unvollständig, unvollkommen und unsicher sein. Außerdem hat ein abgegrenztes Problem häufig Schnittstellen (Kreikebaum [Innovation Processes] 80 ff.) zu anderen Problemen. Für das Herangehen an die Problemlösung ist es daher von Bedeutung, sich umfassende Informationen mit Problembezug zu beschaffen. In der pharmazeutischen Industrie beginnt beispielsweise jeder neue Forschungs- und Entwicklungsprozess mit einer umfassenden Literaturrecherche und Literaturauswertung. Hilfreich ist es auch, das aufgeworfene Problem durch eine schrittweise Ausgrenzung nicht zu behandelnder Nachbarprobleme zu präzisieren (einzuengen). Soweit es ein Leitkonzept für die Suche nach Problemlösungen gibt, ist dieses mit seinen wichtigsten Annahmen und Gestaltungsprinzipien explizit zu benennen. Nach Möglichkeit ist das abgegrenzte Gesamtproblem in seine Teilprobleme zu zerlegen, und erkennbare Strukturen zwischen diesen sind zu beschreiben. Es ist häufig hilfreich, auch wenn dies nur sehr vage geschehen kann, eine erste Problemhierarchie aufzubauen, um für alle beteiligten Entscheidungsträger das Bewusstsein und den Blick für die Struktur des Gesamtproblems zu schärfen.

12.4.3 Alternativensuche für Forschung und Entwicklung

Für den Aufgabenbereich der Forschung und Entwicklung ist im Planungsprozess einzelner Projekte die dritte Phase die Alternativensuche.

Definition:
Als **Alternativensuche** wird das systematische Aufspüren, Formulieren und Analysieren von unabhängigen Vorgehensweisen zum Erreichen der gewählten Ziele definiert.

Merksatz: Meist besteht eine Alternative aus einer **Kombination von Entscheidungsvariablen** bestimmter Ausprägung, die auch als Maßnahmen interpretiert werden. Jede Änderung einer Variablenausprägung führt zu einer neuen Alternative, wobei zu beachten ist, dass i. d. R. unterschiedliche Alternativen auch zu unterschiedlichen Graden der Zielerreichung (Problemlösung) führen.

Letztlich interessieren diejenigen Alternativen, die unter wirtschaftlichen, technischen, sozialen, rechtlichen, ethischen sowie ökologischen Bedingungen (Nebenzielen) realisierbar sind. Aus der Menge der realisierbaren Alternativen, sie wird auch zulässiger Bereich genannt, wird schließlich diejenige gewählt, die den gesetzten Zielen möglichst gut entspricht. In Einzelfällen kann es sich erweisen, dass der zulässige Bereich leer ist. Dies bedeutet für den Forscher den Zwang zum Neubeginn seines Suchprozesses. Insbesondere wegen knapper Ressourcen und Finanzen kann der Forscher in anderen Fällen gezwungen werden, seinen Suchprozess nach weiteren Alternativen abzubrechen. Ein Abbruch birgt das Risiko in sich, dass Wettbewerber, die nur wenige Schritte weiterforschen, auf gute Problemlösungen stoßen und damit erhebliche Wettbewerbsvorteile erringen.

Die Aufgaben der Alternativensuche sind (vgl. Modul 8, Abschnitt 8.2.2.3.):

- Systematische und umfassende Suche nach Einzelideen (Hinweisen, Ansätzen und Einfällen zur Lösung des Problems),
- Kombination der Einzelideen zu (unabhängigen) Alternativen,
- Präzise Kennzeichnung der gefundenen Alternativen,
- Analyse des Alternativenaufbaus und der Beziehungen zwischen den Alternativen,
- Abgrenzung der Alternativen zu einem zulässigen Bereich (d.h. Aussonderung der bei auftretenden Nebenbedingungen nicht realisierbaren Alternativen),
- Überprüfung der Vollständigkeit des zulässigen Bereichs.

Mit der Feststellung des zulässigen Bereichs ist die Alternativensuche zunächst abgeschlossen. Das durch den Suchprozess als Lösungsbereich gefundene Ergebnis bildet die Grundlage für die Erfüllung weiterer Phasen bzw. Aufgaben des Planungsprozesses der Forschung und Entwicklung.

12.4.4 Prognosen für Forschung und Entwicklung

Für den Aufgabenbereich der Forschung und Entwicklung ist im Planungsprozess einzelner Projekte die vierte Phase die Prognose.

Definition:

Als Prognose wird eine Wahrscheinlichkeitsaussage über das Auftreten eines Ereignisses (Wirkung, Datum) in der Zukunft definiert, die auf Beobachtungen und theoretischen Aussagen beruht.

Zur Durchführung einer Prognose werden eine theoretische Aussage und Randbedingungen benötigt, mit deren Hilfe bestimmte Konsequenzen vorhergesagt werden können. Diese Konsequenzen sind Ausprägungen einzelwirtschaftlicher Sachverhalte, die durch singuläre Aussagen beschrieben werden. Entscheidungslogisch handelt es sich bei den prognostizierten Konsequenzen um die Ausprägungen abhängiger Entscheidungsvariablen. Sie sind Wirkungen einer getroffenen Wahl über die zugehörigen unabhängigen Entscheidungsvariablen. Bekannte Prognosen der Volkswirtschaft sind beispielsweise die Prognose des Wirtschaftswachstums, der Beschäftigung oder der Preisentwicklung. In Einzelunternehmen können sich Prognosen auf den Absatz, auf

Erlöse, auf Kosten, auf die Beschäftigung, auf Lagerbestände, auf die Entwicklung von Rohstoffpreisen u.a. beziehen.

Merksatz: Im Aufgabenbereich von Forschung und Entwicklung treten als **Gegenstände der Prognosen** auf: Forschungsergebnisse, Ergebniszeitpunkte, Ressourcenbedarfe, Qualitätsniveaus, Kostenstrukturen, Forschungsbudgets, Zeitpunkt eines Projektwechsels u.a.

Vor Beginn eines Forschungsprojekts liegt die wichtigste Prognose darin, abzuschätzen, ob das gesamte Projekt überhaupt erfolgreich werden kann. Diese Erfolgswirkung hängt natürlich davon ab, welche die leitende Zielvorstellung des Projekts ist. Je nach Zielvorstellung kann ein Projekt unter wirtschaftlichen, technischen, sozialen, ethischen oder ökologischen Wirkungen mehr oder weniger erfolgreich sein. Prognosen können sich jedoch auch auf Wirkungen beziehen, die von einzelnen Entscheidungsträgern unterschiedlich beeinflusst werden. Unter diesem Aspekt werden Prognosen beeinflussbarer und nicht beeinflussbarer Konsequenzen unterschieden:

- Die beeinflussbaren Konsequenzen sind stets Ausprägungen abhängiger Variablen, auf die ein Entscheidungsträger, hier ein Forscher und Entwickler, durch seine Entscheidung einwirken kann. Die auftretenden abhängigen Variablen heißen auch „endogene Erwartungsvariablen". Eine Vorhersage ihrer Ausprägung wird Wirkungsprognose genannt. In Kurzform bezeichnet man diese Prognose als „Wird".
- Bei den nicht beeinflussbaren Konsequenzen handelt es sich um Ausprägungen abhängiger Variablen, auf die ein Entscheidungsträger durch seine Entscheidung (zumindest für den jeweiligen Prognosezeitraum) nicht einwirken kann. Die in diesem Zusammenhang auftretenden abhängigen Variablen tragen auch die Bezeichnung „exogene Erwartungsvariablen". Die Vorhersage ihrer Ausprägungen heißt Lage- oder Entwicklungsprognose.

In Abbildung 12.3 wird gezeigt, dass die Vorausberechnung der „Forschungslücke" eine Prognose darstellt. Für einfachere Prognosen wird mindestens eine Hypothese benötigt, die sich bei früheren Prognosen bereits gut bewährt hat. Zu der Prognose der Gesamtkosten eines bestimmten Forschungsprojekts benötigt man daher eine Kostenfunktion der projektrelevanten Kosten mit relativ gutem Bewährungsgrad in der Vergangenheit.

Während die durch eine Wirkungsprognose vorhergesagten Konsequenzen (Wird-Größen) darüber informieren, zu welchen Auswirkungen, Ergebnissen oder Zielerreichungen ergriffene bzw. ergreifbare Alternativen, Variablen oder Maßnahmen führen, liefert eine Lageprognose Informationen über Konstanten, Parameter oder allgemeine Daten, die im Prognosezeitraum ohne das Eingreifen zielführender Maßnahmen zu erwarten sind und die den zulässigen Bereich der Alternativen begrenzen. Etwas präziser wird eine Vorhersage Prognose genannt, wenn sie wissenschaftlich begründet ist. Als wissenschaftlich begründet gelten im Allgemeinen realwissenschaftliche Theorien, die ihre Fundierung im Erfahrungsmaterial der Wirtschaftspraxis finden. Dazu rechnet man objektive Sachverhalte, wie Vergangenheitserfahrungen, Beobachtungen und Messungen. Daraus folgt, dass Prognosen, die mittels realwissenschaftlicher Theorien getroffen werden, auf objektiven Grundlagen beruhen und daher als objektiv begründete Vorhersagen anzusehen sind. Durch diese empirische Fundierung unterscheiden sich Prognosen von allen anderen Vorhersagearten, insbesondere von solchen, die nur subjektiv begründet sind. Subjektiv begründete Vorhersagen stützen sich nur auf persönliche Erfahrungen, Einstellungen, Überzeugungen, Hoffnungen oder Befürchtungen und haben den Charakter von Erwartungen ohne empirische Fundierung. Bei unbegründeten Vorhersagen handelt es sich andererseits um zukunftsbezogene Aussagen, die ihre Fundierung in spekulativen, wirklichkeitsunverbindlichen und -neutralen Annahmen finden. Derartige Annahmen werden gelegentlich in Ermangelung begründeter Aussagen fiktiv unterstellt, um überhaupt zu einer Voraussage zu gelangen. Damit reicht die Spannweite möglicher Vorhersagen von Prognosen über Erwartungen bis zu Annahmen, wobei nur objektiv begründete Prognosen als wissenschaftlich zu charakterisieren sind. Jedoch ist anzumerken, dass der Bestand an realwissenschaftlichen Theorien im Bereich von Forschung und Entwicklung wegen des „Reifungscharakters" der Forschungs- und Entwicklungsprojekte einen besonderen Status einnimmt.

Es klang bereits an, dass die Qualität einer Prognose neben der wissenschaftlichen Begründung auch vom Bestätigungsgrad der verwendeten realtheoretischen Aussagen abhängt.

Merksatz: Die zutreffendsten Prognosen können nach aller Erfahrung mit **Hypothesen bzw. Theorien** gewonnen werden, die wissenschaftlich begründet und empirisch gut bestätigt sind. Derartige Gesetzmäßigkeiten spielen im Bereich der Forschung und Entwicklung eine hervorragende Rolle. Approximativ werden sie häufig als **deterministische Aussagen** formuliert. Faktisch sind die meisten jedoch unsichere Aussagen.

Bei Routineprojekten werden in Forschung und Entwicklung für die Durchführung einer Prognose folgende Aufgaben (vgl. Modul 8, Abschnitt 8.2.2.4.) formuliert:

- Kennzeichnung der gewünschten Prognose nach Gegenstand, Genauigkeit, Qualität und zeitlicher Reichweite,
- Analyse der Vergangenheitserfahrungen und deren Ursache-Wirkungszusammenhänge sowie die Prognose der Ursachenkonstellation für den Prognosezeitpunkt bzw. -zeitraum,
- Herleiten der Prognose nach Auswahl einer geeigneten Hypothese bzw. Theorie und Vorgabe der unabhängigen Entscheidungsvariablen sowie Formulierung der sonstigen Bedingungen für die Geltung der Prognose, einschl. einer Angabe über die Prognosewahrscheinlichkeit (zu Fragen des optimalen Prognoseverfahrens Brockhoff [Prognoseverfahren] 22 ff.),
- Überprüfung aller durchgeführten Einzelprognosen auf ihre Widerspruchsfreiheit,
- Durchführung von Alternativprognosen; diese können sich auf eine einzelne Alternative oder auf mehrere Alternativen beziehen. Bei einer einzelnen Alternative können für denselben Sachverhalt auch alternative Teilprognosen erstellt werden. Über diese ist eine Auswahl und Kombination so zu treffen, dass sie alle verträglich sind und einem aufgestellten Gütekriterium entsprechen. Analoge Überlegungen sind für den Fall der Erstellung mehrerer Alternativen durchzuführen.

Prognosen für ein innovatives Einzelprojekt sind wesentlich schwieriger als diejenigen für Routineprojekte. Die größte Schwierigkeit liegt beim Einzelprojekt darin, dass der gesamte Forschungs- und Entwicklungsprozess ein „reifender Vorgang" ist und durch eine schrittweise Wissensmehrung geprägt ist. Die im Laufe dieses Prozesses eingesetzten Prognoseverfahren sind zu Prozessbeginn meist grobe Verfahren, die einzelne Wirkungen nur als tendenzielle Konsequenzen vorausberechnen. Mit zunehmendem Erkenntnisfortschritt im Projekt können die verwendeten Hypothesen mitlaufend vervollständigt und präzisiert werden. Auf diese Weise ergibt sich das häufig unbefriedigende Ergebnis, dass präzise Prognosen über die Wirkungen des Forschungsprozesses erst an seinem Ende möglich sind. Orientiert man sich jedoch an den Anforderungen der nachfolgenden Aufgaben der Entwicklung und Konstruktion bzw. der Produktion, sind für die gefundenen Forschungsergebnisse und die formulierten Hypothesen i.d.R. weitere Präzisierungen erforderlich, die wiederum den Charakter „reifender Prozesse" besitzen.

Je innovativer die Ergebnisse eines erfolgreichen Forschungs- und Entwicklungsprozesses sind, umso eher wird der angesprochene Reifungsprozess der Erkenntnisse bis in die Produktion hineinreichen. Hat ein Forschungs- und Entwicklungsprojekt bis zum Vorliegen verwertbarer Erkenntnisse hohe Forschungs- und Entwicklungskosten verursacht, ist außerdem die Errichtung zugehöriger Produktionsanlagen sehr kostenintensiv und steht das Unternehmen vor unsicheren Erwartungen der Nachfrage bzw. des Kundenverhaltens, ist sehr leicht nachzuvollziehen, dass verantwortliche Entscheidungsträger vor äußerst komplexen und risikoreichen Einzelentscheidungen stehen. Tendenziell wird daher jedes Unternehmen versuchen, für seine neuen Produkte vom Absatzmarkt einen möglichst hohen Preis zu verlangen, um das von der Forschung bis zum Absatz angefallene Kostenvolumen möglichst schnell zu decken und darüber hinaus noch Gewinn zu erzielen. Soweit es der Absatzmarkt erlaubt, wird dieser Gewinn möglichst nach oben getrieben, um ein bereits laufendes oder das nächste Forschungs- und Entwicklungsprojekt, das vergleichbare Ausgaben und Kostenbelastungen aufwirft, aus ihm finanzieren zu können.

12.4.5 Bewertung der Forschung und Entwicklung

Für den Aufgabenbereich der Forschung und Entwicklung ist im Planungsprozess einzelner Projekte die fünfte Phase die Bewertung.

Definition:
Als **Bewertung** wird die Zuordnung einer Zielwirkung zu einer Alternative definiert.

Auch wenn mehrere Zielwirkungen einer Alternative approximativ durch eine übergeordnete Nutzenfunktion gemessen werden und der Alternative daher als Vorteilsmaß ein skalarer Nutzenwert zugeordnet wird, ist die anstehende Bewertung als rationaler Wahlakt zu klassifizieren.

Nach der systematischen Abwicklung der Zielbildung, Problemfeststellung, Alternativensuche und Prognose sind Entscheidungsträger im Forschungs- und Entwicklungsbereich i.d.R. in der Lage, sich ein Bild über den Wert des jeweiligen Forschungsprojekts zu machen. Stehen mehrere Planalternativen (Forschungsprojekte) zur Wahl, ist jeder ein Wert zuzuordnen. Dieser Wert ist als Zielwirksamkeit bzw. Zielerreichungsgrad zu interpretieren und wird durch die Wirkungsprognose ausgedrückt. Durch den Wert einer Projektalternative wird zugleich die Vorzugswürdigkeit dieser Alternative gemessen, sodass eine rationale Wahl über alle Alternativen möglich wird. Eine Alternativenbewertung ist nur möglich, wenn es vorab (oder mitlaufend) gelingt, eine Zielvorstellung für das fragliche Projekt zu formulieren.

Die Bewertung einer Forschungsalternative erweist sich häufig als besonders schwierig, weil bei ihrer Lösung mehrere unsichere Wirkungsprognosen zu einer Gesamtwirkung (Nutzengröße) aggregiert werden müssen. Zum Zeitpunkt der Entscheidung über die Durchführung eines bestimmten Forschungs- und Entwicklungsprojekts kann häufig nicht hinreichend genau gemessen bzw. geschätzt werden, zu welchem ökonomischen Beitrag (beispielsweise Gewinn) das Projekt insgesamt führen wird. Diese Aussage bezieht sich insbesondere auf das Erreichen des Gewinnmaximums.

Die Aufgaben der Bewertung und Entscheidung sind (vgl. Modul 8, Abschnitt 8.2.2.5.):

- Festlegung der Bewertungskriterien und der Kriteriengewichte. Bei der Festlegung eines Bewertungskriteriums handelt es sich um die Bestimmung der Maßgröße, durch welche ein Zielerreichungsgrad ausgedrückt werden soll. Durch diese Maßgröße sollen alle alternativen Wirkungen möglichst präzise und einfach, direkt oder indirekt, gemessen werden können. Sobald mehrere Bewertungskriterien verwendet werden, können sie untereinander verschiedenes Gewicht haben, was damit zusammenhängt, dass auch die Teilziele, auf welche sich die einzelnen Bewertungskriterien beziehen, verschieden gewichtet sein können.
- Ermittlung der Kriterienwerte. Sobald feststeht, welche Alternativenwirkung durch welches Bewertungskriterium gemessen werden soll, sind für jede Alternative mittels eines gewählten Prognoseverfahrens Kriterienwerte (Wird-Größen) zu ermitteln (zu prognostizieren).
- Ermittlung des Gesamtwertes der Alternative. Aus den einzelnen Kriterienwerten, die verschiedene Wirkungen einer Alternative ausdrücken, ist im nächsten Schritt ein gesamter Wert der betrachteten Alternative zu ermitteln. Der Gesamtwert (Wird) drückt aus, zu welchem Erreichungsgrad der übergeordneten Zielvorstellung die bewertete Alternative zu führen verspricht. Diese Erwägungen gelten sowohl für das Verfolgen einer einzigen als auch mehrerer Zielvorstellungen. Da es im Forschungs- und Entwicklungsbereich häufig darum geht, ordinale und kardinale Kriterienwerte zu einem Gesamtwert einer Alternative zu verdichten, begnügt man sich häufig mit ordinal skalierten Gesamtwerten (Nutzenwerten) und damit mit ordinal skalierten Rangordnungen der bewerteten Alternativen.
- Wahl der Erfolg versprechenden Forschungs- und Entwicklungsalternative. Mit Hilfe der prognostizierten Gesamtwerte der Alternativen gelingt es, eine Rang- oder Präferenzordnung über einbezogene Alternativen nach steigenden (bzw. fallenden) Gesamtwerten herzustellen. Auf der Grundlage dieser

Rangordnung kann diejenige Alternative gewählt werden, welche der Zielvorstellung des Entscheidungsträgers genügt.

Nach dem beschriebenen Auswahlakt gelangt der Entscheidungsträger zu derjenigen Alternative, für welche er einen präziseren Projektplan erstellen kann. In der Wirtschaftspraxis ist dieser Plan mit dem Steuerungssystem der Organisation und dem Informationssystem in allen auftretenden Wechselbeziehungen so abzustimmen, dass ein koordinierter Einsatz dieser Instrumente zur effizienten und effektiven Abwicklung des gesamten Projekts sichergestellt wird. Diese Aufgabe übernimmt das Forschungs- und Entwicklungs-Controlling (Brockhoff [Forschung] 425 ff.; [FuE-Controlling] 597 ff.).

12.5 Steuerung der Forschung und Entwicklung

12.5.1 Durchsetzung der Forschungs- und Entwicklungsergebnisse

Nachdem die Planungsaufgaben von Forschung und Entwicklung abgeschlossen sind, muss die Realisation der geplanten Forschungs- und Entwicklungsprojekte zielführend gesteuert werden. Für den Aufgabenbereich der Forschung und Entwicklung ist im Steuerungsprozess einzelner Projekte die erste Phase die Plandurchsetzung.

Definition:
Als **Plandurchsetzung** (Veranlassung) wird die Summe der Maßnahmen zur Information, Beratung und Motivation betroffener Mitarbeiter zur Planrealisation definiert.

Da bei der Realisation (Vollzug) geplanter Prozesse stets Verzögerungen, Fehler oder Störungen auftreten können, muss in die Prozessrealisation laufend korrigierend eingegriffen werden. Die weiter oben beschriebenen Unsicherheiten (schwache Strukturiertheit, geringe Flexibilität, Reifungscharakter) der Forschungs- und Entwicklungsprojekte sowie die unbefriedigenden Zwischenergebnisse und Fehlschläge verlangen laufend nach Steuerungsmaßnahmen. Wenn ein Planungsprozess als Instrument zum Erkennen einer Problemlücke angesehen wird, kann der nachfolgende Steuerungsprozess als Instrument zum Schließen der Problemlücke interpretiert werden. Dabei ist wiederum ein präzises Erreichen der Planvorgaben (der Planziele) in der Wirtschaftspraxis eher die Ausnahme.

Merksatz: **Steuernde Maßnahmen** werden als Instrumente verstanden, mit deren Hilfe alle erforderlichen Prozesse zielführend korrigiert und in ihren Ergebnissen möglichst nahe an die (revidierten) Planvorgaben herangeführt werden.

Steuerung ist in ihren unterschiedlichsten Ausprägungen sowohl ein adaptiver als auch ein kreativer Lernvorgang Bei den Trägern der Steuerung führt er zu neuem Wissen über Störungen und Fehler (einschl. ihrer Ursachen) in der Planrealisation sowie zu Verhaltensänderungen im Sinne eines möglichst guten Verfolgens und Erreichens vorgegebener Forschungs- und Entwicklungsziele. Nach der Entscheidung für einen bestimmten Forschungs- und Entwicklungsplan und nach seiner Freigabe durch die Unternehmensleitung muss dieser Plan bei allen eingebundenen Entscheidungsträgern durchgesetzt werden. Die Individualität und Intelligenz der Entscheidungsträger im Bereich

Forschung und Entwicklung machen es erforderlich, ihre individuellen Ziele, Instrumente, Methoden usw. zweckmäßig zu koordinieren. Trotz aller Unbestimmtheiten und wachsender (reifender) Wissensstände muss das Verhalten der eingebundenen Entscheidungsträger eine einheitliche Ausrichtung erfahren, und mögliche Konfliktpotenziale sind auf ein möglichst niedriges Niveau abzusenken. Instrumente, die zu einer entsprechenden Verhaltensbeeinflussung eingesetzt werden, reichen von der Stärkung des Gemeinschaftsbewusstseins über sachgerechte Ressourcenzuweisungen bis zur Gewährung von Anerkennungen und Belohnungen. Hierher gehören ebenso Maßnahmen zur pünktlichen Bereitstellung von Informationen, Mitteln und Instrumenten. Auch die Verbesserung der Fachkompetenz, die Förderung der Kreativität und die Beteiligung an Führungsentscheidungen sind geeignete Maßnahmen zur Überwindung von Durchsetzungsbarrieren.

12.5.2 Kontrolle der Forschung und Entwicklung

Für den Aufgabenbereich der Forschung und Entwicklung ist im Steuerungsprozess einzelner Projekte die zweite Phase die Kontrolle.

Definition:

Kontrolle (Überwachung) wird als geordneter, laufender, informationsverarbeitender Prozess zur Ermittlung und Analyse von Abweichungen zwischen Plangrößen (Prognose- oder Vorgabegrößen) und Vergleichsgrößen definiert.

In Forschung und Entwicklung sind mehrere Kontrollobjekte zu unterscheiden. Dazu gehören die projektbezogenen Ziele (z.B. Kosten für Forschung und Entwicklung, Entwicklungsdauer) sowie die produktbezogenen Ziele (z.B. Obergrenze der Produktkosten). Was die anwendbaren Kontrollarten betrifft, sei auf Modul 8 Abschnitt 8.3.2.2 verwiesen.

Als Instrumente der Forschungs- und Entwicklungskontrolle sind zu nennen: die integrierte Kosten- und Leistungsanalyse zur Budgetkontrolle (Coenenberg/Raffel [Kostenanalyse] 199 ff.), der Meilenstein-Überwachungsplan zur Unterstützung der Durchführungskontrolle (Brockhoff [Forschung] 451 ff.) sowie die Projektdeckungsrechnung zur Kontrolle des Wirtschaftlichkeitsziels (Commes/Lienert [Controlling] 352).

Es sei noch darauf hingewiesen, dass sich für den Bereich Forschung und Entwicklung zwei weitere Kontrollarten entwickeln lassen, die sich nicht direkt auf den Forschungs- und Entwicklungsprozess beziehen, sondern auf sein Planungs- und Steuerungssystem. Diese Kontrollarten sind ihrer Art nach Systemkontrollen und werden als Planungskontrolle und Steuerungskontrolle durchgeführt. Sowohl die Planungskontrolle als auch die Steuerungskontrolle finden meist nach dem Abschluss eines Forschungs- und Entwicklungsprojekts statt, weil zu diesem Zeitpunkt das Erfahrungswissen über Stärken und Schwächen des angewendeten Planungs- und Steuerungssystems am größten ist. Die Objekte beider Systemkontrollen sind ihre Praktikabilität und Abbildungsqualität sowie das Einhalten von Zielen, Ressourcen, Regeln, Kompetenzen, Verantwortungen, Termine, Prämissen und Schnittstellen.

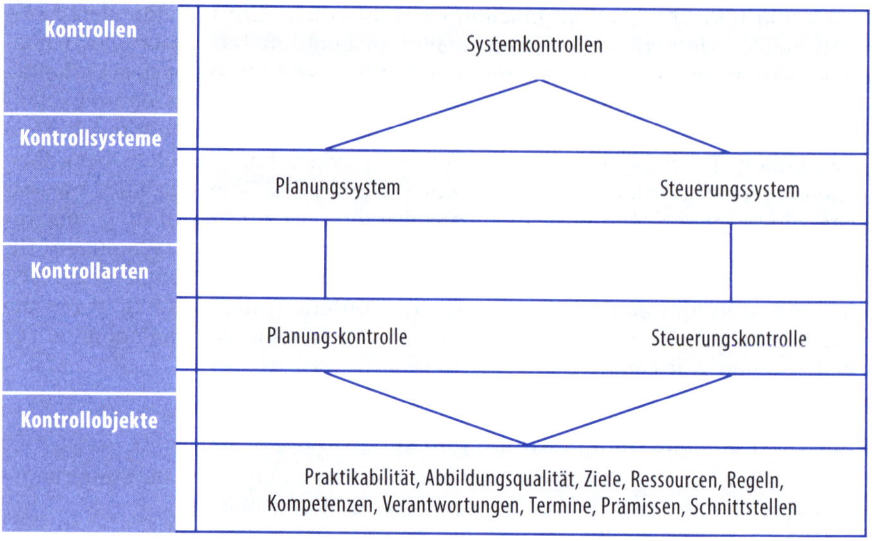

Abbildung 12.4: Systemkontrollen

12.5.3 Sicherung der Forschung und Entwicklung

Für den Aufgabenbereich der Forschung und Entwicklung ist im Steuerungsprozess einzelner Projekte die dritte Phase die Sicherung.

Definition:
Als **Sicherung** werden alle Maßnahmen zur vorherigen Abwehr bzw. zur nachträglichen Beseitigung von Störungen bzw. Fehlern der Realisation von Forschung und Entwicklung definiert.

In der Regel ergibt die Kontrolle von Forschung und Entwicklung, dass eine Fülle von Sachverhalten geändert bzw. angepasst werden muss. Ein zweckmäßig angelegter Kontrollbericht soll dafür zahlreiche Hinweise geben. Insbesondere in größeren Unternehmen ist rechtzeitig dafür zu sorgen, dass vorgeschlagene Anpassungsmaßnahmen zur Verhinderung, Minderung oder zur Beseitigung der festgestellten Fehler und Störungen auch tatsächlich ergriffen werden. Die zu ergreifenden Maßnahmen können vorsorgenden oder nachsorgenden Charakter haben:

Merksatz: Voraussetzung der zügigen Durchführung von Anpassungsmaßnahmen ist eine **sicherungsorientierte Denkhaltung** aller Entscheidungsträger im Forschungs- und Entwicklungsprozess.

Zur Sicherung effizienter und effektiver Forschungs- und Entwicklungsprozesse ist es dringend erforderlich, Anpassungsnotwendigkeiten so früh wie möglich zu erkennen und einer Lösung zuzuführen. Eine zügige Durchführung zielführender Anpassungsmaßnahmen trägt zur Senkung von Einzelrisiken bei und liefert einen Beitrag zur Wirtschaftlichkeit des gesamten Unternehmens. Bei der Durchführung einzelner Anpassungsmaßnahmen sollten die wesentlichen Abweichungsursachen bekannt sein, um den Anpassungsprozess rational gestalten zu können. Das Sicherungsbewusstsein der Entscheidungsträger sollte von der Erfahrung ausgehen, dass jeder Forschungs- und Entwicklungsprozess einer besonderen Dynamik und speziellen Unsicherheiten unterliegt.

Da keine Phase des Planungs- und Steuerungsprozesses von Anpassungsmaßnahmen verschont wird, muss ein Sicherungskonzept den gesamten Planungs- und Steuerungsprozess von Forschung und Entwicklung fortlaufend begleiten. Planung und Steuerung werden auf diese Weise in den Dienst eines flexiblen Forschungs- und Entwicklungsmanagements gestellt. Sie leisten einen Beitrag zur Existenzsicherung und zur Verbesserung der Wirtschaftlichkeit des Unternehmens.

12.6 Strategische Forschungs- und Entwicklungsplanung

12.6.1 Aufgaben der strategischen Forschungs- und Entwicklungsplanung

12.6.1.1 Planung des strategischen Forschungs- und Entwicklungsprogramms

Die Aufgaben der strategischen Forschungs- und Entwicklungsplanung sind: Planung des strategischen Forschungs- und Entwicklungsprogramms, Planung des Umfangs von Eigen- und Fremdforschung, Planung des Schutzes von Wissen und Planung der Verwertung von Wissen (Kenntnissen, Ergebnissen) (Schweitzer [Fertigungswirtschaft] 637).

Die Planung des strategischen Forschungs- und Entwicklungsprogramms ist im Wesentlichen eine artmäßige und globale Festlegung von Schwerpunkten zwischen

- Produkt- und Prozessforschung sowie
- verschiedenen Technologien.

Technologiestrategien bringen Formen der Schwerpunktbildung zwischen Produkt- und Prozessforschung zum Ausdruck. Je nachdem, ob die Fertigungsprozesstechnik bzw. die Produkttechnik bekannt oder neu sind, ergeben sich vier Typen von Technologiestrategien Um zu einer Entscheidung über die Produkt- oder Prozessforschung zu gelangen, ist zum einen Klarheit über den Wettbewerbsverlauf in der Branche zu gewinnen. Neben dieser Branchenentwicklung sind zum anderen auch die verfolgten Marketing- und Wettbewerbsstrategien zu berücksichtigen (Brockhoff [Forschung] 185 ff.; Schröder [Innovationsplanung] 1050 ff.).

Entscheidungen über mögliche Technologieschwerpunkte können u.a. durch S-Kurven unterstützt werden (vgl. Abb. 12.5 auf Seite 536). Mit Hilfe von S-Kurven (Brockhoff [S-Kurven-Konzept] 327 ff.) kann eine anstehende Entscheidung über Forschungs- und Entwicklungsmaßnahmen aber nur global unterstützt werden. Abgesehen davon, dass sowohl die Leistungsfähigkeit als auch die zugerechneten kumulierten Forschungs- und Entwicklungsaufwendungen nur grob abgeschätzt werden können, kann eine Entscheidungshilfe dieser Kurven darin liegen, für die Forschung und Entwicklung Technologien zu präferieren, die noch in der Anfangsphase ihrer Entwicklung stehen oder diejenigen Technologien aus der Forschung zu eliminieren, die an der oberen Grenze ihrer Leistungsfähigkeit angelangt sind. Insbesondere kann aus S-Kurven

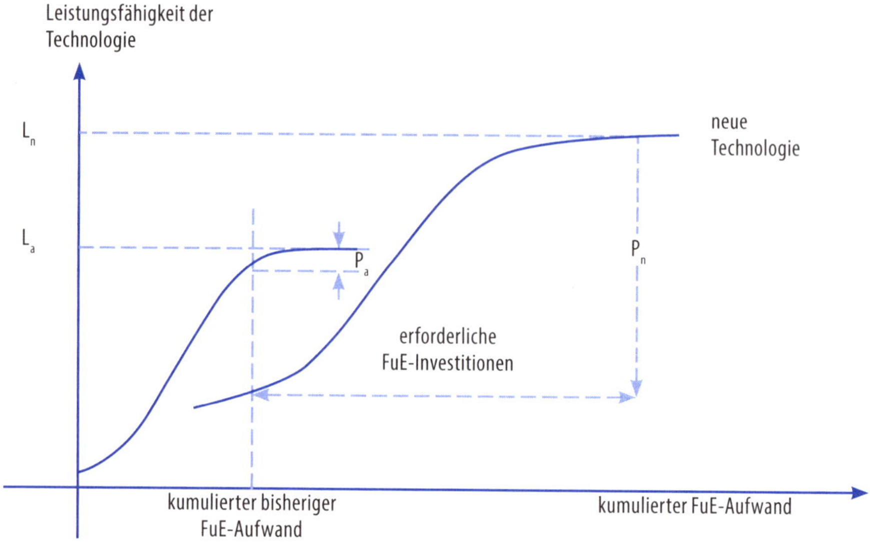

Abbildung 12.5: S-Kurven-Konzept

nicht geschlossen werden, wann der günstigste Zeitpunkt für einen Technologiewechsel bei Forschung und Entwicklung erreicht ist. Die globale Indikatorfunktion der S-Kurven entspricht jedoch dem globalen Ansatz der strategischen Planung. In jedem Fall besteht in der strategischen Forschungs- und Entwicklungsplanung ein großer Bedarf nach frühzeitigen Informationen (weak signals, early information), die es langfristig erlauben, Erfolgspotenziale zu identifizieren und zu analysieren sowie vor möglichen Risiken zu warnen (Schröder [Early Information (EI)] 129 ff.).

12.6.1.2 Planung der Eigen- und Fremdforschung

Zu den Aufgaben der strategischen Forschungs- und Entwicklungsplanung gehört neben der Programmplanung auch die Planung des Umfangs der Eigen- und Fremdforschung.

Eigenforschung wird stets autonom in betriebseigenen Forschungseinrichtungen betrieben. Die Vorteile der Eigenforschung liegen darin, dass sie auf besondere betriebliche Erfordernisse gut zugeschnitten werden kann. Sie kann außerdem unabhängig von der Richtung und von der Intensität des exogenen technischen Fortschritts betrieben werden und lässt es zu, über bestimmte Zeiträume einen Wissensvorsprung zu erlangen sowie damit Wettbewerbsvorteile aufzubauen. Außerdem gibt sie die Möglichkeit zu einer intensiven Forschungskontrolle und erlaubt eine Geheimhaltung der gefundenen Erkenntnisse. Die Nachteile der Eigenforschung liegen in der Regel in einem höheren Zeitbedarf, in vergleichbar höheren Kosten und höheren Risiken. Es kommt hinzu, dass Grundlagenforschung in mittleren und kleineren Unternehmen wegen der hohen Kosten und der hohen Risiken nur bedingt selbst betrieben werden kann, obwohl das Grundproblem, das zu erforschen ist, meist relativ präzise definiert werden kann. Eigenforschung kann in Unternehmen einmal als Daueraufgabe verstanden werden, die in eigenständigen Forschungsabteilungen oder in Mehr-Projektform realisiert wird. Eigenforschung kann aber auch als befristete Aufgabe in Einzel-Projektform auftreten.

Bei Fremdforschung handelt es sich stets um eine Ausgliederung von Forschungs- und Entwicklungsaufgaben aus dem Unternehmen (Hauschildt [Innovationsmanagement] 75 ff.). Sie kann auftreten als

- Auftragsforschung,
- Innovationskooperation sowie
- Gemeinschaftsforschung.

Merksatz: **Auftragsforschung (Vertrags- oder Kontraktforschung) liegt vor, wenn ein Unternehmen einer externen Forschungsinstitution den Auftrag erteilt, im Namen und auf Rechnung des Unternehmens eine wohldefinierte Problemstellung zu analysieren.**

Durch Auftragsforschung erfolgt gegen Entgelt ein Wissenstransfer vom Auftragnehmer zum Auftraggeber. Partner in diesem Sinne können sein: einzelne Erfinder, Forschungsinstitute, Auftragsforschungsunternehmen, aber auch unterbeschäftigte und verselbstständigte Forschungs- und Entwicklungsabteilungen anderer Unternehmen. Diese Kooperationsform ist vorteilhaft, wenn das Unternehmen keine eigenen Forschungskapazitäten besitzt, die externe Forschungsinstitution das Projekt kostengünstig und zügig abwickeln kann oder bei ihr ein Wissensvorsprung vermutet wird.

Wenn Auftragsforschung sich bewährt und dauerhaft sowie institutionalisiert fortgeführt wird, entsteht daraus eine Innovationskooperation (im engeren Sinne) (Hauschildt [Innovationsmanagement] 79 ff.). Hier ist die Verwertung der Ergebnisse von Forschung und Entwicklung auf den Kreis der Kooperationspartner beschränkt. Die Initiative zu einzelnen Forschungsprojekten kann von allen Kooperationspartnern ausgehen. Die Kooperationspartner können auch in Innovationsnetzen zusammenarbeiten. Für diese Kooperationsform lassen sich struktur-, anwendungs-, und technologiebasierte Netzwerke unterscheiden (Hauschildt [Innovationsmanagement] 81 f.; Wissema/Euser [Networks] 35 ff.).

Erweist sich eine Innovationskooperation als fruchtbar und intensiv, kann daraus ein Gemeinschaftsunternehmen für Forschung und Entwicklung gegründet werden, das Gemeinschaftsforschung betreibt. Die gewonnenen Erkenntnisse können nicht nur den Auftraggebern, sondern auch Dritten zur Verfügung gestellt werden. Institutionen der Gemeinschaftsforschung sind häufig eingetragene Vereine oder Industrieverbände. Daher wird in diesem Zusammenhang auch von Verbandsforschung gesprochen. Dachverband der unabhängigen „Forschungsgesellschaften" ist die „Arbeitsgemeinschaft industrieller Forschungsvereinigungen e.V.". Die Formen der Fremdforschung reichen also vom gelegentlichen Erfahrungsaustausch über Expertengespräche im Partnerkreis, über Auftragsvergabe, bis zu selbstständigen Forschungsgesellschaften.

12.6.1.3 Planung der Übernahme externer Forschungs- und Entwicklungserkenntnisse

Neben den bisher besprochenen Formen der Eigen- und Fremdforschung gibt es die Form der Übernahme von Forschungs- und Entwicklungserkenntnissen von Dritten, wobei das innovative Produkt oder Verfahren beim Hersteller gekauft wird. Hier übernimmt der Beschaffungsbereich die Aufgaben der Markterkundung nach Innovationen und der Anwendungsprüfung für das eigene Unternehmen. Bei diesem Kauf von Erkenntnissen steht die unmittelbare Verwendung der Innovation im Vordergrund der Überlegungen.

Eine weitere Form der Übernahme von Forschungs- und Entwicklungserkenntnissen von Dritten ist die Lizenznahme. Hierbei geht es um die Beschaffung des Rechts auf Nutzung eines Verfahrens oder Produkts, wobei das Patent oder Gebrauchsmuster bei einem Dritten liegt. Die Gründe für eine Lizenznahme können sehr verschieden sein (Hauschildt [Innovationsmanagement] 66 ff.). In der Regel liegen beim Lizenznehmer Defizite vor, die ihren Ausdruck in einem technologischen Defizit finden (es wird der Zugang zu einer neuen Technologie gesucht), in einem Kapazitätsdefizit (es fehlen fachliche oder personelle Kapazitäten zur Entwicklung einer neuen Technologie), in einem Zeitdefizit (der Lizenznehmer will Forschungs- und Entwicklungszeiten senken, um früh auf dem Absatzmarkt zu sein) sowie im Kapitaldefizit (dem Lizenznehmer fehlt das Kapital, eigene Forschungs- und Entwicklungsprojekte zu finanzieren).

Als dritte Form der Beschaffung von Forschungs- und Entwicklungserkenntnissen tritt der Kauf (Akquisition) ganzer innovativer Unternehmen auf. Es ist jedoch festzustellen, dass die Motive für den Kauf (Unternehmensakquisition) in erster Linie nicht Innovationsziele, sondern Gewinn- oder Absatzziele sind. Meistens folgen dann Rationalisierungs- und Diversifikationsziele. Innovationsziele rangieren bei den Kaufmotiven häufig erst an dritter Stelle. Diese Ziele sind die Leitmotive für so genannte Direktinvestitionen in Ländern, in welchen fortgeschrittene Innovationspotenziale vermutet werden. Neuerdings scheint das innovative bzw. technologische Kaufmotiv einen höheren Stellenwert zu bekommen (Süverkrüp [Wissenstransfer] 19 f.).

Auch die Nachahmung (Imitation) von Innovationen ist eine weit verbreitete Form zur Übernahme von Forschungs- und Entwicklungserkenntnissen von Dritten. Ein Nachahmer lässt sich bei seiner Übernahme von Erkenntnissen in erster Linie von absatzpolitischen Gründen leiten. Der Nachahmung geht stets eine fremde Innovation voraus, die entweder rechtlich nicht genügend geschützt oder deren Schutz abgelaufen ist, was nicht ausschließt, dass Nachahmung bereits betrieben wird, während gewerbliche Schutzrechte noch gelten. Nachahmungen treten in allen Industrien auf und fügen dem Erfinder häufig erheblichen Schaden zu. Unter den Gesichtspunkten der Einsparung von Forschungs- und Entwicklungskosten sowie der Sicherung bzw. Schaffung von Arbeitsplätzen hat Nachahmung jedoch volkswirtschaftlich auch einen positiven Aspekt. Erhebungen in der Wirtschaftspraxis zeigen, dass erfolgreiche Unternehmen Innovation und Imitation durchaus kombinieren (Albach [Imitation] 61; Schewe [Imitationsmanagement] 57 ff.). Daraus folgt, dass ein flexibles Imitationsmanagement in vielen Unternehmen ein Teilgebiet des Innovationsmanagements darstellt (Hauschildt [Innovationsmanagement] 69 ff.). Ein Nachahmer kann seine Marktchancen jedoch nur nutzen, wenn er relevante Märkte und neue Technologien systematisch beobachtet und ein flexibles Entwicklungspotenzial aufbaut, das ihn in die Lage versetzt, die Imitation technologisch schnell und wirtschaftlich zu realisieren. Ein guter Nachahmer wird die Qualität und die Funktionen der kopierten Innovation laufend verbessern und dadurch unter Umständen selbst zu einer Innovation gelangen. Gegen einen weiteren Nachahmer kann er Barrieren dadurch aufbauen, dass er Kapazitäten für die Großproduktion bereithält und ein flächendeckendes Distributionsnetz aufbaut. Durch seine Preispolitik kann er ebenfalls eine weitere Nachahmung verhindern.

12.6.1.4 Planung des Schutzes von Forschungs- und Entwicklungserkenntnissen

In zahlreichen Ländern herrscht die Konvention vor, dass Erfinder, Entdecker und Neuerer ihre Ideen gegen Missbrauch durch Fremde sichern können. Dies geschieht durch Gesetze. Zu nennen sind das Patentgesetz, das Gebrauchsmustergesetz, das Gesetz betreffend das Urheberrecht an Mustern und Modellen (Geschmacksmustergesetz), das Warenzeichengesetz sowie das Urheberrechtgesetz. Das tragende Prinzip dieser Gesetze ist das Ausschließlichkeitsprinzip der Wissensnutzung. Die Sicherung dieses Prinzips kann einmal durch die genannten Schutzrechte erfolgen, zum anderen aber durch eine faktische Hinderung des Wissenstransfers. Durch konstruktive Vorkehrungen an den Produkten oder durch Geheimhaltung von Rezepten, Prozessen, Formeln usw. kann der Wissenstransfer an Dritte verhindert bzw. behindert werden. Im Allgemeinen muss der Schutz von Kenntnissen systematisch geplant werden, um einen Missbrauch durch Dritte wirkungsvoll auszuschalten.

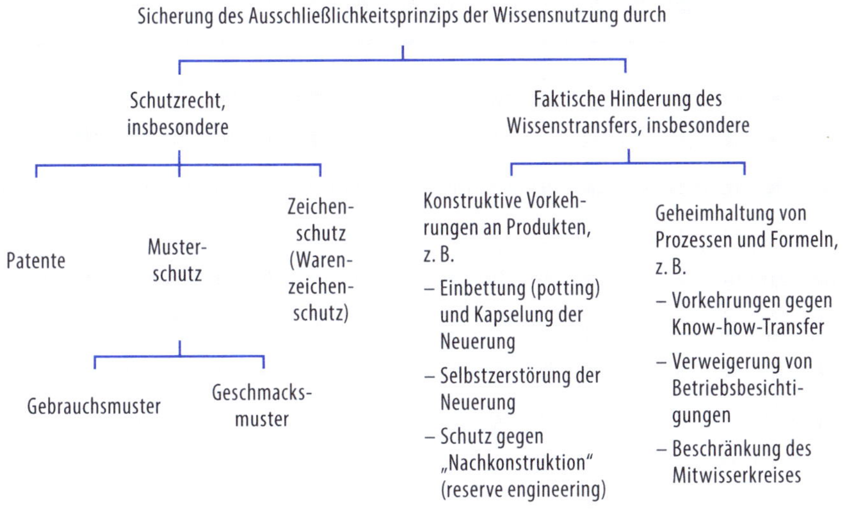

Abbildung 12.6: Sicherung des Ausschließlichkeitsprinzips der Wissensnutzung (Brockhoff [Forschung] 95)

Abbildung 12.6 gibt einen Überblick über die wichtigsten Maßnahmen zur Sicherung des Ausschließlichkeitsprinzips der Wissensnutzung. Dieses Ausschließlichkeitsprinzip kann in der Wirtschaftspraxis sachlich und zeitlich nur bedingt realisiert werden. In der Schutzperiode kann der Innovator jedoch einen Wettbewerbsvorsprung bzw. eine Monopolstellung aufbauen. Das Patentgesetz gibt Rechtschutz durch ein Patent.

Definition:

Ein Patent wird als ein zeitlich begrenztes Monopol definiert, das einem Erfinder oder seinem Rechtsnachfolger für eine begrenzte Zeit die alleinige wirtschaftliche Nutzung der Erfindung sichert.

Ein Patent wird von einer staatlichen Behörde (Patentamt) erteilt. Über das verbriefte Recht wird eine Urkunde ausgefertigt. Das Patent gibt allein dem Inhaber das Recht, den Gegenstand der Erfindung gewerblich herzustellen, in Verkehr zu bringen, feilzuhalten oder zu gebrauchen (PatG § 9). Notfalls kann dieses Recht eingeklagt werden. Patentfähig sind nur technische Erfindungen, die durch Neuheit gekennzeichnet sind. Neuheit der Erfindung ist dann gegeben, wenn der Gegenstand der Erfindung national und international über den Stand der Technik hinausgeht. Darüber hinaus muss die Erfindung gewerblich anwendbar sein. Dies heißt, dass Erkenntnisse aus der Grundlagenforschung nicht patentfähig sind. Die Erteilung eines Patents muss beim Patentamt (München) schriftlich beantragt werden. Die beizufügende Beschreibung der Erfindung muss so präzise sein, dass sie es einem Sachverständigen möglich macht, die Benutzung nachzuvollziehen. Die Schutzdauer beträgt von der Anmeldung an zwanzig Jahre. Für das erteilte Patent sind mit zunehmender Laufzeit steigende Gebühren zu entrichten. Für ein Patent dominiert das Merkmal der gewerblichen Anwendbarkeit. Europaweit gibt es ein Patentübereinkommen von 1973 und ein Europäisches Patentamt (München).

Merksatz: **Kritiker der etablierten Patentsysteme sehen in Patenten eher Instrumente zur Verhinderung wirklicher Innovationen als Instrumente zum Schutze des wissenschaftlichen Fortschritts.**

Viele gehortete Patente, so wird argumentiert, seien nicht gleichzusetzen mit vielen Innovationen (Harhoff [Patente] 106 f.). Dem wird entgegengehalten, dass der Weg zu einem Patent sehr kostspielig und langwierig sein kann, sodass die Ausschließlichkeit der Wissensnutzung durchaus ihre Berechtigung hat. Praktisch liegt die Verantwortung für die Interessenabwägung zwischen individuellem Verwertungsstreben und gesellschaftlicher Nutzenstiftung beim Gesetzgeber. Dieser muss in einer umfassenden Abschätzung der Rechtsfolgen (im Rahmen des geltenden Rechtssystems) das Patentgesetz so strukturieren, dass ein tragbarer Interessenausgleich kodifiziert wird. Wie schwierig eine Abschätzung der Rechtsfolgen ist, zeigt sich am Beispiel der Folgepatente: ein erteiltes Erstpatent kann nämlich Basischarakter mit geringem Verwertungspotenzial haben und eine Reihe von darauf aufbauenden Patenten (Folgepatenten) auslösen, in welchen der gesellschaftliche Nutzen erst sichtbar und verwertbar wird. Die Fragen, welche Folgepatente das sind, wann sie erteilt werden, welchen Neuheitsgrad sie besitzen und welchen Nutzen sie für wen stiften können, lösen komplizierte und risikobehaftete Bewertungsprobleme aus. Bei einer derartigen Abschätzung der Rechtsfolgen ist der Gesetzgeber sehr schnell überfordert (zum Vergleich der Patentsysteme in Europa und den USA Harhoff [Patente] 96 ff.).

Definition:
Als **Gebrauchsmuster** wird ein dem Patent verwandtes Schutzrecht definiert, das bei geringerer Erfindungshöhe als beim Patent erteilt wird. Die gesetzliche Grundlage ist das Gebrauchsmustergesetz.

Geschützt werden nach diesem Gesetz Arbeitsgerätschaften oder Gebrauchsgegenstände oder Teile davon, soweit sie dem Arbeits- oder Gebrauchszweck durch eine neue Gestaltung, Anordnung oder Vorrichtung dienen sollen. Auch diese Gegenstände müssen beim Patentamt schriftlich angemeldet werden. Dort werden sie in die Rolle der Gebrauchsmuster eingetragen. Die Wirkung der Eintragung ist, dass allein der Inhaber das Recht hat, gewerbsmäßig das Muster zu verwerten (GebrMG § 5). Der Gebrauchsmusterschutz währt drei Jahre. Gegen Verlängerungsgebühr kann die Schutzfrist bis auf acht Jahre erweitert werden.

Definition:
Als **Geschmacksmuster** wird das Recht der Nachbildung und der gewerbsmäßigen Verwertung von Mustern und Modellen definiert. Die Rechtsgrundlage ist das Gesetz betreffend das Urheberrecht an Mustern und Modellen (Geschmacksmustergesetz).

Geschützt werden nach diesem Gesetz neue, ästhetisch wirkende gewerbliche Muster (Flächenformen) und Modelle (Raumformen), wie Schmuckgegenstände, Tapetenmuster, Kleiderschnitte, Porzellanwaren u.a. Für Geschmacksmuster wird beim Patentamt ein Musterregister geführt. Zu diesem Register ist auch eine Sammelanmeldung möglich, die bis zu fünfzig Muster umfassen kann. Die Schutzdauer beträgt fünf Jahre, eine mehrfache Verlängerung um jeweils fünf Jahre bis zu maximal zwanzig Jahren ist möglich.

Definition:
Als **Warenzeichen** wird das Recht definiert, das die Unterscheidung der eigenen von fremden Waren durch Zeichen sichert. Die Rechtsgrundlage ist das Warenzeichengesetz.

Das Warenzeichen kann zur Eintragung in die Zeichenrolle angemeldet werden, die beim Patentamt geführt wird. Anmeldungen haben eine genaue Bezeichnung des Geschäftsbetriebs zu enthalten, in welchem das Zeichen verwendet werden soll. Es ist ein Verzeichnis der Waren beizufügen, für welche es bestimmt ist, außerdem muss das Zeichen selbst präzise beschrieben werden. Die Schutzdauer des Warenzeichens beträgt zehn Jahre und kann jeweils um weitere zehn Jahre verlängert werden. Typische Warenzeichen sind der „Mercedes-Stern", der „Erdal-Frosch", die „Solinger Zwillinge" u.a. Häufig wird auf den Schutz eines Warenzeichens durch das Symbol ® (Registriert) hingewiesen. Der Schutz des eingetragenen Warenzeichens bezieht sich nur auf den Bereich des registrierenden Staates. Daher ist es zweckmäßig, Warenzeichen in mehreren Staaten registrieren zu lassen. Die Pariser Verbandsübereinkunft regelt die Zulassung zur Registrierung in anderen Staaten. Eine vergleichbare Funktion hat das Madrider Markenabkommen.

Merksatz: Das Arbeitnehmererfindungsgesetz regelt die Rechte und Pflichten für den Fall einer **Erfindung durch Arbeitnehmer** im Rahmen ihres Dienstvertrages. Nach diesem Gesetz werden die Arbeitsergebnisse grundsätzlich dem Arbeitgeber zugesprochen. Dies bedeutet, dass der Arbeitgeber das alleinige Nutzungsrecht der Erfindung hat.

Für eine Erfindung durch einen Arbeitnehmer ist der Arbeitgeber verpflichtet, dem Arbeitnehmer eine angemessene Vergütung zu zahlen und die Diensterfindung zur Erteilung des entsprechenden Schutzrechtes anzumelden. In bestimmten Fällen kann der Arbeitgeber von der Anmeldungsverpflichtung befreit werden.

Die unterschiedlichen Rechte und Pflichten, welche die Schutzrechte festlegen, verlangen eine Reihe von Entscheidungen, die grundsätzlichen Charakter besitzen und daher in den Aufgabenbereich der strategischen Forschungs- und Entwicklungsplanung fallen. Beispielsweise ist zu entscheiden, ob ein Schutzrecht überhaupt beantragt werden soll. Wenn dies bejaht wird, ist eine Entscheidung über die Art des Schutzrechtes zu treffen. Außerdem ist der Zeitpunkt der Anmeldung von Bedeutung. Festzulegen sind auch die Schutzrechtsdauern. Ebenfalls befunden werden muss über die nationale bzw. internationale Ausdehnung der Schutzrechte. Das Erlangen von Schutzrechten hat stets den Vorteil einer Schaffung bzw. Verlängerung der Monopolperiode. Andererseits müssen die zu schützenden Erkenntnisse offengelegt werden und erlauben allen Wettbewerbern einen Einblick in die gesamte Forschungs- und Entwicklungspolitik. Der Nachahmer bekommt auf diese Weise frühzeitig Informationen für seine eigene Nachahmungspolitik.

12.6.2 Instrumente der strategischen Forschungs- und Entwicklungsplanung

12.6.2.1 Technologie-Portfolio-Analyse

Die wichtigsten Instrumente der strategischen Forschungs- und Entwicklungsplanung sind die Technologie-Portfolio-Analyse, die technologische Vorhersage und die Technologie- und Wirkungsanalyse.

Definition:
Als **Portfolio-Analyse** wird die systematische Erfassung von Informationen über Stärken und Schwächen eines Unternehmens und der Umweltsituation zur Bewertung der gegenwärtigen und zukünftigen Chancen sowie Risiken des Unternehmens definiert (Brockhoff [Forschung] 213 f.).

Die Portfolio-Analyse liefert Anhaltspunkte darüber, wie knappe Ressourcen auf unterschiedliche Erfolgsobjekte zu verteilen sind. Die Portfolio-Analyse unterstützt damit im strategischen Planungsprozess die erforderlichen Lageanalysen und Lageprognosen, die Problemidentifikation, die Ursachenanalyse sowie die Strategieformulierung durch das Herleiten von Normstrategien.

Eine Sonderform der Portfolio-Analyse ist die Technologie-Portfolio-Analyse Diese ist besonders für einen Einsatz in der strategischen Forschungs- und Entwicklungs-Programmplanung geeignet. Eine Technologie-Portfolio-Analyse liefert Informationen darüber, welche Aussichten eine Technologie zukünftig im Branchenwettbewerb hat. Sie lässt auch erkennen, welche spezifische Position das Unternehmen bezüglich der betreffenden Technologie hat. Außerdem lässt sie es zu, Handlungsempfehlungen für Forschungs- und Entwicklungsprioritäten sowie Ressourcenzuteilungen abzuleiten.

Für die Formulierung von Technologie-Portfolios sind mehrere Ansätze gewählt worden (Pfeiffer, McKinsey, A.D. Little, Michel, Wildemann). Hier soll der Technologie-Portfolio-Ansatz nach Pfeiffer et al. (Pfeiffer [Technologie-Portfolio]; Schröder [Innovationsplanung] 1047 ff.) kurz skizziert werden. Als Erfolgsobjekte treten hier alle Produkt- und Prozesstechnologien auf, die im Unternehmen Verwendung finden. Die beiden zentralen Erfolgsfaktoren sind die Technologieattraktivität und die Ressourcenstärke. Die Technologieattraktivität ist die Fähigkeit einer Technologie, die Wettbewerbsposition in der Branche zu verändern. Die Technologieattraktivität setzt sich aus einzelnen Komponenten zusammen, die in Abbildung 12.7 wiedergegeben werden.

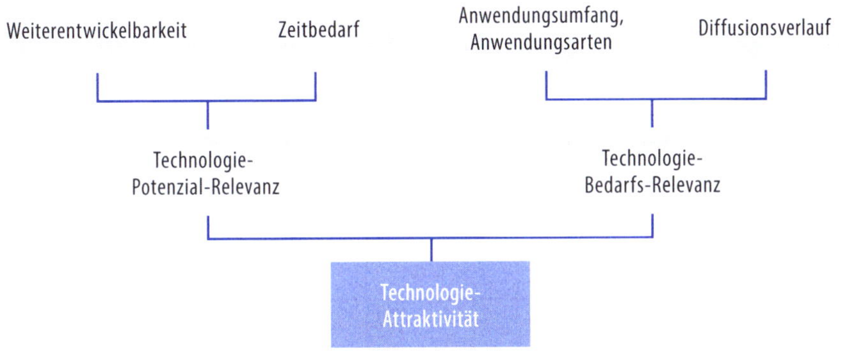

Abbildung 12.7: Komponenten der Technologieattraktivität (Pfeiffer [Technologie-Portfolio] 88)

Die Ressourcenstärke drückt die technische und wirtschaftliche Beherrschung eines Technologiegebietes im Verhältnis zum wichtigsten Konkurrenten aus. Als Erfolgsfaktor ist sie unternehmensbezogen. Sie kann als Aktionsparameter gestaltet werden. Abbildung 12.8 auf Seite 544 zeigt die Komponenten, aus welchen sich die Ressourcenstärke aufbaut.

Bei drei Wertausprägungen der beiden Erfolgsfaktoren Technologieattraktivität und Ressourcenstärke lässt sich die Technologie-Portfoliomatrix der Abbildung 12.9 entwickeln.

Neue Technologien beeinflussen die Technologieposition im abgeleiteten Ist-Portfolio. Das Ist-Portfolio muss unter Berücksichtigung dieser Einflüsse in ein Wird-Portfolio überführt werden. Die Wird-Technologie-Portfoliomatrix lässt die Ableitung von Normstrategien zu. Diese sind Investitionsstrategien, Desinvestitionsstrategien und selektive Strategien. Auf der Grundlage dieser Strategien können Schlüsse gezogen werden, in welche Technologie investiert bzw. welche Technologie aufgegeben werden soll.

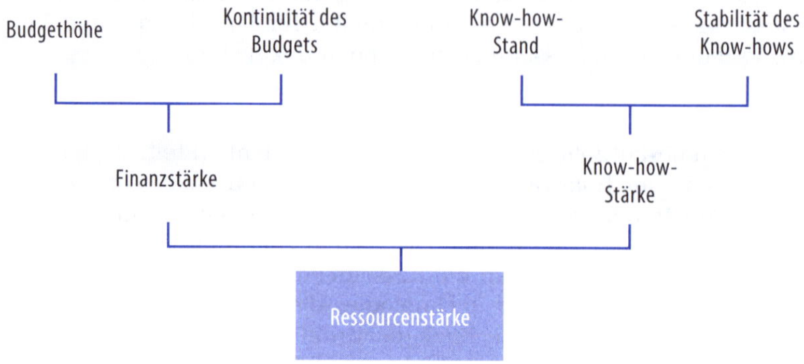

Abbildung 12.8: Komponenten der Ressourcenstärke (Pfeiffer [Technologie-Portfolio] 91)

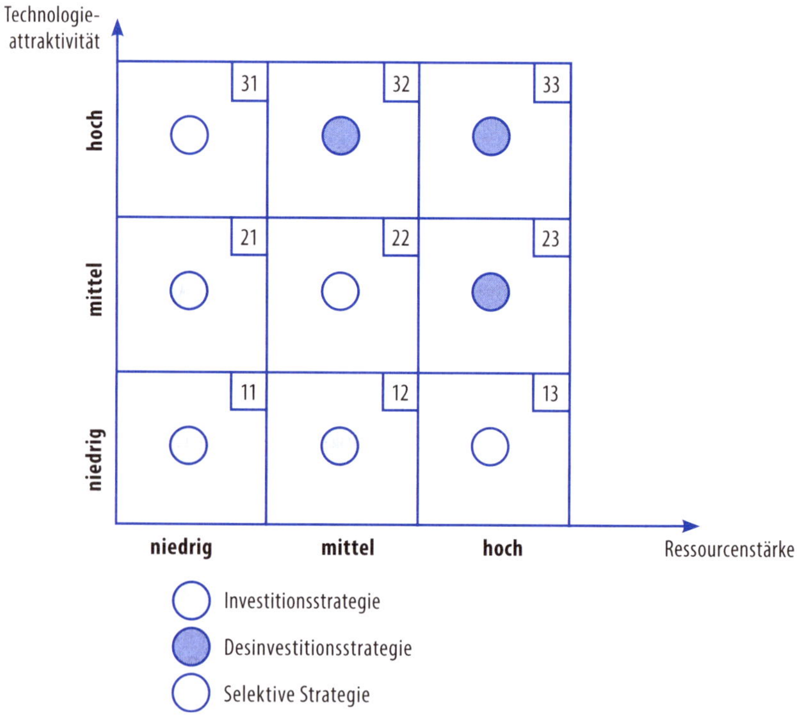

Abbildung 12.9: Technologie-Portfolio

12.6.2.2 Technologische Vorhersagen

Definition:
Als **technologische Vorhersage** wird eine prognostische Aussage über eine zukünftige Entwicklung in Wissenschaft und Technik definiert.

Gegenstände technologischer Vorhersagen können Objekte, Ereignisse oder Leistungskenngrößen sein. Technologische Vorhersagen liefern Informationen für die Planung des strategischen Forschungs- und Entwicklungsprogramms. Sie dienen der Identifikation zukünftiger Chancen und Risiken für Produkte und Prozesse bei Umweltänderungen, dem Erkennen technologischer Bereiche mit schnellen Entwicklungen sowie dem Erkennen signifikanter Konsequenzen zukünftiger Entwicklungen für das Unternehmen. Sie sollen Informationen für die Strategieentwicklung bereitstellen, die eine schnelle Anpassung ermöglichen. Unter dem Blickwinkel der strategischen Forschungs- und Entwicklungsplanung sind an technologische Prognosen die Anforderungen zu stellen, dass die Prognosedaten adäquat aufbereitet und Planungs- und Prognosezeiträume aufeinander abgestimmt werden. Sie müssen auch die Entwicklung von Wettbewerber- und Substitutions-Technologien umfassen und dazu zwingen, alle Prämissen offenzulegen, unter welchen die jeweilige technologische Prognose erfolgt (Kern/Schröder [Forschung] 131 ff.).

Merksatz: Die **Verfahren der technologischen Vorhersage** können in bedarfsorientierte, potenzialorientierte und gemischte Verfahren gegliedert werden.

Bedarfsorientierte Verfahren leiten Aussagen über die zukünftige Entwicklung aus dem Bedarf an Erkenntnissen ab. Vorhandene Wissenspotenziale bilden die Grundlage potenzialorientierter Verfahren. Die Verfahren können zeitpunkt- oder zeitraumbezogen sein. Da es sich bei diesen Aussagen um Prognosen handelt, muss für jede Voraussage eine zugehörige Eintrittswahrscheinlichkeit formuliert werden. Zu den Verfahren der technologischen Vorhersage gehören die Relevanzbaumanalyse, die Extrapolation, die Delphi-Methode, Kreativitätstechniken und die Cross-Impact-Technik. Weitere Prognosemethoden werden dargestellt bei *Schröder* ([Innovationsplanung] 1037 ff.). Stellvertretend für diese Verfahren soll hier die Relevanzbaumanalyse kurz besprochen werden. Sie zählt zu den bedarfsorientierten Verfahren. Einen Relevanzbaum mit seinen Baumelementen und seinen Gliederungsebenen gibt Abbildung 12.10 auf Seite 546 wieder.

Definition:
Als **Relevanzbaum** wird die strukturelle Beschreibung komplexer Systeme definiert, die in ihren Beziehungen und Elementen vollständig und systematisch erfasst werden.

Der Relevanzbaum zeigt, welche Unterziele geeignete Mittel für die Erreichung übergeordneter Ziele darstellen. Damit stellt ein Relevanzbaum eine Mittel-Zweck-Struktur dar. In dieser Darstellungsform müssen die Elemente einer bestimmten Ebene eine vollständige Liste der möglichen Lösungen darstellen. Außerdem müssen die Elemente einer Ebene voneinander unabhängig sein. Nach Möglichkeit sollen die Beziehungen zwischen den Elementen eines Relevanzbaumes quantitativ ausgedrückt werden. Die Bewertung der Baum-

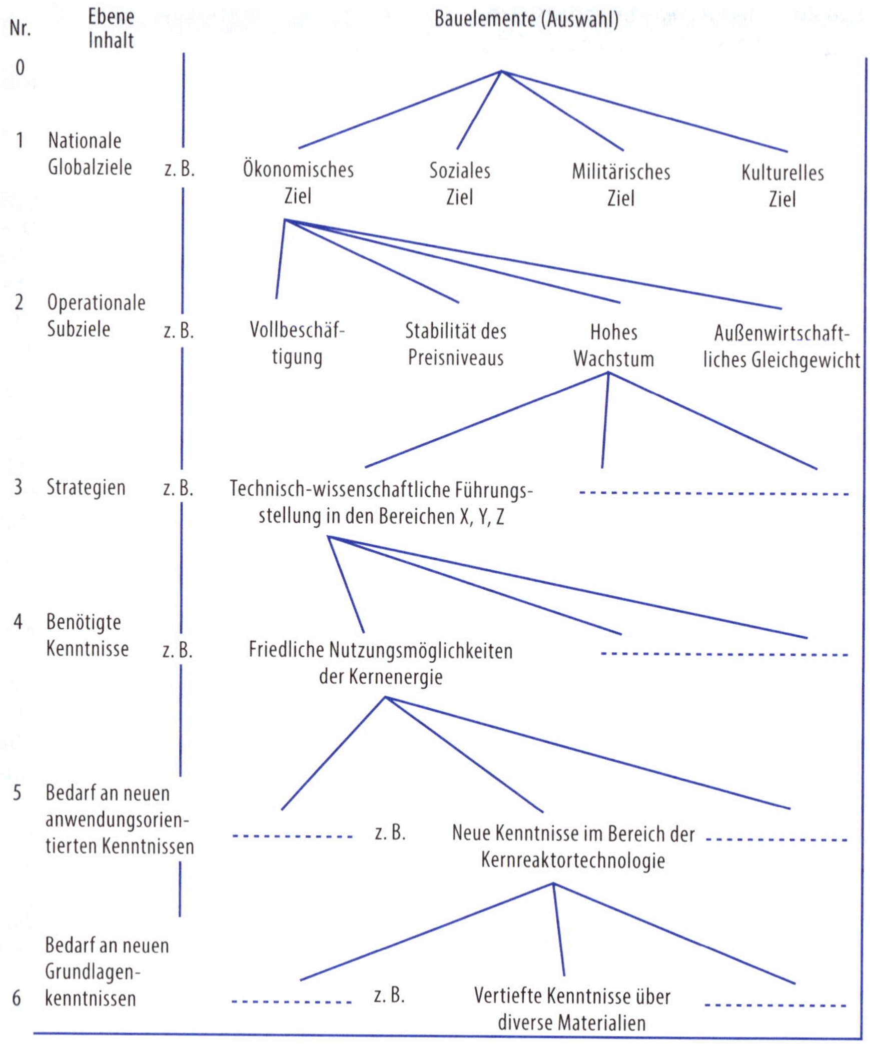

Abbildung 12.10: Beispiel für einen Relevanzbaum (Kern/Schröder [Forschung] 136)

elemente geschieht durch Zuordnung von Relevanzzahlen, die zielabhängig ermittelt werden. Die Relevanzzahl eines Elements drückt dessen Bedeutung für die Realisierung der Ziele in der obersten Ebene aus. Schwächen der Relevanzbaumanalyse liegen darin, dass nur wünschenswerte technische Entwicklungen erfasst werden, von denen nicht gesagt wird, ob und wann sie verwirklicht werden. Es kommt hinzu, dass die obersten Ziele in der Regel nur fiktiven Charakter haben. Dennoch hat die Relevanzbaumanalyse für die strategische Forschungs- und Entwicklungsplanung einige Bedeutung, indem sie Informationen für die Identifikation der oben beschriebenen Größen liefert (Kern/Schröder [Forschung] 134).

12.7 Taktische Forschungs- und Entwicklungsplanung

12.7.1 Planung des taktischen Forschungs- und Entwicklungsprogramms

Die Aufgaben der taktischen Forschungs- und Entwicklungsplanung liegen in der Planung des taktischen Forschungs- und Entwicklungsprogramms sowie in der Planung des taktischen Forschungs- und Entwicklungsbudgets.

Der Rahmen für die Planung des taktischen Forschungs- und Entwicklungsprogramms ist durch die Planung des strategischen Forschungs- Entwicklungsprogramms vorgegeben. Im Einzelnen sind taktisch neue Projekte auszuwählen und darüber zu befinden, ob Forschung und Entwicklung sequentiell oder parallel durchgeführt werden sollen. Vor der eigentlichen Projektauswahl liegen jedoch die Phasen der Projektentstehung und der Projektbewertung. Als Projektentstehung werden Aktivitäten verstanden, die erforderlich sind, um einen detaillierten Projektvorschlag formulieren zu können. Die Projektentstehung vollzieht sich in den Aufgaben der Erzeugung von Produktideen und der Formulierung von Projektvorschlägen.

Zur Generierung neuer Produktideen müssen systematische Suchprozesse durchgeführt werden. Anregungen können durch

- eine Bedarfsanalyse,
- eine Konkurrenzanalyse sowie
- eine Verwendungsanalyse

gewonnen werden. Im Rahmen der Bedarfsanalyse versucht man herauszufinden, ob bestimmte Berufsgruppen, Einwohner bestimmter Regionen, soziale Schichten, Verbände, Vereine oder sonstige Personengruppen finanziell gedeckte Bedürfnisse haben. Aber auch ein Blick auf mögliche Konkurrenten und deren Produkte kann Anregungen zu neuen Produktideen geben. Systematisiert man dieses Vorgehen, spricht man von einer Konkurrenzanalyse. Mit ihr wird versucht, herauszufinden, welche Konkurrenten welche Produkte anbieten und wie diese bei den Konsumenten ankommen. Von besonderem Interesse ist der Marktanteil der Konkurrenten bzw. deren Umsatz. Im Rahmen der Verwendungsanalyse werden bereits vorliegende, aber noch nicht bzw. nicht vollständig genutzte Forschungs- und Entwicklungsergebnisse (z.B. Ergebnisse der Grundlagenforschung, Neben- oder Abfallergebnisse der angewandten Forschung bzw. der Entwicklung) im Hinblick auf neue Auswertungsmöglichkeiten untersucht.

Alle Daten, welche durch die genannten Analysen gesammelt werden, können zu Ideen über neue Produkte verdichtet werden. Außerdem liefern die Bedarfs- und Konkurrenzanalyse bereits Hinweise auf Marktnischen, Produktfelder und Preisentwicklungsmöglichkeiten in den Märkten. Eine neue Produktidee sollte in jedem Fall so entwickelt werden, dass das gefundene Produkt von seiner Gestalt und Funktion her nicht nur in den Augen der Konsumenten eine Neuheit, sondern für sie auch begehrenswert ist. Nach Möglichkeit ist für dieses neue Produkt eine Identität zu entwickeln, die es gegenüber allen Konkurrenzprodukten unverwechselbar macht.

Um in der Projektentstehungsphase die Suche nach neuen Produkten möglichst systematisch zu gestalten, sind mehrere Kreativitätstechniken entwickelt worden. Es lassen sich systematisch-logische und intuitiv-kreative Techniken unterscheiden (Kern/Schröder [Forschung] 147):

Als systematisch-logische Techniken werden angesehen:

- Funktionsanalysen,
- morphologische Methode,
- progressive Abstraktionen,
- Bionik.

Zu den intuitiv-kreativen Techniken zählen:

- Brainstorming,
- Methode 635,
- Synektik.

Die Anwendung dieser Lösungstechniken kann zu:

- völlig neuen Produkten,
- wesentlichen Produktverbesserungen,
- verbesserten Produktionsverfahren,
- völlig neuen Produktionsverfahren oder
- neuen Anwendungen führen.

Als Nebenprodukt der Anwendung der genannten Techniken können zudem Hinweise für neue Produktgestaltungen, neue Verpackungen, Kostensenkungen u.a. gewonnen werden.

Die Projektbewertung prognostiziert auf der Grundlage der gewählten Forschungs- und Entwicklungsziele alle relevanten Konsequenzen der Projektvorschläge. Ihrer Art nach ist sie als Wirkungsprognose der Alternativen zu kennzeichnen. Als Kriterien der Bewertung kommen in Frage (Brockhoff [Forschung] 327 ff.): Forschungs- und Entwicklungskriterien (z.B. Einsatzbreite der angestrebten Kenntnisse, Patentsituation), produktions- und verfahrenstechnische Kriterien (z.B. erforderliche Sachinvestitionen, Vertrautheit mit dem Produktionsverfahren), finanzwirtschaftliche Kriterien (z.B. Amortisationszeit des in Sachanlagen investierten Kapitals) sowie Marketingkriterien (Absatzmöglichkeiten an gegenwärtige Abnehmer, vorhandene Marktwiderstände).

Nach der Bewertung der zulässigen Projekte erfolgt die Projektauswahl. Dabei unterscheidet man eine Vorauswahl und eine Endauswahl. In der Vorauswahl wird die Menge der zulässigen Projekte abgegrenzt. Als zulässig gelten diejenigen, die vorab formulierte Restriktionen (Mindesterfolgswahrscheinlichkeit, Höchstbetrag für den Forschungs- und Entwicklungsaufwand, Höchstbetrag für die erforderlichen Sekundärinvestitionen) nicht verletzen. In der Endauswahl wird aus der Menge der zulässigen Projekte die Menge der tatsächlich durchzuführenden Projekte ermittelt. Abbildung 12.11 auf Seite 549 gibt einen Überblick über die einsetzbaren Verfahren zur Projektbewertung bei unterschiedlichen Zielfunktionen und Nebenbedingungen. Das Ergebnis ist eine typologische Zuordnung von Projekten und Bewertungsverfahren, die der Auswahl günstiger (bzw. optimaler) Projekte dient.

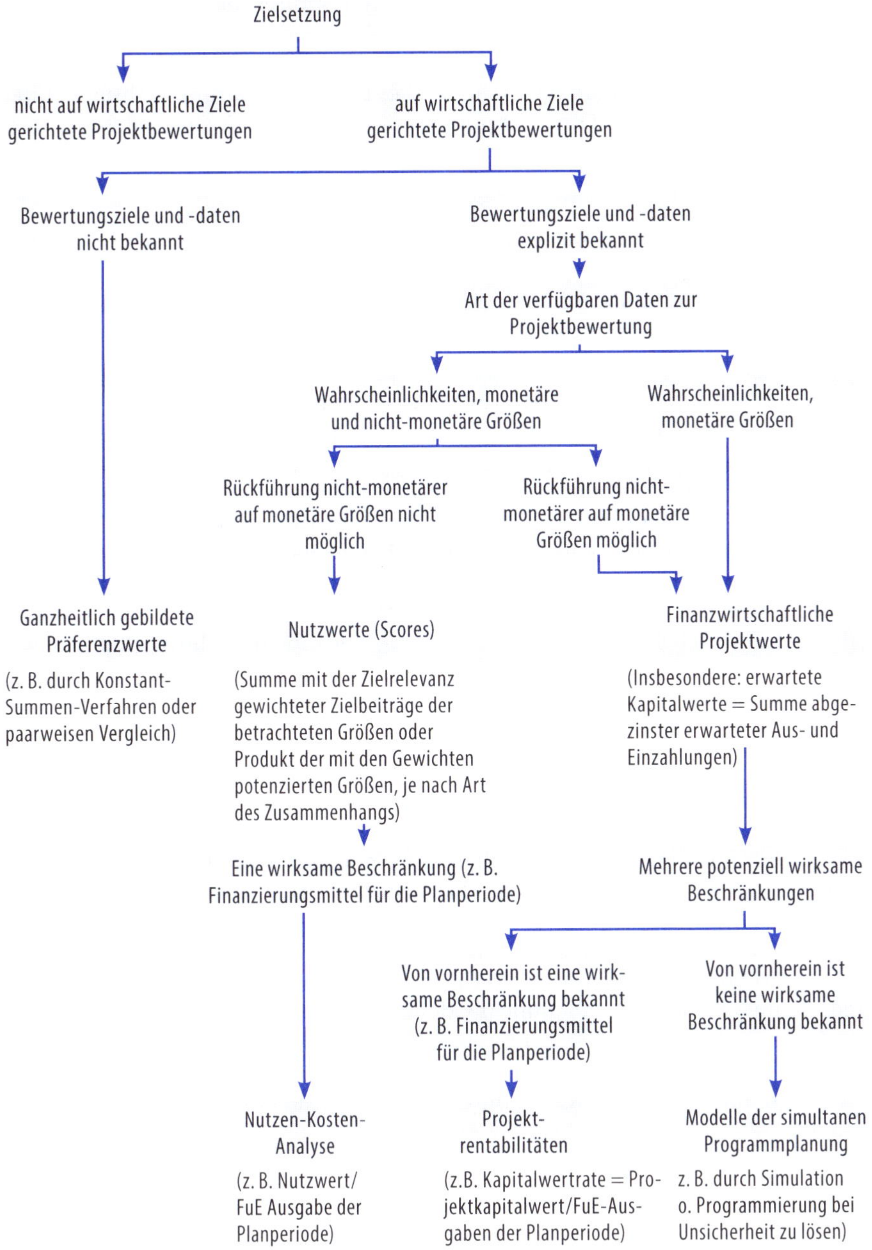

Abbildung 12.11: Grundtypen von Bewertungsverfahren (Brockhoff [Forschung] 337; vgl. auch Schneider/Dittrich [F&E-Management] 109 ff.)

Die am weitesten verbreiteten Verfahren zur Projektbewertung sind die finanzwirtschaftlichen Verfahren. Zu ihnen zählen die verschiedenen Modelle der Investitionsrechnung. Die finanzwirtschaftlichen Verfahren berücksichtigen nur die Gewinn- oder Rentabilitätswirkungen und nehmen die Aufwendungen der Projektrealisation sowie die Aufwendungen und Erträge der Kenntnisverwertung als bekannt an. Nutzwertanalysen in der Form von Scoringmodellen erlauben dagegen auch die Berücksichtigung nichtmonetärer Entscheidungskriterien. Die Scoringmodelle haben jedoch den Nachteil, dass sie eine Nutzenabhängigkeit der Zielkriterien unterstellen, sowohl beim Teil- als auch beim Gesamtnutzen eine kardinale Messung verlangen und letztlich nur zulässige Forschungs- und Entwicklungsprojekte berücksichtigen. Sie leiden außerdem unter den Mängeln subjektiver Nutzenbewertung und eines hohen Anwendungsaufwands. Letztlich sind sie keine geschlossenen Auswertungsrechnungen, sondern bieten nur einen offenen Entscheidungsrahmen zur Herstellung von Transparenz und Nachvollziehbarkeit beim Entscheidungsprozess.

Stehen für das Erreichen eines Ergebnisses mehrere Lösungswege zur Verfügung, muss neben der Auswahl neuer Projekte auch darüber entschieden werden, ob diese Lösungskonzeptionen sequentiell oder parallel verfolgt werden sollen. Forschungs- und Entwicklungsrisiken kann man mindern, indem Parallelforschung betrieben wird. Bei paralleler Überprüfung werden mehrere Lösungskonzeptionen gleichzeitig geprüft. Für den Fall, dass dann mehrere Lösungswege gangbar sind, wird diejenige mit dem höchsten Zielerfüllungsgrad gewählt und realisiert. Die gesamten Forschungskosten steigen dabei jedoch erheblich an. Bei sequentieller Überprüfung wird in Ausrichtung auf die verfolgten Ziele zunächst die beste Lösungskonzeption ausgewählt und geprüft. Erweist sie sich nicht als gangbar, wird die zweitbeste Lösungskonzeption ausgewählt und geprüft usw. Zwischen sequentieller und paralleler Überprüfung sind auch Mischformen denkbar (Brockhoff [Forschung] 358 ff.).

Die beschriebene Vorgehensweise zur Planung des taktischen Forschungs- und Entwicklungsprogramms ist ein einfaches und grobes sukzessives Verfahren, was in den beiden aufeinander folgenden Schritten „Vorauswahl" und „Endauswahl" deutlich wird. Dieses Verfahren ist zwar leicht zu handhaben und einfach strukturiert, es liefert aber in der Regel nur befriedigende Lösungen des Programmplanungsproblems. Um für ein größeres Planungsproblem mit mehreren Forschungs- und Entwicklungsprojekten gute bis sehr gute Lösungen zu finden, müssen präzisere Planungsmodelle formuliert werden, die vor allem in der Lage sind, die sachlichen und zeitlichen Unsicherheiten des Problems zu erfassen. Diese Modelle sind zwar in der Datenbeschaffung und in der Entwicklung von Lösungsverfahren aufwändig, dafür liefern sie Problemlösungen hoher Qualität (Schweitzer, Marcus [Innovationsmanagement] 1 ff.).

12.7.2 Planung des taktischen Forschungs- und Entwicklungsbudgets

Die Höhe der Ausgaben für den Forschungs- und Entwicklungsbereich muss periodenbezogen geplant werden, um sämtliche Projekte und Prozesse dieses Bereichs in ihrem Finanzgebaren planen und steuern zu können.

Definition:
Das **taktische Forschungs- und Entwicklungsbudget** wird als schriftliche Form sämtlicher Ausgaben definiert, die dem Forschungs- und Entwicklungsbereich für eine Planperiode vorgegeben werden.

Neben der Steuerungsfunktion hat ein Forschungs- und Entwicklungsbudget eine Koordinationsfunktion, eine Bewilligungsfunktion sowie eine Informations- und Motivationsfunktion der Planungsträger. Bei der Budgetfestlegung sind der Budgetumfang (Höhe des gesamten Budgets) und die Budgetstruktur (Verteilung der verfügbaren Ressourcen auf die verschiedenen Formen von Forschung und Entwicklung, auf Wissenschaftsgebiete, auf Produktlinien sowie auf Projekte) zu bestimmen. Bestimmungsgrößen für Forschungs- und Entwicklungsbudgets sind die Unternehmensziele, der erwartete Beitrag der Forschungs- und Entwicklungsaktivitäten zur Realisierung der Unternehmensziele, die verfügbaren Finanzmittel sowie die Rentabilitätserwartungen an Investitionen in anderen Unternehmensbereichen. An diese Bestimmungsgrößen knüpfen die Verfahren zur Bestimmung des Forschungs- und Entwicklungsbudgets an. Zu unterscheiden sind dabei ein zielorientierter, ein projektorientierter, ein kapazitätsorientierter, ein finanzierungsorientierter, ein konkurrenzorientierter, ein umsatzbezogener sowie ein an der Planungslücke orientierter Ansatz (z.B. Kern/Schröder [Forschung] 101). Zu Modellen der Planung des Forschungs- und Entwicklungsbudgets (Schröder [Innovationsplanung] 1059f.).

12.8 Operative Forschungs- und Entwicklungsplanung

12.8.1 Planung der Durchführung von Forschungs- und Entwicklungsprojekten

Die Aufgaben der operativen Forschungs- und Entwicklungsplanung umfassen die Planung der Projektdurchführung und die Planung des Ergebnistransfers. Der Rahmen für die operative Forschungs- und Entwicklungsplanung wird durch die Planinhalte des taktischen Forschungs- und Entwicklungsprogramms gelegt.

Definition:
Als **Planung der Projektdurchführung** wird die vorausschauende Gestaltung des Vollzugs der Forschungs- und Entwicklungsprojekte definiert.

Voraussetzung für die Planung der Projektdurchführung ist neben den taktischen Vorgaben eine präzise Projektdefinition. Zur Projektdefinition zählen die Festlegung der Projektziele durch Anforderungskatalog bzw. Pflichtenheft, die Ermittlung des gegenwärtigen wissenschaftlichen und technischen Standes, eine präzise Formulierung der Problemstellung, das Formulieren einer Problemhierarchie, die Formulierung und Auswahl von Lösungshypothesen sowie der Test dieser Hypothesen. Sobald das Projekt präzise definiert ist, kann die eigentliche Planung der Projektdurchführung einsetzen. Ihrem Wesen nach ist sie eine Vollzugsplanung von Forschungs- und Entwicklungsprojekten, die alle Planungsergebnisse der taktischen Planungsebene konkretisiert. Die Vollzugsplanung umfasst die Ablaufplanung von Forschungs- und Entwicklungsprojekten durch Aktivitätenplanung, Terminplanung und Reihenfolgeplanung, die Bereitstellungsplanung sowie die Kostenplanung. Die Kostenplanung schließt die Planung der Kosten einzelner Aktivitäten sowie die Planung des Kostenverlaufs der Projektdurchführung ein. Sie stellt die Grundlage für die Budgetkontrolle während der Projektdurchführung dar (Kern/Schröder [Forschung] 266).

Die wichtigsten Instrumente der operativen Forschungs- und Entwicklungsplanung sind Checklisten, Balkendiagramme und Netzpläne. Von den Netzplänen sind diejenigen besonders geeignet, die sowohl ablauf- als auch zeitstochastisch sind. Netzpläne sind durch eine hohe Einsatzflexibilität gekennzeichnet, sie haben jedoch einen sehr großen Informationsbedarf. Ihre laufende Anwendung und Interpretation stellen nicht geringe Anforderungen an den Benutzer, und sie führen zu relativ hohen Planungskosten.

12.8.2 Planung des Forschungs- und Entwicklungsergebnistransfers

Definition:

Als **Ergebnistransfer** werden die Übermittlung und der Austausch des (wachsenden) Erkenntnisstandes definiert.

Auch für die Planung des Ergebnistransfers wird der Rahmen durch die Planinhalte des taktischen Forschungs- und Entwicklungsprogramms abgegrenzt. Ein Ergebnistransfer kann zwei verschiedene Zielrichtungen haben. Entweder ist er ein innerbetrieblicher oder ein zwischenbetrieblicher Ergebnistransfer.

Der innerbetriebliche Ergebnistransfer vollzieht sich zwischen den verschiedenen Forschungs- und Entwicklungsabteilungen des Unternehmens. In ihn können auch die Beschaffung, die Produktion und der Absatz einbezogen werden. Der zwischenbetriebliche Ergebnistransfer wird mit einem oder mehreren unternehmensexternen Partnern vollzogen. In der Suchphase ist der Anbieter von Erkenntnissen bemüht, einen Partner für die Nutzung seiner neuen Technologie zu finden. Während der anschließenden Verhandlungsphase werden Vereinbarungen über den Erkenntnisaustausch getroffen und vertraglich fixiert. In der nachfolgenden Abwicklungsphase erfolgen die eigentliche Erkenntnisübermittlung, die Sicherung der Zweckeignung sowie der Abbau von Willens- und Fähigkeitsbarrieren.

Die Planungsgegenstände eines Ergebnistransfers sind die Auswahl des Partnerunternehmens, die Entscheidung über den Erkenntnistransfer sowie die Gestaltung der vertraglichen Vereinbarungen. Gegenstände dieser Vereinbarungen können sein: die Art der Nutzungsrechte, die Form der Überlassung der Nutzungsrechte sowie Art, Höhe und zeitliche Verteilung der von beiden Partnern zu erbringenden Leistungen. Letztlich können auch Sicherungsmaßnahmen zur Ergebnisübermittlung und zeitliche Aspekte Planungsgegenstände sein (Kern/Schröder [Forschung] 291).

Merksatz: Für ein **Land mit der Wirtschaftsstruktur Deutschlands** wird es immer wichtiger, den Ergebnistransfer zu beschleunigen, um sich national und international Wettbewerbsvorteile zu sichern. In diesen Ergebnistransfer sollten nicht nur große, sondern auch kleine und mittelgroße Unternehmen einbezogen werden. Erst wenn auch letztere Unternehmen in die Innovationsdynamik eingebunden werden, können unternehmensübergreifende, integrierte Innovationspotenziale aufgebaut und Wettbewerbsvorteile effektiv genutzt werden.

12.9 Beurteilung des Innovationsmanagements

Im Bereich der Innovationen sind Risiken nichts Schädliches, solange ihnen faire Chancen zum Erfolg gegenüberstehen. Schon aus Gründen der Vorsicht ist es jedoch die Aufgabe des Risikomanagements, den Risiken besondere Aufmerksamkeit zu widmen und sie fortlaufend mit den Chancen zu balancieren.

Forschungs- und Entwicklungsprozesse sind reifende Prozesse, deren allgemeine Risiken bereits in der Planungsphase eines Projekts identifiziert und bewertet werden können. Spezielle Einzelrisiken treten in der anschließenden Steuerungsphase auf und stellen eine besondere Herausforderung an das Risikomanagement dar. Ihre frühe Identifizierung, Abgrenzung, Abwägung (Bewertung) und Beeinflussung (Steuerung) erweisen sich als Daueraufgaben des Risikomanagements und des Risikocontrollings. Letztlich müssen alle Anstrengungen getroffen werden, durch weitreichende Innovationen das Erfolgspotenzial des Unternehmens zu stärken und die Periodenerfolge planungskonform zu realisieren.

Bereits einfache Analysen der Planungsphasen von Forschungs- und Entwicklungsprojekten liefern nicht nur Erkenntnisse über Risiken, sondern auch über Beziehungen und Eigenschaften dieser Phasen, die als Ursachen von Einzelrisiken angesehen werden können. Ein Beleg hierfür sind die Interdependenzen zwischen der Zielbildung und der Problemfeststellung. Derselbe Befund widerlegt zum einen die verbreitete entscheidungstheoretische Grundannahme einer seriellen Folgeordnung beider Teilphasen und relativiert zum anderen (zumindest für den Innovationsbereich) die Zielfunktion der Gewinnmaximierung. Da Forschungs- und Entwicklungsprozesse reifenden Charakter haben, lassen sich für die Planungsphasen der Alternativensuche und Prognose vergleichbare Aussagen herleiten und zugleich Anforderungen an die benötigten Hypothesen formulieren.

12.10 Abschließende Bemerkungen zum Innovationsmanagement

Nach der Darstellung und Analyse von Problemen des Innovationsmanagements wird abschließend der Blick in die Zukunft gerichtet, und es wird versucht, die Fragen zu beantworten, wie sich der Innovationsstandort Deutschland und das Innovationsmanagement in der globalisierten Welt von morgen weiterentwickeln können.

Die Globalisierung der Wirtschaft (vgl. dazu Modul 6), der zunehmende internationale Wettbewerb, das rasante Wachsen der Weltbevölkerung, die Besorgnis erregende Umweltentwicklung und die Entwicklung neuer Informationstechnologien machen auch vor den Innovationen der Unternehmen nicht Halt. Bereits heute werden Entwicklungsarbeiten entweder ganz in dritte Länder verlegt (Balachandra [Recent Advances] 153) oder kooperativ durch Datenfernübertragung rund um die Uhr in drei Schichten um den Erdball verteilt. Die Zahl der eingebundenen Kooperationspartner steigt international und wächst vergleichbar einer internationalen Wertschöpfungskette (Supply Chain) zu einem zeitlich begrenzten Innovationsnetzwerk (Gemünden [Innovation Networks] 41 ff.). Forschung wird zukünftig in den Ländern betrieben werden, in denen das größte sachbezogene Kompetenz- und Intelligenzpotenzial angesiedelt ist und wo die größten wirtschaftlichen Vorteile (niedriges Lohnniveau, niedrige Steuern, Subventionen usw.) erwartet werden. Die strategische Aufgabe des Innovationsmanagements, die Bestimmung internationaler Standorte für Kompetenzzentren der Forschung und Entwicklung, wird zunehmen (Gerybadze [Innovationsmanagement] 235 ff.).

Das Innovationsmanagement wird sich in der Welt von morgen zum Träger der Planung und Steuerung globaler komplexer Innovationsnetzwerke entwickeln. Die Instrumente der Projektsteuerung werden möglichst einfach und effektiv gestaltet werden müssen, wobei dem Erkennen, Bewerten und Steuern von Chancen und Risiken wachsende Bedeutung zukommen wird. Auch kreative Querdenker, die Impulse zu völlig neuen Ansätzen, Projekten und Verfahren geben, werden in diesen Netzen ihren Platz finden. Eliteförderung und ein lebenslanges Lernen werden zur Regel werden.

Ein visionäres Innovationsbewusstsein und die Aktivitäten weitsichtiger Promotoren werden Innovationen zum Wohle von Gesellschaft und Wirtschaft fördern und lenken. Innovatives Denken und Verhalten werden auch in Non-Profit-Betriebe, in staatliche und private Bildungs- und Versorgungseinrichtungen sowie in öffentliche Verwaltungsinstitutionen Einzug halten (Hauschildt [Innovationen] 40). Auch in Zukunft wird das Innovationsmanagement erfolgsorientiert sein und Antworten auf die Fragen suchen, wie Erfolgspotenziale durch Innovationen erschlossen, die Innovationsfähigkeit erhöht, die Innovationsflexibilität verbessert, Innovationschancen erhöht und die Innovationsrisiken gesenkt werden können.

Es wird aber auch die Frage gestellt werden, ob in der Wirkungskette: „Innovationen – Wachstum – Nachhaltigkeit" die Innovationen nicht nur zum Problemlöser, sondern auch zum Problemverursacher bzw. -verstärker werden können. Neue Formen der Mitbestimmung und Mitverantwortung werden ebenso Innovationscharakter haben wie flexible Beschäftigungsverhältnisse, neue Lohnformen und leistungsabhängige Vermögens- und Erfolgsbeteiligungen der Arbeitnehmer. Die heute in unseren Köpfen verankerten Bilder von Mensch, Gesellschaft, Wirtschaft, Technik, Ethik und Umwelt werden sich wahrscheinlich unumkehrbar ändern. Begleitet wird diese Entwicklung von neuen sozialen Konfliktpotenzialen, ökologischen Veränderungen und großen politischen Herausforderungen.

Einführende Literaturhinweise zu Modul 12

Die vollständigen Literaturangaben finden Sie im Downloadbereich.

Brockhoff, K.: [Forschung] und Entwicklung. 5. Aufl., München/Wien 1999.

Ehrlenspiel, K./Kiewert, A./Lindemann, U.: Kostengünstig Entwickeln und [Konstruieren]: Kostenmanagement bei der integrierten Produktentwicklung. 4. Aufl., Berlin u.a. 2003.

Gerpott, T. J.: Strategisches Technologie- und [Innovationsmanagement]. 2. Aufl., Stuttgart 2005.

Hauschildt, J.: [Innovationsmanagement]. 3. Aufl., München 2004.

Schweitzer, M.: [Globalisierung] der Wirtschaft als Innovation. In: Nachhaltiges Innovationsmanagement. Hrsg. von J. Schwarz. Wiesbaden 2004, S. 83–103.

Modul 13: Grundlagen der Produktionswirtschaft

Jürgen Bloech
Jutta Geldermann

„Jeder Kunde kann ein Auto in jeder gewünschten Farbe haben, solange es schwarz ist."
(Henry Ford (1863–1943),
als er am 1. April 1913 die Produktion auf das Montageband umstellte)

Lernziele:

Aneignen von Wissen (Kenntnissen) über wirtschaftliche Zusammenhänge in betrieblichen Produktionssystemen mit unterschiedlichen Produktionssituationen und realen Produktionsweisen; Verstehen (Erfassen und Erkennen) der Komplexität wirtschaftlicher Zusammenhänge; Anwenden (Nutzen) des erlangten Wissens zur Lösung betriebswirtschaftlicher Probleme in Produktionssystemen. Analyse (Erforschen) von Ursachen, Elementen und Funktionen betriebswirtschaftlicher Probleme in Produktionssystemen; Synthese (Integrieren) von Einzelerkenntnissen aus der Analyse zu übergeordneten produktions- und kostentheoretischen Aussagen; Bewertung (Evaluation) von Alternativen zwecks Lösens realer betriebswirtschaftlicher Probleme in Produktionssystemen, insbesondere die Planung alternativer Produktionsprogramme unter wirtschaftlichen Zielsetzungen und wirtschaftlich/technischen Nebenbedingungen.

! Hinweis: Die Darstellungen in diesem Modul konzentrieren sich auf vereinfachte Abbildungen der Produktionssituationen, damit Grundzusammenhänge verschiedener Erscheinungsformen der realen Produktionsweise verstanden werden können.

Übersicht:

Dargestellt werden in diesem Modul verschiedene Produktionsfaktoren, Produktionsfunktionen, Kostenverläufe, Organisationstypen der Fertigung sowie Einsatz- und Ausbringungsbeziehungen. Teile der Produktionsfunktionen und Kostenverläufe werden quantitativ formuliert und formal analysiert. An einigen Stellen sind Konkretisierungen durch Zahlenbeispiele eingefügt.

13.1 Einführung

Die Produktionswirtschaft nimmt sich einer Vielzahl von Steuerungs- und Planungsproblemen an, die gemeinsam auf Zusammenhängen beruhen, welche in einer Theorie der Produktion modellhaft ausgedrückt werden können. Diese können sowohl die Produktion von Sachleistungen als auch von Dienstleistungen, als auch Kombinationen von beiden betreffen. Aus der Fülle der unterschiedlichen Planungs- und Entscheidungsprobleme sollen im folgenden Abschnitt diejenigen eingehender dargestellt werden, die Untersuchungsgegenstand der betriebswirtschaftlichen Produktionstheorie sind.

Gegenstand der Produktionstheorie ist die formale Abbildung der Produktion mithilfe von verschiedenen Produktionsfunktionen (Adam [Produktions- und Kostentheorie]; Bloech et al. [Produktion]; Bloech/Lücke [Produktionswirtschaft]; Schneeweiß [Produktionswirtschaft]; Steven [Produktion]). Ziel des Produktionsmanagements ist die Umsetzung der Produktionstheorie in eine wirtschaftliche Gestaltung für einen reibungslosen Ablauf der Produktionsprozesse. Es umfasst die Planung, Organisation, Durchsetzung und Kontrolle industrieller Wertschöpfungs- und industrieller Leistungserstellungsprozesse.

Die Produktion von Sachgütern und Dienstleistungen ist ein zentraler betrieblicher Funktionsbereich. Die betriebliche Wertschöpfung soll durch eine möglichst effektive und effiziente Kombination und Transformation von Einsatzfaktoren optimiert werden. Dabei kommt das elementare ökonomische Wahlproblem zum Tragen:

- Die technische Maximierung bezeichnet die Zielsetzung: Wähle von mehreren möglichen Produktionen nur solche, bei denen mit einem gegebenen Faktoreinsatz ein maximaler Gesamtertrag erreicht wird.
- Die technische Minimierung fordert: Wähle nur solche Produktionen, bei denen ein gegebener Gesamtertrag mit einem minimalen Faktoreinsatz erreicht wird.

Wird keines dieser Prinzipien verfolgt, handelt es sich um eine ineffiziente Produktion, die von anderen Produktionsverfahren dominiert wird.

Die Produktionswirtschaft als Teilgebiet der Betriebswirtschaftslehre befasst sich mit den betriebswirtschaftlich relevanten Aspekten dieses Transformationsprozesses sowie mit den ihm vor- und nachgelagerten betrieblichen Funktionen. Ihr Aufgabenfeld umfasst die Materialbereitstellung, die Lieferantenwahl, inner- und außerbetriebliche Transportvorgänge, die Lagerhaltung sowie die strategische Planung und Steuerung des Produktionsprozesses selbst (Steven [Produktionswirtschaft]). Die Unternehmensaktivitäten in den Bereichen Produktion und Logistik verfolgen das Ziel, die richtigen Produkte, in der richtigen Menge, in möglichst wirtschaftlicher Weise für die Kunden zur Verfügung zu stellen. Dabei umfasst die Produktion qualitative Transformationen, indem aus Produktionsfaktoren (vgl. Abbildung 13.1 und 13.2) die angestrebten Güter hergestellt werden, während die Logistik die raum-zeitliche Transformationen durch Transport, Umschlag und Lagern realisiert.

13.2 Begriffliche Grundlagen

Im allgemeinen Sprachgebrauch wird unter Produktion die Herstellung, Fabrikation oder Fertigung von Gütern verstanden. Im Rahmen der Betriebswirtschaftslehre der Produktion kommt der Terminus Produktion in verschiedenen Ausdeutungen vor:

(1) Der Begriff Produktion ist abgeleitet von producere (lat.), d.h. unter anderem hervorbringen, emporheben, befördern und exploitieren. Der Produktion als dem Hervorbringen von Material ist dann nur die Abbauwirtschaft (beispielsweise Tätigkeiten von Bergwerken und Grubenbetrieben) zugeordnet.

(2) Eine Erweiterung der eben genannten Ausdeutung bezieht die Güterbe- und -verarbeitung in den Begriff Produktion ein. Produktion ist somit die Gewinnung, Be- und Verarbeitung von Material einschließlich der Teilefertigung, Montage und Konfektion.

(3) Eine Einengung des in Frage stehenden Begriffes ergibt sich dann, wenn unter Produktion nur auf Bearbeitung und Verarbeitung von Werkstoffen, Materialien und dergleichen abgestellt wird. Hierfür werden auch die Begriffe Fertigung, Herstellung oder Fabrikation verwendet.

(4) In der weitesten Fassung ist Produktion der gelenkte Einsatz von Gütern und/oder Dienstleistungen, um andere Güter und/oder Dienstleistungen zu erzeugen. Hier werden neben Abbau von Material sowie Be- und Verarbeitung industrieller und handwerklicher Produkte auch Dienstleistungen der verschiedensten Art erfasst, wie z.B. Bank-, Versicherungs- und Wirtschaftsprüferleistungen. In der Sprache der Produktionstheorie handelt es sich dabei um den Einsatz von Produktionsfaktoren und deren Kombination zu Ausbringungsgrößen (materielle, immaterielle Güter sowie Dienste). In der Literatur wird dieser erweiterte Produktionsbegriff auch mit Leistungserstellung gleichgesetzt. Der Begriff stellt somit im Wesentlichen auf die Schaffung von Gütern und damit auch von Werten ab. Als Gegensatz dazu wird die Konsumtion gesehen.

Definition:

Unter **Produktion** werden nachfolgend der industrielle Abbau von Material, die Be- und Verarbeitung (einschließlich Teilefertigung, Montage und Konfektion) und die Ausführung von Dienstleistungen verstanden.

Im Sinne eines weitgefassten Begriffs der Produktion umfassen die Ergebnisse der Leistungsverwertung Sachgüter (Commodities – wobei dies auch der englische Ausdruck für Rohstoffe ist, der im Börsenumfeld und in der chemischen Industrie verwendet wird) und Dienstleistungen (Services). Die Produktionswirtschaft in Industriebetrieben erstellt Sachgüter, teilweise in Kombination mit Dienstleistungen, welche Dienstleistungsbetriebe fast ausschließlich anbieten (vgl. auch Anhang 1).

Definition:

Dienstleistung ist eine Leistung an einer Person, Gruppe, Sache oder Institution, die einer Bedarfsdeckung dient und deren Vollzug und Nutzung einen Kontakt zwischen Leistungsgeber und Leistungsnehmer oder dessen Verfügungsobjekt bedingt.

Merksatz: **Zentrale Unterschiede bei der Produktion von Dienstleistungen gegenüber der der Sachgutherstellung sind folglich:**

- **das direkte Angebot des Leistungspotenzials an den Nachfrager im Vorfeld der Leistungserstellung,**
- **die unabdingbare Integration des Nachfragers oder dessen Verfügungsobjektes während der Produktion (Endkombination) sowie**
- **ein Dienstleistungsergebnis, das sich am eingebrachten externen Faktor konkretisiert.**

13.3 Basis der Produktionswirtschaft

13.3.1 Ziele

Ein Betrieb wählt aus den nachgefragten Gütern und Dienstleistungen die Bestandteile seines Produktionsprogramms aus. Die Produktion dieses Programms ist sein Sachziel, sein Zweck, dessen Erfüllung mengen-, qualitäts- und zeitgerecht am vorgesehenen Ort erfolgen soll. Sein Formalziel ist in der Regel ein Erfolgsziel, das vorgibt, mit welcher Wirtschaftlichkeit das Sachziel erreicht werden soll (vgl. Abschnitt 1.1.3.2).

Da die Produktion i.d.R. arbeitsteilig betrieben wird, übernehmen die betrieblichen Teilbereiche die Erfüllung von Teilaufgaben aus der Gesamtaufgabe. Die Produktion im engeren Sinne besteht in der Kombination der Produktionsfaktoren zur Erstellung der Fertigprodukte, Halbfabrikate bzw. Zwischenprodukte. Die Leistungserstellung kann auch der Aufrechterhaltung und Verbesserung der Leistungsbereitschaft dienen.

Im Produktionsbereich wird zur wirtschaftlichen Aufgabenerledigung aus den möglichen Organisationstypen der Fertigung (Fließfertigung, Reihenfertigung, Gruppenfertigung, Werkstattfertigung, usw.) eine zweckmäßige Organisation ausgewählt und verwirklicht, wobei in der betrieblichen Praxis häufig Mischformen auftreten (vgl. auch Abbildung 13.3). Die Zweckerfüllung ist in verschiedenen Zuständen möglich, denen bestimmte Betriebserträge und Kosten zugeordnet sind. Aus der Menge der zweckmäßigen Produktionssituationen erfolgt die Auswahl unter Beachtung der Zielsetzungen für die gesamte Unternehmung (z.B. Rentabilitäts-, Wirtschaftlichkeits-, Liquiditäts- oder Sicherheitsziele). Diese Ziele werden von der Geschäftsführung bzw. Unternehmensführung und gegebenenfalls unter Beachtung von Mitbestimmungsvorschriften festgelegt.

Die Produktionsbereiche arbeiten dann zielgerecht, wenn sie die aufgestellten Teilziele des Betriebes erfüllen (vgl. Tabelle 13.1). Eine optimale Verwirklichung der aufgeführten produktionswirtschaftlichen Teilziele wird jedoch erschwert, wenn die Ziele miteinander in Konflikt stehen. So kann beispielsweise die Verkürzung von Produktionszeiten eine Erhöhung der Produktionskosten nach sich ziehen. Zur Lösung von derartigen Zielkonflikten sind Anspruchsniveaus festzulegen, Ziele zu gewichten oder Methoden der Planung unter mehrfacher Zielsetzung einzusetzen (Geldermann [Mehrzielentscheidungen]).

Die Verknüpfung der Zielgrößen (Zielvariablen) mit der Produktionssituation wird im Rahmen der Zielfunktion mathematisch formalisiert. Aus den dargestellten Zusammenhängen ergeben sich die Einflüsse der Produktionsmengen, Produktionsprozesse und Faktoreinsatzmengen sowie anderer Wirkgrößen der einzelnen Produktionsstufen auf die Zielvariablen. Einer Maximierungsvor-

- Minimierung der Produktionskosten,
- Verbesserung der Produktivität,
- Einhaltung der Termine,
- Minimierung von Lagern,
- Steigerung des Qualitätsniveaus und der Zuverlässigkeit
- Einhaltung von Rechtsvorschriften für die Produktion,
- Verbesserung der Arbeitsbedingungen oder des Umweltschutzes
- optimale Rohstoffversorgung,
- optimale Ausbeute,
- Festlegung von Haupt- und Nebenprodukten, inklusive wirtschaftlicher Nutzung von Kuppelprodukten,
- Beachtung von Käuferanforderungen,
- Diversifizierung des Produktportfolios,
- Flexibilität der Maschinen und Anlagen für unterschiedliche Einsatzzwecke,
- Nutzen von Kooperationsmöglichkeiten

Tabelle 13.1: Auswahl produktionswirtschaftlicher Teilziele

schrift der unternehmerischen Zielsetzung kann eine Maximierungsvorschrift (z.B. Maximierung der Ausbringungsmenge) oder Minimierungsvorschrift (z.B. Minimierung der Stückkosten) als Teilziel im Produktionsbereich zugeordnet sein (Herunterbrechen von Unternehmenszielen).

Gelingt die Abbildung der Zusammenhänge zwischen Zielvariablen (Zielgrößen) und Produktionseinflussgrößen in Formelstruktur oder anderer Struktur, so ergeben sich Möglichkeiten der Konstruktion von mathematischen Modellen, die gegebenenfalls eine zielorientierte Optimierung erlauben. Die optimale Produktionssituation, welche die Zielsetzung unter Einhaltung der betrieblichen Beschränkungen erfüllt, ist dann durch die Produktionsprogrammplanung, die Materialplanung (Mengenplanung) sowie die Ressourceneinsatzplanung (Termin- und Kapazitätsplanung) beschrieben (vgl. Abschnitt 8.5.2. und 8.5.3).

Die Teilbereiche der Produktionswirtschaft streben ihre Teilziele im Rahmen ihrer Aufgabenstellung und ihrer Nebenbedingungen an. So sind z.B. den Bereichen der Materialwirtschaft, der physischen Distribution, der Anlagenwirtschaft und der Personalwirtschaft der Produktion eigene Teilziele zuzuordnen.

Zur Umsetzung der auf die Produktionsebene „heruntergebrochenen" Ziele des Unternehmens werden verschiedene Gestaltungs- und Entscheidungsmodelle eingesetzt (Schweitzer [Industriebetriebslehre] S. 617 ff.). Von der Gewinn-, der Rentabilitätsmaximierung oder von der Maximierung des Shareholder Value ausgehend, ist das Produktionspotenzial festzulegen; dabei geht es um die Bestimmung der Anlagenart, des Personalbedarfs, die Materialversorgung, die Energiepotenziale und die Intensität der Energieversorgung. Planungen dieser Art erstrecken sich sowohl auf Quantitäten wie auch auf Qualitäten (Faktor-, Prozess- und Produktqualitäten).

Produktionswirtschaftliche Ziele lassen sich je nach Fristigkeit der strategischen, taktischen oder operativen Planungsebene zuordnen. Die gleichzeitige

Beachtung des gesamten Zielsystems und der in den verschiedenen Problemfeldern auftretenden Beschränkungen führt zu einem Planungs- und Entscheidungsbereich hoher Komplexität. Für viele typische Entscheidungsprobleme in der Produktionswirtschaft stellt das Operations Research (mathematische Unternehmensplanung, Decision Analytics, Management Science) quantitative Modelle und Methoden für die Entscheidungsunterstützung zur Verfügung (Werners [Operations Research]; Neumann/Morlock [Operations Research]; Günther/Tempelmeier [Produktion und Logistik]). Handlungsvorschläge werden unter zu berücksichtigenden Nebenbedingungen ermittelt, und gemessen an der Zielfunktion wird die beste Alternative ausgewählt.

13.3.2 Produktionsfaktoren

Die Produktion von Gütern und Dienstleistungen wird durch die Kombination der Produktionsfaktoren Werkstoffe, Betriebsmittel und menschliche Arbeit ermöglicht und durchgeführt (Gutenberg [Grundlagen]) (vgl. Abbildung 13.1).

Produktionsfaktoren	
Elementarfaktoren	**Dispositiver Faktor**
Werkstoffe Betriebsmittel Ausführende menschliche Arbeit	Dispositive menschliche Arbeit = Betriebs- und Geschäftsleitung Umsetzung des betriebspolitisch Gewollten Planung Organisation

Abbildung 13.1: System der Produktionsfaktoren

Verfeinerungen dieser durch *Gutenberg* vertretenen Einteilung der Produktionsfaktoren wurden unter anderem von Busse v. Colbe/Laßmann [Betriebswirtschaftslehre], Kern [Industrielle Produktionswirtschaft] und Wittmann [Produktionstheorie] vorgeschlagen.

Definition:
Als **Werkstoff** wird die Gesamtheit der Roh-, Hilfs- und Betriebsstoffe definiert, die für die Produktion, Beschaffung, Verwertung sowie Aufrechterhaltung der Betriebsbereitschaft eingesetzt werden."

(1) In diesem Sinn umfasst der Begriff Rohstoff alle Sachgüter, die am Anfang des spezifischen betrieblichen Produktionsprozesses eingesetzt werden und die als Hauptbestandteile in die Halb- oder Fertigprodukte eingehen. So ist es möglich, dass z.B. ein Motor in einem weiterverarbeitenden Betrieb als Rohstoff und in einer speziellen Motorenfabrik als Endprodukt betrachtet wird. Bei der Produktion materieller Güter kann Rohstoff auch als Einsatzmaterial bezeichnet werden.

Unter den Rohstoffen sind sowohl solche zu finden, die aus Betrieben der Urproduktion (Gewinnungsbetriebe) stammen, als auch solche, die Fertigprodukte anderer Industriebetriebe sind. Diese Sachgüter werden aufgrund ihres

Einsatzes in einem weiterverarbeitenden Betrieb dort den Rohstoffen zugeordnet. Im Sprachgebrauch werden sie auch Konstruktionsteile genannt. Typische Beispiele für Rohstoffe in der Form von Konstruktionsteilen sind Armaturen, Getriebe, Elektromotoren, Verstärker, Kabel, Stanzteile und Transistoren.

Die Rohstoffe können je nach Art der Produkte und der eingesetzten Produktionsverfahren (Produktionstechnik) unverändert in das Produkt eingehen, eine Formveränderung durch betriebliche Einwirkung erfahren oder in ihrer Stoffzusammensetzung variiert werden.

(2) Als Hilfsstoffe werden Werkstoffe bezeichnet, die in das Produkt eingehen, jedoch kein wesentlicher Bestandteil von diesem werden. Dazu zählen etwa Klebstoffe, Farben, Nägel und Schrauben. Auch die Materialteile, welche der Durchführung des Produktionsprozesses dienen und dabei verbraucht werden, ohne Teil des Produktes zu bleiben, können unter die Hilfsstoffe eingeordnet werden. Deren Einsatz variiert in Abhängigkeit von der Produktmenge. Es ist eine betriebliche Entscheidung, ob ein Einsatzgut Roh- oder Hilfsstoff ist.

(3) Als Betriebsstoffe werden die Materialarten bezeichnet, die eingesetzt werden, um den Betriebsmitteleinsatz zu ermöglichen. Zu ihnen zählen Kraftstoffe, elektrische Energie, Schmiermittel, Brennstoff usw. Aufgrund der Tatsache, dass die Betriebsstoffe während des Produktionsprozesses durch die Betriebsmittel verbraucht werden, bezeichnet man sie auch als Betriebsmittelrepetierfaktoren.

Merksatz: Der Produktionsfaktor **Betriebsmittel** umfasst Boden, Gebäude, Anlagen, Aggregate, Einrichtungen, Rechte und das Wissen des Betriebes. Betriebsmittel sind also Güter, die bei der Produktion genutzt werden; sie sind Träger des Produktionsprozesses.

Betriebsmittel ermöglichen die Gestaltung des Produktionsprozesses und werden zur Durchführung der Produktionsaktivitäten eingesetzt. Sie bilden ein Potenzial zur Verwirklichung der Produktion und werden daher auch Potenzialfaktoren genannt.

Der Einsatz der Betriebsmittel über eine gewisse Zeitspanne, verbunden mit dem Einsatz des Faktors Werkstoff in einer bestimmten Menge, erfolgt mit dem Zweck der Erstellung einer quantifizierbaren Ausbringung (Halb- oder Fertigprodukte). Die Ausbringungsmenge des Betriebsmittels kann als die von ihm erbrachte Arbeit (Nutzung) interpretiert werden und steht in Analogie zur physikalischen Arbeit. Die Arbeitsveränderung pro Zeiteinheit wird dementsprechend als Leistung bezeichnet. Die Leistung, auch Intensität genannt, wird dem einzelnen Potenzialfaktor zugeordnet und in Ausbringungseinheiten pro Zeiteinheit gemessen. Betriebsmittel mit steuerbarer Leistung können mit verschiedener Geschwindigkeit fertigen.

Die Darstellung verschieden hoher Faktoreinsätze bei alternativer Leistungsschaltung eines Faktorpotenzials geschieht über Verbrauchsfunktionen (vgl. Abbildung 13.8). Der Faktorverbrauch für jeweils eine Produkteinheit ist eine Funktion der Betriebsmittelleistung.

Eine Erhöhung der Hauptproduktmenge bzw. der Produktionsgeschwindigkeit ist möglich

- durch operative Anpassungsmaßnahmen, wie der Erhöhung von Drehzahlen oder Verminderung von Vorgabezeiten für manuelle Tätigkeiten, oder
- durch mittelfristig wirksame, taktische Maßnahmen, etwa der Anschaffung neuer, leistungsfähiger Produktionsanlagen oder durch Verbesserungen in der verfahrenstechnischen Prozessführung.

Definition:

Der Faktor **menschliche Arbeit** ist entweder eine objektbezogene ausführende Arbeit im Produktionsprozess oder eine dispositive Arbeit bei der Gestaltung des Produktionsprozesses und -programms ebenso wie bei der Führung von Mitarbeitern.

Typische Tätigkeiten ausführender (objektbezogener) Arbeit sind Drehen, Fräsen, Montieren, Reparieren, Fahren usw. Dispositive Arbeit besteht im Planen, Entscheiden, Organisieren und Führen (Gutenberg [Grundlagen]).

Aus den Funktionen des Produktionsbereiches können die von den Personen zu erfüllenden objektbezogenen und dispositiven Tätigkeiten abgeleitet und Arbeitsplätzen zugeordnet werden. Das Potenzial des Produktionsfaktors Arbeit besteht aus der Fähigkeit und der Einsatzzeit der Mitarbeiterinnen und Mitarbeiter zur Erfüllung betrieblicher Aufgaben. Personalplanung, -führung und -entwicklung sind Aufgaben der Personalwirtschaft bzw. des Personalmanagements (vgl. Modul 10).

13.3.3 Produktionsstrategien

Betriebliche Produktion und insbesondere Industrieproduktion findet in komplexen Produktionssystemen statt, die durch eine Vielzahl von miteinander verknüpften Transformationsprozessen (Input-Output-Prozesse) gekennzeichnet sind. Abbildung 13.2 zeigt schematisch das Produktionssystem in seiner Umwelt.

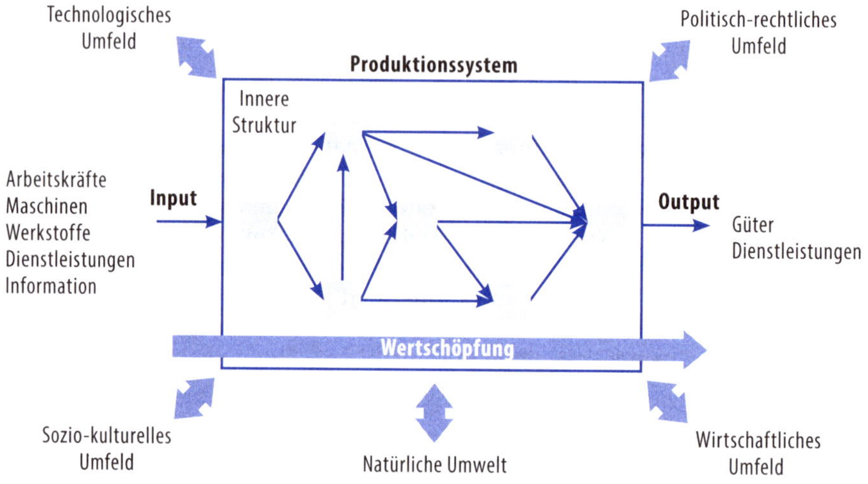

Abbildung 13.2: Das Produktionssystem in seinem Umfeld (nach Günther und Tempelmeier [Produktion und Logistik], 2007, S.2)

Das Produktionssystem der Unternehmung wird durch strategische Maßnahmen in die Lage versetzt, seine Potenziale so aufzubauen, dass sie den zukünftig auftretenden Anforderungen gerecht werden. Im Rahmen ihrer strategischen Planung erfasst die Unternehmung nach Möglichkeit die strategische Situation ihres Produktionssystems und entscheidet über Strategien zu seiner weiteren Ausgestaltung. Die Erfassung der strategischen Situation erfolgt vielfach über eine Analyse der wesentlichen Umweltkomplexe sowie der Produktionspotenziale des Unternehmens.

Beispielsweise führt eine Umfeldanalyse zu Informationen über die Auftragslage, die zukünftig erwarteten Nachfragemengen und die daraus abzuleitenden Produktionsmengen. Bezüglich der Nachfragestruktur wird im Rahmen der Wettbewerbsanalyse nach den Schlüsselgrößen der Auftragserteilung oder Kundenentscheidung (*Hill's* order winners, vgl. Hill [Manufacturing Strategy]) gefragt: Richten sich Auftragserteilung und Kundenentscheidung überwiegend an der Produktqualität, dem Preis, der Zuverlässigkeit oder Liefergeschwindigkeit oder anderen Kriterien aus? Weiterhin werden Informationen über notwendige Innovationen, Entwicklungen der Technik und Angebotsveränderungen der Lieferanten untersucht. Hinsichtlich der zukünftigen Qualitätserwartung, der Anforderungen aus Umweltschutzansprüchen und Haftung können ebenfalls Analysen durchgeführt werden. Erfasst werden auch Informationen über neue verfügbare Produktionstechnologien (z.B. Laserschneiden, Nanotechnologien), Kommunikations- und Informationssysteme sowie Standortfaktoren (vgl. dazu auch Modul 6).

Die Unternehmensanalyse stellt den Umweltanforderungen die Potenziale des Produktionssystems gegenüber und entscheidet dementsprechend über durchzusetzende Strategien. Diese Strategien betreffen die Produktionskapazitäten, die nachhaltige Zusammensetzung des Produktionsprogramms, die Fertigungsverfahren, die Fertigungstiefe, die Organisationstypen der Fertigung, das Qualitätsmanagement, die Standortverteilung und Standortwahl, die Produktionslogistik und verbundene Bereiche der übrigen Logistik, Planungs- und Kontrollsysteme, Informations- und Kommunikationssysteme und die Personalentwicklung.

Hinsichtlich der oben erwähnten Schlüsselgrößen der Auftragserteilung und Kundenentscheidung lassen sich besonders intensiv verfolgte Teilstrategien gestalten. Gelten Preis und Zahlungskonditionen als order winner, so konzentriert sich ein Bündel der Teilstrategien auf die Möglichkeiten zur Senkung der Stückkosten. Gilt eher die Produktqualität als order winner, so werden qualitätssichernde und -verbessernde Teilstrategien gewählt.

Analog lassen sich aus den Schlüsselgrößen Zuverlässigkeit oder Liefergeschwindigkeit entsprechende Teilstrategien für Produktionssysteme ableiten. Die Gesamtheit der Teilstrategien muss sich zu einer Gesamtstrategie für die Produktion der Unternehmung zusammenfügen lassen. Dementsprechend können Teilstrategien auch nach der Festlegung einer Gesamtstrategie heruntergebrochen werden. Beispielsweise wird eine Unternehmung, die ihre Produkte international anbietet, eine Produktions- und Standortstrategie festlegen (vgl. Modul 6: Globalisierung). Sie wählt anhand der in der Umweltanalyse erhobenen Nachfrageerwartung die strategische Ausrichtung des Produktionsprogramms und entscheidet danach über die Verteilung der Standorte für eine verteilte Produktion und in diesem Zuge auch über die Wahl der Standorte und die zu errichtenden Produktionskapazitäten. Parallel dazu wird untersucht, in welcher Tiefe die Fertigung an den einzelnen Standorten erfolgen soll und wie eine gegenseitige Transportverbindung zu gestalten ist.

Merksatz: **Produktionswirtschaftliche Entscheidungen auf der strategischen Ebene** (langfristig) betreffen die Schaffung und Sicherung langfristiger Rahmenbedingungen für den Unternehmenserfolg durch grundsätzliche Festlegungen der Ausrichtung des Produktionssystems im Hinblick auf Produktfelder, Märkte, Technologien und Organisationsformen.

Eine typische Fragestellung der strategischen Produktprogrammplanung ist die Entwicklung und Ausformulierung von Produktstrategien für eingeführte Produkte und Produktinnovationen. Dabei versteht man unter dem Produktprogramm die Zusammenstellung aller in einem Unternehmen zu erzeugenden Produkte und ihrer mengenmäßigen Zusammensetzung mit Unterscheidung nach Programmbreite (Produktarten) und Programmtiefe (Programmvarianten). Für bereits eingeführte Produkte lassen sich folgende Strategien unterscheiden (vgl. auch Abschnitt 8.5.1):

- Produktintensivierung: Ausweitung der Produktionskapazitäten unter Einbeziehung flankierender logistischer und absatzpolitischer Maßnahmen
- Produktdifferenzierung: Erweiterung eines Grundprodukts auf mehrere (kundenspezifische) Varianten
- Produktvariation: Ersatz eines ursprünglichen Produkts durch ein neues verändertes Modell
- Produkteliminierung: Herausnehmen eines Produkts aus dem Programm (insbesondere in Einführungs-und Sättigungsphase)

Eine weitere typische Aufgabe des strategischen Produktionsmanagements ist die Planung der Fertigungstiefe.

Definition:

Die **Fertigungstiefe** ist definiert als die unternehmensinterne Wertschöpfung im Verhältnis zur insgesamt erforderlichen Wertschöpfung.

Damit einher geht die Entscheidung zwischen Eigenfertigung oder Fremdbezug (bzw. Make-or-Buy, Insourcing oder Outsourcing, vgl. auch Modul 6: Globalisierung).

Grundsätzlich können bei der Planung der Fertigungstiefe folgende allgemeine Entscheidungskriterien herangezogen werden:

- Produktionskosten (vgl. Abschnitt 13.8 zur betriebswirtschaftlichen Kostentheorie)
- Transaktionskosten (Kosten der Information und Kommunikation bei Organisation und Abwicklung arbeitsteiliger Leistungserstellung für Partnersuche, Vertragsvereinbarung und -abwicklung sowie Kontrolle und Vertragsanpassung)
- Wettbewerbsposition (vgl. Modul 14 zum Marketingmanagement sowie Modul 6: Globale Strukturen des Wirtschaftens)

Sowohl die reine Eigenfertigung als auch der reine Fremdbezug sind Extremfälle von Integrationsstrategien, zwischen denen es im Rahmen unterschiedlicher Kooperationsformen eine Vielzahl von weiteren Alternativen gibt. Als vertikale Unternehmenskonzentration oder Integration wird die Vereinigung von Unternehmen auf aufeinander folgenden Produktionsstufen bezeichnet, die auch in einem Käufer-/Verkäuferverhältnis stehen (z.B. die Vereinigung der Rohstoffgewinnung mit der Erzeugung von Halbfabrikaten oder der Produktion mit dem Handel). Der optimale Grad der vertikalen Integration entlang der Wertschöpfungskette ist unternehmens- und branchenindividuell zu bestimmen.

13.4 Strategisch-taktisches Produktionsmanagement

Aus der übergeordneten Unternehmensstrategie werden spezifische strategisch-taktische Maßnahmen für die Produkte, Prozesse und Potenziale des Unternehmens abgeleitet (Produkt-, Prozess- und Potenzialplanung). Die wirtschaftliche Durchführung der Produktion ist in Abhängigkeit von der Auftragssituation und der Struktur der Produktionsprozesse zu gestalten. Die Struktur von Produktionsprozessen wird als Produktionsverfahren bezeichnet.

Produktionsverfahren lassen sich nach verschiedenen Kriterien charakterisieren (vgl. Abbildung 13.3). Gemäß der Faktorintensität werden arbeits-, maschinen-, kapital-, werkstoff- und energieintensive Verfahren unterschieden. Im Folgenden werden verschiedene Produktionsverfahren nach Art und Häufigkeit der Prozesswiederholung (Abschnitt 13.4.1) sowie nach Organisationstyp (Abschnitt 13.4.2) näher beschrieben.

13.4.1 Art und Häufigkeit der Leistungswiederholung

Produktionsprozesse können nach der Art und Häufigkeit der Prozesswiederholung unterschieden werden (Hahn/Laßmann [Produktionswirtschaft]):

a) Massenfertigung ist nicht unbedingt mit der Produktion großer Mengen gleichzusetzen. Entscheidend für diesen Begriff ist die Produktion eines homogenen Gutes, das meist für den anonymen Markt erstellt wird (z.B. Streichhölzer). Ein und derselbe Produktionsprozess wird ständig wiederholt. Ob der Produktionsprozess ein- oder mehrstufig ist oder ob Zwischenlagerungen erfolgen, ist für den Begriff Massenproduktion irrelevant, wohl aber bedeutsam für die Kostenrechnung.

b) Werden Erzeugnisse erstellt, die sowohl nach der Art ihrer Herstellung als auch nach der Art des verwendeten Einsatzmaterials unterschiedlich, jedoch verwandt sind, so wird von Sortenfertigung gesprochen (z.B. Zigaretten, Nägel, Schrauben). Durch Umstellung der Maschinen werden die verschiedenen Sorten nacheinander auf den gleichen Anlagen erzeugt. Bei der Produktionsplanung sind zusätzlich Rüstzeiten zur Vor- und Nachbereitung eines Produktionsloses, die ohne zeitliche Unterbrechung auf einer Maschine gefertigt werden, zu beachten.

c) Bei der Serienfertigung werden gleichartige Güter in größerer Menge produziert. Die Stückzahl ist jedoch im Gegensatz zur Massenproduktion begrenzt

Merkmale	Ausprägungen					
1. Wirtschaftliches Gewicht der Faktorarten	personal-intensiv	material- bzw. werkstoff-intensiv	maschinen-intensiv	kapitalintensiv	energieintensiv	
2. Prozess-wiederholung	Massen-fertigung	Sorten-fertigung	Serien-fertigung	Chargen-fertgung	Partie-fertigung	Einzel-fertigung
3. Organisationstyp	Fließfertigung	Gruppenfertigung	Werkstattfertigung	Baustellenfertigung		
4. Organisations-konzept	Zentrale Produktion	Dezentrale Produktion				
5. Fertigungs-technologie	Manuelle Produktion	Maschinelle Produktion	Teilautomatisierte Produktion	Vollautomatisierte Produktion		
6. Zeitliche Prozess-anordnung	Wechselproduktion	Parallelproduktion				
7. Kontinuität des Materialflusses	Technologisch diskontinuierliche Prozesse (Chargenprozesse)	Technologisch kontinuierliche Prozesse				
8. Prozessein-wirkung auf Einsatzstoffe	Analytische Prozesse	Synthetische Prozesse	Analytisch-synthetische Prozesse	Stoffneutrale Prozesse		
9. Verbundenheit der Produktion	Unverbundene Produktion	Verbundene/gekoppelte Produktion				
10. Prozess-technologie	physikalische	chemische	kernphysikalische	biologische		
11. Beherrschbarkeit der Produktion	Vollständig beherrschbare Produktion	Nicht vollständig beherrschbare Produktion				
12. Ortsgebunden-heit der Produk-tionsfaktoren	Anlagengebundene betriebliche Produktion	Abbauproduktion	Baustellenproduktion			

Abbildung 13.3: Morphologischer Kasten zur Charakterisierung und Spezifizierung von Produktionsverfahren

(z.B. Möbel). Nach der Höhe der Stückzahl unterscheidet man zwischen Klein- und Großserie.

d) Die Chargenfertigung ist als spezielle Ausprägung der Serienfertigung zu verstehen. Während in der kontinuierlichen Produktion (wie bei der Massenfertigung) Transport- und Produktionstätigkeiten gleichzeitig durchgeführt werden, werden bei der Chargenfertigung Werkstoffe mit zeitlicher Unterbrechung (diskontinuierlich) in das Arbeitssystem gegeben und chargenweise be- oder verarbeitet. Nach der Herstellung einer bestimmten Menge einer Produktart wird die Produktion einer anderen Produktart aufgenommen (z.B. Stahl). Für die einzelnen Produktarten lassen sich Produktionslose festlegen. Auch die Charge stellt ein Produktionslos dar, das z.B. durch die maximale Beschickungsmöglichkeit von Öfen oder Mischsilos bestimmt wird.

e) Bei der Partiefertigung führen qualitative Unterschiede des Materials (z.B. Baumwolle einer bestimmten Ernte, Holzeinschlag) zu leicht unterschiedlichen

Endprodukten (z.B. Stoffe oder Bretter). Während die Chargenfertigung auf den Produktionsprozess abstellt, ist bei der Partiefertigung jede Partie für sich zu bearbeiten und gegebenenfalls zu unterschiedlichen Preisen abzurechnen.

f) Bei der Einzelfertigung wird im Prinzip jede Erzeugnisart nur einmal produziert; im Laufe der Zeit kann sich die gleiche oder eine ähnliche Produktion wiederholen. Die Einzelfertigung wird nach Vorliegen des Käuferauftrages begonnen (z.B. Maßanzug).

13.4.2 Organisation des Produktionsablaufs (Organisationstypen)

Auch die Organisation des Produktionsablaufs (Organisationstypen) ermöglicht eine Unterscheidung und die Auswahl geeigneter produktionswirtschaftlicher Planungsinstrumente.

a) In der Fließfertigung bedingen die Produkte zu ihrer Herstellung stets die gleichen Arbeitsgänge. Die entsprechend dem Produktionsplan angeordneten Betriebsmittel und Handarbeitsplätze werden in einer festen Reihenfolge durchlaufen (z.B. Automobilindustrie). Die Aufeinanderfolge der Arbeitsgänge erfordert eine zeitliche Abstimmung der Arbeiten. Ist die Arbeitsfolge unabdingbar, so wird von naturbedingter Fließfertigung gesprochen, die sich durch die Gegebenheiten des chemischen und/oder technischen Prozesses ergibt. Bei nicht naturbedingter Fließproduktion wird der Produktionsprozess organisatorisch bewusst in zeitlich aufeinander abgestimmte und örtlich aneinandergereihte Arbeitsgänge zergliedert. Nur ausgereifte Erzeugnisse und Produktionsverfahren lassen sich im Fließfertigungsprozess organisieren. Wesentliche Voraussetzung ist die Produktion größerer Mengen von verwandten Erzeugnissen. Die Ausbringung und die zur Verfügung stehende Arbeitszeit bestimmen die sogenannte Taktzeit des Fließfertigungsprozesses, das Verhältnis Arbeit je Periode zur Sollausbringung je Periode. An den so bestimmten Zeittakt müssen die einzelnen Arbeitsverrichtungen angepasst werden.

b) Bei der Gruppenfertigung (Fließinselfertigung) ist der Produktionsablauf weniger starr vorgegeben als in der Fließfertigung. Die Einzelteile eines Produktes, die in einem gleichen oder ähnlichen Produktionsprozess entstehen, werden gruppenweise auf der gleichen Produktionsapparatur hergestellt. Alle erforderlichen Maschinen gleicher oder ähnlicher Produktionsprozesse werden zu Funktionsgruppen räumlich zusammengefasst. Die Gruppenfertigung wird wegen der relativ großen Erzeugungsbreite besonders auch im Hinblick auf die Kapazität als anpassungsfähig bezeichnet. Außerdem lassen sich in der Gruppenfertigung die sozialen Beziehungen zwischen den Mitarbeitern verbessern.

c) Bei häufigem Wechsel der Produktarten, die unterschiedliche Arbeitsgänge und Arbeitsfolgen aufweisen, ist die Organisation der Produktion nach dem Fließprinzip nicht mehr möglich. Maschinen und Handarbeitsplätze gleicher Arbeitsverrichtungen werden nach dem Verrichtungsprinzip zusammengefasst (z.B. Werkstätte Bohrerei, Dreherei). Die Werkstattfertigung ist auf die wechselnden Anforderungen der Produktion in Menge und Qualität ausgerichtet und erscheint somit als anpassungsfähigste Organisationsform. Die Maschinen können von unterschiedlicher Leistungsfähigkeit und die Arbeitskräfte müssen vielseitig sein. Das Problem bei der Organisation der Werkstattfertigung liegt einmal in der richtigen Auslegung der Kapazität der einzelnen Werkstätten und aller Werkstätten zusammen, zum anderen in deren zweckmäßiger Anordnung. Diese soll der hauptsächlich vorkommenden Arbeitsfolge nicht widersprechen.

d) Für Produkte, die als Gebäude oder Einrichtung ortsfest zu errichten sind und sich nach ihrer Fertigstellung nicht mehr bewegen lassen, wird eine Baustellenfertigung durchgeführt. Die Betriebsmittel, Personen und Werkstoffe werden an den Ort der Produkte (Baustelle) gebracht und dort eingesetzt. Für die Planung ergeben sich Probleme der Bereitstellung der Produktionsfaktoren und Reihenfolgeprobleme bei deren Einsatz (Projektplanung). Auch die Erfassung der Faktoreinsatzmengen für die Kostenermittlung kann besondere Verfahren notwendig machen.

Merksatz: **Aufbau und Ausgestaltung des Produktionssystems** umfassen die Dimensionierung, räumliche Verteilung und innere Strukturierung der betrieblichen Produktiveinheiten und sind Gegenstand der taktischen Ebene (mittelfristig) des Produktionsmanagements.

13.5 Gestaltung des Produktionsprogramms und der Produktionsprozesse

Zu den wesentlichen Planungsaufgaben der Produktionswirtschaft gehört die Gestaltung des Produktionsprogramms und der Produktionsprozesse. Für die kurzfristig angelegte Gestaltung des Produktionsprogramms sind das Verkaufsprogramm, die Ausstattung des Produktionsbereiches mit Personal und Betriebsmitteln, die einsetzbaren Zahlungsmittel, die räumliche Lage und die Organisation entscheidende Nebenbedingungen.

(1) Im Rahmen einer gegebenen Situation wird aus einer Teilmenge aller möglichen Produkte und Dienstleistungen das Produktionsprogramm zusammengesetzt. Aus der Zielsetzung des Betriebes ist jene des Produktionsbereiches abzuleiten. Komponenten des Produktionsprogramms sind die Produktionsmengen der einzelnen Produktarten. Die Analyse der Beschränkungen und der Zielfunktion muss deswegen auch die Abhängigkeit zwischen den Produktmengen und den Produktionsmöglichkeiten aufzeigen. Analytisch werden die Beschränkungen als Funktionen der Produktionsmengen dargestellt.

Zu den quantitativ formulierbaren Nebenbedingungen können zusätzliche nichtquantifizierbare Bedingungen hinzutreten, die den Planungsrahmen weiter einschränken. Ein Produktionsprogramm, das beispielsweise durch Einsatz von Modellen und Methoden des Operations Research rechnerisch ermittelt worden ist, muss anschließend auch in Übereinstimmung mit den nichtquantifizierbaren Bedingungen gebracht werden, um zulässig zu sein.

(2) Für die betriebswirtschaftliche Betrachtung der Gestaltungsmöglichkeiten der Produktionsprozesse sind alle Situationen und Veränderungsmöglichkeiten von besonderem Interesse, die auf die Zielfunktion und die Nebenbedingungen einwirken. Besonders zu erwähnen sind Gestaltungsmöglichkeiten durch:

- Wahl der innerbetrieblichen Standorte
- Wahl des Organisationstyps der Produktion,
- Wahl der Verhältnisse der Faktoreinsatzmengen,

- Festlegung der Anzahl der einzelnen Produktionsstufen und der zugehörigen Kapazitäten,
- Festlegung der Produktionsstationen (Arbeitsplätze) in den Produktionsstufen und der zugehörigen Kapazitäten,
- Mechanisierung und Automatisierung der Produktionsstationen, Zuordnung der Personen zu den Arbeitsplätzen,
- Bildung von Gruppen und Abteilungen,
- Festlegung der Reihenfolge der Produkte in den einzelnen Produktionsstationen (Reihenfolgeplanung, Produktionssteuerung).

Merksatz: **Auf der operativen Ebene des Produktionsmanagements werden kurzfristig wirksame Entscheidungen über Vorbereitung und Durchführung der Produktion im Rahmen des gegebenen Produktionssystems durch Festlegung des Produktionsprogramms und des Einsatzes der Produktionsfaktoren nach Art, Menge und Zeit getroffen.**

Die Planung von Fertigungsabläufen kann sich – je nach dem zugrundeliegenden Organisationstyp – ganz unterschiedlich darstellen. So steht im Rahmen einer Projektplanung, wie sie beispielsweise in Branchen wie dem Schiffsbau zu finden ist, eher eine Strukturierung des Fertigungsablaufs mit seinem Netz aus teilweise parallel durchzuführenden Teilvorgängen und seine zeitliche Planung im Vordergrund, während in der Fließbandfertigung die Ablaufplanung Aspekte wie die Festlegung der Zahl von Bandstationen, der Taktzeit oder der Zahl und Positionierung von Pufferlägern umfasst. Im Rahmen der „Klassischen Ablaufplanung" (in der Werkstattfertigung oder der Fließfertigung ohne Zeitzwang) wird ein Bestand an Aufträgen betrachtet, die eine Gruppe von Maschinen in einheitlicher (flow shop) oder unterschiedlicher Reihenfolge (job shop) durchlaufen. Das Planungsproblem besteht hier in der Bestimmung einer (mit Blick auf die verfolgte Zielsetzung) möglichst guten Reihenfolge, in der die Aufträge auf den einzelnen Maschinen bearbeitet werden.

Eine solche Zielsetzung bei der Entscheidung für eine Auftragsfolge ist in diesem Zusammenhang häufig die Kostenminimierung. Als Kostengrößen lassen sich beispielsweise Lagerkosten (mit Blick auf das in wartenden Aufträgen gebundene Kapital), Leerkosten der Maschinen, Terminabweichungskosten bei verspätet oder gar nicht ausgelieferten Aufträgen sowie Rüstkosten, sofern sie in Abhängigkeit von der Reihenfolge der Aufträge variieren, nennen. Probleme bei der Festlegung von Kostensätzen (z.B. für eine Terminabweichung) oder der Identifizierung direkter Kostenwirkungen von Reihenfolgeentscheidungen haben dazu geführt, dass vorrangig Zeitziele Verwendung finden. Eine Auswahl von Zeitgrößen soll im Folgenden kurz erläutert werden:

- Durchlaufzeit: Zeitraum von der Einsteuerung eines Auftrags in den betrachteten Fertigungsbereich bis zum Ende seiner letzten Bearbeitung.
- Wartezeit: Dauer der Nichtbearbeitung eines Auftrags, die beispielsweise dadurch verursacht wird, dass die in der Maschinenfolge nächste Maschine noch (durch einen anderen Auftrag) blockiert ist.
- Terminüberschreitungszeit: Positive Differenz zwischen der Durchlaufzeit eines Auftrags und dem für diesen vereinbarten Fertigstellungstermin.

- Leerzeit: Zeit, während der eine Maschine nicht arbeitet, da beispielsweise die Bearbeitung des nächsten Auftrags auf der vorhergehenden Maschine noch nicht abgeschlossen ist.
- Zykluszeit: Zeitraum zwischen dem Bearbeitungsbeginn des ersten Auftrags eines gegebenen Auftragspakets und dem Bearbeitungsende des letzten Auftrags.

Zur grafischen Darstellung der Ablaufplanung haben sich – neben Auftragsfolge-, Maschinenfolge- und Ablaufgraf – insbesondere Gantt-Diagramme durchgesetzt, die den Fertigungsablauf in einer Auftrags-/Zeit-Darstellung (bzw. einer Maschinen-/Zeit-Darstellung) mit Hilfe von Balken abbilden, so dass sich die einzelnen Bearbeitungszeiträume und die Maschinenfolgen (bzw. Auftragsfolgen) direkt ablesen lassen (Neumann [Produktionsmanagement]).

Mit Hilfe dieser Gantt-Diagramme können Vorschläge für Auftragsreihenfolgen, wie sie beispielsweise mit Hilfe von Prioritätsregeln ermittelt worden sind, visualisiert und im Hinblick auf die verfolgte Zielsetzung bewertet werden. Aus der Vielzahl der entwickelten Methoden seien hier einige häufig verwendete Prioritätsregeln herausgegriffen (French [Sequencing]; Zäpfel [Produktionswirtschaft]; Thonemann [Operations Management]):

- Kürzeste Operationszeit: als nächster wird derjenige Auftrag bearbeitet, der auf der betrachteten Maschine die kürzeste Bearbeitungszeit benötigt.
- First come first served: die Reihenfolge der Aufträge richtet sich nach ihrem Ankunftszeitpunkt vor der betrachteten Maschine.
- Frühester Liefertermin: derjenige Auftrag wird als nächster bearbeitet, der zuerst ausgeliefert werden muss.
- Kürzeste Gesamtbearbeitungszeit: die Bearbeitungsreihenfolge orientiert sich an der Summe der Bearbeitungszeiten eines jeden Auftrags auf den einzelnen Maschinen.
- Critical ratio: für jeden Auftrag wird sein Liefertermin ins Verhältnis gesetzt zu der noch notwendigen Restbearbeitungszeit, und die Aufträge werden in der Reihenfolge aufsteigender Quotientenwerte bearbeitet.

Exakte Lösungsverfahren lassen sich angesichts der mathematischen Komplexität des Planungsproblems lediglich bei sehr restriktiven Prämissen sinnvoll einsetzen; für den Zwei-Maschinen-flow shop arbeitet z.B. der Algorithmus von *Johnson* [Production Schedules] effizient, und für einen flow shop mit drei Maschinen lässt sich der Branch-and-Bound-Algorithmus von *Lomnicki* [Branch-and-Bound Algorithm] einsetzen.

13.6 Betriebswirtschaftliche Produktionstheorie

Die Produktionstheorie befasst sich mit den wirtschaftlichen Prozessen der Herstellung von Sachgütern und Dienstleistungen (Produktion), insbesondere den quantitativen Beziehungen zwischen den eingesetzten und ausgebrachten Gütern.

Definition:
Die **Produktionstheorie** zielt als theoretisches Aussagensystem darauf ab, Regelmäßigkeiten abzubilden, welche Einsatz-Ausbringungsbeziehungen zum Gegenstand haben.

Diese Beziehungen erfassen grundsätzlich alternative Qualitäten von Einsatz- und von Ausbringungsgütern sowie Produktionsverfahren. Da die Produktion einer Reihe von Nebenbedingungen unterliegt, sind diese ebenfalls zu berücksichtigen.

Zu den Nebenbedingungen gehören z.B. Absatz- und Beschaffungsbeschränkungen, Restriktionen aus vor- und nachgelagerten Produktionsstufen (kapazitative Beschränkungen), Qualitätsanforderungen und finanzielle Nebenbedingungen. Einige dieser Nebenbedingungen gelten in der Produktionstheorie als gegebene Größen, andere dagegen, wie die Kapazitätsbeschränkungen und die Verknüpfungen von Produktionsstufen, sind selbst Untersuchungsgegenstand der Produktionstheorie. Weiter gehören in den Bereich der Produktionstheorie Fragen nach den zeitlichen Implikationen der Produktion, nach Anpassungsformen und nach der produktionstechnischen Flexibilität.

Wirtschaftliche Prozesse verursachen Kosten, die sich als Summe der mit den zugehörigen Preisen bewerteten Einsatzmengen der Produktionsfaktoren ergeben. Die bewerteten Gütereinsätze sind Gegenstand der in Abschnitt 13.8 zu behandelnden Kostentheorie. Kosten sind dem Prinzip der Wirtschaftlichkeit unterworfen. Dieses zeigt sich entweder in der Minimierung des Kosteneinsatzes bei fixiertem Produktionsziel (Minimierungsprinzip) oder bei gegebenem Kosteneinsatz in der Maximierung des Produktionszieles (Maximierungsprinzip).

13.6.1 Produktionsfunktionen

Produktionsfunktionen sind von zentraler Bedeutung für die Kennzeichnung der effizienten Produktionsmöglichkeiten einer Produktionstechnologie.

Definition:

Produktionsfunktionen sind generelle Aussagen, die den Zusammenhang zwischen den Einsatzgüter- und Ausbringungs-Gütermengen eines Unternehmens beschreiben (Input-Output-Funktionen).

Statt von Einsatzgütern wird auch von Produktionsfaktoren, Inputs oder Eingangsprodukten gesprochen. Ausbringungsgüter sind Halb- und Fertigerzeugnisse, Dienstleistungen, Zwischen- und Enderzeugnisse, Produkte, Ausbringungen oder Outputs. Die Anzahl der Einheiten, in denen die Güter gemessen werden, wird als Quantität bezeichnet. Die qualitative Ausprägung eines Gutes heißt Güterart (Faktorart oder Produktart). Die Bezeichnung der produzierten Güterart ist entweder bereits allgemein bekannt (Zahnpasta, Stuhl, usw.) oder wird vom Produzenten festgelegt (mp3-Player, iPhone). Alle Produkte entstammen einer Kombination von Produktionsfaktoreinsätzen; sie besitzen Absatzreife oder werden innerbetrieblich wieder als Inputs im Produktionsprozess verwendet. Bestimmte Einsatzgüter werden dem produzierenden Betrieb zur Be- oder Verarbeitung von außen überlassen. Dafür findet sich häufig der Begriff Lohnarbeit (verlängerte Werkbank).

Die formale Darstellung der Kombination von Einsatzgütern zum Zwecke der Transformation zu Produkten geschieht mittels der Produktionsfunktion:

(1) $$f(r_1, r_2, ..., r_m, x_1, x_2, ..., x_n) = 0$$

Diese implizite Schreibweise der Produktionsfunktion enthält m Faktorarten (i = 1, 2, ..., m) mit den zugehörenden Mengen r und n Produktarten (j = 1, 2, ..., n) mit den Mengen x. Die Gleichung (1) kennzeichnet eine Produktion mit beliebig vielen Produktarten. Existiert nur eine Produktart n = 1, liegt Monoproduktion vor. Gleichung (1) wird dann in expliziter Schreibweise mit $x_1 = x$ zu:

(2) $$x = f(r_1, r_2, ..., r_m)$$ (Produktionsfunktion)

Diese Produktionsfunktion besagt, dass die Produktionsmenge in einer ganz bestimmten, charakteristischen Weise von den Einsatzmengen abhängt. Statt die Ausbringung als von den Einsätzen abhängige Variable anzusehen, kann es auch zweckmäßig sein, die Einsatzgüter als abhängige und die Produktionsmenge als unabhängige Variable darzustellen. Die inputorientierte Darstellung der Produktionsfunktion lautet entsprechend:

(3) $$r_i = g(x_1, x_2 ..., x_s)$$

mit x_j: Outputmenge der verschiedenen Produkte

In den genannten Produktionsfunktionen sind folgende Bedingungen enthalten:

a) Die Qualität der Produkte und Einsatzgüter ist genau definiert und findet ihren Ausdruck in den Produkten j mit den Mengen x_j und den Faktorarten i mit den Mengen r_i. Dabei ergibt sich das Problem, jede Qualität durch Qualitätsmerkmale festzulegen (vgl. Abschnitt 13.10).

b) Einsatz und Ausbringung geschehen in der Kalenderzeit. In der Betriebswirtschaftslehre wird die Kalenderzeit in Perioden – z.B. Jahre für die Bilanzierung oder Monate für die Kosten- und Leistungsrechnung – zerlegt. Die Einsätze und Ausbringungen werden solchen Perioden zugerechnet. Daraus folgt die Dimensionierung von r_i als Einsatzgütermenge pro Periode und von x_j als Ausbringungsmenge pro Periode (z.B. Monat oder Jahr).

c) Da in den Produktionsfunktionen nach den Gleichungen (1) und (2) keine Angabe über die Zeit enthalten ist, welche vom Einsatz bis zur Ausbringung verstreicht (Transformationszeit), muss von einer Momentanproduktion mit einer Transformationszeit von Null ausgegangen werden.

d) Die Dimensionierung aller Größen in den Produktionsfunktionen richtet sich auf eine bestimmte Periode (Strömungsgrößen). Einflüsse aus früheren Perioden und Auswirkungen auf nachfolgende Perioden werden dabei vernachlässigt.

e) Die Produktionsfunktion gibt einen Kombinationsprozess wieder, der räumlich gesehen einen ganzen Betrieb, einen Betriebsteil, eine Betriebsstelle, einen Platz in einer Betriebsstelle oder ein Betriebsmittel beziehungsweise ein Aggregat ausmacht. Wird diese Einheit bei vorausgesetzter Identität der Funktionen gleicher Einheiten (homogene Betriebsmitteleinheiten) ganzzahlig mit M vervielfacht, dann wird (2) zu:

$$x \cdot M = f(r_1, r_2, \ldots, r_m) \cdot M \tag{4}$$

Wegen der Multiplikation der Betriebsmitteleinheit mit dem Vervielfacher M wird von multipler Anpassung gesprochen.

f) Die Produktionsfunktion gibt eine bestimmte charakteristische Verknüpfung von Einsatzgüter- und Ausbringungsgütermengen an. Die Art dieser Verknüpfung wird determiniert durch biochemische, physikalische oder sonstige Prozesse, die entweder ohne wesentliche Mitwirkung des dispositiven Faktors ablaufen oder aber entscheidend des Einsatzes dieses Faktors bedürfen (vgl. auch Abbildung 13.3). Im letzteren Fall ist es auch üblich, den Begriff des Produktionsverfahrens zu verwenden. Die Produktionsfunktionen (1) und (2) repräsentieren zugleich ein bestimmtes Produktionsverfahren, welches wesentlich durch die Qualität des Potenzialfaktors Betriebsmittel bestimmt sein kann.

g) Die Produktionsfunktion (1) weist n Produktarten auf, gibt aber in der allgemeinen Fassung keine Auskunft darüber, wie die Erzeugnisse produktionsmäßig miteinander verbunden sind. Die Produktionstheorie kennt drei Arten der Produktionsverbundenheit:

- Die Produktarten sind das Ergebnis einer alternativen Produktion, d.h. auf dem betrachteten Aggregat kann gleichzeitig immer nur die eine oder die andere Produktart erzeugt werden. Verschiedene Produktarten können also nur nacheinander produziert werden. Wird in einer Periode nur eine Produktart erzeugt, so liegt Monoproduktion vor; bei zeitlicher Aufeinanderfolge verschiedener Produktarten in einer Periode wird von alternativer Produktion gesprochen. Wird die ursprüngliche Periode OB in Abbildung 13.4 in die Teilperioden OA und AB zerlegt, so liegen für jede Teilperiode Monoproduktion und für die Gesamtperiode Mehrproduktartenproduktion vor. Als Beispiel hierfür könnte die Produktion von Graubrot und Toastbrot in einem Tunnelbackofen angeführt werden.

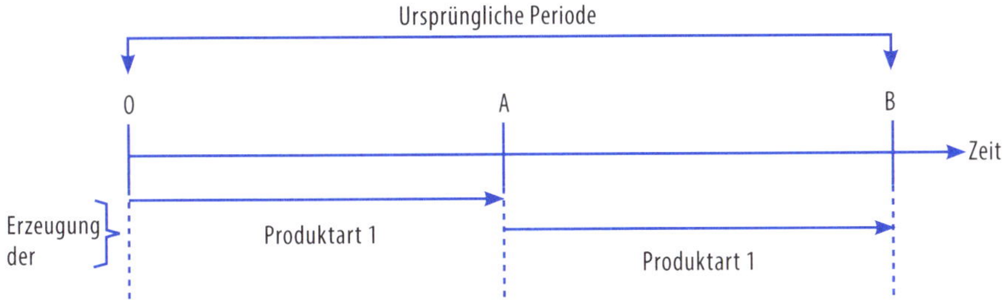

Abbildung 13.4: Produktion über die Zeit

Die in Abbildung 13.4 vorliegende alternative Produktion kann als dispositionsbedingte Monoproduktion bezeichnet werden. Lässt das Aggregat nur die Produktion einer Produktart zu, so ist die Monoproduktion technisch bedingt.

- Werden aus einer bestimmten Einsatzgüterkombination zwangsläufig mehrere Produktarten gleichzeitig, also gekuppelt ausgebracht, so liegt Kuppelproduktion oder kumulative Produktion vor. Die Mengen der einzelnen Produktarten stehen in einem bestimmten Verhältnis zueinander. Beispielsweise fallen in Raffinerien bei der Verarbeitung von Rohöl zu Mineralöl zwangsläufig gleichzeitig mehrere Produkte an, wie z.B. Benzine, Diesel, Mitteldestillate, schweres Heizöl, Bitumen und Wachse. Ebenso fallen in der Holzindustrie Sägereststoffe an, die als Rohstoff in der Zellstoffproduktion eingesetzt werden können. Variationen im Produktionsverfahren oder -ablauf können zu einer Veränderung des Mengenverhältnisses führen.

Definition:

Kuppelproduktion liegt vor, wenn bei einem Produktionsprozess zwingend mehrere Produktarten gleichzeitig entstehen.

- In der wirtschaftswissenschaftlichen Literatur ist auch von paralleler Produktion die Rede: Unterschiedliche Produktarten werden unverbunden, nebeneinander (parallel) erzeugt. Da die Produktionsfunktion für ein Aggregat oder für eine Gruppe von M homogenen Aggregaten gilt, kann eine parallele Produktion nicht durch eine Produktionsfunktion allein abgebildet werden. Die formale Darstellung der parallelen Produktion erfordert also die Angabe entsprechend vieler Produktionsfunktionen. Die Berücksichtigung gegebenenfalls vorliegender Interdependenzen kann sich schwierig gestalten.

13.6.2 Durchschnittsprodukt, Grenzproduktivität und Grenzprodukt

Der Quotient $\frac{x}{r_t}$ mit i = 1, 2, ..., m stellt das sogenannte Durchschnittsprodukt dar. Durchschnittsprodukte können für jede Faktorart gebildet werden. Statt von Durchschnittsprodukt wird auch von Produktivität gesprochen.

Die Grenzproduktivität bezogen auf die Faktorart i mit i = 1, 2, ..., m lautet für die Produktionsfunktion:

(5) $$\frac{\partial x}{\partial r_1} = \frac{\partial f(r_1, r_2, \ldots, r_m)}{\partial r_i} \quad \text{(Grenzproduktivität)}$$

Wegen des Bezuges auf die ausgewählte Faktorart i wird von partieller Grenzproduktivität gesprochen. $\frac{\partial x}{\partial r_1}$ stellt ein Maß für die Steigung der Produktionsfunktion dar und gibt an, wie sich die Produktmenge verändert, wenn die Einsatzmenge der Faktorart i infinitesimal vermehrt oder vermindert wird und alle übrigen Faktoreinsatzmengen konstant gehalten werden. Die Bildung partieller Grenzproduktivitäten bedingt, dass die Produktionsmengenänderung ∂x allein der Veränderung ∂r_i, der Einsatzmenge der i-ten Faktorart zugerechnet werden kann. Um die Produktionsmengenänderung zu erhalten, ist das Grenzprodukt (partielles Grenzprodukt) zu berechnen:

(6) $$dx_{r_i} = \frac{\partial f}{\partial r_i} dr_i \qquad \text{(Grenzprodukt)}$$

Häufig werden zur Vereinfachung Grenzprodukt und Grenzproduktivität gleichgesetzt; das bedeutet, dass dann $dr_i = 1$ gesetzt wird. Werden die Einsätze aller Produktionsfaktorarten gleichzeitig verändert, so lässt sich das totale Differential bilden:

(7) $$dx = \frac{\partial f}{\partial r_1} dr_1 + \frac{\partial f}{\partial r_2} dr_2 + \ldots + \frac{\partial f}{\partial r_m} dr_m$$

13.6.3 Produktionsfunktion vom Typ A

Die erste systematische Herleitung einer Produktionsfunktion für die Landwirtschaft präsentierte *Jacques Turgot*, der 1727–1781 lebte und Finanzminister unter *Ludwig XVI* war. Eine bedeutsame Weiterentwicklung erfuhr die Produktionstheorie durch *Johann Heinrich von Thünen* (1783–1850), der die sogenannte ertragsgesetzliche Produktionsfunktion entwickelte (vgl. Abbildung 13.7).

Merksatz: Die **ertragsgesetzliche Produktionsfunktion** (auch Produktionsfunktion vom Typ A genannt) beruht auf der Erkenntnis, dass mit vermehrtem Arbeitseinsatz auf einer gegebenen Bodenfläche, die mit einer bestimmten Menge an Saatgut besät und mit einer gegebenen Menge an Düngemitteln gedüngt wurde, der Bodenertrag (Produktionsmenge x) zuerst progressiv, dann degressiv steigend wächst und u.U. auch abnehmen kann.

Um eine grafische Darstellung zu ermöglichen, seien nur zwei variable Faktorarten mit den Mengen r_1 und r_2 betrachtet (vgl. Abbildung 13.5 und Abbildung 13.6). Die Mengen dieser Faktoren sollen gegeneinander substituiert werden können, ohne dass der Output variiert; das Einsatzmengenverhältnis verändert sich dann bei gegebenem Output.

Merksatz: Bei einer **substitutionalen Produktionsfunktion** kann ein Produktionsfaktor – zumindest innerhalb bestimmter Grenzen – durch einen anderen oder die Kombination von anderen Produktionsfaktoren ersetzt (substituiert) werden.

Da die Produktionsfunktion $x = f(r_1, r_2)$ nur variable Größen enthält, ist vorstellbar, dass die darin nicht ausgewiesenen Konstanten solche Faktoreinsätze enthalten, die einen sogenannten Basisertrag x_B produzieren, ohne dass r_1 und r_2 zum Einsatz kommen. Beispielsweise ist dies damit der Fall, wenn der fixe Einsatz Saatgut, die erste Faktorart der Dünger und die zweite Faktorart die Bodenpflege sind. Die r_1- und r_2- Achsen in Abbildung 13.5 sind um $x_B = \overline{00}$ nach unten verschoben worden.

Auf der Oberfläche des sogenannten Ertragsgebirges ergibt sich bei einem Schnitt in Höhe von $\bar{x}$ = const. = $\overline{BK} = \overline{QN} = \overline{MP}$ parallel zur r_1r_2-Ebene die Randkurve BQM. Die Projektion zu BQM ist die Kurve KNP, die die Produk-

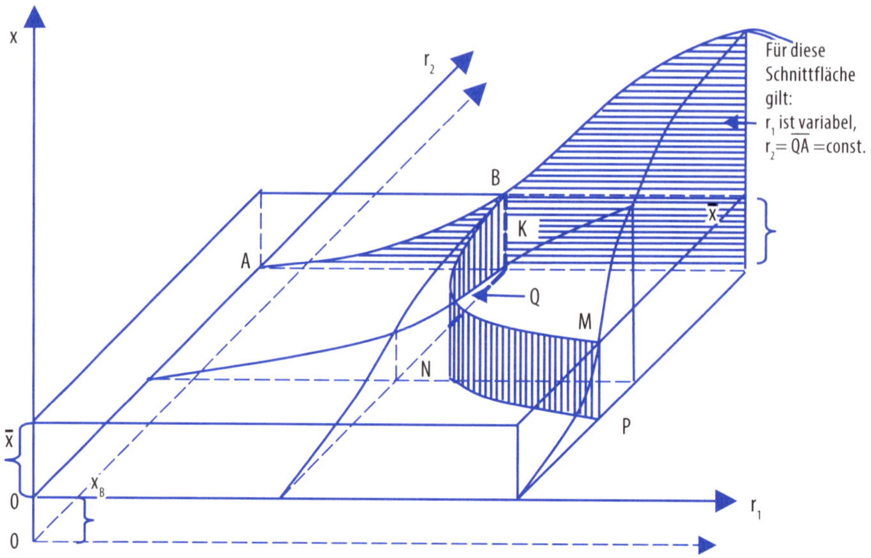

Abbildung 13.5: Produktionsmenge in Abhängigkeit von zwei substitutionalen Einsatzfaktoren

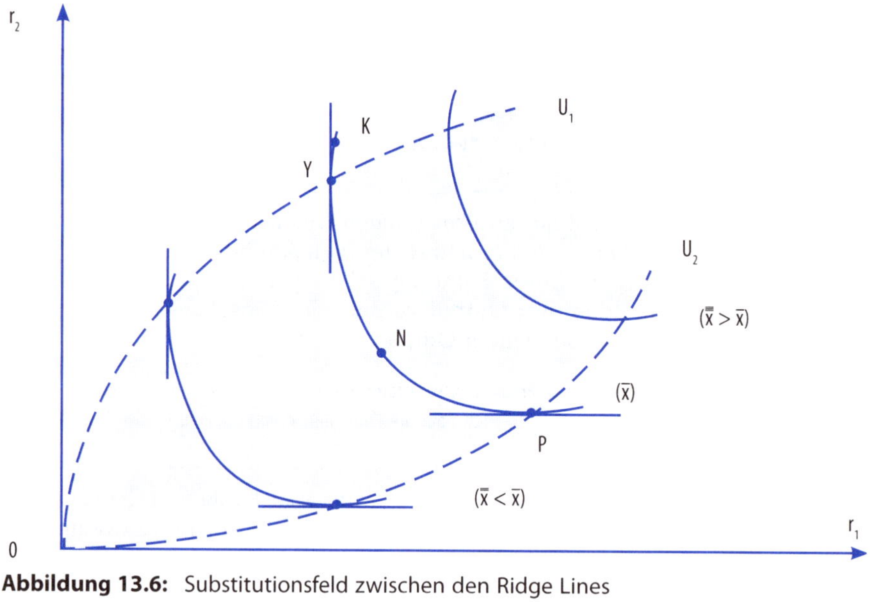

Abbildung 13.6: Substitutionsfeld zwischen den Ridge Lines

tionsmenge x als Parameter enthält (vgl. Abbildung 13.6). Diese Kurve wird als Isoquante bezeichnet.

Zwischen Y und P (vgl. Abbildung 13.6) können auf der Kurve für $\bar{x}$ die Faktorarten 1 und 2 teilweise gegeneinander ausgetauscht werden, indem ein verringerter Einsatz einer Faktorart durch einen vermehrten Einsatz der anderen

Faktorart ausgeglichen wird. Dieser Vorgang wird als periphere Substitution bezeichnet. Weitere Isoquanten können durch Schnitte parallel zur r_1, r_2 - Ebene ober- oder unterhalb $\bar{x}$ konstruiert werden; damit ergeben sich höher- oder tieferliegende Isoquanten (vgl. dazu auch Abbildung 13.6).

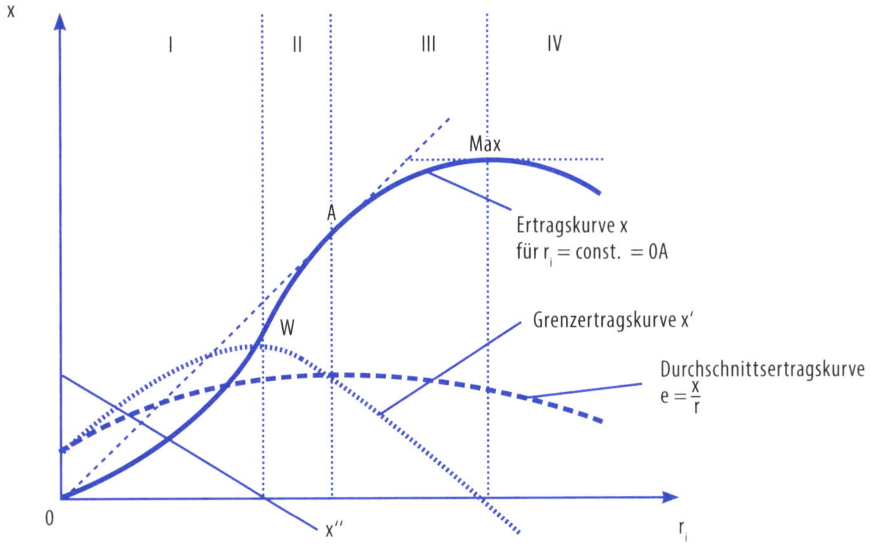

Abbildung 13.7: Produktionsmenge in Abhängigkeit von einem variablen Einsatzfaktor (Ertragsgesetz, Produktionsfunktion vom Typ A

Diese hier angeführte Substitution ist nur in dem durch die sog. Ridge-Lines $0U_1$ und $0U_2$ begrenzten Substitutionsfeld $0U_1$ U_2 effizient. Die Kurve $0U_1$ (OU_2) ist der geometrische Ort aller r_1, r_2-Kombinationen, bei denen die Tangenten an die lsoquanten parallel zur r_2-Achse (r_1-Achse) verlaufen (Paralleltangenten). Je näher eine Isoquante beim Ursprungspunkt liegt, desto geringer ist die zugeordnete Produktionsmenge. Ob die Isoquanten für gleiche Produktionsmengenveränderungen gleiche oder unterschiedliche Abstände voneinander aufweisen, hängt von der Produktionsfunktion ab.

Definition:

Eine **Isoquante** ist der geometrische Ort aller Faktorkombinationen, die zur selben Ausbringungsmenge führen.

Ein Schnitt parallel zur r_1-Achse in Höhe von $r_2 = \overline{0A}$ = const. in Abbildung 13.5 ergibt die „Ertragskurve" in Abbildung 13.7.

Die Durchschnittsproduktion (Durchschnittsertrag, Produktivität) resultiert aus x/r_1, und die Grenzproduktivität (Grenzertrag) errechnet sich aus dx/dr_1.

Abschließend werden die Anwendungsvoraussetzungen für die Produktionsfunktion vom Typ A zusammengefasst. Sie ermöglicht eine Betrachtung von nur einem Produkt bei einem einstufigen Produktionsprozess mit fester, konstanter Produktionsdauer oder die aggregierte Betrachtung eines Gesamtbetriebs. Die Produktionsfaktoren werden als homogen (mit gleichbleibenden Faktorqualitäten), beliebig teilbar und partiell substituierbar angesehen.

Das Ertragsgesetz erklärt grundsätzliche landwirtschaftliche, chemische und biologische Prozesse. Seine Eignung für mechanisch-verarbeitende industrielle Produktionsprozesse ist eingeschränkt, weil zeitliche Einflüsse keine Berücksichtigung finden. Ferner ist die Annahme einer Konstanz der übrigen Einflussfaktoren realitätsfern, weil eine alleinige Erhöhung eines Faktors nicht zu einer erhöhten Produktionsmenge führt. Aus dieser Kritik heraus wurde die Produktionsfunktion vom Typ B entwickelt.

13.6.4 Produktionsfunktion vom Typ B

Die von Gutenberg [Grundlagen] entwickelte Produktionsfunktion vom Typ B wird mit Hilfe von Verbrauchsfunktionen für ein Betriebsmittel beziehungsweise für ein Aggregat hergeleitet. Die Produktionsmenge x hängt ab von:

- der Leistung d des betrachteten Aggregates,
- der Produktionszeit bzw. Laufzeit t des Aggregates,
- allen übrigen technischen Eigenschaften des Aggregates, die als unveränderlich angenommen werden, und
- den Faktoreinsätzen r_1 bis r_m, wobei die Einsatzmengen entweder direkt von x oder aber über die Aggregatsleistung d indirekt von x abhängen. Die von d unabhängigen, aber von x abhängigen Faktoreinsätze können dann über d als konstante Verbräuche dargestellt werden. Die Einsatzmengen der m Faktorarten in Abhängigkeit von d tragen die Dimension Einsatzmenge pro guter Produkteinheit und werden mit v_i (i = 1, 2, ..., m) bezeichnet.

Die Einsatzfaktoren sind limitational und nicht substitutional wie in der Produktionsfunktion vom Typ A, also könnnen nicht gegeneinander getauscht werden. Bei limitationalen Produktionsfunktionen existiert für jede Leistung ein bestimmtes Einsatzmengenverhältnis der Faktorarten, das mit Hilfe von Stücklisten beschrieben werden kann.

Abbildung 13.8 zeigt vier typische Verbrauchsfunktionen v_1 bis v_4, die den funktionalen Zusammenhang zwischen der Leistungsschaltung d eines Aggregates und dem Verbrauch eines Produktionsfaktors wiedergeben. Die Leistung soll zwischen einer minimalen (d_{min}) und einer maximalen (d_{max}) stufenlos schaltbar sein.

Die konstante Verbrauchsfunktion $v_1(d)$ beschreibt einen Leistungslohn, z.B. Stückakkord. Die Funktion $v_2(d)$ zeigt einen Faktoreinsatz, der mit zunehmender Leistung monoton abnimmt, wie es beim Zeitlohn auftritt. Ein spezifischer Werkstoffverbrauch (z.B. Roh- und Hilfsstoffe, Teile und Komponenten), der von einer gewissen Leistung an pro Ausbringungsmengeneinheit ansteigt, wird durch $v_3(d)$ dargestellt. Diese Verbrauchsfunktion verläuft zunächst konstant, bis steigender Ausschuss zu steigenden Verbräuchen führt. Ein typischer Betriebsstoffverbrauch (z.B. Öl, Benzin, Energie) zeigt sich bei $v_4(d)$, da bei einer mittleren Leistung der spezifische Betriebsstoffverbrauch am geringsten ist.

Die Auswahl der wirtschaftlichen Leistungsschaltung erfolgt erst nach Aggregation der bewerteten Verbrauchsfunktionen. Bewertet wird mit dem Faktor-

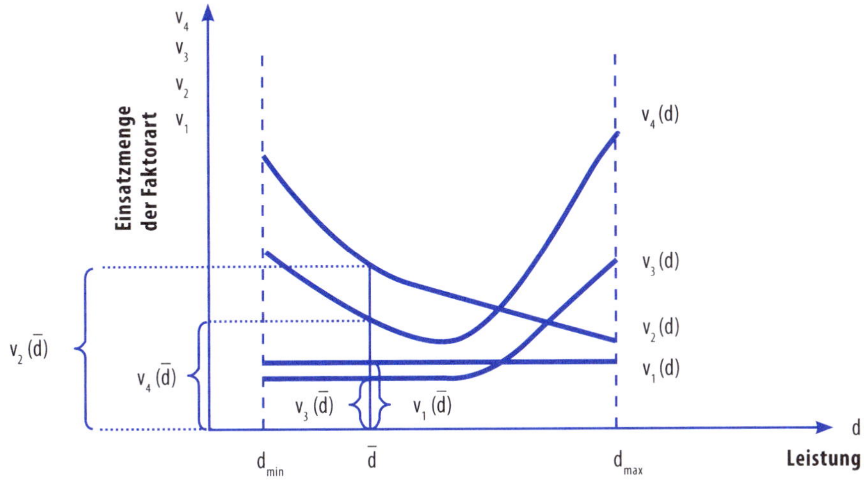

Abbildung 13.8: Verschiedene Verbrauchsfunktionen

preis q = const. Der Verlauf der aggregierten, bewerteten Faktoreinsätze pro Produkteinheit k(d) ergibt sich wie folgt:

(8) $$k(d)=v_1(d)q_1+v_2(d)q_2+v_3(d)q_3+v_4(d)q_4.$$

Die Leistung, bei der k(d) minimal wird, heißt optimale Leistung (d_{opt}).

In diesem Zusammenhang sind verschiedene Formen der Anpassung zu unterscheiden. Mit welcher Kombination aus Leistungsgrad und eingesetzter Produktionszeit verschiedene mögliche Produktionsmengen realisiert werden, wird mit Blick auf die jeweils verursachten Gesamtkosten entschieden. „Stellgrößen“ sind die Produktionszeit, die Produktionsgeschwindigkeit sowie die Zahl der eingesetzten Aggregate. In Abhängigkeit von der Größe, die variiert wird, lassen sich vor allem drei Formen der Anpassung unterscheiden (vgl. auch Abbildung 13.18):

- Zeitliche Anpassung (Variation der Produktionszeit)
- Intensitätsmäßige Anpassung (Veränderung des Leistungsgrades/der Produktionsgeschwindigkeit)
- Quantitative Anpassung (Anpassung der Kapazität/der Anzahl der eingesetzten Aggregate)

Der Zusammenhang zwischen Faktoreinsätzen und Produktionsmenge wird hergestellt über:

(9) $$x = d \cdot t$$

Der Faktoreinsatz (r_i) pro Periode errechnet sich dann aus:

(10) $$r_i = v_i(d) \cdot x \text{ für } i = 1, 2, \ldots, m$$

Für eine gegebene Leistung $\bar{d}$ ist $v(\bar{d})$ = const. Der höchstmögliche Ausstoß ergibt sich für $\bar{d}$, indem in (13) die höchstmögliche Produktionszeit t_{max} eingeführt wird: $\bar{x} = \bar{d} \cdot t_{max}$.

Der höchstmögliche Ausstoß insgesamt, auch kapazitativer Ausstoß (x_{Kap} = Kapazität) genannt, setzt neben t_{max} das maximale Leistungsvermögen d_{max} voraus:

(11) $$x_{Kap} = d_{max} \cdot t_{max}$$

Zur ausführlichen Beschreibung der grafischen Darstellung der Produktionsfunktion vom Typ B für zwei Faktorarten (Zwei Faktoren-Modell) sei auf die Aufgabe 9 verwiesen.

Zusammenfassend lässt sich festhalten, dass die Produktionsfunktion vom Typ B erstmals den Ertragsverlauf im industriellen Prozess mit seinen vielfältigen technischen Einflussgrößen abbildet. Dazu werden die Produktionsfaktoren in Potenzialfaktoren (die nicht stofflich in die Produktion eingehen, z.B. Maschinen) und Repetierfaktoren (die in die Produktion eingehen, z.B. Rohstoffe) unterschieden. Mittelbare Beziehungen zwischen Input und Output werden explizit berücksichtigt, d.h. sowohl der Verbrauch an Produktionsfaktoren als auch der Output sind von den technischen Eigenschaften der Betriebsmittel und der Intensität der Nutzung abhängig. Diese mittelbaren Beziehungen lassen sich in Verbrauchsfunktionen abbilden, die je Aggregat den Zusammenhang zwischen Faktorverbrauch und Leistung der Aggregate angeben. Dabei wird eine Limitationalität der Produktionsfaktoren angenommen (statt Substituierbarkeit bei der ertragsgesetzlichen Produktionsfunktion). So ergibt sich eine realitätsnähere Betrachtung der industriellen Produktion, u.a. durch Aufgliederung des Betriebes in einzelne Teileinheiten und den Verzicht auf direkte Input-Output-Beziehungen. Allerdings sind keine substitutionalen Produktionsprozesse abbildbar.

! Hinweis: In der Folge wurde die **Produktionstheorie** um weitere Produktionsfunktionstypen C – G **weiterentwickelt** und verfeinert. Erläuterungen zur Produktionsfunktion vom Typ C nach Heinen [Kostenlehre] finden sich in den Anhängen/Supplement (Bloech/Lücke, 1982; Adam, 1977). Eine Darstellung der Produktionsfunktionen vom Typ A bis Typ E nach der Input-Output-Analyse in Vektoren- und Matrizenform geben (Schweitzer/Küpper [Produktions- und Kostentheorie], S. 53–210).

13.6.5 Produktionsaktivitäten als Input/Output-Prozess

Produktionsprozesse in Unternehmen setzen sich aus einer Vielzahl von Teilprozessen zusammen. Eine zweckmäßige Abbildung möglichst vieler Typen von Produktionsprozessen ist mit Hilfe von Input-Output-Analysen von Teilprozessen möglich (Koopmans [Activity Analysis]; Dyckhoff/Spengler [Produktionstheorie]; Schweitzer/Küpper [Produktions- und Kostentheorie]).

Die Input-Output-Analyse erlaubt die Abbildung von wirtschaftlichen Größen in Abhängigkeit ihres Zeitbezugs. Dabei bezeichnen:

- Bestandsgrößen: Zeitpunktbezogener Bestand von Objektarten zu Beginn sowie zum Ende einer zugrunde gelegten Periode,
- Stromgrößen (Flussgrößen): Bestandsänderungen während der Periode.

Die Stromgrößen können in vier Arten auftreten und zu Bestandsänderungen im Produktionssystem führen:

$x_k(t)$: dem Produktionssystem von außen zugeführte Quantität (Systeminput)

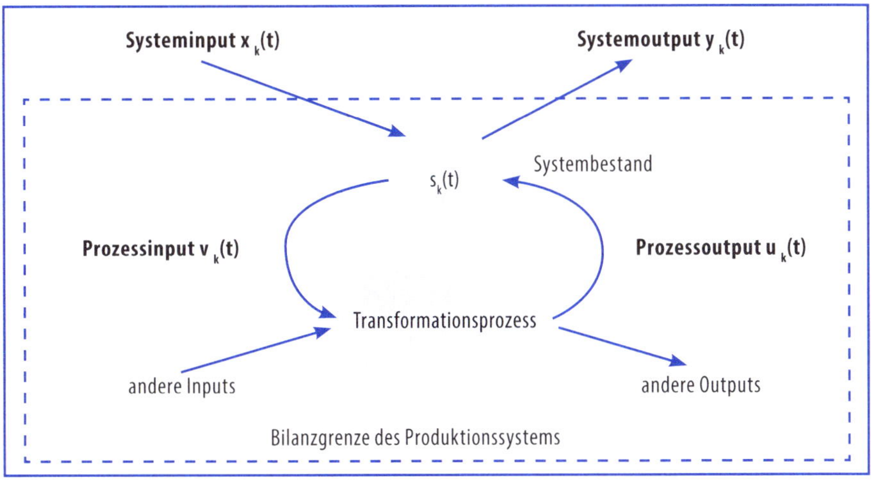

Abbildung 13.9: Zusammenhang von Stromgrößen und Systembestand

$y_k(t)$: vom Produktionssystem nach außen abgeführte Quantität (Systemoutput)
$u_k(t)$: innerhalb des Produktionssystems erzeugte Quantität (Prozessoutput)
$v_k(t)$: innerhalb des Produktionssystems eingesetzte Quantität (Prozessinput)

Der Periodenbestand $s_k(t^{max})$ errechnet sich dann wie folgt:

$$= s_k(0) + \int_0^{t^{max}} \left(x_k(t) - y_k(t) + u_k(t) - v_k(t)\right)dt$$

(12) $$s_k(t^{max}) = s_k(0) + \int_0^{t^{max}} (t)dt - \int_0^{t^{max}} y_k(t)dt + \int_0^{t^{max}} u_k(t)dt - \int_0^{t^{max}} v_k(t)dt$$

$$= s_k(0) + x_k - y_k + u_k - v_k$$

x_k, y_k, u_k, v_k : Gesamtstromquantitäten der Periode

$$\left.\begin{array}{l} z_k : \text{Nettoproduktionsmenge} \\ \Delta s_k = s_k\left(t^{max}\right) - s_k(0) \end{array}\right\} z_k := u_k - v_k = \Delta s_k + y_k - x_k$$

Bei $\Delta s_k = 0 \Rightarrow$ Nettoprozessoutput = Nettosystemoutput

$z_k = u_k - v_k = y_k - x_k$

z_k nimmt einen negativen (positiven) Wert an, wenn in das Produktionssystem mehr eingebracht (ausgebracht) als ausgebracht (eingebracht) wurde. In Vektordarstellung erhält man mit

$$x = \begin{pmatrix} x_1 \\ . \\ . \\ . \\ x_k \end{pmatrix}, y = \begin{pmatrix} y_1 \\ . \\ . \\ . \\ y_k \end{pmatrix}, z = \begin{pmatrix} z_1 \\ . \\ . \\ . \\ z_k \end{pmatrix}:$$

$$z = \begin{pmatrix} z_1 \\ . \\ . \\ . \\ z_k \end{pmatrix} = \begin{pmatrix} y_1 - x_1 \\ . \\ . \\ . \\ y_k - x_k \end{pmatrix} = \begin{pmatrix} y_1 \\ . \\ . \\ . \\ y_k \end{pmatrix} - \begin{pmatrix} x_1 \\ . \\ . \\ . \\ x_k \end{pmatrix} = y - x$$

Der Vektor z beschreibt den Nettoinput bzw. Nettooutput aller Objektarten bezüglich der zugrunde liegenden Periode und erlaubt so eine kompakte Beschreibung des kompletten Produktionsprogramms dieser Periode. Das Produktionsprogramm selbst wird als Produktionsaktivität bezeichnet. Unter der Annahme, dass die Objektarten $k = 1, ..., K$ eindeutig in die Inputobjektarten $i = 1, ..., m$ und die Outputobjektarten $j = m+1, ..., m+n$ aufgeteilt werden können, gilt:

(13) $$z = \begin{pmatrix} z_1 \\ M \\ z_m \\ z_{m+1} \\ M \\ z_{m+n} \end{pmatrix} = \begin{pmatrix} 0 \\ M \\ 0 \\ y_{m+1} \\ M \\ y_{m+n} \end{pmatrix} - \begin{pmatrix} x_1 \\ M \\ x_m \\ 0 \\ M \\ 0 \end{pmatrix} = \begin{pmatrix} -x_1 \\ M \\ -x_m \\ y_{m+1} \\ M \\ y_{m+n} \end{pmatrix} \in IR^{m+n}$$

Der Durchsatz r_i, r_j bezeichnet die gesamten in einem Zeitraum eingesetzten Inputmengen einer Objektart i bzw. die ausgebrachten Outputmengen einer Objektart j.

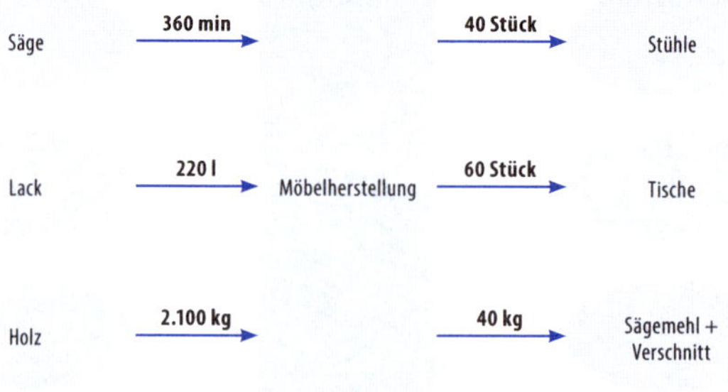

Abbildung 13.10: Input-Output-Graph für ein einfaches Beispiel aus der Möbelproduktion (in Anlehnung an Dyckhoff/Spengler [Produktionswirtschaft])

Beispiel:

Input-/Output-Tabelle (I/O-Tabelle) für den Input-Output-Graph aus Abb. 13.10:

Input:	(1) 360 Arbeitsminuten Säge	Output:	(4) 40 Stühle
	(2) 220 l Holzlack		(5) 60 Tische
	(3) 2.100 kg Holz		(6) 40 kg Verschnitt (Kuppelprodukt)

Produktionsaktivität z für den Zeitraum eines Tages:

$$z=\begin{pmatrix}0\\0\\0\\40[\text{Stück}]\\60[\text{Stück}]\\40[\text{kg}]\end{pmatrix}-\begin{pmatrix}360[\text{min}]\\220[\text{l}]\\2.100[\text{kg}]\\0\\0\\0\end{pmatrix}=\begin{pmatrix}-360[\text{min}]\\-220[\text{l}]\\-2.100[\text{kg}]\\40[\text{Stück}]\\60[\text{Stück}]\\40[\text{kg}]\end{pmatrix}$$

Tabellarische Darstellungen sind in der Fertigungsindustrie in Form von Stücklisten (vgl. auch Abschnitt 13.9.1.2) und Arbeitsplänen oder in der Prozessindustrie in Form von Rezepturen bzw. Stoff- und Energiebilanzen gebräuchlich. Grafische Darstellungen sind Explosionsdarstellungen in der Montage, Sankeydiagramme in der Energiewirtschaft oder Fließbilder in der Prozessindustrie (Dyckhoff/Spengler [Produktionswirtschaft]). Mittels der Aktivitätsanalyse, die vom Nobelpreisträger T. Koopmans [Activity Analysis]) entwickelt wurde, können Input-Output-Modelle von mehrstufigen Produktionssystemen untersucht und optimiert werden.

13.7 Lineare Optimierung

Mit Hilfe von Verfahren des Operations Research lässt sich unter einer gegebenen Zielsetzung die dazugehörende optimale Produktionsmengenkombination ermitteln. Das Grundmodell der Produktionsprogrammplanung stellt ein lineares Optimierungsmodell dar. Das Simplex-Verfahren ist eine der bekanntesten Methoden zur Lösung von linearen Programmen. Bei einem linearen Programm sind sowohl die Zielfunktion als auch die Beschränkungen in linearer Form gegeben. Folglich hat der Lösungsraum die Form eines Polyeders, und die Lösung des Optimierungsproblems liegt in einer der Ecken. (vgl. Download zu Modul 13).

Das klassische Simplex-Verfahren nach *Dantzig* nutzt diese Eigenschaft aus, indem es von Ecke zu Ecke iterativ die optimale Ecke bestimmt. In der Sprache der linearen Algebra wird das geometrische Element Ecke als Basis bezeichnet. Das Verfahren startet in einer „Ecke" des Zulässigkeitsbereichs und sucht dann in den folgenden Schritten (Iterationen) bei benachbarten „Ecken" nach einer besseren Lösung. Dieses Vorgehen wird wiederholt, bis keine bessere Lösung mehr zu finden ist. Die wesentlichen algorithmischen Komponenten des Simplex-Verfahrens sind der Optimalitätstest, die Wahl einer aufzunehmenden Basisvariablen und die Elimination einer Basisvariablen sowie der Pivotschritt, der geometrisch die Bewegung von einer Ecke zu einer benachbarten Ecke beschreibt (Bloech [Lineare Optimierung]; Bloech et al., [Produktion], Förstner/Henn [Lineare Programmierung]; Hauke/Opitz [Unternehmensplanung]; Henn [lineare Planungsrechnung]; Werners [Operations Research]).

Beispiel:

Ein Möbelhersteller plant die Einführung von zwei neuen Produkten. Die Holztischserie „Meike" und Holzstuhlserie „Harald" sollen im nächsten Monat zur Verfügung stehen.

– Stuhl „Harald" – x_1

– Tisch „Meike" – x_2

Die Herstellkosten für die Produktion von einem Tisch belaufen sich auf 170 €. Da für die Produktion von einem Stuhl weniger Holz verwendet wird, liegen die Kosten für einen Suhl bei 70 €. Der Verkaufspreis für einen Holztisch liegt bei 190 € und für einen Holzstuhl bei 80 €. Die Zielsetzung des Unternehmens ist den Deckungsbeitrag für die beiden Produkte zu maximieren. Dabei müssen drei Restriktionen beachtet werden: die Bearbeitungszeiten auf der Holzschneidemaschine, der Lackiererbedarf und die Absatzrestriktion.

Restriktionen:

1) Bearbeitungszeiten auf der Holzschneidemaschine:

Zum Schneiden des Holzes wird eine Lasermaschine verwendet. Das Laserschneiden ist dabei besonders wirtschaftlich und auf Zehntelmillimeter genau. Für den Holzzuschnitt für einen Tisch benötigt die Maschine 2 Minuten. Um alle Holzteile für einen Stuhl zuzuschneiden, benötigt die Maschine 6 Minuten. Wegen Überhitzungsgefahr kann die Maschine nur 480 Minuten arbeiten.

2) Rohstoffrestriktion:

Um die Holzmöbel wetterfest zu machen, wird eine spezielle Lackierung aufgetragen. Pro Tisch wird ein Liter und pro Stuhl werden vier Liter benötigt. Da diese spezielle Lackierung im flüssigen Zustand schwer zu lagern ist, stehen nur 100 Liter zur Verfügung.

3) Absatzrestriktion:

Die Marketingabteilung hat eine Umfrage im potenziellen Absatzmarkt durchgeführt und kam zu dem Ergebnis, dass die Absatzmenge von Tischen und Stühlen insgesamt bei 100 Stück liegt.

4) $x_1, x_2 \geq 0$

Lösung:

Die Zielsetzung des Unternehmens lautet den Deckungsbeitrag zu maximieren. Somit sieht die Zielfunktion folgendermaßen aus:

$$\text{ZF: } (80-70)\,x_1 + (190-170)\,x_2 \rightarrow \text{max!}$$
$$10\,x_1 + 20\,x_2 \rightarrow \text{max!}$$

Diese kann jedoch nur im Rahmen der drei nachfolgenden Beschränkungen erfolgen:

Bearbeitungszeit auf der Holzschneidemaschine:	$6x_1 + 2x_2 \leq 480$
Rohstoffrestriktion:	$x_1 + 4x_2 \leq 280$
Absatzrestriktion:	$x_1 + x_2 \leq 100$
Nichtnegativitätsbedingung:	$x_1, x_2 \geq 0$

Es können nur diejenigen Produktionsmengen gefertigt werden, die keine der drei Kapazitäten überschreiten. Mit Hilfe einer graphischen Lösung kann die optimale Menge gefunden werden (vgl. Abbildung 13.11). Als erstes werden die Restriktionen in die Grafik eingezeichnet. Da alle Restriktionen (von 1 bis 3) ein „≤-Zeichen" haben, wird der Beschränkungspolyeder (Fläche, in der die zulässigen Lösungen liegen können) links von der Restriktion liegen.

Um die optimale Produktionsmenge graphisch zu bestimmen, ist es notwendig die ZF in die Grafik einzutragen. Dies erfolgt durch eine Umformulierung der Zielfunktion zur Iso-Gewinngeraden:

$$C = 10x_1 + 20\,x_2 \rightarrow x_2 = c/20 - 10/20\,x_1$$

Die ZF wird so lange vom Ursprung nach rechts verschoben, bis sie den letzten Punkt des Beschränkungspolyeders erreicht hat, der die optimale Lösung bezeichnet:

$x_1 = 40$; $x_2 = 60$ und der dazugehörige Deckungsbeitrag in Höhe von 1600 ($20 \times 40 + 10 \times 60$).

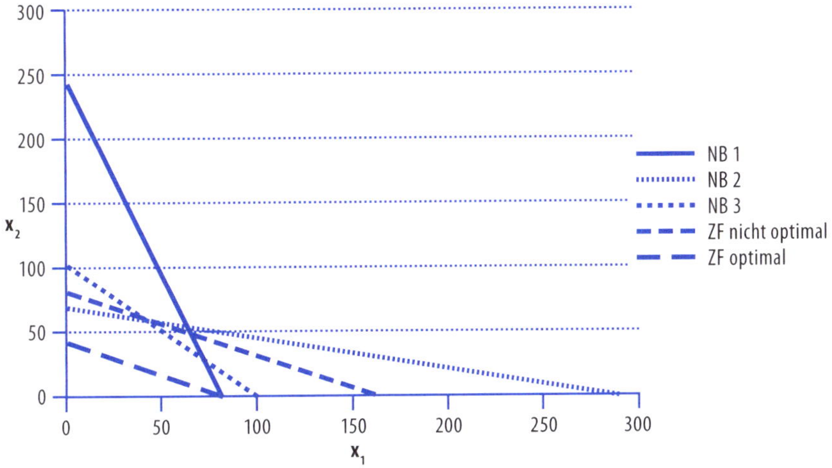

Abbildung 13.11: Graphische Lösung des linearen Optimierungsproblems

Die Simplexmethode untersucht sukzessiv die benachbarten Eckpunkte des Beschränkungspolyeders (ausgehend von (0|0)), bis die Optimallösung identifiziert wird (für eine anschauliche Erklärung siehe Bloech et al. [Produktion] und Hauke/Opitz [Unternehmensplanung]).

Um die Restriktionen als Gleichung darzustellen, werden Schlupfvariablen eingeführt. Diese geben die Differenz zwischen der Kapazitätsbeanspruchung durch die jeweiligen Produktionsmengen und der vorhandenen Kapazität an. Die Schlupfvariablen haben immer einen positiven Wert (oder Null), da ein negativer Wert bedeuten würde, dass die beanspruchte Kapazität größer ist als die vorhandene. Die Schlupfvariablen sind nicht direkt mit den Umsätzen und den Kosten verbunden, sodass sie in der ZF mit dem Wert Null berücksichtigt werden. Die Strukturvariablen x_1, x_2 werden als Nichtbasisvariablen (NBV) und die Schlupfvariablen y_1, y_2, y_3 als Basisvariablen (BV) bezeichnet.

ZF: $20x_1 + 10x_2 + 0y_1 + 0y_2 + 0y_3 \rightarrow$ max!

NB: $6x_1 + 2x_2 + 1y_1 = 480$

$1x_1 + 1x_2 + 1y_2 = 280$

$1x_1 + 1x_2 + 1y_3 = 100$

Nach der Einführung von Schlupfvariablen für die Beschränkungen ergibt sich das erste Simplextableau in folgender Form:

Zeilennr.	Variable		x_1	x_2	y_1	y_2	y_3	Wert
①	ZF	k_i-g_i	−10	−20	0	0	0	0
②	NB	y_1	6	2	1	0	0	480
③		y_2	1	4	0	1	0	280
④		y_3	1	1	0	0	1	100

Basisvariablen: y_1, y_2, y_3

Nichtbasisvariablen: x_1, x_2

Basislösung: (0, 0, 480, 280, 100)

ZF-Wert: $c = 0$

In der ersten Spalte wird eine Zeilennummerierung eingeführt, um später die notwendigen Rechenschritte kenntlich zu machen. In der ersten k_i-g_i-Zeile werden die negativen Zielfunktionskoeffizienten und der Zielfunktionswert der Ausgangs-Basislösung eingetragen. Dies entspricht der Zielgleichung $c = 0x_1 + 20x_2$ oder $c–10x_1–20x_2 = 0$. Die nächsten Zeilen enthalten die Koeffizienten der Nebenbedingungen. In der letzten Spalte sind die Beschränkungen der jeweiligen Restriktionen zu sehen.

Durch Zeilenumformulierung wird die Basistransformation vorgenommen und das daraus resultierende Folgetableau erstellt. In der Spalte „Operation" sind die notwendigen Rechenschritte kenntlich gemacht.

Zur Bestimmung der nächsten Lösung wird zunächst das Pivotelement bestimmt. Um das Pivotelement zu bestimmen, müssen zuerst die Pivotspalte und die Pivotzeile ausgewählt werden. Die Pivotspalte zeigt die Nicht-Basisvariable an, die pro Einheit den Zielfunktionswert maximal erhöht (kleinster negativer Wert in der k_i–g_i-Zeile). In diesem Beispiel ist das die x_2-Spalte. Die Pivotzeile zeigt den Engpass für eine Erhöhung der ausgewählten Nicht-Basis-Variable (NBV) an (positives Minimum der Quotienten: 480/2 = 240; 280/4 = 70; 100/1 = 100). Somit befindet sich das Pivotelement in der x_2-Spalte und y_2-Zeile. Mit der Auswahl des Pivotelements wird die Transformation einer NBV in BV durchgeführt, d.h. y_2 wird zur Basisvariable, und x_2 zur Nichtbasisvariable (Basisaustausch). Graphisch gesehen, zeigt das Pivotelement an, in welcher Richtung sich die temporäre Lösung bewegt (hier: vom Ursprung zu x_2).

Zeilennr.	Variable	x_1	x_2	y_1	y_2	y_3	Wert	Operation
⑤	k_i–g_i	−5	0	0	5	0	1.400	① + 20 × ⑦
⑥	y_1	11/2	0	1	−1/2	0	340	② − 2 × ⑦
⑦	x_2	1/4	1	0	1/4	0	70	¼ × ③
⑧	y_3	3/4	0	0	−1/4	1	30	④ − 1 × ⑦

Basisvariablen: y_1, x_2, y_3

Nichtbasisvariablen: x_1, y_2

Basislösung: (0, 70, 340, 0, 30)

ZF-Wert: c = 1400

In der ausführlichen Schreibweise erhält man für die Zielfunktionsvariable c bzw. die Basisvariablen aus dem Tableau:

$$\text{ZF:} \quad c = 1.400 + 5x_1 - 5y_2$$

$$\text{NB:} \quad y_1 = 350 - \frac{11}{2}x_1 + \frac{1}{2}y_2$$

$$x_2 = 70 - \frac{1}{4}x_1 - \frac{1}{4}y_2$$

$$y_3 = 30 - \frac{3}{4}x_1 + \frac{1}{4}y_2$$

Für $x_1 = y_2 = 0$ ergibt sich die gegebene Basislösung. Für $x_1 > 0$ und/oder $y_2 > 0$ wird sich die Lösung verändern. Beispielsweise gilt für $x_1 = 1$ und $y_2 = 0$:

$$\text{ZF:} \quad c = 1.400 + 5$$

$$\text{NB:} \quad y_1 = 340 - \frac{11}{2}$$

$$x_2 = 70 - \frac{1}{4}$$

$$y_3 = 30 - \frac{3}{4}$$

In diesem Fall steigt der ZF-Wert c, während die Werte für y_1, x_2, y_3 abnehmen. Die Produktionsmenge von Tisch „Meike" geht zurück, ebenso nehmen die freien Kapazitäten der Holzschneidemaschine und der Absatzrestriktion ab.

Für $x_1 = 0$ und $y_2 = 1$

$$\text{ZF:} \quad c = 1.400 - 5$$

$$\text{NB:} \quad y_1 = 340 + \frac{1}{2}$$

$$x_2 = 70 - \frac{1}{4}$$

$$y_3 = 30 + \frac{1}{4}$$

Hier ist zu sehen, dass bei der nächsten Basistransformation x_1 zur Basisvariable wird, da der ZF-Wert steigen würde. Schematisch führt der kleinste Wert -5 in der Zielfunktionszeile des Tableaus zur Auswahl der Spalte für x_1 als Pivotspalte. Wegen $\frac{30}{3/4} < \frac{340}{11/2} < \frac{70}{1/4}$ entspricht Zeile ⑧ der Pivotzeile.

Die Prüfung der letzten Zeile dieses Simplextableaus weist noch eine negative Zahl auf und zeigt damit an, dass die Lösung nicht optimal ist. Die negative Zahl zeigt an, dass mit der Aufnahme von x_1 in die Produktion ein erhöhter ZF-Wert zu erwarten ist. Die Spalte dieser Zahl wird als Pivotspalte und die dritte Zeile als Pivotzeile bestimmt. Die Umformung des Tableaus führt zu einem weiteren Simplextableau, das nun die optimale Lösung aufweist.

Zeilennr.	Variable	x_1	x_2	y_1	y_2	y_3	Wert	Operation
⑨	$k_i - g_i$	0	0	0	10/3	20/3	1.600	⑤ + 5 × ⑧
⑩	y_1	0	0	1	4/3	– 22/3	120	⑥ – 11 4 × ⑧
⑪	x_2	0	1	0	1/3	– 1/3	60	⑦ – 1/4 ⑧
⑫	x_1	1	0	0	– 1/3	4/3	40	4/3 × ⑧

In ausführlicher Schreibweise ergibt sich:

$$\text{ZF:}\quad c = 1.600 - \frac{10}{3} y_2 - \frac{20}{23} y_3$$

$$\text{NB:}\quad y_1 = 120 - \frac{4}{3} y_2 + \frac{22}{23} y_3$$

$$x_2 = 60 - \frac{1}{3} y_2 + \frac{1}{3} y_3$$

$$x_1 = 40 - \frac{1}{3} y_2 + \frac{4}{3} y_3$$

Würden die Werte $y_2 > 0$ und $y_3 > 0$ eingesetzt, würde sich der Wert der Zielfunktion verringern. Damit ist die maximale Stelle des Optimierungsproblems gefunden. Dies ist in der ersten Zeile des Tableaus abgebildet. Da in der ersten Zeile keine negativen Werte zu finden sind, ist das Tableau auch optimal. Somit ist die optimale Lösung: $x_1 = 40$; $x_2 = 60$. Mit dieser Lösung wird ein ZF-Wert in Höhe von 1.600 € erreicht.

Die wirtschaftliche Interpretation des Optimaltableaus:

Die Zahlen im letzten Tableau lassen sich aus wirtschaftlicher Sicht wie folgt interpretieren:

Die Elemente der T-Spalte sind die Werte der BV. Z.B. besagt $x_1 = 40$ ($x_2 = 60$), es werden 40 (60) Stück der Stuhlserie (Tischserie) hergestellt. Und $y_1 = 120$ besagt, es bestehen Leerkapazitäten von 120 h bei der Holzschneidemaschine. Die zu produzierenden Produktarten stehen in der Spalte der Variablen, alle übrigen Variablen sind Null.

Die Elemente der Ziel-Zeile geben die Opportunitätskosten und den Gesamtdeckungsbeitrag an. Durch die Opportunitätskosten wird die Höhe der Gewinneinbuße angegeben, die entsteht, wenn eine Einheit der betroffenen NBV in die Lösung aufgenommen wird. Z.B. bedeutet 10/3 in der y_2-Spalte, dass jeder Liter der Nichtnutzung der knappen Kapazität T_2 (Lackierung) zu einer Gewinneinbuße von 3,33 € führt. Ein zusätzlich für die Produktion genutzter Liter für die Lackierung bewirkt also eine Steigerung des Deckungsbeitrags um 3,33 €. Die Opportunitätskosten, auch Schattenpreise genannt, dienen folglich als Entscheidungsgrundlage:

- Wie viel € pro Kapazitätseinheit sollten für Kapazitätserweiterungen maximal bezahlt werden (Preisobergrenze)?
- Wie viel € pro Kapazitätseinheit sollte eine anderweitige Verwendung der Kapazität mindestens erbringen (Preisuntergrenze)?

Der Gesamtdeckungsbeitrag lässt sich auch aus den Opportunitätskosten der Schlupfvariablen bzw. der Beschränkungen multipliziert mit den zugehörigen Kapazitäten zusammensetzen:

$DB = {}^{10}/_{3} \times 280 + {}^{20}/_{33} \times 100 = 1600$

Die Spaltenvektoren der Basisvariablen enthalten als Kreuzungselement jeweils eine Eins. Die übrigen Elemente betragen Null.

Die Spaltenvektoren der Nichtbasisvariablen geben mengenmäßige Verdrängungen an. Z.B. bedeutet $-{}^{1}/_{3}$, dass eine eingeführte Einheit (Liter) von y_2 zu einer Vermehrung von ${}^{1}/_{3}$ Einheiten der Menge x_1 (Anzahl Stühle) führt. Dagegen bedeutet ${}^{1}/_{3}$, dass eine Einheit Nichtnutzung y_2 ${}^{1}/_{3}$ Einheiten der Menge x_2 verdrängt. Der Wert aller mengenmäßigen Verdrängungen setzt sich aus der Summe der Produkte aus den Elementen der Spalte mit den dazugehörigen Deckungsbeiträgen zusammen. Für die y_2-Spalte ergibt sich als Wert der mengenmäßigen Verdrängung:

$03 \times {}^{4}/_{3} + 203 \times {}^{1}/_{3} + 103 \times (-{}^{1}/_{3}) = {}^{10}/_{3}$

Die Koeffizienten des Spaltenvektors können auch als Grenzrate der Substitution bezeichnet werden. Dabei ist die Variable der Zeile die verdrängte, die Variable der Spalte die verdrängende Variable.

13.8 Betriebswirtschaftliche Kostentheorie

Definition:

Kosten sind der wertmäßige Ge- und Verbrauch von Gütern und Dienstleistungen, die zur Erfüllung des Betriebszwecks und zur Aufrechterhaltung der Leistungsbereitschaft eingesetzt werden.

Die in der betrieblichen Produktionswirtschaft verwendeten Produktionsfaktoren bilden das Mengengerüst der Produktionskosten, das mit den Faktorpreisen (= Wertgerüst) bewertet wird. Bedeuten r_i die Einsatzmenge der Faktorart i und q_i den Preis der Faktorart i, dann lautet die faktormengenabhängige Kostenfunktion K:

(14) $$k = \sum_{i=1}^{m} r_i \cdot q_i$$

Für konstante Preise der Produktionsfaktoren ergeben sich lineare Kostenfunktionen K und auch eine lineare Struktur der Funktionen bestimmter konstanter Kostenniveaus. Die Funktion einer Isokostengeraden lautet:

$$r_1 q_1 + r_2 q_2 = \overline{K} = \text{const.}$$

Im System aus m Produktionsfaktoren mit konstanten Preisen existieren Isokostenfunktionen als parallel angeordnete Hyperebenen.

Lässt sich eine bestimmte Produktionsmenge durch den Einsatz von verschiedenen Mengenkombinationen fertigen (Produktionsfunktion mit substitutionalen Produktionsfaktoren), dann kann mit Hilfe der faktormengenabhängigen Kostenfunktion die Minimalkostenkombination (MKK) ermittelt werden.

Definition:

Die **Minimalkostenkombination** stellt diejenige Faktorzusammensetzung dar, die eine gegebene Produktionsmenge zu minimalen Kosten hervorbringt.

Liegen beispielsweise alle möglichen Faktoreinsatzmengenkombinationen (r_1, r_2) auf einer Kurve $\bar{x} = x\ (r_1, r_2)$, so stellt sich die Minimalkostenkombination (MKK) als Tangentialpunkt dieser Isoquante $\bar{x}$ mit einer Isokostengeraden dar (vgl. Abbildung 13.12, Punkt P).

Jeder andere Punkt auf der Isoquante $x\ (r_1, r_2) = \bar{x}$ markiert eine Mengenkombination (r_1, r_2) mit höheren Kosten als P. Jede Isokostenlinie mit geringeren Kosten als K_3 enthält keine Faktorkombination, welche zur Produktion der Menge $x = \bar{x}$ ausreicht.

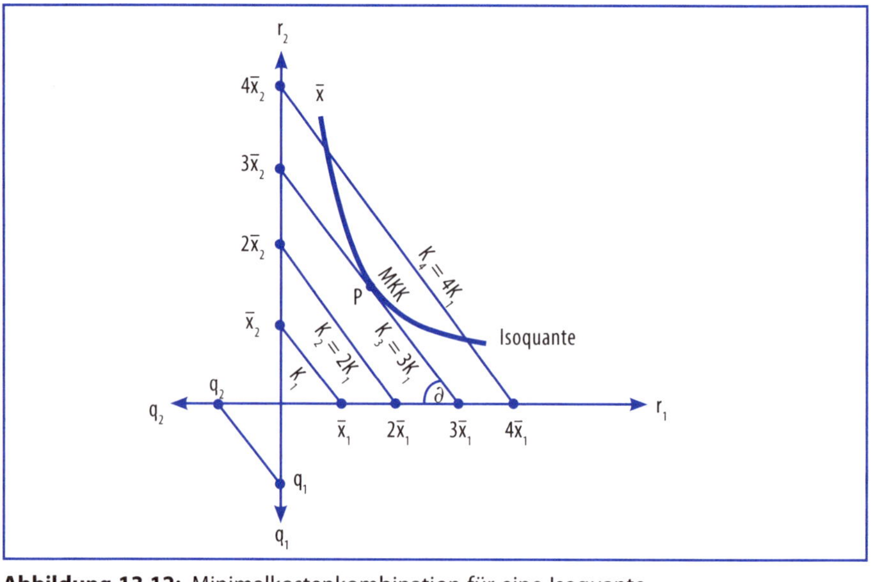

Abbildung 13.12: Minimalkostenkombination für eine Isoquante

Im Tangentialpunkt P = MKK sind die Steigung der Isoquante $\left(= \frac{dr_2}{dr_1} = tg\partial\right.$ = Grenzrate der Substitution) und jene der Isokostenlinie $\left(\frac{q_1}{q_2}\right)$ gleich.

Wird die Isoquante als eine Verknüpfung von r_2 und r_1 ausgedrückt, $r_2 = r_2(r_1)$ so gilt für P:

(15) $$\frac{dr_2}{dr_1} = -\frac{q_1}{q_2}$$ (Minimalkostenkombination)

Die Steigerung der Produktionsmenge x durch eine infinitesimale Erhöhung eines Faktors kann durch die Grenzproduktivität $(\partial x : \partial r_i)$ ausgedrückt werden.

Für die Minimalkostenkombination (P) gilt auch ein bestimmtes Verhältnis der Grenzproduktivitäten:

(16) $$\frac{q_1}{q_2} = -\frac{dr_2}{dr_i} = \frac{\frac{\partial x}{\partial r_i}}{\frac{\partial x}{\partial r_2}}$$ (Minimalkostenkombination)

In der Minimalkostenkombination ist das Verhältnis der Grenzproduktivitäten gleich dem Verhältnis der Faktorpreise.

Wenn zwischen Produktions- und Einsatzfaktormengen definierte Verknüpfungen (wie eine Produktionsfunktion) bestehen, sind die Kosten auch wie folgt von den Produktionsmengen abhängig:

(17) $$K = K(x_1, x_2, \ldots, x_n).$$

Diese Kostenfunktion beschreibt den für die Produktionsplanung wesentlichen Zusammenhang zwischen einem Teil der Kostenentstehung und der Ausbringung. Als Bestandteile der ausbringungsabhängigen Kosten K(x) werden fixe und variable unterschieden:

(18) $$K = K(x_1, x_2, \ldots, x_n).$$
$$K = K^{(f)} + K^{(v)}.$$

Merksatz: **Die fixen Kosten $K^{(f)}$** entstehen durch den Faktorverzehr, der sich unabhängig von der Mengenstruktur des Produktionsprogrammes allein durch die Aufrechterhaltung der Produktionsbereitschaft ergibt. **Variable Kosten $K^{(v)}$** werden in Abhängigkeit von den produzierten Mengen verursacht.

In den Modellen, die isolierte Teile der betrieblichen Produktionswirtschaft abbilden, werden stets nur diejenigen Kosten als variabel betrachtet, die in Abhängigkeit von den Aktionsparametern variiert werden können. Anders ausgedrückt: fixe Kosten sind nur während eines bestimmten Zeitraums festgelegt und können durch strategische oder taktische Entscheidungen im Produktionsmanagement verändert werden, wenn etwa eine andere Maschine angeschafft und eingesetzt wird.

Für ein Produktionsprogramm gilt also die Kostenfunktion:

(19) $$K=K^{(f)}+K^{(v)}\ (x_1,\ldots,x_n).$$

Für eine Einproduktartenfertigung lassen sich die variablen Kosten als Funktion der Produktionsmenge x darstellen.

Entsprechend der Anzahl der Produktionsstufen h werden auch die fixen und variablen Kosten aus den entsprechenden Komponenten zusammengesetzt:

(20) $$K=\sum_{h=1}^{\bar{h}}\left(K_h{}^{(f)}+K_h{}^{(v)}\right)$$

Zur Analyse der fixen und variablen Kosten sind wegen der verschiedenen betrieblichen Produktionssituationen unterschiedliche Instrumente einzusetzen. In den Fällen einstufiger und mehrstufiger Monoproduktion lassen sich Kostenverläufe grafisch entwickeln. Die einstufige Zweiproduktartenfertigung und spezielle Fälle der mehrstufigen Zweiproduktartenfertigung können durch grafische Abbildungen im Produktionsmengendiagramm (x_1, x_2) dargestellt werden. Für die Abbildung vielstufiger Mehrproduktartenfertigung dienen oft mathematische Funktionensysteme.

13.8.1 Linearer Kostenverlauf

Zur Kostenanalyse gehören außer der Darstellung der Kosten auch Aussagen über die Kostenveränderung und die durchschnittlichen Kosten. Im einfachsten Fall geht man von einer einstufigen Monoproduktion aus. Soweit die produzierende Stufe nicht in der Lage ist, die Produktion mit verschiedener Geschwindigkeit durchzuführen, kann in der ersten Betrachtung ein linearer Verlauf der Kosten angenommen werden (vgl. Abbildung 13.13).

(21) $$K=k^{(v)}\cdot x+K^{(f)}$$

Mit $k^{(v)}$ werden die variablen Stückkosten bezeichnet. Diese sind im linearen Gesamtkostenverlauf konstant und verweisen darauf, dass sich die Menge jedes variabel eingesetzten Faktors proportional zu der Produktionsmenge x verhält.

(1) Die Grenzkosten geben an, um wieviel sich im betrachteten Punkt die Kosten verändern, wenn die Produktionsmenge um eine einzige Einheit erhöht wird. Sie sind das Steigungsmaß der Kosten, d.h. die erste Ableitung K':

(22) $$K'=\frac{dK}{dx}\quad \text{(Grenzkosten)}$$

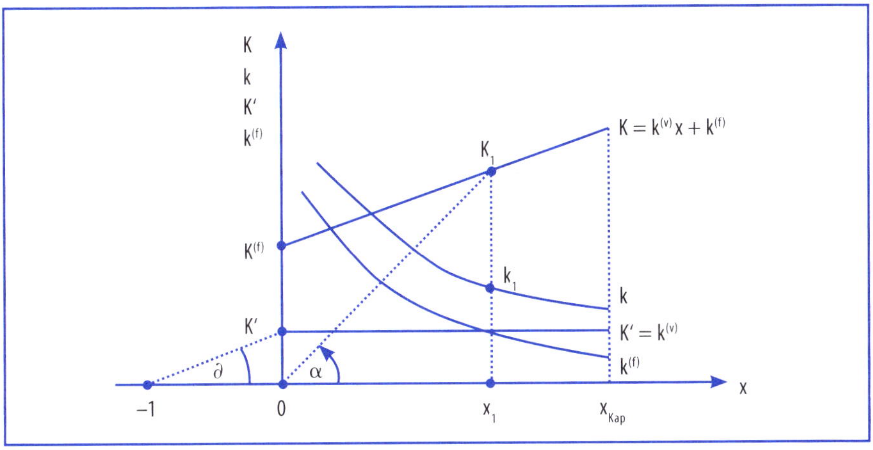

Abbildung 13.13: Linearer Kostenverlauf in Abhängigkeit von der Produktionsmenge

Die Grenzkosten der linearen Kostenfunktion sind konstant und besitzen den gleichen Wert wie die variablen Stückkosten (vgl. Abbildung 13.13):

(23) $$K' = K^{(v)} = k^{(v)} \quad \text{für } k^{(v)} = \text{const.}$$

Um die Grenzkosten in einem Punkt (z.B. K_1 (x_1)) in Form eines Abschnitts der Ordinate zu messen, ist es möglich, eine Parallele zu der Kostengeraden durch den Punkt x = –1 zu ziehen (vgl. Abbildung 13.13).

(2) Die durchschnittlichen Kosten, auch Stückkosten oder Einheitskosten genannt, ergeben sich aus der Division der Kosten durch die Produktionsmenge x. Zu unterscheiden sind totale Stückkosten k, variable Stückkosten $k^{(v)}$ und Stückkosten aus fixen Kosten $k^{(f)}$:

(24) $$k = \frac{K}{x}; \quad k = k^{(v)} + k^{(f)}; \quad k^{(v)} = \text{tg}\partial = \frac{dK}{dx}$$

Die totalen Stückkosten geben den Tangens des Winkels α wieder, den der Fahrstrahl vom Nullpunkt an einen Punkt der Kostenkurve mit der x-Achse bildet (Abbildung 13.13, z.B. bei $K_1(x_1)$):

(25) $$k_1 = \text{tg}\alpha = \frac{K_1}{x_1}$$ (Stückkosten)

Die Stückkosten aus fixen Kosten $k^{(f)}$ sinken monoton mit steigender Ausbringung (Hyperbel $K^{(f)} : x$). Die totalen Stückkosten k sinken monoton mit steigender Ausbringung und nähern sich den variablen Stückkosten $k^{(v)}$. Der senkrechte Abstand zwischen k und $k^{(f)}$ ist gleich $k^{(v)}$.

13.8.2 Ertragsgesetzlicher Kostenverlauf

Liegt eine Produktionsfunktion des Typs A vor (vgl. Abschnitt 13.6.3), so lässt sich ihr der ertragsgesetzliche Kostenverlauf zuordnen. Zur Ausweitung der Produktionsmenge x wird die Menge r_1 eines substitutionalen Produktionsfaktors variabel eingesetzt, während die übrigen Faktormengen konstant gehalten werden. Dies entspricht einem senkrechten Schnitt durch das Ertragsgebirge, der parallel zur r_1-Achse verläuft (vgl. Abbildung 13.5). Wegen des nichtlinearen Verlaufs der Produktionsfunktion in dieser Situation ist auch der Verlauf der Kostenfunktion nichtlinear.

Die variablen Kosten $K^{(v)}$ ergeben sich als bewerteter Einsatz der Faktormenge r_1. Die fixen Kosten resultieren aus dem konstanten Einsatz der übrigen Produktionsfaktoren. Die Gesamtkosten betragen:

(26) $$K = q_1 \cdot x_r + \sum_{i=2}^{m} q_1 \cdot r_1$$

Vier Phasen des Kostenverlaufs sind bei der ertragsgesetzlichen Kostenfunktion zu unterscheiden (vgl. auch Anhang 3 sowie Abbildung 13.14).

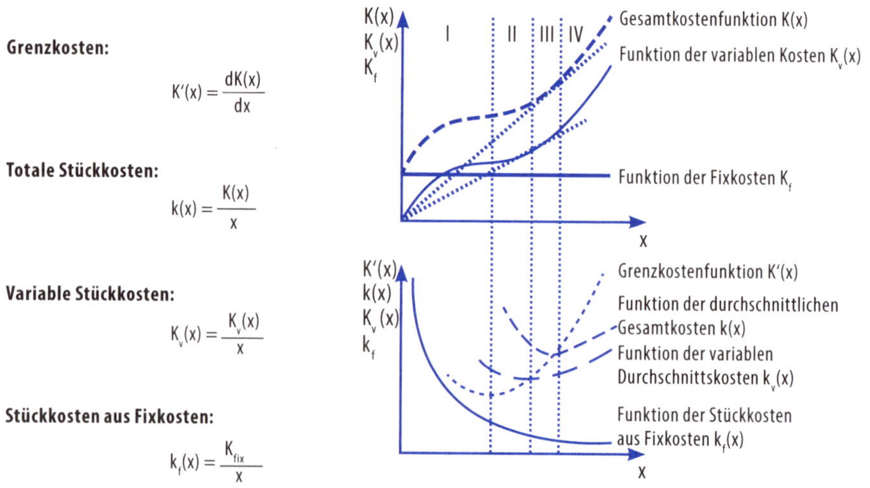

Abbildung 13.14: Ertragsgesetzlicher Kostenverlauf

Im Minimum der variablen Stückkosten sind die variablen Stückkosten gleich den Grenzkosten. Dieses Minimum wird auch als kurzfristige Preisuntergrenze bezeichnet, denn wenn der Produktpreis diese Kosten unterschreitet, kann kein Deckungsbeitrag mehr erzielt werden. Bei schwankenden Marktpreisen für die hergestellten Güter kann der Preis vorübergehend bis zu dieser Preisgrenze gesenkt werden, um von der Konkurrenz nicht vom Markt verdrängt zu werden. Auf eine Deckung der fixen Kosten wird dabei verzichtet und der hiermit verbundene Verlust kurzfristig in Kauf genommen.

Merksatz: Das **Minimum der Stückkosten** nennt man auch langfristige Preisuntergrenze (Gewinnschwelle) bzw. Betriebsoptimum. Im Minimum der Stückkosten sind die Stückkosten gleich den Grenzkosten. Der Produktpreis darf diese langfristige Preisuntergrenze nicht unterschreiten, damit variable und fixe Stückkosten gedeckt sind.

Aus der Betrachtung des ertragsgesetzlichen Kostenverlaufs lassen sich gewisse Informationen auf andere Kostenverläufe übertragen. Beispielsweise gilt für viele Kostenverläufe, dass die Stückkosten ein Minimum aufweisen, wenn die Grenzkosten gleich den Stückkosten (bzw. variablen Stückkosten) sind.

13.8.3 Kostenverlauf auf der Basis von Verbrauchsfunktionen

Die häufig anzutreffende Eigenschaft der Produktionsaggregate, die Leistung zu verändern, ist in der Produktionsfunktion von *Gutenberg* [Grundlagen] berücksichtigt worden. Die Produktionsfunktion vom Typ B zeigt in den Verbrauchsfunktionen den Zusammenhang zwischen der Leistung des Aggregates und dem spezifischen Verbrauch an Produktionsfaktoren. Die Leistung wird in Ausbringungseinheiten pro Zeiteinheit angegeben, während der spezifische Verbrauch jeweils in Mengeneinheiten des Produktionsfaktors pro Ausbringungseinheit gemessen wird. Die spezifischen Faktorverbrauchsmengen können bewertet werden:

$$\text{bewerteter Verbrauch} = v_i(d) \times q_i \quad \text{(Faktorkosten)}$$

Es ist zweckmäßig, den mengenunabhängigen Faktorverbrauch, wie Zeitlöhne und einen Teil des Energieverzehrs, nicht über Verbrauchsfunktionen zu ermitteln, da er in die fixen Kosten eingeht. Die addierten bewerteten, leistungsabhängigen Verbrauchsmengen ergeben variable Stückkosten $k^{(v)}(d)$. Die Leistung d kann beispielsweise stetig zwischen der Unter- und Obergrenze (d_{min} und d_{max}) variiert werden:

(27) $$k^{(v)}(d) = \sum_{i \in M} v_i(d) \times q_i$$

Darin ist M die Menge der Faktorarten, die sich mit variierenden Produktionsmengen verändert. Für die meisten Verbrauchsfunktionen liegt ein konvexer Verlauf vor. Die variablen Stückkosten $k^{(v)}(d)$ als Summe der bewerteten Verbrauchsfunktionen verlaufen dann ebenfalls konvex (vgl. Abbildung 13.15).

Falls ein Minimum der variablen Stückkosten vorliegt, wird die zugehörige Leistung in der Literatur oft als optimale Leistung d_{opt} bezeichnet.

Die Kostenfunktion ergibt sich aus den Verbrauchsfunktionen durch Berücksichtigung der Produktionszeit t und folgende Umrechnungen:

(28) $$x = d \cdot t \qquad \left(\text{z.B. } x_1 = d_{opt} \times t_{max}\right)$$

(29) $$K^{(v)} = k^{(v)} \cdot x$$

(30) $$K = K^{(v)} + K^{(f)} \qquad \left(\text{bei } x_1 \text{ gilt: } K = x_1 \cdot k^{(\;)}\left(d_{opt}\right) + K^{(f)}; \text{Punkt B}\right)$$

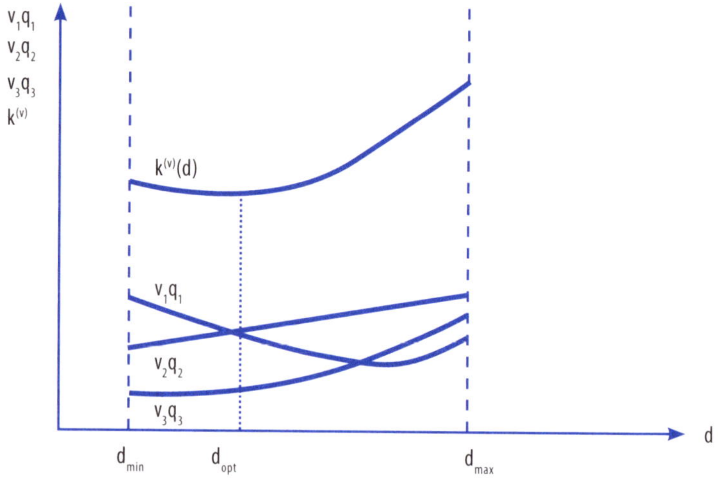

Abbildung 13.15: Typische Verläufe bewerteter Verbrauchsfunktionen

Für jede Wertekombination von Zeit t und Leistung d ergeben sich eine Produktionsmenge x und ein Kostenbetrag K. Alle hier erfassten Kosten für variable Leistungsschaltungen bei der maximalen Betriebszeit ($t = t_{max}$) liegen auf der Kurve A-B-C in Abbildung 13.16.

Für die Kapazität gilt:

$$x_{max} = d_{max} \times t_{max} \text{ (vgl. Punkt C).}$$

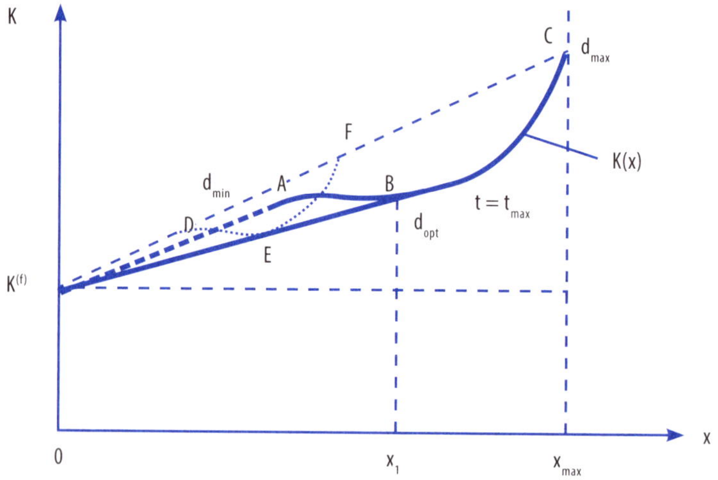

Abbildung 13.16: Kostenverlauf in Abhängigkeit von der Produktionsmenge

Der (punktierte) Kostenverlauf bei halbierter Produktionszeit ($t = 0{,}5 \cdot t_{max}$) enthält die Punkte D-E-F. Ein Kostenverlauf bei leistungsgesteuerter Anpassung und kürzerer Produktionszeit ($t = 0{,}5\ t_{max}$) wird durch die Kontur durch die Punkte D-E-F gezeigt.

Zwischen der Kurvenform K(x) = K(d, t) und $k^{(v)}(d)$ lassen sich folgende Zusammenhänge feststellen: Soweit $k^{(v)}(d)$ konstant verläuft, nimmt K(x) mit zunehmendem d einen linearen Verlauf an (Kostengerade). Verändert sich $k^{(v)}(d)$ mit wachsendem d linear, so folgt daraus ein parabolischer Verlauf für K(x) (bei t = const.).

Da bei fest eingestellter Leistung die Produktionsmenge und die Kosten mit veränderter Betriebszeit t variieren, kann in einem Produktionsbereich zwischen x = 0 und $x = x_1$ die Menge durch verschiedene Zeit-Leistungs-Kombinationen gefertigt werden. Für den Kostenverlauf sind wegen der Berücksichtigung des Wirtschaftlichkeitsprinzips für die Mengen x = 0 bis $x = x_1$ die Leistung als d_{opt} und die Zeit als variabel angenommen (zeitliche Anpassung). Diese Kostengerade ist die untere Grenze des Kostenbereichs (vgl. Abbildung 13.16) zwischen $K^{(f)}$ und $K(d_{opt}, t_{max}) = B$.

Für die Produktion zwischen $x = x_1$ und $x = x_{max}$ wird bei maximaler Betriebszeit die Leistung variiert (intensitätsmäßige bzw. leistungsmäßige Anpassung). Als typischer Kostenverlauf auf der Grundlage der Verbrauchsfunktionen ist daher eine Kostenkurve mit einem linearen und einem nichtlinearen Teil anzusehen (Verlauf $K^{(f)}$–E–B–C in Abbildung 13.16).

Aus diesen Gesamtkosten ergeben sich typische Verläufe für Grenzkosten und Durchschnittskosten. Sie sind in Abbildung 13.17 dargestellt. Die Grenzkosten K' sind für den Bereich $0 \leq x \leq x_1$ konstant und haben den Wert $k^{(v)}$. Für Werte $x > x_1$ erhöhen sich die Grenzkosten. Die variablen Stückkosten steigen für Werte $x > x_1$ flacher als die Grenzkosten an. In Abhängigkeit von den fixen Kosten fallen die Stückkosten k auch noch im Bereich $x_1 < x < x_2$ und durchlaufen über dem Wert $x = x_2$ ein Minimum

(31) $$k(x) = \frac{K^{(f)}}{x} + k^{(v)}.$$

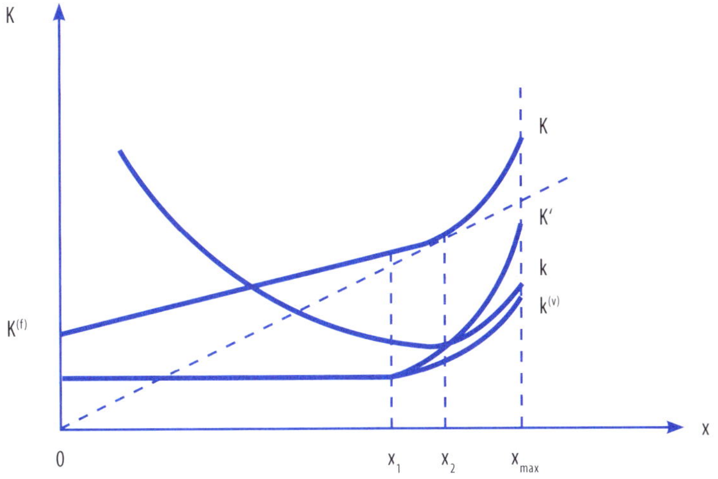

Abbildung 13.17: Gesamtkosten, Durchschnittskosten und Grenzkosten in Abhängigkeit von der Produktionsmenge

Im Minimum der Stückkosten sind die Stückkosten gleich den Grenzkosten. Der Fahrstrahl von 0 zu $K(x_2)$ ist gleichzeitig Tangente der Kostenkurve.

Für $k(x)=\frac{K(x)}{x}$ gilt im Minimum:

(32) $$\frac{dk(x)}{dx}=0=\frac{K'(x)\cdot x-K(x)}{x^2}$$
$$K'(x)\cdot x-K(x)=0$$

(33) $$K'(x)=\frac{K(x)}{x}=k \quad \text{für } k=k_{min}.$$

Hinweis: Im Download (Anhang 4) steht ein Beispiel, das die Zusammenhänge ausführlicher erläutert.

Neben der linearen Kostenfunktion, der ertragsgesetzlichen Kostenfunktion und der Kostenfunktion aus Verbrauchsfunktionen werden in der Literatur zur Produktions- und Kostentheorie noch andere Verläufe dargestellt. Stets lassen sich in der hier gezeigten Weise den Kostenverläufen die ihnen zugehörigen Funktionen der Grenzkosten und der Stückkosten zuordnen.

13.8.4 Kostenverlauf bei verschiedenen Formen der Anpassung

Definition:

Als Anpassung wird der Übergang von der Produktionsmenge einer Periode auf eine andere Produktionsmenge in der Folgeperiode bezeichnet.

Die Anpassung der Produktionsmenge unter Beachtung des Wirtschaftlichkeitsprinzips führt zu Punkten geringster Kosten für die geplanten Mengen. Beispielhaft seien Anpassungen eines einstufigen Betriebes mit einem Kostenverlauf der Produktionsfunktion vom Typ B dargestellt. Die Produktionsstufe soll zwei Maschinen enthalten. Der Übergang von einer Produktionsmenge auf eine andere kann durch zeitliche, leistungsmäßige (intensitätsmäßige) oder quantitative Anpassung erfolgen.

(1) Die zeitliche Anpassung ist für die Erstellung einer Produktionsmenge innerhalb der Bereiche $0 \leq x \leq x_1$ und $x_2 \leq x \leq x_3$ wirtschaftlich (vgl. Abbildung 13.18). Dabei wird für den ersten Bereich der Produktionsmenge eine Maschine mit konstanter Leistung ($d = d_{opt}$) genutzt, während für den zweiten Bereich zwei Maschinen mit konstanter Leistung ($d = d_{opt}$) eingesetzt werden. Die Menge ändert sich in diesen Bereichen proportional zur Betriebszeit, die Kosten verlaufen über diesen Bereichen linear. Eine leistungsmäßige Anpassung würde zu höheren Kosten als eine zeitliche Anpassung führen. Die Betriebszeit der Produktionsabteilung kann entweder in Einheiten der Tageszeit oder in Maschinenstunden gemessen werden. Die Messung der Betriebszeit in Maschinenstunden ist insofern von Vorteil, als sich für unterschiedlich große Produktionsstätten (in Maschinenzahl gemessen) auch verschiedenartige Betriebszeiten ergeben.

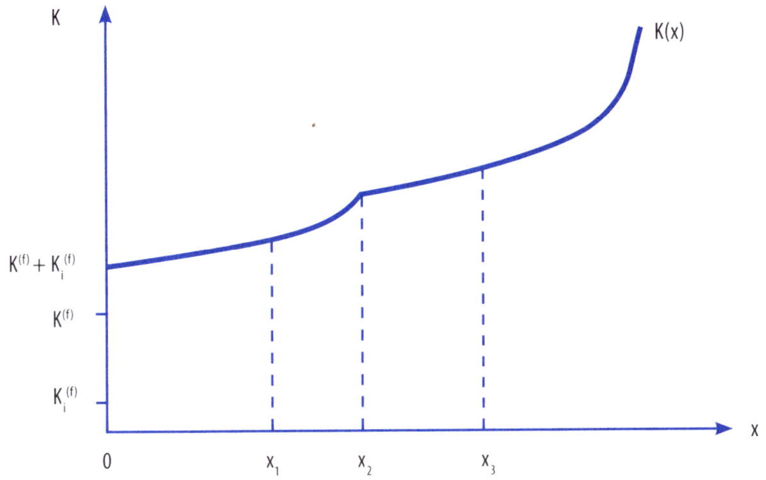

Abbildung 13.18: Kostenverlauf in Abhängigkeit von der Art der Anpassung

(2) Die Leistungsanpassung (intensitätsmäßige Anpassung) erfolgt durch Veränderung der Leistung d der Aggregate. Der wirtschaftliche Bereich der Leistungsanpassung eines Aggregates beginnt bei der Menge x_1, die mit der Leistung d_{opt} bei maximaler Betriebszeit produziert wird (vgl. $x_1 \leq x \leq x_2$, in Abbildung 13.18). Die zugehörigen Kosten verlaufen nichtlinear. Die Leistungsanpassung beider Maschinen führt zu den Mengen $x \geq x_3$.

(3) Die quantitative Anpassung bietet sich an, wenn die Produktionsstufe mehrere Maschinen umfasst. Für die Produktion kann ein Teil der Maschinen u.U. ungenutzt bleiben. Eine Veränderung der Anzahl der beanspruchten Maschinen wird quantitative Anpassung genannt. Diese ist multipel, wenn zusätzlich eingesetzte Maschinen von der gleichen Art wie die übrigen genutzten Maschinen sind. Werden verschiedenartige Maschinen im Rahmen der quantitativen Anpassung eingesetzt, wird von mutativer oder selektiver Anpassung gesprochen. In vielen Fällen erhöhen sich die fixen Kosten sprunghaft, wenn quantitativ angepasst wird (sprungfixe = intervallfixe Kosten). In Abbildung 13.18 ist vorausgesetzt, dass der Einsatz jedes Aggregates zu einem Fixkostensprung in Höhe von $K_i^{(f)}$ führt. $K^{(f)}$ stellt die fixen Kosten ohne Aggregateinsatz dar, $K_i^{(f)}$ kennzeichnet den Fixkostenbetrag bei Einsatz eines Aggregates. Aus der wirtschaftlichen Kombination der Anpassungsmöglichkeiten ergeben sich die in Abbildung 13.18 dargestellten Kostenverläufe.

Ausgehend von volkswirtschaftlichen Modellen zur Abbildung von Produktionsprozessen wurden die betriebswirtschaftlichen Produktionsfunktionen entwickelt. In den vorigen Abschnitten zur Produktions- und Kostentheorie wurde beschrieben, wie mit Hilfe mathematischer Methoden aus der Analysis, im Wesentlichen der Kurvendiskussion, Produktions- und Kostenfunktionen auf verschiedene Eigenschaften wie Nullstellen, Extremwerte und Wendepunkte untersucht werden können. Mit Hilfe der ermittelten charakteristischen Eigenschaften der Produktionsfunktion können betriebswirtschaftliche Entscheidungen etwa zur Preisgestaltung unterstützt werden. Zur Bewältigung der Vielzahl anfallender Entscheidungsprobleme in industriellen Produktionsbetrieben werden Softwareprogramme zur Produktionsplanungs- und -steuerung entwickelt und eingesetzt.

13.9 Produktionsplanung und -steuerung

Gegenstand der Produktionstheorie ist die formale Abbildung der Produktion mithilfe von verschiedenen Produktionsfunktionen. Ziel des Produktionsmanagements sind die wirtschaftliche Gestaltung und der reibungslose Ablauf der Produktionsprozesse. Es umfasst die Planung, Organisation, Durchsetzung und Kontrolle industrieller Wertschöpfungs- und industrieller Leistungserstellungsprozesse (Steven [Produktion]).

Aufgrund der Komplexität und der Umfangs der betriebswirtschaftlichen Entscheidungen werden Planungsverfahren nach ihrer zeitlichen Fristigkeit in die strategische, taktische und operative Planungsebene unterschieden. Allerdings sind die verschiedenen Planungsaufgaben in der Produktionswirtschaft eng miteinander verknüpft und stehen teilweise in einem hierarchischen Verhältnis zueinander, weil vorgelagerte längerfristige Entscheidungen den Gestaltungsspielräum für zeitlich kurzfristiger wirksame Entscheidungen vorgeben:

1. Produktionsprogrammplanung
   (Festlegung der geplanten Endproduktmengen, meist auf Jahresbasis)
2. Faktoreinsatzplanung
   (geplante Betriebsaufträge/Beschaffungsaufträge, meist auf Monatsbasis)
   - Materialplanung (Mengenplanung)
   - Ressourceneinsatzplanung (Termin- und Kapazitätsplanung)
3. Produktionsveranlassung und Feinplanung (täglich)
4. Produktionssteuerung (minütlich)

Abbildung 13.19 bietet einen Überblick über die Aufgabenfelder des strategischen, taktischen und operativen Produktionsmanagements. Methodische Lösungsansätze für allgemeine Problemklassen sowie für spezifische Entscheidungsprobleme werden vom Operations Research (mathematische Unternehmensplanung, Business Analytics, Operations Management) entwickelt (vgl. z.B. Neumann/Morlock für eine Übersicht). Wie schon im Abschnitt 13.3.1 erwähnt, spielen neben quantitativen Kostengrößen auch eine ganze Reihe weiterer Aspekte eine entscheidende Rolle in der wirtschaftlichen Ausgestaltung von Produktionssystemen (Geldermann [Anlagen- und Energiewirtschaft]). Insbesondere in der Produktionsplanung und -steuerung (PPS) werden zahlreiche Kennzahlen verwendet, um die Auswirkungen von Beständen, Produktionskapazitäten oder Prioritätsregeln auf die Unternehmenszielgrößen zu erkennen. Solche Produktionskennzahlen (engl. Key Performance Indicators – KPI), wie etwa Lieferfähigkeit, Durchlaufzeiten oder Maschinenverfügbarkeit, sollen im Betriebsablauf die Zielerreichung in Produktion und Logistik messen, Ursachen für Plan-Abweichungen offenlegen und idealerweise geeignete Maßnahmen zur Problembehebung identifizieren helfen.

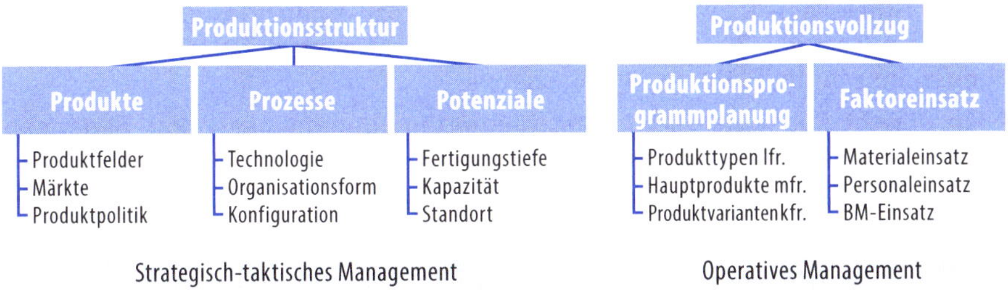

Abbildung 13.19: Aufgabenfelder des Produktionsmanagements (Inderfurth, 2006, [Produktionswirtschaft])

Zur simultanen Bewältigung der Planungsaufgaben werden computergestützte Produktionsplanungs- und -steuerungssysteme (PPS) eingesetzt. Abbildung 13.20 veranschaulicht das Zusammenspiel der Bestandteile einer PPS-Software.

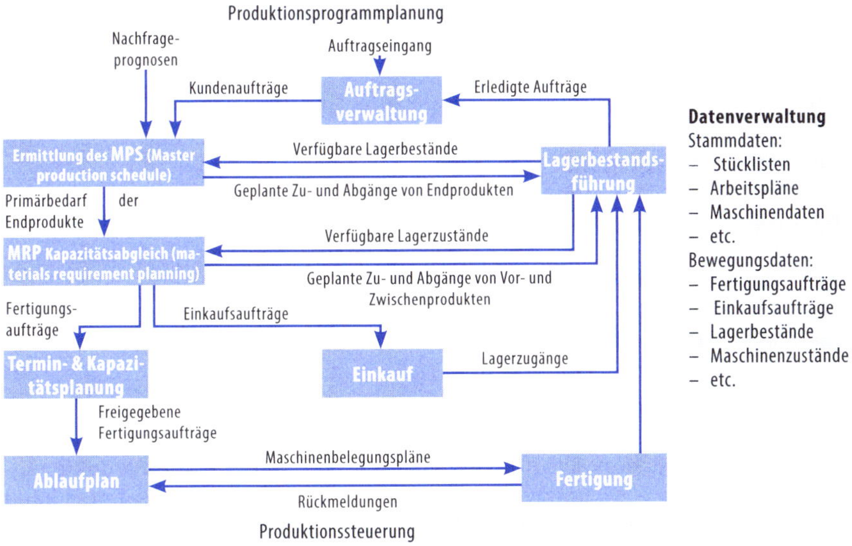

Abbildung 13.20: Module in einem PPS-System auf Basis der deterministischen Vorwärtsplanung (Neumann, 1996, [Operationsmanagement])

Wichtige Stufen in der Entwicklung von PPS-Systemen waren die Konzepte des Material Requirements Planning (MRP) auf Basis der Stücklistenauflösung (vgl. Abschnitt 13.9.1.2) anhand der prognostizierten Nachfrage und des Manufacturing Resource Planning, das meist als MRP II bezeichnet wird und das zusätzlich die verfügbaren Fertigungskapazitäten in der Planung berücksichtigt. Dabei wird ein hierarchisches Planungskonzept verfolgt, indem alle produktionsrelevanten Planungen von der jährlichen Geschäftsplanung über die monatliche Programmplanung bis zur stündlichen Auftragsfreigabe zur Abstimmung der Produktionsaktivitäten miteinander verbunden werden. Dabei liefern Stücklisten (bzw. Rezepturen in der Prozessindustrie) das Mengengerüst. Ferner ist das Zeitgerüst für die Berücksichtigung der Vor- und Bearbeitungszeiten in die Planung einzubeziehen.

Man spricht von einer programmorientierten (deterministischen) Bedarfsermittlung, weil der zukünftige Bedarf anhand des vorliegenden Absatz- oder Produktionsprogramms (fest umrissene Kundenaufträge oder ein als determiniert angenommener prognostizierter Primärbedarf) ermittelt wird.

Merksatz: **Produktionsplanungs- und -steuerungssysteme** (PPS-Systeme) ermitteln computergestützt auf der Basis von Erzeugnisstrukturdaten, zum Beispiel durch Stücklistenauflösung, den Materialbedarf.

Die **Produktionsprogrammplanung** (engl. master production scheduling, MPS) berechnet aus Endkundennachfragen oder aus Prognosen die Produktbedarfe.

Die **Materialbedarfsrechnung** (engl. material requirement planning, MRP) berechnet daraus die Teilebedarfe, d. h. welche Mengen an Rohstoffen oder Zulieferteilen bestellt werden müssen.

13.9.1 Materialbedarfsplanung

In der Materialbedarfsplanung werden die notwendigen Bedarfe an Verbrauchsfaktoren nach Art, Menge und Zeit berechnet. Man unterscheidet folgende Bedarfsarten:

- Der Primärbedarf bezeichnet den Bedarf an absatzbestimmten Endprodukten und Ersatzteilen. Er ist mengenmäßig und in seiner zeitlichen Struktur durch das Hauptproduktionsprogramm festgelegt.
- Der Sekundärbedarf umfasst den Bedarf an Rohstoffen, Einzelteilen und Baugruppen, der sich aus dem Primärbedarf ergibt, und kann unter Verwendung der Erzeugnisstruktur mittels Stücklistenauflösung berechnet werden.
- Der Tertiärbedarf ist der Bedarf an Hilfs- und Betriebsstoffen sowie an kostengünstigen Verschleißwerkzeugen für die Produktion und wird i.d.R. mit Hilfe technologischer Kennzahlen (z.B. Schmiermittelverbrauch pro Betriebsstunde einer Maschine) abgeschätzt.

Man unterscheidet ferner zwischen programmgesteuertem und verbrauchsgesteuertem Materialbedarf. Der Teil des Materials, der direkt in die Produkte eingeht, zeigt in seinem Mengenverbrauch einen nachprüfbaren Zusammenhang mit den Produktionsmengen des Produktionsprogramms (programmgesteuerter Materialverbrauch). Ein anderer Teil, der nicht in die Produkte eingeht, weist einen abschätzbaren indirekten Zusammenhang mit den Produktionsmengen des Produktionsprogramms auf (verbrauchsgesteuerter Materialbedarf). Der Genauigkeitsgrad der Bedarfsermittlung bei der Materialbedarfsplanung ist davon abhängig, ob die mit einem aufwändigeren Verfahren ermittelte höhere Qualität der Planungsergebnisse (erwartete Lagerkosteneinsparungen) die höheren Planungskosten rechtfertigt. Denn je geringer der Materialwert ist, desto geringer ist tendenziell das Kosteneinsparpotenzial.

13.9.1.1 ABC-Analyse

Die sogenannte ABC-Analyse liefert eine Entscheidungsgrundlage bei der Auswahl der materialwirtschaftlichen Steuerung. Bei der ABC-Analyse werden

Definition:

Als **Stückliste** wird die Zusammenstellung der Halbfabrikate und Werkstoffe aller Art bezeichnet, die zur Zusammensetzung des betrachteten Fertig- oder Halbfabrikates pro Mengeneinheit gehören.

Eine **Rezeptur** beschreibt, wie aus bestimmten Grundstoffen nach gegebenen chemischen oder prozesstechnischen Verfahren eine bestimmte Menge eines Endprodukts erzeugt wird.

zunächst die Bedarfe und Stückkosten aller Artikel ermittelt und der Periodenverbrauch (als Produkt des Bedarfs und der Stückkosten) berechnet. Anschließend werden die Artikel nach absteigendem Anteil am Gesamtwert sortiert und die errechneten Anteile kumuliert. In einer Lorenzkurve wird den auf der x-Achse abgetragenen kumulierten Mengenanteilen auf der y-Achse der kumulierte prozentuale Wertanteile zugeordnet.

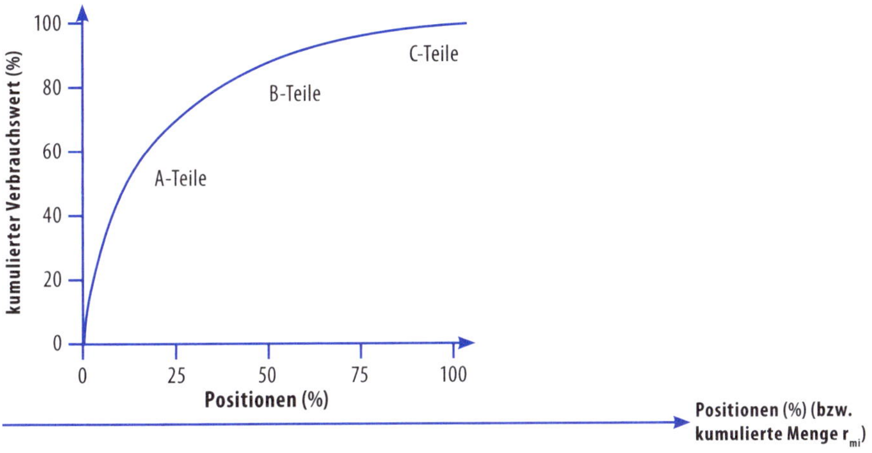

Abbildung 13.21: ABC-Analyse

Anhand der Ergebnisse einer ABC-Analyse können diejenigen Artikel identifiziert werden, bei denen eine aufwendigere und exaktere Disposition sinnvoll ist. Demnach haben A-Güter eine hohe Bedeutung, weil mit einer relativ geringen Anzahl an Produkten ein hoher Anteil am Gesamtergebnis erzielt wird. Daher ist eine sorgfältige Disposition notwendig. C-Güter hingegen haben einen geringen Einfluss auf das Gesamtergebnis, so dass relativ einfache Verfahren für die Disposition zum Einsatz kommen. Meist handelt es sich um Verbrauchsfaktoren, deren Bedarfe auf Basis des Hauptproduktionsprogramms anhand der aktuellen Lagerbestände, der zu erwartenden Durchlaufzeiten und der in der Vergangenheit beobachteten Bedarfsmengen abgeschätzt werden. B-Güter haben eine normale, durchschnittliche Bedeutung, so dass sie von mittlerer Relevanz in der Materialwirtschaft sind.

Merksatz: Während für **A-/B-Güter** eher die programmorientierte Bedarfsermittlung anzuwenden ist (siehe nachfolgender Abschnitt), wird die verbrauchsorientierte Bedarfsermittlung eher für **B-/C-Güter** eingesetzt, bei der Schätzung der Bedarfe für jedes Material auf empirischen Aufzeichnungen über den Materialbedarf in der Vergangenheit basieren.

Ergänzend kann mit Hilfe der sogenannten XYZ-Analyse die Stetigkeit des Verbrauchs untersucht und klassifiziert werden (vgl. Tabelle 13.2). Für die X-Materialien empfiehlt sich daher im Standardfall die fertigungssynchrone Beschaffung (engl.: JIT: just in time), für die Y-Materialien die Vorratsbeschaffung und für die Z-Materialien die Einzelbeschaffung im Bedarfsfall.

	Verbrauch	Schwankungen	Vorhersage-genauigkeit
X-Artikel	konstant	selten	hoch
Y-Artikel	Trendverlauf	saisonal	mittel
Z-Artikel	unregelmäßig	unregelmäßig	niedrig

Tabelle 13.2: Klassifizierung der Stetigkeit des Materialverbrauchs

13.9.1.2 Stücklistenauflösung

Ausgangspunkt der programmorientierten Bedarfsermittlung ist ein gegebenes mengen- und terminmäßig spezifiziertes Hauptproduktionsprogramm, das als Primärbedarf bezeichnet wird. Aus den geplanten Produktionsmengen der Endprodukte werden unter Beachtung der Erzeugnisstruktur die Sekundärbedarfsmengen der untergeordneten Erzeugnisse abgeleitet („Stücklistenauflösung").

Je nach ihrem Informations- und Verwendungszweck lassen sich verschiedene Stücklisten unterscheiden (z.B. Baukastenstücklisten, Produktionsstufenstücklisten, Dispositionsstücklisten). Anhand der Informationen dieser Stücklisten kann man mittels geeigneter Verfahren über den Primärbedarf den Gesamtbedarf berechnen (Stücklistenauflösung). In einer Direktbedarfsmatrix wird die Erzeugnisstruktur so abgebildet, dass für jedes Halb- und Fertigfabrikat sein direkter Bedarf an Werkstoffen und Halbfabrikaten aufgezeichnet ist (Primärbedarf). Diese Matrix gibt in einem Element a_{ij} an, welche Rohstoff- bzw. Halbfabrikatemenge der Art i direkt in eine Einheit der hergestellten Produkt- oder Halbfabrikateart j eingeht.

Der Direktbedarfsmatrix entspricht in einer grafischen Darstellung ein gerichteter Graf aus Knoten und Pfeilen, der Gozintograf (Verballhornung von „that part that goes into") (vgl. Abbildung 13.22).

Es sei r_{ij} die als Sekundärbedarf in Gut j verwendete Menge der Material bzw. Halbfabrikateart i und r_{ip} der Primärbedarf der Art i. Der Bruttobedarf r_i ergibt sich dann als Summe der Verwendungsmengen:

(34) $$r_i = r_{i1} + r_{i2} + \ldots + r_{in} \quad \text{für } i = 1, 2, \ldots, m.$$

Aus der Direktbedarfsmatrix A mit den Elementen a_{ij} resultiert jeder Einsatz (r_{ij}) eines Gutes i in der Menge (r_j) des Gutes j:

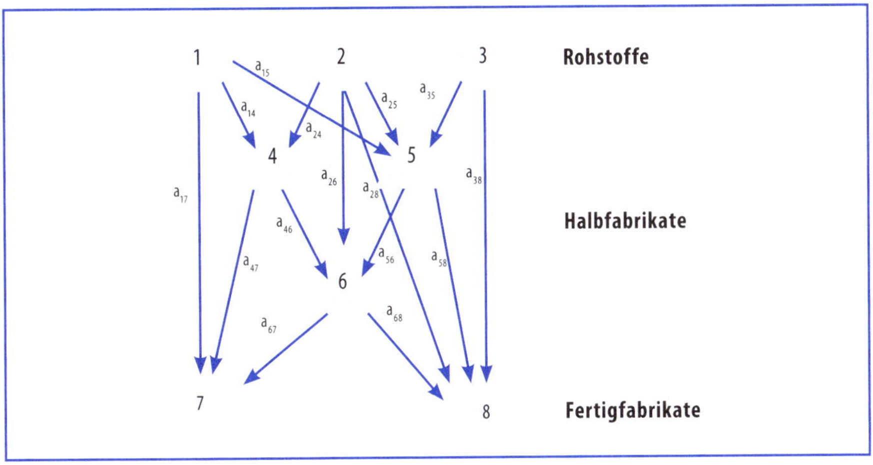

Abbildung 13.22: Gozintograf des Direktbedarfs

(35) $$r_{ij} = a_{ij} \cdot r_j$$

Dieser Ausdruck für r_{ij} wird in die Verwendungsgleichungen eingesetzt:

(36) $$r_i = a_{i1}r_1 + a_{i2}r_2 + \ldots + a_{in}r_n + r_{i,p} \quad \text{für } i = 1,2,\ldots,m.$$

Unter der Voraussetzung m = n werden die Gleichungen nach dem Primärbedarf aufgelöst und ergeben:

(37) $$\begin{aligned} r_{1,p} &= (1 - a_{11})r_1 - a_{12}r_2 - \ldots - a_{1n}r_n \\ r_{2,p} &= -a_{21}r_1 + (1 - a_{22})r_2 - \ldots + a_{2n}r_n \\ &\ldots \\ &\ldots \\ &\ldots \\ r_{n,p} &= -a_{n1}r_1 - a_{n2}r_2 - \ldots + (1 - a_{nn})r_n. \end{aligned}$$

Dieses Gleichungssystem enthält üblicherweise für alle a mit $i \leq j$ nur Nullwerte (der Gozintograf ist dann zyklenfrei und nach aufsteigenden Indizes geordnet). Die Lösung des Gleichungssystems führt zum Bruttobedarf r_i für jede Art des Rohstoffs bzw. der Halbfabrikate.

In Matrizenschreibweise lautet das obige Gleichungssystem:

(38) $$R_p = (E - A) \cdot B.$$

Darin bedeuten: R_p = Vektor des Primärbedarfs
B = Vektor des Bruttobedarfs.

Damit kann der Bruttobedarf errechnet werden mittels:

(39) $$(E-A)^{-1} \times R_p = B$$

Zur Bestimmung von B können beispielsweise Algorithmen von *Vazsonyi* [Planungsrechnung] benutzt werden. Der Nettobedarf ergibt sich schließlich aus dem Bruttobedarf durch Abzug der Lagervorräte.

Eine einfachere Stufenrechnung als die Matrixalgorithmen verfolgt das Gozinto-Listen-Verfahren. Die Pfeile des Gozintografen werden dabei in einer Gozinto-Liste geordnet, und zwar nach den Knoten j (Endknoten), in welche die Pfeile einmünden. Diese Liste beschreibt somit den direkten Produktionszusammenhang der Stufen, Halbfabrikate und Materialarten (Müller-Merbach [Operations Research]; Schmidt [Stücklistenauflösung]; Busse v. Colbe/Laßmann [Betriebswirtschaftstheorie]).

13.9.1.3 Fallbeispiel zur Bedarfsermittlung

Für die Fertigung von 100 Schreibtischen und 50 Kommoden soll eine Bedarfsermittlung der benötigten Einsatzfaktoren durchgeführt werden.

Die aus Holz gefertigten Komponenten wie Tischplatte und alle Seiten- und Rückteile werden eigengefertigt und stehen als Rohstoff zur Verfügung. Zusätzlich werden in der Herstellung Leim, Schrauben, Türscharniere und Holzdübel eingesetzt. In der ersten Fertigungsstufe entstehen zwei Zwischenprodukte: Schublade und Tür; in der zweiten Kommode und Schreibtisch. In der folgenden Direktbedarfsmatrix kann der direkte Bedarf an Werkstoffen und Halbfabrikaten (Zwischenprodukte) für den gesamten Prozess abgelesen werden.

$$A=\begin{pmatrix} 0 & 0 & 0 & 0 & 0 & 5 & 1 & 5 & 6 \\ 0 & 0 & 0 & 0 & 0 & 10 & 0 & 150 & 100 \\ 0 & 0 & 0 & 0 & 0 & 6 & 4 & 20 & 22 \\ 0 & 0 & 0 & 0 & 0 & 0 & 2 & 0 & 0 \\ 0 & 0 & 0 & 0 & 0 & 4 & 0 & 10 & 10 \\ 0 & 0 & 0 & 0 & 0 & 0 & 0 & 3 & 0 \\ 0 & 0 & 0 & 0 & 0 & 0 & 0 & 1 & 1 \\ 0 & 0 & 0 & 0 & 0 & 0 & 0 & 0 & 0 \\ 0 & 0 & 0 & 0 & 0 & 0 & 0 & 0 & 0 \end{pmatrix}$$

Der Direktbedarfsmatrix entspricht in einer grafischen Darstellung ein gerichteter Graf aus Knoten und Pfeilen, der Gozintograf (Gozintograph) genannt wird.

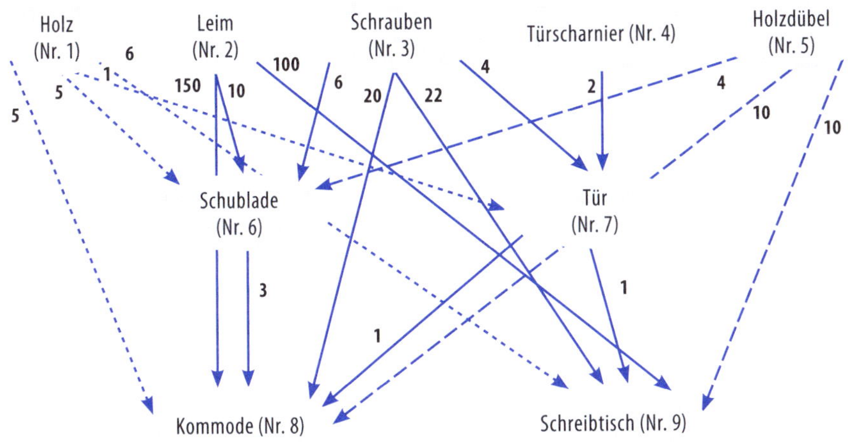

Abbildung 13.23: Gozintograf für ein Beispiel aus der Möbelproduktion

Lösung:

j = Endknoten
i = Startknoten
a_{ij} = Pfeilbewertung
i = Knotennummer
V = Anzahl der ausgehenden Pfeile
N = kumulierter Bedarfsmengenvektor (im ersten Schritt = Primärbedarfsvektor)

Vorgehensweise:

- Beginnen mit der Endstufe.
- Berechnung der Bedarfswerte für die einzelnen Produktionsstufen durch sukzessives Abarbeiten der in einen Knoten einmündenden Pfeile.
- Die vorher ermittelten Mengen der nachgelagerten Stufen bzw. der Primärbedarf selbst sind zu dem errechneten Bedarfswert zu addieren.

Falls Lagerbestände vorhanden sind, müssten diese von Primärbedarf abgezogen werden, wenn das Lager am Ende der Periode geräumt sein soll. Sollen Lagerbestände zum Ende der Periode aufgestockt werden, muss diese Menge zum Primärbedarf addiert werden. Somit entsteht ein Gesamtbedarfsvektor:

$$\text{Gesamtbedarfsvektor:} \begin{pmatrix} 2100 \\ 24000 \\ 6000 \\ 400 \\ 2600 \\ 150 \\ 200 \\ 50 \\ 150 \end{pmatrix}$$

13.9.2 Supply Chain Management Systeme

PPS Systeme stoßen aufgrund zahlreicher Interdependenzen zwischen Planungsebenen und Produktionsstufen bei der Abstimmung zwischen der Produktions- und der Absatzplanung an ihre Grenzen. Die Produktionsplanung wird in Produktionsnetzwerken noch komplexer, wenn im Supply Chain Management integrierte Logistikketten über den gesamten Wertschöpfungsprozess, ausgehend von der Rohstoffgewinnung über die Veredelungsstufen bis hin zum Endverbraucher optimiert werden sollen (vgl. Modul 17 zu SCM).

Definition:

Supply Chain Management (SCM) bezeichnet die integrierte Planung und Steuerung der Material- und Dienstleistungsflüsse über die gesamte Wertschöpfungskette, einschließlich der Informations- und Geldflüsse (vgl. Abbildung 13.24).

Auslöser für das SCM waren Rationalisierungspotentiale und die Vermeidung des sogenannten Bullwhip-Effekts, einem Koordinationsproblem in mehrstufigen Lieferketten, bei dem relativ geringe Nachfrageschwankungen auf der Endkundenseite stromaufwärts in der Lieferkette zu immer größeren Ausschlägen in den Bestellmengen führen.

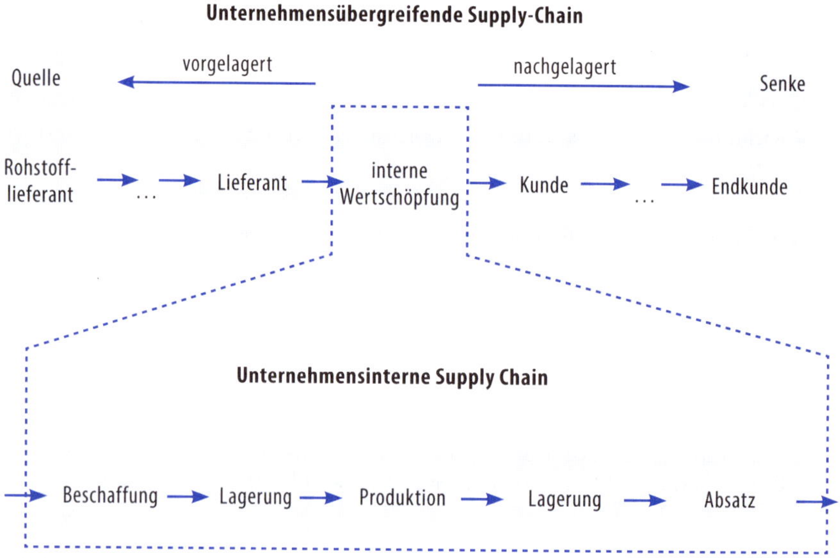

Abbildung 13.24: Unternehmensübergreifende Wertschöpfungskette

Supply Chain Management Systeme bzw. Advanced Planning Systems (APS) zielen auf eine Verbesserung der PPS-Systeme durch die Nutzung der Möglichkeiten der modernen Informationstechnik sowie mathematischer Lösungsalgorithmen für eine engpassorientierte Planung, bei der die Einhaltung der Restriktionen der vorhandenen Kapazitäten simultan geprüft wird. Abbildung 13.25 zeigt den typischen Aufbau eines APS. Die Planungsaufgaben in einer Supply Chain lassen sich darin strukturiert darstellen, indem die einzelnen Module einerseits den betrieblichen Funktionsbereichen (Beschaffung, Produktion, Distribution und Absatz) und andererseits dem Planungshorizont (kurz-, mittel-, langfristig) zugeordnet werden (Fleischmann et al. [Advanced Planning]).

Allerdings ist das modulare Planungskonzept aufgrund der Komplexität und Interdependenzen der verschiedenen betrieblichen Entscheidungsprobleme auch nicht in der Lage, eine optimale Gesamtlösung zu ermitteln. Stattdessen können meist nur lokale Optima für einzelne Teilprobleme generiert werden, die anschließend aufeinander abzustimmen sind.

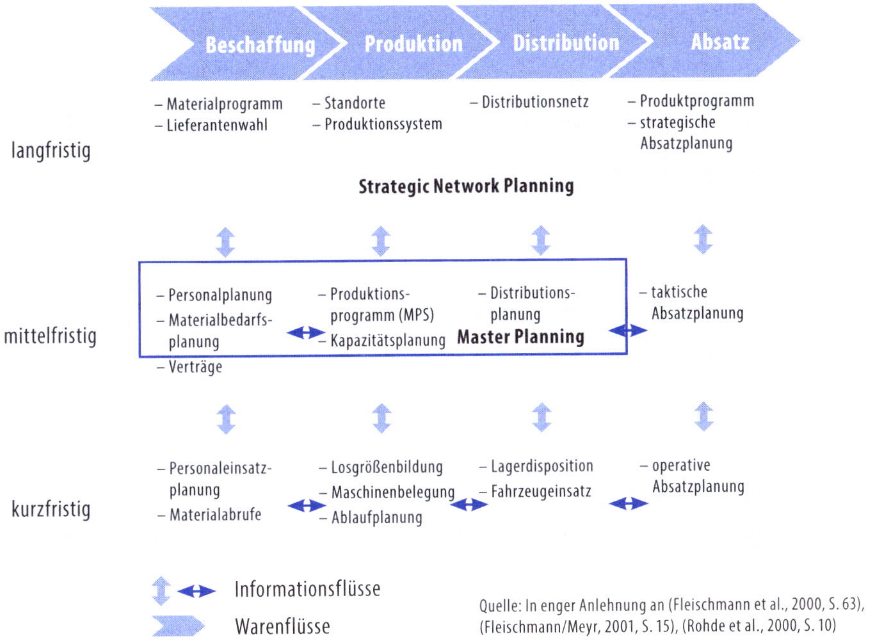

Abbildung 13.25: Softwaremodule in APS-Systemen (Advanced Planning Systems)

13.9.3 Just-in-Time und schlanke Produktion

An den sogenannten konventionellen PPS-Systemen wird insbesondere als Kritik geäußert, dass eine rein deterministische Vorwärtsplanung nur auf Basis der Bedarfsprognosen (sog. Push-Prinzip) möglich ist. Auf Basis der Nachfrageprognose werden die Produktionsmengen der Endprodukte festgelegt. Durch Stücklistenauflösung werden der Teilebedarf und somit die abzuarbeitenden Betriebsaufträge für jede Station berechnet (vgl. Abschnitt 13.9.1.2). Die Produktion wird zentral gesteuert, indem die Aufträge durch die Produktion „geschoben" (to push) werden. Dies kann zu Ineffizienzen durch hohe Bestände, lange Gesamtdurchlaufzeiten und schlechte Termineinhaltung führen.

Als Verbesserungsansatz wurde die Just-in-Time-Produktion (JIT) entwickelt. Dieses Produktionskonzept wurde vom japanischen Automobilproduzenten *Toyota* entwickelt und basiert im Wesentlichen auf dem Pull-Prinzip der Materialflusssteuerung („Produktion auf Abruf") unter Umgestaltung der Fertigungsorganisation zur Komplexitätsverringerung und Dezentralisierung. Beim Pull-Prinzip basieren die Produktionsmengen auf der tatsächlichen Nachfrage nach Endprodukten. Eine zentrale Instanz löst den Impuls in der letzten Stufe der Wertschöpfungskette des Unternehmens aus, so dass die Aufträge durch die Produktion „gezogen" (to pull) werden. Diese Realisierung des Steuerungsimpulses entgegen der Materialflussrichtung wird auch als Kanban-System bezeichnet. „Kanban" ist der Begriff für eine Identifizierungs- und Bestellkarte, die sich bei jedem Bauteil und Endprodukt im Produktionsbetrieb befindet. Abbildung 13.26 veranschaulicht die Produktionssteuerung nach dem Push- und dem Pull-Prinzip.

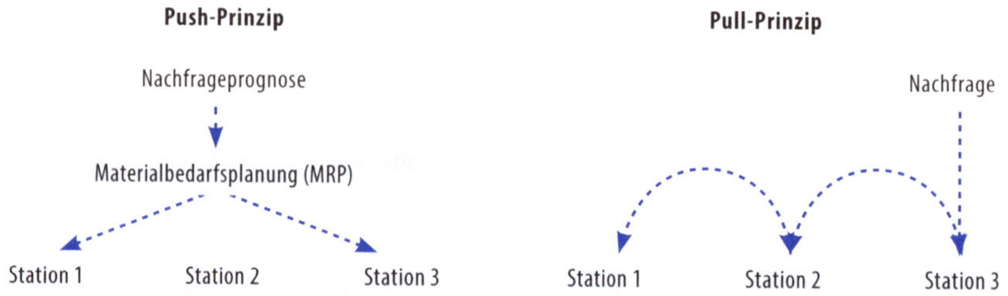

Abbildung 13.26: Push- und Pull-Prinzip zur Produktionssteuerung

Das Produktionssystem von *Toyota* wurde durch eine Studie des *MIT* (Massachusetts Institute of Technology) in den 1980er Jahren unter dem Schlagwort „Lean Production" (schlanke Produktion) bekannt (Womack et al. [Lean Production]). Im Vergleich zur europäischen und amerikanischen Konkurrenz produzierte die japanische Automobilindustrie doppelt so effizient und flexibel bei gleichzeitig deutlich besserer Qualität. Folgende Grundsätze kennzeichnen die schlanke Produktion:

- Fertigung nach Bedarf und Vermeidung der Lagerhaltung: Lagerbestände beanspruchen oft einen erheblichen Teil des Umlaufvermögens, und eine Produktion auf Lager erhöht das Risiko von schwer oder nicht verkaufbaren Beständen. Dabei steigt das Risiko von Fehlprognosen mit der Variantenvielfalt. Ferner verhindern Bestände, dass Verschwendung im Produktionsprozess (etwa durch hohe Rüstzeiten) sichtbar und spürbar wird.
- Fehlersuche und Ursachenbeseitigung: Produktionsabläufe werden so gestaltet, dass Unregelmäßigkeiten wahrgenommen werden können. Ziel ist dabei, Verschwendung durch fehlerhafte Produktion, Lagerbestände, nicht synchronisierte Fertigung oder Umwege festzustellen. Fehler in der laufenden Produktion werden durch den Mitarbeiter, der den Fehler entdeckt, beseitigt.
- Verbesserungsvorschläge von Mitarbeitern: In Qualitätszirkeln verstärken sich Mitarbeiter im Team bei der Ideenfindung gegenseitig in einem kontinuierlichen Verbesserungsprozess (KVP). Dies ist auch ein wichtiger Beitrag zur Motivation der Mitarbeiter.
- Gleichmäßiger Materialfluss: Wichtige Voraussetzung für die JIT-Produktion ist eine Abstimmung des Materialflusses, so dass alle Stationen im Rhythmus der gleichen Taktzeit arbeiten. Die zeitliche Abstimmung der Stationen

funktioniert dann gut, wenn die Nachfragerate konstant ist. Im Falle nichtkonstanter Nachfragen wird die Nachfrage geglättet, indem sie über eine gewisse Anzahl von Perioden konstant gehalten wird. Möglichst geringe Losgrößen führen zu gleichmäßigeren Auslastungen der Stationen. Durch konstruktive Vorkehrungen sollen die Rüstkosten reduziert und möglichst viele Teile standardisiert werden. Umfassende Produktionsaufgaben werden in sequentielle Produktionsstellen mit selbstständiger Bestandskontrolle und Produktionssteuerung zerlegt, so dass vernetzte selbststeuernde Regelkreise entstehen, die nach dem Kanban-System (Supermarkt-Prinzip) arbeiten.

- Reduzierung der Anzahl an Zulieferern und Aufbau langfristiger Lieferbeziehungen: Langfristige Verträge mit stetiger Nachfrage und guten Preisen sollen dazu führen, dass Zulieferer ihre Produktion in der Nähe ihrer Kunden ansiedeln und dadurch kürzere Lieferwege und Reaktionszeiten möglich werden. Durch das höhere Produktionsvolumen der Zulieferer führen Skaleneffekte zu sinkenden Kosten. Kritisch wird jedoch die höhere Verhandlungsmacht der Zulieferer gesehen.

Zusammenfassend lässt sich festhalten, dass schlanke Produktion und Just-in-Time einen *relativ harmonischen Materialfluss* erfordern. Sobald Material auf einer Stufe nicht zur Verfügung steht, wird das gesamte Produktionssystem gestört. Ferner wird kritisiert, dass durch die Umsetzung des JIT-Konzepts das Lager auf die Straße verschoben wird, was zu steigenden Transportkosten und ökologischen Belastungen führt.

13.10 Qualitäts- und Umweltmanagement

Definition:
Qualität (oder Gebrauchstüchtigkeit) ist die Beschaffenheit eines Produkts, bestimmte festgelegte und vorausgesetzte Anforderungen zu erfüllen.

Dies bezieht sich auf alle Stufen vom Produktdesign über die Fertigung bis zur termingerechten Lieferung bis hin zum Kundendienst, der Haltbarkeit von Waren und schließlich deren Entsorgung.

Definition:
Qualitätsmanagement (QM) bezeichnet alle organisatorischen Maßnahmen, die der Verbesserung der Prozessqualität, der Leistungen und damit den Produkten jeglicher Art dienen.

- In der industriellen Produktion stand zunächst die Qualitätskontrolle im Vordergrund, bei der fehlerhafte Produkte mit Prüf- und Messverfahren bei der Warenausgangskontrolle aussortiert wurden. Dies ist mit hohen Kosten verbunden, weil Fehler erst spät erkannt werden und in Nacharbeit aufwändig beseitigt werden müssen.
- In der Qualitätssicherung werden statistische Methoden zur Annahmestichprobenprüfung, statistische Prozesslenkung oder Zuverlässigkeitsprüfungen genutzt. Anstelle einer vollständigen Kontrolle der Endprodukte sollen anhand von Stichproben die Einhaltung von technischen Standards und Toleranzgrenzen beurteilt und die Fertigung überwacht werden.
- Diese Methoden zur Fehlerentdeckung wurden schließlich um systematische Methoden zur Fehlervermeidung in den Phasen vor der Serienferti-

gung schon bei der Produktdefinition, Entwicklung und Ablaufplanung ergänzt. Auch durch die steigende Bedeutung der Qualität als Wettbewerbsfaktor entwickelte sich das Qualitätsmanagement zu einer umfassenden Philosophie. Kontinuierliche Verbesserungsprozesse (KVP) zielen auf wiederholte Untersuchungen von Produktionsprozessen auf Qualitätsprobleme. Zur Vereinheitlichung nationaler und branchenbezogener Normen entwickelte die International Organization for Standardization (ISO) ab 1987 die Normenreihe EN ISO 9000 ff. zur Dokumentation der Grundsätze für Maßnahmen zum Qualitätsmanagement. Aus dieser Reihe wurde die ISO 9001 (Qualitätsmanagementsysteme – Anforderungen) inzwischen zu einer der meistakzeptierten Normen im Qualitätsmanagement.

- Der Begriff Total Quality Management (TQM) betont eine ganzheitliche Sichtweise, die insbesondere die Mitarbeiter auf allen Unternehmensebenen mit einbezieht sowie alle internen und externen Stufen der Wertschöpfungskette in den Blick nimmt. Oberster Maßstab für die Beurteilung der Qualität ist die Orientierung an den Kundenbedürfnissen.

Bei der Beurteilung der Qualität eines Produkts oder einer Dienstleistung ist zwischen objektiv feststellbaren (wie Leistung und Zuverlässigkeit) und subjektiv wahrgenommenen Qualitätsmerkmalen (wie Aussehen und Qualitätsimage) zu unterscheiden. Das Qualitätscontrolling unterstützt das Qualitätsmanagement durch eine wirtschaftliche und leistungsorientierte Betrachtungsweise. Dabei besteht allerdings die Schwierigkeit, dass Qualitätskosten nur teilweise quantitativ und mit Sicherheit zu bestimmen sind (vgl. Abbildung 13.27). Während Fehlerverhütungs- und Prüfkosten gut zu ermitteln sind und regelmäßig anfallen, können Fehlerkosten nur im Falle unzureichender Qualität konkret beziffert werden. Für ein kostenoptimales Qualitätsniveau gilt die Forderung, dass in einer bestimmten Zeitspanne die Summe der erwarteten Fehlerkosten und erforderlichen Qualitätssicherungskosten ein Minimum erreichen. Faktor-, Prozess- und Produktqualitäten können durch quantifizierbare Qualitätsmerkmale in Produktionsfunktionen berücksichtigt und ihre grundlegenden Zusammenhänge, auch mit der Kostentheorie, analysiert werden (Lücke [Qualität]; vgl. auch Anhang bzw. 9. Auflage). Allerdings ist in der industriellen Praxis die Darstellung des Zusammenhangs zwischen Kosten und Qualität problematisch, weil nicht die Qualität Kosten verursacht, sondern deren Nichteinhaltung. Eine direkte Kausalität zwischen erhöhten Fehlerverhütungskosten und sinkenden Fehlerkosten ist selten gegeben (Schmitt [Qualitätsmanagement]).

In Analogie zum Qualitätsmanagement wurde 1996 die *ISO 14001* „Umweltmanagementsysteme – Anforderungen mit Anleitung zur Anwendung“ eingeführt. Im Mittelpunkt steht ein kontinuierlicher Verbesserungsprozess:

- Planen (*plan*): Festlegung der Zielsetzungen und Prozesse, um die Umsetzung der Umweltpolitik der Organisation zu erreichen. Dazu sind zuerst Bedarf und Ansatzpunkte für Prozessverbesserungen zu identifizieren. Bei der Zielfestlegung ist zu berücksichtigen, in welchen Bereichen mit geringem Aufwand Verbesserungen erzielt werden können oder dringender Handlungsbedarf besteht.
- Ausführen (*do*): Umsetzung der Prozesse und Durchführung der Verbesserungsmaßnahmen im Unternehmen;

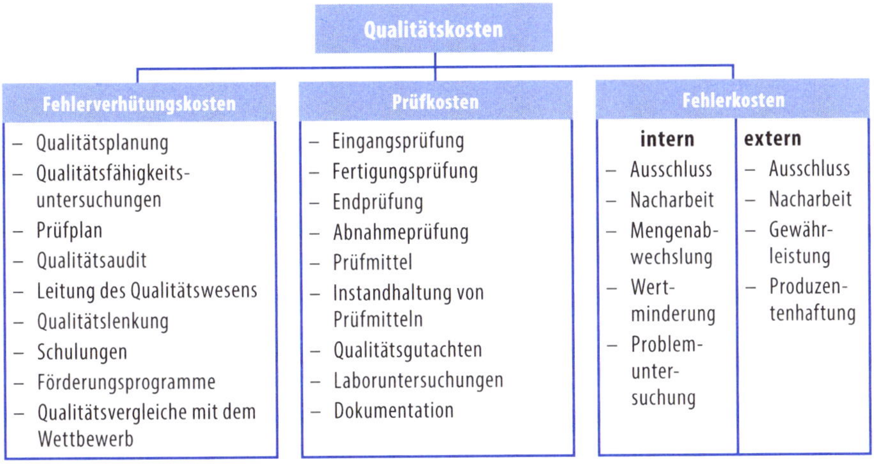

Abbildung 13.27: Bestandteile der Qualitätskosten (Deutsche Gesellschaft für Qualität e.V. (1985)

- Kontrollieren (*check*): Vergleich der erreichten Verbesserungen (Ist) mit den im ersten Schritt geplanten Zielen (Soll). Überwachung der Prozesse hinsichtlich rechtlicher und anderer Anforderungen sowie der Ziele der Umweltpolitik der Organisation; ggfs. Veröffentlichung der Umweltleistung (des Erfolgs der Organisation in Bezug auf ihre Umweltschutzmaßnahmen);
- Erneute Verbesserung bzw. Analyse (*act*): Falls die geplanten Ziele nicht erreicht werden, sind die Prozesse im Rahmen eines kontinuierlichen Verbesserungsprozesses anzupassen und zu korrigieren.

Übergeordnetes Ziel ist das Anstreben des allgemeinen Leitbilds der Nachhaltigkeit einer dauerhaft zukunftsfähigen Entwicklung der wirtschaftlichen Aktivitäten im Hinblick auf ökonomische, ökologische und soziale Aspekte (*Deutscher Bundestag* [Enquete-Kommission]). Kreislaufwirtschaftskonzepte und Ansätze zur Steigerung der Energie- und Ressourceneffizienz können mit Hilfe der Stoff- und Energieflussmodellierung auf ihre betriebliche Umsetzbarkeit untersucht werden.

Einführende Literaturhinweise zu Modul 13

Die vollständigen Literaturangaben finden Sie im Downloadbereich.

Bloech, J./Bogaschewsky, R./Busche, U./Daub, A./Götze, U./Roland, F.: Einführung in die [Produktion]. 7. Aufl., Heidelberg 2014.

Dyckhoff, H./Spengler, T.: [Produktionswirtschaft]. 3. Aufl., Heidelberg 2010.

Schneeweiß, C.: Einführung in die [Produktionswirtschaft]. 8. Aufl., Berlin u.a. 2008.

Modul 14: Grundlagen des Marketings

Rolf Weiber
Alexander Pohl

„There is only one valid definition of business purpose: to create a customer. [...] It is the customer who determines what the business is. [...] Because it is its purpose to create a customer, any business enterprise has two – and only these two – basic functions: marketing and innovation. They are the entrepreneurial functions."
(Peter F. Drucker [The Practice of Management] 1955, S. 35)

14.1 Marketing als Management der kritischen Unternehmensressource „Kunde"

Lernziele:

Aneignen von Wissen (Kenntnissen) zu den Leitgedanken und zentralen Charakteristika des Marketings sowie zu den Themen Käuferverhaltensforschung, Marktforschung, Marketing-Strategien, Marketing-Instrumente, Marketing-Implementierung, Marketing-Controlling und Marketing-Ethik; **Verstehen** (Erfassen und Erkennen) des Zusammenspiels von Käuferverhalten und Marktforschung sowie der Zusammenhänge zwischen den Elementen des Marketing-Konzeptionierungsprozesses; **Anwenden** (Nutzen) des erlangten Wissens zur Lösung unterschiedlicher realer Detailprobleme im Marketing; **Analyse** (Erforschen) von Ursachen, Beziehungen und Wirkungen zwischen den Elementen des Marketing-Konzeptionierungsprozesses; **Synthese** (Zusammenfügen) einzelner Teilerkenntnisse aus den Analysen zu übergeordneten Aussagen zum Marketing; **Bewertung** (Evaluation) der vorgestellten Modelle, Lösungen und Transaktionstypen hinsichtlich der Übertragbarkeit auf reale Problemstellungen im Marketing.

Übersicht:

In Modul 14 werden Leitgedanke und konstituierende Merkmale des Marketings aufgezeigt und die Elemente des Marketing-Konzeptionierungsprozesses sowie das Zusammenspiel von Käuferverhaltensforschung, Marktforschung, Strategieentwicklung und Marketing-Mix-Gestaltung erläutert. Anhand von vier Transaktionstypen (Preis-, Standard-, Lösungs- und Verbundtransaktionen) werden Anpassungserfordernisse im Marketing-Programm bei Vorliegen von vier typischen Kaufverhaltensweisen aufgezeigt, denen eine hohe Bedeutung auf einer Vielzahl von Märkten beizumessen ist.

Hinweis: Im **Download zu Modul 14** findet der Leser themenspezifische Ergänzungen, Fragen und Antworten zum behandelten Stoff, abschnittsbezogene Hinweise zu Vertiefungsliteratur sowie das vollständige Verzeichnis der zitierten Literatur.

14.1.1 Absatzwirtschaft versus Marketing

Aufgrund des Merkmals der Fremdbedarfsdeckung kommt dem Absatz eine zentrale Bedeutung im Unternehmensprozess zu. Im Gegensatz zur Leistungserstellung ist die Absatzfunktion auf die Leistungsverwertung bezogen und stellt auf die Vermarktung von Unternehmensleistungen und damit die Umsatzerzielung ab. Während in der BWL klassischer Weise die zentralen Funktionen „Beschaffung-Produktion-Absatz" in chronologischer Abfolge betrachtet werden, stellt das Marketing den „Absatz" an den Anfang der Betrachtungen und fragt zunächst nach den Kundenbedürfnissen.

Merksatz: In Deutschland wurde der Begriff **Absatzwirtschaft** in den 1970er Jahren zunehmend durch den Begriff **Marketing** ersetzt. Damit war nicht nur eine Begriffssubstitution verbunden, sondern auch eine grundlegende Veränderung der Betrachtungsweise.

Aufbauend auf Marktinformationen wird versucht, Hinweise zu einer an den Markterfordernissen ausgerichteten Gestaltung des unternehmerischen Leistungserstellungsprozesses zu geben. Das Marketing „denkt" damit das Unternehmen vom Markt her und bildet sowohl den Start- als auch den Endpunkt des Unternehmensprozesses (Swoboda/Weiber [Leistungsprozesse] 35 ff.). Dadurch wird das Marketing zu einer Querschnittsfunktion im Unternehmen; denn es liefert die Steuerungsinformation für Beschaffung und Produktion und übernimmt mit der Distribution die Schnittstelle zum Absatzmarkt. Gleichzeitig bildet es damit aber auch die Basis einer ganzheitlichen, marktorientierten Unternehmensführung (vgl. Modul 7), deren Aufgabe es ist, frühzeitig Marktveränderungen zu erkennen und rechtzeitig auf diese angemessen zu reagieren. Nur so kann die Wettbewerbsfähigkeit eines Unternehmens dauerhaft sichergestellt werden. Vor diesem Hintergrund werden die Begriffe Marketing und Marketing-Management häufig auch synonym verwendet.

14.1.2 Marketing-Vielfalt versus Marktkonvergenzen

In der Realität haben sich vielfältige Varianten von Marketing-Ansätzen herausgebildet, sodass auch von „Bindestrich-Marketing" gesprochen wird. Die Zahl der Wortschöpfungen reicht von „Beschaffungs-Marketing" über „Finanz-Marketing" bis hin zu „Personal-Marketing" (Braun/Mayer [Absatz- bis Turbo-Marketing] 307 ff.) und wird nochmals dadurch erhöht, dass eine noch größere Zahl an Lehrbüchern und Beiträgen existiert, die das jeweils betrachtete Produkt in den Vordergrund stellen (Bier-, Energie-, Pharma-, Rohstoff-, Textil-Marketing usw.). In der Marketing-Wissenschaft wird vor allem nach sektoralen Marketing-Ansätzen differenziert (Konsumgüter-, Industriegüter und Dienstleistungsmarketing), was insbesondere mit der Unterschiedlichkeit in den Kaufverhaltensweisen der jeweils betrachteten Nachfrager begründet wird.

Hinweis: Zentrale Charakteristika der verschiedenen sektoralen Marketing-Ansätze liefert der Downloadbereich.

Die Entwicklungen auf den aktuellen Absatzmärkten zeigen jedoch, dass sich Anforderungen und Verhaltensweisen der Nachfrager auf den unterschiedlichen Gütermärkten in zentralen Charakteristika einander annähern. Ursache für diese Marktkonvergenzen sind vor allem die Entwicklung der Informations- und Kommunikationstechnologie zu einer Querschnittstechnologie (Zahn [Informationstechnologie] 419 ff.; Modul 11) und deren schnelle Weiterentwicklungen und Leistungssteigerungen, was in gebotener Kürze durch folgende Aspekte verdeutlicht werden kann:

- Das Internet ermöglicht einen ubiquitären Zugang zu Informationen auf der Konsumentenseite und bietet Unternehmen auf allen Marktstufen die Möglichkeit, Kunden direkt anzusprechen. Die direkten Kommunikations- und Interaktionsmöglichkeiten mit dem Endverbraucher erlauben es, den Kunden z.B. über Produkt-Konfiguratoren direkt in die Produktgestaltung einzubeziehen und ermöglichen damit eine Leistungsindividualisierung auch in Massenmärkten. *Kotler* [Mass Customization] 47) folgert daraus: „It is my belief that the ‚mass market' is dead – segmentation has now progressed to the era of mass customization."
- Die hohen Interaktions- und Kooperationsmöglichkeiten mit Kunden führen dazu, dass Kunden in vielfältiger Weise in die Unternehmensprozesse eingreifen können; angefangen von der Innovationsentwicklung (Open Innovation) über die Leistungserstellung bis hin zur Vermarktung. Unternehmen können dadurch gezielt einzelne Nachfrager oder auch „die breite Masse" (Crowdsourcing) zur Verbesserung ihrer Prozess- und Leistungsstrukturen heranziehen (Howe [Crowdsourcing] 1 ff.).
- Absatzobjekte weisen einen immer größeren E-Share auf (Bliemel/Fassott [E-Share] 192 ff.), d.h. sie enthalten immer mehr elektronische Komponenten, durch die nicht nur maßgebliche Produktfunktionen realisiert werden, sondern Produkte auch eigenständig Informationen untereinander austauschen können. Durch die Vernetzungsmöglichkeiten zwischen Objekten/Produkten (Internet der Dinge, Smart Web) erhalten Unternehmen zunehmend Informationen aus den Alltags- bzw. Nutzungsprozessen der Konsumenten und können damit auch in die Wertschaffungsprozesse der Konsumenten eingreifen bzw. diese in der Anwendung durch gezielte Dienstleistungen unterstützen (Weiber/Hörstrup/Mühlhaus [Alltagsprozesse] 112 ff.).
- Vor allem das Cloud Computing hat in jüngster Zeit nochmals die Möglichkeiten für Konsumenten verbessert, auf professionelle Tools zurückzugreifen (Pohl/Weiber [Neue Technologien] 754 ff.), wodurch zum einen die Kooperation mit Kunden im Leistungserstellungsprozess erleichtert wird (sog. Kundenintegration) und zum anderen ursprünglich beim Anbieter angesiedelte Aufgaben von den Kunden in Form von Customer Self Services direkt übernommen werden können (Englert/Rosendahl [Customer Self Services] 498 ff.). Nach *Gershuny* ([After Industrial Society] 57 ff.) bahnt sich zukünftig ein Weg in die Self Service Eonomy.

Die skizzierten Entwicklungen führen dazu, dass sich bei einem in Kernpunkten angleichenden Nachfragerverhalten auch die Unterschiede in den sektoralen Marketing-Ansätzen verringern (Fern/Brown [Marketing Dichotomy] 68; Meffert [General Marketing] 118 ff.; Weiber [Marketingtheorie] 68 ff.). In jüngster Zeit wird sogar eine neue Marketinglogik postuliert, wobei hier als prominente Vertreter *Kotler/Kartajaya/Setiawan* ([Marketing 3.0]) und *Vargo/Lusch* ([New Dominant Logic]) genannt seien: Marketing 3.0 hebt vor allem die allgemeine und gemeinsame Wertschaffung durch Anbieter und Kunden als zentrale Marketingaufgabe hervor, wobei als Treiber sog. „New wave-Technologies" (insb. Social Media-, Share-, Collaborative-Technologies) verantwortlich gemacht werden, die die Interaktion zwischen Anbietern und Kunden sowie unter Kunden ermöglichen (Kotler/Kartajaya/Setiawan [Marketing 3.0] 5 ff.). *Vargo/Lusch* stellen bei ihrer Service Dominant Logic auf den Wert von Produkten ab, der ebenfalls nur gemeinsam mit dem Kunden (Value Co-Creation) geschaffen werden kann und sich erst im Ge- oder Verbrauch von Leistungen entfaltet (sog. value in use). Das aber bedeutet, dass die typischen Dienstleistungsmerkmale für jede Marktleistung Gültigkeit besitzen und die Marktparteien vor allem über „Service-Kompetenz" verfügen müssen. „Service" darf dabei nicht mit Dienstleistungen (Services) verwechselt werden: "Service is the application of specialized competences (knowledge and skills) through deeds, processes, and performances for the benefit of another entity or the entity itself" (Vargo/Lush [New Dominant Logic] 2). Die Autoren stellen weiter heraus, dass die Beteiligten im Transaktionsprozess, unabhängig von der betrachteten Marketing-Teildisziplin, als aktiv wertschöpfende Akteure (Ressourcenintegratoren) zu verstehen sind (Lusch/Vargo [Service-dominant logic] 286). In der Konsequenz führt das zu einem Wechsel von der Produkt- zur Nutzungsvermarktung, bei der sich die Anbieter aktiv in die Nutzungsprozesse der Nachfrager integrieren (Weiber/Hörstrup [Anbieterintegration] 287 ff.; Hörstrup [Anbieterintegration] 63 ff.). Abbildung 14.1 fasst zentrale Änderungen in der Marketinglogik zusammen und hebt auch die in diesem Beitrag fokussierten Aspekte hervor.

Aufgrund der zunehmenden Kooperation mit Kunden erlangt nicht nur das Dienstleistungsmarketing, sondern auch das Relationshipmarketing grundlegende Bedeutung, zumal die Etablierung von dauerhaften Geschäftsbeziehungen schon immer ein Basisanliegen von Unternehmen darstellte (Bruhn [Relationship Marketing] 201 ff.; Jacob [Wiederkaufverhalten] 84 ff.).

Merksatz: „Companies don't make purchases, they **establish relationships.**"
(Charles S. Goodman, zitiert nach: Kotler [Marketing] 204)

Den aufgezeigten Entwicklungen trägt auch der vorliegende Beitrag Rechnung, indem er nicht nur dem klassischen Instrumental-Ansatz (Gestaltung der vier Marketing-Instrumente) folgt, sondern bei den folgenden Betrachtungen Leistungsbündel (Mix aus Sach- und Dienstleistungen) als Absatzobjekte fokussiert und insb. auf die Aspekte Leistungsindividualisierung, integrative Leistungserstellung (Kundenintegration) und Geschäftsbeziehungen abstellt und in Abschnitt 14.5 eine Differenzierung nach Transaktionstypen vornimmt.

	Marketinglogik aktuelle	Marketinglogik SDL/Marketing 3.0	Marketinglogik in diesem Beitrag
Unternehmensfokus	Erstellung von Leistungen	Integration in Kundenprozesse	**Integrative Leistungserstellung**
Marketingorientierung	Kundenorientierung	„Service"- und Wert-Orientierung	**Kundenorientierung**
Absatzobjekte	Sach- und/oder Dienstleistungen	„Service"/Werte	**Leistungsbündel**
Vermarktungsfokus	Produktqualität	Wertversprechen	**Nutzenversprechen**
Rolle des Kunden	Kunden als Zielobjekt	Kunde als Ressource im gemeinsamem Netzwerk	**Kunde als kritische Unternehmensressource**
Wertverständnis	Wertschöpfung des Unternehmens/value in exchange	Value Creation/ value in use	**Kundennutzen**
Wertindikator	Preis-/Leistungsverhältnis	Wertempfinden	**Preisbereitschaft des Kunden**
Wertschaffung	Produktqualität und value added	Customizing und Value Co-Creation	**Leistungsindividualisierung**

Abbildung 14.1: Veränderung in der Marketinglogik und Foki in diesem Beitrag

14.1.3 Leitgedanke und konstituierende Merkmale des Marketings

14.1.3.1 Kundenorientierung als Leitgedanke des Marketings

Aus einer generischen Perspektive wird das Marketing als „science of transactions" bezeichnet (Bagozzi [Marketing as Exchange] 34 ff.; Hunt [scope of marketing] 25; Kotler [Generic Concept] 49). Für Unternehmen als Fremdbedarfsdecker ist dabei die Austauschbeziehung mit den Nachfragern (aktuelle und potenzielle Kunden) von herausragender Bedeutung, die deshalb in diesem Beitrag auch im Fokus steht.

Merksatz: Auch heute noch gilt die bereits von Adam Smith (1776) formulierte Aussage: „Der Sinn der Produktion kann nur in der **Konsumtion** liegen." (zitiert nach Lichtenthal/Beik [Definition of Marketing] 136).

Oberste Leitlinie des Marketings muss deshalb die Kundenorientierung sein, da der Kunde eine kritische Unternehmensressource darstellt, die allein die Umsatzseite bestimmt und so erst die Möglichkeit zur Gewinnerzielung schafft.

Definition:
Kundenorientierung ist die konsequente Ausrichtung der marktrelevanten Unternehmensaktivitäten und der Leistungsangebote an den Bedürfnissen und Problemen der Nachfrager.

Allgemein gilt, dass ein Anbieter die Kaufentscheidung eines Nachfragers dann für sich entscheiden kann, wenn sein Angebot insgesamt einen vom Nachfrager als bedeutsam wahrgenommenen Vorteil ggü. Konkurrenzangeboten aufweist, der zumindest für eine gewisse Zeit durch andere Anbieter nicht kopierbar ist.

Merksatz: Die vom Nachfrager subjektiv wahrgenommene Vorteilhaftigkeit eines Angebotes wird in der Literatur mit unterschiedlichen Begriffen belegt, wie z. B.: **Effektivitätsvorteil, Komparativer Konkurrenzvorteil (KKV), Kundenvorteil, Nettonutzenvorteil, Sustainable Competitive Advantage (SCA), Unique Selling Proposition (USP) oder Wettbewerbsvorteil.**

Ohmae ([Strategist] 91 ff.) hat diese Überlegungen auf die Erzielung strategischer Wettbewerbsvorteile bezogen und durch das sog. „Strategische Dreieck" verdeutlicht, das in der Marketing-Wissenschaft als Marketing-Dreieck bezeichnet wird.

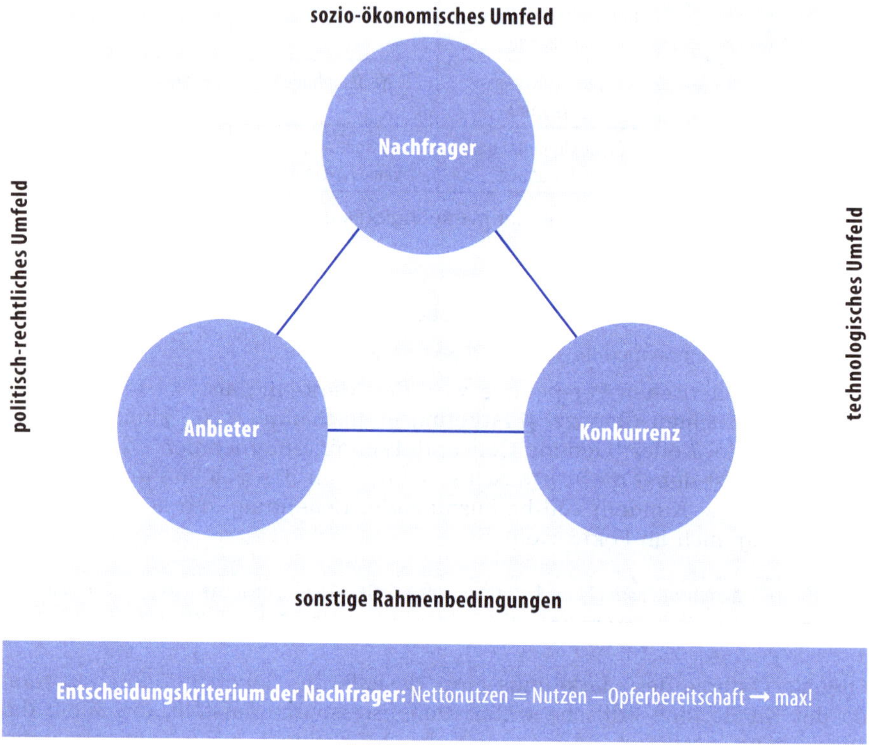

Abbildung 14.2: Das Marketing-Dreieck

Durch eine Transaktion wollen sowohl Anbieter als auch Nachfrager eine Besserstellung ggü. ihrer Ausgangssituation erreichen, was aber eine „nicht triviale Aufgabe" darstellt: Kunden wünschen i. d. R. maximale Qualität bei minimalem Preis, während Anbieter nach maximalen Preisen bei minimalen Kosten, die stark positiv mit der Qualität korrelieren, streben. Durch den sich daraus ergebenen Zielkonflikt sind Anbieter und Nachfrager gezwungen, über das Transaktionsdesign einen **Kompromiss** zu finden, bei dem der Anbieter nach profitablen Wettbewerbsvorteilen sucht.

Merksatz: **Kundenorientierung** bedeutet **nicht** die **100%-ige Erfüllung der Kundenwünsche**, sondern die Abschöpfung von **Preisbereitschaften**, sodass für den Anbieter profitable Leistungsangebote möglich sind.

14.1.3.2 Konstituierende Merkmale des Marketings

Aus dem Leitgedanken der Kundenorientierung ergeben sich insb. folgende konstituierenden Merkmale des Marketings:

- Es geht um die Gestaltung von Austauschbeziehungen, die unter der Leitmaxime der Kundenorientierung zu managen sind.
- Das Kaufverhalten der Nachfrager und deren subjektive Wahrnehmungen stehen im Vordergrund und nicht objektive Produktcharakteristika.
- Die Ausgestaltung einer Austauschbeziehung ist an den spezifischen Besonderheiten der Nachfragersituation auszurichten. Dabei stellen die vom Nachfrager als relevant erachteten Konkurrenzangebote den „Referenzpunkt“ dar.

Vor dem Hintergrund der obigen Merkmale wird in diesem Beitrag Marketing wie folgt definiert:

Definition:
Marketing ist die permanente und systematische Analyse und Ausgestaltung von **Transaktionsprozessen** zwischen Anbieter und Nachfrager mit dem Ziel, vor dem Hintergrund der gewählten **Handlungsebene** ein **Transaktionsdesign** zu finden, das die Zielsysteme der Transaktionspartner bestmöglich erfüllt.

Die drei konstituierenden Elemente dieser Marketing-Definition werden im Folgenden aus einer absatzobjekt- sowie marktübergreifenden Perspektive erläutert und dabei weitere grundlegende Definitionen vorgenommen.

(I) Transaktionsprozess und Leistungsbündel als Absatzobjekte

Unter einer Transaktion wird hier der Austausch von Leistungen verstanden, die für die beteiligten Transaktionspartner von Wert (Nutzen) sind. Gegenstand des Austauschprozesses können dabei grundsätzlich sowohl materielle als auch immaterielle Güter sein. Für nahezu alle Märkte gilt, dass einerseits Dienstleistungen „das“ zentrale Differenzierungsinstrument im Wettbewerb darstellen und andererseits die technologischen Möglichkeiten eine Leistungsindividualisierung auch auf Massenmärkten ermöglichen (Mass Customization). Dadurch „wachsen“ Sach- und Dienstleistungen immer stärker zusammen und die auf den unterschiedlichsten Gütermärkten vermarkteten Absatzobjekte haben zunehmend eine Gemeinsamkeit darin, dass sie sog. Leistungsbündel darstellen (Engelhardt/Kleinaltenkamp/Reckenfelderbäumer [Leistungsbündel] 395 ff.; Backhaus et al. [Leistungsbündel] 3 ff.).

Definition:
Als **Leistungsbündel** werden Absatzobjekte bezeichnet, die sich aus Sach- und Dienstleistungen zusammensetzen.

Bei Leistungsbündeln ist die Leistungserstellung zum Kaufzeitpunkt noch nicht abgeschlossen, sodass der Anbieter noch Teile der Leistung nach dem Kauf erbringen muss. Beim Kauf liegt somit nur ein sog. Leistungsversprechen des Anbieters vor, und er hat nach Kaufabschluss noch Einfluss auf die Gestaltung der Leistung.

(II) Wahl der strategischen Handlungsebene

Im Marketing stellen das Transaktionsmarketing (TM) und das Relationshipmarketing (RM) grundlegende strategische Handlungsebenen dar (Plinke 1997 [Geschäftsbeziehungsmanagement] 14 ff.; Weiber/Kleinaltenkamp [Business- und Dienstleistungsmarketing] 85 f.): Während beim TM die Vermarktungsbemühungen auf die konkrete Einzeltransaktion fokussiert bleiben, der keine oder nur wenig Ansatzpunkte zur Kundenbindung zugerechnet werden, hat das RM neben einer Transaktion auch die vorhandene oder potenzielle Geschäftsbeziehung zu einem Nachfrager im Blick (Weiber/Ferreira [Transaktions- versus Geschäftsbeziehungsmarketing]).

Definitionen:

Einzeltransaktionen betrachten die auf Leistung und Gegenleistung beruhende Austauschbeziehung ohne Beachtung einer möglichen Geschäftsbeziehung zum Kunden.

Geschäftsbeziehungen stellen eine Abfolge von Transaktionen zwischen zwei oder mehreren Partnern dar, die untereinander in Verbindung stehen. (Plinke [Geschäftsbeziehung] 307f.; Kleinaltenkamp/Plinke/Söllner [Geschäftsbeziehungen] 22 ff.)

Die Entscheidung zwischen „Einzeltransaktion" oder „Geschäftsbeziehung" trifft der Anbieter vor dem Hintergrund des möglichen Kundenbindungspotenzials. Dabei sind Unternehmen i.d.R. bestrebt, Geschäftsbeziehungen aufzubauen, da sich nur so die meist hohen Akquisitionskosten von Neukunden amortisieren lassen. Außerdem beinhalten die durch Geschäftsbeziehungen erzielbaren Synergien weitere Kostensenkungspotenziale. Die Wahl der Handlungsebene hat entscheidenden Einfluss auf die Art und Weise, wie Unternehmen ggü. ihren aktuellen und potenziellen Kunden auftreten und das Transaktionsdesign in einer konkreten Austauschbeziehung gestalten.

(III) Transaktionsdesign

Durch ein Transaktionsdesign wird die Ausgestaltung einer Austauschbeziehung beschrieben, die sich in dem vom Anbieter gewählten Marketing-Programm niederschlägt.

Definition:

Ein **Marketing-Programm** beschreibt die am Kaufverhalten ausgerichteten **Anbieteraktivitäten** im Transaktionsprozess und die darauf abgestimmte Gestaltung der **Marketing-Instrumente** vor dem Hintergrund der gewählten strategischen Handlungsebene.

Unterschiede bzw. Anpassungen im Transaktionsdesign und damit in den Marketing-Programmen ergeben sich zum einen durch die Wahl der Handlungsebene (Einzeltransaktion versus Geschäftsbeziehung) und zum anderen durch das vom Nachfrager gezeigte bzw. vom Anbieter vermutete Kaufverhalten. In diesem Beitrag werden deshalb in Abschnitt 14.5 vier Transaktionstypen diskutiert, die typische Kundenanforderungen beschreiben, die für alle sektoralen Marketing-Ansätze hohe Relevanz besitzen und darauf abgestimmte Anpassungserfordernisse in den Marketing-Programmen aufzeigen.

14.1.3.3 Marketing-Konzeptionierungsprozess

Kundenorientierung lässt sich nur realisieren, wenn ein Anbieter hinreichende Informationen über die Marktseite besitzt und die daraus folgenden Erkenntnisse auch bei der Gestaltung seiner Marketing-Programme umsetzt. Um dies zu erreichen, sind bestimmte Aktivitäten unabdingbar, die in der Gesamtschau durch den Marketing-Konzeptionierungsprozess abgebildet werden können (vgl. Abbildung 14.3).

Definition:

Der Marketing-Konzeptionierungsprozess beschreibt eine strukturierte Vorgehensweise zur Koordination der marktbezogenen Aktivitäten eines Unternehmens, bei der – aufbauend auf der Gewinnung verlässlicher Marktinformationen (Marktanalyse) – Marketing-Ziele definiert werden, die durch die Entwicklung von Marketing-Strategien sowie Marketing-Programmen marktgerecht verwirklicht und unternehmensintern umgesetzt werden (Marktbearbeitung) und der Gesamtprozess einem permanenten Controlling unterzogen wird.

Das Marketing übernimmt damit wichtige Informationsfunktionen für eine erfolgreiche Unternehmensführung, die sich wie folgt charakterisieren lassen:

Marktanalyse

Die Marktanalyse unterteilt sich in die Informationsgewinnung und die empirische Informationsanalyse, deren zentrales Ziel in der marktbezogenen Leistungsfindung für das Unternehmen liegt (Kaas [Marketing] 540 ff.): Durch die Käuferverhaltensforschung werden grundlegende Erklärungsansätze zum Kaufverhalten generiert, die in allg. Kauftypen ihren Niederschlag finden. Die Marktforschung überprüft diese Überlegungen und liefert weitere empirische Daten zu den Marktsituationen, durch die dann Positionierungen und Segmentierungen für reale Märkte vorgenommen werden können.

Marktbearbeitung

Die Marktbearbeitung unterteilt sich in die semantische Informationsanalyse, die Informationsübertragung und die Informationsüberprüfung. Ihr zentrales Ziel liegt in der Leistungsbegründung gegenüber dem Markt (Kaas [Marketing] 540 ff.): Aus den Erkenntnissen der Marktanalyse werden Marketing-Ziele abgeleitet und mit den Marketing-Strategien die langfristigen Vorgaben zur Zielerreichung festgelegt. Diese fließen als Vorgaben in die Gestaltung der Marketing-Instrumente ein.

Die Erkenntnisse aus der Marktanalyse und die Ergebnisse der Überlegungen zur Marktbearbeitung finden ihren Niederschlag in der Gestaltung von Marketing-Programmen, die auf die spezifischen Transaktionssituationen anzupassen sind. Die Marktbearbeitung ist zwar auf den Markt ausgerichtet, muss aber auch durch die Mitarbeiter im Unternehmen getragen werden, was eine geeignete Marketing-Implementierung erfordert. Durch das Marketing-Controlling erfolgt schließlich die Prüfung von Effektivität und Effizienz der Marktbearbeitung durch messbare Indikatoren. Da die Erhebung und Verwendung „intimer" Kundendaten schnell zu Konflikten mit moralischen Aspekten führen kann, sollten diese von Unternehmen im Rahmen der Marketing-Ethik kritisch geprüft werden.

Abbildung 14.3: Marketing-Konzeptionierungsprozess und Informationsfunktionen des Marketings

Die sich damit ergebenden zentralen Ablaufschritte der Marketing-Konzeptionierung sind in Abbildung 14.3 grafisch verdeutlicht und liefern die Gliederungsstruktur für die nachfolgenden Darstellungen.

14.2 Marktanalyse

Die Marktanalyse hat zum Ziel, Marktverhaltensweisen zu erklären und möglichst umfassende Informationen über reale Märkte zu generieren. Die hier gewonnenen Marktinformationen dienen dem Anbieter der sog. Leistungsfindung, d.h. es sollten von einem Unternehmen nur solche Leistungen erstellt werden, denen auch eine entsprechend hohe Marktchance zuzurechnen ist. Im Rahmen der Marktanalyse stehen die Erklärung des Käuferverhaltens und die Prüfung der empirischen Relevanz der Erklärungsansätze durch die Marktforschung im Vordergrund.

14.2.1 Erklärungsansätze der Käuferverhaltensforschung

Die Käuferverhaltensforschung zielt auf das grundlegende Verstehen des Verhaltens von Nachfragern ab und versucht hierfür geeignete Erklärungsansätze zu finden.

Definition:

Die **Käuferverhaltensforschung** analysiert das Verhalten von Nachfragern beim Kauf von Leistungen mit dem Ziel, das am Ende des Kaufprozesses gezeigte Verhalten (z. B. Kauf oder Nicht-Kauf) zu erklären.

Im Marketing haben sich mit dem verhaltenswissenschaftlichen und dem institutionenökonomischen Ansatz zwei zentrale Forschungsrichtungen herausgebildet (Kuß [Marketing-Theorie] 179 ff.), deren zentrale Charakteristika im Folgenden kurz dargestellt werden.

(I) Verhaltenswissenschaftlicher Erklärungsansatz

Der verhaltenswissenschaftliche Ansatz ist interdisziplinär ausgerichtet und greift vor allem auf Erkenntnisse aus der Psychologie, Sozialpsychologie und Soziologie zurück. Dominierend ist dabei das sog. SOR-Paradigma (Gröppel-Klein [Verhaltenswissenschaftliche Ansätze] 1882 ff.; Kuß [Marketing-Theorie] 192 ff.), das unterstellt, dass externe Stimuli (insb. Marketing-Maßnahmen) im „Organismus" (In-System) des Käufers verarbeitet werden und dann zu entsprechenden beobachtbaren Reaktionen (z. B. Kauf/Nicht-Kauf) führen.

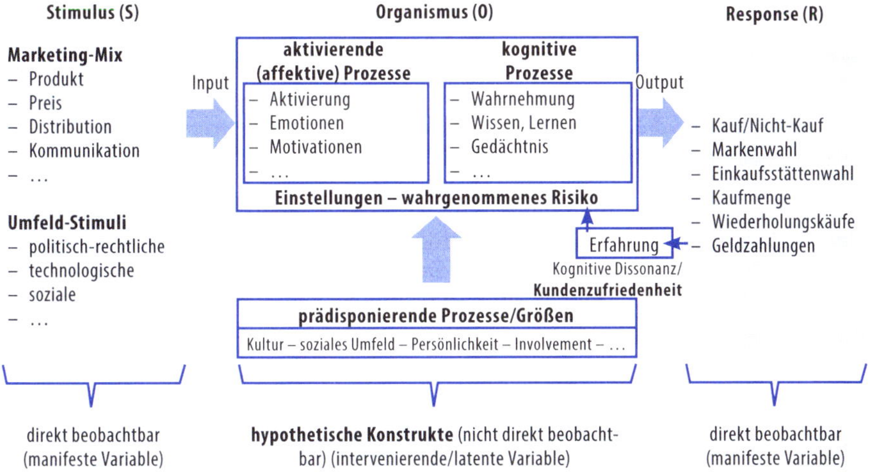

Abbildung 14.4: SOR-Modell des Käuferverhaltens

Erst die aktivierenden Prozesse führen dazu, dass ein Nachfrager auf Leistungsangebote aufmerksam wird, wodurch sie in sein Awareness set gelangen und die inneren Vorgänge im Organismus in Gang setzen. Die kognitiven Prozesse führen zu einer Informationsverarbeitung, wodurch eine Eingrenzung der Kaufentscheidung auf meist nur wenige, grundsätzlich als positiv eingeschätzte Produktalternativen erfolgt (sog. Evoked set), aus denen schließlich ein Angebot zum Kauf ausgewählt wird. Das Marketing versucht, durch die Gestaltung des Marketing-Programms sowohl eine Aktivierung herbeizuführen als auch die Informationsverarbeitung zu beeinflussen. Keinen oder nur wenig Einfluss hingegen hat das Marketing auf prädisponierende Prozesse, die i.d.R. langfristig festgelegt sind und dadurch die „Richtung" aktivierender sowie kognitiver Prozesse maßgeblich bestimmen.

In der Käuferverhaltensforschung werden die im Organismus des SOR-Modells zusammengefassten Größen diskutiert und hierzu theoretische Erklärungsansätze entwickelt (Foscht/Swoboda [Käuferverhalten] 37 ff.; Kroeber-Riel/Gröppel-Klein [Konsumentenverhalten] 51 ff.). Ein Kernproblem ist dabei, dass sich die Größen im In-System des Menschen einer direkten Beobachtbarkeit entziehen, weshalb sie auch als hypothetische Konstrukte oder latente Variable bezeichnet werden. Um diese dennoch messbar zu machen, entwickelt die Käuferverhaltensforschung geeignete Operationalisierungsansätze, die auch eine empirische Erfassung der hypothetischen Konstrukte mit Hilfe der Methoden der Marktforschung ermöglichen.

Herausgestellt seien hier nur die Konstrukte Einstellung, Kundenzufriedenheit und wahrgenommenes Risiko: Einstellungen dienen dem Käufer der allgemeinen Einschätzung von Leistungsangeboten und besitzen eine hohe Verhaltensrelevanz (Foscht/Swoboda [Käuferverhalten] 71 ff.). Der Kundenzufriedenheit ist vor allem bzgl. der Handlungsebene „Geschäftsbeziehungen" hohe Bedeutung beizumessen, da sie eine zentrale Bestimmungsgröße für Kundenbindung darstellt (Homburg/Becker/Hentschel [Kundenzufriedenheit und Kundenbindung] 124 ff.).

Merksatz: **Einstellungen** bilden im Marketing die Basis sowohl für die Feststellung von Ist-Situationen (z.B. Erfolgskontrolle von Werbemaßnahmen, Bestimmung der Produktakzeptanz, Marktsegmentierungen, Positionierungen) als auch für die Abschätzung von **Soll-Zuständen** (z.B. Aufdeckung von Marktnischen, Re- oder Neupositionierungen von Produkten).

Das Konstrukt des wahrgenommenen Risikos ist deshalb besonders zu betonen (Jacob [Marketing] 36 f.; Pohl [Leapfrogging] 120 ff.), da der Kauf von Leistungsbündeln mit erhöhter Unsicherheit behaftet ist, was in der Unbestimmtheit der Leistung zum Kaufzeitpunkt (Leistungsversprechen des Anbieters) begründet liegt.

(II) Institutionenökonomischer Erklärungsansatz

Die Institutionenökonomik betrachtet Austauschbeziehungen und damit Interaktionen zwischen Akteuren unter der zentralen Prämisse, dass die Akteure über eine nur beschränkte Rationalität verfügen. Durch unvollkommene und ungleich verteilte Informationen (sog. Informationsasymmetrien) sowie Informationskapazitäten sind Austauschbeziehungen durch Unsicherheit (wahrgenommenes Risiko) belastet. Diese werden vor allem dadurch verstärkt, dass die besser informierte Partei ihren Informationsvorsprung ggü. der schlechter informierten Partei opportunistisch, d.h. einseitig zum eigenen Vorteil, ausnutzen kann. Die Konsequenz ist, dass bei Austauschbeziehungen zwei große Problemkreise existieren, die sich bei Betrachtung von Anbieter und Nachfrager als Transaktionspartner wie folgt beschreiben lassen (Göbel [Neue Institutionenökonomik] 30 f.):

- Koordinationsproblem: Angebot und Nachfrage sind unzureichend aufeinander abgestimmt, und die Suche nach geeigneten Nachfragern bzw. Anbietern verursacht Kosten. Zur Lösung dieser Probleme bedarf es einer geeigneten Koordination (Marktprozess als Kompromissprozess).
- Motivationsproblem: Marktakteure können Leistungsangebote nur unzureichend bewerten und auch nicht sicher sein, dass sich ein Austauschpartner in der von ihm erwünschten Weise verhält. Die Schaffung von Anreizen (Motivation) kann hier Abhilfe schaffen.

Es müssen somit Regelsysteme (Institutionen) geschaffen werden, durch die die Probleme im Austausch und der Zusammenarbeit von Akteuren beseitigt oder zumindest auf ein vertretbares Maß reduziert werden können.

Definition:
Als **Institutionen** werden verhaltenssteuernde Regeln zur Lösung menschlicher Interaktionsprobleme bezeichnet. Dabei wird zwischen Institutionen der Rechtsordnung (z.B. Verträge, Garantien, Verfügungsrechte) und des Marktes (z.B. Marke, Reputation, Gütesiegel) unterschieden (nach Göbel [Neue Institutionenökonomik] 3); Kaas/Posselt [Institutionenökonomische Ansätze] 790).

Die bei der Institutionenökonomik im Fokus stehende Unsicherheitsproblematik begründet sich für die Nachfragerseite insb. in Problemen bei der Beurteilung von Leistungsangeboten und ist bei Leistungsbündeln als Absatzobjekte durch die zum Kaufzeitpunkt lediglich existierenden Leistungsversprechen nochmals deutlich erhöht. Aufgrund der hohen Bedeutung der Unsicherheit beim Kauf sieht *Kaas* ([Marketing und Neue Institutionenökonomik] 5) sogar die Kernfunktion des Marketings in der Überwindung von Unsicherheit in Austauschprozessen. Die Institutionenökonomik entwickelt Lösungsansätze zur Beseitigung oder zumindest Reduktion der Unsicherheit und liefert dadurch wertvolle Erklärungsbeiträge zum Kaufverhalten unter Unsicherheit.

14.2.2 Bildung von Kauftypen

Neben der Erklärung des Kaufverhaltens aus verhaltenswissenschaftlicher bzw. institutionenökonomischer Sicht ist die Bildung von Kauftypen ein weiteres wichtiges Ziel der Käuferverhaltensforschung. Durch Kauftypen werden unterschiedliche Kaufverhaltensweisen abgebildet, die dem Anbieter zentrale Informationen für die Gestaltung seiner Marketing-Programme liefern.

Definition:
Kauftypen beschreiben – unabhängig von Produkten und realen Marktgegebenheiten – unterschiedliche charakteristische Verhaltensweisen von Nachfragern beim Kauf von Leistungen.

Die verhaltenswissenschaftliche Käuferverhaltensforschung hat unterschiedliche Typisierungsansätze entwickelt, die von konkreten Austauschobjekten abstrahieren und auf grundlegende Unterschiede im Kaufverhalten abstellen: Stark kontrastierend ist hier z.B. die Unterscheidung nach „echten" und „habitualisierten" Kaufentscheidungen (Katona [Verhalten der Verbraucher] 57) oder nach „Neukäufen" und „Wiederholungskäufen" (Robinson/Faris/Wind

[Creative Marketing] 23 ff.). Bei beiden Unterscheidungen werden stark kognitiv kontrollierte Käufe (Neukauf; echter Kauf) von Käufen mit nur geringer kognitiver Ausprägung unterschieden, was vor allem durch die Wiederholung von Kaufentscheidungen begründet wird. Eine Ausdifferenzierung dieser Überlegungen nimmt der Ansatz von *Weinberg* ([Entscheidungsverhalten] 50 ff.) vor, der zusätzlich noch die emotionale Komponente in die Betrachtung einbezieht und in Abhängigkeit vom Ausmaß kognitiver Steuerung vier Kauftypen unterscheidet:

- Extensive Käufe sind stark kognitiv geprägt und kennzeichnen eher langwierige Kaufentscheidungen mit hohem Informationsbedarf des Nachfragers. Typisch hierfür ist z.B. der Kauf von komplex wahrgenommenen Produkten, Produkten mit starkem Risikoempfinden, Innovationen oder Erstkäufe.
- Limitierte Käufe sind ebenfalls kognitiv geprägt, wobei der Käufer hier aber auf schon bekannte Problemlösungsmuster und Kaufkriterien zurückgreifen kann.
- Habitualisierte Käufe beruhen auf Gewohnheiten, die sich z.B. aufgrund der Erfahrungen bei wiederholtem Kauf gleicher Leistungen herausgebildet haben.
- Impulsive Käufe sind rein emotional gesteuert und erfolgen eher spontan aufgrund von situativen Gegebenheiten.

Auch die institutionenökonomische Forschung erlaubt mit Fokus auf die Unsicherheitsproblematik die Bildung von Kauftypen: Aus Sicht der Informationsökonomik die die Beurteilungsproblematik von Leistungen betont, können Eigenschaften von Austauschobjekten nach drei Eigenschaftskategorien unterteilt werden, wobei unterstellt wird, dass bei der Beurteilung von Leistungen immer alle drei Eigenschaftskategorien relevant sind und sich deren Anteile in der Summe zu 100 % ergänzen (Weiber/Adler [Positionierung] 109 ff.).

Merksatz: Informationsökonomische Eigenschaftskategorien: **Sucheigenschaften** liegen vor, wenn Eigenschaften einer Leistung vor Vertragsabschluss vollständig beurteilt werden können, während dies bei **Erfahrungseigenschaften** erst nach dem Kauf bzw. bei Gebrauch möglich ist, und bei **Vertrauenseigenschaften** ist eine Bewertung z.B. aufgrund von Know how-Defiziten **überhaupt nicht** möglich.

Entsprechend lassen sich jede Art von Kaufentscheidungen auf einer Ebene im dreidimensionalen Raum positionieren (Abbildung 14.5), die nach *Weiber* ([Marketing] 61 f.) auch als Informationsökonomisches Dreieck bezeichnet wird.

Bilden Leistungsbündel das Tauschobjekt, so ist aufgrund der damit verbundenen Leistungsversprechungen eines Anbieters von einer Dominanz an Erfahrungs- und Vertrauenseigenschaften auszugehen, was zu erhöhter Kaufunsicherheit führt. Diese wird in der verhaltenswissenschaftlichen Käuferverhaltensforschung als verstärkt wahrgenommenes Risiko bezeichnet. Es ist somit Aufgabe des Marketings, vor allem durch eine geeignete Informationspolitik Signale zur Reduktion der Kaufunsicherheit ggü. der Nachfragerseite auszusenden (sog. Signaling) und die Nachfrager bei ihrer Informationssuche (sog. Screening) zu unterstützen.

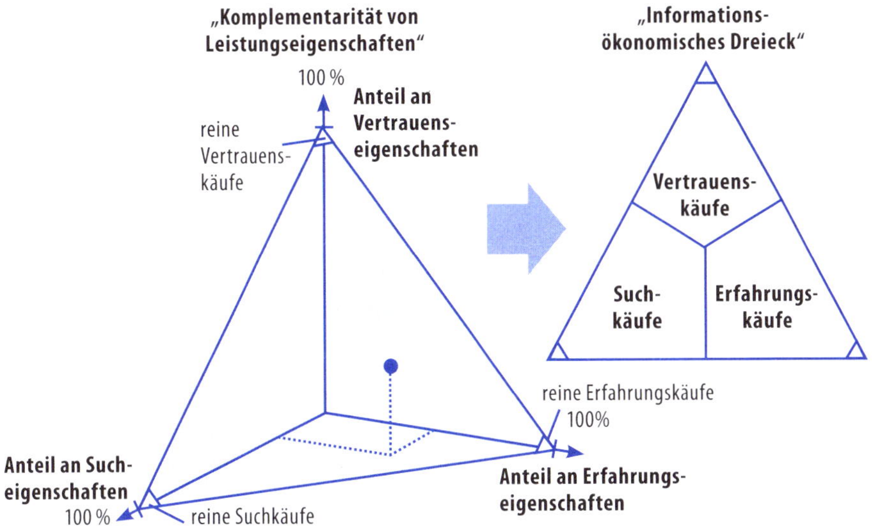

Abbildung 14.5: Kauftypen im Informationsökonomischen Dreieck (nach Weiber [Marketing] 61)

Merksatz: Ceteris paribus kann derjenige Anbieter die Kaufentscheidung für sich entscheiden, dem es gelingt, die **Kaufunsicherheit** der Nachfrager am besten zu reduzieren.

Kauftypen liefern dem Marketing jedoch nur allg. Hinweise auf die Unterschiedlichkeit im Kaufverhalten. Um diese auf reale Marktsituationen übertragen zu können, bedarf es empirischer Daten, die durch die Marktforschung gewonnen werden können. Eine Konkretisierung im realen Marktfeld erhalten die Kauftypen dann durch die Positionierung und die Marksegmentierung (vgl. Abschnitt 14.2.4).

14.2.3 Marktforschung

Die Marktforschung übernimmt im Marketing eine zentrale Informationsgewinnungs- und Informationsanalysefunktion, da ihre zentrale Aufgabe in der Beschaffung von empirischen Daten über Märkte und deren Aufbereitung zur Entscheidungsfindung liegt.

Definition:
Marktforschung bezeichnet eine systematische, empirisch basierte Untersuchungstätigkeit mit dem Ziel, geeignete Marktinformationen zur Verbesserung marktbezogener Entscheidungen zu gewinnen.

Der Erfolg von Marktforschungsuntersuchungen wird maßgeblich durch die sorgsame und exakte Definition der Problemstellung bestimmt, da sich daraus die Gestaltung der Folgeschritte ableitet. Ebenso ist am Ende sicherzustellen, dass die gewonnenen Marktinformationen auch an die Entscheidungsstellen im Unternehmen gelangen und in marktadäquate Aktivitäten umgesetzt werden. Zu den beiden Hauptaufgaben der Marktforschung zählen die Datengewinnung und die Datenauswertung.

14.2.3.1 Datengewinnung (Erstellung des Erhebungsdesigns)

Ziel der Datengewinnung bildet die Erhebung von Daten am Markt, die für die Beantwortung der jeweiligen Problemstellung relevant sind. Im sog. Erhebungsdesign wird dabei festgelegt, wie die benötigten Daten zu erheben sind (Erichson [Datenerhebung] 535 ff.). Zum Erhebungsdesign zählen vor allem die drei Teilaspekte der Erhebungsinhalte, des Erhebungsumfangs und der Erhebungsinstrumente.

(I) Erhebungsinhalte

Die zu erhebenden Inhalte bestimmen sich aus der Problemdefinition. Im Marketing interessiert dabei häufig, welche Anforderungen Kunden stellen, welche Bedürfnisse zu befriedigen sind, welche Kaufkriterien zentrale Bedeutung besitzen oder welche Einstellungen Nachfrager ggü. Leistungsangeboten aufweisen. Zur Beantwortung dieser Fragen müssen solche Inhalte gefunden werden, die die subjektiven Wahrnehmungen von Kunden widerspiegeln und auf die sich die Aufmerksamkeit der Nachfrager richtet. Diese lassen sich im Vorfeld direkt durch offene Befragungen oder durch indirekter Verfahren ermitteln (Weiber/Jacob [Informationsgewinnung] 549 ff.).

(II) Erhebungsumfang

Bei der Bestimmung des Erhebungsumfangs ist grundsätzlich zwischen einer Vollerhebung und einer Teilerhebung (Stichproben) zu unterscheiden. Aus wirtschaftlichen und zeitlichen Gründen werden meist Teilerhebungen durchgeführt, die so zu konzipieren sind, dass die durch eine Stichprobe erhobenen Daten Repräsentativität für die Erhebungsgesamtheit (Grundgesamtheit) aufweisen. Bei Stichprobenziehungen können zum einen systematische Fehler auftreten (z.B. durch mangelnde Sorgfalt), was aber vermeidbar ist, und Zufallsfehler, die zwar nicht vermeidbar, aber mittels Wahrscheinlichkeitstheorie abschätzbar sind. Je höher der gewünschte Sicherheitsgrad ist (geringe Fehlerwahrscheinlichkeit der Ergebnisse), desto größer muss auch der Stichprobenumfang sein.

(III) Erhebungsinstrumente

Grundlegende Erhebungsinstrumente sind die Beobachtung und die Befragung: Beide Kategorien können eine unterschiedlich starke Standardisierung aufweisen sowie durch technische Hilfsmittel unterstützt werden. Im Marketing hat die Befragung mit Abstand die größte Verbreitung gefunden. Ausführliche Informationen zur Fragebogenkonstruktion findet der Leser z.B. bei Jacob/Heinz/Décieux ([Umfrage] 120 ff.) und Scholl ([Befragung] 29 ff.). Da die Marktforschung häufig aus der Käuferverhaltensforschung gewonnene Kausalhypothesen empirisch testen soll, ist dem Experiment ein hoher Stellenwert als Forschungsdesign beizumessen: Bei Experimenten werden gezielt eine oder mehrere unabhängige Variable variiert (manipuliert) und deren Auswirkungen – bei Kontrolle aller übrigen Einflussgrößen – auf eine abhängige Variable untersucht (Böhler/Fürst [Marktforschung] 40 ff.). Dies kann im realen

Marktfeld (Feldexperiment) oder unter „künstlichen Bedingungen" (Laborexperiment) erfolgen. Experimente erfordern die Aufteilung der Probanden in zwei Gruppen, wobei nur in einer der beiden Gruppen (Experimentalgruppe) eine Manipulation der Variablen erfolgt und in der anderen Gruppe (Kontrollgruppe) nicht. Dadurch lassen sich Veränderungen in den Variablen durch Vergleich zwischen den beiden Gruppen auf ihre Wirksamkeit untersuchen.

14.2.3.2 Datenauswertung (Erstellung des Auswertungsdesigns)

Um die am Markt erhobenen Daten in gehaltvolle Marktinformationen zu transformieren, bedarf es geeigneter Aufbereitungen und Analysen. Im sog. Auswertungsdesign wird festgelegt, welche Methoden bei der Datenauswertung geeignet sind, die Ziele einer Marktforschungsuntersuchung zu erreichen.

Merksatz: Die bei der Datenauswertung herangezogenen multivariaten Analysemethoden stellen unterschiedliche Anforderungen an das **Skalenniveau** der Daten (nominal, ordinal, metrisch). Das Auswertungsdesign sollte deshalb bereits **vor** einer Erhebung festgelegt sein. Nur so kann durch das Erhebungsdesign sichergestellt werden, dass die Daten auch das für die geplanten Auswertungen erforderliche Skalenniveau aufweisen.

Die Vielzahl der Datenauswertungsmethoden lassen sich nach dem Analyseziel in deskriptive, konfirmatorische und explorative Verfahren untergliedern (Backhaus/Weiber [Datenauswertung] 525 ff.):

(I) Deskriptive Datenanalyse

Die deskriptive Datenauswertung dient der Beschreibung von erhobenen Daten. Hierzu können in Abhängigkeit des Skalenniveaus der Rohdaten unterschiedliche Kennwerte herangezogen werden (z.B. Mittelwert, Varianz, Standardabweichung, Modus, Schiefemaße). Diese Kennwerte erlauben eine gute Charakterisierung von erhobenen Daten, lassen alleine allerdings keine Rückschlüsse auf Zusammenhänge zu.

(II) Konfirmatorische Datenanalyse

Die Käuferverhaltensforschung generiert vielfältige Hypothesen zum möglichen Verhalten von Nachfragern und dem Zusammenwirken der hypothetischen Konstrukte im „Organismus". Ob diese auch in realen Märkten Gültigkeit besitzen, kann durch konfirmatorische Analysen überprüft werden. Zu diesen Struktur-prüfenden-Verfahren gehören z.B. Regressions-, Varianz- oder Diskriminanzanalysen. Bei der Prüfung komplexer Hypothesensysteme kommt der Strukturgleichungsanalyse hohe Bedeutung zu (Weiber/Mühlhaus [Strukturgleichungsmodellierung] 3 ff.).

(III) Explorative Datenanalyse

Am Markt erhobene Daten können auch Auskunft über Zusammenhänge geben, die vorher nicht explizit postuliert wurden, aber in den Daten enthalten sind. Diese können durch explorative Datenanalysen aufgedeckt werden. Zu diesen Struktur-entdeckenden-Verfahren gehören z.B. die Faktoren- und die Clusteranalyse.

14.2.4 Positionierung und Segmentierung

Die Marktforschung liefert die empirischen Daten, die erforderlich sind, um die Gegebenheiten auf realen Märkten abbilden und beurteilen zu können. Um Marktsituationen in einer Gesamtschau zu erfassen, greift das Marketing auf Positionierungs- und Segmentierungsanalysen zurück. Während die Positionierung meist die Darstellung von Produkten im Wahrnehmungsraum der Nachfrager (sog. psychologisches Marktfeld) zum Ziel hat, fragt die Segmentierung nach den unterschiedlichen Positionen von Nachfragern im Marktfeld und sucht nach Nachfragern mit ähnlichen Wahrnehmungen.

14.2.4.1 Positionierung von Nachfragern und Produkten

Das Kernanliegen der Positionierung liegt in der Ermittlung der zentralen Wahrnehmungsdimensionen der Nachfrager, um auf dieser Basis die im Markt vorhandenen Nachfrager oder die im Markt konkurrierenden Produkte aus der subjektiven Sicht der Nachfrager räumlich abbilden zu können (Trommsdorff [Produktpositionierung] 890 ff.). Anhand des Positionierungsraumes kann aufgedeckt werden, inwieweit Anbieter oder Produkte Kundenbedürfnisse erfüllen oder wie diese von den Nachfragern wahrgenommen werden.

Definition:
Positionierung bezeichnet allgemein die Abbildung des psychologischen Wahrnehmungsraums der Nachfrager (Marktfeld). Sie kann als Positionierungsobjekte die Nachfrager selbst, Produkte oder Unternehmen enthalten.

Zur Bestimmung des Positionierungsraumes wird klassischer Weise für interessierende Absatzobjekte die Bedeutung kaufrelevanter Produkteigenschaften oder Kaufkriterien bei den Nachfragern erhoben und anschließend auf möglichst wenige, voneinander unabhängige Dimensionen verdichtet (z.B. mittels Faktorenanalyse). Diese können als Dimensionen des Wahrnehmungsraums der Nachfrager (psychologisches Marktfeld) interpretiert werden und erlauben eine Positionierung der befragten Nachfrager und/oder Absatzobjekte. Abbildung 14.6 zeigt im Teil (A) eine beispielhafte Positionierung von Nachfragern und deren Wahrnehmung von drei Beispielprodukten. Die in der Abbildung eingezeichneten konzentrischen Kreise geben an, wie gut ein Produkt in der Lage ist, die verschiedenen Nachfrager zu erreichen. Es zeigt sich, dass im oberen linken Quadranten mehrere Nachfrager angesiedelt sind, deren Anforderungen durch die drei positionierten Produkte nur schlecht erfüllt werden können. Damit liegt hier eine sog. Marktnische vor, die durch eine geeignete Produktgestaltung geschlossen werden könnte. Aus informationsökonomischer Sicht lassen sich Produkte entsprechend der Anteile von Such-, Erfahrungs- und Vertrauenseigenschaften im Informationsökonomischen Dreieck (vgl. auch Abbildung 14.5) positionieren (Weiber/Adler [Typologisierung] 60 ff.). Abbildung 14.6 zeigt im Teil (B) nach einer Studie von *Schönborn* ([Käuferverhalten] 260) unterschiedliches Kaufverhalten beim Kauf von Medikamenten.

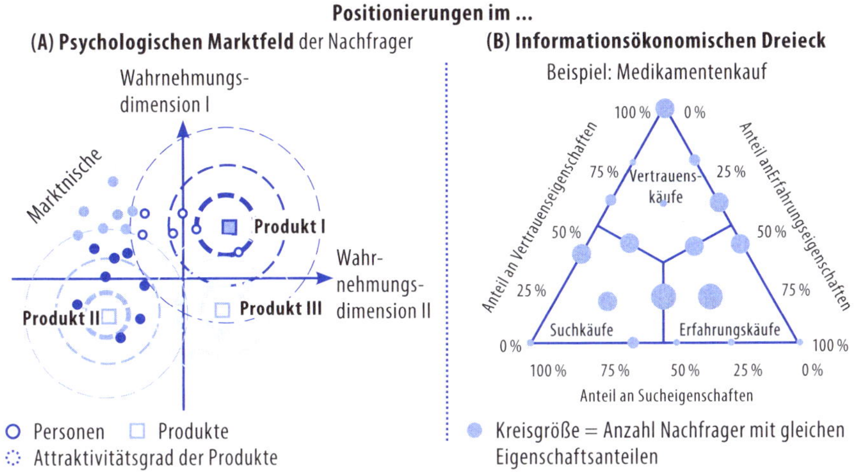

Abbildung 14.6: Positionierungsbilder mit Nachfragern und Produkten

14.2.4.2 Marktsegmentierung

Während die Bildung von Kauftypen (Abschnitt 14.2.2) eine allg. Abbildung unterschiedlicher Kaufverhaltensweisen unabhängig von konkreten Märkten bzw. Branchenbezügen verfolgt, ist das Ziel der Marktsegmentierung, „Kauftypen" entsprechend den Gegebenheiten realer Märkte zu finden.

Definition:
Marktsegmentierung bezeichnet die Aufteilung eines Gesamtmarktes in Nachfragergruppen (Segmente), die dadurch gekennzeichnet sind, dass innerhalb eines Segmentes eine möglichst große **Homogenität** und zwischen den Segmenten eine möglichst hohe **Heterogenität** des Nachfragerverhaltens besteht.

Die Marktsegmentierung baut häufig auf Positionierungsüberlegungen auf und fasst Nachfrager mit ähnlichen Wahrnehmungen zu Gruppen (Segmenten) zusammen. So könnten z.B. die in Abbildung 14.6, Teil (A), im oberen linken Quadranten positionierten Nachfrager ein solches Marktsegment bilden. Nach *Freter* ([Markt- und Kundensegmentierung] 32) bilden die Segmentbildung und die Segmentbearbeitung die beiden zentralen Aufgaben der Marktsegmentierung.

(I) Segmentbildung

Die Erklärungsmodelle der Käuferverhaltensforschung dienen der Marktsegmentierung zur Ableitung der Segmentierungskriterien (Freter [Markt- und Kundensegmentierung] 90 ff.). Eine wichtige Voraussetzung ist dabei die Verhaltensrelevanz solcher Kriterien, um Kaufverhalten abbilden zu können. Die im Rahmen der Positionierung verwendeten bzw. gefundenen Wahrnehmungsdimensionen erfüllen diese Bedingung. Gleiches gilt aber auch für hypothetische Konstrukte des Organismus im SOR-Modell (Abbildung 14.4) wie z.B. Motive, Einstellungen oder Präferenzen.

Merksatz: In der Praxis werden häufig **demographische Kriterien** (z.B. Alter, Einkommen, Schulbildung) zur Segmentierung verwendet. Diese sind zwar leicht zu erfassen, weisen aber i.d.R. eine nur unzureichende Verhaltensrelevanz auf.

Wichtige Anforderungen an die Wahl von Segmentierungskriterien sind darin zu sehen, dass Segmentierungskriterien unabhängige und messbare Bestimmungsgrößen des Kaufverhaltens darstellen, eine gewisse Zeitstabilität aufweisen und eine Aussagekraft für die Gestaltung des Marketing-Instrumentariums besitzen sollen. Dic Segmentierungskriterien werden im Rahmen der Marktforschung empirisch auf der Nachfragerseite erfasst. Auf Basis der so gewonnenen Daten erfolgt eine Segmentbildung üblicher Weise mit Hilfe von Verfahren der Clusteranalyse (Backhaus/Erichson/Plinke/Weiber [Multivariate]) 395 ff.).

(II) Segmentbearbeitung

Die Segmentbearbeitung erfordert zunächst die Auswahl der von einem Unternehmen zu bearbeitenden Segmente und die anschließende Ableitung segmentspezifischer Marketing-Programme. In die Segmentauswahl fließen nicht nur Aspekte der Marketingstrategie ein, sondern sie hat vor dem Hintergrund aller Funktionsbereiche des Unternehmens zu erfolgen. Grundlegende Überlegungen zur Segmentbearbeitung liefern die Abschnitte 14.3 bis 14.5, die dort allerdings keine konkreten segmentspezifischen Bezüge aufweisen.

Merksatz: Die in Abschnitt 14.5 dieses Beitrags betrachteten **Transaktionstypen** zeigen eine solche spezifische Instrumental-Gestaltung auf, wobei dort aber keine empirisch ermittelten Segmente, sondern vier bedeutsame Kundenverhaltensweisen betrachtet werden.

14.3 Strategische Marktbearbeitung

Ziel der strategischen Marktbearbeitung ist es, eine grundlegende und langfristig wirkende Ausrichtung der Marktaktivitäten vor dem Hintergrund der spezifischen Umweltbedingungen so vorzunehmen, dass der Markterfolg möglichst dauerhaft gewährleistet ist. Zu diesem Zweck bedarf es zunächst einer verlässlichen Situationsanalyse, die Informationen zu Umwelt, Markt- und Unternehmensgegebenheiten bereitstellt. Auf dieser Basis erfolgen dann die Ableitung der Marketing-Ziele und die anschließende Strategieplanung deren allgemeine Aufgaben und Ablaufphasen detailliert in Modul 8, Abschnitt 5 behandelt werden.

14.3.1 Situationsanalyse

Die strategische Marktbearbeitung hat vor dem Hintergrund der spezifischen Umweltbedingungen zu erfolgen. Der allg. Rahmen der Situationsanalyse kann durch das Marketing-Dreieck (vgl. Abbildung 14.2) aufgespannt werden:

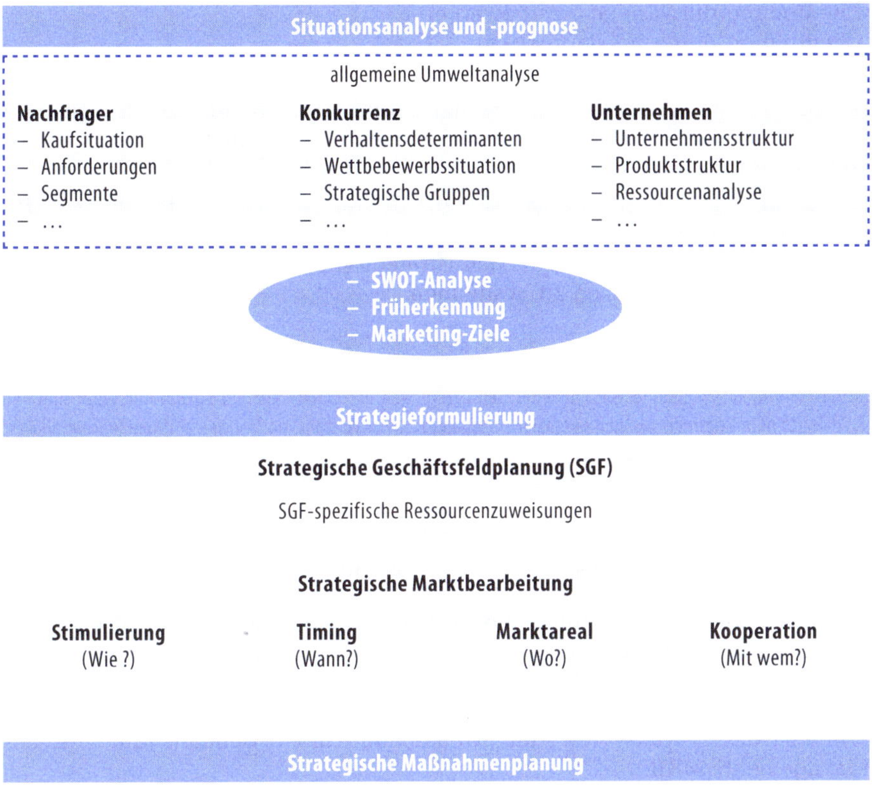

Abbildung 14.7: Zentrale Elemente der strategischen Marketingplanung

Während die in Abschnitt 14.2 aufgezeigte Marktanalyse die Nachfragerseite fokussierte, ist dieser noch eine Konkurrenz- sowie eine Unternehmensanalyse zur Seite zu stellen. Durch die Konkurrenzanalyse sollen aus den zentralen Verhaltensvariablen der relevanten Konkurrenten (z.B. Technologieausrichtung, F&E-Strategie, Marktstellung, Kostensituation) konkurrenzbezogene Stärken- und Schwächen aufgedeckt werden (Decker [Konkurrenzanalyse] 918 ff.; Kreikebaum/Gilbert/Behnam [Strategisches Management] 232 ff.). Nach *Porter* ([Wettbewerbsstrategie] 78 ff.) sind im Rahmen der Konkurrenzanalyse die Annahmen der Konkurrenten über sich selbst und die Branche, deren Ziele für die Zukunft, die aktuellen Konkurrenzstrategien und die Fähigkeiten der Wettbewerber (Stärken-/Schwächen) festzustellen, um auf dieser Basis das Reaktionsprofil eines Konkurrenten für die Zukunft zu ermitteln.

Die Konkurrenzanalyse bildet ein wichtiges Element zur Prognose der zukünftigen Branchen- bzw. Marktbedingungen. Sie findet Eingang in die Branchenanalyse, mit deren Hilfe die Attraktivität einer Branche insgesamt bewertet wird, wobei nach *Porter* ([Wettbewerbsvorteile] 28 ff.) folgende fünf Wettbewerbskräfte („*Porters* Five Forces") die Branchenattraktivität bestimmen:

- Verhandlungsmacht der Kunden
- Verhandlungsmacht der Lieferanten

- Bedrohung durch neue Wettbewerber
- Bedrohung durch Ersatzprodukte
- Wettbewerbsintensität in einer Branche.

Je stärker diese Wettbewerbskräfte, desto unattraktiver wird eine Branche und umso schwieriger ist es für ein Unternehmen, hier nachhaltige Wettbewerbsvorteile zu erzielen.

Durch die Unternehmensanalyse sind die Leistungspotenziale des eigenen Unternehmens (Ressourcen, Technologien, Prozesse usw.) auf vorhandene Stärken und Schwächen zu untersuchen (strategisches Stärken-Schwächen-Profil) und die Kernkompetenzen zu bestimmen.

Definition:

Als **Kernkompetenzen** werden diejenigen Fähigkeiten eines Unternehmens bezeichnet, die einen signifikanten Beitrag zur Erzeugung von Kundennutzen liefern, von der Konkurrenz nur schwer imitierbar sind und dadurch dem Unternehmen den potenziellen Zugang zu einer Vielzahl von Märkten eröffnen (nach Prahalad/Hamel [Core Competence] 83 f.).

Ziel der Unternehmensanalyse ist es, die Stellung des Unternehmens am Markt im Hinblick auf die relevanten Markt- und Wettbewerbsbedingungen abzuschätzen und Prognosen im Hinblick auf die Erreichbarkeit von gesetzten Zielen aufzustellen (Kreikebaum/Gilbert/Behnam [Strategisches Management] 88 ff.). Ein wichtiges und hilfreiches Instrument, um eine Zusammenschau von Markt- und Unternehmensanalyse vornehmen zu können, ist die sog. SWOT-Analyse, die die Stärken (Strenghts) und Schwächen (Weaknesses) des Unternehmens vor dem Hintergrund der Chancen (Opportunities) und Risiken (Threats) des Marktes bewertet (Kreikebaum/Gilbert/Behnam [Strategisches Management] 248 ff.).

14.3.2 Marketing-Ziele

Aus der Unternehmens-Philosophie (Unternehmensleitbild) werden häufig bereits zentrale Zielsetzungen des Unternehmens abgeleitet, die auch als Ausgangsziele bezeichnet werden. Diese besitzen meist aber einen nur geringen Differenzierungsgrad und müssen vor dem Hintergrund der Erkenntnisse aus der Situationsanalyse konkretisiert werden. Da Marketing als marktorientierte Unternehmensführung zu verstehen ist, weisen Marketing-Ziele eine große Schnittmenge zu den allg. Unternehmenszielen auf. Sie werden deshalb von *Schneider* ([Marketing-Ziele] 1682) auch als „marktgerichteter Teil der Unternehmensziele" bezeichnet, die hinsichtlich der Steuerung und Kontrolle der Marktbearbeitung zu konkretisieren sind. Dabei sind insb. Handlungsziele zu formulieren, die z. B. Vorgaben für die Gestaltung der Marketing-Instrumente liefern und sowohl ökonomische als auch psychografische Zielvorgaben beinhalten (Becker [Marketing-Konzeption] 60 ff.; Meffert/Burmann/Kirchgeorg [Marketing] 244 ff.; Voeth/Herbst [Marketing-Management] 167 ff.). Zu Detailfragen der Zielbildung sei hier auf Modul 8, Abschnitt 8.2.2.1 und 8.5.1 verwiesen.

14.3.3 Strategieformulierung

Nur durch eine strategische Orientierung der Marketingentscheidungen kann ein Unternehmen den Herausforderungen der unternehmerischen Umwelt (z.B. geringes Wachstum, demografischer Wandel, Globalisierung, technologischer Fortschritt) erfolgreich begegnen.

Merksatz: **Strategy** can be defined as the determination of the basic long-term goals and objectives of an enterprise, and the adoption of courses of action and allocation of resources necessary for carrying out these goals. (Chandler [Strategy] 13).

Grundsätzlich existieren zwei „Philosophien", nach denen die Strategieformulierung erfolgen kann: Nach dem Resource Based View liegt der Erfolg eines Unternehmens in dessen Ressourcenausstattung begründet (Penrose [Growth of the firm] 24 ff.), weshalb sich die Strategieformulierung auch an dieser und vor allem den Kernkompetenzen eines Unternehmens auszurichten hat. Demgegenüber orientiert sich der Market Based View an den Markterfordernissen und fordert, den Aufbau von Unternehmensressourcen aus diesen abzuleiten. Beide Sichtweisen sollten bei der Formulierung von Marketing-Strategien Berücksichtigung finden. Zur Systematisierung von Markt-Strategien wird im Folgenden eine Unterscheidung zwischen Marktauswahl- und Marktbearbeitungs-Strategien vorgenommen.

14.3.3.1 Strategien der Marktauswahl (Marktfeldstrategien)

Mit der Marktauswahl legt ein Unternehmen die Wettbewerbsarena fest, in der es am Markt agieren möchte, wobei i.d.R. mehrere „Arenen" existieren. Diese verschiedenen Geschäftsfelder stellen einzelne Betätigungsfelder des Unternehmens dar und nehmen eine Zuordnung spezifische Leistungen des Unternehmens zu hierfür ansprechbaren Nachfragergruppen vor (Becker [Marketing-Konzeption] 148 ff.; Müller [Geschäftsfeldplanung] 761 ff.).

Definition:
Strategische Geschäftsfelder (SGF) sind relativ homogene Produkt-Markt-Kombinationen, die eine eigenständige Marktaufgabe erfüllen, über spezifische Konkurrenz verfügen und zur Lösung bestimmter Nachfragerprobleme geeignet sind (nach Hinterhuber [Stategisches Handeln] 150).

Die Definition des Geschäftsfeldes ist eng verbunden mit der Marktsegmentierung und mit der Bestimmung des relevanten Marktes. Allerdings werden SGF häufig auch aus einer unternehmensinternen, organisatorischen Perspektive definiert, um die Potenziale verschiedener SGF möglichst autonom steuern zu können. Zur Definition von Geschäftsfeldern hat im Marketing das Konzept von *Abell* ([Defining the Business] 22 ff.) die größte Bedeutung erlangt, das in besonderer Weise das „Denken in Nachfragerfunktionen" hervorhebt und die SGF-Bildung an drei Kernfragen orientiert:

1. Bedürfnisdimension (customer function): Welche Bedürfnisse haben Nachfrager, und durch welche Leistungseigenschaften können diese befriedigt werden (Funktionserfüllung)?
2. Abnehmergruppendimension (customer group): Wer hat bestimmte Bedürfnisse? Mit dieser Frage wird auch die Marktsegmentierung angesprochen.

3. Technologiedimension (technological dimension): Wie können die Nachfragerbedürfnisse „technisch“ befriedigt werden?

Zur Steuerung von Geschäftsfeldern wird meist die Portfolio-Analyse herangezogen (Hinterhuber [Strategisches Denken] 169 ff.; Kreikebaum/Gilbert/Behnam [Strategisches Management] 261 ff.). Der besondere Vorteil dieser Methodik liegt darin, dass alle SGF eines Unternehmens in einer Darstellung vergleichend abgebildet werden können und deren Steuerung (Zuteilung von Ressourcen, Risikoverteilung u.a.) aufgrund einer vom Unternehmen beeinflussbaren (internen) und einer nicht-beeinflussbaren (externen) Erfolgsgröße erfolgt. Je nach Wahl der Erfolgsdimensionen ergeben sich unterschiedliche Portfolio-Modelle (Tiefel/Frühbeißer [Portfolio-Ansätze] 85 ff.; Weiber/Pohl [Innovation und Marketing] Kap. 2.4).

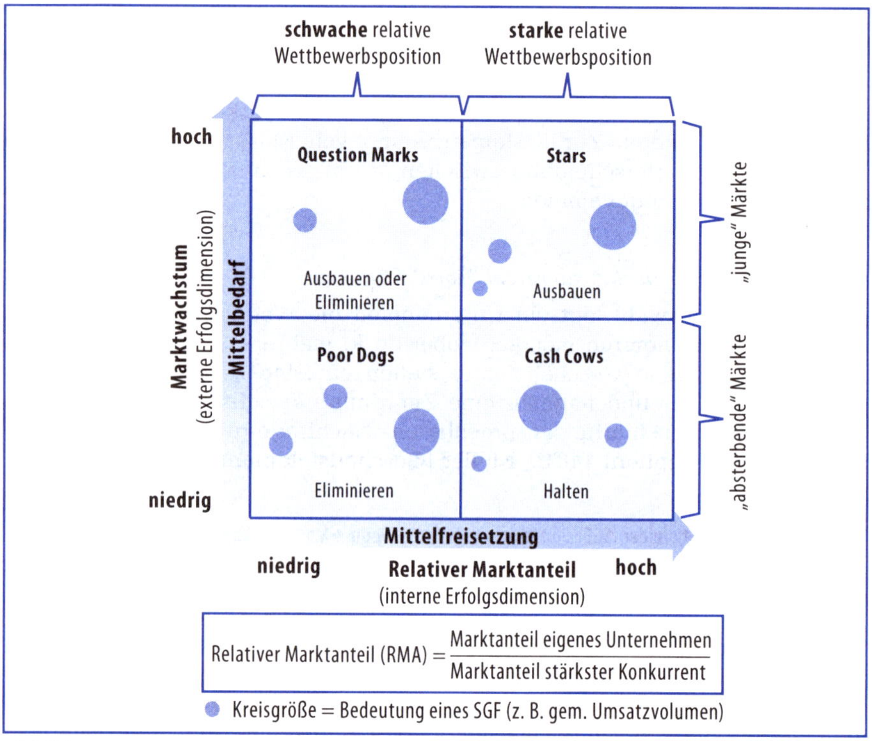

Abbildung 14.8: Portfolio-Konzept der Boston Consulting-Group (BCG-Portfolio)

Das erste und auch bekannteste Portfolio-Modell wurde von der Boston Consulting Group (BCG) entwickelt (Hedley [Business Portfolio] 9 ff.). Es positioniert SGF nach dem zu erwartenden Marktwachstum (externe Erfolgsgröße) und dem relativen Marktanteil. Letzterer wird als interne Erfolgsgröße interpretiert, da der Marktanteil durch die Leistungsfähigkeit eines Unternehmens beeinflusst werden kann, wobei die BCG auf die Fähigkeiten von Unternehmen zur Kostenreduktion über die Erfahrungskurve (geringe Herstellkosten →

bessere Marktpreise → höherer Marktanteil) abstellt (Backhaus/Schneider [Strategisches Marketing] 115 ff.).

Merksatz: Die **Erfahrungskurve** postuliert die kostensenkende Wirkung insb. von Lernprozessen, wobei als Indikator für „Lernen" die produzierte bzw. abgesetzte Menge herangezogen wird. Sie geht davon aus, dass mit jeder Verdopplung der im Zeitablauf kumulierten Absatzmenge die wertschöpfungsbezogenen Stückkosten potenziell um 20% bis 30% gesenkt werden können.

In den vier Felder des BCG-Portfolios gelten unterschiedliche Strategieempfehlungen (sog. Normstrategien): Während bei „Stars" und „Poor Dogs" die Strategieempfehlung aufgrund der relativen Wettbewerbsposition und der Marktentwicklung relativ eindeutig sind (Ausbauen bzw. Eliminieren), ist bei SGF im Bereich „Question Marks" eine Wachstumsstrategie nur sinnvoll, wenn hinreichende Chancen bestehen, die interne Erfolgskraft zukünftig zu stärken. SGF im Bereich „Cash Cows" erzeugen durch die starke relative Wettbewerbsposition und aufgrund des erreichten Marktstadiums nur geringen Mittelbedarfs positive Cash Flows und sind deshalb zu halten. Vor allem durch Cash Cows lassen sich Mittel über den Markt generieren, die dann z.B. für den Ausbau anderer SGF verwendet werden können.

Merksatz: Ein SGF-Portfolio sollte möglichst eine **Balance** in der Verteilung der SGF aufweisen, da nur so durch die Markttätigkeit im Ergebnis mehr (oder zumindest gleichviele) Mittel erzeugt werden können als für die Investitionen in andere SGF benötigt werden.

14.3.3.2 Strategien der Marktbearbeitung

Nach erfolgter Marktauswahl ist über die Frage der Marktbearbeitung zu entscheiden (Becker [Marketing-Konzeption] 179 ff.; Backhaus/Schneider [Strategisches Marketing] 84 ff.). Im Folgenden werden die grundsätzlichen Aussagen von Marktbearbeitungs-Strategien vorgestellt, die dann aber auf die gewählten Marktfelder abzustimmen und durch entsprechende Ressourcenzuweisungen zu unterstützen sind.

Die größte Bedeutung für die Marktbearbeitung besitzt die Marktstimulierungsstrategie, die nach *Porter* ([Wettbewerbsstrategie] 78 ff.) zwei generische Ausprägungen aufweist:

1. Differenzierung (Qualitätsführerschaft; Präferenzstrategie):
   zielt auf die Schaffung von Präferenzen durch spezifische Angebote und bessere Qualitäten, womit tendenziell aber nur ein kleiner Marktanteil erzielbar ist.
2. Kostenführerschaft (Preis-Mengen-Strategie):
   zielt auf die Nutzung von Kostensenkungseffekten z.B. durch die Erfahrungskurve und ist tendenziell nur bei großen Marktanteilen möglich.

Beide Strategien erfordern unterschiedliche Ressourcenpotenziale und Ausgestaltungen der internen Prozesse, weshalb *Porter* eine Konzentration auf eine der beiden Strategien empfiehlt. Ansonsten besteht die Gefahr, sich „zwischen die Stühle" (stuck in the middle) zu setzen, was mit deutlichen Gewinneinbußen verbunden ist. Grafisch wir dieser Zusammenhang durch einen U-förmigen Verlauf des Gewinns in Abhängigkeit des Marktanteils (sog. Portersche-

U-Kurve) verdeutlicht. Die von *Porter* postulierte Dichotomie (besser oder billiger) erscheint aber zu apodiktisch, und insb. die technologischen Entwicklungen erlauben heute auch das gleichzeitige Verfolgen beider Strategien (z.B. Mass Customization), was als „hybride Strategien" bezeichnet wird (Backhaus/Schneider [Strategisches Marketing] 164 ff.).

Neben der Marktstimulierung erlangt auch die Markttimingstrategie zunehmend zentrale Bedeutung für den Markterfolg. Neben dem Grundproblem „Marktpionier oder Marktfollower?" (Fischer/Himme [Timing] 422 ff.) gewinnt hier vor allem die Frage an Bedeutung, wie angesichts verknappender Zeit (z.B. kurze Produktlebenszyklen; Schnelllebigkeit des Konsums) die „Zeit-Opportunitätskosten" reduziert werden können und eine Zeit-Führerschaft erreicht werden kann (Backhaus/Schneider [Strategisches Marketing] 149 ff.).

Merksatz: Auf jungen und schnell wachsenden Märkten existiert häufig eine **Zeitfalle**, da die Lebensdauer der Produkte oft nicht ausreicht, um die Entwicklungskosten zu amortisieren.

Weitere strategische Grundsatzentscheidungen stellen die Marktareal- und Kooperationsstrategie dar: Die Marktarealstrategie entspricht bei alleiniger Bearbeitung des Inlandsmarktes der Marktsegmentierungsstrategie (vgl. Abschnitt 14.2.4.2) und erweitert sich erst bei geographischer Marktexpansion auf die Frage der multinationalen (Auswahl von Ländermärkten) oder globalen Marktbearbeitung (Backhaus/Voeth [Internationales Marketing] 63 ff.; Zentes/Swoboda/Schramm-Klein [Internationales Marketing] 49 ff.). Überlegungen zu einer Kooperationsstrategie werden relevant, wenn Unternehmen aufgrund von mangelnden Ressourcen, unzureichendem Know how, fehlenden Marktzugängen usw. eine alleinige Marktbearbeitung nicht vornehmen können und deshalb nach Kooperationspartner suchen müssen.

14.4 Gestaltung der Marketing-Instrumente

Vor dem Hintergrund der formulierten Marketing-Strategien ist es Aufgabe des operativen Marketings, geeignete Marketing-Programme (Transaktionsdesigns) zu entwickeln, die die strategischen Ausrichtungen auf die spezifischen Marktgegebenheiten abstimmen. Die im Rahmen der Marktanalyse (Abschnitt 14.2) gewonnenen Informationen bilden deshalb auch hier die Basis für entsprechende Gestaltungsüberlegungen. Zentrale Bedeutung bei der Entwicklung von Marketing-Programmen kommt der Gestaltung der absatzpolitischen Instrumente zu. Sie dienen als operatives Instrument der Realisierung der festgelegten Marketing-Strategien.

Merksatz: Die **Marketing-Instrumente** umfassen traditionell die Produkt-, die Preis-, die Kommunikations- und die Distributionspolitik, die in Anlehnung an McCarthy ([Basic Marketing]) auch als „Four Ps" (Product, Price, Promotion, Place) bezeichnet werden.

Die Marketing-Instrumente dürfen nicht isoliert voneinander betrachtet werden, da z.B. produktpolitische Überlegungen stets auch preispolitische Konsequenzen beinhalten und umgekehrt. In der konkreten Anwendung sind die Instrumente deshalb aufeinander abzustimmen, was sich im sog. Marketing-Mix niederschlägt.

Definition:
Als **Marketing-Mix** wird die zieladäquate Kombination der einzelnen Marketing-Instrumente, d.h. das zu einem bestimmten Zeitpunkt bzw. für einen bestimmten Zeitraum festgelegte Aktivitätsniveau der Instrumente, bezeichnet.

Im Folgenden konzentrieren sich die Darstellungen auf die zentralen Aufgabenfelder bei der Gestaltung der Marketing-Instrumente (vgl. Abbildung 14.9). Zu den dabei relevanten vielfältigen Detailfragen muss der Leser auf die Darstellungen in den einschlägigen Marketing-Lehrbüchern (z.B. Homburg [Marketingmanagement]; Meffert/Burmann/Kirchgeorg [Marketing]; Voeth/Herbst [Marketing-Management]) oder der Fachliteratur verwiesen werden.

Abbildung 14.9: Zentrale Aufgabenfelder der Marketing-Instrumente im Marketing-Mix

Da Marketing-Programme immer auf die spezifische Transaktionssituation abgestellt werden sollten, werden in Abschnitt 14.5 am Beispiel von vier Transaktionstypen, die für alle sektoralen Marketing-Ansätze hohe Relevanz besitzen, typische Kundenanforderungen herausgestellt und hierauf abgestimmte Anpassungserfordernisse in den Marketing-Programmen aufgezeigt.

14.4.1 Produktpolitik

Die Produktpolitik kann als „Herzstück des Marketings" bezeichnet werden, da hier die Leistungen eines Unternehmens konzipiert werden, mit denen es im Wettbewerb erfolgreich sein möchte. Um langfristig die Wettbewerbsfähigkeit sicherzustellen, ist die zentrale Zielsetzung der Produktpolitik eine ggü.

der Konkurrenz überlegene Ausrichtung des Angebots an den Bedürfnissen der Nachfrager zu erreichen.

Definition:
Die **Produktpolitik** umfasst alle Entscheidungen und Maßnahmen, die sich auf die marktgerechte Gestaltung der vom Unternehmen angebotenen Leistungen beziehen.

Die zentralen Aufgaben der Produktpolitik liegen in der sachlichen und der zeitlichen Gestaltung des Leistungsangebotes.

(I) Sachliche Produktgestaltung

Nach *Kotler* hat die Produktgestaltung im Hinblick auf drei Dimensionen zu erfolgen (Kotler et al. [Marketing] 588 f.):

- Das Kernprodukt umfasst die physischen oder funktionalen Eigenschaften einer Leistung, durch die die originäre Kaufintension eines Nachfragers und damit der Basisnutzen befriedigt wird.
- Das Reale Produkt (vormals: formales Produkt) ergänzt das Kernprodukt um weitere nutzenstiftende Eigenschaften wie z.B. Produktqualität, Produktfunktionalität, Design, Verpackung oder die Produktmarke und erzeugt dadurch **Zusatznutzen.**
- Das Erweitere Produkt ergänzt das Kern- und Reale Produkt vor allem um produktbegleitende Dienstleistungen (z.B. Gewährleistung, Garantien, Hotline, Zahlungsziele) und hat zum Ziel, nochmals eine Nutzensteigerung herbeizuführen (Erbauungs-/Geltungsnutzen).

Die drei Produktdimensionen formen in der Summe das Leistungsbündel, das ein Anbieter am Markt offeriert.

Merksatz: Nachfrager kaufen nicht (technische) Eigenschaftsbündel, sondern ein **Bündel nutzenstiftender Elemente.**

Obwohl das Kernprodukt für die Erfüllung des Basisnutzen entscheidend ist, so gilt doch meist die *Levitt* ([Marketing Myopia] 55) zugeschriebene Aussage: „Kunden wollen keinen Bohrer, sie wollen Löcher in der Wand". Das bedeutet, dass sich wichtige Nutzenelemente, für die Kunden meist auch eine zusätzliche Zahlungsbereitschaft aufweisen, erst aus dem realen oder dem erweiterten Produkt ergeben. Es geht folglich um die Verknüpfung von allen für einen Nachfrager relevanten Produkteigenschaften zu einem Leistungsbündel mit dem Ziel, eine möglichst hohe Nutzenstiftung zu erreichen.

Merksatz: Das Kernprodukt liefert oft nur die **„Eintrittskarte für den Wettbewerb"**. Differenzierungen ggü. der Konkurrenz sind meist nur durch das Reale und das Erweiterte Produkt zu erreichen.

Sowohl bei der Integration von Dienstleistungselementen in ein Leistungsbündel als auch bei einer Leistungsindividualisierung liegt die Produktgestaltung nicht mehr allein und autonom beim Anbieter, sondern der Kunde muss in den Erstellungsprozess eingebunden werden, was auch als Kundenintegration bezeichnet wird (Kleinaltenkamp [Kundenintegration] 350 ff.; Fließ [Kundenintegrationsprozesse] 13 ff.).

Definition:

Kundenintegration bezeichnet die Einbindung eines Kunden in den Leistungserstellungsprozess eines Anbieters. Der Kunde wird damit zum externen Produktionsfaktor **(sog. Externer Faktor)**, wodurch er in die Dispositionssphäre des Anbieters hineinwirkt.

Die Gestaltung einer solchen integrativen Leistungserstellung erfolgt in Anlehnung an die Dienstleistungsforschung (Corsten/Gössinger [Dienstleistungsmanagement] 21 ff.; Fließ [Dienstleistungsmanagement] 20 ff.; Kleinaltenkamp [Integrativität] 84 ff.) in drei Phasen:

- Leistungspotenzial: Umfasst alle Produktionsfaktoren, über die ein Anbieter autonom disponieren kann und die er benötigt, um überhaupt Angebote offerieren zu können (sog. Leistungsbereitschaft des Anbieters).
- Leistungserstellungsprozess: Umfasst die Kombination von anbieterseitigen (internen) und kundenseitigen Produktionsfaktoren. Typische Produktionsfaktoren, die vom Kunden in die Leistungserstellung eingebracht werden, sind z.B. seine Person selbst, sachliche Objekte oder Informationen.
- Leistungsergebnis: Bezeichnet das am Ende der integrativen Leistungserstellung erzeugte Resultat (Leistungsbündel).

Das Zusammenwirken von Anbieter und Nachfrager im Leistungserstellungsprozess führt auf der Anbieterseite zu einer besonderen Koordinationsproblematik, deren Lösung Effektivität und Effizienz der jeweiligen Leistungserstellung und die Qualität des endgültigen Leistungsergebnisses maßgeblich bestimmt. Da die Mitwirkung des Kunden im Hinblick auf Eingriffstiefe, -intensität und -dauer sehr unterschiedlich ausfallen kann, muss der Anbieter über eine entsprechende Flexibilität verfügen, um den sehr unterschiedlichen Koordinationserfordernissen gerecht werden zu können (Burmann [Flexibilität] 504 ff.). Die integrative Leistungserstellung bedingt, dass zum Kaufzeitpunkt „das Produkt" noch nicht bzw. nicht vollständig existent ist, womit ein individuelles Leistungsbündel immer auch mit Leistungsversprechen des Anbieters verbunden ist. Deren Erfüllung kann der Käufer aber erst mit Vorliegen des Leistungsergebnisses prüfen (Dominanz von Erfahrungs- und Vertrauenseigenschaften), wodurch die Kaufunsicherheit für den Nachfrager deutlich erhöht ist. Hier ist vor allem die Kommunikationspolitik gefordert, die Unsicherheit durch eine geeignete Informationspolitik zu reduzieren (vgl. Abschnitt 14.4.4). Zur Unsicherheitsreduktion können aber auch die Eigenschaften im Leistungsbündel selbst z.B. durch Qualitätszertifikate (Reales Produkt) oder Garantien (Erweitertes Produkt) einen wichtigen Beitrag liefern. Ebenfalls kann Vertrauen durch eine Marke geschaffen bzw. vertieft werden (Sattler/Völckner [Markenpolitik] 21 ff.). Eine Marke besitzt eine klare Signaling-Funktion des Anbieters ggü. seinem Kunden. Sie gibt dem Nachfrager Orientierung, kann Vertrauen auf- und damit Kaufunsicherheit abbauen und bieten dem Käufer somit „Added Values".

Definition:

Eine **Marke** ist allgemein ein Nutzenbündel mit spezifischen Merkmalen, die dafür sorgt, dass sie sich ggü. anderen Nutzenbündeln, die dieselben Basisbedürfnisse befriedigen, aus Sicht der relevanten Zielgruppen nachhaltig differenziert (nach Burmann/Halaszovich/Hemmann [Markenführung] 28).

Aufbau, Gestaltung und Etablierung von Marken werden deshalb auch als strategischer Schlüsselfaktor für den Markterfolg gesehen. In Form von Familien- oder Dachmarken können sie gerade bei Leistungsversprechen die Kompetenz eines Anbieters transportieren und dadurch auch zur Reduktion der Kaufunsicherheit beitragen (Esch [Markenführung] 360 ff.).

(II) Zeitliche Produktgestaltung

Die Zeit, in der Produkte am Markt zum Verkauf angeboten werden, wird als Produktlebenszyklus bezeichnet. Im Verlauf dieser Marktpräsenszeit kommt es meist zu Veränderungen sowohl auf der Nachfragerseite (veränderte Anforderungen) als auch der Konkurrenzseite, auf die die Produktpolitik reagieren muss. Die dabei relevanten Optionen werden auch als produktpolitische Handlungsmöglichkeiten bezeichnet. Entsprechend dem zeitlichen Verlauf des Produktlebenszyklus werden die grundlegenden Optionen in Produktentwicklung (Produktinnovation), Produktvariation, Produktdifferenzierung und Produkteliminierung unterschieden.

Produktentwicklung (Produktinnovation)

Insb. die schnellen technologischen Entwicklungszyklen und der immer höhere E-Share von Produkten (vgl. Abschnitt 14.1.2) führen dazu, dass das schnelle Hervorbringen von Produktinnovationen im Rahmen der Produktentwicklung für viele Unternehmen die Basis für deren Überlebensfähigkeit bildet.

Definition:

Produktentwicklung bezeichnet die Entwicklung und Einführung eines **neuen** oder **deutlich verbesserten** Produktes, mit dem ein Anbieter bisher nicht am Markt vertreten war.

Neuprodukte sind nur dann mit Produktinnovationen gleichzusetzen, wenn deren Neuartigkeit auch von den Nachfragern wahrgenommen wird. Häufig fällt es Unternehmen schwer, Neuproduktideen in am Markt erfolgreiche Produktinnovationen zu überführen. Mit dieser Problematik setzt sich das Innovationsmanagement durch die systematische Analyse des Innovationsprozesses auseinander (Hauschildt/Salomo [Innovationsmanagement]; Weiber/Pohl [Innovation und Marketing]). Dieser unterteilt den Weg von der Neuproduktidee bis zur Markteinführung in verschiedene Phasen. Für jede Phase existieren Methoden, die bei geeignetem Einsatz den späteren Markterfolg begünstigen können. Aus Marketingsicht besonders bedeutsam sind die Ansätze der Integration des Nachfragers in den Innovationsprozess. Dazu zählen Konzepte wie z.B. Lead User-Management, Open Innovation oder Communities of Innovation. Der gemeinsame Grundgedanke besteht darin, dass durch frühzeitige Berücksichtigung von Kundenanforderungen (Schäppi [Produktplanung] 269 ff.) ein neues Produkt so entwickelt und gestaltet werden kann, dass es wichtige nutzenstiftende Eigenschaften enthält und so Wettbewerbsvorteile erzielt werden können.

Produktvariation, -differenzierung und -eliminierung

Im Verlauf der Marktpräsenzzeit eines Produktes treten meist vielfältige Marktveränderungen auf, worauf mit entsprechenden Produktanpassungen reagiert werden muss, damit ein Produkt konkurrenzfähig bleibt. Außerdem kann dadurch auch die Lebenszeit verlängert werden.

Definition:
Produktvariation bezeichnet die Anpassung eines Produktes an veränderte Marktbedingungen, während bei **Produktdifferenzierungen** mehrere Produktvarianten zeitlich parallel angeboten werden.

Bei der Produktvariation bleibt das Kernprodukt erhalten, und Anpassungen erfolgen z.B. vor dem Hintergrund der Produktpflege (z.B. Behebung von Produktmängeln) oder der Anpassung an veränderte Kundenpräferenzen. Bei der Produktdifferenzierung ist zwischen technischer und psychologischer Differenzierung zu unterscheiden: Bei erster handelt es sich meist um Veränderungen technischer Produkteigenschaften, während zweite meist über kommunikationspolitische Maßnahmen erfolgt. Produktdifferenzierungen werden häufig vorgenommen, um sich an segmentspezifische Besonderheiten anzupassen. Ebenso zählt auch der Ansatz der Mass Customization zur Produktdifferenzierung, der auf Leistungsindividualisierungen in Massenmärkten abzielt (Piller [Mass Customization] 154 ff.). Schließlich bedeutet die Produkteliminierung das Entfernen eines Produktes vom Markt, was immer dann in Erwägung gezogen werden sollte, wenn ein Produkt nicht mehr profitabel vermarktet werden kann.

14.4.2 Preispolitik

Die Preispolitik zählt zu den „schärfsten Marketingwaffen" und den „stärksten Gewinntreibern" (Diller [Preispolitik] 21), weshalb ihr im Marketing-Mix eine besondere Bedeutung beizumessen ist. Während die übrigen Marketing-Instrumente auf die Wahrnehmung und Beurteilung einer angebotenen Leistung positiv auf den Kunden einwirken sollen, ist der Preis aus Kundensicht oft das „Opfer", das er für den Erwerb einer Leistung erbringen muss.

Definition:
Die **Preispolitik** umfasst alle Entscheidungen und Maßnahmen, die sich auf die marktorientierte Gestaltung des Preis-Leistungsverhältnisses beziehen.

Allgemeine Ziele der Preispolitik sind etwa Gewinnsteigerung, Marktanteilssteigerung (z.B. durch das Setzen eines niedrigen Preises) oder die Verdrängung von Konkurrenten. Aber auch eine Positionierung als Anbieter mit Premiumqualität kann durch die Preispolitik erreicht werden.

Merksatz: Der **Preis** bildet sich als Quotient aus **(Entgelt/Leistung)**, womit die Preispolitik eine starke Interdependenz insb. zur Produktpolitik aufweist.

Die zentralen Aufgaben der Preispolitik liegen in der Preisfindung und der Preisgestaltung.

(I) Preisfindung

Ansätze zur theoretischen Preisbestimmung wurden vor allem in Abhängigkeit der Marktformen entwickelt (Wied-Nebbeling [Preistheorie] 3 ff.). Hierzu zählen etwa die Monopol- (ein Anbieter), die Oligopol- (wenige Anbieter) und die Polypol-Preisbildung (viele Anbieter). Demgegenüber lassen sich aus Praxissicht – bei Orientierung am Marketing-Dreieck (Abbildung 14.2) – drei zentrale Preisbildungsansätze unterscheiden (Diller [Preispolitik] 309 ff.; Meffert/Burmann/Kirchgeorg [Marketing] 513 ff.), Pohl [Preisbildung] 1084 ff.):

- Kostenorientierte Preisfindung:
  Der geforderte Preis soll die mit der Leistungserstellung verbundenen Kosten voll- oder zumindest teilweise decken. Dabei wird der Preis häufig mittels Cost-Plus-Methode gebildet, bei der auf die angefallenen betrieblichen Kosten ein Aufschlag erhoben wird. Der Nachteil besteht hier darin, dass marktbezogene Bestimmungsgrößen wie Preisbereitschaften und Wettbewerbspreise nicht oder allenfalls indirekt beachtet werden und somit die Gefahr nicht marktfähiger Preissetzungen besteht.
- Konkurrenzorientierte Preisfindung:
  Hier orientiert ein Anbieter seine Preisfindung überwiegend an den Konkurrenzpreisen, was meist auf oligopolistischen Märkten zu beobachten ist. Da unter oligopolistischen Bedingungen Preisveränderungen „spürbar" für die Konkurrenz sind, sollten bei der Preissetzung stets die darauf zu erwartenden Konkurrenzreaktionen beachtet und antizipiert werden. Insb. bei als relativ homogen wahrgenommenen Leistungen sind solche Überlegungen sinnvoll, da hier der Preis meist das dominante Kaufkriterium ist. Häufig entsteht in diesen Fällen ein aggressiver Verdrängungswettbewerb. Allerdings ist auch eine „friedliche Co-Existenz" denkbar, wobei diesem Verhalten jedoch wettbewerbsrechtlich enge Grenzen gesetzt sind.
- Nachfragerorientierte Preisfindung:
  Die Nutzenstiftung von Leistungen aus Nachfragersicht steht hier im Vordergrund. Zu beachtende Größen sind in diesem Fall z.B. Preisbereitschaften, Reaktionen der Nachfrager auf Preisänderungen sowie die Möglichkeiten zu Preisdifferenzierungen. Informationen hierzu liefert die Marktforschung z.B. durch Kunden- oder auch Expertenbefragungen.

Die Unternehmenspraxis verfolgt meist ein Mix aus obigen Methoden, wobei aber der nachfrageorientierten Preisfindung die größte Bedeutung beizumessen ist. Zentrale Beachtung muss bei der Preisfindung die aus der Preissetzung zu erwartende Wirkung auf die Nachfragerseite finden. Für die Abschätzung dieser Wirkungen besitzt die Preis-Absatz-Funktion (PAF) eine herausragende Bedeutung, die sich durch Aggregation individueller maximaler Zahlungsbereitschaften ermitteln lässt.

Die PAF beschreibt die Nachfragerreaktion auf Preisänderungen und kann empirisch sehr unterschiedliche, meist fallende, Verläufe annehmen (Voeth/Niederauer [Preisabsatzfunktionen] 1075 ff.). Der Einfluss, den Preisveränderungen auf den Absatz ausüben, wird üblicherweise durch die Preiselastizität der Nachfrage erfasst. Dabei ergeben sich ceteris paribus bei Preissenkungen in Abhängigkeit der Preiselastizität der Nachfrage folgende Wirkungen:

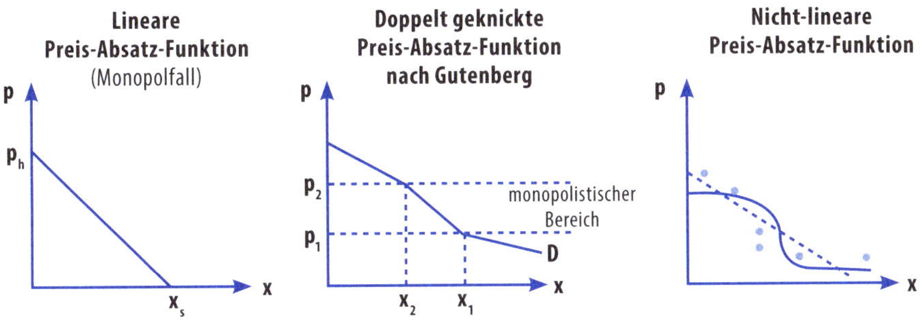

$$\text{Preiselastizität der Nachfrage } (\eta) = \frac{\text{relative Absatzänderung } (\Delta X)}{\text{relative Preisänderung } (\Delta P)}$$

Abbildung 14.10: Grundlegende Preis-Absatz-Funktionen

– Elastische Nachfrage ($|\eta| > 1$)): $\Delta X > \Delta P \rightarrow$ Umsatzsteigerungen
– Unelastische Nachfrage ($|\eta| < 1$): $\Delta X < \Delta P \rightarrow$ Umsatzeinbußen

Bei Preiserhöhungen kehren sich die Wirkungen gerade um. Bei bekannter PAF kann durch Multiplikation mit dem Preis leicht der Umsatzverlauf berechnet werden. Ist die PAF bekannt, so lassen sich unter Berücksichtigung der Kosten der Gewinnverlauf und daraus auch der gewinnmaximale Preis bestimmen. Die PAF unterstellt, dass ein Anbieter den Preis beliebig setzen kann, was theoretisch aber nur im Monopolfall gegeben ist. Aus Marketingsicht können Anbieter eine „Monopolstellung" aber auch dann erreichen, wenn Nachfrager ihre Leistungen als überlegen wahrnehmen und sie dadurch ein Alleinstellungsmerkmal (USP) erzielen. Die hierzu erforderlichen Fähigkeiten wurden von *Gutenberg* ([Der Absatz] 243) als akquisitorisches Potenzial bezeichnet, das sich aus einer kundenadäquaten Gestaltung des Marketing-Programms ergibt. Das akquisitorisches Potenzial reduziert die Preissensibilität der Kunden, und es entsteht ein Intervall preispolitischer Autonomie mit hoher Kundenbindung (sog. monopolistischer Bereich), was *Gutenberg* in seiner „doppelt-geknickten-PAF" ([Der Absatz] 246 ff.; 290 ff.) verdeutlicht hat (vgl. Abbildung 14.10). Bei hoher Markttransparenz und Substituierbarkeit von Gütern ist der „Wert" dieses Bereichs allerdings eingeschränkt.

(II) Preisgestaltung (Preisdifferenzierung)

Nachfrager weisen häufig unterschiedliche Preisbereitschaften für die gleiche Leistung auf. Verlangt ein Anbieter für seine Leistung einen Einheitspreis, so können Nachfrager, deren Zahlungsbereitschaften über dem Preis liegen, eine sog. Konsumentenrente erzielen (Abbildung 14.11).

Merksatz: Ziel der **Preisdifferenzierung** ist die Gewinnsteigerung durch das Setzen unterschiedlicher Preise für identische Leistungen. Dadurch können **Konsumentenrenten** am Markt abgeschöpft werden.

Um Preisdifferenzierungen erfolgreich durchführen zu können, müssen Nachfrager mit unterschiedlichen Preisbereitschaften isoliert werden können, d.h. es müssen sich preisbezogene Marktsegmente bilden lassen. Ist das gegeben,

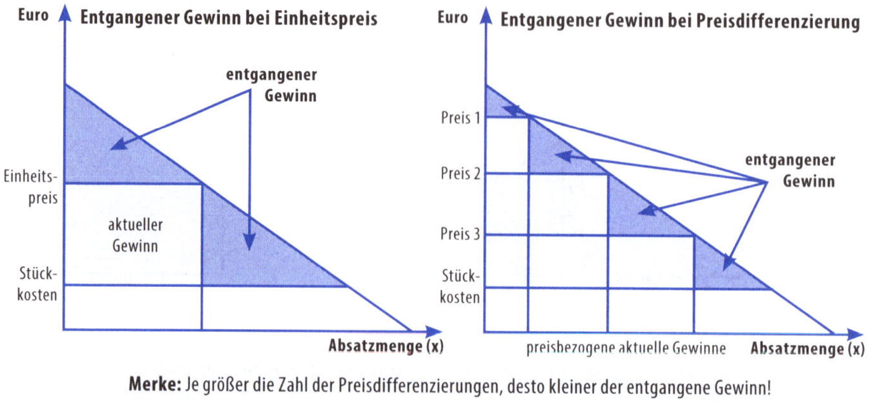

Abbildung 14.11: Abschöpfung von Konsumentenrenten durch Preisdifferenzierung

so können Preisdifferenzierungen in unterschiedlichen Formen vorgenommen werden. Nach *Pigou* ([Economics] 279) wird zwischen drei Graden der Preisdifferenzierung unterschieden, die in Abbildung 14.12 anhand von Beispielen verdeutlicht werden (Diller [Preispolitik] 229; Simon/Fassnacht [Preismanagement] 263 ff.).

Preisdifferenzierung ersten Grades (Preisindividualisierung)		
– Preisverhandlungen	– Auktionen	– ...
Preisdifferenzierung zweiten Grades		
leistungsbezogen	**mengenbezogen**	**Preisbundling**
– Abhol- vs. Lieferpreise – Sitzplatzkategorien – ...	– Mengenrabatte, Boni – mehrstufige Tarife – Flatrate ...	– Set-Preise – Pauschalpreise – Zubehörpakete ...
Preisdifferenzierung dritten Grades		
personelle	**räumliche**	**zeitliche**
– Studenten – Beamten – Senioren ...	– Bahnhofspreise – Kioskpreise – Discounterpreise ...	– Wochenendtarife – Nachttarife – Saisonpreise ...

Abbildung 14.12: Beispiele zu unterschiedlichen Formen der Preisdifferenzierung

Darüber hinaus erlaubt auch die sog. Konditionenpolitik (Kontrahierungspolitik), durch die Gewährung von Rabatten, Skonti, Absatzkrediten, Zahlungsbedingungen usw. Zahlungsbereitschaften von Nachfragern differenzierter abzuschöpfen. Dadurch sollen spezifische Nachfragerverhaltensweisen, wie die Auslösung eines Kaufimpulses oder der Erwerb bestimmter Absatzmengen, begünstigt werden.

Eine bedeutende Form der zeitlichen Preisdifferenzierung stellen dynamische Preisstrategien dar (Pohl/Lampach [Dynamisches Pricing] 147 ff.), wobei hier die Penetrations- und die Skimming-Strategie herausgestellt seien:

- Penetrationsstrategie: Mit einem bei Marktstart niedrigen Preis wird versucht, eine möglichst schnelle Marktdurchdringung zu erreichen und so preisliche Markteintrittsbarrieren für mögliche Konkurrenten zu schaffen. Bei dieser Strategie wird der Idee der Erfahrungskurve gefolgt.
- Skimmingstrategie: Entsprechend dem Marktzyklus wird bei zeitlich aufeinanderfolgenden Nachfragergruppen eine unterschiedlich hohe Preisbereitschaft vermutet. Dieser wird die Preissetzung jeweils angepasst. Ziel ist es, die Preissensibilität der Nachfrager auszunutzen und die unterschiedliche Preisbereitschaft dieser „zeitlichen Preissegmente" abzuschöpfen.

14.4.3 Distributionspolitik

Die Distributionspolitik stellt die Übermittlung der Produkte zur richtigen Zeit an den richtigen Kaufort (Point of Sale) sicher und erlangt dadurch auch zentrale Bedeutung für die Akquisition. In der Unternehmenspraxis wird sie deshalb häufig auch als Vertriebspolitik bezeichnet.

Definition:
Die **Distributionspolitik** umfasst alle Entscheidungen und Maßnahmen, die sich auf den Weg eines Produkts zum Nachfrager beziehen.

Die zentrale Zielsetzung der Distributionspolitik liegt nicht nur in der lückenlosen Versorgung der Nachfrager mit gewünschten Leistungen, sondern auch in der Präsentation der Produkte. Nach *Ahlert* ([Distributionspolitik] 21) ist es die Aufgabe der Distributionspolitik, den „Absatzgütern *physische und kommunikative Präsenz im Absatzmarkt* zu verschaffen", woraus sich eine Zweiteilung der Distributionspolitik in die akquisitorische und die physische Distribution ergibt.

(I) Akquisitorische Distribution

Die akquisitorische Distribution betrifft den Warenverkaufsprozess und erfordert Entscheidungen über die Absatzkanäle und das Management des Vertriebssystems. Bei der Absatzkanalentscheidung (Vertriebswege) wird über die Einschaltung von Absatzmittlern entschieden.

Merksatz: Zum **Vertrieb** gehört das Tätigen von Verkaufsabschlüssen und damit Aktivitäten wie z.B. Produktpräsentation, Kaufberatung oder Kaufverhandlungen, woraus sich die Bezeichnung **„akquisitorische Distribution"** ableitet.

Beim Direktvertrieb tritt der Hersteller durch den Einsatz von Außendienstmitarbeitern, Verkaufsniederlassungen, Key Account-Managern, E-Commerce-Plattformen usw. in unmittelbaren Kontakt zu den Nachfragern. Dadurch besteht hier eine große Schnittmenge zur Direktkommunikation. Beim indirekten Vertrieb hingegen wird der Handel als intermediäre Marktstufe eingeschaltet. Die Entscheidung über den „richtigen" indirekten Vertrieb beinhaltet vielfältige Einzelprobleme, die nicht nur die Betriebsformen des Einzelhandels (z.B. Fachhandel, Discounter, Einkaufszentren, Versandhäuser) betreffen (Zentes/Swoboda/Foscht [Handelsmanagement] 323 ff.), sondern bis hin zu Fragen der

Ladengestaltung (Point of Sale) reichen. Nach der Entscheidung über die vertikale Struktur (direkter versus indirekter Vertrieb) folgt eine horizontale Strukturentscheidung bzgl. der Anzahl der ausgewählten Absatzmittler bzw. Vertriebsorgane pro Stufe (Breite und Tiefe des Absatzkanals). Dabei ist zu beachten, dass die Verwendung unterschiedlicher Kanäle auch zu Problemen führen kann: So können bspw. unterschiedliche Absatzkanäle im Wettbewerb um den gleichen Kunden stehen oder sich Konflikte aus unterschiedlichen Botschaften, Preisen usw. in den Kanälen ergeben.

Management des Vertriebssystems

In der Unternehmenspraxis besitzt das Vertriebsmanagement herausragende Bedeutung, da der Verkauf die „Speerspitze des Marketings" und die Brücke des Unternehmens zum Markt bildet (Witt [Verkaufsmanagement] 1 ff.).

Merksatz: In der Unternehmenspraxis wird der **Vertrieb (Sales)** häufig getrennt vom Marketing verstanden und das **Marketing** nicht selten auf die Kommunikation beschränkt.

Auch beim Vertriebsmanagement ist zwischen direktem und indirektem Vertrieb zu differenzieren: Beim direkten Vertrieb steht das Management des eigenen Verkaufspersonals im Zentrum. Dabei besitzt der Aspekt einer erfolgsorientierten Führung (vgl. Modul 10) der Vertriebsmitarbeiter herausragende Bedeutung. Die Einzelfragen reichen hier von der Rekrutierung über die Gestaltung der Anreizsysteme und Verkaufstechniken bis hin zur Leistungsbeurteilung (Albers/Krafft [Vertriebsmanagement] 159 ff.). Beim indirekten Vertrieb gilt es, aufgrund des fehlenden direkten Kontaktes des Herstellers zum Endabnehmer, Entscheidungen in Abstimmung mit den Vertriebspartnern zu treffen. Vor allem durch „Efficient Consumer Response (ECR)" wird versucht, eine Optimierung der gesamten Anbieterkette von Hersteller über den Handel bis hin zum Nachfrager (sog. Supply Chain) zu erreichen (Zentes/Swoboda [Hersteller-Handels-Beziehungen] 1063 ff.). Kern ist dabei die Orientierung aller Beteiligten an den Nachfragerwünschen und eine daraus abgeleitete inner- und zwischenbetriebliche Optimierung der Warenflüsse (sog. Efficient Replenishment) sowie eine bedürfnisgerechte Angebotsgestaltung (sog. Category Management).

(II) Physische Distribution (Marketing-Logistik)

Die physische Distribution betrifft die Warenverteilungsprozesse und ist damit Teil des logistischen Systems des Unternehmens, weshalb hier auch von Marketing-Logistik gesprochen wird. Sie stellt die Verbindung von der Produktions- zur Absatzseite her und umfasst alle Aktivitäten, die den Güterfluss von im Unternehmen fertiggestellten Leistungen bis zum letzten Punkt im Absatzkanal (endgültiger Kunde) betreffen.

Merksatz: Die **Marketing-Logistik** hat die Aufgabe, entsprechend der Nachfrage die richtige Leistung in der richtigen Menge zum richtigen Zeitpunkt an den richtigen Ort zu minimalen Kosten zu bringen.

Folgende Aktivitäten im Bereich der Marketing-Logistik können als grundlegend herausgestellt werden (Specht/Fritz [Distributionsmanagement] 115 ff.):

- Planung der Transportwege und -verfahren
- Tourenplanung, Tramsportmitteleinsatz und Lieferterminplanung
- Standortwahl und das Bestandsmanagement der Distributionslager
- Planung und Gestaltung der Lagerhäuser
- Verpackung
- Auftragsabwicklung

Der Fokus liegt dabei auf der Effizienz und der Kostenminimierung im Logistiksystem. Allerdings besteht auch hier durch die Ausgestaltung eines kundenorientierten Lieferservices im Hinblick auf Lieferzeit, Lieferbereitschaft, Lieferflexibilität usw. eine „akquisitorische Funktion". Für Unternehmen der Logistikbranche (Paketzusteller u. a.) oder für Versandhändler wie Amazon oder Otto ist der exzellente Lieferservice sogar der zentrale Erfolgsfaktor ihrer Geschäftstätigkeit.

14.4.4 Kommunikationspolitik

Die besondere Bedeutung der Kommunikationspolitik im Rahmen des Marketing-Mix liegt darin begründet, dass sie im Sinne des Unternehmens beeinflussen möchte und maßgeblich die Wahrnehmung der Nachfrager im Hinblick auf die von einem Anbieter angebotenen Leistungen bestimmt.

Definition:
Die **Kommunikationspolitik** umfasst alle Entscheidungen und Maßnahmen, die sich auf die bewusste Gestaltung der Informationsübertragung eines Unternehmens an interne und externe Zielgruppen beziehen.

Die interne Kommunikationspolitik (Unternehmenskommunikation) zielt auf die Kommunikation vor allem ggü. den Mitarbeitern eines Unternehmens, während die externe Kommunikation (Marktkommunikation) auf den Markt gerichtet ist. In beiden Fällen ist es das Ziel der Kommunikationspolitik, die Zielgruppen über die Leistungen und das Marketing eines Unternehmens zu informieren. Im Folgenden wird nur die externe Kommunikation und hier die Produktkommunikation betrachtet, die vor allem versucht, Kaufentscheidungen zu Gunsten eines Anbieters zu beeinflussen.

Merksatz: Die **Produktkommunikation** muss die aus Nachfragersicht nutzenstiftenden Elemente einer Leistung als zentrale Botschaft transportieren.

Die zentrale Aufgabe der Produktkommunikation liegt in der Entwicklung zielgruppenadäquater Kommunikations-Konzepte, durch die die Nachfrager über die Ausgestaltung der übrigen drei Marketing-Instrumente informiert werden. Im Mittelpunkt steht dabei der Einsatz der Kommunikationsinstrumente, die im ersten Schritt in gebotener Kürze dargestellt werden.

(I) Kommunikationsinstrumente (Kommunikationskanäle)

Um die definierten Kommunikationsziele zu erreichen, stehen Unternehmen vielfältige Kommunikationsinstrumente zur Verfügung. In der Literatur existieren hierzu unterschiedliche Systematisierungsansätze (Bruhn [Kommunikationspolitik] 363 ff.), wobei folgende Untergliederungen gebräuchlich sind:

- direkte (mit Rückkopplungsoption der Rezipienten) versus indirekte (ohne Rückkopplungsoption der Rezipienten) Kommunikation
- persönliche (one-to-one) versus unpersönliche (Massen-) Kommunikation
- Kommunikation „mit" versus „ohne unmittelbaren Produktbezug"

Diese einfachen Kategorisierungen sind nicht immer trennscharf, weshalb meist zwei Differenzierungsformen kombiniert werden. Abbildung 14.13 gibt einen Überblick zu wichtigen Kommunikationsinstrumenten in der Unternehmenspraxis.

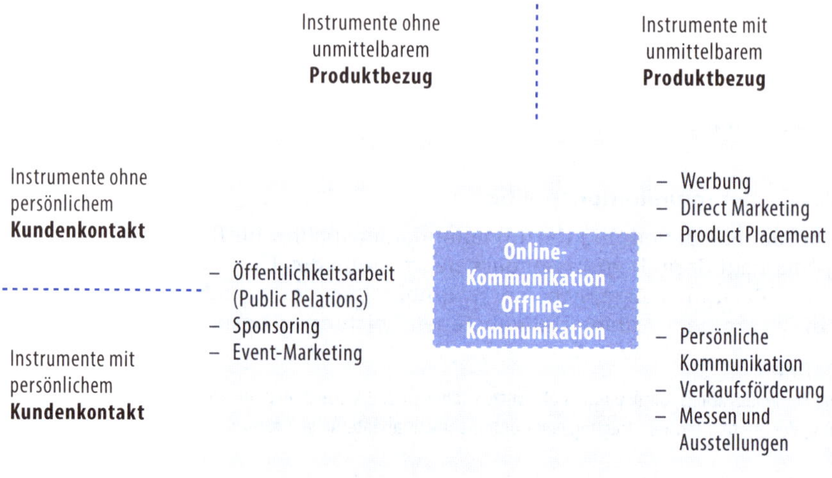

Abbildung 14.13: Zentrale Kommunikationskanäle im Marketing

Hervorgehoben sei hier nur die Werbung als prominenteste Form der Kommunikation.

Definition:

Werbung bezeichnet die indirekte und unpersönliche Übertragung von Informationen mit dem Ziel der Beeinflussung der nachfragerseitigen Meinungsbildung und des Kaufverhaltens.

Ebenso wie die anderen Kommunikationsinstrumente weist auch die Werbung vielfältige Erscheinungsformen (Kommunikations- bzw. Werbemittel) auf (z.B. Print-, Radio-, Fernseh-, Online-Werbung).

(II) Entwicklung von Kommunikations-Konzepten

Die Entwicklung von Kommunikations-Konzepten erfolgt aufbauend auf den Erkenntnissen der Marktanalyse und den Festlegungen im Rahmen der Marketing-Ziele und insb. der Marketing-Strategien.

Im ersten Schritt sind die Kommunikationsziele festzulegen, die zielgruppenspezifisch (segmentspezifisch) zu konkretisieren sind. Da sich die Wirkung der Kommunikation auf ökonomische Zielgrößen (z.B. Umsatzsteigerung; Marktanteilsausweitung) im Prinzip nicht isolieren lässt, stehen sog. psychographische Ziele (z.B. Bekanntheitsgrad, Einstellungsänderung, Produktpräfe-

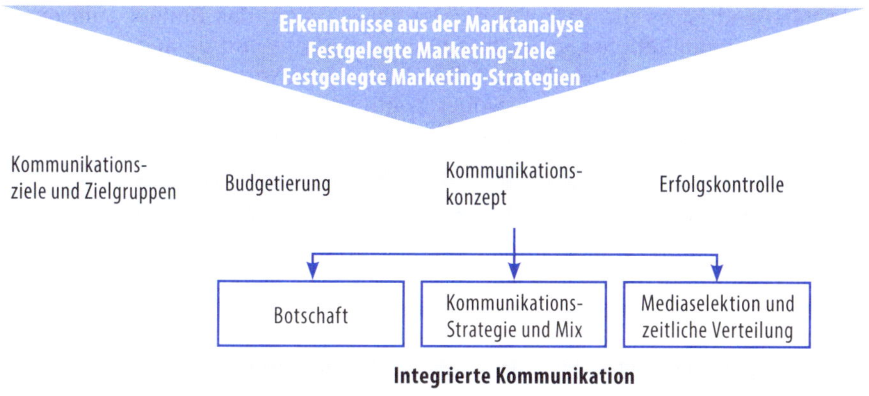

Abbildung 14.14: Entwicklung von Kommunikations-Konzepten

renzen) oft im Vordergrund. Wichtige Zielgrößen lassen sich dabei aus dem von *Lewis* ([Advertising] 124) bereits 1903 entwickelten AIDA-Modell ableiten, das folgende Ablaufstufen in der Wirkung von Kommunikation unterstellt:

- Attention: Ziel: Erzeugung von Aufmerksamkeit.
- Interest: Ziel: Weckung von Interesse für das Produkt eines Anbieters.
- Desire: Ziel: Weckung eines Kaufwunsches für das Anbieterprodukt.
- Action: Ziel: Auslösen der Kaufentscheidung bzw. des Kaufaktes.

In der Praxis erfolgt meist im zweiten Schritt die Festlegung des Kommunikationsbudgets. Das eigentliche Kommunikations-Konzept hat dann die Aufgabe, die vom Anbieter vermuteten Vorteile seiner Leistungen in Botschaften umzusetzen. Die Formulierung von Botschaften ist maßgeblich für die Erreichung der avisierten Ziele bzw. gewünschten Wirkungen. Sie können in unterschiedlichen Modi (Bild, Ton, Text, usw.) gefasst sein und sollen auf den Nachfrager eine Aktivierungs- und Reizfunktion ausüben. Entsprechend spielen die in der Psychologie beheimateten Ansätze der menschlichen Reizwahrnehmung für die Formulierung von Botschaften eine herausragende Rolle (Bruhn [Kommunikationspolitik] 496 ff.). Die konkrete Botschaftsgestaltung ist von der Kommunikationsstrategie abhängig, durch die im Kern die bereits von *Lasswell* ([Communication] 178) im Jahre 1960 formulierte Schlüsselfrage beantwortet werden sollte.

Merksatz: „Lasswell-Formel": Wer sagt was unter welchen Bedingungen über welche Kanäle auf welche Art und Weise zu wem mit welcher Wirkung?

Die Umsetzung erfolgt mit Hilfe der ausgewählten Kommunikationsinstrumente (Kommunikations-Mix). Besondere Bedeutung erlangt dabei die Integrierte Kommunikation, durch die die Summe der eingesetzten Kommunikationsinstrumente so aufeinander abzustimmen sind, dass sie dem Nachfrager ein widerspruchsfreies und konsistentes Erscheinungsbild bieten und dadurch auch eine Verstärkung der Kommunikationswirkungen erzielen (Bruhn [Integrierte] 19 ff.; Esch [Kommunikation] 25 ff.).

Abschließend ist es die Aufgabe der Mediaselektion, das Budget zum einen auf die Kommunikationskanäle (Intermediaselektion) und dann nochmals auf die Kommunikationsmittel (Intramediaselektion) zu verteilen. Am Ende steht schließlich die Erfolgskontrolle, wobei Kontrollen bzgl. des Prozesses, der erzielten Wirkungen und der Konzepteffizienz erfolgen sollten.

14.5 Transaktionstypenspezifische Marketing-Programme

Der Leitgedanke der Kundenorientierung erfordert es, in Abhängigkeit der Unterschiede im Kaufverhalten auch Anpassungen im Marketing-Programm vorzunehmen und dieses an der spezifischen Transaktionssituation auszurichten. So werden insb. im Rahmen der Marktsegmentierung (Abschnitt 14.2.4.2) segmentspezifische Marketing-Programme konzipiert (differenziertes Marketing). Da Marktsegmente empirisch unter Berücksichtigung der Besonderheiten realer Märkte gebildet werden, lassen sich hier aber nur bedingt allgemeine Aussagen treffen. Demgegenüber haben die in Abschnitt 14.1.2 aufgezeigten Marktkonvergenzen verdeutlicht, dass vor allem die technologischen Entwicklungen dazu geführt haben, dass die Absatzmärkte trotzt hoher Produkt-Heterogenität Gemeinsamkeiten darin aufweisen, dass

- Anpassung der Leistungsangebote auf spezifische Kundenbelange auch in Massenmärkten möglich sind (Leistungsindividualisierung),
- Kunden in nennenswerter Weise in die Leistungserstellung des Anbieters einbezogen werden (Kundenintegration),
- die Absatzobjekte weitgehend den Charakter von Leistungsbündeln besitzen.

Im Folgenden werden vor dem Hintergrund dieser Gemeinsamkeiten vier Transaktionstypen aufgezeigt, denen übergreifend für alle sektoralen-Marketingansätze zentrale Bedeutung beizumessen ist. Während in den allgemeinen Lehrbüchern zum Konsumgütermarketing eine Orientierung an Transaktionstypen nicht üblich ist, ist dies vor allem in deutschsprachigen Lehrbüchern zum Industriegütermarketing der Fall. Durch die Bildung von Transaktionstypen wird der „scharfen" Trennung zwischen den sektoralen Marketing-Ansätzen entgegengewirkt und deren integrative Elemente betont (Backhaus [Entwicklungspfade] 53; Weiber [Marketingtheorie] 69 ff.). Die instrumentellen Besonderheiten in den Transaktionstypen werden in Abschnitt 14.5.4 diskutiert.

14.5.1 Ableitung von Transaktionstypen

Ein Transaktionstyp stellt einer zentralen Bestimmungsgröße des Nachfragerverhaltens eine zentrale Verhaltensdeterminante der Anbieterseite gegenüber. Durch die Kombination beider Dimensionen ergeben sich verschiedene Typen von Transaktionsdesigns (vgl. Abschnitt 14.5.2), die die Ausgestaltung einer Austauschbeziehung aus Sicht beider Marktparteien beschreiben.

Definition:

Durch einen Transaktionstyp werden relativ homogene Kaufverhaltensweisen beschrieben, auf die ein Anbieter mit einem spezifisch darauf abgestimmten Marketing-Programm reagiert.

(I) Zentrale Verhaltensdeterminante der Nachfragerseite

Die Darstellungen zur Bildung von Kauftypen (Abschnitt 14.2.2) haben gezeigt, dass sich Kaufprozesse insb. durch den Grad an kognitiver Steuerung und aus informationsökonomischer Sicht in Abhängigkeit der Dominanz von Such-, Erfahrungs- und Vertrauenseigenschaften unterscheiden lassen. Bei Leistungsbündeln als Absatzobjekte kann davon ausgegangen werden, dass das Ausmaß der kognitiven Steuerung umso größer ist, je mehr ein Nachfrager Anpassungen eines Leistungsbündels an seine spezifischen Belange wünscht. Bei einer gewünschten hohen Leistungsindividualisierung gestaltet sich die Kaufentscheidung aber signifikant anders als bei dem Wunsch nach Standardleistungen. Im Folgenden wird deshalb der gewünschte Individualisierungsgrad einer Leistung als zentrale verhaltensbestimmende Determinante der Nachfragerseite herangezogen (Freichel [Produktindividualisierung] 21 ff.; Minculescu [Leistungsindividualisierung] 57 ff.).

Definition:
Der **Individualisierungsgrad** kennzeichnet die Intensität von nachfragerseitigen Individualisierungsbedürfnissen beim Kauf von Leistungen und das damit einhergehende Ausmaß, in dem Anbieter ihre Absatzobjekte an die individuellen Anforderungen eines konkreten Kunden anpassen müssen.

Die Kaufsituation unterscheidet sich bei hoher gewünschter Individualisierung ggü. dem Kauf von Standardleistungen (geringe Individualisierung) insb. in folgenden Aspekten:

Leistungsindividualisierungen erfordern, dass Nachfrager dem Anbieter ihre Wünsche mitteilen und der Anbieter diese nach erfolgter Kaufentscheidung – meist in Zusammenarbeit mit dem Nachfrager (Kundenintegration) – erfüllt (Jacob/Kleinaltenkamp [Leistungsindividualisierung] 606 ff.). Der Nachfrager ist daher aufgefordert, sich selbst in die anbieterseitige Leistungserstellung einzubringen, was aus Sicht der Transaktionstheorie mit nachfragerseitigen spezifischen Investitionen verbunden ist (Williamson [Institutionen] 63). Diese führen dazu, dass der Nachfrager im Ergebnis aus individualisierten Leistungen einen höheren Nutzen als bei Standardleistungen ziehen kann. Dieser Nutzenvorteil kann durch die sog. Quasi-Rente gemessen werden (Linke [Kundenbindung] 20 ff.).

Definition:
Die **Quasi-Rente** bezeichnet den (fiktiven) Wert, der sich aus der Differenz zwischen dem Ertrag einer Investition in ihrer besten Verwendung (bzw. der aktuellen Transaktion) und dem Ertrag in ihrer nächst besten Verwendung (bzw. Transaktion) ergibt.

Je höher die Quasi-Rente, desto größer sind auch die Kosten eines späteren Anbieterwechsels, wodurch der Nachfrager leicht in eine Abhängigkeitsposition (sog. Lock-in-Situation) zum Anbieter geraten kann (Weiber/Kleinaltenkamp [Business- und Dienstleistungsmarketing] 102 ff.). Weiterhin ist zu beachten, dass gewünschte Leistungsindividualisierungen anbieterseitig zum Kaufzeitpunkt nur Leistungsversprechen darstellen. Die Qualität der vom Anbieter nach dem Kauf durchzuführenden Aktivitäten kann vom Nachfrager daher bestenfalls erst nach dem Kauf, nämlich zum Zeitpunkt der Fertigstellung, beurteilt werden. Dadurch bedingt besitzen Individualkäufe verstärkt den

Charakter von Erfahrungs- und Vertrauenseigenschaften und sind tendenziell mit höherer Kaufunsicherheit verbunden.

(II) Zentrale Verhaltensdeterminante der Anbieterseite

Eine zentrale Determinante des Anbieterverhaltens stellt die Wahl der strategischen Handlungsebene (Einzeltransaktion versus Geschäftsbeziehung) dar (vgl. Abschnitt 14.1.3.2). Die Handlungsebene „Geschäftsbeziehung" wird ein Anbieter vor allem dann wählen, wenn er einem Nachfrager einen hohen Wert beimisst und gleichzeitig davon überzeugt ist, ihn auch längerfristig an sich binden zu können. Im Folgenden wird deshalb das Kundenbindungspotenzial, das ein Anbieter einem Nachfrager für die Zukunft beimisst, als zentrale verhaltensbestimmende Determinante der Anbieterseite herangezogen.

Definition:
Das **Kundenbindungspotenzial** kennzeichnet die Erwartung eines Anbieters, aufgrund seines Leistungsprofils mit einem Nachfrager lukrative Transaktionen in der Zukunft abwickeln zu können.

Bei hohem erwartetem Kundenbindungspotenzial ist ein Anbieter gewillt, sowohl bei der Neukunden-Akquisition als auch bei bestehenden Kunden geschäftsbeziehungsspezifische Investitionen zu tätigen. Im Vordergrund steht dabei der Wert einer Geschäftsbeziehung insgesamt, und es wird der Kundenwert über den Lebenszyklus einer Geschäftsbeziehung (Customer Lifetime Value [CLV]) betrachtet (Helm/Günter [Kundenwert] 7 ff.; Kleinaltenkamp [Kundenwert] 114 ff.). Bei der Handlungsebene „Einzeltransaktionen" hingegen muss die einzelne Transaktion für den Anbieter profitabel sein, da hier keine Folgetransaktionen zu erwarten sind.

(III) Transaktionstypen

Durch die Kombination von „Individualisierungsgrad" (Nachfragerseite) und „Kundenbindungspotenzial" (Anbieterseite) mit den jeweiligen Ausprägungen „gering" und „hoch" ergibt sich die in Abbildung 14.15 dargestellte Vierfeldermatrix, die vier verschiedene Transaktionstypen ausweist.

14.5.2 Charakteristika von Preis-, Standard-, Lösungs- und Verbundtransaktionen und Marketing-Programme

Transaktionstypen beschreiben Unterschiede im Kaufverhalten, die nicht zwingend mit Unterschieden in den Absatzobjekten korrespondieren. Werden im Folgenden Produktbeispiele angeführt, so ist dabei immer zu beachten, dass unterstellt wird, das diese Produkte typischer Weise in einer bestimmten Form gekauft oder vermarktet werden, aber niemals ausschließlich. Weiterhin werden die Transaktionstypen zunächst in ihrer „Reinform" beschrieben und die zentralen Charakteristika der zugehörigen Marketing-Programme aufgezeigt.

Merksatz: Grundsätzlich kann einem Produkt nicht angesehen werden, **wie es gekauft wird**.

Da durch Marketing-Programme auch Änderungen in den ursprünglichen Kaufintentionen der Nachfrager herbeigeführt werden sollen, existiert eine

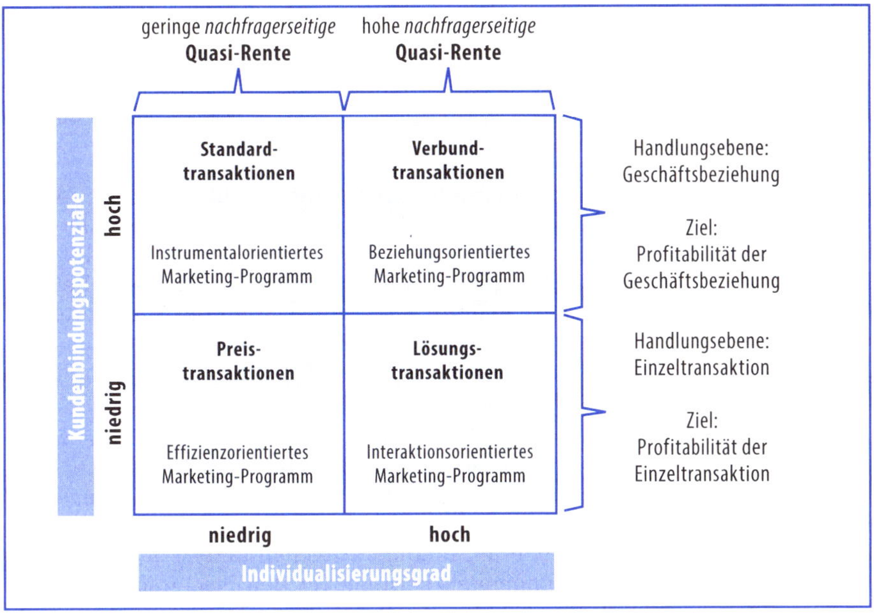

Abbildung 14.15: Allgemeine Transaktionstypen im Marketing

Dynamik zwischen den Transaktionstypen, die in Abschnitt 14.5.3 kurz aufgezeigt wird.

Preistransaktionen

Definition:

Preistransaktionen sind Vermarktungsprozesse von nachfragerseitig homogen wahrgenommenen Leistungen, wodurch anbieterseitige Differenzierungsmaßnahmen keine oder nur wenig Aussicht auf Erfolg besitzen.

Nachfragerseite: Bei Preistransaktionen nehmen die Nachfrager die am Markt angebotenen Angebotsalternativen als homogen wahr und konzentrieren deshalb die Kaufentscheidung auf den Preis. Aufgrund der Homogenität können die Nachfrager die Produktqualität vor dem Kauf i.d.R. zufriedenstellend beurteilen (Dominanz von Sucheigenschaften).

Anbieterseite: Reine Preistransaktionen sind meist nur dann gegeben, wenn Absatzobjekte auch aus einer objektiven Sicht als homogen zu bezeichnen sind, wodurch anbieterseitig keine nennenswerten Ansatzpunkte zu Differenzierung bestehen. Anbieter sollten deshalb ein effizienzorientiertes Marketing-Programm verfolgen, das als entscheidende Zielgröße die Preiszufriedenheit betont (Pohl [Preiszufriedenheit] 88 ff.). Die Transaktionen selbst sind an Effizienzaspekten (z.B. im Bereich Beschaffung, Logistik) auszurichten, was anbieterintern auch ein entsprechendes Kostenmanagement erfordert. Da sich hier keine Ansatzpunkte für eine Kundenbindung ergeben, ist die Profitabilität der Einzeltransaktion zu maximieren.

Standardtransaktionen

Definition:
Standardtransaktionen sind Vermarktungsprozesse von nachfragerseitig im **Kernprodukt** vergleichbar wahrgenommenen Leistungen, die aber Differenzierungspotenziale aufweisen und dem Anbieter damit die Chance auf Kundenbindung eröffnen.

Nachfragerseite: Bei Standardtransaktionen suchen Nachfrager nach Angebotsalternativen mit im Kern gleicher Funktionserfüllung (Enke/Reimann/Geigenmüller [Commodity Marketing] 15 ff.). Dadurch können sie die Qualität von Leistungen vor dem Kauf gut vergleichen und auch meist umfassend beurteilen (Dominanz von Sucheigenschaften). Allerdings weisen die Realisierungen der Leistungseigenschaften anbieterspezifische Unterschiede auf, die vom Nachfrager grundsätzlich auch wahrnehmbar sind, bei seiner ursprünglichen Kaufintention aber keine Bedeutung besitzen.

Anbieterseite: Anbieter sollten bei Standardtransaktionen ein instrumentalorientiertes Marketing-Programm konzipieren, wobei vor allem der Servicepolitik eine herausragende Bedeutung beizumessen ist. Durch Zusatzfunktionen und Dienstleistungen lassen sich Differenzierungen ggü. Konkurrenzprodukten vor allem im Realen und im Erweiterten Produkt erreichen und so der Nutzen einer als „Standard" wahrgenommenen Leistung für den Nachfrager erhöhen. Zentrales Ziel bei Standardtransaktionen ist daher, eine De-Standardisierung zu erreichen.

Definition:
De-Standardisierung bezeichnet die Aufhebung der Vergleichbarkeit zwischen Anbieterleistungen durch geeignete Differenzierungsmaßnahmen, die vor allem durch die Gestaltung der Marketing-Instrumente erzielt werden können.

Ein zentraler Ansatzpunkt zur De-Standardisierung bietet die Entwicklung kundenspezifischer Lösungen, wobei der konkrete monetäre Vorteil einer Lösung (Value Based-Selling) für den Kunden aufzuzeigen ist. Sobald dies gelingt, bieten auch Standardtransaktionen Kundenbindungspotenzial, und das Marketing-Programm wäre beziehungsorientiert auszurichten. Auch die Markenpolitik ist hier von entsprechender Bedeutung. Gelingt keine De-Standardisierung, so versucht auch hier der Anbieter die Profitabilität der Einzeltransaktion zu maximieren.

Lösungstransaktionen

Definition:
Lösungstransaktionen sind Vermarktungsprozesse bei denen ein Nachfrager eine einmalige, spezifisch auf seine Anforderungen angepasste Leistung verlangt, die ein Anbieter nur in Interaktion mit dem Kunden realisieren kann.

Nachfragerseite: Bei Lösungstransaktionen formuliert ein Nachfrager für einen einmaligen Bedarfsfall spezifische Anforderungen, die durch am Markt verfügbare Standardangebote nicht erfüllt werden (Jacob [Solutions Buying] 26 ff.). Solche Leistungen können deshalb vom Anbieter überwiegend erst nach dem Kauf und unter Mitwirkung des Kunden erbracht werden. Lösungstransaktionen sind damit zum Kaufzeitpunkt mit anbieterseitigen Leistungsversprechen verbunden. Dadurch können Nachfrager die Qualität einer Leistung vor dem Kauf nur teilweise und unzureichend beurteilen (Dominanz an Erfahrungs- und Vertrauenseigenschaften), erzielen aber nach Realisierung im Vergleich zu „Standardleistungen" auch einen deutlich höheren Nutzen (Quasi-Rente).

Anbieterseite: Anbieter müssen bei diesem Transaktionstyp ein interaktionsorientiertes Marketing-Programm konzipieren, das in besonderer Weise die Mitwirkung des Kunden bei der Leistungserstellung (Kundenintegration) berücksichtigt. Die Kundenintegration stellt intern besondere Anforderungen vor allem an das Personal (z.B. erhöhte Sozialkompetenz), die Flexibilität sowie das Management des Leistungserstellungsprozesses (Fließ [Prozessorganisation] 40 ff.). Aufgrund des zum Kaufzeitpunkt meist nicht oder noch nicht (vollständig) existenten Absatzobjektes müssen die Anbieter in der Vorkaufphase die eigenen Lösungskompetenzen besonders herausstellen, wodurch z.B. vertrauensbildende Maßnahmen (Imagewerbung, Reputationsaufbau, Aussagen von Referenzkunden usw.) besondere Bedeutung erlangen (Jacob/Kleipaß/Pohl [solution business] 487 ff.). Bei Lösungsgeschäften agiert der Anbieter auf der Handlungsebene der Einzeltransaktionen, was ein geeignetes Auftragsmanagement erfordert (Jacob [Auftragsmanagement] 2 ff.). Die Leistungserstellung selbst bedarf meist eines geeigneten Projektmanagements (Rabl [Projektmanagement] 303 ff.)). Reine Lösungstransaktionen bieten keine Ansatzpunkte zur Kundenbindung in Wiederholungskäufen, wodurch auch hier die Profitabilität der Einzeltransaktion zu maximieren ist.

Verbundtransaktionen

Definition:

Verbundtransaktionen sind Vermarktungsprozesse von Leistungen, die für den Nachfrager zwingend mit Folgetransaktionen verbunden sind, wodurch sich für den Anbieter automatisch Optionen auf diese Folgetransaktionen in der Zukunft ergeben.

Nachfragerseite: Bei Verbundtransaktionen ist dem Nachfrager häufig bereits beim Erstkauf bewusst, dass die Befriedigung seines Bedürfnisses bzw. die von ihm gewünschte Problemlösung nur über mehrere Transaktionen möglich ist. Das ist z.B. dann der Fall, wenn beim ersten Kauf (Initialkauf)

- Verbrauchsgüter erworben werden, die im Nutzungsprozess Wartung, Reparaturen, Verbrauchsmaterialien usw. erfordern, die spezifisch auf das Erstkaufprodukt eines Anbieters abgestimmt sind (z.B. Druckerpatronen, Kopplung von Produkt und Wartung, Marken-Nassrasierer).
- Leistungen erworben werden, bei denen eine Anbieterbindung z.B. durch Inkompatibilitäten zu Konkurrenzprodukten besteht und deren Nutzen durch Folgekäufe vergrößert werden soll (z.B. Einstieg in eine Porzellanserie, Kauf einer Modelleisenbahn oder Lego-Bausätze, modulare Softwareprodukte).
- spezifische Lösungen gekauft werden, die im anschließenden Nutzungsprozess den Nachfrager an einen Anbieter binden (z.B. Entwicklung einer speziellen Software, psychologische Bindung aufgrund von gelerntem Verhalten).

In all diesen Fällen weiß der Nachfrager, dass er nach dem Initialkauf in eine Abhängigkeit zum Anbieter gerät (Lock-in-Situation), da andere Anbieter aufgrund von Kompatibilitäts- und Integrationsproblemen bei Folgekäufen praktisch nicht in Frage kommen. Dies wird von ihm bewusst akzeptiert, weshalb hier auch von geplanten Geschäftsbeziehungen gesprochen wird. Die Nachfrager werden die initiale Anbieterentscheidung deshalb mit hoher Sorgfalt treffen, sodass meist extensive Kaufentscheidungen vorliegen. Der Initialkauf selbst ist damit durch den „Schatten der Zukunft" (Jacob [Marketing] 135 ff.) belastet und durch eine Dominanz an Erfahrungs- und Vertrauenseigenschaften gekennzeichnet, was insgesamt zu einer hohen Unsicherheit beim Initialkauf führt.

Anbieterseite: Anbieter sollten bei diesem Transaktionstyp ein beziehungsorientiertes Marketing-Programm konzipieren. Dieses muss vor allen auf die Reduktion der Nachfragerunsicherheit beim Initialkauf ausgerichtet sein, aber auch die Vorteilhaftigkeit der zukünftigen Folgetransaktionen mit dem Anbieter adressieren. Aufgrund der sich nach dem Initialkauf quasi „automatisch" ergebenden Geschäftsbeziehung, ist deren Profitabilität das primäre Anbieterziel.

14.5.3 Dynamik der Transaktionstypen

Die in den Transaktionstypen abgebildeten Marketing-Programme zielen auf die ursprünglich unterstellten Kaufintentionen der Nachfrager ab. Diese können aber durch das Marketing beeinflusst werden, was dann eine Veränderung im Transaktionstyp bewirkt.

Eine solche Änderung ist bei Preistransaktionen am wenigsten möglich, kann aber bei Wiederholungskäufen z.B. durch vertraglich vereinbarte Bindungen erreicht werden, wodurch sich Preistransaktionen in Richtung (einfache) Verbundtransaktionen bewegen. Bei Standardtransaktionen liegt das primäre Anbieterziel in der De-Standardisierung, wodurch nicht nur Differenzierungen ggü. der Konkurrenz erreicht, sondern auch Bindungspotenziale aufgebaut werden können. Werden solche Bemühungen als aussichtsreich eingestuft, so sollte ein Anbieter sein Marketing-Programm auch hier beziehungsorientiert ausrichten. Im Unterschied zu Verbundtransaktionen sind solche Geschäftsbeziehungen aber als „ungeplant" zu bezeichnen und ergeben sich z.B. aus einer guten Markenpolitik oder der Zufriedenheit des Nachfragers mit einer Leistung (psychologische Bindungen). Ebenso kann ein Anbieter versuchen, den Nachfrager im Rahmen der De-Standardisierung vom Nutzen spezifischer Leistungsanpassungen zu überzeugen und damit eine ursprünglich nachgefragte Standardleistung individualisieren (Lösungsgeschäft) und darüber – bei gleichzeitiger Bindung des Nachfragers – Preisprämien erzielen. Da Lösungstransaktionen aus Nachfragersicht spezifische Leistungen darstellen, die für nur einen Bedarfsfall benötigt werden, (d.h. keine Wiederholungskäufe) ist hier eine Kundenbindung nur möglich, wenn die gekaufte Leistung beim Nachfrager als Gebrauchsgut eingesetzt wird und der Nachfrager aufgrund von z.B. Zufriedenheit Bedarfe im Gebrauchsprozess bei dem gleichen Anbieter tätigt. Erfolgreich vermarktete Lösungen können aber auch eine Referenz zur Lösung anderer Bedarfsfälle darstellen und damit eine Anbieterbindung erzeugen. Das eröffnet die Chance, dass Nachfrager aufgrund der positiven Erfahrungen weitere Leistungen des gleichen Anbieters kaufen (cross selling).

14.5.4 Instrumentelle Besonderheiten der transaktionstypenspezifischen Marketing-Programme

Die Stärke der Systematisierung nach vier Marketing-Instrumenten liegt in deren universellem Geltungsbereich für alle Arten von Märkten. In konkreten Transaktionssituationen sind jedoch Anpassungen erforderlich. Um hierzu weiterführende Hinweise geben zu können, werden im Folgenden Anpassungserfordernisse im Hinblick auf die gebildeten Transaktionstypen gegeben. Je nach Transaktionstyp erlangen bestimmte Ausprägungen und Schwerpunktsetzungen in den absatzpolitischen Instrumenten eine erhöhte Bedeutung und bedürfen typenspezifischer Anpassungen im Marketing-Programm, was in Abbildung 14.16 zusammenfassend dargestellt ist: Die Abbildung zeigt in der Verlängerung der jeweiligen Kanten der vier farblich gekennzeichneten Transaktionstypen (inneres Rechteck der Abbildung) zugehörige zentrale Besonderheiten in der Gestaltung der vier Marketing-Instrumente:

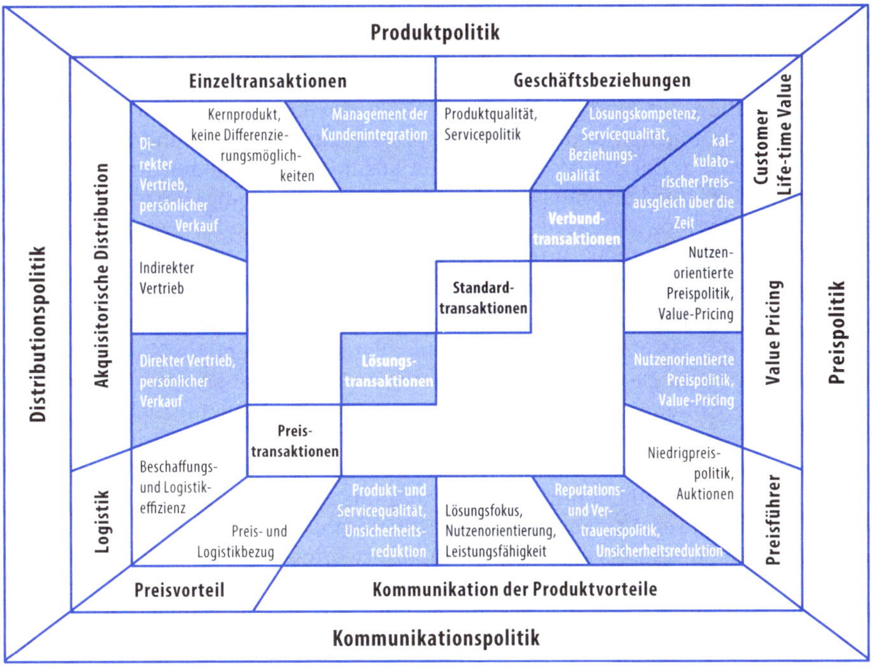

Abbildung 14.16: Schwerpunkte der Marketinginstrumente in den Transaktionstypen

Bei Preistransaktionen steht das Kernprodukt im Mittelpunkt, da Produktdifferenzierungen praktisch nicht möglich sind. Dadurch ist in der Preispolitik tendenziell eine Niedrigpreisstrategie zu verfolgen, was auch in der Kommunikationspolitik besonders herauszustellen ist. Zentrale Bedeutung erlangt bei diesem Transaktionstyp die Distributionspolitik; denn Standardprodukte und günstige Preise erfordern eine hohe Effizienz in der Beschaffung, in Bestellsystemen und generell in der Logistik. Sofern ein Vertrieb über Online-Plattformen möglich ist, sollte dieser in Betracht gezogen werden, um die entsprechenden Effizienzvorteile zu nutzen (Pohl/Litfin/Weber [Marktauftritt Internet] 655 ff.).

Bei Standardtransaktionen ist die De-Standardisierung das primäre Ziel, was insb. durch eine gute Produkt- und Servicequalität erreicht werden kann. In der Preispolitik sollte eine wertorientierte Politik (Value Pricing) verfolgt und idealerweise mit loyalitätsorientierten Preiskomponenten kombiniert werden. Ansätze hierzu finden sich etwa in der nichtlineare Preisbildung, bei der der Stückpreis in Abhängigkeit von der gekauften Menge sinkt, und damit Kundenloyalität belohnt wird. Bei Standardtransaktionen wird aufgrund des Massengeschäftes zunächst meist ein indirekter Vertriebsweg gewählt. Können durch die De-Standardisierung auch Kundenbindungspotenziale ausgeschöpft werden, so sind hierzu Maßnahmen im Bereich der Beziehungspolitik (z.B. Aufbau von Zufriedenheit und Vertrauen) zu ergreifen (Laker/Pohl/Dahlhoff [Kundenbindung] 147 ff.).

Bei Lösungstransaktionen steht aufgrund der Leistungsindividualisierung das Management der Kundenintegration im Vordergrund. Individualisierte Leistungen sollten sich dann auch in einem Value Pricing reflektieren, bei dem die Preisfindung an dem erzielbaren Kundennutzen ausgerichtet wird. In der Kommunikation gilt es deshalb, den Nutzen der Lösung für den Nachfrager transparent zu machen und auf eine entsprechende Produkt- und Servicequalität hinzuweisen. Bei der Akquisition von Lösungstransaktionen sind aufgrund des Charakters der Leistungsversprechen die Lösungskompetenzen eines Anbieters und dessen Reputation herauszustellen, um so die hier vorherrschende erhöhte Kaufunsicherheit zu reduzieren.

Da Verbundtransaktionen geplante Geschäftsbeziehungen darstellen, ist hier dem Initialkauf herausragende Bedeutung beizumessen. Beim Initialkauf öffnet sich für den Anbieter ein strategisches Fenster, in dem ein Kunde gewonnen werden kann. Da sich der Kunde bewusst ist, dass er sich mit dem Initialkauf in eine Abhängigkeitsposition begibt, muss der Anbieter nicht nur seine Lösungskompetenz herausstellen, sondern durch vertrauensbildende Maßnahmen auch die Unsicherheit beim Initialkauf sowie im Hinblick auf die zukünftigen Folgekäufe reduzieren. In Abhängigkeit des Customer Lifetime Value sind hier auch geschäftsspezifische Investitionen des Anbieters z.B. über einen günstigen Einstiegspreis sinnvoll, wenn zu erwarten ist, dass sich anfängliche Verluste in den Folgekäufen im Sinne eines kalkulatorischen Preisausgleichs über die Zeit wieder amortisieren lassen. Bei den sich anschließenden Folgekäufen ist dann eine Politik der Beziehungsqualität zu verfolgen, um so Zufriedenheit aufzubauen und auf diese Weise die anfänglich „erzwungene" Bindung in eine auf Zufriedenheit basierende freiwillige Bindung zu transformieren.

14.6 Marketing-Implementierung, Marketing-Controlling und Marketing-Ethik

Der Erfolg des Marketings wird nicht nur durch eine sorgsame Marktanalyse und die Strategie- sowie Maßnahmenplanung bestimmt, sondern auch durch die Fähigkeit, die Marketing-Philosophie innerhalb des Unternehmens zu kommunizieren und Marketing-Konzepte in der eigenen Unternehmensorganisation um- und durchzusetzen (Kolks ([Strategieimplementierung] 78 f.]). Diese Aufgaben übernimmt die sog. Marketing-Implementierung. Die Marketing-Implementierung hat vor allem die marktorientierte Ausrichtung der Unternehmensorganisation (Freiling/Köhler [Marketingorganisation] 21 ff.; vgl. auch Modul 9) sicherzustellen und steht in engem Zusammenhang mit Fragen der Personalführung (vgl. Modul 10).

Darüber hinaus ist es die zentrale Aufgabe des Marketing-Controllings, alle internen und externen Informationen so aufzubereiten, dass wirksame Ergebniskontrollen der Marketingaktivitäten im Sinne von Effektivität (Wirksamkeit) und Effizienz (Wirtschaftlichkeit) vorgenommen werden können (Reinecke/Janz [Marketingcontrolling] 38 ff.). Damit steht das Marketing-Controlling in enger Beziehung zum Unternehmens-Controlling (vgl. Modul 21), wobei sich hier aber auch Zielkonflikte ergeben, da Marketing „Führen vom Markt her" und Controlling „Führen vom Ergebnis her" bedeutet. Schließlich erlangt die Marketing-Ethik zunehmende Bedeutung, wenn Marketingaktivitäten zu ökonomischen Vorteilspositionen führen, die aber als moralisch bedenklich einzustufen sind.

Hinweis: Vertiefende Darstellungen zu Marketing-Implementierung, Marketing-Controlling und Marketing–Ethik liefert der Downloadbereich.

Einführende Literaturhinweise zu Modul 14

Die vollständigen Literaturangaben finden Sie im Downloadbereich.

Kotler, P./Keller, K. L.: [Marketing Management]. 14th ed., New Jersey 2012.

Lynch, R.: [Strategic Management]. 6th ed., London 2012.

Meffert, H./Burmann, C./Kirchgeorg, M.: [Marketing]. Grundlagen marktorientierter Unternehmensführung. 11. Aufl., Wiesbaden 2012.

Voeth, M./Herbst, U.: [Marketing-Management]. Grundlagen, Konzeption und Umsetzung. Stuttgart 2013.

Modul 15: Grundlagen der Investitionsplanung und Investitionsrechnung

Raimund Schirmeister
Daniel Reimsbach

> Eine Investition ist eine sichere Ausgabe, verbunden mit der Hoffnung auf künftige Einnahmen.

Lernziele:

Aneignen von Wissen (Kenntnissen) über die Charakteristika von Investitionsentscheidungen und deren leistungs-, finanz-, informations- und personalwirtschaftliche Wirkungen; Verstehen (Erfassen und Erkennen) der Wirkungsdimensionen von Investitionsentscheidungen, Abgrenzen von Projekt- und Programmentscheidungen, Erkennen von Liquidität, Erfolg und Risiko als die finanzwirtschaftlich relevanten Beurteilungsmaßstäbe für Investitionsentscheidungen, Identifikation von Zeit und Zeitpräferenz als Charakteristika von Investitionsentscheidungen, Einbindung der Wirkungen von Ertragsteuern auf die Vorteilhaftigkeit von Investitionsprojekten; Anwenden (Nutzen) des erlangten Wissens zur Strukturierung und Unterstützung konkreter Investitionsentscheidungen; Analyse (Erforschen) des Aussagegehalts alternativer Verfahren der Investitionsrechnung; Synthese (Zusammenfügen) einzelner Kriterien, anhand derer Investitionen beurteilt werden können; Bewertung (Evaluation) von Investitionsprojekten im Rahmen der Investitionsplanung.

Übersicht:

In Modul 15 werden die Charakteristika von Investitionsentscheidungen und deren leistungs-, finanz-, informations- und personalwirtschaftlichen Wirkungen herausgearbeitet. Dies bildet die Grundlage, um finanzwirtschaftliche Kriterien zur Beurteilung von Unternehmungsinvestitionen zu entwickeln. Die Grundlagen finanzmathematischer Investitionsrechnungen werden anhand des Vermögensendwertes erarbeitet, aus dem der Kapital- und der (einfache) Endwert als Sonderfälle abgeleitet werden können. Zudem erfolgt eine Einbindung von Ertragsteuern in die Investitionsrechnung. Auch werden alternative Rentabilitätsvorstellungen vorgestellt und erläutert.

15.1 Investitionsentscheidungen

15.1.1 Entscheidungsorientiertes Investitionsverständnis

Beispiel:

Handelt es sich bei den folgenden Aktivitäten um Investitionen? Erwerb einer Eigentumswohnung oder eines Autos? Aufstockung der Vorräte in einem Industriebetrieb? Studium an einer Universität? Kauf einer neuen Buchhaltungssoftware? Erwerb einer Mobilfunklizenz? Akquisition einer Firma? Aufstockung des privaten Aktienportefeuilles? Einstellung weiterer Mitarbeiter in der F&E-Abteilung? Eröffnung eines Tagesgeldkontos?

Wie eng oder weit der Investitionsbegriff gefasst wird, ist eine Frage der Zweckmäßigkeit (Schirmeister [Investitionsrechnung]): So werden wohl langlebige Anlagegüter (wie Gebäude, Maschinen, Fahrzeuge) intuitiv als Investition angesehen werden. Bei derartigen *Sachinvestitionen* – auch *materielle Realinvestitionen* genannt – wird die Eigenschaft, zu den Investitionen gezählt zu werden, am Investitionsobjekt festgemacht (also an der Eigenschaft, ein „langlebiges Anlagegut" zu sein). In der Bilanz erscheinen diese Güter unter dem Anlagevermögen. Nur graduell von derartigen Gebrauchsgütern heben sich die Verbrauchsgüter (bilanziert im Umlaufvermögen) wie Roh-, Hilfs- und Betriebsstoffe ab, so dass auch ihr Kauf als Investition angesehen wird. Eine solche *vermögensorientierte* Sicht von Investitionen ist eng mit der Leistungserstellung verbunden, woraus sich bestimmte Investitionsanlässe ableiten lassen: Neuinvestitionen („Anfangs-", „Errichtungs-", „Gründungsinvestitionen" versus Folgeinvestitionen wie Ersatzinvestitionen (neue Maschine ersetzt die alte), Erweiterungsinvestitionen (Ausbau der Produktionskapazität), Rationalisierungsinvestitionen (kostengünstigere Produktion), Umstellungsinvestitionen (anderes Produktionsverfahren).

Von den materiellen heben sich die *immateriellen* Realinvestitionen durch ihren andersartigen Gutscharakter ab: Der Erwerb von Informationen (wie Nachrichten, Software, Adressenlisten), Bildung, Arbeitsleistung und Rechten (Patente, Lizenzen, Konzessionen) ist in diesem Sinne ebenfalls als Investition zu bezeichnen (und zwar unabhängig von der Bilanzierungsfähigkeit der einzelnen Güter). Eine Sonderstellung nehmen dabei *Finanzinvestitionen* (wie der Erwerb von Aktien oder Festgeldanlagen) sowie die Akquisition von Unternehmungen ein.

Es spricht mithin nichts dagegen, alle oben genannten Beispiele als Investitionen anzusehen!

Die Identifizierung einer Investition als *Wirtschaftsgut* ist anschaulich, für viele Fragestellungen auch angemessen, weist aber gewisse Nachteile auf:

Beispiel:

Die Produktions-GmbH erwirbt ein Patent, hat damit die Auswahl unter drei Maschinenbaufirmen, um ein innovatives Produkt herzustellen und zu verkaufen, wozu in erheblichem Umfang Rohstoffe benötigt werden. Bei dem ersten Angebot für eine Produktionsanlage müsste das Stammpersonal intensiv geschult, beim zweiten Mitarbeiter entlassen, beim dritten neue Mitarbeiter eingestellt werden. Im letzteren Falle sind zudem erhebliche Marketinganstrengungen (wie Markterschließung, Werbung, Distribution) erforderlich, um den merklich größeren Output absetzen zu können. Welche Investition(en) tätigt die Produktions-GmbH?

Das Beispiel zeigt, dass es wenig Sinn macht, die einzelnen Investitions*objekte* isoliert zu betrachten. Vielmehr ist es jeweils ein Bündel von Maßnahmen, das als Ganzes beurteilt werden muss (z.B. Patent + Maschinentyp + Serviceangebot des Lieferanten + Personalschulung + Neueinstellungen + Rohstoffbedarf + Marketingmix + ...). Der eigentlich zu analysierende und zu beurteilende Sachverhalt ist folglich auf die Entscheidung für resp. gegen das Patent und die Auswahl unter den Maschinenbaufirmen zurückzuführen:

Eine Investition kann als Handlung(smöglichkeit) gedeutet werden. In diesem Sinne werden Handlungsalternativen anhand ihrer Konsequenzen beurteilt, falls die auslösende Investitionsentscheidung tatsächlich realisiert wird. Die einzelne Handlungsalternative als Maßnahmenbündel soll verkürzend Investitionsprojekt genannt werden.

Merksatz: Die vermögensorientierte Sichtweise wird auf die **entscheidungsorientierte** Perspektive ausgeweitet, die den Blick auf das „Ganze", das so bezeichnete Investitions**projekt** erlaubt.

15.1.2 Wirkungsdimensionen von Investitionsentscheidungen

Investitionsplanung kann als zielgerichtete und systematische Auseinandersetzung mit den (voraussichtlichen) Konsequenzen von Investitionen aufgefasst werden. In der folgenden Abbildung sind wichtige Konsequenzen als „Wirkungsdimensionen von Investitionsentscheidungen" dargestellt. (Schirmeister [Investitionsplanung 2691 f.]

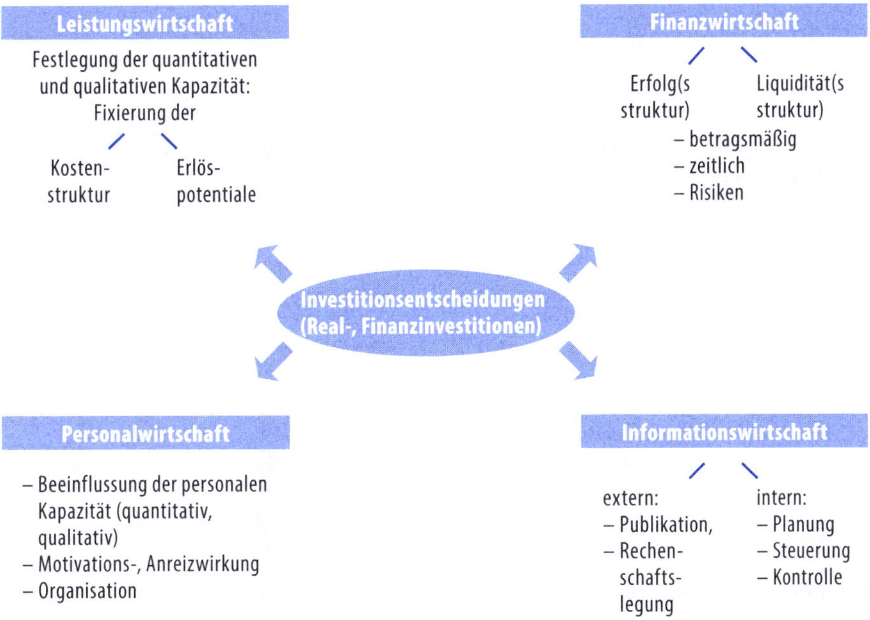

Abbildung 15.1: Wirkungsdimensionen von Investitionsentscheidungen

Aus leistungswirtschaftlicher Sicht legen Realinvestitionen (insbesondere Sachinvestitionen) quantitative und qualitative Kapazitäten fest, fixieren auf diese Weise die Kosten- und Erlösstruktur einer Unternehmung. Die Errichtung beispielsweise einer Produktionsstätte im Ausland, in der ein bestimmtes Produkt hergestellt werden kann, bestimmt weitgehend die Personalkosten, Abschreibungen oder die Kosten für die Beschaffung der benötigten Rohstoffe. Bleiben nun die Erlöse hinter den Erwartungen zurück, weil sich das Produkt nicht so gut verkaufen lässt, ist es im Allgemeinen schwierig, die Anschaffungsausgaben der Produktionsstätte wieder zu erhalten (z.B. durch Veräußerung an einen Konkurrenten). Ggf. wird hierdurch der Spielraum, neue Investitionsprojekte zu realisieren, erheblich eingeschränkt. Handelt es sich bei dem Investitionsvorhaben um ein *unternehmungspolitisch* bedeutsames Vorhaben von hoher Wertigkeit, sind zudem die *strategisch-leistungswirtschaftlichen* Konsequenzen in die Bewertung einzubeziehen: Nur bei attraktiven Märkten kann ein Vorhaben letztlich erfolgreich sein, abhängig allerdings von den Potenzialen der Unternehmung und begrenzt durch natürliche Ressourcen; Abb. 15.2 gibt hierzu einen Überblick. Schließlich sind bei Investitionsvorhaben deren Auswirkungen auf die natürliche Umwelt, der einhergehende Ressourcenverbrauch und mögliche Umweltbelastungen zu bedenken, mithin also die Nachhaltigkeit einer Maßnahme zu hinterfragen.

Strategische Investitionsbewertung

↓

Strategische Zielausrichtung

Marktattraktivität

- **Marktvolumen**
- **Marktwachstum**
  (Wachstumsrate, -grenzen, Zeitrahmen)
- **Wettbewerbssituation auf Beschaffungs- und Absatzmärkten**
  (Konkurrenzstruktur, Eintrittsbarrieren, Substitutionsmöglichkeiten, Komplementärmärkte, Branchenrendite)
- **Nachfrage**
  (Anzahl und Struktur der Kunden, Kundenverhalten, Kaufkraft)
- **Umwelt**
  (politisch-rechtlich-soziales System, Wertsystem, Technologie)

Ressourcen/Potentiale

- **Absatz**
  (Marktanteil, Produkte, Vertriebsnetz, Image/Akzeptanz)
- **Beschaffung und Fertigung**
  (Logistik, Beschaffungsstruktur, Kapazitätsauslastung, Produktivität)
- **Organisation und Personal**
  (Organisationsstruktur, Führungssystem, Professionalität des Managements, Qualität der Mitarbeiter)
- **Finanzierung**
  (Kapitalausstattung und -struktur, Liquidität)
- **Ertragskraft, Kostenstruktur, Wertschöpfung**

Abbildung 15.2: Strategische Investitionsbewertung

Aus personalwirtschaftlicher Sicht interessieren zunächst einmal die Auswirkungen auf die Personalkapazität: Müssen aufgrund einer Investitionsentscheidung Mitarbeiter neu eingestellt bzw. entlassen werden? Sind Schulungsmaßnahmen erforderlich (etwa der Umgang mit einem neuen EDV-System einschließlich der dazugehörigen Software)? Zu überprüfen sind dabei auch Änderungen in der Organisation einer Unternehmung, Abteilung oder Gruppe. Schließlich sind die Motivation und Anreizwirkungen auf alle betroffenen Mitarbeiter zu bedenken (weil sich beispielsweise die Vergütung oder die Arbeitszeit ändern, die Tätigkeit anspruchsvoller wird oder das Prestige steigt).

Schließlich müssen die informationswirtschaftlichen Folgen einer bestimmten Investitionspolitik bedacht werden. Abgesehen davon, dass z.B. Bauinvestitionen per se sichtbare Zeichen für die unternehmungsinterne und -externe Öffentlichkeit setzen, ist hier ihr Niederschlag in Publikationsrechnungen (Jahresabschluss mit Bilanz und GuV) anzuführen: Bilanzstrukturen und Kapitalflüsse dienen in hohem Maße der Rechenschaftslegung und erlauben dem interessierten Leser Rückschlüsse auf die Zukunftsfähigkeit der betreffenden Unternehmung. Intern ausgerichtet sind die Informationen Grundlage für das Controlling, das alle Geschäftsprozesse und Abläufe plant, steuert und kontrolliert.

Merksatz: Investitionsentscheidungen können vielfältige Konsequenzen nach sich ziehen. Werden diese „Wirkungen“ von vornherein eingeplant, spricht man von **Beurteilungskriterien** für **Investitionsprojekte**. Letztlich handelt es sich dabei um die Operationalisierung der Zielsetzungen der/des Entscheidungsträger(s): Jeder kann nach seiner Intention über Investitionen befinden.

Beispiel:

Beim Kauf eines PKW spielt für den einen das Prestige einer bestimmten Automarke, für den anderen Geschwindigkeit und Beschleunigung, für den dritten das Volumen des Kofferraumes und für den vierten die Geländegängigkeit eine besondere Rolle: Ein Blick auf unsere Autobahnen und Landstraßen zeigt die Vielfalt dieser Investitionsentscheidungen.

Investitionsentscheidungen werden aus den unterschiedlichsten Motiven heraus getroffen, womit auch ihr Erfolg oder Misserfolg nach den verschiedenartigsten Kriterien gemessen werden kann. Aus ökonomische Sicht ist allerdings die finanzwirtschaftliche Sicht von besonderem Gewicht: Investieren bedeutet nämlich vor allem die Ausgabe von (viel) Geld, das i.d.R. längerfristig gebunden ist und die Unternehmungspolitik damit maßgeblich determiniert. Letztlich dienen diese Aktivitäten dazu, einen irgendwie höher eingeschätzten „Gegenwert“, der meist wiederum aus Geld besteht, zu erhalten. Unter diesem Blickwinkel kann der Begriff der Investition auch so gefasst werden:

Definition:

Unter einer Investition wird eine **Entscheidung** über **Ausgaben** zur Erlangung von Wirtschaftgütern verstanden, die zu einem Investitionsprojekt gebündelt sind. Je nachdem, welches Wirtschaftsgut innerhalb des Projekts im Zentrum steht, spricht man von materiellen oder **immateriellen Realinvestitionen** oder von **Finanzinvestitionen.**

Wenn eine Investition als Entscheidung über *Ausgaben* charakterisiert ist, spielen die *monetären* Konsequenzen in Form von *Ausgaben* und *Einnahmen* eine zentrale Rolle bei der Beurteilung von Investitionsvorhaben. Dies erlaubt zugleich, den Begriff des Projekts finanzwirtschaftlich zu präzisieren:

Merksatz: Ein **Projekt** ist eine Folge von **Einnahmen** $E_0, E_1, \ldots, E_t, \ldots, E_n$ und eine Folge von **Ausgaben** $A_0, A_1, \ldots, A_t, \ldots A_n$, die zu einer **Zahlungsfolge** $Z_0, Z_1, \ldots, Z_t, \ldots, Z_n$ mit

$$Z_t = E_t - A_t$$

zusammengefasst werden können. Die natürliche Zahl $n > 0$ bezeichnet die (vorgegebene) Länge des **Planungszeitraumes**, $E_t \geq 0$ und $A_t \geq 0$ mit den äquidistanten Zeitpunkten $t = 0, 1, \ldots, n$ die Einnahme resp. Ausgabe zum Termin t, angegeben in einer Währungseinheit (wie Euro, US-Dollar, Schweizer Franken).

Ein Projekt unterstellt mithin die sachliche Zusammengehörigkeit seiner zeitverschiedenen Einnahmen und Ausgaben als Zahlungsstrom; das ist der monetäre Niederschlag einer Handlung(smöglichkeit): Welche zusätzlichen Zahlungen löst (bzw. löste) eine geplante (bzw. realisierte) Maßnahme aus, wenn sie im Vergleich zum Ist-Zustand gesehen wird? Mit der Vorgabe des Planungszeitraumes n wird zudem der (endliche) ökonomische Horizont fixiert: alle späteren Daten sind für die Projektbewertung irrelevant. Üblicherweise denkt man bei n an „Jahre" (gelegentlich an „n Monate" oder auch „n Tage"), so dass die Zeitspanne t gerade ein Jahr (ein Monat, ein Tag) beträgt.

Im Weiteren soll folgende Vereinbarung gelten: Einnahmen und Ausgaben des gleichen Termins sind bereits saldiert; d.h., wenn $E_t > 0$, dann ist $A_t = 0$ oder wenn $A_t > 0$, dann ist $E_t = 0$. Eine Einnahme ist damit ein Einnahmenüberschuss, eine Ausgabe ein Ausgabenfehlbetrag und eine Zahlung Z_t stimmt entweder mit der Einnahme E_t (bei positivem Z_t) oder betragsmäßig mit der Ausgabe A_t (bei negativem Z_t) überein.

Es ist sehr anschaulich, sich unter einem Investitionsprojekt eine Zahlungsfolge der Art

$$A_0 = 3.000;\ E_1 = 1.800;\ E_2 = 1.200;\ E_3 = 600$$

vorzustellen; d.h., auf eine Anfangsausgabe folgen nur noch Einnahmen. Hingegen assoziiert man mit der Zahlungsfolge

$$E_0 = 4.000;\ A_1 = 1.552;\ A_2 = 1.552;\ A_3 = 1.552$$

ein Finanzierungsprojekt, weil die Bereitstellung von Liquidität in $t = 0$ künftige Zahlungsverpflichtungen nach sich zieht. Diese Anschauung wird im Weiteren regelmäßig ausgenutzt, ohne dass diese Zuordnung für die Modellanalyse tatsächlich erforderlich ist.

Ist also ein Projekt als Folge von Einnahmen und Ausgaben definiert, muss diese *bewertet* werden, d.h., es müssen **finanzwirtschaftliche Kriterien** (**Zielvariable**) formuliert werden, anhand derer der Erfolg oder Misserfolg eines Projekts gemessen werden kann.

Die Realisierung von Investitionen bindet für eine gewisse Zeitdauer Kapital, so dass die Liquidität (= Zahlungsfähigkeit) kontinuierlich gesichert werden muss, mithin als zentrale finanzwirtschaftliche Bewertungskategorie fungiert. Instrument zur Abbildung und Sicherung der Liquidität ist der Finanzplan, der für eine Periode (Monat, Jahr) oder – hier von besonderer Relevanz – für die Projektdauer insgesamt aufgestellt wird.

Merksatz: Die Aufrechterhaltung der **Liquidität** ist eine zwingende finanzwirtschaftliche Zielsetzung resp. Bedingung, die bei jeder Investitionsentscheidung berücksichtigt werden muss. Instrument hierfür ist der **Projektfinanzplan**, in welchem alle originären Einnahmen und Ausgaben genau so betragsmäßig und termingenau erfasst werden wie die daraus abgeleiteten derivativen Einnahmen (Kapitalaufnahmen, Zinseinnahmen, Desinvestitionen) und Ausgaben (Kapitaltilgung, Zinsausgaben, Wiederanlagen, Entnahmen). In diesem Projektfinanzplan muss ein **finanzielles Gleichgewicht** bestehen resp. bewirkt werden, also der Zahlungssaldo zwischen der Einnahmen- und Ausgabensumme stets größer oder gleich null sein.

Neben der Aufrechterhaltung der Liquidität ist die Messung der **Vorteilhaftigkeit** eines Projekts die zweite zentrale finanzwirtschaftliche Zielvariable, deren Erfüllung mit Hilfe von **Investitionsrechnungen** festgestellt wird. Da Investitionsentscheidungen auf die Zukunft gerichtet sind, besteht allerdings immer **Unsicherheit**, ob die Planungen tatsächlich auch realisiert werden können.

Merksatz: Investitionsentscheidungen sind hinsichtlich des Eintretens von Erfolg und Liquidität stets unsicher. Diese **Risiken** bezüglich der Verwirklichung der finanzwirtschaftlichen Ziele Liquidität und Erfolg sind folglich bei der Beurteilung von Investitionsprojekten mit zu berücksichtigen.

15.1.3 Zeitpräferenz

Für die *finanzwirtschaftliche* Beurteilung eines Investitionsprojekts genügt es, dessen monetäre Konsequenzen zu kennen, d.h., die Folge der *Ausgaben* und *Einnahmen*, die durch die Investitionsentscheidung ausgelöst werden.

Beispiel:

Gegeben seien die beiden Investitionen Projekt I und Projekt II, die folgende Zahlungen (in Geldeinheiten, z.B. Euro, US-$) aufweisen:

Projekt I: $A_0 = 3.000; E_1 = 600; E_2 = 1.200; E_3 = 1.800.$

Projekt II: $A_0 = 3.000; E_1 = 1.800; E_2 = 1.200; E_3 = 600.$

Hierbei steht A wieder für „Ausgabe" und E für „Einnahme". Welches von den beiden Projekten ist vorziehenswürdig?

Von der *Kosten- und Erlösrechnung* werden die beiden Projekte als gleichwertig eingestuft, da die kumulierten Einnahmen identisch sind und die gleich hohe Ausgabe übersteigen.

Projekt I: $E_1 + E_2 + E_3 = 600 + 1.200 + 1.800 = 3.600 > A_0 = 3.000$

Projekt II: $E_1 + E_2 + E_3 = 1.800 + 1.200 + 600 = 3.600 > A_0 = 3.000$

Zu der identischen Einschätzung gelangt man auch, wenn die durchschnittlichen jährlichen Erlöse den (gleich bleibenden) Abschreibungen der Anschaffungsausgabe gegenüber gestellt werden: Die durchschnittlichen Erlöse pro Jahr betragen bei beiden Projekten 1.200, die (linearen) Abschreibungen 1.000. Insofern übertreffen die Erlöse pro Jahr die Kosten (= Abschreibungen) pro Jahr, beide Projekte sind vorteilhaft und gleichwertig.

Derartige Kosten- und Erlösrechnungen bei Beschaffungsentscheidungen werden als *Statische Investitionsrechnungen* bezeichnet, da bei ihnen der zeitliche

Anfall der Zahlungen unbeachtet bleibt. Als Überschlagsrechnung erfreuen sie sich einer gewissen Beliebtheit, sind aber letztlich unzureichend.

Vermutlich ziehen Sie Projekt II dem Projekt I vor?

Dies werden Sie dann tun, wenn Sie die Indizes bei der Ausgabe A_0 und den Einnahmen E_t als *Zeitpunkte* interpretieren, an denen die jeweiligen Zahlungen ab- oder zufließen. Dies kann z.B. der 31. Dezember eins Jahres sein. Zugleich ist mit dem Zeitindex t auch die *Periode* (i.d.R ein Jahr) gemeint, die an diesem Termin endet. Unter Berücksichtigung dieser zeitlichen Struktur ist Projekt II vorziehenswürdig, weil die hohe Einnahme früher, die geringe später verdient wird.

Die Einnahme in Höhe von 1.800 fließt bei Projekt II in t = 1, bei Projekt I erst in t = 3 zu.

Warum ziehen Sie eine Einnahme, die *früher* zufließt, der gleich hohen, aber erst *später* fälligen vor?

Bei Investitionsentscheidungen handelt es sich um *sichere* Ausgaben, die in der Erwartung künftig höherer Einnahmen getätigt werden. Diese Unsicherheit bei der Einnahmenerzielung motiviert, aus Risikoüberlegungen eine frühere Einnahme einer späteren vorzuziehen. Unter Risikoaspekten ist daher Projekt II dem Projekt I überlegen.

Eine früher zufließende Einnahme kann aber auch allein aus Gründen, Konsumwünsche erfüllen zu wollen, vorgezogen werden. Man spricht dann von (positiver) Konsumpräferenz. Die bereits in t = 1 (und nicht erst in t = 3) zufließenden 1.800 Geldeinheiten bei Projekt II machen es beispielsweise möglich, einen Kurzurlaub früher anzutreten oder sich modisch-aktuell einzukleiden. Eine solche Konsumpräferenz kann sehr wohl ausschlaggebend sein, sich für ein bestimmtes Investitionsprojekt zu entscheiden.

Die *termingenaue* Berücksichtigung aller Zahlungen erlaubt schließlich, frühere Einnahmen zu reinvestieren, um auf diese Weise einen Zinsertrag zu erwirtschaften oder aufgenommene Kredite zu tilgen, um Zinsaufwendungen zu vermeiden: Projekt II wird vorgezogen, da die höhere Einnahme in t = 1 erlaubt, diesen Betrag Zins bringend anzulegen (z.B. als Festgeld bei einer Bank) oder Schulden zu tilgen, um Zinsaufwendungen zu sparen. Dieser Aspekt ist *das* charakterisierende Merkmal aller finanzmathematischen Investitionsrechnungen, die, da sie die Einnahmen und Ausgaben *zeitgerecht* vergleichen, als dynamische Investitionsrechnungen bezeichnet werden.

Merksatz: Eine **finanzmathematische** Investitionsrechnung basiert auf **Einnahmen** und **Ausgaben**, wobei nicht nur deren *Betrag*, sondern auch der Zahlungs*termin* bei der Berechnung berücksichtigt wird. Dies geschieht, indem erwirtschaftete **Zinserträge** und zu entrichtende **Zinsaufwendungen** festgestellt und in die Investitionsrechnung einbezogen werden.

Merksatz: Wird eine Zahlung, die früher anfällt, einer gleich hohen, aber später fälligen vorgezogen, spricht man von (positiver) **Zeitpräferenz: Investitionsrechnungen** binden über die Verzinsung die **Zeit** und die **Zeitpräferenz** in die Beurteilung eines Projekts mit ein. Sie unterscheiden sich mithin genau in diesem Punkt von der Kosten- und Erlösrechnung.

15.1.4 Projekt- versus Programmplanung

Das Investitionscontrolling einer Unternehmung beschäftigt sich mit der Planung, Koordination, Steuerung und Kontrolle der Investitionen im Hinblick auf die Erreichung der Unternehmungsziele. Sobald eine Unternehmung eine gewisse Größe (hinsichtlich Zahl der Mitarbeiter oder des Umsatzes) erreicht hat, erfolgt die Investitionsplanung und -umsetzung arbeitsteilig. Abbildung 15.3 gibt dies schematisch wieder. Solche *multipersonalen* Planungs- und Entscheidungsprozesse weisen eine Vielzahl von Besonderheiten, mithin eine hohe Komplexität auf, auf die hier nicht eingegangen werden soll. Vielmehr werden diejenigen, welche die Entscheidung bezüglich eines oder mehrerer Investitionsvorhaben treffen, kurz als Investoren bezeichnet. Dabei kann es sich also um den privaten Kauf eines Autos genau so handeln wie um den Erwerb eines konkurrierenden ausländischen Konzerns.

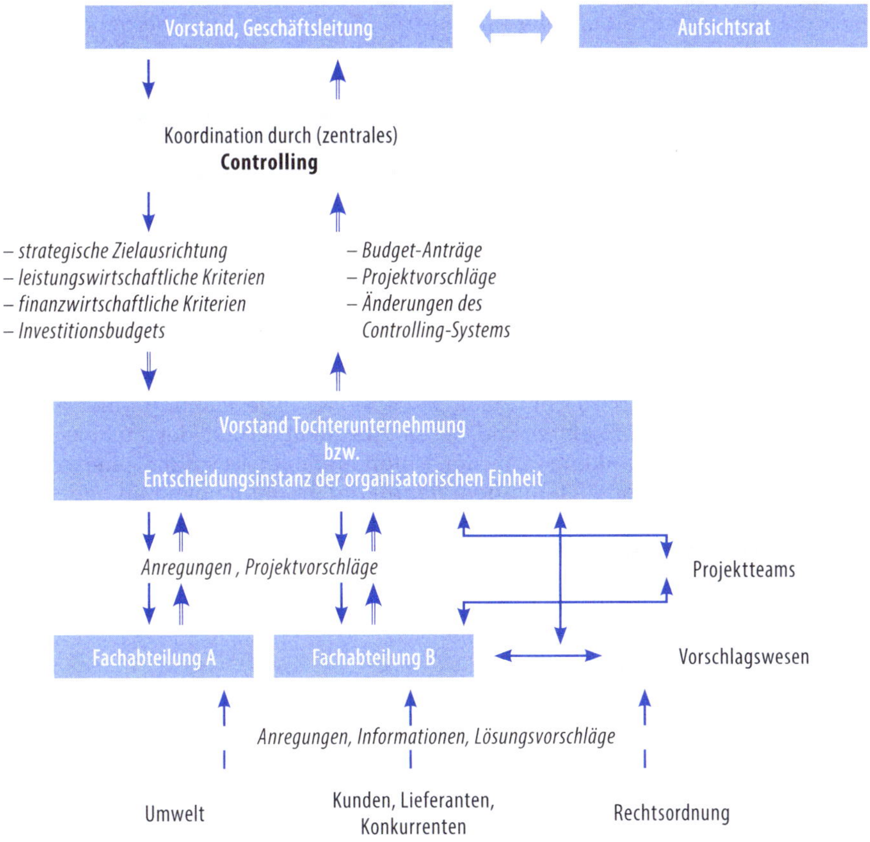

Abbildung 15.3: Ablauforganisation von Investitionsentscheidungen (Schema)

Im Hinblick auf die Bewältigung der vielfältigen Investitionsaktivitäten, die in Unternehmungen ablaufen resp. erforderlich sind, gibt die darin angesprochene Arbeitsteilung auch Hinweise auf Fragestellungen, die bei der finanzwirtschaftlichen Bewertung gelöst werden müssen:

Die Anregung, Planung und Umsetzung der meisten Realinvestitionen erfolgt in Organisationen *dezentral*, weil so die ausreichende Sachnähe zu diesen Vorhaben gewährleistet ist. Als Aufgabe resultiert hieraus die Bestimmung der *Zielwirksamkeit* der betreffenden Investitionsprojekte, insbesondere die Ermittlung ihrer finanzwirtschaftlichen Vorteilhaftigkeit. Dazu werden unterschiedliche Modelle der Investitionsrechnungen benötigt, wie sie nachfolgend vorgestellt werden.

Die Realisierung aller angedachten und geplanten Investitionsprojekte ist i.d.R. nicht möglich, beispielsweise weil nicht genügend Kapital zu deren Finanzierung in der Unternehmung zur Verfügung steht. Infolgedessen bedarf es der zentralen Koordination aller Projekte im Hinblick auf die (übergeordneten) Unternehmungsziele, was vor allem auch eine *Rangfolge* einschließt, wie dringlich die einzelnen Vorhaben einzustufen sind. Dies erfordert die Abstimmung der Investitionsplanung mit den anderen Plänen (wie Beschaffungs-, Produktions-, Absatz-, Personalplänen). Von existenzieller Bedeutung für die Unternehmung ist hierbei die Zusammenführung mit der Finanzplanung: Zum einen weil die Aufrechterhaltung der Liquidität der Unternehmung nur zentral erfolgen kann, da sich die Anforderung der Solvenz resp. die Gefahr der Insolvenz auf die Unternehmung als Einheit, nicht jedoch auf einzelne Maßnahmen oder Bereiche bezieht. Zum anderen ist die Finanzierung der einzelnen Investitionsprojekte wie auch deren Gesamtheit eine Spezialaufgabe, die ggf. besondere Kenntnisse über Finanzmärkte und Finanzinstitutionen erfordert, die in der einzelnen Fachabteilung nicht vorhanden sind; hierzu zählt auch die Planung und Realisierung von Finanzinvestitionen. Die Planung einer Mehrzahl von Investitionsprojekten und deren Abstimmung mit der Finanzierung (und ggf. weiteren Funktionen in der Unternehmung) ist mithin eine anders geartete Fragestellung, die unter dem Begriff der Programmplanung behandelt wird (Dean [Capital Budgeting], Weingartner [Mathematical Programming]). Die Abgrenzung zwischen Projekt- und Programmplanung lässt sich nicht immer eindeutig durchführen (was allerdings auch gar nicht notwendig ist). Hier stehen Projekte im Zentrum der Analyse, auf der die Programmplanung aufbauen kann.

15.2 Vermögenswerte

15.2.1 Modell des Vermögensendwertes

15.2.1.1 Vermögensendwert als Vorteilskriterium

Mit dem Vermögensendwert wird nunmehr eine grundlegende Investitionsrechnung für ein Projekt vorgestellt. Dazu müssen neben den Ausgaben A_t und den Einnahmen E_t weitere Informationen insbesondere über die Zinswirkungen bekannt sein, die sich aus der Finanzierung des Projekts und der Reinvestition temporär verfügbarer Überschüsse ergeben: Die Anfangsausgabe für ein Investitionsprojekt erfordert die Bereitstellung von Kapital. Diese (Investitions-)Finanzierung muss hinsichtlich Betrag, Höhe der Zinszahlung und den Modalitäten des Kapitaldienstes (= Zins- und Tilgungsleistungen) festgelegt sein. Übersteigen die Projekteinnahmen E_t die Verpflichtungen, die aus der Finanzierung entstehen, müssen zudem die Konditionen der Wiederanlage (also der Reinvestition) bekannt sein, das sind Art, Höhe, Bindungsdauer und Verzinsung aller temporär verfügbarer Überschüsse.

Beispiel:

Bei Projekt II betragen die Ausgabe $A_0 = 3.000$, die Einnahmen $E_1 = 1.800$, $E_2 = 1.200$ und $E_3 = 600$. Um die Ausgabe A_0 bestreiten zu können, wird ein Darlehen in gleicher Höhe aufgenommen. Dabei berechnet der Darlehensgeber einen Sollzinssatz s in Höhe von 10 %. Zugleich wird vereinbart, den Kapitaldienst KD_t in drei gleichen Raten zu je 1.206 (beginnend in t = 1) zu bestreiten. Darin sind Zinsaufwendungen ZA_t zu 10 % auf den Schuldenstand S_t zum vorherigen Termin enthalten, der jeweilige Rest ist die Tilgung T_t. Sollten während des Investitionszeitraumes n = 3 Einnahmenüberschüsse nach Abzug der Darlehensverpflichtungen entstehen, können diese Wiederanlagebeträge H_t zum Habenzinsfuß h = 20 % für jeweils eine Periode angelegt werden.

Lohnt sich unter diesen Bedingungen Projekt II?

! Zinssätze (Zinsfüße) werden üblicherweise in Prozent angegeben. Bei der Zinsrechnung müssen diese Prozentwerte in Dezimalbrüche über die Formel

$$\frac{\text{Zinsfuß in Prozent}}{100} = \text{Zinsfuß}$$

umgewandelt werden.

$$\text{Beispiel:} \frac{10(\%)}{100} = 0{,}1$$

Auf diese Umrechnung wird im Folgenden nicht mehr hingewiesen und, soweit daraus keine Unklarheiten resultieren, vereinfachend für die Prozent- wie die Dezimalschreibung das gleiche Symbol (etwa s für Sollzinsfuß, h für Habenzinsfuß) verwendet.

In der folgenden Abbildung ist ein Rechenschema angegeben, das es erlaubt, die Bestimmung der Vorteilhaftigkeit von Projekt II zu veranschaulichen. Ziel ist es hierbei festzustellen, ob Projekt II über die Zeit hinweg bis n = 3 einen „Gewinn" oder einen „Verlust" erwirtschaftet. Festgestellt wird also die maximal mögliche endfällige Ausschüttung, die der Investor aus dem Projekt erhalten kann (Schirmeister [Theorie 35 ff.]). Die Werte in Abbildung 15.4 – wie in allen folgenden Rechenbeispielen – sind bei Bedarf ganzzahlig auf- oder abgerundet, so dass in den Zwischenergebnissen Rundungsabweichungen auftreten können; Felder ohne Eintrag sind mit Null anzusetzen; xxx bedeutet, dass dieses Feld nicht definiert ist.

In der oberen Hälfte der Abbildung sind allein die interessierenden, die Vorteilhaftigkeit der Investition beeinflussenden Größen termingerecht aufgeführt; das sind die Einnahmen E_t und Ausgaben A_t (mit t = 0, 1, 2, 3 als Terminindex) sowie die aus Reinvestitionen zu erwartenden Zinserträge ZE_t und die aufgrund der Finanzierung der Ausgabe A_0 zu entrichtenden Zinsaufwen-

	t = 0	t = 1	t = 2	t = 3
Vermögenswert V_{t-1}	xxx	–3000	–1500	–391
+ Einnahme E_t		1800	1200	600
+ Zinsertrag ZE_t (h = 20 %)			119	141
– Ausgabe A_t	3000			
– Zinsaufwand ZA_t (s = 10 %)		300	209	110
= Vermögenswert V_t	**–3000**	**–1500**	**–391**	**241**
(1) Wiederanlagebetrag H_t		594	706	241
(2) Finanzierung:				
Kapitalaufnahme K_t	3000			
Schuldenstand S_t	3000	2094	1097	
Kapitaldienst KD_t		1206	1206	1206
Tilgung T_t		906	997	1097

$ZE_t = h * H_{t-1}$

$ZA_t = s * S_{t-1}$

$H_t = H_{t-1} + E_t + ZE_t - A_t - KD_t$ für $t \geq 1$

$S_t = S_{t-1} - T_t$

$KD_t = ZA_t + T_t$

Abbildung 15.4: Vermögensentwicklung Projekt II (Annuitätentilgung)

dungen ZA_t. Über die Zeit saldiert geben die Größen exakt den Überschuss der Erträge über die Aufwendungen an, der als Vermögenswert V_t bezeichnet wird:

$$V_0 = E_0 - A_0$$

$$V_t = V_{t-1} + E_t + ZE_t - A_t - ZA_t, \qquad \text{für } t = 1, 2, \ldots, n$$

Der Zinsertrag ZE_t zu jedem Termin t = 1, ..., n setzt sich zusammen aus dem Habenzinssatz h multipliziert mit dem zu reinvestierenden Betrag H_{t-1}; entsprechend lässt sich der Zinsaufwand ZA_t als Produkt aus Sollzinssatz s und dem Schuldenstand S_{t-1} schreiben:

$$ZE_t = h \times H_{t-1}$$

$$ZA_t = s \times S_{t-1}$$

Daher kann obige Gleichung auch geschrieben werden als

$$V_0 = E_0 - A_0$$

$$V_{t-1} = V_{t-1} + E_t + h \times H_{t-1} - A_t - s \times S_{t-1}, \qquad \text{für } t = 1, 2, \ldots, n$$

Legende:

V_t = Vermögenswert zum Zeitpunkt t
E_t = Einnahme zum Zeitpunkt t
A_t = Ausgabe zum Zeitpunkt t
ZE_t = endfälliger Zinsertrag der Periode t
ZA_t = endfälliger Zinsaufwand der Periode t
t = äquidistante Zeitpunkte, t = 0, 1, ..., n
n = Planungszeitraum
h = Habenzinssatz
H_{t-1} = Wiederanlagebetrag in t–1, gebunden bis t
s = Sollzinssatz
S_{t-1} = Schuldenstand in t–1, aufgenommen bis t.

Die untere Hälfte der Abbildung 15.4 enthält die „Nebenrechnungen": Zum einen den jeweils zur Reinvestition verfügbaren Wiederanlagebetrag H_t, zum anderen alle mit der Finanzierung einhergehenden Größen wie Höhe und Zeitpunkt der Kapitalaufnahme K_t, die Entwicklung des Schuldenstandes S_t, der Kapitaldienst KD_t (= Zinsaufwand ZA_t + Tilgung T_t) sowie die Tilgungsbeträge T_t. Die für die Berechnung der Vermögenswerte V_t so wichtigen Größen *Zinsertrag* ZE_t und *Zinsaufwand* ZA_t werden dabei Schritt für Schritt ermittelt (wobei die Werte gegebenenfalls gerundet sind).

Beispiel:

Im Zeitpunkt t = 0 wird Kapital in Höhe von K_0 = 3.000 aufgenommen, so dass Schulden S_t in eben dieser Höhe entstehen. Vereinbarungsgemäß sind darauf s = 10 % Sollzinsen zu entrichten: $ZA_1 = s \times S_0 = 0{,}1 \times 3.000 = 300$.

Da von dem (vorgegebenen) Kapitaldienst KD_1 = 1.206 lediglich 300 als Zinsaufwand ZA_1 verbraucht werden, bleiben 906 als Tilgung T_1 übrig, welche den Schuldenstand S_0 = 3.000 auf S_1 = 2.094 verringern.

Von der Einnahme E_1 = 1.800 werden lediglich 1.206 für den Zinsaufwand ZA_1 und die Tilgung T_1 (also für den Kapitaldienst KD_1) benötigt, so dass ein Wiederanlagebetrag von $H_1 = E_1 - KD_1 = 1.800 - 1.206 = 594$ zur Verfügung steht, der zum Habenzinsfuß h = 20 % reinvestiert werden kann. Dies erbringt in t = 2 einen Zinsertrag von ZE_2 = 119. Dieser fließt in Höhe von 6 in den Kapitaldienst, der Rest erhöht den Wiederanlagebetrag $H_2 = H_1 + E_2 + ZE_2 - KD_2 = 594 + 1.200 + 119 - 1.206 = 706$, usw.

Die Vermögenswerte V_t lassen sich schrittweise („rekursiv") gemäß der oben angegebenen Formel errechnen, in dem zum Vermögenswert V_{t-1} des vorherigen Termins die Einnahmen E_t und die Zinserträge ZE_t addiert, die Ausgaben A_t sowie die Zinsaufwendungen ZA_t subtrahiert werden. Der Vermögensendwert V_n beziffert in Geldeinheiten (Euro, Dollar, Franken) den Gewinn bzw. den Verlust eines Investitionsprojekts am Ende des Planungszeitraumes im Vergleich zur Handlungsalternative „nicht investieren", der sogenannten *Nullalternative* (*Unterlassungsalternative*).

Im vorliegenden Beispiel heißt das konkret: Der Vermögensendwert V_3 von Projekt II beträgt 241, mithin ist das Projekt vorteilhaft: Im Vergleich zu „nichts tun" ist es zweckmäßig, sich 3.000 Geldeinheiten bei einem Darlehensgeber zu 10 % zu besorgen und in Projekt II zu investieren. Denn die Projekteinnahmen von 1.800, 1.200 und 600 erlauben nicht nur, das Darlehen planmäßig mit Zinsen zurückzubezahlen, sondern sie übersteigen die Anfangsausgabe A_0 = 3.000. Hinzu kommen noch zwischenzeitliche Zinserträge ZE_2 = 119 und ZE_3 = 141, da zu diesen Terminen die Mittel gerade nicht (für Projektausgaben oder Kapitaldienste) benötigt werden.

Da der Vermögensendwert den Gewinn oder Verlust eines Projekts in Geldeinheiten quantifiziert, können verschiedene Vorhaben direkt miteinander verglichen werden, zumindest, sofern für konkurrierende Projekte der identische Planungszeitraum n vorliegt. Trifft dies nicht zu, müssen weitere Bedingungen formuliert werden.

Merksatz: Ist unter **konkurrierenden Investitionsprojekten** eine **Auswahl** zu treffen, da nur eines oder einige dieser Projekte verwirklicht werden sollen, bestimmt die **Höhe** des Vermögensendwertes die **Rangfolge**: Je *höher* der am Ende erwirtschaftete Überschuss, desto *vorteilhafter* ist diese Handlungsalternative.

Der Vermögensendwert geht von einem finanzwirtschaftlich abgeschlossenen Projekt aus: Notwendige Kapitalaufnahmen zum Sollzinsfuß sind genauso möglich wie Wiederanlagen zum Habenzinsfuß; ansonsten muss die Planung an die anders lautenden realen Bedingungen angepasst werden. Offen bleibt allerdings, ob die zu zahlenden Sollzinsen und die erhaltenen Habenzinsen tatsächlich zum Zeitpunkt ihrer Erfolgszuordnung *liquiditätswirksam* sind: Beispielsweise kann eine Wiederanlage in Sachinvestitionen getätigt werden, die am nächsten Termin noch nicht als Geld zurückgeflossen, sondern noch gebunden ist. Daher handelt es sich um Zinsaufwendungen und Zinserträge, nicht notwendigerweise um Zins*ausgaben* und Zins*einnahmen*!

Merksatz: Der Vermögensendwert ist kein *Finanzplan*, sondern eine **Erfolgsrechnung**!

Während die Zahlungen E_t und A_t also den Zu- oder Abfluss von Liquidität bedeuten, gilt das für die Zinserträge und Zinsaufwendungen nicht unbedingt. Bei der Folge der Vermögenswerte V_t als Saldo handelt es sich schließlich um eine *Rechengröße*, die nur unter zusätzlichen Annahmen auch empirisch beobachtbar ist.

15.2.1.2 Die Berücksichtigung der Finanzierung und der Wiederanlage im Vermögensendwert

Finanzierung zum Sollzinsfuß

Eine Investition erfordert Ausgaben, die *finanziert* werden müssen. Jeder Kapitalgeber erwartet dafür, dass er eine geraume Zeit auf sein Geld verzichtet, zusätzlich zu dessen Rückzahlung eine angemessene Entschädigung: Das gilt für die ein Darlehen gebende Bank genauso wie für das Eigenkapital eines Unternehmers oder GmbH-Gesellschafters. Während die Bank die Höhe der vom Investor zu zahlenden Zinsen im Kreditvertrag festlegt, handelt es sich beim „Zins" für das Eigenkapital meist um *Alternativkosten* (*Opportunitätskosten*), deren Höhe sich nach der alternativen Verwendungsmöglichkeit des Kapitals bei vergleichbarem Risiko der Anlage richtet. Typischerweise übersteigen die Kosten des Eigenkapitals diejenigen des Fremdkapitals, weil das Verlustrisiko – etwa im Falle der Insolvenz – höher ist, da das Fremdkapital zuerst zurückgezahlt werden muss. Ist hingegen der Gewinn des Investitionsprojekts höher als erwartet, kommt dies dem Eigenkapital zugute. Diese (relativen) Kosten der Finanzierung finden im Sollzinssatz s (auch: Kapitalbeschaffungs-, Kapitalaufnahmezinssatz bzw. Finanzierungskostensatz) ihren Niederschlag:

Merksatz: **Die Höhe des Sollzinsfußes s bestimmt sich aus den konkreten Konditionen, die dem Investor angeboten werden, wenn er Kapital aufnimmt oder bereitstellt.**

Es ist allerdings nicht nur die Höhe des Sollzinsfußes, die den Vermögensendwert V_n beeinflusst, sondern auch die Art und Weise, wie das in t = 0 zur Finanzierung der Investition aufgenommene Kapital an den Kapitalgeber zurückbezahlt wird. Derartige Tilgungsmodalitäten können sehr unterschiedlich vereinbart werden: Bei dem bisherigen Beispiel fand die Annuitätentilgung Verwendung, bei welcher der Kapitaldienst *konstant* ist, die Zinsaufwendungen abnehmen und die Tilgungsraten steigen. Der Kapitaldienst bei der Annuitätentilgung errechnet sich über die Formel:

$$KD_t = K_0 \times \frac{(1+s)^n \times s}{(1+s)^n - 1}, \qquad \text{für } t = 1, \ldots, n$$

Legende:

KD_t = Kapitaldienst zum Zeitpunkt t

K_0 = Kapitalaufnahme zum Zeitpunkt t = 0

s = Sollzinssatz

t = äquidistante Zeitpunkte, t = 1, ..., n

n = Planungszeitraum

Beispiel:

Um den Kapitaldienst gemäß Abb. 15.4 errechnen zu können, müssen die Kapitalaufnahme K_0 = 3.000, der Sollzinsfuß s = 10 % und die Laufzeit n = 3 bekannt sein. Dann ergibt sich

$$3.000 \times \frac{(1,1)^3 \times 0,1}{(1,1)^3 - 1} = 1.206,34$$

mithin gerundet 1.206.

Das Annuitätendarlehen spielt in der Praxis eine überragende Rolle, da es zu konstanten Kapitaldienstraten führt. Als Zeiteinheit ist neben dem Jahr vor allem auch die monatsweise Zahlung üblich (z.B. Darlehenslaufzeiten über 36, 48 oder 60 Monate).

Temporäre Wiederanlage zum Habenzinsfuß

Der Haben- oder Beschaffungszinssatz h beziffert die *Rendite* der Wiederanlagebeträge: Welche *Zinserträge* können zwischen t und t+1 zusätzlich erzielt werden, wenn das betreffende Investitionsprojekt realisiert wird? Dabei spielt es keine Rolle, auf *welche Weise* diese Reinvestition erfolgt, also ob die Wiederanlagen in Form von Sach- oder Finanzinvestitionen getätigt werden. Bei Investitionen in Unternehmungen werden Einnahmenüberschüsse meist direkt in das laufende Geschäft (z.B. in die Beschaffung von Rohstoffen oder anderen Anlagegütern) reinvestiert. Besteht kein Bedarf an derartigen Sachinvestitionen, kommen natürlich auch Finanzanlagen (wie Festgeld, Geldmarktanlagen etc.) oder die reine Kassenhaltung mit einem Habenzinsfuß von null in Betracht.

Merksatz: Die Höhe des **Habenzinsfußes h** bestimmt sich stets aus den konkreten Möglichkeiten, die sich bei der Realisierung des zugehörigen Projekts ergeben.

Beispiel:

Angenommen, mit der Anfangsausgabe A_0 bei Projekt II wird ein LKW beschafft, mit dessen Transportkapazität Geld verdient werden soll. Nach einiger Zeit erlauben die erlösten Einnahmen, den zum LKW passenden Anhänger hinzuzukaufen. Die mit der zusätzlichen Kapazität des Anhängers erzielbaren Einnahmen in Relation zu seinem Kaufpreis sind dann dessen „Rendite", die als Habenzinsfuß in die Investitionsrechnung eingehen. Insofern kann der Habenzinsfuß erheblich von der Projektrendite abweichen, also darunter oder deutlich darüber liegen. Dennoch ist dieser Habenzinsfuß nie absolut, vor allem nicht unabhängig vom originären Projekt bestimmbar: Auch wenn ein Anhänger eine tolle Rendite erwirtschaftet, kann man ohne den – erheblich unrentableren – LKW allein nicht sonderlich viel damit anfangen!

Die Idee, statt Projekt II zu realisieren, die (geliehenen) 3.000 Geldeinheiten zum Habenzinsfuß von 20 % anzulegen, ist damit eine *neue* Handlungsalternative: Wenn diese realisierbar ist, handelt es sich natürlich um eine vorteilhaftere Anlage als Projekt II. Da der Habenzinssatz an das Projekt „gebunden" ist, kann er auch größer als der Sollzinsfuß s sein: Bei einer prosperierenden Unternehmung werden nämlich die unternehmungsinternen Reinvestitionen vorteilhafter sein als die externe Kapitalaufnahme!

Im Weiteren wird vereinfachend unterstellt, dass alle Wiederanlagen jeweils nur zwischen den beiden Zeitpunkten t und t+1 gebunden sind, in t+1 demnach entweder reinvestiert oder anderweitig genutzt werden können. Diese Annahme dient allein der Bequemlichkeit in den Beispielrechnungen und kann bei Bedarf leicht an die herrschenden Bedingungen angepasst werden.

Zusammenfassend kann daher folgende Aussage bezüglich der Finanzierung und temporären Wiederanlage getroffen werden:

Merksatz: Bei einer **Investitionsrechnung** (wie dem Vermögensendwert) wird ein „Mit-und-ohne-Vergleich" durchgeführt: Im Vergleich zur Ausgangssituation, der Nullalternative, werden die durch das Projekt **zusätzlich** ausgelösten Einnahmen E_t, Ausgaben A_t, Zinserträge ZE_t und Zinsaufwendungen ZA_t festgestellt und über die Zeit hinweg saldiert. Die Zinsen bestimmen sich dabei aus den situativen Bedingungen (z. B. der Bonität des Darlehensnehmers) und den vom jeweiligen Projekt abhängigen Konditionen der Wiederanlage (insbesondere dem Habenzinsfuß h) und der Finanzierung (insbesondere dem Sollzinsfuß s). Dieser Vergleich relativ zur Ausgangssituation gibt daher die Vermögens**mehrung** oder Vermögens**minderung** an, die mit einem Investitionsprojekt erzielt werden kann.

15.2.1.3 Amortisationsperiode

Bei dem Beispielprojekt II wurde bislang allein der Vermögensendwert V_n etwas genauer betrachtet. Tatsächlich quantifiziert die Folge der Vermögenswerte V_t die (finanzwirtschaftliche) Vermögensentwicklung: Der Saldo aus „finanzwirtschaftlichem Guthaben" (das ist der Wiederanlagebetrag H_t) und aus den „Finanzschulden" (also dem Schuldenstand S_t) ist der jeweils aktuelle Finanzstatus des Projekts. Dieser Finanzstatus ist exakt der jeweilige Vermögenswert:

$$V_t = H_t - S_t$$

Dieser Tatbestand ist wegen der Abgeschlossenheit eines Projekts generell gültig. Von besonderem Interesse ist hierbei der Zeitpunkt, ab welchem ein Vermögenswert erstmals positiv wird (also die „roten Zahlen" zu den „schwarzen Zahlen" wechseln). Diese Amortisationszeit (Pay-Off-Periode) eines Projekts wird gerne als ergänzender Beurteilungsmaßstab eines Investitionsvorhabens beigezogen (Weingartner [Payback Period]). Eine frühere Amortisation wird hierbei – unter ansonsten vergleichbaren Bedingungen – einer späteren vorgezogen, weil

(1) gewisse mit der Realisierung eines Projekts einhergehende Risiken dadurch reduziert werden (z.B. Zahlungsausfälle gegen Ende des Planungszeitraumes),

(2) insofern auch die Anpassung an Veränderungen der Umwelt leichter oder flexibler bewerkstelligt werden kann und

(3) die Legitimation, die tatsächlich richtige Entscheidung getroffen zu haben, vereinfacht wird. Ein Manager beispielsweise, dessen Vertragsverlänge-

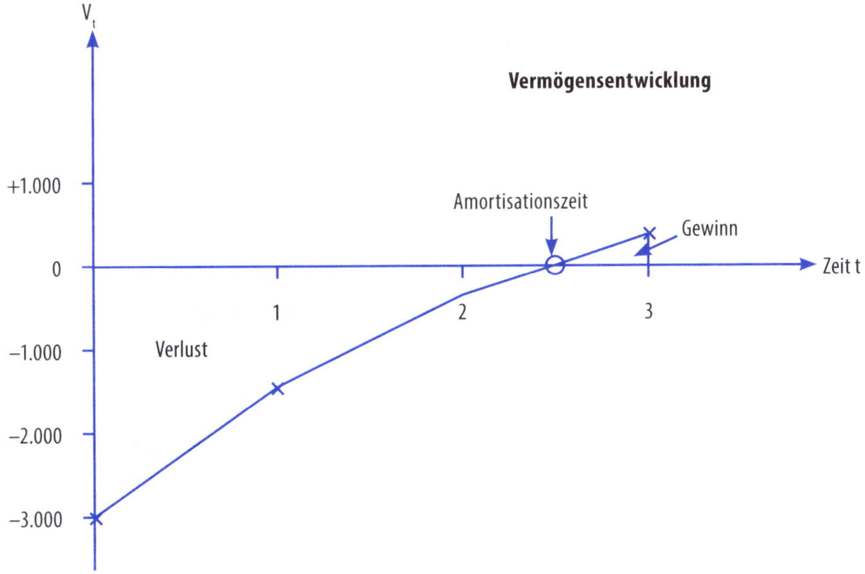

Abbildung 15.5: Amortisationszeit Projekt II (gemäß Abb. 15.4)

rung in drei Jahren ansteht, muss bis dahin die Richtigkeit der von ihm zu verantwortenden Maßnahmen belegen. Insofern ist er an Investitionsprojekten interessiert, die spätestens im dritten Jahr Erfolge zeigen. Andernfalls – also bei späteren Gewinnen – wird sein Nachfolger davon profitieren.

Projekt II weist zwischen t = 0 und t = 2 negative Vermögenswerte auf, ist also in der Verlustzone. In t = 3 hingegen wird ein positiver Vermögenswert ausgewiesen, also ein Gewinn. Der Punkt, an dem ein Verlust in einen Gewinn wechselt, wird als Break-Even-Punkt oder Gewinnschwelle bezeichnet, die Methode, diesen zu ermitteln, als Break-Even-Analyse. Da hier die Gewinnschwelle einen Zeitpunkt (nicht beispielsweise eine Mengeneinheit) bezeichnet, spricht man auch von dynamischer Break-Even-Analyse.

Merksatz: Der **Amortisationszeitpunkt** ist derjenige Termin, ab welchem die Investition in die Gewinnzone gelangt.

Eine exakte Terminierung des Break-Even-Punktes ist allerdings nur dann vertretbar, wenn Einnahmen und Ausgaben tatsächlich kontinuierlich (unterperiodisch) zu- bzw. abfließen. Demgegenüber wird hier stets die exakte Zuordnung zu den Terminen t unterstellt. Daher kann in obiger Abbildung genau genommen lediglich die Amortisation „im Laufe der dritten Periode" – bzw. noch strenger – in t = 3 konstatiert werden.

Ob sich eine Investition *überhaupt* amortisiert, interessiert selbstverständlich immer. Hingegen ist der Aussagegehalt der Amortisationsperiode zurückhaltend zu bewerten:

(1) Zum einen können Zeiträume, in welchen sich ein Projekt amortisieren soll, höchstens im Einzelfall unter Beiziehung indirekter (Hilfs)-Kriterien (wie Produktlebenszyklen, Innovationsrate einer Branche), jedoch nie allgemeingültig vorgegeben werden. Beispielsweise benötigen Investitionen bei Werften oder in der Papierindustrie meist lange Jahre, ehe „schwarze Zahlen" geschrieben werden; hingegen müssen sich Investitionen in Modeartikel wie die Damenoberbekleidung rasch amortisieren, da sich der Geschmack schnell verändert.

(2) Zum anderen werden bei der Amortisationszeit möglicherweise vorteilhaftere Investitionsvorhaben benachteiligt (oder gar aus geschlossen), allein weil ihre Einnahmenüberschüsse zeitlich später anfallen.

15.2.2 Vorteilsanalyse auf dem vollkommenen Kapitalmarkt

15.2.2.1 Endwert

Beispiel:

Sie erhalten das Angebot, heute 100 € zu verdienen oder alternativ in einem Jahr 108 €. Wofür entscheiden Sie sich?

Ihre Antwort hängt natürlich von Ihrer Zeitpräferenz ab: Bleiben Risikoüberlegungen sowie Ihre Konsumpräferenz unbeachtet, sind es allein die für Sie relevanten Zinsen, welche Ihre Entscheidung festlegen:

(1) **Können Sie die 100 € beispielsweise zu 6 % anlegen, werden Sie die 108 € in einem Jahr vorziehen, da mit der Geldanlage Ihr Kapital nach einem Jahr lediglich auf 100 × 1,06 = 106 € angewachsen ist.**

(2) **Falls Sie mit den 100 € sofort einen Kredit tilgen können, für den Sie 9 % Zinsen entrichten müssen, werden Sie die 108 € in einem Jahr als unvorteilhafter einschätzen, da Sie 9 € Zinsen gespart haben (statt 8 € zu verdienen).**

(3) **Beträgt der für Sie relevante Zinsfuß 8 %, so sind Sie zwischen den beiden Alternativen indifferent: Entweder legen Sie die 100 € heute für ein Jahr zu 8 % an (100 × 1,08 = 108 €), oder Sie entscheiden sich direkt für das Angebot, in einem Jahr 108 € zu erhalten.**

Einnahmen und Ausgaben, die zu *verschiedenen Terminen* anfallen oder fällig werden, sind offensichtlich *nicht* direkt vergleichbar! Andererseits können zeitverschiedene Zahlungen unterschiedlicher Höhe sehr wohl als „wertgleich" empfunden und eingeschätzt werden. Dies geschieht über die Verzinsung, indem heutige Zahlungen aufgezinst und deren Wert in der Zukunft – unter Einschluss der Zinsen – mit künftigen Zahlungen verglichen werden.

Definition:

Beim Termin ihres Anfallens spricht man vom **Zeitwert** einer Zahlung, der aufgezinste Wert ist ihr **Endwert**. Der Zeitwert wird mit Hilfe des **Kalkulationszinsfußes i** in den Endwert überführt.

Die Überführung von Zeitwerten in Endwerte kann nicht nur über *eine* Periode (zwischen t = 0 und t = 1), sondern auch über *mehrere* Perioden (von t = 0 bis t = n) erfolgen. Da hierbei auch die jeweils angefallenen Zinsen in ihre Endwerte transformiert werden müssen, ist eine zinseszinsliche Aufzinsung erforderlich. Allgemein wird ein Kapital C_0 über die „Grundgleichung der Zinseszinsrechnung"

$$C_0 \times (1+i)^n = C_n$$

in seinen Endwert überführt. Während die Zeitwerte von Zahlungen, die an unterschiedlichen Terminen anfallen, also *nicht* vergleichbar sind, sind es ihre Endwerte sehr wohl. Insbesondere können Endwerte von Zahlungen addiert bzw. subtrahiert werden. Die folgende Abbildung zeigt dies für Projekt II bei einem Kalkulationszinsfuß von i = 10 %.

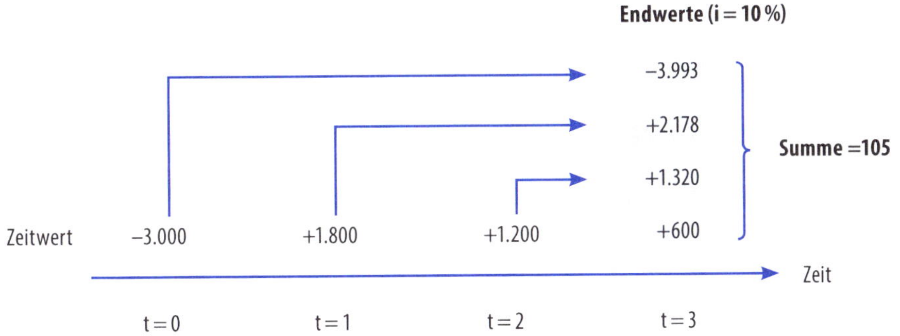

Abbildung 15.6: Endwerte Projekt II (i = 10 %)

Definition:

Der Endwert C_n eines Projekts ist die Summe der Endwerte seiner Zahlungen:

$$C_n = \sum_{t=0}^{n} (E_t - A_t) \times (1+i)^{n-t}.$$

Legende:

C_n = Endwert eines Projekts
E_t = Einnahme zum Zeitpunkt t
A_t = Ausgabe zum Zeitpunkt t
i = Kalkulationszinssatz
t = äquidistante Zeitpunkte, t = 0, ..., n
n = Planungszeitraum

Beispiel:

Für Projekt II errechnet sich folgender Endwert C_n:

$$C_3^{II} = -3.000 \times 1{,}1^3 + 1.800 \times 1{,}1^2 + 1.200 \times 1{,}1 + 600 = 105$$

Allgemein kann daher festgehalten werden:

Merksatz: Ein **positiver** Endwert C_n signalisiert die **Vorteilhaftigkeit** des Projekts: Am Ende des Planungszeitraumes verbleibt ein Überschuss in Höhe des Endwertes, ausgewiesen in Geldeinheiten (wie Euro oder Dollar).

Beispiel:

Projekt I unterscheidet sich von Projekt II allein durch die umgekehrte Reihenfolge der Einnahmen E_t. Dies führt zu folgendem Endwert C_3 von Projekt I:

$$C_3^{I} = -3.000 \times 1{,}1^3 + 600 \times 1{,}1^2 + 1.200 \times 1{,}1 + 1.800 = -147$$

Die intuitiv offensichtlich richtige Entscheidung, Projekt II dem Projekt I vorzuziehen (siehe Kapitel 15.1.), findet nunmehr ihre rechnerische Bestätigung: Der Endwert von Projekt II ist positiv und liegt deutlich über dem von Projekt I. Da letzterer zudem negativ ist, ist Projekt I – bei einem Kalkulationszinsfuß von 10 % – unvorteilhaft.

Definition:

Beim Endwert C_n werden alle Einnahmen E_t und alle Ausgaben A_t (t = 0, 1, …, n) mit dem identischen **Kalkulationszinsfuß i** aufgezinst. Existiert – in der relevanten Modellwelt des Investitionsrechners – nur dieser eine Kalkulationszinsfuß, spricht man auch von einem **vollkommenen Kapitalmarkt**.

15.2.2.2 Kapitalwert

Zahlungen, die zu unterschiedlichen Zeitpunkten anfallen, müssen zunächst auf einen gemeinsamen Termin bezogen werden, ehe sie miteinander verglichen werden können. Das Ende des Planungszeitraumes als Bezugstermin zu wählen – also die *Endwerte* einander gegenüberzustellen – ist zwar naheliegend, aber nicht zwingend. Im Grunde ist jeder beliebige andere Zeitpunkt genauso geeignet, wobei sich der *Beginn* des Planungszeitraumes (t = 0) als besonders prädestiniert anbietet.

Beispiel:

Wie viel sind 100 €, die Sie in einem Jahr erhalten sollen, heute wert?

Zur Beantwortung dieser Frage wird wiederum der Kalkulationszinsfuß i benötigt, der aus dem Zeitwert einer Zahlung durch Abzinsen („Diskontieren") deren Barwert errechnet:

$$\text{Barwert} = \frac{\text{Zeitwert}}{(1+i)^t}$$

Der heutige Wert von 100 € fällig in einem Jahr, beträgt daher bei einem Kalkulationszinsfuß von i = 10 %

$$\text{Barwert} \times (1+0,1)^1 = 100$$

bzw.

$$\text{Barwert} = \frac{100}{1,1} = 90,91$$

Allgemein wird der Zeitwert einer Zahlung durch den um 1 erhöhten, dezimal geschriebenen Zinsfuß i so oft dividiert, wie Perioden t berücksichtigt werden müssen. Dann können auch Barwerte addiert oder subtrahiert werden, wie die folgende Abbildung für Projekt II bei einem Kalkulationszinsfuß von i = 10 % zeigt:

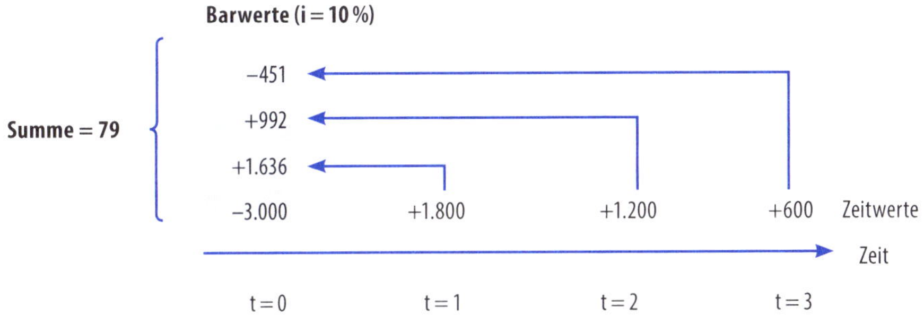

Abbildung 15.7: Barwerte Projekt II

Definition:

Die Summe der **Barwerte** eines **Projekts** ist dessen **Kapitalwert C_0**:

$$C_0 = \sum_{t=0}^{n} \frac{(E_t - A_t)}{(1+i)^t}$$

Beispiel:

Kapitalwert Projekt II:

$$C_0^{II} = -3.000 + \frac{1.800}{1,1} + \frac{1.200}{1,1^2} + \frac{600}{1,1^3} = \mathbf{79}$$

Kapitalwert Projekt I:

$$C_0^{I} = -3.000 + \frac{600}{1,1} + \frac{1.200}{1,1^2} + \frac{1.800}{1,1^3} = \mathbf{-110}$$

Offensichtlich besteht zwischen Endwert C_n und Kapitalwert C_0 folgender formelmäßiger Zusammenhang ($i > -100\,\%$):

$$C_n = (1+i)^n \times C_0$$

Begründung:

$$\begin{aligned} C_0 \times (1+i)^n &= (1+i)^n \times \sum_{t=0}^{n} (E_t - A_t) \times (1+i)^{-t} \\ &= \sum_{t=0}^{n} (E_t - A_t) \times (1+i)^{n-t} \\ &= C_n \end{aligned}$$

Beispiel:

Projekt II mit i = 10 %

$$C_3^{II} = 105 = 1,1^3 \times 79 = (1+i)^3 \times C_0^{II}$$

bzw.

$$C_0^{II} = 79 = \frac{105}{1,1^3} = \frac{C_3^{II}}{(1+i)^3}$$

Die Formel, die den Zusammenhang zwischen dem Kapitalwert C_0 und dem Endwert C_n beschreibt, ist *identisch* mit der „Grundgleichung der Zinseszinsrechnung". Der *inhaltliche* Unterschied besteht allein darin, dass bei der Zinseszinsformel C_0 und C_n jeweils einen einzelnen Betrag bezeichnen, während sie hier verallgemeinert das Ergebnis der ab- bzw. aufgezinsten Saldensummen zwischen Einnahmen E_t und Ausgaben A_t meinen.

Endwert C_n und Kapitelwert C_0 führen im ökonomisch relevanten Bereich i > -100 % zur identischen Einschätzung der Vorteilhaftigkeit von Investitionsprojekten:

Merksatz: Ein Projekt mit einem *positiven* Endwert C_n hat auch einen *positiven* Kapitalwert C_0; das Projekt ist **vorteilhaft.**

Ein Projekt mit *negativem* Endwert C_n hat auch einen *negativen* Kapitalwert C_0; das Projekt ist **unvorteilhaft.**

> **Der Kapitalwert C_n eines Projekts kann daher als der *finanzielle Überschuss* bzw. *Fehlbetrag* am *Ende des Planungszeitraumes* – d.h., als Gewinn oder Verlust des Projekts – gedeutet werden, ausgedrückt mit Hilfe des Kalkulationszinsfußes in Werteinheiten zu Beginn des Planungszeitraumes. Wie beim Endwert C_n handelt es sich daher auch beim Kapitalwert C_0 um eine Investitionsrechnung des vollkommenen Kapitalmarktes.**

Entscheidungslogisch spielt es daher keine Rolle, ob eine gegenwärtige Beurteilung der Vorteilhaftigkeit in *gegenwärtigen* Werteinheiten (dem Kapitalwert C_0) oder in *zukünftigen* (dem Endwert C_n) vorgenommen wird: Beide Vorgehensweisen liefern das gleiche Ergebnis.

15.2.2.3 Endwert und Kapitalwert als Vermögensendwerte

Die Berechnung der Vorteilhaftigkeit einer Investition vereinfacht sich offensichtlich erheblich, wenn statt Soll- und Habenzinsfuß ein einheitlicher Kalkulationszinssatz Verwendung findet. Hier beeinflusst die Art, wie eine Kapitalaufnahme getilgt wird, nicht das Ergebnis: Ein geringerer Tilgungsbetrag erlaubt höhere Wiederanlagen zum Kalkulationszinsfuß, ein höherer Tilgungsbetrag erspart Darlehenszinsen ebenfalls in Höhe des Kalkulationszinssatzes. Selbstverständlich können daher Endwert C_n und Kapitalwert C_0 auch tabellarisch ermittelt werden (vgl. Abb. 15.8). Diese aufwendigere Darstellung belegt zudem, dass der Endwert C_n als Sonderfall des Vermögensendwertes V_n zu deuten ist: Ein identischer Soll- und Habenzinsfuß ist gerade der Kalkulationszinsfuß! Demzufolge ist der Kalkulationszinsfuß ein pauschaler Wertmaßstab, der gleichermaßen die Wiederanlagerentabilität wie die (relativen) Finanzierungskosten zum Ausdruck bringt.

		t = 0	t = 1	t = 2	t = 3
	Vermögenswert V_{t-1}	xxx	–3000	–1500	–450
+	Einnahme E_t		1800	1200	600
+	Zinsertrag ZE_t (h = 10 %)			59	65
–	Ausgabe A_t	3000			
–	Zinsaufwand ZA_t (s = 10 %)		300	209	110
=	**Vermögenswert V_t**	**–3000**	**–1500**	**–450**	**105**
	Kapitalwert C_0	**79**			
(1)	Wiederanlagebetrag H_t		594	647	105
(2)	Finanzierung:				
	Kapitalaufnahme K_t	3000			
	Schuldenstand S_t	3000	2094	1097	
	Kapitaldienst KD_t		1206	1206	1206
	Tilgung T_t		906	997	1097

Abbildung 15.8: Vermögensentwicklung Projekt II (Annuitätentilgung, Kalkulationszinsfuß)

Ein Vergleich der Ergebnisse aus Abbildung 15.8 mit denjenigen aus Abbildung 15.4 zeigt, dass bei betragsmäßig verschiedenem Soll- und Habenzinsfuß andere Ergebnisse resultieren als bei deren Übereinstimmung, nämlich V_3^{II} = 241 bzw. $V_3^{II} = C_3^{II}$ = 105. Der Grund hierfür ist – in diesem Beispiel – in dem höheren Habenzinsfuß h = 20 % in Abbildung 15.4 (gegenüber i = h = 10 % in Abbildung 15.8) zu sehen, der in t = 2 und t = 3 höhere Zinserträge zur Folge hat.

Die Formeln zur Berechnung von End- und Kapitalwert können allerdings nur angewendet werden, wenn die Voraussetzungen des vollkommenen Kapitalmarktes erfüllt sind. Dies ist in folgenden drei Fällen zutreffend:

(1) Soll- und Habenzinssatz sind tatsächlich identisch; dies trifft annähernd beispielsweise für den *Geldmarktzins*, das ist der Kredit- und Anlagezins zwischen Banken, zu.

(2) Wiederanlagebeträge können zur Tilgung projektfremder Maßnahmen mit gleichem Sollzinsfuß verwendet werden, so dass die Reinvestitionen die Ersparnis von Zinsaufwendungen nach sich ziehen.

Beispiel:

Angenommen, Sie haben neben Projekt II eine weitere Investition durchgeführt, die Sie ebenfalls zu einem Sollzinssatz von 10 % finanziert haben. Verwenden Sie nun die temporären Wiederanlagen aus Projekt II zur Rückzahlung dieses weiteren Darlehens, sparen Sie Zinsen in Höhe von 10 %. Mithin beträgt der Habenzinssatz bei Projekt II ebenfalls 10 % (und stimmt im Übrigen mit dem Sollzinssatz überein).

(3) Der Habenzinsfuß kann beliebig gewählt werden, weil die Finanzierungsbedingung dafür Sorge trägt, dass er überhaupt nicht wirksam ist. Eine solche Finanzierungsbedingung, den „Kontokorrent", zeigt für Projekt II die folgende Abbildung.

	t = 0	t = 1	t = 2	t = 3
Vermögenswert V_{t-1}	xxx	–3000	–1500	–450
+ Einnahme E_t		1800	1200	600
+ Zinsertrag ZE_t (h = 20 %)				
– Ausgabe A_t	3000			
– Zinsaufwand ZA_t (s = 10 %)		300	150	45
= Vermögenswert V_t	**–3000**	**–1500**	**–450**	**105**
Kapitalwert C_0	**79**			
(1) Wiederanlagebetrag H_t				105
(2) Finanzierung:				
Kapitalaufnahme K_t	3000			
Schuldenstand S_t	3000	1500	450	
Kapitaldienst KD_t		1800	1200	495
Tilgung T_t		1500	1050	450

Abbildung 15.9: Vermögensentwicklung Projekt II („Kontokorrent")

Bei einem Kontokorrent werden alle Einnahmen vollständig und solange als Kapitaldienst (Zins und Tilgung) verwendet, bis der Kredit getilgt ist. Daher entstehen in $t < n$ keinerlei Wiederanlagebeträge H_t, mithin keine Zinserträge. Deshalb ist die Höhe des Habenzinsfußes ohne Einfluss auf das Ergebnis. Allein der Sollzinsfuß s ist maßgebend, der damit als Kalkulationszinsfuß i gewählt werden kann.

Mit Hilfe zusätzlicher Annahmen – etwa hinsichtlich der Tilgung – ist es also möglich, mit dem Kalkulationszinsfuß zu rechnen. Ob diese Rechnung für reale Entscheidungen genutzt werden kann, hängt allerdings davon ab, ob in der Realität derartige Bedingungen situativ gerade zutreffen!

15.2.3 Finanzierungsprämissen vermögensorientierter Investitionsrechnungen

Die Investitionsfinanzierung nimmt nicht nur mit der Höhe des Sollzinssatzes, sondern auch über die Tilgungsmodalitäten Einfluss auf die Vorteilhaftigkeit von Investitionen. Der Grund hierfür sind variierende Zinserträge und Zinsaufwendungen in Abhängigkeit vom Umfang der Kapitaldienste KD_t und – damit im Zusammenhang stehend – von den verfügbaren Wiederanlagebeträgen H_t. Die folgende Abbildung zeigt die Berechnung von Projekt II bei völligem Verzicht auf Kapitaldienstzahlungen (Henke [Vermögensrentatbilität]): Anschaulich werden Einnahmen und Zinserträge auf einem „Konto" gesammelt, Ausgaben und Zinsaufwendungen auf einem anderen, wobei die beiden „Konten" nicht gegenseitig aufgerechnet werden dürfen, das sogenannte Kontenausgleichsverbot (Kruschwitz [Endwertmodelle]).

	t = 0	t = 1	t = 2	t = 3
Vermögenswert V_{t-1}	xxx	–3000	–1500	–270
+ Einnahme E_t		1800	1200	600
+ Zinsertrag ZE_t (h = 20 %)			360	672
– Ausgabe A_t	3000			
– Zinsaufwand ZA_t (s = 10 %)		300	330	363
= Vermögenswert V_t	**–3000**	**–1500**	**–270**	**639**
(1) Wiederanlagebetrag H_t		1800	3360	4632
(2) Finanzierung:				
Kapitalaufnahme K_t	3000	300	330	363
Schuldenstand S_t	3000	3300	3630	3993
Kapitaldienst KD_t				
Tilgung T_t				

Abbildung 15.10: Vermögensentwicklung Projekt II („Kontenausgleichsverbot" zwischen Einnahmen/Zinserträgen und Ausgaben/Zinsaufwendungen)

In diesem Falle kann der Vermögensendwert – bezeichnet als V_n^A – formelmäßig einfacher gefasst werden, da die Einnahmen lediglich zinseszinslich mit dem Habenzinsfuß, die Ausgaben zinseszinslich mit dem Sollzinsfuß auf das Ende des Planungszeitraumes aufgezinst werden. Der (rechnerische) Saldo dieser Endwerte ist dann der Vermögensendwert V_n^A:

$$V_n^A = \sum_{t=0}^{n} \left(E_t \times (1+h)^{n-t} - A_t \times (1+s)^{n-t} \right)$$

Offensichtlich erhält man den höchsten Vermögensendwert beim Kontenausgleichsverbot (im Beispiel $V_3^A = 639$). Diesen Grenzfall einer „Tilgung", nämlich der völlige Verzicht auf Kapitaldienstzahlungen, soll als Tilgungsform A bezeichnen werden (daher V_n^A). Beispiele für eine derartige Investitionsfinanzierung sind die reine Innenfinanzierung (aus erwirtschafteten Gewinnen oder verdienten Abschreibungsgegenwerten) oder der Verzicht eines Eigenkapitalgebers auf Rückzahlung und Gewinnzahlungen seiner Beteiligung innerhalb des Planungszeitraumes. Ursächlich für den hohen Vermögensendwert V_3^A von Projekt II ist natürlich der Habenzinsfuß von 20 % im Vergleich zum Sollzinsfuß von 10 %: Da die Reinvestitionen eine deutlich höhere Verzinsung erbringen, als die Finanzmittel kosten, ist eine Tilgung natürlich unvorteilhaft!

Typisch für eine Investitionsfinanzierung ist die Vereinbarung eines Tilgungsplanes, welcher die Kapitaldienstzahlungen im Vorhinein fixiert. Wichtige Ausprägungen hierfür sind das Festdarlehen und die Annuitätentilgung (Abb. 15.4): Zunächst fließen die vereinbarten Zins- und Tilgungszahlungen ab (gespeist aus den Einnahmen, den Zinserträgen und eventuell früher angesammelten Wiederanlagebeträgen). Verbleibt ein Rest, kann dieser zum Habenzinsfuß reinvestiert werden. Charakteristisch bei diesen Typ Kapitaldienst, im Folgenden zusammenfassend als Tilgungsformen B bezeichnet, ist die teilweise Wiederanlage und die teilweise Zins- und Kapitalrückzahlung, je nachdem, welche Form vereinbart ist. Bei einem Habenzinsfuß h, der den Sollzinsfuß s übertrifft, resultiert dann ein – im Vergleich zu V_n^A – *geringerer* Vermögensendwert V_n^B: Da nicht die gesamten Einnahmen E_t zinseszinslich zum Habenzinsfuß angelegt werden können, sind die Zinserträge geringer (und werden nicht durch die gesparten Zinsaufwendungen kompensiert).

Den geringsten Vermögensendwert $V_3^{II} = 105$ erhält man beim Kontokorrent, ein Modell, das auf (Teichroew, Robichek, Montalbano [Rates of Return], [Criteria]) zurückgeht; eine entsprechende Definition ohne die Interpretation als „Vermögens(end)wert" findet sich zuvor schon bei (Duguid/Laski [Attractiveness 321]). Beim so bezeichneten „Kontenausgleichsgebot" (Kruschwitz [Endwertmodelle]), aufgefasst als Tilgungsform C, wird nämlich zunächst soviel als irgend möglich getilgt. Erst wenn die Schulden S_t insgesamt (einschließlich aller Zinsaufwendungen) zurückbezahlt sind, werden verbleibende Einnahmen und Zinserträge reinvestiert. Demzufolge sind Soll- und Habenzinsfuß nie gleichzeitig zwischen zwei Terminen wirksam, sondern nur entweder der Soll- oder der Habenzinssatz. Daher lässt sich der Vermögensendwert vereinfacht schreiben:

$$V_0^C = E_0 - A_0$$

$$V_t^C = V_{t-1}^C + E_t - A_t + \begin{cases} h \times V_{t-1}, \text{ falls } V_{t-1} > 0 \\ s \times V_{t-1}, \text{ sonst} \end{cases}$$

Übersteigt der Habenzinsfuß den Sollzinsfuß – wie in der Beispielrechnung für Projekt II – gehen sämtliche Zinserträge verloren, V_n^C sinkt im Vergleich zu den anderen Tilgungsannahmen. Im Übrigen stimmt bei dieser Tilgungsform der Vermögenswert V_t stets entweder mit dem Schuldenstand S_t oder mit dem Wiederanlagebetrag H_t überein, ist mithin hier auch empirisch beobachtbar, nicht nur rechnerisch ermittelbar.

Übertrifft hingegen der Soll- den Habenzinsfuß, kippt die Rangfolge tilgungsformabhängig um. Erklären lässt sich dies wiederum über die unterschiedlichen Zinserträge und Zinsaufwendungen: Frühes Tilgen ist nun zweckmäßig (also insbesondere Tilgungsform C), um die teuren Zinsaufwendungen „zu sparen", spätes Tilgen ist unvorteilhaft, da die erwirtschaftbaren Zinserträge geringer sind als die zu entrichtenden Zinsaufwendungen.

Beispiel:

Bei Projekt II mit $A_0 = 3.000$ und $E_1 = 1.800$, $E_2 = 1.200$, $E_3 = 600$ haben sich bei unverändertem Sollzinssatz $s = 10\,\%$ die Wiederanlagemöglichkeiten verschlechtert auf $h = 5\,\%$. Dann resultieren tilgungsformabhängig folgende Vermögensendwerte:

- **Kontenausgleichsverbot (Tilgungsform A): $V_3^A = -149$**
- **Festdarlehen (Tilgungsform B): $V_3^B = -101$**
- **Annuitätendarlehen (Tilgungsform B): $V_3^B = 41$**
- **Kontokorrent (Tilgungsform C): $V_3^C = 105$**

Der veränderte Habenzinsfuß bewirkt also tilgunsformabhängig die Umkehrung der Rangfolge. Die Tilgungsform A und die Finanzierung mit einem Festdarlehen führen sogar zu einem Investitionsverlust. Unverändert gegenüber dem Ergebnis der Abbildung 15.10 ist hingegen der Kontokorrent: Da der Habenzinsfuß unwirksam ist, weil keine Wiederanlagebeträge für $t < n$ entstehen, ist seine Höhe ohne Einfluss auf den Vermögensendwert.

In die Planung einer Investition muss daher von vornherein die Finanzierung einbezogen werden, indem möglichst diejenige Tilgungsform gewählt wird, welche die Vorteilhaftigkeit günstig beeinflusst. Allerdings sind bei Investitionsplanungen in der Praxis die Bedingungen so komplex und oft nur zum Teil beeinflussbar, dass im Zweifel verschiedene Berechnungsvarianten durchgeplant werden müssen, um die Auswirkungen der Finanzierung *quantitativ* zu durchschauen. Denn Kreditverträge, Marktusancen oder Präferenzen und Erwartungen der Kapitalgeber sind durch den Investor nur begrenzt gestaltbar, so dass er sich auf bestimmte Gegebenheiten einzustellen hat. Aber Alternativrechnungen lassen ihn ggf. seinen Handlungsspielraum ausloten und die jeweils einhergehenden Konsequenzen *quantifiziert* erkennen.

In dem Grenzfall, dass Soll- und Habenzinsfuß gerade übereinstimmen, kompensieren sich Zinserträge und Zinsaufwendungen, mithin beeinflusst die Tilgungsform *nicht* die Vorteilhaftigkeit der Investition! Dieser einheitliche Zinsfuß wurde bereits vorgestellt und als Kalkulationszinsfuß i bezeichnet.

Zusammenfassend gelten also folgende tilgungsformabhängige Ordnungsbeziehungen (Schirmeister [Theorie 114 ff.]):

$$\text{für } h = s \text{ gilt: } V_n^A = V_n^B = V_n^C$$

$$\text{für } h > s \text{ gilt: } V_n^A \geq V_n^B \geq V_n^C$$

$$\text{für } h < s \text{ gilt: } V_n^A \leq V_n^B \leq V_n^C$$

Aus diesen Ordnungsbeziehungen kann des Weiteren gefolgert werden: Der Kalkulationszinsfuß i ist *das* Charakteristikum des Endwertes C_n, somit auch – wegen des rechnerischen Zusammenhangs – des Kapitalwertes C_0. End- und Kapitalwert sind daher finanzmathematische Investitionsrechnungen des vollkommenen Kapitalmarkts. Dieser vollkommene Kapitalmarkt ist für eine Vielzahl von Überlegungen und Berechnungen sehr nützlich, verführt aber bei praktischen Problemlösungen leicht zu Fehlurteilen.

In der Realität ist regelmäßig von einem unvollkommenen Kapitalmarkt auszugehen. Das hat sehr unterschiedliche Gründe, wovon einige wichtige genannt seien (Schirmeister [Hörbuch]):

(1) Der Darlehenszins einer Bank übersteigt den Anlagezins, der dem Kunden geboten wird, weil aus dieser Differenz die Kosten der Bankleistungen gedeckt und ein Gewinn für die Bank und ihre Eigner erwirtschaftet werden soll. Allgemein entstehen auf Märkten Transaktionskosten (für die Suche von Geschäftspartnern und die Abwicklung der Geschäfte), die eine Zinsspreizung zwischen der Kapitalbeschaffung und der Kapitalanlage bewirken.

(2) Teilnehmer auf den (Finanz-)Märkten sind unterschiedlich gut über Nachfrage und Angebot von Kapital (wie auch aller anderen Güter) informiert. Eine derartige asymmetrische Informationsverteilung besteht beispielsweise zwischen der gut informierten und professionell alle Informationen auswertenden Bank und deren Kunden, die nur von Zeit zu Zeit Geldgeschäfte abwickeln, und weder über die Zeit noch über die Marktkenntnisse und die Mittel verfügen, um sich gleich gut über alle Handlungsmöglichkeiten zu informieren. Ein derartiges Informationsgefälle zwischen den Marktteilnehmern wird stets dazu führen, dass eine Vielfalt verschiedener Zinsangebote gleichzeitig existiert. Stabilisiert und verstärkt werden diese Effekte durch Verhaltensweisen der Marktteilnehmer, die beispielsweise ihrer Bank treu bleiben (weil sie gut erreichbar ist, man die persönlichen Kontakte schätzt oder weil man immer schon bei *dieser* Bank seine Geldgeschäfte abwickelt), obschon für ein bestimmtes Geschäft (z.B. ein Kredit für einen bestimmten Zweck) vorteilhaftere Alternativangebote existieren.

(3) Der Zugang zu manchen Finanzmarktsegmenten ist reglementiert und beschränkt. Eine Firma kann beispielsweise nur dann Eigenkapital über die Börse aufnehmen, wenn sie Aktien emittieren kann; für Gesellschaftsanteile einer GmbH oder Kommanditanteile einer KG gibt es keinen entsprechend organisierten Markt. Darüber hinaus muss eine Firma auch die Zulassungsbedingungen (z.B. Kapitalvolumen, Publizitätsvorschriften) einer Börse erfüllen, die je nach Börsenplatz unterschiedlich sein können,

ehe ihre Papiere notiert und gehandelt werden. Derartige Marktzugangsbestimmungen – wie auch andere Regelungen, z.B. die Rechtsform – führen dazu, dass Kapital zu unterschiedlichen „Preisen" (das sind die Zinssätze) angelegt oder aufgenommen werden kann.

(4) Schließlich bestimmt auch das einzugehende Risiko die Höhe der Verzinsung: Eine riskante Geldanlage – z.B. die Beteiligung an einer neugegründeten Firma im Bereich der Biotechnologie – wird man nur dann zu tätigen bereit sein, wenn die erwartete Rendite entsprechend hoch ist, das Risiko also mit einem hohen „Risikozuschlag" entgolten wird. Entsprechend sind riskante, unbesicherte Kredite ungleich teurer als ein Darlehen zur Finanzierung eines Einfamilienhauses, das zudem über eine Grundschuld sowie eine Gebäude- und Risikolebensversicherung abgesichert ist. Nicht zuletzt ist die Höhe der Verzinsung an die Bonität des Kreditnehmers geknüpft: Je besser sein Rating ausfällt, desto geringer ist der von ihm geforderte Risikozuschlag. Im Ergebnis resultiert eine Vielfalt von Zinssätzen, eben ein „unvollkommener" Kapitalmarkt.

Zweifellos ist es erheblich bequemer, den End- oder Kapitalwert mit Hilfe des pauschalen Kalkulationszinsfußes zu errechnen. Das reicht auch in vielen Fällen aus. Aber eine Investitionsrechnung kann nur dann als Hilfe bei Entscheidungen dienen, wenn die Anwendungsvoraussetzungen des jeweiligen Modells auch tatsächlich erfüllt sind. Diese zu erkennen bzw. herauszuarbeiten, ist die große Schwierigkeit, die es bei Investitionsentscheidungen in der Praxis zu bewältigen gilt.

15.2.4 Berücksichtigung von Ertragsteuern bei Investitionsentscheidungen

Investitionsentscheidungen werden in einem Umfeld getroffen, in dem der „Staat" (der Bund oder die Gemeinde) Steuern erheben. Einige solcher Steuern gehen in die Vorteilsberechnung einfach als Bestandteil der Ausgaben ein, etwa die Hundesteuer für den Wachhund oder die Mineralölsteuer für den Fuhrpark. Andere Steuerarten sind aus Sicht der Unternehmung „durchlaufende Posten" (wie i.d.R. die Mehrwertsteuer). Von besonderem Interesse sind solche Steuerarten, die den (Netto-)Ertrag – also den „Gewinn" von Investitionen – besteuern: Ein Teil dessen, was durch Investitionstätigkeit an Überschüssen erwirtschaftet wird, fordert der Staat zur Finanzierung seiner Aufgaben. Beispiele derartiger Ertragsteuern sind die Einkommen-, die Kirchen- und die Körperschaftssteuer. Im Folgenden interessiert nicht, wie ein bestimmter Staat sein Steuersystem tatsächlich ausgestaltet hat, also welche Steuerzahlungen bei welchen Tatbeständen zu entrichten sind; das ist Anliegen der „Betriebswirtschaftlichen Steuerlehre" (siehe Modul 4). Vielmehr wird analysiert, wie sich Ertragsteuern in die Investitionsrechnungen einbinden lassen und ob bzw. in welchem Grade sie die Vorteilhaftigkeit eines Investitionsprojekts beeinflussen.

Die Berücksichtigung von Ertragsteuern erweitert das Berechnungsschema des Vermögensendwertes nur unwesentlich (vgl. Abb. 15.11 im Vergleich zu Abb. 15.4): Eingefügt wird in der oberen Hälfte der Tabelle die Zeile „Ertragsteuern". Die Höhe der in jedem Zeitpunkt zu entrichtenden Steuern hängt hierbei von zwei Einflussgrößen ab:

(1) Der Steuerbemessungsbasis, d.h. demjenigen Betrag, der zu versteuern ist. Bei Ertragsteuern sind die Erträge eines Jahres Grundlage der Besteuerung; bei Investitionen sind das die Einnahmen E_t und die Zinserträge ZE_t. Diese dürfen jedoch um gewisse Aufwendungen gekürzt werden. Dazu zählen Abschreibungen, Zinsen des Fremdkapitals sowie sofort als Aufwand verrechenbare Betriebsausgaben für Personal, Material etc. Werden letztere in den Abschreibungen (etwa für Betriebsmittel) mit erfasst, bestimmt sich die Steuerbemessungsbasis G_t durch die im Fußteil von Abbildung 15.11 aufgeführte Formel.

(2) Die zweite Einflussgröße der Besteuerung ist der Steuersatz, also derjenige Prozentsatz der Bemessungsbasis, welcher als Steuerzahlung abgeführt werden muss. Maßgeblich hierfür ist der jeweilige Grenzsteuersatz, der hier vereinfachend als gemeinsamer Satz („Multifaktor") für alle Ertragsteuern zum Ansatz kommt (z.B. derjenige rechnerische Steuersatz, welcher sich ergibt, wenn zum Einkommensteuersatz noch der Kirchensteuersatz zugeschlagen wird.) Dieser wird mit g bezeichnet und liegt zwischen g = 0 (also keine Steuerzahlung) und g = 100 % (als Grenzfall einer vollständigen Abschöpfung der Bemessungsbasis durch den Staat).

	t = 0	t = 1	t = 2	t = 3
Vermögenswert V_{t-1}	xxx	–3000	–1650	–594
+ Einnahme E_t		1800	1200	600
+ Zinsertrag ZE_t (h = 20 %)			89	100
– Ausgabe A_t	3000			
– Zinsaufwand ZA_t (s = 10 %)		300	209	110
– **Ertragssteuer St_t (g = 30 %**		**150**	**24**	**–123**
= **Vermögenswert V_t**	**–3000**	**–1650**	**–594**	**119**
(1) Wiederanlagebetrag H_t		444	502	119
(2) Finanzierung:				
Kapitalaufnahme K_t	3000			
Schuldenstand S_t	3000	2094	1097	
Kapitaldienst KD_t		1206	1206	1206
Tilgung T_t		906	997	1097
(3) Ertragsteuer:				
Buchwert der Investition	3000	2000	1000	
Abschreibungen AB_t		1000	1000	1000
Bemessungsbasis G_t		500	79	–409

$$St_t = g \cdot G_t$$
$$H_t = H_{t-1} + E_t + ZE_t - A_t - KD_t - St_t$$
$$G_t = E_t + ZE_t - AB_t - ZA_t$$

Abbildung 15.11: Vermögensentwicklung Projekt II nach Ertragsteuern bei Finanzierung mit Fremdkapital und Annuitätentilgung

Beispiel:

In Abbildung 15.11 ist die Berechnung der Ertragsteuern in Nebenrechnung (3) zusammengefasst: Das Investitionsobjekt wird linear in drei Jahren abgeschrieben (AB_t = 1.000 für t = 1, 2, 3), so dass sich der Buchwert gleichmäßig vermindert. In t = 1 errechnet sich die Steuerbemessungsbasis G_1 folgendermaßen: Zu der Einnahme von 1.800 ist im Allgemeinen der Zinsertrag hinzu zu addieren (der hier allerdings 0 beträgt). Von dieser Summe sind die Abschreibungen in Höhe von 1.000 und die 300 Zinsaufwendungen zu subtrahieren. Die resultierende Bemessungsbasis von 500 ist anschließend mit dem Steuersatz 30 % zu multiplizieren, so dass sich (in t = 1) eine Steuerzahlung von 150 ergibt.

Diese Ergebnisse lassen sich derart kommentieren:

- Im dritten Jahr (t = 3) übersteigen die Abschreibungen und Zinsaufwendungen die Summe der Einnahmen und Zinserträge: Die Bemessungsbasis wird negativ. Soweit die betreffende Unternehmung anderweitig Gewinne erwirtschaftet, können die dortigen Steuerzahlungen in Höhe der „Steuerersparnis" von Projekt II (also in Höhe von 123) vermindert werden; „negative" Steuern sind mithin als Einnahme zu behandeln.
- Im Vergleich zur Berechnung vor Steuern (wie in Abb. 15.4) sinkt der Vermögensendwert V_3 nach Steuern von 241 auf 119. Die Differenz von 122 setzt sich zum einen aus den über den Investitionszeitraum kumulierten Ertragsteuern von 51 (= 150 + 24 – 123) zusammen, zum anderen aus den um 71 (= 119 + 141 – 89 – 100) geringeren Zinserträgen. Die Vorteilhaftigkeit eines Investitionsvorhabens wird somit *direkt* über die Zahlungen von Ertragsteuern und *indirekt* über die Höhe von Wiederanlagen bzw. Kapitalaufnahmen beeinflusst.
- Die aufgrund der Besteuerung deutlich eingeschränkten Reinvestitionsmöglichkeiten (zum Habenzinssatz von 20 %), die zudem auch noch besteuert werden, sorgen (im Beispiel) dafür, dass der Investitionsgewinn ohne Steuern V_3 = 241 nicht nur um den Steuersatz von 30 % gemindert wird, sondern tatsächlich um über die Hälfte!

Die Wirkung von Ertragsteuern kann prinzipiell im Vermögensendwert festgestellt werden. Die Vorteilhaftigkeit einer Investition wird dabei über die zu zahlenden Steuern, vor allem aber auch über die veränderten Wiederanlagemöglichkeiten und zur Finanzierung benötigten Kapitalaufnahmen beeinflusst (zur Vertiefung siehe Kruschwitz [Investitionsrechnung 117ff.], Schirmeister [Nach-Steuer-Renditen]).

15.3 Rentabilitäten

15.3.1 Investitionsrentabilität

Die Vorteilhaftigkeit eines Investitionsvorhabens in Relation zu dem notwendigen Kapitaleinsatz zu messen, besorgen Rentabilitätskennziffern. Auf diese Weise können

(1) die Vergleichbarkeit zwischen völlig verschieden dimensionierten Investitionsprojekten bewerkstelligt und

(2) Indikatoren für die wirtschaftliche Verwendung von Kapital angeführt werden.

Grundform einer solchen (Kapital-)Rentabilität ist der Return on Investment, abgekürzt RoI:

$$\text{RoI} = \frac{\text{Erfolg}}{\text{Kapitaleinsatz}}$$

Merksatz: Eine Rentabilität – oder synonym: Rendite – ist demzufolge eine dimensionslose Beziehungszahl, bei der im Zähler eine *Erfolgsgröße* (in Geldeinheiten) zu einer diesen Erfolg verursachenden Größe, den in Geldeinheiten gemessenen *Kapitaleinsatz*, in Beziehung gesetzt wird; mithin kürzt sich die Dimension Geld heraus. Die entstehende Kennziffer kann, wie ein Zinsfuß, als Dezimalbruch oder in Prozent angegeben werden.

Auch wenn – unter gewissen präzisierenden Annahmen – der RoI bestimmbar ist, bleibt bei aller Anschaulichkeit ein Unbehagen: Die Investitionstheorie (also die „Vorteilsermittlung in der *Zeit*" und unter Berücksichtigung der „*Zeitpräferenz*") bedarf einer Präzisierung – genauer: einer „Dynamisierung" – des Rentabilitätsverständnisses!

15.3.1.1 Projektrendite

Die Investitionsrentabilität (Investitionsrendite), symbolisiert mit **r**, soll die zu bestimmende Rentabilität als durchschnittliche zinseszinsliche Verzinsung des eingesetzten Kapitals pro Periode ausdrücken. Als Ergebnis wird meist eine *Jahresrentabilität* (p.a. = „pro anno") des Investitionsprojekts angestrebt. Aber gelegentlich interessiert auch die Rentabilität während anderer Zeiträume, z.B. eine Monats- oder Tagesrentabilität.

Beispiel:

Auf einem Konto erfolgt eine Einzahlung von 100 €, der Kontostand nach einem Jahr beträgt 107 €. Wie hoch ist die Verzinsung des eingesetzten Kapitals von 100 €?

Die Antwort ist sehr einfach, indem die Geldanlage auf diesem Konto als Investition gedeutet wird: Die Einzahlung auf das Konto ist aus Sicht des Investors eine Ausgabe von 100 €, die Abhebung der 107 € nach einem Jahr eine Einnahme, die sich aus der Rückzahlung des eingesetzten Kapitals und einem „Gewinn" von 7 € zusammensetzt. Die Deutung des Zinsfußes r als Rentabilität liegt auf der Hand, da die nach r aufgelöste Bestimmungsgleichung zum Quotienten aus dem Gewinn (von 7 €) zum eingesetzten Kapital (von 100 €) führt. Das ist aber gerade der RoI (der hier 0,07, also 7 % beträgt)!

$$100 \times (1 + r) = 107$$

$$\rightarrow r = \frac{107}{100} - 1 = \frac{107 - 100}{100} = \frac{7}{100} = \mathbf{0{,}07}$$

Beispiel: Nunmehr werden auf ein Konto 225 € eingezahlt, der Kontostand nach vier Jahren beträgt 306,11 €. Wie hoch ist nun die jährliche Verzinsung?

Auch hier verzinst sich das eingesetzte Kapital von 225 € zinseszinslich über vier Jahre mit dem gesuchten Zinssatz r und ergibt 306,11 €. Demnach ist die Gleichung

$$225 \times (1+r)^4 = 306{,}11$$

$$\rightarrow r = \sqrt[4]{\frac{306{,}11}{225}} - 1 = \mathbf{0{,}08}$$

nach r aufzulösen: Mit einem Zinssatz von 8 % wächst das Kapital von 225 € nach vier Jahren auf 306,11 €, so dass r als Rendite dieser Investition gedeutet werden kann.

Die Ähnlichkeit zum RoI ist dann gegeben, wenn man den Term unter dem Wurzelzeichen betrachtet.

Bei Investitionsprojekten, die durch eine komplexere Zahlungsstruktur mit zeitverschiedenen Einnahmen und Ausgaben, Kapitalaufnahmen und temporären Wiederanlagen charakterisiert sind, liegt es nahe, bei der Definition der Rentabilität auf den Algorithmus des Vermögensendwertes zurückzugreifen: Das im Projekt eingesetzte Kapital ist die Kapitalaufnahme K_0, die Laufzeit n ist bekannt und der Projektgewinn ist der Vermögensendwert V_n.

Definition:

Investitionsrentabilität r:

$$K_0 (1+r)^n = V_n + K_0$$

$$r = \sqrt[n]{\frac{K_0 + V_n}{K_0}} - 1$$

Beispiel:

Für Projekt II gemäß Abbildung 15.4 beträgt die Kapitalaufnahme $K_0 = 3.000$, die Laufzeit $n = 3$ und der Vermögensendwert $V_3 = 241$. Hieraus errechnet sich die Rentabilität zu $r = 2{,}61$ %:

$$3.000 \times (1+r)^3 = 3.000 + 241$$

$$\rightarrow r = \sqrt[3]{\frac{3.241}{3.000}} - 1 = \mathbf{0{,}0261}$$

Es bereitet mithin keine Schwierigkeiten, den finanzmathematischen Zusammenhang der Zinseszinsformel dahingehend auszunutzen, diese nach dem Zinsfuß aufzulösen. Dabei setzt sich das Endkapital als Summe aus Kapitaleinsatz K_0 und dem Vermögenszuwachs V_n zusammen, wobei letzterer über den Algorithmus des Vermögensendwertes das Zusammenspiel zwischen Finanzierung und temporären Reinvestitionen abbildet.

Merksatz: Die errechnete **Rentabilitätskennziffer r** kann als *durchschnittliche Verzinsung* je Periode (z. B. je Jahr) des anfangs benötigten Kapitals, also des *Initialkapitals*, mit dessen Hilfe das Projekt angestoßen wird, interpretiert werden.

Die Kennzahl r entspricht einem typisch betriebswirtschaftlichen Denken in Zeitabschnitten und bewährt sich vor allem in der Gegenüberstellung mit anderen, stets auf solche Zeitabschnitte wie Jahre oder Monate bezogenen Sätzen (Beispiele: Wachstumsraten von Umsatz, Gewinn, Bilanzsumme, Zahl der Mitarbeiter, Inflationsraten, Mietsteigerungsraten, Soll- und Habenzinssätze).

Eine Verzinsung von 2,6 % pro Jahr wird kaum als sonderlich hoch eingestuft werden. Diese Einschätzung resultiert daher, dass jeder mehr oder weniger intuitiv einen Vergleich mit anderen Geldanlagen anstellt – und da sind 2,6 % eher im Bereich „sichere Sparanlagen" (z. B. Bausparverträge, Sparkonten) angesiedelt. Allerdings unterscheidet sich Projekt II in einem ganz wichtigen Punkt: Während bei Sparanlagen das Geld „einfach da ist" (z. B. als Erbschaft, Arbeitseinkommen oder Schenkung), muss bei Projekt II zunächst ein Darlehen aufgenommen werden, das Finanzierungskosten in Höhe von s = 10 % verursacht. Die resultierenden Zinsaufwendungen ZA_t werden aber laufend subtrahiert, so dass V_n den Vermögenszuwachs nach deren Abzug beziffert. Die Rendite r drückt mithin eine Rentabilität nach Abzug der Finanzierungskosten aus. Zur Ermittlung der Rendite r bei mehrmaliger Kapitalaufnahme siehe (Schirmeister [Theorie 267 ff.])

Merksatz: **Bei der Renditekennziffer r handelt es sich um eine Projektrentabilität, welche die *Mehr*rendite *(Überrendite)* des benötigten Kapitals über die Finanzierungskosten (Kapitalkosten) hinaus beziffert. Ein Projekt ist daher als vorteilhaft einzustufen, sobald r größer oder gleich null ist.**

15.3.1.2 Kapitalverzinsung

Angenommen, es interessiert nunmehr die Rentabilität des Projekts II unter der Voraussetzung, dass die Rendite *vor* Berücksichtigung der Finanzierungskosten ermittelt werden soll: Gesucht ist mithin die Verzinsung des Kapitals, d.h., was dieses Kapital effektiv erwirtschaftet (wobei die Sollzinsen ja auch erwirtschaftet werden müssen). Wie lässt sich diese Kennziffer, symbolisiert durch ρ, errechnen?

Der Unterschied zur Berechnung von r ist darin zu sehen, dass das aufgenommene Kapital K_0 nicht nur auf $(K_0 + V_n)$ anwachsen muss, sondern die kumulierten Sollzinsen noch hinzu zu addieren sind.

Definition:

Bei der Kapitalverzinsung ρ handelt es sich ebenfalls um eine Renditekennziffer, nunmehr bevor die Sollzinsen subtrahiert werden (Rentabilität vor Sollzinsen):

$$K_0 \times (1+\rho)^n = V_n + K_0 + \sum_{t=1}^{n} ZA_t$$

bzw.

$$\rho = \sqrt[n]{\frac{V_n + K_0 + \sum ZA_t}{K_0}} - 1$$

Beispiel:

Für Projekt II gemäß Abb.15.4. resultiert über

$$3.000\times(1+\rho)^3=241+3.000+(300+209+110)$$

$$3.000\times(1+\rho)^3=3.860$$

$$\rho=\sqrt[3]{\frac{3.860}{3.000}}-1$$

$$=\mathbf{0{,}0876}$$

eine Rendite von 8,76 %, also ein deutlich höherer Prozentsatz, weil im „Erfolg" ja auch die zu erwirtschaftenden Zinsaufwendungen enthalten sind.

In der Finanzanalyse findet sich ein entsprechendes Rentabilitätsverständnis bei der (statischen) Gesamtkapitalrentabilität GKR, definiert durch Jahresüberschuss vermehrt um den Zinsaufwand in Relation zu dem gesamten eingesetzten Kapital.

$$\text{GKR}=\frac{\text{Jahresüberschuss}+\text{Zinsaufwand}}{\text{Eigenkapital}+\text{Fremdkapital}}$$

Das gesamte Kapital, typischerweise aus Eigen- und Fremdkapital zusammengesetzt, generiert den Jahresüberschuss, aber auch die gesamten Zinsaufwendungen, die vor Ermittlung des Jahresergebnisses festgestellt werden und den Kreditgebern zustehen.

Merksatz: Die **Kapitalverzinsung ρ** gibt an, wie viel 100 Geldeinheiten durchschnittlich pro Periode während des Planungszeitraumes an Überschuss generieren. Da mindestens die Sollzinsen erwirtschaftet werden müssen, ist ein Projekt dann vorteilhaft, wenn ρ die *durchschnittlichen effektiven Kapitalkosten* übertrifft. Dieser Vergleichsmaßstab kann dahingehend verschärft werden, dass eine (höhere) *alternative* Verzinsung des eingesetzten Kapitals erreicht oder übertroffen werden muss.

Um die Vorteilhaftigkeit eines Projekts anhand der Kapitalverzinsung ρ feststellen zu können, müssen die durchschnittlichen Finanzierungskosten bekannt sein. Diese hängen vom *Sollzinssatz* ab, sind i.d.R. aber nicht mit diesem identisch! Die auf den ersten Blick scheinbar plausible Beziehung

$$\rho=r+s$$

ist, von Sonderfällen abgesehen, schlicht falsch. Denn die Modalitäten der Kapitaltilgung (sowie ggf. auch der Umfang weiterer Kapitalaufnahmen) beeinflussen die Höhe der zu begleichenden Zinsaufwendungen: Durch Tilgung werden Finanzierungskosten in Höhe von s in Relation zur jeweiligen Restschuld gespart, die tatsächlichen durchschnittlichen Finanzierungskosten sind daher geringer als der gleichbleibende Sollzinsfuß. Daher müssen die effektiven Kapitalkosten erst bestimmt werden. Diese sind als geometrisches Mittel in Relation zum Initialkapital K_0 definiert:

$$\varnothing\,\text{Kapitalkosten}=\sqrt[n]{\frac{K_0+\sum ZA_t}{K_0}}+1$$

Beispiel:

Für Projekt II gemäß Abb. 15.4 betragen die durchschnittlichen Kapitalkosten

$$\varnothing \text{ Kapitalkosten} = \sqrt[3]{\frac{3.000 + (300 + 209 + 110)}{3.000}} + 1 \triangleq 6{,}45\,\%$$

liegen mithin unter der errechneten Kapitalverzinsung $\rho = 8{,}76\,\%$ (wohingegen der Sollzinssatz $s = 10\,\%$ ein falscher Vergleichsmaßstab ist). Das Projekt II ist daher auch in Bezug auf die Kapitalverzinsung vorteilhaft.

Quelle für die in die Berechnung eingehenden Zinsaufwendungen ist der Algorithmus des Vermögensendwertes, wie er beispielhaft in Abbildung 15.4 dargestellt ist. Insofern weist die Kapitalverzinsung ρ gegenüber der Projektrendite r den Nachteil auf, dass der Referenzmaßstab erst noch ermittelt werden muss, wohingegen er bei r im Modell integriert ist.

15.3.2 Investitionsrendite als Vorteilsmaß

15.3.2.1 Projektrendite versus Kapitalverzinsung

Die Formeln zur Berechnung der beiden Renditekennziffern unterscheiden sich dahingehend, dass bei der Bestimmung von ρ die rechte Seite der Gleichung um die Summe der Zinsaufwendungen höher ist:

$$K_0 \times (1 + r) = K_0 + V_n$$

$$K_0 \times (1 + \rho) = K_0 + V_n + \sum_{t=1}^{n} ZA_t$$

Dies motiviert folgende *Fallunterscheidung*:

(1) Alle Zinsaufwendungen sind null! Das ist, da alle Zinsaufwendungen ZA_t positiv oder gleich null sind, genau dann der Fall, wenn der Sollzinssatz $s = 0$ ist oder keinerlei Kapitalaufnahmen erforderlich sind, so dass ein von null verschiedener Sollzinssatz nicht wirksam werden kann. Das ist beispielsweise möglich, wenn die Zahlungsfolge nur aus Einnahmen besteht bzw. Ausgaben durch frühere Einnahmen bestritten werden können, so dass keine Kapitalaufnahmen erforderlich sind Nun darf man im Regelfall davon ausgehen, dass die Investitionsfinanzierung Kosten verursacht. Nichtsdestotrotz sind auch zinslose Kapitalüberlassungen nicht ungewöhnlich, beispielsweise als Kauf- oder Investitionsanreiz, als Darlehen von Familienangehörigen oder als Subvention. Eine spezifische Variante wurde bei der Einführung des Habenzinsfußes vorgestellt: Dieser beziffert die Rendite temporär vorhandener Überschüsse eines Projekts, die für den Anlagezeitraum *kostenlos* zur Verfügung stehen. Denn die Finanzierungskosten, ausgedrückt im Sollzinsfuß s, beziehen sich ausschließlich auf die fortgeführten, von außen zugeführten Kapitalaufnahmen in Form des jeweiligen Schuldenstandes S_t.

Merksatz: **Ist die Summe der Zinsaufwendungen eines Projekts null, stimmen die beiden Renditekennziffern r und ρ überein.**

(2) Nun sei die Summe der Zinsaufwendungen positiv. Dann müssen r und ρ zu unterschiedlichen Werten führen, da sie sich genau in dieser Summe unterscheiden. Löst man die beiden Bestimmungsgleichungen jeweils nach $K_0 + V_n$ auf, kann man sie gleichsetzen:

$$K_0 \times (1+r) = K_0 \times (1+\rho) + \sum_{t=1}^{n} ZA_t$$

In der Formel zur Ermittlung der durchschnittlichen Kapitalkosten ist die Summe der Zinsaufwendungen enthalten, so dass die Kapitalkosten k ebenfalls positiv sind. Auflösen dieser Beziehung nach der Summe der Zinsaufwendungen, einsetzen und Division durch K_0 liefert

$$(1+\rho)^n = (1+r)^n + (1+k)^n - 1.$$

Für Projekt II gemäß Abbildung 15.4 ergeben sich folgende Werte für diese Beziehung:

$$(1+r)^n + (1+k)^n - 1 = 1{,}0261^3 + 1{,}0645^3 - 1 = 1{,}2866 = 1{,}0876^3 = (1+\rho)^n.$$

Aufgrund dessen führen r und ρ zur gleichen Bewertung der Vorteilhaftigkeit eines Investitionsvorhabens.

Merksatz: Ein Projekt ist genau dann **(un-)vorteilhaft** bezüglich der **Projektrendite r**, wenn es auch in Bezug auf die **Kapitalverzinsung ρ** als **(un-)vorteilhaft** eingestuft wird. Die **Projektrendite r** und die **Kapitalverzinsung ρ** führen mithin zur **identischen** Einstufung der Vorteilhaftigkeit eines Projekts, soweit für **ρ** als Referenzpunkt die durchschnittlichen Kapitalkosten gewählt werden.

Begründung: Existieren von null verschiedene Kapitalkosten k, dann ist in obiger Bestimmungsgleichung für $r > 0$ der Term $1+r > 1$, mithin $\rho > k$. Ist hingegen $r < 0$, folgt $1+r < 1$, mithin $\rho < k$. Entscheidungslogisch macht es also keinen Unterschied, ob ein Investitionsvorhaben nach seiner Projektrendite oder nach der Kapitalverzinsung bewertet wird. In Bezug auf die Nutzung können jedoch durchaus Divergenzen ausgemacht werden:

- Bei der Berechnung von r werden die Finanzierungskosten direkt im Algorithmus zur Ermittlung des Vermögensendwertes berücksichtigt; eine explizite Ermittlung ist nicht erforderlich. Als Referenzpunkt für die Kapitalverzinsung ρ sind hingegen die tatsächlichen Finanzierungskosten erst festzustellen, ehe der Vergleich durchgeführt werden kann. Das ist ein gewisser umständlicher Mehraufwand.
- Möglichweise ist die Kapitalverzinsung ρ in dem Sinne anschaulicher und vertrauter, als sie direkt mit der kostenlos verfügbaren Vermögensanlage korrespondiert. Bei Projekt II wird man subjektiv den Wert ρ = 8,76 % ggf. höher einschätzen als das entscheidungslogisch äquivalente r = 2,61 %! Dies mag daran liegen, dass oftmals aus dem Erfahrungsschatz heraus etwa der Vergleich mit verschiedenen Finanzanlagen – Sparbuch, Tagesgeld, Rentenpapiere, Aktienrenditen – vorgenommen wird, ohne die Finanzierungskosten

zu berücksichtigen. Diese werden nämlich bei derartigen Renditevergleichen regelmäßig ausgeklammert.

Sonderfälle der Kennziffern ρ sind der Baldwin-Zins (Baldwin [Investment Proposals], Bernhard [Discount Methods]), die Vermögensrentabilität nach Henke (Henke [Vermögensrentabilität]) und die Rentabilität nach Teichroew/Robichek/Montalbano [Rates of Return], [Criteria].

15.3.2.2 Das Wahlproblem

Die bisherigen Aussagen beziehen sich auf die Einstufung eines einzelnen Projekts als vorteilhaft oder unvorteilhaft; Referenzpunkt ist hierbei die Nullalternative. Im nächsten Schritt wird nun gefragt, wie sich die Rentabilitätsmaße zur Lösung des Wahlproblems eignen. Betrachtet werden konkurrierende Investitionsprojekte, die nicht alle realisiert werden können (beispielsweise weil die Finanzmittel fehlen).

Merksatz: Die Kennziffern r und ρ können bei der ordinalen Reihung von Investitionsprojekten zu unterschiedlichen Rangfolgen gelangen.

Beispiel:

Ein Investor soll sich zwischen den beiden Projekten III und IV entscheiden, die beide über Kontokorrent zu einem Sollzinssatz von s = 10 % finanziert werden.

	Projekt III $A_0 = 100, E_1 = 10, E_2 = 133$	Projekt IV $A_0 = 100, E_1 = 110, E_2 = 28$
$V_2 (s = 10\,\%)$	23	**28**
r	$\sqrt{\frac{123}{100}} - 1 = 10{,}9\,\%$	$\sqrt{\frac{128}{100}} - 1 = \mathbf{13{,}1\,\%}$
$\sum_{t=1}^{2} = ZA_t$	10 + 10 = 20	10 + 0 = 10
$V_2 + \sum_{t=1}^{2} = ZA_t$	23 + 20 = 43	28 + 10 = 38
ρ	$\sqrt{\frac{143}{100}} - 1 = \mathbf{19{,}6\,\%}$	$\sqrt{\frac{138}{100}} - 1 = 17{,}5\,\%$

Abbildung 15.12: Vorteilskriterien bei konkurrierenden Projekten

- Nach dem Kriterium Projektrentabilität r (wie im Übrigen auch nach dem Kriterium Vermögensendwert V_3) ist Projekt IV zweifellos vorziehenswürdiger. Deshalb wird derjenige, dem (nur) der Investitionsgewinn zusteht (z.B. der Unternehmer, der das Projekt IV initiiert hat) aufgrund von r entscheiden.
- Nach dem Kriterium Kapitalverzinsung ρ ist Projekt III vorzuziehen. Denn Projekt III generiert einen höheren Überschuss vor Abzug der Finanzierungskosten („Leistungssaldo"), ist mithin „produktiver". Da – im Unterschied zu Projekt III – das Kapital aber wegen der geringeren frühen Ein-

nahme E_1, dafür der höheren späten Einnahme E_2 nicht so rasch getilgt werden kann, fließt ein erheblich größerer Anteil dieses Überschusses in Form von Zinsen ZA_t an den Kapitalgeber (so dass dem Initiator des Projekts ein geringerer Investitionsgewinn verbleibt). Mithin misst die Kapitalverzinsung die Wirtschaftlichkeit eines Projekts *bevor* die Finanzierungsseite berücksichtigt ist. Ist beispielsweise der Investor zugleich der Kapitalgeber, der seinen Einsatz auch verzinsen möchte, präferiert er demzufolge Projekt III.

15.3.2.3 Vermögensendwert versus Rentabilität

Als Grundkategorien zur Feststellung der Projektvorteilhaftigkeit wurden der Vermögensendwert einerseits, Rentabilitätskennziffern andererseits vorgestellt. In einer Vielzahl von Fällen werden beide Rechenmodelle zu ähnlichen Einschätzungen von Investitionsvorhaben gelangen, obschon sie Projekte anhand abweichender Kriterien bewerten:

Merksatz: Der **Vermögensendwert** misst die Vorteilhaftigkeit eines Projekts nach dem in Geldeinheiten gemessenen Saldo der Einnahmen/Zinserträge über die Ausgaben/Zinsaufwendungen am Ende des Planungszeitraumes.

Rentabilitäten setzen einen Überschuss in Relation zum Kapitaleinsatz. Demzufolge verfügt dieser Quotient über zwei Freiheitsgrade: Sowohl der „Zähler" als auch der „Nenner" können differieren.

Bezüglich der Bewertung eines Projekts als (un-)vorteilhaft lassen sich folgende Aussagen treffen:

Merksatz: Im Vergleich zwischen der **Projektrendite r** und dem **Vermögensendwert V_n** zeigt die Definition, dass eine positive Verzinsung nur für ein positives V_n möglich ist: Beide Kriterien kommen daher stets zur identischen Einschätzung der Vorteilhaftigkeit eines Projekts relativ zur Nullalternative. Generell gilt daher:

$$V_n = 0 \text{ genau dann, wenn } r = 0$$
$$V_n > 0 \text{ genau dann, wenn } r > 0$$
$$V_n < 0 \text{ genau dann, wenn } r < 0$$

Im Vergleich der **Kapitalverzinsung** mit dem **Vermögensendwert** kommen beide Kriterien ebenfalls zur identischen Einschätzung, wenn für ρ als Vergleichsmaßstab die *durchschnittlichen Finanzierungskosten* gewählt werden.

Bei der Bestimmung der Rangfolge unter konkurrierenden Investitionsprojekten können Vermögensendwert und Projektrendite allerdings zu abweichenden Rangreihungen gelangen, wie die folgende Gegenüberstellung zeigt (siehe Abb. 15.13 auf Seite 704).

Die Entscheidung zwischen Projekt V und VI hängt nun von der zu beantwortenden Fragestellungen ab:

- Ein möglichst hoher *Investitionsgewinn* – etwa zu Konsumzwecken – kann mit Projekt V erzielt werden (vorausgesetzt, das erforderliche Kapital zur Bestreitung der Anfangsausgabe ist vorhanden).
- Die wirtschaftlichste Verwendung von Kapital zeigt hingegen die *Rentabilität* an, so dass eine eindeutige Präferenz für Projekt VI besteht.

Beispiel: $s = h = 0$	**Vermögensendwert V_1**	**Rentabilität r**
Projekt V $A_0 = 100, E_1 = 120$	20	20 %
Projekt VI $A_0 = 10, E_1 = 15$	5	50 %
Präferenz für Projekt	V	VI

Abbildung 15.13: Zielkonflikt „Vermögensendwert versus Rentabilität"

15.3.2.4 Rendite des Eigenkapitals

Von besonderem Interesse bei (Groß-)Projekten, die mit Hilfe verschiedener Kapitalgeber (etwa: Eigenkapital, Bankdarlehen) finanziert werden, ist die Rentabilität des eingesetzten Eigenkapitals.

Beispiel:

Projekt II benötigt zur Finanzierung der Anschaffungsausgabe von 3.000 Kapital in eben dieser Höhe. Die Bank ist bereit, 80 % (also 2.400) des Kapitalbedarfs mit einem Annuitätendarlehen zu einem Sollzinssatz von 10 % zur Verfügung zu stellen, der Rest von 600 müsste über Eigenkapital finanziert werden. Der Eigenkapitalgeber würde nun gerne wissen, wie hoch die Rendite seines eingesetzten Eigenkapitals ist.

Zur Ermittlung der Eigenkapitalrentabilität r_{EK} wird zunächst der Vermögensendwert bestimmt, wobei die Finanzierung in (a) Eigenkapital und (b) Fremdkapital aufgespalten wird. Da die Verzinsung des Eigenkapitals ermittelt werden soll, wird der Sollzinssatz für Eigenkapital mit null angesetzt. Als Besonderheit wird in der Beispielrechnung die annuitätische Tilgung des Eigenkapitals unterstellt. Diese Annahme kann durch eine beliebige Form der Rückzahlung des Eigenkapitals ersetzt werden, ohne dass sich am Prinzip – selbstverständlich aber am Ergebnis V_3 – etwas ändert. Auf diese Weise bleibt jedoch eine gewisse Vergleichbarkeit der verschiedenen Kennziffern erhalten.

Zur Bestimmung von r_{EK} sind nun alle Eingangsdaten verfügbar, die in eine vergleichbare Struktur der Renditeformel münden: Gewinngröße ist der Vermögensendwert V_n, der dem Eigenkapital zusteht, da das Fremdkapital bereits über die Zinsaufwendungen zu s_{FK} bedient ist. Bezugsbasis ist das eingesetzte Eigenkapital K_0^{EK}, dessen wirtschaftliche Verwendung mittels r_{EK} gemessen werden soll.

	t=0	t=1	t=2	t=3
Vermögenswert V_{t-1}	xxx	–3000	–1440	–281
+ Einnahme E_t		1800	1200	600
+ Zinsertrag ZE_t (h = 20 %)			127	159
– Ausgabe A_t	3000			
– Zinsaufwand ZA_t (s_{EK} = 0 %)				
– Zinsaufwand ZA_t (s_{FK} = 10 %)		240	167	88
= Vermögenswert V_t	**–3000**	**–1440**	**–281**	**391**
(1) Wiederanlagebetrag H_t		635	797	391
(2) Finanzierung:				
(a) Eigenkapital:				
Kapitalaufnahme K_t	600			
Schuldenstand S_t	600	400	200	
Kapitaldienst KD_t		200	200	200
Tilgung T_t		200	200	200
(b) Fremdkapital:				
Kapitalaufnahme K_t	2400			
Schuldenstand S_t	2400	1675	877	
Kapitaldienst KD_t		965	965	965
Tilgung T_t		725	798	877

Abbildung 15.14: Projekt II bei Finanzierung mit Eigen- und Fremdkapital (Annuitätentilgung)

Definition:

Die **Rentabilität** des eingesetzten **Eigenkapitals** r_{EK} bestimmt sich über

$$r_{EK} = \sqrt[n]{\frac{V_n + K_0^{EK}}{K_0^{EK}}} - 1$$

Gemessen wird demzufolge, wie sich das auf das Endvermögen $V_n + K_0^{EK}$ angewachsene Eigenkapital K_0^{EK} durchschnittlich je Periode verzinst.

Für Projekt II errechnet sich hieraus die Rendite des Eigenkapitals zu

$$r_{EK} = \sqrt[3]{\frac{391 + 600}{600}} - 1 = 0{,}182 \mathrel{\hat{=}} \mathbf{18{,}2\,\%}$$

Für Projekt II resultieren nunmehr 18,2 %. Dieser Wert kann mit alternativen Verwendungen des Eigenkapitals K_0^{EK} verglichen werden, um sich schließlich für die „rentablere" Variante zu entscheiden. Beträgt diese beispielsweise 16 %, ist die Anlage des Eigenkapitals im Projekt II vorteilhaft, bei gewünschten 20 % hingegen nicht.

Merksatz: Die Rendite des Eigenkapitals r_{EK} misst *nicht* die Vorteilhaftigkeit eines Projekts, sondern die **Verzinsung** des dafür benötigten **Eigenkapitals**. Ob ein Projekt mit einer gewissen Eigenkapitalrendite akzeptiert wird oder nicht, hängt vom *modellexogenen* Vergleichsmaßstab ab, der daran angelegt wird; also von den **alternativen Verzinsungsmöglichkeiten** des Eigenkapitals. Diese müssen mindestens so hoch sein wie die in einem Prozentsatz ausgedrückten Kosten des Eigenkapitals.

Die Rentabilität r_{EK} übertrifft r und ρ. Der Grund hierfür liegt an dem Investitionsgewinn V_n, der – nach Abzug der Zinsaufwendungen für das Fremdkapital – vollständig dem Eigenkapital zusteht. Solange das eingesetzte Fremdkapital eine höhere Rendite erwirtschaftet, als es Sollzinsen kostet, steigert das die Eigenkapitalrendite. Dabei ist der Effekt umso ausgeprägter, je weniger Eigenkapital zum Einsatz kommt: Die höhere Verschuldung mit Fremdkapital wirkt wie ein „Hebel" (englisch: *leverage*) auf die Eigenkapitalrendite. Für Investitionsprojekte gilt also gleichermaßen dieser *Leverage-Effekt,* wie er von der Kapitalstruktur der Bilanz her bekannt ist.

15.3.3 Interner Zinsfuß (Effektivverzinsung)

15.3.3.1 Interner Zinssatz als kritischer Sollzinssatz

Die nachfolgende Wertetabelle zeigt, wie sich Endwert C_n und Kapitalwert C_0 für Projekt II entwickeln, wenn der Kalkulationszinsfuß steigt.

	Kalkulationszinsfuß i								
	0 %	2 %	4 %	6 %	8 %	10 %	12 %	14 %	16 %
C_n	600	513	420	321	216	105	–13	–137	–269
C_0	600	484	374	270	172	79	–9	–93	–172

Abbildung 15.15: Wertetabelle für Projekt II

Die graphische Darstellung dieses funktionalen Zusammenhangs zeigt die folgende Abbildung 15.15 auf Seite 707.

Endwert und Kapitalwert lassen sich als Funktion des Kalkulationszinssatzes graphisch darstellen. Beide Funktionen fallen – im Beispiel bei Projekt II – monoton und nehmen schließlich negative Werte an. Den Schnittpunkt mit der Abszisse, der für die Kapitalwert- und Endwertfunktion übereinstimmt, bezeichnet man als internen Zinsfuß oder internen Zinssatz. Mit dessen Hilfe lassen sich die Funktionsverläufe (im vorliegenden Beispiel) inhaltlich erläutern:

- Ist der Kalkulationszinsfuß kleiner als der interne Zinssatz, sind Kapital- und Endwert positiv, das Projekt mithin *vorteilhaft.*
- Ist der Kalkulationszinsfuß größer als der interne Zinssatz, sind Kapital- und Endwert negativ, mithin ist das Projekt *unvorteilhaft.*
- Wird als Kalkulationszinsfuß der interne Zinssatz gewählt, stimmen Kapital- und Endwert überein und sind *null.*

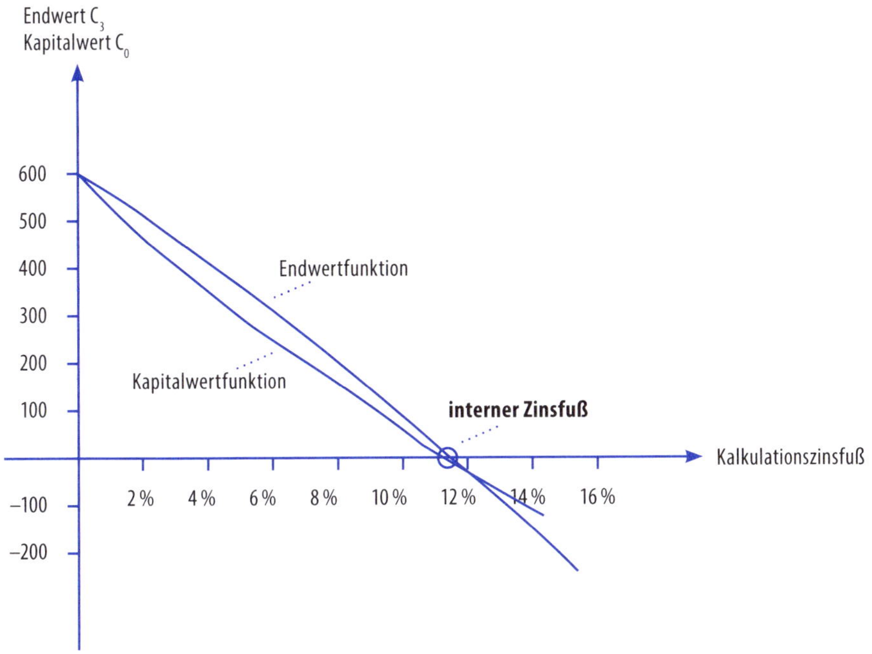

Abbildung 15.16: Kapital- und Endwertfunktion

Definition:
Als **Effektivverzinsung** bzw. interne Verzinsung („interner Zinssatz") eines Projekts bezeichnet man denjenigen einheitlichen Zinsfuß i_0, bei welchem die Summe der Endwerte der Einnahmen und die Summe der Endwerte der Ausgaben übereinstimmen.

$$\sum_{t=0}^{n} E_t \times (1+i)^{n-t} = \sum_{t=0}^{n} A_t \times (1+i)^{n-t}$$

Alternativ kann der interne Zinsfuß auch als Nullstelle der Kapitalwert- oder Endwertfunktion ermittelt werden:

$$C_n(i) = \sum_{t=0}^{n} (E_t - A_t) \times (1+i)^{n-t} \overset{!}{=} 0$$

bzw.

$$C_0(i) = \sum_{t=0}^{n} \frac{(E_t - A_t)}{(1+i)^t} \overset{!}{=} 0$$

Beispiel:

Der interne Zinssatz für Projekt II beträgt

$$1.800 \times (1+i_0)^2 + 1.200 \times (1+i_0)^1 + 600 = 3.000 \times (1+i_0)^3$$
$$\rightarrow i_0 = 11{,}79\%$$

Mathematisch ist der Zusammenhang zwischen den drei alternativen Bestimmungsgleichungen für den internen Zinsfuß offensichtlich: Die erste Gleichung kann durch Zusammenfassung auf einer Seite direkt in die Endwertformel überführt werden, der Zusammenhang zum Kapitalwert ist gemäß Abschnitt 15.2.2 bekannt.

Schwieriger ist hingegen die *ökonomische* Deutung des internen Zinssatzes. Ein erster Schritt hierzu besteht darin, nur solche Projekte zu betrachten, bei welchen der interne Zinsfuß eindeutig ist und allein als Sollzinssatz verwendet wird.

Beispiel:

Bei Projekt II und der Finanzierung über einen Kontokorrent gemäß Abbildung 15.17 sind alle H_t für $t < n$ null, mithin ist der Habenzinsfuß ohne Einfluss auf die Vorteilhaftigkeit des Projekts. Der Kalkulationszinsfuß ist daher gerade der Sollzinsfuß.

		t = 0	t = 1	t = 2	t = 3
	Vermögenswert V_{t-1}	xxx	→ −3000	→ −1554	→ −537
+	Einnahme E_t		1800	1200	600
+	Zinsertrag ZE_t (i = 11,79 %)				
−	Ausgabe A_t	3000			
−	Zinsaufwand ZA_t (i = 11,79 %)		354	183	63
=	**Vermögenswert V_t**	**−3000**	**−1554**	**−537**	**0**
(1)	Wiederanlagebetrag H_t				
(2)	Finanzierung:				
	Kapitalaufnahme K_t	3000			
	Schuldenstand S_t	3000	1554	537	
	Kapitaldienst KD_t		1800	1200	600
	Tilgung T_t		1446	1017	537

Abbildung 15.17: Interner Zinssatz als kritischer Sollzinssatz (Kontokorrent)

Merke: Ein Projekt heißt **reine Investition**, wenn keine unterperiodischen Wiederanlagen vorkommen, d.h. $H_t = 0$ für $t < n$.

Bei Projekt II gemäß Abbildung 15.17 handelt es sich um eine *reine Investition*, wobei als Kalkulationszinsfuß der interne Zinssatz i_0 = 11,79 % Verwendung findet und eine Finanzierung über Kontokorrent erfolgt. Der Vermögensendwert, der hier mit dem End- und Kapitalwert übereinstimmt, ist definitionsgemäß null.

Merke: Bei einer reinen Investition kann der interne Zinsfuß als **kritischer Sollzinsfuß s_0** gedeutet werden. Der kritische Sollzinssatz bezeichnet denjenigen Finanzierungskostensatz, bei welchem das Investitionsprojekt gerade noch vorteilhaft ist, d. h., es gilt

$$V_n, C_n, C_0 \geq 0, \text{für } s \leq s_0$$

und

$$V_n, C_n, C_0 < 0, \text{für } s > s_0$$

Vergleichbar der Amortisationszeit handelt es sich beim kritischen Sollzinsfuß um eine Gewinnschwelle, hier nunmehr in Abhängigkeit vom Zinssatz (nicht von der Zeit): i_0 ist derjenige Schwellenwert, ab welchem ein Projekt in die Verlustzone gerät. Insofern vermittelt i_0 einen Eindruck über den „Finanzierungsspielraum" eines Projekts.

15.3.3.2 *Interner Zinssatz als Renditekennziffer*

Besteht ein Projekt allein aus einer Ausgabe A_0 sowie einer Einnahme E_1, lautet die Gleichung zur Bestimmung des internen Zinsfußes

$$C_1 = A_0 \times (1 + i_0) + E_1 = 0$$

Diese Gleichung, aufgelöst nach i_0, ergibt

$$i_0 \frac{E_1}{A_0} - 1 = \frac{E_1 - A_0}{A_0}$$

Beispiel:

$A_0 = 100, E_1 = 120$

$$\rightarrow i_0 = \frac{120}{100} - 1 = \frac{120 - 100}{100} = \frac{20}{100} = 0{,}2 \mathrel{\hat{=}} 20\%$$

Diese Schreibweise für den internen Zinsfuß (für n = 1) erinnert an eine Rentabilitätskennziffer: Die Ausgabe A_0 hat sich zwischen t = 0 und t = 1 zu 20 % verzinst, da sie in t = 1 die Einnahme E_1 = 120 „erwirtschaftet". Diese Einnahme E_1 lässt sich in die „Wiedergewinnung" von A_0 (= 100) und in den „Gewinn" (= 20) zerlegen.

Merke: Der interne Zinsfuß (= die Effektivverzinsung) kann als **Rentabilität** des jeweils im Projekt **gebundenen Kapitals** aufgefasst werden.

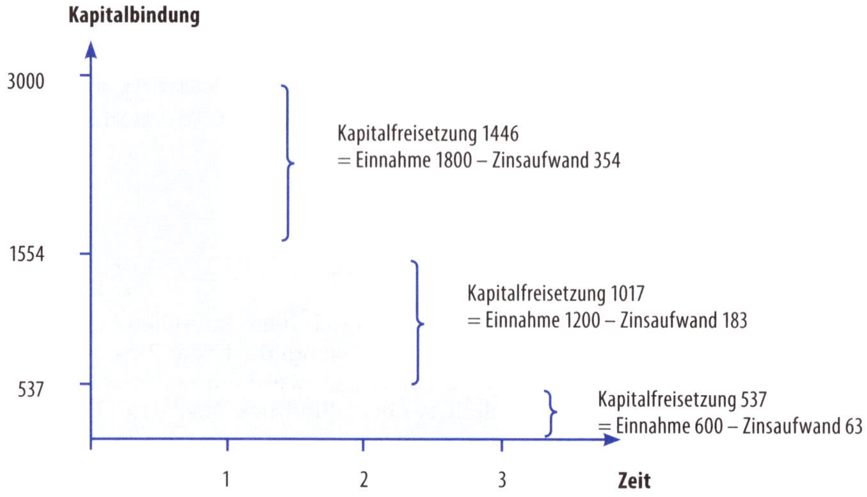

Abbildung 15.18: Kapitalfreisetzung beim internen Zinsfuß

Beispiel:

Für Projekt II gilt folgende sukzessive Rentabilitätsbestimmung: Zwischen $t = 0$ und $t = 1$ ist $A_0 = K_0 = 3.000$ im Projekt gebunden; das ist gerade der (negative) Vermögenswert V_0. Dieses Kapital von 3.000 „erwirtschaftet" den Zinsaufwand $ZA_1 = 354$, das sind gerade $i_0 = 11{,}79\,\%$ von 3.000.

Aufgrund der Einnahme $E_1 = 1.800$ ist ein Kapitaldienst in eben dieser Höhe möglich, nämlich $ZA_1 = 354$ und $T_1 = 1.446$. Folglich vermindert sich das zwischen $t = 1$ und $t = 2$ gebundene Kapital um die Tilgung T_1 auf 1.554; das ist gerade betragsmäßig der Vermögenswert V_1. Dieser verzinst sich zu $i_0 = 11{,}79\,\%$, was gerade $ZA_2 = 183$ ergibt.

Aufgrund der Einnahme $E_2 = 1.200$ ist die Tilgung $T_2 = 1.017$ möglich, so dass zwischen $t = 2$ und $t = 3$ lediglich noch $V_2 = 537$ Kapital gebunden ist, das bei einem Zinssatz von $i_0 = 11{,}79\,\%$ einen Zinsaufwand $ZA_3 = 63$ generiert.

Mit der Einnahme $E_3 = 600$ kann gerade der Kapitaldienst KD_3 bestritten werden, so dass in $t = 3$ das gesamte ursprünglich eingesetzte Kapital $K_0 = 3.000$ insgesamt „wiedergewonnen" wurde (und darüber hinaus auch die Zinsaufwendungen ZA_t mit den Einnahmen abgedeckt sind).

15.3.3.3 Wiederanlageprämisse der internen Verzinsung

In Abbildung 15.17 wird erkennbar, dass der interne Zinsfuß – als spezieller Kalkulationszinsfuß – zugleich Soll- und Habenzinsfuß ist. Für den Kalkulationszinsfuß i wurden (in Abschnitt 15.2.2) Möglichkeiten aufgezeigt, unter welchen Bedingungen derartige Modellrechnungen mit den tatsächlichen Gegebenheiten in der Realität übereinstimmen können. Im Unterschied zu einem beliebigen, aber stets *vorgegebenen* Kalkulationszinsfuß wird der interne Zinsfuß jedoch erst *errechnet*. Für dessen Anwendung muss also geprüft werden, ob tatsächlich eine Finanzierung zu i_0 und eine Rendite der Wiederanlagen zu i_0 gleichzeitig existieren!

Der interne Zinsfuß i_0 = 11,79 % gibt nur dann die Rentabilität von Projekt II wieder, wenn die Finanzierung zu s = i_0 = 11,79 % erfolgt. Handelt es sich *nicht* um eine reine Investition, müssen darüber hinaus temporäre Wiederanlagen ebenfalls zu h = i_0 = 11,79 % möglich sein.

Beispiel:

Angenommen, bei Projekt II steigt die Einnahme E_3\` auf 802. Dann steigt auch der interne Zinssatz, nämlich auf i_0 = 15 %. Die Deutung dieser 15 % als Effektivverzinsung impliziert nun, bei reiner Investition, den Anstieg des Sollzinssatzes eben auf diese 15 %. In jedem anderen Fall steigt zusätzlich auch der Habenzinssatz auf 15 % an.

Das Beispiel demonstriert eindrucksvoll die Problematik der Effektivverzinsung: Geringfügige Änderungen in der Zahlungsfolge haben (natürlich) einen anderen internen Zinssatz zur Folge. Bei der Deutung als Rentabilität ist das sinnvoll und geboten. Gleichzeitig sollen sich jedoch auch die Finanzierungskonditionen und ggf. die Wiederanlagerentabilität überhaupt und auch noch auf die gleiche Weise wie die (errechnete) Rentabilität verändern? Dass dies in der Realität zutrifft, ist wohl eher unwahrscheinlich!

Merksatz: **Die Effektivverzinsung ist eine äußerst beliebte, nichtsdestotrotz eine problematische Kennzahl. Insofern sind bei ihrer Verwendung die jeweiligen Anwendungsvoraussetzungen besonders sorgsam zu hinterfragen.**

Die Schwierigkeiten bei der Interpretation und der Anwendung des internen Zinssatzes verschärfen sich noch, weil auch Berechnungsprobleme auftreten können, die einer inhaltlichen – sprich: ökonomischen – Deutung bedürfen. Denn nicht für jedes Projekt existiert ein interner Zinsfuß: Die Zahlungsfolge A_0 = 100, E_1 = 200, A_2 =150 hat – als nach unten geöffnete Parabel – keine Nullstelle, mithin existiert der interne Zinssatz nicht! Der Grund für die Nicht-Existenz in diesem Beispiel ist die hohe „Schlussausgabe" in der Zahlungsreihe, wie sie beispielsweise bei der Entsorgung von umweltbelastenden Gütern entstehen kann.

Eine weitere Schwierigkeit besteht auch darin, dass die Bestimmung des internen Zinssatzes mathematisch die Lösung eines Polynoms n-ten Grades erfordert, das bis zu n verschiedene reelle Lösungen ergeben kann (Lösungen im komplexen Zahlenraum interessieren den Ökonomen natürlich nicht!).

Beispiel:

Das Projekt A_0 = 100, E_1 = 230 und A_2 = 132 hat zwei Lösungen, nämlich die internen Zinssätze i_0^{I} = 10 % und i_0^{II} = 20 %. Welcher der beiden Zinssätze gibt tatsächlich die Effektivverzinsung an?

Beide (mathematischen) Lösungen können auch ökonomisch zutreffend sein: das hängt allein von den geltenden Anwendungsvoraussetzungen ab! Die folgende Abbildung betrachtet den Fall, dass der interne Zinsfuß von i_0^{I} = 10 % als Kalkulationszinssatz Verwendung findet. Dies bedeutet, in der ersten Periode liegt ein *Soll*zinsfuß von 10 %, in der zweiten Periode ein *Haben*zinsfuß in eben dieser Höhe vor. Sind in der Realität derartige Bedingungen gegeben, sind die errechneten 10 % ein brauchbarer Effektivzinssatz.

	t=0	t=1	t=2
+ Endwert C_{n-1}	xxx	–100	120
+ Einnahme E_t		230	
+ Zinsertrag ZE_t (i = 10 %)			12
– Ausgabe A_t	100		132
– Zinsaufwand ZA_t (i = 10 %)		10	
= Endwert C_n	**–100**	**120**	**0**

Abbildung 15.19: Deutung des internen Zinsfußes (i = 10 %)

Entsprechende Überlegungen gelten auch für i_0^{II} = 20 %: Mit einem Sollzinssatz in dieser Höhe bis t = 1 und entsprechend einem Habenzinsfuß in dieser Höhe zwischen t = 1 und t = 2 ergibt sich ein gleichermaßen korrektes wie ökonomisch sinnvolles Ergebnis:

	t=0	t=1	t=2
+ Endwert C_{n-1}	xxx	–100	110
+ Einnahme E_t		230	
+ Zinsertrag ZE_t (i = 20 %)			22
– Ausgabe A_t	100		132
– Zinsaufwand ZA_t (i = 20 %)		20	
= Endwert C_n	**–100**	**110**	**0**

Abbildung 15.20: Deutung des internen Zinsfußes (i = 20 %)

Glücklicherweise treten diese Schwierigkeiten bei der Bestimmung und Deutung des internen Zinsfußes bei „üblichen" Investitionen nicht so gravierend auf: Ein Projekt, das mit Ausgaben A_t beginnt, auf die anschließend nur noch Einnahmen E_t folgen, verfügt über genau einen internen Zinsfuß im ökonomisch relevanten Bereich $i_0 > -100$ %.

15.4 Ausblick

Der unternehmerische Erfolg einer Unternehmung ist letztlich das Resultat einer sinnvollen Investitionspolitik: Das von den Eigen- und Fremdkapitalgebern bereitgestellte Kapital ist in Real- oder (andere) Nominalgüter „umzuwandeln", um aus deren Rückflüssen einen „Mehrbetrag" zu erwirtschaften. Insofern kommt der Planung der Investitionsvorhaben, mithin der Feststellung im Vorhinein, ob ein Projekt sowie die Gesamtheit der Vorhaben vorteilhaft sind, eine überragende Bedeutung zu – das sollen Investitionsrechnungen leisten! Allerdings finden derartige Entscheidungen stets unter Unsicherheit statt, so dass die verbleibenden Risiken sehr sorgsam austariert werden müssen. Die Vertiefung der entscheidungslogischen Bewertung wie die Auseinandersetzung mit den Risiken von Investitionsvorhaben ist mithin die zu analogierende betriebswirtschaftliche Fragestellung, die mit den nachfolgenden Quellen erschlossen werden kann.

Einführende Literaturhinweise zu Modul 15

Die vollständigen Literaturangaben finden Sie im Downloadbereich.

Kruschwitz, L.: Investitionsrechnung. 13. Aufl., München 2011.

Schirmeister, R.: Theorie finanzmathematischer Investitionsrechnungen bei unvollkommenem Kapitalmarkt, München 1990.

Schirmeister, R.: Zur Diskussion dynamischer Rentabilitätsmaße als investitionsrechnerische Vorteilskriterien. In: ZfB 61. Jg. 1991, S. 803–812.

Schirmeister, R.: [Investitionsplanung]. In: Wirtschaftslexikon, Band 5, Stuttgart 2006, S. 2691–2699.

Modul 16: Grundlagen der Finanzierung

Jochen Drukarczyk
Sebastian Lobe

„Finance is the most successful branch of economics in terms of theory and empirical work, the interplay between the two, and the penetration of financial research into other areas of economics and real-world applications."
*(Eugene Francis Fama *1939)*

16.1 Begriff Finanzierung und Finanzierungsformen

Lernziele:

Aneignen von Wissen (Kenntnissen) über die Vielfalt der Finanzierungsformen; die Bedeutung des Rechnens und Argumentierens mit Ein- und Auszahlungen in Abgrenzung zu Aufwendungen und Erträgen; die vier Grundformen der Liquiditätsgewinnung; die Bedeutung von Liquidität und verschiedene Messkonzepte - unterschiedlicher Qualität - der Liquiditätslage; Buchrenditen und deren typischen Höhe von deutschen Kapitalgesellschaften zwischen 1997 und 2011; die Eigenschaften sowie Bedeutung wichtiger lang- (Schuldscheindarlehen, Unternehmensanleihen und Bankkredite) und kurzfristiger Instrumente der Fremdfinanzierung (Lieferantenkredite, Kundenanzahlungen, Factoring und Kredite von Kreditinstituten); die empirische Relevanz der Eigenfinanzierung deutscher Unternehmen im Zeitraum 1971–2011; **Verstehen** (Erfassen und Erkennen) der Unterschiede der Finanzierungsformen; der Bedeutung des Finanzplans und der Verknüpfungen zwischen Finanzplan, Bilanz und Gewinn- und Verlustrechnung; des Einflusses von Finanzierungsmaßnahmen neben der Liquidität und Performance eines Unternehmens auf das Risiko des Einkommens bzw. auf die Zahlungen, die an Gläubiger zu leisten sind und an Eigentümer geleistet werden können; **Analyse** (Erforschen) des Konzepts des Residualgewinns als prinzipielle Lösungsalternative, wobei Residualgewinne bilanziell gemessene Überschüsse einer Periode sind, die um in Geldeinheiten gemessene Kapitalkosten verkürzt werden; **Synthese** (Zusammenfügen) der Eigenfinanzierungscharakteristika von Aktiengesellschaften bezüglich Kompetenzverteilung, Gläubigerschutz und der Finanzierungsvor- bzw. –nachteile; **Bewertung** (Evaluation) der Signale von Buchrenditen auf Basis des internen Zinsfußes.

Übersicht:

Dieses Modul ist eine Einführung in den Problemkreis Finanzierung. Es präsentiert drei für das Fach Finanzierung wichtige Sachverhalte, bevor einzelne Finanzierungsformen und -instrumente dargestellt und diskutiert werden: 1. Wie kann man das Zahlungsvermögen (die Liquidität) von Unternehmen abbilden und verlässlich messen? 2. Wie kann man die Performance eines Unternehmens nach Ablauf einer Periode oder die erzielte Rendite abbilden? Wie kann man die Frage beantworten, ob das Unternehmen „Geld verdient" hat? 3. Wie wirken unterschiedliche Formen der Finanzierung der von Unternehmen geplanten Investitionen auf die Aufteilung der Zahlungsströme, auf Risiko und erwartete Rendite der Eigentümer?

Nach der Einführung (16.1), die zentrale Begriffe klärt, folgen die drei Abschnitte (16.2–16.4), die der Beantwortung der genannten drei Fragen gewidmet sind. Dann werden ausgewählte Finanzierungsformen wie Fremdfinanzierung (16.5) und Eigen- bzw. Beteiligungsfinanzierung (16.6) dargestellt und diskutiert. Das Modul legt großen Wert darauf, institutionelle Rahmenbedingen in Deutschland, unter denen Finanzierungsprozesse ablaufen, im Detail zu beschreiben. Weil die Rahmenbedingungen den Erfolg einer Finanzierungsmaßnahme immer mitbestimmen, gibt es keinen Grund eben diese auszublenden. Zusammen mit den theoretischen Grundlagen der Finanzierung werden intensiv empirische Regularitäten in Deutschland präsentiert.

16.1.1 Begriff Finanzierung

In diesem Modul werden die Finanzierungsmöglichkeiten von gewinnorientierten Unternehmen dargestellt. Das Ziel gewinnorientierter Unternehmen ist es, für Kapitalgeber und Arbeitnehmer Einkommen zu erzielen i.S.v. zur Finanzierung von Konsumausgaben verwendbaren finanziellen Mitteln. Diese Zielfunktion wird später konkretisiert (Brealey/Myers/Allen [Principles]; Ross/Westerfield/Jaffee [Corporate Finance]). An dieser Stelle genügt diese vorläufige Festlegung.

Wie sieht das Finanzierungsproblem eines gewinnorientierten Unternehmens aus?

Definition:

Finanzierungsmaßnahmen sind die Aktivitäten von Unternehmen, die auf die Beschaffung finanzieller Mittel ausgerichtet sind. Diese Mittel werden benötigt, um Investitionen zu finanzieren, die das Ziel der Einkommenserzielung für Kapitalgeber und Arbeitnehmer erfüllen.

Wir können uns ein Unternehmen vorstellen als eingebettet in Finanzierungsmärkte einerseits und in alle sonstigen Märkte wie Gütermärkte, Energiemärkte, Rohstoffmärkte, Arbeitsmärkte andererseits. Die Finanzierungsmärkte in Abbildung 16.1 repräsentieren die Investoren, die als Kapitalgeber für das Unternehmen in Frage kommen. Sie stellen Eigenkapital, Fremdkapital oder Zwischenformen aus Eigen- und Fremdkapital bereit. Die anderen Märkte (Arbeitsmärkte, Rohstoffmärkte, Energiemärkte etc.) repräsentieren die Unternehmen bzw. Individuen, mit denen das Unternehmen Verträge über die Lieferung von Rohstoffen, Arbeitsleistungen, Investitionsgütern, Energie, etc. abschließen kann. Neben den Finanzierungs- und sonstigen Märkten enthält Abbildung 16.1 noch das Feld „Fiskus". Der Fiskus fordert Steuerzahlungen von Unternehmen und gewährt gelegentlich Investitionshilfen in Form von Subventionen.

Entscheidend ist nun, dass die unter Finanzierungsgesichtspunkten relevanten Beziehungen zwischen Unternehmen und den genannten Märkten sowie dem

Fiskus Zahlungsbeziehungen sind. Die in Abbildung 16.1 dargestellten Pfeile stellen die Richtung des Zahlungsflusses dar.

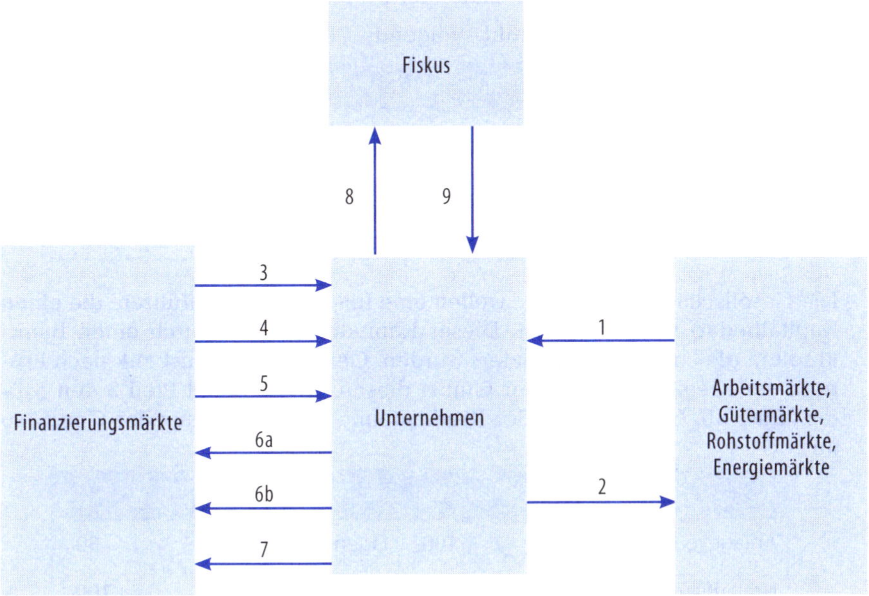

Abbildung 16.1: Zahlungsbeziehungen zwischen Unternehmen, Arbeits-, Güter- und Finanzmärkten und Fiskus

Wir benennen die Pfeile so:

(1) Einzahlungen von Nichtfinanzierungsmärkten an das Unternehmen (Umsatzerlöse, Erlöse für Dienstleistungen, erhaltene Mieten etc.);

(2) Auszahlungen des Unternehmens an Nichtfinanzierungsmärkte (Auszahlungen für Grundstücke, Bauten, maschinelle Anlagen, Rohstoffe, Patente, Löhne, Energie etc.);

(3) Einzahlungen von Gläubigern an das Unternehmen (Kredite); es liegt Fremdfinanzierung vor;

(4) Einzahlungen von bisherigen Eigentümern an das Unternehmen (Einlagen der bisherigen Gesellschafter einer OHG oder GmbH; Übernahme junger Aktien durch die bisherigen Anteilseigner); es liegt Eigenfinanzierung vor;

(5) Einzahlungen von neuen Eigentümern an das Unternehmen (ein Einzelkaufmann nimmt einen Partner gegen Einlage auf; eine GmbH erweitert die Eigenkapitalbasis durch Aufnahme neuer Gesellschafter, die Gesellschaftsanteile gegen Bareinlage übernehmen); es liegt Beteiligungsfinanzierung vor;

(6) Auszahlungen des Unternehmens an Gläubiger: a) Zinszahlungen; b) Tilgungszahlungen;

(7) Auszahlungen des Unternehmens an Eigentümer (Entnahme, Dividende, Vorzugsdividende, Kapitalrückzahlungen, Liquidationsdividende);

(8) Auszahlungen an den Fiskus (Steuerzahlungen);

(9) vom Fiskus erhaltene Zahlungen (Subventionen, Steuererstattungen).

Wir stellen einige Beispiele vor, um zu erläutern, was sich hinter einem Pfeil verbirgt:

- zu Pfeil 3: Einzahlungen von Gläubigern (Fremdfinanzierung)

  Eine GmbH weise im Zeitpunkt t folgende Bilanz aus:

Bilanz der GmbH			
Anlagevermögen	100	Eigenkapital	80
Umlaufvermögen	80	Fremdkapital	100
Bilanzsumme	180	Bilanzsumme	180

  Die Gesellschafter der GmbH wollen eine Investition durchführen, die einen Kapitalbedarf von 50 auslöst. Dieser Kapitalbedarf soll durch einen Bankkredit in gleicher Höhe finanziert werden. Gewährt die Hausbank nach Prüfung der Kreditwürdigkeit der GmbH diesen Kredit, bildet Pfeil 3 den Mittelzufluss ab. Nach Zufluss der Kreditsumme sieht die Bilanz der GmbH so aus:

Bilanz der GmbH			
Anlagevermögen	100	Eigenkapital	80
Umlaufvermögen (alt)	80	Fremdkapital (alt)	100
Kasse	50	Fremdkapital (neu)	50
Bilanzsumme	230	Bilanzsumme	230

- zu Pfeil 4: Einzahlungen von bisherigen Eigentümern (Eigenfinanzierung)

  Die Bilanz der GmbH vor Investition sehe so aus:

Bilanz der GmbH			
Anlagevermögen	100	Eigenkapital	20
Umlaufvermögen	80	Fremdkapital	160
Bilanzsumme	180	Bilanzsumme	180

  Hier ist die Belastung der GmbH mit Fremdkapital viel höher als zuvor. Der Quotient aus Buchwert des Eigenkapitals zu Bilanzvermögen, die sog. vertikale Eigenkapitalquote, beträgt nur 11 %. Das Kreditinstitut, das um die Bereitstellung eines weiteren Investitionskredits in Höhe von 50 gebeten wird, könnte unter Verweis auf die hohe Verschuldung der GmbH und die alleinige Haftung des GmbH-Vermögens abwinken. Dann besteht Bedarf an Eigenkapital, das u.a. die Alteigentümer bereitstellen könnten. Legen Alteigentümer den Betrag von 50 in die GmbH in Form von Eigenkapital ein, liegt ein Mittelzufluss gemäß Pfeil 4 vor. Die Bilanz nach Einlage der Eigentümer, aber vor Investition der GmbH sieht dann so aus:

Bilanz der GmbH			
Anlagevermögen	100	Eigenkapital	70
Umlaufvermögen (alt)	80	Fremdkapital (alt)	160
Kasse	50		
Bilanzsumme	230	Bilanzsumme	230

Es liegt Eigenfinanzierung vor. Die vertikale Eigenkapitalquote (gemessen in Buchwerten) ist nun auf 30 % gestiegen.

▷ zu Pfeil 5: Einzahlungen von neuen Eigentümern (Beteiligungsfinanzierung)

Angenommen, Kreditfinanzierung der Mittel in Höhe von 50 sei nicht möglich und Alteigentümer wollen oder können das Eigenkapital der GmbH nicht erhöhen. Sie wollen auch auf das vorteilhafte Investitionsprojekt nicht verzichten. Dann bleibt die Möglichkeit, neue Gesellschafter gegen Einlage von Eigenkapital aufzunehmen. Dies ist in der realen Welt nicht immer einfach zu realisieren. Gelingt es, neue Gesellschafter zu gewinnen, die eine nominale Einlage von 50 leisten, sieht die Bilanz nach Einlage so aus wie im vorhergehenden Fall. Allerdings halten neue Eigentümer Anteile am Eigenkapital (Buchwert) von 50; die Alteigentümer halten Anteile am Eigenkapital von 20 (Buchwert). Damit haben Neu-Eigentümer im Standardfall die Mehrheit der Stimmrechte in der Gesellschafterversammlung und einen dem Anteil am Eigenkapital entsprechenden Gewinnanspruch.

Eigenschaften	Fremdkapital	Eigenkapital
Zahlungsanspruch bei Fortführung bzw. Liquidation	vorrangig	nach FK-Gebern: Kapital „haftet"
Verknüpfung mit Geschäftsführungsbefugnissen	i. d. R. nein; Ausnahmen möglich: Gläubiger sitzt im Beirat oder Aufsichtsrat	i. d. R. ja, je nach Rechtsform aber beschränkbar
Ausstattung mit Stimmrechten	nein	i. d. R. ja; Ausnahme: Vorzugsaktionäre; Genussscheininhaber
Kontrollrechte gegenüber Geschäftsführung	in Kreditverträgen spezifiziert; nehmen zu, wenn wirtschaftliche Lage sich verschlechtert	ja; aber abgestufte Rechte je nach Rechtsform
Symmetrie zwischen Finanzierungsbeitrag und Erfolgsanspruch	nein, da vorrangiger, aber begrenzter Zahlungsanspruch	i. d. R. ja; Ausnahmen häufig: Genussrechte, Vorzugsaktien etc.
Haftung für Verluste	erst nach Verbrauch des Eigenkapitals	vorrangiger Verlustträger; „Verlustpufferfunktion des Eigenkapitals"
Kündigungsrechte	a) vertragliche Rechte b) bei Verschlechterung der Vermögens- und/oder Ertragslage	häufig keine; Ausnahmen möglich; Rückgaberechte von Anteilen bei Fonds; Austritt aus GmbH etc.

Abbildung 16.2: Wichtige Eigenschaften von Fremd- bzw. Eigenkapital

Die Pfeile 3 bzw. 4 und 5 stellen die Zufuhr von finanziellen Mitteln von Finanzierungsmärkten zum Unternehmen dar. Wir haben diese Mittel als Fremd- bzw. Eigenkapital bezeichnet. Die so bezeichneten finanziellen Mittel stellen zwei bedeutende Finanzierungsquellen dar. Abbildung 16.2 stellt ihre typischen Eigenschaften im Überblick dar. Auf die Bedeutung dieser Eigenschaften (also z.B. der Haftungsfunktion des Eigenkapitals) kommen wir an anderer Stelle zurück.

16.1.2 Systematisierung der Finanzierungsformen

Abbildung 16.3 zerlegt „Finanzierung" in zwei große Teilbegriffe, die in der Literatur ständig benutzt werden: Außenfinanzierung und Innenfinanzierung. Außenfinanzierung liegt immer vor, wenn sich der Strom der finanziellen Mittel, die dem Unternehmen zufließen, durch die Pfeile 3, 4 oder 5 darstellen ließe. Innenfinanzierung muss folglich vorliegen – wir lassen die Pfeile 8 und 9 zwischen Unternehmen und Fiskus unbeachtet – wenn der Mittelzufluss, der durch Pfeil 1 repräsentiert wird, den Mittelabfluss, den Pfeil 2 verkörpert, übersteigt. Innenfinanzierung ist somit im Kern ein einfacher Sachverhalt: das Unternehmen erzielt für erstellte Güter und/oder erbrachte Dienstleistungen in einer Periode (z.B. in 2013) mehr Geld, als es für Produktionsfaktoren (Rohstoffe, Betriebsstoffe, Energie, Löhne, bezogene Waren etc.) ausgibt. Diese positive Differenz zeigt noch nicht, ob das Unternehmen Geld verdient. Sie zeigt aber, dass der Mittelzufluss, der mit Innenfinanzierung bezeichnet wird, positiv ist.

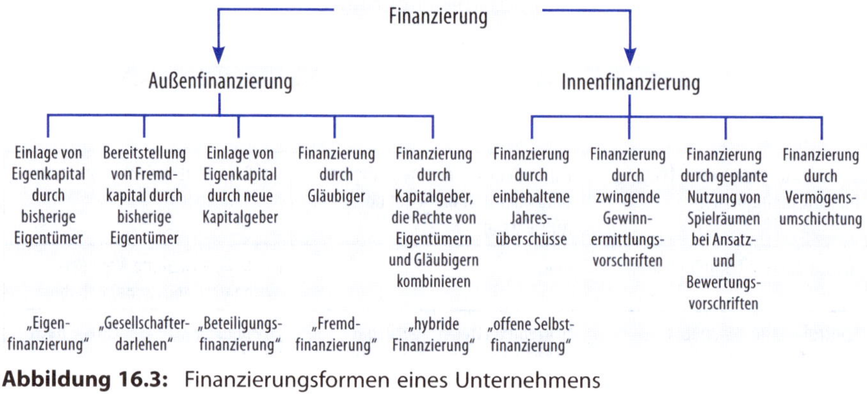

Abbildung 16.3: Finanzierungsformen eines Unternehmens

Der Leser wird fragen, wo denn in Abbildung 16.3 die schlichte Einprägsamkeit von Abbildung 16.1 geblieben ist. Während in Abbildung 16.1 alles klar und transparent aussieht, ist dies insbesondere im rechten Teil von Abbildung 16.3 nicht der Fall. Dennoch müssen wir uns mit Abbildung 16.3 etwas intensiver beschäftigen. Hinter der Abbildung 16.3 stecken nämlich einige Beziehungen zwischen Ein- und Auszahlungen und anderen Größen des Rechnungswesens, die wir uns klar machen müssen.

Wir beginnen mit dem unproblematischen linken Teil der Abbildung 16.3. Die fünf unter dem Begriff „Außenfinanzierung" aufgehängten Kästchen stellen verschiedene Möglichkeiten der Außenfinanzierung dar. Die Darstellung geht damit über die Darstellung der Außenfinanzierung in Abbildung 16.1, also die Pfeile 3, 4 und 5 hinaus, erhebt aber nicht den Anspruch, alle Möglichkeiten der Außenfinanzierung aufzulisten.

Betrachten wir den Inhalt der einzelnen Kästchen: Legen Alteigentümer Eigenkapital in ihr Unternehmen, z.B. eine GmbH, ein, sprechen wir von „Eigenfinanzierung". Bringen neue Gesellschafter (Eigentümer) Eigenkapital auf, wollen wir von „Beteiligungsfinanzierung" sprechen. Alteigentümer könnten finanzielle Mittel in ihre Gesellschaft auch in Form von Fremdkapital einlegen. In diesem Fall kombinieren die Alteigentümer die Eigentümer- und die Gläubigerposition. Diese Kombination hat Vorteile. Die von Alteigentümern in Form von Fremdkapital eingelegten Mittel, die wir insbesondere in Gesellschaften mit beschränkter Haftung und Aktiengesellschaften antreffen, heißen Gesellschafterdarlehen, ein Begriff, der den Sachverhalt gut trifft.

Legen Fremdkapitalgeber (Banken, Versicherungen, Lieferanten) Mittel in Form von Krediten ein, liegt Fremdfinanzierung vor.

Nicht immer kann der Charakter von finanziellen Mitteln, die einem Unternehmen zur Verfügung gestellt werden, eindeutig als Eigenkapital oder als Fremdkapital charakterisiert werden. Die Ursache für diese scheinbare Unschärfe finden wir in Abbildung 16.2. Dort werden Eigen- bzw. Fremdkapital durch bestimmte Eigenschaften definiert, die den Überlassungsvertrag der Mittel kennzeichnen. Lauten die Überlassungsbedingungen z.B. so, dass die bereitgestellten Mittel für Verluste des Unternehmers vorrangig haften, dass sie mit einem Beteiligungsrecht an der Geschäftsführung der Gesellschaft verknüpft sind, dass Ansprüche auf Entnahme von Mitteln immer hinter den Ansprüchen der Fremdkapitalgeber rangieren und dass dem Kapitalgeber kein Kündigungsrecht zusteht, würde man folgern, dass es sich um Eigenkapital handelt. Nicht immer erlauben die Überlassungsbedingungen eine so eindeutige Zuordnung. Der Kapitalgeber könnte über Kündigungsrechte verfügen; sein Beteiligungsanspruch am finanziellen Überschuss der Periode könnte in einer ersten Stufe (wie ein Zinsanspruch) fix und in einer zweiten Stufe abhängig vom Überschuss der Periode, also variabel sein. In solchen Fällen entstehen Zuordnungsunschärfen; es liegen dann Überlassungsbedingungen vor, die Eigenschaften von typischem Eigenkapital und typischem Fremdkapital kombinieren. Solche Überlassungsbedingungen ziehen die Einordnung als „hybride" Finanzierungsinstrumente nach sich.

Betrachten wir nun den rechten Teil der Abbildung 16.3. Hier tauchen in den der „Innenfinanzierung" zugeordneten Kästchen Begriffe auf wie Jahresüberschuss, Gewinnermittlungsvorschriften, Ansatz- und Bewertungsvorschriften, also Begriffe, die in die Welt der Gewinn- und Verlustrechnung, der Jahresbilanz und somit der bilanziellen Gewinnermittlung gehören. Diese Sachverhalte spielten in Abbildung 16.1 überhaupt keine Rolle; dort ging es nur um die Abbildung von Zahlungsströmen. Das Innenfinanzierungsvolumen einer Periode konnte als Differenz der Ströme 1 und 2 dargestellt werden. In Abbildung 16.3 ist die Darstellung von Innenfinanzierung verändert, weil sie auf Daten der Gewinn- und Verlustrechnung und der Bilanz aufbaut. Diese Darstellung wirkt komplizierter und der Leser wird sich fragen, ob man nicht bei der einfachen

Darstellung von Abbildung 16.1 bleiben könne. Die Antwort ist: man kann nicht, soweit man nicht über die Information der Zusammensetzung und Höhe der Zahlungsflüsse, die durch die Pfeile 1 und 2 gekennzeichnet sind, bereits verfügt. Hat man diese Informationen nicht, muss man sich diese Informationen über die Analyse anderer Informationsinstrumente erst erarbeiten: Hierzu gehören Gewinn- und Verlustrechnung und Bilanz.

Die Verbindungslinien zwischen Gewinn- und Verlustrechnung und den die „Innenfinanzierung" kennzeichnenden Kästchen in Abbildung 16.3 sollen durch ein Beispiel erläutert werden.

Benno Schimmerlos sitzt vor einer (hier vereinfachten) Gewinn- und Verlustrechnung für das Jahr 2013, die folgende Positionen enthält, denen ein hilfreicher Geist einen Vermerk hinzugefügt hat, ob es sich um zahlungsgleiche oder nicht zahlungsgleiche Positionen handelt. „Zahlungsgleich" bzw. „nicht zahlungsgleich" bedeutet, dass die entsprechende GuV-Position in der gleichen Abrechnungsperiode, also in 2013, zu einer (bzw. keiner) gleich hohen Ein- bzw. Auszahlung geführt hat.

Gewinn- und Verlustrechnung einer AG für 2013	
Nettoumsatzerlöse (einzahlungsgleich)	3.000
Erhöhung der Bestände an Fertigprodukten (nicht einzahlungsgleich)	300
Löhne, Gehälter, soziale Abgaben (auszahlungsgleich)	700
Aufwendungen für Roh-, Hilfs- und Betriebsstoffe (auszahlungsgleich)	600
Abschreibungen (nicht auszahlungsgleich)	400
Zuführungen zu Garantierückstellungen (nicht auszahlungsgleich)	100
Zuführungen zu Pensionsrückstellungen (nicht auszahlungsgleich)	200
Jahresüberschuss (JÜ)	1.300
Einstellung in Gewinnrücklagen	650
Bilanzgewinn	650
Einstellung Gewinnvortrag	450

Zusätzlich erfährt Benno Schimmerlos:

- Vorstand und Aufsichtsrat beschließen, 50% des Jahresüberschusses gemäß § 58 Abs. 2 AktG in Gewinnrücklagen einzustellen.
- Die Eigentümer der AG beschließen auf der Hauptversammlung nur einen Teil des Bilanzgewinns auszuschütten: Die Ausschüttung soll 200 betragen; 450 werden als Gewinnvortrag einbehalten.

Benno soll nun das Innenfinanzierungsvolumen, das die AG im abgelaufenen Geschäftsjahr erarbeitet hat, berechnen. Stützte sich Benno auf Abbildung 16.1, käme er zu folgendem Ergebnis:

Die Differenz beträgt 3.000 – 700 – 600 = 1.700. Das Innenfinanzierungsvolumen der Periode 2013 ist somit 1.700.

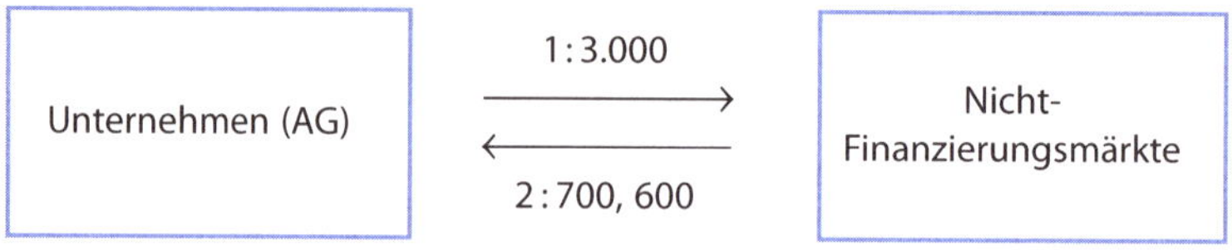

Nun wendet sich Benno Abbildung 16.3 zu. Er muss den Kästchen unter dem Begriff „Innenfinanzierung" die Zahlen zuordnen, die der Beschriftung der Kästchen entsprechen.

Der Jahresüberschuss einer AG ist gemäß AktG der Betrag, der gesellschaftsrechtlich (vor Rücklagenbildung bzw. vor Auflösung von Gewinnrücklagen) den Aktionären in Form einer Ausschüttung (Dividende) höchstens zugeführt werden könnte. Entscheiden Vorstand und Aufsichtsrat nun, die Hälfte des Jahresüberschusses, also 650, einzubehalten (was sie nach § 58 Abs. 2 AktG dürfen) und damit auf der Passivseite der Bilanz der Position „andere Gewinnrücklagen" zuzuführen, treffen sie eine Finanzierungsentscheidung, weil sie die Ausschüttung (Dividende) verkürzen und damit das Volumen an Mitteln, das sie für andere Zwecke verwenden können, z.B. für Investitionen, erhöhen.

Betrachten wir das zweite Kästchen. Die AG setzt in der GuV Abschreibungen in Höhe von 400 an. Verrechnet ein Unternehmen in einer Periode t Abschreibungen (Ab_t) auf in einer früheren Periode beschaffte Gegenstände des abnutzbaren Anlagevermögens, handelt es sich um eine Aufwandsberechnung, die einer in einer früheren Periode erfolgten Auszahlung folgt: es liegt ein nachperiodisierter Aufwand vor; die Aufwandsverrechnung folgt zeitlich der (früheren) Auszahlung. Der Verrechnung des Aufwands steht in der gleichen Periode keine entsprechende Auszahlung gegenüber. Da in der Gewinn- und Verlustrechnung in Periode t der Periodenaufwand um Ab_t höher ist, ist der Jahresüberschuss (Definition in § 275 HGB) und damit ceteris paribus der Bilanzgewinn um Ab_t geringer. Dieser Sachverhalt ist gemeint, wenn von der «Finanzierung durch Abschreibungen» gesprochen wird. Da der Ansatz von Abschreibungen in der Gewinn- und Verlustrechnung zu den zwingenden Gewinnermittlungsvorschriften gehört (§ 253 Abs. 2 HGB), liegt ein den Gehalt von Kästchen 2 erläuterndes Beispiel vor.

Die AG setzt in der GuV zwei Aufwandspositionen an, die als Rückstellungszuführungen zu Garantie- bzw. Pensionsrückstellungen bezeichnet werden. Beide Positionen stellen Aufwand der Periode, jedoch keine Auszahlung dar. Es handelt sich in beiden Fällen um vorperiodisierten Aufwand: die Belastung der Periode mit Aufwand geht der Auszahlung zeitlich voraus. Die Auszahlung, die der Zuführung zur Pensionsrückstellung entspricht, erfolgt erst, wenn die AG Pensionszahlungen an die aus Altersgründen ausgeschiedenen früheren Mitarbeiter leistet. Diese Zahlung kann viele Jahre, ggf. Jahrzehnte nach der aufwandsmäßigen Erfassung in der GuV des Jahres 2013 liegen. Weil die aufwandsmäßige Antizipation den Jahresüberschus und damit in aller Regel die Ausschüttung verkürzt, liegt eine durch Gewinnermittlungsvorschriften – Pensionsrückstellungen müssen gebildet und jährlich dotiert werden – erzwungene Mittelbindung im Unternehmen vor. Dieser Sachverhalt ist gemeint, wenn von der «Finanzierung durch Rückstellungen» gesprochen wird.

Die AG bildet auch Garantierückstellungen und führt diesen in der betrachteten Periode einen Betrag von 100 zu. Auch hier liegt eine in Bezug auf die potentielle Auszahlung für ggf. zu erbringende Garantieleistungen vorperiodisierte Aufwandserfassung vor. Diese verkürzt den Jahresüberschuss, damit in aller Regel die Ausschüttung der Periode und entfaltet somit eine Finanzierungswirkung von zunächst unbestimmter Dauer. Sie kann beendet werden durch eine zu erbringende Garantieleistung des Unternehmens, die eine Auszahlung auslöst. Sie kann auch beendet werden, ohne dass der Garantiefall eintritt. Bleiben Garantieansprüche der anspruchsberechtigten Kunden aus, ist die Rückstellung für Garantie aufzulösen: der Jahresüberschuss der entsprechenden Periode erhöht sich um den Betrag der Auflösung.

Wenden wir uns Kästchen 3 unter dem Begriff „Innenfinanzierung" zu. Finanzierung durch geplante Nutzung von Spielräumen von handelsrechtlichen Ansatz- und Bewertungsvorschriften liegt beispielsweise vor, wenn das Management den Jahresüberschuss durch entsprechende Abschreibungsbemessung und Rückstellungsdotierung vorübergehend reduziert. Die Ansatz- und Bewertungsregeln des HGB lassen Spielräume für die Bilanzierenden: Sie können unter alternativen Abschreibungsverfahren wählen; sie haben Spielräume bei der Schätzung der Nutzungsdauer von abschreibungsfähigen Vermögensgegenständen; sie können außerplanmäßige Abschreibungen vornehmen; sie haben Spielraum bei der Bemessung von Rückstellungen, die „nur in Höhe des Betrages anzusetzen sind, der nach vernünftiger kaufmännischer Beurteilung notwendig ist" (§ 253 Abs. 1 Satz 2 HGB). Die Nutzung dieser Spielräume beeinflusst den Jahresüberschuss. In unserem einfachen Beispiel finden diese Gestaltungsmöglichkeiten von Aufwand und Ertrag nicht statt. Wir beachten sie folglich daher nicht.

Wenn wir die bisherigen Ergebnisse zusammentragen, folgt:

Finanzierung durch einbehaltene Jahresüberschüsse „offene Selbstfinanzierung"	Finanzierung durch zwingende Gewinnermittlungsvorschriften	Finanzierung durch geplante Nutzung von Spielräumen bei Ansatz- und Bewertungsvorschriften	Finanzierung durch Vermögensumschichtung
Gewinnrücklage: 650 Gewinnvortrag: 450	Abschreibung: 400 Zuführung PR: 200 Zuführung GR:100		
1.100	700	0	?

Zur „Finanzierung durch Vermögensumschichtung" (auch: Finanzierung durch Kapitalfreisetzung) werden üblicherweise zwei Vorgänge gezählt: 1. die entgeltliche Veräußerung nicht betriebsnotwendiger oder nicht mehr benötigter Vermögensgegenstände; 2. die kontinuierliche Umwandlung von abnutzbaren Vermögensgegenständen in Geld durch Abschreibungsverrechnung. Hier wird „Finanzierung durch Vermögensumschichtung" auf den unter 1. genannten Vorgang beschränkt. Der unter 2. genannte Effekt ist durch „Finanzierung durch zwingende Gewinnermittlungsvorschriften" bereits erfasst.

Im Beispiel findet eine Verringerung des Volumens der Innenfinanzierung statt, weil die AG Bestände an Fertigprodukten aufbaut, also Geld in Vermögensgegenständen bindet. Damit verringert sich das verfügbare Volumen aus Innenfinanzierung um 300. Im Ergebnis beträgt das Innenfinanzierungsvolumen i.S.v. Abbildung 16.3: 1.100 + 700 – 300 = 1.500. Das Innenfinanzierungsvolumen gemäß Abbildung 16.1 hatten wir mit 3.000 – 700 – 600 = 1.700 vor Ausschüttung berechnet. Beachten wir, dass das gemäß Abbildung 16.3 berechnete Volumen die Dividende (200) nicht berücksichtigt, erhalten wir über beide Definitionen identische Ergebnisse: Das Innenfinanzierungsvolumen der AG in der betrachteten Periode beträgt 1.500.

16.1.3 Ein- und Auszahlungen vs. Erträge und Aufwendungen

Das Beispiel hat die Unterschiede zwischen einer Rechnung, die auf Ein- und Auszahlungen (Zahlungsrechnung) aufbaut, und einer Rechnung mit Erträgen und Aufwendungen, wie sie für Gewinn- und Verlustrechnungen typisch ist, angedeutet. Wir wollen die Unterschiede, die in der Realität immer zu beachten sind, etwas systematischer betrachten. Wir präsentieren diese Unterschiede in Form einer Übungsaufgabe. Abbildung 16.4 zeigt die möglichen Beziehungen zwischen Auszahlungen und Aufwendungen einer Periode. Die Felder 1, 2, 3 bilden Auszahlungen ab, die niemals zu Aufwand werden. Der Leser ist aufgefordert, für die Felder 4, 5, 7 und 8 je ein zahlenmäßig gestütztes Beispiel zu entwickeln.

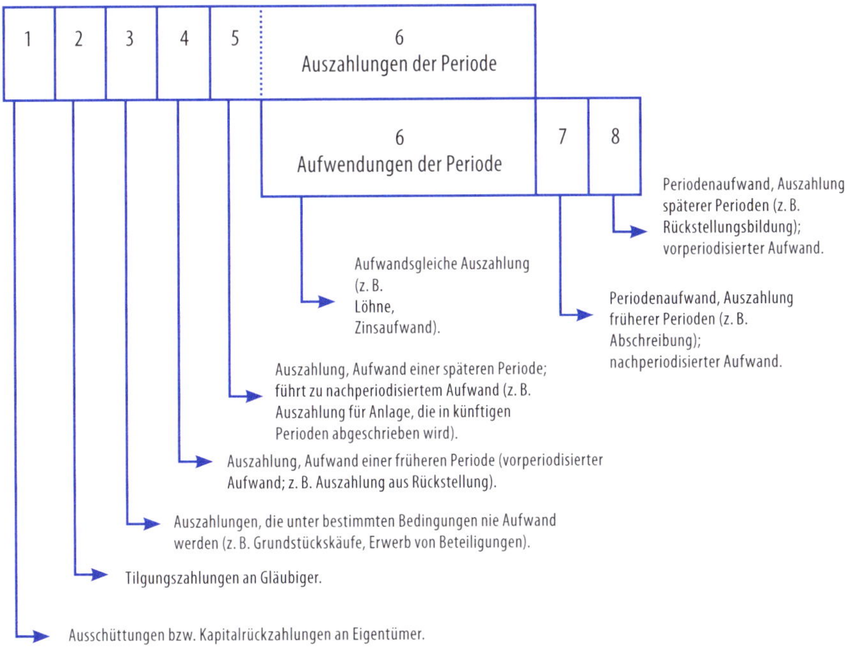

Abbildung 16.4: Beziehungen zwischen Auszahlungen und Aufwendungen einer Periode

Abbildung 16.5 zeigt die Beziehungen zwischen Einzahlungen und Erträgen einer Periode. Die Felder 1, 2, 3 bilden Einzahlungen ab, die niemals zu Erträgen in einer GuV-Rechnung werden. Der Leser ist aufgefordert, für die Felder 4, 5, 7 und 8 je ein zahlenmäßig gestütztes Beispiel zu entwickeln.

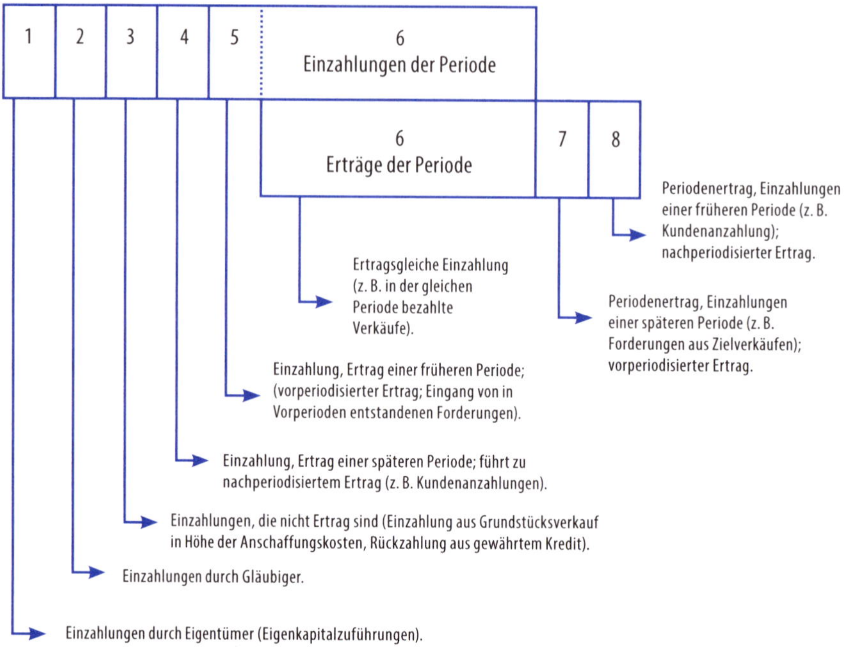

Abbildung 16.5: Beziehungen zwischen Einzahlungen und Erträgen einer Periode

16.1.4 Ergebnisse

Wir formulieren die zentralen Botschaften dieses Abschnittes wie folgt.

Definition:
Wir definieren **Finanzierung** als Beschaffung von finanziellen Mitteln durch gewinnorientierte Unternehmen, die damit ihre Investitionsstrategien realisieren.

Merksatz: Wir untergliedern **Finanzierung** in Innen- und Außenfinanzierung. Sowohl die Pfeildarstellung in Abbildung 16.1 als auch die Abbildung 16.3 sind brauchbare Erläuterungen für die Sachverhalte, die mit Innen- bzw. Außenfinanzierung gekennzeichnet werden sollen.

Abbildung 16.1 hat nicht nur den Charme der Einfachheit; sie zeigt den Kern der Sache: Es kommt auf Zahlungsbewegungen an.

Die Abbildungen 16.4 und 16.5 verdienen die volle Aufmerksamkeit des Lesers: Zahlungswirkungen und Aufwands- und Ertragsrechnungen dürfen nicht gleichgesetzt werden. Sie sind unterschiedlich und erfüllen unterschiedliche Zwecke.

16.2 Liquidität und Abbildung der Liquiditätslage

16.2.1 Begriff und Formen der Liquidität

Liquide ist, wer seinen Zahlungsverpflichtungen pünktlich und vollständig nachkommen kann. Eben das gilt auch für Unternehmen. Können sie ihren Verpflichtungen nicht nachkommen, gelten sie als zahlungsunfähig i.S.v. § 17 der Insolvenzordnung (InsO). Dort heißt es: Zahlungsunfähig ist der Schuldner, „wenn er nicht in der Lage ist, die fälligen Zahlungspflichten zu erfüllen". Zahlungsunfähigkeit ist ein Insolvenztatbestand, dessen Eintritt den Schuldner verpflichtet, die Eröffnung eines Insolvenzverfahrens zu beantragen. In einem Insolvenzverfahren nach deutschem Recht hat der Schuldner nichts zu gewinnen. Zahlungsunfähigkeit ist also zu vermeiden.

Im Folgenden unterscheiden wir vier Formen der Liquidität, die zusammen die Liquiditätslage eines Unternehmens bestimmen:

(1) Güterwirtschaftliche Liquidität,

(2) Liquidität durch Beleihung vorhandener Vermögensgegenstände,

(3) Liquidität durch Nettoeinzahlungen,

(4) Liquidität durch Beleihung künftiger Nettoeinzahlungen (Cashflows).

16.2.1.1 Güterwirtschaftliche Liquidität

Das Zahlungsvermögen von Unternehmen hängt nicht nur vom aktuellen Bestand an Zahlungsmitteln (Geld) ab. Neben Geld verfügen Unternehmen über Wirtschaftsgüter, die mit unterschiedlicher Intensität dem Geschäftsbetrieb dienen. Diese Güter sind neben Geld ebenfalls Träger von Liquidität, d.h. sie verleihen Tauschfähigkeit. Diese Tauschfähigkeit leitet sich ab aus der Veräußerungsfähigkeit dieser Güter am Markt.

Diese in der Veräußerungsfähigkeit begründete Liquidität besteht in vielfach abgestufter Form: Güter haben einen unterschiedlichen Liquiditätsgrad (Veit [Theorie des Geldes] 3–48, Stützel [Liquidität] 2518). Der Liquiditätsgrad einer Sache hängt insbesondere ab von:

- Den technischen oder institutionellen Eigenschaften des Gutes,
- den Kosten der Käufersuche am Markt und von sonstigen Transaktionskosten,
- der Zeitspanne vom Beginn der Käufersuche bis zur Verwertung am Markt und
- der Marktkonstellation, insbes. von den Überlegungen, die Käufer dazu bewegen, die Sache zu kaufen. Diese Faktoren bestimmen das Entscheidungsfeld des Käufers und damit den Angebotspreis.

Man kann also formulieren, dass das Zahlungsvermögen eines Unternehmens auch von der Struktur seiner Vermögensgegenstände abhängt. Es ist umso besser,

- je größer die Menge an veräußerungsfähigen Gütern ist,
- je schneller diese Veräußerungsfähigkeit der Güter genutzt werden kann,
- je kleiner die Werteinbußen (Disagios) sind, die der Veräußerer bei der Liquidisierung dieser Güter hinnehmen muss.

In diesem Sinn haben Vermögensgegenstände einen abnehmenden Liquiditätsgrad:

- Bargeld,
- Wertpapiere,
- Autoreifen der Marke Michelin, Pirelli oder Continental,
- Autoreifen unbekannter Hersteller,
- Halbfabrikate.

16.2.1.2 Liquidität durch Beleihung von Vermögensgegenständen

Vorhandene Vermögensgegenstände können insbesondere bei Kreditinstituten beliehen werden. Häufig bestehen Kreditinstitute auf Kreditsicherheiten, die ihnen im Fall einer möglichen Zahlungsunfähigkeit des Schuldners einen Befriedigungsvorrang vor anderen Gläubigern sichern.

Die Liquiditätsgewinnung durch Beleihung hat Vorteile (Stützel [Liquidität] 2519). Zunächst muss der beliehene Vermögensgegenstand nicht veräußert werden. Je nach Art der vereinbarten Besicherungsform (Sicherungsübereignung, Forderungsabtretung) kann der Eigentümer den Vermögensgegenstand weiterhin nutzen. Für Güter relativ niedrigen Liquiditätsgrades gilt, dass sie nicht schnell veräußerbar und dass bei Veräußerung hohe Werteinbußen die Folge sind. Ist Beleihungsfähigkeit gegeben, können liquide Mittel schnell und ohne Werteinbuße, aber unter Inkaufnahme von Zinsen beschafft werden. Allerdings wenden Kreditinstitute Beleihungsgrenzen (Beleihungsquoten) an: Diese werden sich i.d.R. am möglichen Veräußerungserlös des Gegenstandes ausrichten. Weil Banken die relevanten Absatzmärkte häufig nicht intensiv kennen und Schwankungen der Veräußerungserlöse die Regel sind, setzen sie die Beleihungsgrenzen vorsichtig an.

Der durch Beleihung beschaffbare Geldbetrag ist deshalb i.d.R. niedriger als der bei Verkauf erzielbare.

16.2.1.3 Liquidität durch Nettoeinzahlungen

Dies ist die wichtigste Liquiditätsquelle: Unternehmen investieren und produzieren, um finanzielle Überschüsse zu erzielen. Diese finanziellen Überschüsse (Cashflows) müssen ausreichen, um die Reinvestitionen, die an Fremdkapitalgeber zu leistenden Zins- und Tilgungszahlungen, Unternehmenssteuern und Ausschüttungen oder Entnahmen an Eigentümer zu leisten. Ob sie ausreichen oder ob sie ergänzt werden müssen durch Maßnahmen der Außenfinanzierung, ist mittels Finanzplanung zu überprüfen.

16.2.1.4 Liquidität durch Beleihung künftiger Nettoeinzahlungen (Cashflows)

Künftige Nettoeinzahlungen (Cashflows) können von Kreditgebern ebenso beliehen werden wie vorhandene Vermögensgegenstände. Beleihung künftiger Nettoeinzahlungen bedeutet die Bereitstellung von finanziellen Mitteln jetzt gegen das unbesicherte Versprechen des Schuldners, Zins- und Tilgungsraten in Zukunft pünktlich und betragsgenau zu leisten. Für die beleihenden Institute (Banken) stellt sich damit das Problem der Prüfung der künftigen Zahlungsfähigkeit von Kreditnehmern (Kreditwürdigkeitsprüfung). Wegen der besonderen Probleme der Prognose von künftigen Nettoeinzahlungen ist zu vermuten, dass Banken die Beleihungsgrenzen auch hier eher „vorsichtig" ansetzen, soweit sie überhaupt gewillt sind, auf eine Unterlegung des Kredits durch Kreditsicherheiten, also i.d.R. Vermögensgegenstände zu verzichten.

Merksatz: Die **Liquidität** i.S.v. Zahlungsfähigkeit eines Unternehmens hängt ab (1) von der Menge an Vermögensgütern, über die das Unternehmen zu einem Zeitpunkt t verfügen kann und (2) von den finanziellen Überschüssen, die das Unternehmen in Zukunft zu erzielen hofft.

Kreditgeber können Vermögensgegenstände und/oder künftige Nettoeinzahlungen (Cashflows) beleihen. Im ersten Fall liegen gesicherte Kredite vor, im zweiten Fall ungesicherte Kredite.

16.2.1.5 Zwischenergebnis

Der Leser hat vier Varianten der Liquiditätsgewinnung kennengelernt. In kompakter Darstellung sehen die Ergebnisse so aus:

Güterwirtschaftliche Liquidität Welche Geldbeträge könnte man erzielen, wenn man Vermögensgegenstände des Unternehmens einzeln veräußerte?	Liquidität durch Nettoeinzahlungen Welche Nettoeinzahlungen (Cashflows) wird das Unternehmen künftig erzielen?
Liquidität durch Beleihung von Vermögensgegenständen Welche Geldbeträge kann man von Kreditgebern erhalten, wenn man diesen Zugriffsrechte (Verwertungsrechte) auf die Vermögensgegenstände gewährt?	Liquidität durch Beleihung künftiger Nettoeinzahlungen Welche Geldbeträge kann man von Kreditgebern erhalten, wenn man ihnen Ansprüche an die künftigen Nettoeinzahlungen abtritt?

16.2.2 Abbildung der Liquiditätslage

16.2.2.1 Bilanzen

Bilanzen stellen – wie der Leser den Modulen 18 und 19 entnehmen kann – Vermögen und Verbindlichkeiten gegenüber. Es liegt deshalb nahe zu vermuten, dass es an Liquidität dann nicht mangelt, wenn das Vermögen (die Aktivseite) die Verbindlichkeiten übersteigt. Wenn wir annehmen, dass die Verbindlichkeiten des Unternehmens zum Rückzahlungsbetrag angesetzt werden, hängt es erkennbar von der Bewertung der Vermögensgegenstände ab, ob die obige Vermutung zutrifft oder nicht.

Die Konzeption einer Bilanz wird durch Basisentscheidungen bestimmt. Zu diesen zählen etwa:

- Grundsatzentscheidung, ob Vermögensgegenstände des Unternehmens einzeln anzusetzen und zu bewerten sind (Prinzip der Einzelbewertung) oder ob das Vermögen im Rahmen einer Gesamtbewertung (Unternehmensbewertung) zu ermitteln ist;

- Regelung dessen, was auf der Aktiv- bzw. Passivseite einzeln ausgewiesen werden muss (Ansatzvorschriften);
- Vorschriften, wie man das, was Aktivum bzw. Passivum ist, zu bewerten hat (Bewertungsvorschriften);
- Regelungen zur Gliederung von Aktiv- und Passivseite (Gliederungsvorschriften).

16.2.2.1.1 Theoretische Bilanz

Die theoretische Bilanz ist eine Bilanz, in der Vermögensgegenstände in Höhe des Barwertes der durch sie generierten Cashflows angesetzt wird. Die Zurechenbarkeit dieser Cashflows wird hier unterstellt. Daraus folgt, dass die Summe der Bruttokapitalwerte aller Vermögensgegenstände den Wert des Unternehmens (V_t) darstellt. Verbindlichkeiten werden (etwas vereinfachend) zum Rückzahlungsbetrag angesetzt. Die Summe aller Verbindlichkeiten sei F_t. Die Differenz $V_t - F_t$ stellt den Wert des Eigenkapitals dar.

Diese Bilanz ist ein sehr guter Indikator für die Frage, ob das Unternehmen liquide ist. Solange der Wert $E_t > 0$ ist, überdeckt das Vermögen, also der Barwert aller künftigen Cashflows, das, was an die Fremdkapitalgeber zu leisten ist. Das Unternehmen ist liquide. Es liegt also eine Konzeption von Bilanz vor, die den Gesamtwert und damit die Liquidität in konzeptionell sauberer Weise misst bei vollkommenem und vollständigem Kapitalmarkt.

16.2.2.1.2 Liquidationsbilanz

Vermögen wird hier zu Liquidationswerten bewertet, also mit den Preisen, die man zu einem Zeitpunkt t bei Einzelveräußerung der Vermögensgegenstände erzielen könnte, wobei man diskutieren könnte, ob der Wertansatz vor oder nach Abzug der Verwertungskosten erfolgen soll. Verbindlichkeiten werden zum Rückzahlungsbetrag passiviert.

Welche Informationen liefert eine solche Bilanz? Die Information besteht in der Aussage, ob das so definierte „Vermögen" die Schulden deckt. Die Information kann für die Eigentümer von Belang sein: Sie lautet, dass die güterwirtschaftliche Liquidität der vorhandenen Vermögensgegenstände ausreicht, die Schulden unter der Annahme der Soforttilgung zu decken. Die Information ist von zweitrangiger Bedeutung, wenn die Eigentümer die Fortführung des Unternehmens planen und Gläubiger den Anspruch auf Soforttilgung nicht erheben.

Für Gläubiger ist die durch die Liquidationsbilanz gegebene Information von vermutlich größerer Bedeutung: Sie erhalten eine Aussage über die Schuldendeckungsfähigkeit des Unternehmens bei fiktiver Soforttilgung am Bilanzstichtag. Auch hier trifft zu, dass Gläubigern allein an Informationen über die güterwirtschaftliche Liquidität von Schuldnern nicht gelegen ist: Die zukünftige Liquidität ist für sie i.d.R. von größerer Bedeutung. Jedoch ist der faktische Informationsstand von Gläubigern über die zukünftige Liquidität von Schuldnern regelmäßig nicht sehr präzise. Die ergänzende Information über die güterwirtschaftliche Liquidität wird für Gläubiger umso wertvoller, je lückenhafter die Information über die zukünftige Liquidität von Schuldnern ist.

16.2.2.1.3 HGB-Bilanz

Hier ist kein Raum, um die Ansatz- und Bewertungsvorschriften für die HGB-Bilanz zu skizzieren. Der Leser wird auf Modul 18 verwiesen sowie *Bitz/Schneeloch/Willstock* [Jahresabschluss], *Coenenberg/Haller/Schultze* [Jahresabschlussanalyse], *Gräfer/Schneider/Gerenkamp* [Bilanzanalyse], *Küting/Weber* [Bilanzanalyse] und *Schildbach/Stobbe/Brösel* [Jahresabschluss]. Wer die Ansatz- und Bewertungsvorschriften studiert, erkennt, dass es nicht Ziel der HGB-Bilanz ist, auf der Aktivseite das Liquiditätsvermögen auszuweisen. Es ist auch nicht Ziel, als Bilanzsumme den Unternehmensgesamtwert auszuweisen, woraus folgt, dass das, was unter Eigenkapital ausgewiesen wird, nicht der Wert des Eigenkapitals ist, sondern der von Eigentümern eingezahlte Betrag, erhöht um thesaurierte Jahresüberschüsse und ggf. gemindert um Verlustvorträge. Die HGB-Bilanz hat also andere Informationsgehalte als die Liquidationsbilanz bzw. die theoretische Bilanz. Informationen über die zukünftige Liquidität des Unternehmens zu liefern, zählt nicht zu den vorrangigen Zielen der HGB-Bilanz. In § 264 Abs. 2 HGB heißt es, dass der Jahresabschluss der Kapitalgesellschaft unter Beachtung der Grundsätze ordnungsmäßiger Buchführung ein den tatsächlichen Verhältnissen entsprechendes Bild der Vermögens-, Finanz- und Ertragslage zu vermitteln hat. Der Jahresabschluss der Kapitalgesellschaft besteht aus Bilanz, GuV, Anhang und Lagebericht. Die HGB-Bilanz muss somit die Informationsaufgabe über die Finanzlage, und das ist die derzeitige und künftige Liquidität, zu informieren, nicht alleine schultern.

> **Merksatz:** Die **theoretische Bilanz** misst unter idealen Bedingungen die künftige Liquidität und den Unternehmensgesamtwert. Die **Liquidationsbilanz** misst den Wert des Unternehmens im Liquidationsfall. Die **HGB-Bilanz** misst weder das Eine noch das Andere. Auf sich allein gestellt, macht sie weder zur güterwirtschaftlichen noch zur Liquidität über künftige Nettoeinzahlungen eine verwertbare Aussage. Um die durch Nettoeinzahlungen bewirkte künftige Liquidität abzubilden, benötigt man ein leistungsfähigeres Instrument.

16.2.2.2 Finanzpläne

Um einen Finanzplan mit Daten (den künftigen Ein- und Auszahlungen) zu füllen, ist ein Informationsstand notwendig, den i.d.R. nur Unternehmensinterne erlangen können, weil sie auf in diesem Zusammenhang relevante Vorpläne wie Absatz-, Beschaffungs-, Personaleinsatzpläne etc. zurückgreifen können. Unternehmensexternen (Warengläubigern, Kreditgläubigern, Anteilseignern etc.) stehen diese Informationen regelmäßig nicht zur Verfügung. Dennoch müssen diese zu Urteilen über die künftige Liquidität von Unternehmen gelangen. Es ist deshalb nützlich, die Schwierigkeiten zu erkennen, die eine Liquiditätsbeurteilung, die auf Jahresabschluss-Informationen angewiesen ist, zu überwinden hat.

Ein Finanzplan misst nur zwei, wenn auch sehr wichtige Determinanten der Liquidität: die künftige Liquidität durch Erzielung von Nettoeinzahlungen und damit auch die durch Beleihbarkeit künftiger Nettoeinzahlungen erlangbare Liquidität. Nicht Gegenstand der Messung ist die güterwirtschaftliche Liquidität.

16.2.2.2.1 Anforderungen an einen Finanzplan

Für die Erstellung von Finanzplänen gilt das sog. Bruttoprinzip. Es verlangt, dass Ein- und Auszahlungen zu den relevanten Zeitpunkten als solche ausgewiesen werden. Saldierungen von Ein- und Auszahlungen (z.B. die Einzahlung eines Kunden wird mit einer Auszahlung an den Kunden, der gleichzeitig Lieferant ist, verrechnet) sind zu unterlassen. Begründet wird dies damit, dass die Information, welche Ein- und Auszahlungen einen Zahlungsmittelüberschuss bzw. –fehlbetrag bewirken, wichtig ist. Diese Information ginge durch die Saldierung verloren.

Finanzpläne müssen vollständig sein. Vollständigkeit verlangt, dass alle im Planungszeitraum erwarteten Einzahlungen und alle zu leistenden und geplanten Auszahlungen erfasst werden. Damit soll hervorgehoben werden, dass Finanzpläne, die z.B. nur auf den Produktions- oder den Absatzprozess abstellen, unzweckmäßig erscheinen. Zahlungsansprüche sind immer gegen das Unternehmen als juristische Person bzw. gegen dessen Eigentümer gerichtet, und das Zahlungsvermögen des Unternehmens wird nicht allein durch den Produktions- oder den Absatzprozess, sondern durch alle seine Ein- und Auszahlungen bestimmt.

Ein Finanzplan hat schließlich termingenau zu sein. Ein- und Auszahlungen sind zu den Zeitpunkten zu erfassen, an denen sie anfallen bzw. zu leisten sind. Die größte zeitliche Präzision ist erreicht bei tagesgenauer Erfassung der Ein- und Auszahlungen. Wegen des hohen Rechenaufwandes und wegen der mit zunehmender Länge des Planungszeitraums wachsenden Prognoseschwierigkeiten wird die tagesgenaue Rechnung i.d.R. nur für kurze Fristen (1–4 Wochen) möglich sein. Die praktische Finanzplanung geht dann in eine Wochen- oder Monatsplanung über.

16.2.2.2.2 Finanzplanung, Bilanzen und Gewinn- und Verlustrechnungen

Wir wollen erläutern, warum man für eine realistische Finanzplanung auch auf Bilanzen und GuV-Rechnungen des Unternehmens zurückgreifen muss. Dafür benutzen wir einen hier stark vereinfachten, aber realistischen Fall (Drukarczyk/Lobe [Finanzierung] 101 ff.; Bertonéche/Viallet [Financial Analysis]). Die Glasspinnerei Straubing AG, eine Familien-Aktiengesellschaft, produziert Glasfasern. Anfang 2000 wird eine Erweiterungsinvestition durchgeführt. Es werden ein neues Gebäude zum Preis von 30 Mio. € und neue Maschinen zum Preis von 60 Mio. € angeschafft. Die Nutzungsdauer, die für die Berechnung der steuerlichen Abschreibungen relevant ist, beträgt 10 bzw. 5 Jahre. Bei linearer Abschreibung beträgt der periodische Aufwand 3 bzw. 12 Mio. €. Unter bestimmten Bedingungen, die von der Glasspinnerei Straubing erfüllt werden, ist auch eine einmalige Sonderabschreibung von 75 % im ersten Jahr möglich. Der restliche Betrag ist linear abzuschreiben. Wenn Verlustvorträge unbeschränkt möglich sind und wenn der Gewinnsteuersatz konstant ist, ist die beschleunigte Abschreibung des Restbetrages über die restliche Nutzungszeit nicht nachteilig. Die beschleunigte Abschreibung wird daher unterstellt. Für 2001 beträgt der Abschreibungsaufwand für die neuen Gebäude 22.500; die Jahre 2002 bis 2010 sind mit 833 zu belasten. Für die neuen Anlagen beträgt die Abschreibung 45.000 in 2001 und in 2002–2005 3.750. Der Finanzvorstand hat nun die Aufgabe, den Kapitalbedarf der nächsten 3 Jahre (2001–2003) mit Hilfe eines Finanzplanes zu berechnen. Bei dessen Entwicklung ist zu beachten, dass eine isolierte Aufstellung nicht möglich ist. Folgende Instrumente werden zusätzlich benötigt:

Gewinn- und Verlustrechnung

Die Ermittlung der Steuerzahlungen knüpft am bilanziellen Gewinn an. Dieser wird durch Gegenüberstellung von Aufwands- und Ertragsgrößen ermittelt und damit auch von Faktoren beeinflusst, die im Finanzplan nicht enthalten sind, da dieser nur Zahlungsgrößen enthält.

Bilanz

Kapital bindende (z.B. Lagerbestände) und Kapital schaffende Positionen (z.B. Verbindlichkeiten aus Lieferungen und Leistungen) müssen ermittelt werden.

Die Gewinn- und Verlustrechnung (GuV) ist nicht isoliert aufstellbar: In der GuV sind Zinsaufwendungen anzusetzen. Diese Zinszahlungen hängen wiederum vom Kapitalbedarf und dem Umfang der Fremdfinanzierung der Gesellschaft ab.

Deshalb empfiehlt sich ein schrittweises Vorgehen. Ausgangspunkt sind die geschätzten zukünftigen Nettoumsatzerlöse und die geschätzten Auszahlungen für Material, Löhne und Verwaltung.

Im ersten Schritt wird der Net operating cashflow (NOCF) vor Steuern ermittelt. Er bezeichnet den Einzahlungsüberschuss (bzw. das –defizit) aus der Produktions- und Absatztätigkeit und damit aus den Kernaktivitäten des Unternehmens.

	2001	2002	2003
Nettoumsatzerlöse	270.000	331.200	406.021
– Materialauszahlungen	–72.000	–88.290	–108.264
– Löhne und Gehälter	–73.828	–81.949	–90.963
– sonstige betriebliche Aufwendungen	–83.359	–91.695	–100.865
– Veränderung des erforderlichen Betriebskapitals	–5.539	–7.344	–8.979
NOCF vor Steuern	**35.274**	**61.922**	**96.950**

Tabelle 16.1: Berechnung von NOCF in T€

Zur Finanzierung der Investitionen wird ein langfristiger Kredit in Höhe von 25 Mio. € aufgenommen. Der vereinbarte Zinssatz beträgt 8 %. Die Tilgung soll in jährlichen Beträgen von 2 Mio. € erfolgen; die erste Rate ist Ende 2002 fällig. Um die Steuerzahlungen berechnen zu können, ist die Gewinn- und Verlustrechnung mit Hilfe der Plandaten zu erstellen.

Nun kann der NOCF nach Steuern berechnet werden. In einem letzten Schritt werden die Zahlungen, die durch die Investition (Anschaffungsauszahlung) und ihre Finanzierung (Kreditbetrag, Tilgung) ausgelöst werden, in den Fi-

	2001	2002	2003
Nettoumsatzerlöse	270.000	331.200	406.021
– Materialauszahlungen	–72.000	–88.290	–108.264
– Löhne und Gehälter	–73.828	–81.949	–90.963
– sonstige betriebliche Aufwendungen	–83.359	–91.695	–100.865
– Zinsaufwand[1]		–2.000	–1.840
– Abschreibungen auf Altanlagen[2]	–13.259	- 13.259	–13.259
– Abschreibung neues Gebäude	–22.500	– 833	– 833
– Abschreibung neue Anlagen	–45.000	–3.750	–3.750
Gewinn/Verlust	**–39.946**	**49.424**	**86.247**
Verlustvortrag	**+39.946**		
Steuern (s = 0,5)	**–**	**4.739** [3]	**43.124**

[1]) Es handelt sich um ein bisher rein eigenfinanziertes Unternehmen.

[2]) Es wird unterstellt, dass Abschreibungen auf Anfang 2001 vorhandene, abschreibungsfähige Vermögensgegenstände in der ausgewiesenen Höhe vorgenommen werden.

[3]) Der Betrag ergibt sich nach Verrechnung des Verlustvortrags aus 2001.

Tabelle 16.2: Berechnung der Steuerzahlungen in T€

nanzplan einbezogen und der endgültige Mittelbedarf bzw. -überschuss berechnet.

Für das Jahr 2001 ergibt sich ein zusätzlicher Mittelbedarf in Höhe von 29.726 T€ (= 60.000 + 30.000 – 25.000 – 35.274). Wenn das Unternehmen über keine liquidierbaren Vermögenswerte verfügt, um den Bedarf zu decken, verbleiben mehrere Möglichkeiten zur Finanzierung des Bedarfs:

(1) Es nimmt neue Anteilseigner auf (Eigenfinanzierung). Diese leisten gegen eine Beteiligung an den zukünftigen Gewinnen eine Einlage in das Gesellschaftsvermögen, mit der die Finanzlücke geschlossen wird.

(2) Die Alteigentümer legen zusätzliche Mittel ein. Dies könnte in Form von Eigenkapital oder in Form von Gesellschafterdarlehen realisiert werden. Da der Mittelbedarf, wie Tabelle 16.3 zeigt, kurzfristiger Natur ist, werden sich die Alteigentümer für Gesellschafterdarlehen entscheiden.

(3) Das Unternehmen nimmt zusätzlichen Kredit auf (Fremdfinanzierung). Wenn es dem Finanzvorstand gelingt, eine Bank von der Richtigkeit und Verlässlichkeit der zukünftigen Mittelüberschüsse zu überzeugen, wird ihm diese auf Grund der hohen zukünftigen Liquidität des Unternehmens den Kredit in der erforderlichen Höhe zur Verfügung stellen.

(4) Das Management könnte mit den Lieferanten der maschinellen Anlagen bzw. den die Gebäude erstellenden Bauunternehmen über Zahlungsfristen für die Anschaffungs- bzw. Herstellungskosten verhandeln, um Zahlungsstreckungen zu erreichen.

Merksatz: Eine **realistische Finanzplanung** zur Abbildung der künftigen erwarteten Nettoeinzahlungen (Cashflows) kann ohne Beachtung von heutigen und künftigen Bilanzen und GuV-Rechnungen nicht erstellt werden.

	2001	2002	2003
NOCF vor Steuern	35.274	61.922	96.950
– Steuern	–	–4.739	–43.124
– NOCF	35.274	57.183	53.826
Kreditaufnahme	25.000		
Tilgung		–2.000	–2.000
Zinszahlungen		–2.000	–1.840
Investitionsauszahlungen	–90.000		
Mittelbedarf	**–29.726**		
Mittelüberschuss		**53.183**	**49.986**

Tabelle 16.3: Gesamter Finanzplan 2001–2003 (in T€)

Das Beispiel belegt auch die Bedeutung der Innenfinanzierung. Der Kapitalbedarf für Maschinen und Gebäude (ohne den zusätzlichen Bedarf im Umlaufvermögen) beträgt 90 Mio. €. Außenfinanziert werden 25 Mio. € über Kredite. Dennoch beläuft sich die verbleibende Finanzlücke in 2001 nur auf 29,7 Mio. €. Die Differenz wird über den operativen Cashflow nach Steuern, also über Innenfinanzierung aufgebracht. Wenn man von Unternehmen in der Startphase absieht, ist die Innenfinanzierung die bedeutendste Form der Finanzierung.

16.3 Messung des finanziellen Unternehmenserfolgs

16.3.1 Rendite als interner Zins

Wir haben eingangs betont, dass das finanzielle Ziel von Unternehmen beschrieben werden kann als Einkommenserzielung für die Financiers (und Arbeitnehmer) des Unternehmens. Folglich ist die Frage, was ein Unternehmen in einer Periode verdient hat, von Bedeutung. Die Investitionstheorie – vgl. auch Modul 15 – leitet unsere Überlegungen.

Definition:

Der **interne Zinsfuß** eines Projektes ist der Diskontierungssatz r, der die erwarteten durch das Projekt ausgelösten Cashflows (Nettoeinzahlungen) auf einen Bruttokapitalwert (BKW_0) in Höhe der Anschaffungsauszahlung (I_0) abzinst.

Für den internen Zinsfuß eines Projektes gilt somit $I_0 = \sum_{t=1}^{n} NE_t \left(1+r\right)^{-t}$. Ein Investitionsprojekt lohnt, wenn der interne Zinsfuß r die Kapitalkosten (i) übersteigt. Als Kapitalkosten gelten hier vereinfachend die Kosten, zu denen ein Betrag in Höhe von I_0 beschafft werden kann oder die Rendite, die bei alternativer Anlage von Mitteln in Höhe von I_0 erzielt werden kann.

Beispiel:

Zeitpunkt	0	4
Projekt D	– 8.000	16.000
r (D) = ?		

Gesucht ist der Zinssatz v(D), für den gilt: $16.000 \times \frac{1}{(1+v(D))^4} = 8.000.$

$\Rightarrow$ r (D) = 18,92 %.

Beträgt i = 10 %, lohnt Projekt D. Wir erhalten das gleiche Signal bezüglich der Vorteilhaftigkeit von Projekt D, wenn wir den Nettokapitalwert (NKW_0) des Projektes berechnen: $NKW_0 = \sum_{t=1}^{n} NE_t (1+i)^{-t} - I_0 = 928{,}022.$

Enthält die Zahlungsreihe nur einen Vorzeichenwechsel, geben interne Zinsfuß-Methode und Nettokapitalwert-Methode die gleichen Signale über die Vorteilhaftigkeit *eines* Projektes. Im Folgenden benutzen wir den internen Zinsfuß als Bezugsgröße, um alternative Renditedefinitionen zu beurteilen.

16.3.2 Buchrenditen

Dass in Literatur und insbesondere der Praxis der Erfolgsmessung mit Renditen operiert wird, die auf Rechnungslegungs(Jahresabschluss)daten aufbauen, bedarf wegen der Eigenschaften dieser Signale einer besonderen Begründung. Als Gründe sind anzuführen: Externe Analysten haben keine Wahl; sie sind auf die Jahresabschlussdaten, die Unternehmen veröffentlichen, angewiesen. Folglich sieht es so aus, als könnten sie nur die üblichen, jahresabschlussbasierten Renditen berechnen. Manager und Controller (vgl. hierzu Modul 21) haben als Insider des Unternehmens ganz andere, bessere Möglichkeiten. Sie könnten beliebig feine Performancesignale entwickeln und müssten sich nicht mit den groben Maßstäben wie Gesamt- oder Eigenkapitalrendite, die wie Triceratopse aus den Anfängen der Renditemessung wirken, begnügen. Dass sie es z.T. nicht tun, hängt mit vielleicht fehlendem Durchblick oder mit der Gewöhnung an die Systematik der Rechnungslegung zusammen, die bei der Renditemessung auf falsche Fährten führen kann.

16.3.2.1 Anforderungen an bilanzielle Renditen

Kennzahlen sollen Informationen verdichten, d.h. „auf den Punkt bringen" und zielbezogene Aussagen erlauben. Zielbezogene Aussagen von Renditen könnten sein:

(a) wir sind besser (schlechter) als im Vorjahr,
(b) wir sind besser (schlechter) als die Wettbewerber,
(c) wir haben im Unternehmen in der abgelaufenen Periode mehr (weniger) verdient als Eigentümer bei Anlage der investierten Mittel auf dem Kapitalmarkt (bei gleichem Risiko) hätten verdienen können.

Sowohl (a) als auch (b) und (c) sind mögliche Referenzpunkte. (a) wählt die eigene Performance in der Vergangenheit als Bezugspunkt; war diese dünn, sieht eine weniger dünne Leistung schon gut aus; Lösung (a) ist somit unbefriedigend. Die Lösungen (b) und (c) sind weit besser. Was der härteste Bezugspunkt ist, der die meisten Leistungsanreize setzt, kann allgemein nicht gesagt werden. Schlagen die Wettbewerber den Bezugspunkt (c), ist die Wahl von (b) ein anspruchsvollerer Bezugspunkt als (c). Schlagen die Wettbewerber (c) nicht, liefert die Wahl von (c) als Bezugsgröße den höheren Ansporn.

16.3.2.2 Gesamtkapital- und Umsatzrendite

Die Idee der Gesamtkapitalrendite ist einfach. Die Erfolge aller Kapitalgeber einer Periode werden in Beziehung gesetzt zu dem von allen Kapitalgebern eingesetzten Kapital. Üblich ist es, den Erfolg der Eigenkapitalgeber mit dem Jahresüberschuss gleichzusetzen und den Erfolg der Fremdkapitalgeber mit den Zinszahlungen zu identifizieren (Coenenberg/Haller/Schultze [Jahresabschlussanalyse]). Das eingesetzte Kapital wird üblicherweise mit der Bilanzsumme (der Summe aller Aktiva) gleichgesetzt. Ob die Bilanzsumme zu Beginn der Periode, zum Ende der Periode oder als Durchschnitt beider Werte anzusetzen ist, wird ganz unterschiedlich beantwortet. Bei expliziter mehrperiodiger Betrachtung und Änderungen der Bilanzsumme im Zeitablauf benutzen wir die Bilanzsumme bzw. den (Eigen)Kapitaleinsatz am Ende der Vorperiode als Bezugsgröße.

Üblich ist es, die Gesamtkapitalrendite (GKR) vor bzw. nach Steuern zu unterscheiden.

Definition:

GKR **vor** Steuern ist definiert als GKR (oder ROA) $= \frac{\text{EvZiS}}{\text{BS}}$ oder $\frac{\text{EBIT}}{\text{BS}}$.

ROA steht für return on assets, zuweilen auch als return on investment (ROI) bezeichnet. EvZiS (EBIT = earnings before interest and taxes) bedeutet Erfolg vor Zinsen und Steuern und setzt sich zusammen aus Jahresüberschuss, Zinsaufwendungen, Steuern vom Einkommen und Ertrag und ggf. sonstigen Steuern. BS steht für Bilanzsumme am Ende der Vorperiode.

Definition:

Die Gesamtkapitalrendite **nach** Steuern ist GKR_S (oder ROA_S) $= \frac{\text{EvZiS} - S}{\text{BS}}$ oder $\frac{\text{EBIT} - S}{\text{BS}}$.

Betrachtet man die Bestimmungsgrößen der GKR in Abbildung 16.6, sieht man, dass es sich um eine Kennzahl handelt, die eine beeindruckende Informationsmenge verdichtet. Der Baum ist auch als DuPont-Analyse bekannt. DuPont ist eine 1802 gegründet US-Chemiefirma, die diese Analyse ab 1920 für Bonusplan-Berechnungen eingesetzt hat, und seit 1935 ununterbrochen Mitglied des Dow Jones Industrial Average Index ist.

Zugleich wird deutlich, über welche Parameter GKR beeinflusst werden kann: Eine Reduktion des im Umlaufvermögen gebundenen Kapitals senkt unter sonst gleichen Bedingungen die Bilanzsumme, erhöht damit die Umschlagsgeschwindigkeit der Aktiva (UGA) und schließlich die Gesamtkapitalrendite. Eine Kennzahlenzerlegung öffnet den Weg zu einer genaueren Ursachenana-

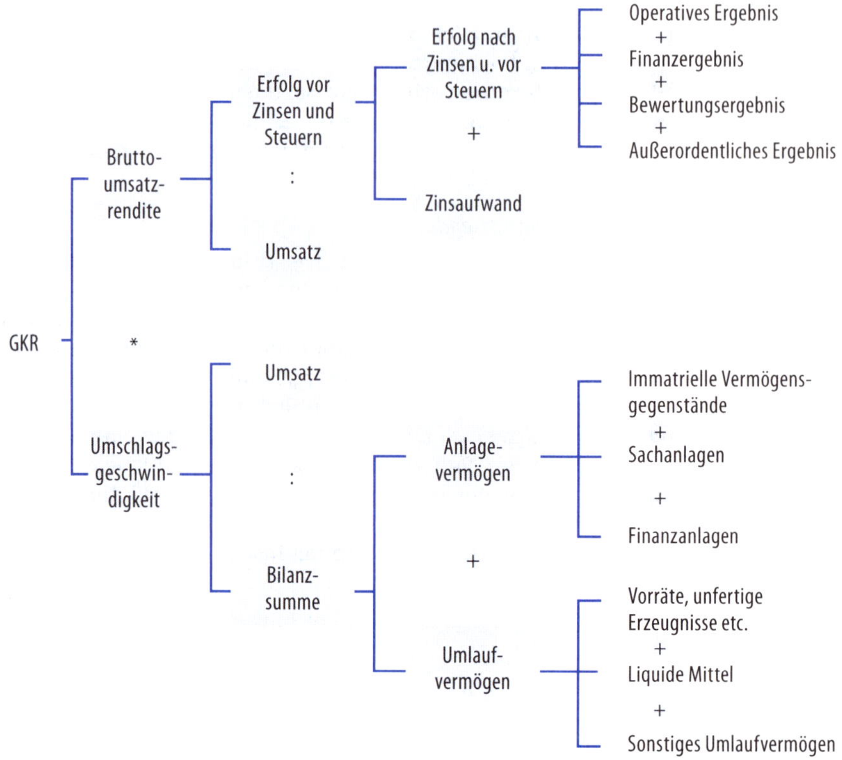

Abbildung 16.6: Bestimmungsgrößen der Gesamtkapitalrendite vor Steuern (GKR)

lyse entlang den Pfaden, die Abbildung 16.6 zeigt. Ist z.B. die GKR im Vergleich zu einem Wettbewerber gesunken, kann man fragen, ob UGA oder die Bruttoumsatzrendite (BUR) oder beides gesunken ist. Ist z.B. UGA gesunken, wird man zu fragen haben, ob das Umlaufvermögen und/oder das Anlagevermögen überproportional gestiegen ist und warum dies eingetreten ist.

Definition:

BUR **vor** Steuern ist $\frac{EBIT}{NU}$ und die Nettoumsatzrendite (**nach** Steuern) ist $NUR = \frac{EBIT - S}{NU}$.

Die Konstruktion von GKR muss für praktische Anwendungen noch erweitert werden. Dies kann aus Platzgründen hier aber nicht geschehen und deshalb muss auf die ausführliche Diskussion der Kennzahl ROIC, welche eine Erweiterung von GKR darstellt, in Drukarczyk/Lobe [Finanzierung] verwiesen werden.

16.3.2.3 Eigenkapitalrendite

Der Eigenkapitalrendite wird i.d.R. große Aufmerksamkeit zuteil, weil man glaubt, dass es insbesondere auf die Position und damit die Rendite der Eigentümer ankäme. Dies ist richtig. Falsch ist aber der implizit enthaltene Hinweis, hohe Eigenkapitalrenditen deuteten auf hohe Vermögenszuwächse der Eigentümer hin.

Definition:

Die bilanzielle Eigenkapitalrendite **vor** Steuern (EKR) wird gemessen durch $\frac{EBIT - Zi}{EK}$ und **nach** Steuern (EKR_S) durch $\frac{EBIT - Zi - S}{EK}$.

In der Literatur wird auch die Abkürzung ROE (return on equity) verwendet. Zwischen GKR und EKR besteht ein zentraler Zusammenhang, der im Folgenden zu erläutern ist.

16.3.2.4 Beziehung zwischen Gesamtkapital- und Eigenkapitalrendite

Der Zusammenhang zwischen EKR und GKR kann gekennzeichnet werden als

$$EKR = GKR + (GKR - i)\frac{FK}{EK}$$

mit

i = Fremdkapitalkosten

FK = Fremdkapital (Buchwert)

EK = Eigenkapital (Buchwert).

Wenn gilt GKR > i, übersteigt die EKR die GKR. Das ist die bekanntere Seite des sogenannten Leverage-Effektes (Hebel-Effektes). Durch Einsatz „billigen", den Satz i kostenden Fremdkapitals kann die EKR u.U. gesteigert werden. Diese Aussage stimmt zuversichtlich. Zu beachten ist jedoch, dass das Risiko der Eigentümer-Position ebenfalls steigt, weil die GKR i.d.R. keine sichere Rendite ist, die immer und überall eintritt.

Die eben gezeigte Leverage-Formel ergibt sich aus folgender Überlegung: GKR eines Unternehmens ist unabhängig von der Finanzierung, also der Passivseite der Bilanz. Es gilt EBIT = GKR (EK + FK). Wird FK, das den Satz i kostet, teilweise an die Stelle von EK gesetzt, folgt ein Überschuss der Eigentümer, nämlich GKR (EK + FK) – iFK, der auf das reduzierte EK zu beziehen ist. Es gilt $EKR = \frac{GKR(EK + FK) - iFK}{EK}$. Formt man elementar um, folgt die Leverage-Formel.

Der Nachteil von EKR ist, dass sie durch die Wahl des Verhältnisses $\frac{FK}{EK}$ (rechnerisch) weitgehend gesteuert werden kann und dass so bewirkte Zuwächse an EKR Vermögensgewinne für Eigentümer nahezulegen scheinen, wo u.U. gar keine sind.

Merksatz: **Höhere Fremdmittel-Anteile** schaffen in aller Regel zugleich höheres Risiko für Eigentümer, das der höheren erwarteten Rendite der Eigentümer gegenübergestellt werden muss.

16.3.2.5 Zur Höhe der Buchrenditen deutscher Kapitalgesellschaften

Im Folgenden wird betrachtet, auf welchem durchschnittlichen Niveau sich empirisch die zuvor besprochenen Buchrenditen bei deutschen Kapitalgesellschaften befinden und wie sie sich im Zeitverlauf von 1997 bis 2011 entwickelt haben.

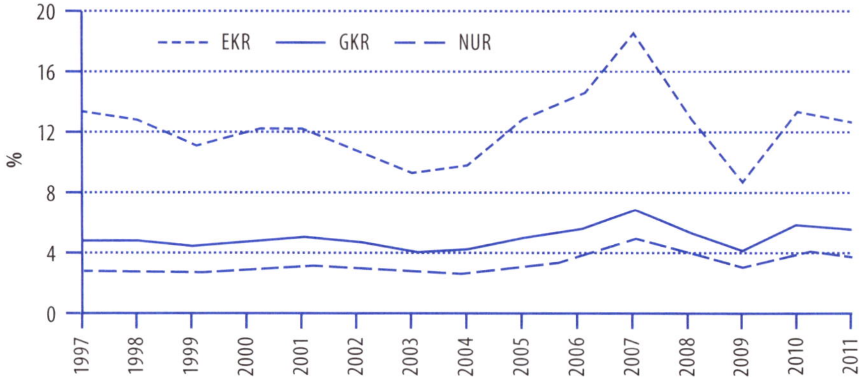

Abbildung 16.7: Buchrenditen nach Steuern deutscher Kapitalgesellschaften von 1997 bis 2011 (Quelle: Deutsche Bundesbank, eigene Berechnungen)

Wir sehen, dass sich die Eigenkapitalrendite im Vergleich zu den anderen Renditen auf dem höchsten Niveau befindet und die höchste Schwankungsbreite aufweist. Die hohe Volatilität sowie das hohe Niveau lassen sich durch den Leverage-Effekt begründen. GKR, die Fremdkapitalkosten i und das Verhältnis von Fremd- zu Eigenkapital FK/EK beeinflussen EKR maßgeblich. EKR steigt umso stärker GKR die Fremdkapitalkosten i übertrifft und umso höher der Verschuldungsgrad ist. Die durchschnittliche EKR der deutschen Kapitalgesellschaften befindet sich von 1997 bis 2003 in einem Abwärtstrend, steigt über die Folgejahre bis auf 18,3 % in 2007 steil an, sinkt rapide im Zuge der Finanzkrise auf 8,6 % und konvergiert dann in den Folgejahren in Richtung ihres Mittelwertes, der über dem Beobachtungszeitraum bei 12,3 % liegt.

Die restlichen Renditen verlaufen nahezu simultan und entsprechen in ihren Hoch- und Tiefpunkten denen der EKR, befinden sich aber auf einem niedrigeren Niveau. Der Mittelwert der Gesamtkapitalrendite liegt im Beobachtungszeitraum bei 4,9 % und der der Nettoumsatzrendite bei 3,2 %. Zusammenfassend lässt sich konstatieren, dass alle Renditen zyklisch schwanken und in 2007 (bei Ausbruch der Finanzkrise) buchhalterisch am profitabelsten waren. Die Finanzkrise hat die Profitabilität deutscher Kapitalgesellschaften zwar deutlich beeinflusst, aber insgesamt nicht so dramatisch, dass eine Abkehr vom langfristigen Durchschnitt erkennbar wäre.

16.3.2.6 Zur Aussagefähigkeit bilanzieller Renditen

Eine entscheidende Frage ist die nach der Verlässlichkeit der Signale von jahresabschlussbasierten Renditen. Geben sie zuverlässige Signale? Kann man an einer positiven GKR ablesen, dass die Manager ihre Sache gut gemacht haben, dass das Unternehmen Geld verdient hat? Ein Beispiel soll das Problem verdeutlichen.

Beispiel: Projekt Supermarkt S

Zeitpunkt	0	1	2	3	4	5	6
I_0, NE_t	– 1.000	100	200	250	298	298	296,56
NKW (S) = 0; i = 10 %							
r (S) = 10 %							

S hat eine Nutzungsdauer von 6 Jahren. Ein positiver Restverkaufserlös am Ende der Nutzungsdauer wird nicht erwartet. Die obige Zahlungsreihe zeigt die Nettoeinzahlungen, die der Betreiber des Projektes S nach Deckung aller relevanten Auszahlungen entnehmen kann: NE_t bezeichnet die entziehbaren Cashflows. Eine Anlage von Mitteln am Kapitalmarkt bringt eine Rendite (i) von 10 %. Das Projekt S hat einen Nettokapitalwert von Null. Anders ausgedrückt: Die ökonomische Rendite (oder der interne Zinsfuß) des Projektes r beträgt genau 10 %. Es handelt sich also um ein Projekt, dessen Realisierung die Eigentümer im Vergleich zur Alternativanlage nicht reicher macht. Das Projekt S ist der Kapitalmarktanlage gleichwertig.

Jetzt wollen wir die periodischen Bilanzrenditen (GKR) für das Projekt S berechnen. Zu diesem Zweck ermitteln wir den bilanziellen Erfolg des Projektes pro Periode und beziehen diesen auf den durch den Buchwert gemessenen Kapitaleinsatz, das Bilanzvermögen BV, zu Beginn der Periode. Wir unterstellen zur Vereinfachung eine vollständige Eigenfinanzierung des Projektes. Der periodische Erfolg im bilanziellen Sinn ist definiert als $NE_t - Ab_t$, wobei Ab_t die handelsrechtliche Abschreibung bezeichnet. Steuern werden nicht beachtet. Der bilanziell gemessene Kapitaleinsatz (BV_{t-1}) zu Beginn der Periode ergibt sich in Höhe der Anschaffungsauszahlung abzüglich der bis zu diesem Zeitpunkt vorgenommenen Abschreibungen. Tabelle 16.4 weist die Berechnungen aus, wobei

NE_t = Nettoeinzahlung in Periode t
Ab_t = bilanzielle Abschreibung in Periode t
BV_t = Bilanzvermögen in Periode t
$NE_t - Ab_t$ = bilanzieller Erfolg, wenn NE_t dem Netto-Ertrag der Periode vor Ab_t entspricht
GKR = Gesamtkapitalrendite.

Zeile (5) zeigt die sich ergebenden bilanziellen Renditen (Gesamtkapitalrenditen). Mit der ökonomischen Rendite des Projektes S von 10 % haben sie erkennbar wenig zu tun. Sie weisen das Projekt S als in den ersten Perioden der Nutzung negativ bzw. niedrig verzinst und in den späteren Perioden als extrem profitabel aus. Dies sind im Vergleich zur ökonomischen Rendite von 10 % falsche Informationen. Diese falschen Informationen können unerwünschte Folgewirkungen entfalten. Angenommen, ein Geschäftsbereich (unter vielen) eines großen, dezentral organisierten Unternehmens lieferte im Zeitablauf die in Zeile (5) dargestellten Informationen an die Zentrale (die Holding, die Obergesellschaft). Welche Folgerungen zöge diese? Vermutlich die, dass die Manager des

Zeitpunkt	0	1	2	3	4	5	6
(1) I_0, NE_t	−1.000	100,00	200,00	250,00	298,00	298,00	296,56
(2) Ab_t		166,67	166,67	166,67	166,67	166,67	166,67
(3) BV_t	1.000	833,33	666,67	500	333,33	166,67	0
(4) $NE_t - Ab_t$		−66,67	33,33	83,33	131,33	131,33	129,89
(5) $GKR = \frac{(4)}{BV_{t-1}}$		−0,067	0,040	0,125	0,263	0,394	0,779

Tabelle 16.4: Berechnung der Gesamtkapitalrenditen für Supermarkt S

Geschäftsbereichs nach den ersten beiden kargen Jahren Überdurchschnittliches leisten, dass man dies mit Gehaltszulagen honorieren sollte, dass für Erweiterungspläne in diesem Geschäftsbereich Mittel zur Verfügung gestellt werden sollten etc. Alle Folgerungen sind unrichtig: Die Manager erzielen gerade die Alternativrendite, verdienen also keine außergewöhnlichen Belohnungen und sollten auch keine Mittel für (gleich rentable) Erweiterungsinvestitionen erhalten.

16.3.3 Konzept des Residualgewinns als Lösungsalternative

Das Konzept des Residualgewinns (RG) ist in der Literatur mindestens seit Ende des 19. Jahrhunderts bekannt und seitdem intensiv diskutiert (Drukarczyk/Schöntag [Residualgewinnbasierte Steuerung]; Drukarczyk/Schüler [Value-Based Performance Measurement]; Honold [Residualgewinne]; Krotter [Kongruenzdurchbrechungen], Lücke [Investitionsrechnung], Richter [Konzeption]; Richter/Honold [EVA©]; Schöntag [wertorientierte Steuerung]; Schüler [Performance-Messung]; Stewart [Quest for Value]; Young/O'Byrne [Value Based Management]). RG_t ist definiert durch $NE_t - Ab_t - i \cdot BV_{t-1}$. Betrachten wir noch einmal das Beispiel des Supermarktes in Tabelle 16.5. Der Bruttokapitalwert berechnet durch Diskontierung der Nettoeinzahlungen (NE_t) mit der Alternativrendite in Höhe von 10 % ergibt 1.000. Da I_0 ebenfalls 1.000 beträgt, ist der NKW_0 des Projektes Null.

Zeitpunkt	0	1	2	3	4	5	6
(1) I_0, NE_t	−1.000	100,00	200,00	250,00	298,00	298,00	296,56
(2) Abschreibung		166,67	166,67	166,67	166,67	166,67	166,67
(3) $i \cdot BV_{t-1}$		100,00	83,33	66,67	50,00	33,33	16,67
(4) $NE_t - Ab_t - iBV_{t-1} = RG_t$		−166,67	−50,00	16,67	81,33	98,00	113,22

Tabelle 16.5: Berechnung der Residualgewinne für Supermarkt S

Berechnen wir den Barwert der Eintragungen in Zeile (4), also der um Kapitalkosten verkürzten Ertragsüberschüsse, erhalten wir einen NKW_0 in Höhe von 0. Wir erhalten somit mit einer Zahlungsrechnung einerseits und einer auf Residualgewinnen i.S.v. Zeile (4) basierenden Rechnung andererseits gleiche NKW_0S und damit gleiche Signale über die Vorteilhaftigkeit von Projekten im Zeitpunkt 0.

Merksatz: Mit einer Zahlungsrechnung kompatible **Bewertungsergebnisse** zum Zeitpunkt 0 kann man auch erreichen, wenn man mit um Kapitalkosten reduzierten Ertragsüberschüssen rechnet.

Barwertkompatible Bewertungsergebnisse sind gestützt auf modifizierte Ertragsüberschüsse also ableitbar. Die Rechnung in Tabelle 16.5 lässt erkennen, dass Niveau und Struktur der Residualgewinne vom Ansatz der Abschreibungen abhängt. Allerdings ist das Ergebnis unabhängig vom benutzten Abschreibungsverfahren. Voraussetzung ist, dass die Zeitspanne, für die Residualgewinne berechnet werden, die gesamte Lebensdauer des Projektes umfasst. Es muss das sog. Kongruenzprinzip oder die clean-surplus-Bedingung gelten, was bedeutet, dass alle Geschäftsvorfälle, die zu einer Eigenkapitaländerung führen, in der Gewinn- und Verlustrechnung erfasst werden. Ausgenommen sind lediglich Einlagen und Entnahmen der Eigentümer. Für unser Beispiel, in dem reine Eigenfinanzierung unterstellt ist, muss also gelten $BV_t = BV_{t-1} + JÜ_t - D_t$. D_t, die Ausschüttung, entspricht im Beispiel NE_t.

Die aufgezeigten Zusammenhänge sind auf den ersten Blick von großem Interesse:

(1) Es wird gezeigt, dass positive, um Kapitalkosten verkürzte Periodenerfolge Beiträge zu positiven Nettokapitalwerten bedeuten. Projekte (Unternehmen), die ausschließlich positive Beiträge i. S.v. $NE_t - Ab_t - iBV_{t-1}$, also positive Residualgewinne erzielen, sind vorteilhafte Projekte (rentable Unternehmen).

(2) Projekte (Unternehmen), die über lange Zeiträume negative Residualgewinne i. S.v. $NE_t - Ab_t - iBV_{t-1}$ erzielen, sind vermutlich Projekte mit negativem Nettokapitalwert.

(3) Die Formulierung des Periodenerfolgs i. S.v. $RG_t = NE_t - Ab_t - iBV_{t-1}$ zeigt, dass eine positive Differenz in Höhe eines Ertragsüberschusses i.S. einer Gewinn- und Verlustrechnung, also $NE_t - Ab_t > 0$, nichts Verlässliches über eine Mehrung des Vermögens der Eigentümer aussagt. Erst wenn die Differenz $NE_t - Ab_t > iBV_{t-1}$ ist, wenn also das Projekt (das Unternehmen) in Periode t mehr verdient als die Kapitalkosten (i) auf das eingesetzte Kapital zu Beginn der jeweiligen Periode (BV_{t-1}), erst dann schafft es Vermögen für die Eigentümer bzw. leistet positive Beiträge zum BKW. Damit beachtet dieser Erfolgsmaßstab generell die alternative Rendite, die Eigentümer bei einer anderen Verwendung der finanziellen Mittel, die in BV_{t-1} gebunden sind, erzielen könnten. Erst vor dem Hintergrund dieses Bezugspunktes lässt sich sagen, ob Wert geschaffen oder vernichtet wurde.

(4) Manager tragen ihren unzufriedenen Aktionären gelegentlich vor, sie hofften, im laufenden (oder folgenden) Geschäftsjahr eine «schwarze Null» zu schreiben. Sie wollen sagen, dass sie vermutlich eine ausgeglichene Plan-Gewinn- und Verlustrechnung für den oder die operativen Bereich(e) erzielen werden. Als Beruhigungspille ist eine solche Äußerung – im Gegensatz zur Vermutung der Manager, die diese Formulierung wählen – überhaupt nicht geeignet, weil diese den Konventionen des externen Rechnungswesens folgenden Rechnungen Kapitalkosten entweder nicht oder nur zum Teil, nämlich die Kosten des Fremdkapitals, berücksichtigen.

Ein Periodenergebnis, das die Kapitalkosten unterschreitet, zeigt einen Vermögensverlust für die Eigentümer an. Eine „schwarze Null" trägt das Attribut „schwarz" insoweit zurecht: Es handelt sich um ein Ereignis, das die Eigentümer tief traurig stimmen sollte.

(5) Da die Maximierung des BKW_0 oder des NKW_0 von Projekten (Unternehmen) für erwerbswirtschaftliche Unternehmen eine vernünftige Zielsetzung ist, ist eine damit verträgliche Periodenerfolgsmessung von großem Vorteil. Wenn wir die Differenz $NE_t - Ab_t$ als operativen Erfolg eines Unternehmens (Geschäftsbereiches) bezeichnen, dann kommt es auf die Höhe des operativen Erfolges nach Kapitalkosten auf das eingesetzte Kapital an. Das Konzept lässt sich somit zur Investitionskontrolle einsetzen. Diese Kontrolle sollte nicht an $NE_t - Ab_t$, also dem operativen Erfolg ansetzen, sondern an $NE_t - Ab_t - iBV_{t-1}$, dem um die Kapitalkosten verkürzten operativen Erfolg. Wir nennen diese Größe Residualgewinn oder economic profit.

Die Anwendung des Konzeptes in der Praxis ist weniger einfach als die Erläuterung der Idee. Zu beantworten sind z.B. folgende Fragen:

- Wie ist der operative Erfolg zu definieren?
- Sind unterschiedliche Finanzierungsstrukturen von Unternehmen von Bedeutung? Welchen Einfluss haben sie?
- Welche Unternehmenssteuern sind bei der Berechnung des operativen Ergebnisses zu beachten?
- Wie sind die Kapitalkosten zu messen?
- Kann man von einem positiven (negativen) Residualgewinn wirklich auf eine gleichgerichtete Unternehmenswertänderung schließen?

Dieshier sind die Grundlagen. Wer hierzu mehr erfahren will, ist eingeladen Drukarczyk/Lobe [Finanzierung] zu konsultieren.

16.4 Finanzierung und Risiko

16.4.1 Darstellung der Risiko- und Chancenstruktur

Ausgangspunkt der folgenden Überlegungen ist, dass der Anschaffungspreis eines bestimmten Investitionsprojektes zu finanzieren ist. Es wird gefragt, wie die Anschaffungsauszahlung für dieses Projekt aufgebracht werden kann und wie unterschiedliche Formen der Aufbringung das Risiko (Verlustgefahr) und die Chance (Gewinnaussicht) derjenigen, die an der Finanzierung teilnehmen, beeinflussen. Das Investitionsprojekt, dessen Anschaffungspreis zu finanzieren ist, wird nur in Bezug auf seinen Preis und seine unsicheren Einzahlungen und deren Wahrscheinlichkeiten konkretisiert. Die Erfolge des Investitionsprojektes sind unsicher. Das Projekt hat ein durch die Gesamtheit der unsicheren Einzahlungen charakterisiertes Investitionsrisiko und Investitionschancen. Es soll verdeutlicht werden, wie die bestehenden Investitionsrisiken und -chancen durch unterschiedliche Formen der Vertragsgestaltung auf die an der Finanzierung beteiligten Parteien aufgeteilt werden können.

Es wird angenommen, dass das Investitionsprojekt nur eine Periode besteht, d.h. in t_0 errichtet, gegründet, beschafft und in t_1 aufgelöst, liquidiert, verkauft wird. Die Einzahlung in t_1 beinhaltet auch den Liquidationserlös. Diese Betrachtungsweise ist sehr einfach, aber für den verfolgten Zweck ausreichend. Das Investitionsprojekt erfordert einen Mitteleinsatz (I_0) von € 100.000. Die erwarteten Einzahlungen (in T€) und die Wahrscheinlichkeiten sind in der folgenden Tabelle wiedergegeben.

Umweltzustand	T€	subjektive Wahrscheinlichkeit
1	200	0,3
2	150	0,3
3	110	0,1
4	90	0,2
5	80	0,1

Tabelle 16.6: Risiko und Chance des Investitionsprojekts

Merksatz: Eine anschauliche Darstellung der **Risiko- und Chancenstruktur** erhält man, wenn man auf der Abszisse die (kumulierten) Eintrittswahrscheinlichkeiten und auf der Ordinate die Einzahlungen in fallender Reihenfolge abträgt.

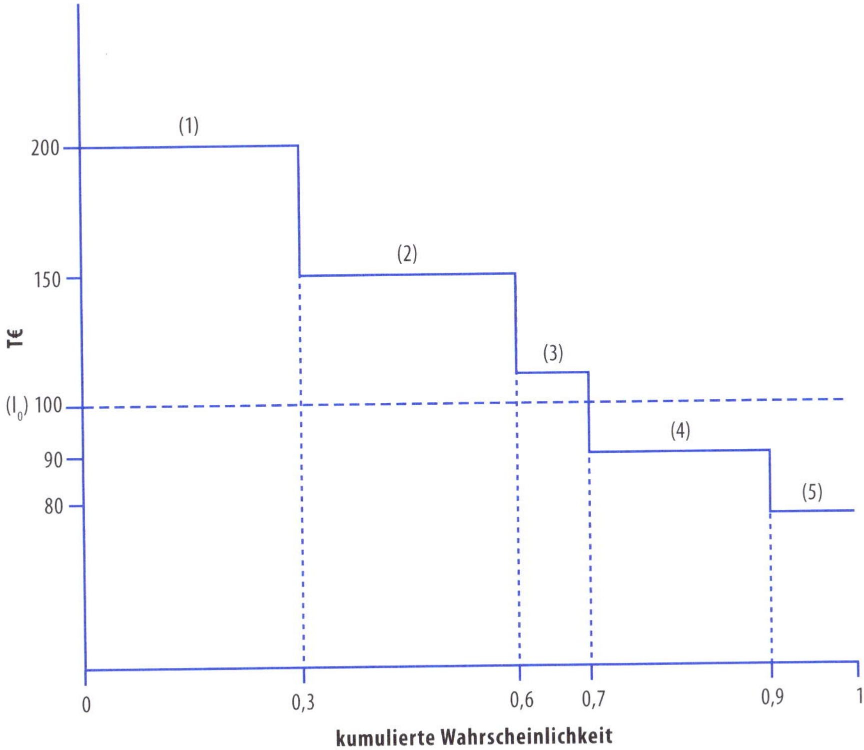

Abbildung 16.8: Risiko- und Chancenstruktur des Investitionsprojekts

Abbildung 16.8 macht deutlich, dass mit Sicherheit die Mindesteinzahlung von 80 erwartet wird, dass mit einer Wahrscheinlichkeit von 0,9 die Einzahlung von mindestens 90 erreicht wird, etc. Die Trennungslinie zwischen Risiko und Chance wird im Beispiel durch den Anschaffungspreis und damit durch den Kapitaleinsatz in Höhe von 100 T€ definiert.

16.4.2 Risiko und Chance bei Eigenfinanzierung

Wird das Investitionsprojekt durch einen Investor mit eigenen Mitteln finanziert, hat dieser Anspruch auf alle Chancen, trägt jedoch alle Risiken. Risiko- und Chancenstruktur des Investors sind identisch mit dem Risiko und den Chancen des Projektes: Der Investor trägt das gesamte Investitionsrisiko und hat alle Chancen.

Was folgt, wenn mehrere Investoren gemeinsam ein Investitionsprojekt errichten, finanzieren und betreiben? Zunächst bewirkt ein Finanzierungsvertrag, dass die Gesamtposition, bestehend aus den Errichtungskosten für das Projekt und den unsicheren erwarteten Einzahlungen ($\overline{NE}_t$) in Teilpositionen zerlegt wird. Eine Teilposition ist definiert durch den Anteil α, den ein Investor zu den gesamten Errichtungskosten beiträgt und den Anteilen, die ihm an den unsicheren erwarteten Erfolgen während der Nutzungsdauer des Projektes zustehen sollen. Wir können nun symmetrische und nicht symmetrische Finanzierungsverträge unterscheiden.

Merksatz: Wir nennen **Finanzierungsverträge symmetrisch**, wenn Kapitalaufbringung und Erfolgsbeteiligung so gestaltet sind, dass eine völlige Entsprechung zwischen Kapitalaufbringung und Erfolgsbeteiligung besteht.

Aus einer Kapitalbeteiligung von $\alpha \times I_0$ $(0 < \alpha < 1)$ folgt eine Erfolgsbeteiligung von $\alpha \times \overline{NE}_t$ $(t = 1, 2, ..., T)$. Bei einer symmetrischen Vertragsgestaltung teilen sich die zu einer Finanzierungsgemeinschaft zusammengeschlossenen Investoren die Erfolge gemäß den von den einzelnen Investoren übernommenen Finanzierungsquoten an den gesamten Errichtungskosten. Solche Verträge, die häufig von einer symmetrischen Verteilung von Geschäftsführungsbefugnissen, Kontrollrechten etc. begleitet sind, gleichen die Interessen der Financiers aneinander an: Weil die Financiers mit ihren individuellen Quoten α an den Zahlungsüberschüssen des Investitionsprojektes beteiligt sind, lohnt es für alle, diese Überschüsse zu maximieren. Weil die Financiers über die gesamte Lebensdauer des Investitionsprojektes an diesem beteiligt sind, lohnen sich Manipulationen an der Zeitstruktur der Zahlungsüberschüsse entweder für alle oder für niemanden. Weil alle Financiers gleiche Kontrollrechte und relativ gleiche, d.h. an den Finanzierungsbeitrag $\alpha \times I_0$ gekoppelte Mitentscheidungsrechte (Stimmrechte) besitzen, lohnt es sich nicht, Informationen über die Erfolge (Misserfolge) des Projektes zu manipulieren: Die Manipulationen würden durch die Finanzierungspartner aufgedeckt werden und lohnen daher nicht. Im Gegenteil: Sie reduzieren die Reputation desjenigen, der den Manipulationsversuch startete.

Für nicht symmetrische Verträge gilt die ideale Bedingung, dass aus einer Kapitalaufbringung in Höhe von $\alpha \cdot I_0$ auch eine Erfolgsbeteiligung von $\alpha \times \overline{NE}_t$

folgt, gerade nicht. Auch sind die Geschäftsführungsbefugnisse, Informations- und Kontrollrechte im Rahmen nicht symmetrischer Verträge nicht an die quotale Kapitalaufbringung gekoppelt. Es gibt Financiers ohne jegliche Geschäftsführungsbefugnisse und ohne intensive Kontrollrechte. Nicht symmetrische Verträge führen regelmäßig dazu, dass der Risiko- und Chancengehalt einer Teilposition kein genaues Abbild der Gesamtposition, also der Risiko- und Chancenstruktur des Investitionsprojektes ist. Es ist der Inhalt des Finanzierungsvertrages, der diese Veränderung herbeiführt.

Betrachten wir zuerst einen Vertrag über die Bereitstellung von Eigenkapital. Ein Investor benötige 100 T€ zur Ingangsetzung des oben beschriebenen Investitionsprojektes, verfüge aber nur über 50 T€ eigene Mittel. Er benötigt einen Finanzierungspartner. Dieser verlange eine Vorab-Rendite von 20 % auf seine einzubringenden Eigenmittel: Berechnungsgrundlage für die Vorab-Rendite von 20 % ist der vom Partner eingebrachte Betrag von 50 T€. Die restlichen Einzahlungen sollen „nach Köpfen" aufgeteilt werden. Berechnungsgrundlage für diese Aufteilung ist die gesamte t_1-Einzahlung, die die Liquidationseinzahlung enthält, die aber um die Vorab-Rendite des Partners zu kürzen ist. Akzeptiert der Investor diese Vertragsbedingungen, sehen die Risiko- und Chancenstrukturen der beiden so aus, wie sie in Abbildung 16.9 dargestellt sind.

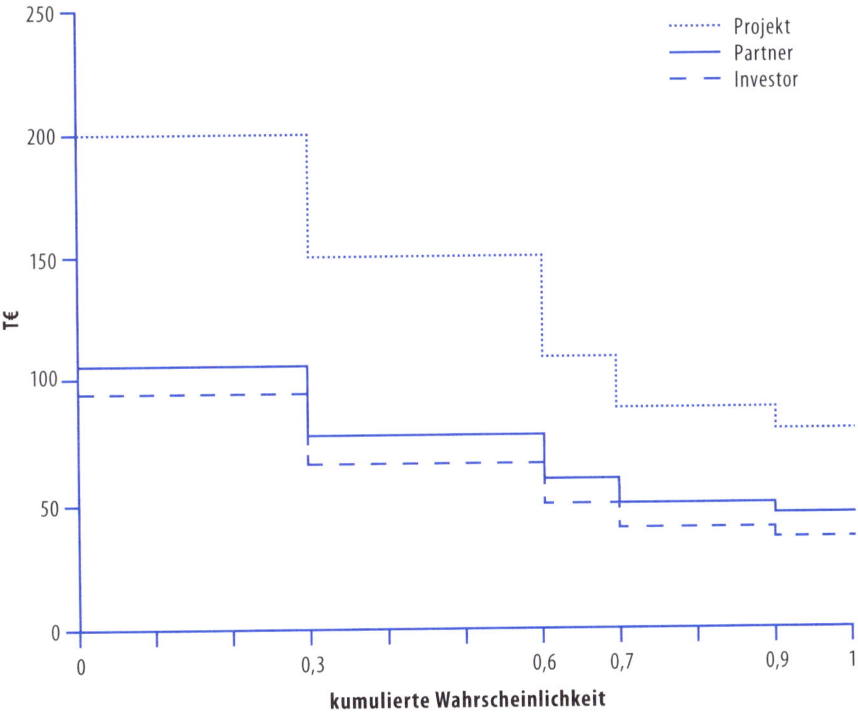

Abbildung 16.9: Risiko- und Chancenstruktur des Projektes, des Partners und Investors bei unterschiedlicher Aufteilung der t_1-Einzahlung

Die Nettoeinzahlungen des Investitionsprojektes werden im Sinne dieser Vertragsgestaltung gemäß Tabelle 16.7 aufgeteilt:

Wahrscheinlichkeit	Nettoeinzahlung	Vorab-Rendite des Partners	„Kopf-Anteil" Partner	„Kopf-Anteil" Investor
0,3	200	10	95	95
0,3	150	10	70	70
0,1	110	10	50	50
0,2	90	10	40	40
0,1	80	10	35	35

Tabelle 16.7: Aufteilung der Nettoeinzahlung gemäß einer nicht symmetrischen Finanzierungsvereinbarung

Die Chancen des Investors haben sich unter den genannten Bedingungen deutlich verkleinert, die Risiken (bezogen auf den Kapitaleinsatz) stark erhöht. Der Partner hingegen trägt – wenn er seine Bedingungen durchsetzen kann – ein wesentlich geringeres Risiko. Er verfügt wegen der Gestaltung des Vertrages nahezu ausschließlich über Chancen, obwohl das Investitionsobjekt riskant ist. Es ist dem Partner durch die ausgehandelte Vertragsgestaltung gelungen, die Risiken des Investitionsprojektes zum größeren Teil auf den Investor abzuwälzen.

Merksatz: Bei einem **nicht symmetrischen Vertrag** können durch Vertragsgestaltungen gegebene Risiken und Chancen umverteilt werden.

16.4.3 Risiko und Chance bei teilweiser Fremdfinanzierung

Fremdmittelgeber erhalten i.d.R. vertraglich fixierte Zinszahlungen auf die Darlehenssumme und Tilgungszahlungen. Eine darüber hinausgehende Beteiligung an den Chancen von Investitionsprojekten steht ihnen regelmäßig nicht zu. Wenn der Investor unseres Beispiels eine Bank um eine Finanzierungsbeteiligung in Höhe von 50 T? an dem Investitionsobjekt bittet und der Zinssatz 10 % beträgt, geht die Bank mit der Kreditgewährung kein Risiko ein. Gemäß den bestehenden Einzahlungserwartungen wird der Kreditnehmer sowohl die Zinsen als auch die Rückzahlung des Kredites in t_1 leisten können. Die Chancen- und Risikostruktur für den Investor bei 50 %iger Fremdfinanzierung ergibt sich in einfacher Weise aus Abbildung 16.8: der Mitteleinsatz des Investors wird auf 50 T€ gesenkt. Alle erwarteten Einzahlungen aus dem Investitionsprojekt werden um die an die Bank zu leistende Zins- und Tilgungszahlung (55 T€) gekürzt. Die versprochene und erwartete Rendite sind in dieser Konstellation identisch.

Angenommen, es gelänge dem Investor, den Fremdmittelanteil an dem Projekt auf 90 T€ bei unverändertem Zinssatz i = 0,10 % zu erhöhen. Außerdem soll es ihm gelingen, eine persönliche Haftung gegenüber der Bank auszuschließen. Das wäre z.B. dann der Fall, wenn eine vom Investor gegründete GmbH das fragliche Projekt realisierte und wenn der Investor sich erfolgreich weigerte, mit seinem Privatvermögen zu haften. Für die kreditgebende Bank ergibt sich die folgende Risiko- und Chancenstruktur:

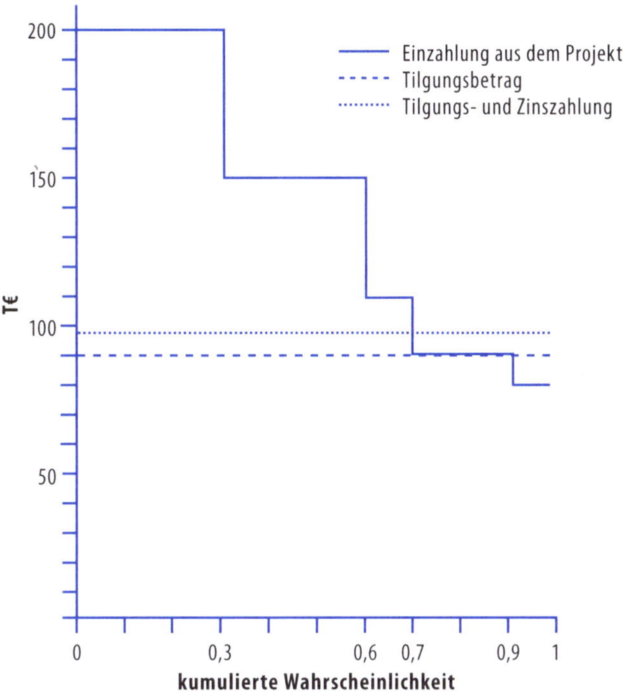

Abbildung 16.10: Risiko- und Chancenstruktur des Kreditgebers bei dem Projekt

Bei einem Finanzierungsanteil von 90 T€ übernimmt die Bank ein Risiko (Ausfallrisiko), wie man beim Vergleich der möglichen Nettoeinzahlungen und der Zahlungsforderung der Bank in Tabelle 16.8 leicht sieht.

Umweltzustand	Nettoeinzahlung	Wahrscheinlichkeit	unbedingte Forderung der Bank	Ausfall der Bank
1	200	0,3	99	0
2	150	0,3	99	0
3	110	0,1	99	0
4	90	0,2	99	–9
5	80	0,1	99	–19

Tabelle 16.8: Aufteilung der Nettoeinzahlung bei risikobehafteter Fremdfinanzierung

Die versprochene (i = 10 %) und die deutlich niedrigere erwartete Rendite von 5,89 % korrespondieren nun nicht mehr.

Wie verändert sich die Chancen- und Risikostruktur des Investors, wenn er 90 % des Anschaffungspreises des Projektes mit Fremdmitteln zum Zinssatz i = 10 % finanziert? Wenn die Umweltzustände 1, 2, 3 eintreten, verzichtet der Investor neben der immer zu leistenden Tilgungszahlung auf die Zinszahlung (9 T€), die an die Bank zu leisten ist. Tritt Umweltzustand 4 ein, «spart» der Investor die Zinszahlung in Höhe von 9 T€, weil er nur mit den Zahlungen aus dem Investitionsprojekt haftet; nur auf diese kann die Bank zur Begleichung ihrer Ansprüche zurückgreifen. Tritt Umweltzustand 5 ein, „spart" der Investor neben der Zinszahlung unter der gesetzten Annahme auch einen Teil der fälligen Kredittilgung (10 T?). Es gelingt ihm insoweit, Risiko auf den Gläubiger abzuwälzen. Verluste (Risiken), die der Gläubiger (die Bank) trägt, brauchen vom Investor nicht getragen zu werden. Der Erfolg dieser Aktion kann auch an der erwarteten Rendite des Investors abgelesen werden. Bei vollständiger Eigenfinanzierung erzielt der Investor eine erwartete Nettoeinzahlung nach Abzug der eingesetzten Mittel in Höhe von $\overline{NE}_t$ = 42 T€. Bezogen auf die eingesetzten Eigenmittel, errechnet sich eine erwartete Rendite von 0,42 = 42 %.

Werden 90 % des Anschaffungspreises zu i = 10 % fremdfinanziert, erhält der Investor folgende Zahlungen, abgebildet in Tabelle 16.9.

Nettoeinzahlung	Zinsen und Tilgungszahlungen an Bank	Nettoeinzahlungen an Investor nach Abzug der eingesetzten Mittel (10)
200	99	91
150	99	41
110	99	1
90	99	–10
80	99	–10

Tabelle 16.9: Profil der Nettoeinzahlungen an den Investor nach Abzug der eingesetzten Mittel bei Fremdfinanzierung

Die erwartete Nettoeinzahlung beträgt 36,7 T€. Bezogen auf den Kapitaleinsatz von 10 T€ errechnet sich eine Rendite von 3,67 = 367 %. Eine Zerlegung dieser Renditeziffer lässt zwei Ursachen dieser immensen Renditesteigerung von 42 % bei Eigen- auf 367 % bei Fremdfinanzierung erkennen:

a) Zunächst bietet sich als Erklärungsbaustein der Leverage-Effekt an.

$$EKR = GKR + (GKR - i)\frac{FK}{EK}$$

$$EKR = 0{,}42 + (0{,}42 - 0{,}10)\frac{90}{10} = 3{,}3 \quad (330\,\%)$$

b) Es ist dem Investor im Beispiel gelungen, sich auf Kosten des Kreditgebers zu bereichern. Treten nämlich die Umweltzustände 4 und 5 ein, braucht er wegen der beschränkten Haftung der GmbH seine vertraglichen Verpflichtungen nicht voll zu erfüllen.

$$\text{Ausfallrisiko-Effekt} = \frac{9(0,2)+19(0,1)}{10} = \frac{3,7}{10} = 0,37$$

Die beiden Bausteine Leverage- und Ausfallrisiko-Effekt erklären die hohe Rendite von 367 % vollständig. Es ist primär der Leverage-Effekt, der für die deutliche Renditesteigerung maßgeblich ist aufgrund eines hohen Spreads von 32 % gepaart mit einer extrem hohen Fremdfinanzierung (90 %).

Wie könnte die Bank dem genannten Ausfallrisiko entgehen? Grundsätzlich hat die Bank zwei Möglichkeiten, um das Ausfallrisiko abzuwehren, d.h. den Ausfall ganz zu vermeiden:

1. Sie rationiert die Darlehenssumme, d.h., sie gewährt maximal den Betrag, der mit Sicherheit verzinst und getilgt werden kann. Dieser maximale, von keinem Ausfallrisiko betroffene Kreditbetrag beträgt im Beispiel 80.000 € × $(1,1)^{-1}$ = 72.727,27 €.
2. Sie richtet ihre Entscheidung über die Kreditgewährung nicht ausschließlich an der künftigen Liquidität, d.h. den Nettoeinzahlungen in t_1 des Kreditnachfragenden aus, sondern zusätzlich an der güterwirtschaftlichen Liquidität von vorhandenen Güterbeständen des Investors: die Bank verlangt Sicherheiten. Diese Sicherheit kann darin bestehen, dass der Kreditnehmer auf den Ausschluss der persönlichen Haftung verzichtet: die Bank kann sich dann die ggf. ausgefallenen Zahlungen durch Zwangsverwertung von vorhandenen privaten Vermögensgütern beschaffen. Die Sicherheit kann auch durch ein dingliches Recht (z.B. Pfandrecht) konkretisiert werden. Bestellt der Kreditnehmer eine Sicherheit, reduziert sich das Risiko des Kreditgebers.

16.5 Fremdfinanzierung

Fremdkapital ist eine bedeutende Finanzierungsquelle. Betrachtet man die Entwicklung der Passivseiten der Unternehmen in Deutschland in den Jahren 1971–2011, zeigt sich, dass der durchschnittliche Anteil der Fremdfinanzierung bei deutschen Unternehmen bei rund 61 % liegt. In Deutschland hat Fremdkapital einen besonders ausgeprägten Stellenwert. Für diesen hohen Stellenwert gibt es mehrere Gründe:

a) Der Steuergesetzgeber privilegiert den Einsatz von Fremdkapital, indem er zulässt (bzw. zuließ), dass Zinsaufwendungen und Fremdkapitalbestände die steuerlichen Bemessungsgrundlagen der Ertragsteuern (Gewerbeertragsteuer, Körperschaft- bzw. Einkommensteuer) und Substanzsteuern (Die Vermögensteuer wird seit dem 01. 01. 1997 auf Unternehmensebene nicht mehr erhoben, die Gewerbekapitalsteuer ist seit dem 01. 01. 1998 abgeschafft.) kürzen. Wenn man den Einsatz von Eigenkapital steuerlich diskriminiert, muss man sich nicht wundern, wenn der Einsatz des steuerlich teueren Kapitals reduziert wird.

b) Wir finden in Deutschland ein Gesellschaftsrecht vor, das den Gläubigerschutz schon immer als vorrangiges Ziel auf seine Fahnen geschrieben hatte. Man kann die Auswirkungen an vielen Konstruktionselementen erkennen: Kapitalaufbringungsregeln, Kapitalentzugssperren, Gläubigerorientierung der Rechnungslegung, ausgeklügelter Ausbau des Kreditsicherungsrechts etc. Beachtet man zusätzlich, dass Gläubigeransprüche und Gläubigerrechte sich vertraglich sehr eindeutig formulieren lassen und dass die Sanktionsrechte, die Gläubigern per Vertrag zugestanden werden bzw. durch gesetzliche Regeln (Kreditsicherungsrecht, Insolvenzrecht) zustehen, die Sanktionsrechte außenstehender Eigentümer weit hinter sich lassen, findet man einen institutionellen Rahmen, der Gläubigern die Risikovermeidung erleichtert.

c) Die Beschaffungskosten für im Wege der Beteiligungsfinanzierung beschaffte Eigenmittel bzw. beschaffte Fremdmittel differieren deutlich: Die Beschaffung von Eigenkapital ist teurer. Zwar nivelliert sich diese Kostendifferenz wegen der i.d.R. längeren Bindungsdauer von Eigenmitteln; unerheblich ist sie jedoch nicht.

16.5.1 Langfristige Fremdfinanzierung

16.5.1.1 Schuldscheindarlehen

Schuldscheindarlehen sind langfristige Finanzierungsinstrumente, die die im folgenden Abschnitt zu behandelnde Unternehmensanleihe klar zurückgedrängt haben. Schuldscheindarlehen haben bei der Deckung des langfristigen Finanzierungsbedarfs von Unternehmen und der öffentlichen Hand (Bund, Deutsche Bahn AG, größere Kommunen) einen festen Platz.

Definition:
Schuldscheindarlehen sind anleiheähnliche, langfristige Großkredite, die von bestimmten Unternehmen bei bestimmten Kapitalsammelstellen, die nicht Banken sind, aufgenommen werden.

Als Anbieter von Schuldscheindarlehen für private Unternehmen kommen Versicherungsunternehmen und hier insbesondere Lebensversicherungen und Pensionskassen in Frage. Die Sozialversicherungsträger (Rentenversicherungsanstalt, Bundesanstalt für Arbeit) gewähren Schuldscheindarlehen i.d.R. nur an öffentliche Stellen.

Der Kreis der Unternehmen, die Schuldscheindarlehen aufnehmen können, ist größer als der Kreis der Unternehmen, die als emissionsfähig (börsenfähig) gelten. Dennoch sind „schuldscheinfähige" Unternehmen nur größere Unternehmen. Ob ein Unternehmen „schuldscheinfähig" ist, richtet sich nach den Anforderungen, die die Versicherungsunternehmen bzw. ihre Aufsichtsbehörde stellen. Versicherungsunternehmen unterliegen bei der Anlage ihrer Mittel den Anlagevorschriften von §§ 54 ff. Versicherungsaufsichtsgesetz (VAG) und den Anlagerichtlinien der Bundesanstalt für Finanzdienstleistungsaufsicht (BaFin). Diese legen die Anforderungen an die Deckungsstockfähigkeit von Anlagetiteln der Versicherungen fest, wobei mit Deckungsstock das Sondervermögen bezeichnet wird, aus dem ein Versicherungsunternehmen seine künftigen Verpflichtungen zu leisten hat. Deckungsstockfähig sind Schuldscheindarlehen, sofern durch die bisherige und künftig zu erwartende Entwicklung des Unternehmens die vertraglich vereinbarte Verzinsung und Tilgung des Darlehens gewährleistet erscheint und das Darlehen durch erstrangige Grundpfandrechte gesichert ist. Fehlt eine der Voraussetzungen, ist eine Ausnahmegenehmigung der Aufsichtsbehörde erforderlich, die hohe Anforderungen an die Bonität des Unternehmens stellt. Zwar können auch (nicht emissionsfähige) Personengesellschaften an den Schuldscheinmarkt herantreten; jedoch wird nur eine relativ kleine Zahl von Unternehmen den Bonitätsanforderungen genügen. Somit ist die Zahl der Kapitalanbieter und die Zahl der (inländischen) Kapitalnachfrager am Schuldscheinmarkt relativ klein und sorgt somit für eine hohe Markttransparenz.

Abbildung 16.11 berichtet Gesamtvolumina von Schuldscheindarlehen im Zeitraum 2004–2013.

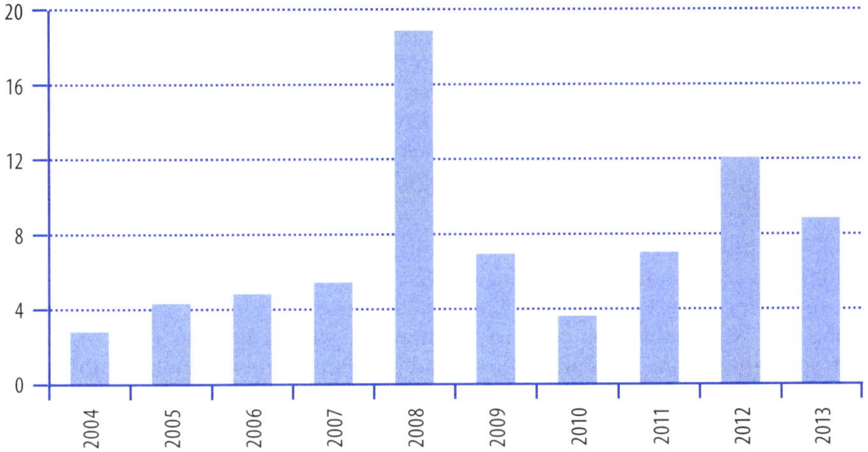

Abbildung 16.11: Gesamtvolumina von Schuldscheindarlehen (in Mrd. €) im Zeitraum 2004–2013 (Quelle: Kraus/Schröder/Schnutenhaus [Finanzierungslandschaft] 196)

In vielen Punkten ist die Ausstattung von Schuldscheindarlehen der von Unternehmensanleihen angepasst. Die Laufzeit liegt meist zwischen 10 und 15 Jahren. Werden steigende Inflationsraten erwartet, besteht eine Tendenz zu kürzeren Laufzeiten. Der Nominalzins bestimmt sich nach dem Kapitalmarktsatz für erstklassige Anlagen. Über ein Agio wird die Effektivrendite eines Vertrages meist so eingestellt, dass sie $^1/_4$ %- bis $^1/_2$ %-Punkt über der aktuellen Kapitalmarktrendite liegt. Die Ursache dürfte darin zu suchen sein, dass die Transaktionskosten für ein Schuldscheindarlehen deutlich unter denen für eine Unternehmensanleihe liegen. Die tilgungsfreien Zeiträume schwanken i.d.R. zwischen 3 und 5 Jahren. Ein vorzeitiges Kündigungsrecht wird dem Darlehensnehmer i.d.R. nicht zugebilligt.

Für den Kreditnehmer, der die Bonitätsanforderungen erfüllt, hat ein Schuldscheindarlehen mehrere Vorteile:

a) Er kann bestimmte Kreditbedingungen wie Bereitstellung in Tranchen, Tilgungsmodalitäten individuell aushandeln; er gewinnt Flexibilität.
b) Schuldscheindarlehen sind auch in den Dimensionen erhältlich, in denen eine Unternehmensanleihe, die ein Mindestvolumen erreichen muss, nicht möglich wäre.
c) Die Nebenkosten (Transaktionskosten) sind relativ niedrig.

Auch Nachteile bestehen: Die Zinsbelastung übersteigt i. d. R. die mit der Ausgabe einer Unternehmensanleihe verbundene Belastung; außerdem ist eine vorzeitige Tilgung des Darlehens i. d. R. nicht möglich.

16.5.1.2 Unternehmensanleihen

Merksatz: **Eine langfristige Schuldverschreibung, die in Teilschuldverschreibungen gestückelt, festverzinslich und börsengängig ist, heißt Anleihe, Unternehmensanleihe, Obligation oder Industrieobligation.**

Die Unternehmensanleihe war lange Zeit das klassische Instrument der langfristigen Fremdfinanzierung. Kreditnehmer fragen häufig Mittel nach, die die finanzielle Kapazität eines einzelnen Kreditgebers übersteigen: mehrere Kreditgeber müssen sich zusammenschließen. Kreditnehmer fragen zugleich häufig Mittel für Laufzeiten nach, die den Kreditgebern zu lang sind: die in Teilschuldverschreibungen zerlegte («gestückelte») Unternehmensanleihe, die an der Börse gehandelt wird, löst dieses Problem der unterschiedlichen Fristenpräferenzen.

Die Teilschuldverschreibungen sind Wertpapiere, die auf einen bestimmten Nennbetrag lauten (z.B. 1.000 Euro), mit einem festen Nominalzins ausgestattet sind, eine fixierte maximale Laufzeit haben und zu einer Rückzahlung in Höhe des Nominalwertes oder (Ausnahme) zu einem um ein Agio erhöhten Betrag berechtigen. Ein vorzeitiges Kündigungsrecht des ausgebenden Unternehmens ist möglich, aber nicht die Regel. Als Ursache hierfür wird auch das Interesse der Kapitalsammelstellen an nicht vorzeitig kündbaren langfristigen Anlageformen genannt. Zu beachten ist auch, dass das ausgebende Unternehmen die Möglichkeit hat, die Teilschuldverschreibungen am Markt aufzukaufen.

Die technische Abwicklung der Emission einer Unternehmensanleihe erfolgt i.d.R. über ein Bankenkonsortium, das die Konditionen der Anleihe mit der Gesellschaft aushandelt und die Anleihe häufig fest übernimmt, um sie auf eigenes Risiko am Markt zu platzieren.

Da Kapitalsammelstellen (z.B. Versicherungsgesellschaften) eine wichtige Käuferklasse für Teilschuldverschreibungen darstellen, ist die Deckungsstockfähigkeit der Anleihe von Gewicht, weil sie die Platzierungschancen am Markt spürbar erhöht.

Unternehmensanleihen werden an einer oder mehreren Börse(n) zum Handel und zur amtlichen Kursnotierung eingeführt. Nach den Bestimmungen des Börsengesetzes entscheidet über die Zulassung von Wertpapieren zum Börsenhandel die Geschäftsführung (§ 32 BörsG). Zu diesem Zweck sind Zulassungsantrag und Börsenprospekt von einer die Emission abwickelnden Bank an die Geschäftsführung der Börse zu richten. Deren Aufgabe es ist, insbesondere zu prüfen, ob Emittent und die Wertpapiere den Bestimmungen entsprechen, die zum Schutz des Publikums und für einen ordnungsgemäßen Börsenhandel gemäß § 38 BörsG erlassen sind. Die Information der Anleger über die wertbestimmenden Faktoren eines Wertpapieres erfolgt somit über den Börsenprospekt, der vor der Einführung des Wertpapiers an der Börse zu veröffentlichen ist. Enthält ein Börsenprospekt unrichtige und/oder unvollständige Angaben, die für die Abschätzung des Wertes eines Wertpapiers erheblich sind, haften diejenigen, die den Prospekt erlassen haben, sowie diejenigen, von denen der Erlass des Prospektes ausgeht, für den Schaden, der dem auf den Prospekt vertrauenden Anleger entsteht (Prospekthaftung, § 21 Wertpapierprospektgesetz).

Nach der Prospektveröffentlichung kann die Einführung der Anleihe in den Börsenhandel erfolgen.

Die Emissionskosten einer Unternehmensanleihe setzen sich im Wesentlichen aus folgenden Einzelpositionen zusammen: Übernahme und Vermittlungsprovision des Konsortiums, Börseneinführungsprovision, Druckkosten für Urkunden, Kosten der Veröffentlichung von Börsenprospekt und Verkaufsangebot, Kosten der Sicherheitenbestellung. Diese Kosten werden auf 2,5–4 % des Nominalwertes der Anleihe geschätzt.

Neben diesen einmaligen Kosten sind jährliche Kosten zu beachten für Provision für Zinseinlösung der Banken und Gebühren für den Treuhänder, der die Sicherheiten stellvertretend für die Vielzahl der Anleger hält. Unternehmensanleihen sind i.d.R. durch erstrangige Grundschulden besichert.

Die Bedeutung der Unternehmensanleihe für die langfristige Finanzierung von Unternehmen in Deutschland war lange Zeit rückläufig. Die Gründe für diese Entwicklung sind nicht ganz klar. Zum einen wurde (die inzwischen entfallene) staatliche Genehmigungspflicht für die Emission von Anleihen angeführt. Ob sie jemals ein wirkliches Hindernis war, ist offen. Zum anderen wurde darauf verwiesen, dass Unternehmen bei der Beschaffung langfristigen Fremdkapitals viele Alternativen offenstehen – z.B. Schuldscheindarlehen, Bankkreditierung, innovative Formen der Fremdfinanzierung – deren technische Abwicklung weniger aufwendig und deren Transaktionskosten z.T. auch geringer sind.

Seit einigen Jahren nimmt die Emissionstätigkeit im Bereich der Festzinsanleihen wieder zu. Abbildung 16.12 vermittelt einen Eindruck von dem durchschnittlichen Renditeniveau deutscher Unternehmensanleihen zwischen 1957 bis 2014. In die Berechnung der Umlaufrendite der Deutschen Bundesbank gehen grundsätzlich nur Anleihen mit einer vereinbarten Laufzeit gemäß Emissionsbedingungen von über vier Jahren ein. Die Renditen – nicht die Nominalverzinsung – einzelner Papiere werden mit den zu Marktkursen bewerteten Umlaufsbeträgen gewogen. Basis bilden die Bundesbank-Referenzpreise oder Xetra-Kurse. Die Umlaufrendite ist demnach ein marktwertgewichteter Renditeindex von Anleihen.

Die Rendite, die dem Zeichner der Anleihe versprochen wird, hängt deutlich ab von der Bonität des emittierenden Unternehmens. Diese Bonität wird gemäß den auf dem Rating-Sektor führenden US-amerikanischen Unternehmen Standard & Poor's mit einem globalen Marktanteil von ca. 40 % in 2013, Moody's Investor Service (40 %) sowie Fitch Ratings (15 %) entwickelten Bonitätsskalen zum Ausdruck gebracht. Tabelle 16.10 gibt einen verkürzten Überblick über die möglichen Klassifikationen der beiden bedeutendsten Ratingagenturen.

Die Anleihen von nicht mit AAA gerateten Unternehmen müssen den Zeichnern einen um einen Risikoaufschlag erhöhten Zinssatz bieten. Dieser auch

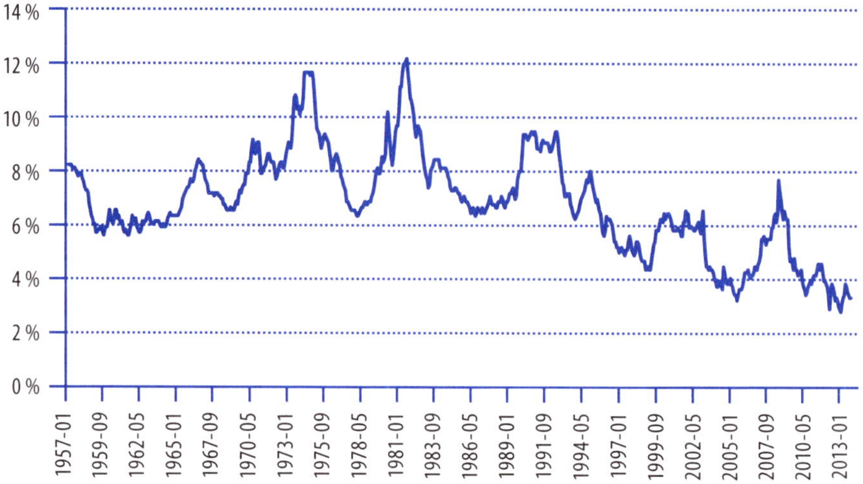

Abbildung 16.12: Umlaufrendite (p.a.) deutscher Unternehmensanleihen (ohne Kreditinstitute) von Januar 1957 bis Februar 2014 (Daten: Deutsche Bundesbank, eigene Darstellung)

Standard & Poor's	Moody's		Definition
AAA	Aaa	Investment Grade	Beste Qualität, geringstes Ausfallrisiko, außergewöhnlich gute Bonität.
AA+ AA AA–	Aa1 Aa2 Aa3	Investment Grade	Hohe Qualität, sehr gute Bonität, aber etwas größeres Risiko als die Spitzengruppe.
A+ A A–	A1 A2 A3	Investment Grade	Gute Bonität, aber etwas anfälliger für negative Auswirkungen aufgrund von Veränderungen im Umfeld.
BBB+ BBB BBB–	Baa1 Baa2 Baa3	Investment Grade	Mittlere Qualität, aber mangelnder Schutz gegen die Einflüsse sich verändernder Wirtschaftsentwicklung.
BB+ BB BB–	Ba1 Ba2 Ba3	Speculative Grade	Spekulative Anlage, nur mäßige Deckung für Zins- und Tilgungsleistungen.
B+ B B–	B1 B2 B3	Speculative Grade	Sehr spekulativ, geringe Bonität, hohes Risiko eines Zahlungsausfalls.
CCC CC C	Caa Ca C	Speculative Grade	Niedrigste Qualität, geringster Anlegerschutz, in Zahlungsverzug oder in direkter Gefahr des Verzugs.
D	–	Speculative Grade	Der Schuldner ist bereits in Zahlungsverzug oder hat Insolvenz angemeldet.

Tabelle 16.10: Bonitätsklassen der Ratingagenturen Standard & Poor's und Moody's Investor Service

Spread genannte Aufschlag zum Basiszins ist beim Übergang von AAA zu A sehr klein und beträgt etwa 0,03 %; beim Übergang zum Sektor «Speculative Grade» nimmt der Spread erheblich zu. Der Basiszins wird aus der Zinsstrukturkurve -geschätzt von der Deutschen Bundesbank- gewonnen. Seine Höhe bestimmt sich nach der Laufzeit und den Marktbedingungen. Abbildung 16.13 zeigt, wie der monatlich ermittelte Basiszins zwischen September 1972 und März 2014 für Laufzeiten bis zu 30 Jahren ausgesehen hat.

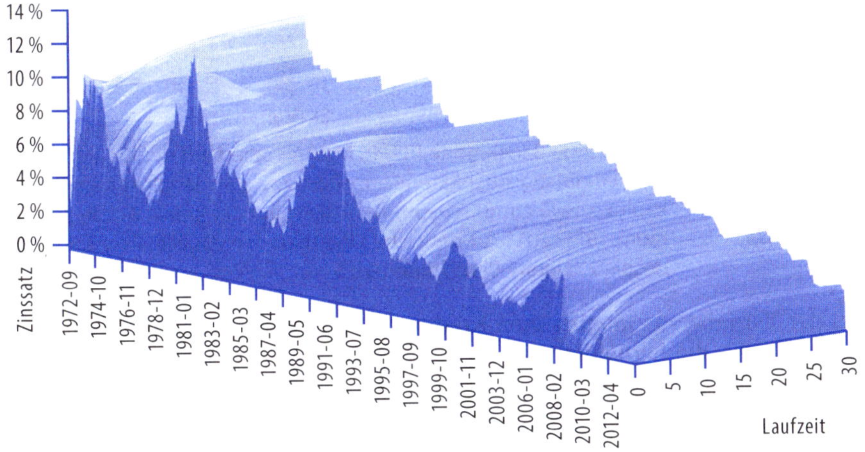

Abbildung 16.13: Monatlich ermittelte Zinsstrukturkurve börsennotierter Bundeswertpapiere p.a. – geschätzt von der Deutschen Bundesbank – zwischen September 1972 und März 2014 für Laufzeiten bis zu 30 Jahren. (Daten: Deutsche Bundesbank, eigene Darstellung)

16.5.1.3 Bankkredite

Langfristige Bankkredite haben für die Finanzierung von Unternehmen in Deutschland eine sehr große Bedeutung, wie in Abbildung 16.14 von 1971 bis 2011 dargestellt. Langfristige Bankkredite haben einen durchschnittlichen Anteil von 59 % am langfristigen Fremdkapital und entsprechen durchschnittlich 10 % der Bilanzsumme. Von 1971 bis 2000 stieg der relative Anteil an langfristigen Bankkrediten zum langfristigen Fremdkapital graduell an, bis sich ab 2000 ein konstanter Rückgang abzeichnet, obwohl die absolute Summe an langfristigen Bankkrediten ab 2004 rapide gestiegen ist.

Lobe/Curac [Kapitalstruktur] beleuchten den empirischen Einfluss von Größe und Rechtsform auf die Kapitalstruktur deutscher Unternehmen. Sieht man von der Mittelbereitstellung durch Innenfinanzierung ab – also durch Abschreibungen, Rückstellungsbildung und Gewinnthesaurierung generierte Mittel – ist die Aufnahme von Bankkrediten demnach die bei Weitem wichtigste Quelle der Außenfinanzierung. Die Ausgabe von Anleihen, die Aufnahme von Schuldscheindarlehen und insbesondere die Aufnahme von Eigenkapital durch Einlagen bzw. Ausgabe junger Aktien rangieren mit unterschiedlichem Abstand auf den Folgeplätzen.

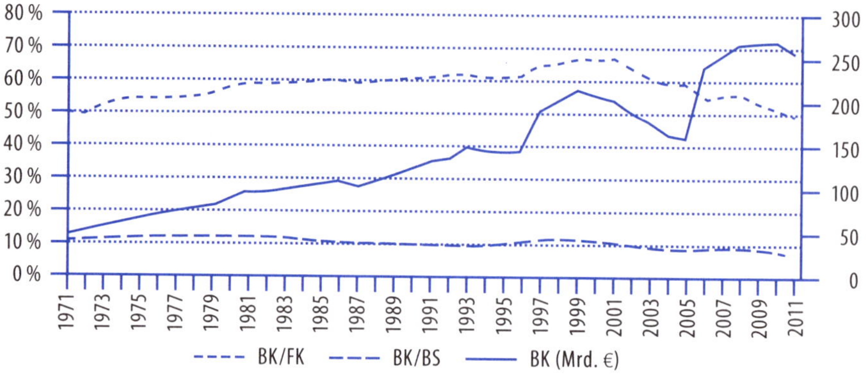

Abbildung 16.14: Langfristige Bankkredite (BK) in Mrd. € skaliert auf der rechten Achse und langfristige Bankkredite in Relation zum langfristigen Fremdkapital sowie zur Bilanzsumme skaliert auf der linken Achse im Zeitraum 1971–2011 für deutsche Unternehmen (Quelle: Deutsche Bundesbank, eigene Berechnungen)

Bei der Vergabe von langfristigen Krediten an Unternehmen nehmen Kreditinstitute i. d. R. die folgenden Prüfungen vor:

- Kreditwürdigkeitsprüfung,
- Prüfung der Sicherheiten und der Beleihungsgrenze,
- Prüfung der sonstigen Nebenbedingungen des Kreditvertrages.

Das Kreditwesengesetz verpflichtet Kreditinstitute in § 18 u.a. bei der Vergabe von Krediten, die 750.000 Euro übersteigen, sich die wirtschaftlichen Verhältnisse des Kreditnachfragers offenlegen zu lassen. Hierzu brauchbare Unterlagen sind etwa:

- Jahresabschlüsse und – soweit vorhanden – Geschäftsberichte der letzten Jahre;
- Steuerbilanzen, sowie Steuererklärungen und -bescheide;
- Handelsregisterauszug und Gesellschaftsvertrag;
- bestehende Unternehmensverträge über Gewinnabführung und Beherrschung;
- Vermögensverzeichnis zu Zeitwerten (Kreditstatus);
- Daten über Umsätze, Umsatzstruktur, Auftragsbestand;
- Angaben über aus der Bilanz nicht ersichtliche Verträge (Leasing, langfristige Bezugs- bzw. Lieferverträge);
- Finanzpläne; Investitionspläne;
- Aufstellung der zur Besicherung noch verfügbaren, freien Vermögensgüter.

Die Kreditanalysten der Bank entwickeln aus diesen Daten ein Bild der Vermögens- und Ertragslage des Kreditnachfragers, mit dessen Hilfe abgeschätzt werden soll, wie hoch das Ausfallrisiko eines gewährten Kredits veranschlagt werden kann.

Merksatz: Nur an **Unternehmen mit starker Bonität** werden langfristige Bankkredite ohne Sicherheiten ausgereicht.

In der Regel fordern Banken Sicherheiten, d.h. Vermögensgegenstände oder Rechte, auf die sie bei Zahlungsausfall zurückgreifen können, um ihre Ansprüche aus dem Verwertungserlös mit Vorrang vor Drittgläubigern zu befriedigen. Abbildung 16.15 schließlich spiegelt das annualisierte effektive Kreditzinsniveau im Zeitraum 2003–2014 wider. Hierbei handelt es sich um eine volumengewichtete Durchschnittsverzinsung des Bestandes zum Monatsende, welche sämtliche Zinszahlungen wie auch ein gewährtes Disagio einbezieht, jedoch keine eventuell anfallenden sonstigen Kosten, wie z.B. für Anfragen, Verwaltung, Erstellung der Dokumente, Garantien und Kreditversicherungen.

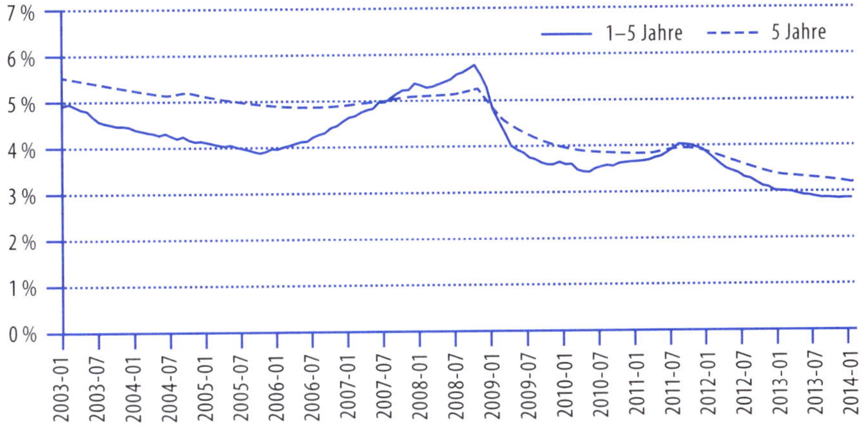

Abbildung 16.15: Effektivzinssätze (p.a.) von Krediten an nichtfinanzielle Kapitalgesellschaften vergeben von Kreditinstituten mit einer Ursprungslaufzeit über 1 bis 5 Jahre und über 5 Jahre von Januar 2003 bis Januar 2014 (Daten: Deutsche Bundesbank, eigene Darstellung)

16.5.2 Kurzfristige Fremdfinanzierung

16.5.2.1 Kredite von Nichtbanken

16.5.2.1.1 Lieferantenkredite

Merksatz: Der wichtigste Kredit von Nichtbanken ist der **Lieferantenkredit.**

Der Lieferant liefert eine Ware, gewährt dem Abnehmer ein Zahlungsziel von z.B. 30 Tagen und sichert seinen Zahlungsanspruch i.d.R. durch Vereinbarung eines einfachen bzw. verlängerten Eigentumsvorbehalts. Der Abnehmer kann die Ware verarbeiten und weiterverkaufen und somit die Zahlungsverpflichtung ganz oder zum Teil aus seinen Umsatzeinzahlungen decken. Abbildung 16.16 liefert einen empirischen Einblick in die Bedeutung von Lieferantenkrediten. Der Anteil von Lieferantenkrediten am kurzfristigen Fremdkapital ist von 1971 bis 2011 sukzessiv von 40 % auf 21 % gesunken und in Relation zur Bilanzsumme von 17 % auf 9 %. Dies belegt deutlich, dass Lieferantenkredite relativ an Bedeutung verloren haben.

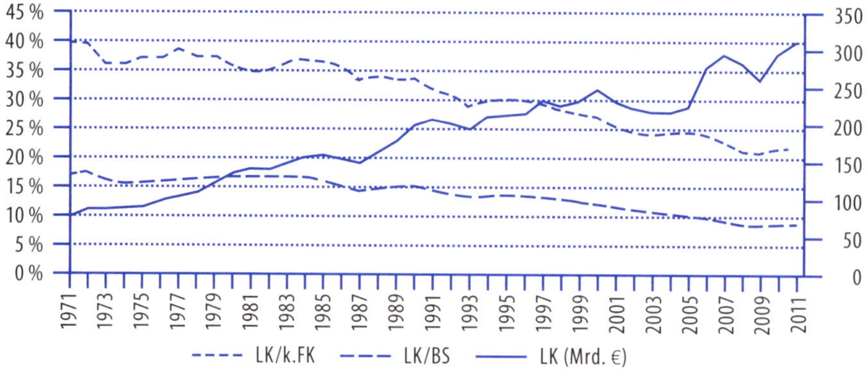

Abbildung 16.16: Lieferantenkredite (LK) in Mrd. € skaliert auf der rechten Achse und Lieferantenkredite in Relation zum kurzfristigen Fremdkapital sowie zur Bilanzsumme skaliert auf der linken Achse im Zeitraum 1971-2011 für deutsche Unternehmen (Quelle: Deutsche Bundesbank, eigene Berechnungen)

16.5.2.1.2 Kundenanzahlungen

Kundenanzahlungen sind üblich z.B. im Schiffsbau, Großmaschinenbau und im Baugewerbe. Anzahlungen sind teils vor Aufnahme der Produktion und bei teilweiser Fertigstellung zu zahlen. Kundenanzahlungen erfüllen mehrere Funktionen: Sie reduzieren den Kapitalbedarf und die Höhe der Vorfinanzierungsleistung des Produzenten. Zugleich schützen sie ihn vor dem Risiko hoher Ausfälle bei anderweitiger Verwertung, wenn der Auftraggeber das Produkt nicht abnimmt. Jedoch entsteht mit der Anzahlung für den Auftraggeber das Risiko, dass der Produzent nicht liefert. Zur Deckung dieses Risikos sind Leistungsgarantien verbreitet, die die durch eine Bank gesicherte Zahlung einer Konventionalstrafe versprechen, wenn der Produzent nicht oder nicht pünktlich leistet.

In Abbildung 16.17 wird die Entwicklung der Kundenanzahlungen von 1971 bis 2011 dargestellt. Der Anteil der Kundenanzahlungen an dem kurzfristigen Fremdkapital ist von 1971 bis 2006 von ca. 19 % auf ca. 12 % gesunken. Ab 2007 haben die Kundenanzahlungen jedoch wieder an Relevanz gewonnen und sind auf 15 % angestiegen. Dies kann darauf hindeuten, dass im Zuge der Finanzkrise die Produzenten verstärkt Vorauszahlungen von den Kunden verlangen, um sich gegenüber einem Zahlungsausfall im Vorfeld abzusichern.

Merksatz: **Kundenanzahlungen** spielen bei der kurzfristigen Finanzierung nach wie vor eine wichtige Rolle, wobei die branchenspezifischen Unterschiede sehr groß sind.

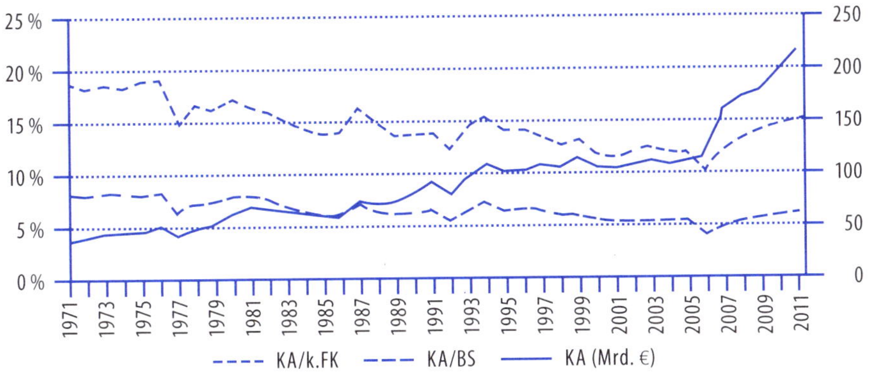

Abbildung 16.17: Kundenanzahlungen (KA) in Mrd. € skaliert auf der rechten Achse und Kundenanzahlungen in Relation zum kurzfristigen Fremdkapital (k. FK) sowie zur Bilanzsumme (BS) skaliert auf der linken Achse im Zeitraum 1971–2011 für deutsche Unternehmen (Quelle: Deutsche Bundesbank, eigene Berechnungen)

16.5.2.1.3 Factoring

Ein Unternehmen, das Zahlungsziele einräumt, finanziert die Beträge vor, hat die Zahlungseingänge zu überwachen, ein Mahnsystem zu organisieren, ggf. Beitreibungsmaßnahmen einzuleiten und ein Ausfallrisiko zu übernehmen. Alle Funktionen könnten im Prinzip aus dem Unternehmen ausgegliedert werden. Übernimmt ein Vertragspartner diese Funktionen, liegt ein Factoring-System vor (Wöhe/Bilstein/Ernst/Häcker [Unternehmensfinanzierung] 356 ff.): ein Factor

- kauft die Forderungen des Lieferanten an, bevorschusst sie und übernimmt damit die Finanzierungsfunktion,
- kann das Risiko des Forderungsausfalls übernehmen und
- kann das Mahnwesen betreiben und ggf. Beitreibungsmaßnahmen ergreifen.

Übernimmt der Factor alle genannten Funktionen, liegt sog. echtes Factoring vor. Verbleibt das Ausfallrisiko beim Lieferanten, handelt es sich um „unechtes Factoring". Factoring ist in Deutschland im Vergleich zu anderen Ländern spät, nämlich erst Ende der 50er Jahre eingeführt worden. Wie sich der Factoringumsatz deutscher Anbieter im Zeitraum 1977–2012 entwickelt hat, berichtet Abbildung 16.18 gegliedert nach Inlands- und Auslandsgeschäft.

16.5.2.2 Kredite von Kreditinstituten

Abbildung 16.19 dokumentiert deren Einsatz im Zeitraum 1971–2011.

Der relative Anteil von kurzfristigen Bankkrediten am kurzfristigen Fremdkapital schwankte bis ca. 1999 um 20 % herum und sank dann rapide auf 14 %, wobei sich im Jahre 2011 eine leichte Aufwärtsbewegung erkennen lässt. Diese Beschreibung gilt nahezu analog für die Bilanzrelation, jedoch auf einem geringeren Niveau.

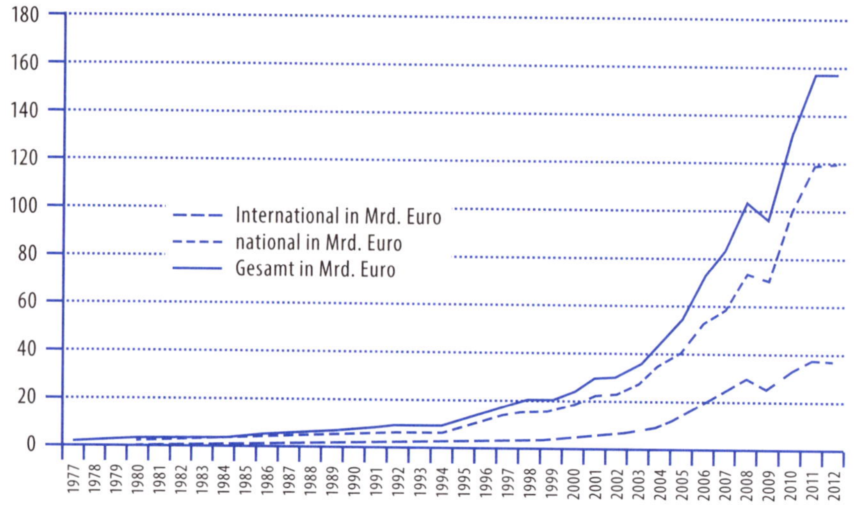

Abbildung 16.18: Umsatzentwicklung (in Mrd. €) des Factorings deutscher Anbieter im Zeitraum 1977–2012 (Quelle: nach Hartmann-Wendels/Moseschus/Wessel [Factoring] 40)

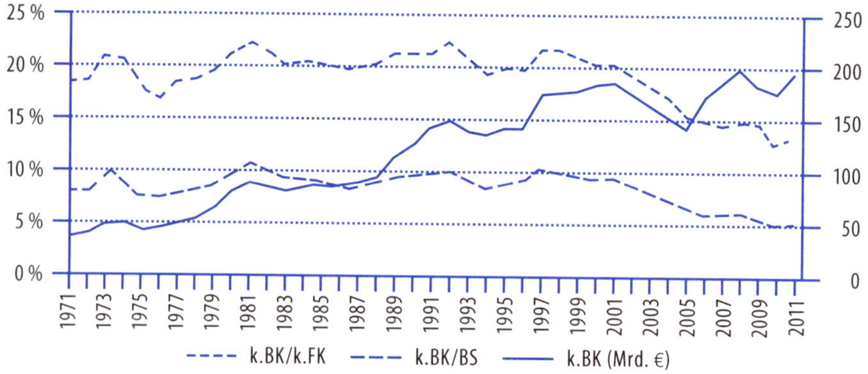

Abbildung 16.19: Kurzfristige Bankkredite (k.BK) in Mrd. € skaliert auf der rechten Achse und kurzfristige Bankkredite in Relation zum kurzfristigen Fremdkapital (k. FK) sowie zur Bilanzsumme (BS) skaliert auf der linken Achse im Zeitraum 1971-2011 für deutsche Unternehmen (Quelle: Deutsche Bundesbank, eigene Berechnungen)

16.6 Eigen- und Beteiligungsfinanzierung

16.6.1 Zur empirischen Eigenkapitalausstattung von Unternehmen

Wie hoch sind die bilanziell gemessenen Eigenkapitalanteile an der Bilanzsumme deutscher Gesellschaften? Wie haben sich diese im Zeitablauf entwickelt? Stellt man die Entwicklung der vertikalen Eigenkapitalquote im Zeitablauf grafisch dar, erhält man den Eindruck einer sanften Skipiste mit Gegenhang, wie Abbildung 16.20 erkennen lässt.

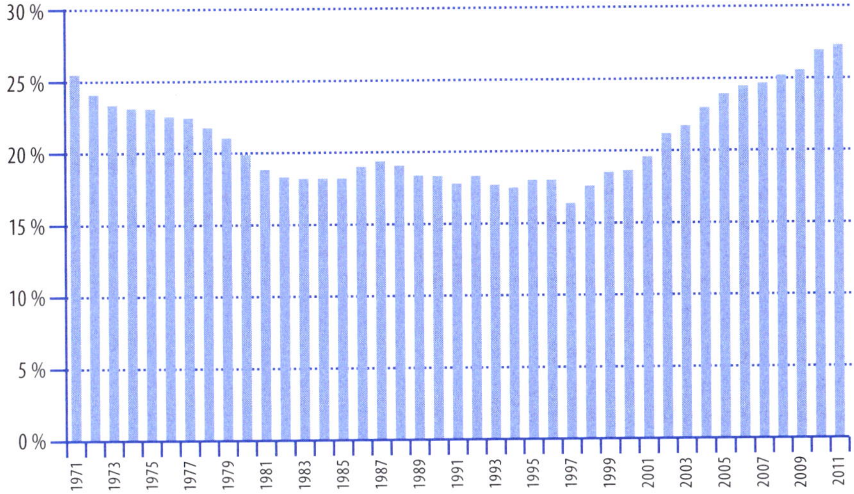

Abbildung 16.20: Eigenkapitalquoten deutscher Unternehmen im Zeitraum 1971–2011 (Quelle: Deutsche Bundesbank, eigene Berechnungen.)

Noch detaillierter beleuchten *Lobe/Curac* [Eigenkapitalquote] empirisch die Eigenkapitalquote des deutschen Mittelstands im Vergleich zu Großunternehmen von 1997 bis 2011. In dem nächsten Abschnitt wollen wir einen bedeutenden Aspekt in diesem Zusammenhang herausstellen, nämlich die Charakteristika von Aktiengesellschaften. Aus Raumgründen müssen wir hier auf die Darstellung der finanzierungsrelevanten Eigenschaften anderer, häufig gewählter Rechtsformen verzichten und verweisen auf *Drukarczyk/Lobe* [Finanzierung] für einen breiteren Überblick. Wir wählen die AG aus, weil sie insbesondere bei Börsennotierung der Aktie, die wohl interessantesten Finanzierungsaspekte aufweist.

16.6.2 Aktiengesellschaft (AG)

16.6.2.1 Kompetenzverteilung unter den Organen der AG

Die AG ist eine Gesellschaft mit eigener Rechtspersönlichkeit (juristische Person). Für die Verbindlichkeiten der Gesellschaft haftet den Gläubigern nur das Gesellschaftsvermögen (§ 1 Abs. 1 AktG). Die AG hat ein in Aktien zerlegtes Grundkapital. Der Mindestnennbetrag des Grundkapitals ist 50.000 Euro (§ 7 AktG). Die Aktien können Nennbetragsaktien oder Stückaktien sein (§ 8

Abs. 1 AktG). Nennbetragsaktien müssen auf mindestens 1 Euro lauten. Stückaktien haben keinen Nennbetrag: Stückaktien einer Gesellschaft sind am Grundkapital in gleichem Umfang beteiligt. Der auf die Stückaktie entfallende anteilige Betrag des Grundkapitals darf 1 Euro nicht unterschreiten.

Drei Eigenschaften stehen bei der AG im Vordergrund:

(1) die Idee, über eine Vielzahl von Anlegern (Aktionären), deren Haftung auf ihre Einlage beschränkt ist (keine Nachschüsse), große Beträge an Eigenkapital aufzubringen;

(2) über die Einrichtung von Wertpapiermärkten (Börsen) und die formlose Übertragung von Aktien den jederzeitigen Kauf bzw. Verkauf von Aktien durch Anleger zu ermöglichen, um so individuell bestimmte Halteperioden mit dem langfristigen Eigenmittelbedarf der AG zu vereinbaren (Fristentransformation);

(3) die Trennung zwischen Eigentum und Verfügungsmacht (Geschäftsführung). Eigentümer sind die Aktionäre; geleitet wird die AG i.d.R. von einem eigens dazu bestellten Vorstand (§§ 76–94 AktG), also von professionellen Managern, die (Mit)Eigentümer sein könnten, es aber i.d.R. in nennenswertem Umfang nicht sind.

Organe der AG sind:

- Vorstand (§§ 76–94 AktG),
- Aufsichtsrat (§§ 95–116 AktG),
- Hauptversammlung (§§ 118–149 AktG).

Umstritten ist, ob der Jahresabschlussprüfer (§§ 316–324 HGB) als Organ der AG angesehen werden kann.

Die Kompetenzverteilung unter den Organen der AG ist reich an Details. Tabelle 16.11 stellt die zentralen Regelungen zusammen.

16.6.2.2 Gläubigerschutz und Finanzierung

Aus der auf das Vermögen der Gesellschaft beschränkten Haftung folgt eine Mehrgefährdung der Gläubiger. Der Gesetzgeber sieht daher einige Schutzvorkehrungen vor:

(1) Die Höhe des Mindesteigenkapitals ist vorgeschrieben: § 7 AktG bestimmt 50.000 Euro als Mindestgrundkapital. Ausstehende Einlagen auf das gezeichnete Kapital sind auf der Aktivseite vor dem Anlagevermögen gesondert auszuweisen.

(2) Es ist aus dem Jahresüberschuss eine „gesetzliche Rücklage" zu bilden (§ 150 AktG). Es liegt eine durch Gesetz erzwungene Selbstfinanzierung vor.

(3) Einlagen dürfen den Aktionären nicht zurückgewährt werden (§ 57 Abs. 1 AktG).

(4) Aktionäre haben nur Anspruch auf den Bilanzgewinn, soweit eine Verteilung gemäß § 58 Abs. 4 AktG nicht ausgeschlossen ist.

(5) Zahlungen an die Aktionäre dürfen bei Kapitalherabsetzungen nur geleistet werden, wenn bestimmte Vorschriften zum Schutz der Gläubiger eingehalten werden (§§ 222 ff. AktG).

Vorstand	Aufsichtsrat	Hauptversammlung

– Der Vorstand leitet die Gesellschaft unter eigener Verantwortung (§ 76 AktG).
– Er vertritt die Gesellschaft gerichtlich und außergerichtlich (§ 78 AktG).
– Die Vertretungsbefugnis des Vorstands kann nicht eingeschränkt werden (§ 82 Abs. 1 AktG).
– Vorstandsmitglieder werden vom Aufsichtsrat auf höchstens 5 Jahre bestellt (§ 84 Abs. 1 AktG). Eine wiederholte Bestellung ist zulässig.
– Der Vorstand muss an den Aufsichtsrat berichten über (§ 90 AktG)
  – geplante Geschäftspolitik;
  – Rentabilität der Gesellschaft;
  – Umsatz und Lage der Gesellschaft (mindestens vierteljährlich);
  – Geschäfte von erheblicher Bedeutung (vor Vornahme der Geschäfte);
  – aus sonstigen wichtigen Anlässen.
– Der Vorstand hat besondere Pflichten bei Verlusten, die die Hälfte des Grundkapitals übersteigen, bei Überschuldung und Zahlungsunfähigkeit (§ 92 AktG).
– Vorstandsmitglieder haben die Sorgfalt eines ordentlichen und gewissenhaften Geschäftsleiters anzuwenden (§ 93 Abs. 1 AktG).
– Bei Pflichtverletzung sind sie als Gesamtschuldner der Gesellschaft zum Ersatz des Schadens verpflichtet (§ 93 Abs. 2 AktG).
	– Der Aufsichtsrat setzt sich i. d. R. zusammen aus Vertretern der Anteilseigner und der Arbeitnehmer.
	– Er besteht aus mindestens 3 und maximal 21 Mitgliedern (§ 95 AktG).
	– Die Vertreter der Anteilseigner werden von der Hauptversammlung für vier Jahre gewählt (§ 102 AktG).
	– Die Funktionen des Aufsichtsrates bestehen in der Bestellung des Vorstands, dessen Kontrolle und ggf. dessen Abberufung (§ 111 AktG).
	– Maßnahmen der Geschäftsführung kann der Aufsichtsrat nicht übernehmen. Satzung oder Aufsichtsrat können festlegen, dass bestimmte Geschäfte nur mit seiner Zustimmung vorgenommen werden dürfen (§ 111 Abs. 4 AktG).
	– Verweigert der Aufsichtsrat die Zustimmung, kann der Vorstand die Sache der Hauptversammlung zur Entscheidung vorlegen, die nur mit qualifizierter Mehrheit zustimmen kann (§ 111 Abs. 4 AktG).
	– Für Aufsichtsratsmitglieder gilt die Sorgfaltspflicht nach § 93 AktG.
	– Der Aufsichtsrat wählt einen Vorsitzenden und mindestens einen Stellvertreter (§ 107 Abs. 1 AktG). Gemäß seinem Selbstorganisationsrecht kann er Ausschüsse bestellen, die Verhandlungen vorbereiten und die Ausführung von Beschlüssen überwachen (§ 107 Abs. 3 AktG).
	– Die Zahl der Mitgliedschaften in den Aufsichtsräten für eine Person ist auf 10 limitiert, wobei bis zu 5 Aufsichtsratsmandate in Konzerngesellschaften nicht anzurechnen sind (§ 100 AktG).
		– Die Hauptversammlung beschließt nur in den von Gesetz und Satzung bestimmten Fällen und auf Verlangen des Vorstands (§ 111 Abs. 4 AktG).
		– Sie bestimmt insbesondere über (§ 119 Abs. 1 AktG):
		  – die Bestellung der Mitglieder des Aufsichtsrates, soweit sie Vertreter der Aktionäre sind;
		  – die Verwendung des Bilanzgewinns;
		  – die Entlastung von Mitgliedern des Vorstands und des Aufsichtsrates;
		  – die Bestellung des Abschlussprüfers;
		  – Satzungsänderungen;
		  – Maßnahmen der Kapitalbeschaffung und Kapitalherabsetzung;
		  – Bestellung von Prüfern zur Prüfung von Gründungsvorgängen oder der Geschäftsführung;
		  – die Auflösung der Gesellschaft.
		– Das Stimmrecht wird nach Aktiennennbeträgen, bei Stückaktien nach deren Zahl ausgeübt (§ 134 AktG).
		– Beschlüsse der Hauptversammlung werden mit einfacher Stimmenmehrheit gefasst (§ 133 AktG).
		– Gesetz oder Satzung können größere Mehrheiten oder weitere Erfordernisse festlegen (§ 133 AktG).

Tabelle 16.11: Kompetenzverteilung in der Aktiengesellschaft

(6) Ergibt sich ein Verlust in Höhe von 50 % des Grundkapitals, hat der Vorstand unverzüglich die Hauptversammlung einzuberufen (§ 92 Abs. 1 AktG). Es besteht somit Warnpflicht.

(7) Deckt das Vermögen nicht mehr die Schulden oder ist die AG zahlungsunfähig, hat der Vorstand die Eröffnung des Insolvenzverfahrens unverzüglich zu beantragen (§ 92 Abs. 2 AktG). Zweck ist, die Gläubiger vor weiteren Verlusten zu schützen.

Diese Vorschriften sind präziser als die, die wir im GmbH-Gesetz antreffen.

16.6.2.3 Finanzierungsvor- bzw. -nachteile

Die Finanzierungsvor- und -nachteile der AG sind eng mit den oben genannten drei Eigenschaften verbunden.

Die erste wichtige Eigenschaft ist die Haftungsbeschränkung der Gesellschafter auf ihre Einlage. Der maximale Verlust ist begrenzt. Da der Mindesteinsatz der Preis für eine Aktie ist, kann sich ein Anleger an vielen Aktiengesellschaften beteiligen. Er kann diversifizieren und damit sein Risiko senken.

Merksatz: **Haftungsbeschränkung und Diversifikation** senken das Anlegerrisiko bei einer Aktiengesellschaft.

Wer weniger Risiko trägt, muss sich weniger intensiv informieren. In diesem Sinne braucht ein Anleger, der diversifiziert, also Aktien mehrerer Gesellschaften hält, möglicherweise weniger Informationen als z.B. ein stiller Gesellschafter, der sich mit dem gleichen Geldeinsatz an einem Einzelunternehmen beteiligt. Und ein Aktionär, der einen bestimmten Geldbetrag in Aktien einer AG investiert, benötigt wegen seiner beschränkten Haftung möglicherweise weniger Information als ein Anleger, der sich mit dem gleichen Geldeinsatz als Gesellschafter einer OHG einkaufen will und dort unbeschränkt haftet. Haftungsbeschränkung der Anleger und ihre Diversifikationsmöglichkeiten erleichtern es der AG, Eigenmittel einzuwerben.

Die folgende Abbildung16.21 gibt mit 174 Jahren einen sehr langfristigen Einblick in die nominale Entwicklung eines diversifizierten Marktportfolios (Composite DAX) deutscher Aktien im Zeitraum 1840-2013. Betrachtet werden im Einzelnen Kurs-, Rendite- und Volatilitätsverlauf (p.a.).

Im Zeitraum 1840–2013 beträgt der arithmetische (geometrische) Mittelwert der Rendite p.a. 7,19 % (2,17 %). Trotz einer sehr guten Diversifikation lässt sich ein deutliches Auf und Ab erkennen mit Phasen signifikant erhöhter Volatilität. Die Volatilität am deutschen Kapitalmarkt ist im gesamten Zeitraum 1840–2013 mit geschätzten 41,96 % p.a. sehr hoch. Der Einfluss der beiden Weltkriege ist unübersehbar. Abgesehen von diesem Zeitraum (1914–1945) ist die Volatilität aber mit derjenigen internationaler Kapitalmärkte vergleichbar.

Merksatz: Die fast **tägliche Veräußerbarkeit (Fungibilität) von Aktien** senkt Informationsbedarf und -kosten der Anleger.

Wer weiß, dass er sich jederzeit beim Auftauchen ungünstiger Nachrichten zum Marktpreis von seiner Anlage trennen kann, wird sich vor der Anlage weniger intensiv informieren als jemand, der sich wegen der sehr schwierigen Veräußerung von z.B. OHG-Anteilen auf Jahre engagiert. Nichtsdestoweniger gilt aber die Feststellung des Fondmanagers Peter Lynch (*1944): „Although it's easy to forget sometimes, a share is not a lottery ticket ... it's part-ownership of a business."

Merksatz: Eine wesentliche Eigenschaft der AG ist die **Trennung von Geschäftsführung und Eigentum.**

Nicholas Murray Butler (1862–1947), Präsident der Columbia University, äußert sich hierzu wie folgt: „I weigh my words when I say that in my judgment the limited liability corporation is the greatest single discovery of modern times ... Even steam and electricity are far less important than the limited liability corporation, and they would be reduced to comparative impotence without it." Ein von den Eigentümern getrennter Vorstand leitet die AG „unter eigener Verantwortung" (§ 76 Abs. 1 AktG). Bei einer sehr großen Zahl von Eigentümern ist eine verselbstständigte Geschäftsführung fast eine Notwendigkeit. Die Koordi-

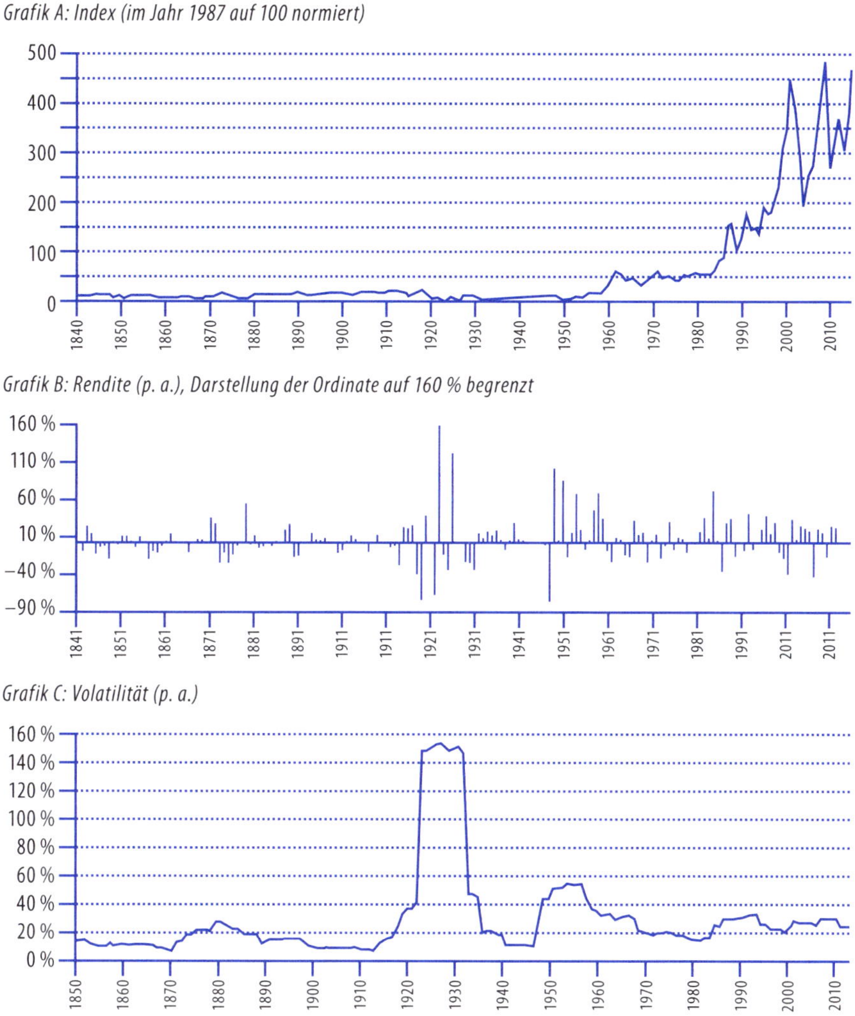

Abbildung 16.21: Wertgewichteter CDAX-Kursindex (p.a.) deutscher Aktien im Zeitraum 1840–2013 (Grafik A), CDAX-Rendite (Grafik B) und im Zehnjahresrhythmus rollierend geschätzte Volatilität (Grafik C) (Quelle: Deutsche Bundesbank, eigene Berechnungen)

nationskosten einer Leitung der AG durch die Eigentümer wären deutlich zu hoch. Nur ganz wichtige Entscheidungen setzen deshalb eine Zustimmung der Hauptversammlung voraus (§ 119 AktG).

Den genannten Vorteilen stehen Nachteile gegenüber:

(1) Der Aktienmarkt funktioniert möglicherweise mit weniger Informationen als ein Handel mit GmbH- oder gar OHG-Beteiligungen funktionieren würde. Aber ohne Information geht nichts. Also müssen den Aktionären Informationen, deren Wahrheitsgehalt geprüft ist, zur Verfügung gestellt

werden, die sie in die Lage versetzen, Prognosen zu bilden. Prüfungen und Publizität sind teuer.

(2) Die Haftungsbeschränkung der AG (und der Gesellschafter) macht Kreditverträge möglicherweise riskanter. Fremdfinanzierung könnte damit teurer werden.

Die Trennung von Geschäftsführung und Eigentümern senkt nicht nur die Koordinationskosten zwischen den Eigentümern, sondern lässt neue Kosten entstehen. Diese Kosten sind zurückzuführen auf das Verhältnis des Prinzipals, in diesem Falle die Eigentümer, zu ihrem Agenten, dem mit der Geschäftsführung betrauten Vorstand. Die Trennung ist bei Aktiengesellschaften, deren Aktien börsennotiert und breit gestreut sind, besonders ausgeprägt (Jensen [Free Cash Flow]).

Einführende Literaturhinweise zu Modul 16

Die vollständigen Literaturangaben finden Sie im Downloadbereich.

Brealey, R.A./Myers, S.C./Allen, F.: [Principles] of Corporate Finance. 11. Aufl., New York 2014.

Drukarczyk, J./Lobe, S.: [Finanzierung]. Eine Einführung unter deutschen Rahmenbedingungen. 11., völlig neu bearbeitete Aufl., Stuttgart 2015.

Ross, S.A./Westerfield, R.W./Jaffee, J.: [Corporate Finance]. 10. Aufl., Boston, New York 2012.

Modul 17: Grundlagen des Supply Chain Managements

Ernst Troßmann
Wolf Wenger

„Das Ganze ist mehr als die Summe seiner Teile."
(Aristoteles 384–322 v.Chr.)

Lernziele:

Aneignen von Wissen (Kenntnissen) über die zentralen Elemente des Supply-Chain-Management-Konzepts; Verstehen (Erfassen und Erkennen) komplexer Zusammenhänge bei der zielorientierten Gestaltung einer Lieferkette; Geeignetes Anwenden (Nutzen) des betriebswirtschaftlichen Methodenspektrums zur Lösung der strukturbildenden und strukturausfüllenden Aufgaben des Supply Chain Managements; Analyse (Erforschen) betriebsübergreifender Erfolgspotenziale für die Mitglieder einer Lieferkette; Synthese (Integrieren) von Erkenntnissen aus betrieblichen Beschaffungs- und Logistikentscheidungen auf überbetriebliche Anwendungsbereiche; Bewertung (Evaluation) von Alternativen zum Lösen realer betrieblicher und überbetrieblicher Beschaffungs- und Logistikprobleme.

Übersicht:

In Modul 17 werden die „Grundlagen des Supply Chain Managements" behandelt. Im Mittelpunkt steht dabei die Betrachtung des Supply Chain Managements als prozessorientierter Ansatz betrieblicher und überbetrieblicher Beschaffungs- und Logistikentscheidungen.

Zunächst werden begriffliche Grundlagen geklärt, verschiedene Ansatzpunkte für das Supply Chain Management vorgestellt und dessen zentrale Elemente abgegrenzt. Anschließend werden strukturbildende und strukturausfüllende Aufgaben des Supply Chain Managements erörtert. Darauf aufbauend werden sowohl die beschaffungspolitischen als auch die logistikpolitischen Instrumente des Supply Chain Managements im Einzelnen behandelt und abschließend ausgewählte Planungsmethoden des Supply Chain Managements ergänzt.

17.1 Supply Chain Management als prozessorientierter Ansatz betrieblicher und überbetrieblicher Beschaffungs- und Logistikentscheidungen

17.1.1 Begriff des Supply Chain Managements

Auch ca. 30 Jahre nach den ersten Ansätzen zum Supply Chain Management liegen weder in der wissenschaftlichen Auseinandersetzung noch in der unternehmenspraktischen Anwendung einheitliche Vorstellungen zum Inhalt des Supply Chain Managements vor. Die verschiedenen in der Literatur diskutierten Ansätze zum Supply Chain Management resultieren oft aus den spezifischen Sichtweisen unterschiedlicher betriebswirtschaftlicher Fachrichtungen. Eine gewisse Verbreitung hat die Ausfassung gefunden, dass sich die Inhalte des Supply Chain Managements aus Themen der betriebswirtschaftlichen Logistik ergeben (so z.B. Fandel/Giese/Raubenheimer [Supply Chain Management] 1; Göpfert [Einführung] 28). Hierbei wird allerdings von einem sehr weit gefassten Logistikbegriff ausgegangen. Im Sinne der betriebswirtschaftlichen Standarddefinitionen handelt es sich genauer um die betrieblichen und überbetrieblichen Beschaffungs- und Logistikentscheidungen, die nach diesem Konzept angesprochen sind. Zielgerichtete Maßnahmen einer sogenannten Supply Chain dienen dann der Sicherung und Verbesserung betrieblicher und überbetrieblicher Realgüterströme. Dieser Sichtweise wird im Weiteren gefolgt. Zunächst sind ihre Grundelemente zu präzisieren.

Sowohl in jedem Betrieb, als auch in der Supply Chain insgesamt lassen sich zwei entgegengesetzt verlaufende Güterströme erkennen. In jedem einzelnen Betrieb der Supply Chain werden Einsatzgüter beschafft und be- oder verarbeitet. Sie durchlaufen den Betrieb in einem möglicherweise längeren und mehrstufigen Prozess mit verschiedenen Veredelungsstufen. Die entstandenen Produkte fließen schließlich an die Abnehmer. Diesem Realgüterprozess mit den Funktionen der Beschaffung, der Fertigung und des Absatzes entgegengerichtet ist der Finanz- oder Nominalgüterstrom. Von den Abnehmern fließt Geld in den Betrieb. Ein Teil davon verlässt ihn auf der anderen Seite wieder als Entgelt für die Einsatzgüter.

Der betrieblichen Beschaffung kommt dabei als erster betrieblicher Realgüterphase eine Funktion mit besonderer Bedeutung für den gesamten Prozess zu: Engpässe an dieser Stelle behindern das Zustandekommen einer angestrebten Produktion von vornherein. Die Aufgabe der Beschaffung besteht in der Sicherung und Verbesserung des Zuflusses an Gütern, die in den Produktionsprozess eingehen sollen (für eine ausführliche Darstellung der Einsatzfelder der Beschaffung vgl. Troßmann [Beschaffung und Logistik] 113 ff.; beschaffungspolitische Instrumente werden in Abschnitt 17.4 vorgestellt).

Definition:
Die **Aufgabe der Beschaffung** besteht darin, die Verfügungsgewalt über die Güter zu erlangen, die in den Produktionsprozess eingehen sollen.

Der Logistik wird bei dieser Sichtweise primär die Aufgabe zuteil, die entstehenden Transport- und Lagerprobleme sowie die hiermit direkt zusammenhängenden Fragen zu klären. Derartige Probleme sind nicht nur in der Beschaffung von

Relevanz, sondern vielmehr an allen Schnittstellen im Wertschöpfungsprozess, die sich durch betriebliche und betriebsexterne Liefer- oder Empfangsstellen ergeben. Die Einsatzfelder der Logistik führen somit quer durch alle Realgüterphasen, so dass Logistik nicht als zusätzliche Funktion neben Beschaffung, Fertigung und Absatz verstanden werden kann. Vielmehr stellt Logistik eine Querschnittsfunktion dar, welche leistungsprozessübergreifend alle Aktivitäten der physischen Raum- und Zeitüberbrückung sowie deren Umgruppierung übernimmt.

Definition:
Die **Aufgabe der Logistik** umfasst leistungsprozessübergreifend alle Aktivitäten zur Raum- und Zeitüberbrückung bei Gütern und Personen sowie deren Umgruppierung.

Um die diskutierten Beschaffungs- und Logistikaufgaben zielentsprechend zu erfüllen, kann es zweckmäßig sein, nicht nur die Beziehungen zu den unmittelbaren Marktpartnern, den Lieferanten, zu gestalten, sondern die Überlegungen auf die Zulieferer der Lieferanten und gegebenenfalls weitere Betriebe früherer Stufen auszudehnen. Auf diese Weise kann man die gewünschte Qualität eines Rohstoffs, die der eigene Lieferant verarbeiten soll, sicherstellen, die terminliche Verlässlichkeit erhöhen oder Kosten fundierter planen. Die betriebliche Beschaffungs- und Logistikpolitik weitet sich dann auf eine mehrere Betriebe umfassende Lieferkette, die Supply Chain, aus. Eine solche umfassende Betrachtung legt auch nahe, die Art der Arbeitsteilung unter den beteiligten Betrieben generell zu überdenken und gegebenenfalls neu zu ordnen. Alle derartigen Entscheidungen werden unter dem Begriff Supply Chain Management zusammengefasst:

Definition:
Supply Chain Management ist die zielorientierte Gestaltung der Lieferungs-Empfangs-Beziehungen zwischen den Betrieben einer Lieferkette (eines Beschaffungsweges).

Dazu gehören z.B. typische Logistikentscheidungen, wie die Abstimmung von Mengen und Zeiten der Produktions- und Lieferprozesse über die Kette hinweg, und damit die Bestandspolitik der beteiligten Betriebe. Ferner umfasst Supply Chain Management auch strategische Beschaffungsentscheidungen, so die Verteilung der Entwicklungsarbeit für eine Neukomponente.

Im Gegensatz zu anderen Managemententscheidungen ist beim Supply Chain Management im Allgemeinen ein autonomer Entscheidungsbereich des Betriebes so gut wie nicht vorhanden – wenn überhaupt, dann nur auf Grund besonderer Machtverhältnisse, wie etwa bisweilen zwischen einzelnen Kraftfahrzeugherstellern und manchen ihrer Zulieferer. Nur zu unmittelbaren Lieferanten hat der Betrieb direkten Kontakt, auf die weiteren Vorstufen kann er im Allgemeinen nur indirekt einwirken. Hinzu kommt, dass der beschaffende Betrieb selbst Teil der Lieferkette seiner Kunden ist und insoweit auch Planungselement in deren Supply Chain Management (vgl. Abb. 17.1).

Es ist eine unternehmungspolitische Frage, ob und inwieweit das eigene Supply Chain Management in ein übergreifendes Produktionskettenmanagement über Lieferanten und Kunden eingegliedert wird, das dann auch die betriebliche Absatzseite in den abzustimmenden Komponenten umfasst. Im hier verstandenen

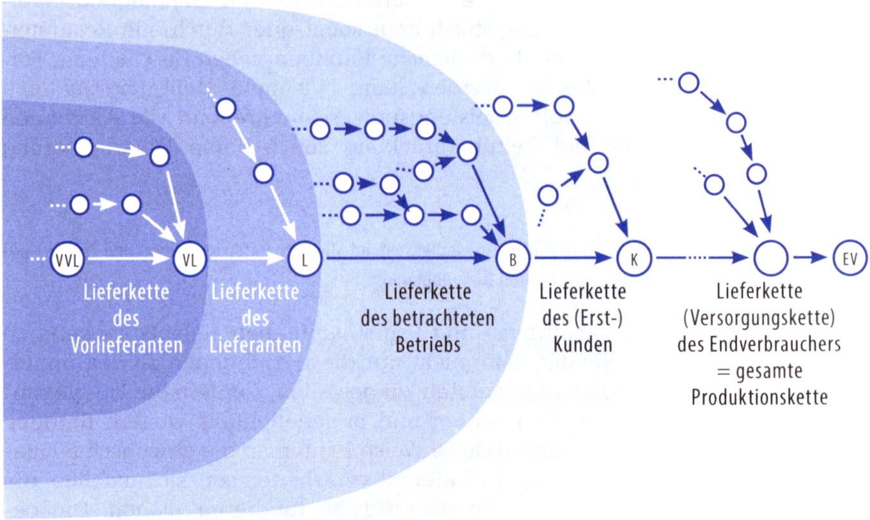

Abbildung 17.1: Verschachtelung der Lieferketten von Betrieben aufeinanderfolgender Produktionsstufen

Sinn wäre dies das Supply Chain Management aus Sicht des Endverbrauchers. Häufig wird in der Literatur nur diese Variante als Supply Chain Management verstanden (vgl. Weber/Dehler/Wertz [Supply Chain Management] 265 sowie Pfohl [Supply Chain Management]). Diese Auffassung erklärt auch den Vorschlag, statt von Supply Chain besser von „Demand Chain“ oder „Chain of Customers“ zu sprechen. Hier wird die Lieferkette des Endverbrauchers als dessen Versorgungskette oder als gesamte Produktionskette bezeichnet.

17.1.2 Ansatzpunkte für das Supply Chain Management

Die Möglichkeiten eines Supply Chain Managements sind erst knapp vor der Jahrtausendwende stärker in das Bewusstsein getreten. Ein erster über die Branchen hinweg beachteter Anwendungsfall waren integrierte Logistikkonzepte in der Kraftfahrzeugindustrie mit dem speziellen Ziel der Bestandsreduzierung in der Lieferkette des Herstellers, die sog. überbetriebliche Just-in-Time-Logistik (vgl. Abschnitt 17.5.3). Ebenso wie das weitergreifende Konzept der „schlanken Produktion“ (Lean Production), das ab Anfang der neunziger Jahre diskutiert wurde, gingen die Anwendungsfälle von der Kraftfahrzeugindustrie aus. Sie wurden anfangs noch nicht unter ein Supply Chain Management eingeordnet. Eines der Kernelemente „schlanker“ Produktion ist die umfassende Auslagerung ganzer Bauteilproduktionen auf die Zulieferer. Durch die geringe Fertigungstiefe soll u.a. mehr Flexibilität bei Mengen und Terminen erreicht werden. Die beim Lean-Konzept angestrebte Auslagerung von Vorproduktion unterscheidet sich in zweierlei Hinsicht von dem in Europa und den USA vorher verbreiteten Prinzip: Zum einen sind nicht nur einfache Bauteile, sondern ganze Systemeinheiten Gegenstand der Lieferverträge. Zum anderen agiert der zuliefernde Betrieb nicht in der Rolle eines Auftragnehmers, der Standardprodukte liefert oder exakte Vorgaben einzuhalten hat, sondern wirkt auch bereits bei der Entwicklung und laufenden Produktgestaltung mit. Ziel ist es, die Möglichkeiten der Zusammenarbeit in der Lieferkette gemeinsam optimal zu nutzen. Hierfür werden Teams aus Fachkräften des Lieferanten und des abnehmenden Betriebs gebildet, die in einem Prozess des Simultaneous Engineering Produkt und zugehörige Werkzeuge entwickeln. Da es sich teilweise um spezifische und hoch komplexe Einheiten handelt, entsteht eine intensive Bindung beider Seiten aneinander, die insoweit einen Wettbewerb mit anderen Marktteilnehmern ausschließt.

Bei manchen Konsumgütern ist es sinnvoll, die gesamte mehrstufige Produktionskette bis zum Endverbraucher zu betrachten und den Warenfluss über alle Betriebe hinweg zu optimieren. Bekannte Konkretisierungen dieses verallgemeinerten Supply Chain Managements sind zum einen die Warenwirtschaftssysteme im Handel, zum anderen die Konzepte der Efficient Consumer Response. Die Warenwirtschaftssysteme decken zwar eine Reihe von Betriebsstufen vom Supermarkt rückwärts bis zum Einzelmateriallieferanten ab, beschränken sich aber weitgehend auf eine Abstimmung und Integration des Informationsflusses. Nicht unbeträchtliche Optimierungspotenziale werden dabei indessen allein dadurch erzielt, dass Informationen von den Einzelhändlern verzögerungsfrei übermittelt werden und damit teilweise zentralisierte Dispositionen erlauben (vgl. hierzu Abschnitt 17.3).

Unter der Efficient Consumer Response versteht man die Idee, auf Nachfrageänderungen der Endverbraucher von Konsumgütern auf allen Stufen der Produktionskette möglichst rasch und abgestimmt zu reagieren. Sie kann daher auch als abrundende Komponente von Warenwirtschaftssystemen gelten. Bezeichnung und erste Realisierungen sind aus verschiedenen US-amerikanischen Produzenten-Händler-Supermarkt-Lieferketten bekannt geworden (zu Einzelheiten und ihrer Analyse vgl. z.B. Corsten/Gössinger [Supply Chain Management] 123 ff. sowie Hertel/Zentes/Schramm-Klein [Handel] 22 ff.).

Allgemein zeigt Abb. 17.2 wichtige Gestaltungsgegenstände im Supply Chain Management.

17.1.3 Zentrale Elemente im Supply Chain Management

17.1.3.1 Überblick über die Elemente des Supply Chain Managements

Betrachtet man die in Abb. 17.2 dargestellten Gestaltungsfelder genauer, so wird erneut deutlich, dass die Optimierung der jeweiligen Prozesse für jeden einzelnen an der Supply Chain beteiligten Betrieb bereits einen isoliert betrieblichen Optimierungstatbestand darstellt. Durch die überbetriebliche Betrachtung ergibt sich aber eine neue, übergeordnete Zielsetzung, so dass nun im weitestgehenden Fall ein Gesamtoptimum für den jeweiligen Prozess über alle Betriebe der Kette angestrebt wird. Um dieser Zielsetzung gerecht zu werden, gilt es, durch eine geeignete Konfiguration der Supply Chain passende Strukturen zu schaffen und diese Strukturen im Sinne der gemeinsamen Ziele und Prinzipien zu koordinieren. Das erforderliche Instrumentarium ist dabei

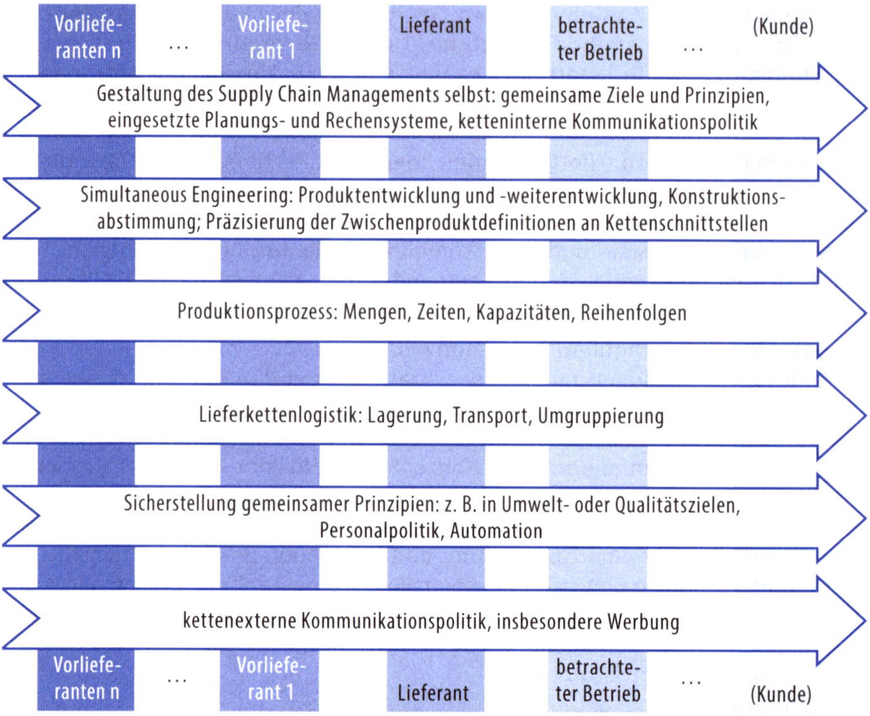

Abbildung 17.2: Typische Prozesse zur Optimierung im Supply Chain Management

aber keinesfalls gänzlich neu, sondern greift auf die aus den betrieblichen Gestaltungsgegenständen bekannten betriebswirtschaftlichen Modelle und Verfahren zurück.

Zur Veranschaulichung des Zusammenhangs der zentralen Elemente des Supply-Chain-Management-Konzepts kann die Idee des „SCM-Hauses" herangezogen werden (vgl. Stadtler [Supply Chain Management] 11 ff.). Abb. 17.3 zeigt die wichtigsten Bausteine des Hauses. Die übergeordneten Ziele des Supply Chain Managements bilden das Dach des Hauses, welches auf den Säulen der strukturbildenden und strukturausfüllenden Gestaltungsbereiche ruht. Als Fundament dienen unterschiedliche betriebswirtschaftliche Fachrichtungen und deren spezifische Sichtweisen auf das Konzept des Supply Chain Managements.

17.1.3.2 Ziele des Supply Chain Managements

Das einzige Mitglied einer Supply Chain, das keine liefernde Aufgabe erfüllt und somit nicht als Supplier fungiert, ist der Kunde am Ende der betrachteten Lieferkette. Im weitestgehenden Fall ist dies der Endverbraucher als letztes Glied der gesamten Produktionskette. Die Lieferkette konkurriert mit anderen Lieferketten um die Gunst dieses Kunden. In welcher Weise den Kundenwünschen entsprochen werden soll, ist deshalb in jedem Fall eine gemeinsame Frage der gesamten Lieferkette. Es ist oft Ausgangspunkt für die Festlegung

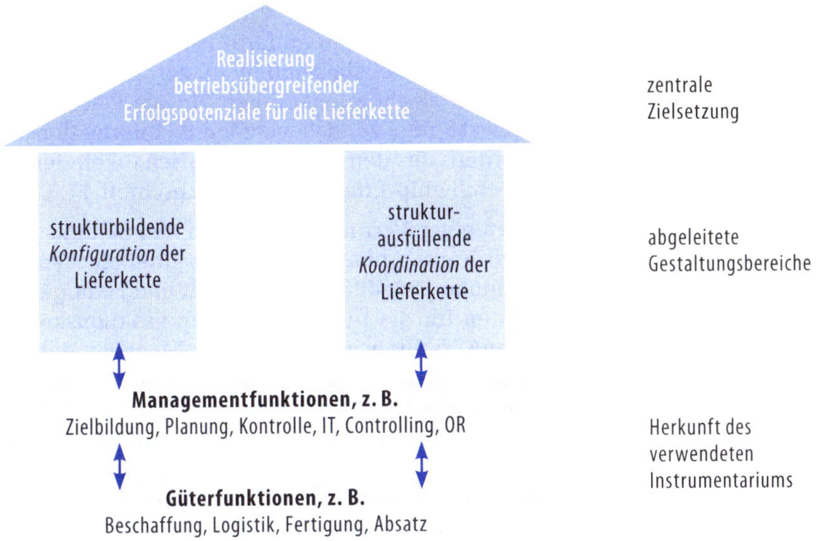

Abbildung 17.3: Bausteine des SCM-Hauses

der weiteren Zielsetzungen im Supply Chain Management. Im Zentrum der Betrachtung steht, ganz im Sinne des beschriebenen Strebens nach einem Gesamtoptimum der Lieferkette, die Realisierung unternehmensübergreifender Erfolgspotenziale, um Wettbewerbsvorteile für die Supply Chain zu erzielen.

Merksatz: **Die übergeordnete Zielsetzung des Supply Chain Managements besteht in der Realisierung betriebsübergreifender Erfolgspotenziale für die Lieferkette.**

Selbstverständlich handeln die einzelnen Mitglieder einer Supply Chain auf Basis individueller und somit kaum homogener Interessen. Aus dem autonomen Agieren selbstständiger Betriebe einerseits und dem Wunsch des Profitierens von unternehmensübergreifend erzielbaren Erfolgspotenzialen andererseits entstehen potenzielle Zielkonflikte zwischen den beteiligten Betrieben (zum Umgang mit Zielkonflikten und zugehörigen Entscheidungsunterstützungsmethoden vgl. Wenger [Multikriterielle Tourenplanung] 12 ff.). Das Adressieren dieser Konflikte ist Bestandteil des Supply Chain Managements.

Zur Begründung der Existenz realisierbarer Erfolgspotenziale in bestehenden Lieferketten wird in der Literatur auf verschiedene Phänomene verwiesen (vgl. Werner [Strategien] 36 ff.).

Merksatz: **Betriebsübergreifende Erfolgspotenziale in einer Lieferkette ergeben sich durch**

(1) negative Folgen eines möglichen Bullwhip-Effektes,

(2) hohe Transaktionskosten an den Schnittstellen der Lieferkette sowie

(3) entscheidungsorientierte Kosten- und Leistungsbetrachtungen im Sinne eines Total-Cost-of-Ownership-Ansatzes.

(1) Am häufigsten wird in diesem Zusammenhang der Forrester- oder Bullwhip-Effekt genannt. Dieser beschreibt das Problem zunehmender Schwan-

kungen der Produktionsmengen und der Lagerbestände in der Lieferkette. Je weiter ein Betrieb vom Ende der Lieferkette entfernt ist, desto stärker wirken sich Änderungen in lokalen Sicherheitsbeständen in der Lieferkette sowie Schwächen in der Prognose von Nachfrageverläufen auf die Planungsgrundlage des Betriebs aus. Verzerrte und zeitlich verzögerte Informationsweitergabe und -verarbeitung sorgen für den typischen aufschaukelnden Effekt (weitere Erläuterungen zum Bullwhip-Effekt folgen in Abschnitt 17.3.1).

(2) Weitere Potenziale werden einer Verringerung der an den Schnittstellen einer Lieferkette entstehenden Transaktionskosten zugeschrieben. Gemäß der Transaktionskostentheorie können Spezifität, Unsicherheit und Häufigkeit einer Transaktion als Einflussfaktoren für die resultierenden Transaktionskosten angesehen werden (vgl. Corsten/Gössinger [Supply Chain Management] 3). Die Spezifität gibt dabei den Grad wirtschaftlicher Wiederverwendbarkeit einer benötigten Ressource an, während die Unsicherheit die Relevanz möglicherweise auftretender Änderungen der geplanten Transaktion zum Ausdruck bringt. Je höher die Spezifität, je höher die Unsicherheit und je höher die Transaktionshäufigkeit, desto eher bieten sich kooperierende Lieferketten im Vergleich zu traditionellen Käufer-Verkäufer-Situationen an (weitere Erläuterungen zum Verhältnis zwischen den Lieferkettenpartnern finden sich in Abschnitt 17.2.4).

(3) Der Aspekt der Transaktionskosten ist eng mit einer prozessorientierten Kostenbetrachtung verbunden, wie sie der Total-Cost-of-Ownership-Ansatz vorschlägt. Dieser empfiehlt für betriebliche Beschaffungstatbestände den Einbezug von Transaktionskosten in die Entscheidungsfindung. So sollten bei der Auswahl eines Lieferanten neben dem Vergleich der Einstandspreise auch entscheidungsrelevante Folgekosten, wie sie etwa für Logistikaktivitäten (Transport, Lagerung, Umschlag) oder für Qualitätskontrollen anfallen, berücksichtigt werden. Im Supply Chain Management müssten bei entscheidungslogisch fundiertem Vorgehen die Anliegen der Total-Cost-of-Ownership-Idee umgesetzt werden. Die Ermittlung der Transaktionskosten bereitet praktisch jedoch einige Schwierigkeiten (vgl. Schweitzer [Analyse] 107 ff.).

Zur Realisierung der beschriebenen Erfolgspotenziale werden in Wissenschaft und Praxis vielfach sachorientierte Zielsetzungen für das Supply Chain Management formuliert, die allesamt den nachfolgenden generischen Kategorien zugeordnet werden können (vgl. zu dieser Einteilung Fandel/Giese/Raubenheimer [Supply Chain Management] 7 bzw. Busch/Dangelmaier [Integriertes Supply Chain Management]):

- Schaffung von Transparenz innerhalb der Wertschöpfungsprozesse,
- Abbau von Informationsasymmetrien innerhalb der Lieferkette sowie
- Verbesserung der Kontinuität in den Güterströmen.

Diese wenig präzisen Vorgaben eröffnen einen großen Handlungsspielraum für das Supply Chain Management. Er sollte individuell je Lieferkette und je Lieferkettenmitglied dazu genutzt werden, andere, insbesondere operationale Ziele festzulegen. Häufig werden möglichst günstige Ergebnisse für formale Ziele, etwa die Erzielung eines bestimmten Überschusses oder die Reduzierung einer Kostensumme, angestrebt. Derartige formale Ziele dienen der einheitlichen Bewertung von Alternativen. Nach ihrer Wirkung darauf kann man

Positiv- und Negativkomponenten unterscheiden. Sie werden als Leistungen bzw. Kosten bezeichnet.

Merksatz: Konkrete **Optimierungsbemühungen** in einer Lieferkette orientieren sich typischerweise an formalen Zielen. Beispiele sind verringerte Beschaffungs-, Lagerhaltungs- und/oder Transportkosten sowie erhöhte Leistungen durch vermiedene Fehlmengen.

Vorteile im Bereich der Beschaffungskosten lassen sich unmittelbar im Hinblick auf den Kaufpreis sowie mittelbar bei den bestellfixen Kosten erzielen. Letztere fallen bei jedem Bestellakt an und erfassen u.a. das Bestellen, die Wareneingangs- und Rechnungsprüfung sowie das Verbuchen. Die Lagerhaltungskosten betreffen die eigentliche Lagerung sowie die (kalkulatorischen) Zinsen für das im Lager gebundene Kapital. Wie Lagerungskosten fallen auch Transportkosten vielfach nicht ausschließlich proportional zur Menge oder zum Wert der Güter an. Vielmehr gibt es Kostensprünge, z.B. wenn ein weiteres Transportfahrzeug benötigt wird. Dennoch werden oft auch die Transportkosten vereinfachend mit Hilfe eines konstanten Transportkostensatzes pro Mengeneinheit berechnet.

Den Kosten stehen die Leistungen gegenüber. Sie geben positive Effekte der Maßnahmen in der Lieferkette wieder. Dies könnte ein zusätzlicher Deckungsbeitrag sein, der auf Grund erfolgreicher Planung und Steuerung der Materialbedarfe in der Lieferkette erzielt werden konnte. Verkürzte Durchlaufzeiten und präzisere Bedarfsprognosen könnten beispielsweise zur Reduzierung von Fehlmengen beitragen. Aus Fehlmengen resultieren entgangene Leistungen, etwa da der potenzielle Kunde verloren geht (Lost Sale) oder da Nachlieferungen erforderlich werden (Backorder). Reduziert man die Fehlmenge, so erhöht sich die Leistung.

Fehlmengen lassen sich freilich auch über höhere Bestände reduzieren, welche allerdings wiederum Lagerhaltungskosten erzeugen. Es entsteht ein Zielkonflikt, der für den betrachteten Fall beispielweise mit Hilfe des Lieferbereitschaftsgrades angegangen werden kann (zu möglichen Operationalisierungen des Lieferbereitschaftsgrades vgl. Troßmann [Controlling] 134 ff.).

Merksatz: Der **Lieferbereitschaftsgrad** (Service Level) gibt an, welcher Anteil des Bedarfs unmittelbar befriedigt werden kann. Ein höherer Service Level hat dabei i.d.R. geringere Fehlmengen, aber auch höhere Lagerhaltungskosten zur Folge.

Ist ein anzustrebender Lieferbereitschaftsgrad bekannt, so kann über vorhandene Bedarfswahrscheinlichkeiten auf notwendige Lagerbestände und Bestellmengen geschlossen werden. In diesem Fall werden folglich formale Ziele in der Lieferkette herangezogen, um Sachziele (erforderliche Bestände) zu konkretisieren. Einige Beispiele konkreter Zielvorstellungen und deren Umsetzung in Optimierungsmodellen werden in Abschnitt 17.6 vorgestellt.

17.1.3.3 Gestaltungsbereiche des Supply Chain Managements

Ob und in welchem Umfang die beschriebenen Erfolgspotenziale für die Betriebe einer Lieferkette relevant sind und welche Zielsetzungen sich damit für die beteiligten Akteure ergeben, hängt wesentlich von der Struktur der Lieferkette selbst ab. Prinzipiell ist aus betrieblicher Sicht für jede Beschaffungsgüterart eine eigene Lieferkette denkbar. In der Regel ist es aber zweckmäßig, Gruppen von Einsatzgütern zu Beschaffungseinheiten zusammenzufassen, für die gemeinsam entschieden wird. Dennoch hat der Betrieb im Allgemeinen mehrere verschiedene Lieferketten mit jeweils eigener Konfiguration. Zu den strukturbildenden Aufgaben des Supply Chain Managements gehört auch die Konfiguration der Lieferkette. Hierzu zählen strategische Festlegungen zur Positionierung der Produktion, zur Standardisierung der Produkte und zur Ausgestaltung des Verhältnisses zwischen den Partner einer Lieferkette. Abschnitt 17.2 befasst sich ausführlich mit diesen Aspekten.

Die zweite Säule des SCM-Hauses symbolisiert den strukturausfüllenden Gestaltungsbereich des Supply Chain Managements. Hier geht es um die Koordination betriebsübergreifender Prozesse in einer gegebenen Lieferkettenstruktur. Zur strukturausfüllenden Gestaltung gehört es, die Informationsversorgung und -verarbeitung in der Supply Chain durch Software-Systeme zielkonform einzusetzen sowie geeignete Instrumente zur Steuerung der Güter- und Informationsströme festzulegen. Dies wird in Abschnitt 17.3 behandelt.

17.1.3.4 Instrumentarium des Supply Chain Managements

Die Gestaltungsbereiche des Supply Chain Managements sind den Aufgabenstellungen verschiedener betrieblicher Funktionsbereiche vorgelagert. So werden bei der strukturbildenden Gestaltung Aufgaben und zugehörige Märkte für die betriebliche Beschaffungs- und Logistikpolitik erst definiert. Möglicherweise wird darüber hinaus über die weiter gefasste, gesamte Produktionskette die Unternehmung insgesamt in ihrer Sachaufgabe genauer positioniert, und es werden die Absatzmärkte abgegrenzt.

Was das Instrumentarium des Supply Chain Managements betrifft, so ergibt sich bereits aus der grundsätzlichen Charakterisierung der Supply Chain, dass hierzu das generelle Methodenspektrum der Betriebswirtschaftslehre in geeigneter Anwendung heranzuziehen ist. So ist nicht nur jeder einzelne Teil einer Supply Chain, sondern insbesondere auch die gesamte Supply Chain selbst insgesamt als ein Betrieb aufzufassen. Demgemäß sind wie in jedem Betrieb die Realgüterfunktionen Beschaffung, Fertigung, Absatz und Logistik einerseits und die Finanzfunktionen andererseits zu identifizieren. Sie sind die Anwendungsbereiche des entsprechenden Managements. Wichtige und gerade für den Anwendungsfall einer Supply Chain besonders relevante Managementfunktionen sind die Zielpräzisierung, die Planung und Kontrolle, das zugehörige interne Rechnungswesen, das Controlling und – vor allem bei der Strukturbildung der Supply Chain – die Organisation (zu den Grundlagen und Instrumenten der Führung vgl. die Module 7–11). Wichtige methodische Unterstützung liefern dafür einschlägige Analyse-, Planungs- und Optimierungsmethoden der entscheidungsorientierten Kosten- und Leistungsrechnung, der Investitionsrechnung, der Wirtschaftsinformatik sowie des Operations Research (zu den Grundlagen der Unternehmensrechnung vgl. die Module 18–21).

Der inhaltliche Schwerpunkt des Supply Chain Managements liegt nach den bisherigen Ausführungen des Abschnitts 17.1 in der betrieblichen Beschaffungs- und Logistikpolitik. Deren Methoden machen das eigentliche Instrumentarium des Supply Chain Managements aus. Die umfassenden Instrumentarien der Beschaffungspolitik einerseits und der Logistikpolitik andererseits werden daher in den Abschnitten 17.4 und 17.5 ausführlich vorgestellt.

17.2 Strukturbildende Gestaltungsbereiche des Supply Chain Managements

17.2.1 Faktoren zur Konfiguration der Lieferkette

Merksatz: Die **Konfiguration** (oder Architektur) einer Lieferkette bestimmt sich nach

- der Anzahl der Stufen (der Länge der Kette)
- sowie der Anzahl komplementärer Zulieferer der Stufe (der Breite der Kette).

Obwohl als Kette bezeichnet, ist die Struktur im Allgemeinen nicht linear, sondern netzwerk-, insbesondere baumartig. Länge und Breite hängen vom Beschaffungsobjekt ab. Dies ist beim Unit Sourcing ein Einsatzgut geringerer Komplexität, beim Modular Sourcing dagegen bereits eine komplette Baugruppe, die der Lieferant nach vorgegebenen Konstruktionsmerkmalen bereits montiert liefert. Beim System Sourcing schließlich übernimmt der Lieferant zusätzlich auch die Produktentwicklung ganz oder teilweise (vgl. Arnold [Beschaffungsmanagement] 101).

Bei der Präzisierung der Beschaffungsobjekte spielen verschiedene strategische Überlegungen eine Rolle, so zur grundsätzlichen Positionierung der eigenen Produktion und zur Standardisiertheit der Produkte. Sie werden in den folgenden beiden Abschnitten behandelt.

17.2.2 Positionierung der Produktion

Zur Positionierungsstrategie der Produktion gibt es unterschiedliche Grundrichtungen mit zahlreichen Mischformen. Die Extremstrategie der Autonomie strebt an, möglichst viel in eigener Regie zu produzieren. Der Weg dazu ist die Rückwärtsintegration, d.h. ein Wechsel von bisheriger Beschaffung auf die Eigenfertigung. Dies hat allgemein eher ein Unit Sourcing mit kurzen Lieferketten zur Folge.

Dagegen führt der Gedanke der „schlanken Produktion" tendenziell eher zum Modular Sourcing oder System Sourcing. Wenn der Betrieb im Bestreben, sich auf seine tatsächlichen oder vermeintlichen Kernkompetenzen zu beschränken, andere Leistungen möglichst komplett von außen bezieht, kann sich die gleiche Wirkung ergeben. Sieht er jedoch eine Kernkompetenz gerade in Konstruktion und Montage eines Produkts, nicht aber in der Herstellung von dessen Komponenten, kann ein verstärktes Beschaffen von weniger komplexen Teilen die Folge sein. Im ersten Fall werden die Lieferketten länger, im zweiten Fall auch breiter. Beides verstärkt sich, soweit auch Lieferanten und Vorlieferanten die gleiche Strategie verfolgen. Bemerkenswert ist, dass ein konsequentes Umsetzen des „Lean"-Konzepts zu langen Ketten führt, die sich aber an irgendeiner Stelle wegen der Beschaffung von Komponenten auch in die

Breite verzweigen werden und demnach im Allgemeinen keineswegs durchweg besonders einfach oder „schlank" sind.

Definition:
Das Auslagern bisher selbst produzierter Güter auf externe Lieferanten wird als **Outsourcing** bezeichnet, einem aus „Outside Resource Using" gebildeten Kunstwort.

Für das Outsourcing sind drei typische Fälle möglich:

- Soweit es sich dabei um eine Leistung handelt, für die ohnehin ein hinreichend zugänglicher Beschaffungsmarkt besteht, bedeutet Outsourcing dabei nur, die üblichen Beschaffungsmaßnahmen zu ergreifen, d.h. Lieferanten auszuwählen usw.
- Wenn das Produkt in der nachgefragten Art bisher von keinem Anbieter überhaupt produziert wird, sind Verhandlungen mit potenziellen Outsourcing-Partnern aufzunehmen. Je nach Marktlage und Produkt ist dabei auch an Anfangszahlungen in beide Richtungen zu denken, z.B. eine Lizenzpauschale bzw. eine Starthilfe für die Erstinvestitionen.
- Wenn kein externer Outsourcing-Partner zu finden ist oder wenn der bisher interne Unternehmensbereich als Teileinheit erhalten werden soll, bietet sich ein „Spin off" an, eine Ausgründung. In diesem Fall sind regelmäßig auch Personal und Anlagen in die Auslagerung einbezogen. In den anderen beiden Fällen erfordern die freiwerdenden Kapazitäten eigene Dispositionen.

Allgemein ist das Supply Chain Management umso schwieriger, je länger und breiter die Lieferkette ist. Bei entsprechender Produktionsauslagerung wird folglich betriebsinterne Produktionskoordination durch das externe Supply Chain Management ersetzt.

17.2.3 Standardisiertheit der Produkte

Mit der Standardisiertheit ist zunächst eine Eigenschaft der Güter angesprochen, die in einer Lieferkette produziert werden. Dennoch handelt es sich nicht um ein untergeordnetes Merkmal. Bei isolierter Betrachtung werden in jeder Stufe einer Lieferkette zwischen lieferndem und empfangendem Betrieb Standardprodukte und kunden-(= nachfrager-) individuelle Produktvarianten abgegrenzt. Eine Analyse der gesamten Produktionskette gestattet es indessen, die Grenze zwischen allgemein marktbezogener und speziell kundenbezogener Ausprägung einheitlich statt stufenindividuell zu ziehen. Dies ist eine der Ursachen für das Optimierungspotenzial im Supply Chain Management. In allen Betrieben der Lieferkette bis zur angesprochenen Grenze werden Standardprodukte definiert und die Produktionsplanung auf sie ausgerichtet. Erst danach geht es um die Erfüllung individuell spezifizierter (End-)Kundenaufträge. Die Grenze heißt daher Kundenauftragsentkopplungspunkt (customer order decoupling point, order penetration point).

Merksatz: Ein Optimierungsprinzip im Supply Chain Management, die **Postponement-Strategie**, besteht darin, den Kundenauftragsentkopplungspunkt möglichst weit nach hinten in die Kette zu positionieren, um in vielen Stufen die Vorteile standardisierter Produktion nutzen zu können. Ziel ist ein **Mass Customizing**, d.h. eine Produktion in großen Stückzahlen, bei der dennoch die individuellen Wünsche jedes einzelnen Nachfragers berücksichtigt werden.

Ein Postponement gelingt beispielsweise durch Definition von anpassbaren Grundvarianten einer Produktfamilie, die durch entsprechende Arbeitsteilung erst in den letzten Stufen der Lieferkette auf die Kundenwünsche ausgerichtet werden. Wie Abb. 17.4 zeigt, können je nach Lage des Kundenauftragsentkopplungspunkts fünf Typen von Lieferketten unterschieden werden (vgl. Zäpfel [Architekturen] 10 sowie Corsten/Gössinger [Supply Chain Management] 112 f.). Jeweils vor dem Entkopplungspunkt richten sich die Bemühungen im Supply Chain Management eher auf die Effizienz der Leistungserstellung; das jeweilige Produktionsprogramm ist zu prognostizieren. Danach stehen die Kundenspezifikationen im Vordergrund, weshalb in diesem Teil der Produktionskette Flexibilität (hier auch Agilität genannt) angestrebt wird.

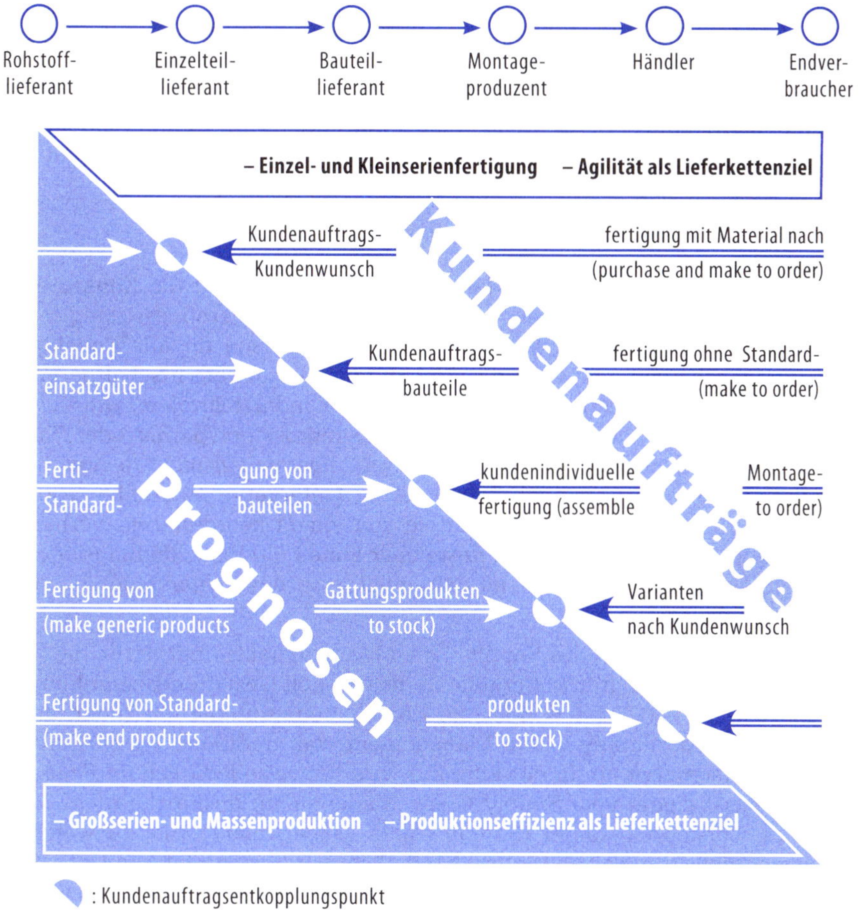

Abbildung 17.4: Lage des Kundenauftragsentkopplungspunktes in der Produktionskette

17.2.4 Verhältnis zwischen den Lieferkettenpartnern

Mit dem Supply Chain Management strebt der Betrieb an, bestimmte Aspekte der Produktionspolitik der Lieferanten und ihrer Vorlieferanten zu beeinflussen. Auf welchem Weg dies geschieht und inwieweit sich der Betrieb selbst an Bedingungen der Lieferkettenpartner anpasst, ist eine strategische Festlegung. Dabei ist auch von Bedeutung, zu welchen Lieferketten der Betrieb seinerseits gehört und wie seine Marktposition ist. Extremformen im Verhältnis zu den Lieferkettenpartnern sind die traditionelle Verkäufer-Käufer-Situation einerseits sowie die Kooperation andererseits. Im einen Fall sollen Konkurrenz und Marktmechanismus für die Abstimmung sorgen, im anderen die Orientierung an einem gemeinsamen Ziel.

Immer aber wird sich ein Lieferkettenpartner nur dann in der gewünschten Weise beteiligen, wenn es für ihn angesichts seiner Alternativen günstig ist. Beispielsweise mag ein insgesamt vorteilhafter Bereitstellungsrhythmus in einer Versorgungskette für einen Vorlieferanten zu einem isoliert ungünstigen Produktionsrhythmus führen. Er wird dazu nur bereit sein, wenn er einen entsprechenden Mindestanteil an dem gemeinsam erreichbaren Erfolg erhält.

Merksatz: Zur betriebsübergreifenden Optimierung im Supply Chain Management gehört eine zielorientierte **Erfolgsverteilung**, bei der Untergrenzen einzuhalten sind.

Ein erfolgreiches Supply Chain Management setzt daher für die Konkurrenzstrategie entsprechende Angebote voraus, für die Kooperationsstrategie dagegen die Formulierung gemeinsamer Ziele. Sie müssen für alle Beteiligten vorteilhaft erscheinen, wie etwa das Ziel, die gemeinsam erwirtschaftbaren finanziellen Überschüsse zu erhöhen. Typische Sekundärzielgrößen, wie Durchlaufzeitverkürzung, Bestandsverringerung, Lagerkostenersparnis oder Erhöhung der Kundenzufriedenheit sind dafür im Allgemeinen nicht geeignet, da sie naturgemäß nur für manche Beteiligte der Lieferkette unmittelbar vorteilhaft sind. Je mehr der erreichbare Erfolg von einem koordinierten Verhalten aller Lieferkettenpartner abhängt, desto eher ähnelt die Entscheidungslage einer spieltheoretischen Situation, im Extremfall sogar dem Gefangenendilemma (vgl. Bea [Entscheidungen]).

Das besondere Merkmal des Supply Chain Managements liegt darin, die Verhältnisse auf der gesamten Lieferkette in die eigenen Gestaltungsbemühungen einzubeziehen. Je mehr dies über die Kooperationsstrategie geschieht, desto weiter weicht das Supply Chain Management vom traditionellen einstufigen Einkaufsmanagement ab. In der Literatur wird teilweise lediglich im Falle der Kooperationsstrategie vom Supply Chain Management gesprochen (vgl. zum Überblick Corsten/Gössinger [Supply Chain Management] 109, zu weiteren Prinzipien auch Otto/Kotzab [Beitrag] 166). Hier wird einer weiteren Definition gefolgt, insbesondere da auch zahlreiche Zwischenformen („hybride Koordinationsformen") möglich sind.

Neben der grundsätzlichen Koordinationsform ist die Wahl der beteiligten Lieferkettenpartner von strategischer Bedeutung. Der beschaffende Betrieb kann alleine (Individual Sourcing) oder in Kooperation mit anderen (Collective Sourcing) handeln. Beispiel für Letzteres sind die klassische Einkaufsgenossenschaft und industrielle Beschaffungskooperationen. Sie gestatten, Nachfragemengen zu bündeln, und verstärken so die Marktmacht.

Soweit Gestaltungsspielräume bei den Lieferanten bestehen, kann aktiv eine strategische Lieferantenstrukturpolitik betrieben werden. Durch sie wird die Auswahl möglicher Partner der Lieferkette mehr oder weniger weit gefasst.

Merksatz: Die **Lieferantenstrukturpolitik** regelt
- wie viele Lieferanten für die gleiche Beschaffungseinheit vorgesehen sind
- und welche Vorgaben für die Wahl der Lieferanten bestehen.

Nach der Anzahl konkurrierender Lieferanten unterscheidet man „Single Sourcing" und „Multiple Sourcing". Multiple Sourcing bedeutet den Aufbau alternativer Lieferketten zur gleichen Beschaffungseinheit. Es soll den Wettbewerb zwischen den Lieferanten fördern. Dagegen entspricht die Konzentration auf wenig oder nur einen Lieferanten eher der Kooperationsvorstellung im Supply Chain Management. Eine grobe heuristische Standardregel, in die zwei Faktoren eingehen, gibt folgende Empfehlung (vgl. Homburg [Lieferantenzahl] 195): Eine hohe Lieferantenzahl ist desto vorteilhafter, je größer die wirtschaftliche Bedeutung des Beschaffungsguts für den nachfragenden Betrieb und je niedriger gleichzeitig die Komplexität der Beschaffungssituation ist. Dann profitiert der Betrieb von der entstehenden Wettbewerbssituation am ehesten. Im strikt entgegengesetzten Fall bietet sich ein Single Sourcing an. Geografisch schließlich unterscheidet man „Local", „Domestic" und „Global Sourcing". Die Ausdehnung des erfassten Beschaffungsmarktes erweitert sich dabei von der unmittelbaren Umgebung über das gesamte Inland bis hin zum Weltmarkt.

17.3 Strukturausfüllende Gestaltungsbereiche des Supply Chain Managements

17.3.1 Informationsversorgung in der Supply Chain

Voraussetzung für die Lösung von Entscheidungsproblemen auf betrieblicher und auf überbetrieblicher Ebene sind Informationen. Klarheit muss zum einen bestehen über die Zielvorstellungen, zum anderen über Gegebenheiten des eigenen Betriebs, der Lieferkette und der Märkte. Die erstgenannten Informationen sind normativer, die letztgenannten faktischer Art. Zahlreiche der für Planungszwecke benötigten faktischen Informationen muss man auf der Basis entsprechender Hypothesen aus Prognosen gewinnen. Hierfür stehen verschiedene Verfahren zur Verfügung, bei welchen es sich teilweise um einfache Berechnungen, teilweise um kompliziertere stochastische Prognosetechniken handelt (vgl. zum Überblick Troßmann [Investition] 59 ff.).

Die zentrale Information für den Beschaffungs- und Logistikbereich eines Betriebs bildet der Bedarf für jedes zu beschaffende Einsatzgut und jedes selbst zu produzierende Zwischenprodukt. Dieser wird betriebsintern für den Planungszeitraum vorhergesagt, wobei i.d.R. auf Verfahren der programmorientierten oder auf Verfahren der verbrauchsorientierten Prognose zurückgegriffen wird (vgl. im Einzelnen Tempelmeier [Material-Logistik]).

Merksatz: Es gibt zwei Klassen quantitativer Verfahren zur Bedarfsprognose:

- **Programmorientierte Prognosen** leiten den Bedarf aus dem künftigen Produktionsprogramm ab. Dieses muss als Plangröße bekannt sein; es bildet den **Primärbedarf.**
- **Verbrauchsorientierte Prognosen** basieren auf der Hypothese, dass der Verbrauch in der Vergangenheit und der künftige Bedarf von Einflussgrößen abhängen, die zwar im Einzelnen unbekannt, aber prinzipiell gleichbleibend sind.

Zur Ermittlung der Bedarfe wird auf Informationen nachgelagerter Stufen sowie auf dokumentierte, historische Informationen zurückgegriffen. Darauf aufbauend werden Bestellmengen gebildet (zu typischen Methoden der Bestelloptimierung vgl. Abschnitt 17.6) und an die vorgelagerte Stufe weitergeleitet, wo diese Informationen in die dortige betriebliche Bedarfsplanung eingehen.

Durch diese stufenweise Informationsversorgung in der Lieferkette und die damit einhergehende sukzessive Informationsverarbeitung in den jeweiligen Bedarfsplanungen kann es zu zunehmenden Schwankungen in den Bestellmengen und den Lagerbeständen in der Lieferkette kommen. Als wesentliche Treiber des zugehörigen Bullwhip-Effekts lassen sich vier Faktoren unterscheiden, die in jeder informationsverarbeitenden Stufe der Lieferkette neuerlich wirken können (vgl. Vahrenkamp/Kotzab [Logistik] 39 ff. sowie Stadtler [Supply Chain Management]).

Merksatz: Folgende Faktoren führen bei der betrieblichen Bedarfs- und Bestellmengenplanung zu einer **Begünstigung des Bullwhip-Effekts:**

(1) mehrfache Bedarfsprognosen,
(2) Losgrößenbildungen,
(3) Rationierungen,
(4) Preisänderungen.

(1) Sind die bei der betrieblichen Bedarfsprognose verwendeten Informationen nachgelagerter Stufen selbst Ergebnis dortiger Prognosetätigkeiten, so kommt es in der Lieferkette zu mehrfachen Bedarfsprognosen. Damit spiegeln die zur Prognose verwendeten Bedarfsinformationen aber nicht die letztliche Nachfrage am Markt wider. Änderungen der Bedarfsinformationen sind somit nicht zwingend auf Änderungen der (End-)Kundennachfrage zurückzuführen, sondern die Folge von Bedarfsplanungen der direkt nachgelagerten Stufe. Die Verfälschung der Information ist insbesondere auf den zeitlichen Verzug von der Bedarfsmeldung bis zur Bedarfsdeckung, d.h. auf die Lieferzeit zurückzuführen. Dies kann zu Überreaktionen auf Bedarfsänderungen führen, wenn man im Falle von steigendem Bedarf die zwischenzeitlich nicht befriedigte Nachfrage möglichst schnell bedienen und im Falle von sinkendem Bedarf potenziell zu hohe Lagerbestände abbauen will. Setzt sich die Überreaktion über die Lieferkette hinweg von Stufe zu Stufe fort, so entsteht der aufschaukelnde Bullwhip-Effekt.

(2) Auch durch die Bildung von Losgrößen auf nachgelagerten Lieferkettenstufen kommt es zu größeren Ausschlägen in den Bestellmengen der direkt nachgelagerten Stufe. Immer dann, wenn bestellfixe Kosten je Lieferung oder rüstfixe Kosten je Fertigungsprozess anfallen, werden ggf. isoliert (kosten-) optimale Bestell- bzw. Fertigungslose gebildet (genauere Ausführungen hierzu

finden sich in Abschnitt 17.6.3). Werden diese losbedingten Schwankungen als Variabilität der eigentlichen Kundennachfrage missinterpretiert, so können auch sie die beschriebenen Überreaktionen hervorrufen.

(3) Kommt es im Falle von Fehlmengensituationen zu einer Verknappung von produktionsrelevanten Beschaffungsgütern, so rationieren vorgelagerte Betriebe mitunter die auslieferbaren Bestände. Dann wird nur ein Teil, oft ein fester Prozentsatz der Bestellmenge realisiert. Infolgedessen kann es zu übermäßig hohen Bestellungen kommen, um trotz der Rationierung den betrieblichen Bedarf zu decken. Die Folge sind wiederum Überreaktionen und ein Aufschaukeln der Bestell- und Lagerbestände.

(4) Letztlich kann auch das Spekulationsmotiv der Lagerhaltung dazu führen, dass es zu größeren Ausreißern in den Bestellmengen kommt, ohne dass diesen entsprechende Bedarfe zugrunde liegen (zu den Prinzipien der Lagerung vgl. Abschnitt 17.5.2.1). Rabattsysteme oder antizipierte Preisänderungen sind häufig Gründe für bewusste Erhöhungen oder Reduktionen der gewöhnlichen Lagerbestände und können somit ebenfalls Auslöser der Schwankungen in der Lieferkette sein.

Für eine gegebene Lieferkettenstruktur gilt es, die betriebsübergreifenden Prozesse so zu koordinieren, dass die beschriebenen, den Bullwhip-Effekt begünstigenden Faktoren möglichst unterbunden werden können. Hierzu empfiehlt sich insbesondere der Einsatz moderner Informations- und Kommunikationstechnik. Sie ermöglicht eine schnelle Versorgung der Lieferkettenmitglieder mit faktischen Informationen für betriebliche Planungs- und Steuerungszwecke. Aufgrund deutlich verringerter Bedarfsmeldefristen können z.B. kürzere Lieferzeiten realisiert werden. Dies führt zu einer verringerten Überreaktion nach Faktor (1) in der Lieferkette. Die Kenntnis der tatsächlichen Nachfrageentwicklung versetzt die Lieferkettenmitglieder auf nachgelagerten Stufen außerdem in die Lage, die durch die Faktoren (2) bis (4) verursachten Bestellmengen nicht falsch zu interpretieren.

Geht die betriebsübergreifende Nutzung der installierten IuK-Technik über die Informationsversorgung hinaus und umfasst auch eine Abstimmung betrieblicher Planungsaktivitäten, so können die Auswirkungen der genannten Faktoren weiter eingeschränkt werden. Beispielsweise können zentral durchgeführte Bedarfsplanungen das Problem mehrfacher Bedarfsprognosen mindern. Produktions- und Lieferrhythmen lassen sich betriebsübergreifend abstimmen, etwa durch den gemeinsamen Einsatz von Logistikdienstleistern, um so der Losgrößenproblematik entgegenzuwirken. Abstimmungen der Lagerbestands- und Kapazitätsplanungen schließlich vermeiden generell Fehlmengensituationen.

In den folgenden beiden Abschnitten werden zwei softwaregestützte Systeme zur Lieferkettenabstimmung vorgestellt, wobei sich Ersteres an einer zentralen und Letzteres an einer dezentralen Informationsverarbeitung in der Supply Chain orientiert.

17.3.2 Advanced Planning Systems zur Unterstützung einer zentralisierten Planung und Steuerung im Supply Chain Management

Um den geschilderten Herausforderungen einer möglichst unverzögerten Abstimmung von Programmplanung und Produktionsablauf über die Lieferkette hinweg gerecht zu werden, bietet sich eine betriebsübergreifende Vernetzung der IT-Systeme an. Dies dient der Schaffung eines einheitlichen Datenbestands für die Supply-Chain-Partner und eröffnet die Möglichkeit zur Abstimmung dezentraler Teilpläne.

Definition:

Advanced Planning Systems (APS) sind auf Softwaremodulen basierende Lösungskonzepte für das Supply Chain Management, die durch Integration betrieblicher Daten eine betriebsübergreifende Planung und Steuerung der Lieferkette anstreben.

Innerbetriebliche Softwaresysteme, etwa klassische Enterprise-Resource-Planning- (ERP-)Systeme, werden hierbei nicht ersetzt. Das Hauptaugenmerk von APS liegt vielmehr auf einer Verwendung der durch betriebliche ERP-Systeme zur Verfügung gestellten Daten, um diese zu verknüpfen, durch betriebsübergreifende Planungswerte zu ergänzen und anschließend wieder an die ERP-Systeme zurückzugeben. Betriebsintern werden die Daten für weitere Planungs- und Steuerungsaktivitäten verwendet. Wenngleich der Schwerpunkt von APS im Gegensatz zu ERP-Systemen i.d.R. im Bereich der Planungs- und nicht der Steuerungsaktivitäten liegt, ist eine konkrete Aufteilung der Aufgaben zwischen ERP-Systemen und APS erst im Zuge einer tatsächlichen Implementierung möglich (vgl. Corsten/Gössinger [Supply Chain Management] 162; zu wesentlichen Funktionalitäten von APS vgl. Stadtler/Kilger/Meyr [Advanced Planning]).

Der modulare Aufbau von APS folgt der Idee, das Supply Chain Management bei unterschiedlichen Planungsaufgaben zu unterstützen. Je nach Zeithorizont der Planung und unterstütztem Funktionsbereich ergeben sich Module für verschiedene Planungsaufgaben. Ihre Bandbreite und Zusammenhänge sind in Abb. 17.5 dargestellt (zur Supply-Chain-Planungsmatrix vgl. Rohde/Meyr/Wagner [Supply-Chain-Planungsmatrix]).

Wenngleich das Modul der strategischen Netzwerkplanung als eigenständige Planungsaufgabe Eingang in das theoretische Konzept von APS findet, beschränken sich die tatsächlichen Anwendungen meist auf operative Planungsaspekte. Der Handlungsrahmen der als mittel- und kurzfristig deklarierten Module wird i.d.R. bereits durch die in Abschnitt 17.2 geschilderten Aspekte zur Konfiguration der Lieferkette definiert, ohne dass hierfür spezifische Softwaresysteme herangezogen werden (zu weiteren Defiziten von APS vgl. Schweitzer [Planung] 120 ff.).

Die einzelnen Module von APS sind nach dem Konzept einer hierarchischen Planungslogik verknüpft. Dadurch wird das Gesamtproblem in Teilprobleme zerlegt, und die Ergebnisse übergeordneter Teilprobleme dienen für untergeordnete Planungsaufgaben als Input. Die Abhängigkeiten der Teilaufgaben sind in Abb. 17.5 durch Pfeile symbolisiert.

Eine zentrale Rolle nimmt dabei insbesondere die netzwerkbezogene Hauptproduktionsprogrammplanung ein. Sie ermittelt für die Lieferkette u.a. aggregierte

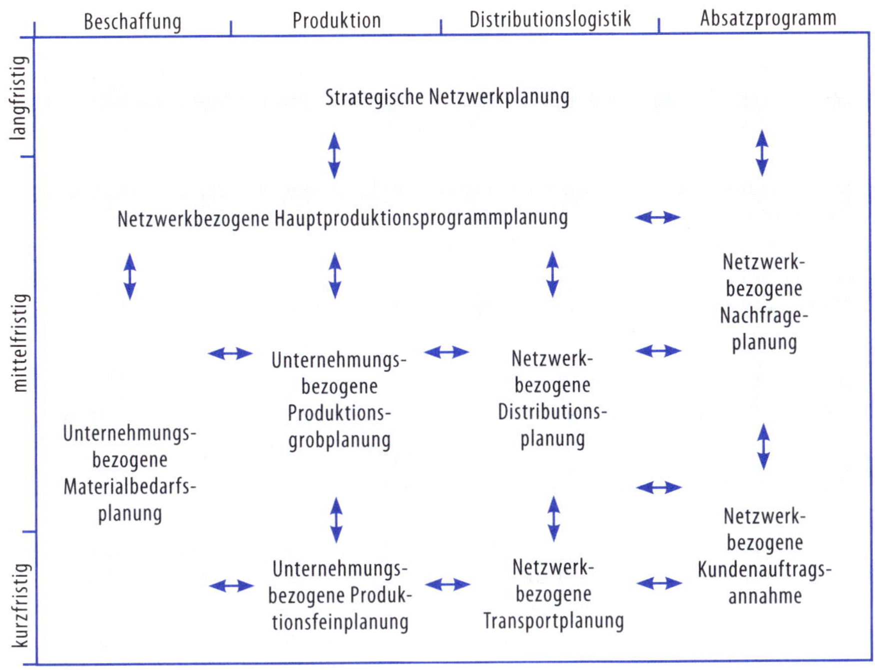

Abbildung 17.5: Supply-Chain-Planungsmatrix (vgl. Corsten/Gössinger [Supply Chain Management] 164)

Bedarfsmengen, Lagerbestände und Absatzmengen. Neben den Vorgaben aus der netzwerkbezogenen Nachfrageplanung und den hieraus abgeleiteten Sekundärbedarfen werden dabei auch die bei den Lieferkettenmitgliedern verfügbaren Ressourcen berücksichtigt, z.B. in Form von Produktionskapazitäten. Die ermittelten Planwerte stellen dann wiederum Inputinformationen für die betrieblichen Beschaffungs-, Produktions- und Distributionsplanungen dar.

Innerhalb der einzelnen Module greift man zur Lösung der jeweiligen Planungsaufgabe auf bekannte Verfahren zurück. Bei der netzwerkbezogenen Nachfrageplanung sind dies etwa häufig verbrauchsorientierte Prognoseverfahren, in den anderen Modulen sind es mitunter simulationsbasierte Ansätze sowie exakte und heuristische Methoden des Operations Research.

Die Verwendung von APS führt bei Weitem noch nicht zu einer exakten Optimierung betriebsübergreifender Planungen in der Lieferkette. Dies ist schon aufgrund der Komplexität des Gesamtproblems, der daraus resultierenden sukzessiven Bearbeitung von Teilproblemen durch einen hierarchischen Planungsansatz sowie der vielfachen Verwendung einfacher und heuristischer Lösungsverfahren kaum möglich (s. Modul 8, Download, Anhang 1). Dennoch sorgt die Bereitstellung und Verwendung eines einheitlichen Datenbestands in der Lieferkette dafür, dass planungsrelevante Informationen für einzelne Mitglieder der Lieferkette in größerem Umfang, in kürzerer Zeit und in weniger stark manipulierter Art verfügbar sind, was letztlich den in Abschnitt 17.3.1 beschriebenen Problemen entgegen wirkt.

Aufgrund der teilweise zentralisierten Planungsaktivitäten gilt es vor der Installation von APS deren organisatorische Verankerung in der Lieferkette zu klären. In hierarchischen Supply Chains ist jeweils ein besonders einflussreiches Lieferkettenmitglied vorhanden, als fokales Unternehmen bezeichnet. Es stellt i.d.R. die zentrale Planungsinstanz dar. Solche Strukturen sind z.B. in der Automobilindustrie mit ihren durchsetzungsstarken Endproduktherstellern wiederzufinden. Fehlt es an einem fokalen Unternehmen, so könnte eine neutrale Planungsinstanz dessen Aufgabe übernehmen, etwa in Form eines Fourth Party Logistics Providers (vgl. z.B. Fandel/Giese/Raubenheimer [Supply Chain Management] 23; zum Konzept des 4PL-Providers vgl. Baumgarten/Kasiske/Zadek [Logistik-Dienstleister]). Derartige Dienstleisterkonzepte sind allerdings bislang kaum in der betrieblichen Praxis verankert.

17.3.3 Collaborative Planning zur Unterstützung einer dezentralisierten Planung und Steuerung im Supply Chain Management

In Lieferketten mit gleichrangigen Mitgliedern (heterarchische Supply Chains) gelingt die Umsetzung von APS häufig nicht. Dies ist darauf zurückzuführen, dass es den beteiligten Betrieben in diesen Fällen oft an der Bereitschaft fehlt, die Daten in der erforderlich umfassenden Art zur Verfügung zu stellen. Ohne eine solche Datengrundlage ist aber eine zentralisierte Informationsverarbeitung undenkbar. Gemeinsame Aktivitäten beschränken sich dann auf dezentrale Teilabschnitte der Kette, z.B. indem zwei aufeinanderfolgende Lieferkettenmitglieder Planung- und Steuerungsinformationen austauschen. Dazu bedient man sich standardisierter Verfahren, etwa des Electronic Data Interchange (EDI).

Merksatz: **Ansätze des Collaborative Planning basieren auf einer horizontalen Abstimmung von Plänen zur Synchronisation der Aktivitäten zweier aufeinanderfolgender Lieferkettenmitglieder.**

Je nach betrachteter Planungsaufgabe können verschiedene Ausprägungen des Collaborative Planning unterschieden werden. Hierzu zählen Ansätze zur Nachfrageplanung, zur Lagerbestandsplanung, zur Kapazitätsplanung und zur Transportplanung (vgl. hierzu Corsten/Gössinger [Supply Chain Management] 184 f., Kilger/Reuter/Stadtler [Collaborative Planning] sowie Langemann [Collaborative Supply Chain]). Hier werden die beiden erstgenannten näher erläutert:

- Nachfrageplanung: Diese Form der Zusammenarbeit zielt auf ein frühzeitiges Einbeziehen von Informationen des Abnehmers in die Nachfrageprognose des Lieferanten. Mittel- bis langfristige Bedarfe werden ebenso vom Abnehmer an den Zulieferer übermittelt wie etwaige Marketingaktivitäten. Nach erfolgter Prognose und Produktionsprogrammplanung auf Lieferantenseite erhält der Abnehmer eine Bestätigung der realisierbaren Mengen. Dies verhilft ihm in der eigenen Produktionsprogrammplanung zu einer höheren Planungssicherheit. Unternehmenspraktische Umsetzungen sind unter dem Begriff des Collaborative Planning, Forecasting, and Replenishment (CPFR) bekannt und meist in der Zusammenarbeit von Handel und Konsumgüterindustrie vorzufinden.

▷ Lagerbestandsplanung: Eine gemeinsame Lagerbestandsplanung soll unnötige Sicherheitsbestände abbauen sowie Fehlmengen reduzieren. Eine konkrete Form der Umsetzung schlägt vor, abnehmerspezifische Informationen zum Lagerbestand und zum zukünftigen Bedarf beim Lieferanten zur Verfügung zu stellen, so dass der Lieferant die Belieferungsprozesse zur Lagerauffüllung eigenständig planen und ausführen kann (Vendor Managed Inventory). Hierbei sind vom Lieferanten vorab getroffene Vereinbarungen zu erfüllen, z.B. ist ein Lieferbereitschaftsgrad (vgl. Abschnitt 17.1.3.2) einzuhalten oder ein bestimmtes Lagerhaltungssystem (vgl. Abschnitt 17.6.5) anzuwenden.

Die operative Umsetzung der in den Abschnitten 17.2 und 17.3 vorgestellten Aufgaben des Supply Chain Managements ist Teil der betrieblichen Beschaffungs- und Logistikpolitik. Ihre Methoden machen das eigentliche Instrumentarium des Supply Chain Managements aus (vgl. Abschnitt 17.1.3.4). In den beiden nächsten Abschnitten werden die beschaffungs- und logistikpolitischen Instrumente des Supply Chain Managements im Einzelnen behandelt.

17.4 Beschaffungspolitische Instrumente des Supply Chain Managements

17.4.1 Überblick zu den beschaffungspolitischen Instrumenten

Das Spektrum beschaffungspolitischer Alternativen lässt sich systematisch erfassen, wenn man die Beschaffung als marktbezogene Funktion ansieht. Die Beschaffungspolitik konkretisiert das Beschaffungsmarketing. Dazu gehören sowohl auf die Lieferkette gerichtete betriebsexterne als auch betriebsinterne Maßnahmen.

Merksatz: Das **Beschaffungsmarketing** umfasst die Beziehungen des Betriebes zu seinen Beschaffungsmärkten sowie alle beschaffungsmarktorientierten betrieblichen Entscheidungen.

Beschaffungsmarketing bildet damit einen Teil des betrieblichen Gesamtmarketing und ist das Gegenstück zum Absatzmarketing (vgl. Modul 14). Es lässt sich in die Teilgebiete Personal-, Anlagen-, Informations- und Materialmarketing gliedern. Gerade bei Letzterem bestehen vielfältige Analogien zum Absatzmarketing. Wie dort lässt sich insbesondere auch die betriebliche Beschaffungspolitik als Kombination („Mix") verschiedener Instrumente auffassen. Das beschaffungspolitische Instrumentarium umfasst die

- Beschaffungsprogrammpolitik,
- Beschaffungskonditionenpolitik,
- Kommunikationspolitik und
- Bezugspolitik.

Diese Gliederung stimmt im Kern mit der üblichen Systematik des absatzpolitischen Instrumentariums überein (vgl. Koppelmann [Beschaffungsmarketing] 272 ff.). Die inhaltlich unterschiedenen Teilpolitiken umfassen jeweils sowohl strategische als auch operative Elemente, wobei deren Zuordnung bisweilen situationsabhängig ist. Grundsatzentscheidungen aus dem Supply Chain Management betreffen in erster Linie die strategische Programm- und Bezugspolitik. Kombiniert man die strategischen Festlegungen aller vier Teile der Beschaffungspolitik, erhält man das Mix der so genannten Sourcing-Konzepte des Betriebs (vgl. hierzu Arnold [Beschaffungsmanagement] 93 ff. sowie Eßig/Hofmann/Stölzle [Supply Chain Management] 107 ff.).

17.4.2 Beschaffungsprogrammpolitik

17.4.2.1 Komponenten der Beschaffungsprogrammpolitik

Merksatz: **Die Beschaffungsprogrammpolitik bestimmt das auf den verschiedenen Märkten zu beschaffende Programm an originären Einsatzgütern, d.h. die art- und mengenmäßige Zusammensetzung sowie die zeitliche Verteilung der Güternachfrage.**

Im Einzelnen geht es um Folgendes:

(1) Welche Einsatzgüterarten sind zu beschaffen? Wie sind die Güterarten zu kombinieren? Welches Beschaffungsprogramm ergibt sich daraus?
(2) Welche Eigenschaften, insbesondere welche Qualität sollen die einzelnen Einsatzgüter aufweisen?
(3) Wie ist die vom Betrieb entwickelte Nachfrage auf den Beschaffungsmärkten zeitlich zu verteilen?

Diese Fragen werden in den folgenden drei Abschnitten behandelt.

17.4.2.2 Beschaffungssortiment

Die erste Frage verlangt, die Arten der originären Einsatzgüter, d.h. das Beschaffungssortiment, festzulegen. Dieses hängt von der gesamten Programmpolitik des Betriebes ab und kann nur in Abstimmung mit dem Programm der herzustellenden und abzusetzenden Produktarten festgelegt werden. Grundsätzlich folgt dies den strategischen Entscheidungen zur Konfiguration der Lieferkette, insbesondere zur Fertigungstiefe.

Definition:
Mit Make-or-buy-Entscheidungen wird die Wahl zwischen Eigenfertigung und Fremdbezug bezeichnet. Durch sie wird die Fertigungstiefe im Einzelnen festgelegt.

Die hierbei ins Auge gefassten Alternativen Beschaffung oder Fertigung bestehen aber nicht generell, sondern nur jeweils im Hinblick auf ein bestimmtes Einsatzgut. Es geht folglich nicht um die Entscheidung, ob überhaupt, sondern nur darum, was beschafft werden soll. Wird etwa ein bestimmtes Teil selbst produziert, richten sich die Beschaffungsaufgaben nunmehr auf die Einsatzgüter zu seiner Herstellung, so dass die Beschaffung nicht entfällt, sondern sich lediglich das Beschaffungsprogramm verändert. In der Regel wird es dadurch sogar an Positionen umfangreicher, die Lieferkette wird breiter.

Entscheidungen über die Fertigungstiefe sind vielfach mit längerfristigen Festlegungen verbunden, da Kapazität auf- oder abgebaut werden muss. Dennoch verbleibt auch ein Bereich von kurzfristigen Make-or-buy-Entscheidungen. Sie finden sich insbesondere dort, wo beschränkte Kapazität für einen kurzfristigen Wechsel von der Eigenfertigung zum Fremdbezug sorgt. Mitunter werden beide Varianten nebeneinander realisiert, so dass lediglich der Mengenanteil variiert.

Wenn die bisherige Eigenfertigung auf einen Zulieferer verlagert wird, ist es bisweilen – gerade im kurzfristigen Fall – erforderlich oder zumindest zweckmäßig, ihm auch Konstruktions- oder Herstellungsinformationen bzw. Werkzeuge oder sogar Produktionsanlagen zur Verfügung zu stellen. Diesen Fall bezeichnet man als „verlängerte Werkbank". Weitergreifende Fälle des Outsourcing, etwa hin zum Systemsourcing, betreffen die grundsätzliche Gestaltung der Lieferkette und sind in Abschnitt 17.2 besprochen.

17.4.2.3 Güterqualität

Beschaffungsgüter haben im betrieblichen Produktionsprozess eine bestimmte Funktion zu erfüllen. Daher steht am Anfang der Beschaffungsüberlegungen nicht die Aufgabenstellung, etwa eine bestimmte bereits nach sachlich-technischen Merkmalen beschriebene Materialart in exakt festgelegter Qualität bereitzustellen. Vielmehr wird ein Einsatzgut gebraucht, das für den Fertigungsprozess genau zu definierende Eigenschaften aufweist. Die Suche richtet sich gemäß dieser Auffassung auf keine bestimmte Güterart, sondern eine produktionswirtschaftliche Leistung. Erst durch die Analyse, welche konkret am Markt nachfragbaren Stoffe in welcher Qualität die erforderlichen Leistungsmerkmale aufweisen, konkretisiert sich die Beschaffungsaufgabe auf marktgängige Güterarten.

Die Untersuchung von Eigenschaften einzelner Einsatzgüter macht nur einen Teil der Aufgabe aus. Um ein optimales Beschaffungsprogramm zusammenstellen zu können, sind insbesondere auch Güterverbundwirkungen zu analysieren. Dabei ist zu klären, welcher Zusammenhang zwischen den zu beschaffenden Güterarten besteht. Analog zum Absatzbereich lassen sich zwei Arten von Verbundwirkungen unterscheiden:

- Ein Angebotsverbund zwischen zwei Gütern liegt vor, wenn die Nachfrage nach dem einen die Angebotssituation des anderen beeinflusst. Im einfachsten Fall werden zwei Güterarten vom selben Marktpartner angeboten. Hat man sich entschlossen, die eine zu kaufen, wird der Bezug der anderen bei diesem Lieferanten vergleichsweise günstig. Dann bietet sich ein Cross Buying an, d.h. deren Zusammenfassung zu einer Beschaffungseinheit.
- Innerbetriebliche Verbundwirkungen sind Interdependenzen, die sich aus den Lager- oder Fertigungsprozessen ergeben. So kann das Zusammentreffen verschiedener Qualitäten, Normensysteme, Formen, Verpackungen oder Farbnuancen problematisch sein (Konkurrenzbeziehung). Andererseits ergänzen sich manche Güterarten gegenseitig und empfehlen sich daher zur gemeinsamen Verwendung (Komplementärbeziehung). Für das Anlegen von Sicherheitsbeständen interessiert, inwieweit eine Materialart durch andere ersetzt werden kann, wenn sie im Bedarfsfall nicht greifbar ist (Substitutionsbeziehung).

17.4.2.4 Zeitliche Nachfrageverteilung

Die zeitliche Nachfrageverteilung ist im Gegensatz zu den beiden anderen Teilfragen der Beschaffungsprogrammpolitik immer wieder aufs Neue zu lösen. Sie bestimmt sich hauptsächlich nach sachlichen und formalen Zielen (zur Abgrenzung vgl. Modul 1). Sachlich sind zum einen die Bedarfsmengen und -termine der Fertigungsbereiche bzw. der externen Abnehmer wichtig; zum anderen kann es Mengenbeschränkungen auf Anbieterseite geben. Als formales Ziel in der Beschaffung kommt z.B. die kostengünstigste Deckung einer ermittelten Bedarfsmenge für einen festgelegten Zeitraum in Frage. Hier eröffnet sich ein geeignetes Feld für Optimierungsrechnungen. Typische Beispiele werden in Abschnitt 17.6 vorgestellt.

Grundlage derartiger Optimierungsrechnungen ist eine Vorentscheidung darüber, nach welchen Bereitstellungsprinzipien überhaupt beschafft werden soll. Sie grenzen den Spielraum ab, der für eine Mengenoptimierung der Beschaffung besteht. Man unterscheidet:

- Vorratshaltung,
- Einzelbeschaffung im Bedarfsfall und
- einsatzsynchrone Anlieferung.

(1) Nach dem Prinzip der Vorratshaltung legt man Bestände an, ohne bereits präzise deren Verwendung zu kennen. Anwendbar ist dieses Konzept dort, wo der Bedarf dem Grunde nach und (für einen größeren Zeitraum) zumindest ungefähr auch der Höhe nach bekannt ist, während die konkrete Mengen- und Zeitaufteilung noch nicht vorliegen.

(2) Die fallweise Einzelbeschaffung setzt voraus, dass ein konkreter Bedarf, ein Auftrag, vorliegt. Der Bedarf ist damit nach Menge und Termin fixiert. Dennoch gibt es auch hier erheblichen Spielraum für eine Optimierung, da späterer Bedarf auch früher gedeckt werden kann.

(3) Die einsatzsynchrone Anlieferung ist das einzige Bereitstellungsprinzip, bei dem kein Raum für eine isolierte Beschaffungsmengenoptimierung besteht. Die Einsatzgüter sind hier nach Menge und Termin so zu ordern und anzuliefern, dass eine Lagerung vermieden wird. Die einsatzsynchrone Anlieferung bedarf daher einer ausgereiften Produktionsplanung. Sie kommt vor allem bei der Fließfertigung vor.

17.4.3 Beschaffungskonditionenpolitik

Die Konditionenpolitik ist weit zu interpretieren. Neben den eigentlichen Preis des Beschaffungsgutes treten zahlreiche weitere Elemente.

Merksatz: Die **Beschaffungskonditionenpolitik** umfasst die Gestaltung folgender Komponenten:

- Unmittelbare **Geldleistungen** an den Lieferanten: der Preis beim Kauf, Anzahlung und Raten bei Leasinggeschäften, die Pacht bzw. Miete; bei Kompensationsgeschäften anstelle einer unmittelbaren Geldleistung der Wert der im Gegenzug zu liefernden Waren oder Dienstleistungen,
- **Rabatte**,
- **Kreditgewährung** vom Lieferanten in Form von allgemeinen Ausstattungs- oder einzelfallbezogenen Lieferungskrediten,
- **Lieferungs- und Zahlungsbedingungen** des Lieferanten.

Wie die Regelung im Einzelfall aussieht, hängt vor allem von der Marktposition des nachfragenden Betriebes und des Lieferanten ab. Die Beschaffungskonditionenpolitik ist somit in erster Linie eine Sache des Verhandelns. Auf beiden Seiten mag durch Vorgaben des eigenen Betriebes, durch langfristig einzuhaltende Prinzipien oder auf Grund der Marktsituation der Spielraum bei einzelnen Konditionen eingeschränkt sein. Daher ist von besonderer Bedeutung, dass im Verhandlungsprozess auf andere Bedingungen ausgewichen werden kann. So mag etwa der Kaufpreis durch Gewährung eines großzügigen Zahlungsziels oder Skontos indirekt reduziert werden, ohne dass eine Preisuntergrenze, die der Lieferant aus marktpolitischen Gründen einhalten will, verletzt wird.

Die Konditionenpolitik findet insgesamt ihren Niederschlag in einem Vertrag zwischen Lieferant und abnehmendem Betrieb. Je nach beschafftem Einsatzgut und gewählter Beschaffungsart handelt es sich dabei um einen Kauf-, Miet-, Pacht-, Leih-, (Realgüter-)Darlehens-, Werk-, Werklieferungs- oder Arbeitsvertrag. Die hier genannten Vertragsarten sieht das deutsche Rechtssystem als Hauptformen vor. Abgesehen vom Arbeitsvertrag, für den eigene Gesetze gelten, sind sie grundlegend im BGB definiert. Besonderen Regeln der Preisbildung unterliegen der Kauf über eine Warenbörse sowie gegebenenfalls eine Ausschreibung. Im Geschäftsleben haben sich daneben Vertragstypen entwickelt, die im Recht nicht speziell vorgesehen sind, z.B. Leasingverträge.

Manche Vertragstypen weisen umfassende Wechselbeziehungen mit den sonstigen beschaffungspolitischen Instrumenten auf, teilweise bildet sich in ihnen die übergreifende Beschaffungsstrategie rechtlich ab. Erkennbar wird dies an Regelungen, die bestimmte Risikoaspekte abdecken, oder eine längerfristig angelegte Beziehung zwischen Lieferant und abnehmendem Betrieb berücksichtigen. Besonders weit gehen z.B. Vereinbarungen über eine für den Abnehmer lagerlose Versorgung. Hiervon gibt es drei Formen (vgl. Spohrer [Risikofelder] 37):

- Fremdbevorratung beim Lieferanten,
- Fremdbevorratung in Form des Konsignationslagers sowie
- Just-in-Time-Anlieferung.

(1) Fremdbevorratung liegt vor, wenn der Lieferant sich verpflichtet, in einem von ihm betriebenen Lager ständig eine bestimmte Menge des Liefergutes bereitzuhalten. Im einen Fall befindet sich der reservierte Lagerbereich auf dem Betriebsgelände des Lieferanten oder ist eigens von ihm zu diesem Zweck errichtet oder angemietet worden (Fremdbevorratung beim Lieferanten). Der Abnehmer ruft kurzfristig die von ihm gewünschten Mengen ab, der Lieferant sorgt für die Anlieferung und füllt bei Unterschreiten der vereinbarten Mindestlagerhöhe das reservierte Lager wieder auf.

(2) Im anderen Fall der Fremdbevorratung liegt das Lager auf dem Betriebsgelände oder zumindest im unmittelbaren Einflussbereich des Abnehmers: Es handelt sich um ein Konsignationslager. Hieraus entnimmt der abnehmende Betrieb zu beliebigen Terminen nach Bedarf. Er fasst periodisch die Entnahmen zu einer nachträglichen Bestellung zusammen. Der Lieferant füllt das Lager wieder auf die festgelegte Höhe auf (continuous replenishment). Im Übrigen hat er regelmäßig auch für die Pflege des Lagergutes,

dessen Versicherung und ähnliche Lagerleistungen zu sorgen. Daher sind Konsignationsläger i.d.R. räumlich vom sonstigen Lager abgetrennt und besonders gekennzeichnet.

(3) Bei der Just-in-Time-Anlieferung schließlich wird über eine Lagerung nichts vereinbart. Sie gilt als internes Problem des Lieferanten. Festgelegt wird vielmehr, dass der Lieferant den Abnehmer nach einem genauen Mengen- und Terminplan beliefert. Prinzip dabei ist, dass die angegebenen Mengen jeweils denkbar knapp vor ihrer Verwendung („just in time") eintreffen, um eine Lagerung beim Abnehmer möglichst völlig zu vermeiden. Dies setzt eine rechtzeitige Übergabe von Bedarfsplänen an den Lieferanten voraus. Zu den wichtigsten Vertragsgegenständen einer solchen Just-in-Time-Regelung gehören daher immer die Vorlauffristen der Planungsinformationen sowie die Mindestfrist für die Mitteilung von kurzfristigen Änderungen oder besonderen Eilabrufen, für die eine Just-in-Time-Lieferung noch zugesichert werden kann.

17.4.4 Kommunikationspolitik im Beschaffungsbereich

Merksatz: Mit der **Beschaffungs-Kommunikationspolitik** gestaltet man die Kontaktaufnahme zu gegenwärtigen und potenziellen Lieferanten und sonstigen Beschaffungs-Vertragspartnern (z.B. Arbeitnehmern) sowie die Informationsübermittlung an sie.

Wie bei der absatzbezogenen Kommunikationspolitik (vgl. z.B. Helm [Marketing] 415 ff.) kann man vier Arten unterscheiden:

(1) Die Direktkommunikation ist das im Beschaffungsbereich vorherrschende Instrument. Namentlich schon bekannte (potenzielle) Anbieter oder vorgelagerte Mitglieder einer bereits existierenden Lieferkette werden direkt angesprochen. Ansonsten gewinnt man Adressen möglicher Lieferanten z.B. aus elektronischen Produktkatalogen, Angebotsverzeichnissen (z.B. die Plattform „Wer liefert was?"), Datenbanken der Branchenverbände oder mittels spezieller Suchmaschinen. Bei Bedarf kann ein Informationsbroker mit der Adressensuche beauftragt werden (vgl. Weinhardt/Krause/Herchenhein [Perspektiven] 919).

(2) Die zweite Art der Beschaffungskommunikation entspricht der Verkaufsförderung (Sales Promotion) im Absatzbereich. Wie jene ist sie dadurch gekennzeichnet, dass man zwar zunächst an den anonymen Markt herantritt, jedoch in einer Form, die bereits während der Kommunikation zu einem individualisierten Kontakt führt. Da dies im Beschaffungsbereich nur bei einem organisierten Zusammentreffen der Anbieter geschehen kann, soll hier von Marktplatzkommunikation gesprochen werden.

Allgemein werden u.a. Business-to-Business- (B-to-B-) sowie Business-to-Customer- (B-to-C-)Marktplätze unterschieden, je nachdem, ob nur Unternehmen oder auch endverbrauchende Haushalte teilnehmen (vgl. Kemper/Lasi/Zahn [Informationsmanagement]). In der betrieblichen Beschaffung kommen daher B-to-B-Marktplätze in Frage. Die Nutzbarkeit solcher Marktplätze für die laufende Beschaffung war traditionell in fast allen Fällen eingeschränkt. So finden viele der entsprechenden Veranstaltungen nur in größeren zeitlichen Abständen, z.B. jährlich statt. Andere sind regional begrenzt oder beschränken sich aber auf wenige Güterarten (Warenbörsen).

Im Electronic Business (E-Business) bestehen diese Einschränkungen nicht. Der Marktplatz kann virtuell realisiert werden, was oft zu erheblich reduzierten Kosten führt. Dadurch wird E-Business auch für Güter mit kleineren Nachfragemengen oder geringerer Standardisiertheit lohnend. Als elektronische B-to-B-Marktplätze (Handelsplattformen) kommen insbesondere schwarze Bretter, elektronische Börsen sowie Internet-Auktionen und Internet-Ausschreibungen in Frage (vgl. Gardon [Electronic Commerce] 312 ff. sowie allgemein Schmid [Märkte]).

Aufgrund des potenziell weltweiten Suchraums ist vor allem für virtuelle Marktplätze von Bedeutung, inwieweit die Zugangsmöglichkeit der Anbieter zum Marktplatz beschränkt werden kann. Insbesondere wenn die spätere Lieferantenwahl nur noch formalen Kriterien folgt (z.B. dem Preis) kann es wichtig sein, bestimmte Mindestbedingungen vorab sicherzustellen. Technisch kann dies durch Definition eines geschlossenen Benutzerkreises realisiert werden, zu dem nur zugelassen wird, wer eine bestimmte Zertifizierung nachweist oder eine Vorprüfung seiner Lieferfähigkeit nach Menge, Qualität oder Flexibilität erfolgreich durchlaufen hat.

(3) Die dritte Form der Beschaffungskommunikation, die Mediawerbung, richtet sich ausschließlich an den anonymen Markt. Mit Hilfe von einkanaligen Kommunikationsmitteln (Anzeigen in Zeitungen oder Zeitschriften, Werbespots in Funk oder Fernsehen, Bannerwerbung auf Internetseiten, Plakate, usw.) werden Anbieter für konkrete Beschaffungsgüter gesucht. Sie kommt, abgesehen etwa von der Arbeitskräftesuche, nur seltener in Frage.

(4) Mit der Öffentlichkeitsarbeit versucht der Betrieb durch vielfältige Einzelmaßnahmen eine positive Einstellung der Allgemeinheit ihm gegenüber zu erreichen. Sie gilt somit weder bestimmten Einsatzgütern noch einzelnen Fertigerzeugnissen, richtet sich auf den gesamten Betrieb und ist daher ein gemeinsames Instrument von Beschaffungs- und Absatzmarketing.

17.4.5 Bezugspolitik

Merksatz: Die **Bezugspolitik** betrifft die Verbindung zwischen Lieferant und Betrieb. Sie umfasst zwei Aspekte: den Beschaffungsweg sowie die Beschaffungslogistik.

Der Beschaffungsweg beschreibt die Zwischenstufen für die rechtlichen Vereinbarungen und den Informationsfluss bei der Beschaffung. Damit ist er der konkret gewählte oder speziell aufgebaute Teil einer Lieferkette. Hier ist festzulegen, welche Beschaffungsorgane eingeschaltet werden. Möglich sind der Direktbezug beim Hersteller, der Kauf über Groß- und Einzelhändler oder Einkaufsgenossenschaften, die Inanspruchnahme von Maklern, Abschluss- oder Vermittlungsvertretern, Einkaufsagenturen und Kommissionären oder der Einsatz eigener Einkäufer. Soweit die kommunikationspolitischen Maßnahmen als Geschäftsanbahnung anzusehen sind, gehen sie oft einem Direktbezug mit diesem Marktpartner voraus. Im Beschaffungsweg können aber auch mögliche

Lieferkettenmitglieder übersprungen werden oder zusätzliche neu auftreten (z.B. Kontaktaufnahme mit einem Hersteller, Bezug über dessen mehrstufigen Absatzkanal). Zur Gestaltung der Beschaffungswege gehören ferner die Lieferantenstrukturpolitik (vgl. Abschnitt 17.2.4) sowie innerhalb von deren Vorgaben die konkrete Lieferantenwahl.

Für die Beurteilung einzelner Beschaffungswege ist neben ihrem Aufbau und der Anzahl konkurrierender Möglichkeiten auch die Art der Geschäftsabwicklung wichtig. Hier nimmt das E-Commerce eine besondere Stellung ein. Zu ihm zählen neben der schon seit Längerem praktizierten elektronischen Gestaltung des Beschaffungswegs bei Direktbezug vor allem die Formen der elektronischen B-to-B-Marktplatz-Kommunikation. Da auf dem Beschaffungsweg ohnehin ausschließlich Informationen und Rechte ausgetauscht werden, empfiehlt er sich für eine Erweiterung zur vollständigen elektronischen Abwicklung. Damit entstehen elektronische Beschaffungswege.

Definition:
Das Nutzen elektronischer Beschaffungswege wird als Electronic Procurement **(E-Procurement)** bezeichnet.

In der Beschaffungslogistik sind Probleme des physischen Transports und der Lagerung der Einsatzgüter zu klären (vgl. Abschnitt 17.5 zu Einzelheiten). Vielfach fallen der rechtliche und der physische Weg der Einsatzgüter zusammen. Dennoch erscheint es zweckmäßig, sie getrennt zu untersuchen. Für beide gelten eigene Beurteilungskriterien. In manchen Fällen stimmen die Wege daher nicht überein. Bei verderblicher Ware und bei schwer oder nur sehr aufwendig transportierbaren Gütern empfiehlt es sich bisweilen, in der Logistik den kürzesten Weg vom Hersteller zum abnehmenden Betrieb zu nehmen, auch wenn rechtlich mehrere Organe dazwischenliegen. Rechtlicher und physischer Weg fallen dann auseinander. Es liegt ein Streckengeschäft vor. Beim Internetbezug materieller Güter ist es unvermeidlich.

Die verschiedenen Einzelinstrumente des Beschaffungsmarketing müssen zielgerichtet kombiniert werden, damit sie sich gegenseitig in ihrer Wirkung unterstützen. Es ist ein optimales Beschaffungsmarketing-Mix zu finden.

17.5 Logistikpolitische Instrumente des Supply Chain Managements

17.5.1 Überblick zu den logistikpolitischen Instrumenten

Die logistische Funktion umfasst die Raum- und Zeitüberbrückung sowie die Umgruppierung. Bei ihrer Erfüllung sind vier Arten von Problemen zu lösen. Inhalte sind:

(1) Mengen: Wie viel soll transportiert, gelagert oder umgruppiert werden?

(2) Termine: Wann sollen die einzelnen logistischen Teilprozesse beginnen und enden?

(3) Instrumente: Mit welchen Mitteln sollen die logistischen Teilfunktionen erfüllt werden, z.B. welche Transportmittel, Aufenthalts- und Lagerräume sowie Hilfsmittel beim Güterumschlag sollen eingesetzt werden?

(4) Orte und Wege: Auf welchem Weg soll transportiert werden? Welche Standorte kommen für den Aufenthalt bzw. die Lagerung in Frage? Wo befinden sich Umsteige- bzw. Umschlagsorte?

Für die einzelnen Logistikarten der Personen-, Waren-, Energie- und Informationslogistik führen diese Probleme zu zahlreichen konkreten Einzelfragen. Einige Beispiele dazu finden sich in Abb. 17.6.

Logistikart	Logistische Funktion / Teilproblem der Logistik	Raumüberbrückung	Zeitüberbrückung	Umgruppierung
Personenlogistik	Gesamtfunktion	**Personenbeförderung**	**Aufenthalt**	**Umsteigen**
	Beispiele zum – Mengenproblem	– Gruppenzusammensetzung, Abteilgröße	– Zusammensetzung von Warengruppen	– Zahl der Umsteigenden
	– Terminproblem	– Abfahrts-/Ankunftszeiten	– Aufenthaltsbeginn/-ende/-dauer	– Umsteigetermine
	– Instrumentalproblem	– Transport-, Verkehrsmittel-, Beförderungskomfort	– Einrichtung von Aufenthaltsräumen	– Umsteigehilfen (z. B. Flughafenbus)
	– Orts- und Wegeproblem	– Transport-, Verkehrswege	– Aufenthaltsorte	– Umsteigeorte
Warenlogistik	Gesamtfunktion	**Gütertransport**	**Lagerung**	**Umschlag**
	Beispiele zum – Mengenproblem	– Transportmenge	– gelagerte Menge	– umzusortierende Menge, umzulagernde Teilmengen
	– Terminproblem	– Transportbeginn/-ende/-dauer	– Lagerzeiten	– Umlagerungszeiten
	– Instrumentalproblem	– Transportmittel, -behältnisse	– Lagerarten, Lagerbehältnisse	– Entladehilfen, Verpackungsmaschinen
	– Orts- und Wegeproblem	– Transport-, Verkehrswege	– Lagerplätze (fest zugeordnete Lagerplätze – chaotische Lagerung)	– Umschlagplätze
Energielogistik	Gesamtfunktion	**Energietransfer**	**Energiespeicherung**	**Energietransformation**
	Beispiele zum – Mengenproblem	– Transfermenge	– gespeicherte Energiemenge	– zu transformierende Energiemenge
	– Terminproblem	– Beginn/Ende/Dauer des Transfers	– Speicherzeiten	– Transformationszeiten
	– Instrumentalproblem	– Transportbehälter, -mittel, Pipelines	– Speichermedium (z. B. Batterie, Kraftspeicher)	– Energie-Umsetzaggregate, Kraftwerke
	– Orts- und Wegeproblem	– Übertragungswege, Führung von Überlandleitungen	– Standort von Energiespeichern	– Standort von Umsetzaggregaten
Informationslogistik	Gesamtfunktion	**Informationsübermittlung**	**Informationsspeicherung**	**Informationsumspeicherung**
	Beispiele zum – Mengenproblem	– gleichzeitig übertragene Datenmenge	– Aufteilung der Speicherung in Datenteilmengen	– zu reorganisierende Datenteilmengen
	– Terminproblem	– Übertragungstermine (online)	– Beginn/Ende der Speicherung	– Abrufzeiten, Umspeicherzeiten
	– Instrumentalproblem	– Direktverbindung oder fallweiser Verbindungsaufbau, Art des Transports von Dokumenten	– Speichermedien, z. B. DVD-ROM, Hauptspeicher von EDV-Anlagen	– verwendete Codes, verwendete Ein-/Ausgabeeinheiten
	– Orts- und Wegeproblem	– Verbindungsweg, z. B. im Telefonnetz Netztopologie	– Aufbewahrungsort körperlicher Externspeicher	– Umcodierung am Sende- oder Empfangsort

Abbildung 17.6: Beispiele für logistische Probleme in den einzelnen Einsatzfeldern

17.5.2 Lösungsprinzipien für einzelne Logistikbereiche

Die typischen Probleme der Logistik und Prinzipien ihrer Lösung werden nachfolgend für den Bereich der Warenlogistik vorgestellt. Die logistischen Funktionen umfassen hier Lagerung, Transport und Umgruppierung von Waren.

17.5.2.1 Prinzipien der Lagerung

Im Leistungsprozess entsteht an mehreren Stellen eine Lagerbildung. Es gibt Kurzzeit-Zwischenläger, etwa um im Fertigungsprozess eine kontinuierliche Produktion sicherzustellen. Vor allem aber sind es Langzeit-Läger, die die Funktion der physischen Zeitüberbrückung von Waren übernehmen. Dazu gehören Eingangs- und Absatz- bzw. Ausgangsläger. Die Eingangsläger sind für die originären Einsatzgüter die erste innerbetriebliche Station, die Absatzläger für die Fertigprodukte die letzte.

Merksatz: Läger entstehen aus verschiedenen **Gründen.** Man unterscheidet das Ausgleichs-, das Vorsichts- und das Spekulationsmotiv.

Allgemein kann ein Lager als Puffer zwischen verschiedenen betrieblichen Teilprozessen aufgefasst werden. Daher nimmt jedes Lager eine Ausgleichsfunktion wahr. Vor allem sind unterschiedliche Rhythmen von Beschaffung und Fertigung auszugleichen. Sie ergeben sich dabei teils aus den Gegebenheiten der Lieferanten bzw. des Marktes, teils aber auch aus Kostenerwägungen. Darüber hinaus erstreckt sich das Ausgleichsmotiv auch auf die Qualität: Der Lagerbestand erlaubt es, Schlechtstücke zu ersetzen. Nach dem Vorsichtsmotiv wird ein Teil der Lagerbestände durch das Bemühen, unvorhergesehene Engpässe zu kompensieren, gerechtfertigt. Solche Engpässe entstehen durch ungeplant hohe Entnahme, termin- oder mengenungenaue Anlieferung und Fehllieferung. Schließlich können vermutete Preisschwankungen oder ein Verknappung auf dem Beschaffungsmarkt Anlass zu zusätzlicher spekulativer Lagerhaltung sein.

Lagerhaltungsmotive und Beschaffungsprinzipien stehen in einer engen Beziehung zueinander. Dispositionsabhängig, d.h. nicht zufällig oder ungeplant entstehende Lagerbestände sind stets auf bestimmte Bereitstellungsprinzipien und Lagerhaltungsmotive zurückzuführen. Insgesamt kann man den Gesamtbestand eines Lagers gemäß Abb. 17.7 aufgliedern.

Die Entscheidung über Menge und Zeit der Eingangslieferung bildet nur teilweise ein logistisches Problem, da damit gleichzeitig das Beschaffungsprogramm festgelegt wird. Das räumliche Problem der Lagerung ist dann gelöst, wenn eindeutig ein hierzu vorgesehener Raum zur Verfügung steht. Wenn die gesamtbetriebliche Lagerfläche beliebig verwendet werden kann, ist zu klären, ob Teile des Eingangslagers auch im ursprünglichen Absatzlager oder an anderen Orten untergebracht werden sollen.

Bei Mehrgüterlägern stellt sich schließlich die logistische Frage, ob für jede Güterart eigene Lagerplätze reserviert werden oder ob chaotisch gelagert wird. Bei der chaotischen Lagerung (Open Warehouse System) erhält jede ankommende Lieferung einen beliebigen, gerade freien Lagerplatz zugewiesen.

<table>
<tr><th>Bereitstellungsprinzip / Lagerhaltungsmotiv</th><th>Vorratshaltung</th><th>einsatzsynchrone Anlieferung</th><th>Einzelbeschaffung bei Bedarf</th><th colspan="2">Summe</th></tr>
<tr><td>Ausgleich</td><td>Vorrat i.e.S.</td><td>–</td><td>regulärer Auftragslagerbestand</td><td>regulärer, zum Verbrauch bestimmter Lagerbestand</td><td rowspan="2">antizipativer Bestand</td></tr>
<tr><td>Spekulation</td><td colspan="2">spekulativer Vorrat</td><td>spekulativ vorgezogener Auftragslagerbestand</td><td>Spekulationsbestand</td></tr>
<tr><td>Vorsicht</td><td colspan="2">Sicherheitsvorrat</td><td>aus Sicherheitsgründen vorgezogener Auftragslagerbestand</td><td colspan="2">gesamter Sicherheitsbestand</td></tr>
<tr><td>Summe</td><td colspan="2">Vorrat im weiteren Sinne</td><td>gesamter Auftragslagerbestand</td><td colspan="2">Gesamtlagerbestand</td></tr>
</table>

Abbildung 17.7: Aufgliederung der Lagerbestände nach Lagerhaltungsmotiven und Bereitstellungsprinzipien

Dies spart insgesamt Lagerkapazität, erfordert jedoch ein ausgereiftes und verlässliches Lagerinformationssystem.

17.5.2.2 Prinzipien des Transports

Welche logistischen Fragen beim Transport zu klären sind, hängt davon ab, zwischen welchen Stellen Transportleistungen erbracht werden müssen und ob überhaupt Alternativen bestehen. Im einfachsten Fall stehen Liefer- und Empfangsstelle sowie die zu transportierende Menge bereits auf Grund übergeordneter Vorentscheidungen fest. Dann ist allenfalls die Steuerung des Transports offen.

Merksatz: Je nachdem, welche Stelle den Transport veranlasst, spricht man vom **Bring-** oder vom **Holprinzip**. Eine dritte Möglichkeit bildet die **zentrale (Transport-) Steuerung**, die weder von der liefernden noch von der empfangenden Stelle beeinflusst wird.

Umfangreiche Optimierungsfragen sind zu lösen, wenn die gleiche Güterart an mehreren Lieferstellen verfügbar ist und auch an mehreren Bedarfsstellen gebraucht wird. Bestehen außerdem Obergrenzen für die jeweiligen Absende- und Empfangsmengen und unterscheiden sich die Transportkosten auf den einzelnen Verbindungswegen, muss für jede Absendestelle entschieden werden, welche Menge sie an welchen Empfangsort liefert. Dies bildet den Gegenstand des klassischen Transportproblems. Es ist in zahlreichen Varianten einer der traditionellen Ansatzpunkte der logistischen Optimierung (vgl. Abschnitt 17.6).

17.5.3 Lösungsprinzipien für die mehrstufige Logistik

17.5.3.1 Eingliederung der mehrstufigen Logistik in die inner- und überbetriebliche Gesamtplanung

Die typischen Probleme der mehrstufigen Logistik treten nicht nur in jedem Betrieb mit mehrstufigen Fertigungsprozessen auf, sondern auch überbetrieblich in der Lieferkette. In jedem Fall entstehen an zahlreichen Stellen Zwischenläger, die Gelegenheit zur Umgruppierung geben oder eine solche wegen des Fertigungsablaufs erforderlich machen. Die logistischen Aufgaben erweisen sich dabei als Teil einer umfassenden Produktionsplanung und -steuerung, in der neben den logistischen Alternativen zahlreiche weitere Parameter der allgemeinen Beschaffungs- und gesamten Produktionspolitik festzulegen sind. Sie werden daher in den meisten Fällen mit Hilfe entsprechender Softwaresysteme gelöst.

Für den innerbetrieblichen Bereich handelt es sich um Produktionsplanungs- und -Steuerungs- (PPS-) bzw. Enterprise-Resource-Planning- (ERP-)Systeme. Die Komponente für die Mengen- und Zeitplanung von Materialbeschaffung, -transport, -lagerung und -umgruppierung wird als MRP-System (Material Requirements Planning) bezeichnet. Mit derartigen Planungssystemen versucht man, ein gesamtbetriebliches Optimum der Produktions- und der zugehörigen logistischen Prozesse zu erreichen. Alle gegenwärtig in der Praxis installierten Systeme sind freilich im Kern als sukzessive Verfahren konzipiert, die heuristisch gefundene Teilbereichslösungen kombinieren. Insbesondere die Materialplanung schöpft dadurch die bestehenden Optimierungsmöglichkeiten nicht annähernd aus, da sie im Sukzessivlösungskonzept weit hinten steht.

Seit einiger Zeit wird das ursprünglich aus den frühen 1980er Jahren stammende MRP-II-Konzept (Manufacturing Resource Planning) zunehmend stärker in die Produktionsplanungssoftware eingebracht. Solche Systeme enthalten dann eine stärkere Koppelung der verschiedenen Teilplanungen, insbesondere über Ressourcenrestriktionen. Die Art der Materialplanung ändert sich dadurch nicht prinzipiell (vgl. z.B. Schütte/Siedentopf/Zelewski [Koordinationsprobleme] 160 ff.).

Für das Supply Chain Management gibt es spezielle Softwaresysteme. Sie lassen sich in zwei Kategorien einteilen. Zur ersten gehört insbesondere das Supply-Chain Operations-Reference-(SCOR-)System. Es ermöglicht vorwiegend die Detailmodellierung von Lieferketten und eine Analyse alternativer Konfigurationen (vgl. Sürie/Wagner [Chain] 41 ff.). Die zweite Kategorie dient der eigentlichen Lieferkettenabstimmung. Hierzu zählen die in Abschnitt 17.3 vorgestellten APS.

Schon wegen der Komplexität des Gesamtproblems kann sowohl inner- als auch überbetrieblich bei den gegenwärtigen Softwarelösungen von einer Optimierung nicht die Rede sein. Daher ist es immer möglich, fallweise mit speziellen Konzepten für bestimmte Teilbereiche Lösungen zu verbessern. Bekannt sind hierzu vor allem die Kanban- und die Just-in-Time-Logistik. Obwohl im Folgenden speziell für den innerbetrieblichen Bereich beschrieben, eignen sich beide generell für mehrstufige Produktions- und Liefersysteme.

17.5.3.2 Kanban-Logistik

Merksatz: Eine **Kanban-Logistik** umfasst eine Kombination von Verfahrensregeln zur Steuerung des betrieblichen Materialflusses.

Die Kanban-Logistik wurde in Japan in den 1950er Jahren beim Autohersteller Toyota entwickelt und hat sich seit Beginn der 1980er Jahre auch in Deutschland durchgesetzt. Sie lässt sich durch folgende Merkmale beschreiben (vgl. z.B. Wildemann [Werkstattsteuerung], Fandel/François [Just-in-Time]):

(1) Der Produktionsprozess wird (gedanklich) in eine Anzahl von Liefer-Empfangs-Beziehungen untergliedert. In jeder von ihnen muss Material transportiert werden.

(2) Aus jeder der gefundenen Liefer-Empfangs-Beziehungen wird ein selbststeuernder Regelkreis gebildet. Die Materialweitergabe wird dezentral gesteuert, indem man den Informationsfluss so mit dem Materialfluss verknüpft, dass sich beide auf derselben Ebene befinden. Eine übergeordnete (zentrale) Informationsverarbeitung ist überflüssig.

(3) Für den Transport wird das Hol-Prinzip eingeführt. Es ersetzt ein vorher realisiertes Bring-Prinzip bzw. eine zentrale Transportsteuerung.

(4) Es werden standardisierte Transportbehälter verwendet. Jeder von ihnen trägt ein besonderes Schild, einen Kanban (jap. Kanban: Schild, Karte). Wird ein Behälter abgeholt, verbleibt der Kanban am Abholort. Er gibt die Information über die Verwendung weiter. Die abgenommenen Kanbans werden gesammelt und von der liefernden Stelle laufend kontrolliert. Je nach Vorgabe stellt bereits ein Kanban oder erst eine gewisse Zahl von ihnen einen Produktions- oder Beschaffungsauftrag für diese Stelle dar.

(5) Der abgeholte Behälter wird nach Entfernung des ursprünglichen Kanbans mit einem vom Abholer mitgebrachten Transportkanban versehen, der am Verwendungsort eine entsprechende Rolle spielt wie der abgenommene (Produktions-)Kanban am Bereitstellungsort. Die Kanbans enthalten alle zur Identifikation, Nachbestellung oder Nachproduktion erforderlichen Informationen. Sie ermöglichen daher neben der dezentralen Materialflusssteuerung gleichzeitig eine dezentralisierte Informationsbereitstellung am Fertigungsort.

(6) Die umlaufende Materialmenge, insbesondere auch die Bestände an Halbfabrikaten werden indirekt dadurch gesteuert und vor allem nach oben begrenzt, dass für jede Stelle und Materialart nur eine vorab genau berechnete Zahl an Kanbans ausgegeben wird.

Abb. 17.8 zeigt das Prinzip der Kanban-Steuerung im Vergleich zu einer zentralen Materialfluss-Steuerung (abgeändert entnommen aus Wildemann [Werkstattsteuerung] 34).

Bei der Beurteilung der Kanban-Steuerung ist zu beachten, dass der geschilderte Ablauf nur in bestimmten Fällen realisierbar und nicht in allen davon zweckmäßig sein wird. Eine der wesentlichen Auswirkungen der Kanban-Steuerung bildet die Tatsache, dass für kanbangesteuerte Prozesse der Bedarf nicht längerfristig exakt geplant wird. Der Anwendungsbereich der Kanban-Logistik liegt folglich dort, wo Optimierungsüberlegungen zur Rüstkostenersparnis keine große Rolle spielen.

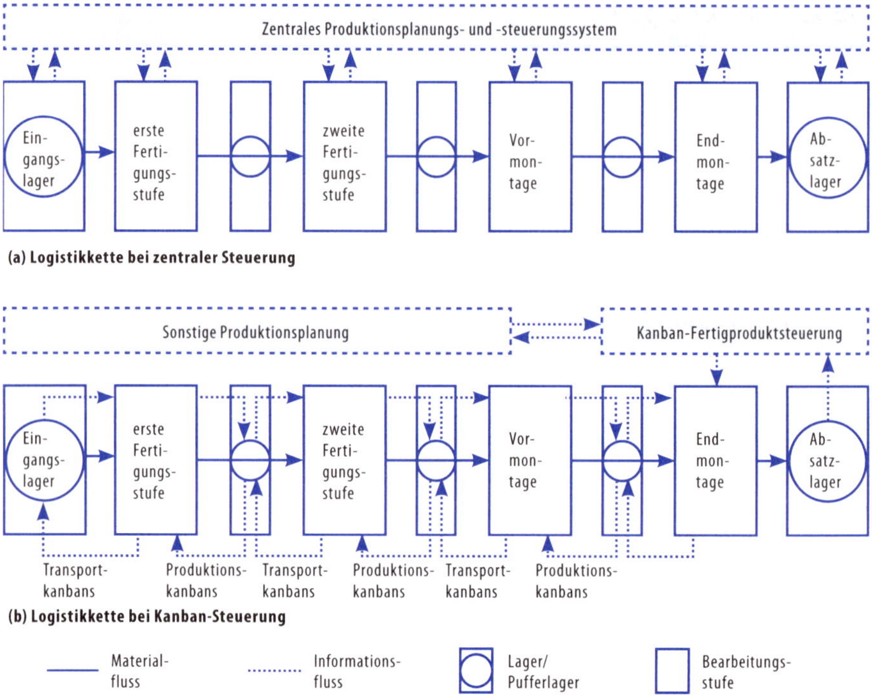

Abbildung 17.8: Schematischer Vergleich des zentralen Systems und des Kanban-Prinzips zur Logistiksteuerung

17.5.3.3 Just-in-Time-Logistik

Die Befürworter einer Kanban-Steuerung betonen die Möglichkeit, Lagerbestände zu reduzieren, indem die Materialien jeweils erst knapp vor dem Bedarfszeitpunkt abgerufen werden. Dieses übergeordnete Prinzip – für den Beschaffungsbereich handelt es sich um die einsatzsynchrone Bereitstellung – lässt sich auch unabhängig von einer Kanban-Steuerung realisieren. Es wird unter dem Begriff Just-in-Time-Logistik in zahlreichen Betrieben angestrebt.

Merksatz: **Bei der Just-in-Time-Logistik wird das Material erst unmittelbar vor seinem Einsatztermin bereitgestellt.**

Die Kanban-Logistik ist damit eine spezielle Ausprägungsform einer Just-in-Time-Logistik. Hinter dem Just-in-Time-Prinzip steht die Annahme, dass der weitgehende Abbau von Zwischenlägern mehr Kosten einspart, als durch häufiges Umrüsten sowie kleinere Beschaffungs- und Fertigungslose zusätzlich entstehen. Die Realisierung einer Just-in-Time-Logistik ist mit folgenden Einzelmaßnahmen in der Fertigung verbunden (vgl. Wildemann [Lösungskonzepte] 36 f.):

(1) Man organisiert die Fertigung weitgehend nach dem Fließprinzip.
(2) Bestände werden abgebaut. Dadurch werden Engpässe und Probleme der Fertigung sichtbar, die vorher durch eine ständige Rückgriffsmöglichkeit auf Bestandsreserven verdeckt geblieben waren.

(3) Durch den Bestandsabbau gewonnene Mittel werden zur Kapazitätserhöhung bei den Produktionsanlagen verwendet, um Engpässe in der mengen- und qualitätsmäßigen Fertigungsbereitschaft zu beseitigen.
(4) Die Umrüstzeiten werden reduziert, z.B. durch Einsatz flexibler Fertigungssysteme.

Hierzu bedarf es ähnlicher Voraussetzungen wie für die Kanban-Steuerung. Daher kann eine durchgängige Just-in-Time-Logistik für den gesamten Produktionsprozess meist nicht erwartet werden. In diesen Fällen bietet es sich beispielsweise an, den Produktionsprozess so aufzuteilen, dass in Teilbereichen eine Just-in-Time-Logistik möglich wird.

Im Beschaffungsbereich erfordert die Einführung des Just-in-Time-Prinzips vor allem entsprechende Verhandlungen mit Lieferanten. Die Eingangsläger werden dann bis auf ein Mindestniveau zur Überbrückung der Lieferzeit abgebaut.

Flankierende Maßnahmen bilden die Sicherstellung der Lieferqualität sowie eine frühzeitige Lieferanteninformation über Bedarfsmengen und -termine. Die Realisierung setzt daher neben einer entsprechenden Bereitschaft des Lieferanten die Standardisierbarkeit der Bestellungen und eine informationstechnische Integration von Abnehmer und Zulieferer voraus, ferner die Verlagerung der Qualitätsprüfung in den Betrieb des Lieferanten, die Verlässlichkeit des Transportsystems sowie eine zügige Abfertigung in der eigenen Materialannahme (vgl. Fandel/François [Just-in-Time] 538 ff.). Besonders günstig erweist sich die Ansiedlung der Lieferanten in unmittelbarer räumlicher Nähe des abnehmenden Betriebes, oft auch direkt auf dessen Betriebsgelände. Solche Industrieparks findet man zum Beispiel bei den neueren Produktionsstandorten in der Automobilindustrie, so etwa bei Daimler für die Smart-Herstellung im französischen Hambach und bei BMW am Standort Leipzig.

17.6 Ausgewählte Planungsmethoden des Supply Chain Managements

17.6.1 Überblick zu Planungsmethoden des Supply Chain Managements

Für die bisher angesprochenen Entscheidungsprobleme sind vielfältige Lösungskonzepte entwickelt worden. Darunter sind verschiedene Methoden zur Lösung von Standardproblemen, die in fast identischer Form in vielen Betrieben auftreten können. Sie dienen z.B. zur

(1) Beurteilung und Auswahl von Lieferanten,
(2) Analyse der eigenen Bedarfsstruktur,
(3) Festlegung der Bestellmengen- und Lagerhaltungspolitik,
(4) Wahl von inner- und außerbetrieblichen Standorten für Läger und Umladestationen,
(5) Lösung von Standardproblemen der Transportplanung.

Von den genannten Methoden sind einige lediglich Varianten allgemeiner Lösungskonzepte. Dies gilt etwa für die unter (1) fallenden Methoden zur Lieferantenbeurteilung und -auswahl. Die hierzu vorgeschlagenen Lieferantenanalyse-Systeme stellen sich letztlich als Spezialfall der allgemeinen

Nutzwertanalyse heraus (vgl. Troßmann [Investition] 20 f.). Als Kriterien werden u.a. verwendet: Beschaffungskonditionen, art-, mengen- und terminmäßige Liefergenauigkeit, Qualität, Lieferkapazität, Serviceangebot, finanzielle Lage, Ruf und spezielle Risiken des Lieferanten, mögliche Abhängigkeiten sowie Dauer der Zusammenarbeit. Die Verwendung solcher Kriterien in einer Nutzwertanalyse führt unmittelbar zu einem typischen Lieferantenbeurteilungsschema. Auch typische Methoden zur Standortwahl gemäß (4) sind Anwendungen der Nutzwertanalyse. Als Beurteilungskriterien fungieren die relevanten Standortfaktoren.

Das Einsatzfeld einer Reihe von Planungsmethoden zu den anderen Punkten liegt ursprünglich und typischerweise in Beschaffung und Logistik, reicht aber darüber hinaus. Markante Beispiele hierfür sind u.a. die unter (2) einzuordnende ABC-Analyse sowie die unter (5) erfassten mathematischen Optimierungsmethoden (vgl. dazu im Einzelnen z.B. Domschke [Transport]. Weitere Beispiele finden sich etwa bei Wenger/Geiger/Kleine [Logistik]).

Als typische Planungsmethoden werden in den folgenden Abschnitten die ABC-Analyse (zu Punkt (2) der obigen Einteilung) sowie verschiedene Methoden der Bestelloptimierung (zu Punkt (3)) ausführlicher behandelt.

17.6.2 Die ABC-Analyse

Merksatz: **Die ABC-Analyse ist eine Methode, mit der untersucht wird, wie stark sich eine bestimmte Eigenschaft auf die einzelnen Elemente einer betrachteten Menge konzentriert. Im Beschaffungsbereich dient sie zur Analyse der mengen- und wertmäßigen Struktur des benötigten Einsatzmaterials.**

Gefragt wird danach, wie sich der Wert des eingesetzten Materials auf die einzelnen Materialarten konzentriert. Hierzu wird folgende Rechnung durchgeführt (in Abschnitt II. des Downloadbereichs findet sich ein Zahlenbeispiel zur Veranschaulichung der geschilderten Vorgehensweise):

(1) Man stellt für alle Materialarten („Positionen") die Bedarfsmenge fest, die in der betrachteten Periode angefallen ist. I.d.R. wird der Materialverbrauch der vergangenen Periode betrachtet, es können aber auch prognostizierte Bedarfe verwendet werden. Für jede Position ermittelt man den Einkaufsumsatz der Periode.

(2) Man ordnet die Materialpositionen nach ihrem Einkaufsumsatz, beginnend mit dem größten Wert.

(3) Gemäß der sich ergebenden Rangfolge werden für jede Position zwei Anteilssätze ermittelt: Zum einen berechnet man, welcher Prozentsatz aller Positionen bis hierher erfasst ist. Zum anderen bestimmt man, welcher Prozentsatz an der Wertsumme aller Positionen inzwischen erreicht ist.

Als Ergebnis erhält man Aussagen der folgenden Art: Nur 25 % der eingesetzten Materialarten verursachen bereits 92 % des gesamten Jahreseinkaufswertes an Material. Die Ergebnisse der Bedarfsstruktur-Analyse lassen sich übersichtlich als Konzentrations-Kurve („Lorenz-Kurve"; benannt nach dem Statistiker Lorenz) darstellen. Abb. 17.9 zeigt dies schematisch.

Tragen alle Materialpositionen in gleichem Maße zum Gesamtwert bei, wird die Lorenz-Kurve zu einer Geraden zwischen Null- und 100 %-Punkt. Je un-

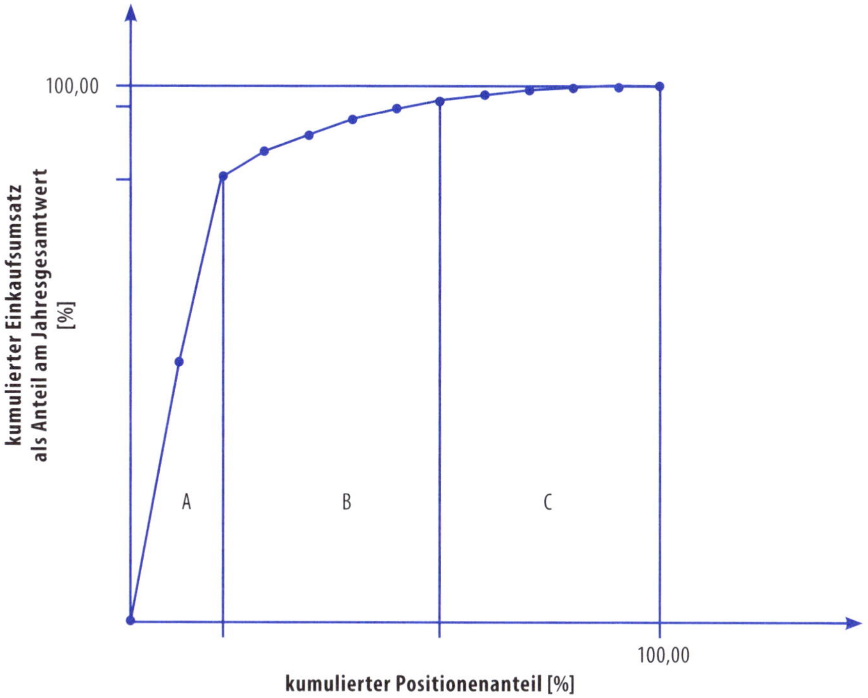

Abbildung 17.9: Grafisches Abbild der wertmäßigen Bedarfskonzentration bei der ABC-Analyse

gleichmäßiger (konzentrierter) die Verteilung ist, desto mehr verläuft die Kurve in Richtung der linken oberen Ecke.

Auf der Grundlage der errechneten Konzentrationswerte teilt man die Materialarten in drei Klassen ein:

- A-Güter: Ihre Anzahl ist klein (z.B. 20 %); sie machen aber den größten Teil (z.B. 60–80 %) des Wertes aus.
- C-Güter: Zu ihnen gehören sehr viele (z.B. 70 % der Positionen); sie bringen es indessen nur auf einen verschwindend kleinen Anteil am Gesamtwert (z.B. 2–5 %).
- B-Güter: Sie liegen nach Anzahl und Wertanteil zwischen den A- und C-Gütern.

Der Grund für diese Einteilung und damit für die Durchführung der ABC-Analyse liegt darin, dass man für die A-Güter einen größeren Planungsaufwand rechtfertigen kann als für B-Güter und für diese wieder einen größeren als für C-Güter. Er umfasst die Bedarfsermittlung, die Bestellmengenoptimierung, die Einkaufspolitik sowie die Behandlung im weiteren Fertigungsprozess. So setzt man z.B. für A-Güter häufig programmorientierte, für C-Güter dagegen vor allem verbrauchsorientierte Verfahren der Bedarfsprognose ein.

Das Kernproblem der ABC-Analyse besteht deswegen darin, zweckmäßige Grenzen zwischen den Klassen zu finden. Zwar ist die Konsequenz einer Zuordnung prinzipiell klar, nämlich ein größerer oder kleinerer Planungsaufwand, jener aber lässt sich nicht in Zahlen fassen (vgl. Tempelmeier [Material-Logistik] 14). Dennoch bildet er letztlich das entscheidende Abgrenzungskriterium. So ist im Zweifel zu prüfen, ob beispielsweise die Hinzunahme einer weiteren Position zur A-Klasse mehr an Kostenersparnis bringen kann, als sie zusätzlich an Planungsaufwand erfordert.

Die ABC-Analyse ist als typisches Controllinginstrument einzustufen, da mit ihrer Klassifikation das Ausmaß der Planung für die einzelnen Elemente koordiniert wird (vgl. Troßmann [Controlling] 86 f.). Daher verwundert auch das vom Ergebnis her definierte Abgrenzungsprinzip nicht. Die Methode erlaubt aber durch ihre eindeutige Reihung der Güterarten, die Klassenbildung auf Grenzüberlegungen zwischen je zwei Güterarten zu reduzieren.

17.6.3 Das Grundmodell der optimalen Bestellmenge

Eines der Hauptprobleme im Bereich der Beschaffung und Logistik liegt in der Optimierung der Bestellmenge. Sie gehört zur Beschaffungsprogrammpolitik, aber insbesondere auch zur Beschaffungslogistik, da größere Bestellmengen eine erhöhte Lagerhaltung bedingen. Die Lösungsmethoden hängen in starkem Maß davon ab, welche Informationen über den Bedarf vorhanden sind. Insbesondere hat man hier deterministische und nichtdeterministische Planungsansätze zu unterscheiden.

Das älteste und zugleich am weitesten verbreitete Modell zur Bestellmengenoptimierung wurde um 1915 von *Arrow*, *Harris* und *Marschak* (vgl. [Policy]) in den USA entwickelt. Unabhängig davon wurde das gleiche Modell im deutschen Sprachraum 1927 von *Stefanič-Allmayer* (vgl. [Bestellmenge]) sowie 1929 von *Andler* (vgl. [Losgröße]) formuliert. Obwohl Andler streng genommen eine Problemstellung des Fertigungsbereichs behandelt hat – allerdings ist sie völlig analog –, wird in der Literatur häufig auch für den Beschaffungsbereich vom Andler-Modell gesprochen. In der amerikanischen Literatur ist die Abkürzung AHM-Modell (nach Arrow, Harris und Marschak) üblich. Dieses Grundmodell der optimalen Bestellmenge geht von folgender Problemsituation aus:

Für eine bestimmte Güterart ist die Bestellpolitik festzulegen. Dabei stehen der Lieferant und die verschiedenen Beschaffungskonditionen nicht zur Diskussion. Offen ist lediglich die Frage, zu welchen Zeitpunkten welche Mengen zu beschaffen sind. Man kennt den Jahresbedarf mit M Mengeneinheiten (ME). Von ihm wird angenommen, dass er sich gleichmäßig über das Jahr verteilt und sich auf unbestimmte Zeit nicht ändert. Beschafft werden kann jede gewünschte Menge zu jedem beliebigen Termin. Der Einstandspreis pro Mengeneinheit ist konstant, er betrage p €/ME. Neben dem Nettokaufpreis sind darin Verpackungs-, Transport- und sonstige Bezugskosten enthalten, soweit sie einheitsbezogen sind.

Um bei diesen Voraussetzungen eine Bestellpolitik zu finden, konzentriert man sich auf eine einzige Größe: die in rhythmischen Abständen zu beschaffende, konstante Menge x. Sie soll so bestimmt werden, dass die mit der Beschaffung verbundenen Jahresgesamtkosten möglichst klein werden. Diese setzen sich aus zwei Komponenten zusammen. Zum einen sind dies die bestellfixen Kosten k^f, zum anderen die Lager- und Zinskosten. Die Lagerkosten werden als Prozentsatz auf den Lagerwert bezogen. Der Lagerkostensatz l gibt die Kosten an, die anfallen, wenn ein Bestand im Wert von 100,00 € ein Jahr lang vorgehalten wird. Die Zinskosten werden durch den Zinssatz z erfasst.

Mit den Parametern M, p, k^f, l und z lassen sich die Jahresgesamtkosten K in Abhängigkeit von der jeweils bestellten Menge x bestimmen. Pro Jahr wird $\frac{M}{x}$ mal bestellt. Damit entstehen $(M/x) \cdot k^f$ € bestellfixe Kosten pro Jahr. Die jährlichen Lager- und Zinskosten sind auf den Wert des durchschnittlichen Lagerbestands zu berechnen, der sich bei einer Bestellmenge von x ergibt. Er beträgt $\frac{M}{x}$ €. Den Verlauf des Lagerbestandes zeigt Abb. 17.10.

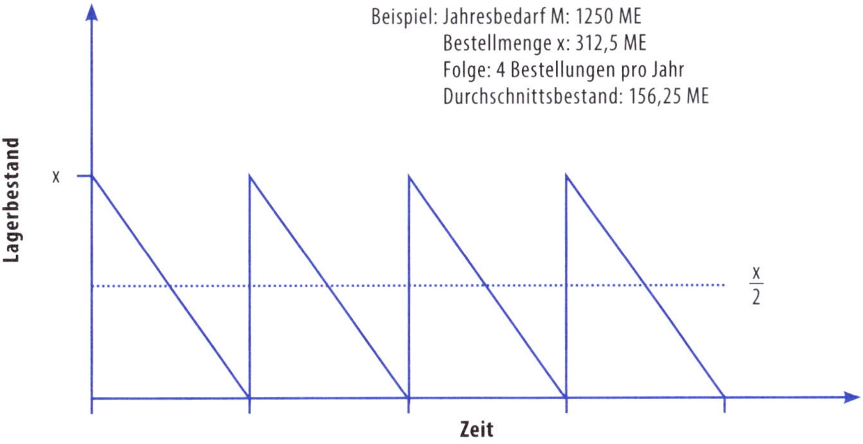

Abbildung 17.10: Lagerbestandsverlauf bei gleichmäßigem Lagerabgang und rhythmischer Bestellung der Menge x

Merksatz: Für die optimale Bestellmenge x_0 gilt im Grundmodell folgender Zusammenhang:

$$x_0 = \sqrt{\frac{200 \cdot M \cdot k^f}{p \cdot (z + l)}}$$

Abb. 17.11 zeigt den Verlauf der Gesamtkosten und ihrer Summanden. Die optimale Bestellmenge x_0 führt zur Gesamtkostenhöhe $K(x_0)$. Dem Kostenverlauf vor und nach dem Punkt x_0 entnimmt man auch, dass bei einer Abweichung von der optimalen Bestellmenge nach oben im Allgemeinen die Kosten geringer ansteigen als bei einer Abweichung nach unten. Dies ist vor allem dann wichtig, wenn nachträglich gerundet wird (eine schrittweise Herleitung des Zusammenhangs sowie ein Zahlbeispiel finden sich in Abschnitt II. des Downloads).

Das dargestellte Grundmodell unterliegt zahlreichen Anwendungsbedingungen (zu einem Überblick vgl. Schulte [Logistikmanagement] 179f.). Viele da-

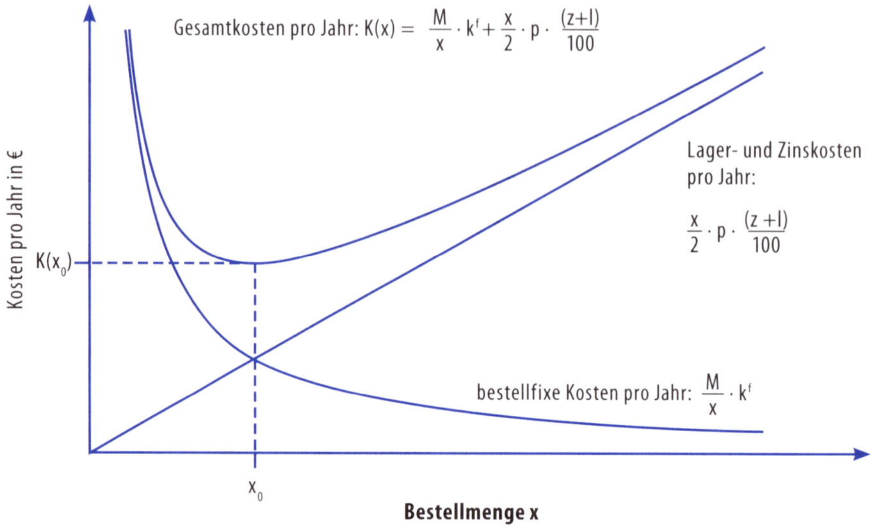

Abbildung 17.11: Verlauf der Kosten pro Jahr in Abhängigkeit von der Bestellmenge x

von stellen die Einsetzbarkeit des Modells allerdings nicht grundsätzlich in Frage und können durch Modellerweiterungen aufgehoben werden. So wird z.B. ein konstanter Einstandspreis vorausgesetzt. Wenn sich die Preise nur in größeren Abständen ändern, könnte vor und nach einer Preisänderung das Modell (mit dem jeweiligen Preis) angewendet werden. Lediglich für die letzte Bestellung vor Wirksamwerden des neuen Preises wäre eine besondere Rechnung erforderlich, etwa um bei steigendem Preis einmalig größere Bestellmengen zu berücksichtigen.

Ähnliche Überlegungen gelten für Mengenrabatte. Hier kann für jedes Intervall gleichen Preises mit dem Modell ein Bestellvorschlag ermittelt werden. Liegt die rechnerisch kostenminimale Menge außerhalb des betrachteten Intervalls, wird sie durch die jeweilige Intervallgrenze ersetzt. Ein einfacher Vergleich aller Bestellvorschläge ergibt hier die optimale Bestellmenge.

Allerdings können nicht alle Anwendungsbedingungen durch derart einfache Modellerweiterungen abgeschwächt werden. Insbesondere eine Voraussetzung stellt die Anwendbarkeit des Grundmodells häufig in Frage: die des bekannten, gleichmäßigen Lagerabgangs. Schon wenn der Bedarf eine geringe Saisonkomponente aufweist oder aus anderen Gründen im Jahresablauf schwankt, trifft die Modellableitung nicht mehr zu. Zum einen ist der durchschnittliche Lagerbestand dann nicht gerade halb so groß wie die Bestellmenge, zum anderen genügt es nun nicht mehr, eine einzige Menge zu bestimmen, die immer wieder bestellt wird. Vielmehr werden i.d.R. sowohl die Bestellmenge als auch die Eindeckungszeit jeder Bestellung variieren. Gerade den nichtkonstanten Bedarf findet man im praktischen Anwendungsfall jedoch häufig vor. Daher sollen auch für diesen Fall typische Lösungsmöglichkeiten besprochen werden.

17.6.4 Dynamische Bestellmengenoptimierung

Soll die Bedingung des stets gleichbleibenden und gleichmäßigen Lagerabgangs aufgehoben werden, kann von folgenden allgemeinen Voraussetzungen ausgegangen werden:

(a) Der Bedarf ist nicht sicher bekannt.
(b) Er ist zu verschiedenen Zeitpunkten bzw. in Teilperioden des Planungszeitraums verschieden hoch.
(c) Es kann nur zu bestimmten Terminen im Planungszeitraum beschafft werden.

Eine Erweiterung nach (a) führt zu stochastischen Modellen der Bestellmengenoptimierung. Hierauf wird in Abschnitt 17.6.5 eingegangen.

Aus Ansatzpunkt (b) folgen dynamisch-deterministische Modelle der Bestellmengenoptimierung. Solche werden im Folgenden besprochen.

Voraussetzung (c) erfordert Periodenmodelle. Im Gegensatz zur zeitkontinuierlichen Betrachtung im Grundmodell wird bei ihnen der Planungszeitraum von vornherein in Perioden untergliedert. Dies geschieht zweckmäßig so, dass die Zeitpunkte, zu denen bestellte Güter geliefert werden, mit dem jeweiligen Periodenanfang übereinstimmen. In jedem Intervall ist dann nur eine einzige Beschaffung möglich. Daher genügt es auch, den Bedarf für jede Periode in einer Zahl anzugeben. Seine genauere zeitliche Verteilung interessiert nicht, da ohnehin zu Periodenbeginn die gesamte Menge bereitzustellen ist.

Die Voraussetzung periodenweiser Beschaffung trifft in praktischen Anwendungsfällen häufig zu. So kommt es vor, dass der Lieferant nur zu bestimmten Terminen ausliefert, sei es wegen seiner eigenen Produktionsweise oder aufgrund einer stets gleichen Auslieferungstour. Vorgegebene Anlieferungstermine können aber auch die Folge eigener Entscheidungen des Beschaffungsbereichs sein. Diese ergeben sich häufig aus dem Planungsrhythmus der abnehmenden Bereiche, vor allem der Fertigung. Abb. 17.12 zeigt, welche Kombinationsfälle von Bedarfsvorgabe und zugelassenen Beschaffungsterminen im deterministischen Fall denkbar sind.

Bedarf / Beschaffungsmöglichkeit	konstant	veränderlich
permanent	Fall 1	Fall 2
periodisch	Fall 3	Fall 3

Abbildung 17.12: Kombinationsfälle von Bedarfsverlauf und möglichen Beschaffungsterminen

Auf Fall 1 lässt sich das Grundmodell der optimalen Bestellmenge anwenden. Fall 3 kennzeichnet ein praxisrelevantes Problem, dessen Lösung naheliegt: Man bestellt den Periodenbedarf oder ein Mehrfaches davon. Entsprechend erstreckt sich die Eindeckungszeit jeder Bestellung auf eine oder mehrere Perioden. Eine einfache Vergleichsrechnung zeigt, wo die optimale Bestellmenge liegt.

Zu Fall 2 sind kaum Lösungsansätze bekannt. Die Bestellmengenoptimierung bei dynamischem Bedarfsverlauf und beliebigen Bestellterminen dürfte für die Praxis von geringer Bedeutung sein und wird auch nur vereinzelt in Modellansätzen behandelt (vgl. z.B. Steiner [Bedarfsverlauf] 61 ff.). Im Übrigen kann Fall 2 beliebig genau angenähert werden, indem man Periodenmodelle heranzieht, die für Fall 4 gelten, und die einzelnen Perioden sehr kurz wählt.

Das Problem der Bestellmengenoptimierung bei veränderlichem Bedarf und periodischer Beschaffungsmöglichkeit (Fall 4) ist noch zu präzisieren. Schwierigkeiten bereitet vor allem die zeitliche Abgrenzung des Problems. Im Allgemeinen ist der Bedarf in jeder Periode verschieden hoch. Es bleibt somit nicht gleichgültig, welche Länge der Planungszeitraum aufweist. Denkbar sind zwei Möglichkeiten: Man sucht eine optimale Bestellpolitik entweder für einen bestimmten Kalenderzeitraum oder für eine bestimmte Anzahl aufeinanderfolgender Bestellungen. Beide Vorgehensweisen könnten in ein Konzept rollender Planung (s. Abschnitt 8.2.1.3.) eingehen, indem man jeweils nur die erste Bestellung tatsächlich tätigt und den Planungszeitraum vor der nächsten wieder entsprechend ergänzt. Tatsächlich sind beide Varianten der Problemoperationalisierung gebräuchlich.

Zur Optimierung der ersten Bestellung werden vor allem heuristische Verfahren angewendet. Eines der bedeutendsten hiervon ist der Stückperiodenalgorithmus.

Mit der Bezeichnung „Stückperiodenalgorithmus" spricht man eine ganze Klasse von Verfahren an, die alle auf demselben Prinzip aufbauen. Eine einfache Variante geht auf DeMatteis ([Algorithm]) und Mendoza ([Analysis]) zurück. Ansatzpunkt ist eine Eigenschaft, die die Lösung im Grundmodell der optimalen Bestellmenge aufweist: Im Optimum haben die pro Bestellung anfallenden Lagerhaltungskosten die gleiche Höhe wie die bestellfixen Kosten (vgl. den entsprechenden Schnittpunkt in Abb. 17.11). Obwohl die Bedingungen dafür nur im Grundmodell vorliegen und im hier betrachteten Anwendungsfall nicht gegeben sind, zieht man diese Gleichheit als (unbegründetes) Optimierungskriterium heran. Im Stückperiodenalgorithmus einfachster Art wird folgender Quotient berechnet:

$$\nabla = \frac{\text{bestellfixe Kosten}}{\begin{array}{c}\text{Lager- und Zinskosten für eine}\\ \text{Mengeneinheit und eine Periode}\end{array}} = \frac{k^f}{p \cdot (l + z) \cdot 0{,}01 \cdot \tau}$$

Dabei bezeichnet τ die Periodenlänge als Bruchteil eines Jahres. Die Zahl ∇ hat die Dimension Mengeneinheiten (ME) mal Perioden; man spricht von Stückperioden.

Angestrebt wird, dass bei jeder Bestellung möglichst ∇ Stückperioden an Lagerhaltungskosten entstehen. Die bestellfixen Kosten sind folglich z.B. durch eine einperiodige Lagerung von ∇ ME oder eine zweiperiodige von $\frac{\nabla}{2}$ ME abzudecken. Je nachdem, wie die Stückperioden der Lagerung berechnet werden und welches Abbruchkriterium in der Verfahrensanwendung verwendet wird, ergeben sich mehrere Spielarten von Stückperiodenalgorithmen (in Abschnitt II. des Downloadbereichs findet sich ein ausführliches Zahlenbeispiel zur Anwendung des Verfahrens).

Die Vorteilhaftigkeit der Stückperiodenverfahren mag erstaunen, da ihnen genau genommen keine Optimierungsüberlegung zugrunde liegt. Vielmehr besteht jeder Stückperiodenalgorithmus im Kern lediglich aus einem Abbruchkriterium. Dies zeigt deutlich, dass für die Güte heuristischer Verfahren bisweilen Plausibilitätsüberlegungen eine weniger zentrale Rolle spielen als eine „gute Idee", nach der sie konstruiert sind. Gute Ergebnisse erhält man im Allgemeinen auch, wenn man die durchschnittlichen Kosten pro Zeiteinheit des jeweils erfassten Eindeckungszeitraums minimiert. Hierauf basieren die auf Silver/Meal (vgl. [Heuristic]) zurückgehenden Verfahren, die zu den besten Heuristiken einfacher Bauart für das dynamische Bestellmengenproblem gehören.

17.6.5 Lagerhaltungssysteme

Die bisher besprochenen Modelle setzen voraus, dass die Bedarfsmengen eindeutig bekannt sind. Handelt es sich um sichere Daten, so ist eine deterministische Planung des Beschaffungsprogramms mit derartigen Modellen möglich. Oft sind die Bedarfsmengen aber lediglich geschätzte, erwartete oder nur vermutete Größen.

Geht man davon aus, dass sich der tatsächliche Bedarf im Zeitverlauf mit zufälligen Abweichungen um eine konstante Höhe bewegt, so spricht man vom stochastisch-stationären Fall. Dieser weist gegenüber seinem deterministischen Gegenstück, der Situation bekannten und gleichbleibenden Lagerabgangs, zusätzliche Schwierigkeiten auf. Übernehmen kann man zunächst die Überlegung, dass es genügt, einmal eine optimale Politik festzulegen. Bis auf zufällige Schwankungen bleiben die Verhältnisse solange identisch, wie sich die Parameter nicht ändern. Deshalb besteht prinzipiell zu jedem Zeitpunkt die gleiche Entscheidungssituation. Sie wird stets die gleiche Lösung haben. Dennoch besteht ein wesentlicher Unterschied zur Situation des deterministischen Bedarfs. Gemeinsam mit der Bestellmenge sind dort auch der Eindeckungszeitraum und der Lagerbestand nach Anlieferung festgelegt. Dann spielt es keine Rolle, welche der drei Größen man für die konkrete Disposition heranzieht. Das Ergebnis wird stets dasselbe sein.

Im nichtdeterministischen Fall allerdings stimmen die Voraussetzungen spätestens ab der zweiten Bestellung nicht mehr: Das Lager ist entweder früher als zum vorausberechneten Termin leer, oder es besteht zu diesem Termin noch ein Lagerbestand. In diesem Fall muss man sich überlegen, an welchen Größen die weitere Bestelldisposition ausgerichtet werden soll. Dies führt zu Regeln, die Lagerhaltungssysteme genannt werden.

Merksatz: Ein **Lagerhaltungssystem** ist eine Dispositionsregel, die angibt, wann und in welcher Höhe eine Bestellung zu veranlassen ist. Die Auslösung der Bestellung kann vom Lagerbestand abhängen oder terminlich festgelegt sein. Ebenso richtet sich die Bestellmenge entweder nach dem Lagerbestand, oder sie ist absolut vorgegeben.

Insgesamt sind sechs Typen von Lagerhaltungssystemen denkbar. Sie lassen sich durch die Parameter kennzeichnen, an denen sich die Disposition ausrichtet. In Frage kommen:

- Bestellauslösebestand s: Er wird häufig auch als Meldebestand oder als Bestellpunkt bezeichnet. Erreicht oder unterschreitet der Lagerbestand nach einer Entnahme die Größe s, wird eine Bestellung ausgelöst.
- Richtbestand S: Er gibt die Lagerbestandshöhe an, die rechnerisch mit einer anstehenden Bestellung erreicht werden soll.
- Bestellmenge q: Auf sie lautet die einzelne Bestellung.
- Bestellrhythmus τ: Dies ist die Länge τ des Zeitintervalls zwischen zwei (möglichen) Bestellterminen.

Die einzelnen Lagerhaltungssysteme, die durch Kombination solcher Parametervorgaben entstehen, lassen sich wie folgt kennzeichnen:

(1) Bestellpunktsysteme

Bei Bestellpunktsystemen besteht eine permanente Lagerkontrolle; es wird nach jeder Lagerentnahme rechnerisch oder physisch der Lagerbestand kontrolliert. Erreicht oder unterschreitet er mit einer Entnahme den Bestellauslösebestand, ist zu bestellen. Beim (s,q)-System lässt man die immer gleichbleibende Menge q liefern, beim (s,S)-System dagegen die Differenz zwischen Richtbestand S und aktuellem Lagerbestand. Beide Lagerhaltungssysteme unterscheiden sich somit nur dann nennenswert, wenn diskontinuierlich entnommen und mit einer einzigen Entnahme der Auslösebestand deutlich unterschritten wird. Abb. 17.13 zeigt typische Lagerbestandsverläufe für Bestellpunktsysteme.

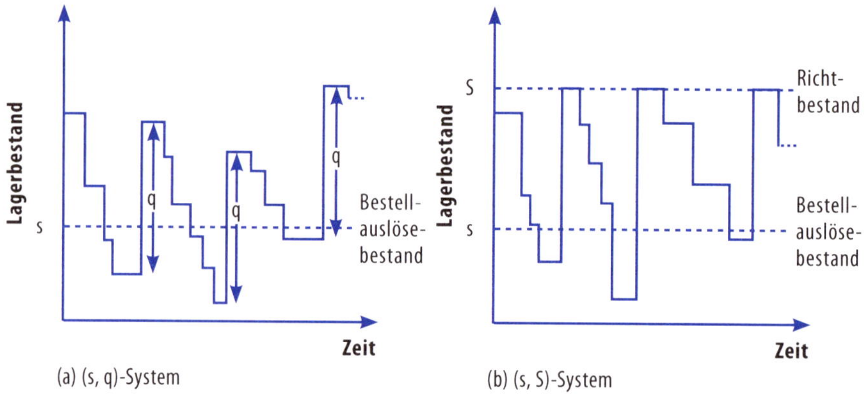

Abbildung 17.13: Typische Lagerbestandsverläufe bei Bestellpunktsystemen

Ein (s,q)-System empfiehlt sich gegenüber einem (s,S)-System dann, wenn z.B. wegen der Ausnutzung von Verpackungs-, Lieferungs- und Transporteinheiten oder der Preisgestaltung eine konstante Beschaffungsmenge wichtiger ist als ein gleichbleibender Ausgangsbestand für jede nachfolgende Lagerentnahme. Für die innerbetriebliche Planung, im Fall beschränkter Lagerkapazität sowie im Hinblick auf etwa gleich große Anfangsbestände der Eindeckungsintervalle weist dagegen ein (s,S)-System Vorteile auf.

Die Anwendung von Bestellpunktsystemen setzt voraus, dass zu jedem beliebigen Termin Bestellungen sinnvoll sind. Anlieferung und Lagerung dürfen demnach nicht nur zu bestimmten Zeitpunkten möglich sein. Die gesamte Lagerkontrolle lässt sich leicht bewerkstelligen, wenn ohnehin eine zeitnahe EDV-Lagerbuchführung vorliegt. Dann muss lediglich eine Programmkomponente (ein „Trigger") eingebaut werden, die eine Routine-Abfrage durchführt und unter bestimmten Bedingungen automatisch einen Bestellvorschlag erstellt. Dies findet sich als typischer Baustein in modernen Warenwirtschaftssystemen. Dabei können Standardbestellungen durch Intervallvorgabe definiert und bereits vorab für ein E-Procurement zugelassen werden. Fällt eine vorgeschlagene Bestellung in diese Kategorie, wird sie vom System automatisch dem Vorstufenbetrieb der Lieferkette übermittelt und gegebenenfalls dort direkt in dessen Auftragsabwicklungssystem aufgenommen.

(2) Bestellrhythmussysteme

Bestellrhythmussysteme kommen ohne laufende Lagerbestandsprüfung aus. Bei ihnen werden im zeitlichen Abstand von τ Zeiteinheiten Beschaffungsaufträge erteilt. Beim (τ,q)-System wird stets die konstante Menge q bestellt. Beim (τ,S)-System ergibt sich die Bestellmenge als Differenz zwischen Richtbestand S und aktuellem Lagerbestand. Nur beim (τ,S)-System wird somit der Lagerbestand berücksichtigt, allerdings lediglich zur Festlegung der Bestellmenge. Typische Lagerbestandsverläufe zeigt Abb. 17.14.

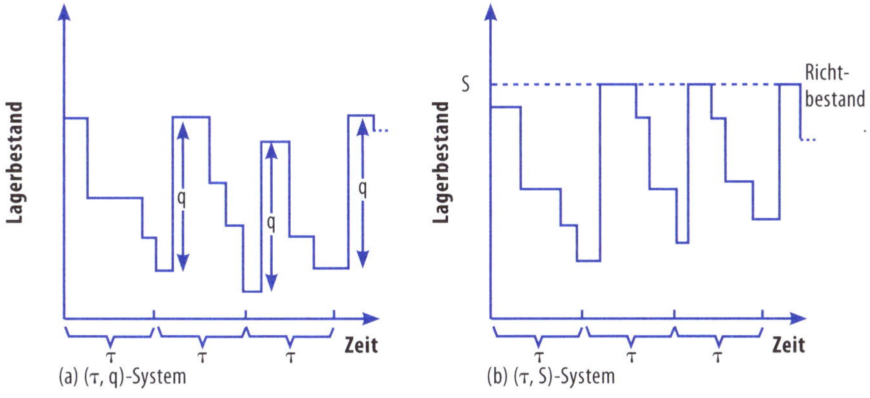

Abbildung 17.14: Typische Lagerbestandsverläufe bei Bestellrhythmussystemen

Da bei den Rhythmussystemen alle τ Zeiteinheiten bestellt wird, sind sie nur dort sinnvoll, wo immer ein gewisser Mindestlagerabgang vorliegt. Das (τ,q)-System empfiehlt sich naturgemäß nur dann, wenn aus dem Lager regelmäßig und gleichbleibend entnommen wird. Die Entnahmemenge muss bei der Festlegung der Parameter prinzipiell berücksichtigt worden sein. Das (τ,q)-System hat somit einen sehr eingeschränkten Anwendungsbereich. Es eignet sich insbesondere bei Fließ-Massenfertigung und einer einsatzsynchronen Anlieferung.

Das (τ,S)-System hat dagegen ein breites Einsatzfeld. Es erweist sich immer dann als zweckmäßig, wenn rhythmisch bestellt werden soll (oder nur so bestellt werden kann) und der Lagerabgang seit der vorhergehenden Bestellung nicht bekannt ist. Es ist im Groß- und Einzelhandel weit verbreitet. Gegenüber Bestellpunktsystemen erscheint bemerkenswert, dass Bestellrhythmussysteme weder eine permanente Lagerkontrolle noch eine laufende, tagesgenaue Lagerbuchführung voraussetzen. Es genügt vielmehr eine rhythmische (notfalls physische) Lagerkontrolle im Zeitabstand τ.

(3) Optionalsysteme

Optionalsysteme sind durch drei Parameter gekennzeichnet. Sie stellen eine Erweiterung der beiden anderen Lagerhaltungssysteme dar. In konkreten Zeitabständen der Länge τ wird das Lager überprüft. Unterschreitet der Lagerbestand das Niveau s oder hat er es gerade erreicht, dann wird bestellt. Die beiden Varianten, das (τ,s,q)-System und das (τ,s,S)-System, unterscheiden sich in der oben beschriebenen Weise in der Bestellmenge. Abb. 17.15 zeigt beispielhaft Lagerbestandsverläufe bei Optionalsystemen.

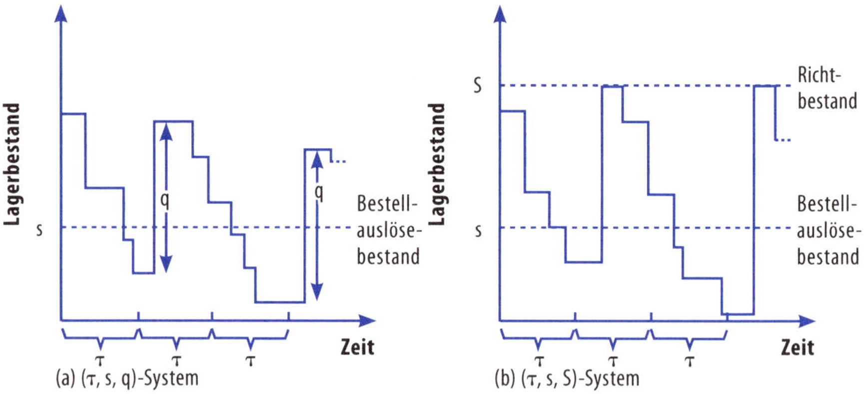

Abbildung 17.15: Typische Lagerbestandsverläufe bei Optionalsystemen

Optionalsysteme weisen gegenüber Rhythmussystemen den Vorteil auf, dass Kleinstbestellungen vermieden werden. Sie erlauben Bestellungen zu vorgegebenen Terminen, auch wenn nicht von einem regelmäßigen Abgang auszugehen ist. Im Vergleich zu Bestellpunktsystemen ist günstig, dass auf eine permanente Restbestandsprüfung verzichtet werden kann. Die Bestellungen können in einen gleichbleibenden Rhythmus eingefügt werden.

Welches der skizzierten Lagerhaltungssysteme anzuwenden ist, richtet sich i.d.R. nach äußeren Gegebenheiten. Von vorherrschender Bedeutung sind dabei die möglichen Bestelltermine, das Erfordernis einer Lagerbestandskontrolle sowie Eigenschaften des Lagerabgangs, d.h. des Bedarfsverlaufs. Nach dieser Vorentscheidung sind die jeweiligen Parameter zielkonform zu bestimmen. Zielvorstellung kann dabei etwa sein, dass der Erwartungswert der Kosten eines Planungszeitraums von z.B. einem Jahr möglichst klein wird. Modelle zur Bestimmung optimaler Parameter für Lagerhaltungssysteme werden jedoch auch bei einfachen Voraussetzungen rasch kompliziert. So erklärt es sich, dass Lagerhaltungssysteme in der betrieblichen Praxis zwar beliebt sind, die eigentlich dazu erforderlichen Optimierungsrechnungen aber eher selten durchgeführt werden. Die Parameter werden vielmehr häufig nach Faustregeln oder auf Grund von Erfahrung festgelegt.

Die letztgenannte Vorgehensweise bedeutet streng genommen nichts anderes als den Ersatz einer (billigeren) Optimierungsrechnung durch ein (möglicherweise teures) Realexperiment. Denn der Programmier- und Rechenaufwand zur Optimierung der Parameter von Lagerhaltungssystemen fällt nicht laufend an, sondern lediglich einmal bei Einführung des Systems. Bei Datenänderungen findet man mit dem gleichen Programmablauf neue Parameter. Den Schwierigkeiten, für Lagerhaltungssysteme optimale Parameter zu berechnen, steht im Vergleich zu vielen anderen Entscheidungsmodellen der Vorteil gegenüber, dass die konkrete Festsetzung der Bestellmenge keinerlei Optimierungsrechnung bedarf. Insbesondere kann sie unproblematisch delegiert werden.

Einführende Literaturhinweise zu Modul 17

Die vollständigen Literaturangaben finden Sie im Downloadbereich.

Corsten, H./Gössinger, R.: Einführung in das [Supply Chain Management]. 2. Aufl., München 2008.

Fandel, G./Giese, A./Raubenheimer, H.: [Supply Chain Management]: Strategien – Planungsansätze – Controlling. Berlin, Heidelberg 2009.

Stadtler, H./Kilger, Ch./Meyr, H. (Hrsg.): Supply Chain Management and [Advanced Planning]. Concepts, Models, Software and Case Studies. 4. Aufl., Berlin, Heidelberg 2008.

Werner, H.: Supply Chain Management. Grundlagen, [Strategien], Instrumente und Controlling. 5. Aufl., Wiesbaden 2013.

Ausführliche Literaturhinweise sowie ausgewählte Fragen und Antworten zum Supply Chain Management finden sich im Download zu Modul 17.

Fünftes Kapitel

Grundlagen der Unternehmensrechnung

Modul 18: Grundlagen der externen Rechnungslegung

Andreas Haaker
Patrick Velte

„Der ‚Standort Deutschland' zeichnet sich aus – was oft verkannt wird – durch ein sehr sinnvolles Recht der Rechnungslegung [...] Ihr steht die Grundkonzeption der Angelsachsen gegenüber, die ebenso hartnäckige wie wohl nicht immer ganz uneigennützige Verfechter hat."
(Moxter [Standort] 31 f.)

18.1 Allgemeine Grundlagen

Lernziele:

Aneignen von Wissen über die Voraussetzungen zum Ansatz und zur Bewertung von Vermögensgegenständen, Schulden und Eigenkapital sowie zur Erfassung von Aufwendungen und Erträgen nach HGB und EStG; Verstehen der Zusammenhänge der externen Rechnungslegung nach deutschem Recht im Einzel- und Konzernabschluss; Analyse der Zielsetzung der nationalen Rechnungslegung unter Berücksichtigung des Rechts- und Finanzsystems; Abgrenzung der wesentlichen Grundsätze ordnungsmäßiger Buchführung (GoB), der Bestandteile der HGB-Rechnungslegung und der relevanten Bewertungsmaßstäbe; Einordnung der Besonderheiten der HGB-Konzernrechnungslegung und Anwendung der Konsolidierungsgrundsätze.

Übersicht:

Im Modul 18 werden die „Grundlagen der externen Rechnungslegung" behandelt. In diesem Zusammenhang erfolgt analog zu dem Modul 19 eine Trennung in „Allgemeine Grundlagen" (1.), die „Rechnungslegung auf Einzelabschlussebene" (2.) sowie die „Grundlagen der Konzernrechnungslegung" (3.).

In Abschnitt 1 werden zunächst der Begriff der externen Rechnungslegung, die Einordnung in das Rechtssystem (Code Law) und die Bedeutung des Eigenkapitalmarkts, der Anwendungsbereich der HGB-Rechnungslegung sowie die Ergänzung um eine privatrechtliche Standardsetzung behandelt. Dem schließen sich die Behandlung der wesentlichen GoB sowie das Maßgeblichkeitsprinzip an. Schwerpunkt des ersten Abschnitts bilden die Bestandteile der HGB-Rechnungslegung und die grundlegenden bilanziellen Bewertungsmaßstäbe.

Gegenstand von Abschnitt 2 ist neben den anzuwendenden HGB-Normen für den Einzelabschluss die Bilanzierung von Vermögensgegenständen (Anlage- und Umlaufvermögen), Schulden (Rückstellungen und Verbindlichkeiten), Eigenkapital, Rechnungsabgrenzungsposten sowie die Berücksichtigung von Aufwendungen und Erträgen. Bei den Sonderfragen der Rechnungslegung (Währungsumrechnung und latente Steuern) wird auf die jeweiligen Kapitel in Abschnitt 3 verwiesen

In Abschnitt 3 wird neben den anzuwendenden Normen für den Konzernabschluss (HGB und DRS) zunächst auf die Funktionen und Bestandteile der Konzernrechnungslegung, die Grundsätze, Aufstellungspflichten und Befreiungen sowie auf die Abgrenzung des Konsolidierungskreises eingegangen. Anschließend werden vorbereitende Konsolidierungsmaßnahmen (z. B. Währungsumrechnung und latente Steuern), die Anwendung der Kapital- (Voll-, Quoten- und Equity-Konsolidierung) sowie die Schulden-, Zwischenergebnis- und Erfolgskonsolidierung diskutiert.

18.1.1 Begriff der externen Rechnungslegung

Das (betriebswirtschaftliche) Rechnungswesen stellt eine „systematische Ermittlung, Aufbereitung, Darstellung, Analyse und Auswertung von Zahlen (Mengen und Wertgrößen) über den einzelnen Wirtschaftsbetrieb und seine Beziehungen zu anderen Wirtschaftssubjekten" (Weber/Rogler [Rechnungswesen] 2) zur Befriedigung unternehmensinterner und -externer Informationsbedürfnisse dar. Adressatenorientiert erfolgt eine Untergliederung in ein externes und internes Rechnungswesen. Während sich das externe Rechnungswesen in erster Linie an unternehmensexterne Adressaten richtet und durch Normen geprägt wird, ist das interne Rechnungswesen (vgl. hierzu das Modul 20) grds. fakultativer Natur und primär auf unternehmensinterne Adressaten ausgerichtet.

Die externe Rechnungslegung bildet einen Bestandteil des externen Rechnungswesens (Busse von Colbe [Rechnungswesen] 654 f.). Hierunter wird im Folgenden in Abgrenzung zur internationalen Rechnungslegung (vgl. Modul 19) die Erstellung eines handelsrechtlichen Jahres- und Konzernabschlusses sowie Lageberichts nach HGB verstanden (nationale Rechnungslegung). Überdies werden die elementaren bilanzsteuerrechtlichen Ansatz- und Bewertungsnormen des Einkommensteuergesetzes (EStG) einbezogen. Die Trennung zwischen nationaler (handelsrechtlicher) und internationaler Rechnungslegung resultiert aus dem unterschiedlichen Anwendungsbereich und der Ausgestaltung der anzuwendenden Normen (Haaker [Eindeutigkeit], 361; Haaker [IFRS] 17). Die handelsrechtliche externe Rechnungslegung wird durch die nationale Gesetzgebung beschlossen, sodass der Anwendungsbereich auf Deutschland beschränkt ist.

18.1.2 Rechtssystem und Bedeutung des Eigenkapitalmarkts

Hinsichtlich des Detaillierungsgrads der Rechnungslegungsnormen ist eine Unterscheidung zwischen Code Law und Case Law üblich (Freidank/Velte [Rechnungslegung] 257).

Merksatz: Das kontinentaleuropäisch geprägte Code Law ist durch einen vergleichsweise starken Einfluss des Staates und seine Prinzipienorientierung (Principle Based Accounting) gekennzeichnet.

Die Vertragsfreiheit der Parteien wird durch umfangreiche gesetzliche Normierungen zur Standardisierung der Rechnungslegung begrenzt (Pellens/Fülbier/Gassen/Sellhorn [Internationale Rechnungslegung] 38.). Die Normen weisen dabei einen bewusst hohen Abstraktionsgrad auf. Aus handelsrechtlicher Sicht ist insbesondere auf die Grundsätze ordnungsmäßiger Buchführung (GoB) hinzuweisen (vgl. hierzu Abschnitt 1.5). Die handelsrechtlichen Rechnungslegungsnormen werden durch den Gesetzgeber beschlossen, durchgesetzt und überwacht.

Neben dem Rechtssystem nimmt die Bedeutung des Eigenkapitalmarkts einen zentralen Einfluss auf die Ausgestaltung der Rechnungslegung. In Deutschland, das traditionell durch einen vergleichsweise schwach entwickelten Eigenkapitalmarkt und durch Unternehmen mit wenig Streubesitz gekennzeichnet ist, stellt die Normierung der Rechnungslegung vorrangig auf die Gewährleistung des Gläubigerschutzes ab (Freidank/Velte [Rechnungslegung], 261). Zwar sind Internationalisierungstendenzen („Entflechtung der Deutschland AG") erkennbar, die sich in regulatorischen Maßnahmen zur Stärkung der Investorenrechte und der Informationsfunktion der HGB-Rechnungslegung niederschlagen. Im deutschen Finanzsystem spielt aber die Hausbankfinanzierung weiterhin eine dominierende Rolle, während sich kein kapitalmarktorientiertes System „angloamerikanischen Typs" durchsetzen konnte (Gerum/Mölls/Shen [Kapitalmarktorientierte Rechnungslegung] 566). Es besteht sogar seitens deutscher Unternehmen eine Tendenz, den regulierten Markt zu verlassen, was auch mit der zunehmenden Rechnungslegungsregulierung zusammenhängt (Berger/Pasch [Unternehmen] 388).

18.1.3 Anwendungskreis der handelsrechtlichen Rechnungslegung

Merksatz: Es bestehen wesentliche Unterschiede zwischen der **handelsrechtlichen** und der **internationalen Rechnungslegung** (vgl. die **Abbildungen 19.25 und 19.30 in Modul 19**).

Hierbei fordert der deutsche Gesetzgeber weiterhin einen handelsrechtlichen Jahresabschluss zum Zwecke der Zahlungsbemessung (Ausschüttung und Steuerbemessung) für alle Unternehmen ein (vgl. zum IFRS-Einzelabschluss begrenzt auf Offenlegungszwecke § 325 Abs. 2a HGB). Auf Konzernebene haben nicht kapitalmarktorientierte Mutterunternehmen ein Wahlrecht zur Erstellung eines IFRS- oder HGB-Konzernabschlusses gem. § 315a Abs. 3 HGB (vgl. zur Konzernrechnungslegung Abschnitt 3). Für kapitalmarktorientierte Mutterunternehmen besteht hingegen eine grundsätzliche Verpflichtung zur Anwendung der IFRS im Konzernabschluss. Soweit diese etwa nach § 296 Abs. 2 HGB aus Wesentlichkeitsgründen keine Tochterunternehmen konsolidieren müssen, entfällt die Verpflichtung zur Aufstellung eines Konzernabschlusses (§ 290 Abs. 5 HGB) und damit auch die IFRS-Pflicht (§ 315a Abs. 1 HGB).

18.1.4 Ergänzung um eine privatrechtliche Standardsetzung

Die handelsrechtlichen Rechnungslegungsnormen durchlaufen im Gegensatz zu den IFRS ein „normales" Gesetzbungsverfahren, wobei diese maßgeblich durch EU-Recht (primär durch die EU-Bilanzrichtlinie) geprägt werden (zur

Fortentwicklung auf Basis der neuen Rechnungslegungsrichtlinie vgl. Jessen/Haaker [Implikationen], 1617; Velte [EU-Bilanzrichtlinie], 1125). Das Bundesministerium der Justiz (BMJ) ist jedoch nach § 342 HGB berechtigt, flankierend eine privatrechtliche Instanz zur

- Entwicklung von Grundsätzen ordnungsmäßiger Konzernrechnungslegung,
- Beratung bei Gesetzgebungsvorhaben auf nationaler und EU-Ebene hinsichtlich der Rechnungslegung,
- Vertretung in internationalen Standardisierungsgremien und
- Erarbeitung von Interpretationen der IFRS i.S.v. § 315a Abs. 1 HGB

einzusetzen. Die ursprüngliche Anerkennung des Deutschen Rechnungslegungs Standards Committee (DRSC) erfolgte mit dem Vertrag vom 03.09.1998. Nach der Kündigung dieses Vertrags und Abschluss eines neuen Vertrags wird seit Anfang 2012 die Facharbeit des DRSC durch einen IFRS- und einen HGB-Ausschuss durchgeführt.

Merksatz: **Die Deutschen Rechnungslegungs Standards (DRS)** müssen zwar vom **BMJ** anerkannt werden, stellen aber trotz Bekanntmachung im Bundesanzeiger **keine Gesetze** dar.

Vielmehr wird ihre Befolgung als mit den Grundsätzen ordnungsmäßiger Konzernrechnungslegung konsistent vermutet (§ 342 Abs. 2 HGB). Eine Anwendung auf Einzelabschlussebene wird empfohlen. Der GoB-Vermutung kommt hierbei lediglich eine Beweiserleichterungsfunktion bei Rechtsstreitigkeiten zu, wobei Wahlrechteinschränkungen und über das Gesetz hinausgehende Bestimmungen der DRS nicht beachtet werden müssen (Hoffmann/Lüdenbach [NWB Kommentar], § 342, Rn.14 f.).

18.1.5 Jahresabschlusszwecke und Grundsätze ordnungsmäßiger Buchführung (GoB)

Merksatz: Die **GoB** stellen einen **unbestimmten Rechtsbegriff** dar, der nach bestimmten **Auslegungsmethoden** konkretisiert wird.

Bilanzrechtstheoretisch leiten sich die bei der Rechnungslegung zur Anwendung kommenden GoB (§ 238 HGB) deduktiv aus den Jahresabschlusszwecken ab, was deren Konkretisierung voraussetzt (Schneider [Rechtsfindung] 141).

Als Reaktion auf die Fehlentwicklungen der sog. Gründerkrise im 19. Jahrhundert, in der „fiktive" Gewinne ausgeschüttet wurden, haben sich die GoB seit der Aktienrechtsnovelle aus dem Jahre 1884 am Gläubigerschutzprinzip als primären Zweck der Handelsbilanz ausgerichtet (Haaker/Velte [Geschichte], 73). Der Gläubigerschutzzweck impliziert aus Sicht des Kaufmanns einen Zwang zur Selbstinformation über die Schuldendeckungsfähigkeit mittels einer „vorsichtigen" bilanziellen Gegenüberstellung von Vermögen und Schulden (§ 242 Abs. 1 HGB). Bei Kapitalgesellschaften kommt der damit verbundenen vorsichtigen Gewinnermittlung noch eine Ausschüttungsbemessungs- und Kapitalerhaltungsfunktion zu (vgl. Stützel [Bemerkungen], S. 323 ff). Der Informationszweck tritt demgegenüber in den Hintergrund und ist für Kapitalgesellschaften im Wesentlichen in den Anhang verlagert (vgl. Abschnitt 1.7.6). Entlastet von unerfüllbaren Informationserwartungen (Schildbach/Stobbe/Brösel [Jahresabschluss] 34–38) kann sich der Bilanzansatz und die -bewertung an dem Messziel eines „entziehbaren Gewinns" (Moxter [Standort] 33 ff.) ausrichten. Eine entsprechende deduktive Ableitung der GoB ist einer induktiven Bestimmung nicht nur theoretisch vorzuziehen (Leffson [Grundsätze] 29), denn eine induktive Orientierung an der kaufmännischen Praxis würde den Schutzzweck der Bilanz gefährden, wie die zweckwidrige (Wieder-)Einführung der Zeitbewertung für Banken nach § 340e Abs. 3 HGB) verdeutlicht (Jessen/Haaker [Fair Value-Bewertung] 501 f.; Velte/Haaker [Entwicklung], 56).

Im Schrifttum existieren verschiedene Ansätze zur Strukturierung der GoB (Leffson [Grundsätze], 18 und 157–492). Abbildung 18.1 nimmt eine Unterteilung in allgemeine und spezielle GoB vor (Freidank/Velte [Rechnungslegung], 308). Zu berücksichtigen ist hierbei, dass die Spezialvorschriften des HGB (z.B. kodifizierte Ansatz- und Bewertungswahlrechte) den allgemeinen GoB vorgehen.

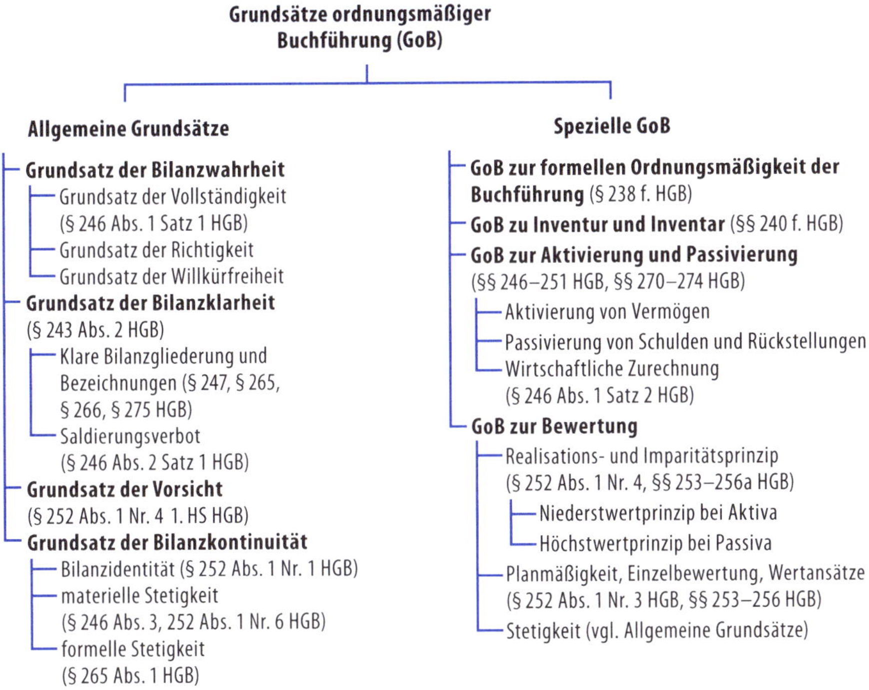

Abbildung 18.1: Systematisierung der handelsrechtlichen GoB

Der Grundsatz der Bilanzwahrheit wird durch das Vollständigkeitsprinzip nach § 246 Abs. 1 Satz 1 HGB konkretisiert. Demnach muss der Jahresabschluss alle dem Unternehmen zuzurechnenden Vermögensgegenstände, Schulden, Rechnungsabgrenzungsposten sowie sämtliche Aufwendungen und Erträge enthalten, soweit gesetzlich nichts anderes bestimmt ist. In den §§ 246–251 und

270–274 HGB liegen zur Aktivierung und Passivierung konkrete Regelungen vor. Hierbei sind wertaufhellende Tatsachen am Abschlussstichtag zu berücksichtigen (§ 252 Abs. 1 Nr. 4 HGB). Zudem ist der wirtschaftlichen Betrachtungsweise bei einem Auseinanderfallen von wirtschaftlichem und juristischem Eigentum (§ 246 Abs. 1 Satz 2 HGB) zu folgen. Diesem Grundsatz kommt bei der bilanziellen Erfassung von Leasing-Transaktionen eine zentrale Bedeutung zu (Freidank/Velte [Bilanzierung von Leasing-Verhältnissen], 79).

Die nicht kodifizierten Grundsätze der Richtigkeit und Willkürfreiheit zielen auf die korrekte Ableitung des Jahresabschlusses aus der Buchführung und dem Inventar ab.

Das Prinzip der Klarheit und Übersichtlichkeit (§ 243 Abs. 2 HGB) bringt zum Ausdruck, dass die einzelnen Bilanz- und GuV-Posten eindeutig bezeichnet und geordnet sein müssen. Der Leitsatz wird durch die Ausweis- und Gliederungsvorschrift des § 247 Abs. 1 HGB und das grundsätzliche Saldierungsverbot des § 246 Abs. 2 Satz 1 HGB konkretisiert. Letzteres kommt etwa im Rahmen der Verrechnung von Pensionsverpflichtungen mit dem zugehörigen Deckungsvermögen aufgrund der Spezialvorschrift des § 246 Abs. 2 Satz 2 HGB nicht zur Anwendung.

Merksatz: Das Vorsichtsprinzip (§ 252 Abs. 1 Nr. 4 1. HS HGB) impliziert prinziell eine „Unterbewertung" der Vermögensgegenstände und eine „Überbewertung" der Schulden.

Aus Gründen der Unternehmenssicherung wird bei den Risiken eine stärkere Gewichtung als bei den Chancen vorgenommen. Dem Vorsichtsprinzip als übergeordnetem Leitsatz sind verschiedene spezielle Grundsätze, z.B. das Realisations-, Imparitäts- und Einzelbewertungsprinzip, zu subsumieren.

Das Realisationsprinzip (§ 252 Abs. 1 Nr. 4 2. HS und § 253 Abs. 1 HGB) besagt, dass Erträge erst vereinnahmt werden, wenn ein Gefahrenübergang stattgefunden hat und die Hauptleistung erbracht ist. Der Ertrag muss also durch eine Markttransaktion realisiert werden (Freidank/Velte [Rechnungslegung], 305). Die Vereinnahmung lediglich realisierbarer (Zeitbewertungs-)Erträge schließt das Realisationsprinzip aus (Moxter/Engel-Ciric [Erosion] 490).

Das Vorsichtsprinzip steht insofern in Konflikt mit § 264 Abs. 2 HGB, als der Jahresabschluss unter Beachtung der GoB ein den tatsächlichen Verhältnissen entsprechendes Bild der Vermögens-, Finanz- und Ertragslage zu vermitteln hat. Dieses True and Fair View-Prinzip ist als ergänzende Vorschrift nur für Kapitalgesellschaften und ihnen gesetzlich gleichgestellte Unternehmen verankert, sodass dadurch aufgrund der fehlenden Rechtsformneutralität kein GoB begründet wird. Wird aufgrund des GoB-Vorbehalts kein getreues Bild der Vermögens-, Finanz- und Ertragslage vermittelt, sind im Anhang (vgl. Abschnitt 1.7.6) zusätzliche Angaben zu machen (sog. Abkopplungsthese).

Mit dem Realisationsprinzip eng verbunden ist das Anschaffungskostenprinzip, welches bis zum Realisationsakt gilt und eine höhere Zeitbewertung ausschließt. Dadurch soll die Erfolgsneutralität des Anschaffungsvorgangs sichergestellt werden (ADS [Rechnungslegung], § 255, Rn. 5). Das Imparitätsprinzip „ergänzt das Realisationsprinzip hinsichtlich des Vorsichtsgebots" (Moxter/Engel-Ciric [Erosion] 490). Eingetretene aber noch nicht realisierte Vermögensminderungen sind gegenüber den Vermögensmehrungen (Erträgen) „imparitätisch" zu behandeln (§ 252 Abs. 1 Nr. 4 1. HS HGB) und frühzeitig als Aufwand zu erfassen, damit ein später ggf. realisierter Vermögensverlust nicht mehr aufwandswirksam wird (sog. verlustfreie Bewertung). Das Imparitätsprinzip kommt insbesondere im Niederstwertprinzip bei den Aktiva bzw. im Höchstwertprinzip bei den Passiva zum Ausdruck (Freidank/Velte [Rechnungslegung], 306). Ein auf dieser Basis ermittelter Gewinn kann grds. ohne Beeinträchtigung der Gläubigeransprüche ausgeschüttet („entzogen") werden. Das Vorsichtsprinzip findet schließlich auch in der Einzelbewertung der Aktiva und Passiva (§ 252 Abs. 1 Nr. 3 HGB) seinen Niederschlag, wobei diesem auch eine Objektivierungsfunktion zukommt.

Zur Sicherstellung der zeitlichen und sachlichen Vergleichbarkeit des Jahresabschlusses existiert der Grundsatz der Bilanzkontinuität. Zunächst ist auf die in § 252 Abs. 1 Nr. 1 HGB kodifizierte Übereinstimmung der Wertansätze und Postenbezeichnungen in der Eröffnungsbilanz des laufenden Geschäftsjahres und der Schlussbilanz des Vorjahres hinzuweisen (sog. Bilanzidentität). Überdies ist der Grundsatz der materiellen und formellen Stetigkeit zu beachten (§ 246 Abs. 3; § 252 Abs. 1 Nr. 6; § 265 Abs. 1 HGB). Während die materielle Stetigkeit eine grds. Beibehaltung der auf den vorhergehenden Jahresabschluss angewandten Ansatz- und Bewertungsmethoden beinhaltet, stellt die formelle Stetigkeit auf die Beibehaltung der Gliederungs- und Ausweismethoden bei der Bilanz und GuV ab.

Mit der Auslegung und Entwicklung der GoB beschäftigt sich die Bilanzrechtstheorie, welche jedoch spätestens bei der Frage des Primats der Vermögens- oder der Gewinnermittlung auf das Gedankengut der betriebswirtschaftlichen Bilanztheorie zurückgreifen muss (Moxter [Bilanztheorien] 510; zu den traditionellen Ansätzen auch Freidank/Velte [Bilanztheorien], 711). Während bei *Schmalenbachs* dynamischer Bilanztheorie die Ermittlung des „richtigen" Periodengewinns im Vordergrund steht und dieser das „Auf und Ab der Wirtschaftlichkeit" (Schmalenbach [Bilanzlehre] 9; Schmalenbach [Dynamische Bilanz], 1) indiziert soll, zielt die statische Bilanztheorie nach *Simon* auf die „richtige" Vermögensdarstellung ab (Simon [Bilanzen], 92]. Beides zugleich versuchte *Fritz Schmidt* mittels seiner organischen Bilanztheorie zu erreichen (Schmidt [Tageswertbilanz], 89), sodass Vermögen und Aufwand zu Tagesbeschaffungswerten anzusetzen sind (Moxter [Bilanztheorien] 510). Mit der Orientierung an Wiederbeschaffungswerten wird auch bezweckt, das Vermögen in seiner Substanz zu erhalten (sog. Substanzerhaltung). Ein Gewinn wird erst erzielt, wenn das Eigenkapital bei unterstellter Reproduktion des Produktionsvermögens vermehrt wird (Wedell/Dilling [Rechnungswesen] 52). Das Handelsrecht folgt demgegenüber der nominalen Kapitalerhaltung (Euro = Euro), indem die Eigenkapitalmehrung als Gewinn definiert wird. Substanzsicherung wird damit zu einer Frage der Gewinnverwendung und findet nicht bei der Gewinnermittlung statt. Soweit die Eigenkapitalerhaltung unter Berücksichtigung der Inflation angestrebt wird, wird von realer Kapitalerhaltung gesprochen.

18.1.6 Maßgeblichkeitsprinzip

Merksatz: Personen, die als Kaufleute (§§ 1–6 HGB) Bücher führen (§ 238 HGB), Inventare (§ 240 HGB) und Jahresabschlüsse ableiten (§ 242 HGB), unterliegen auch der **steuerlichen Rechnungslegungspflicht** (§ 140 AO).

Es besteht gem. § 5 Abs. 1 EStG i.V.m. § 60 EStDV ein Wahlrecht zwischen einer gesonderten Steuerbilanz oder der Einreichung einer Handelsbilanz mit Anpassung an steuerliche Vorschriften. Bilanz und GuV sind dem Finanzamt nach amtlich vorgeschriebenem Datensatz (sog. Taxonomie) elektronisch zu übermitteln (sog. E-Bilanz; § 5b Abs. 1 EStG).

Die wichtigsten Vorschriften des Bilanzsteuerrechts (für die Erstellung von Steuerbilanzen) sind in den §§ 5–7 EStG enthalten.

Über den sog. Grundsatz der Maßgeblichkeit der Handels- für die Steuerbilanz gelten die handelsrechtlichen Vorschriften zur Rechnungslegung (primär die GoB) bei Gewerbetreibenden, die Bücher führen (Mindermann/Brösel [Buchführung] 6f.), prinzipiell auch für die Steuerbilanz (§ 5 Abs. 1 Satz 1 EStG). Allerdings gilt das Maßgeblichkeitsprinzip nicht absolut, sondern wird durch zwingende steuerrechtliche Bilanzierungs- und Bewertungsvorschriften in der Reichweite beschränkt (Durchbrechungen; z.B. § 5 Abs. 2–5 EStG, Bewertungsvorbehalt nach § 5 Abs. 6 EStG). Zudem qualifiziert die steuerliche Rechtsprechung handelsrechtliche Aktivierungswahlrechte (Passivierungswahlrechte) als steuerrechtliche Aktivierungsgebote (Passivierungsverbote). Während das Handelsrecht das Begriffspaar „Vermögensgegenstand" und „Schulden" als Bilanzpositionen verwendet, liegt dem Steuerrecht der Terminus positives bzw. negatives „Wirtschaftsgut" zugrunde.

Eine umgekehrte Rückwirkung der Steuer- auf die Handelsbilanz (sog. Umkehrmaßgeblichkeit) besteht nicht (mehr). Die Finanzverwaltung tritt in den Einkommensteuer-Richtlinien (EStR) 2012 vielfach für eine Entkopplung der Handels- und Steuerbilanz durch eine mögliche autonome Ausübung steuerlicher Wahlrechte unabhängig von der handelsrechtlichen Vorgehensweise ein. Dies widerspricht einem wichtigen Anliegen der (mittelständischen) HGB-Bilanzierungspraxis, nämlich der sog. Einheitsbilanzierung für handels- und steurechtliche Zwecke.

18.1.7 Bestandteile der Rechnungslegung

18.1.7.1 Bilanz

Abbildung 18.2 gibt einen Überblick über die rechtsformspezifischen Bestandteile der HGB-Rechnungslegung.

Definition:
Die **Bilanz** informiert über den Stand des **Vermögens** und über die Bestände des **Eigen- und Fremdkapitals** des Unternehmens und ist in **Kontoform** aufzustellen (§ 266 Abs. 1 Satz 1 HGB).

Für nicht publizitätspflichtige Einzelunternehmen und Personenhandelsgesellschaften sind im Rahmen der Bilanzgliederung lediglich die in § 247 HGB genannten und in Abbildung 18.3 dargelegten Positionen verpflichtend darzustellen.

* nur Kapitalgesellschaften (mit Ausnahme der Kleinstkapitalgesellschaft)
** nur kapitalmarktorientierte Kapitalgesellschaften i. S. d. § 264d HGB
*** nur mittelgroße und große Kapitalgesellschaften
**** Wahlrecht für sämtliche Unternehmen

Abbildung 18.2: Bestandteile der HGB-Rechnungslegung

Für Kapitalgesellschaften und ihnen gesetzlich gleichgestellte Unternehmen sind in § 266 HGB detailliertere Gliederungsvorschriften vorgegeben (Abbildung 18.4). Die strengeren Anforderungen gelten analog für publizitätspflichtige Einzelunternehmen und Personenhandelsgesellschaften nach § 5 Abs. 1 Satz 2 PublG. Für kleine Kapitalgesellschaften i.S.d. § 267 Abs. 1 HGB und Kleinstkapitalgesellschaften i.S.d. § 267a HGB bestehen Erleichterungen zur verkürzten Bilanzerstellung (§ 266 Abs. 1 Satz 3, Satz 4 HGB).

Weitergehende Untergliederungen, Zusätze und Modifikationen sind möglich, sofern sie nicht gegen Einzelvorschriften und die Generalnormen von § 243 Abs. 2 bzw. § 264 Abs. 2 HGB verstoßen. Zudem bestehen wirtschaftszweig- und/oder rechtsformspezifische Sonderregelungen (z.B. für Banken und Versicherungen, für die nach § 330 HGB besondere Formblätter per Verordnung erlassen werden).

Aktiva	Passiva
A. Anlagevermögen: I. Immaterielle Vermögensgegenstände II. Sachanlagen III. Finanzanlagen **B. Umlaufvermögen:** I. Vorräte II. Forderungen und sonstige Vermögensgegenstände III. Wertpapiere IV. Schecks, Kassenbestand, Bundesbank- und Postgiroguthaben, Guthaben bei Krevditinstituten **C. Rechnungsabgrenzungsposten** **D. Nicht durch Eigenkapital gedeckter Fehlbetrag**	**A. Eigenkapital** **B. Schulden:** I. Rückstellungen II. Verbindlichkeiten **C. Rechnungsabgrenzungsposten**

Abbildung 18.3: Mindestgliederung der Bilanz nach § 247 Abs. 1 HGB

Bilanz

Aktiva

A. Anlagevermögen:
- **I. Immaterielle Vermögensgegenstände:**
  - 1. Selbst geschaffene gewerbliche Schutzrechte und ähnliche Rechte und Werte
  - 2. Entgeltlich erworbene Konzessionen, gewerbliche Schutzrechte und ähnliche Rechte und Werte sowie Lizenzen an solchen Rechten und Werten
  - 2. Geschäfts- oder Firmenwert
  - 3. geleistete Anzahlungen
- **II. Sachanlagen:**
  - 1. Grundstücke, grundstücksgleiche Rechte und Bauten auf fremden Grundstücken
  - 2. technische Anlagen und Maschinen
  - 3. andere Anlagen, Betriebs- und Geschäftsausstattung
  - 4. geleistete Anzahlungen und Anlagen im Bau
- **III. Finanzanlagen:**
  - 1. Anteile an verbundene Unternehmen
  - 2. Ausleihungen an Unternehmen, mit denen ein Beteiligungsverhältnis besteht

B. Umlaufvermögen:
- **I. Vorräte:**
  - 1. Roh-,Hilfs- und Betriebsstoffe
  - 2. unfertige Erzeugnisse, unfertige Leistungen
  - 3. fertige Erzeugnisse und Waren
  - 4. geleistete Anzahlungen
- **II. Forderungen und sonstige Vermögensgegenstände:***
  - 1. Forderungen aus Lieferungen und Leistungen
  - 2. Forderungen gegen verbundene Unternehmen
  - 3. Forderungen gegen Unternehmen, mit denen ein Beteiligungsverhältnis besteht
  - 4. sonstige Vermögensgegenstände
- **III. Wertpapiere:**
  - 1. Anteile an verbundene Unternehmen
  - 2. sonstige Wertpapiere
- **IV. Schecks, Kassenbestand, Bundesbank- und Postgiroguthaben, Guthaben bei Kreditinstituten**

C. Rechnungsabgrenzungsposten

D. Aktive latente Steuern

E. Aktiver Unterschiedsbetrag aus der Vermögensververrechnung

F. Nicht durch Eigenkapital gedeckter Fehlbetrag

Passiva

A. Eigenkapital:
- **I. Gezeichnetes Kapital**
- **II. Kapitalrücklage**
- **II. Gewinnrücklagen:**
  - 1. gesetzliche Rücklage
  - 2. Rücklage für eigene Anteile an einem herrschenden oder mehrheitlich beteiligten Unternehmens
- **IV. Gewinnvortrag/Verlustvortrag Jahresüberschuss/Jahresfehlbetrag**

B. Rückstellungen:
- 1. Rückstellungen für Pensionen und ähnliche Verpflichtungen
- 2. Steuerrückstellungen
- 3. sonstige Rückstellungen

C. Verbindlichkeiten:**
- 1. Anleihen, davon konvertibel
- 2. Verbindlichkeiten gegenüber Kreditinstituten
- 3. erhaltene Anzahlungen auf Bestellungen
- 4. Verbindlichkeiten aus Lieferungen und Leistungen
- 5. Verbindlichkeiten aus der Annahme gezogener Wechsel und der Ausstellung eigener Wechsel
- 6. Verbindlichkeiten gegenüber verbundene Unternehmen
- 7. Verbindlichkeiten gegenüber Unternehmen, mit denen ein Beteiligungsverhältnis besteht
- 8. sonstige Verbindlichkeiten, davon aus Steuern davon im Rahmen der sozialen Sicherheit

D. Rechnungsabgrenzungsposten

E. Passive latente Steuern

* Vermerk der Forderungen mit einer Restlaufzeit von über einem Jahr bei jedem gesondert ausgewiesenen Posten.

** Vermerk der Verbindlichkeiten mit einer Restlaufzeit bis zu einem Jahr bei jedem gesondert ausgewiesenen Posten.

Abbildung 18.4: Bilanz der großen und mittelgroßen Kapitalgesellschaft nach § 266 Abs. 2, 3 HGB (teilweise verkürzt)

18.1.7.2 GuV

Definition:
Die **GuV** fasst sämtliche **Aufwendungen und Erträge** im Laufe eines Geschäftsjahres zusammen und stellt diese in **Staffelform** dar (§ 275 HGB).

Gewinn- und Verlustrechnung	
nach Gesamtkostenverfahren (GKV)	**nach Umsatzkostenverfahren (UKV)**
1. Umsatzkostenerlöse	1. Umsatzerlöse
2. Erhöhung oder Verminderung des Bestands an fertigen und unfertigen Erzeugnissen	2. Herstellungskosten der zur Erzielung der Umsatzerlöse erbrachten Leistungen
3. andere aktivierte Eigenleistungen	3. Bruttoergebnis vom Umsatz
4. sonstige betriebliche Erträge	4. Vertriebskosten
5. Materialaufwand:	5. allgemeine Verwaltungskosten
a) Aufwendungen für Roh-, Hilfs- und Betriebsstoffe und für bezogene Waren	6. sonstige betriebliche Erträge
b) Aufwendungen für bezogene Leistungen	7. sonstige betriebliche Aufwendungen
6. Personalaufwand:	8. Erträge aus Beteiligungen, davon aus verbundenen Unternehmen
a) Löhne und Gehälter	9. Erträge aus anderen Wertpapieren und Ausleihungen des Finanzanlagevermögens, davon aus verbundenen Unternehmen
b) soziale Abgaben und Aufwendungen für Altersversorgung und für Unterstützung, davon für Altersversorgung	10. sonstige Zinsen und ähnliche Erträge, davon aus verbundenen Unternehmen
7. Abschreibung:	11. Abschreibungen auf Finanzanlagen und auf Wertpapiere des Umlaufvermögens
a) auf immaterielle Vermögensgegenstände des Anlagevermögens und Sachanlagen sowie auf aktivierte Aufwendungen für die Ingangsetzung und Erweiterung des Geschäftsbetriebs	12. Zinsen und ähnliche Aufwendungen, davon an verbundene Unternehmen
b) auf Vermögensgegenstände des Umlaufvermögens, soweit diese in die Kapitalgesellschaft üblichen Abschreibungen überschreiten	13. Ergebnis der gewöhnlichen Geschäftstätigkeit
8. sonstige betriebliche Aufwendungen	14. außerordentliche Erträge
9. Erträge aus Beteiligungen, davon aus verbundenen Unternehmen	15. außerordentliche Aufwendungen
10. Erträge aus anderen Wertpapieren und Ausleihungen des Finanzanlagevermögens, davon aus verbundenen Unternehmen	16. außerordentliches Ergebnis
11. sonstige Zinsen und ähnliche Erträge, davon aus verbundenen Unternehmen	17. Steuern v. Einkommen und v. Ertrag
12. Abschreibungen auf Finanzanlagen und auf Wertpapiere des Umlaufvermögens	18. sonstige Steuern
13. Zinsen und ähnliche Aufwendungen, davon an verbundene Unternehmen	19. Jahresüberschuss/Jahresfehlbetrag
14. Ergebnis der gewöhnlichen Geschäftstätigkeit	
15. außerordentliche Erträge	
16. außerordentliche Aufwendungen	
17. außerordentliches Ergebnis	
18. Steuern vom Einkommen und vom Ertrag	
19. sonstige Steuern	
20. Jahresüberschuss/Jahresfehlbetrag	

Abbildung 18.5: GuV nach dem handelsrechtlichen GKV und UKV

Analog zur rechtsformspezifischen Bilanzgliederung wird die GuV-Gliederung in § 275 HGB lediglich für Kapitalgesellschaften sowie für unter das Publizitätsgesetz fallende Unternehmen konkretisiert. Hierbei besteht ein Wahlrecht zur Anwendung des Gesamtkostenverfahrens (GKV) oder des Umsatzkostenverfahrens (UKV) nach § 275 Abs. 2, 3 HGB. Abbildung 18.5 zeigt die Unterschiede beider Gliederungsalternativen. Die Mehrzahl der Unternehmen bevorzugt bislang das GKV und nicht das international übliche UKV. Für kleine und mittelgroße Kapitalgesellschaften sowie für Kleinstkapitalgesellschaften bestehen Erleichterungen zur verkürzten GuV nach § 276 HGB und § 275 Abs. 5 HGB.

Für sonstige Unternehmen existiert kein gesetzlich vorgeschriebenes Mindestgliederungsschema (§ 242 Abs. 2 HGB).

18.1.7.3 Kapitalflussrechnung

Merksatz: **Kapitalmarktorientierte Kapitalgesellschaften** i. S. d. § 264d HGB, welche keinen IFRS-Konzernabschluss erstellen, und **Konzernunternehmen** müssen den Abschluss um eine **Kapitalflussrechnung** erweitern (§ 264 Abs. 1. Satz 2; § 297 Abs. 1 Satz 1 HGB).

Da keine Vorgaben zu Inhalt und Struktur der Kapitalflussrechnung im Handelsrecht existieren, erfolgt ein Rückgriff auf den DRS 2 bzw. künftig auf den DRS 21 (erstmals für nach dem 31. 12. 2014 beginnende Geschäftsjahre). Die DRS sind wiederum stark an IAS 7 angelehnt.

Definition:
Die **Kapitalfluss- oder Cash Flow-Rechnung** stellt eine zentrale **Finanzierungsrechnung** des Unternehmens dar.

Der Cash Flow als Überschuss der betrieblichen Einzahlungen über die Auszahlungen einer Rechnungsperiode dient einerseits zur Beurteilung der Zahlungsfähigkeit (Innenfinanzierungskraft) und andererseits zur Anzeige, welchen Umfang das unmittelbar für Investitionen sowie den Kapitaldienst verwendbare, aus der operativen Tätigkeit resultierende Ergebnis annimmt (Freidank/Velte [Rechnungslegung], 828). Während auf der Aktivseite der Bilanz lediglich die Bestände der liquiden Mittel zum Ausweis gelangen, werden ihre Veränderungen im Geschäftsjahr durch den Cash Flow in der Kapitalflussrechnung ergänzend aufgeführt (vgl. Abbildung 19.9 in Modul 19).

Bezüglich der Abgrenzung des Finanzmittelfonds (DRS 2.6–21 bzw. DRS 21.33–37), der drei Cash Flow-Komponenten und der direkten und indirekten Darstellung (DRS 2.23–35 bzw. DRS 21.38–51) bestehen keine elementaren Unterschiede zu IAS 7, sodass auf die Ausführungen in Abschnitt 1.7.3 in Modul 19 verwiesen wird (zur möglichen Struktur einer Kapitalflussrechnung Abbildung 19.10 in Modul 19). Allerdings schreibt DRS 2.10 bzw. DRS 21.12 beim Ausweis die Staffelform zwingend vor und beinhaltet Spezialregelungen für die Kapitalflussrechnungen von Kreditinstituten (DRS 2–10) und Versicherungsunternehmen (DRS 2–20), auf welche wiederum die deutsche Bilanzierungspraxis zur branchenspezifischen Konkretisierung des IAS 7 zurückgreift (Gahlen/Haaker [Banken], Rn. 17).

18.1.7.4 Eigenkapitalveränderungsrechnung (Eigenkapitalspiegel)

Merksatz: **Kapitalmarktorientierte Kapitalgesellschaften i. S. d. § 264d HGB, welche keinen IFRS-Konzernabschluss erstellen, und Konzernunternehmen müssen den Abschluss um einen Eigenkapitalspiegel erweitern (§ 264 Abs. 1. Satz 2; § 297 Abs. 1 Satz 1 HGB).**

Da keine Vorgaben zu Inhalt und Struktur der Eigenkapitalveränderungsrechnung im Handelsrecht existieren, erfolgt ein Rückgriff auf den DRS 7 (zur künftigen Ersetzung E-DRS 29). Der DRS 7 ist wiederum stark an die Vorgaben in IAS 1 angelehnt.

Merksatz: **Für Investoren als Primäradressaten kapitalmarktorientierter Unternehmen ist die zeitliche Veränderung des Eigenkapitals und die Darstellung ihrer Ursachen im Laufe der Berichtsperiode von erhöhtem Interesse, sodass der Eigenkapitalspiegel eine wichtige Ergänzung zum Bilanzausweis der Eigenkapitelbestände darstellt.**

Bezüglich der wesentlichen Eigenkapitalkomponenten, bezogen auf eine Aktiengesellschaft, (DRS 7.7) bestehen keine wesentlichen Unterschiede zu IAS 1.106, sodass auf die Ausführungen in Abschnitt 1.7.4 in Modul 19 verwiesen wird (zur möglichen Struktur eines Eigenkapitalspiegels Abbildung 19.11 in Modul 19). Allerdings ist darauf hinzuweisen, dass erfolgsneutrale Eigenkapitalvariationen im Handelsrecht eine Ausnahme darstellen.

18.1.7.5 Segmentberichterstattung

Merksatz: **In Abgrenzung zu den sonstigen Elementen des HGB-Abschlusses und mit Ausnahme der Umsatzsegmentierung im Anhang ist der Segmentbericht für alle Unternehmen fakultativ (§ 264 Abs. 1 Satz 2; § 297 Abs. 1 Satz 2 HGB).**

Da keine Vorgaben zu Inhalt und Struktur der Segmentberichterstattung im Handelsrecht existieren, erfolgt ein Rückgriff auf den DRS 3, der wiederum an IFRS 8 angelehnt ist.

Der Erstellung von Segmentberichten kommt vor dem Hintergrund der zunehmenden Internationalisierung der Geschäftstätigkeit und Ausdehnung der Aktivitäten auf unterschiedliche Tätigkeitsbereiche und/oder Märkte (Diversifikation) eine wachsende Bedeutung zu (Freidank/Velte [Rechnungslegung], 838). Die aggregierte Berichterstattung über unterschiedliche Unternehmenstätigkeiten auf differierenden regionalen Märken im Jahres- oder Konzernabschluss führt zu Informationsdefiziten, die durch eine ergänzende Rechnungslegung über produkt- und/oder marktbezogene Tätigkeitsbereiche (Segmente) behoben werden. Daher sind Kapitalgesellschaften und ihnen gesetzlich gleichgestellte Unternehmen nach § 285 Nr. 4, § 314 Abs. 1 Nr. 3 HGB verpflichtet, die (Netto)-Umsatzerlöse der GuV im Anhang zu segmentieren. Diese Mindestangaben werden durch den freiwilligen „großen" Segmentbericht nach DRS 3 wesentlich erweitert.

Bezüglich der Auswahl berichtspflichtiger Segmente (DRS 3.12, 3.15), den wesentlichen Segmentdaten (DRS 3.31) und der Überleitungsrechnung (DRS 3.37) bestehen keine wesentlichen Unterschiede zu IFRS 8, sodass auf die Ausführungen in Abschnitt 1.7.5 in Modul 19 verwiesen wird (zur möglichen Struktur eines Segmentberichts Abbildung 19.12 in Modul 19).

18.1.7.6 Anhang

Merksatz: **Der Anhang ist bei Kapitalgesellschaften (Ausnahme: Kleinstkapitalgesellschaften) und ihnen gesetzlich gleichgestellten Unternehmen Pflichtbestandteil des Jahresabschlusses (§ 264 Abs. 1 Satz 1 HGB).**

Der Anhang dient primär der Erläuterung und Entlastung von Bilanz und GuV). Die konkreten Anhangvorschriften sind im Wesentlichen in § 284–288 HGB zu finden. Kleine und mittelgroße Kapitalgesellschaften i.S.v. § 267 Abs. 1, 2 HGB sowie ihnen gesetzlich gleichgestellte Unternehmen können einen verkürzten Anhang nach § 288 Abs. 1, 2 HGB aufstellen. Kleinstkapitalgesellschaften i.S.d. § 267a HGB können auf die Erstellung eines Anhangs verzichten, wenn sie die in § 264 Abs. 1 Satz 5 HGB kodifizierten Angaben unter der Bilanz machen.

Im Zusammenwirken mit Bilanz und GuV soll dem Anhang die Aufgabe nach § 264 Abs. 2 Satz 1 HGB zukommen, unter Beachtung der GoB dem True and Fair View-Prinzip zu entsprechen (vgl. zu den GoB Abschnitt 1.5). Eine mögliche Gliederung des Anhangs wird in Abbildung 18.6 gezeigt (Bieg/Kußmaul/Waschbusch [Externes Rechnungswesen], 220).

18.1.7.7 Lagebericht

Merksatz: **Ergänzend zum handelsrechtlichen Jahresabschluss müssen mittelgroße und große Kapitalgesellschaften sowie ihnen gesetzlich gleichgestellte Unternehmen einen Lagebericht erstellen (§ 264 Abs. 1 Satz 1 HGB).**

Im Gegensatz zum vergangenheitsorientierten Jahresabschluss stellt der Lagebericht ein zukunftsorientiertes Rechnungslegungsinstrument dar, welches um freiwillige Angaben (z.B. Nachhaltigkeits- oder Umweltberichterstattung) ergänzt zur Außendarstellung eingesetzt werden kann.

Kleine Kapitalgesellschaften und Kleinstkapitalgesellschaften können auf die Erstellung eines Lageberichts verzichten (§ 264 Abs. 1 Satz 4 i.V.m. § 267a Abs. 2 HGB).

Die Vorschriften zum Lagebericht sind in § 289 und § 289a HGB geregelt (zum Konzernlagebericht vgl. § 315 HGB i.V.m. DRS 20 sowie zur Erstellungspflicht für IFRS-Bilanzierer in Deutschland Abschnitt 1.7.7 in Modul 19).

Die Pflichtangaben sind in § 289 Abs. 1 und Abs. 3 HGB enthalten (Geschäftsverlauf, Lage, voraussichtliche Entwicklung mit den wesentlichen Chancen und Risiken), während in § 289 Abs. 2 HGB die Sollangaben benannt sind (z.B. Nachtragsbericht, Forschungs- und Entwicklungsbericht). Eine Unterlassung der betreffenden Angaben darf nur dann erfolgen, wenn hierdurch dem Leser keine bedeutsamen Informationen verloren gehen. Hierbei ist neben dem Wesentlichkeitsgrundsatz, nach dem der Lagebericht „sich auf wesentliche Informationen konzentrieren" soll (DRS 20.32), gem. DRS 20.34 der „Grundsatz der Informationsabstufung" zu beachten, nach dem die Ausführlichkeit und der Detaillierungsgrad der Ausführungen von den spezifischen Gegebenheiten

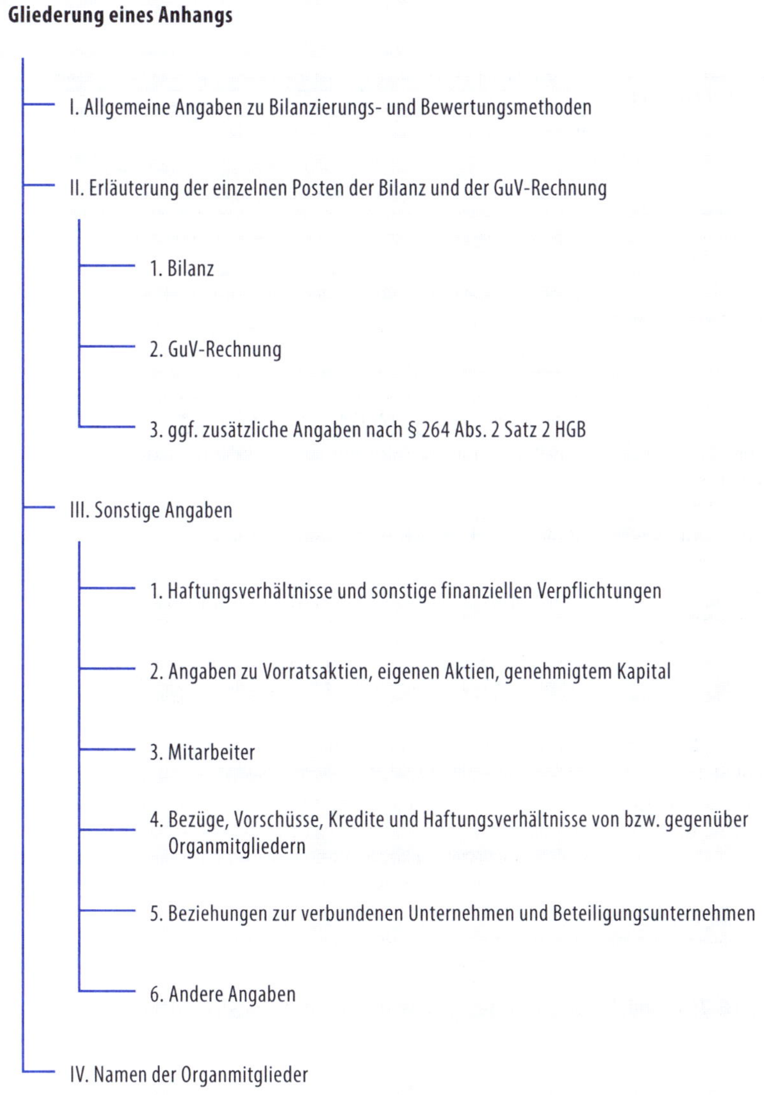

Abbildung 18.6: Mögliche Struktur des handelsrechtlichen Anhangs

(Geschäftstätigkeit, Kapitalmarktbezug) abhängig ist (DGRV [Jahresabschluss], E.I., Rn. 18).

Entsprechend enthält § 289a HGB eine zusätzliche Pflicht primär für börsennotierte Aktiengesellschaften zur Abgabe einer jährlichen Erklärung zur Unternehmensführung (Corporate Governance Statement). Hierbei besteht ein Ausweiswahlrecht zwischen dem Lagebericht und der Verortung auf der betrieblichen Homepage mit entsprechendem Verweis im Lagebericht.

Abbildung 18.7 zeigt die Komponenten des Lageberichts auf (Freidank/Velte [Rechnungslegung], 348).

Wirtschaftsbericht (§ 289 Abs. 1 Satz 1 bis 3 und Abs. 3 HGB)	Darstellung und Analyse des Geschäftsverlaufs, des -ergebnisses und der Lage
	Berücksichtigung bedeutsamer finanzieller Leistungsindikatoren (z. B. Produkte und Märkte)
	Berücksichtigung bedeutsamer nicht finanzieller Leistungsindikatoren (z. B. immaterielle Werte, Umwelt- und Arbeitnehmerbelange)*
Nachtragsbericht (§ 289 Abs. 2 Nr. 1 HGB)	Eingehen auf Vorgänge von besonderer Bedeutung nach dem Schluss des Geschäftsjahrs
Prognosebericht (§ 289 Abs. 1 Satz 4, Abs. 2 Nr. 2 HGB)	Entwicklungsprognose mit einem Zeithorizont von mindestens einem Jahr
	Sensitivitätsanalyse der Entwicklungsprognose durch Angabe von Chancen und Risiken (Unsicherheiten)
	Aktives Chancen- und Risikomanagement insbesondere durch den Einsatz von Finanzinstrumenten unter Bezugnahme auf die entsprechenden Anhangangaben
Forschungs- und Entwicklungsbericht (§ 289 Abs. 2 Nr. 3 HGB)	Darstellung bedeutsamer Forschungs- und Entwicklungsprojekte oder -vorhaben
Zweigniederlassungsbericht (§ 289 Abs. 2 Nr. 4 HGB)	Informationen über bestehende Zweigniederlassungen
Vergütungsbericht (§ 289 Abs. 2 Nr. 5 HGB)	Darstellung des Vergütungssystems für Geschäftsführungs- und Überwachungsorgane
Übernahmebericht (§ 289 Abs. 4 HGB)	Insbesondere Zusammensetzung des gezeichneten Kapitals, Beschränkungen von Stimmrechten und Aktienübertragungen, direkte und indirekte Kapitalbeteiligungen, Aktieninhaber mit Sonderrechten, Stimmrechtskontrolle
Risikomanagementbericht (§ 289 Abs. 5 HGB)**	Beschreibung der wesentlichen Merkmale des internen Kontroll- und Risikomanagementsystems im Hinblick auf den Rechnungslegungsprozess
Erklärung zur Unternehmensführung* (§ 289a HGB)**	Entsprechenserklärung nach § 161 AktG; Unternehmensführungspraktiken über die gesetzlichen Anforderungen hinaus; Arbeitsweise von Vorstand und Aufsichtsrat sowie der Zusammensetzung und Arbeitsweisen von deren Ausschüssen (wahlweise auch auf der Internetseite möglich)

* nur große Kapitalgesellschaften i. S. v. § 267 Abs. 3 HGB
** nur kapitalmarktorientierte Kapitalgesellschaften i. S. v. § 264 d HGB
*** nur kapitalmarktorientierte Aktiengesellschaften

Abbildung 18.7: Mögliche Struktur des handelsrechtlichen Lageberichts

18.1.8 Grundlegende bilanzielle Bewertungsbegriffe

18.1.8.1 Bewertungsmaßstäbe

Die handelsrechtlichen Bewertungsmaßstäbe sind in Abbildung 18.8 systematisiert (Freidank/Velte [Rechnungslegung], 464; Freidank/Velte/Weber [Bewertungskonzeptionen], 2014).

Aufgrund der Dominanz des Vorsichtsprinzips kommt den Anschaffungs- und Herstellungskosten im Anlage- und Umlaufvermögen eine besondere Bedeutung zu. Bei der Folgebewertung von Vermögensgegenständen müssen bzw. können (strenges bzw. gemildertes Niederstwertprinzip) außerplanmäßige Ab-

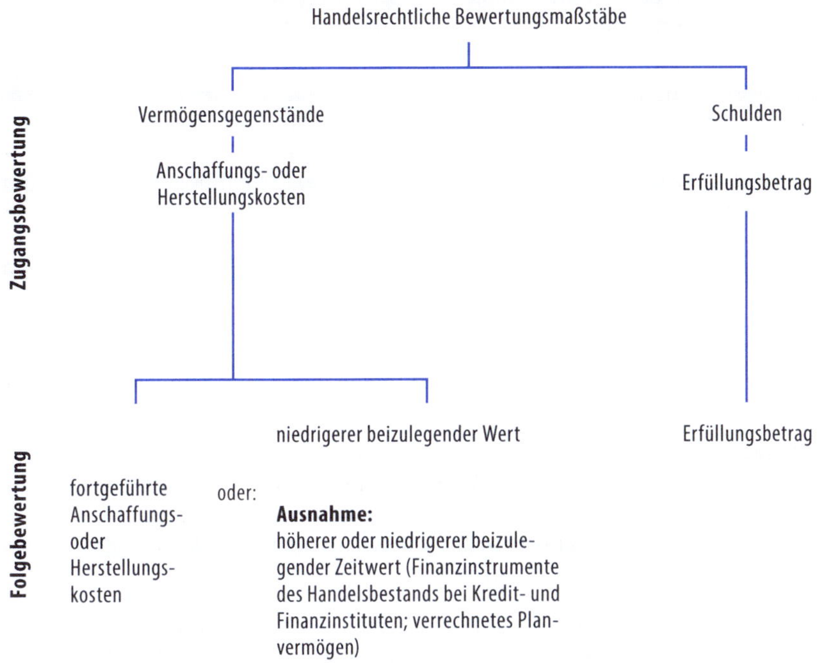

Abbildung 18.8: Handelsrechtliche Bewertungsmaßstäbe

schreibungen vorgenommen werden, um die Vermögensgegenstände mit dem **niedrigeren beizulegenden Wert** anzusetzen.

Als beizulegender Wert ist im Umlaufvermögen der Börsen- oder Marktpreis anzusetzen, sofern dieser vorhanden ist (§ 253 Abs. 4 Satz 1 HGB). Im anderen Fall sind Hilfswerte vom Beschaffungs- oder Absatzmarkt heranzuziehen (z.B. Wiederbeschaffungskosten oder Verkaufswert). Im Anlagevermögen sind dagegen die Verhältnisse am Beschaffungsmarkt vorrangig.

Die handelsrechtlichen Niederstwertnormen gelten über das Maßgeblichkeitsprinzip prinzipiell auch für die steuerrechtliche Bewertung nach § 6 Abs. 1 Nr. 1 und 2 EStG. Im Unterschied zum beizulegenden Wert wird der Terminus „Teilwert" zugrunde gelegt als Betrag, „den der Erwerber des ganzen Betriebs im Rahmen des Gesamtkaufpreises für das einzelne Wirtschaftsgut einsetzen würde; dabei ist davon auszugehen, dass der Erwerber den Betrieb fortführt" (§ 6 Abs. 1 Nr. 1 Satz 3 EStG). Die h.M. im Schrifttum unterstellt jedoch eine grundsätzliche Deckungsgleichheit mit dem beizulegenden Wert nach HGB (zu den Ausnahmen Freidank/Velte [Rechnungslegung], 469f.].

Als Ausnahmen dieser grundsätzlich asymmetrischen Zeitbewertung bilden bei nach § 246 Abs. 2 Satz 2 HGB zu verrechnenden Vermögensgegenständen (sog. Planvermögen) und – begrenzt auf Kredit- und Finanzdienstleistungsinstitute – bei Finanzinstrumenten des Handelsbestands (§ 340e Abs. 3 Satz 1 HGB, § 6 Abs. 1 Nr. 2b EStG, wobei ein Risikoabschlag vorzunehmen ist) die Anschaffungskosten nicht die Obergrenze. Vielmehr ist der beizulegende Zeitwert nach § 255 Abs. 4 HGB heranzuziehen, womit unrealisierte Gewinne zum Ausweis gelangen. Eine Zeitbewertung des Planvermögens wird allerdings nach § 5 Abs. 1a Satz 1 EStG steuerlich nicht nachvollzogen.

Neben den Vermögensgegenständen ist der Nennwert für das Eigenkapital (§ 272 Abs. 1 Satz 2 HGB) und der (nach vernünftiger kaufmännischer Beurteilung notwendige) Erfüllungsbetrag für Schulden (§ 253 Abs. 1 Satz 2 HGB) maßgebend. Letzterer stellt den sicheren bzw. wahrscheinlichsten Betrag dar, den der Schuldner zur Erfüllung aufwenden muss. Bei der Folgebewertung der Schulden kommt analog dem Höchstwertprinzip als Ausfluss des Imparitätsgedankens Bedeutung zu (§ 253 Abs. 1 Satz 2 HGB; § 6 Abs. 1 Nr. 3 Satz 1 EStG).

18.1.8.2 Anschaffungskosten

Anschaffungskosten stellen den Bewertungsmaßstab für von Dritten erworbene Vermögensgegenstände dar.

Definition:

Anschaffungskosten sind alle Aufwendungen, um den Vermögensgegenstand zu **erwerben** und ihn in einen **betriebsbereiten Zustand** zu versetzen (§ 255 Abs. 1 Satz 1 HGB). **Anschaffungsnebenkosten** (z. B. Frachtgebühren) sowie **nachträgliche Anschaffungskosten** sind dem Anschaffungspreis hinzuzurechnen, **Anschaffungspreisminderungen** (z. B. Boni) sind abzuziehen.

Eine Berücksichtigung als Anschaffungskosten setzt den Einzelkostencharakter – also die direkte Zurechenbarkeit – voraus (§ 255 Abs. 1 Satz 1 HGB; Freidank/Velte [Rechnungslegung], 479). Fremdkapitalzinsen sind grds. nicht aktivierungsfähig. Nur für den Ausnahmefall einer Kreditaufnahme zur Bestreitung von Vorauszahlungen unterstellt die h.M. ein Einbeziehungswahlrecht in die Anschaffungskosten [Coenenberg/Haller/Schultze [Jahresabschluss], 94]. Wesentliche Unterschiede zum Steuerrecht existieren nicht.

Abbildung 18.9 fasst wesentliche Komponenten der Anschaffungskosten nach HGB zusammen.

	Anschaffungspreis (Bruttorechnungsbetrag)
–	Anschaffungspreisminderungen (z. B. Skonti, Rabatte, Boni, abzugsfähige Vorsteuer)
+	Anschaffungsnebenkosten (z. B. Frachten, Zölle, Transportversicherungen, Grunderwerbsteuer, Fundamentierungs- und Montagekosten, Kosten für Probeläufe, ggf. Fremdkapitalzinsen)
=	Ursprüngliche Anschaffungskosten
+	Nachträgliche Anschaffungskosten
=	Anschaffungskosten

Abbildung 18.9: Anschaffungskosten nach HGB

18.1.8.3 Herstellungskosten

Die Herstellungskosten dienen als Bewertungsmaßstab für unfertige und fertige Erzeugnisse bzw. Leistungen sowie für sonstige selbsterstellte Vermögensgegenstände.

Definition:
Herstellungskosten sind Aufwendungen, die durch den Güterverbrauch und die Inanspruchnahme von Diensten für die Herstellung eines Vermögensgegenstands, für die Erweiterung oder für eine wesentliche Verbesserung entstehen (§ 255 Abs. 2 Satz 1 HGB).

Basierend auf dem Schema der Zuschlagskalkulation wird in Einzel- und Gemeinkosten einerseits und in Material-, Fertigungs-, Verwaltungs- und Vertriebskosten andererseits unterschieden.

Merksatz: Im Gegensatz zu den Anschaffungskosten bestehen bei der Bemessung der Herstellungskosten nach HGB explizite Wahlrechte.

Pflichtbestandteile der Herstellungskosten sind die Material- und Fertigungskosten (sowohl (Sonder-)Einzel- als auch Gemeinkosten), zu denen auch der Werteverzehr des Anlagevermögens zählt (§ 255 Abs. 2 Satz 2 HGB). Wahlweise können überdies die Kosten der allgemeinen Verwaltung, der Altersversorgung und der freiwilligen Sozialleistungen einbezogen werden (§ 255 Abs. 2 Satz 3 HGB). Die Finanzverwaltung fordert abweichend in R 6.3 Abs. 3 EStR 2012 einen steuerlichen Pflichtansatz der vorstehenden Kosten, wobei eine temporäre Maßgeblichkeit bis zur Neufassung der EStR geduldet wird (BMF [2013], 296), nach der die Einbeziehung analog zum HGB unterbleiben kann.

Ein bedingtes Einbeziehungswahlrecht besteht für Fremdkapitalzinsen nach § 255 Abs. 3 Satz 2 HGB und R 6.3 EStR 2012, sofern diese direkt zurechenbar sind, d.h. das Fremdkapital zur Finanzierung der Herstellung des Vermögensgegenstands verwendet wird und die Zinsen auf den Zeitraum der Herstellung entfallen.

Generelle Einbeziehungsverbote sind in § 255 Abs. 2 Satz 4 i.V.m. § 255 Abs. 3 Satz 1 HGB für Forschungs- und Vertriebskosten kodifiziert. Auch kalkulatorische Kosten (z.B. Verzinsung des Eigenkapitals) dürfen nicht berücksichtigt werden.

Merksatz: Bei wahlweise nach § 248 Abs. 2 Satz 1 HGB aktivierten selbst geschaffenen immateriellen Anlagegütern bilden die auf die Entwicklungsphase entfallenden Aufwendungen die bilanziellen Herstellungskosten (§ 255 Abs. 2a Satz 1 HGB), sofern die Forschungs- und Entwicklungsphase verlässlich voneinander getrennt werden können.

Abbildung 18.10 fasst die Komponenten der Herstellungskosten aus handels- und steuerrechtlicher Sicht zusammen (Freidank/Velte [Rechnungslegung], 634).

Einführende Literaturhinweise zum Abschnitt 18.1

Die vollständigen Literaturangaben finden Sie im Downloadbereich.

Freidank, C.-C./Velte, P.: [Rechnungslegung] und Rechnungslegungspolitik. Eine Einführung nach Handels- und Steuerrecht sowie nach IFRS bei Einzelunternehmen, Personenhandels- und Kapitalgesellschaften. 2. Aufl., München/Wien 2013.

Freidank, C.-C./Velte, P./Weber, S. C.: [Ansatzkonzeptionen]. In: Die Bilanz nach Handels- und Steuerrecht. Einzel- und Konzernabschluss nach HGB

Kostenkategorie	Handelsbilanz	Steuerbilanz
Materialeinzelkosten + Fertigungseinzelkosten + Sondereinzelkosten der Fertigung + Materialgemeinkosten + Fertigungsgemeinkosten + Werteverzehr des Anlagevermögens	Gebot = Untergrenze	Gebot = Untergrenze
+ Allgemeine Verwaltungskosten, Aufwendungen für freiwillige soziale Leistungen, für die betriebliche Altersversorgung und für soziale Einrichtungen des Betriebs + Fremdkapitalzinsen (unter bestimmten Voraussetzungen)	Wahlrecht Wahlrecht	Wahlrecht* Wahlrecht
= Obergrenze der Herstellungskosten		
Sondereinzelkosten des Vertriebs	Verbot	Verbot
Forschungs- und Vertriebsgemeinkosten	Verbot	Verbot
* temporäre Duldung nach BMF-Schreiben vom 25. 03. 2013; Gebot nach EStR 2012		

Abbildung 18.10: Komponenten der Herstellungskosten in der Handels- und Steuerbilanz

und IFRS. Hrsg. von H. Brönner/P. Bareis/K. Hahn/T. Maurer/U. Schramm. 11. Aufl., Stuttgart 2014.

Freidank, C.-C./Velte, P./Weber, S. C.: [Bewertungskonzeptionen]. In: Die Bilanz nach Handels- und Steuerrecht. Einzel- und Konzernabschluss nach HGB und IFRS. Hrsg. von H. Brönner/P. Bareis/K. Hahn/T. Maurer/U. Schramm. 11. Aufl., Stuttgart 2014.

Haaker, A..: [IFRS] – Irrtümer, Widersprüche und unerwünschte Konsequenzen, Herne 2014.

18.2 Grundlagen der Rechnungslegung auf Einzelabschlussebene

18.2.1 Anzuwendende Vorschriften

Abbildung 18.11 gibt einen Überblick über die relevanten handelsrechtlichen Rechnungslegungsnormen, wobei die Konzernspezifika nicht aufgelistet sind (siehe Abschnitt 3.1). Das Dritte Buch des HGB folgt einer logisch-systematischen Abfolge von den allgemein gültigen zu den speziellen Regelungen, wobei eine rechtsformspezifische Trennung in Vorschriften für alle Kaufleute (Erster Abschnitt des Dritten Buchs) und ergänzende Vorschriften für Kapitalgesellschaften sowie sog. haftungsbeschränkten Personenhandelsgesellschaften (Zweiter Abschnitt des Dritten Buchs) vorgenommen wird.

18.2.2 Bilanzierung von Vermögensgegenständen

18.2.2.1 Abstrakte und konkrete Aktivierungsfähigkeit

Inwieweit ein Vermögensgut bilanziell zu erfassen ist, richtet sich nach der Aktivierungsfähigkeit, wobei zwischen einer abstrakten und konkreten Aktivierungsfähigkeit zu unterscheiden ist. Dabei besteht die Möglichkeit eines Bilanzansatzes als Vermögensgegenstand, Rechnungsabgrenzungsposten oder Sonderposten eigener Art. Das Steuerrecht legt abweichend zum handelsrechtlichen Vermögensgegenstand den Begriff (positives) „Wirtschaftsgut" zugrunde. Diese Termini stellen unbestimmte Rechtsbegriffe dar und sind durch Auslegung zu konkretisieren (Freidank/Velte/Weber [Aktivierungskonzeptionen], 1107).

Die Frage der abstrakten Aktivierungsfähigkeit (Liegt ein Vermögensgegenstand vor?) geht mit unterschiedlichen Auslegungsvarianten einher. Nach Maßgabe der bilanziellen Darstellung der Schuldendeckungsfähigkeit stellt die h.M. im Handelsrecht auf die selbstständige Verwertbarkeit ab, während die steuerliche Rechtsprechung die selbstständige Bewertbarkeit und die bilanzielle Greifbarkeit zugrunde legt (Roß [Gemeinsamkeiten] 237 f. und 243-246; Freidank/Velte [Rechnungslegung], 367).

Merksatz: Die **abstrakte Aktivierungsfähigkeit** setzt die **selbständige Verwertbarkeit** voraus, d. h. das Gut muss direkt durch Veräußerung oder Einräumung eines Nutzungsrechtes (z. B. Vermietung, Lizensierung) gegenüber Dritten in Geld transformierbar sein.

Die konkrete Aktivierungsfähigkeit basiert auf den Aktivierungsvorschriften, welche die abstrakte Aktivierungsfähigkeit ergänzen. Es lassen sich Aktivierungsgebote, -verbote und -wahlrechte unterscheiden.

Ein Vermögensgegenstand muss bzw. kann aktiviert werden, wenn sowohl die abstrakte als auch die konkrete Aktivierungsfähigkeit (Aktivierungspflicht bzw. ein -wahlrecht) gegeben sind. Nach dem Vollständigkeitsgebot des § 246 Abs. 1 Satz 1 HGB reicht es bei Erfüllung der abstrakten Aktivierungsfähigkeit aus, wenn der Aktivierung keine expliziten Ansatzverbote entgegenstehen. Zudem muss für einen Bilanzansatz das wirtschaftliche Eigentum am betreffenden Vermögensgegenstand vorliegen (Roß [Gemeinsamkeiten] 247), welches vom rechtlichen Eigentum abweichen kann (§ 246 Abs. 1 Satz 2 HGB). Für die Konkretisierung des wirtschaftlichen Eigentums ist entscheidend, wer die wesentlichen Risiken und Chancen hinsichtlich der Verwertung und Nutzung eines Vermögensgegenstands trägt (Hoffmann/Lüdenbach [NWB Kommentar], § 246, Rn. 225). Darüber hinaus schränkt der Grundsatz des Nichtausweises schwebender Geschäfte die konkrete Aktivierungsfähigkeit ein (Roß [Gemeinsamkeiten] 246). Ein schwebendes Geschäft liegt bei einem zweiseitigen Vertragsverhältnis vor, bei dem die Hauptleistung (z.B. Lieferung eines Erzeugnisses) noch nicht erbracht wurde.

Ein Bilanzansatz hat trotz abstrakter Aktivierungsfähigkeit auch zu unterbleiben, wenn ein gesetzliches Aktivierungsverbot besteht (z.B. § 248 Abs. 2

Drittes Buch: Handelsbücher Erster Abschnitt: Vorschriften für alle Kaufleute	
Erster Unterabschnitt: Buchführung, Inventar	§ 238 Buchführungspflicht § 239 Führung der Handelsbücher § 240 Inventar § 241 Inventurvereinfachungsverfahren
Zweiter Unterabschnitt: Eröffnungsbilanz, Jahresabschluss	
Erster Titel: Allgemeine Vorschriften	§ 242 Pflicht zur Aufstellung § 243 Aufstellungsgrundsatz § 244 Sprache. Währungseinheit § 245 Unterzeichnung
Zweiter Titel: Ansatzvorschriften	§ 246 Vollständigkeit, Verrechnungsverbot § 247 Inhalt der Bilanz § 248 Bilanzierungsverbote und -wahlrechte § 249 Rückstellungen § 250 Rechnungsabgrenzungsposten § 251 Haftungsverhältnisse
Dritter Titel: Bewertungsvorschriften	§ 252 Allgemeine Bewertungsgrundsätze § 253 Zugangs- und Folgebewertung § 254 Bildung von Bewertungseinheiten § 255 Bewertungsmaßstäbe § 256 Bewertungsvereinfachungsverfahren § 256 a Währungsumrechnung
Zweiter Abschnitt: Ergänzende Vorschriften für Kapitalgesellschaften (AG, KGaA und GmbH) sowie bestimmte Personenhandelsgesellschaften	
Erster Unterabschnitt: Jahresabschluss der Kapitalgesellschaft und Lagebericht	
Erster Titel: Allgemeine Vorschriften	§ 264 Pflicht zur Aufstellung § 264 a Anwendung auf bestimmte offene Handelsgesellschaften und Kommanditgesellschaften § 264 b Befreiung von der Pflicht zur Aufstellung eines Jahresabschlusses nach den für Kapitalgesellschaften geltenden Vorschriften § 264 c Besondere Bestimmungen für offene Handelsgesellschaften und Kommanditgesellschaften im Sinne des § 264 a § 264 d Kapitalmarktorientierte Kapitalgesellschaft § 265 Allgemeine Grundsätze für die Gliederung
Zweiter Titel: Bilanz	§ 266 Gliederung der Bilanz § 267 Umschreibung der Größenklassen § 267 a Kleinstkapitalgesellschaften § 268 Vorschriften zu einzelnen Posten der Bilanz; Bilanzvermerke § 270 Bildung bestimmter Posten § 271 Beteiligungen. Verbundene Unternehmen § 272 Eigenkapital § 274 Latente Steuern § 274 a Größenabhängige Erleichterungen
Dritter Titel: Gewinn- und Verlustrechnung	§ 275 Gliederung § 276 Größenabhängige Erleichterungen § 277 Vorschriften zu einzelnen Posten der Gewinn- und Verlustrechnung § 278 Steuern
Fünfter Titel: Anhang	§ 284 Erleuterung der Bilanz und der Gewinn- und Verlustrechnung § 285 Sonstige Pflichtangaben § 286 Unterlassen der Angaben § 288 Größenabhängige Erleichterungen
Sechster Titel: Lagebericht	§ 289 Lagebericht § 289 a Erklärung zur Unternehmensführung

Abbildung 18.11: Struktur der handelsrechtlichen Rechnungslegungsnormen im Einzelabschluss

Satz 2 HGB). Allerdings kann in Fällen, in denen kein Vermögensgegenstand vorliegt, aufgrund gesetzlicher Vorgaben eine Aktivierungspflicht bzw. ein -wahlrecht bestehen, z.B. bei aktiven Rechnungsabgrenzungsposten (z.B. Disagio) oder bei latenten Steuern als Sonderposten eigener Art.

18.2.2.2 Anlagevermögen

Sachanlagen

Liegt ein wirtschaftlich zurechenbarer Vermögensgegenstand vor, ist für Bewertungs- und Ausweiszwecke eine Zuordnung nach dem beabsichtigten Verwendungszweck erforderlich. Soll ein Vermögensgegenstand dauerhaft dem Geschäftsbetrieb dienen, zählt dieser nach § 247 Abs. 2 HGB zum Anlage- und anderenfalls zum Umlaufvermögen (Wedell/Dilling [Grundlagen] 14).

Definition:

Sachanlagen sind materielle Vermögensgegenstände, die dazu bestimmt sind, dauerhaft dem Geschäftsbetrieb zu dienen; bei nicht dauerhaften Zweckbestimmung zählen sie zum Umlaufvermögen.

Die Erstbewertung von Sachanlagen erfolgt zu Anschaffungs- und Herstellungskosten. Handelt es sich um einen abnutzbaren Vermögensgegenstand des Anlagevermögens (z. B. um eine Maschine; Gegenbeispiel: Grundstück) ist dieser planmäßig über die betriebswirtschaftliche Nutzungsdauer abzuschreiben (§ 253 Abs. 3 HGB; § 6 Abs. 1 Nr. 1 Satz 1 EStG) (sog. fortgeführte Anschaffungs- oder Herstellungskosten). Dabei ist ein eventueller Restwert zu berücksichtigen. Je nach vermutetem Entwertungsverlauf kommt aus handelsrechtlicher Sicht wahlweise eine Abschreibung mit fallenden Beträgen (degressive Abschreibung), mit steigenden Beträgen (progressive Abschreibung) oder nach der Leistungabgabe (z.B. gefahrene Kilometer beim PKW) in Betracht. Anderenfalls wird ein linearer Abschreibungsverlauf mit konstanten Abschreibungsbeträgen unterstellt. Auch Kombinationen der Methoden sind möglich.

Beispiel:

Die Anschaffungskosten einer Maschine mit 10-jähriger Nutzungsdauer belaufen sich auf 110 GE. Der Schrottwert zum Ende der Nutzungsdauer wird auf 10 GE geschätzt. Es wird eine (lineare) planmäßige Abschreibung von 10 GE p.a. (= (110 – 10)/10) vorgenommen. Die fortgeführten Anschaffungskosten (Restbuchwert) betragen nach drei Geschäftsjahren 80 GE (= 110 – 3 x 10).

Aus steuerrechtlicher Sicht ist bei den Absetzungen für Abnutzung (AfA) die Methodenwahl restriktiver (und komplizierter) geregelt als im Handelsrecht. Grundsätzlich wird die lineare Abschreibung nach § 7 Abs. 1 Satz 1 EStG vorgeschrieben. Bewegliche Anlagegüter, die in den Geschäftsjahren nach dem 31. 12. 2008 und vor dem 01. 01. 2011 angeschafft wurden, können alternativ nach der geometrisch-degressiven Methode abgeschrieben werden, sofern diese das 2,5-fache der linearen Abschreibungen und den Höchstsatz von 25 % nicht übersteigt. Die Leistungs-AfA setzt nach § 7 Abs. 1 Satz 6 EStG voraus, dass sie wirtschaftlich begründet und durch Nachweise versehen wird (z.B. durch ein Fahrtenbuch). Eine weitere Konkretisierung der steuerlichen Abschreibung besteht durch die sog. „AfA-Tabellen" als Richtsätze der Finanzverwaltung.

Zum Bilanzstichtag ist das Vermögen hinsichtlich seiner Werthaltigkeit zu überprüfen. Liegt der beizulegende Wert einer Sachanlage dauerhaft unter dem Buchwert, ist nach dem strengen Niederstwertprinzip in Höhe der Differenz eine außerplanmäßige Abschreibung erforderlich (§ 253 Abs. 3 HGB). Nach § 6 Abs. 1 Nr. 1 EStG besteht hingegen ein Wahlrecht zur Durchführung einer Teilwertabschreibung bei voraussichtlich dauerhafter Wertminderung. Ist die Wertminderung voraussichtlich nur vorübergehend, ist der (höhere) Buchwert nach Handels- und Steuerrecht beizubehalten.

Beispiel:

Nach vier Jahren hat die betreffende Maschine einen Restbuchwert von 70 GE (= 110 – 4 x 10) und einen beizulegenden Wert von 40 GE. Bei Annahme einer dauerhaften Wertminderung muss (HGB) bzw. kann (EStG) eine Reduzierung des Buchwerts um 30 GE (= 70 – 40) vorgenommen werden. Der neue Buchwert (= 40 GE) bildet die Grundlage für die Bemessung der planmäßigen Abschreibungen für die Restnutzungsdauer.

Soweit die Gründe für eine außerplanmäßige Abschreibung bzw. Teilwertabschreibung entfallen sind, besteht nach § 253 Abs. 5 Satz 1 HGB bzw. § 6 Abs. 1 Nr. 1 Satz 4 EStG eine Zuschreibungspflicht, wobei der Buchwert nach Wertaufholung weder den beizulegenden Wert bzw. Teilwert zum Bilanzstichtag noch die fortgeführten Anschaffungs- oder Herstellungskosten gemäß dem ursprünglichem Abschreibungsplan überschreiten darf.

Beispiel:

Nach insgesamt 6 Jahren Nutzung hat die betreffende Maschine einen Restbuchwert von 30 GE (= 110 – 4 x 10 – 30 – 2 x 5) und einen beizulegenden Wert bzw. Teilwert von 60 GE. Somit ist eine Zuschreibung von 20 GE vorzunehmenn, da die fortgeführten Anschaffungskosten 50 GE betragen.

Strittig ist, ob im Rahmen der Bewertung von Sachanlagen eine in der internationalen Rechnungslegung übliche Zerlegung in Komponenten mit unterschiedlicher Abschreibung zulässig ist (vgl. zum sog. Komponentenansatz Modul 19). Gegen die Zulässigkeit spricht der einheitliche Nutzungs- und Funktionszusammenhang von Vermögensgegenständen sowie die damit verbundene Beschränkung der Aktivierung auf Erweiterungsausgaben.

Obgleich etwa beim Austausch eines Daches eine Erweiterung des Nutzungspotentials (Haaker [Erhaltungsaufwand]), die eine Aktivierung als nachträgliche Anschaffungs- oder Herstellungskosten rechtfertigt, nicht stattfindet, soll nach Auffasssung des Instituts der Wirtschaftsprüfer in Deutschland e.V. (IDW) der Komponentenansatz dennoch unter bestimmten Bedingungen handelsrechtlich zulässig sein (IDW [RH HFA 1.016] Tz. 5). Voraussetzung ist lediglich, dass der Austausch einer physischen Komponente erfolgt (Tz. 7). Die handelsrechtliche Zulässigkeit des Komponentenansatzes ist strittig (Haaker [Komponentenansatz] 240), zumal dieser steuerrechtlich nicht anerkannt werden kann (vgl. Herzig [Anwendung] 101; BFH vom 30.05.1974, IV R 56/72, BStBl. II 1974, S. 520).

Immaterielle Vermögensgegenstände

Definition:
Immaterielle Vermögensgegenstände des Anlagevermögens sind selbständig verwertbare Güter, die keine oder nur eine unwesentliche physische Substanz aufweisen und dazu bestimmt sind, dauerhaft dem Geschäftsbetrieb zu dienen; bei nicht dauerhafter Zweckbestimmung zählen sie zum Umlaufvermögen.

Die bilanzielle Behandlung von immateriellen Anlagegütern entspricht weitgehend dem Vorgehen bei Sachanlagen. Ein wesentlicher Unterschied besteht bei selbst geschaffenen Gütern. Obgleich das Vollständigkeitsgebot des § 246 Abs. 1 HGB bei selbständiger Verwertbarkeit eine Aktivierungspflicht vorsehen würde, sind lediglich bestimmte selbsterstellte immaterielle Vermögensgegenstände des Anlagevermögens bilanzierungsfähig (Wahlrecht nach § 248 Abs. 2 Satz 1 HGB). Schwer greifbare Güter, wie z.B. Markennamen oder Kundenlisten, sind von einem Bilanzansatz ausgeschlossen (§ 248 Abs. 2 Satz 2 HGB). Nach § 5 Abs. 2 EStG ist sogar ein generelles Ansatzgebot für alle selbsterstellten immateriellen Anlagewerte zu beachten.

Aus handelsrechtlicher Sicht muss zur Ermittlung der Herstellungskosten bei selberstellten immateriellen Anlagegütern eine verlässliche Abgrenzung zwischen Forschungs- und Entwicklungsphase möglich sein (§ 255 Abs. 2a HGB), ansonsten sind sämtliche Ausgaben für Forschung- und Entwicklung aufwandswirksam zu erfassen. Aktivierungsfähig sind nur die in der Entwicklungsphase angefallenden Aufwendungen, wobei deren „Gegenwert" (Moxter [Bilanztheorien] 514) nur aktivierbar ist, wenn sich dieser als Vermögensgegenstand konkretisiert hat, was anhand von entsprechenden Erwartungen über das Entwicklungsergebnis zu belegen ist (Schruff/Haaker [Immaterielle Werte] 65). Zur Gewährleistung des Gläubigerschutzes besteht für Kapitalgesellschaften eine Ausschüttungssperre für aktivierte Entwicklungskosten (§ 268 Abs. 8 HGB).

Immaterielle Anlagegüter sind steuerrechtlich zwingend linear abzuschreiben (§ 7 Abs. 1 Satz 1 EStG), während handelsrechtlich aufgrund der schnellen Verflüchtigung eine degressive Abschreibung empfohlen wird (Freidank/Velte [Rechnungslegung], 504).

Geschäfts- oder Firmenwert (Goodwill)

Definition:
Der **derivative Geschäfts- oder Firmenwert (Goodwill)** stellt den Unterschiedsbetrag zwischen dem Kaufpreis eines (Teil-)Unternehmens und dem Wertansatz des übernommenen Nettovermögens dar.

In Abgrenzung zum selbst erstellten Goodwill, der nicht ansatzfähig ist (Umkehrschluss aus § 246 Abs. 1 HGB; § 5 Abs. 2 EStG), gilt der derivative Geschäfts- oder Firmenwert (im Rahmen einer Fiktion) nach § 246 Abs. 1 Satz 4 HGB als abnutzbarer Vermögensgegenstand (Freidank/Velte [Bilanzrechtsmodernisierungsgesetzes], 93). Steuerechtlich besteht eine Ansatzpflicht als positives Wirtschaftsgut (§ 5 Abs. 2 i.V.m. § 6 Abs. 1 Nr. 1 EStG).

Beispiel:

Die Anschaffungskosten eines Unternehmenserwerbs, bei dem Vermögensgegenstände mit einem Wertansatz von 200 GE und Schulden von 100 GE übernommen werden, betragen 120 GE. Somit ist ein derivativer Geschäfts- oder Firmenwert i. H. v. 20 GE (= 120 – (200 – 100)) zu aktivieren.

Nach § 246 Abs. 1 Satz 4 i.V.m. § 253 Abs. 3 Satz 1 HGB ist eine planmäßige Abschreibung über die betriebsgewöhnliche Nutzungsdauer zwingend vorzunehmen. Aus der Anhangangabe gem. § 285 Nr. 13 HGB ist zu folgern, dass der Gesetzgeber eine widerlegbare fünfjährige Nutzungsdauer unterstellt. Das Steuerrecht legt im Gegensatz eine unwiderrufliche Nutzungsdauer von 15 Jahren zugrunde (§ 7 Abs. 1 Satz 3 EStG). Die fiskalpolitisch motivierte Typisierung im Steuerrecht ist zumindest bei kurzen Produktlebenszyklen problematisch.

Bei einer dauerhaften Wertminderung ist eine außerplanmäßige Abschreibung zwingend (§ 253 Abs. 3 Satz 3 HGB) bzw. eine steuerliche Teilwertabschreibung zulässig (§ 6 Abs. 1 Nr. 1 EStG). Nach § 253 Abs. 5 Satz 2 HGB darf der derivative Geschäfts- oder Firmenwert auch zur Wertaufholung nach einer außerplanmäßigen Abschreibung nicht wieder zugeschrieben werden, um eine Nachaktivierung originärer Bestandteile zu verhindern. Allerdings ist kein explizites Zuschreibungsverbot in § 6 EStG kodifiziert. Aus dem Maßgeblichkeitsprinzip lässt sich ein entsprechendes Verbot aus steuerrechtlicher Sicht ableiten.

Ein negativer derivativer Geschäfts- oder Firmenwert entsteht, wenn der Kaufpreis für das Unternehmen geringer ausfällt als der Wertansatz des übernommenen Nettovermögens. Fraglich ist, ob im Einzelabschluss nach dem Anschaffungskostenprinzip stille Reserven aufgedeckt werden dürfen bzw. sogar eine Abstockung der Buchwerte erfolgen muss, um die Erfolgsneutralität des Anschaffungsvorganges zu wahren (ADS [Rechnungslegung], § 255, Rn. 294). Nach h.M. ist aber ein „negativer Unterschiedsbetrag“, der nur in Ausnahmefällen bei Zahlung eines Minderpreises entsteht, analog zum Konzernabschluss als ein die kodifizierten Ansatzvorschriften von § 249 und § 250 Abs. 2 HGB ergänzendes Passivum (passivischer Ausgleichsposten) gesondert in der Bilanz auszuweisen (Velte [Negative Geschäfts- oder Firmenwerte], 396). Dieser Posten darf nach dem Realisationsprinzip erst dann gewinnerhöhend aufgelöst werden, wenn die mit einem Badwill verbundenen negativen Zukunftsaussichten eingetreten oder entfallen sind (ADS [Rechnungslegung], § 255, Rn. 295). Daneben ist auch ein sog. Lucky Buy denkbar, der mit einem günstigen Unternehmenserwerb in Verbindung steht (Freidank/Velte [Rechnungslegung], 406; zum Goodwill auf Konzernebene Abschnitt 3.7.1).

Finanzanlagen

Merksatz: **Finanzanlagen dienen der langfristigen Finanzmittelverwendung in Form von Anteilen, Ausleihungen, Beteiligungen und Wertpapieren.**

Die Bewertung von Finanzanlagen erfolgt zu Anschaffungskosten, wobei mangels Abnutzbarkeit keine planmäßigen Abschreibungen vorgenommen werden. Nur bei einer voraussichtlich dauerhaften Wertminderung hat nach dem gemilderten Niederstwertprinzip eine außerplanmäßige Abschreibungen auf den beizulegenden Wert zu erfolgen (§ 253 Abs. 3 Satz 3 HGB). Bei einer vorübergehenden Wertminderung besteht gem. § 253 Abs. 3 Satz 4 HGB ein Wahlrecht zur Abschreibung auf den niedrigeren beizulegenden Wert, das steuerrechtlich nicht anerkannt wird. Ist der Grund für eine außerplanmäßige Wertminderung entfallen, besteht unter Beachtung des Anschaffungskostenprinzips analog zu Sachanlagen und immateriellen Anlagegütern eine Zuschreibungspflicht (§ 253 Abs. 5 Satz 1 HGB; § 6 Abs. 1 Nr. 1 EStG).

18.2.2.3 Umlaufvermögen

Merksatz: Das **Umlaufvermögen** gliedert sich in die Vorräte, Forderungen und sonstige Vermögensgegenstände, Wertpapiere sowie flüssige Mittel.

Im Gegensatz zu den Sachanlagen als Gebrauchsgüter (Potentialfaktoren) beinhalten Vorräte Verbrauchsgüter (Weber [Industriebetriebslehre] 287) sowie als Erzeugnisse erstellte Güter (Produkte), die typischerweise als Umlaufvermögen nicht dauerhaft im Unternehmen verbleiben. Zu den Vorräten gehören Handelswaren, Roh-, Hilfs- und Betriebsstoffe, Unfertige Erzeugnisse und Fertigerzeugnisse (Quick/Warming-Rasmussen [Folgebewertung], 205).

Bei der Bewertung des Umlaufvermögens ist das strenge Niederstwertprinzip stets einzuhalten, sodass zum Bilanzstichtag das Minimum aus Anschaffungs- oder Herstellungskosten und einem niedrigeren Wert zum Ausweis gelangt, der sich nach § 253 Abs. 4 HGB „aus einem Börsen- oder Marktpreis am Abschlussstichtag ergibt." Soweit „ein Börsen- oder Marktpreis nicht festzustellen" ist, hat eine Abschreibung auf den beizulegenden Wert zu erfolgen. Eine Teilwertabschreibung darf aus steuerrechtlicher Sicht analog zum Anlagevermögen unterbleiben (§ 6 Abs. 1 Nr. 2 EStG). Bei Wegfall des Abschreibungsgrunds besteht eine Zuschreibungspflicht (§ 253 Abs. 5 Satz 1 HGB; § 6 Abs. 1 EStG).

Merksatz: Im **Vorratsvermögen** ist nach dem strengen Niederstwertprinzip stets der niedrigere Wert aus Anschaffungs- bzw. Herstellungskosten und Stichtagswert anzusetzen.

Zur Erleichterung der Bestandsbewertung lassen das Handels- und Steuerrecht spezielle Bewertungsvereinfachungsmethoden zu (§ 256 i.V.m. § 240 Abs. 3, 4 HGB; § 6 Abs. 1 Nr. 2a EStG; R 6.8 Abs. 3, 4 EStR sowie R 6.9 EStR). Das Einzelbewertungsprinzip wird damit zugunsten des Wirtschaftlichkeitsprinzips durchbrochen bzw. eine bestimmte systematische Reihenfolge von Bestandszu- und -abgängen fingiert. Eine Übersicht über die zulässigen Verfahren gibt Abbildung 18.12.

18.2.3 Bilanzierung von Schulden

18.2.3.1 Schuldbegriff

Auf der Passivseite der Bilanz werden neben den Eigenkapitalpositionen und passiven Rechnungsabgrenzungsposten sowie den Sonderposten eigener Art (zu passiven latenten Steuern Abschnitt 3.6.4) insbes. die Schulden ausgewie-

Verfahren	Inhalt	Aufgaben	Anwendung
Einzelbewertung	Einzelbewertung von Vermögensgegenständen und Schulden	Ermittlung des Werts, des Vermögens und der Schulden sowie des Periodenerfolges	Grundsatz nach Handels- und Steuerrecht
Lifo- Methode (Last-in- first-out)	Die **zuletzt beschafften bzw. hergestellten** Güter gelten buchtechnisch als zuerst veräußert bzw. verbraucht	In Zeiten **steigender Kosten** niedrigst mögliche Endbestandsbewertung, niedriger Gewinnausweis, Beitrag zur Substanzerhaltung	In Handels- und Steuerbilanz zulässig, soweit kein Verstoß gegen strenges Niederstwertprinzip (§ 256 Satz 1 HGB, § 6 Abs. 1 Nr. 2 a EStG; R 6.9 EStR)
Fifo- Methode (First-in- first-out)	Die **zuerst beschafften bzw. hergestellten** Güter gelten buchtechnisch als zuerst veräußert bzw. verbraucht.	In Zeiten **sinkender** Kosten niedrigst mögliche Endbestandsbewertung, niedriger Gewinnausweis, Beitrag zur Substanzerhaltung	In Handelsbilanz zulässig (§ 256 Satz 1 HGB), soweit kein Verstoß gegen strenges Niederstwertprinzip In Steuerbilanz unzulässig (R 6.9 Abs. 1 EStR), bei Nachweis der Verbrauchsfolge ausnahmsweise anerkannt
Gruppen-bewertung (Durchschnitts-methode)	Gleichartige Vorräte sowie andere gleichartige oder annähernd gleichwertige bewegliche Vermögensgegenstände und Schulden zu einer **Gruppe** zusammenfassen und mit dem **Durchschnittswert** ansetzen	Vereinfachung der Aufstellung von Inventar und Bilanz. Ermittlung des Endbestandswerts, wenn keine getrennte Lagerung der einzelnen beschafften bzw. hergestellten Partien erfolgt	In Handels- und Steuerbilanz zulässig (§ 256 Satz 2 i. V. m. § 240 Abs. 4 HGB; R 6.8 Abs. 4 EStR), soweit kein Verstoß gegen strenges Niederstwertprinzip
Festbewertung	Sachanlagegüter sowie Roh-, Hilfs- und Betriebsstoffe mit **gleichbleibender** Menge und Wert ansetzen, wenn **Bestand** sich in Größe, Wert und Zusammensetzung wenig verändert	Vereinfachung der Aufstellung von Inventar und Bilanz. Bei steigenden Preisen infolge zunehmender Unterbewertung Mittel zur Substanzerhaltung	In Handels- und Steuerbilanz zulässig (§ 256 Satz 2 i. V. m. § 240 Abs. 3 HGB; R 5.4 Abs. 4 und H 6.8 EStR)

Abbildung 18.12: Bewertungsvereinfachungsmethoden im Handels- und Steuerrecht

sen (§§ 240 Abs. 1, 246 Abs. 1 Satz 1 HGB). Diese umfassen neben Verbindlichkeiten auch Rückstellungen. Hiervon sind die sog. Eventualverbindlichkeiten (§ 251 HGB) abzugrenzen, welche als Haftungsverhältnisse nicht bilanziell ausgewiesen, sondern lediglich unter dem Bilanzstrich vermerkt sind, da ihnen eine zu geringe Wahrscheinlichkeit einer Inanspruchnahme zukommt.

Analog zur Aktivierung wird in eine abstrakte und konkrete Passivierungsfähigkeit unterschieden. Die abstrakte Passivierungsfähigkeit (Liegt eine Schuld vor?) ist mangels Legaldefinition des Schuldbegriffs im HGB aus den GoB abzuleiten (Freidank/Velte/Weber [Passivierungskonzeptionen], 208).

Definition:

Eine **abstrakte Passivierungsfähigkeit** als Schuld setzt voraus, dass eine rechtliche oder faktische Verpflichtung gegenüber Dritten vorliegt, die eine wirtschaftliche Belastung darstellt und quantifizierbar ist. Neben diesen Außen- werden auch bestimmte Innenverpflichtungen des Kaufmanns „gegenüber sich selbst" ausgewiesen.

Die konkrete Passivierungsfähigkeit ergibt sich aus den handels- und steuerrechtlichen Ansatznormen, welche die abstrakte Passivierungsfähigkeit ergänzen. Für die Passiva ist nach dem Vollständigkeitsgebot des § 246 Abs. 1 Satz 1

HGB grds. eine Ansatzpflicht zu unterstellen. Dennoch sind – analog zur Aktivseite – konkrete Passivierungsgebote, (steuerliche) Ansatzverbote sowie Ansatzwahlrechte kodifiziert.

Eine Schuld muss grundsätzlich in der Bilanz angesetzt werden, wenn sowohl eine abstrakte Passivierungsfähigkeit als auch ein Passivierungsgebot (z.B. § 249 Abs. 1 Satz 1 und 2 HGB) bzw. -wahlrecht (z.B. Art. 28 Abs. 1 Satz 1 EGHGB) vorliegt. In § 249 Abs. 2 Satz 1 HGB wird klargestellt, dass außer den ungewissen Schulden und bestimmten Aufwandsrückstellungen (§ 249 Abs. 1 Nr. 1 HGB) keine Rückstellungen passiviert werden dürfen (z.B. für mehrjährige Generalüberholungen). Eine Passivierung ist auch untersagt, wenn zwar die abstrakte Passivierungsfähigkeit gegeben ist, jedoch ein gesetzliches Passivierungsverbot existiert. Des Weiteren kann es aufgrund abweichender Passivierungsvorschriften dazu kommen, dass ein abstrakt nicht passivierungsfähiger Sachverhalt dennoch zu passivieren ist (z.B. ein Rechnungsabgrenzungsposten gem. § 250 Abs. 2 HGB) bzw. passiviert werden darf.

18.2.3.2 Rückstellungen

Definition:

Rückstellungen **unterscheiden sich von den Verbindlichkeiten dadurch, dass sie im Hinblick auf das Bestehen (dem Grunde nach) oder der Höhe nach ungewiss sind.**

Nach Maßgabe des Vorsichtsprinzips und des Grundsatzes der Periodenabgrenzung müssen für die in § 249 Abs. 1 HGB genannten Fälle Rückstellungen gebildet werden. Abbildung 18.13 gibt einen Überblick über die Rückstellungsarten, wobei eine Unterscheidung in Außen- und sog. Innenverpflichtungen erfolgt. Neben zivil- bzw. öffentlich-rechtlichen Obliegenheiten existieren als Außenverpflichtungen auch wirtschaftliche (faktische) Verpflichtungen gegenüber Dritten, denen sich der Kaufmann nicht entziehen kann (z.B. Kulanzrückstellungen nach § 249 Abs. 1 Nr. 2 HGB). Der Zeitpunkt der Passivierung bestimmt sich nach der wirtschaftlichen Verursachung. Während nach der Wesentlichkeitsthese für den Passivierungszeitpunkt der für die rechtliche Vollentstehung wesentliche Tatbestand maßgeblich ist, wird nach der Alimentationsthese auf die Realisation der Erträge abgestelt, die von den mit der Rückstellungsbildung verbundenen Aufwendungen alimentiert werden (Brösel/Haaker [Verursachung] 230–234).

Neben den Verbindlichkeitsrückstellungen sind Rückstellungen für drohende Verluste aus schwebenden Geschäften (Drohverlustrückstellungen) zu bilden (§ 249 Abs. 1 Satz 1 HGB), bei denen ein Verpflichtungsüberschuss (eigene Leistung > erhaltene Gegensleistung) besteht (Kayser [Rückstellungen] 138). Insofern wird nach dem Imparitätsprinzip der Grundsatz der Nichtbilanzierung solcher Geschäfte durchbrochen. Ferner müssen bei unterlassener Abraumbeseitigung und Instandhaltung sog. Aufwandsrückstellungen gebildet werden (§ 249 Abs. 1 Satz 2 Nr. 1 HGB). Diese Sachverhalte müssen jedoch innerhalb von einem Jahr bzw. drei Monaten nach dem Abschlussstichtag nachgeholt worden sein.

Beispiel:

Das Unternehmen wollte eigentlich eine dringende Wartung einer Verpackungsmaschine noch im abgelaufenen Geschäftsjahr 2013 durchführen (Stichtag: 31. 12. 2013). Aufgrund von Erfahrungswerten wird mit ca. 3.000 € gerechnet. Aufgrund von Terminschwierigkeiten wird die Wartung voraussichtlich im Februar 2014 (Rückstellungsgebot) oder alternativ im April 2014 (Rückstellungsverbot) durchgeführt.

Wenngleich die verpflichtenden Rückstellungen aufgrund des Maßgeblichkeitsprinzips grds. auch in der steuerlichen Gewinnermittlung zu berücksichtigen sind, gibt es zahlreiche Durchbrechungen der Maßgeblichkeit (Verbote oder Wahlrechte) im Einkommensteuerrecht, wie z.B. das Verbot zur Bildung von Drohverlustrückstellungen gem. § 5 Abs. 4a EStG.

Die Auflösung von Rückstellungen ergibt sich zwangsläufig im Zeitpunkt der effektiven Inanspruchnahme des Unternehmens. Sofern die Rückstellung zu niedrig bzw. zu hoch dotiert war, ist eine erfolgswirksame Erfassung der Differenz zu verbuchen (Mindermann/Brösel [Buchführung] 201).

Bei Pensionsrückstellungen erfolgt eine Differenzierung in unmittelbare, mittelbare und pensionsähnliche Verpflichtungen. Unmittelbare Pensionsverpflichtungen mit ab dem 01. 01. 1987 erteilten Direktzusagen (Neuzusagen) unterliegen einer Passivierungspflicht (§ 249 Abs. 1 Satz 1 HGB i.V.m. Art. 28 Abs. 1 Satz 1 EGHGB). Bei Altzusagen, die vor dem 01. 01. 1987 gegeben wurden, sowie bei mittelbaren oder pensionsähnlichen Verpflichtungen besteht ein Passivierungswahlrecht (Art. 28 Abs. 1 Satz 2 EGHGB).

Aus steuerrechtlicher Sicht liegen mit § 6a EStG eigenständige Ansatzvoraussetzungen vor. Während unmittelbare Pensionszusagen ab dem 01. 01. 1987 unter Beachtung von § 6EStG zwingend bzw. vor dem 01. 01. 1987 wahlweise (R 6a Abs. 1 Satz 3 EStR) zu passivieren sind, werden nach Auffassung der Finanzverwaltung mittelbare oder sonstige ähnliche Pensionsrückstellungen nicht passiviert.

Da die Höhe der künftigen Inanspruchnahme nicht genau bestimmbar ist, schreibt § 253 Abs. 1 Satz 2 HGB vor, dass der Bewertungsmaßstab bei Rückstellungen der Erfüllungsbetrag der entsprechenden Verpflichtungen gemäß vernünftiger kaufmännischer Beurteilung ist. Künftige Preis- und Kostensteigerungen sind aus handelsrechtlicher Sicht unter Durchbrechung des Stichtagsprinzips einzubeziehen, sofern ausreichend objektive Hinweise auf ihren Eintritt schließen lassen (vgl. BT-Drucksache 16/10067, 52). Einer Berücksichtigung von erwarteten Kostensenkungen steht das Vorsichtsprinzip entgegen. Bei Einzelverpflichtungen ist bei mehreren Schätzalternativen eher pessimistisch zu bewerten, sodass der ausgewiesene Betrag mit hoher Wahrscheinlichkeit die Verpflichtung abdecken wird. Liegen Massenverpflichtungen (z.B. Portfolien gleichartiger Garantieverpflichtungen) vor, erfolgt nach dem „Gesetz der großen Zahl" eine Orientierung am erwarteten Wert, wobei auch hier das Vorsichtsprinzip zu beachten ist.

Bei einer Restlaufzeit von über einem Jahr wird der Erfüllungsbetrag abgezinst und ein Barwert ausgewiesen. Die langfristigen Rückstellungen müssen nach § 253 Abs. 2 Satz 1 HGB grds. mit dem ihrer Restlaufzeit entsprechenden durchschnittlichen Marktzins der vergangenen sieben Geschäftsjahre diskontiert werden. Bei Pensionsrückstellungen besteht die handelsrechtliche Option, einheitlich mit einem für die Restlaufzeit von 15 Jahren gültigen Zinssatz über die tatsächliche Laufzeit abzuzinsen. Die Zinssätze werden durch die Deutsche Bundesbank ermittelt und veröffentlicht.

Eine Besonderheit besteht, wenn Vermögensgegenstände speziell der Deckung einer Pensionszusage dienen und dem Zugriff der übrigen Gläubiger rechtlich entzogen sind. Das hierfür verwendete Deckungs- oder Planvermögen ist mit den Pensionsrückstellungen zu saldieren und zum beizulegenden Zeitwert zu bewerten (§ 246 Abs. 2 Satz 2; § 253 Abs. 1 Satz 4 HGB). Der aktive Unterschiedsbetrag aus dieser Vermögensverrechnung ist separat auszuweisen (§ 246 Abs. 2 Satz 3 HGB) und mit einer Aussschüttungssperre zu belegen (§ 268 Abs. 8 HGB).

Als handelsrechtliche Bewertungsmethoden können die international übliche Methode der laufenden Einmalprämien (vgl. hierzu Abschnitt 2.3.2 in Modul 19) oder ein modifiziertes Teilwertverfahren eingesetzt werden.

Im Steuerrecht sind Rückstellungen gem. § 6 Abs. 1 Nr. 3 i.V.m. Nr. 2 EStG mit ihrem Anschaffungswert oder höheren Teilwert anzusetzen. Dieser entspricht grds. dem Erfüllungsbetrag. Allerdings sind in § 6 Abs. 1 Nr. 3a EStG und § 6a EStG eigenständige Bewertungsregelungen kodifiziert.

Merksatz: Für die steuerrechtliche Gewinnermittlung gilt ein Festzins von 6 % (Pensionsrückstellungen; § 6a Abs. 3 Satz 3 EStG) bzw. 5,5 % (sonstige Rückstellungen; § 6 Abs. 1 Nr. 3a Buchst. e Satz 1 EStG).

Zudem dürfen steuerlich durch die strenge Anwendung des Stichtagsprinzips erwartete Preis- und Kostensteigerungen nicht berücksichtigt werden (§ 6 Abs. 1 Nr. 3a Buchst. f EStG). Als Bewertungsmethode zur Ermittlung von Pensionsrückstellungen für Anwartschaften kommt aus steuerrechtlicher Sicht lediglich das Teilwertverfahren in Betracht.

18.2.3.3 Verbindlichkeiten

Verbindlichkeiten bilden gleichsam das Gegenstück zu den auf der Aktivseite ausgewiesenen Forderungen. Sie zählen wie die Rückstellungen zu den Schulden und sind nach dem Vollständigkeitsprinzip (§ 246 Abs. 1 Satz 1 HGB) passivierungspflichtig. In Abgrenzung zu den Rückstellungen stehen Ursache, Höhe und Fälligkeit fest.

Der handelsrechtliche Bewertungsmaßstab für Verbindlichkeit ist analog zu den Rückstellungen der Erfüllungsbetrag (§ 253 Abs. 1 Satz 2 HGB). In der Steuerbilanz sind Verbindlichkeiten wie auch die Rückstellungen mit dem Anschaffungswert oder höherem Teilwert anzusetzen (§ 6 Abs. 1 Nr. 3 i.V.m. Nr. 2 EStG). Bei Geldleistungsverpflichtungen entspricht dieser handels- und steuerrechtlich grds. dem Nennbetrag, bei Sachleistungsverpflichtungen dem voraussichtlich aufzuwendenden Geldwert der Aufwendungen, die zur Bewirkung der Schuld erforderlich sind.

Verbindlichkeiten ohne Zinsanteil dürfen handelsrechtlich nicht abgezinst werden (Freidank [Ansatz], 496–499), da der Diskontierung das Realisationsprinzip entgegensteht (Kayser [Rückstellungen] 199; Leffson [Grundsätze] 296). Eine Ausnahme besteht für auf Rentenverpflichtungen beruhende Verbindlichkeiten, für die eine Gegenleistung nicht mehr zu erwarten ist. Steuerrechtlich sind Verbindlichkeiten mit einer Laufzeit von mindestens einem Jahr dagegen grds. mit einem Festzins von 5,5 % abzuzinsen (§ 6 Abs. 1 Nr. 3 Satz 1 EStG).

18.2.4 Bilanzierung von Eigenkapital

Das Eigenkapital zeigt den (Residual-)Anspruch der Eigentümer am Gesellschaftsvermögen; dabei hängt die Höhe des Eigenkapitals von den Ansatz- und Bewertungsregeln der Vermögensgegenstände und Schulden ab (Brösel/Haaker [§ 272 HGB], Rn. 11 f.). Somit stehen bei diesem Posten die Gliederung und der Ausweis im Vordergrund.

Definition:

Bei **Kapitalgesellschaften** setzt sich das **Eigenkapital** aus den Hauptkomponenten **Gezeichnetes Kapital, Kapitalrücklage, Gewinnrücklagen, Gewinn-/Verlustvortrag** sowie **Jahresüberschuss/-fehlbetrag** zusammen (§ 266 Abs. 3A, § 268 Abs. 1 Satz 2 und § 272 Abs. 1–3 HGB).

Bei einem Ausweis nach teilweiser Gewinnverwendung wird anstelle der beiden letztgenannten Positionen der Bilanzgewinn/-verlust ausgewiesen. Sofern das Eigenkapital bei Kapitalgesellschaften vollständig aufgezehrt ist, liegt eine bilanzielle Überschuldungssituation des Unternehmens vor, die durch die Bezeichnung „Nicht durch Eigenkapital gedeckter Fehlbetrag" bilanziell gezeigt werden muss (§ 268 Abs. 3 HGB). Abbildung 18.13 gibt einen Überblick über die Komponenten des Eigenkapitals nach HGB (Freidank/Velte [Rechnungslegung], 760).

Das Gezeichnete Kapital ist aus handels- und steuerrechtlicher Sicht zum Nennbetrag zu bewerten (§ 272 Abs. 1 Satz 2 HGB, § 5 Abs. 1 Satz 1 EStG), der dem Nennwert des Grund- (AG) bzw. des Stammkapitals (GmbH) entspricht, das wiederum aus den in der Satzung bzw. im Gesellschaftsvertrag niedergelegten Bestimmungen entnommen werden kann. Laut § 9 Abs. 2 AktG ist aber die Ausgabe von Aktien zu einem höheren Betrag als dem Nennwert möglich. Die Differenz zwischen dem höheren Betrag und dem Nennwert (Agio) ist in die Kapitalrücklage einzustellen (§ 272 Abs. 2 Nr. 1 HGB), wodurch das Grundkapital auch in diesem Fall zum Nennwert ausgewiesen wird. Einbehaltene Gewinne werden in die Gewinnrücklagen eingestellt (§ 272 Abs. 3 HGB). Während eigene Anteile (§ 272 Abs. 1a HGB) und noch nicht eingeforderte ausstehende Einlagen offen vom gezeichneten Kapital abzusetzen sind, werden eingeforderte ausstehende Einlagen gesondert unter den Forderungen erfasst (§ 272 Abs. 1 Satz 3 HGB).

18.2.5 Rechnungsabgrenzungsposten (RAP)

Neben den Vermögensgegenständen und Schulden bzw. Wirtschaftsgütern unterscheidet das Handels- und Steuerrecht zwischen aktiven und passiven sowie zwischen transitorischen und antizipativen Rechnungsabgrenzungsposten (RAP). Die Bildung von RAP ist auf transitorische Fälle beschränkt, während bei antizipativen Fällen ein Ausweis als sonstige Forderungen oder Verbindlichkeiten erfolgt.

Aktivseite	Passivseite
A. Anlagevermögen – – III. Finanzanlagevermögen 1. Anteile an verbundenen Unternehmen **B. Umlaufvermögen** – – II. Forderungen und sonstige V ermögensgegenstände – – 5. Eingeforderte ausstehende Einlagen auf das gezeichnete Kapital (§ 272 Abs. 1 Satz 3 HGB) oder Eingeforderte Nachschüsse von Gesellschaftern einer GmbH (§ 42 Abs. 1 GmbHG) III. Wertpapiere 1. Anteile an verbundenen Unternehmen 2. Sonstige Wertpapiere – **E. Nicht durch Eigenkapital gedeckter Fehlbetrag (§ 268 Abs. 3 HGB)**	**A. Eigenkapital:** I. Gezeichnetes Kapital (§ 272 Abs. 1 HGB i. V. m. § 152 Abs. 1 AktG, § 42 Abs. 1 GmbHG) II. Kapitalrücklage (§ 272 Abs. 2 HGB i. V. m. § 152 Abs. 2 AktG) 1. Eingefordertes Nachschusskapital bei der GmbH (§ 42 Abs. 2 Satz 3 GmbHG) III. Gewinnrücklagen (§ 272 Abs. 3 HGB) 1. Gesetzliche Rücklage (§ 150 AktG) 2. Rücklage für Anteile an einem herrschenden oder mehrheitlich beteiligten Unternehmen (§ 272 Abs. 4 HGB) 3. Satzungsmäßige Rücklagen 4. Andere Gewinnrücklagen IV. Gewinn-/Verlustvortrag (§ 266 Abs. 3 HGB) V. Jahresüberschuss/-fehlbetrag (§ 266 Abs. 3 HGB) VI. Bilanzgewinn/Bilanzverlust, davon Ergebnisvortrag gemäß § 268 Abs. 1 HGB (als Alternative zu den Posten des Eigenkapitals A. IV. und A. V.)

Abbildung 18.13: Komponenten des Eigenkapitals in der handelsrechtlichen Bilanz

Definition:
Bei einem aktiven RAP sind Ausgaben vor dem Bilanzstichtag entstanden, die Aufwand für eine bestimmte Zeit nach diesem Tag darstellen (§ 250 Abs. 1 Satz 1 HGB; § 5 Abs. 5 Satz 1 Nr. 1 EStG).

Beispiel:
Die Miete für die Betriebsräume von Dezember 2013 bis Februar 2014 i. H. v. 2.250 GE wird bereits November 2013 überwiesen. Zum Bilanzstichtag (31. 12. 2013) sind 1.500 GE als aktiver RAP abzugrenzen.

Definition:
Bei einem passivem RAP sind Einnahmen vor dem Bilanzstichtag entstanden, die Ertrag für eine bestimmte Zeit nach diesem Tag darstellen (§ 250 Abs. 2 HGB; § 5 Abs. 5 Satz 1 Nr. 2 EStG).

Beispiel:
Darlehenszinsen i. H. v. 2.400 GE werden vom Schuldner für die Zeit vom 01. 01. 2013 bis 30. 09. 2014 bereits im Oktober 2013 überwiesen. Zum Abschlussstichtag (31. 12. 2013) sind 1.800 GE als passiver RAP abzugrenzen.

Als Spezialfälle der aktiven RAP besteht nur aus steuerrechtlicher Sicht ein Gebot für als Aufwand berücksichtigte Zölle und Verbrauchsteuern und als Aufwand berücksichtigte Umsatzsatzsteuer auf am Abschlussstichtag auszuweisende oder von Vorräten offen abgesetzte Anzahlungen (§ 5 Abs. 5 Satz 2 EStG; H 6.10 EStR). Sofern bei einer Kreditaufnahme eine Differenz zwischen höherem Rückzahlungsbetrag und niedrigerem Ausgabebetrag (sog. Disagio) resultiert, darf (HGB) bzw. muss (EStG) überdies ein aktiver RAP gebildet werden (§ 250 Abs. 3; § 5 Abs. 5 Satz 2 EStG; H 6.10 EStR) und über die Kreditlaufzeit aufgelöst werden.

Beispiel:

Ein Unternehmen nimmt einen langfristigen Kredit (10 Jahre Laufzeit) zum Rückzahlungsbetrag von 50.000 GE zu Beginn des Geschäftsjahres 2013 bei der Hausbank auf. Die Auszahlung durch Gutschrift auf dem Bankkonto erfolgt in Höhe von 47.250 GE. Die Höhe des Disagios beträgt 2.750 GE und kann (HGB) bzw. muss (EStG) als aktiver RAP ausgewiesen werden.

Abbildung 18.14 fasst die Rechnungsabgrenzung nach Handels- und Steuerrecht zusammen (Freidank/Velte [Rechnungslegung], 426).

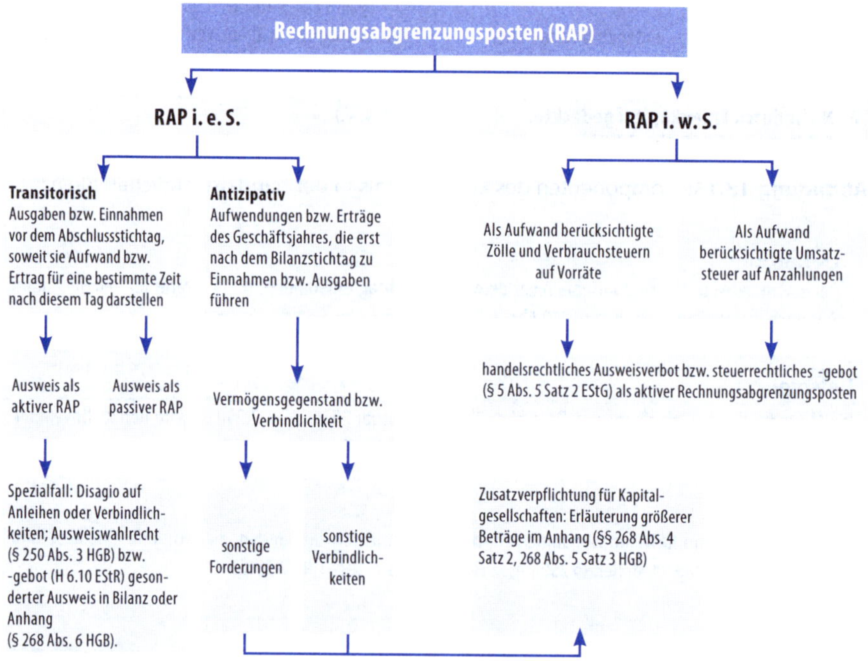

Abbildung 18.14: Rechnungsabgrenzung im Handels- und Steuerrecht

18.2.6 Bilanzierung von Aufwendungen und Erträgen

Für die Termini „Erträge“ und „Aufwendungen“ werden im HGB keine Legaldefinitionen gegeben.

Definition:
Erträge stellen im **Handelsrecht** die gesamten, mit Erfolgseinnahmen bewerteten Gütererstellungen einer Rechnungslegungsperiode, unter Berücksichtigung von Ertragskorrekturen früherer Perioden, dar (Freidank/Velte [Rechnungslegung], 27), welche zu einer bilanziellen Eigenkapitalmehrung führen.

Im Regelfall erfolgt auf Einzelabschlussebene eine erfolgswirksame Aufwands- und Ertragserfassung in der GuV. Die Separierung in Aufwand/Ertrag aus der gewöhnlichen Geschäftstätigkeit (z.B. Materialaufwand oder Umsatzerlöse) und sonstige Aufwendungen/Erträge nach § 275 HGB hat lediglich ausweis- und keine bewertungstechnischen Konsequenzen.

Definition:
Aus ertragsteuerlicher Sicht stellen **Betriebseinnahmen** Erträge dar, die durch den Betrieb veranlasst sind (§ 4 Abs. 4 EStG).

Die bereits dargelegte strenge Auslegung des Realisationsprinzips als Ausfluss des statisch geprägten Vorsichtsprinzips (vgl. Abschnitt 1.5) wird u.a. bei langfristigen Fertigungsaufträgen deutlich (Freidank/Velte/Weber [Erfolgserfassung], 23). So ist eine Teilgewinnrealisierung, sofern keine Teilabnahmen vertraglich vereinbart und abgenommen werden, nicht zulässig; vielmehr ist die Completed Contract-Methode anzuwenden (Freidank/Velte [Rechnungslegung], 604).

Allerdings wird das Realisationsprinzip beim verrechneten Planvermögen nach § 246 Abs. 2 Satz 2, 3 HGB, bei der Währungsumrechnung nach § 256a HGB, bei der Abzinsung von Rückstellungen sowie bei der Bewertung von Finanzinstrumenten des Handelsbestands zum beizulegenden Zeitwert bei Unternehmen i.S.v. § 340 HGB (§ 340e Abs. 3 Satz 1 HGB) durchbrochen.

Definition:
Aufwendungen stellen **im Handelsrecht** die gesamten, mit erfolgswirksamen Ausgaben bewerteten Güterverzehre einer Rechnungsperiode, unter Berücksichtigung von Aufwandskorrekturen früherer Zeiträume, dar (Freidank/Velte [Rechnungslegung], 28), welche zu einer bilanziellen Eigenkapitalminderung führen.

Definition:
Ertragsteuerrechtliche Betriebsausgaben sind Aufwendungen, die durch den Betrieb veranlasst sind (§ 4 Abs. 4 EStG).

Merksatz: **Steuerrechtliche Betriebsausgaben (-einnahmen)** und **handelsrechtliche Aufwendungen (Erträge)** sind teilweise nicht deckungsgleich.

Aufgrund des handelsrechtlichen Imparitätsprinzips (§ 252 Abs. 1 Nr. 4 HGB) erfolgt eine möglichst frühzeitige Aufwandserfassung zur Antizipation einer potenziellen Verlustsituation.

18.2.7 Sonderthemen

18.2.7.1 Währungsumrechnung

Nach § 256a HGB sind auf ausländische Währung lautende Vermögens- und Schuldpositionen mit dem Devisenkassamittelkurs, d.h. dem Mittelwert aus Geld- und Briefkurs, zum Abschlussstichtag in Euro umzurechnen. Bei einer

Restlaufzeit von weniger als einem Jahr sind hierbei das Anschaffungskosten- (§ 253 Abs. 1 Satz 1 HGB) und das Realisationsprinzip (§ 252 Abs. 1 Nr. 4 HGB) nicht zu beachten. Vgl. auch die Anmerkungen zur Umrechnung auf Konzernebene in Abschnitt 3.6.3.

18.2.7.2 Abgrenzung latenter Steuern

Während im Anwendungsbereich des § 274 HGB für einen Überhang an passiven latenten Steuern eine Ansatzpflicht besteht, wird für einen Überhang an aktiven Steuerlatenzen ein Ansatzwahlrecht gewährt. Wird Letzterer ausgewiesen, ist eine Ausschüttungssperre gem. § 268 Abs. 8 Satz 2 HGB zu bilden. Vgl. im Weiteren die Anmerkungen zur Steuerlatenzierung auf Konzernebene in Abschnitt 3.6.4.

Einführende Literaturhinweise zum Abschnitt 18.2

Die vollständigen Literaturangaben finden Sie im Downloadbereich.

Freidank, C.-C./Velte, P./Weber, S. C.: [Aktivierungskonzeptionen] nach Handels- und Steuerrecht sowie nach IFRS. In: Das Wirtschaftsstudium 2012 (41), S. 1107–1115.

Freidank, C.-C./Velte, P./Weber, S. C.: [Passivierungskonzeptionen] nach Handels- und Steuerrecht sowie nach IFRS. In: Das Wirtschaftsstudium 2013 (42), S. 208–216.

Freidank, C.-C./Velte, P./Weber, S. C.: [Erfolgserfassung] nach Handels- und Steuerrecht sowie nach IFRS. In: Der Betriebswirt 2013 (54), S. 23–26.

Haaker, A.: [Komponentenansatz] als GoB? In: Praxis der internationalen Rechnungslegung 2009 (5), S. 240.

18.3 Grundlagen der Konzernrechnungslegung

18.3.1 Anzuwendende Vorschriften

Die spezifischen Normen zur Konzernrechnungslegung sind in Abbildung 18.15 dargestellt. Neben den Vorschriften des HGB (Zweiter Unterabschnitt im Zweiten Abschnitts des Dritten Buchs) sind die DRS aufgeführt.

18.3.2 Funktionen und Bestandteile

Ein Konzern bildet eine wirtschaftliche Einheit rechtlich selbständiger Unternehmen. Konzernunternehmen gehören zu den verbundenen Unternehmen, die gem. § 15 AktG rechtlich selbstständig sind, aber gemeinsam eine wirtschaftliche Einheit (Konzern) bilden. Während im aktienrechtlichen Sinne neben den Konzernen auch andere Ausgestaltungen der verbundenen Unternehmen thematisiert werden (§ 15 i.V.m. § 16–19 und § 291 f. AktG) erfolgt im handelsrechtlichen Sinne eine Eingrenzung auf diejenigen Unternehmen, die als Mutterunternehmen (MU) oder Tochterunternehmen (TU) in einen Konzernabschluss einzubeziehen sind (§ 271 Abs. 2 i.V.m. § 290 Abs. 2 HGB). Bei einer hierarchischen Organisation liegt ein Unterordnungskonzern vor (§ 18

Zweiter Unterabschnitt: Konzernabschluss und Konzernlagebericht (HGB)	
Erster Titel: Anwendungsbereich	§ 290 Pflicht zur Aufstellung § 291 Befreiende Wirkung von EU/EWR-Konzernabschlüssen § 292 Rechtsverordnungsermächtigung für befreiende Konzernabschlüsse und Konzernlageberichte § 293 Größenabhängige Befreiungen
Zweiter Titel: Konsolidierungskreis	§ 294 Einzubeziehende Unternehmen, Vorlage- und Auskunftspflichten § 296 Verzicht auf die Einbeziehung
Dritter Titel: Inhalt und Form des Konzernabschlusses	§ 297 Inhalt § 298 Anzuwendende Vorschriften; Erleichterungen § 299 Stichtag für die Aufstellung
Vierter Titel: Vollkonsolidierung	§ 300 Konsolidierungsgrundsätze; Vollständigkeitsgebot § 301 Kapitalkonsolidierung § 303 Schuldenkonsolidierung § 304 Behandlung der Zwischenergebnisse § 305 Ertragskonsolidierung § 306 Latente Steuern § 307 Anteile anderer Gesellschafter
Fünfter Titel: Bewertungsvorschriften	§ 308 Einheitliche Bewertung § 308a Umrechnung von auf fremde Währung lautenden Abschlüssen § 309 Behandlung des Unterschiedsbetrags
Sechster Titel: Anteilsmäßige Konsolidierung	§ 310
Siebenter Titel: Assoziierte Unternehmen	§ 311 Definition, Befreiung § 312 Wertansatz der Beteiligung und Behandlung des Unterschiedsbetrags
Achter Titel: Konzernanhang	§ 313 Erläuterung der Konzernbilanz und der Konzern-Gewinn- und Verlustrechnung; Angaben zum Beteiligungsbesitz § 314 Sonstige Pflichtangaben
Neunter Titel: Konzernlagebericht	§ 315
Zehnter Titel: Konzernabschluss nach internationalen Rechnungslegungsstandards	§ 315a
DRS	**Inhalt**
DRS 3	Segmentberichterstattung
DRS 3-10	Segmentberichterstattung von Kreditinstituten
DRS 3-20	Segmentberichterstattung von Versicherungsunternehmen
DRS 4	Unternehmenserwerbe im Konzernabschluss
DRS 7	Konzerneigenkapital und Konzerngesamtergebnis
DRS 8	Bilanzierung von Anteilen an assoziierten Unternehmen im Konzernabschluss
DRS 9	Bilanzierung von Anteilen an Gemeinschaftsunternehmen im Konzernabschluss
DRS 13	Grundsatz der Stetigkeit und Berichtigung von Fehlern
DRS 16	Zwischenberichterstattung
DRS 17	Berichterstattung über die Vergütung der Organmitglieder
DRS 18	Latente Steuern
DRS 19	Pflicht zur Konzernrechnungslegung und Abgrenzung des Konsolidierungskreises
DRS 20	Konzernlagebericht
DRS 21	Kapitalflussrechnung
E-DRS 29	Konzerneigenkapital

Abbildung 18.15: Struktur der Konzernrechnungslegungsvorschriften des HGB und der DRS

Abs. 2 AktG). Im anderen Fall besteht ein Gleichordnungskonzern (§ 18 Abs. 2 AktG), der jedoch den Ausnahmefall in der Unternehmenspraxis bildet.

Merksatz: Die handels- und aktienrechtliche **Reichweite der verbundenen Unternehmen** ist unterschiedlich. Nur der Unterordnungskonzern ist grds. Gegenstand der handelsrechtlichen Konzernrechnungslegung.

Gemeinsames Merkmal von Gleich- und Unterordnungskonzernen ist die Bewahrung der rechtlichen Selbstständigkeit der Konzernunternehmen. Allerdings wird die wirtschaftliche Unabhängigkeit (partiell) aufgehoben. Die Erstellung eines Konzernabschlusses im Unterordnungskonzern bedingt, dass dieser mangels einer eigenständigen Konzernbuchführung aus den Einzelabschlüssen des MU und der TU abgeleitet wird. Dabei sind die §§ 238 bis 289 HGB zum Jahresabschluss grds. auch bei der Konzernrechnungslegung zu befolgen, sofern die in §§ 290 bis 315a HGB kodifizierten konzernspezifischen Regelungen keine abweichenden Vorgaben beinhalten.

Der Konzernabschluss hat – analog zum Einzelabschluss bei Kapitalgesellschaften (vgl. Abschnitt 1.5) – nach dem True and Fair View-Prinzip „ein den tatsächlichen Verhältnissen entsprechendes Bild der Vermögens-, Finanz- und Ertragslage des Konzerns zu vermitteln" (§ 297 Abs. 2 Satz 2 HGB). Dabei ist die wirtschaftliche Lage der einbezogenen Unternehmen so darzustellen, „als ob diese Unternehmen insgesamt ein einziges Unternehmen wären" (§ 297 Abs. 3 Satz 1 HGB). Im Gegensatz zum handelsrechtlichen Jahresabschluss besitzt der Konzernabschluss eine ausschließliche Informations- und grds. keine Zahlungsbemessungsfunktion (vgl. Abschnitt 1.3).

Merksatz: **(Mindest-)Bestandteile des Konzernabschlusses** sind Konzernbilanz, -GuV, -anhang, -kapitalflussrechnung und -eigenkapitalspiegel (§ 297 Abs. 1 HGB). Während ein Segmentbericht fakultativer Natur ist, muss zusätzlich ein Konzernlagebericht von den gesetzlichen Vertretern des Unternehmens erstellt werden (§ 315 HGB i.V.m. DRS 20).

18.3.3 Grundsätze

Die zentralen Grundsätze der Konzernrechnungslegung bilden das Vollständigkeitsprinzip (290 HGB), die Fiktion der rechtlichen Einheit (§ 297 Abs. 3 Satz 1 HGB), der Grundsatz des einheitlichen Konzernabschlussstichtags (§ 299 Abs. 1 HGB), der einheitlichen Bilanzierung und Bewertung (§ 300 Abs. 2, 308 HGB), der Stetigkeit der Konsolidierungsmaßnahmen (§ 297 Abs. 3 Satz 2 HGB) sowie der Wirtschaftlichkeit (§ 308 Abs. 2 Satz 3 HGB). Diese Grundsätze dienen der Ableitung konkreter Vorgehensweisen hinsichtlich der primären Aufgabe der Konzernbilanzierung, nämlich des getreuen Einblicks in die wirtschaftliche Lage der fiktiven Rechtseinheit „Konzern".

Definition:
Nach dem **Vollständigkeitsprinzip** müssen alle Unternehmen, die den Konzern konstituieren, im Konzernabschluss berücksichtigt werden (§ 290 HGB).

Definition:
Die **Fiktion der rechtlichen Einheit** fordert im Rahmen der Aufstellung, dass der Konzernabschluss mit dem Einzelabschluss eines Unternehmens übereinstimmt, das alle Konzernunternehmen als unselbständige Teilbetriebe umfasst (§ 297 Abs. 3 Satz 1 HGB).

Die fiktive Rechtspersönlichkeit bzw. die Betrachtungsweise des Konzerns als ein eigenes Unternehmen führt dazu, dass eine reine Addition der Bilanz- und Erfolgsposten der Konzernunternehmen zum Zweck der Erstellung des Konzernabschlusses unzureichend ist. Vielmehr müssen Konsolidierungsmaßnahmen (Verrechnung der konzerninternen Verpflichtungen) durchgeführt werden, namentlich die (Eigen-)Kapital- und Schuldenkonsolidierung, die Zwischenerfolgs- sowie die Aufwands- und Ertragskonsolidierung.

Merksatz: Alle TU müssen auf der Grundlage eines auf den Konzernabschlussstichtag des MU hin erstellten Einzelabschlusses in den Konzernabschluss einbezogen werden (**einheitlicher Konsolidierungsstichtag**; § 299 Abs. 1 HGB).

Die Fiktion der rechtlichen Einheit des Konzerns bedingt darüber hinaus eine einheitliche Anwendung von Ansatz- und Bewertungsvorschriften. Bei divergierenden Methoden in den Bilanzen der Konzernunternehmens (Handelsbilanz I) bedarf es zunächst einer Vereinheitlichung bzw. Anpassung der Bilanzierung im Rahmen der sog. Handelsbilanz II (HB II), um nach der Erstellung einer Summenbilanz im nächsten Schritt die Konsolidierungsmaßnahmen vorzunehmen (§§ 300, 308 HGB).

Merksatz: Um eine materielle Einheitlichkeit und zeitliche Vergleichbarkeit zu gewährleisten, sind nach dem Stetigkeitsgrundsatz **Wahlrechte** nach einheitlichen, sachlichen Kriterien auszuüben und im Zeitablauf grds. kontinuierlich anzuwenden (§ 297 Abs. 3 Satz 2 HGB).

Zur Reduzierung des technischen Aufwands ist der Grundsatz der Wirtschaftlichkeit und Wesentlichkeit (§ 308 Abs. 2 Satz 3 HGB) für die Erstellung des konsolidierten Abschlusses zu beachten.

18.3.4 Pflicht zur Aufstellung und Befreiungsmöglichkeiten

Bei Unternehmen mit Sitz im Inland richtet sich die Konsolidierungspflicht bei Kapitalgesellschaften nach § 290 Abs. 1 und 2 HGB und bei übrigen Rechtsformen nach § 11 Abs. 1 PublG. Gemeinsames Merkmal bei allen Rechtsformen bildet das Konzept des beherrschenden Einflusses, welcher gem. § 290 Abs. 2 HGB bei Erfüllung der nachfolgenden Kriterien vorliegt:

- die Mehrheit der Stimmrechte,
- ein Organbestimmungsrecht als Gesellschafter,
- ein vertragliches oder satzungsmäßiges Beherrschungsrecht oder
- die Mehrheit der Chancen und Risiken (bei sog. Zweckgesellschaften).

Die genannten vier Ausprägungen sind nicht enumerativ (DRS 19.16), vielmehr ist zusätzlich eine Gesamtbildbetrachtung nach § 290 HGB anzustellen. Eine unmittel- oder mittelbare Beherrschung muss nur faktisch und nicht tatsächlich bestehen (DRS 19.10). Bei Nicht-Kapitalgesellschaften sind ferner die in § 11 Abs. 1 PublG dargelegten konzernbezogenen Größenkriterien zu erfüllen.

Merksatz: Die Pflicht zur Konsolidierung besteht bei einem **Mutter-Tochter-Verhältnis.**

Definition:
Ein **beherrschender Einfluss** liegt vor, wenn eine (rechtliche oder wirtschaftliche) Möglichkeit besteht, die Finanz- und Geschäftspolitik eines anderen Unternehmens dauerhaft unmittelbar oder mittelbar zu bestimmen, um aus dessen Tätigkeit Nutzen zu ziehen (DRS 19.6, 19.15).

Bezüglich der Stimmrechtsmehrheit nach § 290 Abs.2 Nr. 1 i.V.m. Abs. 3, 4 HGB wird auf die wirtschaftliche Inhaberschaft abgestellt. Eine Mehrheit ist gegeben, sofern das MU über 50 % der Gesamtzahl der Stimmrechte direkt oder indirekt (d.h. durch andere verbundene Unternehmen) hält.

Sofern eine Pflicht zur Konsolidierung besteht, haben die gesetzlichen Vertreter des MU in den ersten vier (bei kapitalmarktorientierten Kapitalgesellschaften i.S.d. § 264d HGB) bzw. fünf Monaten des Konzerngeschäftsjahres für das vergangene Jahr einen Konzernabschluss und -lagebericht aufzustellen (§ 290 Abs. 1 Satz 1, 2 HGB).

Aufgrung von Wirtschaftlichkeitsgesichtspunkten und Vorbehalten gegenüber dem Informationsnutzen von Teilkonzernabschlüssen hat der Gesetzgeber in § 291 f. HGB die Möglichkeit befreiender Konzernabschlüsse geschaffen (vgl. Abbildung 18.16).

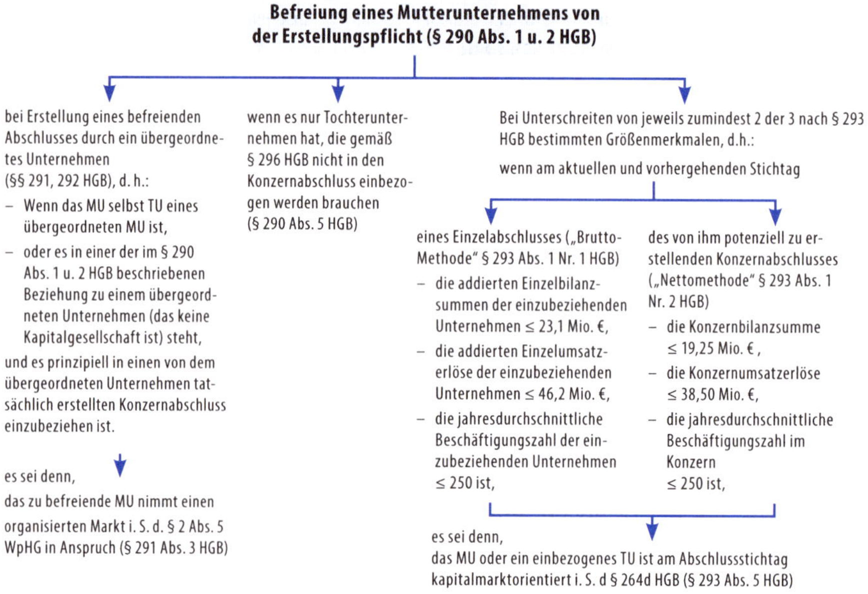

Abbildung 18.16: Ausnahmen vom Grundsatz der Konsolidierungspflicht

Zudem existieren in § 293 Abs. 1 Nr. 1 und 2 HGB größenabhängige Befreiungen nach der Brutto- oder Nettomethode. Beim Unterschreiten von mindestens zwei Schwellenwerten gem. Abbildung 18.16 (rechter Ast) am aktuellen und vorhergehenden Abschlussstichtag sind kleinere Konzerne von der Pflicht zur Konzernrechnungslegung befreit, sofern keine kapitalmarktorientierte Kapitalgesellschaft im Sinne des § 264 d HGB beteiligt ist (§ 293 Abs. 5 HGB).

18.3.5 Abgrenzung des Konsolidierungskreises

Die Frage, welche Unternehmen in den handelsrechtlichen Konzernabschluss einzubeziehen sind, wird durch den stufenweisen Übergang vom Kern der Unternehmensgruppe zur Umwelt beantwortet (sog. Stufenkonzept) (vgl. Abbildung 18.17).

Stufe	Form der Unternehmensbeziehung	Eigenschaft des untergeordneten Unternehmens	Berücksichtigung im Konzernabschluss
1	Beherrschender Einfluss	Tochterunternehmen	Vollkonsolidierung
2	Gemeinsame Führung mit anderen Unternehmen	Gemeinschaftsunternehmen	Quotenkonsolidierung (Wahlrecht), sonst Equity-Methode
3	Maßgeblicher Einfluss	Assoziiertes Unternehmen	Equity-Methode
4	Dauernde Geschäftsverbindung	Beteiligung	Anschaffungskosten

Abbildung 18.17: Stufenkonzept des HGB

In der 1. Stufe (Vollkonsolidierung) sind alle Unternehmen einzubeziehen, die das MU beherrscht oder für die zumindest die Möglichkeit einer Beherrschung besteht. Prinzipiell müssen gem. § 294 Abs. 1 HGB alle MU mit Sitz im Inland (§ 290 Abs. 1 und 2 HGB) sowie alle TU (ohne Rücksichtig auf ihren Sitz) (§ 294 Abs. 1 HGB) hierunter fallen. Vorbehaltlich der Ausnahmeregelungen steht ein deutsches MU in der Pflicht, einen sog. Weltabschluss zu erstellen (Weltabschlussprinzip). Allerdings bestehen Einbeziehungswahlrechte nach § 296 HGB aus sachlichen Gründen oder mit Blick auf das Wesentlichkeitsprinzip (vgl. Abbildung 18.18).

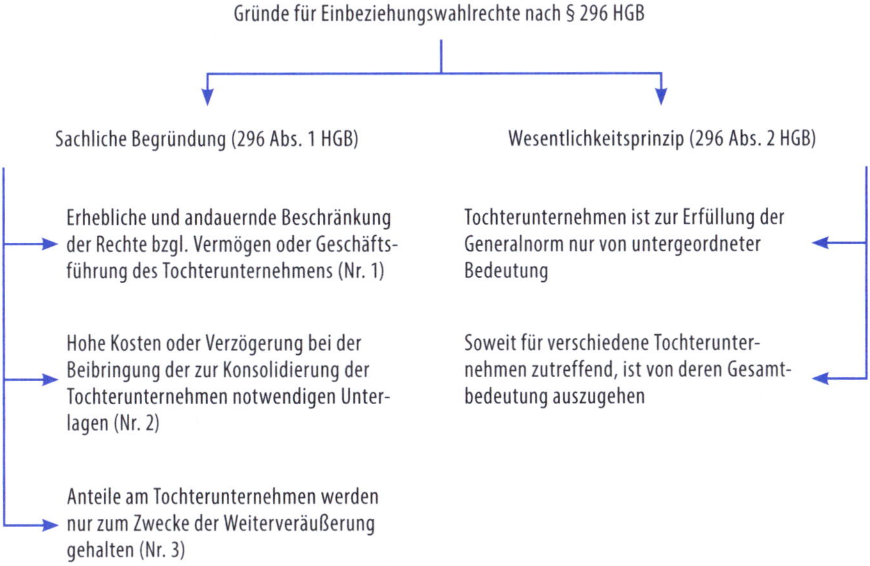

Abbildung 18.18: Einbeziehungswahlrechte nach § 296 HGB

Bei Nutzung dieser Einbeziehungswahlrechte ist es nicht zulässig, dass ein TU überhaupt nicht im Konzernabschluss berücksichtigt wird. Vielmehr ist zu überprüfen, ob ggf. die Voraussetzungen für eine Equity-Bilanzierung gegeben sind.

Die in Abbildung 18.17 dargestellte 2. Stufe (Quotenkonsolidierungskreis) richtet sich an Gemeinschaftsunternehmen (Joint Ventures). Diese Unternehmen dürfen gem. § 310 HGB quotal nach der Interessentheorie konsolidiert werden. Wenngleich keine vergleichbaren Einbeziehungswahlrechte nach § 296 HGB vorliegen, ist auf die Quotenkonsolidierung zu verzichten, sofern der Konzernabschluss dann nicht ein den tatsächlichen Verhältnissen der wirtschaftlichen Lage entsprechendes Bild vermittelt. In diesen Fällen bedarf es einer Prüfung, ob die Equity-Bilanzierung oder ersatzweise eine Bewertung mit den Anschaffungskosten zum Tragen kommt.

In der 3. Stufe (vgl. Abbildung 18.17) sind die sog. assoziierten (verknüpften) Unternehmen mit der Equity-Bewertung (Eigenkapital-Bewertung) einzubeziehen.

Definition:

Ein assoziiertes Unternehmen liegt vor, wenn von einem in den Konzernabschluss einbezogenen Unternehmen ein maßgeblicher Einfluss auf die Geschäfts- und Finanzpolitik eines nicht einbezogenen Unternehmens ausgeübt wird, an dem das Unternehmen nach § 271 Abs. 1 HGB beteiligt ist (§ 311 Abs. 1 Satz 1 HGB). Es besteht die (widerlegbare) Vermutung, dass dies der Fall ist, wenn ein Unternehmen mindestens 20% der Stimmrechte der Gesellschafter bei einem anderen Unternehmen besitzt.

In der vierten Stufe (vgl. Abbildung 18.17) darf das Unternehmen bei einem nicht maßgeblichen Einfluss lediglich wie im Jahresabschluss als eine mit den Anschaffungskosten bewertete Beteiligung im Konzernabschluss berücksichtigt werden.

Abbildung 18.19 fasst die vier Stufen des Konsolidierungskreises und ihre -methoden zusammen.

18.3.6 Vorbereitende Maßnahmen

18.3.6.1 Stichtag und Zwischenabschluss

Merksatz: **Als Konzernabschlussstichtag gilt der Stichtag des MU (§ 299 Abs. 1 HGB)**

Liegen die Abschlussstichtage einbezogener Konzernunternehmen mehr als drei Monate vor dem Stichtag des Konzernabschlusses, müssen sie zum Zwecke der Konsolidierung einen Zwischenabschluss zum Konzernabschlussstichtag vorlegen (§ 299 Abs. 2 Satz 2 HGB). Wird bei Einhaltung der Dreimonatsfrist ein Zwischenabschluss nicht erstellt, sind Vorgänge von besonderer Bedeutung für die Vermögens-, Finanz- und Ertragslage des betreffenden Unternehmens in der Konzernbilanz und -GuV zu berücksichtigen oder im -anhang anzugeben (§ 299 Abs. 3 HGB).

18.3.6.2 Einheitlichkeit von Ansatz, Bewertung und Ausweis

Ansatz-, Bewertungs- und Ausweiswahlrechte sind bei gleichartigen Sachverhalten konzernweit einheitlich auszuüben (§§ 300 Abs. 2, 308 HGB).

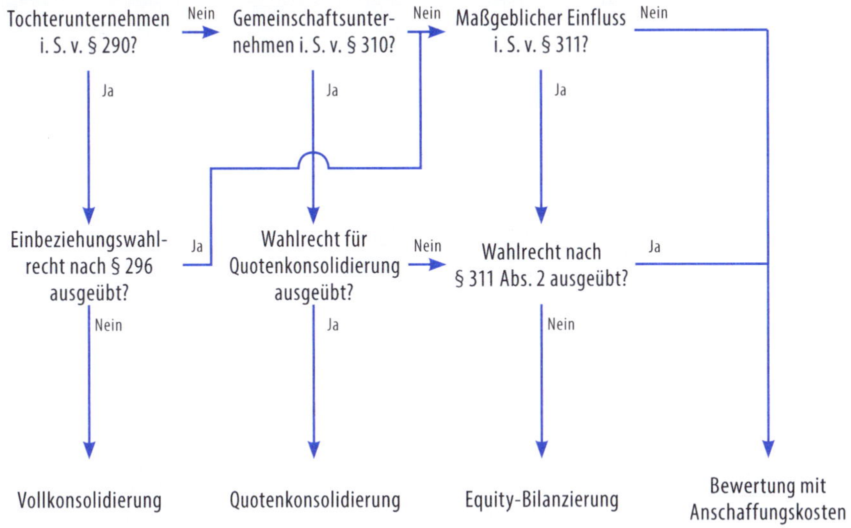

Abbildung 18.19: Prüfschema zu Formen der Einbeziehung in den HGB-Konzernabschluss

18.3.6.3 Währungsumrechnung

§ 298 Abs. 1 i.V.m. § 244 HGB besagt, dass der Konzernabschluss in Euro aufzustellen ist. Die Jahresabschlüsse ausländischer TU sind daher im Rahmen der Konsolidierungsvorbereitung in eine Konzernberichtswährung umzurechnen.

Definition:
Die Währungsumrechnung folgt der **modifizierten Stichtagskursmethode** (§ 308a HGB).

Die auf ausländische Währung lautenden Bilanzpositionen eines TU müssen mit dem Devisenkassamittelkurs, d.h. dem Mittelwert aus Geld- und Briefkurs, am Abschlussstichtag (=Stichtagskurs) in Euro umgerechnet werden. Lediglich das Eigenkapital wird mit dem historischen Kurs bei der Erstkonsolidierung bewertet. Bei den GuV-Positionen kommt der Durchschnittskurs in Euro, d.h. der Mittelwert der in der Berichtsperiode festgestellten Kurse, zum Tragen.

18.3.6.4 Latente Steuern

Die latente Steuerabgrenzung dient entweder der zutreffenden Vermögensdarstellung (Temporary-Konzept) oder der periodengerechten Ausweises des Steueraufwands (Timing-Konzept) (Moxter [Bilanztheorien] 511).

Merksatz: Latente Steuern sind nach dem **bilanzorientierten Temporary-Konzept** zu bilden (§§ 274 Abs. 1, Satz 1, 2, 306 Satz 1 HGB; DRS 18.8).

Dies impliziert, dass auch sämtliche (quasi)-temporären Differenzen zwischen Handels- und Steuerbilanz einzubeziehen sind (inklusive erfolgsneutrale Differenzen; Freidank/Velte [latenten Steuern] 33). Die latenten Steuern sind auf die Buchwertdifferenzen zwischen Handels- und Steuerbilanz zu bilden.

Beispiel:

In der Handelsbilanz werden bei einem unterstellten Ertragsteuersatz von 30 % Entwicklungsaufwendungen i. H. v. 100 GE ausgewiesen, die in der Steuerbilanz unberücksichtigt bleiben. Daher entstehen passive Steuerlatenzen zum handelsrechtlichen Aktivierungszeitpunkt von 30 GE (= 100 x 0,3).

Im Konzernabschluss lassen sich die in Abbildung 18.20 dargestellten Ebenen von latenten Steuern abgrenzen (Steiner/Orth/Schwarzmann [Konzernrechnungslegung], 207).

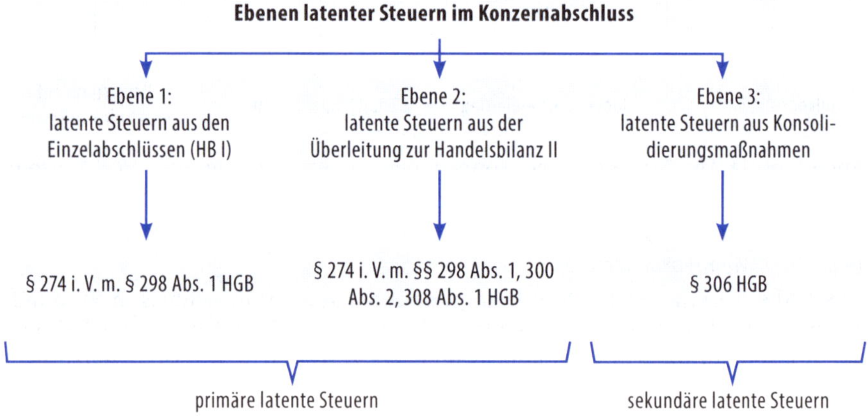

Abbildung 18.20: Ebenen latenter Steuern im Konzernabschluss nach HGB

Auf Ebene 1 besteht bei einer Gesamtbetrachtung (§ 298 Abs. 1 i.V.m. § 274 HGB) eine Ansatzpflicht für einen Überhang passiver latenter Steuern (§ 274 Abs. 1 Satz 1 HGB) und ein Ansatzwahlrecht für einen Überhang aktiver latenter Steuern (§ 274 Abs. 1 Satz 2 HGB). In die Steuerlatenzierung sind auch steuerliche Verlustvorträge einzubeziehen, sofern innerhalb von fünf Geschäftsjahren voraussichtlich eine Verrechnung mit Gewinnen erfolgen kann.

Eine analoge bilanzrechtliche Ungleichbehandlung aktiver und passiver Latenzen erfolgt auf Ebene 2 (§ 274 Abs. 1 Satz 1, 2 HGB; DRS 18.10 und 14).

Ein wesentlicher Unterschied resultiert auf Ebene 3, die eine Ansatzpflicht für einen Überhang aktiver und passiver latenter Steuern beinhaltet (§ 306 Satz 1 HGB; DRS 18.10, 14). Latente Steuern aus der Aufwands- und Ertragskonsolidierung sind hingegen nicht zu bilden. Differenzen zwischen dem steuerlichen Wertansatz einer Beteiligung an einem TU, Gemeinschaftsunternehmen und einem assoziierten Unternehmen und dem handelsrechtlichen Wertansatz des im Konzernabschluss angesetzten Nettovermögens (sog. Outside Basis Differences) sind ebenfalls nicht Gegenstand der latenten Steuerabgrenzung (§ 306

Satz 4; DRS 18.28). Auch auf den Unterschiedsbetrag aus der Kapitalkonsolidierung dürfen keine latenten Steuern gebildet werden (§ 306 Satz 3 HGB; DRS 18.25). Demgegenüber sind auf den im Einzelabschluss entstandenen derivativen Geschäfts- oder Firmenwert bei Abweichung zum steuerlichen Wertansatz latente Steuern zu bilden, da dieser einen fiktiven Vermögensgegenstand darstellt (Brösel/Haaker/Zwirner [§ 274 HGB], Rn. 54).

Merksatz: **Latente Steuern** werden auf der Basis der Liability-Methode mit dem unternehmensindividuellen (steuersubjektbezogenen) Steuersatz zum Zeitpunkt der Umkehrung der Bilanzdifferenz bewertet (§ 306 Satz 5 i.V.m. § 274 Abs. 2 Satz 1 HGB; DRS 18.41).

Ausnahmsweise ist die Bewertung mit einem konzerneinheitlichen Steuersatz möglich, wenn die hieraus resultierenden Abweichungen unwesentlich sind (DRS 18.42). Latente Steuern dürfen abweichend zu langfristigen Rückstellungen nicht zum Barwert, sondern müssen zum undiskontierten Wert angesetzt werden (§ 306 Satz 5 i.V.m. § 274 Abs. 2 Satz 1 HGB; DRS 18.49).

Für latente Steuern ist ein gesonderter Bilanzausweis als „Sonderposten eigener Art" in § 266 Abs. 2 Posten D. bzw. Abs. 3 Posten E i.V.m. § 298 Abs. 1 HGB vorgesehen. Insofern liegt kein handelsrechtlicher Vermögensgegenstand (aktive Latenz) bzw. keine Schuld (passive Latenz) vor. Ferner besteht ein Saldierungswahlrecht (Brutto- oder Nettomethode) gem. § 306 Satz 2 HGB i.V.m. DRS 18.56, wobei das Stetigkeitsprinzip Anwendung findet (§ 265 Abs. 1 i.V.m. § 298 Abs. 1 HGB; DRS 18.57). Überdies dürfen latente Steuern aus Konsolidierungsmaßnahmen mit denen aus § 274 HGB zusammengefasst werden (§ 306 Satz 6 HGB; DRS 18.62).

Der latente Steueraufwand bzw. -ertrag in der Konzern-GuV ist gesondert unter dem Posten „Steuern vom Einkommen und vom Ertrag" auszuweisen (§ 306 Satz 5 i.V.m. § 274 Abs. 2 Satz 3 HGB; DRS 18.59). Im Konzernanhang ist anzugeben, auf welchen Differenzen oder steuerlichen Verlustvorträgen die latenten Steuern beruhen und mit welchen Steuersätzen die Bewertung erfolgt ist (§ 314 Abs. 1 Nr. 21 HGB; DRS 18.63a).

18.3.7 Kapitalkonsolidierung

18.3.7.1 Vollkonsolidierung

Die Aufgabe der (Eigen-)Kapitalkonsolidierung als Vollkonsolidierung ist es, die Eigenkapitalverflechtung zwischen den in den Konzernabschluss einbezogenen Unternehmen zu eliminieren.

Merksatz: Die **Kapitalkonsolidierung** erfolgt nach der **Erwerbsmethode** (§ 301 HGB).

Diese Methode impliziert, dass bei Aufnahme der Bilanzposten des TU in den Konzernabschluss alle Vermögensgegenstände und Schulden fiktional durch den Konzern einzeln zum Zeitwert erworben wurden. Die Bilanzposten aus dem Einzelabschluss des TU sind in der Konzernbilanz mit Konzernanschaffungskosten anzusetzen, die grds. dem Tageswert (Zeitwert) im Zeitpunkt der erstmaligen Konsolidierung entsprechen.

Merksatz: Die Kapitalkonsolidierung als Erwerbsmethode muss nach der **Neubewertungsmethode** erfolgen, bei der alle stillen Reserven und Lasten aufgedeckt werden (§ 301 Abs. 1 Satz 2 HGB).

Die Erstkonsolidierung ist dabei gem. § 301 Abs. 2 Satz 1 HGB grds. auf der Grundlage der Wertansätze zu dem Zeitpunkt durchzuführen, zu dem das Unternehmen TU i.S.d. § 290 HGB geworden ist. In einem ersten Schritt erfolgt die Neubewertung des (anteiligen) Eigenkapitals des TU. Hierbei sind grds. alle stillen Lasten bzw. stillen Reserven – auch bei einer Beteiligungsquote < 100 % – vollständig aufzudecken. In einem zweiten Schritt erfolgt die Verrechnung des (anteiligen) (neubewerteten) Eigenkapitals des TU mit dem Beteiligungsbuchwert (§ 301 Abs. 1 Satz 1 HGB). Sofern der Beteiligungsbuchwert größer als der Zeitwert des Eigenkapitals des TU ausfällt, resultiert als positiver Unterschiedsbetrag ein Geschäfts- oder Firmenwert. Bei Minderheitenanteilen darf lediglich der beteiligungsproportionale Geschäfts- oder Firmenwert, der auf den Mehrheitsgesellschafter entfällt, zum Ausweis kommen (§ 301 Abs. 1 Satz 2 HGB; zur Bewertung des derivativen Goodwill und zur Behandlung eines negativen Unterschiedsbetrags nach HGB Abschnitt 2.2.2).

18.3.7.2 Quotenkonsolidierung

Merksatz: **Die Quotenkonsolidierung als Ausprägung der Interessentheorie kann für Gemeinschaftsunternehmen angewendet werden, bei denen alternativ eine Equity-Bewertung erfolgen kann (§ 310 Abs. 1 HGB).**

Bei Quotenkonsolidierung ist analog zur Vollkonsolidierung zunächst ein Vorgehen wie nach der Neubewertungsmethode notwendig (§ 310 Abs. 2 HGB), wobei nunmehr eine Behandlung des Ausgleichspostens für Anteile anderer Gesellschafter (§ 307 HGB) entfällt. Die Vermögens- und Schuldposten werden jedoch lediglich quotal in den Konzernabschluss einbezogen. Die Quote ergibt sich als Prozentsatz des Nennbetrags der dem MU gehörenden Anteile an dem Gemeinschaftsunternehmen abzüglich etwaiger eigener Anteile des Gemeinschaftsunternehmens. Ein resultierender Unterschiedsbetrag aus der Verrechnung von Beteiligungsbuchwert und Eigenkapital wird ebenfalls entsprechend der Vollkonsolidierung behandelt (§ 310 Abs. 2 i.V.m. § 309 HGB).

18.3.7.3 Equity-Bewertung

Wie Abbildung 18.21 verdeutlicht, kann die Equity-Methode für typische und für untypische assoziierte Unternehmen Anwendung finden [Baetge/Kirsch/Thiele [Konzernbilanzen], 336].

Abbildung 18.22 zeigt die Voraussetzungen eines typischen assoziierten Unternehmens nach § 271 Abs. 1 und § 311 Abs. 1 HGB [Baetge/Kirsch/Thiele [Konzernbilanzen], 338]. Relevant ist in diesem Kontext, dass nach § 311 Abs. 1 Satz 1 HGB die tatsächliche Ausübung des maßgeblichen Einflusses entscheidend ist und dieser nicht nur vorübergehend bestehen darf.

Das charakteristische Merkmale der Equity-Methode ist, dass nicht wie bei der Vollkonsolidierung die Vermögens- und Schuldposten des assoziierten Unternehmens übernommen werden, sondern eine Modifikation des Wertansatzes der Beteiligung aus dem Einzelabschluss des betreffenden Unternehmens zur Übernahme in die Konzernbilanz erfolgt (One Line Consolidation). Die Beteiligung in der Konzernbilanz wird zeitnah nur mit dem anteiligen Eigenkapital bewertet.

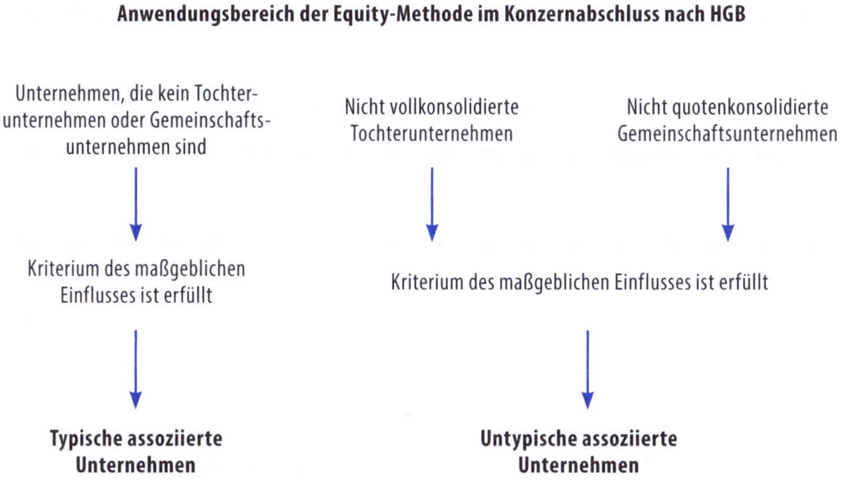

Abbildung 18.21: Anwendungsbereich der Equity-Methode im HGB-Konzernabschluss

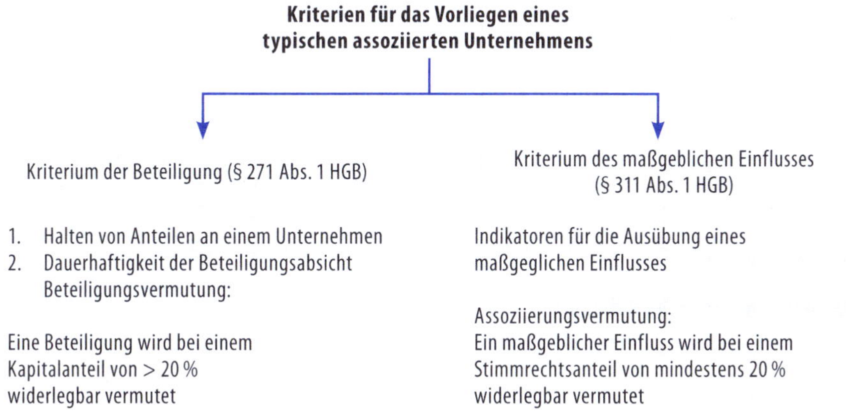

Abbildung 18.22: Kriterien für das Vorliegen eines typischen assoziierten Unternehmens nach HGB

Definition:

Die **Equity-Konsolidierung** erfolgt nach der **Buchwertmethode** (§ 312 Abs. 1 HGB; DRS 8.17 f.).

Der Equity-Wert ist dabei grds. auf der Grundlage der Wertansätze zu dem Zeitpunkt durchzuführen, zu dem das Unternehmen assoziiertes Unternehmen geworden ist. Während nach § 312 Abs. 6 HGB lediglich vom letzten Abschluss des assoziierten Unternehmens auszugehen ist, verlangt DRS 8.12 grds. die Aufstellung eines Zwischenabschlusses. Diese Verpflichtung entfällt laut DRS 8, sofern weniger als drei Monate seit der Aufstellung des Abschlusses des assoziierten Unternehmens verstrichen sind. Maßgeblich sind hierbei indes die gesetzlichen Anforderungen, weshalb kein Zwischenabschluss erstellt werden muss (Wahlrecht) (Hoffmann/Lüdenbach [NWB Kommentar], § 312, Rn. 63).

Eine Anpassung der Bewertung im Abschluss des assoziierten Unternehmens an konzerneinheitliche Normen kann unterbleiben (§ 312 Abs. 5 Satz 1 HGB).

In einem ersten Schritt ist die Übernahme der Beteiligung am assoziierten Unternehmen mit dem Buchwert zwingend (§ 312 Abs. 1 Satz 1 HGB). In einem zweiten Schritt ist, wie Abbildung 18.23 verdeutlicht, ein Vergleich zwischen Beteiligungsbuchwert und anteiligem Eigenkapital vorzunehmen [Baetge/Kirsch/Thiele [Konzernbilanzen], 362].

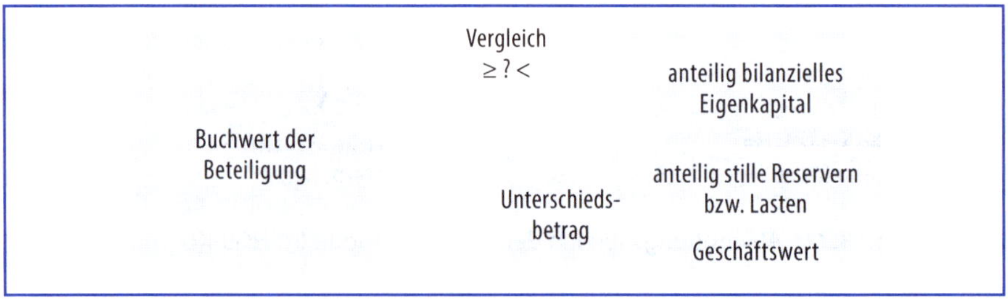

Abbildung 18.23: Ermittlung des Unterschiedsbetrags aus der Equity-Konsolidierung nach HGB (Fall: Goodwill)

In den Folgeperioden sind die im Rahmen der erstmaligen Anwendung der Equity-Methode identifizierten Bestandteile fortzuschreiben. Dies betrifft die stillen Reserven bzw. Lasten und den Geschäfts- oder Firmenwert bzw. den negativen Unterschiedsbetrag (Schritt 1) sowie das Nettovermögen des assoziierten Unternehmens (Schritt 2). Abbildung 18.24 zeigt die notwendigen Anpassungen (Coenenberg/Haller/Schultze [Jahresabschluss], 719).

Anschaffungskosten der Beteiligung		
–/+	Fortschreibung stille Reserven/Lasten	Anpassung aufgrund Schritt 1
–	Abschreibung Geschäftswert	
+	anteiliger Jahresüberschuss des assoziierten Unternehmens	Anpassung aufgrund Schritt 2
–	anteiliger Jahresfehlbetrag des assoziierten Unternehmens	
–	vereinnahmte Gewinnausschüttung vom assoziierten Unternehmen	
–	außerplanmäßige Abschreibung	
+	Zuschreibung	
=	**Equity-Wertansatz der Beteiligung**	

Abbildung 18.24: Folgebewertung der Equity-Beteiligung

18.3.8 Schuldenkonsolidierung

Merksatz: Alle Bilanzposten mit Forderungs- und Verbindlichkeitscharakter gegenüber anderen in den Konzernabschluss einbezogenen Unternehmen sind im Rahmen der Konsolidierung zu eliminieren (§ 303 Abs. 1 HGB).

Dem Prinzip der Wesentlichkeit entsprechend kann eine Aufrechnung der Forderungen und Verbindlichkeiten innerhalb des Konzerns unterbleiben, wenn dies für die Darstellung der Vermögens-, Finanz- und Ertragslage von untergeordneter Bedeutung ist (§ 303 Abs. 2 HGB).

Auch bei der Quotenkonsolidierung bildet § 303 Abs. 1 HGB die Rechtsgrundlage für die Schuldenkonsolidierung. Allerdings wird diese auf den Anteil am Kapital des Gemeinschaftsunternehmen beschränkt (DRS 9.10), d.h. es erfolgt eine quotale Eliminierung.

Bei assoziierten Unternehmen kann auf eine Aufrechnung von Anspruch und Verpflichtung verzichtet werden, da bei der Equity-Methode lediglich die Zwischenerfolgseliminierung als Konsolidierungsvorgang verbindlich vorgeschrieben ist (§ 312 Abs. 5 Satz 3 HGB; DRS 8.30).

18.3.9 Zwischenergebniseliminierung

Merksatz: Konzerninterne Zwischenerfolge aus Lieferungs- und Leistungsbeziehungen sind vollständig zu eliminieren (§ 304 Abs. 1 HGB).

Definition:
Ein **Zwischenerfolg** ist die Differenz zwischen dem Wertansatz eines konzernintern gelieferten Vermögensgegenstands im Einzelabschluss (HB II) eines einbezogenen Konzernunternehmens und dem Wert, der diesem Gegenstand aus Konzernsicht gemäß der Einheitstheorie zukommt.

Der Einzelbilanzwert (EBW) entspricht auch bei einem Erwerb eines Vermögensgegenstands von einem anderen Konzernunternehmen den Anschaffungskosten. Zur Bestimmung des Konzernbilanzwerts (KBW) sind in § 304 HGB keine konkreten Vorgaben enthalten, sodass ein Rückgriff auf die allgemeinen Regelungen (§ 298 Abs. 1 HGB) erfolgt. Es gelten die Bestimmungen zu den Anschaffungs- und Herstellungskosten gem. § 255 Abs. 1, 2, 2a und 3 HGB analog (vgl. Abschnitte 1.8.2 und 1.8.3), allerdings aus Konzernsicht.

Aufgrund der Einheitsfiktion sind bei der Bestimmung der Herstellungskosten konzernspezifische Mehrungen und Minderungen zu berücksichtigen, z.B. innerbetriebliche Transportkosten oder an andere Konzernunternehmen gezahlte Fertigungslizenzen. Aufgrund der handelsrechtlichen Einbeziehungswahlrechte im Rahmen der Herstellungskosten fällt der Zwischenerfolg bei selbst erstellten Vermögensgegenständen je nach Ausübung unterschiedlich hoch aus (Wysocki/Wohlgemuth/Brösel [Konzernrechnungslegung], 230).

Merksatz: Die **Vermögensgegenstände** des Anlage- und Umlaufvermögens sind um enthaltene Zwischengewinne zu reduzieren und um enthaltene Zwischenverluste zu erhöhen.

Im Jahr der Entstehung ist deren Eliminierung in voller Höhe erfolgswirksam. In den Folgeperioden erhöhen realisierte Zwischengewinne bzw. mindern realisierte Zwischenverluste den Konzernjahreserfolg. Nicht realisierte Zwischenerfolge werden hingegen erfolgsneutral eliminiert.

Nach dem Wesentlichkeitsprinzip kann die Zwischenergebniseliminierung im Konzern unterbleiben, wenn diese von untergeordneter Bedeutung für die Vermögens-, Finanz- und Ertragslage ist (§ 304 Abs. 2 HGB). Im Rahmen einer Einzelfallprüfung muss als Wesentlichkeitsmaßstab die Summe der potenziell befreiten Zwischenerfolge in Relation zu den insgesamt zu eliminierenden Zwischenerfolgen und nicht der auf den einzelnen mit Zwischenerfolgen behafteten Geschäftsvorfall herangezogen werden.

Auch bei der Quotenkonsolidierung ist nach § 304 Abs. 1 HGB eine Zwischenerfolgseliminierung zwingend, wobei sich diese auf den Anteil am Kapital des Gemeinschaftsunternehmens (quotal) beschränkt.

Bei Anwendung der Equity-Methode sind nach § 312 Abs. 5 Satz 3 HGB die Vorschriften des § 304 HGB entsprechend anzuwenden, „soweit die für die Beurteilung maßgeblichen Sachverhalte bekannt oder zugänglich sind". Hierbei besteht nach § 312 Abs. 5 Satz 4 HGB ein Wahlrecht, die Zwischenerfolgseliminierung in vollem Umfang oder quotal durchzuführen. Dies steht DRS 8.30 entgegen, wonach eine quotale Zwischenerfolgseliminierung sowohl für Upstream- als auch für Downstream-Lieferungen zwingend ist.

18.3.10 Aufwands- und Ertragskonsolidierung

Merksatz: **Konzerninterne Aufwendungen und Erträge (Umsatzerlöse und andere Erträge) sowie Ergebnisübernahmen sind vollständig zu eliminieren (§ 305 Abs. 1 HGB).**

Innenumsätze sind zu bereinigen, da es sich hierbei aus Konzernsicht nur um eine Produktverlagerung oder den Austausch von Dienstleistungen zwischen zwei Betriebsstätten handeln kann. Bei Anwendung des Gesamtkostenverfahrens (GKV) kommt eine Konsolidierung der Umsatzerlöse mit anderen aktivierten Eigenleistungen (bei Konzernnutzung als Anlagegut), mit den Bestandsveränderungen (bei Konzernnutzung als Umlaufvermögen, sofern unbearbeitet auf Lager genommen) oder mit dem Materialaufwand (bei Fremderzeugnis sowie bei Konzernerzeugnis als Umlaufvermögen, sofern weiter bearbeitet oder verkauft) in Betracht.

Auf die Aufwands- und Ertragskonsolidierung kann nach § 305 Abs. 2 HGB vor dem Hintergrund des Wesentlichkeitsgrundsatzes verzichtet werden, wenn diese für die Vermittlung des True and Fair View nur von untergeordneter Bedeutung ist.

Bei einer Quotenkonsolidierung darf nach § 310 Abs. 2 i.V.m. § 305 Abs. 1 HGB auch nur eine anteilsmäßige Verrechnung der innerkonzernlichen Aufwendungen und Erträge erfolgen.

Bei Anwendung der Equity-Methode sieht das deutsche Handelsrecht keine Eliminierung von Aufwendungen und Erträgen vor, sodass eine beteiligungsproportionale Eliminierung fakultativer Natur ist.

Einführende Literaturhinweise zum Abschnitt 18.3

Die vollständigen Literaturangaben finden Sie im Downloadbereich.

Baetge, J./Kirsch, H.-J./Thiele, S.: [Konzernbilanzen]. 10. Aufl., Düsseldorf 2013.

Coenenberg, A. G./Haller, A./Schultze, W.: [Jahresabschluss] und Jahresabschlussanalyse. Betriebswirtschaftliche, handelsrechtliche, steuerrechtliche und internationale Grundsätze. HGB, IFRS, US-GAAP. 22. Aufl., Stuttgart 2012.

Küting, K./Weber, C.: Der [Konzernabschluss]. Praxis der Konzernrechnungslegung nach HGB und IFRS. 13. Aufl., Stuttgart 2012.

Wysocki, K. v./Wohlgemuth, M./Brösel, G.: [Konzernrechnungslegung]. 5. Aufl., München 2014.

Modul 19: Grundlagen der internationalen Rechnungslegung

Patrick Velte
Andreas Haaker

„In einer sozialen Marktwirtschaft (Wettbewerbswirtschaft) sind der Unternehmenstransparenz enge Grenzen gesetzt, soll diese Ordnung nicht zu einer unsozialen Verwaltungswirtschaft erstarren."
(Moxter [Jahresabschluß] 20)

19.1 Allgemeine Grundlagen

Lernziele:

Aneignen von Wissen über die Voraussetzungen zum Ansatz und zur Bewertung von Vermögenswerten, Schulden und Eigenkapital sowie zur Erfassung von Aufwendungen und Erträgen nach IFRS; **Verstehen der Zusammenhänge** der internationalen Rechnungslegung nach den International Financial Reporting Standards (IFRS) im Einzel- und Konzernabschluss; **Analyse** der Zielsetzung der internationalen Rechnungslegung unter Berücksichtigung des Rechtssystems und der Dynamik des Kapitalmarkts; **Abgrenzung** der wesentlichen Rechnungslegungsgrundsätze, der Bestandteile des IFRS-Abschlusses und der relevanten Bewertungsmaßstäbe; **Einordnung** der Besonderheiten der IFRS-Konzernrechnungslegung und Anwendung der Konsolidierungsgrundsätze.

Übersicht:

Im Modul 19 werden die „Grundlagen der internationalen Rechnungslegung" behandelt. In diesem Zusammenhang erfolgt eine Trennung in „Allgemeine Grundlagen" (1.), die „Rechnungslegung auf Einzelabschlussebene" (2.) sowie die „Grundlagen der Konzernrechnungslegung" (3.).

In Abschnitt 1 werden zunächst der Begriff der internationalen Rechnungslegung, die Einordnung in das Rechtssystem (Case Law) und die Bedeutung des Eigenkapitalmarkts, die Internationalisierung der Kapitalmärkte und der Rechnungslegung sowie der Standardsetzungsprozess und das EU-Endorsement-Verfahren behandelt. Dem schließen sich die Behandlung der Zwecke und der wesentlichen Grundsätze der IFRS sowie der IFRS für den Mittelstand an. Schwerpunkt des ersten Abschnitts bilden die Abschlussbestandteile und die grundlegenden bilanziellen Bewertungsmaßstäbe.

Gegenstand von Abschnitt 2 ist neben den anzuwendenden IFRS für den Einzelabschluss die Bilanzierung von Vermögenswerten (Anlagevermögen, Vorratsvermögen), Schulden (Rückstellungen und Verbindlichkeiten)

und Eigenkapital, die Berücksichtigung von Aufwendungen und Erträgen sowie die Behandlung von Sonderfragen der Rechnungslegung (langfristige Fertigung).

In Abschnitt 3 wird neben den anzuwendenden IFRS für den Konzernabschluss zunächst auf die Funktionen und Bestandteile der Konzernrechnungslegung, die Grundsätze, Aufstellungspflichten und Befreiungen sowie auf die Abgrenzung des Konsolidierungskreises eingegangen. Anschließend werden vorbereitende Konsolidierungsmaßnahmen (z. B. Währungsumrechnung und latente Steuern), die Darstellung der Kapital- (Voll-, Quoten- und Equity-Konsolidierung) sowie die Schulden-, Zwischenergebnis- und Erfolgskonsolidierung diskutiert.

19.1.1 Begriff der Internationalen Rechnungslegung

Internationale Rechnungslegungsnormen werden von internationalen, privatrechtlichen Standardsetzern entwickelt und global angewendet. Da die United States Generally Accepted Accounting Principles (US GAAP) von einem nationalen Standardsetzer verabschiedet werden, haben diese trotz internationaler Bekanntheit eher den Charakter einer nationalen Rechnungslegung. Als internationale Rechnungslegung gilt somit im Folgenden nur das IFRS-Normensystem. Die International Financial Reporting Standards (IFRS) werden von einem privaten Standardsetzer, dem International Accounting Standards Board (IASB) mit Sitz in London, erlassen und derzeit in rund 150 Ländern angewendet. Für kapitalmarktorientierte EU-Mutterunternehmen besteht seit dem Geschäftsjahr 2005 bzw. 2007 (Verordnung (EG) Nr. 1606/2002) eine Anwendungspflicht der IFRS im Konzernabschluss. Diese sind der angelsächsischen Rechtstradition verhaftet und primär auf die Information des Eigenkapitalmarkts ausgerichtet.

19.1.2 Rechtssystem und Bedeutung des Eigenkapitalmarkts

In Modul 18 wurde bereits auf die Einordnung der Rechtssysteme in ein Case- und Code Law abgestellt. Die IFRS sind maßgeblich vom angloamerikanischen Case Law geprägt (Freidank/Velte [Rechnungslegung] 257; Baetge/Zülch/Matena [Fair Value-Accounting] 367).

Merksatz: **Case Law-Systeme beinhalten einzelfallbezogene Gerichtsentscheidungen, aus denen induktiv Rechnungslegungsgrundsätze abgeleitet werden (Rules Based Accounting).**

Die IFRS sind kasuistisch aufgebaut und weisen einen hohen Detaillierungsgrad auf.

Neben dem Case Law werden die IFRS von einer hohen Bedeutung des Eigenkapitalmarkts und einem umfangreichen Streubesitz der Anteile begleitet (Pellens/Fülbier/Gassen/Sellhorn [Internationale Rechnungslegung] 39 f.). Unter dieser Prämisse besteht die Notwendigkeit, die Rechnungslegungsnormierung primär auf die Gewährleistung des Individualschutzes und die Informationsinteressen der Eigenkapitalgeber abzustellen.

19.1.3 Internationalisierung der Kapitalmärkte und der Rechnungslegung

Die in den vergangenen Jahren in den Vordergrund rückende Internationalisierung der Rechnungslegung durch die IFRS wurde durch die Liberalisierung der Märkte, den Wegfall von Handelsgrenzen sowie den technischen Fortschritt wesentlich begründet. Schließlich geht damit eine Internationalisierung der Kapitalmärkte einher. Um diese in Anspruch nehmen zu können, werden Konzernabschlüsse verlangt, die von den jeweiligen Börsenaufsichtsbehörden anerkannt sind. Die internationale Akzeptanz der IFRS erfolgte durch die Entscheidung der International Organization of Securities Commissions (IOSCO), allen Börsen als Voraussetzung für den Kapitalmarkteintritt einen nach IFRS erstellten Abschluss zu empfehlen (Freidank/Velte [Rechnungslegung] 264).

19.1.4 Standardsetzungsprozess und EU-Endorsement

Der IASB ist als Standardsetzer organisatorisch in die IFRS Foundation eingebettet. Die IFRS Foundation stellt als unabhängige gemeinnützige Stiftung den Träger sämtlicher IFRS-Institutionen dar und wird durch einen Rat von Stiftungstreuhändern (Trustees) kontrolliert, der der Aktivitäten des IASB, die Ernennung der Mitglieder des IASB, des IFRIC und des IFRS Advisory Councils sowie die Sicherung der Finanzierung und den Beschluss über mögliche Satzungsänderungen überwacht. Der Steuerung der Foundation dienen Vertreter der IOSCO, der Financial Services Agency of Japan sowie der zuständige EU-Binnenmarkt-Kommissar als Monitoring Board (Bohl [§ 1] 6–8). Letzterer soll die Stiftungstreuhänder ernennen, die Ernennung neuer Treuhänder genehmigen sowie den Informationsaustausch zwischen den nationalen Behörden der IFRS-Übernahme und dem IASCF verstärken. Dagegen zählen die Entwicklung der IFRS sowie die Förderung von IFRS-Nutzung und -Anwendung sowie des damit verbundenen internationalen Harmonisierungsprozesses zu den Aufgaben des IASB (Pellens/Fülbier/Gassen/Sellhorn [Internationale Rechnungslegung] 91). Dem IASB und den Trustees steht das IFRS Advisory Council beratend zur Seite. Das IFRIC dient dagegen der Entwicklung von IFRS-Interpretationen. Die Verbindungsmänner (Liason Members) repräsentieren schließlich eine Gruppe von Board-Mitgliedern, durch die der Standardsetzungsprozess mit der nationalen Standardsetzung koordiniert werden soll.

Abbildung 19.1 zeigt zusammenfassend die Organisationsstruktur des IASB (Zülch/Güth [Satzung] 181; Freidank/Velte [Rechnungslegung] 290).

Die IFRS-Standardsetzung folgt dem in Abbildung 19.2 dargestellten Entwicklungsprozess (Due Process), der auf eine hinreichende Transparenz und Einbindung der Öffentlichkeit abzielt (Pellens/Fülbier/Gassen/Sellhorn [Internationale Rechnungslegung] 100–102; Bohl [§ 1], 22–24). Nach einem Projektvorschlag wird ein Arbeitsprogramm offiziell durch den IASB festgelegt. Hierbei werden die Aufgabenstellung definiert und mögliche Lösungsvarianten berücksichtigt. Diese Überlegungen münden in das Diskussionspapier (Discussion Paper), welches auf der IASB-Homepage veröffentlicht wird. Nach Ende eines Kommentierungszeitraums werden die Stellungnahmen durch das IASB ausgewertet und auf dieser Basis ein IFRS-Entwurf (Exposure Draft) erstellt. Danach wird er-

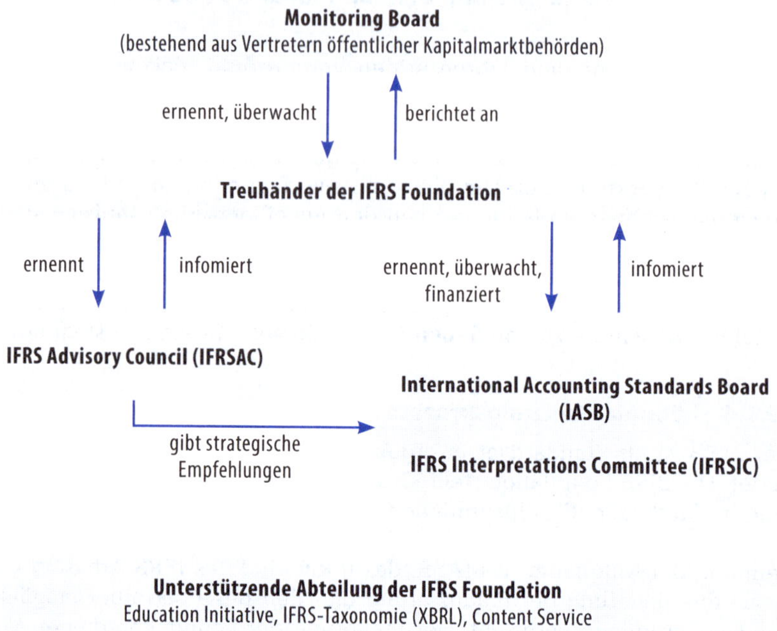

Abbildung 19.1: Organisationsstruktur des IASB

neut die Öffentlichkeit zur Abgabe von Stellungnahmen aufgefordert, bevor der finale Standard verabschiedet wird (Freidank/Velte [Rechnungslegung] 290).

Der IASB stellt ein privatrechtliches Gremium dar. Da es sich um keine demokratisch legitimierte Institution handelt und die EU legislative Befugnisse nicht auf ein privates Standardsetzungsgremium delegieren kann, muss auf EU-Ebene die Anwendbarkeit jedes verabschiedeten IFRS separat beschlossen werden, bevor dieser Gemeinschaftsrecht in den EU-Mitgliedstaaten wird. Nach dem in Art. 6 der Verordnung (EG) Nr. 1606/2002 kodifizierten Endorsement- bzw. Komitologieverfahren muss jeder IFRS die Mindestanforderungen nach Art. 3 Abs. 2 erfüllen. Hiernach muss ein EU-IFRS mit dem True and Fair View-Prinzip in Einklang stehen, den Kriterien der Verständlichkeit, Erheblichkeit, Verlässlichkeit und Vergleichbarkeit genügen, zudem muss ein öffentliches Interesse an der Übernahme bestehen. Sofern ein EU-Endorsement erfolgt, wird der IFRS in alle Amtssprachen der EU-Mitgliedsländer übersetzt und im EU-Amtsblatt veröffentlicht, womit er als Bestandteil der IAS-Anwendungsverordnung gilt. Die erläuternden Teile der IFRS, die Grundlage der Schlussfolgerungen, die Empfehlungen zur Anwendung sowie das Conceptual Framework sind bislang nicht übernommen worden, sodass keine direkte EU-Anwendungsverpflichtung für diese Teile besteht.

Die einzelnen Instanzen des EU-Endorsement-Verfahrens sind in Abbildung 19.3 aufgeführt (Canipa-Valdez [Rechnungslegungsregulierung] 109; Freidank/Velte [Rechnungslegung] 292). Um die europäischen Interessen gegen-

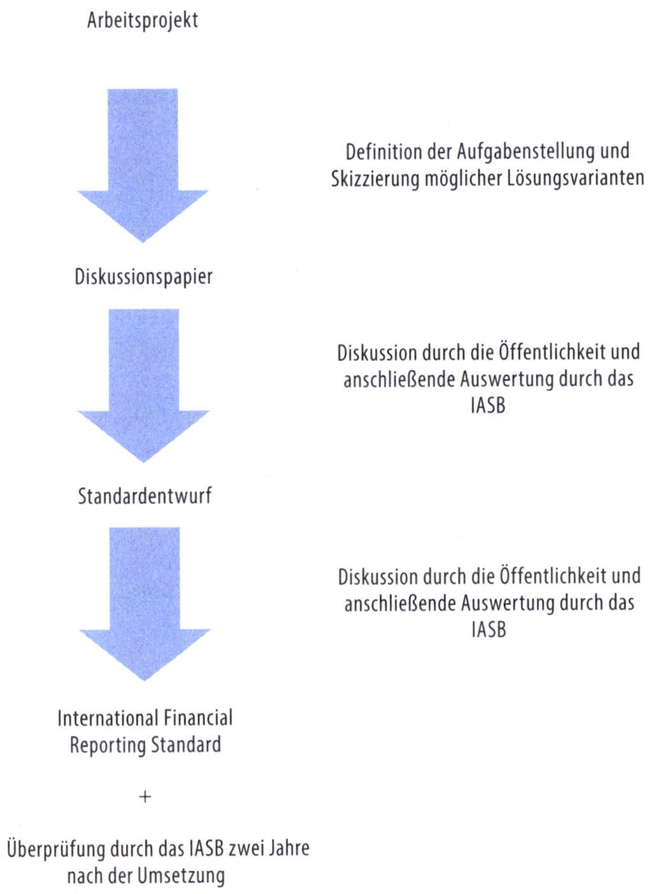

Abbildung 19.2: Ablauf des Due Process des IASB

über dem IASB zu vertreten, die Arbeit der europäischen Standardsetzer zu koordinieren und die EU-Kommission bei der Frage der Anerkennung von IFRS zu beraten, steht eine sog. Expertengruppe [European Financial Reporting Advisory Group (EFRAG)] zur Verfügung. Die EFRAG soll nach Verabschiedung eines IFRS innerhalb von zwei Monaten der EU-Kommission einen Vorschlag unterbreiten, den IFRS zu übernehmen oder eine Übernahme abzulehnen. Im Jahre 2006 wurde zudem eine Prüfgruppe für Standardübernahmeempfehlungen [Standards Advice Review Group (SARG)] gegründet, welche die inhaltliche Ausgewogenheit und Objektivität der EFRAG-Empfehlungen zu überprüfen hat, aber derzeit nicht aktiv ist (Bohl [§1] 68). Neben der vorstehend genannten technischen Ebene wirkt auf politischer Ebene der Regelungsausschuss für Rechnungslegung [Accounting Regulatory Committee (ARC)] als Vertretung der einzelnen EU-Mitgliedstaaten. Die EU-Kommission schlägt dem ARC einzelne IFRS zur Annahme vor, welches per Mehrheitsentscheidung über den Vorschlag abstimmt. Nach der Prüfung durch das ARC ist der Vorschlag dem Europäischen Parlament und dem Rat vorzulegen, welche wiederum den Vorschlag ablehnen oder annehmen können. Sofern beide Institutionen keine offizielle Entscheidung treffen, wird dieses Verhalten gleichsam als stillschweigende Zustimmung angesehen, sodass in diesem Fall die EU-Kommission den IFRS freigeben kann.

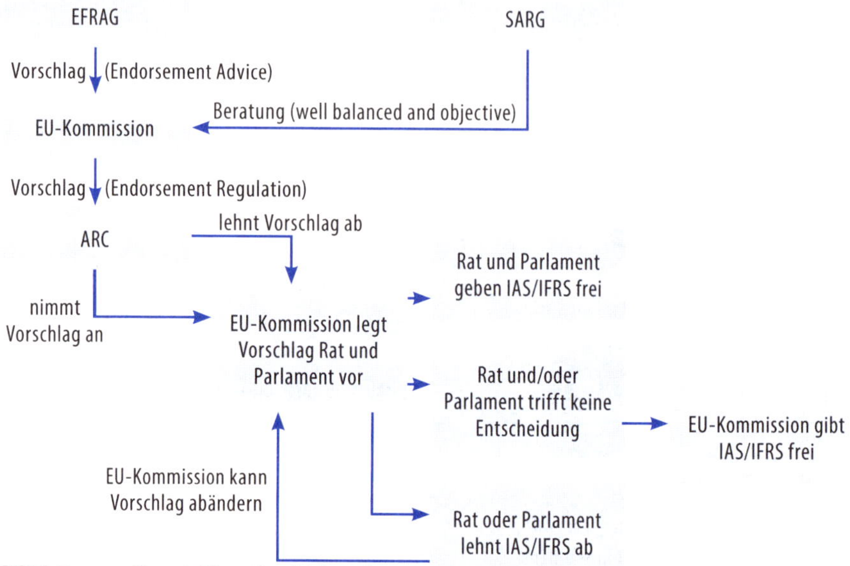

EFRAG: European Financial Reporting Advisory Group
SARG: Standards Advisory Review Group
ARC: Accounting Regulatory Committee

Abbildung 19.3: Ablauf des Endorsementverfahrens der EU-Kommission

19.1.5 Zwecke und wesentliche Grundsätze

Im Rahmen der IFRS-Rechnungslegung wird abweichend zum Handelsrecht sowohl auf Einzel- als auch auf Konzernabschlussebene lediglich die Informationsfunktion fokussiert. Gleichzeitig erfolgt eine Eingrenzung auf die Investoren als Hauptadressaten des IFRS-Abschlusses (Wawrzinek [§ 2] 21) und eine Verdrängung der Rechenschafts- zugunsten der Entscheidungsfunktion. Hierbei wird unterstellt, dass durch diese Investororientierung die Zielsetzungen anderer Anspruchsgruppen gleichzeitig berücksichtigt werden. Aus diesem Vorgehen folgt eine im Vergleich zum Handelsrecht nachrangige Bedeutung des Gläubigerschutz- und Vorsichtsprinzips (Grotherr/Jorewitz [Bilanzsteuerrecht] 129). Die vorsichtig-imparitätische wird dabei durch eine „neutrale" Bewertung ersetzt, bei der negative und positive Erfolgsbeiträge möglichst symmetrisch erfasst werden (Beinsen/Wagenhofer [Vorsichtsprinzip] 413–419). Die Fokussierung der Informationsfunktion impliziert, dass auch ein IFRS-Einzelabschluss keine Zahlungsbemessungsfunktion (Ausschüttungs- oder Steuerbemessung) erfüllt.

Das bereits 1989 verabschiedete Rahmenkonzept (Framework) bildet das konzeptionelle Fundament der IFRS und wird seit 2004 im Rahmen des Projekts „Conceptual Framework" reformiert (Kirsch [Conceptual Framework] 26; Freidank/Velte [Rechnungslegung] 309 f.). In Abbildung 19.4 ist die Struktur der Grundsätze der IFRS-Rechnungslegung dargestellt (Canipa-Valdez [Rechnungslegungsregulierung] 253). Die IFRS-Finanzberichterstattung dient der Informationsvermittlung, um die Kapitalgeber bei ihren Anlagenentscheidungen zu unterstützen. Insofern besteht der primäre Rechnungslegungszweck in der Bereitstellung entscheidungsnützlicher Informationen. Die zudem beschriebene Rechenschaftsfunktion stellt keinen eigenständigen Rechnungslegungszweck dar, sondern lässt sich aus dem Ziel der Entscheidungsnützlichkeit ableiten. Die (impliziten) Basisannahmen der IFRS-Rechnungslegung bilden die Unternehmensfortführung und die periodengerechte Erfolgsermittlung. Innerhalb der qualitativen Prinzipien erfolgt eine Trennung in Primär- und Sekundärgrundsätze. Die Rechnungslegung soll einerseits den Grundsatz der Entscheidungsrelevanz und andererseits das Prinzip der glaubwürdigen Darstellung erfüllen (QC5-16). Hierbei müssen entscheidungsrelevante Informationen zu Auswirkungen auf das Verhalten der Primäradressaten führen. Die Beeinflussung von Entscheidungen kann sich zum einen aus der Bestätigung bisheriger Annahmen und zum anderen aus einer Antizipation der Erfolgsentwicklung ergeben. Der Grundsatz der glaubwürdigen Darstellung soll durch die Vollständigkeit, Neutralität und Genauigkeit der Informationen gewährleistet werden (QC 12). Während die Vergleichbarkeit, Nachprüfbarkeit,

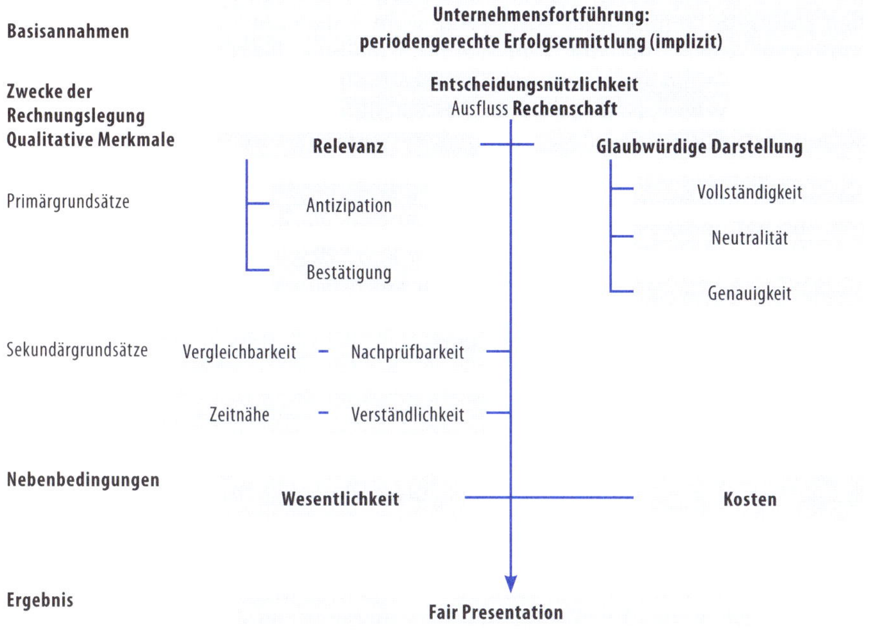

Abbildung 19.4: Prinzipien der IFRS-Rechnungslegung nach dem Conceptual Framework

Zeitnähe und Verständlichkeit Sekundärgrundsätze darstellen (QC 19), fungieren das Wesentlichkeitsprinzip sowie das Kosten- und Nutzen-Prinzip als Nebenbedingungen (QC 35-39). Das Vorsichtprinzip findet trotz seiner Bedeutung für die kaufmännische Rechnungslegung keine explizite Berücksichtigung (Beinsen/Wagenhofer [Vorsichtsprinzip] 413 f.).

19.1.6 IFRS für den Mittelstand

Die „Full IFRS" richten sich an kapitalmarktorientierte Unternehmen. Dagegen zeichnen sich mittelständische Unternehmen durch eine stärkere Orientierung an Gläubigerschutzinteressen und den Wunsch nach Komplexitätsreduktion bei der Erstellung der Rechnungslegung aus. Bei Finanzierung über die Hausbank tritt auch die Transparenz gegenüber den Stakeholdern in den Hintergrund. Der IASB hat hierauf mit der Schaffung eigenständiger IFRS für kleine und mittlere Unternehmen [IFRS for Small and Medium sized-Entities (IFRS for SME)] reagiert. Dabei stellen SME Unternehmen ohne öffentliche Rechnungslegungspflicht aufgrund von Eigen- oder Fremdkapitaltiteln auf einem geregelten Kapitalmarkt dar. Da der handelsrechtliche Jahresabschluss weiterhin für Zahlungsbemessungszwecke herangezogen werden muss, spielen die IFRS for SME in Deutschland praktisch (noch) keine Rolle (zu den inhaltlichen Unterschieden Kirsch [IFRS for SMEs] 1–6).

Die IFRS for SME sind themenbezogen in 35 Abschnitte gegliedert. Wichtige Rechnungslegungsgrundsätze, Definitionen für Vermögenswerte, Schulden, Eigenkapital, Aufwand und Ertrag wurden verkürzt aus dem Rahmenkonzept der IFRS übernommen. Zentrale Abweichungen zwischen den IFRS for SME und den Full IFRS betreffen das Ansatzverbot für Entwicklungsaufwendungen, das Verbot zur Anwendung der Neubewertungsmethode beim Sachanlage- und immateriellen Vermögen, ein grundsätzliches Einbeziehungsverbot von Fremdkapitalzinsen in die Anschaffungs- und Herstellungskosten, eine planmäßige Abschreibungspflicht für alle immateriellen Vermögenswerte einschließlich des Goodwill (typisierte Nutzungsdauer für den derivativen Goodwill von 10 Jahren) sowie eine weitgehende Bewertung von Finanzinstrumenten zu fortgeführten Anschaffungskosten (Freidank/Velte [Rechnungslegung] 293 f.). Die Zwecksetzung unterscheidet sich nicht von den Full IFRS, obgleich kein öffentlicher Handel der Anteilsrechte stattfindet. Zur sukzessiven Annäherung an die Full IFRS besteht ein Überarbeitungsturnus von drei Jahren, wobei bestehende Unterschiede langfristig entfallen dürften.

19.1.7 Abschlussbestandteile

19.1.7.1 Bilanz

Abbildung 19.5 gibt einen Überblick über die Bestandteile eines IFRS-Abschlusses.

Abweichend zum HGB ist nach den IFRS kein rechtsformabhängiges Bilanzgliederungsschema vorgesehen (Coenenberg/Haller/Schultze [Jahresabschluss] 139). Vielmehr sind für alle Unternehmen zumindest die in IAS 1.54 aufgeführten Bilanzposten maßgebend. Im Gegensatz zum Handelsrecht ist neben der Konto- auch die Staffelform oder eine sonstige Form möglich, wobei

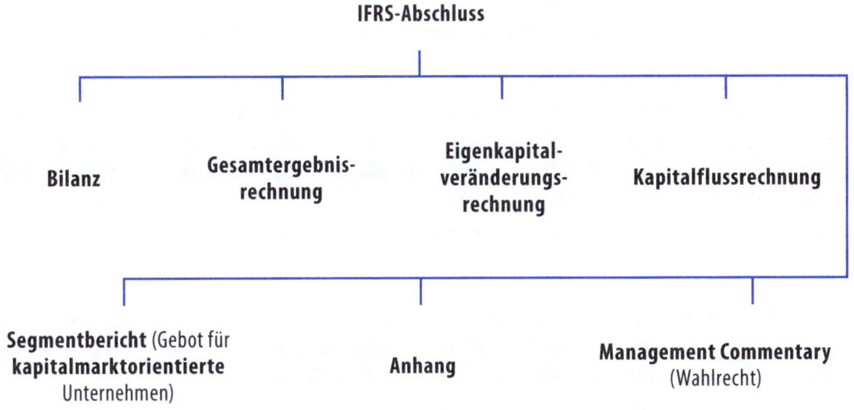

Abbildung 19.5: Bestandteile des IFRS-Abschlusses

die Staffelform präferiert wird. Auch bezüglich der Gliederung der Bilanz besteht nach IAS 1.60 die Möglichkeit, die Vermögenswerte und Schulden neben der Fristigkeit als Regelvariante nach der Liquidierbarkeit (z.B. bei Banken oder Versicherungen) anzuordnen (Wawrzinek [§ 2] 294). Neben der Forderung in IAS 1.29, alle wesentlichen Bilanzposten darzustellen, ist eine Aufnahme weiterer Posten im Interesse einer Fair Presentation nach IAS 1.55 möglich bzw. geboten.

Abbildung 19.6 zeigt die Mindestgliederung der Bilanz in Kontoform, wobei die Regelgliederung nach der Fristigkeit erfolgt (Coenenberg/Haller/Schultze [Jahresabschluss] 141).

Vermögenswerte	Eigenkapital und Schulden
A. Langfristige Vermögenswerte	**A. Eigenkapital**
I. Immaterielle Vermögenswerte	I. Gezeichnetes Kapital
II. Sachanlagen	II. Rücklagen
III. Als Finanzinvestition gehaltene Vermögenswerte	**B. Langfristige Schulden**
IV. Aktive latente Steuern	I. Langfristige finanzielle Verbindlichkeiten
B. Kurzfristige Vermögenswerte	II. Passive latente Steuern
I. Vorräte	III. Rückstellungen
II. Forderungen aus Lieferungen und Leistungen	**C. Kurzfristige Schulden**
III. Finanzielle Vermögenswerte	I. Verbindlichkeiten aus Lieferungen und Leistungen
IV. Aktive Rechnungsabgrenzung	II. Kurzfristige finanzielle Verbindlichkeiten
V. Zahlungsmittel und Zahlungsmitteläquivalente	III. Kurzfristige Rückstellungen
	IV. Passive Rechnungsabgrenzung

Abbildung 19.6: Bilanzgliederung nach IFRS

19.1.7.2 Gesamtergebnisrechnung

Merksatz: Die Gesamtergebnisrechnung beinhaltet neben der GuV auch das sonstige Ergebnis (OCI).

Analog zum HGB kann die Gliederung der Erfolgsrechnung nach dem Gesamt- oder Umsatzkostenverfahren vorgenommen werden (IAS 1.101-105). Die Mindestinhalte sind in IAS 1.82 aufgeführt. Analog zur Bilanz ist neben der Staffel- auch die Kontoform oder eine sonstige Alternative möglich. Allerdings scheint das IASB die Staffelform zu präferieren, wie die Implementation Guidance zu IAS 1 zeigen. Im Gegensatz zur handelsrechtlichen Gewinn- und Verlustrechnung (GuV) enthält die Gesamterfolgsrechnung nach den IFRS neben den ergebniswirksamen Aufwendungen und Erträge (GuV) auch ergebnisneutrale Bestandteile [sonstiges Ergebnis bzw. Other Comprehensive Income (OCI)]. Dabei sind neben den bereits realisierten Erträgen gemäß IAS 1.81A auch lediglich realisierbare Erträge zu erfassen. Der Periodengesamterfolg setzt sich daher aus dem Periodenergebnis sowie dem sonstigen Ergebnis zusammen. Neben dem Periodengesamterfolg wird das Eigenkapital durch Kapitaltransaktionen der Eigentümer berührt, wie Abbildung 19.7 aufzeigt (Freidank/Velte [Rechnungslegung] 342).

<table>
<tr><th colspan="4">Eigenkapitalveränderungen</th></tr>
<tr><th colspan="3">Periodengesamtergebnis</th><td>Kapitaltransaktionen der Eigentümer</td></tr>
<tr><th colspan="2">Periodengewinn bzw. -verlust</th><td>Sonstiges Ergebnis</td><td></td></tr>
<tr><th>Ergebnis</th><td>aperiodisches Ergebnis</td><td></td><td></td></tr>
</table>

Abbildung 19.7: Komponenten der Eigenkapitalveränderungen nach IAS 1

Für die Gesamterfolgsrechnung bestehen nach IAS 1.81A zwei Darstellungsmöglichkeiten. Nach dem Single Statement Approach werden die ergebniswirksamen und -neutralen Aufwendungen und Erträge zusammenhängend ausgewiesen, wobei das Periodenergebnis die Zwischensumme der Aufwendungen und Erträge repräsentiert. Dagegen werden nach dem Two Statement Approach zwei separate Rechenwerke erstellt. In einem ersten Schritt wird das Periodenergebnis mithilfe der GuV ermittelt. In einem zweiten Rechenwerk (Statement) erfolgt die Überleitung des Periodenergebnisses durch Berücksichtigung der ergebnisneutralen Komponenten auf den Periodengesamterfolg. Der IASB präferiert den Single Statement Approach und will diesen nach der Reformierung der Ergebnisdarstellung künftig vorschreiben, worauf die Bilanzierungspraxis mit entsprechenden Umbrüchen in den Geschäftsberichten reagieren dürfte.

Abbildung 19.8 zeigt die Mindestinhalte der Gesamtergebnisrechnung nach IAS 1.82 (Freidank/Velte [Rechnungslegung] 342).

a)	Umsatzerlöse
b)	Finanzierungsaufwendungen
c)	Gewinn- oder Verlustanteil von assoziierten Unternehmen/Joint Ventures nach der Equity-Methode
d)	Steueraufwendungen
e)	Gesamtsumme der aufgegebenen Geschäftsbereiche
f)	**Sonstiges Ergebnis**
g)	**Periodengewinn bzw. -verlust**
h)	jeder Bestandteil des sonstigen Ergebnisses nach Art unterteilt (einschließlich des Anteils, der auf assoziierte Unternehmen und Gemeinschaftsunternehmen entfällt)
i)	**Periodengesamtergebnis**

Abbildung 19.8: Mindestinhalte der Gesamtergebnisrechnung nach IAS 1.82

19.1.7.3 Kapitalflussrechnung

Merksatz: Die **Kapitalflussrechnung** ist Pflichtbestandteil des IFRS-Abschlusses und soll den Unternehmensadressaten **finanzielle Informationen** vermitteln, die der Bilanz nicht oder nur mittelbar entnommen werden können.

Insbesondere sollen sich die Adressaten durch die differenzierte Darstellung von Zahlungsgrößen in der Kapitalflussrechnung über die Möglichkeiten des Unternehmens ein Bild verschaffen, Zahlungsüberschüsse (Cash Flows) zu erwirtschaften, Investitionen zu tätigen, Schulden zu tilgen, Ausschüttungen vorzunehmen und kreditwürdig zu bleiben. Darüber hinaus sollen Unterschiede zwischen dem Jahresergebnis und Zahlungsvorgängen erklärt sowie Auskunft über Auswirkungen von zahlungswirksamen und -unwirksamen Investitions- und Finanzierungsvorgängen auf die Finanzlage des Unternehmens gegeben werden. Obwohl die Kapitalflussrechnung vergangenheitsorientiert ist, kann sie zur internen Liquiditäts-, Investitions- und Finanzierungsplanung ausgebaut werden.

Abbildung 19.9 zeigt die Verbindungslinien zwischen Vermögens-, Erfolgs- und Kapitalflussrechnung auf (Coenenberg/Haller/Schultze [Jahresabschluss] 776).

Die Zahlungsströme sind getrennt nach den Cash Flows aus der laufenden Geschäftstätigkeit, der Investitionstätigkeit (einschließlich Desinvestitionen) und der Finanzierungstätigkeit darzustellen. Wie Abbildung 19.10 zeigt, muss die Summe der Cash Flows aus den drei Tätigkeitsbereichen unter zusätzlicher Berücksichtigung der wechselkursbedingten und sonstigen Wertänderungen der Fondsbestände der Änderung des Finanzmittelfonds in der Berichtsperiode entsprechen. Von entscheidender Bedeutung für die Aussagekraft und Interpretierbarkeit der Kapitalflussrechnung ist die Abgrenzung des Finanzmittelfonds. Dieser stellt die Zusammenfassung mehrerer Bilanzposten zu einer buchhalterischen Einheit dar, für den Änderungen infolge von Zu- und Abflüssen in der Kapitalflussrechnung beschrieben werden sollen. Für die Darstellung der Mittelzuflüsse/-abflüsse aus laufender Geschäftstätigkeit besteht in-

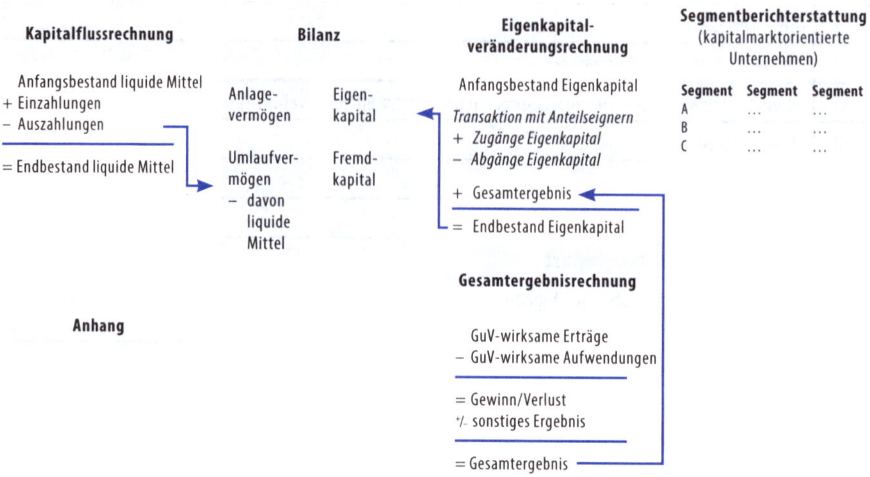

Abbildung 19.9: Zusammenhänge zwischen Bilanz, Erfolgsrechnung sowie Kapitalflussrechnung

1.		**Jahresergebnis**
2.	+/–	**Ab-/Zuschreibungen** auf Gegenstände des Anlagevermögens
3.	+/–	Veränderung der **Rückstellungen**
4.	+/–	Veränderung der **sonstigen zahlungsunwirksamen Aufwendungen/Erträge**
5.	–/+	Veränderungen aus dem **Abgang von Gegenständen des Anlagevermögens**
6.	–/+	Veränderung der **Vorräte, der Forderungen aus Lieferungen und Leistungen** sowie anderer Aktiva, die **nicht** der Investitions- und Finanzierungstätigkeit zuzuordnen sind
7.	–/+	Veränderungen der **Verbindlichkeiten aus Lieferungen und Leistungen** sowie anderer Passiva, die nicht der Investitions- und Finanzierungstätigkeit zuzuordnen sind
8.	=	**Cash Flow aus laufender Geschäftstätigkeit**
9.		Einzahlungen aus **Abgängen** von Gegenständen des Anlagevermögens (Restbuchwerte der Abgänge erhöht um Gewinne und vermindert um Verluste aus dem Anlagenabgang)
10.	–	Auszahlungen für **Investitionen** in das Anlagevermögen
11.	=	**Cash Flow aus der Investitionstätigkeit**
12.		Einzahlungen aus **Kapitalerhöhungen und Zuschüssen der Gesellschafter**
13.	–	Auszahlungen an **Gesellschafter** (Dividenden, Kapitalrückzahlungen)
14.	+	Einzahlungen aus der **Begebung von Anleihen und aus Kreditaufnahme**
15.	–	Auszahlungen für die **Tilgung von Anleihen und Krediten**
16.	=	**Cash Flow aus der Finanzierungstätigkeit**
17.		Zahlungswirksame **Veränderungen** des Finanzmitttelfonds (Summe der Zeilen 8, 11 und 16)
18.	+/–	**Wechselkursbedingte** und sonstige Wertveränderungen des Finanzmittelfonds
19.	+	Finanzmittelfonds am **Anfang der Periode**
20.	=	**Finanzmittelfonds am Ende der Periode**

Abbildung 19.10: Vereinfachte Struktur einer Kapitalflussrechnung bei indirekter Berechnung der Cash Flows aus laufender Geschäftstätigkeit

nerhalb der Kapitalflussrechnung ein Wahlrecht zwischen der direkten und der indirekten Methode, wobei Letzterer aufgrund ihrer Verbindung zum Jahresabschluss und der einfacheren Erstellung in der Unternehmenspraxis der Vorzug gegeben wird. Ansonsten ist bei den anderen beiden Cash Flow-Varianten die direkte Methode zwingend. Beim Ausweis wird die Staffelform empfohlen.

19.1.7.4 Eigenkapitalveränderungsrechnung (Eigenkapitalspiegel)

Merksatz: Der **Eigenkapitalspiegel** ist Pflichtbestandteil des IFRS-Abschlusses und soll die Investoren über die **Veränderungen** des **Eigenkapitals** während des Geschäftsjahres informieren (IAS 1).

Neben den erfolgsneutralen Eigenkapitalveränderungen durch Transaktionen zwischen Unternehmen und Anteilseignern werden im Rahmen der IFRS-Rechnungslegung bestimmte Sachverhalte ergebnisneutral als sonstiges Ergebnis (OCI) erfasst. Dies betrifft u.a. die Neubewertung von Sachanlagen nach IAS 16 sowie von immateriellen Vermögenswerten nach IAS 38 zum Zeitwert. Das True and Fair View-Prinzip erfordert Informationen über sämtliche Veränderungen des Eigenkapitals während der Berichtsperiode, vor allem

	Gezeichnetes Kapital	Kapital-rücklage	Gewinn-rücklagen	Neubewer-tungs-rücklage	Summe
vorläufiger AB 01.01.2013	...	...	...	...	...
Kapitalerhöhung (vor Korrektur)	...	...	...	...	...
Transaktionskosten zur Kapitalerhöhung	...	...	...	...	...
Kapitalerhöhung	...	...	...	...	...
Periodenergebnis	...	...	...	...	...
Sonstiges Gesamtergebnis	...	...	...	...	...
EB 31.12.2013	...	...	...	...	...
Periodenergebnis	...	...	...	...	...
Sonstiges Gesamtergebnis	...	...	...	...	...
Dividendenzahlung	...	...	...	...	...
Reklassifizierung von Neubewertungs-rücklagen	...	...	...	...	...
EB 31.12.2014	...	...	...	...	...

Abbildung 19.11: Beispiel für einen Eigenkapitalspiegel nach IAS 1

über die Unternehmensgesamtleistung. Als Mindestangaben der Eigenkapitalveränderungsrechnung werden in IAS 1.106 daher

- der Periodengesamterfolg (erfolgsneutrale und -wirksame Erträge und Aufwendungen),
- die Auswirkungen der gemäß IAS 8 erfassten Änderungen der Bilanzierungs- und Bewertungsmethoden sowie der Fehlerberichtigungen und
- die Überleitung sämtlicher Eigenkapitalkomponenten von Periodenbeginn zum -ende

angeführt. Dabei sind die Änderungen der Gewinne oder Verluste, jeder Posten des sonstigen Ergebnisses sowie Transaktionen mit Eigentümern (insbesondere Ausschüttungen) sowie die Rücklagen separat anzugeben.

Eine spezielle Darstellungsform ist aus Gründen der Flexibilität nicht vorgeschrieben. Abbildung 19.11 gibt einen Überblick über die mögliche Struktur des Eigenkapitalspiegels nach IAS 1.

19.1.7.5 Segmentberichterstattung

Merksatz: In Abgrenzung zu den sonstigen Pflichtelementen des IFRS-Abschlusses müssen lediglich **kapitalmarktorientierte** Unternehmen einen **Segmentbericht** nach IFRS 8 erstellen.

Die Segmentberichterstattung wird in IFRS 8.1 mit der Information der Adressaten über die Art und finanziellen Auswirkungen der einzelnen Geschäftstätigkeiten sowie des wirtschaftlichen Umfelds begründet (zu Anwendungsproblemen Schweitzer [offene Fragen] 201–221). Der Management Approach stellt hierbei den dominierenden Grundsatz bei der Segmentberichterstattung dar (Velte [Management Approach] 133; Freidank/Velte [Rechnungslegung] 839).

Definition:

Ein **Geschäftssegment** ist nach IFRS 8.5 ein Unternehmensbestandteil, in dem Geschäftstätigkeiten betrieben werden, die Erträge und Aufwendungen generieren.

Die betreffenden Segmentergebnisse müssen weiterhin in der Verantwortung des Managements liegen und durch separate Finanzinformationen gesteuert werden. Dabei ist eine Zusammenfassung von Geschäftssegmenten möglich, wenn diese ähnliche wirtschaftliche Merkmale aufweisen und bezüglich ihrer Wesensart, der Art des Produktionsprozesses, des Typs bzw. der Kategorie von Kunden, der Vertriebsmethoden oder Form der Erbringung der Dienstleistungen oder des Wesens des regulatorischen Umfelds vergleichbar sind. Als Schwellenwerte der Segmentabgrenzung sind jeweils 10 % der Gesamterträge, des Gesamtergebnisses sowie des Gesamtvermögens in IFRS 8.13 kodifiziert. In IFRS 8.15 wird zusätzlich vorgeschrieben, dass die Segmentberichterstattung mindestens 75 % der externen Gesamterträge umfassen muss. Anderenfalls sind weitere Segmente zu definieren, welche das Wesentlichkeitsmerkmal ggf. nicht erfüllen. Alle nicht berichtspflichtigen Segmente sollen zu einem Sammelsegment zusammengefasst werden (IFRS 8.16). Der IASB gibt darüber hinaus in IFRS 8.19 die Empfehlung, die Anzahl der berichtspflichtigen Segmente auf zehn zu begrenzen, um das Risiko einer Informationsüberflutung zu senken.

Neben allgemeinen Informationen sind detaillierte Informationen zur Ertrags- und Vermögenslage des Segments, Informationen zu den Bewertungsgrundlagen sowie segmentübergreifende Angaben zu liefern.

Beispiel:

Die Segmentinformation betreffen: die Art der Produkte oder Dienstleistungen jedes berichtspflichtigen Segments (allgemeine Informationen), externe und intersegmentäre Erträge (Informationen zur Ertrags- und Vermögenslage des Segments) sowie wichtige Kunden (segmentübergreifende Informationen).

Abbildung 19.12 zeigt beispielhaft das Schema eines Segmentberichts (Müller [§ 264] 23; Freidank [Unternehmensüberwachung] 306; Freidank/Velte [Rechnungslegung] 840).

Informationen	Segment			Sonstige Segmente	Über-leitung	Gesamt
	A	B	C			
Umsatzerlöse · Mit externen Dritten · Intersegment-erlöse						
Ergebnis – Darin enthalten · Abschreibungen · Andere nicht zahlungswirksame Posten · Ergebnis aus Beteiligung						
Vermögen						
Investitionen						
Schulden						

Abbildung 19.12: Mögliche Struktur eines Segmentberichts

19.1.7.6 Anhang (Notes)

Merksatz: Der Anhang bildet einen zentralen Pflichtbestandteil des IFRS-Abschlusses und soll die Vermögens- und Erfolgsrechnung im Hinblick auf das Erfüllen des True and Fair View-Prinzips flankieren.

Die postenspezifischen IFRS-Anhangvorschriften sind im Vergleich zum Handelsrecht deutlich umfangreicher. Dies lässt sich mit der Informationsfunktion des IFRS-Abschlusses erklären, um den Investoren als Primäradressaten einen tieferen Einblick in die wirtschaftliche Lage des Unternehmens zu geben. Postenübergreifend sind im Anhang zunächst detaillierte Informationen zu den Erstellungsgrundlagen des IFRS-Abschlusses und den spezifischen Ansatz- und Bewertungsgrundsätzen aufzunehmen. Des Weiteren sind sämtliche Informationen anzugeben, die für den IFRS-Abschluss gefordert sind, aber nicht bereits in einem anderen Rechnungslegungsinstrument gegeben werden. Schließlich sind nach IAS 1.112 sämtliche Angaben zu tätigen, die zwar nicht explizit durch einen Einzelstandard vorgegeben sind, aber für die Befolgung des True and Fair View-Prinzips unerlässlich sind (Bieg/Kußmaul/Waschbusch [Externes Rechnungswesen] 545).

19.1.7.7 Management Commentary

Merksatz: Im Gegensatz zum Handelsrecht ist in der IFRS-Rechnungslegung **kein lageberichtsähnliches Publizitätsmedium** vorgeschrieben. Deutsche IFRS-Bilanzierer haben daher einen handelsrechtlichen (Konzern-)Lagebericht zu erstellen.

Unternehmen, die in Deutschland einen IFRS-Konzernabschluss erstellen, müssen einen Konzernlagebericht nach § 315 HGB unter Berücksichtigung des Deutschen Rechnungslegungs Standards (DRS) 20 erstellen (Wawrzinek [§ 2] 31). Der IASB empfiehlt jedoch die Erstellung eines Management Commentary, welcher mit dem Lagebericht vergleichbar ist. Das Practice Statement Management Commentary ist ein optional anzuwendendes Rahmenkonzept zur Erstellung und Darstellung eines Zusatzberichts der Unternehmensführung. Er dient der Ergänzung und Erläuterung des IFRS-Abschlusses (Fischer [IFRS Practice Statement] 49 f.). Als Grundsätze werden die Informationsergänzung und -erläuterung, der Management Approach und die zukunftsorientierte Berichterstattung benannt. Themengebiete stellen die Art der Geschäftstätigkeit und die Rahmenbedingungen, die Ziele und Strategien des Managements, wesentliche Ressourcen, Risiken und Beziehungen, das Geschäftsergebnis und die -aussichten sowie kritische Leistungsmaßstäbe und -indikatoren dar (Wawrzinek [§ 2] 36). Die fokussierte Strategieberichterstattung stellt den wesentlichen Unterschied zur Lageberichterstattung nach § 315 HGB i.V.m. DRS 20 dar (Velte/Stiglbauer [Standardsetting] 401). Aufgrund der fehlenden Verpflichtung zur Erstellung eines Management Commentary sind seine Akzeptanz und Vergleichbarkeit aus deutscher Sicht nicht gegeben, zumal auch künftig der Lagebericht nicht durch den Management Commentary ersetzt wird.

19.1.8 Grundlegende bilanzielle Bewertungsbegriffe

19.1.8.1 Bewertungsmaßstäbe

Die IFRS beinhalten kein in sich geschlossenes Bewertungskonzept (Wawrzinek [§ 2] 156). Vielmehr werden vier abstrakte Bewertungsmaßstäbe für Vermögenswerte und Schulden im Rahmenkonzept (vgl. Abbildung 19.13) genannt (Bieg/Hossfeld/Kußmaul/Waschbusch [Handbuch] 86), während die konkreten Bewertungskonzepte (z.B. die Fair-Value-Bewertung nach IFRS 13) in den jeweiligen Einzelstandards zu finden sind (Freidank/Velte/Weber [Bewertungskonzeptionen]).

- Bei einer Bewertung zu historischen Kosten (Anschaffungs- oder Herstellungskosten) werden die betreffenden Vermögenswerte mit dem Betrag angesetzt, der den zum Zeitpunkt ihres Erwerbs zu entrichtenden Zahlungsmitteln oder Zahlungsmitteläquivalenten oder dem beizulegenden Zeitwert einer sonstigen zu ihrem Erwerb hingegebenen Gegenleistung entspricht

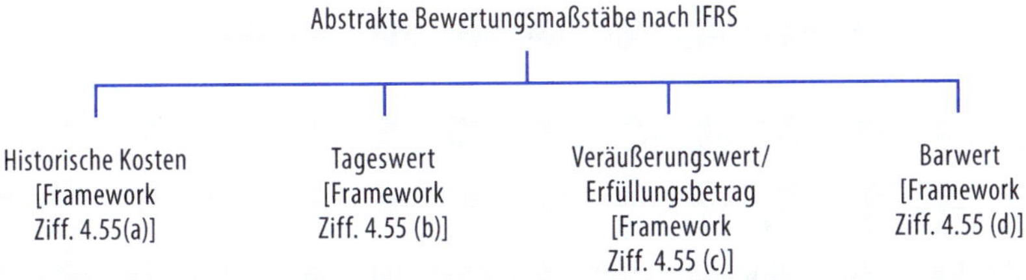

Abbildung 19.13: Abstrakte Bewertungsmaßstäbe nach dem Rahmenkonzept der IFRS

[Ziffer 4.55 (a) des Rahmenkonzepts]. Die historischen Kosten von Schulden werden definiert als der Betrag, den der Abschlussersteller durch das Eingehen der Verpflichtung erhalten oder den er für die Schuldentilgung bei Unterstellung eines normalen Geschäftsgangs ggf. aufzuwenden hat [Ziffer 4.55 (a) des Rahmenkonzepts].

- Bei der Bestimmung von Tageswerten ist derjenige Betrag heranzuziehen, der zum gegenwärtigen Zeitpunkt aufgewendet werden muss, um einen identischen oder vergleichbaren Vermögenswert zu beschaffen [Ziffer 4.55 (b) des Rahmenkonzepts].
- Der Veräußerungswert entspricht der Summe der liquiden oder sonstigen Mittel, die bei einem Verkauf des Vermögenswerts zum gegenwärtigen Zeitpunkt im Rahmen eines ordnungsgemäßen Veräußerungsgeschäfts erzielt werden können [Ziffer 4.55 (c) des Rahmenkonzepts].
- Der Erfüllungsbetrag misst bei Schulden die undiskontierte Summe aller Zahlungsmittel oder Zahlungsmitteläquivalente, die erwartungsgemäß bei Unterstellung eines normalen Geschäftsgangs für die Begleichung der Verpflichtung aufgewendet werden muss [Ziffer 4.55 (c) des Rahmenkonzepts].
- Bei der Bestimmung des Barwertes ist der diskontierte zukünftige Nettomittelzufluss zugrunde zu legen, der bei Unterstellung eines normalen Geschäftsverlaufs voraussichtlich durch den Vermögenswert erzielt wird [Ziffer 4.55 (d) des Rahmenkonzepts]. Schulden werden hiernach entsprechend mit dem Barwert des bei einem normalen Geschäftsverlauf zu erwartenden Nettomittelabflusses bewertet, der zur Begleichung der Verpflichtung notwendig ist.

19.1.8.2 Anschaffungskosten

Vergleichbar zum HGB sind die Anschaffungskosten auch nach den IFRS der zentrale Bewertungsmaßstab für die von Dritten erworbenen Vermögenswerte.

Definition:
Zu den **Anschaffungskosten** gehören neben dem Erwerbspreis die Einfuhrzölle und nicht erstattungsfähige (Erwerbs-)Steuern, Transport- und Verbringungskosten sowie alle sonstigen Kosten (**Anschaffungsnebenkosten**), die sich dem Anschaffungsvorgang direkt zurechnen lassen und dazu dienen, den Vermögenswert in einen **betriebsbereiten Zustand** zu versetzen (IAS 2.10 f.; 16.16 f.). Preisnachlässe sind als Anschaffungskostenminderungen in Abzug zu bringen (IAS 2.11; 16.16; 38.27).

Ferner kann unter bestimmten Bedingungen nach IAS 20 eine Minderung der Anschaffungskosten um staatliche Zuschüsse erfolgen (IAS 16.28; 38.44). Aufwendungen, die im Zusammenhang mit betriebsbereiten oder erworbenen Vermögenswerten anfallen, stellen nachträgliche Anschaffungskosten dar, sofern diese verlässlich bestimmbar und dem Vermögenswert direkt zurechenbar sind (IAS 16.13; 38.68).

Finanzierungskosten sind nach IAS 23 zwingend als Bestandteil der Anschaffungskosten anzusetzen, sofern die Fremdkapitalkosten direkt der Anschaffung eines qualifizierten Vermögenswerts dienen und bei denen das Versetzen in einen betriebs- oder verkaufsbereiten Zustand einen längeren Zeitraum erfordert. Zudem muss ein zukünftiger wirtschaftlicher Nutzen für das Unternehmen wahrscheinlich und der Kostenfaktor zuverlässig kalkulierbar sein (IAS 23.8).

Verwaltungs- und sonstige Gemeinkosten dürfen nicht in die Anschaffungskosten eingerechnet werden, wenn diese nicht dem Erwerbsvorgang oder der Versetzung des Vermögenswerts in seinen betriebsbereiten Zustand zugeordnet werden können (IAS 16.19d; IAS 2.15). Entsprechendes gilt für Anlauf- und Vorproduktionskosten, die aus dem Betrieb eines Vermögenswerts vor Erreichen seiner geplanten Leistung resultieren (IAS 16.19f.). Erwartete Aufwendungen für Abbruch, Rückbau oder Entsorgung eines Vermögenswertes erhöhen deren Anschaffungskosten [IAS 16.16 (c)], soweit eine entsprechende Verpflichtung besteht, für die nach IAS 37 eine Rückstellung zu bilden ist. Abgesehen von der Aktivierung von Abbruch- und Finanzierungskosten bestehen zu den handelsrechtlichen Anschaffungskosten keine wesentlichen Unterschiede.

Abbildung 19.14 fasst wesentliche Komponenten der Anschaffungskosten nach IFRS zusammen.

	Anschaffungspreis (Bruttorechnungsbetrag)
–	Anschaffungspreisminderungen (z. B. Skonti, Rabatte, Boni, ggf. staatliche Zuschüsse, abzugsfähige Vorsteuer)
+	Anschaffungsnebenkosten [z. B. Einfuhrzölle und nicht erstattungsfähige (Erwerbs-)Steuern, Transport- und Verbringungskosten, Abbruch- und Wiederherstellungskosten]
=	Ursprüngliche Anschaffungskosten
+	nachträgliche Anschaffungskosten
+	Fremdkapitalkosten (bei qualifiziertem Vermögenswert)
=	Anschaffungskosten

Abbildung 19.14: Anschaffungskosten nach IFRS

19.1.8.3 Herstellungskosten

Die Herstellungskosten stellen den zentralen Bewertungsmaßstab für unfertige und fertige Erzeugnisse bzw. Leistungen sowie für sonstige selbsterstellte Vermögenswerte dar.

Definition:

Herstellungskosten sind sämtliche Kosten, die in direkter Beziehung zum Produktionsvorgang stehen, sowie sonstige Kosten, die zur Versetzung des Vermögenswerts an seinen gegenwärtigen Ort und Zustand anfallen (IAS 2.10; 16.22; 38.66).

Es erfolgt eine Separierung hinsichtlich der Kostenzurechnung auf die Produkte in Einzel- und Gemeinkosten. Letztere sind zwar nicht direkt, sondern indirekt zurechenbar, stehen aber in einer unmittelbaren Beziehung zur Produktion.

Merksatz: Die IFRS folgen dem **produktionsbezogenen Vollkostenprinzip** (Aktivierung von Material- und Fertigungskosten; keine allgemeinen Verwaltungskosten).

Neben den Material- und Fertigungseinzelkosten sowie Sondereinzelkosten der Fertigung als den der Produktionseinheit direkt zurechenbaren (Einzel-)Kosten müssen auch die auf den Herstellungszeitraum bezogenen Material- und Fertigungsgemeinkosten einbezogen werden (IAS 2.12). Dies setzt voraus, dass die Kosten einen direkten Bezug zur Produktion aufweisen; andernfalls ist keine Berücksichtigung im Rahmen der Herstellungskosten möglich. Die Verteilung der fixen Gemeinkosten erfolgt auf der Basis einer normalen Auslastung der Produktionskapazitäten, während die variablen Gemeinkosten nach der tatsächlichen Kapazitätsauslastung zu bestimmen sind (IAS 2.13). Eine Einbeziehung sonstiger Kosten in die Herstellungskosten ist nur dann möglich, wenn sie angefallen sind, um den Vermögenswert in seinen Endzustand und zu seinem Einsatzort zu bringen.

Die Verwaltungskosten sowie die Kosten für Sozialleistungen, Sozialeinrichtungen und die betriebliche Altersversorgung müssen in einen produktionsbezogenen Teil, für den ein Aktivierungsgebot gilt, und in einen nicht produktionsbezogenen Teil, der außer Ansatz bleibt, differenziert werden (IAS 2.15).

	HGB	IFRS
Material- und Fertigungs-einzelkosten	Pflicht	Pflicht
Sondereinzelkosten der Fertigung	Pflicht	Pflicht
Material- und Fertigungs-gemeinkosten	Pflicht	Pflicht
Werteverzehr des Anlagevermögens	Pflicht	Pflicht
Fremdkapitalzinsen	**Wahlrecht** (unter bestimmten Voraussetzungen)	**Pflicht** (bei qualifiziertem Vermögenswert)
Verwaltungskosten	**Wahlrecht**	**Pflicht** (anteilig)
Aufwendungen für freiwillige soziale Leistungen, für die betriebliche Altersversorgung und für soziale Einrichtungen des Betriebs	**Wahlrecht**	**Pflicht** (anteilig)
Sondereinzelkosten des Vertriebs	Verbot	Verbot
Forschungs- und Vertriebskosten	Verbot	Verbot

Abbildung 19.15: Herstellungskosten nach IFRS im Vergleich zum HGB

Fremdkapitalkosten müssen in die Herstellungskosten einbezogen werden (IAS 2.17 i.V.m. 23.9), wenn sie direkt zur Herstellung eines qualifizierten Vermögenswerts zugerechnet werden können und es wahrscheinlich ist, dass dem Unternehmen aus den Fremdkapitalkosten ein künftiger Nutzen zufließt.

Ein grundsätzliches Ansatzverbot ergibt sich aus IAS 2.16 (a)–(d) vor allem für Vertriebskosten, überhöhte Ausschussmengen sowie überhöhte Arbeits- und sonstige Produktionskosten und Lagerkosten, soweit sie nicht für notwendige Zwischenlager vor einer nachgelagerten Produktionsstufe anfallen.

Merksatz: Sofern langfristige **immaterielle Vermögenswerte** hergestellt werden, sind die auf die **Entwicklungsphase** entfallenden Aufwendungen unter besonderer Berücksichtigung der Ansatzkriterien nach IAS 38 ansatzpflichtig, wobei für **Forschungsaufwendungen** ein Einbeziehungsverbot besteht.

Abbildung 19.15 fasst die Komponenten der Herstellungskosten nach IFRS im Vergleich zum HGB zusammen.

19.1.8.4 Beizulegender Zeitwert (Fair Value)

Der Bewertung von Vermögenswerten und Schulden zum beizulegenden Zeitwert (Fair Value) wird in der IFRS-Rechnungslegung vor dem Hintergrund der Informationsfunktion eine hohe Bedeutung beigemessen (kritisch hierzu Schweitzer [Rechnungsrisiken] 127–149). Der Fair Value ist u.a. relevant für die erfolgsneutrale Neubewertung von Sachanlagen (IAS 16), von immateriellen Vermögenswerten (IAS 38), sowie die Bewertung von Financial Instruments (IFRS 9), von als Finanzinvestition gehaltenen Immobilien (IAS 40) und biologischen Vermögenswerten (IAS 41). Der Fair Value lässt sich als Konglomerat der im IFRS-Rahmenkonzept aufgeführten abstrakten Bewertungsmaßstäbe (Barwert, Tageswert, Veräußerungswert) interpretieren (Jacobi [bilanztheoretischer Grundlagen] 122). Der Charakter des Fair Value bestimmt sich nach dem jeweiligen Sachverhalt. Insbesondere bei der Folgebewertung stellt der erzielbare Betrag, welcher als höherer Betrag aus dem Nutzungswert und dem beizulegendem Zeitwert abzüglich Veräußerungskosten definiert ist, als Vergleichsmaßstab zum Buchwert eine Ausprägung der Rechnungslegung zum Zeitwert dar.

Eine einheitliche definitorische Abgrenzung und Ableitungskonzeption liegt mit IFRS 13 vor (Wawrzinek [§ 2] 233–270). Im Zuge einer sog. Fair-Value-Hierarchie soll der Fair Value einheitlich aus einer Marktperspektive heraus geschätzt werden.

Definition:
Der **Fair Value** stellt den (fiktiven) Preis dar, welcher im Rahmen eines geordneten Geschäftsvorfalls unter Marktteilnehmern zum Bewertungszeitpunkt beim Verkauf eines Vermögenswerts erzielt werden würde oder der bei einer Schuldübertragung zu leisten wäre (IFRS 13.9).

Der Fair Value ist demgemäß als Markt- oder Verkehrswert in Gestalt eines Verkaufspreises zu konkretisieren, wobei eine hypothetische Transaktion angenommen wird. Das Fair-Value-Konzept stellt dabei auf idealtypische Marktteilnehmer ab, die unabhängig sind, über ein hinreichendes Wissen bzw. Informationen verfügen sowie willens und in der Lage sind, die Transaktion einzugehen, d.h. nicht gezwungenermaßen handeln (Notverkauf).

Abbildung 19.16 gibt einen Überblick über die Fair Value-Hierarchie nach IFRS 13 (Bieg/Hossfeld/Kußmaul/Waschbusch [Handbuch] 90).

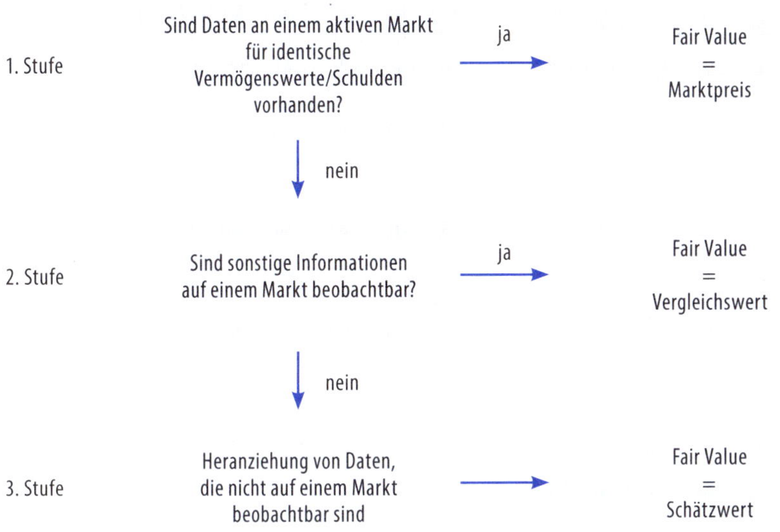

Abbildung 19.16: Fair-Value-Hierarchie nach IFRS 13

Die erste Stufe (mark to market) beinhaltet nach IFRS 13.76 Preise, die an einem aktiven und für das Unternehmen am Bewertungsstichtag zugänglichen Markt für mit dem Bewertungsgegenstand identische Vermögenswerte oder Schulden vorliegen (z.B. Aktienkurse). Es handelt sich hierbei um die verlässlichste Form der Fair Value-Ermittlung, welche bei zahlreichen Vermögenswerten mangels aktivem Markt nicht möglich ist (Velte [Intangible Assets und Goodwill] 285). In diesen Fällen muss auf die nachfolgenden Stufen zurückgegriffen werden, wobei der Übergang von einer Stufe zur nächsten mit einer geringeren Verlässlichkeit einhergeht.

Auf der zweiten Stufe sind als Inputfaktoren für die Bewertung alle sonstigen Marktinformationen heranzuziehen, die auf einem Markt (direkt oder indirekt) beobachtbar sind (IFRS 13.81). Dabei kann es sich primär um Preise für ähnliche Vermögenswerte oder Schulden handeln (IFRS 13.82).

Für viele der zum Fair Value bewerteten Abschlussposten wird mangels Marktnähe ein Rückgriff auf die dritte Stufe (mark to model) erforderlich sein. Hierunter fallen alle auf einem Markt nicht beobachtbaren Bewertungsfaktoren, welche z.B. im Rahmen einer Unternehmensbewertung Verwendung finden (IFRS 13.86). In der betrieblichen Praxis sind dies u.a. die Ertragswertmethode und die Discounted-Cashflow-Verfahren. Sofern der Fair Value auf den Stufen 1 bis 3 nicht verlässlich zu ermitteln ist, werden je nach Bilanzposten nach den Einzelstandards ersatzweise die (fortgeführten) Anschaffungs- oder Herstellungskosten herangezogen (z.B. nach IAS 38.75).

Einführende Literaturhinweise zum Abschnitt 19.1

Die vollständigen Literaturangaben finden Sie im Downloadbereich.

Freidank, C.-C./Velte, P.: [Rechnungslegung] und Rechnungslegungspolitik. Eine Einführung nach Handels- und Steuerrecht sowie nach IFRS bei Einzelunternehmen, Personenhandels- und Kapitalgesellschaften. 2. Aufl., München 2013.

Haaker, A.: [Eindeutigkeit] des Begriffs „Internationale Rechnungslegung"? (Contra). In: Praxis der internationalen Rechnungslegung 2012 (8), S. 361.

Pellens, B./Fülbier, R.U./Gassen, J./Sellhorn, T.: [Internationale Rechnungslegung]. IFRS 1 bis 9, IAS 1 bis 41.IFRIC-Interpretationen. Standardentwürfe. 8. Aufl., Stuttgart 2011.

Zülch, H./Güth, S.: Die neue [Satzung] der IASCF (IASCF-Constitution Review). Implikationen für den Standardsetzungsprozess und die künftige Ausrichtung der IFRS. In: Zeitschrift für internationale und kapitalmarktorientierte Rechnungslegung 2010 (10), S. 177-182.

19.2 Grundlagen der internationalen Rechnungslegung auf Einzelabschlussebene

19.2.1 Anzuwendende Vorschriften

Abbildung 19.17 gibt einen Überblick über die derzeit gültigen IFRS bzw. IAS (Stand 01. 01. 2014), wobei die konzernspezifischen Standards nicht aufgelistet sind (siehe hierzu Abschnitt 3.1). Die einzelnen IFRS befassen sich mit bestimmten Bilanzposten bzw. Themen und folgen einer chronologischen Anordnung.

19.2.2 Bilanzierung von Vermögenswerten

19.2.2.1 Begriff des Vermögenswerts

Hinsichtlich der Aktivierungsfähigkeit von Vermögenswerten müssen zunächst die in Ziffer 4.4 des Rahmenkonzepts kodifizierten Ansatzvoraussetzungen erfüllt werden. Dem schließen sich die konkreten Aktivierungskriterien in den Einzelstandards, wie etwa dem IAS 38 (immaterieller Vermögenswert), an (Freidank/Velte/Weber [Aktivierungskonzeptionen] 1107; Freidank/Velte/Weber [Ansatzkonzeptionen]).

Definition:

Die **abstrakte Aktivierungsfähigkeit** (Liegt ein Vermögenswert vor?) setzt voraus, dass die betreffende Ressource sich in der **Verfügungsmacht** des Unternehmens befindet, das Ergebnis **vergangener Ereignisse** ist und aus dieser ein erwarteter **zukünftiger Nutzenzufluss** resultiert. Darüber hinaus müssen für die **konkrete Aktivierungsfähigkeit** ein **wahrscheinlicher** zukünftiger Nutzenzufluss gegeben sowie eine **verlässliche Ermittlung** der Anschaffungs- und Herstellungskosten möglich sein (allgemeine Ansatzkriterien).

Die Verfügungsmacht über einen Vermögenswert impliziert den Ausschluss Dritter von zukünftigen wirtschaftlichen Vorteilen des Vermögens (Heidemann

Standard	Themenbereich
IAS 1	Darstellung des Abschlusses
IAS 2	Vorräte
IAS 7	Kapitalflussrechnungen
IAS 8	Rechnungslegungsmethoden, Änderungen von rechnungslegungsbezogenen Schätzungen und Fehler
IAS 10	Ereignisse nach der Berichtsperiode
IAS 11	Fertigungsaufträge
IAS 12	Ertragsteuern
IAS 16	Sachanlagen
IAS 17	Leasingverhältnisse
IAS 18	Umsatzerlöse
IAS 19	Leistungen an Arbeitnehmer
IAS 20	Bilanzierung und Darstellung von Zuwendungen der öffentlichen Hand
IAS 21	Auswirkungen von Wechselkursänderungen
IAS 23	Fremdkapitalkosten
IAS 24	Angaben über Beziehungen zu nahestehenden Unternehmen und Personen
IAS 26	Bilanzierung und Berichterstattung von Altersversorgungsplänen
IAS 27	Einzelabschlüsse
IAS 29	Rechnungslegung in Hochinflationsländern
IAS 32	Finanzinstrumente: Darstellung
IAS 33	Ergebnis je Aktie
IAS 34	Zwischenberichterstattung
IAS 36	Wertminderung von Vermögenswerten
IAS 37	Rückstellungen, Eventualverbindlichkeiten und Eventualforderungen
IAS 38	Immaterielle Vermögenswerte
IAS 39	Finanzinstrumente: Ansatz und Bewertung
IAS 40	Als Finanzinvestition gehaltene Immobilien
IAS 41	Landwirtschaft
IFRS 1	Erstmalige Anwendung der IFRS
IFRS 2	Anteilsbasierte Vergütung
IFRS 3	Unternehmenszusammenschlüsse
IFRS 5	Zur Veräußerung gehaltene langfristige Vermögenswerte und aufgegebene Geschäftsbereiche
IFRS 6	Exploration und Evaluierung von Bodenschätzen
IFRS 7	Finanzinstrumente: Angaben
IFRS 8	Geschäftssegmente
IFRS 9	Finanzinstrumente
IFRS 11	Gemeinschaftliche Vereinbarungen
IFRS 12	Angaben zu Anteilen an anderen Unternehmen
IFRS 13	Bewertung zum beizulegenden Zeitwert

Abbildung 19.17: Überblick über die derzeit gültigen IAS/IFRS

[Kaufpreisallokation] 79). Diese muss auf juristisch durchsetzbaren oder faktischen (Kontroll-)Rechten begründet sein. Zudem steht nach Ziffer 4.12 des Rahmenkonzepts die wirtschaftliche Zurechnung im Vordergrund (Substance over Form).

Das Substance over Form-Prinzip besitzt eine zentrale Bedeutung bei der bilanziellen Behandlung von Leasing-Transaktionen beim Leasingnehmer und -geber. Während nach IAS 17 bislang eine Unterscheidung in ein Finanzierungs- und Operate-Leasing nach dem Risk and Reward Approach vorgenommen wird, sehen die Reformpläne des IASB den Right of Use-Approach und mithin den grundsätzlichen Zwang zur Bilanzerfassung beim Leasinggeber und -nehmer vor (Freidank/Velte [Bilanzierung von Leasingverhältnissen] 79).

Die Beschränkung auf Ereignisse der Vergangenheit (Ziffer 4.13 des Rahmenkonzepts) verdeutlicht, dass die Nutzenstiftung nicht nur auf finanzwirtschaftlichen Erwartungen beruht, sondern durch bereits stattgefundene Vorgänge oder Ereignisse objektiviert wird (Wawrzinek [§ 2] 123). Der zukünftige Nutzenzufluss knüpft an die bis zum Bilanzstichtag vorzunehmende Herstellung oder den Erwerb der Vermögensposition an. Dabei muss dieser Vorgang tatsächlich durchgeführt worden sein, eine bloße Absicht eines Erwerbs ist nicht ausreichend.

Ein erwarteter künftiger Nutzenzufluss bedingt, dass der Vermögenswert nach Ziffer 4.8 des Rahmenkonzepts (in)direkt zum Zufluss von Zahlungsmitteln bzw. Zahlungsmitteläquivalenten beitragen (Einnahmenerzielung) oder wenigstens deren Abfluss verhindern könnte (Ausgabenersparnis).

Die Generierung künftiger Cash Flows knüpft an die übergeordnete Zielsetzung nach IAS 1.9 an, den Adressaten entscheidungsnützliche Informationen über zukünftige Zahlungsströme zur Verfügung zu stellen, um die nachhaltige künftige Ertragskraft des Unternehmens zu beurteilen. Eine selbstständige Verwertbarkeit der Vermögensgüter wird im Gegensatz zum HGB nicht gefordert.

Hinsichtlich der Wahrscheinlichkeit des Nutzenzuflusses erfolgt in Ziffer 4.38 (a) des Rahmenkonzepts keine Konkretisierung. Es wird vielmehr eine sachverhaltsabhängige Festlegung der Wahrscheinlichkeitsgrenze unterstellt, wobei eine maximale Wahrscheinlichkeit von 100% nicht erforderlich ist. Gebräuchlich ist vielmehr die sog. „50 % + x"-Klausel im Sinne von IAS 37.23.

Die verlässliche Ermittelbarkeit der Kosten knüpft an die geforderte glaubwürdige Darstellung als Grundsatz an. Dies impliziert nach Ziffer 86 des Rahmenkonzepts eine objektivierbare und von Dritten nachprüfbare Schätzung derjenigen Kosten, die für den Vermögenswert notwendig sind, wobei die Verwendung von Schätzgrößen möglich ist. Sofern dieser Grundsatz nicht erfüllt wird, gleichzeitig jedoch von einer wesentlichen Bedeutung des betreffenden Geschäftsvorfalls für die wirtschaftliche Lage des Unternehmens auszugehen ist, bedarf es nach Ziffer 88 des Rahmenkonzepts einer Angabe im Anhang.

Merksatz: Im IFRS-Regelwerk bestehen zwar **keine expliziten Ansatzwahlrechte**, das Ausmaß der **impliziten Wahlrechte** ist jedoch erheblich.

Die Zielsetzung einer entscheidungsnützlichen Informationsbereitstellung korrespondiert vielmehr mit einem möglichst vollständigen Bilanzausweis (Ziffer QC 12 f. des Rahmenkonzepts). Dieses Vollständigkeitsgebot fordert ein grundsätzliches Ansatzgebot für sämtliche Vermögenswerte, welche die abstrakte Aktivierungsfähigkeit erfüllen und im Falle von immateriellen Vermögenswerten vom derivativen Geschäfts- oder Firmenwert unterschieden werden können (Identifizierbarkeit nach IAS 38.11). Identifizierbarkeit bedeutet, dass der Vermögenswert entweder separierbar oder auf vertraglichen oder gesetzlichen Rechten beruhen muss (IAS 38.12). Das Kriterium der Separierbarkei beinhaltet die Möglichkeit einer externen Verwertbarkeit, welche auch in Kombination mit anderen Vermögenswerten stattfinden kann.

Durch den weit gefassten Vermögenswertbegriff werden nach IFRS die handelsrechtlichen Rechnungsabgrenzungsposten sowie Sonderposten eigener Art (aktive latente Steuern; IAS 12.24) eingeschlossen. Eine Ausnahme hiervon betrifft allerdings die bilanzielle Berücksichtigung eines Disagios gemäß IAS 18.30 (a).

Des Weiteren ist darauf hinzuweisen, dass das IFRS-Regelwerk kein generelles Aktivierungsverbot oder -wahlrecht für langfristige selbst erstellte immaterielle Vermögenswerte vorsieht. Dies zeigt sich u.a. an dem bedingten Ansatzgebot für Entwicklungsaufwendungen, sofern die in IAS 38.57 (a)–(f) benannten Voraussetzungen kumulativ erfüllt sind. Die zahlreichen in IAS 38 aufgeführten Bilanzierungsverbote schränken die Aktivierungsfähigkeit von selbst erstellten immateriellen Anlagegütern jedoch erheblich ein.

Abbildung 19.18 fasst die Kriterien für eine Aktivierungsfähigkeit von Vermögenspositionen nach IFRS im Vergleich zum Handelsrecht zusammen (Freidank/Velte [Aktivierungskonzeptionen] 1115).

	HGB	IFRS
abstrakt	selbstständige Verwertbarkeit (Veräußerung, entgeltliche Nutzungsüberlassung)	– Verfügungsmacht des Unternehmens – Ergebnis vergangener Ereignisse – erwarteter und wahrscheinlicher künftiger Nutzenzufluss – verlässliche Ermittelbarkeit der Anschaffungs-/Herstellungskosten
konkret	– Aktivierungsverbote (§ 248 Abs. 1 Nr. 1–3, Abs. 2 Satz 2 HGB) – Aktivierungsgebote (§ 246 Abs. 1, § 250 Abs. 1 HGB) – Aktivierungswahlrechte (§ 250 Abs. 3, § 248 Abs. 2 Satz 1, § 274 Abs. 1 Satz 2 HGB)	– Aktivierungsverbote (u. a. IAS 38.48, 38.54, 38.69) – Aktivierungsgebote (u. a. IAS 38.12, 38.57) – keine Aktivierungswahlrechte

Abbildung 19.18: Aktivierungsfähigkeit nach IFRS im Vergleich zum HGB

19.2.2.2 Anlagevermögen

Sachanlagen

Definition:

Sachanlagen sind materielle Vermögenswerte, die (dauerhaft) für Zwecke der Herstellung oder Lieferung von Gütern und Dienstleistungen, zur Vermietung an Dritte oder für Verwaltungszwecke gehalten werden und die erwartungsgemäß länger als eine Periode genutzt werden (IAS 16.6).

Die Erstbewertung von Sachanlagen erfolgt zu Anschaffungs- und Herstellungskosten.

Nach IAS 16.13 i.V.m. 16.43 ist bei der Bewertung von Sachanlagen eine Aufteilung in die einzelnen Komponenten (Komponentenansatz) erforderlich, sofern der Vermögenswert aus Komponenten mit unterschiedlichen Nutzungsdauern besteht, die regelmäßig und ggf. mehrmals während der Gesamtnutzungsdauer eines Vermögenswerts ausgetauscht werden und jede Komponente einen signifikanten Teil der Anschaffungs- oder Herstellungskosten ausmacht.

Beispiel:

Der regelmäßige Austausch der Triebwerke bei einem Flugzeug stellt ein Musterbeispiel für die Anwendung des Komponentenansatzes dar.

Die Aufteilung in Komponenten dient allein der Bemessung von unterschiedlichen Nutzungsdauern für die planmäßige Abschreibung und erfolgt in einer Nebenrechnung zur Bilanz, in welcher der betreffende Vermögenswert als Ganzes ausgewiesen wird.

Merksatz: Sachanlagen können – bei Existenz eines aktiven Marktes gilt dies auch analog für immaterielle Vermögenswerte – im Rahmen der Folgewertung entweder nach dem **Anschaffungs- oder Herstellungskostenmodell** oder zum **beizulegenden Zeitwert** bewertet werden (Neubewertungsmethode).

Das Anschaffungs- oder Herstellungskostenmodell umfasst die zum Erwerbs- bzw. Herstellungsvorgang aktivierten Kosten abzüglich der im Zeitablauf verrechneten planmäßigen und außerplanmäßigen Abschreibungen. Im Rahmen der planmäßigen Abschreibung des Sachanlagevermögens kommen gemäß IAS 16.62 die lineare, geometrisch-degressive und leistungsabhängige Abschreibung sowie Kombinationsformen in Betracht, sofern diese den tatsächlichen Nutzungsverlauf wiedergeben (IAS 16.60). Hierbei ist ggf. ein Restwert zu berücksichtigen. Standardisierte Nutzungsdauern für einzelne Vermögenswerte sind nicht vorgesehen. Vielmehr muss unter Berücksichtigung der voraussichtlichen Nutzung, des physischen Verschleißes, technischer Überholung und rechtlicher oder ähnlicher Nutzungsbeschränkungen die Abschreibungsdauer individuell geschätzt werden (IAS 16.56). Die gewählte Abschreibungsmethode sowie die unterstellte Nutzungsdauer sind jährlich an ggf. eintretende Veränderungen anzupassen (IAS 16.61; 16.51; 38.104).

Definition:

Die **Neubewertungsmethode** beinhaltet die Bewertung zum beizulegenden Zeitwert zum Stichtag abzüglich nachfolgender kumulierter planmäßiger Abschreibungen und eventuell entstandener außerplanmäßiger Wertminderungen.

Merksatz: Die Neubewertung des Sachanlagevermögens führt zur **erfolgsneutralen** Erfassung einer positiven Wertdifferenz zwischen dem beizulegenden Zeitwert und dem Buchwert im **sonstigen Ergebnis (OCI)** bzw. in einer **Neubewertungsrücklage**, vorausgesetzt, es ist in der Vergangenheit kein Neubewertungsverlust erfolgswirksam verrechnet worden (IAS 16.39).

Sofern der beizulegende Zeitwert geringer als der Buchwert ausfällt, ist eine erfolgswirksame Erfassung des Differenzbetrages erforderlich, es sei denn, in den Vorperioden wurde ein positiver Neubewertungsbetrag erfolgsneutral verrechnet.

Die Neubewertung wird in Abbildung 19.19 illustriert (Pellens/Fülbier/Gassen/Sellhorn [Internationale Rechnungslegung] 352).

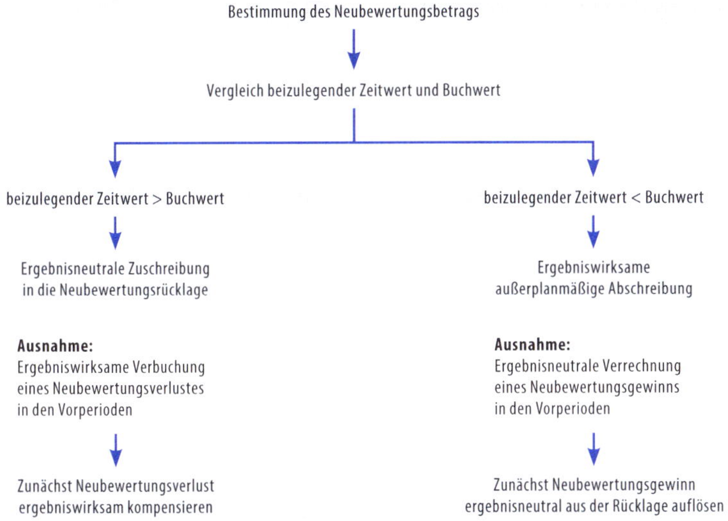

Abbildung 19.19: Ermittlung des Neubewertungsbetrags nach IFRS

Gemäß IAS 36.9 besteht eine grundsätzliche Verpflichtung, an jedem Bewertungsstichtag zu überprüfen, ob Anzeichen für eine Wertminderung vorliegen. Dabei lassen sich die in Abbildung 19.20 aufgeführten unternehmensexternen und -internen Wertminderungsindikatoren unterscheiden. Die Indikatoren stellen das Minimum dar, welches bei der Prüfung der Werthaltigkeit heranzuziehen ist [IAS 36.12 (a)–(g)].

Unternehmensexterne Anzeichen	Unternehmensinterne Anzeichen
wesentlicher Rückgang des Marktwerts eines Vermögenswerts	substanzielle Hinweise für eine Überalterung oder einen physischen Schaden des Vermögenswerts
wesentliche nachteilige Veränderungen des technischen, marktbezogenen, ökonomischen oder rechtlichen Umfelds, dem sich das Unternehmen oder der Vermögenswert zuordnen lässt	wesentliche nachteilige Veränderungen in Ausmaß oder Art der Nutzung eines Vermögenswerts (einschließlich der Änderung der Nutzungsdauer eines immateriellen Vermögenswerts von unbestimmter Nutzungsdauer auf endliche Nutzungsdauer)
Erhöhung des Marktzinses oder anderer Marktrenditen, die dazu dienen, den Nutzungswert des Vermögenswerts zu beeinflussen	substanzielle Hinweise aus dem internen Berichtswesen für eine schlechtere ökonomische Leistung des Vermögenswerts als ursprünglich erwartet
der Buchwert der Vermögenswerte des Bericht erstattenden Unternehmens übersteigt seine Marktkapitalisierung	

Abbildung 19.20: Wertminderungsindikatoren nach IAS 36

Liegen entsprechende Indikatoren für eine Wertminderung vor, muss ein Wertminderungstest durchgeführt werden (IAS 36.9). Eine außerplanmäßige Abschreibung ist vorzunehmen, falls der erzielbare Betrag geringer als der Buchwert des betreffenden Vermögenswertes ist.

Merksatz: Die **Höhe der außerplanmäßigen Abschreibung** stellt die Differenz zwischen **Buchwert** und **erzielbarem Betrag** dar.

Definition:
Der **erzielbare Betrag** resultiert aus dem höheren Betrag des beizulegenden Zeitwertes abzüglich Veräußerungskosten und dem Wert aus der fortgesetzten Nutzung des Vermögenswerts (IAS 36.6; **Abbildung 19.21**).

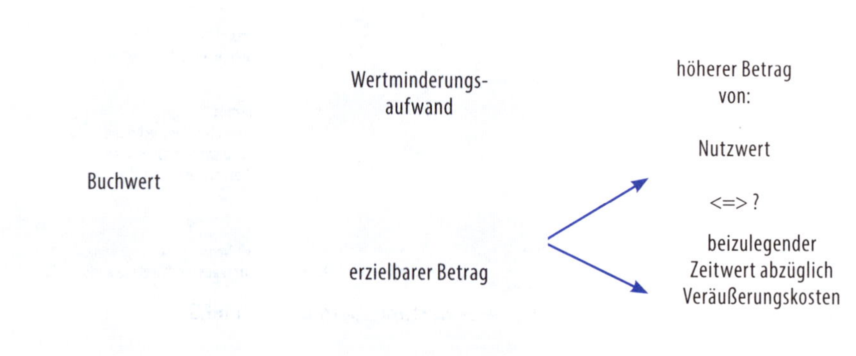

Abbildung 19.21: Vergleichsgrößen beim Wertminderungstest nach IAS 36

Definition:
Der **beizulegende Zeitwert abzüglich Veräußerungskosten** entspricht dem Betrag, welcher bei einem Verkauf des betreffenden Vermögenswerts nach Abzug der Verkaufskosten erzielt werden könnte (IAS 36.6).

Hierbei wird angenommen, dass die Veräußerung unter marktüblichen Bedingungen zwischen sachverständigen und vertragswilligen Geschäftspartnern zustande kommt. Zur Ermittlung des beizulegenden Zeitwertes lässt sich die bereits dargelegte Fair Value-Hierarchie (siehe Abschnitt 1.8.4) heranziehen (IAS 36.6 i.V.m. IFRS 13.76–86).

Definition:
Der **Nutzungswert** ist der Barwert der künftigen Cash Flows, der durch die fortlaufende Nutzung des Vermögenswerts im Unternehmen erwartet wird (IAS 36.6).

Bei der Ermittlung des Nutzungswerts sind neben den erwarteten Cash Flows auch Prognosen im Hinblick auf die Veränderungen dieser Cash Flows, der Zeitwert des Geldes in Form eines risikolosen Zinssatzes und der Preis für die dem Vermögenswert innewohnende Unsicherheit sowie sonstige Faktoren, die Marktteilnehmer in ihre Überlegungen einbeziehen würden, zu berücksichtigen (IAS 36.30).

Das Unternehmen hat an jedem Bewertungsstichtag nach IAS 36.110 zu beurteilen, ob diejenigen Umstände, die ursprünglich zur Erfassung eines Wertminderungsaufwandes geführt haben, nicht länger fortbestehen. Soweit der Grund für die Wertminderung entfallen ist, ist eine Zuschreibung des Buchwerts auf den erzielbaren Betrag vorzunehmen (IAS 36.104). Die Wertobergrenze der Wertaufholung stellt derjenige Betrag dar, welcher sich bei Vornahme planmäßiger Abschreibungen ohne zwischenzeitliche Abwertung ergeben hätte (IAS 36.117). Hinsichtlich der Ergebniswirksamkeit einer Wertaufholung gelten die Regelungen für die Wertminderung analog, d.h. die Wertaufholung wird für alle Vermögenswerte, die nicht zu Neubewertungsbeträgen bilanziert werden, sofort ertragswirksam vorgenommen. Der Abschreibungsplan ist für die Restnutzungsdauer des Vermögenswerts an den Buchwert nach Wertaufholung anzupassen (IAS 36.121).

Soweit einzelne Vermögenswerte nur im Verbund mit anderen Vermögenswerten Einzahlungen generieren können, findet dementsprechend der Wertminderungstest auf Ebene einer sog. zahlungsmittelgenerierenden Einheit [Cash Generating Unit (CGU)] statt, welche neben zahlreichen Sachanlagen ggf. auch immaterielle Vermögenswerte und einen derivativen Goodwill beinhalten kann.

Immaterielle Vermögenswerte

Definition:
Immaterielle Vermögenswerte sind langfristige Vermögenswerte, die im Gegensatz zu Sachanlagen (IAS 16) keine oder nur eine unwesentliche physische Substanz aufweisen (IAS 38.8 und IAS 38.4).

Beispiel:

Ein Musterbeispiel für die Anwendung von IAS 38 stellt ein auf eine „materielle" CD gebranntes „immaterielles" PC-Programm dar. Umgekehrt fällt eine Maschine trotz integrierter Steuerungssoftware im Normalfall als Sachanlage in den Anwendungsbereich des IAS 16.

Der Ansatz eines immateriellen Vermögenswerts setzt die Identifizierbarkeit voraus, welche bei Separierbarkeit (d.h. bei bilanzieller „Greifbarkeit" im Sinne der Möglichkeit einer vom Unternehmen getrennten Verwertung) oder dem Vorliegen eines Rechtsanspruchs erfüllt ist (Schruff/Haaker [Immaterielle Werte] 57). Die Bewertung von entgeltlich erworbenen immateriellen Vermögenswerten erfolgt weitgehend analog zu den Sachanlagen nach IAS 16. Als Besonderheiten des IAS 38 ist zu nennen:

- Die Anwendung der Neubewertungsmethode setzt das Vorhandensein eines aktives Marktes voraus (IAS 38.75). Da dieser nur vorliegt, wenn homogene Güter auf einem preistransparenten und liquiden Markt gehandelt werden, kommt eine Neubewertung nur etwa für Taxi- und Fischereilizenzen in Betracht. Patente u.a. immaterielle Werte sind gerade durch ihre Individualität gekennzeichnet und keinesfalls homogen (Schruff/Haaker [Immaterielle Werte] 61 f.).

▷ Bei immateriellen Vermögenswerten stellt eine lineare Abschreibung den Regelfall dar, während die Anwendung sonstiger Abschreibungsverfahren nach IAS 38.98 nur ausnahmsweise angewendet werden kann. Die zugrunde gelegte Abschreibungsdauer darf hierbei die Dauer eines Rechtsanspruches nicht überschreiten (IAS 38.94). Zudem ist im Normalfall ein Restwert von Null zu unterstellen (IAS 38.100).

- Soweit immaterielle Vermögenswerte über eine unbestimmbare Nutzungsdauer verfügen, hat eine planmäßige Abschreibung zu unterbleiben (IAS 38.88). Stattdessen ist ein jährlicher Wertminderungstest unabhängig vom Vorliegen eines Wertminderungsindikators obligatorisch durchzuführen (IAS 38.108).

Selbst erstellte immaterielle Anlagegüter unterliegen zusätzlichen Ansatzbedingungen, für deren Überprüfung eine besondere Behandlung im Rechnungswesen erforderlich ist: Zunächst muss der Erstellungsprozess eines immateriellen Vermögenswerts (idealtypisch) in eine Forschungs- und Entwicklungsphase unterteilt werden (IAS 38.52). Während in der Forschungsphase nach generellen Möglichkeiten der Anwendung einer „Idee" gesucht wird, zielt die anschließende Entwicklung auf eine konkrete Verwertung von Forschungsergebnissen und anderem Wissen ab. Nur die im Rahmen der Entwicklungsphase anfallenden Herstellungskosten sind potentiell zu aktivieren (IAS 38.57). Alle der Forschungsphase zuzurechnenden Beträge sind hingegen aufwandswirksam zu erfassen (IAS 38.54).

Merksatz: Ist eine **verlässliche** Abgrenzung der Entwicklungs- von der Forschungsphase nicht möglich, sind **sämtliche Herstellungskosten ergebnismindernd** zu verbuchen (IAS 38.53).

Die in der Entwicklungsphase anfallenden Kosten sind trotz Vorliegen der allgemeinen Ansatzkriterien nur aktivierungsfähig, soweit weitergehende spezielle Ansatzkriterien nachgewiesen werden (IAS 38.57(a)–(f)). Diese beinhalten den Nachweis der Fähigkeit und der Absicht einer Verwertung. Alle vor dem Zeitpunkt des Nachweises dieser Kriterien angefallenen Entwicklungskosten sind als Aufwand zu berücksichtigen und dürfen nicht nachaktiviert werden (IAS 38.71). Zudem sind die expliziten Aktivierungsverbote zu beachten.

Beispiel:

„Goodwill-nahe" selbstentwickelte immaterielle Vermögenswerte, z. B. Markennamen **oder** Kundenlisten, **unterliegen einem generellen** Aktivierungsverbot **(IAS 38.63).**

Geschäfts- oder Firmenwert (Goodwill)

Merksatz: Während für einen **selbst erstellten (originären) Geschäfts- oder Firmenwert (Goodwill)** ein Aktivierungsverbot besteht (IAS 38.48), unterliegt ein **derivativ erworbener Goodwill** einem Aktivierungsgebot.

Definition:

Der derivative Geschäfts- oder Firmenwert stellt im Rahmen eines Unternehmenserwerbs die Differenz zwischen der **erbrachten Gegenleistung** und dem **Fair Value des übernommenen Nettovermögens** dar.

Dabei sieht IFRS 3.19 ein Wahlrecht zwischen einer Aktivierung des beteiligungsproportionalen Goodwill, der auf den Mehrheitsgesellschafter eines Tochterunternehmens entfällt, und dem sog. Full Goodwill vor, welcher auf die

Mehrheits- und Minderheitengesellschafter zugerechnet wird (Haaker [Zweckadäquanz] 130-135; zum Goodwill auf Konzernebene Abschnitt 3.7.1).

Beispiel:

Im Rahmen eines 80-prozentigen Anteilserwerbs wird zu einem Kaufpreis von 880 GE (Geldeinheiten) ein identifizierbares Nettovermögen von 800 GE erworben. Somit ergibt sich ein beteiligungsproportionaler Goodwill von 80 GE (= 880-800). Bei Wahl der Full Goodwill-Methode müsste unter Vernachlässigung von Kontrollvorteilen eine Hochrechung um den Minderheiten-Goodwill von 20 GE (= 80/0,8) auf 100 GE (= 80/0,8) erfolgen.

Der derivative Goodwill wird nach IFRS 3.54 als abnutzbarer Vermögenswert angesehen und ist daher nur außerplanmäßig abzuschreiben (Impairment-Only-Approach) (Freidank/Velte [Bilanzrechtsmodernisierungsgesetzes] 93). Dieser ist mindestens einmal im Jahr einem Werthaltigkeitstest nach IAS 36 zu unterziehen (Pottgießer/Velte/Weber [Impairment-Only-Approach] 1748). Zur Vermeidung einer Nachaktivierung eines originären Goodwill besteht nach IAS 36.114 ein Zuschreibungsverbot.

Definition:

Ein negativer Goodwill kann sich bei negativen Zukunftsaussichten oder bei einem günstigen Unternehmenserwerb einstellen, sodass der Kaufpreis geringer als der Fair Value des Nettovermögens ist.

Merksatz: **Ein negativer Goodwill muss nach einer erneuten Überprüfung und Anpassung aller Wertansätze der übernommenen Vermögenswerte und Schuldpositionen ertragswirksam erfasst werden (IFRS 3.34 und 36).**

Somit wird unterstellt, dass vom Erwerber mindestens der Fair Value des Nettovermögens realisiert werden kann. Der IASB ist somit der Auffassung, dass Erwartungen von zukünftigen Verlusten und Aufwendungen (Badwill) keine Ursache für einen negativen Unterschiedsbetrag darstellen; vielmehr erfolgt die Interpretation als Lucky Buy (Velte [Negative Geschäfts- oder Firmenwerte] 396).

Im Rahmen des Wertminderungstests ist nach IAS 36.66 eine Durchbrechung des Einzelbewertungsgrundsatzes erforderlich, wenn eine verlässliche Bestimmung des erzielbaren Betrags für einen einzelnen Vermögenswert nicht möglich ist. Dies gilt insbesondere für den derivativen Goodwill, da dieser als Residualgröße keiner Einzelbewertung zugänglich ist (Haaker [Goodwill-Bilanzierung]). Daher ist der Wertminderungstest des Goodwill auf Ebene einer oder mehrerer zahlungsmittelgenerierenden(r) Einheit(en) (CGU) vorzunehmen (sog. Goodwill-tragende CGU).

Definition:

Eine CGU ist die kleinstmögliche Gruppe von Vermögenswerten innerhalb eines Unternehmens, die (weitgehend) unabhängig von anderen Vermögenswerten Cash Flows generieren kann (Haaker [Goodwill-Bilanzierung] 434–437).

Der Zeitpunkt des obligatorischen Impairment Tests jeder CGU, die einen Geschäfts- oder Firmenwert enthält, ist während des Geschäftsjahres frei wählbar, muss aber für jede CGU jährlich zum gleichen Zeitpunkt erfolgen (IAS 36.96).

Soweit der erzielbare Betrag den Buchwert des Eigenkapitals unterschreitet, liegt die Notwendigkeit zur Vornahme einer außerplanmäßigen Abschreibung vor. Ferner muss zusätzlich ein unterjähriger Test vorgenommen werden, wenn gemäß IFRS 3.55 i.V.m. IAS 36.10 konkrete Anhaltspunkte für eine Wertminderung bestehen. Der Goodwill ist auf diejenigen CGUs zu verteilen, die erwartungsgemäß von den Synergieeffekten eines Unternehmenszusammenschlusses in Form von Cash Flows profitieren werden und deren Cash Flows weitgehend unabhängig von denen anderer Vermögenswerte sind. Als Höchstgrenze wird bei der Bildung von CGUs gefordert, dass diese die Größe eines Segments nicht überschreiten dürfen (Segmentrestriktion).

Sofern nach der Durchführung des Wertminderungstests eine positive Differenz zwischen Buchwert und erzielbarem Betrag einer CGU festgestellt wird, ist diese unter Berücksichtigung einer zweistufigen Hierarchieabfolge als Wertminderungsaufwand zu berücksichtigen (IAS 36.104). In einem ersten Schritt ist der Wertansatz des Goodwill mit dem Wertminderungsaufwand zu verrechnen. Ein darüber hinausgehender Wertminderungsbedarf bedingt eine Abwertung der Wertansätze der der CGU zugewiesenen Vermögenswerte auf Basis der anteiligen Buchwerte. Dabei stellt jeweils der höhere Wert aus Null und dem geschätzten erzielbaren Betrag die absolute Untergrenze für eine vermögenswertbezogene Wertminderung dar.

Die Zuschreibung einer CGU hat anteilig auf die in der CGU enthaltenen Vermögenswerte – mit Ausnahme des derivativen Goodwill – zu erfolgen. Die Korrektur der Buchwerte der in der CGU enthaltenen Vermögenswerte wird durch die jeweiligen Regelungen für die Wertaufholung einzelner Vermögenswerte determiniert (IAS 36.122). Bei der Verteilung der Wertaufholung auf die Buchwerte der Vermögenswerte der CGU ist zu beachten, dass diese Buchwerte nach der Wertaufholung den geringeren Betrag aus ihrem erzielbaren Betrag (soweit bestimmbar) und dem Buchwert, der sich bei planmäßiger Abschreibung ergeben hätte, wenn bei dem Vermögenswert in früheren Perioden kein Wertminderungsaufwand erfasst worden wäre, nicht übersteigen dürfen. Darüber hinausgehende Beträge sind anteilig auf die anderen Vermögenswerte der CGU zu verteilen (IAS 36.123).

Finanzinstrumente

Merksatz: Im Gegensatz zum HGB ist nach IFRS für **Finanzanlagen** kein eigenständiger Bilanzposten vorgesehen; vielmehr stellen diese eine Teilmenge der **finanziellen Vermögenswerte** (Finanzinstrumente) dar.

Definition:

IAS 32.11 definiert ein **Finanzinstrument** als „Vertrag, der gleichzeitig bei dem einen Unternehmen zu einem finanziellen Vermögenswert und bei dem anderen Unternehmen zu einer finanziellen Verbindlichkeit oder einem Eigenkapitalinstrument führt."

Die finanziellen Vermögenswerte umfassen nach IAS 32.11 z.B. folgende Sachverhalte:

- Eigenkapitalinstrumente eines anderen Unternehmens (z.B. Aktien),
- vertragliche Rechte zum Erhalt flüssiger Mittel oder anderer finanzieller Vermögenswerte von einem anderen Unternehmen oder
- vertragliche Rechte auf Tausch von finanziellen Vermögenswerten oder Schulden mit einem anderen Unternehmen zu potenziell vorteilhaften Bedingungen (z.B. Wandelschuldverschreibung).

Die für die Bewertung maßgebliche Klassifizierung erfolgt nach IFRS 9.4, der sowohl die Behandlung finanzieller Vermögenswerte als auch finanzieller Schulden regelt. Dabei wird in Eigenkapitalinstrumente, Derivate und Schuldinstrumente unterschieden. Die Vermögenswerte und Schulden werden anhand bestimmter Kriterien in die beiden Bewertungskategorien „Amortised Cost" und „Fair Value" eingeteilt. Während die erste Methode auf dem Anschaffungskostenprinzip basiert (Berechnung nach der Effektivzinsmethode), legt die zweite Methode die Bewertung zum Fair Value zugrunde. Eine Bewertung von finanziellen Vermögenswerten zu Anschaffungskosten setzt voraus, dass im Rahmen des Geschäftsmodells eine planmäßige Vereinnahmung von vertraglich festgelegten Cash Flows beabsichtigt ist (IFRS 9.4.1.2). Damit kommt eine Anschaffungskostenbewertung nur bei Fremdkapitalinstrumenten in Betracht, wobei diese dann bestimmten Wertminderungsregeln unterliegen. Für Derivate und Eigenkapitalinstrumente hat eine Bewertung zum Fair Value zu erfolgen, wobei nach IFRS 9.5.7.5 „beim erstmaligen Ansatz einer Finanzinvestition in ein Eigenkapitalinstrument [...] , das nicht zu Handelszwecken gehalten wird, das unwiderrufliche Wahlrecht besteht, im Rahmen der Folgebewertung die Änderungen des beizulegenden Zeitwerts dieses Eigenkapitalinstruments im sonstigen Ergebnis darzustellen." Damit ist zumindest außerhalb des Handelsbestands eine erfolgsneutrale Fair-Value-Bewertung möglich.

Die Bewertung von Handelsinstrumenten und Derivaten erfolgt hingegen erfolgswirksam.

Als Finanzanlagen gehaltene Immobilien (Investment Properties)

Definition:
Investment Properties sind „Immobilien (Grundstücke oder Gebäude – oder Teile von Gebäuden – oder beides), die [...] zur Erzielung von Mieteinnahmen und/oder zum Zwecke der Wertsteigerung gehalten werden" (IAS 40.5).

Diese „materiellen Finanzinvestitionen" dürfen nicht der Herstellung oder Lieferung von Gütern bzw. zur Erbringung von Dienstleistungen oder für Verwaltungszwecke dienen (Anwendungsbereich von IAS 16 „Sachanlagen"), noch dürfen diese im Rahmen der gewöhnlichen Geschäftstätigkeit des Unternehmens verkauft werden (Anwendungsbereich von IAS 2).

Die Erstbewertung erfolgt nach IAS 40.20 zu Anschaffungs- oder Herstellungskosten. Im Rahmen der Folgebewertung kann die „Renditeimmobilie" entweder analog zu IAS 16 (siehe Abschnitt 2.2.2) zu fortgeführten Anschaffungs- oder Herstellungskosten oder erfolgswirksam zum Fair Value bewertet werden (IAS 40.30). Die Fair Value-Änderungen sind dabei erfolgswirksam zu erfassen, d.h. es sind Wertsteigerungen und -minderungen erfolgswirksam zu vereinnahmen (IAS 40.35). Wertschwankungen schlagen sich somit direkt im Ergebnis mit volatilitätserhöhender und prozyklischer Wirkung nieder (Haaker/ Schiffer [Investment Properties]).

19.2.2.3 Vorratsvermögen

Definition:

Vorräte sind Vermögenswerte, die zum **Verkauf** im normalen Geschäftsgang gehalten werden, sich in der Herstellung für einen solchen Verkauf befinden oder die als **Roh-, Hilfs- und Betriebsstoffe** dazu bestimmt sind, bei der Herstellung oder der Erbringung von Dienstleistungen verbraucht zu werden (IAS 2.6).

Merksatz: Im Vorratsvermögen muss nach dem Niederstwertprinzip stets der niedrigere Wert aus **Anschaffungs- bzw. Herstellungskosten** und **Nettoveräußerungswert** angesetzt werden (IAS 2.9).

„Der Nettoveräußerungswert ist der geschätzte, im normalen Geschäftsgang erzielbare Verkaufserlös abzüglich der geschätzten Kosten bis zur Fertigstellung und der geschätzten notwendigen Vertriebskosten" (IAS 2.6).

Im Vorratsvermögen können als Durchbrechung des Einzelbewertungsprinzips bestimmte Bewertungsvereinfachungsmethoden angewendet werden (IAS 2.24–27). Bei gleichartigen Gegenständen des Vorratsvermögens kann gemäß IAS 2.24–27 die Fiktion des First in-First out (FiFo) über die Reihenfolge des Verbrauchs oder der Veräußerung herangezogen werden.

Für Zwecke der Bilanzbewertung können ferner nach IAS 2.24–27 gleichartige Vermögensgegenstände des Vorratsvermögens sowie andere gleichartige oder annähernd gleichwertige bewegliche Vermögenswerte zu einer Gruppe zusammengefasst und mit dem gewogenen Durchschnittswert angesetzt werden (Gruppenbewertung).

Die Sammelbewertungsmethoden können als permanente oder periodenbezogene Verfahren durchgeführt werden. Im ersten Fall wird eine fortlaufende Erfassung der jeweils separat zu bewertenden Abgänge während des gesamten Geschäftsjahres vorgenommen. Bei der periodischen Wertermittlung wird hingegen der gesamte Bestand lediglich zum Ende des Geschäftsjahres bewertet. Eine Festbewertung ist grds. unzulässig.

Einen Überblick über Inhalt, Aufgaben und Anwendung dieser Bewertungsmethoden gibt Abbildung 19.22 (Wöhe [Allgemeine Betriebswirtschaftslehre] 500 f.).

19.2.3 Bilanzierung von Schulden

19.2.3.1 Schuldbegriff

Definition:

Eine **abstrakte Passivierungsfähigkeit** als **Schuld** setzt voraus, dass eine gegenwärtige Verpflichtung als Ergebnis eines vergangenen Ereignisses vorliegt, die erwartungsgemäß zum Ressourcenabfluss mit wirtschaftlichem Nutzen aus dem Unternehmen führt (Ziffer 4.4 (b) i.V.m. 4.38 des Rahmenkonzepts).

Zudem muss für eine Passivierung wahrscheinlich sein, dass mit der Erfüllung der gegenwärtigen Verpflichtung ein zukünftiger wirtschaftlicher Nutzen tat-

Verfahren	Inhalt	Aufgaben	Anwendung
Lifo-Methode	Die **zuletzt beschafften bzw. hergestellten** Güter gelten als zuerst veräußert bzw. verbraucht	In Zeiten steigender Kosten niedrigst mögliche Endbestandsbewertung, niedriger Gewinnausweis (Substanzerhaltung)	Verbot nach IAS 2.24–27
Fifo-Methode	Die **zuerst beschafften bzw. hergestellten** Güter gelten als zuerst veräußert bzw. verbraucht	In Zeiten sinkender Kosten niedrigst mögliche Endbestandsbewertung, niedriger Gewinnausweis (Substanzerhaltung)	Wahlrecht nach IAS 2.24–27
Gruppenbewertung (Durchschnittsmethode)	Zusammenfassung von **gleichartigen** Vermögenswerten und Schulden zu einer Gruppe und Bewertung mit dem **Durchschnittswert**	Vereinfachung der Rechnungslegung. Ermittlung des Endbestandswerts, wenn keine getrennte Lagerung der einzelnen beschafften bzw. hergestellten Partien erfolgt	Wahlrecht nach IAS 2.24–27
Festbewertung	Vermögenswerte mit **konstantem Wert** ansetzen, wenn Bestand sich in Größe, Wert und Zusammensetzung wenig verändert	Vereinfachung der Rechnungslegung. Bei steigenden Preisen Instrument zur Substanzerhaltung	grds. Verbot nach IFRS; Ausnahme für Vermögenswerte mit unwesentlicher Bedeutung

Abbildung 19.22: Bewertungsvereinfachungsmethoden nach IAS 2

sächlich aus dem Unternehmen abfließt und der Erfüllungsbetrag verlässlich ermittelt werden kann (Freidank/Velte/Weber [Passivierungskonzeptionen] 208).

- Ein Unternehmen hat eine Verpflichtung, wenn es nach Ziffer 4.15 des Rahmenkonzepts in einer bestimmten Art und Weise zu handeln oder eine Leistung zu erbringen hat (Wawrzinek [§ 2] 133 f.). Die Schuld muss gegenwärtig, d.h. zum Abschlussstichtag, bestehen. Potenzielle Verpflichtungen, die lediglich auf Absichtserklärungen der Unternehmensleitung beruhen und zum Abschlussstichtag noch nicht verursacht sind, dürfen nicht passiviert werden (Ziffer 4.16 des Rahmenkonzepts). Dabei muss es sich um eine Außenverpflichtung (gegenüber Dritten) handeln.
- Eine Schuld impliziert zudem, dass die aus ihm entstandene gegenwärtige Verpflichtung das Ergebnis einer in der Vergangenheit liegenden Transaktion oder eines anderen Ereignisses ist (Ziffer 4.18 des Rahmenkonzepts).
- Als dritte Voraussetzung muss die Erfüllung einer Schuld mit einem Abfluss von Ressourcen verbunden sein, die wirtschaftlichen Nutzen verkörpern (Wawrzinek [§ 2] 136 f.). Die Erfüllung einer Verpflichtung kann dabei u.a. in Form von flüssigen Mittel erfolgen (Ziffer 4.17 des Rahmenkonzepts). Eine Schuld kann jedoch auch ohne den Abfluss von Ressourcen erlöschen. Sofern die Höhe der gegenwärtigen Verpflichtung nur geschätzt werden kann, ist dies für die Klassifizierung als Schuld unerheblich, sofern eine

gegenwärtige Verpflichtung aus einem vergangenen Ereignis vorliegt. Daher sind neben Verbindlichkeiten auch Rückstellungen dem Schuldbegriff nach IFRS zu subsumieren (siehe Abschnitt 2.3.2).

- Eine Schuld ist nach Ziffer 4.38 i.V.m. 4.40 des Rahmenkonzepts nur dann ansatzfähig, wenn es wahrscheinlich ist, dass die den künftigen wirtschaftlichen Nutzen repräsentierende Ressource aus dem Unternehmen abfließt. Eine Konkretisierung der Wahrscheinlichkeitsschwelle ist nur in IAS 37.23 zu finden. Hierbei ist von einem wahrscheinlichen Eintritt bei einer Eintrittswahrscheinlichkeit von mehr als 50 % auszugehen. Bei einer geringeren Wahrscheinlichkeit ist lediglich eine Eventualverbindlichkeit im Anhang anzugeben, sofern diese nicht unwahrscheinlich ist (IAS 37.27–30).
- Für eine Passivierung muss ferner eine verlässliche Bewertbarkeit möglich sein [Ziffer 4.41–43 des Rahmenkonzepts]. Bei rechtlichen Verpflichtungen, deren Höhe vertraglich oder gesetzlich fixiert wird, ist eine verlässliche Bewertbarkeit problemlos möglich. Bei anderen Verpflichtungen ist die Höhe durch Schätzung zu ermitteln. Sofern eine verlässliche Schätzung im Ausnahmefall nicht möglich ist, scheidet eine Passivierung der Schuld zugunsten einer Anhangangabe aus (Ziffer 4.4.1 des Rahmenkonzepts).

Die konkrete Passivierungsfähigkeit ergibt sich aus den jeweiligen Einzelstandards, insbesondere IAS 37, IAS 11, 12, 19 sowie IFRS 3 und 4.Die in den Einzelstandards kodifizierten Kriterien stimmen dabei weitestgehend mit denen des Rahmenkonzepts überein, werden jedoch teilweise ergänzt oder konkretisiert (z.B. IAS 37.10 für die Definition von Rückstellungen).

Analog zu den Vermögenswerten besteht für die entsprechenden Schulden aufgrund des Vollständigkeitsgebots (Ziffer QC 12f. des Rahmenkonzepts) und der Zielsetzung, entscheidungsnützliche Informationen bereitzustellen (IAS 1.9), eine Passivierungspflicht. Dies betrifft Verbindlichkeiten, Rückstellungen und passive Rechnungsabgrenzungsposten, da der Schuldbegriff nach IFRS diese Positionen einschließt (Baetge/Kirsch/Thiele [Bilanzen] 542). Passive Rechnungsabgrenzungsposten sind allerdings nach IFRS grds. keine eigenständigen Abschlusselemente; der Ausweis erfolgt im Zweifel unter den übrigen Schulden.

Abbildung 19.23 zeigt eine Darstellung der Passivierungsfähigkeit nach IFRS im Vergleich zum HGB (Freidank/Velte/Weber [Passivierungskonzeptionen] 216).

19.2.3.2 Rückstellungen

Merksatz: **Als Rückstellungen sind lediglich Außenverpflichtungen (gegenüber Dritten) zu bilanzieren (IAS 37.17 und 20).**

Hierbei handelt es sich insbesondere um Rückstellungen für ungewisse Verbindlichkeiten und für drohende Verluste aus schwebenden Geschäften (IAS 37.14 i.V.m. 66–69). Eine Passivierung von Aufwandsrückstellungen (sog. Innenverpflichtungen) ist unzulässig. In IAS 37.14 wird vorausgesetzt, dass zum Stichtag eine gegenwärtige rechtliche oder faktische Außenverpflichtung vorliegt, die aus einem vergangenen Ereignis resultiert, einen wahrscheinlichen zukünftigen Abfluss von Ressourcen generiert und die eine verlässliche Schätzung der Rückstellungshöhe gewährleistet (IAS 37.15 i.V.m. IAS 37.23

	HGB	IFRS
abstrakt	– Verpflichtung – wirtschaftliche Belastung – Quantifizierbarkeit	– gegenwärtige Verpflichtung – Ergebnis vergangener Ereignisse – erwarteter und wahrscheinlicher künftiger Nutzenabfluss – verlässliche Bewertbarkeit
konkret	– Passivierungsverbote (§ 249 Abs. 2 Satz 1 HGB) – Passivierungsgebote (§ 246 Abs. 1, Satz 1, § 249 Abs. 1, § 250 Abs. 2, § 274 Abs. 1 Satz 1 HGB) – explizite Passivierungswahlrechte (Art. 28 Abs. 1 Satz 1 und 2 EGHGB)	– Passivierungsverbote (IAS 37.17–18) – Passivierungsgebote (IAS 1.7, IAS 37.14, 17, 20, 66–69) – keine expliziten Passivierungswahlrechte

Abbildung 19.23: Passivierungsfähigkeit nach IFRS im Vergleich zum HGB

und 26). Gemäß IAS 37.20 muss die Verpflichtung gegenüber einer unternehmensexternen Partei bestehen.

Merksatz: Rückstellungen sind mit ihrem **bestmöglichen Schätzwert** zu bewerten (IAS 37.36).

Dieser stellt denjenigen Betrag dar, der aufgrund vernünftiger kaufmännischer Betrachtung zur stichtagsbezogenen Verpflichtungserfüllung oder Übertragung auf einen Dritten notwendig ist (IAS 37.37). Das Management hat vor diesem Hintergrund eine Schätzung auf der Grundlage von Erfahrungswerten bei ähnlichen Transaktionen oder Expertenaussagen vorzunehmen (IAS 37.38). Eine Bewertung von Rückstellungen zum Barwert ist immer dann vorzunehmen, wenn gemäß IAS 37.45 ein wesentlicher Abzinsungseffekt anzunehmen ist. Künftige Ereignisse, die einen möglichen Einfluss auf die Höhe der Verpflichtung haben, sind zu berücksichtigen, wenn ausreichende objektive Hinweise für ihren Eintritt vorliegen (IAS 37.48).

Bei Einzelverpflichtungen ist die wahrscheinlichste Ergebnisalternative anzusetzen (IAS 37.40). Bei einer Bandbreite möglicher gleichwahrscheinlicher Ergebnisse ist der Mittelwert zu passivieren. Eine bewusst vorsichtige Rückstellungsbewertung wird explizit abgelehnt, da das Vorliegen von Unsicherheit keine Bildung stiller Reserven rechtfertigt (IAS 37.43).

Eine differenzierte Vorgehensweise ergibt sich bei der Bewertung von Massenverpflichtungen, für die eine Wahrscheinlichkeitsverteilung möglicher Ergebnisse vorliegt. Hierbei ist nach dem Gesetz der großen Zahl der Erwartungswert heranzuziehen (IAS 37.39).

Bei der Bildung von Pensionsrückstellungen nach IAS 19 gilt ein Ansatzgebot für alle Verpflichtungen, für die das Unternehmen (in)direkt leistungspflichtig ist. Gemäß IAS 19.27 hat eine Unterscheidung in beitrags- und leistungsorientierte Vertragsgestaltungen zu erfolgen. Beitragsorientierte Pensionspläne sehen nach IAS 19.28 lediglich eine aufwandswirksame Verbuchung der anfallenden Zahlungsverpflichtungen an den externen Versorgungsträger vor, z.B. einen Pensionsfond, die im Wesentlichen dem deutschen Modell einer Direktversicherung des Arbeitnehmers entspricht. Eine Rückstellungspassivierung scheidet im Regelfall aus. Leistungsorientierte Pensionsgestaltungen erfüllen hingegen die Tatbestandsvoraussetzungen einer ungewissen Verbindlichkeit nach IFRS, für die ein Rückstellungsgebot besteht. In diesem Fall ist das Unternehmen dem Arbeitnehmer gegenüber direkt verpflichtet. Es besteht eine Passivierungspflicht in Höhe der leistungsorientierten Pensionsverpflichtung, sofern keine Deckung durch Planvermögen vorliegt. Die IFRS folgen somit dem Nettoprinzip. Nach IAS 19.67 ist bei Pensionsrückstellungen die Methode der laufenden Einmalprämien verbindlich, wobei zur Abzinsung nach IAS 19.83 ein Marktzins für erstrangige, festverzinsliche Industrieanleihen herangezogen wird. Demografische und finanzielle Faktoren sind zwingend zu berücksichtigen, welche sich auf die Höhe der Rückstellungen auswirken. Dabei wird das Planvermögen mit den Pensionsrückstellungen verrechnet und der Saldo zum beizulegenden Zeitwert ausgewiesen.

19.2.3.3 Verbindlichkeiten

In Abhängigkeit von der Art der Geschäftstätigkeit sind die Verbindlichkeiten in ihre kurz- und langfristigen Komponenten aufzuspalten. Nach IAS 1.69–76 liegen in den nachfolgenden Fällen kurzfristige Verbindlichkeiten vor:

- Erfüllung der Schuld innerhalb des normalen Geschäftszyklus,
- primär für Handelszwecke gehalten,
- Erfüllung der Schuld innerhalb von 12 Monaten nach dem Bilanzstichtag,
- kein uneingeschränktes Recht, die Erfüllung der Schuld um mindestens 12 Monate nach dem Bilanzstichtag zu verschieben.

Zudem wird zwischen finanziellen und sonstigen Verbindlichkeiten unterschieden. Die finanziellen Verbindlichkeiten umfassen als Teilmenge der Finanzinstrumente folgende Sachverhalte (IAS 32.11):

- vertragliche Verpflichtungen, einem anderen Unternehmen flüssige Mittel oder einen anderen finanziellen Vermögenswert zu liefern oder mit einem anderen Unternehmen finanzielle Vermögenswerte oder Verbindlichkeiten zu potenziell nachteiligen Bedingungen zu tauschen oder
- einen Vertrag, der in Eigenkapitalinstrumenten des Unternehmens erfüllbar ist.

Merksatz: Finanzielle Verbindlichkeiten sind gemäß des erhaltenen Gegenwerts der Verbindlichkeit zum Fair Value zu bewerten.

Handelt es sich um eine Bartransaktion, entspricht der beizulegende Zeitwert dem zufließenden Geldbetrag bzw. den Anschaffungskosten (IFRS 9.B5.1). Liegt ein bargeldloser Vorgang vor, ist der Fair Value aus dem Transaktions- oder Marktpreis der Gegenleistung abzuleiten. Sofern Transaktions- und Marktpreise nicht verlässlich ermittelbar sind, ist der beizulegende Zeitwert durch Abzinsung der über die Laufzeit erwarteten Zahlungsströme zu bestimmen (Coenenberg/Haller/Schultze [Jahresabschluss] 448). Direkt zurechenbare Transaktionskosten finden im Zugangszeitpunkt Berücksichtigung, wobei grds. eine Amortisation über die Laufzeit der Verbindlichkeit mithilfe der Effektivzinsmethode erfolgt.

Den sonstigen Verbindlichkeiten werden als Residualgröße sämtliche nicht finanzielle Verbindlichkeiten subsumiert. Hierzu zählen in erster Linie Sach- und Dienstleistungsverpflichtungen sowie erhaltene Anzahlungen.

Merksatz: **Sonstige Verbindlichkeiten** sind zu ihrem Rückzahlungsbetrag zu bewerten, der sich aus dem zukünftig zu erwartenden Ressourcenabfluss ergibt.

Dabei kann der Rückzahlungsbetrag einzelfallabhängig sowohl auf Basis historischer Kosten, des beizulegenden Zeitwerts als auch des Barwerts beruhen (Coenenberg/Haller/Schultze [Jahresabschluss] 448).

19.2.4 Bilanzierung von Eigenkapital

Definition:
Ein **Eigenkapitalinstrument** ist ein Vertrag, der einen Residualanspruch an den Vermögenswerten eines Unternehmens nach Abzug aller Schulden begründet (IAS 32.11).

Dabei dürfen insbesondere keine vertraglichen Verpflichtungen bestehen, flüssige Mittel oder finanzielle Verpflichtungen zu übertragen (IAS 32.16). Das Gezeichnete Kapital bei Kapitalgesellschaften wird zum Nennwert bewertet (Buchholz [Jahresabschlusses] 171). Hinsichtlich der Zugangsbewertung von Eigenkapitalinstrumenten enthalten die IFRS keine spezifischen Regelungen (IDW [WP-Handbuch 2012] 431). Aus der Perspektive des Emittenten fallen diese nicht in den Anwendungsbereich von IFRS 9.Vor diesem Hintergrund ist bei Eigenkapitalinstrumenten im Emissionszeitpunkt eine Bewertung zum beizulegenden Zeitwert der Gegenleistung vorzunehmen, wobei eine dem Fremdkapital vergleichbare Folgebewertung entfällt (IDW [WP-Handbuch 2012] 431). In IFRS 2 sind spezifische Bewertungsregelungen für als anteilsbasierte Vergütungen ausgegebene Eigenkapitalinstrumente enthalten.

19.2.5 Bilanzierung von Aufwendungen und Erträgen

Erträge und Aufwendungen können nach IFRS nur dann erfasst werden, wenn spezifische Kriterien erfüllt sind, anhand derer bestimmt wird, zu welchem Zeitpunkt Erträge und Aufwendungen zu berücksichtigen sind.

Definition:
Erträge stellen den Gegenwert einer Zunahme künftigen wirtschaftlichen Nutzens in der Berichtsperiode durch Zuflüsse oder Werterhöhungen von Vermögenswerten oder durch Abnahme von Schulden dar (Ziffer 4.29 des Rahmenkonzepts).

Erträge führen zu einer Erhöhung des Eigenkapitals, wobei Transaktionen mit den Anteilseignern (z.B. Einlagen) erfolgsneutrale Eigenkapitalveränderungen darstellen. Der Ertragsbegriff lässt sich in Beträge aus der gewöhnlichen Geschäftstätigkeit und sonstige Erträge aufspalten (Ziffer 4.27 des Framework).

Beispiel:

Erträge aus der gewöhnlichen Geschäftstätigkeit **umfassen u.a. Umsatzerlöse, Gebühren, Zinsen, Dividenden, Honorare und Mietzahlungen (IAS 18.1 und 7).**

Im Gegensatz hierzu resultieren die sonstigen Erträge insbesondere aus Wertsteigerungen von Vermögenswerten und Wertminderungen von Schulden (Ziffer 4.30 des Rahmenkonzepts).

Beispiel:

Erlöse aus der Veräußerung von Sachanlagevermögen.

Dabei erfolgt grds. ein separater Ausweis der sonstigen Erträge, weil ihre Kenntnis das Entscheidungsverhalten maßgeblich beeinflusst (Freidank/Velte/Weber [Erfolgserfassung] 23). Ein Nettoausweis – nach Verrechnung mit den damit verbundenen Aufwendungen – ist jedoch zulässig (Ziffer 4.31 des Rahmenkonzepts) und unter gewissen Voraussetzungen vorgeschrieben (IAS 1.32). Diejenigen sonstigen Erträge, welche aus einer Änderung des beizulegenden Zeitwertes resultieren, werden vereinnahmt, ohne dass eine Transaktion vorliegt. Ferner kommt es zu einer Durchbrechung des Kongruenzprinzips, da u.a. bei der Neubewertung des Sachanlage- und immateriellen Vermögens eine dauerhafte erfolgsneutrale Ertragserfassung im sonstigen Ergebnis (OCI) erfolgt.

Definition:

Aufwendungen führen zur Abnahme des wirtschaftlichen Nutzens in der Berichtsperiode durch Abflüsse oder Verminderungen von Vermögenswerten oder durch Erhöhung von Schulden (Ziffer 4.25 b des Rahmenkonzepts).

Aufwendungen bewirken zugleich eine Minderung des Eigenkapitals, wobei Ausschüttungen an die Anteilseigner erfolgsneutrale Eigenkapitaländerungen darstellen. Analog zu den Erträgen erfolgt eine Unterteilung in Aufwendungen, die im Rahmen der gewöhnlichen Geschäftstätigkeit anfallen, und in andere Aufwendungen.

Beispiel:

Aufwendungen aus der gewöhnlichen Geschäftstätigkeit sind u.a. Umsatz- und Lohnkosten oder Abschreibungen (Ziffer 4.33 des Rahmenkonzepts).

Andere Aufwendungen können sowohl bei gewöhnlicher als auch bei außergewöhnlicher Geschäftstätigkeit auftreten (Ziffer 4.35 des Rahmenkonzepts).

Beispiel:

Aufwendungen aus der Veräußerung von Sachanlagevermögen oder infolge von Naturkatastrophen.

Auch bei den anderen Aufwendungen ist ein gesonderter Ausweis in der Erfolgsrechnung notwendig. Ein Nettoausweis – nach Verrechnung mit damit verbundenen Erträgen – ist dabei grds. zulässig (Ziffer 4.35 des Rahmenkonzepts) und unter bestimmten Voraussetzungen zwingend (IAS 1.32).

Eine Berücksichtigung als Aufwand oder Ertrag in der Erfolgsrechnung setzt voraus, dass der künftige wirtschaftliche Nutzenzu- und Nutzenabfluss wahrscheinlich und eine verlässliche Bewertung gegeben ist (Ziffer 4.47 f. des Rahmenkonzepts). Erträge sind folglich dann in der Erfolgsrechnung auszuweisen, wenn der Gegenwert einer Zunahme künftigen wirtschaftlichen Nutzens, der an die Zunahme des Werts bei einem Vermögenswert bzw. an die Abnahme des Werts bei einer Schuld gebunden ist, verlässlich ermittelt werden kann. Analoges gilt – mit anderem Vorzeichen – für die Aufwendungen (Ziffer 4.49 f. des Framework).

Die Aufwands- und Ertragserfassung erfolgt zeitgleich mit der betragsmäßigen Änderung der korrespondierenden Vermögenswerte und Schulden (IDW [WP-Handbuch 2012] 103). Hierbei ist auf den Zeitpunkt abzustellen, zu dem die Wertänderung zuverlässig zu ermitteln ist (Ziffer 4.49 f. des Rahmenkonzepts). Sofern eine Ausgabe keinen als bilanzierungsfähigen Vermögenswert zu berücksichtigenden zukünftigen wirtschaftlichen Nutzen stiftet (Ziffer 4.49 des Rahmenkonzepts) bzw. eine Schuld vorliegt, dem keine bilanzielle Vermögensmehrung gegenübersteht, ist eine Aufwandsberücksichtigung geboten. Zur Ertragserfassung wird auf die Regelungen in den Einzelstandards verwiesen (u.a. IAS 11, 18).

Im Vergleich zum Handelsrecht kommt in einzelnen Standards dem Grundsatz der sachlichen Abgrenzung nach IFRS eine größere Bedeutung zu.

Merksatz: Das **Realisationsprinzip** wird zugunsten der Informationsfunktion der IFRS-Rechnungslegung zurückgedrängt.

Aufwendungen, die in einem direkten Zusammenhang mit entsprechenden Erträgen stehen, sind in der Periode ergebniswirksam zu berücksichtigen, in der die Erträge erfasst werden (Ziffer 4.50 des Rahmenkonzepts). Jedoch führt der Abgrenzungsgrundsatz nicht so weit, dass Posten, die nicht die Vermögenswert- und Schulddefinition erfüllen, ausgewiesen werden dürfen.

19.2.6 Sonderthemen

19.2.6.1 Langfristige Fertigung

Die weite Auslegung des Realisationsprinzips kommt insbesondere bei der Berücksichtigung von Dienstleistungen (IAS 18) und (langfristigen) Fertigungsaufträgen (IAS 11) zum Ausdruck. Die weniger starke Betonung des Vorsichtsprinzips in der IFRS-Rechnungslegung korrespondiert mit der grundsätzlichen Nichtanwendung der Completed Contract-Methode. Vielmehr kommt nach IAS 11.22 und 18.20 die Percentage of Completion-Methode zur Anwendung, wenn die entsprechenden Tatbestandsvoraussetzungen vorliegen (Velte [Harmonisierung] 565). Können die Bedingungen nicht erfüllt werden, ist eine begrenzte Erlösrealisierung bis zur Höhe der bisher angefallenen Auftragskosten vorzunehmen (Zero Profit Margin). Bei Dienstleistungen nach IAS 18 kommt ausnahmsweise die Completed Contract-Methode in Betracht, sofern weder das Geschäftsergebnis verlässlich geschätzt werden kann noch eine Kostenerstattung wahrscheinlich ist.

Merksatz: Die **Percentage of Completion-Methode** impliziert eine **Teilgewinnrealisierung** nach Maßgabe des Fertigstellungsgrades am jeweiligen Bewertungsstichtag (IAS 11.26 und IAS 18.20).

Die Erlöse und Kosten eines Auftrages sind entsprechend dem Leistungsfortschritt jeweils als Erträge und Aufwendungen zu erfassen. Bei einem erwarteten Verlust ist jedoch gemäß IAS 11.36 eine aufwandswirksame Verlustantizipation in voller Höhe vorgesehen.

Nach dem IASB-Arbeitsprojekt Revenue Recognition (IFRS 15) wurde die Ertragsvereinnahmung aus Kundenverträgen für unterschiedliche Branchen vereinheitlicht und die bisherigen Regelungen in IAS 11 und IAS 18 aufgehoben. Hinsichtlich der Erlösrealisierung wird bei langfristigen Aufträgen von einem kontinuierlichen Übergang der Verfügungsmacht auszugehen sein, sodass die Erfassung der Erlöse nach dem Leistungsfortschritt wie bisher erfolgen wird. Allerdings wird der Begriff Percentage of Completion-Methode nicht mehr explizit verwendet.

Abbildung 19.24 fasst die Erfassung von Erträgen und Aufwendungen nach IFRS im Vergleich zum HGB zusammen (Freidank/Velte/Weber [Erfolgserfassung] 26).

	HGB	IFRS
Erfassungszeitpunkt	**Aufwendungen:** Ausweisgebot für realisierbare Verluste **Erträge:** grds. Ausweisverbot für unrealisierte Gewinne Beispiel: grundsätzlich Completed Contract Methode bei Langfristfertigung	**Aufwendungen:** Ausweisgebot für realisierbare Verluste **Erträge:** ggf. Ausweisgebot für realisierbare Gewinne; Beispiel: Percentage of Completion-Methode nach IAS 11 und IAS 18 sowie IFRS 15
Definition	**Aufwendungen:** gesamte, mit erfolgswirksamen Ausgaben bewertete Güterverzehre einer Rechnungsperiode unter Berücksichtigung von Aufwandskorrekturen früherer Zeiträume **Erträge:** gesamte, mit Erfolgseinnahmen bewertete Gütererstellungen einer Rechnungsperiode unter Berücksichtigung von Ertragskorrekturen früherer Perioden	**Aufwendungen:** Abnahme des wirtschaftlichen Nutzens in der Berichtsperiode in Form von Abflüssen oder Verminderungen von Vermögenswerten oder Erhöhung von Schulden **Erträge:** Gegenwert einer Zunahme künftigen wirtschaftlichen Nutzens in der Berichtsperiode in Form von Zuflüssen oder Werterhöhungen von Vermögenswerten oder einer Abnahme von Schulden
Erfassung	erfolgswirksam	Mischung aus erfolgsneutraler und -wirksamer Erfassung

Abbildung 19.24: Erfassung von Aufwendungen und Erträgen nach IFRS im Vergleich zum HGB

19.2.6.2 Währungsumrechnung

Vgl. die Anmerkungen auf Konzernebene in Abschnitt 3.7.4.

19.2.6.3 Abgrenzung latenter Steuern

Vgl. die Anmerkungen auf Konzernebene in Abschnitt 3.7.5.

19.2.7 Zusammenfassung zur IFRS-Rechnungslegung auf Einzelabschlussebene und Vergleich zum HGB

Abbildung 19.25 zeigt die wesentlichen Ergebnisse zur Bilanzierung auf Einzelabschlussebene nach IFRS im Vergleich zum HGB auf.

	HGB	IFRS
ZBK 1)	**Vermögensgegenstände:** Anschaffungs- und Herstellungskosten	**Vermögenswerte:** Anschaffungs- und Herstellungskosten (u. a. IAS 2 und 16)
Anschaffungskosten	Anschaffungspreis ./. Anschaffungspreisminderungen + Anschaffungsnebenkosten = Ursprüngliche Anschaffungskosten + Nachträgliche Anschaffungskosten + (ggf. Fremdkapitalzinsen) = Anschaffungskosten	Anschaffungspreis ./. Anschaffungspreisminderungen + Anschaffungsnebenkosten (einschl. Abbruch- und Wiederherstellungskosten) = Ursprüngliche Anschaffungskosten + Nachträgliche Anschaffungskosten + Fremdkapitalkosten (bei qualifizierten Vermögenswerten) = Anschaffungskosten
Herstellungskosten	Angenäherter Vollkostenansatz Einzelkosten: Pflicht; Gemeinkosten: Pflicht Verwaltungskosten herstellungsbezogen: Pflicht, allgemeine: Wahlrecht Aufwendungen für freiwillige soziale Leistungen, für die betriebliche Altersversorgung und für soziale Einrichtungen des Betriebs: Wahlrecht Fremdkapitalzinsen: bedingtes Wahlrecht Forschungs- und Vertriebskosten: Verbot	Produktionsbezogener Vollkostenansatz Einzelkosten: Pflicht; Gemeinkosten: Pflicht Verwaltungskosten herstellungsbezogen: Pflicht, allgemeine: Verbot Aufwendungen für freiwillige soziale Leistungen, für die betriebliche Altersversorgung und für soziale Einrichtungen des Betriebs: Pflicht (ant.) Fremdkapitalzinsen (bei qualifizierten Vermögenswerten): Pflicht Forschungs- und Vertriebskosten: Verbot
Konzeptionen	**Verbindlichkeiten:** Erfüllungsbetrag **Rentenverpflichtungen:** Barwert **Rückstellungen:** nach vernünftiger kaufmännischer Beurteilung notwendiger Erfüllungsbetrag	**Finanzielle Verbindlichkeiten:** Gegenwert der Verbindlichkeit (Fair Value); entspricht i. d. R. den Anschaffungskosten **Sonstige Verbindlichkeiten und Rückstellungen:** bestmöglicher Schätzwert; aufgrund vernünftiger kaufmännischer Betrachtung zur stichtagsbezogenen Verpflichtungserfüllung notwendiger Betrag
K.2)	**Eigenkapital (Gezeichnetes Kapital):** Nennwert	**Eigenkapital (Gezeichnetes Kapital):** Nennwert
Abzinsung	**Verbindlichkeiten:** Abzinsungsverbot **Rückstellungen:** grundsätzlich Abzinsungsgebot; Ausnahme: kurzfristige Rückstellungen (< 1 Jahr)	**Finanzielle Verbindlichkeiten:** generelles Abzinsungsgebot, sofern der Abzinsungseffekt wesentlich ist **Sonstige Verbindlichkeiten und Rückstellungen:** generelles Abzinsungsgebot, sofern der Abzinsungseffekt wesentlich ist
F.3)		
Konzeptionen	**Vermögensgegenstände:** (fortgeführte) Anschaffungs- und Herstellungskosten oder niedrigerer beizulegender (Zeit-) Wert **Ausnahmen:** beizulegender Zeitwert bei zu Handelszwecken erworbenen Finanzinstrumenten (begrenzt auf Kredit- und Finanzdienstleistungsinstitute) und bei zu verrechnendem Planvermögen i. S. d. § 246 Abs. 2 Satz 2 HGB	**Vermögenswerte:** Mixed Model aus (fortgeführten) Anschaffungs- und Herstellungskosten sowie beizulegendem Zeitwert (erfolgswirksam und -neutral)
planmäßige Abschreib.	**Sachanlagen:** linear, degressiv, progressiv, leistungsbezogen (GoB-konforme Ausübung des Methodenwahlrechts) **Immaterielles Anlagevermögen:** bestimmbare Nutzungsdauer und grundsätzlich linear	**Sachanlagen:** linear, degressiv, leistungsbezogen (Methodenwahlrecht i. S. d. True and Fair View) **Immaterielles Anlagevermögen:** unbestimmbare Nutzungsdauer (widerlegbar), ansonsten grundsätzlich linear (widerlegbar)
	Schätzung der Nutzungsdauer grundsätzlich frei, Orientierung an AfA-Tabellen; Grundsätzlich zeitanteilig (pro rata temporis)	Schätzung der Nutzungsdauer Nach h. M. zeitanteilig (pro rata temporis) gem. True and Fair View
außerplanmäßige Abschreib.	**Anlagevermögen:** Gebot bei voraussichtlich dauernder Wertminderung, Wahlrecht bei voraussichtlich vorübergehender Wertminderung bei Finanzanlagen, ansonsten Verbot **Umlaufvermögen:** Gebot; Dauer der Wertminderung dem Grunde nach bedeutungslos	Gebot, Dauer der Wertminderung bedeutungslos
	Vergleichsgrößen: Buchwert versus niedrigerer beizulegender (Zeit-)Wert **Ausnahmen:** Buchwert versus beizulegender Zeitwert bei zu Handelszwecken erworbenen Finanzinstrumenten (begrenzt auf Kredit- und Finanzdienstleistungsinstitute) und bei zu verrechnendem Planvermögen i. S. d. § 246 Abs. 2 Satz 2 HGB	**Vergleichsgrößen:** Buchwert versus erzielbarer Betrag **Erzielbarer Betrag:** Maximum aus Nutzungswert und beizulegendem Zeitwert abzüglich Veräußerungskosten
Einzel. 4)	Grundsätzlich Einzelbewertung **Ausnahme:** Bewertungseinheiten	Grundsätzlich Einzelbewertung **Ausnahmen:** Zahlungsmittelgenerierende Einheiten bei Corporate Assets und beim derivativen Goodwill
W. 5)	Allgemein: Gebot Derivativer Goodwill: Verbot	Allgemein: Gebot Derivativer Goodwill: Verbot
Konzeptionen	**Schulden:** Ansatz des höheren Stichtagswertes (nur) bei voraussichtlich dauernder Werterhöhung (strenges Höchstwertprinzip) Verminderung des Wertansatzes zulässig, solange der ursprüngliche Wertansatz nicht unterschritten wird	**Schulden:** Anschaffungskostenmodell bzw. Fair Value (für die Kategorie „at fair value through profit or loss", zu Handelszwecken gehaltene Finanzschulden sowie für noch nicht ausgebuchte finanzielle Verbindlichkeiten) Erhöhungen und Verminderungen des Wertansatzes (ggf. auch unter den ursprünglichen Wertansatz) möglich

ZBK [1] = Zugangsbewertung: Konzeptionen K.[2] = Konzeptionen F.[3] = Folgebewertung Einzel[4] = Einzel-/Gesamtbewertung W.[5] = Wertaufholung ant. = anteilig

Abbildung 19.25: Grundlagen der Rechnungslegung auf Einzelabschlussebene nach IFRS im Vergleich zum HGB

Einführende Literaturhinweise zum Abschnitt 19.2

Die vollständigen Literaturangaben finden Sie im Downloadbereich.

Freidank, C.-C./Velte, P.: [Rechnungslegung] und Rechnungslegungspolitik. Eine Einführung nach Handels- und Steuerrecht sowie nach IFRS bei Einzelunternehmen, Personenhandels- und Kapitalgesellschaften. 2. Aufl., München 2013.

Haaker, A.: Potential der [Goodwill-Bilanzierung] nach IFRS für eine Konvergenz im wertorientierten Rechnungswesen. Eine messtheoretische Analyse, Wiesbaden 2008.

Pellens, B./Fülbier, R. U./Gassen, J./Sellhorn, T.: [Internationale Rechnungslegung]. IFRS 1 bis 9, IAS 1 bis 41. IFRIC-Interpretationen. Standardentwürfe. 8. Aufl., Stuttgart 2011.

Schruff, L./Haaker, A.: [Immaterielle Werte] in der deutschen und internationalen Rechnungslegung. In: Immaterielle Vermögenswerte. Bewertung, Berichterstattung und Kommunikation. Hrsg. von K. Möller/M. Piwinger/ A. Zerfaß, Stuttgart 2009, S. 49–72.

19.3 Grundlagen der Konzernrechnungslegung

19.3.1 Anzuwendende Vorschriften

Die spezifischen Normen zur IFRS-Konzernrechnungslegung sind in Abbildung 19.26 dargestellt.

Standard	Themenbereich
IAS 12	Ertragsteuern
IAS 21	Auswirkungen von Wechselkursänderungen
IAS 27	Einzelabschlüsse
IFRS 3	Unternehmenszusammenschlüsse
IFRS 10	Konzernabschluss
IFRS 11	Gemeinsame Vereinbarungen
IFRS 12	Angaben über das Engagement bei anderen Unternehmen

Abbildung 19.26: Übersicht über bedeutende Konzernrechnungslegungsvorschriften nach IFRS

19.3.2 Funktionen und Bestandteile

Definition:

Ein **Konzern** ist eine wirtschaftliche Einheit rechtlich selbstständiger Unternehmen, in der ein **Mutterunternehmen** (MU) einen beherrschenden Einfluss auf **Tochterunternehmen** (TU) ausübt.

Unternehmen, die einen Konzern bilden, bleiben nach dem Unternehmenszusammenschluss rechtlich selbständige Einheiten. Allerdings wird die wirtschaftliche Unabhängigkeit (teilweise) aufgegeben, sodass der Konzernabschluss als Abschluss der wirtschaftlichen Einheit „Konzern" angesehen wird. Mangels einer eigenständigen Konzernbuchführung muss der Konzernabschluss aus den Einzelabschlüssen der konzernzugehörigen Unternehmen (MU und TU) abgeleitet werden. Vor diesem Hintergrund sind die entsprechenden Regelungen der IFRS auf Einzelabschlussebene auch für die Konzernrechnungslegung bindend, sofern keine konzernspezifischen Ansatz-, Bewertungs- und Ausweisnormen existieren.

Der Konzernabschluss soll Informationen über die wirtschaftliche Einheit der Konzernunternehmen so vermitteln, als wäre dieser ein einziges Unternehmen, sodass die rechtliche Selbständigkeit der einzelnen TU vernachlässigt wird (IFRS 10).

Merksatz: (Mindest-)**Bestandteile** des Konzernabschlusses sind **Konzernbilanz, -erfolgsrechnung** (inklusive Earnings per Share bei kapitalmarktorientierten MU), -anhang (inklusive **Segmentberichterstattung** bei kapitalmarktorientierten MU), **-kapitalflussrechnung** und **-eigenkapitalspiegel** (Ziffer 7 des Framework, IAS 1.10, IAS 8, IFRS 8).

Ein Bericht über die Lage des Unternehmens (Management Commentary) ist fakultativ, wobei deutsche Unternehmen - wie bereits in Abschnitt 1.7.7 ausgeführt - zusätzlich einen Konzernlagebericht nach § 315 HGB i.V.m. DRS 20 zu erstellen haben. Die Pflicht zur Erstellung eines handelsrechtlichen Konzernlageberichts gilt gemäß § 315 i.V.m. 315a HGB auch für Mutterunternehmen, die einen IFRS-Konzernabschluss erstellen.

19.3.3 Grundsätze

Im Rahmen der Konzernrechnungslegung nach IFRS sind bestimmte Grundsätze zu beachten. Sie bilden die Basis für die Ableitung konkreter Vorgehensweisen aus der primären Aufgabe der Konzernbilanzierung.

Von wesentlicher Bedeutung für die Erfüllung der Aufgaben des Konzernabschlusses ist zunächst die vollständige Abbildung der wirtschaftlichen Einheit Konzern.

Definition:
Der **Vollständigkeitsgrundsatz** besagt, dass **alle Unternehmen**, die den Konzern konstituieren, auch in den **Konzernabschluss** Eingang finden müssen.

Nur so ist eine zutreffende Darstellung der Vermögens-, Finanz- und Ertragslage des Konzerns möglich.

Definition:
Nach der **Fiktion der rechtlichen Einheit** ist der Konzernabschluss so aufzustellen, dass er mit dem Einzelabschluss eines Unternehmens übereinstimmt, das **alle Konzernunternehmen** als **unselbständige Teilbetriebe** umfasst (IFRS 10 Appendix).

Damit wird dem Konzern gleichsam eine fiktive Rechtspersönlichkeit beigemessen, in der die Rechtspersönlichkeiten der einbezogenen Konzernunternehmen aufgehen. Diese Betrachtungsweise des Konzerns als ein eigenes Unternehmen bedingt, dass eine reine Addition der Bilanz- und Erfolgsposten der

Konzernunternehmen zum Zweck der Erstellung des Konzernabschlusses nicht ausreicht, sondern bestimmte Konsolidierungsmaßnahmen (Verrechnung der konzerninternen Verplichtungen) mit dem Ziel der Darstellung des Konzerns als eine fiktiv-rechtliche Einheit vorgenommen werden müssen. Dies führt zu den konzerntypischen Maßnahmen der Kapital-, Schulden-, Zwischenerfolgs- sowie Aufwands- und Ertragskonsolidierung.

Aus dem Grundsatz der (fiktiven) Rechtseinheit leitet sich auch die Notwendigkeit einer konzerneinheitlichen Abrechnungsperiode und damit eines einheitlichen Konsolidierungsstichtages ab. Alle Konzernunternehmen sollen auf der Basis eines auf den Konzernabschlussstichtag des Mutterunternehmens hin erstellten Einzelabschlusses in den konsolidierten Abschluss einbezogen werden (IFRS 10.B92 f.).

Nach der Fiktion der rechtlichen Einheit des Konzerns (Einheitsgrundsatz) lässt sich die Aufgabe des Konzernabschlusses nur dann erfüllen, wenn für ihn auch nur einheitliche Ansatz- und Bewertungsvorschriften zur Anwendung kommen. Soweit die Bilanz eines einbezogenen Unternehmens nach abweichenden Methoden erstellt wurde, muss eine an die konzerneinheitliche Vorgehensweise angepasste sog. Handelsbilanz II (HB II) erstellt werden, die dann den Ausgangspunkt sämtlicher Konsolidierungsmaßnahmen bildet (IFRS 10.19).

Um im Zeitablauf eine materielle Einheitlichkeit und zeitliche Vergleichbarkeit zu gewährleisten, muss ferner dem Stetigkeitsprinzip ein besonderes Gewicht beigemessen werden.

Definition:
Nach dem **Stetigkeitsgrundsatz** sind **Wahlrechte** nach einheitlichen, sachlichen Kriterien auszuüben und im Zeitablauf grds. beizubehalten (IAS 8.13).

Die Erstellung des Konzernabschlusses bedingt einen hohen technischen Aufwand, sodass der Grundsatz der Wirtschaftlichkeit und Wesentlichkeit (IAS 1.29–31) für die Erstellung des konsolidierten Abschlusses ebenfalls einen bedeutenden Stellenwert besitzt.

19.3.4 Pflicht zur Aufstellung und Befreiungsmöglichkeiten

Merksatz: Die Erstellung eines Konzernabschlusses setzt ein **Mutter-Tochter-Verhältnis** und die Einbeziehung mindestens eines TU voraus.

Nach IFRS 10 ist ein TU in den Konzernabschluss einzubeziehen, soweit seitens des MU die Möglichkeit der Beherrschung besteht.

Definition:
Gemäß der Definition des **Beherrschungskonzepts** liegt ein Mutter-Tochter-Verhältnis vor, wenn das MU die **Entscheidungsmacht** hat, die Aktivitäten des TU zu lenken, um daraus Rückflüsse für sich zu generieren (IFRS 10.6).

Das Konzept wird in IFRS 10.7 durch drei Kriterien konkretisiert. Das beteiligte Unternehmen muss

- die Entscheidungsmacht über das Beteiligungsunternehmen besitzen,
- aus der Beteiligung variable Rückflüsse erhalten und
- die Möglichkeit haben, seine Entscheidungsmacht über das Beteiligungsunternehmen so einzusetzen, dass es die Höhe seiner Rückflüsse aus der Beteiligung beeinflussen kann (Verbindung zwischen den beiden ersten Kriterien).

Unter Entscheidungsmacht lassen sich Rechte anführen, die es dem beteiligten Unternehmen ermöglichen, die wesentlichen Tätigkeiten des Beteiligungsunternehmens zu lenken. Als wesentliche Tätigkeiten des Beteiligungsunternehmens gelten hierbei Tätigkeiten, die einen signifikanten Einfluss auf die Rückflüsse des Unternehmens haben (IFRS 10.BC50 ff.). Eine tatsächliche (aktive) Ausübung der Lenkung der Aktivitäten muss nicht vorliegen. Die Möglichkeit zur Lenkung der Tätigkeiten resultiert nach IFRS 10.B15 immer aus Rechten, wie Stimmrechten, Rechten zur Ernennung und Abberufung von anderen Einheiten, die wesentliche Tätigkeiten bestimmen, Vetorechte für Änderungen zum Nachteil des beteiligten Unternehmens oder ähnlichen Rechten. Im einfachsten Fall kann die Entscheidungsmacht direkt aus einer Stimmrechtsmehrheit abgeleitet werden. Sofern keine Stimmrechtsmehrheit vorliegt, müssen weitere Faktoren (bspw. vertragliche Vereinbarungen, faktische Stimmrechtsmehrheiten oder Kombinationen aus beidem) betrachtet werden (IFRS 10.11, 10.B38).

Nach IFRS 10.4 darf auf die Erstellung eines Teilkonzernabschlusses verzichtet werden, wenn ein übergeordnetes MU einen befreienden Konzernabschluss nach IFRS aufstellt, die Minderheitengesellschafter darüber informiert wurden und dem nicht widersprochen haben. Eine solche Befreiung ist jedoch ausgeschlossen, wenn es sich bei dem Teilkonzern um ein kapitalmarktorientiertes Unternehmen handelt. Von dem befreiten Unternehmen werden in dessen Einzelabschluss detaillierte Angaben gemäß IFRS 12 verlangt. Eine explizite Befreiung von der Konzernabschlusserstellung aufgrund des Unterschreitens bestimmter Größenkriterien existiert nach IFRS nicht.

19.3.5 Abgrenzung des Konsolidierungskreises

Zur Abgrenzung des Konsolidierungskreises sind sowohl das Weltabschlussprinzip (IFRS 10.2) als auch das Einbeziehungsverbot mittels Vollkonsolidierung für alle nicht verbundenen Unternehmen (IFRS 10.25) maßgebend.

Für Fälle der dauernden Beschränkung der Rechte des MU besteht kein Wahlrecht zur Einbeziehung. Allerdings wird in diesen Fällen zu prüfen sein, ob überhaupt (noch) ein Control-Verhältnis vorliegt. Bei einer Verneinung führt dies zwingend zu einem Ausschluss der Konsolidierung.

Nach IFRS 10 besteht keine explizite Regelung für die Einbeziehung bei unverhältnismäßig hohen Kosten oder zeitlicher Verzögerung. Jedoch lässt sich aufgrund des Wirtschaftlichkeitsprinzips (Ziffer 44 des Rahmenkonzepts) ein Wahlrecht ableiten. Allerdings existiert keine Option für die Einbeziehung von Anteilen an TU, die nur zum Zwecke der Weiterveräußerung gehalten werden. Mit Weiterveräußerungsabsicht erworbene Anteile sind vielmehr zwingend zu konsolidieren, soweit sie nicht vereinfachend nach IFRS 5 zu bilanzieren sind.

Schließlich existiert keine explizite Erleichterung bei der Einbeziehung von unwesentlichen Tochterunternehmen. Jedoch kann aus dem Wesentlichkeitsgrundsatz (Ziffer QC11 des Framework) ein Wahlrecht zur Einbeziehung von TU von untergeordneter Bedeutung abgeleitet werden.

Wird ein Unternehmen nicht als TU einbezogen, ist zu prüfen, ob eine Einbeziehung als Gemeinschaftsunternehmen (IFRS 11) oder assoziiertes Unternehmen (IAS 28) möglich ist; ansonsten erfolgt eine Bilanzierung als Finanzinstrument (IFRS 9).

19.3.6 Vorbereitende Maßnahmen

19.3.6.1 Stichtag und Zwischenabschluss

Merksatz: Als **Konzernabschlussstichtag** gilt der **Stichtag des MU** (IFRS 10.B92 f.).

Weicht der Abschlussstichtag einer Konzerngesellschaft vom Konzernabschlussstichtag ab, ist nach IFRS 10.B92 f. ein Zwischenabschluss zu erstellen, sofern der Abschlussstichtag eines TU mehr als drei Monate vor oder nach dem Konzernabschlussstichtag liegt. Beträgt die Abweichung höchstens drei Monate, besteht ebenfalls eine Verpflichtung zur Aufstellung eines Zwischenabschlusses.

Eine Ausnahme besteht, sofern die Aufstellung nicht durchführbar oder wirtschaftlich nicht vertretbar ist. Wird (aufgrund einer der genannten Ausnahmen) kein Zwischenabschluss erstellt, so sind Vorgänge von besonderer Bedeutung im Abschluss zu berücksichtigen.

19.3.6.2 Einheitlichkeit von Ansatz, Bewertung und Ausweis

Merksatz: Ansatz-, Bewertungs- und Ausweis**wahlrechte** sind bei gleichartigen Sachverhalten **konzernweit einheitlich** auszuüben (IFRS 10.B87).

19.3.6.3 Währungsumrechnung

Für die Durchführung weiterer Konsolidierungsmaßnahmen muss für die Einbeziehung ausländischer Unternehmen aus dem Nicht-Euro-Raum in einen Konzernabschluss eine Konzernberichtswährung bestimmt werden.

Merksatz: Die Währungsumrechnung folgt dem **Konzept** der **funktionalen Währung**, d.h. in der Währung des Landes, welches den wirtschaftlichen Schwerpunkt der Unternehmenstätigkeit darstellt (IAS 21.9).

In Abhängigkeit von der finanzwirtschaftlichen Einbindung des TU ist die modifizierte Stichtagskurs- oder Zeitbezugsmethode anzuwenden. Nach IAS 21.11 ist zu beurteilen, inwiefern

- die Tätigkeit des ausländischen Geschäftsbetriebs als erweiterter Bestandteil des MU ausgeübt wird,
- die Transaktionen mit dem MU bedeutsam im Hinblick auf das Gesamtgeschäftsvolumen des ausländischen Geschäftsbetriebs sind,

- die Cash Flows aus der Tätigkeit des ausländischen Geschäftsbetriebs direkt auf die Cash Flows des MU einwirken und jederzeit dorthin zurückgeleitet werden können sowie
- die Cash Flows aus der Tätigkeit des ausländischen Geschäftsbetriebs ausreichen, um Verpflichtungen zu erfüllen, ohne finanzielle Mittel vom MU zu erhalten.

Sofern die Berichtswährung als funktionale Währung des Konzernunternehmens angesehen wird, wird die Zeitbezugsmethode angewendet, welche die Umrechnungsdifferenzen innerhalb des Jahreserfolgs erfasst. Die operativen Aktivitäten der ausländischen Einheit werden demnach so dargestellt, als wären sie unmittelbar in der Buchhaltung des MU abgebildet worden.

Bei einer Einstufung der Fremdwährung als funktionale Währung erfolgt der Einsatz der modifizierten Stichtagsmethode, die Umrechnungsdifferenzen innerhalb des sonstigen Ergebnisses erfasst. Hierbei werden die Posten des Jahresabschlusses einheitlich zum Währungskurs am Stichtag umgerechnet (mit Ausnahme des Eigenkapitals, das zum historischen (Einstands-)Kurs zu bewerten ist (Senger/Rulfs [§ 33] 20).

19.3.6.4 Latente Steuern

Merksatz: Die latente Steuerabgrenzung basiert auf dem **bilanzorientierten Temporary-Konzept** (IAS 12.10 f.).

Sämtliche (quasi)-temporäre Differenzen führen grds. nach IAS 12.15 und 24 zu einer Ansatzpflicht von latenten Steuern (Freidank/Velte [latenten Steuern] 33). Auf den derivativen Goodwill sind allerdings nach IAS 12.15a keine latenten Steuern zu bilden. Bei der Anwendung des Temporary-Konzepts können sowohl aus den Einzelabschlüssen (HB I) als auch aus der Überleitung zur HB II und aus Konsolidierungsmaßnahmen latente Steuern resultieren. Ferner sind nach IAS 12.42 Outside Basis-Differenzen grds. zu berücksichtigen.

Merksatz: Latente Steuern sind nach der **Liability-Methode** mit dem **unternehmensindividuellen** (steuersubjektbezogenen) **Steuersatz zum Zeitpunkt** der **Umkehrung** der **Bilanzdifferenz** zu bewerten (IAS 12.11, 47).

Abweichend ist die Bewertung mit einem konzerneinheitlichen Steuersatz möglich, wenn die hieraus resultierenden Abweichungen unwesentlich sind.

Aufgrund des generellen Abzinsungsverbots für latente Steuern in IAS 12.53 erfolgt ein Ausweis zum Buchwert.

Der Bilanzausweis latenter Steuern hat als eigener Posten zu erfolgen. Hierbei ist in IAS 1.57 ein Ausweis unter den langfristigen Vermögenswerten bzw. Schulden vorgesehen. Ferner ist in IAS 12.74 für aktive und passive latente Steuern grds. ein Saldierungsverbot zu beachten. Allerdings besteht ausnahmsweise ein Saldierungsgebot bei gleicher Steuerart, gleicher Fälligkeit und gleicher Fiskalbehörde (IAS 12.74).

Der Erfolgsausweis latenter Steueraufwendungen und -erträge hat nach IAS 12.77 als eigener Posten zu erfolgen. Im Anhang ist anzugeben, auf welchen Differenzen oder steuerlichen Verlustvorträgen die latenten Steuern beruhen und mit welchen Steuersätzen die Bewertung erfolgt ist (IAS 12.79-81). Dabei ist die Erstellung einer steuerlichen Überleitungsrechnung notwendig.

19.3.7 Kapitalkonsolidierung

19.3.7.1 Vollkonsolidierung

Die (Eigen-)Kapitalkonsolidierung erfolgt grds. zum Zeitpunkt, zu dem das betreffende Unternehmen den Status eines TU erworben hat, d.h. zu dem das MU die Möglichkeit der Beherrschung über das TU erlangt (IFRS 3.8). Sofern ein Unternehmen unterjährig erworben wurde und die für die Erstkonsolidierung erforderlichen Daten nicht rechtzeitig für die Erstellung des Konzernabschlusses ermittelt werden können, ist nach IFRS 3.45 eine Abschlusserstellung auf Basis vorläufiger Werte vorzunehmen. Die provisorischen Werte sind innerhalb von zwölf Monaten nach dem Zeitpunkt der erstmaligen Einbeziehung des Tochterunternehmens rückwirkend anzupassen.

Merksatz: Die **Kapitalkonsolidierung** erfolgt nach der **Erwerbsmethode** (IFRS 3.4).

Die identifizierbaren Vermögenswerte und Schulden sind dabei gemäß IFRS 3.18 zum Erwerbszeitpunkt mit ihren beizulegenden Zeitwerten zu bewerten. Unter Anwendung der vollständigen Neubewertungsmethode (IFRS 3.4 i.V.m. 3.18) wird eine vollständige Neubewertung der identifizierbaren Vermögenswerte und Schulden zum Erwerbszeitpunkt eingefordert. Stille Reserven und Lasten müssen in voller Höhe auch für Minderheiten aufgedeckt werden. Die Auflösung der stillen Reserven ist nicht durch die Anschaffungskosten der Beteiligung begrenzt.

Bei der Bewertung von Minderheitenanteilen sieht IFRS 3.19 ein Wahlrecht vor. Einerseits ist eine Bewertung mit dem anteilig neu bewerteten Nettovermögen (Neubewertungsmethode) im Sinne eines Ausweises des beteiligungsproportionalen Goodwills möglich, der ausschließlich auf den Mehrheitsgesellschafter entfällt. Andererseits ist – wie in Abschnitt 2.2.2 ausgeführt – die Full Goodwill-Methode anwendbar, bei der sowohl der den Mehrheitsgesellschaftern zuzurechnende Goodwill als auch der Minderheiten-Goodwill ausgewiesen wird. Der Ausweis von Minderheitenanteilen erfolgt gemäß der Einheitstheorie innerhalb des Eigenkapitals (IFRS 10; zur Bewertung des derivativen Goodwill nach IFRS und eines negativen Unterschiedsbetrags Abschnitt 2.2.2).

19.3.7.2 Quotenkonsolidierung

Die Quotenkonsolidierung gilt als Ausfluss der Interessentheorie. Der Konzernabschluss nach IFRS folgt jedoch der Einheitstheorie. Die Quotenkonsolidierung ist daher nicht (mehr) zulässig.

Merksatz: **Gemeinschaftsunternehmen** sind über die **Equity-Methode** einzubeziehen (IFRS 11.24).

19.3.7.3 Equity-Konsolidierung

Wie Abbildung 19.27 verdeutlicht, ist die Equity-Konsolidierung für Gemeinschaftsunternehmen und assoziierte Unternehmen zwingend (Baetge/Kirsch/Thiele [Konzernbilanzen] 358).

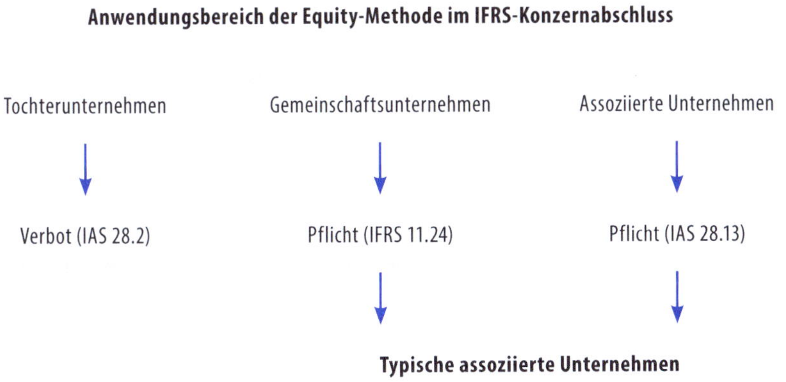

Abbildung 19.27: Anwendungsbereich der Equity-Methode im IFRS-Konzernabschluss

Definition:

Ein Unternehmen, das weder **Tochter-** noch **Gemeinschaftsunternehmen** ist, stellt ein **assoziiertes Unternehmen** dar, wenn der Investor über einen **maßgeblichen Einfluss** verfügt (IAS 28.2).

Ein **maßgeblicher Einfluss** besteht, wenn der Investor an **finanziellen oder betrieblichen Entscheidungsprozessen** teilnehmen kann, **ohne** jedoch eine **Beherrschung** auszuüben (IAS 28.2).

IAS 28.6 vermutet einen maßgeblichen Einfluss bei einem (in)direkt gehaltenen Stimmrechtsanteil von mindestens 20 % des beteiligten Unternehmens an einem anderen Unternehmen. Nach IAS 28.3 reicht die Möglichkeit zur Einflussnahme aus.

Der Equity-Wert ist auf der Grundlage der Wertansätze zu dem Zeitpunkt zu bestimmen, zu dem das Unternehmen assoziiertes Unternehmen geworden ist (IAS 28.32). Hierbei ist nach IAS 28.33 der letzte verfügbare Abschluss des assoziierten Unternehmens zu verwenden.

IAS 28.33 enthält eine grundsätzliche Pflicht zur Aufstellung eines Zwischenabschlusses, es sei denn, dieser ist aus Praktikabilitätsgründen nicht durchführbar (dann erfolgt jedoch eine Berücksichtigung wesentlicher Ereignisse). Es ist ein Zwischenabschluss aufzustellen, wenn mehr als drei Monate seit der Aufstellung des Abschlusses des assoziierten Unternehmens vergangen sind (IAS 28.34). Allerdings hat nach IAS 18.35 zwingend eine Anpassung der Bewertung im Abschluss des assoziierten Unternehmens an konzerneinheitliche Normen zu erfolgen.

Nach IAS 28.10 ist die Beteiligung am assoziierten Unternehmen zunächst mit den Anschaffungskosten anzusetzen. Es erfolgt ein Ausweis in der Konzernbilanz in einer Bilanzposition; ein etwaiger Goodwill ist im Beteiligungsbuchwert enthalten (IAS 28.32 (a)). Nach IAS 28.32 ist dem Beteiligungsbuchwert das auf die Anteile entfallende, zum beizulegenden Zeitwert neubewertete Eigenkapital gegenüberzustellen (Neubewertungsmethode) (Abbildung 19.28; Baetge/Kirsch/Thiele [Konzernbilanzen] 362). Der Unterschiedsbetrag stellt einen Goodwill bzw. einen negativen Unterschiedsbetrag dar. Eine Anschaffungskostenrestriktion besteht nicht.

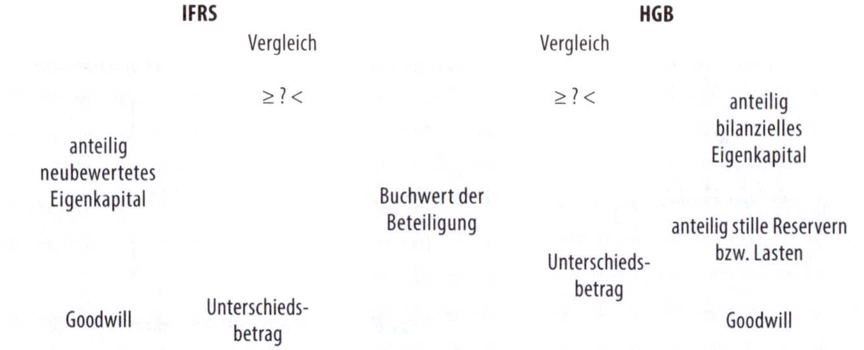

Abbildung 19.28: Ermittlung des Unterschiedsbetrags aus der Equity-Konsolidierung nach IFRS und HGB (Fall: Goodwill)

Die Neubewertungsmethode nach IFRS und die nach HGB zulässige Buchwertmethode führen nur dann zu unterschiedlichen Ergebnissen, wenn der Beteiligungsbuchwert niedriger als das neubewertete Nettovermögen ist. Ein negativer Unterschiedsbetrag hat im Zugangszeitpunkt nach IFRS eine erfolgswirksame Aufstockung des Equity-Wertes zur Folge [IAS 28.32 (b)], während nach HGB nur die Anschaffungskosten der Beteiligung anzusetzen sind (Küting/Weber [Konzernabschluss] 586; vgl. Abbildung 19.29).

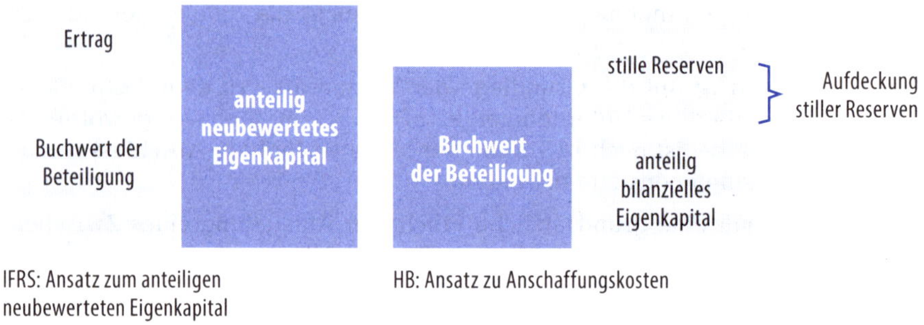

Abbildung 19.29: Equity-Zugangsbilanzierung nach IFRS im Vergleich zum HGB

Die Beteiligung am assoziierten Unternehmen ist nach IFRS in den Folgeperioden fortzuschreiben. Auflösungen der stillen Reserven und Lasten sind nach IAS 28.23 vorzunehmen. Da der derivative Goodwill nicht separat angesetzt wird, sieht IAS 28.42 explizit keinen Wertminderungstest für den Posten vor. Stattdessen ist der gesamte Beteiligungswert einem Impairment Test zu unterziehen, wenn unter Anwendung des IAS 36 eine Wertminderung angezeigt ist. Der Wertansatz der Beteiligung ist sowohl um anteilige Gewinne bzw. Verluste als auch um weitere anteilige Veränderungen des Eigenkapitals (z.B. Gewinnausschüttungen) des assoziierten Unternehmens zu erhöhen bzw. zu vermindern.

19.3.8 Schuldenkonsolidierung

Merksatz: Ansprüche und Verpflichtungen zwischen einbezogenen Konzernunternehmen sind vollständig zu eliminieren (IFRS 10.B86).

Im Falle einer untergeordneten Bedeutung der konzerninternen Forderungen und Verbindlichkeiten ist ein Verzicht auf die Schuldenkonsolidierung nach dem Grundsatz der Wesentlichkeit zulässig (Ziffer 29f. des Rahmenkonzepts). Hinsichtlich der Durchführung der Schuldenkonsolidierung finden sich in den IFRS keine konkreten Regelungen.

Für assoziierte Unternehmen und Gemeinschaftsunternehmen, die über die Equity-Methode konsolidiert werden, enthält IAS 28 bzgl. der Schuldenkonsolidierung ebenfalls keine expliziten Vorschriften, sondern nur einen Verweis auf die Regeln der Vollkonsolidierung. Die Eliminierung soll gemäß der Höhe der Beteiligungsquote am assoziierten Unternehmen bzw. am Gemeinschaftsunternehmen erfolgen. Dies führt zu einer anteiligen Aufrechnungspflicht.

19.3.9 Zwischenergebniseliminierung

Merksatz: Zwischenergebnisse aus konzerninternen Lieferungen und Leistungsbeziehungen sind vollständig zu eliminieren (IFRS 10.B86).

Im Falle einer untergeordneten Bedeutung ist ebenso ein Verzicht auf die konzerninternen Zwischenergebniseliminierung nach dem Grundsatz der Wesentlichkeit zulässig (Ziffer 29f. des Rahmenkonzepts).

Bei selbst erstellten Vermögenswerten kann die Höhe des Zwischenerfolgs nach IFRS im Vergleich zum HGB abweichen, da – wie in Abschnitt 1.8.3 ausgeführt – bei der Ermittlung der Herstellungskosten die produktionsbezogenen Vollkosten anzusetzen sind (IAS 2.10, 2.12–14) und mit einer Ausnahme (Aktivierung von Fremdkapitalkosten für qualifizierte Vermögenswerte) keine expliziten Einbeziehungswahlrechte nach IFRS existieren. Folglich können nur eliminierungspflichtige Zwischenerfolge auftreten.

Für assoziierte Unternehmen und Gemeinschaftsunternehmen, die über die Equity-Methode konsolidiert werden, verlangt IAS 28.28 eine beteiligungsquotale Eliminierung der Zwischenerfolge, unabhängig davon, ob es sich um eine Upstream- oder Downstream-Lieferung handelt.

19.3.10 Aufwands- und Ertragskonsolidierung

Im Falle einer untergeordneten Bedeutung ist ein Verzicht auf die Aufwands- und Ertragskonsolidierung nach dem Grundsatz der Wesentlichkeit zulässig (Ziffer 29f. des Rahmenkonzepts).

Merksatz: Aufwendungen und Erträge aus Geschäften mit Konzernunternehmen sowie innerkonzernliche Dividendenzahlungen oder sonstige Gewinnvereinnahmungen müssen vollständig eliminiert werden (IFRS 10.B86).

Für assoziierte Unternehmen und Gemeinschaftsunternehmen, die über die Equity-Methode konsolidiert werden, verlangt IAS 28.28 eine beteiligungsquotale Eliminierung der Aufwendungen und Erträge.

19.3.11 Zusammenfassung zur IFRS-Konzernrechnungslegung und Vergleich zum HGB

Abbildung 19.30 fasst die Ergebnisse zur Konzernrechnungslegung nach IFRS sowie die Unterschiede zum HGB zusammen.

Einführende Literaturhinweise zum Abschnitt 19.3

Die vollständigen Literaturangaben finden Sie im Downloadbereich.

Baetge, J./Kirsch, H.-J./Thiele, S.: [Konzernbilanzen]. 10. Aufl., Düsseldorf 2013.

Küting, K./Weber, C.: Der [Konzernabschluss]. Praxis der Konzernrechnungslegung nach HGB und IFRS. 13. Aufl., Stuttgart 2012.

Pellens, B./Fülbier, R.U./Gassen, J./Sellhorn, T.: [Internationale Rechnungslegung]. IFRS 1 bis 9, IAS 1 bis 41. IFRIC-Interpretationen. Standardentwürfe. 8. Aufl., Stuttgart 2011.

	HGB	IFRS
Funktion und Bestandteile		
Aufgabe des Konzernabschlusses	Vermittlung entscheidungsrelevanter Informationen keine Ausschüttungs- und Steuerbemessungsfunktion	
Verhältnis Einzel- und Konzernabschluss	Konzernabschluss ergänzt den Einzelabschluss	Einzelabschluss ergänzt den Konzernabschluss
(Mindest-) Bestandteile des Konzernabschlusses	Konzernbilanz Konzern-GuV Konzernanhang Kapitalflussrechnung Eigenkapitalspiegel Segmentberichterstattung (fakultativ) Konzernlagebericht	Konzernbilanz Konzern-GuV (inklusive Earnings per Share*) Konzernanhang Kapitalflussrechnung Eigenkapitalspiegel Segmentberichterstattung nur kapitalmarktorientierte MU fakultativ: Management Commentary
Grundsätze der Konzernrechnungslegung	Vollständigkeit Fiktion der rechtlichen Einheit einheitlicher Konzernabschlussstichtag einheitliche Bilanzierung und Bewertung – HB II Stetigkeit der Konsolidierungsmaßnahmen Wirtschaftlichkeit	
Aufstellungspflicht		
Pflicht zur Konzernrechnungslegung	Möglichkeit der Beherrschung	
Beherrschungstatbestände	insbesondere, wenn einer der folgenden Tatbestände erfüllt ist: Unmittelbare oder mittelbare Stimmrechtsmehrheit, Organbestellungsrecht, Beherrschungsvertrag bzw. Satzung, Zustehen der Mehrheit der Risiken und Chancen aus der Tätigkeit einer Zweckgesellschaft. Zudem kann ein beherrschender Einfluss durch Präsenzmehrheit begründet werden.	wenn das beteiligte Unternehmen die Entscheidungsmacht über das Beteiligungsunternehmen besitzt, aus der Beteiligung variable Rückflüsse erhält und die Möglichkeit hat, seine Entscheidungsmacht über das Beteiligungsunternehmen so einzusetzen, dass es die Höhe seiner Rückflüsse aus der Beteiligung beeinflussen kann.
Befreiung aufgrund eines übergeordneten Konzernabschlusses	wenn übergeordnetes MU einen befreienden Konzernabschluss erstellt. Voraussetzungen: kein kapitalmarktorientiertes MU und nicht mehr als 10 % der Aktionäre (AG, KGaA) bzw. 20 % der Gesellschafter (GmbH) haben der Befreiung widersprochen.	wenn übergeordnetes MU einen befreienden Konzernabschluss erstellt Voraussetzungen: kein kapitalmarktorientiertes MU und mögliche Minderheiten haben der Befreiung nicht widersprochen.
Größenabhängige Befreiungen	nach Bilanzsumme, Umsatzerlöse und Beschäftigtenzahlen keine Befreiung, wenn MU oder TU am Abschlussstichtag kapitalmarktorientiert ist	keine
Konsolidierungskreis		
Einzubeziehende Unternehmen	Weltabschlussprinzip; TU unabhängig von Sitz und Rechtsform in den Konzernabschluss einbeziehen	
Einbeziehungswahlrechte	Verfügungsrechte über das TU sind erheblich und dauernd beschränkt Konsolidierung verursacht unverhältnismäßige Kosten oder Verzögerungen Weiterveräußerung beabsichtigt TU von untergeordneter Bedeutung	keine expliziten

Abbildung 19.30: Konzernrechnungslegung nach IFRS im Vergleich zum HGB

	HGB	IFRS
Kapitalkonsolidierung als Vollkonsolidierung		
Zeitpunkt der Erstkonsolidierung	grds. zu dem das Unternehmen TU geworden ist, d. h., zu dem das MU die Möglichkeit der Beherrschung erlangt	
„Ein-Jahres-Fenster"	Sofern ein Unternehmen unterjährig erworben wurde und die für die Erstkonsolidierung erforderlichen Daten nicht rechtzeitig für die Erstellung des Konzernabschlusses ermittelt werden können, ist eine Abschlusserstellung auf Basis vorläufiger Werte vorzunehmen. Die provisorischen Werte sind innerhalb von zwölf Monaten nach dem Zeitpunkt der erstmaligen Einbeziehung des Tochterunternehmens rückwirkend anzupassen	
Form der Kapitalkonsolidierung	Erwerbsmethode	
Erwerbsmethode		
Bewertungmaßstab	Die identifizierbaren Vermögenswerte und Schulden sind zum Erwerbszeitpunkt grds. mit ihren Zeitwerten zu bewerten	
Umfang der aufgedeckten stillen Reserven und Lasten	vollständige Neubewertung der Vermögenswerte und Schulden zum Erwerbszeitpunkt Stille Reserven bzw. Lasten in voller Höhe auch für Minderheiten aufdecken Aufdeckung der stillen Reserven nicht durch Anschaffungskosten der Beteiligung begrenzt	
Bewertung von Minderheiten	Neubewertungsmethode: Das anteilige Reinvermögen zum Zeitpunkt der Erstkonsolidierung wird auf der Basis der Zeitwerte ermittelt. Auch für Minderheiten werden stille Reserven und Lasten aufgedeckt.	
	Full Goodwill-Methode unzulässig	Full Goodwill-Methode (Wahlrecht): Goodwill auch auf Minderheitengesellschafter
Ausweis von Minderheiten	innerhalb des Eigenkapitals	
Planmäßige Abschreibung des Goodwill	zeitlich begrenzt nutzbarer Vermögensgegenstand planmäßige Abschreibung über voraussichtliche Nutzungsdauer	nicht abnutzbarer Vermögenswert nur außerplanmäßige Abschreibung
Außerplanmäßige Abschreibung des Goodwill	An jedem Bilanzstichtag auf dauerhafte Wertminderung zu überprüfen und ggf. außerplanmäßig abschreiben	mindestens einmal im Jahr Durchführung eines Werthaltigkeitstests
Zuschreibung des Goodwill	Verbot	
Behandlung des negativen Unterschiedsbetrags	gesonderter Posten auf der Passivseite	nach erneuter Prüfung aller Wertansätze sofort erfolgswirksam erfassen
bilanzieller Ausweis des negativen Unterschiedsbetrags	gesonderter Posten „Unterschiedsbetrag aus der Kapitalkonsolidierung" zwischen Eigen- und Fremdkapital	kein Ausweis eines negativen Unterschiedsbetrags
Auflösung des negativen Unterschiedsbetrags	Erfolgswirksames Auflösungsgebot wenn bei Erwerb der Anteile oder der Erstkonsolidierung erwartete negative Zukunftseinschätzungen eingetroffen sind oder zu diesem Zeitpunkt erwartete Aufwendungen zu berücksichtigen sind, wenn am Stichtag feststeht, dass der Posten einem realisierten Gewinn entspricht (Lucky Buy)	bereits im Jahr des Unternehmenszusammenschlusses erfolgswirksam erfassen
Quotenkonsolidierung		
Anwendungsbereich	Wahlrecht bei Gemeinschaftsunternehmen	nicht (mehr) zulässig
Kapitalaufrechnung/ Unterschiedsbetrag	Aktiv- und Passivposten werden nur quotal in die Summenbilanz übernommen Ansonsten entspricht die Vorgehensweise der Vollkonsolidierung nach der Erwerbsmethode	
Equity-Konsolidierung		
Anwendungsbereich	assoziierte Unternehmen Gemeinschaftsunternehmen, die nicht nach der Quotenkonsolidierung einbezogen werden Tochterunternehmen, die nicht auf Grundlage der Vollkonsolidierung einbezogen werden	assoziierte Unternehmen Gemeinschaftsunternehmen

Abbildung 19.30: (Fortsetzung)

	HGB	IFRS
Vorbereitung der Einzelabschlüsse für den Einbezug in den Konzernabschluss		
Konzernaschlussstichtag	Stichtag des Mutterunternehmens	
Zwischenabschluss	Erstellungspflicht, sofern der Abschlussstichtag eines TU mehr als drei Monate vor dem Konzernabschlussstichtag liegt. Wird bei Einhaltung der Dreimonatsfrist ein Zwischenabschluss nicht erstellt, so sind Vorgänge von besonderer Bedeutung im Abschluss zu berücksichtigen.	Erstellungspflicht, sofern der Abschlussstichtag eines TU mehr als drei Monate vor oder nach dem Konzernabschlussstichtag liegt Wird bei Einhaltung der Dreimonatsfrist ein Zwischenabschluss ausnahmsweise nicht erstellt (falls nicht durchführbar oder wirtschaftlich nicht vertretbar), so sind Vorgänge von besonderer Bedeutung im Abschluss berücksichtigen
Einheitlichkeit von Ansatz, Bewertung und Ausweis	Es gelten die Regelungen des MU. Ansatz-, Bewertungs- und Ausweiswahlrechte sind unabhängig vom Einzelabschluss bei gleichartigen Sachverhalten konzernweit einheitlich auszuüben. Ausnahmen ergeben sich in Bezug auf die Bewertung primär, wenn Bewertungsanpassungen unwesentlich sind, „bestimmte Ausnahmefälle" vorlegen.	Ansatz-, Bewertungs- und Ausweiswahlrechte sind bei gleichartigen Sachverhalten konzernweit einheitlich auszuüben.
Währungsumrechnung	modifizierte Stichtagskursmethode	modifizierte Stichtagskursmethode oder Zeitbezugsmethode (in Abhängigkeit von der finanzwirtschaftlichen Einbindung des TU)
Konzeption der latenten Steuerabgrenzung	bilanzorientiertes Temporary-Konzept	
Ansatz latenter Steuern	Einzelabschlussebene: (latente Steuern aus den Einzelabschlüssen und aus der Überleitung zur HB II) Aktivierungswahlrecht für einen Überhang aktiver latenter Steuern und Passivierungspflicht für einen Überhang passiver latenter Steuern Konzernabschlussebene: Ansatzpflicht für aktive und passive latente Steuern	Sämtliche temporäre Differenzen führen grds. zur Ansatzpflicht von latenten Steuern im Einzel- und Konzernabschluss
Ausnahmen vom Ansatz latenter Steuern	Outside Basis Differences derivativer Geschäfts- oder Firmenwert	Outside Basis Differences grds. bei der latenten Steuerabgrenzung berücksichtigen derivativer Geschäfts- oder Firmenwert
Bewertung latenter Steuern	Liability-Methode mit unternehmensindividuellem (steuersubjektbezogenen) Steuersatz zum Zeitpunkt der Umkehrung der Bilanzdifferenz Ausnahme: Bewertung mit konzerneinheitlichem Steuersatz, wenn die hieraus resultierenden Abweichungen unwesentlich sind Abzinsungsgebot	
Ausweis latenter Steuern	Konzernbilanz: Gesonderter Posten „Aktive latente Steuern" bzw. „Passive latente Steuern" Saldierungswahlrecht für aktive und passive latente Steuern Primäre und sekundäre latente Steuern dürfen zusammengefasst werden Konzern-GuV: Gesonderter Ausweis unter Posten „Steuern vom Einkommen und vom Ertrag" Konzernanhang: Angabe, auf welchen Differenzen oder steuerlichen Verlustvorträgen die latenten Steuern beruhen und mit welchen Steuersätzen die Bewertung erfolgt ist	Konzernbilanz: Gesonderter Ausweis unter den langfristigen Vermögenswerten bzw. Schulden Saldierungsverbot für aktive und passive latente Steuern; Ausnahme: Saldierungsgebot bei gleicher Steuerart, gleicher Fälligkeit und gleicher Fiskalbehörde keine Differenzierung zwischen primären und sekundären latenten Steuern Konzern-GuV: Gesonderter Ausweis Konzernanhang: Angabe, auf welchen Differenzen oder steuerlichen Verlustvorträgen die latenten Steuern beruhen und mit welchen Steuersätzen die Bewertung erfolgt ist

Abbildung 19.30: (Fortsetzung)

	HGB	IFRS
Voraussetzung	tatsächliche Ausübung eines maßgeblichen Einflusses auf die Geschäfts- und Finanzpolitik des assoziierten Unternehmens	Möglichkeit der Ausübung eines maßgeblichen Einflusses auf die Geschäfts- und Finanzpolitik eines Unternehmens
Erstmalige Anwendung	grds. auf der Grundlage der Wertansätze zu dem Zeitpunkt, zu dem das Unternehmen assoziiertes Unternehmen geworden ist	
„Ein-Jahres-Fenster"	Falls die Wertansätze zum Zeitpunkt der erstmaligen Anwendung der Equity-Methode nicht endgültig ermittelt werden können, sind sie innerhalb der darauf folgenden zwölf Monate anzupassen	keine explizite Regelung zu nachträglichen werterhellenden Korrekturen
Zwischenabschluss	Erstellungspflicht, wenn mehr als drei Monate seit der Aufstellung des Abschlusses des assoziierten Unternehmens vergangen sind	
Anpassung an konzerneinheitliche Normen	Wahlrecht bei assoziierten Unternehmen	Gebot bei assoziierten Unternehmens
Methodische Vorgehensweise	keine Einbeziehung von Bilanzposten, sondern Fortschreibung des Beteiligungsbuchwerts. Der „Globalwert" der Beteiligung ist in seine Bestandteile anteiliges Eigenkapital, anteilige stille Reserven/Lasten und/oder einen positiven/negativen Unterschiedsbetrag aufzuspalten und fortzuschreiben	
	Buchwertmethode Die Anschaffungskosten der Anteile stellen die Wertobergrenze dar. In einer Nebenrechnung sind stille Reserven nur in dem Umfang aufzudecken, wie der Buchwert der Beteiligung das anteilige bilanzielle Eigenkapital des assoziierten Unternehmens übersteigt.	Neubewertungsmethode Dem Buchwert der Beteiligung ist das anteilig neubewertete Eigenkapital gegenüber zu stellen. Ein passivischer Unterschiedsbetrag ist erfolgswirksam zu erfassen und führt zu einer Aufstockung des Equity-Wertes.
Ausweis	Goodwill wird nicht separat ausgewiesen, Bestandteil des Equity-Werts	
	Schuldenkonsolidierung	
Verpflichtung	alle Bilanzposten mit Forderungs- und Verbindlichkeitscharakter gegenüber anderen einbezogenen Unternehmen	
Verzicht	Bei untergeordneter Bedeutung der Forderungen und Verbindlichkeiten	
Schuldenkonsolidierung bei Quotenkonsolidierung	Aufrechnungsdifferenzen und Schuldverhältnisse werden quotal eliminiert	Quotenkonsolidierung nicht (mehr) zulässig
Schuldenkonsolidierung bei assoziierten Unternehmen	Wahlrecht	Pflicht gemäß Beteiligungsquote am assoziierten Unternehmen
	Zwischenergebniseliminierung	
Verpflichtung	vollständige Eliminierung	
Verzicht	bei untergeordneter Bedeutung	
Zwischenerfolgseliminierung bei Quotenkonsolidierung	quotal	Quotenkonsolidierung nicht (mehr) zulässig
Zwischenerfolgseliminierung bei assoziierten Unternehmen	quotal, unabhängig davon, ob es sich um eine Upstream- oder Downstream-Lieferung handelt	
	Aufwands- und Ertragskonsolidierung	
Verpflichtung	vollständige Eliminierung	
Verzicht	bei untergeordneter Bedeutung	
Aufwands- und Ertragskonsolidierung bei Quotenkonsolidierung	quotal	Quotenkonsolidierung nicht (mehr) zulässig
Aufwands- und Ertragskonsoli-dierung bei assoziierten Unternehmen	keine Verpflichtung freiwillige beteiligungsproportionale Eliminierung möglich	zwingende beteiligungsproportionale Eliminierung

Abbildung 19.30: (Fortsetzung)

Modul 20: Grundlagen der Kosten- und Erlösrechnung

Jana Eberlein
Silvia Rogler

„Wer zu spät an die Kosten denkt, ruiniert sein Unternehmen.
Wer immer zu früh an die Kosten denkt, tötet die Kreativität."
(Philip Rosenthal 1855–1937)

20.1 Einführung

Lernziele:

Aneignen von Wissen (Kenntnissen) zu Fachbegriffen, Rechnungszielen und Arbeitsschritten der Kosten- und Erlösrechnung; Verstehen (Erfassen und Erkennen) einzelner Methoden, Verfahren und Systeme; Anwenden (Nutzen) des erlangten Wissens zur Lösung von kostenrelevanten Fragestellungen und damit zweckdienliche Auswahl der zur Verfügung stehenden Tools der Kosten- und Erlösrechnung; Analyse (Erforschen) von Ursachen und Beziehungen zwischen den einzelnen Methoden, Verfahren und Systemen; Synthese (Integrieren) von Einzelerkenntnissen aus der Analyse für den Gesamtaufbau der Kosten- und Erlösrechnung; Bewertung (Evaluation) des Nutzens unterschiedlicher Methoden, Verfahren und Systeme zur Lösung kostenorientierter Probleme im Hinblick auf die Ergebnisqualität der Kosten- und Erlösrechnung.

Übersicht:

Im Fokus des Abschnittes 20.1 steht das Erlangen von grundlegendem Wissen über Systeme, wesentliche Begriffe und Teilbereiche der Kosten- und Erlösrechnung sowie zentrale Kostenverrechnungsprinzipien. Abschnitt 20.2 soll dazu befähigen, die unterschiedlichen Aufgaben der Kostenartenrechnung kennenzulernen und deren Bedeutung für die Qualität der Kostenrechnungsergebnisse nachvollziehen zu können. Erfassungs-, Gliederungs- sowie Bewertungsmöglichkeiten des betriebsbedingten Faktorverbrauchs gilt es zu verstehen, anzuwenden und in ihrer Nützlichkeit einzuschätzen. Im Abschnitt 20.3 wird der Aufbau der Kostenstellenrechnung erklärt. Neben Erfassungsmöglichkeiten von Kosten auf Kostenstellen, Ansätzen im Umgang mit innerbetrieblichen Leistungen und deren Auswirkungen auf die Bereichskosten, werden Überlegungen zur Berechnung von Kalkulationssätzen sowie zur allgemeinen Wirtschaftlichkeitskontrolle vorgestellt. Im Abschnitt 20.4 erfolgt die Erläuterung grundlegender Verfahren der Kostenträgerrechnung zur Ermittlung der Kosten eines Produktes. Die Ausführungen sollen den Leser in die Lage versetzen, die beschriebenen Kalkulationsverfahren verstehen und anwenden zu können. Die Betriebsergebnisrechnung wird unter Abschnitt 20.5 in ihren beiden Ausgestaltungsmöglichkeiten erklärt. Mit Abschnitt 20.6 folgt ein Ausblick auf

weitere Verfahren der Kosten- und Erlösrechnung. Damit soll eine Vorstellung davon vermittelt werden, inwieweit die in den vorhergehenden Abschnitten dargestellten Verfahren ergänzt werden können.

20.1.1 Rechnungsziele der Kosten- und Erlösrechnung

Unternehmen sind idealerweise so zu managen, dass sie am Markt dauerhaft erfolgreich agieren können. Dazu müssen Sach- und Dienstleistungen mit dem Ziel nachhaltiger Kundenzufriedenheit, maximalem Gewinn sowie hohen Unternehmenswertsteigerungen verkauft werden. Um diesen Zielvorstellungen zu genügen, bedarf es schneller und kompetenter Managemententscheidungen. Die dafür notwendigen betriebszweckbezogenen Informationen stellt die

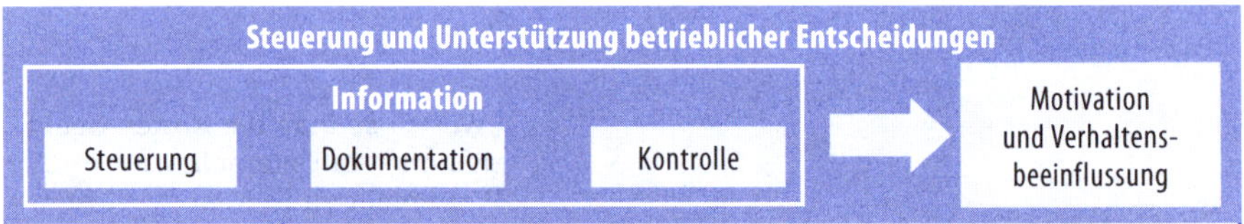

Dokumentation	Ganzheitliche, zahlenmäßige Abbildung und Erfassung aller betriebszweckbezogenen, mengen- und wertmäßiger Daten bedingt durch den Verbrauch von Produktionsfaktoren und daraus resultierender Güterentstehung und -verwertung 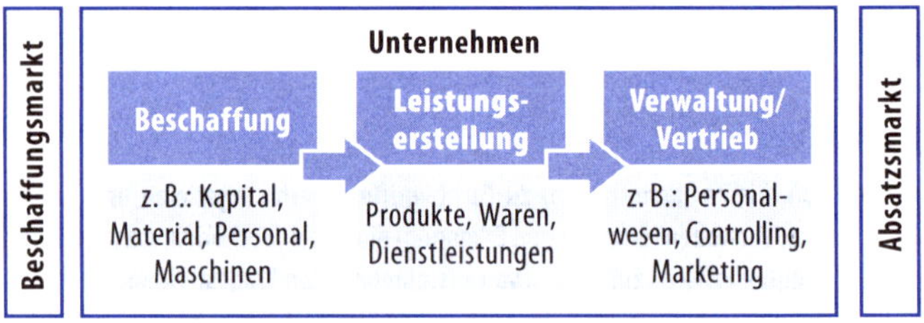
Information	Zweckorientierte Versorgung aller Entscheidungsträger mit Wissen gemäß ihres jeweiligen Informationsbedarfs mithilfe des betrieblichen Informationssystems
Planung	Festlegen von Zielwerten unter Beachtung der Unternehmensstrategie (z. B Kosten- und Erlöswerte) (Schweitzer/Küpper [Systeme] 2) sowie Informations- und Entscheidungshilfe für die Bewertung betrieblicher Handlungsoptionen (z. B. Bestimmen von Preisober- und Preisuntergrenzen, Optimieren des Produktionsprogramms, Durchführen der Plankostenrechnung)
Steuerung	Verarbeiten von Informationen sowie Analyse von Wert- und Mengengrößen (z. B. Betriebsergebnis, Verkaufszahlen) und zukunftsorientiertes, korrigierendes Einwirken und Koordinieren unter dem Fokus plankonformer Verhaltensbeeinflussung betrieblicher Entscheidungsträger
Kontrolle	Durchführen der Wirtschaftlichkeitskontrolle durch Gegenüberstellung von bewertetem Output (Nutzen) und Input (Kosten) unternehmens-, bereichs-, projekt- und prozessbezogen
Motivation	Sensibilisieren zum kostenbewussten Verhalten und Aufzeigen von Steigerungspotenzialen von Erlösgrößen
Verhaltens-beeinflussung	Willenssicherung durch Koordination dezentral getroffener Entscheidungen bedingt durch Zielkonflikte und asymmetrisch verteilter Informationen (Ewert/Wagenhofer [Unternehmensrechnung] 8 f.)

Abbildung 20.1: Rechnungsziele der Kosten- und Erlösrechnung

Kosten- und Erlösrechnung mithilfe einer umfassenden zahlenmäßigen Abbildung des betrieblichen Prozesses bereit. Sie liefert somit unerlässliche Daten für die Dokumentation, Planung, Kontrolle und Steuerung (vgl. Abbildung 20.1).

Merksatz: Die **Kosten- und Erlösrechnung als eine Grundlage des Controllings** (vgl. Modul 21) stellt bedarfsgerecht Informationen zur zielkonformen Entscheidungsunterstützung der Unternehmensführung sowie zur verantwortungsbewussten Verhaltenssteuerung und Motivation von Mitarbeitern bereit, indem der betriebliche Prozess ganzheitlich und realitätsgetreu in Zahlen abgebildet und aufbereitet wird. Damit leistet sie einen maßgeblichen Beitrag zur Unternehmenssteuerung.

20.1.2 Systeme der Kosten- und Erlösrechnung

Die Ausgestaltungsmöglichkeiten der Kosten- und Erlösrechnung sind mannigfaltig und erfahren aufgrund ständig wachsender Ansprüche, wie bspw.

- steigende Unternehmenskomplexität und Produktvielfalt,
- zunehmende Konvergenz von externem und internem Rechnungswesen,
- verstärkten Koordinationsanforderungen sowohl zwischen den wirtschaftswissenschaftlichen Fachdisziplinen als auch in ihrem Zusammenspiel mit anderen Fachwissenschaften, wie z.B. Ingenieur- und Naturwissenschaften,

permanent zahlreiche Weiterentwicklungen.

Letztlich gilt es, aus dem vielfältigen Angebot an Verfahren, Methoden und Bewertungsansätzen der Kosten- und Erlösrechnung zweckdienlich auszuwählen. Hierbei sollten der Wirtschaftlichkeitsanspruch an das Rechnungswesen selbst, die von den Entscheidungsträgern verfolgten Rechnungsziele sowie der bestehende Informations-, Planungs-, Kontroll- und Koordinationsbedarf (Weber/Schäffer [Controlling] 26) im Fokus stehen.

Grundsätzlich können Systeme der Kosten- und Erlösrechnung danach klassifiziert werden, ob sie vergangenheitsorientiert (Istrechnungen) oder zukunftsbezogen (Planrechnungen) eingesetzt werden. Des Weiteren lassen sich die Systeme nach dem Umfang der Kostenverrechnung in Voll- und Teilkostenrechnungen unterscheiden (vgl. Abbildung 20.2). Die Vollkostenrechnung verrechnet die gesamten Kosten des Unternehmens auf die Bezugsobjekte, insbesondere Produkte und Dienstleistungen. Hingegen werden in der Teilkostenrechnung üblicherweise nur jene Kosten auf Produkte bezogen, für die eine Abhängigkeit zur Absatz- bzw. Herstellmenge nachweisbar ist.

! Anmerkung: Weil die **vergangenheitsbezogene Vollkostenrechnung** die Grundlage für alle übrigen Systeme und Weiterentwicklungen der Kosten- und Erlösrechnung bildet, beziehen sich die folgenden Ausführungen vorrangig auf dieses System mit Beispielen für Industriebetriebe.

Merksatz: Die Kosten- und Erlösrechnung unterscheidet in Abhängigkeit von den angestrebten Rechnungszielen nach dem Zeitbezug grundsätzlich **Ist- und Planrechnungssysteme** sowie nach dem Umfang der Kostenverrechnung **Voll- und Teilkostensysteme.**

Steuerung

Informationsbereitstellung
mithilfe von Systemen der Kosten- und Erlösrechnung

Zeitbezug / Ausmaß der Kostenverrechnung	**Planung** (zukunftsorientiert)	**Dokumentation** (vergangenheitsorientiert)
Vollkostenrechnung (Verrechnung sämtlicher Kosten des Unternehmens auf Bezugsobjekte)	Plankosten- und Erlösrechnung (starr oder flexibel)	Istkosten- und Erlösrechnung
	Prozesskostenrechnung	Prozesskostenrechnung
	Target Costing	
	Life Cycle Costing	
Teilkostenrechnung (partielle Kostenverrechnung auf Bezugsobjekte)	Plankosten- und Erlösrechnung (Grenzplankostenrechnung) – Einstufige Deckungsbeitragsrechnung – Mehrstufige Deckungsbeitragsrechnung – Mehrdimensionale Deckungsbeitragsrechnung	Istkosten- und Erlösrechnung – Einstufige Deckungsbeitragsrechnung – Mehrstufige Deckungsbeitragsrechnung – Mehrdimensionale Deckungsbeitragsrechnung – Relative Einzelkosten- und Deckungsbeitragsrechnung

Kontrolle
Vergleich von zukunfts- und vergangenheitsorientierten Daten

Steuerung

Abbildung 20.2: Rechnungsziele und Systeme der Kosten- und Erlösrechnung

20.1.3 Wesentliche Begriffe der Kosten- und Erlösrechnung

Die Rechengrößen Erlös, Kosten und Betriebsergebnis müssen die Kriterien Sachziel- bzw. Betriebszweckbezogenheit, Bewertbarkeit sowie Periodenbezogenheit des Güterverbrauchs bzw. der Güterentstehung erfüllen. Im Rahmen des folgenden Beispiels (vgl. Abbildung 20.3) sollen diese grundlegenden Begriffe definiert werden.

Der Erlösbegriff wird unterschiedlich abgegrenzt. Im weiteren Sinne spiegelt der Erlös die gesamte bewertete, betriebszweckbezogene Güterentstehung bezogen auf eine Abrechnungsperiode wider. Die Güterentstehung umfasst zusätzlich zum Verkaufswert der Absatzgüter auch den Wertzuwachs der Lagerbestandserhöhungen betreffs der erstellten und nicht verkauften Produkte der Abrechnungsperiode sowie den Wert der Eigenleistungen. In diesem Fall wird der Leistungsbegriff zumeist nur dann benutzt, wenn mengenmäßige Komponenten relevant sind. (Schweitzer/Küpper [Systeme] 21 f.) In einem engeren Sinne bezieht sich der Erlös nur auf die zu Absatzpreisen bewertete, betriebszweck- bzw. sachzielbezogene Absatzleistung einer Periode (Coenenberg/Fischer/Günther [Kostenrechnung] 188).

Beispiel:

Für ein Unternehmen wird der kalkulatorische Erfolg einer Abrechnungsperiode ermittelt. Alle in dieser Periode hergestellten Produkte können verkauft werden, sodass keine Bestandsveränderungen vorliegen.

Begriff		Erklärung	Beispiel	
	Erlös	Wert aller verkauften Leistungen pro Periode, die der eigentlichen betrieblichen Tätigkeit entsprechen	Barverkauf von Fertigprodukten in der Periode ihrer Herstellung	5.475.000 €/ZE
–	Kosten	Betriebsnotwendiger, bewerteter und periodengerechter Verbrauch von Gütern und Dienstleistungen für die Erstellung und den Absatz betrieblicher Leistungen sowie zur Aufrechterhaltung der Betriebsbereitschaft	Materialkosten Fertigungskosten Verwaltungskosten Vertriebskosten Gesamtkosten	4.765.725 €/ZE
=	Betriebsergebnis	Betriebszweckbezogener Gewinn oder Verlust Differenz von Erlösen und Kosten pro Periode Erlös > Kosten = Gewinn oder Erlös < Kosten = Verlust	Betriebsgewinn	709.275 €/ZE

Abbildung 20.3: Erlös, Kosten und Betriebsergebnis

Merksatz: **Kosten** sind bewerteter, betriebszweckbezogener und periodenbezogener Güterverbrauch. **Erlöse** beziehen sich auf die Güterentstehung, welche ebenso bewertet, sachzielbezogen und periodengerecht sein muss. Die periodenbezogene Gegenüberstellung von Erlösen und Kosten führt zum Ausweis des kurzfristigen, kalkulatorischen **Betriebsergebnisses.**

20.1.4 Überblick über zentrale Kostenverrechnungsprinzipien

Eine zentrale Herausforderung der Kostenrechnung besteht darin, den bewerteten, betriebszweckbedingten Verbrauch von Produktionsfaktoren je Bezugs- bzw. Kalkulationsobjekt zu bestimmen. Als Bezugsobjekt können ein Bereich, eine Kostenstelle, ein Prozess und schließlich auch eine Produkteinheit fungieren. Sind die Kosten je Bezugsobjekt direkt feststellbar, so handelt es sich um Einzelkosten. Hingegen lassen sich Gemeinkosten nur indirekt je Kalkulationsobjekt berechnen. Für diese indirekte Verrechnung sind Hilfsmittel zu verwenden, welche als Beziehungszahlen, Bezugsgrößen, Kostenschlüssel oder auch als Verrechnungsbasis bezeichnet werden (vgl. Abbildung 20.4).

Für die Zuordnung von Kosten auf ein Bezugsobjekt lassen sich unterschiedliche Zurechnungsprinzipien unterscheiden (vgl. Abbildung 20.5).

Merksatz: Das **Verursachungsprinzip** gilt als das zentrale Kostenverrechnungsprinzip.

Bezugsgrößen	Beispiele	
Zählgrößen	Mitarbeiteranzahl, Verkaufsmenge, Anzahl der hergestellten Produkte, Anzahl der Kundenanfragen	Mengengrößen
Zeitgrößen	Öffnungszeit, Fertigungszeit, Arbeitszeit, Taktzeit	
Raumgrößen	Fläche, Länge, Höhe, Querschnitt, Umfang	
Gewichtsgrößen	Materialgewicht, Transportgewicht, Produktgewicht	
Technische Größen	Energieverbrauch, Taktzeit, Kraft, Festigkeit	
Kostengrößen	Einzelkosten, Herstellkosten, Wareneinsatzkosten	
Absatzgrößen	Umsatz je Produktart, Umsatz je Kundengruppe	Wertgrößen
Bestandsgrößen	Lagerbestand an Material, Zwischen- und Endprodukten	
Erfolgsgrößen	Deckungsbeitrag, Gewinn	

Abbildung 20.4: Übersicht über Beziehungszahlen für Kostenverrechnungen (in Anlehnung an Schweitzer/Küpper [Systeme] 132)

Verrechnungsprinzip	Erklärung
Verursachungsprinzip	Nur jene Kosten werden Bezugsobjekten zugeordnet, die diese ursächlich veranlasst haben. Streng genommen würde die ausnahmslose Einhaltung dieses Prinzips verlangen, dass Kosten ohne Bezugsgröße dem Bezugsobjekt direkt zugeordnet werden können. Diese Voraussetzung kann nur bei Vorliegen von Einzelkosten erfüllt werden. Beispiel: Direkte Erfassung von Personalkosten für den Fertigungsbereich anhand der Lohnbuchhaltung und der in diesem Bereich beschäftigten Mitarbeiter.
Proportionalitätsprinzip	Gemeinkosten werden auf Bezugsobjekte mithilfe einer Beziehungszahl indirekt verrechnet, wobei zwischen dieser und den zu verrechnenden Kosten ein proportionaler Zusammenhang (hohe Korrelation) nachweisbar sein muss. Es wird eine möglichst verursachungsgerechte Kostenverrechnung angestrebt. Beispiel: Indirekte Zuordnung von Mietkosten auf Kostenstellen in Abhängigkeit von der Bezugsgröße ‚Fläche je Kostenstelle'.
Durchschnittsprinzip	Gemeinkosten werden indirekt auf Basis einer statischen Bezugsgröße gleichmäßig auf Bezugsobjekte verteilt. Dieses Prinzip ist nicht empfehlenswert, da keine Verursachungsgerechtigkeit angestrebt wird. Beispiel: Indirekte Zuordnung von Zinskosten auf Kostenstellen in Abhängigkeit von der Anzahl der Kostenstellen. Jeder Kostenstelle werden Zinsen in gleicher Höhe zugewiesen.
Tragfähigkeitsprinzip	Die Zurechnung von Gemeinkosten auf Bezugsobjekte erfolgt indirekt auf Basis einer Beziehungszahl in dem Ausmaß, wie diese die Kosten decken können. Dieses Prinzip ist nicht empfehlenswert, da keine Verursachungsgerechtigkeit angestrebt wird. Beispiel: Indirekte Zuordnung von Kosten auf Produkte in Abhängigkeit von der Bezugsgröße Umsatz je Produkt. Je höher der Umsatz eines Produkts, desto stärker wird das Produkt mit Kosten belastet.

Abbildung 20.5: Verrechnungsprinzipien der traditionellen Kosten- und Erlösrechnung

20.1.5 Teilbereiche der Kosten- und Erlösrechnung

Als Ergebnis der Kostenrechnung sollen bezogen auf eine Abrechnungsperiode entweder zukunftsbezogen (Vorkalkulation) oder vergangenheitsbezogen (Nachkalkulation) die folgenden Fragen beantwortet werden:

- Wie hoch sind die Kosten je Produkt in €/ME (Stückkosten)?
- Wie hoch sind die Kosten je Produkt in der Abrechnungsperiode in €/ZE (Periodenkosten)?

Zur Auflösung dieser Fragestellungen folgt die Kostenrechnung drei aufeinanderfolgenden Teilbereichen: Kostenarten-, Kostenstellen- und Kostenträgerrechnung (vgl. Abbildung 20.6).

! Anmerkung: Abbildung 20.6 zeigt den grundsätzlichen **Ablauf der klassischen Kostenrechnung** und dient als Agenda für die nachstehenden Ausführungen.

Wird die Kostenrechnung um die Erlösrechnung erweitert, so lassen sich anschließend auch die nachstehenden Fragen beantworten:

- Wie hoch sollte der Preis je Produkt in €/ME sein (Stückerlös bzw. Preis)?
- Wie hoch ist für die Abrechnungsperiode der Produkterlös in €/ZE (Periodenerlös je Produkt)?
- Wie hoch ist in der Abrechnungsperiode der Gesamterlös des Unternehmens in €/ZE (Periodenerlös)?
- Wie hoch ist das Betriebsergebnis des Unternehmens und wie verteilt sich dieses auf die einzelnen Produkte in €/ZE (Betriebsgewinn oder -verlust)?

Merksatz: Die Kostenrechnung besteht aus den aufeinanderfolgenden Teilbereichen **Kostenarten-, Kostenstellen- und Kostenträgerrechnung** und ermöglicht auf diese Weise die Ermittlung von Perioden- sowie Stückkosten. Durch Gegenüberstellung von Erlösen und Kosten in der Betriebsergebnisrechnung ergibt sich der **Periodenerfolg.**

20.2 Kostenartenrechnung

20.2.1 Aufgaben der Kostenartenrechnung

Die Aufgaben der Kostenartenrechnung sind vielfältig. Zu ihnen gehören die gewissenhafte Erfassung sämtlicher Kosten einer Abrechnungsperiode, die Gliederung von Kosten nach der Art ihrer Entstehung (Kostenarten) sowie die bedarfsgerechte Bereitstellung kostenrelevanter Informationen an alle Unternehmensbereiche. Im Ergebnis der Kostenartenrechnung zeigt der Kostenplan eine Übersicht über sämtliche im Unternehmen anfallenden Kosten gegliedert nach der Art des verbrauchten Faktoreinsatzes.

Definition:
Kostenarten ergeben sich durch **Gliederung der Gesamtkosten** nach der Spezifik der verbrauchten Produktionsgüter in wesentliche Untermengen.

Zu den wichtigsten Kostenarten zählen neben Personal- und Materialkosten auch kalkulatorische Abschreibungen, Zinsen, Wagniskosten sowie Kosten für Dienstleistungen, wie bspw. Beratungskosten und Instandhaltungskosten. Die Kostenartenrechnung stellt die Grundlage für die darauf folgenden Arbeitsgebiete der Kosten- und Erlösrechnung dar und beeinflusst damit maßgeblich deren Qualität.

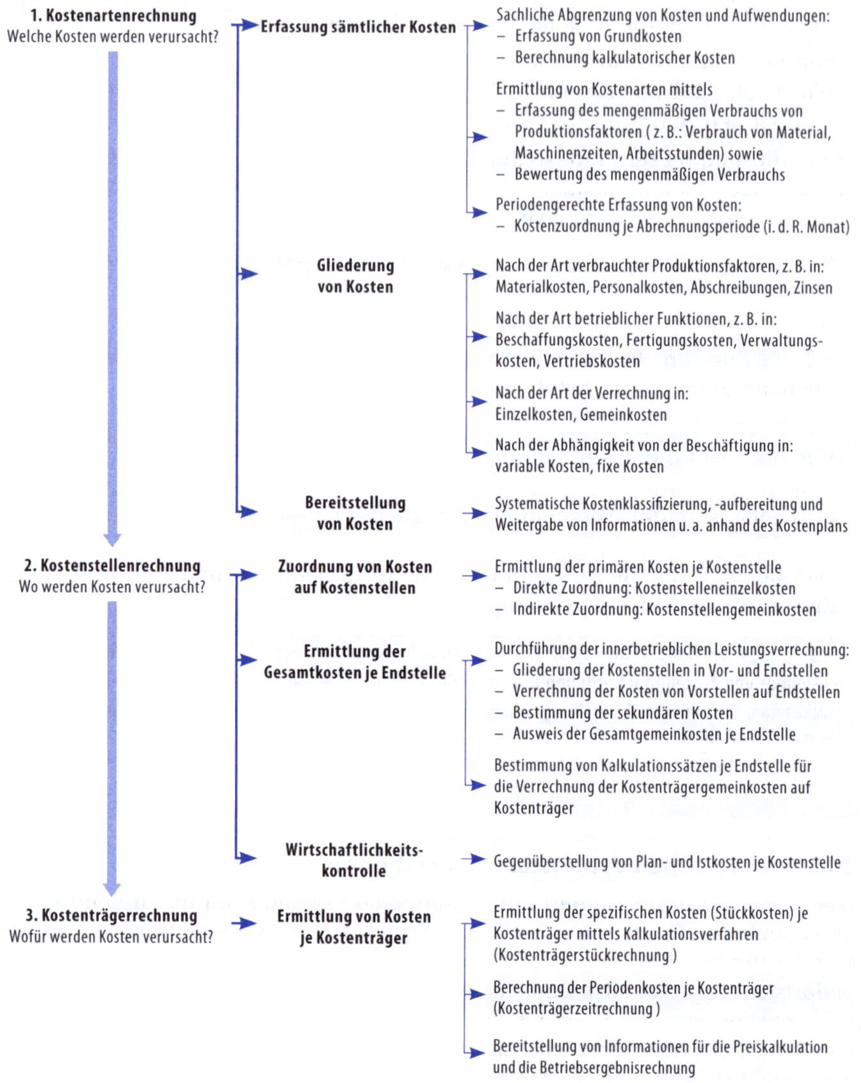

Abbildung 20.6: Grundsätzlicher Aufbau der Kostenrechnung

20.2.2 Erfassung von Kosten

20.2.2.1 Sachliche Abgrenzung von Kosten und Aufwendungen

Weil im Vergleich zum externen Rechnungswesen (Rechnungskreis I) für die Kosten- und Erlösrechnung (Rechnungskreis II) ausschließlich betriebszweckbezogene, periodengerechte Sachverhalte bezogen auf einen kurzfristigen

Zeitraum, i.d.R. einen Monat, relevant sind, ergeben sich Abgrenzungsnotwendigkeiten (vgl. Modul 18). Die Datenbasis für den Einstieg in die Kosten- und Erlösrechnung liefert die Gewinn- und Verlustrechnung. Erweisen sich die dort gebuchten Aufwendungen als betriebszweckbezogen und periodengerecht (Zweckaufwand), werden sie als Kosten deklariert und deshalb in die Kostenrechnung übernommen. Aufwandspositionen, welche nicht der Kostendefinition entsprechen, sind neutrale Aufwendungen und für die Kostenrechnung irrelevant. Fehlen hingegen im Vergleich zur Kostendefinition in der Gewinn- und Verlustrechnung Aufwendungen vollständig bzw. teilweise, so müssen sie ergänzt (Zusatzkosten) bzw. in anderer Höhe (Anderskosten) in die Kostenrechnung aufgenommen werden (vgl. Abbildung 20.7).

Analog gilt diese Vorgehensweise für die Bestimmung der Erlöse (vgl. Abbildung 20.8).

Merksatz: Die Kosten- und Erlösrechnung bezieht sich ausschließlich auf **die im Rahmen der betrieblichen Tätigkeit** relevanten Erfolgskomponenten einer Abrechnungsperiode. Deshalb bedarf es der Abgrenzung zwischen bilanziellen und kalkulatorischen Rechnungsgrößen.

Beispiel:

Für eine Abrechnungsperiode ist die Abgrenzung zwischen Rechnungskreis I und II vorzunehmen.

	Begriff	Erklärung	Beispiel	
	Aufwendungen	Wert aller verbrauchten Güter und Dienstleistungen pro Periode	Gesamtaufwendungen gemäß Gewinn- und Verlustrechnung	4.686.605 €/ZE
–	Neutraler Aufwand	Betriebsfremder Aufwand	Verlust aus Devisentermingeschäft	70.000 €/ZE
		Außerordentlicher Aufwand	Verlust aus nicht versichertem Brandschaden	50.000 €/ZE
		Periodenfremder Aufwand	Nachzahlung Gewerbesteuer für die Vorperiode	40.000 €/ZE
		Bewertungsbedingt neutraler Aufwand	Ungleicher Wertansatz der bilanziellen und kalkulatorischen Abschreibung	480.000 €/ZE
=	Zweckaufwand bzw. Grundkosten	Übereinstimmung von Kosten und Aufwand (ansatz-, bewertungs- und periodengemäß)	Personalkosten	4.046.605 €/ZE
+	Kalkulatorische Kosten	Anderskosten: Kosten stehen Aufwendungen in anderer Höhe gegenüber	Kalkulatorische Abschreibungen	719.120 €/ZE
		Zusatzkosten: Kosten stehen keine Aufwendungen gegenüber	Kalkulatorische Zinsen auf Eigenkapital	
=	Kosten	Betriebszweckbezogener Werteverzehr	Gesamtkosten der Abrechnungsperiode	4.765.725 €/ZE

Abbildung 20.7: Abgrenzung von Kosten und Aufwendungen

	Begriff	Erklärung	Beispiel	
	Erträge	Wert aller erbrachten Güter und Dienstleistungen pro Periode	Gesamterträge gemäß Gewinn- und Verlustrechnung	5.625.000 €/ZE
–	Neutraler Ertrag	Betriebsfremder Ertrag	Ertrag aus Devisentermingeschäft	100.000 €/ZE
		Außerordentlicher Ertrag	Verkauf eines Gebäudes über Buchwert	70.000 €/ZE
		Periodenfremder Ertrag	Erstattung Gewerbesteuer für die Vorperiode	10.000 €/ZE
		Bewertungsbedingt neutraler Ertrag	Ungleicher Wertansatz einer eigengefertigten Anlage in der bilanziellen und kalkulatorischen Rechnung	50.000 €/ZE
=	Zweckertrag bzw. Grunderlös	Übereinstimmung von Ertrag und Erlös (ansatz-, bewertungs- und periodengemäß)	Umsatzerlöse aus dem Verkauf aller Produkte in der Periode ihrer Herstellung	5.395.000 €/ZE
+	Kalkulatorischer Erlös	Anderserlös: Erlösen stehen Erträge in anderer Höhe gegenüber	Unterschiedliche Bewertung von Bestandserhöhungen in der bilanziellen und kalkulatorischen Rechnung	80.000 €/ZE
		Zusatzerlös: Erlösen stehen keine Erträge gegenüber	Kein ertragswirksamer Ansatz für die Selbsterstellung von Patenten	
=	Erlöse	Betriebszweckbezogener Wertezuwachs	Gesamterlöse der Abrechnungsperiode	5.475.000 €/ZE

Abbildung 20.8: Abgrenzung von Erlösen und Erträgen

20.2.2.2 Ermittlung ausgewählter Kostenarten

20.2.2.2.1 Personalkosten

Definition:

Personalkosten umfassen sämtliche Entgelte der Beschäftigten für die jeweilige Abrechnungsperiode und berücksichtigen somit den wertmäßigen Verbrauch des Produktionsfaktors ‚menschliche Arbeit'.

Die Erfassung von Personalkosten (vgl. Abbildung 20.9) erfolgt gewöhnlich über die Lohn- und Gehaltsbuchhaltung, welche sich stark an das externe Rechnungswesen anlehnt. Für die Kostenrechnung sind die für die kalkulatorische Betrachtung relevanten Informationen zu übernehmen und entsprechend aufzuarbeiten. Weil in Einzelunternehmen, Personengesellschaften und freien Berufen der Selbständige kein Entgelt von Dritten bezieht, sollte stattdessen im Interesse einer objektiven Wirtschaftlichkeitsbetrachtung ein kalkulatorischer Unternehmerlohn (Zusatzkosten) berücksichtigt werden. Die Höhe des Wertansatzes ergibt sich im Ergebnis eines Benchmarking und muss sich unabhängig von den tatsächlichen Entnahmen des Unternehmers vom erwirtschafteten Gewinn an einer gleichwertigen Tätigkeit orientieren.

Entgeltform			Erklärung	Beispiel	
	Gehaltskosten		Zeitabhängige Zahlung eines Geldbetrags für die vertraglich vereinbarte Arbeitsleistung und Arbeitszeit für Beschäftigte in mittelbarem Zusammenhang zum Leistungserstellungsprozess	Entgelt für Mitarbeiter in der Verwaltung	260.000 €
+	Lohnkosten	Fertigungslohn Entgelt für Beschäftigte in direkten Leistungsbereichen in unmittelbarem Zusammenhang zum Leistungserstellungsprozess			
		Zeitlohn	Zeitabhängige, wertmäßig gleich hohe Zahlung eines Geldbetrags für die vertraglich vereinbarte Arbeitsleistung und Arbeitszeit	Entgelt für Meister	310.400 €
		Akkordlohn	Leistungsabhängige Zahlung eines Geldbetrags (Stücklohn) für die vertraglich vereinbarte Arbeitsleistung und Vorgabezeit auf Basis einer messbaren Menge (z. B. Produktionsstückzahl)	Entgelt für Mitarbeiter in der Produktion	1.114.625 €
		Hilfslohn Zeitabhängiges Entgelt für Beschäftigte in mittelbarem Zusammenhang zum Leistungserstellungsprozess , i. d. R. gleich hoher Geldbetrag für Arbeitsleistung und Arbeitszeit		Entgelt für Lagerarbeiter	80.000 €
+	Prämie		Zusätzliches Entgelt zum Grundentgelt auf Basis quantitativer oder qualitativer Mehrleistungen des Beschäftigten unter Zugrundelegung einer Prämienbezugsgröße (z. B. Herstellmenge, Zielvereinbarungen, Produktqualitäten, Erfolgskenngrößen)	Erfolgsorientiertes Entgelt für Vertriebsmitarbeiter auf Basis des Jahresumsatzes	65.200 €
+	Personalnebenkosten		Gesetzliche Zahlungen in Zusammenhang zu jenen Entgeltformen, die der Beschäftigte regelmäßig bezieht oder freiwillige Zahlungen unabhängig vom Grundentgelt	Sozialversicherungsbeitrag, 13. Monatsgehalt	520.000 €
=	**Personalkosten**				**2.350.225 €**

Abbildung 20.9: Gliederungsmöglichkeiten von Personalkosten

Merksatz: In der Regel ist es üblich, die **Personalkosten** in die Unterkostenarten Gehälter, Zeitlöhne, Akkordlöhne, Prämienlohn sowie Personalnebenkosten zu gliedern.

20.2.2.2.2 Materialkosten

Definition:
Materialkosten bilden den betriebszweckbezogenen, bewerteten Verbrauch von Werkstoffen ab. Sie umfassen Kosten für Roh-, Hilfs- und Betriebsstoffe.

Rohstoffkosten werden gewöhnlich als Einzelkosten gehandhabt und lassen sich demnach den Kostenträgern direkt zurechnen. Hingegen werden Hilfs- und Betriebsstoffkosten i.d.R. als Gemeinkosten und deshalb als indirekte Kosten behandelt. Grundsätzlich erfolgt die Erfassung der Materialkosten, indem zunächst der mengenmäßige Verbrauch festgestellt und dieser anschließend bewertet wird.

Die Zugangsmethode bzw. Festwertmethode unterstellt, dass die Materialien in der gleichen Periode ihrer Anschaffung verbraucht werden. Materialausgaben führen zeitgleich zu Materialkosten. Bestände werden nicht geführt. Damit vermag diese relativ einfache Methode keinen außergewöhnlichen Verbrauch nachzuweisen, wie bspw. Schwund oder Diebstahl, und empfiehlt sich deshalb nur für geringwertige und/oder nicht lagerfähige Materialarten.

Die Inventurmethode bzw. Befundrechnung erfasst sämtliche Materialzugänge entsprechend der Lieferscheine und führt eine indirekte Verbrauchsmessung mittels Inventur durch. Auch diese Methode kann Materialbestandsschwankungen und irreguläre Entnahmen nicht vom tatsächlichen Verbrauch in der Produktion trennen, sodass sie sich für hochwertige Materialien nicht empfiehlt. Sowohl die Zugangs- als auch die Inventurmethode können den Materialverbrauch je Kostenstelle und –träger nicht belegen.

Hingegen erfasst die Skontrationsmethode den Materialverbrauch mithilfe von Materialentnahmescheinen direkt und kann damit den Bezug zur verursachenden Kostenstelle und zum Kostenträger aufzeigen. Diese mit erhöht wirtschaftlichem Aufwand verbundene Methode eignet sich für wertintensive Materialarten. Lagerschwund und irreguläre Lagerbewegungen sind nicht belegbar.

Die retrograde Methode bzw. Rückrechnung basiert auf Stücklisten oder Rezepturen für die Herstellung des Produkts. Damit gelingt es, den Materialverbrauch in Bezug auf Sollverbrauchsmengen je Kostenträger auszuweisen, nicht hingegen Schwund und Mehrverbrauch in der Produktion. Schwierig ist, weil letztlich nur als Schätzwert bestimmbar, die Berechnung der Kosten für Lacke, Hilfsstoffe u. ä.

Merksatz: **Der Materialverbrauch lässt sich mit der Zugangs-, Inventur-, Skontrationsmethode oder der retrograden Methode feststellen. Es sollte jenes Verfahren nach Wirtschaftlichkeitskriterien ausgewählt werden, welches der Bedeutung der Materialart für das Unternehmen entspricht.**

Nachdem die mengenmäßigen Materialverbräuche je Materialart bekannt sind, müssen diese im Zuge der Bestandshaltung von Roh-, Hilfs- und Betriebsstoffen bewertet werden. Es gilt:

	Lageranfangsbestand
+	Lagerzugänge
–	Lagerabgänge
=	Lagerendbestand

Beispiel:

Nachfolgend sind Materialverbrauchsmengen für vier ausgewählte Materialarten des Unternehmens mithilfe unterschiedlicher Methoden zu bestimmen (vgl. Abbildung 20.10).

Zugangsmethode	Verbrauch = Summe aller Zugänge entsprechend Lieferscheinen		1. Zugang	400 ME
		+	2. Zugang	100 ME
		=	**Materialverbrauch**	**500 ME**
Inventurmethode	Verbrauch = Anfangsbestand + Zugang – Endbestand gemäß Inventur		Anfangsbestand	600 ME
		+	1. Zugang	400 ME
		+	2. Zugang	100 ME
		–	Endbestand	400 ME
		=	**Materialverbrauch**	**700 ME**
Skontrationsmethode	Verbrauch = Summe aller Entnahmen gemäß Materialentnahmescheinen		1. Entnahme	450 ME
		+	2. Entnahme	200 ME
		=	**Materialverbrauch**	**650 ME**
Retrograde Methode	Verbrauch = hergestellte Leistungseinheiten x Sollverbrauchsmenge je Leistungseinheit		hergestellte Produkte	100 LE
		x	Sollverbrauchsmenge der Materialart	5 ME/LE
		=	**Materialverbrauch**	**500 ME**

Abbildung 20.10: Methoden zur Materialverbrauchsermittlung

Für die Bewertung muss einerseits aus unterschiedlichen Bewertungsmaßstäben und andererseits zwischen Bewertungsverfahren ausgesucht werden. Zur Auswahl stehen die Bewertungsmaßstäbe Anschaffungskosten, Wiederbeschaffungskosten, Tageswerte sowie Fest-, Durchschnitts- bzw. Verrechnungswerte.

Anschaffungspreise entsprechen dem tatsächlich gezahlten Gegenwert für die Beschaffung des Materials abzüglich der Umsatzsteuer. Wiederbeschaffungspreise sind Prognosewerte, die unter Zugrundelegung zukünftiger, etwaiger Einflussgrößen (bspw. Inflation, Qualitätsparameter, Verfügbarkeit u.ä.) fundiert geschätzt werden müssen. Tageswerte beziehen sich auf den heute aktuell gültigen Beschaffungswert. Fest-, Durchschnitts- bzw. Verrechnungswerte stellen kalkulatorische Ansätze dar, welche sich vorzugsweise je nach angestrebtem Rechnungsziel an Wiederbeschaffungskosten oder Tageswerten orientieren.

Merksatz: Insbesondere unter dem Fokus der Stetigkeit, Vergleichbarkeit und Substanzerhaltung eines Unternehmens erfolgt die **Bewertung des Materialverbrauchs** vorzugsweise mit Fest-, Durchschnitts- bzw. Verrechnungswerten.

Da sich der Lagerbestand und somit auch die Materialentnahmen i.d.R. aus unterschiedlichen Beschaffungsvorgängen zusammensetzen, muss im Falle sich ändernder Beschaffungspreise entschieden werden, zu welchem Wert die jeweilige Materialentnahme zu bewerten ist. Die separate Bemessung jeder einzelnen Lagerentnahme zum tatsächlichen Istpreis (Einzelbewertung) ist entweder aufgrund der hohen Anzahl von Beschaffungsprozessen zu unterschiedlichen Preisen und/oder der gemeinsamen Lagerung der Beschaffungsgüter wirtschaftlich nicht vertretbar bzw. nicht realisierbar. Deshalb werden für die Bewertung des Materialverbrauchs und des Lagerbestands Bewertungsvereinfachungsverfahren im Rahmen der Sammelbewertung gleichartiger

Werkstoffe genutzt. Hierbei ist in Durchschnitts- und Verbrauchsfolgeverfahren zu unterscheiden.

Das periodische Durchschnittsverfahren nimmt die Bewertung der Lagerabgänge und des Endbestandes einmalig am Ende der Abrechnungsperiode zum gewogenen arithmetischen Mittelwert unter Berücksichtigung der Beschaffungsmengen vor. Im Falle des permanenten Durchschnittsverfahrens wird jeweils ein aktuell gewogener Mittelwert in Bezug auf die tatsächlich im Lager vorrätigen Bestände bestimmt.

Alternativ dazu besteht die Möglichkeit, eine gewisse Verbrauchsfolge des Vorratsvermögens zu unterstellen (Verbrauchsfolgeverfahren).

Das Fifo-Verfahren (‚First in first out') nimmt an, dass die jeweils ältesten Bestände zuerst verbraucht werden. Für die Bewertung des Verbrauchs sind jene Preise anzusetzen, die am längsten zurückliegen. Der Endbestand bezieht sich auf die zuletzt eingetroffenen Lieferungen. Im Falle steigender Preise wird der Verbrauch niedrig und damit der Betriebserfolg höher ausgewiesen. Hingegen geht das Lifo-Verfahren (‚Last in first out') fiktiv davon aus, dass die zuletzt im Lager eingegangenen Bestände zuerst genutzt werden. Der Verbrauch wird stets mit den zuletzt registrierten Preisen bewertet. Wachsen die Beschaffungspreise im Zeitverlauf, so steigen auch die Materialkosten tendenziell an, Lagerendbestand und Betriebserfolg fallen hingegen geringer aus. Das Verfahren kann sowohl in periodischer (einmalige Berechnung des Verbrauchs zum Periodenende) als auch permanenter Form (separate Verbrauchsbestimmung je Lagerentnahme während der Periode) eingesetzt werden. Bei periodischer Variante ist der jeweilige Zeitpunkt von Lagerzugängen und -entnahmen unwesentlich. Die permanente Ausprägung ist realistischer, denn Lagerentnahmen werden fortlaufend unter Bezugnahme des jeweiligen Zeitpunktes berücksichtigt, sodass Entnahmen zum tatsächlich letztgültigen Preis bewertet werden.

! **Weil handelsrechtlich nur die Durchschnittsmethode sowie die Fifo- und Lifo-Methode zulässig sind, wird sich in diesem Beitrag nur auf diese Berechnungsmöglichkeiten konzentriert.**

Merksatz: Für die Berechnung von **Materialkosten** existieren zahlreiche Alternativen mit unterschiedlichen Auswirkungen auf den Kostenumfang und damit auf den Erfolgsausweis eines Unternehmens.

Beispiel:

Das folgende Beispiel soll die Berechnung der Materialkosten für eine Materialart des Unternehmens mithilfe unterschiedlicher Bewertungsverfahren zeigen (vgl. Abbildung 20.11).

20.2.2.2.3 Kalkulatorische Abschreibungen

Definition:

Abschreibungen spiegeln den Werteverzehr von Vermögensgegenständen wider. Dieser kann gebrauchsbedingt (z. B. Abnutzung), zeitlich (z. B. Patentlaufzeit) oder auch wirtschaftlich (z. B. Forderungsausfälle) verursacht sein.

Ausgangsdaten

	Datum	Menge [ME]	Preis [€/ME]
Anfangsbestand	01.01.	5.000	7,00
Zugang	10.01.	5.000	8,00
Abgang	*13.01.*	*1.000*	
Zugang	15.01.	10.000	8,50
Abgang	*17.01.*	*9.000*	
Zugang	20.01.	5.000	9,00
Endbestand	**31.01**		

Durchschnittsverfahren, periodisch

	Datum	Menge [ME]	Preis [€/ME]	[€]
Anfangsbestand	01.01.	5.000	7,00	35.000
Zugang	10.01.	5.000	8,00	40.000
Zugang	15.01.	10.000	8,50	85.000
Zugang	20.01.	5.000	9,00	45.000
Summe		**25.000**		**205.000**

	Datum	Menge [ME]	Preis [€/ME]	[€]
Anfangsbestand	01.01.	5.000	7,00	35.000
Zugang	10.01.	5.000	8,00	40.000
Abgang	*13.01.*	*1.000*	*8,20*	*8.200*
Zugang	15.01.	10.000	8,50	85.000
Abgang	*17.01.*	*9.000*	*8,20*	*73.800*
Zugang	20.01.	5.000	9,00	45.000
Endbestand	**31.01.**	**15.000**	**8,20**	**123.000**

Materialkosten

82.000

$\frac{205.000\,€}{25.000\,ME} = 8,20\,€/ME$

Durchschnittsverfahren, gleitend bzw. permanent

	Datum	Menge [ME]	Preis [€/ME]	[€]
Anfangsbestand	01.01.	5.000	7,00	35.000
Zugang	10.01.	5.000	8,00	40.000
Bestand		10.000		75.000
Abgang	*13.01.*	*1.000*	*7,50*	*7.500*
Bestand		9.000		67.500
Zugang	15.01.	10.000	8,50	85.000
Bestand		19.000		152.500
Abgang	*17.01.*	*9.000*	*8,03*	*72.270*
Bestand		10.000		80.230
Zugang	20.01.	5.000	9,00	45.000
Endbestand	**31.01.**	**15.000**	**8,35**	**125.230**

79.770

$\frac{75.000\,€}{10.000\,ME} = 7,50\,€/ME$

$\frac{152.500\,€}{19.000\,ME} = 8,03\,€/ME$

$\frac{125.230\,€}{15.000\,ME} = 8,35\,€/ME$

Fifo-Verfahren (first in first out)

	Datum	Menge [ME]	Preis [€/ME]	[€]
Verbrauch/ Abgang	*13.01.*	*1.000*	*7,00*	*7.000*
	17.01.	*4.000*	*7,00*	*28.000*
		5.000	*8,00*	*40.000*
Endbestand		**15.000**		**130.000**

75.000

Die jeweils ältesten Bestände werden zuerst verbraucht.

Lifo-Verfahren, periodisch (last in first out)

	Datum	Menge [ME]	Preis [€/ME]	[€]
Verbrauch/ Abgang	*13.01.*	*1.000*	*9,00*	*9.000*
	17.01.	*4.000*	*9,00*	*36.000*
		5.000	*8,50*	*42.500*
Endbestand		**15.000**		**117.500**

87.500

Die zuletzt ins Lager eingestellten Bestände werden unabhängig von der Datierung zuerst verbraucht.

Lifo-Verfahren, permanent (last in first out)

	Datum	Menge [ME]	Preis [€/ME]	[€]
Verbrauch/ Abgang	*13.01.*	*1.000*	*8,00*	*8.000*
	17.01.	*9.000*	*8,50*	*76.500*
Endbestand		**15.000**		**120.500**

84.500

Die zuletzt ins Lager eingestellten Bestände werden abhängig von der Datierung zuerst verbraucht.

Abbildung 20.11: Beispiele zur Anwendung von Bewertungsvereinfachungsverfahren

Die folgenden Ausführungen beziehen sich vorzugsweise auf den Werteverzehr von betriebsnotwendigen Betriebsmitteln. Zur Bestimmung von Abschreibungen sind Aussagen zur Abschreibungsbasis, voraussichtlichen Nutzungsdauer der Anlage sowie zum Abschreibungsverfahren zu treffen. Als Abschreibungsbasis gelten üblicherweise die Wiederbeschaffungskosten. Damit wird im Interesse der Substanzerhaltung steigenden Anschaffungspreisen aufgrund der Inflationsentwicklung und technisch-wissenschaftlichen Weiterentwicklungen entsprochen. Üblicherweise wird von den Wiederbeschaffungskosten ein Rest- bzw. Schrottwert abgezogen. Der Ansatz der Nutzungsdauer sollte möglichst der zukünftigen Realität angepasst sein und könnte demnach auch von der für die Bilanzierung gesetzlich fixierten abweichen (vgl. Modul 18). Aus Gründen der Planungssicherheit und Konvergenz zur Anlagenbuchhaltung übernimmt die Kostenrechnung dennoch oftmals die Nutzungsdauer der Steuergesetzgebung.

Das Rechnungswesen kennt das lineare, degressive, progressive und leistungsabhängige Abschreibungsverfahren (vgl. Abbildung 20.12). Wie schon bei den Festlegungen zur Wertebasis und Nutzungsdauer, besteht auch für die Verfahrensentscheidung keine Bindung für die Kostenrechnung an die für die Bilanzierung gewählten Verfahren. Auffällig ist der Vorzug der zeitabhängigen linearen Abschreibung in der Praxis, da diese neben ihrer einfachen Anwendung den Vorteil gleichbleibend hoher Abschreibungen und damit Stetigkeit des Kostenniveaus bietet. Allerdings widerspricht diese Wahl nicht selten der ursächlich anzustrebenden verursachungsgerechten Abbildung des betriebsbedingten Güterverbrauchs.

Merksatz: Die Bestimmung **kalkulatorischer Abschreibungen** erfolgt zumeist mithilfe der zeitabhängigen linearen Abschreibung auf Basis von Wiederbeschaffungskosten und der wirtschaftlichen Nutzungsdauer.

Beispiel:

Mithilfe unterschiedlicher Verfahren sind Abschreibungen für eine Anlage des Unternehmens zu ermitteln (vgl. Abbildung 20.12). Die Wiederbeschaffungskosten sollen 40.000 € und der prognostizierte Restwert 2.500 € betragen. Die Anlage unterliegt einer Nutzungsdauer von 8 Jahren, die Gesamtleistung wird auf 10.000 ME geschätzt.

20.2.2.2.4 Kalkulatorische Zinsen

Definition:

Kalkulatorische Zinsen spiegeln den betriebszweckbezogenen, bewerteten Verbrauch von Eigen- und Fremdkapital wider.

Da das externe Rechnungswesen lediglich den Ansatz von Fremdkapitalzinsen zulässt, bedarf es einer zusätzlichen Berücksichtigung von Zinskosten für die Bereitstellung von Eigenkapital (Zusatzkosten). Denn die Eigenkapitalgeber könnten sich dafür entscheiden, ihr Kapital aus dem Unternehmen abzuziehen, um es anderweitig mit der Erwartung einer Zinszahlung anzulegen. Bei Einsatz von Eigenkapital in das Unternehmen entstehen demnach Opportunitätskosten für den entgangenen Nutzen einer nicht gewählten lukrativen Alternative. Indes macht der Ansatz kalkulatorischer Zinsen auch für Fremdka-

Lineare Abschreibung

$$A\,[€] = \frac{WK-RW}{ND}$$

gleichbleibender Abschreibungsbetrag pro Jahr während der Nutzungsdauer

Jahr	Buchwert per 01.01.	Jahres-abschreibung	Buchwert per 31.12.
1	40.000,00 €	4.687,50 €	35.312,50 €
2	35.312,50 €	4.687,50 €	30.625,00 €
3	30.625,00 €	4.687,50 €	25.937,50 €
4	25.937,50 €	4.687,50 €	21.250,00 €
5	21.250,00 €	4.687,50 €	16.562,50 €
6	16.565,50 €	4.687,50 €	11.875,00 €
7	11.875,00 €	4.687,50 €	7.187,50 €
8	7.187,50 €	4.687,50 €	2.500,00 €
Summe		**37.500,00 €**	

Geometrisch-degressive Abschreibung bzw. Buchwertabschreibung

$$AS\,[\%] = 1 - \left(\frac{RW}{WK}\right)^{\frac{1}{t}}$$

$$A\,[€] = AS \times BW$$

jährlich fallende Abschreibungsbeträge um einen konstanten Prozentsatz basierend auf dem aktuellen Buchwert per 01.01.

Jahr	Buchwert per 01.01.	Jahres-abschreibung	Buchwert per 31.12.
1	40.000,00 €	11.715,73 €	28.284,27 €
2	28.284,27 €	8.284,27 €	20.000,00 €
3	20.000,00 €	5.857,86 €	14.142,14 €
4	14.142,14 €	4.142,14 €	10.000,00 €
5	10.000,00 €	2.928,93 €	7.071,07 €
6	7.071,07 €	2.071,07 €	5.000,00 €
7	5.000,00 €	1.464,47 €	3.535,53 €
8	3.535,53 €	1.035,53 €	2.500,00 €
Summe		**37.500,00 €**	
Abschreibungssatz		**29,28932 %**	

Arithmetisch-degressive bzw. digitale Abschreibung

$$D\,[€] = \frac{2\,(WK-RW)}{ND\,(ND+1)}$$

$$A\,[€] = D \times RND$$

jährlich fallende Abschreibungsbeträge um einen konstanten Betrag, welcher jeweils dem Abschreibungsbetrag des Vorjahres entspricht

Jahr	Buchwert per 01.01.	Jahres-abschreibung	Buchwert per 31.12.
1	40.000,00 €	8.333,33 €	31.666,67 €
2	31.666,67 €	7.291,67 €	24.375,00 €
3	24.375,00 €	6.250,00 €	18.125,00 €
4	18.125,00 €	5.208,33 €	12.916,67 €
5	12.916,67 €	4.166,67 €	8.750,00 €
6	8.750,00 €	3.125,00 €	5.625,00 €
7	5.625,00 €	2.083,33 €	3.541,67 €
8	3.541,67 €	1.041,67 €	2.500,00 €
Summe		**37.500,00 €**	
Abschreibungsbetrag		**1.041,67 €**	

Leistungsabhängige Abschreibung

$$a\,[€/ME] = \frac{WK-RW}{L}$$

$$A\,[€] = a \times l$$

variable Abschreibungsbeträge in Abhängigkeit von der Leistungsinanspruchnahme der Anlage

Jahr	Buchwert per 01.01.	Jahres-abschreibung	Buchwert per 31.12.	Jahres-leistung
1	40.000,00 €	2.250,00 €	37.750,00 €	600 ME
2	37.750,67 €	5.625,00 €	32.125,00 €	1.500 ME
3	32.125,00 €	6.750,00 €	25.375,00 €	1.800 ME
4	25.375,00 €	7.500,00 €	17.875,00 €	2.000 ME
5	17.875,67 €	7.500,00 €	10.375,00 €	2.000 ME
6	10.375,00 €	3.750,00 €	6.625,00 €	1.000 ME
7	6.625,00 €	2.250,00 €	4.375,00 €	600 ME
8	4.375,67 €	1.875,00 €	2.500,00 €	500 ME
Summe		**37.500,00 €**		**10.000 ME**
Abschreibungsbetrag		**3,75 €/ME**		

A	Abschreibungsbetrag in €/ZE	D	Degressionsbetrag in €	ND	Nutzungsdauer in Jahren
a	Abschreibungsbetrag in €/ME	l	Jahresleistung in ME	RND	Restnutzungsdauer in Jahren
AS	Abschreibungssatz in %	L	geschätzte Gesamtleistung über die Nutzungsdauer in ME	RW	Restwert in €
BW	Buchwert in €			WK	Wiederbeschaffungskosten in €

Abbildung 20.12: Beispiele zur Berechnung von Abschreibungen

pitalzinsen Sinn, wenn die tatsächlichen Zinszahlungen an den Kapitalgeber im Jahresverlauf schwanken. In einem solchen Fall kann ein Ausgleich erfolgen, indem Fremdkapitalzinsen z.B. als Jahresdurchschnittswert angesetzt werden (Anderskosten).

Folgende Aspekte sind für den Ansatz kalkulatorischer Zinsen zu beachten:

- Lediglich das für die betriebliche Leistungserstellung gebundene Kapital ist zinsberechtigt und darf zu Kosten führen. Deshalb ist das für den Leistungsprozess notwendige Vermögen zu ermitteln. Üblicherweise werden dafür Bilanzansätze genutzt.
- Entsprechend der Bilanzgleichheit kann vom betriebsnotwendigen Vermögen auf das dafür eingesetzte Gesamtkapital geschlussfolgert werden. Eine Trennung zwischen Eigen- und Fremdkapital ist jedoch nicht möglich.
- Falls Kundenanzahlungen und Verbindlichkeiten aus Lieferungen und Leistungen vorliegen, die zu zinsähnlichen Kosten geführt haben könnten, so dürfen diese die kalkulatorischen Zinsen nicht beeinflussen. Die Berechnung des sog. Abzugskapitals gestaltet sich in der Praxis jedoch äußerst schwierig.
- Das betriebsnotwendige zinsberechtigte Kapital ist mit einem einheitlichen Zinssatz (Kapitalkostensatz) zu multiplizieren. Oftmals wird vereinfachend für die Festlegung des Zinssatzes ein durchschnittlicher langfristiger Marktzinssatz verwendet. Besser ist indes die Nutzung des Kalkulationszinsfußes ‚Weighted Adverage Cost of Capital (WACC)', weil damit sowohl die Verzinsung des Fremdkapitals als auch die des Eigenkapitals Berücksichtigung findet.

In die Berechnung des zinsberechtigten betriebsnotwendigen Kapitals fließen üblicherweise Jahresdurchschnittswerte der bilanziellen Wertansätze ein (vgl. Abbildung 20.13). Lediglich für die Berechnung des gebundenen Kapitals für abnutzbare Gegenstände des Anlagevermögens sind zwei Methoden zu unterscheiden. Zur Auswahl stehen die Restwert- und die Durchschnittsverzinsung. Die Restwertmethode geht von jährlich sinkenden Beträgen aufgrund der vorgenommenen Abschreibungen auf das betriebsnotwendige Vermögen aus und spiegelt somit eher die verursachungsgerechte Kapitalbindung wider. Hingegen unterstellt die Durchschnittsmethode eine über die Gesamtnutzungsdauer gleichbleibende Kapitalbindung und will mit diesem vereinfachten Ansatz die Stetigkeit und Konstanz des Kostenniveaus und letztlich des Preisgefüges der Absatzprodukte sicherstellen.

Merksatz: Die Berechnung **kalkulatorischer Zinsen** erfolgt durch Multiplikation des zinsberechtigten betriebsnotwendigen Kapitals mit dem Kalkulationszinssatz.

Beispiel:

Für das Unternehmen sind die kalkulatorischen Zinsen für die Abrechnungsperiode unter Verwendung der Restwertmethode zu berechnen.

		Bilanzwert in €		Wertansatz in €
		01.01.	31.12.	
	Gesamtsumme Aktiva	12.000.000	13.400.000	
–	nicht betriebsnotwendiges Vermögen	180.000	186.000	
=	betriebsnotwendiges Vermögen	11.820.000	13.214.000	
	davon:			
	betriebsnotwendiges Anlagevermögen	10.220.000	11.514.000	10.867.000
+	betriebsnotwendiges Umlaufvermögen	1.600.000	1.700.000	1.650.000
=	betriebsnotwendiges Vermögen bzw. Kapital (Jahresdurchschnitt)	11.820.000	13.214.000	12.517.000
–	Abzugskapital	600.000	586.000	593.000
=	**zinsberechtigtes betriebsnotwendiges Kapital**			**11.924.000**
	Kalkulationszinssatz: 6 %; kalkulatorische Zinsen: 715.440 €/Jahr (59.620 €/Monat)			

Abbildung 20.13: Beispiel zur Ermittlung kalkulatorischer Zinsen bei Anwendung der Restwertmethode

20.2.3 Periodengerechte Erfassung von Kosten

Für die Kosten- und Erlösrechnung wird im Gegensatz zum bilanziellen Jahresabschluss eine Monatsbetrachtung bevorzugt. Einmalige Jahreszahlungen sind deshalb auf die Monate eines Wirtschaftsjahres im Interesse der Stetigkeit und Konstanz gleichmäßig aufzuteilen. Daraus ergeben sich folgende Anforderungen:

- Wie es auch das externe Rechnungswesen bspw. in Form von Rechnungsabgrenzungsposten kennt, sind betriebsbezogene Kosten jenem Wirtschaftsjahr zuzuordnen, in dem sie ursächlich verursacht werden.
- Unregelmäßig im Wirtschaftsjahr auftretende Kosten sind monatsbezogen aufzuteilen. Erfolgt die entsprechende Ausgabe im Januar des Wirtschaftsjahres (z.B. Zahlung einer Versicherungsprämie), so sind die Monate Februar bis Dezember mit je 1/12 des Betrags zu belasten. Der Monat Januar wird um 11/12 entlastet (Nachverteilung).
- Der entgegengesetzte Fall unterstellt die Zahlung eines 13. Monatsgehalts im Dezember des Jahres. Demzufolge sind vorab die Monate Januar bis November mit je 1/12 zu belasten (Vorverteilung).

Merksatz: Weil die Kosten- und Erlösrechnung üblicherweise **monatsbezogen** durchzuführen ist, bedarf es einer Gleichverteilung von Jahreswerten auf die einzelnen Abrechnungsperioden.

20.2.4 Gliederung von Kosten

Die Möglichkeiten, Kosten zu gliedern sind vielfältig, so z.B. nach der Art der Verrechnung oder in Bezug auf die Beschäftigung. Eine Übersicht zu den elementarsten Gliederungsansätzen findet sich in Abbildung 20.6.

Definitionen:

Einzelkosten sind direkte Kosten und können je Bezugsobjekt eindeutig gemessen werden. **Gemeinkosten** sind indirekte Kosten und lassen sich nur mithilfe von Verrechnungssätzen auf ein Bezugsobjekt zuordnen.

Kosten lassen sich nach ihrer Abhängigkeit von der Menge bzw. Beschäftigung in variable und fixe Kosten unterscheiden (vgl. Abbildung 20.14). Verändern sich Periodenkosten in Abhängigkeit von der Beschäftigung, so handelt es sich um variable Kosten. Die klassische Kostenrechnung unterstellt hierbei i.d.R. einen proportionalen Zusammenhang zwischen variablen Kosten und Menge. Bleiben die Periodenkosten in Abhängigkeit von der Beschäftigung konstant, liegen fixe Kosten bzw. Kapazitätskosten vor.

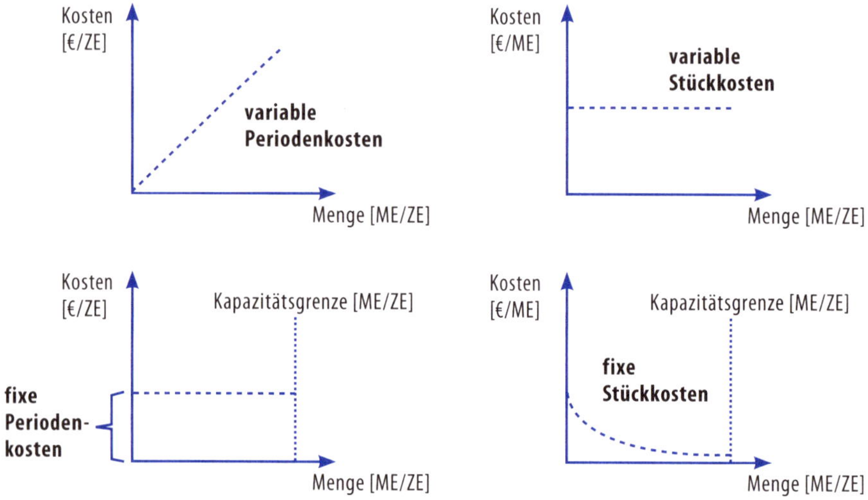

Abbildung 20.14: Fixe und variable Kostenverläufe

Merksatz: **Variable Periodenkosten** verändern sich in Abhängigkeit von der Kosteneinflussgröße (z.B. Beschäftigung) i.d.R. proportional. Daraus folgt, dass variable Stückkosten einen gleichbleibenden Kostenverlauf aufweisen.

Fixe Periodenkosten bleiben bei Beschäftigungsveränderung konstant, demnach sinken die fixen Stückkosten mit ansteigender Herstell- bzw. Absatzmenge degressiv.

Wie in Abbildung 20.15 dargestellt, verhalten sich Einzelkosten in Abhängigkeit zur Menge stets variabel, wobei Gemeinkosten sowohl variabel als auch fix verlaufen können. Im Falle von Fixkosten handelt es sich immer um Gemeinkosten.

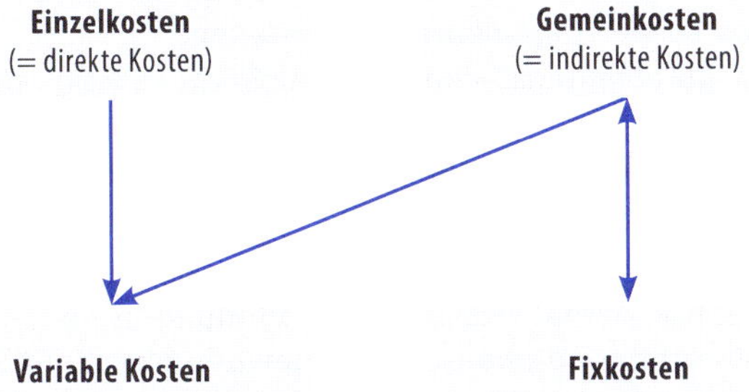

Beispiele		
Einzelkosten	**Variable Gemeinkosten**	**Fixe Gemeinkosten**
Rohstoffkosten	Energiekosten	Gehaltskosten
Akkordlöhne	Hilfsstoffkosten	Lineare Abschreibungen
Verpackungsmaterial	Instandhaltungskosten	Kalkulatorische Zinsen

Abbildung 20.15: Vereinfachter Zusammenhang zwischen Einzel- und Gemeinkosten sowie variablen und fixen Kosten

20.3 Kostenstellenrechnung

20.3.1 Aufgaben der Kostenstellenrechnung

Definition:

Kostenstellen sind betriebliche Teilbereiche und sachlich notwendige, eigenständige Abrechnungseinheiten des Unternehmens und gelten als **Ort der Kostenverursachung**. Je Kostenstelle müssen deshalb Kosten plan- und erfassbar sowie schließlich im Interesse eines modernen Kostenmanagements kontrollierbar sein.

Die Kostenstellenrechnung schließt sich der Kostenartenrechnung an und schafft damit die Verbindung zur Kostenträgerrechnung (vgl. Abbildung 20.6). Sie erfüllt des Weiteren folgende Aufgaben:

- Planen, Erfassen und Kontrollieren aller Kosten je Kostenstelle sowie kostenbasierten Beziehungen zwischen betrieblichen Teilbereichen,
- Bildung von Zuschlags- bzw. Kalkulationssätzen für die Berechnung von Gemeinkosten je Produkt.

Weil die Kostenstellenrechnung auch selbst den Wirtschaftlichkeitsansprüchen genügen muss, ist eine angemessene Anzahl an Kostenstellen und deren Übersichtlichkeit zu wahren. Die Identität von Kostenstellen und organisatorisch aufzubauenden, möglichst räumlich abgegrenzten Verantwortungsbereichen ist anzustreben.

20.3.2 Gliederung von Kostenstellen

Für die Durchführung der Kostenstellenrechnung ist es unerlässlich, Kostenstellen

- in Abhängigkeit vom Leistungserstellungsprozess in Haupt-, Neben- und Hilfskostenstellen sowie Allgemeine Kostenstellen,
- in Abhängigkeit abrechnungstechnischer Aspekte in End- und Vorkostenstellen,
- in Abhängigkeit funktionaler Aspekte z.B. in Allgemeine Stellen, Material-, Fertigungs-, Verwaltungs- und Vertriebsstellen

zu gliedern. In Hauptkostenstellen werden die sog. Basisleistungen des Unternehmens für den Absatzmarkt erzeugt (z.B. Produktion von Kopiergeräten). Nebenkostenstellen erbringen ebenso Absatzleistungen, allerdings mit ergänzendem Charakter zum Basisprogramm (z.B. Dienstleistungen für die Instandhaltung von Kopiergeräten). Sowohl Hilfskostenstellen als auch Allgemeine Kostenstellen stellen innerbetriebliche Leistungen zur Verfügung, welche nicht für den Markt bestimmt sind. Während Hilfsleistungen i.d.R. die Erstellung aller Haupt- und Nebenleistungen innerhalb der Produktion (z.B. Projektierung) unterstützen, werden Allgemeine Leistungen i.d.R. von allen übrigen Kostenstellen in Anspruch genommen (z.B. Betriebsfuhrpark). Zahlreiche Unternehmen verzichten allerdings auf diese Unterscheidung in Allgemeine Stellen und führen stattdessen nur Hilfsstellen.

Merksatz: **Haupt- und Nebenkostenstellen** sind Endkostenstellen und erstellen Absatzleistungen für den Markt. **Hilfskostenstellen** und **Allgemeine Kostenstellen** sind Vorkostenstellen und erbringen innerbetriebliche Leistungen. Zu **Endkostenstellen** zählen die Material-, Fertigungshaupt-, Fertigungsneben- sowie Verwaltungs- und Vertriebsstellen.

20.3.3 Durchführung der Kostenstellenrechnung

20.3.3.1 Zuordnung von Kosten auf Kostenstellen

Die in der Kostenartenrechnung erfassten primären Gemeinkosten sind auf die Kostenstellen zu verteilen. Dabei ist eine weitere Unterscheidung in Kostenstelleneinzel- und Kostenstellengemeinkosten üblich. Können die Kosten aufgrund von Nebenbuchhaltungen direkt und damit weitestgehend verursachungsgerecht auf Kostenstellen gebucht werden, liegen sog. Kostenstelleneinzelkosten vor (z.B. Gehaltskosten und Abschreibungen).

Besteht keine direkte Zurechnungsmöglichkeit auf Kostenstellen, müssen die Kosten mithilfe von Umlageschlüsseln (vgl. Abschnitt 20.1.4) indirekt den Kostenstellen zugeschrieben werden. Hierbei wird gewöhnlich das Proportionalitätsprinzip beansprucht, z.B. sofern Energiekosten eines Unternehmens in Abhängigkeit von der jeweils beanspruchten Fläche den Kostenstellen zugeteilt werden. In diesem Fall treten Energiekosten als Kostenstellengemeinkosten auf, weil keine separaten Energiemessgeräte für Kostenstellen existieren.

Merksatz: **Kostenträgergemeinkosten** können entweder direkt **(Kostenstelleneinzelkosten)** oder nur indirekt **(Kostenstellengemeinkosten)** auf Kostenstellen verteilt werden. Im Falle der indirekten Zuordnung bedarf es geeigneter Umlageschlüssel.

Als Ergebnis dieses Arbeitsschrittes werden sämtliche primäre Kostenträgergemeinkosten einer Kostenstelle ausgewiesen. Für die Wirtschaftlichkeitskontrolle ist es zudem erforderlich, auch die Kostenträgereinzelkosten den Kostenstellen zuzuordnen.

20.3.3.2 Innerbetriebliche Leistungsverrechnung

20.3.3.2.1 Ziel und Notwendigkeit

Falls Unternehmen neben ihren Absatzleistungen auch Leistungen für ihren eigenen Bedarf erstellen, liegen innerbetriebliche Leistungen bzw. Wiedereinsatzleistungen vor. Diese können entweder aktivierungsfähig (z.B. selbst erstellte Anlagen) oder nicht aktivierbar (z.B. Transportleistungen, Instandhaltungsleistungen) sein. Letztere werden von Vorkostenstellen erbracht und gewöhnlich in der Periode ihrer Erstellung verbraucht.

Merksatz: **Die innerbetriebliche Leistungsverrechnung befasst sich ausschließlich mit wechselseitigen Verflechtungen zwischen Kostenstellen bezüglich nicht aktivierungsfähiger Leistungen. Sie verfolgt das Ziel der Planung, Steuerung und Kontrolle dieser Leistungen sowie der daraus resultierenden Sekundärkosten.**

Für die innerbetriebliche Leistungsverrechnung finden insbesondere das Anbau-, Stufenleiter- und Gleichungsverfahren Anwendung. Folgende Arbeitsschritte sind durchzuführen:

a) Erfassung des mengenmäßigen Leistungsaustauschs zwischen den Stellen (vgl. Abbildung 20.16)
b) Bestimmung von innerbetrieblichen Verrechnungssätzen je Vorkostenstelle zur Bewertung des Leistungstransfers und Bestimmung der Sekundärkosten
c) Umlage der Kosten von Vorkostenstellen auf Endkostenstellen
d) Vollständige Kostenentlastung der Vorkostenstellen

Beispiel:

Mithilfe des Anbau-, Stufenleiter- und Gleichungsverfahrens ist die innerbetriebliche Leistungsverrechnung durchzuführen. Das Unternehmen gliedert sich in zwei Vor- und vier Endstellen. Die mengenmäßigen Leistungsbeziehungen zwischen diesen Stellen sowie die jeweiligen Primärkosten liegen vor.

		Summe	Stellen, die Leistungen von anderen Stellen empfangen in ME/ZE					
			Vorstelle A	Vorstelle B	Endstelle C	Endstelle D	Endstelle E	Endstelle F
Stellen, die Leistungen an andere Stellen abgeben in ME/ZE	Vorstelle A	2.050	50	20	600	1.080	200	100
	Vorstelle B	6.010	10	40	1.200	3.360	500	900
Primärkosten in €/ZE		2.056.725,00	140.000,00	207.200,00	300.000,00	950.000,00	180.310,00	279.215,00

Abbildung 20.16: Ausgangsdaten für die innerbetriebliche Leistungsverrechnung

20.3.3.2.2 Anbauverfahren bzw. Blockverfahren

Die relativ einfache Vorgehensweise bietet lediglich Näherungslösungen an, weil einerseits wechselseitige Leistungsverflechtungen zwischen den Vorstellen und andererseits der Eigenverbrauch von Stellen unberücksichtigt bleiben. Lediglich Leistungen, die von Vorstellen für Endstellen erbracht werden, finden im Verrechnungssatz (VS) Beachtung und führen zu den in Abbildung 20.17 dargestellten Ergebnissen. Je Vorstelle gilt:

$$VS = \frac{\text{Primärkosten}}{\text{Leistungen an Endstellen}}$$

Beispiel:

Ausgehend von den in Abbildung 20.16 verzeichneten Leistungsverflechtungen ergeben sich bei Anwendung des Anbauverfahrens folgende Verrechnungssätze und Kostenumlagen.

$$VS_A = \frac{140.000\,€/ZE}{(2.050 - 70)\,ME/ZE} = 70,\overline{70}\,€/ME$$

$$VS_B = \frac{207.200\,€/ZE}{(6.010 - 50)\,ME/ZE} = 34,7651\,€/ME$$

Primärkosten	Summe 2.056.725,00	Vorstelle A 140.000,00	Vorstelle B 207.200,00	Endstelle C 300.000,00	Endstelle D 950.000,00	Endstelle E 180.310,00	Endstelle F 279.215,00
Umlage Vorstelle A				42.424,24	76.363,64	14.141,41	7.070,71
Umlage Vorstelle B				41.718,12	116.810,74	17.382,55	31.288,59
Summe Sekundärkosten				84.142,36	193.174,37	31.523,96	38.359,30
Entlastung		−140.000,00	−207.200,00				
Summe Gemeinkosten	2.056.725,00	0,00	0,00	384.142,36	1.143.174,37	211.833,96	317.574,30

Kostendaten in €/ZE

Abbildung 20.17: Beispiel zur Anwendung des Anbauverfahrens

20.3.3.2.3 Stufenleiterverfahren bzw. Treppenverfahren

Obwohl das Stufenleiterverfahren vergleichsweise exaktere Ergebnisse als das Anbauverfahren erzielt, entsprechen auch diese nur Näherungslösungen Es finden lediglich die Leistungsverflechtungen Berücksichtigung, für die bereits in Abhängigkeit der gewählten Berechnungsreihenfolge Verrechnungssätze bekannt sind. Demzufolge werden alle vorgelagerten Leistungsbeziehungen vernachlässigt. Im folgenden Beispiel (vgl. Abbildung 20.16) beginnt die Berechnung für die Vorstelle A, sodass Leistungen, die die Stelle A von B empfängt, nicht beachtet werden können. Indes fließen Leistungen, die die Stelle B von A bezieht, in den Verrechnungssatz ein. Das Verfahren abstrahiert ferner vom Eigenverbrauch der Stellen. Je Vorstelle wird ein interner Verrechnungssatz (VS) berechnet:

$$VS = \frac{\text{Primärkosten + Sekundärkosten für Leistungen vorgelagerter Vorstellen}}{\text{Leistungen für Endstellen und nachfolgende Vorstellen}}$$

Beispiel:

Ausgehend von den in Abbildung 20.16 verzeichneten Leistungsverflechtungen ergeben sich bei Anwendung des Stufenleiterverfahrens in der Reihenfolge A → B folgende Verrechnungssätze und Kostenumlagen (vgl. Abbildung 20.18).

$$VS_A = \frac{140.000\,€/ZE}{(600 + 1.080 + 200 + 100 + 20)\,ME/ZE} = 70{,}00\,€/ME$$

$$VS_B = \frac{207.200\,€/ZE + 20\,ME/ZE \times 70{,}00\,€/ME}{(1.200 + 3.360 + 500 + 900)\,ME/ZE} = 35{,}00\,€/ME$$

Primärkosten	Summe 2.056.725,00	Vorstelle A 140.000,00	Vorstelle B 207.200,00	Endstelle C 300.000,00	Endstelle D 950.000,00	Endstelle E 180.310,00	Endstelle F 279.215,00
Umlage Vorstelle A			1.400,00	42.000,00	75.600,00	14.000,00	7.000,00
Umlage Vorstelle B				42.000,00	117.600,00	17.500,00	31.500,00
Summe Sekundärkosten			1.400,00	84.000,00	193.200,00	31.500,00	38.500,00
Entlastung		−140.000,00	−208.600,00				
Summe Gemeinkosten	2.056.725,00	0,00	0,00	384.000,00	1.143.200,00	211.810,00	317.715,00

Kostendaten in €/ZE

Abbildung 20.18: Beispiel zur Anwendung des Stufenleiterverfahrens

20.3.3.2.4 Gleichungsverfahren bzw. Matrixverfahren

Dieser simultane Ansatz kommt zu einer exakten und damit verursachungsgerechten Kostenverrechnung innerbetrieblicher Leistungen. Es fließen sowohl sämtliche Leistungsverflechtungen als auch der Eigenverbrauch von Vorstellen in die Sekundärkostenermittlung ein. Für die Berechnung der Verrechnungssätze (VS) je Vorstelle ist ein lineares Gleichungssystem aufzustellen, wobei gilt:

$$\text{Primärkosten} + \text{Sekundärkosten} = \text{Kostenentlastung}$$

bzw.

$$\begin{matrix}\text{primäre}\\ \text{Stellkosten}\end{matrix} + \begin{matrix}\text{Wert der gesamten}\\ \text{empfangenen Leistungen}\end{matrix} = \begin{matrix}\text{Gesamtwert der}\\ \text{abgegebenen Leistungen}\end{matrix}$$

Beispiel:

Ausgehend von den in Abbildung 20.16 verzeichneten Leistungsverflechtungen ergeben sich bei Anwendung des Gleichungsverfahrens folgende Verrechnungssätze und Kostenumlagen (vgl. Abbildung 20.19).

$$VS_A{:}\ 140.000 + 50\,VS_A + 10\,VS_B = 2.050\,VS_A$$
$$VS_B{:}\ 207.200 + 20\,VS_A + 40\,VS_B = 6.010\,VS_B$$
$$VS_A = 70{,}1747\,€/ME$$
$$VS_B = 34{,}9419\,€/ME$$

Primärkosten	Summe 2.056.725,00	Vorstelle A 140.000,00	Vorstelle B 207.200,00	Endstelle C 300.000,00	Endstelle D 950.000,00	Endstelle E 180.310,00	Endstelle F 279.215,00
Umlage Vorstelle A		3.508,74	1.403,49	42.104,83	75.788,69	14.034,94	7.017,47
Umlage Vorstelle B		349,42	1.397,68	41.930,35	117.404,98	17.470,98	31.447,76
Summe Sekundärkosten		3.858,16	2.801,17	84.035,18	193.193,67	31.505,92	38.465,23
Entlastung		−143.858,16	−208.603,49				
Summe Gemeinkosten	2.056.725,00	0,00	0,00	384.035,18	1.143.193,67	211.815,92	317.680,23
Kostendaten in €/ZE							

Abbildung 20.19: Beispiel zur Anwendung des Gleichungsverfahrens

Merksatz: Innerbetriebliche Leistungen sind mithilfe von **Verrechnungssätzen** zu bepreisen. Somit können leistungsempfangende Endstellen mit diesen Sekundärkosten belastet und liefernde Vorstellen vollständig entlastet werden.

20.3.3.3 Wirtschaftlichkeitskontrolle

Die Kostenstellenrechnung schließt im Allgemeinen mit einer Wirtschaftlichkeitskontrolle je Kostenstelle ab, indem Plan- und Istkosten gegenübergestellt werden. Damit bietet die Kostenstellenrechnung den Einstieg in die Abweichungsanalyse (vgl. Abschnitt 20.6.3) und leistet damit einen entscheidenden Beitrag hinsichtlich der Verhaltungsbeeinflussung der Entscheidungsträger sowie zur Kostensteuerung.

Merksatz: Die **Kostenstellenrechnung** schafft die Basis für die Wirtschaftlichkeitskontrolle je Verantwortungsbereich, indem Ist- und Plankosten gegenübergestellt werden.

20.3.3.4 Betriebsabrechnungsbogen

Üblicherweise wird die Kostenstellenrechnung in tabellarischer Form, dem sog. Betriebsabrechnungsbogen (vgl. Abbildung 20.20) durchgeführt. Dieser enthält sämtliche für die organisatorische und rechnerische Abwicklung notwendigen Angaben.

Merksatz: Die Aufgaben der Kostenstellenrechnung werden üblicherweise mithilfe eines **Betriebsabrechnungsbogens (BAB)** durchgeführt.

Obwohl in der Kostenstellenrechnung letztlich nur Gemeinkosten verrechnet werden, finden sich dennoch viele zusätzliche Daten, wie bspw. die Einzelkosten, die als Verrechnungsbasis fungieren. Auf diese Weise stehen dem Management komprimiert und bedarfsgerecht Informationen zur Verfügung und schaffen letztlich die Voraussetzung zur Erfüllung folgender Aufgaben, die über eine einfache Kostenverrechnung hinausgehen:

I. Verteilung von primären Kostenträgergemeinkosten auf Kostenstellen
II. Durchführung der innerbetrieblichen Leistungsverrechnung und Berechnung von Sekundärkosten
III. Ausweis der gesamten Gemeinkosten je Endkostenstelle

IV. Bilden von Kalkulationssätzen je Endstelle für die Verrechnung von Kostenträgergemeinkosten auf Kostenträger
V. Durchführen der Wirtschaftlichkeitskontrolle je Kostenstelle

Beispiel:

Für das Unternehmen soll nun eine Kostenstellenrechnung anhand eines vereinfachten Betriebsabrechnungsbogens durchgeführt werden.

		Summe	Vorstelle A	Vorstelle B	Endstelle C Beschaffung	Endstelle D Fertigung	Endstelle E Verwaltung	Endstelle F Vertrieb
I.	Personalkosten	921.225	65.000	107.700	110.000	400.000	110.310	128.215
	Hilfs- und Betriebsstoffe	296.000	35.000	17.000	50.000	150.000	15.000	29.000
	Kalkulatorische Abschreibungen	659.500	30.000	72.500	90.000	340.000	25.000	102.000
	Sonstige Gemeinkosten	180.000	10.000	10.000	50.000	60.000	30.000	20.000
	Summe primäre Gemeinkosten	**2.056.725**	**140.000**	**207.200**	**300.000**	**950.000**	**180.310**	**279.215**
II.	Umlage Vorstelle A			1.400	42.000	75.600	14.000	7.000
	Umlage Vorstelle B				42.000	117.600	17.500	31.500
	Summe Sekundärkosten			1.400	84.000	193.200	31.500	38.500
	Entlastung		−140.000	−208.600				
III.	**Summe Gemeinkosten**	**2.056.725**	**0**	**0**	**384.000**	**1.143.200**	**211.810**	**317.715**
IV.	Verrechnungsbasis				1.280.000	1.429.000	4.236.200	4.236.200
	Kalkulationssatz [%]				30,00	80,00	5,00	7,50
V.	Plankosten		145.000	207.000	390.000	1.130.000	215.810	305.715
	Kostenabweichung (Ist-Plan)		−5.000	1.600	−6.000	13.200	−4.000	12.000

Kostendaten in €/ZE

Abbildung 20.20: Beispiel für eine Kostenstellenrechnung

Zu I) Die integrierte Finanzbuchhaltung gewährleistet die direkte Zuordnung primärer Kostenstelleneinzelkosten auf Kostenstellen. Folglich können Personalkosten mittels der Lohnbuchhaltung, Hilfs- und Betriebsstoffe mithilfe der Materialbuchhaltung und kalkulatorische Abschreibungen gemäß der Anlagenbuchhaltung kostenstellenbezogen registriert werden. Im Falle der indirekten Verteilung von sonstigen Gemeinkosten, also hier Kostenstellengemeinkosten, bedarf es hingegen eines Umlageschlüssels (US):

$$US = \frac{180.000\,€}{18\ \text{Bezugseinheiten}} = 10.000\,€/\text{Bezugseinheit}$$

Wobei die Bezugseinheiten für die Kostenstellen A, B, C, D, E und F im Verhältnis 1 : 1 : 5 : 6 : 3 : 2 aufgeteilt sind.

Zu II) Die Durchführung der innerbetrieblichen Leistungsverrechnung entspricht dem Stufenleiterverfahren gemäß der Abbildung 20.18.

Zu III) Mittels des innerbetrieblichen Verrechnungssatzes lassen sich die Sekundärkosten je Stelle sowie die diesbezügliche Kostenbelastung und -entlastung je Stelle berechnen. Die Gesamtkosten je Endstelle ergeben sich danach durch Addition von Primär- und Sekundärkosten.

Zu IV) Die Bestimmung der *Kalkulationssätze* je Endstelle stellt das Bindeglied zur Kostenträgerrechnung dar (vgl. Abschnitt 20.4). Herkömmlich werden als *Verrechnungsbasen* die jeweiligen Einzelkosten der Endstelle genutzt. Für die Verwaltungs- und Vertriebsgemeinkosten sind indessen die Herstellkosten heranzuziehen (vgl. Abbildung 20.21).

	Materialeinzelkosten	1.280.000 €/ZE
+	Materialgemeinkosten	384.000 €/ZE
=	Materialkosten	1.664.000 €/ZE
	Fertigungseinzelkosten	1.429.000 €/ZE
+	Fertigungsgemeinkosten	1.143.200 €/ZE
=	Fertigungskosten	2.572.200 €/ZE
=	**Herstellkosten**	**4.236.200 €/ZE**

Abbildung 20.21: Berechnung der Verrechnungsbasis Herstellkosten

Demzufolge ergeben sich für das Beispiel folgende Kalkulationssätze (KS):

$$KS_{\text{Material-gemeinkosten}} = \frac{\text{Materialgemeinkosten}}{\text{Materialeinzelkosten}} \times 100 = \frac{384.000}{1.280.000} \times 100 = 30,00\,\%$$

$$KS_{\text{Fertigungs-gemeinkosten}} = \frac{\text{Fertigungsgemeinkosten}}{\text{Fertigungseinzelkosten}} \times 100 = \frac{1.143.000}{1.429.000} \times 100 = 80,00\,\%$$

$$KS_{\text{Verwaltungs-gemeinkosten}} = \frac{\text{Verwaltungsgemeinkosten}}{\text{Herstellkosten}} \times 100 = \frac{211.810}{4.236.200} \times 100 = 5,00\,\%$$

$$KS_{\text{Vertriebs-gemeinkosten}} = \frac{\text{Vertriebsgemeinkosten}}{\text{Herstellkosten}} \times 100 = \frac{317.715}{4.236.200} \times 100 = 7,50\,\%$$

Zu V) Den Abschluss der Kostenstellenrechnung bildet die Gegenüberstellung von Ist- und Plankosten, hier nur bezüglich der Gemeinkosten. Es sei besonders darauf verwiesen, dass auch Vorstellen der Wirtschaftlichkeitskontrolle unterliegen.

Kostenabweichung = Istkosten – Plankosten

Merksatz: Die Kostenstellenrechnung weist für alle Verantwortungsbereiche des Unternehmens Gesamtkosten aus und schafft damit die Voraussetzung für eine transparente **Wirtschaftlichkeitskontrolle**. Vor allem mit der Berechnung von **Kalkulationssätzen** je Endstelle gewährleistet die Kostenstellenrechnung die Verbindung zur Kostenträgerrechnung.

20.4 Kostenträgerrechnung

20.4.1 Begriff, Aufgaben und Verfahren der Kostenträgerrechnung

Die Kostenträgerrechnung wird üblicherweise in die Kostenträgerstückrechnung und die Kostenträgerzeitrechnung aufgespalten. Die Kostenträgerstückrechnung beinhaltet die Ermittlung der Kosten einer Mengeneinheit eines Produktes (Kalkulation). Bei der Kostenträgerzeitrechnung wird dagegen eine Periode, z.B. ein Monat, betrachtet. Zudem werden die Kosten um die Erlöse ergänzt und somit ein Ergebnis ermittelt, entweder bezogen auf ein Produkt (Produktergebnis) oder auf alle Produkte des Unternehmens (Betriebsergebnis). Im letzten Fall sollte besser von Betriebsergebnisrechnung gesprochen und damit eine Dreiteilung vorgenommen werden. Auf eine Dreiteilung wird in diesem Beitrag verzichtet und nur zwischen der Ermittlung der Kosten der Produkte (Kostenträgerrechnung) und der Ermittlung des Betriebsergebnisses (Betriebsergebnisrechnung) unterschieden. In der Kostenträgerrechnung wird somit die Frage beantwortet, wofür, d.h. für welchen Kostenträger, die Kosten angefallen sind bzw. anfallen werden.

Definition:
Kostenträger sind erzeugte Güter und andere betriebliche Leistungen, deren Erstellung mit einem Werteverzehr verbunden ist, insbesondere fertige und unfertige Erzeugnisse sowie andere selbst erstellte materielle und immaterielle Vermögensgegenstände (kurz selbst erstellte Anlagen).

Die ermittelten Kosten können für verschiedene Zwecke verwendet werden, z.B.:

- als Grundlage für die Wahl der Höhe der Verkaufspreise sowie für die Wahl der Höhe der Produktions- und Absatzmengen,
- als Grundlage für die Entscheidung über Produktion oder Nicht-Produktion bei gegebenen Preisen,
- zur Bewertung der fertigen und unfertigen Erzeugnisse sowie der selbst erstellten Anlagen oder
- ergänzt um Erlöse für die Beurteilung der Erreichung des Gewinnziels bei einzelnen Produkten sowie die Steuerung von Produktion und Absatz im Hinblick auf eine bessere Zielerreichung.

Welches Verfahren zur Ermittlung der Kosten eines Kostenträgers zur Anwendung kommen kann, hängt von der Anzahl der Kostenträger sowie den zwischen ihnen bestehenden Beziehungen ab. Verbreitet sind insbesondere die Divisionskalkulation (bei einem Produkt), die Äquivalenzziffernkalkulation (bei gleichartigen Produkten) sowie die Zuschlagskalkulation und die Maschinenstundensatzrechnung (bei verschiedenartigen Produkten). Wenn es sich um zwangsläufig zusammen anfallende Produkte handelt (Kuppelproduktion), scheiden die genannten Verfahren aus und es muss eine sog. Kuppelkalkulation durchgeführt werden.

Merksatz: Schwerpunkt der **Kostenträgerrechnung** ist die Ermittlung der Kosten der Produkte pro Mengeneinheit und pro Periode als Grundlage für preis- und programmpolitische Entscheidungen. Als Verfahren sind üblich: Divisions-, Äquivalenzziffern-, Zuschlagskalkulation, Maschinenstundensatzrechnung und Kuppelkalkulation.

20.4.2 Divisionskalkulation

Bei der einstufigen Divisionskalkulation werden die in der Kostenartenrechnung bestimmten Kosten einer Periode gleichmäßig auf die einzelnen Einheiten des Kostenträgers verteilt, d. h. es wird unterstellt, dass sich die Kosten proportional zur Menge des Kostenträgers verhalten.

$$k_s = \frac{K}{x}$$

mit:

k_s = Selbstkosten pro Mengeneinheit
K = Gesamtkosten der Periode
x = Produktions- bzw. Absatzmenge

Dieses einfache Vorgehen ist allenfalls dann möglich, wenn nur eine Kostenträgerart vorhanden ist. Somit darf es neben dem Produkt keine selbst erstellten Anlagen geben. Zudem muss ein einstufiger Produktionsprozess vorliegen und die Produktionsmenge der Absatzmenge entsprechen, da anderenfalls unterschiedliche Mengeneinheiten relevant wären.

Ist eine der letzten beiden Voraussetzungen nicht erfüllt, kann eine mehrstufige Divisionskalkulation durchgeführt werden. Hierbei werden zumindest Kostenstellen für die einzelnen Produktionsstufen sowie die Verwaltung und den Vertrieb gebildet, um deren Kosten und Mengen getrennt erfassen zu können. Innerhalb jeder Kostenstelle erfolgt die Verrechnung wie bei der einstufigen Divisionskalkulation, d.h. die Gesamtkosten der jeweiligen Fertigungsstufe werden durch die dort produzierten Mengeneinheiten geteilt bzw. die Gesamtkosten des Vertriebsbereichs durch die abgesetzten Mengeneinheiten. Die Gesamtkosten des Verwaltungsbereichs werden oftmals vereinfachend mit denjenigen des Vertriebsbereichs zusammengefasst und somit durch die abgesetzten Mengeneinheiten dividiert. Alternativ kann auch eine eigene Kostenstelle gebildet und durch die produzierten Mengeneinheiten dividiert werden.

Falls in allen Stufen für die Fertigung einer Mengeneinheit jeweils genau eine Einheit der Vorstufe benötigt wird, berechnen sich die Herstellkosten einer Mengeneinheit des Halbfabrikats durch Addition der bis zur betrachteten Stufe ermittelten Kostensätze. Die Summe der Kostensätze aller Fertigungsstufen ergibt die gesamten Stückherstellkosten und, ergänzt um den Kostensatz der Verwaltung und des Vertriebs, die Stückselbstkosten des Fertigfabrikats.

$$k_s = \frac{K_1}{x_1} + \frac{K_2}{x_2} + \ldots + \frac{K_j}{x_j} + \ldots \frac{K_J}{x_J} + \frac{K_A}{x_A}$$

mit:

k_s = Selbstkosten pro Mengeneinheit
K_j = Gesamtkosten der Fertigungsstufe j
x_j = Produktionsmenge der Fertigungsstufe j
J = Anzahl der Fertigungsstufen
K_A = Gesamtkosten des Verwaltungs- und Vertriebsbereichs
x_A = Absatzmenge

Beispiel:

Im Unternehmen liegen drei Fertigungsstufen vor, in denen Gesamtkosten von 20.000 € (Stufe 1), 24.000 € (Stufe 2) und 35.000 € (Stufe 3) anfallen. Die Verwaltungs- und Vertriebskosten betragen 10.000 €. Die Absatzmenge beträgt 5.000 ME, die Produktionsmengen belaufen sich auf 10.000 ME (Stufe 1), 8.000 ME (Stufe 2) und 7.000 ME (Stufe 3). Die Herstellkosten pro produzierte Mengeneinheit (k_{hj} bzw. k_h) sowie die Selbstkosten pro abgesetzte Mengeneinheit (k_s) ermitteln sich wie folgt (vgl. Abbildung 20.22).

Kostenträger	Kosten pro Mengeneinheit
Halbfabrikat Stufe 1	$k_{h1} = \frac{20.000}{10.000} = 2$ €/ME
Halbfabrikat Stufe 2	$k_{h2} = 2 + \frac{24.000}{8.000} = 5$ €/ME
Halbfabrikat Stufe 3	$k_{h3} = 5 + \frac{35.000}{7.000} = 10$ €/ME
Fertigfabrikat	$k_s = 10 + \frac{10.000}{5.000} = 12$ €/ME

Abbildung 20.22: Beispiel einer mehrstufigen Divisionskalkulation bei übereinstimmenden Leistungseinheiten pro Stufe

Wird für die Fertigung einer Mengeneinheit nicht genau eine Einheit der Vorstufe benötigt, stimmt die Produktionsmenge dieser Stufe nicht mit der Einsatzmenge des in der Vorstufe erzeugten Halbfabrikats überein. In diesem Fall müssen die Stückkosten des Halbfabrikats der Vorstufe bei der Bestimmung der Herstellkosten des Halb- oder Fertigfabrikats der betrachteten Stufe mit dem jeweiligen Produktionskoeffizient, d.h. dem Verhältnis zwischen Einsatzmenge des Vorproduktes und Produktionsmenge des betrachteten Produktes, multipliziert werden. Zur Veranschaulichung wird das bisherige Beispiel modifiziert.

Beispiel:

Es wird nun unterstellt, dass die Produktionsmenge der dritten Stufe 3.500 ME beträgt, da für die Produktion einer Mengeneinheit dieser Stufe zwei Mengeneinheiten der Vorstufe benötigt werden. Die Absatzmenge beträgt 2.500 ME. Die Herstellkosten pro produzierte Mengeneinheit (k_{hj} bzw. k_h) sowie die Selbstkosten pro abgesetzte Mengeneinheit (k_s) ergeben sich wie folgt (vgl. Abbildung 20.23).

Kostenträger	Kosten pro Mengeneinheit
Halbfabrikat Stufe 1	$k_{h1} = \frac{20.000}{10.000} = 2$ €/ME
Halbfabrikat Stufe 2	$k_{h2} = 2 + \frac{24.000}{8.000} = 5$ €/ME
Halbfabrikat Stufe 3	$k_{h3} = 2 \times 5 + \frac{35.000}{3.500} = 20$ €/ME
Fertigfabrikat	$k_s = 20 + \frac{10.000}{2.500} = 24$ €/ME

Abbildung 20.23: Beispiel einer mehrstufigen Divisionskalkulation bei unterschiedlichen Leistungseinheiten pro Stufe.

In Abhängigkeit vom Zeitpunkt der Einbeziehung der Kosten der Vorstufe in die Kosten der nachgelagerten Stufe werden zwei Unterformen der Divisionskalkulation unterschieden. Bei der addierenden Divisionskalkulation wird zunächst für jede Fertigungsstufe sowie den Verwaltungs- und Vertriebsbereich ein Kostensatz nur auf Basis der primären Kosten bestimmt. Zur Ermittlung der gesamten Stückherstellkosten einer Fertigungsstufe bzw. der Stückselbstkosten müssen dann die Kostensätze der Vorstufen zum Kostensatz der betrachteten Stufe addiert werden. Bei der durchwälzenden Divisionskalkulation werden dagegen, wie im Beispiel, die Kosten der Vorstufe gleich in die Berechnung des Kostensatzes einbezogen. Damit ergeben sich direkt die Stückherstellkosten einer Fertigungsstufe bzw. die Stückselbstkosten des Fertigfabrikates.

Merksatz: Die **Divisionskalkulation** kommt in der Reinform aufgrund ihrer engen Anwendungsvoraussetzungen allenfalls bei Massenproduktion, bei der einteilige Produkte oder Fließgüter hergestellt werden, in Betracht (z. B. Herstellung von Zement, Sand, Kies).

20.4.3 Äquivalenzziffernkalkulation

Stellt ein Unternehmen mehrere, aber weitgehend ähnliche Produkte her, liegt zwischen den Produkten oftmals eine vergleichbare Kostenstruktur vor. Damit kann unterstellt werden, dass die Stückkosten der verschiedenen Sorten in einem bestimmten Verhältnis zueinander stehen. Diese Kostenrelation lässt sich dann in Form von Äquivalenzziffern ausdrücken. Bestenfalls können diese unter Zuhilfenahme von Bezugsbasen, wie Blechstärken, Materialgewichten, Durchmessern, Längen oder Fertigungszeiten (vgl. Abbildung 20.4), festgelegt werden. Voraussetzung ist eine annähernd proportionale Beziehung zwischen den zu verteilenden Kosten und der Bezugsbasis. Vereinfachend können die Äquivalenzziffern, wie im folgenden Beispiel, pauschal geschätzt werden. Dabei wird i.d.R. ein Produkt als Bezugssorte festgelegt und für diese die Äquivalenzziffer 1 vergeben. Wichtig für eine genaue Kostenermittlung ist, dass die Äquivalenzziffern das tatsächliche Kostenverhältnis möglichst genau widerspiegeln.

Merksatz: Die **Äquivalenzziffernkalkulation** ist anwendbar, wenn mehrere Produkte hergestellt werden, die sich in Bezug auf die Produktmerkmale und die Fertigungstechnik weitgehend ähneln (Sortenfertigung), bspw. bei Blechen unterschiedlicher Stärke.

Mithilfe der Äquivalenzziffern werden die Mengeneinheiten der Produkte fiktiv vergleichbar gemacht, sodass dann für die homogenisierten Mengeneinheiten die Divisionskalkulation angewendet werden kann. Voraussetzung ist, dass neben den verschiedenen Sorten keine selbst erstellten Anlagen und damit keine weiteren Kostenträger vorhanden sind. Die Äquivalenzziffernkalkulation kann ebenfalls in ein- oder mehrstufiger Form (d.h. entweder eine Äquivalenzziffernkalkulation für das Gesamtunternehmen oder eine Äquivalenzziffernkalkulation je Fertigungsstufe) durchgeführt werden. Sollten für die unterschiedlichen Kostenarten verschiedene Kostenrelationen gelten, kommt auch eine nach Kostenarten differenzierende Äquivalenzziffernkalkulation in Betracht.

Bei der Äquivalenzziffernkalkulation werden zunächst die Produktions- und Absatzmengen der einzelnen Sorten mit den jeweiligen Äquivalenzziffern multipliziert und damit sog. Rechnungseinheiten bzw. Äquivalenzmengen ermittelt. Anschließend wird ein Kostensatz pro Rechnungseinheit bestimmt, indem die gesamten Kosten durch die Summe der Rechnungseinheiten dividiert werden.

$$k_{re} = \frac{K}{a_1 \times x_1 + a_2 \times x_2 + \ldots + a_i \times x_i + \ldots + a_I \times x_I}$$

mit:

k_{re} = Kosten pro Rechnungseinheit
K = Gesamtkosten der Periode
a_i = Äquivalenzziffer der Sorte i
x_i = Produktionsmenge der Sorte i
I = Anzahl der Sorten

Der Kostensatz pro Rechnungseinheit (€/RE) entspricht den Selbstkosten pro Mengeneinheit der Bezugssorte, wenn für diese die Äquivalenzziffer 1 festgelegt wurde. Die Gesamtkosten pro Produkt ergeben sich, wenn dieser Kostensatz mit den jeweiligen Rechnungseinheiten multipliziert wird. Die Selbstkosten pro Mengeneinheit können entweder durch Division der Gesamtkosten pro Produkt durch die jeweilige Produktionsmenge oder durch Multiplikation des berechneten Kostensatzes mit der jeweiligen Äquivalenzziffer ermittelt werden.

$$k_{si} = k_{re} \times a_i$$

mit:

k_{si} = Selbstkosten pro Mengeneinheit der Sorte i

Beispiel:

Ein Unternehmen produziert Bleche in drei Stärken (1, 2 und 3 mm). Dafür fallen Gesamtkosten von 180.000 € an. Die Produktionsmengen betragen 1.000 ME (Sorte 1), 2.000 ME (Sorte 2) und 3.000 ME (Sorte 3). Die Kostenrelation zwischen den drei Sorten wird auf 2,4 : 1,8 : 1 geschätzt. Die Kosten pro Rechnungseinheit betragen damit:

$$k_{re} \frac{180.000}{2,4 \times 1.000 + 1,8 \times 2.000 + 1 \times 3.000} = 20\,€/RE$$

Daraus ergeben sich folgende Gesamtkosten pro Sorte (K_{si}) sowie Selbstkosten pro Mengeneinheit (k_{si}) (vgl. Abbildung 20.24).

Gesamtkosten pro Sorte	Selbstkosten pro Mengeneinheit
$K_{s1} = 20 \times 2.400 = 48.000$ €/ZE	$k_{s1} = 20 \times 2,4 = 48$ €/ME
$K_{s2} = 20 \times 3.600 = 72.000$ €/ZE	$k_{s2} = 20 \times 1,8 = 36$ €/ME
$K_{s3} = 20 \times 3.000 = 60.000$ €/ZE	$k_{s3} = 20 \times 1 = 20$ €/ME

Abbildung 20.24: Beispiel einer einstufigen Äquivalenzziffernkalkulation

20.4.4 Zuschlagskalkulation

Charakteristisch für die Zuschlagskalkulation ist die Trennung in Einzel- und Gemeinkosten. Die Einzelkosten werden den Kostenträgern direkt zugeordnet; die Gemeinkosten werden auf diese indirekt mit Hilfe von Kalkulations- bzw. Zuschlagssätzen verteilt.

Merksatz: Die **Zuschlagskalkulation** ist in Unternehmen gebräuchlich, in denen mehrere, nicht zwangsläufig verbundene Produktarten hergestellt werden, deren Kostenstrukturen Unterschiede aufweisen, oder in denen selbst erstellte Anlagen vorliegen.

Je nachdem, wie viele Einzelkostenarten und wie viele Gemeinkostenarten und Zuschlagssätze unterschieden werden, sind unterschiedliche Varianten möglich. Bei der summarischen Zuschlagskalkulation wird nur ein (summarischer) Zuschlagssatz für alle Gemeinkosten verwendet und dieser üblicherweise auf eine Einzelkostenart oder die gesamten Einzelkosten bezogen. Bei der differenzierenden Zuschlagskalkulation werden dagegen mehrere Einzel- und Gemeinkostenarten unterschieden. Die Zuordnung der Gemeinkosten auf die Kostenträger erfolgt über Kostenstellen, d.h. es ist eine Kostenstellenrechnung erforderlich. Die summarische Zuschlagskalkulation führt nur dann zu aussagefähigen Selbstkosten, wenn eine annähernd verursachungsgerechte Beziehung zwischen einer Zuschlagsgrundlage und den gesamten Gemeinkosten besteht.

! Anmerkung: Da die Voraussetzung einer **annähernd verursachungsgerechten Beziehung** bei der summarischen Zuschlagskalkulation in der Praxis selten gegeben ist, soll hier die gebräuchliche differenzierende Zuschlagskalkulation dargestellt werden.

Für die differenzierende Zuschlagskalkulation hat sich folgendes Kalkulationsschema herausgebildet (vgl. Abbildung 20.25).

Der Begriff der Materialkosten ist hier anders definiert als in der Kostenartenrechnung. In der Kostenartenrechnung gehören dazu die Rohstoff-, Hilfsstoff- und Betriebsstoffkosten, in der Kostenträgerrechnung dagegen die Rohstoffkosten sowie die bei der Beschaffung und Lagerung der Materialien anfallenden Gemeinkosten. Zu den Fertigungskosten gehören – neben den Fertigungslöhnen – die bei der Herstellung der Produkte anfallenden Gemeinkosten. Sondereinzelkosten sind dadurch charakterisiert, dass sie zwar nicht einer Mengeneinheit, aber mehreren Mengeneinheiten eines Kostenträgers (z.B. auftragsbezogen) zugeordnet werden können. Im Vertrieb könnten auch echte Einzelkosten auftreten; diese werden üblicherweise aber nicht extra ausgewiesen, sondern unter die Sondereinzelkosten subsumiert.

Merksatz: Die **Herstellkosten** setzen sich aus den Material- und Fertigungskosten zusammen; die **Selbstkosten** umfassen zusätzlich die Verwaltungs- und Vertriebskosten.

Als Zuschlagsgrundlage (Verrechnungsbasis) für die Verrechnung der Gemeinkosten dienen häufig die entsprechenden Einzelkosten (Materialeinzelkosten für die Materialgemeinkosten, Fertigungseinzelkosten für die Fertigungsgemeinkosten). Da es im Verwaltungs- und Vertriebsbereich oftmals keine oder allenfalls geringe Einzelkosten gibt, wird hier auf die bis dahin an-

<table>
<tr><td>Materialeinzelkosten
insbesondere Rohstoffkosten</td><td rowspan="2">Materialkosten</td><td rowspan="5">Herstellkosten</td><td rowspan="8">Selbstkosten</td></tr>
<tr><td>Materialgemeinkosten
z. B. Gehalt des Lagerverwalters, Abschreibungen auf Lagergebäude</td></tr>
<tr><td>Fertigungseinzelkosten
insbesondere Akkordlöhne</td><td rowspan="3">Fertigungskosten</td></tr>
<tr><td>Fertigungsgemeinkosten
z. B. Kosten für Hilfs- und Betriebsstoffe, Abschreibungen auf Fertigungsmaschinen</td></tr>
<tr><td>Sondereinzelkosten der Fertigung
z. B. Kosten für die Anfertigung eines Modells oder für ein Spezialwerkzeug</td></tr>
<tr><td>Verwaltungsgemeinkosten
z. B. Gehälter der Personalabteilung, Abschreibungen auf Verwaltungsgebäude</td><td rowspan="3"></td><td rowspan="3">Verwaltungs- und Vertriebskosten</td></tr>
<tr><td>Vertriebsgemeinkosten
z. B. Gehälter der Marketingabteilung, kalkulatorische Zinsen auf das Vertriebslager</td></tr>
<tr><td>Sondereinzelkosten des Vertriebs
z. B. Provisionen für Außendienstmitarbeiter, Zölle, Kosten für Verpackungsmaterial</td></tr>
</table>

Abbildung 20.25: Kalkulationsschema der Zuschlagskalkulation (in Anlehnung an Schweitzer/Küpper [Systeme] 173)

gefallenen Kosten, die Herstellkosten, zurückgegriffen. Um zu berücksichtigen, dass Verwaltungsgemeinkosten auch unabhängig vom Verkauf anfallen, sollten diese auf Basis der Herstellkosten der *produzierten* Mengeneinheiten verrechnet werden. Für die Vertriebsgemeinkosten sind die Herstellkosten der *abgesetzten* Mengeneinheiten üblich, auch wenn ein Teil der Vertriebskosten auch ohne Verkauf anfallen wird.

Beispiel:

Aufbauend auf dem Betriebsabrechnungsbogen (vgl. Abbildung 20.20) sollen nun die Selbstkosten der Produkte X und Y bestimmt werden. In der abgelaufenen Periode wurden von Produkt X 4.500 ME produziert und abgesetzt, von Produkt Y 7.500 ME. Bestandsveränderungen liegen somit nicht vor.

Für das Unternehmen ergeben sich die folgenden Zuschlagssätze (vgl. Abschnitt 20.3.3.4) und Kosten (vgl. Abbildung 20.26).

Kalkulation Produkte	insgesamt	Zuschlagssatz	Produkt X	Produkt Y
Materialeinzelkosten	1.280.000		720.000	560.000
Materialgemeinkosten	384.000	$\frac{384.000}{1.280.000} = 30\,\%$	216.000	168.000
Fertigungseinzelkosten	1.429.000		531.000	898.000
Fertigungsgemeinkosten	1.143.200	$\frac{1.143.200}{1.429.000} = 80\,\%$	424.800	718.400
Herstellkosten	4.236.200		1.891.800	2.344.400
Verwaltungsgemeinkosten	211.810	$\frac{211.810}{4.236.200} = 5\,\%$	94.590	117.220
Vertriebsgemeinkosten	317.715	$\frac{317.715}{4.236.200} = 7{,}5\,\%$	141.885	175.830
Selbstkosten	4.765.725		2.128.275	2.637.450
Kostendaten in €/ZE				

Abbildung 20.26: Beispiel einer Zuschlagskalkulation für eine Periode

Durch Division der Selbstkosten der Periode durch die Produktions- bzw. Absatzmenge ergeben sich Stückselbstkosten für Produkt X von 472,95 €/ME und für Produkt Y von 351,66 €/ME.

Die Kalkulation kann auch nur für einen Auftrag durchgeführt werden. Soll bspw. in der folgenden Periode entschieden werden, ob ein bestimmter Auftrag angenommen wird, sind für diesen die Material- und Fertigungseinzelkosten zu schätzen und darauf die im Rahmen einer Istkostenrechnung ermittelten Zuschlagssätze anzuwenden.

Beispiel:

Wird vorab ein Auftrag über 100 ME von Produkt X kalkuliert, bei dem unter Berücksichtigung der gestiegenen Rohstoffpreise und des Tarifabschlusses Materialeinzelkosten von 170 €/ME und Fertigungseinzelkosten von 125 €/ME prognostiziert werden, ergeben sich die folgenden Selbstkosten pro ME (vgl. Abbildung 20.27).

Kalkulation Auftrag	Zuschlagssatz	Produkt X
Materialeinzelkosten		170,– €/ME
Materialgemeinkosten	30 %	51,– €/ME
Fertigungseinzelkosten		125,– €/ME
Fertigungsgemeinkosten	80 %	100,– €/ME
Herstellkosten		446,– €/ME
Verwaltungsgemeinkosten	5 %	22,30 €/ME
Vertriebsgemeinkosten	7,5 %	33,45 €/ME
Selbstkosten		501,75 €/ME

Abbildung 20.27: Beispiel einer Zuschlagskalkulation für einen Auftrag

Damit fallen für den Auftrag insgesamt Selbstkosten in Höhe von 50.175 € an.

Die ermittelten Herstellkosten können – unter Eliminierung der kalkulatorischen Bestandteile – zur handelsrechtlichen Bewertung der Bestände sowie der Bestandsveränderungen an Halb- und Fertigfabrikaten (vgl. Modul 18) herangezogen werden, da sie keine Vertriebskosten enthalten. Zudem dienen sie, ebenso wie die Selbstkosten, zur Entscheidungsvorbereitung, z.B. für die Festlegung eines kostenorientierten Preises. Die Genauigkeit der Ergebnisse hängt davon ab, inwieweit sich die Gemeinkosten tatsächlich annähernd proportional zu den Zuschlagsbasen verhalten. Dies dürfte in der Praxis oftmals nicht der Fall sein. Bspw. ist anzuzweifeln, dass ein Produkt mit hohen Rohstoffkosten (Materialeinzelkosten) auch hohe Kosten in der Beschaffung (Materialgemeinkosten) verursacht, da diese eher von der Anzahl der Beschaffungsvorgänge als von deren Wert abhängen. Für den Bereich der Lagerung der Rohstoffe könnte eine proportionale Beziehung näherungsweise vorliegen, wenn die kalkulatorischen Zinsen auf das im Rohstofflager gebundene Kapital die wesentliche Gemeinkostenart ausmachen. Fraglich ist die unterstellte proportionale Beziehung vor allem im Fertigungsbereich, da aufgrund des gestiegenen Automatisierungsgrades in vielen Unternehmen die Fertigungslöhne gesunken sind und deshalb die Fertigungsgemeinkosten erheblich über den Fertigungseinzelkosten liegen. Durch die damit verbundenen hohen Zuschlagssätze würden bspw. bei der Kalkulation des Auftrages Überstundenzuschläge (Fertigungseinzelkosten) zu einer überproportionalen Änderung der kalkulierten Fertigungsgemeinkosten führen. Deshalb ist es vor allem im Bereich der Fertigungsgemeinkosten wichtig, einen geeigneteren Verteilungsschlüssel zu finden, z. B. Maschinenstunden.

20.4.5 Maschinenstundensatzrechnung

Die oben angesprochene Problematik der Zuschlagskalkulation, in Verbindung mit dem zunehmenden Automatisierungsgrad und damit dem Absinken der Fertigungslöhne, war Ansatzpunkt für die Entwicklung der Maschinenstundensatzrechnung. Bei dieser wird unterstellt, dass eine proportionale Beziehung zwischen den Fertigungsgemeinkosten und der Maschinenlaufzeit besteht. Deshalb wird ein Maschinenstundensatz bestimmt, indem die Fertigungsgemeinkosten durch die Summe der Maschinenstunden über alle Produkte dividiert werden. Zur Ermittlung der Fertigungsgemeinkosten eines Produktes oder eines Auftrags werden dann die dafür erforderlichen Maschinenstunden mit dem Maschinenstundensatz multipliziert.

Um aber nicht in das andere Extrem zu verfallen (alle Fertigungsgemeinkosten sind von Maschinenstunden abhängig), ist es sinnvoll, beide Vorgehensweisen miteinander zu kombinieren, d.h. die maschinenabhängigen Fertigungsgemeinkosten (z.B. kalkulatorische Abschreibungen, kalkulatorische Zinsen, Energiekosten, Betriebsstoffkosten) anhand von Maschinenstunden und die maschinenunabhängigen Fertigungsgemeinkosten (z.B. Hilfslöhne, Gehälter, Hilfsstoffkosten) weiterhin auf Basis der Fertigungseinzelkosten zu verrechnen. Die restlichen Gemeinkosten werden wie in der Zuschlagskalkulation verteilt.

Merksatz: Die Maschinenstundensatzrechnung unterscheidet sich nur bei der Verrechnung der Fertigungsgemeinkosten von der Zuschlagskalkulation und kann deshalb auch als Variante der (klassischen) Zuschlagskalkulation angesehen werden.

Das Vorgehen der Maschinenstundensatzrechnung soll an dem gleichen Beispiel erläutert werden, das bereits bei der Zuschlagskalkulation zugrunde gelegt wurde, um die Gemeinsamkeiten und Unterschiede verdeutlichen zu können.

Beispiel:

Es sei nun unterstellt, dass die obigen Fertigungsgemeinkosten (vgl. Abbildung 20.26) in Höhe von 600.180 € maschinenabhängig und in Höhe von 543.020 € maschinenunabhängig sind. Insgesamt sind für die Herstellung der Produkte 3.500 Maschinenstunden erforderlich, davon 2.500 h für Produkt X und 1.000 h für Produkt Y.

Neu zu berechnen sind der Maschinenstundensatz für die maschinenabhängigen Fertigungsgemeinkosten und der Zuschlagssatz für die maschinenunabhängigen Fertigungsgemeinkosten. Die restlichen Zuschlagssätze bleiben gleich, da sich zwar die Fertigungskosten der einzelnen Produkte verändern, nicht aber die Fertigungskosten insgesamt. Damit ermitteln sich die Selbstkosten wie folgt (vgl. Abbildung 20.28).

Kalkulation Produkte	insgesamt	Verrechnungssatz	Produkt X	Produkt Y
Materialeinzelkosten	1.280.000		720.000	560.000
Materialgemeinkosten	384.000	$\frac{384.000}{1.280.000} = 30\,\%$	216.000	168.000
Fertigungseinzelkosten	1.429.000		531.000	898.000
Maschinenabhängige Fertigungsgemeinkosten	600.180	$\frac{600.180}{3.500} = 171{,}48 €/h$	428.700	171.480
Maschinenunabhängige Fertigungsgemeinkosten	543.020	$\frac{543.020}{1.429.000} = 38\,\%$	201.780	341.240
Herstellkosten	4.236.200		2.097.480	2.138.720
Verwaltungsgemeinkosten	211.810	$\frac{211.810}{4.236.200} = 5\,\%$	104.874	106.936
Vertriebsgemeinkosten	317.715	$\frac{317.715}{4.236.200} = 7{,}5\,\%$	157.311	160.404
Selbstkosten	4.765.725		2.359.665	2.406.060

Kostendaten in €/ZE

Abbildung 20.28: Beispiel einer Maschinenstundensatzrechnung

Im Beispiel zeigt sich, dass Produkt X im Vergleich zur Zuschlagskalkulation höhere Selbstkosten aufweist (524,37 €/ME) und dafür Produkt Y geringere Selbstkosten (320,81 €/ME). Dies könnte zu anderen preis- und programmpolitischen Entscheidungen führen.

Es kann unterstellt werden, dass die Maschinenstundensatzrechnung gegenüber der Zuschlagskalkulation zu einer verursachungsgerechteren Verrechnung der Fertigungsgemeinkosten führt. Eine nochmalige Verbesserung könnte dadurch erreicht werden, dass weitere Bezugsgrößen herangezogen werden (Bezugsgrößenkalkulation), z.B. Einsatzzeiten der Mitarbeiter. Dieses Vorgehen ist nicht nur in Industriebetrieben im Zusammenhang mit den Fertigungsgemeinkosten sinnvoll, sondern in modifizierter Form auch in Dienstleistungsunternehmen (Stundensatzkalkulation), in denen die Zeit eine bessere Verrechnungsgrundlage darstellt als die Beschäftigung. Es könnte zudem versucht werden, für die anderen Gemeinkosten ebenfalls bessere Verrechnungsschlüssel zu finden, oftmals Mengenschlüssel, wie bspw. die Anzahl der Bestellungen für die Materialgemeinkosten. Dies führt in konsequenter Umsetzung zur Prozesskostenrechnung (vgl. Abschnitt 20.6.1) (vgl. Weber/Rogler [Kosten- und Leistungsrechnung] 282 ff.).

20.4.6 Kalkulation von Kuppelprozessen

In der industriellen Fertigung existieren Produktionsprozesse, bei denen aufgrund technisch-naturwissenschaftlicher Ursachen zwangsläufig mehrere Produkte anfallen, sog. Kuppelproduktionsprozesse. Bspw. werden bei der Ölraffinierung sowohl Benzin und Öl als auch Gas erzeugt. Aufgrund der gegenseitigen Abhängigkeit ist eine verursachungsgerechte Kalkulation der einzelnen Kuppelprodukte nicht möglich. Eine isolierte Betrachtung der Produkte ist zwar für unternehmenspolitische Entscheidungen nicht zwingend erforderlich, da der gesamte Kuppelproduktionsprozess im Hinblick auf seine Vorteilhaftigkeit zu analysieren ist, wohl aber für die Bewertung der Erzeugnisbestände. Um dieses Problem zu lösen, wurden einerseits Verteilungsverfahren (Schlüsselungsverfahren), andererseits das Restwertverfahren (Subtraktionsverfahren) entwickelt.

! **Hinweis: Leser, die an der Kalkulation von Kuppelproduktionsprozessen interessiert sind, finden im Download ein Beispiel.**

Bei den Verteilungsverfahren (Schlüsselungsverfahren) werden die Gesamtkosten des Kuppelproduktionsprozesses mit Hilfe von Schlüsselgrößen auf die einzelnen Kuppelprodukte aufgeteilt. Das Vorgehen entspricht der Äquivalenzziffernkalkulation, wobei als Äquivalenzziffer entweder technische Merkmale (z.B. Nährwert, Heizwert, Molekulargewicht) oder Marktpreise herangezogen werden. Sofern die Kuppelprodukte anschließend noch weiterverarbeitet werden, können auch die dabei noch anfallenden direkten Kosten als Verteilungsschlüssel herangezogen werden. Allen Verrechnungsschlüsseln ist bei Kuppelprozessen gemeinsam, dass i.d.R. kein Zusammenhang zu den tatsächlich verursachten Kosten besteht, wie in der Rechnung unterstellt.

Das Restwertverfahren (Subtraktionsverfahren) ist anwendbar, wenn ein Hauptprodukt und ein oder mehrere Nebenprodukte vorliegen. Bspw. entsteht bei der Destillation von Kohle Koks als Hauptprodukt und Gas, Teer, Ammoniak sowie Benzol als Nebenprodukte. In diesem Fall werden die dem Hauptprodukt zuzurechnenden Kosten dadurch bestimmt, dass von den Gesamtkosten des Kuppelproduktionsprozesses die Erlöse der Nebenprodukte (vermindert um bis zum Verkauf noch anfallende Kosten) abgezogen werden. Eine Kalkulation der Nebenprodukte ist bei dieser Methode nicht möglich. Zudem müssen die Preise für die Nebenprodukte bekannt sein und sollten auch nicht zu starken Schwankungen unterliegen.

Merksatz: Für die Verrechnung der Kosten von **Kuppelproduktionsprozessen** gibt es nur Hilfslösungen, da eine verursachungsgerechte Verteilung aufgrund der zwangsweisen Koppelung der Produkte grundsätzlich nicht möglich ist.

20.4.7 Preiskalkulation

Im Anschluss an die Kostenkalkulation kann, unabhängig vom angewandten Kalkulationsverfahren, auf Basis der dort ermittelten Stückselbstkosten auf den (kostenorientierten) Angebotspreis geschlussfolgert werden. Hierzu bedarf es vom Management einer konkreten Zielvorgabe zum angestrebten kalkulatorischen Gewinn für das Produkt, welche sich bspw. als Erfahrungswert oder auch als Benchmark zu Mitbewerbern ergeben kann. Des Weiteren sind für die Festsetzung des Angebots- bzw. Listenpreises Daten aus der Erlösrechnung, z.B. zu Rabatten oder Skonti, einzubeziehen.

Beispiel:

Ausgehend von den Daten der Zuschlagskalkulation für einen Auftrag (Abbildung 20.27) soll nun der Angebotspreis bestimmt werden (vgl. Abbildung 20.29). Das Management strebt einen kalkulatorischen Gewinn von 10 % der Selbstkosten an. Ferner sind ein Skontosatz von 2 % bezogen auf den Zielverkaufspreis und Rabatte von 3 % bezogen auf den Angebotspreis einzubeziehen.

Preiskalkulation Auftrag	Konditionen	Produkt X
Selbstkosten		501,75 €/ME
+ Kalkulatorischer Gewinnaufschlag	10 %	50,18 €/ME
= *Barverkaufspreis*		551,93 €/ME
+ Kundenskonto	2 %	11,26 €/ME
= *Zielverkaufspreis*		563,19 €/ME
+ Kundenrabatt	3 %	17,42 €/ME
= *Angebotspreis (ohne Umsatzsteuer)*		580,61 €/ME

Abbildung 20.29: Beispiel einer Preiskalkulation für einen Auftrag

Merksatz: Die Kostenkalkulation ist Ausgangspunkt der **Preiskalkulation**. Der ermittelte Preis bildet den Angebotspreis, wenn das Unternehmen den Preis bestimmen kann, oder er dient als Vergleichsmaßstab, wenn der Preis durch den Markt oder Kunden vorgegeben ist.

20.5 Betriebsergebnisrechnung

20.5.1 Begriff, Aufgaben und Verfahren der Betriebsergebnisrechnung

Die Betriebsergebnisrechnung bzw. kurzfristige Erfolgsrechnung ist eine periodenbezogene Rechnung, in der durch die Gegenüberstellung der Kosten und Erlöse einer Abrechnungsperiode der Betriebserfolg ermittelt wird. Sie dient damit der Beurteilung der Erreichung des Erfolgsziels im Unternehmen sowie der Analyse der Erfolgs- bzw. Misserfolgsursachen zur kurzfristigen Steuerung. Diese Aufgaben kann die Betriebsergebnisrechnung nur dann erfüllen, wenn die Zahlen aktuell sind. Deshalb wird sie i.d.R. zumindest monatlich aufgestellt.

Zur Erhöhung ihres Aussagewertes erfolgt ein differenzierter Ausweis der Kosten und Erlöse, z.B. nach Produktionsfaktoren, Betriebsbereichen oder Produkten. Daraus folgt, dass nicht nur die Kosten, wie zuvor dargestellt, differenziert ermittelt werden müssen, sondern auch die Erlöse. Dazu ist eine Erlösrechnung zu entwickeln, die – analog zur Kostenrechnung – aus einer Erlösarten-, Erlösstellen- und Erlösträgerrechnung besteht (vgl. Schweitzer/Küpper [Systeme] 64). Die Erlöse sollten dabei nicht nur produktbezogen, sondern auch für Kundengruppen oder Absatzgebiete erfasst werden. Für die hier zu betrachtende Betriebsergebnisrechnung sind die Erlöse periodenbezogen zu bestimmen.

Merksatz: Die Kostenrechnung muss um eine **Erlösrechnung** ergänzt werden. Nur durch eine Steuerung der Erlöse auf der einen und der Kosten auf der anderen Seite kann das angestrebte Gewinnziel erreicht werden.

Die Gegenüberstellung der Kosten und Erlöse ist unproblematisch, wenn die Absatzmenge der Produktionsmenge entspricht. Anderenfalls müssen Bestandsveränderungen berücksichtigt werden. Dabei sind zwei Verfahren üblich: das Gesamtkostenverfahren und das Umsatzkostenverfahren.

Merksatz: **Gesamt- und Umsatzkostenverfahren** führen immer zum gleichen Erfolg, unterscheiden sich aber in der Verteilung der Kosten und Erlöse auf die Perioden. Bei Bestandserhöhungen werden im Gesamtkostenverfahren um diesen Betrag höhere, bei Bestandsminderungen entsprechend niedrigere Erlöse und Kosten ausgewiesen.

20.5.2 Gesamtkostenverfahren

Im Gesamtkostenverfahren werden alle Kosten der Periode der Gesamtleistung des Betriebes gegenübergestellt. Damit umfassen die Kosten der Periode alle für die produzierten Mengeneinheiten angefallenen Kosten. Zur Gesamtleistung gehören neben den Umsatzerlösen die Bestandsveränderungen an fertigen und unfertigen Erzeugnissen sowie die in dieser Periode selbst erstellten Anlagen. Die Kosten und Erlöse werden somit in der Periode der Erstellung der Produkte erfasst.

Merksatz: Die Vorteile des **Gesamtkostenverfahrens** bestehen in der Erfassung des *gesamten* Werteverzehrs und Wertezuwachses einer Periode und der einfachen Integration in das Kontensystem der Finanzbuchführung.

Die Kosten werden bei Anwendung des Gesamtkostenverfahrens üblicherweise nach den eingesetzten oder verbrauchten Produktionsfaktoren untergliedert, d.h. nach den bereits in der Kostenartenrechnung behandelten Kostenarten Materialkosten, Personalkosten, Abschreibungen usw.. Die dort für die Periode ermittelten Beträge können direkt in die Betriebsergebnisrechnung übernommen werden, sodass keine weiteren Ermittlungsprobleme bestehen. Die Bestimmung von Produktergebnissen wäre möglich, wenn zusätzlich eine Differenzierung nach Produkten erfolgt.

Die Erlöse werden i.d.R. differenziert nach Produkten ausgewiesen. Zudem wird zwischen Umsatzerlösen sowie Bestandsveränderungen an unfertigen und fertigen Erzeugnissen sowie anderen aktivierten Eigenleistungen (selbst erstellte Anlagen) unterschieden. Zu ihrer Ermittlung ist eine Erlösrechnung durchzuführen. Die Umsatzerlöse können unproblematisch durch Multiplikation der abgesetzten Mengeneinheiten mit dem Absatzpreis bestimmt werden. Zur Ermittlung der Bestandsveränderungen sowie auch der anderen aktivierten Eigenleistungen ist eine Bestandsbewertung erforderlich. Diese erfolgt üblicherweise auf Basis der Herstellkosten (oder auch zu Marktpreisen, wenn diese geringer sind als die Herstellkosten). Deren Bestimmung ist problematisch, wenn die verkauften Produkte aus verschiedenen Perioden stammen, d. h. wenn zu Beginn der Periode ein Lagerbestand vorlag. In diesem Fall ist bei sich ändernden Herstellkosten unklar, welche Produkte mit welchen Herstellkosten verkauft wurden. Zur Lösung des Problems bieten sich die gleichen Verfahren an, die bereits bei den Materialkosten diskutiert wurden, d.h. Durchschnittsverfahren oder Sammelbewertungsverfahren (vgl. Abbildung 20.11).

Beispiel:

Aufbauend auf den Daten des BAB (vgl. Abbildung 20.20) und der Zuschlagskalkulation (vgl. Abbildung 20.26) soll nun die Betriebsergebnisrechnung aufgestellt werden. Wenn unterstellt wird, dass zu Beginn der Periode kein Lageranfangsbestand vorlag, entfällt die Bestandsbewertung, da bei beiden Produkten die Produktionsmenge der Absatzmenge entspricht. Der Absatzpreis für Produkt X beträgt 550 €/ME, für Produkt Y 400 €/ME.

Die zur Aufstellung der Betriebsergebnisrechnung nach dem Gesamtkostenverfahren erforderlichen Kostenarten können dem BAB entnommen werden, wobei die Materialeinzelkosten noch zu den Materialkosten und die Fertigungseinzelkosten zu den Personalkosten zu addieren sind (vgl. Abbildung 20.30).

Gesamtkostenverfahren			
Materialkosten	1.576.000	Umsatzerlöse Produkt X	2.475.000
Personalkosten	2.350.225	Umsatzerlöse Produkt Y	3.000.000
Abschreibungen	659.500		
Sonstige Kosten	180.000		
Betriebsgewinn	709.275		
	5.475.000		5.475.000

Abbildung 20.30: Beispiel einer Betriebsergebnisrechnung nach dem Gesamtkostenverfahren

20.5.3 Umsatzkostenverfahren

Im Umsatzkostenverfahren werden nur die für die abgesetzten Mengeneinheiten angefallenen Kosten und Erlöse erfasst. Das bedeutet, dass Bestandserhöhungen an Produkten nicht als Erlöse erfasst werden, obwohl sie ein Ergebnis des betrieblichen Leistungserstellungsprozesses darstellen. Auch der für die Erstellung dieser Produkte angefallene Werteverzehr wird nicht als Kosten ausgewiesen. Folge ist, dass in der Periode einer Bestandserhöhung die Kosten der Periode in Kosten für abgesetzte Mengeneinheiten und für Bestandserhöhungen aufzuspalten sind. In der Periode einer Bestandsminderung fließen diese dann in die Betriebsergebnisrechnung ein. Damit stellt sich wie beim Gesamtkostenverfahren das Problem, eine Bestandsbewertung durchführen zu müssen.

Merksatz: Das **Umsatzkostenverfahren** ist dadurch charakterisiert, dass die Kosten und Erlöse erst im Zeitpunkt des Verkaufs der Produkte in der Betriebsergebnisrechnung ausgewiesen werden. Damit wird bei Bestandserhöhungen nicht der gesamte Wertezuwachs bzw. –verzehr einer Periode erfasst.

Zur Untergliederung der Kosten werden im Umsatzkostenverfahren üblicherweise nicht die eingesetzten oder verbrauchten Produktionsfaktoren zugrunde gelegt, sondern die betroffenen Funktionsbereiche, i.d.R. Herstellung, Verwaltung und Vertrieb. Zudem ist es üblich, die Herstell-, Verwaltungs- und Vertriebskosten getrennt nach Produkten auszuweisen. Da üblicherweise auch die Umsatzerlöse nach Produkten aufgegliedert werden, ist ein Ausweis von Produktergebnissen möglich.

Zur Verdeutlichung soll wieder auf das durchgängige Beispiel zurückgegriffen werden.

Beispiel:

Zur Aufstellung der Betriebsergebnisrechnung nach dem Umsatzkostenverfahren sind zunächst die Herstellkosten der abgesetzten Mengeneinheiten zu bestimmen (vgl. Abbildung 20.31). Da die Absatzmenge mit der Produktionsmenge übereinstimmt, können die Werte aus der Zuschlagskalkulation übernommen werden.

Umsatzkostenverfahren			
Herstellkosten des Umsatzes Produkt X	1.891.800	Umsatzerlöse Produkt X	2.475.000
Herstellkosten des Umsatzes Produkt Y	2.344.400	Umsatzerlöse Produkt Y	3.000.000
Verwaltungskosten	211.810		
Vertriebskosten	317.715		
Betriebsgewinn	709.275		
	5.475.000		**5.475.000**

Abbildung 20.31: Beispiel einer Betriebsergebnisrechnung nach dem Umsatzkostenverfahren

20.5.4 Beispiel einer Betriebsergebnisrechnung über zwei Perioden

Da beim durchgängigen Beispiel (vgl. Abbildungen 20.30 und 20.31) keine Bestandsveränderungen vorliegen, soll nun anhand eines weiteren Beispiels über zwei Perioden gezeigt werden, wie sich diese auf die jeweiligen Betriebsergebnisrechnungen auswirken. Hierbei werden vereinfachend – trotz der Unterscheidung zwischen Einzel- und Gemeinkosten – nur ein Produkt und nur drei Kostenarten zugrunde gelegt. Die Kosten und Erlöse des/der anderen Produkte müssten noch addiert werden.

Beispiel:

Für ein Produkt liegen folgende Daten vor (vgl. Abbildung 20.32):

Zur Aufstellung der Betriebsergebnisrechnung nach dem Gesamtkostenverfahren ist zunächst eine Bestandsbewertung vorzunehmen. Bei einer Bewertung zu Herstellkosten und bei Anwendung der Durchschnittsmethode ergeben sich folgende Bestandsveränderungen (vgl. Abbildung 20.33).

Auf Basis dieser Daten ergeben sich nun für die Periode t_1 und die Periode t_2 die folgenden Betriebsergebniskonten (vgl. Abbildungen 20.34 und 20.35).

Zur Aufstellung der Betriebsergebnisrechnung nach dem Umsatzkostenverfahren sind die Herstellkosten der abgesetzten Mengeneinheiten zu bestimmen. Für die Verwaltungskosten und Vertriebskosten ist dies i. d. R. nicht erforderlich, da die Bewertung üblicherweise zu Herstellkosten erfolgt. Für das Beispiel ergeben sich bei Anwendung der Durchschnittsmethode die folgenden Herstellkosten des Umsatzes (vgl. Abbildung 20.36).

Damit ergeben sich für die Periode t_1 und die Periode t_2 die folgenden Betriebsergebniskonten (vgl. Abbildungen 20.37 und 20.38).

Angaben	Periode t_1	Periode t_2
Rohstoffkosten	600 €/ME	645 €/ME
Fertigungslöhne	700 €/ME	720 €/ME
Abschreibungen auf Maschinen	550.000 €/ZE	550.000 €/ZE
Gehälter Verwaltung	400.000 €/ZE	415.000 €/ZE
Gehälter Vertrieb	250.000 €/ZE	260.000 €/ZE
Lageranfangsbestand	0 ME	400 ME
Produktionsmenge	1.000 ME	1.100 ME
Absatzmenge	600 ME	1.250 ME
Lagerendbestand	400 ME	250 ME
Absatzpreis	2.800 €/ME	3.000 €/ME

Abbildung 20.32: Ausgangsdaten für eine Betriebsergebnisrechnung über zwei Perioden

Angaben	Rechenweg	Periode t_1	Rechenweg	Periode t_2
Rohstoffkosten		600 €/ME		645 €/ME
Fertigungslöhne		700 €/ME		720 €/ME
Abschreibungen auf Maschinen	$\frac{550.000}{1.000}$	550 €/ME	$\frac{550.000}{1.100}$	500 €/ME
Herstellkosten		1.850 €/ME		1.865 €/ME
Durchschnittliche Herstellkosten		1.850 €/ME	$\frac{740.000 + 1.100 \cdot 1.865}{400 + 1.100}$	1.861 €/ME
Wert Lageranfangsbestand		0 €		740.000 €
Wert Lagerendbestand	$1.850 \cdot 400$	740.000 €	$250 \cdot 1.861$	465.250 €
Bestandsveränderung		+ 740.000 €		–274.750 €

Abbildung 20.33: Beispiel zur Bestandsbewertung für die Betriebsergebnisrechnung über zwei Perioden

Gesamtkostenverfahren t_1			
Materialkosten	600.000	Umsatzerlöse	1.680.000
Personalkosten	1.350.000	Bestandserhöhung	740.000
Abschreibungen	550.000	Betriebsverlust	80.000
	2.500.000		**2.500.000**

Abbildung 20.34: Beispiel einer Betriebsergebnisrechnung nach dem Gesamtkostenverfahren Periode t_1

Gesamtkostenverfahren t_2			
Bestandsminderung	274.750	Umsatzerlöse	3.750.000
Materialkosten	709.500		
Personalkosten	1.467.000		
Abschreibungen	550.000		
Betriebsgewinn	748.750		
	3.750.000		**3.750.000**

Abbildung 20.35: Beispiel einer Betriebsergebnisrechnung nach dem Gesamtkostenverfahren Periode t_2

Angaben	Rechenweg	Periode t_1	Rechenweg	Periode t_2
Herstellkosten		1.850 €/ME		1.865 €/ME
Durchschnittliche Herstellkosten		1.850 €/ME	$\frac{740.000 + 1.100 \cdot 1.865}{400 + 1.100}$	1.861 €/ME
Herstellkosten des Umsatzes	$1.850 \cdot 600$	1.110.00 €/ZE	$1.861 \cdot 1.250$	2.326.250 €/ZE

Abbildung 20.36: Beispiel zur Ermittlung der Herstellkosten des Umsatzes für die Betriebsergebnisrechnung

Umsatzkostenverfahren t_1			
Herstellkosten des Umsatzes	1.110.000	Umsatzerlöse	1.680.000
Verwaltungskosten	400.000	Betriebsverlust	80.000
Vertriebskosten	250.000		
	1.760.000		**1.760.000**

Abbildung 20.37: Beispiel einer Betriebsergebnisrechnung nach dem Umsatzkostenverfahren Periode t_1

Umsatzkostenverfahren t_2			
Herstellkosten des Umsatzes	2.326.250	Umsatzerlöse	3.750.000
Verwaltungskosten	415.000		
Vetriebskosten	260.000		
Betriebsgewinn	748.750		
	3.750.000		**3.750.000**

Abbildung 20.38: Beispiel einer Betriebsergebnisrechnung nach dem Umsatzkostenverfahren Periode t_2

20.6 Ausblick auf weitere Verfahren der Kosten- und Erlösrechnung

! Anmerkung: Leser, die an den weiteren Verfahren interessiert sind, finden im Download Beispiele.

20.6.1 Weitere Verfahren der Vollkostenrechnung

Das zentrale Problem der Vollkostenrechnung besteht darin, die Kosten der indirekten Bereiche möglichst verursachungsgerecht auf die Kostenträger zu verrechnen. Die in den vorangegangenen Abschnitten dargestellten Verfahren führen nicht immer zu einer befriedigenden Lösung. Bspw. ist die in der Zuschlagskalkulation unterstellte proportionale Beziehung zwischen den Gemeinkosten und der wertmäßigen Zuschlagsgrundlage (Einzelkosten, Herstellkosten) oftmals nicht gegeben. In der Maschinenstundensatzrechnung wird zwar versucht, zumindest bei den Fertigungsgemeinkosten eine Mengengröße als Verrechnungsschlüssel (Maschinenstundensatz) zu verwenden, aber bei den anderen Gemeinkosten bleibt das Problem bestehen.

Eine Lösung des Problems besteht darin, die Gemeinkosten mithilfe einer Analyse der zugrundeliegenden Prozesse und deren Einflussgrößen auf Kostenstellen und Kostenträger zu verrechnen, d.h. eine Prozesskostenrechnung durchzuführen.

Merksatz: Voraussetzung für die Anwendung der Prozesskostenrechnung sind **repetitive, strukturierte Abläufe**, die einen gewissen Kostenträgerbezug aufweisen. Dies ist vor allem im Fertigungs- und Beschaffungsbereich gegeben.

Im Rahmen der Prozesskostenrechnung werden für die, oftmals kostenstellenübergreifend abgegrenzten, Prozesse sog. Prozesskostensätze ermittelt. Diese geben an, mit welchen Kosten die Durchführung eines Prozesses (z.B. Material bestellen) verbunden ist. Dazu ist es zunächst erforderlich, die Kostentreiber bzw. cost driver, i.d.R. Mengengrößen (z.B. Anzahl der Bestellungen), zu identifizieren. Anschließend wird die für die Erstellung der Mengeneinheiten eines Kostenträgers erforderliche Anzahl der Prozesse bestimmt und mit dem Prozesskostensatz multipliziert. Dies ergibt die dem Kostenträger zuzuordnenden Gemeinkosten. Die in der Prozesskostenrechnung verwendeten mengenbezogenen cost driver führen im Vergleich zur Zuschlagskalkulation i.d.R. zu einer verursachungsgerechteren Verrechnung der Gemeinkosten (Allokationseffekt). Auch werden durch Produktkomplexität und Variantenreichtum bedingte steigende indirekte Produktkosten besser berücksichtigt (Komplexitätseffekt). Zudem kommt es zu einem Degressionseffekt, da die Prozesskosten pro Mengeneinheit des Produktes bei konstanten Prozesskosten mit zunehmender Stückzahl sinken. Diesen Vorteilen stehen aber auch Nachteile gegenüber, die die Anwendbarkeit und den Aussagewert der Prozesskostenrechnung einschränken. Zu nennen sind insbesondere der hohe Aufwand, die auch hierbei erforderlichen Schlüsselungen (z.B. bei der Verteilung der Kosten der Kostenstelle auf die Teilprozesse), die Probleme bei der Identifizierung von cost drivern für Hauptprozesse und der erforderliche Kostenträgerbezug.

Merksatz: Im Rahmen der **Prozesskostenrechnung** werden die Gemeinkosten mithilfe von Kostensätzen für die erforderlichen Aktivitäten auf die Kostenträger verrechnet. Sie ist im Industriebetrieb vor allem zur Verrechnung der Fertigungs- und Materialgemeinkosten geeignet, eingeschränkt für die Vertriebsgemeinkosten und kaum für die Verwaltungsgemeinkosten. Aber auch in den letztgenannten Bereichen können die Prozesskostensätze zur innerbetrieblichen Verrechnung von Leistungen herangezogen werden.

Eine weitere Ergänzung der bisher dargestellten Kostenrechnungsverfahren stellt das Target Costing (Zielkostenrechnung) dar, mit dem eine stärkere Marktorientierung angestrebt wird. Die Kosten sollen sich an dem erzielbaren Preis orientieren, um die Wettbewerbsfähigkeit zu erhöhen. Dazu werden zunächst die vom Markt her erlaubten Kosten (allowable cost) bestimmt, indem vom erzielbaren Preis der geplante Gewinn abgezogen wird. Diese werden mit den aktuellen Selbstkosten im Unternehmen (drifting cost) verglichen und daraus die Zielkosten (target cost) abgeleitet. Anschließend erfolgt eine Zielkostenspaltung, d.h. die Zielkosten werden auf Produktkomponenten verteilt, um konkrete Maßnahmen zur Zielkostenerreichung festlegen zu können. Der Vorteil des Target Costing liegt darin, dass es einen Beitrag zur Entwicklung marktgerechter Produkte leistet und damit Möglichkeiten zur Verbesserung der Wettbewerbsfähigkeit des Unternehmens aufzeigt. Es ist aber kein eigenständiges Kostenrechnungssystem, das die zuvor dargestellten Systeme ersetzt, sondern es muss mit diesen kombiniert werden (z.B. bei der Bestimmung der drifting cost). Zudem ist die praktische Durchführung mit vielen Problemen verbunden, insbesondere im Rahmen der Datenermittlung (z.B. Festlegung des erzielbaren Preises sowie des Gewinnanteils) oder bei den der Zielkostenspaltung zugrundeliegenden Annahmen (z.B. Unterstellung eines proportionalen Verhältnisses zwischen Nutzen bzw. Kundenzufriedenheit und Kosten).

Merksatz: Beim **Target Costing** wird versucht, die Kosten am zu erzielenden Preis auszurichten. Es kommt vor allem auf Märkten mit starkem Wettbewerb, kurzen Produktlebenszyklen und hohem Preisdruck zur Anwendung, z.B. in der Hightech Industrie.

20.6.2 Verfahren der Teilkostenrechnung

Da auch bei Nutzung genauerer Kostenrechnungssysteme nicht immer eine verursachungsgerechte Verteilung aller Kosten auf die Kostenträger erreicht werden kann und insbesondere weil die Verwendung der vollen Selbstkosten zu Fehlentscheidungen führen kann, wird vorgeschlagen, Kostenträgern nur einen Teil der Kosten zuzurechnen (Teilkostenrechnung). Bspw. kann es in Zeiten von Unterbeschäftigung sinnvoll sein, einen Auftrag auch dann anzunehmen, wenn er nicht alle Kosten deckt. Voraussetzung ist, dass zumindest die zusätzlichen Kosten, die durch diesen Auftrag anfallen, im Preis vergütet werden. Liegt der zu erzielende Erlös über diesen Kosten, d.h. ist der Deckungsbeitrag positiv, kann zumindest ein Teil der ohnehin anfallenden Kosten gedeckt werden.

Definition:
Der **Deckungsbeitrag** ist die Differenz zwischen dem Preis und den variablen Stückkosten *(Stückdeckungsbeitrag)* bzw. den Erlösen und den variablen Periodenkosten *(Periodendeckungsbeitrag)*.

Zur Durchführung der Teilkostenrechnung werden verschiedene Systeme vorgeschlagen, die sich in der Frage unterscheiden, welche Kosten den Kostenträgern zugerechnet werden:

- Direct Costing: Verrechnung der variablen Kosten auf die Kostenträger und globale Fixkostenbehandlung,
- Mehrstufige Deckungsbeitragsrechnung: Verrechnung der variablen Kosten auf die Kostenträger und stufenweise Zuordnung der Fixkosten,
- Riebel'sche Einzelkosten- und Deckungsbeitragsrechnung: Zuordnung von (relativen) Einzelkosten auf die Kostenträger und differenzierende Gemeinkostenbehandlung.

Charakteristisch für das Direct Costing (einstufige Deckungsbeitragsrechnung) ist die Trennung in variable und fixe Kosten, wobei als Kosteneinflussgröße die Produktionsmenge verwendet wird. Es wird unterstellt, dass die variablen Kosten den Produkten verursachungsgerecht zugeordnet werden können, nicht dagegen die Fixkosten, sodass auf deren Verrechnung verzichtet wird. Zudem ist es als retrograde Rechnung konzipiert, d.h. es wird vom Preis ausgegangen. Daraus ergibt sich die folgende Grundgleichung:

$$G = (p - k_v) \times x - K_f$$

mit:

G	= Gewinn
p	= Absatzpreis
k_v	= variable Kosten pro Mengeneinheit
$(p - k_v)$	= Deckungsbeitrag pro Mengeneinheit
K_f	= fixe Kosten pro Periode
x	= Produktions- bzw. Absatzmenge

Das Direct Costing umgeht zwar das Problem der Schlüsselung der (fixen) Gemeinkosten, fällt aber in das andere Extrem. Eine Vernachlässigung aller Fixkosten bei preis- und programmpolitischen Entscheidungen ist zumindest langfristig problematisch. Das Ziel des Direct Costing, Fehlentscheidungen wie in der Vollkostenrechnung zu vermeiden, gelingt nur unter bestimmten Voraussetzungen. Bezogen auf das obige Beispiel (Verlustauftrag) bedeutet dies, dass es sich um eine Entscheidung bei Unterbeschäftigung, konstanten Kapazitäten und gegebenen Preisen handeln muss. Sind diese Voraussetzungen nicht erfüllt, kann es auch bei Anwendung des Direct Costing zu Fehlentscheidungen kommen.

Die mehrstufige Deckungsbeitragsrechnung ist aus der Kritik an der globalen Behandlung der Fixkosten beim Direct Costing entstanden. Auch hier werden zunächst die variablen Kosten den Kostenträgern zugeordnet. Anschließend erfolgt aber eine differenzierte Betrachtung der Fixkosten. Diese werden – unter Verzicht auf Schlüsselungen – auf verschiedenen Ebenen erfasst, bspw. als Produkt-, Produktgruppen-, Kostenstellen-, Bereichs- und Unternehmensfixkosten. Eine differenzierte Betrachtung der Fixkosten ist bei Entscheidungen wichtig, bei denen die Entstehung der Fixkosten mit dieser Entscheidung verbunden ist. Wird bspw. über die Aufnahme eines neuen Produktes in das Produktionsprogramm entschieden, sind Produktfixkosten entscheidungsrelevant, bei einer Entscheidung über die Annahme eines Auftrags dagegen nicht. Diese mehrstufige Rechnung kann um eine mehrdimensionale Betrachtungsweise ergänzt werden, indem die Fixkosten, gegliedert nach Kostenarten, in Bezug auf verschiedene Dimensionen von unterschiedlichen Perspektiven aus unter Verzicht auf Schlüsselungen aufgespalten werden, z.B. Produkt, Kundengruppe und Absatzgebiet (mehrdimensionale Deckungsbeitragsrechnung). Diese Rechnung findet vor allem in Dienstleistungsunternehmen zur Untersuchung der fixen Vertriebskosten Anwendung (vgl. Eberlein [Redchnungswesen] 199).

In der Einzelkosten- und Deckungsbeitragsrechnung nach *Riebel* wird gänzlich auf Schlüsselungen verzichtet. Dazu bildet er eine Bezugsgrößenhierarchie und ordnet die Kosten auf der untersten Stufe zu, auf der keine indirekten Verrechnungen erforderlich sind. Damit erhält er (relative) Einzelkosten bezogen auf eine bestimmte Hierarchiestufe. Die Kosten der höheren Stufen sind für die betrachtete Stufe Gemeinkosten. Wie die Bezugsgrößenhierarchie aussieht, ist unternehmensindividuell festzulegen. Sie kann z.B. produktorientiert (Produkteinheit, Produktionslos, Produktart, Produktgruppe, Produktfeld) oder stellenorientiert (Kostenstelle, Kostenstellengruppe, Abteilung, Teilbetrieb bzw. Center, Gesamtunternehmen) gebildet werden. Der Vorteil dieses Verfahrens liegt darin, dass für eine Entscheidung immer nur die Kosten herangezogen werden, die genau für diese Entscheidung relevant sind, der Nachteil, dass es ggf. nur wenige (relative) Einzelkosten gibt und damit eine Deckung der vollen Kosten nur über Solldeckungsbeiträge erreicht werden kann, deren Bestimmung problematisch ist.

Merksatz: Bei den Verfahren der **Teilkostenrechnung** werden nur bestimmte Kosten (variable Kosten oder relative Einzelkosten) auf die Kostenträger verteilt, um Schlüsselungen und Fehlentscheidungen zu vermeiden. Für kurzfristige Entscheidungen kann dies gerechtfertigt sein, nicht aber für langfristige Entscheidungen.

20.6.3 Verfahren der Plankostenrechnung

Um die Höhe der in der abgelaufenen Periode angefallenen Istkosten beurteilen zu können, ist ein Vergleich erforderlich, entweder mit Vergangenheitswerten (von Vorperioden, anderen Betriebsteilen oder anderen Unternehmen) oder mit Zukunftswerten (tatsächlich erwartete oder gewünschte Werte). Zur Steuerung des Unternehmens im Hinblick auf das gesetzte Ziel ist eine Gegenüberstellung mit gewünschten Werten (Plankosten) sinnvoll. Zudem müssen Verantwortliche bestimmt werden können. Somit ist die Istkostenrechnung durch eine abteilungsbezogene Plankostenrechnung zu ergänzen.

Merksatz: Die **Plankostenrechnung** dient der Erfassung, Verrechnung und Auswertung von bei normalem, ordnungsgemäßen Betriebsablauf erreichbaren Kosten und Erlösen.

Im Rahmen der Plankostenrechnung lassen sich je nach Umfang und Genauigkeit der Vorgabe verschiedene Systeme unterscheiden:

- Starre Plankostenrechnung (Budgetkostenrechnung),
- Flexible Plankostenrechnung
  - auf Vollkostenbasis (flexible Vollplankostenrechnung),
  - auf Teilkostenbasis (flexible Grenzplankostenrechnung).

Bei der starren Plankostenrechnung werden die Plankosten ausgehend von einem konstanten Beschäftigungsgrad in einer Summe, d.h. nicht differenziert nach fixen und variablen Kosten, vorgegeben. Da die Voraussetzung eines konstanten Beschäftigungsgrades in der Praxis wenig wahrscheinlich ist, ist diese Form der Plankostenrechnung kaum verbreitet.

Im Rahmen der flexiblen Plankostenrechnung werden die Plankosten in Abhängigkeit von der Beschäftigung – bei Konstanz anderer Kosteneinflussgrößen – vorgegeben und dabei zwischen variablen und fixen Kosten unterschieden. Ausgangspunkt ist i.d.R. eine lineare Kostenfunktion. Bei Ausgestaltung als Vollkostenrechnung werden sowohl die variablen als auch die fixen Kosten auf die Beschäftigungseinheiten verteilt, bei Anwendung der Teilkostenrechnung nur die variablen Kosten (vgl. Scherrer [Kostenrechnung] 738 ff.). Am Ende der Periode werden die Istkosten festgestellt und mit den Plankosten verglichen.

Statt der (ursprünglichen) Plankosten (bei der geplanten Beschäftigung) werden auch die verrechneten Plankosten (Plankosten bei der Istbeschäftigung) als Vergleichsgröße verwendet. Die Gesamtabweichung wird anschließend in Teilabweichungen aufgespalten, um die Ursachen von Abweichungen erkennen zu können. Ausgehend von den zugrunde gelegten Kosteneinflussgrößen werden zumindest drei Teilabweichungen unterschieden: Preisabweichung, Verbrauchsabweichung und Beschäftigungsabweichung Die unterschiedliche Gesamtabweichung wirkt sich nur auf die Beschäftigungsabweichung aus. Beim Vergleich der Istkosten mit den Plankosten spiegelt sie die Kostenabweichung wider, die sich durch die abweichende Produktionsmenge ergibt. Werden dagegen die Istkosten mit den verrechneten Plankosten verglichen, resultiert die Beschäftigungsabweichung aus der Proportionalisierung der Fixkosten und entspricht somit den Leerkosten, sofern die Planbeschäftigung mit der Maximalbeschäftigung identisch ist.

Diese einfache Form der Plankostenrechnung wurde stetig verfeinert. Um bspw. unterschiedliche Ursachen für die Verbrauchsabweichung erkennen zu können, wird diese in weitere Spezialabweichungen aufgespalten, wie die Rüstkosten-, Intensitäts-, Verfahrens- oder Bedienungsrelationsabweichung. Zudem kann versucht werden, die bestehenden Abhängigkeiten zwischen den Kosteneinflussgrößen zu berücksichtigen, z.B. die Beziehung zwischen dem Preis und der Faktornachfragemenge oder zwischen dem Verbrauch pro Mengeneinheit und der Maschinenlaufzeit (Intensität).

Einführende Literaturhinweise zu Modul 20

Die vollständigen Literaturangaben finden Sie im Downloadbereich.

Coenenberg, A. G./Fischer, T. M./Günther, T.: [Kostenrechnung] und Kostenanalyse. 8. Aufl., Stuttgart 2012.

Eberlein, J.: Betriebliches [Rechnungswesen] und Controlling. 2. Aufl., München 2010.

Ewert, R./Wagenhofer, A.: Interne [Unternehmensrechnung]. 7. Aufl., Berlin u.a. 2008.

Küpper, H.-U. u.a.: [Controlling]. Konzeption, Aufgaben, Instrumente. 6. Aufl., Stuttgart 2013.

Schweitzer, M./Küpper, H.-U.: [Systeme] der Kosten- und Erlösrechnung. 10. Aufl., München 2011.

Weber, J./Schäffer, U.: Einführung in das [Controlling], 14. Aufl., Stuttgart 2014.

Weber, H. K./Rogler, S.: Betriebswirtschaftliches Rechnungswesen. Band 2: [Kosten- und Leistungsrechnung] sowie kalkulatorische Bilanz. München 2006.

Hinweis: Für Leser, die ihr Wissen zur Kosten- und Erlösrechnung vertiefen wollen, werden im Downloadbereich weitere Literaturhinweise gegeben.

Modul 21: Systeme des Controllings

Alexander Baumeister
Markus Ilg
Clemens Werkmeister

„Das Besondere ist oft
mit dem Groben verwoben –
es kommt daher stets darauf an,
das Gesamte zu durchdringen."

Lernziele:

Aneignen von Wissen über Gestaltungskonzeptionen, Instrumente und Einsatzfelder des Controllings; Erfassen der Gründe für unterschiedliche Controllingansätze; Verstehen der Anwendungsvoraussetzungen von Instrumenten spezifischer Controllingsysteme; Analysieren der kontextabhängigen Eignung von Controllinginstrumenten in ausgewählten Führungsbereichen; Synthetisieren der Einzelerkenntnisse zur Ausgestaltung des Controllingsystems; Bewerten der Eignung unterschiedlicher Ausgestaltungsvarianten; Anwenden der Kenntnisse zum situationsadäquaten Einsatz des Controllings.

Übersicht:

In Modul 21 stehen Systeme des Controllings im Mittelpunkt. Dazu werden im Abschnitt 1 die Aufgaben des Controllings behandelt. Dabei wird zwischen theoretisch-konzeptionellen und empirisch geprägten Sichten auf das Controlling differenziert. Für die hier als relevant herausgearbeitete koordinationsorientierte Controlling-Konzeption werden Instrumente systematisiert.

Abschnitt 2 behandelt die wichtigsten führungssystemübergreifenden Instrumente des Controllings. Dazu werden die Budgetierung in das betriebliche Planungssystem eingeordnet, die Bedeutung von Kennzahlen für die Führung und ihr Einsatz im Berichtswesen herausgearbeitet, die Einsatzmöglichkeiten von Lenkpreisen zur Abstimmung dezentraler Entscheidungsträger analysiert und Grundmerkmale von Anreizsystemen erläutert.

Abschnitt 3 behandelt ausgewählte Controllingsysteme mit ihren Einsatzfeldern. Dazu werden spezifische Problemfelder des Projektmanagements, der Beteiligungsführung, der Gesamtbanksteuerung und des Risikomanagements herausgegriffen. Entsprechend werden ausgewählte Besonderheiten eines Projekt-, Beteiligungs-, Bank- sowie Risikocontrollings behandelt.

21.1 Kernaufgaben des Controllings

21.1.1 Kennzeichnung des koordinationsorientierten Controllings

Betrieblichen Güter- und Führungsprozessen sind mannigfaltige Schnittstellen immanent, etwa wenn einer Fertigungseinheit das passende Material in der richtigen Menge zum richtigen Zeitpunkt oder der Beschaffungsplanung zur Bestelloptimierung geeignete Rechnungswesensinformationen zur Verfügung zu stellen sind. Eine zieloptimale Prozessgestaltung setzt daher eine Abstimmung an den entsprechenden Schnittstellen voraus, die damit nicht nur die Güterbereiche, sondern auch die Führungsprozesse selbst betrifft (vgl. zu den Grundlagen der Führung und einzelner Prozessphasen die Module in Kapitel 3 und 4). Während Führungsentscheidungen grundsätzlich so auszurichten sind, dass sie eine optimale Abstimmung der Güterprozesse erlauben, erwächst aus dem Abstimmungsbedarf auf der Führungsebene eine eigenständige Führungsfunktion, die dem Controlling zugerechnet wird (zum Überblick z.B. Friedl [Controlling] 1 ff.; Küpper et al. [Controlling] 33 ff.; Troßmann [Controlling] 12 ff.).

Merksatz: **Controlling ist eine eigenständige Führungsteilfunktion, deren Kernaufgabe in der zielorientierten Koordination der anderen Führungsteilfunktionen in sich und untereinander besteht.**

Die Koordinationsaufgabe des Controllings ist lediglich ergänzend innerhalb der jeweiligen Führungsteilfunktion zu verstehen, jedoch eigenständig, sofern es um die Abstimmung zwischen den Führungsteilsystemen geht (Troßmann [Controlling] 12 f.). Sie richtet sich dabei stets auf die Überbrückung von Interdependenzen, die an den Schnittstellen von Entscheidungsteilbereichen zu Tage treten.

Übersicht:

Interdependenzen lassen sich in sachliche und personelle einteilen (z.B. Laux/Liermann [Grundlagen] 191 ff.; Ewert/Wagenhofer [Unternehmensrechnung] 395 ff.). Sachliche Abhängigkeiten entstehen u.a. aus einem

- **Ressourcenverbund, z.B. bei Konkurrenz um knappe Fertigungskapazitäten;**
- **Erfolgsverbund, z.B. beim Bundling von Produkten;**
- **Risikoverbund, z.B. beim Einfluss von Währungsrisiken;**
- **Bewertungsverbund, z.B. bei niveauabhängiger Nutzenfunktion.**

Personelle Abhängigkeiten erwachsen insbesondere aus

- **Informationsasymmetrien zwischen Entscheidungsträgern (vgl. Abschnitt 2.4);**
- **gegebenen Zielkonflikten, z.B. durch unterschiedliche Präferenzen;**
- **gemachten Zielkonflikten, z.B. durch unpassende Zielvorgaben.**

Die Koordination wird als systemdefinierend bzw. systemgestaltend bezeichnet, wenn zur erfolgreichen Abstimmung grundlegende Veränderungen im Führungssystem unerlässlich sind (Friedl [Controlling] 34). Beispielsweise sind Vollkosten- oder statische Investitionsrechnungen prinzipiell nicht für Entscheidungszwecke geeignet und daher passend zu ersetzen. Systemausfüllende oder laufende Koordination liegt dagegen vor, wenn beispielsweise ein Koordinationsinstrument wie ein Lenkpreis an veränderte Planungsbedingungen angepasst wird (vgl. Abschnitt 2.3), die grundlegenden Methoden und Verfahren aber unverändert bleiben. Zusätzlich zur Kernfunktion der Koordination werden dem Controlling oftmals weitere Neben- bzw. Servicefunktionen zugeschrieben (Küpper et al. [Controlling] 38 ff.; Troßmann [Controlling] 14 f.). Sie dienen z.B. dazu, mögliche Konsequenzen von Führungsentscheidungen aufzuzeigen, Berichtssysteme mit passenden Kennzahlen auszugestalten, Entscheidungsträgern bei der Auswahl und Anwendung geeigneter Modelle und Methoden zur Seite zu stehen oder auf möglichen strategischen oder operativen Handlungsbedarf hinzuweisen.

Übersicht:

Zu den Servicefunktionen des Controllings zählen u.a. die

- **Entscheidungsunterstützung;**
- **Informationsbereitstellung;**
- **Methodenunterstützung;**
- **Initiativfunktion.**

21.1.2 Ausgewählte Controllingkonzeptionen im Vergleich

Seit Ende der 60er-Jahre der Begriff des Controllings in Deutschland eingeführt wurde, hat sich eine Vielzahl an Controllingkonzeptionen entwickelt. Ihr gemeinsamer Kern ist der führungsunterstützende Charakter, die konkrete Umsetzung unterscheidet sich jedoch im Einzelfall deutlich (zum Überblick Friedl [Controlling] 95 ff.; Küpper et al. [Controlling] 3 ff.; Troßmann [Controlling] 303 ff.). Bei den informationsorientierten Ansätzen steht die Unterstützung bestehender Führungsfunktionen durch eine umfassende sowie deutlich über das Rechnungswesen hinaus gehende Informationsbereitstellung im Mittelpunkt. Problematisch an ihr ist die weitgehende Übereinstimmung der Controllingaufgaben mit jenen der Informationswirtschaft.

Ausprägungen einer koordinationsorientierten Controllingkonzeption unterscheiden sich insbesondere in der Frage, ob die Abstimmungsaufgabe den gesamten Führungsbereich umfasst oder auf einzelne Führungsfunktionen begrenzt ist, und darin, welcher Stellenwert weiteren, nicht koordinierenden Aufgaben zugemessen wird.

Da Führungskräfte begrenzte kognitive Fähigkeiten besitzen und auch eigenständige Ziele verfolgen, die nicht zwingend mit den Zielen der Unternehmung übereinstimmen, stehen auf die Überwindung solcher Probleme gerichtete Maßnahmen im Mittelpunkt einer rationalitätsorientierten Controllingsicht. Dazu hat das Controlling je nach konkreter Managementsituation Entlastungs-, Ergänzungs- oder Begrenzungsaufgaben wahrzunehmen. Sie sollen effektives und effizientes betriebliches Handeln sicherstellen, indem das Controlling Spezialisierungsvorteile, die Nutzung vertieften Fachwissens und eine Überwindung von motivatorischen Defiziten ermöglicht (Weber/Schäffer [Controlling] 37 ff.). Abbildung 21.1 zeigt die Controllingkonzeptionen im Überblick.

Controlling-verständnis	informations-orientiert	koordinations-orientiert	rationalitäts-orientiert
Kernaufgabe	Beschaffung und Aufbereitung führungsbezogener Informationen insbesondere für Planung und Kontrolle	Koordination ausgewählter bzw. aller Führungsteilfunktionen, innerhalb und zwischen diesen	Sicherstellung der Rationalität der Entscheidungen, situativ in Abhängigkeit gegebener Könnens- oder Wollensbeschränkungen der Führung
Vertreter (Auswahl)	Baum/Coenenberg/Günther [Controlling]; Hahn/Hungenberg [Planung]; Franz/Kajüter [Controlling]; Reichmann [Controlling]	Baumgartner [Konzeption]; Friedl [Controlling]; Horváth [Controlling]; Küpper et al. [Controlling]; Troßmann [Controlling]	Ahn/Dyckhoff [Controlling]; Pietsch [Controlling]; Weber/Schäffer [Controlling]

Abbildung 21.1: Überblick über ausgewählte Controllingkonzeptionen

21.1.3 Controlling in der Wirtschaftspraxis

Zur Frage, welche Aufgaben das Controlling in der betrieblichen Praxis tatsächlich übernimmt, existieren zahlreiche empirische Erhebungen. Als Schwerpunkte ergeben sich z.B. nach Stoffel ([Vergleich] 156 f.):

- Budgetierung (vgl. Abschnitt 2.1);
- Berichtswesen (vgl. Abschnitt 2.2 sowie Modul 11);
- operative und strategische Planung (vgl. Abschnitt 2.1);
- Investitionsrechnung (vgl. Modul 15);
- internes Rechnungswesen (vgl. Modul 20).

Zu ähnlichen Ergebnissen kommen Weber ([Controllingpraxis] 14) sowie Schäffer/Weber/Mahlendorf ([Controlling] 15), wobei hier noch der Managementberatung sowie dem Projektcontrolling eine gewichtige Rolle zukommt. Eine ältere dazu konsistente, allerdings in den Aufgaben deutlich detailliertere Untersuchung gibt zudem Aufschluss über verwendetes kostenrechnerisches Instrumentarium. Demnach ist die Abweichungsanalyse mit knappem Abstand das meist eingesetzte Instrument (Reichmann/Kleinschnittger/Kemper [Controlling] 39). Im internationalen Zusammenhang zeigen sich Ähnlichkeiten mit vergleichbaren europäischen Ländern, in den USA hingegen fallen weitere Aufgaben in die Verantwortung des Controllings, insbesondere das externe Rechnungswesen und Reporting, die Steuerplanung, das Versicherungswesen und die Liquiditätssteuerung (Stoffel [Vergleich] 157). Hierbei ist der historische Einfluss unterschiedlicher Rechnungslegungskonzepte zu bedenken. So ist in den USA traditionell internes und externes Rechnungswesen (Managerial bzw. Financial Accounting) wenig getrennt, da anders als in der HGB-Welt, in der der Gläubigerschutz eine bestimmende Rolle spielt, die Forderung nach decision usefulness und einer fair presentation der Rechnungslegungsinformation gilt (dazu Troßmann/Baumeister [Harmonisierung] 631 ff.). Während Controlling zur Informationsbereitstellung und Entscheidungsunterstützung aus deutscher Sicht traditionell Nähe zum Managerial Accounting zeigt, wird sich aufgrund der unterschiedlichen Ausgangssituation zeigen müssen, ob sich diese Fokussierung auch international durchsetzt (positiv dazu Küpper et al.

[Controlling] 55 ff.; zum Überblick über Forschung im Management Accounting Scapens/Bromwich [Accounting] 278 ff.).

! Anmerkung: Eine Fallstudie zu der Organisation und den Aufgaben des Controllings findet sich bei Troßmann/Baumeister/Werkmeister [Controlling] 14 ff.

21.1.4 Systematik der Controllinginstrumente

Als Werkzeug des Controllings kommen zunächst alle Instrumente in Betracht, die diesem die Umsetzung seiner Aufgaben erlauben. Eine Abgrenzung wird daher je nach Aufgabendefinition unterschiedlich ausfallen. Da im Weiteren die koordinationsorientierte Sicht zugrunde liegt, stehen hier diejenigen Instrumente des Führungssystems im Vordergrund, die zur Lösung von Koordinationsaufgaben sowie für die Umsetzung der Servicefunktionen geeignet sind. Für eine Einteilung kommen dann insbesondere die Blickwinkel auf ihren Beitrag zur Führungsabstimmung in Betracht. Entsprechend könnte man z. B. nach der zugrunde liegenden Interdependenzart in Instrumente der sachlichen oder personellen Koordination mit ihren jeweiligen Unterarten, nach ihrem hierarchischen Blickwinkel in Instrumente der vertikalen oder horizontalen Koordination bei einer Zielabstimmung über mehr als eine oder auf der jeweils gleichen Hierarchiestufe, nach dem Gestaltungsausmaß in Instrumente der systemdefinierenden und -ausführenden Koordination (Troßmann [Controlling] 33 ff.) oder nach der Zurechnung zu einzelnen Führungsteilfunktionen in isolierte oder übergreifende Koordinationsinstrumente einteilen (auch im Weiteren Küpper et al. [Controlling] 46 ff.).

Übergreifende Koordinationsinstrumente betreffen stets mehrere Führungsteilsysteme gleichzeitig.

Übersicht:

Zu den übergreifenden Koordinationsinstrumenten des Controllings zählen u. a.

- **zentralistische Führungssysteme (z. B. Einzel- oder Generalanweisungen);**
- **Budgetsysteme (vgl. Abschnitt 2.1);**
- **Kennzahlensysteme (vgl. Abschnitt 2.2);**
- **Lenkpreissysteme (vgl. Abschnitt 2.3).**

Isolierte Koordinationsinstrumente können hingegen einer einzelnen Führungsteilfunktion zugeordnet werden. Beispiele sind die Kosten- und Erlösrechnung als Teil des Informationssystems, Simultanplanungsmodelle und Abweichungsanalysen aus dem Planungs- und Kontrollsystem oder Anreizsysteme aus der Personalführung. Letzteres verdeutlicht zugleich, dass die Zuordnung eher schwerpunktmäßig zu verstehen ist, da die Gestaltung eines Anreizsystems stets auch mit Planungs- und Kontrollaufgaben verbunden ist. Entsprechend zeigen sich auch zu den übergreifenden Koordinationsinstrumenten gewisse Überlappungen.

21.2 Standardinstrumente des Controllings

„Das Beginnen wird nicht belohnt,
einzig und allein das Durchhalten."
(Katharina von Siena 1347–1380)

21.2.1 Budgetierung zur Koordination dezentraler Einheiten

21.2.1.1 Beispielhafte Controllingaufgaben in der Planung

Aufgrund der notwendigen Zielorientierung jeder Abstimmungsleistung sind zunächst die Beziehungen zwischen den in einem Betrieb verfolgten Zielen fundiert zu analysieren und bewerten (zum Planungsprozess vgl. Modul 8). Das Controlling ist dabei insbesondere bei der Auflösung von Zielkonflikten gefragt, um etwa durch eine geeignete Präferenzreihung oder die Ermittlung von Zielgewichten die Voraussetzungen für widerspruchfreies Führungshandeln zu schaffen (Troßmann [Controlling] 75). Da alle betrieblichen Entscheidungen konsistent auf das so ermittelte Zielsystem auszurichten sind, hat das Controlling im weiteren Planungsprozess u. a. darauf zu achten, dass trotz einer ggf. starken Betonung einzelner Ziele, etwa finanzieller Formalziele in der wertorientierten Unternehmenssteuerung, vorhandene weitere, damit ggf. auch konfliktäre Ziele z. B. sozialer oder ökologischer Art in der Führung adäquat berücksichtigt werden. Als eine mögliche Konsequenz sind multikriterielle Entscheidungsverfahren einzusetzen.

Ähnlich verhält es sich bei der Ermittlung passender Präferenzfunktionale, etwa wenn Alternativen unterschiedlichen Risikoniveaus zu bewerten sind. Da hierauf das Standardinstrumentarium zahlreicher Führungsteilfunktionen oftmals nicht abzielt, ist das Controlling mit einer systembildenden Koordination gefordert: So wären z. B. in der Kosten- und Erlösrechnung anstelle deterministischer Deckungsbeitragsprognosen für Entscheidungszwecke stochastische Analysen nötig (z. B. der Ansatz bei Koch [Unsicherheit]). Zur Methodenbereitstellungsfunktion des Controllings gehört es, hierfür nach einer Kosten-Nutzen-Abwägung zwischen einem möglichen Effizienzzugewinn durch stärker fundierte Planungsmethoden und dem dadurch ausgelösten zusätzlichen Planungsaufwand die geeigneten Voraussetzungen zu schaffen. In der betrieblichen Praxis findet sich trotz des Wissens um die Risikohaftigkeit der Entscheidungssituation in vielen Fällen eine deterministische Analyse, insbesondere im Klein- und Mittelbetrieb (Troßmann/Baumeister [Risikocontrolling] 66 ff.). Das Controlling hat hier zu prüfen, ob es sich lediglich um unbegründete Festlegungen handelt oder ob der damit implizit getroffenen Entscheidung eine fundierte Abwägung der Einsatzmöglichkeiten der Planungskapazität zugrunde liegt. In jedem Fall hat es die Entscheidungsträger auf damit einhergehende Fehlentscheidungskonsequenzen hinzuweisen und bei Bedarf ein auf die betrieblichen Planungsressourcen abgestimmtes Methodenspektrum vorzuschlagen (z. B. die Controllingsoftware für KMU bei Troßmann/Baumeister/Ilg [Controlling]).

Neben solchen prozessorientierten Aufgaben des Controllings hat es die grundsätzliche Handhabung der Schnittstellen in einem Planungssystem zu klären. Dazu gehört insbesondere die Festlegung

- sachlicher (sukzessiver/simultaner),
- zeitlicher (sukzessiver/simultaner),
- planungshierarchischer (gereihter/gestaffelter/geschachtelter) sowie
- unternehmensorganisatorischer (retrograder/progressiver/zirkulärer)

Koordinationsformen zwischen den Teilplanungen (dazu detailliert Modul 8; Troßmann [Controlling] 91 ff.).

21.2.1.2 Gestaltungsaspekte der Budgetplanung

Ergebnis der Planung ist ein Entwurf entweder von Maßnahmen oder von wertmäßigen Vorgabegrößen (Budgets) zur Erreichung von Zielen. Je nachdem spricht man von Maßnahmen- oder Budgetplanung. Letztere ist vom so gesteuerten Verantwortungsbereich selbstständig in eine Maßnahmenplanung umzusetzen. Über die Aufteilung eines Gesamtbudgets in Teilbudgets in einem Budgetsystem (Master Budget) gelingt damit eine implizite Abstimmung von Führungsentscheidungen. Budgets sind damit ein wichtiges übergreifendes Koordinationsinstrument des Controllings.

Definition:

Budgets sind aus der Unternehmungsplanung abgeleitete, schriftlich fixierte und in Geldeinheiten bewertete Plangrößen, die einem organisatorischen Verantwortungsbereich für eine Periode vorgegeben werden (Wild [Budgetierung] 325).

Als Verantwortungsbereiche kommen abhängig vom Umfang des delegierten Handlungsspielraums z.B. Cost, Revenue, Profit und Investment Center in Betracht (z.B. Friedl [Controlling] 13 ff.). Cost Center sind typischerweise Fertigungs- oder Gemeinkostenbereiche, die keinen direkten Absatzmarktbezug aufweisen. Vertriebsabteilungen hingegen werden häufig als Revenue Center geführt, da ihr Einfluss auf die Kosten der abgesetzten Produkte gering ist. Profit Center, bspw. ein Produktionswerk mit eigener Vertriebseinheit, besitzen Ergebnisverantwortung, nicht aber die den Investment Centern vorbehaltene Investitionskompetenz.

Verantwortungsbereiche werden entsprechend ihrer Konzeption mit unterschiedlichen Zielgrößen geführt, die zweckmäßigerweise auch den Budgetansatz bestimmen. Gegenüber einer Maßnahmenvorgabe, wie z.B. der Generalanweisung, Kunden bei Zahlung innerhalb von zehn Tagen ein Skonto von 3 % und einen Rabatt von 5 % bei Bestellvolumina über 20.000 € zu gewähren, ist der Handlungsspielraum aus einer Budgetvorgabe, hier etwa eines Erlösschmälerungsbudgets, deutlich größer. Damit soll nicht nur eine Motivationssteigerung der Budgetverantwortlichen, sondern insbesondere auch der spezifische Informationsvorsprung dezentraler Entscheidungsträger, der ja einer der Kerngründe für eine Entscheidungsdelegation ist, genutzt werden. So hat der Leiter eines Revenue Centers selbst abzuwägen, ob z.B. bei bestimmten Schlüsselkunden oder in Erwartung von Folgegeschäften auch höhere Rabattsätze gewährt werden sollten und in anderen Fällen hingegen ggf. gar keine. In der betrieblichen Praxis wird das Budgetsystem oftmals sachlich sukzessiv aus dem Absatzbereich als vermutetem Engpass heraus entwickelt (sog. Ausgleichsgesetz der Planung nach Gutenberg).

Beispiel:

„As the first step in the County's budget planning process, [...] Metro uses forecasts from the King County Office of Economic and Financial Forecasting (OEFA) to forecast its expected revenues from sales tax receipts, diesel fuel, wages and benefits, and inflation. Projected ridership levels are used to plan fares. [...] The operating budget is Metro's plan for funding a broad range of public transportation services. [...] The capital budget provides for operations and maintenance bases, bus shelters and stops, buses and other vehicles." (King County Metro, http://metro.kingcounty.gov/am/budget/)

Die Budgetkontrolle konzentriert sich unabhängig von den konkret gewählten Maßnahmen auf das wertmäßige Ergebnis (zum Überblick Baumeister [Budgetkontrolle] 342 ff.; Troßmann/Baumeister [Rechnungswesen] Kap. V). Daher muss die Budgetvorgabe, insbesondere wenn an ihre Erreichung Vergütungsbestandteile geknüpft sind, zur Vermeidung von Fehlanreizen stets um weitere Vorgabegrößen ergänzt werden. So könnte ein Fertigungsstellenleiter versucht sein, sein Fertigungskostenbudget durch Absenkung des Qualitätsniveaus der Fertigprodukte zu unterschreiten. Auftretende Gewährleistungskosten müssten ihm daher fertigungskostenbudgetbelastend zugerechnet werden, was aber einerseits aufgrund eines dann stets vorhandenen Periodenversatzes, andererseits aufgrund weiterer möglicher, von ihm nicht zu verantwortender Ursachen wie Konstruktionsmängel, unzureichende Qualitätsprüfungen beim Wareneingang oder eine fehlerhafte Lieferantenwahl ausscheidet. So verlangt das Prinzip der Controllability, den Kontrollierten aus Motivationsgründen nur für diejenigen Größen verantwortlich zu machen, die er auch beeinflussen kann. Die Ergänzung des Budgets um weitere Vorgabegrößen hat sich an der angestrebten Leistung zu orientieren, etwa ein mindestens zu erreichendes Qualitätsniveau im Fall eines Fertigungskostenbudgets oder eine nicht zu überschreitende Stornoquote im Fall eines Erlösbudgets. Grundsätzlich sind bei der Planung und Kontrolle von Budgets zahlreiche Verhaltensauswirkungen zu berücksichtigen, die im Mittelpunkt des Behavioural Accounting stehen (Schweitzer/Küpper [Systeme] 610 ff.).

Die dem Budget zugrunde liegende Wertgröße lässt sich vielfältig operationalisieren. So kommen z.B. im Fall eines Profit Centers neben klassischen Erfolgszielen wie Deckungsbeitrag, Jahresüberschuss, EBIT oder EBITDA auch wertorientierte Zielgrößen wie Übergewinne in Betracht. Bei der Auswahl hat das Controlling insbesondere auf die Kompatibilität von Zielen und Kompetenzen zu achten. Eine pauschale Zuschlüsselung von (Konzern-)Gemeinkosten ist dafür nicht günstig, andererseits ist bei entscheidungslogisch geeigneten Erfolgsgrößen ihr Beitrag zum verfolgten wertorientierten Steuerungskonzept zu beachten (vgl. Abschnitt 3.2).

21.2.1.3 Ansatzpunkte von Budgetierungstechniken

Budgetierungstechniken lassen sich nach ihrer Ableitungsrichtung in input- und outputorientierte differenzieren (im Weiteren Troßmann [Controlling] 198 ff.). Letztere begründen Kostenbudgets mit den prognostizierten Leistungsmengen, eine inputorientierte Budgetermittlung fokussiert hingegen auf die als notwendig erachteten Einsatzmengen – mitunter mangels Verfügbarkeit messbarer Outputs, in der betrieblichen Praxis aber oft auch aufgrund der Einfachheit des Verfahrens. Nach der Ausgangsbasis lässt sich eine Fortschreibung, bei der das Vorperiodenbudget ggf. inflationsangepasst oder um pauschale Änderungsvorgaben korrigiert übernommen wird, von einer vollständigen Neuaufwurfsplanung von der Nullbasis aus abgrenzen.

Bei der Budgeterstellung hat das Controlling auf eine passende Methodenwahl zu achten. So ist ein inputorientierter Budgetansatz grundsätzlich nicht geeignet, Ineffizienzen aufzuzeigen. Im Idealfall gelingt es, wie in der Programmbudgetierung ausgehend vom Leistungsprogramm den dafür notwendigen Input und daraus das Kostenbudget unter Nutzung von Produktions- und Kostenfunktionen zu bestimmen (im Weiteren Troßmann [Controlling] 197 ff.; Troßmann/Baumeister/Werkmeister [Fallstudien] 94 ff.). Die dafür notwendige Messbarkeit des Outputs und ein stabiler Input-Output-Zusammenhang sind am ehesten in fertigungsnahen Bereichen und Sekundärleistungsbereichen mit einer hohen Prozessstandardisierung zu erwarten. Ansonsten kann z.B. das Zero Base Budgeting als Neuaufwurfsplanung zum Einsatz kommen. Dabei wird der zu untersuchende Organisationsbereich in abgrenzbare Entscheidungseinheiten zerlegt, für die mehrere Leistungsniveaus und dafür effiziente Verfahren zu beschreiben sind. In einem hierarchisch gestuften Rangordnungsprozess gewinnt man die kumulierten Kosten der priorisierten Entscheidungseinheiten, die bis zu einer vorgegebenen Gesamtkostenhöhe bewilligt sind (sog. Budgetschnitt). Noch stärker verhaltensorientiert arbeitet die Gemeinkostenwertanalyse, die führungspolitisch gewollt die bestehenden Kosten als ungerechtfertigt charakterisiert und dadurch einen Diskussionsprozess in Gang bringen will.

In jüngerer Zeit wurden zahlreiche Vorschläge zur Fortentwicklung der Budgetierung diskutiert, etwa Better Budgeting (Weber/Linder [Better Budgeting]), Advanced Budgeting (Leyk/Kopp [Advanced Budgeting]), Moderne Budgetierung (Gleich et al. [Moderne Budgetierung]) oder Beyond Budgeting (Hope und Fraser [Beyond Budgeting]), das die Budgetsteuerung sogar ganz überwinden möchte. Ihre Kritik an der klassischen Budgetierung, insbesondere jene des Beyond Budgeting, greift allerdings zu kurz, da Budgetierung überwiegend mit inputorientierter Fortschreibung gleichgesetzt wird, so dass Probleme daraus wenig überraschen. Umgekehrt sind in den scheinbar neuen Vorschlägen zahlreiche Elemente enthalten, die teils vom outputorientierten Herangehen auf Nullbasis bestens bekannt oder teils wenig klar konturiert sind (zur Kritik vgl. Baumeister [Budgeting] 384 ff.; Baumeister [Budgetkontrolle] 351 f.).

! Anmerkung: Eine Rechen-Fallstudie zur Budgetierung findet sich bei Troßmann/Baumeister/Werkmeister [Controlling] 114 ff.

21.2.2 Einsatzfelder von Kennzahlen im Controlling

21.2.2.1 Bedeutung von Kennzahlen für die betriebliche Führung

Die Auswirkungen des Führungshandelns sind häufig von zahlreichen Einflussgrößen abhängig und aufgrund komplexer Umfeldsituationen schwer isoliert zu greifen. Dennoch ist für eine Entscheidung die möglichst fundierte

Abschätzung ihrer Konsequenzen unabdingbar. Kennzahlen dienen dem Controlling dazu, Information adressatengerecht, entscheidungsrelevant aufzubereiten.

Definition:

Kennzahlen informieren komprimiert in quantitativer Form über einen Sachverhalt (Troßmann [Controlling] 124).

Da sich Führungsentscheidungen am gesamten betrieblichen Zielsystem zu orientieren haben, ist vom Controlling auch eine entsprechende Bandbreite von Kennzahlen bereitzustellen.

Beispiel:

„Wichtige Kennzahlen

Ein vorrangiges Ziel des Bayer-Konzerns ist die kontinuierliche Steigerung des Unternehmenswerts. Zur Planung, Steuerung und Kontrolle unserer Geschäftsentwicklung verwenden wir daher folgende Steuerungsgrößen:

Auf strategischer Ebene sind die wertorientierten Steuerungsgrößen Cash Value Added (CVA) zusammen mit dem Cash Flow Return on Investment (CFRoI) die maßgeblichen Kennzahlen. Diese wertorientierten Steuerungsgrößen unterstützen das Management in erster Linie bei strategischen Entscheidungen im Hinblick auf die Optimierung des Portfolios sowie bei der Ressourcenallokation für Akquisitionen und Investitionen.

Auf operativer Ebene bilden Umsatz- und Ergebnisgrößen die maßgeblichen wirtschaftlichen Steuerungsgrößen innerhalb des Bayer-Konzerns. Hierbei liegt bei den Ergebnisgrößen ein besonderes Augenmerk auf dem um Sondereinflüsse bereinigten EBITDA (Ergebnis vor Finanzergebnis, Steuern und Abschreibungen). Des Weiteren dient die EBITDA-Marge vor Sondereinflüssen, die sich aus der Relation von EBITDA vor Sondereinflüssen zu Umsatzerlösen ergibt, als relative Kennzahl zum internen und externen Vergleich der operativen Ertragskraft.

Die Steuerung der nachhaltigen Ausrichtung des Konzerns erfolgt durch definierte Ziele und Leistungskennzahlen in Bereichen wie Lieferantenmanagement, Sicherheit und Produktverantwortung." (Bayer Geschäftsbericht 2013, S. 57)

Die Verwendung von Kennzahlen wirkt bereits durch ihren Zwang zur Zieloperationalisierung führungsunterstützend. So ist z.B. bei ökologischen oder sozialen Zielsetzungen festzulegen, woran der Zielbeitrag von Maßnahmen zu messen ist. Abbildung 21.2 zeigt hierzu ein Beispiel.

Da mit Kennzahlen stets eine Informationsverdichtung einhergeht und eine vollständige Realitätsabbildung dem Kennzahlenzweck zuwider läuft, liegt es nahe, den Blick zunächst auf die markantesten Indikatoren der Zielerreichung zu lenken. Abbildung 21.3 zeigt zu solchen Key-Performance-Indikatoren (KPIs) ein Praxisbeispiel. Betrachtet man etwa die Zielkategorie „Gesundheit und Sicherheit", so fällt auf, dass diese durch absolute Größen (z.B. Anzahl der Transportunfälle) oder Verhältniszahlen (z.B. Lost Time Recordable Incident Rate: LTRIR) nicht positiv, sondern durch den Nichteintritt von Schadensereignissen definiert ist. Dabei ist zu berücksichtigen, dass bestimmte Sachverhalte unterschiedlich leicht messbar sind, so dass sich ggf. zugunsten einer eindeutigen und präziseren Messbarkeit solche indirekten Wirkungshypothesen anbieten. Das Controlling hat darauf zu achten, dass dabei nicht die eigentliche

Neues nicht-finanzielles Zieleprogramm			
Zieldefinition	**Zielwert**	**Zieljahr**	**Zielerklärungen**
SICHERHEIT			
Verringerung der Arbeitsunfallquote der Bayer-Belegschaft	−35 % Referenzjahr: 2012 Referenzwert: RIR von 0,49	2020	Grundlage ist die Anzahl der Unfälle mit und ohne Ausfalltage pro 200.000 Arbeitsstunden, erfasst in RIR (Recordable Incident Rate). Bis Ende 2015 berichten wir auch weiter die Zielerreichung unseres LTRIR (Lost Time Recordable Incident Rate)-Ziels, das nur Arbeitsunfälle mit Ausfalltagen pro 200.000 Arbeitsstunden erfasst. Zielgröße 2015 ist ein LTRIR von 0,21.
Reduktion von Transportereignissen	−30 % Referenzjahr: 2012 Referenzwert: 6	2020	Transportereignisse umfassen sowohl eigene als auch von uns beauftragte und bezahlte Chemikalientransporte.
Verringerung von Ereignissen im Bereich der Verfahrens- und Anlagensicherheit	−30% Referenzjahr: 2012 Referenzwert: 0,38	2020	Messgröße ist die Anzahl der Ergebnisse, bei denen Chemikalien aus ihrer ersten Umhüllung wie z. B. Rohrleitungen, Pumpen, Tanks oder Fässer austreten, bezeichnet als LoPC (Loss of Primary Containment). Mittels der dazugehörigen Quote (LoPC-Incident-Rate) ermitteln wir die Zahl der LoPC-Ereignisse bezogen auf 200.000 Arbeitsstunden in den für Anlagensicherheit relevanten Bereichen.
MITARBEITER			
Kontinuierliche Erhöhung der Mitarbeiterzufriedenheit (ermittelt durch eine Mitarbeiterumfrage)	Aktuelles Referenzjahr: 2012 Aktueller Referenzwert: 85 %	Messung: alle zwei Jahre	Mitarbeiterzufriedenheit (engl. engagement) messen wir gemäß der Towers-Watson-Engagement-Methodik. Engagement betrachtet, wie stark sich ein Mitarbeiter mit seinem Unternehmen identifiziert bzw. verbunden fühlt, z. B. durch die Unterstützung von Unternehmenswerten und -zielen.
Erhöhung des Anteils weiblicher Führungskräfte	30 % Referenzjahr: 2010 Referenzwert: 21 %	2015	Als Führungskräfte gelten leitende Angestellte.
Erhöhung des Anteils der Führungskräfte, die nicht aus der EU, den USA oder Kanada kommen	25 % Referenzjahr: 2013*	2015	Als Führungskräfte gelten leitende Angestellte.
* Referenzwert wird 2014 angegeben. Ermittlung der Werte für 2013 noch nicht abgeschlossen.			

Abbildung 21.2: Beispiel für die Operationalisierung von Zielen mit Kennzahlen (verkürzt aus Bayer AG Geschäftsbericht 2013, S. 51 f.)

Zielsetzung zu sehr in den Hintergrund rückt. So weisen Feltham/Xie ([Performance] 436) auf die Kongruenzverluste hin, die durch Verwendung einer gut messbaren, aber nicht passgenauen Kennzahl entstehen. Ferner ist zu beachten, dass eine isolierte Kennzahlenbetrachtung meist wenig Aufschluss über Interdependenzen zwischen verschiedenen Abbildungsbereichen vermittelt. Soweit dies also nicht durch die Kennzahlendefinition selbst adäquat behebbar ist, sind den Entscheidungsträgern zur Vermeidung von Fehlinterpretationen zusätzliche Informationen bereitzustellen. Die Verwendung von Verhältniszahlen hilft bei der Interpretation, da eine absolute Größe ohne Kenntnis der Grundgesamtheit oftmals wenig aussagekräftig ist, sowie zu Vergleichszwecken.

Key-Performance-Indikatoren			
Kategorie	Key-Performance-Indikatoren Gesundheit, Sicherheit, Umwelt	2011	2012
Gesundheit und Sicherheit	Arbeitsunfälle von Beyer-Mitarbeitern mit Ausfalltagen (LTRIR*)	0,31	0,27
	Berichtspflichtige Arbeitsunfälle von Bayer-Mitarbeitern (RIR*)	0,56	0,49
	Umweltereignisse	3	5
	Transportunfälle	7	6
Emissionen**	Direkte Treibhausgas-Emissionen (CO_2-Äquivalente in Mio t) ***	4,23	4,24
	Indirekte Treibhausgas-Emissionen (CO_2-Äquivalente in Mio t) ***	3,92	4,12
	Flüchtige organische Verbindungen in 1.000 t/a	2,69	2,60
	Gesamt-Phosphor im Abwasser in 1.000 t/a	0,08	0,15
	Gesamt-Stickstoff im Abwasser in 1.000 t/a	0,53	0,70
	Gesamter organisch gebundener Kohlenstoff in 1.000 t/a	1,50	1,42
Abfälle**	Erzeugter gefährlicher Abfall in Mio. t/a	0,47	0,60
	Deponierter gefährlicher Abfall in Mio. t/a	0,12	0,18
Ressourcen-einsatz**	Wassereinsatz in Mio. m^3/a****	411	384
	Primärenergieeinsatz zur Erzeugung von Dampf und Strom in Petajoule (10^{15}) Joule)/a	50,10	49,05
	Sekundärenergieeinsatz zur Erzeugung von Dampf, Strom und Kälte (per Saldo) in Petajoule (10^{15}) Joule)/a	34,85	34,14

a = Jahr
* (LT)RIR = (Lost Time) Recordable Incident Rate
** umweltrelevante Indikatoren werden an allen Produktionsstandorten erhoben
*** nach Greenhouse Gas Protocol
**** Vorjahreswert angepasst. Siehe Nachhaltigkeitsbericht 2011, Seite 59.

Abbildung 21.3: Beispiele für Key-Performance-Indikatoren (Bayer AG Geschäftsbericht 2012, S. 141)

Neben dem reinen Informationszweck kommt Kennzahlen eine hohe Bedeutung bei der Führungsunterstützung bei. So kann die LTRIR als Vorgabegröße verwendet werden, deren Unterschreitung belohnt wird. Die Entscheidungsträger haben dafür selbst passende Maßnahmen zu generieren, so dass die Kennzahl dann einer impliziten Abstimmung in der organisatorischen Führung dient. Daneben können Kennzahlen sämtliche Planungs- und Kontrollphasen unterstützen und damit ein Instrument der sachlichen Führung sein (zum Detailüberblick Troßmann [Controlling] 125 ff.). Nimmt man z.B. das Ziel der Erhöhung der Mitarbeiterzufriedenheit aus Abbildung 21.2, so kann eine überdurchschnittliche Fluktuation auf ein Problem hinweisen oder der von Bayer verwendete Towers-Watson-Engagement-Grad als Vergleichsgröße für die Kontrolle dienen.

21.2.2.2 Kennzahleneinsatz im Berichtswesen

Da die Auswahl und Verdichtung von Informationen zwangsläufig mit Einbußen in der Abbildungstreue einhergehen, ist eine fundierte Informationsbedarfsanalyse für das Controlling von besonderer Bedeutung (zum Überblick Friedl [Controlling] 45 ff.; Troßmann [Controlling] 149 ff.). Im Idealfall geht sie aufgabenlogisch vor und bestimmt die bereitzustellende Information deduktiv aus dem zu lösenden Entscheidungsproblem. Benutzer- oder datenorientierte Analysen stellen hingegen keine zieloptimale Informationsbereitstellung sicher.

Definition:
Das **Berichtswesen** ist eine vorstrukturierte Form der Informationsübermittlung im Betrieb (Troßmann [Controlling] 159).

Bei der Gestaltung des Berichtswesens hat das Controlling zu klären, ob Berichte automatisiert nach bestimmten Auslöseereignissen wie Zeitablauf oder Überschreiten eines Schwellenwerts im Push-Prinzip oder nur auf Abruf des Benutzers (Pull-Prinzip) bereitgestellt werden (Mertens/Meier [Informationsverarbeitung] 2 f.). Während bei Letzteren eine Nutzung des Berichts wahrscheinlich ist, kann dies bei rein periodischer Bereitstellung aufgrund einer möglichen Informationsüberflutung nicht ohne Weiteres angenommen werden. Kennzahlen können jedoch nicht nur Berichtsgegenstand sein, sondern auch zur Berichtsauslösung in Signalberichten dienen (zu Ausgestaltungsdetails Troßmann [Controlling] 158 ff.). Im letzteren Fall entlasten sie dadurch die Managerkapazität, da Berichte anders als bei streng periodischer Bereitstellung nur bei Handlungsbedarf erscheinen. Der geeigneten Wahl des Auslöseereignisses, also der Kennzahlenschwellenwerte, kommt daher beträchtliche Bedeutung bei, um einerseits nicht zu häufig Warnhinweise zu generieren, andererseits nicht eine kritische Entwicklung erst zu spät zu bemerken (Mertens/Meier [Informationsverarbeitung] 3).

Bei periodisch erscheinenden Berichten bietet sich für das Controlling eine Entlastung der Berichtsempfänger an, indem die Berichtsinhalte auf ihren Handlungsbedarf hin vorselektiert sind. Weit verbreitet hierfür ist in der betrieblichen Praxis eine Ampelsteuerung, indem kritische Bereiche rot und vorkritische orange hervorgehoben werden. Daneben hilft es in der Interpretation der Berichtsinhalte, wenn Vergleichsgrößen genannt und Zusammenhänge graphisch aufbereitet sind (weitere Anforderungen bei Mertens/Meier [Informationsverarbeitung] 86 ff.). Konkrete Kennzahlendefinitionen wie in Abbildung 21.2 helfen, Fehlinterpretationen aufgrund eines nicht einheitlichen Kennzahlenverständnisses zu vermeiden. Typisch ist es auch, wenn das Controlling im Bericht bei Handlungsbedarf Empfehlungen abgibt. Abbildung 21.4 gibt ein Beispiel eines Berichtsblatts.

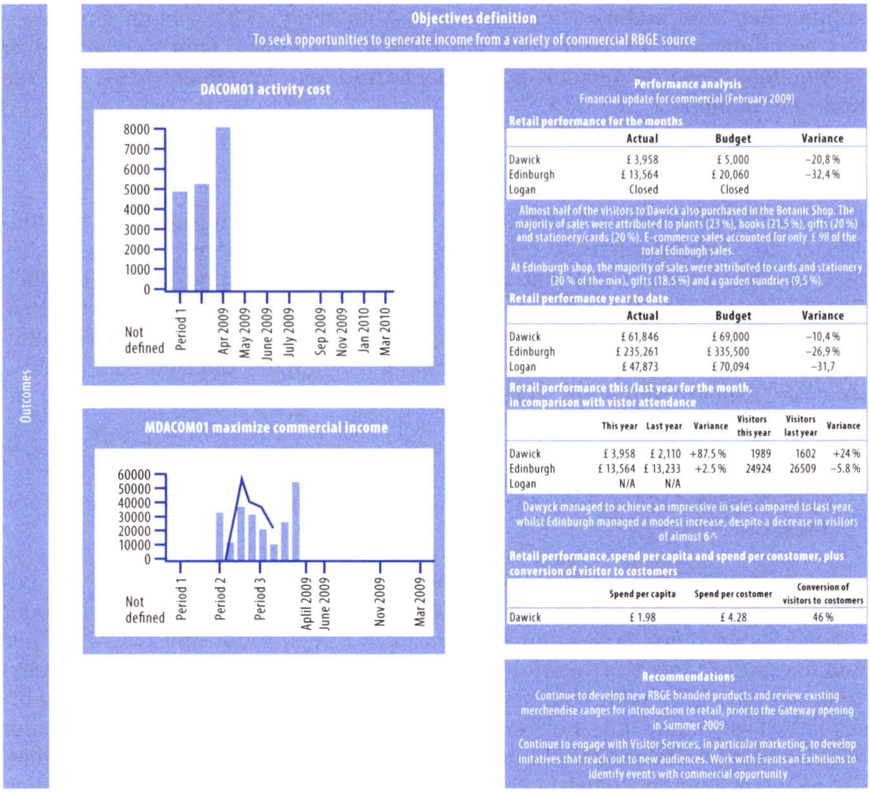

	Actual	Budget	Variance
Dawick	£ 3,958	£ 5,000	–20,8 %
Edinburgh	£ 13,564	£ 20,060	–32,4 %
Logan	Closed	Closed	

	Actual	Budget	Variance
Dawick	£ 61,846	£ 69,000	–10,4 %
Edinburgh	£ 235,261	£ 335,500	–26,9 %
Logan	£ 47,873	£ 70,094	–31,7

	This year	Last year	Variance	Visitors this year	Visitors last year	Variance
Dawick	£ 3,958	£ 2,110	+87.5 %	1989	1602	+24 %
Edinburgh	£ 13,564	£ 13,233	+2.5 %	24924	26509	–5.8 %
Logan	N/A	N/A				

	Spend per capita	Spend per costomer	Conversion of visitors to costomers
Dawick	£ 1.98	£ 4.28	46 %

Abbildung 21.4: Beispiel für ein Berichtsblatt des Royal Botanic Garden Edinburgh (CIMA [Scorecard] 20)

Abbildung 21.5 zeigt ein Beispiel interaktiver externer Berichterstattung (Financial Reporting). Der Nutzer kann dabei in dieser benutzerorientierten Berichtsvariante aus einer Vielzahl an Kennzahlen und unterschiedlichen Darstellungsformaten wählen und sich entsprechend konfigurierte Berichte per Knopfdruck anzeigen lassen. Auch im Management Reporting als interner Berichterstattung kommt dem Einsatz computergestützter Informationssysteme zunehmende Bedeutung bei, wie die Entwicklung von Führungsinformationssystemen über Data-Warehousing- und Data-Mining-Konzepte bis hin zu den aktuellen Schlagworten des Realtime Business und der Big Data Intelligence verdeutlicht (Überblick bei Gluchowski/Gabriel/Chamoni [Intelligence]).

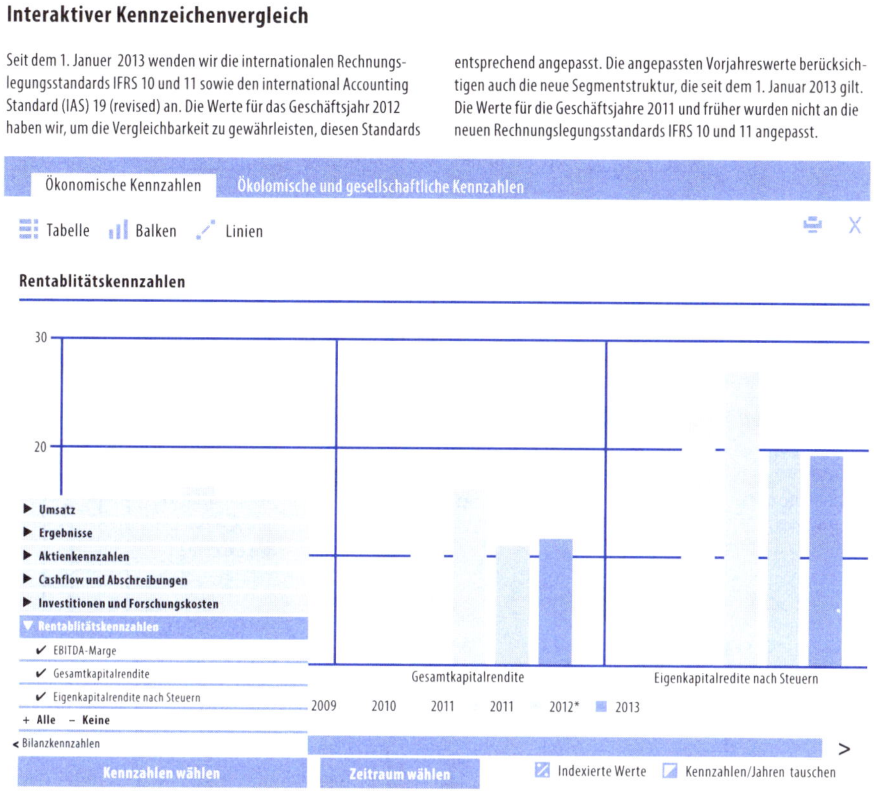

Abbildung 21.5: Beispiel eines interaktiven externen Berichtswesens (berichte.basf.com)

Anmerkung: Eine Rechen-Fallstudie zum Kennzahleneinsatz findet sich bei Troßmann/Baumeister/Werkmeister [Controlling] 127 ff.

21.2.2.3 Balanced Scorecard als Beispiel eines Kennzahlensystems

Definition:

Ein **Kennzahlensystem** ist eine geordnete Zusammenstellung von Kennzahlen nach Präferenzangaben, definitionslogischen oder empirisch-kausalen Beziehungen (Troßmann [Controlling] 128).

Mit Präferenzangaben ist z.B. das Verhältnis verschiedener Präferenzarten zueinander festzulegen. Definitionslogisch ist beispielsweise die Zerlegung des Umsatzes in seine Faktoren Menge und Preis. Schließlich ist der Zusammenhang zwischen dem Werbeetat und der Absatzentwicklung dagegen nur empirisch-kausal begründbar.

Ein weit verbreitetes Kennzahlensystem ist die Balanced Scorecard (Kaplan/Norton [Balanced Scorecard]), die in ihrer Grundform Kennzahlen in eine Finanz-, Kunden-, Prozess- und Potenzialperspektive ordnet und ausgehend von der betrieblichen Vision eine strategische Orientierung sicherstellen soll (vgl.

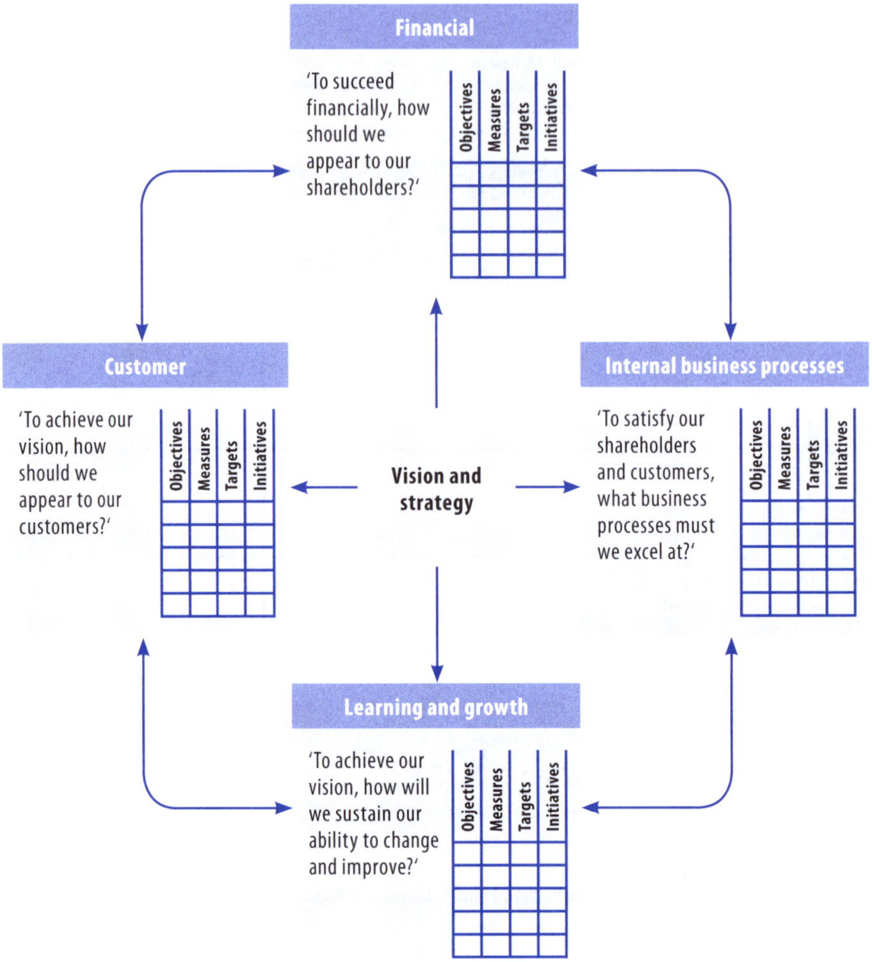

Abbildung 21.6: Adaption der Basis-Balanced-Scorecard (links) des Royal Botanic Garden Edinburgh (CIMA [Scorecard] 4)

Abbildung 21.6, linke Hälfte). Sie bringt eine Systematisierung des Planungs- und Kontrollprozesses, da die Teilziele jeder Perspektive mit Kennzahlenvorgaben und Maßnahmen zu ihrer Erreichung abgebildet werden. Dieses Grundgerüst der Balanced Scorecard ist für den betrieblichen Anwendungsfall zu kalibrieren. So findet man oft mehr als vier Perspektiven, beliebt – aber aus Separierbarkeitsgründen auch problematisch – ist etwa eine zusätzliche Risikoperspektive. Abbildung 21.6, rechte Hälfte, zeigt ein Praxisbeispiel einer öffentlichen Einrichtung, das sich von den Grundgedanken der Balanced Scorecard weit entfernt. So sind im Grundkonzept für jede Perspektive Maßnahmen zu identifizieren und die Strategie den Perspektiven übergeordnet, während hier für die Maßnahmen eine eigene Perspektive „Activities" steht und Strategie explizit in der Governance-Perspektive ausgewiesen wird.

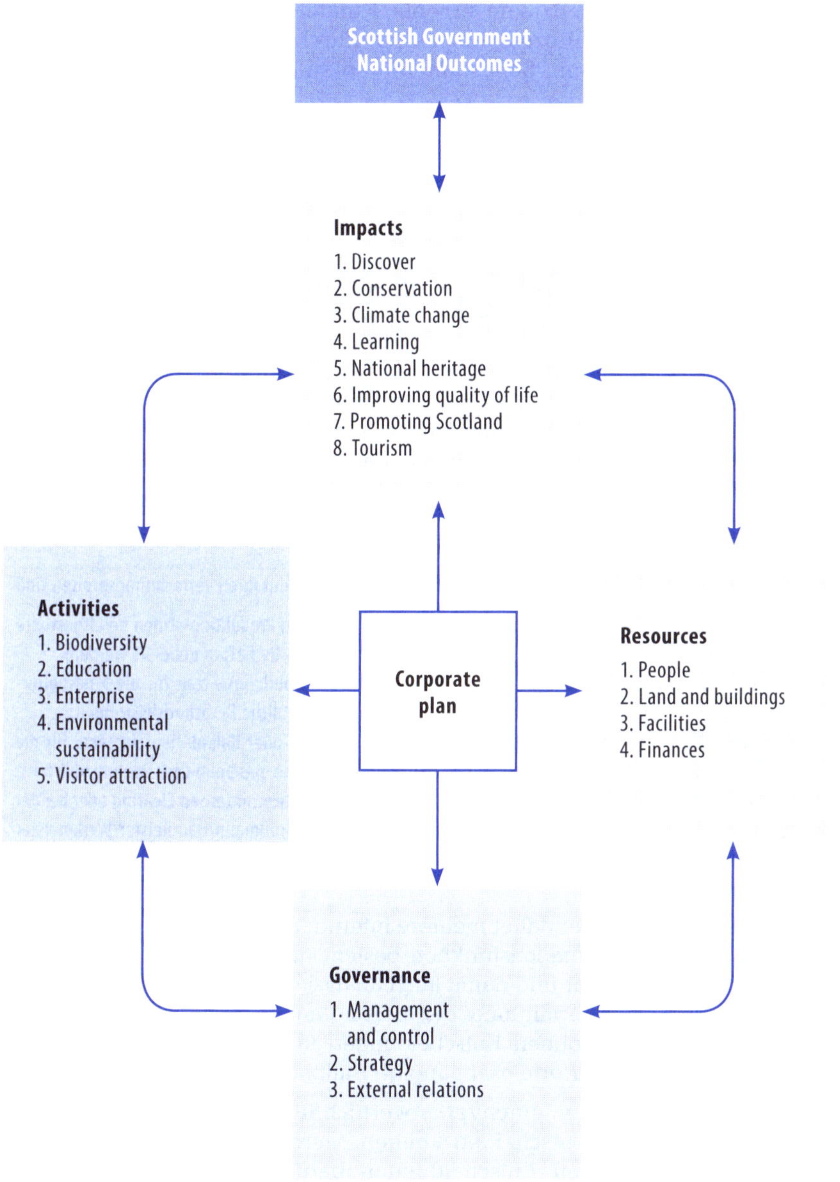

Als Analyse- und Prognoseinstrument ist die Balanced Scorecard vor allem dann einsetzbar, wenn es gelingt, die Ursache-Wirkungs-Beziehungen zwischen den einzelnen Kennzahlen zu identifizieren, so dass diese nicht isoliert nebeneinander stehen. So genügt für Entscheidungszwecke die Zielvorgabe in der Kundenperspektive nicht, die Wiederkäuferrate um 10 % zu erhöhen, wenn unklar ist, wie sich das auf die Formalzielgröße, z.B. den Cash Value Added auswirkt, und ob sich gemessen daran die einzelnen strategischen Maßnahmenalternativen wie z.B. eine erhöhte Kundenbindung durch Rabattgewähr, vorgelagert in der Prozessperspektive durch reduzierte Antwortzeiten auf Kundenanfragen oder ein Bonuspunkteprogramm gemessen an ihren Kosten lohnen.

21.2.3 Einsatz von Lenkpreisen zur Steuerung dezentraler Einheiten

21.2.3.1 Lenkpreise als besondere Form der Verrechnungspreise

Definition:

Verrechnungs- bzw. Transferpreise bezeichnen die von einem Betrieb selbst festgesetzten Preise zur Bewertung innerbetrieblicher Leistungen (Frese/Glaser [Verrechnungspreise] 2311).

Verrechnungspreise dienen der wertmäßigen Erfassung und Verrechnung von Leistungsflüssen von liefernden an empfangende Stellen im Betrieb. Da dazu einerseits die beteiligten Stellen abzugrenzen, andererseits die Leistungen zu erfassen sind, erfordert dies ein entsprechend ausgebautes internes Rechnungswesen (auch im Weiteren Trost [Koordination] 51 ff.).

Beispiele:

Typische Beispiele innerbetrieblich ausgetauschter, zu bewertender Güter mit ihren Verrechnungspreisen sind

- **materielle Realgüter mit Produktpreisen für zwischen unterschiedlichen Produktionsstufen bereitgestellte Vor- oder Zwischenprodukte oder für Endprodukte, die an Vertriebsgesellschaften geliefert werden;**
- **immaterielle Realgüter mit Lizenzgebühren für F&E-Leistungen, Ausbildungssätzen für die Mitarbeiterschulung durch die Personalabteilung oder Tagessätzen für innerbetriebliche Beratungsleistungen;**
- **Geld oder Ansprüche auf Geld (Nominalgüter), für die Kapitalkosten- oder Kalkulationszinssätze für die innerbetriebliche Bereitstellung bzw. die Bindung finanzieller Mittel, wie dies beim Cash Pooling üblich ist, oder Wechselkurse für den Austausch zweier Währungen etwa beim konzerninternen Clearing oder bei der Abrechnung durch ein Reinvoicing Center festgelegt werden (dazu Troßmann/Baumeister/Werkmeister [Controlling] 150 ff.).**

Die Leistungsverrechnung entfaltet mehrere interne und externe Wirkungen: Die Abbildungs- und Dokumentationsfunktion besteht darin, dass innerbetriebliche Leistungen monetär sichtbar und damit auch analysierbar werden. Entsprechend werden sie in die Erfolgsermittlung der beteiligten Bereiche einbezogen. An diese Erfolgsbemessung können Entscheidungen über Maßnahmen oder Ressourcen, die Steuerlast oder erfolgsabhängige Entlohnungen anknüpfen.

Sofern die Bereichsleitungen eigenverantwortlich über Art und Ausmaß innerbetrieblicher Leistungen entscheiden können, werden sie die Höhe der Verrechnungspreise bei diesen Entscheidungen berücksichtigen. Insbesondere werden sie eine innerbetriebliche Leistung nur liefern bzw. anfordern, wenn dies für sie aufgrund ihrer jeweiligen Anreizstruktur vorteilhaft ist und nicht günstigere anderweitige (externe oder interne) Leistungen in Frage kommen. Auf diesen Hypothesen über die dezentralen Entscheidungen beruht das Konzept der pretialen Lenkung von Schmalenbach ([Verrechnungspreise] 165 ff.): Es sieht vor, die Verrechnungspreise so festzulegen, dass sie den Entscheidungsträgern den Nutzen bzw. die Knappheit der innerbetrieblichen Leistungen signalisieren. Sie haben damit eine Allokationsfunktion und sollen als

Lenkpreise analog zur gesamtwirtschaftlichen Koordination von Leistungen und Ressourcen auf Märkten die innerbetrieblichen Ressourcen und Leistungen der aus gesamtbetrieblicher Sicht effizienten Verwendung zuführen.

Merksatz: Jeder **Lenkpreis** ist ein Verrechnungspreis, umgekehrt wird nur mit der Zielsetzung der optimalen Güterallokation aus einem Verrechnungspreis ein Lenkpreis.

Schließlich können Verrechnungspreise auch Motivations- und Anreizwirkungen entfalten. Indirekt geschieht dies über ihren Einfluss auf den Erfolg einzelner Bereiche und damit auf erfolgsabhängige Entlohnungen und andere Elemente von Anreizsystemen. Daneben entwickeln sie aber auch direkte Motivationswirkungen, bspw. wenn bei Make-or-Buy-Entscheidungen über den Vergleich von internen Verrechnungspreisen mit Marktpreisen mehr oder weniger gut vergleichbarer externer Leistungen Konkurrenzdruck zwischen internen und externen Lieferanten aufgebaut wird.

Im Vergleich zu anderen Koordinationsinstrumenten (etwa der Vorgabe von Einzelmaßnahmen oder Maßnahmenprogrammen) impliziert die Orientierung an Verrechnungs- oder Lenkpreisen eine stärkere Dezentralisierung der betrieblichen Entscheidungen, wie sie für die Bildung von Verantwortungsbereichen typisch ist (vgl. Abschnitt 2.1.2).

Angesichts der vielfältigen möglichen Wirkungen von Verrechnungspreisen verdient ihre Bestimmung besondere Aufmerksamkeit. Dazu werden verschiedene Ansätze vorgeschlagen und eingesetzt, die anhand der organisatorischen Regelung und methodischer Aspekte eingeteilt werden. Steuerrechtliche Aspekte spielen ebenfalls eine Rolle.

21.2.3.2 Organisatorische Aspekte der Bestimmung von Verrechnungspreisen

In organisatorischer Sicht sind die zentrale und die dezentrale Bestimmung von Verrechnungspreisen zu unterscheiden. Dezentral bestimmte Verrechnungspreise beruhen auf autonomen Entscheidungen der beteiligten Einheiten. Dies kommt der (externen) Koordination von Leistungen über Märkte am nächsten. Es überlässt den beteiligten Einheiten weitgehende Entscheidungskompetenz und steigert tendenziell deren Motivation. Zwar können diese Verhandlungsprozesse vergleichsweise (zeit-)aufwändig ausfallen, doch ermöglicht das Ausloten möglicher Verrechnungspreise und Leistungsmengen einen Austausch von Informationen und Vertrauensbildung, von der der Betrieb über die konkreten Verrechnungspreise hinaus profitieren kann. Das Ergebnis dieser Verhandlung hängt darüber hinaus stark von der relativen Machtposition der Beteiligten ab, also insbesondere davon, ob diese über alternative Lieferanten bzw. Abnehmer verfügen oder ob sie sich einem Monopolisten gegenüber sehen. Zudem können ungelöste Verhandlungskonflikte auch zur gegenseitigen Blockade dezentraler Einheiten führen.

Beispiel für den Lufthansa-Konzern:

„Grundsätzlich wird im Konzern die Verhandlungslösung angewendet. Kommt es jedoch zwischen den Geschäftsfeldern zu keiner Einigung, so fungiert die Konzernzentrale als Schlichter." (Kley [Verrechnungspreise] 270)

Als Gegenstück gilt die zentrale Vorgabe von Verrechnungspreisen. Sie ist vergleichsweise einfach zu organisieren, doch kann eine geringe Partizipation der betroffenen Einheiten die Akzeptanz dieser Verrechnungspreise beeinträchtigen, insbesondere wenn die Zentrale nur über sehr beschränkte Information über die einzelnen Entscheidungsfelder verfügt. Zugleich ist ja gerade einer der Gründe für eine Entscheidungsdelegation und eine Entlastung der Zentralbereiche, die Kompetenz und den Informationsvorsprung dezentraler Entscheidungsträger zu nutzen. Einer zentralen Bestimmung optimaler Lenkpreise steht daher oftmals die Komplexität der notwendigen Simultanplanung entgegen. Zunehmende Partizipation der beteiligten Einheiten verbessert die Informationsgrundlage der Verrechnungspreisfestsetzung, erhöht aber zugleich den nötigen Aufwand. Organisatorische Zwischenformen verbinden zentrale und dezentrale Elemente. Dies kann durch die Vorgabe des Vereinbarungsprozesses, die Bereitstellung und Aufbereitung von Informationen oder die Vorgabe von Rahmenbedingungen des Leistungsprozesses (z.B. eine Meistbegünstigungsklausel oder eine Vorzugsbehandlung interner Lieferanten und -abnehmer gegenüber Externen) geschehen.

Beispiel:

Die Lufthansa AG unterscheidet u.a. die beiden Geschäftsfelder Passagierbeförderung sowie Logistik mit Lufthansa Cargo. Da Letztere leicht am externen Markt Transportkapazitäten anderer Gesellschaften beschaffen kann, unterbindet ihr eine Konzernrichtlinie die Marktnutzung, sofern noch freie Transportkapazität im Ladebereich der eigenen Passagierflugzeuge zur Verfügung steht. Hiermit wird eine Maximierung der Kapazitätsauslastung eigener Passagier-Flugzeuge angestrebt, um eine bei periodenweise fixierten Verrechnungspreisen je nach Grenzkostensituation mögliche Fehlsteuerung der Cargo-Beschaffungsentscheidungen zu vermeiden (Kley [Verrechnungspreise] 272).

Auch die Methoden zur Bestimmung der Verrechnungspreise unterscheiden sich danach, wie eng sie sich an der Koordination des Güteraustauschs über (externe) Märkte orientieren.

21.2.3.3 Methodische Aspekte der Bestimmung von Verrechnungspreisen

21.2.3.3.1 Marktorientierte Verrechnungspreise

Merksatz: Marktorientierte Verrechnungspreise übernehmen Preise vergleichbarer Leistungen auf externen Märkten für die Bewertung der innerbetrieblichen Leistung.

Diesen Preisen wird bei gut entwickelten Märkten und möglichst homogenen Gütern eine hohe Objektivität und geringe Manipulierbarkeit zugesprochen. Dies ist für die Lenkungsfunktion ebenso wie für die Erfolgsermittlungs- und die Motivationsfunktion von Bedeutung. Bei abweichenden Leistungen, etwa hinsichtlich der Qualität oder der Mengen, oder bei Abweichungen im Leistungsprozess, z.B. in der Logistik, bei Qualitätskontrollen oder im Absatz- oder Beschaffungsmarketing, werden Korrekturen der Marktpreise erforderlich. So ist die Berücksichtigung z.B. externer Absatz- oder Beschaffungsnebenkosten, aber auch interner Verbundvorteile zweckmäßig, um eine Vergleichbarkeit herzustellen.

Auf unvollkommenen Märkten oder mit zunehmenden Abweichungen der innerbetrieblichen Leistungen gegenüber marktgängigen Gütern wird die Einigung auf geeignete Marktpreise bzw. anzusetzende Nebenkosten schwieriger. Verschärft werden diese Probleme, wenn die beteiligten Einheiten über unterschiedlichen Marktzugang verfügen (bspw. weil sie in verschiedenen Ländern agieren) oder wenn interne Bezugs- oder Lieferpflichten vorliegen. Hintergrund solcher Pflichten könnten strategische Überlegungen des Kompetenzschutzes oder der Risikoabsicherung, etwa die Vermeidung einer Lieferantenabhängigkeit, sein. Dies führt dazu, dass Marktpreise eher für Leistungen zu finden sind, die nicht zu den betrieblichen Kernkompetenzen gehören (bspw. für Leistungen, die an Shared-Service-Center ausgelagert wurden). Betriebliche Kernkompetenzen zeichnen sich typischerweise durch bewusste, vorteilhafte Abweichungen von Marktleistungen aus, so dass Marktpreise zur Verrechnung solcher Leistungen nur eingeschränkt vorliegen oder taugen.

21.2.3.3.2 Kosten-plus-Preise

Kostenorientierte Verrechnungspreise werden relevant, wenn ein externer Markt nicht besteht oder aus anderen Gründen nicht relevant ist. Der im externen Rechnungswesen verbreitete Kosten-plus-Ansatz erhöht dabei für die Ermittlung des Verrechnungspreises die Kosten innerbetrieblicher Leistungen um einen Gewinnzuschlag. Im Regelfall werden in diesem Ansatz Vollkosten angesetzt. Somit hängt die Kostenhöhe von der Ausgestaltung der Kostenrechnung ab. Insbesondere die Verteilung und Verrechnung fixer Gemeinkosten spielen dann eine mit gewisser betrieblicher Willkür behaftete Rolle für die Verrechnungspreise und ihre Erfolgswirkungen. Neben der Kostenschlüsselung ist auch die Angemessenheit des verlangten Gewinnzuschlags zwischen den Beteiligten (und auch der Steuerverwaltung) häufig umstritten.

Als Vollkostenpreise weisen Kosten-plus-Preise gravierende Nachteile hinsichtlich der Lenkungsfunktion auf, da sie eine Variabilität der Kosten signalisieren, die nicht in vollem Umfang gegeben ist. Die Zurechnung fixer Gemeinkosten beruht auf einem Plan-Mengengerüst. Abweichungen davon, z.B. bei geringerer oder höherer Auslastung, durch konjunkturelle oder saisonale Schwankungen, durch Zusatzaufträge oder generell in dynamischen Märkten, können mit der ursprünglichen Kostenzurechnung nicht angemessen bewertet werden, so dass mit Fehlentscheidungen zu rechnen ist. Es kann vorkommen, dass die empfangende Einheit Aufträge ablehnt, weil sie sich auf Basis der Vollkostenpreise für sie nicht lohnen, obwohl diese Aufträge aus gesamtbetrieblicher Sicht vorteilhaft sind. Dieser Effekt kann sich verstärken, wenn die innerbetrieblichen Leistungsprozesse sehr stark untergliedert abgerechnet werden, und damit ein hoher Teil der Inputs einer Abteilung wiederum aus innerbetrieblichen Leistungen besteht.

Weitere Gestaltungsfragen betreffen die Verrechnung von Ist- oder Plankostensätzen oder die Höhe des Gewinnzuschlags. Die Verrechnung von Istkostensätzen führt zur vollständigen Entlastung der liefernden Stelle. Sie setzt dort jedoch vergleichsweise schwache Effizienzanreize und bürdet dem empfangenden Bereich die Risiken für Abweichungen selbst innerhalb der liefernden Stelle auf. Dagegen trägt bei Verwendung von Plankostensätzen die liefernde Einheit solche Risiken selbst, doch kann die Verwendung von Plankostensätzen dazu führen, dass die empfangende Stelle absehbare Abweichungen nicht berücksichtigt (zu einem Fall bei Währungsrisiko Lessard/Lorange [Dilemma] 628 ff.). Die Höhe des Gewinnzuschlags wirft insbesondere Probleme auf, wenn keine vergleichbaren Geschäfte vorliegen und die Vorteile innerbetrieblicher Spezialisierung (Synergieeffekte) auf die beteiligten Bereiche zu verteilen sind.

21.2.3.3.3 Grenzkosten- und Opportunitätskostenpreise

Bei der Verrechnung von Grenzkostenpreisen werden der empfangenden Einheit die zusätzlich anfallenden Kosten für eine gelieferte Mengeneinheit belastet. Die zusätzlichen Kosten können in unterschiedlicher Form vorliegen (Schweitzer/Küpper [Systeme] 509 ff.):

- In einfachen Fällen werden konstante Grenzkosten angenommen, wie sie sich aus linearen Kostenfunktionen ergeben. Dies führt zur Verrechnung der variablen Kosten und signalisiert der empfangenden Einheit zugleich, dass die liefernde Einheit noch über freie Kapazitäten verfügt. Fixkosten der liefernden Einheit werden nicht verrechnet, so dass eine Fixkostendeckung durch innerbetriebliche Leistungen nicht möglich ist, sondern anderweitig sicherzustellen ist.
- Mit der Leistungsmenge steigende Grenzkosten bzw. nichtlineare Kostenfunktionen treten beispielsweise auf, wenn auf ungünstige Intensitäten zurückgegriffen oder Überstundenfertigung nötig wird.

Anmerkung: Solche Kostenfunktionen liegen dem bekannten Modell von Hirshleifer [Transfer Pricing] zur Bestimmung eines optimalen Lenkpreises zugrunde.

- Schließlich können zusätzliche Kosten auch als Opportunitätskosten entstehen, also z. B. entgangenen Deckungsbeiträgen aus einer möglichen anderweitigen Verwendung der knappen innerbetrieblichen Leistung. Sie können über mathematische Optimierungsmodelle z. B. als Dualwerte eines linearen Programmplanungsmodells, simulativ etwa in Bestellmengenmodellen oder einfach (aber damit meist unzureichend) durch Schätzung bestimmt werden und sind zu den Grenzkosten hinzu zu rechnen.

Anmerkung: Eine Rechen-Fallstudie zum Lenkpreiseinsatz findet sich bei Troßmann/Baumeister/Werkmeister [Controlling] 100 ff.

Anmerkung: Auch die Auslastungssteuerung fixer Kapazitäten über Lenkpreise wie im klassischen Beispiel zum Wide Area Telefon Service (WATS) von Zimmerman ([Allocations] 504) oder die anreizorientierte Steuerung dezentraler Entscheidungen in Prinzipal-Agenten-Modellen durch variable Kosten-plus-Preise beruhen im Kern auf Opportunitätsüberlegungen.

Für die Beurteilung grenz- sowie opportunitätskostenorientierter Verrechnungspreise gilt:

- Vorteil der Grenzkostenpreise ist, dass die leistungsabnehmende Einheit diejenige Leistungsmenge nachfragt, die auch gesamtbetrieblich vorteilhaft ist.

Damit ermöglichen Grenzkostenpreise eine Übereinstimmung zentraler und dezentraler Vorteilhaftigkeitskalküle.

- Diesem Vorteil steht als Nachteil das sogenannte Dilemma der pretialen Lenkung dezentraler Einheiten über Grenzkosten plus Opportunitätskosten entgegen: Optimale Lenkpreise ergeben sich erst aus einer gesamtbetrieblichen Optimierung der Programmplanung und der innerbetrieblichen Leistungsmengen, deren Komplexität und Informationsbedarf eigentlich durch die Dezentralisierung vermieden werden sollte und die die Steuerung über Lenkpreise im Kern obsolet macht, da die Mengenlösung zentral vorgegeben werden könnte.
- Als zweiter Nachteil von Grenzkostenverrechnungspreisen sind Probleme der Erfolgsermittlung festzuhalten. Bei Verrechnung von Grenzkosten bleiben die fixen Kosten der liefernden Abteilung stets ungedeckt. Die Verrechnung von Opportunitätskosten schafft Anreize zur (künstlichen) Kapazitätsverknappung und die Verrechnung von Grenzkosten für alle, nicht nur für die Grenzmenge kann ebenfalls zu einem verzerrten Erfolgsausweis bei den dezentralen Einheiten führen. Diese Probleme können etwa durch eine Änderung des Verantwortungskonzepts, indem die liefernde Einheit nicht als Profit Center, sondern als Cost Center kostenverantwortlich gemacht wird, oder über die Einführung des Konzepts gespaltener Verrechnungspreise (vgl. dazu auch Abschnitt 2.3.3.5) gemildert werden.

21.2.3.3.4 Steuerrechtliche Vorgaben zur Bestimmung von Verrechnungspreisen

Die Höhe von Verrechnungspreisen beeinflusst die Erfolge der beteiligten Einheiten und damit eine wichtige steuerliche Bemessungsgrundlage. Dies ist insbesondere bei internationalen Leistungen von Bedeutung, wenn über die Verrechnungspreise Erfolge im Konzern von einem Land in ein anderes verlagert werden können. Daher haben die jeweiligen Finanzverwaltungen eigene Vorstellungen zum Ansatz von Verrechnungspreisen. Um eine einheitliche Vorgehensweise der betroffenen Länder zu fördern und Doppelbesteuerungen zu vermeiden, hat die OECD Richtlinien zur Verrechnungspreisfestlegung herausgegeben. Ihnen zufolge ist bei der Bestimmung von Verrechnungspreisen vom Fremdvergleichsgrundsatz ("Dealing at Arm's Length Principle") auszugehen: Verrechnungspreise müssen so gestaltet werden, als fände die zu verrechnende Transaktion zwischen unabhängigen Marktteilnehmern statt (auch im Weiteren OECD [Guidelines]).

! Anmerkung: Unter http://www.oecd-ilibrary.org können die OECD Transfer Pricing Guidelines for Multinational Enterprises kostenlos eingesehen werden.

Der Fremdvergleichsgrundsatz ist allgemein gehalten und für die jeweilige Anwendung zu konkretisieren. Die vorgesehenen Methoden orientieren sich an den generellen Methoden zur Bestimmung von Verrechnungspreisen, berücksichtigen aber teilweise zusätzliche Kriterien für die Objektivierbarkeit.

Übersicht:

Preisvergleichsmethode (CUP – Comparable Uncontrolled Price Method):
Als externer Preisvergleich mit vergleichbaren Geschäften zwischen unabhängigen Dritten, als interner Preisvergleich mit vergleichbaren Geschäften des Unternehmens mit unabhängigen Dritten angelegt. Beide Preisvergleichsformen hängen davon ab, dass Informationen zu hinreichend ähnlichen Leistungen zwischen oder zu Dritten vorliegen.

Wiederverkaufspreismethode (RPM – Resale Price Method):
Verrechnet wird der Wiederverkaufspreis des empfangenden Bereichs (beispielsweise einer Vertriebsniederlassung) abzüglich einer Bruttomarge, deren Höhe sich in einer retrograden Berechnung an der Sachaufgabe und dem Risiko vergleichbarer Unternehmen orientiert.

Kostenaufschlagsmethode (CPM – Cost Plus Method):
Hierbei werden in einer progressiven Berechnung die (Voll-)Kosten zuzüglich Bruttomarge vergleichbarer Unternehmen angesetzt.

Transaktionsbezogene Nettomargenmethode (TNMM – Transactional Net Margin Method):
In diesem Fall sind Nettomargen für einzelne Teilleistungen zu verwenden, deren Höhe sich an Nettomargen vergleichbarer Unternehmen und Transaktionen orientiert.

Gewinnaufteilungsmethode (PSM – Profit Split Method):
Die Verrechnungspreise werden anhand eines Gewinnaufteilungsschlüssels festgelegt.

Die Auswahl der anzuwendenden Methode hängt von der zu verrechnenden Leistung und den Umständen ab. So setzen die Preisvergleichsmethoden oder auch die Wiederverkaufspreismethode voraus, dass vergleichbare Geschäfte mit oder zwischen Dritten vorliegen und beobachtet werden können.

21.2.3.3.5 Duale Verrechnungspreise

Verschiedene Funktionen von Verrechnungspreisen können mit einem einzigen Verrechnungspreis nicht gleichermaßen erfüllt werden. Den Vorteilen von Kosten-plus-Preisen bei der Erfolgsermittlung stehen Nachteile bei der Allokationsfunktion, insbesondere bei heterogenen Gütern auf dynamischen Märkten gegenüber. Umgekehrt führen Grenz- und Opportunitätskosten-Verrechnungspreise trotz ihrer modellanalytisch vorteilhaften Allokationswirkungen zu schwierig interpretierbaren Bereichserfolgen. Zudem entsprechen sie auch nur ausnahmsweise den OECD-Verrechnungspreis-Richtlinien. Daher wird mitunter die Verwendung dualer oder gespaltener Verrechnungspreise vorgeschlagen, in denen ein Verrechnungspreis für (insbesondere auch steuerliche) Erfolgsermittlungszwecke und ein anderer für Allokationszwecke angesetzt wird. Allerdings sind solche Systeme vergleichsweise komplex, so dass sie sich in der Praxis nur selten finden.

Merksatz: **Es wird im Regelfall nicht gelingen, mit nur einem Verrechnungspreis sämtliche, teils konfliktären Zielsetzungen wie die Steueroptimierungs-, Allokations- oder Motivationsfunktion zu erreichen.**

21.2.3.4 Verrechnungspreise als Controlling-Instrument

Insgesamt gestaltet sich die Koordination dezentraler Einheiten mit Verrechnungspreisen als komplexe Aufgabe, die viele Führungsfunktionen betrifft.

Zwei Schwerpunkte sind die Planung und die Kontrolle. Typischerweise hat das Controlling u.a. dezentrale, operative Bereichsplanungen untereinander und zur strategischen Unternehmensplanung zu koordinieren und später zu überwachen. Geschieht dies auf Basis von Verrechnungspreisen und Bereichserfolgen, sind diese im Informationssystem zu ermitteln und zu hinterlegen, so dass auch dieses an der Verrechnungspreisgestaltung beteiligt ist. Aufgrund der Erfolgsermittlungs- und Motivationsfunktion hängen Verrechnungspreise zudem mit dem betrieblichen Zielsystem und Anreizsystemen zusammen. Verrechnungs- oder Lenkpreise gehören daher wie Budgets oder Kennzahlen zu den übergreifenden Instrumenten des Controllings.

21.2.4 Möglichkeiten und Grenzen der Überwindung von Informationsasymmetrien mit Anreizsystemen

21.2.4.1 Formen von Informationsasymmetrien

Generell treffen in Betrieben viele Beteiligte mit unterschiedlichen Zielen und Interessen aufeinander. Dennoch ist oftmals ein monistisches Modell des Unternehmens zweckmäßig, in dem alle Bereiche und Probleme auf ein einheitliches betriebliches Zielsystem ausgerichtet werden. Insbesondere sachliche Koordinationsprobleme werden mit monistischen Modellen analysiert. Mit zunehmender Delegation von Kompetenzen werden jedoch pluralistische Effekte relevant, wenn die Entscheidungsträger unterschiedliche Ziele verfolgen. Dies kann sich sowohl in vielfältigen sachlichen Zielinhalten zeigen als auch darin, dass ihre individuellen Einkommens- und Arbeitsziele von denen des Unternehmens abweichen. Verstärkt werden diese personellen Interdependenzen durch unterschiedliche Informationen der Beteiligten. Solche Informationsasymmetrien werden typischerweise in drei Gruppen eingeteilt (im Weiteren z.B. Picot/Reichwald/Wigand [Unternehmung] 77; Schweitzer/Küpper [Systeme] 641 ff.):

- Hidden Characteristics liegen vor, wenn Eigenschaften der Beteiligten oder die Qualität der zu erbringenden Leistung unbekannt sind. Unterstellt man vorsichtshalber nur eine durchschnittliche Leistung und bietet nur einen durchschnittlichen Preis, so ist ein solcher Vertrag nur für Anbieter einer unterdurchschnittlichen Leistung interessant. Dies wird als Adverse Selection bezeichnet (ursprünglich Akerlof [Lemons]).

Beispiel:

Ein Standardbeispiel ist die Versicherungstarifierung: Orientiert man den Tarif nach dem versicherungstechnischen Äquivalenzprinzip am Erwartungswert des Schadens einer Grundgesamtheit, so werden nur Personen mit einem individuellen Schadenerwartungswert oberhalb des Tarifs Versicherungsnehmer, es kommt also zur Negativauslese.

Lösungsansätze liegen einerseits im Abbau der Informationsasymmetrie, insbesondere durch Einsatz von Informationssystemen (Screening durch Marktforschung, Rating-Agenturen, Berichtswesen, ...) oder durch das Aussenden von Qualitätssignalen (Signalling z.B. in Form von Gütesiegeln, Zertifikaten, Bilanzen, ...), andererseits in der Angleichung der Interessen der Beteiligten.

Dieser Idee liegt die Überlegung zugrunde, dass unterschiedliche Informationen dann unproblematisch, vielleicht aus Gründen der Informationsökonomie sogar vorteilhaft sind, wenn die Beteiligten dieselben Ziele verfolgen. Zur Interessenangleichung werden vielfach Erfolgsbeteiligungen vorgeschlagen.

- Hidden Action ist dann ein Problem, wenn das Arbeitsergebnis sich als Kombination des Arbeitseinsatzes bzw. der Entscheidungen eines Bereichsmanagers und von Umwelteinflüssen ergibt. Kann man weder den Arbeitseinsatz oder die Entscheidungen, noch die Umwelteinflüsse beobachten, weiß man nicht, ob ein schlechtes Ergebnis auf ungünstige Umweltbedingungen, auf mangelnden Arbeitseinsatz (Drückebergerei oder Shirking) oder ungeschickte, auch besonders riskante Entscheidungen (Moral Hazard) zurückzuführen ist. Auch solchen Problemen kann man Informationssysteme entgegensetzen, die das Arbeitsverhalten, die Entscheidungen oder die Umwelteinflüsse erfassen (Monitoring). Oder man versucht, durch Angleichung der Interessen der Beteiligten das Problem der Hidden Action zu überwinden. Als Lösung für Hidden Action kommen u.a. Erfolgsbeteiligungsverträge in Betracht. Die Wirkung anderer, kultureller Formen der Interessenangleichung, z.B. durch Sozialisation oder Self Selection, ist jedoch nicht zu vernachlässigen.
- Hidden Intention bezeichnet eine dritte Form der Informationsasymmetrie, bei der nicht bekannt ist, welche (langfristigen) Absichten die anderen Beteiligten hegen. Dies ist bei solchen Vertragspartnern bzw. Mitarbeitern von Bedeutung, die durch die Kooperation einmalige Ressourcen, etwa Wissen oder spezifische Anlagen, aufbauen, die sie anderweitig verwenden können, und die der Betrieb jedoch nicht ohne Weiteres anderweitig beziehen kann. Diese Asymmetrie schafft eine Abhängigkeit von Partnern bzw. Mitarbeitern, die diese auch für Erpressungsversuche oder andere Formen des Opportunismus nutzen können (Hold-Up). Solche Probleme können bei Lizenzfertigungen im Ausland ebenso auftreten wie bei Mitarbeitern, die durch intensive Weiterbildung neue Perspektiven auf dem Arbeitsmarkt gewinnen. Da diese Spezialisierung und damit die Informationsasymmetrie bewusst angestrebt werden, tritt als Lösung hier die Interessenangleichung in den Vordergrund.

Grundsätzlich können diese Informationsasymmetrien in unterschiedlichen Formen der Arbeitsteilung und Kooperation auftreten. Hier werden sie anhand der Beziehung zwischen einer Unternehmensleitung und einem bzw. mehreren Mitarbeitern oder Bereichsmanagern betrachtet.

21.2.4.2 Anreizsysteme zur Interessenangleichung

Mitarbeiter verfolgen im Allgemeinen vielfältige Ziele, die sich teilweise auf konkrete Aspekte der betrieblichen Leistungserstellung und damit auf betriebliche Sachziele beziehen, wie etwa die Qualität der Leistung oder die Sorgfalt ihrer Erstellung, teilweise aber auch auf ihre eigene Arbeitsleistung und ihr Einkommen. Erster Anknüpfungspunkt für die Angleichung der Mitarbeiterinteressen mit den betrieblichen Zielen sind die Auswahl und später die Sozialisation von Mitarbeitern, um solche Mitarbeiter zu finden oder zu entwickeln, die eine ausgeprägte Identifikation mit dem Betrieb und seinen Zielen zeigen. Auch beim Einsatz und der Führung von Mitarbeitern sind gleichgerichtete Mitarbeiter- sowie Unternehmensinteressen zu beachten, etwa bei der Arbeitszeitgestaltung und dem Aufgabenzuschnitt, um eine intrinsische Motivation der Mitarbeiter nicht unnötig zu blockieren, sondern sie zu nutzen. Entsprechend groß ist die Rolle der direkten Führungskräfte für die Motivation der Mitarbeiter.

Mit Anreizsystemen kann versucht werden, Mitarbeiter zu motivieren, sich im Sinne des Betriebs zu verhalten, indem Konflikte zwischen betrieblichen und individuellen Zielen abgeschwächt und Gemeinsamkeiten hergestellt bzw. ausgebaut werden. Damit sollen die Nachteile asymmetrisch verteilter Information vermieden werden, indem relevante Information bereitgestellt wird und somit bessere gesamtbetriebliche Entscheidungen ermöglicht werden, engagiertes Verhalten trotz fehlender Überwachungsmöglichkeit die Wahrscheinlichkeit günstiger Ergebnisse steigert und bei eigenen Entscheidungen die gesamtbetriebliche Perspektive einbezogen wird.

Anreizsysteme bezwecken eine extrinsische Motivation der Mitarbeiter durch Belohnungen. Die Belohnung kann monetär z.B. als sofortige oder über mehrere Jahre verteilte Bonuszahlung oder eine vergünstigte Zuteilung von Aktien bzw. Aktienoptionen erfolgen. Nichtmonetäre Belohnungen gibt es sowohl in materieller Form (Dienstwagen, Büroausstattung, ...) als auch in immaterieller Form (durch Anerkennung, Kompetenzerweiterung, Beförderung, ...), wobei der materielle oder formale Wert vielfach hinter der Bedeutung als Statussignal zurücktritt.

Die zweite Komponente von Anreizsystemen ist die zu belohnende Leistung und der Beitrag des Mitarbeiters dazu. Ihre Erfassung und Messung in einem Performancemaß als Bemessungsgrundlage für die Belohnung ist eine besondere Herausforderung bei der Gestaltung von Anreizsystemen. Dies liegt daran, dass betriebliche Leistungen im Allgemeinen vielfältige Wirkungen haben, die sich über kurze und lange Zeiträume erstrecken und auf die verschiedene betriebliche Bereiche und Umwelteinflüsse einwirken können (vgl. Abschnitt 2.2 zu Kennzahlen). Einfache Bemessungsgrundlagen fassen dieses Wirkungsspektrum in einer einzigen Größe zusammen, etwa dem Umsatz eines Vertriebsmitarbeiters im abgelaufenen Jahr.

Differenzierte Bemessungsgrundlagen gibt es in vielfältigen Varianten. So ist es bspw. möglich,

- eine mehrjährige Umsatzentwicklung zugrunde zu legen (mehrperiodige Bemessungsgrundlage),
- den Umsatz in Beziehung zu den zugerechneten Kosten zu setzen (Deckungsbeitrag oder Gewinn als Bemessungsgrundlage),
- auch Kundenzufriedenheit, Qualität oder andere Zielkategorien zu berücksichtigen, insbesondere in Verbindung mit einer Balanced Scorecard (multikriterielle Bemessungsgrundlage),
- die Leistung des Mitarbeiters mit der anderer Mitarbeiter oder mit einer marktüblichen Leistung (relative Performancemessung) oder auch mit vorab vereinbarten Zielvorgaben (Zielvereinbarungen) zu vergleichen,

- individuelle mit bereichs- oder unternehmensbezogenen Bemessungsgrundlagen zu kombinieren,
- bei unzureichend mess- oder abgrenzbaren Ergebnissen auch Verhaltensgrößen einzubinden.

Die Belohnungsregel als dritte Komponente eines Anreizsystems legt die Art der Verknüpfung zwischen Bemessungsgrundlage und Belohnung fest. Zu den Merkmalen, die mit der Belohnungsregel zu klären sind, gehören insbesondere

- fixe und variable Entlohnungskomponenten sowie die Kombination von beiden,
- eine etwaige Untergrenze (Floor) oder Obergrenze (Cap) der variablen Entlohnung,
- der Anstieg zwischen Unter- und Obergrenze: konstant, gestaffelt progressiv oder degressiv,
- nachträgliche Revisionen der Prämie bei schlechten Ergebnissen in Folgejahren, etwa durch eine Bonusbank (vgl. Abschnitt 3.2.2).

Die Ausdifferenzierung der Bemessungsgrundlage erfordert ein entsprechend ausgefeiltes Berichtswesen, das die Ergebnis- und Verhaltensgrößen erfasst und aufbereitet. Für die Auswahl und Akzeptanz der Bemessungsgrundlagen ist von Bedeutung, ob sie die eigentlichen Zielvorstellungen des Betriebs bzw. seiner Eigner treffen (Zielkongruenz bzw. Anreizkompatibilität), wie stark sie vom Mitarbeiter beeinflusst werden können (Arbeitssensitivität bzw. Controllability) und wie präzise sie messbar (Genauigkeit) und auch durch die Beteiligten überprüfbar sind (Transparenz) (Werkmeister [Investitionsbudgetierung]). Je geringer die Zielkongruenz, die Arbeitssensitivität und die Genauigkeit von Performancemaßen, desto geringer ist der Vorteil eines solchen Anreizsystems (Holmström/Milgrom [Analyses] 34), gerade auch im Vergleich zu seinen Implementierungskosten. Grundsätzlich ist bei der Gestaltung eines Anreizsystems seine Effizienz zu beachten, nach der die gewährte Belohnung geringer als der dadurch ausgelöste Ergebniszuwachs ausfallen muss (vgl. Abschnitt 3.2.2).

21.2.4.3 Grundformen monetärer Anreizsysteme

Die geschilderten Gestaltungsparameter werden in der betrieblichen Praxis in vielfältigen Varianten zu Anreizsystemen verknüpft. Im Hinblick auf die Überwindung der oben genannten Informationsasymmetrien sind vor allem vier Ansätze weiter verbreitet:

- Im Profit Sharing ist der insgesamt erzielte Unternehmenserfolg die Bemessungsgrundlage. Jeder Bereichsmanager erhält einen vorab festgelegten Anteil daran, meist ergänzend zu einem Fixum. Fixum und Erfolgsbeteiligungsquote werden im Regelfall nicht für alle Bereichsmanager gleich hoch ausfallen.

Praxis-Beispiel der METRO Group:

„Die Vorstandsvergütung besteht aus einer fixen Grundvergütung und zwei variablen Komponenten: der erfolgsabhängigen Vergütung (Short-Term Incentive) sowie der Vergütung mit langfristiger Anreizwirkung (Long-Term Incentive). [...] Das Short-Term Incentive der Mitglieder des Vorstands wird im Wesentlichen dadurch bestimmt, wie sich der Return on Capital Employed (RoCE) und die Net Earnings entwickeln. [...] Die Mitglieder des Vorstands erhalten pro 0,01 Prozentpunkte RoCE oberhalb von 7 Prozent einen Betrag zwischen 500 € und 833 €. Hinzu kommt pro Million € Net Earnings ein Betrag von 304 € bis 506 € (alle Werte auf Zwölf-Monats-Basis)." (METRO Group Geschäftsbericht 2013, S. 146)

- Bei individueller Erfolgsbeteiligung erhält ein Bereichsmanager einen Anteil am Erfolg seines Bereichs.

Offensichtlich ist das Profit Sharing stärker auf kooperative Zielverfolgung der Bereichsmanager ausgelegt als die Belohnung der individuellen Bereichserfolge, von der eine Förderung von Bereichsegoismen und Moral Hazard zu Lasten der übrigen Bereiche zu erwarten ist. Wenn dagegen der eigene Erfolgsbeitrag eines Bereichsmanagers zum Gesamterfolg nicht ersichtlich oder spürbar ist, könnte beim Profit Sharing der letzte Anreiz zum besonderen Engagement fehlen und somit tendenziell eher Drückebergerei (Shirking) zu befürchten sein.

- Einem von Weitzman unter dem Begriff „New Soviet Incentive Scheme" in die Literatur eingeführten Vorschlag zufolge sollte die Erfolgsbeteiligung bereichsspezifisch ausfallen, jedoch vorab vereinbarte Zielvorgaben berücksichtigen (Weitzman [Model] 617 ff.). Mit jeweils eigenen Prämiensätzen sollen Bereichsmanager neben einer Basisbelohnung für den ursprünglich vereinbarten Planerfolg zusätzlich belohnt oder bestraft werden, wenn dieser übertroffen bzw. unterschritten wird. Dabei geht jeder Euro, um den das Ziel überschritten, getroffen oder unterschritten wird, jeweils prozentual stärker in die Belohnungsfunktion ein. Der Vorschlag zielt damit auf die Verbindung von Informations- und Leistungsanreizen. Wegen der gespaltenen Prämiensätze ist die Anreizkompatibilität des Weitzman-Schemas vergleichsweise unübersichtlich.
- Schließlich basiert das Groves-Schema (Groves [Incentives] 251 ff.) eine lineare Erfolgsbeteiligung auf die Erfüllung individueller Zielvereinbarungen kombiniert mit gesamtbetrieblichen Planerfolgen. Dies wirkt den Nachteilen der Hidden Characteristics oder Hidden Action jedenfalls kurzfristig entgegen.

Den vier Ansätzen zur Erfolgsbeteiligung ist gemeinsam, dass sie auf Periodenerfolgen basieren und eine finanzielle Belohnung vorsehen. Ihre Anreizkompatibilität ist einerseits eingeschränkt, wenn nichtmonetäre oder langfristige Wirkungen des Managerhandelns zu vermuten sind, die konträr zu den kurzfristigen Erfolgen verlaufen. Andererseits laufen sie ins Leere, wenn den Managern andere Ziele wichtiger sind als das (erfolgsabhängige) Einkommen. Dies wiederum unterstreicht die Bedeutung der Personalauswahl und der nichtmonetären, inhaltlich-kulturellen Mitarbeitermotivation.

21.3 Ausgewählte Einsatzfelder des Controllings

„Nicht die Größe der Aufgabe entscheidet, sondern das Wie, mit dem wir die kleinste zu lösen verstehen."
(Theodor Fontane 1819–1898)

21.3.1 Bedeutung des Controllings für das Projektmanagement

21.3.1.1 Kennzeichnung des Projektcontrollings

Eine aktuelle Studie identifiziert einen hohen Stellenwert des Projektcontrollings in der Wirtschaftspraxis (Schäffer/Weber/Mahlendorf [Controlling] 15). Es stellt in den generellen Controllingaufgaben auf zusätzliche Koordinations- und Führungsanforderungen ab, die aus Projekten zu erwarten sind (Troßmann/Baumeister/Ilg [Controlling] 15 f.; zum Literaturüberblick Fiedler [Controlling] 12 f.). Diese sind nach DIN 69901 durch die Einmaligkeit der Bedingungen in ihrer Gesamtheit geprägt. Als projektkonstituierende Merkmale gelten dabei insbesondere projektspezifische Zielsetzungen sowie Organisationsregelungen, ferner eine Abgrenzbarkeit gegenüber anderen Vorhaben sowie zeitliche, finanzielle, personelle oder sonstige Begrenzungen, wenngleich insbesondere Letztere für nahezu alle betrieblichen Maßnahmen gelten. Wichtig ist daher anstelle einer isolierten Bewertung von Einzelmerkmalen ihre Gesamtschau, so dass je nach dabei zugrunde gelegter Fokussierung die meist wenig einheitliche und trennscharfe Definition des Projektbegriffs und damit auch des Projektmanagements und des Projektcontrollings nicht verwundert (zum Projektmanagementüberblick Project Management Institute [Project]). Aus den Besonderheiten von Projekten, insbesondere der Einmaligkeit sowie der Abgrenzbarkeit zu anderen Vorhaben, insgesamt also einer fehlenden Standardisierung, entstehen zusätzliche Schnittstellenprobleme und Lücken im Anwendungsspektrum von Standardmethoden, deren Behebung Aufgabe des Projektcontrollings ist (vgl. zum Überblick Schweitzer [Risiko] 524 ff.).

Merksatz: **Projektcontrolling fokussiert in den typischen Controllingaufgaben auf besondere, projektspezifische Herausforderungen. Dies gilt einerseits für die Koordinationsaufgabe innerhalb des Projektmanagements und dessen Einbindung in die Unternehmensführung, andererseits in den Unterstützungsfunktionen etwa durch die Gestaltung eines Projektberichtswesens, der Entwicklung projektspezifischer Kennzahlen oder von Projektbudgets.**

21.3.1.2 Earned-Value-Methode als ausgewähltes Instrument des Projektcontrollings

Ein viel diskutiertes und mittlerweile als ANSI-Standard (ANSI/EIA-748) etabliertes Instrument des Projektcontrollings ist die Earned-Value-Analyse (ausführlich im Weiteren Fleming/Koppelman [Earned Value]; Wanner [Earned Value]). Sie erhebt den Anspruch, die Kostenentwicklung und den Leistungsfortschritt im Projektverlauf kombiniert auf Abweichungen zu analysieren und als Grundlage einer angepassten Projektplanung zu dienen. Da eine Gegenüberstellung von Ist- und Plankosten (Actual bzw. Planned Costs) innerhalb der Projektlaufzeit ohne eine Berücksichtigung der Leistungsdimension wenig aussagefähig ist, sind ähnlich zur klassischen Abweichungsanalyse zunächst Sollkosten zu bestimmen (vgl. Modul 20). Diese erhält man als sog. Earned Value aus den Plankosten (Planned Costs bzw. Planned Value) der zum Analysezeitpunkt realisierten Arbeitspakete (Werkmeister [Earned-Value-Ansatz] 76).

Definition:

Der **Earned Value** steht für die Kosten, die gemessen am tatsächlichen Projektstand (Leistungsdimension) nach der ursprünglichen Planung gerechtfertigt wären.

Stellt man den Earned Value dem ursprünglichen Projektkostenbudget (Budget at Completion) gegenüber, erhält man einen Projektrealisierungsgrad, der definitionsgemäß zum Projektende hin gegen eins geht.

Planabweichungen in den einzelnen Arbeitspaketen und damit meist auch im Gesamtprojekt können u.a. kosten- oder zeitbedingt sein. Beide werden in der Earned-Value-Methode wertmäßig ausgedrückt, einmal als Kostenabweichung Cost Variance = Actual Costs – Earned Value und einmal als Terminabweichung Schedule Variance = Planned Value – Earned Value.

Setzt man den Earned Value ins Verhältnis zu den Actual bzw. Planned Costs, kommt man zum sog. Cost Performance Index (CPI) bzw. Schedule Performance Index (SPI). Indexwerte kleiner eins signalisieren eine ungünstige Entwicklung des Projekts. Das Produkt CPI·SPI wird als Critical Rate (CR), mitunter auch Project Health, bezeichnet. Sie erlaubt eine kombinierte Einschätzung des Projektstatus, da das Projekt nur für CR $\geq$ 1 sowohl kosten- als auch terminseitig unproblematisch ist. Abbildung 21.7 gibt einen Überblick über die genannten Kennzahlen, die den Kern der vergangenheitsorientierten Analyse der Earned-Value-Methode bilden.

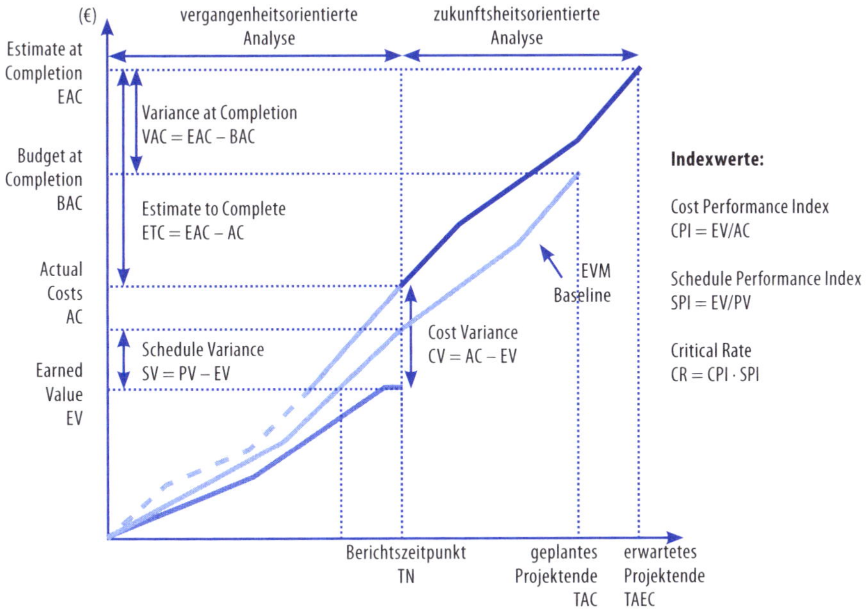

Abbildung 21.7: Ausgewählte Kennzahlen der Earned-Value-Methode

Merksatz: Die **Earned-Value-Methode** ist ein Instrument zur integrierten kosten-, zeit- und leistungsmäßigen Projektanalyse. Als Leistungsindikator (Earned Value) fungieren die Plankosten der geleisteten Arbeitspakete.

Will man aufgrund aufgetretener Abweichungen die voraussichtlich benötigten Projektgesamtkosten (Estimate at Completion: EAC) neu berechnen, sind Annahmen über das weitere Fortbestehen der Abweichungsursachen und ihre Auswirkung auf die noch offenen Arbeitspakete, das sog. Work Remaining (= BAC – EV), erforderlich. Hierfür lassen sich die Indexwerte als Prognosegrundlage nutzen (im Weiteren Baumeister/Floren [EVA] 67). Ist die Kostenüberschreitung z.B. durch eine verbesserte Ausführungsart bedingt, woraus sich im weiteren Projektverlauf Kosteneinsparungen nachgelagerter Gewerke ergeben, kann das ursprüngliche Budget ausreichen (Fall I: EAC = BAC). Der Zusatzkostenbedarf könnte sich auch gleichartig durch das Projekt durchziehen, etwa aufgrund eines unerwarteten Lohntarifanstiegs im Baugewerbe (Fall II: EAC = BAC/CPI), sich durch einen ebenfalls aufgrund der bisherigen Terminverfehlung fortpflanzenden Zeitmehrbedarf verschlimmern (Fall III: EAC = AC + (BAC – EV)/CR), oder im Weiteren gar nicht mehr auftreten, wenn z.B. lediglich Frost einen Erdaushub behinderte, so dass es bei der aktuellen Kostenabweichung bleibt (Fall IV: EAC = BAC + CV). Abbildung 21.8 fasst die Fälle zusammen. Aus der Prognose der Projektgesamtkosten EAC lassen sich die bis zur Projektfertigstellung noch offenen Kosten (Estimate to Complete, ETC) sowie ihre Abweichung vom Projektbudget berechnen (Variance at Completion, VAC = EAC – BAC). Entsprechende Berechnungen lassen sich auch für die Terminanalyse anstellen (vgl. z.B. Wanner [Earned Value] 171 ff.).

Fall	Prognoseannahme	Kostenprognose: Estimate at Completion
I	Bisherige Abweichungen gleichen sich im weiteren Projektverlauf wieder aus.	Budget at Completion
II	Bisherige Abweichungen werden nicht wieder ausgeglichen, aber künftig wird der Plan eingehalten.	Actual Costs + Work Remaining
III	Bisherige Kostenabweichungen werden auf das Gesamtprojekt hochgerechnet.	Actual Costs + Work Remaining/CPI
IV	Bisherige Kosten- und Terminabweichungen werden auf das Gesamtprojekt hochgerechnet.	Actual Costs + Work Remaining/CR

Abbildung 21.8: Berechnungsvarianten der voraussichtlichen Projektgesamtkosten

21.3.1.3 Beurteilung der Earned-Value-Methode

Die Earned-Value-Methode basiert auf einigen einschränkenden Voraussetzungen. So hängt die Aussagekraft der angepassten Projektprognosen u.a. davon ab, dass im Fortbestehensfall die Abweichungsquoten konstant bleiben, in der ursprünglichen Planung keine Puffer vorgesehen und die Plankostenschätzungen in den einzelnen Arbeitspaketen aufgrund ihrer Bedeutung als EVM-

Baseline zuverlässig waren (Werkmeister [Earned-Value-Ansatz] 78). Einfluss auf die Schätzgüte hat ferner insbesondere die Granularität der Arbeitspakete, da je nach Annahme über den Projektfortschritt bereits begonnener, aber eben nicht vollständig abgeschlossener Arbeitspakete deutliche Kennzahlenänderungen resultieren können. So wird teils vorgeschlagen, den Earned Value begonnener Arbeitspakete als Anteil an dessen Plankosten anzusetzen, der sich aus dem bisherigen zum insgesamt geplanten Zeitbedarf des Arbeitspaketes ergibt (Fleming/Koppelman [Earned Value] 88 ff.). Die Schwäche dieser Annahme zeigt sich unmittelbar bei auftretenden Zeitverzögerungen. Alternativ dazu sind Start-Ende-Regeln (Wanner [Earned Value] 112 ff.), bei denen zu Beginn des Arbeitspaketes ein bestimmter Prozentsatz der Plankosten und bei Abschluss der Rest als Earned Value verbucht wird, so dass die Granularität der Arbeitspakete eine gewichtige Rolle erhält. Dabei sind Fehlanreize durch die Art der Fortschrittsmessung zu erwarten: Eine geringe Gutschrift zu Beginn der Arbeitspakete verleitet vor dem Berichtszeitpunkt zu einer Verschiebung von Aktivität auf weitgehend abgeschlossene, umgekehrt fördert eine hohe Gutschrift den Start eigentlich noch nicht erforderlicher. Verschärft wird die Problematik, wenn es um eine Einsatzoptimierung betrieblicher Ressourcen im Engpassfall geht (zu einem Lösungsansatz in einem Knapsack-Fall Baumeister/Floren [EVA]).

Wird die Earned-Value-Methode zur Terminanalyse verwendet, entstehen zudem Probleme aus einer möglichen Fehlinterpretation der Schedule Variance bzw. des Schedule Performance Index. Rückt das Projektende näher, konvergiert die Schedule Variance gegen 0, der SPI gegen 1. Dies gilt unabhängig davon, ob das Projekt plangemäß oder mit erheblicher zeitlicher Verzögerung fertiggestellt wird, weshalb mit der Earned-Schedule-Methode eine zeitbasierte Variante der Earned-Value-Methode diskutiert wird (Lipke [Schedule]).

21.3.2 Beteiligungscontrolling als Anwendungsfeld wertorientierter Steuerungskonzepte

21.3.2.1 Aufgaben des Beteiligungscontrollings

Unter einer Beteiligung versteht man den Besitz von Kapitalanteilen an einer Unternehmung zur Herstellung einer dauernden geschäftsmäßigen Verbindung. Das deutsche Handelsgesetzbuch definiert dabei eine Beteiligungsquote von 20 % als Schwelle für eine widerlegbare Beteiligungsvermutung.

Definition:

„**Beteiligungen** sind Anteile an anderen Unternehmen, die bestimmt sind, dem eigenen Geschäftsbetrieb durch Herstellung einer dauernden Verbindung zu jenen Unternehmen zu dienen. Dabei ist es unerheblich, ob die Anteile in Wertpapieren verbrieft sind oder nicht. Als Beteiligung gelten im Zweifel Anteile an einer Kapitalgesellschaft, die insgesamt den fünften Teil des Nennkapitals dieser Gesellschaft überschreiten. [...]" (§ 271, Abs. 1 HGB)

! Anmerkung: Der Download beinhaltet einen Überblick über verschiedene Beteiligungsarten.

Zwei Mitgliedschaftsrechte hängen in besonderem Maße von der Beteiligungsquote ab. Dies sind einerseits das Stimmrecht auf Hauptversammlungen, andererseits die Beteiligung am Unternehmenserfolg durch Dividendenzahlungen und ggf. am Liquidationserlös. Andere Mitgliedschaftsrechte (insbesondere das Informationsrecht) sind durch die grundsätzliche Beteiligung, nicht durch deren Ausmaß bedingt. Aber auch für die Einflussnahme auf die Geschäftsführung einer Beteiligung sind die direkten Beteiligungsquoten nicht allein entscheidend. Auf einer schwach besuchten Hauptversammlung ermöglichen auch schon Beteiligungen unter 50 % eine Mehrheit der abgegebenen bzw. vertretenen Stimmen. Andererseits kann auch die Bündelung mehrerer kleinerer indirekter Beteiligungen zur angestrebten Mehrheit an einer Beteiligung führen.

Für das Controlling ist neben dem Ausmaß der Beteiligung die damit verbundene Zielsetzung der Muttergesellschaft von Bedeutung. Von einer Finanzbeteiligung spricht man, wenn die Muttergesellschaft (Finanzholding) vorwiegend finanzielle Ziele mit der Beteiligung verfolgt und sich auf die Finanzierung, Verwaltung und Kontrolle der Beteiligung konzentriert. In der Unterstützung dieser Führungsaufgaben liegt der Schwerpunkt des Beteiligungscontrollings (zum Überblick Littkemann [Beteiligungscontrolling]). Agiert dagegen die Mutter als Managementholding und übernimmt die einheitliche Leitung der rechtlich selbstständigen Beteiligungen, so wird sie auch eine leistungswirtschaftliche Verflechtung anstreben bzw. beinhalten. Die Koordination der zugehörigen Führungsaufgaben gehört generell zu den klassischen Aufgaben des Controllings.

Typisch für eine Finanzholding sind eine im Vergleich zur Managementholding deutlich eingeschränkte Leistungsverflechtung und eine erhebliche leistungswirtschaftliche Autonomie der Beteiligungen. Dies hat Konsequenzen für den Koordinationsbedarf und die zweckmäßigen Koordinationsinstrumente: Informationsbereitstellung, Entscheidungsunterstützung, Methodenbereitstellung beziehen sich vorwiegend auf finanzwirtschaftliche Aspekte und die finanzielle Beteiligungsbeurteilung und -steuerung. Entsprechend werden Maßnahmenplanungen und Budgetierung allenfalls in sehr aggregierter Form zum Einsatz kommen und Lenkpreise werden sich auf Kapitalkosten beschränken. Ein wichtiges übergreifendes Koordinationsinstrument für das Beteiligungscontrolling sind daher Kennzahlen und ein entsprechendes Berichtswesen.

Anmerkung: Rechen-Fallstudien zum Beteiligungscontrolling finden sich in Troßmann/Baumeister/Werkmeister [Controlling] 271 ff. sowie 293 ff.

21.3.2.2 Wertorientierte Kennzahlen- und Anreizsysteme

Von den verschiedenen Funktionen, die Kennzahlen als Controlling-Instrument zugeschrieben werden, sind für das Beteiligungscontrolling die Unterstützung von Entscheidungen und die Performancemessung von besonderer Bedeutung. Zur Entscheidungsunterstützung im Beteiligungscontrolling müssen Kennzahlen Informationen dazu liefern,

- ob eine Beteiligung eingegangen, aufrecht erhalten oder verkauft werden soll,
- in welchem Ausmaß in die Beteiligung investiert werden soll und
- wie ein Beteiligungsportfolio zu bilden oder weiterzuentwickeln ist.

Bei diesen Beteiligungsentscheidungen handelt es sich um typische Investitionsentscheidungen (Troßmann [Investition] 5), die dementsprechend mit den klassischen Methoden und Kennzahlen der mehrperiodigen Investitionsrechnung unterstützt werden können. Zum Einsatz kommen insbesondere Cash-Flow-Prognosen und Kapitalwerte, ggf. auch unter Berücksichtigung von Finanzierungsbegrenzungen, oder Investitionsrechnungen bei Risiko, insbesondere Kapitalwertsimulationen und Portfoliomodelle. Die Prognosen sollen mehrperiodig die Dauer der Beteiligung abdecken und können die subjektive Sicht des Mutterunternehmens widerspiegeln. Im Zusammenhang des Beteiligungscontrollings finden sich solche Vorschläge als Shareholder-Value-Ansätze.

Als Performancemaße bilden Kennzahlen die Bemessungsgrundlage zur Erfolgsbeurteilung und erfolgsabhängigen Entlohnung. Dafür sind periodenbezogene und intersubjektiv überprüfbare Kennzahlen wichtig. Klassische Performancemaße für das Beteiligungscontrolling sind Periodenerfolgsgrößen und Rentabilitäten, insbesondere solche, die auf Daten des Jahresabschlusses beruhen.

Verbreitete Periodenerfolgsgrößen sind mit abnehmender Berücksichtigung wichtiger Aufwandspositionen

- das Ergebnis der gewöhnlichen Geschäftstätigkeit,
- das Ergebnis vor Steuern und Zinsen (EBIT),
- das Ergebnis vor Steuern, Zinsen, Abschreibungen auf Sachanlagen und immaterielle Anlagen (EBITDA),
- der Umsatz.

Wichtige Rentabilitäten sind

- die Eigenkapitalrentabilität (RoE – Return on Equity),
- die Gesamtkapitalrentabilität (RoC – Return on Capital).

Je nach zugrunde liegender Rechnungslegung gibt es für die Periodenerfolgsgrößen im Detail unterschiedliche Abgrenzungen. Auch die Kapitalgröße im Nenner der Rentabilitäten wird von den Rechnungslegungssystemen und den Unternehmen nicht einheitlich ermittelt, so dass gerade bei der Übernahme von Rentabilitäten wie Ro(N)A (Return on (Net) Assets), RoI (Return on Investment), RoCE (Return on Capital Employed) genau auf Gemeinsamkeiten und Unterschiede im konkreten Fall zu achten ist. Zur besseren Vergleichbarkeit verschiedener Beteiligungen sind etwaige Abweichungen im Beteiligungscontrolling zu bereinigen, sofern es nicht gelingt, den Beteiligungen ein einheitliches Berichtsschema vorzugeben.

Neben solchen Transparenzproblemen schränken weitere Probleme die Eignung der genannten Periodenerfolgsgrößen und Rentabilitäten als Performancemaße ein:

- Die Anreizkompatibilität hinsichtlich langfristiger Erfolgsziele, wie sie Beteiligungsentscheidungen zugrunde liegen, ist bei diesen einperiodigen Performancemaßen nicht immer sichergestellt. Sie könnte allenfalls behelfsweise über die Einbindung mehrerer aufeinander folgender Perioden in die Entlohnungsfunktion sichergestellt werden. Ein Ansatz hierzu sind Bonusbankregelungen zur Verteilung der Ausschüttung der Belohnung auf mehrere Perioden (grundlegend Stewart [Value]), um sich einem symmetrischen Risikoprofil anzunähern und kurzfristige Suboptimierungen zu vermeiden (für einen Anwendungsfall Baumeister/Schäfer [Bonusbank]).

Praxis-Beispiel der METRO Group:

„Anteilsbasierte Vergütung (Long-Term Incentive)

Das Long-Term Incentive ist eine Vergütungskomponente mit langfristiger Anreizwirkung. Sie ist auf eine nachhaltige Unternehmensentwicklung ausgerichtet und hat eine mehrjährige Bemessungsgrundlage. [...] In Abhängigkeit von der relativen Performance der METRO-Aktie im Vergleich zum Mittelwert aus den Aktienindizes DAX 30 und Dow Jones Euro STOXX Retail – Total Return – wird nach Ablauf eines Performance-Zeitraums von mindestens drei und höchstens 4,25 Jahren die endgültige Anzahl der auszuzahlenden Performance Shares bestimmt. Diese entspricht der Zielanzahl, wenn eine Gleich-Performance zu den genannten Aktienindizes erreicht wird. Bis zu einer Outperformance von 60 Prozent erhöht sich die Anzahl linear auf den Maximalwert von 200 Prozent der Zielanzahl. Bis zu einer Underperformance von 30 Prozent reduziert sich die Anzahl entsprechend bis auf 50 Prozent. Bei einer höheren Underperformance fällt die Anzahl auf Null." (METRO Group Geschäftsbericht 2013, S. 147)

Zudem werden nichtmonetäre Aspekte weder direkt noch indirekt über ihre Wirkungen auf langfristige Erfolgsgrößen erfasst. Schließlich sagen sie selbst nichts darüber aus, ob das Kapital in dieser Beteiligung besser investiert ist als in anderen, da die entgangenen Erfolge alternativer Anlagen (Opportunitätskosten) nicht erfasst werden.

Praxis-Beispiel der Lufthansa AG:

„Die variable Vergütung der Vorstandsmitglieder der Deutschen Lufthansa AG besteht aus zwei Komponenten: Ein Teil der variablen Vergütung bemisst sich nach der operativen Marge, dem Cash Value Added (CVA) und verschiedenen Nachhaltigkeitsparametern, der andere Teil wird auf Basis des Aktienkurs-basierten Programms „LH Performance" ermittelt. Der anhand der operativen Marge ermittelte Teil der variablen Vergütung wird zu 75 Prozent im Folgejahr und somit im einjährigen Turnus ausgezahlt. Die übrigen 25 Prozent werden zwei weitere Jahre vorgetragen. Am Ende des insgesamt dreijährigen Betrachtungszeitraums wird der vorgetragene Betrag mit einem Faktor multipliziert, der zwischen 0 und 2 liegen kann. Die Ausprägung des Faktors hängt zu 70 Prozent von dem über drei Jahre erreichten CVA und zu 30 Prozent von Nachhaltigkeitsparametern wie Umweltschutz, Kundenzufriedenheit und Mitarbeiter-Commitment ab." (Lufthansa Geschäftsbericht 2013, S. 18)

- Speziell bei der Orientierung an Rentabilitäten kann es zu Unterinvestitionsproblemen kommen, wenn grundsätzlich vorteilhafte Projekte unterbleiben, weil sie nicht an die Rentabilität vorhandener Projekte heranreichen und diese verwässern. Umgekehrt drohen auch Überinvestitionsprobleme wenn durch den Leverage-Effekt oder ausgeprägte Beteiligungsverschachtelung (Pyramideneffekt) eine riskante Verschuldung initiiert wird. Moral Hazard wird im letzten Fall nicht vermieden, sondern gefördert.

- Rentabilitäten und Periodenerfolge unterscheiden nicht zwischen beeinflussbaren und nicht beeinflussbaren Faktoren, die zum ausgewiesenen Ergebnis geführt haben, und entsprechen damit nur eingeschränkt der Forderung nach Controllability Zu diesen Faktoren zählen beispielsweise die Besteuerung, Wechselkursschwankungen, Markt- und Umweltentwicklungen oder auch externe Finanzierungsvorgaben. Unterschiede zwischen und Änderungen bei diesen Faktoren beeinträchtigen den Performancevergleich zwischen Beteiligungen oder Soll-Ist-Vergleiche für eine Beteiligung, sofern sie nicht auf Entscheidungen des jeweiligen Managements zurückgehen.

Zur Überwindung dieser Probleme wurden verschiedene Neu- oder Weiterentwicklungen von Kennzahlen vorgeschlagen (Arbeitskreis „Internes Rechnungswesen" [Praxiskonzepte]). Beispielsweise versucht der ökonomische Gewinn, die Änderung des langfristigen Unternehmenswertes in einer Periode auf Basis seiner Kapitalwert- bzw. Shareholder-Value-Änderung zu erfassen. Er sieht sich dabei jedoch denselben Bedenken hinsichtlich der Subjektivität und Beeinflussbarkeit der Prognosen ausgesetzt wie eben diese Shareholder-Value-Berechnung. Im Bereich der Rentabilitäten soll z.B. ein Risk-adjusted Return on Capital (RaRoC) Risikopositionen erfassen (vgl. Abschnitt 3.3.4) oder ein Cash-flow Return on Investment (CFRoI) eine Zahlungsperspektive einnehmen und abschreibungsbedingte Verzerrungen eliminieren.

Im folgenden Abschnitt werden mit dem Economic Value Added (EVA) und dem Cash Value Added (CVA) zwei wertorientierte Kennzahlen betrachtet, die beide von einer Überschussgröße noch die Kosten einer alternativen Kapitalmarktanlage abziehen. Damit sind es Residualerfolge. Beide haben in der betrieblichen Praxis breite Verwendung gefunden.

21.3.2.3 EVA und CVA als wertorientierte Steuerungsgrößen

Der Economic Value Added (EVA) ist eine Periodenerfolgsgröße, die für das Beteiligungscontrolling die Managementperformance ermitteln soll (im Weiteren z.B. Gladen [Performance] 138 ff.).

Definition:

Der **Economic Value Added** ergibt sich, wenn vom operativen Ergebnis nach Steuern (NOPAT – Net Operating Profit after Taxes) nicht die tatsächlich für das Fremdkapital angefallenen Zinsen, sondern kalkulatorische Zinsen für das betriebsnotwendige Kapital (NOA – Net Operating Assets) abgezogen werden:

$$\text{EVA} = \text{NOPAT} - \text{Kapitalkosten für Net Operating Assets.}$$

Damit wird der Einfluss der Kapitalstruktur auf das Performancemaß verringert. Dies entspricht der Controllability-Anforderung, wenn das Management die Kapitalstruktur nur wenig beeinflussen kann. Mit Blick auf die Anreizkompatibilität wird von den kalkulatorischen Kosten verlangt, dass sie die alternativ am Kapitalmarkt erzielbare Verzinsung r widerspiegeln. Diese wird in praktischen Anwendungen vorwiegend als Mischzinssatz aus Fremdkapitalzinsen und Renditeforderung der Eigenkapitalgeber berechnet (WACC – Weighted Average Cost of Capital):

$$\text{EVA} = \text{NOPAT} - r \times \text{NOA}.$$

Verbleibt nach Abzug der kalkulatorischen Kapitalkosten ein positiver Betrag (ein Residualgewinn), wirtschaftet das Management besser als der Kapitalmarkt erwartet und erhöht entsprechend den Wert der Beteiligung. Dies ist für die Eigentümer von Interesse und – so die Idee der Verwendung als Bemessungsgrundlage in Anreizsystemen – rechtfertigt eine erfolgsabhängige Entlohnung. Neben der Formulierung in der Capital-charge-Form ist auch eine Value-spread-Formulierung gebräuchlich:

$$EVA = NOPAT - r \times NOA = \left(\underbrace{\frac{NOPAT}{NOA}}_{RoNA} - r \right) \times NOA.$$

Einer ähnlichen Grundidee folgt der Cash Value Added (CVA). Er setzt bei der Erfolgsermittlung allerdings noch eine Stufe früher an und geht vom Brutto-Cash-Flow (BCF) aus, also wieder einem Überschuss nach Steuern und vor Zinsen, aber diesmal auch vor Abschreibungen. Letztere werden im Cash Value Added nicht als buchhalterische Abschreibungen berücksichtigt, sondern über eine kapitaltheoretische, die sog. ökonomische Abschreibung. Entsprechend werden kalkulatorische Zinsen auf das anfänglich gebundene Kapital abgezogen.

CVA = Brutto-Cash-flow – ökonomische Abschreibung:
– kalkulatorische Zinsen auf das anfänglich investierte Kapital.

Die ökonomische Abschreibung gibt den Betrag an, der jährlich verzinslich zurückgelegt werden muss, um eine erneute Investition zu ermöglichen. Soweit keine anderen Annahmen gerechtfertigt sind, etwa zur Berücksichtigung von Inflation oder des technischen Fortschritts, wird die Re-Investition in Höhe der Anfangsinvestition angesetzt. Die ökonomische Abschreibung soll in Verbindung mit den kalkulatorischen Zinsen auf das anfänglich gebundene Kapital einerseits Performanceverzerrungen infolge bilanzpolitisch motivierter Abschreibungen ausschließen. Andererseits verhindert sie, dass sich in mehrperiodigen Betrachtungen bei konstanten Cash Flows schwankende Residualgewinne ergeben.

Beispiel:

Folgendes Beispiel verdeutlicht bei einem Kalkulationszinssatz k von 10 % je Jahr die Performancemessung durch die beiden Residualerfolge anhand von drei dreiperiodigen Beteiligungsprojekten mit identischer Anfangsinvestition.

Beteiligung	A	B	C
Jahr 0	–1.200 €	–1.200 €	–1.200 €
Jahr 1	600 €	800 €	500 €
Jahr 2	600 €	600 €	600 €
Jahr 3	600 €	400 €	400 €
Kapitalwert	292 €	324 €	51 €

Die Kapitalwertbetrachtung ergibt, dass alle drei Projekte vorteilhaft sind. In einer Rangfolge ist Projekt B besser als Projekt A, und jenes besser als Projekt C.

Folgende Tabelle zeigt die Berechnung des Economic Value Added ausführlich für Projekt A. Ausgangspunkt sind die Anfangsinvestition und die Cash Flows CF_t der einzelnen Jahre. Von ihnen werden die (linearen) Abschreibungen D_t sowie die kalkulatorischen Zinsen auf das gebundene Kapital zum Ende des Vorjahres NOA_{t-1} abgezogen. Für die Projekte B und C sind lediglich die Ergebnisse aufgeführt.

Projekt	A						B	C
t	CF_t	D_t	$NOPAT_t$	NOA_t	$k \times NOA_{t-1}$	EVA_t	EVA_t	EVA_t
0	−1.200 €			1.200 €				
1	600 €	400 €	200 €	800 €	120 €	80 €	280 €	−20 €
2	600 €	400 €	200 €	400 €	80 €	120 €	120 €	120 €
3	600 €	400 €	200 €	0 €	40 €	160 €	−40 €	−40 €
Kapitalwert	292 €					292 €	324 €	51 €

Eine Analyse der drei Projekte ergibt folgendes:

- Projekt A zeigt eine Eigenheit des Economic Value Added: Bei konstanten Cash Flows steigt der EVA über die Laufzeit an, weil das gebundene Kapital und damit die kalkulatorischen Zinsen darauf sinken.
- Projekt B verdeutlicht die eigentliche Interpretation des Economic Value Added: Projekte sollen durch- und fortgeführt werden, wenn sie einen positiven Economic Value Added aufweisen. Dies ist in den ersten beiden Jahren der Fall. In Jahr 3 ist der EVA negativ. Das Projekt wäre also zum Ende von Jahr 2 zu beenden – sofern dann das gebundene Kapital als Liquidationserlös realisiert werden kann. Eine entsprechende Nutzungsdauerentscheidung vor Projektbeginn hätte ebenfalls zur zweijährigen Projektlaufzeit geführt. Kann für die Anlagen kein Liquidationserlös in Höhe der NOA_t erzielt werden, waren offensichtlich die Abschreibungen vorangegangener Perioden zu gering und deren EVA_t entsprechend zu hoch ausgewiesen. Zur Entscheidung über die Fortführung im dritten Projektjahr sollten die Daten aktualisiert werden.
- Projekt C weist einen Lebenszyklus mit einer schwachen Einführungsphase aus. In diesem Fall setzt die standardmäßige lineare Abschreibung ein falsches Abbruchsignal in Jahr 1. Für Manager, die auch von der Performance in Jahr 2 profitieren, kompensiert der spätere Erfolg den anfänglichen Wertverlust, sofern das Projekt insgesamt einen positiven Kapitalwert hat. Will man den Economic Value Added als Steuerungskennzahl auch für sehr kurzsichtig orientierte Manager beibehalten, wäre eine Tragfähigkeitsabschreibung zu prüfen, die Jahr 1 entlastet und Jahr 2 stärker belastet. Eine entsprechende Regel haben Reichelstein und Rogerson vorgeschlagen (Reichelstein [Evaluation] 157 ff.; Rogerson [Incentives] 780 ff.). Für die Projektfortführung in Jahr 3 gelten die Nutzungsdauerüberlegungen zu Projekt B entsprechend.

Die folgende Tabelle zeigt die Berechnung des Cash Value Added für die drei Projekte.

Projekt	A					B	C
t	CF_t	NOA_0	$d \times NOA_0$	$k \times NOA_0$	CVA_t	CVA_t	CVA_t
0	−1.200 €	1.200 €					
1	600 €	1.200 €	363 €	120 €	117 €	317 €	17 €
2	600 €	1.200 €	363 €	120 €	117 €	117 €	117 €
3	600 €	1.200 €	363 €	120 €	117 €	−83 €	−83 €
Kapitalwert	292 €				292 €	324 €	51 €

> **Von den Cash Flows werden die ökonomische Abschreibung sowie kalkulatorische Zinsen auf das anfänglich gebundene Kapital abgezogen. Der Abschreibungsfaktor d für die ökonomische Abschreibung ergibt sich hier als $d = 0{,}1 / (1{,}1^3 - 1) = 0{,}302$. Da dieser Abschreibungsfaktor und die kalkulatorischen Zinsen (hier wieder beim Zinssatz von 10 %) über alle drei Jahre gleich hoch sind, gilt:**
>
> - **Projekt A hat mit konstanten Cash Flows auch einen konstanten CVA_t.**
> - **Projekt B hat mit abnehmenden Cash Flows auch einen abnehmenden CVA_t. Der negative CVA in Jahr 3 kann wiederum als Signal interpretiert werden, die bisherige Planung zu überprüfen. Allerdings kann die kumulierte ökonomische Abschreibung schon von ihrer Idee her nicht als Indikator für einen Liquidationserlös interpretiert werden. Dieser wäre jedenfalls separat zu prognostizieren.**
> - **Projekt C hat bereits von Beginn an einen leicht positiven CVA. Doch ist dies offensichtlich durch die Wahl der Zahlen bedingt. Bei Projekten mit ausgeprägtem Lebenszyklus liefert der CVA aufgrund der grundsätzlich gleichbleibenden Abschreibung keine Möglichkeit zu Tragfähigkeitsüberlegungen.**

Die Gesamtbewertung eines Projekts über die diskontierten Cash Flows stimmt mit der über die diskontierten EVAs und der über die diskontierten CVAs überein. Die Voraussetzungen dafür fasst das Lücke-Theorem zusammen (Lücke [Investitionsrechnungen] 310 ff.). Ein bemerkenswerter Unterschied zwischen EVA und CVA jedoch liegt darin, dass konstante Cash Flows zu konstanten CVAs, aber steigenden EVAs führen. Welches Performancemaß die Managementleistung besser misst, hängt damit insbesondere davon ab, ob es schwieriger ist, in Jahr 3 mit älteren Anlagen einen gegebenen Cash Flow zu erwirtschaften als mit der neuen Anlage in Jahr 1, oder nicht. Dieses Urteil kann branchenspezifisch unterschiedlich ausfallen, es kann aber auch mit der Investitionspolitik zusammenhängen. Bei konstanter Investitionspolitik mit jährlich gleichbleibenden Investitionen gleichen sich die Unterschiede im EVA tendenziell aus, da es immer alte und neue Anlagen gibt. Die Verwendung des CVA wird dagegen in Praxisberichten mit dessen ausgleichender Performancemessung bei zyklischer Investitionspolitik begründet (Weber et al. [Unternehmenssteuerung] 76 ff.; 117 ff.). Dass dabei eine zusätzliche, handels- und steuerrechtlich regelmäßig nicht zulässige Abschreibung berechnet wird, ist dann in Kauf zu nehmen.

Die Anreizkompatibilität ist damit insoweit gegeben, als bei passendem Ansatz kalkulatorischer Zinsen eine Äquivalenz der Bemessungsgrundlagen zur Unternehmenswertsteigerung hergestellt werden kann. Die Beeinflussbarkeit der Cash Flows hängt in erster Linie davon ab, ob das betreffende Management über die Durchführung der Projekte oder ihre Unterlassung entscheiden kann. Auf einer zweiten Ebene geht es einerseits um Einzelheiten der Projektdurchführung und ihrer Beeinflussbarkeit, und andererseits um die Berechnung bzw. Verbuchung von Erfolgs- und Kapitalgrößen.

- Für Einzelheiten der Projektdurchführung bzw. nachgeordnete Beteiligungsebenen gelten grundsätzlich dieselben Steuerungsüberlegungen wie für die oberste Beteiligungsebene. Für den Gesamt-EVA oder -CVA mehrerer Projekte oder Teilprojekte gelten dieselben Voraussetzungen der Wertadditivität wie für die Kapitalwertberechnung. Einerseits können damit beispielsweise die EVAs der drei Beispielprojekte addiert werden, wenn zwischen ihnen keine Interdependenzen bestehen. Andererseits können typische Umsetzungsfragen von Eigenfertigung oder Fremdbezug von Inputs, Leasing oder Anschaffung von Anlagen etc. ebenfalls anhand der jeweiligen Residualgewinne oder ihrer Kapitalwerte beantwortet werden. Mit zunehmender Detailliertheit der Analyse ist jedoch von sachlichen Interdependenzen auszugehen, die durch eine Steuerung über monetäre Performancemaße nicht angemessen berücksichtigt werden und auch die Wertadditivität beeinträchtigen können.

- Soll die betriebsbedingte Managementperformance gemessen werden, wirken Einflüsse anders motivierter Entscheidungen (bspw. steuerlich motivierte Bilanzpolitik oder spezielle Finanzierungspolitiken) oder Umwelteinflüsse verzerrend.
- Idealtypisch gehen in die Berechnung der Residualgewinne Marktwerte ein, bspw. für das gebundene Kapital oder den Kapitalkostensatz. In der praktischen Anwendung beruht die Residualgewinnberechnung auf Daten der externen Rechnungslegung, die regelmäßig von Marktwerten abweichen.

Mit Bereinigungsrechnungen (Conversions) wird versucht, einerseits die beeinflussbaren Effekte besser herauszuarbeiten und andererseits Abweichungen zwischen Markt- und buchhalterischer Bewertung zu überwinden. Vielfach werden die Bereinigungen in sachliche Gruppen eingeteilt, speziell Operating, Funding, Shareholder und Tax Conversions, die jeweils wieder zahlreiche Einzelaspekte umfassen können (insbesondere Stern/Stewart [EVA] 32 ff.). Die Zweckmäßigkeit und Relevanz einzelner Bereinigungen hängen allerdings von der zugrunde liegenden Rechnungslegung sowie den Rahmenbedingungen und Zielen der Beteiligung ab. Entsprechend finden sich in Praxisanwendungen Residualgewinne, die die gemeinsame Grundidee doch unterschiedlich umsetzen (etwa der Thyssen-Krupp Value Added (TKVA; Thyssen-Krupp [TKVA]), der EBIT after Cost of Capital (EBITaC; Metro AG [Geschäftsbericht 2013] 90) oder der Siemens-Geschäftswertbeitrag (GWB; Neubürger [Siemens] 189).

21.3.2.4 Werttreiberbäume für das Beteiligungscontrolling

Mit den beiden Residualgewinnen ist eine Steuerung auf Beteiligungsebene möglich. Für viele Beteiligungen mögen diese aggregierten monetären Performancemaße ausreichen. Für manche Beteiligungen wird dagegen eine differenziertere Steuerung zweckmäßig sein. Ansatzpunkte zur Differenzierung bietet zunächst die organisatorische Bereichsgliederung der Beteiligung. Insbesondere bei divisionaler Organisation in Profit Centern bietet sich die Steuerung über Bereichs-EVAs oder -CVAs an. Daneben können Performancemaße aber auch inhaltlich differenziert werden, um Einflussgrößen der angestrebten Wertsteigerung zu identifizieren. Die definitionslogischen und inhaltlich-kausalen Zusammenhänge solcher Werttreiber werden in Werttreiberbäumen zusammengestellt (Baumeister/Meyer [Werttreiber] 444). Abbildung 21.9 zeigt dazu ein Beispiel für den EVA.

Anmerkung: Eine Rechen-Fallstudie hierzu findet sich in Troßmann/Baumeister/Werkmeister [Controlling] 306 ff.

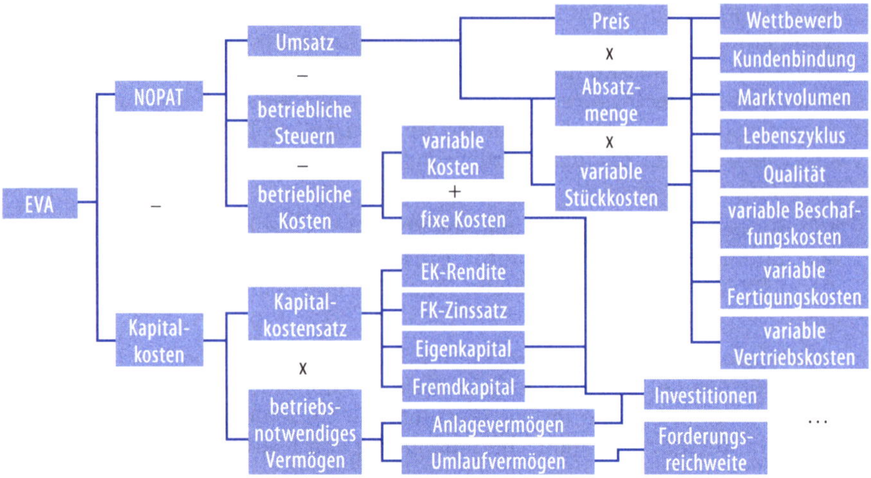

Abbildung 21.9: Beispiel eines EVA-Werttreiberbaums

Offensichtlich ist der linke Teil des Werttreiberbaums von den einfachen im EVA-Berechnungsschema definierten Zusammenhängen geprägt. Zur Mitte hin werden die Komponenten in Teilkomponenten aufgespalten, die additiv bzw. multiplikativ verknüpft sind. Deutlich wird damit z.B., dass eine Senkung der fixen Kosten die betrieblichen Kosten senkt, damit den NOPAT und letztlich den EVA erhöht – sofern keine anderen Wirkungen damit verbunden sind. Hier könnte man noch versuchen, über eine Zielspaltung Verantwortliche für die Umsatzsteigerung und andere Verantwortliche für die Fixkostensenkung zu benennen, um insgesamt den EVA zu steigern.

Die rechte Hälfte des Werttreiberbaums weist dagegen eine deutlich höhere Komplexität auf.

- Erstens sind bei einigen der Werttreiber die Einflussmöglichkeiten des Managements eingeschränkt. Dies gilt bspw. für die Wettbewerbsintensität, aber auch das Marktvolumen. Für Steuerungszwecke wären beeinflussbare Werttreiber zu identifizieren, etwa der Marktanteil.
- Zweitens sind die Zusammenhänge nicht oder nicht so eindeutig per definitionem gegeben, sondern sie sind empirisch zu bestimmen. Dies gilt beispielsweise für den Einfluss der Wettbewerbsintensität oder den Marktanteil auf den Preis.
- Drittens sind die Einflüsse vielfältig: Investitionen beeinflussen im Allgemeinen das Anlagevermögen, je nach Finanzierung das Eigen- oder Fremdkapital, sowie die fixen und variablen Kosten. Eine Ziel- bzw. Kompetenzspaltung droht diese Zusammenhänge zu vernachlässigen.
- Schließlich ist viertens bei einigen Werttreibern schon die Messung ein Problem. Für Kundenbindung und Qualität gibt es zahlreiche Vorschläge, die wiederum zahlreiche Einzelgrößen enthalten.

Diese Probleme sind erheblich, doch sind sie nicht auf die Steuerung über Residualgewinne beschränkt. Vergleichbare Probleme liegen bei der Umsetzung einer Balanced Scorecard vor (vgl. Abschnitt 2.2.3). Gelingt es, diese Probleme in angemessener Weise zu meistern und einen beteiligungsspezifischen Werttreiberbaum zu entwickeln, kann er einen wertvollen Beitrag zur Steuerung der Beteiligung leisten. Der Vorteil an Residualgewinnkonzepten ist, dass mit ihnen die betriebliche Gesamtausrichtung mit einer klaren Kennzahl festgelegt ist, während sie in Kennzahlensystemen mit mehreren Spitzenkennzahlen noch zu bestimmen und immer wieder neu festzulegen ist.

21.3.3 Bankcontrolling als besondere Ausprägung eines Risikocontrollings

21.3.3.1 Integration von Erfolg und Risiko in der Gesamtbanksteuerung

Bei Banken spielt innerhalb der Sachinterdependenzen der Risikoverbund eine besondere Rolle (vgl. Abschnitt 1.1). Einerseits ist das Eingehen von Risiken Kern des Bankgeschäfts und Voraussetzung der Erfolgsgenerierung, andererseits sind vielfältige regulatorische Vorschriften für die Risiken des Bankgeschäfts zu beachten.

Anmerkung: Im Download-Bereich findet sich ein Überblick über die bankaufsichtsrechtlichen Rahmenbedingungen.

Die Planung und Kontrolle von Erfolgs- und Risikoprofilen im Hinblick auf die verfügbaren Risikodeckungsmassen (Risikotragfähigkeit) sowohl innerhalb dezentraler Einheiten (Geschäftsbereiche) als auch über diese hinweg wird auch als Gesamtbanksteuerung bezeichnet.

Merksatz: Gesamtbanksteuerung ist die integrierte Planung und Kontrolle von Erfolg und Risiko in Geschäftsbereichen und über diese hinweg. Das Bankcontrolling übernimmt dabei typische Koordinationsaufgaben.

Im Zuge der Gesamtbanksteuerung sind zahlreiche methodische Einzelfragen zu klären. Neben der Operationalisierung von Erfolgsgrößen (zu möglichen wertorientierten Kennzahlen vgl. auch Abschnitt 3.2.2) betrifft dies die Messung des Risikos und seine Einbindung in die Ziele und Restriktionen der Gesamtbank und der Geschäftsbereiche. Hierzu kommen typische Instrumente des Bankcontrollings zum Einsatz, etwa risikoadjustierte Performancemaße und Limitsysteme für Risiken. Aufgrund der besonderen Bedeutung von Risikoaspekten überschneiden sich die Aufgaben des Bankcontrollings mit denjenigen des Risikocontrollings.

Merksatz: Die Kernaufgabe des Risikocontrollings liegt in der Koordination der Führungsteilfunktionen im Hinblick auf die betriebliche Risikosituation. In den Servicefunktionen zeigt sich ebenfalls besonderer Risikobezug, etwa in einer risikoorientierten Informationsbereitstellung (Schweitzer [Risiko] 523 f.; Troßmann/ Baumeister [Risikocontrolling] 46 ff.).

21.3.3.2 Spezielle Risikomessung der Gesamtbanksteuerung

Zur Beurteilung und Steuerung bankspezifischer Risiken und damit zur Sicherstellung der Risikotragfähigkeit müssen zunächst alle wesentlichen Risiken gemessen und quantifiziert werden. Das Risikoverständnis in der Banksteuerung zielt dabei wie auch für die externe Berichterstattung z. B. nach DRS 5-10.8 bzw. nach deren Ablösung nun durch DRS 5-20.11 kodifiziert auf negative Zielabweichungen, mithin auf sog. downside bzw. shortfall risks (Rolfes [Gesamtbanksteuerung] 8; Troßmann/Baumeister [Risikocontrolling] 94 ff.).

Definition:
Als **Risiko** wird in der Gesamtbanksteuerung die Gefahr einer negativen Abweichung des Werts einer Position von einem Referenzwert aufgrund unerwarteter Veränderungen relevanter Einflussfaktoren bezeichnet.

Die Berechnung des Gesamtbankrisikos erfordert eine regelmäßige Risikoinventur, die mögliche Risiken auf ihre Wesentlichkeit überprüft (Baumeister/Freisleben [Prüfung] 35). Abbildung 21.10 zeigt ein an der Regelung des DRS 5-20, Anlage 1 orientiertes Grundmuster an Risikoarten. Es unterscheidet auf oberster Ebene zwischen Finanzrisiken und operationellen Risiken.

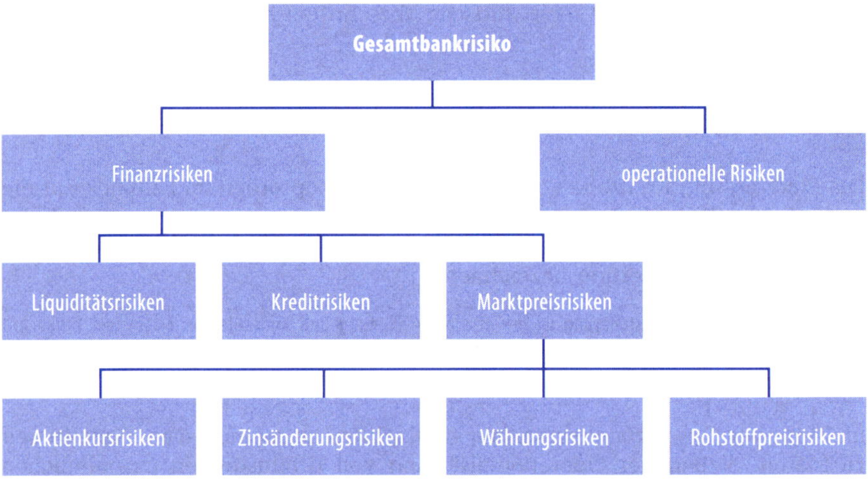

Abbildung 21.10: Aufteilung des Gesamtbankrisikos (Schierenbeck [Banksteuerung] 9)

Finanzrisiken haben eine unmittelbare Auswirkung auf die Formalziele einer Unternehmung. Sie werden weiter in Liquiditäts-, Kredit- und Marktpreisrisiken unterteilt. Marktpreisrisiken erfassen die unerwünschte Entwicklung insbesondere von Aktienkursen, Zinsen, Wechselkursen und Rohstoffpreisen. Liquiditätsrisiken treten einerseits als Fristigkeitsrisiken auf, d.h. als Gefahr unerwarteter Änderungen bei den Liquiditätsdispositionen, andererseits aber auch als Erfolgsrisiko, wenn eine Refinanzierung des Instituts zwar grundsätzlich möglich ist, allerdings nur zu ungünstigeren Konditionen als geplant. Zu Kreditrisiken gehört zum einen das Ausfallrisiko des Kreditnehmers (bzw. allgemeiner die Zahlungsfähigkeit der Gegenpartei in Finanzkontrakten) und zum anderen ein Bonitätsrisiko, das sich in einer sich während der Laufzeit der Geschäftsbeziehung verschlechternden Bonität des Schuldners äußert und damit den Marktwert der Kreditforderung bzw. der Anleihe beeinträchtigt. Operationelle Risiken umfassen die operativen und strategischen Risiken des Betriebsbereichs. Dazu zählen bspw. technische Risiken der IT-Systeme einer Bank, aber auch absichtliches oder unabsichtliches Fehlverhalten von Mitarbeitern.

Die Aggregation der einzelnen Risikoarten zu einem Gesamtbankrisiko setzt eine einheitliche Risikomessung voraus. Als Risikomaß der Banksteuerung hat sich der Value-at-Risk (VaR) durchgesetzt (zum Überblick Jorion [Value at Risk]). Genau genommen ist es ein relativer Value-at-Risk, der die negative Abweichung der Zielgröße von ihrem Erwartungswert misst (üblicherweise mit einem Zeithorizont von einem Jahr). Dazu leitet die Bank aus dem angestrebten Instituts-Rating eine kritische Ausfallwahrscheinlichkeit her (z.B. 0,1 %, 0,05 % oder 0,02 %). Parallel dazu werden erwartete Verlustgrößen berechnet. Der relative Value-at-Risk kann nun als Differenz des absoluten VaR zum erwarteten Verlust berechnet werden (vgl. Abbildung 21.11).

Definition:
Der **relative Value-at-Risk eines Einzelgeschäfts** oder eines Portfolios ist dessen maximale negative Wertänderung gegenüber dem Erwartungswert der Zielgröße innerhalb des Risikohorizonts bei einem vorgegebenen Konfidenzniveau.

! Anmerkung: Eine Rechen-Fallstudie hierzu findet sich in Troßmann/Baumeister/Werkmeister [Controlling] 163 ff.

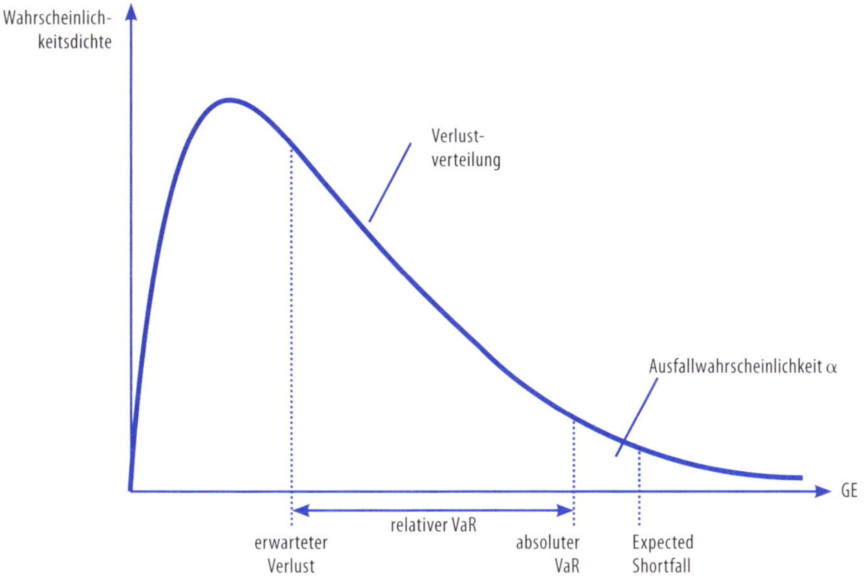

Abbildung 21.11: Relativer Value-at-Risk als Differenz von potenziellem und erwartetem Verlust

Grundlage der Berechnung des VaR kann u.a. eine simulative oder portfolioorientierte Ermittlung der Verlustverteilung sein. Deren Grenzen wurden allerdings in der Finanzkrise deutlich (Deutsche Bundesbank [Risikotragfähigkeit]

38). Dies betrifft auch Diversifikationseffekte, die zu einer Reduktion des Gesamtbankrisikos führen sollten. Aufgrund der Schwierigkeit des empirischen Nachweises von Diversifikationseffekten unter bankbetrieblichen Risiken aggregieren viele Institute die VaR der einzelnen Risikoarten aus Vorsichtsgründen additiv unter bewusster Vernachlässigung möglicher Vorteile aus korrelierten Risiken. Doch droht in Stressperioden selbst dann die Unterschätzung des Gesamtbankrisikos (Deutsche Bundesbank [Risikotragfähigkeit] 41).

Auch bei der Ermittlung des Risikodeckungspotenzials ergeben sich weitere Detailfragen. Beispielsweise sind bei den Annahmen zum Unternehmensfortbestand (Going-Concern) oder zur Unternehmensliquidation (Gone-Concern) spezielle Vorschriften zu berücksichtigen (BaFin [MaRisk] AT 4.1 Tz. 8). So sind bei der Fortbestandsannahme bilanzielle Größen zur Herleitung der zur Verfügung stehenden Risikodeckungsmasse heranzuziehen (Deutsche Bundesbank [Risikotragfähigkeit] 35), während bei der Liquidationsannahme eine substanzwertorientierte Herleitung des Liquidationserlöses vorgesehen ist, die auch die Hebung stiller Reserven umfassen kann.

21.3.3.3 Limitsysteme zur dezentralen Banksteuerung

Die Sicherstellung der Risikotragfähigkeit auf Gesamtbankebene begrenzt die Risiken, die ein Institut insgesamt eingehen kann. Zur dezentralen Unternehmenssteuerung ist das insgesamt zur Verfügung stehende Risikokapital auf die Geschäftsbereiche zu verteilen. Diese Kapitalallokation kann als Risikobudget verstanden werden, das den Geschäftsfeldern Handlungsspielräume eröffnet bzw. begrenzt.

Bei der Allokation hat das Institut einerseits die insgesamt zur Verfügung stehenden Deckungsmassen, andererseits die Erfolgs- und Risikoziele, die Organisation des Geschäfts (z.B. in Profit Center) und strategische Vorgaben (z.B. verstärktes Engagement im Firmenkundengeschäft) zu beachten. Üblicherweise wird nur ein Teil der Risikodeckungsmasse verteilt, so dass ein zentraler Risikopuffer etwa für Modellungenauigkeiten bleibt. Dieses Gesamtbanklimit

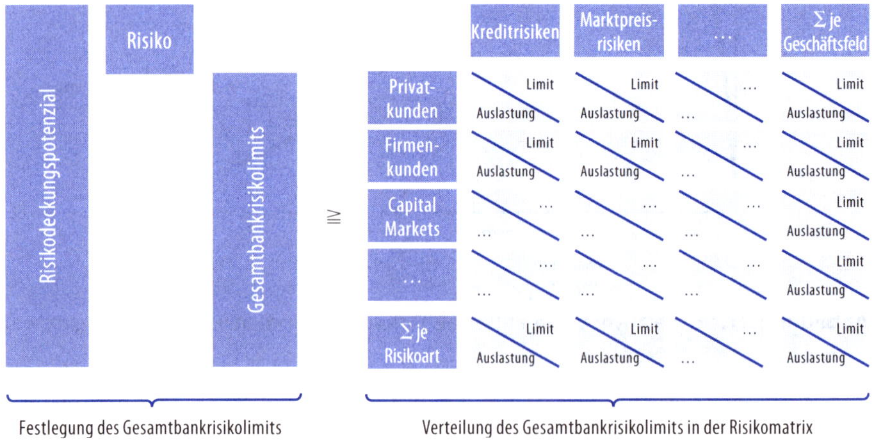

Abbildung 21.12: Limitierung des Risikos nach Risikoarten und Geschäftsbereichen

kann, wie Abbildung 21.12 zeigt, in einer Matrix entlang der Dimensionen Geschäftsbereiche (Profit Center) und Risikoarten alloziiert werden (Baumeister/Ilg [Risk-Return-Management] A-5). Das als Limit vorgegebene Risikokapital je Profit Center und Risikoart transportiert auf diese Weise die Zielvorgabe der Gesamtbank in die Steuerungsbereiche (Uhlig [Limitsystem] 36). Die zweidimensionale Limitierung nach Geschäftsfeldern und Risikoarten ist ggf. um besondere Risikoeffekte (insbesondere für Branchen-, Länder- und Konzentrationsrisiken) anzupassen.

21.3.3.4 Risikoadjustierte Performancemessung in Banken

Mit Risikolimits erhalten die Geschäftsfelder eine knappe Ressource, mit der sie Beiträge zur Zielerreichung der Gesamtbank erwirtschaften sollen. Soweit ein finanzielles Ziel dominiert und die Risikolimits den einzigen relevanten gemeinsamen Engpass darstellen, kann in Anlehnung an das Standardvorgehen zur Programmplanung bei Engpässen ein Zielbeitrag pro Engpasseinheit als Zuteilungskriterium eingesetzt werden. Nach diesem Prinzip aufgebaut haben sich in der Banksteuerung der **R**eturn **o**n **R**isk **A**djusted **C**apital

$$\text{RoRAC} = \frac{\text{Nettoergebnisbeitrag}}{\text{Risikokapital}}$$

und als eine Art Überrendite der **R**isk **A**djusted **R**eturn **o**n **R**isk **A**djusted **C**apital

$$\begin{aligned}\text{RARoRAC} &= \frac{\text{Nettoergebnisbeitrag} - \text{Risikoprämie}}{\text{Risikokapital}} \\ &= \text{RoRAC} - \underbrace{\text{Mindes-RoRAC}}_{\text{sog. hurdle rate}}\end{aligned}$$

durchgesetzt, letzterer mitunter auch unsystematisch als **R**isk **A**djusted **R**eturn **o**n **C**apital

$$\text{RARoC} = \frac{\text{Nettoergebnisbeitrag} - \text{Risikoprämie}}{\text{Kapital}}$$

bezeichnet (Baumeister [Performancemaße] 224 f.). Als Nettoergebnisbeitrag eines Geschäftsbereichs dient ein Deckungsbeitrag nach verschiedenen banktypischen Kostenpositionen (vgl. Abbildung 21.13), das Risikokapital als Engpass kann ebenfalls unterschiedlich operationalisiert sein, gängig sind Downside-risk-Maße wie der Value-at-Risk, denkbar aber auch beliebige andere Lower Partial Moments.

Ergebnisse werden zunächst aus Zinskonditionsbeiträgen und Dienstleistungsbeiträgen erwirtschaftet. Die in der Bankkalkulation verbreitete Marktzinsmethode ermittelt nach dem Prinzip der Einzelbewertung den Zinskonditionsbeitrag als Zinsvorteil eines Kundengeschäftes im Vergleich zu einem strukturgleichen Engagement am Kapitalmarkt (zu Details siehe z.B. Rolfes [Gesamtbanksteuerung] 30 ff.). Zusammen mit den Dienstleistungsbeiträgen, etwa Provisionen, bilden sie den Deckungsbeitrag I. Davon sind direkte Be-

	Zinskonditionsbeitrag
+	Dienstleistungsbeitrag
=	**Deckungsbeitrag I**
–	direkte Betriebskosten
=	**Deckungsbeitrag II**
–	Risikokosten
=	**Deckungsbeitrag III**
–	indirekte Betriebskosten
=	**Deckungsbeitrag IV**
–	Kapitalkosten
=	**Wertbeitrag (DB V)**

Abbildung 21.13: Beispiel eines Deckungsbeitragsschemas für einen Kundengeschäftsbereich

triebskosten abzuziehen. Schließlich sind als Risikokosten erwartete Verluste in Abzug zu bringen – sie drücken etwa bei der Kreditvergabe den durchschnittlich zu erwartenden Verlust abhängig von der Bonität des Schuldners aus. Dieser ist als Kostenposition anzusehen. Der Abzug von indirekten Betriebskosten führt zum Deckungsbeitrag IV (Nettoergebnisbeitrag).

Merksatz: **Kennzahlen der risikoadjustierten Performancemessung insbesondere in Banken sind RoRAC, RARoC sowie der RARoRAC. Ein positiver RARoRAC bzw. ein über den risikoangepassten Kapitalkosten liegender RoRAC kennzeichnen einen wertgenerierenden Geschäftsbereich.**

Beim Einsatz risikoangepasster Rentabilitäten zur Gesamtbanksteuerung sind zwei Aspekte zu beachten: einerseits greift das Kalkül nur, wenn keine weiteren bereichsübergreifenden Engpässe relevant sind und periodenübergreifende Wirkungen angemessen erfasst werden; andererseits ist bei der Vorgabe als Performancemaß mit ähnlichen Über- oder Unterinvestitionsproblemen zu rechnen, wie sie bereits in Abschnitt 3.2 aufgezeigt wurden.

Einführende Literaturhinweise zu Modul 21

Die vollständigen Literaturangaben finden Sie im Downloadbereich.

Fleming, Q.W./Koppelman J.M.: [Earned Value] Project Management. 4. Aufl., Newtown Square, PA, 2010.

Friedl, B.: [Controlling]. 2. Aufl., München 2013.

Gladen, W.: [Performance] Measurement. Controlling mit Kennzahlen. 5. Aufl., Wiesbaden 2011.

Küpper, H.-U. et al.: [Controlling]. Konzeption, Aufgaben, Instrumente. 6. Aufl., Stuttgart 2013.

Littkemann, J. (Hrsg.): [Beteiligungscontrolling]. Ein Handbuch für die Unternehmens- und Beratungspraxis. Bd. 1 und 2. 2. Aufl., Herne 2009.

Project Management Institute (Hrsg.): A Guide to the [Project] Management Body of Knowledge (PMBOK® Guide). 5. Aufl., Newton Square 2013.

Rolfes, B.: [Gesamtbanksteuerung]. Risiken ertragsorientiert steuern. 2. Aufl., Stuttgart 2008.

Troßmann, E.: [Controlling] als Führungsfunktion. Eine Einführung in die Mechanismen betrieblicher Koordination. München 2013.

Troßmann, E./Baumeister, A./Werkmeister, C.: Fallstudien im [Controlling]. Lösungsstrategien für die Praxis. 3. Aufl., München 2013.

Autorenverzeichnis

Univ.-Prof. Dr. Marcell Schweitzer ist emeritierter Ordinarius an der Eberhard-Karls-Universität Tübingen. Dort hatte er über 30 Jahre den Lehrstuhl für Allgemeine Betriebswirtschaftslehre und Industriebetriebslehre inne und war 25 Jahre Direktor der Forschungsabteilung für Industriewirtschaft. Seine Forschungsschwerpunkte sind: Industrielle Fertigungswirtschaft, Produktions- und Kostentheorie, Kostenrechnung, Bilanztheorie, Organisation, Planung, Wissenschaftstheorie und Unternehmensethik. Zu den genannten Gebieten hat er zahlreiche Bücher, Aufsätze und Beiträge in Sammelwerken veröffentlicht.

Univ.-Prof. Dr. Alexander Baumeister ist Inhaber des Lehrstuhls für Betriebswirtschaftslehre, insbesondere Controlling, an der Universität des Saarlandes sowie Direktor des Saarbrücker Instituts für Controlling. Seine Forschungsschwerpunkte sind: Risikocontrolling, Garantiekostenrechnung, Budgetierungstechniken, Projektcontrolling und Lifecycle Costing. Auf diesen Gebieten hat er zahlreiche Veröffentlichungen, von welchen mehrere mit Forschungspreisen ausgezeichnet wurden. In der Lehre gilt er als engagierter und erfolgreicher Dozent, wie verschiedene Lehrpreise zeigen.

Universitätsprofessor Dr. Dr. h. c. Jürgen Bloech ist emeritierter Ordinarius an der Georg-August- Universität Göttingen. An dieser Universität hatte er 36 Jahre lang einen Lehrstuhl für Allgemeine Betriebswirtschaftslehre inne. Seine wissenschaftliche Forschung und Lehre erstreckte sich auf Unternehmensplanung, Unternehmensforschung, Produktion und Logistik. Zu diesen Gebieten hat er Bücher, Aufsätze und andere Artikel veröffentlicht.

Univ.-Prof. Dr. Dr. h. c. Jochen Drukarczyk ist emeritierter Professor der Universität Regensburg, wo er seit 1976 den Lehrstuhl für Finanzierung innehatte. Drei ehrenvolle Rufe hat er abgelehnt. Er war Gastprofessor an verschiedenen Universitäten in England und Frankreich, insbesondere auch am INSEAD. Seine Forschungsschwerpunkte sind Finanzierung, Unternehmensbewertung, Insolvenz und Finanzierung, Restrukturierung und Sanierung. Er hat zahlreiche

Lehrbücher und weit über 100 Aufsätze zu diesen Gebieten veröffentlicht. Die EBS, Oestrich-Winkel hat ihm 1999 die Ehrendoktorwürde verleihen.

Prof. Dr. Jana Eberlein vertritt die Fachgebiete Kosten- und Leistungsrechnung & Controlling an der Hochschule Harz. Ihre Lehrtätigkeit führte sie u.a. auch an die Marmara University Istanbul und die ESC Dijon Bourgogne. Zu ihren Forschungsschwerpunkten zählen: Stundensatzrechnung, Center-Rechnung, Prozesskostenrechnung, Deckungsbeitragsrechnung, Kosten- und Erlösrechnung für Dienstleistungsunternehmen, Budgetierungsmodelle und Abweichungsanalysen sowie interne Kontrollsysteme. Zu diesen Themen hat sie Bücher und zahlreiche Aufsätze veröffentlicht.

Dr. Sabrina Falk hat am Lehrstuhl für Unternehmensführung von Prof. Dr. Alwine Mohnen an der Technischen Universität München promoviert. Ihre Forschungsschwerpunkte sind: Informationsasymmetrien auf Arbeitsmärkten, die Effektivität von Personalmarketingmaßnahmen und die Wirkungsweise von monetären Anreizen.

Univ.-Prof. Dr. Dr. Fabian Jintae Froese ist Inhaber des Lehrstuhls für Betriebswirtschaftslehre, insbesondere Personalmanagement mit dem Schwerpunkt China/Asien, sowie im Vorstand des Centre of Modern East Asian Studies an der Georg-August-Universität Göttingen. Er hat mehr als 10 Jahre im Ausland, u.a. Seoul, Shanghai, Tokio, gearbeitet. Seine Forschungsschwerpunkte sind: Personalmanagement, Internationales Management und Interkulturelles Management. Auf diesen Gebieten hat er zahlreiche Veröffentlichungen, von welchen mehrere mit internationalen Forschungspreisen ausgezeichnet wurden.

Univ.-Prof. Dr. Jetta Frost ist Inhaberin des Lehrstuhls für Organisation und Unternehmensführung an der Fakultät Wirtschafts- und Sozialwissenschaften der Universität Hamburg. Seit Juli 2013 ist sie hauptamtliche Vizepräsidentin der Universität Hamburg. Ihre Forschungsschwerpunkte publiziert sie in wissenschaftlichen, internationalen Aufsätzen vor allem zu den Themen innovative Organisationsformen und praktische Organisationsgestaltung, University Governance, Konzernmanagement: Corporate Commons und Mehrwertstrategien, Performance Paradoxien und Motivationsmanagement sowie das Verhältnis von Theorie und Praxis in der modernen Betriebswirtschaftslehre.

Univ.-Prof. Dr. Jutta Geldermann ist Inhaberin der Professur für Betriebswirtschaftslehre, insbesondere Produktion und Logistik, an der Georg-August-Universität Göttingen. Im Mittelpunkt ihrer Forschungsarbeiten steht die ressourceneffiziente und umweltorientierte Ausgestaltung von Produktions- und Logistiksystemen. In zahlreichen Drittmittel-Projekten werden Methoden des Operations Research (der mathematischen Unternehmensplanung) auf aktuelle industrielle und energiewirtschaftliche Fragestellungen angewendet. Derzeit ist sie Sprecherin des DFG-Graduiertenkollegs „Ressourceneffizienz in Unternehmensnetzwerken – Methoden zur betrieblichen und überbetrieblichen Planung für die Nutzung erneuerbarer Rohstoffe“ sowie stellvertretende Vorstandsvorsitzende des Energieforschungszentrums Niedersachsen.

Prof. Dr. rer. oec. habil. Jens Grundei leitet das Department Management & Economics an der Quadriga Hochschule Berlin, wo er die Professur für Betriebswirtschaftslehre, insbesondere Corporate Governance & Organization inne hat. Die Arbeitsgebiete von Professor Grundei sind Unternehmensorganisation, Corporate Governance und strategisches Management. Er ist Mitglied im Arbeitskreis „Organisation" der Schmalenbach-Gesellschaft für Betriebswirtschaft und im Vorstand der gfo – Gesellschaft für Organisation.

Dr. Andreas Haaker ist zuständig für Grundsatzfragen der Rechnungslegung beim DGRV – Deutscher Genossenschafts- und Raiffeisenverband e.V. in Berlin. Nach seiner Promotion an der Georg-August-Universität Göttingen hatte er u.a. Lehraufträge an der TU Ilmenau und der FernUniversität in Hagen sowie eine Vertretungsprofessur für Unternehmensprüfung und Controlling an der Heinrich-Heine-Universität Düsseldorf inne. Seine Dissertation wurde mit dem Österreichischen Controllerpreis ausgezeichnet. Er ist Autor zahlreicher Fachbeiträge und Kommentierungen sowie des kritischen Lehrbuchs „IFRS – Irrtümer, Widersprüche und unerwünschte Konsequenzen".

Dr. Fabian Hattke ist Habilitand am Lehrstuhl für Organisation und Unternehmensführung an der Fakultät Wirtschafts- und Sozialwissenschaften der Universität Hamburg. Als Teilprojektleiter eines BMBF-geförderten Forschungsverbundes beschäftigt er sich vorwiegend mit der Organisation und Steuerung von Universitäten und Forschungseinrichtungen sowie mit wissenschaftssoziologischen und informetrischen Fragestellungen. Seine Arbeiten basieren auf verschiedenen theoretischen Ansätzen und methodischen Zugängen, wie bspw. der Netzwerk-Governance und Methodologie sowie kommunikations- und ressourcenbasierten Theorien der Organisation.

Dr. Matthias Häußler ist Habilitand am Lehrstuhl für Allgemeine Betriebswirtschaftlehre: Unternehmensrechnung und Controlling der Universität Rostock. Nach seinem Studium des Wirtschaftsingenieurwesens und der Promotion zum Dr. rer. pol. an der Universität Karlsruhe (TH) war er dort als Dozent tätig, ebenso wie an der WHU – Otto Beisheim School of Management in Vallendar und der Hochschule der Medien in Stuttgart. Seine Forschungsinteressen liegen in den Bereichen empirische Kapitalmarktforschung, Finance und Accounting.

Prof. (FH) Dr. Markus Ilg ist Studiengangsleiter der betriebswirtschaftlichen Bachelor- und Masterstudiengänge an der Fachhochschule Vorarlberg. Seine Forschungsschwerpunkte und Veröffentlichungen liegen in den Bereichen Controlling, Risikocontrolling und Bankcontrolling. Themen der Unternehmensfinanzierung sowie des Finanzcontrollings ergänzen das Tätigkeits- und Interessensportfolio.

Univ.-Prof. Dr. Hugo Kossbiel, inzwischen pensionierter Ordinarius, hatte den ersten Lehrstuhl mit der speziellen Widmung Personalwirtschaftslehre an einer deutschsprachigen Universität, der Universität Hamburg, 16 Jahre inne. 1987 entschied er sich gegen einen Wechsel an die Albertus-Magnus-Universität Köln und für einen Wechsel an die Johann Wolfgang Goethe-Universität

Frankfurt a.M., an der er bis zu seiner Pensionierung 18 Jahre lang forschte und lehrte. Weitere Rufe an die Universität der Bundeswehr Hamburg, an die Universität Bayreuth und an die Katholische Universität Eichstätt lehnte er ab. Seine Arbeitsschwerpunkte liegen auf dem Gebiet der Personalwirtschaftslehre. In zahlreichen Veröffentlichungen hat er sich mit der Konzeptualisierung dieses Faches sowie mit Fragen der Personalbereitstellung, insbesondere ihrer Planung und der Personalverhaltensbeeinflussung, insbesondere der Gestaltung von Anreizsystemen beschäftigt.

Univ.-Prof. Dr. Helmut Krcmar ist Inhaber des Lehrstuhls für Wirtschaftsinformatik und Prodekan der Fakultät für Informatik an der TU München. Seine Forschungsinteressen umfassen vor allem Informations- und Wissensmanagement, Engineering und Management IT-basierter Dienstleistungen, Pilotierung von innovativen Informationssystemen im Gesundheitswesen und E-Government sowie die Computerunterstützung für die Kooperation in verteilten und mobilen Arbeits- und Lernprozessen.

Univ.-Prof. Dr. Heinz Kußmaul ist Inhaber des Lehrstuhls für Betriebswirtschaftslehre, insbesondere Betriebswirtschaftliche Steuerlehre sowie Direktor des Instituts für Existenzgründung/Mittelstand und des Betriebswirtschaftlichen Instituts für Steuerlehre und Entrepreneurship an der Universität des Saarlandes. Zuvor war er von 1987 bis 1989 Lehrstuhlinhaber an der Universität Bielefeld sowie von 1989 bis 1993 an der Universität Kaiserslautern. Ablehnung ehrenvoller Rufe an die Universitäten Mainz und Düsseldorf. Verfasser zahlreicher Bücher, Aufsätze und Beiträge in Sammelwerken (über 900 Publikationen).

Prof. Dr. habil. Sebastian Lobe ist Lehrstuhlinhaber an der WHL Graduate School of Business and Economics. Seine Forschungsschwerpunkte sind Asset Pricing, Sozial Verantwortliches Investieren, Unternehmensbewertung und Unternehmensfinanzierung. Er publiziert regelmäßig in wissenschaftlichen Topzeitschriften wie dem Journal of Financial and Quantitative Analysis, u.v.a.m. Seine Forschung ist mit diversen Preisen honoriert worden wie z.B. bei der Campus for Finance – Research Conference im Jahr 2013 und dem ACATIS Value Preis, verliehen in den Jahren 2013, 2012, 2011, 2010 und 2009.

Univ.-Prof. Dr. Peter Christoph Lorson ist seit 2007 Inhaber des Lehrstuhls für Allgemeine Betriebswirtschaftslehre: Unternehmensrechnung und Controlling sowie Direktor der Instituts für Bankrecht und Bankwirtschaft an der Universität Rostock. Zuvor war er – nach Promotion und Habilitation an der Universität des Saarlandes in Saarbrücken – sechs Jahre lang freiberuflich tätig. Schwerpunkte seiner Forschungsarbeiten und Publikationen sind: Externe Rechnungslegung im Einzel- und Konzernabschluss nach HGB und IFRS, Harmonisierung von internem und externem Rechnungswesen, Wertorientierte Unternehmensführung, Kostenmanagement, Nachhaltigkeit, Integrated Reporting sowie Neue Steuerungsmodelle von Gebietskörperschaften.

Dr. Erko Martins ist seit 2005 wissenschaftlicher Mitarbeiter und seit 2010 Habilitand am Lehrstuhl für ABWL: Wirtschafts- und Organisationspsychologie an der Universität Rostock. Nach abgeschlossener Lehre zum Bankkaufmann hat er Betriebswirtschaftslehre an der Universität Rostock studiert und dort im Jahre 2010 promoviert (Dr. rer. pol.). Schwerpunkte seiner Forschung und Publikationen sind: Employer Branding und organisationale Attraktivität, Person-Organisations-Beziehung, materielle und immaterielle Mitarbeiterbeteiligung, Unternehmenskultur, Führung von Mitarbeitern und innovatives Mitarbeiterverhalten.

Univ.-Prof. Dr. Alwine Mohnen ist Inhaberin des Lehrstuhls für Unternehmensführung an der Technischen Universität München. Ihre Forschungsschwerpunkte sind: Wirkung von monetären und nicht-monetären Anreizsystemen, referenzpunktbezogene Präferenzen und Fragestellungen zur Performancemessung. In den genannten Gebieten hat Frau Mohnen zahlreiche Veröffentlichungen verfasst und Vorträge auf internationalen Konferenzen gehalten. Für ihre Forschungsarbeiten sowie ihr Engagement in der Lehre wurde sie mit verschiedenen Forschungs- und Lehrpreisen ausgezeichnet.

Univ.-Prof. Dr. Stefan Müller ist Inhaber der Professur für Wirtschaftsrecht (mit Schwerpunkt Innovations- und Technologierecht) an der Fakultät für Wirtschaftswissenschaften der Universität Paderborn. Seine Schwerpunkte in der interdisziplinär angelegten Forschung und Lehre liegen neben dem Innovationsrecht (dort v.a. geistiges Eigentum und Lizenzvertragsrecht sowie Innovationskartell- und -wettbewerbsrecht) und dem Technologierecht (dort v.a. zu Fragen der Steuerung und Verantwortung für Technologiefolgen, insb. durch privates Haftungsrecht) auch im Handels- und Gesellschaftsrecht, dort insb. zu rechtlichen Fragen der Unternehmensgründung sowie zur Regeltreue im Unternehmensbereich (Corporate Compliance).

Prof. Dr. habil. Alexander Pohl ist Professor für Betriebswirtschaftslehre mit den Schwerpunkten Unternehmensführung und Marketing an der Hochschule Bonn-Rhein-Sieg sowie Gründungsdirektor des Centrum für Entrepreneurship, Innovation und Mittelstand - CENTIM an der Hochschule Bonn-Rhein-Sieg. Weiterhin ist er Honorarprofessor an der Universität Trier und Adjunct Professor an der European Business School. Seine Schwerpunkte in Forschung und Lehre liegen im Innovations- und Dienstleistungsmarketing, im E-Business sowie im Preismanagement. Zu den genannten Gebieten hat er zahlreiche Aufsätze und Beiträge in Sammelwerken sowie Büchern veröffentlicht. Er verfügt über umfangreiche Praxiserfahrung aus Tätigkeiten bei IT-, Private Equity- und Beratungsunternehmen.

Jun.-Prof. Dr. Daniel Reimsbach ist Inhaber der Juniorprofessur für Betriebswirtschaftslehre, insbesondere Rechnungslegung, an der Heinrich-Heine-Universität Düsseldorf. Seine Forschungsschwerpunkte sind: Voluntary financial and nonfinancial reporting, insbesondere Pro-Forma-Earnings Disclosure und Sustainability Disclosure, Immaterielles Vermögen in der internationalen Rechnungslegung, Vergütungssysteme als Corporate-Governance-Instrumente.

Univ.-Prof. Dr. Lutz Richter ist Inhaber der Professur für Betriebswirtschaftslehre, insbesondere Betriebswirtschaftliche Steuerlehre und Unternehmensrechnung, an der Universität Trier. Seine Forschungsschwerpunkte sind: Einfluss europäischer Vorgaben auf die Wirkungsweise des deutschen internationalen Steuersystems, Besteuerungsfragen nationaler sowie internationaler Unternehmenszusammenschlüsse, Fragestellungen im Kontext des AStG, KStG, GewStG sowie bilanzsteuerliche Fragestellungen (insbesondere Projekt „E-Bilanz"). Zu den genannten Gebieten hat er zahlreiche Publikationen verfasst. Darüber hinaus wurde seine Lehre mehrmals ausgezeichnet.

Univ.-Prof. Dr. Silvia Rogler ist Inhaberin des Lehrstuhls für Allgemeine Betriebswirtschaftslehre, insbesondere Rechnungswesen und Controlling, an der Technischen Universität Bergakademie Freiberg. Ihre Forschungsschwerpunkte sind: Nationale und internationale Rechnungslegung (aktuell insbesondere immaterielle Vermögenswerte), Jahresabschlussanalyse, Jahresabschlusspolitik, Kostenrechnung, Bilanzierungsprobleme und Controllingkonzepte ausgewählter Branchen (insbesondere Energieversorgungsunternehmen). Zu den genannten Gebieten hat sie Bücher, Aufsätze in referierten Zeitschriften und Beiträge in Sammelwerken veröffentlicht. Zudem zeigt sie ein hohes Engagement für die Lehre sowiefür die akademische Selbstverwaltung (derzeit als Prorektorin für Bildung).

Univ.-Prof. Dr. Dr. h.c. mult. August-Wilhelm Scheer ist emeritierter Ordinarius an der Universität des Saarlandes. Dort hatte er über 30 Jahre den Lehrstuhl für Allgemeine Betriebswirtschaftslehre, insbesondere Wirtschaftsinformatik inne und leitete 30 Jahre das von ihm gegründete Institut für Wirtschaftsinformatik, eines der größten deutschsprachigen Forschungsinstitute auf dem Gebiet der computerunterstützten Informationssysteme. Seine Lehrbücher sind Standardwerke der Wirtschaftsinformatik und in zehn Sprachen übersetzt. Mit dem Y-CIM Produktionsmodell schuf er einen übergreifenden Ordnungsrahmen für die Integration von operativen Informationssystemen in produzierenden Unternehmen.

1984 gründete er das internationale Software- und Beratungsunternehmen IDS Scheer AG und baute es bis 2009 zu einem der größten IT-Unternehmen in Deutschland aus. 1997 gründete er das Unternehmen imc AG mit Sitz in Saarbrücken und im Jahr 2000 die Beteiligungsgesellschaft Scheer Group GmbH, die Anteile an mehreren Technologieunternehmen hält, darunter an dem Software- und Beratungsunternehmen Scheer Management GmbH.

Univ.-Prof. Dr. Raimund Schirmeister ist Inhaber des Lehrstuhls für Betriebswirtschaftslehre, insbesondere Finanzierung und Investition, an der Heinrich-Heine-Universität Düsseldorf. Seit 2002 ist er zudem Vorsitzender des Wisseenschaftlichen Beirats der Düsseldorf Business School an der Heinrich-Heine-Universität. Seine Forschungsschwerpunkte sind: Grundfragen der Betriebswirtschaftslehre, Investitionstheorie, Finanzmanagement, Finanzwirtschaftliche Sanierung, Unternehmensrechnung, Entscheidungstheorie, Humaninvestitionen.

Univ.-Prof. Dr. Wolfgang B. Schünemann war bis zu seiner Emeritierung Inhaber des Lehrstuhls für Wirtschaftsprivatrecht an der Wirtschafts- und Sozialwissenschaftlichen Fakultät der TU Dortmund. Hinzukommen Gastdozenturen in Russland, Belarus, Polen, China und Süd-Korea. Sein wissenschaftlicher Focus richtet sich insgesamt auf die Schnittstelle von Privatrecht und Ökonomik, z.B. in Unternehmensgründung, Unternehmenssicherheit und Compliance, Wettbewerb, Logistik oder Versicherungswesen. Diesen interdisziplinären Ansatz hat er in zahlreichen Monographien, Kommentaren, Aufsätzen und sonstigen Publikationen, aber auch in der Lehre, konsequent verfolgt.

Prof. Dr. Marcus Schweitzer vertritt den Lehrstuhl für Technologiemanagement an der Universität Siegen. Seine Lehre bezieht Aspekte des Produktions- und Prozessmanagements und des Behavior Operations Management ein und verbindet sie mit quantitativen Methoden. Seine Forschungsschwerpunkte beziehen sich auf Fragen des langfristigen Produktionsmanagements, des Wissenstransfers und des Controllings. Daneben beschäftigt er sich mit stochastischen Modellierungen. Auf diesen Gebieten hat er Veröffentlichungen vorgelegt, die mit Preisen ausgezeichnet wurden oder in namhaften Zeitschriften erschienen.

Univ.-Prof. Dr. Thomas Spengler ist Inhaber des Lehrstuhls für Betriebswirtschaftslehre, insbesondere Unternehmensführung und Organisation, an der Otto-von-Guericke-Universität Magdeburg sowie Direktor am Forschungszentrum für Sparkassenentwicklung Magdeburg e.V. Zudem ist er Mitglied des Prüfungsausschusses für Wirtschaftsprüfer bei der Wirtschaftsprüfkammer sowie Mitherausgeber der Zeitschrift für Personalforschung. Seine Hauptaufgabenfelder liegen auf den Gebieten Strategisches Management, Personalmanagement, moderne Organisationskonzepte, Wissensmanagement und Fuzzy Control. Seit vielen Jahren ist er an renommierten Instituten in der Weiterbildung von Managern tätig.

Univ.-Prof. Dr. Till Talaulicar ist Inhaber des Lehrstuhls für Organisation und Management an der Universität Erfurt, wo er seit 2012 zudem als Prodekan der Staatswissenschaftlichen Fakultät fungiert. Seine Forschungsinteressen liegen in den Bereichen Corporate Governance (verstanden als Ordnungsrahmen für die Strukturen, Prozesse und Personen der Leitung und Überwachung von Unternehmen), Organization Design (verstanden als die Entwicklung, Beurteilung und Auswahl zweckmäßiger Organisationsformen) und Unternehmensethik (verstanden als Begründung und Geltendmachung moralischer Normen in der unternehmerischen Praxis), zu denen er zahlreiche nationale und internationale Beiträge veröffentlicht hat. Professor Talaulicar ist zudem Associate Editor der Zeitschrift Corporate Governance: An International Review und Mitglied des Editorial Review Board von Organization Science.

Univ.-Prof. Dr. rer. pol. Ernst Troßmann ist Inhaber des Lehrstuhls Controlling und Direktor des Instituts für Financial Management der Universität Hohenheim. Seine Forschungsschwerpunkte sind die konzeptionellen Grundlagen des Controlling, inner- und zwischenbetriebliche Koordinationsprinzipien und -instrumente, entscheidungsorientierte Rechenkonzepte, insbesondere zur Bewertung längerfristiger Projekte. Troßmann ist als Lehrbuchautor und für seine innovativen Lehrkonzepte mehrfach ausgezeichnet worden. Er vertritt eine gleichermaßen wissenschaftlich fundierte und anwendungsorientierte Auffassung seines Faches.

Univ.-Prof. Dr. Patrick Velte ist Inhaber der Professur für Accounting & Auditing an der Leuphana Universität Lüneburg. Seine Forschungsschwerpunkte sind: (Inter)nationale Rechnungslegung, Abschlussprüfung und Corporate Governance. Zu diesen Themengebieten hat er bislang über 300 Publikationen in renommierten Fachzeitschriften, Kommentaren, Sammelbänden und Monografien verfasst. Im Rahmen der Lehrveranstaltungen sollen sich die Studierenden möglichst frühzeitig mit den in Rede stehenden Normen für eine spätere erfolgreiche Tätigkeit vorzugsweise in der Steuerberatung und Wirtschaftsprüfung auseinandersetzen.

Univ.-Prof. Dr. Rolf Weiber ist Inhaber des Lehrstuhls für Betriebswirtschaftslehre, insbesondere Marketing, Innovation und E-Business sowie Vorstandsvorsitzender des Instituts für Mittelstandsökonomie und geschäftsführender Direkter des Competence Center E-Business an der Universität Trier. Seine Forschungsschwerpunkte liegen in den Bereichen Business-to-Business- und Dienstleistungs-Marketing, Innovationsmanagement, E-Business, Geschäftsbeziehungsmanagement und quantitative Methoden der Marktforschung. Zu den genannten Gebieten hat er zahlreiche Bücher, Aufsätze und Beiträge in Sammelwerken veröffentlicht. Seine Lehre wurde mehrfach durch Lehrpreise ausgezeichnet.

Prof. Dr. Wolf Wenger ist Studiendekan und Studiengangsleiter im Studienzentrum Wirtschaftsinformatik der Fakultät Wirtschaft an der DHBW Stuttgart. Seine Forschungsschwerpunkte sind: Planung und Optimierung von Produktions- und Logistikprozessen, quantitative Methoden zur Lösung betriebswirtschaftlicher Problemstellungen, bereichsübergreifende Anwendungen formaler Methoden zur Unterstützung betrieblicher Entscheidungsprozesse bei konfliktären Zielsetzungen. Auf den genannten Gebieten hat er zahlreiche Veröffentlichungen. Er lehrt diese Themenbereiche an verschiedenen Hochschulen.

Prof. Dr. Clemens Werkmeister hat die Professur Allgemeine Betriebswirtschaftslehre an der Wilhelm-Löhe-Hochschule Fürth inne und ist Wissenschaftlicher Leiter der Wilhelm-Löhe-Akademie. Seine Forschungsschwerpunkte sind Entscheidungsunterstützungs- und Anreizwirkungen des Rechnungswesens sowie Konzepte und Methoden nachhaltiger Investition und Finanzierung, insbesondere auch im Bereich der Gesundheits- und Sozialwirtschaft.

Stichwortverzeichnis

Q

T

Z